등업을 위한 강력한 한 권!

216유형 2414문항

수매씽

MATHING

미적분

동아출판

등업을 위한 강력한 한 권!

0 실력과 성적을 한번에 잡는 유형서

- 최다 유형, 최다 문항, 세분화된 유형
- 교육청·평가원 최신 기출 유형 반영
- 다양한 타입의 문항과 접근 방법 수록

수매씽 미적분

집필진	구명석(대표 저자) 김민철, 문지웅, 안상철, 양병문, 오광석, 유상민, 이지수, 이태훈, 장호섭
발행일	2022년 9월 10일
인쇄일	2023년 7월 30일
펴낸곳	동아출판㈜
펴낸이	이욱상
등록번호	제300-1951-4호(1951. 9. 19.)
개발총괄	김영지
개발책임	이상민
개발	김인영, 권혜진, 김성희, 이현아
디자인책임	목진성
표지 디자인	이소연
표지 일러스트	심건우, 이창호
내지 디자인	김재혁
대표번호	1644-0600
주소	서울시 영등포구 은행로 30 (우 07242)

학습 계획을 세우고 매일 실천해 보세요.

	SUNDAY	MONDAY	TUESDAY	WEDNESDAY	THUR
DATE	/ D- 단원 유형 ~ 단원 유형	/ D- 단원 유형 ~ 단원 유형	/ D- 단원 유형 ~ 단원 유형	/ D- 단원 유형 ~ 단원 유형	단원 유형 ~
DATE	/ D- 단원 유형 ~ 단원 유형	/ D- 단원 유형 ~ 단원 유형	/ D- 단원 유형 ~ 단원 유형	/ D- 단원 유형 ~ 단원 유형	단원 유형 ~
DATE	/ D- 단원 유형 ~ 단원 유형	/ D- 단원 유형 ~ 단원 유형	/ D- 단원 유형 ~ 단원 유형	/ D- 단원 유형 ~ 단원 유형	단원 유형 ~
DATE	/ D- 단원 유형 ~ 단원 유형	/ D- 단원 유형 ~ 단원 유형	/ D- 단원 유형 ~ 단원 유형	/ D- 단원 유형 ~ 단원 유형	/ 단원 유형 ~
DATE	/ D- 단원 유형 ~ 단원 유형	/ D- 단원 유형 ~ 단원 유형	/ D- 단원 유형 ~ 단원 유형	/ D- 단원 유형 ~ 단원 유형	/ 단원 유형 ~
DATE	/ D- 단원 유형 ~ 단원 유형	/ D- 단원 유형 ~ 단원 유형	/ D- 단원 유형 ~ 단원 유형	/ D- 단원 유형 ~ 단원 유형	/ 단원 유형 ~
DATE	/ D- 단원 유형 ~ 단원 유형	/ D- 단원 유형 ~ 단원 유형	/ D- 단원 유형 ~ 단원 유형	/ D- 단원 유형 ~ 단원 유형	/ 단원 유형 ~
DATE	/ D- 단원 유형 ~ 단원 유형	/ D- 단원 유형 ~ 단원 유형	/ D- 단원 유형 ~ 단원 유형	/ D- 단원 유형 ~ 단원 유형	/ 단원 유형 ~

● **복습 필수 문항** 복습이 필요한 문항 번호를 쓰고 시험 전에 훑어 보세요.

RSDAY	FRIDAY	SATURDAY
/ D- ~ 단원 유형	○ / D- 단원 유형 ~ 단원 유형	○ / D- 단원 유형 ~ 단원 유형
/ D- ~ 단원 유형	○ / D- 단원 유형 ~ 단원 유형	○ / D- 단원 유형 ~ 단원 유형
/ D- ~ 단원 유형	○ / D- 단원 유형 ~ 단원 유형	○ / D- 단원 유형 ~ 단원 유형
/ D- ~ 단원 유형	○ / D- 단원 유형 ~ 단원 유형	○ / D- 단원 유형 ~ 단원 유형
/ D- ~ 단원 유형	○ / D- 단원 유형 ~ 단원 유형	○ / D- 단원 유형 ~ 단원 유형
/ D- ~ 단원 유형	○ / D- 단원 유형 ~ 단원 유형	○ / D- 단원 유형 ~ 단원 유형
/ D- ~ 단원 유형	○ / D- 단원 유형 ~ 단원 유형	○ / D- 단원 유형 ~ 단원 유형
/ D- ~ 단원 유형	○ / D- 단원 유형 ~ 단원 유형	○ / D- 단원 유형 ~ 단원 유형

오른쪽 QR 이미지를 찍어서 자료를 확인해 보세요.

수매씽 핸드북 3종

개념편

개념을 빠르게 익힐 때는 '개념편'을 이용해!

유형편

많은 문제를 풀기에 시간이 부족할 땐 모든 유형에 대한 대표문제가 들어 있는 '유형편'을 이용해!

실력편

모든 준비가 끝났다면 '실력편'으로 내 실력을 확인해 보자!

학습 계획을 세우고 매일 실천해 보세요.

	SUNDAY	MONDAY	TUESDAY	WEDNESDAY	THU
DATE	/ D- 단원 유형 ~ 단원 유형	/ D- 단원 유형 ~ 단원 유형	/ D- 단원 유형 ~ 단원 유형	/ D- 단원 유형 ~ 단원 유형	단원 유형
DATE	/ D- 단원 유형 ~ 단원 유형	/ D- 단원 유형 ~ 단원 유형	/ D- 단원 유형 ~ 단원 유형	/ D- 단원 유형 ~ 단원 유형	단원 유형
DATE	/ D- 단원 유형 ~ 단원 유형	/ D- 단원 유형 ~ 단원 유형	/ D- 단원 유형 ~ 단원 유형	/ D- 단원 유형 ~ 단원 유형	단원 유형
DATE	/ D- 단원 유형 ~ 단원 유형	/ D- 단원 유형 ~ 단원 유형	/ D- 단원 유형 ~ 단원 유형	/ D- 단원 유형 ~ 단원 유형	단원 유형
DATE	/ D- 단원 유형 ~ 단원 유형	/ D- 단원 유형 ~ 단원 유형	/ D- 단원 유형 ~ 단원 유형	/ D- 단원 유형 ~ 단원 유형	단원 유형
DATE	/ D- 단원 유형 ~ 단원 유형	/ D- 단원 유형 ~ 단원 유형	/ D- 단원 유형 ~ 단원 유형	/ D- 단원 유형 ~ 단원 유형	단원 유형
DATE	/ D- 단원 유형 ~ 단원 유형	/ D- 단원 유형 ~ 단원 유형	/ D- 단원 유형 ~ 단원 유형	/ D- 단원 유형 ~ 단원 유형	단원 유형
DATE	/ D- 단원 유형 ~ 단원 유형	/ D- 단원 유형 ~ 단원 유형	/ D- 단원 유형 ~ 단원 유형	/ D- 단원 유형 ~ 단원 유형	단원 유형

● 복습 필수 문항 복습이 필요한 문항 번호를 쓰고 시험 전에 훑어 보세요.

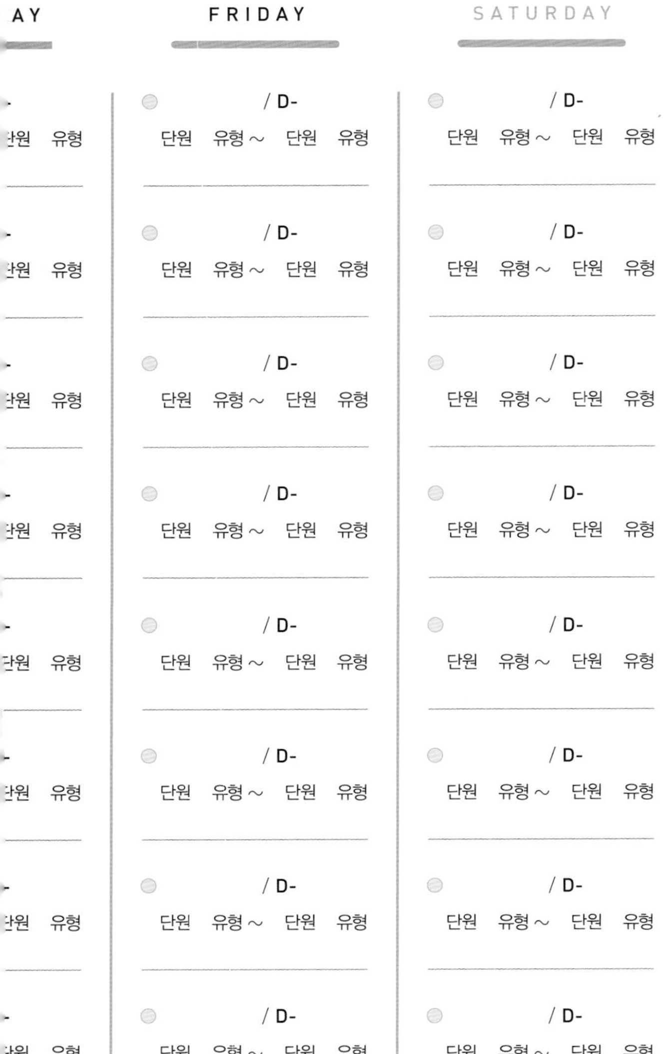

오른쪽 QR 이미지를 찍어서 자료를 확인해 보세요.

오답노트 & 플래너

Wrong Answer Notes & Planner

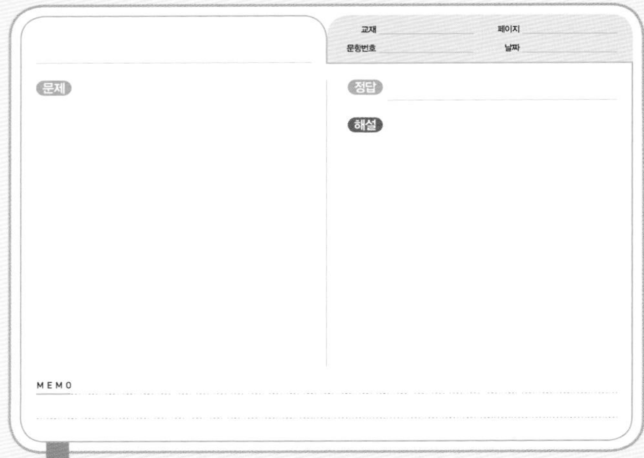

문제
교재
페이지
문항번호
날짜
정답
해설
MEMO

오답노트를 통해 틀린 문제를 다시 풀어 보고
관련된 개념도 살펴보자!

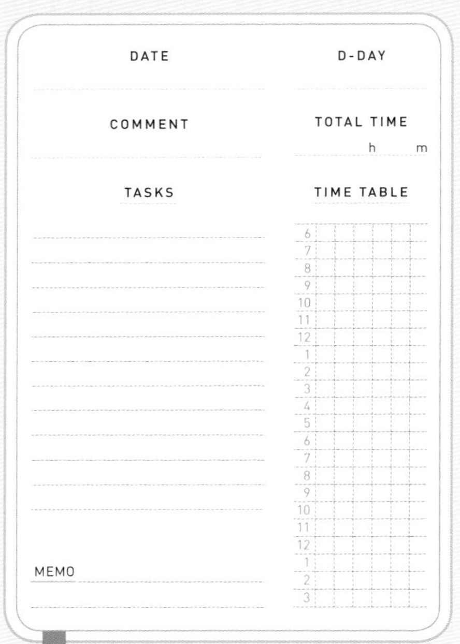

DATE
D-DAY
COMMENT
TOTAL TIME
h m
TASKS
TIME TABLE
MEMO

플래너에 하루의 공부 목표를
세워서 알차게 공부해 보자!

수매씽

MATHING

미적분

구성과 특징

Structure

STEP 1 핵심 개념 이해

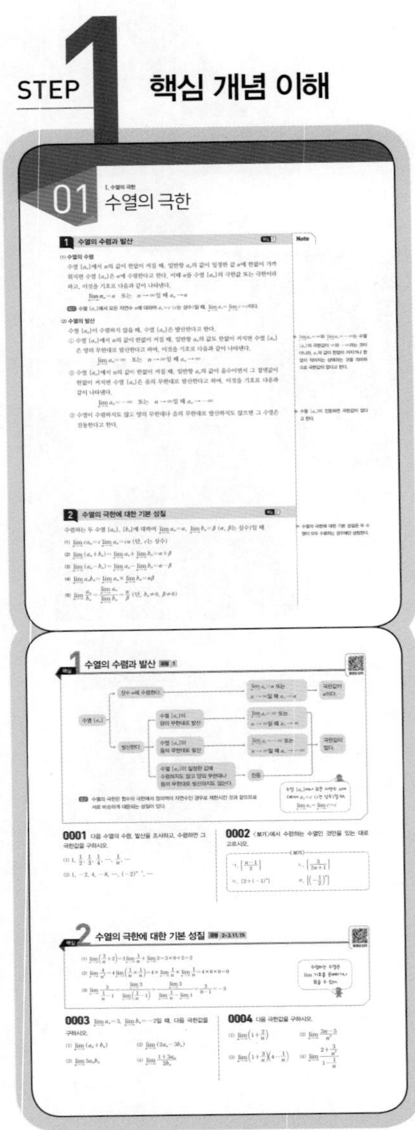

- 중단원의 개념을 정리하고, 핵심 개념에서 중요한 개념을 도식화하여 직관적인 이해를 돕습니다.
  핵심 개념에 대한 설명을 **동영상 강의**로 확인할 수 있습니다.

STEP 2 유형 학습

- **기초 유형** 이전 학년에서 배운 내용을 유형으로 확인합니다.
- **실전 유형 / 심화 유형** 세분화된 최적의 내신 출제 유형으로 구성하고, 유형마다 최신 **교육청 · 평가원 기출문제**를 분석하여 수록하였습니다.
  또, 유형 중 출제율이 높은 빈출유형, 여러 개념이나 유형이 복합된 복합유형은 별도 표기하였습니다. 고난도 문항과 신경향 문항도 확인할 수 있습니다.

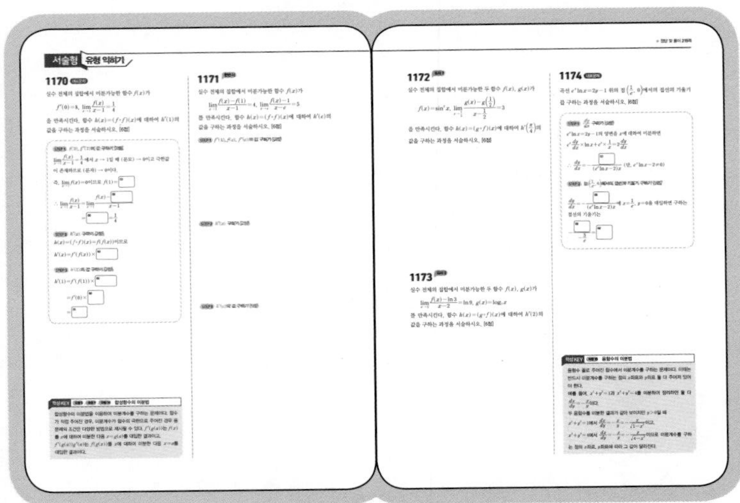

- **서술형 유형 익히기** 내신 빈출 서술형 문제를 **대표문제 – 한번 더 – 유사문제**의 set 문제로 구성하여 서술형 내신 대비를 철저히 할 수 있습니다. 핵심 KEY에서 서술형 문항을 분석한 내용을 담았습니다.

최다유형 최다문항 **수매씽!**

등급 up! 실전에 강한 유형서

STEP 3 실전 완벽 대비

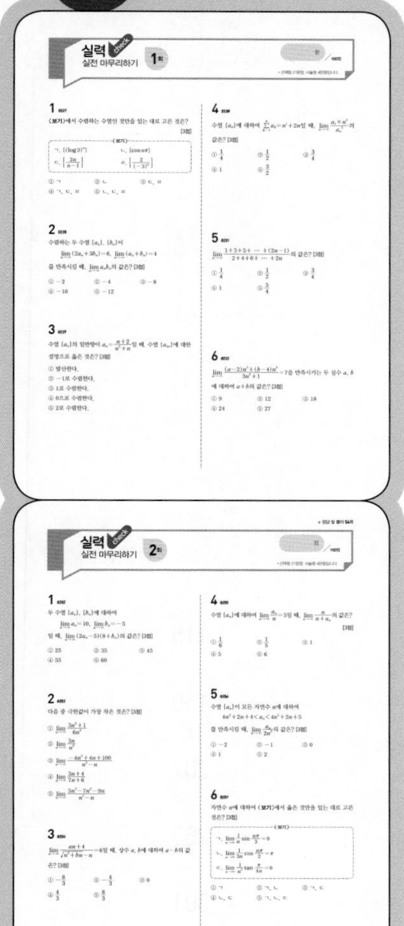

- 시험에 꼭 나오는 예상 기출문제를 선별하여 1회/2회로 구성하였습니다. 실제 시험과 유사한 문항 수로, 문항별 배점을 제시하여 실제 시험처럼 제한된 시간 내에 문제를 해결하고 채점해 봄으로써 자신의 실력을 확인할 수 있습니다.

정답 및 풀이 "꼼꼼하게 활용해 보세요."

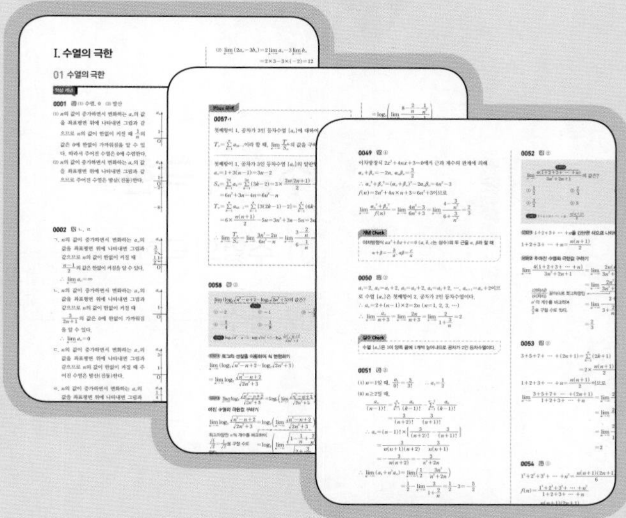

- 유형의 대표문제를 분석하여 단서를 제시하고 단계별 풀이를 통해 문제해결에 접근할 수 있습니다.
  다른 풀이, 개념 Check, 실수 Check, Tip, 참고 등을 제시하여 이해하기 쉽고 친절합니다.
  상수준의 어려운 문제는 +Plus 문제 를 추가로 제공하여 내신 고득점을 대비할 수 있습니다.

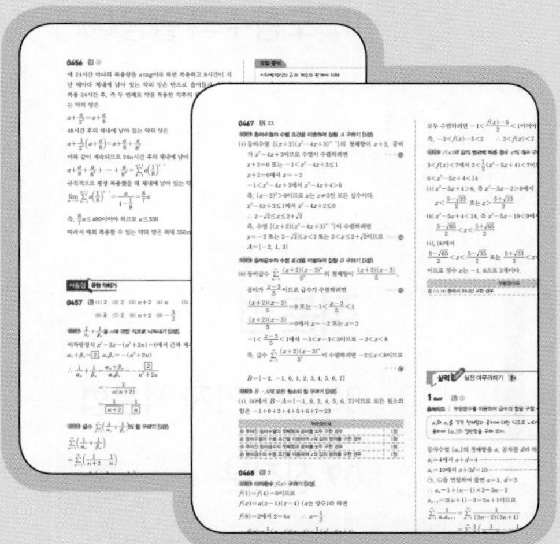

- 서술형 문제는 단계별 풀이 외에도 실제 답안 예시/오답 분석을 통해 다른 학생들이 실제로 작성한 답안을 살펴볼 수 있습니다. 또, 부분점수를 얻을 수 있는 포인트를 부분점수표로 제시하였습니다.
  실전 중단원 마무리 문제는 출제의도와 문제해결 방안을 확인할 수 있습니다.

차례

Contents

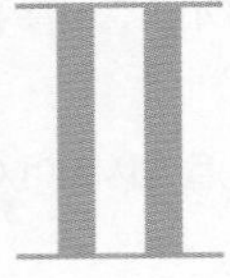

수열의 극한

미분법

적분법

수열의 극한 01

01 수열의 극한

1 수열의 수렴과 발산 핵심 1

(1) 수열의 수렴

수열 $\{a_n\}$에서 n의 값이 한없이 커질 때, 일반항 a_n의 값이 일정한 값 α에 한없이 가까워지면 수열 $\{a_n\}$은 α에 수렴한다고 한다. 이때 α를 수열 $\{a_n\}$의 극한값 또는 극한이라 하고, 이것을 기호로 다음과 같이 나타낸다.

$$\lim_{n\to\infty} a_n=\alpha \quad \text{또는} \quad n\to\infty\text{일 때 } a_n\to\alpha$$

참고 수열 $\{a_n\}$에서 모든 자연수 n에 대하여 $a_n=c$ (c는 상수)일 때, $\lim_{n\to\infty} a_n=\lim_{n\to\infty} c=c$이다.

(2) 수열의 발산

수열 $\{a_n\}$이 수렴하지 않을 때, 수열 $\{a_n\}$은 발산한다고 한다.

① 수열 $\{a_n\}$에서 n의 값이 한없이 커질 때, 일반항 a_n의 값도 한없이 커지면 수열 $\{a_n\}$은 양의 무한대로 발산한다고 하며, 이것을 기호로 다음과 같이 나타낸다.

$$\lim_{n\to\infty} a_n=\infty \quad \text{또는} \quad n\to\infty\text{일 때 } a_n\to\infty$$

② 수열 $\{a_n\}$에서 n의 값이 한없이 커질 때, 일반항 a_n의 값이 음수이면서 그 절댓값이 한없이 커지면 수열 $\{a_n\}$은 음의 무한대로 발산한다고 하며, 이것을 기호로 다음과 같이 나타낸다.

$$\lim_{n\to\infty} a_n=-\infty \quad \text{또는} \quad n\to\infty\text{일 때 } a_n\to-\infty$$

③ 수열이 수렴하지도 않고 양의 무한대나 음의 무한대로 발산하지도 않으면 그 수열은 진동한다고 한다.

2 수열의 극한에 대한 기본 성질 핵심 2

수렴하는 두 수열 $\{a_n\}$, $\{b_n\}$에 대하여 $\lim_{n\to\infty} a_n=\alpha$, $\lim_{n\to\infty} b_n=\beta$ (α, β는 실수)일 때

(1) $\lim_{n\to\infty} ca_n=c\lim_{n\to\infty} a_n=c\alpha$ (단, c는 상수)

(2) $\lim_{n\to\infty} (a_n+b_n)=\lim_{n\to\infty} a_n+\lim_{n\to\infty} b_n=\alpha+\beta$

(3) $\lim_{n\to\infty} (a_n-b_n)=\lim_{n\to\infty} a_n-\lim_{n\to\infty} b_n=\alpha-\beta$

(4) $\lim_{n\to\infty} a_nb_n=\lim_{n\to\infty} a_n\times\lim_{n\to\infty} b_n=\alpha\beta$

(5) $\lim_{n\to\infty} \dfrac{a_n}{b_n}=\dfrac{\lim_{n\to\infty} a_n}{\lim_{n\to\infty} b_n}=\dfrac{\alpha}{\beta}$ (단, $b_n\neq0$, $\beta\neq0$)

Note

- $\lim_{n\to\infty} a_n=\infty$와 $\lim_{n\to\infty} a_n=-\infty$는 수열 $\{a_n\}$의 극한값이 ∞와 $-\infty$라는 것이 아니라, a_n의 값이 한없이 커지거나 한없이 작아지는 상태라는 것을 의미하므로 극한값이 없다고 한다.
- 수열 $\{a_n\}$이 진동하면 극한값이 없다고 한다.
- 수열의 극한에 대한 기본 성질은 두 수열이 모두 수렴하는 경우에만 성립한다.

3 수열의 극한값의 계산

핵심 3

(1) $\frac{\infty}{\infty}$ 꼴의 극한

분모의 최고차항으로 분모, 분자를 각각 나눈다.

① (분자의 차수)>(분모의 차수) ➜ 발산한다.

② (분자의 차수)=(분모의 차수) ➜ 극한값은 최고차항의 계수의 비이다.

③ (분자의 차수)<(분모의 차수) ➜ 극한값은 0이다.

(2) $\infty-\infty$ 꼴의 극한

① 다항식은 최고차항으로 묶는다.

② 무리식은 근호를 포함한 쪽을 유리화한다.

주의 ∞는 한없이 커지는 상태를 나타내는 기호이므로 $\frac{\infty}{\infty}\neq1$, $\infty-\infty\neq0$임에 주의한다.

Note

$\lim_{n\to\infty}a_n=\alpha$ (α는 실수), $\lim_{n\to\infty}b_n=\infty$일 때

(1) $\alpha>0$이면 $\lim_{n\to\infty}a_nb_n=\infty$

(2) $\alpha<0$이면 $\lim_{n\to\infty}a_nb_n=-\infty$

4 수열의 극한의 대소 관계

수렴하는 두 수열 $\{a_n\}$, $\{b_n\}$에 대하여 $\lim_{n\to\infty}a_n=\alpha$, $\lim_{n\to\infty}b_n=\beta$ (α, β는 실수)일 때

(1) 모든 자연수 n에 대하여 $a_n\leq b_n$이면 $\alpha\leq\beta$이다.

(2) 수열 $\{c_n\}$이 모든 자연수 n에 대하여 $a_n\leq c_n\leq b_n$이고 $\alpha=\beta$이면 $\lim_{n\to\infty}c_n=\alpha$이다.

참고 (1) 두 수열 $\{a_n\}$, $\{b_n\}$에서 모든 자연수 n에 대하여 $a_n<b_n$일 때, $\lim_{n\to\infty}a_n=\infty$이면 $\lim_{n\to\infty}b_n=\infty$이다.

(2) 두 수열 $\{a_n\}$, $\{b_n\}$에 대하여 $a_n<b_n$이라고 해서 반드시 $\lim_{n\to\infty}a_n<\lim_{n\to\infty}b_n$이 성립하는 것은 아니다.

$a_n<b_n$일 때도 $\lim_{n\to\infty}a_n=\lim_{n\to\infty}b_n$인 경우가 있다.

예 $a_n=\frac{1}{n}$, $b_n=\frac{2}{n}$이면 $a_n<b_n$이지만 $\lim_{n\to\infty}a_n=\lim_{n\to\infty}b_n=0$이다.

5 등비수열의 수렴과 발산

핵심 4

등비수열 $\{r^n\}$은 다음과 같이 r의 값의 범위에 따라 수렴 또는 발산한다.

(1) $r>1$일 때, $\lim_{n\to\infty}r^n=\infty$ (발산)

(2) $r=1$일 때, $\lim_{n\to\infty}r^n=1$ (수렴)

(3) $-1<r<1$일 때, $\lim_{n\to\infty}r^n=0$ (수렴)

(4) $r\leq-1$일 때, 수열 $\{r^n\}$은 진동한다. (발산)

참고 (1) 등비수열 $\{r^n\}$이 수렴하기 위한 필요충분조건 ➜ $-1<r\leq1$

(2) 등비수열 $\{ar^{n-1}\}$이 수렴하기 위한 필요충분조건 ➜ $a=0$ 또는 $-1<r\leq1$

r^n을 포함한 수열의 극한은 r의 값의 범위를 $|r|<1$, $r=1$, $|r|>1$, $r=-1$인 경우로 나누어 구한다.

핵심 1 수열의 수렴과 발산 유형 1

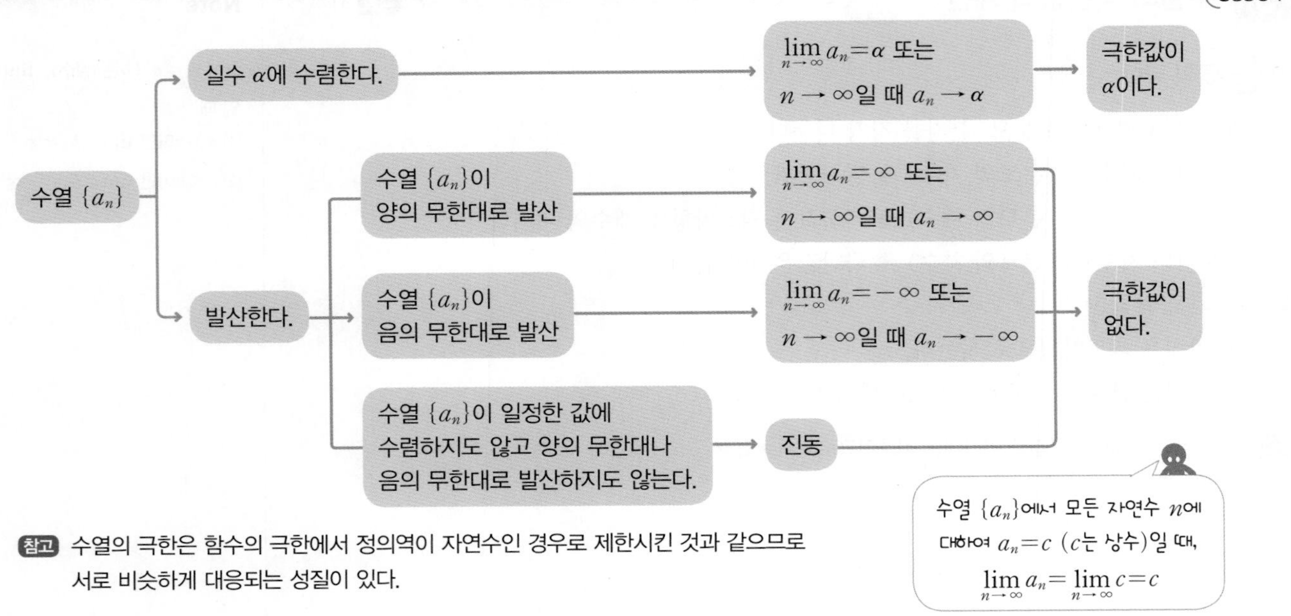

참고 수열의 극한은 함수의 극한에서 정의역이 자연수인 경우로 제한시킨 것과 같으므로 서로 비슷하게 대응되는 성질이 있다.

0001 다음 수열의 수렴, 발산을 조사하고, 수렴하면 그 극한값을 구하시오.

(1) $1,\ \frac{1}{2},\ \frac{1}{3},\ \frac{1}{4},\ \cdots,\ \frac{1}{n},\ \cdots$

(2) $1,\ -2,\ 4,\ -8,\ \cdots,\ (-2)^{n-1},\ \cdots$

0002 〈보기〉에서 수렴하는 수열인 것만을 있는 대로 고르시오.

〈보기〉

ㄱ. $\left\{\frac{n-1}{2}\right\}$　　ㄴ. $\left\{\frac{3}{2n+1}\right\}$

ㄷ. $\{2+(-1)^n\}$　　ㄹ. $\left\{\left(-\frac{1}{2}\right)^n\right\}$

핵심 2 수열의 극한에 대한 기본 성질 유형 2~3, 11, 15

(1) $\lim_{n\to\infty}\left(\frac{3}{n}+2\right)=3\lim_{n\to\infty}\frac{1}{n}+\lim_{n\to\infty}2=3\times0+2=2$

(2) $\lim_{n\to\infty}\frac{4}{n^2}=4\lim_{n\to\infty}\left(\frac{1}{n}\times\frac{1}{n}\right)=4\times\lim_{n\to\infty}\frac{1}{n}\times\lim_{n\to\infty}\frac{1}{n}=4\times0\times0=0$

(3) $\lim_{n\to\infty}\frac{3}{\frac{1}{n}-1}=\frac{\lim_{n\to\infty}3}{\lim_{n\to\infty}\left(\frac{1}{n}-1\right)}=\frac{\lim_{n\to\infty}3}{\lim_{n\to\infty}\frac{1}{n}-\lim_{n\to\infty}1}=\frac{3}{0-1}=-3$

수렴하는 수열은 lim 기호를 분배하거나 묶을 수 있어.

0003 $\lim_{n\to\infty}a_n=3$, $\lim_{n\to\infty}b_n=-2$일 때, 다음 극한값을 구하시오.

(1) $\lim_{n\to\infty}(a_n+b_n)$　　(2) $\lim_{n\to\infty}(2a_n-3b_n)$

(3) $\lim_{n\to\infty}5a_nb_n$　　(4) $\lim_{n\to\infty}\frac{1+3a_n}{2b_n}$

0004 다음 극한값을 구하시오.

(1) $\lim_{n\to\infty}\left(1+\frac{2}{n}\right)$　　(2) $\lim_{n\to\infty}\frac{3n-5}{n^2}$

(3) $\lim_{n\to\infty}\left(1+\frac{3}{n}\right)\left(4-\frac{1}{n}\right)$　　(4) $\lim_{n\to\infty}\frac{2+\frac{3}{n^2}}{1-\frac{1}{n}}$

● 정답 및 풀이 12쪽

핵심 3 수열의 극한값의 계산 유형 4~10

(1) $\frac{\infty}{\infty}$ 꼴의 극한의 계산

분모의 최고차항으로 분모, 분자 나누기

① $\lim_{n\to\infty}\frac{2n}{n+1}=\lim_{n\to\infty}\frac{2}{1+\frac{1}{n}}=\frac{\lim_{n\to\infty}2}{\lim_{n\to\infty}\left(1+\frac{1}{n}\right)}=2$

② $\lim_{n\to\infty}\frac{n+2}{2n^2+1}=\lim_{n\to\infty}\frac{\frac{1}{n}+\frac{2}{n^2}}{2+\frac{1}{n^2}}=\frac{\lim_{n\to\infty}\left(\frac{1}{n}+\frac{2}{n^2}\right)}{\lim_{n\to\infty}\left(2+\frac{1}{n^2}\right)}=0$

③ $\lim_{n\to\infty}\frac{n^2+1}{3n}=\lim_{n\to\infty}\frac{n+\frac{1}{n}}{3}=\frac{\lim_{n\to\infty}\left(n+\frac{1}{n}\right)}{\lim_{n\to\infty}3}=\infty$

$\frac{\infty}{\infty}$ 꼴의 극한은 최고차항의 계수를 비교한다고 생각하면 돼!

(2) $\infty-\infty$ 꼴의 극한의 계산

최고차항으로 묶기

① $\lim_{n\to\infty}(n^3-8n)=\lim_{n\to\infty}n^3\left(1-\frac{8}{n^2}\right)=\infty$

근호를 포함한 쪽 유리화하기 / 분모의 최고차항으로 분모, 분자 나누기

② $\lim_{n\to\infty}(\sqrt{n^2+n}-n)=\lim_{n\to\infty}\frac{(\sqrt{n^2+n}-n)(\sqrt{n^2+n}+n)}{\sqrt{n^2+n}+n}=\lim_{n\to\infty}\frac{n}{\sqrt{n^2+n}+n}=\lim_{n\to\infty}\frac{1}{\sqrt{1+\frac{1}{n}}+1}=\frac{1}{2}$

0005 다음 극한을 조사하고, 극한이 존재하면 그 극한값을 구하시오.

(1) $\lim_{n\to\infty}\frac{2-n}{2n+1}$

(2) $\lim_{n\to\infty}\frac{n^3-1}{3n^2-5n+7}$

0006 다음 극한을 조사하고, 극한이 존재하면 그 극한값을 구하시오.

(1) $\lim_{n\to\infty}(1+2n-n^2)$

(2) $\lim_{n\to\infty}\frac{1}{\sqrt{n^2+3n}-n}$

핵심 4 등비수열의 수렴과 발산 유형 16, 19

● 등비수열의 수렴과 발산

(1) 등비수열 $\{2^n\}$은 공비가 2이고 $2>1$이므로

$\lim_{n\to\infty}2^n=\infty$

(2) 등비수열 $\left\{\left(\frac{1}{3}\right)^n\right\}$은 공비가 $\frac{1}{3}$이고 $-1<\frac{1}{3}<1$이므로

$\lim_{n\to\infty}\left(\frac{1}{3}\right)^n=0$

● 등비수열의 수렴 조건

등비수열 $1, \frac{x}{2}, \frac{x^2}{4}, \frac{x^3}{8}, \cdots$에서 공비가 $\frac{x}{2}$이므로

주어진 등비수열이 수렴하려면

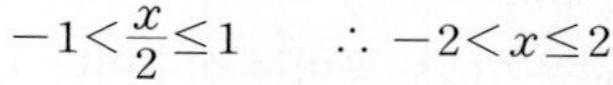
$-1<\frac{x}{2}\le1 \quad \therefore -2<x\le2$

$-1<r\le1$일 때, 등비수열 $\{r^n\}$은 수렴해.

0007 다음 등비수열의 수렴, 발산을 조사하고, 수렴하면 그 극한값을 구하시오.

(1) $\left\{\frac{(-1)^n}{5^n}\right\}$ (2) $\left\{\frac{4^n}{3^{n+1}}\right\}$

0008 다음 등비수열이 수렴하도록 하는 실수 x의 값의 범위를 구하시오.

(1) $1, -3x, 9x^2, -27x^3, \cdots$

(2) $\{(2x-1)^n\}$

기출 유형 check
실전 준비하기

25유형, 208문항입니다.

기초유형 0-1 등차수열과 등비수열 | 수학Ⅰ

(1) 첫째항이 a, 공차가 d인 등차수열 $\{a_n\}$의 일반항 a_n은
$a_n=a+(n-1)d$ $(n=1, 2, 3, \cdots)$
(2) 첫째항이 a, 공비가 r인 등비수열 $\{a_n\}$의 일반항 a_n은
$a_n=ar^{n-1}$ $(n=1, 2, 3, \cdots)$

0009 대표문제

등차수열 $\{a_n\}$에 대하여 $a_3+a_6=25$, $a_8=23$일 때, a_4의 값은?

① 11　② 12　③ 13　④ 14　⑤ 15

0010 Level 1

공비가 2인 등비수열 $\{a_n\}$에 대하여 $a_4=24$일 때, a_2+a_3의 값은?

① 6　② 12　③ 18　④ 24　⑤ 30

0011 Level 2

등비수열 $\{a_n\}$의 첫째항부터 제n항까지의 합 S_n에 대하여 $S_3=21$, $S_6=189$일 때, a_6의 값은? (단, 공비는 실수이다.)

① 12　② 24　③ 48　④ 96　⑤ 108

기초유형 0-2 함수의 극한 | 수학Ⅱ

(1) $\frac{0}{0}$ 꼴의 극한
① 유리식이면 → 분모, 분자를 인수분해하여 약분한다.
② 무리식이면 → 근호가 있는 쪽을 유리화한다.
(2) $\frac{\infty}{\infty}$ 꼴의 극한
① 분모의 최고차항으로 분모, 분자를 각각 나눈다.
② $\lim_{x\to\infty}\frac{(\text{상수})}{x^n}=0$임을 이용하여 극한값을 구한다.
(3) $\infty-\infty$ 꼴의 극한
① 다항식이면 → 최고차항으로 묶는다.
② 무리식이면 → 근호가 있는 쪽을 유리화한다.

0012 대표문제

$\lim_{x\to\infty}(\sqrt{x+2}-\sqrt{x+1})$의 값을 구하시오.

0013 Level 2

함수 $f(x)=\frac{x^2+2x-3}{|x-1|}$에 대하여 $\lim_{x\to1+}f(x)=a$, $\lim_{x\to1-}f(x)=b$라 할 때, 실수 a, b에 대하여 $2a+b$의 값을 구하시오.

0014 Level 2

두 함수 $f(x)$, $g(x)$에 대하여 $\lim_{x\to1}f(x)=\alpha$, $\lim_{x\to1}g(x)=\beta$이고 $\lim_{x\to1}\{f(x)+g(x)\}=5$, $\lim_{x\to1}\{3f(x)-g(x)\}=3$일 때, $\lim_{x\to1}\frac{4f(x)+1}{g(x)-2}$의 값을 구하시오. (단, α, β는 실수이다.)

실전 유형 1 수열의 수렴과 발산

0이 아닌 상수 a에 대하여 n의 값이 한없이 커지면

(1) 수열 $\left\{\frac{a}{n}\right\}$ → 0에 수렴

(2) 수열 $\left\{\frac{n}{a}\right\}$ → 양의 무한대 또는 음의 무한대로 발산

0015 대표문제

다음 수열 중 수렴하는 것은?

① $-\frac{1}{10}, \frac{1}{10}, -\frac{1}{10}, \frac{1}{10}, \cdots, \frac{(-1)^n}{10}, \cdots$

② $-1, -2, -4, -8, \cdots, -2^{n-1}, \cdots$

③ $\log(1+1), \log\left(1+\frac{1}{2}\right), \log\left(1+\frac{1}{3}\right), \cdots, \log\left(1+\frac{1}{n}\right), \cdots$

④ $\frac{1}{2\sqrt{1}}, \frac{2}{2\sqrt{2}}, \frac{3}{2\sqrt{3}}, \frac{4}{2\sqrt{4}}, \cdots, \frac{n}{2\sqrt{n}}, \cdots$

⑤ $\sin\frac{\pi}{2}, \sin\frac{3}{2}\pi, \sin\frac{5}{2}\pi, \sin\frac{7}{2}\pi, \cdots, \sin\frac{2n-1}{2}\pi, \cdots$

0016

Level 1

다음 설명에서 (가)~(다)에 알맞은 것을 차례로 적은 것은?

수열 $\{a_n\}$에서 n의 값이 한없이 커질 때, 일반항 a_n의 값이 일정한 값 α에 한없이 가까워지면 수열 $\{a_n\}$은 α에 (가) 한다고 한다. 이때 α를 수열 $\{a_n\}$의 극한값 또는 (나) (이)라 한다. 어떤 수열이 수렴하지 않을 때, 그 수열은 (다) 한다고 한다.

① 수렴, 극한, 발산
② 수렴, 무한대, 진동
③ 발산, 극한, 수렴
④ 발산, 무한대, 수렴
⑤ 수렴, 극한, 무한대

0017

Level 1

다음 중 수열 $\left\{2+(-1)^n\times\frac{1}{n}\right\}$에 대한 설명으로 옳은 것은?

① 0에 수렴한다.
② 1에 수렴한다.
③ 2에 수렴한다.
④ 진동한다.
⑤ 양의 무한대로 발산한다.

0018

Level 2

다음 수열 중 수렴하는 것은?

① $\{-n^3\}$
② $\{(-2)^{n+1}\}$
③ $\{2n+1\}$
④ $\left\{\frac{n+(-1)^n}{2}\right\}$
⑤ $\left\{\frac{n+(-1)^n}{n^2}\right\}$

0019

Level 2

〈보기〉에서 수렴하는 수열인 것만을 있는 대로 고르시오.

〈보기〉

ㄱ. $\left\{\frac{3n-2}{n}\right\}$
ㄴ. $\left\{\frac{3n^3+2}{2n^2}\right\}$
ㄷ. $\left\{(-1)^{n-1}\times\frac{n}{n^2+1}\right\}$
ㄹ. $\left\{\frac{5-2n^2}{n}\right\}$

0020

Level 2

〈**보기**〉에서 수렴하는 수열인 것만을 있는 대로 고른 것은?

〈보기〉

ㄱ. $\left\{\log\left(10-\frac{1}{n}\right)\right\}$　ㄴ. $\left\{\frac{1+(-1)^{2n+1}}{2}\right\}$

ㄷ. $\left\{\frac{(-1)^n+1^n}{n}\right\}$　ㄹ. $\left\{\tan\left(\frac{n\pi}{2}+\frac{\pi}{3}\right)\right\}$

① ㄱ, ㄴ　② ㄴ, ㄷ　③ ㄷ, ㄹ
④ ㄱ, ㄴ, ㄷ　⑤ ㄱ, ㄴ, ㄹ

0021

Level 2

다음 수열 중 발산하는 것은?

① $\left\{\frac{(-1)^n}{3^n}\right\}$　② $\left\{1-\frac{2}{n^2}\right\}$　③ $\left\{\frac{5}{4n+1}\right\}$
④ $\left\{\log\frac{1}{n}\right\}$　⑤ $\left\{\frac{2n+(-1)^n}{n}\right\}$

0022

Level 2

〈**보기**〉에서 발산하는 수열인 것만을 있는 대로 고르시오.

〈보기〉

ㄱ. $\frac{\sqrt{2}}{3}, \frac{2}{3}, \frac{\sqrt{6}}{3}, \frac{2\sqrt{2}}{3}, \cdots, \frac{\sqrt{2n}}{3}, \cdots$

ㄴ. $1, \frac{1}{\sqrt{2}}, \frac{1}{\sqrt{3}}, \frac{1}{2}, \cdots, \frac{1}{\sqrt{n}}, \cdots$

ㄷ. $\cos\pi, \cos 2\pi, \cos 3\pi, \cos 4\pi, \cdots, \cos n\pi, \cdots$

ㄹ. $-\frac{3}{2}, \frac{9}{4}, -\frac{27}{8}, \frac{81}{16}, \cdots, \left(-\frac{3}{2}\right)^n, \cdots$

실전유형 2 수열의 극한에 대한 기본 성질

수렴하는 두 수열 $\{a_n\}$, $\{b_n\}$에 대하여
$\lim_{n\to\infty} a_n=\alpha$, $\lim_{n\to\infty} b_n=\beta$ (α, β는 실수)일 때

(1) $\lim_{n\to\infty} ca_n=c\lim_{n\to\infty} a_n=c\alpha$ (단, c는 상수)

(2) $\lim_{n\to\infty} (a_n+b_n)=\lim_{n\to\infty} a_n+\lim_{n\to\infty} b_n=\alpha+\beta$

(3) $\lim_{n\to\infty} (a_n-b_n)=\lim_{n\to\infty} a_n-\lim_{n\to\infty} b_n=\alpha-\beta$

(4) $\lim_{n\to\infty} a_nb_n=\lim_{n\to\infty} a_n\times\lim_{n\to\infty} b_n=\alpha\beta$

(5) $\lim_{n\to\infty} \frac{a_n}{b_n}=\frac{\lim_{n\to\infty} a_n}{\lim_{n\to\infty} b_n}=\frac{\alpha}{\beta}$ (단, $b_n\neq 0$, $\beta\neq 0$)

0023 대표문제

두 수열 $\{a_n\}$, $\{b_n\}$에 대하여

$$\lim_{n\to\infty} a_n=3,\ \lim_{n\to\infty} b_n=2$$

일 때, $\lim_{n\to\infty}\frac{2a_nb_n}{b_n+2}$의 값을 구하시오.

0024

Level 1

두 수열 $\{a_n\}$, $\{b_n\}$에 대하여

$$\lim_{n\to\infty} a_n=1,\ \lim_{n\to\infty} b_n=2$$

일 때, $\lim_{n\to\infty}(a_n+b_n)$의 값은?

① 2　② 3　③ 4
④ 6　⑤ 8

0025

Level 1

수렴하는 수열 $\{a_n\}$에 대하여 $\lim_{n\to\infty}(a_n-2)=3$일 때,

$\lim_{n\to\infty} a_n^2$의 값은?

① 1　② 4　③ 9
④ 16　⑤ 25

0026

Level 2

수렴하는 두 수열 $\{a_n\}$, $\{b_n\}$에 대하여

$$\lim_{n\to\infty}(a_n+1)=3,\ \lim_{n\to\infty}(2b_n+7)=1$$

일 때, $\lim_{n\to\infty}4a_nb_n$의 값은?

① -24　② -18　③ -12　④ -6　⑤ 6

0027

Level 2

두 수열 $\{a_n\}$, $\{b_n\}$의 일반항이 각각

$$a_n=6-\frac{2}{n(n+1)},\ b_n=\frac{1}{n^2}+5\ (n=1,\ 2,\ 3,\ \cdots)$$

일 때, $\lim_{n\to\infty}(a_nb_n-a_n^2+2b_n)$의 값은?

① 1　② 2　③ 4　④ 6　⑤ 8

0028

Level 2

수렴하는 두 수열 $\{a_n\}$, $\{b_n\}$에 대하여

$$\lim_{n\to\infty}(a_n+b_n)=5,\ \lim_{n\to\infty}a_nb_n=3$$

일 때, $\lim_{n\to\infty}(a_n-b_n)^2$의 값은?

① 13　② 15　③ 17　④ 19　⑤ 21

0029

Level 2

수렴하는 두 수열 $\{a_n\}$, $\{b_n\}$에 대하여

$$\lim_{n\to\infty}(a_n-b_n)=5,\ \lim_{n\to\infty}(3a_n+2b_n)=5$$

일 때, $\lim_{n\to\infty}\frac{b_n}{a_n}$의 값은?

① $-\frac{3}{2}$　② $-\frac{2}{3}$　③ $\frac{1}{3}$　④ $\frac{2}{3}$　⑤ $\frac{3}{2}$

0030

Level 2

수렴하는 두 수열 $\{a_n\}$, $\{b_n\}$에 대하여

$$\lim_{n\to\infty}(a_n+b_n)=2,\ \lim_{n\to\infty}(a_n^2-b_n^2)=6$$

일 때, $\lim_{n\to\infty}a_nb_n$의 값은?

(단, 모든 자연수 n에 대하여 $a_n+b_n\neq0$이다.)

① $-\frac{1}{2}$　② $-\frac{3}{4}$　③ $-\frac{5}{4}$　④ $-\frac{3}{2}$　⑤ $-\frac{7}{4}$

다음은 이 유형에서 출제된 최근 교육청 • 평가원 기출문제입니다.

0031

• 교육청 2019년 3월

Level 2

두 수열 $\{a_n\}$, $\{b_n\}$에 대하여

$$\lim_{n\to\infty}(a_n+2b_n)=9,\ \lim_{n\to\infty}(2a_n+b_n)=90$$

일 때, $\lim_{n\to\infty}(a_n+b_n)$의 값을 구하시오.

실전유형 3 $\lim_{n\to\infty} a_n = \lim_{n\to\infty} a_{n+1} = \alpha$의 이용

수열 $\{a_n\}$이 수렴하고 $\lim_{n\to\infty} a_n = \alpha$ (α는 실수)이면

$\lim_{n\to\infty} a_{n+1} = \lim_{n\to\infty} a_{n+2} = \cdots = \alpha$

0032 대표문제

수렴하는 수열 $\{a_n\}$에 대하여 $\lim_{n\to\infty} \frac{a_n - 3}{a_{n+1}} = 4$일 때, $\lim_{n\to\infty} a_n$의 값은?

① -2 ② -1 ③ 0
④ 1 ⑤ 2

0033

Level 2

수렴하는 수열 $\{a_n\}$에 대하여 $\lim_{n\to\infty} \frac{a_{n-1}+8}{2a_n+1} = 2$일 때, $\lim_{n\to\infty} a_n$의 값은?

① $-\frac{5}{3}$ ② -1 ③ 1
④ $\frac{5}{3}$ ⑤ 2

0034

Level 2

$a_1 = 5$인 수렴하는 수열 $\{a_n\}$이

$a_{n+1} = \frac{1}{2}a_n + 1$ ($n=1, 2, 3, \cdots$)

을 만족시킬 때, $\lim_{n\to\infty} a_n$의 값을 구하시오.

0035

Level 2

모든 항이 양수인 수열 $\{a_n\}$이 0이 아닌 실수에 수렴하고

$a_n a_{n+1} = 2 - a_n$ ($n=1, 2, 3, \cdots$)

을 만족시킬 때, $\lim_{n\to\infty} a_n$의 값은?

① 1 ② $\frac{1}{2}$ ③ $\frac{1}{3}$
④ $\frac{1}{4}$ ⑤ $\frac{1}{6}$

0036

Level 2

수렴하는 수열 $\{a_n\}$에 대하여 $\lim_{n\to\infty} \frac{n^2 a_{2n} - 1}{n^2} = 2$일 때, $\lim_{n\to\infty} a_{2n-1}$의 값은?

① -2 ② -1 ③ 0
④ 1 ⑤ 2

0037

Level 2

수렴하는 수열 $\{a_n\}$에 대하여

$2\left(\lim_{n\to\infty} a_{2n-1}\right)^2 - 2\lim_{n\to\infty} a_{2n} - 1 = 0$일 때, $\lim_{n\to\infty} a_n$의 값은?

(단, 모든 자연수 n에 대하여 $a_n \ge 0$이다.)

① $\frac{1+\sqrt{3}}{2}$ ② 1 ③ $\frac{1}{2}$
④ 0 ⑤ $\frac{1-\sqrt{3}}{2}$

0038

Level 2

수렴하는 수열 $\{a_n\}$에 대하여 이차방정식 $x^2-2a_nx+a_{2n}+6=0$이 중근을 갖는다. $a_n>0$일 때, $\lim_{n\to\infty} a_n$의 값을 구하시오.

0039

Level 3

수렴하는 수열 $\{a_n\}$이

$$a_n=\begin{cases} -p^2+\dfrac{2}{n} & (n\text{은 홀수}) \\ 2p-8 & (n\text{은 짝수}) \end{cases}$$

로 정의되고 $\lim_{n\to\infty} a_n=q$일 때, 두 상수 p, q에 대하여 $p+q$의 값은? (단, $p>0$)

① -8　② -4　③ -2
④ 2　⑤ 8

+Plus 문제

0040

Level 3

수열 $\{a_n\}$이

$$a_1=1,\ a_2=2,\ a_{n+2}-a_{n+1}-ka_n=0\ (n=1,\ 2,\ 3,\ \cdots)$$

으로 정의되고 $\lim_{n\to\infty}\dfrac{a_{n+1}}{a_n}=3$일 때, 양수 k의 값은?

① 2　② 4　③ 6
④ 8　⑤ 10

실전유형 4 $\dfrac{\infty}{\infty}$ 꼴의 극한

빈출유형

분모의 최고차항으로 분모, 분자를 각각 나눈 다음 $\lim_{n\to\infty}\dfrac{k}{n}=0$ (k는 상수)임을 이용하여 극한값을 구한다.

0041 대표문제

다음 중 옳은 것은?

① $\lim_{n\to\infty}\dfrac{-3n^2+4n+1}{n(n-1)(n-2)}=-3$

② $\lim_{n\to\infty}\dfrac{\sqrt{2n}}{n+1}=\sqrt{2}$

③ $\lim_{n\to\infty}\dfrac{\sqrt{3n^2+n-1}}{2n-3}=\dfrac{\sqrt{3}}{2}$

④ $\lim_{n\to\infty}\dfrac{\sqrt{n}}{\sqrt{3n+4}}=\dfrac{1}{4}$

⑤ $\lim_{n\to\infty}\dfrac{(1-3n)^3}{(n+1)^3}=-3$

0042

Level 1

$\lim_{n\to\infty}\dfrac{2n^2+3n-1}{3n^2-2n}$의 값은?

① $\dfrac{2}{3}$　② $\dfrac{3}{2}$　③ 2
④ $\dfrac{8}{3}$　⑤ 3

0043

Level 1

$\lim_{n\to\infty}\dfrac{5n^3-1}{(n-1)(n^2+3n+1)}$의 값을 구하시오.

0044
Level 2

$\lim_{n\to\infty}\frac{(3n+1)^2-(3n-1)^2}{2n+5}$의 값은?

① 1　② 2　③ 4　④ 6　⑤ 8

0045
Level 2

다음 중 극한값이 가장 작은 것은?

① $\lim_{n\to\infty}\frac{2n^2-5n+1}{n(n-2)}$　② $\lim_{n\to\infty}\frac{\sqrt{n^2+1}}{n+1}$

③ $\lim_{n\to\infty}\frac{2n}{\sqrt{n^2+1}+n}$　④ $\lim_{n\to\infty}\frac{(n+3)(2n-1)}{n^2}$

⑤ $\lim_{n\to\infty}\frac{\sqrt{n}}{\sqrt{n+3}+\sqrt{n}}$

0046
Level 2

수열 $\{a_n\}$의 첫째항부터 제n항까지의 합 S_n이 $S_n=n^2-3n$일 때, $\lim_{n\to\infty}\frac{{a_n}^2}{S_n}$의 값은?

① 3　② 4　③ 5　④ 6　⑤ 7

0047
Level 2

수열 $\{a_n\}$이

$a_n+a_{n+1}=2n^2$ $(n=1, 2, 3, \cdots)$

을 만족시킬 때, $\lim_{n\to\infty}\frac{a_{n+2}-a_n}{n+1}$의 값을 구하시오.

0048
Level 2

자연수 n에 대하여 다항식 $f(x)=2x^2+3x+1$을 $2x-n$으로 나눈 나머지를 $R(n)$이라 할 때, $\lim_{n\to\infty}\frac{R(n)}{f(n)}$의 값은?

① $\frac{1}{4}$　② $\frac{1}{2}$　③ 1　④ 2　⑤ 4

0049
Level 2

함수 $f(x)=2x^2+4nx+3$에 대하여 방정식 $f(x)=0$의 두 근을 α_n, β_n이라 할 때, $\lim_{n\to\infty}\frac{{\alpha_n}^2+{\beta_n}^2}{f(n)}$의 값은?

(단, n은 자연수이다.)

① $\frac{1}{6}$　② $\frac{1}{3}$　③ $\frac{1}{2}$　④ $\frac{2}{3}$　⑤ $\frac{5}{6}$

0050

Level 3

다음과 같은 방법으로 1을 규칙적으로 나열한다.

(가) 제1행에는 1을 두 개 나열한다.
(나) 제2행에는 제1행의 수를 그대로 나열하고 양쪽 끝에 1을 한 개씩 더 나열한다.
(다) 제$(n+1)$행에는 제n행의 수를 그대로 나열하고 양쪽 끝에 1을 한 개씩 더 나열한다. (단, $n=1$, 2, 3, $\cdots$)

제1행 1 1
제2행 1 1 1 1
제3행 1 1 1 1 1 1
⋮ ⋮

제n행에 나열된 1의 개수를 a_n이라 할 때, $\lim_{n\to\infty}\frac{a_n}{n+3}$의 값은?

① 1 ② 2 ③ 3
④ 4 ⑤ 5

다음은 이 유형에서 출제된 최근 교육청 • 평가원 기출문제입니다.

0051

• 교육청 2021년 3월

Level 3

수열 $\{a_n\}$이 모든 자연수 n에 대하여

$$\sum_{k=1}^{n}\frac{a_k}{(k-1)!}=\frac{3}{(n+2)!}$$

을 만족시킨다. $\lim_{n\to\infty}(a_1+n^2a_n)$의 값은?

① $-\frac{7}{2}$ ② -3 ③ $-\frac{5}{2}$
④ -2 ⑤ $-\frac{3}{2}$

실전유형 5 $\frac{\infty}{\infty}$ 꼴의 극한 – 합 또는 곱

$\lim_{n\to\infty}a_n$에서 a_n이 합 또는 곱의 꼴로 주어진 경우 다음과 같은 순서로 구한다.

❶ 합 또는 곱으로 된 부분을 간단히 정리하여 n에 대한 식으로 나타낸다.

❷ $\frac{\infty}{\infty}$ 꼴의 극한을 구하는 방법을 이용하여 극한값을 구한다.

0052 대표문제

$\lim_{n\to\infty}\frac{4(1+2+3+\cdots+n)}{3n^2+2n+1}$의 값은?

① $\frac{1}{2}$ ② $\frac{2}{3}$ ③ 1
④ $\frac{3}{2}$ ⑤ 3

0053

Level 2

$\lim_{n\to\infty}\frac{3+5+7+\cdots+(2n+1)}{1+2+3+\cdots+n}$의 값은?

① 1 ② 2 ③ 3
④ 4 ⑤ 5

0054

Level 2

자연수 n에 대하여 $f(n)=\frac{1^2+2^2+3^2+\cdots+n^2}{1+2+3+\cdots+n}$이라 할 때, $\lim_{n\to\infty}\frac{f(n)}{n}$의 값은?

① $\frac{2}{3}$ ② 1 ③ $\frac{4}{3}$
④ $\frac{5}{3}$ ⑤ 2

0055

Level 2

수열 $\{a_n\}$의 일반항이

$$a_n=\left(1-\frac{1}{2^2}\right)\left(1-\frac{1}{3^2}\right)\left(1-\frac{1}{4^2}\right)\cdots\left(1-\frac{1}{n^2}\right)$$

일 때, $\lim_{n\to\infty} a_n$의 값은?

① $\frac{1}{4}$ ② $\frac{1}{2}$ ③ 1
④ 2 ⑤ 4

0056

Level 2

두 수열 $\{a_n\}$, $\{b_n\}$의 일반항이 각각

$$a_n=\left(1+\frac{1}{2}\right)\left(1+\frac{1}{3}\right)\left(1+\frac{1}{4}\right)\cdots\left(1+\frac{1}{n+1}\right),$$

$$b_n=1^2+2^2+3^2+\cdots+n^2$$

일 때, $\lim_{n\to\infty}\frac{b_n}{2n^2a_n}$의 값을 구하시오.

0057

Level 3

모든 항이 양수이고 공차가 2인 등차수열 $\{a_n\}$에 대하여

$S_n=\sum_{k=1}^{2n}a_k$, $T_n=\sum_{k=1}^{n}a_{2k}$라 할 때, $\lim_{n\to\infty}\frac{S_n}{T_n}$의 값은?

① 1 ② 2 ③ 3
④ 4 ⑤ 5

+Plus 문제

실전 유형 6 $\frac{\infty}{\infty}$ 꼴의 극한 – 로그를 포함한 식

수열 $\{a_n\}$에 대하여 $\lim_{n\to\infty}a_n=\alpha$ $(a_n>0,\ \alpha>0)$일 때,

$$\lim_{n\to\infty}\log a_n=\log\left(\lim_{n\to\infty}a_n\right)=\log\alpha$$

임을 이용하여 극한값을 구한다.

0058 대표문제

$\lim_{n\to\infty}(\log_2\sqrt{n^2-n+2}-\log_2\sqrt{2n^2+3})$의 값은?

① -2 ② -1 ③ $-\frac{1}{2}$
④ $-\frac{1}{4}$ ⑤ $-\frac{1}{8}$

0059

Level 2

$\lim_{n\to\infty}\{\log_2(2n-1)+\log_2(4n+1)-2\log_2(n+1)\}$의 값을 구하시오.

0060

Level 2

수열 $\{a_n\}$의 일반항이 $a_n=\log\frac{n}{n+1}$일 때,

$\lim_{n\to\infty}\frac{2n+4}{n^2\times10^{a_1+a_2+a_3+\cdots+a_n}}$의 값을 구하시오.

0061

Level 3

수열 $\{a_n\}$의 일반항이 $a_n=\log_5(2n+1)-\log_5(2n-1)$일 때, $\lim_{n\to\infty}\frac{6n+1}{5^{a_1}\times5^{a_2}\times5^{a_3}\times\cdots\times5^{a_n}}$의 값은?

① 1 ② 3 ③ 5
④ 7 ⑤ 9

● 정답 및 풀이 19쪽

실전유형 7 $\frac{\infty}{\infty}$ 꼴의 극한 – 미정계수의 결정 빈출유형

$\lim_{n\to\infty} a_n=\infty$, $\lim_{n\to\infty} b_n=\infty$이고 $\lim_{n\to\infty}\frac{a_n}{b_n}=\alpha$ (α는 실수)일 때

(1) $\alpha=0$이면 ➔ (a_n의 차수) < (b_n의 차수)

(2) $\alpha\neq0$이면 ➔ (a_n의 차수) = (b_n의 차수)이고,
최고차항의 계수의 비가 α이다.

0062 대표문제

$\lim_{n\to\infty}\frac{an^2-n-1}{2n^2+n}=2$일 때, 상수 a의 값은?

① 2 ② 4 ③ 6
④ 8 ⑤ 10

0063 Level 1

$\lim_{n\to\infty}\frac{(n-1)(2n+3)}{an^2+1}=\frac{1}{5}$일 때, 상수 a의 값을 구하시오.

0064 Level 1

$\lim_{n\to\infty}\frac{n-1}{\sqrt{n^2+3n-2}+a^2n}=\frac{1}{5}$일 때, 양수 a의 값은?

① 1 ② 2 ③ 3
④ 4 ⑤ 5

0065 Level 2

$\lim_{n\to\infty}\frac{an^2+bn-1}{n+1}=3$일 때, 상수 a, b에 대하여 $b-a$의 값은?

① 1 ② 2 ③ 3
④ 4 ⑤ 5

0066 Level 2

$\lim_{n\to\infty}\frac{an^2+bn+2}{\sqrt{4n^2+1}}=3$일 때, 상수 a, b에 대하여 $2a+b$의 값은?

① 2 ② 4 ③ 6
④ 8 ⑤ 10

0067 Level 2

$\lim_{n\to\infty}\frac{(an+1)^2}{bn^3+2n^2}=3$일 때, 상수 a, b에 대하여 a^2+b^2의 값은?

① 1 ② 3 ③ 6
④ 9 ⑤ 12

0068

Level 2

상수 a, b에 대하여 $\lim_{n\to\infty}\frac{an^2+2n-2}{bn^2-4n+3}=\frac{1}{2}$일 때,

$\lim_{n\to\infty}\frac{abn+2}{a^2n+ab}$의 값을 구하시오.

0069

Level 2

$\lim_{n\to\infty}\frac{an^2+bn+5}{cn^3+2n-1}=2$일 때, 상수 a, b, c에 대하여 $a+b+c$의 값을 구하시오.

0070

Level 2

상수 a, b에 대하여 $\lim_{n\to\infty}\frac{\sqrt{16n^2-n+1}}{an^2+2n-5}=b$일 때,

$\lim_{n\to\infty}\frac{an^2+4n-1}{\sqrt{bn^2+n}}$의 값은? (단, $b\neq0$)

① $\frac{\sqrt{2}}{4}$ ② $\frac{\sqrt{2}}{2}$ ③ 1
④ $\sqrt{2}$ ⑤ $2\sqrt{2}$

0071

Level 2

수열 $\{a_n\}$의 일반항이 $a_n=pn^2+qn+r$이고

$\lim_{n\to\infty}\frac{a_{2n}}{n^2+2n+3}=6$일 때, $\lim_{n\to\infty}\frac{a_{n+1}-a_n}{4n+3}$의 값은?

(단, p, q, r는 상수이다.)

① $\frac{1}{4}$ ② $\frac{1}{2}$ ③ $\frac{3}{4}$
④ $\frac{5}{4}$ ⑤ $\frac{3}{2}$

0072

Level 3

등차수열 $\{a_n\}$에서 모든 자연수 n에 대하여 두 항 a_n, a_{n+4}의 등차중항을 b_n이라 하자. 수열 $\{b_n\}$이 $b_1=7$,

$\lim_{n\to\infty}\frac{b_n}{3n+4}=2$를 만족시킬 때, a_{12}의 값은?

① 52 ② 55 ③ 58
④ 61 ⑤ 64

다음은 이 유형에서 출제된 최근 교육청 • 평가원 기출문제입니다.

0073

• 교육청 2018년 11월

Level 2

두 상수 a, b에 대하여 $\lim_{n\to\infty}\frac{(a-2)n^2+bn}{2n-1}=5$일 때,

$a+b$의 값을 구하시오.

● 정답 및 풀이 21쪽

실전유형 8 $\infty-\infty$ 꼴의 극한 빈출유형

$\infty-\infty$ 꼴이면서 근호가 있을 때

→ 근호를 포함한 식을 유리화하여 $\frac{\infty}{\infty}$ 꼴로 변형한 후 극한값을 구한다.

0074 대표문제

$\lim_{n\to\infty}(2n-\sqrt{4n^2+3n})$의 값은?

① $-\frac{3}{4}$ ② $-\frac{1}{4}$ ③ 0 ④ $\frac{1}{4}$ ⑤ $\frac{3}{4}$

0075 Level 1

$\lim_{n\to\infty}(\sqrt{9n^2+n+1}-\sqrt{9n^2-n-1})$의 값은?

① $\frac{1}{2}$ ② $\frac{1}{3}$ ③ $\frac{1}{4}$ ④ $\frac{1}{5}$ ⑤ $\frac{1}{6}$

0076 Level 1

$\lim_{n\to\infty}2\sqrt{n}(\sqrt{n+2}-\sqrt{n+1})$의 값은?

① $\frac{5}{2}$ ② 2 ③ $\frac{3}{2}$ ④ 1 ⑤ $\frac{1}{2}$

0077 Level 2

$S_n=1+2+3+\cdots+n$일 때, $\lim_{n\to\infty}(\sqrt{S_{n+1}}-\sqrt{S_n})$의 값을 구하시오.

0078 Level 2

자연수 n에 대하여 $\sqrt{9n^2+4n+1}$의 소수 부분을 a_n이라 할 때, $\lim_{n\to\infty}a_n$의 값은?

① $\frac{2}{3}$ ② $\frac{5}{6}$ ③ 1 ④ $\frac{3}{2}$ ⑤ 2

0079 Level 2

첫째항이 1, 공차가 4인 등차수열 $\{a_n\}$의 첫째항부터 제n항까지의 합을 S_n이라 할 때, $\lim_{n\to\infty}(\sqrt{S_{n+1}}-\sqrt{S_n-2})$의 값은?

① 1 ② $\sqrt{2}$ ③ 2 ④ $2\sqrt{2}$ ⑤ $4\sqrt{2}$

0080

Level 2

자연수 n에 대하여 이차방정식 $x^2-2nx+3n-6=0$의 두 실근을 α, β라 할 때, $\lim_{n\to\infty} 4\alpha$의 값은? (단, $\alpha<\beta$)

① 2 ② 3 ③ 4
④ 5 ⑤ 6

0081

Level 3

수열 $\{a_n\}$에 대하여
$a_1+a_2+a_3+\cdots+a_n=2n^2+2n$ $(n=1, 2, 3, \cdots)$일 때,
$\lim_{n\to\infty}(\sqrt{a_2+a_4+a_6+\cdots+a_{2n}}-\sqrt{a_1+a_3+a_5+\cdots+a_{2n-1}})$
의 값은?

① $\frac{1}{2}$ ② 1 ③ 2
④ 4 ⑤ 8

0082

Level 3

자연수 n에 대하여 직선 $y=2nx$와 곡선 $y=\frac{1}{x}$이 만나는 서로 다른 두 점 사이의 거리를 a_n이라 할 때, $\lim_{n\to\infty}(\sqrt{n+1}a_{n+1}-\sqrt{n}a_n)$의 값은?

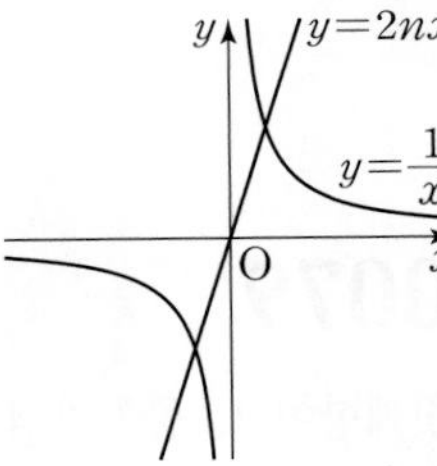

① $2\sqrt{2}$ ② 2
③ $\sqrt{2}$ ④ 1
⑤ $\frac{\sqrt{2}}{2}$

다음은 이 유형에서 출제된 최근 교육청 · 평가원 기출문제입니다.

0083 · 평가원 2021학년도 6월

Level 1

$\lim_{n\to\infty}(\sqrt{9n^2+12n}-3n)$의 값은?

① 1 ② 2 ③ 3
④ 4 ⑤ 5

0084 · 교육청 2020년 3월

Level 1

$\lim_{n\to\infty}(\sqrt{4n^2+2n+1}-\sqrt{4n^2-2n-1})$의 값은?

① 1 ② 2 ③ 3
④ 4 ⑤ 5

0085 · 교육청 2017년 10월

Level 2

등차수열 $\{a_n\}$이 $a_3=5$, $a_6=11$일 때,
$\lim_{n\to\infty}\sqrt{n}(\sqrt{a_{n+1}}-\sqrt{a_n})$의 값은?

① $\frac{1}{2}$ ② $\frac{\sqrt{2}}{2}$ ③ 1
④ $\sqrt{2}$ ⑤ 2

실전 유형 9 ∞−∞ 꼴의 극한 – 분수 꼴

(1) 분자에만 근호가 있는 경우
→ 분자를 유리화한다.
(2) 분모에만 근호가 있는 경우
→ 분모를 유리화한다.
(3) 분모, 분자에 모두 근호가 있는 경우
→ 분모, 분자를 각각 유리화한다.

0086 대표문제

$\lim_{n\to\infty}\frac{2}{n-\sqrt{n^2-n}}$의 값을 구하시오.

0087 Level 1

$\lim_{n\to\infty}\frac{1}{\sqrt{n^2+2n}-n}$의 값은?

① -2　② -1　③ 0
④ 1　⑤ 2

0088 Level 2

$\lim_{n\to\infty}\frac{\sqrt{n}-\sqrt{n+1}}{\sqrt{4n+1}-2\sqrt{n}}$의 값은?

① -2　② -1　③ 0
④ 1　⑤ 2

0089 Level 2

$\lim_{n\to\infty}\frac{\sqrt{n^2+2023}-n}{n-\sqrt{n^2-2022}}$의 값은?

① $-\frac{2023}{2022}$　② $-\frac{2022}{2023}$　③ $-\frac{1011}{2023}$
④ $\frac{2022}{2023}$　⑤ $\frac{2023}{2022}$

0090 Level 2

수열

$$\frac{1}{\sqrt{1\times2}-2},\ \frac{1}{\sqrt{2\times3}-3},\ \frac{1}{\sqrt{3\times4}-4},\ \frac{1}{\sqrt{4\times5}-5},\ \cdots$$

의 극한값을 구하시오.

0091 Level 2

자연수 n에 대하여 $\sqrt{4n^2+5n+3}$의 정수 부분을 a_n, 소수 부분을 b_n이라 할 때, $\lim_{n\to\infty}\frac{a_nb_n}{a_n+b_n}$의 값을 구하시오.

0092 Level 2

자연수 n에 대하여 이차방정식 $x^2-2x+n-\sqrt{n^2+n}=0$의 두 근을 α_n, β_n이라 할 때, $\lim_{n\to\infty}\left(\frac{1}{\alpha_n}+\frac{1}{\beta_n}\right)$의 값을 구하시오.

실전유형 10 ∞−∞ 꼴의 극한 - 미정계수의 결정 빈출유형

❶ 무리식을 유리화하여 $\frac{\infty}{\infty}$ 꼴로 변형한다.

❷ ❶의 극한값이 0이 아닌 실수 a이면 최고차항의 계수의 비가 a임을 이용한다.

0093 대표문제

$\lim_{n\to\infty}\{\sqrt{n^2-3n+5}-(an+b)\}=-4$일 때, 상수 a, b에 대하여 $2ab$의 값은?

① 2 ② 3 ③ 4 ④ 5 ⑤ 6

0094 Level 2

$\lim_{n\to\infty}(\sqrt{n^2+an}-n)=3$일 때, 상수 a의 값을 구하시오.

0095 Level 2

$\lim_{n\to\infty}\frac{\sqrt{kn+1}}{n(\sqrt{n+1}-\sqrt{n-1})}=3$일 때, 상수 k의 값은?

① 1 ② 3 ③ 6 ④ 9 ⑤ 16

0096 Level 2

$\lim_{n\to\infty}\frac{1}{\sqrt{4n^2+an}-2n+a}=\frac{2}{5}$일 때, 상수 a의 값은?

① 1 ② 2 ③ 3 ④ 4 ⑤ 5

0097 Level 2

$\lim_{n\to\infty}(\sqrt{n^2+an}-\sqrt{n^2+bn})=5$일 때, 상수 a, b에 대하여 $a-b$의 값을 구하시오.

0098 Level 2

$\lim_{n\to\infty}\frac{an-4}{\sqrt{n^2+bn}-n}=3$일 때, 상수 a, b에 대하여 $a+b$의 값은?

① $-\frac{8}{3}$ ② $-\frac{7}{3}$ ③ -2 ④ $-\frac{5}{3}$ ⑤ $-\frac{4}{3}$

0099

Level 2

$\lim_{n\to\infty}(\sqrt{2n^2+an+1}-\sqrt{bn^2-2n+1})=2\sqrt{2}$일 때, 상수 a, b에 대하여 $a+b$의 값은?

① 6 ② 7 ③ 8
④ 9 ⑤ 10

0100

Level 3

수렴하는 수열 $\{a_n\}$의 일반항이

$$a_n=\sqrt{(n+2)(n-3)}+kn$$

일 때, $\lim_{n\to\infty}a_n$의 값은? (단, k는 상수이다.)

① -2 ② $-\frac{3}{2}$ ③ -1
④ $-\frac{1}{2}$ ⑤ $\frac{1}{2}$

다음은 이 유형에서 출제된 최근 교육청 • 평가원 기출문제입니다.

0101 • 평가원 2016학년도 9월

Level 3

양수 a와 실수 b에 대하여

$$\lim_{n\to\infty}(\sqrt{an^2+4n}-bn)=\frac{1}{5}$$

일 때, $a+b$의 값을 구하시오.

+Plus 문제

실전 유형 11 일반항 a_n을 포함한 식의 극한값 빈출유형

일반항 a_n을 포함한 식을 새로운 수열 b_n으로 놓고 a_n을 b_n에 대한 식으로 나타낸 후 수렴하는 수열 b_n을 이용하여 극한값을 구한다.

0102 대표문제

수열 $\{a_n\}$에 대하여 $\lim_{n\to\infty}\frac{3a_n-2}{2a_n+3}=2$일 때, $\lim_{n\to\infty}a_n$의 값은?

① -9 ② -8 ③ -7
④ 7 ⑤ 8

0103

Level 1

수열 $\{a_n\}$에 대하여 $\lim_{n\to\infty}\frac{a_n}{n}=1$일 때, $\lim_{n\to\infty}\frac{6a_n-2n}{a_n+n}$의 값을 구하시오.

0104

Level 1

수열 $\{a_n\}$에 대하여 $\lim_{n\to\infty}(a_n-3)=1$일 때, $\lim_{n\to\infty}(a_n^2-a_n+2)$의 값을 구하시오.

0105

Level 2

수열 $\{a_n\}$에 대하여 $\lim_{n\to\infty}na_n=2$일 때, $\lim_{n\to\infty}(3n-5)a_n$의 값은?

① 2 ② 4 ③ 6
④ 8 ⑤ 10

0106

Level 2

수열 $\{a_n\}$에 대하여 $\lim_{n\to\infty}(2n^2-n)a_n=6$일 때, $\lim_{n\to\infty}n^2a_n$의 값은?

① -2 ② -1 ③ 1
④ 2 ⑤ 3

0107

Level 2

수열 $\{a_n\}$에 대하여 $\lim_{n\to\infty}\left(a_n-\frac{2n^2-n+1}{n^2+4n}\right)=7$일 때, $\lim_{n\to\infty}a_n$의 값은?

① 3 ② 5 ③ 9
④ 13 ⑤ 14

0108

Level 2

수열 $\{a_n\}$이 $\lim_{n\to\infty}\frac{2a_n+1}{a_n-3}=-1$을 만족시킬 때, $\lim_{n\to\infty}\frac{a_n}{a_n-1}$의 값을 구하시오.

다음은 이 유형에서 출제된 최근 교육청 • 평가원 기출문제입니다.

0109 • 교육청 2018년 3월

Level 2

모든 항이 양수인 수열 $\{a_n\}$에 대하여 $\lim_{n\to\infty}\frac{1}{a_n}=0$일 때, $\lim_{n\to\infty}\frac{-2a_n+1}{a_n+3}$의 값은?

① -2 ② -1 ③ 0
④ 1 ⑤ 2

실전유형 12 주어진 수열의 극한을 활용한 식의 변형

조건으로 주어진 극한의 형태로 변형하거나 주어진 수열을 다른 수열 c_n, d_n으로 치환하여 극한값을 구한다.

0110 대표문제

두 수열 $\{a_n\}$, $\{b_n\}$에 대하여

$$\lim_{n\to\infty}(a_n+b_n)=6,\ \lim_{n\to\infty}(a_n-b_n)=2$$

일 때, $\lim_{n\to\infty}(2a_n+b_n)$의 값을 구하시오.

0111

Level 1

두 수열 $\{a_n\}$, $\{b_n\}$에 대하여

$$\lim_{n\to\infty}(a_n-2)=1,\ \lim_{n\to\infty}(b_n-1)=3$$

일 때, $\lim_{n\to\infty}(a_n+b_n)$의 값은?

① 0 ② 1 ③ 3
④ 5 ⑤ 7

0112

Level 2

두 수열 $\{a_n\}$, $\{b_n\}$에 대하여

$$\lim_{n\to\infty}\frac{a_n}{3n-1}=4,\ \lim_{n\to\infty}\frac{b_n}{2n+5}=2$$

일 때, $\lim_{n\to\infty}\frac{a_nb_n}{(n+1)^2}$의 값을 구하시오.

0113

Level 2

두 수열 $\{a_n\}$, $\{b_n\}$에 대하여

$$\lim_{n\to\infty}(3n-1)a_n=6,\ \lim_{n\to\infty}(2n^2+1)b_n=10$$

일 때, $\lim_{n\to\infty}(n-1)^3a_nb_n$의 값은?

① 6　② 8　③ 10　④ 12　⑤ 14

0114

Level 2

두 수열 $\{a_n\}$, $\{b_n\}$에 대하여

$$\lim_{n\to\infty}a_n=\infty,\ \lim_{n\to\infty}(3a_n-b_n)=1$$

일 때, $\lim_{n\to\infty}\dfrac{6a_n+5b_n}{2a_n-3b_n}$의 값은?

① -3　② -1　③ 2　④ 4　⑤ 6

0115 고난도

Level 3

양의 무한대로 발산하는 수열 $\{a_n\}$과 음의 무한대로 발산하는 수열 $\{b_n\}$에 대하여 $\lim_{n\to\infty}(a_n+b_n)=2$일 때,

$\lim_{n\to\infty}\dfrac{a_n^{\ 3}+b_n^{\ 3}}{a_nb_n}$의 값은?

① -2　② -3　③ -4　④ -5　⑤ -6

다음은 이 유형에서 출제된 최근 교육청 • 평가원 기출문제입니다.

0116 • 교육청 2017년 3월

Level 2

두 수열 $\{a_n\}$, $\{b_n\}$이

$$\lim_{n\to\infty}(a_n-1)=2,\ \lim_{n\to\infty}(a_n+2b_n)=9$$

를 만족시킬 때, $\lim_{n\to\infty}a_n(1+b_n)$의 값을 구하시오.

0117 • 교육청 2017년 4월

Level 2

두 수열 $\{a_n\}$, $\{b_n\}$이

$$\lim_{n\to\infty}\frac{a_n}{3n}=2,\ \lim_{n\to\infty}\frac{2n+3}{b_n}=6$$

을 만족시킬 때, $\lim_{n\to\infty}\dfrac{a_n}{b_n}$의 값은? (단, $b_n\neq0$)

① 10　② 12　③ 14　④ 16　⑤ 18

0118 • 교육청 2020년 3월

Level 2

두 수열 $\{a_n\}$, $\{b_n\}$이

$$\lim_{n\to\infty}n^2a_n=3,\ \lim_{n\to\infty}\frac{b_n}{n}=5$$

를 만족시킬 때, $\lim_{n\to\infty}na_n(b_n+2n)$의 값을 구하시오.

실전 유형 13 수열의 극한의 대소 관계 (1)

수열 $\{a_n\}$이 모든 자연수 n에 대하여 $b_n \le a_n \le c_n$이고 $\lim_{n\to\infty} b_n = \lim_{n\to\infty} c_n = \alpha$이면 $\lim_{n\to\infty} a_n = \alpha$이다.

0119 대표문제

수열 $\{a_n\}$이 모든 자연수 n에 대하여

$$3n^2-4n+5 \le (n^2+2)a_n \le 3n^2+4n+5$$

를 만족시킬 때, $\lim_{n\to\infty} a_n$의 값은?

① $\frac{5}{3}$ ② 2 ③ 3
④ $\frac{10}{3}$ ⑤ 4

0120 Level 1

수열 $\{a_n\}$이 모든 자연수 n에 대하여

$$2n-10 < a_n < 2n+10$$

을 만족시킬 때, $\lim_{n\to\infty} \frac{a_n}{n}$의 값을 구하시오.

0121 Level 1

수열 $\{a_n\}$이 모든 자연수 n에 대하여

$$\frac{2n}{n^2+3} < a_n < \frac{2n+5}{n^2+3}$$

를 만족시킬 때, $\lim_{n\to\infty} na_n$의 값은?

① 1 ② 2 ③ 3
④ 4 ⑤ 5

0122 Level 2

수열 $\{a_n\}$이 모든 자연수 n에 대하여

$$\sqrt{4n^2+2} \le (n+1)a_n \le \sqrt{4n^2+4n-1}$$

을 만족시킬 때, $\lim_{n\to\infty} a_n$의 값을 구하시오.

0123 Level 2

수열 $\{a_n\}$이 모든 자연수 n에 대하여 $|a_n-2n| \le 3$을 만족시킬 때, $\lim_{n\to\infty} \frac{a_n}{2n}$의 값은?

① $\frac{1}{3}$ ② $\frac{2}{3}$ ③ 1
④ $\frac{4}{3}$ ⑤ $\frac{5}{3}$

0124 Level 2

수열 $\{a_n\}$이 모든 자연수 n에 대하여

$$1+\log_3 n < \log_3 a_n < 1+\log_3 (n+2)$$

를 만족시킬 때, $\lim_{n\to\infty} \frac{a_n}{n+1}$의 값은?

① $\frac{1}{3}$ ② 1 ③ 3
④ 6 ⑤ 9

0125
Level 2

수열 $\{a_n\}$은 첫째항이 5이고 공차가 3인 등차수열이고, 수열 $\{b_n\}$이 모든 자연수 n에 대하여 $n-2 \le a_n b_n \le n+1$을 만족시킬 때, $\lim_{n\to\infty} b_n$의 값은?

① $\frac{1}{6}$ ② $\frac{1}{5}$ ③ $\frac{1}{4}$
④ $\frac{1}{3}$ ⑤ $\frac{1}{2}$

0126
Level 2

수열 $\{a_n\}$이 모든 자연수 n에 대하여 $3n < \sqrt{a_n} < 3n+1$을 만족시킬 때, $\lim_{n\to\infty} \frac{a_{2n}+2n^2}{\sqrt{9n^4+2}}$의 값은?

① 10 ② $\frac{32}{3}$ ③ $\frac{34}{3}$
④ 12 ⑤ $\frac{38}{3}$

0127
Level 2

두 수열 $\{a_n\}$, $\{b_n\}$이 모든 자연수 n에 대하여 다음 조건을 만족시킬 때, $\lim_{n\to\infty} a_n$의 값을 구하시오.

(가) $8-\frac{1}{n} \le 2a_n+b_n \le 8+\frac{1}{n}$
(나) $10-\frac{1}{n} \le a_n-b_n \le 10+\frac{1}{n}$

0128
Level 3

수열 $\{a_n\}$이 모든 자연수 n에 대하여 $2n < a_n < 2n+1$을 만족시킬 때, $\lim_{n\to\infty} \frac{n^2}{a_1+a_2+a_3+\cdots+a_n}$의 값은?

① $\frac{1}{2}$ ② $\frac{2}{3}$ ③ 1
④ $\frac{3}{2}$ ⑤ 2

다음은 이 유형에서 출제된 최근 교육청・평가원 기출문제입니다.

0129 ・평가원 2020학년도 9월
Level 2

모든 항이 양수인 수열 $\{a_n\}$이 모든 자연수 n에 대하여 부등식

$\sqrt{9n^2+4} < \sqrt{na_n} < 3n+2$

를 만족시킬 때, $\lim_{n\to\infty} \frac{a_n}{n}$의 값은?

① 6 ② 7 ③ 8
④ 9 ⑤ 10

0130 ・교육청 2021년 3월
Level 3

수열 $\{a_n\}$이 모든 자연수 n에 대하여

$2n^2-3 < a_n < 2n^2+4$

를 만족시킨다. 수열 $\{a_n\}$의 첫째항부터 제n항까지의 합을 S_n이라 할 때, $\lim_{n\to\infty} \frac{S_n}{n^3}$의 값은?

① $\frac{1}{2}$ ② $\frac{2}{3}$ ③ $\frac{5}{6}$
④ 1 ⑤ $\frac{7}{6}$

+Plus 문제

01

실전유형 14 수열의 극한의 대소 관계 (2)

함수의 성질이나 조건에 맞는 범위를 찾아 극한의 대소 관계를 이용하여 계산한다.

0131 대표문제

$\lim_{n\to\infty}\frac{2n^2\sin n\theta}{n^3+2}$의 값을 구하시오. (단, θ는 상수이다.)

0132 Level 2

$\lim_{n\to\infty}\frac{12}{3n-2}\left[\frac{n}{2}\right]$의 값은?

(단, $[x]$는 x보다 크지 않은 최대의 정수이다.)

① 1 ② 2 ③ 3
④ 4 ⑤ 5

0133 Level 2

$\lim_{n\to\infty}\frac{(1+n^2)\cos n\theta}{n^3}$의 값을 구하시오. (단, θ는 상수이다.)

0134 Level 2

〈보기〉에서 옳은 것만을 있는 대로 고른 것은?

(단, n은 자연수이다.)

〈보기〉

ㄱ. $\lim_{n\to\infty}\frac{1}{n}\sin\frac{n\pi}{5}=\frac{1}{2}$

ㄴ. $\lim_{n\to\infty}\frac{1}{\sqrt{n}}\cos n\pi=0$

ㄷ. $\lim_{n\to\infty}\frac{1}{n}\tan\frac{\pi}{6n}=0$

① ㄱ ② ㄴ ③ ㄷ
④ ㄱ, ㄴ ⑤ ㄴ, ㄷ

0135 Level 3

두 수열 $\{a_n\}$, $\{b_n\}$이 모든 자연수 n에 대하여 다음 조건을 만족시킬 때, $\lim_{n\to\infty}a_n$의 값은?

(가) $3n^2+1<(2+4+6+\cdots+2n)a_n$
(나) $b_n<6-2a_n$
(다) $\lim_{n\to\infty}b_n=0$

① 3 ② $\frac{10}{3}$ ③ $\frac{11}{3}$
④ 4 ⑤ $\frac{13}{3}$

실전 유형 **15 수열의 극한에 대한 참, 거짓**

수열의 극한의 성질을 바탕으로 주어진 명제가 옳은지 판단한다. 이때 거짓인 명제는 반례를 찾는다.

0136 대표문제

두 수열 $\{a_n\}$, $\{b_n\}$에 대하여 **〈보기〉**에서 옳은 것만을 있는 대로 고른 것은?

〈보기〉

ㄱ. 두 수열 $\{a_n\}$, $\{a_n-b_n\}$이 수렴하면 수열 $\{b_n\}$도 수렴한다.

ㄴ. 두 수열 $\{a_n\}$, $\{a_nb_n\}$이 수렴하면 수열 $\{b_n\}$도 수렴한다.

ㄷ. $\lim_{n\to\infty}(2a_n-b_n)=1$이고 $\lim_{n\to\infty}a_n=2$이면 $\lim_{n\to\infty}b_n=3$이다.

① ㄱ ② ㄴ ③ ㄱ, ㄴ
④ ㄱ, ㄷ ⑤ ㄴ, ㄷ

0137

Level 2

두 수열 $\{a_n\}$, $\{b_n\}$에 대하여 **〈보기〉**에서 옳은 것만을 있는 대로 고른 것은?

〈보기〉

ㄱ. $\lim_{n\to\infty}a_n=\infty$, $\lim_{n\to\infty}b_n=\infty$이면 $\lim_{n\to\infty}\frac{a_n}{b_n}=1$이다.

ㄴ. 두 수열 $\{a_n\}$, $\{b_n\}$이 모두 수렴할 때, $a_n<b_n$이면 $\lim_{n\to\infty}a_n\le\lim_{n\to\infty}b_n$이다.

ㄷ. 모든 자연수 n에 대하여 $0<a_n<b_n$이고 수열 $\{b_n\}$이 수렴하면 수열 $\{a_n\}$도 수렴한다.

① ㄱ ② ㄴ ③ ㄷ
④ ㄱ, ㄴ ⑤ ㄱ, ㄷ

0138

Level 2

세 수열 $\{a_n\}$, $\{b_n\}$, $\{c_n\}$의 극한에 대한 설명으로 **〈보기〉**에서 옳은 것만을 있는 대로 고른 것은?

〈보기〉

ㄱ. 두 수열 $\{a_n\}$, $\{a_n-b_n\}$이 수렴하면 수열 $\{a_n+b_n\}$도 수렴한다.

ㄴ. 수열 $\{a_nb_n\}$이 수렴하고 수열 $\{b_n\}$이 발산하면 수열 $\{a_n\}$은 0으로 수렴한다.

ㄷ. 모든 자연수 n에 대하여 $a_n\le c_n\le b_n$이고 두 수열 $\{a_n\}$, $\{b_n\}$이 수렴하면 수열 $\{c_n\}$도 수렴한다.

① ㄱ ② ㄷ ③ ㄱ, ㄴ
④ ㄴ, ㄷ ⑤ ㄱ, ㄴ, ㄷ

0139

Level 2

세 수열 $\{a_n\}$, $\{b_n\}$, $\{c_n\}$에 대하여 **〈보기〉**에서 옳은 것만을 있는 대로 고른 것은? (단, α는 실수이다.)

〈보기〉

ㄱ. 두 수열 $\{a_n\}$, $\{b_n\}$이 모두 수렴할 때, $\lim_{n\to\infty}a_n=\lim_{n\to\infty}b_n$이면 $a_n=b_n$이다.

ㄴ. 모든 자연수 n에 대하여 $a_n<c_n<b_n$이고 $\lim_{n\to\infty}|a_n-b_n|=0$이면 수열 $\{c_n\}$은 수렴한다.

ㄷ. $\lim_{n\to\infty}a_n=\infty$, $\lim_{n\to\infty}(a_n-b_n)=\alpha$이면 $\lim_{n\to\infty}\frac{b_n}{a_n}=1$이다.

① ㄱ ② ㄴ ③ ㄷ
④ ㄱ, ㄷ ⑤ ㄱ, ㄴ, ㄷ

0140

Level 2

두 수열 $\{a_n\}$, $\{b_n\}$에 대하여 〈**보기**〉에서 옳은 것만을 있는 대로 고른 것은?

〈보기〉

ㄱ. $\lim_{n\to\infty}|a_n|=0$이면 $\lim_{n\to\infty}a_n=0$이다.

ㄴ. $\lim_{n\to\infty}(3a_n+b_n)=0$이고 $\lim_{n\to\infty}a_n=1$이면 $\lim_{n\to\infty}b_n=-3$이다.

ㄷ. 수열 $\{a_nb_n\}$이 수렴하면 두 수열 $\{a_n\}$, $\{b_n\}$은 각각 수렴한다.

ㄹ. 두 수열 $\{a_n\}$, $\{b_n\}$이 수렴하고 $\lim_{n\to\infty}(a_n-b_n)=0$이면 $\lim_{n\to\infty}a_n=\lim_{n\to\infty}b_n$이다.

① ㄱ, ㄴ ② ㄱ, ㄷ ③ ㄱ, ㄴ, ㄹ
④ ㄴ, ㄷ, ㄹ ⑤ ㄱ, ㄴ, ㄷ, ㄹ

0141

Level 2

두 수열 $\{a_n\}$, $\{b_n\}$에 대하여 다음 중 옳은 것은?

① $\lim_{n\to\infty}a_n=\infty$, $\lim_{n\to\infty}b_n=0$이면 $\lim_{n\to\infty}a_nb_n=0$이다.

② $\lim_{n\to\infty}a_nb_n=0$이면 $\lim_{n\to\infty}a_n=0$ 또는 $\lim_{n\to\infty}b_n=0$이다.

③ $\lim_{n\to\infty}a_n=\infty$, $\lim_{n\to\infty}(a_n-b_n)=0$이면 $\lim_{n\to\infty}b_n=\infty$이다.

④ 두 수열 $\{a_n\}$, $\{b_n\}$이 모두 발산하면 수열 $\{a_nb_n\}$은 발산한다.

⑤ 두 수열 $\{a_{2n}\}$, $\{a_{2n-1}\}$이 모두 수렴하면 수열 $\{a_n\}$은 수렴한다.

0142

Level 2

수열 $\{a_n\}$에 대하여 〈**보기**〉에서 옳은 것만을 있는 대로 고른 것은? (단, α는 실수이다.)

〈보기〉

ㄱ. $\lim_{n\to\infty}a_{2n}=1$이면 $\lim_{n\to\infty}a_{4n}=1$이다.

ㄴ. $\lim_{n\to\infty}a_n{}^2=\alpha^2$이면 $\lim_{n\to\infty}a_n=\alpha$ 또는 $\lim_{n\to\infty}a_n=-\alpha$이다.

ㄷ. $\lim_{n\to\infty}a_{2n}=\alpha$이면 $\lim_{n\to\infty}a_n=\alpha$이다.

① ㄱ ② ㄷ ③ ㄱ, ㄴ
④ ㄴ, ㄷ ⑤ ㄱ, ㄴ, ㄷ

다음은 이 유형에서 출제된 최근 교육청 · 평가원 기출문제입니다.

0143

• 교육청 2018년 3월

Level 3

두 수열 $\{a_n\}$, $\{b_n\}$의 일반항이

$$a_n=\frac{(-1)^n+3}{2},\ b_n=p\times(-1)^{n+1}+q$$

일 때, 〈**보기**〉에서 옳은 것만을 있는 대로 고른 것은?

(단, p, q는 실수이다.)

〈보기〉

ㄱ. 수열 $\{a_n\}$은 발산한다.

ㄴ. 수열 $\{b_n\}$이 수렴하도록 하는 실수 p가 존재한다.

ㄷ. 두 수열 $\{a_n+b_n\}$, $\{a_nb_n\}$이 모두 수렴하면 $\lim_{n\to\infty}\{(a_n)^2+(b_n)^2\}=6$이다.

① ㄱ ② ㄴ ③ ㄱ, ㄴ
④ ㄱ, ㄷ ⑤ ㄱ, ㄴ, ㄷ

실전 유형 16 등비수열의 수렴과 발산

등비수열 $\{r^n\}$에서
(1) $-1<r\le 1$ → 수렴
(2) $r\le -1$ 또는 $r>1$ → 발산

0144 대표문제

〈보기〉에서 수렴하는 수열인 것만을 있는 대로 고른 것은?

〈보기〉
ㄱ. $\{0.4^n\}$　　ㄴ. $\{(-2)^n\}$
ㄷ. $\{(\sqrt{2.4})^n\}$　　ㄹ. $\left\{\frac{(-2)^n}{5^n}\right\}$

① ㄱ　② ㄴ　③ ㄱ, ㄷ
④ ㄱ, ㄹ　⑤ ㄱ, ㄴ, ㄷ

0145 Level 1

다음 수열 중 수렴하는 것은?

① $\sqrt{2}, 2, 2\sqrt{2}, 4, \cdots$
② $1, -3, 9, -27, \cdots$
③ $5, -5, 5, -5, \cdots$
④ $1, \frac{1}{4}, \frac{1}{16}, \frac{1}{64}, \cdots$
⑤ $\frac{\sqrt{5}}{2}, \frac{5}{4}, \frac{5\sqrt{5}}{8}, \frac{25}{16}, \cdots$

0146 Level 2

다음 수열 중 발산하는 것은?

① $\left\{\left(\frac{3}{4}\right)^n\right\}$　② $\{-0.2^n\}$　③ $\{(\sqrt{3})^n\}$
④ $\left\{\left(-\frac{2}{\sqrt{5}}\right)^n\right\}$　⑤ $\left\{\frac{-4^n}{6^n}\right\}$

0147 Level 2

다음 수열 중 수렴하는 것은?

① $\left\{\frac{(-1)^n}{2}\right\}$　② $\{(\sqrt{2}-1)^n\}$　③ $\{(1-\sqrt{6})^n\}$
④ $\left\{\left(-\frac{7}{3}\right)^n\right\}$　⑤ $\left\{\frac{3^{n-1}}{2^n}\right\}$

0148 Level 2

〈보기〉에서 발산하는 수열인 것만을 있는 대로 고른 것은?

〈보기〉
ㄱ. $\{1+0.2^n\}$　　ㄴ. $\{3-(-1)^n\}$
ㄷ. $\{2^{-n}+3^{-n}\}$　　ㄹ. $\left\{\left(\frac{2}{\sqrt{3}}\right)^n-2\right\}$

① ㄱ, ㄷ　② ㄴ, ㄷ　③ ㄴ, ㄹ
④ ㄱ, ㄴ, ㄷ　⑤ ㄴ, ㄷ, ㄹ

0149 Level 2

다음 중 옳지 않은 것은?

① $\lim_{n\to\infty}\frac{2^n}{5}=\infty$　② $\lim_{n\to\infty}(5+1.1^n)=\infty$
③ $\lim_{n\to\infty}\left(-\frac{1}{2}\right)^n=0$　④ $\lim_{n\to\infty}\left\{\left(\frac{1}{2}\right)^n+\left(-\frac{1}{4}\right)^n\right\}=0$
⑤ $\lim_{n\to\infty}\left\{\left(\frac{1}{\sqrt{1.8}}\right)^n-2\right\}=\infty$

실전 유형 **17** 등비수열의 극한 빈출유형

수열 $\left\{\frac{c^n+d^n}{a^n+b^n}\right\}$ 꼴의 극한값은 다음과 같은 순서로 구한다.

(단, a, b, c, d는 실수이다.)

❶ $|a|>|b|$이면 a^n, $|a|<|b|$이면 b^n으로 분모, 분자를 각각 나눈다.

❷ $|r|<1$이면 $\lim_{n\to\infty} r^n=0$임을 이용하여 주어진 수열의 극한값을 구한다.

0150 대표문제

$\lim_{n\to\infty}\frac{3^{n+2}-2^{n+1}}{3^n+2^n}$의 값을 구하시오.

0151 Level 1

$\lim_{n\to\infty}(\sqrt{4^n-2^n}-2^n)$의 값은?

① -2 ② $-\frac{1}{4}$ ③ $-\frac{1}{2}$

④ $\frac{1}{2}$ ⑤ 2

0152 Level 1

$\lim_{n\to\infty}\frac{4^{n+2}}{2^{n+1}-4^n}$의 값은?

① -16 ② -4 ③ -2

④ -1 ⑤ 0

0153 Level 2

$\lim_{n\to\infty}\frac{r^{n+3}+3}{r^n-1}=8$일 때, 실수 r의 값은? (단, $|r|>1$)

① -8 ② -4 ③ -2

④ 2 ⑤ 4

0154 Level 2

수열 $\sqrt{5}$, $\sqrt{5\sqrt{5}}$, $\sqrt{5\sqrt{5\sqrt{5}}}$, $\cdots$의 극한값을 구하시오.

0155 Level 2

공비가 3인 등비수열 $\{a_n\}$에 대하여 $\lim_{n\to\infty}\frac{a_n-4}{3^{n+1}+2a_n}=\frac{1}{5}$일 때, a_1의 값은?

① -5 ② -3 ③ -1

④ 1 ⑤ 3

0156

Level 2

수렴하는 수열 $\{a_n\}$에 대하여 $\lim_{n\to\infty}\frac{3^{n+1}+5^n\times a_n}{5^{n+1}-3^n\times a_n}=4$일 때, $\lim_{n\to\infty}a_n$의 값을 구하시오.

0157

Level 2

이차방정식 $x^2-2x-2=0$의 두 근을 α, β라 할 때, $\lim_{n\to\infty}\frac{\alpha^{n+2}+\beta^{n+2}}{\alpha^n+\beta^n}$의 값은? (단, $\alpha>\beta$)

① α^2 ② α^3 ③ 1
④ β^2 ⑤ β^3

0158

Level 2

수열 $\{a_n\}$이 모든 자연수 n에 대하여

$$5^n-3<a_1+a_2+a_3+\cdots+a_n<5^n+3$$

을 만족시킬 때, $\lim_{n\to\infty}\frac{a_n}{5^{n+1}}$의 값은?

① $\frac{4}{25}$ ② $\frac{4}{5}$ ③ 4
④ 20 ⑤ 100

0159 고난도

Level 3

$\lim_{n\to\infty}\frac{2\times a^n+6^{n+1}}{a^{n-1}+b\times 6^n}>2$를 만족시키는 자연수 a, b의 순서쌍 (a, b)의 개수를 구하시오. (단, $a\leq 6$)

+Plus 문제

다음은 이 유형에서 출제된 최근 교육청 • 평가원 기출문제입니다.

0160 • 교육청 2019년 4월

Level 2

$\lim_{n\to\infty}\frac{a+\left(\frac{1}{4}\right)^n}{5+\left(\frac{1}{2}\right)^n}=3$일 때, 상수 a의 값은?

① 11 ② 12 ③ 13
④ 14 ⑤ 15

0161 • 교육청 2018년 4월

Level 2

$\lim_{n\to\infty}\frac{3n-1}{n+1}=a$일 때, $\lim_{n\to\infty}\frac{a^{n+2}+1}{a^n-1}$의 값은? (단, a는 상수이다.)

① 1 ② 3 ③ 5
④ 7 ⑤ 9

실전 유형 18 등비수열의 합을 이용한 수열의 극한

등비수열 $\{a_n\}$의 일반항이 $a_n=ar^{n-1}$일 때,
$S_n=\dfrac{a(r^n-1)}{r-1}$임을 이용하여 극한값을 구한다.

0162 대표문제

첫째항이 5, 공비가 2인 등비수열 $\{a_n\}$의 첫째항부터 제n항까지의 합을 S_n이라 할 때, $\lim_{n\to\infty}\dfrac{S_n}{a_n}$의 값은?

① 1 ② 2 ③ 4
④ 6 ⑤ 8

0163 Level 2

수열 $\{a_n\}$의 첫째항부터 제n항까지의 합 S_n이 $S_n=(2n+1)\times 3^n$일 때, $\lim_{n\to\infty}\dfrac{4S_n}{a_n}$의 값은?

① 2 ② 4 ③ 6
④ 8 ⑤ 10

0164 Level 2

수열 $\{a_n\}$의 첫째항부터 제n항까지의 합 S_n이 $S_n=3^n+4^n-2$일 때, $\lim_{n\to\infty}\dfrac{a_n}{S_n}$의 값을 구하시오.

0165 Level 2

첫째항이 a이고 공비가 r $(r>1)$인 등비수열 $\{a_n\}$의 첫째항부터 제n항까지의 합을 S_n이라 하자. $\lim_{n\to\infty}\dfrac{a_n}{S_n}=\dfrac{3}{4}$일 때, r의 값은?

① 3 ② 4 ③ 5
④ 6 ⑤ 7

0166 Level 2

수열 $\{a_n\}$의 첫째항부터 제n항까지의 합 S_n이 $S_n=3^n-1$일 때, $\lim_{n\to\infty}\dfrac{a_n+S_n}{a_{n+1}+2^n}$의 값을 구하시오.

0167 Level 2

등비수열 $\{a_n\}$의 첫째항부터 제n항까지의 합을 S_n이라 하자. $a_2+a_4=10$, $a_3+a_5=30$일 때, $\lim_{n\to\infty}\dfrac{S_n}{a_n}$의 값은?

① $\dfrac{1}{2}$ ② $\dfrac{3}{4}$ ③ 1
④ $\dfrac{5}{4}$ ⑤ $\dfrac{3}{2}$

0168 Level 3

모든 항이 실수인 등비수열 $\{a_n\}$에 대하여 $a_1+a_2+a_3=28$, $a_4+a_5+a_6=224$이다. 수열 $\{a_n\}$의 첫째항부터 제n항까지의 합을 S_n이라 할 때, $\lim_{n\to\infty}\dfrac{{S_n}^2}{a_{2n}}$의 값은?

① 2 ② 4 ③ 6
④ 8 ⑤ 10

● 정답 및 풀이 36쪽

실전 유형 **19 등비수열의 수렴 조건** 빈출유형

(1) 등비수열 $\{r^n\}$의 수렴 조건 ➔ $-1<r\le1$
(2) 등비수열 $\{ar^{n-1}\}$의 수렴 조건 ➔ $a=0$ 또는 $-1<r\le1$

0169 대표문제

등비수열 $\left\{(x+3)\left(\frac{x}{3}\right)^{n-1}\right\}$이 수렴하도록 하는 x의 값의 범위를 구하시오.

0170

Level 2

등비수열 $\left\{\left(\frac{x^2-3x-5}{5}\right)^n\right\}$이 수렴하도록 하는 모든 정수 x의 값의 합은?

① -1 ② 4 ③ 6
④ 10 ⑤ 11

0171

Level 2

등비수열 $\left\{\left(\frac{x-x^2}{2}\right)^n\right\}$이 수렴하도록 하는 정수 x의 개수는?

① 1 ② 2 ③ 3
④ 4 ⑤ 5

0172

Level 2

등비수열 $\left\{(x+2)\left(\frac{1-x}{2}\right)^{2n}\right\}$이 수렴하도록 하는 정수 x의 개수는?

① 3 ② 4 ③ 5
④ 6 ⑤ 7

0173

Level 2

등비수열 $\{(\sqrt{2}\sin x)^{n-1}\}$이 수렴하도록 하는 x의 값의 범위를 구하시오. (단, $0\le x<\pi$)

0174

Level 2

등비수열 $\{(\log_2 x-4)^n\}$이 수렴하도록 하는 모든 자연수 x의 값의 합은?

① 392 ② 394 ③ 398
④ 492 ⑤ 494

0175

Level 2

두 등비수열 $\{(x+3)(2x-1)^n\}$, $\left\{\left(\frac{2x-3}{2}\right)^n\right\}$이 모두 수렴하도록 하는 x의 값의 범위는?

① $0\le x\le 1$ ② $0< x\le 1$ ③ $\frac{1}{2}< x\le 1$ ④ $\frac{1}{2}\le x< 1$ ⑤ $\frac{1}{2}\le x\le 1$

0176

Level 2

수열 $\left\{\frac{a^{2n}+4^n}{3^n+5^n}\right\}$이 수렴하도록 하는 정수 a의 개수는?

① 1 ② 3 ③ 5 ④ 7 ⑤ 9

0177

Level 2

등비수열 $\{r^n\}$이 수렴할 때, **〈보기〉**에서 항상 수렴하는 수열인 것만을 있는 대로 고른 것은?

〈보기〉

ㄱ. $\left\{\left(\frac{r}{2}\right)^n\right\}$ ㄴ. $\left\{\left(\frac{r+2}{3}\right)^n\right\}$

ㄷ. $\left\{\left(\frac{r^2}{2}-1\right)^n\right\}$

① ㄱ ② ㄷ ③ ㄱ, ㄴ ④ ㄴ, ㄷ ⑤ ㄱ, ㄴ, ㄷ

0178

Level 3

수열 $\left\{\frac{a^{n+1}+2a^n-1}{a^{n+2}-4a^n+6}\right\}$이 $\frac{2}{3}$에 수렴하도록 하는 모든 a의 값의 합은? (단, $a>0$)

① 4 ② $\frac{9}{2}$ ③ 5 ④ $\frac{11}{2}$ ⑤ 6

다음은 이 유형에서 출제된 최근 교육청 · 평가원 기출문제입니다.

0179 · 교육청 2021년 3월

Level 2

수열 $\{a_n\}$의 일반항이

$$a_n=\left(\frac{x^2-4x}{5}\right)^n$$

일 때, 수열 $\{a_n\}$이 수렴하도록 하는 모든 정수 x의 개수는?

① 7 ② 8 ③ 9 ④ 10 ⑤ 11

0180 · 교육청 2020년 4월

Level 2

수열 $\left\{\frac{(4x-1)^n}{2^{3n}+3^{2n}}\right\}$이 수렴하도록 하는 모든 정수 x의 개수는?

① 2 ② 4 ③ 6 ④ 8 ⑤ 10

실전 유형 20 r^n을 포함한 수열의 극한

r^n을 포함한 수열의 극한은 r의 값의 범위를

$|r|<1$, $r=1$, $|r|>1$, $r=-1$

인 경우로 나누어 극한을 구한다.

0181 대표문제

$\lim_{n\to\infty}\frac{r^{2n}+r^n}{1+r^{2n}}$의 값은 $|r|>1$일 때 a, $r=1$일 때 b, $|r|<1$일 때 c이다. 이때 $a+b-c$의 값은?

① 0 ② 1 ③ 2
④ 3 ⑤ 4

0182 Level 2

수열 $\left\{\frac{r^n-4}{2+r^n}\right\}$의 극한에 대하여 〈보기〉에서 옳은 것만을 있는 대로 고른 것은?

〈보기〉

ㄱ. $r>1$일 때, 극한값은 r이다.
ㄴ. $r=1$일 때, 극한값은 -1이다.
ㄷ. $-1<r<1$일 때, 극한값은 -2이다.

① ㄱ ② ㄴ ③ ㄱ, ㄴ
④ ㄴ, ㄷ ⑤ ㄱ, ㄴ, ㄷ

0183 Level 2

$r>0$일 때, 수열 $\left\{\frac{r^{n+1}-2}{r^n+1}\right\}$의 극한값을 구하시오.

0184 Level 2

다음 중 수열 $\left\{\frac{r^{2n+1}-r^2}{r^{2n}+r^2}\right\}$의 극한값이 될 수 <u>없는</u> 것은?

(단, $r\neq 0$)

① -1 ② $\frac{1}{2}$ ③ $\frac{3}{2}$
④ 2 ⑤ $\frac{5}{2}$

0185 Level 2

$\lim_{n\to\infty}\frac{r^{n+1}-1}{2r^n+1}=3$을 만족시키는 실수 r의 값은?

(단, $r\neq -1$)

① 3 ② 4 ③ 6
④ 8 ⑤ 10

0186 Level 3

수열 $\left\{\frac{5^n-r^n}{5^n+r^n}\right\}$의 극한값이 1이 되도록 하는 정수 r의 개수는? (단, $r\neq -5$)

① 7 ② 8 ③ 9
④ 10 ⑤ 11

+Plus 문제

0187

Level 3

$r\neq -1$인 실수 r에 대하여 $\lim_{n\to\infty}\frac{1-r^n}{1+r^n}$의 값은 $|r|<1$일 때 a, $r=1$일 때 b, $|r|>1$일 때 c이다. x에 대한 삼차방정식 $x^3+ax^2+bx+2c=0$의 세 근을 α, β, γ라 할 때, $\alpha+\beta\gamma$의 값을 구하시오.

(단, α는 실수, β와 γ는 허수이다.)

다음은 이 유형에서 출제된 최근 교육청・평가원 기출문제입니다.

0188 ・교육청 2019년 3월

Level 2

$\lim_{n\to\infty}\frac{\left(\frac{m}{5}\right)^{n+1}+2}{\left(\frac{m}{5}\right)^n+1}=2$가 되도록 하는 자연수 m의 개수는?

① 5 ② 6 ③ 7
④ 8 ⑤ 9

0189 ・교육청 2021년 3월

Level 2

모든 항이 양수인 수열 $\{a_n\}$이 모든 자연수 n에 대하여

$a_{n+1}=a_1a_n$

을 만족시킨다. $\lim_{n\to\infty}\frac{3a_{n+3}-5}{2a_n+1}=12$일 때, a_1의 값은?

① $\frac{1}{2}$ ② 1 ③ $\frac{3}{2}$
④ 2 ⑤ $\frac{5}{2}$

실전유형 21 x^n을 포함한 극한으로 정의된 함수

x^n을 포함한 극한으로 정의된 함수는 x의 값의 범위를

$|x|<1,\ x=1,\ |x|>1,\ x=-1$

인 경우로 나누고 다음을 이용하여 함수의 식을 구한다.

(1) $|x|<1$이면 ➔ $\lim_{n\to\infty}x^n=0$

(2) $|x|>1$이면 ➔ $\lim_{n\to\infty}\frac{1}{x^n}=0$

0190 대표문제

함수 $f(x)=\lim_{n\to\infty}\frac{x^{2n-1}+6x^{2n-2}+2}{x^{2n}+1}$에 대하여 $f(-1)+f(1)+f(3)$의 값은? (단, n은 자연수이다.)

① 8 ② $\frac{25}{3}$ ③ $\frac{26}{3}$
④ 9 ⑤ $\frac{28}{3}$

0191

Level 2

함수 $f(x)$를 $f(x)=\lim_{n\to\infty}\frac{x^{2n+1}-2x}{x^{2n}+2}$로 정의할 때, $f\left(\frac{1}{3}\right)+f(1)+f(2)$의 값은? (단, n은 자연수이다.)

① $\frac{2}{3}$ ② 1 ③ $\frac{4}{3}$
④ $\frac{5}{3}$ ⑤ 2

0192

Level 2

$x\neq-1$인 모든 실수 x에서 정의된 함수

$f(x)=\lim\limits_{n\to\infty}\dfrac{x^n+2}{2x^n+1}$의 치역의 모든 원소의 합은?

(단, n은 자연수이다.)

① $\dfrac{5}{2}$ ② 3 ③ $\dfrac{7}{2}$

④ 4 ⑤ $\dfrac{9}{2}$

0193

Level 2

$x>-1$에서 정의된 함수 $f(x)=\lim\limits_{n\to\infty}\dfrac{1-x^n}{1+x^n}$에 대하여

$y=f(x)$의 그래프는? (단, n은 자연수이다.)

①
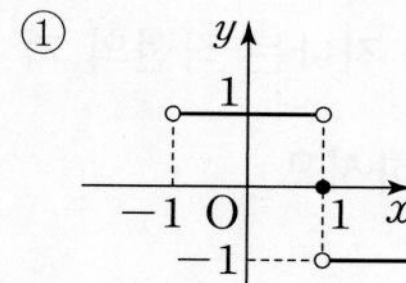

②
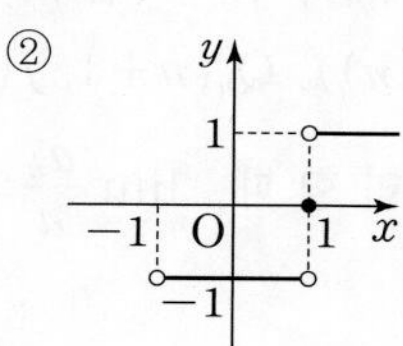

③
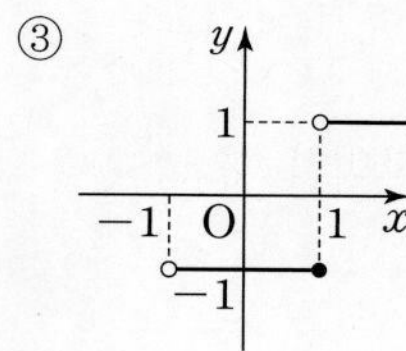

④
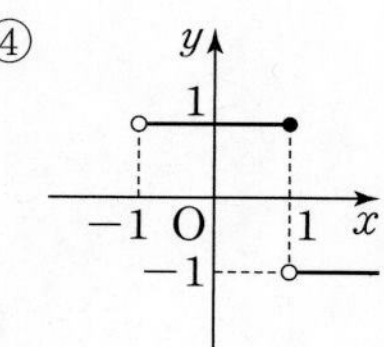

⑤
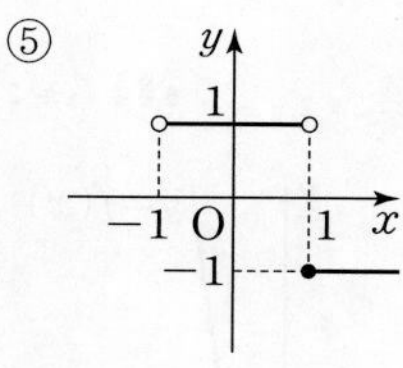

0194

Level 2

함수 $f(x)=\lim\limits_{n\to\infty}\dfrac{1-x^{2n+1}}{1+x^{2n}}$에 대하여 $y=f(x)$의 그래프는? (단, n은 자연수이다.)

①
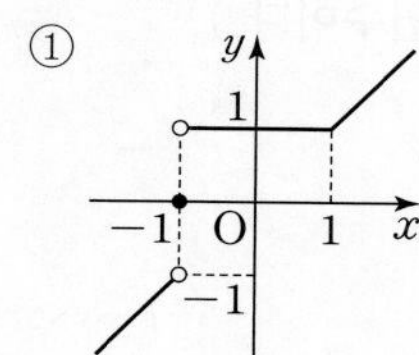

②
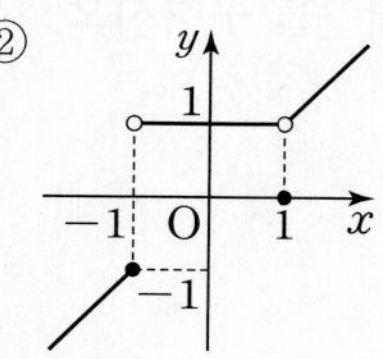

③
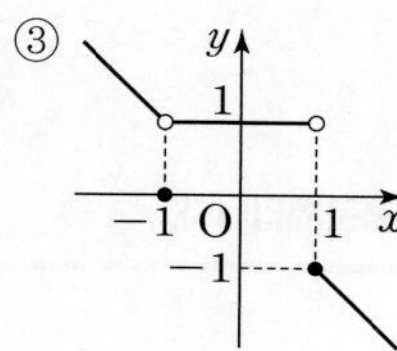

④
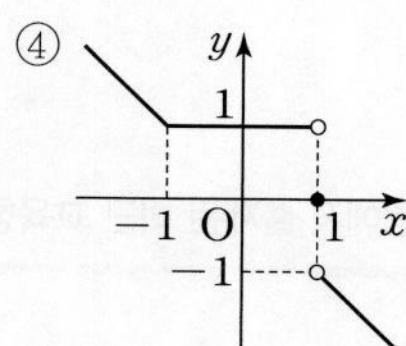

⑤
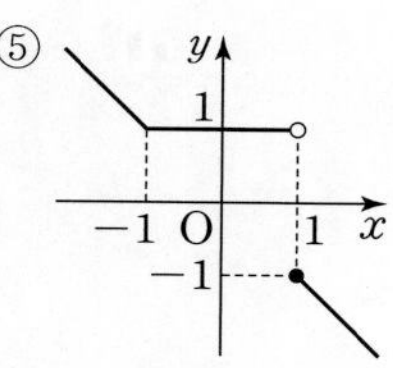

0195

Level 2

함수 $f(x)=\lim\limits_{n\to\infty}\dfrac{x^{2n+1}-ax+b}{x^{2n}+1}$에 대하여 $|x|<1$, $x=1$, $|x|>1$, $x=-1$일 때, $f(x)$를 다항함수로 각각 나타내시오. (단, n은 자연수이고 a, b는 상수이다.)

0196

Level 3

함수 $f(x)=\lim_{n\to\infty}\frac{x^{2n}-2}{x^{2n}+2}$의 그래프와 직선 $mx-6y+m-2=0$이 서로 다른 두 점에서 만나기 위한 정수 m의 개수를 구하시오. (단, n은 자연수이다.)

다음은 이 유형에서 출제된 최근 교육청 · 평가원 기출문제입니다.

0197 · 평가원 2021학년도 6월

Level 2

함수

$$f(x)=\lim_{n\to\infty}\frac{2\times\left(\frac{x}{4}\right)^{2n+1}-1}{\left(\frac{x}{4}\right)^{2n}+3}$$

에 대하여 $f(k)=-\frac{1}{3}$을 만족시키는 정수 k의 개수는?

① 5 ② 7 ③ 9
④ 11 ⑤ 13

0198 · 2021학년도 대학수학능력시험

Level 3

실수 a에 대하여 함수 $f(x)$를

$$f(x)=\lim_{n\to\infty}\frac{(a-2)x^{2n+1}+2x}{3x^{2n}+1}$$

라 하자. $(f\circ f)(1)=\frac{5}{4}$가 되도록 하는 모든 a의 값의 합은?

① $\frac{11}{2}$ ② $\frac{13}{2}$ ③ $\frac{15}{2}$
④ $\frac{17}{2}$ ⑤ $\frac{19}{2}$

심화유형 22 수열의 극한의 활용 – 그래프

복합유형

그래프에서 점의 좌표 또는 선분의 길이 등 구하고자 하는 것을 n에 대한 식으로 나타낸 후 극한값을 구한다.

0199 대표문제

자연수 n에 대하여 곡선 $y=x^2$과 직선 $y=x+n$이 만나는 두 점 사이의 거리를 l_n이라 할 때, $\lim_{n\to\infty}\frac{l_n^2}{n}$의 값은?

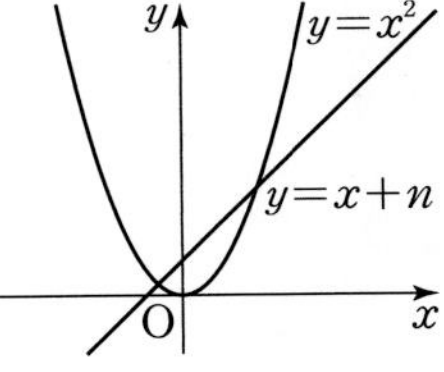

① 1 ② 2 ③ $4\sqrt{2}$
④ 8 ⑤ $8\sqrt{2}$

0200

Level 1

자연수 n에 대하여 이차함수 $f(x)=x^2$의 그래프 위의 두 점 $P_n(n, f(n))$, $Q_n(n+1, f(n+1))$을 지나는 직선의 기울기를 a_n이라 할 때, $\lim_{n\to\infty}\frac{a_n}{n}$의 값을 구하시오.

0201

Level 2

이차함수 $f(x)=3x^2$과 자연수 n에 대하여 곡선 $y=f(x)$ 위의 점 $P_n\left(\frac{1}{n}, \frac{3}{n^2}\right)$을 지나고 직선 OP_n과 수직인 직선의 y절편을 a_n이라 하자. 이때 $\lim_{n\to\infty}a_n$의 값을 구하시오. (단, O는 원점이다.)

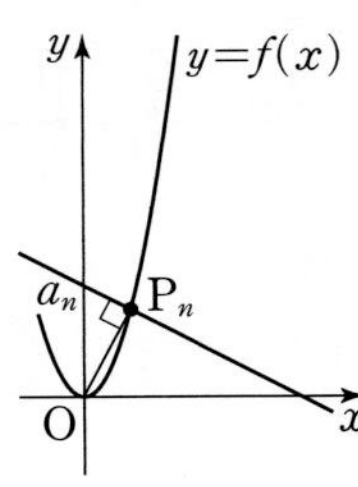

0202

Level 2

그림과 같이 자연수 n에 대하여 두 지수함수 $y=6^x$, $y=2^x$의 그래프와 직선 $x=n$이 만나는 점을 각각 P_n, Q_n이라 할 때, $\lim_{n\to\infty}\frac{\overline{\mathrm{P}_{n+1}\mathrm{Q}_{n+1}}}{\overline{\mathrm{P}_n\mathrm{Q}_n}}$의 값은?

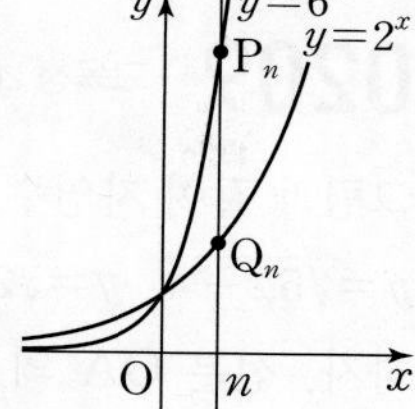

① 2 ② 4 ③ 6 ④ 8 ⑤ 10

0203

Level 2

그림과 같이 자연수 n에 대하여 무리함수 $y=\sqrt{x}$의 그래프 위의 점 $\mathrm{P}_n(3n, \sqrt{3n})$에서 x축에 내린 수선의 발을 Q_n이라 할 때, $\lim_{n\to\infty}(\overline{\mathrm{OP}_n}-\overline{\mathrm{OQ}_n})$의 값은? (단, O는 원점이다.)

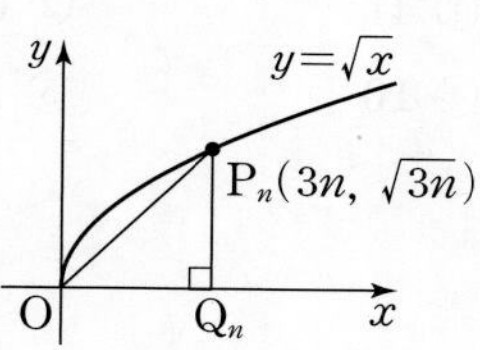

① $\frac{1}{3}$ ② $\frac{1}{2}$ ③ 1 ④ 2 ⑤ 3

0204

Level 2

그림과 같이 자연수 n에 대하여 원 $(x-n)^2+(y-n)^2=2n^2$ 위를 움직이는 점 P_n과 점 $\mathrm{A}(1, -3)$이 있다. 선분 AP_n의 길이의 최솟값을 a_n이라 할 때, $\lim_{n\to\infty}a_n$의 값은?

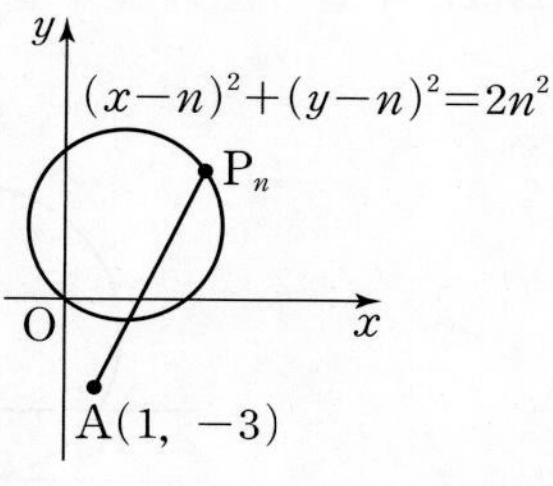

① 1 ② $4-2\sqrt{2}$ ③ $\sqrt{2}$ ④ $\frac{3}{2}$ ⑤ 2

0205

Level 2

그림과 같이 곡선 $y=f(x)$와 직선 $y=g(x)$가 원점과 점 $(2, 4)$에서 만나고 $f(1)=4$이다. 함수 $h(x)$가

$$h(x)=\lim_{n\to\infty}\frac{\{f(x)\}^{n+1}+2\{g(x)\}^n}{\{f(x)\}^n+\{g(x)\}^n}$$

일 때, $h(1)+h(2)$의 값은?

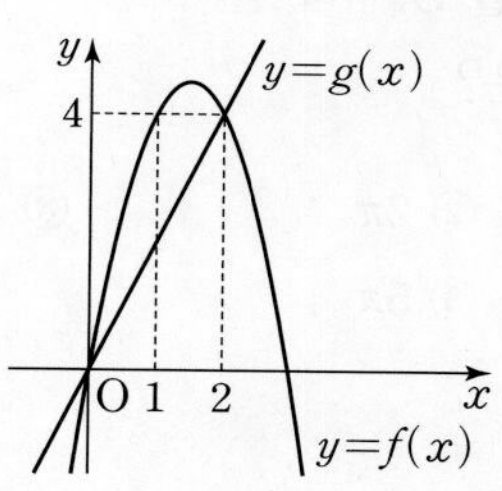

① 6 ② 7 ③ 8 ④ 9 ⑤ 10

0206

Level 2

그림과 같이 자연수 n에 대하여 두 직선 $x+y=3$, $y=\frac{3n}{n+2}x$가 만나는 점을 P_n, 직선 $x+y=3$이 x축과 만나는 점을 A라 하자. 삼각형 OAP_n의 넓이를 S_n이라 할 때, $\lim_{n\to\infty}S_n$의 값은? (단, O는 원점이다.)

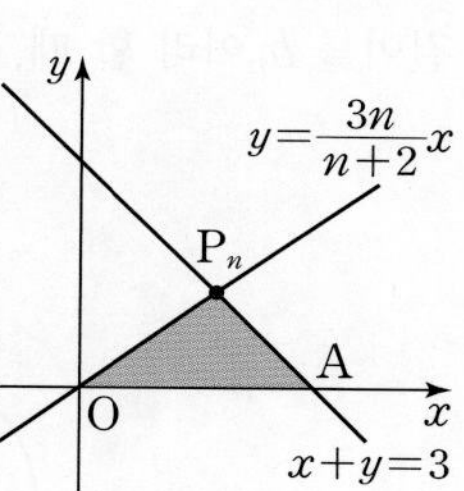

① $\frac{21}{8}$ ② 3 ③ $\frac{27}{8}$ ④ $\frac{15}{4}$ ⑤ $\frac{33}{8}$

0207

Level 3

그림과 같이 자연수 n에 대하여 원 $x^2+y^2=n^2$과 직선 $y=\frac{2}{n}x$가 제1사분면에서 만나는 점을 중심으로 하고 x축에 접하는 원의 넓이를 S_n이라 할 때, $\lim_{n\to\infty} S_n$의 값은?

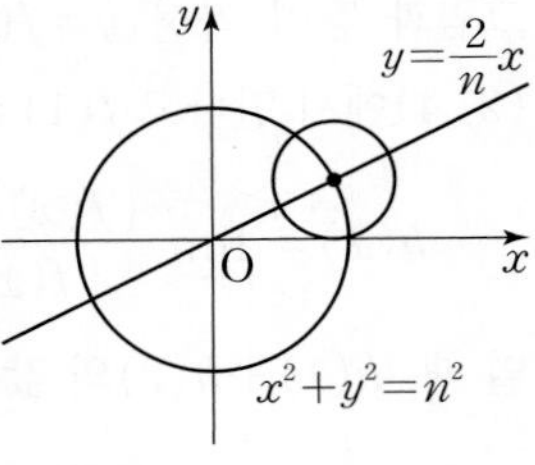

① π　② 2π　③ 3π
④ 4π　⑤ 5π

0208

Level 3

그림과 같이 자연수 n에 대하여 점 $P_n(n+1, 0)$을 지나고 원 $x^2+y^2=n^2$에 접하는 직선이 원과 제1사분면에서 만나는 점을 Q_n, $\angle OQ_nP_n$을 이등분하는 직선이 x축과 만나는 점을 R_n이라 하자. 선분 OR_n의 길이를 a_n, 선분 R_nP_n의 길이를 b_n이라 할 때, $\lim_{n\to\infty} \frac{\sqrt{n}\times b_n}{2a_n}$의 값은?

(단, O는 원점이다.)

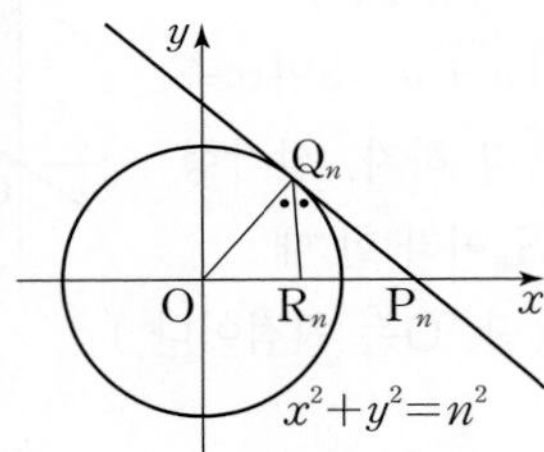

① $\frac{1}{2}$　② $\frac{\sqrt{2}}{2}$　③ 1
④ $\sqrt{2}$　⑤ 2

다음은 이 유형에서 출제된 최근 교육청 • 평가원 기출문제입니다.

0209 • 교육청 2019년 4월

Level 2

그림과 같이 자연수 n에 대하여 직선 $x=n$이 두 곡선 $y=\sqrt{5x+4}$, $y=\sqrt{2x-1}$과 만나는 점을 각각 A_n, B_n이라 하자. 선분 OA_n의 길이를 a_n, 선분 OB_n의 길이를 b_n이라 할 때, $\lim_{n\to\infty} \frac{12}{a_n-b_n}$의 값은? (단, O는 원점이다.)

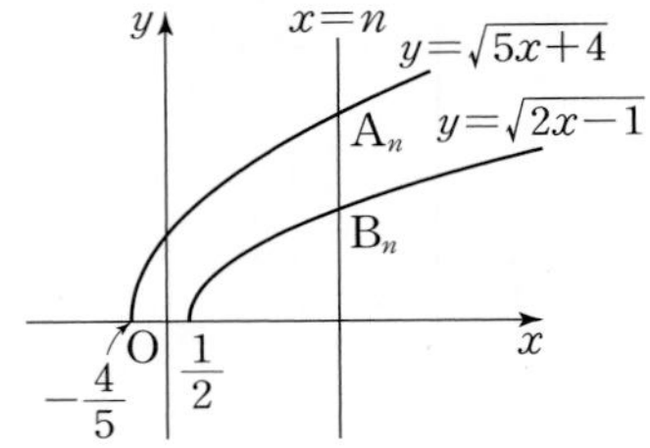

① 4　② 6　③ 8
④ 10　⑤ 12

0210 • 교육청 2017년 3월

Level 3

그림과 같이 자연수 n에 대하여 직선 $y=\frac{1}{n}$과 원 $x^2+(y-1)^2=1$의 두 교점을 각각 A_n, B_n이라 하자. 선분 A_nB_n의 길이를 l_n이라 할 때, $\lim_{n\to\infty} n(l_n)^2$의 값은?

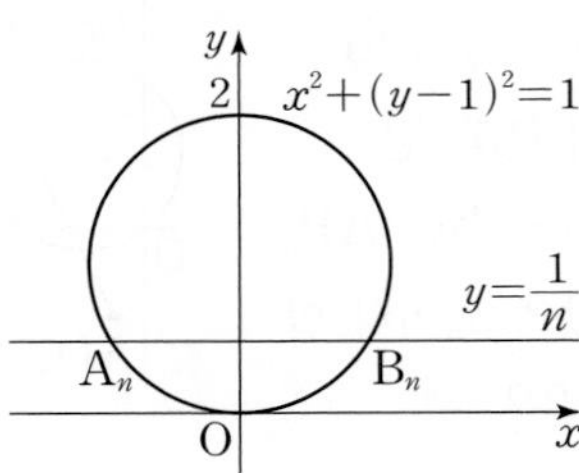

① 2　② 4　③ 6
④ 8　⑤ 10

심화유형 23 수열의 극한의 활용 - 도형

일반항 a_n을 구한 후 수열의 극한에 대한 기본 성질을 이용하여 $\lim_{n\to\infty} a_n$의 값을 구한다.

0211 대표문제

그림과 같이 가로의 길이가 20, 세로의 길이가 n인 직사각형 OC_nB_nA가 있다. 대각선 AC_n과 선분 B_1C_1의 교점을 D_n이라 할 때,

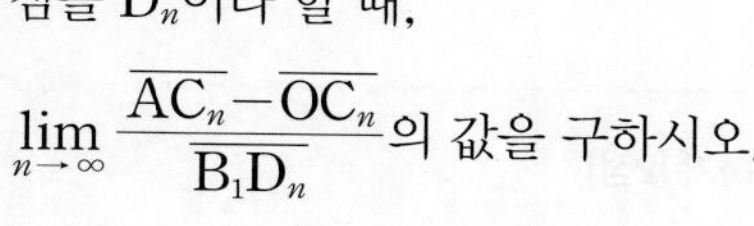

$\lim_{n\to\infty} \frac{\overline{AC_n}-\overline{OC_n}}{\overline{B_1D_n}}$의 값을 구하시오.

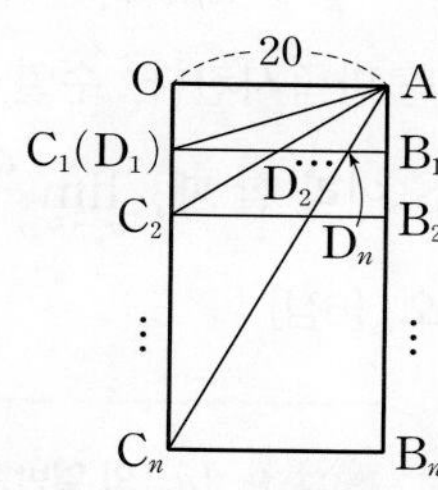

(단, n은 자연수이다.)

0212 Level 2

길이가 1인 성냥개비를 정사각형 모양으로 배열하고 그림과 같이 붙여나갈 때, [n단계]에서 사용한 성냥개비의 개수를 a_n, [n단계]에서 한 변의 길이가 1인 정사각형의 개수를 b_n이라 하자. 이때 $\lim_{n\to\infty} \frac{9b_n}{a_n}$의 값은?

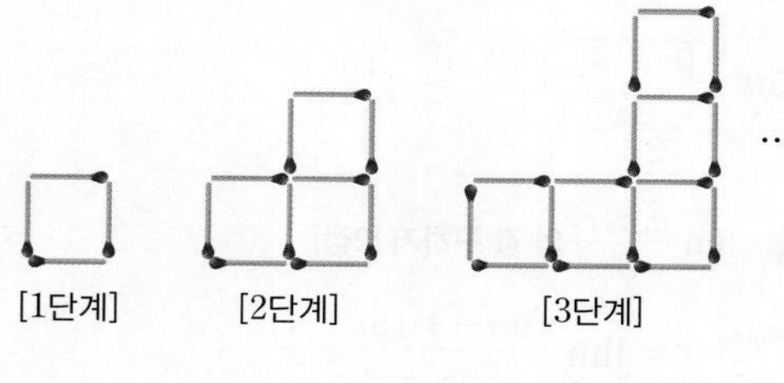

① 1 ② 2 ③ 3 ④ 4 ⑤ 5

0213 Level 2

그림과 같이 [1단계]에서는 반지름의 길이가 1인 반원 모양의 종이를 반으로 자른다. [2단계]에서는 [1단계]에서 만들어진 두 장의 종잇조각을 겹쳐서 반으로 자른다.

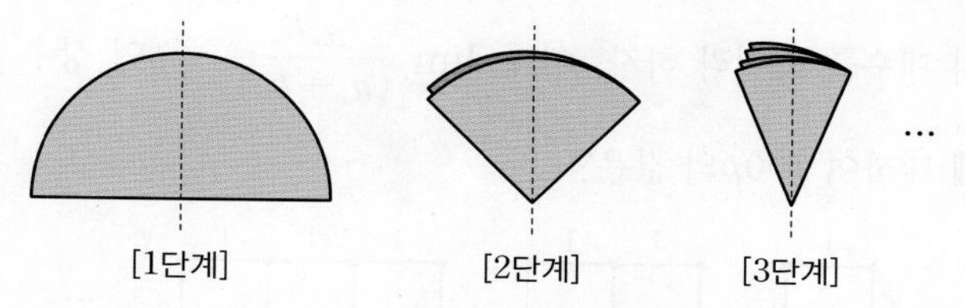

위 과정을 한없이 반복할 때, [n단계]에서 만들어진 종잇조각 1개의 둘레의 길이를 a_n이라 하자. 이때 $\lim_{n\to\infty} a_n$의 값은?

① 1 ② 2 ③ 3 ④ 4 ⑤ 5

0214 Level 2

그림과 같이 한 변의 길이가 2인 정삼각형이 주어졌을 때, [1단계]에서는 정삼각형의 각 변의 중점을 이어서 만든 4개의 정삼각형 중에서 가운데에 있는 정삼각형을 제거한다. [2단계]에서는 [1단계]에서 남은 정삼각형들의 각 변의 중점을 이어서 만든 정삼각형 4개 중에서 가운데에 있는 정삼각형을 각각 제거한다.

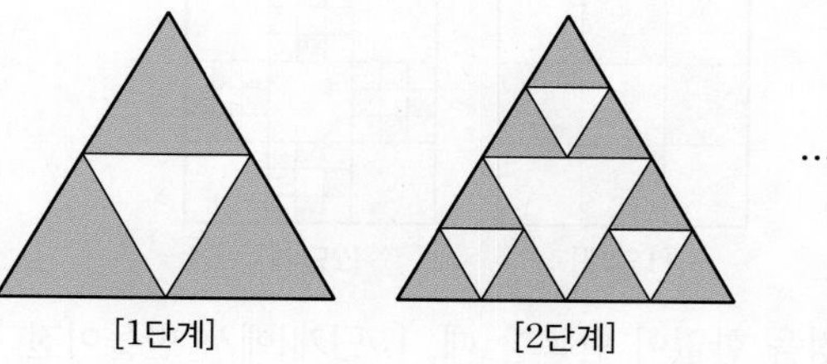

위 과정을 한없이 반복할 때, [n단계]에서 만들어진 정삼각형의 넓이의 합을 a_n이라 하자. 이때 $\lim_{n\to\infty} \frac{4^n \times a_n + 2}{3^{n+1}}$의 값을 구하시오.

0215

Level 2

그림과 같이 한 변의 길이가 1인 정사각형을 이어 붙여서 가로의 길이가 1씩 커지는 직사각형을 만들어 나갈 때, n번째 만든 모양에서 모든 점의 개수를 a_n, 길이가 1인 모든 선분의 개수를 b_n이라 하자. 이때 $\lim_{n\to\infty}\frac{a_nb_n}{(a_n+b_n)^2}=p$인 상수 p에 대하여 $100p$의 값은?

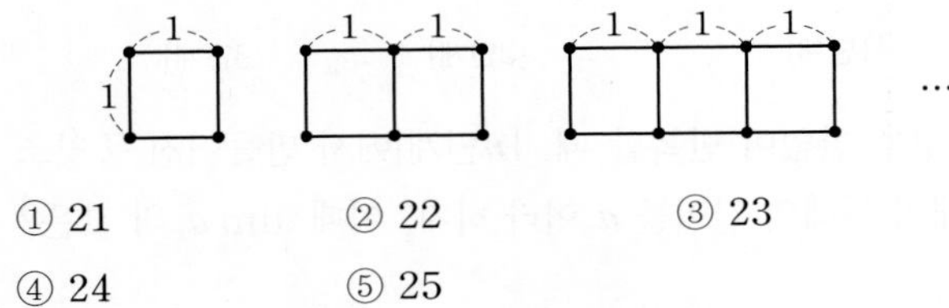

① 21 ② 22 ③ 23
④ 24 ⑤ 25

0216

Level 3

한 변의 길이가 2인 정사각형이 주어졌을 때, [1단계]에서는 정사각형을 9등분하여 9개의 정사각형을 만들고, 그중 그림과 같이 5개의 정사각형을 제거한다. [2단계]에서는 [1단계]에서 남은 정사각형을 각각 9등분하여 9개의 정사각형을 만들고, 그중 [1단계]와 같은 형태로 각각 5개의 정사각형을 제거한다.

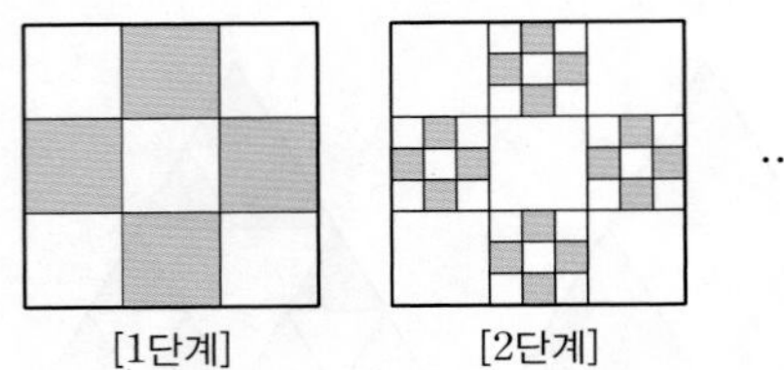

위 과정을 한없이 반복할 때, [n단계]에서 만들어진 정사각형의 둘레의 길이의 합을 a_n, 넓이의 합을 b_n이라 하자. 이때 $\lim_{n\to\infty}\frac{a_{n+1}}{a_n+b_n}$의 값을 구하시오.

서술형 유형 익히기

0217 대표문제

첫째항이 1인 수열 $\{a_n\}$이 모든 자연수 n에 대하여

$$\sum_{k=1}^{n}\frac{a_{k+1}-a_k}{a_ka_{k+1}}=\frac{5n}{5n+1}$$

을 만족시킨다. 수열 $\{a_n\}$의 첫째항부터 제n항까지의 합을 S_n이라 할 때, $\lim_{n\to\infty}\frac{a_na_{n+1}}{S_n}$의 값을 구하는 과정을 서술하시오. [6점]

STEP 1 $\{a_n\}$의 일반항 구하기 [2점]

$$\sum_{k=1}^{n}\frac{a_{k+1}-a_k}{a_ka_{k+1}}=\sum_{k=1}^{n}\left(\frac{1}{a_k}-\frac{1}{a_{k+1}}\right)$$

$$=\frac{1}{a_1}-\frac{1}{a_{n+1}}=\boxed{(1)}-\frac{1}{a_{n+1}}$$

즉, $1-\frac{1}{a_{n+1}}=\frac{5n}{5n+1}$이므로

$$\frac{1}{a_{n+1}}=1-\frac{5n}{5n+1}=\frac{\boxed{(2)}}{5n+1}$$

따라서 $a_{n+1}=5n+1$ $(n=1, 2, 3, \cdots)$이므로

$a_n=5(n-1)+1=\boxed{(3)}$ $(n=2, 3, \cdots)$

위의 식에 $n=1$을 대입하면 $a_1=5\times1-4=1$이므로

$a_n=\boxed{(4)}$ $(n=1, 2, 3, \cdots)$

STEP 2 S_n 구하기 [2점]

$$S_n=\sum_{k=1}^{n}a_k=\sum_{k=1}^{n}(5k-4)$$

$$=5\times\frac{n(n+1)}{2}-\boxed{(5)}$$

$$=\frac{5n^2-\boxed{(6)}}{2}$$

STEP 3 $\lim_{n\to\infty}\frac{a_na_{n+1}}{S_n}$의 값 구하기 [2점]

$$\lim_{n\to\infty}\frac{a_na_{n+1}}{S_n}=\lim_{n\to\infty}\frac{(5n-4)(5n+1)}{\frac{5n^2-3n}{2}}$$

$$=\lim_{n\to\infty}\frac{2\left(\boxed{(7)}-\frac{15}{n}-\frac{4}{n^2}\right)}{5-\frac{3}{n}}$$

$$=\boxed{(8)}$$

0218 한번 더

첫째항이 2인 수열 $\{a_n\}$이 모든 자연수 n에 대하여

$$\sum_{k=1}^{n}\frac{a_{k+1}-a_k}{a_ka_{k+1}}=\frac{3n}{6n+4}$$

을 만족시킨다. 수열 $\{a_n\}$의 첫째항부터 제n항까지의 합을 S_n이라 할 때, $\lim_{n\to\infty}\frac{(a_{2n})^2}{S_n}$의 값을 구하는 과정을 서술하시오. [6점]

STEP 1 $\{a_n\}$의 일반항 구하기 [2점]

STEP 2 S_n 구하기 [2점]

STEP 3 $\lim_{n\to\infty}\frac{(a_{2n})^2}{S_n}$ 의 값 구하기 [2점]

핵심 KEY 유형5 부분분수를 이용한 $\frac{\infty}{\infty}$ 꼴의 극한

부분분수와 수열의 합을 이용하여 수열의 극한값을 구하는 문제이다. $\frac{1}{AB}=\frac{1}{B-A}\left(\frac{1}{A}-\frac{1}{B}\right)$임을 이용하여 $\{a_n\}$의 일반항을 먼저 구한 다음 $S_n=\sum_{k=1}^{n}a_k$에서 자연수의 합 공식을 이용하여 S_n을 구해야 한다.

0219 유사 1

첫째항이 $\frac{1}{2}$인 수열 $\{a_n\}$이 모든 자연수 n에 대하여

$$\sum_{k=1}^{n}\frac{a_k-a_{k+1}}{a_ka_{k+1}}=n^2+3n$$

을 만족시킨다. 수열 $\{a_n\}$의 첫째항부터 제n항까지의 합을 S_n이라 할 때, $\lim_{n\to\infty}n^2a_nS_n$의 값을 구하는 과정을 서술하시오. [7점]

0220 유사 2

공차가 2인 등차수열 $\{a_n\}$에 대하여 $\sum_{k=1}^{n}\frac{1}{a_ka_{k+1}}=\frac{n}{2n+1}$이다. 수열 $\{a_n\}$의 첫째항부터 제n항까지의 합을 S_n이라 할 때, $\lim_{n\to\infty}\frac{(a_n)^2}{S_n}$의 값을 구하는 과정을 서술하시오. [7점]

서술형 **유형 익히기**

0221 대표문제

$x>-2$에서 정의된 함수 $y=\lim_{n\to\infty}\frac{x^{n+1}-2^n}{x^n+2^{n+1}}$의 최솟값을 구하는 과정을 서술하시오. (단, n은 자연수이다.) [8점]

STEP 1 x의 값의 범위에 따라 주어진 수열의 극한값 구하기 [6점]

(i) $-2<x<2$일 때, $\lim_{n\to\infty}\left(\frac{x}{2}\right)^n=0$이므로

$$y=\lim_{n\to\infty}\frac{x^{n+1}-2^n}{x^n+2^{n+1}}$$

$$=\lim_{n\to\infty}\frac{x\times\left(\frac{x}{2}\right)^n-1}{\left(\frac{x}{2}\right)^n+2}=\boxed{(1)\quad}$$

(ii) $x=2$일 때,

$$y=\lim_{n\to\infty}\frac{2^{n+1}-2^n}{2^n+2^{n+1}}=\boxed{(2)\quad}$$

(iii) $x>2$일 때, $\lim_{n\to\infty}\left(\frac{2}{x}\right)^n=0$이므로

$$y=\lim_{n\to\infty}\frac{x^{n+1}-2^n}{x^n+2^{n+1}}$$

$$=\lim_{n\to\infty}\frac{x-\left(\frac{2}{x}\right)^n}{1+2\times\left(\frac{2}{x}\right)^n}=\boxed{(3)\quad}$$

STEP 2 함수 $y=\lim_{n\to\infty}\frac{x^{n+1}-2^n}{x^n+2^{n+1}}$의 최솟값 구하기 [2점]

(i)~(iii)에서

$$y=\begin{cases}\boxed{(4)\quad} & (-2<x<2)\\ \frac{1}{3} & (x=2)\\ \boxed{(5)\quad} & (x>2)\end{cases}$$

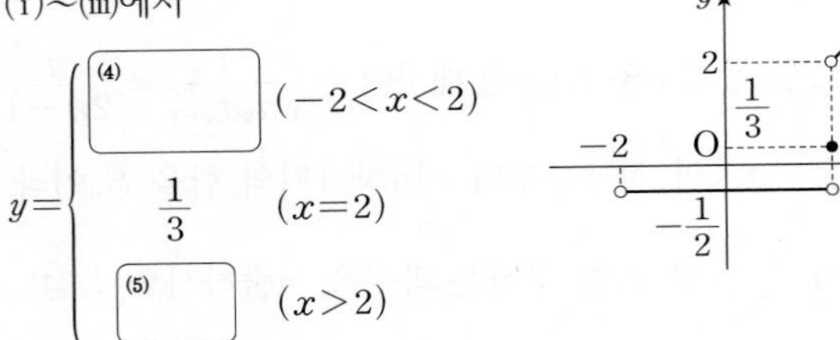

따라서 주어진 함수의 최솟값은 $\boxed{(6)\quad}$이다.

핵심 KEY 유형21 x^n을 포함한 극한으로 정의된 함수

x^n을 포함한 극한으로 정의된 함수에서 x의 값에 따라 등비수열의 극한값이 달라짐을 이용하여 $f(x)$의 최댓값·최솟값을 구하는 문제이다. x의 값의 범위를 $|x|<2$일 때, $x=2$일 때, $|x|>2$일 때, $x=-2$일 때의 네 가지 경우로 나누고 각 경우에 따라 달라지는 등비수열의 극한을 이용한다.

0222 한번 더

$-4<x\le4$에서 정의된 함수 $y=\lim_{n\to\infty}\frac{\left(\frac{x}{2}\right)^{n+1}+3\times2^{n+1}}{\left(\frac{x}{2}\right)^n+2^n}$의 최댓값과 최솟값을 각각 M, m이라 할 때, $M+m$의 값을 구하는 과정을 서술하시오. (단, n은 자연수이다.) [8점]

STEP 1 x의 값의 범위에 따라 주어진 수열의 극한값 구하기 [6점]

STEP 2 함수 $y=\lim_{n\to\infty}\frac{\left(\frac{x}{2}\right)^{n+1}+3\times2^{n+1}}{\left(\frac{x}{2}\right)^n+2^n}$의 최댓값과 최솟값을 구하여 $M+m$의 값 구하기 [2점]

0223 유사1

$x>1$에서 정의된 함수 $f(x)=\lim_{n\to\infty}\frac{2^n-(\log_3 x)^n}{(\log_3 x)^n+2^{2n}}$의 치역의 모든 원소의 합을 구하는 과정을 서술하시오.
(단, n은 자연수이다.) [8점]

0224 대표문제

그림과 같이 자연수 n에 대하여 곡선 $y=(x-n)^2$이 직선 $y=\frac{x}{n}$와 만나는 점을 각각 A_n, B_n이라 하자. 선분 $\mathrm{A}_n\mathrm{B}_n$의 길이를 a_n이라 할 때, $\lim_{n\to\infty} a_n$의 값을 구하는 과정을 서술하시오. [6점]

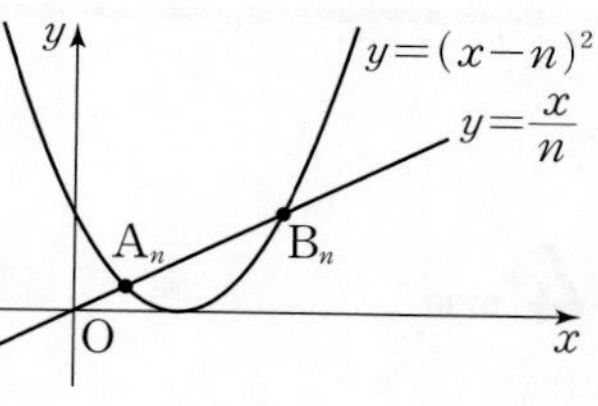

STEP 1 a_n을 n에 대한 식으로 나타내기 [4점]

$\mathrm{A}_n\left(\alpha,\ \frac{\alpha}{n}\right)$, $\mathrm{B}_n\left(\beta,\ \frac{\beta}{n}\right)$라 하면 α와 β는 이차방정식

$(x-n)^2=\frac{x}{n}$, 즉 $x^2-\left(2n+\frac{1}{n}\right)x+n^2=0$의 두 근이다.

이차방정식의 근과 계수의 관계에 의해

$\alpha+\beta=$ (1) $\boxed{}$ $+\frac{1}{n}$, $\alpha\beta=$ (2) $\boxed{}$ 이므로

$(\alpha-\beta)^2=(\alpha+\beta)^2-4\alpha\beta$

$=\left(2n+\frac{1}{n}\right)^2-4\times n^2$

$=4+$ (3) $\boxed{}$

$\therefore a_n=\overline{\mathrm{A}_n\mathrm{B}_n}=\sqrt{(\alpha-\beta)^2+\left(\frac{\alpha}{n}-\frac{\beta}{n}\right)^2}$

$=\sqrt{\left(4+\frac{1}{n^2}\right)+\frac{1}{n^2}\left(4+\frac{1}{n^2}\right)}$

$=\sqrt{4+\frac{5}{n^2}+\frac{1}{n^4}}=\sqrt{\frac{4n^4+5n^2+1}{\text{(4)}\boxed{}}}$

$=\frac{\sqrt{4n^4+5n^2+1}}{\text{(5)}\boxed{}}$

STEP 2 $\lim_{n\to\infty} a_n$의 값 구하기 [2점]

$\lim_{n\to\infty} a_n=\lim_{n\to\infty}\frac{\sqrt{4n^4+5n^2+1}}{n^2}$

$=\lim_{n\to\infty}\frac{\sqrt{\text{(6)}\boxed{}+\frac{5}{n^2}+\frac{1}{n^4}}}{1}=$ (7) $\boxed{}$

핵심 KEY 유형 22 **그래프에서 수열의 극한의 활용**

그래프를 이용하여 수열 $\{a_n\}$의 일반항을 구하고, 수열의 극한값을 구하는 문제이다. 두 그래프의 교점의 x좌표를 근으로 갖는 방정식에서 근과 계수의 관계를 이용하여 교점 사이의 거리의 수열 $\{a_n\}$의 일반항을 구한다. 이때 두 그래프의 교점 A_n, B_n의 x좌표를 각각 α, β로 놓고 α, β를 각각 식에 대입하여 y좌표까지 구해야 a_n을 n에 대한 식으로 나타낼 수 있다.

0225 한번 더

그림과 같이 자연수 n에 대하여 곡선 $y=\frac{4n}{x}$과 직선 $y=5-\frac{x}{n}$의 두 교점을 각각 A_n, B_n이라 하자. 선분 $\mathrm{A}_n\mathrm{B}_n$의 길이를 a_n이라 할 때, $\lim_{n\to\infty}(a_{n+1}-a_n)$의 값을 구하는 과정을 서술하시오. [6점]

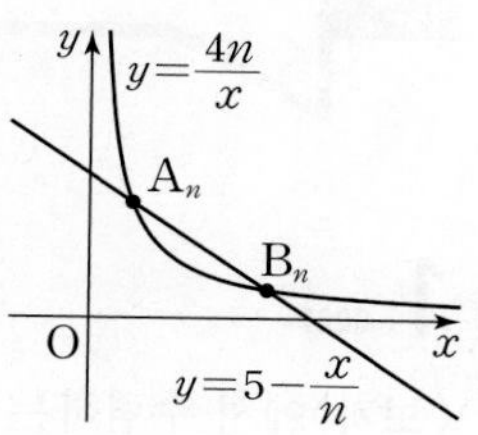

STEP 1 a_n을 n에 대한 식으로 나타내기 [4점]

STEP 2 $\lim_{n\to\infty}(a_{n+1}-a_n)$의 값 구하기 [2점]

0226 유사 1

자연수 n에 대하여 두 직선 $2x+y=3^n$, $x-2y=2^n$이 만나는 점의 좌표를 $(a_n,\ b_n)$이라 할 때, $\lim_{n\to\infty}\frac{b_n}{a_n}$의 값을 구하는 과정을 서술하시오. [7점]

실력 check 실전 마무리하기 1회

점 / 100점

• 선택형 21문항, 서술형 4문항입니다.

1 0227

<보기>에서 수렴하는 수열인 것만을 있는 대로 고른 것은? [3점]

〈보기〉

ㄱ. $\{(\log 3)^n\}$　　ㄴ. $\{\cos n\pi\}$

ㄷ. $\left\{\frac{2n}{n-1}\right\}$　　ㄹ. $\left\{\frac{2}{(-3)^n}\right\}$

① ㄱ　② ㄴ　③ ㄷ, ㄹ
④ ㄱ, ㄷ, ㄹ　⑤ ㄴ, ㄷ, ㄹ

2 0228

수렴하는 두 수열 $\{a_n\}$, $\{b_n\}$이

$$\lim_{n\to\infty}(2a_n+3b_n)=6,\ \lim_{n\to\infty}(a_n+b_n)=4$$

를 만족시킬 때, $\lim_{n\to\infty}a_nb_n$의 값은? [3점]

① -2　② -4　③ -8
④ -10　⑤ -12

3 0229

수열 $\{a_n\}$의 일반항이 $a_n=\frac{n+2}{n^2+n}$일 때, 수열 $\{a_{2n}\}$에 대한 설명으로 옳은 것은? [3점]

① 발산한다.
② -1로 수렴한다.
③ 1로 수렴한다.
④ 0으로 수렴한다.
⑤ 2로 수렴한다.

4 0230

수열 $\{a_n\}$에 대하여 $\sum_{k=1}^{n}a_k=n^2+2n$일 때, $\lim_{n\to\infty}\frac{a_1\times n^2}{{a_n}^2}$의 값은? [3점]

① $\frac{1}{4}$　② $\frac{1}{2}$　③ $\frac{3}{4}$
④ 1　⑤ $\frac{3}{2}$

5 0231

$\lim_{n\to\infty}\frac{1+3+5+\cdots+(2n-1)}{2+4+6+\cdots+2n}$의 값은? [3점]

① $\frac{1}{4}$　② $\frac{1}{2}$　③ $\frac{3}{4}$
④ 1　⑤ $\frac{5}{4}$

6 0232

$\lim_{n\to\infty}\frac{(a-2)n^3+(b-4)n^2}{3n^2+1}=7$을 만족시키는 두 실수 a, b에 대하여 $a+b$의 값은? [3점]

① 9　② 12　③ 18
④ 24　⑤ 27

7 0233

두 수열 $\{a_n\}$, $\{b_n\}$에 대하여

$$\lim_{n\to\infty}\frac{a_n}{n}=3,\ \lim_{n\to\infty}\frac{b_n}{n}=5$$

일 때, $\lim_{n\to\infty}\frac{(a_n-1)(b_n-2)}{n^2}$의 값은? [3점]

① 5 ② 8 ③ 15
④ 20 ⑤ 25

8 0234

수열 $\{a_n\}$이 모든 자연수 n에 대하여 $|a_n-8n^2|\le 8$을 만족시킬 때, $\lim_{n\to\infty}\frac{a_n}{2n^2}$의 값은? [3점]

① 2 ② 4 ③ 6
④ 8 ⑤ 10

9 0235

$\lim_{n\to\infty}\{\sqrt{n^2+5n+7}-(n+1)\}=\frac{q}{p}$일 때, 서로소인 두 자연수 p, q에 대하여 p^2+q^2의 값은? [3.5점]

① 9 ② 10 ③ 11
④ 12 ⑤ 13

10 0236

자연수 n에 대하여 $\sqrt{9n^2+4n+1}$보다 크지 않은 최대의 정수를 a_n이라 할 때, $\lim_{n\to\infty}(\sqrt{9n^2+4n+1}-a_n)$의 값은? [3.5점]

① $\frac{1}{6}$ ② $\frac{1}{3}$ ③ $\frac{1}{2}$
④ $\frac{2}{3}$ ⑤ $\frac{5}{6}$

11 0237

$\lim_{n\to-\infty}(n+\sqrt{n^2-4an})=2$를 만족시키는 실수 a의 값은? [3.5점]

① 1 ② 2 ③ 3
④ 4 ⑤ 5

12 0238

수열 $\{a_n\}$에 대하여 $\lim_{n\to\infty}\frac{3na_n+1}{2n^2+3n+1}=9$일 때, $\lim_{n\to\infty}\frac{a_n}{n}$의 값은? [3.5점]

① 0 ② 3 ③ 6
④ 9 ⑤ 12

13 0239

수열 $\{a_n\}$에 대하여 $\lim_{n\to\infty}\frac{a_n(\sqrt{2n^2+1}-\sqrt{n^2+1})}{n}=3$일 때, $\lim_{n\to\infty}a_n$의 값은? [3.5점]

① $\sqrt{2}-1$ ② $\sqrt{2}+1$ ③ $2(\sqrt{2}+1)$
④ $3(\sqrt{2}-1)$ ⑤ $3(\sqrt{2}+1)$

14 0240

두 수열 $\{a_n\}$, $\{b_n\}$에 대하여

$$\lim_{n\to\infty}\frac{a_n}{b_n}=\infty,\ \lim_{n\to\infty}a_n=2$$

일 때, $\lim_{n\to\infty}\left(a_nb_n+3a_n^2+\frac{b_n}{a_n}+7\right)$의 값은? [3.5점]

① 16 ② 19 ③ 21
④ 24 ⑤ 27

15 0241

$\lim_{n\to\infty}\frac{\left(\frac{1}{3}\right)^{n-1}+5\times\left(\frac{1}{4}\right)^n}{2\times\left(\frac{1}{3}\right)^{n+1}+6\times\left(\frac{1}{4}\right)^n}$의 값은? [3.5점]

① $\frac{1}{2}$ ② 1 ③ $\frac{5}{2}$
④ 4 ⑤ $\frac{9}{2}$

16 0242

등비수열 $\{(x^2-2x-4)^n\}$이 수렴하도록 하는 정수 x의 개수는? [3.5점]

① 0 ② 1 ③ 2
④ 3 ⑤ 4

17 0243

그림과 같이 4 이상의 자연수 n에 대하여 밑변의 길이가 6이고 나머지 두 변의 길이가 n인 이등변삼각형 $A_nB_nC_n$이 있다. 두 변 A_nC_n, B_nC_n을 n등분한 점 중 점 C_n에 가까운 점을 각각 A_1, B_1이라 하고 점 C_n에서 선분 A_1B_1에 내린 수선의 발을 H_n이라 하자. 이때 $\lim_{n\to\infty}\overline{C_nH_n}$의 값은? [3.5점]

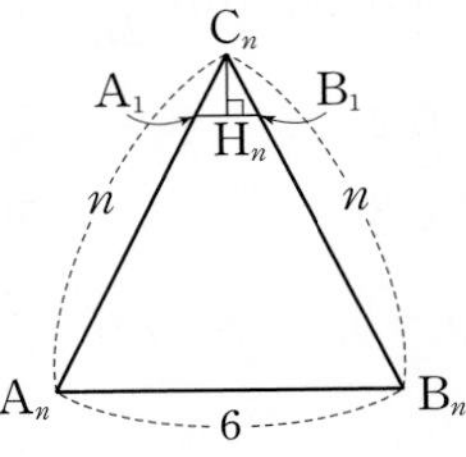

① 1 ② 2 ③ 3
④ 4 ⑤ 5

18 0244

자연수 n에 대하여 6^n의 양의 약수의 총합을 $f(n)$이라 할 때, $\lim_{n\to\infty}\frac{f(n)}{6^n}$의 값은? [4점]

① 1　② $\frac{3}{2}$　③ 2
④ $\frac{5}{2}$　⑤ 3

19 0245

함수 $f(x)=\lim_{n\to\infty}\frac{x^{4n+1}}{x^{4n+2}+1}$에 대하여 부등식 $\lim_{x\to a-}f(x)<\lim_{x\to a+}f(x)$를 만족시키는 모든 a의 값의 합은? [4점]

① -2　② -1　③ 0
④ 1　⑤ 2

20 0246

자연수 n에 대하여 원점 O와 점 $(n,\ 0)$을 이은 선분을 밑변으로 하고, 높이가 h_n인 삼각형의 넓이를 a_n이라 하자. 수열 $\{a_n\}$은 첫째항이 $\frac{1}{4}$인 등비수열일 때, 〈보기〉에서 옳은 것만을 있는 대로 고른 것은? [4점]

〈보기〉

ㄱ. 모든 자연수 n에 대하여 $a_n=\frac{1}{4}$이면 $h_n=\frac{1}{2n}$이다.

ㄴ. $h_2=\frac{1}{16}$이면 $a_n=\frac{1}{4}\times\left(\frac{1}{2}\right)^{n-1}$이다.

ㄷ. $h_2<\frac{1}{4}$이면 $\lim_{n\to\infty}nh_n=0$이다.

① ㄱ　② ㄴ　③ ㄱ, ㄷ
④ ㄴ, ㄷ　⑤ ㄱ, ㄴ, ㄷ

21 0247

두 함수 $f(x)=\lim_{n\to\infty}\frac{x^{4n}}{2x^{4n+2}+4}$, $g(x)=2x+k$의 그래프가 서로 다른 세 점에서 만나도록 하는 실수 k의 값은?

(단, n은 자연수이다.) [4.5점]

① $-\frac{11}{6}$　② $-\frac{5}{3}$　③ $-\frac{3}{2}$
④ $\frac{13}{6}$　⑤ $\frac{5}{2}$

서술형

22 0248

수열 $\{a_n\}$의 일반항이 $a_n=2n-3$일 때,

$\lim_{n\to\infty}(\sqrt{a_3+a_5+a_7+\cdots+a_{2n+1}}-\sqrt{a_2+a_4+a_6+\cdots+a_{2n}})$

의 값을 구하는 과정을 서술하시오. [6점]

23 0249

수열 $\{a_n\}$이 $\lim_{n\to\infty}\frac{a_n[\sqrt{n^2+3n+2}]}{2n+1}=5$를 만족시킬 때,

$\lim_{n\to\infty}a_n$의 값을 구하는 과정을 서술하시오.

(단, $[x]$는 x보다 크지 않은 최대의 정수이다.) [6점]

24 0250

수열 $\{a_n\}$에 대하여 x에 대한 이차방정식

$x^2-(n+1)x+a_n=0$은 실근을 갖고, x에 대한 이차방정식 $x^2-nx+a_n=0$은 허근을 갖는다. 이때 $\lim_{n\to\infty}\frac{a_n}{n^2+2n}$의 값을 구하는 과정을 서술하시오. [8점]

25 0251

그림과 같이 자연수 n에 대하여 원점과 점 $A_n(n, 0)$, 점 B_n을 꼭짓점으로 하는 정삼각형 OA_nB_n이 있다. 중심이 C_n인 원은 선분 A_nB_n과 x축, y축에 각각 접한다. 이 원의 반지름의 길이를 R_n이라 할 때, $\lim_{n\to\infty}\frac{R_n}{\sqrt{4n^2+1}}$의 값을 구하는 과정을 서술하시오. (단, O는 원점이다.) [8점]

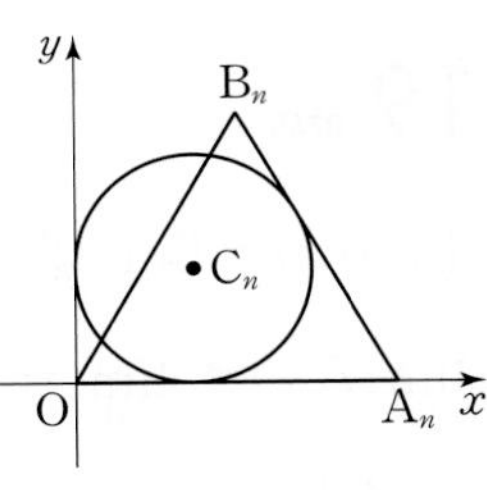

실력 check 실전 마무리하기 2회

점 / 100점

• 선택형 21문항, 서술형 4문항입니다.

1 0252

두 수열 $\{a_n\}$, $\{b_n\}$에 대하여

$$\lim_{n\to\infty} a_n=10,\ \lim_{n\to\infty} b_n=-5$$

일 때, $\lim_{n\to\infty}(2a_n-5)(8+b_n)$의 값은? [3점]

① 25　② 35　③ 45　④ 55　⑤ 60

2 0253

다음 중 극한값이 가장 작은 것은? [3점]

① $\lim_{n\to\infty}\frac{3n^2+1}{6n^2}$

② $\lim_{n\to\infty}\frac{3n}{n^2}$

③ $\lim_{n\to\infty}\frac{-4n^2+4n+100}{n^2-n}$

④ $\lim_{n\to\infty}\frac{3n+4}{7n+6}$

⑤ $\lim_{n\to\infty}\frac{5n^3-7n^2-9n}{n^5-n}$

3 0254

$\lim_{n\to\infty}\frac{an+4}{\sqrt{n^2+bn}-n}=6$일 때, 상수 a, b에 대하여 $a-b$의 값은? [3점]

① $-\frac{8}{3}$　② $-\frac{4}{3}$　③ 0　④ $\frac{4}{3}$　⑤ $\frac{8}{3}$

4 0255

수열 $\{a_n\}$에 대하여 $\lim_{n\to\infty}\frac{a_n}{n}=5$일 때, $\lim_{n\to\infty}\frac{n}{n+a_n}$의 값은? [3점]

① $\frac{1}{6}$　② $\frac{1}{5}$　③ 1　④ 5　⑤ 6

5 0256

수열 $\{a_n\}$이 모든 자연수 n에 대하여

$$4n^2+2n+4<a_n<4n^2+2n+5$$

를 만족시킬 때, $\lim_{n\to\infty}\frac{a_n}{2n^2}$의 값은? [3점]

① -2　② -1　③ 0　④ 1　⑤ 2

6 0257

자연수 n에 대하여 〈**보기**〉에서 옳은 것만을 있는 대로 고른 것은? [3점]

〈보기〉

ㄱ. $\lim_{n\to\infty}\frac{1}{n}\sin\frac{n\pi}{3}=0$

ㄴ. $\lim_{n\to\infty}\frac{1}{3n}\cos\frac{n\pi}{2}=\pi$

ㄷ. $\lim_{n\to\infty}\frac{1}{n^2}\tan\frac{\pi}{4n}=0$

① ㄱ　② ㄱ, ㄴ　③ ㄱ, ㄷ　④ ㄴ, ㄷ　⑤ ㄱ, ㄴ, ㄷ

7 0258

〈**보기**〉에서 발산하는 수열인 것만을 있는 대로 고른 것은? [3점]

〈 보기 〉

ㄱ. $\{(-1)^n\}$

ㄴ. $\left\{\left(\frac{\sqrt{7}}{3}\right)^{2n}\right\}$

ㄷ. $\left\{\left(\frac{6}{7}\right)^{3-n}\right\}$

ㄹ. $\{(\log_3 27)^{-n}\}$

① ㄱ, ㄴ ② ㄱ, ㄷ ③ ㄱ, ㄹ
④ ㄴ, ㄷ ⑤ ㄴ, ㄹ

8 0259

등비수열 $\left\{\left(\frac{r^2-5r}{6}\right)^{n-1}\right\}$이 수렴하도록 하는 실수 r의 값의 범위는? [3점]

① $-1\leq r\leq 2$ 또는 $3\leq r\leq 6$
② $-1\leq r<2$ 또는 $3<r\leq 6$
③ $-1\leq r<2$ 또는 $3\leq r<6$
④ $-1<r\leq 2$ 또는 $3<r\leq 6$
⑤ $-1<r\leq 2$ 또는 $3\leq r<6$

9 0260

$$\lim_{n\to\infty}\frac{2n}{n+1}\left\{\left(\frac{1}{1}\times\frac{1}{2}\right)+\left(\frac{1}{2}\times\frac{1}{3}\right)+\left(\frac{1}{3}\times\frac{1}{4}\right)+\cdots+\left(\frac{1}{n}\times\frac{1}{n+1}\right)\right\}$$

의 값은? [3.5점]

① 1 ② 2 ③ 3
④ 4 ⑤ 5

10 0261

상수 a, b에 대하여

$$\lim_{n\to\infty}\frac{an+4}{6n+1}=\frac{1}{2},\ \lim_{n\to\infty}(\sqrt{9n^2+9n-7}-an)=b$$

일 때, $2ab$의 값은? [3.5점]

① 6 ② 7 ③ 8
④ 9 ⑤ 10

11 0262

$\lim_{n\to\infty}\frac{\sqrt{4n+6}-\sqrt{4n+2}}{\sqrt{9n+3}-\sqrt{9n+2}}$의 값은? [3.5점]

① 2 ② 3 ③ 4
④ 5 ⑤ 6

12 0263

두 수열 $\{a_n\}$, $\{b_n\}$에 대하여

$$\lim_{n\to\infty}(n^3+1)a_n=4,\ \lim_{n\to\infty}(2n+3)b_n=6$$

일 때, $\lim_{n\to\infty}\frac{b_n}{(3n+1)^2 a_n}$의 값은? [3.5점]

① $\frac{1}{24}$ ② $\frac{1}{12}$ ③ $\frac{1}{8}$
④ $\frac{1}{4}$ ⑤ $\frac{3}{8}$

13 0264

첫째항이 1이고 공비가 4인 등비수열 $\{a_n\}$의 첫째항부터 제 n항까지의 합을 S_n이라 할 때, $\lim_{n\to\infty}\frac{a_n}{S_n}$의 값은? [3.5점]

① $\frac{1}{2}$ ② $\frac{3}{4}$ ③ $\frac{5}{4}$
④ $\frac{7}{4}$ ⑤ $\frac{9}{4}$

14 0265

$\lim_{n\to\infty}\frac{7^n}{(6-4\sin\theta)^{n+1}}$이 0이 아닌 극한값을 갖도록 하는 실수 θ에 대하여 $64\sin^2\theta$의 값은? (단, n은 자연수이다.) [3.5점]

① 1 ② 2 ③ 4
④ 8 ⑤ 16

15 0266

$r>0$일 때, $\lim_{n\to\infty}\frac{r^{n+1}+2r+1}{r^n+1}=\frac{5}{3}$를 만족시키는 모든 r의 값의 합은? [3.5점]

① $\frac{4}{3}$ ② 2 ③ $\frac{7}{3}$
④ 3 ⑤ $\frac{10}{3}$

16 0267

그림과 같이 자연수 n에 대하여 곡선 $y=x^2$ 위의 점 $A_n(n,\ n^2)$을 지나고 기울기가 $-\sqrt{2}$인 직선이 x축과 만나는 점을 B_n이라 할 때, $\lim_{n\to\infty}\frac{\overline{OB_n}}{\overline{OA_n}}$의 값은?

(단, O는 원점이다.) [3.5점]

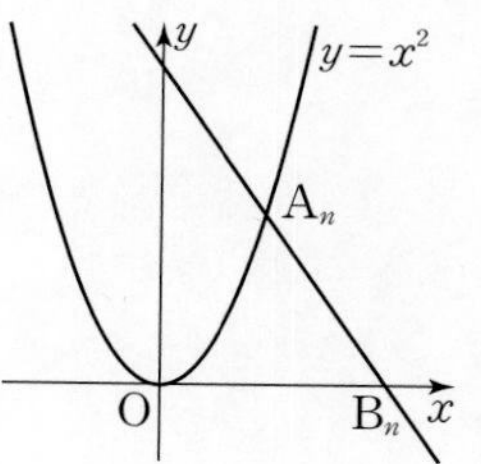

① $\frac{\sqrt{2}}{2}$ ② $\sqrt{2}$ ③ $\frac{3}{2}\sqrt{2}$
④ $2\sqrt{2}$ ⑤ $\frac{5}{2}\sqrt{2}$

17 0268

자연수 n에 대하여 이차함수 $f(x)=x^2-2nx+2n^2$의 꼭짓점 P_n과 곡선 $y=f(x)$ 위의 점 $Q_n(2n,\ f(2n))$ 사이의 거리를 l_n이라 할 때, $\lim_{n\to\infty}\frac{l_n}{n^2}$의 값은? [3.5점]

① $\frac{1}{4}$ ② $\frac{1}{2}$ ③ 1
④ 2 ⑤ 4

18 0269

수열 $\{a_n\}$에 대하여 $\sum_{k=1}^{n} ka_k = n(n+3)(n+4)$일 때, $\lim_{n\to\infty}\frac{a_n}{n}$의 값은? [4점]

① 1 ② 2 ③ 3
④ 4 ⑤ 5

19 0270

x에 대한 이차방정식 $x^2-3x+2n-\sqrt{4n^2-n}=0$의 두 근을 α_n, β_n이라 할 때, $\lim_{n\to\infty}\left(\frac{1}{\alpha_n}+\frac{1}{\beta_n}\right)$의 값은? [4점]

① 4 ② 6 ③ 8
④ 10 ⑤ 12

20 0271

$\lim_{n\to\infty}\frac{4a^{n-1}+5b^{n+1}}{2a^{n+1}-b^{n-1}}=c$일 때, 상수 a, b, c에 대하여 $\frac{2b^2+2c}{b^2-c}$의 값은? (단, $0<a<b$) [4점]

① $-\frac{3}{2}$ ② $-\frac{4}{3}$ ③ $-\frac{1}{2}$
④ $-\frac{2}{5}$ ⑤ $-\frac{1}{5}$

21 0272

다음 중 함수 $f(x)=\lim_{n\to\infty}\frac{3x^{2n}+2x}{x^{2n-1}+2}$의 치역의 원소가 아닌 것은? [4.5점]

① $\frac{1}{2}$ ② $\frac{3}{4}$ ③ $\frac{4}{3}$
④ $\frac{5}{3}$ ⑤ 4

● 정답 및 풀이 58쪽

서술형

22 0273

자연수 n에 대하여 $\sqrt{9n^2+6n+5}$의 정수 부분을 a_n, 소수 부분을 b_n이라 할 때, $\lim_{n\to\infty} a_n b_n$의 값을 구하는 과정을 서술하시오. [6점]

23 0274

그림과 같이 자연수 n에 대하여 두 곡선 $y=\log_2 x$, $y=\log_5 x-1$과 직선 $y=n$이 만나는 점을 각각 A_n, B_n이라 하자. 삼각형 $\mathrm{OA}_n\mathrm{B}_n$의 넓이를 a_n이라 할 때, $\lim_{n\to\infty}\frac{a_n}{a_{n+1}}$의 값을 구하는 과정을 서술하시오. (단, O는 원점이다.) [6점]

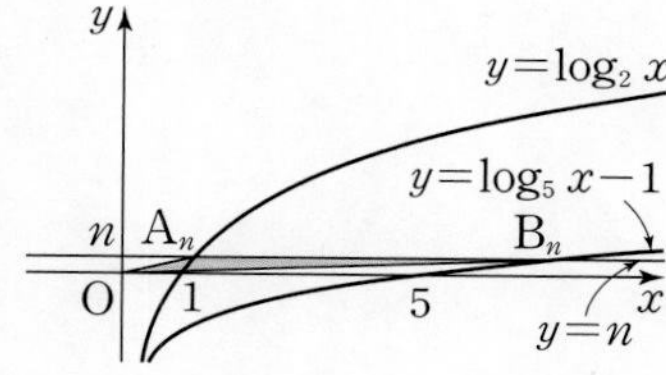

24 0275

$\lim_{n\to\infty}\frac{3\times p^{n-1}+4^{n+2}}{2\times p^{n-2}+2q\times 4^{n-1}}>4$를 만족시키는 자연수 p, q의 순서쌍 (p, q)의 개수를 구하는 과정을 서술하시오.

(단, $p\le 4$) [8점]

25 0276

자연수 n에 대하여 수열 $\{a_n\}$, $\{b_n\}$을 다음과 같이 정의하자.

> $\{a_n\}$: 3^n 이하의 자연수 중 3과 서로소인 자연수의 합
> $\{b_n\}$: 5^n 이하의 자연수 중 5와 서로소인 자연수의 합

$\lim_{n\to\infty}\frac{b_{n+1}}{a_n+b_n}$의 값을 구하는 과정을 서술하시오. [8점]

산 책

산책을 하면

건강에도 좋고

마음도 평온해진다.

다만 내게 의지가 없을 뿐

내가 산 책들도 마찬가지다.

급수 02

02

I. 수열의 극한

급수

1 급수의 수렴과 발산

핵심 1

(1) **급수** : 수열 $\{a_n\}$의 각 항을 차례로 덧셈 기호 $+$로 연결한 식

$$a_1+a_2+a_3+\cdots+a_n+\cdots$$

을 급수라 하고, 기호 $\sum$를 사용하여 $\sum_{n=1}^{\infty} a_n$과 같이 나타낸다.

➜ $a_1+a_2+a_3+\cdots+a_n+\cdots=\sum_{n=1}^{\infty} a_n$

(2) **부분합** : 급수 $\sum_{n=1}^{\infty} a_n$에서 첫째항부터 제n항까지의 합 S_n을 이 급수의 제n항까지의 부분합이라 한다.

➜ $S_n=a_1+a_2+a_3+\cdots+a_n=\sum_{k=1}^{n} a_k$

(3) **급수의 합** : 급수 $\sum_{n=1}^{\infty} a_n$의 제n항까지의 부분합으로 이루어진 수열 $\{S_n\}$이 일정한 값 S에 수렴할 때, 즉 $\lim_{n\to\infty} S_n=\lim_{n\to\infty}\sum_{k=1}^{n} a_k=S$이면 이 급수는 S에 수렴한다고 한다. 이때 S를 이 급수의 합이라 한다.

➜ $a_1+a_2+a_3+\cdots+a_n+\cdots=S$ 또는 $\sum_{n=1}^{\infty} a_n=S$

Note

- $S_1=a_1$
  $S_2=a_1+a_2$
  $S_3=a_1+a_2+a_3$
  $\vdots$
  $S_n=a_1+a_2+a_3+\cdots+a_n$
- 급수 $\sum_{n=1}^{\infty} a_n$의 제n항까지의 부분합으로 이루어진 수열 $\{S_n\}$이 발산할 때, 급수 $\sum_{n=1}^{\infty} a_n$은 발산한다고 하며 발산하는 급수에 대해서는 그 합을 생각하지 않는다.

2 급수와 수열의 극한값 사이의 관계

핵심 2

(1) 급수 $\sum_{n=1}^{\infty} a_n$이 수렴하면 $\lim_{n\to\infty} a_n=0$이다.
(2) $\lim_{n\to\infty} a_n\neq 0$이면 급수 $\sum_{n=1}^{\infty} a_n$은 발산한다.

서로 대우인 명제이다.

주의 일반적으로 (1)의 역은 성립하지 않는다. 즉, $\lim_{n\to\infty} a_n=0$이라고 해서 급수 $\sum_{n=1}^{\infty} a_n$이 반드시 수렴하는 것은 아니다.

3 급수의 성질

핵심 3

수렴하는 두 급수 $\sum_{n=1}^{\infty} a_n$, $\sum_{n=1}^{\infty} b_n$에 대하여 $\sum_{n=1}^{\infty} a_n=S$, $\sum_{n=1}^{\infty} b_n=T$ (S, T는 실수)일 때

(1) $\sum_{n=1}^{\infty} ca_n=c\sum_{n=1}^{\infty} a_n=cS$ (단, c는 상수)

(2) $\sum_{n=1}^{\infty} (a_n+b_n)=\sum_{n=1}^{\infty} a_n+\sum_{n=1}^{\infty} b_n=S+T$

(3) $\sum_{n=1}^{\infty} (a_n-b_n)=\sum_{n=1}^{\infty} a_n-\sum_{n=1}^{\infty} b_n=S-T$

- 급수의 성질은 두 급수가 모두 수렴하는 경우에만 성립한다.
- 곱의 성질과 몫의 성질은 성립하지 않는다. 즉,

$$\sum_{n=1}^{\infty} a_nb_n\neq\sum_{n=1}^{\infty} a_n\times\sum_{n=1}^{\infty} b_n$$

$$\sum_{n=1}^{\infty} \frac{a_n}{b_n}\neq\frac{\sum_{n=1}^{\infty} a_n}{\sum_{n=1}^{\infty} b_n}$$

4 등비급수

핵심 4

(1) 등비급수

첫째항이 a, 공비가 r인 등비수열 $\{ar^{n-1}\}$의 각 항을 차례로 덧셈 기호 $+$로 연결한 급수

$$\sum_{n=1}^{\infty} ar^{n-1} = a + ar + ar^2 + \cdots + ar^{n-1} + \cdots$$

을 첫째항이 a, 공비가 r인 **등비급수**라 한다.

(2) 등비급수의 수렴과 발산

등비급수 $\sum_{n=1}^{\infty} ar^{n-1} = a + ar + ar^2 + \cdots + ar^{n-1} + \cdots \ (a \neq 0)$은

① $|r| < 1$일 때, 수렴하고 그 합은 $\dfrac{a}{1-r}$이다.

② $|r| \geq 1$일 때, 발산한다.

참고 등비급수 $\sum_{n=1}^{\infty} ar^{n-1}$이 수렴하기 위한 필요충분조건 → $a=0$ 또는 $-1<r<1$

Note

- 등비급수 $\sum_{n=1}^{\infty} ar^{n-1}$에서 $a=0$이면 모든 항이 0이므로 이 급수의 합은 0이다.
- $|r| \geq 1$일 때, $\lim_{n\to\infty} ar^{n-1} \neq 0$이므로 등비급수 $\sum_{n=1}^{\infty} ar^{n-1}$은 발산한다.

5 등비급수의 활용

(1) 도형과 등비급수

닮은꼴의 모양이 한없이 반복되는 도형에서 선분이나 둘레의 길이의 합 또는 넓이의 합은 등비급수를 이용하여 다음과 같은 순서로 구할 수 있다.

❶ $a_1, a_2, a_3, \cdots$을 차례로 구하여 일정한 규칙을 찾는다.

❷ 한없이 반복되는 성질을 이용하여 첫째항 a와 공비 r를 구한다.

❸ 등비급수의 합이 $\dfrac{a}{1-r} \ (|r|<1)$임을 이용한다.

(2) 순환소수와 등비급수

등비급수를 이용하여 다음과 같은 순서로 순환소수를 분수로 나타낼 수 있다.

❶ 순환소수를 등비급수로 나타내어 첫째항 a와 공비 r를 구한다.

❷ 등비급수의 합이 $\dfrac{a}{1-r} \ (|r|<1)$임을 이용한다.

예 (1) $0.\dot{7} = 0.7 + 0.07 + 0.007 + \cdots$

즉, 이 급수는 첫째항이 $\dfrac{7}{10}$, 공비가 $\dfrac{1}{10}$인 등비급수이므로

$$0.\dot{7} = \frac{\frac{7}{10}}{1-\frac{1}{10}} = \frac{7}{9}$$

(2) $1.\dot{2}\dot{3} = 1 + 0.23 + 0.0023 + 0.000023 + \cdots$

이때 $0.23 + 0.0023 + 0.000023 + \cdots$은 첫째항이 $\dfrac{23}{100}$, 공비가 $\dfrac{1}{100}$인 등비급수이므로

$$1.\dot{2}\dot{3} = 1 + \frac{\frac{23}{100}}{1-\frac{1}{100}} = 1 + \frac{23}{99} = \frac{122}{99}$$

Note

- 처음 주어진 도형에서 일정한 규칙에 따라 새로운 도형을 만들어 나갈 때, 만들어지는 도형의 선분이나 둘레의 길이 또는 넓이는 차례로 등비수열을 이룬다.
- 무한소수 중에서 소수점 아래의 어떤 자리부터 일정한 숫자의 배열이 끝없이 되풀이되는 소수를 순환소수라 한다.

핵심 1 급수의 수렴과 발산 유형 1~2

(1) 급수 $\frac{1}{2}+\frac{1}{4}+\frac{1}{8}+\cdots$은 첫째항이 $\frac{1}{2}$, 공비가 $\frac{1}{2}$인 등비수열의 합이므로 제n항까지의 부분합을 S_n이라 하면

$$S_n=\frac{\frac{1}{2}\left\{1-\left(\frac{1}{2}\right)^n\right\}}{1-\frac{1}{2}}=1-\left(\frac{1}{2}\right)^n \quad \therefore \lim_{n\to\infty} S_n=\lim_{n\to\infty}\left\{1-\left(\frac{1}{2}\right)^n\right\}=1$$

따라서 주어진 급수는 수렴하고, 그 합은 1이다.

(2) 급수 $2+4+6+\cdots+2n+\cdots$은 첫째항이 2, 공차가 2인 등차수열의 합이므로 제n항까지의 부분합을 S_n이라 하면

$$S_n=\frac{n\{2\times2+(n-1)\times2\}}{2}=n(n+1)$$

$$\therefore \lim_{n\to\infty} S_n=\lim_{n\to\infty} n(n+1)=\infty$$

따라서 주어진 급수는 발산한다.

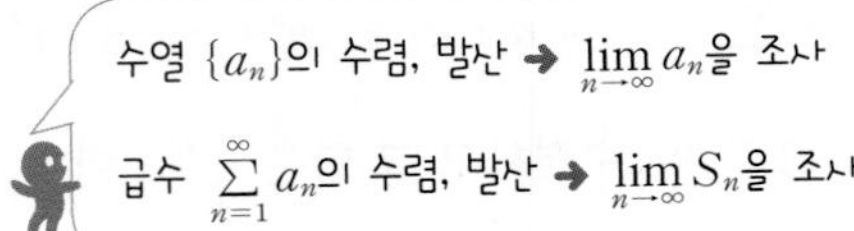

수열 $\{a_n\}$의 수렴, 발산 ➔ $\lim_{n\to\infty} a_n$을 조사

급수 $\sum_{n=1}^{\infty} a_n$의 수렴, 발산 ➔ $\lim_{n\to\infty} S_n$을 조사

0277 다음 급수의 수렴, 발산을 조사하고, 수렴하면 그 합을 구하시오.

(1) $1+\frac{1}{5}+\left(\frac{1}{5}\right)^2+\cdots+\left(\frac{1}{5}\right)^{n-1}+\cdots$

(2) $\frac{1}{\sqrt{2}+\sqrt{1}}+\frac{1}{\sqrt{3}+\sqrt{2}}+\frac{1}{\sqrt{4}+\sqrt{3}}+\cdots+\frac{1}{\sqrt{n+1}+\sqrt{n}}+\cdots$

0278 다음 급수의 수렴, 발산을 조사하고, 수렴하면 그 합을 구하시오.

(1) $\sum_{n=1}^{\infty}(n+2)$

(2) $\sum_{n=1}^{\infty}\left(\frac{n+1}{n}-\frac{n+2}{n+1}\right)$

(3) $\sum_{n=1}^{\infty}\frac{1}{(n+1)(n+2)}$

핵심 2 급수와 수열의 극한값 사이의 관계 유형 5~6, 8

급수 $-2+1+4+7+10+\cdots$은 첫째항이 -2, 공차가 3인 등차수열의 합이므로

제n항을 a_n이라 하면

$a_n=-2+(n-1)\times3=3n-5$

$\therefore \lim_{n\to\infty} a_n=\lim_{n\to\infty}(3n-5)=\infty$

따라서 $\lim_{n\to\infty} a_n\neq0$이므로 주어진 급수는 발산한다.

(1) 급수 $\sum_{n=1}^{\infty} a_n$이 수렴하면 $\lim_{n\to\infty} a_n=0$

(2) $\lim_{n\to\infty} a_n\neq0$이면 급수 $\sum_{n=1}^{\infty} a_n$은 발산

대우

0279 다음 급수가 발산함을 보이시오.

(1) $-3+1+5+9+\cdots$

(2) $4+4+4+4+\cdots$

(3) $\frac{1}{3}+\frac{2}{5}+\frac{3}{7}+\frac{4}{9}+\cdots$

0280 다음 급수가 발산함을 보이시오.

(1) $\sum_{n=1}^{\infty}(2n+1)$

(2) $\sum_{n=1}^{\infty}\frac{n}{n+1}$

(3) $\sum_{n=1}^{\infty}(\sqrt{n^2+2n}-n)$

● 정답 및 풀이 60쪽

핵심 3 급수의 성질 유형 7

$\sum_{n=1}^{\infty} a_n=-2$, $\sum_{n=1}^{\infty} b_n=1$일 때

(1) $\sum_{n=1}^{\infty} 5a_n=5\sum_{n=1}^{\infty} a_n=5\times(-2)=-10$

(2) $\sum_{n=1}^{\infty} (2a_n+b_n)=\sum_{n=1}^{\infty} 2a_n+\sum_{n=1}^{\infty} b_n=2\sum_{n=1}^{\infty} a_n+\sum_{n=1}^{\infty} b_n=2\times(-2)+1=-3$

(3) $\sum_{n=1}^{\infty} (3a_n-2b_n)=\sum_{n=1}^{\infty} 3a_n-\sum_{n=1}^{\infty} 2b_n=3\sum_{n=1}^{\infty} a_n-2\sum_{n=1}^{\infty} b_n=3\times(-2)-2\times1=-8$

수렴하는 급수는 $\sum$ 기호를 분배하거나 묶을 수 있어.

02

0281 $\sum_{n=1}^{\infty} a_n=4$, $\sum_{n=1}^{\infty} b_n=-3$일 때, 다음 급수의 합을 구하시오.

(1) $\sum_{n=1}^{\infty} 3b_n$

(2) $\sum_{n=1}^{\infty} (a_n+2b_n)$

(3) $\sum_{n=1}^{\infty} \left(\frac{a_n}{2}-\frac{b_n}{3}\right)$

0282 두 급수 $\sum_{n=1}^{\infty} a_n$, $\sum_{n=1}^{\infty} b_n$에 대하여 $\sum_{n=1}^{\infty} a_n=2$이고 $\sum_{n=1}^{\infty} (a_n+b_n)=5$일 때, $\sum_{n=1}^{\infty} b_n$의 값을 구하시오.

핵심 4 등비급수의 수렴과 발산 유형 10~13

● 등비급수의 수렴과 발산

(1) 등비급수 $1+\frac{1}{3}+\frac{1}{9}+\frac{1}{27}+\cdots$은 첫째항이 1, 공비가 $\frac{1}{3}$이고 $-1<\frac{1}{3}<1$이므로 수렴한다. 따라서 그 합은

$$\frac{1}{1-\frac{1}{3}}=\frac{3}{2}$$

(2) 등비급수 $1+2+4+\cdots$는 공비가 2이고, $2>1$이므로 발산한다.

● 등비급수의 수렴 조건

등비급수 $1-2x+4x^2-8x^3+\cdots$에서 공비가 $-2x$이므로 주어진 등비급수가 수렴하려면

$-1<-2x<1$

$\therefore -\frac{1}{2}<x<\frac{1}{2}$

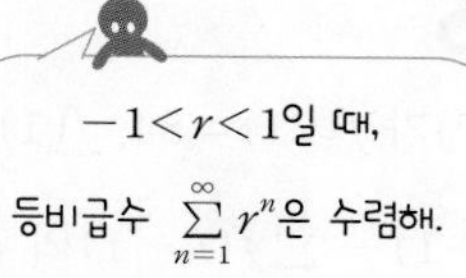

$-1<r<1$일 때,
등비급수 $\sum_{n=1}^{\infty} r^n$은 수렴해.

0283 다음 등비급수의 수렴, 발산을 조사하고, 수렴하면 그 합을 구하시오.

(1) $1-\frac{1}{2}+\frac{1}{4}-\frac{1}{8}+\cdots$

(2) $1-\sqrt{5}+5-5\sqrt{5}+\cdots$

(3) $\sum_{n=1}^{\infty} \left(-\frac{4}{3}\right)^n$

(4) $\sum_{n=1}^{\infty} 6\times\left(\frac{2}{3}\right)^n$

0284 다음 등비급수가 수렴하도록 하는 실수 x의 값의 범위를 구하시오.

(1) $1+\frac{1}{2}x+\frac{1}{4}x^2+\frac{1}{8}x^3+\cdots$

(2) $1+(2x-1)+(2x-1)^2+(2x-1)^3+\cdots$

기출 유형 check
실전 준비하기

21유형, 172문항입니다.

기초유형 0 수열의 합 | 수학 I

(1) 합의 기호 $\sum$의 뜻

$\sum_{k=1}^{n} a_k = a_1 + a_2 + a_3 + \cdots + a_n$

(2) 합의 기호 $\sum$의 성질

① $\sum_{k=1}^{n} (a_k + b_k) = \sum_{k=1}^{n} a_k + \sum_{k=1}^{n} b_k$

② $\sum_{k=1}^{n} (a_k - b_k) = \sum_{k=1}^{n} a_k - \sum_{k=1}^{n} b_k$

③ $\sum_{k=1}^{n} ca_k = c\sum_{k=1}^{n} a_k$ (단, c는 상수)

④ $\sum_{k=1}^{n} c = cn$ (단, c는 상수)

0285 대표문제

$\sum_{k=1}^{10} \frac{k^3}{k+1} + \sum_{k=1}^{10} \frac{1}{k+1}$의 값은?

① 300 ② 310 ③ 320 ④ 330 ⑤ 340

0286 Level 1

함수 $f(x)$가 $f(21)=84$, $f(1)=4$를 만족시킬 때, $\sum_{k=1}^{20} f(k+1) - \sum_{k=2}^{21} f(k-1)$의 값을 구하시오.

0287 Level 1

$\sum_{k=1}^{10} a_k = 5$, $\sum_{k=1}^{10} a_k^2 = 25$일 때, $\sum_{k=1}^{10} (a_k+1)^2$의 값을 구하시오.

0288 Level 2

공차가 3인 등차수열 $\{a_n\}$에 대하여 $\sum_{k=1}^{100} a_{2k+1} - \sum_{k=1}^{100} a_{2k}$의 값을 구하시오.

0289 Level 2

$\frac{1}{1\times2} + \frac{1}{2\times3} + \frac{1}{3\times4} + \cdots + \frac{1}{20\times21} = \frac{q}{p}$일 때, 서로소인 두 자연수 p, q에 대하여 $p+q$의 값은?

① 40 ② 41 ③ 42 ④ 43 ⑤ 44

0290 Level 2

$\sum_{k=2}^{50} \frac{2}{\sqrt{k-1}+\sqrt{k+1}} = \sqrt{51} + a\sqrt{2} + b$일 때, 유리수 a, b에 대하여 $a-b$의 값은?

① 1 ② 3 ③ 5 ④ 7 ⑤ 9

실전 유형 **1 급수의 합**

급수 $\sum_{n=1}^{\infty} a_n$의 첫째항부터 제n항까지의 부분합 S_n에 대하여 수열 $\{S_n\}$이 수렴할 때, 급수 $\sum_{n=1}^{\infty} a_n$의 합은 수열 $\{S_n\}$의 극한값이다.

→ $\sum_{n=1}^{\infty} a_n = \lim_{n\to\infty} \sum_{k=1}^{n} a_k = \lim_{n\to\infty} S_n$

0291 대표문제

수열 $\{a_n\}$에 대하여 $\sum_{k=1}^{n} a_k = \frac{6n}{3n+1}$일 때, 급수 $\sum_{n=1}^{\infty} a_n$의 합은?

① 2　② 3　③ 4
④ 5　⑤ 6

0292

Level 1

수열 $\{a_n\}$의 첫째항부터 제n항까지의 합 S_n이 $S_n = \frac{3n-1}{n+1}$일 때, 급수 $\sum_{n=1}^{\infty} a_n$의 합을 구하시오.

0293

Level 1

수열 $\{a_n\}$에 대하여 $\sum_{k=1}^{n} a_k = \frac{3^{n+1}}{3^n+1}$일 때, 급수 $\sum_{n=1}^{\infty} a_n$의 합은?

① $\frac{1}{9}$　② $\frac{1}{3}$　③ 1
④ 3　⑤ 9

0294

Level 1

수열 $\{a_n\}$에 대하여 $\sum_{k=1}^{n} a_k = \sqrt{n^2+2n} - n$일 때, 급수 $\sum_{n=1}^{\infty} a_n$의 합은?

① -2　② -1　③ 0
④ 1　⑤ 2

0295

Level 2

수열 $\{a_n\}$에 대하여 $a_1=1$이고 $\lim_{n\to\infty} a_n = 10$일 때, 급수 $\sum_{n=1}^{\infty} (a_{n+1} - a_n)$의 합을 구하시오.

0296

Level 2

급수 $\sum_{n=1}^{\infty} \left(\frac{n-1}{n} - \frac{n}{n+1} \right)$의 합은?

① -2　② -1　③ 0
④ 1　⑤ 2

0297

Level 2

수열 $\{a_n\}$의 첫째항부터 제n항까지의 합 S_n이 $S_n = \frac{4n^2+3n-2}{1+2+3+\cdots+n}$일 때, 급수 $\sum_{n=1}^{\infty} a_n$의 합은?

① 1　② 2　③ 4
④ 8　⑤ 16

0298

Level 2

$\sum_{n=1}^{\infty}\left(\sqrt{\frac{n}{n+1}}-\sqrt{\frac{n+2}{n+3}}\right)=a\sqrt{2}+b\sqrt{6}+c$일 때, 유리수 a, b, c에 대하여 abc의 값은?

① $-\frac{1}{2}$　② $-\frac{1}{3}$　③ $\frac{1}{6}$
④ $\frac{1}{3}$　⑤ $\frac{1}{2}$

0299

Level 2

수열 $\{a_n\}$에 대하여 $\lim_{n\to\infty}a_n=5$, $\sum_{n=1}^{\infty}\left(\frac{1}{a_n}-\frac{1}{a_{n+1}}\right)=\frac{1}{20}$일 때, a_1의 값은? (단, $a_n\neq0$)

① 1　② 2　③ 3
④ 4　⑤ 5

0300

Level 3

수열 $\{a_n\}$의 일반항이 $a_n=\frac{k}{2n-1}$이고 $\sum_{n=1}^{\infty}(a_n-a_{n+2})=4$일 때, 상수 k의 값은?

① 1　② 2　③ 3
④ 4　⑤ 5

+Plus 문제

실전유형 2 부분분수를 이용하는 급수

빈출유형

급수 $\sum_{n=1}^{\infty}a_n$에서 a_n이 $\frac{1}{AB}$ $(A\neq B)$ 꼴로 주어진 경우 급수의 합은 다음과 같은 순서로 구한다.

❶ $\frac{1}{AB}=\frac{1}{B-A}\left(\frac{1}{A}-\frac{1}{B}\right)$ $(A\neq B)$임을 이용하여 부분합 S_n을 구한다.

❷ 부분합의 극한값 $\lim_{n\to\infty}S_n$을 구한다.

0301 대표문제

급수 $\frac{1}{1^2+2}+\frac{1}{2^2+4}+\frac{1}{3^2+6}+\cdots$의 합은?

① $\frac{1}{4}$　② $\frac{1}{2}$　③ $\frac{3}{4}$
④ 1　⑤ $\frac{5}{4}$

0302

Level 1

급수 $\sum_{n=1}^{\infty}\frac{4}{n(n+1)}$의 합을 구하시오.

0303

Level 1

급수 $\sum_{n=2}^{\infty}\frac{1}{n^2-1}$의 합은?

① $\frac{2}{3}$　② $\frac{3}{4}$　③ 1
④ $\frac{4}{3}$　⑤ $\frac{3}{2}$

0304

Level 2

급수 $\frac{1}{2^2-1}+\frac{1}{4^2-1}+\frac{1}{6^2-1}+\cdots$의 합은?

① $\frac{3}{8}$ ② $\frac{1}{2}$ ③ $\frac{5}{8}$
④ $\frac{3}{4}$ ⑤ $\frac{7}{8}$

0305

Level 2

첫째항이 5, 공차가 5인 등차수열 $\{a_n\}$에 대하여 첫째항부터 제n항까지의 합을 S_n이라 할 때, 급수 $\sum_{n=1}^{\infty}\frac{1}{S_n}$의 합을 구하시오.

0306

Level 2

급수 $\frac{1}{2}+\frac{1}{2+4}+\frac{1}{2+4+6}+\cdots$의 합은?

① 1 ② 2 ③ 3
④ 4 ⑤ 5

0307

Level 2

수열 $\{a_n\}$의 첫째항부터 제n항까지의 합 S_n이 $S_n=\frac{1}{4n^2-1}$일 때, $\sum_{n=1}^{\infty}a_n+\sum_{n=1}^{\infty}S_n$의 값은?

① $\frac{1}{4}$ ② $\frac{1}{2}$ ③ $\frac{3}{4}$
④ 1 ⑤ $\frac{5}{4}$

0308

Level 2

급수 $\sum_{n=1}^{\infty}\frac{2(\sqrt{n+2}-\sqrt{n})}{\sqrt{n^2+2n}}$의 합은?

① $\sqrt{2}$ ② $1+\sqrt{2}$ ③ $2+\sqrt{2}$
④ $3+\sqrt{2}$ ⑤ $4+\sqrt{2}$

0309

Level 2

수열 $\{a_n\}$에 대하여 $\lim_{n\to\infty}a_n=\frac{1}{2}$, $\sum_{n=1}^{\infty}\frac{a_{n+1}-a_n}{a_na_{n+1}}=6$일 때, a_1의 값은? (단, $a_n\neq0$)

① $\frac{1}{8}$ ② $\frac{1}{4}$ ③ $\frac{1}{2}$
④ 4 ⑤ 8

0310

Level 2

수열 $\{a_n\}$에 대하여 다항식 $a_nx^2+a_nx-2$가 $x-n$으로 나누어떨어질 때, 급수 $\sum_{n=1}^{\infty} a_n$의 합을 구하시오.

0311

Level 2

이차방정식 $x^2-\frac{1}{n-1}x+n+1=0$의 서로 다른 두 실근을 α_n, β_n이라 할 때, 급수 $\sum_{n=2}^{\infty}\left(\frac{1}{\alpha_n}+\frac{1}{\beta_n}\right)$의 합은?

(단, n은 자연수이다.)

① $\frac{1}{4}$ ② $\frac{1}{2}$ ③ $\frac{3}{4}$

④ 1 ⑤ $\frac{5}{4}$

다음은 이 유형에서 출제된 최근 교육청 • 평가원 기출문제입니다.

0312 • 교육청 2018년 9월

Level 3

공차가 양수인 등차수열 $\{a_n\}$이 다음 조건을 만족시킨다.

> (가) 모든 자연수 n에 대하여
> $\frac{a_1+a_2+a_3+\cdots+a_{2n-1}+a_{2n}}{a_1+a_2+a_3+\cdots+a_{n-1}+a_n}$은 일정한 값을 가진다.
> (나) $\sum_{n=1}^{\infty}\frac{2}{(2n+1)a_n}=\frac{1}{10}$

a_{10}의 값은?

① 190 ② 192 ③ 194

④ 196 ⑤ 198

실전유형 3 로그를 포함한 급수

급수 $\sum_{n=1}^{\infty}\log a_n$의 합은 로그의 성질을 이용하여 구한다.

$$\begin{aligned}\sum_{n=1}^{\infty}\log a_n &= \lim_{n\to\infty}\sum_{k=1}^{n}\log a_k\\ &= \lim_{n\to\infty}(\log a_1+\log a_2+\log a_3+\cdots+\log a_n)\\ &= \lim_{n\to\infty}\log(a_1\times a_2\times a_3\times\cdots\times a_n)\end{aligned}$$

0313 대표문제

급수 $\sum_{n=2}^{\infty}\log\frac{n^2-1}{n^2}$의 합은?

① 0 ② $-\log 2$ ③ $-\log 3$

④ $-2\log 2$ ⑤ $-\log 5$

0314

Level 1

수열 $\{a_n\}$이

$$a_1\times a_2\times a_3\times\cdots\times a_n=\frac{4n+2}{n+3}\ (n=1,\ 2,\ 3,\ \cdots)$$

를 만족시킬 때, 급수 $\sum_{n=1}^{\infty}\log_2 a_n$의 합을 구하시오.

0315

Level 2

수열 $\{a_n\}$의 일반항이 $a_n=n^2$일 때, 급수 $\sum_{n=1}^{\infty}\log_2\left(1-\frac{1}{a_{n+1}}\right)$의 합은?

① -2 ② -1 ③ $-\frac{1}{2}$

④ $-\frac{1}{4}$ ⑤ $-\frac{1}{8}$

0316

Level 2

급수 $\sum_{n=1}^{\infty} \log_3 \frac{n^2+3n}{n^2+3n+2}$의 합은?

① -2　② -1　③ 0
④ 1　⑤ 2

0317

Level 2

급수 $\sum_{n=1}^{\infty} \log_4 \left\{1+\frac{1}{n(n+2)}\right\}$의 합을 구하시오.

0318

Level 2

급수 $\sum_{n=1}^{\infty} (\log_{n+1}8-\log_{n+2}8)$의 합을 구하시오.

다음은 이 유형에서 출제된 최근 교육청 · 평가원 기출문제입니다.

0319 · 교육청 2020년 4월

Level 3

첫째항이 양수이고 공차가 3인 등차수열 $\{a_n\}$과 모든 항이 양수인 수열 $\{b_n\}$이 다음 조건을 만족시킬 때, a_1의 값은?

(가) 모든 자연수 n에 대하여 $\log a_n+\log a_{n+1}+\log b_n=0$
(나) $\sum_{n=1}^{\infty} b_n=\frac{1}{12}$

① 2　② $\frac{5}{2}$　③ 3
④ $\frac{7}{2}$　⑤ 4

+Plus 문제

실전유형 4 항의 부호가 교대로 바뀌는 급수

$+$, $-$의 부호가 교대로 나타나는 급수에 대하여 홀수 번째 항까지의 부분합을 S_{2n-1}, 짝수 번째 항까지의 부분합을 S_{2n}이라 하면

(1) $\lim_{n\to\infty} S_{2n-1}=\lim_{n\to\infty} S_{2n}=\alpha$ (α는 실수) → $\lim_{n\to\infty} S_n=\alpha$
(2) $\lim_{n\to\infty} S_{2n-1}\neq\lim_{n\to\infty} S_{2n}$ → $\lim_{n\to\infty} S_n$은 발산

0320 대표문제

〈보기〉에서 수렴하는 급수인 것만을 있는 대로 고른 것은?

〈보기〉
ㄱ. $1-2+3-4+5-6+\cdots$
ㄴ. $1-\frac{1}{2}+\frac{1}{2}-\frac{2}{3}+\frac{2}{3}-\frac{3}{4}+\cdots$
ㄷ. $\frac{1}{2}+\left(\frac{2}{3}-\frac{1}{2}\right)+\left(\frac{3}{4}-\frac{2}{3}\right)+\left(\frac{4}{5}-\frac{3}{4}\right)+\cdots$

① ㄱ　② ㄴ　③ ㄷ
④ ㄱ, ㄷ　⑤ ㄴ, ㄷ

0321

Level 1

다음 중 급수

$\left(1-\frac{1}{2}\right)+\left(\frac{1}{2}-\frac{1}{4}\right)+\left(\frac{1}{4}-\frac{1}{8}\right)+\cdots+\left(\frac{1}{2^{n-1}}-\frac{1}{2^n}\right)+\cdots$

에 대한 설명으로 옳은 것은?

① 0에 수렴한다.
② $\frac{1}{2}$에 수렴한다.
③ 1에 수렴한다.
④ 2에 수렴한다.
⑤ 발산한다.

0322

Level 2

〈**보기**〉에서 수렴하는 급수인 것만을 있는 대로 고른 것은?

〈**보기**〉

ㄱ. $3-3+3-3+3-3+\cdots$

ㄴ. $(3-3)+(3-3)+(3-3)+\cdots$

ㄷ. $-1+\frac{1}{3}-\frac{1}{3}+\frac{1}{5}-\frac{1}{5}+\frac{1}{7}-\cdots$

① ㄱ　② ㄴ　③ ㄷ　④ ㄱ, ㄷ　⑤ ㄴ, ㄷ

0323

Level 2

〈**보기**〉에서 옳은 것만을 있는 대로 고른 것은?

〈**보기**〉

ㄱ. $\frac{1}{2}-\frac{1}{2}+\frac{1}{3}-\frac{1}{3}+\frac{1}{4}-\frac{1}{4}+\cdots=0$

ㄴ. $2-\frac{3}{2}+\frac{3}{2}-\frac{4}{3}+\frac{4}{3}-\frac{5}{4}+\cdots=2$

ㄷ. $\left(\sqrt{\frac{0}{1}}-\sqrt{\frac{1}{2}}\right)+\left(\sqrt{\frac{1}{2}}-\sqrt{\frac{2}{3}}\right)+\left(\sqrt{\frac{2}{3}}-\sqrt{\frac{3}{4}}\right)+\cdots=-1$

① ㄱ　② ㄱ, ㄴ　③ ㄱ, ㄷ　④ ㄴ, ㄷ　⑤ ㄱ, ㄴ, ㄷ

0324

Level 2

두 수열 $\{a_n\}$, $\{b_n\}$이

$\{a_n\}: 2,\ -\frac{4}{3},\ \frac{4}{3},\ -\frac{6}{5},\ \frac{6}{5},\ -\frac{8}{7},\ \cdots$

$\{b_n\}: \left(2-\frac{4}{3}\right),\ \left(\frac{4}{3}-\frac{6}{5}\right),\ \left(\frac{6}{5}-\frac{8}{7}\right),\ \cdots$

일 때, 두 급수 $\sum_{n=1}^{\infty} a_n$, $\sum_{n=1}^{\infty} b_n$에 대한 설명으로 옳은 것은?

① $\sum_{n=1}^{\infty} a_n=1$, $\sum_{n=1}^{\infty} b_n=1$

② $\sum_{n=1}^{\infty} a_n=1$, $\sum_{n=1}^{\infty} b_n=0$

③ $\sum_{n=1}^{\infty} a_n=1$, $\sum_{n=1}^{\infty} b_n$은 발산

④ $\sum_{n=1}^{\infty} a_n$은 발산, $\sum_{n=1}^{\infty} b_n=1$

⑤ $\sum_{n=1}^{\infty} a_n$, $\sum_{n=1}^{\infty} b_n$ 모두 발산

0325

Level 3

수열 $\{a_n\}$에 대하여 〈**보기**〉에서 급수
$a_1-a_2+a_2-a_3+a_3-a_4+\cdots$가 수렴하도록 하는 수열인 것만을 있는 대로 고르시오.

〈**보기**〉

ㄱ. $a_n=\frac{1}{n+1}$　ㄴ. $a_n=n+2$

ㄷ. $a_n=\sqrt{n+2}-\sqrt{n}$　ㄹ. $a_n=\log\frac{2n}{2n+1}$

실전유형 **5** 급수와 수열의 극한값 사이의 관계 빈출유형

급수 $\sum_{n=1}^{\infty} a_n$이 수렴하면 $\lim_{n\to\infty} a_n=0$

0326 대표문제

수열 $\{a_n\}$에 대하여 $\sum_{n=1}^{\infty}\left(\frac{a_n}{n}+4\right)=6$일 때, $\lim_{n\to\infty}\frac{3a_n-8}{2n+5}$의 값은?

① -6　② -5　③ -4　④ -3　⑤ -2

0327

Level 1

수열 $\{a_n\}$에 대하여 $\sum_{n=1}^{\infty} a_n=\frac{1}{2}$일 때, $\lim_{n\to\infty}\frac{2a_n+n^2-3}{a_n+3n^2-n}$의 값은?

① $\frac{1}{4}$　② $\frac{1}{3}$　③ $\frac{1}{2}$　④ 1　⑤ 2

0328

Level 2

수열 $\{a_n\}$에 대하여 $\sum_{n=1}^{\infty}\left(a_n-\frac{6n-1}{2n+3}\right)=10$일 때, $\lim_{n\to\infty}\frac{na_n+2}{n+5}$의 값은?

① 1　② 2　③ 3　④ 4　⑤ 5

0329

Level 2

수열 $\{a_n\}$에 대하여 급수

$$\left(3-\frac{a_1}{1}\right)+\left(3-\frac{a_2}{2}\right)+\left(3-\frac{a_3}{3}\right)+\cdots$$

이 수렴할 때, $\lim_{n\to\infty}\frac{na_n}{n^2+{a_n}^2}$의 값은?

① $\frac{1}{10}$　② $\frac{1}{5}$　③ $\frac{3}{10}$　④ $\frac{2}{5}$　⑤ $\frac{1}{2}$

0330

Level 2

두 수열 $\{a_n\}$, $\{b_n\}$에 대하여

$$\sum_{n=1}^{\infty}(a_n+2)=2,\ \sum_{n=1}^{\infty}(3a_n+2b_n-1)=1$$

일 때, $\lim_{n\to\infty}(a_n+2b_n)$의 값은?

① 1　② 3　③ 5　④ 7　⑤ 9

0331

Level 2

수열 $\{a_n\}$의 첫째항부터 제n항까지의 합을 S_n이라 하자. $\sum_{n=1}^{\infty}(2a_n-3)=5$일 때, $\lim_{n\to\infty}(2a_n-2S_n+3n)$의 값은?

① -2　② -1　③ 0　④ 1　⑤ 2

0332

Level 2

수열 $\{a_n\}$에 대하여 $\sum_{n=1}^{\infty}(2a_n-10)=10$일 때,

$\lim_{n\to\infty}(2a_{n-1}+a_n)$의 값을 구하시오.

0333

Level 2

수렴하는 수열 $\{a_n\}$이 $\sum_{n=1}^{\infty}a_n=\lim_{n\to\infty}(a_n+2)$를 만족시킬 때,

급수 $\sum_{n=1}^{\infty}a_n$의 합은?

① -2　② -1　③ 0
④ 1　⑤ 2

0334

Level 2

수열 $\{a_n\}$에 대하여 $S_n=\sum_{k=1}^{n}\left(a_k-\frac{k}{k+1}\right)$라 하자.

$\sum_{n=1}^{\infty}\left(a_n-\frac{n}{n+1}\right)=4$일 때, $\lim_{n\to\infty}\frac{4a_n+2S_n}{S_n-1}$의 값을 구하시오.

0335

Level 2

수열 $\{a_n\}$에 대하여 $\sum_{n=1}^{\infty}a_n=14$일 때,

$\lim_{n\to\infty}\frac{a_1+a_2+a_3+\cdots+a_{n-1}+3a_n}{a_1+a_2+a_3+\cdots+a_{2n}-6}$의 값을 구하시오.

다음은 이 유형에서 출제된 최근 교육청 · 평가원 기출문제입니다.

0336 · 교육청 2021년 4월

Level 2

수열 $\{a_n\}$에 대하여 $\sum_{n=1}^{\infty}\left(\frac{a_n}{n}-2\right)=5$일 때, $\lim_{n\to\infty}\frac{2n^2+3na_n}{n^2+4}$의 값은?

① 2　② 4　③ 6
④ 8　⑤ 10

0337 · 교육청 2019년 4월

Level 2

수열 $\{a_n\}$에 대하여 $\sum_{n=1}^{\infty}\left(7-\frac{a_n}{2^n}\right)=19$일 때, $\lim_{n\to\infty}\frac{a_n}{2^{n+1}}$의 값은?

① 2　② $\frac{5}{2}$　③ 3
④ $\frac{7}{2}$　⑤ 4

0338 · 교육청 2020년 4월

Level 2

두 수열 $\{a_n\}$, $\{b_n\}$에 대하여 $\lim_{n\to\infty}a_n=3$이고 급수

$\sum_{n=1}^{\infty}(a_n+2b_n-7)$이 수렴할 때, $\lim_{n\to\infty}b_n$의 값은?

① 1　② 2　③ 3
④ 4　⑤ 5

실전유형 6 급수의 수렴과 발산

급수 $\sum_{n=1}^{\infty} a_n$에서

(1) $\lim_{n\to\infty} a_n \neq 0$이면

➜ $\sum_{n=1}^{\infty} a_n$은 발산

(2) $\lim_{n\to\infty} a_n = 0$이면

➜ 부분합 S_n을 구한 다음 $\lim_{n\to\infty} S_n$의 수렴, 발산을 조사한다.

0339 대표문제

〈보기〉에서 수렴하는 급수인 것만을 있는 대로 고른 것은?

〈보기〉

ㄱ. $\sum_{n=1}^{\infty} \frac{1}{n(n+1)}$

ㄴ. $\sum_{n=1}^{\infty} \frac{1}{\sqrt{n+1}+\sqrt{n}}$

ㄷ. $\sum_{n=1}^{\infty} \frac{3n-1}{4n+1}$

ㄹ. $\sum_{n=2}^{\infty} \log_2 \frac{n^2}{n^2-1}$

① ㄱ, ㄷ ② ㄱ, ㄹ ③ ㄴ, ㄷ
④ ㄴ, ㄹ ⑤ ㄷ, ㄹ

0340 Level 2

다음 급수 중 수렴하는 것은?

① $1+2+3+4+\cdots$

② $1+\frac{1}{2}+\frac{1}{3}+\frac{1}{4}+\cdots$

③ $(\sqrt{2}-1)+(\sqrt{3}-\sqrt{2})+(\sqrt{4}-\sqrt{3})+(\sqrt{5}-\sqrt{4})+\cdots$

④ $\frac{1}{1\times3}+\frac{1}{2\times4}+\frac{1}{3\times5}+\frac{1}{4\times6}+\cdots$

⑤ $\log_2\frac{2}{2}+\log_2\frac{4}{3}+\log_2\frac{6}{4}+\cdots$

0341 Level 2

〈보기〉에서 수렴하는 급수인 것만을 있는 대로 고른 것은?

〈보기〉

ㄱ. $\sum_{n=1}^{\infty} \frac{1}{(3n-2)(3n+1)}$

ㄴ. $\sum_{n=1}^{\infty} (-1)^n$

ㄷ. $\sum_{n=1}^{\infty} \frac{n^2}{n^2+2n-1}$

ㄹ. $\sum_{n=1}^{\infty} \frac{1}{1+2+3+\cdots+n}$

① ㄱ, ㄷ ② ㄱ, ㄹ ③ ㄴ, ㄷ
④ ㄴ, ㄹ ⑤ ㄷ, ㄹ

0342 Level 2

수열 $\{a_n\}$에 대하여 〈보기〉에서 급수 $\sum_{n=1}^{\infty} a_n$이 발산하는 것만을 있는 대로 고른 것은?

〈보기〉

ㄱ. $a_n=\frac{2}{\sqrt{n+2}+\sqrt{n}}$

ㄴ. $a_n=\frac{1}{\sqrt{n^2+n}-\sqrt{n^2-n}}$

ㄷ. $a_n=\frac{\sqrt{2n+1}-\sqrt{2n-1}}{\sqrt{4n^2-1}}$

ㄹ. $a_n=n\sqrt{4+\frac{3}{n}}-2n$

① ㄱ, ㄴ ② ㄱ, ㄹ ③ ㄴ, ㄷ
④ ㄱ, ㄴ, ㄷ ⑤ ㄱ, ㄴ, ㄹ

실전유형 7 급수의 성질 빈출유형

$\sum_{n=1}^{\infty} a_n=\alpha$, $\sum_{n=1}^{\infty} b_n=\beta$ (α, β는 실수)일 때

(1) $\sum_{n=1}^{\infty} ca_n=c\sum_{n=1}^{\infty} a_n=c\alpha$ (단, c는 상수)

(2) $\sum_{n=1}^{\infty} (a_n+b_n)=\sum_{n=1}^{\infty} a_n+\sum_{n=1}^{\infty} b_n=\alpha+\beta$

(3) $\sum_{n=1}^{\infty} (a_n-b_n)=\sum_{n=1}^{\infty} a_n-\sum_{n=1}^{\infty} b_n=\alpha-\beta$

0343 대표문제

두 급수 $\sum_{n=1}^{\infty} a_n$, $\sum_{n=1}^{\infty} b_n$이 모두 수렴하고

$$\sum_{n=1}^{\infty} (2a_n+3b_n)=16,\ \sum_{n=1}^{\infty} (3a_n-2b_n)=11$$

일 때, 급수 $\sum_{n=1}^{\infty} (a_n+b_n)$의 합은?

① 3 ② 4 ③ 5
④ 6 ⑤ 7

0344 Level 1

두 수열 $\{a_n\}$, $\{b_n\}$에 대하여

$$\sum_{n=1}^{\infty} a_n=10,\ \sum_{n=1}^{\infty} b_n=20$$

일 때, 급수 $\sum_{n=1}^{\infty} (2b_n-a_n)$의 합을 구하시오.

0345 Level 1

두 급수 $\sum_{n=1}^{\infty} a_n$, $\sum_{n=1}^{\infty} b_n$이 모두 수렴하고

$$\sum_{n=1}^{\infty} b_n=3,\ \sum_{n=1}^{\infty} (2a_n-3b_n)=7$$

일 때, 급수 $\sum_{n=1}^{\infty} a_n$의 합을 구하시오.

0346 Level 2

수열 $\{a_n\}$에 대하여 $\sum_{n=1}^{\infty} \left\{2a_n-\frac{2}{n(n+2)}\right\}=\frac{7}{2}$일 때, 급수 $\sum_{n=1}^{\infty} a_n$의 합은?

① $\frac{1}{2}$ ② 1 ③ $\frac{3}{2}$
④ 2 ⑤ $\frac{5}{2}$

0347 Level 2

두 급수 $\sum_{n=1}^{\infty} a_n$, $\sum_{n=1}^{\infty} b_n$이 모두 수렴하고

$$\sum_{n=1}^{\infty} (2a_n-b_n)=5,\ \sum_{n=1}^{\infty} (a_n-2b_n)=4$$

일 때, 급수 $\sum_{n=1}^{\infty} (a_n+b_n)$의 합은?

① 1 ② 2 ③ 3
④ 4 ⑤ 5

0348 Level 2

두 수열 $\{a_n\}$, $\{b_n\}$에 대하여

$$\sum_{n=1}^{\infty} a_n=5,\ \sum_{n=1}^{\infty} (a_n-b_n)=-3$$

일 때, 급수 $\sum_{n=1}^{\infty} (a_n+2b_n)$의 합을 구하시오.

● 정답 및 풀이 72쪽

0349

Level 2

두 급수 $\sum_{n=1}^{\infty}\log_2 a_n$, $\sum_{n=1}^{\infty}\log_2 b_n$이 모두 수렴하고

$$\sum_{n=1}^{\infty}\log_2(a_nb_n^3)=3,\ \sum_{n=1}^{\infty}\log_2\frac{a_n^3}{b_n}=4$$

일 때, 급수 $\sum_{n=1}^{\infty}\log_2\frac{a_n}{b_n}$의 합은?

① -2　② -1　③ 0
④ 1　⑤ 2

0350

Level 2

두 수열 $\{a_n\}$, $\{b_n\}$에 대하여

$$\sum_{k=1}^{n}a_k=\frac{3n^2-n+1}{(n+1)^2},\ \sum_{n=1}^{\infty}b_n=4$$

일 때, $\lim_{n\to\infty}\left(a_n+\sum_{k=1}^{n}b_k\right)$의 값은?

① 2　② 3　③ 4
④ 5　⑤ 6

0351

Level 3

수열 $\{a_n\}$의 첫째항부터 제n항까지의 합을 S_n이라 하자. $\sum_{n=1}^{\infty}\left\{a_n+\frac{1}{n(n+1)}\right\}=15$일 때, $\lim_{n\to\infty}(a_n+S_n)$의 값은?

① 7　② 14　③ 21
④ 28　⑤ 35

+Plus 문제

실전 유형 8 급수의 성질에 대한 참, 거짓

수렴하는 급수의 성질을 이용하여 주어진 명제가 옳은지 판단한다. 이때 거짓인 명제는 반례를 찾는다.

0352 대표문제

두 수열 $\{a_n\}$, $\{b_n\}$에 대하여 〈보기〉에서 옳은 것만을 있는 대로 고른 것은?

〈보기〉

ㄱ. $\sum_{n=1}^{\infty}a_n$과 $\sum_{n=1}^{\infty}(a_n-b_n)$이 수렴하면 $\sum_{n=1}^{\infty}b_n$도 수렴한다.

ㄴ. $\sum_{n=1}^{\infty}a_n$과 $\sum_{n=1}^{\infty}(a_n+b_n)$이 수렴하면 $\lim_{n\to\infty}a_nb_n=0$이다.

ㄷ. $\sum_{n=1}^{\infty}a_nb_n$이 수렴하고 $\lim_{n\to\infty}a_n\neq0$이면 $\lim_{n\to\infty}b_n=0$이다.

ㄹ. $\sum_{n=1}^{\infty}a_n$, $\sum_{n=1}^{\infty}b_n$이 모두 수렴하고 $\sum_{n=1}^{\infty}a_n<\sum_{n=1}^{\infty}b_n$이면 $\lim_{n\to\infty}a_n<\lim_{n\to\infty}b_n$이다.

① ㄱ, ㄴ　② ㄱ, ㄷ　③ ㄱ, ㄹ
④ ㄱ, ㄴ, ㄷ　⑤ ㄱ, ㄴ, ㄷ, ㄹ

0353

Level 1

수열 $\{a_n\}$에 대하여 〈보기〉에서 옳은 것만을 있는 대로 고른 것은?

〈보기〉

ㄱ. $\sum_{n=1}^{\infty}(a_n-3)$이 수렴하면 $\lim_{n\to\infty}a_n=3$이다.

ㄴ. $\lim_{n\to\infty}a_n=3$이면 $\sum_{n=1}^{\infty}\frac{1}{a_n}$은 수렴한다.

ㄷ. $\sum_{n=1}^{\infty}a_n$이 수렴하면 $\sum_{n=1}^{\infty}(2-a_n)$도 수렴한다.

① ㄱ　② ㄱ, ㄴ　③ ㄱ, ㄷ
④ ㄴ, ㄷ　⑤ ㄱ, ㄴ, ㄷ

0354

Level 2

두 수열 $\{a_n\}$, $\{b_n\}$에 대하여 〈**보기**〉에서 옳은 것만을 있는 대로 고른 것은?

〈보기〉

ㄱ. $\sum_{n=1}^{\infty}(a_n+b_n)$, $\sum_{n=1}^{\infty}(a_n-b_n)$이 수렴하면 $\sum_{n=1}^{\infty}a_n$, $\sum_{n=1}^{\infty}b_n$도 모두 수렴한다.

ㄴ. $\sum_{n=1}^{\infty}(a_n-2)$, $\sum_{n=1}^{\infty}(b_n+2)$가 수렴하면 $\sum_{n=1}^{\infty}(a_n+b_n)$도 수렴한다.

ㄷ. $\sum_{n=1}^{\infty}a_nb_n=2$, $\lim_{n\to\infty}b_n=-1$이면 $\lim_{n\to\infty}a_n=-2$이다.

① ㄱ　② ㄱ, ㄴ　③ ㄱ, ㄷ
④ ㄴ, ㄷ　⑤ ㄱ, ㄴ, ㄷ

0355

Level 2

두 급수 $\sum_{n=1}^{\infty}a_n$, $\sum_{n=1}^{\infty}b_n$이 모두 수렴할 때, 〈**보기**〉에서 옳은 것만을 있는 대로 고른 것은?

〈보기〉

ㄱ. $\lim_{n\to\infty}a_n=\lim_{n\to\infty}b_n=0$

ㄴ. $\lim_{n\to\infty}a_nb_n=0$

ㄷ. $a_n<b_n$이면 $\sum_{n=1}^{\infty}a_n\le\sum_{n=1}^{\infty}b_n$이다.

① ㄱ　② ㄱ, ㄴ　③ ㄱ, ㄷ
④ ㄴ, ㄷ　⑤ ㄱ, ㄴ, ㄷ

0356

Level 3

두 수열 $\{a_n\}$, $\{b_n\}$에 대하여 〈**보기**〉에서 옳은 것만을 있는 대로 고르시오.

〈보기〉

ㄱ. $\sum_{n=1}^{\infty}a_n$, $\sum_{n=1}^{\infty}b_n$이 모두 수렴하면 $\lim_{n\to\infty}(a_n+b_n)=0$이다.

ㄴ. $\sum_{n=1}^{\infty}(a_n+b_n)$이 발산하면 $\sum_{n=1}^{\infty}a_n$, $\sum_{n=1}^{\infty}b_n$ 중 적어도 하나는 발산한다.

ㄷ. $\sum_{n=1}^{\infty}(a_n-b_n)$이 수렴하고 $\sum_{n=1}^{\infty}a_n$이 발산하면 $\sum_{n=1}^{\infty}b_n$은 발산한다.

ㄹ. $\sum_{n=1}^{\infty}a_nb_n$이 수렴하면 $\sum_{n=1}^{\infty}a_n$, $\sum_{n=1}^{\infty}b_n$ 중 적어도 하나는 수렴한다.

0357 고난도

Level 3

모든 항이 양수인 수열 $\{a_n\}$에 대하여 〈**보기**〉에서 옳은 것만을 있는 대로 고르시오.

〈보기〉

ㄱ. $\sum_{n=1}^{\infty}a_n$이 수렴하면 $\sum_{n=1}^{\infty}\frac{a_n}{a_{n+1}}$도 수렴한다.

ㄴ. $\sum_{n=1}^{\infty}a_n$, $\sum_{n=1}^{\infty}a_{2n}$이 모두 수렴하면 $\sum_{n=1}^{\infty}a_{2n-1}$도 수렴한다.

ㄷ. $\sum_{n=1}^{\infty}(a_{n+1}-a_n)$이 수렴하면 수열 $\{a_n\}$도 수렴한다.

실전 유형 9 급수의 활용

문제의 조건에 맞게 식을 구하여 급수를 계산한다.

0358 대표문제

좌표평면에서 직선 $x-2y+4=0$ 위의 점 중에서 x좌표와 y좌표가 자연수인 모든 점의 좌표를 각각

$$(a_1,\ b_1),\ (a_2,\ b_2),\ (a_3,\ b_3),\ \cdots,\ (a_n,\ b_n),\ \cdots$$

이라 할 때, 급수 $\sum_{n=1}^{\infty}\frac{1}{a_nb_n}$의 합을 구하시오.

(단, $a_1<a_2<\cdots<a_n<\cdots$)

0359

Level 2

자연수 n에 대하여 x에 대한 이차부등식 $x^2-nx-n-1<0$을 만족시키는 자연수 x의 값의 합을 a_n이라 할 때, 급수 $\sum_{n=1}^{\infty}\frac{1}{a_n}$의 합은?

① 0 ② $\frac{1}{2}$ ③ 1 ④ $\frac{3}{2}$ ⑤ 2

0360

Level 2

좌표평면에서 자연수 n에 대하여 네 직선 $x=1$, $x=n+1$, $y=x$, $y=2x$로 둘러싸인 사각형의 넓이를 S_n이라 할 때, 급수 $\sum_{n=1}^{\infty}\frac{1}{S_n}$의 합은?

① $\frac{1}{2}$ ② 1 ③ $\frac{3}{2}$ ④ 2 ⑤ $\frac{5}{2}$

0361

Level 2

자연수 n에 대하여 곡선 $y=\frac{5}{x+1}$ 위의 점 $P_n\left(n,\ \frac{5}{n+1}\right)$에서 x축, y축에 내린 수선의 발을 각각 Q_n, R_n이라 하자. 사각형 $OQ_nP_nR_n$의 넓이를 a_n이라 할 때, 급수 $\sum_{n=1}^{\infty}(a_{n+1}-a_n)$의 합은? (단, O는 원점이다.)

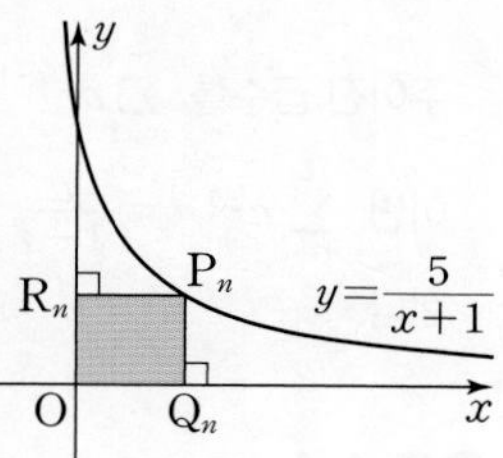

① $\frac{5}{2}$ ② 3 ③ $\frac{7}{2}$ ④ 4 ⑤ $\frac{9}{2}$

0362

Level 2

2 이상의 자연수 n에 대하여 직선 $(n+1)x+(n-1)y=1$과 x축, y축으로 둘러싸인 도형의 넓이를 S_n이라 할 때, 급수 $\sum_{n=2}^{\infty}S_n$의 합은?

① $\frac{1}{8}$ ② $\frac{3}{8}$ ③ $\frac{1}{2}$ ④ $\frac{3}{4}$ ⑤ $\frac{3}{2}$

0363

Level 3

자연수 n에 대하여 곡선 $y=\sqrt{2x+1}$ 위의 점 $P_n(n,\ \sqrt{2n+1})$과 원점 사이의 거리를 a_n이라 하자. 수열 $\{a_n\}$의 첫째항부터 제n항까지의 합을 S_n이라 할 때, 급수 $\sum_{n=1}^{\infty}\frac{3}{S_n}$의 합을 구하시오.

실전유형 10 등비급수의 합 빈출유형

주어진 급수를 $\sum_{n=1}^{\infty} ar^{n-1}$ $(a \neq 0)$ 꼴로 나타낸 다음 $-1<r<1$ 이면 $\sum_{n=1}^{\infty} ar^{n-1}=\frac{a}{1-r}$임을 이용하여 주어진 급수의 합을 구한다.

0364 대표문제

급수 $\sum_{n=1}^{\infty} \frac{3^n+(-1)^n}{2^{2n-1}}$의 합은?

① 4 ② $\frac{22}{5}$ ③ $\frac{24}{5}$

④ $\frac{26}{5}$ ⑤ $\frac{28}{5}$

0365 Level 1

급수 $\sum_{n=1}^{\infty} (-4)^{1-n}$의 합은?

① $\frac{4}{5}$ ② $\frac{5}{6}$ ③ $\frac{6}{7}$

④ $\frac{7}{8}$ ⑤ $\frac{8}{9}$

0366 Level 2

첫째항이 2이고 공비가 3인 등비수열 $\{a_n\}$에 대하여 급수 $\sum_{n=1}^{\infty} \frac{1}{a_{2n-1}}$의 합은?

① $\frac{5}{16}$ ② $\frac{7}{16}$ ③ $\frac{9}{16}$

④ $\frac{11}{16}$ ⑤ $\frac{13}{16}$

0367 Level 2

등비수열 $\{a_n\}$에 대하여 $a_5=2^8$, $a_8=2^5$일 때, 급수 $\sum_{n=9}^{\infty} a_n$의 합을 구하시오.

0368 Level 2

모든 항이 양수인 등비수열 $\{a_n\}$이 $a_1+a_2=16$, $a_5+a_6=9$를 만족시킬 때, 급수 $\sum_{n=1}^{\infty} a_n$의 합은?

① 56 ② 58 ③ 60

④ 62 ⑤ 64

0369 Level 2

등비수열 $\{a_n\}$의 첫째항과 공비가 모두 $\frac{1}{3}$일 때, 급수 $\sum_{n=1}^{\infty} (a_n+a_{n+2})$의 합은?

① $\frac{2}{9}$ ② $\frac{1}{3}$ ③ $\frac{4}{9}$

④ $\frac{5}{9}$ ⑤ $\frac{2}{3}$

0370

Level 2

급수 $\sum_{n=1}^{\infty}\left(\frac{1+\cos n\pi}{3}\right)^n$의 합을 구하시오.

0371

Level 2

자연수 n에 대하여 x^n을 $4x+3$으로 나누었을 때의 나머지를 a_n이라 할 때, 급수 $\sum_{n=1}^{\infty}a_n$의 합을 구하시오.

0372

Level 2

자연수 n에 대하여 x에 대한 이차방정식
$x^2+(3^n-2^n)x-4^n=0$의 서로 다른 두 실근을 α_n, β_n이라 할 때, 급수 $\sum_{n=1}^{\infty}\left(\frac{1}{\alpha_n}+\frac{1}{\beta_n}\right)$의 합은?

① 1 ② 2 ③ 3
④ 4 ⑤ 5

0373

Level 2

1보다 큰 자연수 n에 대하여 $(-3)^{n-1}$의 n제곱근 중 실수인 것의 개수를 a_n이라 할 때, 급수 $\sum_{n=2}^{\infty}\frac{a_n}{2^n}$의 합은?

① $\frac{1}{6}$ ② $\frac{1}{4}$ ③ $\frac{1}{3}$
④ $\frac{5}{12}$ ⑤ $\frac{1}{2}$

0374

Level 3

첫째항이 5인 수열 $\{a_n\}$이

$$a_{n+1}=(a_n{}^2\text{을 7로 나눈 나머지})\ (n=1,\ 2,\ 3,\ \cdots)$$

를 만족시킬 때, 급수 $\sum_{n=1}^{\infty}\frac{a_n}{3^n}$의 합을 구하시오.

다음은 이 유형에서 출제된 최근 교육청 • 평가원 기출문제입니다.

0375 • 교육청 2017년 3월

Level 2

수열 $\{a_n\}$이 모든 자연수 n에 대하여

$$a_1=3,\ a_{n+1}=\frac{2}{3}a_n$$

을 만족시킬 때, $\sum_{n=1}^{\infty}a_{2n-1}=\frac{q}{p}$이다. $p+q$의 값을 구하시오.
(단, p와 q는 서로소인 자연수이다.)

0376 • 평가원 2021학년도 9월

Level 2

등비수열 $\{a_n\}$에 대하여 $\lim_{n\to\infty}\frac{3^n}{a_n+2^n}=6$일 때, $\sum_{n=1}^{\infty}\frac{1}{a_n}$의 값은?

① 1 ② 2 ③ 3
④ 4 ⑤ 5

실전 유형 **11** 합이 주어진 등비급수 빈출유형

$\sum_{n=1}^{\infty} ar^{n-1}=\alpha$ (α는 실수)이면 $\frac{a}{1-r}=\alpha$ $(-1<r<1)$임을 이용하여 a 또는 r의 값을 구한다.

0377 대표문제

등비수열 $\{a_n\}$에 대하여 $\sum_{n=1}^{\infty} a_n=1$, $\sum_{n=1}^{\infty} a_n^{\,2}=\frac{1}{2}$일 때, 급수 $\sum_{n=1}^{\infty} a_{2n}$의 합은?

① $\frac{1}{16}$ ② $\frac{1}{8}$ ③ $\frac{1}{6}$
④ $\frac{1}{4}$ ⑤ $\frac{1}{2}$

0378 Level 1

등비급수 $\frac{1}{4}-\frac{1}{2}x+x^2-2x^3+\cdots$의 합이 2일 때, x의 값은?

① $-\frac{7}{16}$ ② $-\frac{5}{16}$ ③ $-\frac{3}{16}$
④ $-\frac{1}{16}$ ⑤ $\frac{1}{16}$

0379 Level 2

첫째항이 1인 등비수열 $\{a_n\}$에 대하여 $\sum_{n=1}^{\infty} a_n=\frac{4}{5}$일 때, 급수 $\sum_{n=1}^{\infty} 3^n a_n$의 합은?

① $-\frac{12}{7}$ ② $-\frac{4}{7}$ ③ $\frac{4}{7}$
④ $\frac{12}{7}$ ⑤ $\frac{15}{7}$

0380 Level 2

등비수열 $\{a_n\}$에 대하여 $\sum_{n=1}^{\infty} a_n=3$, $\sum_{n=1}^{\infty} a_{2n}=\frac{3}{4}$일 때, 급수 $\sum_{n=1}^{\infty} a_n^{\,2}$의 합을 구하시오.

0381 Level 2

등비급수 $a+a^2+a^3+a^4+\cdots$의 합이 2일 때, 등비급수 $a-a^2+a^3-a^4+\cdots$의 합은?

① $\frac{1}{5}$ ② $\frac{2}{5}$ ③ $\frac{3}{5}$
④ $\frac{4}{5}$ ⑤ 1

0382 Level 2

첫째항이 1인 두 등비수열 $\{a_n\}$, $\{b_n\}$에 대하여 $\sum_{n=1}^{\infty} a_n=\frac{4}{3}$, $\sum_{n=1}^{\infty} b_n=\frac{3}{4}$일 때, 급수 $\sum_{n=1}^{\infty} \frac{a_n}{b_n}$의 합을 구하시오.

0383 Level 2

실수 r에 대하여 $\sum_{n=1}^{\infty} 3r^{2n-1}=2$일 때, 급수 $\sum_{n=1}^{\infty} r^n$의 합을 구하시오.

0384

Level 2

$\sum_{n=1}^{\infty} \frac{x^n-(-2x)^n}{4^n}=\frac{2}{3}$일 때, 실수 x의 값은?

① -8 ② -1 ③ 1
④ 2 ⑤ 8

0385

Level 2

공비가 같은 두 등비수열 $\{a_n\}$, $\{b_n\}$에 대하여 $a_1+b_1=6$이고 $\sum_{n=1}^{\infty} a_n=5$, $\sum_{n=1}^{\infty} b_n=4$일 때, 급수 $\sum_{n=1}^{\infty} (2a_n^2+b_n^2)$의 합은?

① 31 ② 33 ③ 35
④ 37 ⑤ 39

0386

Level 3

첫째항이 1인 두 등비수열 $\{a_n\}$, $\{b_n\}$에 대하여 두 급수 $\sum_{n=1}^{\infty} a_n$, $\sum_{n=1}^{\infty} b_n$이 각각 수렴하고, $\sum_{n=1}^{\infty} (a_n+b_n)=\frac{25}{8}$, $\sum_{n=1}^{\infty} a_nb_n=\frac{25}{34}$일 때, 급수 $\sum_{n=1}^{\infty} (a_n^2+b_n^2)$의 합은?

① $\frac{21}{8}$ ② $\frac{23}{8}$ ③ $\frac{25}{8}$
④ $\frac{27}{8}$ ⑤ $\frac{29}{8}$

0387

Level 3

등비수열 $\{a_n\}$에 대하여 $\sum_{n=1}^{\infty} a_n=-1+\sqrt{5}$이고, a_2, a_4, a_5는 이 순서대로 등차수열을 이룬다. $a_2=p+q\sqrt{5}$일 때, 유리수 p, q에 대하여 pq의 값은?

① -2 ② -1 ③ 0
④ 1 ⑤ 2

다음은 이 유형에서 출제된 최근 교육청 • 평가원 기출문제입니다.

0388 • 교육청 2018년 11월

Level 2

두 등비수열 $\{a_n\}$, $\{b_n\}$에 대하여 $a_1=b_1=1$이고 $\sum_{n=1}^{\infty} a_n=4$, $\sum_{n=1}^{\infty} b_n=2$일 때, $\sum_{n=1}^{\infty} a_nb_n$의 값은?

① $\frac{6}{5}$ ② $\frac{7}{5}$ ③ $\frac{8}{5}$
④ $\frac{9}{5}$ ⑤ 2

0389 • 2022학년도 대학수학능력시험

Level 3

등비수열 $\{a_n\}$에 대하여

$$\sum_{n=1}^{\infty} (a_{2n-1}-a_{2n})=3,\ \sum_{n=1}^{\infty} a_n^2=6$$

일 때, $\sum_{n=1}^{\infty} a_n$의 값은?

① 1 ② 2 ③ 3
④ 4 ⑤ 5

+Plus 문제

실전유형 12 등비급수의 수렴 조건 빈출유형

(1) 등비급수 $\sum_{n=1}^{\infty} r^n$의 수렴 조건 → $-1<r<1$

(2) 등비급수 $\sum_{n=1}^{\infty} ar^{n-1}$의 수렴 조건 → $a=0$ 또는 $-1<r<1$

0390 대표문제

급수 $\sum_{n=1}^{\infty}\left(\frac{x^2-8x+14}{2}\right)^n$이 수렴하도록 하는 정수 x의 값의 합은?

① 6 ② 7 ③ 8
④ 9 ⑤ 10

0391 Level 1

급수 $\sum_{n=1}^{\infty}\left(\frac{3x-1}{5}\right)^n$이 수렴하도록 하는 실수 x의 값의 범위를 구하시오.

0392 Level 1

급수 $\sum_{n=1}^{\infty}\left(\frac{x}{5}\right)^n$이 수렴하도록 하는 모든 정수 x의 개수를 구하시오.

0393 Level 2

급수

$(x+2)\times\frac{x-3}{5}+(x+2)\left(\frac{x-3}{5}\right)^2+(x+2)\left(\frac{x-3}{5}\right)^3+\cdots$

이 수렴하도록 하는 모든 정수 x의 개수는?

① 7 ② 8 ③ 9
④ 10 ⑤ 11

0394 Level 2

급수 $\sum_{n=1}^{\infty}(x+2)\left(\frac{x-2}{3}\right)^{n-1}$이 수렴하도록 하는 실수 x의 값의 범위는?

① $-2\le x<4$ ② $-2<x\le 2$
③ $-1\le x<5$ ④ $x=-2$ 또는 $-1<x<5$
⑤ $x=-2$ 또는 $1<x\le 5$

0395 Level 2

급수 $\sum_{n=1}^{\infty}\left(\frac{\log_5 p}{2}\right)^n$이 수렴하도록 하는 자연수 p의 개수를 구하시오.

0396

Level 2

급수 $\sum_{n=1}^{\infty} \sin\theta(2\cos\theta-1)^{n-1}$이 수렴할 때, 다음 중 θ의 값이 될 수 없는 것은? (단, $0\le\theta\le\pi$)

① 0 ② $\frac{\pi}{6}$ ③ $\frac{\pi}{3}$
④ $\frac{\pi}{2}$ ⑤ π

0397

Level 2

두 급수 $\sum_{n=1}^{\infty}\left(\frac{4x+1}{2}\right)^n$과 $\sum_{n=1}^{\infty}(x^2-x+1)^n$이 모두 수렴하도록 하는 실수 x의 값의 범위가 $a<x<b$일 때, $b-a$의 값은?

① $\frac{1}{4}$ ② $\frac{1}{2}$ ③ $\frac{3}{4}$
④ 1 ⑤ $\frac{5}{4}$

0398

Level 3

등비급수 $\sum_{n=1}^{\infty}\left(\frac{r}{2}\right)^n=\alpha$ (α는 상수)일 때, 다음 중 α의 값이 될 수 없는 것은?

① $-\frac{1}{2}$ ② $-\frac{1}{4}$ ③ $\frac{1}{4}$
④ $\frac{1}{2}$ ⑤ 1

실전유형 13 등비급수의 수렴 여부 판단

등비급수 $\sum_{n=1}^{\infty} r^n$이 수렴할 때, $-1<r<1$임을 이용하여 주어진 등비급수의 공비의 범위를 확인하여 수렴 여부를 판단한다.

0399 대표문제

급수 $\sum_{n=1}^{\infty} r^n$이 수렴할 때, 〈**보기**〉에서 수렴하는 급수인 것만을 있는 대로 고른 것은?

〈보기〉

ㄱ. $\sum_{n=1}^{\infty}(r^{2n}+r^{3n})$

ㄴ. $\sum_{n=1}^{\infty}\left(1-\frac{r}{2}\right)^n$

ㄷ. $\sum_{n=1}^{\infty}\left(\frac{r+1}{2r}\right)^n$ (단, $r\neq0$)

① ㄱ ② ㄴ ③ ㄱ, ㄴ
④ ㄱ, ㄷ ⑤ ㄱ, ㄴ, ㄷ

0400

Level 2

공비가 0이 아닌 등비수열 $\{a_n\}$에 대하여 $\sum_{n=1}^{\infty} a_n$이 수렴할 때, 〈**보기**〉에서 수렴하는 것만을 있는 대로 고른 것은?

〈보기〉

ㄱ. $\left\{\frac{n(a_n+1)}{{a_n}^2+3n}\right\}$

ㄴ. $\sum_{n=1}^{\infty} a_n a_{n+1}$

ㄷ. $\sum_{n=1}^{\infty}\frac{2}{a_n}$

① ㄱ ② ㄱ, ㄴ ③ ㄱ, ㄷ
④ ㄴ, ㄷ ⑤ ㄱ, ㄴ, ㄷ

0401

Level 2

두 급수 $\sum_{n=1}^{\infty} r^n$과 $\sum_{n=1}^{\infty}\left(1-\frac{1}{r}\right)^n$이 모두 수렴할 때, 다음 급수 중 수렴하지 않는 것은?

① $\sum_{n=1}^{\infty} r^{2n}$　② $\sum_{n=1}^{\infty}\left(\frac{r-1}{4}\right)^n$

③ $\sum_{n=1}^{\infty}(2r-1)^n$　④ $\sum_{n=1}^{\infty}\left(\frac{r}{4}+1\right)^n$

⑤ $\sum_{n=1}^{\infty}\frac{r^n+(-r)^n}{2}$

0402

Level 2

수열 $\{a_n\}$은 첫째항이 3이고 공비가 $\frac{1}{5}$인 등비수열이고, 수열 $\{b_n\}$은 첫째항이 1이고 공비가 $\frac{1}{3}$인 등비수열이다. 다음 중 수렴하는 급수가 아닌 것은?

① $\sum_{n=1}^{\infty} 2a_n$　② $\sum_{n=1}^{\infty}(a_n-b_n)$　③ $\sum_{n=1}^{\infty}(-1)^n b_n$

④ $\sum_{n=1}^{\infty} a_n b_n$　⑤ $\sum_{n=1}^{\infty}\frac{b_n}{a_n}$

0403 고난도

Level 3

첫째항이 1인 두 등비수열 $\{a_n\}$, $\{b_n\}$에 대하여 〈**보기**〉에서 옳은 것만을 있는 대로 고르시오.

(단, 등비수열 $\{b_n\}$의 공비는 0이 아니다.)

〈**보기**〉

ㄱ. $\sum_{n=1}^{\infty} a_n$이 수렴하면 수열 $\{a_n-2\}$도 수렴한다.

ㄴ. $\sum_{n=1}^{\infty} a_n$이 수렴하면 $\sum_{n=1}^{\infty} a_{2n}$도 수렴한다.

ㄷ. $\sum_{n=1}^{\infty}\frac{a_n}{b_n}$과 수열 $\{b_n\}$이 수렴하면 $\sum_{n=1}^{\infty} a_n$도 수렴한다.

ㄹ. $\sum_{n=1}^{\infty}\frac{b_n}{a_n}=\sum_{n=1}^{\infty} a_n=\alpha$ (α는 상수)이면 $\sum_{n=1}^{\infty} b_n=\alpha^2$이다.

실전유형 14 S_n과 a_n 사이의 관계를 이용하는 급수

$a_1=S_1$, $a_n=S_n-S_{n-1}$ $(n\geq 2)$임을 이용하여 a_n을 구한 후 주어진 급수의 합을 구한다.

0404 대표문제

수열 $\{a_n\}$의 첫째항부터 제n항까지의 합을 S_n이라 할 때, $S_n=3^{n+1}-3$이다. 급수 $\frac{1}{a_1}+\frac{1}{a_3}+\frac{1}{a_5}+\cdots$의 합은?

① $\frac{1}{16}$　② $\frac{1}{8}$　③ $\frac{3}{16}$

④ $\frac{1}{4}$　⑤ $\frac{5}{16}$

0405

Level 2

수열 $\{a_n\}$에 대하여 $\sum_{k=1}^{n} a_k=\frac{1}{2}(n^2+3n)$일 때, 급수 $\sum_{n=1}^{\infty}\frac{1}{a_n a_{n+1}}$의 합은?

① $\frac{1}{2}$　② 1　③ $\frac{3}{2}$

④ 2　⑤ $\frac{5}{2}$

0406

Level 2

수열 $\{a_n\}$의 첫째항부터 제n항까지의 합을 S_n이라 할 때, $S_n=1-2^{-n}$이다. 급수 $\sum_{n=1}^{\infty} a_{2n}$의 합은?

① $\frac{1}{4}$　② $\frac{1}{3}$　③ $\frac{1}{2}$

④ $\frac{2}{3}$　⑤ $\frac{3}{4}$

0407

Level 2

수열 $\{a_n\}$에 대하여 $\frac{a_1}{2}+\frac{a_2}{3}+\cdots+\frac{a_n}{n+1}=n^2+5n$일 때, 급수 $\sum_{n=1}^{\infty}\frac{1}{a_n}$의 합은?

① $\frac{1}{4}$ ② $\frac{1}{2}$ ③ $\frac{3}{4}$
④ 1 ⑤ $\frac{5}{4}$

0408

Level 2

수열 $\{a_n\}$의 첫째항부터 제n항까지의 합을 S_n이라 할 때, $\log_2(S_n+1)=3n$이다. 급수 $\sum_{n=1}^{\infty}\frac{a_{n+1}}{a_{2n}}$의 합을 구하시오.

0409

Level 2

수열 $\{a_n\}$의 첫째항부터 제n항까지의 합을 S_n이라 할 때, $S_n=5\left\{1-\left(\frac{3}{4}\right)^n\right\}$이다. $a_1+a_3+a_5+\cdots=\frac{q}{p}$일 때, $p+q$의 값은? (단, p와 q는 서로소인 자연수이다.)

① 23 ② 24 ③ 25
④ 26 ⑤ 27

0410

Level 2

수열 $\{a_n\}$의 첫째항부터 제n항까지의 합을 S_n이라 할 때, $S_n=\frac{2n}{n+1}$이다. 급수 $\sum_{n=1}^{\infty}(a_n+a_{n+1})$의 합을 구하시오.

0411

Level 2

첫째항이 3이고 공차가 2인 등차수열 $\{a_n\}$에 대하여 첫째항부터 제n항까지의 합을 S_n이라 할 때, 급수 $\sum_{n=1}^{\infty}\frac{a_{n+1}}{S_nS_{n+1}}$의 합은?

① $\frac{1}{3}$ ② $\frac{1}{2}$ ③ $\frac{2}{3}$
④ $\frac{5}{6}$ ⑤ 1

0412

Level 2

수열 $\{a_n\}$의 첫째항부터 제n항까지의 합을 S_n이라 할 때,

$$S_{2n+1}=\frac{2}{2n+1},\ S_{2n}=\frac{2}{2n-1}\ (n\geq 1)$$

가 성립한다. 급수 $\sum_{n=1}^{\infty}a_{2n+1}$의 합은?

① -2 ② -1 ③ 0
④ 1 ⑤ 2

0413

Level 3

수열 $\{a_n\}$의 첫째항부터 제n항까지의 합 S_n이 $S_n=\frac{4n^2+n-3}{n^2+1}$일 때, 급수 $\sum_{n=1}^{\infty}(a_n+a_{n+1}+a_{n+2})$의 합은?

① 2 ② 4 ③ 6
④ 8 ⑤ 10

+Plus 문제

실전유형 15 순환소수와 등비급수 복합유형

주어진 순환소수를 분수로 나타낸 후, 등비급수의 합을 구한다.

0414 대표문제

각 항은 실수이고 첫째항이 $0.\dot{3}$, 제4항이 $0.041\dot{6}$인 등비급수의 합은?

① $\frac{2}{9}$ ② $\frac{1}{3}$ ③ $\frac{4}{9}$
④ $\frac{5}{9}$ ⑤ $\frac{2}{3}$

0415

Level 2

공비가 $0.\dot{2}$인 등비수열 $\{a_n\}$에 대하여 $\sum_{n=1}^{\infty} a_n=0.1\dot{3}$일 때, a_1의 값은?

① $0.1\dot{0}3\dot{1}$ ② $0.1\dot{0}3\dot{3}$ ③ $0.1\dot{0}3\dot{5}$
④ $0.1\dot{0}3\dot{7}$ ⑤ $0.1\dot{0}3\dot{9}$

0416

Level 2

공비가 양수이고 첫째항이 $0.\dot{3}$, 제3항이 $0.0\dot{3}7\dot{0}$인 등비급수의 합을 구하시오.

0417

Level 2

등비급수 $0.\dot{6}+0.\dot{6}\times0.0\dot{3}x+0.\dot{6}\times(0.0\dot{3}x)^2+\cdots$ 이 수렴하도록 하는 x의 값의 범위를 구하시오.

0418

Level 2

첫째항이 $0.\dot{x}$, 공비가 $0.x$인 등비수열 $\{a_n\}$에 대하여 $\sum_{n=1}^{\infty} a_n=x+1$일 때, 한 자리 자연수 x의 값은?

① 1 ② 3 ③ 5
④ 7 ⑤ 9

0419

Level 2

첫째항이 $0.\dot{x}$, 공비가 $0.\dot{0}\dot{x}$인 등비수열 $\{a_n\}$에 대하여 $\sum_{n=1}^{\infty} a_n=1.1$일 때, 한 자리 자연수 x의 값은?

① 5 ② 6 ③ 7
④ 8 ⑤ 9

0420

Level 2

$\frac{8}{33}$을 소수로 나타낼 때 소수점 아래 n째 자리의 숫자를 a_n이라 하자. 수열 $\{a_n\}$에 대하여 급수 $\sum_{n=1}^{\infty}\frac{a_n}{11^n}$의 합을 구하시오.

실전 유형 16 등비급수의 활용 - 좌표

좌표평면 위에서 움직이는 점 (x, y)가 한없이 가까워지는 점의 좌표

→ x좌표와 y좌표의 규칙을 각각 찾아 등비급수의 합을 이용하여 구한다.

0421 대표문제

그림과 같이 좌표평면 위에서 원점 O를 출발한 점 P가 x축 또는 y축과 평행하게 점 P_1, P_2, P_3, P_4, $\cdots$로 움직인다.

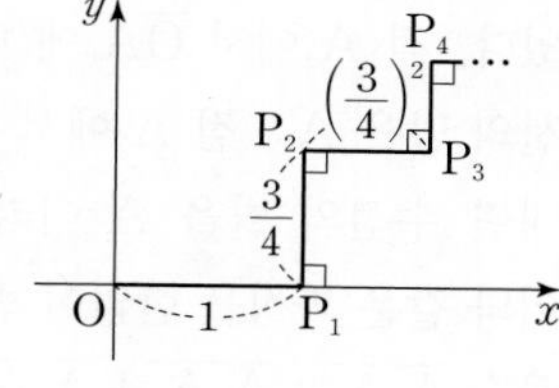

$\overline{OP_1}=1$, $\overline{P_1P_2}=\frac{3}{4}$,

$\overline{P_2P_3}=\left(\frac{3}{4}\right)^2$, $\cdots$

을 만족시킬 때, 점 P_n이 한없이 가까워지는 점의 좌표는?

① $\left(\frac{9}{7}, \frac{12}{7}\right)$ ② $\left(\frac{12}{7}, \frac{12}{7}\right)$ ③ $\left(\frac{12}{7}, \frac{16}{7}\right)$

④ $\left(\frac{16}{7}, \frac{12}{7}\right)$ ⑤ $\left(\frac{16}{7}, \frac{16}{7}\right)$

0422

Level 2

그림과 같이 점 P가 원점 O를 출발하여 x축 또는 y축과 평행하게 점 P_1, P_2, P_3, P_4, $\cdots$로 움직인다.

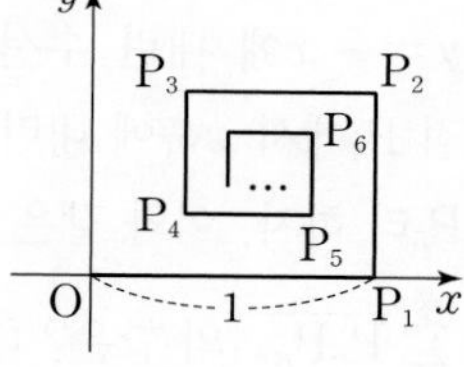

$\overline{OP_1}=1$, $\overline{P_1P_2}=\frac{2}{3}\overline{OP_1}$,

$\overline{P_2P_3}=\frac{2}{3}\overline{P_1P_2}$, $\cdots$

를 만족시킬 때, 점 P_n이 한없이 가까워지는 점의 좌표를 (a, b)라 하자. $13(a+b)$의 값을 구하시오.

0423

Level 2

그림에서 자연수 n에 대하여 점 P_n이

$\overline{OP_1}=2$, $\overline{P_1P_2}=\frac{1}{2}\overline{OP_1}$,

$\overline{P_2P_3}=\frac{1}{2}\overline{P_1P_2}$, $\cdots$,

$\angle AOP_1=45°$,

$\angle OP_1P_2=\angle P_1P_2P_3=\cdots=90°$

를 만족시킬 때, 점 P_n이 한없이 가까워지는 점의 x좌표는?

(단, A는 x축 위의 점이고, O는 원점이다.)

① $2\sqrt{2}$ ② $3\sqrt{2}$ ③ $4\sqrt{2}$

④ $5\sqrt{2}$ ⑤ $6\sqrt{2}$

0424

Level 2

그림에서 자연수 n에 대하여 점 P_n이

$\overline{OP_1}=1$, $\overline{P_1P_2}=\frac{1}{3}\overline{OP_1}$,

$\overline{P_2P_3}=\frac{1}{3}\overline{P_1P_2}$, $\cdots$,

$\angle P_1OA=30°$,

$\angle OP_1P_2=\angle P_1P_2P_3=\cdots=60°$

를 만족시킬 때, 점 P_n이 한없이 가까워지는 점의 좌표를 (x, y)라 하자. x^2+y^2의 값은? (단, A는 x축 위의 점이고, O는 원점이다.)

① $\frac{59}{64}$ ② $\frac{15}{16}$ ③ $\frac{61}{64}$

④ $\frac{31}{32}$ ⑤ $\frac{63}{64}$

0425

Level 2

그림에서 자연수 n에 대하여 점 P_n이

$$\overline{OP_1}=1,\ \overline{P_1P_2}=\frac{4}{5}\overline{OP_1},$$

$$\overline{P_2P_3}=\frac{4}{5}\overline{P_1P_2},\ \cdots,$$

$$\angle OP_1P_2=\angle P_1P_2P_3=\cdots=60^\circ$$

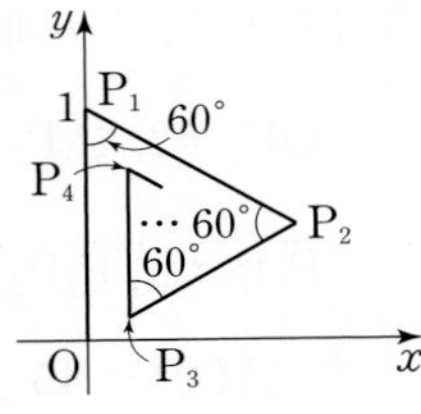

를 만족시킬 때, 점 P_n이 한없이 가까워지는 점의 x좌표는?

(단, O는 원점이다.)

① $\frac{10\sqrt{3}}{61}$ ② $\frac{20\sqrt{3}}{61}$ ③ $\frac{30\sqrt{3}}{61}$

④ $\frac{40\sqrt{3}}{61}$ ⑤ $\frac{60\sqrt{3}}{61}$

0426

Level 3

그림과 같이 원점 O와 점 $A_0(10, 0)$에 대하여 제1사분면 위에 $\overline{OA_0}$을 한 변으로 하는 정삼각형 OA_0A_1을 만들고 $\overline{A_0A_1}$을 $1:2$로 내분하는 점을 B_1이라 하자. 또, $\triangle OA_0A_1$ 밖에 $\overline{A_1B_1}$을 한 변으로 하는 정삼각형 $A_1B_1A_2$를 만들고 $\overline{A_1A_2}$를 $1:2$로 내분하는 점을 B_2라 하자. 이와 같은 과정을 한없이 반복할 때, 점 A_n이 한없이 가까워지는 점의 x좌표는?

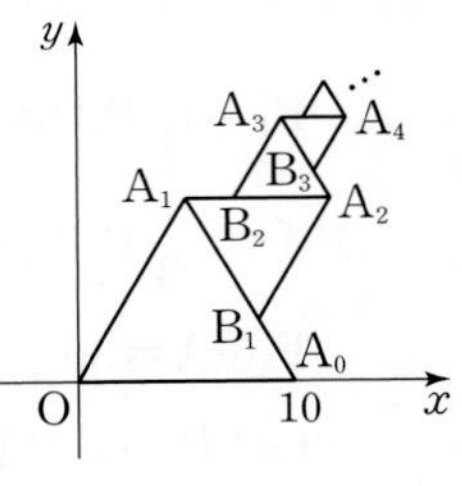

① 13 ② 15 ③ 17

④ 19 ⑤ 21

실전 유형 17 등비급수의 활용 – 선분의 길이

닮은 도형이 한없이 반복해서 그려질 때 선분의 길이
→ 닮은 도형의 규칙을 찾아 등비급수의 합을 이용하여 구한다.

0427 대표문제

그림과 같이 $\overline{OA_0}=5$, $\overline{OA_1}=4$, $\overline{A_0A_1}=3$인 직각삼각형 OA_0A_1이 있다. 점 A_1에서 $\overline{OA_0}$에 내린 수선의 발을 A_2, 점 A_2에서 $\overline{OA_1}$에 내린 수선의 발을 A_3이라 하자. 이와 같은 과정을 한없이 반복할 때, 급수 $\overline{A_1A_2}+\overline{A_2A_3}+\overline{A_3A_4}+\cdots$의 합은?

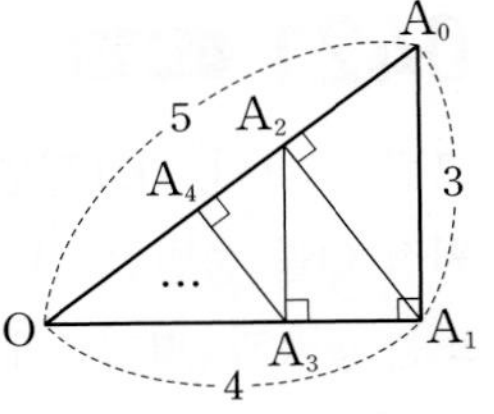

① 8 ② 9 ③ 10

④ 11 ⑤ 12

0428

Level 2

그림과 같이 $P_1(2, 0)$에 대하여 점 P_1에서 직선 $y=x$에 내린 수선의 발을 P_2, 점 P_2에서 y축에 내린 수선의 발을 P_3, 점 P_3에서 직선 $y=-x$에 내린 수선의 발을 P_4, 점 P_4에서 x축에 내린 수선의 발을 P_5라 하자. 이와 같은 과정을 한없이 반복할 때, 급수 $\sum_{n=1}^{\infty}\overline{P_nP_{n+1}}$의 합은? (단, O는 원점이다.)

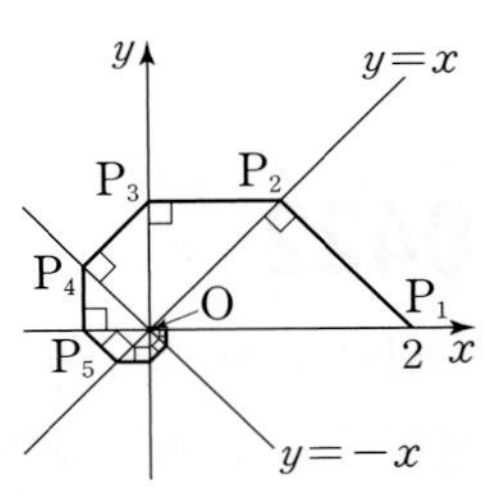

① 1 ② $\sqrt{2}$ ③ 2

④ $2\sqrt{2}$ ⑤ $2\sqrt{2}+2$

0429

Level 2

그림과 같이 $\overline{OA}=\overline{OB}=2$이고 $\angle O=90°$인 직각이등변삼각형 OAB가 있다. 중심이 O이고 선분 AB에 접하는 원이 선분 OA, OB와 만나는 점을 각각 A_1, B_1이라 하자. 또, 중심이 O이고 선분 A_1B_1에 접하는 원이 선분 OA, OB와 만나는 점을 각각 A_2, B_2라 하자. 이와 같은 과정을 한없이 반복할 때, 선분 A_nB_n의 길이를 l_n이라 하자. 급수 $\sum_{n=1}^{\infty} l_n$의 합은?

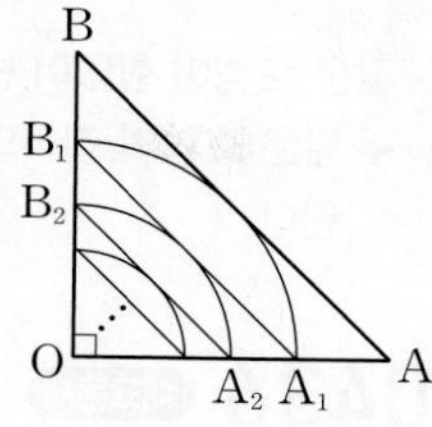

① $3+2\sqrt{2}$ ② $4+\sqrt{2}$ ③ $4+2\sqrt{2}$
④ $5+\sqrt{2}$ ⑤ $5+2\sqrt{2}$

0430

Level 2

그림과 같이 길이가 1인 선분 2개로 'T' 모양의 도형을 만든 다음 위쪽 선분의 양 끝에 길이가 처음 만든 선분의 길이의 $\frac{1}{4}$인 선분 2개로 'T' 모양의 도형을 각각 만든다. 또, 새로 만든 2개의 'T' 모양의 도형에서 각각의 위쪽 선분의 양 끝에 길이가 새로 만든 선분의 길이의 $\frac{1}{4}$인 선분 2개로 'T' 모양의 도형을 만든다. 이와 같은 과정을 한없이 반복하여 얻은 도형에서 모든 선분의 길이의 합을 구하시오.

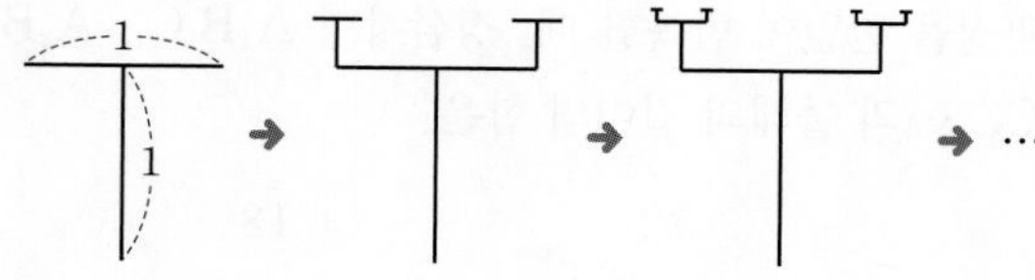

0431

Level 2

자연수 n에 대하여 수직선 위의 서로 다른 두 점을 A_n, A_{n+1}이라 할 때 선분 A_nA_{n+1}을 4 : 1로 외분하는 점을 A_{n+2}라 하자. $\overline{A_1A_2}=28$일 때, 급수 $\sum_{n=1}^{\infty} \overline{A_nA_{n+1}}$의 합은?

① 38 ② 42 ③ 46
④ 50 ⑤ 54

0432

Level 2

그림과 같이 길이가 4인 선분 A_1A_2를 1 : 2로 내분하는 점을 A_3, 선분 A_2A_3을 1 : 2로 내분하는 점을 A_4라 하자. 이와 같은 과정을 계속하여 점 A_n을 잡고, 선분 A_nA_{n+1}을 지름으로 하는 반원의 호의 길이를 l_n이라 할 때, 급수 $\sum_{n=1}^{\infty} l_n$의 합은?

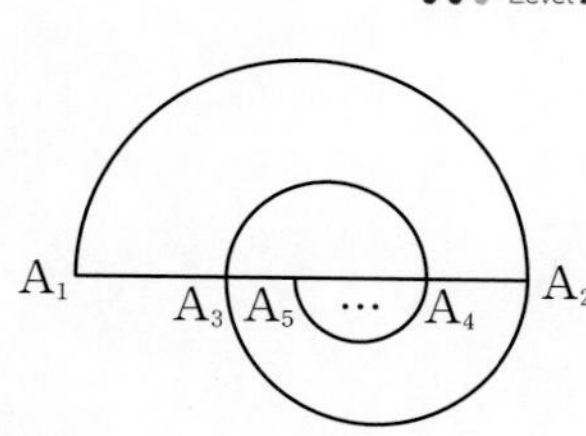

① 4π ② 6π ③ 8π
④ 10π ⑤ 12π

0433

Level 2

그림과 같이 한 변의 길이가 1인 정삼각형 ABC가 있다. 점 C에서 선분 AB에 내린 수선의 발을 B_1, 점 B_1에서 선분 AC에 내린 수선의 발을 C_1이라 하자. 이와 같은 과정을 한없이 반복할 때, 급수 $\overline{B_1C}+\overline{B_1C_1}+\overline{B_2C_1}+\overline{B_2C_2}+\cdots$의 합은?

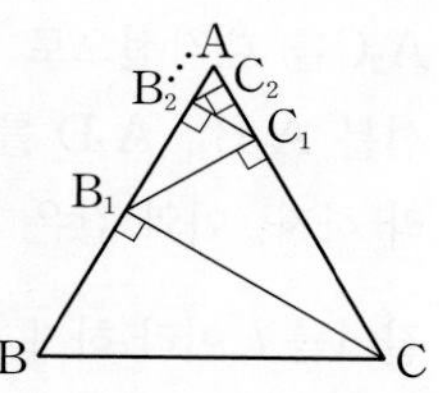

① $\sqrt{2}$ ② $\sqrt{3}$ ③ 2
④ $2\sqrt{2}$ ⑤ $2\sqrt{3}$

0434

Level 3

그림과 같이 $\overline{AB}=\overline{AC}=2$이고 $\angle BAC=90°$인 직각이등변삼각형 ABC에서 선분 AB의 중점을 M_1이라 하고 점 M_1에서 선분 BC에 내린 수선의 발을 B_1, 점 B_1에서 선분 AC에 내린 수선의 발을 A_1이라 하자. 또, 선분 A_1B_1의 중점을 M_2라 하고 점 M_2에서 선분 B_1C에 내린 수선의 발을 B_2, 점 B_2에서 선분 A_1C에 내린 수선의 발을 A_2라 하자. 이와 같은 과정을 한없이 반복할 때, 급수 $\overline{A_1B_1}+\overline{A_2B_2}+\overline{A_3B_3}+\cdots$의 합을 구하시오.

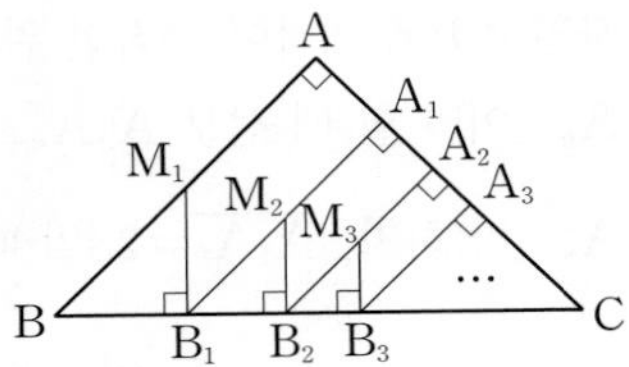

0435

Level 3

그림과 같이 한 변의 길이가 3인 정사각형 ABCD에서 두 선분 AB, AD를 $2:1$로 내분하는 점을 각각 P_1, Q_1이라 하자. 선분 P_1Q_1의 중점 A_1에 대하여 선분 A_1C를 대각선으로 하는 정사각형 $A_1B_1CD_1$을 그리고 두 선분 A_1B_1, A_1D_1을 $2:1$로 내분하는 점을 각각 P_2, Q_2라 하자. 또, 선분 P_2Q_2의 중점 A_2에 대하여 선분 A_2C를 대각선으로 하는 정사각형 $A_2B_2CD_2$를 그리고 두 선분 A_2B_2, A_2D_2를 $2:1$로 내분하는 점을 각각 P_3, Q_3이라 하자. 이와 같은 과정을 한없이 반복할 때, 선분 P_nQ_n의 길이를 l_n이라 하자. 급수 $\sum_{n=1}^{\infty} l_n$의 합은?

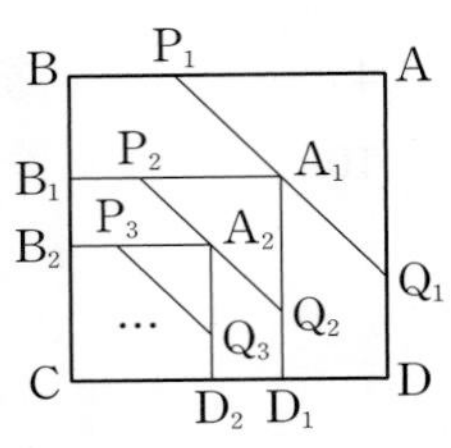

① $\frac{11\sqrt{2}}{2}$ ② $6\sqrt{2}$ ③ $\frac{13\sqrt{2}}{2}$
④ $7\sqrt{2}$ ⑤ $\frac{15\sqrt{2}}{2}$

실전유형 18 등비급수의 활용 – 둘레의 길이

닮은 도형이 한없이 반복해서 그려질 때 도형의 둘레의 길이
→ 닮은 도형의 길이의 비를 찾아 등비급수의 합을 이용하여 구한다.

0436 대표문제

그림과 같이 한 변의 길이가 4인 정사각형 $A_1B_1C_1D_1$의 각 변을 $1:3$으로 내분하는 점을 꼭짓점으로 하는 정사각형을 $\square A_2B_2C_2D_2$, $\square A_2B_2C_2D_2$의 각 변을 각각 $1:3$으로 내분하는 점을 꼭짓점으로 하는 정사각형을 $\square A_3B_3C_3D_3$이라 하자. 이와 같은 과정을 한없이 반복할 때, 정사각형 $A_nB_nC_nD_n$의 둘레의 길이를 l_n이라 하자. 급수 $\sum_{n=1}^{\infty} l_n$의 합을 구하시오.

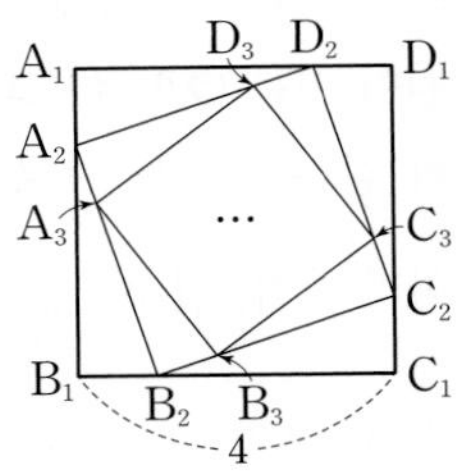

0437

Level 1

그림과 같이 한 변의 길이가 2인 정삼각형 $A_1B_1C_1$의 각 변의 중점을 이어 만든 정삼각형을 $\triangle A_2B_2C_2$, 정삼각형 $A_2B_2C_2$의 각 변의 중점을 이어 만든 정삼각형을 $\triangle A_3B_3C_3$이라 하자. 이와 같은 과정을 한없이 반복할 때, 정삼각형 $A_1B_1C_1$, $A_2B_2C_2$, $A_3B_3C_3$, …의 둘레의 길이의 합은?

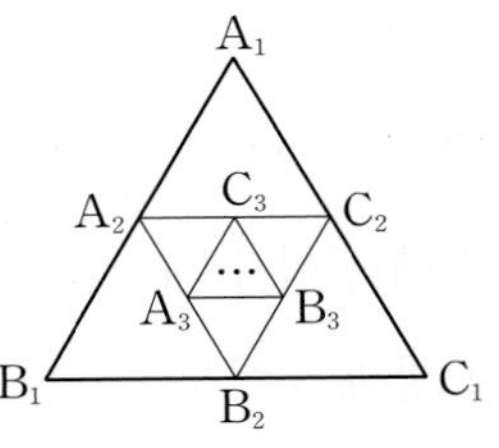

① 11 ② 12 ③ 13
④ 14 ⑤ 15

● 정답 및 풀이 90쪽

0438

Level 2

그림과 같이 $\overline{AB}=\overline{BC}=5$, $\angle B=90°$인 직각이등변삼각형 ABC에 내접하는 정사각형 $A_1BB_1C_1$을 그리고, 직각삼각형 C_1B_1C에 내접하는 정사각형 $A_2B_1B_2C_2$를 그린다. 이와 같은 과정을 한없이 반복할 때, 모든 정사각형의 둘레의 길이의 합은?

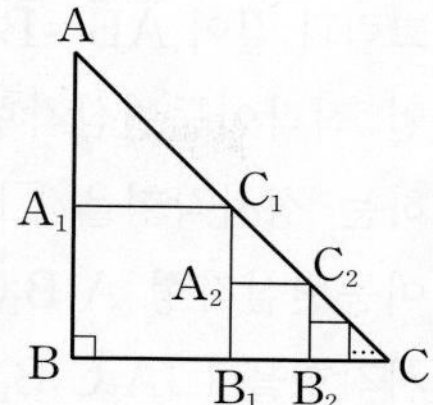

① 5 ② 10 ③ 15
④ 20 ⑤ 25

0439

Level 2

그림과 같이 한 변의 길이가 4인 정사각형에 내접하는 원을 그리고 이 원에 내접하는 정사각형 M_1을 그린다. 또, 정사각형 M_1에 내접하는 원을 그리고 이 원에 내접하는 정사각형 M_2를 그린다. 이와 같은 과정을 한없이 반복할 때, 정사각형 M_n의 둘레의 길이를 l_n이라 하자. 급수 $\sum_{n=1}^{\infty} l_n$의 합을 구하시오.

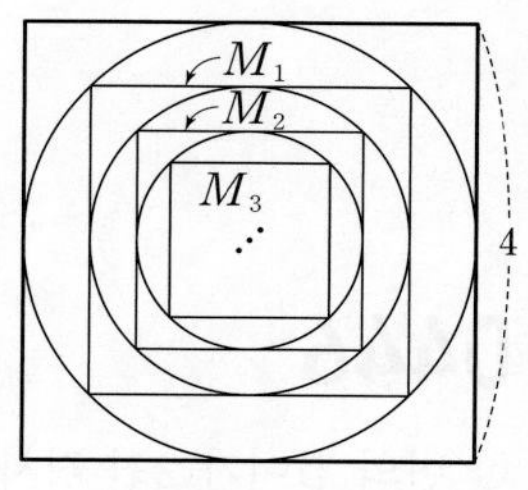

0440

Level 2

그림과 같이 반지름의 길이가 2이고 중심각의 크기가 45°인 부채꼴 $A_0A_1B_1$이 있다. 점 A_1에서 선분 A_0B_1에 내린 수선의 발을 B_2라 하고 선분 A_0A_1 위의 $\overline{A_1B_2}=\overline{A_1A_2}$인 점 A_2에 대하여 중심각의 크기가 45°인 부채꼴 $A_1A_2B_2$를 그린다. 또, 점 A_2에서 선분 A_1B_2에 내린 수선의 발을 B_3이라 하고 선분 A_1A_2 위의 $\overline{A_2B_3}=\overline{A_2A_3}$인 점 A_3에 대하여 중심각의 크기가 45°인 부채꼴 $A_2A_3B_3$을 그린다. 이와 같은 과정을 한없이 반복할 때, 호 A_nB_n의 길이를 l_n이라 하자. $\sum_{n=1}^{\infty} l_n=(a+b\sqrt{2})\pi$인 유리수 a, b에 대하여 ab의 값은?

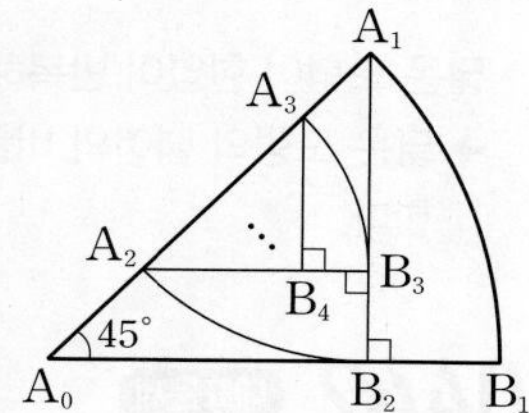

① $\frac{1}{4}$ ② $\frac{1}{2}$ ③ $\frac{3}{4}$
④ 1 ⑤ $\frac{3}{2}$

0441

Level 3

그림과 같이 길이가 6인 선분 A_1B를 지름으로 하는 반원 D_1이 있다. 호 A_1B를 이등분하는 점을 C_1이라 하고 점 B를 지나면서 선분 A_1C_1과 접하고 중심이 선분 A_1B 위에 있는 반원을 D_2, 반원 D_2가 선분 A_1B와 만나는 점을 A_2라 하자. 호 A_2B를 이등분하는 점을 C_2라 하고 점 B를 지나면서 선분 A_2C_2와 접하고 중심이 선분 A_1B 위에 있는 반원을 D_3, 반원 D_3이 선분 A_1B와 만나는 점을 A_3이라 하자. 이와 같은 과정을 한없이 반복할 때, 반원 D_n의 호의 길이를 l_n이라 하자. 급수 $\sum_{n=1}^{\infty} l_n$의 합은?

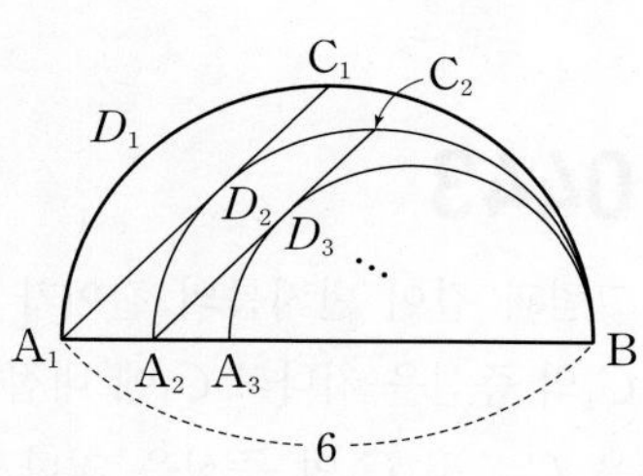

① $3(1+\sqrt{2})\pi$ ② $3(2+\sqrt{2})\pi$ ③ $3(3+\sqrt{2})\pi$
④ $3(2+2\sqrt{2})\pi$ ⑤ $3(3+2\sqrt{2})\pi$

+Plus 문제

실전유형 19 등비급수의 활용 – 넓이

빈출유형

닮은 도형이 한없이 반복해서 그려질 때 도형의 넓이
→ 닮은 도형의 넓이의 비를 찾아 등비급수의 합을 이용하여 구한다.

0442 대표문제

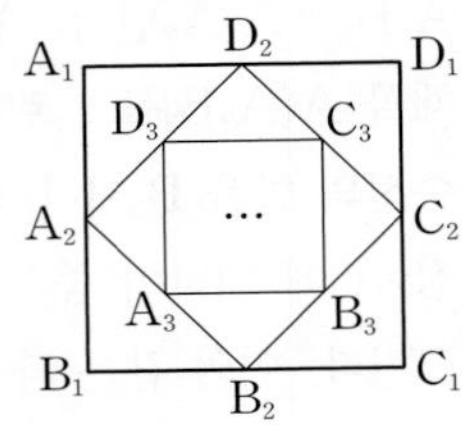

그림과 같이 한 변의 길이가 4인 정사각형 $A_1B_1C_1D_1$의 각 변의 중점을 이어 만든 정사각형을 $\square A_2B_2C_2D_2$, 정사각형 $A_2B_2C_2D_2$의 각 변의 중점을 이어 만든 정사각형을 $\square A_3B_3C_3D_3$이라 하자. 이와 같은 과정을 한없이 반복할 때, 정사각형 $A_nB_nC_nD_n$의 넓이를 S_n이라 하자. 급수 $\sum_{n=1}^{\infty} S_n$의 합은?

① 24 ② 32 ③ 40 ④ 48 ⑤ 56

0443

Level 1

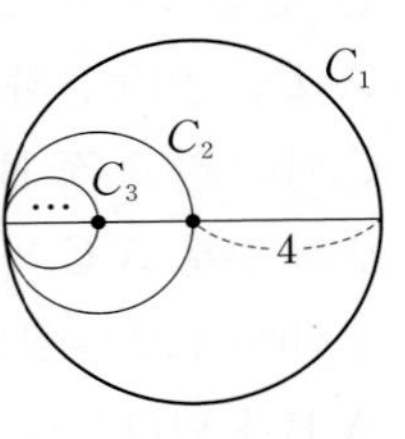

그림과 같이 반지름의 길이가 4인 원 C_1의 중심을 지나고 C_1에 내접하는 원을 C_2, 원 C_2의 중심을 지나고 C_2에 내접하는 원을 C_3이라 하자. 이와 같은 과정을 한없이 반복할 때, 원 C_n의 넓이를 S_n이라 하자. 급수 $\sum_{n=1}^{\infty} S_n$의 합은?

① $\frac{64}{3}\pi$ ② $\frac{65}{3}\pi$ ③ 22π ④ $\frac{67}{3}\pi$ ⑤ $\frac{68}{3}\pi$

0444

Level 2

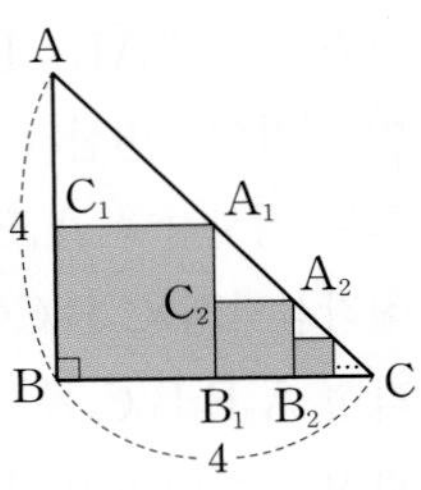

그림과 같이 $\overline{AB}=\overline{BC}=4$, $\angle B=90°$인 직각이등변삼각형 ABC에 내접하는 정사각형을 $\square A_1C_1BB_1$, 직각이등변삼각형 A_1B_1C에 내접하는 정사각형을 $\square A_2C_2B_1B_2$라 하자. 이와 같은 과정을 한없이 반복할 때, 색칠한 정사각형의 넓이의 합을 구하시오.

0445

Level 2

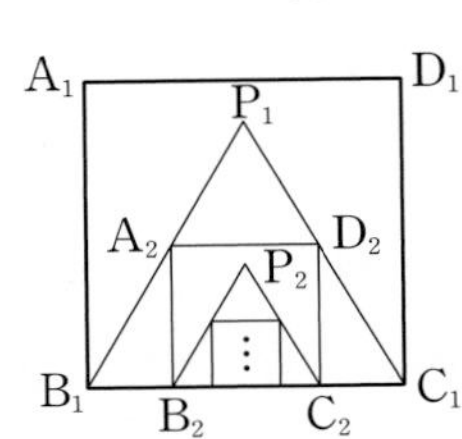

그림과 같이 한 변의 길이가 4인 정사각형 $A_1B_1C_1D_1$이 있다. 정사각형 $A_1B_1C_1D_1$의 내부에 선분 B_1C_1을 한 변으로 하는 정삼각형 $P_1B_1C_1$을 만든다. 또, 선분 B_1C_1 위에 한 변이 있고 정삼각형 $P_1B_1C_1$에 내접하는 정사각형 $A_2B_2C_2D_2$를 만든다. 이와 같은 과정을 한없이 반복할 때, 정사각형 $A_nB_nC_nD_n$의 넓이를 S_n이라 하자. 급수 $\sum_{n=1}^{\infty} S_n$의 합을 구하시오.

0446

Level 2

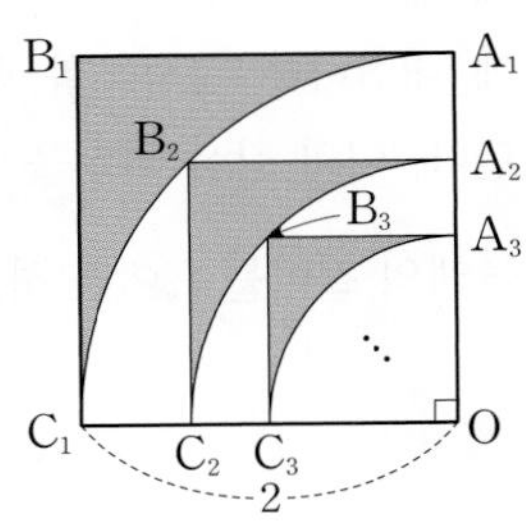

한 변의 길이가 2인 정사각형 $OA_1B_1C_1$의 내부에 부채꼴 OA_1C_1을 그리고 이 부채꼴에 내접하는 정사각형 $OA_2B_2C_2$를 그린다. 이와 같은 과정을 한없이 반복하여 정사각형과 부채꼴을 그릴 때, 정사각형 $OA_nB_nC_n$에서 부채꼴 OA_nC_n을 제외하고 남은 부분의 넓이를 S_n이라 하자. 급수 $\sum_{n=1}^{\infty} S_n$의 합을 구하시오.

다음은 이 유형에서 출제된 최근 교육청 · 평가원 기출문제입니다.

0447 신경향 · 평가원 2022학년도 9월 Level 3

그림과 같이 $\overline{AB_1}=1$, $\overline{B_1C_1}=2$인 직사각형 $AB_1C_1D_1$이 있다. $\angle AD_1C_1$을 삼등분하는 두 직선이 선분 B_1C_1과 만나는 점 중 점 B_1에 가까운 점을 E_1, 점 C_1에 가까운 점을 F_1이라 하자. $\overline{E_1F_1}=\overline{F_1G_1}$, $\angle E_1F_1G_1=\frac{\pi}{2}$이고 선분 AD_1과 선분 F_1G_1이 만나도록 점 G_1을 잡아 삼각형 $E_1F_1G_1$을 그린다. 선분 E_1D_1과 선분 F_1G_1이 만나는 점을 H_1이라 할 때, 두 삼각형 $G_1E_1H_1$, $H_1F_1D_1$로 만들어진 모양의 도형에 색칠하여 얻은 그림을 R_1이라 하자.

그림 R_1에 선분 AB_1 위의 점 B_2, 선분 E_1G_1 위의 점 C_2, 선분 AD_1 위의 점 D_2와 점 A를 꼭짓점으로 하고 $\overline{AB_2}:\overline{B_2C_2}=1:2$인 직사각형 $AB_2C_2D_2$를 그린다. 직사각형 $AB_2C_2D_2$에 그림 R_1을 얻은 것과 같은 방법으로 모양의 도형을 그리고 색칠하여 얻은 그림을 R_2라 하자.

이와 같은 과정을 계속하여 n번째 얻은 그림 R_n에 색칠되어 있는 부분의 넓이를 S_n이라 할 때, $\lim_{n\to\infty} S_n$의 값은?

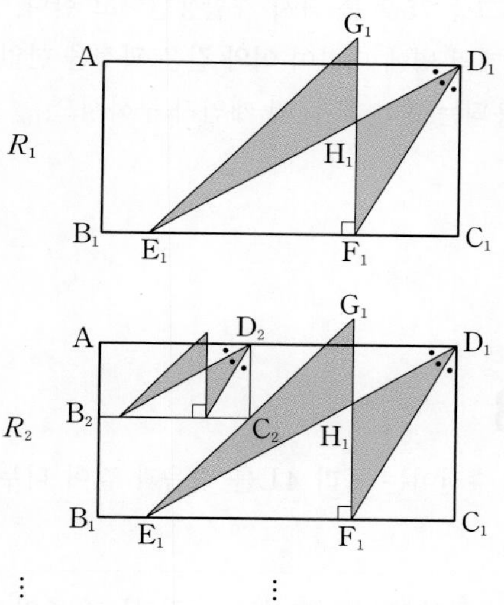

⋮ ⋮

① $\frac{2\sqrt{3}}{9}$ ② $\frac{5\sqrt{3}}{18}$ ③ $\frac{\sqrt{3}}{3}$
④ $\frac{7\sqrt{3}}{18}$ ⑤ $\frac{4\sqrt{3}}{9}$

0448 · 평가원 2020학년도 6월 Level 3

그림과 같이 한 변의 길이가 4인 정사각형 $A_1B_1C_1D_1$이 있다. 선분 C_1D_1의 중점을 E_1이라 하고, 직선 A_1B_1 위에 두 점 F_1, G_1을 $\overline{E_1F_1}=\overline{E_1G_1}$, $\overline{E_1F_1}:\overline{F_1G_1}=5:6$이 되도록 잡고 이등변삼각형 $E_1F_1G_1$을 그린다. 선분 D_1A_1과 선분 E_1F_1의 교점을 P_1, 선분 B_1C_1과 선분 G_1E_1의 교점을 Q_1이라 할 때, 네 삼각형 $E_1D_1P_1$, $P_1F_1A_1$, $Q_1B_1G_1$, $E_1Q_1C_1$로 만들어진 모양의 도형에 색칠하여 얻은 그림을 R_1이라 하자.

그림 R_1에 선분 F_1G_1 위의 두 점 A_2, B_2와 선분 G_1E_1 위의 점 C_2, 선분 E_1F_1 위의 점 D_2를 꼭짓점으로 하는 정사각형 $A_2B_2C_2D_2$를 그리고, 그림 R_1을 얻은 것과 같은 방법으로 정사각형 $A_2B_2C_2D_2$에 모양의 도형을 그리고 색칠하여 얻은 그림을 R_2라 하자.

이와 같은 과정을 계속하여 n번째 얻은 그림 R_n에 색칠되어 있는 부분의 넓이를 S_n이라 할 때, $\lim_{n\to\infty} S_n$의 값은?

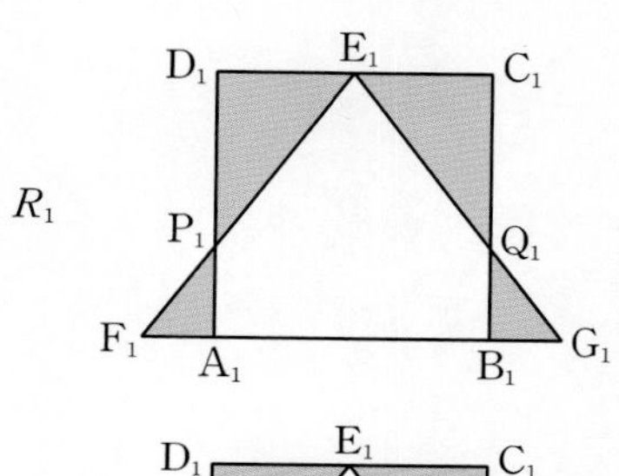

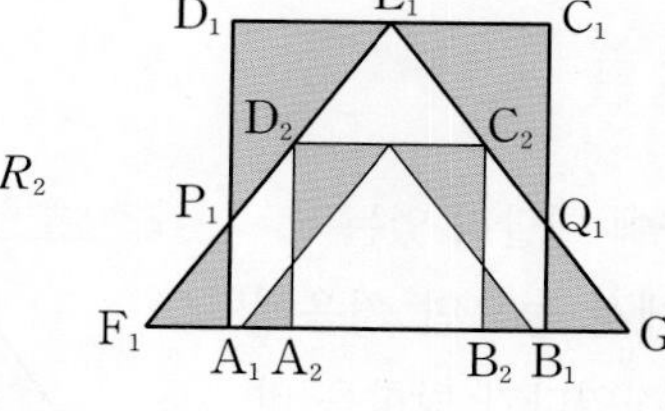

⋮ ⋮

① $\frac{61}{6}$ ② $\frac{125}{12}$ ③ $\frac{32}{3}$
④ $\frac{131}{12}$ ⑤ $\frac{67}{6}$

02

심화 유형 20 등비급수의 실생활에서의 활용

어떤 과정이 한없이 반복될 때
→ 값이 변하는 일정한 규칙을 찾아 급수의 합을 구한다.

0449 대표문제

높이가 h m인 곳에서 어떤 공을 수직으로 땅에 떨어뜨리면 떨어진 높이의 $\frac{3}{5}$만큼 다시 수직으로 튀어 오른다. 이 공이 상하 운동을 계속한다고 할 때, 공이 정지할 때까지 움직인 거리는 36 m이다. h의 값은?
(단, 공의 크기는 생각하지 않는다.)

① 7　② 8　③ 9
④ 10　⑤ 11

0450 Level 1

그림과 같이 끈에 매달려 있는 추를 A 위치에서 놓으면 처음에 60 cm만큼 움직였다가 방향을 바꾸어 45 cm만큼 움직인다. 이와 같이 추가 앞에서 움직인 거리의 $\frac{3}{4}$만큼 방향을 바꾸어 움직이는 과정을 한없이 반복할 때, 이 추가 멈출 때까지 움직인 거리는?

A
60 cm

① 200 cm　② 210 cm　③ 220 cm
④ 230 cm　⑤ 240 cm

0451 Level 2

어느 장학 재단은 90억 원의 기금을 조성하였다. 매년 초에 기금을 운용하여 연말까지 10 %의 이익을 내고, 기금과 이익을 합한 금액의 50 %를 매년 말에 장학금으로 지급하려고 한다. 장학금으로 지급하고 남은 금액을 기금으로 하여 매년 기금의 운용과 장학금의 지급을 이와 같은 방법으로 실시할 계획이다. 이 계획대로 매년 지급하는 장학금의 총액의 극한값은?

① 90억 원　② 100억 원　③ 110억 원
④ 120억 원　⑤ 130억 원

0452 Level 2

음료수 병을 생산하는 어느 공장에서 생산한 병의 80 %를 수거하여 그중 75 %를 재활용하고, 재활용된 병의 80 %를 수거하여 그중 75 %를 다시 재활용한다고 한다. 처음 생산한 10000개의 병에 대하여 이와 같은 과정을 한없이 반복할 때, 재활용되는 병은 모두 몇 개인지 구하시오.

0453 Level 2

영준이와 수진이는 콜라 4 L를 다음과 같이 나누어 마시기로 했다.

> 영준이가 콜라의 반을 마시고, 수진이는 영준이가 마시고 남은 콜라의 반을 마신다. 다시 영준이가 수진이가 마시고 남은 콜라의 반을 마시고, 수진이는 그 나머지의 반을 마신다.

이와 같은 과정을 한없이 반복할 때, 영준이가 마신 콜라의 양과 수진이가 마신 콜라의 양을 각각 a L, b L라 하자. $3(a-b)$의 값을 구하시오.

0454

Level 2

어느 제지 공장에서는 종이를 생산하면 그중 40 %가 폐지로 수거되고, 수거된 폐지의 50 %가 다시 종이로 재생산하여 재활용된다. 이와 같은 재생산 과정을 한없이 반복한다면, 생산한 종이를 재활용하지 않고 모두 버리는 것보다 몇 %의 재활용 효과를 기대할 수 있는지 구하시오.

0455

Level 3

금년 말부터 매년 2000만 원씩 영구히 지급되는 연금이 있다. 이것을 금년 초에 일시불로 받는다면 얼마를 받아야 하는가? (단, 연이율 10 %, 1년마다 복리로 계산한다.)

① 1억 2천만 원 ② 1억 6천만 원 ③ 2억 원
④ 2억 4천만 원 ⑤ 2억 8천만 원

0456 고난도

Level 3

어떤 약을 복용하면 8시간이 지날 때마다 체내에 남아 있는 약의 양이 8시간 전의 양의 반으로 줄어든다고 한다. 이 약은 24시간마다 한 번씩 일정한 양을 복용해야 하고, 체내에 남아 있는 양이 400 mg을 넘지 않도록 해야 한다. 환자가 약을 규칙적으로 평생 복용할 때, 매회 약을 최대 몇 mg까지 복용할 수 있는가?

① 290 mg ② 320 mg ③ 350 mg
④ 380 mg ⑤ 410 mg

서술형 유형 익히기

0457 대표문제

자연수 n에 대하여 x에 대한 이차방정식 $x^2-2x-(n^2+2n)=0$의 두 근을 α_n, β_n이라 할 때, 급수 $\sum_{n=1}^{\infty}\left(\frac{1}{\alpha_n}+\frac{1}{\beta_n}\right)$의 합을 구하는 과정을 서술하시오. [6점]

STEP 1 $\frac{1}{\alpha_n}+\frac{1}{\beta_n}$을 n에 대한 식으로 나타내기 [3점]

이차방정식 $x^2-2x-(n^2+2n)=0$에서 근과 계수의 관계에 의해

$\alpha_n+\beta_n=$ (1) ______, $\alpha_n\beta_n=-(n^2+2n)$

$$\therefore \frac{1}{\alpha_n}+\frac{1}{\beta_n}=-\frac{\boxed{(2)}}{n^2+2n}=-\frac{2}{n(n+2)}=\frac{1}{\boxed{(3)}}-\frac{1}{\boxed{(4)}}$$

STEP 2 급수 $\sum_{n=1}^{\infty}\left(\frac{1}{\alpha_n}+\frac{1}{\beta_n}\right)$의 합 구하기 [3점]

$$\sum_{n=1}^{\infty}\left(\frac{1}{\alpha_n}+\frac{1}{\beta_n}\right)=\sum_{n=1}^{\infty}\left(\frac{1}{n+2}-\frac{1}{n}\right)$$

$$=\lim_{n\to\infty}\sum_{k=1}^{n}\left(\frac{1}{\boxed{(5)}}-\frac{1}{\boxed{(6)}}\right)$$

$$=\lim_{n\to\infty}\left\{\left(\frac{1}{3}-1\right)+\left(\frac{1}{4}-\frac{1}{2}\right)+\left(\frac{1}{5}-\frac{1}{3}\right)+\cdots+\left(\frac{1}{n+1}-\frac{1}{n-1}\right)+\left(\frac{1}{n+2}-\frac{1}{n}\right)\right\}$$

$$=\lim_{n\to\infty}\left(-1-\frac{1}{\boxed{(7)}}+\frac{1}{n+1}+\frac{1}{\boxed{(8)}}\right)$$

$=$ (9) ______

핵심 KEY 유형2 부분분수를 이용하는 급수

이차방정식의 근과 계수의 관계를 이용하여 일반항을 구하고 부분분수를 이용하여 급수의 합을 구하는 문제이다.

$\frac{1}{\alpha_n}+\frac{1}{\beta_n}=\frac{\alpha_n+\beta_n}{\alpha_n\beta_n}$과 $\frac{1}{AB}=\frac{1}{B-A}\left(\frac{1}{A}-\frac{1}{B}\right)$임을 이용한다.

서술형 유형 익히기

0458 한번 더

자연수 n에 대하여 x에 대한 이차방정식 $(4n^2-1)x^2-x-1=0$의 두 근을 α_n, β_n이라 할 때, 급수 $\sum_{n=1}^{\infty}(\alpha_n+\beta_n-\alpha_n\beta_n)$의 합을 구하는 과정을 서술하시오. [6점]

STEP 1 $\alpha_n+\beta_n-\alpha_n\beta_n$을 n에 대한 식으로 나타내기 [3점]

STEP 2 급수 $\sum_{n=1}^{\infty}(\alpha_n+\beta_n-\alpha_n\beta_n)$의 합 구하기 [3점]

0459 유사 1

자연수 n에 대하여 x에 대한 이차방정식 $x^2+(n-2)x+n^2=0$의 두 근을 α_n, β_n이라 할 때, 급수 $\sum_{n=1}^{\infty}\frac{1}{(\alpha_n-2)(\beta_n-2)}$의 합을 구하는 과정을 서술하시오.

[6점]

0460 유사 2

자연수 n에 대하여 x에 대한 이차방정식 $\{n(n+1)\}^2x^2-(2n+1)x+1=0$의 두 근을 α_n, β_n이라 할 때, 급수 $\sum_{n=1}^{\infty}(\alpha_n+\beta_n)$의 합을 구하는 과정을 서술하시오.

[7점]

0461 대표문제

자연수 n에 대하여 3^n을 4로 나눈 나머지를 a_n이라 할 때, 급수 $\sum_{n=1}^{\infty}\frac{a_n}{4^n}$의 합을 구하는 과정을 서술하시오. [6점]

STEP 1 수열 $\{a_n\}$ 구하기 [3점]

$n=1$일 때, 3^1을 4로 나눈 나머지는 (1) ☐

$n=2$일 때, 3^2을 4로 나눈 나머지는 (2) ☐

$n=3$일 때, 3^3을 4로 나눈 나머지는 (3) ☐

$n=4$일 때, 3^4을 4로 나눈 나머지는 (4) ☐

⋮

따라서 수열 $\{a_n\}$은 3과 1이 이 순서대로 반복하여 나타나므로

$$a_n=\begin{cases}(5)\ \square & (n\text{은 홀수})\\ (6)\ \square & (n\text{은 짝수})\end{cases}$$

STEP 2 급수 $\sum_{n=1}^{\infty}\frac{a_n}{4^n}$의 합 구하기 [3점]

$$\sum_{n=1}^{\infty}\frac{a_n}{4^n}$$

$$=\frac{3}{4}+\frac{1}{4^2}+\frac{3}{4^3}+\frac{1}{4^4}+\frac{3}{4^5}+\frac{1}{4^6}+\cdots$$

$$=3\times\left(\frac{1}{4}+\frac{1}{4^3}+\frac{1}{4^5}+\cdots\right)+\left(\frac{1}{4^2}+\frac{1}{4^4}+\frac{1}{4^6}+\cdots\right)$$

$$=3\times\frac{\frac{1}{4}}{1-\frac{1}{16}}+\frac{(7)\ \square}{1-(8)\ \square}$$

$$=3\times\frac{4}{15}+(9)\ \square=(10)\ \square$$

핵심 KEY 유형 10 등비급수의 합

문제에서 주어진 조건을 이용하여 수열 $\{a_n\}$의 규칙을 찾고, 규칙에 따라 항을 나누어 등비급수의 합을 구하는 문제이다.
n의 값을 차례로 대입하여 수열 $\{a_n\}$을 구하고, 규칙에 따라 같은 값을 갖는 항끼리 묶은 후 등비급수의 합을 구한다.

0462 한번 더

자연수 n에 대하여 4^n을 5로 나눈 나머지를 a_n이라 할 때, 급수 $\sum_{n=1}^{\infty}\frac{a_n}{6^{n-1}}$의 합을 구하는 과정을 서술하시오. [6점]

STEP 1 수열 $\{a_n\}$ 구하기 [3점]

STEP 2 급수 $\sum_{n=1}^{\infty}\frac{a_n}{6^{n-1}}$의 합 구하기 [3점]

0463 유사 1

자연수 n에 대하여 $3^{2n}-1$을 10으로 나눈 나머지를 a_n이라 할 때, 급수 $\sum_{n=1}^{\infty} \frac{a_n}{11^n}$의 합을 구하는 과정을 서술하시오. [6점]

0464 유사 2

자연수 n에 대하여 수열 $\{a_n\}$의 일반항이

$a_n=3^n+7^n$ $(n=1, 2, 3, \cdots)$

이다. a_n을 5로 나눈 나머지를 b_n이라 할 때, 급수 $\sum_{n=1}^{\infty} \frac{b_n}{2^n}$의 합을 구하는 과정을 서술하시오. [7점]

0465 대표문제

등비수열 $\left\{\left(\frac{x+1}{2}\right)^n\right\}$과 등비급수 $\sum_{n=1}^{\infty}(-2x+1)^n$이 모두 수렴하도록 하는 실수 x의 값의 범위를 구하는 과정을 서술하시오. [6점]

STEP 1 등비수열의 수렴 조건을 이용하여 x의 값의 범위 구하기 [2점]

(i) 등비수열 $\left\{\left(\frac{x+1}{2}\right)^n\right\}$의 공비가 $\frac{x+1}{2}$이므로

수열이 수렴하려면

$\boxed{(1)\quad} < \frac{x+1}{2} \le \boxed{(2)\quad}$, $-2<x+1\le 2$

$\therefore$ $\boxed{(3)\quad} < x \le \boxed{(4)\quad}$

STEP 2 등비급수의 수렴 조건을 이용하여 x의 값의 범위 구하기 [2점]

(ii) 등비급수 $\sum_{n=1}^{\infty}(-2x+1)^n$의 공비가 $-2x+1$이므로

급수가 수렴하려면

$\boxed{(5)\quad} < -2x+1 < \boxed{(6)\quad}$

$-2<-2x<0$

$\therefore$ $0<x<\boxed{(7)\quad}$

STEP 3 등비수열과 등비급수가 모두 수렴하도록 하는 실수 x의 값의 범위 구하기 [2점]

(i), (ii)에서 등비수열과 등비급수가 모두 수렴하도록 하는 실수 x의 값의 범위는

$\boxed{(8)\quad} < x < \boxed{(9)\quad}$이다.

핵심 KEY 유형 12 **등비급수의 수렴 조건**

등비수열과 등비급수의 수렴 조건을 이용하여 x의 값의 범위를 구하는 문제이다.
등비수열의 수렴 조건은 $-1<$(공비)≤ 1, 등비급수의 수렴 조건은 $-1<$(공비)<1임을 이용한다.

0466 한번 더

등비수열 $\{(1-\log_3 x)^n\}$과 등비급수
$\sum_{n=1}^{\infty}(x^2-16)\left(\frac{1-x}{2}\right)^{n-1}$이 모두 수렴하도록 하는 실수 x의 값의 범위를 구하는 과정을 서술하시오. [6점]

STEP 1 등비수열의 수렴 조건을 이용하여 x의 값의 범위 구하기 [2점]

STEP 2 등비급수의 수렴 조건을 이용하여 x의 값의 범위 구하기 [2점]

STEP 3 등비수열과 등비급수가 모두 수렴하도록 하는 실수 x의 값의 범위 구하기 [2점]

0467 유사 1

등비수열 $\{(x+2)(x^2-4x+3)^{n-1}\}$이 수렴하도록 하는 정수 x의 집합을 A, 등비급수 $\sum_{n=1}^{\infty}\frac{(x+2)(x-3)^n}{5^n}$이 수렴하도록 하는 정수 x의 집합을 B라 할 때, $B-A$의 모든 원소의 합을 구하는 과정을 서술하시오. [8점]

02

0468 유사 2

이차함수 $y=f(x)$에 대하여 $f(1)=f(4)=0$, $f(0)=2$이다. 수열 $\{a_n\}$의 일반항이 $a_n=\left\{\frac{f(x)-5}{2}\right\}^{n-1}$일 때, 수열 $\{a_n\}$과 급수 $\sum_{n=1}^{\infty}a_n$이 모두 수렴하도록 하는 정수 x의 개수를 구하는 과정을 서술하시오. [10점]

실력 check 실전 마무리하기 1회

점 / 100점

• 선택형 21문항, 서술형 4문항입니다.

1 0469

등차수열 $\{a_n\}$에 대하여 $a_2=4$, $a_4=10$일 때, 급수 $\sum_{n=1}^{\infty}\frac{1}{a_n a_{n+1}}$의 합은? [3점]

① $\frac{1}{6}$ ② $\frac{1}{4}$ ③ $\frac{1}{3}$
④ $\frac{5}{12}$ ⑤ $\frac{1}{2}$

2 0470

첫째항이 3이고 공차가 2인 등차수열 $\{a_n\}$의 첫째항부터 제 n항까지의 합을 S_n이라 할 때, 급수 $\sum_{n=1}^{\infty}\frac{1}{S_n}$의 합은? [3점]

① $\frac{1}{4}$ ② $\frac{1}{2}$ ③ $\frac{3}{4}$
④ 1 ⑤ $\frac{3}{2}$

3 0471

$\sum_{n=1}^{\infty}\frac{1}{(n+a)(n+a+2)}=\frac{8}{15}$일 때, 양수 a의 값은? [3점]

① $\frac{1}{4}$ ② $\frac{1}{2}$ ③ 2
④ 3 ⑤ 4

4 0472

〈보기〉에서 수렴하는 급수인 것만을 있는 대로 고른 것은? [3점]

〈보기〉

ㄱ. $1-\frac{1}{3}+\frac{1}{3}-\frac{1}{5}+\frac{1}{5}-\frac{1}{7}+\cdots$

ㄴ. $\frac{1}{2}-\frac{2}{3}+\frac{2}{3}-\frac{3}{4}+\frac{3}{4}-\frac{4}{5}+\cdots$

ㄷ. $\left(\frac{1}{2}-\frac{2}{3}\right)+\left(\frac{2}{3}-\frac{3}{4}\right)+\left(\frac{3}{4}-\frac{4}{5}\right)+\cdots$

① ㄱ ② ㄴ ③ ㄱ, ㄷ
④ ㄴ, ㄷ ⑤ ㄱ, ㄴ, ㄷ

5 0473

수열 $\{a_n\}$에 대하여 급수 $\sum_{n=1}^{\infty}\frac{n}{a_n}$이 수렴할 때, $\lim_{n\to\infty}\frac{a_n+1}{a_n}$의 값은? [3점]

① 0 ② 1 ③ 2
④ 3 ⑤ 4

6 0474

수열 $\{a_n\}$에 대하여 $\sum_{n=1}^{\infty} \frac{na_n-2n-1}{2n+1}=1$일 때, $\lim_{n\to\infty} a_n$의 값은? [3점]

① 2　② 4　③ 6
④ 8　⑤ 10

7 0475

상수 a, b에 대하여 $\sum_{n=1}^{\infty} \frac{an^2+4}{4n^2-1}=b$일 때, $a+b$의 값은? [3점]

① $\frac{1}{4}$　② $\frac{1}{2}$　③ 1
④ 2　⑤ 4

8 0476

두 수열 $\{a_n\}$, $\{b_n\}$에 대하여 $\sum_{n=1}^{\infty}(a_n+2b_n)=3$, $\sum_{n=1}^{\infty}4b_n=8$일 때, 급수 $\sum_{n=1}^{\infty}(3a_n-b_n)$의 합은? [3점]

① -5　② -3　③ -1
④ 1　⑤ 3

9 0477

등비급수 $\sum_{n=1}^{\infty}(x+3)\left(\frac{x}{2}\right)^{n-1}$이 수렴하도록 하는 정수 x의 개수는? [3점]

① 2　② 3　③ 4
④ 5　⑤ 6

10 0478

수열 $\{a_n\}$의 첫째항부터 제n항까지의 합을 S_n이라 하자. $\sum_{n=1}^{\infty} a_n=10$일 때, $\lim_{n\to\infty} \frac{{a_n}^2+{S_n}^2}{a_n+S_n}$의 값은? [3.5점]

① 5　② 10　③ 15
④ 20　⑤ 25

11 0479

<보기>에서 수렴하는 급수인 것만을 있는 대로 고른 것은? [3.5점]

<보기>

ㄱ. $\sum_{n=1}^{\infty} \frac{n}{4n+3}$

ㄴ. $\sum_{n=1}^{\infty} \frac{1}{\sqrt{n+2}+\sqrt{n+3}}$

ㄷ. $3+\frac{5}{1^2+2^2}+\frac{7}{1^2+2^2+3^2}+\frac{9}{1^2+2^2+3^2+4^2}+\cdots$

① ㄱ ② ㄷ ③ ㄱ, ㄴ
④ ㄱ, ㄷ ⑤ ㄴ, ㄷ

12 0480

자연수 n에 대하여 점 $A(n, -1)$과 직선 $3x-4y+n=0$ 사이의 거리를 a_n이라 할 때, 급수 $\sum_{n=1}^{\infty} \frac{1}{a_n a_{n+1}}$의 합은? [3.5점]

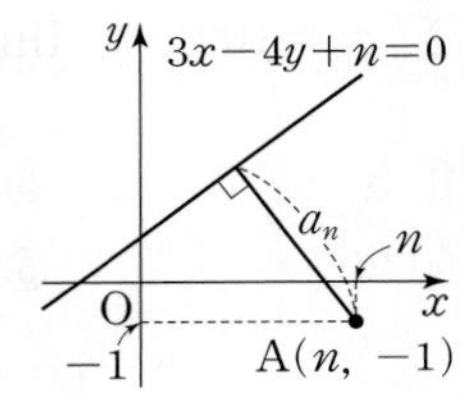

① $\frac{11}{16}$ ② $\frac{23}{32}$ ③ $\frac{3}{4}$
④ $\frac{25}{32}$ ⑤ $\frac{13}{16}$

13 0481

등비수열 $\{a_n\}$에 대하여 $a_1+a_3=10$, $a_2+a_4=30$일 때, 급수 $\sum_{n=1}^{\infty} \frac{1}{a_{n+3}-a_{n+1}}$의 합은? [3.5점]

① $\frac{1}{8}$ ② $\frac{1}{16}$ ③ $\frac{1}{24}$
④ $\frac{1}{32}$ ⑤ $\frac{1}{40}$

14 0482

모든 항이 실수인 등비수열 $\{a_n\}$이 $a_1+a_2+a_3=\sum_{n=4}^{\infty} a_n$을 만족시킬 때, 이 수열의 공비는? (단, $a_1 \neq 0$) [3.5점]

① $\frac{1}{\sqrt[3]{2}}$ ② $\frac{1}{\sqrt{2}}$ ③ $\frac{1}{2}$
④ $\sqrt{2}$ ⑤ $\sqrt[3]{2}$

15 0483

수열 $\{a_n\}$의 첫째항부터 제n항까지의 합 S_n이 $S_n=n^2$일 때, 급수 $\sum_{n=1}^{\infty}\frac{2}{a_na_{n+1}}$의 합은? [3.5점]

① $\frac{1}{2}$ ② 1 ③ 2
④ 4 ⑤ 8

16 0484

2보다 큰 자연수 n에 대하여 $(-5)^{n-2}$의 n제곱근 중 음의 실수인 것의 개수를 a_n이라 할 때, 급수 $\sum_{n=3}^{\infty}\frac{a_n}{3^n}$의 합은? [4점]

① $\frac{1}{27}$ ② $\frac{1}{18}$ ③ $\frac{2}{27}$
④ $\frac{1}{9}$ ⑤ $\frac{4}{27}$

17 0485

자연수 n에 대하여 집합 A_n이

$$A_n=\{2^l\times3^m\,|\,1\le l\le n,\ 1\le m\le n,\ l,\ m\text{은 자연수}\}$$

로 정의되고 집합 A_n의 모든 원소의 합을 a_n이라 할 때, $\sum_{n=1}^{\infty}\frac{a_n}{12^n}=\frac{q}{p}$이다. $p+q$의 값은?

(단, p와 q는 서로소인 자연수이다.) [4점]

① 141 ② 143 ③ 145
④ 147 ⑤ 149

18 0486

첫째항이 1인 두 등비수열 $\{a_n\}$, $\{b_n\}$에 대하여 $\sum_{n=1}^{\infty}a_n$, $\sum_{n=1}^{\infty}b_n$이 각각 수렴하고 $\sum_{n=1}^{\infty}(a_n+b_n)=\frac{13}{3}$, $\sum_{n=1}^{\infty}a_nb_n=\frac{6}{5}$일 때, $\sum_{n=1}^{\infty}(a_n^{\ 2}+b_n^{\ 2})=\frac{q}{p}$이다. $p+q$의 값은?

(단, p와 q는 서로소인 자연수이다.) [4점]

① 55 ② 58 ③ 61
④ 64 ⑤ 67

19 0487

그림과 같이 자연수 n에 대하여 직선 $x=n$이 두 곡선 $y=3^{2-x}$과 $y=-2^{-x}$에 의하여 잘린 선분의 길이를 l_n이라 하자. $\sum_{n=1}^{\infty} l_n=\frac{q}{p}$일 때, 서로소인 두 자연수 p, q에 대하여 $p+q$의 값은? [4점]

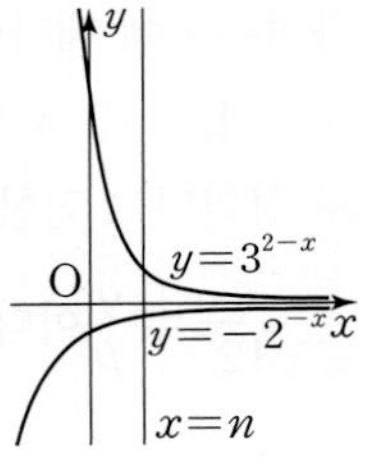

① 11　② 12　③ 13　④ 14　⑤ 15

20 0488

그림과 같이 원점을 중심으로 하고 직선 $l_1: 3x+4y-12=0$에 접하는 원을 C_1이라 하자. 원 C_1이 y축과 만나는 점 중에서 y좌표가 양수인 점을 P_1, 점 P_1을 지나고 직선 l_1에 평행한 직선을 l_2, 원점을 중심으로 하고 직선 l_2에 접하는 원을 C_2라 하자. 또, 원 C_2가 y축과 만나는 점 중에서 y좌표가 양수인 점을 P_2, 점 P_2를 지나고 직선 l_2에 평행한 직선을 l_3, 원점을 중심으로 하고 직선 l_3에 접하는 원을 C_3이라 하자. 이와 같은 과정을 한없이 반복할 때, 원 C_n의 둘레의 길이를 L_n이라 하자. 급수 $\sum_{n=1}^{\infty} L_n$의 합은? [4점]

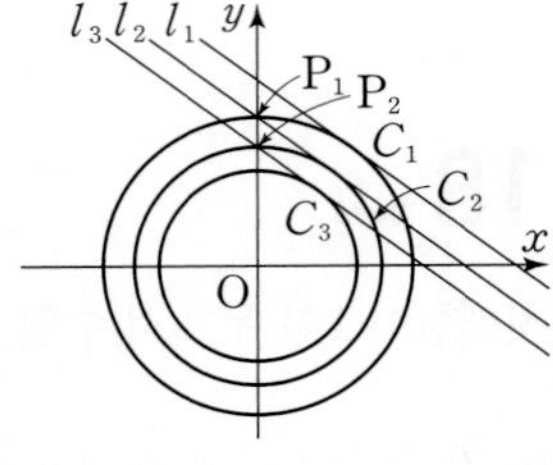

① 20π　② 22π　③ 24π　④ 26π　⑤ 28π

21 0489

그림과 같이 $\overline{AB}=2$, $\overline{AD}=4$인 직사각형 ABCD의 두 대각선의 교점을 O라 하고 두 삼각형 AOD, OBC를 색칠하여 얻은 그림을 R_1이라 하자.

그림 R_1에서 삼각형 ABO에 내접하고 가로와 세로의 길이의 비가 2 : 1인 직사각형 $A_1B_1C_1D_1$을 그리고, 같은 방법으로 삼각형 DOC에 내접하고 가로와 세로의 길이의 비가 2 : 1인 직사각형 $A_2B_2C_2D_2$를 그린다.

두 직사각형 $A_1B_1C_1D_1$, $A_2B_2C_2D_2$에서 각각 그림 R_1을 얻은 것과 같은 방법으로 만들어진 두 개의 ⋈ 모양의 도형을 색칠하여 얻은 그림을 R_2라 하자.

그림 R_2에서 새로 그려진 작은 직사각형 두 개에서 각각 그림 R_2를 얻은 것과 같은 방법으로 만들어진 네 개의 ⋈ 모양의 도형을 색칠하여 얻은 그림을 R_3이라 하자.

이와 같은 과정을 계속하여 n번째 얻은 그림 R_n에 색칠되어 있는 부분의 넓이를 S_n이라 할 때, $\lim_{n\to\infty} S_n$의 값은? [4점]

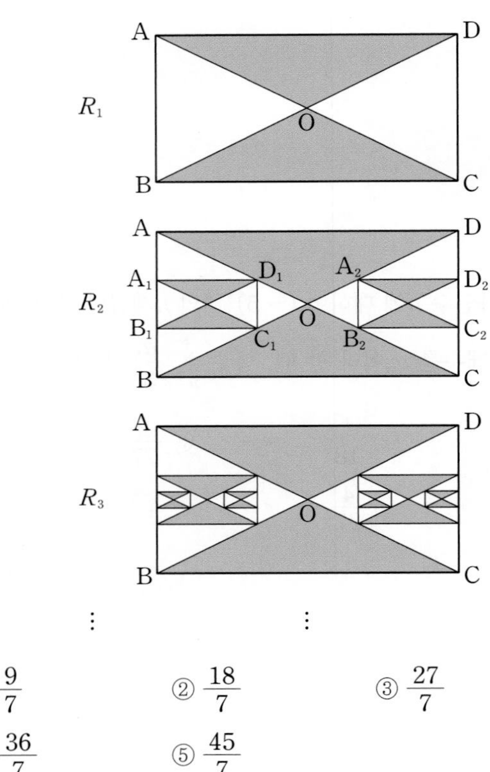

① $\frac{9}{7}$　② $\frac{18}{7}$　③ $\frac{27}{7}$　④ $\frac{36}{7}$　⑤ $\frac{45}{7}$

서술형

22 0490

수열 $\{a_n\}$의 첫째항부터 제n항까지의 합 S_n이 $S_n=\frac{4n}{n+1}$일 때, 급수 $\sum_{n=1}^{\infty} a_{n+1}$의 합을 구하는 과정을 서술하시오. [6점]

23 0491

등비수열 $\{a_n\}$에 대하여 $\sum_{n=1}^{\infty} a_n=4$, $\sum_{n=1}^{\infty} {a_n}^2=\frac{48}{5}$일 때, 급수 $\sum_{n=1}^{\infty} {a_n}^3$의 합을 구하는 과정을 서술하시오. [6점]

24 0492

등비급수 $\sum_{n=1}^{\infty}\left(\frac{r}{8}\right)^{n-1}$은 수렴하고 등비급수 $\sum_{n=1}^{\infty}(r-2)^n$은 발산하도록 하는 모든 자연수 r의 값의 합을 구하는 과정을 서술하시오. [8점]

25 0493

$\frac{124}{999}$를 순환소수로 나타낼 때, 소수점 아래 n번째 자리의 숫자를 a_n이라 하자. 급수 $\sum_{n=1}^{\infty}\frac{a_n}{2^n}$의 합을 구하는 과정을 서술하시오. [8점]

실력 check 실전 마무리하기 2회

점 / 100점

• 선택형 21문항, 서술형 4문항입니다.

1 0494

수열 $\{a_n\}$이

$$a_1 \times a_2 \times a_3 \times \cdots \times a_n = \frac{4n-1}{n+4} \ (n=1, 2, 3, \cdots)$$

을 만족시킬 때, 급수 $\sum_{n=1}^{\infty} \log_2 a_n$의 합은? [3점]

① -2 ② -1 ③ 0 ④ 1 ⑤ 2

2 0495

다음 중 급수

$$1-\frac{1}{2}+\frac{1}{2}-\frac{1}{4}+\frac{1}{4}-\frac{1}{6}+\cdots$$

에 대한 설명으로 옳은 것은? [3점]

① 발산한다.

② 0에 수렴한다.

③ $\frac{1}{2}$에 수렴한다.

④ 1에 수렴한다.

⑤ 2에 수렴한다.

3 0496

수열 $\{a_n\}$에 대하여 $\sum_{n=1}^{\infty}\left(na_n-\frac{n^2-1}{2n+3}\right)$이 수렴할 때, $\lim_{n\to\infty} a_n$의 값은? [3점]

① $\frac{1}{8}$ ② $\frac{1}{4}$ ③ $\frac{3}{8}$ ④ $\frac{1}{2}$ ⑤ $\frac{5}{8}$

4 0497

수열 $\{a_n\}$에 대하여 $\sum_{n=1}^{\infty}\frac{a_n}{5^n}=3$일 때, $\lim_{n\to\infty}\frac{a_n+5^{n+1}-4^{n-1}}{5^{n-1}+4^{n+1}}$의 값은? [3점]

① 5 ② 10 ③ 15 ④ 20 ⑤ 25

5 0498

수열 $\{a_n\}$에 대하여 $a_1=2$이고 급수 $\sum_{n=1}^{\infty}\left(\frac{a_n}{n}+2\right)$가 수렴할 때, 급수 $\sum_{n=1}^{\infty}\left(\frac{a_{n+1}}{n+1}-\frac{a_n}{n}\right)$의 합은? [3점]

① -4 ② -2 ③ 0 ④ 2 ⑤ 4

6 0499

〈보기〉에서 옳은 것만을 있는 대로 고른 것은? [3점]

〈보기〉

ㄱ. 급수 $\frac{1}{1\times2}+\frac{1}{2\times3}+\frac{1}{3\times4}+\cdots$은 발산한다.

ㄴ. 급수 $\log1+\log\frac{2}{3}+\log\frac{3}{5}+\cdots$은 발산한다.

ㄷ. 급수 $\sum_{n=1}^{\infty}\frac{3n^2+2}{2n^2-1}$는 $\frac{3}{5}$에 수렴한다.

ㄹ. 급수 $\sum_{n=1}^{\infty}(\sqrt{n+2}-\sqrt{n+1})$은 발산한다.

① ㄱ, ㄴ ② ㄱ, ㄷ ③ ㄴ, ㄷ
④ ㄴ, ㄹ ⑤ ㄷ, ㄹ

7 0500

두 급수 $\sum_{n=1}^{\infty}a_n$, $\sum_{n=1}^{\infty}b_n$이 모두 수렴하고

$$\sum_{n=1}^{\infty}(a_n+2b_n)=10,\ \sum_{n=1}^{\infty}(3a_n-2b_n)=14$$

일 때, 급수 $\sum_{n=1}^{\infty}(a_n-b_n)$의 합은? [3점]

① -4 ② -2 ③ 2
④ 4 ⑤ 8

8 0501

첫째항이 1인 두 등비수열 $\{a_n\}$, $\{b_n\}$에 대하여 $\sum_{n=1}^{\infty}a_n=3$, $\sum_{n=1}^{\infty}(a_n+b_n)=\frac{25}{7}$일 때, 급수 $\sum_{n=1}^{\infty}a_nb_n$의 합은? [3점]

① $\frac{1}{2}$ ② $\frac{2}{3}$ ③ $\frac{3}{2}$
④ 2 ⑤ 3

9 0502

$\sum_{n=1}^{\infty}(x^2-4)\left(\frac{x-2}{3}\right)^{n-1}$이 수렴하도록 하는 모든 정수 x의 개수는? [3점]

① 2 ② 3 ③ 4
④ 5 ⑤ 6

10 0503

두 양수 a, b에 대하여 $\lim_{n\to\infty}\sum_{k=1}^{n}\frac{(ak+1)^2-4k(k+1)}{k^2+2k}=b$ 일 때, ab의 값은? [3.5점]

① $\frac{3}{2}$ ② 2 ③ $\frac{5}{2}$
④ 3 ⑤ $\frac{7}{2}$

11 0504

수열 $\{(-1)^n\}$의 첫째항부터 제n항까지의 합을 S_n이라 할 때, **〈보기〉**에서 수렴하는 수열인 것만을 있는 대로 고른 것은? [3.5점]

〈보기〉

ㄱ. $\{S_n\}$

ㄴ. $\left\{\frac{S_n}{n}\right\}$

ㄷ. $\left\{\frac{S_1+S_2+S_3+\cdots+S_n}{n}\right\}$

① ㄴ ② ㄷ ③ ㄱ, ㄴ
④ ㄱ, ㄷ ⑤ ㄴ, ㄷ

12 0505

두 급수 $\sum_{n=1}^{\infty}a_n$, $\sum_{n=1}^{\infty}b_n$이 모두 수렴할 때, **〈보기〉**에서 항상 수렴하는 급수인 것만을 있는 대로 고른 것은? [3.5점]

〈보기〉

ㄱ. $\sum_{n=1}^{\infty}\frac{a_n+b_n}{3}$

ㄴ. $\sum_{n=1}^{\infty}(a_n-a_{n+1})$

ㄷ. $\sum_{n=1}^{\infty}\frac{1}{b_n}$ (단, $b_n\neq0$)

① ㄱ ② ㄱ, ㄴ ③ ㄱ, ㄷ
④ ㄴ, ㄷ ⑤ ㄱ, ㄴ, ㄷ

13 0506

등비수열 $\{a_n\}$에 대하여 $a_1+a_3=30$, $a_2+a_4=60$일 때, $b_n=\sum_{k=n}^{\infty}\frac{1}{a_k}$이라 하자. 급수 $\sum_{n=1}^{\infty}b_n$의 합은? [3.5점]

① $\frac{2}{3}$ ② $\frac{3}{4}$ ③ $\frac{5}{4}$
④ $\frac{4}{3}$ ⑤ 2

14 0507

수열 $\{a_n\}$의 첫째항부터 제n항까지의 합 S_n이 $S_n=n^2+2n$일 때, 급수 $\sum_{n=1}^{\infty}\frac{2}{a_na_{n+1}}$의 합은? [3.5점]

① $\frac{1}{3}$ ② $\frac{1}{4}$ ③ $\frac{1}{5}$
④ $\frac{1}{6}$ ⑤ $\frac{1}{7}$

15 0508

어느 스마트워치의 배터리는 방전된 후 재충전할 때마다 사용할 수 있는 시간이 $\frac{1}{200}$만큼 줄어든다. 완전히 충전된 새 스마트워치의 배터리를 처음 방전될 때까지 사용할 수 있는 시간이 50시간이고, 배터리가 방전된 후 재충전하여 사용하는 과정을 한없이 반복할 때, 이 스마트워치의 배터리를 사용할 수 있는 시간의 합이 10^n시간일 때, 자연수 n의 값은? [3.5점]

① 2 ② 3 ③ 4
④ 5 ⑤ 6

16 0509

그림과 같이 크기가 같은 n개의 정사각형이 일렬로 나열되어 있을 때, 이웃하지 않은 두 정사각형을 택하는 경우의 수를 a_n이라 하자. 급수 $\sum_{n=3}^{\infty} \frac{1}{a_n}$의 합은? [4점]

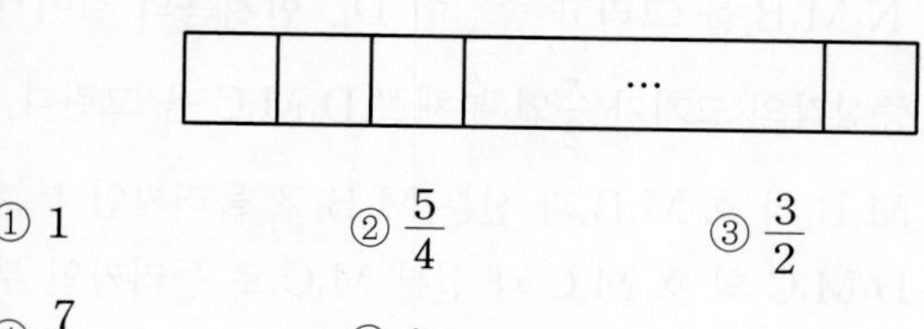

① 1　② $\frac{5}{4}$　③ $\frac{3}{2}$
④ $\frac{7}{4}$　⑤ 2

17 0510

등비수열 $\left\{\left(\frac{3x+2}{6}\right)^n\right\}$이 수렴하도록 하는 실수 x의 최댓값을 r라 할 때, 급수 $\sum_{n=1}^{\infty} \frac{r^n+(-r)^n}{4^n}$의 합은? [4점]

① $\frac{1}{4}$　② $\frac{1}{3}$　③ $\frac{5}{12}$
④ $\frac{1}{2}$　⑤ $\frac{7}{12}$

18 0511

수열 $\{a_n\}$에서 첫째항부터 제n항까지의 합을 S_n이라 할 때, $\log_9(S_n+1)=n$이다. 급수 $\sum_{n=1}^{\infty} \frac{1}{a_n}$의 합은? [4점]

① $\frac{5}{64}$　② $\frac{3}{32}$　③ $\frac{7}{64}$
④ $\frac{1}{8}$　⑤ $\frac{9}{64}$

19 0512

그림과 같이 한 변의 길이가 10인 정사각형 ABCD가 있다. 선분 CD를 4 : 1로 내분하는 점을 P, 선분 BC의 연장선과 선분 AP의 연장선이 만나는 점을 E라 하고, $\overline{CP}=\overline{CC_1}$, $\overline{C_1P_1}=\overline{C_1C_2}$, …가 되도록 점 P_1, P_2, P_3, …에서 선분 BE에 내린 수선의 발을 C_1, C_2, C_3, …이라 하자. 이와 같은 과정을 한없이 반복할 때, 급수 $\overline{AB}+\overline{CP}+\overline{C_1P_1}+\overline{C_2P_2}+\cdots$의 합은? [4점]

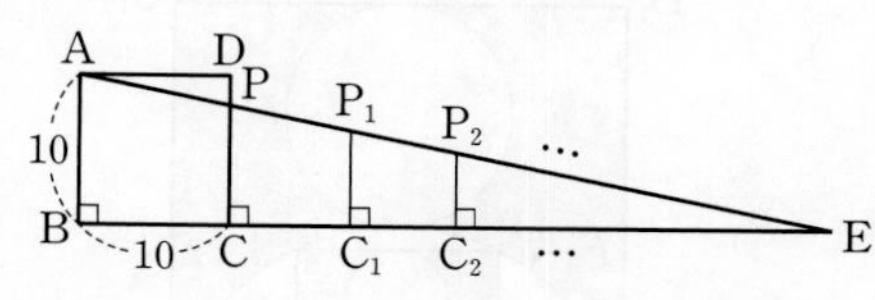

① 35　② 40　③ 45
④ 50　⑤ 55

20 0513

그림과 같이 한 변의 길이가 $4\sqrt{3}$인 정사각형 $A_1B_1C_1D_1$이 있다. 선분 A_1B_1을 지름으로 하는 반원 F_1을 그린 후 호 A_1B_1과 선분 C_1D_1에 동시에 접하는 가장 작은 원 G_1을 그리고 반원 F_1의 외부 및 원 G_1의 외부와 정사각형 $A_1B_1C_1D_1$의 내부의 공통 부분을 색칠하여 얻은 그림을 R_1이라 하자.

그림 R_1에서 선분 A_1B_1과 반원 F_1의 내부에 접하는 정사각형 $A_2B_2C_2D_2$를 그리고 그림 R_1을 얻은 것과 같은 방법으로 반원 F_2와 원 G_2를 그리고 반원 F_2의 외부 및 원 G_2의 외부와 정사각형 $A_2B_2C_2D_2$의 내부의 공통 부분에 색칠하여 얻은 그림을 R_2라 하자.

이와 같은 과정을 계속하여 n번째 얻은 그림 R_n에 색칠되어 있는 부분의 넓이를 S_n이라 할 때, $\lim_{n\to\infty} S_n$의 값은? [4점]

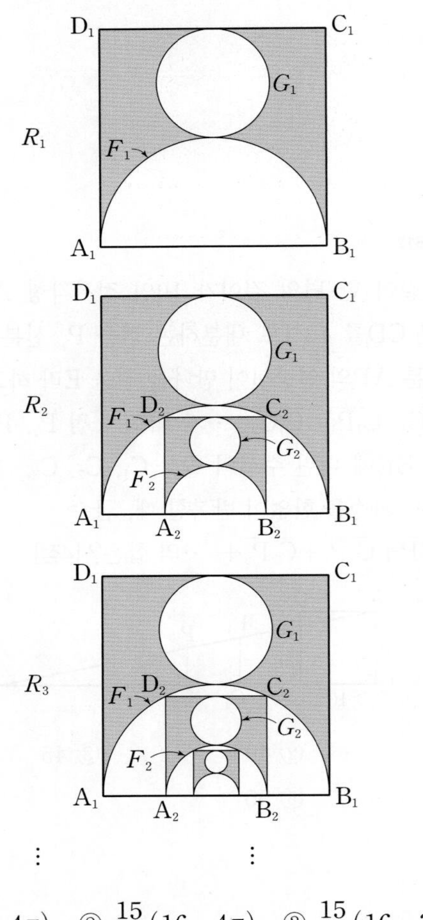

① $\frac{15}{16}(16-4\pi)$ ② $\frac{15}{9}(16-4\pi)$ ③ $\frac{15}{9}(16-3\pi)$
④ $\frac{15}{4}(16-4\pi)$ ⑤ $\frac{15}{4}(16-3\pi)$

21 0514

그림과 같이 $\overline{A_1B_1}=1$, $\overline{A_1D_1}=2$인 직사각형 $A_1B_1C_1D_1$에서 선분 A_1D_1과 선분 B_1C_1의 중점을 각각 M_1, N_1이라 하자. 중심이 N_1, 반지름의 길이가 $\overline{B_1N_1}$이고 중심각의 크기가 $\frac{\pi}{2}$인 부채꼴 $N_1M_1B_1$을 그리고 중심이 D_1, 반지름의 길이가 $\overline{C_1D_1}$이고 중심각의 크기가 $\frac{\pi}{2}$인 부채꼴 $D_1M_1C_1$을 그린다.

부채꼴 $N_1M_1B_1$의 호 M_1B_1과 선분 M_1B_1로 둘러싸인 부분과 부채꼴 $D_1M_1C_1$의 호 M_1C_1과 선분 M_1C_1로 둘러싸인 부분인 ⌒⌒ 모양에 색칠하여 얻은 그림을 R_1이라 하자.

그림 R_1에서 선분 M_1B_1 위의 점 A_2, 호 M_1C_1 위의 점 D_2와 변 B_1C_1 위의 두 점 B_2, C_2를 꼭짓점으로 하고 $\overline{A_2B_2}:\overline{A_2D_2}=1:2$인 직사각형 $A_2B_2C_2D_2$를 그리고, 직사각형 $A_2B_2C_2D_2$ 안에 그림 R_1을 얻은 것과 같은 방법으로 만들어진 ⌒⌒ 모양에 색칠하여 얻은 그림을 R_2라 하자.

이와 같은 과정을 계속하여 n번째 얻은 그림 R_n에 색칠되어 있는 부분의 넓이를 S_n이라 할 때, $\lim_{n\to\infty} S_n$의 값은? [4점]

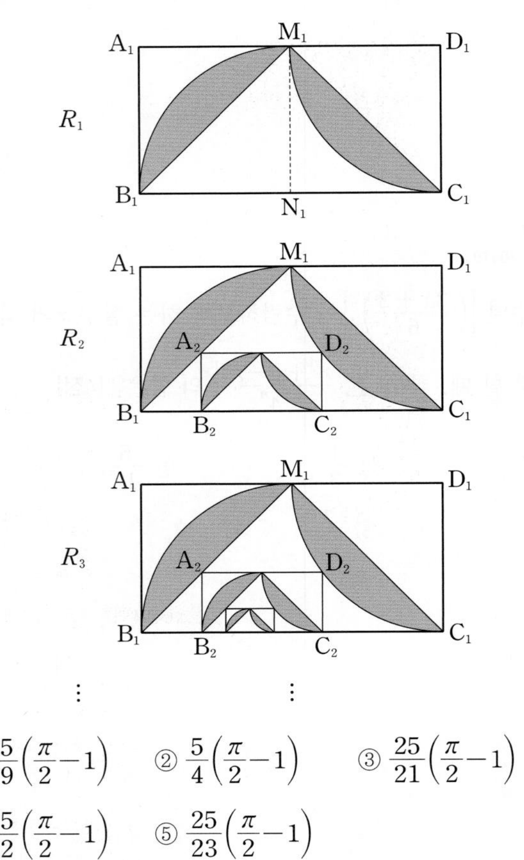

① $\frac{25}{19}\left(\frac{\pi}{2}-1\right)$ ② $\frac{5}{4}\left(\frac{\pi}{2}-1\right)$ ③ $\frac{25}{21}\left(\frac{\pi}{2}-1\right)$
④ $\frac{25}{22}\left(\frac{\pi}{2}-1\right)$ ⑤ $\frac{25}{23}\left(\frac{\pi}{2}-1\right)$

서술형

22 0515

수열 $\{a_n\}$의 일반항이 $a_n=\log\dfrac{n+2}{n+1}-\log\dfrac{n+1}{n}$일 때, 급수 $\sum\limits_{n=1}^{\infty}a_n$의 합을 구하는 과정을 서술하시오. [6점]

23 0516

수열 $\{a_n\}$에 대하여

$$a_1=1,\ a_2=2,\ a_na_{n+1}a_{n+2}=\left(\frac{1}{6}\right)^n(n=1,\ 2,\ 3,\ \cdots)$$

일 때, 급수 $\sum\limits_{n=1}^{\infty}a_{3n}$의 합을 구하는 과정을 서술하시오. [6점]

24 0517

모든 항이 양수인 등차수열 $\{a_n\}$의 첫째항부터 제n항까지의 합을 S_n이라 할 때, S_n은 다음 조건을 만족시킨다.

> (가) $\lim\limits_{n\to\infty}\dfrac{S_{n+1}-S_n}{n}=2$ (나) $\sum\limits_{n=1}^{\infty}\dfrac{1}{a_na_{n+1}}=\dfrac{1}{6}$

$S_n<1000$을 만족시키는 자연수 n의 최댓값을 구하는 과정을 서술하시오. [8점]

25 0518

그림과 같이 두 변의 길이가 1인 직각이등변삼각형의 내부에 빗변에 꼭짓점이 2개 있고, 나머지 두 변에 꼭짓점이 하나씩 있는 정사각형을 그린다. 또, 합동인 2개의 직각이등변삼각형에서 빗변에 꼭짓점이 2개 있고, 나머지 두 변에 꼭짓점이 하나씩 있는 정사각형을 각각 그린다. 이와 같은 과정을 한없이 반복할 때, n번째 그린 그림에서 색칠한 부분의 넓이를 S_n이라 하자. $\lim\limits_{n\to\infty}S_n$의 값을 구하는 과정을 서술하시오. [8점]

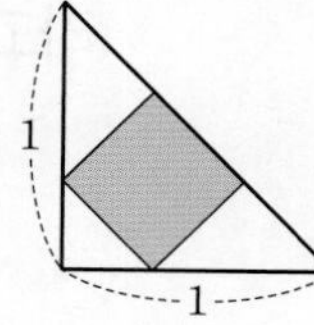

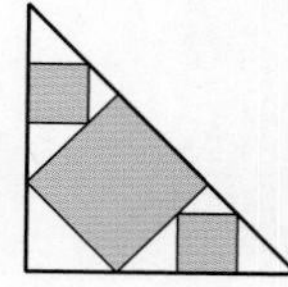
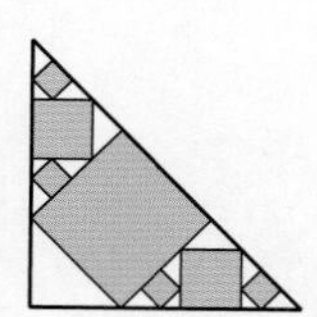
…

온전한 **나**의 **시간**

시간을 낭비할 수 없다면

굳이 시간이 있어야 할 이유도 없다.

그래서 불필요하면서도

의미 있는 시간을 보낼 때는

'시간을 갖는다'

라고 말하나 보다.

지수함수와 로그함수의 미분 03

Ⅱ. 미분법

03 지수함수와 로그함수의 미분

1 지수함수와 로그함수의 극한

(1) 지수함수의 극한

지수함수 $y=a^x$ $(a>0,\ a\neq1)$에서

① $a>1$일 때, $\lim_{x\to\infty}a^x=\infty$, $\lim_{x\to-\infty}a^x=0$

② $0<a<1$일 때, $\lim_{x\to\infty}a^x=0$, $\lim_{x\to-\infty}a^x=\infty$

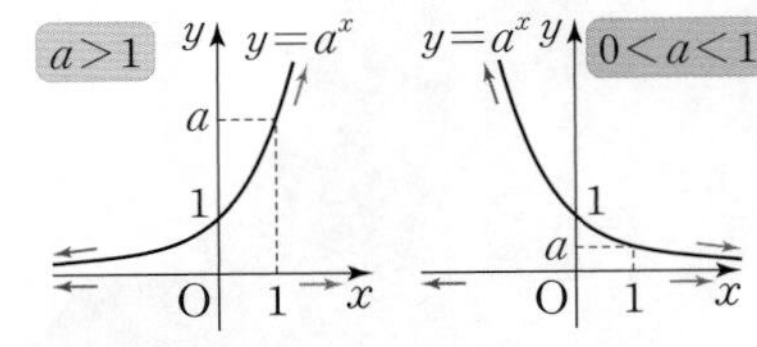

(2) 로그함수의 극한

로그함수 $y=\log_a x$ $(a>0,\ a\neq1)$에서

① $a>1$일 때,

$\lim_{x\to0+}\log_a x=-\infty$, $\lim_{x\to\infty}\log_a x=\infty$

② $0<a<1$일 때,

$\lim_{x\to0+}\log_a x=\infty$, $\lim_{x\to\infty}\log_a x=-\infty$

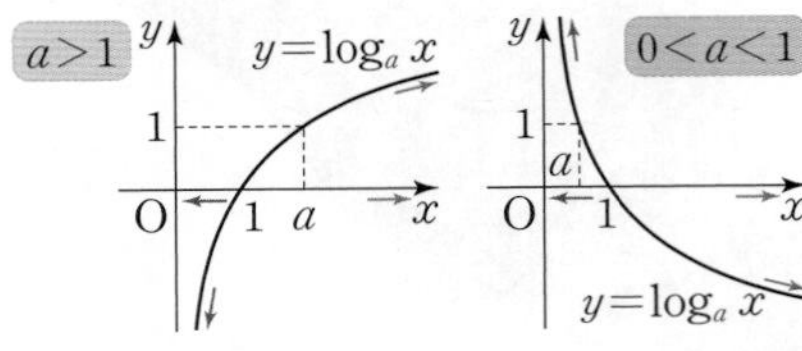

Note

- 지수함수 $y=a^x$ $(a>0,\ a\neq1)$은 실수 전체의 집합에서 연속이다.
- 로그함수 $y=\log_a x$ $(a>0,\ a\neq1)$는 양의 실수 전체의 집합에서 연속이다.

2 무리수 e와 자연로그 핵심 1

(1) 무리수 e : x의 값이 0에 한없이 가까워질 때, $(1+x)^{\frac{1}{x}}$의 값은 일정한 값에 가까워지며 그 극한값을 e와 같이 나타낸다. 이때 e는 무리수이고 그 값은 2.7182818284…이다.

① $\lim_{x\to0}(1+x)^{\frac{1}{x}}=e$ ② $\lim_{x\to\infty}\left(1+\frac{1}{x}\right)^x=e$

(2) 자연로그 : 무리수 e를 밑으로 하는 로그 $\log_e x$를 x의 **자연로그**라 하고, 이것을 간단히 $\ln x$와 같이 나타낸다.

참고 ① 무리수 e를 밑으로 하는 지수함수를 $y=e^x$으로 나타낸다.
② 지수함수 $y=e^x$과 로그함수 $y=\ln x$는 서로 역함수 관계에 있다.

(3) 무리수 e의 정의를 이용한 지수함수와 로그함수의 극한

$a>0$, $a\neq1$일 때

① $\lim_{x\to0}\frac{\ln(1+x)}{x}=1$ ② $\lim_{x\to0}\frac{e^x-1}{x}=1$

③ $\lim_{x\to0}\frac{\log_a(1+x)}{x}=\frac{1}{\ln a}$ ④ $\lim_{x\to0}\frac{a^x-1}{x}=\ln a$

- **자연로그의 성질**
  $x>0$, $y>0$일 때
  ① $\ln 1=0$, $\ln e=1$
  ② $\ln xy=\ln x+\ln y$
  ③ $\ln\frac{x}{y}=\ln x-\ln y$
  ④ $\ln x^n=n\ln x$ (단, n은 실수)

3 지수함수와 로그함수의 도함수 핵심 2

(1) 지수함수의 도함수

① $y=e^x$ ➜ $y'=e^x$ ② $y=a^x$ ➜ $y'=a^x\ln a$ (단, $a>0$, $a\neq1$)

(2) 로그함수의 도함수

① $y=\ln x$ ➜ $y'=\frac{1}{x}$ ② $y=\log_a x$ ➜ $y'=\frac{1}{x\ln a}$ (단, $a>0$, $a\neq1$)

- 미분가능한 함수 $y=f(x)$의 도함수는
  $f'(x)=\lim_{h\to0}\frac{f(x+h)-f(x)}{h}$
- $a>0$, $a\neq1$, $b>0$, $b\neq1$, $N>0$일 때
  $\log_a N=\frac{\log_b N}{\log_b a}$

● 정답 및 풀이 110쪽

핵심 1 지수함수와 로그함수의 극한 유형 5~8

● 지수함수의 극한

(1) $\lim_{x\to 0}\frac{e^{3x}-1}{x}=\lim_{x\to 0}\frac{e^{3x}-1}{3x}\times 3=1\times 3=3$

색칠된 부분의 식 형태 맞추기

(2) $\lim_{x\to 0}\frac{2^x-1}{2x}=\lim_{x\to 0}\frac{2^x-1}{x}\times\frac{1}{2}=\ln 2\times\frac{1}{2}=\ln\sqrt{2}$

색칠된 부분의 식 형태 맞추기

● 로그함수의 극한

(1) $\lim_{x\to 0}\frac{\ln(1+x)}{2x}=\lim_{x\to 0}\frac{\ln(1+x)}{x}\times\frac{1}{2}=1\times\frac{1}{2}=\frac{1}{2}$

색칠된 부분의 식 형태 맞추기

(2) $\lim_{x\to 0}\frac{\log_3(1-x)}{x}=\lim_{x\to 0}\frac{\log_3(1-x)}{-x}\times(-1)$

색칠된 부분의 식 형태 맞추기

$=\frac{1}{\ln 3}\times(-1)=-\frac{1}{\ln 3}$

0519 다음 극한값을 구하시오.

(1) $\lim_{x\to 0}\frac{\ln(1+2x)}{4x}$

(2) $\lim_{x\to 0}\frac{e^{3x}-1}{4x}$

(3) $\lim_{x\to 0}\frac{\log_5(1+2x)}{x}$

(4) $\lim_{x\to 0}\frac{2^{6x}-1}{3x}$

0520 다음 중 극한값이 옳지 않은 것은?

① $\lim_{x\to 0}\frac{2^x-1}{x}=\ln 2$

② $\lim_{x\to 0}\frac{e^{2x}-1}{x}=2$

③ $\lim_{x\to 0}\frac{\log_3(1-3x)}{x}=-\frac{3}{\ln 3}$

④ $\lim_{x\to 0}\frac{x}{\ln(1+2x)}=\frac{1}{2}$

⑤ $\lim_{x\to 0}\frac{2x}{e^{5x}-1}=\frac{1}{5}$

핵심 2 지수함수와 로그함수의 도함수 유형 12~13

● 지수함수의 도함수

(1) $y=e^{x+1}=e\times e^x$이므로

$y'=(e\times e^x)'=e(e^x)'$

$=e\times e^x=e^{x+1}$

(2) $y=3\times 2^x$에서

$y'=3\times 2^x\ln 2=3\ln 2\times 2^x$

● 로그함수의 도함수

(1) $y=\ln 2x=\ln 2+\ln x$이므로

$y'=(\ln 2)'+(\ln x)'=\frac{1}{x}$

(2) $y=\log_2 5x=\log_2 5+\log_2 x$이므로

$y'=\frac{1}{x\ln 2}$

0521 다음 함수를 미분하시오.

(1) $y=(x+1)e^x$

(2) $y=4x\times 3^x$

(3) $y=\ln 5x$

(4) $y=x\log_3 2x$

0522 함수 $f(x)=x^2\ln x$에 대하여 $\frac{f'(e)}{e}$의 값을 구하시오.

기출 유형 check 실전 준비하기

16유형, 144문항입니다.

기초 유형 0-1 지수함수 $y=a^x$의 그래프와 성질 | 수학 I

지수함수 $y=a^x$ $(a>0,\ a\neq1)$에 대하여
(1) 정의역 : 실수 전체의 집합
치역 : 양의 실수 전체의 집합
(2) 그래프는 점 $(0,\ 1)$을 지나고 x축을 점근선으로 갖는다.

0523 대표문제

지수함수 $f(x)=a^x$ $(a>0,\ a\neq1)$에 대한 설명으로 〈보기〉에서 옳은 것만을 있는 대로 고르시오.

〈보기〉
ㄱ. 정의역은 양의 실수 전체의 집합이다.
ㄴ. 그래프의 점근선의 방정식은 $x=0$이다.
ㄷ. $f(x_1)=f(x_2)$이면 $x_1=x_2$이다.
ㄹ. $0<a<1$일 때, $x_1<x_2$이면 $f(x_1)>f(x_2)$이다.

0524 Level 2

함수 $f(x)=2^{ax+b}$에서 $f(1)=\frac{1}{2}$, $f(3)=8$일 때, $f\left(\frac{5}{2}\right)$의 값을 구하시오. (단, a, b는 상수이다.)

0525 Level 2

함수 $y=2^x$의 그래프가 그림과 같을 때, x축 위의 두 점 A, B에 대하여 선분 AB의 길이를 구하시오. (단, 점선은 x축 또는 y축에 평행하다.)

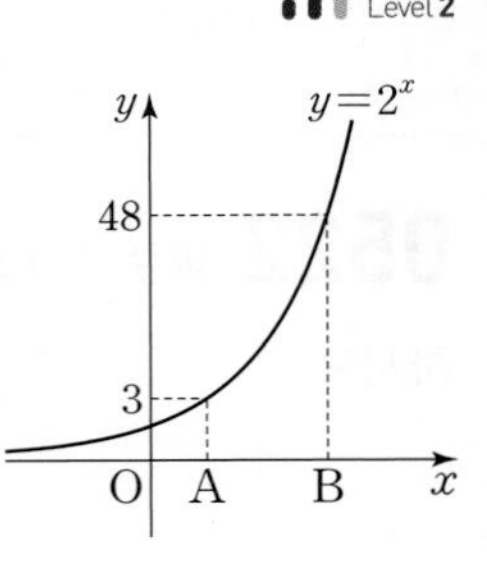

기초 유형 0-2 로그함수 $y=\log_a x$의 그래프와 성질 | 수학 I

로그함수 $y=\log_a x$ $(a>0,\ a\neq1)$에 대하여
(1) 정의역 : 양의 실수 전체의 집합
치역 : 실수 전체의 집합
(2) 그래프는 점 $(1,\ 0)$을 지나고, y축을 점근선으로 갖는다.

0526 대표문제

로그함수 $f(x)=\log_a x$ $(a>0,\ a\neq1)$에 대한 설명으로 〈보기〉에서 옳은 것만을 있는 대로 고르시오.

〈보기〉
ㄱ. 치역은 실수 전체의 집합이다.
ㄴ. 그래프의 점근선의 방정식은 $y=0$이다.
ㄷ. $a>1$일 때, $x_1<x_2$이면 $f(x_1)<f(x_2)$이다.

0527 Level 2

로그함수 $y=\log_a x$, $y=\log_b x$의 그래프가 그림과 같을 때, 다음 중 옳은 것은?

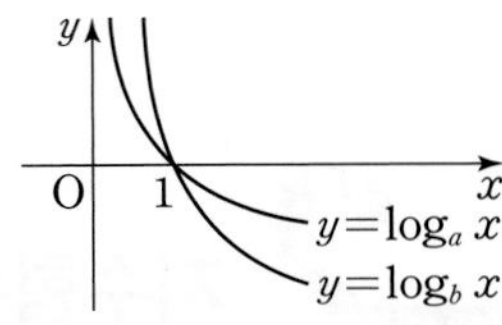

① $1<a<b$ ② $1<b<a$
③ $0<a<b<1$ ④ $0<b<a<1$
⑤ $0<a<1<b$

0528 Level 2

함수 $y=2^x$, $y=x$, $y=\log_3 x$를 좌표평면에 나타낸 그래프가 그림과 같을 때, $\alpha+\beta$의 값을 구하시오. (단, 점선은 x축 또는 y축에 평행하다.)

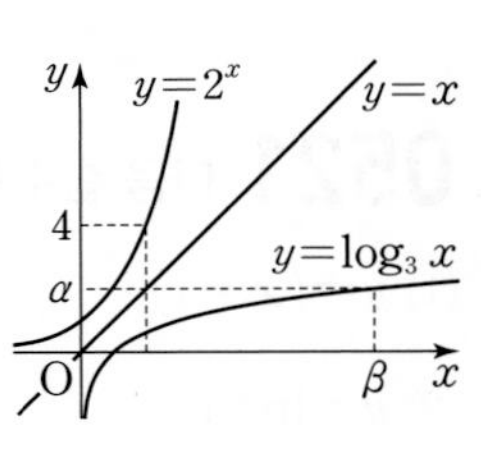

실전 유형 1 지수함수의 극한

지수함수의 극한은 다음과 같은 순서로 구한다.

❶ $\frac{\infty}{\infty}$ 꼴이면 분모에서 밑이 가장 큰 항으로 분모, 분자를 나눈다.
$\infty-\infty$ 꼴이면 밑이 가장 큰 항으로 묶는다.

❷ $a>1$이면 $\lim_{x\to\infty} a^x=\infty$, $0<a<1$이면 $\lim_{x\to\infty} a^x=0$임을 이용하여 극한값을 구한다.

0529 대표문제

$\lim_{x\to\infty}(7^x-5^x)^{\frac{1}{x}}$의 값은?

① 1　② 3　③ 5　④ 7　⑤ 9

0530 Level 1

$\lim_{x\to 0-}\frac{1}{1-3^{\frac{1}{x}}}$의 값은?

① -1　② $-\frac{1}{3}$　③ 0　④ 1　⑤ 3

0531 Level 2

$\lim_{x\to\infty}\frac{3^{x+1}-5^x}{3^x+5^x}$의 값을 구하시오.

0532 Level 2

$\lim_{x\to\infty}\frac{a\times 3^{x+1}-4}{3^{x-2}+2}=81$일 때, 상수 a의 값은?

① 1　② 2　③ 3　④ 6　⑤ 9

0533 Level 2

$\lim_{x\to-\infty}\frac{2x^2+5^x}{4x^2-1}$의 값은?

① -2　② $-\frac{1}{2}$　③ $\frac{1}{2}$　④ 2　⑤ 5

0534 Level 2

$\lim_{x\to-\infty}\frac{2^{2x+1}+\left(\frac{1}{3}\right)^{x+1}+1}{2^{2x+3}+\left(\frac{1}{3}\right)^x}$의 값을 구하시오.

0535 Level 2

$\lim_{x\to 0+}\frac{2}{1+7^{\frac{1}{x}}}=a$, $\lim_{x\to\infty}\frac{2}{1+\left(\frac{1}{7}\right)^x}=b$일 때, 상수 a, b에 대하여 $a-b$의 값을 구하시오.

0536

Level 2

〈보기〉에서 극한값이 존재하는 것만을 있는 대로 고른 것은?

〈보기〉

ㄱ. $\lim_{x\to\infty}\frac{1}{3^x-3^{-x}}$

ㄴ. $\lim_{x\to-\infty}\frac{2^x}{2^x-3^{-x}}$

ㄷ. $\lim_{x\to0-}\frac{3^{-\frac{1}{x}}}{3^{\frac{1}{x}}+2\times3^{-\frac{1}{x}}}$

ㄹ. $\lim_{x\to-\infty}\frac{2^x}{\sqrt{5^x}}$

① ㄱ, ㄴ ② ㄱ, ㄷ ③ ㄴ, ㄹ
④ ㄱ, ㄴ, ㄷ ⑤ ㄴ, ㄷ, ㄹ

0537

Level 3

$\lim_{x\to0}\frac{2^b-2^{-\frac{1}{x}}}{2^a-2^{-\frac{1}{x}}}=c$를 만족시키는 상수 a, b, c에 대하여 $a-b+c$의 값은?

① -2 ② $-\frac{3}{2}$ ③ $-\frac{1}{2}$
④ 1 ⑤ $\frac{3}{2}$

0538 신경향

Level 3

자연수 n에 대하여 함수 $f(n)$을

$$f(n)=\lim_{x\to\infty}\frac{7^{x+1}+3^{x+1}}{7^x+n^x}$$

이라 하자. 함수 $f(n)$의 모든 치역의 합을 구하시오.

실전 유형 2 로그함수의 극한

로그함수의 극한은 다음과 같은 순서로 구한다.

❶ 로그의 성질을 이용하여 $\lim_{x\to\infty}\{\log_a f(x)\}$ 꼴로 정리한다.

❷ $\lim_{x\to\infty}\{\log_a f(x)\}=\log_a\{\lim_{x\to\infty}f(x)\}$임을 이용하여 극한값을 구한다. (단, $a>0$, $a\neq1$, $f(x)>0$, $\lim_{x\to\infty}f(x)>0$)

0539 대표문제

$\lim_{x\to\infty}\{\log_3(3x+1)-\log_3(x^2-1)+\log_3(3x+2)\}$의 값은?

① $\frac{1}{3}$ ② $\frac{1}{2}$ ③ 1
④ 2 ⑤ 3

0540

Level 1

$\lim_{x\to\infty}\{\log_2(8x+3)-\log_2 x\}$의 값은?

① $\log_2 7$ ② 3 ③ $\log_2 15$
④ 4 ⑤ 5

0541

Level 1

$\lim_{x\to\infty}(\log_2\sqrt{4x^2+x}-\log_2 x)$의 값을 구하시오.

0542

Level 1

$\lim_{x\to\infty}\{\log_3 6^x-\log_3(6^x+3^x)\}$의 값을 구하시오.

0543

Level 2

다음 중 그 극한이 나머지 넷과 다른 것은?

① $\lim_{x\to\infty}\log_2 x$ ② $\lim_{x\to\infty}\log_2|x|$ ③ $\lim_{x\to 0+}|\log_2 x|$

④ $\lim_{x\to 0+}\log_2 x$ ⑤ $\lim_{x\to 0+}\log_{\frac{1}{2}} x$

0544

Level 2

$\lim_{x\to 1}(\log_3|x^2+6x-7|-\log_3|x^2+2x-3|)$의 값은?

① -1 ② $\log_3 2-1$ ③ $\frac{1}{2}$

④ $\log_3 2$ ⑤ 1

0545

Level 2

$\lim_{x\to\infty}\{\log_4(2x+3)-\log_4(ax-1)\}=\frac{1}{2}$을 만족시키는 상수 a의 값을 구하시오.

0546

Level 2

$\lim_{x\to\infty}\frac{1}{x}\log_2(3^x+4^x)$의 값을 구하시오.

0547

Level 2

두 함수 $f(x)=\log_2\frac{4}{x}$, $g(x)=\log_2\left(\frac{6}{x}+1\right)$에 대하여 $\lim_{x\to 0+}\frac{f(x)}{g(x)}$의 값을 구하시오.

0548

Level 3

$\lim_{x\to\infty}\frac{\log(x^5+3x^3)}{\log(x^3+2x^2)}$의 값은?

① 1 ② $\frac{3}{2}$ ③ $\frac{5}{3}$

④ 2 ⑤ $\frac{5}{2}$

+Plus 문제

0549

Level 3

함수 $f(x)=\frac{3+\log_a x}{1+\log_b x}$에 대하여 〈**보기**〉에서 옳은 것만을 있는 대로 고른 것은?

〈보기〉

ㄱ. $1<a<b$일 때, $x>1$이면 $f(x)>1$이다.

ㄴ. $1<a<b$일 때, $\lim_{x\to\infty}f(x)=\log_a b$이다.

ㄷ. $0<b<1<a$일 때, $\lim_{x\to 0+}f(x)=\log_b a$이다.

① ㄱ ② ㄷ ③ ㄱ, ㄴ

④ ㄱ, ㄷ ⑤ ㄱ, ㄴ, ㄷ

실전유형 3 $\lim_{x\to0}(1+x)^{\frac{1}{x}}$ 꼴의 극한

빈출유형

(1) $\lim_{x\to0}(1+x)^{\frac{1}{x}}=e$

(2) $\lim_{x\to0}(1+ax)^{\frac{b}{x}}=\lim_{x\to0}\{(1+ax)^{\frac{1}{ax}}\}^{ab}=e^{ab}$

(단, a, b는 0이 아닌 상수)

0550 대표문제

$\lim_{x\to0}(1+3x)^{\frac{3}{x}}+\lim_{x\to0}(1-3x)^{\frac{1}{x}}$의 값을 구하시오.

0551 Level 1

$\lim_{x\to0}\left\{\left(1+\frac{x}{3}\right)\left(1+\frac{x}{5}\right)\right\}^{\frac{1}{x}}$의 값은?

① $e^{\frac{2}{15}}$ ② $e^{\frac{2}{5}}$ ③ $e^{\frac{8}{15}}$
④ $e^{\frac{3}{5}}$ ⑤ $e^{\frac{13}{15}}$

0552 Level 1

$\lim_{x\to0}(1+ax)^{\frac{3}{x}}=e^{12}$을 만족시키는 상수 a의 값은?

① 2 ② 3 ③ $\frac{7}{2}$
④ 4 ⑤ $\frac{9}{2}$

0553 Level 2

$\lim_{x\to1}x^{\frac{2}{x-1}}$의 값은?

① $\sqrt{e}$ ② $\frac{e}{2}$ ③ e
④ $2e$ ⑤ e^2

0554 Level 2

$\lim_{x\to5}(x-4)^{\frac{k}{x-5}}=e^4$일 때, 상수 k의 값은?

① 1 ② 2 ③ 3
④ 4 ⑤ 5

0555 Level 2

$\lim_{x\to0}(1+3x)^{\frac{1}{x}}+\lim_{x\to0}(1-2x)^{\frac{5}{2x}}=e^m+\frac{1}{e^n}$일 때, 자연수 m, n에 대하여 $m+n$의 값은?

① 3 ② 5 ③ 6
④ 8 ⑤ 10

0556

Level 2

$\lim_{x \to 0}\left\{\left(1+\frac{x}{a}\right)(1+ax)\right\}^{\frac{1}{x}}=e^{\frac{10}{3}}$일 때, 자연수 a의 값을 구하시오.

0557

Level 2

$\lim_{x \to 0}\{(1+x)(1+2x)(1+3x)\ \cdots\ (1+kx)\}^{\frac{1}{x}}=e^{15}$일 때, 자연수 k의 값을 구하시오.

다음은 이 유형에서 출제된 최근 교육청 • 평가원 기출문제입니다.

0558 • 교육청 2018년 4월

Level 2

$a>e$인 실수 a에 대하여 두 곡선 $y=e^{x-1}$과 $y=a^x$이 만나는 점의 x좌표를 $f(a)$라 할 때, $\lim_{a \to e+}\frac{1}{(e-a)f(a)}$의 값은?

① $\frac{1}{e^2}$　② $\frac{1}{e}$　③ 1
④ e　⑤ e^2

실전유형 4 $\lim_{x \to \infty}\left(1+\frac{1}{x}\right)^x$ 꼴의 극한

빈출유형

(1) $\lim_{x \to \infty}\left(1+\frac{1}{x}\right)^x=e$

(2) $\lim_{x \to \infty}\left(1+\frac{1}{ax}\right)^{bx}=\lim_{x \to \infty}\left\{\left(1+\frac{1}{ax}\right)^{ax}\right\}^{\frac{b}{a}}=e^{\frac{b}{a}}$

(단, a, b는 0이 아닌 상수)

03

0559 대표문제

$\lim_{x \to \infty}\left\{\left(1+\frac{1}{3x}\right)\left(1+\frac{1}{4x}\right)\right\}^{12x}$의 값은?

① $\frac{1}{e^9}$　② $\frac{1}{e^7}$　③ $\frac{1}{e^3}$
④ e^7　⑤ e^9

0560

Level 1

함수 $f(x)=\left(1+\frac{2}{x}\right)^x$에 대하여 $\lim_{x \to \infty}f(2x)$의 값을 구하시오.

0561

Level 2

$\lim_{x \to \infty}\left(1+\frac{a}{x}\right)^{4x}=e^{12}$일 때, 상수 a의 값을 구하시오.

0562

Level 2

$\lim_{x \to -\infty}\left(1-\frac{4}{x}\right)^x$의 값은?

① e^{-4}　② e^{-2}　③ 1
④ e^2　⑤ e^4

0563
Level 2

$\lim_{x\to\infty}\left(\frac{2x+1}{2x-1}\right)^x$의 값을 구하시오.

0564
Level 2

$\lim_{x\to\infty}\left(\frac{x-a}{x+a}\right)^x=e^{10}$을 만족시키는 상수 a의 값을 구하시오.

0565
Level 2

$\lim_{x\to\infty}\left\{\frac{1}{2}\left(1+\frac{1}{x}\right)\left(1+\frac{1}{x+1}\right)\left(1+\frac{1}{x+2}\right)\cdots\left(1+\frac{1}{2x}\right)\right\}^x$의 값을 구하시오.

0566
Level 2

〈**보기**〉에서 극한값이 e인 것만을 있는 대로 고른 것은?

〈보기〉

ㄱ. $\lim_{x\to1}x^{\frac{1}{x-1}}$ ㄴ. $\lim_{x\to0}(1+x)^{-\frac{1}{x}}$

ㄷ. $\lim_{x\to\infty}\left(\frac{x}{x-1}\right)^{-x}$ ㄹ. $\lim_{x\to-\infty}\left(1+\frac{1}{x}\right)^x$

① ㄱ, ㄴ ② ㄱ, ㄷ ③ ㄱ, ㄹ
④ ㄴ, ㄹ ⑤ ㄷ, ㄹ

0567
Level 2

자연수 n에 대하여

$$S_n=\frac{2}{1\times3}+\frac{2}{3\times5}+\frac{2}{5\times7}+\cdots+\frac{2}{(2n-1)(2n+1)}$$

라 할 때, $\lim_{n\to\infty}\left(\frac{1}{S_n}\right)^{2n}$의 값은?

① $\frac{1}{\sqrt{e}}$ ② 1 ③ $\sqrt{e}$
④ e ⑤ e^2

0568
Level 3

함수 $f(x)=\left(\frac{x}{x+2}\right)^{-x}$에 대하여 $\lim_{x\to\infty}f(x)f(2x)$의 값은?

① 1 ② e ③ e^2
④ e^3 ⑤ e^4

0569
Level 3

함수 $f(x)=\left(\frac{x}{x+1}\right)^x$에 대하여 〈**보기**〉에서 옳은 것만을 있는 대로 고르시오.

〈보기〉

ㄱ. $\lim_{x\to\infty}f(x)=\frac{1}{e}$

ㄴ. $\lim_{x\to\infty}f(x-1)=\frac{1}{e-1}$

ㄷ. $\lim_{x\to\infty}f(x+k)=\frac{1}{e+k}$ (단, k는 상수)

ㄹ. $k>0$일 때, $\lim_{x\to\infty}f(kx)=\frac{1}{e}$

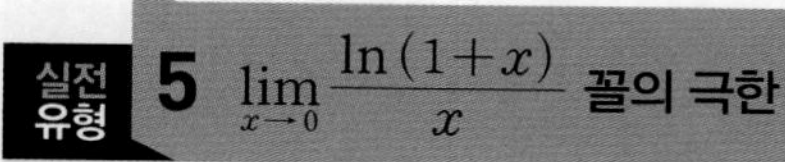

실전 유형 5 $\lim_{x\to0}\frac{\ln(1+x)}{x}$ 꼴의 극한

빈출유형

(1) $\lim_{x\to0}\frac{\ln(1+x)}{x}=\lim_{x\to0}\frac{1}{x}\ln(1+x)$

$=\lim_{x\to0}\ln(1+x)^{\frac{1}{x}}=\ln e=1$

(2) $\lim_{x\to\infty}x\ln\left(1+\frac{1}{x}\right)=\lim_{x\to\infty}\ln\left(1+\frac{1}{x}\right)^{x}=\ln e=1$

0570 대표문제

$\lim_{x\to0}\frac{\ln(1+5x)+3x}{2x}$의 값을 구하시오.

0571

Level 1

$\lim_{x\to\infty}x\{\ln(4x+1)-\ln 4x\}$의 값은?

① $\frac{1}{4}$　② $\frac{1}{2}$　③ 1　④ 2　⑤ 4

0572

Level 1

$\lim_{x\to0}\frac{\ln(1+4x)}{\ln(1+2x)}$의 값을 구하시오.

0573

Level 1

$\lim_{x\to0}\frac{\ln(1+ax)}{x}=5$를 만족시키는 상수 a의 값은?

① $\frac{1}{5}$　② $\frac{1}{2}$　③ 0　④ 1　⑤ 5

0574

Level 2

$\lim_{x\to-2}\frac{\ln\sqrt{x+3}}{x+2}$의 값은?

① $\frac{1}{6}$　② $\frac{1}{3}$　③ $\frac{1}{2}$　④ 1　⑤ $\frac{3}{2}$

0575

Level 2

$\lim_{x\to\infty}\ln\left(\frac{x}{x+1}\right)^{x}$의 값은?

① -2　② -1　③ 0　④ 1　⑤ 2

0576

Level 2

함수 $f(x)=e^{4x}-1$의 역함수를 $g(x)$라 할 때, $\lim_{x\to0}\frac{g(x)}{x}$의 값을 구하시오.

0577

Level 2

자연수 n에 대하여

$$f_n(x)=(1+x)(1+2x)(1+3x)\cdots(1+nx)$$

일 때, $\lim_{x\to 0}\frac{\ln f_n(x)}{x}=91$을 만족시키는 n의 값은?

① 11 ② 12 ③ 13
④ 14 ⑤ 15

0578

Level 3

함수 $f(x)$가 $\lim_{x\to\infty}\left\{f(x)\ln\left(1+\frac{1}{2x}\right)\right\}=4$를 만족시킬 때,

$\lim_{x\to\infty}\frac{f(x)}{x-3}$의 값은?

① 6 ② 8 ③ 10
④ 12 ⑤ 14

다음은 이 유형에서 출제된 최근 교육청 · 평가원 기출문제입니다.

0579

고난도 · 교육청 2013년 10월

Level 3

연속함수 $f(x)$에 대하여 $\lim_{x\to 0}\frac{\ln\{1+f(2x)\}}{x}=10$일 때,

$\lim_{x\to 0}\frac{f(x)}{x}$의 값은?

① 1 ② 2 ③ 3
④ 4 ⑤ 5

+Plus 문제

실전 유형 6 $\lim_{x\to 0}\frac{\log_a(1+x)}{x}$ 꼴의 극한

$a>0$, $a\neq 1$일 때

(1) $\lim_{x\to 0}\frac{\log_a(1+x)}{x}=\frac{1}{\ln a}$

(2) $\lim_{x\to 0}\frac{\log_a(1+bx)}{x}=\lim_{x\to 0}\frac{\log_a(1+bx)}{bx}\times b=\frac{b}{\ln a}$

(단, b는 0이 아닌 상수)

0580 대표문제

$\lim_{x\to 0}\frac{\log_2(x+7)-\log_2 7}{x}$의 값은?

① $\frac{1}{7\ln 2}$ ② $\frac{2}{7\ln 2}$ ③ $\frac{1}{\ln 2}$
④ $\ln 2$ ⑤ $7\ln 2$

0581

Level 1

$\lim_{x\to 0}\frac{\log_3(1-3x)}{x}$의 값을 구하시오.

0582

Level 2

$\lim_{x\to 0}\frac{\log_8(1+ax)}{x}=\frac{2}{\ln 2}$일 때, 상수 a의 값은?

① 3 ② 4 ③ 5
④ 6 ⑤ 7

0583

Level 2

$\lim_{x \to 0} \frac{\log_5(1+5x)}{\log_3(1-x)}$의 값은?

① $-5\log_3 5$ ② $-5\log_5 3$ ③ $-\log_3 5$
④ $5\log_5 3$ ⑤ $5\log_3 5$

0584

Level 2

$\lim_{x \to 0} \frac{2\log_2(5+x) - \log_{\sqrt{2}} 5}{x}$의 값은?

① $\frac{2}{5\ln 2}$ ② 1 ③ $\ln 3$
④ $\frac{1}{\ln 2}$ ⑤ $\frac{2}{\ln 2}$

0585

Level 2

$\lim_{x \to 1} \frac{\log_3 x}{x-1}$의 값은?

① $\frac{1}{2}$ ② $\frac{1}{\ln 3}$ ③ 1
④ $\ln 3$ ⑤ 2

0586

Level 2

$\lim_{x \to \infty} x\{\log_3(x+3) - \log_3 x\}$의 값은?

① $\frac{1}{3\ln 3}$ ② $\frac{1}{\ln 3}$ ③ $\frac{2}{\ln 3}$
④ $\frac{3}{\ln 3}$ ⑤ $3\ln 3$

0587

Level 2

$\lim_{x \to 2} \frac{\log_3(x^2-4x+5)}{(x-2)^2}$의 값을 구하시오.

0588

Level 2

$\lim_{x \to \infty} x\left\{\log_2\left(2+\frac{1}{x}\right) - 1\right\}$의 값은?

① $\frac{1}{2\ln 2}$ ② $\frac{1}{\ln 2}$ ③ $\frac{2}{\ln 2}$
④ $\ln 2$ ⑤ $2\ln 2$

실전 유형 7 $\lim_{x\to0}\frac{e^x-1}{x}$ 꼴의 극한

빈출유형

(1) $\lim_{x\to0}\frac{e^x-1}{x}=1$

(2) $\lim_{x\to0}\frac{e^{ax}-1}{x}=\lim_{x\to0}\frac{e^{ax}-1}{ax}\times a=a$

(단, a는 0이 아닌 상수)

0589 대표문제

$\lim_{x\to0}\frac{e^{4x}-1}{x^2-x}$의 값은?

① -4 ② $-\frac{1}{4}$ ③ $\frac{1}{4}$

④ $\frac{1}{2}$ ⑤ 4

0590

Level 1

$\lim_{x\to0}\frac{e^{2x}-1}{3x}$의 값을 구하시오.

0591

Level 2

$\lim_{x\to0}\frac{\ln(1+4x)}{e^{3x}-1}$의 값을 구하시오.

0592

Level 2

$\lim_{x\to0}\frac{e^{5x}-e^{-3x}}{x}$의 값은?

① $\frac{3}{4}$ ② $\frac{4}{3}$ ③ 4

④ 8 ⑤ 12

0593

Level 2

$\lim_{x\to0}\frac{e^{4x}+e^{3x}+e^{2x}-3}{x}$의 값을 구하시오.

0594

Level 2

$\lim_{x\to0}\frac{e^{ax}-1}{x^3+2x}=\frac{1}{2}$일 때, $\lim_{x\to0}\frac{\ln(1+2x)}{ax}$의 값을 구하시오.

(단, a는 상수이다.)

0595

Level 2

$\lim_{x\to0}\frac{\ln(1+x)(1+2x)(1+3x)}{e^x-1}$의 값을 구하시오.

0596

Level 2

$\lim_{x\to1}\frac{e^x-e}{x^2-1}$의 값은?

① $\frac{e}{2}$ ② 1 ③ e

④ $2e$ ⑤ e^2

0597

Level 2

$\lim_{x\to 1}\dfrac{e^{\frac{x-1}{2}}-x}{x-1}$의 값은?

① $-\dfrac{3}{2}$ ② $-\dfrac{1}{2}$ ③ $\dfrac{1}{2}$

④ $\dfrac{3}{2}$ ⑤ $\dfrac{5}{2}$

0598

Level 2

$\lim_{x\to 0}xf(x)=4$일 때, $\lim_{x\to 0}f(x)(e^{2x}-1)$의 값은?

① 8 ② 10 ③ 12

④ 14 ⑤ 16

다음은 이 유형에서 출제된 최근 교육청 • 평가원 기출문제입니다.

0599 • 평가원 2013학년도 6월

Level 3

함수 $f(x)$가 $x>-1$인 모든 실수 x에 대하여 부등식

$$\ln(1+x)\le f(x)\le \frac{1}{2}(e^{2x}-1)$$

을 만족시킬 때, $\lim_{x\to 0}\dfrac{f(3x)}{x}$의 값은?

① 1 ② e ③ 3

④ 4 ⑤ $2e$

+Plus 문제

실전 유형 8 $\lim_{x\to 0}\dfrac{a^x-1}{x}$ 꼴의 극한

$a>0$, $a\ne 1$일 때

(1) $\lim_{x\to 0}\dfrac{a^x-1}{x}=\ln a$

(2) $\lim_{x\to 0}\dfrac{a^{bx}-1}{x}=\lim_{x\to 0}\dfrac{a^{bx}-1}{bx}\times b=b\ln a$

(단, b는 0이 아닌 상수)

03

0600 대표문제

$\lim_{x\to 0}\dfrac{7^x-3^x}{x}$의 값은?

① $\ln\dfrac{3}{7}$ ② 0 ③ $\ln\dfrac{7}{3}$

④ $\dfrac{7}{\ln 3}$ ⑤ $7\ln 3$

0601

Level 1

$\lim_{x\to 0}\dfrac{(27^x-1)\log_3(1+x)}{x^2}$의 값을 구하시오.

0602

Level 2

$\lim_{x\to 0}\dfrac{5^x-1}{\log_5(1+x)}$의 값을 구하시오.

0603
Level 2

$a>0$일 때, $\lim_{x\to\infty} 2x(a^{\frac{1}{2x}}-1)$의 값은?

① 0 ② $\frac{a}{e}$ ③ ae
④ $\ln a$ ⑤ $e\ln a$

0604
Level 2

$\lim_{x\to1}\frac{2^{x-1}-1}{x^2-1}$의 값을 구하시오.

0605
Level 2

$\lim_{x\to0}\frac{e^x-5^{-x}}{x}$의 값은?

① $-\ln 5$ ② $1-\ln 5$ ③ $\ln 5$
④ $1+\ln 5$ ⑤ $2\ln 5$

0606
Level 2

$\lim_{x\to0}\frac{2^x+4^x+8^x-3}{x}=a$일 때, e^a의 값을 구하시오.

0607
Level 2

$\lim_{x\to0}\frac{(2a+3)^x-a^x}{x}=2\ln 2$일 때, 양수 a의 값은?

① $\frac{3}{2}$ ② 2 ③ $\frac{5}{2}$
④ 3 ⑤ $\frac{7}{2}$

0608
Level 2

$\lim_{x\to0}\frac{a^{2x}+5a^x-6}{5^x-1}=14$를 만족시키는 양수 a의 값을 구하시오.

0609
Level 3

$\lim_{x\to0}f(x)(2^x-1)=2$일 때, $\lim_{x\to0}f(x)\ln(1+3x)$의 극한값을 구하시오.

+Plus 문제

0610
Level 3

함수 $f(x)=\log_2(x+3)$의 역함수를 $g(x)$라 할 때, $\lim_{x\to0}\frac{f(x-2)}{g(x)+2}$의 값은?

① $(\ln 2)^2$ ② $\ln 2$ ③ 1
④ $\frac{1}{\ln 2}$ ⑤ $\frac{1}{(\ln 2)^2}$

실전유형 9 지수·로그함수의 극한을 이용한 미정계수의 결정

$\lim_{x \to a} \frac{f(x)}{g(x)} = \alpha$ (α는 실수)에서 $x \to a$일 때

(1) (분모) $\to$ 0이면 (분자) $\to$ 0

(2) (분자) $\to$ 0이고 $\alpha \neq 0$이면 (분모) $\to$ 0

0611 대표문제

$\lim_{x \to 0} \frac{ax+b}{e^{3x}-1} = \frac{1}{3}$ 을 만족시키는 상수 a, b의 값을 구하시오.

0612 Level 2

$\lim_{x \to 0} \frac{\ln(1+bx)}{5^{x+1}-a} = \frac{5}{\ln 5}$ 를 만족시키는 상수 a, b에 대하여 ab의 값을 구하시오.

0613 Level 2

$\lim_{x \to 0} \frac{\ln(a+bx)}{e^{2x}-1} = \frac{3}{2}$ 을 만족시키는 상수 a, b에 대하여 $a-b$의 값은?

① -3 ② -2 ③ -1
④ 2 ⑤ 3

0614 Level 2

$\lim_{x \to 0} \frac{\sqrt{ax+b}-1}{e^{2x}-1} = 2$를 만족시키는 상수 a, b에 대하여 $a+b$의 값은?

① 8 ② 9 ③ 10
④ 11 ⑤ 12

0615 Level 2

$\lim_{x \to 0} \frac{e^{2a+x}-b}{4x} = e^2$일 때, b의 값을 구하시오.

(단, a, b는 상수이다.)

0616 Level 2

$\lim_{x \to 0} \frac{(e^{2x}-1)\ln(1+3x)}{ax^2-b} = 1$을 만족시키는 상수 a, b에 대하여 $a+2b$의 값은?

① 2 ② 4 ③ 6
④ 8 ⑤ 10

03

0617

Level 2

$\lim_{x\to\frac{1}{2}}\frac{ax+b}{\ln 2x}=5$를 만족시키는 상수 a, b에 대하여 $2ab$의 값을 구하시오.

0618

Level 3

다항함수 $f(x)$가

$$\lim_{x\to 0}\frac{e^{ax^2}-1}{f(x)}=4,\ \lim_{x\to 0}\frac{8^{x^2}-1}{f(x)}=b$$

를 만족시킬 때, 상수 a, b에 대하여 $ab=k\ln 2$이다. 이때 정수 k의 값은? (단, $a\neq 0$)

① 6 ② 8 ③ 10
④ 12 ⑤ 14

다음은 이 유형에서 출제된 최근 교육청 • 평가원 기출문제입니다.

0619 • 교육청 2019년 3월

Level 2

함수 $f(x)=\ln(ax+b)$에 대하여 $\lim_{x\to 0}\frac{f(x)}{x}=2$일 때, $f(2)$의 값은? (단, a, b는 상수이다.)

① $\ln 3$ ② $2\ln 2$ ③ $\ln 5$
④ $\ln 6$ ⑤ $\ln 7$

심화유형 **10 지수 · 로그함수의 극한의 도형에의 활용** 복합유형

구하는 선분의 길이, 도형의 넓이 등을 지수 또는 로그에 대한 식으로 나타낸 후 극한의 성질을 이용하여 극한값을 구한다.

0620 대표문제

그림과 같이 곡선 $y=\ln x$ 위를 움직이는 점 P와 두 점 A(1, 0), B(5, 0)이 있다. 점 P의 x좌표를 t라 하고, 삼각형 PAB의 넓이를 $S(t)$라 할 때, $\lim_{t\to 1+}\frac{S(t)}{t-1}$의 값은?

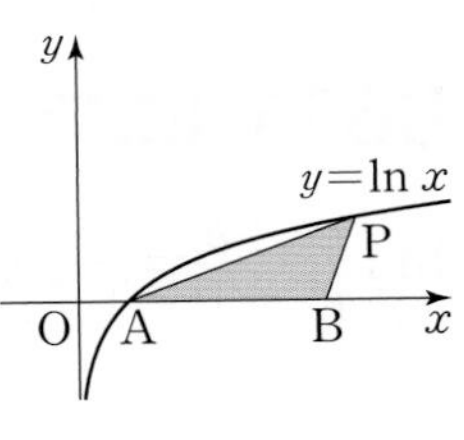

(단, 점 P는 제1사분면 위의 점이다.)

① $\frac{1}{2}$ ② $\ln 2$ ③ 1
④ $\frac{1}{\ln 2}$ ⑤ 2

0621

Level 1

그림과 같이 곡선 $y=\log_3(x+1)$ 위의 점 P에서 x축에 내린 수선의 발을 Q라 하자. 점 P가 이 곡선을 따라 원점 O에 한없이 가까워질 때, $\frac{\overline{PQ}}{\overline{OQ}}$의 극한값을 구하시오.

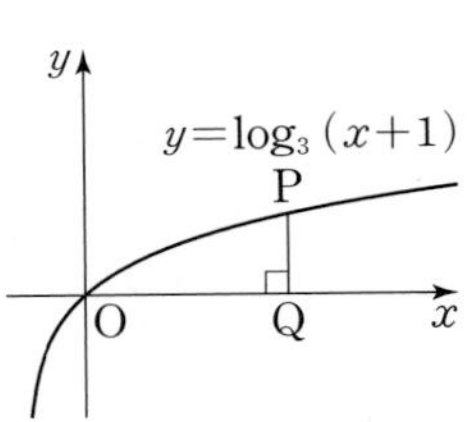

(단, 점 P는 제1사분면 위의 점이다.)

0622

Level 2

그림과 같이 곡선 $y=e^x$ 위를 움직이는 점 $P(t,\ e^t)$ $(t>0)$과 세 점 $A(0,\ 2)$, $B(0,\ 1)$, $C(1,\ 1)$에 대하여 삼각형 PAB와 삼각형 PBC의 넓이를 각각 S_1, S_2라 하자. 점 P가 곡선 $y=e^x$을 따라 점 B에 한없이 가까워질 때, $\frac{S_1}{S_2}$의 극한값을 구하시오.

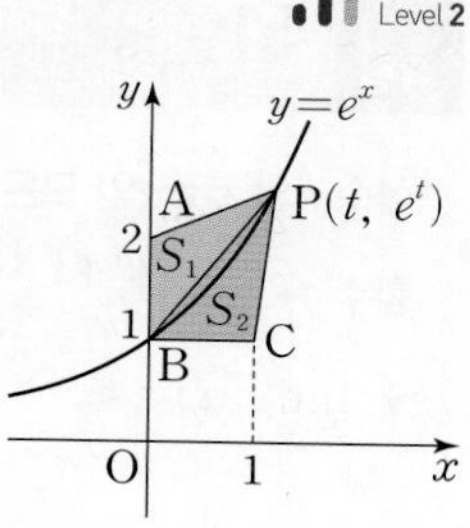

0623

Level 2

양의 실수 t에 대하여 두 곡선 $y=3^{x-t}$, $y=\left(\frac{1}{3}\right)^{x-t}$이 y축과 만나는 점을 각각 A, B라 하고, 두 곡선의 교점을 C라 하자. 선분 AB의 길이를 $f(t)$, 점 C의 x좌표를 $g(t)$라 할 때, $\lim_{t\to0+}\frac{f(t)}{g(t)}$의 값을 구하시오.

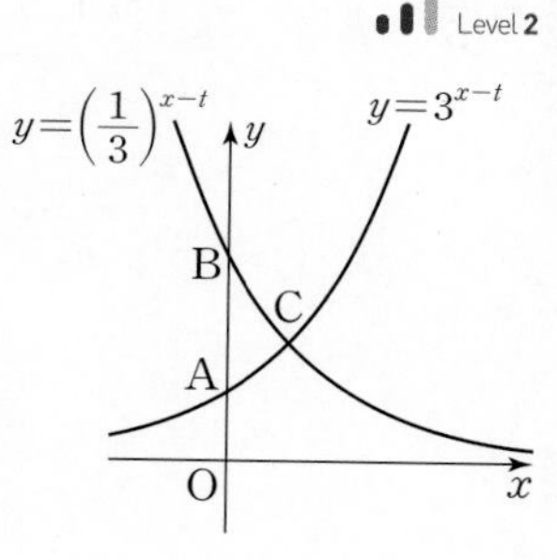

0624

Level 2

그림과 같이 곡선 $y=e^{2x}$ 위를 움직이는 점 $P(t,\ e^{2t})$에서 x축에 내린 수선의 발을 Q, 점 $A(0,\ 1)$에서 선분 PQ에 내린 수선의 발을 R라 하자. 직각삼각형 ARP의 넓이를 $f(t)$, 직각삼각형 AQR의 넓이를 $g(t)$라 할 때, $\lim_{t\to0+}\frac{f(t)}{\{g(t)\}^2}$의 값을 구하시오.

(단, 점 P는 제1사분면 위의 점이다.)

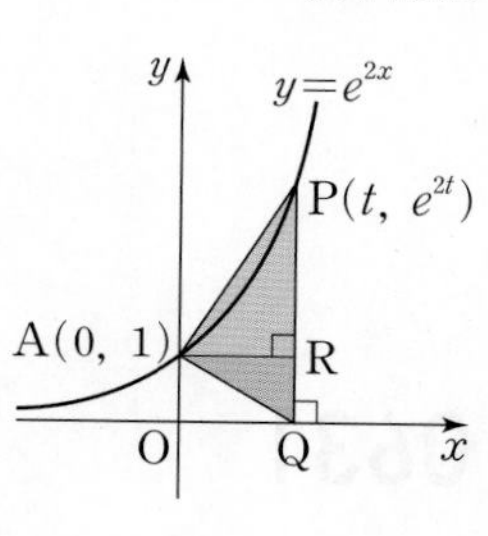

0625

Level 2

그림과 같이 곡선 $y=2^x-1$ 위의 점 $P(t,\ 2^t-1)$을 지나고 직선 OP에 수직인 직선을 l이라 하자. 직선 l이 y축과 만나는 점을 Q라 하고 삼각형 OPQ의 넓이를 $S(t)$라 할 때, $\lim_{t\to0+}\frac{S(t)}{t^2}$의 값은?

(단, O는 원점이고, 점 P는 제1사분면 위의 점이다.)

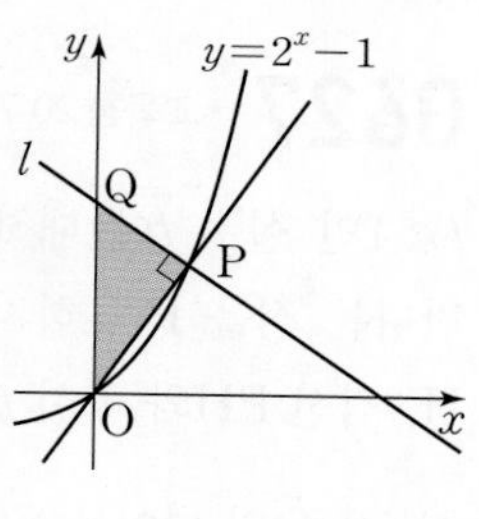

① $\ln 2$　② $\frac{1}{\ln 2}$　③ $\frac{1}{2}\left(\frac{1}{\ln 2}+\ln 2\right)$

④ $\frac{1}{\ln 2}+\ln 2$　⑤ $2\left(\frac{1}{\ln 2}+\ln 2\right)$

0626

Level 2

두 곡선 $y=2^x$, $y=4^x$과 직선 $y=t$ $(t>1)$가 만나는 점을 각각 A, B라 하자. 원점 O에 대하여 삼각형 OAB의 넓이를 $S(t)$라 할 때, $\lim_{t\to1+}\frac{S(t)}{t(t-1)}$의 값을 구하시오.

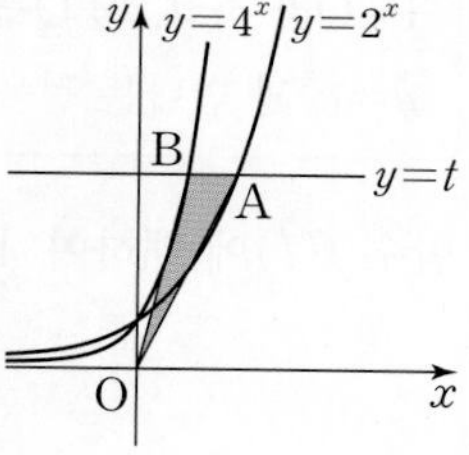

다음은 이 유형에서 출제된 최근 교육청 • 평가원 기출문제입니다.

0627 • 교육청 2017년 10월

Level 2

$t<1$인 실수 t에 대하여 곡선 $y=\ln x$와 직선 $x+y=t$가 만나는 점을 P라 하자. 점 P에서 x축에 내린 수선의 발을 H, 직선 PH와 곡선 $y=e^x$이 만나는 점을 Q라 할 때, 삼각형 OHQ의 넓이를 $S(t)$라 하자. $\lim_{t\to0+}\frac{2S(t)-1}{t}$의 값은?

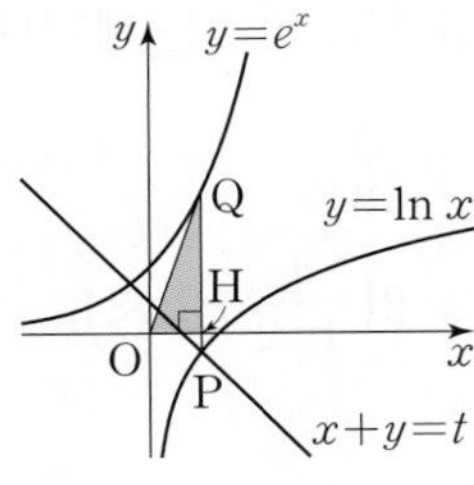

① 1　② $e-1$　③ 2
④ e　⑤ 3

0628 • 평가원 2021학년도 6월

Level 3

양수 t에 대하여 다음 조건을 만족시키는 실수 k의 값을 $f(t)$라 하자.

> 직선 $x=k$와 두 곡선 $y=e^{\frac{x}{2}}$, $y=e^{\frac{x}{2}+3t}$이 만나는 점을 각각 P, Q라 하고, 점 Q를 지나고 y축에 수직인 직선이 곡선 $y=e^{\frac{x}{2}}$과 만나는 점을 R라 할 때, $\overline{PQ}=\overline{QR}$이다.

함수 $f(t)$에 대하여 $\lim_{t\to0+}f(t)$의 값은?

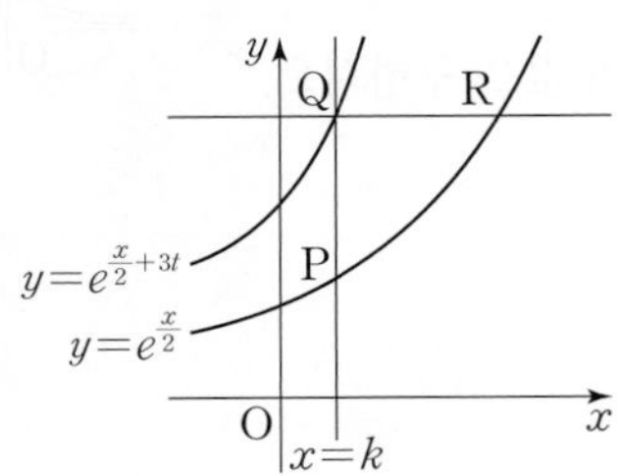

① $\ln 2$　② $\ln 3$　③ $\ln 4$
④ $\ln 5$　⑤ $\ln 6$

실전유형 11 지수 · 로그함수의 연속을 이용한 미정계수의 결정

빈출유형

상수 k와 $x\neq a$인 모든 실수 x에서 연속인 함수 $g(x)$에 대하여
함수 $f(x)=\begin{cases} g(x) & (x\neq a) \\ k & (x=a) \end{cases}$가 모든 실수 x에서 연속
→ $\lim_{x\to a}g(x)=k$

0629 대표문제

함수 $f(x)=\begin{cases} \dfrac{e^x+2x-1}{5x} & (x\neq0) \\ a & (x=0) \end{cases}$가 $x=0$에서 연속일 때, 상수 a의 값은?

① $-\frac{1}{5}$　② 0　③ $\frac{1}{5}$
④ $\frac{3}{5}$　⑤ 1

0630

Level 1

함수 $f(x)$가 모든 실수 x에서 연속이고 $xf(x)=e^{3x}-1$을 만족시킬 때, $f(0)$의 값을 구하시오.

0631

Level 2

함수 $f(x)=\begin{cases} \dfrac{xe^x}{e^{2x}-1} & (x\neq0) \\ a & (x=0) \end{cases}$가 $x=0$에서 연속일 때, 상수 a의 값을 구하시오.

0632

Level 2

함수 $f(x)=\begin{cases} \dfrac{\ln(3x+a)}{x} & (x\neq0) \\ b & (x=0) \end{cases}$ 가 $x=0$에서 연속일 때, 상수 a, b에 대하여 $a+b$의 값을 구하시오.

0633

Level 2

함수 $f(x)=\begin{cases} \dfrac{a^x-2^x}{\ln(x+1)} & (x\neq0) \\ 2 & (x=0) \end{cases}$ 가 구간 $(-1, \infty)$에서 연속일 때, 양수 a의 값은? (단, $a\neq1$)

① e ② $2e$ ③ e^2
④ $2e^2$ ⑤ $4e^2$

0634

Level 2

$x\neq0$일 때, $f(x)=\dfrac{e^{3x}-\ln(a-1)}{ax}$로 정의된 함수 $f(x)$가 $x=0$에서 연속일 때, $f(0)$의 값은?

(단, a는 1보다 큰 상수이다.)

① $3e$ ② $\dfrac{3}{e+1}$ ③ $\dfrac{e+1}{3}$
④ $e-1$ ⑤ $\dfrac{3}{e-1}$

0635

Level 2

함수 $f(x)=\begin{cases} \dfrac{\ln(ax+b)}{x} & (x>0) \\ e^x+1 & (x<0) \end{cases}$ 이 $x=0$에서 연속일 때, 양수 a, b에 대하여 $a+b$의 값을 구하시오.

0636

Level 2

함수 $f(x)=\begin{cases} \dfrac{\ln(x+a)-3}{x-2} & (x>2) \\ x^2-x+b & (x\leq2) \end{cases}$ 가 실수 전체의 집합에서 연속일 때, 상수 a, b에 대하여 $a-b$의 값은?

① e^3 ② $\dfrac{1}{e^3}$ ③ $e^3-\dfrac{1}{e^3}$
④ $e+\dfrac{1}{e}$ ⑤ $e^3+\dfrac{1}{e^3}$

다음은 이 유형에서 출제된 최근 교육청 • 평가원 기출문제입니다.

0637

고난도 • 평가원 2016학년도 6월

Level 3

두 함수

$$f(x)=\begin{cases} ax & (x<1) \\ -3x+4 & (x\geq1) \end{cases}, \quad g(x)=2^x+2^{-x}$$

에 대하여 합성함수 $(g\circ f)(x)$가 실수 전체의 집합에서 연속이 되도록 하는 모든 실수 a의 값의 곱은?

① -5 ② -4 ③ -3
④ -2 ⑤ -1

03

실전 유형 12 지수함수의 도함수

(1) $y=e^x$이면 $y'=e^x$
(2) $y=a^x$ $(a>0, a\neq1)$이면 $y'=a^x\ln a$

0638 대표문제

함수 $f(x)=(x^2+2)e^x$에 대하여 $f'(0)$의 값은?

① 2 ② 3 ③ 4
④ 5 ⑤ 6

0639 Level 1

함수 $f(x)=4^x+3^x$의 그래프 위의 점 $(0, f(0))$에서의 접선의 기울기가 $\ln a$일 때, a의 값을 구하시오.

0640 Level 2

함수 $f(x)=ax^2e^x$이 $f'(1)=\frac{1}{2}e$를 만족시킬 때, 상수 a의 값을 구하시오.

0641 Level 2

함수 $f(x)=a+x^2e^x$에 대하여 $3f(1)-f'(1)=6$일 때, 상수 a의 값은?

① 1 ② 2 ③ 3
④ 4 ⑤ 5

0642 Level 2

함수 $f(x)=(x^2-4x+1)e^x$일 때, $f'(\alpha)=0$을 만족시키는 실수 α에 대하여 모든 함숫값 $f(\alpha)$의 곱은?

① $-12e^2$ ② $-6e^2$ ③ $6e^2$
④ $8e^2$ ⑤ $12e^2$

0643 Level 2

함수 $f(x)=(2x^2-4x-5)e^x$에 대하여 곡선 $y=f(x)$ 위의 점 $\mathrm{A}(a, f(a))$에서의 접선의 기울기를 $m(a)$라 할 때, $m(a)<0$을 만족시키는 정수 a의 최댓값을 구하시오.

0644 Level 2

$\lim_{x\to1}\frac{xe^x-e}{x-1}$의 값은?

① e ② $2e$ ③ $3e$
④ $4e$ ⑤ $5e$

0645 Level 2

함수 $f(x)=2^{2x}$에 대하여 $\lim_{h\to0}\frac{f(1+h)-f(1-2h)}{h}$의 값을 구하시오.

● 정답 및 풀이 125쪽

0646

Level 3

함수 $f(x)=e^x-4x$에 대하여 $\sum_{n=1}^{\infty}\{f'(x)\}^n$이 수렴하도록 하는 x의 값의 범위가 $a<x<b$일 때, e^{a+b}의 값을 구하시오.

0647

Level 3

실수 전체의 집합에서 미분가능한 함수 $f(x)$에 대하여 함수 $g(x)$를 $g(x)=(2^x-1)f(x)$라 하자.

$\lim_{x\to1}\frac{2f(x)+1}{x-1}=\ln(2e)^2$일 때, $g'(1)$의 값은?

① 1 ② 2 ③ 3
④ 4 ⑤ 5

0648 신경향

Level 3

미분가능한 함수 $f(x)$에 대하여 $\lim_{x\to3}\frac{2e^xf(x)-5}{x-3}=4e$일 때, $f(3)+f'(3)$의 값은?

① $\frac{1}{e^2}$ ② $\frac{2}{e^2}$ ③ $\frac{3}{e^2}$
④ $\frac{4}{e^2}$ ⑤ $\frac{5}{e^2}$

+Plus 문제

실전유형 13 로그함수의 도함수 빈출유형

(1) $y=\ln x$이면 $y'=\frac{1}{x}$

(2) $y=\log_a x$ $(a>0, a\neq1)$이면 $y'=\frac{1}{x\ln a}$

0649 대표문제

함수 $f(x)=3x^2\ln x$에 대하여 $f'(e)$의 값을 구하시오.

0650

Level 1

두 함수 $f(x)=2x\log_5 x$, $g(x)=x^2+2\ln x$에 대하여 $f'(1)+g'(2)$의 값은?

① $\frac{5}{\ln 2}$ ② $\frac{2}{\ln 5}$ ③ $\frac{5}{\ln 5}+2$
④ $\frac{1}{\ln 2}+5$ ⑤ $\frac{2}{\ln 5}+5$

0651

Level 2

함수 $f(x)=x\log_2 3x$의 도함수가 $f'(x)=\log_2 ax$일 때, 상수 a의 값은?

① e ② $2e$ ③ $3e$
④ $4e$ ⑤ $5e$

0652

Level 2

함수 $f(x)=(x^2+x)\ln x$에 대하여 $\lim_{x\to1}\frac{f(x)-f(1)}{x^2-1}$의 값은?

① 1 ② 2 ③ 3
④ 4 ⑤ 5

0653

Level 2

함수 $f(x)=x\ln x+x^2$에 대하여

$\lim_{h\to0}\frac{f(1+h)-f(1-h)}{h}$의 값을 구하시오.

0654

Level 2

함수 $f(x)=\ln x^2\,(x>0)$에 대하여 구간 $[2,\ 4]$에서의 평균값 정리를 만족시키는 x의 값을 a라 할 때, 실수 a의 값은?

① $\ln 2$ ② $\ln 3$ ③ $\ln 4$
④ $\frac{1}{\ln 2}$ ⑤ $\frac{2}{\ln 2}$

0655

Level 2

미분가능한 함수 $f(x)$에 대하여 함수 $g(x)$를 $g(x)=f(x)\ln x$라 하자. $\lim_{x\to e}\frac{f(x)+4}{x-e}=\frac{1}{e}$일 때, $g'(e)$의 값은?

① $-\frac{5}{e}$ ② $-\frac{3}{e}$ ③ $-\frac{1}{e}$
④ $\frac{1}{e}$ ⑤ $\frac{3}{e}$

0656

Level 2

함수 $f(x)=x^2\log_3 x$에 대하여

$$\lim_{h\to0}\frac{f(3+2h)-9}{h}=p+\frac{q}{\ln 3}$$

일 때, $p+q$의 값은? (단, p, q는 유리수이다.)

① 16 ② 17 ③ 18
④ 19 ⑤ 20

0657

Level 2

함수 $f(x)=x\log_2 ax^2\,(x>0)$에 대하여

$\lim_{x\to1}\frac{f(x)-\log_2 a}{x-1}=1$일 때, 상수 a의 값을 구하시오.

실전유형 14 지수 · 로그함수의 미분가능성

함수 $F(x)=\begin{cases} f(x) & (x\ge a) \\ g(x) & (x<a) \end{cases}$가 다음 조건을 모두 만족시키면 $x=a$에서 미분가능하다.

(1) 함수 $F(x)$가 $x=a$에서 연속이다.

➜ $\lim_{x\to a+} f(x)=\lim_{x\to a-} g(x)=F(a)$

(2) $F'(x)$가 존재한다.

➜ $\lim_{x\to a+} f'(x)=\lim_{x\to a-} g'(x)$

0658 대표문제

함수 $f(x)=\begin{cases} \ln ax & (x>1) \\ bx+3 & (x\le 1) \end{cases}$이 $x=1$에서 미분가능하도록 하는 상수 a, b의 값을 구하시오.

0659 Level 2

함수 $f(x)=\begin{cases} 2ax^3-1 & (x>1) \\ e^{x-1}+2b & (x\le 1) \end{cases}$가 모든 실수 x에서 미분가능할 때, 상수 a, b에 대하여 ab의 값을 구하시오.

0660 Level 2

함수 $f(x)=\begin{cases} a\ln 2x-b & (x>1) \\ x+1 & (x\le 1) \end{cases}$이 $x=1$에서 미분가능할 때, 상수 a, b에 대하여 $a+b$의 값은?

① $\ln 2-1$ ② $\ln 2$ ③ $2\ln 2$
④ 2 ⑤ $3\ln 2$

0661 Level 2

함수 $f(x)=\begin{cases} (x-a)e^x & (x\ge 2) \\ bx & (x<2) \end{cases}$가 실수 전체의 집합에서 미분가능할 때, 상수 a, b에 대하여 ab의 값은?

① $-4e^2$ ② $-2e^2$ ③ e^2
④ $2e^2$ ⑤ $4e^2$

0662 Level 2

함수 $f(x)=\begin{cases} \ln bx & (x>1) \\ a^{x-1} & (x\le 1) \end{cases}$이 $x=1$에서 미분가능할 때, 상수 a, b에 대하여 ab의 값은?

① $-2e$ ② $-e$ ③ e
④ $2e$ ⑤ e^2

0663 Level 2

함수 $f(x)=\begin{cases} -bx+3 & (x>1) \\ 1+a\ln x & (0<x\le 1) \end{cases}$가 $x=1$에서 미분가능할 때, $f\left(\frac{1}{e}\right)+f(e+3)$의 값은? (단, a, b는 상수이다.)

① $-2e$ ② $-e$ ③ 0
④ e ⑤ $2e$

0664

Level 2

함수 $f(x)=\begin{cases} a\ln(x+1)+b & (x>0) \\ 3^{x-1} & (x\le 0) \end{cases}$ 이 $x=0$에서 미분가능할 때, 상수 a, b에 대하여 $e^{3a}+3b$의 값을 구하시오.

0665

Level 2

함수 $f(x)=\begin{cases} \ln x+3ax^2 & (x\ge 1) \\ 3be^{x-1} & (x<1) \end{cases}$ 이 $x=1$에서 미분가능하도록 하는 상수 a, b에 대하여 $a+b$의 값은?

① -3　② $-\dfrac{4}{3}$　③ -1

④ $-\dfrac{2}{3}$　⑤ 0

0666

Level 2

함수 $f(x)=(x-2)e^{x-1}$에 대하여 함수

$$g(x)=\begin{cases} 3f(x)+a & (x>b) \\ 3 & (x\le b) \end{cases}$$

이 실수 전체의 집합에서 미분가능할 때, 상수 a, b에 대하여 $a+b$의 값을 구하시오.

서술형 유형 익히기

0667 대표문제

$S_n=\lim_{x\to 0}\dfrac{1}{x}\left(\sum_{k=1}^{n}e^{kx}-n\right)$이라 할 때, $\sum_{n=1}^{\infty}\dfrac{1}{S_n}$의 값을 구하는 과정을 서술하시오. [7점]

STEP 1 S_n 구하기 [4점]

$$S_n=\lim_{x\to 0}\frac{e^x+e^{2x}+\cdots+e^{nx}-n}{x}$$

$$=\lim_{x\to 0}\frac{e^x-1}{x}+\lim_{x\to 0}\frac{e^{2x}-1}{x}+\cdots+\lim_{x\to 0}\frac{\boxed{(1)\quad}}{x}$$

$$=1+2+3+\cdots+\boxed{(2)\quad}=\frac{\boxed{(3)\quad}}{2}$$

STEP 2 $\sum_{n=1}^{\infty}\dfrac{1}{S_n}$의 값 구하기 [3점]

$$\sum_{n=1}^{\infty}\frac{1}{S_n}=\sum_{n=1}^{\infty}\frac{2}{\boxed{(4)\quad}}=2\sum_{n=1}^{\infty}\left(\frac{1}{n}-\frac{1}{\boxed{(5)\quad}}\right)$$

$$=2\lim_{n\to\infty}\left(1-\frac{1}{\boxed{(6)\quad}}\right)=\boxed{(7)\quad}$$

0668 한번 더

$S_n=\lim_{x\to 0}\dfrac{1}{x}\left(\sum_{k=1}^{n}2^{kx}-n\right)$이라 할 때, $\sum_{n=1}^{\infty}\dfrac{1}{S_n}$의 값을 구하는 과정을 서술하시오. [7점]

STEP 1 S_n 구하기 [4점]

STEP 2 $\sum_{n=1}^{\infty}\dfrac{1}{S_n}$의 값 구하기 [3점]

03

0669 유사 1

$f(n)=\lim_{x\to 0}\frac{x}{\sum_{k=1}^{n}\ln(1+kx)}$에 대하여 $\sum_{n=1}^{\infty}f(n)$의 값을 구하는 과정을 서술하시오. (단, k, n은 자연수이다.) [7점]

0670 유사 2

2 이상의 자연수 n에 대하여 함수

$f(n)=\lim_{x\to 0}\frac{2}{x}\left(e^{\frac{2x}{n^2-1}}-1\right)$로 정의할 때, $\sum_{n=2}^{\infty}f(n)$의 값을 구하는 과정을 서술하시오. [8점]

핵심 KEY 유형5, 유형7, 유형8 지수함수와 로그함수의 극한

수열의 합과 지수함수, 로그함수의 극한을 활용하여 급수를 계산하는 문제이다.

$\lim_{x\to 0}\frac{e^x-1}{x}=1$, $\lim_{x\to 0}\frac{a^x-1}{x}=\ln a$, $\lim_{x\to 0}\frac{\ln(1+x)}{x}=1$과

$\frac{1}{AB}=\frac{1}{B-A}\left(\frac{1}{A}-\frac{1}{B}\right)$을 이용한다.

0671 대표문제

함수 $f(x)=3^{x-1}$에 대하여 $\lim_{h\to 0}\frac{f(2+h)-f(2-2h)}{h}$의 값을 구하는 과정을 서술하시오. [7점]

STEP 1 미분계수를 이용하여 간단히 나타내기 [3점]

$\lim_{h\to 0}\frac{f(2+h)-f(2-2h)}{h}$

$=\lim_{h\to 0}\left\{\frac{f(2+h)-f(2)}{h}-\frac{f(2-2h)-f(2)}{h}\right\}$

$=\lim_{h\to 0}\left\{\frac{f(2+h)-f(2)}{h}-\frac{f(2-2h)-f(2)}{-2h}\times(\text{(1)}\ \square)\right\}$

$=f'(2)+$ (2) $\square$ $=$ (3) $\square$

STEP 2 $f'(x)$ 구하기 [2점]

$f(x)=3^{x-1}$에서 $f'(x)=$ (4) $\square$

STEP 3 $\lim_{h\to 0}\frac{f(2+h)-f(2-2h)}{h}$의 값 구하기 [2점]

$f'(2)=$ (5) $\square$ 이므로

$3f'(2)=3\times$ (6) $\square$ $=$ (7) $\square$

0672 한번 더

함수 $f(x)=x\ln x$에 대하여 $\lim_{h\to 0}\frac{f(e+3h)-f(e-h)}{h}$의 값을 구하는 과정을 서술하시오. [7점]

STEP 1 미분계수를 이용하여 간단히 나타내기 [3점]

STEP 2 $f'(x)$ 구하기 [2점]

STEP 3 $\lim_{h\to 0}\frac{f(e+3h)-f(e-h)}{h}$의 값 구하기 [2점]

서술형 **유형 익히기**

0673 유사 1

함수 $f(x)=5^x+5^{2x}$에 대하여 $\lim_{h\to 0}\frac{f(1+h)-f(1-h)}{h}$의 값을 구하는 과정을 서술하시오. [7점]

0674 유사 2

함수 $f(x)=\log_3 2x$에 대하여

$\lim_{h\to 0}\frac{f(a+h)-f(a-2h)}{h}=\frac{1}{3\ln 3}$일 때, 상수 a의 값을 구하는 과정을 서술하시오. [8점]

핵심 KEY 유형 12 , 유형 13 **지수함수와 로그함수의 도함수**

지수함수와 로그함수의 도함수를 이용하여 극한값을 구하는 문제이다.

$\lim_{h\to 0}\frac{f(a+h)-f(a)}{h}=f'(a)$인 미분계수의 정의와

$(a^x)'=a^x\ln a$, $(\log_a x)'=\frac{1}{x\ln a}$을 이용한다. 미분계수의 정의를 이용하기 위해 먼저 식을 적절히 변형한다.

0675 대표문제

함수 $f(x)=\begin{cases} ax^2+2 & (x>1) \\ e^x+2b & (x\le 1)\end{cases}$가 $x=1$에서 미분가능하도록 하는 상수 a, b에 대하여 $2a+4b$의 값을 구하는 과정을 서술하시오. [8점]

STEP 1 **함수 $f(x)$가 $x=1$에서 연속임을 이용하여 a와 b에 대한 관계식 구하기 [3점]**

함수 $f(x)$가 $x=1$에서 미분가능하려면 $x=1$에서 연속이어야 하므로

$\lim_{x\to 1+}(ax^2+2)=\lim_{x\to 1-}($ (1) $\square$ $)=f(1)$

$\therefore a+2=$ (2) $\square$ ······ ㉠

STEP 2 **미분가능성을 이용하여 상수 a, b의 값 구하기 [4점]**

$f'(1)$이 존재해야 하므로

$f'(x)=\begin{cases} 2ax & (x>1) \\ \text{(3) }\square & (x<1)\end{cases}$에서

$\lim_{x\to 1+}2ax=\lim_{x\to 1-}$ (4) $\square$

$\therefore a=\frac{e}{2}$

$a=\frac{e}{2}$를 ㉠에 대입하면 $b=$ (5) $\square$

STEP 3 **$2a+4b$의 값 구하기 [1점]**

$2a+4b=2\times\frac{e}{2}+4\times($ (6) $\square$ $)=$ (7) $\square$

핵심 KEY 유형 14 **지수함수와 로그함수의 미분가능성**

미분가능성의 정의와 성질을 이용하여 주어진 함수의 미정계수를 구하는 문제이다. 함수 $f(x)$가 $x=a$에서 미분가능하면 $x=a$에서 연속이고, 미분계수가 존재함을 이용한다. 연속성을 이용하여 미정계수를 하나 결정하거나 관계식을 구하고, $f'(x)$를 범위에 맞게 구하여 미정계수를 구한다.

0676 한번 더

함수 $f(x)=\begin{cases} x^2+a & (x>1) \\ be^x+2 & (x\le 1) \end{cases}$가 $x=1$에서 미분가능하도록 하는 상수 a, b에 대하여 $\frac{2a}{b}$의 값을 구하는 과정을 서술하시오. [8점]

STEP 1 함수 $f(x)$가 $x=1$에서 연속임을 이용하여 a와 b에 대한 관계식 구하기 [3점]

STEP 2 미분가능성을 이용하여 상수 a, b의 값 구하기 [4점]

STEP 3 $\frac{2a}{b}$의 값 구하기 [1점]

0677 유사 1

함수 $f(x)=\begin{cases} 4x+b & \left(x>\frac{1}{2}\right) \\ 3+a\ln 2x & \left(0<x\le\frac{1}{2}\right) \end{cases}$가 $x=\frac{1}{2}$에서 미분가능하도록 하는 상수 a, b에 대하여 $a-b$의 값을 구하는 과정을 서술하시오. [8점]

0678 유사 2

함수 $f(x)=x^2e^{x-1}$에 대하여

함수 $g(x)=\begin{cases} f(x)-a & (x>b) \\ 0 & (x\le b) \end{cases}$이 실수 전체의 집합에서 미분가능할 때, 상수 a, b에 대하여 ab의 값을 구하는 과정을 서술하시오. (단, $ab\neq 0$) [10점]

실력 check 실전 마무리하기 1회

점 / 100점

• 선택형 21문항, 서술형 4문항입니다.

1 0679

〈보기〉에서 극한값이 존재하는 것만을 있는 대로 고른 것은? [3점]

〈보기〉

ㄱ. $\lim_{x\to\infty}5^{-x}$ ㄴ. $\lim_{x\to-1}(2^{x+1}+1)$

ㄷ. $\lim_{x\to\infty}\left\{\left(\frac{1}{2}\right)^x+1\right\}$ ㄹ. $\lim_{x\to-\infty}\frac{6^x}{3^{2x}}$

① ㄱ ② ㄴ ③ ㄱ, ㄹ
④ ㄱ, ㄴ, ㄷ ⑤ ㄱ, ㄴ, ㄹ

2 0680

$\lim_{x\to\infty}\{\log(a^2x+b)-\log(x-5)\}=4$를 만족시키는 양수 a의 값은? (단, b는 상수이다.) [3점]

① 25 ② 48 ③ 60
④ 81 ⑤ 100

3 0681

$\lim_{x\to2}(x-1)^{\frac{2}{x-2}}$의 값은? [3점]

① $\sqrt{e}$ ② $\frac{e}{2}$ ③ e
④ $2e$ ⑤ e^2

4 0682

$\lim_{x\to0}\left\{-\frac{\ln(1-2x)}{x}\right\}$의 값은? [3점]

① $\frac{1}{3}$ ② $\frac{1}{2}$ ③ 1
④ 2 ⑤ 3

5 0683

$\lim_{x\to0}\frac{\ln(1-2x)}{e^x-1}$의 값은? [3점]

① -2 ② -1 ③ 0
④ 1 ⑤ 2

6 0684

함수 $f(x)=e^{2x}-1$의 역함수를 $g(x)$라 할 때, $\lim_{x\to0}\frac{g(x)}{x}$의 값은? [3점]

① $\frac{1}{4}$ ② $\frac{1}{2}$ ③ 1
④ 2 ⑤ 4

7 0685

함수 $f(x)=\begin{cases} \dfrac{2x}{e^{2x+2}-e^2} & (x\neq0) \\ k & (x=0) \end{cases}$가 $x=0$에서 연속일 때, 상수 k의 값은? [3점]

① $\dfrac{1}{e^2}$　② $\dfrac{2}{e}$　③ 1
④ e　⑤ $2e^2$

8 0686

함수 $f(x)=2^x+a^x$에 대하여 곡선 $y=f(x)$ 위의 점 $(0, f(0))$에서의 접선의 기울기가 $\ln 6$일 때, 양수 a의 값은? (단, $a\neq1$) [3점]

① 2　② 3　③ 4
④ 5　⑤ 6

9 0687

$\lim\limits_{x\to0}\dfrac{2^{\frac{1}{x}+3}+1}{2^{\frac{1}{x}}+2^a}$의 값이 존재하도록 하는 상수 a의 값은? [3.5점]

① -3　② -1　③ $\dfrac{1}{2}$
④ 1　⑤ 2

10 0688

$\lim\limits_{x\to-1}\dfrac{e^{x+1}+2x+1+\ln(x+2)}{x+1}$의 값은? [3.5점]

① -1　② 0　③ 2
④ 4　⑤ 6

11 0689

$\lim\limits_{x\to0}\dfrac{a^x-5^x}{x}=\ln 2$, $\lim\limits_{x\to0}\dfrac{\log_2\left(1-\dfrac{x}{2}\right)}{ax}=b$를 만족시키는 상수 a, b에 대하여 $\dfrac{a}{20b}$의 값은? (단, $a>0$) [3.5점]

① $-30\ln 2$　② $-20\ln 2$　③ $-10\ln 2$
④ $20\ln 2$　⑤ $30\ln 2$

12 0690

$\lim_{x \to 0} \frac{a^{3x}+3a^{2x}-a^{x}-3}{3^{x}-1}=8$을 만족시키는 양수 a의 값은?

[3.5점]

① 2 ② 3 ③ 4

④ 5 ⑤ 6

13 0691

$\lim_{x \to 0} \frac{(\ln 4)^{x}-(\ln 2)^{x}}{x+a}=b$를 만족시키는 상수 a, b에 대하여 $a+b$의 값은? (단, $b \neq 0$) [3.5점]

① 0 ② $\ln 2$ ③ $\ln 3$

④ $2\ln 2$ ⑤ $\ln 5$

14 0692

함수 $f(x)=e^{x}\ln x$와 그 도함수 $f'(x)$에 대하여 $f'(e)-f(e)$의 값은? [3.5점]

① $\frac{e^{e}-1}{2}$ ② $e-1$ ③ 2

④ e^{e-1} ⑤ $2e^{e}$

15 0693

미분가능한 함수 $f(x)=ax+e^{x+b}$은 다음 조건을 만족시킨다.

(가) 곡선 $y=f(x)$는 점 $(0,\ e^{2})$을 지난다.
(나) 곡선 $y=f(x)$의 $x=0$인 점에서의 접선의 기울기는 $1+e^{2}$이다.

$f(2)$의 값은? (단, a, b는 상수이다.) [3.5점]

① e^{4} ② $1+e^{4}$ ③ $2+e^{4}$

④ $3+e^{4}$ ⑤ $4+e^{4}$

16 0694

함수 $f(x)=x\ln x^{2}$ $(x>0)$에 대하여 $\lim_{h \to 0} \frac{f(e+2h)-f(e-h)}{h}$의 값은? [3.5점]

① 2 ② 4 ③ 6

④ 8 ⑤ 12

17 0695

함수 $f(x)=x\ln x+ax^2$에 대하여 $\frac{f'(e)-f'(1)}{2e-1}=1$이 성립할 때, 상수 a의 값은? [3.5점]

① $\frac{1}{5}$ ② $\frac{1}{4}$ ③ $\frac{1}{3}$
④ $\frac{1}{2}$ ⑤ 1

18 0696

함수 $f(x)$가 $x>-1$인 모든 실수 x에 대하여 부등식

$$\ln(1+x)\le f(x)\le \frac{1}{6}(e^{6x}-1)$$

을 만족시킬 때, $\lim_{x\to 0}\frac{f(8x)}{x}$의 값은? [4점]

① e ② $2e$ ③ 8
④ $4e$ ⑤ 16

19 0697

함수 $f(x)$에 대하여 〈**보기**〉에서 옳은 것만을 있는 대로 고른 것은? [4점]

〈보기〉

ㄱ. $f(x)=\log_3 x$이면 $\lim_{x\to 1}\frac{e^{f(x)}-1}{x-1}=e$이다.

ㄴ. $\lim_{x\to 1}f(x)=0$이면 $\lim_{x\to 1}\frac{e^{f(x)}-1}{x-1}$이 존재한다.

ㄷ. $\lim_{x\to 0}\frac{2^x-1}{f(x)}=1$이면 $\lim_{x\to 0}\frac{3^x-1}{f(x)}=\log_2 3$이다.

① ㄱ ② ㄷ ③ ㄱ, ㄴ
④ ㄴ, ㄷ ⑤ ㄱ, ㄴ, ㄷ

20 0698

그림과 같이 곡선 $y=\ln(x+3)$ 위의 두 점 $\mathrm{A}(-2,\ 0)$, $\mathrm{B}(t,\ \ln(t+3))$ $(t>-2)$에 대하여 점 B에서 x축에 내린 수선의 발을 P라 하자. $\angle\mathrm{BAP}=\theta$에 대하여 점 B가 곡선을 따라 점 A에 한없이 가까워질 때, 각 θ의 극한값은? [4점]

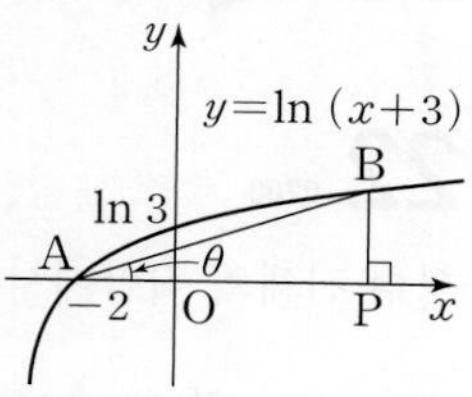

① $\frac{\pi}{10}$ ② $\frac{\pi}{8}$ ③ $\frac{\pi}{6}$
④ $\frac{\pi}{4}$ ⑤ $\frac{\pi}{2}$

21 0699

두 함수 $f(x)=2-\ln x$, $g(x)=e^{x-3}$에 대하여 $\lim_{h\to 0}\frac{1}{h}\{f(1+h)g(1+h)-f(1)g(1)\}$의 값은? [4.5점]

① $\frac{1}{e^2}$ ② $\frac{1}{e}$ ③ 1
④ e ⑤ e^2

서술형

22 0700

실수 전체의 집합에서 미분가능한 함수 $f(x)$에 대하여 $f(2)=1$, $f'(2)=4$일 때, $\lim_{x \to 2} \frac{\ln f(x)}{x-2}$의 값을 구하는 과정을 서술하시오. (단, $f(x)>0$) [6점]

23 0701

$x<4$인 모든 실수 x에서 정의된 함수 $f(x)$가 $f(x)\ln\left(1-\frac{1}{4}x\right)=e^x-1$을 만족시킨다. $f(x)$가 $x<4$에서 연속일 때, $f(0)$의 값을 구하는 과정을 서술하시오. [6점]

24 0702

함수 $f(x)=ke^{x-1}-k$에 대하여 수열 $\{a_n\}$이 다음 조건을 만족시킨다.

> (가) 모든 자연수 n에 대하여 $a_n=\lim_{x \to 1} \frac{x^{2n+1}f(x)}{x^n-1}$
>
> (나) $\sum_{n=1}^{\infty} a_n a_{n+1}=4$

$f'(2)$의 값을 구하는 과정을 서술하시오.

(단, k는 양수이다.) [8점]

25 0703

함수 $f(x)=\begin{cases} \ln(1+2bx) & (x \geq 0) \\ \frac{1}{3}(e^{2x}-a) & (x<0) \end{cases}$가 $x=0$에서 미분가능할 때, 상수 a, b에 대하여 $(a+b)\times f'(0)$의 값을 구하는 과정을 서술하시오. (단, $b>0$) [8점]

● 정답 및 풀이 136쪽

실력 check 실전 마무리하기 2회

점 / 100점

• 선택형 21문항, 서술형 4문항입니다.

1 0704

$\lim_{x \to 0} \frac{1}{x} \ln \frac{2+3x}{2-5x}$의 값은? [3점]

① $\frac{3}{5}$ ② 2 ③ $\frac{5}{2}$
④ 4 ⑤ 5

2 0705

함수 $f(x)=e^{3x}-1$의 역함수를 $g(x)$라 할 때,

$\lim_{x \to 0} \frac{g(x)}{f(g(x))}$의 값은? [3점]

① $\frac{1}{6}$ ② $\frac{1}{4}$ ③ $\frac{1}{3}$
④ $\frac{2}{3}$ ⑤ $\frac{3}{2}$

3 0706

$\lim_{x \to 0} \frac{\ln\{(1-x)(1-2x)\}}{e^x-1}$의 값은? [3점]

① -3 ② -2 ③ -1
④ $-\frac{1}{2}$ ⑤ $-\frac{1}{3}$

4 0707

$\lim_{x \to 0} \frac{\log_5(1-5x)}{10x}$의 값은? [3점]

① $-\frac{1}{2\ln 5}$ ② $-\frac{1}{\ln 5}$ ③ $-\frac{\ln 5}{2}$
④ $-\ln 5$ ⑤ $-2\ln 5$

5 0708

$\lim_{x \to 0} \frac{3^x-2^x}{x}$의 값은? [3점]

① $\ln 3$ ② $\ln 2$ ③ $\ln \frac{3}{2}$
④ 0 ⑤ $\ln \frac{2}{3}$

6 0709

함수 $y=x^3 \ln x$를 미분하면? [3점]

① $y'=x^3(\ln x+1)$
② $y'=x^2(3\ln x-1)$
③ $y'=x^2(3\ln x+1)$
④ $y'=3x^2(\ln x-1)$
⑤ $y'=3x^3(\ln x+1)$

7 0710

함수 $f(x)=e^x\ln x$에 대하여 $\lim_{x\to 1}\frac{x^3-1}{f(x)-f(1)}$의 값은? [3점]

① $\frac{\ln 3}{e}$　② $\frac{3}{e}$　③ 1

④ $\frac{2\ln 3}{e}$　⑤ e

8 0711

함수 $f(x)=4e^x+\log_{\sqrt{3}} 3x$에 대하여 $f'(3)$의 값은? [3점]

① $e^4-\frac{1}{3\ln 3}$　② $3e^4+\frac{1}{\ln 3}$

③ $4e^3+\frac{2}{3\ln 3}$　④ $e^3+\frac{2}{3}\ln 3$

⑤ $4e^3-3\ln 3$

9 0712

$\lim_{x\to\infty}(2^x+4^x)^{\frac{1}{2x}}$의 값은? [3.5점]

① 1　② 2　③ 4

④ 8　⑤ 12

10 0713

$\lim_{x\to 0+}\frac{2^x-\log_a x}{2^x-\log_b x}=6$일 때, $\log_a b$의 값은?

(단, a, b는 1이 아닌 양수이다.) [3.5점]

① 1　② 2　③ 4

④ 6　⑤ 7

11 0714

함수 $f(x)$는 $x=1$에서 미분가능하며 $f(1)=3$, $f'(1)=7$ 일 때, $\lim_{x\to 1}\frac{xf(x)-f(1)}{\ln x}$의 값은? [3.5점]

① 2　② 4　③ 6

④ 8　⑤ 10

12 0715

함수 $f(x)$에 대하여 $\lim_{x\to 0} xf(x)=6$일 때, $\lim_{x\to 0} f(x)(e^{4x}-1)$의 값은? [3.5점]

① 4 ② 6 ③ 12
④ 18 ⑤ 24

13 0716

$\lim_{x\to 0}\frac{2^x-a^x}{x}=\ln\frac{1}{2}$일 때, $\lim_{x\to\infty}\{\log_a(8x-1)-\log_a x\}$의 값은? (단, a는 1이 아닌 양수이다.) [3.5점]

① $\frac{1}{2}$ ② 1 ③ $\frac{3}{2}$
④ 2 ⑤ $\frac{5}{2}$

14 0717

함수 $f(x)$에 대하여 〈보기〉에서 옳은 것만을 있는 대로 고른 것은? [3.5점]

〈보기〉

ㄱ. $\lim_{x\to 0}\frac{f(x)}{e^x-1}=1$이면 $\lim_{x\to 0}\frac{\ln(1+x)}{f(x)}=1$이다.

ㄴ. $\lim_{x\to 0}\frac{e^{2x}-1}{f(x)}=1$이면 $\lim_{x\to 0}\frac{4^x-1}{f(x)}=2\ln 2$이다.

ㄷ. $f(x)=\lim_{n\to\infty} n(\sqrt[n]{x}-1)$ $(x>0)$이면 $\lim_{x\to 0}\frac{f(x+1)}{x}=1$이다.

① ㄱ ② ㄴ ③ ㄱ, ㄷ
④ ㄴ, ㄷ ⑤ ㄱ, ㄴ, ㄷ

15 0718

$\lim_{x\to 0}\frac{\ln(ax+1)}{e^{bx+c+1}-e}=\frac{2}{e}$를 만족시키는 상수 a, b, c에 대하여 $\frac{a}{b+c}$의 값은? (단, $b\neq 0$) [3.5점]

① 1 ② 2 ③ 4
④ 6 ⑤ 7

16 0719

함수 $f(x)=3^{x+\log_3 2}$에 대하여 $\lim_{h\to 0}\frac{f(1+h)-f(1-2h)}{h}$의 값은? [3.5점]

① $6\ln 3$ ② 9 ③ $9\ln 3$
④ 18 ⑤ $18\ln 3$

17 0720

함수 $f(x)=\ln 2x$에 대하여 x의 값이 1에서 e까지 변할 때의 평균변화율과 $x=k$에서의 미분계수가 같을 때, 실수 k의 값은? (단, $1<k<e$) [3.5점]

① $\sqrt{e}-2$　② $e-1$　③ $\frac{1}{\sqrt{e}}$
④ $2e-1$　⑤ $\frac{e}{2}+1$

18 0721

미분가능한 함수 $f(x)$가 실수 x, y에 대하여

$$e^{x+y}f(x+y)=e^{x}f(x)+e^{y}f(y),\ f'(0)=1$$

을 만족시킨다. $f'(x)+f(x)=\frac{k}{e^{x}}$일 때, 상수 k의 값은? [4점]

① -2　② -1　③ 1
④ 2　⑤ e

19 0722

그림과 같이 두 곡선 $y=\ln(x+1)$, $y=e^{-x}-1$이 직선 $x=t$ $(t>0)$와 만나는 점을 각각 P, Q라 하자. 점 P에서 y축에 내린 수선의 발을 H라 할 때, $\lim_{t\to 0+}\frac{\overline{\mathrm{PQ}}}{\overline{\mathrm{PH}}}$의 값은? [4점]

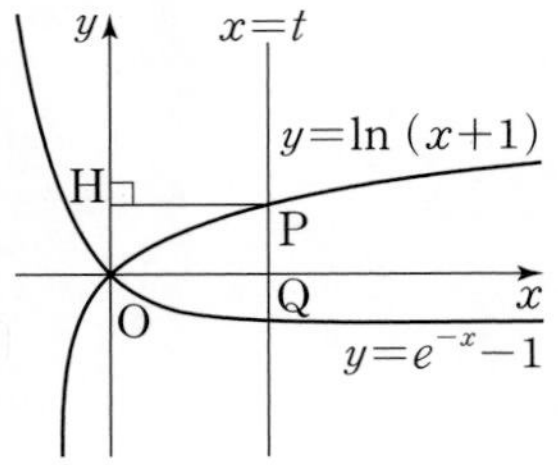

① $\frac{1}{2}$　② 1　③ $\frac{3}{2}$
④ 2　⑤ 3

20 0723

두 함수

$$f(x)=\begin{cases} ax & (x<1) \\ 3x-2 & (x\geq 1) \end{cases},\ g(x)=5^{x}+5^{-x}$$

에 대하여 합성함수 $(g\circ f)(x)$가 실수 전체의 집합에서 연속이 되도록 하는 모든 실수 a의 값의 곱은? [4점]

① -3　② -2　③ -1
④ 0　⑤ 1

21 0724

함수 $f(x)=e^{x}-x$에 대하여 함수

$$g(x)=\begin{cases} \frac{f'(x)}{x} & (x<0) \\ a & (x=0) \\ \frac{b\ln(1+3x)}{f(2x)+2x-1} & (x>0) \end{cases}$$

가 실수 전체의 집합에서 연속일 때, $a+b$의 값은?
(단, a, b는 상수이다.) [4.5점]

① $\frac{5}{12}$　② $\frac{1}{2}$　③ 1
④ $\frac{4}{3}$　⑤ $\frac{5}{3}$

서술형

22 0725

함수 $f(x)=\lim_{n\to\infty}4n(\sqrt[n]{x}-1)$일 때, $f'(2)$의 값을 구하는 과정을 서술하시오. (단, $x>0$) [6점]

23 0726

미분가능한 함수 $f(x)$에 대하여 $f'(1)=2$일 때, $\lim_{x\to 0}\frac{f(a^x)-f(1)}{x}=\ln 9$를 만족시키는 양수 a의 값을 구하는 과정을 서술하시오. (단, $a\neq 1$) [6점]

24 0727

함수 $f(x)=(1-ax^2)e^x$이 모든 실수 x에 대하여 $f'(x)\geq 0$을 만족시킬 때, 정수 a의 개수를 구하는 과정을 서술하시오. [8점]

25 0728

함수 $f(x)$가 다음 조건을 만족시킨다.

> (가) 함수 $f(x)$는 $x=1$에서 미분가능하다.
>
> (나) $\lim_{x\to 1}\frac{\ln(x-1)^2\times f(x)}{\ln x}=5$

$f(1)-f'(1)$의 값을 구하는 과정을 서술하시오. [8점]

아자!

'자아실현'이란 말을 좋아해.

거꾸로 말해도 긍정이니까.

현 실, 아 자!

삼각함수의 미분 04

Ⅱ. 미분법

04 삼각함수의 미분

1 삼각함수

핵심 1

(1) $\csc\theta$, $\sec\theta$, $\cot\theta$의 정의

동경 OP가 나타내는 한 각의 크기를 θ라 할 때, 중심이 원점 O이고 반지름의 길이가 r인 원과 동경 OP의 교점을 P(x, y)라 하면

$$\csc\theta=\frac{r}{y}\ (y\neq0),\ \sec\theta=\frac{r}{x}\ (x\neq0),\ \cot\theta=\frac{x}{y}\ (y\neq0)$$

와 같이 정의된 함수를 차례로 θ의 코시컨트함수, 시컨트함수, 코탄젠트함수라 한다.

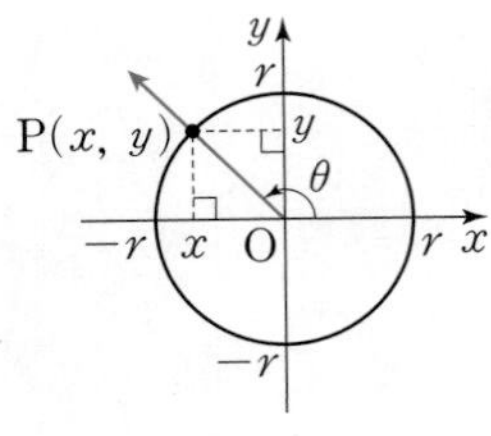

(2) 삼각함수 사이의 관계

① $\tan^2\theta+1=\sec^2\theta$ ② $1+\cot^2\theta=\csc^2\theta$

Note

- $\csc\theta=\dfrac{1}{\sin\theta}$, $\sec\theta=\dfrac{1}{\cos\theta}$, $\cot\theta=\dfrac{1}{\tan\theta}=\dfrac{\cos\theta}{\sin\theta}$

2 삼각함수의 덧셈정리

핵심 2

삼각함수의 덧셈정리는 다음과 같다.

(1) $\sin(\alpha+\beta)=\sin\alpha\cos\beta+\cos\alpha\sin\beta$, $\sin(\alpha-\beta)=\sin\alpha\cos\beta-\cos\alpha\sin\beta$

(2) $\cos(\alpha+\beta)=\cos\alpha\cos\beta-\sin\alpha\sin\beta$, $\cos(\alpha-\beta)=\cos\alpha\cos\beta+\sin\alpha\sin\beta$

(3) $\tan(\alpha+\beta)=\dfrac{\tan\alpha+\tan\beta}{1-\tan\alpha\tan\beta}$, $\tan(\alpha-\beta)=\dfrac{\tan\alpha-\tan\beta}{1+\tan\alpha\tan\beta}$

- 배각의 공식

① $\sin2\alpha=2\sin\alpha\cos\alpha$

② $\cos2\alpha=\cos^2\alpha-\sin^2\alpha=2\cos^2\alpha-1=1-2\sin^2\alpha$

③ $\tan2\alpha=\dfrac{2\tan\alpha}{1-\tan^2\alpha}$

3 삼각함수의 합성

(1) $a\sin\theta+b\cos\theta=\sqrt{a^2+b^2}\sin(\theta+\alpha)$ $\left(단,\ \sin\alpha=\dfrac{b}{\sqrt{a^2+b^2}},\ \cos\alpha=\dfrac{a}{\sqrt{a^2+b^2}}\right)$

(2) $a\sin\theta+b\cos\theta=\sqrt{a^2+b^2}\cos(\theta-\beta)$ $\left(단,\ \sin\beta=\dfrac{a}{\sqrt{a^2+b^2}},\ \cos\beta=\dfrac{b}{\sqrt{a^2+b^2}}\right)$

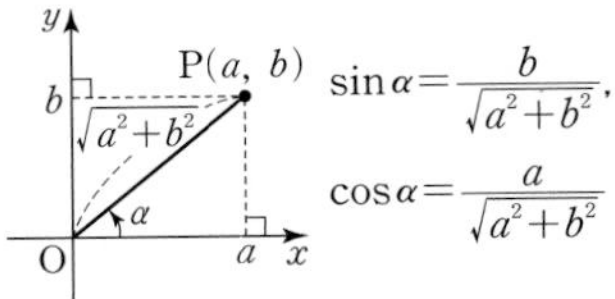

$\sin\alpha=\dfrac{b}{\sqrt{a^2+b^2}}$, $\cos\alpha=\dfrac{a}{\sqrt{a^2+b^2}}$

4 삼각함수의 극한과 미분

핵심 3~4

(1) 삼각함수의 극한

① 실수 a에 대하여 $\lim\limits_{x\to a}\sin x=\sin a$, $\lim\limits_{x\to a}\cos x=\cos a$

② $a\neq n\pi+\dfrac{\pi}{2}$ (n은 정수)인 실수 a에 대하여 $\lim\limits_{x\to a}\tan x=\tan a$

- $y=\sin x$, $y=\cos x$는 실수 전체의 집합에서 연속이고, $y=\tan x$는 $x\neq n\pi+\frac{\pi}{2}$ (n은 정수)인 실수 전체의 집합에서 연속이다.

(2) 함수 $\dfrac{\sin x}{x}$, $\dfrac{\tan x}{x}$의 극한

x의 단위가 라디안일 때

① $\lim\limits_{x\to0}\dfrac{\sin x}{x}=1$ ② $\lim\limits_{x\to0}\dfrac{\tan x}{x}=1$

- $\lim\limits_{x\to0}\dfrac{\cos x}{x}$의 값은 존재하지 않는다.

(3) 삼각함수의 도함수

① $y=\sin x$ ➜ $y'=\cos x$ ② $y=\cos x$ ➜ $y'=-\sin x$

- $y=\sin x$, $y=\cos x$는 실수 전체의 집합에서 미분가능하다.

● 정답 및 풀이 141쪽

핵심 1 csc θ, sec θ, cot θ의 정의 유형 1~2

동영상 강의

● 삼각함수

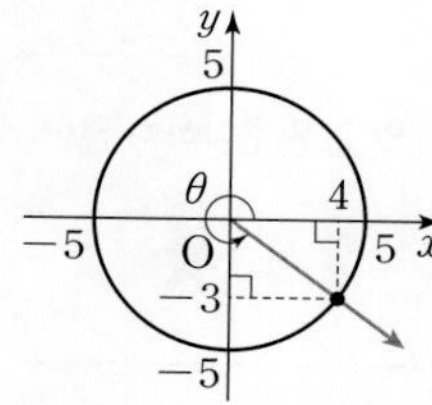

$\sin\theta=-\frac{3}{5}$, $\cos\theta=\frac{4}{5}$, $\tan\theta=-\frac{3}{4}$
$\csc\theta=-\frac{5}{3}$, $\sec\theta=\frac{5}{4}$, $\cot\theta=-\frac{4}{3}$
각각 서로 역수 관계이다.

● 삼각함수 사이의 관계

$\sin^2\theta+\cos^2\theta=1$에서
- 양변을 $\cos^2\theta\,(\cos\theta\neq0)$로 나누면 → $\frac{\sin^2\theta}{\cos^2\theta}+1=\frac{1}{\cos^2\theta}$ → $\tan^2\theta+1=\sec^2\theta$
- 양변을 $\sin^2\theta\,(\sin\theta\neq0)$로 나누면 → $1+\frac{\cos^2\theta}{\sin^2\theta}=\frac{1}{\sin^2\theta}$ → $1+\cot^2\theta=\csc^2\theta$

0729 다음 삼각함수의 값을 구하시오.

(1) $\csc 30°$ (2) $\sec\frac{\pi}{4}$ (3) $\cot(-240°)$

0730 $\tan\theta=2$일 때, $\sec^2\theta+\csc^2\theta$의 값을 구하시오.

핵심 2 삼각함수의 덧셈정리 유형 3

동영상 강의

(1) $\sin 75°=\sin(30°+45°)$
$=\sin 30°\cos 45°+\cos 30°\sin 45°$
$=\frac{1}{2}\times\frac{\sqrt{2}}{2}+\frac{\sqrt{3}}{2}\times\frac{\sqrt{2}}{2}=\frac{\sqrt{2}+\sqrt{6}}{4}$

(2) $\cos 15°=\cos(45°-30°)$
$=\cos 45°\cos 30°+\sin 45°\sin 30°$
$=\frac{\sqrt{2}}{2}\times\frac{\sqrt{3}}{2}+\frac{\sqrt{2}}{2}\times\frac{1}{2}=\frac{\sqrt{6}+\sqrt{2}}{4}$

(3) $\tan 105°=\tan(45°+60°)$
$=\frac{\tan 45°+\tan 60°}{1-\tan 45°\tan 60°}$
$=\frac{1+\sqrt{3}}{1-1\times\sqrt{3}}=-2-\sqrt{3}$

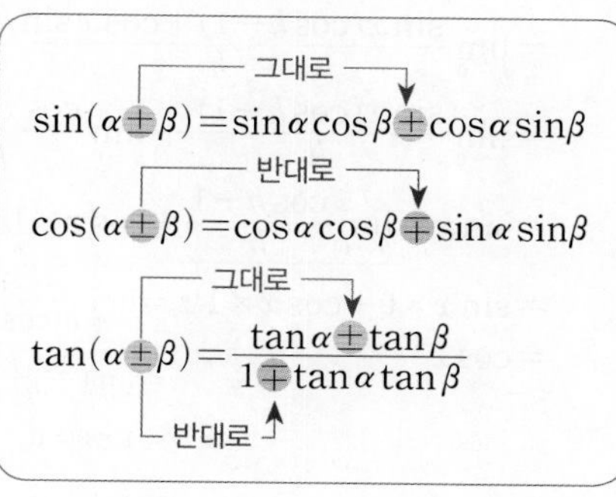

0731 다음 식의 값을 구하시오.

(1) $\sin 40°\cos 20°+\cos 40°\sin 20°$

(2) $\cos 15°\cos 30°-\sin 15°\sin 30°$

(3) $\frac{\tan 100°-\tan 70°}{1+\tan 100°\tan 70°}$

0732 $\sin\alpha=\frac{\sqrt{5}}{5}$, $\cos\beta=\frac{3}{5}$일 때, $\sin(\beta-\alpha)$의 값을 구하시오. (단, α, β는 예각이다.)

핵심 3 삼각함수의 극한 유형 11~12

x의 단위가 라디안일 때

(1) $\lim_{x\to 0}\frac{\sin 2x}{3x}=\lim_{x\to 0}\left\{\frac{\sin 2x}{2x}\times\frac{2}{3}\right\}=1\times\frac{2}{3}=\frac{2}{3}$

(2) $\lim_{x\to 0}\frac{\tan 2x}{3x}=\lim_{x\to 0}\left\{\frac{\tan 2x}{2x}\times\frac{2}{3}\right\}=1\times\frac{2}{3}=\frac{2}{3}$

$\lim_{\bullet\to 0}\frac{\sin\bullet}{\bullet}=1$

$\lim_{\bullet\to 0}\frac{\tan\bullet}{\bullet}=1$

$\lim_{x\to 0}\frac{\cos x}{x}$의 값은 존재하지 않아.

0733 다음 극한값을 구하시오.

(1) $\lim_{x\to 0}\frac{\sin 5x}{\sin 2x}$　　(2) $\lim_{x\to 0}\frac{\sin 3x}{\tan 4x}$

0734 $\lim_{x\to 0}\frac{\sin x+\tan 3x}{x}$의 값을 구하시오.

핵심 4 삼각함수의 도함수 유형 20~21

(1) $y=\sin x$일 때

$$\begin{aligned}y'&=\lim_{h\to 0}\frac{\sin(x+h)-\sin x}{h}\\&=\lim_{h\to 0}\frac{\sin x\cos h+\cos x\sin h-\sin x}{h}\\&=\lim_{h\to 0}\frac{\sin x(\cos h-1)+\cos x\sin h}{h}\\&=\lim_{h\to 0}\frac{\sin x(\cos h-1)}{h}+\lim_{h\to 0}\frac{\cos x\sin h}{h}\\&=\sin x\times\lim_{h\to 0}\frac{\cos h-1}{h}+\cos x\times\lim_{h\to 0}\frac{\sin h}{h}\\&=\sin x\times 0+\cos x\times 1\\&=\cos x\end{aligned}$$

$\lim_{h\to 0}\frac{\sin h}{h}=1$

$\lim_{h\to 0}\frac{\cos h-1}{h}=\lim_{h\to 0}\frac{-\sin^2 h}{h(\cos h+1)}=\lim_{h\to 0}\left(\frac{\sin h}{h}\right)^2\times\frac{-h}{\cos h+1}=1\times 0=0$

(2) $y=\cos x$일 때

$$\begin{aligned}y'&=\lim_{h\to 0}\frac{\cos(x+h)-\cos x}{h}\\&=\lim_{h\to 0}\frac{\cos x\cos h-\sin x\sin h-\cos x}{h}\\&=\lim_{h\to 0}\frac{\cos x(\cos h-1)-\sin x\sin h}{h}\\&=\lim_{h\to 0}\frac{\cos x(\cos h-1)}{h}-\lim_{h\to 0}\frac{\sin x\sin h}{h}\\&=\cos x\times\lim_{h\to 0}\frac{\cos h-1}{h}-\sin x\times\lim_{h\to 0}\frac{\sin h}{h}\\&=\cos x\times 0-\sin x\times 1\\&=-\sin x\end{aligned}$$

($\lim_{h\to 0}\frac{\cos h-1}{h}=0$, $\lim_{h\to 0}\frac{\sin h}{h}=1$)

0735 다음 함수를 미분하시오.

(1) $y=2\sin x+5$　　(2) $y=\cos^2 x$

0736 함수 $f(x)=\frac{x}{2}-\cos x$에 대하여 $\lim_{x\to\pi}\frac{f(x)-f(\pi)}{x-\pi}$의 값을 구하시오.

정답 및 풀이 141쪽

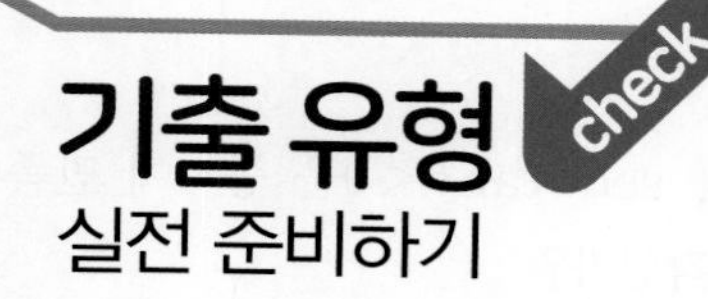

23유형, 197문항입니다.

기초유형 0 삼각함수 $\sin\theta$, $\cos\theta$, $\tan\theta$ | 수학 I

(1) 삼각함수

동경 OP가 나타내는 일반각 θ에 대하여

$\sin\theta=\frac{y}{r}$, $\cos\theta=\frac{x}{r}$,

$\tan\theta=\frac{y}{x}\ (x\neq0)$

(2) 삼각함수 사이의 관계

① $\tan\theta=\frac{\sin\theta}{\cos\theta}$ ② $\sin^2\theta+\cos^2\theta=1$

0737 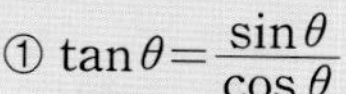

$\sin\theta+\cos\theta=1$일 때, $\sin\theta\cos\theta$의 값은?

① -2 ② -1 ③ 0
④ 1 ⑤ 2

0738 Level 1

θ가 제2사분면의 각이고 $\sin\theta=\frac{3}{5}$일 때, $\cos\theta$의 값은?

① $-\frac{4}{5}$ ② $-\frac{3}{4}$ ③ $\frac{3}{4}$
④ $\frac{4}{5}$ ⑤ $\frac{5}{6}$

0739 Level 2

$\frac{\cos\theta}{1+\sin\theta}+\frac{1+\sin\theta}{\cos\theta}$를 간단히 하시오.

실전유형 1 삼각함수 $\csc\theta$, $\sec\theta$, $\cot\theta$

동경 OP가 나타내는 일반각 θ에 대하여

$\csc\theta=\frac{1}{\sin\theta}=\frac{r}{y}\ (y\neq0)$

$\sec\theta=\frac{1}{\cos\theta}=\frac{r}{x}\ (x\neq0)$

$\cot\theta=\frac{1}{\tan\theta}=\frac{x}{y}\ (y\neq0)$

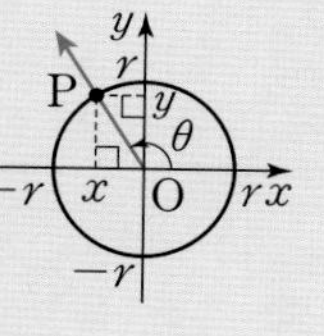

0740 대표문제

θ가 제3사분면의 각이고 $\cos\theta=-\frac{3}{5}$일 때, $\cot\theta-\csc\theta$의 값은?

① -2 ② $-\frac{1}{2}$ ③ $\frac{1}{2}$
④ 2 ⑤ $\frac{9}{4}$

0741 Level 1

원점 O와 점 P(4, -3)을 지나는 동경 OP가 나타내는 각의 크기를 θ라 할 때, $4\sec\theta-3\csc\theta$의 값은?

① 2 ② 4 ③ 6
④ 8 ⑤ 10

0742 Level 1

$\sec^2\frac{\pi}{3}+\csc^2\frac{\pi}{4}-\cot^2\frac{\pi}{6}$의 값을 구하시오.

0743

Level 1

θ가 제2사분면의 각이고 $\tan\theta=-\frac{1}{2}$일 때, $\sin\theta\sec\theta$의 값은?

① $-\frac{3}{2}$ ② $-\frac{\sqrt{5}}{2}$ ③ $-\frac{1}{2}$
④ $\frac{1}{2}$ ⑤ $\frac{\sqrt{5}}{2}$

0744

Level 2

그림과 같이 원 $x^2+y^2=1$ 위의 점 P에서의 접선이 x축과 만나는 점을 Q, y축과 만나는 점을 R라 하자. $\angle POQ=\theta$라 할 때, 다음 중 $\cot\theta$와 항상 같은 것은?

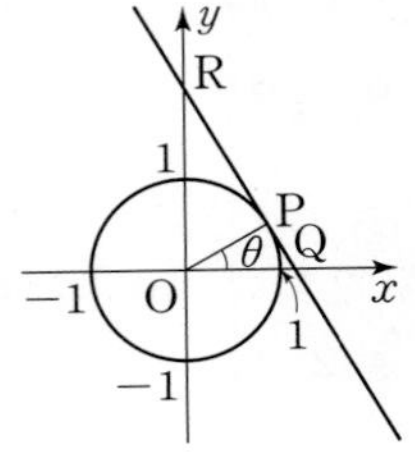

(단, O는 원점이고, $0<\theta<\frac{\pi}{2}$이다.)

① $\overline{PR}$ ② $\overline{PQ}$ ③ $\overline{QR}$
④ $\overline{OQ}$ ⑤ $\overline{OR}$

0745

Level 2

$\frac{1-\cos\theta}{1+\cos\theta}=\frac{1}{3}$일 때, $\cot\theta$의 값은? $\left(\text{단, } 0<\theta<\frac{\pi}{2}\right)$

① $\frac{\sqrt{3}}{3}$ ② $\frac{2\sqrt{3}}{3}$ ③ $\sqrt{3}$
④ $\frac{4\sqrt{3}}{3}$ ⑤ $\frac{5\sqrt{3}}{3}$

0746

Level 2

$\csc\theta\cos\theta<0$, $\sec\theta\tan\theta<0$을 동시에 만족시키는 θ는 제몇 사분면의 각인가?

① 제1사분면 ② 제2사분면
③ 제3사분면 ④ 제4사분면
⑤ 제2사분면 또는 제3사분면

0747

Level 2

$\sin\theta+\cos\theta=\frac{1}{2}$일 때, $\sec\theta+\csc\theta$의 값을 구하시오.

0748

Level 3

이차방정식 $x^2+kx-6=0$의 두 근이 $\csc\theta$, $\sec\theta$일 때, 양수 k의 값을 구하시오.

다음은 이 유형에서 출제된 최근 교육청 • 평가원 기출문제입니다.

0749 • 평가원 2020학년도 9월

Level 2

$\frac{\pi}{2}<\theta<\pi$인 θ에 대하여 $\cos\theta=-\frac{3}{5}$일 때, $\csc(\pi+\theta)$의 값은?

① $-\frac{5}{2}$ ② $-\frac{5}{3}$ ③ $-\frac{5}{4}$
④ $\frac{5}{4}$ ⑤ $\frac{5}{3}$

실전유형 2 삼각함수 사이의 관계

(1) $\tan^2\theta+1=\sec^2\theta$

(2) $1+\cot^2\theta=\csc^2\theta$

0750 대표문제

$\dfrac{\sin\theta}{\sec\theta+\tan\theta}+\dfrac{\sin\theta}{\sec\theta-\tan\theta}$를 간단히 하면?

① $2\sin\theta$ ② $2\cos\theta$ ③ $2\sec\theta$
④ $2\tan\theta$ ⑤ $2\cot\theta$

0751

Level 1

θ가 제2사분면의 각이고 $\cot\theta=-\dfrac{4}{3}$일 때, $\sin\theta$의 값은?

① $\dfrac{9}{25}$ ② $\dfrac{3}{5}$ ③ $\dfrac{16}{25}$
④ $\dfrac{4}{5}$ ⑤ $\dfrac{24}{25}$

0752

Level 1

$\tan\theta=\dfrac{3}{2}$일 때, $\csc^2\theta+\sec^2\theta$의 값을 구하시오.

0753

Level 2

$\csc\theta\sec\theta<0$, $\cos\theta\cot\theta<0$일 때,
$\sqrt{1+\tan^2\theta}\sqrt{\csc^2\theta-1}$을 간단히 하면?

① 1 ② $-\sin\theta$ ③ $-\cos\theta$
④ $-\csc\theta$ ⑤ $-\sec\theta$

0754

Level 2

〈보기〉에서 옳은 것만을 있는 대로 고른 것은?

〈보기〉

ㄱ. $\dfrac{1}{1+\sin\theta}+\dfrac{1}{1-\sin\theta}=2\sec^2\theta$

ㄴ. $\dfrac{\cos\theta}{1-\tan\theta}+\dfrac{\sin\theta}{1-\cot\theta}=\cos\theta+\sin\theta$

ㄷ. $\dfrac{\csc\theta}{\sec\theta-\tan\theta}+\dfrac{\csc\theta}{\sec\theta+\tan\theta}=\csc\theta\sec\theta$

① ㄱ ② ㄱ, ㄴ ③ ㄱ, ㄷ
④ ㄴ, ㄷ ⑤ ㄱ, ㄴ, ㄷ

0755

Level 2

$\tan\theta+\cot\theta=3$일 때, $\csc^2\theta+\sec^2\theta$의 값은?

① 3 ② 6 ③ 8
④ 9 ⑤ 12

0756

Level 2

$\dfrac{1-\tan\theta}{1+\tan\theta}=2+\sqrt{3}$일 때, $\cos\theta$의 값을 구하시오.

$\left(\text{단, } \dfrac{\pi}{2}<\theta<\pi\right)$

0757

Level 3

그림과 같이 원 $x^2+y^2=1$의 제1 사분면 위의 한 점 A에서 x축에 내린 수선의 발을 B, 점 A에서의 접선이 x축, y축과 만나는 점을 각각 C, D라 하고, $\angle AOB=\theta$라 할 때, **〈보기〉**에서 옳은 것만을 있는 대로 고른 것은? (단, O는 원점이다.)

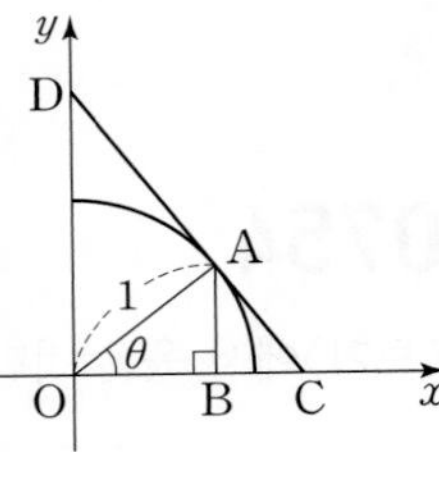

〈보기〉

ㄱ. $\overline{CD}=\tan\theta+\cot\theta$

ㄴ. $\overline{BC}=\sec\theta-\cos\theta$

ㄷ. 삼각형 OCD의 넓이는 $\dfrac{1}{\sin\theta\cos\theta}$이다.

① ㄱ ② ㄴ ③ ㄱ, ㄴ
④ ㄱ, ㄷ ⑤ ㄱ, ㄴ, ㄷ

0758

Level 3

$0\le x<\dfrac{\pi}{2}$일 때, 함수 $y=2k\tan x-3+\dfrac{1}{\cos^2 x}$의 최솟값이 -5가 되도록 하는 실수 k의 값은?

① -2 ② $-\sqrt{3}$ ③ 1
④ $\sqrt{3}$ ⑤ 2

실전유형 3 삼각함수의 덧셈정리

빈출유형

(1) $\sin(\alpha+\beta)=\sin\alpha\cos\beta+\cos\alpha\sin\beta$
$\sin(\alpha-\beta)=\sin\alpha\cos\beta-\cos\alpha\sin\beta$

(2) $\cos(\alpha+\beta)=\cos\alpha\cos\beta-\sin\alpha\sin\beta$
$\cos(\alpha-\beta)=\cos\alpha\cos\beta+\sin\alpha\sin\beta$

(3) $\tan(\alpha+\beta)=\dfrac{\tan\alpha+\tan\beta}{1-\tan\alpha\tan\beta}$
$\tan(\alpha-\beta)=\dfrac{\tan\alpha-\tan\beta}{1+\tan\alpha\tan\beta}$

0759 대표문제

$0<\alpha<\dfrac{\pi}{2}$, $\dfrac{\pi}{2}<\beta<\pi$이고, $\sin\alpha=\dfrac{2\sqrt{2}}{3}$, $\sin\beta=\dfrac{1}{3}$일 때, $\sin(\alpha+\beta)$의 값은?

① $-\dfrac{7}{9}$ ② $-\dfrac{2}{3}$ ③ $-\dfrac{5}{9}$
④ $-\dfrac{4}{9}$ ⑤ $-\dfrac{1}{3}$

0760

Level 1

$\sin 70°\sin 130°-\sin 20°\sin 40°$의 값을 구하시오.

0761

Level 1

$\tan\dfrac{\pi}{12}$의 값은?

① $2+\sqrt{3}$ ② $2-\sqrt{3}$ ③ $\dfrac{\sqrt{2}+\sqrt{6}}{4}$
④ $\dfrac{\sqrt{2}+\sqrt{6}}{2}$ ⑤ $\sqrt{3}+1$

0762

Level 2

$\sin\theta=\frac{\sqrt{3}}{3}$일 때, $2\sin\left(\theta+\frac{\pi}{6}\right)-\cos\theta$의 값은?

$\left(\text{단, } 0<\theta<\frac{\pi}{2}\right)$

① $\frac{1}{2}$ ② 1 ③ $\frac{\sqrt{3}}{2}$
④ $\frac{2}{\sqrt{3}}$ ⑤ $\sqrt{3}$

0763

Level 2

$\alpha+\beta=\frac{\pi}{4}$일 때, $(1+\tan\alpha)(1+\tan\beta)$의 값을 구하시오.

0764

Level 2

$\sin\alpha+\sin\beta=\frac{1}{3}$, $\cos\alpha+\cos\beta=1$일 때, $\cos(\alpha-\beta)$의 값은?

① $-\frac{5}{9}$ ② $-\frac{4}{9}$ ③ $-\frac{1}{9}$
④ $\frac{1}{9}$ ⑤ $\frac{4}{9}$

0765

Level 2

삼각형 ABC에서 $\sin A=\frac{3}{4}$, $\sin B=\frac{1}{3}$일 때, $\sin C$의 값은? $\left(\text{단, } 0<A<\frac{\pi}{2},\ 0<B<\frac{\pi}{2}\right)$

① $\frac{\sqrt{14}+3}{12}$ ② $\frac{2\sqrt{14}+3}{12}$ ③ $\frac{2\sqrt{14}-3}{12}$
④ $\frac{6\sqrt{2}+\sqrt{7}}{12}$ ⑤ $\frac{6\sqrt{2}-\sqrt{7}}{12}$

0766

Level 2

$(\tan x+1)(\tan y-1)=-2$일 때, $x-y$의 값을 구하시오.

$\left(\text{단, } 0\le x<\frac{\pi}{2},\ 0\le y<\frac{\pi}{2}\right)$

0767 신경향

Level 3

2 이상의 자연수 n에 대하여 $\tan\alpha=3$, $\tan(\alpha+\beta)=n$일 때, $\tan\beta$의 값을 $f(n)$이라 하자.
$\sum_{n=2}^{\infty}\{f(n+1)-f(n)\}=m$이라 할 때, $21m$의 값을 구하시오.

+Plus 문제

다음은 이 유형에서 출제된 최근 교육청 • 평가원 기출문제입니다.

0768 • 2020학년도 대학수학능력시험 Level 2

$\overline{AB}=\overline{AC}$인 이등변삼각형 ABC에서 $\angle A=\alpha$, $\angle B=\beta$라 하자. $\tan(\alpha+\beta)=-\frac{3}{2}$일 때, $\tan\alpha$의 값은?

① $\frac{21}{10}$ ② $\frac{11}{5}$ ③ $\frac{23}{10}$
④ $\frac{12}{5}$ ⑤ $\frac{5}{2}$

0769 • 교육청 2019년 7월 Level 2

$\tan\alpha=-\frac{5}{12}\left(\frac{3}{2}\pi<\alpha<2\pi\right)$이고 $0\le x<\frac{\pi}{2}$일 때, 부등식

$$\cos x\le\sin(x+\alpha)\le 2\cos x$$

를 만족시키는 x에 대하여 $\tan x$의 최댓값과 최솟값의 합은?

① $\frac{31}{12}$ ② $\frac{37}{12}$ ③ $\frac{43}{12}$
④ $\frac{49}{12}$ ⑤ $\frac{55}{12}$

0770 고난도 • 교육청 2020년 7월 Level 3

삼각형 ABC에 대하여 $\angle A=\alpha$, $\angle B=\beta$, $\angle C=\gamma$라 할 때, α, β, γ가 이 순서대로 등차수열을 이루고 $\cos\alpha$, $2\cos\beta$, $8\cos\gamma$가 이 순서대로 등비수열을 이룰 때, $\tan\alpha\tan\gamma$의 값을 구하시오. (단, $\alpha<\beta<\gamma$)

실전유형 4 삼각함수의 덧셈정리의 활용 – 방정식 복합유형

이차방정식 $ax^2+bx+c=0$의 두 근이 α, β일 때,

$$\alpha+\beta=-\frac{b}{a},\ \alpha\beta=\frac{c}{a}$$

임을 이용하여 삼각함수에 대한 식을 세운 다음 삼각함수의 덧셈정리를 활용하여 문제를 해결한다.

0771 대표문제

이차방정식 $3x^2-2x-4=0$의 두 근이 $\tan\alpha$, $\tan\beta$일 때, $\tan(\alpha+\beta)$의 값은?

① $\frac{1}{7}$ ② $\frac{2}{7}$ ③ $\frac{1}{2}$
④ 1 ⑤ 2

0772 Level 2

이차방정식 $x^2+5x+a=0$의 두 근이 $\tan\alpha$, $\tan\beta$일 때, $\tan(\alpha+\beta)=-1$을 만족시키는 상수 a의 값을 구하시오.

0773 Level 2

이차방정식 $x^2-6x+3=0$의 두 근이 $\tan\alpha$, $\tan\beta$일 때, $\sec^2(\alpha+\beta)$의 값은?

① 10 ② 12 ③ 15
④ 16 ⑤ 19

0774

Level 2

이차방정식 $x^2+ax-2a+1=0$의 두 근이 $\tan\alpha$, $\tan\beta$일 때, $\csc^2(\alpha+\beta)$의 값은? (단, a는 0이 아닌 실수이다.)

① 1 ② 2 ③ 3
④ 4 ⑤ 5

0775

Level 2

이차방정식 $x^2-3x-2=0$의 두 근이 $\tan\alpha$, $\tan\beta$일 때, $\cos\alpha\cos\beta-\sin\alpha\sin\beta$의 값은?

$\left(\text{단, } 0<\alpha<\frac{\pi}{2}, \frac{\pi}{2}<\beta<\pi\right)$

① $-\frac{\sqrt{5}}{5}$ ② $-\frac{\sqrt{3}}{3}$ ③ $-\frac{\sqrt{2}}{2}$
④ $\frac{\sqrt{3}}{3}$ ⑤ $\frac{\sqrt{5}}{5}$

0776

Level 3

x에 대한 이차방정식 $x^2+x\sin\theta+\cos\theta=0$의 두 근이 $\tan\alpha$, $\tan\beta$이고 $\tan(\alpha+\beta)=\frac{1}{2}$일 때, $\cos\theta$의 값은?

① -1 ② $-\frac{3}{5}$ ③ $-\frac{1}{2}$
④ $\frac{3}{5}$ ⑤ 1

+Plus 문제

실전유형 5 삼각함수의 덧셈정리의 활용 – 두 직선이 이루는 각의 크기

빈출유형

(1) 직선 $y=ax+b$가 x축의 양의 방향과 이루는 각의 크기를 θ라 하면
$a=\tan\theta$

(2) 두 직선 l, m이 x축의 양의 방향과 이루는 각의 크기가 각각 α, β일 때, 두 직선 l, m이 이루는 예각의 크기를 θ라 하면

$$\tan\theta=|\tan(\alpha-\beta)|=\left|\frac{\tan\alpha-\tan\beta}{1+\tan\alpha\tan\beta}\right|$$

0777 대표문제

두 직선 $y=x+2$, $y=4x$가 이루는 예각의 크기를 θ라 할 때, $\tan\theta$의 값은?

① $\frac{1}{5}$ ② $\frac{3}{5}$ ③ 1
④ 2 ⑤ 3

0778

Level 2

두 직선 $y=2x-2$, $y=\frac{1}{3}x+2$가 이루는 예각의 크기는?

① $\frac{\pi}{12}$ ② $\frac{\pi}{6}$ ③ $\frac{\pi}{4}$
④ $\frac{\pi}{3}$ ⑤ $\frac{5}{12}\pi$

0779

Level 2

두 직선 $y=\frac{2}{3}x+1$, $y=-x$가 이루는 예각의 크기를 θ라 할 때, $\sec^2\theta$의 값은?

① 24 ② 25 ③ 26
④ 27 ⑤ 28

0780

Level 2

두 직선 $3x-y-2=0$, $x-2y+2=0$이 이루는 예각의 크기를 θ라 할 때, $\cos\theta$의 값은?

① $\frac{1}{4}$ ② $\frac{1}{2}$ ③ $\frac{\sqrt{2}}{2}$
④ $\frac{\sqrt{3}}{2}$ ⑤ 1

0781

Level 2

두 직선 $y=3x+1$, $y=mx+6$이 이루는 예각의 크기가 $45°$가 되도록 하는 모든 상수 m의 값의 합은?

① -1 ② $-\frac{3}{2}$ ③ $-\frac{1}{2}$
④ 0 ⑤ 1

0782

Level 2

그림과 같이 두 직선 $y=3x$, $y=\frac{1}{3}x$ 위의 두 점 A, B와 원점 O를 꼭짓점으로 하고 $\angle B=90°$인 직각삼각형 AOB가 있다. $\overline{OA}=3$일 때, $\overline{AB}$의 길이는?

① $\frac{8}{5}$ ② $\frac{9}{5}$ ③ 2
④ $\frac{11}{5}$ ⑤ $\frac{12}{5}$

0783

Level 3

그림과 같이 직선 $y=2x+1$을 이 직선 위의 한 점 A를 중심으로 시계 반대 방향으로 $45°$만큼 회전하여 얻은 직선의 방정식이 $y=mx+5$일 때, 상수 m의 값을 구하시오.

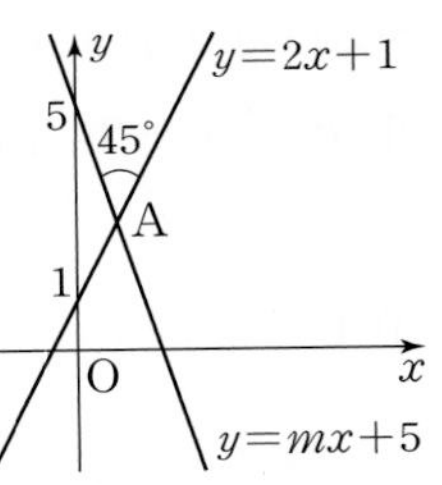

다음은 이 유형에서 출제된 최근 교육청 • 평가원 기출문제입니다.

0784 • 평가원 2016학년도 9월

Level 2

좌표평면에서 두 직선 $x-y-1=0$, $ax-y+1=0$이 이루는 예각의 크기를 θ라 하자. $\tan\theta=\frac{1}{6}$일 때, 상수 a의 값은? (단, $a>1$)

① $\frac{11}{10}$ ② $\frac{6}{5}$ ③ $\frac{13}{10}$
④ $\frac{7}{5}$ ⑤ $\frac{3}{2}$

0785 고난도 • 교육청 2018년 4월

Level 3

그림과 같이 곡선 $y=e^x$ 위의 두 점 $A(t,\ e^t)$, $B(-t,\ e^{-t})$에서의 접선을 각각 l, m이라 하자. 두 직선 l과 m이 이루는 예각의 크기가 $\frac{\pi}{4}$일 때, 두 점 A, B를 지나는 직선의 기울기는? (단, $t>0$)

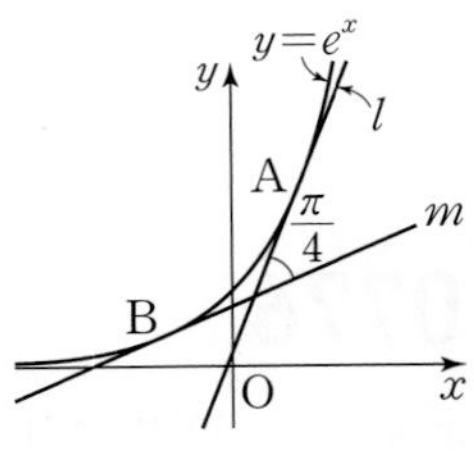

① $\frac{1}{\ln(1+\sqrt{2})}$ ② $\frac{1}{\ln 2}$ ③ $\frac{4}{3\ln(1+\sqrt{2})}$
④ $\frac{7}{6\ln 2}$ ⑤ $\frac{3}{2\ln(1+\sqrt{2})}$

● 정답 및 풀이 149쪽

실전유형 6 삼각함수의 덧셈정리의 도형에의 활용

주어진 도형에서 삼각함수의 값을 구할 수 있는 적당한 각을 문자로 나타낸 다음 삼각함수의 덧셈정리를 이용한다.

0786 대표문제

그림과 같이 한 변의 길이가 1인 정사각형 9개의 변을 붙여 만든 도형이 있다. $\angle ABD=\alpha$, $\angle CBD=\beta$라 할 때, $\tan(\alpha-\beta)$의 값을 구하시오.

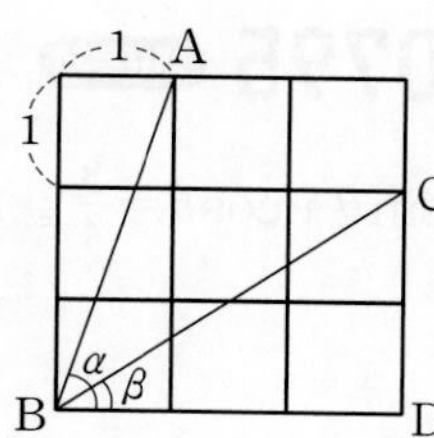

0787

Level 2

그림과 같이 $3\overline{AB}=\overline{AD}$인 직사각형 ABCD에서 선분 AD를 1 : 2로 내분하는 점을 P, 선분 DC의 중점을 Q라 하자. $\angle PBQ=\theta$라 할 때, $\tan\theta$의 값은?

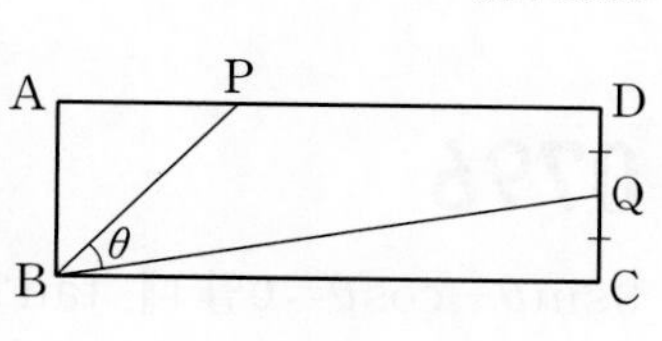

① $\frac{1}{7}$　② $\frac{3}{7}$　③ $\frac{5}{7}$
④ 1　⑤ $\frac{9}{7}$

0788

Level 2

그림과 같이 $\overline{AB}=\overline{DE}=3$, $\overline{BC}=\overline{AD}=4$인 두 직각삼각형 ABC, ADE가 있다. $\angle CAE=\theta$라 할 때, $\cot\theta$의 값을 구하시오. (단, 점 B는 선분 AD 위에 있다.)

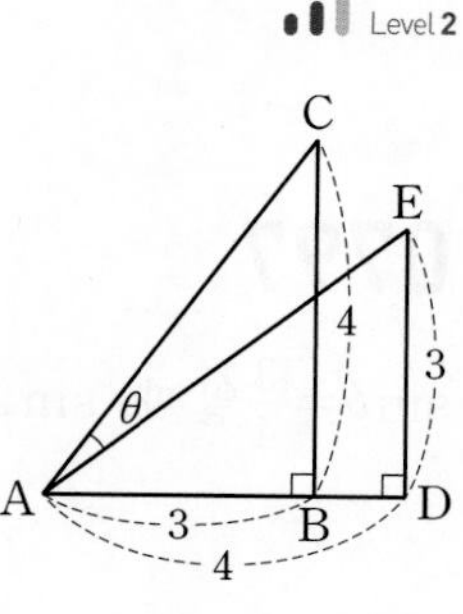

0789

Level 2

그림과 같이 $\overline{AB}=10$, $\overline{AC}=4\sqrt{5}$인 삼각형 ABC의 꼭짓점 A에서 선분 BC에 내린 수선의 발을 D라 하자. 선분 AD를 3 : 1로 내분하는 점 E에 대하여 $\overline{EC}=2\sqrt{5}$이다. $\angle ABD=\alpha$, $\angle DCE=\beta$라 할 때, $\sin(\alpha-\beta)$의 값은?

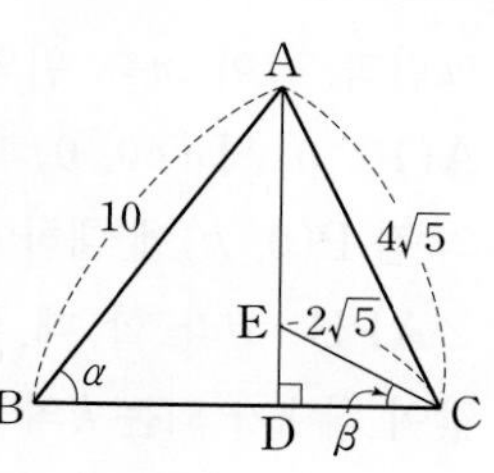

① $\frac{\sqrt{5}}{5}$　② $\frac{7\sqrt{5}}{30}$　③ $\frac{4\sqrt{5}}{15}$
④ $\frac{3\sqrt{5}}{10}$　⑤ $\frac{\sqrt{5}}{3}$

0790

Level 2

그림과 같이 지름 AB의 길이가 10인 원 위에 $\overline{AC}=4$, $\overline{BD}=6$인 두 점 C, D를 잡고, 두 선분 AC, BD의 연장선이 만나는 점을 P라 하자. $\angle APB=\theta$라 할 때, $\cos\theta$의 값을 구하시오.

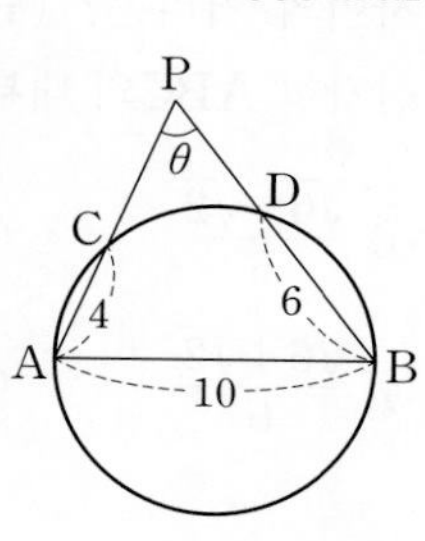

0791

Level 2

그림과 같이 등대로부터 8 m 떨어진 지점에 눈높이가 1.6 m인 사람이 등대의 꼭대기를 올려본 각의 크기는 θ이고, 등대의 밑부분을 내려본 각의 크기는 $\theta-\frac{\pi}{4}$이다. 이때 등대의 높이를 구하시오.

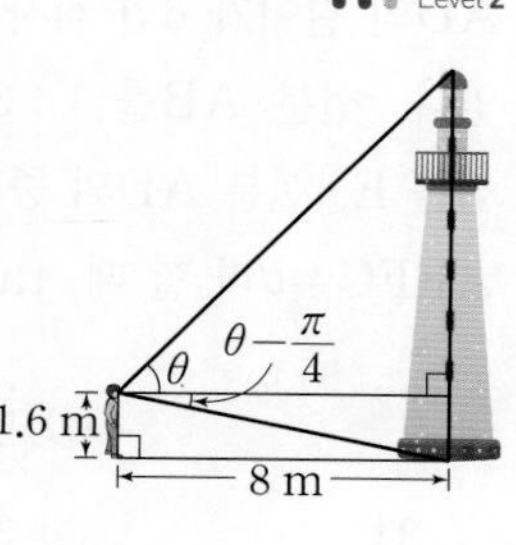

0792

Level 3

그림과 같이 x축 위의 두 점 A(10, 0), B(40, 0)과 y축 위의 점 P(0, k)에 대하여 $\angle APB=\theta$라 할 때, $\tan\theta$의 값이 최대가 되는 k의 값을 구하시오. (단, $k>0$)

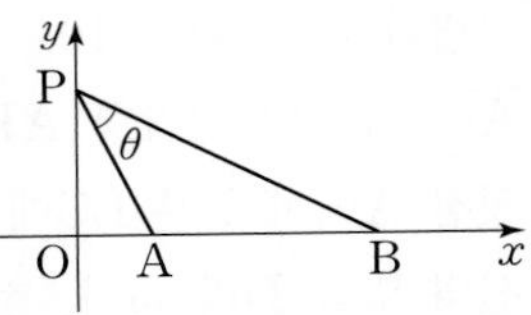

다음은 이 유형에서 출제된 최근 교육청 • 평가원 기출문제입니다.

0793 • 교육청 2016년 10월

Level 2

그림과 같이 평면에 정삼각형 ABC와 $\overline{CD}=1$이고 $\angle ACD=\frac{\pi}{4}$인 점 D가 있다. 점 D와 직선 BC 사이의 거리는? (단, 선분 CD는 삼각형 ABC의 내부를 지나지 않는다.)

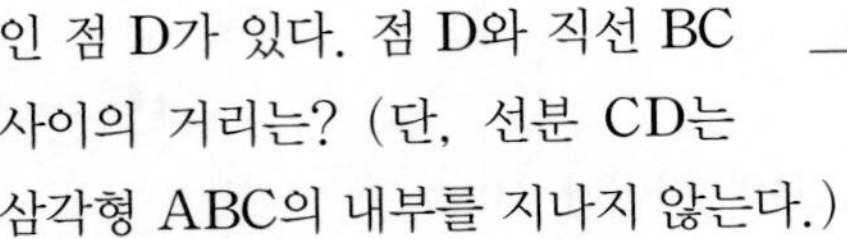

① $\frac{\sqrt{6}-\sqrt{2}}{6}$ ② $\frac{\sqrt{6}-\sqrt{2}}{4}$ ③ $\frac{\sqrt{6}-\sqrt{2}}{3}$

④ $\frac{\sqrt{6}+\sqrt{2}}{6}$ ⑤ $\frac{\sqrt{6}+\sqrt{2}}{4}$

0794 • 교육청 2017년 4월

Level 2

그림과 같이 선분 AB의 길이가 8, 선분 AD의 길이가 6인 직사각형 ABCD가 있다. 선분 AB를 1 : 3으로 내분하는 점을 E, 선분 AD의 중점을 F라 하자. $\angle EFC=\theta$라 할 때, $\tan\theta$의 값은?

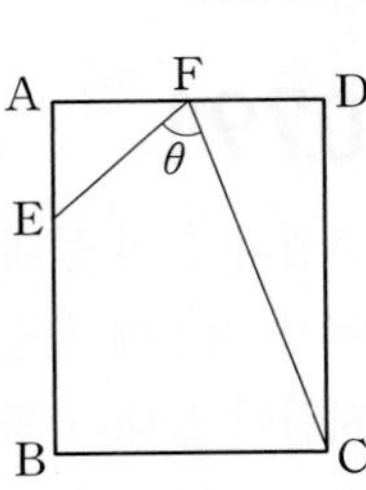

① $\frac{22}{7}$ ② $\frac{26}{7}$ ③ $\frac{30}{7}$

④ $\frac{34}{7}$ ⑤ $\frac{38}{7}$

실전유형 7 배각의 공식

(1) $\sin 2\alpha=2\sin\alpha\cos\alpha$

(2) $\cos 2\alpha=\cos^2\alpha-\sin^2\alpha=2\cos^2\alpha-1=1-2\sin^2\alpha$

(3) $\tan 2\alpha=\frac{2\tan\alpha}{1-\tan^2\alpha}$

0795 대표문제

$\sin\theta+\cos\theta=\frac{3}{4}$일 때, $\sin 2\theta$의 값을 구하시오.

0796

Level 1

$3\sin\theta-\cos\theta=0$일 때, $\tan 2\theta$의 값은?

① $\frac{1}{4}$ ② $\frac{1}{2}$ ③ $\frac{2}{3}$

④ $\frac{3}{4}$ ⑤ $\frac{3}{2}$

0797

Level 2

$\sin\theta=\frac{3}{4}$일 때, $\sin 2\theta-\cos 2\theta$의 값을 구하시오.

$\left(\text{단, } \frac{\pi}{2}<\theta<\pi\right)$

0798

Level 2

$\sec\theta=-\sqrt{5}$일 때, $\csc 2\theta$의 값은? $\left(\text{단, } \frac{\pi}{2}<\theta<\frac{3}{4}\pi\right)$

① $-2\sqrt{5}$　② $-\sqrt{5}$　③ $-\frac{\sqrt{5}}{2}$
④ $-\frac{5}{3}$　⑤ $-\frac{5}{4}$

0799

Level 2

$\sin\theta+\cos\theta=\frac{1}{2}$일 때, $\sin 2\theta+\cos 4\theta$의 값은?

① $-\frac{7}{8}$　② $-\frac{7}{16}$　③ $-\frac{1}{8}$
④ $\frac{7}{16}$　⑤ $\frac{7}{8}$

0800

Level 2

함수 $y=\cos 2x+4\sin x-3$의 최댓값을 M, 최솟값을 m이라 할 때, $M+m$의 값을 구하시오.

0801

Level 2

함수 $y=\cos 2x+\sin^2 x+4\sin\left(\frac{\pi}{2}+x\right)+k$의 최솟값이 -3일 때, 상수 k의 값은?

① -1　② 0　③ 1
④ 2　⑤ 3

실전유형 8 배각의 공식의 활용

주어진 조건을 이용하여 필요한 삼각함수의 값을 구한 다음 배각의 공식을 이용한다.

0802 대표문제

그림과 같이 직선 $y=mx$가 x축의 양의 방향과 이루는 예각을 직선 $y=\frac{1}{3}x$가 이등분할 때, 상수 m의 값은?

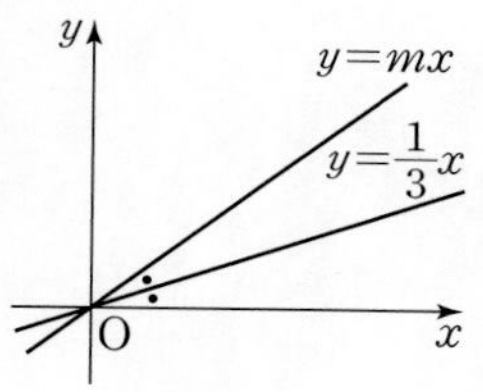

① $\frac{1}{2}$　② $\frac{2}{3}$
③ $\frac{3}{4}$　④ $\frac{4}{5}$
⑤ $\frac{5}{6}$

0803

Level 2

그림과 같이 높이가 40 m인 두 기둥 A, B가 지면에 수직으로 서 있고 두 기둥이 지면과 닿는 부분과 지점 P가 일직선 위에 있다. 기둥 A가 서 있는 지면에서 30 m 떨어진 지점 P에 두 기둥의 지지선 $\overline{PA}$, $\overline{PB}$가 연결되어 있다. 직선 PA와 지면이 이루는 예각을 직선 PB가 이등분할 때, 두 기둥 사이의 거리는 몇 m인지 구하시오.

(단, 기둥의 두께는 무시한다.)

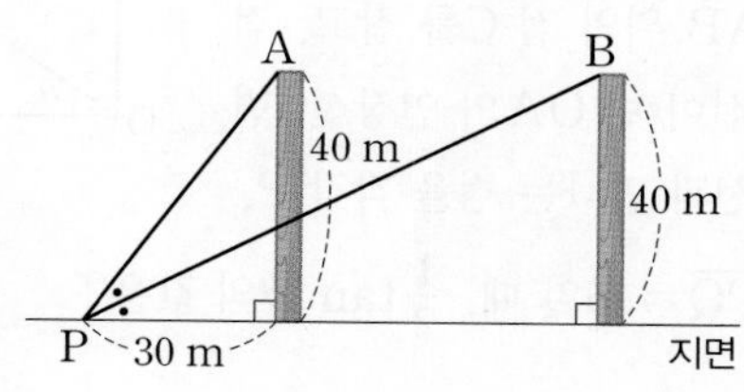

0804

Level 2

그림과 같이 $\angle C=90°$인 직각삼각형 ABC에서 $\overline{AC}:\overline{BC}=3:2$이다. $\angle ABD=\angle BAD$가 되도록 변 AC 위에 점 D를 잡을 때, $\cos(\angle BDC)$의 값을 구하시오.

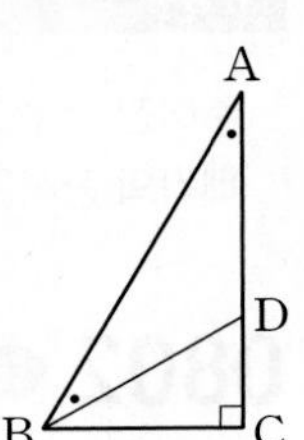

0805

Level 2

$x-y=\frac{\pi}{2}$일 때, 두 점 $P(x, \sin x)$, $Q(y, -\sin y)$에서 $\overline{PQ}^2$의 최댓값은? (단, $0\le x\le\pi$)

① $\frac{\pi^2}{2}+2$ ② $\frac{\pi^2}{2}+1$ ③ $\frac{\pi^2}{4}+3$
④ $\frac{\pi^2}{4}+2$ ⑤ $\frac{\pi^2}{4}+1$

0806

Level 3

그림과 같이 반지름의 길이가 6이고 중심각의 크기가 $\frac{\pi}{2}$인 부채꼴 OAB가 있다. $\angle COA=\theta\left(0<\theta<\frac{\pi}{4}\right)$가 되도록 호 AB 위의 점 C를 잡고, 점 C에서의 접선이 변 OA의 연장선, 변 OB의 연장선과 만나는 점을 각각 P, Q라 하자. $\overline{PQ}=15$일 때, $\frac{1}{2}\tan 2\theta$의 값은?

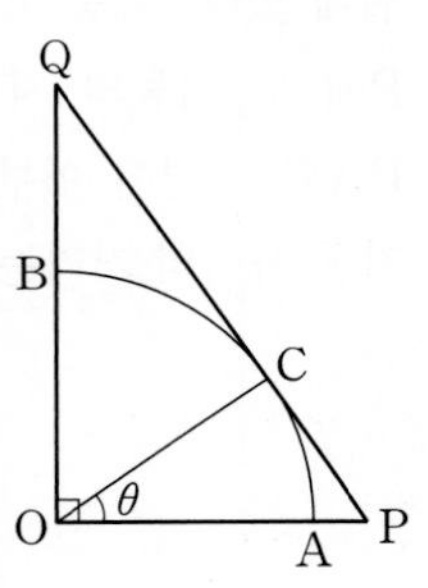

① $\frac{5}{3}$ ② $\frac{4}{3}$ ③ 1
④ $\frac{2}{3}$ ⑤ $\frac{1}{3}$

0807 고난도

Level 3

그림과 같이 선분 AB를 지름으로 하는 원 O에서 $\angle AOC=\frac{\pi}{3}$, $\overline{OC}\perp\overline{AD}$이다. $\angle ABD=\theta$라 할 때, $\sin 2\theta$의 값을 구하시오.

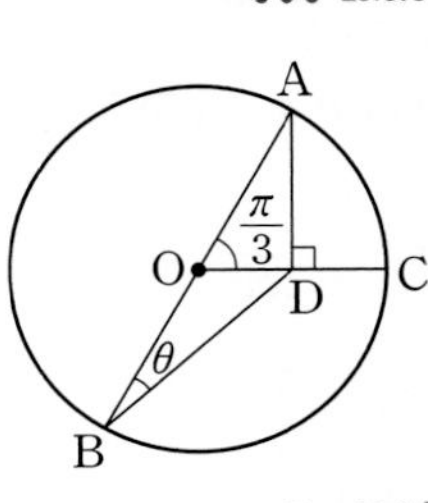

+Plus 문제

다음은 이 유형에서 출제된 최근 교육청 • 평가원 기출문제입니다.

0808 • 교육청 2019년 3월

Level 2

그림과 같이 한 변의 길이가 1인 정사각형 ABCD가 있다. 선분 AD 위의 점 E와 정사각형 ABCD의 내부에 있는 점 F가 다음 조건을 만족시킨다.

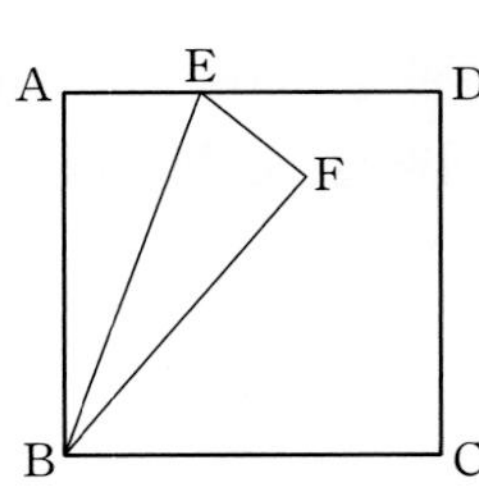

(가) 두 삼각형 ABE와 FBE는 서로 합동이다.
(나) 사각형 ABFE의 넓이는 $\frac{1}{3}$이다.

$\tan(\angle ABF)$의 값은?

① $\frac{5}{12}$ ② $\frac{1}{2}$ ③ $\frac{7}{12}$
④ $\frac{2}{3}$ ⑤ $\frac{3}{4}$

실전 유형 9 삼각함수의 합성

(1) $a\sin\theta+b\cos\theta=\sqrt{a^2+b^2}\sin(\theta+\alpha)$

$\left(\text{단, } \sin\alpha=\dfrac{b}{\sqrt{a^2+b^2}},\ \cos\alpha=\dfrac{a}{\sqrt{a^2+b^2}}\right)$

(2) $a\sin\theta+b\cos\theta=\sqrt{a^2+b^2}\cos(\theta-\beta)$

$\left(\text{단, } \sin\beta=\dfrac{a}{\sqrt{a^2+b^2}},\ \cos\beta=\dfrac{b}{\sqrt{a^2+b^2}}\right)$

0809 대표문제

함수 $y=-\sin x+\cos x+5$의 최댓값을 M, 최솟값을 m이라 할 때, $M+m$의 값을 구하시오.

0810 Level 1

$5\sin\theta+12\cos\theta=r\sin(\theta+\alpha)$를 만족시키는 양수 r와 각 α에 대하여 $r\cot\alpha$의 값을 구하시오.

0811 Level 1

함수 $y=3\sin x+4\cos x-2$에 대하여 〈**보기**〉에서 옳은 것만을 있는 대로 고른 것은?

〈보기〉

ㄱ. 주기는 2π이다.

ㄴ. 최댓값은 3이다.

ㄷ. 최솟값은 -6이다.

① ㄱ ② ㄱ, ㄴ ③ ㄱ, ㄷ
④ ㄴ, ㄷ ⑤ ㄱ, ㄴ, ㄷ

0812 Level 2

함수 $y=\cos x+\sqrt{3}\sin x$의 그래프는 함수 $y=a\sin x$의 그래프를 x축의 방향으로 b만큼 평행이동한 것이다. 상수 a, b에 대하여 ab의 값은? (단, $a>0$, $-\pi<b<0$)

① $-\dfrac{5}{3}\pi$ ② $-\dfrac{4}{3}\pi$ ③ $-\pi$
④ $-\dfrac{2}{3}\pi$ ⑤ $-\dfrac{\pi}{3}$

0813 Level 2

함수 $f(x)=4a\cos\theta+3a\sin\theta$의 최댓값이 5일 때, 양수 a의 값을 구하시오.

0814 Level 2

$\sqrt{3}\cos\theta-\sin\theta=\dfrac{1}{2}$일 때, $\sin\left(\theta+\dfrac{\pi}{6}\right)$의 값은?

$\left(\text{단, } 0<\theta<\dfrac{\pi}{2}\right)$

① $\dfrac{\sqrt{15}}{8}$ ② $\dfrac{\sqrt{15}}{7}$ ③ $\dfrac{\sqrt{15}}{6}$
④ $\dfrac{\sqrt{15}}{5}$ ⑤ $\dfrac{\sqrt{15}}{4}$

0815

Level 2

그림과 같이 지름의 길이가 1인 반원 위에 두 점 A, B가 아닌 점 P를 잡을 때, $8\overline{AP}+6\overline{PB}$의 최댓값을 구하시오.

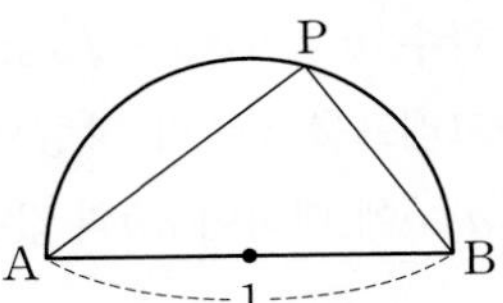

0816

Level 3

두 함수 $f(x)=x^2-3x-1$, $g(x)=\sin x-\cos x$에 대하여 합성함수 $(f\circ g)(x)$의 최댓값과 최솟값의 합은?

① 1 ② 2 ③ 3
④ 4 ⑤ 5

다음은 이 유형에서 출제된 최근 교육청 • 평가원 기출문제입니다.

0817 고난도

• 2016학년도 대학수학능력시험

Level 3

좌표평면에서 점 A의 좌표는 $(1,\ 0)$이고, $0<\theta<\frac{\pi}{2}$인 θ에 대하여 점 B의 좌표는 $(\cos\theta,\ \sin\theta)$이다. 사각형 OACB가 평행사변형이 되도록 하는 제1사분면 위의 점 C에 대하여 사각형 OACB의 넓이를 $f(\theta)$, 선분 OC의 길이의 제곱을 $g(\theta)$라 하자. $f(\theta)+g(\theta)$의 최댓값은?

(단, O는 원점이다.)

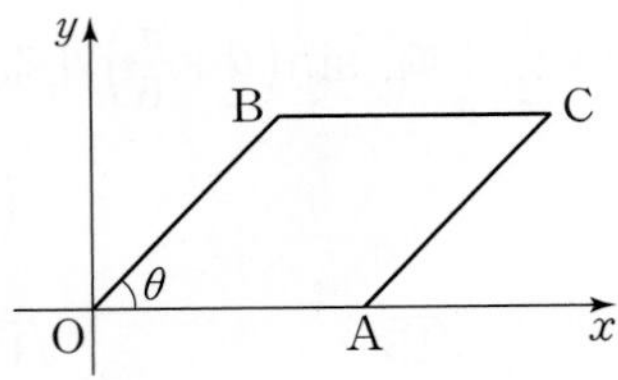

① $2+\sqrt{5}$ ② $2+\sqrt{6}$ ③ $2+\sqrt{7}$
④ $2+2\sqrt{2}$ ⑤ 5

실전유형 10 삼각함수의 극한

삼각함수 사이의 관계나 배각의 공식을 이용하여 주어진 식을 간단히 한 다음 극한값을 구한다.

(1) 실수 a에 대하여

$\lim_{x\to a}\sin x=\sin a$, $\lim_{x\to a}\cos x=\cos a$

(2) $a\neq n\pi+\frac{\pi}{2}$ (n은 정수)인 실수 a에 대하여

$\lim_{x\to a}\tan x=\tan a$

0818 대표문제

$\lim_{x\to\frac{\pi}{3}}\frac{\sin x-\cos x}{1-\tan x}$의 값은?

① $-\frac{3}{4}$ ② $-\frac{1}{2}$ ③ 1
④ $\frac{1}{4}$ ⑤ $\frac{1}{2}$

0819

Level 1

$\lim_{x\to\frac{\pi}{12}}\sin 2x$의 값은?

① $-\frac{1}{2}$ ② 0 ③ $\frac{1}{2}$
④ 1 ⑤ 2

0820

Level 1

$\lim_{x\to\frac{\pi}{6}}\frac{\cos^2 x}{\sin x-1}$의 값은?

① $-\frac{3}{2}$ ② $-\frac{1}{2}$ ③ $\frac{1}{2}$
④ 1 ⑤ $\frac{3}{2}$

● 정답 및 풀이 155쪽

0821

Level 2

$\lim_{x\to\frac{\pi}{2}}\frac{1-\sin x}{2\cos^2 x}$의 값은?

① -1　② $-\frac{1}{4}$　③ 0
④ $\frac{1}{4}$　⑤ 1

0822

Level 2

$\lim_{x\to\frac{3}{4}\pi}\frac{1-\tan^2 x}{\sin x+\cos x}$의 값은?

① $-4\sqrt{2}$　② $-2\sqrt{2}$　③ $-\sqrt{2}$
④ $\sqrt{2}$　⑤ $2\sqrt{2}$

0823

Level 2

$\lim_{x\to 0}\frac{\csc x-\cot x}{\sin x}$의 값은?

① $\frac{1}{2}$　② $\frac{\sqrt{2}}{2}$　③ $\frac{\sqrt{3}}{2}$
④ 1　⑤ $\sqrt{2}$

0824

Level 2

$\lim_{x\to\frac{\pi}{2}}(\tan x-\sec x)$의 값은?

① $-\frac{1}{2}$　② 0　③ $\frac{1}{2}$
④ 1　⑤ $\frac{3}{2}$

0825

Level 2

$\lim_{x\to 0}\frac{\cos 2x-1}{\cos x-1}$의 값을 구하시오.

0826

Level 2

$\lim_{x\to\frac{\pi}{2}}\left(\csc x-\frac{\cos x}{\tan x}\right)$의 값은?

① -1　② $-\frac{1}{2}$　③ 0
④ $\frac{1}{2}$　⑤ 1

실전 유형 11 $\lim_{x \to 0} \frac{\sin x}{x}$ 꼴의 극한

빈출유형

x의 단위가 라디안일 때

(1) $\lim_{x \to 0} \frac{\sin x}{x} = 1$

(2) $\lim_{x \to 0} \frac{\sin ax}{bx} = \lim_{x \to 0} \left(\frac{\sin ax}{ax} \times \frac{a}{b} \right) = 1 \times \frac{a}{b} = \frac{a}{b}$

(단, a, b는 0이 아닌 상수)

0827 대표문제

$\lim_{x \to 0} \frac{(x^2+2x)\sin 3x}{x^2}$의 값은?

① 2　② 4　③ 6　④ 8　⑤ 10

0828

Level 1

$\lim_{x \to 0} \frac{\sin 5x}{x}$의 값을 구하시오.

0829

Level 1

$\lim_{x \to 0} \frac{\sin(5x^3+3x^2+4x)}{3x^3+x^2+2x}$의 값은?

① $\frac{3}{5}$　② 1　③ $\frac{5}{3}$　④ 2　⑤ 3

0830

Level 1

$\lim_{x \to 0} \frac{e^{2x}-1}{\sin 4x}$의 값을 구하시오.

0831

Level 1

$\lim_{x \to 0} \frac{\ln(1+5x)}{\sin 3x}$의 값은?

① $\frac{1}{5}$　② $\frac{1}{3}$　③ $\frac{3}{5}$　④ 1　⑤ $\frac{5}{3}$

0832

Level 2

$\lim_{x \to 0} \frac{2\sin x^\circ}{x}$의 값을 구하시오.

0833

Level 2

$\lim_{x \to 0} \frac{\sin(\sin 7x)}{\sin 3x}$의 값은?

① $\frac{1}{3}$　② 1　③ $\frac{4}{3}$　④ 2　⑤ $\frac{7}{3}$

● 정답 및 풀이 157쪽

0834

Level 2

$\lim_{x \to 0} \frac{\sin 3x - \sin 5x}{\sin 2x}$의 값은?

① $-\frac{5}{2}$ ② $-\frac{3}{2}$ ③ -1

④ 1 ⑤ $\frac{3}{2}$

0835

Level 2

두 함수 $f(x)=4x$, $g(x)=\sin x$에 대하여 $\lim_{x \to 0} \frac{g(f(x))}{f(g(x))}$의 값을 구하시오.

0836

Level 3

자연수 n에 대하여

$f(n)=\lim_{x \to 0} \frac{x}{\sin x+\sin 2x+\sin 3x+ \cdots +\sin nx}$일 때,

$\sum_{k=1}^{10} f(k)$의 값을 구하시오.

+Plus 문제

실전 유형 12 $\lim_{x \to 0} \frac{\tan x}{x}$ 꼴의 극한

x의 단위가 라디안일 때

(1) $\lim_{x \to 0} \frac{\tan x}{x}=1$

(2) $\lim_{x \to 0} \frac{\tan ax}{bx}=\lim_{x \to 0}\left(\frac{\tan ax}{ax} \times \frac{a}{b}\right)=1 \times \frac{a}{b}=\frac{a}{b}$

(단, a, b는 0이 아닌 상수)

0837 대표문제

$\lim_{x \to 0} \frac{7x}{\tan 4x+\tan 3x}$의 값을 구하시오.

0838

Level 1

$\lim_{x \to 0} \frac{\tan 5x}{4x}$의 값을 구하시오.

0839

Level 1

$\lim_{x \to 0} \frac{\tan 2x+\sin 2x}{x}$의 값은?

① 1 ② 2 ③ 3

④ 4 ⑤ 5

0840

Level 2

$\lim_{x\to 0}\frac{\tan(2x^3-x^2+x)}{2x^3+x^2-2x}$의 값은?

① -1　② $-\frac{1}{2}$　③ 0　④ $\frac{1}{2}$　⑤ 1

0841

Level 2

$\lim_{x\to 0}\left(\frac{\sin 3x}{\tan 2x}+\frac{e^{2x}-1}{x}\right)$의 값은?

① $\frac{3}{2}$　② 2　③ $\frac{5}{2}$　④ 3　⑤ $\frac{7}{2}$

0842

Level 2

$\lim_{x\to 0}\frac{\sin 5x}{2x+\tan 3x}$의 값을 구하시오.

0843

Level 2

$\lim_{x\to 0}\frac{\sin(\tan x)}{6x}$의 값은?

① $\frac{1}{6}$　② $\frac{1}{4}$　③ $\frac{1}{2}$　④ 1　⑤ 2

0844

Level 2

$\lim_{x\to 0}\frac{\tan(\tan 2x)}{\tan 3x}$의 값은?

① $\frac{1}{3}$　② $\frac{1}{2}$　③ $\frac{2}{3}$　④ $\frac{3}{2}$　⑤ 2

0845

Level 2

$\lim_{x\to 0}\frac{\tan 6x}{k\ln(1+4x)}=\frac{3}{4}$일 때, 상수 k의 값을 구하시오.

● 정답 및 풀이 158쪽

실전 유형 13 $\lim_{x\to0}\frac{1-\cos x}{x}$ 꼴의 극한

$\lim_{x\to0}\frac{1-\cos x}{x}$ 꼴로 주어진 극한값은 분자, 분모에 각각 $1+\cos x$를 곱한 다음 $1-\cos^2 x=\sin^2 x$임을 이용하여 구한다.

0846 대표문제

$\lim_{x\to0}\frac{1-\cos x}{2x\sin x}$의 값을 구하시오.

0847 Level 1

$\lim_{x\to0}\left\{(1-x)^{\frac{5}{x}}+\frac{\cos x-1}{x}\right\}$의 값은?

① e^5 ② e^5+1 ③ $\frac{1}{e^5}$
④ $\frac{1}{e^5}+1$ ⑤ 1

0848 Level 2

$\lim_{x\to0}\frac{\tan 2x\sin x}{1-\cos x}$의 값은?

① -4 ② -2 ③ 0
④ 2 ⑤ 4

0849 Level 2

$\lim_{x\to0}\frac{\cot x-\csc x}{x}$의 값을 구하시오.

0850 Level 2

$\lim_{x\to0}\frac{3\cos^2 x-5\cos x+2}{x^2}$의 값을 구하시오.

0851 Level 2

$\lim_{x\to0}\frac{2\sin 2x-\sin 4x}{x^3}$의 값은?

① 0 ② 1 ③ 2
④ 4 ⑤ 8

0852 Level 2

$\lim_{x\to0}\frac{4(\tan x-\sin x)}{x^3}$의 값은?

① 1 ② 2 ③ 3
④ 4 ⑤ 5

0853

Level 2

$0<\theta<\pi$인 실수 θ에 대하여 $f(\theta)=\sum_{n=1}^{\infty}\sin\theta\cos^n\theta$라 할 때, $\lim_{\theta\to 0+}\{\theta\times f(\theta)\}$의 값은?

① 1 ② 2 ③ 3
④ 4 ⑤ 5

0854 신경향

Level 3

자연수 n에 대하여

$$f(n)=\lim_{x\to 0}\frac{n-(\cos x+\cos 2x+\ \cdots\ +\cos nx)}{x^2}$$

일 때, $f(n)=253$을 만족시키는 n의 값은?

① 7 ② 8 ③ 9
④ 10 ⑤ 11

다음은 이 유형에서 출제된 최근 교육청 • 평가원 기출문제입니다.

0855 • 교육청 2015년 4월

Level 2

함수 $f(x)$에 대하여 $\lim_{x\to 0}f(x)\left(1-\cos\frac{x}{2}\right)=1$일 때, $\lim_{x\to 0}x^2f(x)$의 값을 구하시오.

실전유형 14 치환을 이용한 삼각함수의 극한

빈출유형

$x\to a\ (a\neq 0)$인 경우 $x-a=t$로 치환하면 $x\to a$일 때 $t\to 0$이므로

(1) $\lim_{x\to a}\frac{\sin(x-a)}{x-a}=\lim_{t\to 0}\frac{\sin t}{t}=1$

(2) $\lim_{x\to a}\frac{\tan(x-a)}{x-a}=\lim_{t\to 0}\frac{\tan t}{t}=1$

0856 대표문제

$\lim_{x\to\frac{\pi}{2}}\frac{2\cos x}{\frac{\pi}{2}-x}$의 값은?

① -2 ② -1 ③ 0
④ 1 ⑤ 2

0857

Level 1

$\lim_{x\to\frac{\pi}{2}}3\left(x-\frac{\pi}{2}\right)\tan x$의 값은?

① -3 ② -1 ③ 0
④ 1 ⑤ 3

0858

Level 2

$\lim_{x\to\frac{\pi}{4}}\frac{\sin x-\cos x}{3x-\frac{3}{4}\pi}$의 값을 구하시오.

0859 Level 2

$\lim_{x\to\frac{\pi}{2}}\frac{1-\sin x}{\left(\frac{\pi}{2}-x\right)^2}$의 값을 구하시오.

0860 Level 2

$\lim_{x\to-\frac{\pi}{2}}\frac{1+\sin x}{\left(x+\frac{\pi}{2}\right)\cos x}$의 값은?

① $-\frac{3}{2}$ ② $-\frac{1}{2}$ ③ $\frac{1}{2}$
④ 1 ⑤ $\frac{5}{2}$

0861 Level 2

$\lim_{x\to 2}\frac{e^{x-1}-e}{\sin(x-2)}$의 값은?

① $-e^2$ ② $-e$ ③ 1
④ e ⑤ e^2

0862 Level 2

$\lim_{x\to 1}\frac{\sin\left(\cos\frac{\pi}{2}x\right)}{x-1}$의 값은?

① $-\frac{3}{2}\pi$ ② $-\frac{\pi}{2}$ ③ $\frac{\pi}{2}$
④ π ⑤ $\frac{3}{2}\pi$

0863 Level 2

$\lim_{x\to\pi}\frac{3(x-\pi)^2}{1-\cos(\sin x)}$의 값은?

① 2 ② 3 ③ 4
④ 5 ⑤ 6

0864 Level 2

$\lim_{x\to\pi}\frac{\cot x+\csc x}{\pi-x}$의 값은?

① -1 ② $-\frac{1}{2}$ ③ 0
④ $\frac{1}{2}$ ⑤ 1

실전 유형 15 $\lim_{x\to\infty} x\sin\frac{1}{x}$, $\lim_{x\to\infty} x\tan\frac{1}{x}$ 꼴의 극한

$x\to\infty$인 경우 $\frac{1}{x}=t$로 치환하면 $x\to\infty$일 때 $t\to 0$이므로

(1) $\lim_{x\to\infty} x\sin\frac{1}{x}=\lim_{t\to 0}\frac{\sin t}{t}=1$

(2) $\lim_{x\to\infty} x\tan\frac{1}{x}=\lim_{t\to 0}\frac{\tan t}{t}=1$

0865 대표문제

$\lim_{x\to\infty} x\sin\frac{3}{x}$의 값은?

① $\frac{1}{3}$　② $\frac{2}{3}$　③ 1　④ 2　⑤ 3

0866 Level 2

$\lim_{x\to\infty} x\cos\left(\frac{1}{x}-\frac{\pi}{2}\right)$의 값은?

① $\frac{1}{2}$　② 1　③ $\frac{3}{2}$　④ 2　⑤ $\frac{5}{2}$

0867 Level 2

$\lim_{x\to\infty} \sin\frac{3}{x}\cot\frac{5}{x}$의 값은?

① $\frac{3}{5}$　② 1　③ $\frac{5}{3}$　④ 2　⑤ 3

0868 Level 2

$\lim_{x\to\infty} 3x^\circ\tan\frac{1}{x}$의 값은?

① 0　② $\frac{\pi}{60}$　③ $\frac{1}{\pi}$　④ 1　⑤ $\frac{60}{\pi}$

0869 Level 2

$\lim_{x\to\infty} \tan\left(\sin\frac{2}{x}\right)\csc\frac{2}{x}$의 값은?

① $\frac{1}{4}$　② $\frac{1}{2}$　③ 1　④ $\frac{3}{2}$　⑤ 2

0870 Level 2

$\lim_{x\to\infty} \frac{3x+1}{6}\tan\frac{4}{x-2}$의 값을 구하시오.

0871 Level 2

$\lim_{x\to\infty} (x^2-1)\sin^2\frac{1}{1+x}$의 값을 구하시오.

실전유형 16 삼각함수의 극한을 이용한 미정계수의 결정 빈출유형

$\lim_{x\to a}\frac{f(x)}{g(x)}=\alpha$ (α는 실수)에서 $x\to a$일 때

(1) (분모) $\to 0$이면 (분자) $\to 0$

(2) (분자) $\to 0$이면 (분모) $\to 0$ (단, $\alpha\neq 0$)

0872 대표문제

$\lim_{x\to 0}\frac{x^2+ax+b}{\sin x}=7$일 때, 상수 a, b에 대하여 $a+b$의 값은?

① 1 ② 3 ③ 5 ④ 7 ⑤ 9

0873 Level 2

$\lim_{x\to 0}\frac{a-2\cos x}{x\tan x}=b$일 때, 상수 a, b의 값은?

① $a=0$, $b=1$ ② $a=0$, $b=2$ ③ $a=1$, $b=2$ ④ $a=2$, $b=1$ ⑤ $a=2$, $b=2$

0874 Level 2

$\lim_{x\to 0}\frac{\tan(ax+b)}{\sin x}=4$일 때, 상수 a, b에 대하여 $a+b$의 값을 구하시오. (단, $0\leq b<\pi$)

0875 Level 2

$\lim_{x\to 0}\frac{\sin ax}{\ln(x+b)}=3$일 때, 상수 a, b에 대하여 ab의 값은?

① 1 ② 2 ③ 3 ④ 4 ⑤ 5

0876 Level 2

$\lim_{x\to 0}\frac{1-\cos x}{ax\sin x+b}=\frac{1}{20}$일 때, 상수 a, b에 대하여 a^2+b^2의 값을 구하시오.

0877 Level 2

$\lim_{x\to 0}\frac{\sin 2x}{\sqrt{ax+b}-2}=2$일 때, 상수 a, b에 대하여 $a-b$의 값을 구하시오.

0878 Level 2

$\lim_{x\to 0}\frac{a-b\cos 2x}{x^2}=4$일 때, 상수 a, b에 대하여 $2ab$의 값을 구하시오.

0879

Level 2

$\lim_{x \to a} \frac{2^x - 1}{4\sin(x-a)} = b\ln 2$일 때, 상수 a, b에 대하여 $a+b$의 값은?

① $\frac{1}{6}$　② $\frac{1}{5}$　③ $\frac{1}{4}$
④ $\frac{1}{3}$　⑤ $\frac{1}{2}$

0880

Level 2

일차함수 $f(x)$에 대하여 $\lim_{x \to 0} \frac{\sin x}{f(x)} = \frac{1}{2}$일 때, $f(1)$의 값은?

① 1　② 2　③ 3
④ 4　⑤ 5

0881

Level 2

$\lim_{x \to \frac{\pi}{2}} \frac{a(2x-\pi)\cos x + b}{\sin x - 1} = 1$일 때, 상수 a, b에 대하여 $4a+b$의 값을 구하시오.

심화유형 **17** 삼각함수의 극한의 도형에의 활용 – 길이　빈출유형

구하려고 하는 선분의 길이를 삼각함수로 나타내어 극한값을 구한다.

(1) $\overline{AB} = \overline{AC}\cos\theta$
(2) $\overline{BC} = \overline{AC}\sin\theta = \overline{AB}\tan\theta$

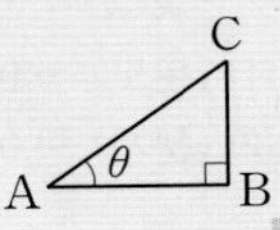

0882 대표문제

그림과 같이 $\overline{BC}=3$이고 $\angle C = 90°$인 직각삼각형 ABC가 있다. 꼭짓점 C에서 빗변 AB에 내린 수선의 발을 H, $\angle B = \theta$라 할 때, $\lim_{\theta \to 0+} \frac{\overline{AH}}{\theta^2}$의 값을 구하시오.

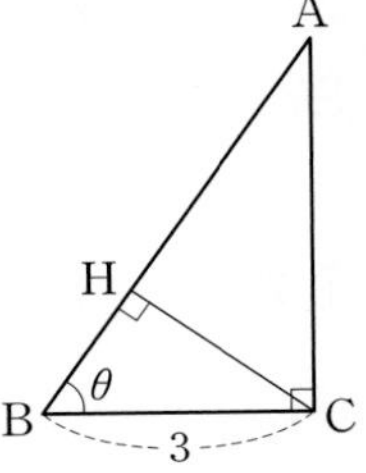

0883

Level 1

$0 < t < \frac{\pi}{6}$인 실수 t에 대하여 직선 $x=t$가 두 곡선 $y=\tan 3x$, $y=\tan 2x$와 만나는 점을 각각 A, B라 할 때, $\lim_{t \to 0+} \frac{\overline{OA}^2}{\overline{OB}^2}$의 값은? (단, O는 원점이다.)

① 1　② 2　③ 3
④ 4　⑤ 5

0884

Level 2

그림과 같이 $\angle B = 4\theta$, $\angle C = 3\theta$인 삼각형 ABC에 대하여 $\lim_{\theta \to 0+} \frac{\overline{AB}}{\overline{AC}}$의 값을 구하시오.

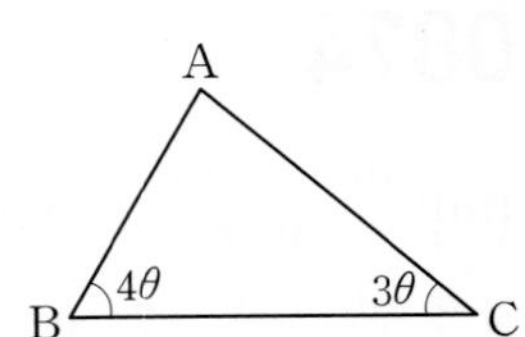

● 정답 및 풀이 164쪽

0885

Level 2

그림과 같이 반지름의 길이가 2, 중심각의 크기가 2θ인 부채꼴 AOB에 내접하는 원의 반지름의 길이를 r라 할 때, $\lim_{\theta \to 0+} \frac{r}{\theta}$의 값은?

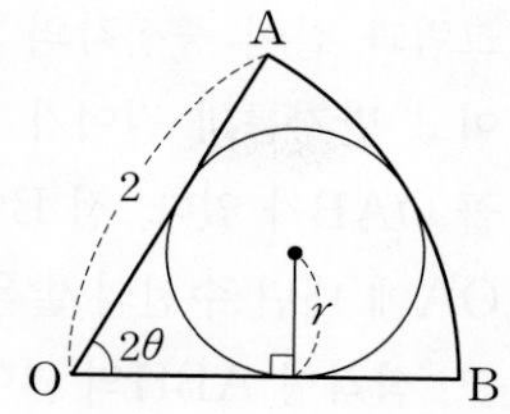

① $\frac{1}{2}$ ② 1 ③ $\frac{3}{2}$

④ 2 ⑤ $\frac{5}{2}$

0886

Level 2

그림과 같이 반지름의 길이가 5인 반원 위의 점 P에서 $\overline{AB}$에 내린 수선의 발을 H라 하자. $\angle PAH = \theta$라 할 때, $\lim_{\theta \to 0+} \frac{\overline{BH}}{\theta^2}$의 값을 구하시오.

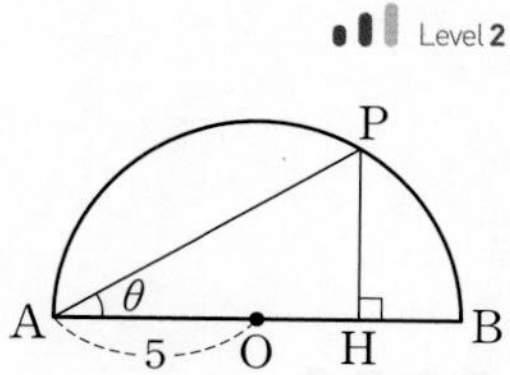

0887

Level 3

그림과 같이 지름의 길이가 3이고 두 점 A, B를 지름의 양 끝점으로 하는 반원의 호 위에 두 점 A, B가 아닌 점 C가 있다. $\angle BAC = \theta$라 할 때, $\lim_{\theta \to \frac{\pi}{2}-} \frac{\overline{AC}}{\overset{\frown}{AC}}$의 값은? $\left(\text{단, } 0 < \theta < \frac{\pi}{2}\right)$

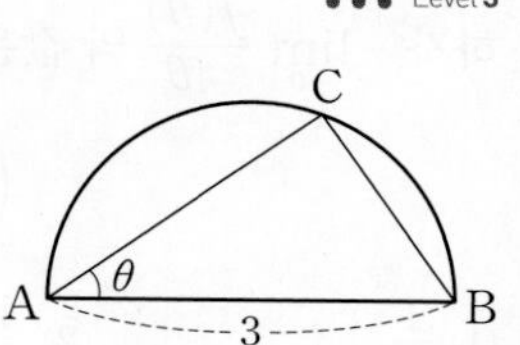

① $\frac{1}{8}$ ② $\frac{1}{4}$ ③ $\frac{1}{2}$

④ 1 ⑤ 2

다음은 이 유형에서 출제된 최근 교육청 · 평가원 기출문제입니다.

0888

• 2020학년도 대학수학능력시험

Level 2

좌표평면에서 곡선 $y=\sin x$ 위의 점 $P(t, \sin t)$ $(0<t<\pi)$를 중심으로 하고 x축에 접하는 원을 C라 하자. 원 C가 x축에 접하는 점을 Q, 선분 OP와 만나는 점을 R라 하자. $\lim_{t \to 0+} \frac{\overline{OQ}}{\overline{OR}} = a + b\sqrt{2}$일 때, $a+b$의 값을 구하시오.

(단, O는 원점이고, a, b는 정수이다.)

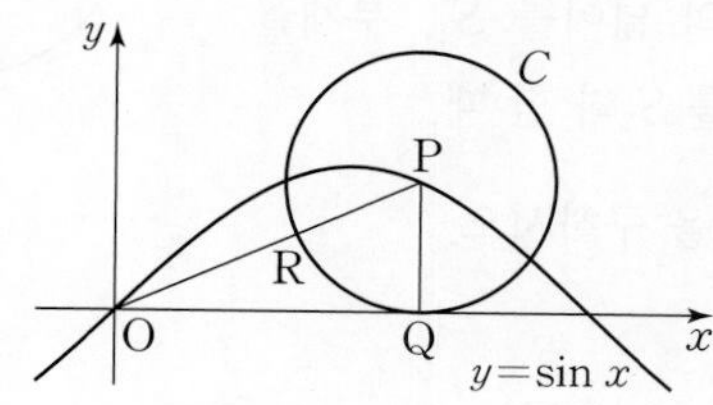

0889

고난도

• 평가원 2019학년도 9월

Level 3

자연수 n에 대하여 중심이 원점 O이고 점 $P(2^n, 0)$을 지나는 원 C가 있다. 원 C 위에 점 Q를 호 PQ의 길이가 π가 되도록 잡는다. 점 Q에서 x축에 내린 수선의 발을 H라 할 때, $\lim_{n \to \infty} (\overline{OQ} \times \overline{HP})$의 값은?

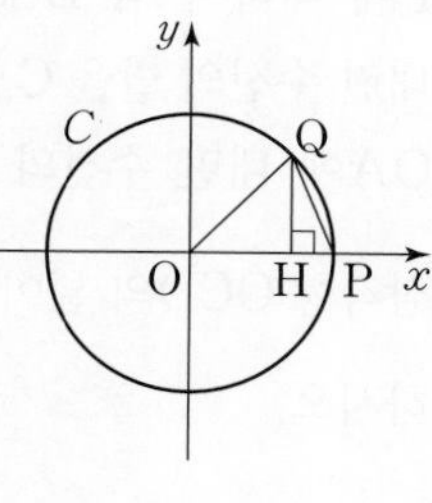

① $\frac{\pi^2}{2}$ ② $\frac{3}{4}\pi^2$ ③ π^2

④ $\frac{5}{4}\pi^2$ ⑤ $\frac{3}{2}\pi^2$

+ Plus 문제

심화유형 18 삼각함수의 극한의 도형에의 활용 – 넓이 빈출유형

구하려고 하는 도형의 넓이를 삼각함수로 나타내어 극한값을 구한다.

0890 대표문제

그림과 같이 선분 AB를 지름으로 하고 중심이 O인 원 위를 움직이는 점 P에 대하여 $\angle PAB=\theta$라 하자. 삼각형 OPB의 넓이를 S_1, 부채꼴 OPB의 넓이를 S_2라 할 때, $\lim\limits_{\theta\to 0+}\dfrac{S_1}{S_2}$의 값을 구하시오.

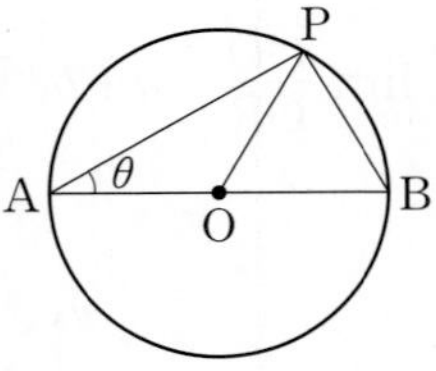

0891

Level 2

그림과 같이 반지름의 길이가 1이고 중심각의 크기가 $\frac{\pi}{2}$인 부채꼴 OAB가 있다. 호 AB 위를 움직이는 점 P에 대하여 점 B에서 선분 OP에 내린 수선의 발을 C, 점 C에서 선분 OA에 내린 수선의 발을 D라 하자. $\angle POB=\theta$라 할 때, 삼각형 OCD의 넓이를 $S(\theta)$라 하자. $\lim\limits_{\theta\to 0+}\dfrac{S(\theta)}{\theta}$의 값을 구하시오.

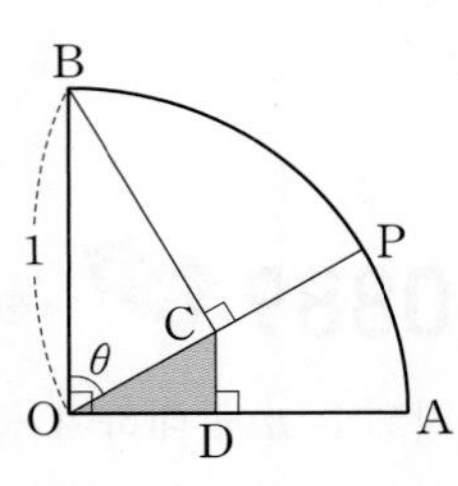

0892

Level 2

그림과 같이 중심각의 크기가 θ이고 반지름의 길이가 4인 부채꼴 OAB가 있다. 점 B에서 선분 OA에 내린 수선의 발을 H라 하고, 삼각형 ABH의 넓이를 $S(\theta)$라 할 때, $\lim\limits_{\theta\to 0+}\dfrac{S(\theta)}{\theta^3}$의 값은?

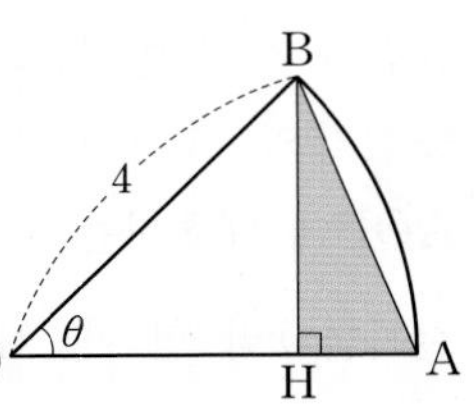

① $\frac{15}{4}$　② 4　③ $\frac{9}{2}$　④ 5　⑤ $\frac{11}{2}$

0893

Level 3

그림과 같이 점 A(1, 0)과 원 $x^2+y^2=1$ 위의 제1사분면에 있는 두 점 P, Q에 대하여 $\angle POQ=\angle QOA=\theta$이다. 점 P에서 x축에 그은 수선이 선분 OQ와 만나는 점을 R라 할 때, 삼각형 POR의 넓이를 $f(\theta)$라 하자. $\lim\limits_{\theta\to 0+}\dfrac{f(\theta)}{4\theta}$의 값은?

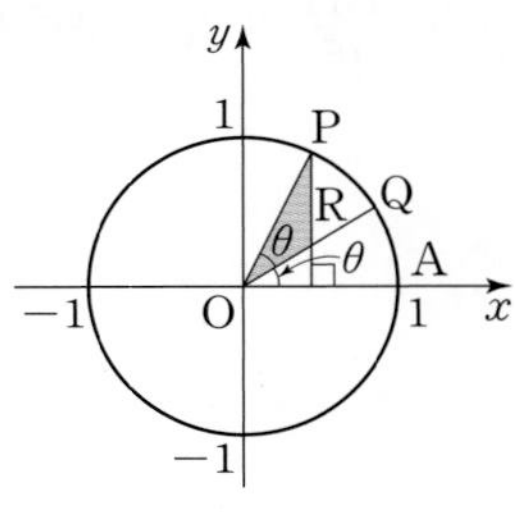

(단, O는 원점이고, $0<\theta<\frac{\pi}{4}$이다.)

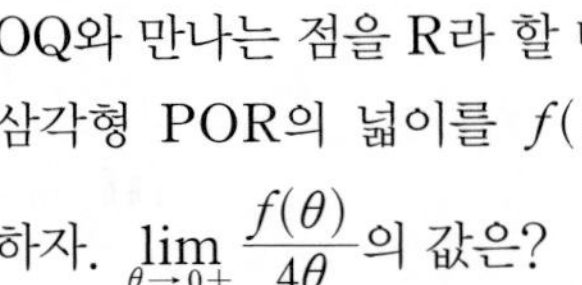

① $\frac{1}{8}$　② $\frac{1}{6}$　③ $\frac{1}{4}$　④ $\frac{1}{3}$　⑤ $\frac{1}{2}$

● 정답 및 풀이 166쪽

다음은 이 유형에서 출제된 최근 교육청 • 평가원 기출문제입니다.

0894 • 교육청 2019년 10월

Level 2

그림과 같이 길이가 2인 선분 AB를 지름으로 하는 원 C_1과 점 B를 중심으로 하고 원 C_1 위의 점 P를 지나는 원 C_2가 있다. 원 C_1의 중심 O에서 원 C_2에 그은 두 접선의 접점을 각각 Q, R라 하자. $\angle PAB=\theta$일 때, 사각형 ORBQ의 넓이를 $S(\theta)$라 하자. $\lim_{\theta \to 0+} \frac{S(\theta)}{\theta}$의 값은? $\left(\text{단, } 0<\theta<\frac{\pi}{6}\right)$

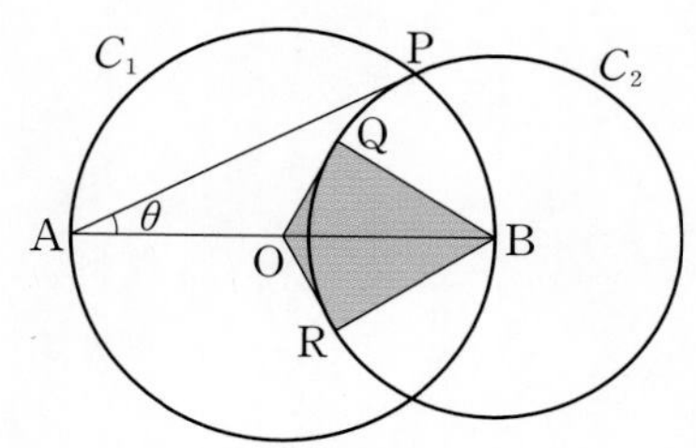

① 2 ② $\sqrt{3}$ ③ 1
④ $\frac{\sqrt{3}}{2}$ ⑤ $\frac{1}{2}$

0895 • 교육청 2019년 7월

Level 2

그림과 같이 길이가 2인 선분 AB를 지름으로 하는 반원이 있다. 선분 AB 위의 점 P에 대하여 $\overline{QB}=\overline{QP}$를 만족시키는 반원 위의 점을 Q라 할 때, $\angle BQP=\theta \left(0<\theta<\frac{\pi}{2}\right)$라 하자. 삼각형 QPB의 넓이를 $S(\theta)$라 할 때, $\lim_{\theta \to 0+} \frac{S(\theta)}{\theta^3}$의 값은?

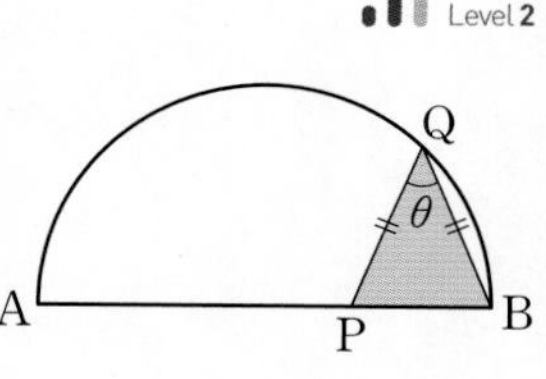

① $\frac{1}{4}$ ② $\frac{1}{2}$ ③ 1
④ 2 ⑤ 4

0896 • 2017학년도 대학수학능력시험

Level 3

그림과 같이 반지름의 길이가 1이고 중심각의 크기가 $\frac{\pi}{2}$인 부채꼴 OAB가 있다. 호 AB 위의 점 P에서 선분 OA에 내린 수선의 발을 H, 선분 PH와 선분 AB의 교점을 Q라 하자. $\angle POH=\theta$일 때, 삼각형 AQH의 넓이를 $S(\theta)$라 하자. $\lim_{\theta \to 0+} \frac{S(\theta)}{\theta^4}$의 값은? $\left(\text{단, } 0<\theta<\frac{\pi}{2}\right)$

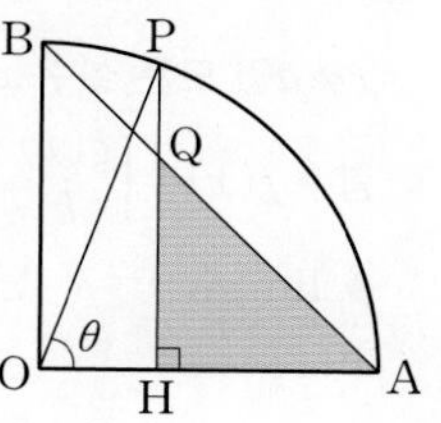

① $\frac{1}{8}$ ② $\frac{1}{4}$ ③ $\frac{3}{8}$
④ $\frac{1}{2}$ ⑤ $\frac{5}{8}$

0897 고난도 • 평가원 2021학년도 6월

Level 3

그림과 같이 $\overline{AB}=1$, $\overline{BC}=2$인 두 선분 AB, BC에 대하여 선분 BC의 중점을 M, 점 M에서 선분 AB에 내린 수선의 발을 H라 하자. 중심이 M이고 반지름의 길이가 $\overline{MH}$인 원이 선분 AM과 만나는 점을 D, 선분 HC가 선분 DM과 만나는 점을 E라 하자. $\angle ABC=\theta$라 할 때, 삼각형 CDE의 넓이를 $f(\theta)$, 삼각형 MEH의 넓이를 $g(\theta)$라 하자.

$\lim_{\theta \to 0+} \frac{f(\theta)-g(\theta)}{\theta^3}=a$일 때, $80a$의 값을 구하시오.

$\left(\text{단, } 0<\theta<\frac{\pi}{2}\right)$

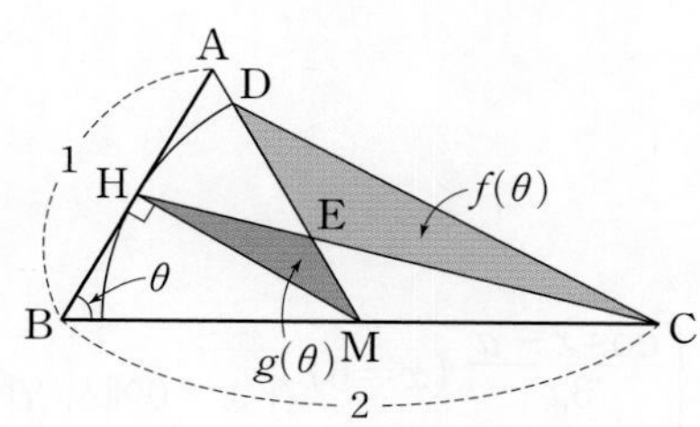

실전유형 19 삼각함수의 연속

$x \neq a$인 모든 실수 x에서 연속인 함수 $g(x)$에 대하여

함수 $f(x)=\begin{cases} g(x) & (x \neq a) \\ k & (x=a) \end{cases}$가 모든 실수 x에서 연속이다.

→ $\lim_{x \to a} g(x)=k$ (단, k는 상수)

0898

함수 $f(x)=\begin{cases} \dfrac{\sin 2(x-1)}{x-1} & (x \neq 1) \\ k & (x=1) \end{cases}$가 $x=1$에서 연속이 되도록 하는 상수 k의 값을 구하시오.

0899 Level 2

함수 $f(x)=\begin{cases} \dfrac{1-\cos ax}{x \sin x} & (x<0) \\ x^2-x+8 & (x \geq 0) \end{cases}$이 $x=0$에서 연속일 때, 양수 a의 값은?

① 1 ② 2 ③ 3 ④ 4 ⑤ 5

0900 Level 2

함수 $f(x)=\begin{cases} \dfrac{\cos x-a}{3x} & (x \neq 0) \\ b & (x=0) \end{cases}$가 $x=0$에서 연속일 때, 상수 a, b에 대하여 $a+b$의 값을 구하시오.

0901 Level 2

함수 $f(x)=\begin{cases} \dfrac{e^{ax}+b}{\sin x} & (x \neq 0) \\ 5 & (x=0) \end{cases}$가 구간 $\left(-\dfrac{\pi}{2}, \dfrac{\pi}{2}\right)$에서 연속일 때, 상수 a, b에 대하여 ab의 값을 구하시오.

0902 Level 2

함수 $f(x)=\begin{cases} \dfrac{e^{2x}+\sin 4x-a}{5x} & (x>0) \\ b & (x \leq 0) \end{cases}$가 실수 전체의 집합에서 연속이 되도록 하는 상수 a, b에 대하여 $a+b$의 값을 구하시오.

0903 Level 2

함수 $f(x)$는 모든 실수 x에 대하여

$$(x-2)f(x)=e^x \sin 3(x-2)$$

를 만족시킨다. 함수 $f(x)$가 $x=2$에서 연속일 때, $f(2)$의 값은?

① 2 ② e ③ 3 ④ $3e$ ⑤ $3e^2$

0904

Level 2

함수 $f(x)=\begin{cases} \dfrac{ax}{e^{5x}-1} & (x>0) \\ b & (x=0) \\ \dfrac{2\tan x}{9x+\sin x} & (x<0) \end{cases}$가 $x=0$에서 연속이 되도록 하는 상수 a, b에 대하여 $a-b$의 값을 구하시오.

다음은 이 유형에서 출제된 최근 교육청 · 평가원 기출문제입니다.

0905 · 평가원 2021학년도 6월

Level 2

실수 전체의 집합에서 연속인 함수 $f(x)$가 모든 실수 x에 대하여

$$(e^{2x}-1)^2f(x)=a-4\cos\frac{\pi}{2}x$$

를 만족시킬 때, $a\times f(0)$의 값은? (단, a는 상수이다.)

① $\dfrac{\pi^2}{6}$ ② $\dfrac{\pi^2}{5}$ ③ $\dfrac{\pi^2}{4}$

④ $\dfrac{\pi^2}{3}$ ⑤ $\dfrac{\pi^2}{2}$

0906 · 교육청 2019년 3월

Level 2

$0\le x\le\pi$에서 정의된 함수

$$f(x)=\begin{cases} 2\cos x\tan x+a & \left(x\ne\dfrac{\pi}{2}\right) \\ 3a & \left(x=\dfrac{\pi}{2}\right) \end{cases}$$

가 $x=\dfrac{\pi}{2}$에서 연속일 때, 함수 $f(x)$의 최댓값과 최솟값의 합은? (단, a는 상수이다.)

① $\dfrac{5}{2}$ ② 3 ③ $\dfrac{7}{2}$

④ 4 ⑤ $\dfrac{9}{2}$

실전 유형 20 삼각함수의 도함수

빈출유형

(1) $y=\sin x$이면 $y'=\cos x$
(2) $y=\cos x$이면 $y'=-\sin x$

0907 대표문제

함수 $f(x)=2^x(\sin x+\cos x)$에 대하여 $f'(0)$의 값은?

① $2\ln 2-1$ ② $\ln 2-1$ ③ $\ln 2+1$

④ $\ln 2+2$ ⑤ $2\ln 2+1$

0908

Level 1

함수 $y=x\ln x+\cos x$의 도함수로 옳은 것은?

① $y'=\ln x+1-\sin x$

② $y'=\ln x+1+\sin x$

③ $y'=\ln x+1+\cos x$

④ $y'=\ln x+x-\cos x$

⑤ $y'=\ln x+x+\cos x$

0909

Level 1

함수 $f(x)=2x^2\sin x$에 대하여 $f'\left(\dfrac{\pi}{2}\right)$의 값은?

① 1 ② $\dfrac{\pi}{3}$ ③ $\dfrac{\pi}{2}$

④ π ⑤ 2π

0910

Level 2

함수 $f(x)=2e^{x}\cos x$에 대하여 $f'(x)=0$을 만족시키는 모든 x의 값의 합을 구하시오. (단, $0<x<2\pi$)

0911

Level 2

함수 $f(x)=\sin^{2}x+2\cos(x+\pi)$에 대하여 $f'\left(\frac{\pi}{3}\right)$의 값은?

① $-\frac{\sqrt{3}}{2}$ ② $\sqrt{3}$ ③ $\frac{3\sqrt{3}}{2}$
④ $2\sqrt{3}$ ⑤ $\frac{5\sqrt{3}}{2}$

0912

Level 2

함수 $f(x)=\sin^{2}x$에 대하여 $\lim_{x\to\pi}\frac{f'(x)}{x-\pi}$의 값은?

① $-\pi$ ② -2 ③ $-\frac{\pi}{2}$
④ 2 ⑤ π

0913

Level 2

함수 $f(x)=2\sin x-2\cos x-3x$에 대하여 $\frac{\pi}{2}\le a\le\pi$일 때, $f'(a)=-3+\sqrt{2}$를 만족시키는 상수 a의 값은?

① $\frac{\pi}{2}$ ② $\frac{13}{24}\pi$ ③ $\frac{7}{12}\pi$
④ $\frac{2}{3}\pi$ ⑤ $\frac{5}{6}\pi$

0914

Level 2

함수 $f(x)=a\sin x+b\cos x$에 대하여

$$f\left(\frac{\pi}{3}\right)=1,\ f'(\pi)=2$$

일 때, 상수 a, b에 대하여 $a+b$의 값을 구하시오.

0915

Level 3

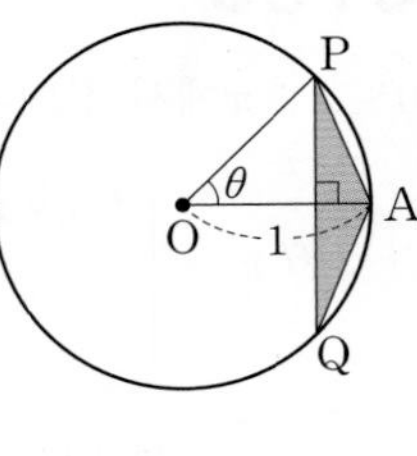

그림과 같이 점 O를 중심으로 하고 반지름의 길이가 1인 원 위의 점 A에 대하여 반지름 OA와 수직인 현 PQ를 잡아 $\angle POA=\theta$라 하고 삼각형 APQ의 넓이를 $S(\theta)$라 할 때, $S'\left(\frac{\pi}{3}\right)$의 값은?

① 0 ② $\frac{-1+\sqrt{3}}{2}$ ③ $\frac{1}{2}$
④ 1 ⑤ $\frac{1+\sqrt{3}}{2}$

0936 유사 1

그림을 이용하여 $\sin(\alpha+\beta)=\sin\alpha\cos\beta+\cos\alpha\sin\beta$임을 보이는 과정을 서술하시오. [8점]

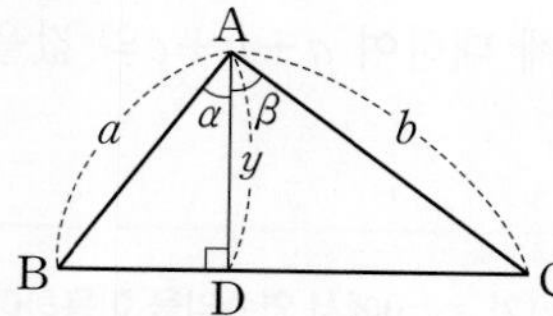

STEP 1 $\triangle$ABC, $\triangle$ABD, $\triangle$ADC의 넓이 구하기 [3점]

STEP 2 y를 a 또는 b를 사용한 식으로 각각 나타내기 [2점]

STEP 3 $\sin(\alpha+\beta)=\sin\alpha\cos\beta+\cos\alpha\sin\beta$임을 보이기 [3점]

0937 대표문제

$\lim\limits_{x\to\pi}\dfrac{1+\cos x}{(x-\pi)\sin x}$의 값을 구하는 과정을 서술하시오. [7점]

STEP 1 주어진 식을 t에 대한 식으로 나타내기 [2점]

$x-\pi=t$로 놓으면 $x\to\pi$일 때 $t\to0$이므로

$$\lim_{x\to\pi}\frac{1+\cos x}{(x-\pi)\sin x}=\lim_{t\to0}\frac{1+\cos(t+\pi)}{t\sin(t+\pi)}$$

$$=\lim_{t\to0}\frac{\boxed{(1)}}{-t\sin t}$$

STEP 2 $\lim\limits_{x\to\pi}\dfrac{1+\cos x}{(x-\pi)\sin x}$의 값 구하기 [5점]

$$\lim_{t\to0}\frac{1-\cos t}{-t\sin t}=\lim_{t\to0}\frac{(1-\cos t)(\boxed{(2)})}{-t\sin t(1+\cos t)}$$

$$=\lim_{t\to0}\frac{\sin^2 t}{-t\sin t(1+\cos t)}$$

$$=\lim_{t\to0}\left\{\left(-\frac{\sin t}{t}\right)\times\frac{\boxed{(3)}}{1+\cos t}\right\}$$

$$=-1\times\boxed{(4)}=\boxed{(5)}$$

0938 한번 더

$\lim\limits_{x\to-\frac{\pi}{2}}\dfrac{1+\sin x}{(2x+\pi)\cos x}$의 값을 구하는 과정을 서술하시오.

[7점]

STEP 1 주어진 식을 t에 대한 식으로 나타내기 [2점]

STEP 2 $\lim\limits_{x\to-\frac{\pi}{2}}\dfrac{1+\sin x}{(2x+\pi)\cos x}$의 값 구하기 [5점]

서술형 유형 익히기

0939 유사 1

$\lim_{x \to -\frac{\pi}{6}} \frac{\sqrt{3}\sin x + \cos x}{2x + \frac{\pi}{3}}$의 값을 구하는 과정을 서술하시오.

[7점]

0940 유사 2

$\lim_{x \to \frac{\pi}{4}} \frac{\sin x - \cos x}{\pi - 4x}$의 값을 구하는 과정을 서술하시오. [7점]

핵심 KEY 유형 14 **치환을 이용한 삼각함수의 극한**

치환을 이용한 삼각함수의 극한값을 구하는 문제이다.
$x-a=t$로 치환하여 접근하는 방식이 주로 이용되는데, 이때 $x \to a$가 $t \to 0$으로 변형되면서 삼각함수의 극한 공식을 적용하기가 수월해진다. 치환하면서 부호와 삼각함수의 변형에 주의한다.

0941 대표문제

함수 $f(x)=\begin{cases} \frac{e^x - \sin ax - b}{x} & (x \neq 0) \\ c & (x=0) \end{cases}$가 $x=0$에서 연속일 때, 상수 a, b, c에 대하여 $a+b+c$의 값을 구하는 과정을 서술하시오. [8점]

STEP 1 함수 $f(x)$가 $x=0$에서 연속임을 이용하여 식 세우기 [3점]

함수 $f(x)$가 $x=0$에서 연속이므로

$\lim_{x \to 0} f(x) =$ (1) ☐

$\therefore \lim_{x \to 0} \frac{e^x - \sin ax - b}{x} =$ (2) ☐ ······ ㉠

STEP 2 극한의 성질을 이용하여 상수 b와 $a+c$의 값 구하기 [4점]

㉠에서 $x \to 0$일 때 (분모)$\to 0$이고 극한값이 존재하므로 (분자)$\to 0$이다.

즉, $\lim_{x \to 0}(e^x - \sin ax - b) =$ (3) ☐ 에서

$1-b=$ (4) ☐

$\therefore b=$ (5) ☐ ······ ㉡

$b=1$을 ㉠의 좌변에 대입하면

$\lim_{x \to 0} \frac{e^x - \sin ax - 1}{x} = \lim_{x \to 0}\left(\frac{e^x - 1}{x} - \frac{\sin ax}{ax} \times \text{(6) ☐}\right)$

$= 1 -$ (7) ☐ $= c$

$\therefore a+c=$ (8) ☐ ······ ㉢

STEP 3 $a+b+c$의 값 구하기 [1점]

㉡, ㉢에 의해

$a+b+c=$ (9) ☐

0942 한번 더

함수 $f(x)=\begin{cases} \dfrac{a-2\cos x}{\sin^2 bx} & (x\neq 0) \\ \dfrac{1}{9} & (x=0) \end{cases}$ 이 $x=0$에서 연속일 때,

상수 a, b에 대하여 ab의 값을 구하는 과정을 서술하시오.

(단, $ab>0$) [8점]

STEP 1 함수 $f(x)$가 $x=0$에서 연속임을 이용하여 식 세우기 [3점]

STEP 2 극한의 성질을 이용하여 상수 a, b의 값 구하기 [4점]

STEP 3 ab의 값 구하기 [1점]

핵심 KEY 유형 19 **삼각함수의 연속**

삼각함수의 연속과 극한의 성질을 이용하여 주어진 함수의 미정계수를 결정하는 문제이다. $\lim\limits_{x\to 0}\dfrac{\sin ax}{ax}=1$, $\lim\limits_{x\to 0}\dfrac{\tan ax}{ax}=1$과 함수의 극한의 성질인 $\lim\limits_{x\to a}\dfrac{f(x)}{g(x)}=c$일 때, $g(x)\to 0$이면 $f(x)\to 0$임을 이용하게 된다. 기본적으로 연속성을 이용하는 문제이므로 $\lim\limits_{x\to a}f(x)=f(a)$임을 문제에 맞추어 서술하는 형태로 답안을 작성한다. 서술형으로 자주 출제되는 유형이므로 여러 번 작성하여 서술 구조를 익히도록 한다.

0943 유사 1

함수 $f(x)=\begin{cases} \dfrac{1-\cos x}{\ln(1-x^2)} & (x\neq 0) \\ a & (x=0) \end{cases}$가 $x=0$에서 연속일 때,

상수 a의 값을 구하는 과정을 서술하시오. [7점]

0944 유사 2

두 함수 $f(x)$, $g(x)$를 다음과 같이 정의하자.

$$f(x)=x\sin x,\ g(x)=\begin{cases} \dfrac{1-\cos x}{ax^2} & (x<0) \\ b & (x=0) \\ \dfrac{f'(x)}{x} & (x>0) \end{cases}$$

함수 $g(x)$가 실수 전체의 집합에서 연속일 때, 상수 a, b에 대하여 $2ab$의 값을 구하는 과정을 서술하시오. [10점]

실력 check 실전 마무리하기 1회

점 / 100점

• 선택형 21문항, 서술형 4문항입니다.

1 0945

θ가 제2사분면의 각이고 $\sec\theta=-\frac{5}{2}$일 때, $\tan\theta$의 값은? [3점]

① $-\frac{\sqrt{29}}{2}$ ② $-\frac{\sqrt{21}}{2}$ ③ $-\frac{\sqrt{29}}{4}$
④ $-\frac{\sqrt{21}}{4}$ ⑤ $-\frac{\sqrt{29}}{8}$

2 0946

$\cos(\alpha+\beta)=\frac{5}{6}$, $\cos\alpha\cos\beta=\frac{1}{3}$일 때, $\sin\alpha\sin\beta$의 값은? [3점]

① $-\frac{1}{6}$ ② $-\frac{1}{3}$ ③ $-\frac{1}{2}$
④ $-\frac{2}{3}$ ⑤ $-\frac{5}{6}$

3 0947

$\tan(\alpha-\beta)=\frac{5}{6}$, $\tan\beta=1$일 때, $\tan\alpha$의 값은? [3점]

① 2 ② 5 ③ 8
④ 11 ⑤ 15

4 0948

삼각형 ABC에서

$$\tan A+\tan B=\frac{1}{\sqrt{3}}\tan A\tan B-\frac{1}{\sqrt{3}}$$

일 때, $\tan C$의 값은? [3점]

① $-\sqrt{3}$ ② $-\frac{\sqrt{3}}{3}$ ③ $\frac{\sqrt{3}}{3}$
④ 1 ⑤ $\sqrt{3}$

5 0949

이차방정식 $x^2-5x+3=0$의 두 근이 $\tan\alpha$, $\tan\beta$일 때, $\tan(\alpha+\beta)$의 값은? [3점]

① $-\frac{5}{6}$ ② -1 ③ $-\frac{5}{4}$
④ $-\frac{5}{3}$ ⑤ $-\frac{5}{2}$

6 0950

$\cos\theta=\frac{1}{\sqrt{3}}$일 때, $\cos 2\theta$의 값은? $\left(\text{단, } 0<\theta<\frac{\pi}{2}\right)$ [3점]

① $-\frac{1}{9}$ ② $-\frac{2}{9}$ ③ $-\frac{1}{3}$
④ $-\frac{4}{9}$ ⑤ $-\frac{5}{9}$

7 0951

$\lim_{x\to 0}\frac{\sin x^{\circ}}{x}=\frac{\pi}{a}$일 때, 상수 a의 값은? [3점]

① 1 ② 60 ③ 90
④ 120 ⑤ 180

8 0952

$\lim_{x\to 0}\frac{4\tan x}{x+\sin x\cos x}$의 값은? [3점]

① 1 ② 2 ③ 3
④ 4 ⑤ 5

9 0953

$\lim_{x\to 1}\frac{a\sin(x-1)}{x^4-1}=10$일 때, 상수 a의 값은? [3점]

① 10 ② 20 ③ 30
④ 40 ⑤ 50

10 0954

그림과 같이 한 변의 길이가 1인 정사각형 6개의 변을 붙여 만든 도형이 있다. $\angle\text{BAD}=\alpha$, $\angle\text{CAD}=\beta$라 할 때, $\sin(\alpha-\beta)$의 값은? [3.5점]

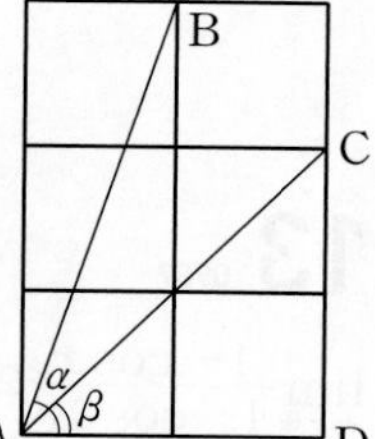

① $\frac{1}{5}$ ② $\frac{2}{5}$
③ $\frac{\sqrt{5}}{5}$ ④ $\frac{4}{5}$
⑤ $\frac{2\sqrt{5}}{5}$

11 0955

$0\le x<2\pi$일 때, 방정식 $\cos 2x-3\cos x=-2$의 모든 실근의 합은? [3.5점]

① $\frac{2}{3}\pi$ ② π ③ $\frac{4}{3}\pi$
④ $\frac{5}{3}\pi$ ⑤ 2π

12 0956

구간 $[0,\ 2\pi]$에서 함수 $f(x)=\dfrac{\sin x+\cos x}{\sqrt{2}}$의 그래프가 직선 $y=k$와 세 점에서 만날 때, 상수 k의 값은? [3.5점]

① -1 ② 0 ③ $\dfrac{1}{2}$
④ $\dfrac{\sqrt{2}}{2}$ ⑤ $\dfrac{\sqrt{3}}{2}$

13 0957

$\displaystyle\lim_{x\to 0}\frac{1-\cos x}{1-\cos 2x}$의 값은? [3.5점]

① $\dfrac{1}{5}$ ② $\dfrac{1}{4}$ ③ $\dfrac{1}{3}$
④ $\dfrac{1}{2}$ ⑤ 1

14 0958

$\displaystyle\lim_{x\to\infty}2x\cos\left(\frac{\pi}{2}-\frac{3}{x}\right)$의 값은? [3.5점]

① 2 ② 4 ③ 6
④ 8 ⑤ 10

15 0959

함수 $f(x)=\begin{cases}\dfrac{e^x-\sin 3x-a}{bx} & (x\neq 0)\\ 1-b & (x=0)\end{cases}$가 $x=0$에서 연속일 때, 상수 a, b에 대하여 $a+b$의 값은? (단, $b>0$) [3.5점]

① 2 ② 3 ③ 4
④ 5 ⑤ 6

16 0960

함수 $f(x)=\displaystyle\lim_{h\to 0}\frac{x\cos(x+h)-x\cos x}{h}$에 대하여 $f'(\pi)$의 값은? [3.5점]

① -2π ② $-\pi$ ③ 0
④ π ⑤ 2π

17 0961

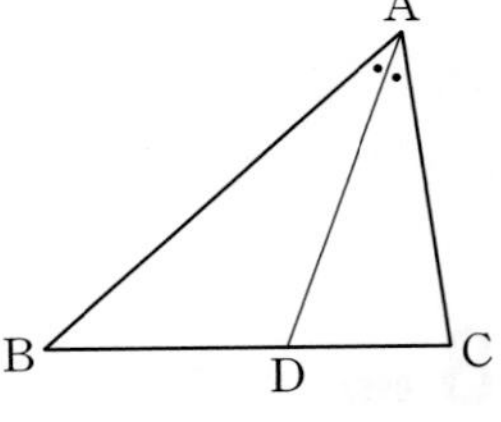

그림과 같이 $\overline{BC}=8$인 삼각형 ABC에서 ∠A의 이등분선이 변 BC와 만나는 점을 D라 하자. 점 D가 선분 BC를 5 : 3으로 내분하고, $\sin(\angle DAC)=\dfrac{3}{5}$일 때, 삼각형 ABC의 둘레의 길이는? [4점]

① $6+4\sqrt{10}$ ② $8+4\sqrt{10}$ ③ $10+4\sqrt{10}$
④ $6+8\sqrt{10}$ ⑤ $8+8\sqrt{10}$

18 0962

그림과 같은 사각형 ABCD에서 $\angle ABC=\frac{\pi}{2}$, $\overline{AB}=4$, $\overline{BC}=2$, $\overline{BD}=5$ 일 때, 사각형 ABCD의 넓이의 최댓값은? [4점]

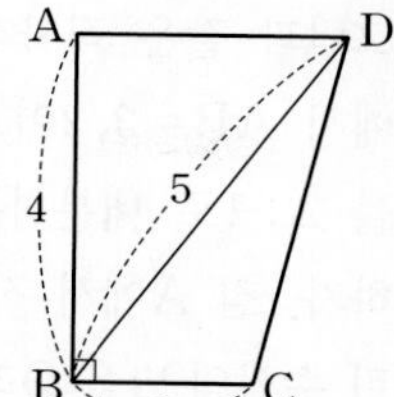

① 10 ② $5\sqrt{5}$
③ $5\sqrt{6}$ ④ $5\sqrt{7}$
⑤ $10\sqrt{2}$

19 0963

그림과 같이 중심각의 크기가 θ인 부채꼴 OAB에 내접하는 원 C가 있다. 호 AB의 길이를 l, 원 C의 둘레의 길이를 k라 할 때, $\lim_{\theta \to 0+} \frac{k}{l}$의 값은? [4점]

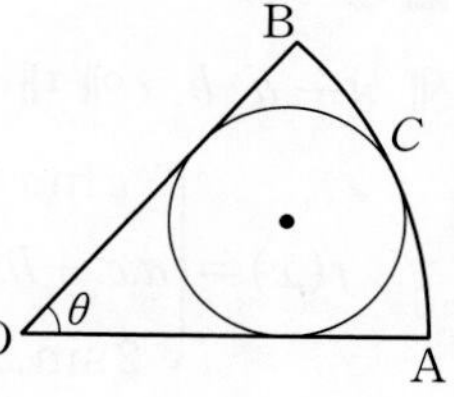

① $\frac{\pi}{2}$ ② π ③ $\frac{3\pi}{2}$
④ 2π ⑤ $\frac{5\pi}{2}$

20 0964

그림과 같이 $\angle ABC=\angle BAC=\theta$이고, $\overline{BC}=4$인 이등변삼각형 ABC가 있다. 선분 BC의 연장선 위에 $\angle CAD=2\angle ABC$가 되도록 점 D를 잡자. 삼각형 ABD의 넓이를 $S(\theta)$라 할 때, $\lim_{\theta \to 0+} \frac{S(\theta)}{\theta}$의 값은? [4점]

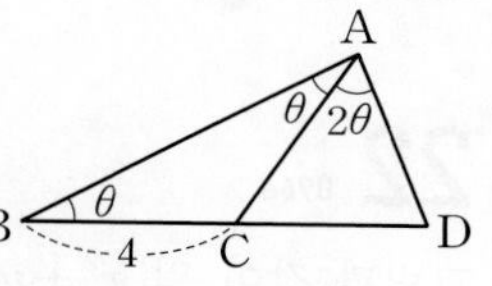

① 16 ② 18 ③ 20
④ 22 ⑤ 24

21 0965

〈보기〉의 함수 중 $x=0$에서 미분가능한 것을 있는 대로 고른 것은? [4.5점]

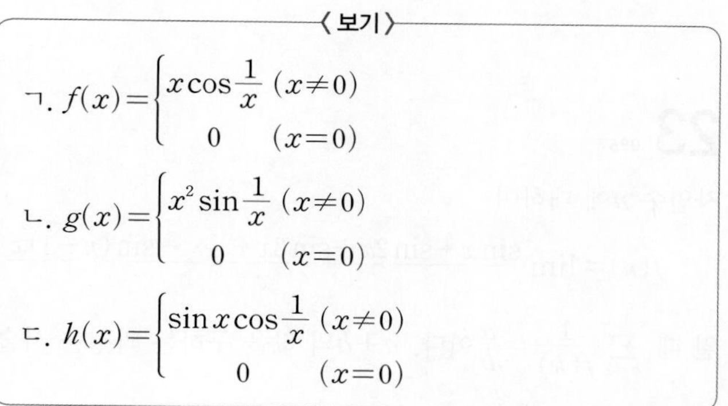

〈보기〉

ㄱ. $f(x)=\begin{cases} x\cos\frac{1}{x} & (x\neq 0) \\ 0 & (x=0) \end{cases}$

ㄴ. $g(x)=\begin{cases} x^2\sin\frac{1}{x} & (x\neq 0) \\ 0 & (x=0) \end{cases}$

ㄷ. $h(x)=\begin{cases} \sin x\cos\frac{1}{x} & (x\neq 0) \\ 0 & (x=0) \end{cases}$

① ㄱ ② ㄴ ③ ㄱ, ㄴ
④ ㄴ, ㄷ ⑤ ㄱ, ㄴ, ㄷ

서술형

22 0966

그림과 같이 원 $x^2+y^2=4$ 밖의 점 $(4,\ 6)$에서 이 원에 그은 두 접선이 x축의 양의 방향과 이루는 각의 크기를 각각 θ_1, θ_2라 할 때, $\tan(\theta_1+\theta_2)$의 값을 구하는 과정을 서술하시오. [6점]

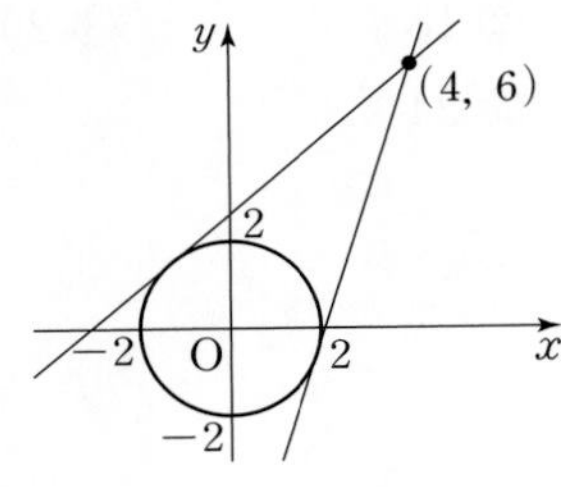

23 0967

자연수 n에 대하여

$$f(n)=\lim_{x\to 0}\frac{\sin x+\sin 2x+\sin 3x+\cdots+\sin(n-1)x}{x}$$

일 때 $\sum_{k=2}^{9}\frac{1}{f(k)}=\frac{a}{b}$이다. $a+b$의 값을 구하는 과정을 서술하시오. (단, a와 b는 서로소인 자연수이다.) [6점]

24 0968

그림과 같은 직사각형 ABCD에서 $\overline{AB}=2\sqrt{2}$이고, 선분 BC를 2 : 1로 내분하는 점을 P라 하자. 점 A에서 직선 DP에 내린 수선의 발을 Q라 할 때, $\overline{AQ}=2\sqrt{2}$이다. $\tan(\angle AQB)$의 값을 구하는 과정을 서술하시오. [8점]

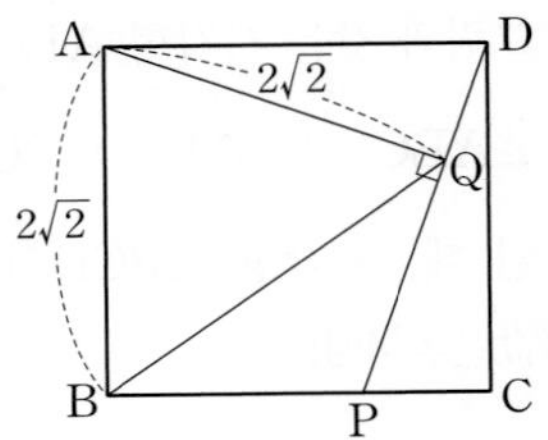

25 0969

세 상수 a, b, c에 대하여 함수

$$f(x)=\begin{cases} c\ln x & (x\ge 1) \\ ax^2+bx & (0\le x<1) \\ 2\sin x & (x<0) \end{cases}$$

가 실수 전체의 집합에서 미분가능할 때, $a-b+c$의 값을 구하는 과정을 서술하시오. [8점]

● 정답 및 풀이 180쪽

2회

• 선택형 21문항, 서술형 4문항입니다.

04

1 0970

다음 중 옳지 않은 것은? [3점]

① $\cos\theta\sec\theta+\sin\theta\csc\theta=2$

② $\dfrac{1}{1+\cos\theta}+\dfrac{1}{1-\cos\theta}=2\csc^2\theta$

③ $(1+\tan\theta)(1+\cot\theta)=2+\dfrac{1}{\sin\theta\cos\theta}$

④ $\dfrac{\cos\theta}{1-\tan\theta}+\dfrac{\sin\theta}{1-\cot\theta}=\sin\theta+\cos\theta$

⑤ $\dfrac{1}{\csc\theta-\cot\theta}+\dfrac{1}{\csc\theta+\cot\theta}=2\sec\theta$

2 0971

$\dfrac{\tan 45^\circ-\tan 15^\circ}{1+\tan 45^\circ\tan 15^\circ}$의 값은? [3점]

① 0 ② $\dfrac{1}{2}$ ③ $\dfrac{\sqrt{3}}{3}$
④ 1 ⑤ $\sqrt{3}$

3 0972

이차방정식 $4x^2-kx+2=0$의 두 근이 $\tan\alpha$, $\tan\beta$이고 $\tan(\alpha+\beta)=3$일 때, 상수 k의 값은? [3점]

① 2 ② 3 ③ 5
④ 6 ⑤ 8

4 0973

두 직선 $y=2x-1$, $y=\dfrac{1}{2}x+3$이 이루는 예각의 크기를 θ라 할 때, $\tan\theta$의 값은? [3점]

① $\dfrac{1}{2}$ ② $\dfrac{2}{3}$ ③ $\dfrac{3}{4}$
④ 1 ⑤ $\dfrac{3}{2}$

5 0974

그림과 같이 한 변의 길이가 1인 정사각형 3개의 변을 붙여 만든 도형이 있다. $\angle\mathrm{BAD}=\alpha$, $\angle\mathrm{CAD}=\beta$라 할 때, $\cos(\alpha-\beta)$의 값은? [3점]

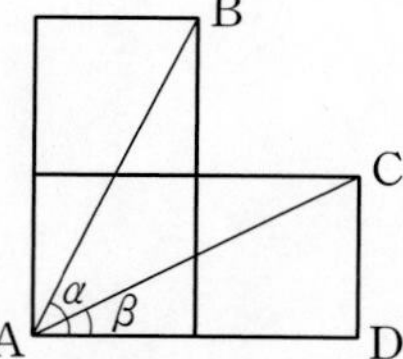

① $\dfrac{1}{5}$ ② $\dfrac{2}{5}$ ③ $\dfrac{\sqrt{5}}{5}$
④ $\dfrac{4}{5}$ ⑤ $\dfrac{2\sqrt{5}}{5}$

6 0975

$\sqrt{2}\sin\theta-\cos\theta=0$일 때, $\tan 2\theta$의 값은? [3점]

① $\frac{1}{3}$　② $\frac{1}{2}$　③ $\frac{1}{\sqrt{2}}$　④ $\sqrt{2}$　⑤ $2\sqrt{2}$

7 0976

$\cos 2x=\frac{3}{5}$일 때, 다음 등비급수의 합은? [3점]

$$1+\sin^2 x+\sin^4 x+\sin^6 x+\cdots$$

① $\frac{1}{2}$　② 1　③ $\frac{3}{2}$　④ $\frac{4}{3}$　⑤ $\frac{5}{4}$

8 0977

$\lim_{x\to 0}\frac{\ln(1+2x)}{\sin 4x}$의 값은? [3점]

① 1　② $\frac{1}{2}$　③ $\frac{1}{3}$　④ $\frac{1}{4}$　⑤ $\frac{1}{5}$

9 0978

함수 $f(\theta)=1-\frac{1}{1+\sin\theta}$에 대하여 $\lim_{\theta\to 0}\frac{10f(\theta)}{\theta}$의 값은? [3점]

① 2　② 4　③ 6　④ 8　⑤ 10

10 0979

함수 $y=\sin x-\cos x$의 그래프는 $y=a\sin x$의 그래프를 x축의 방향으로 b만큼 평행이동한 것이다. 상수 a, b에 대하여 ab의 값은? (단, $a>0$, $-2\pi<b<0$) [3.5점]

① $-2\sqrt{2}\pi$　② $-\frac{7\sqrt{2}}{4}\pi$　③ $-\frac{3\sqrt{2}}{2}\pi$　④ $-\sqrt{2}\pi$　⑤ $-\pi$

11 0980

함수 $f(x)=a\sin x+2\cos x+b$의 최댓값이 7이고 최솟값이 -1일 때, a^2+b의 값은? (단, a, b는 상수이다.) [3.5점]

① 14　② 15　③ 16　④ 17　⑤ 18

12 0981

$\lim_{x\to 0}\frac{\tan(\tan 4x)}{\tan 2x}$의 값은? [3.5점]

① $\frac{1}{4}$ ② $\frac{1}{2}$ ③ 1
④ 2 ⑤ 4

13 0982

$\lim_{x\to 0}\frac{3\sin 2x-6\sin x}{x^3}$의 값은? [3.5점]

① -5 ② -4 ③ -3
④ -2 ⑤ -1

14 0983

$\lim_{x\to 0}\frac{\sqrt{ax+b}-1}{\sin 2x}=5$일 때, 상수 a, b에 대하여 $a+b$의 값은? [3.5점]

① 19 ② 20 ③ 21
④ 22 ⑤ 23

15 0984

함수 $f(x)=\lim_{h\to 0}\frac{e^x\cos(x+h)-e^x\cos x}{h}$에 대하여 $f'(\pi)$의 값은? [3.5점]

① $\frac{1}{2}e^{\pi}$ ② e^{π} ③ $2e^{\pi}$
④ $e^{2\pi}$ ⑤ $2e^{2\pi}$

16 0985

함수 $f(x)=\sin x+\cos x$에 대하여 $\lim_{x\to 0}\frac{f(\tan x)-1}{2x}$의 값은? [3.5점]

① 1 ② $\frac{3}{4}$ ③ $\frac{2}{3}$
④ $\frac{1}{2}$ ⑤ $\frac{1}{3}$

17 0986

$\sin(\alpha+\beta)=\frac{3}{4}$, $\sin(\alpha-\beta)=\frac{2}{3}$일 때, $\frac{\tan\alpha}{\tan\beta}$의 값은? [4점]

① 8 ② 10 ③ 12
④ 15 ⑤ 17

18 0987

그림과 같이 반지름의 길이가 2이고 중심이 원점인 원이 있다. 원 위의 점 C에서 그은 접선이 x축, y축과 만나는 점을 각각 Q, P라 하고 $\overline{PQ}=5$일 때, $\angle COP=\theta\left(0<\theta<\frac{\pi}{4}\right)$라 하자. $\tan 2\theta$의 값은? (단, O는 원점이다.) [4점]

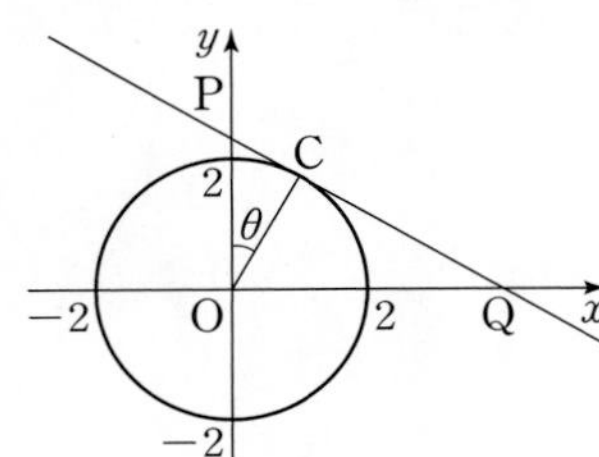

① $\frac{2}{3}$ ② $\frac{3}{4}$ ③ $\frac{4}{3}$
④ $\frac{3}{2}$ ⑤ $\frac{5}{3}$

19 0988

그림과 같이 두 곡선 $y=3^x-1\ (x>0)$, $y=\sin x\ (0<x<\pi)$가 직선 $x=t\ (t>0)$와 만나는 점을 각각 P, Q라 하자. 점 R의 좌표가 $(t,\ 0)$일 때, $\lim_{t\to 0+}\frac{\overline{PQ}}{\overline{QR}}$의 값은? [4점]

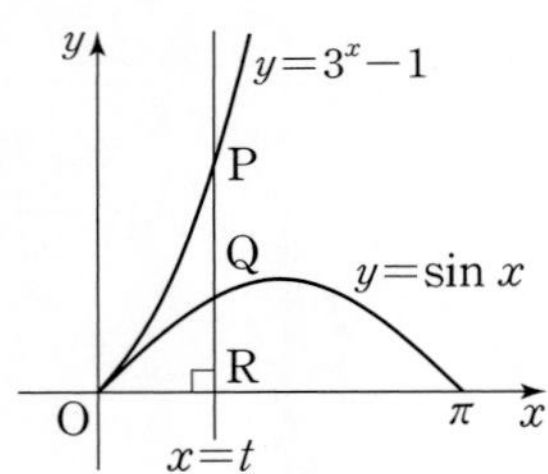

① $\ln 3-3$ ② $\ln 3-1$ ③ $\ln 3$
④ $\ln 3+1$ ⑤ $\ln 3+3$

20 0989

함수 $f(x)=\begin{cases} x^2-2x+b & (x<0) \\ (ax+1)\cos x & (x\geq 0)\end{cases}$가 모든 실수 x에 대하여 미분가능할 때, $a+b$의 값은? (단, a, b는 상수이다.)

[4점]

① -2 ② -1 ③ 0
④ 1 ⑤ 2

21 0990

그림과 같이 원점을 지나는 서로 다른 두 직선 l, m이 이루는 예각의 크기를 θ라 하자. 중심이 x축 위에 있고, 반지름의 길이가 각각 2, 5인 두 원 C_1, C_2가 제1사분면과 제4사분면 위에서 두 직선 l, m에 동시에 접한다. $\overline{C_1C_2}=3\sqrt{5}$일 때, $\tan\theta$의 값은? [4.5점]

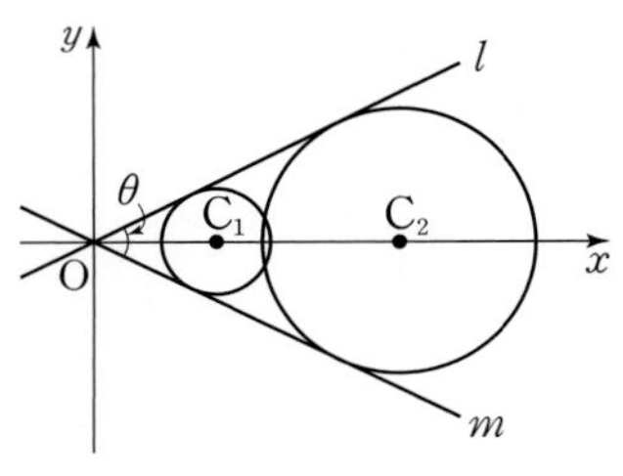

① $\frac{1}{2}$ ② $\frac{3}{4}$ ③ $\frac{4}{3}$
④ 2 ⑤ 4

서술형

22 0991

$\lim_{x\to\frac{\pi}{2}}\frac{a(\pi-2x)\cos x}{\sin x-b}=-4$를 만족시키는 상수 a, b에 대하여 $2ab$의 값을 구하는 과정을 서술하시오. [6점]

23 0992

함수 $f(x)=(\sin x-\cos x)^2$에 대하여 $\lim_{h\to 0}\frac{f\left(\frac{\pi}{2}+2h\right)-1}{h}$의 값을 구하는 과정을 서술하시오. [6점]

24 0993

그림과 같이 $\overline{\mathrm{AD}}=10$, $\overline{\mathrm{DC}}=6$인 직사각형 ABCD가 있다. 선분 AB를 1 : 2로 내분하는 점을 E, 선분 BC를 3 : 2로 내분하는 점을 F라 하자. $\angle\mathrm{DEF}=\theta$라 할 때, $\tan\theta$의 값을 구하는 과정을 서술하시오. [8점]

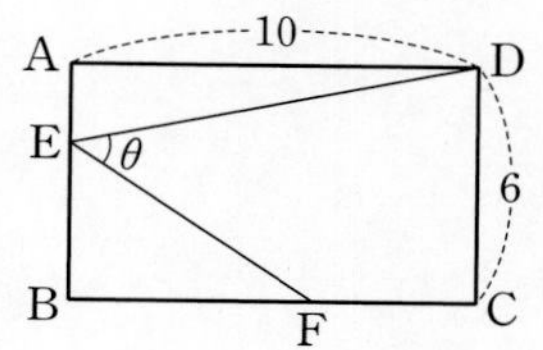

25 0994

함수 $f_n(x)=\sin^2 x\cos^n x$ $\left(0<x<\frac{\pi}{2},\ n\text{은 자연수}\right)$에 대하여 $g(x)=\sum_{n=1}^{\infty}f_n(x)$라 할 때, $g'\left(\frac{\pi}{3}\right)$의 값을 구하는 과정을 서술하시오. [8점]

진짜 자존감

아프지 않도록 감싸 주는 게

자존감인 줄 알았는데

아파도 다시 일어설 수 있도록

나를 믿어 주는 게 자존감이더라.

05 여러 가지 미분법

05 Ⅱ. 미분법

여러 가지 미분법

1 함수의 몫의 미분법 (핵심 1)

(1) 함수의 몫의 미분법

두 함수 $f(x)$, $g(x)$ $(g(x)\neq 0)$가 미분가능할 때

① $y=\dfrac{1}{g(x)}$이면 $y'=-\dfrac{g'(x)}{\{g(x)\}^2}$

② $y=\dfrac{f(x)}{g(x)}$이면 $y'=\dfrac{f'(x)g(x)-f(x)g'(x)}{\{g(x)\}^2}$

(2) 함수 $y=x^n$ (n은 정수)의 도함수

n이 정수일 때, $y=x^n$이면 $y'=nx^{n-1}$

(3) 삼각함수의 도함수

① $y=\tan x$이면 $y'=\sec^2 x$

② $y=\sec x$이면 $y'=\sec x\tan x$

③ $y=\csc x$이면 $y'=-\csc x\cot x$

④ $y=\cot x$이면 $y'=-\csc^2 x$

Note

① $y=\sin x$이면 $y'=\cos x$
② $y=\cos x$이면 $y'=-\sin x$

2 합성함수의 미분법 (핵심 2)

(1) 합성함수의 미분법

두 함수 $y=f(u)$, $u=g(x)$가 미분가능할 때, 합성함수 $y=f(g(x))$의 도함수는

$$\frac{dy}{dx}=\frac{dy}{du}\times\frac{du}{dx} \quad \text{또는} \quad y'=f'(g(x))g'(x)$$

참고 함수 $f(x)$가 미분가능할 때
① $y=f(ax+b)$이면 $y'=af'(ax+b)$ (단, a, b는 상수)
② $y=\{f(x)\}^n$이면 $y'=n\{f(x)\}^{n-1}f'(x)$ (단, n은 정수)

(2) 로그함수의 도함수

$a>0$, $a\neq 1$이고, 함수 $f(x)$가 미분가능하며 $f(x)\neq 0$일 때

① $y=\ln|x|$이면 $y'=\dfrac{1}{x}$

② $y=\log_a|x|$이면 $y'=\dfrac{1}{x\ln a}$

③ $y=\ln|f(x)|$이면 $y'=\dfrac{f'(x)}{f(x)}$

④ $y=\log_a|f(x)|$이면 $y'=\dfrac{f'(x)}{f(x)\ln a}$

(3) 함수 $y=x^n$ (n은 실수)의 도함수

n이 실수일 때, $y=x^n$ $(x>0)$이면 $y'=nx^{n-1}$

참고 $y=x^n$에서
❶ 양변에 절댓값을 취하면 $|y|=|x^n|$, $|y|=|x|^n$
❷ 양변에 자연로그를 취하면 $\ln|y|=\ln|x|^n$, $\ln|y|=n\ln|x|$ → $\ln|x|^n=n\ln|x|$
❸ 양변을 x에 대하여 미분하면 $\dfrac{y'}{y}=\dfrac{n}{x}$ $\quad\therefore y'=\dfrac{n}{x}\times y=\dfrac{n}{x}\times x^n=nx^{n-1}$

- 두 함수 $y=f(u)$, $u=g(x)$가 미분가능할 때, 합성함수 $y=f(g(x))$도 미분가능하다.
- $y=e^{f(x)}$이면 $y'=e^{f(x)}f'(x)$
  $y=a^{f(x)}$이면 $y'=a^{f(x)}\ln a\times f'(x)$
- n이 실수일 때, 함수 $y=x^n(x\leq 0)$의 도함수가 존재하면 $y'=nx^{n-1}$이 성립함이 알려져 있다.
- $f(x)$가 밑과 지수에 모두 변수가 있거나 복잡한 분수 꼴이면 $y=f(x)$의 양변의 절댓값에 자연로그를 취한 후 양변을 x에 대하여 미분하여 도함수를 구할 수 있다.

3 매개변수로 나타낸 함수의 미분법 핵심 3

(1) 매개변수로 나타낸 함수

두 변수 x와 y 사이의 관계가 변수 t를 매개로 하여

$x=f(t)$, $y=g(t)$ ⋯ ㉠

꼴로 나타날 때, 변수 t를 **매개변수**라 하며 ㉠을 매개변수로 나타낸 함수라 한다.

(2) 매개변수로 나타낸 함수의 미분법

매개변수로 나타낸 함수 $x=f(t)$, $y=g(t)$가 t에 대하여 미분가능하고 $f'(t)\neq0$일 때

$$\frac{dy}{dx}=\frac{\frac{dy}{dt}}{\frac{dx}{dt}}=\frac{g'(t)}{f'(t)}$$

4 음함수의 미분법 핵심 4

(1) x의 함수 y가 $f(x, y)=0$ 꼴로 주어지면 y를 x의 **음함수**라 한다. 즉, $f(x, y)=0$은 y를 x의 음함수로 표현한 식이다.

(2) 음함수의 미분법

음함수 $f(x, y)=0$ 꼴에서 y를 x의 함수로 보고, 각 항을 x에 대하여 미분하여 $\frac{dy}{dx}$를 구한다.

5 역함수의 미분법 핵심 5

미분가능한 함수 $f(x)$의 역함수 $f^{-1}(x)$가 존재하고 미분가능할 때, $y=f^{-1}(x)$의 도함수는 다음과 같다.

$$\frac{dy}{dx}=\frac{1}{\frac{dx}{dy}} \quad \text{또는} \quad (f^{-1})'(x)=\frac{1}{f'(y)}\left(\text{단, } \frac{dx}{dy}\neq0,\ f'(y)\neq0\right)$$

참고 미분가능한 함수 $f(x)$의 역함수 $y=g(x)$가 존재하고 미분가능할 때
역함수의 성질에 의해 $(f\circ g)(x)=f(g(x))=x$
양변을 x에 대하여 미분하면 $f'(g(x))g'(x)=1$
$\therefore g'(x)=\frac{1}{f'(g(x))}=\frac{1}{f'(y)}$ (단, $f'(y)\neq0$)

6 이계도함수 핵심 6

함수 $y=f(x)$의 도함수 $f'(x)$가 미분가능할 때, 함수 $f'(x)$의 도함수

$$\lim_{\Delta x\to0}\frac{f'(x+\Delta x)-f'(x)}{\Delta x}$$

를 함수 $y=f(x)$의 **이계도함수**라 하고, 기호로 $f''(x)$, y'', $\frac{d^2y}{dx^2}$, $\frac{d^2}{dx^2}f(x)$와 같이 나타낸다.

참고 $\frac{dy}{dx}$를 x에 대하여 미분하면 $\frac{d}{dx}\left(\frac{dy}{dx}\right)$인데 이것을 $\frac{d^2y}{dx^2}$와 같이 나타낸다.

Note

- 음함수의 미분법은 y를 x에 대한 식으로 나타내기 어려울 때 이용하면 편리하다.
- 역함수의 미분법을 이용하면 역함수를 직접 구하지 않고도 역함수의 미분계수를 구할 수 있다.
- 일반적으로 자연수 n에 대하여 함수 $f(x)$를 n번 미분하여 얻은 함수를 $y=f(x)$의 n계도함수라 하고, 기호로
  $f^{(n)}(x)$, $y^{(n)}$, $\frac{d^ny}{dx^n}$, $\frac{d^n}{dx^n}f(x)$
  와 같이 나타낸다.

핵심 1 함수의 몫의 미분법 유형 1~2

함수 $y=\frac{x-2}{x^2+1}$의 도함수를 구해 보자.

$$y'=\frac{(x-2)'(x^2+1)-(x-2)(x^2+1)'}{(x^2+1)^2}$$
$$=\frac{(x^2+1)-(x-2)\times 2x}{(x^2+1)^2}$$
$$=-\frac{x^2-4x-1}{(x^2+1)^2}$$

$$y=\frac{f(x)}{g(x)} \xrightarrow{\text{미분}} y'=\frac{f'(x)g(x)-f(x)g'(x)}{\{g(x)\}^2}$$

0995 다음 함수를 미분하시오.

(1) $y=\frac{1}{x-3}$ (2) $y=-\frac{1}{x^3}$

(3) $y=\frac{\ln x}{x}$ (4) $y=\frac{x}{e^x-1}$

0996 다음 함수를 미분하시오.

(1) $y=\tan x+\sec x$

(2) $y=\cot x\csc x$

(3) $y=\frac{x}{\cot x}$

핵심 2 합성함수의 미분법 유형 5~9

함수 $y=(x^2-1)^5$의 도함수를 구해 보자.

방법1 $u=x^2-1$이라 하면

$y=u^5$에서 $\frac{dy}{du}=5u^4$, $\frac{du}{dx}=2x$이므로

$$y'=\frac{dy}{dx}=\frac{dy}{du}\times\frac{du}{dx}$$
$$=5u^4\times 2x=5(x^2-1)^4\times 2x$$
$$=10x(x^2-1)^4$$

방법2 $y=(x^2-1)^5$에서

$$y'=5(x^2-1)^4\times(x^2-1)'$$
$$=5(x^2-1)^4\times 2x$$
$$=10x(x^2-1)^4$$

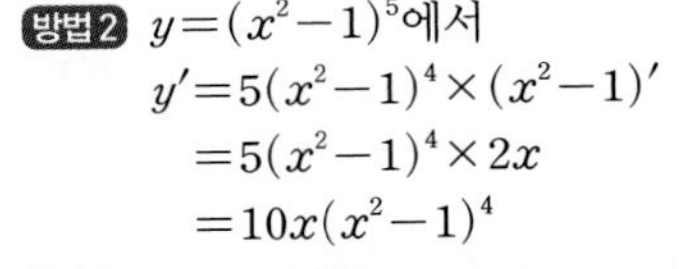

0997 다음 함수를 미분하시오.

(1) $y=(4x^2+1)^6$ (2) $y=\frac{1}{(1-2x)^4}$

(3) $y=e^{x^2-2x}$ (4) $y=\sin(2x+1)$

0998 함수 $f(x)=x\ln|x|$에 대하여 $f'(1)$의 값을 구하시오.

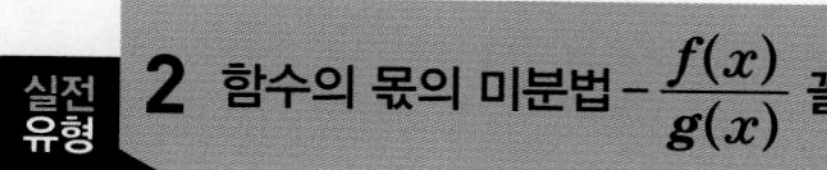

실전유형 2 함수의 몫의 미분법 - $\frac{f(x)}{g(x)}$ 꼴 빈출유형

두 함수 $f(x)$, $g(x)$ $(g(x)\neq 0)$가 미분가능할 때

$$y=\frac{f(x)}{g(x)} \rightarrow y'=\frac{f'(x)g(x)-f(x)g'(x)}{\{g(x)\}^2}$$

1020 대표문제

함수 $f(x)=\frac{ax+b}{x^2+x+1}$에 대하여 $f'(0)=-1$, $f'(1)=1$일 때, $f(-1)$의 값을 구하시오. (단, a, b는 상수이다.)

1021 Level 1

함수 $f(x)=\frac{3x}{x^2+2}$에 대하여 곡선 $y=f(x)$ 위의 점 $(1,\ 1)$에서의 접선의 기울기가 $\frac{q}{p}$일 때, $p+q$의 값을 구하시오.

(단, p와 q는 서로소인 자연수이다.)

1022 Level 1

함수 $f(x)=\frac{ax}{x+3}$에 대하여 $f'(0)=2$일 때, 상수 a의 값은?

① 6 ② 8 ③ 10
④ 12 ⑤ 14

1023 Level 2

함수 $f(x)=\frac{2x-1}{x^2-1}$에 대하여 $\lim_{h\to 0}\frac{f(2+2h)-f(2-7h)}{h}$의 값을 구하시오.

1024 Level 2

함수 $f(x)=\frac{2e^x}{x+1}$에 대하여 $\lim_{x\to 1}\frac{f(x)-e}{x-1}$의 값은?

① $\frac{e}{5}$ ② $\frac{e}{4}$ ③ $\frac{e}{3}$
④ $\frac{e}{2}$ ⑤ e

1025 Level 2

함수 $f(x)=\frac{x-2}{x^2-3}$에 대하여 부등식 $f'(x)\geq 0$을 만족시키는 정수 x의 개수를 구하시오.

1026 Level 2

함수 $f(x)=\frac{2x-2}{x^2+1}+3$과 함수 $g(x)$가 모든 실수 x에 대하여 $f'(x)=\frac{g(x)}{(x^2+1)^2}$를 만족시킬 때, $g(2)$의 값은?

① 1 ② 2 ③ 3
④ 4 ⑤ 5

1027 Level 2

함수 $f(x)=\frac{ax^2+1}{x^2+2}$에 대하여 함수 $g(x)$를 $g(x)=\frac{1}{f(x)}$이라 하자. $f'(1)=\frac{2}{3}$일 때, $g'(1)$의 값을 구하시오. (단, a는 상수이다.)

1028

Level 2

실수 전체의 집합에서 미분가능한 함수 $f(x)$에 대하여 함수 $g(x)=\frac{x}{1-f(x)}$라 하자. $g'(0)=-2$일 때, $f(0)$의 값은? (단, $f(0)\neq1$)

① $\frac{1}{4}$ ② $\frac{1}{2}$ ③ 1
④ $\frac{3}{2}$ ⑤ 2

1029

Level 2

함수 $f(x)=\frac{ax}{2x-1}$에 대하여

$$\lim_{x\to1}\frac{f(x)-f(1)}{x-1}=5,\ f'(0)=b$$

일 때, a^2+b^2의 값은? (단, a, b는 상수이다.)

① 48 ② 50 ③ 52
④ 54 ⑤ 56

다음은 이 유형에서 출제된 최근 교육청 • 평가원 기출문제입니다.

1030

• 2018학년도 대학수학능력시험

Level 2

실수 전체의 집합에서 미분가능한 함수 $f(x)$에 대하여 함수 $g(x)$를

$$g(x)=\frac{f(x)}{e^{x-2}}$$

라 하자. $\lim_{x\to2}\frac{f(x)-3}{x-2}=5$일 때, $g'(2)$의 값은?

① 1 ② 2 ③ 3
④ 4 ⑤ 5

실전유형 3 $y=x^n$ (n은 정수)의 도함수

n이 정수일 때
$y=x^n \rightarrow y'=nx^{n-1}$

1031 대표문제

함수 $f(x)=\frac{x^3-1}{x^2}$에 대하여 $f'(1)$의 값은?

① 1 ② 2 ③ 3
④ 4 ⑤ 5

1032

Level 1

함수 $y=\frac{x^3+2x-3}{x^2}$에 대하여 $y'=1-\frac{a}{x^2}+\frac{b}{x^3}$일 때, 상수 a, b에 대하여 $a+b$의 값을 구하시오.

1033

Level 2

함수 $f(x)=\frac{x^7-2x}{x^4}$에 대하여 $f(2)-f'(-1)$의 값은?

① $-\frac{5}{2}$ ② $-\frac{5}{4}$ ③ $-\frac{1}{2}$
④ $\frac{1}{2}$ ⑤ $\frac{3}{4}$

1034

Level 2

함수 $f(x)=\frac{2x^6-4x^4+k}{x^3}$에 대하여 $f'(-1)=11$일 때, 상수 k의 값은?

① -5　② -4　③ -3
④ -2　⑤ -1

1035

Level 2

함수 $y=\frac{x^4+2x^2-3}{(x^2-x)(x^2+3)}$에 대하여 $y'=\frac{a}{x^b}$이다. 상수 a, b에 대하여 a^2+b^2의 값을 구하시오.

1036

Level 2

함수 $f(x)=\frac{1}{x}+\frac{1}{x^2}+\frac{1}{x^3}+\cdots+\frac{1}{x^{10}}$에 대하여 $f'(1)$의 값은?

① -55　② -30　③ -25
④ 25　⑤ 50

1037

Level 2

함수 $f(x)=\frac{x^4-1}{x(x^2+1)}$에 대하여 $\lim_{x\to 1}\frac{f(x)}{x-1}$의 값을 구하시오.

1038

Level 3

함수 $f(x)=\frac{(x-1)(x+1)(x^4+x^2+1)}{x^2}$ $(x>0)$에 대하여 $f'(x)$의 최솟값은?

① $\sqrt{2}$　② $2\sqrt{2}$　③ $3\sqrt{2}$
④ $4\sqrt{2}$　⑤ $5\sqrt{2}$

1039 신경향

Level 3

함수 $f(x)=\sum_{k=1}^{10}\frac{(-1)^{k+1}}{x^{2k-1}}$에 대하여

$\lim_{h\to 0}\frac{f(1+h)-f(1-2h)}{h}$의 값은?

① 24　② 27　③ 30
④ 33　⑤ 36

+Plus 문제

05

실전 유형 4 삼각함수의 도함수

(1) $y=\sin x \to y'=\cos x$
(2) $y=\cos x \to y'=-\sin x$
(3) $y=\tan x \to y'=\sec^2 x$
(4) $y=\sec x \to y'=\sec x\tan x$
(5) $y=\csc x \to y'=-\csc x\cot x$
(6) $y=\cot x \to y'=-\csc^2 x$

1040 대표문제

함수 $f(x)=\sec x\tan x$에 대하여 $f'\left(\frac{\pi}{3}\right)$의 값은?

① 10 ② 12 ③ 14
④ 16 ⑤ 18

1041 Level 2

함수 $f(x)=(1+\sin x)\tan x$에 대하여 $x=\frac{\pi}{6}$에서의 미분계수는?

① $\frac{1}{2}$ ② $\frac{3}{2}$ ③ $\frac{5}{2}$
④ $\frac{7}{2}$ ⑤ $\frac{9}{2}$

1042 Level 2

함수 $f(x)=x\sec x$에 대하여 $\dfrac{f'\left(\frac{\pi}{4}\right)}{f\left(\frac{\pi}{4}\right)}$의 값은?

① $\frac{2}{\pi}$ ② $\frac{4}{\pi}$ ③ $1+\frac{2}{\pi}$
④ $1+\frac{4}{\pi}$ ⑤ $1+\frac{8}{\pi}$

1043 Level 2

함수 $f(x)=a\cos x\cot x$에 대하여 $f'\left(\frac{\pi}{4}\right)=-3\sqrt{2}$일 때, 상수 a의 값은?

① -2 ② $-\frac{\sqrt{2}}{2}$ ③ $\frac{1}{2}$
④ $\frac{\sqrt{2}}{2}$ ⑤ 2

1044 Level 2

함수 $f(x)=\dfrac{\tan x}{\tan x+1}$에 대하여 $\lim_{x\to 0}\dfrac{f(x)-f(0)}{x}$의 값은?

① -1 ② $-\frac{1}{2}$ ③ 0
④ $\frac{1}{2}$ ⑤ 1

1045 Level 2

함수 $f(x)=\dfrac{\sin x}{\csc x+\cot x}$에 대하여 $\lim_{h\to 0}\dfrac{f(h)-f(2h)}{h}$의 값을 구하시오.

1046

Level 2

함수 $f(x)=\csc x\,(2+\cos x)$의 그래프 위의 점 $\left(\frac{\pi}{3},\ f\left(\frac{\pi}{3}\right)\right)$에서의 접선의 기울기를 구하시오.

1047

Level 2

함수 $f(x)=\tan x$에 대하여 $\lim_{x\to a}\frac{f(x)-f(a)}{x-a}=2$를 만족시키는 상수 a의 값은? $\left(\text{단, } 0<a<\frac{\pi}{2}\right)$

① $\frac{\pi}{8}$　② $\frac{\pi}{6}$　③ $\frac{\pi}{5}$
④ $\frac{\pi}{4}$　⑤ $\frac{\pi}{3}$

1048

Level 2

함수 $f(x)=\begin{cases} ae^{-x}+b & (x\le 0) \\ \tan x & (x>0) \end{cases}$가 $x=0$에서 미분가능하도록 하는 상수 a, b에 대하여 ab의 값은?

① -1　② $-\frac{1}{2}$　③ 1
④ e　⑤ $2e$

실전유형 5 합성함수의 미분법

빈출유형

두 함수 $y=f(u)$, $u=g(x)$가 미분가능할 때, 합성함수 $y=f(g(x))$의 도함수는

$$\frac{dy}{dx}=\frac{dy}{du}\times\frac{du}{dx} \quad \text{또는} \quad y'=f'(g(x))g'(x)$$

1049 대표문제

미분가능한 두 함수 $f(x)$, $g(x)$가

$$\lim_{x\to 1}\frac{f(x)+2}{x-1}=3,\ \lim_{x\to -2}\frac{g(x)+1}{x+2}=4$$

를 만족시킬 때, 함수 $y=(g\circ f)(x)$의 $x=1$에서의 미분계수는?

① 6　② 8　③ 10
④ 12　⑤ 14

1050

Level 1

미분가능한 두 함수 $f(x)$, $g(x)$가 모든 실수 x에 대하여

$$f(g(x))=2x^2+8x-\frac{3}{2},\ f'(3)=6,\ g(1)=3$$

을 만족시킬 때, $g'(1)$의 값은?

① -2　② -1　③ 0
④ 1　⑤ 2

1051

Level 2

실수 전체의 집합에서 미분가능한 함수 $f(x)$가 $\lim_{x\to 0}\frac{f(x)}{x}=4$를 만족시킬 때, 함수 $f(f(x))$의 $x=0$에서의 미분계수를 구하시오.

1052

Level 2

실수 전체의 집합에서 미분가능한 함수 $f(x)$가

$$f(0)=1,\ f'(0)=3,\ f(3)=0,\ f'(3)=4$$

를 만족시킬 때, $\lim_{x \to 3} \frac{f(f(x))-1}{x-3}$의 값을 구하시오.

1053

Level 2

미분가능한 두 함수 $f(x)$, $g(x)$가

$$\lim_{x \to 2} \frac{f(x)+2}{x-2}=4,\ g(1)=2,\ g'(1)=6$$

을 만족시킬 때, $\lim_{x \to 1} \frac{f(g(x))+2}{x-1}$의 값은?

① 18　② 20　③ 22
④ 24　⑤ 26

1054

Level 2

실수 전체의 집합에서 미분가능한 두 함수 $f(x)$, $g(x)$가

$$f(g(x))=2x+3,\ g(1)=4,\ g'(1)=4$$

를 만족시킬 때, $f(4)+f'(4)$의 값은?

① $\frac{11}{2}$　② 6　③ $\frac{13}{2}$
④ 7　⑤ $\frac{15}{2}$

1055

Level 2

실수 전체의 집합에서 미분가능한 두 함수 $f(x)$, $g(x)$가 다음 조건을 만족시킨다.

> (가) $\lim_{x \to 1} \frac{f(x)-3}{x^2-1}=1$
> (나) 모든 실수 x에 대하여 $g(f(x))=4x+1$이다.

$g(3)+g'(3)$의 값은?

① 6　② 7　③ 8
④ 9　⑤ 10

1056

Level 3

실수 전체의 집합에서 미분가능한 두 함수 $f(x)$, $g(x)$에 대하여 함수 $h(x)$를 $h(x)=f(g(x))$라 하자. $g(1)=1$, $h'(1)=-4$일 때, 곡선 $y=f\left(\frac{1}{g(x)}\right)$ $(g(x)\neq 0)$ 위의 점 $(1,\ f(1))$에서의 접선의 기울기를 구하시오.

+Plus 문제

다음은 이 유형에서 출제된 최근 교육청 • 평가원 기출문제입니다.

1057 • 교육청 2019년 10월

Level 2

실수 전체의 집합에서 미분가능한 두 함수 $f(x)$, $g(x)$에 대하여 함수 $h(x)$를 $h(x)=(f\circ g)(x)$라 하자.

$$\lim_{x \to 1} \frac{g(x)+1}{x-1}=2,\ \lim_{x \to 1} \frac{h(x)-2}{x-1}=12$$

일 때, $f(-1)+f'(-1)$의 값은?

① 4　② 5　③ 6
④ 7　⑤ 8

실전유형 6 합성함수의 미분법 − $f(ax+b)$ 꼴

함수 $y=f(x)$가 미분가능할 때
$y=f(ax+b) \rightarrow y'=af'(ax+b)$ (단, a, b는 상수)

1058 대표문제

미분가능한 함수 $f(x)$가 모든 실수 x에 대하여
$$f(3x-2)=x^4-3x^3+3$$
을 만족시킬 때, $f'(7)$의 값은?

① 8 ② 9 ③ 10
④ 11 ⑤ 12

1059

Level 2

미분가능한 함수 $f(x)$가 모든 실수 x에 대하여
$$f(x)=f(2x-1),\ f'(-1)=8$$
을 만족시킬 때, $f'(-7)$의 값은?

① 0 ② $\frac{1}{2}$ ③ 2
④ 4 ⑤ 8

1060

Level 2

미분가능한 함수 $f(x)$가 모든 실수 x에 대하여
$$f(3+x)=f(1-3x),\ f'(2)=3$$
을 만족시킬 때, $f'(-2)$의 값을 구하시오.

1061

Level 2

미분가능한 두 함수 $f(x)$, $g(x)$가 모든 실수 x에 대하여
$$f(4x-1)=g(-2x+6),\ f(1)=-3,\ f'(1)=1$$
을 만족시킬 때, $g(5)g'(5)$의 값을 구하시오.

1062 신경향

Level 2

미분가능한 함수 $f(x)$가 모든 실수 x에 대하여
$$f(5-x)+f(x)=3$$
을 만족시킬 때, $\sum_{k=1}^{4}(-1)^k f'(k)$의 값을 구하시오.

1063

Level 3

미분가능한 함수 $f(x)$가 모든 실수 x에 대하여
$$f(x^2)-f(x^2-1)=3x^4-3x^2,\ f'(1)=10$$
을 만족시킬 때, $f'(-1)$의 값을 구하시오.

다음은 이 유형에서 출제된 최근 교육청 • 평가원 기출문제입니다.

1064 • 평가원 2017학년도 9월

Level 2

실수 전체의 집합에서 미분가능한 함수 $f(x)$가 모든 실수 x에 대하여
$$f(2x+1)=(x^2+1)^2$$
을 만족시킬 때, $f'(3)$의 값은?

① 1 ② 2 ③ 3
④ 4 ⑤ 5

실전유형 7 합성함수의 미분법 - 유리함수

함수 $y=f(x)$가 미분가능할 때, 합성함수 $y=f(g(x))$의 도함수는

$$y'=f'(g(x))g'(x)$$

1065 대표문제

두 함수 $f(x)=\dfrac{x-3}{x^2+1}$, $g(x)=x^2+5x+2$에 대하여 함수 $h(x)$를 $h(x)=(g\circ f)(x)$라 할 때, $h'(1)$의 값을 구하시오.

1066 Level 2

함수 $f(x)=\left(\dfrac{2x+1}{x^2+x+1}\right)^3$에 대하여

$\displaystyle\lim_{h\to 0}\frac{f(-1+h)+1}{h}$의 값은?

① 1 ② 2 ③ 3
④ 4 ⑤ 5

1067 Level 2

함수 $f(x)=(x^2+ax-1)^4$에 대하여 $f'(0)=-8$일 때, $f'(-2)$의 값은? (단, a는 상수이다.)

① 6 ② 8 ③ 10
④ 12 ⑤ 14

1068 Level 2

두 함수 $f(x)=(x^2-3)^2$, $g(x)=\dfrac{1}{x}$에 대하여

$\displaystyle\lim_{x\to 1}\frac{f(g(x))-4}{x-1}$의 값은?

① 4 ② 6 ③ 8
④ 10 ⑤ 12

1069 Level 2

실수 전체의 집합에서 미분가능한 함수 $f(x)$와 함수 $g(x)=x^{2025}+4x+3$에 대하여 함수 $h(x)$를 $h(x)=f(g(x))$라 하자. $h'(0)=28$일 때, $f'(3)$의 값은?

① 6 ② 7 ③ 8
④ 9 ⑤ 10

1070 Level 2

두 함수 $f(x)=\dfrac{2}{x^2+ax+4}$, $g(x)=1-\dfrac{x^2}{a}$에 대하여 함수 $h(x)$를 $h(x)=(f\circ g)(x)$라 하자. $f'(0)=g'(1)$일 때, $h'(a)$의 값은? (단, a는 양의 상수이다.)

① -4 ② -6 ③ -8
④ -10 ⑤ -12

1071

Level 2

두 함수 $f(x)=4x^{10}-1$, $g(x)=x^2+ax+1$에 대하여 함수 $h(x)$를 $h(x)=(f\circ g)(x)$라 하자. $h'(0)=80$일 때, $g(1)$의 값은? (단, a는 상수이다.)

① 1　② 2　③ 3　④ 4　⑤ 5

1072

Level 2

미분가능한 함수 $f(x)$에 대하여 함수 $h(x)$를 $h(x)=(g\circ f)(x)$라 하자. 함수 $f(x)$, $g(x)$가 다음 조건을 만족시킬 때, $h'(2)$의 값은?

(가) $g(x)=\dfrac{x+1}{x^2}$

(나) $\displaystyle\lim_{x\to 2}\frac{f(x)+1}{x^2-4}=1$

① 2　② 3　③ 4　④ 5　⑤ 6

1073

Level 3

함수 $f(x)=\dfrac{1}{(3x-2)^2}$과 실수 전체의 집합에서 미분가능한 함수 $g(x)$에 대하여 함수 $h(x)$가 $x>\dfrac{2}{3}$인 모든 실수 x에 대하여 $h(2x-1)=g(f(x))$를 만족시킨다. $g'(1)=-8$일 때, $h'(1)$의 값을 구하시오.

+Plus 문제

실전 유형 8 합성함수의 미분법 – 지수함수

(1) $y=e^{f(x)} \rightarrow y'=e^{f(x)}f'(x)$

(2) $y=a^{f(x)} \rightarrow y'=a^{f(x)}\ln a\times f'(x)$

1074 대표문제

함수 $f(x)=\dfrac{e^{2x}-1}{e^{2x}+e^{-2x}}$에 대하여 $f'(0)$의 값은?

① 0　② $\dfrac{1}{2}$　③ 1　④ 2　⑤ 4

1075

Level 1

함수 $f(x)=e^{x^2-1}$에 대하여 $f'(1)$의 값을 구하시오.

1076

Level 2

함수 $f(x)=\left(\dfrac{1}{2}\right)^{x^2+x}$에 대하여 $\displaystyle\lim_{h\to 0}\frac{f(-1+h)-1}{h}$의 값은?

① $-2\ln 2$　② $-\ln 2$　③ 0　④ $\ln 2$　⑤ $2\ln 2$

1077

Level 2

함수 $f(x)=(3e)^{\cos x}$에 대하여 $f'\left(\dfrac{\pi}{2}\right)-\ln f(\pi)$의 값은?

① $-3e\ln 2$　② $-e\ln 2$　③ $-3\ln 2$　④ $-\ln 2$　⑤ 0

1078

Level 2

두 함수 $f(x)=kx^2-2x$, $g(x)=e^{3x}+1$에 대하여 함수 $h(x)$를 $h(x)=(f\circ g)(x)$라 할 때, $h'(0)=42$이다. 상수 k의 값을 구하시오.

1079

Level 2

구간 $(0, \pi)$에서 정의된 함수 $f(x)=\dfrac{\sin x}{e^{2x}}$에 대하여 $f'(a)=0$일 때, $\cos a+\sin a$의 값은?

① 0 ② $\dfrac{\sqrt{5}}{5}$ ③ $\dfrac{2\sqrt{5}}{5}$
④ $\dfrac{3\sqrt{5}}{5}$ ⑤ $\dfrac{4\sqrt{5}}{5}$

다음은 이 유형에서 출제된 최근 교육청・평가원 기출문제입니다.

1080 ・교육청 2019년 4월

Level 2

실수 전체의 집합에서 미분가능한 함수 $f(x)$가 모든 실수 x에 대하여 $f(5x-1)=e^{x^2-1}$을 만족시킬 때, $f'(4)$의 값은?

① $\dfrac{1}{10}$ ② $\dfrac{1}{5}$ ③ $\dfrac{3}{10}$
④ $\dfrac{2}{5}$ ⑤ $\dfrac{1}{2}$

실전 유형 9 합성함수의 미분법 - 삼각함수

(1) $y=\sin f(x) \rightarrow y'=\cos f(x)\times f'(x)$
(2) $y=\cos f(x) \rightarrow y'=-\sin f(x)\times f'(x)$

1081 대표문제

두 함수 $f(x)=x^2+1$, $g(x)=\cos 2x$에 대하여 함수 $h(x)$를 $h(x)=(f\circ g)(x)$라 할 때, $h'\left(\dfrac{\pi}{3}\right)$의 값은?

① 1 ② $\sqrt{2}$ ③ $\sqrt{3}$
④ 2 ⑤ $\sqrt{5}$

1082

Level 1

함수 $f(x)=\sin\left(4x-\dfrac{3}{4}\pi\right)$에 대하여 $f'\left(\dfrac{\pi}{4}\right)$의 값은?

① $-2\sqrt{2}$ ② $-\sqrt{2}$ ③ 0
④ $\sqrt{2}$ ⑤ $2\sqrt{2}$

1083

Level 2

함수 $f(x)=\sin^5 x\cos 5x$에 대하여 $f'(x)=5\sin^4 x\cos kx$일 때, 상수 k의 값을 구하시오.

● 정답 및 풀이 199쪽

1084

Level 2

곡선 $y=\sin\left(\tan\frac{x}{2}\right)$ 위의 점 $\left(\frac{\pi}{2},\ \sin 1\right)$에서의 접선의 기울기를 구하시오.

1085

Level 2

함수 $f(x)=\dfrac{\tan\frac{x}{3}}{e^{x}-4}$에 대하여 $f'(0)$의 값을 구하시오.

1086

Level 2

함수 $f(x)=\dfrac{e^{x}}{\sin x\cos x}$에 대하여

$f\left(\frac{\pi}{4}\right)-\lim_{x\to\frac{\pi}{4}}\dfrac{f(x)-2e^{\frac{\pi}{4}}}{x-\frac{\pi}{4}}$의 값은?

① $-e^{\frac{\pi}{4}}$ ② 0 ③ $e^{\frac{\pi}{4}}$
④ $2e^{\frac{\pi}{4}}$ ⑤ $4e^{\frac{\pi}{4}}$

1087

Level 2

함수 $f(x)=\cos\frac{\pi}{2}x$일 때, $\lim_{x\to 1}\dfrac{e^{f(x)}-1}{x^{3}-1}$의 값은?

① $-\frac{\pi}{3}$ ② $-\frac{\pi}{6}$ ③ 0
④ $\frac{\pi}{6}$ ⑤ $\frac{\pi}{3}$

1088

Level 3

실수 전체의 집합에서 미분가능한 함수 $f(x)$에 대하여 함수 $g(x)$를 $g(x)=\dfrac{1-\cos f(x)}{1+\cos f(x)}$라 하자. $f(0)=\frac{\pi}{3}$, $f'(0)=2$일 때, 곡선 $y=g(x)$ 위의 점 $(0,\ g(0))$에서의 접선의 기울기는 $\dfrac{q\sqrt{3}}{p}$이다. $p+q$의 값을 구하시오.

(단, p와 q는 서로소인 자연수이고, $1+\cos f(x)>0$이다.)

다음은 이 유형에서 출제된 최근 교육청 • 평가원 기출문제입니다.

1089 • 평가원 2019학년도 6월

Level 2

함수 $f(x)=\tan 2x+3\sin x$에 대하여

$\lim_{h\to 0}\dfrac{f(\pi+h)-f(\pi-h)}{h}$의 값은?

① -2 ② -4 ③ -6
④ -8 ⑤ -10

실전 유형 10 로그함수의 도함수

$a>0$, $a\neq1$이고 함수 $f(x)$가 미분가능하며 $f(x)\neq0$일 때

(1) $y=\ln|x|$ ➔ $y'=\frac{1}{x}$

(2) $y=\log_a|x|$ ➔ $y'=\frac{1}{x\ln a}$

(3) $y=\ln|f(x)|$ ➔ $y'=\frac{f'(x)}{f(x)}$

(4) $y=\log_a|f(x)|$ ➔ $y'=\frac{f'(x)}{f(x)\ln a}$

1090 대표문제

함수 $f(x)=\ln\sqrt{\frac{1-\sin x}{1+\sin x}}$에 대하여 $x=\frac{\pi}{4}$에서의 미분계수는?

① -2 ② $-\sqrt{2}$ ③ $\frac{1}{\sqrt{2}}$
④ $\sqrt{2}$ ⑤ 2

1091 Level 1

함수 $f(x)=\ln|\sin x+\cos x|$에 대하여 $f'(\pi)$의 값을 구하시오.

1092 Level 2

함수 $f(x)=\ln(2x+7)$에 대하여 $\lim_{h\to0}\frac{f(1+h)-f(1-h)}{h}$의 값은?

① $\frac{2}{9}$ ② $\frac{1}{3}$ ③ $\frac{4}{9}$
④ $\frac{5}{9}$ ⑤ $\frac{2}{3}$

1093 Level 2

함수 $f(x)=\log_2(4x-1)^3$에 대하여 $f'(a)=\frac{4}{\ln 2}$일 때, 상수 a의 값은?

① 5 ② 4 ③ 3
④ 2 ⑤ 1

1094 Level 2

함수 $f(x)=\log_3|(2x-1)e^x|$에 대하여 $f'(1)=\frac{p}{\ln q}$일 때, $p+q$의 값을 구하시오. (단, p, q는 자연수이다.)

1095 Level 2

함수 $f(x)=(\log_3 9x)^2$에 대하여 $\lim_{x\to0}\frac{f(3+x)-f(3)}{x}$의 값을 구하시오.

1096 Level 2

두 함수 $f(x)=\tan\frac{x}{2}$, $g(x)=\log_2|x|$에 대하여 함수 $y=(g\circ f)(x)$의 $x=\frac{\pi}{2}$에서의 미분계수는?

① $-\frac{1}{\ln 2}$ ② $-\frac{1}{2\ln 2}$ ③ 0
④ $\frac{1}{2\ln 2}$ ⑤ $\frac{1}{\ln 2}$

● 정답 및 풀이 201쪽

1097

Level 2

미분가능한 함수 $f(x)$에 대하여

$$\lim_{x\to1}\frac{f(\ln(2-x))-f(0)}{x-1}=4$$

일 때, $f'(0)$의 값은?

① -2 ② -4 ③ -6
④ -8 ⑤ -10

1098

Level 3

함수 $f(x)=\ln(x^2+2x)$에 대하여 $\sum_{n=1}^{\infty}\frac{f'(n)}{2n+2}$의 값은?

① $\frac{1}{4}$ ② $\frac{1}{2}$ ③ $\frac{3}{4}$
④ 1 ⑤ $\frac{5}{4}$

+Plus 문제

다음은 이 유형에서 출제된 최근 교육청 · 평가원 기출문제입니다.

1099

· 평가원 2021학년도 9월

Level 2

함수 $f(x)=x\ln(2x-1)$에 대하여 $f'(1)$의 값을 구하시오.

심화유형 11 로그함수의 도함수의 활용 - $y=\frac{f(x)}{g(x)}$ 꼴

$y=\frac{f(x)}{g(x)}$ 꼴인 함수의 도함수는 다음과 같은 순서로 구한다.

❶ 주어진 식의 양변의 절댓값에 자연로그를 취한다.
→ $\ln|y|=\ln|f(x)|-\ln|g(x)|$
❷ ❶의 식의 양변을 x에 대하여 미분한다.
→ $\frac{y'}{y}=\frac{f'(x)}{f(x)}-\frac{g'(x)}{g(x)}$
❸ ❷의 식을 y'에 대하여 정리한다.
→ $y'=y\left\{\frac{f'(x)}{f(x)}-\frac{g'(x)}{g(x)}\right\}$

05

1100 대표문제

함수 $f(x)=\frac{(x-1)(x+4)}{(x+2)^3}$에 대하여 $f'(0)$의 값은?

① 1 ② $\frac{9}{8}$ ③ $\frac{5}{4}$
④ $\frac{11}{8}$ ⑤ $\frac{3}{2}$

1101

Level 2

함수 $f(x)=\frac{(x-1)^3}{x^2(x+1)}$에 대하여 $800f'(4)$의 값을 구하시오.

1102

Level 2

함수 $f(x)=\frac{(x+3)^2(x+4)}{(x+1)^4(x+2)^3}$에 대하여 $\lim_{x\to0}\frac{f'(x)}{f(x)}$의 값을 구하시오.

1103

Level 2

함수 $f(x)=(x+1)(x^2+1)(x^4+1)$에 대하여 함수 $g(x)$를 $g(x)=\frac{f'(x)}{f(x)}$라 할 때, $g'(0)$의 값은? (단, $x\neq-1$)

① -2　② -1　③ 0
④ 1　⑤ 2

1104 고난도

Level 3

함수 $f(x)=\frac{\sqrt[3]{\sin x}\times\sqrt{(x+\pi)^3}}{\sqrt{x+\frac{\pi}{2}}}$에 대하여 $f'\left(\frac{\pi}{2}\right)$의 값을 구하시오.

다음은 이 유형에서 출제된 최근 교육청 • 평가원 기출문제입니다.

1105 • 평가원 2020학년도 6월

Level 2

실수 전체의 집합에서 미분가능한 함수 $f(x)$에 대하여 함수 $g(x)$를

$$g(x)=\frac{f(x)\cos x}{e^x}$$

라 하자. $g'(\pi)=e^{\pi}g(\pi)$일 때, $\frac{f'(\pi)}{f(\pi)}$의 값은?

(단, $f(\pi)\neq0$)

① $e^{-2\pi}$　② 1　③ $e^{-\pi}+1$
④ $e^{\pi}+1$　⑤ $e^{2\pi}$

심화유형 12 로그함수의 도함수의 활용 - $y=\{f(x)\}^{g(x)}$ 꼴

$y=\{f(x)\}^{g(x)}$ $(f(x)>0)$ 꼴인 함수의 도함수는 다음과 같은 순서로 구한다.

❶ 주어진 식의 양변에 자연로그를 취한다.
→ $\ln y=g(x)\ln f(x)$
❷ ❶의 식의 양변을 x에 대하여 미분한다.
→ $\frac{y'}{y}=g'(x)\ln f(x)+g(x)\times\frac{f'(x)}{f(x)}$
❸ ❷의 식을 y'에 대하여 정리한다.
→ $y'=y\left\{g'(x)\ln f(x)+g(x)\times\frac{f'(x)}{f(x)}\right\}$

1106 대표문제

함수 $f(x)=x^{\ln x}$ $(x>0)$에 대하여 $f'(e^2)$의 값은?

① e　② $2e$　③ $4e$
④ $2e^2$　⑤ $4e^2$

1107

Level 2

함수 $f(x)=x^x$ $(x>0)$에 대하여 $f'(1)+f'(3)=p+q\ln3$이다. $p+q$의 값은? (단, p, q는 자연수이다.)

① 25　② 35　③ 45
④ 55　⑤ 65

1108

Level 2

함수 $f(x)=x^{\sin 2x}$ $(x>0)$에 대하여 $x=\frac{\pi}{4}$에서의 미분계수를 구하시오.

● 정답 및 풀이 203쪽

1109

Level 2

함수 $f(x)=(\sin x)^x\ (0<x<\pi)$에 대하여 $f'\left(\frac{\pi}{2}\right)$의 값은?

① -1　② 0　③ 1
④ 3　⑤ 5

1110

Level 2

함수 $f(x)=x^{\cos x}\ (x>0)$에 대하여 $\lim_{x\to\pi}\frac{f(x)-f(\pi)}{x-\pi}$의 값은?

① $\frac{2}{\pi^2}$　② $\frac{1}{\pi^2}$　③ $-\frac{1}{\pi^2}$
④ $-\frac{2}{\pi^2}$　⑤ $-\frac{4}{\pi^2}$

1111

Level 2

함수 $f(x)=x^{\sin x}\ (x>0)$에 대하여 $\lim_{x\to\pi}\frac{f(x)-1}{x-\pi}$의 값은?

① $-\ln\pi$　② $\ln\pi$　③ $2\ln\pi$
④ $\ln 2\pi$　⑤ $2\ln 2\pi$

실전유형 13 $y=x^n\ (x>0,\ n$은 실수)의 도함수

n이 실수일 때
$y=x^n \rightarrow y'=nx^{n-1}$

1112 대표문제

함수 $f(x)=(x+\sqrt{2+x^2})^6$에 대하여 $f'(1)f'(-1)$의 값을 구하시오.

1113

Level 1

미분가능한 함수 $y=f(x)$의 그래프 위의 점 $(2,\ f(2))$에서의 접선의 기울기가 8이다. 양의 실수 전체의 집합에서 정의된 함수 $y=f(\sqrt{x})$의 $x=4$에서의 미분계수는?

① $\frac{1}{2}$　② $\frac{\sqrt{2}}{2}$　③ 1
④ $\sqrt{2}$　⑤ 2

1114

Level 2

함수 $f(x)=(x-\sqrt{x^2+a})^3$에 대하여 $f'(0)=7$일 때, 상수 a의 값은?

① 2　② $\frac{7}{3}$　③ $\frac{8}{3}$
④ 3　⑤ $\frac{10}{3}$

05

1115

Level 2

함수 $f(x)=x^{\sqrt{2}}$에 대하여 함수 $g(x)$를 $g(x)=\dfrac{xf(x)}{f'(x)}$라 할 때, $g(\sqrt{2})$의 값은?

① 1 ② $\sqrt{2}$ ③ 2
④ $2\sqrt{2}$ ⑤ 4

1116

Level 2

함수 $f(x)=(x-\sqrt{x^3+x^2+1})^3$에 대하여 $f'(-1)+f'(0)$의 값을 구하시오.

1117

Level 2

함수 $f(x)=2(\sqrt{x}+1)^4$에 대하여

$\lim\limits_{h\to 0}\dfrac{f(1+h)-f(1-h)}{4h}$의 값은?

① 12 ② 14 ③ 16
④ 18 ⑤ 20

1118

Level 2

미분가능한 함수 $f(x)$에 대하여 $f(2)=4$, $f'(2)=3$일 때, 함수 $y=\dfrac{x^2}{\sqrt{f(x)}}$의 $x=2$에서의 미분계수는?

① $\dfrac{5}{4}$ ② $\dfrac{3}{2}$ ③ $\dfrac{7}{4}$
④ 2 ⑤ $\dfrac{9}{4}$

1119

Level 2

함수 $f(x)=\sqrt{(x+1)^3}$과 실수 전체의 집합에서 미분가능한 함수 $g(x)$에 대하여 함수 $h(x)$를 $h(x)=(g\circ f)(x)$라 하자. $h'(0)=12$일 때, $g'(1)$의 값을 구하시오.

1120 고난도

Level 3

함수 $f(x)=\dfrac{1}{\sqrt{\cos x+\dfrac{7}{4}}}$에 대하여 함수 $g(x)$가

$$\frac{f'(x)}{f(x)}=3^{g(x)}$$

을 만족시킬 때, $g\left(\dfrac{\pi}{3}\right)$의 값은?

① $-\dfrac{9}{2}$ ② $-\dfrac{7}{2}$ ③ $-\dfrac{5}{2}$
④ $-\dfrac{3}{2}$ ⑤ $-\dfrac{1}{2}$

+Plus 문제

실전유형 14 매개변수로 나타낸 함수의 미분법 빈출유형

매개변수로 나타낸 함수 $x=f(t)$, $y=g(t)$가 t에 대하여 미분가능하고 $f'(t)\neq 0$이면 → $\frac{dy}{dx}=\frac{\frac{dy}{dt}}{\frac{dx}{dt}}=\frac{g'(t)}{f'(t)}$

1121 대표문제

매개변수 t로 나타낸 함수 $x=\frac{t-2}{t+1}$, $y=\frac{t^2+1}{t+1}$에 대하여 $t=3$일 때, $\frac{dy}{dx}$의 값을 구하시오.

1122 Level 2

매개변수 t로 나타낸 함수 $x=\frac{1}{3}t^3-t$, $y=\frac{1}{2}t^4+t^2-4t$에 대하여 $\lim_{t\to 1}\frac{dy}{dx}$의 값을 구하시오. (단, $t^2\neq 1$)

1123 Level 2

매개변수 θ로 나타낸 곡선 $x=4\cos\theta$, $y=4\sin\theta$에 대하여 $\theta=\frac{\pi}{3}$에 대응하는 점에서의 접선의 기울기를 구하시오.

1124 Level 2

매개변수 t로 나타낸 함수 $x=t^2+1$, $y=t^2+3at$에 대하여 $t=3$일 때의 $\frac{dy}{dx}$의 값은 -1이다. 상수 a의 값을 구하시오.

1125 Level 2

매개변수 t로 나타낸 함수 $x=2t-1$, $y=1-2t-t^2$에 대하여 $y=f(x)$로 나타낼 때, $\lim_{h\to 0}\frac{f(3+2h)-f(3)}{h}$의 값은?

① -10　② -8　③ -6　④ -4　⑤ -2

1126 Level 2

매개변수 t로 나타낸 곡선 $x=t^3$, $y=t-t^2$ 위의 점 $(8,\ a)$에서의 접선의 기울기를 m이라 할 때, am의 값을 구하시오.

1127 Level 2

매개변수 $\theta\left(0<\theta<\frac{\pi}{2}\right)$로 나타낸 곡선

$$x=\ln\cos\theta,\ y=\ln\sin 2\theta$$

에 대하여 $\theta=\frac{\pi}{3}$에 대응하는 점에서의 접선의 기울기는?

① $\frac{1}{6}$　② $\frac{1}{3}$　③ $\frac{1}{2}$　④ $\frac{2}{3}$　⑤ $\frac{5}{6}$

1128 Level 2

매개변수 t $(t>0)$로 나타낸 곡선

$$x=e^t+\ln t,\ y=e^{2t}-at$$

에 대하여 $t=1$에 대응하는 점에서의 접선의 기울기가 $2(e-1)$일 때, 상수 a의 값을 구하시오.

1129

Level 2

매개변수 $\theta\left(0<\theta<\frac{\pi}{2}\right)$로 나타낸 곡선 $x=\tan\theta$, $y=\sec\theta$ 위의 점 (a, b)에서의 접선의 기울기가 $\frac{1}{2}$일 때, ab의 값은?

① $\frac{1}{2}$ ② $\frac{2}{3}$ ③ $\sqrt{3}$
④ $2\sqrt{3}$ ⑤ $\frac{5\sqrt{3}}{2}$

다음은 이 유형에서 출제된 최근 교육청 • 평가원 기출문제입니다.

1130 • 교육청 2018년 10월

Level 2

매개변수 t $(t>0)$로 나타낸 함수

$x=\ln t$, $y=\ln(t^2+1)$

에 대하여 $\lim_{t\to\infty}\frac{dy}{dx}$의 값을 구하시오.

1131 • 평가원 2021학년도 9월

Level 2

매개변수 t $(t>0)$로 나타낸 함수

$x=\ln t+t$, $y=-t^3+3t$

에 대하여 $\frac{dy}{dx}$가 $t=a$에서 최댓값을 가질 때, a의 값은?

① $\frac{1}{6}$ ② $\frac{1}{5}$ ③ $\frac{1}{4}$
④ $\frac{1}{3}$ ⑤ $\frac{1}{2}$

실전 유형 15 음함수의 미분법 빈출유형

음함수 $f(x, y)=0$ 꼴로 주어졌을 때는 y를 x의 함수로 보고 각 항을 x에 대하여 미분하여 $\frac{dy}{dx}$를 구한다.

참고 $\frac{d}{dx}x^n=nx^{n-1}$, $\frac{d}{dx}y^n=ny^{n-1}\times\frac{dy}{dx}$ (단, n은 실수)

1132 대표문제

곡선 $y^3=\ln(5-x^2)+xy+4$ 위의 점 $(2, 2)$에서의 접선의 기울기는?

① $-\frac{3}{5}$ ② $-\frac{1}{2}$ ③ $-\frac{2}{5}$
④ $-\frac{3}{10}$ ⑤ $-\frac{1}{5}$

1133

Level 1

곡선 $x^2-3xy+y^2=5$ 위의 점 $(1, -1)$에서의 $\frac{dy}{dx}$의 값을 구하시오.

1134

Level 2

곡선 $e^x\ln y=1$ 위의 점 $(0, e)$에서의 접선의 기울기는?

① $-e$ ② $-\frac{1}{e}$ ③ $\frac{1}{e}$
④ e ⑤ $2e$

실전유형 17 역함수의 미분법의 활용 빈출유형

미분가능한 함수 $f(x)$의 역함수가 $g(x)$이고 $g(b)=a$이면

$$g'(b)=\frac{1}{f'(g(b))}=\frac{1}{f'(a)} \text{ (단, } f'(a)\neq 0)$$

1149 대표문제

미분가능한 함수 $f(x)$의 역함수를 $g(x)$라 할 때, $g(1)=3$, $g'(1)=4$이다. $f'(3)$의 값을 구하시오.

1150

Level 2

함수 $f(x)=x^2-4x+1$의 역함수를 $g(x)$라 할 때, $100g'(-2)$의 값을 구하시오. (단, $x>2$)

1151

Level 2

함수 $f(x)=\ln(e^{2x}+1)$의 역함수를 $g(x)$라 할 때,

$\lim_{x\to\ln 2}\frac{g(x)}{x-\ln 2}$의 값은?

① 4 ② 3 ③ 2
④ 1 ⑤ -1

1152

Level 2

실수 전체의 집합에서 미분가능한 함수 $f(x)$가

$\lim_{x\to 1}\frac{f(x)-2}{x^2-1}=1$을 만족시킨다. 함수 $f(x)$의 역함수를 $g(x)$라 할 때, $g'(2)$의 값을 구하시오.

1153

Level 2

미분가능한 함수 $f(x)$의 역함수 $g(x)$가 미분가능하고

$$\lim_{h\to 0}\frac{g(2+h)-g(2-2h)}{h}=12$$

를 만족시킨다. $f(3)=2$일 때, $f'(3)$의 값은?

① $\frac{1}{8}$ ② $\frac{1}{6}$ ③ $\frac{1}{4}$
④ $\frac{1}{3}$ ⑤ $\frac{1}{2}$

1154

Level 2

실수 전체의 집합에서 증가하고 미분가능한 함수 $f(x)$가

$$f(0)=2,\ f(2)=3,\ f'(0)=1,\ f'(2)=4$$

를 만족시킨다. 함수 $f(x)$의 역함수를 $g(x)$라 하고 $h(x)=(g\circ g)(x)$라 할 때, $h'(3)$의 값을 구하시오.

1155 신경향

Level 3

함수 $f(x)=\sqrt{x^3+x^2+x+1}$에 대하여 함수 $f(x+1)$의 역함수를 $g(x)$라 하자. $g'(2)$의 값을 구하시오.

+Plus 문제

1156

Level 3

실수 전체의 집합에서 증가하고 미분가능한 함수 $f(x)$의 역함수를 $g(x)$라 하자. $\lim_{x\to 3}\frac{g(x)-5}{x-3}=\frac{1}{2}$일 때,

$\lim_{x\to 5}\frac{f(x)+f(5)x-6f(5)}{x-5}$의 값을 구하시오.

다음은 이 유형에서 출제된 최근 교육청 • 평가원 기출문제입니다.

1157 • 평가원 2019학년도 6월 Level 2

함수 $f(x)=3e^{5x}+x+\sin x$의 역함수를 $g(x)$라 할 때, 곡선 $y=g(x)$는 점 (3, 0)을 지난다. $\lim_{x \to 3} \frac{x-3}{g(x)-g(3)}$의 값을 구하시오.

1158 • 평가원 2021학년도 9월 Level 3

열린구간 $\left(-\frac{\pi}{2}, \frac{\pi}{2}\right)$에서 정의된 함수

$$f(x)=\ln\left(\frac{\sec x+\tan x}{a}\right)$$

의 역함수를 $g(x)$라 하자. $\lim_{x \to -2} \frac{g(x)}{x+2}=b$일 때, 두 상수 a, b의 곱 ab의 값은? (단, $a>0$)

① $\frac{e^2}{4}$ ② $\frac{e^2}{2}$ ③ e^2
④ $2e^2$ ⑤ $4e^2$

1159 고난도 • 2020학년도 대학수학능력시험 Level 3

함수 $f(x)=(x^2+2)e^{-x}$에 대하여 함수 $g(x)$가 미분가능하고

$$g\left(\frac{x+8}{10}\right)=f^{-1}(x),\ g(1)=0$$

을 만족시킬 때, $|g'(1)|$의 값을 구하시오.

실전유형 18 이계도함수

함수 $f(x)$의 도함수 $f'(x)$가 미분가능할 때, 함수 $f'(x)$의 도함수는

$$f''(x)=\lim_{\Delta x \to 0} \frac{f'(x+\Delta x)-f'(x)}{\Delta x}$$

1160 대표문제

함수 $f(x)=(ax+b)\sin x$에 대하여 $f'(0)=1$, $f''(0)=4$일 때, $a+b$의 값은? (단, a, b는 상수이다.)

① 1 ② 2 ③ 3
④ 4 ⑤ 5

1161 Level 1

함수 $f(x)=2x\sin x$에 대하여 $f''\left(\frac{\pi}{2}\right)$의 값은?

① -2π ② $-\pi$ ③ 0
④ π ⑤ 2π

1162 Level 2

함수 $f(x)=e^{-x^2}$에 대하여 $f''(a)=0$을 만족시키는 모든 실수 a의 값의 곱은?

① -1 ② $-\frac{1}{2}$ ③ $\frac{1}{2}$
④ 1 ⑤ $\frac{3}{2}$

1163 신경향 Level 2

함수 $f(x)=2x^2\ln x$에 대하여 $\lim_{x\to1}\frac{f'(x)\{f'(x)-2\}}{x-1}$의 값을 구하시오.

1164 Level 2

함수 $f(x)=\lim_{h\to0}\frac{\sin^2(x+h)-\sin^2 x}{h}$에 대하여 $f''\left(\frac{\pi}{3}\right)$의 값은?

① $-2\sqrt{3}$ ② $-\frac{\sqrt{3}}{2}$ ③ 0
④ $\frac{\sqrt{3}}{2}$ ⑤ 1

1165 Level 2

함수 $f(x)=(ax^2+bx+c)\cos x$에 대하여 $f(0)=1$, $f'(0)=2$, $f''(0)=3$일 때, $f(2)=k\cos 2$이다. 자연수 k의 값을 구하시오. (단, a, b, c는 상수이다.)

1166 Level 2

함수 $f(x)=e^x\cos x$에 대하여 방정식 $f(x)=f''(x)$의 실근을 α라 할 때, $\tan\alpha$의 값을 구하시오.

1167 Level 3

실수 전체의 집합에서 이계도함수를 갖는 함수 $f(x)$가

$$f(1)=3,\ f'(1)=6,\ \lim_{x\to1}\frac{f'(f(x))-4}{x-1}=9$$

를 만족시킬 때, $f''(3)$의 값은?

① $\frac{1}{2}$ ② 1 ③ $\frac{3}{2}$
④ 2 ⑤ $\frac{5}{2}$

1168 Level 3

함수 $f(x)=xe^{-\frac{1}{2}x}$이 임의의 실수 x에 대하여

$$f''(x)+af'(x)+bf(x)=0$$

을 만족시킬 때, $\frac{1}{(ab)^2}$의 값은? (단, a, b는 상수이다.)

① 4 ② 8 ③ 12
④ 16 ⑤ 20

다음은 이 유형에서 출제된 최근 교육청 • 평가원 기출문제입니다.

1169 • 평가원 2018학년도 6월 Level 2

함수 $f(x)=\frac{1}{x+3}$에 대하여

$$\lim_{h\to0}\frac{f'(a+h)-f'(a)}{h}=2$$

를 만족시키는 실수 a의 값은?

① -2 ② -1 ③ 0
④ 1 ⑤ 2

서술형 유형 익히기

1170 대표문제

실수 전체의 집합에서 미분가능한 함수 $f(x)$가

$$f'(0)=8,\ \lim_{x\to 1}\frac{f(x)}{x-1}=\frac{1}{4}$$

을 만족시킨다. 함수 $h(x)=(f\circ f)(x)$에 대하여 $h'(1)$의 값을 구하는 과정을 서술하시오. [6점]

STEP 1 $f(1)$, $f'(1)$의 값 구하기 [2점]

$\lim_{x\to 1}\frac{f(x)}{x-1}=\frac{1}{4}$에서 $x\to 1$일 때 (분모) → 0이고 극한값이 존재하므로 (분자) → 0이다.

즉, $\lim_{x\to 1}f(x)=0$이므로 $f(1)=$ (1) [ ]

$\therefore \lim_{x\to 1}\frac{f(x)}{x-1}=\lim_{x\to 1}\frac{f(x)-\text{(2) [ ]}}{x-1}$

$=$ (3) [ ] $=\frac{1}{4}$

STEP 2 $h'(x)$ 구하기 [2점]

$h(x)=(f\circ f)(x)=f(f(x))$이므로

$h'(x)=f'(f(x))\times$ (4) [ ]

STEP 3 $h'(1)$의 값 구하기 [2점]

$h'(1)=f'(f(1))\times$ (5) [ ]

$=f'(0)\times$ (6) [ ]

$=$ (7) [ ]

1171 한번 더

실수 전체의 집합에서 미분가능한 함수 $f(x)$가

$$\lim_{x\to 1}\frac{f(x)-f(1)}{x-1}=4,\ \lim_{x\to e}\frac{f(x)-1}{x-e}=5$$

를 만족시킨다. 함수 $h(x)=(f\circ f)(x)$에 대하여 $h'(e)$의 값을 구하는 과정을 서술하시오. [6점]

STEP 1 $f'(1)$, $f(e)$, $f'(e)$의 값 구하기 [3점]

STEP 2 $h'(x)$ 구하기 [2점]

STEP 3 $h'(e)$의 값 구하기 [1점]

핵심 KEY 유형 5, 유형 9, 유형 10 합성함수의 미분법

합성함수의 미분법을 이용하여 미분계수를 구하는 문제이다. 함수가 직접 주어진 경우, 미분계수가 함수의 극한으로 주어진 경우 등 문제의 조건은 다양한 방법으로 제시될 수 있다. $f'(g(a))$는 $f(x)$를 x에 대하여 미분한 다음 $x=g(a)$를 대입한 결과이고, $f'(g(a))g'(a)$는 $f(g(x))$를 x에 대하여 미분한 다음 $x=a$를 대입한 결과이다.

● 정답 및 풀이 215쪽

1172 유사 1

실수 전체의 집합에서 미분가능한 두 함수 $f(x)$, $g(x)$가

$$f(x)=\sin^2 x,\ \lim_{x\to\frac{1}{2}}\frac{g(x)-g\left(\frac{1}{2}\right)}{x-\frac{1}{2}}=3$$

을 만족시킨다. 함수 $h(x)=(g\circ f)(x)$에 대하여 $h'\left(\frac{\pi}{4}\right)$의 값을 구하는 과정을 서술하시오. [6점]

1173 유사 2

실수 전체의 집합에서 미분가능한 두 함수 $f(x)$, $g(x)$가

$$\lim_{x\to 2}\frac{f(x)-\ln 3}{x-2}=\ln 9,\ g(x)=\log_3 x$$

를 만족시킨다. 함수 $h(x)=(g\circ f)(x)$에 대하여 $h'(2)$의 값을 구하는 과정을 서술하시오. [6점]

1174 대표문제

곡선 $e^y\ln x=2y-1$ 위의 점 $\left(\frac{1}{e},\ 0\right)$에서의 접선의 기울기를 구하는 과정을 서술하시오. [6점]

STEP 1 $\frac{dy}{dx}$ 구하기 [3점]

$e^y\ln x=2y-1$의 양변을 x에 대하여 미분하면

$$e^y\frac{dy}{dx}\times\ln x+e^y\times\frac{1}{x}=2\frac{dy}{dx}$$

$$\therefore\ \frac{dy}{dx}=-\frac{\boxed{(1)\quad}}{(e^y\ln x-2)x}\ (\text{단, } e^y\ln x-2\neq 0)$$

STEP 2 점 $\left(\frac{1}{e},\ 0\right)$에서의 접선의 기울기 구하기 [3점]

$\frac{dy}{dx}=-\frac{\boxed{(2)\quad}}{(e^y\ln x-2)x}$에 $x=\frac{1}{e}$, $y=0$을 대입하면 구하는 접선의 기울기는

$$-\frac{\boxed{(3)\quad}}{-\frac{3}{e}}=\boxed{(4)\quad}$$

핵심 KEY 유형 15 음함수의 미분법

음함수 꼴로 주어진 함수에서 미분계수를 구하는 문제이다. 이때는 반드시 미분계수를 구하는 점의 x좌표와 y좌표 둘 다 주어져 있어야 한다.

예를 들어, $x^2+y^2=1$과 $x^2+y^2=4$를 미분하여 정리하면 둘 다 $\frac{dx}{dy}=-\frac{x}{y}$이다.

두 음함수를 미분한 결과가 같아 보이지만 $y>0$일 때

$x^2+y^2=1$에서 $\frac{dx}{dy}=-\frac{x}{y}=-\frac{x}{\sqrt{1-x^2}}$이고,

$x^2+y^2=4$에서 $\frac{dx}{dy}=-\frac{x}{y}=-\frac{x}{\sqrt{4-x^2}}$이므로 미분계수를 구하는 점의 x좌표, y좌표에 따라 그 값이 달라진다.

서술형 유형 익히기

1175 한번 더

곡선 $\cos(x+y)+\sin(x-y)=1$ 위의 점 $\left(\pi, \frac{\pi}{2}\right)$에서의 접선의 기울기를 구하는 과정을 서술하시오. [6점]

STEP 1 $\frac{dy}{dx}$ 구하기 [3점]

STEP 2 점 $\left(\pi, \frac{\pi}{2}\right)$에서의 접선의 기울기 구하기 [3점]

1176 유사 1

곡선 $x^3-y^3-axy+b=0$ 위의 점 $(-1, 0)$에서의 $\frac{dy}{dx}$의 값이 6일 때, 상수 a, b에 대하여 $a+b$의 값을 구하는 과정을 서술하시오. [6점]

1177 대표문제

함수 $f(x)=2x^3+3x-10$의 역함수를 $g(x)$라 할 때, $g'(12)$의 값을 구하는 과정을 서술하시오. [6점]

STEP 1 $g(12)$의 값 구하기 [2점]

$g(12)=a$라 하면 $f(a)=12$이므로

$2a^3+3a-10=12$, $2a^3+3a-22=0$

$(a-$ (1) $)(2a^2+4a+11)=0$ $\therefore a=$ (2)

$\therefore g(12)=$ (3)

STEP 2 $f'(x)$ 구하기 [2점]

$f(x)=2x^3+3x-10$에서

$f'(x)=$ (4)

STEP 3 $g'(12)$의 값 구하기 [2점]

$f(g(x))=x$에서 양변을 x에 대하여 미분하면

$f'(g(x))g'(x)=1$

위의 식에 $x=$ (5) 를 대입하면

$f'(g(12))g'(12)=1$

$\therefore g'(12)=\frac{1}{f'(g(12))}=\frac{1}{f'(\text{(6)})}=$ (7)

핵심 KEY 유형 17 역함수의 미분법의 활용

함수의 역함수를 이용하여 미분계수를 구하는 문제이다. 미분가능한 함수 $f(x)$의 역함수가 $g(x)$일 때, $g(b)=a$이면 $f(a)=b$이고 $g'(b)=\frac{1}{f'(a)}$이다. 미분가능한 함수 $f(x)$의 역함수가 $g(x)$일 때, $g'(b)$를 구하기 위해서는 $f(a)=b$를 만족시키는 a의 값을 구하고, $f'(a)$를 구해야 한다.

1178 한번 더

함수 $f(x)=\tan x\left(-\frac{\pi}{2}<x<\frac{\pi}{2}\right)$의 역함수를 $g(x)$라 할 때, $g'(1)$의 값을 구하는 과정을 서술하시오. [6점]

STEP 1 $g(1)$의 값 구하기 [2점]

STEP 2 $f'(x)$ 구하기 [2점]

STEP 3 $g'(1)$의 값 구하기 [2점]

1179 유사 1

실수 전체의 집합에서 증가하고 미분가능한 함수 $f(x)$가 $\lim_{x \to 3}\frac{f(x)-2}{x-3}=1$을 만족시킨다. 함수 $f(x)$의 역함수를 $g(x)$라 할 때, $g'(2)$의 값을 구하는 과정을 서술하시오.

[6점]

1180 유사 2

미분가능한 함수 $f(x)$가 모든 실수 x에 대하여 $f(-x)=-f(x)$이고, $\lim_{x \to 1}\frac{f(x)-3}{x-1}=2$를 만족시킨다. 함수 $f(x)$의 역함수를 $g(x)$라 할 때, $g'(-3)$의 값을 구하는 과정을 서술하시오. [8점]

실력 check 실전 마무리하기 1회

점 / 100점

• 선택형 21문항, 서술형 4문항입니다.

1 1181

미분가능한 함수 $f(x)$가 $\lim_{x\to1}\frac{f(x)-2}{x-1}=3$을 만족시킬 때, 곡선 $y=\frac{1}{f(x)}$ 위의 점 $\left(1, \frac{1}{f(1)}\right)$에서의 접선의 기울기는? [3점]

① $-\frac{3}{4}$ ② $-\frac{2}{3}$ ③ $-\frac{1}{2}$
④ $\frac{1}{2}$ ⑤ $\frac{3}{4}$

2 1182

함수 $f(x)=\frac{x-3}{x^2-x+1}$에 대하여 방정식 $f'(x)=0$을 만족시키는 모든 실수 x의 값의 합은? [3점]

① 3 ② 4 ③ 5
④ 6 ⑤ 7

3 1183

실수 전체의 집합에서 미분가능한 두 함수 $f(x)$와 $g(x)$가 모든 실수 x에 대하여 다음 조건을 만족시킨다.

(가) $f'(x)=-f(x)$ (나) $g(x)=\frac{x^2+1}{f(x)}$

$f(2)=3$일 때, $g'(2)$의 값은? [3점]

① $\frac{1}{2}$ ② 2 ③ $\frac{5}{2}$
④ 3 ⑤ 4

4 1184

미분가능한 두 함수 $f(x)$, $g(x)$가 $f'(2)=5$, $g(2)=2$, $g'(2)=-1$을 만족시킬 때, 함수 $y=(f\circ g)(x)$의 $x=2$에서의 미분계수는? [3점]

① -5 ② -3 ③ 1
④ 3 ⑤ 5

5 1185

$0<x<\frac{\pi}{2}$에서 함수 $f(x)=\ln(2\cos x)$에 대하여 $f(a)=0$일 때, $f'(a)$의 값은? (단, a는 상수이다.) [3점]

① $-\sqrt{3}$ ② $-\sqrt{2}$ ③ -1
④ $\sqrt{2}$ ⑤ 2

6 1186

$x>0$에서 두 함수 $f(x)=x^x$, $g(x)=e^{x\ln x}$에 대하여 $f'(e)+g'(e)$의 값은? [3점]

① 0 ② $\frac{e}{2}$ ③ 2
④ e^e ⑤ $4e^e$

7 1187

함수 $f(x)=(x+2)\sqrt{2x^2+1}$에 대하여 $f'(2)$의 값은? [3점]

① $\frac{10\sqrt{3}}{3}$ ② 6 ③ $\frac{20}{3}$
④ $\frac{25}{3}$ ⑤ $\frac{17\sqrt{3}}{3}$

8 1188

곡선 $x^2+xy+y^2=12$ 위의 점 $\mathrm{P}(a,\ b)$에서의 접선의 기울기가 -1일 때, $a+b$의 값은? (단, $a>0$, $b>0$) [3점]

① 3 ② 4 ③ 5
④ 6 ⑤ 8

9 1189

곡선 $x^3+2y^3-axy+4b=0$ 위의 점 $(0,\ -1)$에서의 $\frac{dy}{dx}$의 값이 3일 때, 상수 a, b에 대하여 ab의 값은? [3점]

① -13 ② -12 ③ -11
④ -10 ⑤ -9

10 1190

함수 $f(x)=\frac{x-1}{x^2+3}$에 대하여 $\lim_{x\to 0}\frac{f(3x)-f(\sin x)}{x}$의 값은? [3.5점]

① $\frac{1}{3}$ ② $\frac{2}{3}$ ③ 1
④ $\frac{4}{3}$ ⑤ $\frac{5}{3}$

11 1191

두 함수 $f(x)=\frac{x^2+2}{x+1}$, $g(x)=x^3-2x^2+1$에 대하여 $h(x)=(g\circ f)(x)$일 때, $h'(0)$의 값은? [3.5점]

① -8 ② -6 ③ -4
④ -2 ⑤ 0

12 1192

함수 $f(x)=\cos x(e^{\tan x+\sin x}-1)$에 대하여 $f'(0)$의 값은? [3.5점]

① -2　② -1　③ 0　④ 1　⑤ 2

13 1193

함수 $f(x)=\ln|\sec x+\tan x|+\ln|\csc x+\cot x|$에 대하여 $f'\left(\frac{3}{4}\pi\right)$의 값은? [3.5점]

① $-4\sqrt{2}$　② $-3\sqrt{2}$　③ $-2\sqrt{2}$　④ $-\sqrt{2}$　⑤ 0

14 1194

매개변수 t로 나타낸 함수 $x=t^3+1$, $y=\frac{1}{t^2+1}$에 대하여 $y=f(x)$라 할 때, $\lim_{h\to 0}\frac{f(2-h)-f(2)}{2h}$의 값은? [3.5점]

① $-\frac{1}{3}$　② $-\frac{1}{8}$　③ $\frac{1}{12}$　④ $\frac{1}{6}$　⑤ $\frac{1}{3}$

15 1195

함수 $x=\sqrt[3]{2y^3+2y^2+2y+21}$ $(y>0)$에 대하여 $x=3$일 때의 $\frac{dy}{dx}$의 값은? [3.5점]

① $\frac{7}{4}$　② 2　③ $\frac{9}{4}$　④ $\frac{5}{2}$　⑤ $\frac{11}{4}$

16 1196

미분가능한 함수 $f(x)$의 역함수 $g(x)$가

$$\lim_{x\to 2}\frac{g(x)-5}{x-2}=6$$

을 만족시킬 때, $f(5)\times f'(5)$의 값은? [3.5점]

① 1　② $\frac{1}{2}$　③ $\frac{1}{3}$　④ $\frac{1}{4}$　⑤ $\frac{1}{5}$

17 1197

함수 $f(x)=\dfrac{\sin x}{2+\sin x}$에 대하여 실수 α가

$\dfrac{f(\alpha)}{f'(\alpha)}+(2+\sin\alpha)=0$을 만족시킬 때, $\tan\alpha$의 값은?

[4점]

① -3 ② -2 ③ $-\dfrac{4}{3}$

④ -1 ⑤ $-\dfrac{2}{3}$

18 1198

매개변수 t로 나타낸 함수 $x=t^3+t$, $y=t+n\ln t$에 대하여 $y=f(x)$라 할 때, $f'(2)<2$를 만족시키는 모든 자연수 n의 개수는? [4점]

① 4 ② 6 ③ 8

④ 10 ⑤ 12

19 1199

실수 전체의 집합에서 미분가능한 함수 $f(x)$의 역함수 $g(x)$가 $\lim\limits_{x\to3}\dfrac{g(x)-3}{x-3}=3$을 만족시킬 때,

$\lim\limits_{x\to3}\dfrac{f(f(x))-3}{x-3}$의 값은? [4점]

① $\dfrac{1}{9}$ ② $\dfrac{1}{3}$ ③ 1

④ 3 ⑤ 6

20 1200

함수 $f(x)=(x^2+a)e^x$이 모든 실수 x에 대하여 부등식 $f''(x)\ge0$을 만족시킬 때, 실수 a의 최솟값은? [4점]

① 1 ② 2 ③ 3

④ 4 ⑤ 5

21 1201

미분가능한 함수 $f(x)$에 대하여 $y=f(x)$의 그래프가 그림과 같다. 이차방정식 $3x^2-8x+4=0$의 두 근이 $f'(\beta)$, $f'(\gamma)$이고, 함수 $f(x)$의 역함수가 $g(x)$일 때, $g'(\alpha)+g'(\beta)$의 값은?

(단, $\alpha<\beta<\gamma$) [4.5점]

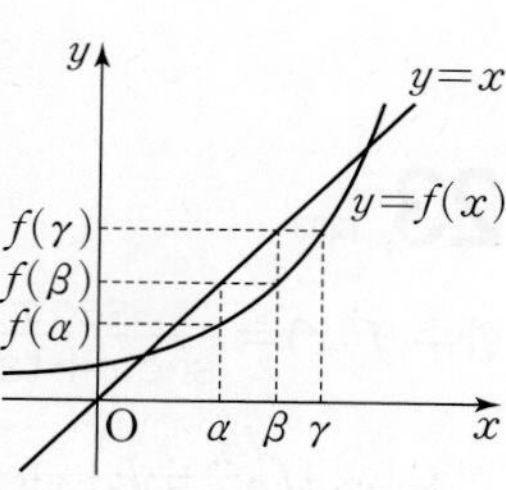

① $\dfrac{4}{3}$ ② $\dfrac{5}{3}$ ③ 2

④ $\dfrac{8}{3}$ ⑤ 3

서술형

22 1202

함수 $f(x)=\dfrac{x^4+x^2+1}{x^4-x^3+x^2}$에 대하여 $\lim\limits_{x\to\frac{1}{2}}\dfrac{f(x)-7}{2x-1}$의 값을 구하는 과정을 서술하시오. [6점]

23 1203

함수 $f(x)=\dfrac{\sec x}{\sec x+\tan x}$에 대하여

$$\lim_{h\to 0}\frac{f\left(\frac{\pi}{3}+h\right)-f\left(\frac{\pi}{3}\right)}{2h}=-a+b\sqrt{3}$$

일 때, $a+b$의 값을 구하는 과정을 서술하시오.

(단, a, b는 자연수이다.) [6점]

24 1204

곡선 $y=x^3+2x^2+4x+6$과 직선 $y=t$가 만나는 점의 좌표를 $(f(t),\ t)$라 하자. 함수 $h(t)$를 $h(t)=tf(t)$라 할 때, $h'(30)$의 값을 구하는 과정을 서술하시오. [8점]

25 1205

미분가능한 함수 $f(x)$가 모든 실수 x에 대하여

$f(5-x)+f(4+x)=4,\ f'(0)=-3$

을 만족시킬 때, $\sum\limits_{k=1}^{9}(-1)^k f'(k)$의 값을 구하는 과정을 서술하시오. [8점]

● 정답 및 풀이 221쪽

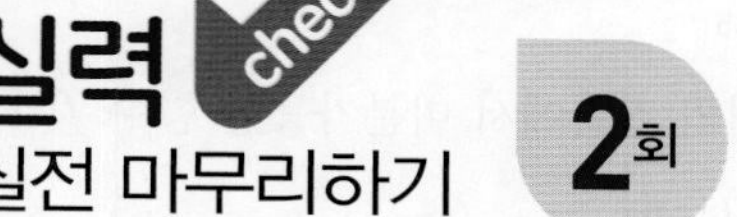

점 / 100점

• 선택형 21문항, 서술형 4문항입니다.

05

1 1206

함수 $f(x)=\dfrac{a}{x+1}$에 대하여 $\lim\limits_{x\to 3}\dfrac{f(x)-f(3)}{x^2-2x-3}=\dfrac{1}{8}$일 때, $f'(1)$의 값은? (단, a는 상수이다.) [3점]

① -4　② -2　③ -1　④ 1　⑤ 2

2 1207

미분가능한 두 함수 $f(x)$, $g(x)$에 대하여

$$f(x)=\frac{g(x)-1}{g(x)+1},\ f'(1)=2,\ g'(1)=9$$

일 때, $g(1)$의 값은? (단, $g(x)>-1$) [3점]

① 1　② $\dfrac{3}{2}$　③ 2　④ $\dfrac{5}{2}$　⑤ 3

3 1208

함수 $f(x)=\dfrac{x^5-1}{x^3-x^2}$에 대하여 $\lim\limits_{h\to 0}\dfrac{f(1+h)-f(1-h)}{2h}$의 값은? [3점]

① -2　② -1　③ 0　④ 1　⑤ 2

4 1209

미분가능한 두 함수 $f(x)$, $g(x)$가

$$f(2)=4,\ f'(2)=5,\ g(1)=2,\ g'(1)=3$$

을 만족시킬 때, $\lim\limits_{x\to 1}\dfrac{f(g(x))-4}{x-1}$의 값은? [3점]

① 15　② 18　③ 20　④ 22　⑤ 24

5 1210

함수 $f(x)=\left(\dfrac{x^2}{2x+1}\right)^3$에 대하여 $f'(1)$의 값은? [3점]

① $\dfrac{2}{27}$　② $\dfrac{1}{9}$　③ $\dfrac{4}{27}$　④ $\dfrac{1}{6}$　⑤ $\dfrac{1}{3}$

6 1211

함수 $f(x)=\ln|e^{\tan x}-1|$에 대하여 $f'\left(\dfrac{\pi}{4}\right)$의 값은? [3점]

① $\dfrac{e}{e-1}$　② $\dfrac{\sqrt{2}e}{e-1}$　③ $\dfrac{2e}{e-1}$　④ $\dfrac{2\sqrt{2}e}{e-1}$　⑤ $\dfrac{4e}{e-1}$

7 1212

함수 $f(x)=\ln(x+\sqrt{x^2+a})^3$에 대하여 $f'\left(\frac{1}{2}\right)=3$일 때, 상수 a의 값은? [3점]

① $\frac{9}{4}$ ② $\frac{7}{4}$ ③ $\frac{5}{4}$
④ $\frac{3}{4}$ ⑤ $\frac{1}{4}$

8 1213

함수 $x=\tan 2y$에 대하여 $\frac{dy}{dx}$를 x에 대한 식으로 나타낸 것은? [3점]

① $\frac{dy}{dx}=\frac{1}{x^2+1}$ ② $\frac{dy}{dx}=\frac{1}{2x^2+1}$
③ $\frac{dy}{dx}=\frac{1}{x^2+2}$ ④ $\frac{dy}{dx}=\frac{1}{2x^2+2}$
⑤ $\frac{dy}{dx}=\frac{2}{x^2+1}$

9 1214

함수 $f(x)=\frac{\ln x}{ax}\,(a\neq0)$에 대하여 $f''(1)=1$일 때, 상수 a의 값은? [3점]

① -5 ② -4 ③ -3
④ -2 ⑤ -1

10 1215

실수 전체의 집합에서 미분가능한 함수 $f(x)$가 $\lim_{x\to2}\frac{f(x)-4}{x-2}=3$을 만족시킬 때, 함수 $g(x)=\frac{f(x)}{x}$에 대하여 $\lim_{x\to2}\frac{g(x)-2}{x-2}$의 값은? [3.5점]

① $-\frac{1}{4}$ ② $-\frac{1}{2}$ ③ $\frac{1}{2}$
④ 1 ⑤ 2

11 1216

미분가능한 두 함수 $f(x)$, $g(x)$가 모든 실수 x에 대하여

$f(2x+1)=g(-3x-3)$

을 만족시킨다. $f(1)=3$, $f'(1)=6$일 때, $g(-3)-g'(-3)$의 값은? [3.5점]

① 6 ② 7 ③ 8
④ 9 ⑤ 10

12 1217

두 함수 $f(x)=\tan x$, $g(x)=x^3$에 대하여 $p(x)=g(f(x))$일 때, $\lim_{h\to 0}\frac{p\left(\frac{\pi}{4}+h\right)-p\left(\frac{\pi}{4}-h\right)}{2h}$의 값은? [3.5점]

① 6 ② 5 ③ 4
④ 3 ⑤ 2

13 1218

매개변수 t로 나타낸 함수 $x=t^3+t$, $y=2t^2$에 대하여 $\frac{dy}{dx}=1$을 만족시키는 모든 실수 t의 값의 합은? [3.5점]

① $\frac{2}{3}$ ② 1 ③ $\frac{4}{3}$
④ $\frac{5}{3}$ ⑤ 2

14 1219

곡선 $x^3+y^3+axy+b=0$ 위의 점 $(1,\ -3)$에서의 접선의 기울기가 $\frac{1}{5}$일 때, 상수 a, b에 대하여 $b-a$의 값은? [3.5점]

① 16 ② 20 ③ 24
④ 28 ⑤ 32

15 1220

미분가능한 함수 $f(x)$에 대하여 $f'(3)=1$일 때, 곡선 $y^2+yf(1-2x)+2=0$ 위의 점 $\mathrm{A}(-1,\ 1)$에서의 접선의 기울기는? [3.5점]

① -2 ② -1 ③ 1
④ 2 ⑤ 3

16 1221

함수 $f(x)=e^{-x}\sin 2x$가 모든 실수 x에 대하여

$$f''(x)+2f'(x)+kf(x)=0$$

을 만족시킬 때, 상수 k의 값은? [3.5점]

① 1 ② 2 ③ 3
④ 4 ⑤ 5

17 1222

함수 $f(x)=\frac{1}{x+1}+\frac{2}{(x+1)^2}+\frac{3}{(x+1)^3}+\cdots+\frac{10}{(x+1)^{10}}$

에 대하여 $f(0)-f'(0)$의 값은? [4점]

① 400 ② 420 ③ 440
④ 460 ⑤ 480

18 1223

매개변수 t로 나타낸 미분가능한 함수 $x=f(t)$, $y=g(t)$가 $f(t)g(t)=1$을 만족시킨다. 매개변수 t로 나타낸 곡선 위의 점 $(f(1), g(1))$에서의 접선의 기울기는?

(단, $f'(1)g'(1)\neq0$) [4점]

① $-\frac{g(1)}{f(1)}$ ② $-\frac{f(1)}{g(1)}$ ③ $\frac{g(1)}{f(1)}$
④ $\frac{f(1)}{g(1)}$ ⑤ $f(1)g(1)$

19 1224

미분가능한 함수 $f(x)$의 역함수를 $g(x)$라 하자. 두 함수 $y=f(x)$, $y=g(x)$의 그래프는 기울기가 -1인 직선 l과 각각 $x=1$, $x=2$인 점에서 만나고, $f'(1)=2$일 때, 함수 $g(2x)$의 $x=1$에서의 미분계수는? [4점]

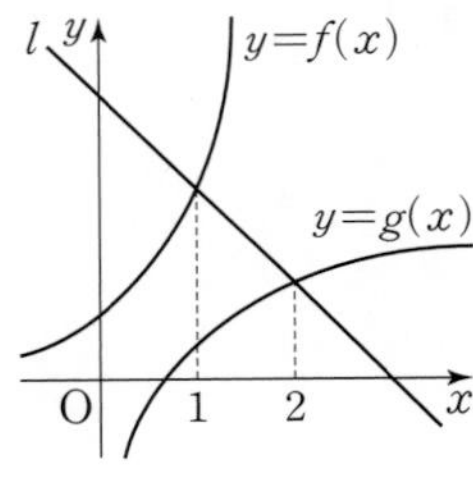

① $\frac{1}{2}$ ② 1 ③ $\frac{3}{2}$
④ 2 ⑤ $\frac{5}{2}$

20 1225

실수 전체의 집합에서 미분가능하고 역함수가 존재하는 함수 $f(x)$가 있다. 곡선 $y=f(x)$ 위의 점 $(1, 3)$에서의 접선의 기울기가 $\frac{1}{4}$이다. 함수 $f(2x+3)$의 역함수를 $g(x)$라 할 때, $\frac{g'(3)}{g(3)}$의 값은? [4점]

① -3 ② -2 ③ 1
④ 2 ⑤ 3

21 1226

함수 $f(x)=x^3-3x^2+4x-9$에 대하여 $f(x)$의 역함수가 $g(x)$일 때, $\lim_{x\to3}\frac{f(x)-g(x)}{(x-3)g(x)}$의 값은? (단, $g(x)\neq0$) [4.5점]

① $\frac{54}{13}$ ② $\frac{55}{13}$ ③ $\frac{56}{13}$
④ $\frac{57}{13}$ ⑤ $\frac{58}{13}$

서술형

22 1227

함수 $f(x)=\dfrac{\cos x}{1+\sin x}$ 에 대하여

$$\lim_{h \to 0} \frac{f(\pi+mh)-f(\pi-2nh)}{h}=-11$$

을 만족시키는 두 자연수 m, n의 순서쌍 $(m,\ n)$의 개수를 구하는 과정을 서술하시오. [6점]

23 1228

미분가능한 함수 $f(x)$가

$$\lim_{x \to 2} \frac{f(x)-2}{x^2-4}=1$$

을 만족시킬 때, 함수 $y=(f \circ f)(x)$의 $x=2$에서의 미분계수를 구하는 과정을 서술하시오. [6점]

24 1229

이차 이상의 다항함수 $f(x)$와 함수 $g(x)=e^{x^3-x}$이

$$(f \circ g)(1)=2,\ (f \circ g)'(1)=2$$

를 만족시킨다. 다항식 $f(x)$를 $(x-1)^2$으로 나누었을 때의 나머지를 $R(x)$라 할 때, $R(7)$의 값을 구하는 과정을 서술하시오. [8점]

25 1230

실수 전체의 집합에서 미분가능한 함수 $f(x)$에 대하여 함수 $g(x)$를 $g(x)=\dfrac{f(x)\sin x}{e^x}$라 하자. $g'\left(\dfrac{\pi}{2}\right)=e^{\frac{\pi}{2}}g\left(\dfrac{\pi}{2}\right)$일 때, $\dfrac{f'\left(\frac{\pi}{2}\right)}{f\left(\frac{\pi}{2}\right)}$의 값을 구하는 과정을 서술하시오.

$\left(\text{단, } f\left(\dfrac{\pi}{2}\right) \neq 0\right)$ [8점]

삶은 모험이다.

살 수 있는 동안 열심히 살아라.

오늘은 결코 다시 오지 않으며

내일은 오직 한 번 올 뿐이고

어제는 영원히 가버린 상태다.

현명하게 선택하고 당신이 만들어 낸 모험을 만끽하라.

– 앤드류 카네기 –

미적분

내신과 등업을 위한 강력한 한 권!

수매씽 시리즈

중등	1~3학년 1·2학기
고등	수학(상), 수학(하), 수학Ⅰ, 수학Ⅱ, 확률과 통계, 미적분

동아출판

Telephone 1644-0600
Homepage www.bookdonga.com
Address 서울시 영등포구 은행로 30 (우 07242)

- 정답 및 풀이는 동아출판 홈페이지 내 학습자료실에서 내려받을 수 있습니다.
- 교재에서 발견된 오류는 동아출판 홈페이지 내 정오표에서 확인 가능하며, 잘못 만들어진 책은 구입처에서 교환해 드립니다.
- 학습 상담, 제안 사항, 오류 신고 등 어떠한 이야기라도 들려주세요.

등업을 위한 강력한 한 권!

216유형 2414문항

미적분

동아출판

수
매
MATHING
씽

도함수의 활용 (1) 06

Ⅱ. 미분법

06 도함수의 활용 (1)

1 접선의 방정식

Note

함수 $f(x)$가 $x=a$에서 미분가능할 때, 곡선 $y=f(x)$ 위의 점 $\mathrm{P}(a, f(a))$에서의 접선의 방정식은

$$y-f(a)=f'(a)(x-a)$$

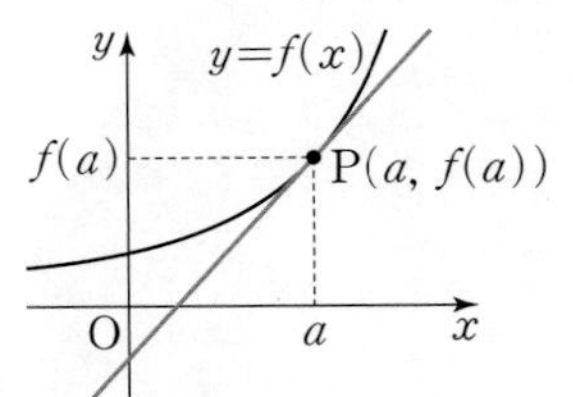

▶ 점 (a, b)를 지나고 기울기가 m인 직선의 방정식은
$$y-b=m(x-a)$$

2 접선의 방정식을 구하는 방법

핵심 1~3

(1) 곡선 $y=f(x)$ 위의 점 $(a, f(a))$에서의 접선의 방정식

❶ 접선의 기울기 $f'(a)$를 구한다.

❷ $y-f(a)=f'(a)(x-a)$에 대입하여 접선의 방정식을 구한다.

참고 곡선 $y=f(x)$ 위의 점 $(a, f(a))$를 지나고, 이 점에서의 접선에 수직인 직선의 방정식은

$$y-f(a)=-\frac{1}{f'(a)}(x-a) \text{ (단, } f'(a)\neq 0)$$

(2) 곡선 $y=f(x)$에 접하고 기울기가 m인 접선의 방정식

❶ 접점의 좌표를 $(t, f(t))$로 놓는다.

❷ $f'(t)=m$임을 이용하여 접점의 좌표 $(t, f(t))$를 구한다.

❸ $y-f(t)=m(x-t)$에 대입하여 접선의 방정식을 구한다.

(3) 곡선 $y=f(x)$ 밖의 한 점 (x_1, y_1)에서 곡선에 그은 접선의 방정식

❶ 접점의 좌표를 $(t, f(t))$로 놓는다.

❷ 접선의 기울기 $f'(t)$를 구한다.

❸ $y-f(t)=f'(t)(x-t)$에 점 (x_1, y_1)의 좌표를 대입하여 t의 값을 구한다.

❹ t의 값을 $y-f(t)=f'(t)(x-t)$에 대입하여 접선의 방정식을 구한다.

▶ 두 곡선 $y=f(x)$, $y=g(x)$가 $x=a$인 점에서 공통인 접선을 가지면
$$f(a)=g(a),\ f'(a)=g'(a)$$

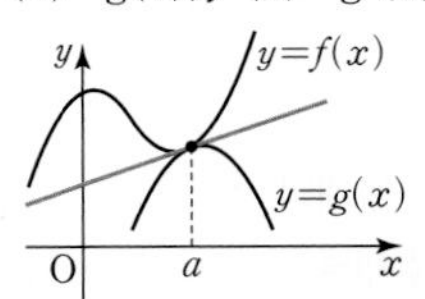

▶ $\frac{dy}{dx}=\frac{dy}{dt}\times\frac{dt}{dx}=\frac{\frac{dy}{dt}}{\frac{dx}{dt}}=\frac{g'(t)}{f'(t)}$

(4) 매개변수로 나타낸 곡선 $x=f(t)$, $y=g(t)$에서 $t=a$에 대응하는 점에서의 접선의 방정식

❶ $\frac{g'(t)}{f'(t)}$를 구한다.

❷ $f(a)$, $g(a)$, $\frac{g'(a)}{f'(a)}$의 값을 구한다.

❸ $y-g(a)=\frac{g'(a)}{f'(a)}\{x-f(a)\}$에 대입하여 접선의 방정식을 구한다.

(5) 곡선 $f(x, y)=0$ 위의 점 (a, b)에서의 접선의 방정식

❶ 음함수의 미분법을 이용하여 $\frac{dy}{dx}$를 구한다.

❷ $\frac{dy}{dx}$에 $x=a$, $y=b$를 대입하여 접선의 기울기 m을 구한다.

❸ $y-b=m(x-a)$에 대입하여 접선의 방정식을 구한다.

3 함수의 증가와 감소

(1) 함수의 증가와 감소

함수 $f(x)$가 어떤 구간에 속하는 임의의 두 수 x_1, x_2에 대하여

① $x_1<x_2$일 때, $f(x_1)<f(x_2)$이면 함수 $f(x)$는 이 구간에서 증가한다고 한다.

② $x_1<x_2$일 때, $f(x_1)>f(x_2)$이면 함수 $f(x)$는 이 구간에서 감소한다고 한다.

(2) 함수의 증가와 감소의 판정

함수 $f(x)$가 어떤 구간에서 미분가능하고, 이 구간에 속하는 모든 x에 대하여

① $f'(x)>0$이면 $f(x)$는 이 구간에서 증가한다.

② $f'(x)<0$이면 $f(x)$는 이 구간에서 감소한다.

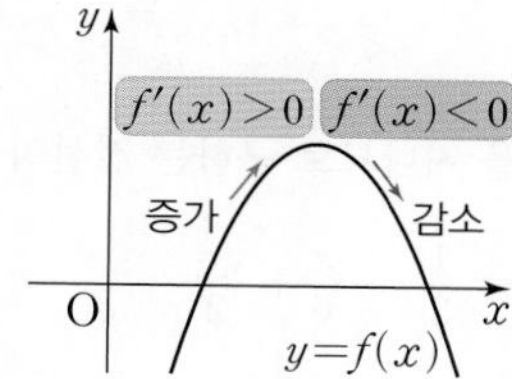

참고 함수 $f(x)$가 어떤 구간에서 미분가능하고, 이 구간에서
① 증가하면 이 구간의 모든 x에 대하여 $f'(x)\geq 0$이다.
② 감소하면 이 구간의 모든 x에 대하여 $f'(x)\leq 0$이다.

Note

함수 $f(x)$가 닫힌구간 $[a, b]$에서 연속이고 열린구간 (a, b)에서 미분가능할 때
① 열린구간 (a, b)에서 $f'(x)>0$이면 함수 $f(x)$는 닫힌구간 $[a, b]$에서 증가한다.
② 열린구간 (a, b)에서 $f'(x)<0$이면 함수 $f(x)$는 닫힌구간 $[a, b]$에서 감소한다.

4 함수의 극대와 극소

핵심 4

(1) 함수의 극대와 극소

함수 $f(x)$에서 $x=a$를 포함하는 어떤 열린구간에 속하는 모든 x에 대하여

① $f(x)\leq f(a)$일 때, 함수 $f(x)$는 $x=a$에서 극대라 하고, $f(a)$를 극댓값이라 한다.

② $f(x)\geq f(a)$일 때, 함수 $f(x)$는 $x=a$에서 극소라 하고, $f(a)$를 극솟값이라 한다.

이때 극댓값과 극솟값을 통틀어 극값이라 한다.

(2) 도함수를 이용한 함수의 극대와 극소의 판정

미분가능한 함수 $f(x)$에 대하여 $f'(a)=0$이고 $x=a$의 좌우에서 $f'(x)$의 부호가

① 양$(+)$에서 음$(-)$으로 바뀌면 $f(x)$는 $x=a$에서 극대이다.

② 음$(-)$에서 양$(+)$으로 바뀌면 $f(x)$는 $x=a$에서 극소이다.

주의 함수 $f(x)$에 대하여 $f'(a)$가 존재하지 않더라도 $x=a$에서 극값을 가질 수 있다.

예 함수 $y=|x|$는 $x=0$에서 극소이지만 미분가능하지 않다.

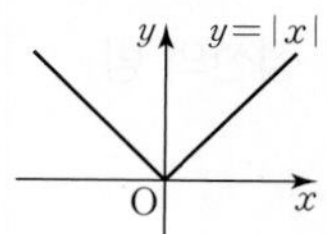

미분가능한 함수 $f(x)$가 $x=a$에서 극값을 가지면 $f'(a)=0$이다.

(3) 이계도함수를 이용한 함수의 극대와 극소의 판정

이계도함수를 갖는 함수 $f(x)$에 대하여 $f'(a)=0$일 때

① $f''(a)<0$이면 $f(x)$는 $x=a$에서 극대이다.

② $f''(a)>0$이면 $f(x)$는 $x=a$에서 극소이다.

핵심 1 접점의 좌표가 주어진 경우의 접선의 방정식 유형 1

곡선 $y=\sin x$ 위의 점 $\left(\frac{\pi}{3}, \frac{\sqrt{3}}{2}\right)$에서의 접선의 방정식을 구해 보자.

❶ 접선의 기울기 구하기

$f(x)=\sin x$라 하면 $f'(x)=\cos x$이므로 점 $\left(\frac{\pi}{3}, \frac{\sqrt{3}}{2}\right)$에서의

접선의 기울기는 → $x=\frac{\pi}{3}$에서의 미분계수 $f'\left(\frac{\pi}{3}\right)$와 같다.

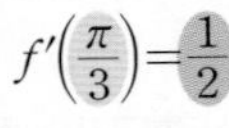

$f'\left(\frac{\pi}{3}\right)=\frac{1}{2}$

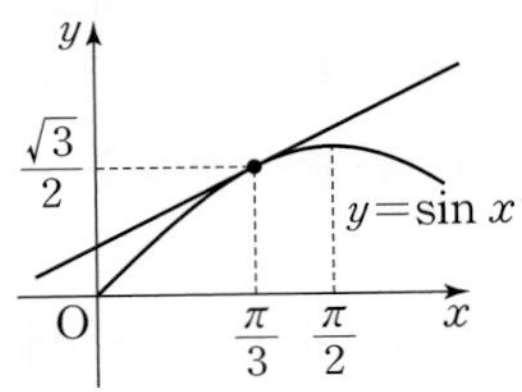

❷ 접선의 방정식 구하기

기울기가 $\frac{1}{2}$이고 점 $\left(\frac{\pi}{3}, \frac{\sqrt{3}}{2}\right)$을 지나므로 구하는 접선의 방정식은

$y-\frac{\sqrt{3}}{2}=\frac{1}{2}\left(x-\frac{\pi}{3}\right)$ $\quad\therefore y=\frac{1}{2}x-\frac{\pi}{6}+\frac{\sqrt{3}}{2}$

미분계수를 이용해서 접선의 기울기를 구하는 것이 핵심이야!

1231 곡선 $y=\sin x-\cos x$ 위의 점 $\left(\frac{\pi}{4}, 0\right)$에서의 접선의 방정식을 구하시오.

1232 곡선 $y=e^x$ 위의 점 $(0, 1)$에서의 접선의 방정식을 구하시오.

핵심 2 기울기가 주어진 경우의 접선의 방정식 유형 3

곡선 $y=e^{x-1}$에 접하고 기울기가 e^2인 접선의 방정식을 구해 보자.

❶ 접점의 좌표 구하기

$f(x)=e^{x-1}$이라 하면 $f'(x)=e^{x-1}$

접점의 좌표를 (t, e^{t-1})이라 하면

접선의 기울기가 e^2이므로

$f'(t)=e^2$에서

$e^{t-1}=e^2$, $t-1=2$ $\quad\therefore t=3$

즉, 접점의 좌표는 $(3, e^2)$이다.

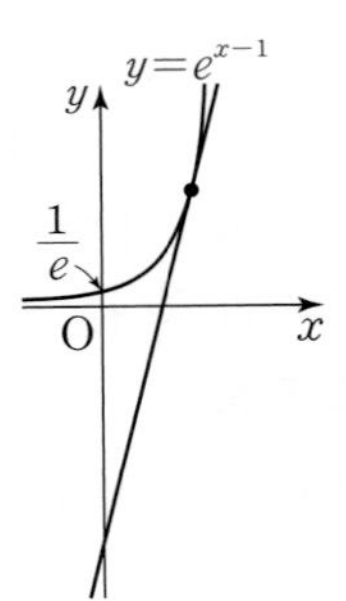

❷ 접선의 방정식 구하기

기울기가 e^2이고 점 $(3, e^2)$을 지나므로 구하는 접선의 방정식은

$y-e^2=e^2(x-3)$ $\quad\therefore y=e^2x-2e^2$

도함수와 주어진 기울기를 이용해서 접점의 좌표를 구하는 것이 핵심이야!

1233 곡선 $y=\ln x$에 접하고 기울기가 $\frac{1}{e}$인 접선의 방정식을 구하시오.

1234 곡선 $y=e^{4x}$에 접하고 기울기가 4인 접선의 방정식을 구하시오.

● 정답 및 풀이 228쪽

핵심 3 곡선 밖의 한 점에서 곡선에 그은 접선의 방정식 유형 4

점 $(0, 2)$에서 곡선 $y=\frac{1}{x}$에 그은 접선의 방정식을 구해 보자.

❶ 접선의 기울기 구하기

$f(x)=\frac{1}{x}$이라 하면 $f'(x)=-\frac{1}{x^2}$

접점의 좌표를 $\left(t, \frac{1}{t}\right)$이라 하면 접선의 기울기는 $f'(t)=-\frac{1}{t^2}$

❷ 접점의 x좌표 구하기

접선의 방정식은 $y-\frac{1}{t}=-\frac{1}{t^2}(x-t)$

이 접선이 점 $(0, 2)$를 지나므로

$2-\frac{1}{t}=-\frac{1}{t^2}\times(-t)$, $2=\frac{2}{t}$ $\quad\therefore t=1$

❸ 접선의 방정식 구하기

$t=1$을 $y-\frac{1}{t}=-\frac{1}{t^2}(x-t)$에 대입하면 구하는 접선의 방정식은

$y-1=-(x-1)$ $\quad\therefore y=-x+2$

❷에서 구한 서로 다른 t의 개수가 곡선 밖의 한 점에서 곡선에 그을 수 있는 접선의 개수야.

1235 원점에서 곡선 $y=\ln x$에 그은 접선의 방정식을 구하시오.

1236 점 $(2, 0)$에서 곡선 $y=\sqrt{x-3}$에 그은 접선의 방정식을 구하시오.

핵심 4 함수의 극대와 극소 유형 14~18

함수 $f(x)=x^2e^x$의 극값을 두 가지 방법으로 구해 보자.

방법1 도함수 이용하기

❶ $f'(x)=0$인 x의 값 구하기

$f(x)=x^2e^x$에서 $f'(x)=2xe^x+x^2e^x=x(x+2)e^x$

$f'(x)=0$에서 $x=-2$ 또는 $x=0$ ($\because e^x>0$)

❷ 그 값의 좌우에서 $f'(x)$의 부호 조사하기

함수 $f(x)$의 증가와 감소를 표로 나타내면 다음과 같다.

x	$\cdots$	-2	$\cdots$	0	$\cdots$
$f'(x)$	$+$	0	$-$	0	$+$
$f(x)$	↗	극대	↘	극소	↗

❸ 함수 $f(x)$의 극값 구하기

함수 $f(x)$는 $x=-2$에서 극댓값 $f(-2)=\frac{4}{e^2}$, $x=0$에서 극솟값 $f(0)=0$을 갖는다.

방법2 이계도함수 이용하기

❶ $f'(x)=0$인 x의 값 구하기

$f(x)=x^2e^x$에서 $f'(x)=2xe^x+x^2e^x=x(x+2)e^x$

$f'(x)=0$에서 $x=-2$ 또는 $x=0$ ($\because e^x>0$)

❷ 그 값에서 $f''(x)$의 부호 조사하기

$f'(x)=(x^2+2x)e^x$에서

$f''(x)=(2x+2)e^x+(x^2+2x)e^x=(x^2+4x+2)e^x$

$\therefore f''(-2)=-\frac{2}{e^2}<0$, $f''(0)=2>0$

❸ 함수 $f(x)$의 극값 구하기

함수 $f(x)$는 $x=-2$에서 극댓값 $f(-2)=\frac{4}{e^2}$, $x=0$에서 극솟값 $f(0)=0$을 갖는다.

1237 도함수를 이용하여 다음 함수의 극값을 구하시오.

(1) $f(x)=\sqrt{x^2+3}$ (2) $f(x)=x-e^x$

1238 이계도함수를 이용하여 함수 $f(x)=x+\frac{4}{x}$의 극값을 구하시오.

기출 유형 실전 준비하기

23유형, 174문항입니다.

기초유형 0-1 접선의 방정식 | 수학Ⅱ

함수 $f(x)$가 $x=a$에서 미분가능할 때, 곡선 $y=f(x)$ 위의 점 $(a, f(a))$에서의 접선의 방정식은

$$y-f(a)=f'(a)(x-a)$$

1239 대표문제

곡선 $y=x^2+3$ 위의 점 $(1,\ 4)$에서의 접선의 방정식을 구하시오.

1240 Level 2

곡선 $y=x^2-3x$ 위의 점 $(1,\ -2)$를 지나고 이 점에서의 접선과 수직인 직선의 방정식을 구하시오.

1241 Level 2

곡선 $y=x^3-3x$의 접선 중에서 기울기가 9인 접선의 방정식을 모두 구하시오.

1242 Level 2

점 $(0,\ -2)$에서 곡선 $y=x^2-2x$에 그은 접선의 방정식을 모두 구하시오.

기초유형 0-2 함수의 증가와 감소, 극대와 극소 | 수학Ⅱ

(1) 함수 $f(x)$가 어떤 구간에서 미분가능하고, 이 구간에 속하는 모든 x에 대하여
① $f'(x)>0$ ➔ $f(x)$는 이 구간에서 증가한다.
② $f'(x)<0$ ➔ $f(x)$는 이 구간에서 감소한다.

(2) 미분가능한 함수 $f(x)$에 대하여 $f'(a)=0$이고, $x=a$의 좌우에서 $f'(x)$의 부호가
① 양$(+)$에서 음$(-)$으로 바뀌면 $f(x)$는 $x=a$에서 극대이고, 극댓값은 $f(a)$이다.
② 음$(-)$에서 양$(+)$으로 바뀌면 $f(x)$는 $x=a$에서 극소이고, 극솟값은 $f(a)$이다.

1243 대표문제

함수 $f(x)=x^3-6x^2+9x+1$의 감소하는 구간이 $[\alpha,\ \beta]$일 때, $\alpha+\beta$의 값을 구하시오.

1244 Level 2

함수 $f(x)=-x^3+3x^2+9x-7$의 극댓값을 M, 극솟값을 m이라 할 때, $M+m$의 값을 구하시오.

1245 Level 2

함수 $f(x)=x^3+ax+b$가 $x=-1$에서 극댓값 14를 가질 때, 함수 $f(x)$의 극솟값은? (단, a, b는 상수이다.)

① 8 ② 9 ③ 10
④ 11 ⑤ 12

실전유형 1 접점의 좌표가 주어진 경우의 접선의 방정식 빈출유형

곡선 $y=f(x)$ 위의 점 $(a, f(a))$에서의 접선의 방정식은 다음과 같은 순서로 구한다.
❶ 접선의 기울기 $f'(a)$를 구한다.
❷ $f'(a)$의 값을 $y-f(a)=f'(a)(x-a)$에 대입한다.

1246 대표문제

곡선 $y=\sin x$ 위의 점 $\left(\frac{\pi}{4}, \frac{\sqrt{2}}{2}\right)$에서의 접선의 y절편은?

① $\frac{\sqrt{2}}{2}-\frac{\pi}{4}$　② $\frac{\sqrt{2}}{2}-\frac{\sqrt{2}}{8}\pi$　③ $\frac{\sqrt{2}}{2}-\frac{\pi}{8}$
④ $\frac{\sqrt{2}}{2}+\frac{\pi}{4}$　⑤ $\frac{\sqrt{2}}{2}+\frac{\pi}{2}$

1247

Level 1

곡선 $y=\sqrt{1+\ln x}$ 위의 점 $(1, 1)$에서의 접선의 방정식이 $y=ax+b$일 때, 상수 a, b에 대하여 $a-b$의 값은?

① $-\frac{1}{2}$　② $-\frac{1}{4}$　③ 0
④ $\frac{1}{4}$　⑤ $\frac{1}{2}$

1248

Level 2

함수 $f(x)=\frac{\sin x}{x}$에 대하여 곡선 $y=f(x)$ 위의 점 $(\pi, 0)$에서의 접선이 점 $(4\pi, k)$를 지날 때, k의 값은?

① -3　② -1　③ 0
④ 1　⑤ 3

1249

Level 2

곡선 $y=\sqrt{x^2-a}$ 위의 점 $(2, \sqrt{4-a})$에서의 접선의 x절편이 $\frac{3}{2}$일 때, 상수 a의 값을 구하시오.

1250

Level 2

곡선 $y=\frac{2}{x-1}$ 위의 점 $(2, 2)$에서의 접선을 l이라 할 때, 원점과 직선 l 사이의 거리는 $\frac{q\sqrt{5}}{p}$이다. $p+q$의 값을 구하시오. (단, p와 q는 서로소인 자연수이다.)

1251

Level 2

곡선 $y=\sin x+a\cos x$ 위의 점 (π, b)에서의 접선의 방정식이 $y=-x+2\pi$일 때, 상수 a, b에 대하여 $a-b$의 값은?

① -2π　② $-\pi$　③ 0
④ π　⑤ 2π

1252

Level 2

곡선 $y=x^2e^x$ 위의 원점이 아닌 한 점 $\mathrm{P}(t,\ t^2e^t)$에서의 접선이 x축과 만나는 점의 x좌표를 $g(t)$라 할 때, $g(1)$의 값은? (단, $t\neq-2$)

① $\frac{1}{2}$ ② $\frac{2}{3}$ ③ 1
④ $\frac{3}{2}$ ⑤ 2

1253

Level 3

미분가능한 함수 $f(x)$가 $\lim_{x\to0}\frac{f(x)-3}{x}=-1$을 만족시킬 때, 곡선 $y=e^{-x}f(x)$ 위의 점 $(0,\ f(0))$에서의 접선의 방정식은?

① $y=-4x+3$ ② $y=-4x+2$
③ $y=-3x+2$ ④ $y=-3x+1$
⑤ $y=-2x+3$

+Plus 문제

다음은 이 유형에서 출제된 최근 교육청 • 평가원 기출문제입니다.

1254 • 교육청 2018년 3월

Level 2

$0<x<\frac{\pi}{2}$에서 정의된 함수 $f(x)=\ln(\tan x)$의 그래프와 x축이 만나는 점을 P라 하자. 곡선 $y=f(x)$ 위의 점 P에서의 접선의 y절편은?

① $-\pi$ ② $-\frac{5}{6}\pi$ ③ $-\frac{2}{3}\pi$
④ $-\frac{\pi}{2}$ ⑤ $-\frac{\pi}{3}$

1255 • 2015학년도 대학수학능력시험

Level 2

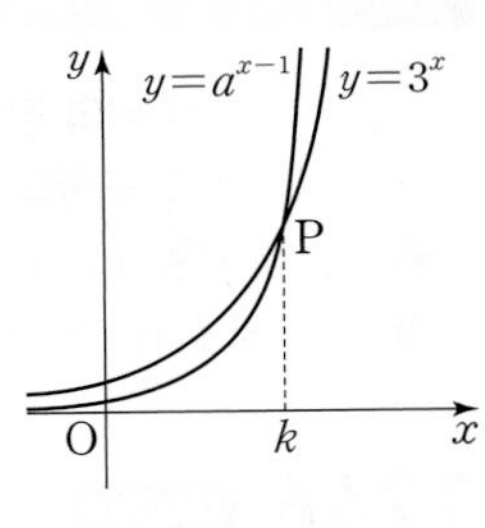

$a>3$인 상수 a에 대하여 두 곡선 $y=a^{x-1}$과 $y=3^x$이 점 P에서 만난다. 점 P의 x좌표를 k라 할 때, 점 P에서 곡선 $y=3^x$에 접하는 직선이 x축과 만나는 점을 A, 점 P에서 곡선 $y=a^{x-1}$에 접하는 직선이 x축과 만나는 점을 B라 하자. 점 $\mathrm{H}(k,\ 0)$에 대하여 $\overline{\mathrm{AH}}=2\overline{\mathrm{BH}}$일 때, a의 값은?

① 6 ② 7 ③ 8
④ 9 ⑤ 10

1256 • 교육청 2015년 3월

Level 2

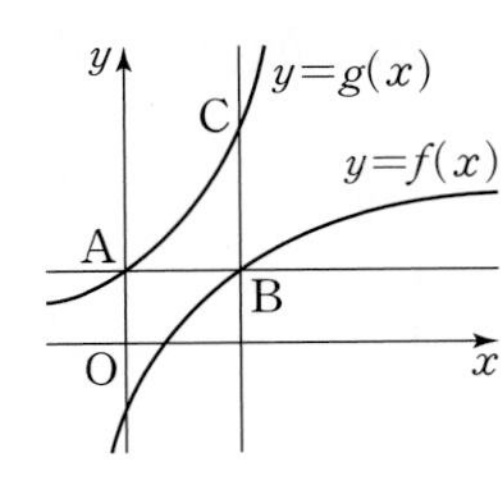

그림과 같이 함수 $f(x)=\log_2\left(x+\frac{1}{2}\right)$의 그래프와 함수 $g(x)=a^x(a>1)$의 그래프가 있다. 곡선 $y=g(x)$가 y축과 만나는 점을 A, 점 A를 지나고 x축에 평행한 직선이 곡선 $y=f(x)$와 만나는 점 중 점 A가 아닌 점을 B, 점 B를 지나고 y축에 평행한 직선이 곡선 $y=g(x)$와 만나는 점을 C라 할 때, 곡선 $y=g(x)$ 위의 점 C에서의 접선이 x축과 만나는 점을 D라 하자. $\overline{\mathrm{AD}}=\overline{\mathrm{BD}}$일 때, $g(2)$의 값은?

① $e^{\frac{2}{3}}$ ② $e^{\frac{5}{3}}$ ③ $e^{\frac{8}{3}}$
④ $e^{\frac{11}{3}}$ ⑤ $e^{\frac{14}{3}}$

실전 유형 2 접선과 수직인 직선의 방정식

곡선 $y=f(x)$ 위의 점 $(a, f(a))$를 지나고 이 점에서의 접선과 수직인 직선의 방정식은

$$y-f(a)=-\frac{1}{f'(a)}(x-a) \text{ (단, } f'(a)\neq 0)$$

1257 대표문제

곡선 $y=\tan x$ 위의 점 $\left(\frac{\pi}{4}, 1\right)$을 지나고 이 점에서의 접선과 수직인 직선이 점 $(4, a)$를 지날 때, a의 값은?

① $\frac{\pi}{8}-1$　② $\frac{\pi}{6}-1$　③ $\frac{\pi}{4}-1$
④ $\frac{\pi}{2}-1$　⑤ $\pi-1$

1258

Level 1

원점을 지나고 곡선 $y=\sqrt{x}$ 위의 점 $(1, 1)$에서의 접선과 수직인 직선의 방정식을 구하시오.

1259

Level 2

곡선 $y=xe^x$ 위의 점 $(1, e)$를 지나고 이 점에서의 접선에 수직인 직선의 x절편은?

① e^2　② $2e^2$　③ $1+e^2$
④ $1+2e^2$　⑤ $2+e^2$

1260

Level 2

곡선 $y=2\ln x+1$ 위의 점 $(t, 2\ln t+1)$을 지나고 이 점에서의 접선과 수직인 직선의 y절편을 $g(t)$라 할 때, $g'(1)$의 값을 구하시오.

1261 신경향

Level 3

두 곡선 $y=\frac{1}{x^2+1}$, $y=x^2+k$의 제1사분면의 교점에서의 접선이 서로 수직일 때, 상수 k의 값은? (단, $k<1$)

① $-\frac{5}{2}$　② -2　③ $-\frac{3}{2}$
④ -1　⑤ $-\frac{1}{2}$

다음은 이 유형에서 출제된 최근 교육청 • 평가원 기출문제입니다.

1262 • 평가원 2015학년도 6월

Level 2

양의 실수 전체의 집합에서 미분가능한 함수 $f(x)$에 대하여 함수 $g(x)$를

$$g(x)=f(x)\ln x^4$$

이라 하자. 곡선 $y=f(x)$ 위의 점 $(e, -e)$에서의 접선과 곡선 $y=g(x)$ 위의 점 $(e, -4e)$에서의 접선이 서로 수직일 때, $100f'(e)$의 값을 구하시오.

실전 유형 3 기울기가 주어진 경우의 접선의 방정식 빈출유형

곡선 $y=f(x)$에 접하고 기울기가 m인 접선의 방정식은 다음과 같은 순서로 구한다.
❶ 접점의 좌표를 $(t, f(t))$로 놓는다.
❷ $f'(t)=m$임을 이용하여 t의 값을 구한다.
❸ t의 값을 $y-f(t)=m(x-t)$에 대입한다.

1263 대표문제

곡선 $y=\ln(x-1)$에 접하고 기울기가 1인 직선의 x절편, y절편을 각각 a, b라 할 때, a^2+b^2의 값을 구하시오.

1264 Level 1

곡선 $y=\dfrac{x}{x+1}$에 접하고 직선 $y=-x+2$와 수직인 직선의 방정식을 모두 구하시오.

1265 Level 2

곡선 $y=e^x$에 접하고 기울기가 e인 직선이 점 $(a, 3e)$를 지날 때, a의 값을 구하시오.

1266 Level 2

곡선 $y=\dfrac{3}{\sqrt{2x+1}}$에 접하고 기울기가 $-\dfrac{1}{9}$인 접선의 x절편은?

① 7 ② 9 ③ 11 ④ 13 ⑤ 15

1267 Level 2

곡선 $y=x\ln x+2x$에 접하고 직선 $y=4x-3$에 평행한 직선이 x축과 만나는 점의 좌표를 $(a, 0)$이라 할 때, a의 값은?

① $\dfrac{1}{e}$ ② $\dfrac{1}{2}$ ③ $\dfrac{e}{4}$ ④ 1 ⑤ e

1268 Level 2

직선 $y=4x+a$가 곡선 $y=\tan x$ $\left(0<x<\dfrac{\pi}{2}\right)$에 접할 때, 상수 a의 값은?

① $-\dfrac{4}{3}\pi+1$ ② $-\dfrac{4}{3}\pi+\sqrt{3}$ ③ $-\dfrac{4}{3}\pi+2$ ④ $-\dfrac{\pi}{3}+1$ ⑤ $-\dfrac{\pi}{3}+\sqrt{3}$

1269

Level 2

곡선 $f(x)=2x+\sqrt{10-x^2}$에 접하고 기울기가 각각 0, $\frac{5}{3}$인 두 직선과 곡선 $y=f(x)$의 접점의 좌표를 각각 $(a,\ b)$, $(c,\ d)$라 할 때, $abcd$의 값을 구하시오. (단, $a>0$, $c>0$)

1270

Level 2

두 곡선 $y=e^x$, $y=\ln x$에 각각 접하고 기울기가 1인 두 직선 사이의 거리는?

① $\frac{1}{2}$　② $\frac{\sqrt{2}}{2}$　③ 1
④ $\sqrt{2}$　⑤ 2

1271

Level 2

곡선 $y=\sin 2x\,(0<x<3\pi)$에 접하고 직선 $x+2y=1$과 수직인 두 접선 사이의 거리는?

① $\frac{\sqrt{5}}{5}\pi$　② $\frac{2\sqrt{5}}{5}\pi$　③ $\frac{3\sqrt{5}}{5}\pi$
④ $\frac{4\sqrt{5}}{5}\pi$　⑤ $\sqrt{5}\pi$

1272

Level 2

곡선 $f(x)=e^x$ 위의 점 $(\ln 2,\ 2)$를 지나고 이 점에서의 접선과 수직인 직선이 곡선 $g(x)=-\ln x+a$와 접할 때, 상수 a의 값은?

① $-1+\frac{1}{2}\ln 2$　② $-1+\frac{3}{2}\ln 2$　③ $1+\frac{1}{2}\ln 2$
④ $1+\ln 2$　⑤ $1+\frac{3}{2}\ln 2$

1273

Level 2

곡선 $y=ke^{x-1}$과 직선 $y=3x$가 서로 접할 때, 그 접점의 x좌표를 α라 하자. 이때 $k+\alpha$의 값을 구하시오.

(단, k는 상수이다.)

1274

Level 2

곡선 $y=e^{2x}-2ax$가 x축에 접할 때, 상수 a의 값은?

① $-2e$　② $-e$　③ e
④ $2e$　⑤ $3e$

실전 유형 **4** 곡선 밖의 한 점에서 곡선에 그은 접선의 방정식 빈출유형

곡선 $y=f(x)$ 밖의 한 점 (x_1, y_1)에서 곡선에 그은 접선의 방정식은 다음과 같은 순서로 구한다.
❶ 접점의 좌표를 $(t, f(t))$로 놓는다.
❷ 접선의 기울기 $f'(t)$를 구한다.
❸ $y-f(t)=f'(t)(x-t)$에 점 (x_1, y_1)의 좌표를 대입하여 t의 값을 구한다.
❹ t의 값을 $y-f(t)=f'(t)(x-t)$에 대입한다.

1275 대표문제

원점에서 곡선 $y=\frac{\ln x}{x}$에 그은 접선이 점 $(4e, a)$를 지날 때, a의 값은?

① 1 ② 2 ③ 3
④ 4 ⑤ 5

1276 Level 2

원점에서 곡선 $y=\frac{e^x}{x}$에 그은 접선의 방정식이 $y=ax$일 때, 상수 a의 값은?

① $\frac{e-1}{2}$ ② $\frac{e}{2}$ ③ $\frac{e^2}{4}$
④ e ⑤ $\frac{e^2-1}{2}$

1277 Level 2

점 $(1, -1)$에서 곡선 $y=x\sqrt{x}$에 그은 접선의 방정식이 $y=ax+b$일 때, 상수 a, b에 대하여 a^2+b^2의 값을 구하시오.

1278 Level 2

점 $(-1, 0)$에서 곡선 $y=\sqrt{x}$에 그은 접선의 y절편은?

① $\frac{1}{2}$ ② 1 ③ $\frac{3}{2}$
④ 2 ⑤ $\frac{5}{2}$

1279 Level 2

원점에서 곡선 $y=ke^{-x-1}$에 그은 접선의 기울기가 -3일 때, 상수 k의 값은?

① $\frac{1}{9}$ ② $\frac{1}{3}$ ③ 1
④ 3 ⑤ 9

1280 Level 2

원점을 지나면서 곡선 $y=x^3e^x$에 접하고 기울기가 양수인 접선의 방정식을 $y=g(x)$라 할 때, $g(4e^2)$의 값은?

① 2 ② 4 ③ 8
④ 12 ⑤ 16

1281

Level 2

점 $\left(3, \frac{1}{4}\right)$에서 곡선 $y=\frac{1}{x}$에 그은 접선 중에서 기울기가 가장 작은 접선의 y절편은?

① $\frac{1}{3}$ ② $\frac{1}{2}$ ③ 1
④ $\frac{4}{3}$ ⑤ $\frac{3}{2}$

1282

Level 2

점 $(0, 4)$에서 곡선 $y=\frac{1}{2}(\ln x)^2$에 그은 두 접선의 기울기를 m_1, m_2라 할 때, $m_1+m_2=ae^2+be^{-4}$이다. $a+b$의 값을 구하시오. (단, a, b는 정수이다.)

1283

Level 2

점 $(3, 0)$에서 곡선 $y=(x-2)e^x$에 그은 두 접선의 기울기의 곱은?

① e^2 ② e^3 ③ e^4
④ e^5 ⑤ e^6

1284

Level 2

점 $(2, 1)$에서 곡선 $y=e^{x-k}$에 그은 접선이 원점을 지날 때, 상수 k의 값은?

① $\ln 2$ ② $\ln 2+\frac{1}{4}$ ③ $\ln 2+\frac{1}{2}$
④ $\ln 2+\frac{3}{4}$ ⑤ $\ln 2+1$

1285

Level 2

곡선 $y=-\frac{1}{x^2+1}$에 접하는 접선 중 y절편이 -1인 접선이 x축의 양의 방향과 이루는 각의 크기를 θ라 할 때, $\tan\theta$의 값은? $\left(\text{단, } 0<\theta<\frac{\pi}{2}\right)$

① $\frac{1}{8}$ ② $\frac{1}{4}$ ③ $\frac{1}{2}$
④ $\frac{\sqrt{2}}{3}$ ⑤ $\frac{\sqrt{3}}{3}$

다음은 이 유형에서 출제된 최근 교육청 • 평가원 기출문제입니다.

1286 • 2016학년도 대학수학능력시험

Level 2

곡선 $y=3e^{x-1}$ 위의 점 A에서의 접선이 원점 O를 지날 때, 선분 OA의 길이는?

① $\sqrt{6}$ ② $\sqrt{7}$ ③ $2\sqrt{2}$
④ 3 ⑤ $\sqrt{10}$

실전 유형 5 곡선 밖의 한 점에서 곡선에 그은 접선의 개수

곡선 $y=f(x)$ 밖의 한 점 (x_1, y_1)에서 곡선에 그은 접선의 개수는 다음과 같은 순서로 구한다.

❶ 접점의 좌표를 $(t, f(t))$로 놓는다.
❷ 접선의 기울기 $f'(t)$를 구한다.
❸ $y-f(t)=f'(t)(x-t)$에 점 (x_1, y_1)의 좌표를 대입하여 t에 대한 방정식을 세운다.
❹ ❸의 방정식의 실근 t의 개수를 이용하여 접선의 개수를 구한다.

1287 대표문제

원점에서 곡선 $y=(x+a)e^{-x}$에 서로 다른 두 개의 접선을 그을 수 있을 때, 자연수 a의 최솟값은?

① 1　② 2　③ 3　④ 4　⑤ 5

1288 Level 2

원점에서 곡선 $y=\dfrac{(\ln x)^2}{x}$에 그을 수 있는 접선의 개수를 구하시오.

1289 Level 2

점 $(k, 0)$에서 곡선 $y=xe^x$에 접선을 그을 수 없을 때, 다음 중 k의 값이 될 수 <u>없는</u> 것은?

① -4　② $-\dfrac{7}{2}$　③ -3　④ $-\dfrac{5}{2}$　⑤ -2

1290 Level 2

점 $(a, 0)$에서 곡선 $y=e^{-x^2}$에 오직 하나의 접선을 그을 수 있을 때, 양수 a의 값은?

① $\sqrt{2}$　② $\sqrt{3}$　③ 2　④ $\sqrt{5}$　⑤ $\sqrt{6}$

1291 Level 2

점 $(a, 0)$에서 곡선 $y=(x-8)e^x$에 두 개의 접선을 그을 수 있다. a가 10 이하의 자연수일 때, 모든 a의 값의 합은?

① 23　② 24　③ 25　④ 26　⑤ 27

다음은 이 유형에서 출제된 최근 교육청 • 평가원 기출문제입니다.

1292  • 교육청 2019년 10월 Level 3

정수 n에 대하여 점 $(a, 0)$에서 곡선 $y=(x-n)e^x$에 그은 접선의 개수를 $f(n)$이라 하자. 〈**보기**〉에서 옳은 것만을 있는 대로 고른 것은?

〈보기〉
ㄱ. $a=0$일 때, $f(4)=1$이다.
ㄴ. $f(n)=1$인 정수 n의 개수가 1인 정수 a가 존재한다.
ㄷ. $\sum_{n=1}^{5} f(n)=5$를 만족시키는 정수 a의 값은 -1 또는 3이다.

① ㄱ　② ㄱ, ㄴ　③ ㄱ, ㄷ　④ ㄴ, ㄷ　⑤ ㄱ, ㄴ, ㄷ

+Plus 문제

실전유형 6 접선의 방정식의 활용 – 넓이

접선과 좌표축으로 둘러싸인 도형의 넓이는 먼저 접선의 방정식을 구하고, x절편과 y절편을 구한다.

1293 대표문제

곡선 $y=e^x+\sin x$ 위의 점 $(0,\ 1)$에서의 접선과 x축 및 y축으로 둘러싸인 도형의 넓이는?

① $\frac{1}{8}$ ② $\frac{1}{4}$ ③ $\frac{1}{2}$
④ 1 ⑤ 2

1294

Level 2

점 $(-1,\ -1)$에서 곡선 $y=\sqrt{x}-1$에 그은 접선과 x축 및 y축으로 둘러싸인 도형의 넓이는?

① $\frac{1}{4}$ ② $\frac{1}{2}$ ③ 1
④ 2 ⑤ 4

1295

Level 2

곡선 $y=e^{4x}$에 접하고 기울기가 4인 직선이 x축과 만나는 점을 A, y축과 만나는 점을 B라 할 때, 삼각형 OAB의 넓이를 구하시오. (단, O는 원점이다.)

1296

Level 2

곡선 $y=\frac{1}{2+\sin x}$ 위의 점 $\mathrm{P}\left(0,\ \frac{1}{2}\right)$을 지나고 점 P에서의 접선과 수직인 직선 l이 x축, y축과 만나는 점을 각각 A, B라 하자. 삼각형 OAB의 넓이는? (단, O는 원점이다.)

① $\frac{5}{64}$ ② $\frac{1}{16}$ ③ $\frac{3}{64}$
④ $\frac{1}{32}$ ⑤ $\frac{1}{64}$

1297

Level 2

곡선 $y=\ln(x+1)$ 위의 점 $\mathrm{P}(1,\ \ln 2)$에서의 접선을 l_1, 점 P를 지나며 접선 l_1에 수직인 직선을 l_2라 하자. 두 직선 l_1, l_2가 y축과 만나는 점을 각각 Q, R라 할 때, 삼각형 PQR의 넓이는 $\frac{q}{p}$이다. $p+q$의 값을 구하시오.

(단, p와 q는 서로소인 자연수이다.)

1298

Level 2

곡선 $y=\frac{x}{x-5}$ 위의 두 점 $(4,\ -4)$, $(6,\ 6)$에서의 접선을 각각 l_1, l_2라 할 때, 두 접선 l_1, l_2와 x축 및 y축으로 둘러싸인 도형의 넓이를 구하시오.

1299

Level 3

그림과 같이 곡선 $y=\frac{e^x+e^{-x}}{4}$ 위를 움직이는 점 $\mathrm{P}(a, b)$가 있다. 점 P와 두 점 $\mathrm{A}(0, -2)$, $\mathrm{B}(3, 0)$에 대하여 삼각형 PAB의 넓이가 최소가 되게 하는 a의 값을 구하시오.

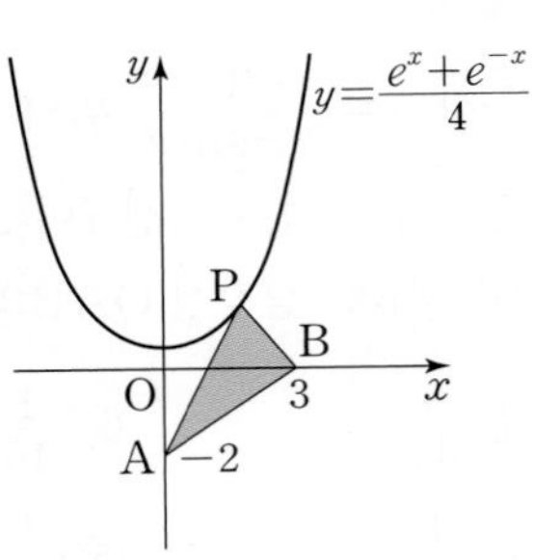

다음은 이 유형에서 출제된 최근 교육청・평가원 기출문제입니다.

1300

• 교육청 2016년 3월

Level 2

곡선 $y=\ln(x-7)$에 접하고 기울기가 1인 직선이 x축, y축과 만나는 점을 각각 A, B라 할 때, 삼각형 AOB의 넓이를 구하시오. (단, O는 원점이다.)

1301

• 교육청 2018년 3월

Level 3

실수 전체의 집합에서 미분가능한 함수 $f(x)$에 대하여 곡선 $y=f(x)$ 위의 점 $(4, f(4))$에서의 접선 l이 다음 조건을 만족시킨다.

> (가) 직선 l은 제2사분면을 지나지 않는다.
> (나) 직선 l과 x축 및 y축으로 둘러싸인 도형은 넓이가 2인 직각이등변삼각형이다.

함수 $g(x)=xf(2x)$에 대하여 $g'(2)$의 값은?

① 3 ② 4 ③ 5
④ 6 ⑤ 7

실전유형 7 두 곡선의 공통인 접선

두 곡선 $y=f(x)$, $y=g(x)$가 $x=a$인 점에서 공통인 접선을 가지면

$f(a)=g(a)$, $f'(a)=g'(a)$

1302 대표문제

두 곡선 $y=\ln x-ax$, $y=\frac{b}{x}-2$가 $x=e$인 점에서 공통인 접선을 가질 때, 상수 a, b에 대하여 ab의 값을 구하시오.

1303

Level 2

두 곡선 $y=ax^3$, $y=2\ln x+1$이 $x=b$인 점에서 공통인 접선을 가질 때, 상수 a, b에 대하여 ab의 값은?

① $\frac{1}{3}e^{\frac{1}{3}}$ ② $\frac{2}{3}e^{\frac{1}{3}}$ ③ $e^{\frac{1}{3}}$
④ $\frac{1}{3}e^{\frac{2}{3}}$ ⑤ $\frac{2}{3}e^{\frac{2}{3}}$

1304

Level 2

두 곡선 $y=e^{x-2}$, $y=\sqrt{2x-3}$이 한 점에서 접할 때, 두 곡선에 동시에 접하는 직선의 방정식은 $y=ax+b$이다. 상수 a, b에 대하여 a^2+b^2의 값을 구하시오.

1305

Level 2

두 곡선 $y=a-4\sin^2 x$, $y=4\cos x$가 $x=t$인 점에서 공통인 접선을 가질 때, 상수 a의 값을 구하시오. (단, $0<t<\pi$)

1306

Level 2

두 함수 $f(x)=ke^x$, $g(x)=x^3+3x^2+5x+5$에 대하여 다음 조건을 만족시키는 모든 실수 k의 값의 곱을 구하시오.

> 두 곡선 $y=f(x)$, $y=g(x)$가 점 P에서 만나고, 점 P에서의 접선이 일치한다.

1307

Level 2

곡선 $y=\ln x^2$ 위의 점 $(e,\ 2)$에서의 접선이 곡선 $y=x^2+a$에 접할 때, 상수 a의 값은?

① $\frac{1}{2e^2}$ ② $\frac{1}{4e}$ ③ $\frac{1}{e^2}$
④ $\frac{1}{2e}$ ⑤ $\frac{1}{e}$

1308

Level 2

곡선 $y=e^x$ 위의 점 $(1,\ e)$에서의 접선이 곡선 $y=\sqrt{x-k}$에 접할 때, 실수 k의 값은?

① $\frac{1}{4e^2}$ ② $\frac{1}{2e^2}$ ③ $\frac{1}{e^2}$
④ $\frac{2}{e^2}$ ⑤ $\frac{4}{e^2}$

1309

Level 3

두 곡선 $y=e^{x-a}$, $y=\ln x+a$가 한 점에서 접할 때, 상수 a의 값을 구하시오.

1310

Level 3

$0<x<2\pi$에서 두 곡선 $y=1-4\sin^2 x$, $y=a(\cos x-1)$의 교점이 존재하고 그 교점에서의 두 곡선의 접선이 일치하도록 하는 양수 a의 값은?

① 3 ② 4 ③ 5
④ 6 ⑤ 7

+Plus 문제

실전 유형 8 역함수의 그래프의 접선의 방정식

함수 $f(x)$의 역함수 $g(x)$에 대하여 곡선 $y=g(x)$ 위의 $x=a$인 점에서의 접선의 방정식은 다음과 같은 순서로 구한다.
❶ $g(a)=b$라 하면 $f(b)=a$임을 이용하여 b의 값을 구한다.
❷ $g'(a)=\frac{1}{f'(b)}$임을 이용하여 접선의 기울기를 구한다.
❸ ❷에서 구한 값을 $y-b=g'(a)(x-a)$에 대입한다.

1311 대표문제

함수 $f(x)=\ln(2x+3)$의 역함수를 $g(x)$라 할 때, 곡선 $y=g(x)$ 위의 $x=0$인 점에서의 접선의 x절편은?

① -2 ② -1 ③ 0
④ 1 ⑤ 2

1312 Level 2

함수 $f(x)=e^{x^3+x}$의 역함수를 $g(x)$라 할 때, 곡선 $y=g(x)$ 위의 $x=e^2$인 점에서의 접선의 방정식은?

① $y=\frac{1}{4e^2}x+\frac{1}{4}$ ② $y=\frac{1}{4e^2}x+\frac{3}{4}$
③ $y=\frac{1}{4e^2}x+1$ ④ $y=\frac{1}{2e^2}x+\frac{3}{4}$
⑤ $y=\frac{1}{2e^2}x+1$

1313 Level 2

함수 $f(x)=\tan x\left(-\frac{\pi}{2}<x<\frac{\pi}{2}\right)$의 역함수를 $g(x)$라 할 때, 곡선 $y=g(x)$ 위의 x좌표가 $\sqrt{3}$인 점에서의 접선의 y절편은 $a\pi-b\sqrt{3}$이다. 유리수 a, b에 대하여 $60ab$의 값을 구하시오.

1314 Level 2

함수 $f(x)=\frac{x^2-1}{x}$ $(x>0)$의 역함수를 $g(x)$라 할 때, 곡선 $y=g(x)$ 위의 $x=0$인 점에서의 접선이 점 $(6, a)$를 지난다. a의 값은?

① 1 ② 2 ③ 3
④ 4 ⑤ 5

1315 Level 2

함수 $f(x)=x^3+1$의 역함수를 $g(x)$라 할 때, 곡선 $y=g(x)$ 위의 점 $(2, g(2))$를 지나고 이 점에서의 접선과 수직인 직선의 방정식은 $y=ax+b$이다. 상수 a, b에 대하여 $a+b$의 값은?

① 0 ② 2 ③ 4
④ 6 ⑤ 8

1316 Level 3

함수 $f(x)=xe^{x-1}$에 대하여 함수 $f(2x+1)$의 역함수를 $g(x)$라 할 때, 곡선 $y=g(x)$ 위의 $x=1$인 점에서의 접선의 방정식을 구하시오.

실전유형 9 매개변수로 나타낸 곡선의 접선의 방정식 빈출유형

매개변수로 나타낸 곡선 $x=f(t)$, $y=g(t)$에서 $t=a$에 대응하는 점에서의 접선의 방정식은 다음과 같은 순서로 구한다.

❶ $\frac{g'(t)}{f'(t)}$를 구한다.

❷ $f(a)$, $g(a)$, $\frac{g'(a)}{f'(a)}$의 값을 구한다.

❸ ❷에서 구한 값을 $y-g(a)=\frac{g'(a)}{f'(a)}\{x-f(a)\}$에 대입한다.

1317 대표문제

매개변수 θ로 나타낸 곡선 $x=\theta-\sin\theta$, $y=1-\cos\theta$에 대하여 $\theta=\frac{\pi}{3}$에 대응하는 점에서의 접선의 y절편은? (단, $0<\theta<\pi$)

① $-\frac{\sqrt{3}}{3}\pi-2$ ② $-\frac{\sqrt{3}}{3}\pi-1$ ③ $-\frac{\sqrt{3}}{3}\pi$
④ $-\frac{\sqrt{3}}{3}\pi+1$ ⑤ $-\frac{\sqrt{3}}{3}\pi+2$

1318 Level 2

매개변수 t로 나타낸 곡선 $x=t^3-t-3$, $y=at^2$에 대하여 $t=1$에 대응하는 점에서 그은 접선의 방정식이 $y=2x+b$일 때, $a+b$의 값을 구하시오. (단, a, b는 상수이다.)

1319 Level 2

매개변수 t로 나타낸 곡선 $x=t^2$, $y=\frac{t}{2}+\frac{1}{t}$에 대하여 $t=2$에 대응하는 점에서의 접선이 점 $(a, 2)$를 지날 때, a의 값은?

① 12 ② 14 ③ 16
④ 18 ⑤ 20

1320 Level 2

매개변수 t로 나타낸 곡선 $x=e^t+5t$, $y=e^{-t}+9t$에 대하여 $t=0$에 대응하는 점에서의 접선이 점 $(4, a)$를 지날 때, a의 값은?

① 5 ② 6 ③ 7
④ 8 ⑤ 9

1321 Level 2

매개변수 $t\,(t>0)$로 나타낸 곡선 $x=\ln t$, $y=\ln(t^2+1)$에 대하여 $t=1$에 대응하는 점에서의 접선이 점 $(a, 2a)$를 지날 때, a의 값은?

① $\ln 2$ ② $\ln 3$ ③ $2\ln 2$
④ $3\ln 2$ ⑤ $2\ln 3$

1322 Level 2

매개변수 $t\,(t>0)$로 나타낸 곡선 $x=t-\frac{1}{t}$, $y=t+\frac{1}{t}$ 위의 점 $(0, a)$에서의 접선의 방정식을 $y=g(x)$라 할 때, $g(a)$의 값은?

① 0 ② 1 ③ 2
④ 3 ⑤ 4

1323

Level 2

매개변수 t로 나타낸 곡선 $x=e^t-e^{-t}$, $y=e^t-3e^{-t}$ 위의 한 점 (a, b)에서의 접선의 기울기가 $\frac{6}{5}$일 때, 이 접선의 x절편을 구하시오.

1324

Level 2

매개변수 θ로 나타낸 곡선 $x=\cos^3\theta$, $y=\sin^3\theta$에 대하여 $\theta=\frac{3}{4}\pi$에 대응하는 점에서의 접선이 x축, y축에 의하여 잘려지는 부분의 길이를 구하시오.

1325

Level 2

점 $(3, k)$에서 매개변수 t로 나타낸 곡선

$$x=3\tan t,\ y=5\sec t\left(-\frac{\pi}{2}<t<\frac{\pi}{2}\right)$$

에 그은 한 접선이 x축의 양의 방향과 이루는 각의 크기가 $\frac{\pi}{4}$일 때, k의 값은?

① 1　② 3　③ 5
④ 7　⑤ 9

실전유형 10 음함수로 나타낸 곡선의 접선의 방정식

빈출유형

곡선 $f(x, y)=0$ 위의 점 (a, b)에서의 접선의 방정식은 다음과 같은 순서로 구한다.

❶ 음함수의 미분법을 이용하여 $\frac{dy}{dx}$를 구한다.

❷ ❶에서 구한 $\frac{dy}{dx}$에 $x=a$, $y=b$를 대입하여 접선의 기울기 m을 구한다.

❸ m의 값을 $y-b=m(x-a)$에 대입한다.

1326 대표문제

곡선 $x^3-xy^2=10$ 위의 점 $(-2, 3)$에서의 접선의 y절편은?

① 1　② $\frac{3}{2}$　③ 2
④ $\frac{5}{2}$　⑤ 3

1327

Level 2

곡선 $y^2=\ln(2-x^2)+2xy+8$ 위의 점 $(1, 4)$에서의 접선의 방정식은?

① $y=-3x+7$　② $y=-2x+6$　③ $y=-x+5$
④ $y=x+3$　⑤ $y=2x+2$

1328

Level 2

곡선 $e^{3x}\ln y=2$ 위의 점 $(0, e^2)$에서의 접선의 x절편은?

① $\frac{1}{6}$　② $\frac{1}{5}$　③ $\frac{1}{4}$
④ $\frac{1}{3}$　⑤ $\frac{1}{2}$

● 정답 및 풀이 245쪽

1329

Level 2

곡선 $x^3+xy+y^3-8=0$과 x축이 만나는 점에서의 접선이 있다. 이 접선과 x축 및 y축으로 둘러싸인 도형의 넓이는?

① 4 ② 8 ③ 12
④ 24 ⑤ 36

1330

Level 2

곡선 $\sqrt{x}+2\sqrt{y}=8$ 위의 점 $(4, 9)$에서의 접선을 l이라 할 때, 원점과 직선 l 사이의 거리는?

① $\frac{48}{5}$ ② 10 ③ $\frac{52}{5}$
④ $\frac{54}{5}$ ⑤ 11

1331

Level 2

곡선 $x^2+axe^y+y=b$ 위의 점 $(1, 0)$에서의 접선의 방정식이 $y=-\frac{4}{3}x+\frac{4}{3}$일 때, 상수 a, b에 대하여 ab의 값을 구하시오.

실전유형 11 함수의 증가와 감소

함수 $f(x)$가 어떤 구간에서 미분가능하고, 이 구간에 속하는 모든 x에 대하여
(1) $f'(x)>0$ ➔ $f(x)$는 이 구간에서 증가한다.
(2) $f'(x)<0$ ➔ $f(x)$는 이 구간에서 감소한다.

1332 대표문제

다음 중 함수 $f(x)=\sqrt{3}x-2\cos x\,(0<x<2\pi)$가 감소하는 구간은?

① $\left(0, \frac{\pi}{3}\right]$ ② $\left[\frac{\pi}{3}, \frac{2}{3}\pi\right]$ ③ $\left[\frac{2}{3}\pi, \pi\right]$
④ $\left[\pi, \frac{4}{3}\pi\right]$ ⑤ $\left[\frac{4}{3}\pi, \frac{5}{3}\pi\right]$

1333

Level 1

다음 중 함수 $f(x)=e^{\cos x}+\cos x+1$이 증가하는 구간에 속하는 x의 값은?

① $\frac{\pi}{4}$ ② $\frac{\pi}{3}$ ③ $\frac{\pi}{2}$
④ $\frac{3}{4}\pi$ ⑤ $\frac{5}{4}\pi$

1334

Level 2

다음 중 함수 $f(x)=2x-\tan x\left(-\frac{\pi}{2}<x<\frac{\pi}{2}\right)$가 증가하는 x의 값의 범위는?

① $-\frac{\pi}{3}\le x\le\frac{\pi}{3}$ ② $-\frac{\pi}{3}\le x\le\frac{\pi}{4}$
③ $-\frac{\pi}{4}\le x\le\frac{\pi}{4}$ ④ $0\le x\le\frac{\pi}{3}$
⑤ $0\le x<\frac{\pi}{2}$

1335

Level 2

함수 $f(x)=4x-13\ln x-\frac{15}{2x}$가 감소하는 구간이 $[a,\ b]$일 때, $8(a+b)$의 값을 구하시오. (단, $x>0$)

1336

Level 2

함수 $f(x)=2e^{x}-6x$가 구간 $(-\infty,\ a]$에서 감소할 때, a의 최댓값은?

① $\frac{\ln 3}{3}$ ② $\frac{\ln 3}{2}$ ③ $\ln 3$
④ $2\ln 3$ ⑤ $3\ln 3$

1337

Level 2

함수 $f(x)=\frac{2x-1}{x^2+2}$이 구간 $[a,\ b]$에서 증가할 때, $b-a$의 최댓값을 구하시오.

1338

Level 2

함수 $f(x)=3x+\sqrt{10-x^2}$이 증가하는 구간에 속하는 모든 정수 x의 값의 합은? (단, $x>0$)

① 2 ② 4 ③ 6
④ 8 ⑤ 10

1339

Level 2

함수 $f(x)=(x^2+a)e^{-x}$이 증가하는 x의 값의 범위가 $-1\leq x\leq b$일 때, 상수 $a,\ b$에 대하여 $a+b$의 값을 구하시오.

다음은 이 유형에서 출제된 최근 교육청 • 평가원 기출문제입니다.

1340 • 교육청 2016년 10월

Level 2

함수 $f(x)=e^{x+1}(x^2+3x+1)$이 구간 $(a,\ b)$에서 감소할 때, $b-a$의 최댓값은?

① 1 ② 2 ③ 3
④ 4 ⑤ 5

실전 유형 12 실수 전체의 구간에서 함수가 증가 또는 감소하기 위한 조건

미분가능한 함수 $f(x)$가 실수 전체의 구간에서
(1) 증가하면 ➜ 모든 실수 x에 대하여 $f'(x) \geq 0$
(2) 감소하면 ➜ 모든 실수 x에 대하여 $f'(x) \leq 0$

1341 대표문제

함수 $f(x)=(x^2-ax+2)e^{-x}$이 실수 전체의 구간에서 감소하도록 하는 정수 a의 개수는?

① 2 ② 3 ③ 4
④ 5 ⑤ 6

1342 Level 2

함수 $f(x)=\ln(x^2+a)-x$가 실수 전체의 구간에서 감소하도록 하는 실수 a의 값의 범위는? (단, $a>0$)

① $0<a\leq\frac{1}{2}$ ② $0<a\leq 1$ ③ $\frac{1}{2}\leq a\leq 1$
④ $a\geq\frac{1}{2}$ ⑤ $a\geq 1$

1343 Level 2

함수 $f(x)=(x^2+ax+a)e^x$이 구간 $(-\infty, \infty)$에서 증가하도록 하는 상수 a의 값을 구하시오.

1344 Level 2

함수 $f(x)=ax-\ln(x^2+2)$가 실수 전체의 구간에서 증가하도록 하는 양수 a의 최솟값은?

① $\frac{\sqrt{2}}{4}$ ② $\frac{\sqrt{2}}{3}$ ③ $\frac{\sqrt{2}}{2}$
④ $\sqrt{2}$ ⑤ $\frac{3\sqrt{2}}{2}$

1345 Level 2

함수 $f(x)=8\sin x\cos x+kx$가 구간 $(-\infty, \infty)$에서 증가하도록 하는 정수 k의 최솟값을 구하시오.

1346 Level 2

함수 $f(x)=ax+\sin 2x$가 $x_1<x_2$인 모든 실수 x_1, x_2에 대하여 $f(x_1)>f(x_2)$를 만족시킬 때, 실수 a의 최댓값은?

① -3 ② -2 ③ -1
④ 1 ⑤ 2

1347

Level 3

함수 $f(x)=(x^2-2x+k)e^{3x}$의 역함수가 존재하도록 하는 실수 k의 최솟값은?

① $\frac{10}{9}$ ② $\frac{4}{3}$ ③ $\frac{14}{9}$
④ $\frac{16}{9}$ ⑤ 2

1348

Level 3

함수 $f(x)=(1-ax^2)e^x$이 구간 $(-\infty, \infty)$에서 증가하도록 하는 모든 정수 a의 값의 합을 구하시오.

+Plus 문제

다음은 이 유형에서 출제된 최근 교육청 • 평가원 기출문제입니다.

1349 • 교육청 2016년 3월

Level 2

실수 전체의 집합에서 함수

$$f(x)=(x^2+2ax+11)e^x$$

이 증가하도록 하는 자연수 a의 최댓값은?

① 3 ② 4 ③ 5
④ 6 ⑤ 7

실전 유형 13 주어진 구간에서 함수가 증가 또는 감소하기 위한 조건

함수 $f(x)$가 어떤 구간에서 미분가능하고, 이 구간에서
(1) 증가하면 → $f'(x)\ge 0$
(2) 감소하면 → $f'(x)\le 0$

1350 대표문제

함수 $f(x)=(x^2+a)e^x$이 구간 $(0, 2)$에서 증가하도록 하는 실수 a의 최솟값을 구하시오.

1351

Level 2

함수 $f(x)=e^x-ax$가 $x\ge 0$에서 증가하도록 하는 실수 a의 값의 범위는?

① $a\le 2$ ② $a\le 1$ ③ $0\le a\le 2$
④ $a\ge 1$ ⑤ $a\ge 2$

1352

Level 2

함수 $f(x)=ax^2-\sin x+x\cos x$가 구간 $\left(\frac{\pi}{6}, \frac{5}{6}\pi\right)$에서 감소하도록 하는 실수 a의 값의 범위를 구하시오.

1353

Level 2

함수 $f(x)=\ln x-\frac{a}{x}-x$가 구간 $(0, \infty)$에서 감소하도록 하는 실수 a의 최댓값은?

① $-\frac{1}{8}$ ② $-\frac{1}{4}$ ③ $-\frac{3}{8}$
④ $-\frac{1}{2}$ ⑤ $-\frac{5}{8}$

1354

Level 2

함수 $f(x)=(x^3-ax^2)e^{-x}$이 구간 $(1, 4)$에서 증가하도록 하는 실수 a의 값을 구하시오.

1355

Level 2

함수 $f(x)=e^{4x}-ax$가 구간 $\left(-\frac{\ln 2}{4}, \infty\right)$에서 증가하도록 하는 모든 자연수 a의 값의 합은?

① 3 ② 4 ③ 5
④ 6 ⑤ 7

1356

Level 2

함수 $f(x)=a\ln x+x^2-4x$가 구간 $0<x_1<x_2$인 모든 실수 x_1, x_2에 대하여 $f(x_1)<f(x_2)$를 만족시킬 때, 실수 a의 최솟값은?

① 1 ② 2 ③ 3
④ 4 ⑤ 5

1357

Level 2

함수 $f(x)=a\ln x+x^2-ax$가 구간 $(0, \infty)$에서 증가하도록 하는 정수 a의 개수는?

① 5 ② 6 ③ 7
④ 8 ⑤ 9

다음은 이 유형에서 출제된 최근 교육청 • 평가원 기출문제입니다.

1358 • 교육청 2017년 7월

Level 2

함수 $f(x)=\frac{1}{2}x^2-3x-\frac{k}{x}$가 열린구간 $(0, \infty)$에서 증가할 때, 실수 k의 최솟값은?

① 3 ② $\frac{7}{2}$ ③ 4
④ $\frac{9}{2}$ ⑤ 5

실전 유형 14 유리함수의 극대 · 극소

유리함수 $f(x)$의 극값은 다음과 같은 순서로 구한다.
❶ $f'(x)$를 구한다.
❷ $f'(x)=0$을 만족시키는 x의 값 a를 구한다.
❸ $x=a$의 좌우에서 $f'(x)$의 부호를 조사하여 증가와 감소를 표로 나타낸다.

1359 대표문제

함수 $f(x)=\frac{2x}{x^2+1}$는 $x=a$에서 극댓값 b, $x=c$에서 극솟값 d를 갖는다. 이때 $a^2+b^2+c^2+d^2$의 값은?

① 1 ② 2 ③ 3 ④ 4 ⑤ 5

1360 Level 2

함수 $f(x)=\frac{x^2-2x+1}{x^2+3}$이 $x=\alpha$에서 극대이고 $x=\beta$에서 극소일 때, $\alpha-\beta$의 값을 구하시오.

1361 Level 2

집합 $\{x|x>1\}$에서 정의된 함수 $f(x)=2x+\frac{2x}{x^2-1}$는 $x=a$에서 극값을 갖는다. $\frac{f(a)}{a}$의 값은?

① 1 ② 2 ③ 3 ④ 4 ⑤ 5

1362 Level 2

함수 $f(x)=x+\frac{9}{x-1}$의 극댓값을 M, 극솟값을 m이라 할 때, $M-m$의 값을 구하시오.

1363 Level 2

함수 $f(x)=\frac{x^2}{x+1}$에 대하여 옳은 것만을 **〈보기〉**에서 있는 대로 고른 것은?

〈보기〉
ㄱ. 정의역은 실수 전체의 집합이다.
ㄴ. 극댓값은 -4이다.
ㄷ. $x>0$에서 증가한다.

① ㄷ ② ㄱ, ㄴ ③ ㄱ, ㄷ ④ ㄴ, ㄷ ⑤ ㄱ, ㄴ, ㄷ

다음은 이 유형에서 출제된 최근 교육청 • 평가원 기출문제입니다.

1364 • 교육청 2018년 3월 Level 2

함수 $f(x)=\frac{x-1}{x^2-x+1}$의 극댓값과 극솟값의 합은?

① -1 ② $-\frac{5}{6}$ ③ $-\frac{2}{3}$ ④ $-\frac{1}{2}$ ⑤ $-\frac{1}{3}$

● 정답 및 풀이 252쪽

실전 유형 15 무리함수의 극대·극소

무리함수 $f(x)$의 극값은 다음과 같은 순서로 구한다.
❶ 정의역을 파악한다.
❷ $f'(x)$를 구한다.
❸ $f'(x)=0$을 만족시키는 x의 값 a를 구한다.
❹ $x=a$의 좌우에서 $f'(x)$의 부호를 조사하여 증가와 감소를 표로 나타낸다.

1365 대표문제

함수 $f(x)=x^2\sqrt{x+5}$가 $x=a$에서 극댓값 b를 가질 때, $a+b$의 값을 구하시오.

1366 Level 2

함수 $f(x)=x+\sqrt{8-x^2}$이 $x=a$에서 극댓값을 가질 때, a의 값은? (단, $x>0$)

① $\frac{1}{2}$　② $\frac{\sqrt{2}}{2}$　③ 1
④ $\sqrt{2}$　⑤ 2

1367 Level 2

함수 $f(x)=\sqrt{x-4}+\sqrt{8-x}$가 $x=a$에서 극댓값 b를 가질 때, ab의 값은?

① $8\sqrt{2}$　② $10\sqrt{2}$　③ $12\sqrt{2}$
④ $14\sqrt{2}$　⑤ $16\sqrt{2}$

1368 Level 2

함수 $f(x)=\frac{x+4}{\sqrt{x-3}}$의 극솟값은?

① $\frac{\sqrt{7}}{3}$　② $\frac{\sqrt{7}}{2}$　③ $\sqrt{7}$
④ $\frac{3\sqrt{7}}{2}$　⑤ $2\sqrt{7}$

1369 Level 2

함수 $f(x)=x\sqrt{1-x^2}$의 극댓값을 M, 극솟값을 m이라 할 때, $M-m$의 값을 구하시오.

1370 Level 2

함수 $f(x)=x+\sqrt{3-2x}$에 대하여 옳은 것만을 **〈보기〉**에서 있는 대로 고른 것은?

〈보기〉
ㄱ. 정의역은 $\left\{x \middle| x\le\frac{3}{2}\right\}$이다.
ㄴ. 극댓값은 $2\sqrt{2}$이다.
ㄷ. 구간 $\left(1, \frac{3}{2}\right)$에서 감소한다.

① ㄱ　② ㄱ, ㄴ　③ ㄱ, ㄷ
④ ㄴ, ㄷ　⑤ ㄱ, ㄴ, ㄷ

실전 유형 16 지수함수의 극대 · 극소

다음을 이용하여 도함수의 부호를 조사한다.

(1) $y=e^x \rightarrow y'=e^x$

(2) $y=e^{f(x)} \rightarrow y'=e^{f(x)}f'(x)$

1371 대표문제

함수 $f(x)=(x^2-3)e^{-x+1}$의 극댓값과 극솟값의 곱은?

① -12 ② -10 ③ -8

④ -6 ⑤ -4

1372

Level 2

함수 $f(x)=xe^{-x}$의 극댓값을 M, 함수 $g(x)=xe^{x}$의 극솟값을 m이라 할 때, $M^2+m^2=\frac{k}{e^2}$이다. 상수 k의 값을 구하시오.

1373

Level 2

함수 $f(x)=2e^x+8e^{-x}$의 극솟값은?

① 2 ② 4 ③ 6

④ 8 ⑤ 10

1374

Level 2

함수 $f(x)=\frac{x^2+2x}{e^x}$가 $x=a$에서 극댓값 M, $x=b$에서 극솟값 m을 가질 때, $ab+Mm$의 값은?

① -8 ② -6 ③ -4

④ -2 ⑤ 0

1375

Level 2

두 함수 $f(x)=e^x+ke^{-x}$, $g(x)=ke^x+e^{-x}$에 대하여 옳은 것만을 **〈보기〉**에서 있는 대로 고른 것은? (단, $k>1$)

〈보기〉

ㄱ. 두 함수 $f(x)$, $g(x)$는 극댓값과 극솟값을 모두 갖는다.

ㄴ. 두 함수 $f(x)$, $g(x)$의 극솟값은 서로 같다.

ㄷ. 함수 $f(x)$는 $x=\alpha$에서 극소이고, 함수 $g(x)$는 $x=\beta$에서 극소이면 $\alpha+\beta=0$이다.

① ㄱ ② ㄴ ③ ㄷ

④ ㄱ, ㄷ ⑤ ㄴ, ㄷ

다음은 이 유형에서 출제된 최근 교육청 • 평가원 기출문제입니다.

1376 • 2021학년도 대학수학능력시험

Level 2

함수 $f(x)=(x^2-2x-7)e^x$의 극댓값과 극솟값을 각각 a, b라 할 때, $a\times b$의 값은?

① -32 ② -30 ③ -28

④ -26 ⑤ -24

실전유형 17 로그함수의 극대 · 극소

정의역을 먼저 파악한 후 다음을 이용하여 도함수의 부호를 조사한다.

(1) $y=\ln|x| \rightarrow y'=\frac{1}{x}$

(2) $y=\ln|f(x)| \rightarrow y'=\frac{f'(x)}{f(x)}$

1377 대표문제

함수 $f(x)=\frac{\ln x}{2x}$가 $x=a$에서 극댓값 b를 가질 때, ab의 값은?

① $\frac{1}{2}$ ② 1 ③ $\frac{e}{2}$
④ $2e$ ⑤ e^2

1378

Level 2

함수 $f(x)=3\ln x-2x+\frac{1}{x}$의 극댓값을 M, 극솟값을 m이라 할 때, $M+m$의 값은?

① $-5\ln 2$ ② $-3\ln 2$ ③ $-\ln 2$
④ $-\frac{\ln 2}{3}$ ⑤ $-\frac{\ln 2}{5}$

1379

Level 2

함수 $f(x)=x\ln x^2$이 $x=\alpha$에서 극대이고 $x=\beta$에서 극소일 때, $\beta-\alpha$의 값은?

① $-\frac{4}{e}$ ② $-\frac{2}{e}$ ③ $\frac{2}{e}$
④ $\frac{4}{e}$ ⑤ $2e$

1380

Level 2

함수 $f(x)=\frac{x^2}{\ln x}$이 $x=a$에서 극솟값 m을 가질 때, $\frac{m}{a}$의 값은?

① $\sqrt{e}$ ② e ③ $2\sqrt{e}$
④ $2e$ ⑤ $4\sqrt{e}$

1381

Level 2

함수 $f(x)=x(\ln x)^3$은 $x=a$에서 극솟값 b를 갖는다. $a-b=\frac{k}{e^3}$일 때, 상수 k의 값은?

① 20 ② 22 ③ 24
④ 26 ⑤ 28

다음은 이 유형에서 출제된 최근 교육청 • 평가원 기출문제입니다.

1382 고난도 • 교육청 2016년 4월

Level 3

양의 실수 t에 대하여 곡선 $y=\ln x$ 위의 두 점 $\mathrm{P}(t, \ln t)$, $\mathrm{Q}(2t, \ln 2t)$에서의 접선이 x축과 만나는 점을 각각 $\mathrm{R}(r(t), 0)$, $\mathrm{S}(s(t), 0)$이라 하자. 함수 $f(t)$를

$$f(t)=r(t)-s(t)$$

라 할 때, 함수 $f(t)$의 극솟값은?

① $-\frac{1}{2}$ ② $-\frac{1}{3}$ ③ $-\frac{1}{4}$
④ $-\frac{1}{5}$ ⑤ $-\frac{1}{6}$

+Plus 문제

실전유형 18 삼각함수의 극대·극소

빈출유형

다음을 이용하여 도함수의 부호를 조사한다.

(1) $y=\sin x \rightarrow y'=\cos x$
(2) $y=\cos x \rightarrow y'=-\sin x$
(3) $y=\tan x \rightarrow y'=\sec^2 x$
(4) $y=\cot x \rightarrow y'=-\csc^2 x$
(5) $y=\sec x \rightarrow y'=\sec x \tan x$
(6) $y=\csc x \rightarrow y'=-\csc x \cot x$

1383 대표문제

함수 $f(x)=\cos 2x+2\sin x\,(0<x<\pi)$가 $x=a$에서 극솟값 b를 가질 때, ab의 값은?

① $\frac{\pi}{2}$ ② π ③ $\frac{3}{2}\pi$
④ 2π ⑤ $\frac{5}{2}\pi$

1384

Level 2

$0<x<2\pi$에서 함수 $f(x)=(\sin x+\cos x)e^x$의 극댓값을 M, 극솟값을 m이라 할 때, $\frac{m}{M}$의 값은?

① $-e^{2\pi}$ ② $-e^{\pi}$ ③ $\frac{1}{e^{3\pi}}$
④ $\frac{1}{e^{2\pi}}$ ⑤ $\frac{1}{e^{\pi}}$

1385

Level 2

함수 $f(x)=1+2\cos x-2\cos^2 x\,(0<x<\pi)$의 극댓값은?

① 0 ② $\frac{1}{2}$ ③ 1
④ $\frac{3}{2}$ ⑤ 2

1386

Level 2

$0<x<2\pi$일 때, 함수 $f(x)=x+2\sin x$에 대하여 **〈보기〉**에서 옳은 것만을 있는 대로 고르시오.

〈보기〉

ㄱ. 구간 $\left(0, \frac{2}{3}\pi\right)$에서 함수 $f(x)$는 증가한다.
ㄴ. $x=\frac{4}{3}\pi$에서 함수 $f(x)$는 극솟값을 갖는다.
ㄷ. 극댓값과 극솟값의 합은 2π이다.

1387

Level 2

$-\frac{\pi}{2}<x<\frac{\pi}{2}$에서 함수 $f(x)=4x-\tan x$의 극댓값을 M, 극솟값을 m이라 할 때, $M-m$의 값은?

① 0 ② $\frac{8}{3}\pi-2\sqrt{3}$ ③ $\frac{8}{3}\pi-\sqrt{3}$
④ $2\sqrt{3}$ ⑤ $\frac{8}{3}\pi$

1388

Level 2

매개변수 θ로 나타낸 함수 $x=\theta-\sin\theta$, $y=1+\cos\theta$의 극솟값을 구하시오. (단, $0<\theta<2\pi$)

1389

Level 2

$0<x<2\pi$에서 함수 $f(x)=(1+\sin x)\cos x$의 극값의 개수를 구하시오.

실전유형 19 함수의 극대·극소를 이용한 미정계수의 결정

미분가능한 함수 $f(x)$가
(1) $x=\alpha$에서 극값을 갖는다.
➜ $f'(\alpha)=0$
(2) $x=\alpha$에서 극값 β를 갖는다.
➜ $f(\alpha)=\beta$, $f'(\alpha)=0$

1390 대표문제

함수 $f(x)=\dfrac{x^2+ax+b}{x-1}$가 $x=3$에서 극솟값 5를 가질 때, 상수 a, b에 대하여 $a-b$의 값은?

① -5　② -3　③ -1
④ 1　⑤ 3

1391

Level 1

함수 $f(x)=x^2-2ax\sqrt{x}+ax$가 $x=1$에서 극값을 가질 때, 상수 a의 값은? (단, $x>0$)

① 1　② 2　③ 3
④ 4　⑤ 5

1392

Level 1

함수 $f(x)=a\ln\dfrac{2}{x}-x^2+bx$가 $x=\dfrac{1}{2}$, $x=2$에서 극값을 가질 때, 상수 a, b에 대하여 $a+b$의 값은?

① 1　② 3　③ 5
④ 7　⑤ 9

1393

Level 2

함수 $f(x)=axe^{-x}$이 $x=b$에서 극댓값 $\dfrac{2}{e}$를 가질 때, 상수 a, b에 대하여 ab의 값을 구하시오.

1394

Level 2

함수 $f(x)=(x^2+a)e^{x+1}$이 $x=-3$에서 극댓값 $\dfrac{6}{e^2}$을 가질 때, 함수 $f(x)$의 극솟값은? (단, a는 상수이다.)

① $-3e^2$　② $-2e^2$　③ $-e^2$
④ e^2　⑤ $2e^2$

1395

Level 2

함수 $f(x)=\dfrac{x+k}{x^2-x+1}$가 $x=0$에서 극솟값을 갖는다. 함수 $f(x)$의 극댓값을 M이라 할 때, $12(M-k)$의 값을 구하시오. (단, k는 상수이다.)

1396

Level 2

함수 $f(x)=a\sin x+b\cos x$가 $x=\dfrac{\pi}{3}$에서 극댓값 2를 가질 때, 상수 a, b에 대하여 ab의 값은?

① $-\sqrt{3}$　② -1　③ 1
④ $\dfrac{\sqrt{3}}{3}$　⑤ $\sqrt{3}$

1397

Level 2

함수 $f(x)=x+\ln(x^2+ax+b)$가 $x=1$에서 극솟값 1을 가질 때, 함수 $f(x)$의 극댓값은? (단, a, b는 상수이다.)

① $\ln 2$ ② $\ln 3$ ③ $1+\ln 2$
④ $1+\ln 3$ ⑤ $2+\ln 2$

1398

Level 3

$0<x<\pi$에서 함수 $f(x)=a(\cos x-\cos^3 x)$의 극댓값이 2일 때, $f\left(\frac{\pi}{6}\right)$의 값은? (단, $a>0$)

① $\frac{5}{8}$ ② $\frac{7}{8}$ ③ $\frac{9}{8}$
④ $\frac{11}{8}$ ⑤ $\frac{13}{8}$

다음은 이 유형에서 출제된 최근 교육청 • 평가원 기출문제입니다.

1399 • 교육청 2019년 3월

Level 2

함수 $f(x)=\tan(\pi x^2+ax)$가 $x=\frac{1}{2}$에서 극솟값 k를 가질 때, k의 값은? (단, a는 상수이다.)

① $-\sqrt{3}$ ② -1 ③ $-\frac{\sqrt{3}}{3}$
④ 0 ⑤ $\frac{\sqrt{3}}{3}$

심화유형 20 극값을 가질 조건 – 판별식을 이용하는 경우 복합유형

미분가능한 함수 $f(x)$에 대하여 $f'(x)=\frac{h(x)}{g(x)}$ $(g(x)>0)$이고 $h(x)$가 이차식일 때, $h(x)=0$의 판별식을 D라 하면
(1) 함수 $f(x)$가 극값을 갖는다.
→ $h(x)=0$이 서로 다른 두 실근을 갖는다. → $D>0$
(2) 함수 $f(x)$가 극값을 갖지 않는다.
→ $h(x)=0$이 중근 또는 허근을 갖는다. → $D\le 0$

1400 대표문제

함수 $f(x)=3\ln x+\frac{a}{2x}-x$가 극댓값과 극솟값을 모두 갖도록 하는 모든 정수 a의 값의 합은?

① 6 ② 7 ③ 8
④ 9 ⑤ 10

1401

Level 2

함수 $f(x)=(x^2-kx+2)e^{-x+1}$이 극값을 갖지 않도록 하는 실수 k의 값의 범위가 $\alpha\le k\le\beta$일 때, $\beta-\alpha$의 값을 구하시오.

1402

Level 2

함수 $f(x)=\frac{1}{2}x-\ln(x^2+n)$이 극값을 갖도록 하는 자연수 n의 최댓값은?

① 1 ② 2 ③ 3
④ 4 ⑤ 5

1403

Level 2

함수 $f(x)=(x^2-3x-k)e^x$이 극댓값과 극솟값을 모두 갖도록 하는 정수 k의 최솟값은?

① -4 ② -3 ③ -2
④ -1 ⑤ 0

1404

Level 2

함수 $f(x)=ax+3\ln(x^2+1)$이 극값을 갖지 않을 때, 양수 a의 최솟값을 구하시오.

1405

Level 2

함수 $f(x)=\dfrac{2x+a}{x^2-1}$가 극댓값과 극솟값을 모두 갖도록 하는 실수 a의 값의 범위를 구하시오.

1406

Level 3

다음 중 함수 $f(x)=\ln x+\dfrac{a}{x}-\dfrac{1}{x^2}$이 극값을 갖도록 하는 실수 a의 값이 될 수 <u>없는</u> 것은?

① 2 ② 3 ③ 4
④ 5 ⑤ 6

+Plus 문제

심화유형 21 극값을 가질 조건 - 판별식을 이용하지 않는 경우

상수함수가 아닌 미분가능한 함수 $f(x)$에 대하여
(1) 함수 $f(x)$가 극값을 갖는다.
➜ $f'(x)=0$이 실근을 갖고 $f'(x)=0$의 실근의 좌우에서 $f'(x)$의 부호가 바뀐다.
(2) 함수 $f(x)$가 극값을 갖지 않는다.
➜ 정의역의 모든 실수 x에 대하여 $f'(x)\leq 0$ 또는 $f'(x)\geq 0$이다.

1407 대표문제

함수 $f(x)=kx+2\cos x$가 극값을 갖지 않도록 하는 자연수 k의 최솟값은?

① 1 ② 2 ③ 3
④ 4 ⑤ 5

1408

Level 2

함수 $f(x)=(a-1)x+4\sin x$가 극값을 갖기 위한 모든 정수 a의 값의 합을 구하시오.

1409

Level 2

함수 $f(x)=\dfrac{x}{5}-\dfrac{\sin x}{k}$가 극값을 갖도록 하는 정수 k의 개수는? (단, $k\neq 0$)

① 6 ② 7 ③ 8
④ 9 ⑤ 10

1410

Level 2

함수 $f(x)=(x^3-3x^2+a)e^x$이 극댓값과 극솟값을 모두 갖도록 하는 실수 a의 값의 범위는?

① $-8\sqrt{2}<a<8\sqrt{2}$　② $-6\sqrt{2}<a<6\sqrt{2}$
③ $-4\sqrt{2}<a<4\sqrt{2}$　④ $0<a<6\sqrt{2}$
⑤ $0<a<8\sqrt{2}$

1411

Level 2

함수 $f(x)=ax+4\cos x+\sin 2x$가 극값을 갖지 않도록 하는 양수 a의 최솟값은?

① 3　② 4　③ 5
④ 6　⑤ 7

다음은 이 유형에서 출제된 최근 교육청 • 평가원 기출문제입니다.

1412

고난도 • 교육청 2014년 3월　Level 3

함수 $f(x)=e^{-x}(\ln x-2)$가 $x=a$에서 극값을 가질 때, 다음 중 a가 속하는 구간은?

① $(1, e)$　② (e, e^2)　③ (e^2, e^3)
④ (e^3, e^4)　⑤ (e^4, e^5)

서술형 유형 익히기

1413 대표문제

점 $(k, 0)$에서 곡선 $y=(x-1)e^x$에 서로 다른 두 개의 접선을 그을 수 있을 때, k의 값의 범위를 구하는 과정을 서술하시오. [6점]

STEP 1 접점의 x좌표가 t일 때, 접선의 방정식 구하기 [2점]

$f(x)=(x-1)e^x$이라 하면

$f'(x)=$ (1) ☐

접점의 좌표를 $(t, (t-1)e^t)$이라 하면 접선의 기울기가

$f'(t)=$ (2) ☐ 이므로 접선의 방정식은

$y-(t-1)e^t=$ (3) ☐ $(x-t)$

$\therefore y=te^tx-(t^2-t+1)e^t$

STEP 2 접선이 점 $(k, 0)$을 지남을 이용하여 t에 대한 방정식 세우기 [2점]

이 접선이 점 $(k, 0)$을 지나므로

$kte^t-(t^2-t+1)e^t=0$

$\{t^2-(k+1)t+1\}e^t=0$

$\therefore t^2-(k+1)t+1=0$ ($\because e^t>0$) ………… ㉠

STEP 3 k의 값의 범위 구하기 [2점]

점 $(k, 0)$에서 곡선 $y=f(x)$에 그은 접선의 개수가 2이므로

이차방정식 ㉠이 (4) ☐ 을 가져야 한다.

이차방정식 ㉠의 판별식을 D라 하면

$D=(k+1)^2-4$ (5) ☐ 0

k^2+2k-3 (6) ☐ 0, $(k+3)(k-1)$ (7) ☐ 0

따라서 k의 값의 범위는

(8) ☐

핵심 KEY 유형 5 곡선 밖의 한 점에서 곡선에 그은 접선의 개수

곡선 밖의 한 점에서 곡선에 그은 접선의 개수는 접선의 방정식의 서로 다른 실근의 개수에 대한 문제와 같다. 그러므로 접점의 x좌표를 미지수로 두고 접선의 방정식을 세운 다음 방정식의 실근의 개수를 구하면 된다.

● 정답 및 풀이 262쪽

1414 한번 더

점 $(k, 0)$에서 곡선 $y=(4-x)e^{x}$에 서로 다른 두 개의 접선을 그을 수 있을 때, k의 값의 범위를 구하는 과정을 서술하시오. [6점]

STEP 1 접점의 x좌표가 t일 때, 접선의 방정식 구하기 [2점]

STEP 2 접선이 점 $(k, 0)$을 지남을 이용하여 t에 대한 방정식 세우기 [2점]

STEP 3 k의 값의 범위 구하기 [2점]

1415 유사 1

점 $(k, 0)$에서 곡선 $y=(x-2022)e^{-x}$에 접선을 그을 수 없을 때, 정수 k의 개수를 구하는 과정을 서술하시오. [7점]

1416 유사 2

점 $(k, 0)$에서 곡선 $y=(n-x)e^{1-x}$에 단 한 개의 접선만 그을 수 있도록 하는 k의 값은 k_1, k_2 $(k_1<k_2)$로 2개이고 $k_1+k_2=10$일 때, 상수 n의 값을 구하는 과정을 서술하시오. [8점]

06

서술형 유형 익히기

1417 대표문제

함수 $f(x)=x^2-3x+\ln x$의 극댓값을 M, 극솟값을 m이라 할 때, Mm의 값을 구하는 과정을 서술하시오. [8점]

STEP 1 $f'(x)=0$을 만족시키는 x의 값 구하기 [2점]

$f(x)=x^2-3x+\ln x$에서 $x>0$이고

$f'(x)=2x-3+\frac{1}{x}=\frac{2x^2-3x+1}{x}$

$f'(x)=0$에서 $x=$ (1) 또는 $x=$ (2)

STEP 2 함수 $f(x)$의 증가와 감소를 표로 나타내기 [4점]

함수 $f(x)$의 증가와 감소를 표로 나타내면 다음과 같다.

x	(0)	$\cdots$	(3)	$\cdots$	(4)	$\cdots$
$f'(x)$		$+$	0	$-$	0	$+$
$f(x)$		↗	극대	↘	극소	↗

STEP 3 Mm의 값 구하기 [2점]

함수 $f(x)$는 $x=$ (5) 에서 극댓값 $M=$ (6),

$x=$ (7) 에서 극솟값 $m=$ (8) 를 가지므로

$Mm=$ (9)

1418 한번 더

함수 $f(x)=2\ln(5-x)+\frac{1}{4}x^2$의 극댓값을 M, 극솟값을 m이라 할 때, Mm의 값을 구하는 과정을 서술하시오. [8점]

STEP 1 $f'(x)=0$을 만족시키는 x의 값 구하기 [2점]

STEP 2 함수 $f(x)$의 증가와 감소를 표로 나타내기 [4점]

STEP 3 Mm의 값 구하기 [2점]

1419 유사 1

함수 $f(x)=\cos(\ln x)\ (x>1)$가 극댓값을 갖는 x의 값을 작은 수부터 차례로 $a_1, a_2, a_3, \cdots$이라 할 때, $\sum_{n=1}^{\infty}\frac{1}{a_n}$의 값을 구하는 과정을 서술하시오. [10점]

1420 유사 2

함수 $f(x)=\frac{\sin x}{e^{2x}}\ (0<x<2\pi)$가 $x=a$에서 극솟값을 가질 때, $\cos a$의 값을 구하는 과정을 서술하시오. [10점]

핵심 KEY 유형 17 로그함수의 극대·극소

함수 $f(x)$의 도함수 $f'(x)$의 부호의 변화를 조사하면 함수의 증가, 감소와 극값을 구할 수 있다.

$f'(a)=0$이고 $x=a$의 좌우에서 $f'(x)$의 부호가

- 양 ⟶ 음 ➔ $f(x)$는 $x=a$에서 극대 ➔ 극댓값은 $f(a)$
- 음 ⟶ 양 ➔ $f(x)$는 $x=a$에서 극소 ➔ 극솟값은 $f(a)$

1421 대표문제

$0<t<\pi$일 때, 곡선 $y=\sin 2x$ 위의 점 $(t,\ \sin 2t)$에서의 접선과 직선 $x=0$이 만나는 점의 y좌표를 $f(t)$라 하자. 함수 $f(t)$의 극댓값을 구하는 과정을 서술하시오. [8점]

STEP 1 점 $(t,\ \sin 2t)$에서의 접선의 방정식 구하기 [2점]

$y=\sin 2x$에서 $y'=2\cos 2x$

곡선 $y=\sin 2x$ 위의 점 $(t,\ \sin 2t)$에서의 접선의 기울기가 $2\cos 2t$이므로 접선의 방정식은

$y=$ (1) ☐ ········· ㉠

STEP 2 $f(t)$, $f'(t)$ 구하기 [2점]

직선 ㉠에서 $x=0$일 때의 y좌표가 $f(t)$이므로

$f(t)=$ (2) ☐

$f'(t)=$ (3) ☐

STEP 3 함수 $f(t)$의 증가와 감소를 표로 나타내기 [2점]

$0<t<\pi$이므로 $f'(t)=0$에서 $\sin 2t=0$

$\therefore\ t=$ (4) ☐

함수 $f(t)$의 증가와 감소를 표로 나타내면 다음과 같다.

t	(0)	$\cdots$	$\frac{\pi}{2}$	$\cdots$	(π)
$f'(t)$		$+$	0	$-$	
$f(t)$		↗	극대	↘	

STEP 4 함수 $f(t)$의 극댓값 구하기 [2점]

함수 $f(t)$의 극댓값은

$f\left(\frac{\pi}{2}\right)=$ (5) ☐

핵심 KEY 유형 1, 유형 18 접선의 방정식과 삼각함수의 극대·극소

미분을 이용하면 접선의 방정식을 구할 수 있고, 함수의 증가와 감소를 조사하면 함수의 극값을 구할 수 있다.

1422 한번 더

$0<t<\frac{\pi}{2}$일 때, 곡선 $y=\sin^2 x$ 위의 점 $(t,\ \sin^2 t)$에서의 접선과 직선 $x=\frac{\pi}{2}$가 만나는 점의 y좌표를 $f(t)$라 하자. 함수 $f(t)$의 극댓값을 구하는 과정을 서술하시오. [8점]

STEP 1 점 $(t,\ \sin^2 t)$에서의 접선의 방정식 구하기 [2점]

STEP 2 $f(t)$, $f'(t)$ 구하기 [2점]

STEP 3 함수 $f(t)$의 증가와 감소를 표로 나타내기 [2점]

STEP 4 함수 $f(t)$의 극댓값 구하기 [2점]

1423 유사 1

곡선 $y=\frac{x}{x^2+x+1}$ 위의 점 $\left(t,\ \frac{t}{t^2+t+1}\right)$에서의 접선과 직선 $x=(t+1)^2$이 만나는 점의 y좌표를 $f(t)$라 하자. 함수 $f(t)$의 극댓값과 극솟값의 합을 구하는 과정을 서술하시오. [8점]

실력 check 실전 마무리하기 1회

점 / 100점

• 선택형 21문항, 서술형 4문항입니다.

1 1424

곡선 $y=xe^{2x}+\sin 3x-3$ 위의 점 $(0,\ -3)$에서의 접선과 x축의 교점의 좌표가 $(a,\ 0)$일 때, a의 값은? [3점]

① -1　② $-\frac{3}{4}$　③ $\frac{1}{2}$　④ $\frac{3}{4}$　⑤ 1

2 1425

함수 $f(x)=(x^2+ax+b)e^x$에 대하여 곡선 $y=f(x)$ 위의 점 $(1,\ f(1))$에서의 접선의 방정식이 $y=e(x-1)$일 때, $f(3)$의 값은? (단, a, b는 상수이다.) [3점]

① $3e^3$　② $6e^3$　③ $9e^3$　④ $12e^3$　⑤ $15e^3$

3 1426

직선 $y=e^2(x+1)$과 평행한 직선이 곡선 $y=e^{x-k}$에 접하고 원점을 지날 때, 상수 k의 값은? [3점]

① -1　② 0　③ 1　④ 2　⑤ 3

4 1427

함수 $f(x)=e^{ax}(a>0)$과 그 역함수의 그래프가 서로 접할 때, 상수 a의 값은? [3점]

① $\frac{1}{e^2}$　② $\frac{1}{e}$　③ 1　④ e　⑤ e^2

5 1428

곡선 $y=\ln(e^x+1)$에 접하고 기울기가 $\frac{1}{2}$인 직선이 x축, y축과 만나는 점을 각각 A, B라 할 때, 삼각형 OAB의 넓이는? (단, O는 원점이다.) [3점]

① $\ln 2$　② $2\ln 2$　③ $\frac{(\ln 2)^2}{2}$　④ $(\ln 2)^2$　⑤ $2(\ln 2)^2$

6 1429

함수 $f(x)=x^3+9$의 역함수를 $g(x)$라 할 때, 곡선 $y=g(x)$ 위의 점 $(10,\ g(10))$을 지나고, 이 점에서의 접선과 수직인 직선의 방정식은 $y=ax+b$이다. 상수 a, b에 대하여 $a+b$의 값은? [3점]

① 22　② 24　③ 26　④ 28　⑤ 30

7 1430

구간 $\left(0,\ \frac{3}{2}\pi\right)$에서 정의된 함수

$$f(x)=(x-\pi)\sin x+\cos x$$

가 구간 $[a,\ b]$에서 증가할 때, $b-a$의 최댓값은? [3점]

① $\frac{\pi}{4}$ ② $\frac{\pi}{2}$ ③ $\frac{3}{4}\pi$
④ π ⑤ $\frac{5}{4}\pi$

8 1431

함수 $f(x)=\frac{x^2-3x}{x^2+3}$의 극댓값을 M, 극솟값을 m이라 할 때, Mm의 값은? [3점]

① $-\frac{3}{4}$ ② $-\frac{1}{2}$ ③ $-\frac{1}{4}$
④ $\frac{1}{4}$ ⑤ $\frac{1}{2}$

9 1432

함수 $f(x)=e^{x+1}-e^3x+e^3+1$이 $x=a$에서 극솟값 m을 가질 때, $a+m$의 값은? [3점]

① 1 ② 2 ③ 3
④ 4 ⑤ 5

10 1433

함수 $f(x)=\frac{x^2+ax+b}{x-1}$가 $x=-1$에서 극댓값 -4를 가질 때, 상수 a, b에 대하여 ab의 값은? [3점]

① -12 ② -10 ③ -8
④ -6 ⑤ -4

11 1434

점 $(2,\ 0)$에서 곡선 $y=xe^x$에 두 개의 접선을 그을 수 있다. 두 접선의 기울기를 각각 m, n이라 할 때, mn의 값은?

[3.5점]

① 1 ② e ③ $2e$
④ e^2 ⑤ $2e^2$

12 1435

곡선 $\sqrt{x}+\sqrt{y}=3$ 위의 $x=1$인 점에서의 접선과 x축 및 y축으로 둘러싸인 도형의 넓이는? [3.5점]

① 8 ② $\frac{17}{2}$ ③ 9
④ $\frac{19}{2}$ ⑤ 10

13 1436

함수 $f(x)=\frac{ax^2+1}{e^x}$이 구간 $\left(\frac{1}{2},\ 1\right)$에서 증가하도록 하는 양수 a의 최솟값은? [3.5점]

① $\frac{2}{3}$ ② 1 ③ $\frac{4}{3}$
④ $\frac{5}{3}$ ⑤ 2

14 1437

함수 $f(x)=x(2+\sqrt{4-x^2})$이 $x=a$에서 극댓값 M을 가질 때, $\frac{M}{a}$의 값은? [3.5점]

① $-\sqrt{3}$ ② -1 ③ 1
④ $\sqrt{3}$ ⑤ 3

15 1438

함수 $f(x)=(x^2+a)e^x$이 $x=1$에서 극값을 가질 때, 함수 $g(x)=(x^2+a)e^{-x}$의 극솟값은? (단, a는 상수이다.) [3.5점]

① $-3e$ ② $-2e$ ③ $-e$
④ $\frac{1}{e^2}$ ⑤ $\frac{2}{e}$

16 1439

함수 $f(x)=ax-2\sin x$가 극값을 갖지 않도록 하는 실수 a의 값의 범위가 $a\le\alpha$ 또는 $a\ge\beta$일 때, $\alpha\beta$의 값은? [3.5점]

① -4 ② -2 ③ 0
④ 2 ⑤ 4

● 정답 및 풀이 269쪽

17 1440

곡선 $y=\tan x$ 위의 점 $\left(\frac{\pi}{4},\ 1\right)$에서의 접선이 곡선 $y=-x^2+a$에 접할 때, 상수 a의 값은? [4점]

① $-\frac{\pi}{5}$ ② $-\frac{\pi}{4}$ ③ $-\frac{\pi}{3}$
④ $-\frac{\pi}{2}$ ⑤ $-\pi$

18 1441

매개변수 t로 나타낸 곡선 $x=e^t$, $y=\cos t$에 대하여 **〈보기〉**에서 옳은 것만을 있는 대로 고른 것은? [4점]

〈보기〉

ㄱ. 점 $(1,\ 1)$을 지난다.
ㄴ. $t=\frac{\pi}{2}$인 점에서의 접선의 기울기는 $-e^{-\frac{\pi}{2}}$이다.
ㄷ. $t=\frac{\pi}{4}$인 점에서의 접선이 y축과 만나는 점의 좌표는 $(0,\ \sqrt{2})$이다.

① ㄴ ② ㄷ ③ ㄱ, ㄴ
④ ㄴ, ㄷ ⑤ ㄱ, ㄴ, ㄷ

19 1442

함수 $f(x)=\ln x+\frac{a}{x}-x$가 극댓값과 극솟값을 모두 갖도록 하는 실수 a의 값의 범위는? [4점]

① $0<a<\frac{1}{4}$ ② $\frac{1}{4}<a<\frac{1}{2}$ ③ $\frac{1}{2}<a<\frac{3}{4}$
④ $\frac{3}{4}<a<1$ ⑤ $1<a<\frac{5}{4}$

20 1443

원점에서 두 곡선 $y=e^x$, $y=\ln x$에 각각 그은 두 접선이 이루는 예각의 크기를 θ라 할 때, $\tan\theta$의 값은? [4.5점]

① $e-\frac{1}{e}$ ② $\frac{e-1}{e}$ ③ $\frac{1}{2}\left(e-\frac{1}{e}\right)$
④ $\frac{e+1}{2}$ ⑤ $\frac{1}{2}\left(e+\frac{1}{e}\right)$

21 1444

n이 자연수일 때, 함수 $f(x)=\frac{\ln x}{x^n}$에 대하여 함수 $f(x)$의 극댓값을 a_n이라 하자. $\lim_{n\to\infty}(n+1)a_n$의 값은? [4.5점]

① $\frac{2}{e^4}$ ② $\frac{1}{e^2}$ ③ $\frac{1}{e}$
④ $\frac{2}{e}$ ⑤ $\frac{4}{e}$

서술형

22 1445

곡선 $y=\ln(x^2+1)$에 접하고 직선 $x+y=n$에 수직인 직선의 방정식을 구하는 과정을 서술하시오.

(단, n은 상수이다.) [6점]

23 1446

두 곡선 $y=\frac{1}{2e}x^2+a$와 $y=bx-3x\ln x$가 $x=e$인 점에서 공통인 접선을 가질 때, 상수 a, b에 대하여 ab의 값을 구하는 과정을 서술하시오. [6점]

24 1447

구간 $(-\infty, \infty)$에서 함수

$$f(x)=a\sin x-(a+1)\cos x-5x$$

가 감소하도록 하는 실수 a의 최댓값을 M, 최솟값을 m이라 할 때, M^2+m^2의 값을 구하는 과정을 서술하시오. [8점]

25 1448

자연수 n에 대하여 함수 $f(x)=\ln(x^2+n^2)+kx$의 극값이 존재하지 않도록 하는 양의 실수 k의 최솟값을 $g(n)$이라 할 때, $\sum_{n=1}^{10}\frac{1}{g(n)}$의 값을 구하는 과정을 서술하시오. [8점]

● 정답 및 풀이 271쪽

2회

• 선택형 21문항, 서술형 4문항입니다.

1 1449

곡선 $y=e^{x-1}\ln x+2x$ 위의 점 $(1,\ 2)$에서의 접선의 방정식이 $y=ax+b$일 때, 상수 a, b에 대하여 ab의 값은? [3점]

① -4 ② -3 ③ -2
④ -1 ⑤ 0

2 1450

곡선 $y=xe^{x-1}$ 위의 점 $(1,\ 1)$에서의 접선과 곡선 $y=\dfrac{2x}{x+1}$ 위의 점 $(a,\ b)$에서의 접선이 서로 평행할 때, $a+b$의 값은? (단, $a<-1$) [3점]

① 1 ② 2 ③ 3
④ 4 ⑤ 5

3 1451

두 곡선 $y=3e^{x-3}$, $y=a\ln(x-2)+b$가 한 점에서 만나고, 그 점에서 기울기가 3인 공통인 접선을 가질 때, $a+b$의 값은? (단, a, b는 상수이다.) [3점]

① 0 ② 2 ③ 4
④ 6 ⑤ 8

4 1452

함수 $f(x)=x^3+2x$의 역함수를 $g(x)$라 할 때, 곡선 $y=g(x)$ 위의 $x=3$인 점에서의 접선의 y절편은? [3점]

① $\dfrac{1}{5}$ ② $\dfrac{2}{5}$ ③ $\dfrac{3}{5}$
④ $\dfrac{4}{5}$ ⑤ 1

5 1453

구간 $[0,\ 4\pi]$에서 정의된 함수 $f(x)=e^{\cos x}$이 구간 $\left(\dfrac{4}{3}\pi,\ a\right)$에서 증가할 때, 실수 a의 최댓값은? $\left(\text{단, } a>\dfrac{4}{3}\pi\right)$ [3점]

① $\dfrac{5}{3}\pi$ ② 2π ③ $\dfrac{7}{3}\pi$
④ $\dfrac{8}{3}\pi$ ⑤ 3π

6 1454

함수 $f(x)=(3x+k)e^{x^2}$이 실수 전체의 구간에서 증가하도록 하는 정수 k의 개수는? [3점]

① 1 ② 3 ③ 5
④ 7 ⑤ 9

7 1455

$x>1$일 때, 함수 $f(x)=\frac{3(x-1)}{x^3+3x+1}$이 $x=a$에서 극값을 갖는다. $\frac{a}{f(a)}$의 값은? [3점]

① 10 ② 12 ③ 14 ④ 16 ⑤ 18

8 1456

함수 $f(x)=(x^2-2x-2)e^{-x+2}$이 $x=a$에서 극대이고 $x=b$에서 극소일 때, $\frac{f(a)\times f(b)}{a-b}$의 값은? [3점]

① -5 ② -4 ③ -3 ④ -2 ⑤ -1

9 1457

함수 $f(x)=x+\frac{a^2}{x}\,(x>0)$의 극솟값이 100일 때, 양수 a의 값은? [3점]

① 10 ② 20 ③ 30 ④ 40 ⑤ 50

10 1458

함수 $f(x)=\sqrt{x^2+ax+b}$가 $x=1$에서 극솟값 1을 가질 때, 상수 a, b에 대하여 ab의 값은? [3점]

① -4 ② -2 ③ 0 ④ 2 ⑤ 4

11 1459

두 곡선 $y=\ln(ax+2)$, $y=-\ln x^3+b$가 점 $\mathrm{A}(1,\ c)$에서 만난다. 곡선 $y=\ln(ax+2)$ 위의 점 A에서의 접선과 곡선 $y=-\ln x^3+b$ 위의 점 A에서의 접선이 서로 수직일 때, $ab+c$의 값은? (단, a, b, c는 상수이다.) [3.5점]

① $\ln 6$ ② $\ln 7$ ③ $\ln 8$ ④ $\ln 9$ ⑤ $\ln 10$

12 1460

원점에서 곡선 $y=(x+1)e^{x}$에 그은 서로 다른 두 접선의 기울기를 각각 m_1, m_2라 할 때, m_1m_2의 값은? [3.5점]

① $\frac{1}{e^2}$　② $\frac{1}{e}$　③ 1
④ e　⑤ e^2

13 1461

점 $(a,\ 0)$에서 곡선 $y=e^{-x^2}$에 오직 한 개의 접선을 그을 수 있을 때, 양수 a의 값은? [3.5점]

① $\frac{\sqrt{2}}{2}$　② $\sqrt{2}$　③ $\frac{3\sqrt{2}}{2}$
④ $2\sqrt{2}$　⑤ $\frac{5\sqrt{2}}{2}$

14 1462

곡선 $e^{y}\ln x=y^2+1$ 위의 점 $(e,\ 0)$에서의 접선이 점 $(5e,\ a)$를 지날 때, a의 값은? [3.5점]

① -5　② -4　③ -3
④ -2　⑤ -1

15 1463

함수 $f(x)=2x+\sqrt{18-4x^2}$이 $x=a$에서 극댓값 M을 가질 때, aM의 값은? [3.5점]

① 7　② 9　③ 10
④ 11　⑤ 13

16 1464

함수 $f(x)=\frac{1}{3}x-\ln(2x^2+n)$이 극값을 갖도록 하는 자연수 n의 개수는? [3.5점]

① 11　② 13　③ 15
④ 17　⑤ 19

06

17 1465

함수 $f(x)=x+2\cos x$에 대하여 **〈보기〉**에서 옳은 것만을 있는 대로 고른 것은? [4점]

〈보기〉

ㄱ. $f'(0)=1$

ㄴ. 구간 $\left(0, \frac{\pi}{6}\right)$에서 $f'(x)>0$이다.

ㄷ. $\frac{\pi}{6}<x_1<x_2<\frac{5}{6}\pi$이면 $f(x_1)>f(x_2)$이다.

① ㄱ ② ㄱ, ㄴ ③ ㄱ, ㄷ
④ ㄴ, ㄷ ⑤ ㄱ, ㄴ, ㄷ

18 1466

함수 $f(x)=x(\ln x)^2$의 극댓값과 극솟값을 각각 a, b라 할 때, $a+b$의 값은? [4점]

① $\frac{4}{e^2}$ ② $\frac{1}{e}$ ③ 1
④ e ⑤ $4e^2$

19 1467

함수 $f(x)=\frac{\sin x-\cos x}{\sin x-\cos x+2}$가 $x=\alpha$에서 극솟값을 가질 때, $\cos\alpha$의 값은? (단, $0<x<2\pi$) [4점]

① $-\frac{\sqrt{2}}{2}$ ② $-\frac{1}{2}$ ③ $\frac{1}{2}$
④ $\frac{\sqrt{2}}{2}$ ⑤ $\frac{\sqrt{3}}{2}$

20 1468

함수 $f(x)=\begin{cases} e^x & (x<0) \\ x^3+x+1 & (x\geq 0)\end{cases}$의 역함수를 $g(x)$라 하자. 곡선 $y=g(x)$ 위의 두 점 $\left(\frac{1}{e}, a\right)$, $(3, b)$에서의 두 접선의 방정식을 각각 $y=h_1(x)$, $y=h_2(x)$라 할 때, $h_1(0)+h_2(0)$의 값은? [4.5점]

① -2 ② $-\frac{7}{4}$ ③ $-\frac{3}{2}$
④ $-\frac{5}{4}$ ⑤ -1

21 1469

매개변수 $t\,(t\geq 0)$로 나타낸 함수

$$x=2t+\cos t-1,\ y=\sin t$$

에 대하여 $\frac{dy}{dx}$를 $f(t)$라 하자. 함수 $f(t)$가 극댓값을 갖는 t의 값을 작은 것부터 차례로 a_1, a_2, a_3, $\cdots$이라 할 때, $\frac{1}{\pi}\sum_{k=1}^{6} a_k$의 값은? [4.5점]

① 15 ② 19 ③ 23
④ 27 ⑤ 31

● 정답 및 풀이 276쪽

서술형

22 1470

곡선 $y=2\ln x$가 x축과 만나는 점을 A, 원점 O에서 곡선 $y=2\ln x$에 그은 접선의 접점을 B라 할 때, 삼각형 OAB의 넓이를 구하는 과정을 서술하시오. [6점]

23 1471

매개변수 t $(0\leq t\leq 2\pi)$로 나타낸 곡선

$$x=\cos t-2\sin t,\ y=\sin t+2\cos t$$

위의 $t=\frac{\pi}{2}$에 대응하는 점에서의 접선의 방정식이 $y=ax+b$이다. 상수 a, b에 대하여 $a+b$의 값을 구하는 과정을 서술하시오. [6점]

24 1472

곡선 $y=2xe^{2x}+1$ 위의 점 $(t,\ 2te^{2t}+1)$에서의 접선이 y축과 만나는 점의 y좌표를 $f(t)$라 하자. 함수 $f(t)$가 $t=a$에서 극소이고 $t=b$에서 극대일 때, $f(a)\times f(b)$의 값을 구하는 과정을 서술하시오. [8점]

25 1473

실수 t에 대하여 두 함수 $f(x)=4\sin x+2$, $g(x)=-2x-2$의 그래프가 직선 $x=t$ $(0<t<2\pi)$와 만나는 점을 각각 A, B라 하고, 선분 AB의 길이를 $h(t)$라 할 때, 함수 $h(t)$의 극댓값을 M, 극솟값을 m이라 하자. $M+m$의 값을 구하는 과정을 서술하시오. [8점]

우리는 다른 사람과 같아지기 위해

인생의 4분의 3을 빼앗기고 있다.

– 쇼펜하우어 –

도함수의 활용 (2) 07

07

Ⅱ. 미분법

도함수의 활용 (2)

1 곡선의 오목과 볼록

Note

(1) 곡선의 오목과 볼록

어떤 구간에서 곡선 $y=f(x)$ 위의 임의의 서로 다른 두 점 P, Q에 대하여

① 두 점 P, Q를 잇는 곡선 부분이 선분 PQ보다 항상 아래쪽에 있으면 곡선 $y=f(x)$는 이 구간에서 아래로 볼록(또는 위로 오목)하다고 한다.

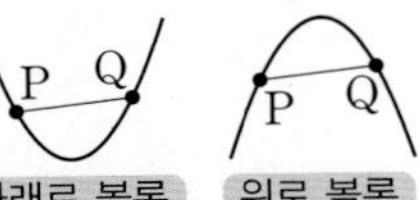

② 두 점 P, Q를 잇는 곡선 부분이 선분 PQ보다 항상 위쪽에 있으면 곡선 $y=f(x)$는 이 구간에서 위로 볼록(또는 아래로 오목)하다고 한다.

(2) 곡선의 오목과 볼록의 판정

이계도함수를 갖는 함수 $f(x)$가 어떤 구간에서

① $f''(x)>0$이면 곡선 $y=f(x)$는 이 구간에서 아래로 볼록하다.

② $f''(x)<0$이면 곡선 $y=f(x)$는 이 구간에서 위로 볼록하다.

곡선 $y=f(x)$가 어떤 구간에서 아래로 볼록하면 그 구간에서 접선의 기울기가 증가하고, 어떤 구간에서 위로 볼록하면 그 구간에서 접선의 기울기가 감소한다.

2 변곡점

(1) 변곡점

곡선 $y=f(x)$ 위의 점 $\mathrm{P}(a, f(a))$에 대하여 $x=a$의 좌우에서 곡선의 모양이 아래로 볼록에서 위로 볼록으로 변하거나 위로 볼록에서 아래로 볼록으로 변할 때, 점 P를 곡선 $y=f(x)$의 **변곡점**이라 한다.

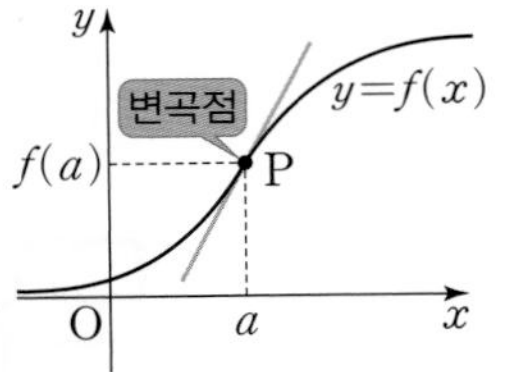

(2) 변곡점의 판정

이계도함수를 갖는 함수 $f(x)$에 대하여 $f''(a)=0$이고, $x=a$의 좌우에서 $f''(x)$의 부호가 바뀌면 점 $(a, f(a))$는 곡선 $y=f(x)$의 변곡점이다.

주의 $f''(a)=0$이라고 해서 점 $(a, f(a))$가 항상 변곡점인 것은 아니다.

예 함수 $f(x)=x^4$에서 $f''(0)=0$이지만 $x=0$의 좌우에서 $f''(x)$의 부호가 바뀌지 않으므로 점 $(0, 0)$은 곡선 $y=f(x)$의 변곡점이 아니다.

변곡점 $(a, f(a))$에 대하여 $x=a$의 좌우에서 $f''(x)$의 부호가 바뀌므로 $f''(a)$가 존재하면 $f''(a)=0$이다.

3 함수의 그래프

핵심 1

함수 $y=f(x)$의 그래프의 개형은 다음을 조사하여 그린다.

① 함수의 정의역과 치역

② 곡선의 대칭성과 주기

③ 좌표축과의 교점

④ 함수의 증가와 감소, 극대와 극소

⑤ 곡선의 오목과 볼록, 변곡점

⑥ $\lim_{x\to\infty} f(x)$, $\lim_{x\to-\infty} f(x)$, 점근선

$f(-x)=f(x)$이면 함수 $y=f(x)$의 그래프는 y축에 대하여 대칭이고, $f(-x)=-f(x)$이면 함수 $y=f(x)$의 그래프는 원점에 대하여 대칭이다.

4 함수의 최대와 최소

핵심 2

함수 $f(x)$가 닫힌구간 $[a, b]$에서 연속일 때, 구간 (a, b)에서의 극댓값, 극솟값, $f(a)$의 값, $f(b)$의 값 중에서 가장 큰 값이 최댓값이고, 가장 작은 값이 최솟값이다.

5 방정식의 실근의 개수

핵심 3

(1) 방정식 $f(x)=0$의 서로 다른 실근의 개수는 함수 $y=f(x)$의 그래프와 x축의 교점의 개수와 같다.

(2) 방정식 $f(x)=g(x)$의 서로 다른 실근의 개수는 두 함수 $y=f(x)$, $y=g(x)$의 그래프의 교점의 개수와 같다.

6 부등식에의 활용

핵심 4

(1) 어떤 구간에서 부등식 $f(x)\ge 0$이 성립함을 보이려면
➜ 그 구간에서 ($f(x)$의 최솟값)≥ 0임을 보인다.

(2) 어떤 구간에서 부등식 $f(x)\ge g(x)$가 성립함을 보이려면
➜ $F(x)=f(x)-g(x)$로 놓고 그 구간에서 ($F(x)$의 최솟값)≥ 0임을 보인다.

7 속도와 가속도

핵심 5

(1) 직선 운동에서의 속도와 가속도

수직선 위를 움직이는 점 P의 시각 t에서의 위치 x가 $x=f(t)$일 때, 시각 t에서의 점 P의 속도와 가속도는 다음과 같다.

① 속도 : $v=\dfrac{dx}{dt}=f'(t)$ ② 가속도 : $a=\dfrac{dv}{dt}=f''(t)$

(2) 평면 운동에서의 속도와 가속도

좌표평면 위를 움직이는 점 P의 시각 t에서의 위치 (x, y)가 $x=f(t)$, $y=g(t)$일 때, 시각 t에서의 점 P의 속도와 가속도는 다음과 같다.

① 속도 : $\left(\dfrac{dx}{dt}, \dfrac{dy}{dt}\right)=(f'(t), g'(t))$

② 가속도 : $\left(\dfrac{d^2x}{dt^2}, \dfrac{d^2y}{dt^2}\right)=(f''(t), g''(t))$

참고 ① 속력(속도의 크기) : $\sqrt{\left(\dfrac{dx}{dt}\right)^2+\left(\dfrac{dy}{dt}\right)^2}=\sqrt{\{f'(t)\}^2+\{g'(t)\}^2}$

② 가속도의 크기 : $\sqrt{\left(\dfrac{d^2x}{dt^2}\right)^2+\left(\dfrac{d^2y}{dt^2}\right)^2}=\sqrt{\{f''(t)\}^2+\{g''(t)\}^2}$

Note

- **최대·최소 정리**
  함수 $f(x)$가 닫힌구간 $[a, b]$에서 연속이면 $f(x)$는 이 구간에서 반드시 최댓값과 최솟값을 갖는다.
- 방정식 $f(x)=0$의 실근은 함수 $y=f(x)$의 그래프와 x축의 교점의 x좌표와 같다.
- 방정식 $f(x)=g(x)$의 실근은 두 함수 $y=f(x)$, $y=g(x)$의 그래프의 교점의 x좌표와 같다.
- 어떤 구간에서 부등식 $f(x)>g(x)$가 성립하려면 그 구간에서 함수 $y=f(x)$의 그래프가 함수 $y=g(x)$의 그래프보다 항상 위쪽에 있어야 한다.
- $v>0$이면 점 P는 양의 방향으로 움직이고, $v<0$이면 점 P는 음의 방향으로 움직인다. $v=0$이면 점 P는 움직이는 방향을 바꾸거나 정지한다.
- 속도의 절댓값 $|v|$를 속력이라 하고, 가속도의 절댓값 $|a|$를 가속도의 크기라 한다.

함수의 그래프 그리기 유형 6

함수 $f(x)=\dfrac{2x}{x^2+1}$의 그래프의 개형을 그려 보자.

❶ 정의역 조사하기

$x^2+1>0$이므로 함수 $f(x)$의 정의역은 실수 전체의 집합이다.

❷ $f'(x)$, $f''(x)$ 구하기

$f(x)=\dfrac{2x}{x^2+1}$에서

$$f'(x)=-\frac{2x^2-2}{(x^2+1)^2}=-\frac{2(x+1)(x-1)}{(x^2+1)^2}$$

$$f''(x)=\frac{4x^3-12x}{(x^2+1)^3}=\frac{4x(x^2-3)}{(x^2+1)^3}$$

❸ $f'(x)=0$, $f''(x)=0$인 x의 값 구하기

$f'(x)=0$에서 $x=-1$ 또는 $x=1$

$f''(x)=0$에서 $x=0$ 또는 $x=-\sqrt{3}$ 또는 $x=\sqrt{3}$

❹ 함수 $f(x)$의 증가, 감소 조사하기

↗는 위로 볼록하고 증가함을, ↗는 아래로 볼록하고 증가함을 나타내고, ↘는 위로 볼록하고 감소함을, ↘는 아래로 볼록하고 감소함을 나타낸다.

함수 $f(x)$의 증가와 감소를 표로 나타내면 다음과 같다.

x	$\cdots$	$-\sqrt{3}$	$\cdots$	-1	$\cdots$	0	$\cdots$	1	$\cdots$	$\sqrt{3}$	$\cdots$
$f'(x)$	$-$	$-$	$-$	0	$+$	$+$	$+$	0	$-$	$-$	$-$
$f''(x)$	$-$	0	$+$	$+$	$+$	0	$-$	$-$	$-$	0	$+$
$f(x)$	↘	$-\dfrac{\sqrt{3}}{2}$	↘	-1	↗	0	↗	1	↘	$\dfrac{\sqrt{3}}{2}$	↘

❺ 극한값, 점근선 등 조사하기

$\lim\limits_{x\to\infty}f(x)=0$, $\lim\limits_{x\to-\infty}f(x)=0$이므로 점근선은 x축이다.

❻ 함수의 그래프 그리기

따라서 함수 $y=f(x)$의 그래프는 그림과 같다.

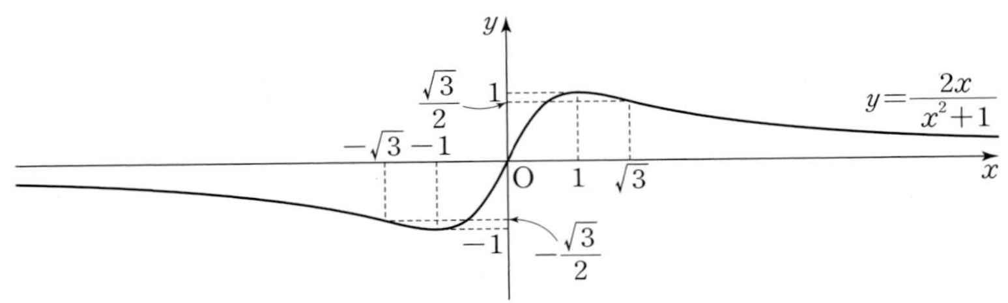

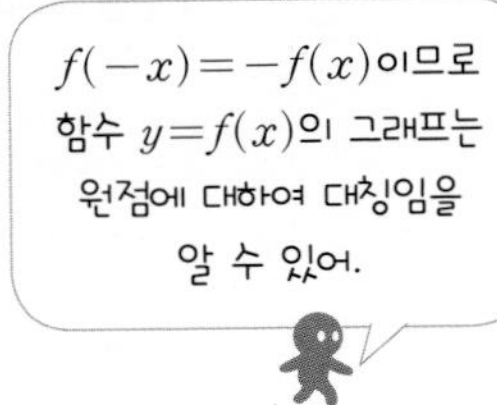

$f(-x)=-f(x)$이므로
함수 $y=f(x)$의 그래프는
원점에 대하여 대칭임을
알 수 있어.

1474 함수 $f(x)=x-\ln x$의 그래프를 그리시오.

1475 함수 $f(x)=e^{-x^2}$의 그래프를 그리시오.

● 정답 및 풀이 278쪽

핵심 2 함수의 최대와 최소 유형 7~11

구간 $[-2, 2]$에서 함수 $f(x)=x\sqrt{4-x^2}$의 최댓값과 최솟값을 구해 보자.

❶ $f'(x)$ 구하기

$f(x)=x\sqrt{4-x^2}$에서

$$f'(x)=\sqrt{4-x^2}+\frac{x\times(-2x)}{2\sqrt{4-x^2}}=-\frac{2(x^2-2)}{\sqrt{4-x^2}}$$

❷ $f'(x)=0$인 x의 값 구하기

$f'(x)=0$에서 $x=-\sqrt{2}$ 또는 $x=\sqrt{2}$

❸ 함수 $f(x)$의 증가, 감소 조사하기

구간 $[-2, 2]$에서 함수 $f(x)$의 증가와 감소를 표로 나타내면 다음과 같다.

x	-2	$\cdots$	$-\sqrt{2}$	$\cdots$	$\sqrt{2}$	$\cdots$	2
$f'(x)$		$-$	0	$+$	0	$-$	
$f(x)$	0	↘	-2	↗	2	↘	0

❹ 함수 $f(x)$의 최댓값과 최솟값 구하기

$f(x)$의 극댓값, 극솟값, $f(-2)$, $f(2)$ 중에서 가장 큰 값이 최댓값, 가장 작은 값이 최솟값이다.

따라서 함수 $f(x)$는
$x=\sqrt{2}$일 때 최댓값 2,
$x=-\sqrt{2}$일 때 최솟값 -2
를 갖는다.

함수의 최댓값과 최솟값을 구할 때는 증가와 감소를 표로 나타내 보자!

1476 구간 $[-2, 0]$에서 함수 $f(x)=xe^x$의 최댓값과 최솟값을 구하시오.

1477 구간 $[0, 2\pi]$에서 함수 $f(x)=x\sin x+\cos x+2$의 최댓값과 최솟값을 구하시오.

핵심 3 방정식의 실근의 개수 유형 16~17

● 방정식 $f(x)=0$의 서로 다른 실근의 개수
➜ 함수 $y=f(x)$의 그래프와 x축의 교점의 개수

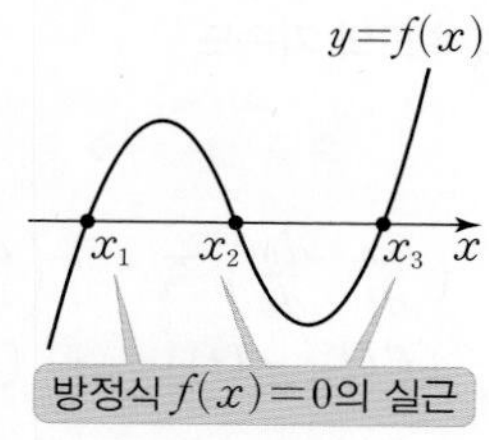

● 방정식 $f(x)=g(x)$의 서로 다른 실근의 개수
➜ 두 함수 $y=f(x)$, $y=g(x)$의 그래프의 교점의 개수

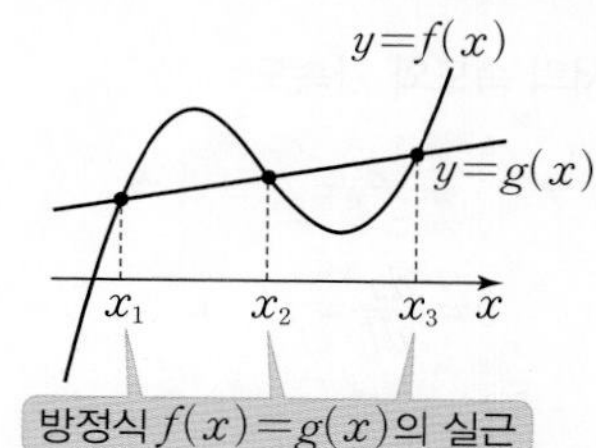

1478 방정식 $x-2-\ln x=0$의 서로 다른 실근의 개수를 구하시오.

1479 방정식 $e^x=x$의 서로 다른 실근의 개수를 구하시오.

핵심 4 부등식에의 활용 유형 18~20

(1) 모든 실수 x에 대하여 부등식 $f(x) \ge 0$이 성립함을 보이려면
→ ($f(x)$의 최솟값) ≥ 0임을 보인다.

(2) 모든 실수 x에 대하여 부등식 $f(x) \ge g(x)$가 성립함을 보이려면
→ $F(x)=f(x)-g(x)$로 놓고 ($F(x)$의 최솟값) ≥ 0임을 보인다.

모든 실수 x에 대하여 부등식 $f(x)>0$이 성립하려면 함수 $y=f(x)$의 그래프가 항상 x축보다 위쪽에 있어야 한다.
즉, $f'(x)$를 이용하여 $f(x)$의 최솟값을 찾고, 그 최솟값이 0보다 크다는 것을 보이면 된다.

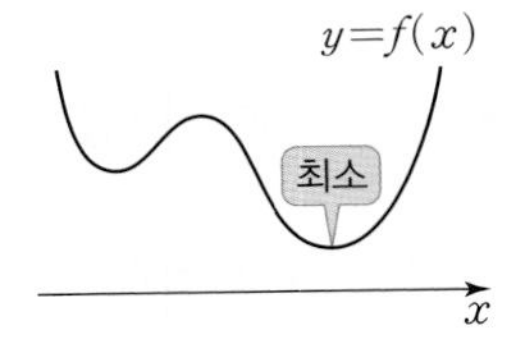

1480 다음은 모든 실수 x에 대하여 $e^x \ge x+1$이 성립함을 보이는 과정이다. (가), (나), (다)에 알맞은 것을 써넣으시오.

$f(x)=e^x-x-1$이라 하면 $f'(x)=$ (가)

$f'(x)=0$에서 $x=$ (나)

함수 $f(x)$의 증가와 감소를 표로 나타내면 오른쪽과 같다.

x	$\cdots$	(나)	$\cdots$
$f'(x)$	$-$	0	$+$
$f(x)$	↘	(다)	↗

함수 $f(x)$는 $x=$ (나) 에서 최솟값 (다) 을 가지므로
$f(x)=e^x-x-1 \ge 0$
따라서 모든 실수 x에 대하여 $e^x \ge x+1$이 성립한다.

1481 $x>1$인 모든 실수 x에 대하여 $x>\ln(x-1)$이 성립함을 보이시오.

핵심 5 속도와 가속도 유형 21~23

● 직선 운동에서의 속도와 가속도

위치 → 속도 → 가속도

$x=f(t)$ $v=\dfrac{dx}{dt}=f'(t)$ $a=\dfrac{dv}{dt}=f''(t)$

● 평면 운동에서의 속도와 가속도

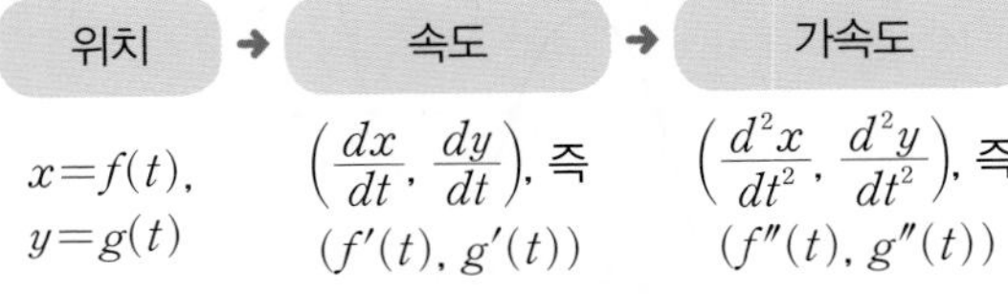

$x=f(t)$, $y=g(t)$ $\left(\dfrac{dx}{dt}, \dfrac{dy}{dt}\right)$, 즉 $(f'(t), g'(t))$ $\left(\dfrac{d^2x}{dt^2}, \dfrac{d^2y}{dt^2}\right)$, 즉 $(f''(t), g''(t))$

1482 수직선 위를 움직이는 점 P의 시각 t에서의 위치 $x=f(t)$가 $f(t)=4\sin t+3\cos t$이다. $t=\pi$에서의 점 P의 속도와 가속도를 구하시오.

1483 좌표평면 위를 움직이는 점 P의 시각 t에서의 위치 (x, y)가 $x=t^3-t^2$, $y=t^2+5t$일 때, $t=1$에서의 점 P의 속도와 가속도를 구하시오.

기출 유형 check 실전 준비하기

25유형, 177문항입니다.

기초 유형 0 도함수의 방정식과 부등식에의 활용 | 수학Ⅱ

(1) 방정식에의 활용
① 방정식 $f(x)=0$의 서로 다른 실근의 개수
➜ 함수 $y=f(x)$의 그래프와 x축의 서로 다른 교점의 개수
② 방정식 $f(x)=g(x)$의 서로 다른 실근의 개수
➜ 두 함수 $y=f(x)$, $y=g(x)$의 그래프의 서로 다른 교점의 개수
(2) 부등식에의 활용
① 어떤 구간에서 부등식 $f(x)>0$이 항상 성립함을 보이려면 ➜ 그 구간에서 ($f(x)$의 최솟값)>0임을 보인다.
② 어떤 구간에서 부등식 $f(x)>g(x)$가 항상 성립함을 보이려면 ➜ $F(x)=f(x)-g(x)$로 놓고, 그 구간에서 ($F(x)$의 최솟값)>0임을 보인다.

1484 대표문제

방정식 $x^3-x^2-x+1=0$의 서로 다른 실근의 개수를 구하시오.

1485 Level 2

방정식 $4x^3-6x^2+3+a=0$이 서로 다른 두 실근을 갖도록 하는 모든 실수 a의 값의 합은?

① -4 ② -2 ③ 0
④ 2 ⑤ 4

1486 Level 2

모든 실수 x에 대하여 부등식 $x^4+4x-a^2+4a>0$이 성립하도록 하는 자연수 a의 값을 구하시오.

실전 유형 1 곡선의 오목과 볼록

함수 $f(x)$가 어떤 구간에서
(1) $f''(x)>0$ ➜ 곡선 $y=f(x)$는 이 구간에서 아래로 볼록
(2) $f''(x)<0$ ➜ 곡선 $y=f(x)$는 이 구간에서 위로 볼록

1487 대표문제

곡선 $y=x^2+2x+2\ln(x-1)$이 위로 볼록한 구간은?

① $\left(\frac{1}{2}, \frac{3}{2}\right)$ ② $(1, 2)$ ③ $\left(\frac{3}{2}, \frac{5}{2}\right)$
④ $(2, 3)$ ⑤ $\left(\frac{5}{2}, \frac{7}{2}\right)$

1488 Level 1

다음 중 곡선 $y=e^{2x}\cos x$가 아래로 볼록한 구간에 속하는 실수 x의 값은?

① 0 ② $\frac{\pi}{4}$ ③ $\frac{\pi}{2}$
④ $\frac{3}{4}\pi$ ⑤ π

1489 Level 1

곡선 $y=x^2\ln x-2x^2+3$이 아래로 볼록한 부분의 x의 값의 범위는?

① $0<x<1$ ② $0<x<\sqrt{e}$ ③ $1<x<\sqrt{e}$
④ $x>1$ ⑤ $x>\sqrt{e}$

1490

Level 2

다음 중 곡선 $y=x^3+3x^2+ax$가 위로 볼록한 구간에 속하는 실수 x의 값은? (단, a는 상수이다.)

① -2　② 0　③ 2
④ 4　⑤ 6

1491

Level 2

구간 $[0, 2\pi]$에서 정의된 함수 $f(x)=e^x\sin x$의 그래프가 구간 (a, b)에서 위로 볼록할 때, $b-a$의 최댓값을 구하시오.

1492

Level 2

곡선 $y=x^4-6x^2+x-1$이 $x>a$에서 아래로 볼록할 때, 실수 a의 최솟값은?

① -2　② -1　③ 0
④ 1　⑤ 2

1493

Level 2

곡선 $y=(x^2+ax+a+1)e^x$이 구간 $(-\infty, \infty)$에서 아래로 볼록할 때, 상수 a의 값을 구하시오.

1494

Level 2

곡선 $y=(ax^2+2)e^x$이 실수 전체의 구간에서 아래로 볼록하도록 하는 실수 a의 값의 범위는?

① $-1\le a\le\frac{1}{2}$　② $-1\le a\le 1$　③ $-\frac{1}{2}\le a\le\frac{1}{2}$
④ $0\le a\le 1$　⑤ $0\le a\le\frac{3}{2}$

1495

Level 3

구간 $(0, \infty)$의 임의의 두 실수 a, b에 대하여

$$f\left(\frac{a+b}{2}\right)>\frac{f(a)+f(b)}{2}$$

를 만족시키는 함수만을 **<보기>**에서 있는 대로 고른 것은?

<보기>

ㄱ. $f(x)=\sin x$　ㄴ. $f(x)=x\ln\frac{1}{x}$
ㄷ. $f(x)=1-(x+2)e^{-x}$　ㄹ. $f(x)=-\sqrt{x}$

① ㄷ　② ㄱ, ㄹ　③ ㄴ, ㄷ
④ ㄱ, ㄴ, ㄷ　⑤ ㄱ, ㄴ, ㄹ

1496

Level 3

$x>0$에서 정의된 다음 함수 $f(x)$ 중에서 임의의 양수 a에 대하여 $\frac{f(a+h)-f(a)}{h}>f'(a)$를 만족시키는 함수는?

(단, h는 충분히 작은 양수이다.)

① $f(x)=-x^4$　② $f(x)=x^3-3x^2$
③ $f(x)=-\frac{2}{x}$　④ $f(x)=3^x$
⑤ $f(x)=\log x$

실전 유형 **2 변곡점** 빈출유형

함수 $f(x)$에 대하여 $f''(a)=0$이고, $x=a$의 좌우에서 $f''(x)$의 부호가 바뀌면
→ 점 $(a, f(a))$는 곡선 $y=f(x)$의 변곡점이다.

1497 대표문제

구간 $(0, \pi)$에서 정의된 함수 $f(x)=3x+\sin 2x$에 대하여 곡선 $y=f(x)$의 변곡점의 좌표가 (a, b)일 때, $\frac{b}{a}$의 값은?

① $\frac{1}{3}$ ② $\frac{1}{2}$ ③ 1
④ 2 ⑤ 3

1498

Level 1

$0<x<4\pi$에서 함수 $f(x)=x^2-2x+4\cos x$의 그래프의 변곡점의 개수를 구하시오.

1499

Level 1

곡선 $y=(x^2-x)e^x$의 모든 변곡점의 x좌표의 합은?

① -5 ② -4 ③ -3
④ -2 ⑤ -1

1500

Level 2

곡선 $y=x^2+\ln x^2$의 두 변곡점을 A, B라 할 때, 선분 AB의 길이는?

① $\sqrt{2}$ ② 2 ③ $2\sqrt{2}$
④ 4 ⑤ $4\sqrt{2}$

1501

Level 2

곡선 $y=-x^3+9x^2-24x+19$의 변곡점을 지나고 이 곡선에 접하는 직선의 x절편은?

① 2 ② $\frac{7}{3}$ ③ $\frac{8}{3}$
④ 3 ⑤ $\frac{10}{3}$

1502

Level 2

함수 $f(x)=\ln(1+x^2)$에 대하여 곡선 $y=f(x)$의 두 변곡점에서의 접선의 기울기의 곱은?

① -2 ② -1 ③ 1
④ 2 ⑤ 3

1503

Level 2

곡선 $y=\sin^5 x \left(0<x<\frac{\pi}{2}\right)$의 변곡점의 x좌표를 a라 할 때, $\tan^3 a$의 값을 구하시오.

1504

Level 2

곡선 $y=\frac{x^2-1}{x^2+1}$의 두 변곡점을 각각 A, B라 할 때, 삼각형 OAB의 넓이는? (단, O는 원점이다.)

① $\frac{\sqrt{2}}{6}$ ② $\frac{\sqrt{3}}{6}$ ③ $\frac{\sqrt{2}}{3}$
④ $\frac{\sqrt{3}}{3}$ ⑤ $\frac{\sqrt{3}}{2}$

1505

Level 3

곡선 $y=\frac{x^2+2x+2}{x^2+2x+4}$의 두 변곡점에서의 접선이 이루는 예각의 크기를 θ라 할 때, $\tan\theta=\frac{q}{p}$이다. $p+q$의 값을 구하시오. (단, p와 q는 서로소인 자연수이다.)

+Plus 문제

다음은 이 유형에서 출제된 최근 교육청・평가원 기출문제입니다.

1506 ・평가원 2020학년도 6월

Level 2

함수 $f(x)=xe^x$에 대하여 곡선 $y=f(x)$의 변곡점의 좌표가 (a, b)일 때, 두 수 a, b의 곱 ab의 값은?

① $4e^2$ ② e ③ $\frac{1}{e}$
④ $\frac{4}{e^2}$ ⑤ $\frac{9}{e^3}$

1507 ・교육청 2019년 4월

Level 2

곡선 $y=\frac{1}{3}x^3+2\ln x$의 변곡점에서의 접선의 기울기를 구하시오.

실전 유형 3 변곡점을 이용한 미정계수의 결정

함수 $f(x)$에 대하여
(1) $f(x)$가 $x=a$에서 극값 b를 가지면
→ $f(a)=b$, $f'(a)=0$
(2) 점 (a, b)가 곡선 $y=f(x)$의 변곡점이면
→ $f(a)=b$, $f''(a)=0$

1508 대표문제

함수 $f(x)=ax^3+bx^2+cx$에 대하여 곡선 $y=f(x)$ 위의 $x=2$인 점에서의 접선의 기울기가 4이고, 변곡점의 좌표가 $(1, 2)$일 때, 상수 a, b, c에 대하여 $a-b+c$의 값은?

① 0 ② 2 ③ 4
④ 6 ⑤ 8

1509

Level 2

함수 $f(x)=x^2+ax-b\ln x$가 $x=4$에서 극값을 갖고 곡선 $y=f(x)$의 변곡점의 x좌표가 2일 때, 상수 a, b에 대하여 $a+b$의 값은?

① -18 ② -14 ③ -10
④ -8 ⑤ -4

1510

Level 2

점 $\left(\frac{\pi}{4}, 3\right)$이 곡선 $y=(a\cos x+b)\sin x$의 변곡점일 때, 상수 a, b에 대하여 a^2+b^2의 값을 구하시오.

1511

Level 2

곡선 $y=(\ln ax)^2$의 변곡점이 직선 $y=3x$ 위에 있을 때, 양수 a의 값은?

① e ② $2e$ ③ $3e$
④ $4e$ ⑤ $5e$

1512

Level 2

함수 $f(x)=x^3+ax^2+bx$에 대하여 곡선 $y=f(x)$의 변곡점에서의 접선의 기울기가 0이고, 원점과 변곡점을 지나는 직선의 기울기가 1일 때, $f(1)$의 값은?
(단, a, b는 상수이고, $a>0$이다.)

① 1 ② 3 ③ 5
④ 7 ⑤ 9

다음은 이 유형에서 출제된 최근 교육청・평가원 기출문제입니다.

1513 ・평가원 2019학년도 6월

Level 2

좌표평면에서 점 $(2, a)$가 곡선 $y=\dfrac{2}{x^2+b}$ $(b>0)$의 변곡점일 때, $\dfrac{b}{a}$의 값을 구하시오. (단, a, b는 상수이다.)

실전유형 4 변곡점을 가질 조건

곡선 $y=f(x)$가 변곡점 $(a, f(a))$를 가지면
→ $f''(x)=0$이 실근 a를 갖고, $x=a$의 좌우에서 $f''(x)$의 부호가 바뀐다.

1514 대표문제

함수 $f(x)=2x^2+a\cos x$에 대하여 곡선 $y=f(x)$가 변곡점을 갖지 않도록 하는 모든 자연수 a의 값의 합은?

① 6 ② 7 ③ 8
④ 9 ⑤ 10

1515

Level 2

$0<x<\pi$에서 곡선 $y=ax^2+2\sin x+1$이 두 개의 변곡점을 갖도록 하는 실수 a의 값의 범위는?

① $0<a<1$ ② $0<a<\dfrac{\pi}{2}$ ③ $0<a<2$
④ $\dfrac{\pi}{4}<a<\dfrac{\pi}{2}$ ⑤ $1<a<2$

1516

Level 2

곡선 $y=ax^2-2x+4\cos x$가 변곡점을 갖도록 하는 정수 a의 개수는?

① 1 ② 2 ③ 3
④ 4 ⑤ 5

1517

Level 2

곡선 $y=(ax^2-1)e^x$이 변곡점을 갖지 않도록 하는 실수 a의 최솟값은?

① -1　② $-\frac{1}{2}$　③ $-\frac{1}{4}$
④ 1　⑤ 2

다음은 이 유형에서 출제된 최근 교육청 • 평가원 기출문제입니다.

1518 • 2020학년도 대학수학능력시험

Level 2

곡선 $y=ax^2-2\sin 2x$가 변곡점을 갖도록 하는 정수 a의 개수는?

① 4　② 5　③ 6
④ 7　⑤ 8

1519 • 평가원 2020학년도 9월

Level 3

함수 $f(x)=3\sin kx+4x^3$의 그래프가 오직 하나의 변곡점을 가지도록 하는 실수 k의 최댓값을 구하시오.

실전유형 5 도함수를 이용한 그래프의 해석

(1) 함수 $f(x)$의 도함수 $f'(x)$의 부호
→ $y=f'(x)$의 그래프와 x축의 위치 관계를 조사한다.
(2) 함수 $f'(x)$의 도함수 $f''(x)$의 부호
→ $y=f'(x)$의 그래프 위의 점에서 그은 접선의 기울기를 조사한다.

1520 대표문제

미분가능한 함수 $f(x)$의 도함수 $y=f'(x)$의 그래프가 그림과 같다. 〈보기〉에서 옳은 것만을 있는 대로 고른 것은?

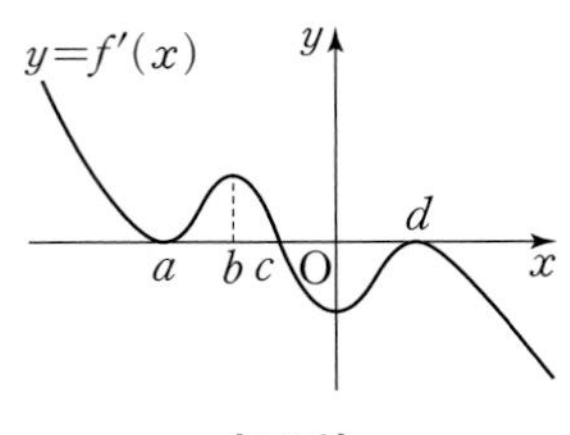

〈보기〉
ㄱ. 함수 $f(x)$가 극값을 갖는 점은 4개이다.
ㄴ. 곡선 $y=f(x)$는 구간 $(b, 0)$에서 위로 볼록하다.
ㄷ. 곡선 $y=f(x)$는 4개의 변곡점을 갖는다.

① ㄱ　② ㄴ　③ ㄱ, ㄷ
④ ㄴ, ㄷ　⑤ ㄱ, ㄴ, ㄷ

1521

Level 2

연속함수 $y=f(x)$의 도함수 $y=f'(x)$의 그래프가 그림과 같을 때, 곡선 $y=f(x)$의 변곡점의 개수를 구하시오.

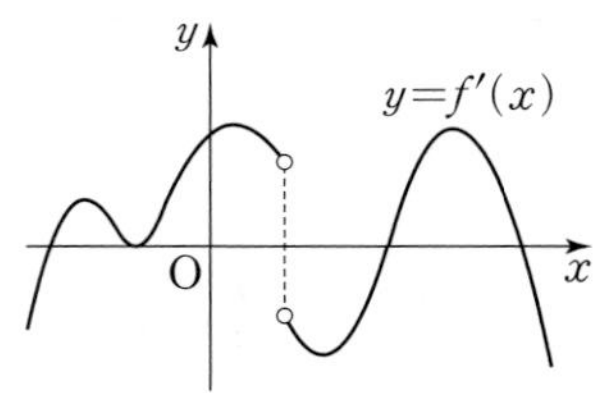

1522

Level 2

미분가능한 함수 $y=f(x)$의 도함수 $y=f'(x)$의 그래프가 그림과 같을 때, 다음 중 함수 $y=f(x)$의 그래프의 모양이 아래로 볼록한 구간은?

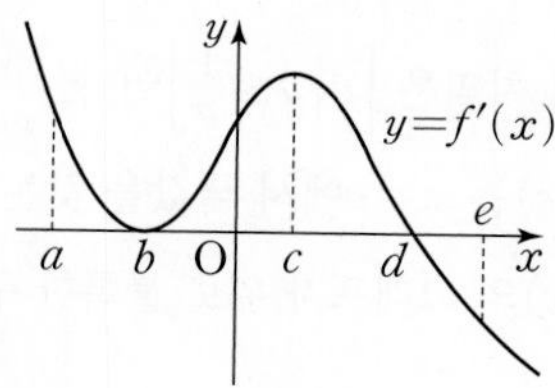

① (a, b) ② (b, c) ③ (b, d)
④ (c, d) ⑤ (d, e)

1523

Level 2

사차함수 $y=f(x)$의 그래프가 그림과 같을 때, 이 그래프 위의 점 A, B, C, D, E에서 $f'(x)f''(x)<0$을 만족시키는 점을 구하시오.

(단, 점 B는 변곡점이고, 점 C는 극값을 갖는 점이다.)

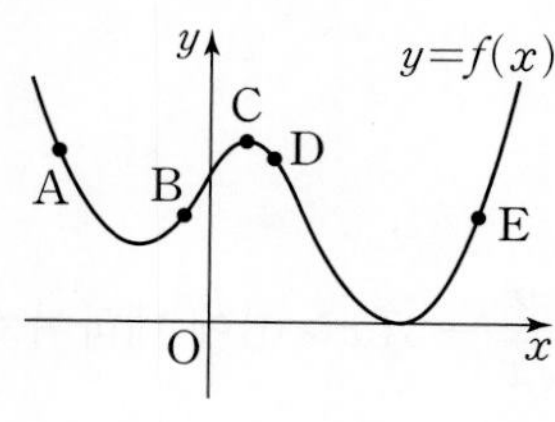

1524

Level 2

삼차함수 $y=f(x)$의 도함수 $y=f'(x)$의 그래프가 그림과 같을 때, 〈보기〉에서 옳은 것만을 있는 대로 고른 것은?

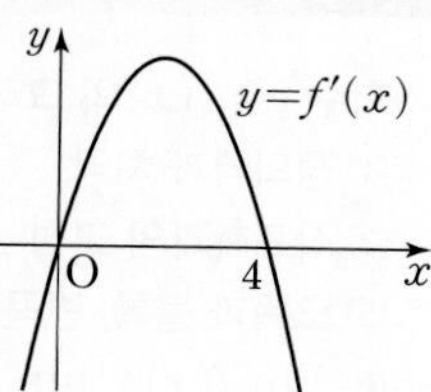

〈보기〉

ㄱ. 함수 $f(x)$는 구간 $(0, 4)$에서 증가한다.
ㄴ. 함수 $f(x)$는 $x=4$에서 극대이다.
ㄷ. 곡선 $y=f(x)$는 $x=2$에서 변곡점을 갖는다.

① ㄱ ② ㄱ, ㄴ ③ ㄱ, ㄷ
④ ㄴ, ㄷ ⑤ ㄱ, ㄴ, ㄷ

1525

Level 3

구간 $(-3, 3)$에서 연속인 함수 $f(x)$의 도함수 $y=f'(x)$의 그래프는 그림과 같다. 〈보기〉에서 옳은 것만을 있는 대로 고른 것은?

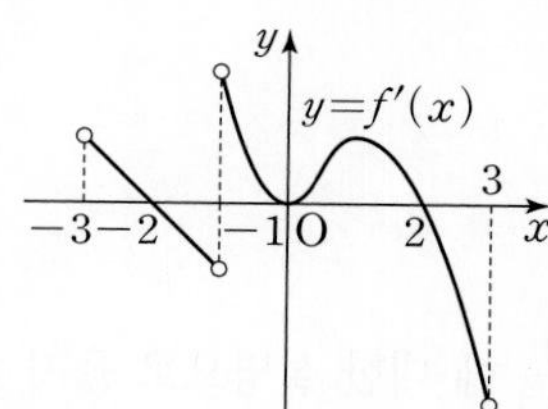

〈보기〉

ㄱ. 함수 $f(x)$는 구간 $(-1, 2)$에서 증가한다.
ㄴ. 함수 $f(x)$가 극값을 갖는 점은 2개이다.
ㄷ. 곡선 $y=f(x)$는 구간 $(-1, 3)$에서 2개의 변곡점을 갖는다.

① ㄱ ② ㄴ ③ ㄱ, ㄷ
④ ㄴ, ㄷ ⑤ ㄱ, ㄴ, ㄷ

실전 유형 6 함수의 그래프

함수 $y=f(x)$의 그래프는 다음을 조사하여 그린다.
(1) 정의역과 치역 (2) 대칭성과 주기
(3) 좌표축과의 교점 (4) 증가와 감소, 극대와 극소
(5) 오목과 볼록, 변곡점
(6) $\lim_{x\to\infty} f(x)$, $\lim_{x\to-\infty} f(x)$, 점근선

1526 대표문제

함수 $f(x)=x^2-3x+\ln x$에 대하여 **〈보기〉**에서 옳은 것만을 있는 대로 고른 것은?

〈보기〉
ㄱ. 함수 $f(x)$는 $x=1$에서 극솟값 -2를 갖는다.
ㄴ. 곡선 $y=f(x)$의 점근선은 x축, y축이다.
ㄷ. 곡선 $y=f(x)$의 변곡점의 개수는 1이다.

① ㄱ ② ㄱ, ㄴ ③ ㄱ, ㄷ
④ ㄴ, ㄷ ⑤ ㄱ, ㄴ, ㄷ

1527 Level 2

함수 $f(x)=\frac{4x}{x^2+1}$에 대한 설명으로 옳지 <u>않은</u> 것은?

① $f'(0)=4$
② 함수 $f(x)$의 극댓값은 2이다.
③ 함수 $y=f(x)$의 그래프는 원점에 대하여 대칭이다.
④ 함수 $y=f(x)$의 그래프의 점근선의 방정식은 $x=0$이다.
⑤ 함수 $y=f(x)$의 그래프의 변곡점은 3개이다.

1528 Level 2

함수 $f(x)=\frac{\ln x}{x}$에 대하여 **〈보기〉**에서 옳은 것만을 있는 대로 고르시오.

〈보기〉
ㄱ. 함수 $f(x)$의 치역은 $\left\{y \middle| y\le\frac{1}{e}\right\}$이다.
ㄴ. 함수 $y=f(x)$는 $x=e$에서 극값을 갖는다.
ㄷ. 함수 $y=f(x)$의 그래프가 위로 볼록한 구간은 $(e^{\frac{3}{2}}, \infty)$이다.

1529 Level 2

함수 $f(x)=xe^{x+1}$에 대하여 **〈보기〉**에서 옳은 것만을 있는 대로 고른 것은? (단, $\lim_{x\to-\infty} xe^{x+1}=0$)

〈보기〉
ㄱ. 함수 $f(x)$는 극댓값과 극솟값을 모두 갖는다.
ㄴ. 곡선 $y=f(x)$의 변곡점의 좌표는 $\left(-2, -\frac{2}{e}\right)$이다.
ㄷ. $-1<k<0$일 때, 곡선 $y=f(x)$와 직선 $y=k$의 교점의 개수는 2이다.

① ㄱ ② ㄴ ③ ㄱ, ㄷ
④ ㄴ, ㄷ ⑤ ㄱ, ㄴ, ㄷ

1530 Level 2

함수 $f(x)=x+\frac{2}{\sqrt{x}}-3\,(x>0)$에 대하여 **〈보기〉**에서 옳은 것만을 있는 대로 고르시오.

〈보기〉
ㄱ. 함수 $f(x)$는 극댓값과 극솟값을 모두 갖는다.
ㄴ. 곡선 $y=f(x)$는 x축에 접한다.
ㄷ. 곡선 $y=f(x)$는 구간 $(0, \infty)$에서 위로 볼록하다.

● 정답 및 풀이 287쪽

1531

Level 2

구간 $[0, \pi]$에서 정의된 함수 $f(x)=\frac{\sin x}{2+\cos x}$에 대하여 〈**보기**〉에서 옳은 것만을 있는 대로 고른 것은?

〈보기〉

ㄱ. 함수 $f(x)$의 치역은 $\left\{y \middle| 0 \le y \le \frac{\sqrt{3}}{3}\right\}$이다.

ㄴ. 함수 $f(x)$는 극댓값 $\frac{\sqrt{3}}{3}$을 갖는다.

ㄷ. 곡선 $y=f(x)$는 1개의 변곡점을 갖는다.

① ㄱ ② ㄷ ③ ㄱ, ㄴ
④ ㄴ, ㄷ ⑤ ㄱ, ㄴ, ㄷ

1532

Level 2

함수 $f(x)=e^{-2x^2}$에 대하여 〈**보기**〉에서 옳은 것만을 있는 대로 고른 것은?

〈보기〉

ㄱ. 함수 $f(x)$는 구간 $[1, \infty)$에서 감소한다.

ㄴ. 곡선 $y=f(x)$는 y축에 대하여 대칭이다.

ㄷ. $-\frac{1}{2}<a<b<\frac{1}{2}$일 때, $f\left(\frac{a+b}{2}\right)<\frac{f(a)+f(b)}{2}$이다.

ㄹ. 곡선 $y=f(x)$의 변곡점은 2개이다.

① ㄱ, ㄴ ② ㄴ, ㄷ ③ ㄷ, ㄹ
④ ㄱ, ㄴ, ㄹ ⑤ ㄴ, ㄷ, ㄹ

실전 유형 7 유리함수의 최대 · 최소

유리함수의 도함수를 이용하여 극값을 구하고, 주어진 구간에서 극댓값, 극솟값, 구간의 양 끝에서의 함숫값을 비교하여 최댓값과 최솟값을 구한다.

$$y=\frac{f(x)}{g(x)} \rightarrow y'=\frac{f'(x)g(x)-f(x)g'(x)}{\{g(x)\}^2}$$

1533 대표문제

구간 $[1, 4]$에서 함수 $f(x)=\frac{3x-4}{x^2+1}$의 최댓값을 M, 최솟값을 m이라 할 때, $\frac{m}{M}$의 값은?

① -2 ② -1 ③ 0
④ 1 ⑤ 2

1534

Level 2

함수 $f(x)=\frac{x^4}{x^2-1}$ $(x>1)$이 $x=a$에서 최솟값 m을 가질 때, a^2+m^2의 값은?

① 14 ② 16 ③ 18
④ 20 ⑤ 22

1535

Level 2

$-\sqrt{3}<x<\sqrt{3}$에서 함수 $f(x)=\frac{2-x}{x^2-3}$는 $x=a$에서 최댓값 M을 갖는다. 이때 aM의 값은?

① -1 ② $-\frac{1}{2}$ ③ 0
④ $\frac{1}{2}$ ⑤ 1

1536

Level 2

함수 $f(x)=\frac{x^2-5x+2}{x+2}$ $(x>-2)$가 $x=a$에서 최솟값 m을 가질 때, $a+m$의 값을 구하시오.

1537

Level 2

$-3\le x\le 3$에서 함수 $f(x)=\frac{3x}{x^2+x+4}$의 최댓값을 M, 최솟값을 m이라 할 때, $M-m$의 값은?

① $\frac{2}{5}$ ② $\frac{4}{5}$ ③ $\frac{6}{5}$
④ $\frac{8}{5}$ ⑤ 2

1538

Level 2

$-2\le x\le 3$에서 함수 $\frac{x^2+2x+1}{x^2+2}$의 최댓값을 M, 최솟값을 m이라 할 때, $M+m$의 값을 구하시오.

1539

Level 3

함수 $f(x)=\frac{x^2}{x^2+3}$에 대하여 $f'(x)$의 최댓값과 최솟값을 각각 M, m이라 할 때, M^2+m^2의 값은?

① $\frac{1}{4}$ ② $\frac{9}{32}$ ③ $\frac{5}{16}$
④ $\frac{11}{32}$ ⑤ $\frac{3}{8}$

+Plus 문제

실전 유형 8 무리함수의 최대 · 최소

무리함수의 도함수를 이용하여 극값을 구하고, 극댓값, 극솟값, 정의역의 양 끝에서의 함숫값을 비교하여 최댓값과 최솟값을 구한다.

$y=\sqrt{f(x)} \rightarrow y'=\frac{f'(x)}{2\sqrt{f(x)}}$

1540 대표문제

함수 $f(x)=\sqrt{2x}+\sqrt{4-x}$가 $x=a$에서 최댓값 M을 가질 때, aM^2의 값은?

① 16 ② 20 ③ 24
④ 28 ⑤ 32

1541

Level 2

함수 $f(x)=(x-3)\sqrt{9-x^2}$이 $x=a$에서 최솟값 m을 가질 때, $\frac{m}{a}$의 값은?

① $3\sqrt{3}$ ② $\frac{7\sqrt{3}}{2}$ ③ $4\sqrt{3}$
④ $\frac{9\sqrt{3}}{2}$ ⑤ $5\sqrt{3}$

1542

Level 2

함수 $f(x)=\sqrt{x-2}+2\sqrt{12-x}$의 최댓값과 최솟값의 곱은?

① $5\sqrt{5}$ ② $5\sqrt{10}$ ③ $10\sqrt{5}$
④ $10\sqrt{10}$ ⑤ 100

1543

Level 2

함수 $f(x)=2x\sqrt{4-x^2}$의 최댓값을 M, 최솟값을 m이라 할 때, M^2+m^2의 값을 구하시오.

1544

Level 2

함수 $f(x)=(4-x^2)\sqrt{16-x^2}$의 최댓값을 M, 최솟값을 m이라 할 때, $M-m$의 값은?

① 20 ② 26 ③ 32
④ 38 ⑤ 44

1545

Level 2

함수 $f(x)=x+\sqrt{1-x^2}$에 대하여 〈**보기**〉에서 옳은 것만을 있는 대로 고른 것은?

〈보기〉

ㄱ. 함수 $f(x)$는 $x=\frac{\sqrt{2}}{2}$에서 극솟값을 갖는다.
ㄴ. 함수 $f(x)$의 최댓값은 $\sqrt{2}$이다.
ㄷ. 곡선 $y=f(x)$는 $x=0$에서 변곡점을 갖는다.

① ㄱ ② ㄴ ③ ㄷ
④ ㄱ, ㄷ ⑤ ㄱ, ㄴ, ㄷ

실전유형 9 지수함수의 최대 · 최소

지수함수의 도함수를 이용하여 극값을 구하고, 주어진 구간에서 극댓값, 극솟값, 구간의 양 끝에서의 함숫값을 비교하여 최댓값과 최솟값을 구한다.
(1) $y=e^x \rightarrow y'=e^x$
(2) $y=e^{f(x)} \rightarrow y'=f'(x)e^{f(x)}$

1546 대표문제

함수 $f(x)=x^2e^{-x}$ $(x\geq0)$이 $x=a$에서 최댓값 M을 가질 때, aM의 값은?

① $\frac{1}{e}$ ② $\frac{8}{e^2}$ ③ $\frac{27}{e^3}$
④ $\frac{64}{e^4}$ ⑤ $\frac{125}{e^5}$

1547

Level 2

함수 $f(x)=\frac{e^x}{x+1}$ $(x>-1)$이 $x=a$에서 최솟값 m을 가질 때, $a+m$의 값은?

① $\frac{1}{e}$ ② $\frac{1}{\sqrt{e}}$ ③ 1
④ $\sqrt{e}$ ⑤ e

1548

Level 2

함수 $f(x)=e^{x\ln x}$의 최솟값은?

① $e^{-\frac{1}{e}}$ ② $e^{\frac{1}{e}}$ ③ e^{-e}
④ e^e ⑤ e^{-1}

1549

Level 2

구간 $[-2,\ 4]$에서 함수 $f(x)=(2x+1)e^{-\frac{x}{2}}$의 최댓값을 M이라 할 때, M^4의 값은?

① $\frac{64}{e^3}$ ② $\frac{128}{e^3}$ ③ $\frac{256}{e^3}$
④ $\frac{128}{e^4}$ ⑤ $\frac{256}{e^4}$

1550

Level 2

실수 k에 대하여 함수 $f(x)=(x^2+kx)e^{-x}$이 $x=\frac{4}{3}$에서 극값을 갖는다. 구간 $[-3,\ 2]$에서 함수 $f(x)$의 최솟값을 구하시오.

1551

Level 2

구간 $[-1,\ 2]$에서 함수 $f(x)=-x+e^x$에 대하여 **〈보기〉** 에서 옳은 것만을 있는 대로 고른 것은?

〈보기〉

ㄱ. 함수 $f(x)$는 구간 $[-1,\ 0]$에서 감소한다.
ㄴ. 함수 $f(x)$의 최솟값은 1이다.
ㄷ. 곡선 $y=f(x)$는 1개의 변곡점을 갖는다.

① ㄱ ② ㄴ ③ ㄱ, ㄴ
④ ㄱ, ㄷ ⑤ ㄱ, ㄴ, ㄷ

실전유형 10 로그함수의 최대 · 최소

로그함수의 도함수를 이용하여 극값을 구하고, 주어진 구간에서 극댓값, 극솟값, 구간의 양 끝에서의 함숫값을 비교하여 최댓값과 최솟값을 구한다.

(1) $y=\ln|x|$ ➜ $y'=\frac{1}{x}$

(2) $y=\ln|f(x)|$ ➜ $y'=\frac{f'(x)}{f(x)}$

1552 대표문제

구간 $[1,\ e^4]$에서 함수 $f(x)=x\ln\sqrt{x}-x$는 $x=\alpha$일 때 최댓값을 갖고, $x=\beta$일 때 최솟값을 갖는다. $\alpha\beta$의 값은?

① e ② e^2 ③ e^3
④ e^4 ⑤ e^5

1553

Level 2

함수 $f(x)=\frac{\ln x-1}{x}$이 $x=a$에서 최댓값 M을 가질 때, aM의 값은?

① $\frac{1}{e^2}$ ② $\frac{1}{e}$ ③ 1
④ e ⑤ e^2

1554

Level 2

함수 $f(x)=x^2-\ln x$의 최솟값은?

① $\frac{2-\ln 2}{2}$ ② $\ln 2$ ③ $\frac{1+\ln 2}{2}$
④ $\frac{1+2\ln 2}{2}$ ⑤ $2\ln 2$

● 정답 및 풀이 293쪽

1555

Level 2

함수 $f(x)=\ln x+3\ln(4-x)$의 최댓값이 $a\ln 3$일 때, 상수 a의 값을 구하시오.

1556

Level 2

구간 $[1,\ e^3]$에서 함수 $f(x)=2x-x\ln x$의 최댓값과 최솟값의 곱은?

① $-e^4$ ② $-e^3$ ③ $-e^2$
④ $-e$ ⑤ 0

1557

Level 2

구간 $\left[\frac{1}{e^2},\ e\right]$에서 함수 $f(x)=x(\ln x)^2$의 최댓값을 M, 최솟값을 m이라 할 때, $M+m$의 값은?

① $\frac{4}{e^2}$ ② $\frac{2}{e}$ ③ 1
④ e ⑤ $2e^2$

1558

Level 2

함수 $f(x)=\log_3(x+9)+\log_9(3-x)$의 최댓값은?

① $\log_3 2$ ② $2\log_3 2$ ③ $3\log_3 2$
④ $4\log_3 2$ ⑤ $5\log_3 2$

실전유형 11 삼각함수의 최대 · 최소

삼각함수의 도함수를 이용하여 극값을 구하고, 주어진 구간에서 극댓값, 극솟값, 구간의 양 끝에서의 함숫값을 비교하여 최댓값과 최솟값을 구한다.
(1) $y=\sin x \rightarrow y'=\cos x$
(2) $y=\cos x \rightarrow y'=-\sin x$

1559 대표문제

구간 $[0,\ \pi]$에서 함수 $f(x)=2x-4\sin x\cos x$의 최댓값을 M, 최솟값을 m이라 할 때, $M+m$의 값은?

① π ② $\pi+2\sqrt{3}$ ③ 2π
④ $2\pi+2\sqrt{3}$ ⑤ 3π

1560

Level 2

함수 $f(x)=\sin x+\frac{1}{2}\sin 2x\ (0\le x\le\pi)$의 최댓값은?

① $\frac{\sqrt{3}}{4}$ ② $\frac{\sqrt{3}}{2}$ ③ $\frac{3\sqrt{3}}{4}$
④ $\sqrt{3}$ ⑤ $\frac{5\sqrt{3}}{4}$

1561

Level 2

구간 $[0,\ 2\pi]$에서 함수 $f(x)=\sin x-x\cos x$의 최댓값을 M, 최솟값을 m이라 할 때, $M-m$의 값은?

① π ② 2π ③ 3π
④ 4π ⑤ 5π

1562

Level 2

구간 $[0, \pi]$에서 정의된 함수 $f(x)=e^{-x}\cos x$의 최댓값과 최솟값을 각각 M, m이라 할 때, $M\times m^4$의 값은?

① $\frac{1}{5e^{3\pi}}$ ② $\frac{1}{4e^{3\pi}}$ ③ $\frac{1}{3e^{3\pi}}$
④ $\frac{1}{2e^{3\pi}}$ ⑤ $\frac{1}{e^{3\pi}}$

1563

Level 2

구간 $[-\pi, \pi]$에서 함수 $f(x)=\frac{\cos x}{\sin x-2}$에 대하여 **〈보기〉**에서 옳은 것만을 있는 대로 고른 것은?

〈보기〉

ㄱ. 함수 $f(x)$는 $x=\frac{5}{6}\pi$에서 극솟값을 갖는다.

ㄴ. 함수 $f(x)$는 $x=\frac{\pi}{6}$에서 최댓값을 갖는다.

ㄷ. 함수 $f(x)$의 최솟값은 $-\frac{\sqrt{3}}{3}$이다.

① ㄱ ② ㄷ ③ ㄱ, ㄴ
④ ㄴ, ㄷ ⑤ ㄱ, ㄴ, ㄷ

1564

Level 2

함수 $f(x)=\sin x(1-\cos x)$ $(0<x<\pi)$가 $x=\alpha$에서 최댓값을 갖고 곡선 $y=f(x)$가 $x=\beta$에서 변곡점을 가질 때, $8\sin\alpha\sin\beta$의 값은?

① $3\sqrt{5}$ ② $4\sqrt{3}$ ③ $5\sqrt{2}$
④ $5\sqrt{3}$ ⑤ $6\sqrt{2}$

실전유형 12 치환을 이용한 함수의 최대 · 최소

함수 $f(x)$의 식에 공통부분이 있을 때는 최댓값과 최솟값을 다음과 같은 순서로 구한다.

❶ 공통부분을 t로 치환하여 t의 값의 범위를 구한다.
❷ 함수 $f(x)$를 t에 대한 함수 $g(t)$로 나타낸다.
❸ $g(t)$의 최댓값과 최솟값을 구한다.

1565 대표문제

함수 $f(x)=2\sin^3 x+3\cos^2 x+2$의 최댓값을 M, 최솟값을 m이라 할 때, $M+m$의 값은?

① 1 ② 2 ③ 3
④ 4 ⑤ 5

1566

Level 2

$\frac{1}{9}\le x\le 3$에서 함수 $f(x)=(\log_3 x)^3-\log_3 x^3-5$의 최댓값을 M, 최솟값을 m이라 할 때, $M-m$의 값을 구하시오.

1567

Level 2

함수 $f(x)=8^x-4^x-2^{x+3}$의 최솟값은?

① -16 ② -14 ③ -12
④ -10 ⑤ -8

1568

Level 2

함수 $f(x)=\sin x\cos^2 x$가 $x=a$에서 최댓값 M, $x=b$에서 최솟값 m을 가질 때, $\frac{M}{\sin a}+\frac{m}{\sin b}$의 값은?

① $\frac{4}{3}$ ② $\frac{5}{3}$ ③ 2
④ $\frac{7}{3}$ ⑤ $\frac{8}{3}$

1569

Level 2

실수 전체의 집합에서 정의된 두 함수

$f(x)=x^3-3x^2+5$, $g(x)=\sin x$

에 대하여 합성함수 $(f\circ g)(x)$의 최댓값과 최솟값의 곱은?

① -10 ② -5 ③ 0
④ 5 ⑤ 10

1570 고난도

Level 3

양의 실수 전체의 집합에서 정의된 두 함수

$f(x)=x\ln x-3x$, $g(x)=e^{3-2\sin x}$

에 대하여 합성함수 $(f\circ g)(x)$의 최댓값을 M, 최솟값을 m이라 할 때, $\frac{M}{m}$의 값은?

① $-3e^3$ ② $-2e^3$ ③ $-e^3$
④ e^3 ⑤ $2e^3$

+Plus 문제

실전유형 13 함수의 최대 · 최소를 이용한 미정계수의 결정 빈출유형

함수 $f(x)$의 최댓값 또는 최솟값이 주어지면 최댓값 또는 최솟값을 미정계수를 이용한 식으로 나타낸 후 주어진 값과 비교하여 미정계수를 구한다.

1571 대표문제

실수 전체의 집합에서 정의된 함수 $f(x)=\frac{ax+b}{x^2+x+1}$가 $x=2$에서 최댓값 1을 가질 때, 상수 a, b에 대하여 $a+b$의 값은?

① 1 ② 2 ③ 3
④ 4 ⑤ 5

1572

Level 2

함수 $f(x)=x^2\ln x-x^2+k$의 최솟값이 $\frac{e}{2}$일 때, 상수 k의 값은?

① $-e$ ② -1 ③ 0
④ 1 ⑤ e

1573

Level 2

함수 $f(x)=x^2-2\ln kx$ $(k>0)$의 최솟값이 0일 때, 상수 k의 값은?

① 1 ② $\sqrt{e}$ ③ e
④ $e\sqrt{e}$ ⑤ e^2

1574

Level 2

함수 $f(x)=e^{x^2+ax+b}$이 $x=-1$에서 최솟값 1을 가질 때, 상수 a, b에 대하여 ab의 값을 구하시오.

1575

Level 2

구간 $\left[0, \frac{\pi}{4}\right]$에서 함수 $f(x)=a(x+\cos 2x)$의 최솟값이 π일 때, 양수 a의 값은?

① 1 ② 2 ③ 3
④ 4 ⑤ 5

1576

Level 2

구간 $[-2, 2]$에서 함수 $f(x)=\frac{x}{x^2-x+1}+k$의 최댓값과 최솟값의 합이 $\frac{20}{3}$일 때, 상수 k의 값은?

① 1 ② 2 ③ 3
④ 4 ⑤ 5

1577

Level 2

양수 a에 대하여 구간 $[-a, a]$에서 함수 $f(x)=(a-x)\sqrt{a^2-x^2}$의 최댓값이 $12\sqrt{3}$일 때, a의 값을 구하시오.

1578

Level 2

구간 $[-2, 1]$에서 함수 $f(x)=axe^x$의 최댓값과 최솟값의 곱이 -4일 때, 양수 a의 값은?

① $\frac{1}{4}$ ② $\frac{1}{2}$ ③ 1
④ 2 ⑤ 4

1579

Level 2

구간 $[0, \pi]$에서 함수 $f(x)=\sin 2x+x+a$의 최댓값을 M, 최솟값을 m이라 할 때, $M+m=3\pi$가 되도록 하는 상수 a의 값은?

① π ② $\frac{3}{2}\pi$ ③ 2π
④ $\frac{5}{2}\pi$ ⑤ 3π

1580

Level 2

함수 $f(x)=2\sin^3 x-3\sin^2 x+a$의 최댓값이 5일 때, 최솟값은? (단, a는 상수이다.)

① -4 ② -2 ③ 0
④ 1 ⑤ 3

● 정답 및 풀이 298쪽

심화 유형 **14 최대 · 최소의 활용 – 길이**

도형의 길이의 최댓값, 최솟값을 구할 때는 구하는 길이를 한 문자에 대한 함수로 나타낸 후 도함수를 이용하여 최댓값 또는 최솟값을 구한다.

1581 대표문제

그림과 같이 곡선 $y=e^x+1$과 직선 $y=x$가 직선 $x=t$와 만나는 점을 각각 P, Q라 할 때, 선분 PQ의 길이의 최솟값은?

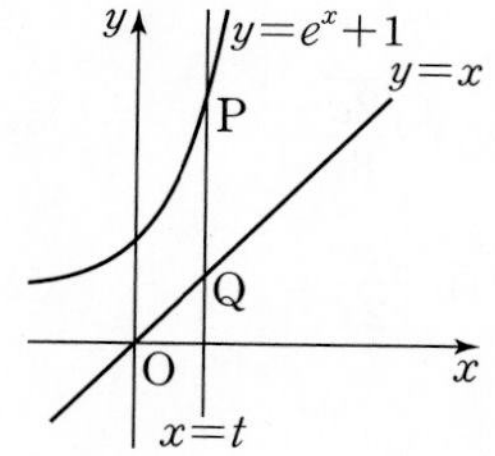

① $\frac{\sqrt{2}}{2}$ ② 1 ③ $\sqrt{2}$
④ 2 ⑤ $2\sqrt{2}$

1582

Level 2

매개변수 t로 나타낸 곡선 $x=e^t$, $y=e^{-t}$에 대하여 원점과 이 곡선 사이의 거리의 최솟값은?

① 1 ② $\sqrt{2}$ ③ $\sqrt{3}$
④ 2 ⑤ $\sqrt{5}$

1583

Level 2

점 A(3, 3)과 곡선 $y=\frac{1}{x+1}-1$ 위의 점 P에 대하여 선분 AP의 길이의 최솟값을 l이라 할 때, l^2의 값을 구하시오.

1584

Level 3

그림과 같이 가로, 세로의 길이가 각각 10, 4인 직사각형 모양의 종이를 꼭짓점 B가 선분 AD 위에 놓이도록 $\overline{QR}$를 접는 선으로 하여 접었다. 선분 QR의 길이가 최소일 때의 선분 PQ의 길이는?

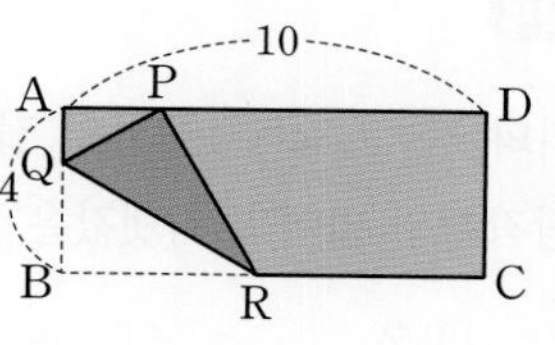

① $\sqrt{3}$ ② 2 ③ $2\sqrt{2}$
④ 3 ⑤ $2\sqrt{3}$

+Plus 문제

다음은 이 유형에서 출제된 최근 교육청 · 평가원 기출문제입니다.

1585 고난도

• 평가원 2018학년도 6월

Level 3

그림과 같이 좌표평면에 점 A(1, 0)을 중심으로 하고 반지름의 길이가 1인 원이 있다. 원 위의 점 Q에 대하여 $\angle AOQ=\theta\left(0<\theta<\frac{\pi}{3}\right)$라 할 때, 선분 OQ 위에 $\overline{PQ}=1$인 점 P를 정한다. 점 P의 y좌표가 최대가 될 때, $\cos\theta=\frac{a+\sqrt{b}}{8}$이다. $a+b$의 값을 구하시오.

(단, O는 원점이고, a와 b는 자연수이다.)

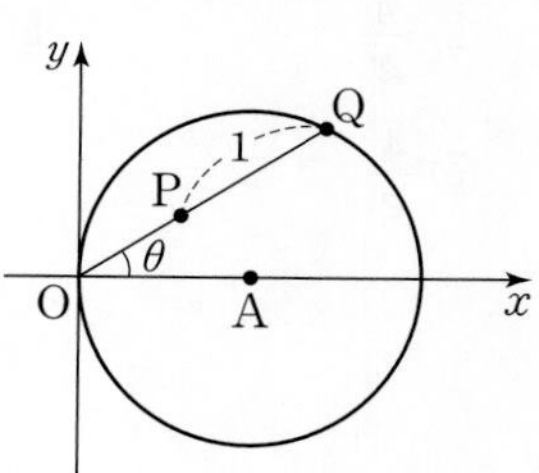

심화유형 15 최대 · 최소의 활용 – 넓이

도형의 넓이의 최댓값, 최솟값을 구할 때는 구하는 넓이를 한 문자에 대한 함수로 나타낸 후 도함수를 이용하여 최댓값 또는 최솟값을 구한다.

1586 대표문제

곡선 $y=e^{1-x}$ 위의 점 $(t,\ e^{1-t})$에서의 접선과 x축 및 y축으로 둘러싸인 삼각형의 넓이의 최댓값은? (단, $t>0$)

① 1　② 2　③ 3　④ 4　⑤ 5

1587

Level 2

그림과 같이 두 곡선 $y=\ln x$, $y=\ln\frac{1}{x}$ 위에 두 꼭짓점 A, B가 각각 놓여 있고 변 CD가 y축 위에 있는 직사각형 ABCD의 넓이의 최댓값은?

(단, 점 A, B의 x좌표는 1보다 작다.)

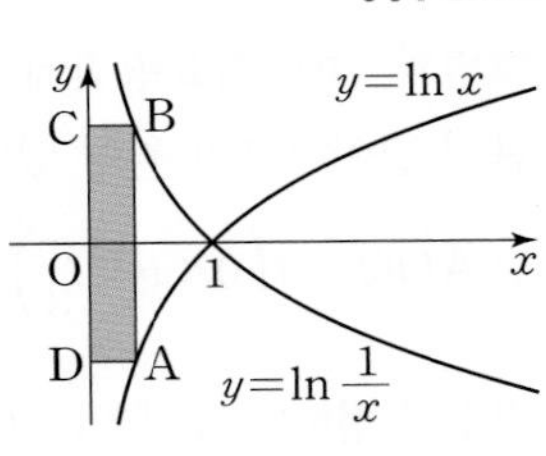

① $\frac{1}{e^2}$　② $\frac{4}{e^2}$　③ $\frac{1}{e}$　④ $\frac{2}{e}$　⑤ $\frac{4}{e}$

1588

Level 2

그림과 같이 곡선 $y=e^{x^2}$ 위의 점 $\mathrm{P}(t,\ e^{t^2})$에서의 접선이 x축과 만나는 점을 Q, 점 P에서 x축에 내린 수선의 발을 H라 할 때, 삼각형 PQH의 넓이의 최솟값은?

(단, $t>0$)

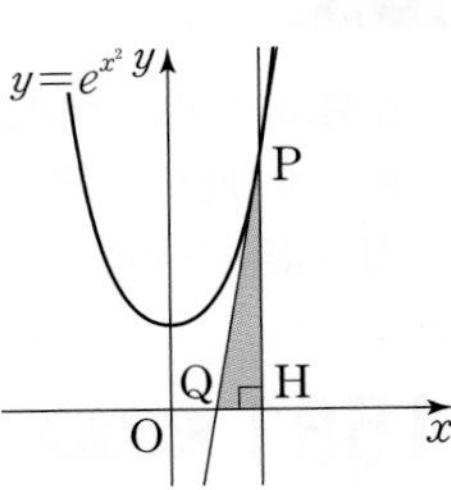

① $\frac{\sqrt{2e}}{8}$　② $\frac{\sqrt{e}}{4}$　③ $\frac{\sqrt{2e}}{4}$　④ $\frac{\sqrt{e}}{2}$　⑤ $\frac{\sqrt{2e}}{2}$

1589

Level 2

그림과 같이 두 곡선 $y=3e^{-x}$과 $y=-e^{-x}$이 직선 $x=t$와 만나는 점을 각각 A, B라 할 때, 삼각형 OAB의 넓이의 최댓값을 구하시오.

(단, O는 원점이고, $t>0$이다.)

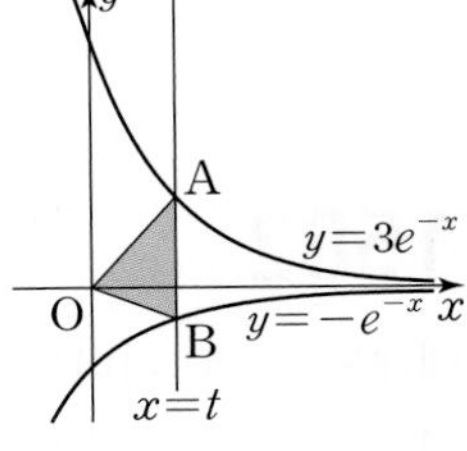

1590

Level 2

그림과 같이 지름 AB의 길이가 4인 반원에 내접하는 사다리꼴 ABCD의 넓이의 최댓값을 구하시오.

(단, O는 반원의 중심이다.)

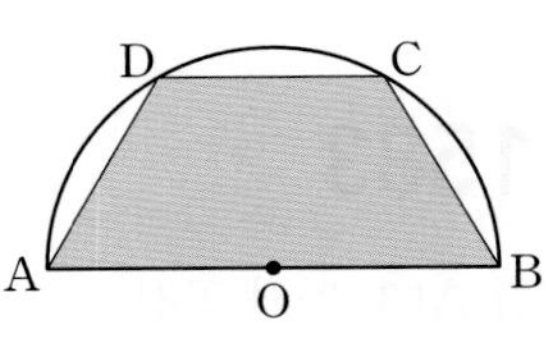

다음은 이 유형에서 출제된 최근 교육청 • 평가원 기출문제입니다.

1591 • 2017학년도 대학수학능력시험 Level 2

곡선 $y=2e^{-x}$ 위의 점 $\mathrm{P}(t,\ 2e^{-t})\,(t>0)$에서 y축에 내린 수선의 발을 A라 하고, 점 P에서의 접선이 y축과 만나는 점을 B라 하자. 삼각형 APB의 넓이가 최대가 되도록 하는 t의 값은?

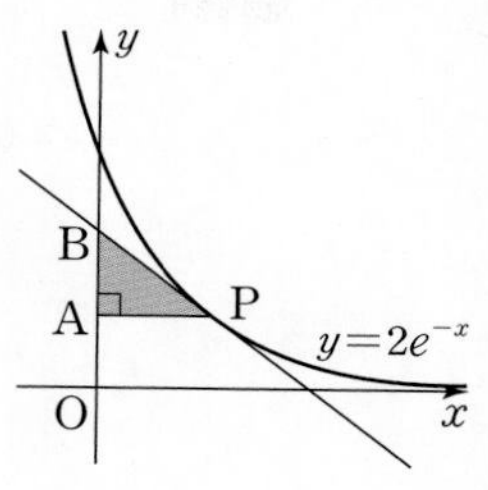

① 1 ② $\frac{e}{2}$ ③ $\sqrt{2}$
④ 2 ⑤ e

1592 고난도 • 교육청 2015년 3월 Level 3

그림과 같이 $\overline{\mathrm{OP}}=1$인 제1사분면 위의 점 P를 중심으로 하고 원점을 지나는 원 C_1이 x축과 만나는 점 중 원점이 아닌 점을 Q라 하자. $\overline{\mathrm{OR}}=2$이고 $\angle\mathrm{ROQ}=\frac{1}{2}\angle\mathrm{POQ}$인 제4사분면 위의 점 R를 중심으로 하고 원점을 지나는 원 C_2가 x축과 만나는 점 중 원점이 아닌 점을 S라 하자. $\angle\mathrm{POQ}=\theta$라 할 때, 삼각형 OQP와 삼각형 ORS의 넓이의 합이 최대가 되도록 하는 θ에 대하여 $\cos\theta$의 값은?

$\left(\text{단, O는 원점이고, } 0<\theta<\frac{\pi}{2}\text{이다.}\right)$

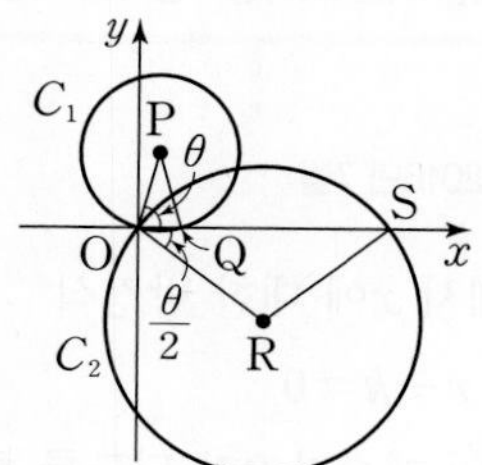

① $\frac{-3+2\sqrt{3}}{4}$ ② $\frac{2-\sqrt{3}}{2}$ ③ $\frac{-1+\sqrt{3}}{4}$
④ $\frac{-3+2\sqrt{3}}{2}$ ⑤ $\frac{-1+\sqrt{3}}{2}$

실전유형 16 방정식 $f(x)=k$의 실근의 개수 빈출유형

방정식 $f(x)=k$의 서로 다른 실근의 개수는 함수 $y=f(x)$의 그래프와 직선 $y=k$의 교점의 개수와 같다.

1593 대표문제

x에 대한 방정식 $(x^2-3)e^x=k$가 서로 다른 두 실근을 갖도록 하는 양수 k의 값은? (단, $\lim_{x\to-\infty} x^2e^x=0$)

① $\frac{4}{e^3}$ ② $\frac{6}{e^3}$ ③ $\frac{4}{e^2}$
④ $\frac{6}{e^2}$ ⑤ $\frac{4}{e}$

1594 Level 2

x에 대한 방정식 $x-\ln x=k$가 오직 한 개의 실근을 갖도록 하는 실수 k의 값을 구하시오.

1595 Level 2

x에 대한 방정식 $e^x+e^{-x}=k$가 서로 다른 두 실근을 갖도록 하는 자연수 k의 최솟값은?

① 1 ② 2 ③ 3
④ 4 ⑤ 5

1596

Level 2

x에 대한 방정식 $4\sqrt{x-1}-x=k$에 대하여 **〈보기〉**에서 옳은 것만을 있는 대로 고른 것은?

〈보기〉

ㄱ. $k=-1$이면 실근의 개수는 2이다.
ㄴ. $k=3$이면 실근의 개수는 1이다.
ㄷ. $k=5$이면 실근은 존재하지 않는다.

① ㄱ ② ㄴ ③ ㄱ, ㄷ
④ ㄴ, ㄷ ⑤ ㄱ, ㄴ, ㄷ

1597

Level 2

$-\frac{\pi}{2}<x<\frac{\pi}{2}$에서 x에 대한 방정식 $\tan x-2x=k$가 서로 다른 세 실근을 갖도록 하는 실수 k의 값의 범위가 $\alpha<k<\beta$일 때, $\beta-\alpha$의 값은?

① 1 ② $\pi-2$ ③ 2
④ $\pi-1$ ⑤ 3

1598

Level 2

$-\frac{\pi}{3}\le x\le\frac{\pi}{3}$에서 x에 대한 방정식 $2\sqrt{2}\sec x-\tan^2 x=k$가 적어도 하나의 실근을 갖도록 하는 실수 k의 값의 범위가 $\alpha\le k\le\beta$일 때, $\alpha+\beta$의 값은?

① $\sqrt{2}$ ② $2\sqrt{2}$ ③ $3\sqrt{2}$
④ $4\sqrt{2}$ ⑤ $5\sqrt{2}$

1599

Level 2

$0\le x\le 2\pi$에서 x에 대한 방정식 $e^{\sin x+\cos x}=k$가 오직 한 개의 실근을 갖도록 하는 모든 실수 k의 값의 곱을 구하시오.

1600

Level 2

x에 대한 방정식 $x^2-ke^x=0$이 서로 다른 세 실근을 갖도록 하는 실수 k의 값의 범위를 구하시오. $\left(\text{단, } \lim_{x\to\infty}\frac{x^2}{e^x}=0\right)$

1601

Level 2

함수 $f(x)=\frac{x^3}{(x-1)^2}$의 그래프를 이용하여 x에 대한 방정식 $x^3=k(x-1)^2$이 서로 다른 두 실근을 갖도록 하는 실수 k의 값을 구하시오.

다음은 이 유형에서 출제된 최근 교육청 · 평가원 기출문제입니다.

1602 · 교육청 2016년 7월

Level 2

닫힌구간 $[0, 2\pi]$에서 x에 대한 방정식

$$\sin x-x\cos x-k=0$$

의 서로 다른 실근의 개수가 2가 되도록 하는 모든 정수 k의 값의 합은?

① -6 ② -3 ③ 0
④ 3 ⑤ 6

실전유형 17 방정식 $f(x)=g(x)$의 실근의 개수 복합유형

방정식 $f(x)=g(x)$의 서로 다른 실근의 개수는 두 함수 $y=f(x)$, $y=g(x)$의 그래프의 교점의 개수와 같다.

1603 대표문제

x에 대한 방정식 $\ln(x-1)=2x+k$가 실근을 갖도록 하는 실수 k의 값의 범위가 $k\le\alpha$일 때, α의 값은?

① $\ln 3-8$　② $\ln 2-6$　③ -4
④ $-\ln 3-\frac{8}{3}$　⑤ $-\ln 2-3$

1604

Level 2

다음 중 $-\pi\le x\le\pi$에서 x에 대한 방정식 $\sin x=kx$가 서로 다른 세 실근을 갖도록 하는 실수 k의 값이 될 수 없는 것은?

① 0　② $\frac{1}{4}$　③ $\frac{1}{2}$
④ $\frac{3}{4}$　⑤ 1

1605

Level 2

두 함수 $f(x)=\ln x$, $g(x)=kx^2$에 대하여 방정식 $f(x)=g(x)$의 서로 다른 실근의 개수가 2가 되도록 하는 실수 k의 값의 범위가 $\alpha<k<\beta$일 때, $\alpha+\beta$의 값은?

① $\frac{1}{2e}$　② $\frac{1}{e}$　③ e
④ $2e$　⑤ e^2

1606

Level 2

x에 대한 방정식 $2x+1=kxe^{-x}$이 오직 한 개의 실근을 갖도록 하는 모든 실수 k의 값의 곱은? (단, $k>0$)

① $\frac{\sqrt{e}}{e}$　② $\frac{2\sqrt{e}}{e}$　③ $\frac{3\sqrt{e}}{e}$
④ $\frac{4\sqrt{e}}{e}$　⑤ $\frac{5\sqrt{e}}{e}$

1607

Level 2

x에 대한 방정식 $e^x=k\sqrt{x+1}$에 대하여 〈**보기**〉에서 옳은 것만을 있는 대로 고른 것은?

〈보기〉

ㄱ. $k=\sqrt{\frac{1}{e}}$이면 실근의 개수는 2이다.
ㄴ. $k=\sqrt{\frac{2}{e}}$이면 실근은 존재하지 않는다.
ㄷ. $k=e$이면 실근의 개수는 2이다.

① ㄱ　② ㄷ　③ ㄱ, ㄷ
④ ㄴ, ㄷ　⑤ ㄱ, ㄴ, ㄷ

다음은 이 유형에서 출제된 최근 교육청 · 평가원 기출문제입니다.

1608

• 평가원 2022학년도 6월　Level 2

두 함수

$f(x)=e^x$, $g(x)=k\sin x$

에 대하여 방정식 $f(x)=g(x)$의 서로 다른 양의 실근의 개수가 3일 때, 양수 k의 값은?

① $\sqrt{2}e^{\frac{3\pi}{2}}$　② $\sqrt{2}e^{\frac{7\pi}{4}}$　③ $\sqrt{2}e^{2\pi}$
④ $\sqrt{2}e^{\frac{9\pi}{4}}$　⑤ $\sqrt{2}e^{\frac{5\pi}{2}}$

실전 유형 18 부등식 $f(x) \geq a$ 꼴 - 극값이 존재할 때 빈출유형

(1) 어떤 구간에서 부등식 $f(x) \geq a$가 성립하려면
→ 그 구간에서 ($f(x)$의 최솟값) $\geq a$
(2) 어떤 구간에서 부등식 $f(x) \leq a$가 성립하려면
→ 그 구간에서 ($f(x)$의 최댓값) $\leq a$

1609 대표문제

모든 실수 x에 대하여 부등식 $xe^{-2x} \leq k$가 성립하도록 하는 실수 k의 최솟값은?

① $\frac{4}{e^4}$ ② $\frac{2}{e^2}$ ③ $\frac{1}{2e}$
④ $\frac{1}{2\sqrt{e}}$ ⑤ $\frac{1}{4\sqrt[4]{e}}$

1610 Level 2

모든 양의 실수 x에 대하여 부등식 $(\ln x)^2 - 6\ln x \geq k$가 성립하도록 하는 실수 k의 최댓값은?

① -9 ② -8 ③ -7
④ -6 ⑤ -5

1611 Level 2

$x>0$인 모든 실수 x에 대하여 부등식 $x^2(1-\ln x) \leq k$가 성립하도록 하는 실수 k의 최솟값은?

① $\frac{e}{5}$ ② $\frac{e}{4}$ ③ $\frac{e}{3}$
④ $\frac{e}{2}$ ⑤ e

1612 Level 2

모든 실수 x에 대하여 부등식 $\frac{x^2+x-1}{e^x} \geq k$가 성립하도록 하는 실수 k의 최댓값은? (단, $\lim_{x \to \infty} x^2 e^{-x} = 0$)

① $-3e$ ② $-2e$ ③ $-e$
④ $-\frac{e}{2}$ ⑤ $-\frac{e}{3}$

1613 Level 2

$x>0$인 모든 실수 x에 대하여 부등식 $e^x - e\ln x + k > 0$이 성립할 때, 실수 k의 값의 범위를 구하시오.

1614 Level 2

$0 \leq x \leq \pi$인 모든 실수 x에 대하여 부등식 $\cos 2x < x + k$가 성립하도록 하는 정수 k의 최솟값을 구하시오.

1615 Level 2

모든 실수 x에 대하여 부등식 $\alpha \leq \frac{4x}{x^2+2x+3} \leq \beta$가 성립할 때, $\beta - \alpha$의 최솟값은? (단, α, β는 실수이다.)

① $\frac{\sqrt{3}}{4}$ ② $\frac{\sqrt{3}}{2}$ ③ $\sqrt{3}$
④ $2\sqrt{3}$ ⑤ $4\sqrt{3}$

● 정답 및 풀이 307쪽

실전유형 19 부등식 $f(x)\ge a$ 꼴 – 극값이 존재하지 않을 때 (복합유형)

$x>a$에서 부등식 $f(x)>0$이 성립하려면
➔ $f(x)$가 증가함수, 즉 $f'(x)>0$, $f(a)\ge 0$이어야 한다.

1616 대표문제

$x\ge e$인 모든 실수 x에 대하여 부등식 $(\ln x)^3+\ln x+2\ge k$가 성립하도록 하는 실수 k의 최댓값은?

① 1 ② 2 ③ 3
④ 4 ⑤ 5

1617 Level 2

$x>0$인 모든 실수 x에 대하여 부등식 $(x^2-x+3)e^x\ge k$가 성립하도록 하는 실수 k의 최댓값은?

① -1 ② 1 ③ 3
④ 5 ⑤ 7

1618 Level 2

$x>0$인 모든 실수 x에 대하여 부등식 $\ln(x+1)<x+1+k$가 성립하도록 하는 실수 k의 최솟값은?

① $-e$ ② -1 ③ 0
④ 1 ⑤ e

1619 Level 2

$x\ge 0$인 모든 실수 x에 대하여 부등식 $\cos 3x<3x+k$를 만족시키는 정수 k의 최솟값은?

① 0 ② 1 ③ 2
④ 3 ⑤ 4

1620 Level 2

구간 $\left[0, \frac{1}{2}\right]$에서 부등식 $\ln(1-x)+k\ge -x(x+1)$이 항상 성립할 때, 실수 k의 최솟값은?

① $-\frac{1}{2}$ ② $-\frac{1}{4}$ ③ 0
④ $\frac{1}{4}$ ⑤ $\frac{1}{2}$

1621 Level 3

$x>0$인 모든 실수 x에 대하여 부등식 $x^2>k-\cos x$가 성립하도록 하는 실수 k의 최댓값은?

① -2 ② -1 ③ 0
④ 1 ⑤ 2

+Plus 문제

실전유형 20 부등식 $f(x) \geq g(x)$ 꼴 복합유형

어떤 구간에서 부등식 $f(x)>g(x)$가 성립하려면
→ 그 구간에서 함수 $y=f(x)$의 그래프가 함수 $y=g(x)$의 그래프보다 항상 위쪽에 있어야 한다.

1622 대표문제

$0<x<\frac{\pi}{6}$인 모든 실수 x에 대하여 부등식 $\tan 3x > kx$가 성립하도록 하는 실수 k의 최댓값은?

① $\frac{1}{6}$　② $\frac{1}{3}$　③ 1　④ 3　⑤ 6

1623 Level 2

모든 실수 x에 대하여 부등식 $e^x \geq kx$를 만족시키는 정수 k의 개수는?

① 1　② 2　③ 3　④ 4　⑤ 5

1624 Level 2

$x>0$인 모든 실수 x에 대하여 부등식 $kx^2 > \ln x + 1$이 성립하도록 하는 실수 k의 값의 범위를 구하시오.

1625 Level 2

$x>0$인 모든 실수 x에 대하여 부등식 $x^2-5x+5 \geq ke^{-x+1}$이 성립하도록 하는 음수 k의 최댓값은?

① $-e^2$　② $-2e$　③ $-\frac{3}{2}e$　④ $-e$　⑤ -2

1626 Level 2

$x>0$인 모든 실수 x에 대하여 부등식 $k\sqrt{x} \geq \ln x$가 성립하도록 하는 양수 k의 최솟값은?

① $\frac{1}{4e}$　② $\frac{1}{2e}$　③ $\frac{1}{e}$　④ $\frac{2}{e}$　⑤ $\frac{4}{e}$

1627 Level 2

$0 \leq x \leq \frac{\pi}{2}$인 모든 실수 x에 대하여 부등식 $\alpha x \leq \sin x \leq \beta x$가 성립한다. 양수 α, β에 대하여 $\frac{\beta}{\alpha}$의 최솟값은?

① $\frac{2}{\pi}$　② $\frac{\pi}{4}$　③ $\frac{4}{\pi}$　④ $\frac{\pi}{2}$　⑤ π

실전유형 21 직선 운동에서의 속도와 가속도

수직선 위를 움직이는 점 P의 시각 t에서의 위치 x가 $x=f(t)$일 때, 시각 t에서의 점 P의 속도 v와 가속도 a는

(1) $v=\frac{dx}{dt}=f'(t)$　　(2) $a=\frac{dv}{dt}=f''(t)$

1628 대표문제

수직선 위를 움직이는 점 P의 시각 t에서의 위치 x가 $x=t+\frac{4}{t+1}+1$일 때, $t=1$에서의 점 P의 속도와 가속도의 합은?

① 1　② $\frac{5}{4}$　③ $\frac{3}{2}$
④ $\frac{7}{4}$　⑤ 2

1629 Level 1

수직선 위를 움직이는 점 P의 시각 t에서의 위치 x가 $x=kt-3\sin t$이다. $t=\frac{\pi}{3}$에서의 점 P의 속도가 1일 때, 상수 k의 값은?

① $\frac{1}{2}$　② 1　③ $\frac{3}{2}$
④ 2　⑤ $\frac{5}{2}$

1630 Level 1

수직선 위를 움직이는 점 P의 시각 t에서의 위치 x가 $x=t+2\cos\frac{\pi}{3}t$일 때, $t=3$에서의 점 P의 가속도를 구하시오.

1631 Level 2

수직선 위를 움직이는 점 P의 시각 t에서의 위치 x가 $x=(t^2-6t+9)e^t$일 때, 점 P의 속력이 처음으로 0이 되는 시각을 구하시오.

1632 Level 2

수직선 위를 움직이는 점 P의 시각 t에서의 위치 x가 $x=\ln(t^2+k)$이다. $t=5$에서의 점 P의 가속도가 0일 때, 상수 k의 값을 구하시오.

1633 Level 2

수직선 위를 움직이는 점 P의 시각 t에서의 위치 x가 $x=e^{-t}\sin t$일 때, $t=\pi$에서의 점 P의 속도와 가속도의 합은?

① $-2e^{-\pi}$　② $-e^{-\pi}$　③ 0
④ $e^{-\pi}$　⑤ $2e^{-\pi}$

1634 Level 2

수직선 위를 움직이는 점 P의 시각 t에서의 위치 x가 $x=k\sin\left(\pi t+\frac{\pi}{6}\right)$이다. $t=2$에서의 점 P의 속도가 $2\sqrt{3}$일 때, $t=2$에서의 점 P의 위치를 구하시오.

(단, k는 상수이다.)

1635

Level 2

수직선 위를 움직이는 점 P의 시각 t에서의 위치 x가 $x=\sin t+\cos t$일 때, 시각 t에서의 점 P의 속도와 가속도를 각각 $f(t)$, $g(t)$라 하자. 함수 $f(t)+g(t)$의 최댓값과 최솟값을 각각 M, m이라 할 때, $M-m$의 값은?

① 2　② $2\sqrt{2}$　③ $2\sqrt{3}$
④ 4　⑤ $4\sqrt{2}$

1636

Level 2

수직선 위를 움직이는 점 P의 시각 t $(t>0)$에서의 위치 x가 $x=pt^2+q\ln t$이다. $t=2$에서 점 P가 운동 방향을 바꾸고 $t=1$에서의 점 P의 가속도가 5일 때, 상수 p, q에 대하여 pq의 값은?

① -4　② -2　③ -1
④ 1　⑤ 2

다음은 이 유형에서 출제된 최근 교육청 • 평가원 기출문제입니다.

1637 • 교육청 2015년 7월

Level 2

수직선 위를 움직이는 점 P의 시각 t에서의 위치 $x(t)$가

$$x(t)=t+\frac{20}{\pi^2}\cos(2\pi t)$$

이다. 점 P의 시각 $t=\frac{1}{3}$에서의 가속도의 크기를 구하시오.

실전 유형 22 평면 운동에서의 속도

빈출유형

좌표평면 위를 움직이는 점 P의 시각 t에서의 위치 (x, y)가 $x=f(t)$, $y=g(t)$일 때, 시각 t에서의 점 P의 속도와 속력은
(1) 속도 : $(f'(t), g'(t))$
(2) 속력 : $\sqrt{\{f'(t)\}^2+\{g'(t)\}^2}$

1638 대표문제

좌표평면 위를 움직이는 점 P의 시각 t에서의 위치 (x, y)가 $x=t^2-4t$, $y=4t$일 때, 점 P의 속력의 최솟값은?

① $\sqrt{2}$　② 2　③ $2\sqrt{2}$
④ 4　⑤ $4\sqrt{2}$

1639

Level 1

좌표평면 위를 움직이는 점 P의 시각 t에서의 위치 (x, y)가 $x=e^t$, $y=e^{2t}$이다. $t=\ln\sqrt{2}$에서의 점 P의 속력은?

① $\sqrt{2}$　② $2\sqrt{2}$　③ $3\sqrt{2}$
④ $4\sqrt{2}$　⑤ $5\sqrt{2}$

1640

Level 2

좌표평면 위를 움직이는 점 P의 시각 t $(t>0)$에서의 위치 (x, y)가 $x=\frac{1}{2}t^2$, $y=2t-t^2$이다. 점 P의 속력이 $2\sqrt{2}$일 때의 시각은?

① 1　② 2　③ 3
④ 4　⑤ 5

1641

Level 2

좌표평면 위를 움직이는 점 P의 시각 $t\,(t>0)$에서의 위치 $(x,\ y)$가 $x=3\ln(t+2)$, $y=\dfrac{a}{t+2}$이다. 시각 $t=1$에서의 점 P의 속력이 $\sqrt{5}$일 때, 양수 a의 값을 구하시오.

1642

Level 2

좌표평면 위를 움직이는 점 P의 시각 t에서의 위치 $(x,\ y)$가 $x=-2t^2+4t$, $y=5t$이다. 점 P의 속력이 최소일 때, 점 P의 속도를 구하시오.

1643

Level 2

좌표평면 위를 움직이는 점 P의 시각 t에서의 위치 $(x,\ y)$가 $x=4t-\sin t$, $y=4-\cos t$이다. 점 P의 속력의 최댓값을 M, 최솟값을 m이라 할 때, $M+m$의 값을 구하시오.

1644

Level 2

좌표평면 위를 움직이는 점 P의 시각 t에서의 위치 $(x,\ y)$가 $x=3t+\cos t$, $y=3+\sin t$이다. $0<t<2\pi$일 때, 점 P의 속력은 $t=k\pi$에서 최대이고 최댓값은 M이다. kM의 값은?

① 5 ② $\dfrac{11}{2}$ ③ 6 ④ $\dfrac{13}{2}$ ⑤ 7

다음은 이 유형에서 출제된 최근 교육청 • 평가원 기출문제입니다.

1645 • 평가원 2020학년도 9월

Level 2

좌표평면 위를 움직이는 점 P의 시각 $t\,(t>0)$에서의 위치 $(x,\ y)$가

$$x=\frac{1}{2}e^{2(t-1)}-at,\ y=be^{t-1}$$

이다. 시각 $t=1$에서의 점 P의 속도가 $(-1,\ 2)$일 때, $a+b$의 값을 구하시오. (단, a와 b는 상수이다.)

1646 • 교육청 2021년 10월

Level 2

좌표평면 위를 움직이는 점 P의 시각 $t\,(t>2)$에서의 위치 $(x,\ y)$가

$$x=t\ln t,\ y=\frac{4t}{\ln t}$$

이다. 시각 $t=e^2$에서 점 P의 속력은?

① $\sqrt{7}$ ② $2\sqrt{2}$ ③ 3 ④ $\sqrt{10}$ ⑤ $\sqrt{11}$

1647 • 2020학년도 대학수학능력시험

Level 2

좌표평면 위를 움직이는 점 P의 시각 $t\left(0<t<\dfrac{\pi}{2}\right)$에서의 위치 $(x,\ y)$가

$$x=t+\sin t\cos t,\ y=\tan t$$

이다. $0<t<\dfrac{\pi}{2}$에서 점 P의 속력의 최솟값은?

① 1 ② $\sqrt{3}$ ③ 2 ④ $2\sqrt{2}$ ⑤ $2\sqrt{3}$

실전유형 23 평면 운동에서의 가속도

좌표평면 위를 움직이는 점 P의 시각 t에서의 위치 (x, y)가 $x=f(t)$, $y=g(t)$일 때, 시각 t에서의 점 P의 가속도와 가속도의 크기는

(1) 가속도 : $(f''(t), g''(t))$

(2) 가속도의 크기 : $\sqrt{\{f''(t)\}^2+\{g''(t)\}^2}$

1648 대표문제

좌표평면 위를 움직이는 점 P의 시각 $t\,(t>0)$에서의 위치 (x, y)가 $x=t-\frac{2}{t}$, $y=2t+\frac{1}{t}$이다. $t=1$에서의 점 P의 가속도의 크기는?

① $\frac{\sqrt{5}}{2}$ ② $\sqrt{5}$ ③ $2\sqrt{5}$
④ $3\sqrt{5}$ ⑤ $4\sqrt{5}$

1649 Level 1

좌표평면 위를 움직이는 점 P의 시각 t에서의 위치 (x, y)가 $x=3t-\sin t$, $y=4-\cos t$이다. $t=\frac{\pi}{4}$에서의 점 P의 가속도가 (p, q)일 때, pq의 값은?

① $\frac{1}{2}$ ② $\frac{3}{4}$ ③ 1
④ $\frac{5}{4}$ ⑤ $\frac{3}{2}$

1650 Level 1

좌표평면 위를 움직이는 점 P의 시각 t에서의 위치 (x, y)가 $x=\cos 2t$, $y=\sin 2t$일 때, 점 P의 가속도의 크기를 구하시오.

1651 Level 2

좌표평면 위를 움직이는 점 P의 시각 t에서의 위치 (x, y)가 $x=-\frac{1}{3}t^3+2t^2+t$, $y=\frac{3}{2}t^2-2t+3$이다. 점 P의 가속도의 크기의 최솟값을 구하시오.

1652 Level 2

좌표평면 위를 움직이는 점 P의 시각 $t\,(t>0)$에서의 위치 (x, y)가 $x=a\ln t$, $y=at^2$이다. $t=1$에서의 점 P의 가속도의 크기가 5일 때, 양수 a의 값을 구하시오.

1653 Level 2

좌표평면 위를 움직이는 점 P의 시각 t에서의 위치 (x, y)가 $x=3t+2$, $y=t^3-2t^2+t+5$이다. 점 P의 가속도의 크기가 0이 되는 시각을 구하시오.

1654 Level 2

좌표평면 위를 움직이는 점 P의 시각 t에서의 위치 (x, y)가 $x=4\sin t$, $y=-2\cos t$이다. 점 P의 위치가 $(2, -\sqrt{3})$일 때, 점 P의 가속도의 크기는? $\left(\text{단, } 0\le t\le\frac{\pi}{2}\right)$

① $\sqrt{7}$ ② $2\sqrt{2}$ ③ 3
④ $\sqrt{10}$ ⑤ $\sqrt{11}$

● 정답 및 풀이 313쪽

1655

Level 2

좌표평면 위를 움직이는 점 P의 시각 $t\,(t>0)$에서의 위치 $(x,\ y)$가 $x=2t,\ y=t^3-3t$이다. 점 P의 속력이 $2\sqrt{10}$일 때, 가속도의 크기는?

① 6 ② $6\sqrt{2}$ ③ $6\sqrt{3}$
④ 12 ⑤ $6\sqrt{5}$

1656

Level 2

좌표평면 위를 움직이는 점 P의 시각 t에서의 위치 $(x,\ y)$가 $x=\cos t-2\sin t,\ y=\cos t+2\sin t$이다. 점 P의 속력이 최대인 시각에서의 점 P의 가속도의 크기는?

① 1 ② $\sqrt{2}$ ③ 2
④ $2\sqrt{2}$ ⑤ 4

다음은 이 유형에서 출제된 최근 교육청・평가원 기출문제입니다.

1657 • 2019학년도 대학수학능력시험

Level 2

좌표평면 위를 움직이는 점 P의 시각 $t\,(t\geq 0)$에서의 위치 $(x,\ y)$가

$$x=1-\cos 4t,\ y=\frac{1}{4}\sin 4t$$

이다. 점 P의 속력이 최대일 때, 점 P의 가속도의 크기를 구하시오.

실전유형 24 속도와 가속도의 활용

던져 올린 공의 위치 $(x,\ y)$를 $x=f(t),\ y=g(t)$와 같이 시각 t에 대한 함수로 나타낼 수 있을 때

(1) 공이 최고 높이에 도달했을 때의 속도의 y좌표
➜ $\frac{dy}{dt}=0$

(2) 공이 지면에 떨어졌을 때의 위치의 y좌표
➜ $y=0$

1658 대표문제

지상 10 m의 높이에서 지면과 $\theta\left(0<\theta<\frac{\pi}{2}\right)$의 각을 이루는 방향으로 초속 20 m의 속력으로 쏘아 올린 공의 t초 후의 위치를 좌표평면 위에 점 $\mathrm{P}(x,\ y)$로 나타낼 때,
$x=20t\cos\theta,\ y=10+20t\sin\theta-5t^2$인 관계가 성립한다.
공이 최고 높이에 올랐을 때의 속력은?

① $5\cos\theta$ ② $10\sin\theta$ ③ $10\cos\theta$
④ $20\sin\theta$ ⑤ $20\cos\theta$

1659

Level 2

지상 35 m의 높이에서 똑바로 위로 던져 올린 물체의 t초 후의 높이를 h m라 하면 $h=-t^2e^t+8e^t+32$이다. 이 물체가 a초 후 최고 높이 H m에 도달했을 때, $a+H$의 값은?

① $4e^2+34$ ② $4e^2+32$ ③ $2e^2+34$
④ e^2+32 ⑤ $2e+34$

1660

Level 2

지면으로부터 60°의 각을 이루는 방향으로 던져 올린 야구공의 t초 후의 수평과 수직 위치는 각각 $x=10t$, $y=-5t^2+10\sqrt{3}t$이다. 공을 던져 올린 다음 야구공이 지면에 떨어질 때의 속력을 구하시오.

서술형 유형 익히기

1661 대표문제

함수 $f(x)=\left(\ln\frac{1}{ax}\right)^2$에 대하여 곡선 $y=f(x)$의 변곡점이 직선 $y=3x$ 위에 있도록 하는 양수 a의 값을 구하는 과정을 서술하시오. [6점]

STEP 1 $f'(x)$, $f''(x)$ 구하기 [2점]

$f(x)=\left(\ln\frac{1}{ax}\right)^2=(-\ln ax)^2=(\ln ax)^2$이므로

$f'(x)=\frac{2\ln ax}{x}$

$f''(x)=\frac{\boxed{(1)}(1-\ln ax)}{x^2}$

STEP 2 곡선 $y=f(x)$의 변곡점의 좌표 구하기 [2점]

$f''(x)=0$에서 $x=\boxed{(2)}$

$x=\boxed{(3)}$의 좌우에서 $f''(x)$의 부호가 바뀌므로 변곡점의 좌표는 $\left(\boxed{(4)}, 1\right)$

STEP 3 양수 a의 값 구하기 [2점]

점 $\left(\boxed{(5)}, 1\right)$이 직선 $y=3x$ 위에 있으므로

$a=\boxed{(6)}$

1662 한번 더

함수 $f(x)=\frac{ax}{x^2+1}$에 대하여 곡선 $y=f(x)$의 변곡점이 직선 $y=\frac{1}{2}x$ 위에 있도록 하는 양수 a의 값을 구하는 과정을 서술하시오. [6점]

STEP 1 $f'(x)$, $f''(x)$ 구하기 [2점]

STEP 2 곡선 $y=f(x)$의 변곡점의 좌표 구하기 [2점]

STEP 3 양수 a의 값 구하기 [2점]

1663 유사 1

함수 $f(x)=xe^x+ax^2+bx$가 $x=0$에서 극소이고, 곡선 $y=f(x)$의 변곡점의 x좌표가 -2일 때, 상수 a, b에 대하여 $a+b$의 값을 구하는 과정을 서술하시오. [6점]

1664 유사 2

최고차항의 계수가 e인 이차함수 $f(x)$에 대하여 함수 $g(x)$를 $g(x)=f(x)e^{-x}$이라 하자. 곡선 $y=g(x)$의 변곡점의 x좌표가 1, 4일 때, $g(-2)\times g(4)$의 값을 구하는 과정을 서술하시오. [8점]

핵심 KEY 유형 3 **변곡점을 이용한 미정계수의 결정**

곡선 $y=f(x)$의 변곡점의 좌표를 이용하여 미정계수를 구하는 문제이다.
함수 $f(x)$의 이계도함수 $f''(x)$에 대하여 $f''(a)=0$인 $x=a$의 좌우에서 $f''(x)$의 부호가 바뀌면 점 $(a, f(a))$는 곡선 $y=f(x)$의 변곡점이다. 즉, 점 (a, b)가 곡선 $y=f(x)$의 변곡점이면 $f(a)=b$, $f''(a)=0$임을 이용하여 미정계수를 구할 수 있다.

1665 대표문제

구간 $\left[0, \frac{\pi}{2}\right]$에서 함수 $f(x)=x+\cos 2x$의 최댓값을 M, 최솟값을 m이라 할 때, $M+m$의 값을 구하는 과정을 서술하시오. [8점]

STEP 1 $f'(x)=0$을 만족시키는 x의 값 구하기 [2점]

$f(x)=x+\cos 2x$에서

$f'(x)=1-2\sin 2x$

$f'(x)=0$에서 $\sin 2x=\frac{1}{2}$

$0\le x\le\frac{\pi}{2}$에서 $2x=$ (1) ☐ 또는 $2x=$ (2) ☐

$\therefore x=$ (3) ☐ 또는 $x=$ (4) ☐

STEP 2 함수 $f(x)$의 증가와 감소를 표로 나타내기 [4점]

함수 $f(x)$의 증가와 감소를 표로 나타내면 다음과 같다.

x	0	$\cdots$	$\frac{\pi}{12}$	$\cdots$	$\frac{5}{12}\pi$	$\cdots$	$\frac{\pi}{2}$
$f'(x)$		$+$	0	$-$	0	$+$	
$f(x)$	1	↗	극대	↘	극소	↗	$\frac{\pi}{2}-1$

함수 $f(x)$는 $x=\frac{\pi}{12}$에서 극댓값 (5) ☐, $x=\frac{5}{12}\pi$에서 극솟값 (6) ☐을 갖는다.

STEP 3 $M+m$의 값 구하기 [2점]

함수 $f(x)$의 최댓값은 $M=$ (7) ☐, 최솟값은 $m=$ (8) ☐이므로

$M+m=$ (9) ☐

1666 한번 더

함수 $f(x)=\frac{2x-1}{x^2+2}$이 $x=\alpha$에서 최댓값 M, $x=\beta$에서 최솟값 m을 가질 때, $\alpha M+\beta m$의 값을 구하는 과정을 서술하시오. [8점]

STEP 1 $f'(x)=0$을 만족시키는 x의 값 구하기 [2점]

STEP 2 함수 $f(x)$의 증가와 감소를 표로 나타내기 [4점]

STEP 3 $\alpha M+\beta m$의 값 구하기 [2점]

핵심 KEY 유형 7 ~ 유형 11 함수의 최대 · 최소

미분을 이용하여 함수 $f(x)$의 최댓값과 최솟값을 구하는 문제이다. $f'(x)=0$을 만족시키는 x의 값을 구하고, 함수 $f(x)$의 증가와 감소를 표로 나타내어 최댓값과 최솟값을 구한다. 이때 주어진 구간에서의 함수 $f(x)$의 극값과 양 끝 점에서의 함숫값 중에서 가장 큰 값이 최댓값이고, 가장 작은 값이 최솟값이다. 구간이 주어져 있지 않으면 $\lim_{x\to\infty} f(x)$, $\lim_{x\to-\infty} f(x)$의 값을 확인해 봐야 한다.

1667 유사 1

함수 $f(x)=x^2e^{-x^2+1}$의 최댓값을 구하는 과정을 서술하시오. [8점]

1668 유사 2

함수 $f(x)=\frac{x}{\ln x}$에 대하여 곡선 $y=f(x)$의 변곡점의 좌표를 $(a, f(a))$라 하자. $1<x\le a$에서 함수 $f(x)$의 최솟값을 b라 할 때, $\ln ab$의 값을 구하는 과정을 서술하시오. [10점]

1669 대표문제

x에 대한 방정식 $x+ke^{-x}=0$이 서로 다른 두 실근을 갖도록 하는 실수 k의 값의 범위를 구하는 과정을 서술하시오. [8점]

STEP 1 주어진 방정식을 $f(x)=k$ 꼴로 나타내기 [2점]

모든 실수 x에 대하여 $e^x>0$이므로

방정식 $x+ke^{-x}=0$의 양변에 e^x을 곱하면

xe^x+ (1) $\square$ $=0$

$\therefore$ (2) $\square$ $=-k$

위의 방정식이 서로 다른 두 실근을 가지려면 곡선 $y=$ (3) $\square$ 과 직선 $y=-k$가 서로 다른 두 점에서 만나야 한다.

STEP 2 함수 $y=f(x)$의 그래프 그리기 [4점]

$f(x)=xe^x$이라 하면

$f'(x)=$ (4) $\square$

$f'(x)=0$에서 $x=-1$ ($\because$ $e^x>0$)

함수 $f(x)$의 증가와 감소를 표로 나타내면 다음과 같다.

x	$\cdots$	-1	$\cdots$
$f'(x)$	$-$	0	$+$
$f(x)$	↘	극소	↗

즉, 함수 $f(x)$는 $x=-1$에서 극솟값 (5) $\square$ 을 갖고,

$\lim_{x\to\infty} f(x)=\infty$, $\lim_{x\to-\infty} f(x)=0$이므로 함수 $y=f(x)$의 그래프는 그림과 같다.

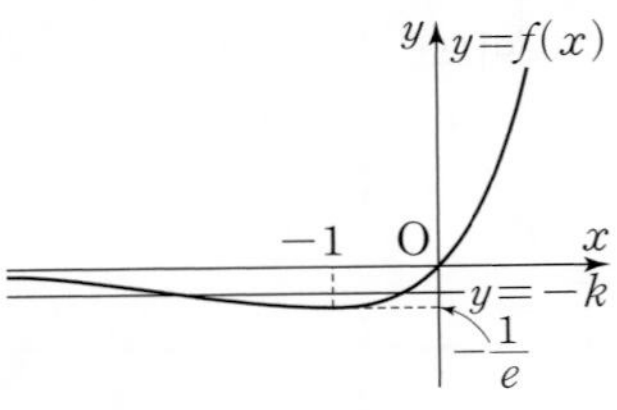

STEP 3 실수 k의 값의 범위 구하기 [2점]

곡선 $y=f(x)$와 직선 $y=-k$가 서로 다른 두 점에서 만나려면

(6) $\square$ $<-k<0$

$\therefore$ $0<k<$ (7) $\square$

1670 한번 더

x에 대한 방정식 $(x-1)^3=ke^{x-4}$이 서로 다른 두 실근을 갖도록 하는 실수 k의 값의 범위를 구하는 과정을 서술하시오. [8점]

STEP 1 주어진 방정식을 $f(x)=k$ 꼴로 나타내기 [2점]

STEP 2 함수 $y=f(x)$의 그래프 그리기 [4점]

STEP 3 실수 k의 값의 범위 구하기 [2점]

핵심 KEY 유형 16, 유형 17 **방정식 $f(x)=g(x)$의 실근의 개수**

함수의 그래프의 개형을 이용하여 방정식의 실근의 개수를 구하는 문제이다.
두 함수 $y=f(x)$, $y=g(x)$의 그래프의 교점의 개수를 이용하여 해결할 수도 있지만 방정식 $f(x)=g(x)$를 $h(x)=k$로 정리한 다음 함수 $y=h(x)$의 그래프와 직선 $y=k$의 교점의 개수를 이용하여 해결하는 경우가 많다.

1671 유사 1

x에 대한 방정식 $x^2e^{-\frac{1}{2}x}-k=0$의 서로 다른 실근의 개수가 2일 때, 실수 k의 값을 구하는 과정을 서술하시오. [8점]

1672 유사 2

방정식 $(x-4)^2-4e^{x-6}=0$의 서로 다른 실근의 개수를 구하는 과정을 서술하시오. [8점]

07

실력 check 실전 마무리하기 1회

점 / 100점

• 선택형 21문항, 서술형 4문항입니다.

1 1673

곡선 $y=x\ln x-\frac{3}{x}$이 위로 볼록한 구간에 속하는 정수 x의 개수는? [3점]

① 1 ② 2 ③ 3 ④ 4 ⑤ 5

2 1674

구간 $\left(-\frac{\pi}{2}, \frac{\pi}{2}\right)$에서 함수 $f(x)=e^x\cos x$의 그래프의 변곡점의 좌표가 (a, b)일 때, $a+b$의 값은? [3점]

① -2 ② -1 ③ 0 ④ 1 ⑤ 2

3 1675

함수 $f(x)=2\ln(x^2+1)$의 그래프의 두 변곡점을 각각 A, B라 할 때, 삼각형 OAB의 넓이는? (단, O는 원점이다.) [3점]

① 1 ② 2 ③ e ④ $2\ln 2$ ⑤ $2\sqrt{2}\ln 2$

4 1676

다항함수 $y=f(x)$의 도함수 $y=f'(x)$의 그래프가 그림과 같다. 곡선 $y=f(x)$의 변곡점의 개수를 a, 극대인 점의 개수를 b, $f(x)$가 극소인 점의 개수를 c라 할 때, $2a+b-c$의 값은? [3점]

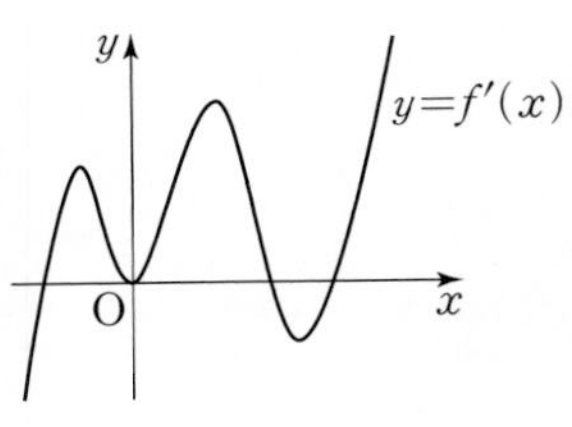

① 5 ② 6 ③ 7 ④ 8 ⑤ 9

5 1677

구간 $[0, 2\pi]$에서 함수 $f(x)=\sqrt{2}e^x\cos x$의 최댓값을 M, 최솟값을 m이라 할 때, $\frac{M}{m}$의 값은? [3점]

① $-2\sqrt{2}e^{\frac{3}{4}\pi}$ ② $-2e^{\frac{3}{4}\pi}$ ③ $-\sqrt{2}e^{\frac{3}{4}\pi}$ ④ $-e^{\frac{3}{4}\pi}$ ⑤ $-\frac{\sqrt{2}}{2}e^{\frac{3}{4}\pi}$

6 1678

$-\frac{\pi}{2}\le x\le\frac{\pi}{2}$에서 함수 $f(x)=\sin^3 x-2\cos^2 x$의 최댓값과 최솟값의 합은? [3점]

① -2 ② -1 ③ 0 ④ 1 ⑤ 2

7 1679

x에 대한 방정식 $x^2=ke^{x-2}$이 서로 다른 세 실근을 갖도록 하는 모든 자연수 k의 값의 합은? $\left(\text{단, } \lim_{x\to\infty}\frac{x^2}{e^{x-2}}=0\right)$ [3점]

① 5 ② 6 ③ 7
④ 8 ⑤ 9

8 1680

수직선 위를 움직이는 점 P의 시각 t에서의 위치가 $x=p\sin\frac{\pi}{3}t+q\cos\frac{\pi}{3}t$이다. $t=3$에서의 속도가 -2π, 가속도가 $\frac{5}{9}\pi^2$일 때, 상수 p, q에 대하여 $p+q$의 값은? [3점]

① 3 ② 5 ③ 7
④ 9 ⑤ 11

9 1681

좌표평면 위를 움직이는 점 P의 시각 t에서의 위치 (x, y)가 $x=1-\cos t$, $y=t-\sin t$일 때, 점 P의 속력의 최댓값은? [3점]

① $\sqrt{2}$ ② $\sqrt{3}$ ③ 2
④ $\sqrt{2}+1$ ⑤ $\sqrt{3}+1$

10 1682

함수 $f(x)=x^2(3+2\ln x)$에 대하여 **〈보기〉**에서 옳은 것만을 있는 대로 고른 것은? [3.5점]

〈보기〉

ㄱ. 함수 $f(x)$의 치역은 $\left\{y \middle| y\geq -\frac{1}{e^4}\right\}$이다.
ㄴ. 함수 $f(x)$는 구간 $\left(0, \frac{1}{e^3}\right)$에서 감소한다.
ㄷ. 점 $\left(\frac{1}{e^3}, -\frac{3}{e^6}\right)$은 곡선 $y=f(x)$의 변곡점이다.

① ㄴ ② ㄷ ③ ㄱ, ㄴ
④ ㄱ, ㄷ ⑤ ㄱ, ㄴ, ㄷ

11 1683

구간 $(0, \pi)$에서 함수 $f(x)=\cos x(\cos 2x-2\cos x-1)$의 최댓값은? [3.5점]

① $\frac{10}{27}$ ② $\frac{4}{9}$ ③ $\frac{14}{27}$
④ $\frac{16}{27}$ ⑤ $\frac{2}{3}$

12 1684

함수 $f(x)=x\sqrt{a-x^2}$의 최댓값을 M, 최솟값을 m이라 하자. $M-m=4$일 때, 양수 a의 값은? [3.5점]

① 1 ② 2 ③ 3
④ 4 ⑤ 5

13 1685

곡선 $y=\dfrac{2}{\sqrt{x^2+1}}$ 위의 점 P에 대하여 선분 OP의 길이를 l이라 할 때, l^2의 최솟값은? [3.5점]

(단, 점 P는 제1사분면 위의 점이고, O는 원점이다.)

① $\dfrac{3}{2}$ ② 2 ③ $\dfrac{5}{2}$
④ 3 ⑤ $\dfrac{7}{2}$

14 1686

그림과 같이 곡선 $y=\ln 3x$ 위에 있고 y좌표가 3보다 작은 점 A를 지나고 y축에 평행한 직선이 직선 $y=3$과 만나는 점을 B라 하자. 삼각형 OAB의 넓이의 최댓값은? (단, O는 원점이다.) [3.5점]

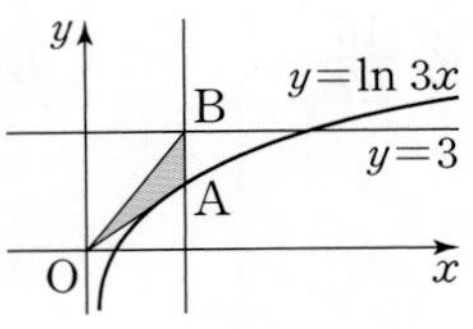

① $\dfrac{e^2}{6}$ ② $\dfrac{e^2}{4}$ ③ $\dfrac{e^2}{3}$
④ $\dfrac{e^2}{2}$ ⑤ e^2

15 1687

함수 $f(x)=\dfrac{x}{e^x}$에 대하여 **〈보기〉**에서 옳은 것만을 있는 대로 고른 것은? [3.5점]

〈보기〉

ㄱ. 점 $\left(2, \dfrac{2}{e^2}\right)$는 곡선 $y=f(x)$의 변곡점이다.

ㄴ. 함수 $f(x)$의 최댓값은 $\dfrac{1}{e}$이다.

ㄷ. $x>0$일 때, 방정식 $f(\ln x)=\dfrac{1}{e}$은 서로 다른 두 실근을 갖는다.

① ㄱ ② ㄴ ③ ㄱ, ㄴ
④ ㄱ, ㄷ ⑤ ㄱ, ㄴ, ㄷ

16 1688

$x>1$인 모든 실수 x에 대하여 부등식 $\ln(x-1)\le 2x-k$를 만족시키는 실수 k의 최댓값은? [3.5점]

① $2+\ln 2$ ② $2+2\ln 2$ ③ $3+\ln 2$
④ $4+2\ln 2$ ⑤ $5+\ln 2$

17 1689

함수 $f(x)=x^3-ax^2+ax\ln x$의 그래프가 변곡점을 갖도록 하는 자연수 a의 최솟값은? [4점]

① 3 ② 4 ③ 5
④ 6 ⑤ 7

18 1690

자연수 n에 대하여 함수 $f(x)=\dfrac{\ln x}{x^n}$의 도함수 $f'(x)$는 $x=a_n$에서 최솟값을 가질 때, $\ln a_2 \times \ln a_4$의 값은? [4점]

① $\dfrac{1}{4}$ ② $\dfrac{3}{8}$ ③ $\dfrac{1}{2}$
④ $\dfrac{5}{8}$ ⑤ $\dfrac{3}{4}$

19 1691

$x>0$인 모든 실수 x에 대하여 부등식 $\dfrac{1}{x}+3 \ge k\ln\dfrac{3x+1}{2x}$이 성립하도록 하는 실수 k의 최댓값은? [4점]

① $\dfrac{e}{3}$ ② $\dfrac{e}{2}$ ③ 1
④ e ⑤ $2e$

20 1692

$x \ge 0$인 모든 실수 x에 대하여 부등식 $2e^x \ge x^2+2x+k$가 성립하도록 하는 실수 k의 최댓값은? [4점]

① $\dfrac{1}{2}$ ② 1 ③ $\dfrac{3}{2}$
④ 2 ⑤ $\dfrac{5}{2}$

21 1693

x에 대한 두 방정식 $e^x=kx$, $\ln x=kx$가 모두 실근을 갖지 않도록 하는 모든 정수 k의 값의 합은? [4.5점]

① 3 ② 4 ③ 5
④ 6 ⑤ 7

서술형

22 1694

함수 $f(x)=ax^2+bx^2\ln x$에 대하여 점 $(e,\ 3e^2)$이 곡선 $y=f(x)$의 변곡점일 때, $a-b$의 값을 구하는 과정을 서술하시오. (단, a, b는 상수이고, $ab\neq0$이다.) [6점]

23 1695

좌표평면 위를 움직이는 점 P의 시각 t에서의 위치 $(x,\ y)$가 $x=2t+3$, $y=\frac{1}{2}t^2-\ln t$일 때 점 P의 속력이 최소가 되는 순간의 가속도의 크기를 구하는 과정을 서술하시오. [6점]

24 1696

자연수 n에 대하여 함수 $f(x)=\frac{x-n}{(x-n)^2+n^2}$의 최댓값을 $M(n)$이라 할 때, $\sum_{k=1}^{20}\frac{1}{M(k)}$의 값을 구하는 과정을 서술하시오. [8점]

25 1697

x에 대한 방정식 $\frac{2(\ln x)^2-6\ln x+3}{x^2}=k$가 서로 다른 두 실근을 갖도록 하는 실수 k의 값의 범위가 $k=\alpha$ 또는 $-\beta<k\leq0$일 때, $\frac{\alpha}{\beta^3}$의 값을 구하는 과정을 서술하시오.

$\left(단,\ \lim_{x\to\infty}\frac{\ln x}{x}=0\right)$ [8점]

정답 및 풀이 324쪽

실력 실전 마무리하기 2회

점 / 100점

• 선택형 21문항, 서술형 4문항입니다.

1 1698

함수 $f(x)=4x^2+26x-26x\ln x-15\ln x$의 그래프가 위로 볼록한 구간에 속하는 정수 x의 개수는? [3점]

① 1 ② 2 ③ 3 ④ 4 ⑤ 5

2 1699

$x>0$에서 함수 $f(x)=x^3e^{-x}$의 그래프의 두 변곡점의 좌표를 $(a, f(a))$, $(b, f(b))$라 할 때, 양수 a, b에 대하여 $a+b$의 값은? [3점]

① 3 ② 4 ③ 5 ④ 6 ⑤ 7

3 1700

함수 $f(x)=ax^2+bx+6+\ln x$가 $x=\frac{1}{4}$에서 극대이고 곡선 $y=f(x)$의 변곡점의 x좌표가 $\frac{1}{2}$일 때, 함수 $f(x)$의 극솟값은? (단, a, b는 상수이다.) [3점]

① 1 ② 2 ③ 3 ④ 4 ⑤ 5

4 1701

구간 $(0, 2\pi)$에서 곡선 $y=(a+10)x^2-10x+20\sin x$가 변곡점을 갖도록 하는 모든 정수 a의 값의 합은? [3점]

① -220 ② -210 ③ -200 ④ -190 ⑤ -180

5 1702

구간 $[-2, 2]$에서 함수 $f(x)=(x^2-3)e^x$의 최댓값을 M, 최솟값을 m이라 할 때, Mm의 값은? [3점]

① $-3e^3$ ② $-2e^3$ ③ $-e^3$ ④ $2e^3$ ⑤ $3e^3$

6 1703

함수 $f(x)=\frac{2^{x+1}}{4^x+4}$의 최댓값은? [3점]

① $\frac{1}{32}$ ② $\frac{1}{16}$ ③ $\frac{1}{8}$ ④ $\frac{1}{4}$ ⑤ $\frac{1}{2}$

7 1704

구간 $[0, \pi]$에서 함수 $f(x)=ax-2a\sin x$의 최댓값이 π일 때, 최솟값은? (단, $a>0$) [3점]

① $\pi-3\sqrt{3}$　② $\frac{2}{3}\pi-2\sqrt{3}$　③ $\frac{\pi}{3}-\sqrt{3}$

④ $\frac{\pi}{6}-\frac{\sqrt{3}}{2}$　⑤ $\frac{\pi}{9}-\frac{\sqrt{3}}{3}$

8 1705

곡선 $y=-\ln x$ 위의 점 $(t, -\ln t)$ $(0<t<1)$에서의 접선이 x축, y축과 만나는 점을 각각 A, B라 할 때, 삼각형 OAB의 넓이의 최댓값은? (단, O는 원점이다.) [3점]

① $\frac{1}{2e}$　② $\frac{1}{e}$　③ $\frac{2}{e}$

④ e　⑤ $2e$

9 1706

지면과 60°의 각을 이루는 방향으로 초속 10m의 속도로 찬 공의 t초 후의 수평과 수직 위치는 각각 $x=10t\cos 60°$, $y=10t\sin 60°-5t^2$이다. 공이 지면에 떨어질 때의 속력은? [3점]

① 2　② 4　③ 6

④ 8　⑤ 10

10 1707

함수 $f(x)=\ln(x^2+1)+x$에 대하여 **〈보기〉**에서 옳은 것만을 있는 대로 고른 것은? [3.5점]

〈보기〉

ㄱ. 함수 $f(x)$는 $x=-1$에서 극값을 갖는다.

ㄴ. 곡선 $y=f(x)$는 구간 $(-1, 1)$에서 아래로 볼록하다.

ㄷ. 곡선 $y=f(x)$의 변곡점의 개수는 2이다.

① ㄱ　② ㄴ　③ ㄱ, ㄴ

④ ㄴ, ㄷ　⑤ ㄱ, ㄴ, ㄷ

11 1708

사차함수 $y=f(x)$의 그래프가 그림과 같을 때, 방정식 $f'(x)f''(x)=0$의 서로 다른 실근의 개수는? [3.5점]

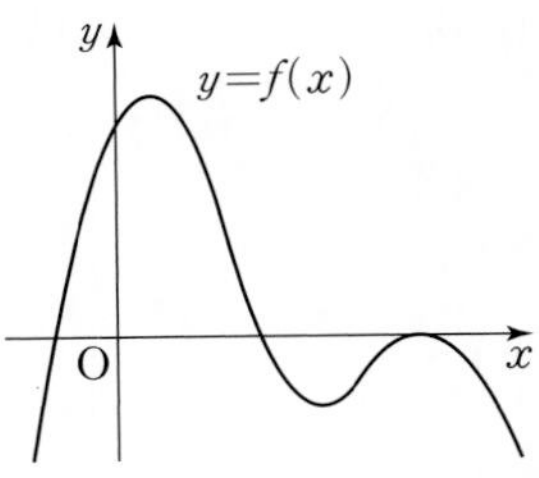

① 2　② 3

③ 4　④ 5

⑤ 6

12 1709

함수 $f(x)=\sqrt{18-x^2}+x+6$이 $x=a$에서 최댓값 M을 가질 때, $a+M$의 값은? [3.5점]

① 11　② 13　③ 15
④ 17　⑤ 19

13 1710

함수 $f(x)=\frac{\ln x}{x}$에 대하여 곡선 $y=f(x)$ 위의 점 $\mathrm{P}(t, f(t))$에서의 접선이 y축과 만나는 점의 좌표를 $(0, g(t))$라 하자. 함수 $g(t)$의 최댓값은? [3.5점]

① $2e^{-\frac{3}{2}}$　② $2e^{-1}$　③ $2e^{-\frac{1}{2}}$
④ $4e^{-\frac{3}{2}}$　⑤ $4e^{-1}$

14 1711

x에 대한 방정식 $2\ln(5-x)+\frac{1}{4}x^2=k$가 서로 다른 두 실근을 갖도록 하는 모든 실수 k의 값의 합은? [3.5점]

① $2\ln 2+\frac{9}{4}$　② $4\ln 2+\frac{9}{4}$　③ $2\ln 2+\frac{17}{4}$
④ $4\ln 2+\frac{17}{4}$　⑤ $6\ln 2+\frac{17}{4}$

15 1712

$x>0$인 모든 실수 x에 대하여 부등식

$$kx-2\ln x\geq 0$$

이 성립하도록 하는 실수 k의 최솟값은? [3.5점]

① $\frac{1}{e}$　② $\frac{2}{e}$　③ $\frac{1}{2e}$
④ $\frac{1}{e^2}$　⑤ $\frac{2}{e^2}$

07

16 1713

그림과 같이 좌표평면에서 두 점 A, B는 동시에 원점을 출발하여 각각 x축, y축의 양의 방향으로 움직인다. 점 A는 매초 3의 속력으로 움직이고 점 B는 매초 9의 속력으로 움직일 때, 선분 AB를 1 : 2로 내분하는 점 P의 속력은? [3.5점]

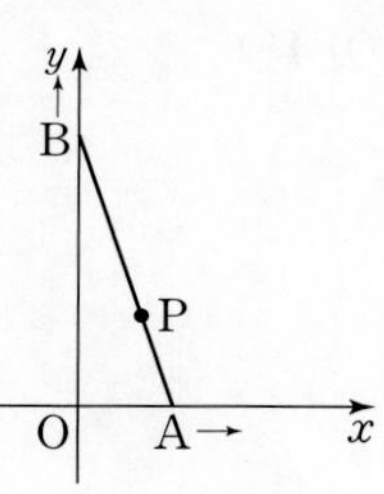

① 3　② $\sqrt{11}$　③ $\sqrt{13}$
④ $\sqrt{15}$　⑤ $3\sqrt{2}$

17 1714

그림과 같이 곡선 $y=4\sin x\,(0\le x\le\pi)$와 x축으로 둘러싸인 부분에 내접하는 직사각형 ABCD의 둘레의 길이가 최대일 때, 선분 AB의 길이는? [4점]

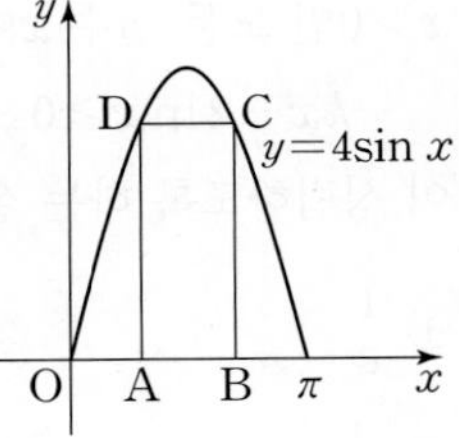

① $\frac{\pi}{4}$　② $\frac{\pi}{3}$　③ $\frac{\pi}{2}$
④ $\frac{2}{3}\pi$　⑤ $\frac{3}{4}\pi$

18 1715

x에 대한 방정식 $e^{x}+e^{-x}-2\cos x=k$의 서로 다른 실근의 개수를 $N(k)$라 할 때, $N(0)+N(1)+N(2)$의 값은? [4점]

① 1　② 2　③ 3
④ 4　⑤ 5

19 1716

x에 대한 방정식 $\ln x=x+a$에 대하여 〈**보기**〉에서 옳은 것만을 있는 대로 고른 것은? [4점]

〈보기〉

ㄱ. $a=-2$일 때, 서로 다른 두 실근을 갖는다.
ㄴ. $a=0$일 때, 실근을 갖지 않는다.
ㄷ. $a=1$일 때, 오직 한 개의 실근을 갖는다.

① ㄱ　② ㄴ　③ ㄱ, ㄴ
④ ㄴ, ㄷ　⑤ ㄱ, ㄴ, ㄷ

20 1717

함수 $f(x)=k\ln x+\frac{1}{x}$에 대하여 함수 $g(x)$를 $g(x)=e^{f(x)}$이라 하자. $x>0$인 모든 실수 x에 대하여 부등식 $g(x)\ge g'(x)$가 성립하도록 하는 양수 k의 최댓값은? [4점]

① 1　② 2　③ 3
④ 4　⑤ 5

21 1718

2 이상의 자연수 n에 대하여 곡선 $y=x^{n}e^{x}$의 변곡점의 개수를 $g(n)$이라 하고 곡선 $y=x^{n}e^{x}$의 변곡점의 x좌표의 값의 합을 $h(n)$이라 할 때, 두 함수 $g(n)$, $h(n)$이 다음 조건을 만족시키는 자연수 n의 값의 합은? [4.5점]

(가) $g(n)=3$
(나) $-20\le h(n)\le -10$

① 21　② 23　③ 25
④ 27　⑤ 29

서술형

22 1719

곡선 $y=(x^2-2x+k)e^{-x}$이 변곡점을 갖도록 하는 모든 자연수 k의 값의 합을 구하는 과정을 서술하시오. [6점]

23 1720

좌표평면 위를 움직이는 점 P의 시각 t $(t>0)$에서의 위치 (x, y)가

$$x=e^t\cos 2t,\ y=e^t\sin 2t$$

일 때, $t=\pi$에서의 점 P의 속력을 a, 가속도의 크기를 b라 하자. $\left(\frac{b}{a}\right)^2$의 값을 구하는 과정을 서술하시오. [6점]

24 1721

두 함수 $f(x)$, $g(x)$가

$$f(x)=-x^3+3x-1,\ g(x)=\sin x+\cos x$$

일 때, 합성함수 $(f\circ g)(x)$의 최댓값과 최솟값의 합을 구하는 과정을 서술하시오. [8점]

25 1722

모든 실수 x에 대하여 부등식

$$\alpha\le\frac{x-1}{x^2-2x+5}\le\beta$$

가 성립할 때, $\beta-\alpha$의 최솟값을 구하는 과정을 서술하시오.
(단, α, β는 상수이다.) [8점]

자신이 지금 가지고 있는 것으로

만족할 수 없는 사람은

그 사람이 가지고 싶어 하는 것을

다 가진다고 하더라도

만족하지 못할 것이다.

– 소크라테스 –

여러 가지 적분법 08

08

III. 적분법

여러 가지 적분법

1 함수 $y=x^n$ (n은 실수)의 부정적분

핵심 1

(1) $n\neq-1$일 때, $\int x^n dx=\frac{1}{n+1}x^{n+1}+C$

(2) $n=-1$일 때, $\int x^{-1}dx=\int\frac{1}{x}dx=\ln|x|+C$

참고 두 함수 $f(x)$, $g(x)$에 대하여

(1) $\int kf(x)dx=k\int f(x)dx$ (단, k는 0이 아닌 실수)

(2) $\int\{f(x)+g(x)\}dx=\int f(x)dx+\int g(x)dx$

(3) $\int\{f(x)-g(x)\}dx=\int f(x)dx-\int g(x)dx$

부정적분

$\int f(x)dx=F(x)+C$

도함수 적분상수

Note

2 지수함수의 부정적분

핵심 1

(1) $\int e^x dx=e^x+C$

(2) $\int a^x dx=\frac{a^x}{\ln a}+C$ (단, $a>0$, $a\neq1$)

참고 a^{mx+n} ($a>0$, $a\neq1$, m, n은 실수) 꼴은 지수법칙을 이용하여 $(a^m)^x\times a^n$으로 변형하여 적분한다.

$$\int a^{mx+n}dx=\int\{(a^m)^x\times a^n\}dx=a^n\int(a^m)^x dx=\frac{a^n\times(a^m)^x}{\ln a^m}+C=\frac{a^{mx+n}}{m\ln a}+C$$

3 삼각함수의 부정적분

핵심 1

(1) $\int\sin x\,dx=-\cos x+C$

(2) $\int\cos x\,dx=\sin x+C$

(3) $\int\sec^2 x\,dx=\tan x+C$

(4) $\int\csc^2 x\,dx=-\cot x+C$

(5) $\int\sec x\tan x\,dx=\sec x+C$

(6) $\int\csc x\cot x\,dx=-\csc x+C$

참고 삼각함수의 부정적분을 구할 때는 삼각함수 사이의 관계를 이용하여 주어진 삼각함수를 적분하기 쉬운 형태로 변형한 다음 적분한다.

▶ 삼각함수 사이의 관계

(1) $\sin^2 x+\cos^2 x=1$

(2) $1+\tan^2 x=\sec^2 x$

(3) $1+\cot^2 x=\csc^2 x$

4 치환적분법

핵심 2

(1) 미분가능한 함수 $g(t)$에 대하여 $x=g(t)$라 하면

$$\int f(x)dx=\int f(g(t))g'(t)dt$$

이와 같이 한 변수를 다른 변수의 미분가능한 함수로 치환하여 적분하는 방법을 **치환적분법**이라 한다.

예 $\int(3x-2)^4dx$에서 $3x-2=t$라 하면 $x=\frac{t+2}{3}$, $\frac{dx}{dt}=\frac{1}{3}$이므로

$$\int(3x-2)^4dx=\int t^4\times\frac{1}{3}dt=\frac{1}{15}t^5+C=\frac{1}{15}(3x-2)^5+C$$

참고 $\int f(x)dx=F(x)+C$이면 $\int f(ax+b)dx=\frac{1}{a}F(ax+b)+C$

(2) $\int\frac{f'(x)}{f(x)}dx$ 꼴의 부정적분

$$\int\frac{f'(x)}{f(x)}dx=\ln|f(x)|+C$$

Note

치환적분법으로 구한 부정적분은 그 결과를 처음의 변수로 바꾸어 나타낸다.

5 유리함수의 부정적분

(1) (분자의 차수) ≥ (분모의 차수)인 경우

➜ 분자를 분모로 나누어 몫과 나머지의 꼴로 나타낸 후 부정적분을 구한다.

(2) (분자의 차수) < (분모의 차수)이고 분모가 인수분해되는 경우

➜ 부분분수로 변형한 후 부정적분을 구한다.

예 (1) $\int\frac{x+3}{x+2}dx=\int\left(1+\frac{1}{x+2}\right)dx=x+\ln|x+2|+C$

(2) $\int\frac{1}{x(x+1)}dx=\int\left(\frac{1}{x}-\frac{1}{x+1}\right)dx=\ln|x|-\ln|x+1|+C=\ln\left|\frac{x}{x+1}\right|+C$

두 상수 a, b에 대하여 유리함수의 형태에 따라 다음과 같이 변형한다.

(1) $\frac{1}{(x+a)(x+b)}=\frac{1}{b-a}\left(\frac{1}{x+a}-\frac{1}{x+b}\right)$

(2) $\frac{px+q}{(x+a)(x+b)}=\frac{A}{x+a}+\frac{B}{x+b}$로 놓고 x에 대한 항등식임을 이용하여 A, B의 값을 구한다.

6 부분적분법

핵심 3

두 함수 $f(x)$, $g(x)$가 미분가능할 때,

$$\int f(x)g'(x)dx=f(x)g(x)-\int f'(x)g(x)dx$$

이와 같이 적분하는 방법을 **부분적분법**이라 한다.

참고 부분적분법을 이용할 때, 상대적으로 미분하기 쉬운 것을 $f(x)$로, 적분하기 쉬운 것을 $g'(x)$로 놓으면 계산이 편리하다.

예 $\int\ln x\,dx$에서 $f(x)=\ln x$, $g'(x)=1$로 놓으면 $f'(x)=\frac{1}{x}$, $g(x)=x$이므로

$$\int\ln x\,dx=x\ln x-\int\frac{1}{x}\times x\,dx=x\ln x-\int 1\,dx=x\ln x-x+C$$

로그함수, 다항함수, 삼각함수, 지수함수의 순서로 $f(x)$를 택하고, 나머지 함수를 $g'(x)$로 놓는다.

핵심 1 여러 가지 함수의 부정적분 유형 1~4

(1) $\int \frac{\sqrt{x}+1}{x}dx=\int \left(x^{-\frac{1}{2}}+\frac{1}{x}\right)dx=2x^{\frac{1}{2}}+\ln|x|+C=2\sqrt{x}+\ln|x|+C$

(2) $\int \frac{e^{2x}-1}{e^x+1}dx=\int \frac{(e^x+1)(e^x-1)}{e^x+1}dx=\int (e^x-1)dx=e^x-x+C$

(3) $\int 3^x(3^x+1)dx=\int (9^x+3^x)dx=\frac{9^x}{\ln 9}+\frac{3^x}{\ln 3}+C$

(4) $\int \cot^2 x\,dx=\int (\csc^2 x-1)dx=-\cot x-x+C$

(5) $\int \frac{1}{1-\cos x}dx=\int \frac{1+\cos x}{(1-\cos x)(1+\cos x)}dx=\int \frac{1+\cos x}{1-\cos^2 x}dx=\int \frac{1+\cos x}{\sin^2 x}dx$

$=\int \left(\frac{1}{\sin^2 x}+\frac{1}{\sin x}\times\frac{\cos x}{\sin x}\right)dx=\int (\csc^2 x+\csc x\cot x)dx$

$=-\cot x-\csc x+C$

1723 다음 부정적분을 구하시오.

(1) $\int \frac{1}{\sqrt[3]{x}}dx$

(2) $\int \left(4-\frac{3}{x}+\frac{2}{x^5}\right)dx$

(3) $\int 2e^{x+1}dx$

(4) $\int 3^{x+5}dx$

(5) $\int (2\sin x-3\cos x)dx$

(6) $\int (\sec^2 x+5\csc^2 x)dx$

(7) $\int \sec x(\cos x+\tan x)dx$

(8) $\int \frac{\cos^2 x}{1+\sin x}dx$

1724 다음 부정적분 중 옳지 않은 것은?
(단, C는 적분상수이다.)

① $\int \frac{2x^3-x^2-3x}{x^3}dx=2x-\ln|x|+\frac{3}{x}+C$

② $\int (\sqrt[4]{x}+1)(\sqrt[4]{x}-1)dx=\frac{2}{3}x\sqrt{x}-x+C$

③ $\int (e^{-x}-2^x)dx=-e^{-x}-\frac{2^x}{\ln 2}+C$

④ $\int \csc x(\sin x-\cot x)dx=x+\csc x+C$

⑤ $\int \tan^2 x\,dx=\tan x+x+C$

1725 다음 부정적분을 구하시오.

(1) $\int \frac{(x-3\sqrt{x})^2}{\sqrt{x}}dx$

(2) $\int (5^x+1)^2dx$

● 정답 및 풀이 332쪽

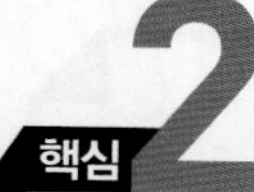

핵심 2 치환적분법을 이용한 부정적분 유형 5~11

부정적분 $\int x(x^2-1)^5\,dx$를 치환적분법을 이용하여 구해 보자.

$x^2-1=t$로 놓으면 $\frac{dt}{dx}=2x$이므로 → $dt=2x\,dx$이므로 $x\,dx=\frac{1}{2}dt$

$$\int x(x^2-1)^5\,dx=\int \underbrace{(x^2-1)^5}_{t}\times\underbrace{x\,dx}_{\frac{1}{2}dt}$$
$$=\int t^5\times\frac{1}{2}dt$$
$$=\frac{1}{12}t^6+C$$
$$=\frac{1}{12}(x^2-1)^6+C$$

치환적분법으로 구한 부정적분은 그 결과를 처음의 변수로 바꾸어 나타내야 해!

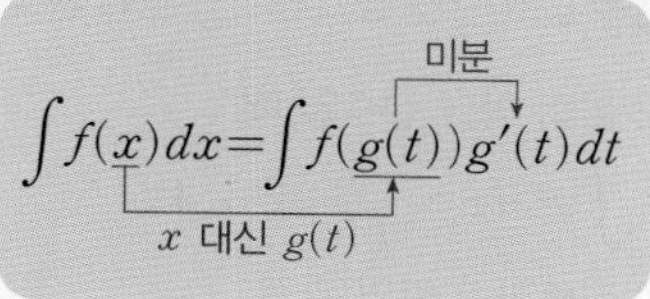

1726 부정적분 $\int (x^2+x+1)^3(6x+3)dx$를 구하시오.

1727 부정적분 $\int \frac{1+\cos x}{x+\sin x}dx$를 구하시오.

핵심 3 부분적분법을 이용한 부정적분 유형 14~15

부정적분 $\int xe^{2x+1}dx$를 부분적분법을 이용하여 구해 보자.

$f(x)=x,\ g'(x)=e^{2x+1}$으로 놓으면

$f'(x)=1,\ g(x)=\frac{1}{2}e^{2x+1}$이므로

그대로 / 미분

$$\int xe^{2x+1}dx=x\times\frac{1}{2}e^{2x+1}-\int 1\times\frac{1}{2}e^{2x+1}dx$$

적분 / 그대로

$$=\frac{1}{2}xe^{2x+1}-\frac{1}{4}e^{2x+1}+C$$

부분적분법을 적용할 때 미분하기 쉬운 함수를 로그함수, 다항함수, 삼각함수, 지수함수 순으로 택하면 편리해.

1728 부정적분 $\int x\ln x\,dx$를 구하시오.

1729 부정적분 $\int x\sin x\,dx$를 구하시오.

기출 유형 check 실전 준비하기

16유형, 123문항입니다.

기초 유형 0 부정적분 | 수학Ⅱ

(1) n이 음이 아닌 정수일 때,

$$\int x^n dx = \frac{1}{n+1}x^{n+1}+C$$

(2) 부정적분과 미분의 관계

① $\frac{d}{dx}\left\{\int f(x)dx\right\}=f(x)$

② $\int\left\{\frac{d}{dx}f(x)\right\}dx=f(x)+C$

1730 대표문제

등식 $\int(12x^2+ax-9)dx=bx^3+2x^2-cx+2$가 성립할 때, 상수 a, b, c에 대하여 $a+b+c$의 값을 구하시오.

1731 Level 1

함수 $f(x)=\int(x^2+6x)dx-\int(x^2+4x+3)dx$에 대하여 $f(0)=2$일 때, $f(5)$의 값을 구하시오.

1732 Level 2

함수 $f(x)$에 대하여 $f'(x)=x^2-2ax+5$이고 $f(0)=2$, $f(3)=17$일 때, $f(1)$의 값은?

① $\frac{7}{3}$ ② $\frac{10}{3}$ ③ $\frac{13}{3}$
④ $\frac{16}{3}$ ⑤ $\frac{19}{3}$

실전 유형 1 함수 $y=x^n$ (n은 실수)의 부정적분 빈출유형

(1) $n\neq-1 \rightarrow \int x^n dx=\frac{1}{n+1}x^{n+1}+C$

(2) $n=-1 \rightarrow \int x^{-1}dx=\int\frac{1}{x}dx=\ln|x|+C$

1733 대표문제

함수 $f(x)=\int\frac{3x+1}{x^2}dx$에 대하여 $f(e)=-\frac{1}{e}$일 때, $f(1)$의 값은?

① -5 ② -4 ③ -3
④ -2 ⑤ -1

1734 Level 1

함수 $f(x)=\frac{(2x-1)(x-3)}{x^2}$의 한 부정적분을 $F(x)$라 하자. $F(1)=0$일 때, 함수 $F(x)$를 구하시오.

1735 Level 2

함수 $f(x)=\sqrt[3]{x^2}+\sqrt{x}+1$의 한 부정적분 $F(x)$에 대하여 $F(1)=-\frac{11}{15}$일 때, $F(0)$의 값을 구하시오.

1736 Level 2

함수 $f(x)=\int\frac{2x^3-1}{x^2}dx$에 대하여 함수 $y=f(x)$의 그래프가 점 $(1, 2)$를 지날 때, $f(3)$의 값을 구하시오.

1737

Level 2

함수 $f(x)$에 대하여 $f'(x)=\frac{(x-1)^2}{x^2}$일 때, $f(2)-f(-2)$의 값을 구하시오.

1738

Level 2

양의 실수 전체의 집합에서 정의된 함수 $f(x)$에 대하여 $f'(x)=\frac{x-1}{\sqrt{x}+1}$이고 $f(1)=1$일 때, $f(4)$의 값은?

① $\frac{4}{3}$　② $\frac{5}{3}$　③ 2

④ $\frac{7}{3}$　⑤ $\frac{8}{3}$

1739

Level 2

함수 $f(x)$를 미분하였더니 $\sqrt{x}$가 되었다. $f(0)=2$일 때, $f(x)$의 부정적분을 구하시오.

1740

Level 2

곡선 $y=f(x)$ 위의 임의의 점 (x, y)에서의 접선의 기울기가 $x+\frac{1}{x}$이고 $f(1)=-\frac{1}{2}$일 때, $f(e)$의 값은?

① $\frac{1}{2}e^2-1$　② $\frac{1}{2}e^2$　③ $e^2+\frac{1}{2}$

④ e^2+1　⑤ e^2+2

1741

Level 2

점 $\mathrm{P}(0, 1)$과 곡선 $y=\frac{1}{x^2}$ 위의 임의의 점 $\mathrm{A}\left(x, \frac{1}{x^2}\right)$에 대하여 $f(x)=\overline{\mathrm{AP}}^2$이라 할 때, 부정적분 $\int f(x)dx$를 구하시오.

다음은 이 유형에서 출제된 최근 교육청・평가원 기출문제입니다.

1742 • 교육청 2016년 7월

Level 2

연속함수 $f(x)$의 도함수 $f'(x)$가

$$f'(x)=\begin{cases} \frac{1}{x^2} & (x<-1) \\ 3x^2+1 & (x>-1) \end{cases}$$

이고 $f(-2)=\frac{1}{2}$일 때, $f(0)$의 값은?

① 1　② 2　③ 3

④ 4　⑤ 5

1743 • 2021학년도 대학수학능력시험

Level 2

$x>0$에서 미분가능한 함수 $f(x)$에 대하여

$$f'(x)=2-\frac{3}{x^2},\ f(1)=5$$

이다. $x<0$에서 미분가능한 함수 $g(x)$가 다음 조건을 만족시킬 때, $g(-3)$의 값은?

> (가) $x<0$인 모든 실수 x에 대하여 $g'(x)=f'(-x)$이다.
> (나) $f(2)+g(-2)=9$

① 1　② 2　③ 3

④ 4　⑤ 5

실전유형 2 지수함수의 부정적분 – 밑이 e인 경우

$\int e^x dx = e^x + C$

1744 대표문제

함수 $f(x)=\int \frac{e^{2x}-4x^2}{e^x+2x}dx$에 대하여 $f(0)=1$일 때, $f(1)$의 값은?

① $-e$ ② $-e+1$ ③ 0
④ $e-1$ ⑤ e

1745

Level 1

부정적분 $\int e^{x+\ln 2}dx$를 구하시오.

1746

Level 2

함수 $f(x)=\int (e^x-1)dx$에 대하여 $f'(1)+1=f(1)$일 때, $f(0)$의 값은?

① 1 ② 2 ③ 3
④ 4 ⑤ 5

1747

Level 2

$x\neq 0$에서 미분가능한 함수 $f(x)$에 대하여

$$\lim_{h\to 0}\frac{f(x+h)-f(x)}{h}=e^x-\frac{1}{x}$$

이고 $f(1)=e$일 때, $f(e)$의 값을 구하시오.

1748

Level 2

모든 실수 x에서 연속인 함수 $f(x)$가

$$f(x)=\begin{cases}\int \frac{xe^x+3x}{x}dx & (x\neq 0)\\ 2 & (x=0)\end{cases}$$

일 때, $f(1)$의 값을 구하시오.

1749

Level 2

어떤 함수 $f(x)$를 적분해야 할 것을 잘못하여 미분하였더니 $\frac{e^{2x}+1}{e^x}$이 되었다. $f(0)=2$이고 $F(x)=\int f(x)dx$라 할 때, $F(1)-F(0)$의 값을 구하시오.

1750

Level 2

함수 $f(x)=\ln x-1$의 역함수를 $g(x)$라 할 때, 부정적분 $\int g(x)dx$를 구하면? (단, C는 적분상수이다.)

① $e^{x-2}+C$ ② $e^{x-1}+C$ ③ e^x+C
④ $e^{x+1}+C$ ⑤ $e^{x+2}+C$

1751

Level 2

다음 조건을 만족시키는 두 함수 $f(x)$, $g(x)$를 구하시오.

(가) $f'(x)+g'(x)=e^x$
(나) $f'(x)-g'(x)=e^{-x}$
(다) $f(0)=0$, $g(0)=1$

3 지수함수의 부정적분 – 밑이 e가 아닌 경우

$\int a^x dx = \frac{a^x}{\ln a} + C$ (단, $a>0$, $a \neq 1$)

1752 대표문제

등식 $\int \frac{27^x+1}{9^x-3^x+1}dx = \frac{3^x}{a} + bx + C$가 성립할 때, 상수 a, b에 대하여 ab의 값은? (단, C는 적분상수이다.)

① $-3\ln 3$ ② $-2\ln 3$ ③ $-\ln 3$
④ $\ln 3$ ⑤ $2\ln 3$

1753

Level 2

등식 $\int (2^x-1)^2 dx = \frac{a^x}{\ln a} - \frac{b^{x+1}}{\ln b} + x + C$가 성립하도록 하는 양수 a, b에 대하여 $a+b$의 값은?

(단, C는 적분상수이다.)

① 2 ② 4 ③ 6
④ 8 ⑤ 10

1754

Level 2

함수 $f(x)$에 대하여 $f'(x) = 5^x \ln 25 + 1$이고 $f(0)=1$일 때, $f(1)$의 값은?

① 9 ② 10 ③ 11
④ 12 ⑤ 13

1755

Level 2

곡선 $y=f(x)$ 위의 임의의 점 (x, y)에서의 접선의 기울기가 $2^x \ln 2 - 1$이고, 이 곡선이 점 $(0, 4)$를 지날 때, $f(1)$의 값을 구하시오.

1756

Level 2

함수 $f(x) = \int 3^{2x} \ln 9\, dx$에 대하여 $f(0)=1$일 때, $\sum_{n=1}^{\infty} \frac{1}{f(n)}$의 값을 구하시오.

1757

Level 2

함수 $f(x) = \int (7^x+1)^2 dx$에 대하여 $f(0)=0$일 때, $\lim_{n \to \infty} \frac{f(n)-n}{49^n+1}$의 값을 구하시오.

1758

Level 2

실수 전체의 집합에서 연속인 함수 $f(x)$의 도함수 $f'(x)$가

$$f'(x) = \begin{cases} \frac{2}{x^3} & (x>1) \\ 5^x & (x<1) \end{cases}$$

이다. $f(2) = \frac{3}{4}$이고 $f(0) = \frac{a}{\ln 5}$일 때, 상수 a의 값은?

① -5 ② -4 ③ -3
④ -2 ⑤ -1

실전유형 4 삼각함수의 부정적분 빈출유형

(1) $\int \sin x\,dx=-\cos x+C$

(2) $\int \cos x\,dx=\sin x+C$

(3) $\int \sec^2 x\,dx=\tan x+C$

(4) $\int \csc^2 x\,dx=-\cot x+C$

(5) $\int \sec x\tan x\,dx=\sec x+C$

(6) $\int \csc x\cot x\,dx=-\csc x+C$

1759 대표문제

함수 $f(x)=\int \frac{\sin^2 x}{1-\cos x}dx$에 대하여 $f(0)=1$일 때, $f\left(\frac{\pi}{2}\right)$의 값은?

① $\frac{\pi}{2}-1$ ② $\frac{\pi}{2}-\frac{1}{2}$ ③ $\frac{\pi}{2}$
④ $\frac{\pi}{2}+1$ ⑤ $\frac{\pi}{2}+2$

1760 Level 1

실수 전체의 집합에서 미분가능한 함수 $f(x)$에 대하여 $f'(x)=e^x+\sin x$이고 $f(0)=3$일 때, $f(\pi)$의 값은?

① $e^\pi+1$ ② $e^\pi+2$ ③ $e^\pi+3$
④ $e^\pi+4$ ⑤ $e^\pi+5$

1761 Level 2

함수 $f(x)=\int \cos(3\pi+x)dx$에 대하여 $f\left(\frac{\pi}{2}\right)=f'\left(\frac{\pi}{3}\right)$일 때, $f\left(\frac{\pi}{6}\right)$의 값을 구하시오.

1762 Level 2

곡선 $y=f(x)$가 원점을 지나고 곡선 위의 임의의 점 $(x, f(x))$에서의 접선의 기울기가 $\left(\sin\frac{x}{2}+\cos\frac{x}{2}\right)^2$일 때, $f(\pi)$의 값을 구하시오.

1763 Level 2

등식 $\int \frac{\sin^2 x+1}{\cos^2 x}dx=a\tan x+bx+C$가 성립할 때, 상수 a, b에 대하여 $a+b$의 값을 구하시오.
(단, C는 적분상수이다.)

1764 Level 2

구간 $\left(0, \frac{\pi}{2}\right)$에서 정의된 함수 $f(x)$에 대하여

$f'(x)=\sec x(\sec x+\tan x)$

이고 $f\left(\frac{\pi}{3}\right)=\sqrt{3}+4$일 때, $f\left(\frac{\pi}{6}\right)$의 값은?

① $\sqrt{3}-2$ ② $\sqrt{3}-1$ ③ $\sqrt{3}$
④ $\sqrt{3}+1$ ⑤ $\sqrt{3}+2$

1765 Level 2

함수 $f(x)=\frac{1}{\sin^2 x\cos^2 x}$의 한 부정적분을 $F(x)$라 할 때, $F\left(\frac{\pi}{3}\right)-F\left(\frac{\pi}{6}\right)$의 값을 구하시오.

● 정답 및 풀이 337쪽

1766

Level 2

<보기>에서 옳은 것만을 있는 대로 고른 것은?

(단, C는 적분상수이다.)

<보기>

ㄱ. $\int (\csc x+\sin x)\cot x\,dx=-\csc x+\sin x+C$

ㄴ. $\int \frac{\cos x}{1-\cos^2 x}dx=\csc x+C$

ㄷ. $\int \frac{1}{1+\sin x}dx=\tan x-\sec x+C$

① ㄱ ② ㄷ ③ ㄱ, ㄴ
④ ㄱ, ㄷ ⑤ ㄱ, ㄴ, ㄷ

1767

Level 2

실수 전체의 집합에서 연속인 함수 $f(x)$에 대하여

$$f'(x)=\begin{cases} 1+\sin x & (x>0) \\ e^x & (x<0) \end{cases}$$

이고 $f(\pi)=\pi+3$일 때, $f(-\ln 3)$의 값은?

① -1 ② $-\frac{1}{3}$ ③ $\frac{1}{3}$
④ $\frac{2}{3}$ ⑤ 1

1768

Level 2

미분가능한 함수 $f(x)$의 한 부정적분 $F(x)$에 대하여

$$F(x)=xf(x)+x\cos x-\sin x,\ f(\pi)=2$$

일 때, $f(0)$의 값은?

① -2 ② -1 ③ 0
④ 1 ⑤ 2

실전유형 5 유리함수의 치환적분법

$f(x)=t$로 놓으면 $\frac{dt}{dx}=f'(x)$이므로

$$\int f'(x)\{f(x)\}^n dx=\int t^n dt=\frac{1}{n+1}t^{n+1}+C$$
$$=\frac{1}{n+1}\{f(x)\}^{n+1}+C$$

1769 대표문제

등식 $\int (2x+3)^6 dx=\frac{1}{a}(2x+3)^b+C$가 성립할 때, 0이 아닌 상수 a, b에 대하여 $a+b$의 값은?

(단, C는 적분상수이다.)

① 19 ② 21 ③ 23
④ 25 ⑤ 27

1770

Level 1

부정적분 $\int x(x^2+1)^4 dx$를 구하면?

(단, C는 적분상수이다.)

① $\frac{1}{10}x^5+C$ ② $\frac{1}{5}x^5+C$ ③ $\frac{1}{10}(x^2+1)^5+C$
④ $\frac{1}{5}(x^2+1)^5+C$ ⑤ $\frac{1}{10}x^{10}+C$

1771

Level 2

함수 $f(x)=\int (3x^2-4)(x^3-4x+2)^3 dx$에 대하여 $f(0)=3$일 때, $f(1)$의 값은?

① $-\frac{5}{4}$ ② $-\frac{3}{4}$ ③ $-\frac{1}{4}$
④ $\frac{1}{4}$ ⑤ $\frac{3}{4}$

1772

Level 2

함수 $f(x)=\int 2x^2(x^3+2)^5\,dx$에 대하여 $f(0)=7$일 때, 다항식 $f(x)$를 $x+1$로 나누었을 때의 나머지는?

① -2 ② -1 ③ 0
④ 1 ⑤ 2

1773

Level 2

함수 $f(x)=\int (2x+a)^3\,dx$에 대하여 $f(0)=\frac{9}{8}$, $f''(0)=6$일 때, $f\left(\frac{3}{2}\right)$의 값을 구하시오. (단, $a>0$)

1774

Level 2

함수 $f(x)=\int (ax-1)^7\,dx$의 최고차항의 계수가 16일 때, 실수 a의 값은?

① $\frac{1}{2}$ ② $\frac{\sqrt{2}}{2}$ ③ 1
④ $\sqrt{2}$ ⑤ 2

1775

Level 3

함수 $f(x)=\int \frac{x-1}{(x+1)^3}\,dx$에 대하여 $f(0)=2$일 때, $f(-2)$의 값을 구하시오.

+Plus 문제

실전유형 6 무리함수의 치환적분법

$f(x)=t$로 놓으면 $\frac{dt}{dx}=f'(x)$이므로

(1) $\int f'(x)\sqrt{f(x)}\,dx=\int \sqrt{t}\,dt=\frac{2}{3}t\sqrt{t}+C$
$=\frac{2}{3}f(x)\sqrt{f(x)}+C$

(2) $\int \frac{f'(x)}{\sqrt{f(x)}}\,dx=\int \frac{1}{\sqrt{t}}\,dt=2\sqrt{t}+C=2\sqrt{f(x)}+C$

1776 대표문제

등식 $\int \frac{x}{\sqrt{2x^2-5}}\,dx=a\sqrt{2x^2-5}+C$가 성립할 때, 상수 a의 값은? (단, C는 적분상수이다.)

① $\frac{1}{4}$ ② $\frac{1}{2}$ ③ 1
④ 2 ⑤ 4

1777

Level 1

부정적분 $\int 2(x-1)\sqrt[3]{x^2-2x+2}\,dx$를 구하면?

(단, C는 적분상수이다.)

① $\frac{1}{2}\sqrt[3]{(x^2-2x+2)^2}+C$ ② $\frac{3}{4}\sqrt[3]{(x^2-2x+2)^2}+C$
③ $\frac{1}{2}\sqrt[3]{(x^2-2x+2)^4}+C$ ④ $\frac{3}{4}\sqrt[3]{(x^2-2x+2)^4}+C$
⑤ $\sqrt[3]{(x^2-2x+2)^4}+C$

1778

Level 2

실수 전체의 집합에서 미분가능한 함수 $f(x)$에 대하여 $f'(x)=x\sqrt{x^2+1}$이고 $f(0)=\frac{1}{3}$일 때, $f(2\sqrt{2})$의 값을 구하시오.

1779

Level 2

함수 $f(x)=\frac{x}{\sqrt{9-x^2}}$의 한 부정적분 $F(x)$에 대하여 $F(3)=-2\sqrt{2}$일 때, $F(1)$의 값은?

① $-5\sqrt{2}$ ② $-4\sqrt{2}$ ③ $-3\sqrt{2}$
④ $-2\sqrt{2}$ ⑤ $-\sqrt{2}$

1780

Level 2

함수 $f(x)=\int \frac{x}{\sqrt{x+1}}dx$에 대하여 곡선 $y=f(x)$가 점 $\left(0, -\frac{1}{3}\right)$을 지날 때, $f(3)$의 값은?

① $\frac{5}{3}$ ② 2 ③ $\frac{7}{3}$
④ $\frac{8}{3}$ ⑤ 3

다음은 이 유형에서 출제된 최근 교육청 · 평가원 기출문제입니다.

1781

• 교육청 2020년 7월

Level 2

$x>1$인 모든 실수 x의 집합에서 정의되고 미분가능한 함수 $f(x)$가

$\sqrt{x-1}f'(x)=3x-4$

를 만족시킬 때, $f(5)-f(2)$의 값은?

① 4 ② 6 ③ 8
④ 10 ⑤ 12

실전 유형 7 지수함수의 치환적분법

(1) $f(x)=t$로 놓으면 $\frac{dt}{dx}=f'(x)$이므로

$$\int f'(x)e^{f(x)}dx=\int e^t dt=e^t+C=e^{f(x)}+C$$

(2) $e^x=t$로 놓으면 $\frac{dt}{dx}=e^x$이므로

$$\int e^x f(e^x)dx=\int f(t)dt$$

1782 대표문제

함수 $f(x)=\int 2xe^{x^2-1}dx$에 대하여 $f(1)=1$일 때, $f(\sqrt{2})$의 값은?

① $\frac{1}{e^2}$ ② $\frac{1}{e}$ ③ 1
④ e ⑤ e^2

1783

Level 1

등식 $\int e^{2x}(e^{2x}-1)^4 dx=\frac{1}{a}(e^{2x}-1)^b+C$가 성립할 때, 0이 아닌 상수 a, b에 대하여 $a-b$의 값을 구하시오.

(단, C는 적분상수이다.)

1784

Level 2

함수 $f(x)$에 대하여 $f'(x)=e^x(e^x+1)^3$이고 $f(0)=4$일 때, $f(\ln 3)$의 값은?

① 8 ② 16 ③ 32
④ 64 ⑤ 128

1785

Level 2

어떤 소리의 처음 크기를 측정하였더니 10dB이었다. t초가 지난 후의 이 소리의 크기를 $V(t)$dB이라 하면 소리의 크기의 순간변화율 $V'(t)$는 $V'(t)=-5e^{-\frac{t}{2}}$이다. 이때, 2초가 지난 후의 이 소리의 크기는 몇 dB인지 구하시오.

1786

Level 2

함수 $f(x)=\int \frac{e^x}{\sqrt{e^x+8}}dx$에 대하여 $f(0)=-2$일 때, $f(a)=0$을 만족시키는 상수 a의 값을 구하시오.

1787

Level 2

$0\le x\le \ln 6$에서 정의된 함수 $f(x)$에 대하여 $f'(x)=e^x\sqrt{e^x+3}$이고 $f(0)=\frac{7}{3}$일 때, 함수 $f(x)$의 최댓값을 구하시오.

1788

Level 3

실수 전체의 집합에서 연속인 함수 $f(x)$의 도함수 $f'(x)$가

$$f'(x)=\begin{cases} x^2e^{x^3} & (x>0) \\ 4x^3(x^4-1)^3 & (x<0) \end{cases}$$

이고 $f(-1)=1$일 때, $f(1)$의 값은?

① $\frac{2e+5}{6}$ ② $\frac{4e+11}{12}$ ③ $\frac{e+3}{3}$

④ $\frac{4e+13}{12}$ ⑤ $\frac{2e+7}{6}$

실전유형 8 로그함수의 치환적분법

$\ln x=t$로 놓으면 $\frac{dt}{dx}=\frac{1}{x}$이므로

$$\int \frac{f(\ln x)}{x}dx=\int f(t)dt$$

1789 대표문제

함수 $f(x)=\frac{1}{x(\ln x)^2}$의 한 부정적분 $F(x)$에 대하여 $F(e)=0$일 때, $F(e^2)$의 값은?

① -1 ② $-\frac{1}{2}$ ③ 0

④ $\frac{1}{2}$ ⑤ 1

1790

Level 1

함수 $f(x)$에 대하여 $f'(x)=\frac{(\ln x)^2}{4x}$이고 $f(1)=1$일 때, 함수 $f(x)$를 구하면?

① $f(x)=\frac{1}{12}(\ln x)^3$ ② $f(x)=\frac{1}{12}(\ln x)^3+1$

③ $f(x)=(\ln x)^3$ ④ $f(x)=12(\ln x)^3$

⑤ $f(x)=12(\ln x)^3+1$

1791

Level 2

함수 $f(x)=\int \frac{1}{x\sqrt{\ln x+2}}dx$에 대하여 $f\left(\frac{1}{e}\right)=2$일 때, $f(e^2)$의 값을 구하시오.

● 정답 및 풀이 341쪽

1792

Level 2

점 $(1, 1)$을 지나는 곡선 $y=f(x)$ 위의 임의의 점 (x, y)에서의 접선의 기울기가 $\frac{\ln x}{x}$일 때, $f(e)$의 값은?

① $\frac{1}{2}$ ② 1 ③ $\frac{3}{2}$
④ 2 ⑤ $\frac{5}{2}$

1793

Level 2

함수 $f(x)$에 대하여 $f'(x)=\frac{\log x}{x}$이고 $f(1)=0$일 때, $f(e)$의 값은?

① $\frac{1}{2\ln 10}$ ② $\frac{1}{\ln 10}$ ③ $\frac{\ln 10}{2}$
④ $\ln 10$ ⑤ $2\ln 10$

1794

Level 2

함수 $f(x)$에 대하여 $f'(x)=\frac{\sin(\ln x)}{x}$이고 $f(1)=1$일 때, $f(e^{\pi})$의 값은?

① 2 ② 3 ③ 4
④ 5 ⑤ 6

1795

Level 2

함수 $f(x)$에 대하여 $xf'(x)=2\ln x$, $f(1)=2$일 때, 방정식 $f(x)=3\ln x$의 모든 근의 곱을 구하시오.

1796

Level 2

$x>0$에서 정의된 미분가능한 함수 $f(x)$의 한 부정적분을 $F(x)$라 할 때,

$$F(x)=xf(x)-x\ln x$$

가 성립한다. $f(e)=\frac{1}{2}$일 때, $f'(e)\times f(e^2)$의 값은?

① $\frac{2}{e}$ ② $\frac{4}{e}$ ③ $\frac{6}{e}$
④ $\frac{8}{e}$ ⑤ $\frac{10}{e}$

1797

Level 2

함수 $f(x)$가

$$(x^2+1)f'(x)=2x\ln(x^2+1)$$

을 만족시키고 $f(0)=-1$일 때, $f(1)$의 값은?

① $\frac{1}{2}(\ln 2)^2-1$ ② $\frac{1}{2}(\ln 2)^2$ ③ $\frac{1}{2}(\ln 2)^2+1$
④ $(\ln 2)^2-1$ ⑤ $(\ln 2)^2+1$

실전유형 9 삼각함수의 치환적분법 - $\sin ax$, $\cos ax$ 꼴

$ax+b=t$로 놓으면 $\frac{dt}{dx}=a$이므로

(1) $\int \sin(ax+b)dx=\int \sin t\times\frac{1}{a}dt=-\frac{1}{a}\cos t+C$

$=-\frac{1}{a}\cos(ax+b)+C$

(2) $\int \cos(ax+b)dx=\int \cos t\times\frac{1}{a}dt=\frac{1}{a}\sin t+C$

$=\frac{1}{a}\sin(ax+b)+C$

1798 대표문제

등식 $\int(2\cos^2 x-3)dx=a\sin 2x+bx+C$가 성립할 때, 상수 a, b에 대하여 ab의 값을 구하시오.

(단, C는 적분상수이다.)

1799 Level 2

함수 $f(x)=\int \sin 2x\cos^2 x\,dx+\int 2\sin^3 x\cos x\,dx$에 대하여 $f(0)=-\frac{1}{4}$일 때, $f\left(\frac{\pi}{2}\right)$의 값을 구하시오.

1800 Level 2

$0<x<2\pi$에서 정의된 함수 $f(x)$에 대하여 $f'(x)=\sin x-\sin 2x$이고 $f(x)$의 극댓값이 1일 때, $f(x)$의 극솟값을 구하시오.

1801 Level 3

실수 전체의 집합에서 연속인 함수 $f(x)$에 대하여

$$f'(x)=a\sin 2x,\ \lim_{x\to\frac{\pi}{12}}\frac{f(x)}{x-\frac{\pi}{12}}=a+1$$

일 때, $af\left(\frac{\pi}{4}\right)$의 값을 구하시오. (단, a는 상수이다.)

+Plus 문제

실전유형 10 삼각함수의 치환적분법

$\sin x=t$로 놓으면 $\frac{dt}{dx}=\cos x$이므로

$\int f(\sin x)\cos x\,dx=\int f(t)dt$

1802 대표문제

함수 $f(x)=\int(1+\sin^2 x)\cos x\,dx$에 대하여 $f(\pi)=\frac{2}{3}$일 때, $f\left(\frac{\pi}{2}\right)$의 값은?

① $\frac{1}{2}$ ② 1 ③ $\frac{3}{2}$
④ 2 ⑤ $\frac{5}{2}$

1803 Level 2

부정적분 $\int\frac{\sin^3 x}{1+\cos x}dx$를 구하면? (단, C는 적분상수이다.)

① $\sin^2 x+C$ ② $\cos^2 x+C$
③ $x+\sin^2 x+C$ ④ $\frac{1}{2}(1-\sin x)^2+C$
⑤ $\frac{1}{2}(1-\cos x)^2+C$

1804 Level 2

함수 $f(x)$에 대하여 $f'(x)=\sec^2 x\tan x$이고 $f(0)=1$일 때, $f\left(\frac{\pi}{4}\right)$의 값은?

① $\frac{1}{2}$ ② 1 ③ $\frac{3}{2}$
④ 2 ⑤ $\frac{5}{2}$

1805

Level 2

함수 $f(x)=\int \frac{\cos x}{1-\cos^2 x}dx$에 대하여 $f\left(\frac{\pi}{6}\right)-f\left(\frac{\pi}{2}\right)$의 값을 구하시오.

1806

Level 2

함수 $f(x)=\int \frac{1}{1-\sin x}dx-\int \tan^2 x\,dx$이고 $f(0)=0$일 때, $f\left(\frac{\pi}{3}\right)$의 값은?

① $\frac{\pi}{3}-1$ ② $\frac{2}{3}\pi-1$ ③ $\frac{\pi}{3}+\frac{\sqrt{3}}{2}$
④ $\frac{\pi}{3}+1$ ⑤ $\frac{2}{3}\pi+1$

1807

Level 2

$0<x<\frac{\pi}{2}$에서 정의된 함수 $f(x)$에 대하여 함수 $y=f(x)$의 그래프 위의 임의의 점 $(x,\ y)$에서의 접선의 기울기가 $\tan x(\cos x+\sec^2 x)$이고 이 그래프가 점 $(0,\ -1)$을 지날 때, $f\left(\frac{\pi}{3}\right)$의 값을 구하시오.

1808

Level 2

미분가능한 함수 $f(x)$에 대하여

$$\lim_{h\to 0}\frac{f(x+h)-f(x)}{h}=\sin^3 x$$

이고 $f(0)=0$일 때, $f(\pi)$의 값을 구하시오.

1809

Level 2

함수 $f(x)=(1-\cos x)^3\sin x$의 한 부정적분을 $F(x)$라 하자. $F(0)=2$일 때, 함수 $F(x)$의 최댓값은?

(단, $0\le x\le 2\pi$)

① 2 ② 3 ③ 4
④ 5 ⑤ 6

1810

Level 2

함수 $f(x)=\int \frac{\cos(\tan x)}{\cos^2 x}dx$에 대하여 $f\left(\frac{\pi}{4}\right)-f(0)$의 값은?

① $\sin\frac{1}{2}$ ② $\sin 1$ ③ $\cos\frac{1}{2}$
④ $\cos 1$ ⑤ $\tan\frac{1}{2}$

1811

Level 3

연속함수 $f(x)$가 다음 조건을 만족시킬 때, 실수 k의 값은?

(가) $f'(x)=\begin{cases}\cos^3 x & (x>0)\\ -k\sin x & (x<0)\end{cases}$

(나) $f\left(\frac{\pi}{2}\right)=1,\ f\left(-\frac{\pi}{2}\right)=\frac{4}{3}$

① -1 ② $-\frac{1}{3}$ ③ $\frac{1}{3}$
④ 1 ⑤ $\frac{2}{3}$

실전유형 11 $\int \frac{f'(x)}{f(x)}dx$ 꼴의 부정적분

빈출유형

$\int \frac{f'(x)}{f(x)}dx=\ln|f(x)|+C$

1812 대표문제

함수 $f(x)=\int \frac{3x^2}{x^3+2}dx$에 대하여 $f(-1)=2$일 때, $f(0)$의 값은?

① $\ln 2$ ② $\ln 2+1$ ③ $\ln 2+2$
④ $\ln 3$ ⑤ $\ln 3+1$

1813

Level 1

함수 $f(x)=\int \frac{e^x}{e^x+1}dx$에 대하여 $f(0)=2\ln 2$일 때, 함수 $f(x)$를 구하면?

① $f(x)=-\ln e^x+2\ln 2$
② $f(x)=-\ln(e^x+1)+3\ln 2$
③ $f(x)=\ln e^x+2\ln 2$
④ $f(x)=\ln(e^x+1)+\ln 2$
⑤ $f(x)=2\ln(e^x+1)$

1814

Level 2

함수 $f(x)$에 대하여 $f'(x)=\frac{x-2}{x^2-4x+2}$이고 $f(2)=0$일 때, $f(1)$의 값은?

① $-\ln 2$ ② $-\frac{\ln 3}{2}$ ③ $-\ln\frac{3}{2}$
④ $-\frac{\ln 2}{2}$ ⑤ $-\ln\frac{3}{4}$

1815

Level 2

함수 $f(x)$에 대하여 $f'(x)=\frac{e^x-e^{-x}}{e^x+e^{-x}}$일 때, $f(\ln 3)-f(0)$의 값은?

① 0 ② $\ln\frac{5}{3}$ ③ $\ln\frac{7}{3}$
④ $\ln\frac{5}{2}$ ⑤ $\ln 5$

1816

Level 2

함수 $f(x)=\frac{\sin x}{2+\cos x}$의 한 부정적분 $F(x)$에 대하여 $F(0)=0$일 때, $F(\pi)$의 값은?

① $-2\ln 2$ ② $-\ln 3$ ③ -1
④ 0 ⑤ $\ln 3$

1817

Level 2

함수 $f(x)$가 모든 실수 x에 대하여 $f(x)>0$이고 $f'(x)=3f(x)$, $f'(0)=3e$일 때, $f(1)$의 값은?

① 1 ② e^2 ③ $3e^2$
④ e^4 ⑤ $3e^4$

1818

Level 2

$x>-1$에서 정의된 함수 $f(x)$의 치역이 양의 실수 전체의 집합이고 $(x+1)f'(x)=4f(x)$, $f(0)=1$일 때, $f(1)$의 값을 구하시오.

1819 고난도

Level 3

실수 전체의 집합에서 미분가능한 함수 $f(x)$의 역함수를 $g(x)$라 하자. 두 함수 $f(x)$, $g(x)$에 대하여

$f(x)g'(f(x))=\dfrac{3^x+1}{3^x\ln 3}$이고 $f(0)=2$일 때, $f(2)$의 값을 구하시오.

다음은 이 유형에서 출제된 최근 교육청 · 평가원 기출문제입니다.

1820 · 교육청 2018년 3월

Level 2

뉴턴의 냉각법칙에 따르면 온도가 20으로 일정한 실내에 있는 어떤 물질의 시각 t(분)에서의 온도를 $T(t)$라 할 때, 함수 $T(t)$의 도함수 $T'(t)$에 대하여 다음 식이 성립한다고 한다.

$$\int \frac{T'(t)}{T(t)-20}\,dt=kt+C \text{ (단, } k, C\text{는 상수이다.)}$$

$T(0)=100$, $T(3)=60$일 때, k의 값은?

(단, 온도의 단위는 ℃이다.)

① $-\dfrac{\ln 2}{3}$　② $-\dfrac{2\ln 2}{3}$　③ $-\ln 2$
④ $-\dfrac{4\ln 2}{3}$　⑤ $-\dfrac{5\ln 2}{3}$

1821 · 교육청 2017년 10월

Level 3

연속함수 $f(x)$가 다음 조건을 만족시킨다.

> (가) $x\neq 0$인 실수 x에 대하여 $\{f(x)\}^2 f'(x)=\dfrac{2x}{x^2+1}$
> (나) $f(0)=0$

$\{f(1)\}^3$의 값은?

① $2\ln 2$　② $3\ln 2$　③ $1+2\ln 2$
④ $4\ln 2$　⑤ $1+3\ln 2$

실전유형 12 유리함수의 부정적분 –(분자의 차수)≥(분모의 차수)

$\dfrac{f'(x)}{f(x)}$ 꼴이 아닌 유리함수의 부정적분에서 (분자의 차수)≥(분모의 차수)인 경우 분자를 분모로 나누어 몫과 나머지의 꼴로 나타낸 후 부정적분을 구한다.

1822 대표문제

미분가능한 함수 $f(x)$에 대하여 $f'(x)=\dfrac{2x^2+3x-1}{x+1}$이고 $f(0)=3$일 때, $f(-2)$의 값을 구하시오.

1823

Level 2

함수 $y=f(x)$의 그래프 위의 임의의 점 (x, y)에서의 접선의 기울기가 $\dfrac{x^2+3}{x-1}$이고 그래프가 원점을 지날 때, $f(2)$의 값을 구하시오.

1824

Level 2

함수 $f(x)=\displaystyle\int \frac{1-x}{x+2}\,dx$에 대하여 $f(-1)=0$일 때, $f(e-2)$의 값은?

① $-e+1$　② $-e+2$　③ $-e+3$
④ $-e+4$　⑤ $-e+5$

1825

Level 2

함수 $f(x)=\dfrac{2x+1}{3-x}$의 역함수를 $g(x)$라 하자.
$h(x)=\displaystyle\int g(x)\,dx$라 할 때, $h(1)-h(-1)$의 값을 구하시오.

실전 유형 13 유리함수의 부정적분 –(분자의 차수)<(분모의 차수) 빈출유형

$\frac{f'(x)}{f(x)}$ 꼴이 아닌 유리함수의 부정적분에서 (분자의 차수)<(분모의 차수)인 경우 부분분수로 변형한 후 부정적분을 구한다.

1826 대표문제

부정적분 $\int \frac{x}{x^2+5x+6}dx$를 구하면?

(단, C는 적분상수이다.)

① $-2\ln|x+2|-3\ln|x+3|+C$
② $-2\ln|x+2|+3\ln|x+3|+C$
③ $2\ln|x+2|-3\ln|x+3|+C$
④ $2\ln|x+2|+3\ln|x+3|+C$
⑤ $3\ln|x+2|-2\ln|x+3|+C$

1827 Level 2

등식

$$\int \frac{3x-2}{x^2-3x-4}dx=a\ln|x-4|+b\ln|x+1|+C$$

가 성립할 때, 상수 a, b에 대하여 $a+b$의 값을 구하시오.

(단, C는 적분상수이다.)

1828 Level 2

함수 $f(x)=\int \frac{x+3}{x^2+2x}dx-\int \frac{x+1}{x^2+2x}dx$에 대하여 $f(1)=0$일 때, $f(-1)$의 값은?

① $\ln 2$ ② $\ln 3$ ③ $2\ln 2$
④ $\ln 5$ ⑤ $\ln 6$

1829 Level 2

함수 $f(x)$에 대하여 $f'(x)=\frac{3x+2}{x^2-4}$이고 $f(1)=0$일 때, $f(-1)$의 값은?

① $\ln\frac{2}{3}$ ② $\ln\frac{3}{2}$ ③ $\ln 2$
④ $\ln 3$ ⑤ $3\ln 3$

1830 Level 2

임의의 점 (x, y)에서의 접선의 기울기가 $\frac{2x}{x^2-x-2}$인 함수 $y=f(x)$의 그래프가 원점과 점 $(3, \ln a)$를 지날 때, 양수 a의 값을 구하시오.

1831 Level 2

함수 $f(x)=\int \frac{4}{4x^2-1}dx$에 대하여 $f(0)=0$일 때, $\sum_{k=1}^{10} f(k)$의 값은?

① $-2\ln 21$ ② $-\ln 21$ ③ -1
④ $\ln 21$ ⑤ $2\ln 21$

1832 Level 2

$x>-1$에서 정의된 함수 $f(x)$에 대하여 $f(x)=(x^2+3x+2)f'(x)$, $f(0)=1$일 때, $f(1)$의 값을 구하시오. (단, $f(x)>0$)

1833

Level 2

함수 $f(x)$에 대하여 $f'(x)=\frac{2}{x^2-1}$이고 방정식 $f(x)=0$의 한 근이 $\frac{1}{2}$일 때, 나머지 한 근을 구하시오.

1834

Level 2

함수 $f(x)=\int \frac{2x+4}{(x-1)(x^2+2)}dx$에 대하여 $f(0)=0$일 때, $e^{f(2)}$의 값은?

① $\frac{1}{6}$　② $\frac{1}{3}$　③ 1
④ 3　⑤ 6

1835

Level 3

곡선 $y=f(x)$ 위의 임의의 점 (x, y)에서의 접선에 수직인 직선의 기울기가 $-e^x-1$일 때, $f(1)-f(-1)$의 값을 구하시오.

1836

Level 3

$0<x<\pi$에서 정의된 함수 $f(x)=\int \frac{1}{\sin x}dx$에 대하여 $f\left(\frac{\pi}{2}\right)=0$일 때, $f\left(\frac{\pi}{3}\right)$의 값은?

① $-\ln 3$　② $-\frac{1}{2}\ln 3$　③ $\frac{1}{2}\ln 3-1$
④ $-\ln 3+1$　⑤ $\ln 3-1$

+Plus 문제

실전유형 14 부분적분법

빈출유형

두 함수 $f(x)$, $g(x)$가 미분가능할 때

$$\int f(x)g'(x)dx=f(x)g(x)-\int f'(x)g(x)dx$$

1837 대표문제

함수 $f(x)=\int (1-x)e^x dx$에 대하여 $f(0)=2$일 때, $f(1)$의 값은?

① 1　② $e-1$　③ e
④ $e+1$　⑤ $2e$

1838

Level 2

함수 $f(x)$에 대하여

$$\int \ln(x+e)dx=f(x)\ln(x+e)-x+C$$

일 때, 함수 $f(x)$를 구하면? (단, C는 적분상수이다.)

① $f(x)=x+1$　② $f(x)=x+2$　③ $f(x)=x+e$
④ $f(x)=x+3$　⑤ $f(x)=x+2e$

1839

Level 2

함수 $f(x)$에 대하여 $f'(x)=x\cos x$이고 $f(\pi)=0$일 때, $f\left(\frac{\pi}{2}\right)$의 값을 구하시오.

1840

Level 2

미분가능한 함수 $f(x)$에 대하여 $f'(x)=x\sqrt{e^x}$일 때, $f(2)-f(0)$의 값을 구하시오.

1841

Level 2

곡선 $y=f(x)$ 위의 임의의 점 $(x,\ y)$에서의 접선의 기울기가 $\dfrac{x}{e^{x-1}}$이고, 이 그래프가 두 점 $(0,\ 0)$, $(1,\ a)$를 지날 때, a의 값은?

① $e-2$ ② $e-1$ ③ e
④ $e+1$ ⑤ $e+2$

1842

Level 2

$x>0$에서 정의된 미분가능한 함수 $f(x)$가

$$\lim_{h\to 0}\frac{f(x+h)-f(x-h)}{h}=2x\ln x,\ f(1)=f'(1)$$

을 만족시킬 때, $f(e)$의 값을 구하시오.

1843

Level 2

함수 $f(x)=\int(x+a)\cos 2x\,dx$가 $f'(\pi)=0$, $f(0)=1$을 만족시킬 때, $f\left(\dfrac{3}{2}\pi\right)$의 값을 구하시오. (단, a는 상수이다.)

1844

Level 2

양의 실수 전체의 집합에서 미분가능한 함수 $f(x)$의 한 부정적분을 $F(x)$라 할 때, $F(x)=xf(x)-x^2\ln x$이다. $f(1)=-1$일 때, $f(2)$의 값은?

① $4\ln 2-2$ ② $4\ln 2-1$ ③ $4\ln 2+1$
④ $4\ln 2+2$ ⑤ $4\ln 2+3$

다음은 이 유형에서 출제된 최근 교육청 • 평가원 기출문제입니다.

1845 • 교육청 2018년 4월

Level 2

실수 전체의 집합에서 연속인 함수 $f(x)$의 도함수 $f'(x)$가

$$f'(x)=\begin{cases}2x+3 & (x<1)\\ \ln x & (x>1)\end{cases}$$

이다. $f(e)=2$일 때, $f(-6)$의 값은?

① 9 ② 11 ③ 13
④ 15 ⑤ 17

1846 • 교육청 2019년 7월

Level 2

실수 전체의 집합에서 미분가능한 함수 $f(x)$가 다음 조건을 만족시킨다.

(가) $f(1)=0$
(나) 0이 아닌 모든 실수 x에 대하여 $\dfrac{xf'(x)-f(x)}{x^2}=xe^x$이다.

$f(3)\times f(-3)$의 값을 구하시오.

심화유형 15 부분적분법 – 2번 적용하는 경우

부분적분법을 한 번 적용하여 부정적분을 구할 수 없을 때는 부분적분법을 한 번 더 적용한다.

1847 대표문제

함수 $f(x)=\int x^2\sin x\,dx$에 대하여 $f\left(\frac{\pi}{2}\right)=\pi$일 때, $f(0)$의 값을 구하시오.

1848

Level 2

부정적분 $\int e^x\cos x\,dx$를 구하면? (단, C는 적분상수이다.)

① $-\frac{1}{2}e^x(\cos x-\sin x)+C$

② $\frac{1}{2}e^x(\cos x-\sin x)+C$

③ $\frac{1}{2}e^x(\cos x+\sin x)+C$

④ $e^x(\cos x-\sin x)+C$

⑤ $e^x(\cos x+\sin x)+C$

1849

Level 2

함수 $f(x)=(\ln x)^2$의 한 부정적분을 $F(x)$라 하자. $F(e)=2e$일 때, $F(1)$의 값은?

① 2 ② $e+1$ ③ $e+2$
④ $2e+1$ ⑤ $2e+2$

1850

Level 2

미분가능한 함수 $f(x)$가

$$\lim_{t\to x}\frac{f(t)-f(x)}{t-x}=x^2e^{-x},\ f(0)=0$$

을 만족시킬 때, $f(-1)$의 값은?

① $-e$ ② $-e+1$ ③ $-e+2$
④ $-\frac{1}{e}+1$ ⑤ $-\frac{1}{e}+2$

1851

Level 3

점 $\left(0,\ -\frac{2}{5}\right)$를 지나는 함수 $y=f(x)$의 그래프 위의 임의의 점 $(x,\ f(x))$에서의 접선의 기울기가 $e^{-x}\sin 2x$일 때, $f\left(\frac{\pi}{2}\right)$의 값을 구하시오.

1852

Level 3

실수 전체의 집합에서 미분가능한 함수 $f(x)$가 0이 아닌 모든 실수 x에 대하여

$$f(x)+xf'(x)=(x^2-2)e^x$$

을 만족시킨다. $f(1)=-e$일 때, $f(3)$의 값은?

① $\frac{e}{3}$ ② e ③ $3e$
④ e^3 ⑤ $3e^3$

+Plus 문제

서술형 유형 익히기

1853 대표문제

함수 $f(x)$가 $f''(x)=\sin x$, $f'(0)=1$, $f(0)=0$을 만족시킬 때, $f(\pi)$의 값을 구하는 과정을 서술하시오. [6점]

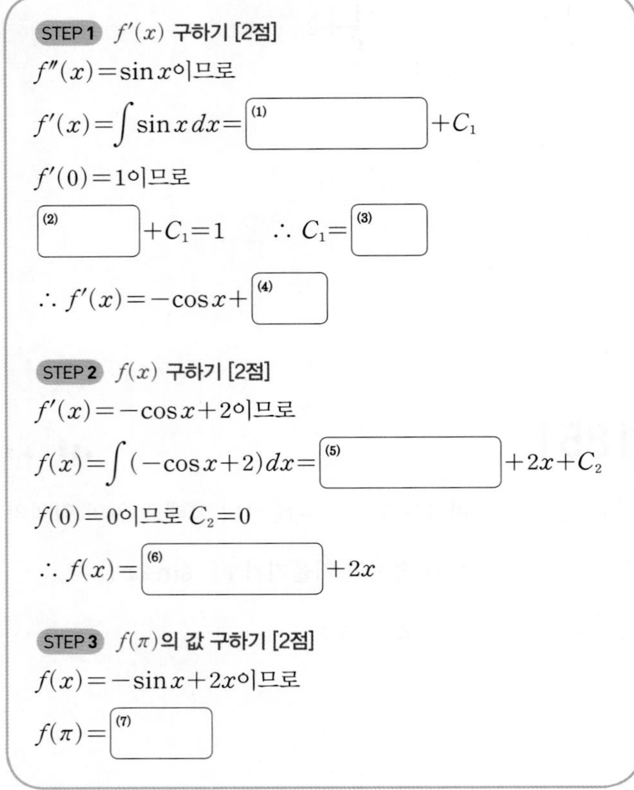

STEP 1 $f'(x)$ 구하기 [2점]

$f''(x)=\sin x$이므로

$f'(x)=\int \sin x\,dx=$ (1) $+C_1$

$f'(0)=1$이므로

(2) $+C_1=1$ $\quad\therefore C_1=$ (3)

$\therefore f'(x)=-\cos x+$ (4)

STEP 2 $f(x)$ 구하기 [2점]

$f'(x)=-\cos x+2$이므로

$f(x)=\int(-\cos x+2)dx=$ (5) $+2x+C_2$

$f(0)=0$이므로 $C_2=0$

$\therefore f(x)=$ (6) $+2x$

STEP 3 $f(\pi)$의 값 구하기 [2점]

$f(x)=-\sin x+2x$이므로

$f(\pi)=$ (7)

1854 한번 더

함수 $f(x)$가 $f''(x)=\frac{6}{x^3}$, $f'(1)=0$, $f(1)=0$을 만족시킬 때, $f(3)$의 값을 구하는 과정을 서술하시오. [6점]

STEP 1 $f'(x)$ 구하기 [2점]

STEP 2 $f(x)$ 구하기 [2점]

STEP 3 $f(3)$의 값 구하기 [2점]

1855 유사 1

함수 $f(x)$가 $\lim_{h\to 0}\frac{f'(x+h)-f'(x)}{h}=x+e^x$, $f'(0)=1$, $f(0)=\frac{5}{6}$를 만족시킬 때, $f(1)$의 값을 구하는 과정을 서술하시오. [6점]

1856 유사 2

함수 $f(x)$가 $f''(x)=3e^{-x}+\frac{3}{2\sqrt{x}}$, $\lim_{x\to 0}\frac{f(x)}{x}=-3$을 만족시킬 때, $f(1)$의 값을 구하는 과정을 서술하시오. [8점]

핵심 KEY 유형 1, 유형 2, 유형 4 **함수의 부정적분**

적분은 미분의 역연산임을 이용하여 $f(x)$를 구한다. 이때 $f''(x)$는 $f(x)$를 두 번 미분하여 얻은 함수이므로 $f''(x)$를 두 번 적분하면 $f(x)$를 구할 수 있다.

1857 대표문제

실수 전체의 집합에서 연속인 함수 $f(x)$의 도함수 $f'(x)$가

$$f'(x)=\begin{cases} xe^{x^2} & (x>0) \\ 3\sin^2 x\cos x & (x<0) \end{cases}$$

이고 $f(-\pi)=-1$일 때, $f(1)$의 값을 구하는 과정을 서술하시오. [7점]

STEP 1 $x>0$일 때, $f(x)$ 구하기 [2점]

(i) $x>0$일 때, $f'(x)=xe^{x^2}$이므로

$f(x)=\int xe^{x^2}dx$

$x^2=t$로 놓으면 $\frac{dt}{dx}=2x$이므로

$f(x)=\int xe^{x^2}dx=\int e^t\times$ (1) $\square$

$=\frac{1}{2}e^t+C_1$

$=\frac{1}{2}e^{x^2}+C_1$

STEP 2 $x<0$일 때, $f(x)$ 구하기 [3점]

(ii) $x<0$일 때, $f'(x)=3\sin^2 x\cos x$이므로

$f(x)=\int 3\sin^2 x\cos x\,dx$

(2) $\square$ $=s$로 놓으면 $\frac{ds}{dx}=\cos x$이므로

$f(x)=\int 3\sin^2 x\cos x\,dx=\int 3s^2\,ds$

$=s^3+C_2$

$=$ (3) $\square$ $+C_2$

이때 $f(-\pi)=-1$이므로 $C_2=-1$

$\therefore f(x)=$ (4) $\square$ -1

STEP 3 $f(1)$의 값 구하기 [2점]

(i), (ii)에서 $f(x)=\begin{cases} \frac{1}{2}e^{x^2}+C_1 & (x>0) \\ \text{(5) } \square -1 & (x<0) \end{cases}$

함수 $f(x)$가 실수 전체의 집합에서 연속이면 $x=0$에서 연속이므로

$\lim_{x\to 0+}\left(\frac{1}{2}e^{x^2}+C_1\right)=\lim_{x\to 0-}(\sin^3 x-1)$

$\frac{1}{2}+C_1=$ (6) $\square$ $\quad\therefore C_1=$ (7) $\square$

따라서 $x\geq 0$에서 $f(x)=\frac{1}{2}e^{x^2}-\frac{3}{2}$이므로

$f(1)=$ (8) $\square$

1858 한번 더

실수 전체의 집합에서 연속인 함수 $f(x)$의 도함수 $f'(x)$가

$$f'(x)=\begin{cases} 2xe^{-x^2} & (x>0) \\ (1+\sin x)^3\cos x & (x<0) \end{cases}$$

이고 $f\left(-\frac{\pi}{2}\right)=\frac{3}{4}$일 때, $f(1)$의 값을 구하는 과정을 서술하시오. [7점]

STEP 1 $x>0$일 때, $f(x)$ 구하기 [2점]

STEP 2 $x<0$일 때, $f(x)$ 구하기 [3점]

STEP 3 $f(1)$의 값 구하기 [2점]

핵심 KEY 유형 7, 유형 10 지수함수와 삼각함수의 치환적분법

피적분함수가 $f'(x)e^{f(x)}$ 꼴인 경우 $f(x)=t$로 놓고 지수함수의 치환적분법을 이용하거나, 피적분함수가 $f(\sin x)\cos x$ 꼴인 경우 $\sin x=t$로 놓고 삼각함수의 치환적분법을 이용하여 부정적분을 구한다.

1859 유사 1

연속함수 $f(x)$가 다음 조건을 만족시킬 때, 상수 k의 값을 구하는 과정을 서술하시오. [8점]

(가) $f'(x)=\begin{cases} kx\sqrt{x^2+4} & (x>0) \\ \sin x\cos 2x & (x<0) \end{cases}$

(나) $f(\sqrt{5})=k$, $f\left(-\frac{\pi}{2}\right)=1$

1860 유사 2

함수 $f(x)$가 다음 조건을 만족시킬 때, 실수 k의 값을 구하는 과정을 서술하시오. (단, $k\neq0$) [8점]

(가) 함수 $f(x)$는 $x=1$에서 연속이다.

(나) $f(e^{\pi})=0$, $f(0)=0$

(다) $f'(x)=\begin{cases} \frac{1}{x}\cos(\ln x) & (x>1) \\ (kx+1)^5 & (x<1) \end{cases}$

1861 대표문제

미분가능한 함수 $f(x)$의 한 부정적분 $F(x)$에 대하여

$$F(x)=xf(x)-x^2e^x$$

이 성립한다. $f(0)=1$일 때, $f(1)$의 값을 구하는 과정을 서술하시오. [8점]

STEP 1 $f(x)$ 구하기 [4점]

함수 $f(x)$의 한 부정적분이 $F(x)$이므로

$F'(x)=f(x)$

$F(x)=xf(x)-x^2e^x$의 양변을 x에 대하여 미분하면

$f(x)=f(x)+$ (1) $\square$ $-2xe^x-x^2e^x$

$\therefore xf'(x)=x(x+2)e^x$

$x\neq0$일 때,

$f'(x)=(x+2)e^x$

$\therefore f(x)=\int(x+2)e^x\,dx$

$u(x)=x+2$, $v'(x)=e^x$으로 놓으면

$u'(x)=1$, $v(x)=$ (2) $\square$ 이므로

$f(x)=\int(x+2)e^x\,dx$

$=(x+2)e^x-\int$ (3) $\square$ dx

$=(x+2)e^x-e^x+C$

$=(x+1)e^x+C$

STEP 2 적분상수 C 구하기 [2점]

$f(0)=1$이므로

(4) $\square$ $+C=1$ $\quad\therefore C=$ (5) $\square$

STEP 3 $f(1)$의 값 구하기 [2점]

$f(x)=(x+1)e^x$이므로

$f(1)=$ (6) $\square$

핵심 KEY 유형 14 부분적분법

피적분함수가 두 함수의 곱의 꼴로 되어 있지만 치환적분법을 이용할 수 없을 때 부분적분법을 이용하여 부정적분을 구한다.
이때 로그함수, 다항함수, 삼각함수, 지수함수의 순서로 $u(x)$를 택하고, 나머지 함수를 $v'(x)$로 놓으면 계산이 편리하다.

1862 한번 더

미분가능한 함수 $f(x)$의 한 부정적분을 $F(x)$라 할 때, 모든 실수 x에 대하여

$$F(x)=xf(x)+x^2\cos x$$

가 성립한다. $f(\pi)=\pi$일 때, $f\left(\frac{\pi}{2}\right)$의 값을 구하는 과정을 서술하시오. [8점]

STEP 1 $f(x)$ 구하기 [4점]

STEP 2 적분상수 C 구하기 [2점]

STEP 3 $f\left(\frac{\pi}{2}\right)$의 값 구하기 [2점]

1863 유사 1

$x>0$에서 정의된 미분가능한 함수 $f(x)$가

$$f(x)+xf'(x)=\frac{\ln x}{x^2}$$

를 만족시킨다. $f(1)=1$일 때, $f(e)$의 값을 구하는 과정을 서술하시오. [8점]

1864 유사 2

$0<x<\frac{\pi}{2}$에서 정의된 미분가능한 두 함수 $f(x)$, $g(x)$가 다음 조건을 만족시킬 때, $f\left(\frac{\pi}{3}\right)$의 값을 구하는 과정을 서술하시오. [10점]

(가) $\lim_{h\to 0}\frac{g(x+h)-g(x)}{h}=f(x)$

(나) $g(x)=xf(x)-x^2\tan x$

(다) $g\left(\frac{\pi}{4}\right)=0$

실력 check 실전 마무리하기 1회

점 / 100점

• 선택형 21문항, 서술형 4문항입니다.

1 1865

곡선 $y=f(x)$ 위의 임의의 점 $(x, f(x))$에서의 접선의 기울기가 $2e^{x-1}-2x$이고 $f(1)=2$일 때, $f(2)$의 값은? [3점]

① $2e-3$ ② e^2 ③ $2e+3$
④ $2e^2-1$ ⑤ $2e^2+2$

2 1866

연속함수 $f(x)$의 도함수 $f'(x)$가

$$f'(x)=\begin{cases} \frac{1}{x} & (x>1) \\ e^{x-1} & (x<1) \end{cases}$$

이고 $f(-1)=e+\frac{1}{e^2}$일 때, $f(e)-f(0)$의 값은? [3점]

① $1-\frac{1}{e}$ ② $2-\frac{1}{e}$ ③ $e-\frac{1}{e}$
④ $e+\frac{1}{e}$ ⑤ $2e+\frac{1}{e}$

3 1867

함수 $f(x)$가

$$f(x)=\int(\tan x+\cot x)^2 dx,\ f\left(\frac{\pi}{4}\right)=1$$

을 만족시킬 때, 함수 $f(x)$를 구하면? [3점]

① $f(x)=\sin x-\cos x+1$
② $f(x)=\tan x-\cot x+1$
③ $f(x)=\tan x+\sqrt{2}\sin x-1$
④ $f(x)=x-\frac{\pi}{4}+1$
⑤ $f(x)=3x-\frac{3}{4}\pi+1$

4 1868

$x>0$에서 정의된 함수 $f(x)=\int 2e^{x+1}\sqrt{e^x-1}\,dx$에 대하여 곡선 $y=f(x)$가 점 $\left(\ln 2, \frac{4}{3}e\right)$를 지날 때, $f(\ln 5)$의 값은? [3점]

① e ② $\frac{4}{3}e$ ③ $\frac{8}{3}e$
④ $\frac{16}{3}e$ ⑤ $\frac{32}{3}e$

5 1869

곡선 $y=f(x)$ 위의 임의의 점 (x, y)에서의 접선의 기울기가 $\frac{1}{x\sqrt{\ln x+6}}$이다. 이 곡선이 두 점 $\left(\frac{1}{e^2}, 2\right)$, (e^3, a)를 지날 때, a의 값은? [3점]

① 3 ② 4 ③ 5
④ 6 ⑤ 7

6 1870

어떤 함수 $f(x)$의 부정적분을 구해야 하는데 잘못하여 미분하였더니 $24x-4\cos 2x$가 되었다. $f\left(\frac{\pi}{2}\right)=0$일 때, $f(x)$의 부정적분을 구하면? (단, C는 적분상수이다.) [3점]

① $2x^3+\sin 2x-3\pi^2x+C$ ② $2x^3+\cos 2x-3\pi^2x+C$
③ $4x^3+\sin 2x-3\pi^2x+C$ ④ $4x^3+\cos 2x-3\pi^2x+C$
⑤ $4x^3+\cos 2x-6\pi^2x+C$

7 1871

함수 $f(x)$에 대하여 $f'(x)=(1-\sin x)^2\cos x$이고 $f(0)=\frac{2}{3}$일 때, $f\left(\frac{\pi}{6}\right)$의 값은? [3점]

① $\frac{2}{3}$ ② $\frac{5}{6}$ ③ $\frac{11}{12}$
④ $\frac{23}{24}$ ⑤ $\frac{47}{48}$

8 1872

미분가능한 함수 $f(x)$에 대하여

$$\lim_{h\to 0}\frac{f(x+h)-f(x)}{h}=\frac{2x^2+3x-5}{x+3}$$

이고 $f(-2)=10$일 때, $f(1)$의 값은? [3점]

① $4\ln 2-2$ ② $4\ln 2-1$ ③ $8\ln 2-2$
④ $8\ln 2-1$ ⑤ $8\ln 2$

9 1873

함수 $f(x)=\int e^x \sin x\,dx$에 대하여 $f(0)=\frac{3}{2}$일 때, $f(\pi)$의 값은? [3점]

① $\frac{e^\pi-4}{2}$ ② $\frac{e^\pi-2}{2}$ ③ $\frac{e^\pi}{2}$
④ $\frac{e^\pi+2}{2}$ ⑤ $\frac{e^\pi+4}{2}$

10 1874

$x>0$에서 정의된 미분가능한 함수 $f(x)$의 한 부정적분을 $F(x)$라 할 때,

$$F(x)=xf(x)-2\sqrt{x}-x^2$$

이 성립한다. $f(1)=1$일 때, $f(4)$의 값은? [3.5점]

① 4 ② 5 ③ 6
④ 7 ⑤ 8

11 1875

구간 $[1,\ 4]$에서 연속인 함수 $f(x)$가 구간 $(1,\ 4)$에서 미분가능하고

$$f'(x)=\frac{2e^{\sqrt{x}}}{\sqrt{x}}$$

이다. 구간 $[1,\ 4]$에서 함수 $f(x)$의 최솟값이 $4e-2e^2$일 때, 이 구간에서 함수 $f(x)$의 최댓값은? [3.5점]

① $2e$ ② $2e^2$ ③ $2e^3$
④ e^2-e ⑤ e^3-e^2

12 1876

함수 $f(x)$에 대하여

$$(e^x+1)f'(x)=2e^x,\ f(0)=\ln 2$$

가 성립할 때, $f(\ln 3)$의 값은? [3.5점]

① $-2\ln 2$ ② $-\ln 2$ ③ $\ln 2$
④ $2\ln 2$ ⑤ $3\ln 2$

13 1877

함수 $f(x)$에 대하여 $f(x)=\int \frac{4x+5}{x^2+x-2}dx$이고 $f(2)=-\ln 2$일 때, $f(-1)$의 값은? [3.5점]

① $-2\ln 2$ ② 0 ③ $\frac{\ln 2}{2}$
④ $\ln 2$ ⑤ $2\ln 2$

14 1878

함수 $f(x)=\int \cos\sqrt{x}\,dx$에 대하여 $f(0)=8$일 때, $f(\pi^2)$의 값은? [3.5점]

① 1 ② 2 ③ 3
④ 4 ⑤ 5

15 1879

점 $(1,\ 0)$을 지나는 곡선 $y=f(x)$ $(x>0)$ 위의 임의의 점 $(x,\ y)$에서의 접선의 기울기가 $\frac{\ln x}{x^2}$일 때, $f(e)$의 값은?

[3.5점]

① $\frac{e-2}{e}$ ② $\frac{e-1}{e}$ ③ 1
④ $\frac{e+1}{e}$ ⑤ $\frac{e+2}{e}$

16 1880

실수 전체의 집합에서 미분가능한 함수 $f(x)$가

$$f'(x)=a(x+1)e^x,\ \lim_{x\to 1}\frac{f(x)-2}{x-1}=4$$

를 만족시킬 때, $af(3)$의 값은? (단, a는 상수이다.) [3.5점]

① $\frac{2}{e^2}$ ② $\frac{3}{e}$ ③ $12e$
④ $6e^2$ ⑤ $3e^3$

● 정답 및 풀이 360쪽

17 1881

함수 $f(x)=\ln x^2-e$의 역함수를 $g(x)$라 할 때,

$$G(x)=\int g(x)dx$$

라 하자. $G(-e)=0$일 때, $G(2-e)$의 값은? [4점]

① $2e-1$　② $2e-2$　③ $3e-1$

④ $3e-2$　⑤ $3e-3$

18 1882

부정적분 $\int \tan^3 x\,dx$를 구하면? (단, C는 적분상수이다.)

[4점]

① $\dfrac{1}{\cos^2 x}-\ln|\cos x|+C$

② $\dfrac{1}{\cos^2 x}+\ln|\sin x|+C$

③ $\dfrac{1}{2\cos^2 x}+\ln|\cos x|+C$

④ $\dfrac{1}{\sin^2 x}+\ln|\cos x|+C$

⑤ $\dfrac{1}{2\sin^2 x}-\ln|\sin x|+C$

19 1883

$x>1$에서 미분가능한 함수 $f(x)$가

$$(x-1)f(x)=5\int f(x)dx,\ f(2)=e$$

를 만족시킬 때, $f(3)$의 값은? (단, $f(x)>0$) [4점]

① $16e$　② $17e$　③ $18e$

④ $19e$　⑤ $20e$

20 1884

$x>0$에서 정의된 함수 $f(x)$에 대하여 $f'(x)=\ln x$이다. 곡선 $y=f(x)$가 x축과 점 $(1,\ 0)$에서 만날 때, 곡선 $y=f(x)$ 위의 점 $(e,\ f(e))$에서의 접선의 y절편은? [4점]

① $-2e+1$　② $-2e+2$　③ $-e$

④ $-e+1$　⑤ $-e+2$

21 1885

함수 $f(x)$의 도함수 $f'(x)$가 $f'(x)=\dfrac{1}{e^x+e^{-x}}$이고, 함수 $g(x)=e^x-e^{-x}$이다. $h(x)=\int f(x)g'(x)dx$가

$$h(0)=0,\ h(\ln 2)=-\ln\frac{5}{2}$$

를 만족시킬 때, $f(\ln 2)$의 값은? [4.5점]

① $-\dfrac{5}{3}\ln 2$　② $-\dfrac{4}{3}\ln 2$　③ $-\ln 2$

④ $-\dfrac{2}{3}\ln 2$　⑤ $-\dfrac{1}{3}\ln 2$

서술형

22 1886

함수 $f(x)$에 대하여 $\frac{d}{dx}\{f(x)\sin x\}=3\sin^2 x\cos x$이고 $f\left(\frac{\pi}{2}\right)=1$일 때, $f\left(\frac{3}{2}\pi\right)$의 값을 구하는 과정을 서술하시오.

[6점]

23 1887

함수 $f(x)$에 대하여

$$f'(x)=\frac{kx}{x^2+1},\ \lim_{x\to 1}\frac{f(x)}{x-1}=k+2$$

일 때, $f(\sqrt{e-1})$의 값을 구하는 과정을 서술하시오.

(단, k는 실수이다.) [6점]

24 1888

미분가능한 함수 $f(x)$에 대하여 $f'(x)=\frac{x-1}{2\sqrt{x+1}}$이고 함수 $f(x)$의 극솟값이 $-\frac{4\sqrt{2}}{3}+1$일 때, $f(8)$의 값을 구하는 과정을 서술하시오. [8점]

25 1889

$-1\le x\le 1$에서 정의된 함수 $f(x)$에 대하여 $f'(x)=xe^x$이고 $f(x)$의 최솟값이 2일 때, 함수 $f(x)$의 최댓값을 구하는 과정을 서술하시오. [8점]

● 정답 및 풀이 363쪽

실력 check 실전 마무리하기 2회

점 / 100점

• 선택형 21문항, 서술형 4문항입니다.

1 1890

등식 $\int \frac{\sqrt{x}+x}{x^2}dx=\frac{a}{\sqrt{x}}+b\ln x+C$가 성립할 때, 상수 a, b에 대하여 $a+b$의 값은? (단, C는 적분상수이다.) [3점]

① -2 ② -1 ③ 0 ④ 1 ⑤ 2

2 1891

함수 $f(x)$에 대하여 $f'(x)=\frac{xe^x-2}{x}$이고 $f(1)=e-1$일 때, $f(-1)$의 값은? [3점]

① $\frac{1}{e}-1$ ② $\frac{1}{e}$ ③ 1 ④ e ⑤ $e+1$

3 1892

함수 $f(x)$가

$$f'(x)=\frac{x}{(x-1)^3},\ f(2)=\frac{1}{2}$$

을 만족시킬 때, $f(0)$의 값은? [3점]

① 1 ② $\frac{3}{2}$ ③ 2 ④ $\frac{5}{2}$ ⑤ 3

4 1893

함수 $f(x)=\int x\sqrt{x-1}\,dx$에 대하여 $f(1)=-\frac{2}{3}$일 때, $f(2)$의 값은? [3점]

① $\frac{1}{5}$ ② $\frac{2}{5}$ ③ $\frac{3}{5}$ ④ $\frac{4}{5}$ ⑤ 1

5 1894

실수 전체의 집합에서 미분가능한 함수 $f(x)$에 대하여 $\lim_{h\to 0}\frac{f(x+h)-f(x-h)}{h}=4xe^{x^2}$이고 $f(0)=2$일 때, $f(1)$의 값은? [3점]

① $e-2$ ② $e-1$ ③ e ④ $e+1$ ⑤ $e+2$

6 1895

$-\frac{\pi}{2}<x<\frac{\pi}{2}$에서 미분가능한 함수 $f(x)$에 대하여 $f'(x)=\tan^3 x+\tan x$이고 $f(0)=\frac{1}{2}$일 때, $f\left(\frac{\pi}{3}\right)$의 값은? [3점]

① $\frac{2}{3}$ ② 1 ③ $\frac{4}{3}$ ④ $\frac{5}{3}$ ⑤ 2

7 1896

함수 $f(x)=\dfrac{\sin x}{1-\cos x}$의 한 부정적분을 $F(x)$라 할 때, $F(\pi)-F\left(\dfrac{\pi}{2}\right)$의 값은? [3점]

① $-3\ln 2$ ② $-2\ln 2$ ③ $-\ln 2$
④ $\ln 2$ ⑤ $2\ln 2$

8 1897

함수 $f(x)=\int \dfrac{x^3+1}{x^2-1}dx$에 대하여 $f(0)=0$일 때, $f(2)$의 값은? [3점]

① 1 ② $1+\ln 2$ ③ 2
④ $2+\ln 2$ ⑤ $2+2\ln 2$

9 1898

함수 $f(x)$가

$$f'(x)=(\ln x)^2,\ f(1)=4$$

를 만족시킬 때, 함수 $f(x)$를 구하면? [3점]

① $f(x)=x(\ln x)^2-x\ln x+x+1$
② $f(x)=x(\ln x)^2+x\ln x-x+1$
③ $f(x)=x(\ln x)^2-2x\ln x+2x+2$
④ $f(x)=x(\ln x)^2+2x\ln x-2x+2$
⑤ $f(x)=x(\ln x)^2-4x\ln x+4x+4$

10 1899

$x>0$에서 미분가능한 함수 $f(x)$가 모든 양의 실수 x에 대하여

$$f(x)+xf'(x)=6\sqrt{x}+\frac{1}{x}$$

을 만족시킨다. $f(1)=4$일 때, $f(9)$의 값은? [3.5점]

① $10+\dfrac{2\ln 3}{9}$ ② $11+\dfrac{2\ln 3}{9}$ ③ $12+\dfrac{2\ln 3}{9}$
④ $13+\dfrac{2\ln 3}{9}$ ⑤ $14+\dfrac{2\ln 3}{9}$

11 1900

실수 전체의 집합에서 연속인 함수 $f(x)$의 도함수 $f'(x)$가

$$f'(x)=\begin{cases} 2^x & (x>0) \\ 2x+1 & (x<0) \end{cases}$$

이다. $f(-2)=1$일 때, $f(3)+f(1)$의 값은? [3.5점]

① $\dfrac{4}{\ln 2}-2$ ② $\dfrac{4}{\ln 2}-1$ ③ $\dfrac{4}{\ln 2}$
④ $\dfrac{8}{\ln 2}-2$ ⑤ $\dfrac{8}{\ln 2}$

12 1901

함수 $f(x)=\cos x$에 대하여

$$g(x)=\int f(x)dx+\frac{d}{dx}\left\{\int f(x)dx\right\}$$

라 하자. 함수 $g(x)$의 최솟값이 0일 때, $g(x)$의 최댓값은? [3.5점]

① $\sqrt{2}$ ② 2 ③ $2\sqrt{2}$
④ 4 ⑤ $4\sqrt{2}$

13 1902

함수 $f(x)$가 모든 실수 x에 대하여 $f'(x)=f(x)e^x$이고 $f'(0)=1$일 때, $f(\ln 2)$의 값은? (단, $f(x)>0$) [3.5점]

① 1 ② 2 ③ e
④ $2e$ ⑤ e^2

14 1903

함수 $f(x)=\int \frac{x-2}{x^2+3x+2}dx-\int \frac{x-1}{x^2+3x+2}dx$에 대하여 $f(0)=\ln 2$일 때, $\sum_{n=1}^{30} f(n)$의 값은? [3.5점]

① $2\ln 2$ ② $4\ln 2$ ③ $6\ln 2$
④ $8\ln 2$ ⑤ $10\ln 2$

15 1904

미분가능한 함수 $f(x)$가

$$\{e^{f(x)}\}'=5xe^{f(x)-x},\ f(0)=1$$

을 만족시킬 때, $f(-1)$의 값은? [3.5점]

① 2 ② 4 ③ 6
④ 8 ⑤ 10

16 1905

함수 $f(x)=\sum_{k=0}^{\infty}(x+1)^{-k}\ (x>0)$의 한 부정적분을 $F(x)$라 하자. $F(e)=e-1$일 때, $F(1)$의 값은? [4점]

① -2 ② -1 ③ 0
④ 1 ⑤ 2

17 1906

$x>0$에서 미분가능한 함수 $f(x)$에 대하여

$$xf'(x)-f(x)=x^2\times 3^x$$

이고 $f(1)=\frac{3}{\ln 3}$일 때, $f(3)$의 값은? [4점]

① $\frac{1}{\ln 3}$　② $\frac{3}{\ln 3}$　③ $\frac{9}{\ln 3}$　④ $\frac{27}{\ln 3}$　⑤ $\frac{81}{\ln 3}$

18 1907

$\ln 3\le x\le \ln 8$에서 함수 $f(x)=\int e^x\sqrt{e^x+1}\,dx$의 최댓값을 M, 최솟값을 m이라 할 때, $M-m$의 값은? [4점]

① 12　② $\frac{37}{3}$　③ $\frac{38}{3}$　④ 13　⑤ $\frac{40}{3}$

19 1908

함수 $f(x)=e^x+1$의 역함수를 $g(x)$라 할 때, $G(x)=\int g(x)dx$라 하자. $G(2)=0$일 때, $G(e+1)$의 값은? [4점]

① 1　② e　③ $e+1$　④ $2e$　⑤ $2e+1$

20 1909

$x>0$에서 미분가능한 함수 $f(x)$가 다음 조건을 만족시킬 때, $f\left(\frac{\pi}{2}\right)$의 값은? [4점]

(가) $f(x)+xf'(x)=x\sin x$
(나) $f(\pi)=1$

① $-\frac{2}{\pi}$　② $-\frac{1}{\pi}$　③ 0　④ $\frac{1}{\pi}$　⑤ $\frac{2}{\pi}$

21 1910

점 (1, 0)을 지나는 함수 $y=f(x)$의 그래프 위의 임의의 점 (x, y)에서의 접선의 기울기가 $e^{\sqrt{x}}$일 때, $f(4)$의 값은?

(단, $x>0$) [4점]

① e^2-1　② e^2　③ e^2+1　④ $2e^2$　⑤ $2e^2+1$

서술형

22 1911

실수 전체의 집합에서 미분가능한 함수 $f(x)$가 상수 k에 대하여

$$f'(x)=\frac{k}{e^x}+k,\ \lim_{x\to 0}\frac{f(x)}{x}=k+4$$

를 만족시킬 때, $f(1)$의 값을 구하는 과정을 서술하시오. [6점]

23 1912

양의 실수 전체의 집합에서 미분가능한 함수 $f(x)$가 $x>0$인 모든 실수 x에 대하여

$$xf'(x)=4\ln\sqrt{x}$$

이고 $f(1)=1$일 때, $f(e^3)$의 값을 구하는 과정을 서술하시오. [6점]

24 1913

$0<x<2\pi$에서 정의된 미분가능한 함수 $f(x)$에 대하여

$$f'(x)=\cos x-\sin x$$

이다. $f(x)$의 극댓값이 0일 때, 극솟값을 구하는 과정을 서술하시오. [8점]

25 1914

$x>0$에서 정의된 함수 $f(x)$의 한 부정적분 $F(x)$가

$$F(x)=xf(x)-x^2\cos x,\ F(\pi)=\pi$$

를 만족시킬 때, $f(2\pi)$의 값을 구하는 과정을 서술하시오. [8점]

해결될 문제라면

걱정할 필요가 없고,

해결이 안 될 문제라면

걱정해도 소용없다.

– 티베트 격언 –

정적분 09

III. 적분법

09 정적분

1 정적분

핵심 1

(1) 닫힌구간 $[a, b]$에서 연속인 함수 $f(x)$의 한 부정적분을 $F(x)$라 하면 $f(x)$의 a에서 b까지의 정적분은

$$\int_a^b f(x)dx=\Big[F(x)\Big]_a^b=F(b)-F(a)$$

(2) $\int_a^a f(x)dx=0$, $\int_a^b f(x)dx=-\int_b^a f(x)dx$

참고 함수 $f(x)$가 닫힌구간 $[a, b]$에서 연속일 때,

$$\frac{d}{dx}\int_a^x f(t)dt=f(x) \text{ (단, } a<x<b\text{)}$$

2 정적분의 성질

두 함수 $f(x)$, $g(x)$가 세 실수 a, b, c를 포함하는 구간에서 연속일 때

(1) $\int_a^b kf(x)dx=k\int_a^b f(x)dx$ (단, k는 상수)

(2) $\int_a^b \{f(x)+g(x)\}dx=\int_a^b f(x)dx+\int_a^b g(x)dx$

(3) $\int_a^b \{f(x)-g(x)\}dx=\int_a^b f(x)dx-\int_a^b g(x)dx$

(4) $\int_a^c f(x)dx+\int_c^b f(x)dx=\int_a^b f(x)dx$

3 우함수와 기함수의 정적분

핵심 2

함수 $f(x)$가 닫힌구간 $[-a, a]$에서 연속일 때, 이 구간의 모든 x에 대하여

(1) $f(x)$가 우함수, 즉 $f(-x)=f(x)$이면 $\int_{-a}^a f(x)dx=2\int_0^a f(x)dx$

(2) $f(x)$가 기함수, 즉 $f(-x)=-f(x)$이면 $\int_{-a}^a f(x)dx=0$

4 주기함수의 정적분

주기가 p인 연속함수 $f(x)$에 대하여

(1) $\int_a^b f(x)dx=\int_{a+p}^{b+p} f(x)dx$

(2) $\int_a^{a+p} f(x)dx=\int_b^{b+p} f(x)dx$

Note

- $\Big[F(x)+C\Big]_a^b$
  $=\{F(b)+C\}-\{F(a)+C\}$
  $=F(b)-F(a)=\Big[F(x)\Big]_a^b$
  이므로 정적분의 계산에서 적분상수는 고려하지 않는다.
- (4)는 a, b, c의 대소에 관계없이 성립한다.
- 우함수의 그래프는 y축에 대하여 대칭이고, 기함수의 그래프는 원점에 대하여 대칭이다.
- 주기가 p인 주기함수 $f(x)$는
  $f(x+p)=f(x)$
  를 만족시킨다.

5 치환적분법을 이용한 정적분

핵심 3

닫힌구간 $[a, b]$에서 연속인 함수 $f(x)$에 대하여 미분가능한 함수 $x=g(t)$의 도함수 $g'(t)$가 $a=g(\alpha)$, $b=g(\beta)$일 때 α, β를 포함하는 구간에서 연속이면

$$\int_a^b f(x)dx=\int_\alpha^\beta f(g(t))g'(t)dt$$

참고 삼각함수를 이용한 치환적분법

(1) $\sqrt{a^2-x^2}$ $(a>0)$ 꼴을 포함한 함수

$x=a\sin\theta\left(-\frac{\pi}{2}\le\theta\le\frac{\pi}{2}\right)$로 치환한 후 $\sin^2\theta+\cos^2\theta=1$임을 이용한다.

(2) $\dfrac{1}{x^2+a^2}$ $(a>0)$ 꼴을 포함한 함수

$x=a\tan\theta\left(-\frac{\pi}{2}<\theta<\frac{\pi}{2}\right)$로 치환한 후 $1+\tan^2\theta=\sec^2\theta$임을 이용한다.

Note

▶ $\int_\alpha^\beta f(g(x))g'(x)dx$ 꼴의 정적분은 $g(x)=t$로 놓으면 $\frac{dt}{dx}=g'(x)$이므로

$\int_\alpha^\beta f(g(x))g'(x)dx$

$=\int_{g(\alpha)}^{g(\beta)} f(t)dt$

6 부분적분법을 이용한 정적분

핵심 4

닫힌구간 $[a, b]$에서 두 함수 $f(x)$, $g(x)$가 미분가능하고, $f'(x)$, $g'(x)$가 연속일 때

$$\int_a^b f(x)g'(x)dx=\Big[f(x)g(x)\Big]_a^b-\int_a^b f'(x)g(x)dx$$

▶ 미분하기 쉬운 것을 $f(x)$로, 적분하기 쉬운 것을 $g'(x)$로 놓으면 편리하다.

7 정적분으로 정의된 함수

(1) 정적분으로 정의된 함수의 미분

① $\dfrac{d}{dx}\int_a^x f(t)dt=f(x)$ (단, a는 실수)

② $\dfrac{d}{dx}\int_x^{x+a} f(t)dt=f(x+a)-f(x)$ (단, a는 실수)

(2) 정적분으로 정의된 함수의 극한

① $\lim\limits_{x\to 0}\dfrac{1}{x}\int_a^{x+a} f(t)\,dt=f(a)$

② $\lim\limits_{x\to a}\dfrac{1}{x-a}\int_a^x f(t)dt=f(a)$

▶ 정적분의 결과는 일반적으로 상수이지만, 정적분의 위끝 또는 아래끝에 변수가 있으면 정적분의 결과는 그 변수에 대한 함수이다.

핵심 1 여러 가지 함수의 정적분 유형 1~3

다음 정적분의 값을 구해 보자.

(1) $\int_1^2 \frac{1}{x}dx=\Big[\ln|x|\Big]_1^2=\ln 2-\ln 1=\ln 2$

(2) $\int_1^4 \sqrt{x}\,dx=\int_1^4 x^{\frac{1}{2}}dx=\Big[\frac{2}{3}x^{\frac{3}{2}}\Big]_1^4=\frac{2}{3}\times 4^{\frac{3}{2}}-\frac{2}{3}\times 1^{\frac{3}{2}}=\frac{16}{3}-\frac{2}{3}=\frac{14}{3}$

(3) $\int_0^1 e^{x+1}dx=\Big[e^{x+1}\Big]_0^1=e^2-e$

(4) $\int_0^{\pi} \sin x\,dx=\Big[-\cos x\Big]_0^{\pi}=1-(-1)=2$

함수 $f(x)$의 한 부정적분을 $F(x)$라 할 때,
$\int_a^b f(x)dx=\Big[F(x)\Big]_a^b=F(b)-F(a)$
적분

1915 다음 정적분의 값을 구하시오.

(1) $\int_1^2 \frac{1}{x^2}dx$　　(2) $\int_1^8 \sqrt[3]{x}\,dx$

(3) $\int_1^2 3^x dx$　　(4) $\int_0^{\frac{\pi}{4}} \cos x\,dx$

1916 정적분 $\int_0^{\frac{\pi}{3}} (1-\tan^2 x)dx$의 값을 구하시오.

핵심 2 우함수와 기함수의 정적분 유형 7

(1) **정적분 $\int_{-1}^1 (2^x+2^{-x})dx$의 값을 구해 보자.**

$f(x)=2^x+2^{-x}$이라 하면
$f(-x)=2^{-x}+2^{-(-x)}=2^{-x}+2^x=2^x+2^{-x}=f(x)$
이므로 $f(x)=2^x+2^{-x}$은 우함수이다. ← 곡선 $y=f(x)$가 y축에 대하여 대칭

$\therefore \int_{-1}^1 (2^x+2^{-x})dx$

$=\int_{-1}^0 (2^x+2^{-x})dx+\int_0^1 (2^x+2^{-x})dx$

→ $\int_0^1 (2^x+2^{-x})dx$와 같다.

$=2\int_0^1 (2^x+2^{-x})dx=2\Big[\frac{2^x}{\ln 2}-\frac{2^{-x}}{\ln 2}\Big]_0^1$

$=2\times\Big(\frac{2}{\ln 2}-\frac{1}{2\ln 2}\Big)=\frac{4}{\ln 2}-\frac{1}{\ln 2}=\frac{3}{\ln 2}$

(2) **정적분 $\int_{-\frac{\pi}{4}}^{\frac{\pi}{4}} x^2\tan x\,dx$의 값을 구해 보자.**

$x^2\tan x$에서 x^2은 우함수, $\tan x$는 기함수이고
(우함수)×(기함수)=(기함수)이므로
$x^2\tan x$는 기함수이다. ← 곡선 $y=x^2\tan x$가 원점에 대하여 대칭

$\therefore \int_{-\frac{\pi}{4}}^{\frac{\pi}{4}} x^2\tan x\,dx=\int_{-\frac{\pi}{4}}^0 x^2\tan x\,dx+\int_0^{\frac{\pi}{4}} x^2\tan x\,dx$

→ $-\int_0^{\frac{\pi}{4}} x^2\tan x\,dx$와 같다.

$=0$

1917 정적분 $\int_{-1}^1 (e^x+e^{-x})dx$의 값을 구하시오.

1918 정적분 $\int_{-\frac{\pi}{2}}^{\frac{\pi}{2}} (\sin x+\cos x)dx$의 값을 구하시오.

정답 및 풀이 369쪽

핵심 3 치환적분법을 이용한 정적분 유형 9~14

정적분 $\int_0^{\ln 3} \frac{e^x}{e^x+1}dx$의 값을 구해 보자.

$e^x+1=t$로 놓으면 $\frac{dt}{dx}=e^x$이고 → $dt=e^x dx$

$x=0$일 때 $t=2$, $x=\ln 3$일 때 $t=4$이므로
($e^0+1=1+1=2$, $e^{\ln 3}+1=3+1=4$)

$$\int_0^{\ln 3} \frac{e^x}{e^x+1}dx=\int_0^{\ln 3} \frac{1}{e^x+1}\times e^x dx$$
$$=\int_2^4 \frac{1}{t}dt=\Big[\ln|t|\Big]_2^4$$
$$=\ln 4-\ln 2=2\ln 2-\ln 2$$
$$=\ln 2$$

치환적분법으로 구한 정적분의 값은 상수이므로 부정적분과 다르게 처음의 변수로 나타내지 않아도 돼.

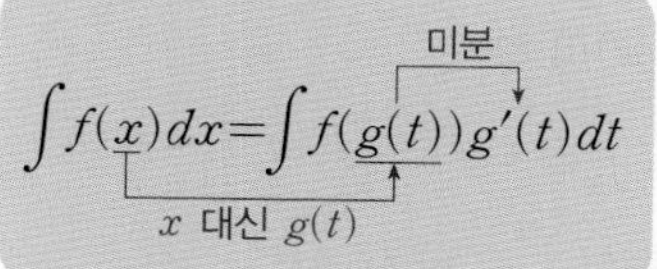

1919 정적분 $\int_1^e \frac{(\ln x)^2}{x}dx$의 값을 구하시오.

1920 정적분 $\int_0^{\frac{\pi}{2}} \frac{\cos x}{1+\sin x}dx$의 값을 구하시오.

핵심 4 부분적분법을 이용한 정적분 유형 16~18

정적분 $\int_0^{\frac{\pi}{2}} x\cos x\,dx$의 값을 구해 보자.

$f(x)=x$, $g'(x)=\cos x$로 놓으면
$f'(x)=1$, $g(x)=\sin x$이므로

(그대로, 미분)
$$\int_0^{\frac{\pi}{2}} x\cos x\,dx=\Big[x\times\sin x\Big]_0^{\frac{\pi}{2}}-\int_0^{\frac{\pi}{2}} 1\times\sin x\,dx$$
(적분, 그대로)
$$=\frac{\pi}{2}-\Big[-\cos x\Big]_0^{\frac{\pi}{2}}=\frac{\pi}{2}-1$$

부분적분법을 적용할 때 미분하기 쉬운 함수를 로그함수, 다항함수, 삼각함수, 지수함수 순으로 택하면 편리해.

1921 정적분 $\int_0^1 xe^x dx$의 값을 구하시오.

1922 정적분 $\int_1^e x\ln x\,dx$의 값을 구하시오.

기출 유형 check
실전 준비하기

26유형, 200문항입니다.

기초 유형 0 정적분 | 수학Ⅱ

(1) 닫힌구간 $[a, b]$에서 연속인 함수 $f(x)$의 한 부정적분을 $F(x)$라 하면

$$\int_a^b f(x)dx=\Big[F(x)\Big]_a^b=F(b)-F(a)$$

(2) 정적분 $\int_a^b f(x)dx$에서

① $a=b$일 때, $\int_a^a f(x)dx=0$

② $a>b$일 때, $\int_a^b f(x)dx=-\int_b^a f(x)dx$

1923 대표문제

함수 $f(x)=3x^2+2x$에 대하여 정적분

$\int_2^4 f(x)dx-\int_3^4 f(x)dx+\int_1^2 f(x)dx$의 값을 구하시오.

1924 Level 1

$\int_0^k (2x+1)dx=-\frac{1}{4}$을 만족시키는 상수 k의 값은?

① -1 ② $-\frac{1}{2}$ ③ 0

④ $\frac{1}{2}$ ⑤ 1

1925 Level 1

$\int_{-a}^a (6x^2+5x)dx=32$를 만족시키는 실수 a의 값을 구하시오.

1926 Level 2

다항함수 $f(x)$가 모든 실수 x에 대하여

$$\int_2^x f(t)\,dt=x^3-2x^2-3x+k$$

를 만족시킬 때, 상수 k에 대하여 $f(k)$의 값은?

① 79 ② 80 ③ 81

④ 82 ⑤ 83

1927 Level 2

다항함수 $f(x)$가 모든 실수 x에 대하여

$$\int_1^x (x-t)f(t)dt=ax^2+bx-1$$

을 만족시킬 때, 상수 a, b에 대하여 $a-b$의 값은?

① -3 ② -2 ③ -1

④ 1 ⑤ 2

1928 Level 2

정적분 $\int_0^3 |x^2-2x|dx$의 값은?

① $\frac{2}{3}$ ② $\frac{4}{3}$ ③ $\frac{5}{3}$

④ $\frac{8}{3}$ ⑤ $\frac{10}{3}$

실전 유형 1 유리함수와 무리함수의 정적분

유리함수를 포함한 함수의 정적분은 분자를 분모로 나누거나 부분분수를 이용하여 식을 변형하고, 무리함수를 포함한 함수의 정적분은 거듭제곱근을 지수가 유리수인 거듭제곱 꼴로 변형한다.

1929 대표문제

정적분 $\int_{1}^{2} \frac{4x^2+x+2}{x}dx$의 값은?

① $5+2\ln 2$ ② $7+2\ln 2$ ③ $9+2\ln 2$
④ $10+2\ln 2$ ⑤ $11+2\ln 2$

1930

Level 1

정적분 $\int_{2}^{4} \frac{x+3}{x^2}dx$의 값은?

① $\ln 2+\frac{1}{4}$ ② $\ln 2+\frac{1}{2}$ ③ $\ln 2+\frac{3}{4}$
④ $\ln 2+1$ ⑤ $2\ln 2+\frac{1}{4}$

1931

Level 1

정적분 $\int_{1}^{9} \frac{x+1}{\sqrt{x}}dx$의 값을 구하시오.

1932

Level 2

정적분 $\int_{0}^{1} (x-\sqrt{x})^2 dx$의 값은?

① $\frac{1}{30}$ ② $\frac{1}{20}$ ③ $\frac{1}{15}$
④ $\frac{1}{10}$ ⑤ $\frac{1}{5}$

1933

Level 2

정적분 $\int_{1}^{2} \frac{1}{x(x+1)}dx$의 값은?

① $\ln\frac{1}{3}$ ② $\ln\frac{1}{2}$ ③ $\ln\frac{2}{3}$
④ $\ln\frac{4}{3}$ ⑤ $\ln 2$

1934

Level 2

정적분 $\int_{1}^{5} \frac{x-1}{x+1}dx$의 값은?

① $4-4\ln 3$ ② $4-2\ln 3$ ③ $4-2\ln 2$
④ $4+2\ln 2$ ⑤ $4+2\ln 3$

1935

Level 2

정적분 $\int_{9}^{36} \frac{x-1}{\sqrt{x}+1} dx$의 값은?

① 95 ② 96 ③ 97
④ 98 ⑤ 99

1936

Level 2

$\int_{2}^{3} \frac{4}{x^2-1} dx = \ln k$일 때, 양수 k의 값은?

① $\frac{5}{4}$ ② $\frac{3}{2}$ ③ $\frac{7}{4}$
④ 2 ⑤ $\frac{9}{4}$

1937

Level 2

함수 $f(x)=\frac{3x-7}{(x-3)(x-1)}$에 대하여 정적분

$\int_{3}^{5} f(x+1)dx$의 값을 $\ln k$라 할 때, 양수 k의 값은?

① 7 ② 8 ③ $\frac{25}{3}$
④ $\frac{28}{3}$ ⑤ 10

1938

Level 2

$\int_{1}^{3} \frac{(3+\sqrt{x})^2-9}{\sqrt{x}} dx = a\sqrt{3}+b$일 때, 유리수 a, b에 대하여 $a+b$의 값을 구하시오.

다음은 이 유형에서 출제된 최근 교육청 • 평가원 기출문제입니다.

1939 • 교육청 2017년 7월

Level 2

$\int_{0}^{4} (5x-3)\sqrt{x}\, dx$의 값은?

① 47 ② 48 ③ 49
④ 50 ⑤ 51

1940 고난도 • 2019학년도 대학수학능력시험

Level 3

$x>0$에서 정의된 연속함수 $f(x)$가 모든 양수 x에 대하여

$$2f(x)+\frac{1}{x^2}f\left(\frac{1}{x}\right)=\frac{1}{x}+\frac{1}{x^2}$$

을 만족시킬 때, $\int_{\frac{1}{2}}^{2} f(x)dx$의 값은?

① $\frac{\ln 2}{3}+\frac{1}{2}$ ② $\frac{2\ln 2}{3}+\frac{1}{2}$ ③ $\frac{\ln 2}{3}+1$
④ $\frac{2\ln 2}{3}+1$ ⑤ $\frac{2\ln 2}{3}+\frac{3}{2}$

+Plus 문제

실전 유형 2 지수함수의 정적분

지수함수를 포함한 함수의 정적분은 지수법칙을 이용하여 전개하거나 인수분해하여 적분하기 쉬운 형태로 식을 변형한다.

1941 대표문제

정적분 $\int_0^2 \frac{4^x-1}{2^x+1}dx$의 값은?

① $\frac{1}{\ln 2}-2$ ② $\frac{2}{\ln 2}-2$ ③ $\frac{3}{\ln 2}-2$
④ $\frac{1}{\ln 2}+2$ ⑤ $\frac{2}{\ln 2}+2$

1942

Level 1

정적분 $\int_0^1 (e^x-1)(e^{2x}+e^x+1)dx$의 값은?

① $\frac{e^3-4}{3}$ ② $\frac{e^3-3}{3}$ ③ $\frac{e^3-2}{3}$
④ $\frac{e^3-1}{3}$ ⑤ $\frac{e^3}{3}$

1943

Level 2

정적분 $\int_0^{\ln 3} e^{x+4}dx$의 값을 구하시오.

1944

Level 2

정적분 $\int_0^1 (2^x+2^{-x})^2 dx$의 값은?

① $\frac{3}{2\ln 2}+2$ ② $\frac{13}{8\ln 2}+2$ ③ $\frac{7}{4\ln 2}+2$
④ $\frac{15}{8\ln 2}+2$ ⑤ $\frac{2}{\ln 2}+2$

1945

Level 2

정적분 $\int_{-1}^0 \sqrt{e^{2x}+6e^x+9}\,dx$의 값을 구하시오.

1946

Level 2

$\int_0^{\ln 3} \frac{(e^x+1)^2}{e^x}dx=a+b\ln 3$일 때, 유리수 a, b에 대하여 $b-a$의 값은?

① $-\frac{2}{3}$ ② $-\frac{1}{3}$ ③ 0
④ $\frac{1}{3}$ ⑤ $\frac{2}{3}$

1947

Level 3

자연수 n에 대하여 수열 $\{a_n\}$이

$$a_1+a_2+a_3+\cdots+a_n=\int_0^{n+1} 2^x dx$$

를 만족시킬 때, a_6의 값을 구하시오.

+Plus 문제

실전유형 3 삼각함수의 정적분

빈출유형

삼각함수를 포함한 함수의 정적분은 삼각함수 사이의 관계, 삼각함수의 덧셈정리, 배각의 공식 등을 이용하여 적분하기 쉬운 형태로 식을 변형한다.

1948 대표문제

정적분 $\int_{0}^{\frac{\pi}{2}} \frac{\cos^2 x}{1+\sin x} dx$의 값은?

① $\frac{\pi}{2}-1$ ② $\frac{\pi}{2}$ ③ $\frac{\pi}{2}+1$
④ $\frac{\pi}{2}+2$ ⑤ $\frac{\pi}{2}+4$

1949

Level 2

정적분 $\int_{0}^{\frac{\pi}{2}} \left(\sin\frac{x}{2}-\cos\frac{x}{2}\right)^2 dx$의 값은?

① $\frac{\pi}{2}-1$ ② $\frac{\pi}{2}-\frac{1}{2}$ ③ $\frac{\pi}{2}+\frac{1}{2}$
④ $\frac{\pi}{2}+1$ ⑤ $\frac{\pi}{2}+2$

1950

Level 2

정적분 $\int_{\frac{\pi}{6}}^{\frac{\pi}{3}} \frac{1}{\sin^2 x\cos^2 x} dx$의 값을 구하시오.

1951

Level 2

$\int_{0}^{a} \frac{1}{1-\sin^2 x} dx=\sqrt{3}$을 만족시키는 상수 a의 값은?

$\left(단, 0<a<\frac{\pi}{2}\right)$

① $\frac{\pi}{6}$ ② $\frac{\pi}{4}$ ③ $\frac{\pi}{3}$
④ $\frac{2}{5}\pi$ ⑤ $\frac{5}{12}\pi$

1952

Level 2

정적분 $\int_{\frac{\pi}{6}}^{\frac{\pi}{3}} \frac{1-\cos^2 x}{1-\sin^2 x} dx$의 값은?

① $\frac{\sqrt{3}}{3}-\frac{\pi}{3}$ ② $\frac{\sqrt{3}}{3}-\frac{\pi}{6}$ ③ $\frac{\sqrt{3}}{3}$
④ $\frac{2\sqrt{3}}{3}-\frac{\pi}{3}$ ⑤ $\frac{2\sqrt{3}}{3}-\frac{\pi}{6}$

1953

Level 2

$\int_{0}^{\frac{\pi}{2}} \frac{\cos 2x+1}{4(\sin x+1)} dx=a+b\pi$일 때, 유리수 a, b에 대하여 $a+b$의 값은?

① $-\frac{1}{2}$ ② $-\frac{1}{4}$ ③ 0
④ $\frac{1}{4}$ ⑤ $\frac{1}{2}$

실전유형 4 정적분의 성질

두 함수 $f(x)$, $g(x)$가 세 실수 a, b, c를 포함하는 구간에서 연속일 때

(1) $\int_a^b kf(x)dx=k\int_a^b f(x)dx$ (단, k는 상수)

(2) $\int_a^b \{f(x)+g(x)\}dx=\int_a^b f(x)dx+\int_a^b g(x)dx$

(3) $\int_a^b \{f(x)-g(x)\}dx=\int_a^b f(x)dx-\int_a^b g(x)dx$

(4) $\int_a^c f(x)dx+\int_c^b f(x)dx=\int_a^b f(x)dx$

1954 대표문제

정적분 $\int_1^2 \frac{x+1}{x^2+2x}dx+\int_2^1 \frac{x-3}{x^2+2x}dx$의 값은?

① $3\ln\frac{2}{3}$ ② $2\ln\frac{4}{3}$ ③ $2\ln\frac{3}{2}$
④ $2\ln 2$ ⑤ $3\ln 3$

1955

Level 1

정적분 $\int_{\frac{\pi}{3}}^{\frac{\pi}{2}}(\sin x+e^x)dx+\int_{\frac{\pi}{3}}^{\frac{\pi}{2}}(\sin y-e^y)dy$의 값은?

① 1 ② $\frac{\pi}{3}$ ③ 2
④ 3 ⑤ π

1956

Level 2

정적분 $\int_{\ln 3}^{0}\frac{e^{2t}}{e^t+1}dt+\int_0^{\ln 3}\frac{1}{e^x+1}dx$의 값을 구하시오.

1957

Level 2

함수 $f(x)=4\sqrt[3]{x}$에 대하여 정적분

$\int_{10}^{8} f(x)dx+\int_1^6 f(y)dy-\int_{10}^{6} f(t)dt$의 값은?

① 39 ② 42 ③ 45
④ 48 ⑤ 51

1958

Level 2

정적분 $\int_0^{\frac{\pi}{2}}(\cos^2 x+\sin x)dx+\int_0^{\frac{\pi}{2}}(\sin^2 t-2)dt$의 값을 구하시오.

1959

Level 2

정적분 $\int_1^2 \frac{1}{e^x-1}dx+\int_2^1 \frac{e^{3x}}{e^x-1}dx$의 값은?

① $-\frac{1}{2}e^4-e^2-e-1$ ② $-\frac{1}{2}e^4-e^2+e-1$
③ $-\frac{1}{2}e^4-\frac{1}{2}e^2-e-1$ ④ $-\frac{1}{2}e^4-\frac{1}{2}e^2+e-1$
⑤ $-\frac{1}{2}e^4-\frac{1}{2}e^2+e+1$

1960

Level 2

$\int_0^{\frac{\pi}{4}}\frac{\sin^2 x}{\sin x+\cos x}dx+\int_{\frac{\pi}{4}}^{0}\frac{\cos^2 x}{\sin x+\cos x}dx=a+b\sqrt{2}$라 할 때, 유리수 a, b에 대하여 $a-b$의 값을 구하시오.

실전 유형 5 구간에 따라 다르게 정의된 함수의 정적분

구간에 따라 다르게 정의된 함수 $f(x)=\begin{cases} g(x) & (x\geq c) \\ h(x) & (x\leq c) \end{cases}$가 닫힌구간 $[a, b]$에서 연속이고 $a<c<b$일 때

$$\int_a^b f(x)dx=\int_a^c h(x)dx+\int_c^b g(x)dx$$

1961 대표문제

함수 $f(x)=\begin{cases} \sqrt{x} & (0\leq x<1) \\ \dfrac{1}{x} & (x\geq 1) \end{cases}$ 에 대하여 정적분 $\int_0^{e^2} f(x)dx$의 값은?

① $\frac{1}{3}$ ② 1 ③ $\frac{5}{3}$
④ $\frac{8}{3}$ ⑤ 3

1962

Level 2

함수 $f(x)=\begin{cases} e^{-x}-1 & (x\leq 0) \\ \pi\sin\pi x & (x>0) \end{cases}$에 대하여 정적분 $\int_{-1}^3 f(x)dx$의 값은?

① $e-2$ ② $e-1$ ③ e
④ $e+1$ ⑤ $e+2$

1963

Level 2

함수 $f(x)=\begin{cases} \cos x+2 & \left(x<\dfrac{\pi}{2}\right) \\ 3\sin x & \left(x\geq\dfrac{\pi}{2}\right) \end{cases}$에 대하여 정적분 $\int_0^{\pi} f(x)dx$의 값은?

① $4-\pi$ ② $2-\pi$ ③ π
④ $2+\pi$ ⑤ $4+\pi$

1964

Level 2

함수 $f(x)=\begin{cases} \sqrt{x+1} & (-1\leq x\leq 0) \\ 3^x & (x>0) \end{cases}$에 대하여 $\int_{-1}^3 f(x)dx=a+\dfrac{b}{\ln 3}$이다. $\dfrac{b}{a}$의 값을 구하시오.

(단, a, b는 유리수이다.)

1965

Level 2

함수 $f(x)=\begin{cases} \dfrac{2}{x+1} & (x>1) \\ e^{x-1} & (x\leq 1) \end{cases}$이 1보다 큰 자연수 n에 대하여 $\int_0^n f(x)dx=4\ln 2-\dfrac{1}{e}+1$을 만족시킬 때, n의 값은?

① 4 ② 5 ③ 6
④ 7 ⑤ 8

1966

Level 2

연속함수 $f(x)=\begin{cases} e^x & (x\leq 0) \\ \sqrt{x}+a & (x>0) \end{cases}$에 대하여 정적분 $\int_{-1}^a f(x)dx$의 값을 구하시오. (단, $a>-1$)

1967

Level 2

모든 실수 x에서 연속인 함수 $f(x)=\begin{cases} \cos x+a & (x<0) \\ \sin x & (x\geq 0) \end{cases}$에 대하여 정적분 $\int_{-a\pi}^{a\pi} f(x)dx$의 값을 구하시오.

(단, a는 상수이다.)

● 정답 및 풀이 375쪽

실전 유형 6 절댓값 기호를 포함한 함수의 정적분 (복합유형)

절댓값 기호를 포함한 함수의 정적분은 절댓값 기호 안의 식의 값이 0이 되게 하는 x의 값을 경계로 적분 구간을 나누어 계산한다.

1968 대표문제

정적분 $\int_{-1}^{1}|e^x-1|dx$의 값은?

① $e-\frac{1}{e}+1$ ② $e-\frac{1}{e}+2$ ③ $e+\frac{1}{e}-2$
④ $e+\frac{1}{e}-1$ ⑤ $e+\frac{1}{e}$

1969 Level 1

정적분 $\int_{\frac{\pi}{2}}^{\frac{3}{2}\pi}|\sin x|dx$의 값을 구하시오.

1970 Level 2

정적분 $\int_{0}^{\frac{\pi}{2}}|\cos x-\sin x|dx$의 값을 구하시오.

1971 Level 2

정적분 $\int_{0}^{2}|e^x-e|dx$의 값은?

① $(e-2)^2$ ② $e-2$ ③ $e-1$
④ $(e-1)^2$ ⑤ e^2

1972 Level 2

정적분 $\int_{-\pi}^{\pi}(|x|+\cos x)dx$의 값은?

① π ② 2π ③ π^2
④ π^2+1 ⑤ $2\pi^2$

1973 Level 2

정적분 $\int_{-1}^{2}\left|\frac{x}{x+2}\right|dx$의 값은?

① $1-2\ln 2$ ② $1-\ln 2$ ③ 1
④ $1+\ln 2$ ⑤ $1+2\ln 2$

1974 Level 2

함수 $y=e^x$의 그래프를 x축의 방향으로 a만큼, y축의 방향으로 b만큼 평행이동한 함수 $y=f(x)$의 그래프가 그림과 같을 때, 정적분 $\int_{0}^{1}|f(x)|dx$의 값을 구하시오.

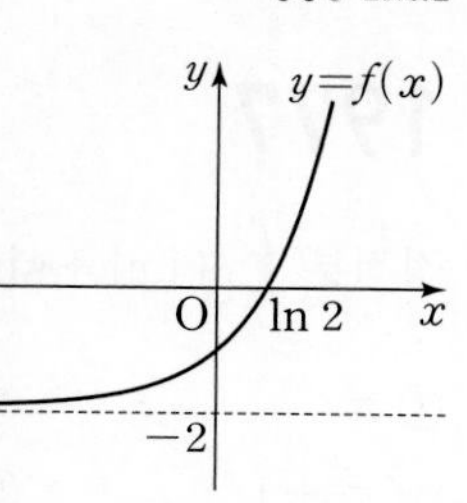

실전유형 7 우함수와 기함수의 정적분

함수 $f(x)$가 닫힌구간 $[-a,\ a]$에서 연속일 때

(1) $f(x)$가 우함수, 즉 $f(-x)=f(x)$이면

$$\int_{-a}^{a} f(x)dx=2\int_{0}^{a} f(x)dx$$

(2) $f(x)$가 기함수, 즉 $f(-x)=-f(x)$이면

$$\int_{-a}^{a} f(x)dx=0$$

1975 대표문제

정적분 $\int_{-\frac{\pi}{2}}^{\frac{\pi}{2}}\left(x^4\sin x-\cos x+\tan\frac{x}{2}\right)dx$의 값은?

① -2　② -1　③ 0　④ 1　⑤ 2

1976 Level 1

정적분 $\int_{-1}^{1}\frac{e^x+e^{-x}}{2}dx$의 값은?

① $e-\frac{1}{e}$　② e　③ $e+\frac{1}{e}$　④ $2\left(e-\frac{1}{e}\right)$　⑤ $2\left(e+\frac{1}{e}\right)$

1977 Level 2

정적분 $\int_{-\pi}^{\pi}(|x|+\sin x)dx$의 값은?

① π　② 2π　③ π^2　④ π^2+1　⑤ $2\pi^2$

1978 Level 2

정적분 $\int_{-1}^{1}(3^x+4^x+3^{-x}-4^{-x})dx$의 값은?

① $\frac{4}{\ln 3}$　② $\frac{8}{\ln 3}$　③ $\frac{16}{\ln 3}$　④ $\frac{8}{3\ln 3}$　⑤ $\frac{16}{3\ln 3}$

1979 Level 2

함수 $f(x)=(x+2)\cos x$에 대하여 정적분

$\int_{-\frac{\pi}{4}}^{\pi} f(x)dx+\int_{\pi}^{\frac{\pi}{4}} f(x)dx$의 값은?

① $-2\sqrt{2}$　② $-\sqrt{2}$　③ $\sqrt{2}$　④ $2\sqrt{2}$　⑤ $4\sqrt{2}$

1980 Level 2

정적분 $\int_{-\frac{\pi}{4}}^{\frac{\pi}{4}}\{x^2\tan x+(2+3x^3)\cos 2x\}dx$의 값은?

① 1　② $\sqrt{2}$　③ $\sqrt{3}$　④ 2　⑤ $2\sqrt{2}$

● 정답 및 풀이 377쪽

1981

Level 2

실수 전체의 집합에서 연속인 함수 $f(x)$가

$\int_{-2}^{4}\{f(x)+f(-x)\}dx=12$, $\int_{0}^{4}\{f(x)+f(-x)\}dx=20$

을 만족시킬 때, 정적분 $\int_{-2}^{2}\{f(x)+f(-x)\}dx$의 값을 구하시오.

1982

Level 2

연속함수 $f(x)$가 모든 실수 x에 대하여 $f(-x)=f(x)$이고 다음 조건을 만족시킬 때, 정적분 $\int_{-2}^{1}(\sin x-3)f(x)dx$의 값을 구하시오.

> (가) $\int_{0}^{1}f(x)dx=3$, $\int_{1}^{2}f(x)dx=4$
> (나) $\int_{1}^{2}f(x)\sin x\,dx=5$

1983

Level 3

$f(-x)=-f(x)$를 만족시키는 임의의 함수 $f(x)$에 대하여 **〈보기〉**에서 정적분의 값이 항상 0인 것만을 있는 대로 고른 것은?

〈보기〉

ㄱ. $\int_{-\frac{\pi}{2}}^{\frac{\pi}{2}}f(x)\sin x\,dx$　　ㄴ. $\int_{-\pi}^{\pi}\sin\{f(x)\}dx$

ㄷ. $\int_{-1}^{1}(2^x-2^{-x})f(x)dx$　　ㄹ. $\int_{-2}^{2}\{e^{f(x)}-e^{-f(x)}\}dx$

① ㄱ, ㄴ　② ㄱ, ㄷ　③ ㄱ, ㄹ
④ ㄴ, ㄷ　⑤ ㄴ, ㄹ

+Plus 문제

실전유형 8 주기함수의 정적분

주기가 p인 함수 $f(x)$, 즉 $f(x+p)=f(x)$를 만족시키는 연속함수 $f(x)$에 대하여

(1) $\int_{a}^{b}f(x)dx=\int_{a+p}^{b+p}f(x)dx$

(2) $\int_{a}^{a+p}f(x)dx=\int_{b}^{b+p}f(x)dx$

1984 대표문제

정적분 $\int_{0}^{6\pi}|\sin 2x|dx$의 값은?

① 6　② 8　③ 10
④ 12　⑤ 14

1985

Level 2

정적분 $\int_{-\frac{\pi}{4}}^{\frac{5}{4}\pi}(\cos 4x+1)dx$의 값은?

① π　② $\frac{3}{2}\pi$　③ 2π
④ $\frac{5}{2}\pi$　⑤ 3π

1986

Level 2

임의의 실수 a에 대하여 정적분 $\int_{a}^{a+\pi}|\sin x|dx$의 값은?

① -2　② -1　③ 0
④ 1　⑤ 2

1987

Level 2

모든 실수 x에 대하여 $f(x+2)=f(x)$를 만족시키고, $-1\le x\le 1$에서 $f(x)=\sqrt{|x|}$인 함수 $f(x)$에 대하여 정적분 $\int_{-1}^{5} f(x)dx$의 값은?

① 1 ② 2 ③ 3
④ 4 ⑤ 5

1988

Level 2

연속함수 $f(x)$가 모든 실수 x에 대하여 $f(x+2)=f(x)$를 만족시키고 $\int_{2}^{3} f(x)dx=7$, $\int_{3}^{4} f(x)dx=1$일 때, 정적분 $\int_{2020}^{2023} f(x)dx$의 값은?

① 8 ② 9 ③ 14
④ 15 ⑤ 16

1989

Level 2

함수 $f(x)=\begin{cases} \sin x & \left(0\le x\le \frac{\pi}{4}\right) \\ \cos x & \left(\frac{\pi}{4}\le x\le \frac{\pi}{2}\right) \end{cases}$가 모든 실수 x에 대하여 $f\left(x+\frac{\pi}{2}\right)=f(x)$를 만족시킬 때, 정적분 $\int_{-\pi}^{\pi} f(x)dx$의 값은?

① $4-4\sqrt{2}$ ② $8-4\sqrt{2}$ ③ $8-2\sqrt{2}$
④ $4+4\sqrt{2}$ ⑤ $8+4\sqrt{2}$

1990

Level 2

모든 실수 x에서 정의된 함수 $f(x)$가 다음 조건을 만족시킨다.

> (가) $f(x)=\dfrac{1-x^2}{1+x}$ $(0\le x\le 1)$
> (나) 모든 실수 x에 대하여 $f(-x)=f(x)$이다.
> (다) 모든 실수 x에 대하여 $f(x)=f(x+2)$이다.

정적분 $\int_{-1}^{5} f(x)dx$의 값은?

① 1 ② 2 ③ 3
④ 4 ⑤ 5

다음은 이 유형에서 출제된 최근 교육청 · 평가원 기출문제입니다.

1991

고난도 · 교육청 2016년 4월

Level 3

모든 실수 x에 대하여 연속인 함수 $f(x)$가 다음 조건을 만족시킨다.

> (가) 모든 실수 x에 대하여 $f(x+2)=f(x)$이다.
> (나) $0\le x\le 1$일 때, $f(x)=\sin \pi x+1$이다.
> (다) $1<x<2$일 때, $f'(x)\ge 0$이다.

$\int_{0}^{6} f(x)dx=p+\frac{q}{\pi}$일 때, $p+q$의 값을 구하시오.

(단, p, q는 정수이다.)

실전유형 9 정적분의 치환적분법 - $f(ax+b)$ 꼴

미분가능한 함수 $x=g(t)$의 도함수 $g'(t)$가 $a=g(\alpha)$, $b=g(\beta)$일 때, α, β를 포함하는 구간에서 연속이면

$$\int_a^b f(x)dx=\int_\alpha^\beta f(g(t))g'(t)dt$$

1992 대표문제

연속함수 $f(x)$에 대하여 $\int_1^4 f(x)dx=6$일 때, 정적분 $\int_1^2 f(3x-2)dx$의 값은?

① 1 ② 2 ③ 3 ④ 6 ⑤ 9

1993

Level 2

$0\le x\le 4$에서 정의된 함수 $y=f(x)$의 그래프가 그림과 같을 때, 정적분 $\int_0^2 \sqrt{x}f(x+1)dx$의 값은?

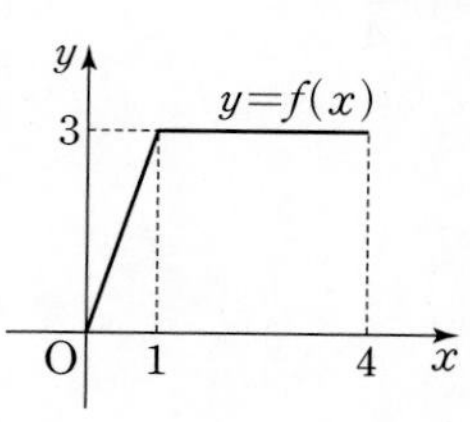

① $2\sqrt{2}$ ② $3\sqrt{2}$ ③ $4\sqrt{2}$ ④ $5\sqrt{2}$ ⑤ $6\sqrt{2}$

1994

Level 2

함수 $f(x)=3^x$에 대하여 $\int_0^2 \{f(x)+f(4-x)\}dx=\frac{k}{\ln 3}$일 때, 상수 k의 값을 구하시오.

1995

Level 2

연속함수 $f(x)$에 대하여 〈보기〉에서 정적분 $\int_0^a \{f(x)+f(2a-x)\}dx$의 값과 같은 것만을 있는 대로 고른 것은? (단, a는 0이 아닌 상수이다.)

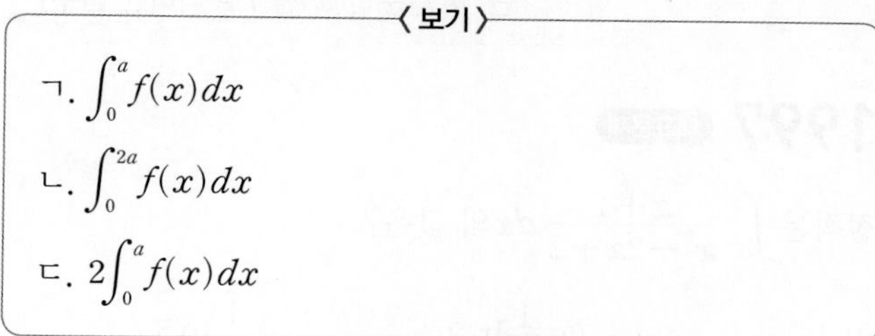

〈보기〉

ㄱ. $\int_0^a f(x)dx$

ㄴ. $\int_0^{2a} f(x)dx$

ㄷ. $2\int_0^a f(x)dx$

① ㄱ ② ㄴ ③ ㄷ ④ ㄱ, ㄴ ⑤ ㄴ, ㄷ

1996 고난도

Level 3

연속함수 $f(x)$가 다음 조건을 만족시킨다.

(가) 모든 실수 x에 대하여 $f(x+4)=f(x)$이다.

(나) $\int_{-\frac{1}{2}}^{\frac{1}{2}} f(2x+1)dx=3$, $\int_{\frac{1}{2}}^{1} f(4x)dx=2$

정적분 $\int_{10}^{20} f(x)dx$의 값은?

① 9 ② 18 ③ 27 ④ 36 ⑤ 45

실전유형 10 유리함수의 치환적분법 빈출유형

$f(x)=t$로 놓으면 $\frac{dt}{dx}=f'(x)$이므로

$$\int_a^b \frac{g(x)f'(x)}{f(x)}dx=\int_{f(a)}^{f(b)} \frac{h(t)}{t}dt$$

(단, $h(t)$는 $g(x)$를 t로 나타낸 함수)

1997 대표문제

정적분 $\int_0^2 \frac{x+1}{x^2+2x+2}dx$의 값은?

① 1　② $\frac{1}{2}\ln 2$　③ $\frac{1}{2}\ln 5$

④ $\ln 5$　⑤ $1+2\ln 2$

1998 Level 1

정적분 $\int_0^1 \frac{1}{(4-3x)^2}dx$의 값은?

① $\frac{1}{8}$　② $\frac{1}{7}$　③ $\frac{1}{6}$

④ $\frac{1}{5}$　⑤ $\frac{1}{4}$

1999 Level 1

정적분 $\int_1^2 2x(3-2x^2)^3 dx$의 값을 구하시오.

2000 Level 2

$\int_0^4 \frac{3x^2}{x^3+8}dx=\ln a$일 때, 양수 a의 값은?

① 3　② 4　③ 6

④ 8　⑤ 9

2001 Level 2

정적분 $\int_0^2 \frac{4x-2}{(x^2-x+2)^3}dx$의 값은?

① $\frac{1}{16}$　② $\frac{1}{8}$　③ $\frac{3}{16}$

④ $\frac{1}{4}$　⑤ $\frac{5}{16}$

2002 Level 2

양수 a에 대하여 $\int_0^a \frac{2x}{x^2+1}dx=\ln 5$일 때, 정적분 $\int_0^a \frac{1}{2x+3}dx$의 값은?

① $\frac{1}{2}\ln 2$　② $\frac{1}{2}\ln\frac{7}{3}$　③ $\ln 2$

④ $\ln 3$　⑤ $2\ln 3$

실전 유형 11 무리함수의 치환적분법

$f(x)=t$로 놓으면 $\frac{dt}{dx}=f'(x)$이므로

(1) $\int_a^b f'(x)\sqrt{f(x)}\,dx=\int_{f(a)}^{f(b)}\sqrt{t}\,dt$

(2) $\int_a^b \frac{f'(x)}{\sqrt{f(x)}}\,dx=\int_{f(a)}^{f(b)}\frac{1}{\sqrt{t}}\,dt$

2003 대표문제

양수 a에 대하여 $\int_0^a 2x\sqrt{x^2+1}\,dx=\frac{2}{3}$일 때, $(a^2+1)^3$의 값은?

① 1 ② 2 ③ 3 ④ 4 ⑤ 5

2004

Level 1

정적분 $\int_0^{\sqrt{3}} \frac{2x}{\sqrt{x^2+1}}\,dx$의 값은?

① 1 ② 2 ③ 4 ④ 8 ⑤ 16

2005

Level 2

정적분 $\int_3^6 \frac{x}{\sqrt{x-2}}\,dx$의 값은?

① $\frac{26}{3}$ ② 9 ③ $\frac{28}{3}$ ④ $\frac{29}{3}$ ⑤ 10

2006

Level 2

$\int_3^8 \frac{1}{x\sqrt{x+1}}\,dx=\ln\frac{a}{b}$일 때, $b-a$의 값을 구하시오.

(단, a와 b는 서로소인 자연수이다.)

2007 고난도

Level 3

정적분 $\int_1^2 \frac{x-2}{x^2\sqrt{2x^2-x+1}}\,dx$의 값을 구하시오.

+Plus 문제

다음은 이 유형에서 출제된 최근 교육청 • 평가원 기출문제입니다.

2008 • 교육청 2018년 3월

Level 2

$\int_1^2 x\sqrt{x^2-1}\,dx$의 값은?

① $\sqrt{3}$ ② 2 ③ $\sqrt{5}$ ④ $\sqrt{6}$ ⑤ $\sqrt{7}$

2009 • 평가원 2019학년도 6월

Level 2

$\int_1^{\sqrt{2}} x^3\sqrt{x^2-1}\,dx$의 값은?

① $\frac{7}{15}$ ② $\frac{8}{15}$ ③ $\frac{3}{5}$ ④ $\frac{2}{3}$ ⑤ $\frac{11}{15}$

실전 유형 12 지수함수의 치환적분법

$f(x)=t$로 놓으면 $\frac{dt}{dx}=f'(x)$이므로

$$\int_a^b f'(x)e^{f(x)}dx=\int_{f(a)}^{f(b)} e^t\,dt$$

2010 대표문제

정적분 $\int_1^{\sqrt{2}} xe^{x^2-1}dx$의 값은?

① $\frac{1}{2}(e-1)$ ② $\frac{1}{2}(e+1)$ ③ $\frac{1}{2}(e^2-1)$
④ $e-1$ ⑤ e^2-1

2011 Level 1

정적분 $\int_0^1 \frac{e^{\sqrt{x}+1}}{2\sqrt{x}}dx$의 값을 구하시오.

2012 Level 2

정적분 $\int_{\sqrt{2}}^{\sqrt{3}}(x+2)^2e^{x^2}dx-\int_{\sqrt{2}}^{\sqrt{3}}(x-2)^2e^{x^2}dx$의 값은?

① $e(e-1)$ ② $2e^2(e-1)$ ③ $2e(e+1)$
④ $4e(e-1)$ ⑤ $4e^2(e-1)$

2013 Level 2

정적분 $\int_{-2}^{-1}\frac{e^x}{e^x+1}dx-\int_{2}^{-1}\frac{e^x}{e^x+1}dx$의 값은?

① $\ln(e^2-1)$ ② $\ln(e+1)$ ③ $\ln(e-1)$
④ 2 ⑤ 1

2014 Level 2

$\int_0^{\ln a}\frac{2e^x}{e^x+e^{-x}}dx=\ln 5$를 만족시키는 상수 a의 값은?

(단, $a>1$)

① 2 ② 3 ③ 4
④ 5 ⑤ 6

다음은 이 유형에서 출제된 최근 교육청 • 평가원 기출문제입니다.

2015 • 2018학년도 대학수학능력시험 Level 3

함수 $f(x)$가 $f(x)=\int_0^x \frac{1}{1+e^{-t}}dt$일 때, $(f\circ f)(a)=\ln 5$를 만족시키는 실수 a의 값은?

① $\ln 11$ ② $\ln 13$ ③ $\ln 15$
④ $\ln 17$ ⑤ $\ln 19$

실전유형 13 로그함수의 치환적분법

$\ln x = t$로 놓으면 $\frac{dt}{dx}=\frac{1}{x}$이므로

$$\int_a^b \frac{f(\ln x)}{x}dx=\int_{\ln a}^{\ln b} f(t)dt$$

2016 대표문제

정적분 $\int_{e^2}^{e^3} \frac{1}{x\ln x}dx$의 값은?

① -1 ② $\ln\frac{2}{3}$ ③ $\ln\frac{3}{2}$
④ $\ln 2$ ⑤ 1

2017 Level 2

정적분 $\int_{\frac{1}{e}}^{e} \frac{4}{x(3+\ln x)^2}dx$의 값은?

① 1 ② 2 ③ 3
④ 4 ⑤ 5

2018 Level 2

$\int_1^a \frac{(\ln x)^2}{x}dx=9$를 만족시키는 상수 a의 값은? (단, $a>1$)

① e ② e^2 ③ e^3
④ e^4 ⑤ e^5

2019 Level 2

함수 $f(x)=\frac{1}{x\sqrt{\ln x}}$에 대하여 정적분

$\int_e^{e^3} f(x)dx-\int_{e^4}^{e^3} f(x)dx$의 값을 구하시오.

2020 Level 2

1보다 큰 실수 a에 대하여 $f(a)=\int_1^a \frac{\sqrt{\ln x}}{x}dx$라 할 때,

$f(a^9)$의 값과 같은 것은?

① $8f(a)$ ② $12f(a)$ ③ $25f(a)$
④ $27f(a)$ ⑤ $32f(a)$

2021 Level 3

자연수 n에 대하여 $a_n=\int_1^e \frac{(\ln x)^n}{x}dx$라 할 때, $\sum_{n=1}^{\infty} a_n a_{n+2}$

의 값은?

① $\frac{1}{6}$ ② $\frac{1}{4}$ ③ $\frac{1}{3}$
④ $\frac{5}{12}$ ⑤ $\frac{1}{2}$

+Plus 문제

실전유형 14 삼각함수의 치환적분법

빈출유형

$\sin x = t$로 놓으면 $\frac{dt}{dx} = \cos x$이므로

$$\int_a^b f(\sin x)\cos x\,dx = \int_{\sin a}^{\sin b} f(t)\,dt$$

2022 대표문제

정적분 $\int_{\frac{\pi}{6}}^{\frac{\pi}{2}} \sin^3 x \cos x\,dx$의 값은?

① $\frac{15}{64}$ ② $\frac{1}{4}$ ③ $\frac{17}{64}$

④ $\frac{9}{32}$ ⑤ $\frac{19}{64}$

2023

Level 1

정적분 $\int_0^{\frac{\pi}{3}} (\cos 2x + \sin 3x)\,dx$의 값을 구하시오.

2024

Level 1

정적분 $\int_{-\frac{\pi}{4}}^{\frac{\pi}{4}} (1-\tan x)\sec^2 x\,dx$의 값은?

① 1 ② 2 ③ 3

④ 4 ⑤ 5

2025

Level 2

정적분 $\int_0^{\frac{\pi}{2}} (e^{\sin x} + \sin x)\cos x\,dx$의 값은?

① $e-1$ ② $e-\frac{1}{2}$ ③ e

④ $e+\frac{1}{2}$ ⑤ $e+1$

2026

Level 2

함수 $f(x) = x^3 + 1$에 대하여 정적분 $\int_0^{\frac{\pi}{2}} f(\cos x)\sin x\,dx$의 값을 구하시오.

2027

Level 2

등식 $\int_e^{e^3} \frac{a+\ln x}{x}\,dx = \int_0^{\frac{\pi}{2}} \sin^3 x\,dx$가 성립할 때, 상수 a의 값은?

① -2 ② $-\frac{5}{3}$ ③ $-\frac{4}{3}$

④ -1 ⑤ 1

2028

Level 2

자연수 n에 대하여 수열 $\{a_n\}$을 $a_n = \int_0^{\frac{\pi}{4}} \tan^{2n} x\,dx$로 정의할 때, $a_9 + a_{10} = \frac{q}{p}$이다. $p-q$의 값을 구하시오.

(단, p와 q는 서로소인 자연수이다.)

2029

Level 2

정적분 $\int_0^{\frac{\pi}{4}} \frac{\cos(\tan x)}{1-\sin^2 x} dx$의 값은?

① $\frac{\sqrt{2}}{2}$ ② $\sin 1$ ③ $\sqrt{2}$
④ $\cos 1$ ⑤ $2\sin 1$

2030

Level 2

정적분 $\int_0^{\frac{\pi}{3}} \tan x \ln(\cos x) dx$의 값을 구하시오.

다음은 이 유형에서 출제된 최근 교육청 • 평가원 기출문제입니다.

2031 • 교육청 2021년 7월

Level 2

$\int_0^{\frac{\pi}{4}} 2\cos 2x \sin^2 2x \, dx$의 값은?

① $\frac{1}{9}$ ② $\frac{1}{6}$ ③ $\frac{2}{9}$
④ $\frac{5}{18}$ ⑤ $\frac{1}{3}$

2032 • 교육청 2016년 10월

Level 2

함수 $f(x)=8x^2+1$에 대하여 $\int_{\frac{\pi}{6}}^{\frac{\pi}{2}} f'(\sin x)\cos x \, dx$의 값을 구하시오.

실전유형 15 삼각함수를 이용한 치환적분법

(1) $\sqrt{a^2-x^2}$ $(a>0)$ 꼴을 포함한 함수
➜ $x=a\sin\theta \left(-\frac{\pi}{2}\le\theta\le\frac{\pi}{2}\right)$로 치환한 후
$\sin^2\theta+\cos^2\theta=1$임을 이용하여 계산한다.

(2) $\frac{1}{x^2+a^2}$ $(a>0)$ 꼴을 포함한 함수
➜ $x=a\tan\theta \left(-\frac{\pi}{2}<\theta<\frac{\pi}{2}\right)$로 치환한 후
$1+\tan^2\theta=\sec^2\theta$임을 이용하여 계산한다.

2033 대표문제

정적분 $\int_0^{\frac{1}{2}} \frac{x}{\sqrt{1-x^2}} dx$의 값은?

① $1-\frac{\sqrt{3}}{2}$ ② $\frac{1}{2}$ ③ $\frac{\sqrt{3}}{2}$
④ $\frac{3}{2}$ ⑤ $1+\frac{\sqrt{3}}{2}$

2034

Level 2

정적분 $\int_{-1}^{3} \frac{1}{3+x^2} dx$의 값을 구하시오.

2035

Level 2

정적분 $\int_0^{\sqrt{2}} \frac{1}{\sqrt{4-x^2}} dx$의 값을 a라 할 때, $\tan a$의 값은?

① 0 ② $\frac{1}{2}$ ③ $\frac{\sqrt{2}}{2}$
④ $\frac{\sqrt{3}}{2}$ ⑤ 1

2036

Level 2

정적분 $\int_0^{\sqrt{3}} \frac{4}{x^2+9}dx$의 값은?

① $\frac{\pi}{9}$ ② $\frac{2}{9}\pi$ ③ $\frac{\pi}{3}$
④ $\frac{4}{9}\pi$ ⑤ $\frac{5}{9}\pi$

2037

Level 2

$\int_0^{\frac{a}{4}} \frac{2a}{\sqrt{a^2-4x^2}}dx=\frac{\pi}{3}$를 만족시키는 양수 a의 값은?

① 1 ② 2 ③ 3
④ 4 ⑤ 5

2038

Level 2

정적분 $\int_{-3}^{3} \frac{1}{3+x^2}dx$의 값은?

① $\frac{\sqrt{2}}{9}\pi$ ② $\frac{2\sqrt{2}}{3}\pi$ ③ $\frac{\sqrt{2}}{3}\pi$
④ $\frac{\sqrt{3}}{9}\pi$ ⑤ $\frac{2\sqrt{3}}{9}\pi$

2039

Level 2

$\int_{-a}^{a} \frac{1}{a^2+x^2}dx=\frac{\pi}{3}$일 때, 양수 a의 값은?

① $\frac{1}{2}$ ② 1 ③ $\frac{3}{2}$
④ 2 ⑤ $\frac{5}{2}$

2040

Level 2

정적분 $\int_0^{2\sqrt{3}} \frac{x-3}{\sqrt{16-x^2}}dx$의 값은?

① π ② $1-\pi$ ③ $1+\pi$
④ $2-\pi$ ⑤ $2+\pi$

2041

Level 2

정적분 $\int_1^{\sqrt{3}} \frac{1}{x^2\sqrt{x^2+1}}dx$의 값은?

① $\frac{\sqrt{2}}{2}-\frac{2\sqrt{3}}{2}$ ② $\frac{\sqrt{2}}{2}-\frac{\sqrt{3}}{2}$ ③ $\sqrt{2}-\sqrt{3}$
④ $\sqrt{2}-\frac{2\sqrt{3}}{3}$ ⑤ $\sqrt{2}-\frac{\sqrt{3}}{3}$

실전 유형 16 부분적분법을 이용한 정적분

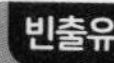

두 함수 $f(x)$, $g(x)$가 미분가능하고 $f'(x)$, $g'(x)$가 닫힌구간 $[a, b]$에서 연속일 때

$$\int_a^b f(x)g'(x)dx=\Big[f(x)g(x)\Big]_a^b-\int_a^b f'(x)g(x)dx$$

2042 대표문제

정적분 $\int_0^1 (x-1)e^x dx$의 값은?

① $-2-e$　② $-1-e$　③ $-e$
④ $1-e$　⑤ $2-e$

2043

Level 2

정적분 $\int_e^{e^2} \ln x\, dx$의 값은?

① $2e-1$　② e^2　③ $2e^2-e$
④ e^2+2e　⑤ $2e^2+e$

2044

Level 2

정적분 $\int_0^{\frac{\pi}{2}} x\cos 2x\, dx$의 값은?

① $-\frac{3}{2}$　② -1　③ $-\frac{1}{2}$
④ $\frac{1}{4}$　⑤ $\frac{3}{4}$

2045

Level 2

정적분 $\int_0^1 3xe^{2x} dx$의 값은?

① $\frac{1}{2}(e^2-1)$　② $\frac{1}{2}(e^2+1)$　③ $\frac{1}{2}(e^2+3)$
④ $\frac{3}{4}(e^2+1)$　⑤ $\frac{3}{4}(e^2+3)$

2046

Level 2

정적분 $\int_1^e x\ln x^2 dx$의 값을 구하시오.

2047

Level 2

$\int_0^\pi x(\sin x+\cos x)dx=a\pi+b$일 때, 유리수 a, b에 대하여 a^2+b^2의 값은?

① 2　② 3　③ 4
④ 5　⑤ 6

2048

Level 2

함수 $f(x)=2xe^{-x}$에 대하여 정적분

$\int_1^3 f(x)dx-\int_2^3 f(x)dx$의 값을 구하시오.

2049

Level 2

정적분 $\int_0^1 2e^{-x}dx - \int_1^e \frac{\ln x}{x^2}dx$의 값은?

① $1-\frac{4}{e}$　② $1-\frac{2}{e}$　③ 1

④ $1+\frac{2}{e}$　⑤ $1+\frac{4}{e}$

2050

Level 2

$\int_1^{e^3} |\ln x - 2|dx = ae^b + c$일 때, 정수 a, b, c에 대하여 $a+b+c$의 값은?

① -2　② -1　③ 0

④ 1　⑤ 2

2051

Level 2

정적분 $\int_0^{\frac{\pi}{2}} 6x\cos\left(x+\frac{\pi}{4}\right)dx$의 값은?

① $\sqrt{2}\left(\frac{\pi}{2}-2\right)$　② $\frac{\sqrt{2}}{2}\pi$　③ $\frac{3\sqrt{2}}{2}\pi$

④ $2\sqrt{2}\left(\frac{\pi}{2}-2\right)$　⑤ $3\sqrt{2}\left(\frac{\pi}{2}-2\right)$

2052

Level 2

함수 $f(x)=xe^x-\sin \pi x$에 대하여 정적분 $\int_0^1 f(x+1)dx$의 값은?

① $e^2+\frac{1}{\pi}$　② $e^2+\frac{2}{\pi}$　③ $e^2+\frac{3}{\pi}$

④ $e^2+\pi$　⑤ $e^2+\frac{\pi}{2}$

다음은 이 유형에서 출제된 최근 교육청 • 평가원 기출문제입니다.

2053 • 2019학년도 대학수학능력시험

Level 2

$\int_0^{\pi} x\cos(\pi - x)dx$의 값을 구하시오.

2054 • 2020학년도 대학수학능력시험

Level 2

$\int_e^{e^2} \frac{\ln x - 1}{x^2}dx$의 값은?

① $\frac{e+2}{e^2}$　② $\frac{e+1}{e^2}$　③ $\frac{1}{e}$

④ $\frac{e-1}{e^2}$　⑤ $\frac{e-2}{e^2}$

심화유형 17 부분적분법을 이용한 정적분 - 2번 적용하는 경우

부분적분법을 한 번 적용하여 정적분의 값을 구할 수 없을 때는 부분적분법을 한 번 더 적용한다.

2055 대표문제

정적분 $\int_0^{\pi} e^x \sin x\,dx$의 값은?

① $\frac{e^\pi-1}{2}$ ② $e^\pi-1$ ③ e^π
④ $\frac{e^\pi+1}{2}$ ⑤ $e^\pi+1$

2056

Level 2

정적분 $\int_0^1 (x^2+3)e^x\,dx$의 값은?

① $4e-5$ ② $4e-3$ ③ $4e-1$
④ $4e+1$ ⑤ $4e+3$

2057

Level 2

정적분 $\int_0^{\pi} x^2 \cos x\,dx$의 값은?

① -2π ② $-\pi$ ③ 0
④ π ⑤ 2π

2058

Level 2

정적분 $\int_0^{\frac{\pi}{2}} (x^2+x)\sin x\,dx$의 값은?

① $\pi-2$ ② $\pi-1$ ③ π
④ $\pi+1$ ⑤ $\pi+2$

2059

Level 2

$\int_0^{\pi} e^{-x}\cos x\,dx = ae^{-\pi}+b$일 때, 유리수 a, b에 대하여 ab의 값은?

① -1 ② $-\frac{1}{2}$ ③ $-\frac{1}{4}$
④ $\frac{1}{4}$ ⑤ $\frac{1}{2}$

2060

Level 2

정적분 $\int_0^{\frac{\pi}{2}} e^x(\sin x+\cos x)\,dx$의 값은?

① $\frac{e^{\frac{\pi}{2}}-2}{2}$ ② $\frac{e^{\frac{\pi}{2}}-1}{2}$ ③ $e^{\frac{\pi}{2}}$
④ $e^{\frac{\pi}{2}}+\frac{1}{2}$ ⑤ $e^{\frac{\pi}{2}}+1$

심화유형 18 정적분의 치환적분법과 부분적분법

$\int_a^b f(g(x))dx$ (a, b는 상수) 꼴로 주어진 경우는 치환적분법과 부분적분법을 이용하여 다음과 같은 순서로 구한다.

❶ $g(x)=t$로 치환하여 $\int_\alpha^\beta f(t)g'(t)dt$ 꼴로 고친다.

❷ $\int_\alpha^\beta f(t)g'(t)dt=\left[f(t)g(t)\right]_\alpha^\beta-\int_\alpha^\beta f'(t)g(t)dt$

2061 대표문제

정적분 $\int_0^{\pi^2} \sin\sqrt{x}\,dx$의 값을 구하시오.

2062 Level 2

정적분 $\int_1^{e^\pi} \cos(\ln x)dx$의 값을 구하시오.

다음은 이 유형에서 출제된 최근 교육청 • 평가원 기출문제입니다.

2063 고난도 • 교육청 2021년 10월 Level 3

미분가능한 함수 $f(x)$가 다음 조건을 만족시킨다.

(가) $x_1<x_2$인 임의의 두 실수 x_1, x_2에 대하여 $f(x_1)>f(x_2)$이다.
(나) 닫힌구간 $[-1, 3]$에서 함수 $f(x)$의 최댓값은 1이고 최솟값은 -2이다.

$\int_{-1}^3 f(x)dx=3$일 때, $\int_{-2}^1 f^{-1}(x)dx$의 값은?

① 4 ② 5 ③ 6
④ 7 ⑤ 8

+Plus 문제

실전유형 19 정적분을 포함한 등식 – 적분 구간에 상수만 있는 경우 빈출유형

$f(x)=g(x)+\int_a^b f(t)dt$ (a, b는 상수) 꼴로 주어졌을 때, $f(x)$는 다음과 같은 순서로 구한다.

❶ $\int_a^b f(t)dt=k$ (k는 상수)로 놓는다.

❷ $f(x)=g(x)+k$를 ❶의 식에 대입하여 k의 값을 구한다.

❸ k의 값을 $f(x)=g(x)+k$에 대입하여 $f(x)$를 구한다.

2064 대표문제

함수 $f(x)$가

$$f(x)=e^x-2x+\int_0^2 f(t)dt$$

를 만족시킬 때, $f(2)$의 값은?

① -3 ② -1 ③ 0
④ 1 ⑤ 3

2065 Level 2

연속함수 $f(x)$가 모든 실수 x에 대하여

$$f(x)=3\cos x+\int_0^{\frac{\pi}{2}} f(t)dt$$

를 만족시킬 때, $f(\pi)$의 값을 구하시오.

2066 Level 2

$x>0$에서 연속인 함수 $f(x)$가

$$f(x)=\frac{\ln x}{x}+x-\int_1^e f(t)dt$$

를 만족시킬 때, $f(e)$의 값은?

① $\frac{e}{2}$ ② $\frac{1}{e}+\frac{e}{2}$ ③ $\frac{2}{e}+\frac{e}{2}$
④ $\frac{1}{e}+e$ ⑤ $\frac{2}{e}+e$

● 정답 및 풀이 391쪽

2067

Level 2

함수 $f(x)$가

$$f(x)=\sin 2x+\int_0^{\frac{\pi}{4}} f(t)\cos 2t\,dt$$

를 만족시킬 때, $f\left(\frac{\pi}{4}\right)$의 값을 구하시오.

2068

Level 2

$x>0$에서 연속인 함수 $f(x)$가

$$f(x)=x\ln x-\int_1^e \frac{2f(t)}{t}dt$$

를 만족시킬 때, $f(1)$의 값은?

① $-\frac{2}{3}$ ② $\frac{2}{3}$ ③ 1
④ $\frac{3}{2}$ ⑤ 2

2069

Level 2

함수 $f(x)$가

$$f(x)=\frac{x}{\sqrt{2x+1}}-\int_0^1 f(t)dt$$

를 만족시킬 때, $f(4)$의 값을 구하시오.

2070

Level 2

$x>0$에서 연속인 함수 $f(x)$가

$$f(x)=\ln x+\int_1^e f(t)dt$$

를 만족시킬 때, 함수 $f(x)$를 구하시오.

2071

Level 2

함수 $f(x)$가

$$f(x)=e^{x^2}+2\int_0^2 tf(t)dt$$

를 만족시킬 때, $f(2)$의 값은?

① $\frac{1}{3}$ ② $\frac{e^4-1}{3}$ ③ $\frac{2e^4-1}{3}$
④ $\frac{e^4+1}{3}$ ⑤ $\frac{2e^4+1}{3}$

2072

Level 2

실수 전체의 집합에서 미분가능한 함수 $f(x)$가

$$f(0)=2,\ f(x)=a\sin x+\int_0^{\pi} tf'(t)dt$$

를 만족시킬 때, 상수 a의 값은?

① -2 ② -1 ③ $-\frac{1}{2}$
④ 1 ⑤ 2

다음은 이 유형에서 출제된 최근 교육청 • 평가원 기출문제입니다.

2073 • 교육청 2017년 7월

Level 2

함수 $f(x)$가

$$f(x)=e^x+\int_0^1 tf(t)dt$$

를 만족시킬 때, $f(\ln 10)$의 값을 구하시오.

실전유형 20 정적분을 포함한 등식 – 적분 구간에 변수가 있는 경우 빈출유형

$\int_a^x f(t)dt=g(x)$ (a는 상수) 꼴로 주어졌을 때, $f(x)$는 다음과 같은 순서로 구한다.

❶ 양변을 x에 대하여 미분 → $f(x)=g'(x)$

❷ 양변에 $x=a$를 대입 → $\int_a^a f(t)dt=0$이므로 $g(a)=0$

2074 대표문제

연속함수 $f(x)$가 모든 실수 x에 대하여

$$\int_1^x f(t)dt=e^{2x}+ax+a$$

를 만족시킬 때, $f(0)$의 값은? (단, a는 상수이다.)

① -2 ② $2-e^2$ ③ $2-\frac{e^2}{2}$

④ 2 ⑤ $2+\frac{e^2}{2}$

2075 Level 1

함수 $f(x)$가 모든 실수 x에 대하여

$$\int_0^x f(t)dt=(x-1)\cos 2x+ax^2-a$$

를 만족시킬 때, $f(\pi)$의 값을 구하시오. (단, a는 상수이다.)

2076 Level 1

모든 실수 x에 대하여 미분가능한 함수 $f(x)$가

$$f(x)=(x^2+1)e^{2x}+\int_0^x e^t f(t)dt$$

를 만족시킬 때, $f(0)+f'(0)$의 값을 구하시오.

2077 Level 2

양의 실수 전체의 집합에서 미분가능한 함수 $f(x)$가

$$xf(x)=2x+\int_1^x f(t)dt$$

를 만족시킬 때, $f(e^{-2})$의 값은?

① -4 ② -2 ③ 0

④ 2 ⑤ 4

2078 Level 2

$x\neq 0$인 모든 실수에서 미분가능한 함수 $f(x)$가

$$\int_1^x f(t)dt=xf(x)+x$$

를 만족시킬 때, 함수 $f(x)$를 구하시오.

2079 Level 2

$x>0$에서 미분가능한 함수 $f(x)$가

$$xf(x)=2x^2\ln x+\int_e^x f(t)dt$$

를 만족시킬 때, $f\left(\frac{1}{e}\right)$의 값은?

① $-\frac{6}{e}$ ② $-\frac{4}{e}$ ③ $-\frac{2}{e}$

④ $\frac{2}{e}$ ⑤ $\frac{4}{e}$

2080

Level 2

실수 전체의 집합에서 미분가능한 함수 $f(x)=\int_1^x e^{t^3}dt$에 대하여 정적분 $\int_0^1 xf(x)dx$의 값을 구하시오.

2081

Level 2

모든 실수 x에 대하여 미분가능한 함수 $f(x)$가

$$\int_\pi^x f(t)dt=xf(x)-x^2\sin x$$

를 만족시킬 때, $f\left(\frac{\pi}{2}\right)$의 값은?

① $\frac{\pi}{2}-1$　② $\frac{\pi}{2}$　③ $\frac{\pi}{2}+1$
④ $\pi-1$　⑤ π

2082

Level 2

모든 실수 x에 대하여 미분가능한 함수 $f(x)$가

$$xf(x)=x^2e^{-x}+\int_1^x f(t)dt$$

를 만족시킬 때, 정적분 $\int_{-1}^0 f(x)dx$의 값은?

① $-e-\frac{1}{e}$　② $-e$　③ $-e+\frac{1}{e}$
④ $e-\frac{1}{e}$　⑤ $e+\frac{1}{e}$

다음은 이 유형에서 출제된 최근 교육청·평가원 기출문제입니다.

2083 · 교육청 2019년 7월

Level 2

실수 전체의 집합에서 연속인 함수 $f(x)$가

$$\int_a^x f(t)dt=(x+a-4)e^x$$

을 만족시킬 때, $f(a)$의 값은? (단, a는 상수이다.)

① e　② e^2　③ e^3
④ e^4　⑤ e^5

2084 · 교육청 2019년 4월

Level 2

실수 전체의 집합에서 미분가능한 함수 $f(x)$가

$$xf(x)=3^x+a+\int_0^x tf'(t)dt$$

를 만족시킬 때, $f(a)$의 값은? (단, a는 상수이다.)

① $\frac{\ln 2}{6}$　② $\frac{\ln 2}{3}$　③ $\frac{\ln 2}{2}$
④ $\frac{\ln 3}{3}$　⑤ $\frac{\ln 3}{2}$

2085 · 교육청 2020년 10월

Level 3

연속함수 $f(x)$가 모든 양의 실수 t에 대하여

$$\int_0^{\ln t} f(x)dx=(t\ln t+a)^2-a$$

를 만족시킬 때, $f(1)$의 값은? (단, a는 0이 아닌 상수이다.)

① $2e^2+2e$　② $2e^2+4e$　③ $4e^2+4e$
④ $4e^2+8e$　⑤ $8e^2+8e$

실전 유형 21 정적분을 포함한 등식 – 적분 구간과 피적분함수에 변수가 있는 경우

$\int_a^x (x-t)f(t)dt=g(x)$ (a는 상수) 꼴로 주어졌을 때, $f(x)$는 다음과 같은 순서로 구한다.

❶ 등식의 좌변을 $x\int_a^x f(t)dt-\int_a^x tf(t)dt$로 변형한다.

❷ ❶에서 구한 식의 양변을 x에 대하여 미분한다.

2086 대표문제

함수 $f(x)$가 $x>0$인 모든 실수 x에 대하여

$$\int_1^x (x-t)f(t)dt=2\ln x-x^2+1$$

을 만족시킬 때, $f(1)$의 값을 구하시오.

2087 Level 2

함수 $f(x)$가 모든 실수 x에 대하여

$$\int_\pi^x (x-t)f(t)dt=\sin 2x+ax+2\pi$$

를 만족시킬 때, $af\left(\frac{\pi}{4}\right)$의 값은? (단, a는 상수이다.)

① -8　② -4　③ 2
④ 4　⑤ 8

2088 Level 2

함수 $f(x)=\frac{2x+1}{x^2+x+1}$에 대하여 미분가능한 함수 $F(x)$가 $F(x)=\int_0^x (x-t)f(t)dt$일 때, $F'(k)=\ln 7$을 만족시키는 양수 k의 값을 구하시오.

2089 Level 2

미분가능한 함수 $f(x)$가 모든 실수 x에 대하여

$$\int_0^x (x-t)f(t)dt-\int_0^x f(t)dt=-x$$

를 만족시킬 때, 함수 $f(x)$를 구하시오. (단, $f(x)>0$)

2090 Level 2

미분가능한 함수 $f(x)$가 모든 실수 x에 대하여

$$\int_1^x (x+t)f(t)dt=xe^x-ex$$

를 만족시킬 때, $3f(1)+2f'(1)$의 값은?

① $3e$　② $3e+1$　③ $6e$
④ $6e+2$　⑤ $9e$

다음은 이 유형에서 출제된 최근 교육청 • 평가원 기출문제입니다.

2091 • 교육청 2018년 3월 Level 2

실수 전체의 집합에서 연속인 함수 $f(x)$가 모든 실수 x에 대하여

$$x\int_0^x f(t)dt-\int_0^x tf(t)dt=ae^{2x}-4x+b$$

를 만족시킬 때, $f(a)f(b)$의 값을 구하시오.

(단, a, b는 상수이다.)

실전유형 22 정적분으로 정의된 함수의 극대 · 극소

$f(x)=\int_a^x g(t)dt$와 같이 정의된 함수 $f(x)$의 극값은 다음과 같은 순서로 구한다.

❶ 양변을 x에 대하여 미분한다. ➔ $f'(x)=g(x)$

❷ $f'(x)=0$을 만족시키는 x의 값의 좌우에서 $f'(x)$의 부호를 조사한다.

2092 대표문제

$0<x<\pi$에서 함수 $f(x)=\int_0^x (1-2\sin t)\cos t\,dt$의 극솟값은?

① $-\frac{1}{2}$ ② $-\frac{1}{4}$ ③ 0

④ $\frac{1}{4}$ ⑤ $\frac{1}{2}$

2093

Level 2

$x>0$일 때, 함수 $f(x)=\int_0^x (t\sqrt{t}-\sqrt{t})dt$의 극솟값을 구하시오.

2094

Level 2

함수 $f(x)=\int_0^x (t-1)e^t\,dt$의 극솟값은?

① $-e-2$ ② $-e-1$ ③ $-e$

④ $-e+1$ ⑤ $-e+2$

2095

Level 2

$x>0$에서 정의된 함수 $f(x)=\int_1^x (\ln t+a)dt$가 $x=e$에서 극솟값 b를 가질 때, 상수 a, b에 대하여 $a-b$의 값은?

① $e-3$ ② $e-2$ ③ $e-1$

④ e ⑤ $e+1$

2096

Level 2

$x>0$에서 정의된 함수 $f(x)=\int_e^x \frac{\ln t}{t}dt$의 극솟값을 구하시오.

2097

Level 2

함수 $f(x)=\int_{-1}^x \frac{-2t}{t^2+1}dt$가 $x=a$에서 극댓값 b를 가질 때, 상수 a, b에 대하여 $a+b$의 값은?

① $-2\ln 2$ ② $-\ln 2$ ③ 0

④ $\ln 2$ ⑤ $2\ln 2$

2098

Level 2

$0<x<2\pi$에서 함수 $f(x)=\int_0^x t\cos t\,dt$의 극댓값을 M, 극솟값을 m이라 할 때, $M-m$의 값을 구하시오.

2099

Level 2

$0<x<\pi$에서 함수 $f(x)=\int_0^x (a+b\cos t)\sin t\,dt$가 $x=\frac{\pi}{3}$에서 극솟값 $-\frac{1}{2}$을 가질 때, 상수 a, b에 대하여 ab의 값은?

① -8 ② -4 ③ -2
④ 4 ⑤ 8

다음은 이 유형에서 출제된 최근 교육청 • 평가원 기출문제입니다.

2100 고난도 • 교육청 2020년 7월

Level 3

실수 전체의 집합에서 $f(x)>0$이고 도함수가 연속인 함수 $f(x)$가 있다. 실수 전체의 집합에서 함수 $g(x)$가

$$g(x)=\int_0^x \ln f(t)\,dt$$

일 때, 함수 $g(x)$와 $g(x)$의 도함수 $g'(x)$는 다음 조건을 만족시킨다.

> (가) 함수 $g(x)$는 $x=1$에서 극값 2를 갖는다.
> (나) 모든 실수 x에 대하여 $g'(-x)=g'(x)$이다.

$\int_{-1}^1 \frac{xf'(x)}{f(x)}dx$의 값은?

① -4 ② -2 ③ 0
④ 2 ⑤ 4

+Plus 문제

실전유형 23 정적분으로 정의된 함수의 최대 · 최소

$f(x)=\int_a^x g(t)\,dt$와 같이 정의된 함수 $f(x)$의 최댓값과 최솟값은 다음과 같은 순서로 구한다.

❶ 양변을 x에 대하여 미분한다. → $f'(x)=g(x)$
❷ $f'(x)=0$을 만족시키는 x의 값의 좌우에서 $f'(x)$의 부호를 조사한다.
❸ $f(x)$의 극값과 주어진 구간의 양 끝 값에서의 함숫값을 비교한다.

2101 대표문제

$0\le x\le\pi$일 때, 함수 $f(x)=\int_0^x (2\cos t-1)\,dt$는 $x=a$에서 최댓값 b를 갖는다. 상수 a, b에 대하여 $a+b$의 값은?

① $-\sqrt{3}$ ② -1 ③ 0
④ 1 ⑤ $\sqrt{3}$

2102

Level 2

함수 $f(x)=\int_0^x (t+1)e^t\,dt$의 최솟값은?

① $-\frac{1}{e}-1$ ② $-\frac{1}{e}$ ③ $\frac{1}{e}-1$
④ $\frac{1}{e}$ ⑤ $\frac{1}{e}+1$

2103

Level 2

$x>0$일 때, 함수 $f(x)=\int_1^x (t-t\ln t)\,dt$는 $x=a$에서 최댓값 b를 갖는다. 상수 a, b에 대하여 $4b-a^2$의 값은?

① -6 ② -5 ③ -4
④ -3 ⑤ -2

2104

Level 2

실수 전체의 집합에서 연속인 함수 $f(x)$가

$$f(x)=2e^{x^2}+\int_0^1 tf(t)dt$$

를 만족시킬 때, 함수 $f(x)$의 최솟값은?

① $2e-2$ ② $2e-1$ ③ e
④ $2e$ ⑤ $2e+2$

다음은 이 유형에서 출제된 최근 교육청·평가원 기출문제입니다.

2105 · 교육청 2018년 10월

Level 2

실수 전체의 집합에서 정의된 함수

$$f(x)=\int_0^x \frac{2t-1}{t^2-t+1}dt$$

의 최솟값은?

① $\ln\frac{1}{2}$ ② $\ln\frac{2}{3}$ ③ $\ln\frac{3}{4}$
④ $\ln\frac{4}{5}$ ⑤ $\ln\frac{5}{6}$

2106 · 교육청 2018년 4월

Level 2

자연수 n에 대하여 양의 실수 전체의 집합에서 정의된 함수

$$f(x)=\int_1^x \frac{n-\ln t}{t}dt$$

의 최댓값을 $g(n)$이라 하자. $\sum_{n=1}^{12} g(n)$의 값을 구하시오.

실전 유형 24 정적분으로 정의된 함수의 극한(1)

함수 $f(x)$의 한 부정적분을 $F(x)$라 할 때

$$\lim_{x\to 0}\frac{1}{x}\int_x^{x+a} f(t)dt=\lim_{x\to 0}\frac{F(x+a)-F(x)}{x}$$
$$=F'(a)=f(a)$$

2107 대표문제

함수 $f(x)=3x-\frac{2}{x^2}+\sqrt{x}\ (x>0)$에 대하여

$\lim_{h\to 0}\frac{1}{h}\int_1^{1+3h} f(t)dt$의 값은?

① 1 ② 2 ③ 4
④ 6 ⑤ 8

2108

Level 2

$\lim_{h\to 0}\frac{1}{h}\int_e^{e+2h} e^{2t}\ln t\,dt$의 값은?

① e^2 ② e^e ③ e^{2e}
④ $2e^e$ ⑤ $2e^{2e}$

2109

Level 2

함수 $f(x)=e^x(\sin x-\cos x)$에 대하여 $\lim_{h\to 0}\frac{1}{h}\int_{\pi-h}^{\pi+h} f(t)dt$

의 값은?

① $-2e^\pi$ ② $-e^\pi$ ③ 0
④ e^π ⑤ $2e^\pi$

2110

Level 2

$\lim_{h\to 0}\frac{1}{h}\int_0^{2h}(e^{-x}\cos x+k)dx=6$일 때, 상수 k의 값을 구하시오.

2111

Level 2

함수 $f(x)=\int_0^x \frac{t-1}{\sqrt{t}+1}dt$에 대하여 $\lim_{h\to 0}\frac{1}{h}\int_{4-h}^{4+h}f(t)dt$의 값을 구하시오.

2112

Level 2

$\lim_{n\to\infty} n\int_0^{\frac{2}{n}}\frac{2e^x}{x^2+1}dx$의 값을 구하시오.

다음은 이 유형에서 출제된 최근 교육청 • 평가원 기출문제입니다.

2113 • 평가원 2019학년도 6월

Level 2

함수 $f(x)=a\cos(\pi x^2)$에 대하여

$$\lim_{x\to 0}\left\{\frac{x^2+1}{x}\int_1^{x+1}f(t)dt\right\}=3$$

일 때, $f(a)$의 값은? (단, a는 상수이다.)

① 1 ② $\frac{3}{2}$ ③ 2

④ $\frac{5}{2}$ ⑤ 3

실전 유형 25 정적분으로 정의된 함수의 극한(2)

함수 $f(x)$의 한 부정적분을 $F(x)$라 할 때

$$\lim_{x\to a}\frac{1}{x-a}\int_a^x f(t)dt=\lim_{x\to a}\frac{F(x)-F(a)}{x-a}=F'(a)=f(a)$$

2114 대표문제

$\lim_{x\to\pi}\frac{1}{x-\pi}\int_\pi^x(1+2\cos t)\sin\frac{t}{2}dt$의 값은?

① -2 ② -1 ③ 0

④ 1 ⑤ 2

2115

Level 1

$\lim_{x\to 0}\frac{1}{x}\int_0^x(2^t+1)^2dt$의 값은?

① 1 ② 2 ③ 4

④ 8 ⑤ 16

2116

Level 2

$\lim_{x\to e}\frac{1}{e-x}\int_e^x e^t\ln t\,dt$의 값은?

① $-e^e$ ② $-e$ ③ 0

④ e ⑤ e^e

2117

Level 2

$\lim_{x\to1}\frac{1}{x^2-1}\int_1^x \cos^5 \pi t\,dt$의 값은?

① $-\frac{\sqrt{3}}{2}$　② $-\frac{1}{2}$　③ $\frac{1}{2}$
④ $\frac{\sqrt{3}}{2}$　⑤ $\sqrt{3}$

2118

Level 2

$\lim_{x\to2}\frac{1}{x^3-8}\int_2^x t^2\sin\frac{\pi}{4}t\,dt$의 값은?

① $\frac{1}{3}$　② $\frac{2}{3}$　③ 1
④ $\frac{4}{3}$　⑤ $\frac{5}{3}$

2119

Level 2

함수 $f(x)=e^{x^3}$에 대하여 $\lim_{x\to1}\frac{1}{x-1}\int_1^{\sqrt{x}} f(t)\,dt$의 값은?

① $-e$　② $-\frac{e}{2}$　③ 1
④ $\frac{e}{2}$　⑤ e

2120

Level 2

$\lim_{x\to1}\frac{1}{x-1}\int_1^{x^3} t\ln(t+3)\,dt=a\ln 2$일 때, 상수 a의 값은?

① 2　② 3　③ 4
④ 5　⑤ 6

2121 신경향

Level 2

임의의 양수 a에 대하여 함수 $f(x)$가

$$\lim_{x\to a}\frac{1}{x-a}\int_a^x tf(t)\,dt=a^2\cos a$$

를 만족시킬 때, 정적분 $\int_0^{\frac{\pi}{2}} f(x)\,dx$의 값은?

① $\frac{\pi}{2}-1$　② 1　③ $\frac{\pi}{2}$
④ $\frac{\pi}{2}+1$　⑤ 2

2122

Level 2

함수 $f(x)=xe^{-x}$에 대하여 $\lim_{x\to-1}\frac{1}{x+1}\int_{-1}^x f(t)f'(t)\,dt$의 값을 구하시오.

17 2150

자연수 n에 대하여 $a_n=\int_1^{e^n}\frac{\ln x}{x}dx$라 할 때, $\sum_{n=1}^{\infty}\frac{1}{\sqrt{a_n a_{n+1}}}$의 값은? [4점]

① -2　② -1　③ 0　④ 1　⑤ 2

18 2151

함수 $f(x)=x^2(\sin x-\cos x)$에 대하여 정적분 $\int_{\frac{3}{2}\pi}^{\pi}f(x)dx-\int_{\frac{3}{2}\pi}^{2\pi}f(x)dx+\int_0^{2\pi}f(x)dx$의 값은? [4점]

① $\pi^2-2\pi-4$　② $\pi^2-2\pi+4$　③ $\pi^2+2\pi-4$　④ $\pi^2+2\pi$　⑤ $\pi^2+2\pi+4$

19 2152

함수 $f(x)$가 $f(x)=x-\int_0^1 e^t f(t)dt$를 만족시킬 때, $f\left(\frac{2}{e}\right)$의 값은? [4점]

① $\frac{1}{e}$　② $\frac{2}{e}$　③ $e-\frac{1}{e}$　④ e　⑤ $e+\frac{1}{e}$

20 2153

함수 $f(x)=\int x\cos 2x\,dx$에 대하여 $f(0)=1$일 때, 정적분 $\int_{\frac{\pi}{2}}^{\pi}e^{f(x)}x\cos 2x\,dx$의 값은? [4.5점]

① $-2e$　② $e-\sqrt{e}$　③ $e-\frac{1}{\sqrt{e}}$　④ $e+\frac{1}{\sqrt{e}}$　⑤ $e+\sqrt{e}$

21 2154

함수 $f(x)=ae^x-be^{-x}$에 대하여

$$\lim_{x\to1}\frac{1}{x^3-1}\int_{x-2}^{x}f(t)dt=2\left(e-\frac{1}{e}\right)$$

일 때, $f(\ln 3)$의 값은? [4.5점]

① 5　② 6　③ 7　④ 8　⑤ 9

서술형

22 2155

실수 a에 대하여 정적분 $\int_0^{\frac{\pi}{2}}(2a\cos x-1)^2\,dx$의 최솟값을 구하는 과정을 서술하시오. [6점]

23 2156

함수 $f(x)=\int_0^x (t+a)e^t\,dt$가 $x=3$에서 최솟값 b를 가질 때, 상수 a, b에 대하여 $a+b$의 값을 구하는 과정을 서술하시오. [6점]

24 2157

함수 $f(x)$가 $f(x)=\int_{-x}^0 \frac{1}{e^{-t}+1}\,dt$일 때, $f(a)=-\ln 3$을 만족시키는 상수 a의 값을 구하는 과정을 서술하시오. [8점]

25 2158

실수 전체의 집합에서 미분가능한 함수 $f(x)$가 다음 조건을 만족시킨다.

> (가) 모든 실수 x에 대하여 $f'(-x)=-f'(x)$이다.
> (나) $\int_0^1 f'(x)\,dx=2$, $f(0)=0$
> (다) $\int_0^1 f(x)\,dx=5$

$\int_0^1 xf'(2x-1)\,dx$의 값을 구하는 과정을 서술하시오. [8점]

● 정답 및 풀이 412쪽

2회

점 / 100점

• 선택형 21문항, 서술형 4문항입니다.

1 2159

정적분 $\int_0^1 (2x-1)\sqrt{x}\,dx$의 값은? [3점]

① $\frac{1}{15}$　② $\frac{2}{15}$　③ $\frac{1}{5}$
④ $\frac{4}{15}$　⑤ $\frac{1}{3}$

2 2160

정적분 $\int_1^2 4^x\,dx$의 값은? [3점]

① $\frac{4}{\ln 2}$　② $\frac{6}{\ln 2}$　③ $\frac{8}{\ln 2}$
④ $\frac{10}{\ln 2}$　⑤ $\frac{12}{\ln 2}$

3 2161

함수 $f(x)=\begin{cases} e^{x-1} & (x\le 1) \\ \frac{1}{x^2} & (x\ge 1) \end{cases}$에 대하여 정적분 $\int_{-1}^{e} f(x)\,dx$의 값은? [3점]

① $1-\frac{1}{e}-\frac{1}{e^2}$　② $1-\frac{1}{e}+\frac{1}{e^2}$　③ $1+\frac{1}{e}+\frac{1}{e^2}$
④ $2-\frac{1}{e}-\frac{1}{e^2}$　⑤ $2-\frac{1}{e}+\frac{1}{e^2}$

4 2162

정적분 $\int_{-\frac{\pi}{4}}^{\frac{\pi}{4}} (\sin 3x\cos 6x+\cos x)\,dx$의 값은? [3점]

① $\frac{\sqrt{2}}{4}$　② $\frac{\sqrt{2}}{2}$　③ $\sqrt{2}$
④ $2\sqrt{2}$　⑤ $4\sqrt{2}$

5 2163

다음 중 함수 $f(x)=\cos(\sin x)$에 대하여 정적분 $\int_{-3}^{3} f(x)\,dx+\int_{-1}^{1} f(x)\,dx$의 값과 같은 것은? [3점]

① $\int_{-3}^{3} f(x)\,dx$　② $2\int_{-3}^{1} f(x)\,dx$
③ $2\int_{-1}^{1} f(x)\,dx$　④ $\int_{-3}^{1} f(x)\,dx$
⑤ 1

6 2164

정적분 $\int_0^1 (xe^{1-x^2}-2)\,dx$의 값은? [3점]

① $\frac{e-1}{2}$　② $\frac{e-3}{2}$　③ $\frac{e-5}{2}$
④ $e-1$　⑤ $e-5$

7 2165

정적분 $\int_{1}^{e^2} \frac{(1+3\ln x)\ln x}{x} dx$의 값은? [3점]

① 2　② 4　③ 6
④ 8　⑤ 10

8 2166

정적분 $\int_{1}^{e} \frac{\ln x^2}{x^2} dx$의 값은? [3점]

① $2-\frac{4}{e}$　② $2-\frac{2}{e}$　③ $2-\frac{1}{e}$
④ $2+\frac{2}{e}$　⑤ $2+\frac{4}{e}$

9 2167

미분가능한 함수 $f(x)=\int_{0}^{x}(x-t)\sin t\, dt$에 대하여 $f'(\pi)$의 값은? [3점]

① 0　② 1　③ 2
④ $\frac{\pi}{2}$　⑤ π

10 2168

$0<x<2\pi$에서 함수 $f(x)=\int_{0}^{x}(1+2\cos t)\sin t\, dt$의 극솟값을 a, 극댓값을 b라 할 때, $2b-a$의 값은? [3점]

① $\frac{3}{2}$　② $\frac{7}{4}$　③ 2
④ $\frac{9}{4}$　⑤ $\frac{5}{2}$

11 2169

연속함수 $f(x)$가

$$f(x)+f(-x)=e^x+e^{-x}$$

을 만족시킬 때, 정적분 $\int_{-1}^{1} f(x)dx$의 값은? [3.5점]

① $-e-\frac{3}{e}$　② $-e-\frac{2}{e}$　③ $-e-\frac{1}{e}$
④ $e-\frac{2}{e}$　⑤ $e-\frac{1}{e}$

12 2170

정적분 $\int_0^{\frac{\pi}{2}} \frac{\sin 2x}{1+\sin^2 x} dx$의 값은? [3.5점]

① 0 ② $\ln 2$ ③ $\ln 3$
④ $2\ln 2$ ⑤ $\ln 5$

13 2171

정적분 $\int_0^{\pi} (x-a\sin x)^2 dx$의 값이 최소가 되도록 하는 상수 a의 값은? [3.5점]

① $\frac{1}{2}$ ② 1 ③ $\frac{3}{2}$
④ 2 ⑤ $\frac{5}{2}$

14 2172

함수 $f(x)$가

$$f(x)=e^x-\int_0^1 tf(t)dt$$

를 만족시킬 때, $f(0)$의 값은? [3.5점]

① $\frac{1}{3}$ ② 1 ③ $\frac{5}{3}$
④ $\frac{7}{3}$ ⑤ 3

15 2173

실수 전체의 집합에서 연속인 함수 $f(x)$에 대하여 $\int_0^x f(t)dt=(2^x-1)^2$일 때, $\lim_{h\to 0} \frac{1}{2h}\int_1^{1+h} f(t)dt$의 값은?

[3.5점]

① $2\ln 2$ ② $3\ln 2$ ③ $4\ln 2$
④ $5\ln 2$ ⑤ $6\ln 2$

16 2174

함수 $f(x)=e^{x-1}+5$에 대하여 $\lim_{x\to 1} \frac{1}{x^3-1}\int_1^x tf(t)dt$의 값은? [3.5점]

① 1 ② 2 ③ 3
④ 4 ⑤ 5

09

17 2175

정적분 $\int_1^3 x^3 e^{x^2} dx$의 값은? [4점]

① e^9 ② $2e^9$ ③ $3e^9$
④ $4e^9$ ⑤ $5e^9$

18 2176

모든 실수 x에 대하여 미분가능한 함수 $f(x)$가

$$f(x)=2\int_0^x f(t)\cos t\,dt+1$$

을 만족시킬 때, $f'(\pi)$의 값은? (단, $f(x)>0$) [4점]

① -2 ② -1 ③ 0
④ 1 ⑤ 2

19 2177

$0\le x\le \frac{\pi}{2}$에서 연속인 함수 $f(x)$가

$$\int_0^{\frac{\pi}{2}} f(x)dx=2,\ \cos x\int_0^x f(t)dt+\sin x\int_{\frac{\pi}{2}}^x f(t)dt=0$$

을 만족시킬 때, $f\left(\frac{\pi}{4}\right)$의 값은? [4점]

① $\frac{\sqrt{2}}{4}$ ② $\frac{\sqrt{2}}{2}$ ③ 1
④ $\sqrt{2}$ ⑤ $2\sqrt{2}$

20 2178

실수 전체의 집합에서 미분가능한 함수 $f(x)$가 모든 실수 x에 대하여

$$f(x)=x(\ln x)^2+2x\int_1^e tf(t^2)dt-x\int_1^{e^2} f(t)dt$$

를 만족시킬 때, 정적분 $\int_1^e f(x)dx$의 값은? [4.5점]

① $\frac{e^2-1}{4}$ ② $\frac{e^2-1}{2}$ ③ $\frac{e^2}{4}$
④ $\frac{e^2}{2}$ ⑤ $\frac{e^2+1}{4}$

21 2179

$0<x<1$에서 함수 $f(x)=\int_x^{x+1}|t-1|e^{t-1}dt$의 극솟값이 $ae^{\frac{1}{e+1}}+2$일 때, 상수 a의 값은? [4.5점]

① $-\frac{1}{e}-1$ ② $-\frac{1}{e}$ ③ $1-\frac{1}{e}$
④ $\frac{1}{e}-1$ ⑤ $\frac{1}{e}-2$

서술형

22 2180

정적분 $\int_0^{\sqrt{2}} \frac{1}{(4-x^2)\sqrt{4-x^2}}\,dx$의 값을 구하는 과정을 서술하시오. [6점]

23 2181

함수 $f(x)$가

$$f(x)=\cos x-2\int_0^{\frac{\pi}{2}} f(t)\sin t\,dt$$

를 만족시킬 때, $f\left(\frac{2}{3}\pi\right)$의 값을 구하는 과정을 서술하시오. [6점]

24 2182

미분가능한 두 함수 $f(x)$, $g(x)$에 대하여 $g(x)=f^{-1}(x)$라 하자. $f(1)=3$, $g(1)=3$일 때, 정적분 $\int_1^3 \left\{\frac{f(x)}{f'(g(x))}+\frac{g(x)}{g'(f(x))}\right\}dx$의 값을 구하는 과정을 서술하시오. [8점]

25 2183

함수 $f(x)=x\sin \pi x+\cos \pi x-1$에 대하여

$$\lim_{x\to 0}\frac{1}{x}\int_{\frac{1}{2}}^{\frac{1}{2}+2x} f(t)\,dt+\lim_{x\to 1}\frac{1}{x^2-1}\int_1^x f(t)\,dt$$

의 값을 구하는 과정을 서술하시오. [8점]

전화해서 도움이 필요하다고 말했을 때 이를 거절한 사람은

한 명도, 단 한 명도 없었습니다.

그런데도 사람들은 요구하거나 요청하려 하지 않지요.

그것이 무언가를 이루어내는 사람과

그저 꿈만 꾸는 사람의 차이이기도 합니다.

– 스티브 잡스 –

정적분의 활용 10

10

Ⅲ. 적분법

정적분의 활용

1 정적분과 급수의 합 사이의 관계

핵심 1

(1) 함수 $f(x)$가 닫힌구간 $[a, b]$에서 연속일 때,

$$\lim_{n\to\infty}\sum_{k=1}^{n} f(x_k)\Delta x=\int_a^b f(x)dx$$

$$\left(\text{단, } \Delta x=\frac{b-a}{n},\ x_k=a+k\Delta x\right)$$

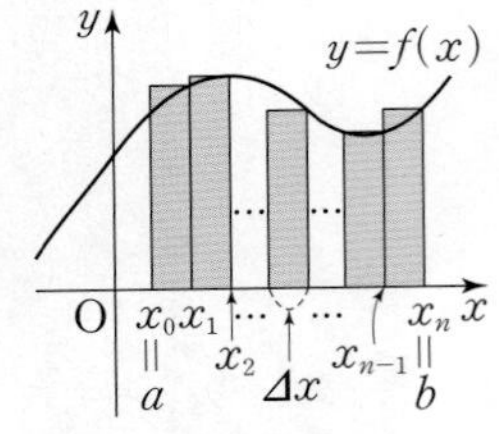

(2) 정적분과 급수의 관계를 이용하면 다음과 같이 급수의 합을 정적분으로 나타낼 수 있다.

① $\lim_{n\to\infty}\sum_{k=1}^{n} f\left(\frac{k}{n}\right)\times\frac{1}{n}=\int_0^1 f(x)dx$

② $\lim_{n\to\infty}\sum_{k=1}^{n} f\left(\frac{p}{n}k\right)\times\frac{p}{n}=\int_0^p f(x)dx$

③ $\lim_{n\to\infty}\sum_{k=1}^{n} f\left(a+\frac{b-a}{n}k\right)\times\frac{b-a}{n}=\int_a^b f(x)dx=\int_0^{b-a} f(a+x)dx$

④ $\lim_{n\to\infty}\sum_{k=1}^{n} f\left(a+\frac{p}{n}k\right)\times\frac{p}{n}=\int_a^{a+p} f(x)dx=\int_0^p f(a+x)dx$

Note

- 어떤 도형의 넓이나 부피를 구할 때, 이 도형을 여러 개의 기본 도형으로 나누어 그 기본 도형의 넓이나 부피의 합의 극한값으로 구하는 방법을 구분구적법이라 한다.
- 급수를 정적분으로 나타내는 순서는 다음과 같다.
  ❶ 적분변수 정하기
  ❷ 적분 구간 정하기
  ❸ 정적분으로 나타내기
- $\lim_{n\to\infty}\sum_{k=1}^{n} f\left(a+\frac{p}{n}k\right)\times\frac{q}{n}$
  $=\frac{q}{p}\int_a^{a+p} f(x)dx=\frac{q}{p}\int_0^p f(a+x)dx$
  $=q\int_0^1 f(a+px)dx$

2 곡선과 좌표축 사이의 넓이

핵심 2

(1) 함수 $f(x)$가 닫힌구간 $[a, b]$에서 연속일 때, 곡선 $y=f(x)$와 x축 및 두 직선 $x=a$, $x=b$로 둘러싸인 도형의 넓이 S는

$$S=\int_a^b |f(x)|dx$$

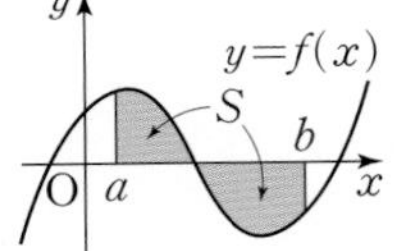

(2) 함수 $g(y)$가 닫힌구간 $[c, d]$에서 연속일 때, 곡선 $x=g(y)$와 y축 및 두 직선 $y=c$, $y=d$로 둘러싸인 도형의 넓이 S는

$$S=\int_c^d |g(y)|dy$$

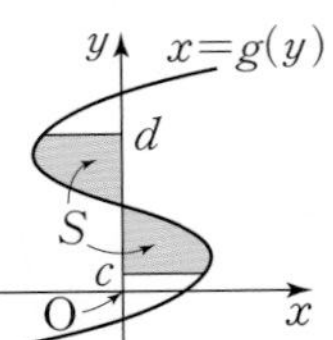

- 닫힌구간 $[a, b]$에서 $f(x)$의 값이 양수인 경우와 음수인 경우가 모두 있을 때는 $f(x)$의 값이 양수인 구간과 음수인 구간으로 나누어 넓이를 구한다.

3 두 곡선 사이의 넓이

(1) 두 함수 $f(x)$, $g(x)$가 닫힌구간 $[a, b]$에서 연속일 때, 두 곡선 $y=f(x)$, $y=g(x)$ 및 두 직선 $x=a$, $x=b$로 둘러싸인 도형의 넓이 S는

$$S=\int_a^b |f(x)-g(x)|dx$$

→ {(위쪽의 식)−(아래쪽의 식)}

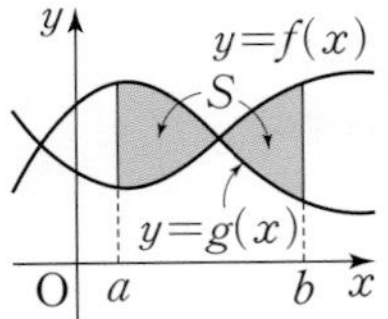

(2) 두 함수 $f(y)$, $g(y)$가 닫힌구간 $[c, d]$에서 연속일 때, 두 곡선 $x=f(y)$, $x=g(y)$ 및 두 직선 $y=c$, $y=d$로 둘러싸인 도형의 넓이 S는

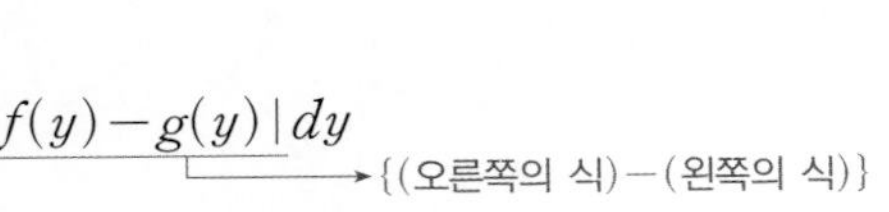

$$S=\int_c^d |f(y)-g(y)|dy$$

→ {(오른쪽의 식)−(왼쪽의 식)}

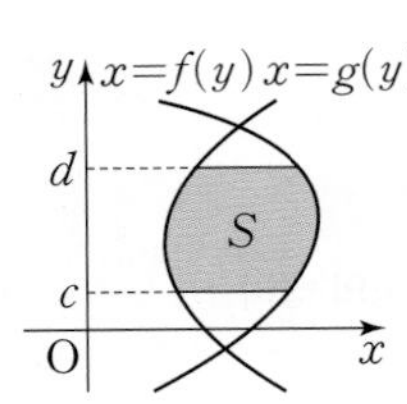

- 닫힌구간 $[a, b]$에서 $f(x)$와 $g(x)$의 대소 관계가 바뀔 때는 $f(x)-g(x)$의 값이 양수인 구간과 음수인 구간으로 나누어 넓이를 구한다.

4 입체도형의 부피

핵심 3

닫힌구간 $[a, b]$에서 x좌표가 x인 점을 지나고 x축에 수직인 평면으로 자른 단면의 넓이가 $S(x)$인 입체도형의 부피 V는

$$V=\int_a^b S(x)dx$$

(단, $S(x)$는 닫힌구간 $[a, b]$에서 연속이다.)

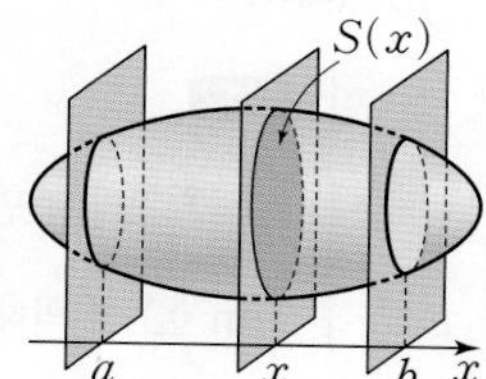

Note

5 속도와 거리

핵심 4

(1) 수직선 위를 움직이는 점의 위치와 움직인 거리

수직선 위를 움직이는 점 P의 시각 t에서의 속도가 $v(t)$이고, 시각 $t=a$에서의 위치가 x_0일 때

① 시각 t에서의 점 P의 위치 x는 $x=x_0+\int_a^t v(t)dt$

② 시각 $t=a$에서 $t=b$까지 점 P의 위치의 변화량은 $\int_a^b v(t)dt$

③ 시각 $t=a$에서 $t=b$까지 점 P가 움직인 거리 s는 $s=\int_a^b |v(t)|dt$

(2) 좌표평면 위를 움직이는 점의 움직인 거리

좌표평면 위를 움직이는 점 P의 시각 t에서의 위치 (x, y)가 함수 $x=f(t)$, $y=g(t)$일 때, 시각 $t=a$에서 $t=b$까지 점 P가 움직인 거리 s는

$$s=\int_a^b \sqrt{\left(\frac{dx}{dt}\right)^2+\left(\frac{dy}{dt}\right)^2}\,dt=\int_a^b \sqrt{\{f'(t)\}^2+\{g'(t)\}^2}\,dt$$

참고 좌표평면 위를 움직이는 점 P의 시각 t에서의 위치 (x, y)가 $x=f(t)$, $y=g(t)$일 때, 점 P의 시각 t에서의 속도와 속력은 다음과 같다.

① 속도 : $\left(\frac{dx}{dt}, \frac{dy}{dt}\right)$, 즉 $(f'(t), g'(t))$

② 속력 : $\sqrt{\{f'(t)\}^2+\{g'(t)\}^2}$

6 곡선의 길이

(1) 곡선 $x=f(t)$, $y=g(t)$ $(a\le t\le b)$의 겹치는 부분이 없을 때, 곡선의 길이 l은

$$l=\int_a^b \sqrt{\left(\frac{dx}{dt}\right)^2+\left(\frac{dy}{dt}\right)^2}\,dt=\int_a^b \sqrt{\{f'(t)\}^2+\{g'(t)\}^2}\,dt$$

(2) 곡선 $y=f(x)$ $(a\le x\le b)$의 길이 l은

$$l=\int_a^b \sqrt{1+\left(\frac{dy}{dx}\right)^2}\,dx=\int_a^b \sqrt{1+\{f'(x)\}^2}\,dx$$

곡선 $y=f(x)$에서 $x=t$, $y=f(t)$로 나타낼 수 있으므로 곡선 $y=f(x)$ $(a\le x\le b)$의 길이 l은

$$l=\int_a^b \sqrt{\left(\frac{dx}{dt}\right)^2+\left(\frac{dy}{dt}\right)^2}\,dt=\int_a^b \sqrt{1+\{f'(t)\}^2}\,dt=\int_a^b \sqrt{1+\{f'(x)\}^2}\,dx$$

핵심 1 정적분과 급수의 합 사이의 관계 유형 2~3

정적분을 이용하여 $\lim_{n\to\infty}\sum_{k=1}^{n} e^{\frac{2k}{n}+1}\times\frac{1}{n}$의 값을 구해 보자.

방법 1

$x_k=\frac{k}{n}$라 하면 $dx=\frac{1}{n}$이고

$\lim_{n\to\infty}\sum_{k=1}^{n}$에 의해 x_k의 값은

$\lim_{n\to\infty}\frac{1}{n}=0$부터 $\lim_{n\to\infty}\frac{n}{n}=1$까지이므로

$\lim_{n\to\infty}\sum_{k=1}^{n} e^{\frac{2k}{n}+1}\times\frac{1}{n}$

$=\int_0^1 e^{2x+1}dx$

$=\left[\frac{1}{2}e^{2x+1}\right]_0^1$

$=\frac{e^3-e}{2}$

방법 2

$x_k=\frac{2k}{n}$라 하면 $dx=\frac{2}{n}$이고

$\lim_{n\to\infty}\sum_{k=1}^{n}$에 의해 x_k의 값은

$\lim_{n\to\infty}\frac{2}{n}=0$부터 $\lim_{n\to\infty}\frac{2n}{n}=2$까지이므로

$\lim_{n\to\infty}\sum_{k=1}^{n} e^{\frac{2k}{n}+1}\times\frac{1}{n}$

$=\frac{1}{2}\lim_{n\to\infty}\sum_{k=1}^{n} e^{\frac{2k}{n}+1}\times\frac{2}{n}$

$=\frac{1}{2}\int_0^2 e^{x+1}dx$

$=\frac{1}{2}\left[e^{x+1}\right]_0^2=\frac{e^3-e}{2}$

방법 3

$x_k=\frac{2k}{n}+1$이라 하면 $dx=\frac{2}{n}$이고

$\lim_{n\to\infty}\sum_{k=1}^{n}$에 의해 x_k의 값은

$\lim_{n\to\infty}\left(\frac{2}{n}+1\right)=1$부터

$\lim_{n\to\infty}\left(\frac{2n}{n}+1\right)=3$까지이므로

$\lim_{n\to\infty}\sum_{k=1}^{n} e^{\frac{2k}{n}+1}\times\frac{1}{n}$

$=\frac{1}{2}\lim_{n\to\infty}\sum_{k=1}^{n} e^{\frac{2k}{n}+1}\times\frac{2}{n}$

$=\frac{1}{2}\int_1^3 e^x dx=\frac{1}{2}\left[e^x\right]_1^3=\frac{e^3-e}{2}$

2184 정적분을 이용하여 다음 극한값을 구하시오.

(1) $\lim_{n\to\infty}\sum_{k=1}^{n}\left(1+\frac{k}{n}\right)^4\times\frac{1}{n}$

(2) $\lim_{n\to\infty}\sum_{k=1}^{n}\sin\pi\left(3-\frac{k}{n}\right)\times\frac{3}{n}$

2185 정적분을 이용하여 다음 극한값을 구하시오.

(1) $\lim_{n\to\infty}\left\{\frac{1}{n}\left(\frac{2}{n}\right)^3+\frac{1}{n}\left(\frac{4}{n}\right)^3+\frac{1}{n}\left(\frac{6}{n}\right)^3+\cdots+\frac{1}{n}\left(\frac{2n}{n}\right)^3\right\}$

(2) $\lim_{n\to\infty}\frac{1}{2n}\left(\cos\frac{\pi}{2n}+\cos\frac{2\pi}{2n}+\cos\frac{3\pi}{2n}+\cdots+\cos\frac{n\pi}{2n}\right)$

핵심 2 정적분과 넓이 유형 5~6

(1) **곡선 $y=2\sqrt{x}$와 x축 및 두 직선 $x=1$, $x=4$로 둘러싸인 도형의 넓이를 구해 보자.**

그림에서 $1\le x\le 4$일 때 $2\sqrt{x}>0$이므로 구하는 넓이는

$\int_1^4|2\sqrt{x}|dx=\int_1^4 2\sqrt{x}\,dx$

$=\int_1^4 2x^{\frac{1}{2}}dx$

$=\left[\frac{4}{3}x^{\frac{3}{2}}\right]_1^4$

$=\frac{4}{3}\times4^{\frac{3}{2}}-\frac{4}{3}\times1^{\frac{3}{2}}$

$=\frac{32}{3}-\frac{4}{3}=\frac{28}{3}$

(2) **$0\le x\le 2\pi$에서 곡선 $y=\sin x$와 x축으로 둘러싸인 도형의 넓이를 구해 보자.**

곡선 $y=\sin x$와 x축의 교점의 x좌표는 $\sin x=0$에서 $x=0$ 또는 $x=\pi$ 또는 $x=2\pi$ ($\because 0\le x\le 2\pi$)

그림에서 $0\le x\le\pi$일 때 $\sin x\ge0$, $\pi\le x\le 2\pi$일 때 $\sin x\le 0$이므로 구하는 넓이는

$\int_0^{2\pi}|\sin x|dx=\int_0^{\pi}\sin x\,dx+\int_{\pi}^{2\pi}(-\sin x)dx$

$=\left[-\cos x\right]_0^{\pi}+\left[\cos x\right]_{\pi}^{2\pi}$

$=2+2=4$

2186 곡선 $y=\frac{1}{x}$과 x축 및 두 직선 $x=1$, $x=4$로 둘러싸인 도형의 넓이를 구하시오.

2187 곡선 $y=\ln x$와 x축 및 직선 $x=e$로 둘러싸인 도형의 넓이를 구하시오.

● 정답 및 풀이 418쪽

핵심 3 정적분과 부피 유형 16~17

높이가 $4\,\mathrm{cm}$인 어떤 입체도형을 밑면으로부터 $x\,\mathrm{cm}$인 지점에서 밑면과 평행한 평면으로 자른 단면이 반지름의 길이가 $\sqrt{2x}\,\mathrm{cm}$인 원일 때, 이 입체도형의 부피를 구해 보자.

단면의 넓이를 $S(x)$라 하면 $S(x)=\pi(\sqrt{2x})^2=2\pi x\,(\mathrm{cm}^2)$

이때 입체도형의 높이가 $4\,\mathrm{cm}$이므로 구하는 부피는

$\int_0^4 S(x)dx=\int_0^4 2\pi x\,dx=\left[\pi x^2\right]_0^4=16\pi\,(\mathrm{cm}^3)$

입체도형의 부피는 단면의 넓이를 적분하여 구해.

2188 높이가 $2\,\mathrm{m}$인 어떤 수조에 채워진 물의 깊이가 $x\,\mathrm{m}$일 때의 수면의 넓이가 $\left(\frac{3}{4}x^2+2x\right)\mathrm{m}^2$이다. 이 수조에 물을 가득 채웠을 때, 수조에 채워진 물의 부피를 구하시오.

2189 $0\le x\le \ln 2$에서 곡선 $y=e^x$과 x축으로 둘러싸인 도형을 밑면으로 하는 입체도형이 있다. 이 입체도형을 x축에 수직인 평면으로 자른 단면이 모두 정사각형일 때, 이 입체도형의 부피를 구하시오.

핵심 4 점이 움직인 거리 유형 18~19

(1) **원점에서 출발하여 수직선 위를 움직이는 점 P의 시각 t에서의 속도가 $v(t)=\cos\pi t$일 때, 시각 $t=0$에서 $t=1$까지 점 P가 움직인 거리를 구해 보자.**

$0\le t\le\frac{1}{2}$일 때 $\cos\pi t\ge 0$, $\frac{1}{2}\le t\le 1$일 때 $\cos\pi t\le 0$

이므로 점 P가 움직인 거리는

$$\begin{aligned}\int_0^1|v(t)|dt&=\int_0^1|\cos\pi t|dt\\&=\int_0^{\frac{1}{2}}\cos\pi t\,dt+\int_{\frac{1}{2}}^1(-\cos\pi t)dt\\&=\left[\frac{1}{\pi}\sin\pi t\right]_0^{\frac{1}{2}}+\left[-\frac{1}{\pi}\sin\pi t\right]_{\frac{1}{2}}^1\\&=\frac{1}{\pi}+\frac{1}{\pi}=\frac{2}{\pi}\end{aligned}$$

(2) **좌표평면 위를 움직이는 점 P의 시각 t에서의 위치 (x, y)가 $x=\frac{1}{3}t^3-t$, $y=t^2$일 때, 시각 $t=0$에서 $t=3$까지 점 P가 움직인 거리를 구해 보자.**

$\frac{dx}{dt}=t^2-1$, $\frac{dy}{dt}=2t$이므로 점 P가 움직인 거리는

$$\begin{aligned}\int_0^3\sqrt{\left(\frac{dx}{dt}\right)^2+\left(\frac{dy}{dt}\right)^2}dt&=\int_0^3\sqrt{(t^2-1)^2+(2t)^2}dt\\&=\int_0^3\sqrt{t^4+2t^2+1}\,dt\\&=\int_0^3\sqrt{(t^2+1)^2}\,dt\\&=\int_0^3(t^2+1)dt\\&=\left[\frac{1}{3}t^3+t\right]_0^3=12\end{aligned}$$

2190 원점에서 출발하여 수직선 위를 움직이는 점 P의 시각 t에서의 속도가 $v(t)=e^t$일 때, 다음을 구하시오.

(1) 시각 t에서의 점 P의 위치

(2) 시각 $t=0$에서 $t=1$까지 점 P가 움직인 거리

2191 좌표평면 위를 움직이는 점 P의 시각 t에서의 위치 (x, y)가 $x=\sin 2t$, $y=\cos 2t$일 때, 시각 $t=2$에서 $t=4$까지 점 P가 움직인 거리를 구하시오.

기출 유형 check
실전 준비하기

22유형, 162문항입니다.

기초 유형 **0 정적분과 넓이** | 수학Ⅱ

(1) 함수 $f(x)$가 닫힌구간 $[a, b]$에서 연속이고 $f(x)\ge 0$일 때, 곡선 $y=f(x)$와 x축 및 두 직선 $x=a$, $x=b$로 둘러싸인 도형의 넓이 S는

$$S=\int_a^b f(x)dx$$

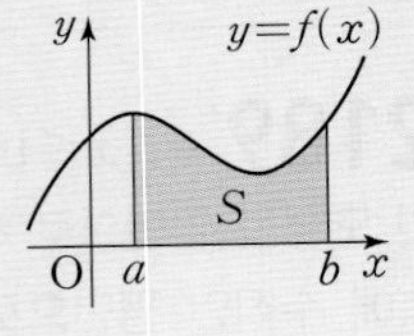

(2) 두 함수 $f(x)$, $g(x)$가 닫힌구간 $[a, b]$에서 연속일 때, 두 곡선 $y=f(x)$, $y=g(x)$와 두 직선 $x=a$, $x=b$로 둘러싸인 도형의 넓이 S는

$$S=\int_a^b |f(x)-g(x)|dx$$

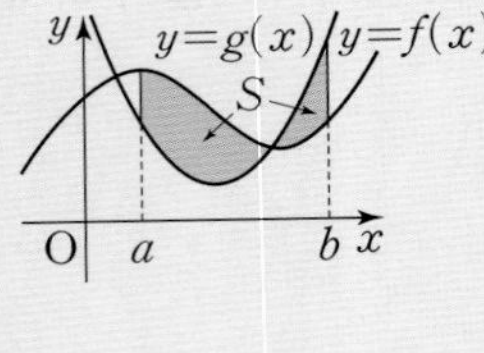

2192 대표문제

곡선 $y=x^4-4x^3+4x^2$과 x축으로 둘러싸인 도형의 넓이는?

① $\frac{14}{15}$ ② 1 ③ $\frac{16}{15}$
④ $\frac{17}{15}$ ⑤ $\frac{18}{15}$

2193 Level 1

곡선 $y=x^2-x-2$와 x축 및 두 직선 $x=1$, $x=3$으로 둘러싸인 도형의 넓이를 구하시오.

2194 Level 2

곡선 $y=-x^2+5x$와 직선 $y=x-5$로 둘러싸인 도형의 넓이를 구하시오.

2195 Level 2

곡선 $y=x^3-3x^2+2x+2$ 위의 점 $(0, 2)$에서의 접선과 이 곡선으로 둘러싸인 도형의 넓이는?

① 6 ② $\frac{25}{4}$ ③ $\frac{13}{2}$
④ $\frac{27}{4}$ ⑤ 7

2196 Level 2

두 곡선 $y=-x^2+2x+3$, $y=x^2-1$로 둘러싸인 도형의 넓이는?

① 1 ② 3 ③ 5
④ 7 ⑤ 9

실전 유형 1 구분구적법

구분구적법을 이용하여 도형의 넓이 또는 부피를 구할 때는 다음과 같은 순서로 구한다.

❶ 구간을 n등분하여 주어진 도형을 n (또는 $n-1$)개의 기본 도형으로 나눈 후, 도형의 넓이의 합 S_n 또는 부피의 합 V_n을 구한다.

❷ $\lim_{n\to\infty} S_n$ 또는 $\lim_{n\to\infty} V_n$의 값을 구한다.

2197 대표문제

다음은 곡선 $y=x^2$과 x축 및 직선 $x=1$로 둘러싸인 도형의 넓이 S를 구분구적법을 이용하여 구하는 과정이다.

닫힌구간 $[0,\ 1]$을 n등분한 각 소구간의 오른쪽 끝 점의 x좌표는 차례로 $\frac{1}{n}$, $\frac{2}{n}$, $\cdots$, $\frac{n-1}{n}$, 1이므로 그림의 직사각형의 넓이의 합을 S_n이라 하면

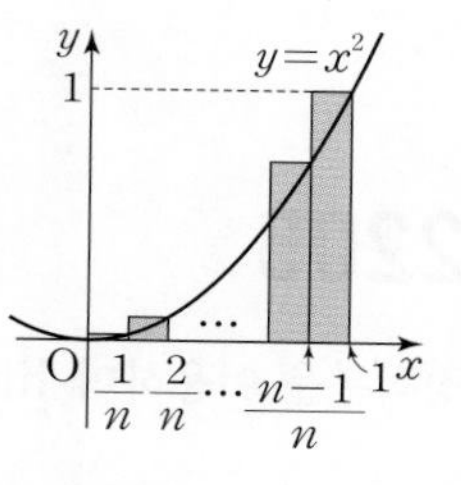

$S_n=\frac{1}{n}\sum_{k=1}^{n}($ (가) $)^2=$ (나) $\times\frac{n(n+1)(2n+1)}{6}$

$\therefore S=\lim_{n\to\infty} S_n=$ (다)

위의 과정에서 (가), (나), (다)에 알맞은 것을 차례로 나열한 것은?

① $\frac{k}{n}$, $\frac{1}{n}$, $\frac{1}{2}$ ② $\frac{k}{n}$, $\frac{1}{n}$, $\frac{1}{3}$
③ $\frac{k}{n}$, $\frac{1}{n^3}$, $\frac{1}{2}$ ④ $\frac{k}{n}$, $\frac{1}{n^3}$, $\frac{1}{3}$
⑤ $\frac{k}{n}$, $\frac{1}{n^3}$, 1

2198 Level 1

다음은 $\int_0^2 x^3\,dx$의 값을 구하는 과정이다.

$\int_0^2 x^3\,dx=\lim_{n\to\infty}\sum_{k=1}^{n}$ (가) $\times\frac{2}{n}=\lim_{n\to\infty}$ (나) $\times\sum_{k=1}^{n}k^3$

$=\lim_{n\to\infty}$ (나) $\times\left\{\frac{n(n+1)}{2}\right\}^2=$ (다)

위의 과정에서 (가), (나), (다)에 알맞은 것을 차례로 나열한 것은?

① $\frac{k^3}{n^3}$, $\frac{2}{n^4}$, $\frac{1}{2}$ ② $\frac{2k^3}{n^3}$, $\frac{4}{n^4}$, 1 ③ $\frac{4k^3}{n^3}$, $\frac{8}{n^4}$, 2
④ $\frac{8k^3}{n^3}$, $\frac{16}{n^4}$, 2 ⑤ $\frac{8k^3}{n^3}$, $\frac{16}{n^4}$, 4

2199 Level 2

다음은 밑면의 반지름의 길이가 r, 높이가 h인 원뿔의 부피 V를 구분구적법을 이용하여 구하는 과정이다.

그림과 같이 원뿔의 높이를 n등분하면 각 분점을 지나면서 밑면과 평행한 평면으로 원뿔을 자른 단면의 반지름의 길이는 위에서부터 차례로 $\frac{r}{n}$, $\frac{2r}{n}$, $\frac{3r}{n}$, $\cdots$, $\frac{(n-1)r}{n}$이므로 각 단면을 밑면으로 하고 높이가 (가) 인 $(n-1)$개의 원기둥의 부피의 합을 V_n이라 하면

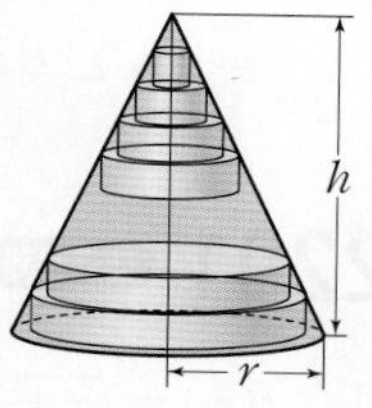

$V_n=\frac{\pi r^2 h}{n^3}\sum_{k=1}^{n-1}$ (나) $=\pi r^2 h\times\frac{(n-1)(2n-1)}{\text{(다)}}$

$\therefore V=\lim_{n\to\infty}V_n=$ (라)

위의 과정에서 (가), (나), (다), (라)에 알맞은 것을 써넣으시오.

2200 Level 2

밑면이 한 변의 길이가 a인 정사각형이고 높이가 h인 사각뿔의 부피를 구분구적법을 이용하여 구하려고 한다. 그림과 같이 사각뿔의 높이를 n등분하여 만들어지는 직육면체의 부피의 합을 V_n이라 하자. $\lim_{n\to\infty}V_n$의 값은?

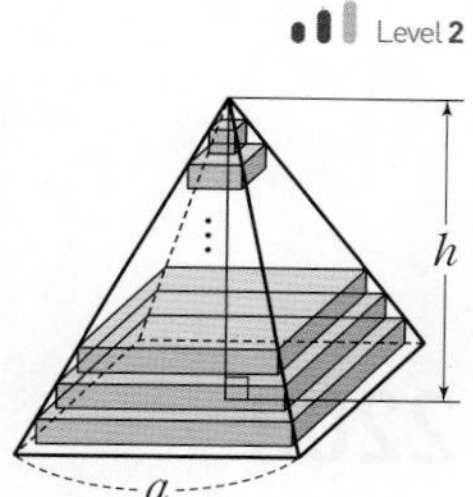

① $\frac{1}{6}a^2h$ ② $\frac{1}{3}a^2h$ ③ $\frac{1}{2}a^2h$
④ a^2h ⑤ $3a^2h$

실전 유형 2 정적분과 급수의 합 사이의 관계 (1)

함수 $f(x)$가 닫힌구간 $[a, b]$에서 연속일 때,

$$\lim_{n\to\infty}\sum_{k=1}^{n} f\left(a+\frac{b-a}{n}k\right)\times\frac{b-a}{n}$$
$$=\lim_{n\to\infty}\sum_{k=1}^{n} f(x_k)\Delta x=\int_a^b f(x)dx$$

2201 대표문제

함수 $f(x)=\sqrt{x+1}$에 대하여 $\lim_{n\to\infty}\sum_{k=1}^{n}\frac{9}{n}f\left(\frac{3k}{n}\right)$의 값은?

① 6 ② 8 ③ 10 ④ 12 ⑤ 14

2202 Level 1

$\lim_{n\to\infty}\sum_{k=1}^{n}\left(1+\frac{k}{n}\right)^3\times\frac{1}{n}=\int_1^a x^3\,dx=b$일 때, 상수 a, b에 대하여 ab의 값은?

① $\frac{15}{8}$ ② $\frac{15}{4}$ ③ $\frac{15}{2}$ ④ 15 ⑤ 30

2203 Level 1

다음 중 $\lim_{n\to\infty}\sum_{k=1}^{n}\left(2+\frac{k}{n}\right)^4\times\frac{5}{n}$를 정적분으로 바르게 나타낸 것은?

① $\int_0^3 x^4\,dx$ ② $\int_2^5 x^4\,dx$ ③ $5\int_2^5 x^4\,dx$ ④ $5\int_0^1 (x+2)^4\,dx$ ⑤ $\int_2^3 (x+2)^4\,dx$

2204 Level 2

함수 $f(x)=\sin\pi x$에 대하여 $\lim_{n\to\infty}\sum_{k=1}^{n}\frac{1}{4n}f\left(\frac{k}{2n}\right)$의 값은?

① $\frac{1}{2\pi}$ ② $\frac{1}{\pi}$ ③ $\frac{2}{\pi}$ ④ $\frac{\pi}{2}$ ⑤ 2π

2205 Level 2

정적분을 이용하여 $\lim_{n\to\infty}\frac{1}{n}\sum_{k=1}^{n}e^{\frac{k}{n}-1}$의 값을 구하시오.

2206 Level 2

〈보기〉에서 $\lim_{n\to\infty}\sum_{k=1}^{n}\frac{6}{n}\left(1+\frac{2k}{n}\right)^2$을 정적분으로 나타낸 것으로 옳은 것만을 있는 대로 고른 것은?

〈보기〉

ㄱ. $3\int_1^3 x^2\,dx$

ㄴ. $3\int_0^1 (1+2x)^2\,dx$

ㄷ. $3\int_0^2 (1+x)^2\,dx$

① ㄱ ② ㄱ, ㄴ ③ ㄱ, ㄷ ④ ㄴ, ㄷ ⑤ ㄱ, ㄴ, ㄷ

● 정답 및 풀이 420쪽

2207

Level 2

정적분을 이용하여 $\lim_{n\to\infty}\frac{\pi}{n}\sum_{k=1}^{n}\cos^2\frac{k\pi}{n}\sin\frac{2k\pi}{n}$의 값을 구하시오.

2208

Level 2

함수 $f(x)=\ln x$에 대하여 $\lim_{n\to\infty}\sum_{k=1}^{n}\frac{f(n+k)-f(n)}{2n}$의 값은?

① $\ln 2-1$ ② $\ln 2-\frac{1}{2}$ ③ $\ln 2$
④ $2\ln 2-1$ ⑤ $2\ln 2-2$

2209

Level 2

함수 $f(x)=x^3+x-1$에 대하여 $\lim_{n\to\infty}\frac{1}{n}\sum_{k=1}^{n}f\left(2+\frac{2k}{n}\right)$의 값은?

① 4 ② 8 ③ 16
④ 32 ⑤ 64

다음은 이 유형에서 출제된 최근 교육청 · 평가원 기출문제입니다.

2210 · 2022학년도 대학수학능력시험

Level 2

$\lim_{n\to\infty}\sum_{k=1}^{n}\frac{k^2+2kn}{k^3+3k^2n+n^3}$의 값은?

① $\ln 5$ ② $\frac{\ln 5}{2}$ ③ $\frac{\ln 5}{3}$
④ $\frac{\ln 5}{4}$ ⑤ $\frac{\ln 5}{5}$

2211 · 교육청 2020년 10월

Level 2

함수 $f(x)=\cos x$에 대하여 $\lim_{n\to\infty}\sum_{k=1}^{n}\frac{k\pi}{n^2}f\left(\frac{\pi}{2}+\frac{k\pi}{n}\right)$의 값은?

① $-\frac{5}{2}$ ② -2 ③ $-\frac{3}{2}$
④ -1 ⑤ $-\frac{1}{2}$

2212 · 평가원 2020학년도 9월

Level 2

함수 $f(x)=4x^4+4x^3$에 대하여 $\lim_{n\to\infty}\sum_{k=1}^{n}\frac{1}{n+k}f\left(\frac{k}{n}\right)$의 값은?

① 1 ② 2 ③ 3
④ 4 ⑤ 5

실전 유형 **3 정적분과 급수의 합 사이의 관계 (2)** 빈출유형

급수가 합의 꼴로 나타난 경우 다음과 같이 나타내어 값을 구한다.

(1) $\lim_{n\to\infty}\sum_{k=1}^{n} f\left(\frac{p}{n}k\right)\times\frac{p}{n}=\int_0^p f(x)dx$

(2) $\lim_{n\to\infty}\sum_{k=1}^{n} f\left(a+\frac{p}{n}k\right)\times\frac{p}{n}=\int_a^{a+p} f(x)dx=\int_0^p f(a+x)dx$

2213 대표문제

$\lim_{n\to\infty}\frac{1^3+2^3+3^3+\cdots+n^3}{n^4}=\int_a^b x^3dx=c$일 때, 상수 a, b, c에 대하여 $a+b+c$의 값은?

① $\frac{1}{4}$ ② $\frac{1}{2}$ ③ $\frac{3}{4}$
④ 1 ⑤ $\frac{5}{4}$

2214

Level 1

$\lim_{n\to\infty}\frac{2}{n}\left\{\left(2+\frac{2}{n}\right)^3+\left(2+\frac{4}{n}\right)^3+\left(2+\frac{6}{n}\right)^3+\cdots+\left(2+\frac{2n}{n}\right)^3\right\}$ 의 값은?

① 48 ② 52 ③ 56
④ 60 ⑤ 64

2215

Level 1

$\lim_{n\to\infty}\frac{1}{n}\left(e^{\frac{2}{n}}+e^{\frac{4}{n}}+e^{\frac{6}{n}}+\cdots+e^{\frac{2n}{n}}\right)$의 값은?

① $\frac{e^2-1}{2}$ ② e^2-1 ③ e^2
④ $\frac{e^2+1}{2}$ ⑤ e^2+1

2216

Level 2

$\lim_{n\to\infty}\left(\frac{1}{n+1}+\frac{1}{n+2}+\frac{1}{n+3}+\cdots+\frac{1}{2n}\right)$의 값은?

① $\ln 2$ ② $\ln 3$ ③ $2\ln 2$
④ $\ln 5$ ⑤ $\ln 6$

2217

Level 2

함수 $f(x)=\frac{1}{\sqrt{n}}$에 대하여

$\lim_{n\to\infty}\frac{1}{\sqrt{n}}\{f(1)+f(2)+f(3)+\cdots+f(n)\}$의 값은?

① 1 ② $\sqrt{2}$ ③ 2
④ $2\sqrt{2}$ ⑤ 4

2218

Level 2

$\lim_{n\to\infty}\frac{1}{2n}\left\{\ln\left(1+\frac{2}{n}\right)+\ln\left(1+\frac{4}{n}\right)+\ln\left(1+\frac{6}{n}\right)+\cdots+\ln\left(1+\frac{2n}{n}\right)\right\}$

의 값을 구하시오.

2219

Level 2

$\lim_{n\to\infty}\left(\frac{1^2}{n^3+1^3}+\frac{2^2}{n^3+2^3}+\frac{3^2}{n^3+3^3}+\cdots+\frac{n^2}{n^3+n^3}\right)$의 값은?

① $\frac{1}{3}\ln 2$　② $\frac{1}{3}\ln 3$　③ $\ln 2$
④ $3\ln 2$　⑤ $3\ln 3$

2220

Level 2

$\lim_{n\to\infty}\frac{\pi^2}{n^2}\left(\cos\frac{\pi}{2n}+2\cos\frac{2\pi}{2n}+3\cos\frac{3\pi}{2n}+\cdots+n\cos\frac{n\pi}{2n}\right)$의 값은?

① $\pi-4$　② $\pi-2$　③ $2\pi-4$
④ $2\pi-2$　⑤ 2π

2221

Level 3

함수 $f(x)=|x|$에 대하여

$$\lim_{n\to\infty}\frac{6}{n}\left\{f\left(2-\frac{3}{n}\right)+f\left(2-\frac{6}{n}\right)+f\left(2-\frac{9}{n}\right)+\cdots+f\left(2-\frac{3n}{n}\right)\right\}$$

의 값을 구하시오.

+Plus 문제

심화유형 4 정적분과 급수의 활용

여러 가지 도형의 성질을 이용하여 급수를 $\frac{k}{n}$를 포함한 식으로 나타낸 후 정적분으로 변형하여 그 값을 구한다.

2222 대표문제

그림과 같이 반지름의 길이가 3이고 중심각의 크기가 $\frac{\pi}{2}$인 부채꼴 OAB의 호 AB를 n등분한 점을 차례로 P_1, P_2, $\cdots$, P_{n-1}이라 하고, 점 P_k ($k=1$, 2, $\cdots$, $n-1$)에서 선분 OA에 내린 수선의 발을 Q_k라 할 때, $\lim_{n\to\infty}\frac{\pi}{n}\sum_{k=1}^{n-1}\overline{P_kQ_k}$의 값은?

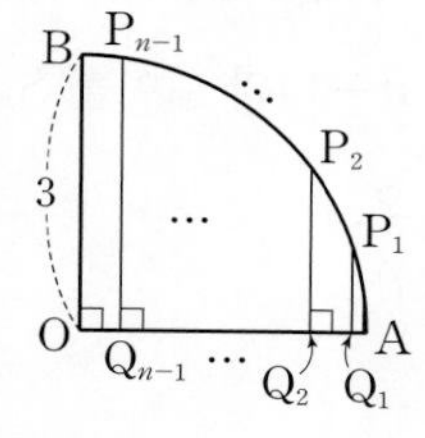

① 1　② 2　③ 4
④ 6　⑤ 8

2223

Level 2

그림과 같이 구간 [0, 2]를 n등분한 점을 차례로 A_1, A_2, $\cdots$, A_{n-1}이라 하자. 점 A_k ($k=1$, 2, $\cdots$, $n-1$)를 지나고 y축에 평행한 직선이 곡선 $y=2x^2$과 만나는 점을 B_k라 할 때, $\lim_{n\to\infty}\frac{3}{n}\sum_{k=1}^{n}\overline{A_kB_k}$의 값을 구하시오.

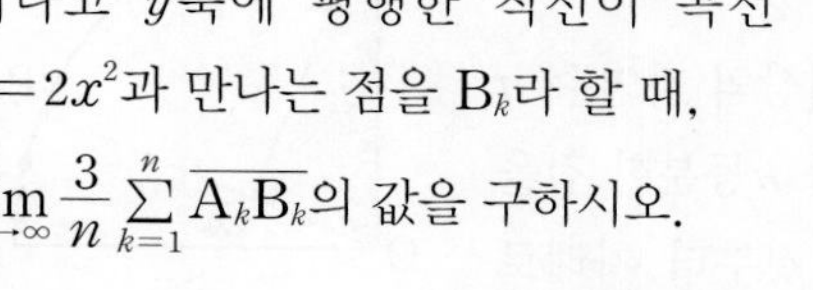

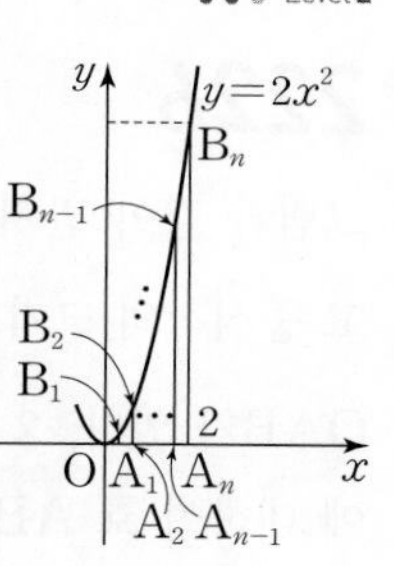

(단, 점 A_n의 좌표는 (2, 0)이다.)

10

2224

Level 2

그림과 같이 반지름의 길이가 6이고 중심각의 크기가 $\frac{\pi}{3}$인 부채꼴 OAB의 호 AB를 n등분한 점을 차례로 P_1, P_2, P_3, $\cdots$, P_{n-1}이라 하고, 부채꼴 OAP_k $(k=1, 2, \cdots, n-1)$의 넓이를 S_k라 할 때, $\lim_{n\to\infty}\frac{1}{2n}\sum_{k=1}^{n-1}S_k$의 값을 구하시오.

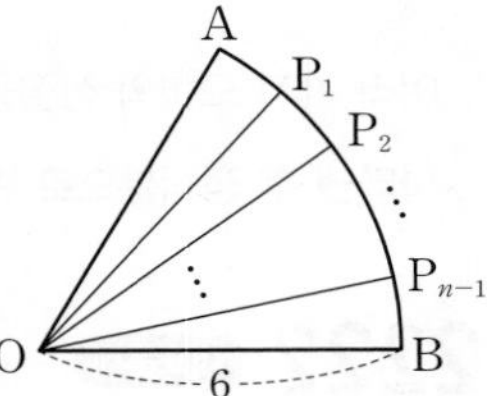

2225

Level 2

그림과 같이 $\overline{AB}=2$, $\overline{BC}=1$, $\angle B=\frac{\pi}{2}$인 직각삼각형 ABC가 있다. 변 AB를 n등분한 점을 차례로 B_1, B_2, $\cdots$, B_{n-1}이라 하고, 점 B_k $(k=1, 2, \cdots, n-1)$에서 변 BC와 평행한 선분을 그었을 때 변 AC와 만나는 점을 C_k라 할 때, $\lim_{n\to\infty}\frac{1}{n}\sum_{k=1}^{n-1}\overline{B_kC_k}^3$의 값을 구하시오.

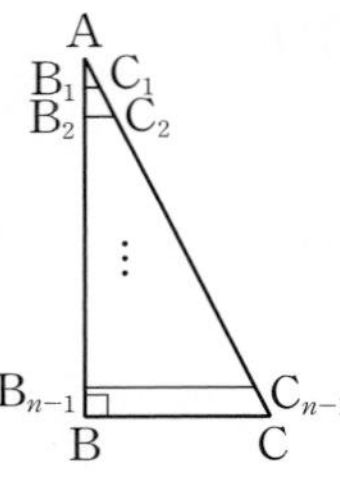

2226

Level 3

그림과 같이 반지름의 길이가 8이고 중심각의 크기가 $\frac{\pi}{2}$인 부채꼴 OAB가 있다. 2 이상의 자연수 n에 대하여 호 AB를 n등분한 점을 점 A에서 가까운 것부터 차례로 P_1, P_2, P_3, $\cdots$, P_{n-1}이라 하자. $1\le k\le n-1$인 자연수 k에 대하여 점 B에서 선분 OP_k에 내린 수선의 발을 Q_k라 하고, 삼각형 OQ_kB의 넓이를 S_k라 하자. $\lim_{n\to\infty}\frac{1}{n}\sum_{k=1}^{n-1}S_k=\frac{\alpha}{\pi}$일 때, 상수 α의 값을 구하시오.

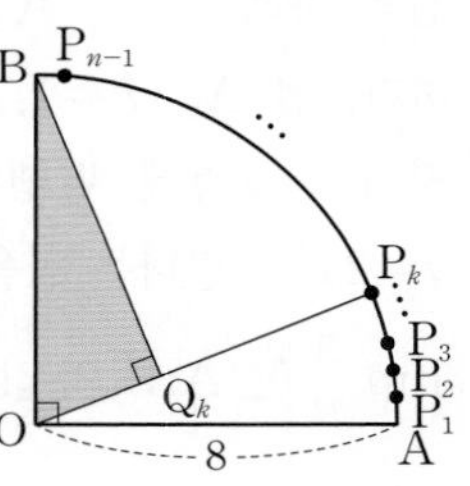

다음은 이 유형에서 출제된 최근 교육청 • 평가원 기출문제입니다.

2227 • 평가원 2015학년도 9월

Level 2

그림과 같이 중심이 O, 반지름의 길이가 1이고 중심각의 크기가 $\frac{\pi}{2}$인 부채꼴 OAB가 있다. 자연수 n에 대하여 호 AB를 $2n$등분한 각 분점(양 끝 점도 포함)을 차례로 $P_0(=A)$, P_1, P_2, $\cdots$, P_{2n-1}, $P_{2n}(=B)$라 하자.

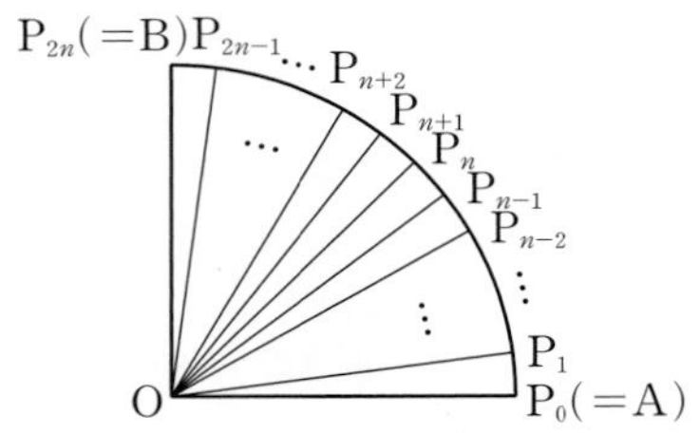

주어진 자연수 n에 대하여 S_k $(1\le k\le n)$을 삼각형 $OP_{n-k}P_{n+k}$의 넓이라 할 때, $\lim_{n\to\infty}\frac{1}{n}\sum_{k=1}^{n}S_k$의 값은?

① $\frac{1}{\pi}$ ② $\frac{13}{12\pi}$ ③ $\frac{7}{6\pi}$
④ $\frac{5}{4\pi}$ ⑤ $\frac{4}{3\pi}$

2228 고난도 • 교육청 2018년 5월

Level 3

n 이하의 자연수 k에 대하여 $x_k=\frac{k}{n}$라 하자.
함수 $f(x)=e^{2x}-e^x+ex$에 대하여 곡선 $y=f(x)$ 위의 점 $A_k(x_k, f(x_k))$에서의 접선이 x축과 만나는 점을 B_k라 하고 점 A_k에서 x축에 내린 수선의 발을 C_k라 하자.
$\lim_{n\to\infty}\frac{1}{n}\sum_{k=1}^{n}\frac{\{f(x_k)\}^4}{\overline{B_kC_k}}$의 값은? (단, n은 자연수이다.)

① $\frac{1}{4}e^4$ ② $\frac{1}{2}e^4$ ③ e^4
④ $\frac{1}{8}e^8$ ⑤ $\frac{1}{4}e^8$

실전유형 5 곡선과 x축 사이의 넓이 (1) 빈출유형

닫힌구간 $[a, b]$에서 연속인 함수 $f(x)$에 대하여 곡선 $y=f(x)$와 x축 및 두 직선 $x=a$, $x=b$로 둘러싸인 도형의 넓이는

(1) $f(x) \geq 0$이면 $\int_a^b f(x)dx$

(2) $f(x) \leq 0$이면 $\int_a^b \{-f(x)\}dx = -\int_a^b f(x)dx$

2229 대표문제

$0 \leq x \leq 1$에서 정의된 함수 $y=\sin \pi x$의 그래프와 x축으로 둘러싸인 도형의 넓이는?

① $\frac{1}{\pi}$ ② $\frac{2}{\pi}$ ③ 2
④ π ⑤ 2π

2230 Level 1

곡선 $y=e^{-x}-1$과 x축 및 직선 $x=1$로 둘러싸인 도형의 넓이는?

① $1-\frac{1}{e}$ ② $\frac{1}{e}$
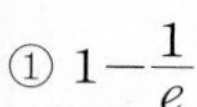
③ $\frac{1}{e}+1$ ④ $e-1$
⑤ e

2231 Level 1

곡선 $y=\frac{1}{x-1}$과 x축 및 두 직선 $x=2$, $x=4$로 둘러싸인 도형의 넓이를 구하시오.

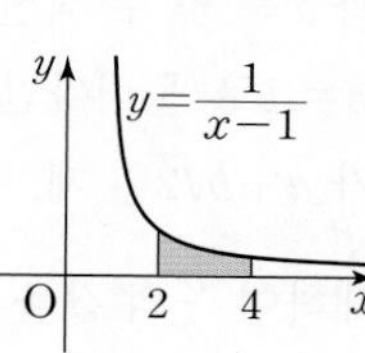

2232 Level 1

곡선 $y=\sqrt{x-2}$와 x축 및 직선 $x=6$으로 둘러싸인 도형의 넓이는?

① 5 ② $\frac{16}{3}$ ③ $\frac{17}{3}$
④ 6 ⑤ $\frac{19}{3}$

2233 Level 2

곡선 $y=a\sin x\,(0 \leq x \leq \pi)$와 x축으로 둘러싸인 도형의 넓이가 6일 때, 양수 a의 값을 구하시오.

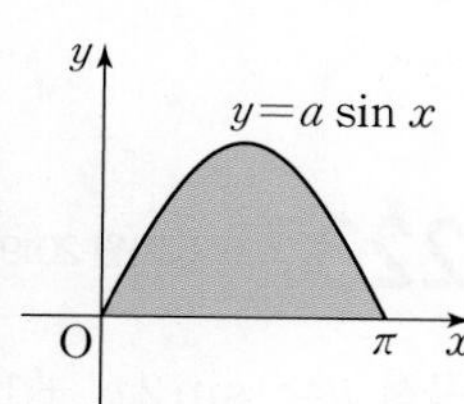

2234 Level 2

곡선 $y=\frac{2}{x^2-1}$와 x축 및 두 직선 $x=2$, $x=5$로 둘러싸인 도형의 넓이는?

① $\ln 2$ ② $\ln 3$ ③ $2\ln 2$
④ $\ln 5$ ⑤ $\ln 6$

2235 Level 2

$\frac{2}{3}\pi \leq x \leq \frac{5}{3}\pi$에서 정의된 곡선 $y=\sin x+\sqrt{3}\cos x$와 x축으로 둘러싸인 도형의 넓이를 구하시오.

다음은 이 유형에서 출제된 최근 교육청 • 평가원 기출문제입니다.

2236 • 교육청 2019년 10월

Level 2

모든 실수 x에 대하여 $f(x)>0$인 연속함수 $f(x)$에 대하여 $\int_3^5 f(x)dx=36$일 때, 곡선 $y=f(2x+1)$과 x축 및 두 직선 $x=1$, $x=2$로 둘러싸인 부분의 넓이는?

① 16 ② 18 ③ 20
④ 22 ⑤ 24

2237 • 평가원 2019학년도 6월

Level 2

곡선 $y=|\sin 2x|+1$과 x축 및 두 직선 $x=\frac{\pi}{4}$, $x=\frac{5}{4}\pi$로 둘러싸인 부분의 넓이는?

① $\pi+1$ ② $\pi+\frac{3}{2}$ ③ $\pi+2$
④ $\pi+\frac{5}{2}$ ⑤ $\pi+3$

2238 • 교육청 2018년 4월

Level 3

곡선 $y=\frac{1}{x}$과 두 직선 $x=1$, $x=2$ 및 x축으로 둘러싸인 부분의 넓이를 S라 하자. 곡선 $y=\frac{1}{x}$과 두 직선 $x=1$, $x=a$ 및 x축으로 둘러싸인 부분의 넓이가 $2S$가 되도록 하는 모든 양수 a의 값의 합은?

① $\frac{15}{4}$ ② $\frac{17}{4}$ ③ $\frac{19}{4}$
④ $\frac{21}{4}$ ⑤ $\frac{23}{4}$

실전 유형 6 곡선과 x축 사이의 넓이 (2)

빈출유형

닫힌구간 $[a, b]$에서 연속인 함수 $f(x)$에 대하여 곡선 $y=f(x)$와 x축 및 두 직선 $x=a$, $x=b$로 둘러싸인 도형의 넓이 S는 $f(x)\le 0$인 구간과 $f(x)\ge 0$인 구간으로 나누어 각 부분의 넓이의 합을 구한다.

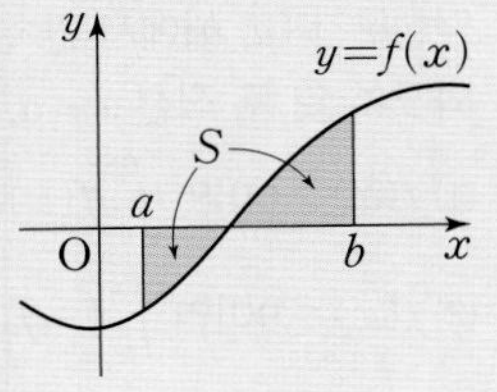

➜ $S=\int_a^b |f(x)|dx$

2239 대표문제

그림과 같이 곡선 $y=\frac{\ln x-1}{x}$과 x축 및 두 직선 $x=\sqrt{e}$, $x=e^2$으로 둘러싸인 도형의 넓이는?

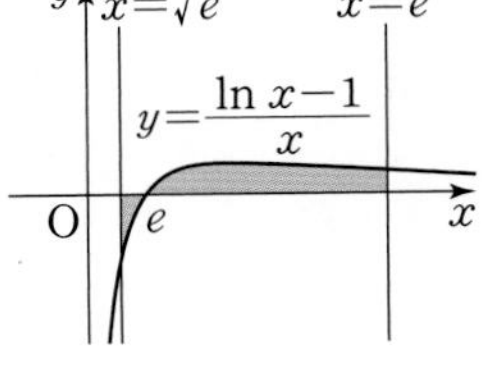

① $\frac{1}{2}$ ② $\frac{5}{8}$
③ $\frac{3}{4}$ ④ $\frac{7}{8}$ ⑤ 1

2240

Level 2

그림과 같이 곡선 $y=\frac{x}{x^2+1}$와 x축 및 두 직선 $x=-2$, $x=1$로 둘러싸인 도형의 넓이를 구하시오.

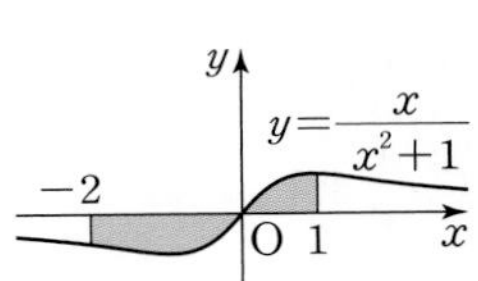

2241

Level 2

그림과 같이 곡선 $y=x\sqrt{x^2+1}$과 x축 및 두 직선 $x=-1$, $x=1$로 둘러싸인 도형의 넓이가 $a+b\sqrt{2}$일 때, 유리수 a, b에 대하여 $\frac{b}{a}$의 값을 구하시오.

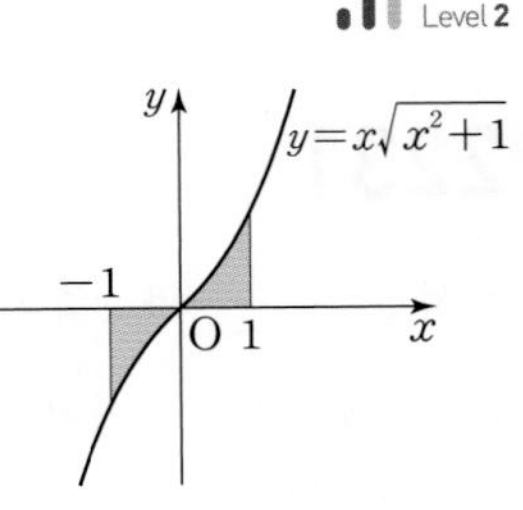

● 정답 및 풀이 426쪽

2242

Level 2

$0 \le x \le \pi$에서 곡선 $y=x\sin 2x$와 x축으로 둘러싸인 도형의 넓이는?

① $\frac{\pi}{2}$ ② π ③ $\frac{3}{2}\pi$
④ 2π ⑤ $\frac{5}{2}\pi$

2243

Level 2

곡선 $y=(x-1)e^x$과 x축 및 두 직선 $x=0$, $x=2$로 둘러싸인 도형의 넓이는?

① $e-2$ ② $e-1$ ③ e
④ $2e-2$ ⑤ $2e-1$

2244

Level 3

자연수 n에 대하여 구간 $[(n-1)\pi, n\pi]$에서 곡선 $y=\left(\frac{1}{2}\right)^n \sin x$와 x축으로 둘러싸인 도형의 넓이를 S_n이라 할 때, $\sum_{n=1}^{\infty} S_n$의 값을 구하시오.

+Plus 문제

다음은 이 유형에서 출제된 최근 교육청 • 평가원 기출문제입니다.

2245 • 교육청 2017년 3월

Level 2

곡선 $y=\sin^2 x\cos x\left(0\le x\le\frac{\pi}{2}\right)$와 x축으로 둘러싸인 도형의 넓이는?

① $\frac{1}{4}$ ② $\frac{1}{3}$ ③ $\frac{1}{2}$
④ 1 ⑤ 2

2246 • 교육청 2019년 7월

Level 2

함수 $f(x)=\frac{2x-2}{x^2-2x+2}$에 대하여 곡선 $y=f(x)$와 x축 및 y축으로 둘러싸인 영역을 A, 곡선 $y=f(x)$와 x축 및 직선 $x=3$으로 둘러싸인 영역을 B라 하자. 영역 A의 넓이와 영역 B의 넓이의 합은?

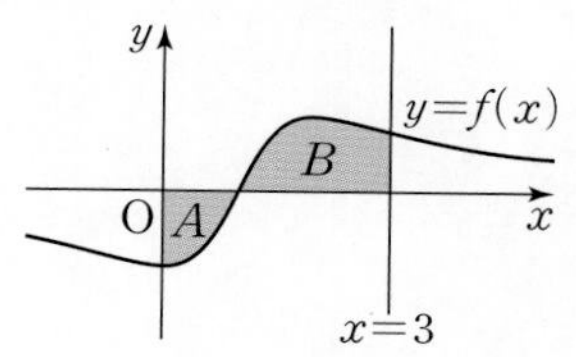

① $2\ln 2$ ② $\ln 6$ ③ $3\ln 2$
④ $\ln 10$ ⑤ $\ln 12$

2247 고난도 • 평가원 2018학년도 9월

Level 3

실수 전체의 집합에서 미분가능한 함수 $f(x)$가 $f(0)=0$이고 모든 실수 x에 대하여 $f'(x)>0$이다. 곡선 $y=f(x)$ 위의 점 $\mathrm{A}(t, f(t))$ $(t>0)$에서 x축에 내린 수선의 발을 B라 하고, 점 A를 지나고 점 A에서의 접선과 수직인 직선이 x축과 만나는 점을 C라 하자. 모든 양수 t에 대하여 삼각형 ABC의 넓이가 $\frac{1}{2}(e^{3t}-2e^{2t}+e^t)$일 때, 곡선 $y=f(x)$와 x축 및 직선 $x=1$로 둘러싸인 부분의 넓이는?

① $e-2$ ② e ③ $e+2$
④ $e+4$ ⑤ $e+6$

실전 유형 7 곡선과 y축 사이의 넓이

함수 $x=g(y)$가 닫힌구간 $[c, d]$에서 연속일 때, 곡선 $x=g(y)$와 y축 및 두 직선 $y=c$, $y=d$로 둘러싸인 도형의 넓이 S는 $g(y)\le 0$인 구간과 $g(y)\ge 0$인 구간으로 나누어 각 부분의 넓이의 합을 구한다.

→ $S=\int_c^d |g(y)|dy$

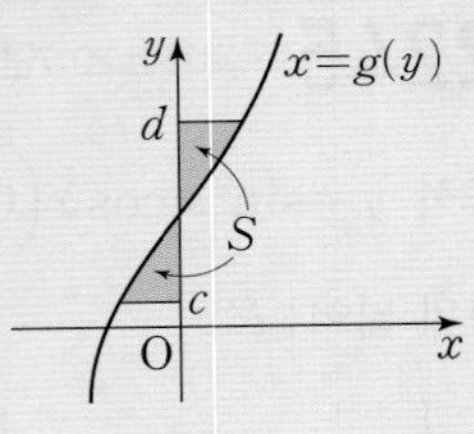

2248 대표문제

그림과 같이 곡선 $y=\ln(x+2)$와 y축 및 두 직선 $y=1$, $y=2$로 둘러싸인 도형의 넓이는?

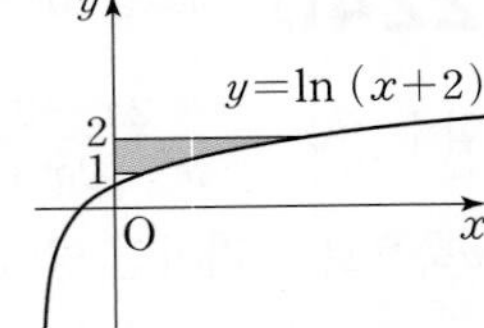

① e^2-e-2 ② e^2-e+2
③ e^2+e-4 ④ e^2+e-2
⑤ e^2+e+2

2249 Level 1

곡선 $y=\frac{1}{x}$과 y축 및 두 직선 $y=1$, $y=e$로 둘러싸인 도형의 넓이를 구하시오.

2250 Level 2

곡선 $y=\ln(2-x)$와 x축 및 y축으로 둘러싸인 도형의 넓이는?

① $\ln 2+2$ ② $\ln 2+1$ ③ $2\ln 2-1$
④ $2\ln 2$ ⑤ $2\ln 2+1$

2251 Level 2

곡선 $y=x\sqrt{x}$와 y축 및 두 직선 $y=1$, $y=8$로 둘러싸인 도형의 넓이를 구하시오.

2252 Level 2

곡선 $y(x-a)=1$과 y축 및 두 직선 $y=1$, $y=e$로 둘러싸인 도형의 넓이가 $\frac{1}{2}e+\frac{1}{2}$일 때, 양수 a의 값은? (단, $0<a<1$)

① $\frac{1}{8}$ ② $\frac{1}{4}$ ③ $\frac{3}{8}$
④ $\frac{1}{2}$ ⑤ $\frac{5}{8}$

2253 Level 2

곡선 $y=\sqrt{x+1}-2$와 y축 및 두 직선 $y=-2$, $y=1$로 둘러싸인 도형의 넓이를 구하시오.

2254 Level 2

$x\ge -1$에서 곡선 $y=(x+1)^2$과 x축, y축 및 직선 $y=k$로 둘러싸인 도형의 넓이가 2일 때, 양수 k의 값은? (단, $k>1$)

① 1 ② 2 ③ 3
④ 4 ⑤ 5

실전 유형 8 곡선과 직선 사이의 넓이

곡선과 직선으로 둘러싸인 도형의 넓이는 다음과 같은 순서로 구한다.
❶ 곡선과 직선의 교점의 x좌표를 구하여 적분 구간을 정한다.
❷ 곡선과 직선의 위치 관계를 파악하여 적분 구간에서 {(위쪽의 식)−(아래쪽의 식)}의 정적분의 값을 구한다.

2255 대표문제

그림과 같이 곡선 $y=\frac{4x}{x^2+1}$와 직선 $y=x$로 둘러싸인 도형의 넓이를 구하시오.

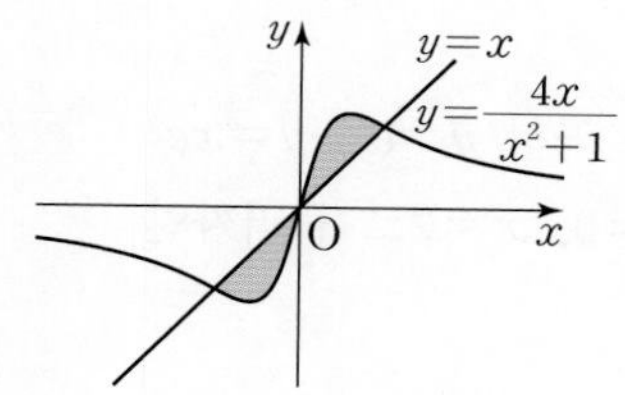

2256

Level 1

곡선 $y=\sqrt{x}$와 직선 $y=x$로 둘러싸인 도형의 넓이를 구하시오.

2257

Level 2

그림과 같이 곡선 $y^2=x+1$과 직선 $y=x-1$로 둘러싸인 도형의 넓이는?

① $\frac{5}{2}$ ② 3
③ $\frac{7}{2}$ ④ 4
⑤ $\frac{9}{2}$

2258

Level 2

곡선 $y=xe^x$과 직선 $y=ex$로 둘러싸인 도형의 넓이를 구하시오.

2259

Level 2

그림과 같이 곡선 $y=\frac{1}{x}$과 두 직선 $y=3x$, $y=\frac{1}{3}x$로 둘러싸인 도형의 넓이는? (단, $x>0$)

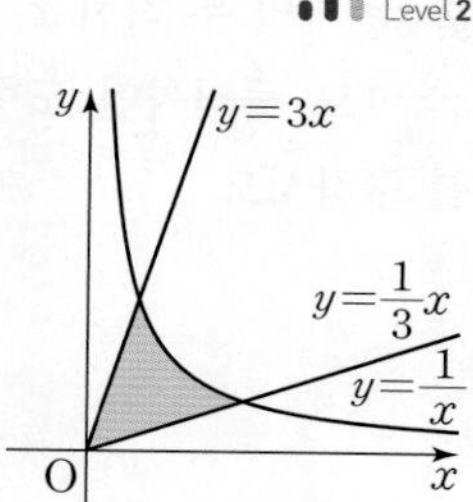

① $\ln 3$ ② $\ln 6$
③ $2\ln 3$ ④ $\ln 12$
⑤ $\ln 15$

다음은 이 유형에서 출제된 최근 교육청 · 평가원 기출문제입니다.

2260 · 교육청 2018년 3월

Level 2

그림과 같이 곡선 $y=xe^x$ 위의 점 $(1,\ e)$를 지나고 x축에 평행한 직선을 l이라 하자. 곡선 $y=xe^x$과 y축 및 직선 l로 둘러싸인 도형의 넓이는?

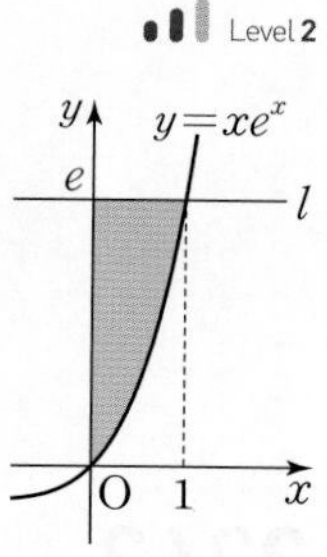

① 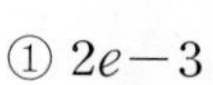 $2e-3$ ② 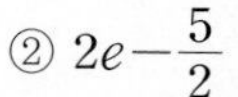 $2e-\frac{5}{2}$
③ 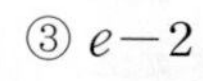 $e-2$ ④ 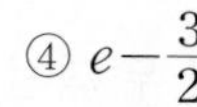 $e-\frac{3}{2}$
⑤ $e-1$

실전유형 9 두 곡선 사이의 넓이 (1)

빈출유형

두 함수 $f(x)$, $g(x)$가 닫힌구간 $[a,\ b]$에서 연속일 때, 두 곡선 $y=f(x)$, $y=g(x)$ 및 두 직선 $x=a$, $x=b$로 둘러싸인 도형의 넓이 S는

$$S=\int_a^b |f(x)-g(x)|\,dx$$

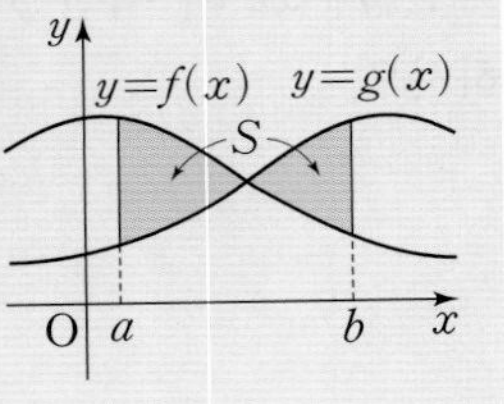

2261 대표문제

그림과 같이 두 곡선 $y=e^x$, $y=e^{-x}$ 및 두 직선 $x=-1$, $x=1$로 둘러싸인 도형의 넓이를 구하시오.

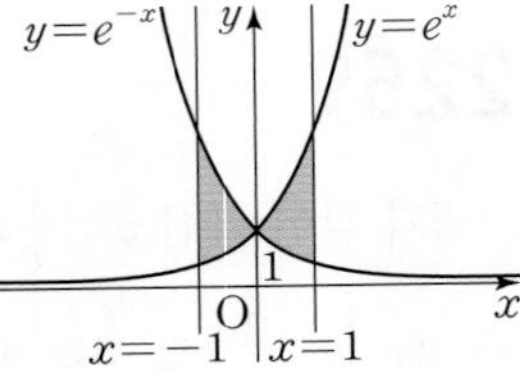

2262

Level 1

두 곡선 $y=x^2$, $y=\sqrt{x}$로 둘러싸인 도형의 넓이는?

① $\frac{1}{6}$ ② $\frac{1}{3}$ ③ $\frac{1}{2}$
④ $\frac{2}{3}$ ⑤ $\frac{5}{6}$

2263

Level 2

두 곡선 $y=\sin x$, $y=\cos x$ 및 두 직선 $x=0$, $x=\pi$로 둘러싸인 도형의 넓이를 구하시오.

2264

Level 2

그림과 같이 $0\le x\le \pi$에서 두 곡선 $y=\sin x$, $y=\sin 2x$로 둘러싸인 도형의 넓이를 구하시오.

2265

Level 2

그림과 같이 두 곡선 $y=e^x$, $y=xe^x$ 및 두 직선 $x=0$, $x=2$로 둘러싸인 도형의 넓이는?

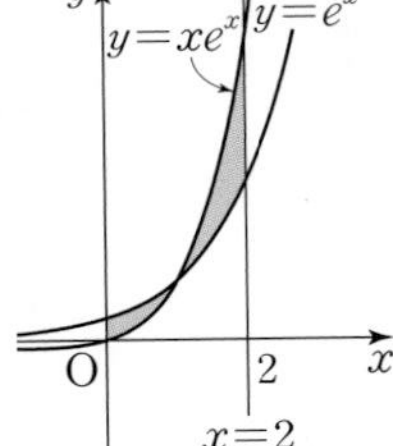

① $2e-4$ ② $2e-2$
③ $2e$ ④ $2e+2$
⑤ $2e+4$

다음은 이 유형에서 출제된 최근 교육청 • 평가원 기출문제입니다.

2266 • 교육청 2016년 3월

Level 2

좌표평면에 두 함수 $f(x)=2^x$의 그래프와 $g(x)=\left(\frac{1}{2}\right)^x$의 그래프가 있다. 두 곡선 $y=f(x)$, $y=g(x)$가 직선 $x=t\,(t>0)$과 만나는 점을 각각 A, B라 하자. $t=1$일 때, 두 곡선 $y=f(x)$, $y=g(x)$와 직선 AB로 둘러싸인 부분의 넓이는?

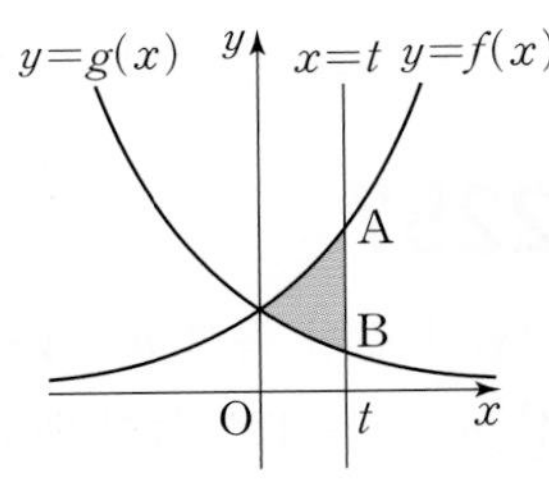

① $\frac{5}{4\ln 2}$ ② $\frac{1}{\ln 2}$ ③ $\frac{3}{4\ln 2}$
④ $\frac{1}{2\ln 2}$ ⑤ $\frac{1}{4\ln 2}$

2267 · 평가원 2019학년도 9월

Level 2

그림과 같이 두 곡선 $y=2^x-1$, $y=\left|\sin\frac{\pi}{2}x\right|$가 원점 O와 점 (1, 1)에서 만난다. 두 곡선 $y=2^x-1$, $y=\left|\sin\frac{\pi}{2}x\right|$로 둘러싸인 부분의 넓이는?

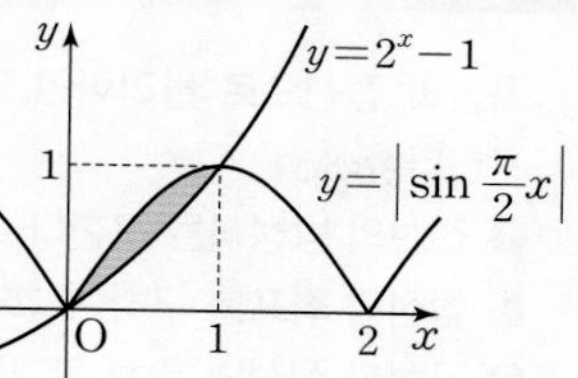

① $-\frac{1}{\pi}+\frac{1}{\ln 2}-1$　② $\frac{2}{\pi}-\frac{1}{\ln 2}+1$　③ $\frac{2}{\pi}+\frac{1}{2\ln 2}-1$　④ $\frac{1}{\pi}-\frac{1}{2\ln 2}+1$　⑤ $\frac{1}{\pi}+\frac{1}{\ln 2}-1$

2268 · 교육청 2019년 4월

Level 3

두 곡선 $y=(\sin x)\ln x$, $y=\frac{\cos x}{x}$와 두 직선 $x=\frac{\pi}{2}$, $x=\pi$로 둘러싸인 부분의 넓이는?

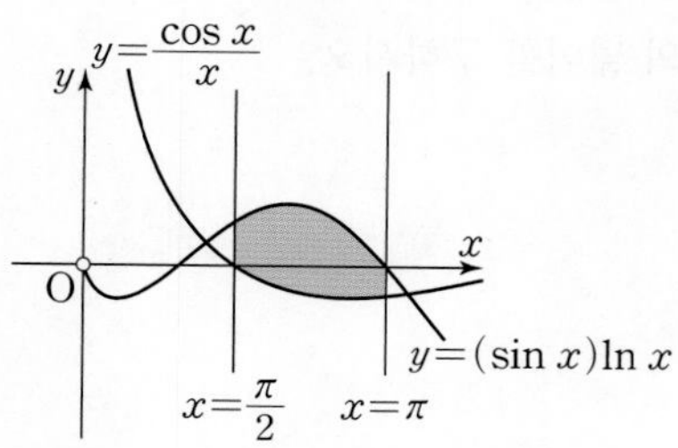

① $\frac{1}{4}\ln\pi$　② $\frac{1}{2}\ln\pi$　③ $\frac{3}{4}\ln\pi$　④ $\ln\pi$　⑤ $\frac{5}{4}\ln\pi$

+Plus 문제

실전 유형 10 두 곡선 사이의 넓이 (2)

두 함수 $f(y)$, $g(y)$가 닫힌구간 $[c,\ d]$에서 연속일 때, 두 곡선 $x=f(y)$, $x=g(y)$ 및 두 직선 $y=c$, $y=d$로 둘러싸인 도형의 넓이 S는

$$S=\int_c^d |f(y)-g(y)|\,dy$$

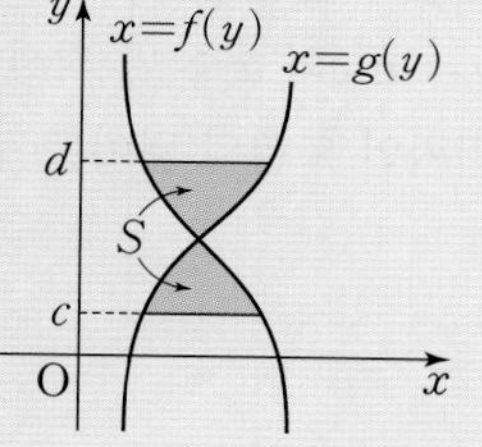

2269 대표문제

두 곡선 $y=\ln x$, $y=-\ln x$ 및 직선 $y=1$로 둘러싸인 도형의 넓이를 구하시오.

2270

Level 1

그림과 같이 두 곡선 $y=\frac{1}{x}$, $y=-\frac{1}{x}$ 및 두 직선 $y=1$, $y=3$으로 둘러싸인 도형의 넓이는?

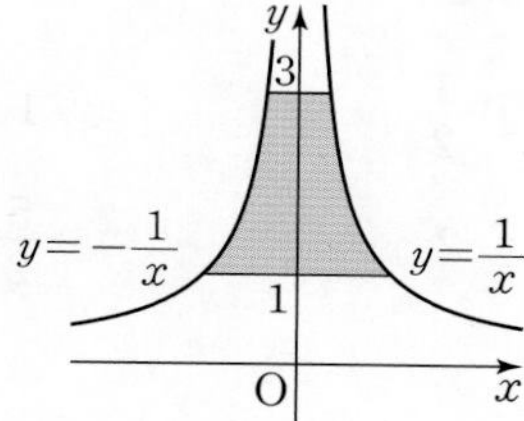

① $\ln 3$　② $\ln 5$　③ $\ln 6$　④ $\ln 7$　⑤ $2\ln 3$

2271

Level 2

두 곡선 $y=\sqrt{x}$, $y=\sqrt{2(x-2)}$ 및 직선 $y=1$로 둘러싸인 도형의 넓이는?

① $\frac{1}{6}$　② $\frac{1}{3}$　③ $\frac{1}{2}$　④ $\frac{2}{3}$　⑤ $\frac{5}{6}$

2272

Level 2

그림과 같이 두 곡선 $y=e^x-1$, $y=\ln x$와 x축 및 직선 $y=1$로 둘러싸인 도형의 넓이를 구하시오.

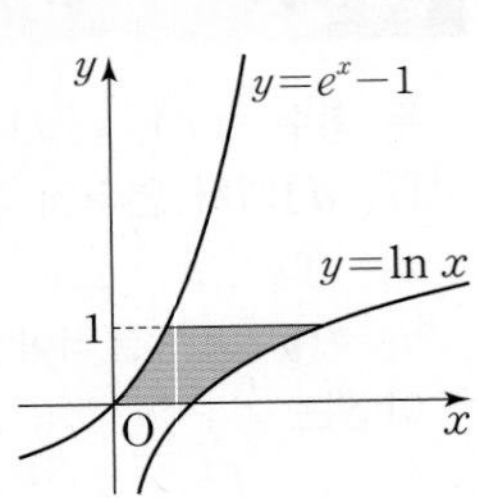

2273

Level 2

두 곡선 $y=\ln 2x$, $y=\ln(x+1)$과 x축으로 둘러싸인 도형의 넓이가 $\ln a-b$일 때, 유리수 a, b에 대하여 $a+b$의 값은?

① $\frac{1}{2}$ ② 1 ③ $\frac{3}{2}$
④ 2 ⑤ $\frac{5}{2}$

2274

Level 3

$x\geq 0$에서 정의된 두 곡선 $y=2x^2$, $y=\frac{2}{x}$ 및 직선 $y=k$로 둘러싸인 도형의 넓이가 $\frac{28}{3}-4\ln 2$일 때, 상수 k의 값은?

(단, $k\geq 2$)

① 2 ② 4 ③ 8
④ 16 ⑤ 32

실전유형 11 곡선과 접선으로 둘러싸인 도형의 넓이

곡선과 접선으로 둘러싸인 도형의 넓이는 다음과 같은 순서로 구한다.

❶ 접선의 방정식을 구한다.
❷ 접점의 좌표를 구하여 그래프를 그린다.
❸ 곡선과 접선의 위치 관계를 파악하여 적분 구간을 나눈다.
❹ 적분 구간에서 {(위쪽의 식)−(아래쪽의 식)}의 정적분의 값을 구한다.

2275 대표문제

곡선 $y=2\sqrt{x}$와 이 곡선 위의 점 $(4, 4)$에서의 접선 및 x축으로 둘러싸인 도형의 넓이는?

① $\frac{10}{3}$ ② 4 ③ $\frac{14}{3}$
④ $\frac{16}{3}$ ⑤ 6

2276

Level 2

곡선 $y=e^x$과 원점에서 이 곡선에 그은 접선 및 y축으로 둘러싸인 도형의 넓이를 구하시오.

2277

Level 2

곡선 $y=3\sqrt{x-9}$와 원점에서 이 곡선에 그은 접선 및 x축으로 둘러싸인 도형의 넓이를 구하시오.

● 정답 및 풀이 432쪽

2278

Level 2

곡선 $y=\ln x$와 이 곡선 위의 점 $(e^2,\ 2)$에서의 접선 및 x축으로 둘러싸인 도형의 넓이는?

① e^2-2 ② e^2-1 ③ e^2
④ e^2+1 ⑤ e^2+4

2279

Level 2

상수 a에 대하여 곡선 $y=e^x+a$와 직선 $y=ex-1$이 서로 접할 때, 곡선 $y=e^x+a$와 직선 $y=ex-1$ 및 y축으로 둘러싸인 도형의 넓이를 구하시오.

다음은 이 유형에서 출제된 최근 교육청 • 평가원 기출문제입니다.

2280 • 교육청 2018년 7월

Level 2

점 $(1,\ 0)$에서 곡선 $y=e^x$에 그은 접선을 l이라 하자. 곡선 $y=e^x$과 y축 및 직선 l으로 둘러싸인 부분의 넓이는?

① $\frac{1}{2}e^2-2$ ② $\frac{1}{2}e^2-1$ ③ e^2-3
④ e^2-2 ⑤ e^2-1

2281 • 교육청 2015년 7월

Level 2

양의 실수 k에 대하여 곡선 $y=k\ln x$와 직선 $y=x$가 접할 때, 곡선 $y=k\ln x$, 직선 $y=x$ 및 x축으로 둘러싸인 부분의 넓이는 ae^2-be이다. $100ab$의 값을 구하시오.

(단, a와 b는 유리수이다.)

실전 유형 12 두 도형의 넓이가 같은 경우

(1) 곡선 $y=f(x)$와 x축으로 둘러싸인 두 도형의 넓이를 각각 S_1, S_2라 할 때, $S_1=S_2$이면

$$S=\int_a^b f(x)dx=0$$

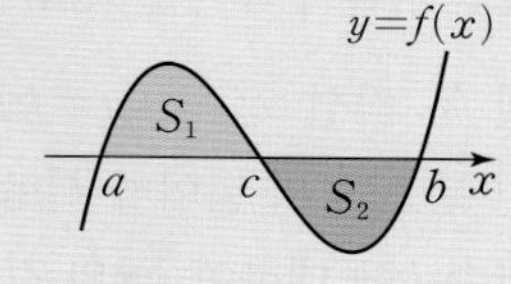

(2) 두 곡선 $y=f(x)$, $y=g(x)$로 둘러싸인 두 도형의 넓이를 각각 S_1, S_2라 할 때, $S_1=S_2$이면

$$S=\int_a^b \{f(x)-g(x)\}dx=0$$

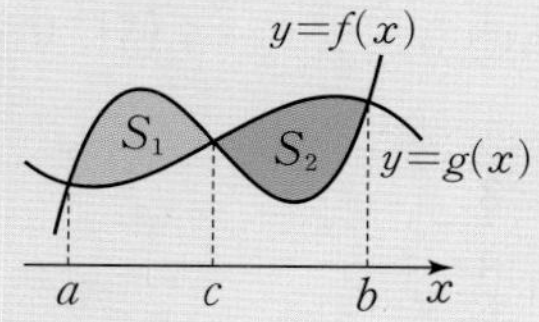

2282 대표문제

그림과 같이 곡선 $y=\sin x$ 및 두 직선 $y=ax$, $x=\pi$로 둘러싸인 두 도형의 넓이가 서로 같을 때, 상수 a의 값은? (단, $0<a<1$)

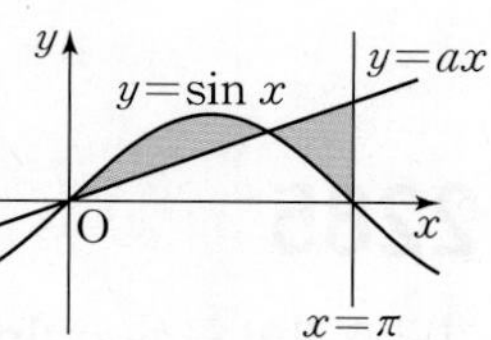

① $\frac{1}{\pi}$ ② $\frac{2}{\pi}$ ③ $\frac{2}{\pi^2}$
④ $\frac{4}{\pi^2}$ ⑤ $\frac{8}{\pi^2}$

2283

Level 1

그림과 같이 곡선 $y=\sqrt{2x}$와 y축 및 두 직선 $x=a$, $y=1$로 둘러싸인 두 도형의 넓이가 서로 같을 때, 상수 a의 값은? $\left(\text{단, } a>\frac{1}{2}\right)$

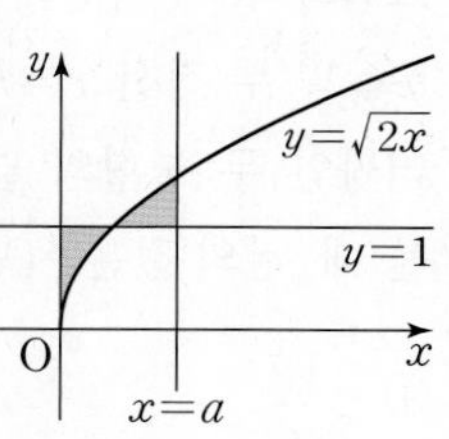

① $\frac{5}{8}$ ② $\frac{3}{4}$ ③ $\frac{7}{8}$
④ 1 ⑤ $\frac{9}{8}$

2284

Level 2

그림과 같이 곡선 $y=\sin\frac{\pi}{2}x$와 y축 및 두 직선 $x=1$, $y=k$로 둘러싸인 두 도형의 넓이가 서로 같을 때, 상수 k에 대하여 $k\pi$의 값은? (단, $0<k<1$)

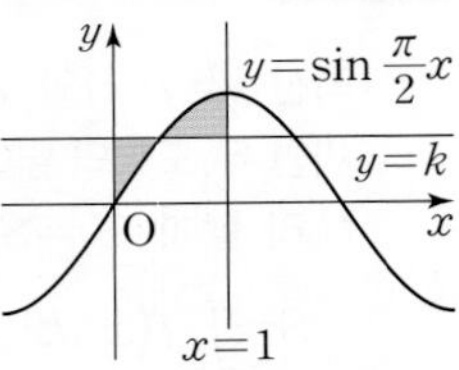

① $\frac{5}{3}$ ② 2 ③ $\frac{7}{3}$
④ $\frac{8}{3}$ ⑤ 3

2285

Level 2

그림과 같이 곡선 $y=\ln(x+1)$과 y축 및 두 직선 $x=e-1$, $y=k$로 둘러싸인 두 도형의 넓이가 서로 같을 때, 상수 k의 값을 구하시오. (단, $0<k<1$)

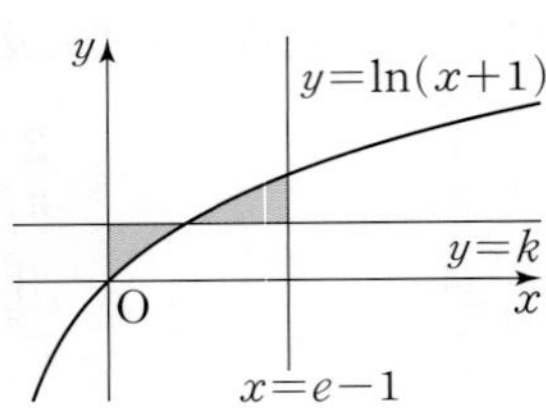

2286

Level 2

그림과 같이 곡선 $y=e^{-x}$과 x축, y축 및 두 직선 $x=k$, $y=\sqrt{e}$로 둘러싸인 두 도형의 넓이가 서로 같을 때, e^k의 값은? (단, $k>0$)

① 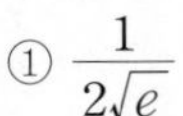 $\frac{1}{2\sqrt{e}}$ ② $\frac{1}{\sqrt{e}}$
③ $\frac{2}{\sqrt{e}}$ ④ $\frac{\sqrt{e}}{2}$
⑤ $\sqrt{e}$

 2287

Level 3

그림과 같이 $0\le x\le\frac{\pi}{2}$에서 곡선 $y=x\sin x$와 x축 및 직선 $x=k$로 둘러싸인 도형의 넓이와 이 곡선과 두 직선 $x=k$, $y=\frac{\pi}{2}$로 둘러싸인 도형의 넓이가 서로 같을 때, 상수 k의 값을 구하시오. $\left(\text{단, } 0\le k\le\frac{\pi}{2}\right)$

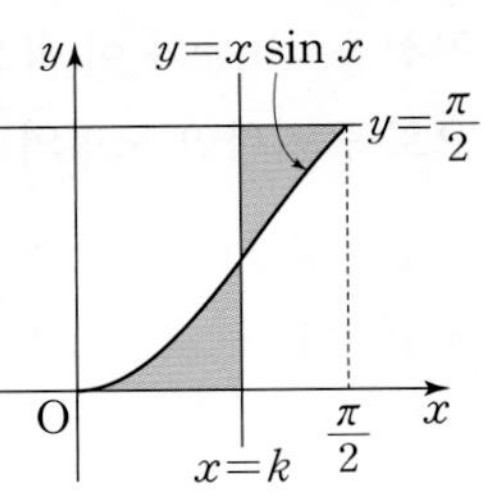

+Plus 문제

다음은 이 유형에서 출제된 최근 교육청 • 평가원 기출문제입니다.

2288 • 2018학년도 대학수학능력시험

Level 2

곡선 $y=e^{2x}$과 y축 및 직선 $y=-2x+a$로 둘러싸인 영역을 A, 곡선 $y=e^{2x}$과 두 직선 $y=-2x+a$, $x=1$로 둘러싸인 영역을 B라 하자. A의 넓이와 B의 넓이가 같을 때, 상수 a의 값은? (단, $1<a<e^2$)

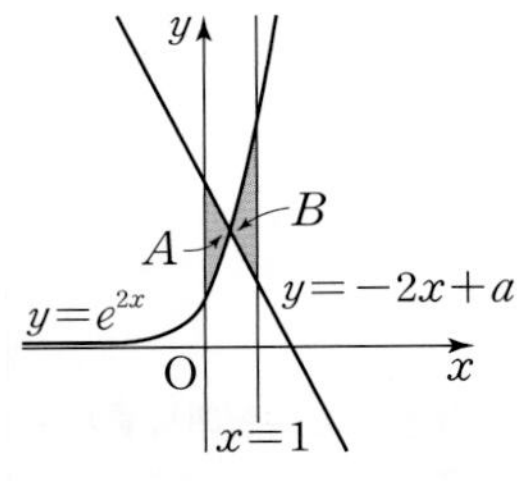

① $\frac{e^2+1}{2}$ ② $\frac{2e^2+1}{4}$ ③ 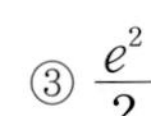 $\frac{e^2}{2}$
④ $\frac{2e^2-1}{4}$ ⑤ $\frac{e^2-1}{2}$

2289 • 교육청 2020년 10월

Level 2

실수 전체의 집합에서 도함수가 연속인 함수 $f(x)$에 대하여 $f(0)=0$, $f(2)=1$이다. 그림과 같이 $0\le x\le2$에서 곡선 $y=f(x)$와 x축 및 직선 $x=2$로 둘러싸인 두 부분의 넓이를 각각 A, B라 하자. $A=B$일 때, $\int_0^2(2x+3)f'(x)dx$의 값을 구하시오.

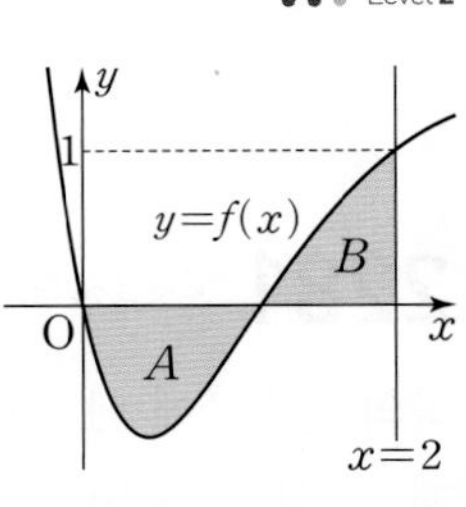

실전 유형 13 도형의 넓이를 이등분하는 경우

곡선 $y=f(x)$와 x축으로 둘러싸인 도형의 넓이를 곡선 $y=g(x)$가 이등분하면

$\int_a^b \{f(x)-g(x)\}dx$

$=\frac{1}{2}\int_a^c f(x)dx$

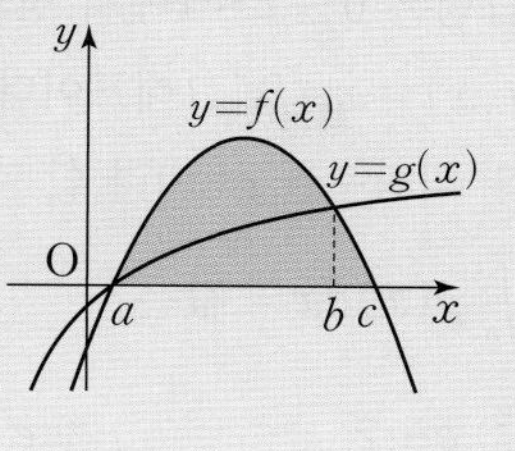

2290 대표문제

그림과 같이 곡선 $y=\frac{e^x}{\sqrt{e^x+1}}$과 x축, y축 및 직선 $x=\ln 7$로 둘러싸인 도형의 넓이를 직선 $x=k$가 이등분할 때, 양수 k에 대하여 e^k의 값을 구하시오.

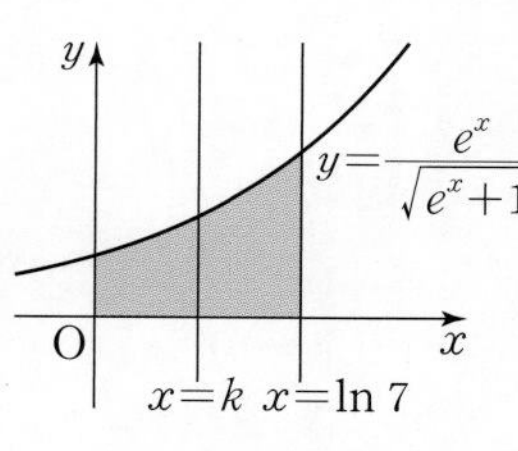

2291 Level 1

곡선 $y=e^x$과 x축, y축 및 직선 $x=1$로 둘러싸인 도형의 넓이를 직선 $y=ax$가 이등분할 때, 상수 a의 값을 구하시오. (단, $0<a<e$)

2292 Level 2

곡선 $y=\sqrt{kx}$와 x축 및 직선 $x=k$로 둘러싸인 도형의 넓이를 곡선 $y=x^2$이 이등분할 때, 상수 k의 값은? (단, $k\geq 1$)

① 1 ② $\frac{4}{3}$ ③ $\frac{5}{3}$ ④ 2 ⑤ $\frac{7}{3}$

2293 Level 2

곡선 $y=\cos 2x$와 x축, y축 및 직선 $x=\frac{\pi}{6}$로 둘러싸인 도형의 넓이를 직선 $y=k$가 이등분할 때, 상수 k의 값은? $\left(\text{단, } 0<k<\frac{1}{2}\right)$

① $\frac{\sqrt{3}}{5\pi}$ ② $\frac{\sqrt{3}}{4\pi}$ ③ $\frac{2\sqrt{3}}{5\pi}$ ④ $\frac{\sqrt{3}}{2\pi}$ ⑤ $\frac{3\sqrt{3}}{4\pi}$

2294 Level 2

곡선 $y=e^x$과 x축, y축 및 직선 $x=\ln 3$으로 둘러싸인 도형의 넓이를 곡선 $y=ke^{2x}$이 이등분할 때, 상수 k의 값은? $\left(\text{단, } 0<k<\frac{1}{3}\right)$

① $\frac{1}{8}$ ② $\frac{1}{7}$ ③ $\frac{1}{6}$ ④ $\frac{1}{5}$ ⑤ $\frac{1}{4}$

2295 고난도 Level 3

$0\leq x\leq\frac{\pi}{2}$에서 곡선 $y=2a\cos x$ 및 x축, y축으로 둘러싸인 도형의 넓이를 곡선 $y=2\sin x$가 이등분할 때, 양수 a의 값은?

① $\frac{1}{3}$ ② $\frac{2}{3}$ ③ 1 ④ $\frac{4}{3}$ ⑤ $\frac{5}{3}$

실전유형 14 함수와 그 역함수의 정적분 복합유형

함수 $y=f(x)$의 역함수가 $y=g(x)$이면 두 함수의 그래프는 직선 $y=x$에 대하여 대칭이므로

$$A=B=ac-\int_0^a f(x)dx$$

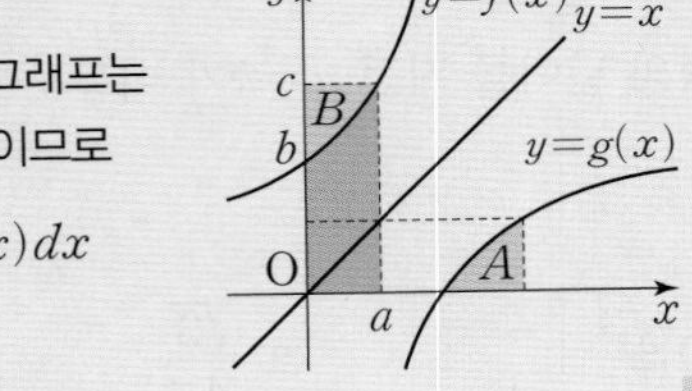

2296 대표문제

함수 $f(x)=e^x$의 역함수를 $g(x)$라 할 때, 정적분 $\int_0^1 f(x)dx+\int_1^e g(x)dx$의 값은?

① e ② $2e$ ③ e^2
④ $2e^2$ ⑤ $4e^2$

2297 Level 1

$0\le x\le\frac{\pi}{3}$에서 함수 $f(x)=\tan x$의 역함수를 $g(x)$라 할 때, $\int_0^{\sqrt{3}} g(x)dx+\int_{g(0)}^{g(\sqrt{3})}\tan x\,dx$의 값을 구하시오.

2298 Level 2

함수 $f(x)=\ln x-1$의 역함수를 $g(x)$라 할 때, 정적분 $\int_e^{e^2} f(x)dx+\int_0^1 g(x)dx$의 값은?

① e^2 ② $2e^2$ ③ $2e^2+e$
④ $3e^3$ ⑤ $3e^3+e$

2299 Level 2

그림은 $0\le x\le 1$에서 정의된 함수 $f(x)=xe^x$의 그래프이다. 함수 $f(x)$의 역함수를 $g(x)$라 할 때, 정적분 $\int_0^e g(x)dx$의 값은?

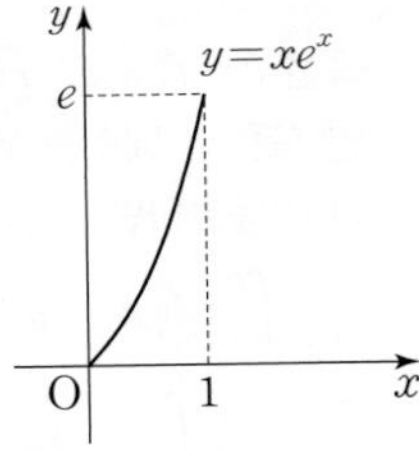

① $e-2$ ② $e-1$
③ e ④ $e+1$
⑤ $e+2$

2300 Level 2

$0\le x<\frac{\pi}{2}$에서 함수 $f(x)=\tan x$의 역함수를 $g(x)$라 할 때, $\int_{\frac{\sqrt{3}}{3}}^{\sqrt{3}} g(x)dx$의 값은?

① $\frac{5}{18}\pi+\ln\frac{1}{\sqrt{3}}$ ② $\frac{5}{18}\pi+\frac{1}{\sqrt{3}}$ ③ $\frac{5\sqrt{3}}{18}\pi+\ln\frac{1}{3}$
④ $\frac{5\sqrt{3}}{18}\pi+\ln\frac{1}{\sqrt{3}}$ ⑤ $\frac{5\sqrt{3}}{18}\pi+\ln 2$

2301 Level 3

함수 $f(x)=(2x^2+a)e^x$이 모든 실수 x에 대하여 증가하도록 하는 실수 a의 최솟값을 k라 하자. 함수 $g(x)=(x+k)e^x$의 역함수를 $h(x)$라 할 때, $\int_k^{3e} h(x)dx$의 값은?

① $e+1$ ② $e+2$ ③ $2e+1$
④ $2e+2$ ⑤ $3e$

● 정답 및 풀이 437쪽

심화유형 15 함수와 그 역함수의 그래프로 둘러싸인 도형의 넓이 빈출유형

함수 $y=f(x)$의 역함수가 $y=g(x)$이고 두 함수의 그래프의 교점의 x좌표가 a, $b\,(a<b)$일 때, 두 곡선으로 둘러싸인 도형의 넓이 S는

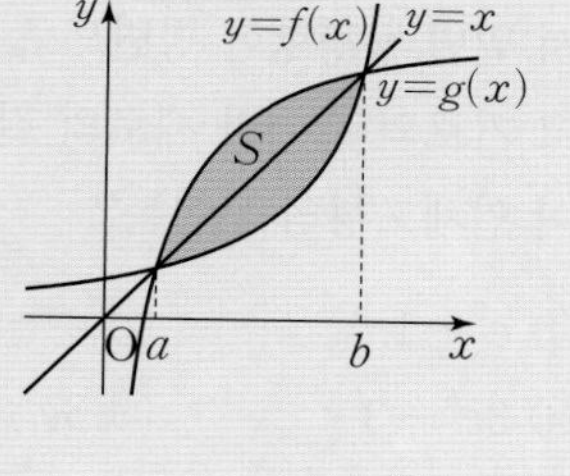

$$S=\int_a^b |f(x)-g(x)|\,dx$$
$$=2\int_a^b |f(x)-x|\,dx$$

2302 대표문제

함수 $f(x)=2^{-x}+\frac{1}{2}$의 역함수를 $g(x)$라 할 때, 두 곡선 $y=f(x)$, $y=g(x)$ 및 x축, y축으로 둘러싸인 도형의 넓이는?

① $\frac{1}{\ln 2}$ ② $\frac{2}{\ln 2}$ ③ $\frac{3}{\ln 2}$
④ $\frac{4}{\ln 2}$ ⑤ $\frac{5}{\ln 2}$

2303

Level 2

$f(x)=\sqrt{4x-3}$의 역함수를 $g(x)$라 할 때, 두 곡선 $y=f(x)$와 $y=g(x)$로 둘러싸인 도형의 넓이를 구하시오.

2304

Level 2

상수 $k\ (k\neq 0)$에 대하여 함수 $f(x)=e^{kx}$과 그 역함수 $y=g(x)$가 $x=e$에서 서로 접할 때, 두 곡선 $y=f(x)$, $y=g(x)$ 및 x축, y축으로 둘러싸인 도형의 넓이를 구하시오.

2305

Level 2

$0\leq x\leq \pi$에서 정의된 함수 $f(x)=x+\sin x$의 역함수를 $g(x)$라 할 때, 두 곡선 $y=f(x)$와 $y=g(x)$로 둘러싸인 도형의 넓이는?

① 1 ② 2 ③ 4
④ 6 ⑤ 8

2306

Level 2

$x\neq 5$에서 함수 $f(x)=-\frac{3}{x-5}+1$의 역함수를 $g(x)$라 할 때, 두 곡선 $y=f(x)$와 $y=g(x)$로 둘러싸인 도형의 넓이는?

① $6-4\ln 3$ ② $6-2\ln 3$ ③ $8-6\ln 3$
④ $8-4\ln 3$ ⑤ $8-2\ln 3$

2307

Level 3

좌표평면에서 꼭짓점의 좌표가 O(0, 0), A(8, 0), B(8, 8), C(0, 8)인 정사각형 OABC가 있다. 그림과 같이 이 정사각형의 내부가 두 곡선 $y=2^x$, $y=\log_2 x$에 의해 세 부분으로 나뉠 때, 색칠한 부분의 넓이를 구하시오.

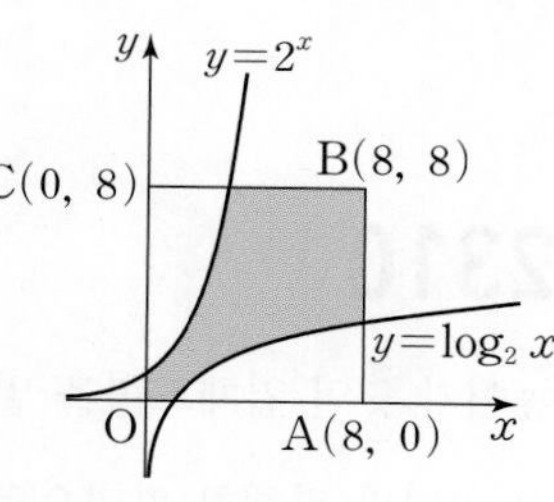

+Plus 문제

실전유형 16 입체도형의 부피 – 단면이 밑면과 평행한 경우

빈출유형

높이가 h인 입체도형에서 밑면으로부터의 높이가 x인 지점에서 밑면과 평행한 평면으로 자른 단면의 넓이가 $S(x)$이면 이 입체도형의 부피 V는

$$V=\int_0^h S(x)dx$$

2308 대표문제

높이가 1 m인 어떤 수조에 채워진 물의 깊이가 x m일 때의 수면은 한 변의 길이가 (x^2-2x+1) m인 정사각형이다. 이 수조에 물을 가득 채웠을 때의 물의 부피는?

① $\frac{1}{15}\text{m}^3$ ② $\frac{2}{15}\text{m}^3$ ③ $\frac{1}{5}\text{m}^3$
④ $\frac{4}{15}\text{m}^3$ ⑤ $\frac{1}{3}\text{m}^3$

2309

Level 1

높이가 5 cm인 어떤 물통에 채워진 물의 깊이가 x cm일 때의 수면의 넓이가 $\sqrt{5-x}\,\text{cm}^2$이다. 이 물통의 부피는?

① $\frac{2\sqrt{5}}{3}\text{cm}^3$ ② $\frac{4\sqrt{5}}{3}\text{cm}^3$ ③ $2\sqrt{5}\text{cm}^3$
④ $\frac{8\sqrt{5}}{3}\text{cm}^3$ ⑤ $\frac{10\sqrt{5}}{3}\text{cm}^3$

2310

Level 1

높이가 $\frac{\pi}{2}$인 입체도형을 밑면으로부터의 높이가 x인 지점에서 밑면과 평행한 평면으로 자른 단면은 한 변의 길이가 $\sqrt{x\sin x}$인 원이다. 이 입체도형의 부피를 구하시오.

2311

Level 2

높이가 5인 입체도형을 밑면으로부터의 높이가 x인 지점에서 밑면과 평행한 평면으로 자른 단면은 가로의 길이가 $e^{\frac{x}{2}}$이고 가로의 길이와 세로의 길이의 비가 1 : 3인 직사각형이다. 이 입체도형의 부피는?

① e^5-1 ② e^5 ③ e^5+1
④ $3e^5-3$ ⑤ $3e^5$

2312

Level 2

높이가 $\frac{\pi}{3}$인 입체도형을 밑면으로부터의 높이가 x인 지점에서 밑면과 평행한 평면으로 자른 단면은 한 변의 길이가 $\sqrt{\cos x}$인 정삼각형이다. 이 입체도형의 부피를 구하시오.

2313

Level 2

높이가 2인 입체도형을 밑면으로부터의 높이가 x인 지점에서 밑면과 평행한 평면으로 자른 단면의 넓이가 $2x\ln(x^2+1)$일 때, 이 입체도형의 부피는 $a\ln 5+b$이다. 유리수 a, b에 대하여 $a+b$의 값은?

① -1 ② $-\frac{1}{2}$ ③ 0
④ $\frac{1}{2}$ ⑤ 1

2314

Level 2

어떤 그릇에 채워진 물의 깊이가 $x$cm일 때의 수면은 반지름의 길이가 e^xcm인 원이 된다고 한다. 이 그릇에 담긴 물의 부피가 $\frac{15}{2}\pi\text{cm}^3$일 때, 이 그릇에 담긴 물의 깊이는?

① $\ln 2$cm ② $\ln 3$cm ③ $2\ln 2$ cm
④ $\ln 5$cm ⑤ $\ln 6$cm

2315

Level 2

어떤 입체도형을 밑면으로부터의 높이가 x인 지점에서 밑면과 평행한 평면으로 자른 단면의 넓이는 $\frac{x^2+4x+6}{x+2}$이다. 이 입체도형의 높이가 a일 때의 부피가 $16+2\ln 3$일 때, 유리수 a의 값을 구하시오.

2316

Level 2

그림과 같은 모양의 빈 그릇에 물을 채웠더니 물의 깊이가 x일 때의 수면의 넓이가 $2x\sqrt{x^2+4}$가 되었다. 물의 높이가 $\sqrt{5}$가 될 때까지 물을 채울 때, 채운 물의 부피는?

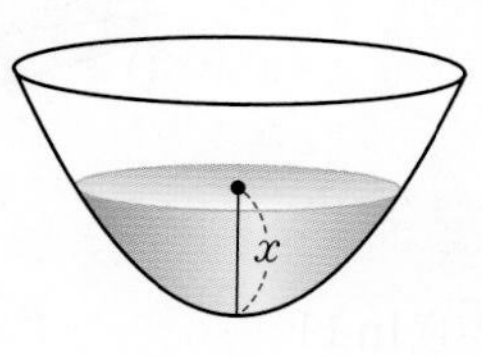

① $\frac{35}{3}$ ② 12 ③ $\frac{37}{3}$
④ $\frac{38}{3}$ ⑤ 13

실전 유형 17 입체도형의 부피 – 단면이 밑면과 수직인 경우

빈출유형

닫힌구간 $[a, b]$에서 x좌표가 x인 점을 지나고, x축에 수직인 평면으로 자른 단면의 넓이가 $S(x)$인 입체도형의 부피 V는

$$V=\int_a^b S(x)dx$$

2317 대표문제

곡선 $y=\sqrt{2+\cos x}$ $(0\le x\le\pi)$와 x축, y축 및 직선 $x=\pi$로 둘러싸인 도형을 밑면으로 하는 입체도형이 있다. 이 입체도형을 x축에 수직인 평면으로 자른 단면이 모두 정삼각형일 때, 이 입체도형의 부피는?

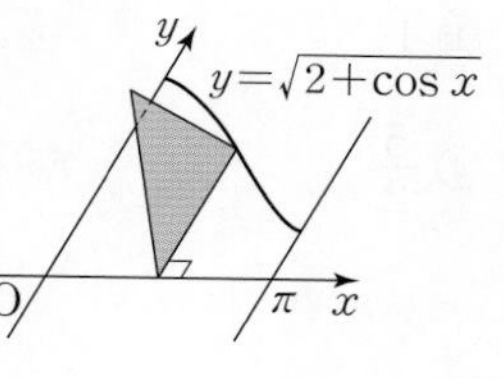

① $\frac{\pi}{2}$ ② π ③ $\frac{\sqrt{3}}{2}\pi$
④ $\sqrt{3}\pi$ ⑤ 2π

2318

Level 2

직선 $y=x-2$와 x축, y축으로 둘러싸인 도형을 밑면으로 하는 입체도형이 있다. 이 입체도형을 x축에 수직인 평면으로 자른 단면이 모두 직각이등변삼각형일 때, 이 입체도형의 부피를 구하시오. (단, 단면인 직각이등변삼각형의 빗변은 좌표평면 위에 있지 않다.)

2319

Level 2

곡선 $y=\sqrt{x}+3$과 x축, y축 및 직선 $x=1$로 둘러싸인 도형을 밑면으로 하는 입체도형이 있다. 이 입체도형을 x축에 수직인 평면으로 자른 단면이 모두 정사각형일 때, 이 입체도형의 부피를 구하시오.

2320

Level 2

그림과 같이 곡선 $y=e^x$ $(0\le x\le \ln 2)$과 x축, y축 및 직선 $x=\ln 2$로 둘러싸인 도형을 밑면으로 하는 입체도형이 있다. 이 입체도형을 x축에 수직인 평면으로 자른 단면이 모두 정사각형일 때, 이 입체도형의 부피는?

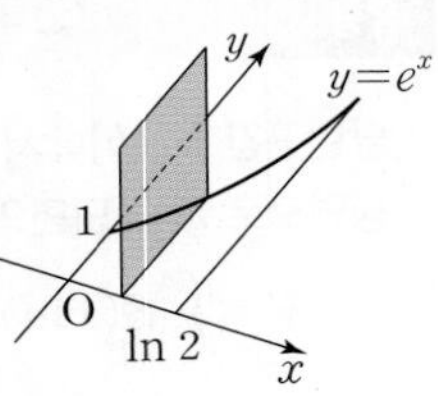

① 1　② $\frac{3}{2}$　③ 2　④ $\frac{5}{2}$　⑤ 3

2321

Level 2

곡선 $y=2\tan x$와 x축 및 직선 $x=\frac{\pi}{4}$로 둘러싸인 도형을 밑면으로 하는 입체도형이 있다. 이 입체도형을 x축에 수직인 평면으로 자른 단면이 모두 정사각형일 때, 이 입체도형의 부피를 구하시오.

2322

Level 2

그림과 같이 곡선 $y=2\sqrt{\sin x}$ $\left(0\le x\le \frac{\pi}{2}\right)$와 x축 및 직선 $x=\frac{\pi}{2}$로 둘러싸인 도형을 밑면으로 하는 입체도형이 있다. 이 입체도형을 x축에 수직인 평면으로 자른 단면이 모두 반원일 때, 이 입체도형의 부피를 구하시오.

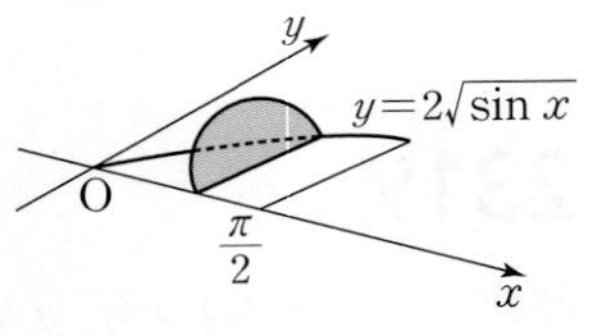

2323 고난도

Level 3

그림과 같이 밑면의 반지름의 길이가 4, 높이가 10인 원기둥이 있다. 이 원기둥의 밑면의 지름을 지나고 밑면과 이루는 각의 크기가 60°인 평면으로 자를 때 생기는 두 입체도형 중에서 작은 것의 부피는?

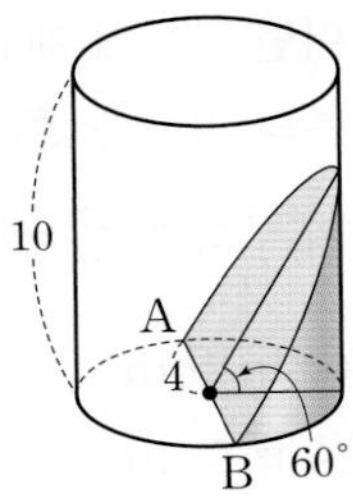

① $\frac{8\sqrt{3}}{3}$　② $\frac{16\sqrt{3}}{3}$　③ $\frac{32\sqrt{3}}{3}$　④ $\frac{64\sqrt{3}}{3}$　⑤ $\frac{128\sqrt{3}}{3}$

다음은 이 유형에서 출제된 최근 교육청 • 평가원 기출문제입니다.

2324 • 2020학년도 대학수학능력시험

Level 2

그림과 같이 양수 k에 대하여 곡선 $y=\sqrt{\frac{e^x}{e^x+1}}$과 x축, y축 및 직선 $x=k$로 둘러싸인 부분을 밑면으로 하고 x축에 수직인 평면으로 자른 단면이 모두 정사각형인 입체도형의 부피가 $\ln 7$일 때, k의 값은?

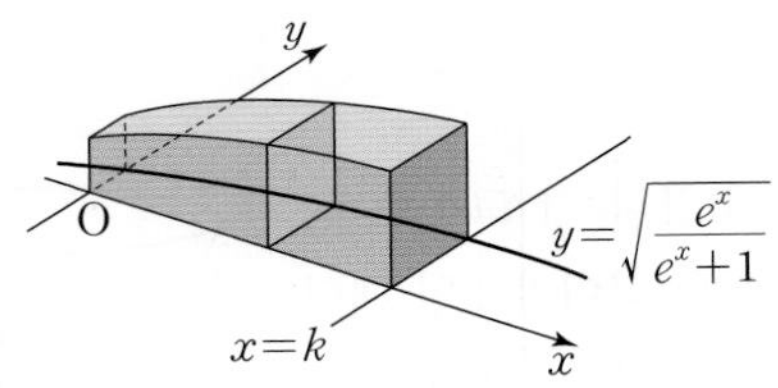

① $\ln 11$　② $\ln 13$　③ $\ln 15$　④ $\ln 17$　⑤ $\ln 19$

● 정답 및 풀이 442쪽

2325 • 교육청 2019년 3월

Level 2

그림과 같이 두 곡선 $y=2\sqrt{2x}+1$, $y=\sqrt{2x}$와 y축 및 직선 $x=2$로 둘러싸인 도형을 밑면으로 하는 입체도형이 있다. 이 입체도형을 x축에 수직인 평면으로 자른 단면이 모두 정사각형일 때, 이 입체도형의 부피를 V라 하자. $30V$의 값을 구하시오.

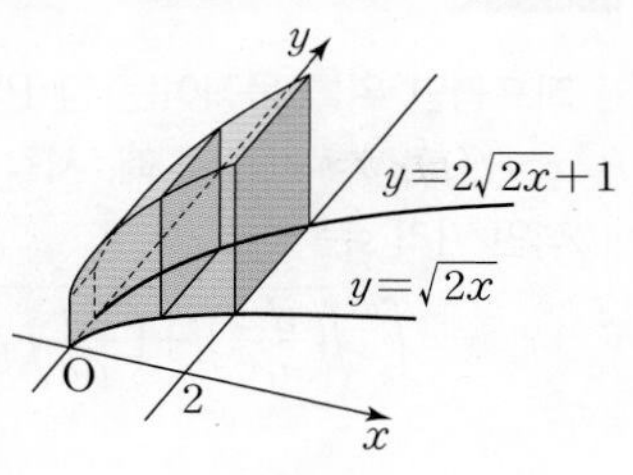

2326 • 평가원 2022학년도 9월

Level 2

그림과 같이 곡선 $y=\sqrt{\frac{3x+1}{x^2}}$ $(x>0)$과 x축 및 두 직선 $x=1$, $x=2$로 둘러싸인 부분을 밑면으로 하고 x축에 수직인 평면으로 자른 단면이 모두 정사각형인 입체도형의 부피는?

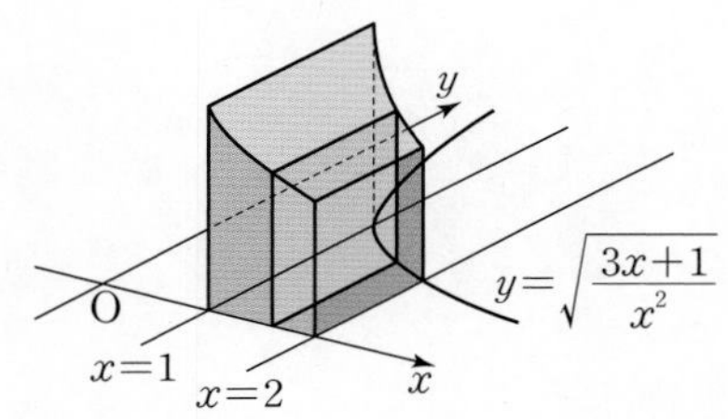

① $3\ln 2$　② $\frac{1}{2}+3\ln 2$　③ $1+3\ln 2$
④ $\frac{1}{2}+4\ln 2$　⑤ $1+4\ln 2$

실전유형 18 수직선 위에서 점이 움직인 거리

수직선 위를 움직이는 점 P의 시각 t에서의 속도가 $v(t)$, 시각 $t=a$에서의 위치가 x_0일 때

(1) 시각 t에서의 점 P의 위치 x는

$$x=x_0+\int_a^t v(t)dt$$

(2) 시각 $t=a$에서 $t=b$까지의 점 P가 움직인 거리 s는

$$s=\int_a^b |v(t)|dt$$

2327 대표문제

수직선 위를 움직이는 점 P의 시각 t에서의 속도가 $v(t)=3t^2-1$일 때, 원점에서 출발한 후 다시 원점으로 돌아올 때까지 점 P가 움직인 거리는?

① $\frac{\sqrt{3}}{9}$　② $\frac{2\sqrt{3}}{9}$　③ $\frac{\sqrt{3}}{3}$
④ $\frac{4\sqrt{3}}{9}$　⑤ $\frac{5\sqrt{3}}{9}$

2328

Level 1

원점을 출발하여 수직선 위를 움직이는 점 P의 시각 t에서의 속도가 $v(t)=3e^t-e^{2t}$일 때, 시각 $t=0$에서 $t=\ln 2$까지 점 P가 움직인 거리를 구하시오.

2329

Level 2

원점을 출발하여 수직선 위를 움직이는 점 P의 시각 t에서의 속도가 $v(t)=\cos\frac{\pi}{2}t$일 때, 출발한 후 두 번째로 운동 방향을 바꿀 때까지 점 P가 움직인 거리를 구하시오.

2330

Level 2

원점을 출발하여 수직선 위를 움직이는 점 P의 시각 t에서의 속도가 $v(t)=\cos^3 t$이다. 시각 $t=0$에서 $t=a$까지 점 P가 움직인 거리가 $\frac{2}{3}$일 때, 상수 a의 값을 구하시오.

$\left(\text{단, } 0\le a\le\frac{\pi}{2}\right)$

2331

Level 2

수직선 위를 움직이는 점 P의 시각 t에서의 속도가 $v(t)=(t+a)e^t$이다. 점 P의 시각 $t=1$에서의 가속도가 $4e$일 때, 시각 $t=0$에서 $t=a$까지 점 P가 움직인 거리를 구하시오. (단, a는 양수이다.)

2332

Level 3

원점을 출발하여 수직선 위를 움직이는 점 P의 시각 t에서의 속도가 $v(t)=\sin\frac{\pi}{2}t$일 때, 〈**보기**〉에서 옳은 것만을 있는 대로 고른 것은?

〈보기〉

ㄱ. $0<t<6$에서 점 P는 운동 방향을 두 번 바꾸었다.

ㄴ. $0<t<6$에서 점 P는 원점을 한 번 통과했다.

ㄷ. 점 P가 원점을 출발하여 6초 동안 움직인 거리는 $\frac{12}{\pi}$이다.

① ㄱ ② ㄱ, ㄴ ③ ㄱ, ㄷ
④ ㄴ, ㄷ ⑤ ㄱ, ㄴ, ㄷ

실전유형 19 좌표평면 위에서 점이 움직인 거리

빈출유형

좌표평면 위를 움직이는 점 P의 시각 t에서의 위치 (x, y)가 $x=f(t)$, $y=g(t)$일 때, 시각 $t=a$에서 $t=b$까지 점 P가 움직인 거리 s는

$$s=\int_a^b\sqrt{\left(\frac{dx}{dt}\right)^2+\left(\frac{dy}{dt}\right)^2}\,dt=\int_a^b\sqrt{\{f'(t)\}^2+\{g'(t)\}^2}\,dt$$

2333 대표문제

좌표평면 위를 움직이는 점 P의 시각 t에서의 위치 (x, y)가 $x=e^t+e^{-t}$, $y=2t$일 때, 시각 $t=0$에서 $t=1$까지 점 P가 움직인 거리는?

① $e-\frac{1}{e}-2$ ② $e-\frac{1}{e}-1$ ③ $e-\frac{1}{e}$
④ $e-\frac{1}{e}+1$ ⑤ $e-\frac{1}{e}+2$

2334

Level 1

좌표평면 위를 움직이는 점 P의 시각 t에서의 위치 (x, y)가 $x=4t-1$, $y=-3t+10$일 때, 시각 $t=1$에서 $t=3$까지 점 P가 움직인 거리를 구하시오.

2335

Level 1

좌표평면 위를 움직이는 점 P의 시각 t에서의 위치 (x, y)가 $x=2\cos\pi t$, $y=2\sin\pi t$이다. 시각 $t=0$에서 $t=a$까지 점 P가 움직인 거리가 4π일 때, 양수 a의 값은?

① 1 ② 2 ③ 3
④ 4 ⑤ 5

● 정답 및 풀이 444쪽

2336

Level 2

좌표평면 위를 움직이는 점 P의 시각 t에서의 위치 $(x,\ y)$가 $x=e^{t},\ y=\frac{1}{8}e^{2t}-t$일 때, 시각 $t=0$에서 $t=1$까지 점 P가 움직인 거리는 $ae^{2}+b$이다. 유리수 $a,\ b$에 대하여 $a+b$의 값은?

① 1 ② 2 ③ 3
④ 4 ⑤ 5

2337

Level 2

좌표평면 위를 움직이는 점 P의 시각 t에서의 위치 $(x,\ y)$가 $x=\ln t,\ y=\frac{1}{2}\left(t+\frac{1}{t}\right)$일 때, 시각 $t=\frac{1}{e}$에서 $t=e$까지 점 P가 움직인 거리를 구하시오.

2338

Level 2

좌표평면 위를 움직이는 점 P의 시각 t에서의 위치 $(x,\ y)$가 $x=\cos t+t\sin t,\ y=\sin t-t\cos t$일 때, 시각 $t=\frac{\pi}{4}$에서 $t=\frac{\pi}{2}$까지 점 P가 움직인 거리를 구하시오.

2339

Level 2

좌표평면 위를 움직이는 점 P의 시각 t에서의 위치 $(x,\ y)$가 $x=\frac{1}{2}t^{2}-t,\ y=\frac{4}{3}t\sqrt{t}$일 때, 출발한 후 속력이 3이 될 때까지 점 P가 움직인 거리를 구하시오.

다음은 이 유형에서 출제된 최근 교육청 · 평가원 기출문제입니다.

2340 · 교육청 2017년 7월

Level 2

좌표평면 위를 움직이는 점 P의 시각 $t\ (0\le t\le 2\pi)$에서의 위치 $(x,\ y)$가

$$x=t+2\cos t,\ y=\sqrt{3}\sin t$$

일 때, 〈보기〉에서 옳은 것만을 있는 대로 고른 것은?

〈보기〉

ㄱ. $t=\frac{\pi}{2}$일 때, 점 P의 속도는 $(-1,\ 0)$이다.
ㄴ. 점 P의 속도의 크기의 최솟값은 1이다.
ㄷ. 점 P가 $t=\pi$에서 $t=2\pi$까지 움직인 거리는 $2\pi+2$이다.

① ㄱ ② ㄷ ③ ㄱ, ㄴ
④ ㄴ, ㄷ ⑤ ㄱ, ㄴ, ㄷ

2341 · 2022학년도 대학수학능력시험

Level 3

좌표평면 위를 움직이는 점 P의 시각 $t\,(t>0)$에서의 위치가 곡선 $y=x^{2}$과 직선 $y=t^{2}x-\frac{\ln t}{8}$가 만나는 서로 다른 두 점의 중점일 때, 시각 $t=1$에서 $t=e$까지 점 P가 움직인 거리는?

① $\frac{e^{4}}{2}-\frac{3}{8}$ ② $\frac{e^{4}}{2}-\frac{5}{16}$ ③ $\frac{e^{4}}{2}-\frac{1}{4}$
④ $\frac{e^{4}}{2}-\frac{3}{16}$ ⑤ $\frac{e^{4}}{2}-\frac{1}{8}$

+Plus 문제

10

실전 유형 20 곡선 $x=f(t)$, $y=g(t)$의 길이

$t=a$에서 $t=b$까지 곡선 $x=f(t)$, $y=g(t)$의 길이 l은

$$l=\int_a^b \sqrt{\left(\frac{dx}{dt}\right)^2+\left(\frac{dy}{dt}\right)^2}\,dt$$
$$=\int_a^b \sqrt{\{f'(t)\}^2+\{g'(t)\}^2}\,dt$$

2342 대표문제

곡선 $x=2t^3-6t+1$, $y=6t^2$ $(0\le t\le 1)$의 길이는?

① 4 ② 6 ③ 8
④ 9 ⑤ 10

2343 Level 1

$0\le t\le 2$에서 곡선 $x=e^t-t$, $y=4e^{\frac{t}{2}}$의 길이를 구하시오.

2344 Level 2

$1\le t\le a$에서 곡선 $x=\ln t^2$, $y=t+t^{-1}$의 길이가 $\frac{8}{3}$일 때, 양수 a의 값은?

① 3 ② 6 ③ 9
④ 12 ⑤ 15

2345 Level 2

$0\le t\le \frac{\pi}{3}$에서 곡선 $x=\ln(\tan t+\sec t)-\sin t$, $y=\cos t$의 길이는?

① $\frac{1}{2}\ln 2$ ② $\frac{1}{2}\ln 3$ ③ $\frac{1}{2}\ln 5$
④ $\ln 2$ ⑤ $\ln 3$

2346 Level 2

곡선 $x=e^{2t}\cos t$, $y=e^{2t}\sin t$ $(0\le t\le \pi)$의 길이는?

① $\frac{\sqrt{5}}{2}(e^{2\pi}-1)$ ② $\frac{\sqrt{5}}{2}(e^{2\pi}+1)$ ③ $\sqrt{5}(e^{\pi}-1)$
④ $\sqrt{5}(e^{2\pi}-1)$ ⑤ $\sqrt{5}(e^{2\pi}+1)$

2347 신경향 Level 2

어떤 자전거의 앞바퀴 위에 점 P를 표시하고 자전거를 타고 직선 도로를 달렸다. 점 P가 지면과 평행한 방향으로 움직인 거리를 x, 지면과 수직인 방향으로 올라간 거리를 y라 할 때, 점 P의 시각 t에서의 위치 (x, y)는 $x=2t+\sin 2t$, $y=1-\cos 2t$이다. 점 P가 반복적으로 나타나는 곡선을 그릴 때, 반복되는 곡선의 한 주기를 나타내는 곡선의 길이를 구하시오.

실전유형 21 곡선 $y=f(x)$의 길이

$x=a$에서 $x=b$까지 곡선 $y=f(x)$의 길이 l은

$$l=\int_a^b \sqrt{1+\left(\frac{dy}{dx}\right)^2}\,dx=\int_a^b \sqrt{1+\{f'(x)\}^2}\,dx$$

2348 대표문제

$2\le x\le 4$에서 곡선 $y=\frac{1}{4}x^2-\ln\sqrt{x}$의 길이는?

① $3-\frac{1}{2}\ln 2$　② $3+\frac{1}{2}\ln 2$　③ $4-\frac{1}{2}\ln 2$
④ $4+\frac{1}{2}\ln 2$　⑤ $4+\ln 2$

2349

Level 1

$x=0$에서 $x=3$까지 곡선 $y=\frac{2}{3}(x^2+1)^{\frac{3}{2}}$의 길이는?

① 15　② 18　③ 21
④ 24　⑤ 27

2350

Level 2

$0\le x\le a$에서 곡선 $y=\frac{1}{3}x\sqrt{x}$의 길이가 $\frac{19}{3}$일 때, 상수 a의 값은?

① 1　② 2　③ 3
④ 4　⑤ 5

2351

Level 2

$0\le x\le \frac{1}{2}$에서 곡선 $y=\ln(1-x^2)$의 길이가 $a\ln 3+b$일 때, 유리수 a, b에 대하여 $a-b$의 값을 구하시오.

2352

Level 2

실수 전체의 집합에서 이계도함수를 갖고 $f(0)=0$, $f(1)=\sqrt{3}$을 만족시키는 모든 함수 $f(x)$에 대하여
$\int_0^1 \sqrt{1+\{f'(x)\}^2}\,dx$의 최솟값을 구하시오.

2353

Level 3

두 함수 $f(x)=\frac{e^x+e^{-x}}{2}$, $g(x)=e^x-e^{-x}$에 대하여 다음 중 $x=-a$에서 $x=a$까지 곡선 $y=f(x)$의 길이를 나타내는 것은? (단, $a>0$)

① $\frac{1}{2}f(a)$　② $\frac{1}{2}g(a)$　③ $g(a)$
④ $2f(a)$　⑤ $2g(a)$

서술형 유형 익히기

2354 대표문제

정적분을 이용하여

$$\lim_{n\to\infty}\frac{\pi}{n}\left(\sin\frac{\pi}{n}+\sin\frac{2\pi}{n}+\sin\frac{3\pi}{n}+\cdots+\sin\frac{n\pi}{n}\right)$$

의 값을 구하는 과정을 서술하시오. [6점]

STEP 1 주어진 급수를 정적분으로 나타내기 [4점]

$$\lim_{n\to\infty}\frac{\pi}{n}\left(\sin\frac{\pi}{n}+\sin\frac{2\pi}{n}+\sin\frac{3\pi}{n}+\cdots+\sin\frac{n\pi}{n}\right)$$

$$=\lim_{n\to\infty}\sum_{k=1}^{n}\frac{\pi}{n}\times\sin\frac{\boxed{(1)\quad}}{n}$$

$$=\lim_{n\to\infty}\sum_{k=1}^{n}\sin\frac{k\pi}{n}\times\frac{\pi}{n}$$

이때 $f(x)=\sin x$, $a=0$, $b=\pi$로 놓으면

$$\Delta x=\frac{\boxed{(2)\quad}}{n},\ x_k=\frac{\boxed{(3)\quad}}{n}$$

따라서 정적분과 급수 사이의 관계에 의해

$$\lim_{n\to\infty}\sum_{k=1}^{n}\sin\frac{k\pi}{n}\times\frac{\pi}{n}=\lim_{n\to\infty}\sum_{k=1}^{n}f(x_k)\Delta x$$

$$=\int_0^{\boxed{(4)\quad}}f(x)dx$$

$$=\int_0^{\pi}\sin x\,dx$$

STEP 2 정적분의 값 구하기 [2점]

$$\int_0^{\pi}\sin x\,dx=\Big[-\cos x\Big]_0^{\pi}=\boxed{(5)\quad}$$

2355 한번 더

정적분을 이용하여

$$\lim_{n\to\infty}\frac{1}{n}\left(\sqrt{\frac{n}{1}}+\sqrt{\frac{n}{2}}+\sqrt{\frac{n}{3}}+\cdots+\sqrt{\frac{n}{n}}\right)$$

의 값을 구하는 과정을 서술하시오. [6점]

STEP 1 주어진 급수를 정적분으로 나타내기 [4점]

STEP 2 정적분의 값 구하기 [2점]

핵심 KEY 유형3 정적분과 합의 꼴로 표현된 급수의 관계

정적분과 급수의 관계를 이용하여 합의 꼴로 표현된 급수를 정적분으로 나타낸 후 정적분의 값을 구하는 문제이다.
주어진 급수를 합의 기호 $\sum$를 이용하여 나타낸 다음, 구간을 정하여 정적분으로 나타낸다. 이때 구간을 어떻게 정하는지에 따라 피적분함수의 식이 달라질 수 있음에 주의한다.

2356 유사1

함수 $f(x)=e^x$에 대하여

$$\lim_{n\to\infty}\frac{k}{n^2}\left\{f\left(\frac{1}{n}\right)+f\left(\frac{2}{n}\right)+f\left(\frac{3}{n}\right)+\cdots+f\left(\frac{n}{n}\right)\right\}$$

의 값을 구하는 과정을 서술하시오. [7점]

2357 유사2

함수 $f(x)=\sqrt{x}+\frac{1}{x+2}$에 대하여

$$\lim_{n\to\infty}\frac{1}{n}\left\{f\left(1+\frac{1}{n}\right)+f\left(1+\frac{2}{n}\right)+f\left(1+\frac{3}{n}\right)+\cdots+f\left(1+\frac{n}{n}\right)\right\}$$

$$+\lim_{n\to\infty}\frac{1}{n}\left\{f\left(2+\frac{1}{n}\right)+f\left(2+\frac{2}{n}\right)+f\left(2+\frac{3}{n}\right)+\cdots+f\left(2+\frac{2n}{n}\right)\right\}$$

의 값을 구하는 과정을 서술하시오. [10점]

2358 대표문제

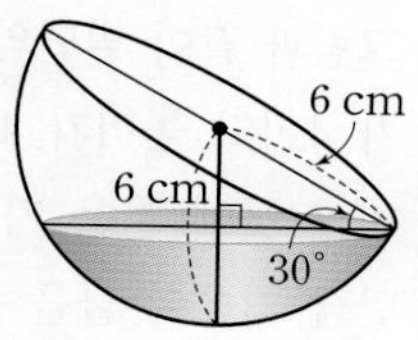

그림과 같이 반지름의 길이가 $6\,\text{cm}$인 반구 모양의 그릇에 물을 가득 채운 후 30°만큼 기울여 물을 흘려보낼 때, 남아 있는 물의 양은 몇 cm^3인지 구하는 과정을 서술하시오. [7점]

STEP 1 수면의 넓이 $S(x)$ 구하기 [4점]

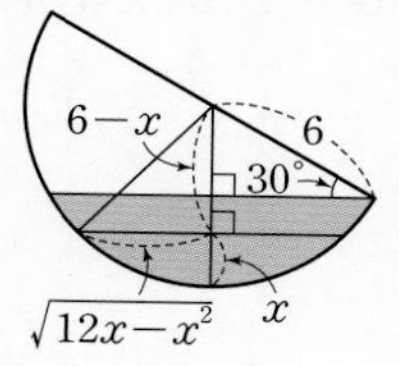

반구를 정면에서 본 모양은 그림과 같으므로 남아 있는 물의 높이는

$6-6\sin 30^\circ=6-6\times\frac{1}{2}$

$=$ (1) $\square$ (cm)

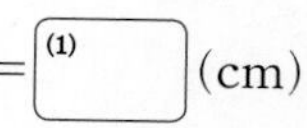

물의 깊이를 $x\,\text{cm}$라 하면 $0\le x\le$ (2) $\square$ 이고,

수면의 반지름의 길이는

$\sqrt{6^2-(6-x)^2}=\sqrt{\text{(3) }\square-x^2}\,(\text{cm})$

물의 깊이가 $x\,\text{cm}$일 때 수면의 넓이를 $S(x)$라 하면

$S(x)=\pi($ (4) $\square$ $-x^2)\,(\text{cm}^2)$

STEP 2 $S(x)$를 이용하여 남아 있는 물의 양 구하기 [3점]

남아 있는 물의 양은

$\int_0^3 S(x)dx=\int_0^3 \pi(12x-x^2)dx$

$=\pi\left[\text{(5) }\square-\frac{1}{3}x^3\right]_0^3$

$=$ (6) $\square$ (cm^3)

핵심 KEY 유형 16, 유형 17 **입체도형의 부피**

정적분을 이용하여 입체도형의 부피를 구하는 문제이다.
그릇을 기울인 각도에 대한 삼각비를 이용하여 물의 높이와 수면의 반지름의 길이에 대한 식을 구하고, 수면의 넓이를 구해야 한다.

2359 한번 더

그림과 같이 밑면의 반지름의 길이가 4이고 높이가 4인 원기둥 모양의 그릇에 물을 가득 채운 후 45° 만큼 기울여 물을 흘려보낼 때, 남아 있는 물의 양을 구하는 과정을 서술하시오. [7점]

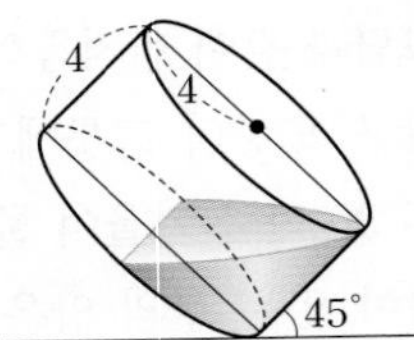

STEP 1 단면의 넓이 $S(x)$ 구하기 [4점]

STEP 2 $S(x)$를 이용하여 남아 있는 물의 양 구하기 [3점]

2360 유사 1

높이가 6인 어떤 입체도형을 높이가 $x\ (0\le x\le 6)$인 지점에서 밑면과 평행한 평면으로 자른 단면의 넓이가 $5\sin\frac{\pi}{12}x$이다. 이 입체도형을 높이가 a인 지점에서 밑면과 평행한 평면으로 자를 때 생기는 입체도형 중 아래쪽 입체도형의 부피를 V_1, 위쪽 입체도형의 부피를 V_2라 하자. $V_1=V_2$를 만족시키는 상수 a의 값을 구하는 과정을 서술하시오. [8점]

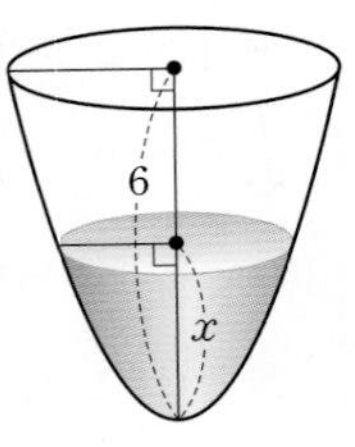

2361 대표문제

좌표평면 위를 움직이는 점 P의 시각 t에서의 위치 $(x,\ y)$가 $x=2\cos^3 t$, $y=2\sin^3 t$일 때, 점 P가 $t=0$에서 출발하여 속력이 최대가 될 때까지 움직인 거리를 구하는 과정을 서술하시오. $\left(\text{단, } 0\le t\le\frac{\pi}{2}\right)$ [9점]

STEP 1 시각 t에서의 속도를 $v(t)$라 할 때 속력 $|v(t)|$ 구하기 [3점]

$\frac{dx}{dt}=$ (1) $\boxed{}\cos^2 t\sin t$, $\frac{dy}{dt}=6\sin^2 t\cos t$이므로

$$|v(t)|=\sqrt{\left(\frac{dx}{dt}\right)^2+\left(\frac{dy}{dt}\right)^2}$$
$$=\sqrt{(-6\cos^2 t\sin t)^2+(6\sin^2 t\cos t)^2}$$
$$=\sqrt{\text{(2)}\boxed{}\sin^2 t\cos^2 t(\sin^2 t+\cos^2 t)}$$
$$=|6\sin t\cos t|$$
$$=|\text{(3)}\boxed{}\sin 2t|$$

STEP 2 $|v(t)|$의 값이 최대가 될 때의 t의 값 구하기 [3점]

$0\le t\le\frac{\pi}{2}$일 때 $0\le|3\sin 2t|\le$ (4) $\boxed{}$에서 $|v(t)|$의 값이 최대가 될 때는 $|3\sin 2t|=3$일 때이므로 $\sin 2t=$ (5) $\boxed{}$을 만족시키는 t의 값은

$2t=\frac{\pi}{2}\quad\therefore t=$ (6) $\boxed{}$

즉, 속력은 $t=\frac{\pi}{4}$일 때 최대이다.

STEP 3 점 P가 움직인 거리 구하기 [3점]

$t=0$에서 $t=\frac{\pi}{4}$까지 점 P가 움직인 거리는

$$\int_0^{\frac{\pi}{4}}\sqrt{\left(\frac{dx}{dt}\right)^2+\left(\frac{dy}{dt}\right)^2}\,dt=\int_0^{\frac{\pi}{4}}|3\sin 2t|\,dt$$
$$=\int_0^{\frac{\pi}{4}}3\sin 2t\,dt$$
$$=\left[\text{(7)}\boxed{}\cos 2t\right]_0^{\frac{\pi}{4}}$$
$$=\text{(8)}\boxed{}$$

핵심 KEY 유형 19 좌표평면 위에서 점이 움직인 거리

좌표평면 위에서 점이 움직인 거리를 구하는 문제이다.
$t=a$에서 $t=b$까지 점 P가 움직인 거리를 구할 때, 속도 $v(t)$의 값이 양수인 구간과 음수인 구간으로 나누어 정적분의 값을 계산해야 한다.

2362 한번 더

좌표평면 위를 움직이는 점 P의 시각 t에서의 위치 $(x,\ y)$가 $x=4\sin t+4\cos t$, $y=\cos 2t$일 때, 점 P가 $t=0$에서 출발하여 속력이 최대가 될 때까지 움직인 거리를 구하는 과정을 서술하시오. (단, $0\le t\le\pi$) [9점]

STEP 1 시각 t에서의 속도를 $v(t)$라 할 때 속력 $|v(t)|$ 구하기 [3점]

STEP 2 $|v(t)|$의 값이 최대가 될 때의 t의 값 구하기 [3점]

STEP 3 점 P가 움직인 거리 구하기 [3점]

2363 유사 1

좌표평면 위를 움직이는 점 P의 시각 t에서의 위치 $(x,\ y)$가 $x=\sin t-t\cos t$, $y=\cos t+t\sin t$이다. $t=k$에서 점 P의 속력이 4일 때, 시각 $t=0$에서 $t=k$까지 점 P가 움직인 거리를 구하는 과정을 서술하시오. (단, k는 양수이다.) [8점]

2364 유사 2

좌표평면 위를 움직이는 점 P의 시각 t에서의 위치 $(x,\ y)$가 $x=e^{-t}\cos\pi t$, $y=e^{-t}\sin\pi t$이다. 시각 $t=0$에서 $t=a$까지 점 P가 움직인 거리를 $S(a)$라 할 때, $\lim_{a\to\infty}S(a)$의 값을 구하는 과정을 서술하시오. [10점]

10

실력 check 실전 마무리하기 1회

점 / 100점

• 선택형 21문항, 서술형 4문항입니다.

1 2365

$\lim_{n\to\infty}\sum_{k=1}^{n}(e^{\frac{k}{2n}}+1)\times\frac{1}{n}$의 값은? [3점]

① $2\sqrt{e}-1$ ② $2\sqrt{e}-\frac{1}{2}$ ③ $2\sqrt{e}$
④ $2\sqrt{e}+\frac{1}{2}$ ⑤ $2\sqrt{e}+1$

2 2366

$\lim_{n\to\infty}\sum_{k=1}^{n}\frac{(n+k)^3}{n^4}$의 값은? [3점]

① 3 ② $\frac{13}{4}$ ③ $\frac{7}{2}$
④ $\frac{15}{4}$ ⑤ 4

3 2367

$\lim_{n\to\infty}\frac{1}{n}\left(\cos\frac{\pi}{6n}+\cos\frac{2\pi}{6n}+\cos\frac{3\pi}{6n}+\cdots+\cos\frac{n\pi}{6n}\right)$의 값은? [3점]

① $\frac{1}{\pi}$ ② $\frac{\sqrt{3}}{\pi}$ ③ $\frac{3}{\pi}$
④ π ⑤ 3π

4 2368

그림과 같이 곡선 $y=\ln x^2$과 x축 및 직선 $x=k$로 둘러싸인 도형의 넓이가 2일 때, 곡선 $y=\ln x$와 x축 및 직선 $x=k$로 둘러싸인 도형의 넓이는? (단, $k>1$) [3점]

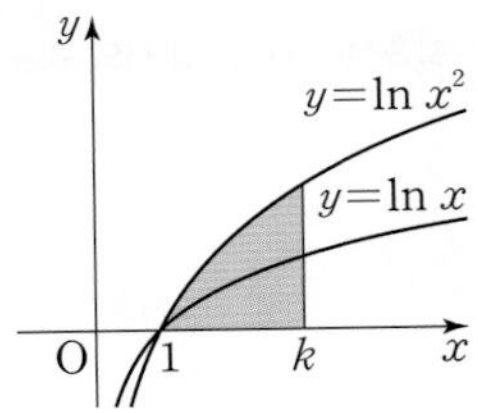

① 1 ② e ③ $2e$
④ e^2 ⑤ $2e^2$

5 2369

곡선 $y=\frac{3-x}{x-1}$와 x축 및 두 직선 $x=2$, $x=5$로 둘러싸인 도형의 넓이는? [3점]

① 1 ② 2 ③ 3
④ 4 ⑤ 5

6 2370

곡선 $y(x+1)=1$과 y축 및 직선 $y=e^2$으로 둘러싸인 도형의 넓이는? [3점]

① e^2-4 ② e^2-3 ③ e^2-2
④ e^2-1 ⑤ e^2

7 2371

두 곡선 $y=\sin x$, $y=\cos 2x$ 및 두 직선 $x=0$, $x=\frac{\pi}{2}$로 둘러싸인 도형의 넓이는? [3점]

① $\frac{\sqrt{3}}{2}-\frac{1}{2}$ ② $\frac{\sqrt{3}}{2}$ ③ $\sqrt{3}-1$

④ $\frac{3\sqrt{3}}{2}-1$ ⑤ $\frac{3\sqrt{3}}{2}$

8 2372

원점을 출발하여 수직선 위를 움직이는 점 P의 시각 t에서의 속도가 $v(t)=\frac{1}{(t+1)^2}$일 때, 시각 $t=0$에서 $t=3$까지 점 P가 움직인 거리는? [3점]

① $\frac{1}{4}$ ② $\frac{1}{2}$ ③ $\frac{3}{4}$

④ 1 ⑤ $\frac{5}{4}$

9 2373

좌표평면 위를 움직이는 점 P의 시각 t에서의 위치 (x, y)가 $x=\cos(t^2+2)$, $y=\sin(t^2+2)$일 때, 시각 $t=0$에서 $t=2$까지 점 P가 움직인 거리는? [3점]

① 1 ② 4 ③ 9

④ 16 ⑤ 25

10 2374

그림과 같이 연속함수 $y=f(x)$의 그래프가 x축과 만나는 세 점의 x좌표는 각각 0, 5, 8이고 곡선 $y=f(x)$와 x축으로 둘러싸인 두 부분 A, B의 넓이가 각각 7, 3일 때, 정적분 $\int_0^2 xf(2x^2)dx$의 값은? [3.5점]

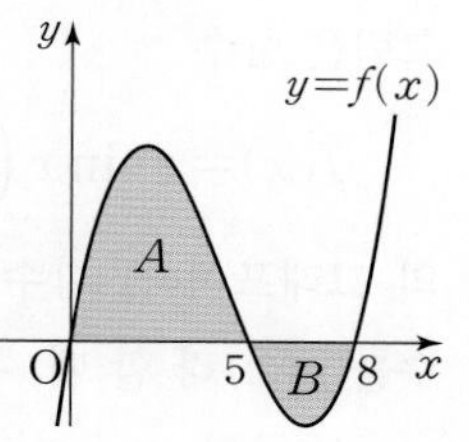

① $\frac{1}{2}$ ② 1 ③ $\frac{3}{2}$

④ 2 ⑤ $\frac{5}{2}$

11 2375

곡선 $y=\ln x$와 이 곡선 위의 점 $(e, 1)$에서의 접선 및 x축으로 둘러싸인 도형의 넓이는? [3.5점]

① $\frac{e}{2}-1$ ② $\frac{e}{2}-\frac{1}{2}$ ③ $\frac{e}{2}$

④ $\frac{e}{2}+\frac{1}{2}$ ⑤ $\frac{e}{2}+1$

12 2376

함수 $f(x)=e^x-e^{-x}$의 역함수를 $g(x)$라 할 때, 정적분 $\int_0^{f(\ln 2)} g(x)dx$의 값은? [3.5점]

① $\frac{\ln 2-1}{2}$ ② $\frac{\ln 2+1}{2}$ ③ $\frac{3\ln 2-1}{2}$

④ $\frac{3}{2}\ln 2$ ⑤ $\frac{3\ln 2+1}{2}$

13 2377

그림은 함수

$$f(x)=x\sin x\left(0\le x\le\frac{\pi}{2}\right)$$

의 그래프이다. 함수 $f(x)$의 역함수를 $g(x)$라 할 때, 두 곡선 $y=f(x)$와 $y=g(x)$로 둘러싸인 도형의 넓이는? [3.5점]

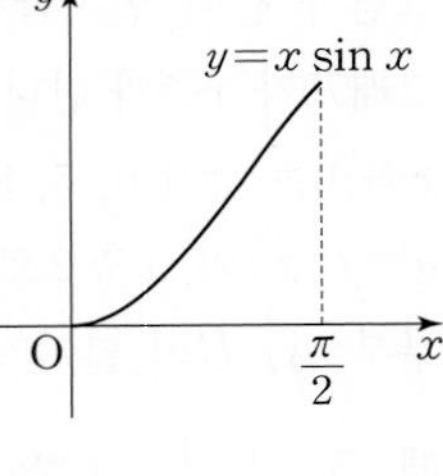

① $\frac{\pi^2}{8}-1$ ② $\frac{\pi^2}{4}-2$ ③ $\frac{\pi^2}{2}-2$
④ $\frac{\pi^2}{8}$ ⑤ $\frac{\pi^2}{4}$

14 2378

그림과 같이 높이가 10 cm인 그릇에 담긴 물의 높이가 x cm인 지점에서 수면이 한 변의 길이가 $\sqrt{2x+3}$ cm인 정사각형일 때, 이 그릇의 부피는? [3.5점]

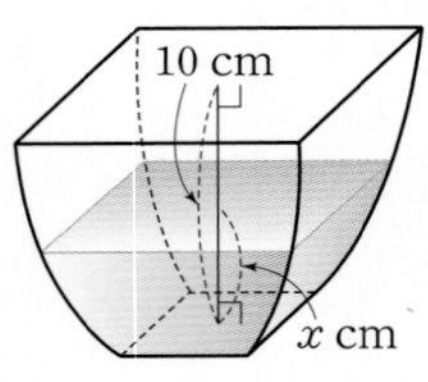

① 100 cm^3 ② 110 cm^3 ③ 120 cm^3
④ 130 cm^3 ⑤ 140 cm^3

15 2379

좌표평면 위의 두 점 $\mathrm{P}(x, 0)$, $\mathrm{Q}(x, 3x-x^2)$을 이은 선분을 한 변으로 하여 좌표평면에 수직이 되도록 정사각형을 그린다. 점 P가 x축 위의 원점에서 점 (3, 0)까지 움직인다고 할 때, 이 정사각형이 만드는 입체도형의 부피는? [3.5점]

① $\frac{61}{10}$ ② $\frac{71}{10}$ ③ $\frac{81}{10}$
④ $\frac{91}{10}$ ⑤ $\frac{101}{10}$

16 2380

곡선 $x=e^t\sin t$, $y=e^t\cos t$ $(0\le t\le\ln 3)$의 길이는? [3.5점]

① $\sqrt{2}$ ② $2\sqrt{2}$ ③ $3\sqrt{2}$
④ $4\sqrt{2}$ ⑤ $5\sqrt{2}$

17 2381

그림과 같이 자연수 n과 자연수 k에 대하여 곡선 $y=e^x$ 위의 점 $A_k\left(\frac{k}{n}, e^{\frac{k}{n}}\right)$에서의 접선을 l_k라 하자. 점 A_k를 지나고 직선 l_k에 수직인 직선이 x축과 만나는 점을 P_k라 할 때,
$\lim_{n\to\infty}\frac{1}{n}\sum_{k=1}^{n}\overline{OP_k}$의 값은? (단, O는 원점이다.) [4점]

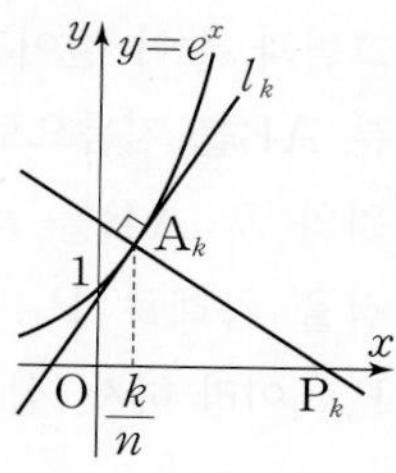

① $\frac{e}{2}-1$ ② $\frac{e-1}{2}$ ③ $\frac{e}{2}$
④ $\frac{e^2-1}{2}$ ⑤ $\frac{e^2}{2}$

18 2382

그림과 같이 두 곡선 $y=\ln x$, $y=\frac{2}{e}\sqrt{x}$는 한 점에서 접한다. 두 곡선과 x축으로 둘러싸인 도형의 넓이가 ae^2+b일 때, 유리수 a, b에 대하여 $a+b$의 값은? [4점]

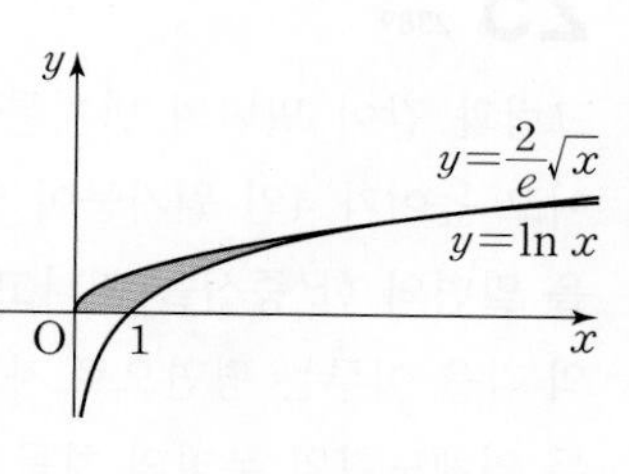

① -1 ② $-\frac{2}{3}$ ③ $-\frac{1}{3}$
④ $\frac{1}{3}$ ⑤ $\frac{2}{3}$

19 2383

어떤 그릇에 채워진 물의 깊이가 $x$cm일 때의 수면의 넓이가 $(e^{\frac{x}{2}}-x)\text{cm}^2$이다. 이 그릇에 담긴 물의 부피가 $(2e-4)\text{cm}^3$일 때, 물의 깊이는? [4점]

① 1cm ② 2cm ③ 3cm
④ 4cm ⑤ 5cm

20 2384

좌표평면 위를 움직이는 점 P의 시각 t에서의 위치 (x, y)가 $x=4\sqrt{2}\cos t$, $y=\sin 2t$일 때, 시각 $t=0$에서 $t=2\pi$까지 점 P가 움직인 거리는? [4점]

① 2π ② 4π ③ 6π
④ 8π ⑤ 10π

21 2385

$0\le x\le\frac{\pi}{2}$에서 곡선 $y=\sin 2x$와 x축으로 둘러싸인 도형의 넓이를 곡선 $y=a\cos x$가 이등분할 때, 상수 a의 값은? [4.5점]

① $\frac{2-\sqrt{2}}{2}$ ② $2-\sqrt{2}$ ③ 1
④ $\sqrt{2}$ ⑤ $2+\sqrt{2}$

서술형

22 2386

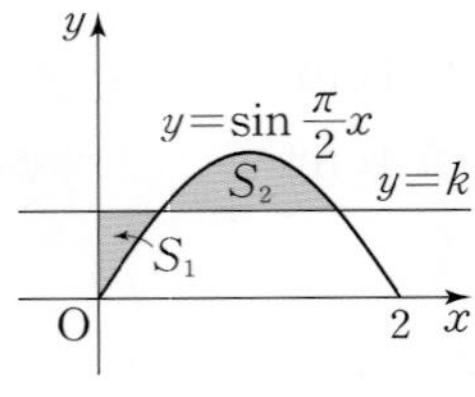

그림과 같이 곡선 $y=\sin\frac{\pi}{2}x$ $(0\le x\le 2)$와 직선 $y=k$ $(0<k<1)$가 있다. $S_2=2S_1$일 때, 상수 k의 값을 구하는 과정을 서술하시오. [6점]

23 2387

$-\frac{1}{2}\le x\le\frac{1}{2}$에서 곡선 $y=\ln(9-9x^2)$의 길이를 구하는 과정을 서술하시오. [6점]

24 2388

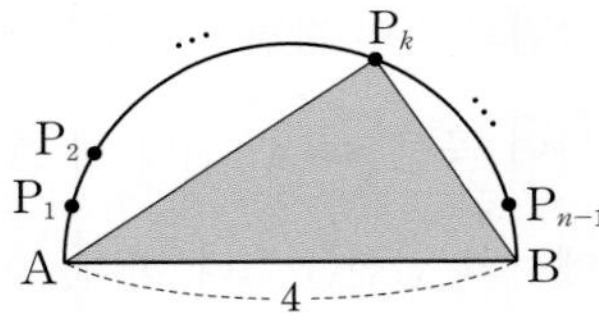

그림과 같이 길이가 4인 선분 AB를 지름으로 하는 반원의 호 AB를 n등분하는 점을 차례로 P_1, P_2, $\cdots$, P_{n-1}이라 하자. 삼각형 ABP_k $(k=1, 2, \cdots, n-1)$의 넓이를 S_k라 할 때, $\lim_{n\to\infty}\frac{1}{n}\sum_{k=1}^{n-1}S_k$의 값을 구하는 과정을 서술하시오. [8점]

25 2389

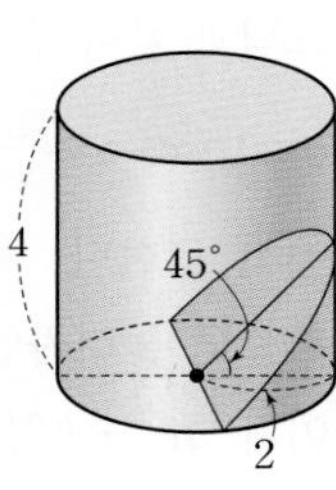

그림과 같이 밑면의 반지름의 길이가 2이고 높이가 4인 원기둥이 있다. 원기둥을 밑면의 한 중심을 지나고 밑면과 45°의 각을 이루는 평면으로 자를 때 생기는 두 입체도형의 부피의 차를 구하는 과정을 서술하시오. [8점]

● 정답 및 풀이 456쪽

2회

/100점

• 선택형 21문항, 서술형 4문항입니다.

10

1 2390

함수 $f(x)=\sin \pi x$에 대하여 $\lim_{n\to\infty}\sum_{k=1}^{n}\frac{k}{n^2}f\left(\frac{k}{n}\right)$의 값은? [3점]

① $\frac{1}{\pi^2}$ ② $\frac{2}{\pi^2}$ ③ $\frac{1}{\pi}$ ④ $\frac{2}{\pi}$ ⑤ $\frac{4}{\pi}$

2 2391

$\lim_{n\to\infty}\frac{6}{n}\left\{\left(1+\frac{2}{n}\right)^2+\left(1+\frac{4}{n}\right)^2+\left(1+\frac{6}{n}\right)^2+\cdots+\left(1+\frac{2n}{n}\right)^2\right\}$의 값은? [3점]

① 24 ② 26 ③ 28 ④ 30 ⑤ 32

3 2392

곡선 $y=\ln x$와 y축 및 두 직선 $y=-1$, $y=1$로 둘러싸인 도형의 넓이는? [3점]

① $\frac{1}{e}$ ② e ③ $e-\frac{1}{e}$ ④ $e+\frac{1}{e}$ ⑤ $e+\frac{1}{e}+2$

4 2393

두 곡선 $y=2^x$, $y=2^{-x}$ 및 직선 $x=1$로 둘러싸인 도형의 넓이는? [3점]

① $\frac{1}{2\ln 2}$ ② $\frac{1}{\ln 2}$ ③ $\frac{3}{2\ln 2}$ ④ $\frac{2}{\ln 2}$ ⑤ $\frac{5}{2\ln 2}$

5 2394

곡선 $y=x^2+1$ $(x>0)$ 및 세 직선 $y=x$, $y=2$, $y=5$로 둘러싸인 도형의 넓이는? [3점]

① $\frac{10}{3}$ ② $\frac{25}{6}$ ③ 5 ④ $\frac{35}{6}$ ⑤ $\frac{20}{3}$

6 2395

그림과 같이 $0\le x\le \pi$에서 곡선 $y=\sin x$와 y축 및 직선 $y=a(x-\pi)$로 둘러싸인 두 도형의 넓이가 서로 같을 때, 상수 a의 값은? (단, $-1<a<0$) [3점]

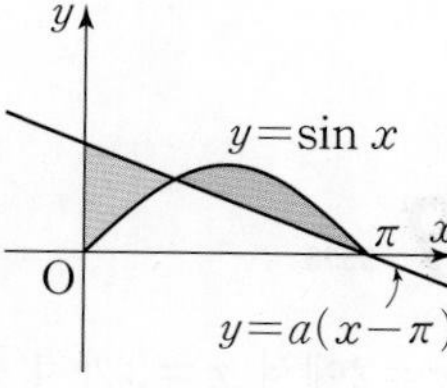

① $-\frac{10}{\pi^2}$ ② $-\frac{8}{\pi^2}$ ③ $-\frac{6}{\pi^2}$ ④ $-\frac{4}{\pi^2}$ ⑤ $-\frac{2}{\pi^2}$

7 2396

곡선 $y=2\sqrt{x}$와 x축 및 직선 $x=4$로 둘러싸인 도형의 넓이를 직선 $y=ax$가 이등분할 때, 양수 a의 값은? [3점]

① $\frac{1}{3}$ ② $\frac{2}{3}$ ③ 1
④ $\frac{4}{3}$ ⑤ $\frac{5}{3}$

8 2397

좌표평면 위를 움직이는 점 P의 시각 t에서의 위치 (x, y)가 $x=\sin t+\sqrt{3}\cos t$, $y=\sqrt{3}\sin t-\cos t$이다. 시각 $t=0$에서 $t=a$까지 점 P가 움직인 거리가 π일 때, 양수 a의 값은? [3점]

① $\frac{1}{2}$ ② $\frac{\pi}{4}$ ③ 1
④ $\frac{\pi}{2}$ ⑤ 2

9 2398

$x=2$에서 $x=3$까지 곡선 $y=\frac{1}{3}(x^2-2)^{\frac{3}{2}}$의 길이는? [3점]

① 5 ② $\frac{16}{3}$ ③ $\frac{17}{3}$
④ 6 ⑤ $\frac{19}{3}$

10 2399

$\lim_{n\to\infty}\sum_{k=1}^{n}\frac{1}{\sqrt{4n^2-(n+k)^2}}$의 값은? [3.5점]

① $\frac{\pi}{12}$ ② $\frac{\pi}{6}$ ③ $\frac{\pi}{4}$
④ $\frac{\pi}{3}$ ⑤ $\frac{\pi}{2}$

11 2400

두 곡선 $y=\cos x$, $y=\sin 2x$와 y축 및 직선 $x=\frac{\pi}{2}$로 둘러싸인 도형의 넓이는? [3.5점]

① $\frac{1}{4}$ ② $\frac{1}{2}$ ③ 1
④ 2 ⑤ 4

12 2401

곡선 $y=e^{2x}$과 원점에서 이 곡선에 그은 접선 및 y축으로 둘러싸인 도형의 넓이는? [3.5점]

① $\frac{e}{4}-\frac{2}{3}$ ② $\frac{e}{4}-\frac{1}{2}$ ③ $\frac{e}{2}-1$
④ $\frac{e}{2}-\frac{1}{2}$ ⑤ $e-1$

13 2402

$0 \le x \le 1$에서 정의된 함수 $f(x)=\tan\frac{\pi}{4}x$의 역함수를 $g(x)$라 할 때, 두 곡선 $y=f(x)$와 $y=g(x)$로 둘러싸인 도형의 넓이는? [3.5점]

① $1-\frac{4}{\pi}\ln 2$ ② $1-\frac{2}{\pi}\ln 2$ ③ $2-\frac{4}{\pi}\ln 2$
④ $2-\frac{2}{\pi}\ln 2$ ⑤ $2-\frac{1}{\pi}\ln 2$

14 2403

그림과 같이 반지름의 길이가 a인 원의 지름 AB에 수직으로 자른 단면이 모두 정삼각형인 입체도형의 부피는? [3.5점]

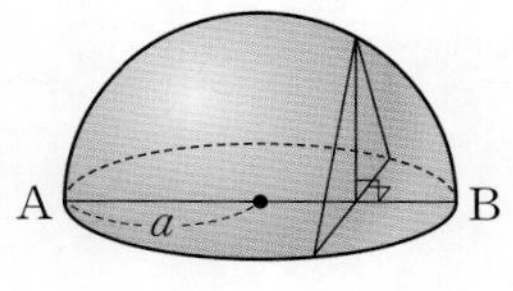

① $\sqrt{2}a^3$ ② $\sqrt{3}a^3$ ③ $\frac{4\sqrt{2}}{3}a^3$
④ $\frac{4\sqrt{3}}{3}a^3$ ⑤ $\frac{3\sqrt{3}}{2}a^3$

15 2404

그림과 같이 구간 $[0, 1]$에서 곡선 $y=\frac{1}{x+1}$ 위의 점 $\mathrm{P}\left(x, \frac{1}{x+1}\right)$에서 x축에 내린 수선의 발을 H라 하자. 선분 PH를 밑변으로 하고 $\angle \mathrm{P}=90°$인 직각이등변삼각형이 $x=0$에서 $x=1$까지 움직일 때 생기는 입체도형의 부피는? [3.5점]

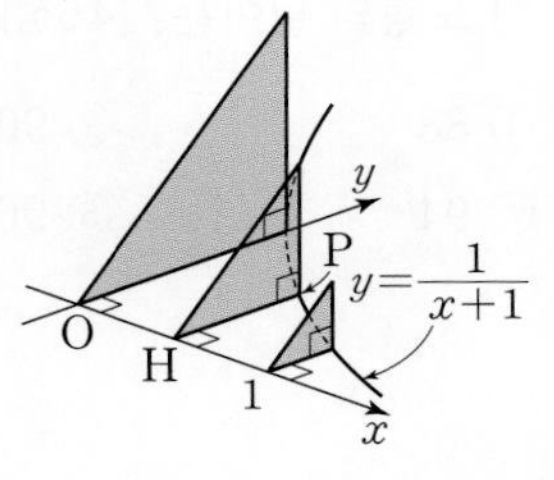

① $\frac{1}{16}$ ② $\frac{1}{8}$ ③ $\frac{1}{4}$
④ $\frac{1}{2}$ ⑤ 1

16 2405

좌표평면 위를 움직이는 점 P의 시각 t에서의 위치 (x, y)가 $x=4\sin t+4\cos t$, $y=\cos 2t$일 때, 시각 $t=0$에서 $t=2\pi$까지 점 P가 움직인 거리는? [3.5점]

① 2π ② 4π ③ 8π
④ 16π ⑤ 32π

17 2406

그림과 같이 자연수 n에 대하여 사분원 $x^2+y^2=1$ $(x\ge 0,\ y\ge 0)$에서 호 AB를 n등분하는 점을 차례로 $\mathrm{P}_1, \mathrm{P}_2, \cdots, \mathrm{P}_{n-1}$이라 하자. 호 AB 위의 점 P_k $(k=1, 2, \cdots, n-1)$에 대하여 삼각형 OAP_k의 넓이를 S_k라 할 때, $\lim_{n\to\infty}\frac{1}{n}\sum_{k=1}^{n-1}S_k$의 값은?

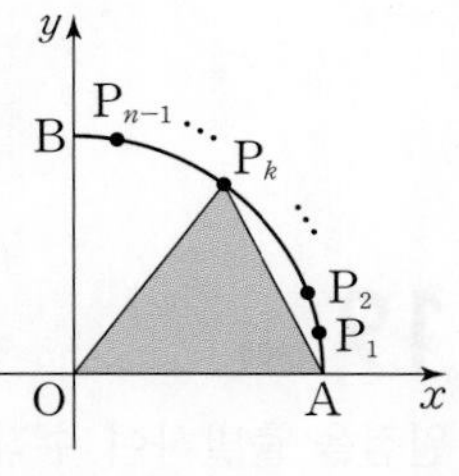

(단, O는 원점이다.) [4점]

① $\frac{1}{\pi}$ ② $\frac{2}{\pi}$ ③ $\frac{3}{\pi}$
④ $\frac{4}{\pi}$ ⑤ $\frac{5}{\pi}$

10

18 2407

그림과 같이 곡선

$y=1-2\sin\left(x+\frac{\pi}{6}\right)$

$(0\le x\le 2\pi)$

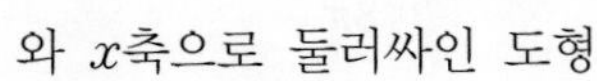

와 x축으로 둘러싸인 도형의 넓이는? [4점]

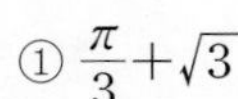

① $\frac{\pi}{3}+\sqrt{3}$ ② $\frac{\pi}{3}+2\sqrt{3}$ ③ $\frac{\pi}{3}+4\sqrt{3}$

④ $\frac{2}{3}\pi+2\sqrt{3}$ ⑤ $\frac{2}{3}\pi+4\sqrt{3}$

19 2408

원점을 출발하여 수직선 위를 움직이는 두 점 P, Q의 시각 t에서의 속도 $v_1(t)$, $v_2(t)$가 각각

$v_1(t)=\cos t$, $v_2(t)=2\cos 2t$

일 때, $0<t\le 2\pi$에서 두 점 P, Q가 만난 횟수는? [4점]

① 1 ② 2 ③ 3

④ 4 ⑤ 5

20 2409

모든 실수 x에 대하여 미분가능한 함수 $f(x)$가

$$\lim_{h\to 0}\frac{f(x+h)-f(x-h)}{h}=\frac{1}{2}e^{2x}-2e^{-2x}$$

을 만족시킬 때, $0\le x\le \ln 2$에서 곡선 $y=f(x)$의 길이는? [4점]

① $\frac{1}{4}$ ② $\frac{1}{2}$ ③ $\frac{3}{4}$

④ 1 ⑤ $\frac{5}{4}$

21 2410

양수 a에 대하여 함수 $f(x)=\int_0^x (a-t)e^t\,dt$의 최댓값이 32일 때, 곡선 $y=3e^x$ 및 두 직선 $x=a$, $y=3$으로 둘러싸인 도형의 넓이는? [4.5점]

① 88 ② 90 ③ 92

④ 94 ⑤ 96

서술형

22 2411

자연수 n에 대하여 $0\le x\le\pi$에서 곡선 $y=n\cos x$와 x축 및 두 직선 $x=0$, $x=\pi$로 둘러싸인 도형의 넓이를 a_n이라 할 때, $\sum_{n=1}^{\infty}\frac{1}{(n+1)a_n}$의 값을 구하는 과정을 서술하시오.

[6점]

23 2412

그림과 같이 구의 중심을 포함하는 평면을 반구의 밑면이라 하자. 반지름의 길이가 r인 반구를 밑면으로부터 높이가 x인 지점을 지나고 밑면과 평행한 평면으로 반구를 자를 때 생기는 단면의 넓이를 $S(x)$라 할 때, $S(x)$를 이용하여 반구의 부피를 구하는 과정을 서술하시오. [6점]

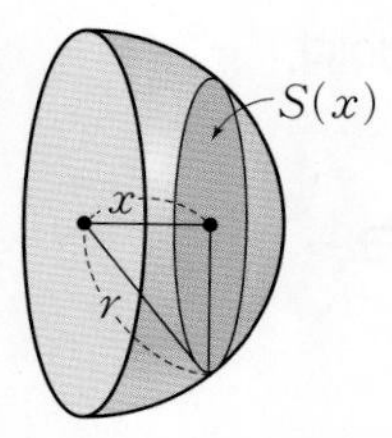

24 2413

모든 실수 x에 대하여 연속인 함수 $f(x)$의 역함수를 $g(x)$라 할 때, 다음 조건을 만족시키는 양수 a의 값을 구하는 과정을 서술하시오. [8점]

> (가) 임의의 두 실수 x_1, x_2에 대하여
> $x_1<x_2$이면 $f(x_1)<f(x_2)$이다.
> (나) $f(2)=a$, $f(4)=a+8$
> (다) $\lim_{n\to\infty}\frac{2}{n}\sum_{k=1}^{n}f\left(2+\frac{2k}{n}\right)+\lim_{n\to\infty}\frac{8}{n}\sum_{k=1}^{n}g\left(a+\frac{8k}{n}\right)=50$

25 2414

원점을 출발하여 수직선 위를 움직이는 점 P의 시각 t에서의 속도가 $v(t)=\sin t(2\cos t-1)$일 때, 점 P가 원점에서 가장 멀리 떨어져 있을 때의 위치를 구하는 과정을 서술하시오. (단, $0\le t\le\pi$) [8점]

꿈은 이루어진다.

이루어질 가능성이 없었다면

애초에 자연이 우리를 꿈꾸게

하지도 않았을 것이다.

– 존 업다이크 –

미적분

내신과 등업을 위한 강력한 한 권!

수매씽 시리즈

중등 1~3학년 1·2학기

고등 수학(상), 수학(하), 수학Ⅰ, 수학Ⅱ, 확률과 통계, 미적분

동아출판

Telephone 1644-0600
Homepage www.bookdonga.com
Address 서울시 영등포구 은행로 30 (우 07242)

• 정답 및 풀이는 동아출판 홈페이지 내 학습자료실에서 내려받을 수 있습니다.
• 교재에서 발견된 오류는 동아출판 홈페이지 내 정오표에서 확인 가능하며, 잘못 만들어진 책은 구입처에서 교환해 드립니다.
• 학습 상담, 제안 사항, 오류 신고 등 어떠한 이야기라도 들려주세요.

등업을 위한 강력한 한 권!

216유형 2414문항

모바일 빠른 정답

수매씽

MATHING

미적분

정답 및 풀이

동아출판

등업을 위한 강력한 한 권!

학습자 중심의 친절한 해설

- 대표문제 분석 및 단계별 풀이
- 내신 고득점 대비를 위한 Plus 문제 추가 제공
- 서술형 문항 정복을 위한 실제 답안 예시/오답 분석
- 다른 풀이, 개념 Check, 실수 Check 등 맞춤 정보 제시

수매씽 빠른 정답 안내

QR 코드를 찍으면 정답 및 풀이를 쉽고 빠르게 확인할 수 있습니다.

수매씽

MATHING

미적분

정답 및 풀이

빠른 정답

I. 수열의 극한

01 수열의 극한

본책 8쪽~59쪽

0001 (1) 수렴, 0 (2) 발산 **0002** ㄴ, ㄹ

0003 (1) 1 (2) 12 (3) -30 (4) $-\frac{5}{2}$

0004 (1) 1 (2) 0 (3) 4 (4) 2

0005 (1) 수렴, $-\frac{1}{2}$ (2) 발산

0006 (1) 발산 (2) 수렴, $\frac{2}{3}$

0007 (1) 수렴, 0 (2) 발산

0008 (1) $-\frac{1}{3}\le x<\frac{1}{3}$ (2) $0<x\le 1$

0009 ① **0010** ③ **0011** ④ **0012** 0 **0013** 4
0014 9 **0015** ③ **0016** ① **0017** ③ **0018** ⑤
0019 ㄱ, ㄷ **0020** ④ **0021** ④ **0022** ㄱ, ㄷ, ㄹ
0023 3 **0024** ② **0025** ⑤ **0026** ① **0027** ③
0028 ① **0029** ② **0030** ③ **0031** 33 **0032** ②
0033 ⑤ **0034** 2 **0035** ① **0036** ⑤ **0037** ①
0038 3 **0039** ③ **0040** ③ **0041** ③ **0042** ①
0043 5 **0044** ④ **0045** ⑤ **0046** ② **0047** 4
0048 ① **0049** ④ **0050** ② **0051** ③ **0052** ②
0053 ② **0054** ① **0055** ② **0056** $\frac{1}{3}$ **0057** ②
0058 ③ **0059** 3 **0060** 2 **0061** ② **0062** ②
0063 10 **0064** ② **0065** ③ **0066** ③ **0067** ③
0068 2 **0069** 4 **0070** ⑤ **0071** ③ **0072** ④
0073 12 **0074** ① **0075** ② **0076** ④ **0077** $\frac{\sqrt{2}}{2}$
0078 ① **0079** ② **0080** ⑤ **0081** ② **0082** ①
0083 ② **0084** ① **0085** ② **0086** 4 **0087** ④
0088 ① **0089** ⑤ **0090** -2 **0091** $\frac{1}{4}$ **0092** -4
0093 ④ **0094** 6 **0095** ④ **0096** ② **0097** 10
0098 ① **0099** ③ **0100** ④ **0101** 110 **0102** ②
0103 2 **0104** 14 **0105** ③ **0106** ⑤ **0107** ③
0108 -2 **0109** ① **0110** 10 **0111** ⑤ **0112** 48
0113 ③ **0114** ① **0115** ⑤ **0116** 12 **0117** ⑤
0118 21 **0119** ③ **0120** 2 **0121** ② **0122** 2
0123 ③ **0124** ③ **0125** ④ **0126** ⑤ **0127** 6
0128 ③ **0129** ④ **0130** ② **0131** 0 **0132** ②

0133 0 **0134** ⑤ **0135** ① **0136** ④ **0137** ②
0138 ① **0139** ③ **0140** ③ **0141** ③ **0142** ①
0143 ③ **0144** ④ **0145** ④ **0146** ③ **0147** ②
0148 ③ **0149** ⑤ **0150** 9 **0151** ③ **0152** ①
0153 ④ **0154** 5 **0155** ⑤ **0156** 20 **0157** ①
0158 ① **0159** 13 **0160** ⑤ **0161** ⑤ **0162** ②
0163 ③ **0164** $\frac{3}{4}$ **0165** ② **0166** $\frac{5}{6}$ **0167** ⑤
0168 ④ **0169** $-3\le x\le 3$ **0170** ③ **0171** ②
0172 ④ **0173** $0\le x\le\frac{\pi}{4}$ 또는 $\frac{3}{4}\pi\le x<\pi$ **0174** ④
0175 ③ **0176** ③ **0177** ③ **0178** ② **0179** ①
0180 ② **0181** ③ **0182** ④

0183 $0<r<1$일 때 -2, $r=1$일 때 $-\frac{1}{2}$, $r>1$일 때 r

0184 ② **0185** ③ **0186** ③ **0187** 3 **0188** ①
0189 ④ **0190** ④ **0191** ③ **0192** ③ **0193** ①

0194 ④ **0195** $f(x)=\begin{cases}-ax+b & (|x|<1)\\ \frac{1-a+b}{2} & (x=1)\\ x & (|x|>1)\\ \frac{-1+a+b}{2} & (x=-1)\end{cases}$

0196 6 **0197** ② **0198** ③ **0199** ④ **0200** 2
0201 $\frac{1}{3}$ **0202** ③ **0203** ② **0204** ③ **0205** ②
0206 ③ **0207** ④ **0208** ② **0209** ③ **0210** ④
0211 10 **0212** ③ **0213** ② **0214** $\frac{\sqrt{3}}{3}$ **0215** ④

0216 $\frac{4}{3}$

0217 (1) 1 (2) 1 (3) $5n-4$ (4) $5n-4$ (5) $4n$ (6) $3n$ (7) 25 (8) 10

0218 24 **0219** 1 **0220** 4

0221 (1) $-\frac{1}{2}$ (2) $\frac{1}{3}$ (3) x (4) $-\frac{1}{2}$ (5) x (6) $-\frac{1}{2}$

0222 10 **0223** $-\frac{3}{2}$

0224 (1) $2n$ (2) n^2 (3) $\frac{1}{n^2}$ (4) n^4 (5) n^2 (6) 4 (7) 2

0225 3 **0226** $\frac{1}{2}$ **0227** ④ **0228** ⑤ **0229** ④
0230 ③ **0231** ④ **0232** ⑤ **0233** ③ **0234** ②
0235 ⑤ **0236** ④ **0237** ① **0238** ③ **0239** ⑤
0240 ② **0241** ⑤ **0242** ① **0243** ① **0244** ⑤

0245 ③ 0246 ③ 0247 ① 0248 $\frac{\sqrt{2}}{2}$ 0249 10

0250 $\frac{1}{4}$ 0251 $\frac{\sqrt{3}-1}{4}$ 0252 ③ 0253 ③

0254 ② 0255 ① 0256 ⑤ 0257 ③ 0258 ②

0259 ② 0260 ② 0261 ④ 0262 ⑤ 0263 ②

0264 ② 0265 ③ 0266 ② 0267 ① 0268 ③

0269 ③ 0270 ⑤ 0271 ② 0272 ③ 0273 2

0274 $\frac{1}{5}$ 0275 29 0276 25

02 급수

본책 64쪽~113쪽

0277 (1) 수렴, $\frac{5}{4}$ (2) 발산

0278 (1) 발산 (2) 수렴, 1 (3) 수렴, $\frac{1}{2}$

0279 (1) 풀이 참조 (2) 풀이 참조 (3) 풀이 참조

0280 (1) 풀이 참조 (2) 풀이 참조 (3) 풀이 참조

0281 (1) -9 (2) -2 (3) 3 0282 3

0283 (1) 수렴, $\frac{2}{3}$ (2) 발산 (3) 발산 (4) 수렴, 12

0284 (1) $-2<x<2$ (2) $0<x<1$ 0285 ⑤ 0286 80

0287 45 0288 300 0289 ② 0290 ③ 0291 ①

0292 3 0293 ④ 0294 ④ 0295 9 0296 ②

0297 ④ 0298 ② 0299 ④ 0300 ③ 0301 ③

0302 4 0303 ② 0304 ② 0305 $\frac{2}{5}$ 0306 ①

0307 ② 0308 ③ 0309 ① 0310 2 0311 ③

0312 ① 0313 ② 0314 2 0315 ② 0316 ②

0317 $\frac{1}{2}$ 0318 3 0319 ⑤ 0320 ③ 0321 ③

0322 ⑤ 0323 ③ 0324 ④ 0325 ㄱ, ㄷ, ㄹ

0326 ① 0327 ② 0328 ③ 0329 ③ 0330 ③

0331 ① 0332 15 0333 ⑤ 0334 4 0335 $\frac{7}{4}$

0336 ④ 0337 ④ 0338 ② 0339 ② 0340 ④

0341 ② 0342 ⑤ 0343 ⑤ 0344 30 0345 8

0346 ⑤ 0347 ① 0348 21 0349 ④ 0350 ③

0351 ② 0352 ① 0353 ① 0354 ② 0355 ⑤

0356 ㄱ, ㄴ, ㄷ 0357 ㄴ, ㄷ 0358 $\frac{3}{8}$ 0359 ⑤

0360 ③ 0361 ① 0362 ② 0363 $\frac{11}{3}$ 0364 ⑤

0365 ① 0366 ③ 0367 32 0368 ⑤ 0369 ④

0370 $\frac{4}{5}$ 0371 $-\frac{3}{7}$ 0372 ② 0373 ① 0374 $\frac{9}{4}$

0375 32 0376 ③ 0377 ④ 0378 ① 0379 ④

0380 $\frac{9}{2}$ 0381 ② 0382 $\frac{4}{7}$ 0383 1 0384 ③

0385 ② 0386 ③ 0387 ② 0388 ③ 0389 ②

0390 ③ 0391 $-\frac{4}{3}<x<2$ 0392 9 0393 ④

0394 ④ 0395 24 0396 ④ 0397 ① 0398 ①

0399 ① 0400 ② 0401 ④ 0402 ⑤

0403 ㄱ, ㄴ, ㄷ 0404 ③ 0405 ① 0406 ②

0407 ① 0408 $\frac{8}{7}$ 0409 ⑤ 0410 3 0411 ①

0412 ① 0413 ④ 0414 ⑤ 0415 ④ 0416 $\frac{1}{2}$

0417 $-30<x<30$ 0418 ⑤ 0419 ⑤ 0420 $\frac{13}{60}$

0421 ④ 0422 15 0423 ① 0424 ⑤ 0425 ①

0426 ① 0427 ⑤ 0428 ⑤ 0429 ③ 0430 4

0431 ② 0432 ② 0433 ② 0434 6 0435 ②

0436 $\frac{32(4+\sqrt{10})}{3}$ 0437 ② 0438 ④

0439 $16(\sqrt{2}+1)$ 0440 ② 0441 ⑤ 0442 ②

0443 ① 0444 $\frac{16}{3}$ 0445 $6\sqrt{3}+10$

0446 $8-2\pi$ 0447 ③ 0448 ② 0449 ③

0450 ⑤ 0451 ③ 0452 15000개 0453 4

0454 25 % 0455 ③ 0456 ③

0457 (1) 2 (2) 2 (3) $n+2$ (4) n (5) $k+2$ (6) k (7) 2 (8) $n+2$ (9) $-\frac{3}{2}$

0458 1 0459 $\frac{3}{4}$ 0460 1

0461 (1) 3 (2) 1 (3) 3 (4) 1 (5) 3 (6) 1 (7) $\frac{1}{16}$ (8) $\frac{1}{16}$ (9) $\frac{1}{15}$ (10) $\frac{13}{15}$

0462 $\frac{30}{7}$ 0463 $\frac{11}{15}$ 0464 $\frac{14}{15}$

0465 (1) -1 (2) 1 (3) -3 (4) 1 (5) -1 (6) 1 (7) 1 (8) 0 (9) 1

0466 $1\le x<3$ 또는 $x=4$ 0467 23 0468 2

0469 ③ 0470 ③ 0471 ② 0472 ③ 0473 ②

0474 ① 0475 ④ 0476 ① 0477 ③ 0478 ②

0479 ② 0480 ④ 0481 ② 0482 ① 0483 ②

0484 ② 0485 ④ 0486 ② 0487 ③ 0488 ③
0489 ④ 0490 2 0491 $\frac{192}{7}$ 0492 26 0493 $\frac{12}{7}$
0494 ⑤ 0495 ④ 0496 ④ 0497 ⑤ 0498 ①
0499 ④ 0500 ④ 0501 ② 0502 ⑤ 0503 ①
0504 ⑤ 0505 ② 0506 ① 0507 ① 0508 ③
0509 ⑤ 0510 ① 0511 ⑤ 0512 ④ 0513 ⑤
0514 ③ 0515 $-\log 2$ 0516 $\frac{1}{10}$ 0517 30
0518 $\frac{2}{5}$

II. 미분법

03 지수함수와 로그함수의 미분 본책 117쪽~153쪽

0519 (1) $\frac{1}{2}$ (2) $\frac{3}{4}$ (3) $\frac{2}{\ln 5}$ (4) $2\ln 2$ 0520 ⑤
0521 (1) $y'=(x+2)e^x$ (2) $y'=4\times 3^x(x\ln 3+1)$
(3) $y'=\frac{1}{x}$ (4) $y'=\log_3 2x+\frac{1}{\ln 3}$
0522 3 0523 ㄷ, ㄹ 0524 4 0525 4 0526 ㄱ, ㄷ
0527 ③ 0528 11 0529 ④ 0530 ④ 0531 -1
0532 ③ 0533 ③ 0534 $\frac{1}{3}$ 0535 -2 0536 ④
0537 ④ 0538 $\frac{21}{2}$ 0539 ④ 0540 ② 0541 1
0542 0 0543 ④ 0544 ④ 0545 1 0546 2
0547 1 0548 ③ 0549 ③ 0550 $e^9+\frac{1}{e^3}$
0551 ③ 0552 ④ 0553 ⑤ 0554 ④ 0555 ④
0556 3 0557 5 0558 ② 0559 ④ 0560 e^2
0561 3 0562 ① 0563 e 0564 -5 0565 $\sqrt{e}$
0566 ③ 0567 ④ 0568 ⑤ 0569 ㄱ, ㄹ 0570 4
0571 ① 0572 2 0573 ⑤ 0574 ③ 0575 ②
0576 $\frac{1}{4}$ 0577 ③ 0578 ② 0579 ⑤ 0580 ①
0581 $-\frac{3}{\ln 3}$ 0582 ④ 0583 ② 0584 ①
0585 ② 0586 ④ 0587 $\frac{1}{\ln 3}$ 0588 ① 0589 ①
0590 $\frac{2}{3}$ 0591 $\frac{4}{3}$ 0592 ④ 0593 9 0594 2
0595 6 0596 ① 0597 ② 0598 ① 0599 ③
0600 ③ 0601 3 0602 $(\ln 5)^2$ 0603 ④

0604 $\frac{1}{2}\ln 2$ 0605 ④ 0606 64 0607 ①
0608 25 0609 $\frac{6}{\ln 2}$ 0610 ⑤ 0611 $a=1,\ b=0$
0612 125 0613 ② 0614 ② 0615 $4e^2$ 0616 ③
0617 -100 0618 ④ 0619 ③ 0620 ⑤
0621 $\frac{1}{\ln 3}$ 0622 1 0623 $2\ln 3$ 0624 4 0625 ③
0626 $\frac{1}{4\ln 2}$ 0627 ① 0628 ③ 0629 ④
0630 3 0631 $\frac{1}{2}$ 0632 4 0633 ④ 0634 ②
0635 3 0636 ③ 0637 ⑤ 0638 ① 0639 12
0640 $\frac{1}{6}$ 0641 ② 0642 ① 0643 2 0644 ②
0645 $24\ln 2$ 0646 15 0647 ① 0648 ②
0649 $9e$ 0650 ⑤ 0651 ③ 0652 ① 0653 6
0654 ⑤ 0655 ② 0656 ③ 0657 $\frac{2}{e^2}$
0658 $a=e^4,\ b=1$ 0659 $-\frac{5}{36}$ 0660 ① 0661 ①
0662 ⑤ 0663 ① 0664 4 0665 ④ 0666 7
0667 (1) $e^{nx}-1$ (2) n (3) $n(n+1)$ (4) $n(n+1)$
(5) $n+1$ (6) $n+1$ (7) 2
0668 $\frac{2}{\ln 2}$ 0669 2 0670 3
0671 (1) -2 (2) $2f'(2)$ (3) $3f'(2)$ (4) $3^{x-1}\ln 3$
(5) $3\ln 3$ (6) $3\ln 3$ (7) $9\ln 3$
0672 8 0673 $110\ln 5$ 0674 9
0675 (1) e^x+2b (2) $e+2b$ (3) e^x (4) e^x (5) $1-\frac{e}{4}$
(6) $1-\frac{e}{4}$ (7) 4
0676 $3e$ 0677 1 0678 $-8e^{-3}$ 0679 ④
0680 ⑤ 0681 ⑤ 0682 ④ 0683 ① 0684 ②
0685 ① 0686 ② 0687 ① 0688 ④ 0689 ③
0690 ② 0691 ② 0692 ④ 0693 ③ 0694 ⑤
0695 ⑤ 0696 ③ 0697 ② 0698 ④ 0699 ①
0700 4 0701 -4 0702 $2e$ 0703 $\frac{8}{9}$ 0704 ④
0705 ③ 0706 ① 0707 ① 0708 ③ 0709 ③
0710 ② 0711 ③ 0712 ② 0713 ④ 0714 ⑤
0715 ⑤ 0716 ③ 0717 ③ 0718 ② 0719 ⑤
0720 ② 0721 ③ 0722 ④ 0723 ③ 0724 ⑤
0725 2 0726 3 0727 2 0728 0

04 삼각함수의 미분

본책 157쪽~205쪽

0729 (1) 2 (2) $\sqrt{2}$ (3) $-\frac{\sqrt{3}}{3}$ 0730 $\frac{25}{4}$

0731 (1) $\frac{\sqrt{3}}{2}$ (2) $\frac{\sqrt{2}}{2}$ (3) $\frac{\sqrt{3}}{3}$ 0732 $\frac{\sqrt{5}}{5}$

0733 (1) $\frac{5}{2}$ (2) $\frac{3}{4}$ 0734 4

0735 (1) $y'=2\cos x$ (2) $y'=-2\sin x\cos x$ 0736 $\frac{1}{2}$

0737 ③ 0738 ① 0739 $\frac{2}{\cos\theta}$ 0740 ④

0741 ⑤ 0742 3 0743 ③ 0744 ① 0745 ①

0746 ④ 0747 $-\frac{4}{3}$ 0748 $2\sqrt{6}$ 0749 ③ 0750 ④

0751 ② 0752 $\frac{169}{36}$ 0753 ④ 0754 ② 0755 ④

0756 $-\frac{\sqrt{3}}{2}$ 0757 ③ 0758 ② 0759 ①

0760 $\frac{1}{2}$ 0761 ② 0762 ② 0763 2 0764 ②

0765 ④ 0766 $\frac{\pi}{4}$ 0767 10 0768 ④ 0769 ④

0770 5 0771 ② 0772 -4 0773 ① 0774 ⑤

0775 ③ 0776 ② 0777 ② 0778 ③ 0779 ③

0780 ③ 0781 ② 0782 ⑤ 0783 -3 0784 ④

0785 ① 0786 $\frac{7}{9}$ 0787 ③ 0788 $\frac{24}{7}$ 0789 ①

0790 $\frac{4\sqrt{21}-6}{25}$ 0791 13.6 m 0792 20

0793 ⑤ 0794 ③ 0795 $-\frac{7}{16}$ 0796 ④

0797 $\frac{1-3\sqrt{7}}{8}$ 0798 ⑤ 0799 ① 0800 -8

0801 ② 0802 ③ 0803 50 m 0804 $\frac{5}{13}$ 0805 ④

0806 ④ 0807 $\frac{5\sqrt{3}}{14}$ 0808 ⑤ 0809 10 0810 $\frac{65}{12}$

0811 ② 0812 ⑤ 0813 1 0814 ⑤ 0815 10

0816 ② 0817 ① 0818 ② 0819 ③ 0820 ①

0821 ④ 0822 ② 0823 ① 0824 ② 0825 4

0826 ⑤ 0827 ③ 0828 5 0829 ④ 0830 $\frac{1}{2}$

0831 ⑤ 0832 $\frac{\pi}{90}$ 0833 ⑤ 0834 ③ 0835 1

0836 $\frac{20}{11}$ 0837 1 0838 $\frac{5}{4}$ 0839 ④ 0840 ②

0841 ⑤ 0842 1 0843 ① 0844 ③ 0845 2

0846 $\frac{1}{4}$ 0847 ③ 0848 ⑤ 0849 $-\frac{1}{2}$ 0850 $-\frac{1}{2}$

0851 ⑤ 0852 ② 0853 ② 0854 ⑤ 0855 8

0856 ⑤ 0857 ① 0858 $\frac{\sqrt{2}}{3}$ 0859 $\frac{1}{2}$ 0860 ③

0861 ④ 0862 ② 0863 ⑤ 0864 ④ 0865 ⑤

0866 ② 0867 ① 0868 ② 0869 ③ 0870 2

0871 1 0872 ④ 0873 ④ 0874 4 0875 ③

0876 100 0877 0 0878 8 0879 ③ 0880 ②

0881 1 0882 3 0883 ② 0884 $\frac{3}{4}$ 0885 ④

0886 10 0887 ④ 0888 2 0889 ① 0890 1

0891 $\frac{1}{2}$ 0892 ② 0893 ① 0894 ① 0895 ②

0896 ① 0897 15 0898 2 0899 ④ 0900 1

0901 -5 0902 $\frac{11}{5}$ 0903 ⑤ 0904 $\frac{4}{5}$ 0905 ⑤

0906 ④ 0907 ③ 0908 ① 0909 ⑤ 0910 $\frac{3}{2}\pi$

0911 ③ 0912 ④ 0913 ③ 0914 $2\sqrt{3}$ 0915 ④

0916 -3 0917 $\frac{1+\sqrt{3}}{2}$ 0918 ⑤ 0919 2

0920 -5π 0921 ⑤ 0922 ③ 0923 ② 0924 ⑤

0925 ⑤ 0926 ③ 0927 ④ 0928 -4 0929 ③

0930 ⑤ 0931 $a=5$, $b=1$ 0932 ⑤ 0933 ④

0934 (1) $\cos\alpha$ (2) $\tan\beta$ (3) $\tan\alpha\tan\beta$ (4) $\overline{\mathrm{CF}}$
(5) $\tan\alpha+\tan\beta$

0935 풀이 참조 0936 풀이 참조

0937 (1) $1-\cos t$ (2) $1+\cos t$ (3) 1 (4) $\frac{1}{2}$ (5) $-\frac{1}{2}$

0938 $\frac{1}{4}$ 0939 1 0940 $-\frac{\sqrt{2}}{4}$

0941 (1) $f(0)$ (2) c (3) 0 (4) 0 (5) 1 (6) a (7) a
(8) 1 (9) 2

0942 6 0943 $-\frac{1}{2}$ 0944 1 0945 ② 0946 ③

0947 ④ 0948 ③ 0949 ⑤ 0950 ③ 0951 ⑤

0952 ② 0953 ④ 0954 ③ 0955 ⑤ 0956 ④

0957 ② 0958 ③ 0959 ② 0960 ④ 0961 ②

0962 ② 0963 ② 0964 ⑤ 0965 ② 0966 $-\frac{12}{5}$

0967 25 0968 $\sqrt{2}$ 0969 -6 0970 ⑤ 0971 ③

0972 ④ 0973 ③ 0974 ④ 0975 ⑤ 0976 ⑤

0977 ② 0978 ⑤ 0979 ② 0980 ② 0981 ④

0982 ③ 0983 ③ 0984 ② 0985 ④ 0986 ⑤

0987 ③ **0988** ② **0989** ② **0990** ③ **0991** 2
0992 4 **0993** 1 **0994** $-\sqrt{3}$

05 여러 가지 미분법

본책 210쪽~251쪽

0995 (1) $y'=-\frac{1}{(x-3)^2}$ (2) $y'=\frac{3}{x^4}$
(3) $y'=\frac{1-\ln x}{x^2}$ (4) $y'=\frac{(1-x)e^x-1}{(e^x-1)^2}$

0996 (1) $y'=\sec x(\sec x+\tan x)$
(2) $y'=-\csc x(\csc^2 x+\cot^2 x)$
(3) $y'=\tan x+x\sec^2 x$

0997 (1) $y'=48x(4x^2+1)^5$ (2) $y'=\frac{8}{(1-2x)^5}$
(3) $y'=2(x-1)e^{x^2-2x}$ (4) $y'=2\cos(2x+1)$

0998 1

0999 (1) $\frac{dy}{dx}=t$ (2) $\frac{dy}{dx}=-1$ (3) $\frac{dy}{dx}=-\cot t$

1000 $\frac{2}{3}$

1001 (1) $\frac{dy}{dx}=\frac{x-1}{4}$ (2) $\frac{dy}{dx}=-\frac{4x}{9y}$ (단, $y\neq0$)

1002 $-\frac{3}{8}$ **1003** $\frac{dy}{dx}=\frac{1}{3\sqrt[3]{(x+1)^2}}$ **1004** $\frac{1}{3}$

1005 (1) $y''=20x^3+12x^2$ (2) $y''=-\frac{1}{x^2}$
(3) $y''=-9\sin 3x$ (4) $y''=25e^{5x-1}$

1006 -2 **1007** 9 **1008** ① **1009** 18 **1010** ①
1011 ③ **1012** ⑤ **1013** 2 **1014** $\sqrt{2}$ **1015** ⑤
1016 ① **1017** $-\frac{6}{25}$ **1018** 6 **1019** ① **1020** 1
1021 4 **1022** ① **1023** -6 **1024** ④ **1025** 3
1026 ② **1027** $-\frac{2}{3}$ **1028** ④ **1029** ② **1030** ②
1031 ③ **1032** 8 **1033** ② **1034** ③ **1035** 5
1036 ① **1037** 2 **1038** ④ **1039** ③ **1040** ③
1041 ③ **1042** ④ **1043** ⑤ **1044** ⑤ **1045** 0
1046 $-\frac{8}{3}$ **1047** ④ **1048** ① **1049** ④ **1050** ⑤
1051 16 **1052** 12 **1053** ④ **1054** ① **1055** ②
1056 4 **1057** ⑤ **1058** ② **1059** ③ **1060** $\frac{1}{3}$
1061 6 **1062** 0 **1063** 10 **1064** ④ **1065** $\frac{9}{2}$
1066 ③ **1067** ② **1068** ③ **1069** ② **1070** ③

1071 ④ **1072** ③ **1073** 24 **1074** ③ **1075** 2
1076 ④ **1077** ⑤ **1078** 4 **1079** ④ **1080** ④
1081 ③ **1082** ⑤ **1083** 6 **1084** $\cos 1$ **1085** $-\frac{1}{9}$
1086 ② **1087** ② **1088** 17 **1089** ① **1090** ②
1091 1 **1092** ③ **1093** ⑤ **1094** 6 **1095** $\frac{2}{\ln 3}$
1096 ⑤ **1097** ② **1098** ③ **1099** 2 **1100** ②
1101 81 **1102** $-\frac{55}{12}$ **1103** ④ **1104** $\frac{3\sqrt{6}}{8}$ **1105** ④
1106 ⑤ **1107** ④ **1108** 1 **1109** ② **1110** ③
1111 ① **1112** 768 **1113** ⑤ **1114** ② **1115** ②
1116 9 **1117** ③ **1118** ① **1119** 8 **1120** ④
1121 $\frac{14}{3}$ **1122** 4 **1123** $-\frac{\sqrt{3}}{3}$ **1124** -4
1125 ③ **1126** $\frac{1}{2}$ **1127** ④ **1128** 2 **1129** ②
1130 2 **1131** ⑤ **1132** ⑤ **1133** 1 **1134** ①
1135 $-\frac{2\sqrt{3}\pi}{3}$ **1136** ① **1137** 11 **1138** 12
1139 ④ **1140** 4 **1141** ① **1142** $\frac{\sqrt{3}}{3}$ **1143** ④
1144 ① **1145** $-\frac{1}{2}$ **1146** ⑤ **1147** ④ **1148** 3
1149 $\frac{1}{4}$ **1150** 50 **1151** ④ **1152** $\frac{1}{2}$ **1153** ③
1154 $\frac{1}{4}$ **1155** $\frac{2}{3}$ **1156** 5 **1157** 17 **1158** ③
1159 5 **1160** ③ **1161** ② **1162** ② **1163** 12
1164 ① **1165** 13 **1166** $-\frac{1}{2}$ **1167** ③ **1168** ④
1169 ①

1170 (1) 0 (2) $f(1)$ (3) $f'(1)$ (4) $f'(x)$ (5) $f'(1)$
(6) $\frac{1}{4}$ (7) 2

1171 20 **1172** 3 **1173** $\frac{2}{\ln 3}$

1174 (1) e^y (2) e^y (3) 1 (4) $\frac{e}{3}$ **1175** -1 **1176** $\frac{1}{2}$

1177 (1) 2 (2) 2 (3) 2 (4) $6x^2+3$ (5) 12 (6) 2 (7) $\frac{1}{27}$

1178 $\frac{1}{2}$ **1179** 1 **1180** $\frac{1}{2}$ **1181** ① **1182** ④
1183 ④ **1184** ① **1185** ① **1186** ⑤ **1187** ④
1188 ② **1189** ⑤ **1190** ② **1191** ① **1192** ⑤
1193 ③ **1194** ③ **1195** ③ **1196** ③ **1197** ②

1198 ② 1199 ① 1200 ② 1201 ③ 1202 -10

1203 11 1204 $\frac{13}{4}$ 1205 3 1206 ⑤ 1207 ③

1208 ③ 1209 ① 1210 ③ 1211 ③ 1212 ④

1213 ④ 1214 ③ 1215 ③ 1216 ② 1217 ①

1218 ③ 1219 ⑤ 1220 ① 1221 ⑤ 1222 ③

1223 ① 1224 ② 1225 ② 1226 ③ 1227 5

1228 16 1229 8 1230 $e^{\frac{\pi}{2}}+1$

06 도함수의 활용 (1)

본책 256쪽~299쪽

1231 $y=\sqrt{2}x-\frac{\sqrt{2}}{4}\pi$ 1232 $y=x+1$

1233 $y=\frac{1}{e}x$ 1234 $y=4x+1$

1235 $y=\frac{1}{e}x$ 1236 $y=\frac{1}{2}x-1$

1237 (1) 극솟값 : $\sqrt{3}$ (2) 극댓값 : -1

1238 극댓값 : -4, 극솟값 : 4 1239 $y=2x+2$

1240 $y=x-3$ 1241 $y=9x+16$, $y=9x-16$

1242 $y=-(2\sqrt{2}+2)x-2$, $y=(2\sqrt{2}-2)x-2$

1243 4 1244 8 1245 ③ 1246 ② 1247 ③

1248 ① 1249 3 1250 11 1251 ① 1252 ②

1253 ① 1254 ④ 1255 ④ 1256 ③ 1257 ①

1258 $y=-2x$ 1259 ④ 1260 3 1261 ⑤

1262 50 1263 8 1264 $y=x$, $y=x+4$ 1265 3

1266 ④ 1267 ③ 1268 ② 1269 100 1270 ④

1271 ② 1272 ⑤ 1273 4 1274 ③ 1275 ②

1276 ③ 1277 25 1278 ① 1279 ④ 1280 ⑤

1281 ③ 1282 2 1283 ④ 1284 ⑤ 1285 ③

1286 ⑤ 1287 ⑤ 1288 2 1289 ① 1290 ①

1291 ③ 1292 ③ 1293 ② 1294 ① 1295 $\frac{1}{8}$

1296 ④ 1297 9 1298 104 1299 $\ln 3$ 1300 32

1301 ④ 1302 2 1303 ② 1304 2 1305 5

1306 140 1307 ③ 1308 ① 1309 1 1310 ②

1311 ⑤ 1312 ② 1313 5 1314 ④ 1315 ③

1316 $y=\frac{1}{4}x-\frac{1}{4}$ 1317 ⑤ 1318 10 1319 ①

1320 ① 1321 ① 1322 ③ 1323 1 1324 1

1325 ④ 1326 ④ 1327 ④ 1328 ① 1329 ③

1330 ① 1331 6 1332 ⑤ 1333 ⑤ 1334 ③

1335 26 1336 ③ 1337 3 1338 ③ 1339 0

1340 ③ 1341 ④ 1342 ⑤ 1343 2 1344 ③

1345 8 1346 ② 1347 ① 1348 -1 1349 ①

1350 0 1351 ② 1352 $a\le\frac{1}{4}$ 1353 ② 1354 2

1355 ① 1356 ② 1357 ⑤ 1358 ③ 1359 ④

1360 -4 1361 ③ 1362 -12 1363 ④ 1364 ③

1365 12 1366 ⑤ 1367 ③ 1368 ⑤ 1369 1

1370 ③ 1371 ① 1372 2 1373 ④ 1374 ②

1375 ⑤ 1376 ① 1377 ① 1378 ② 1379 ③

1380 ③ 1381 ⑤ 1382 ③ 1383 ① 1384 ②

1385 ④ 1386 ㄱ, ㄴ, ㄷ 1387 ② 1388 0

1389 2 1390 ① 1391 ① 1392 ④ 1393 2

1394 ② 1395 16 1396 ⑤ 1397 ② 1398 ③

1399 ② 1400 ⑤ 1401 4 1402 ③ 1403 ②

1404 3 1405 $a<-2$ 또는 $a>2$ 1406 ① 1407 ②

1408 7 1409 ③ 1410 ③ 1411 ④ 1412 ③

1413 (1) xe^x (2) te^t (3) te^t (4) 서로 다른 두 개의 실근
(5) $>$ (6) $>$ (7) $>$ (8) $k<-3$ 또는 $k>1$

1414 $k<0$ 또는 $k>4$ 1415 3 1416 3

1417 (1) $\frac{1}{2}$ (2) 1 (3) $\frac{1}{2}$ (4) 1 (5) $\frac{1}{2}$
(6) $-\frac{5}{4}-\ln 2$ (7) 1 (8) -2 (9) $\frac{5}{2}+2\ln 2$

1418 $16\ln 2+1$ 1419 $\frac{1}{e^{2\pi}-1}$

1420 $-\frac{2\sqrt{5}}{5}$

1421 (1) $2x\cos 2t-2t\cos 2t+\sin 2t$
(2) $\sin 2t-2t\cos 2t$ (3) $4t\sin 2t$ (4) $\frac{\pi}{2}$ (5) π

1422 $\frac{\pi}{4}+\frac{1}{2}$ 1423 $-\frac{2}{3}$ 1424 ④ 1425 ②

1426 ① 1427 ② 1428 ④ 1429 ④ 1430 ②

1431 ① 1432 ③ 1433 ② 1434 ④ 1435 ③

1436 ③ 1437 ⑤ 1438 ② 1439 ① 1440 ④

1441 ⑤ 1442 ① 1443 ③ 1444 ③

1445 $y=x+\ln 2-1$ 1446 $\frac{49}{2}e$ 1447 25 1448 55

1449 ② 1450 ② 1451 ④ 1452 ② 1453 ②

1454 ⑤ 1455 ① 1456 ③ 1457 ⑤ 1458 ①

1459 ④ 1460 ② 1461 ② 1462 ② 1463 ②

1464 ④ **1465** ⑤ **1466** ① **1467** ④ **1468** ②

1469 ⑤ **1470** 1 **1471** 7 **1472** $-\frac{4}{e^2}+1$

1473 $4\pi+8$

07 도함수의 활용 (2)

본책 304쪽~349쪽

1474

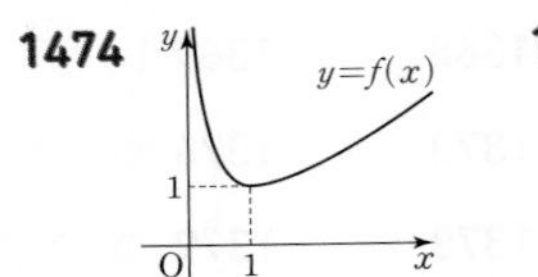

1475

1476 최댓값 : 0, 최솟값 : $-\frac{1}{e}$

1477 최댓값 : $\frac{\pi}{2}+2$, 최솟값 : $-\frac{3}{2}\pi+2$

1478 2 **1479** 0 **1480** (가) : e^x-1 (나) : 0 (다) : 0

1481 풀이 참조 **1482** 속도 : -4, 가속도 : 3

1483 속도 : $(1,\ 7)$, 가속도 : $(4,\ 2)$ **1484** 2 **1485** ①

1486 2 **1487** ② **1488** ① **1489** ⑤ **1490** ①

1491 π **1492** ④ **1493** 2 **1494** ④ **1495** ③

1496 ④ **1497** ⑤ **1498** 4 **1499** ③ **1500** ②

1501 ③ **1502** ② **1503** 8 **1504** ② **1505** 23

1506 ④ **1507** 3 **1508** ⑤ **1509** ① **1510** 36

1511 ③ **1512** ④ **1513** 96 **1514** ⑤ **1515** ①

1516 ③ **1517** ② **1518** ④ **1519** 2 **1520** ④

1521 5 **1522** ② **1523** 점 A **1524** ⑤ **1525** ③

1526 ③ **1527** ④ **1528** ㄱ, ㄴ **1529** ④ **1530** ㄴ

1531 ③ **1532** ④ **1533** ② **1534** ③ **1535** ②

1536 1 **1537** ④ **1538** $\frac{3}{2}$ **1539** ② **1540** ⑤

1541 ④ **1542** ③ **1543** 32 **1544** ③ **1545** ②

1546 ② **1547** ③ **1548** ① **1549** ③

1550 $-\frac{4}{3}e^2$ **1551** ③ **1552** ⑤ **1553** ③

1554 ③ **1555** 3 **1556** ① **1557** ④ **1558** ④

1559 ③ **1560** ③ **1561** ③ **1562** ② **1563** ②

1564 ① **1565** ⑤ **1566** 4 **1567** ③ **1568** ①

1569 ④ **1570** ② **1571** ② **1572** ⑤ **1573** ②

1574 2 **1575** ④ **1576** ③ **1577** 4 **1578** ④

1579 ① **1580** ③ **1581** ④ **1582** ② **1583** 14

1584 ④ **1585** 34 **1586** ② **1587** ④ **1588** ③

1589 $\frac{2}{e}$ **1590** $3\sqrt{3}$ **1591** ④ **1592** ⑤ **1593** ②

1594 1 **1595** ③ **1596** ⑤ **1597** ② **1598** ④

1599 1 **1600** $0<k<\frac{4}{e^2}$ **1601** $\frac{27}{4}$ **1602** ⑤

1603 ⑤ **1604** ⑤ **1605** ① **1606** ④ **1607** ②

1608 ④ **1609** ③ **1610** ① **1611** ④ **1612** ③

1613 $k>-e$ **1614** 2 **1615** ④ **1616** ④

1617 ③ **1618** ② **1619** ③ **1620** ③ **1621** ④

1622 ④ **1623** ③ **1624** $k>\frac{e}{2}$ **1625** ① **1626** ④

1627 ④ **1628** ① **1629** ⑤ **1630** $\frac{2}{9}\pi^2$ **1631** 1

1632 25 **1633** ④ **1634** $\frac{2}{\pi}$ **1635** ④ **1636** ②

1637 40 **1638** ④ **1639** ③ **1640** ② **1641** 18

1642 $(0,\ 5)$ **1643** 8 **1644** ③ **1645** 4 **1646** ④

1647 ③ **1648** ③ **1649** ① **1650** 4 **1651** 3

1652 $\sqrt{5}$ **1653** $\frac{2}{3}$ **1654** ① **1655** ③ **1656** ②

1657 4 **1658** ⑤ **1659** ① **1660** 20

1661 (1) 2 (2) $\frac{e}{a}$ (3) $\frac{e}{a}$ (4) $\frac{e}{a}$ (5) $\frac{e}{a}$ (6) $3e$ **1662** 2

1663 -1 **1664** 72

1665 (1) $\frac{\pi}{6}$ (2) $\frac{5}{6}\pi$ (3) $\frac{\pi}{12}$ (4) $\frac{5}{12}\pi$

(5) $\frac{\pi}{12}+\frac{\sqrt{3}}{2}$ (6) $\frac{5}{12}\pi-\frac{\sqrt{3}}{2}$ (7) $\frac{\pi}{12}+\frac{\sqrt{3}}{2}$

(8) $\frac{5}{12}\pi-\frac{\sqrt{3}}{2}$ (9) $\frac{\pi}{2}$

1666 2 **1667** 1 **1668** 3

1669 (1) k (2) xe^x (3) xe^x (4) $(1+x)e^x$ (5) $-\frac{1}{e}$

(6) $-\frac{1}{e}$ (7) $\frac{1}{e}$

1670 $0<k<27$ **1671** $\frac{16}{e^2}$ **1672** 2 **1673** ②

1674 ④ **1675** ④ **1676** ③ **1677** ③ **1678** ②

1679 ② **1680** ⑤ **1681** ③ **1682** ⑤ **1683** ①

1684 ④ **1685** ④ **1686** ① **1687** ③ **1688** ③

1689 ⑤ **1690** ② **1691** ⑤ **1692** ④ **1693** ①

1694 7 **1695** 2 **1696** 420 **1697** 3 **1698** ②

1699 ④ **1700** ③ **1701** ④ **1702** ② **1703** ⑤

1704 ③ **1705** ③ **1706** ⑤ **1707** ④ **1708** ④

1709 ③ **1710** ① **1711** ④ **1712** ② **1713** ③

1714 ② **1715** ⑤ **1716** ③ **1717** ② **1718** ①

1719 3 **1720** 5 **1721** -2 **1722** $\frac{1}{2}$

III. 적분법

08 여러 가지 적분법

본책 354쪽~387쪽

1723 (1) $\frac{3}{2}\sqrt[3]{x^2}+C$

(2) $4x-3\ln|x|-\frac{1}{2x^4}+C$

(3) $2e^{x+1}+C$ (4) $\frac{3^{x+5}}{\ln 3}+C$

(5) $-2\cos x-3\sin x+C$ (6) $\tan x-5\cot x+C$

(7) $x+\sec x+C$ (8) $x+\cos x+C$

1724 ⑤

1725 (1) $\frac{2}{5}x^2\sqrt{x}-3x^2+6x\sqrt{x}+C$

(2) $\frac{25^x}{2\ln 5}+\frac{2\times 5^x}{\ln 5}+x+C$

1726 $\frac{3}{4}(x^2+x+1)^4+C$ **1727** $\ln|x+\sin x|+C$

1728 $\frac{1}{2}x^2\ln x-\frac{1}{4}x^2+C$

1729 $-x\cos x+\sin x+C$ **1730** 17 **1731** 12

1732 ⑤ **1733** ② **1734** $F(x)=2x-7\ln|x|-\frac{3}{x}+1$

1735 -3 **1736** $\frac{28}{3}$ **1737** 3 **1738** ⑤

1739 $\frac{4}{15}x^2\sqrt{x}+2x+C$ (단, C는 적분상수이다.)

1740 ②

1741 $\frac{1}{3}x^3+x+\frac{2}{x}-\frac{1}{3x^3}+C$ (단, C는 적분상수이다.)

1742 ③ **1743** ② **1744** ④

1745 $2e^x+C$ (단, C는 적분상수이다.)

1746 ② **1747** e^e-1 **1748** $e+4$ **1749** $e+\frac{1}{e}$ **1750** ④

1751 $f(x)=\frac{e^x-e^{-x}}{2}$, $g(x)=\frac{e^x+e^{-x}}{2}$ **1752** ④

1753 ③ **1754** ② **1755** 4 **1756** $\frac{1}{8}$

1757 $\frac{1}{2\ln 7}$ **1758** ② **1759** ⑤ **1760** ④

1761 0 **1762** $\pi+2$ **1763** 1 **1764** ⑤ **1765** $\frac{4\sqrt{3}}{3}$

1766 ④ **1767** ③ **1768** ③ **1769** ② **1770** ③

1771 ② **1772** ③ **1773** 33 **1774** ⑤ **1775** 4

1776 ② **1777** ④ **1778** 9 **1779** ② **1780** ③

1781 ⑤ **1782** ④ **1783** 5 **1784** ④

1785 $\frac{10}{e}$dB **1786** $3\ln 2$ **1787** 15 **1788** ②

1789 ④ **1790** ② **1791** 4 **1792** ③ **1793** ①

1794 ② **1795** e^3 **1796** ③ **1797** ① **1798** -1

1799 $\frac{3}{4}$ **1800** $-\frac{5}{4}$ **1801** $\sqrt{3}$ **1802** ④ **1803** ⑤

1804 ③ **1805** -1 **1806** ④ **1807** 1 **1808** $\frac{4}{3}$

1809 ⑤ **1810** ② **1811** ① **1812** ③ **1813** ④

1814 ④ **1815** ② **1816** ⑤ **1817** ④ **1818** 16

1819 10 **1820** ① **1821** ② **1822** 5 **1823** 4

1824 ④ **1825** $6-7\ln 3$ **1826** ② **1827** 3

1828 ② **1829** ④ **1830** 1 **1831** ② **1832** $\frac{4}{3}$

1833 2 **1834** ② **1835** 1 **1836** ② **1837** ③

1838 ③ **1839** $\frac{\pi}{2}+1$ **1840** 4 **1841** ①

1842 $\frac{e^2+1}{4}$ **1843** $\frac{1}{2}$ **1844** ① **1845** ④

1846 72 **1847** 2 **1848** ③ **1849** ③ **1850** ③

1851 $\frac{2}{5e^{\frac{\pi}{2}}}$ **1852** ④

1853 (1) $-\cos x$ (2) -1 (3) 2 (4) 2

(5) $-\sin x$ (6) $-\sin x$ (7) 2π

1854 4 **1855** e **1856** $\frac{3}{e}-1$

1857 (1) $\frac{1}{2}dt$ (2) $\sin x$ (3) $\sin^3 x$ (4) $\sin^3 x$

(5) $\sin^3 x$ (6) -1 (7) $-\frac{3}{2}$ (8) $\frac{e-3}{2}$

1858 $-\frac{1}{e}+2$ **1859** $-\frac{1}{4}$ **1860** -2

1861 (1) $xf'(x)$ (2) e^x (3) e^x (4) 1 (5) 0 (6) $2e$

1862 -1 **1863** $-\frac{2}{e^2}+\frac{2}{e}$ **1864** $\frac{\sqrt{3}}{3}\pi+\frac{\ln 2}{2}$

1865 ① **1866** ② **1867** ② **1868** ⑤ **1869** ②

1870 ④ **1871** ④ **1872** ③ **1873** ⑤ **1874** ⑤

1875 ② **1876** ⑤ **1877** ② **1878** ④ **1879** ①

1880 ③ **1881** ② **1882** ③ **1883** ① **1884** ④

1885 ④ **1886** 1 **1887** $2\ln 2-2$ **1888** 4

1889 3 **1890** ② **1891** ① **1892** ④ **1893** ②

1894 ④ **1895** ⑤ **1896** ④ **1897** ③ **1898** ③

1899 ③ **1900** ④ **1901** ③ **1902** ③ **1903** ②

1904 ③ **1905** ② **1906** ⑤ **1907** ③ **1908** ①

1909 ⑤ **1910** ④ **1911** $-\frac{4}{e}+8$ **1912** 10

1913 $-2\sqrt{2}$ **1914** $2\pi+1$

09 정적분

본책 392쪽~439쪽

1915 (1) $\frac{1}{2}$ (2) $\frac{45}{4}$ (3) $\frac{6}{\ln 3}$ (4) $\frac{\sqrt{2}}{2}$ 1916 $\frac{2}{3}\pi-\sqrt{3}$
1917 $2\left(e-\frac{1}{e}\right)$ 1918 2 1919 $\frac{1}{3}$ 1920 $\ln 2$
1921 1 1922 $\frac{1}{4}e^2+\frac{1}{4}$ 1923 34 1924 ②
1925 2 1926 ③ 1927 ① 1928 ④ 1929 ②
1930 ③ 1931 $\frac{64}{3}$ 1932 ① 1933 ④ 1934 ②
1935 ⑤ 1936 ⑤ 1937 ③ 1938 $\frac{40}{3}$ 1939 ②
1940 ② 1941 ③ 1942 ① 1943 $2e^4$ 1944 ④
1945 $4-\frac{1}{e}$ 1946 ① 1947 $\frac{64}{\ln 2}$ 1948 ① 1949 ①
1950 $\frac{4\sqrt{3}}{3}$ 1951 ③ 1952 ⑤ 1953 ② 1954 ③
1955 ① 1956 $\ln 3-2$ 1957 ③
1958 $-\frac{\pi}{2}+1$ 1959 ④ 1960 2 1961 ④
1962 ③ 1963 ⑤ 1964 39 1965 ④
1966 $\frac{8}{3}-\frac{1}{e}$ 1967 $\pi-2$ 1968 ③ 1969 2
1970 $2\sqrt{2}-2$ 1971 ④ 1972 ③ 1973 ③
1974 $4\ln 2+e-5$ 1975 ① 1976 ① 1977 ③
1978 ⑤ 1979 ④ 1980 ④ 1981 -16 1982 -35
1983 ⑤ 1984 ④ 1985 ② 1986 ⑤ 1987 ④
1988 ④ 1989 ② 1990 ③ 1991 12 1992 ②
1993 ③ 1994 80 1995 ② 1996 ④ 1997 ③
1998 ⑤ 1999 -78 2000 ⑤ 2001 ③ 2002 ②
2003 ④ 2004 ② 2005 ① 2006 -1
2007 $\sqrt{7}-2\sqrt{2}$ 2008 ① 2009 ② 2010 ①
2011 e^2-e 2012 ⑤ 2013 ④ 2014 ② 2015 ④
2016 ③ 2017 ① 2018 ③ 2019 2 2020 ④
2021 ④ 2022 ① 2023 $\frac{\sqrt{3}}{4}+\frac{2}{3}$ 2024 ②
2025 ② 2026 $\frac{5}{4}$ 2027 ② 2028 18 2029 ②
2030 $-\frac{1}{2}(\ln 2)^2$ 2031 ⑤ 2032 6 2033 ①
2034 $\frac{\sqrt{3}}{6}\pi$ 2035 ⑤ 2036 ② 2037 ② 2038 ⑤
2039 ③ 2040 ④ 2041 ④ 2042 ⑤ 2043 ②
2044 ③ 2045 ④ 2046 $\frac{1}{2}(e^2+1)$ 2047 ④

2048 $-\frac{6}{e^2}+\frac{4}{e}$ 2049 ③ 2050 ④ 2051 ⑤
2052 ② 2053 2 2054 ⑤ 2055 ④ 2056 ①
2057 ① 2058 ② 2059 ④ 2060 ③ 2061 2π
2062 $-\frac{e^\pi+1}{2}$ 2063 ⑤ 2064 ④
2065 $\frac{3\pi}{2-\pi}$ 2066 ② 2067 $\frac{3}{2}$ 2068 ①
2069 $\frac{7}{6}$ 2070 $f(x)=\ln x+\frac{1}{2-e}$ 2071 ⑤
2072 ② 2073 12 2074 ③ 2075 $1-2\pi$
2076 4 2077 ② 2078 $f(x)=-\ln|x|-1$
2079 ① 2080 $\frac{1-e}{6}$ 2081 ① 2082 ③ 2083 ②
2084 ④ 2085 ③ 2086 -4 2087 ⑤ 2088 2
2089 $f(x)=e^x$ 2090 ① 2091 64 2092 ③
2093 $-\frac{4}{15}$ 2094 ⑤ 2095 ① 2096 $-\frac{1}{2}$ 2097 ④
2098 2π 2099 ① 2100 ① 2101 ⑤ 2102 ②
2103 ④ 2104 ④ 2105 ③ 2106 325 2107 ④
2108 ⑤ 2109 ⑤ 2110 2 2111 $\frac{8}{3}$ 2112 4
2113 ⑤ 2114 ② 2115 ③ 2116 ① 2117 ②
2118 ① 2119 ④ 2120 ⑤ 2121 ① 2122 $-2e^2$
2123 (1) 2 (2) 3 (3) 5 (4) 3 (5) $6e$ (6) 6
2124 8π 2125 $-\frac{16}{\pi^2}$ 2126 $\frac{2\ln 5}{1+\ln 5}$
2127 (1) 2 (2) 4 (3) 2 (4) -1 (5) 2 (6) 4 (7) 2 (8) 8
2128 4 2129 $\ln 10$ 2130 $3e$
2131 (1) e (2) e (3) 1 (4) t (5) 1 (6) $2-e$
2132 $\frac{e}{2}-1$ 2133 $-\frac{1}{2}\ln 2$ 2134 ① 2135 ③
2136 ② 2137 ⑤ 2138 ③ 2139 ④ 2140 ②
2141 ④ 2142 ③ 2143 ③ 2144 ④ 2145 ①
2146 ② 2147 ③ 2148 ⑤ 2149 ⑤ 2150 ⑤
2151 ③ 2152 ① 2153 ② 2154 ④
2155 $\frac{\pi}{2}-\frac{4}{\pi}$ 2156 $-e^3+1$
2157 $-\ln 5$ 2158 $-\frac{3}{2}$ 2159 ② 2160 ②
2161 ④ 2162 ③ 2163 ② 2164 ③ 2165 ⑤
2166 ① 2167 ③ 2168 ⑤ 2169 ⑤ 2170 ②
2171 ④ 2172 ① 2173 ① 2174 ② 2175 ④
2176 ① 2177 ③ 2178 ① 2179 ① 2180 $\frac{1}{4}$

2181 $-\frac{5}{6}$ **2182** -8 **2183** -2

10 정적분의 활용

본책 444쪽~487쪽

2184 (1) $\frac{31}{5}$ (2) $\frac{6}{\pi}$ **2185** (1) 2 (2) $\frac{1}{\pi}$ **2186** $2\ln 2$

2187 1 **2188** 6m^3 **2189** $\frac{3}{2}$ **2190** (1) e^t-1 (2) $e-1$

2191 4 **2192** ③ **2193** 3 **2194** 36 **2195** ④

2196 ⑤ **2197** ④ **2198** ⑤

2199 (가) : $\frac{h}{n}$ (나) : k^2 (다) : $6n^2$ (라) : $\frac{\pi r^2 h}{3}$ **2200** ②

2201 ⑤ **2202** ③ **2203** ④ **2204** ① **2205** $1-\frac{1}{e}$

2206 ③ **2207** 0 **2208** ② **2209** ④ **2210** ③

2211 ④ **2212** ① **2213** ⑤ **2214** ④ **2215** ①

2216 ① **2217** ③ **2218** $\frac{3\ln 3-2}{4}$ **2219** ①

2220 ③ **2221** 5 **2222** ④ **2223** 8 **2224** $\frac{3}{2}\pi$

2225 $\frac{1}{4}$ **2226** 32 **2227** ① **2228** ⑤ **2229** ②

2230 ② **2231** $\ln 3$ **2232** ② **2233** 3 **2234** ①

2235 4 **2236** ② **2237** ③ **2238** ② **2239** ②

2240 $\frac{1}{2}\ln 10$ **2241** -2 **2242** ② **2243** ④

2244 2 **2245** ② **2246** ④ **2247** ① **2248** ①

2249 1 **2250** ③ **2251** $\frac{93}{5}$ **2252** ④ **2253** $\frac{22}{3}$

2254 ④ **2255** $8\ln 2-3$ **2256** $\frac{1}{6}$ **2257** ⑤

2258 $\frac{e}{2}-1$ **2259** ① **2260** ⑤ **2261** $2\left(e+\frac{1}{e}-2\right)$

2262 ② **2263** $2\sqrt{2}$ **2264** $\frac{5}{2}$ **2265** ② **2266** ④

2267 ② **2268** ④ **2269** $e+\frac{1}{e}-2$ **2270** ⑤

2271 ⑤ **2272** $e-2\ln 2$ **2273** ⑤ **2274** ③

2275 ④ **2276** $\frac{e}{2}-1$ **2277** 27 **2278** ② **2279** $\frac{e}{2}-1$

2280 ⑤ **2281** 50 **2282** ④ **2283** ⑤ **2284** ②

2285 $\frac{1}{e-1}$ **2286** ③ **2287** $\frac{\pi}{2}-\frac{2}{\pi}$ **2288** ①

2289 7 **2290** $\frac{7}{2}$ **2291** $e-1$ **2292** ① **2293** ⑤

2294 ⑤ **2295** ④ **2296** ① **2297** $\frac{\sqrt{3}}{3}\pi$ **2298** ①

2299 ② **2300** ④ **2301** ① **2302** ① **2303** $\frac{2}{3}$

2304 e^2-2e **2305** ③ **2306** ③

2307 $\frac{14}{\ln 2}+16$ **2308** ③ **2309** ⑤ **2310** π

2311 ④ **2312** $\frac{3}{8}$ **2313** ⑤ **2314** ③ **2315** 4

2316 ④ **2317** ③ **2318** $\frac{4}{3}$ **2319** $\frac{27}{2}$ **2320** ②

2321 $4-\pi$ **2322** $\frac{\pi}{2}$ **2323** ⑤ **2324** ② **2325** 340

2326 ② **2327** ④ **2328** $\frac{3}{2}$ **2329** $\frac{6}{\pi}$ **2330** $\frac{\pi}{2}$

2331 $3e^2-1$ **2332** ⑤ **2333** ③ **2334** 10

2335 ② **2336** ① **2337** $e-\frac{1}{e}$ **2338** $\frac{3}{32}\pi^2$ **2339** 4

2340 ⑤ **2341** ① **2342** ③ **2343** e^2+1 **2344** ①

2345 ④ **2346** ① **2347** 8 **2348** ② **2349** ③

2350 ⑤ **2351** $\frac{3}{2}$ **2352** 2 **2353** ③

2354 (1) $k\pi$ (2) π (3) $k\pi$ (4) π (5) 2 **2355** 2

2356 1 **2357** $\frac{14}{3}+\ln 2$

2358 (1) 3 (2) 3 (3) $12x$ (4) $12x$ (5) $6x^2$ (6) 45π

2359 $\frac{128}{3}$ **2360** 4

2361 (1) -6 (2) 36 (3) 3 (4) 3
(5) 1 (6) $\frac{\pi}{4}$ (7) $-\frac{3}{2}$ (8) $\frac{3}{2}$

2362 $3\pi-1$ **2363** 8 **2364** $\sqrt{1+\pi^2}$

2365 ① **2366** ④ **2367** ③ **2368** ① **2369** ①

2370 ② **2371** ④ **2372** ③ **2373** ② **2374** ②

2375 ① **2376** ③ **2377** ② **2378** ④ **2379** ③

2380 ② **2381** ⑤ **2382** ② **2383** ② **2384** ④

2385 ② **2386** $\frac{2}{\pi}$ **2387** $2\ln 3-1$ **2388** $\frac{8}{\pi}$

2389 $16\pi-\frac{32}{3}$ **2390** ③ **2391** ② **2392** ③

2393 ① **2394** ④ **2395** ④ **2396** ② **2397** ④

2398 ② **2399** ④ **2400** ② **2401** ② **2402** ①

2403 ④ **2404** ③ **2405** ③ **2406** ① **2407** ⑤

2408 ④ **2409** ③ **2410** ⑤ **2411** $\frac{1}{2}$

2412 $\frac{2}{3}\pi r^3$ **2413** 9 **2414** -2

I. 수열의 극한

01 수열의 극한

핵심 개념 8쪽~9쪽

0001 답 (1) 수렴, 0 (2) 발산

(1) n의 값이 증가하면서 변화하는 a_n의 값을 좌표평면 위에 나타내면 그림과 같으므로 n의 값이 한없이 커질 때 $\frac{1}{n}$의 값은 0에 한없이 가까워짐을 알 수 있다. 따라서 주어진 수열은 0에 수렴한다.

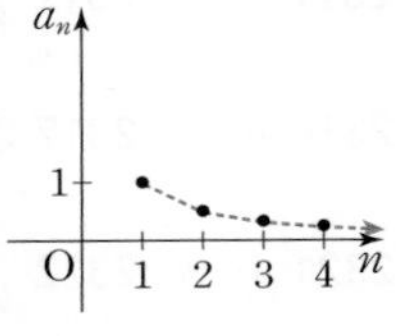

(2) n의 값이 증가하면서 변화하는 a_n의 값을 좌표평면 위에 나타내면 그림과 같으므로 주어진 수열은 발산(진동)한다.

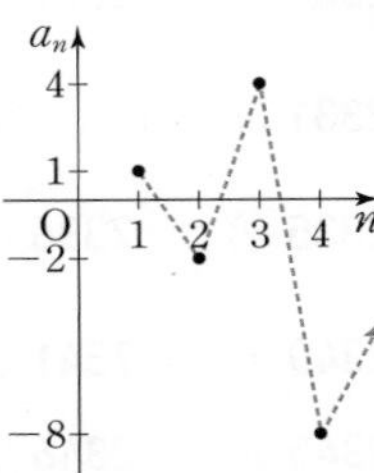

0002 답 ㄴ, ㄹ

ㄱ. n의 값이 증가하면서 변화하는 a_n의 값을 좌표평면 위에 나타내면 그림과 같으므로 n의 값이 한없이 커질 때 $\frac{n-1}{2}$의 값은 한없이 커짐을 알 수 있다.

$\therefore \lim_{n\to\infty} a_n=\infty$

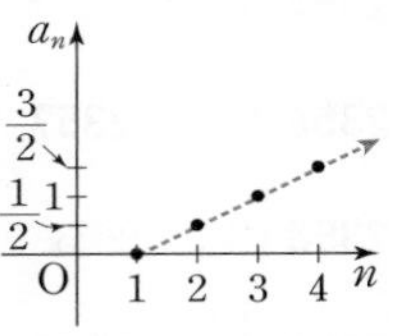

ㄴ. n의 값이 증가하면서 변화하는 a_n의 값을 좌표평면 위에 나타내면 그림과 같으므로 n의 값이 한없이 커질 때 $\frac{3}{2n+1}$의 값은 0에 한없이 가까워짐을 알 수 있다.

$\therefore \lim_{n\to\infty} a_n=0$

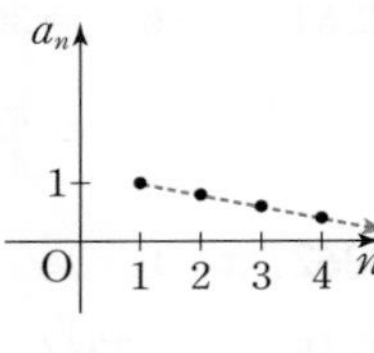

ㄷ. n의 값이 증가하면서 변화하는 a_n의 값을 좌표평면 위에 나타내면 그림과 같으므로 n의 값이 한없이 커질 때 주어진 수열은 발산(진동)한다.

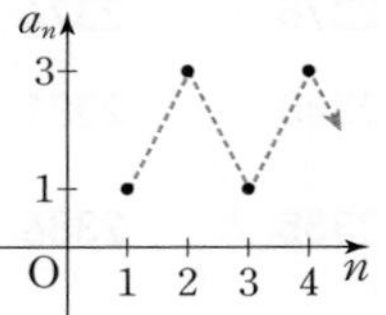

ㄹ. n의 값이 증가하면서 변화하는 a_n의 값을 좌표평면 위에 나타내면 그림과 같으므로 n의 값이 한없이 커질 때 주어진 수열은 0에 수렴한다.

$\therefore \lim_{n\to\infty} a_n=0$

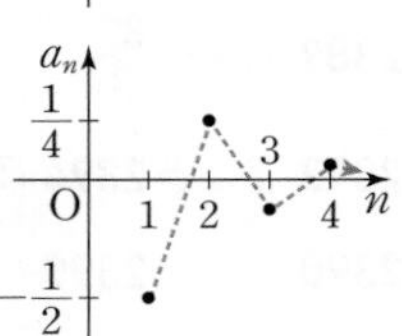

따라서 수렴하는 수열은 ㄴ, ㄹ이다.

0003 답 (1) 1 (2) 12 (3) -30 (4) $-\frac{5}{2}$

(1) $\lim_{n\to\infty}(a_n+b_n)=\lim_{n\to\infty}a_n+\lim_{n\to\infty}b_n=3+(-2)=1$

(2) $\lim_{n\to\infty}(2a_n-3b_n)=2\lim_{n\to\infty}a_n-3\lim_{n\to\infty}b_n$
$=2\times3-3\times(-2)=12$

(3) $\lim_{n\to\infty}5a_nb_n=5\lim_{n\to\infty}a_n\times\lim_{n\to\infty}b_n=5\times3\times(-2)=-30$

(4) $\lim_{n\to\infty}\frac{1+3a_n}{2b_n}=\frac{\lim_{n\to\infty}1+3\lim_{n\to\infty}a_n}{2\lim_{n\to\infty}b_n}=\frac{1+3\times3}{2\times(-2)}=-\frac{5}{2}$

0004 답 (1) 1 (2) 0 (3) 4 (4) 2

(1) $\lim_{n\to\infty}\left(1+\frac{2}{n}\right)=\lim_{n\to\infty}1+2\lim_{n\to\infty}\frac{1}{n}=1+2\times0=1$

(2) $\lim_{n\to\infty}\frac{3n-5}{n^2}=\lim_{n\to\infty}\left(\frac{3}{n}-\frac{5}{n^2}\right)$
$=3\lim_{n\to\infty}\frac{1}{n}-5\lim_{n\to\infty}\frac{1}{n}\times\lim_{n\to\infty}\frac{1}{n}$
$=3\times0-5\times0\times0=0$

(3) $\lim_{n\to\infty}\left(1+\frac{3}{n}\right)\left(4-\frac{1}{n}\right)=\left(\lim_{n\to\infty}1+3\lim_{n\to\infty}\frac{1}{n}\right)\left(\lim_{n\to\infty}4-\lim_{n\to\infty}\frac{1}{n}\right)$
$=(1+3\times0)\times(4-0)=4$

(4) $\lim_{n\to\infty}\frac{2+\frac{3}{n^2}}{1-\frac{1}{n}}=\frac{\lim_{n\to\infty}\left(2+\frac{3}{n^2}\right)}{\lim_{n\to\infty}\left(1-\frac{1}{n}\right)}$
$=\frac{\lim_{n\to\infty}2+3\lim_{n\to\infty}\frac{1}{n}\times\lim_{n\to\infty}\frac{1}{n}}{\lim_{n\to\infty}1-\lim_{n\to\infty}\frac{1}{n}}$
$=\frac{2+3\times0\times0}{1-0}=2$

0005 답 (1) 수렴, $-\frac{1}{2}$ (2) 발산

(1) $\lim_{n\to\infty}\frac{2-n}{2n+1}=\lim_{n\to\infty}\frac{\frac{2}{n}-1}{2+\frac{1}{n}}=-\frac{1}{2}$

(2) $\lim_{n\to\infty}\frac{n^3-1}{3n^2-5n+7}=\lim_{n\to\infty}\frac{n-\frac{1}{n^2}}{3-\frac{5}{n}+\frac{7}{n^2}}=\infty$

0006 답 (1) 발산 (2) 수렴, $\frac{2}{3}$

(1) $\lim_{n\to\infty}(1+2n-n^2)=\lim_{n\to\infty}n^2\left(\frac{1}{n^2}+\frac{2}{n}-1\right)=-\infty$

(2) $\lim_{n\to\infty}\frac{1}{\sqrt{n^2+3n}-n}=\lim_{n\to\infty}\frac{\sqrt{n^2+3n}+n}{(\sqrt{n^2+3n}-n)(\sqrt{n^2+3n}+n)}$
$=\lim_{n\to\infty}\frac{\sqrt{n^2+3n}+n}{3n}$
$=\lim_{n\to\infty}\frac{\sqrt{1+\frac{3}{n}}+1}{3}=\frac{2}{3}$

0007 답 (1) 수렴, 0 (2) 발산

(1) $\frac{(-1)^n}{5^n}=\left(-\frac{1}{5}\right)^n$에서 공비가 $-\frac{1}{5}$이고 $-1<-\frac{1}{5}<1$이므로 0에 수렴한다.

(2) $\frac{4^n}{3^{n+1}}=\frac{1}{3}\times\left(\frac{4}{3}\right)^n$에서 공비가 $\frac{4}{3}$이고 $\frac{4}{3}>1$이므로 발산한다.

0008 답 (1) $-\frac{1}{3}\le x<\frac{1}{3}$ (2) $0<x\le 1$

(1) 공비가 $-3x$이므로 주어진 등비수열이 수렴하려면

$-1<-3x\le 1$ $\quad\therefore -\frac{1}{3}\le x<\frac{1}{3}$

(2) 공비가 $2x-1$이므로 주어진 등비수열이 수렴하려면

$-1<2x-1\le 1$, $0<2x\le 2$

$\therefore 0<x\le 1$

기출 유형 check 실전 준비하기 10쪽~46쪽

0009 답 ①

등차수열 $\{a_n\}$의 첫째항을 a, 공차를 d라 하면

$a_3+a_6=(a+2d)+(a+5d)$

$=2a+7d=25$ ······ ㉠

$a_8=a+7d=23$ ······ ㉡

㉠, ㉡을 연립하여 풀면 $a=2$, $d=3$

따라서 $a_n=2+(n-1)\times 3=3n-1$이므로

$a_4=3\times 4-1=11$

0010 답 ③

등비수열 $\{a_n\}$의 첫째항을 a라 하면

$a_4=a\times 2^3=24$ $\quad\therefore a=3$

따라서 $a_n=3\times 2^{n-1}$이므로

$a_2+a_3=3\times 2+3\times 2^2$

$=6+12=18$

0011 답 ④

등비수열 $\{a_n\}$의 첫째항을 a, 공비를 r라 하면

$S_3=\frac{a(r^3-1)}{r-1}=21$ ······ ㉠

$S_6=\frac{a(r^6-1)}{r-1}=\frac{a(r^3-1)(r^3+1)}{r-1}=189$ ······ ㉡

㉡÷㉠을 하면

$r^3+1=9$, $r^3=8$ $\quad\therefore r=2$

$r=2$를 ㉠에 대입하여 정리하면

$7a=21$ $\quad\therefore a=3$

따라서 $a_n=3\times 2^{n-1}$이므로

$a_6=3\times 2^5=96$

0012 답 0

$$\lim_{x\to\infty}(\sqrt{x+2}-\sqrt{x+1})$$
$$=\lim_{x\to\infty}\frac{(\sqrt{x+2}-\sqrt{x+1})(\sqrt{x+2}+\sqrt{x+1})}{\sqrt{x+2}+\sqrt{x+1}}$$
$$=\lim_{x\to\infty}\frac{(x+2)-(x+1)}{\sqrt{x+2}+\sqrt{x+1}}$$
$$=\lim_{x\to\infty}\frac{1}{\sqrt{x+2}+\sqrt{x+1}}$$
$$=\lim_{x\to\infty}\frac{\frac{1}{\sqrt{x}}}{\sqrt{1+\frac{2}{x}}+\sqrt{1+\frac{1}{x}}}=0$$

0013 답 4

$$\lim_{x\to 1+}f(x)=\lim_{x\to 1+}\frac{x^2+2x-3}{|x-1|}=\lim_{x\to 1+}\frac{(x+3)(x-1)}{x-1}$$
$$=\lim_{x\to 1+}(x+3)=4$$

$\therefore a=4$

$$\lim_{x\to 1-}f(x)=\lim_{x\to 1-}\frac{x^2+2x-3}{|x-1|}=\lim_{x\to 1-}\frac{(x+3)(x-1)}{-(x-1)}$$
$$=\lim_{x\to 1-}(-x-3)=-4$$

$\therefore b=-4$

$\therefore 2a+b=2\times 4+(-4)=4$

0014 답 9

$\lim_{x\to 1}\{f(x)+g(x)\}=\lim_{x\to 1}f(x)+\lim_{x\to 1}g(x)$

$=\alpha+\beta$

이므로 $\alpha+\beta=5$ ······ ㉠

$\lim_{x\to 1}\{3f(x)-g(x)\}=3\lim_{x\to 1}f(x)-\lim_{x\to 1}g(x)$

$=3\alpha-\beta$

이므로 $3\alpha-\beta=3$ ······ ㉡

㉠, ㉡을 연립하여 풀면 $\alpha=2$, $\beta=3$

$$\therefore \lim_{x\to 1}\frac{4f(x)+1}{g(x)-2}=\frac{4\times 2+1}{3-2}=\frac{9}{1}=9$$

0015 답 ③ | 유형1

다음 수열 중 수렴하는 것은?

① $-\frac{1}{10}, \frac{1}{10}, -\frac{1}{10}, \frac{1}{10}, \cdots, \frac{(-1)^n}{10}, \cdots$

② $-1, -2, -4, -8, \cdots, -2^{n-1}, \cdots$

③ $\log(1+1), \log\left(1+\frac{1}{2}\right), \log\left(1+\frac{1}{3}\right), \cdots, \log\left(1+\frac{1}{n}\right), \cdots$

④ $\frac{1}{2\sqrt{1}}, \frac{2}{2\sqrt{2}}, \frac{3}{2\sqrt{3}}, \frac{4}{2\sqrt{4}}, \cdots, \frac{n}{2\sqrt{n}}, \cdots$ 단서1

⑤ $\sin\frac{\pi}{2}, \sin\frac{3}{2}\pi, \sin\frac{5}{2}\pi, \sin\frac{7}{2}\pi, \cdots, \sin\frac{2n-1}{2}\pi, \cdots$ 단서2

단서1 $\frac{n}{2\sqrt{n}}=\frac{n\sqrt{n}}{2n}=\frac{\sqrt{n}}{2}$으로 유리화하면 주어진 수열은 무리함수

단서2 $\sin\frac{\pi}{2}=1$, $\sin\frac{3}{2}\pi=-1$

STEP1 n의 값이 커질 때, 수열의 일반항을 조사하여 수렴하는 수열 찾기

① 발산(진동)한다.

② n의 값이 한없이 커지면 -2^{n-1}의 값은 한없이 작아지므로 주어진 수열은 음의 무한대로 발산한다.

③ n의 값이 한없이 커지면 $\frac{1}{n}$의 값은 0에 한없이 가까워지므로 $\log\left(1+\frac{1}{n}\right)$의 값은 $\log 1$, 즉 0에 한없이 가까워진다.
따라서 주어진 수열은 0에 수렴한다.

④ 주어진 수열에서 각 항의 분모를 유리화하면
$\frac{\sqrt{1}}{2}, \frac{\sqrt{2}}{2}, \frac{\sqrt{3}}{2}, \frac{\sqrt{4}}{2}, \cdots, \frac{\sqrt{n}}{2}, \cdots$
n의 값이 한없이 커지면 $\frac{\sqrt{n}}{2}$의 값은 한없이 커지므로 주어진 수열은 양의 무한대로 발산한다.

⑤ 주어진 수열은

$1, -1, 1, -1, \cdots, (-1)^{n-1}, \cdots$

이므로 주어진 수열은 발산(진동)한다.

따라서 수열 중 수렴하는 것은 ③이다.

0016 답 ①

0017 답 ③

$n=1, 2, 3, 4, \cdots$를 $2+(-1)^n\times\frac{1}{n}$에 차례로 대입하면

$2-1, 2+\frac{1}{2}, 2-\frac{1}{3}, 2+\frac{1}{4}, \cdots$

따라서 n의 값이 한없이 커지면 $2+(-1)^n\times\frac{1}{n}$의 값은 2에 한없이 가까워지므로 주어진 수열은 2에 수렴한다.

0018 답 ⑤

① n의 값이 한없이 커지면 $-n^3$의 값은 한없이 작아지므로 수열 $\{-n^3\}$은 음의 무한대로 발산한다.

② $n=1, 2, 3, 4, \cdots$를 $(-2)^{n+1}$에 차례로 대입하면

$4, -8, 16, -32, \cdots$이므로 수열 $\{(-2)^{n+1}\}$은 발산(진동)한다.

③ n의 값이 한없이 커지면 $2n+1$의 값도 한없이 커지므로 수열 $\{2n+1\}$은 양의 무한대로 발산한다.

④ $n=1, 2, 3, 4, \cdots$를 $\frac{n+(-1)^n}{2}$에 차례로 대입하면

$0, \frac{3}{2}, 1, \frac{5}{2}, \cdots$이므로 수열 $\left\{\frac{n+(-1)^n}{2}\right\}$은 양의 무한대로 발산한다.

⑤ $\frac{n+(-1)^n}{n^2}=\frac{1}{n}+\frac{(-1)^n}{n^2}$이므로 $n=1, 2, 3, 4, \cdots$를 $\frac{1}{n}+\frac{(-1)^n}{n^2}$에 차례로 대입하면

$1-1, \frac{1}{2}+\frac{1}{4}, \frac{1}{3}-\frac{1}{9}, \frac{1}{4}+\frac{1}{16}, \cdots$

즉, n의 값이 한없이 커지면 $\frac{n+(-1)^n}{n^2}$의 값은 0에 한없이 가까워지므로 수열 $\left\{\frac{n+(-1)^n}{n^2}\right\}$은 0에 수렴한다.

따라서 수열 중 수렴하는 것은 ⑤이다.

0019 답 ㄱ, ㄷ

ㄱ. n의 값이 한없이 커지면 $\frac{3n-2}{n}=3-\frac{2}{n}$의 값은 3에 한없이 가까워지므로 주어진 수열은 3에 수렴한다.

ㄴ. n의 값이 한없이 커지면 $\frac{3n^3+2}{2n^2}=\frac{3}{2}n+\frac{1}{n^2}$의 값도 한없이 커지므로 주어진 수열은 양의 무한대로 발산한다.

ㄷ. $n=1, 2, 3, 4, \cdots$를 $(-1)^{n-1}\times\frac{n}{n^2+1}$에 차례로 대입하면

$\frac{1}{2}, -\frac{2}{5}, \frac{3}{10}, -\frac{4}{17}, \cdots$이므로 주어진 수열은 0에 수렴한다.

ㄹ. n의 값이 한없이 커지면 $\frac{5-2n^2}{n}=\frac{5}{n}-2n$의 값은 한없이 작아지므로 주어진 수열은 음의 무한대로 발산한다.

따라서 수렴하는 수열은 ㄱ, ㄷ이다.

0020 답 ④

ㄱ. $n=1, 2, 3, 4, \cdots$를 $\log\left(10-\frac{1}{n}\right)$에 차례로 대입하면

$\log(10-1), \log\left(10-\frac{1}{2}\right), \log\left(10-\frac{1}{3}\right), \log\left(10-\frac{1}{4}\right), \cdots$

즉, n의 값이 한없이 커지면 $\log\left(10-\frac{1}{n}\right)$의 값은 $\log 10$, 즉 1에 한없이 가까워지므로 주어진 수열은 1에 수렴한다.

ㄴ. $n=1, 2, 3, 4, \cdots$를 $\frac{1+(-1)^{2n+1}}{2}$에 차례로 대입하면

$0, 0, 0, 0, \cdots$이므로 주어진 수열은 0에 수렴한다.

ㄷ. $n=1, 2, 3, 4, \cdots$를 $\frac{(-1)^n+1^n}{n}$에 차례로 대입하면

$0, 1, 0, \frac{1}{2}, 0, \frac{1}{3}, \cdots$이므로 주어진 수열은 0에 수렴한다.

ㄹ. $n=1, 2, 3, 4, \cdots$를 $\tan\left(\frac{n\pi}{2}+\frac{\pi}{3}\right)$에 차례로 대입하면

$-\sqrt{3}, \sqrt{3}, -\sqrt{3}, \sqrt{3}, \cdots$이므로 주어진 수열은 발산(진동)한다.

따라서 수렴하는 수열은 ㄱ, ㄴ, ㄷ이다.

0021 답 ④

① $\frac{(-1)^n}{3^n}=\left(-\frac{1}{3}\right)^n$이므로 $n=1, 2, 3, 4, \cdots$를 $\left(-\frac{1}{3}\right)^n$에 차례로 대입하면 $-\frac{1}{3}, \frac{1}{9}, -\frac{1}{27}, \frac{1}{81}, \cdots$

즉, n의 값이 한없이 커지면 $\frac{(-1)^n}{3^n}$의 값은 0에 한없이 가까워지므로 주어진 수열은 0에 수렴한다.

② $n=1, 2, 3, 4, \cdots$를 $1-\frac{2}{n^2}$에 차례로 대입하면

$-1, \frac{1}{2}, \frac{7}{9}, \frac{7}{8}, \cdots$이므로 주어진 수열은 1에 수렴한다.

③ n의 값이 한없이 커지면 $\frac{5}{4n+1}$의 값은 0에 한없이 가까워지므로 주어진 수열은 0에 수렴한다.

④ $\log\frac{1}{n}=-\log n$이므로 $n=1, 2, 3, 4, \cdots$를 $-\log n$에 차례로 대입하면 $0, -\log 2, -\log 3, -\log 4, \cdots$

즉, n의 값이 한없이 커지면 $-\log n$의 값은 음수이면서 그 절댓값이 한없이 커지므로 주어진 수열은 음의 무한대로 발산한다.

⑤ $\frac{2n+(-1)^n}{n}=2+\frac{(-1)^n}{n}$이므로 $n=1, 2, 3, 4, \cdots$를 $2+\frac{(-1)^n}{n}$에 차례로 대입하면

$2-1, 2+\frac{1}{2}, 2-\frac{1}{3}, 2+\frac{1}{4}, \cdots$

즉, n의 값이 한없이 커지면 $\frac{2n+(-1)^n}{n}$의 값은 2에 한없이 가까워지므로 주어진 수열은 2에 수렴한다.

따라서 수열 중 발산하는 것은 ④이다.

0022 답 ㄱ, ㄷ, ㄹ

ㄱ. n의 값이 한없이 커지면 $\frac{\sqrt{2n}}{3}$의 값도 한없이 커지므로 주어진 수열은 양의 무한대로 발산한다.

ㄴ. n의 값이 한없이 커지면 $\frac{1}{\sqrt{n}}$의 값은 0에 한없이 가까워지므로 주어진 수열은 0에 수렴한다.

ㄷ. 홀수 번째 항은 -1, -1, -1, -1, ⋯에서 -1에 수렴하고, 짝수 번째 항은 1, 1, 1, 1, ⋯에서 1에 수렴하므로 주어진 수열은 발산(진동)한다.

ㄹ. 홀수 번째 항은 $-\frac{3}{2}$, $-\frac{27}{8}$, $-\frac{243}{32}$, ⋯에서 음의 무한대로 발산하고, 짝수 번째 항은 $\frac{9}{4}$, $\frac{81}{16}$, $\frac{729}{64}$, ⋯에서 양의 무한대로 발산하므로 주어진 수열은 발산(진동)한다.

따라서 발산하는 수열은 ㄱ, ㄷ, ㄹ이다.

0023 답 3 | 유형 2

두 수열 $\{a_n\}$, $\{b_n\}$에 대하여

$\lim_{n\to\infty} a_n=3$, $\lim_{n\to\infty} b_n=2$ (단서1)

일 때, $\lim_{n\to\infty}\frac{2a_nb_n}{b_n+2}$의 값을 구하시오.

단서1 수열 $\{a_n\}$, $\{b_n\}$은 각각 수렴하는 수열

STEP 1 수열의 극한에 대한 기본 성질을 이용하여 식 변형하기

$$\lim_{n\to\infty}\frac{2a_nb_n}{b_n+2}=\frac{\lim_{n\to\infty}2a_nb_n}{\lim_{n\to\infty}(b_n+2)}=\frac{2\lim_{n\to\infty}a_n\times\lim_{n\to\infty}b_n}{\lim_{n\to\infty}b_n+2}\quad\cdots\cdots\text{㉠}$$

→ 수렴하는 수열은 lim 기호를 분배할 수 있다.

STEP 2 $\lim_{n\to\infty}\frac{2a_nb_n}{b_n+2}$의 값 구하기

$\lim_{n\to\infty}a_n=3$, $\lim_{n\to\infty}b_n=2$를 ㉠에 대입하면

$\frac{2\times3\times2}{2+2}=3$

0024 답 ②

$$\lim_{n\to\infty}(a_n+b_n)=\lim_{n\to\infty}a_n+\lim_{n\to\infty}b_n=1+2=3$$

0025 답 ⑤

$\lim_{n\to\infty}(a_n-2)=3$에서 $\lim_{n\to\infty}a_n=5$

$$\therefore \lim_{n\to\infty}a_n^2=\lim_{n\to\infty}a_n\times\lim_{n\to\infty}a_n=25$$

0026 답 ①

$\lim_{n\to\infty}(a_n+1)=3$에서 $\lim_{n\to\infty}a_n=2$

$\lim_{n\to\infty}(2b_n+7)=1$에서

$2\lim_{n\to\infty}b_n=-6$ $\quad\therefore \lim_{n\to\infty}b_n=-3$

$$\therefore \lim_{n\to\infty}4a_nb_n=4\lim_{n\to\infty}a_n\times\lim_{n\to\infty}b_n=4\times2\times(-3)=-24$$

0027 답 ③

$\lim_{n\to\infty}a_n=\lim_{n\to\infty}\left\{6-\frac{2}{n(n+1)}\right\}=6$

$\lim_{n\to\infty}b_n=\lim_{n\to\infty}\left(\frac{1}{n^2}+5\right)=5$

$$\therefore \lim_{n\to\infty}(a_nb_n-a_n^2+2b_n)=\lim_{n\to\infty}a_n\times\lim_{n\to\infty}b_n-\lim_{n\to\infty}a_n^2+2\lim_{n\to\infty}b_n=6\times5-6^2+2\times5=4$$

0028 답 ①

$$\lim_{n\to\infty}(a_n-b_n)^2=\lim_{n\to\infty}\{(a_n+b_n)^2-4a_nb_n\}=\lim_{n\to\infty}(a_n+b_n)\times\lim_{n\to\infty}(a_n+b_n)-4\lim_{n\to\infty}a_nb_n=5\times5-4\times3=13$$

0029 답 ②

두 수열 $\{a_n\}$, $\{b_n\}$이 각각 수렴하므로

$\lim_{n\to\infty}a_n=\alpha$, $\lim_{n\to\infty}b_n=\beta$ (α, β는 실수)라 하면

$\lim_{n\to\infty}(a_n-b_n)=5$에서 $\alpha-\beta=5$ ⋯⋯ ㉠

$\lim_{n\to\infty}(3a_n+2b_n)=5$에서 $3\alpha+2\beta=5$ ⋯⋯ ㉡

㉠, ㉡을 연립하여 풀면 $\alpha=3$, $\beta=-2$

$$\therefore \lim_{n\to\infty}\frac{b_n}{a_n}=\frac{\lim_{n\to\infty}b_n}{\lim_{n\to\infty}a_n}=\frac{\beta}{\alpha}=-\frac{2}{3}$$

0030 답 ③

두 수열 $\{a_n\}$, $\{b_n\}$이 각각 수렴하므로

$\lim_{n\to\infty}a_n=\alpha$, $\lim_{n\to\infty}b_n=\beta$ (α, β는 실수)라 하면

$\lim_{n\to\infty}(a_n+b_n)=2$에서 $\alpha+\beta=2$ ⋯⋯ ㉠

$\lim_{n\to\infty}(a_n^2-b_n^2)=6$에서

$\alpha^2-\beta^2=(\alpha+\beta)(\alpha-\beta)=2(\alpha-\beta)=6$이므로

$\alpha-\beta=3$ ⋯⋯ ㉡

㉠, ㉡을 연립하여 풀면 $\alpha=\frac{5}{2}$, $\beta=-\frac{1}{2}$

$$\therefore \lim_{n\to\infty}a_nb_n=\lim_{n\to\infty}a_n\times\lim_{n\to\infty}b_n=\alpha\beta=\frac{5}{2}\times\left(-\frac{1}{2}\right)=-\frac{5}{4}$$

0031 답 33

두 수열 $\{a_n+2b_n\}$, $\{2a_n+b_n\}$이 각각 수렴하므로

$$\lim_{n\to\infty}\{(a_n+2b_n)+(2a_n+b_n)\}=\lim_{n\to\infty}(3a_n+3b_n)=3\lim_{n\to\infty}(a_n+b_n)=99$$

$\therefore \lim_{n\to\infty}(a_n+b_n)=33$

실수 Check

두 수열 $\{a_n\}$, $\{b_n\}$이 수렴한다는 조건이 없으므로

$\lim_{n\to\infty}a_n=\alpha$, $\lim_{n\to\infty}b_n=\beta$라 할 수 없다.

01

0032 답 ②

수렴하는 수열 $\{a_n\}$에 대하여 $\lim_{n\to\infty}\frac{a_n-3}{a_{n+1}}=4$일 때, $\lim_{n\to\infty}a_n$의 값은?
단서1

① -2 ② -1 ③ 0
④ 1 ⑤ 2

단서1 $\lim_{n\to\infty}a_n=\alpha$ (α는 실수)이면 $\lim_{n\to\infty}a_{n+1}=\alpha$

STEP 1 $\lim_{n\to\infty}a_n=\lim_{n\to\infty}a_{n+1}=\alpha$ (α는 실수)임을 이용하여 주어진 식을 α에 대한 식으로 나타내기

수열 $\{a_n\}$이 수렴하므로 $\lim_{n\to\infty}a_n=\alpha$라 하면

$\lim_{n\to\infty}a_{n+1}=\alpha$

$\lim_{n\to\infty}\frac{a_n-3}{a_{n+1}}=4$에서 $\frac{\alpha-3}{\alpha}=4$ → $\lim_{n\to\infty}\frac{a_n-3}{a_{n+1}}=\frac{\lim_{n\to\infty}a_n-3}{\lim_{n\to\infty}a_{n+1}}=\frac{\alpha-3}{\alpha}$

STEP 2 α의 값 구하기

$\alpha-3=4\alpha$이므로 $3\alpha=-3$

$\therefore \alpha=-1$

0033 답 ⑤

수열 $\{a_n\}$이 수렴하므로 $\lim_{n\to\infty}a_n=\alpha$라 하면

$\lim_{n\to\infty}a_{n-1}=\alpha$

$\lim_{n\to\infty}\frac{a_{n-1}+8}{2a_n+1}=2$에서 $\frac{\alpha+8}{2\alpha+1}=2$

$\alpha+8=4\alpha+2$, $3\alpha=6$ $\therefore \alpha=2$

0034 답 2

수열 $\{a_n\}$이 수렴하므로 $\lim_{n\to\infty}a_n=\alpha$라 하면

$\lim_{n\to\infty}a_{n+1}=\alpha$

$a_{n+1}=\frac{1}{2}a_n+1$에서 $\lim_{n\to\infty}a_{n+1}=\lim_{n\to\infty}\left(\frac{1}{2}a_n+1\right)$이므로

$\alpha=\frac{1}{2}\alpha+1$, $\frac{1}{2}\alpha=1$ $\therefore \alpha=2$

0035 답 ①

수열 $\{a_n\}$이 0이 아닌 실수에 수렴하므로

$\lim_{n\to\infty}a_n=\alpha$ $(\alpha\neq0)$라 하면 $\lim_{n\to\infty}a_{n+1}=\alpha$

$a_na_{n+1}=2-a_n$에서 $\lim_{n\to\infty}a_na_{n+1}=\lim_{n\to\infty}(2-a_n)$이므로

$\alpha^2=2-\alpha$, $\alpha^2+\alpha-2=0$

$(\alpha+2)(\alpha-1)=0$ $\therefore \alpha=-2$ 또는 $\alpha=1$

이때 수열 $\{a_n\}$의 모든 항이 양수이므로 $\alpha=1$

0036 답 ⑤

수열 $\{a_n\}$이 수렴하므로 $\lim_{n\to\infty}a_n=\alpha$라 하면

$\lim_{n\to\infty}a_{2n}=\lim_{n\to\infty}a_{2n-1}=\alpha$

$\lim_{n\to\infty}\frac{n^2a_{2n}-1}{n^2}=2$에서

$\lim_{n\to\infty}\frac{n^2a_{2n}-1}{n^2}=\lim_{n\to\infty}\left(a_{2n}-\frac{1}{n^2}\right)=\alpha$이므로 $\alpha=2$

$\therefore \lim_{n\to\infty}a_{2n-1}=2$

0037 답 ①

수열 $\{a_n\}$이 수렴하므로 $\lim_{n\to\infty}a_n=\alpha$라 하면

$\lim_{n\to\infty}a_{2n-1}=\lim_{n\to\infty}a_{2n}=\alpha$

$2\left(\lim_{n\to\infty}a_{2n-1}\right)^2-2\lim_{n\to\infty}a_{2n}-1=0$에서

$2\alpha^2-2\alpha-1=0$

$\therefore \alpha=\frac{1-\sqrt{3}}{2}$ 또는 $\alpha=\frac{1+\sqrt{3}}{2}$

이때 모든 자연수 n에 대하여 $a_n\geq0$이므로

$\alpha=\frac{1+\sqrt{3}}{2}$

0038 답 3

이차방정식 $x^2-2a_nx+a_{2n}+6=0$이 중근을 가지므로 이 이차방정식의 판별식을 D라 하면

$\frac{D}{4}=(-a_n)^2-(a_{2n}+6)=0$

$\therefore a_n^2-a_{2n}-6=0$

즉, $\lim_{n\to\infty}(a_n^2-a_{2n}-6)=0$이고 수열 $\{a_n\}$이 수렴하므로

$\lim_{n\to\infty}a_n=\lim_{n\to\infty}a_{2n}=\alpha$라 하면 $\alpha^2-\alpha-6=0$

$(\alpha+2)(\alpha-3)=0$

$\therefore \alpha=-2$ 또는 $\alpha=3$

이때 $a_n>0$이므로 $\alpha=3$

0039 답 ③

수열 $\{a_n\}$이 수렴하므로

$\lim_{n\to\infty}a_n=\lim_{n\to\infty}a_{2n-1}=\lim_{n\to\infty}a_{2n}=q$

$\lim_{n\to\infty}a_{2n-1}=\lim_{n\to\infty}a_{2n}$에서

$\lim_{n\to\infty}\left(-p^2+\frac{2}{n}\right)=\lim_{n\to\infty}(2p-8)$

p가 상수이므로 $-p^2=2p-8$, $p^2+2p-8=0$

$(p+4)(p-2)=0$ $\therefore p=2$ ($\because p>0$)

$\therefore q=\lim_{n\to\infty}a_n=\lim_{n\to\infty}a_{2n}=2p-8=2\times2-8=-4$

$\therefore p+q=2+(-4)=-2$

실수 Check

홀수 번째 항과 짝수 번째 항으로 나뉜 수열이 수렴하려면 홀수 번째 항과 짝수 번째 항이 같은 값으로 수렴해야 한다.

Plus 문제

0039-1

수렴하는 수열 $\{a_n\}$이 자연수 k에 대하여

$$a_n=\begin{cases}6p-9 & (n=2k)\\ p^2-\frac{2}{n^2} & (n=2k-1)\end{cases}$$

로 정의되고 $\lim_{n\to\infty}a_n=q$일 때, 두 상수 p, q에 대하여 $p+q$의 값을 구하시오.

수열 $\{a_n\}$이 수렴하므로

$\lim_{n\to\infty} a_n = \lim_{k\to\infty} a_{2k} = \lim_{k\to\infty} a_{2k-1} = q$

$\lim_{k\to\infty} a_{2k} = \lim_{k\to\infty} a_{2k-1}$에서

$\lim_{k\to\infty}(6p-9) = \lim_{k\to\infty}\left\{p^2 - \frac{2}{(2k-1)^2}\right\}$

p가 상수이므로 $6p-9=p^2$, $p^2-6p+9=0$

$(p-3)^2=0 \qquad \therefore p=3$

$\therefore q = \lim_{n\to\infty} a_n = \lim_{k\to\infty} a_{2k} = 6p-9 = 6\times3-9 = 18-9 = 9$

$\therefore p+q = 3+9 = 12$

답 12

0040 답 ③

$a_{n+2}-a_{n+1}-ka_n=0$에서 $a_{n+2}=a_{n+1}+ka_n$

양변을 a_{n+1}로 나누면

$\frac{a_{n+2}}{a_{n+1}} = 1+k\frac{a_n}{a_{n+1}}$이므로

$\lim_{n\to\infty}\frac{a_{n+2}}{a_{n+1}} = 1+k\lim_{n\to\infty}\frac{a_n}{a_{n+1}}$ .... ㉠

이때 $\lim_{n\to\infty}\frac{a_{n+1}}{a_n}=3$이므로

$\lim_{n\to\infty}\frac{a_{n+2}}{a_{n+1}}=3$, $\lim_{n\to\infty}\frac{a_n}{a_{n+1}}=\frac{1}{3}$

이것을 ㉠에 대입하면

$3=1+\frac{1}{3}k$, $\frac{1}{3}k=2$

$\therefore k=6$

실수 Check

$\lim_{n\to\infty}\frac{a_{n+2}}{a_{n+1}} = \lim_{n\to\infty}\frac{a_{n+1}}{a_n}$이므로 $\lim_{n\to\infty}\frac{a_{n+2}}{a_{n+1}}=3$이고,

$\lim_{n\to\infty}\frac{a_n}{a_{n+1}} = \lim_{n\to\infty}\frac{1}{\frac{a_{n+1}}{a_n}}$이므로 $\lim_{n\to\infty}\frac{a_n}{a_{n+1}}=\frac{1}{3}$

이때 역수임에 주의한다.

0041 답 ③ | 유형4

다음 중 옳은 것은?

① $\lim_{n\to\infty}\frac{-3n^2+4n+1}{n(n-1)(n-2)}=-3$ 단서1

② $\lim_{n\to\infty}\frac{\sqrt{2n}}{n+1}=\sqrt{2}$

③ $\lim_{n\to\infty}\frac{\sqrt{3n^2+n-1}}{2n-3}=\frac{\sqrt{3}}{2}$ 단서2

④ $\lim_{n\to\infty}\frac{\sqrt{n}}{\sqrt{3n+4}}=\frac{1}{4}$

⑤ $\lim_{n\to\infty}\frac{(1-3n)^3}{(n+1)^3}=-3$

단서1 $\frac{(\text{이차식})}{(\text{삼차식})}$ 꼴

단서2 $\sqrt{3n^2+n-1}$은 $\sqrt{(\text{이차식})}$ 꼴이므로 최고차항이 일차

STEP 1 $\lim_{n\to\infty}\frac{1}{n}=0$임을 이용하여 주어진 수열의 극한값 구하기

① $\lim_{n\to\infty}\frac{-3n^2+4n+1}{n(n-1)(n-2)} = \lim_{n\to\infty}\frac{-3n^2+4n+1}{n^3-3n^2+2n} = \lim_{n\to\infty}\frac{-\frac{3}{n}+\frac{4}{n^2}+\frac{1}{n^3}}{1-\frac{3}{n}+\frac{2}{n^2}}=0$

② $\lim_{n\to\infty}\frac{\sqrt{2n}}{n+1} = \lim_{n\to\infty}\frac{\sqrt{\frac{2}{n}}}{1+\frac{1}{n}}=0$

③ $\lim_{n\to\infty}\frac{\sqrt{3n^2+n-1}}{2n-3} = \lim_{n\to\infty}\frac{\sqrt{3+\frac{1}{n}-\frac{1}{n^2}}}{2-\frac{3}{n}}=\frac{\sqrt{3}}{2}$

④ $\lim_{n\to\infty}\frac{\sqrt{n}}{\sqrt{3n+4}} = \lim_{n\to\infty}\frac{1}{\sqrt{3+\frac{4}{n}}}=\frac{1}{\sqrt{3}}$

⑤ $\lim_{n\to\infty}\frac{(1-3n)^3}{(n+1)^3} = \lim_{n\to\infty}\frac{-27n^3+27n^2-9n+1}{n^3+3n^2+3n+1} = \lim_{n\to\infty}\frac{-27+\frac{27}{n}-\frac{9}{n^2}+\frac{1}{n^3}}{1+\frac{3}{n}+\frac{3}{n^2}+\frac{1}{n^3}}=-27$

따라서 옳은 것은 ③이다.

참고 ③에서 주어진 식을 $\frac{(\text{일차식})}{(\text{일차식})}$ 꼴로 생각할 수 있으므로 최고차항인 n의 계수를 비교하여 $\frac{\sqrt{3}}{2}$으로 구할 수도 있다.

0042 답 ①

$\lim_{n\to\infty}\frac{2n^2+3n-1}{3n^2-2n} = \lim_{n\to\infty}\frac{2+\frac{3}{n}-\frac{1}{n^2}}{3-\frac{2}{n}}=\frac{2}{3}$

0043 답 5

$\lim_{n\to\infty}\frac{5n^3-1}{(n-1)(n^2+3n+1)} = \lim_{n\to\infty}\frac{5n^3-1}{n^3+2n^2-2n-1} = \lim_{n\to\infty}\frac{5-\frac{1}{n^3}}{1+\frac{2}{n}-\frac{2}{n^2}-\frac{1}{n^3}}=5$

0044 답 ④

$\lim_{n\to\infty}\frac{(3n+1)^2-(3n-1)^2}{2n+5}$

$=\lim_{n\to\infty}\frac{\{(3n+1)+(3n-1)\}\{(3n+1)-(3n-1)\}}{2n+5}$

$=\lim_{n\to\infty}\frac{12n}{2n+5} = \lim_{n\to\infty}\frac{12}{2+\frac{5}{n}}=6$

0045 답 ⑤

① $\lim_{n\to\infty}\frac{2n^2-5n+1}{n(n-2)} = \lim_{n\to\infty}\frac{2n^2-5n+1}{n^2-2n} = \lim_{n\to\infty}\frac{2-\frac{5}{n}+\frac{1}{n^2}}{1-\frac{2}{n}}=2$

② $\lim_{n\to\infty}\frac{\sqrt{n^2+1}}{n+1}=\lim_{n\to\infty}\frac{\sqrt{1+\frac{1}{n^2}}}{1+\frac{1}{n}}=1$

③ $\lim_{n\to\infty}\frac{2n}{\sqrt{n^2+1}+n}=\lim_{n\to\infty}\frac{2}{\sqrt{1+\frac{1}{n^2}}+1}=\frac{2}{1+1}=1$

④ $\lim_{n\to\infty}\frac{(n+3)(2n-1)}{n^2}=\lim_{n\to\infty}\frac{2n^2+5n-3}{n^2}$

$=\lim_{n\to\infty}\frac{2+\frac{5}{n}-\frac{3}{n^2}}{1}=2$

⑤ $\lim_{n\to\infty}\frac{\sqrt{n}}{\sqrt{n+3}+\sqrt{n}}=\lim_{n\to\infty}\frac{1}{\sqrt{1+\frac{3}{n}}+1}=\frac{1}{1+1}=\frac{1}{2}$

따라서 극한값이 가장 작은 것은 ⑤이다.

0046 답 ②

$n\geq 2$일 때,

$a_n=S_n-S_{n-1}$

$=(n^2-3n)-\{(n-1)^2-3(n-1)\}$

$=2n-4$

$\therefore \lim_{n\to\infty}\frac{a_n^2}{S_n}=\lim_{n\to\infty}\frac{(2n-4)^2}{n^2-3n}$

$=\lim_{n\to\infty}\frac{4n^2-16n+16}{n^2-3n}$

$=\lim_{n\to\infty}\frac{4-\frac{16}{n}+\frac{16}{n^2}}{1-\frac{3}{n}}=4$

0047 답 4

$a_n+a_{n+1}=2n^2$ ……… ㉠

$a_{n+1}+a_{n+2}=2(n+1)^2$ ……… ㉡

㉡－㉠을 하면 $a_{n+2}-a_n=2(n+1)^2-2n^2=4n+2$

$\therefore \lim_{n\to\infty}\frac{a_{n+2}-a_n}{n+1}=\lim_{n\to\infty}\frac{4n+2}{n+1}$

$=\lim_{n\to\infty}\frac{4+\frac{2}{n}}{1+\frac{1}{n}}=4$

0048 답 ①

다항식 $f(x)$를 $2x-n$으로 나눈 나머지는 $f\left(\frac{n}{2}\right)$이므로

$R(n)=f\left(\frac{n}{2}\right)=2\times\left(\frac{n}{2}\right)^2+3\times\frac{n}{2}+1=\frac{n^2}{2}+\frac{3}{2}n+1$

$\therefore \lim_{n\to\infty}\frac{R(n)}{f(n)}=\lim_{n\to\infty}\frac{\frac{n^2}{2}+\frac{3}{2}n+1}{2n^2+3n+1}$

$=\lim_{n\to\infty}\frac{\frac{1}{2}+\frac{3}{2n}+\frac{1}{n^2}}{2+\frac{3}{n}+\frac{1}{n^2}}=\frac{1}{4}$

개념 Check

다항식 $f(x)$를 일차식 $ax+b$로 나누었을 때의 나머지를 R라 하면

$R=f\left(-\frac{b}{a}\right)$

0049 답 ④

이차방정식 $2x^2+4nx+3=0$에서 근과 계수의 관계에 의해

$\alpha_n+\beta_n=-2n,\ \alpha_n\beta_n=\frac{3}{2}$

$\therefore \alpha_n^2+\beta_n^2=(\alpha_n+\beta_n)^2-2\alpha_n\beta_n=4n^2-3$

$f(n)=2n^2+4n\times n+3=6n^2+3$이므로

$\lim_{n\to\infty}\frac{\alpha_n^2+\beta_n^2}{f(n)}=\lim_{n\to\infty}\frac{4n^2-3}{6n^2+3}=\lim_{n\to\infty}\frac{4-\frac{3}{n^2}}{6+\frac{3}{n^2}}=\frac{2}{3}$

개념 Check

이차방정식 $ax^2+bx+c=0$ (a, b, c는 상수)의 두 근을 α, β라 할 때

$\alpha+\beta=-\frac{b}{a},\ \alpha\beta=\frac{c}{a}$

0050 답 ②

$a_1=2,\ a_2=a_1+2,\ a_3=a_2+2,\ a_4=a_3+2,\ \cdots,\ a_{n+1}=a_n+2$이므로 수열 $\{a_n\}$은 첫째항이 2, 공차가 2인 등차수열이다.

$\therefore a_n=2+(n-1)\times 2=2n\ (n=1,\ 2,\ 3,\ \cdots)$

$\therefore \lim_{n\to\infty}\frac{a_n}{n+3}=\lim_{n\to\infty}\frac{2n}{n+3}=\lim_{n\to\infty}\frac{2}{1+\frac{3}{n}}=2$

실수 Check

수열 $\{a_n\}$은 1이 양쪽 끝에 1개씩 늘어나므로 공차가 2인 등차수열이다.

0051 답 ③

(i) $n=1$일 때, $\frac{a_1}{0!}=\frac{3}{3!}$ $\quad\therefore a_1=\frac{1}{2}$

(ii) $n\geq 2$일 때,

$\frac{a_n}{(n-1)!}=\sum_{k=1}^{n}\frac{a_k}{(k-1)!}-\sum_{k=1}^{n-1}\frac{a_k}{(k-1)!}$

$=\frac{3}{(n+2)!}-\frac{3}{(n+1)!}$

$\therefore a_n=(n-1)!\times\left\{\frac{3}{(n+2)!}-\frac{3}{(n+1)!}\right\}$

$=\frac{3}{n(n+1)(n+2)}-\frac{3}{n(n+1)}$

$=-\frac{3}{n(n+2)}=-\frac{3}{n^2+2n}$

$\therefore \lim_{n\to\infty}(a_1+n^2a_n)=\lim_{n\to\infty}\left(\frac{1}{2}-\frac{3n^2}{n^2+2n}\right)$

$=\frac{1}{2}-\lim_{n\to\infty}\frac{3}{1+\frac{2}{n}}=\frac{1}{2}-3=-\frac{5}{2}$

개념 Check

1부터 n까지의 자연수의 곱을 n의 계승이라 하고, 기호로 $n!$과 같이 나타낸다.

→ $n!=n(n-1)(n-2)\times\cdots\times 3\times 2\times 1$

실수 Check

$n!=n(n-1)(n-2)\times\cdots\times 3\times 2\times 1$이므로 '!'이 들어 있는 유리식을 약분 또는 통분할 때 어떤 항이 남는지 주의한다.

0052 답 ②

유형5

단서1

$\lim_{n\to\infty}\frac{4(1+2+3+\cdots+n)}{3n^2+2n+1}$의 값은?

① $\frac{1}{2}$ ② $\frac{2}{3}$ ③ 1

④ $\frac{3}{2}$ ⑤ 3

단서1 $1+2+3+\cdots+n=\frac{n(n+1)}{2}$

STEP1 $1+2+3+\cdots+n$을 간단한 식으로 나타내기

$$1+2+3+\cdots+n=\frac{n(n+1)}{2}$$

STEP2 주어진 수열의 극한값 구하기

$$\lim_{n\to\infty}\frac{4(1+2+3+\cdots+n)}{3n^2+2n+1}=\lim_{n\to\infty}\frac{2n(n+1)}{3n^2+2n+1}$$

$$=\lim_{n\to\infty}\frac{2n^2+2n}{3n^2+2n+1}$$

$$=\lim_{n\to\infty}\frac{2+\frac{2}{n}}{3+\frac{2}{n}+\frac{1}{n^2}}$$

$$=\frac{2}{3}$$

$\frac{(\text{이차식})}{(\text{이차식})}$ 꼴이므로 최고차항인 n^2의 계수를 비교하여 $\frac{2}{3}$로 구할 수도 있다.

0053 답 ②

$$3+5+7+\cdots+(2n+1)=\sum_{k=1}^{n}(2k+1)$$

$$=2\times\frac{n(n+1)}{2}+n=n^2+2n$$

$1+2+3+\cdots+n=\frac{n(n+1)}{2}$이므로

$$\lim_{n\to\infty}\frac{3+5+7+\cdots+(2n+1)}{1+2+3+\cdots+n}=\lim_{n\to\infty}\frac{2(n^2+2n)}{n(n+1)}$$

$$=\lim_{n\to\infty}\frac{2n^2+4n}{n^2+n}$$

$$=\lim_{n\to\infty}\frac{2+\frac{4}{n}}{1+\frac{1}{n}}$$

$$=2$$

0054 답 ①

$$1^2+2^2+3^2+\cdots+n^2=\frac{n(n+1)(2n+1)}{6}$$

$$f(n)=\frac{1^2+2^2+3^2+\cdots+n^2}{1+2+3+\cdots+n}$$

$$=\frac{\frac{n(n+1)(2n+1)}{6}}{\frac{n(n+1)}{2}}=\frac{2n+1}{3}$$

$$\therefore \lim_{n\to\infty}\frac{f(n)}{n}=\lim_{n\to\infty}\frac{\frac{2n+1}{3}}{n}$$

$$=\lim_{n\to\infty}\frac{2n+1}{3n}$$

$$=\lim_{n\to\infty}\frac{2+\frac{1}{n}}{3}=\frac{2}{3}$$

0055 답 ②

$$a_n=\left(1-\frac{1}{2^2}\right)\left(1-\frac{1}{3^2}\right)\left(1-\frac{1}{4^2}\right)\cdots\left(1-\frac{1}{n^2}\right)$$

$$=\frac{2^2-1}{2^2}\times\frac{3^2-1}{3^2}\times\frac{4^2-1}{4^2}\times\cdots\times\frac{n^2-1}{n^2}$$

$$=\frac{1\times3}{2\times2}\times\frac{2\times4}{3\times3}\times\frac{3\times5}{4\times4}\times\cdots\times\frac{(n-1)(n+1)}{n\times n}$$

$$=\frac{n+1}{2n}$$

$$\therefore \lim_{n\to\infty}a_n=\lim_{n\to\infty}\frac{n+1}{2n}=\lim_{n\to\infty}\frac{1+\frac{1}{n}}{2}=\frac{1}{2}$$

참고 $a_n=\left(1-\frac{1}{2^2}\right)\left(1-\frac{1}{3^2}\right)\left(1-\frac{1}{4^2}\right)\cdots\left(1-\frac{1}{n^2}\right)$

$$=\left(1-\frac{1}{2}\right)\left(1+\frac{1}{2}\right)\left(1-\frac{1}{3}\right)\left(1+\frac{1}{3}\right)\left(1-\frac{1}{4}\right)\left(1+\frac{1}{4}\right)\cdots\left(1-\frac{1}{n}\right)\left(1+\frac{1}{n}\right)$$

$$=\frac{1}{2}\times\frac{3}{2}\times\frac{2}{3}\times\frac{4}{3}\times\frac{3}{4}\times\frac{5}{4}\times\cdots\times\frac{n-1}{n}\times\frac{n+1}{n}$$

$$=\frac{n+1}{2n}$$

0056 답 $\frac{1}{3}$

$$a_n=\left(1+\frac{1}{2}\right)\left(1+\frac{1}{3}\right)\left(1+\frac{1}{4}\right)\cdots\left(1+\frac{1}{n+1}\right)$$

$$=\frac{3}{2}\times\frac{4}{3}\times\frac{5}{4}\times\cdots\times\frac{n+2}{n+1}=\frac{n+2}{2}$$

$$b_n=1^2+2^2+3^2+\cdots+n^2=\frac{n(n+1)(2n+1)}{6}$$

$$\therefore \lim_{n\to\infty}\frac{b_n}{2n^2a_n}=\lim_{n\to\infty}\left\{\frac{n(n+1)(2n+1)}{6}\times\frac{1}{n^2(n+2)}\right\}$$

$$=\lim_{n\to\infty}\frac{2n^2+3n+1}{6n^2+12n}=\lim_{n\to\infty}\frac{2+\frac{3}{n}+\frac{1}{n^2}}{6+\frac{12}{n}}$$

$$=\frac{1}{3}$$

0057 답 ②

공차가 2인 등차수열 $\{a_n\}$의 첫째항을 a $(a>0)$라 하면

$$a_n=a+(n-1)\times2=2n+a-2$$

$$S_n=\sum_{k=1}^{2n}a_k=\sum_{k=1}^{2n}(2k+a-2)$$

$$=2\times\frac{2n(2n+1)}{2}+(a-2)\times2n=4n^2+(2a-2)n$$

$$T_n=\sum_{k=1}^{n}a_{2k}=\sum_{k=1}^{n}(4k+a-2)=4\times\frac{n(n+1)}{2}+(a-2)\times n$$

$$=2n^2+an$$

$$\therefore \lim_{n\to\infty}\frac{S_n}{T_n}=\lim_{n\to\infty}\frac{4n^2+(2a-2)n}{2n^2+an}=\lim_{n\to\infty}\frac{4+\frac{2a-2}{n}}{2+\frac{a}{n}}=2$$

실수 Check

$S_n=\sum_{k=1}^{2n}a_k=a_1+a_2+a_3+\cdots+a_{2n-1}+a_{2n}$,

$T_n=\sum_{k=1}^{n}a_{2k}=a_2+a_4+a_6+\cdots+a_{2n-2}+a_{2n}$임에 주의한다.

이때 T_n은 a_n에서 n 대신 $2k$를 대입해야 한다.

Plus 문제

0057-1

첫째항이 1, 공차가 3인 등차수열 $\{a_n\}$에 대하여 $S_n=\sum_{k=1}^{2n} a_k$, $T_n=\sum_{k=1}^{n} a_{2k-1}$이라 할 때, $\lim_{n\to\infty}\frac{T_n}{S_n}$의 값을 구하시오.

첫째항이 1, 공차가 3인 등차수열 $\{a_n\}$의 일반항은

$a_n=1+3(n-1)=3n-2$

$S_n=\sum_{k=1}^{2n} a_k=\sum_{k=1}^{2n}(3k-2)=3\times\frac{2n(2n+1)}{2}-2\times 2n$

$=6n^2+3n-4n=6n^2-n$

$T_n=\sum_{k=1}^{n} a_{2k-1}=\sum_{k=1}^{n}\{3(2k-1)-2\}=\sum_{k=1}^{n}(6k-5)$

$=6\times\frac{n(n+1)}{2}-5n=3n^2+3n-5n=3n^2-2n$

$\therefore \lim_{n\to\infty}\frac{T_n}{S_n}=\lim_{n\to\infty}\frac{3n^2-2n}{6n^2-n}=\lim_{n\to\infty}\frac{3-\frac{2}{n}}{6-\frac{1}{n}}=\frac{3}{6}=\frac{1}{2}$

답 $\frac{1}{2}$

0058 답 ③ | 유형6

$\lim_{n\to\infty}(\log_2\sqrt{n^2-n+2}-\log_2\sqrt{2n^2+3})$의 값은?
단서1

① -2 ② -1 ③ $-\frac{1}{2}$

④ $-\frac{1}{4}$ ⑤ $-\frac{1}{8}$

단서1 $\log_2\sqrt{n^2-n+2}-\log_2\sqrt{2n^2+3}=\log_2\frac{\sqrt{n^2-n+2}}{\sqrt{2n^2+3}}$

STEP 1 **로그의 성질을 이용하여 식 변형하기**

$\lim_{n\to\infty}(\log_2\sqrt{n^2-n+2}-\log_2\sqrt{2n^2+3})$

$=\lim_{n\to\infty}\log_2\frac{\sqrt{n^2-n+2}}{\sqrt{2n^2+3}}$

STEP 2 **$\lim_{n\to\infty}\log_2\frac{\sqrt{n^2-n+2}}{\sqrt{2n^2+3}}=\log_2\left(\lim_{n\to\infty}\frac{\sqrt{n^2-n+2}}{\sqrt{2n^2+3}}\right)$임을 이용하여 주어진 수열의 극한값 구하기**

$\lim_{n\to\infty}\log_2\frac{\sqrt{n^2-n+2}}{\sqrt{2n^2+3}}=\log_2\left(\lim_{n\to\infty}\frac{\sqrt{n^2-n+2}}{\sqrt{2n^2+3}}\right)$

$=\log_2\left(\lim_{n\to\infty}\frac{\sqrt{1-\frac{1}{n}+\frac{2}{n^2}}}{\sqrt{2+\frac{3}{n^2}}}\right)$

최고차항인 n의 계수를 비교하여 $\frac{\sqrt{1}}{\sqrt{2}}=\frac{1}{\sqrt{2}}$로 구할 수도 있다.

$=\log_2\frac{1}{\sqrt{2}}=\log_2 2^{-\frac{1}{2}}=-\frac{1}{2}$

0059 답 3

$\lim_{n\to\infty}\{\log_2(2n-1)+\log_2(4n+1)-2\log_2(n+1)\}$

$=\lim_{n\to\infty}\{\log_2(2n-1)(4n+1)-\log_2(n+1)^2\}$

$=\lim_{n\to\infty}\log_2\frac{(2n-1)(4n+1)}{(n+1)^2}=\lim_{n\to\infty}\log_2\frac{8n^2-2n-1}{n^2+2n+1}$

$=\log_2\left(\lim_{n\to\infty}\frac{8-\frac{2}{n}-\frac{1}{n^2}}{1+\frac{2}{n}+\frac{1}{n^2}}\right)$

$=\log_2 8=\log_2 2^3=3$

0060 답 2

$a_n=\log\frac{n}{n+1}$이므로

$a_1+a_2+a_3+\cdots+a_n$

$=\log\frac{1}{2}+\log\frac{2}{3}+\log\frac{3}{4}+\cdots+\log\frac{n}{n+1}$

$=\log\left(\frac{1}{2}\times\frac{2}{3}\times\frac{3}{4}\times\cdots\times\frac{n}{n+1}\right)$

$=\log\frac{1}{n+1}$

$\therefore 10^{a_1+a_2+a_3+\cdots+a_n}=10^{\log\frac{1}{n+1}}=\frac{1}{n+1}$

$\therefore \lim_{n\to\infty}\frac{2n+4}{n^2\times 10^{a_1+a_2+a_3+\cdots+a_n}}=\lim_{n\to\infty}\frac{(2n+4)(n+1)}{n^2}$

$=\lim_{n\to\infty}\frac{2n^2+6n+4}{n^2}$

$=\lim_{n\to\infty}\frac{2+\frac{6}{n}+\frac{4}{n^2}}{1}$

$=2$

0061 답 ②

$a_n=\log_5(2n+1)-\log_5(2n-1)=\log_5\frac{2n+1}{2n-1}$이므로

$a_1+a_2+a_3+\cdots+a_n=\log_5\frac{3}{1}+\log_5\frac{5}{3}+\log_5\frac{7}{5}+\cdots+\log_5\frac{2n+1}{2n-1}$

$=\log_5\left(\frac{3}{1}\times\frac{5}{3}\times\frac{7}{5}\times\cdots\times\frac{2n+1}{2n-1}\right)$

$=\log_5(2n+1)$

$\therefore \lim_{n\to\infty}\frac{6n+1}{5^{a_1}\times5^{a_2}\times5^{a_3}\times\cdots\times5^{a_n}}=\lim_{n\to\infty}\frac{6n+1}{5^{a_1+a_2+a_3+\cdots+a_n}}$

$=\lim_{n\to\infty}\frac{6n+1}{5^{\log_5(2n+1)}}$

$=\lim_{n\to\infty}\frac{6n+1}{2n+1}$

$=\lim_{n\to\infty}\frac{6+\frac{1}{n}}{2+\frac{1}{n}}=3$

개념 Check

$a>0$, $a\neq1$, $b>0$, $M>0$, $N>0$일 때

(1) $\log_a MN=\log_a M+\log_a N$

(2) $\log_a\frac{M}{N}=\log_a M-\log_a N$

(3) $\log_a M^k=k\log_a M$ (단, k는 실수)

(4) $\log_{a^m} b^n=\frac{n}{m}\log_a b$ (단, $m\neq0$)

(5) $a^{\log_a b}=b$

0062 답 ②

| 유형7

$\lim_{n\to\infty}\frac{an^2-n-1}{2n^2+n}=2$일 때, 상수 a의 값은?

단서1

① 2 ② 4 ③ 6

④ 8 ⑤ 10

단서1 주어진 수열이 2에 수렴 → (분모의 차수)=(분자의 차수) → $a\neq0$

STEP 1 $\frac{\infty}{\infty}$ 꼴의 극한값의 계산을 이용하여 상수 a의 값 구하기

$$\lim_{n\to\infty}\frac{an^2-n-1}{2n^2+n}=\lim_{n\to\infty}\frac{a-\frac{1}{n}-\frac{1}{n^2}}{2+\frac{1}{n}}=\frac{a}{2}$$

→ 극한값이 존재하므로 분모와 분자의 최고차항은 n^2이다.

따라서 $\frac{a}{2}=2$이므로

$a=4$

0063 답 10

$$\lim_{n\to\infty}\frac{(n-1)(2n+3)}{an^2+1}=\lim_{n\to\infty}\frac{2n^2+n-3}{an^2+1}=\lim_{n\to\infty}\frac{2+\frac{1}{n}-\frac{3}{n^2}}{a+\frac{1}{n^2}}=\frac{2}{a}$$

따라서 $\frac{2}{a}=\frac{1}{5}$이므로 $a=10$

0064 답 ②

$$\lim_{n\to\infty}\frac{n-1}{\sqrt{n^2+3n-2}+a^2n}=\lim_{n\to\infty}\frac{1-\frac{1}{n}}{\sqrt{1+\frac{3}{n}-\frac{2}{n^2}}+a^2}=\frac{1}{a^2+1}$$

따라서 $\frac{1}{a^2+1}=\frac{1}{5}$이므로

$a^2+1=5$, $a^2=4$

$\therefore a=2$ ($\because a>0$)

0065 답 ③

$a\neq0$이면 $\lim_{n\to\infty}\frac{an^2+bn-1}{n+1}=\infty$ (또는 $-\infty$)이므로 $a=0$

$$\therefore \lim_{n\to\infty}\frac{an^2+bn-1}{n+1}=\lim_{n\to\infty}\frac{bn-1}{n+1}=\lim_{n\to\infty}\frac{b-\frac{1}{n}}{1+\frac{1}{n}}=b$$

따라서 $b=3$이므로

$b-a=3-0=3$

0066 답 ③

$a\neq0$이면 $\lim_{n\to\infty}\frac{an^2+bn+2}{\sqrt{4n^2+1}}=\infty$ (또는 $-\infty$)이므로 $a=0$

$$\therefore \lim_{n\to\infty}\frac{an^2+bn+2}{\sqrt{4n^2+1}}=\lim_{n\to\infty}\frac{bn+2}{\sqrt{4n^2+1}}=\lim_{n\to\infty}\frac{b+\frac{2}{n}}{\sqrt{4+\frac{1}{n^2}}}=\frac{b}{2}$$

따라서 $\frac{b}{2}=3$이므로 $b=6$

$\therefore 2a+b=2\times0+6=6$

0067 답 ③

$b\neq0$이면 $\lim_{n\to\infty}\frac{(an+1)^2}{bn^3+2n^2}=0$이므로 $b=0$

$$\therefore \lim_{n\to\infty}\frac{(an+1)^2}{bn^3+2n^2}=\lim_{n\to\infty}\frac{a^2n^2+2an+1}{2n^2}=\lim_{n\to\infty}\frac{a^2+\frac{2a}{n}+\frac{1}{n^2}}{2}=\frac{a^2}{2}$$

따라서 $\frac{a^2}{2}=3$이므로

$a^2=6$

$\therefore a^2+b^2=6+0=6$

0068 답 2

(ⅰ) $a\neq0$, $b=0$이면

$$\lim_{n\to\infty}\frac{an^2+2n-2}{bn^2-4n+3}=\lim_{n\to\infty}\frac{an^2+2n-2}{-4n+3}=\infty\text{ (또는 }-\infty)$$

(ⅱ) $a=0$, $b\neq0$이면

$$\lim_{n\to\infty}\frac{an^2+2n-2}{bn^2-4n+3}=\lim_{n\to\infty}\frac{2n-2}{bn^2-4n+3}=0$$

(ⅲ) $a=0$, $b=0$이면

$$\lim_{n\to\infty}\frac{an^2+2n-2}{bn^2-4n+3}=\lim_{n\to\infty}\frac{2n-2}{-4n+3}=-\frac{2}{4}=-\frac{1}{2}$$

(ⅰ)~(ⅲ)에서 $a\neq0$, $b\neq0$이므로

$$\lim_{n\to\infty}\frac{an^2+2n-2}{bn^2-4n+3}=\lim_{n\to\infty}\frac{a+\frac{2}{n}-\frac{2}{n^2}}{b-\frac{4}{n}+\frac{3}{n^2}}=\frac{a}{b}$$

따라서 $\frac{a}{b}=\frac{1}{2}$이므로

$$\lim_{n\to\infty}\frac{abn+2}{a^2n+ab}=\lim_{n\to\infty}\frac{ab+\frac{2}{n}}{a^2+\frac{ab}{n}}=\frac{b}{a}=2$$

Tip $\lim_{n\to\infty}\frac{an^2+2n-2}{bn^2-4n+3}=\frac{1}{2}\neq0$이므로 분모와 분자의 차수가 동일하다.
따라서 $a=b=0$인 경우와 $a\neq0$, $b\neq0$인 경우만 고려해도 된다.

0069 답 4

(ⅰ) $a\neq0$, $c\neq0$이면

$$\lim_{n\to\infty}\frac{an^2+bn+5}{cn^3+2n-1}=0$$

(ⅱ) $a=0$, $c\neq0$이면

$$\lim_{n\to\infty}\frac{an^2+bn+5}{cn^3+2n-1}=\lim_{n\to\infty}\frac{bn+5}{cn^3+2n-1}=0$$

(ⅲ) $a\neq0$, $c=0$이면

$$\lim_{n\to\infty}\frac{an^2+bn+5}{cn^3+2n-1}=\lim_{n\to\infty}\frac{an^2+bn+5}{2n-1}=\infty\text{ (또는 }-\infty)$$

(ⅳ) $a=0$, $c=0$이면

$$\lim_{n\to\infty}\frac{an^2+bn+5}{cn^3+2n-1}=\lim_{n\to\infty}\frac{bn+5}{2n-1}=\frac{b}{2}$$

(ⅰ)~(ⅳ)에서 $a=0$, $c=0$이고 $\frac{b}{2}=2$이므로 $b=4$

$\therefore a+b+c=0+4+0=4$

0070 답 ⑤

$a\neq0$이면 $\lim_{n\to\infty}\frac{\sqrt{16n^2-n+1}}{an^2+2n-5}=0$이므로 $a=0$ ($\because b\neq0$)

$\therefore \lim_{n\to\infty}\frac{\sqrt{16n^2-n+1}}{an^2+2n-5}=\lim_{n\to\infty}\frac{\sqrt{16n^2-n+1}}{2n-5}$

$=\lim_{n\to\infty}\frac{\sqrt{16-\frac{1}{n}+\frac{1}{n^2}}}{2-\frac{5}{n}}$

$=2$

$\therefore b=2$

$\therefore \lim_{n\to\infty}\frac{an^2+4n-1}{\sqrt{bn^2+n}}=\lim_{n\to\infty}\frac{4n-1}{\sqrt{2n^2+n}}$

$=\lim_{n\to\infty}\frac{4-\frac{1}{n}}{\sqrt{2+\frac{1}{n}}}$

$=2\sqrt{2}$

0071 답 ③

$a_n=pn^2+qn+r$에서

$a_{2n}=p\times(2n)^2+q\times2n+r=4pn^2+2qn+r$이므로

$\lim_{n\to\infty}\frac{a_{2n}}{n^2+2n+3}=\lim_{n\to\infty}\frac{4pn^2+2qn+r}{n^2+2n+3}$

$=\lim_{n\to\infty}\frac{4p+\frac{2q}{n}+\frac{r}{n^2}}{1+\frac{2}{n}+\frac{3}{n^2}}$

$=4p$

따라서 $4p=6$이므로 $p=\frac{3}{2}$

$\therefore \lim_{n\to\infty}\frac{a_{n+1}-a_n}{4n+3}$

$=\lim_{n\to\infty}\frac{\{p(n+1)^2+q(n+1)+r\}-(pn^2+qn+r)}{4n+3}$

$=\lim_{n\to\infty}\frac{2pn+p+q}{4n+3}=\lim_{n\to\infty}\frac{2p+\frac{p+q}{n}}{4+\frac{3}{n}}$

$=\frac{p}{2}=\frac{3}{4}$

0072 답 ④

등차수열 $\{a_n\}$에서 모든 자연수 n에 대하여 두 항 a_n, a_{n+4}의 등차중항이 b_n이므로 $b_n=\frac{a_n+a_{n+4}}{2}$가 성립한다.

등차수열 $\{a_n\}$의 공차를 d라 하면

$a_n=a_1+(n-1)d$이므로

$b_n=\frac{\{a_1+(n-1)d\}+\{a_1+(n+3)d\}}{2}=a_1+(n+1)d$

$b_1=a_1+2d$이므로 $a_1+2d=7$ .... ㉠

$\lim_{n\to\infty}\frac{b_n}{3n+4}=\lim_{n\to\infty}\frac{a_1+(n+1)d}{3n+4}$

$=\lim_{n\to\infty}\frac{\frac{a_1}{n}+\left(1+\frac{1}{n}\right)d}{3+\frac{4}{n}}=\frac{d}{3}$

따라서 $\frac{d}{3}=2$이므로 $d=6$

$d=6$을 ㉠에 대입하면

$a_1+12=7$ $\quad\therefore a_1=-5$

$\therefore a_{12}=-5+11\times6=61$

참고 두 항 a_n, a_{n+4}의 등차중항은 a_{n+2}이므로 $b_n=a_{n+2}$로 놓고 구할 수도 있다.

> **개념 Check**
>
> 세 수 a, b, c가 순서대로 등차수열을 이룰 때, b를 a와 c의 등차중항이라 한다.
>
> ➜ $2b=a+c$, $b=\frac{a+c}{2}$

0073 답 12

$a-2\neq0$, 즉 $a\neq2$이면

$\lim_{n\to\infty}\frac{(a-2)n^2+bn}{2n-1}=\infty$ (또는 $-\infty$)이므로

$a=2$

$\therefore \lim_{n\to\infty}\frac{(a-2)n^2+bn}{2n-1}=\lim_{n\to\infty}\frac{bn}{2n-1}$

$=\lim_{n\to\infty}\frac{b}{2-\frac{1}{n}}$

$=\frac{b}{2}$

따라서 $\frac{b}{2}=5$이므로

$b=10$

$\therefore a+b=2+10=12$

0074 답 ① | 유형8

> $\lim_{n\to\infty}(2n-\sqrt{4n^2+3n})$의 값은? (단서1)
>
> ① $-\frac{3}{4}$ ② $-\frac{1}{4}$ ③ 0
>
> ④ $\frac{1}{4}$ ⑤ $\frac{3}{4}$
>
> 단서1 $\infty-\infty$ 꼴 → 근호를 포함한 식을 유리화하여 $\frac{\infty}{\infty}$ 꼴로 변형

STEP 1 **근호를 포함한 식을 유리화하여 $\frac{\infty}{\infty}$ 꼴로 변형하기**

$\lim_{n\to\infty}(2n-\sqrt{4n^2+3n})$

$=\lim_{n\to\infty}\frac{(2n-\sqrt{4n^2+3n})(2n+\sqrt{4n^2+3n})}{2n+\sqrt{4n^2+3n}}$

$=\lim_{n\to\infty}\frac{-3n}{2n+\sqrt{4n^2+3n}}$ .... ㉠

→ $(2n-\sqrt{4n^2+3n})(2n+\sqrt{4n^2+3n})$
$=(2n)^2-(\sqrt{4n^2+3n})^2$
$=4n^2-(4n^2+3n)=-3n$

STEP 2 **주어진 수열의 극한값 구하기**

㉠의 분모, 분자를 각각 n으로 나누면

$\lim_{n\to\infty}\frac{-3}{2+\sqrt{4+\frac{3}{n}}}=-\frac{3}{4}$

0075 답 ②

$$\lim_{n\to\infty}(\sqrt{9n^2+n+1}-\sqrt{9n^2-n-1})$$
$$=\lim_{n\to\infty}\frac{(\sqrt{9n^2+n+1}-\sqrt{9n^2-n-1})(\sqrt{9n^2+n+1}+\sqrt{9n^2-n-1})}{\sqrt{9n^2+n+1}+\sqrt{9n^2-n-1}}$$
$$=\lim_{n\to\infty}\frac{2n+2}{\sqrt{9n^2+n+1}+\sqrt{9n^2-n-1}}$$
$$=\lim_{n\to\infty}\frac{2+\frac{2}{n}}{\sqrt{9+\frac{1}{n}+\frac{1}{n^2}}+\sqrt{9-\frac{1}{n}-\frac{1}{n^2}}}=\frac{1}{3}$$

0076 답 ④

$$\lim_{n\to\infty}2\sqrt{n}(\sqrt{n+2}-\sqrt{n+1})$$
$$=\lim_{n\to\infty}\frac{2\sqrt{n}(\sqrt{n+2}-\sqrt{n+1})(\sqrt{n+2}+\sqrt{n+1})}{\sqrt{n+2}+\sqrt{n+1}}$$
$$=\lim_{n\to\infty}\frac{2\sqrt{n}}{\sqrt{n+2}+\sqrt{n+1}}$$
$$=\lim_{n\to\infty}\frac{2}{\sqrt{1+\frac{2}{n}}+\sqrt{1+\frac{1}{n}}}=1$$

0077 답 $\frac{\sqrt{2}}{2}$

$S_n=1+2+3+\cdots+n=\frac{n(n+1)}{2}=\frac{n^2+n}{2}$이므로

$$S_{n+1}=\frac{(n+1)(n+2)}{2}=\frac{n^2+3n+2}{2}$$
$$\therefore \lim_{n\to\infty}(\sqrt{S_{n+1}}-\sqrt{S_n})$$
$$=\lim_{n\to\infty}\frac{\sqrt{n^2+3n+2}-\sqrt{n^2+n}}{\sqrt{2}}$$
$$=\lim_{n\to\infty}\frac{(\sqrt{n^2+3n+2}-\sqrt{n^2+n})(\sqrt{n^2+3n+2}+\sqrt{n^2+n})}{\sqrt{2}(\sqrt{n^2+3n+2}+\sqrt{n^2+n})}$$
$$=\lim_{n\to\infty}\frac{2n+2}{\sqrt{2}(\sqrt{n^2+3n+2}+\sqrt{n^2+n})}$$
$$=\lim_{n\to\infty}\frac{2+\frac{2}{n}}{\sqrt{2}\left(\sqrt{1+\frac{3}{n}+\frac{2}{n^2}}+\sqrt{1+\frac{1}{n}}\right)}=\frac{\sqrt{2}}{2}$$

다른 풀이

$S_n=1+2+3+\cdots+n=\frac{n(n+1)}{2}$이므로

$$\lim_{n\to\infty}(\sqrt{S_{n+1}}-\sqrt{S_n})$$
$$=\lim_{n\to\infty}\frac{(\sqrt{S_{n+1}}-\sqrt{S_n})(\sqrt{S_{n+1}}+\sqrt{S_n})}{\sqrt{S_{n+1}}+\sqrt{S_n}}$$
$$=\lim_{n\to\infty}\frac{S_{n+1}-S_n}{\sqrt{S_{n+1}}+\sqrt{S_n}}=\lim_{n\to\infty}\frac{a_{n+1}}{\sqrt{S_{n+1}}+\sqrt{S_n}}$$

($a_{n+1}=\frac{(n+1)(n+2)}{2}-\frac{n(n+1)}{2}=\frac{n+1}{2}(n+2-n)=n+1$)

$$=\lim_{n\to\infty}\frac{\sqrt{2}(n+1)}{\sqrt{(n+1)(n+2)}+\sqrt{n(n+1)}}$$
$$=\lim_{n\to\infty}\frac{\sqrt{2}\left(1+\frac{1}{n}\right)}{\sqrt{\left(1+\frac{1}{n}\right)\left(1+\frac{2}{n}\right)}+\sqrt{1\times\left(1+\frac{1}{n}\right)}}$$
$$=\frac{\sqrt{2}}{2}$$

0078 답 ①

$\sqrt{(3n)^2}<\sqrt{9n^2+4n+1}<\sqrt{(3n+1)^2}$이므로

$3n<\sqrt{9n^2+4n+1}<3n+1$

$\therefore a_n=\sqrt{9n^2+4n+1}-3n$

$$\therefore \lim_{n\to\infty}a_n=\lim_{n\to\infty}(\sqrt{9n^2+4n+1}-3n)$$
$$=\lim_{n\to\infty}\frac{(\sqrt{9n^2+4n+1}-3n)(\sqrt{9n^2+4n+1}+3n)}{\sqrt{9n^2+4n+1}+3n}$$
$$=\lim_{n\to\infty}\frac{4n+1}{\sqrt{9n^2+4n+1}+3n}$$
$$=\lim_{n\to\infty}\frac{4+\frac{1}{n}}{\sqrt{9+\frac{4}{n}+\frac{1}{n^2}}+3}=\frac{2}{3}$$

0079 답 ②

$a_n=1+(n-1)\times4=4n-3$이므로

$$S_n=\sum_{k=1}^{n}(4k-3)$$
$$=4\times\frac{n(n+1)}{2}-3n=2n^2-n$$

따라서 $S_{n+1}=2(n+1)^2-(n+1)=2n^2+3n+1$이므로

$$\lim_{n\to\infty}(\sqrt{S_{n+1}}-\sqrt{S_n-2})$$
$$=\lim_{n\to\infty}(\sqrt{2n^2+3n+1}-\sqrt{2n^2-n-2})$$
$$=\lim_{n\to\infty}\frac{(\sqrt{2n^2+3n+1}-\sqrt{2n^2-n-2})(\sqrt{2n^2+3n+1}+\sqrt{2n^2-n-2})}{\sqrt{2n^2+3n+1}+\sqrt{2n^2-n-2}}$$
$$=\lim_{n\to\infty}\frac{4n+3}{\sqrt{2n^2+3n+1}+\sqrt{2n^2-n-2}}$$
$$=\lim_{n\to\infty}\frac{4+\frac{3}{n}}{\sqrt{2+\frac{3}{n}+\frac{1}{n^2}}+\sqrt{2-\frac{1}{n}-\frac{2}{n^2}}}$$
$$=\frac{4}{2\sqrt{2}}=\sqrt{2}$$

0080 답 ⑤

$x^2-2nx+3n-6=0$에서 근의 공식에 의해

$$x=\frac{-(-2n)\pm\sqrt{(-2n)^2-4(3n-6)}}{2}$$
$$=n\pm\sqrt{n^2-3n+6}$$

$\alpha<\beta$이므로 $\alpha=n-\sqrt{n^2-3n+6}$

$$\therefore \lim_{n\to\infty}4\alpha=\lim_{n\to\infty}4(n-\sqrt{n^2-3n+6})$$
$$=4\lim_{n\to\infty}\frac{(n-\sqrt{n^2-3n+6})(n+\sqrt{n^2-3n+6})}{n+\sqrt{n^2-3n+6}}$$
$$=4\lim_{n\to\infty}\frac{3n-6}{n+\sqrt{n^2-3n+6}}$$
$$=4\lim_{n\to\infty}\frac{3-\frac{6}{n}}{1+\sqrt{1-\frac{3}{n}+\frac{6}{n^2}}}$$
$$=4\times\frac{3}{2}=6$$

0081 답 ②

$n\ge 2$일 때,

$a_n=S_n-S_{n-1}$

$=2n^2+2n-\{2(n-1)^2+2(n-1)\}=4n$

$a_1=S_1=4$이므로 $a_n=4n\ (n\ge 1)$

$a_{2n}=8n,\ a_{2n-1}=8n-4$이므로

$a_2+a_4+a_6+\cdots+a_{2n}=\sum_{k=1}^{n}8k=4n(n+1)=4n^2+4n,$

$a_1+a_3+a_5+\cdots+a_{2n-1}=\sum_{k=1}^{n}(8k-4)=4n^2$

$\therefore \lim_{n\to\infty}\left(\sqrt{a_2+a_4+a_6+\cdots+a_{2n}}-\sqrt{a_1+a_3+a_5+\cdots+a_{2n-1}}\right)$

$=\lim_{n\to\infty}\left(\sqrt{4n^2+4n}-2n\right)$

$=\lim_{n\to\infty}\dfrac{\left(\sqrt{4n^2+4n}-2n\right)\left(\sqrt{4n^2+4n}+2n\right)}{\sqrt{4n^2+4n}+2n}$

$=\lim_{n\to\infty}\dfrac{4n}{\sqrt{4n^2+4n}+2n}$

$=\lim_{n\to\infty}\dfrac{4}{\sqrt{4+\dfrac{4}{n}}+2}=1$

실수 Check

일반항 a_n을 구할 때, $n\ge 2$에서 S_n-S_{n-1}을 계산하여 구한 a_n에 대하여 $a_1=S_1$이면 $a_n=S_n-S_{n-1}\ (n\ge 1)$이다.

0082 답 ①

$2nx=\dfrac{1}{x}$에서 $x^2=\dfrac{1}{2n}$ $\quad\therefore x=\pm\dfrac{1}{\sqrt{2n}}$

따라서 직선 $y=2nx$와 곡선 $y=\dfrac{1}{x}$의 교점의 좌표는

$\left(-\dfrac{1}{\sqrt{2n}},\ -\sqrt{2n}\right),\ \left(\dfrac{1}{\sqrt{2n}},\ \sqrt{2n}\right)$이고

$a_n=\sqrt{\left(\dfrac{2}{\sqrt{2n}}\right)^2+(2\sqrt{2n})^2}=\sqrt{\dfrac{2}{n}+8n}$ 이므로

$\lim_{n\to\infty}\left(\sqrt{n+1}a_{n+1}-\sqrt{n}a_n\right)$

$=\lim_{n\to\infty}\left\{\sqrt{2+8(n+1)^2}-\sqrt{2+8n^2}\right\}$

$=\lim_{n\to\infty}\left(\sqrt{8n^2+16n+10}-\sqrt{8n^2+2}\right)$

$=\lim_{n\to\infty}\dfrac{\left(\sqrt{8n^2+16n+10}-\sqrt{8n^2+2}\right)\left(\sqrt{8n^2+16n+10}+\sqrt{8n^2+2}\right)}{\sqrt{8n^2+16n+10}+\sqrt{8n^2+2}}$

$=\lim_{n\to\infty}\dfrac{16n+8}{\sqrt{8n^2+16n+10}+\sqrt{8n^2+2}}$

$=\lim_{n\to\infty}\dfrac{16+\dfrac{8}{n}}{\sqrt{8+\dfrac{16}{n}+\dfrac{10}{n^2}}+\sqrt{8+\dfrac{2}{n^2}}}$

$=2\sqrt{2}$

참고 직선 $y=2nx$와 곡선 $y=\dfrac{1}{x}$이 모두 원점에 대하여 대칭이므로 a_n은 원점과 제1사분면 위의 교점 $\left(\dfrac{1}{\sqrt{2n}},\ \sqrt{2n}\right)$ 사이의 거리를 2배하여 구할 수도 있다.

0083 답 ②

$\lim_{n\to\infty}\left(\sqrt{9n^2+12n}-3n\right)$

$=\lim_{n\to\infty}\dfrac{\left(\sqrt{9n^2+12n}-3n\right)\left(\sqrt{9n^2+12n}+3n\right)}{\sqrt{9n^2+12n}+3n}$

$=\lim_{n\to\infty}\dfrac{12n}{\sqrt{9n^2+12n}+3n}=\lim_{n\to\infty}\dfrac{12}{\sqrt{9+\dfrac{12}{n}}+3}$

$=2$

0084 답 ①

$\lim_{n\to\infty}\left(\sqrt{4n^2+2n+1}-\sqrt{4n^2-2n-1}\right)$

$=\lim_{n\to\infty}\dfrac{\left(\sqrt{4n^2+2n+1}-\sqrt{4n^2-2n-1}\right)\left(\sqrt{4n^2+2n+1}+\sqrt{4n^2-2n-1}\right)}{\sqrt{4n^2+2n+1}+\sqrt{4n^2-2n-1}}$

$=\lim_{n\to\infty}\dfrac{4n+2}{\sqrt{4n^2+2n+1}+\sqrt{4n^2-2n-1}}$

$=\lim_{n\to\infty}\dfrac{4+\dfrac{2}{n}}{\sqrt{4+\dfrac{2}{n}+\dfrac{1}{n^2}}+\sqrt{4-\dfrac{2}{n}-\dfrac{1}{n^2}}}=1$

0085 답 ②

등차수열 $\{a_n\}$의 공차를 d라 하면

$a_3=a_1+2d$이므로 $a_1+2d=5$ ······ ㉠

$a_6=a_1+5d$이므로 $a_1+5d=11$ ······ ㉡

㉠, ㉡을 연립하여 풀면 $a_1=1,\ d=2$

$\therefore a_n=1+(n-1)\times 2=2n-1$

$\therefore \lim_{n\to\infty}\sqrt{n}\left(\sqrt{a_{n+1}}-\sqrt{a_n}\right)$

$=\lim_{n\to\infty}\sqrt{n}\left(\sqrt{2n+1}-\sqrt{2n-1}\right)$

$=\lim_{n\to\infty}\dfrac{\sqrt{n}\left(\sqrt{2n+1}-\sqrt{2n-1}\right)\left(\sqrt{2n+1}+\sqrt{2n-1}\right)}{\sqrt{2n+1}+\sqrt{2n-1}}$

$=\lim_{n\to\infty}\dfrac{2\sqrt{n}}{\sqrt{2n+1}+\sqrt{2n-1}}$

$=\lim_{n\to\infty}\dfrac{2}{\sqrt{2+\dfrac{1}{n}}+\sqrt{2-\dfrac{1}{n}}}=\dfrac{\sqrt{2}}{2}$

0086 답 4 | 유형9

$\lim_{n\to\infty}\dfrac{2}{n-\sqrt{n^2-n}}$의 값을 구하시오.
단서1

단서1 분모에만 근호가 있으므로 분모를 유리화

STEP 1 근호를 포함한 식을 유리화하여 주어진 수열의 극한값 구하기

$\lim_{n\to\infty}\dfrac{2}{n-\sqrt{n^2-n}}=\lim_{n\to\infty}\dfrac{2\left(n+\sqrt{n^2-n}\right)}{\left(n-\sqrt{n^2-n}\right)\left(n+\sqrt{n^2-n}\right)}$

$=\lim_{n\to\infty}\dfrac{2\left(n+\sqrt{n^2-n}\right)}{n}$

$(n-\sqrt{n^2-n})(n+\sqrt{n^2-n})$
$=n^2-(\sqrt{n^2-n})^2$
$=n^2-(n^2-n)=n$

$=\lim_{n\to\infty}\dfrac{2\left(1+\sqrt{1-\dfrac{1}{n}}\right)}{1}$

$=4$

0087 답 ④

$$\lim_{n\to\infty}\frac{1}{\sqrt{n^2+2n}-n}$$
$$=\lim_{n\to\infty}\frac{\sqrt{n^2+2n}+n}{(\sqrt{n^2+2n}-n)(\sqrt{n^2+2n}+n)}$$
$$=\lim_{n\to\infty}\frac{\sqrt{n^2+2n}+n}{2n}$$
$$=\lim_{n\to\infty}\frac{\sqrt{1+\frac{2}{n}}+1}{2}=1$$

0088 답 ①

$$\lim_{n\to\infty}\frac{\sqrt{n}-\sqrt{n+1}}{\sqrt{4n+1}-2\sqrt{n}}$$
$$=\lim_{n\to\infty}\frac{(\sqrt{n}-\sqrt{n+1})(\sqrt{n}+\sqrt{n+1})(\sqrt{4n+1}+2\sqrt{n})}{(\sqrt{4n+1}-2\sqrt{n})(\sqrt{4n+1}+2\sqrt{n})(\sqrt{n}+\sqrt{n+1})}$$
$$=-\lim_{n\to\infty}\frac{\sqrt{4n+1}+2\sqrt{n}}{\sqrt{n}+\sqrt{n+1}}$$
$$=-\lim_{n\to\infty}\frac{\sqrt{4+\frac{1}{n}}+2}{1+\sqrt{1+\frac{1}{n}}}$$
$$=-2$$

0089 답 ⑤

$$\lim_{n\to\infty}\frac{\sqrt{n^2+2023}-n}{n-\sqrt{n^2-2022}}$$
$$=\lim_{n\to\infty}\frac{(\sqrt{n^2+2023}-n)(\sqrt{n^2+2023}+n)(n+\sqrt{n^2-2022})}{(n-\sqrt{n^2-2022})(n+\sqrt{n^2-2022})(\sqrt{n^2+2023}+n)}$$
$$=\lim_{n\to\infty}\frac{2023(n+\sqrt{n^2-2022})}{2022(\sqrt{n^2+2023}+n)}$$
$$=\lim_{n\to\infty}\frac{2023\left(1+\sqrt{1-\frac{2022}{n^2}}\right)}{2022\left(\sqrt{1+\frac{2023}{n^2}}+1\right)}$$
$$=\frac{2023}{2022}$$

0090 답 -2

주어진 수열의 일반항을 a_n이라 하면

$$a_n=\frac{1}{\sqrt{n(n+1)}-(n+1)}=\frac{1}{\sqrt{n^2+n}-(n+1)}$$
$$\therefore \lim_{n\to\infty}a_n=\lim_{n\to\infty}\frac{1}{\sqrt{n^2+n}-(n+1)}$$
$$=\lim_{n\to\infty}\frac{\sqrt{n^2+n}+(n+1)}{\{\sqrt{n^2+n}-(n+1)\}\{\sqrt{n^2+n}+(n+1)\}}$$
$$=\lim_{n\to\infty}\frac{\sqrt{n^2+n}+(n+1)}{-n-1}$$
$$=\lim_{n\to\infty}\frac{\sqrt{1+\frac{1}{n}}+1+\frac{1}{n}}{-1-\frac{1}{n}}$$
$$=-2$$

0091 답 $\frac{1}{4}$

$\sqrt{4n^2+4n+1}<\sqrt{4n^2+5n+3}<\sqrt{4n^2+8n+4}$이므로

$2n+1<\sqrt{4n^2+5n+3}<2n+2$

$\therefore a_n=2n+1,\ b_n=\sqrt{4n^2+5n+3}-(2n+1)$

$$\therefore \lim_{n\to\infty}\frac{a_nb_n}{a_n+b_n}$$
$$=\lim_{n\to\infty}\frac{(2n+1)\{\sqrt{4n^2+5n+3}-(2n+1)\}}{\sqrt{4n^2+5n+3}}$$
$$=\lim_{n\to\infty}\frac{(2n+1)\{\sqrt{4n^2+5n+3}-(2n+1)\}\{\sqrt{4n^2+5n+3}+(2n+1)\}}{\sqrt{4n^2+5n+3}\{\sqrt{4n^2+5n+3}+(2n+1)\}}$$
$$=\lim_{n\to\infty}\frac{(2n+1)(n+2)}{\sqrt{4n^2+5n+3}\{\sqrt{4n^2+5n+3}+(2n+1)\}}$$
$$=\lim_{n\to\infty}\frac{\left(2+\frac{1}{n}\right)\left(1+\frac{2}{n}\right)}{\sqrt{4+\frac{5}{n}+\frac{3}{n^2}}\left\{\sqrt{4+\frac{5}{n}+\frac{3}{n^2}}+\left(2+\frac{1}{n}\right)\right\}}=\frac{1}{4}$$

0092 답 -4

이차방정식의 근과 계수의 관계에 의해

$\alpha_n+\beta_n=2,\ \alpha_n\beta_n=n-\sqrt{n^2+n}$

$$\therefore \lim_{n\to\infty}\left(\frac{1}{\alpha_n}+\frac{1}{\beta_n}\right)=\lim_{n\to\infty}\frac{\alpha_n+\beta_n}{\alpha_n\beta_n}$$
$$=\lim_{n\to\infty}\frac{2}{n-\sqrt{n^2+n}}$$
$$=\lim_{n\to\infty}\frac{2(n+\sqrt{n^2+n})}{(n-\sqrt{n^2+n})(n+\sqrt{n^2+n})}$$
$$=\lim_{n\to\infty}\frac{2(n+\sqrt{n^2+n})}{-n}$$
$$=\lim_{n\to\infty}\frac{2\left(1+\sqrt{1+\frac{1}{n}}\right)}{-1}=-4$$

0093 답 ④ | 유형10

$\lim_{n\to\infty}\{\sqrt{n^2-3n+5}-(an+b)\}=-4$일 때, 상수 a, b에 대하여 $2ab$의 값은?
(단서2: $\lim_{n\to\infty}\{\sqrt{n^2-3n+5}-(an+b)\}$, 단서1: -4)

① 2 ② 3 ③ 4
④ 5 ⑤ 6

단서1 주어진 수열은 -4에 수렴하므로 $a\neq0$

단서2 $\infty-\infty$ 꼴 → 근호를 포함한 식을 유리화하여 $\frac{\infty}{\infty}$ 꼴로 변형

STEP1 주어진 수열이 수렴하기 위한 상수 a의 값의 범위 구하기

$a\le0$이면 $\lim_{n\to\infty}\{\sqrt{n^2-3n+5}-(an+b)\}=\infty$이므로

$a>0$이어야 한다.

└→ $a<0$이면 $\infty+\infty$ 꼴, $a=0$이면 ∞ 꼴이므로 주어진 수열은 발산한다.

STEP2 근호를 포함한 식을 유리화하여 상수 a, b의 값 구하기

$$\lim_{n\to\infty}\{\sqrt{n^2-3n+5}-(an+b)\}$$
$$=\lim_{n\to\infty}\frac{\{\sqrt{n^2-3n+5}-(an+b)\}\{\sqrt{n^2-3n+5}+(an+b)\}}{\sqrt{n^2-3n+5}+(an+b)}$$

$$=\lim_{n\to\infty}\frac{(1-a^2)n^2-(3+2ab)n+5-b^2}{\sqrt{n^2-3n+5}+(an+b)}$$

$$=\lim_{n\to\infty}\frac{(1-a^2)n-(3+2ab)+\frac{5-b^2}{n}}{\sqrt{1-\frac{3}{n}+\frac{5}{n^2}}+\left(a+\frac{b}{n}\right)}$$

이때 극한값이 존재하므로 $1-a^2=0$

$a^2=1 \qquad \therefore a=1\ (\because a>0)$

극한값이 -4이므로 $-\frac{3+2ab}{1+a}=-4$

$a=1$을 대입하면 $-\frac{3+2b}{2}=-4 \qquad \therefore b=\frac{5}{2}$

STEP 3 $2ab$의 값 구하기

$2ab=2\times1\times\frac{5}{2}=5$

0094 답 6

$$\lim_{n\to\infty}(\sqrt{n^2+an}-n)=\lim_{n\to\infty}\frac{(\sqrt{n^2+an}-n)(\sqrt{n^2+an}+n)}{\sqrt{n^2+an}+n}$$

$$=\lim_{n\to\infty}\frac{an}{\sqrt{n^2+an}+n}$$

$$=\lim_{n\to\infty}\frac{a}{\sqrt{1+\frac{a}{n}}+1}=\frac{a}{2}$$

따라서 $\frac{a}{2}=3$이므로 $a=6$

0095 답 ④

$$\lim_{n\to\infty}\frac{\sqrt{kn+1}}{n(\sqrt{n+1}-\sqrt{n-1})}$$

$$=\lim_{n\to\infty}\frac{\sqrt{kn+1}(\sqrt{n+1}+\sqrt{n-1})}{n(\sqrt{n+1}-\sqrt{n-1})(\sqrt{n+1}+\sqrt{n-1})}$$

$$=\lim_{n\to\infty}\frac{\sqrt{kn+1}(\sqrt{n+1}+\sqrt{n-1})}{2n}$$

$$=\lim_{n\to\infty}\frac{\sqrt{k+\frac{1}{n}}\left(\sqrt{1+\frac{1}{n}}+\sqrt{1-\frac{1}{n}}\right)}{2}$$

$$=\sqrt{k}$$

따라서 $\sqrt{k}=3$이므로 $k=9$

0096 답 ②

$$\lim_{n\to\infty}\frac{1}{\sqrt{4n^2+an}-2n+a}$$

$$=\lim_{n\to\infty}\frac{\sqrt{4n^2+an}+(2n-a)}{\{\sqrt{4n^2+an}-(2n-a)\}\{\sqrt{4n^2+an}+(2n-a)\}}$$

$$=\lim_{n\to\infty}\frac{\sqrt{4n^2+an}+(2n-a)}{5an-a^2}$$

$$=\lim_{n\to\infty}\frac{\sqrt{4+\frac{a}{n}}+\left(2-\frac{a}{n}\right)}{5a-\frac{a^2}{n}}$$

$$=\frac{4}{5a}$$

따라서 $\frac{4}{5a}=\frac{2}{5}$이므로

$10a=20 \qquad \therefore a=2$

0097 답 10

$$\lim_{n\to\infty}(\sqrt{n^2+an}-\sqrt{n^2+bn})$$

$$=\lim_{n\to\infty}\frac{(\sqrt{n^2+an}-\sqrt{n^2+bn})(\sqrt{n^2+an}+\sqrt{n^2+bn})}{\sqrt{n^2+an}+\sqrt{n^2+bn}}$$

$$=\lim_{n\to\infty}\frac{(a-b)n}{\sqrt{n^2+an}+\sqrt{n^2+bn}}$$

$$=\lim_{n\to\infty}\frac{a-b}{\sqrt{1+\frac{a}{n}}+\sqrt{1+\frac{b}{n}}}=\frac{a-b}{2}$$

따라서 $\frac{a-b}{2}=5$이므로 $a-b=10$

0098 답 ①

$$\lim_{n\to\infty}\frac{an-4}{\sqrt{n^2+bn}-n}=\lim_{n\to\infty}\frac{(an-4)(\sqrt{n^2+bn}+n)}{(\sqrt{n^2+bn}-n)(\sqrt{n^2+bn}+n)}$$

$$=\lim_{n\to\infty}\frac{(an-4)(\sqrt{n^2+bn}+n)}{bn}$$

$$=\lim_{n\to\infty}\frac{(an-4)\left(\sqrt{1+\frac{b}{n}}+1\right)}{b}$$

이때 $a\neq0$이면 극한값이 존재하지 않으므로 $a=0$

$\lim_{n\to\infty}\frac{-4\left(\sqrt{1+\frac{b}{n}}+1\right)}{b}=-\frac{8}{b}$에서

$-\frac{8}{b}=3$이므로 $b=-\frac{8}{3}$

$\therefore a+b=0+\left(-\frac{8}{3}\right)=-\frac{8}{3}$

0099 답 ③

$$\lim_{n\to\infty}(\sqrt{2n^2+an+1}-\sqrt{bn^2-2n+1})$$

$$=\lim_{n\to\infty}\frac{(\sqrt{2n^2+an+1}-\sqrt{bn^2-2n+1})(\sqrt{2n^2+an+1}+\sqrt{bn^2-2n+1})}{\sqrt{2n^2+an+1}+\sqrt{bn^2-2n+1}}$$

$$=\lim_{n\to\infty}\frac{(2-b)n^2+(a+2)n}{\sqrt{2n^2+an+1}+\sqrt{bn^2-2n+1}}$$

$$=\lim_{n\to\infty}\frac{(2-b)n+(a+2)}{\sqrt{2+\frac{a}{n}+\frac{1}{n^2}}+\sqrt{b-\frac{2}{n}+\frac{1}{n^2}}}$$

이때 극한값이 존재하므로 $2-b=0 \qquad \therefore b=2$

극한값이 $2\sqrt{2}$이므로 $\frac{a+2}{\sqrt{2}+\sqrt{b}}=2\sqrt{2}$

$b=2$를 대입하면 $\frac{a+2}{2\sqrt{2}}=2\sqrt{2} \qquad \therefore a=6$

$\therefore a+b=6+2=8$

0100 답 ④

$k\geq0$이면 $\lim_{n\to\infty}a_n=\infty$이므로 $k<0$이어야 한다.

$\therefore \lim_{n\to\infty}a_n$

$$=\lim_{n\to\infty}\{\sqrt{(n+2)(n-3)}+kn\}$$

$$=\lim_{n\to\infty}\frac{\{\sqrt{(n+2)(n-3)}+kn\}\{\sqrt{(n+2)(n-3)}-kn\}}{\sqrt{(n+2)(n-3)}-kn}$$

$$=\lim_{n\to\infty}\frac{(1-k^2)n^2-n-6}{\sqrt{n^2-n-6}-kn}$$

$$= \lim_{n\to\infty} \frac{(1-k^2)n-1-\frac{6}{n}}{\sqrt{1-\frac{1}{n}-\frac{6}{n^2}}-k} \quad \cdots\cdots ㉠$$

이때 수열 $\{a_n\}$이 수렴하므로

$1-k^2=0 \quad \therefore k=-1 \ (\because k<0)$

$k=-1$을 ㉠에 대입하면

$$\lim_{n\to\infty} a_n = \lim_{n\to\infty} \frac{-1-\frac{6}{n}}{\sqrt{1-\frac{1}{n}-\frac{6}{n^2}}+1} = -\frac{1}{2}$$

실수 Check

$k \geq 0$이면 $\lim_{n\to\infty} a_n$은 $\infty+\infty$ 꼴의 극한에서 발산하므로 $k<0$이다.

0101 답 110

$$\lim_{n\to\infty}(\sqrt{an^2+4n}-bn)$$

$$= \lim_{n\to\infty} \frac{(\sqrt{an^2+4n}-bn)(\sqrt{an^2+4n}+bn)}{\sqrt{an^2+4n}+bn}$$

$$= \lim_{n\to\infty} \frac{(a-b^2)n^2+4n}{\sqrt{an^2+4n}+bn}$$

$$= \lim_{n\to\infty} \frac{(a-b^2)n+4}{\sqrt{a+\frac{4}{n}}+b}$$

이때 극한값이 존재하므로 $a-b^2=0 \quad \therefore a=b^2$ ········· ㉠

극한값이 $\frac{1}{5}$이므로 $\frac{4}{\sqrt{a}+b}=\frac{1}{5}$, $\sqrt{a}+b=20$ ········· ㉡

㉠을 ㉡에 대입하면 $2b=20 \quad \therefore b=10$

$b=10$을 ㉠에 대입하면 $a=100$

$\therefore a+b=100+10=110$

실수 Check

$b \leq 0$이면 주어진 수열은 발산하므로 b는 양수이다.

Plus 문제

0101-1

양수 a와 실수 b에 대하여

$$\lim_{n\to-\infty}(\sqrt{an^2-4n}+bn)=\frac{1}{3}$$

일 때, $a-b$의 값을 구하시오.

$$\lim_{n\to-\infty}(\sqrt{an^2-4n}+bn)$$

$$= \lim_{n\to\infty}\{\sqrt{a(-n)^2-4(-n)}+b(-n)\}$$

$$= \lim_{n\to\infty}(\sqrt{an^2+4n}-bn)$$

$$= \lim_{n\to\infty} \frac{(\sqrt{an^2+4n}-bn)(\sqrt{an^2+4n}+bn)}{\sqrt{an^2+4n}+bn}$$

$$= \lim_{n\to\infty} \frac{(a-b^2)n^2+4n}{\sqrt{an^2+4n}+bn}$$

$$= \lim_{n\to\infty} \frac{(a-b^2)n+4}{\sqrt{a+\frac{4}{n}}+b}$$

이때 극한값이 존재하므로 $a-b^2=0 \quad \therefore a=b^2$ ········· ㉠

극한값이 $\frac{1}{3}$이므로 $\frac{4}{\sqrt{a}+b}=\frac{1}{3}$, $\sqrt{a}+b=12$ ········· ㉡

㉠을 ㉡에 대입하면 $2b=12 \quad \therefore b=6$

$b=6$을 ㉠에 대입하면 $a=6^2=36$

$\therefore a-b=36-6=30$

답 30

01

0102 답 ② | 유형 11

수열 $\{a_n\}$에 대하여 $\lim_{n\to\infty}\frac{3a_n-2}{2a_n+3}=2$일 때, $\lim_{n\to\infty}a_n$의 값은?

단서1

① -9 ② -8 ③ -7
④ 7 ⑤ 8

단서1 $\frac{3a_n-2}{2a_n+3}=b_n$으로 놓으면 $\lim_{n\to\infty}b_n=2$

STEP 1 $\frac{3a_n-2}{2a_n+3}=b_n$으로 놓고 a_n을 b_n에 대한 식으로 나타내기

$\frac{3a_n-2}{2a_n+3}=b_n$으로 놓으면

$3a_n-2=2a_nb_n+3b_n$

$(3-2b_n)a_n=3b_n+2$

$\therefore a_n=\frac{3b_n+2}{3-2b_n}$ → 수렴하는 수열에 대한 식으로 변형한다.

STEP 2 $\lim_{n\to\infty}a_n$의 값 구하기

$\lim_{n\to\infty}b_n=2$이므로

$$\lim_{n\to\infty}a_n=\lim_{n\to\infty}\frac{3b_n+2}{3-2b_n}=\frac{3\times2+2}{3-2\times2}=-8$$

→ $\lim_{n\to\infty}\frac{3b_n+2}{3-2b_n}=\frac{3\lim_{n\to\infty}b_n+2}{3-2\lim_{n\to\infty}b_n}$

0103 답 2

$\frac{a_n}{n}=b_n$으로 놓으면 $a_n=nb_n$

이때 $\lim_{n\to\infty}b_n=1$이므로

$$\lim_{n\to\infty}\frac{6a_n-2n}{a_n+n}=\lim_{n\to\infty}\frac{6nb_n-2n}{nb_n+n}=\lim_{n\to\infty}\frac{6b_n-2}{b_n+1}$$

$$=\frac{6\times1-2}{1+1}=2$$

0104 답 14

$a_n-3=b_n$으로 놓으면 $a_n=b_n+3$

이때 $\lim_{n\to\infty}b_n=1$이므로

$$\lim_{n\to\infty}(a_n^2-a_n+2)=\lim_{n\to\infty}\{(b_n+3)^2-(b_n+3)+2\}$$

$$=\lim_{n\to\infty}(b_n^2+5b_n+8)$$

$$=1\times1+5\times1+8=14$$

0105 답 ③

$na_n=b_n$으로 놓으면 $a_n=\frac{b_n}{n}$

이때 $\lim_{n\to\infty} b_n=2$이므로

$$\lim_{n\to\infty}(3n-5)a_n=\lim_{n\to\infty}\left\{(3n-5)\times\frac{b_n}{n}\right\}$$
$$=\lim_{n\to\infty}\frac{3n-5}{n}\times\lim_{n\to\infty}b_n$$
$$=3\times2=6$$

0106 답 ⑤

$(2n^2-n)a_n=b_n$으로 놓으면 $a_n=\dfrac{b_n}{2n^2-n}$

이때 $\lim_{n\to\infty} b_n=6$이므로

$$\lim_{n\to\infty}n^2a_n=\lim_{n\to\infty}\left(n^2\times\frac{b_n}{2n^2-n}\right)$$
$$=\lim_{n\to\infty}\frac{n^2}{2n^2-n}\times\lim_{n\to\infty}b_n$$
$$=\frac{1}{2}\times6=3$$

다른 풀이

$$\lim_{n\to\infty}n^2a_n=\lim_{n\to\infty}\left\{(2n^2-n)a_n\times\frac{n^2}{2n^2-n}\right\}$$
$$=\lim_{n\to\infty}(2n^2-n)a_n\times\lim_{n\to\infty}\frac{n^2}{2n^2-n}$$
$$=6\times\frac{1}{2}=3$$

0107 답 ③

$a_n-\dfrac{2n^2-n+1}{n^2+4n}=b_n$으로 놓으면 $a_n=b_n+\dfrac{2n^2-n+1}{n^2+4n}$

이때 $\lim_{n\to\infty} b_n=7$이므로

$$\lim_{n\to\infty}a_n=\lim_{n\to\infty}\left(b_n+\frac{2n^2-n+1}{n^2+4n}\right)=7+2=9$$

0108 답 -2

$\dfrac{2a_n+1}{a_n-3}=b_n$으로 놓으면

$2a_n+1=a_nb_n-3b_n$, $(b_n-2)a_n=3b_n+1$

$\therefore\ a_n=\dfrac{3b_n+1}{b_n-2}$

이때 $\lim_{n\to\infty} b_n=-1$이므로

$$\lim_{n\to\infty}\frac{a_n}{a_n-1}=\lim_{n\to\infty}\frac{\frac{3b_n+1}{b_n-2}}{\frac{3b_n+1}{b_n-2}-1}=\lim_{n\to\infty}\frac{\frac{3b_n+1}{b_n-2}}{\frac{2b_n+3}{b_n-2}}$$
$$=\lim_{n\to\infty}\frac{3b_n+1}{2b_n+3}=\frac{3\times(-1)+1}{2\times(-1)+3}=-2$$

0109 답 ①

$\dfrac{1}{a_n}=b_n$으로 놓으면 $a_n=\dfrac{1}{b_n}$

이때 $\lim_{n\to\infty} b_n=0$이므로

$$\lim_{n\to\infty}\frac{-2a_n+1}{a_n+3}=\lim_{n\to\infty}\frac{-\frac{2}{b_n}+1}{\frac{1}{b_n}+3}=\lim_{n\to\infty}\frac{b_n-2}{3b_n+1}=-2$$

다른 풀이

$$\lim_{n\to\infty}\frac{-2a_n+1}{a_n+3}=\lim_{n\to\infty}\frac{-2+\frac{1}{a_n}}{1+\frac{3}{a_n}}$$
$$=\frac{-2+0}{1+0}$$
$$=-2$$

0110 답 10 | 유형 12

> 두 수열 $\{a_n\}$, $\{b_n\}$에 대하여
> $\underline{\lim_{n\to\infty}(a_n+b_n)=6}$, $\underline{\lim_{n\to\infty}(a_n-b_n)=2}$
> 단서1 단서2
> 일 때, $\lim_{n\to\infty}(2a_n+b_n)$의 값을 구하시오.
>
> 단서1 $a_n+b_n=c_n$으로 놓으면 $\lim_{n\to\infty}c_n=6$
> 단서2 $a_n-b_n=d_n$으로 놓으면 $\lim_{n\to\infty}d_n=2$

STEP 1 **$a_n+b_n=c_n$, $a_n-b_n=d_n$으로 놓고 a_n과 b_n을 각각 c_n, d_n에 대한 식으로 나타내기**

$a_n+b_n=c_n$, $a_n-b_n=d_n$으로 놓고 두 식을 각각 a_n, b_n에 대하여 정리하면

$a_n=\dfrac{c_n+d_n}{2}$, $b_n=\dfrac{c_n-d_n}{2}$ → 수렴하는 수열에 대한 식으로 변형한다.

STEP 2 **$\lim_{n\to\infty}(2a_n+b_n)$의 값 구하기**

$\lim_{n\to\infty}c_n=6$, $\lim_{n\to\infty}d_n=2$이므로

$$\lim_{n\to\infty}(2a_n+b_n)=\lim_{n\to\infty}\left(2\times\frac{c_n+d_n}{2}+\frac{c_n-d_n}{2}\right)$$
$$=\lim_{n\to\infty}\left(\frac{3}{2}c_n+\frac{1}{2}d_n\right)$$
$$=\frac{3}{2}\times6+\frac{1}{2}\times2=10$$

→ $\lim_{n\to\infty}\left(\frac{3}{2}c_n+\frac{1}{2}d_n\right)=\frac{3}{2}\lim_{n\to\infty}c_n+\frac{1}{2}\lim_{n\to\infty}d_n$

실수 Check

두 수열 $\{a_n\}$, $\{b_n\}$이 수렴한다는 조건이 없으므로 $\lim_{n\to\infty}a_n=\alpha$, $\lim_{n\to\infty}b_n=\beta$ (α, β는 실수)로 놓을 수 없다.

0111 답 ⑤

$a_n-2=c_n$으로 놓으면 $a_n=c_n+2$

$b_n-1=d_n$으로 놓으면 $b_n=d_n+1$

이때 $\lim_{n\to\infty}c_n=1$, $\lim_{n\to\infty}d_n=3$이므로

$$\lim_{n\to\infty}(a_n+b_n)=\lim_{n\to\infty}\{(c_n+2)+(d_n+1)\}$$
$$=\lim_{n\to\infty}(c_n+d_n+3)$$
$$=1+3+3=7$$

0112 답 48

$\dfrac{a_n}{3n-1}=c_n$으로 놓으면 $a_n=(3n-1)c_n$

$\dfrac{b_n}{2n+5}=d_n$으로 놓으면 $b_n=(2n+5)d_n$

이때 $\lim_{n\to\infty}c_n=4$, $\lim_{n\to\infty}d_n=2$이므로

$$\lim_{n\to\infty}\frac{a_nb_n}{(n+1)^2}=\lim_{n\to\infty}\frac{(3n-1)c_n\times(2n+5)d_n}{(n+1)^2}$$
$$=\lim_{n\to\infty}\frac{6n^2+13n-5}{n^2+2n+1}\times\lim_{n\to\infty}c_n\times\lim_{n\to\infty}d_n$$
$$=6\times4\times2=48$$

0113 답 ③

$(3n-1)a_n=c_n$으로 놓으면 $a_n=\frac{c_n}{3n-1}$

$(2n^2+1)b_n=d_n$으로 놓으면 $b_n=\frac{d_n}{2n^2+1}$

이때 $\lim_{n\to\infty}c_n=6$, $\lim_{n\to\infty}d_n=10$이므로

$$\lim_{n\to\infty}(n-1)^3a_nb_n=\lim_{n\to\infty}\left\{(n-1)^3\times\frac{c_n}{3n-1}\times\frac{d_n}{2n^2+1}\right\}$$
$$=\lim_{n\to\infty}\frac{(n-1)^3}{(3n-1)(2n^2+1)}\times\lim_{n\to\infty}c_n\times\lim_{n\to\infty}d_n$$
$$=\frac{1}{6}\times6\times10=10$$

0114 답 ①

$3a_n-b_n=c_n$으로 놓으면 $b_n=3a_n-c_n$

이때 $\lim_{n\to\infty}a_n=\infty$, $\lim_{n\to\infty}c_n=1$이므로

$$\lim_{n\to\infty}\frac{6a_n+5b_n}{2a_n-3b_n}=\lim_{n\to\infty}\frac{6a_n+15a_n-5c_n}{2a_n-9a_n+3c_n}$$
$$=\lim_{n\to\infty}\frac{21a_n-5c_n}{-7a_n+3c_n}$$
$$=\lim_{n\to\infty}\frac{21-\frac{5c_n}{a_n}}{-7+\frac{3c_n}{a_n}}=-3$$

다른 풀이

$\lim_{n\to\infty}a_n=\infty$이고 $\lim_{n\to\infty}(3a_n-b_n)=1$이므로 $\lim_{n\to\infty}a_n\left(3-\frac{b_n}{a_n}\right)=1$

$\lim_{n\to\infty}\left(3-\frac{b_n}{a_n}\right)=0$이므로 $\lim_{n\to\infty}\frac{b_n}{a_n}=3$

$$\therefore\ \lim_{n\to\infty}\frac{6a_n+5b_n}{2a_n-3b_n}=\lim_{n\to\infty}\frac{6+\frac{5b_n}{a_n}}{2-\frac{3b_n}{a_n}}=\frac{6+15}{2-9}=\frac{21}{-7}=-3$$

실수 Check

$\lim_{n\to\infty}p_n=\infty$일 때, $\lim_{n\to\infty}p_nq_n$이 수렴하려면 $\lim_{n\to\infty}q_n=0$이어야 한다.

0115 답 ⑤

$a_n+b_n=c_n$으로 놓으면 $b_n=c_n-a_n$

이때 $\lim_{n\to\infty}a_n=\infty$, $\lim_{n\to\infty}c_n=2$이므로

$$\lim_{n\to\infty}\frac{a_n^3+b_n^3}{a_nb_n}=\lim_{n\to\infty}\frac{a_n^3+(c_n-a_n)^3}{a_n(c_n-a_n)}$$
$$=\lim_{n\to\infty}\frac{3a_n^2c_n-3a_nc_n^2+c_n^3}{-a_n^2+a_nc_n}$$
$$=\lim_{n\to\infty}\frac{3c_n-\frac{3c_n^2}{a_n}+\frac{c_n^3}{a_n^2}}{-1+\frac{c_n}{a_n}}=\lim_{n\to\infty}(-3c_n)=-6$$

다른 풀이

$\lim_{n\to\infty}a_n=\infty$, $\lim_{n\to\infty}b_n=-\infty$이므로

$\lim_{n\to\infty}a_nb_n=-\infty$, $\lim_{n\to\infty}\frac{1}{a_nb_n}=0$

$$\therefore\ \lim_{n\to\infty}\frac{a_n^3+b_n^3}{a_nb_n}=\lim_{n\to\infty}\frac{(a_n+b_n)^3-3a_nb_n(a_n+b_n)}{a_nb_n}$$
$$=\lim_{n\to\infty}\frac{(a_n+b_n)^3}{a_nb_n}-3\lim_{n\to\infty}(a_n+b_n)$$
$$=0-3\times2=-6$$

0116 답 12

$a_n-1=c_n$으로 놓으면 $a_n=c_n+1$ ······ ㉠

$a_n+2b_n=d_n$으로 놓으면 $b_n=\frac{1}{2}d_n-\frac{1}{2}a_n$ ······ ㉡

㉠을 ㉡에 대입하면

$b_n=\frac{1}{2}d_n-\frac{1}{2}c_n-\frac{1}{2}$

이때 $\lim_{n\to\infty}c_n=2$, $\lim_{n\to\infty}d_n=9$이므로

$$\lim_{n\to\infty}a_n(1+b_n)=\lim_{n\to\infty}(c_n+1)\left(\frac{1}{2}d_n-\frac{1}{2}c_n+\frac{1}{2}\right)$$
$$=(2+1)\times\left(\frac{1}{2}\times9-\frac{1}{2}\times2+\frac{1}{2}\right)=12$$

0117 답 ⑤

$\frac{a_n}{3n}=c_n$으로 놓으면 $a_n=3nc_n$

$\frac{2n+3}{b_n}=d_n$으로 놓으면 $b_n=\frac{2n+3}{d_n}$

이때 $\lim_{n\to\infty}c_n=2$, $\lim_{n\to\infty}d_n=6$이므로

$$\lim_{n\to\infty}\frac{a_n}{b_n}=\lim_{n\to\infty}\frac{3nc_n}{\frac{2n+3}{d_n}}$$
$$=\lim_{n\to\infty}\frac{3n}{2n+3}\times\lim_{n\to\infty}c_n\times\lim_{n\to\infty}d_n$$
$$=\frac{3}{2}\times2\times6=18$$

다른 풀이

$$\lim_{n\to\infty}\frac{a_n}{b_n}=\lim_{n\to\infty}\left(\frac{a_n}{3n}\times\frac{2n+3}{b_n}\times\frac{3n}{2n+3}\right)$$
$$=2\times6\times\frac{3}{2}=18$$

0118 답 21

$n^2a_n=c_n$으로 놓으면 $a_n=\frac{c_n}{n^2}$

$\frac{b_n}{n}=d_n$으로 놓으면 $b_n=nd_n$

이때 $\lim_{n\to\infty}c_n=3$, $\lim_{n\to\infty}d_n=5$이므로

$$\lim_{n\to\infty}na_n(b_n+2n)=\lim_{n\to\infty}\left\{n\times\frac{c_n}{n^2}(nd_n+2n)\right\}$$
$$=\lim_{n\to\infty}(c_nd_n+2c_n)$$
$$=3\times5+2\times3=21$$

다른 풀이

$$\lim_{n\to\infty}na_n(b_n+2n)=\lim_{n\to\infty}n^2a_n\left(\frac{b_n}{n}+2\right)=3\times(5+2)=21$$

0119 답 ③

| 유형13

수열 $\{a_n\}$이 모든 자연수 n에 대하여

$\underline{3n^2-4n+5\le(n^2+2)a_n\le3n^2+4n+5}$ 단서1

를 만족시킬 때, $\lim_{n\to\infty}a_n$의 값은?

① $\frac{5}{3}$ ② 2 ③ 3

④ $\frac{10}{3}$ ⑤ 4

단서1 양변을 n^2+2로 나누어 a_n에 대한 부등식으로 변형

STEP1 a_n에 대한 부등식 세우기

$3n^2-4n+5\le(n^2+2)a_n\le3n^2+4n+5$에서

$\frac{3n^2-4n+5}{n^2+2}\le a_n\le\frac{3n^2+4n+5}{n^2+2}$

STEP2 $\lim_{n\to\infty}a_n$의 값 구하기

$\lim_{n\to\infty}\frac{3n^2-4n+5}{n^2+2}=\lim_{n\to\infty}\frac{3n^2+4n+5}{n^2+2}=3$이므로

$\lim_{n\to\infty}a_n=3$

0120 답 2

$2n-10<a_n<2n+10$에서 $2-\frac{10}{n}<\frac{a_n}{n}<2+\frac{10}{n}$

이때 $\lim_{n\to\infty}\left(2-\frac{10}{n}\right)=\lim_{n\to\infty}\left(2+\frac{10}{n}\right)=2$이므로

$\lim_{n\to\infty}\frac{a_n}{n}=2$

0121 답 ②

$\frac{2n}{n^2+3}<a_n<\frac{2n+5}{n^2+3}$에서

$\frac{2n^2}{n^2+3}<na_n<\frac{2n^2+5n}{n^2+3}$

이때 $\lim_{n\to\infty}\frac{2n^2}{n^2+3}=\lim_{n\to\infty}\frac{2n^2+5n}{n^2+3}=2$이므로

$\lim_{n\to\infty}na_n=2$

0122 답 2

$\sqrt{4n^2+2}\le(n+1)a_n\le\sqrt{4n^2+4n-1}$에서

$\frac{\sqrt{4n^2+2}}{n+1}\le a_n\le\frac{\sqrt{4n^2+4n-1}}{n+1}$

이때 $\lim_{n\to\infty}\frac{\sqrt{4n^2+2}}{n+1}=\lim_{n\to\infty}\frac{\sqrt{4n^2+4n-1}}{n+1}=2$이므로

$\lim_{n\to\infty}a_n=2$

0123 답 ③

$|a_n-2n|\le3$에서 $-3\le a_n-2n\le3$, $2n-3\le a_n\le2n+3$

$\therefore\ \frac{2n-3}{2n}\le\frac{a_n}{2n}\le\frac{2n+3}{2n}$

이때 $\lim_{n\to\infty}\frac{2n-3}{2n}=\lim_{n\to\infty}\frac{2n+3}{2n}=1$이므로

$\lim_{n\to\infty}\frac{a_n}{2n}=1$

0124 답 ③

$1+\log_3n<\log_3a_n<1+\log_3(n+2)$에서

$\log_33n<\log_3a_n<\log_3(3n+6)$이므로

$3n<a_n<3n+6$

$\therefore\ \frac{3n}{n+1}<\frac{a_n}{n+1}<\frac{3n+6}{n+1}$

이때 $\lim_{n\to\infty}\frac{3n}{n+1}=\lim_{n\to\infty}\frac{3n+6}{n+1}=3$이므로

$\lim_{n\to\infty}\frac{a_n}{n+1}=3$

다른 풀이

주어진 부등식의 각 변에서 $\log_3(n+1)$을 빼면

$1+\log_3\frac{n}{n+1}<\log_3\frac{a_n}{n+1}<1+\log_3\frac{n+2}{n+1}$

이때 $\lim_{n\to\infty}\left(1+\log_3\frac{n}{n+1}\right)=\lim_{n\to\infty}\left(1+\log_3\frac{n+2}{n+1}\right)=1$이므로

$\lim_{n\to\infty}\log_3\frac{a_n}{n+1}=\log_3\left(\lim_{n\to\infty}\frac{a_n}{n+1}\right)=1$에서

$\lim_{n\to\infty}\frac{a_n}{n+1}=3$

0125 답 ④

$a_n=5+(n-1)\times3=3n+2$이므로

$n-2\le a_nb_n\le n+1$에서 $n-2\le(3n+2)b_n\le n+1$

$\therefore\ \frac{n-2}{3n+2}\le b_n\le\frac{n+1}{3n+2}$

이때 $\lim_{n\to\infty}\frac{n-2}{3n+2}=\lim_{n\to\infty}\frac{n+1}{3n+2}=\frac{1}{3}$이므로

$\lim_{n\to\infty}b_n=\frac{1}{3}$

0126 답 ⑤

$3n<\sqrt{a_n}<3n+1$에서 n 대신 $2n$을 대입하면

$6n<\sqrt{a_{2n}}<6n+1$

각 변을 제곱하면

$36n^2<a_{2n}<36n^2+12n+1$이므로

$\frac{38n^2}{\sqrt{9n^4+2}}<\frac{a_{2n}+2n^2}{\sqrt{9n^4+2}}<\frac{38n^2+12n+1}{\sqrt{9n^4+2}}$

이때 $\lim_{n\to\infty}\frac{38n^2}{\sqrt{9n^4+2}}=\lim_{n\to\infty}\frac{38n^2+12n+1}{\sqrt{9n^4+2}}=\frac{38}{3}$이므로

$\lim_{n\to\infty}\frac{a_{2n}+2n^2}{\sqrt{9n^4+2}}=\frac{38}{3}$

0127 답 6

$2a_n+b_n=c_n$, $a_n-b_n=d_n$으로 놓으면

$(2a_n+b_n)+(a_n-b_n)=c_n+d_n$

$3a_n=c_n+d_n\qquad\therefore\ a_n=\frac{c_n+d_n}{3}$

이때 $\lim_{n\to\infty}\left(8-\frac{1}{n}\right)=\lim_{n\to\infty}\left(8+\frac{1}{n}\right)=8$이므로 $\lim_{n\to\infty}c_n=8$

$\lim_{n\to\infty}\left(10-\frac{1}{n}\right)=\lim_{n\to\infty}\left(10+\frac{1}{n}\right)=10$이므로 $\lim_{n\to\infty}d_n=10$

$\therefore\ \lim_{n\to\infty}a_n=\lim_{n\to\infty}\frac{c_n+d_n}{3}=\frac{8+10}{3}=6$

0128 답 ③

$2n < a_n < 2n+1$에서

$\sum_{k=1}^{n} 2k < \sum_{k=1}^{n} a_k < \sum_{k=1}^{n} (2k+1)$

$\sum_{k=1}^{n} 2k = 2\times\frac{n(n+1)}{2} = n(n+1)$,

$\sum_{k=1}^{n} (2k+1) = 2\times\frac{n(n+1)}{2} + n = n(n+1)+n$이므로

$n(n+1) < \sum_{k=1}^{n} a_k < n(n+1)+n$

$n^2+n < \sum_{k=1}^{n} a_k < n^2+2n$

$\frac{1}{n^2+2n} < \frac{1}{\sum_{k=1}^{n} a_k} < \frac{1}{n^2+n}$

$\therefore \frac{n^2}{n^2+2n} < \frac{n^2}{a_1+a_2+a_3+\cdots+a_n} < \frac{n^2}{n^2+n}$

이때 $\lim_{n\to\infty}\frac{n^2}{n^2+2n} = \lim_{n\to\infty}\frac{n^2}{n^2+n} = 1$이므로

$\lim_{n\to\infty}\frac{n^2}{a_1+a_2+a_3+\cdots+a_n} = 1$

실수 Check

$n^2+n < \sum_{k=1}^{n} a_k < n^2+2n$이 분모로 적용될 때, 부등호의 방향이 바뀌는 것에 주의한다.

0129 답 ④

$\sqrt{9n^2+4} < \sqrt{na_n} < 3n+2$의 각 변을 제곱하면

$9n^2+4 < na_n < (3n+2)^2$이므로

$\frac{9n^2+4}{n^2} < \frac{a_n}{n} < \frac{(3n+2)^2}{n^2}$

이때 $\lim_{n\to\infty}\frac{9n^2+4}{n^2} = \lim_{n\to\infty}\frac{(3n+2)^2}{n^2} = 9$이므로 $\lim_{n\to\infty}\frac{a_n}{n} = 9$

0130 답 ②

$2n^2-3 < a_n < 2n^2+4$에서

$\sum_{k=1}^{n} (2k^2-3) < \sum_{k=1}^{n} a_k < \sum_{k=1}^{n} (2k^2+4)$

$2\times\frac{n(n+1)(2n+1)}{6} - 3n < S_n < 2\times\frac{n(n+1)(2n+1)}{6} + 4n$

$\frac{2n^3+3n^2-8n}{3} < S_n < \frac{2n^3+3n^2+13n}{3}$

$\therefore \frac{2n^3+3n^2-8n}{3n^3} < \frac{S_n}{n^3} < \frac{2n^3+3n^2+13n}{3n^3}$

이때 $\lim_{n\to\infty}\frac{2n^3+3n^2-8n}{3n^3} = \lim_{n\to\infty}\frac{2n^3+3n^2+13n}{3n^3} = \frac{2}{3}$이므로

$\lim_{n\to\infty}\frac{S_n}{n^3} = \frac{2}{3}$

실수 Check

$2n^2-3 < a_n < 2n^2+4$에서 각 변에 합의 기호 Σ를 적용해도 부등호의 방향은 바뀌지 않는다.

Plus 문제

0130-1

첫째항이 1, 공차가 2인 등차수열 $\{a_n\}$과 수열 $\{b_n\}$이 모든 자연수 n에 대하여

$a_n - 1 < b_n < a_n + 3$

을 만족시킨다. 수열 $\{b_n\}$의 첫째항부터 제n항까지의 합을 S_n이라 할 때, $\lim_{n\to\infty}\frac{S_n}{n^2}$의 값을 구하시오.

첫째항이 1, 공차가 2인 등차수열 $\{a_n\}$의 일반항은

$a_n = 1+2(n-1) = 2n-1$

즉, $a_n-1 < b_n < a_n+3$에서

$2n-1-1 < b_n < 2n-1+3$

$\therefore 2n-2 < b_n < 2n+2$

$2n-2 < b_n < 2n+2$에서 $\sum_{k=1}^{n}(2k-2) < \sum_{k=1}^{n} b_k < \sum_{k=1}^{n}(2k+2)$

$2\times\frac{n(n+1)}{2} - 2n < S_n < 2\times\frac{n(n+1)}{2} + 2n$

$n^2-n < S_n < n^2+3n$

$\therefore \frac{n^2-n}{n^2} < \frac{S_n}{n^2} < \frac{n^2+3n}{n^2}$

이때 $\lim_{n\to\infty}\frac{n^2-n}{n^2} = \lim_{n\to\infty}\frac{n^2+3n}{n^2} = 1$이므로 $\lim_{n\to\infty}\frac{S_n}{n^2} = 1$

답 1

0131 답 0 | 유형 14

단서1

$\lim_{n\to\infty}\frac{2n^2\sin n\theta}{n^3+2}$의 값을 구하시오. (단, θ는 상수이다.)

단서1 $\sin n\theta$의 범위는 $-1 \le \sin n\theta \le 1$

STEP 1 $\sin n\theta$의 범위를 이용하여 주어진 수열에 대한 부등식 세우기

$-1 \le \sin n\theta \le 1$이므로

$-\frac{2n^2}{n^3+2} \le \frac{2n^2\sin n\theta}{n^3+2} \le \frac{2n^2}{n^3+2}$

STEP 2 주어진 수열의 극한값 구하기

$\lim_{n\to\infty}\left(-\frac{2n^2}{n^3+2}\right) = \lim_{n\to\infty}\frac{2n^2}{n^3+2} = 0$이므로

$\lim_{n\to\infty}\frac{2n^2\sin n\theta}{n^3+2} = 0$

→ $0 = \lim_{n\to\infty}\left(-\frac{2n^2}{n^3+2}\right) \le \lim_{n\to\infty}\frac{2n^2\sin n\theta}{n^3+2} \le \lim_{n\to\infty}\frac{2n^2}{n^3+2} = 0$

0132 답 ②

$\frac{n}{2} - 1 < \left[\frac{n}{2}\right] \le \frac{n}{2}$이므로 $n>0$일 때

$\frac{12}{3n-2}\times\left(\frac{n}{2}-1\right) < \frac{12}{3n-2}\left[\frac{n}{2}\right] \le \frac{12}{3n-2}\times\frac{n}{2}$

이때 $\lim_{n\to\infty}\frac{12}{3n-2}\left(\frac{n}{2}-1\right) = \lim_{n\to\infty}\left(\frac{12}{3n-2}\times\frac{n}{2}\right) = 2$이므로

$\lim_{n\to\infty}\frac{12}{3n-2}\left[\frac{n}{2}\right] = 2$

0133 답 0

$-1\le\cos n\theta\le1$이므로

$-\frac{1+n^2}{n^3}\le\frac{(1+n^2)\cos n\theta}{n^3}\le\frac{1+n^2}{n^3}$

이때 $\lim_{n\to\infty}\left(-\frac{1+n^2}{n^3}\right)=\lim_{n\to\infty}\frac{1+n^2}{n^3}=0$이므로

$\lim_{n\to\infty}\frac{(1+n^2)\cos n\theta}{n^3}=0$

0134 답 ⑤

ㄱ. $-1\le\sin\frac{n\pi}{5}\le1$이므로

$-\frac{1}{n}\le\frac{1}{n}\sin\frac{n\pi}{5}\le\frac{1}{n}$

이때 $\lim_{n\to\infty}\left(-\frac{1}{n}\right)=\lim_{n\to\infty}\frac{1}{n}=0$이므로

$\lim_{n\to\infty}\frac{1}{n}\sin\frac{n\pi}{5}=0$ (거짓)

ㄴ. $-1\le\cos n\pi\le1$이므로

$-\frac{1}{\sqrt{n}}\le\frac{1}{\sqrt{n}}\cos n\pi\le\frac{1}{\sqrt{n}}$

이때 $\lim_{n\to\infty}\left(-\frac{1}{\sqrt{n}}\right)=\lim_{n\to\infty}\frac{1}{\sqrt{n}}=0$이므로

$\lim_{n\to\infty}\frac{1}{\sqrt{n}}\cos n\pi=0$ (참)

ㄷ. n은 자연수이므로

$0<\tan\frac{\pi}{6n}\le\tan\frac{\pi}{6}=\frac{\sqrt{3}}{3}<1$

$\therefore 0<\frac{1}{n}\tan\frac{\pi}{6n}<\frac{1}{n}$

이때 $\lim_{n\to\infty}\frac{1}{n}=0$이므로

$\lim_{n\to\infty}\frac{1}{n}\tan\frac{\pi}{6n}=0$ (참)

따라서 옳은 것은 ㄴ, ㄷ이다.

0135 답 ①

(가)에서 $2+4+6+\cdots+2n=2\times\frac{n(n+1)}{2}=n^2+n$

이므로 $3n^2+1<(n^2+n)a_n$

$\therefore a_n>\frac{3n^2+1}{n^2+n}$

(나)에서 $a_n<3-\frac{1}{2}b_n$이므로

$\frac{3n^2+1}{n^2+n}<a_n<3-\frac{b_n}{2}$

한편, $\lim_{n\to\infty}\frac{3n^2+1}{n^2+n}=3$이고

(다)에서 $\lim_{n\to\infty}b_n=0$이므로

$\lim_{n\to\infty}\left(3-\frac{b_n}{2}\right)=3 \qquad \therefore \lim_{n\to\infty}a_n=3$

실수 Check

(가)에서 $2+4+6+\cdots+2n=2(1+2+3+\cdots+n)$으로 생각하여 $2\times\frac{n(n+1)}{2}$로 계산할 수 있다.

0136 답 ④

| 유형15

두 수열 $\{a_n\}$, $\{b_n\}$에 대하여 〈보기〉에서 옳은 것만을 있는 대로 고른 것은?

〈보기〉

ㄱ. 두 수열 $\{a_n\}$, $\{a_n-b_n\}$이 수렴하면 수열 $\{b_n\}$도 수렴한다. (단서1)

ㄴ. 두 수열 $\{a_n\}$, $\{a_nb_n\}$이 수렴하면 수열 $\{b_n\}$도 수렴한다.

ㄷ. $\lim_{n\to\infty}(2a_n-b_n)=1$이고 $\lim_{n\to\infty}a_n=2$이면 $\lim_{n\to\infty}b_n=3$이다.

① ㄱ ② ㄴ ③ ㄱ, ㄴ
④ ㄱ, ㄷ ⑤ ㄴ, ㄷ

단서1 두 수열 $\{a_n\}$, $\{a_n-b_n\}$이 수렴하므로 각각의 극한값을 α, β로 놓기

STEP 1 수열의 극한의 성질을 이용하여 주어진 명제가 참임을 보이거나 반례를 이용하여 주어진 명제가 거짓임을 보이기

ㄱ. $\lim_{n\to\infty}a_n=\alpha$, $\lim_{n\to\infty}(a_n-b_n)=\beta$ (α, β는 실수)라 하면

$\lim_{n\to\infty}b_n=\lim_{n\to\infty}\{a_n-(a_n-b_n)\}=\alpha-\beta$

이므로 수열 $\{b_n\}$은 수렴한다. (참)

ㄴ. [반례] $a_n=\frac{1}{n}$, $b_n=n$이면 $\lim_{n\to\infty}a_n=0$, $\lim_{n\to\infty}a_nb_n=\lim_{n\to\infty}1=1$

이므로 두 수열 $\{a_n\}$, $\{a_nb_n\}$은 각각 수렴하지만 수열 $\{b_n\}$은 발산한다. (거짓)

ㄷ. $2a_n-b_n=c_n$으로 놓으면 $b_n=2a_n-c_n$ → 수렴 · 발산 여부를 모르는 수열을 수렴 · 발산 여부를 아는 수열에 대한 식으로 나타낸다.

이때 $\lim_{n\to\infty}a_n=2$, $\lim_{n\to\infty}c_n=1$이므로

$\lim_{n\to\infty}b_n=\lim_{n\to\infty}(2a_n-c_n)=2\times2-1=3$ (참)

따라서 옳은 것은 ㄱ, ㄷ이다.

0137 답 ②

ㄱ. [반례] $a_n=n$, $b_n=n^2$이면 $\lim_{n\to\infty}a_n=\infty$, $\lim_{n\to\infty}b_n=\infty$이지만

$\lim_{n\to\infty}\frac{a_n}{b_n}=\lim_{n\to\infty}\frac{1}{n}=0$ (거짓)

ㄷ. [반례] $a_n=(-1)^n+2$, $b_n=4$이면 $0<a_n<b_n$이고

$\lim_{n\to\infty}b_n=4$이므로 수열 $\{b_n\}$이 수렴하지만 수열 $\{a_n\}$은 발산(진동)한다. (거짓)

따라서 옳은 것은 ㄴ이다.

0138 답 ①

ㄱ. $\lim_{n\to\infty}a_n=\alpha$, $\lim_{n\to\infty}(a_n-b_n)=\beta$ (α, β는 실수)라 하면

$\lim_{n\to\infty}(a_n+b_n)=\lim_{n\to\infty}\{2a_n-(a_n-b_n)\}=2\alpha-\beta$

이므로 수열 $\{a_n+b_n\}$은 수렴한다. (참)

ㄴ. [반례] $a_n=(-1)^n$, $b_n=(-1)^{n-1}$이면

$\lim_{n\to\infty}a_nb_n=\lim_{n\to\infty}(-1)^{2n-1}=-1$이므로 수열 $\{a_nb_n\}$이 수렴하고 수열 $\{b_n\}$이 발산하지만 수열 $\{a_n\}$은 발산(진동)한다.

(거짓)

ㄷ. [반례] $a_n=-1$, $b_n=1$, $c_n=(-1)^n$이면

모든 자연수 n에 대하여 $a_n\le c_n\le b_n$이고

$\lim_{n\to\infty}a_n=-1$, $\lim_{n\to\infty}b_n=1$이므로 두 수열 $\{a_n\}$, $\{b_n\}$은 각각 수

렴하지만 수열 $\{c_n\}$은 발산(진동)한다. (거짓)

따라서 옳은 것은 ㄱ이다.

0139 답 ③

ㄱ. [반례] $a_n=\frac{1}{n}$, $b_n=\frac{2}{n}$이면

$\lim_{n\to\infty} a_n=\lim_{n\to\infty} b_n=0$이지만 $a_n\neq b_n$이다. (거짓)

ㄴ. [반례] $a_n=n-\frac{1}{n}$, $b_n=n+\frac{1}{n}$, $c_n=n$이면

모든 자연수 n에 대하여 $a_n<c_n<b_n$이고

$\lim_{n\to\infty}|a_n-b_n|=\lim_{n\to\infty}\left|-\frac{2}{n}\right|=0$이지만 수열 $\{c_n\}$은 발산한다. (거짓)

ㄷ. $a_n-b_n=d_n$으로 놓으면 $b_n=a_n-d_n$

이때 $\lim_{n\to\infty} a_n=\infty$, $\lim_{n\to\infty} d_n=\alpha$이므로

$\lim_{n\to\infty}\frac{b_n}{a_n}=\lim_{n\to\infty}\frac{a_n-d_n}{a_n}=\lim_{n\to\infty}\left(1-\frac{d_n}{a_n}\right)=1$ (참)

따라서 옳은 것은 ㄷ이다.

0140 답 ③

ㄱ. $-|a_n|\le a_n\le |a_n|$에서

$\lim_{n\to\infty}(-|a_n|)=\lim_{n\to\infty}|a_n|=0$이므로

$\lim_{n\to\infty} a_n=0$ (참)

ㄴ. $3a_n+b_n=c_n$으로 놓으면 $b_n=c_n-3a_n$

이때 $\lim_{n\to\infty} a_n=1$, $\lim_{n\to\infty} c_n=0$이므로

$\lim_{n\to\infty} b_n=\lim_{n\to\infty}(c_n-3a_n)=0-3\times 1=-3$ (참)

ㄷ. [반례] $a_n=\frac{1}{n}$, $b_n=n$이면

$\lim_{n\to\infty} a_nb_n=\lim_{n\to\infty}\frac{n}{n}=1$이므로 수열 $\{a_nb_n\}$은 수렴하지만 수열 $\{b_n\}$은 발산한다. (거짓)

ㄹ. $\lim_{n\to\infty} a_n=\alpha$, $\lim_{n\to\infty} b_n=\beta$ (α, β는 실수)라 하면

$\lim_{n\to\infty}(a_n-b_n)=0$에서 $\alpha-\beta=0$ $\quad\therefore \alpha=\beta$ (참)

따라서 옳은 것은 ㄱ, ㄴ, ㄹ이다.

0141 답 ③

① [반례] $a_n=n$, $b_n=\frac{1}{n}$이면

$\lim_{n\to\infty} a_n=\infty$, $\lim_{n\to\infty} b_n=0$이지만

$\lim_{n\to\infty} a_nb_n=\lim_{n\to\infty}\frac{n}{n}=1$

② [반례] $\{a_n\}$: 0, 1, 0, 1, ⋯

$\{b_n\}$: 1, 0, 1, 0, ⋯

이면 $\lim_{n\to\infty} a_nb_n=0$이지만 $\lim_{n\to\infty} a_n\neq 0$, $\lim_{n\to\infty} b_n\neq 0$이다.

③ $\lim_{n\to\infty} b_n\neq\infty$라 가정하자.

(i) $\lim_{n\to\infty} b_n=\alpha$ (α는 실수)이면 $\lim_{n\to\infty}(a_n-b_n)=\infty$가 되어 모순이다.

(ii) $\lim_{n\to\infty} b_n=-\infty$이면 $\lim_{n\to\infty}(a_n-b_n)=\infty$가 되어 모순이다.

(iii) 수열 $\{b_n\}$이 진동하면 수열 $\{a_n-b_n\}$은 양의 무한대로 발산하거나 진동하므로 모순이다.

(i)~(iii)에서 $\lim_{n\to\infty} b_n=\infty$

④ [반례] $a_n=(-1)^n$, $b_n=(-1)^{n+1}$이면

$\lim_{n\to\infty} a_nb_n=\lim_{n\to\infty}(-1)^{2n+1}=-1$이므로

두 수열 $\{a_n\}$, $\{b_n\}$은 모두 발산(진동)하지만 수열 $\{a_nb_n\}$은 수렴한다.

⑤ [반례] $a_n=(-1)^n$이면 $a_{2n}=(-1)^{2n}=1$,

$a_{2n-1}=(-1)^{2n-1}=-1$이고

$\lim_{n\to\infty} a_{2n}=1$, $\lim_{n\to\infty} a_{2n-1}=-1$이므로

두 수열 $\{a_{2n}\}$, $\{a_{2n-1}\}$이 모두 수렴하지만 수열 $\{a_n\}$은 발산(진동)한다.

따라서 옳은 것은 ③이다.

0142 답 ①

ㄱ. $\lim_{n\to\infty} a_{2n}=1$에서 n 대신 $2n$을 대입하면

$\lim_{2n\to\infty} a_{4n}=1$

이때 $2n\to\infty$이면 $n\to\infty$이므로

$\lim_{n\to\infty} a_{4n}=1$ (참)

ㄴ. [반례] $a_n=(-1)^n$이면 $\lim_{n\to\infty} a_n^2=\lim_{n\to\infty}(-1)^{2n}=1$이지만 수열 $\{a_n\}$은 발산(진동)한다. (거짓)

ㄷ. [반례] $a_n=(-1)^n$이면 $\lim_{n\to\infty} a_{2n}=\lim_{n\to\infty}(-1)^{2n}=1$이지만 수열 $\{a_n\}$은 발산(진동)한다. (거짓)

따라서 옳은 것은 ㄱ이다.

0143 답 ③

ㄱ. $a_n=\frac{(-1)^n+3}{2}=\frac{1}{2}\times(-1)^n+\frac{3}{2}$에서 n이 홀수일 때는 1, n이 짝수일 때는 2이므로 수열 $\{a_n\}$은 발산(진동)한다. (참)

ㄴ. 수열 $\{b_n\}$은 $p=0$인 경우 $q, q, q, q, \cdots$가 되어 수렴한다. (참)

ㄷ. $a_n+b_n=\left\{\frac{1}{2}\times(-1)^n+\frac{3}{2}\right\}+\{(-p)\times(-1)^n+q\}$

$=\left(\frac{1}{2}-p\right)\times(-1)^n+\frac{3}{2}+q$

이므로 수열 $\{a_n+b_n\}$은 $\frac{1}{2}-p=0$, 즉 $p=\frac{1}{2}$일 때 수렴한다.

$a_nb_n=\left\{\frac{1}{2}\times(-1)^n+\frac{3}{2}\right\}\{(-p)\times(-1)^n+q\}$

$=-\frac{1}{2}p\times(-1)^{2n}+\frac{1}{2}(q-3p)\times(-1)^n+\frac{3}{2}q$

$=\frac{1}{2}(q-3p)\times(-1)^n+\frac{3}{2}q-\frac{1}{2}p$

이므로 수열 $\{a_nb_n\}$은 $q-3p=0$, 즉 $q=3p$일 때 수렴한다.

두 수열 $\{a_n+b_n\}$, $\{a_nb_n\}$이 모두 수렴하려면

$p=\frac{1}{2}$이고 $q=3p$에서 $q=\frac{3}{2}$

즉, $\lim_{n\to\infty}(a_n+b_n)=3$, $\lim_{n\to\infty}a_nb_n=2$이므로

$\lim_{n\to\infty}(a_n^2+b_n^2)=\lim_{n\to\infty}\{(a_n+b_n)^2-2a_nb_n\}=9-4=5$ (거짓)

따라서 옳은 것은 ㄱ, ㄴ이다.

실수 Check

수열의 일반항이 복잡한 식으로 주어진 경우, 먼저 $n=1, 2, 3, \cdots$을 차례로 대입하여 수열의 규칙성을 찾아야 한다.

0144 답 ④

| 유형16

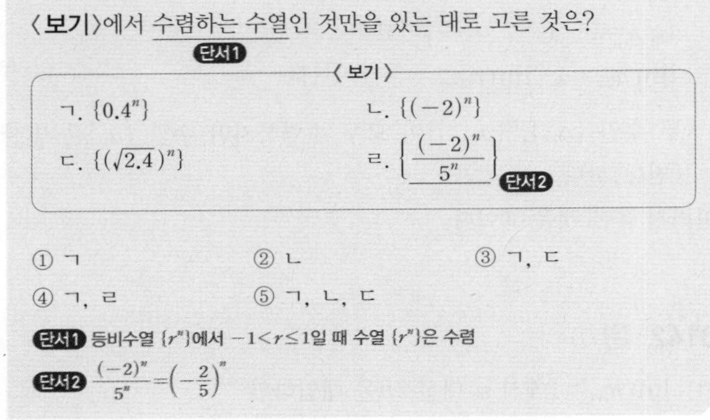
〈보기〉에서 수렴하는 수열인 것만을 있는 대로 고른 것은? (단서1)

〈보기〉

ㄱ. $\{0.4^n\}$　　ㄴ. $\{(-2)^n\}$

ㄷ. $\{(\sqrt{2.4})^n\}$　　ㄹ. $\left\{\frac{(-2)^n}{5^n}\right\}$ (단서2)

① ㄱ　② ㄴ　③ ㄱ, ㄷ

④ ㄱ, ㄹ　⑤ ㄱ, ㄴ, ㄷ

단서1 등비수열 $\{r^n\}$에서 $-1<r\le1$일 때 수열 $\{r^n\}$은 수렴

단서2 $\frac{(-2)^n}{5^n}=\left(-\frac{2}{5}\right)^n$

STEP 1 공비를 구하여 주어진 등비수열 중 수렴하는 것 찾기

ㄱ. 공비가 0.4이고 $-1<0.4<1$이므로 0에 수렴한다.

ㄴ. 공비가 -2이고, $-2<-1$이므로 발산한다.

ㄷ. 공비가 $\sqrt{2.4}$이고, $\sqrt{2.4}>1$이므로 발산한다.

→ 모든 공비가 −1, 1을 기준으로 어느 범위에 속하는지 확인해야 한다.

ㄹ. $\frac{(-2)^n}{5^n}=\left(-\frac{2}{5}\right)^n$에서 공비가 $-\frac{2}{5}$이고,

$-1<-\frac{2}{5}<1$이므로 0에 수렴한다.

따라서 수렴하는 수열은 ㄱ, ㄹ이다.

0145 답 ④

① 공비가 $\sqrt{2}$이고, $\sqrt{2}>1$이므로 발산한다.

② 공비가 -3이고, $-3<-1$이므로 발산한다.

③ 공비가 -1이므로 발산한다.

④ 공비가 $\frac{1}{4}$이고 $-1<\frac{1}{4}<1$이므로 0에 수렴한다.

⑤ 공비가 $\frac{\sqrt{5}}{2}$이고, $\frac{\sqrt{5}}{2}>1$이므로 발산한다.

따라서 수렴하는 것은 ④이다.

0146 답 ③

① 공비가 $\frac{3}{4}$이고, $-1<\frac{3}{4}<1$이므로 0에 수렴한다.

② 공비가 0.2이고, $-1<0.2<1$이므로 0에 수렴한다.

③ 공비가 $\sqrt{3}$이고, $\sqrt{3}>1$이므로 발산한다.

④ 공비가 $-\frac{2}{\sqrt{5}}$이고, $-1<-\frac{2}{\sqrt{5}}<1$이므로 0에 수렴한다.

⑤ $\frac{-4^n}{6^n}=-\left(\frac{2}{3}\right)^n$에서 공비가 $\frac{2}{3}$이고, $-1<\frac{2}{3}<1$이므로 0에 수렴한다.

따라서 발산하는 것은 ③이다.

0147 답 ②

① 공비가 -1이므로 발산한다.

② 공비가 $\sqrt{2}-1$이고, $-1<\sqrt{2}-1<1$이므로 0에 수렴한다.

③ 공비가 $1-\sqrt{6}$이고, $1-\sqrt{6}<-1$이므로 발산한다.

④ 공비가 $-\frac{7}{3}$이고, $-\frac{7}{3}<-1$이므로 발산한다.

⑤ $\frac{3^{n-1}}{2^n}=\frac{1}{2}\times\left(\frac{3}{2}\right)^{n-1}$에서 공비가 $\frac{3}{2}$이고, $\frac{3}{2}>1$이므로 발산한다.

따라서 수렴하는 것은 ②이다.

0148 답 ③

ㄱ. 수열 $\{0.2^n\}$은 공비가 0.2이고, $-1<0.2<1$이므로

$\lim_{n\to\infty}0.2^n=0$　　$\therefore \lim_{n\to\infty}(1+0.2^n)=1$

ㄴ. 수열 $\{(-1)^n\}$은 공비가 -1이므로 주어진 수열은 발산(진동)한다.

ㄷ. $2^{-n}=\left(\frac{1}{2}\right)^n$에서 수열 $\{2^{-n}\}$은 공비가 $\frac{1}{2}$이고, $-1<\frac{1}{2}<1$이므로 $\lim_{n\to\infty}2^{-n}=0$

$3^{-n}=\left(\frac{1}{3}\right)^n$에서 수열 $\{3^{-n}\}$은 공비가 $\frac{1}{3}$이고, $-1<\frac{1}{3}<1$이므로 $\lim_{n\to\infty}3^{-n}=0$

$\therefore \lim_{n\to\infty}(2^{-n}+3^{-n})=0$

ㄹ. 수열 $\left\{\left(\frac{2}{\sqrt{3}}\right)^n\right\}$은 공비가 $\frac{2}{\sqrt{3}}$이고, $\frac{2}{\sqrt{3}}>1$이므로 발산한다.

$\therefore \lim_{n\to\infty}\left\{\left(\frac{2}{\sqrt{3}}\right)^n-2\right\}=\infty$

따라서 발산하는 수열은 ㄴ, ㄹ이다.

0149 답 ⑤

① 수열 $\left\{\frac{2^n}{5}\right\}$은 공비가 2이고, $2>1$이므로 $\lim_{n\to\infty}\frac{2^n}{5}=\infty$

② 수열 $\{1.1^n\}$은 공비가 1.1이고, $1.1>1$이므로 $\lim_{n\to\infty}1.1^n=\infty$

$\therefore \lim_{n\to\infty}(5+1.1^n)=\infty$

③ 수열 $\left\{\left(-\frac{1}{2}\right)^n\right\}$은 공비가 $-\frac{1}{2}$이고, $-1<-\frac{1}{2}<1$이므로

$\lim_{n\to\infty}\left(-\frac{1}{2}\right)^n=0$

④ 수열 $\left\{\left(\frac{1}{2}\right)^n\right\}$은 공비가 $\frac{1}{2}$이고, $-1<\frac{1}{2}<1$이므로

$\lim_{n\to\infty}\left(\frac{1}{2}\right)^n=0$

수열 $\left\{\left(-\frac{1}{4}\right)^n\right\}$은 공비가 $-\frac{1}{4}$이고, $-1<-\frac{1}{4}<1$이므로

$\lim_{n\to\infty}\left(-\frac{1}{4}\right)^n=0$

$\therefore \lim_{n\to\infty}\left\{\left(\frac{1}{2}\right)^n+\left(-\frac{1}{4}\right)^n\right\}=0$

⑤ 수열 $\left\{\left(\frac{1}{\sqrt{1.8}}\right)^n\right\}$은 공비가 $\frac{1}{\sqrt{1.8}}$이고, $-1<\frac{1}{\sqrt{1.8}}<1$이므로

$\lim_{n\to\infty}\left(\frac{1}{\sqrt{1.8}}\right)^n=0$　　$\therefore \lim_{n\to\infty}\left\{\left(\frac{1}{\sqrt{1.8}}\right)^n-2\right\}=-2$

따라서 옳지 않은 것은 ⑤이다.

0150 답 9 | 유형 17

$\lim_{n\to\infty}\frac{3^{n+2}-2^{n+1}}{3^n+2^n}$의 값을 구하시오.
단서1

단서1 $|3^n|>|2^n|$

STEP 1 **분모에서 밑의 절댓값이 가장 큰 항으로 분모, 분자를 나누어 주어진 수열의 극한값 구하기**

$$\lim_{n\to\infty}\frac{3^{n+2}-2^{n+1}}{3^n+2^n}=\lim_{n\to\infty}\frac{9\times3^n-2\times2^n}{3^n+2^n}$$

$$\lim_{n\to\infty}\frac{3^{n+2}-2^{n+1}}{3^n+2^n}=\lim_{n\to\infty}\frac{3^2\times3^n-2^1\times2^n}{3^n+2^n}=\lim_{n\to\infty}\frac{9\times3^n-2\times2^n}{3^n+2^n}$$

$$=\lim_{n\to\infty}\frac{9-2\times\left(\frac{2}{3}\right)^n}{1+\left(\frac{2}{3}\right)^n}$$

$$=9$$

분모의 밑 3, 2 중에서 큰 항인 3^n으로 분모, 분자를 나눈다.

0151 답 ③

$$\lim_{n\to\infty}\left(\sqrt{4^n-2^n}-2^n\right)=\lim_{n\to\infty}\frac{\left(\sqrt{4^n-2^n}-2^n\right)\left(\sqrt{4^n-2^n}+2^n\right)}{\sqrt{4^n-2^n}+2^n}$$

$$=\lim_{n\to\infty}\frac{-2^n}{\sqrt{4^n-2^n}+2^n}$$

$$=\lim_{n\to\infty}\frac{-1}{\sqrt{1-\left(\frac{1}{2}\right)^n}+1}$$

$$=-\frac{1}{2}$$

0152 답 ①

$$\lim_{n\to\infty}\frac{4^{n+2}}{2^{n+1}-4^n}=\lim_{n\to\infty}\frac{16\times4^n}{2\times2^n-4^n}$$

$$=\lim_{n\to\infty}\frac{16}{2\times\left(\frac{1}{2}\right)^n-1}$$

$$=-16$$

0153 답 ④

$|r|>1$이므로 $\lim_{n\to\infty}\left(\frac{1}{r}\right)^n=0$

$$\therefore \lim_{n\to\infty}\frac{r^{n+3}+3}{r^n-1}=\lim_{n\to\infty}\frac{r^3+3\times\left(\frac{1}{r}\right)^n}{1-\left(\frac{1}{r}\right)^n}$$

$$=r^3$$

따라서 $r^3=8$이므로 $r=2$

0154 답 5

주어진 수열은 $5^{\frac{1}{2}}$, $5^{\frac{1}{2}+\frac{1}{4}}$, $5^{\frac{1}{2}+\frac{1}{4}+\frac{1}{8}}$, …이므로

제n항은 $5^{\frac{1}{2}+\frac{1}{4}+\frac{1}{8}+\cdots+\frac{1}{2^n}}$

이때 $\frac{1}{2}+\frac{1}{4}+\frac{1}{8}+\cdots+\frac{1}{2^n}=\frac{\frac{1}{2}\left(1-\frac{1}{2^n}\right)}{1-\frac{1}{2}}=1-\frac{1}{2^n}$이므로

주어진 수열의 극한값은

$\lim_{n\to\infty}5^{1-\frac{1}{2^n}}=5$

0155 답 ⑤

등비수열 $\{a_n\}$의 공비가 3이므로 일반항은 $a_n=a_1\times3^{n-1}$

$$\therefore \lim_{n\to\infty}\frac{a_n-4}{3^{n+1}+2a_n}=\lim_{n\to\infty}\frac{a_1\times3^{n-1}-4}{3^{n+1}+2a_1\times3^{n-1}}$$

$$=\lim_{n\to\infty}\frac{\frac{a_1}{3}\times3^n-4}{3\times3^n+\frac{2}{3}a_1\times3^n}$$

$$=\lim_{n\to\infty}\frac{\frac{a_1}{3}-4\times\left(\frac{1}{3}\right)^n}{3+\frac{2}{3}a_1}=\frac{a_1}{9+2a_1}$$

따라서 $\frac{a_1}{9+2a_1}=\frac{1}{5}$이므로

$5a_1=9+2a_1$ $\quad\therefore a_1=3$

0156 답 20

수열 $\{a_n\}$이 수렴하므로 $\lim_{n\to\infty}a_n=\alpha$ (α는 실수)라 하면

$$\lim_{n\to\infty}\frac{3^{n+1}+5^n\times a_n}{5^{n+1}-3^n\times a_n}=\lim_{n\to\infty}\frac{3\times3^n+5^n\times a_n}{5\times5^n-3^n\times a_n}$$

$$=\lim_{n\to\infty}\frac{3\times\left(\frac{3}{5}\right)^n+a_n}{5-\left(\frac{3}{5}\right)^n\times a_n}$$

$$=\frac{\alpha}{5}$$

따라서 $\frac{\alpha}{5}=4$이므로 $\alpha=20$

0157 답 ①

$x^2-2x-2=0$에서 $x=1\pm\sqrt{3}$

$\therefore \alpha=1+\sqrt{3}$, $\beta=1-\sqrt{3}$ ($\because \alpha>\beta$)

이때 $\frac{\beta}{\alpha}=\frac{1-\sqrt{3}}{1+\sqrt{3}}=\frac{(1-\sqrt{3})^2}{-2}=\sqrt{3}-2$이므로

$-1<\frac{\beta}{\alpha}<0$ $\quad\therefore \lim_{n\to\infty}\left(\frac{\beta}{\alpha}\right)^n=0$

$$\therefore \lim_{n\to\infty}\frac{\alpha^{n+2}+\beta^{n+2}}{\alpha^n+\beta^n}=\lim_{n\to\infty}\frac{\alpha^2+\beta^2\times\left(\frac{\beta}{\alpha}\right)^n}{1+\left(\frac{\beta}{\alpha}\right)^n}=\alpha^2$$

0158 답 ①

$a_1+a_2+a_3+\cdots+a_n=S_n$이라 하면

$5^n-3<S_n<5^n+3$에서

$5^{n-1}-3<S_{n-1}<5^{n-1}+3$이므로

$(5^n-3)-(5^{n-1}+3)<a_n<(5^n+3)-(5^{n-1}-3)$

$4\times5^{n-1}-6<a_n<4\times5^{n-1}+6$

$$\therefore \frac{4\times5^{n-1}-6}{5^{n+1}}<\frac{a_n}{5^{n+1}}<\frac{4\times5^{n-1}+6}{5^{n+1}}$$

이때 $\lim_{n\to\infty}\frac{4\times5^{n-1}-6}{5^{n+1}}=\lim_{n\to\infty}\frac{\frac{4}{5}-6\times\left(\frac{1}{5}\right)^n}{5}=\frac{4}{25}$,

$\lim_{n\to\infty}\frac{4\times5^{n-1}+6}{5^{n+1}}=\lim_{n\to\infty}\frac{\frac{4}{5}+6\times\left(\frac{1}{5}\right)^n}{5}=\frac{4}{25}$이므로

$\lim_{n\to\infty}\frac{a_n}{5^{n+1}}=\frac{4}{25}$

0159 답 13

(i) $a<6$일 때,

$$\lim_{n\to\infty}\frac{2\times a^n+6^{n+1}}{a^{n-1}+b\times 6^n}=\lim_{n\to\infty}\frac{2\times\left(\frac{a}{6}\right)^n+6}{\frac{1}{a}\times\left(\frac{a}{6}\right)^n+b}=\frac{6}{b}$$

즉, $\frac{6}{b}>2$이어야 하므로 $2b<6$ $\therefore b<3$

따라서 $a<6$, $b<3$을 만족시키는 자연수 a, b의 순서쌍 (a, b)의 개수는 $5\times2=10$

(ii) $a=6$일 때,

$$\lim_{n\to\infty}\frac{2\times a^n+6^{n+1}}{a^{n-1}+b\times 6^n}=\lim_{n\to\infty}\frac{2\times 6^n+6^{n+1}}{6^{n-1}+b\times 6^n}=\lim_{n\to\infty}\frac{8}{\frac{1}{6}+b}=\frac{48}{6b+1}$$

즉, $\frac{48}{6b+1}>2$이어야 하므로 $12b+2<48$ $\therefore b<\frac{23}{6}$

따라서 $a=6$, $b<\frac{23}{6}$을 만족시키는 자연수 a, b의 순서쌍 (a, b)는 $(6, 1)$, $(6, 2)$, $(6, 3)$의 3개이다.

(i), (ii)에서 구하는 순서쌍의 개수는

$10+3=13$

실수 Check

a의 값의 범위를 $a<6$, $a=6$인 경우로 나누어 극한값을 구한다.

Plus 문제

0159-1

$\lim_{n\to\infty}\frac{3\times b^n+5^n}{5^{n-1}+a\times b^n}<3$을 만족시키는 자연수 a, b에 대하여 $a+b$의 최솟값을 구하시오. (단, $b\le5$)

(i) $b<5$일 때,

$$\lim_{n\to\infty}\frac{3\times b^n+5^n}{5^{n-1}+a\times b^n}=\lim_{n\to\infty}\frac{3\times\left(\frac{b}{5}\right)^n+1}{\frac{1}{5}+a\times\left(\frac{b}{5}\right)^n}=5$$

이때 $5>3$이므로 $b<5$일 때 주어진 부등식을 만족시키지 않는다.

(ii) $b=5$일 때,

$$\lim_{n\to\infty}\frac{3\times b^n+5^n}{5^{n-1}+a\times b^n}=\lim_{n\to\infty}\frac{3\times5^n+5^n}{5^{n-1}+a\times5^n}=\frac{3+1}{\frac{1}{5}+a}=\frac{20}{5a+1}$$

즉, $\frac{20}{5a+1}<3$이어야 하므로 $15a+3>20$ $\therefore a>\frac{17}{15}$

따라서 자연수 a의 최솟값이 2이므로 $a+b$의 최솟값은 $2+5=7$

(i), (ii)에서 구하는 최솟값은 7이다.

답 7

0160 답 ⑤

$\lim_{n\to\infty}\left(\frac{1}{4}\right)^n=0$, $\lim_{n\to\infty}\left(\frac{1}{2}\right)^n=0$이므로

$$\lim_{n\to\infty}\frac{a+\left(\frac{1}{4}\right)^n}{5+\left(\frac{1}{2}\right)^n}=\frac{a}{5}$$

따라서 $\frac{a}{5}=3$이므로 $a=15$

0161 답 ⑤

$$\lim_{n\to\infty}\frac{3n-1}{n+1}=\lim_{n\to\infty}\frac{3-\frac{1}{n}}{1+\frac{1}{n}}=3\text{이므로 } a=3$$

$$\therefore \lim_{n\to\infty}\frac{a^{n+2}+1}{a^n-1}=\lim_{n\to\infty}\frac{3^{n+2}+1}{3^n-1}=\lim_{n\to\infty}\frac{9+\left(\frac{1}{3}\right)^n}{1-\left(\frac{1}{3}\right)^n}=9$$

0162 답 ② | 유형 18

첫째항이 5, 공비가 2인 등비수열 $\{a_n\}$의 첫째항부터 제n항까지의 합을 S_n이라 할 때, $\lim_{n\to\infty}\frac{S_n}{a_n}$의 값은? (단서1)

① 1 ② 2 ③ 4
④ 6 ⑤ 8

단서1 등비수열 $\{a_n\}$의 일반항은 $a_n=a_1r^{n-1}=5\times2^{n-1}$

STEP1 a_n, S_n을 각각 n에 대한 식으로 나타내기

$$a_n=5\times2^{n-1},\ S_n=\frac{5(2^n-1)}{2-1}=5\times2^n-5$$

STEP2 $\lim_{n\to\infty}\frac{S_n}{a_n}$의 값 구하기

$$\lim_{n\to\infty}\frac{S_n}{a_n}=\lim_{n\to\infty}\frac{5\times2^n-5}{5\times2^{n-1}}=\lim_{n\to\infty}\frac{10-5\times\left(\frac{1}{2}\right)^{n-1}}{5}=2$$

→ 2^{n-1}으로 분모, 분자를 나눈다.

0163 답 ③

$n\ge2$일 때,

$$\begin{aligned}a_n&=S_n-S_{n-1}\\&=(2n+1)\times3^n-\{2(n-1)+1\}\times3^{n-1}\\&=4(n+1)\times3^{n-1}\end{aligned}$$

$$\therefore \lim_{n\to\infty}\frac{4S_n}{a_n}=\lim_{n\to\infty}\frac{4(2n+1)\times3^n}{4(n+1)\times3^{n-1}}=\lim_{n\to\infty}\frac{6n+3}{n+1}=6$$

0164 답 $\frac{3}{4}$

$n\ge2$일 때,

$$\begin{aligned}a_n&=S_n-S_{n-1}\\&=(3^n+4^n-2)-(3^{n-1}+4^{n-1}-2)\\&=2\times3^{n-1}+3\times4^{n-1}\end{aligned}$$

$\therefore \lim_{n\to\infty}\frac{a_n}{S_n}=\lim_{n\to\infty}\frac{2\times3^{n-1}+3\times4^{n-1}}{3^n+4^n-2}$

$=\lim_{n\to\infty}\frac{\frac{2}{3}\times\left(\frac{3}{4}\right)^n+\frac{3}{4}}{\left(\frac{3}{4}\right)^n+1-2\times\left(\frac{1}{4}\right)^n}=\frac{3}{4}$

0165 답 ②

$a_n=ar^{n-1}$, $S_n=\frac{a(r^n-1)}{r-1}$이므로

$\lim_{n\to\infty}\frac{a_n}{S_n}=\lim_{n\to\infty}\frac{ar^{n-1}}{\frac{a(r^n-1)}{r-1}}=\lim_{n\to\infty}\frac{(r-1)r^{n-1}}{r^n-1}$

$=\lim_{n\to\infty}\frac{\frac{r-1}{r}}{1-\left(\frac{1}{r}\right)^n}=\frac{r-1}{r}$

따라서 $\frac{r-1}{r}=\frac{3}{4}$이므로 $3r=4r-4$ $\quad\therefore r=4$

0166 답 $\frac{5}{6}$

$n\ge2$일 때,

$a_n=S_n-S_{n-1}$

$=(3^n-1)-(3^{n-1}-1)=2\times3^{n-1}$

$\therefore \lim_{n\to\infty}\frac{a_n+S_n}{a_{n+1}+2^n}=\lim_{n\to\infty}\frac{2\times3^{n-1}+3^n-1}{2\times3^n+2^n}$

$=\lim_{n\to\infty}\frac{\frac{2}{3}+1-\left(\frac{1}{3}\right)^n}{2+\left(\frac{2}{3}\right)^n}=\frac{5}{6}$

0167 답 ⑤

등비수열 $\{a_n\}$의 공비를 r라 하면

$a_2+a_4=10$에서 $a_1r+a_1r^3=10$

$\therefore a_1r(1+r^2)=10$ ······ ㉠

$a_3+a_5=30$에서 $a_1r^2+a_1r^4=30$

$\therefore a_1r^2(1+r^2)=30$ ······ ㉡

㉡÷㉠을 하면 $r=3$

$r=3$을 ㉠에 대입하면

$30a_1=10$ $\quad\therefore a_1=\frac{1}{3}$

따라서 $a_n=\frac{1}{3}\times3^{n-1}=3^{n-2}$이고

$S_n=\frac{\frac{1}{3}(3^n-1)}{3-1}=\frac{1}{6}(3^n-1)$

$\therefore \lim_{n\to\infty}\frac{S_n}{a_n}=\lim_{n\to\infty}\frac{\frac{1}{6}(3^n-1)}{3^{n-2}}=\lim_{n\to\infty}\frac{\frac{1}{6}\left\{9-\left(\frac{1}{3}\right)^{n-2}\right\}}{1}=\frac{3}{2}$

0168 답 ④

등비수열 $\{a_n\}$의 공비를 r라 하면

$a_1+a_2+a_3=28$에서 $a_1+a_1r+a_1r^2=28$

$\therefore a_1(1+r+r^2)=28$ ······ ㉠

$a_4+a_5+a_6=224$에서 $a_1r^3+a_1r^4+a_1r^5=224$

$\therefore a_1r^3(1+r+r^2)=224$ ······ ㉡

㉡÷㉠을 하면

$r^3=8$ $\quad\therefore r=2$

$r=2$를 ㉠에 대입하면

$7a_1=28$ $\quad\therefore a_1=4$

따라서 $a_n=4\times2^{n-1}=2^{n+1}$이므로

$a_{2n}=2^{2n+1}=2\times4^n$

또, $S_n=\frac{4(2^n-1)}{2-1}=4(2^n-1)$이므로

$S_n{}^2=16(4^n-2\times2^n+1)$

$\therefore \lim_{n\to\infty}\frac{S_n{}^2}{a_{2n}}=\lim_{n\to\infty}\frac{16(4^n-2\times2^n+1)}{2\times4^n}$

$=\lim_{n\to\infty}\frac{16\left\{1-2\times\left(\frac{1}{2}\right)^n+\left(\frac{1}{4}\right)^n\right\}}{2}=8$

실수 Check

주어진 수열 $\{a_n\}$이 등비수열이므로 공비를 r라 하고 각 항을 $a_n=a_1r^{n-1}$으로 표현한 후 식을 정리한다.

0169 답 $-3\le x\le3$ | 유형 19

등비수열 $\left\{(x+3)\left(\frac{x}{3}\right)^{n-1}\right\}$이 수렴하도록 하는 x의 값의 범위를 구하시오. 단서1

단서1 첫째항이 $x+3$, 공비가 $\frac{x}{3}$인 등비수열

STEP 1 **등비수열의 수렴 조건을 이용하여 x의 값의 범위 구하기**

첫째항이 $x+3$, 공비가 $\frac{x}{3}$이므로 주어진 등비수열이 수렴하려면

$x+3=0$ 또는 $-1<\frac{x}{3}\le1$

→ 첫째항이 0인 경우를 반드시 확인해야 한다.

$x=-3$ 또는 $-3<x\le3$

$\therefore -3\le x\le3$

0170 답 ③

공비가 $\frac{x^2-3x-5}{5}$이므로 주어진 등비수열이 수렴하려면

$-1<\frac{x^2-3x-5}{5}\le1$

(i) $-1<\frac{x^2-3x-5}{5}$, 즉 $x^2-3x>0$에서

$x(x-3)>0$ $\quad\therefore x<0$ 또는 $x>3$

(ii) $\frac{x^2-3x-5}{5}\le1$, 즉 $x^2-3x-10\le0$에서

$(x+2)(x-5)\le0$ $\quad\therefore -2\le x\le5$

(i), (ii)에서 $-2\le x<0$ 또는 $3<x\le5$

따라서 주어진 등비수열이 수렴하도록 하는 정수 x는 -2, -1, 4, 5이므로 구하는 합은 6이다.

0171 답 ②

공비가 $\frac{x-x^2}{2}$이므로 주어진 등비수열이 수렴하려면

$-1<\frac{x-x^2}{2}\le1$

(i) $-1<\frac{x-x^2}{2}$, 즉 $x^2-x-2<0$에서

$(x+1)(x-2)<0 \qquad \therefore -1<x<2$

(ii) $\frac{x-x^2}{2}\le 1$, 즉 $x^2-x+2\ge 0$에서

$x^2-x+2=\left(x-\frac{1}{2}\right)^2+\frac{7}{4}>0$

$\therefore$ x는 모든 실수

(i), (ii)에서 $-1<x<2$

따라서 주어진 등비수열이 수렴하도록 하는 정수 x는 0, 1로 2개이다.

0172 답 ④

첫째항이 $(x+2)\left(\frac{1-x}{2}\right)^2$, 공비가 $\left(\frac{1-x}{2}\right)^2$이므로 주어진 등비수열이 수렴하려면

$x=-2$ 또는 $x=1$ 또는 $-1<\left(\frac{1-x}{2}\right)^2\le 1$

(i) $-1<\left(\frac{1-x}{2}\right)^2$, 즉 $x^2-2x+5>0$에서

$x^2-2x+5=(x-1)^2+4>0$

$\therefore$ x는 모든 실수

(ii) $\left(\frac{1-x}{2}\right)^2\le 1$, 즉 $x^2-2x-3\le 0$에서

$(x-3)(x+1)\le 0 \qquad \therefore -1\le x\le 3$

(i), (ii)에서 $-1\le x\le 3$

따라서 주어진 등비수열이 수렴하도록 하는 정수 x는 -2, -1, 0, 1, 2, 3으로 6개이다.

0173 답 $0\le x\le\frac{\pi}{4}$ 또는 $\frac{3}{4}\pi\le x<\pi$

공비가 $\sqrt{2}\sin x$이므로 주어진 등비수열이 수렴하려면

$-1<\sqrt{2}\sin x\le 1 \qquad \therefore -\frac{1}{\sqrt{2}}<\sin x\le\frac{1}{\sqrt{2}}$

$0\le x<\pi$에서 $y=\sin x$의 그래프는 그림과 같으므로

$0\le x\le\frac{\pi}{4}$ 또는 $\frac{3}{4}\pi\le x<\pi$

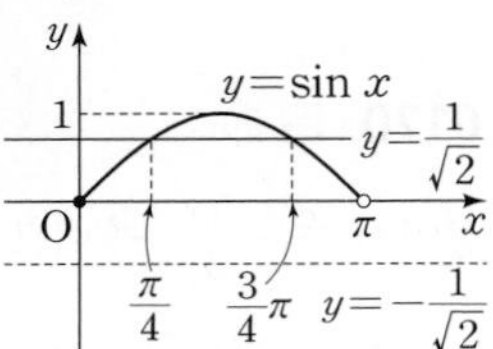

0174 답 ④

공비가 $\log_2 x-4$이므로 주어진 등비수열이 수렴하려면

$-1<\log_2 x-4\le 1$, $3<\log_2 x\le 5$

$\log_2 2^3<\log_2 x\le\log_2 2^5$

$\therefore 8<x\le 32$

따라서 모든 자연수 x의 값의 합은

$9+10+11+\cdots+32=\frac{24\times(9+32)}{2}=492$

다른 풀이

$$9+10+11+\cdots+32=\sum_{k=1}^{32}k-\sum_{k=1}^{8}k$$
$$=\frac{32\times 33}{2}-\frac{8\times 9}{2}$$
$$=528-36=492$$

개념 Check

(1) $\sum_{k=1}^{n}k=\frac{n(n+1)}{2}$

(2) $\sum_{k=1}^{n}k^2=\frac{n(n+1)(2n+1)}{6}$

(3) $\sum_{k=1}^{n}k^3=\left\{\frac{n(n+1)}{2}\right\}^2$

0175 답 ③

(i) 등비수열 $\{(x+3)(2x-1)^n\}$에서 첫째항이 $(x+3)(2x-1)$, 공비는 $2x-1$이므로 이 등비수열이 수렴하려면

$(x+3)(2x-1)=0$ 또는 $-1<2x-1\le 1$

$(x+3)(2x-1)=0$에서

$x=-3$ 또는 $x=\frac{1}{2}$ ······ ㉠

$-1<2x-1\le 1$에서

$0<x\le 1$ ······ ㉡

㉠, ㉡에서 $x=-3$ 또는 $0<x\le 1$

(ii) 등비수열 $\left\{\left(\frac{2x-3}{2}\right)^n\right\}$에서 공비가 $\frac{2x-3}{2}$이므로 이 등비수열이 수렴하려면

$-1<\frac{2x-3}{2}\le 1$, $-2<2x-3\le 2$

$1<2x\le 5 \qquad \therefore \frac{1}{2}<x\le\frac{5}{2}$

(i), (ii)에서 $\frac{1}{2}<x\le 1$

0176 답 ③

$$\lim_{n\to\infty}\frac{a^{2n}+4^n}{3^n+5^n}=\lim_{n\to\infty}\frac{\left(\frac{a^2}{5}\right)^n+\left(\frac{4}{5}\right)^n}{\left(\frac{3}{5}\right)^n+1}$$

주어진 수열이 수렴하려면 → 등비수열 $\left\{\left(\frac{a^2}{5}\right)^n\right\}$이 수렴해야 한다.

$-1<\frac{a^2}{5}\le 1$, $-5<a^2\le 5$

$\therefore -\sqrt{5}\le a\le\sqrt{5}$

따라서 주어진 수열이 수렴하도록 하는 정수 a는 -2, -1, 0, 1, 2로 5개이다.

0177 답 ③

등비수열 $\{r^n\}$이 수렴하므로

$-1<r\le 1$ ······ ㉠

ㄱ. 공비가 $\frac{r}{2}$이고 ㉠에서 $-\frac{1}{2}<\frac{r}{2}\le\frac{1}{2}$

따라서 수열 $\left\{\left(\frac{r}{2}\right)^n\right\}$은 수렴한다.

ㄴ. 공비가 $\frac{r+2}{3}$이고 ㉠에서 $1<r+2\le 3$

$\therefore \frac{1}{3}<\frac{r+2}{3}\le 1$

따라서 수열 $\left\{\left(\frac{r+2}{3}\right)^n\right\}$은 수렴한다.

ㄷ. 공비가 $\frac{r^2}{2}-1$이고 ㉠에서 $0\le\frac{r^2}{2}\le\frac{1}{2}$

$\therefore\ -1\le \frac{r^2}{2}-1\le -\frac{1}{2}$

이때 $\frac{r^2}{2}-1=-1$, 즉 $r=0$이면 수열 $\left\{\left(\frac{r^2}{2}-1\right)^n\right\}$은 수렴하지 않는다.

따라서 항상 수렴하는 수열은 ㄱ, ㄴ이다.

0178 답 ②

$\frac{a^{n+1}+2a^n-1}{a^{n+2}-4a^n+6}=\frac{(a+2)a^n-1}{(a^2-4)a^n+6}$에서

(i) $0<a<1$일 때, $\lim_{n\to\infty}a^n=0$이므로

$$\lim_{n\to\infty}\frac{(a+2)a^n-1}{(a^2-4)a^n+6}=-\frac{1}{6}$$

(ii) $a=1$일 때, $\lim_{n\to\infty}a^n=1$이므로

$$\lim_{n\to\infty}\frac{(a+2)a^n-1}{(a^2-4)a^n+6}=\frac{3\times1-1}{(-3)\times1+6}=\frac{2}{3}$$

(iii) $a>1$ $(a\neq2)$일 때, $\lim_{n\to\infty}a^n=\infty$이므로

$$\lim_{n\to\infty}\frac{(a+2)a^n-1}{(a^2-4)a^n+6}=\lim_{n\to\infty}\frac{a+2-\left(\frac{1}{a}\right)^n}{a^2-4+6\times\left(\frac{1}{a}\right)^n}$$

$$=\frac{a+2}{a^2-4}=\frac{1}{a-2}=\frac{2}{3}$$

따라서 $2a-4=3$이므로 $a=\frac{7}{2}$

(iv) $a=2$일 때, $\lim_{n\to\infty}a^n=\lim_{n\to\infty}2^n=\infty$이므로

$$\lim_{n\to\infty}\frac{(a+2)a^n-1}{(a^2-4)a^n+6}=\lim_{n\to\infty}\frac{4\times2^n-1}{6}=\infty$$

(i)~(iv)에서 $\frac{2}{3}$에 수렴하도록 하는 모든 양수 a의 값은 1, $\frac{7}{2}$이므로 그 합은 $1+\frac{7}{2}=\frac{9}{2}$

실수 Check

$\frac{a^{n+1}+2a^n-1}{a^{n+2}-4a^n+6}=\frac{(a+2)a^n-1}{(a^2-4)a^n+6}$에서 분모의 최고차항의 계수가 0인 경우, 즉 $a^2-4=0$에서 $a=2$인 경우를 반드시 생각해야 한다.

0179 답 ①

공비가 $\frac{x^2-4x}{5}$이므로 수열 $\{a_n\}$이 수렴하려면

$-1<\frac{x^2-4x}{5}\le1$

(i) $-1<\frac{x^2-4x}{5}$, 즉 $x^2-4x+5>0$에서

$x^2-4x+5=(x-2)^2+1>0$

$\therefore$ x는 모든 실수

(ii) $\frac{x^2-4x}{5}\le1$, 즉 $x^2-4x-5\le0$에서

$(x-5)(x+1)\le0$ $\qquad\therefore\ -1\le x\le5$

(i), (ii)에서 $-1\le x\le5$

따라서 수열 $\{a_n\}$이 수렴하도록 하는 정수 x는 -1, 0, 1, 2, 3, 4, 5로 7개이다.

0180 답 ②

$$\lim_{n\to\infty}\frac{(4x-1)^n}{2^{3n}+3^{2n}}=\lim_{n\to\infty}\frac{(4x-1)^n}{8^n+9^n}=\lim_{n\to\infty}\frac{\left(\frac{4x-1}{9}\right)^n}{\left(\frac{8}{9}\right)^n+1}$$

주어진 수열이 수렴하려면

$-1<\frac{4x-1}{9}\le1$, $-9<4x-1\le9$

$-8<4x\le10$

$\therefore\ -2<x\le\frac{5}{2}$

따라서 주어진 수열이 수렴하도록 하는 정수 x는 -1, 0, 1, 2로 4개이다.

0181 답 ③ | 유형20

$\lim_{n\to\infty}\frac{r^{2n}+r^n}{1+r^{2n}}$의 값은 $|r|>1$일 때 a(단서1), $r=1$일 때 b(단서2), $|r|<1$일 때 c(단서3)이다. 이때 $a+b-c$의 값은?

① 0 ② 1 ③ 2
④ 3 ⑤ 4

단서1 $|r|>1$일 때 $\lim_{n\to\infty}r^{2n}=\lim_{n\to\infty}|r^n|=\infty$
단서2 $r=1$일 때 $\lim_{n\to\infty}r^{2n}=\lim_{n\to\infty}r^n=1$
단서3 $|r|<1$일 때 $\lim_{n\to\infty}r^{2n}=\lim_{n\to\infty}r^n=0$

STEP1 r의 값의 범위에 따라 주어진 수열의 극한값 구하기

(i) $|r|>1$일 때, $\lim_{n\to\infty}r^{2n}=\lim_{n\to\infty}|r^n|=\infty$이므로

$$a=\lim_{n\to\infty}\frac{r^{2n}+r^n}{1+r^{2n}}=\lim_{n\to\infty}\frac{1+\frac{1}{r^n}}{\frac{1}{r^{2n}}+1}=1$$

→ $\lim_{n\to\infty}|r^n|=\infty$이므로 $\lim_{n\to\infty}\frac{1}{r^n}=\lim_{n\to\infty}\frac{1}{r^{2n}}=0$

(ii) $r=1$일 때,

$$b=\lim_{n\to\infty}\frac{r^{2n}+r^n}{1+r^{2n}}=\frac{1+1}{1+1}=1$$

→ $r=1$이므로 $\lim_{n\to\infty}r^n=\lim_{n\to\infty}r^{2n}=1$

(iii) $|r|<1$일 때, $\lim_{n\to\infty}r^{2n}=\lim_{n\to\infty}r^n=0$이므로

$$c=\lim_{n\to\infty}\frac{r^{2n}+r^n}{1+r^{2n}}=\frac{0+0}{1+0}=0$$

STEP2 $a+b-c$의 값 구하기

(i)~(iii)에서 $a+b-c=1+1-0=2$

0182 답 ④

ㄱ. $r>1$일 때, $\lim_{n\to\infty}r^n=\infty$이므로

$$\lim_{n\to\infty}\frac{r^n-4}{2+r^n}=\lim_{n\to\infty}\frac{1-\frac{4}{r^n}}{\frac{2}{r^n}+1}=1\text{ (거짓)}$$

ㄴ. $r=1$일 때,

$$\lim_{n\to\infty}\frac{r^n-4}{2+r^n}=\frac{1-4}{2+1}=-1\text{ (참)}$$

ㄷ. $-1<r<1$일 때, $\lim_{n\to\infty}r^n=0$이므로

$$\lim_{n\to\infty}\frac{r^n-4}{2+r^n}=\frac{0-4}{2+0}=-2\text{ (참)}$$

따라서 옳은 것은 ㄴ, ㄷ이다.

0183 답 풀이 참조

(i) $0<r<1$일 때, $\lim_{n\to\infty} r^n=\lim_{n\to\infty} r^{n+1}=0$이므로

$$\lim_{n\to\infty}\frac{r^{n+1}-2}{r^n+1}=-2$$

(ii) $r=1$일 때,

$$\lim_{n\to\infty}\frac{r^{n+1}-2}{r^n+1}=\frac{1-2}{1+1}=-\frac{1}{2}$$

(iii) $r>1$일 때, $\lim_{n\to\infty} r^n=\lim_{n\to\infty} r^{n+1}=\infty$이므로

$$\lim_{n\to\infty}\frac{r^{n+1}-2}{r^n+1}=\lim_{n\to\infty}\frac{r-\frac{2}{r^n}}{1+\frac{1}{r^n}}=r$$

0184 답 ②

(i) $|r|<1\ (r\neq0)$, 즉 $-1<r<0$ 또는 $0<r<1$일 때,

$\lim_{n\to\infty} r^{2n}=\lim_{n\to\infty} r^{2n+1}=0$이므로

$$\lim_{n\to\infty}\frac{r^{2n+1}-r^2}{r^{2n}+r^2}=-\frac{r^2}{r^2}=-1$$

(ii) $r=1$일 때,

$$\lim_{n\to\infty}\frac{r^{2n+1}-r^2}{r^{2n}+r^2}=\frac{1-1}{1+1}=0$$

(iii) $|r|>1$일 때, $\lim_{n\to\infty} r^{2n}=\infty$이므로

$$\lim_{n\to\infty}\frac{r^{2n+1}-r^2}{r^{2n}+r^2}=\lim_{n\to\infty}\frac{r-\frac{1}{r^{2n-2}}}{1+\frac{1}{r^{2n-2}}}=r$$

(iv) $r=-1$일 때,

$$\lim_{n\to\infty}\frac{r^{2n+1}-r^2}{r^{2n}+r^2}=\frac{-1-1}{1+1}=-1$$

(i)~(iv)에서 $\lim_{n\to\infty}\frac{r^{2n+1}-r^2}{r^{2n}+r^2}=\begin{cases}-1 & (-1\le r<0 \text{ 또는 } 0<r<1)\\ 0 & (r=1)\\ r & (|r|>1)\end{cases}$

즉, $\lim_{n\to\infty}\frac{r^{2n+1}-r^2}{r^{2n}+r^2}=\alpha$ (α는 실수)라 하면

$|\alpha|>1$ 또는 $\alpha=0$ 또는 $\alpha=-1$

이므로 극한값이 될 수 없는 것은 ②이다.

0185 답 ③

(i) $|r|<1$일 때, $\lim_{n\to\infty} r^n=\lim_{n\to\infty} r^{n+1}=0$이므로

$$\lim_{n\to\infty}\frac{r^{n+1}-1}{2r^n+1}=-1$$

(ii) $r=1$일 때,

$$\lim_{n\to\infty}\frac{r^{n+1}-1}{2r^n+1}=\frac{1-1}{2+1}=0$$

(iii) $|r|>1$일 때, $\lim_{n\to\infty}|r^n|=\infty$이므로

$$\lim_{n\to\infty}\frac{r^{n+1}-1}{2r^n+1}=\lim_{n\to\infty}\frac{r-\frac{1}{r^n}}{2+\frac{1}{r^n}}=\frac{r}{2}$$

(i)~(iii)에서 $\lim_{n\to\infty}\frac{r^{n+1}-1}{2r^n+1}=3$을 만족시키는 실수 r의 값은

$\frac{r}{2}=3$에서 $r=6$

0186 답 ③

(i) $|r|<5$일 때,

$\lim_{n\to\infty}\left(\frac{r}{5}\right)^n=0$이므로

$$\lim_{n\to\infty}\frac{5^n-r^n}{5^n+r^n}=\lim_{n\to\infty}\frac{1-\left(\frac{r}{5}\right)^n}{1+\left(\frac{r}{5}\right)^n}=1$$

(ii) $r=5$일 때,

$$\lim_{n\to\infty}\frac{5^n-r^n}{5^n+r^n}=0$$

(iii) $|r|>5$일 때, $\lim_{n\to\infty}\left(\frac{5}{r}\right)^n=0$이므로

$$\lim_{n\to\infty}\frac{5^n-r^n}{5^n+r^n}=\lim_{n\to\infty}\frac{\left(\frac{5}{r}\right)^n-1}{\left(\frac{5}{r}\right)^n+1}=-1$$

(i)~(iii)에서 $\lim_{n\to\infty}\frac{5^n-r^n}{5^n+r^n}=1$을 만족시키는 r의 값의 범위는 $|r|<5$이므로 정수 r는 $-4, -3, \cdots, 3, 4$로 9개이다.

실수 Check

r와 5의 대소 관계를 비교하여 r의 값의 범위를 나누어야 한다.

Plus 문제

0186-1

수열 $\left\{\frac{4^n-(r+1)^n}{(r+1)^n+4^n}\right\}$의 극한값이 1이 되도록 하는 정수 r의 개수를 구하시오. (단, $r\neq-5$)

(i) $|r+1|<4$, 즉 $-5<r<3$일 때,

$\lim_{n\to\infty}\left(\frac{r+1}{4}\right)^n=0$이므로

$$\lim_{n\to\infty}\frac{4^n-(r+1)^n}{(r+1)^n+4^n}=\lim_{n\to\infty}\frac{1-\left(\frac{r+1}{4}\right)^n}{\left(\frac{r+1}{4}\right)^n+1}=1$$

(ii) $r+1=4$, 즉 $r=3$일 때,

$$\lim_{n\to\infty}\frac{4^n-(r+1)^n}{(r+1)^n+4^n}=\lim_{n\to\infty}\frac{4^n-4^n}{4^n+4^n}=0$$

(iii) $|r+1|>4$, 즉 $r<-5$ 또는 $r>3$일 때,

$\lim_{n\to\infty}\left(\frac{4}{r+1}\right)^n=0$이므로

$$\lim_{n\to\infty}\frac{4^n-(r+1)^n}{(r+1)^n+4^n}=\lim_{n\to\infty}\frac{\left(\frac{4}{r+1}\right)^n-1}{1+\left(\frac{4}{r+1}\right)^n}=-1$$

(i)~(iii)에서 $\lim_{n\to\infty}\frac{4^n-(r+1)^n}{(r+1)^n+4^n}=1$을 만족시키는 r의 값의 범위는 $-5<r<3$이므로 정수 r는 $-4, -3, -2, -1, 0, 1, 2$로 7개이다.

답 7

0187 답 3

(i) $|r|<1$일 때, $\lim_{n\to\infty} r^n=0$이므로

$$a=\lim_{n\to\infty}\frac{1-r^n}{1+r^n}=\frac{1-0}{1+0}=1$$

(ii) $r=1$일 때,

$$b=\lim_{n\to\infty}\frac{1-r^n}{1+r^n}=\frac{1-1}{1+1}=0$$

(iii) $|r|>1$일 때, $\lim_{n\to\infty}|r^n|=\infty$이므로

$$c=\lim_{n\to\infty}\frac{1-r^n}{1+r^n}=\lim_{n\to\infty}\frac{\frac{1}{r^n}-1}{\frac{1}{r^n}+1}=\frac{0-1}{0+1}=-1$$

즉, 주어진 삼차방정식 $x^3+ax^2+bx+2c=0$은

$x^3+x^2-2=0$이므로 $(x-1)(x^2+2x+2)=0$

따라서 $\alpha=1$이고 $x^2+2x+2=0$의 두 근이 β, γ이다.

이차방정식의 근과 계수의 관계에 의해

$\beta\gamma=2$이므로

$\alpha+\beta\gamma=1+2=3$

실수 Check

삼차방정식 $x^3+x^2-2=0$의 좌변을 인수분해하여 얻은 이차방정식 $x^2+2x+2=0$의 두 근이 β, γ임을 알고, 이차방정식의 근과 계수의 관계를 이용하여 $\beta\gamma$의 값을 구한다.

0188 답 ①

(i) $0<\frac{m}{5}<1$일 때, $\lim_{n\to\infty}\left(\frac{m}{5}\right)^n=\lim_{n\to\infty}\left(\frac{m}{5}\right)^{n+1}=0$이므로

$$\lim_{n\to\infty}\frac{\left(\frac{m}{5}\right)^{n+1}+2}{\left(\frac{m}{5}\right)^n+1}=2$$

(ii) $\frac{m}{5}=1$일 때,

$$\lim_{n\to\infty}\frac{\left(\frac{m}{5}\right)^{n+1}+2}{\left(\frac{m}{5}\right)^n+1}=\frac{1+2}{1+1}=\frac{3}{2}$$

(iii) $\frac{m}{5}>1$일 때, $\lim_{n\to\infty}\left(\frac{m}{5}\right)^n=\infty$이므로

$$\lim_{n\to\infty}\frac{\left(\frac{m}{5}\right)^{n+1}+2}{\left(\frac{m}{5}\right)^n+1}=\lim_{n\to\infty}\frac{\frac{m}{5}+\frac{2}{\left(\frac{m}{5}\right)^n}}{1+\frac{1}{\left(\frac{m}{5}\right)^n}}=\frac{m}{5}$$

$\frac{m}{5}=2$에서 $m=10$

(i)~(iii)에서 극한값이 2가 되도록 하는 자연수 m은 1, 2, 3, 4, 10으로 5개이다.

0189 답 ④

$a_{n+1}=a_1a_n$에서 수열 $\{a_n\}$은 공비가 a_1인 등비수열이므로

$a_n=a_1^{\ n}$ $(a_1>0)$

$$\therefore \lim_{n\to\infty}\frac{3a_{n+3}-5}{2a_n+1}=\lim_{n\to\infty}\frac{3a_1^{\ n+3}-5}{2a_1^{\ n}+1}$$

(i) $0<a_1<1$일 때, $\lim_{n\to\infty}a_1^{\ n}=\lim_{n\to\infty}a_1^{\ n+3}=0$이므로

$$\lim_{n\to\infty}\frac{3a_1^{\ n+3}-5}{2a_1^{\ n}+1}=-5$$

(ii) $a_1=1$일 때, $\lim_{n\to\infty}\frac{3a_1^{\ n+3}-5}{2a_1^{\ n}+1}=\frac{3-5}{2+1}=-\frac{2}{3}$

(iii) $a_1>1$일 때, $\lim_{n\to\infty}a_1^{\ n}=\infty$이므로

$$\lim_{n\to\infty}\frac{3a_1^{\ n+3}-5}{2a_1^{\ n}+1}=\lim_{n\to\infty}\frac{3a_1^{\ 3}-\frac{5}{a_1^{\ n}}}{2+\frac{1}{a_1^{\ n}}}=\frac{3}{2}a_1^{\ 3}$$

(i)~(iii)에서 $\lim_{n\to\infty}\frac{3a_1^{\ n+3}-5}{2a_1^{\ n}+1}=12$가 될 수 있는 경우는

$\frac{3}{2}a_1^{\ 3}=12$이므로 $a_1^{\ 3}=8$ $\quad\therefore a_1=2$

실수 Check

$a_{n+1}=a_1a_n$에서 수열 $\{a_n\}$은 공비가 a_1인 등비수열이므로 공비 a_1의 값의 범위를 나누어 주어진 극한값을 구한다.

0190 답 ④ | 유형21

함수 $f(x)=\lim_{n\to\infty}\frac{x^{2n-1}+6x^{2n-2}+2}{x^{2n}+1}$에 대하여 (단서1)

$f(-1)+f(1)+f(3)$의 값은? (단, n은 자연수이다.) (단서2)

① 8 ② $\frac{25}{3}$ ③ $\frac{26}{3}$

④ 9 ⑤ $\frac{28}{3}$

단서1 $2n-1$은 홀수, $2n$과 $2n-2$는 짝수

단서2 $x=-1$일 때 -1의 홀수 제곱은 -1, -1의 짝수 제곱은 1
$x=1$일 때 1의 홀수 제곱과 짝수 제곱은 모두 1

STEP 1 $f(-1)$, $f(1)$, $f(3)$의 값 구하기

$$f(-1)=\lim_{n\to\infty}\frac{(-1)^{2n-1}+6\times(-1)^{2n-2}+2}{(-1)^{2n}+1}=\frac{-1+6+2}{1+1}=\frac{7}{2}$$

$$f(1)=\lim_{n\to\infty}\frac{1^{2n-1}+6\times1^{2n-2}+2}{1^{2n}+1}=\frac{1+6+2}{1+1}=\frac{9}{2}$$

$$f(3)=\lim_{n\to\infty}\frac{3^{2n-1}+6\times3^{2n-2}+2}{3^{2n}+1}=\lim_{n\to\infty}\frac{\frac{1}{3}+\frac{6}{9}+\frac{2}{3^{2n}}}{1+\frac{1}{3^{2n}}}=\frac{1}{3}+\frac{2}{3}=1$$

$$\lim_{n\to\infty}\frac{3^{2n-1}+6\times3^{2n-2}+2}{3^{2n}+1}=\lim_{n\to\infty}\frac{3^{-1}\times3^{2n}+6\times3^{-2}\times3^{2n}+2}{3^{2n}+1}$$

STEP 2 $f(-1)+f(1)+f(3)$의 값 구하기

$f(-1)+f(1)+f(3)=\frac{7}{2}+\frac{9}{2}+1=9$

다른 풀이

(i) $|x|<1$일 때, $\lim_{n\to\infty}x^{2n}=\lim_{n\to\infty}x^{2n-1}=\lim_{n\to\infty}x^{2n-2}=0$이므로

$$f(x)=\lim_{n\to\infty}\frac{x^{2n-1}+6x^{2n-2}+2}{x^{2n}+1}=\frac{2}{1}=2$$

(ii) $x=1$일 때,

$$f(x)=\lim_{n\to\infty}\frac{x^{2n-1}+6x^{2n-2}+2}{x^{2n}+1}=\frac{1+6+2}{1+1}=\frac{9}{2}$$

(iii) $|x|>1$일 때, $\lim_{n\to\infty} x^{2n}=\infty$이므로

$$f(x)=\lim_{n\to\infty}\frac{x^{2n-1}+6x^{2n-2}+2}{x^{2n}+1}=\lim_{n\to\infty}\frac{\frac{1}{x}+\frac{6}{x^2}+\frac{2}{x^{2n}}}{1+\frac{1}{x^{2n}}}$$

$$=\frac{1}{x}+\frac{6}{x^2}$$

(iv) $x=-1$일 때,

$$f(x)=\lim_{n\to\infty}\frac{x^{2n-1}+6x^{2n-2}+2}{x^{2n}+1}=\frac{-1+6+2}{1+1}=\frac{7}{2}$$

(i)~(iv)에서 $f(-1)+f(1)+f(3)=\frac{7}{2}+\frac{9}{2}+\left(\frac{1}{3}+\frac{6}{9}\right)=9$

0191 답 ③

$$f\left(\frac{1}{3}\right)=\lim_{n\to\infty}\frac{\left(\frac{1}{3}\right)^{2n+1}-2\times\frac{1}{3}}{\left(\frac{1}{3}\right)^{2n}+2}=\frac{-\frac{2}{3}}{2}=-\frac{1}{3}$$

$$f(1)=\lim_{n\to\infty}\frac{1^{2n+1}-2\times1}{1^{2n}+2}=\frac{1-2}{1+2}=-\frac{1}{3}$$

$$f(2)=\lim_{n\to\infty}\frac{2^{2n+1}-2\times2}{2^{2n}+2}=\lim_{n\to\infty}\frac{2-\frac{4}{4^n}}{1+\frac{2}{4^n}}=2$$

$$\therefore f\left(\frac{1}{3}\right)+f(1)+f(2)=-\frac{1}{3}+\left(-\frac{1}{3}\right)+2=\frac{4}{3}$$

0192 답 ③

(i) $|x|<1$일 때, $\lim_{n\to\infty} x^n=0$이므로

$$f(x)=\lim_{n\to\infty}\frac{x^n+2}{2x^n+1}=2$$

(ii) $x=1$일 때,

$$f(x)=\lim_{n\to\infty}\frac{x^n+2}{2x^n+1}=\frac{1+2}{2\times1+1}=1$$

(iii) $|x|>1$일 때, $\lim_{n\to\infty}|x^n|=\infty$이므로

$$f(x)=\lim_{n\to\infty}\frac{x^n+2}{2x^n+1}=\lim_{n\to\infty}\frac{1+\frac{2}{x^n}}{2+\frac{1}{x^n}}=\frac{1}{2}$$

(i)~(iii)에서 함수 $f(x)$의 치역은 $\left\{\frac{1}{2}, 1, 2\right\}$이므로 치역의 모든 원소의 합은 $\frac{1}{2}+1+2=\frac{7}{2}$

0193 답 ①

(i) $-1<x<1$일 때, $\lim_{n\to\infty} x^n=0$이므로

$$f(x)=\lim_{n\to\infty}\frac{1-x^n}{1+x^n}=1$$

(ii) $x=1$일 때,

$$f(x)=\lim_{n\to\infty}\frac{1-x^n}{1+x^n}=\frac{1-1}{1+1}=0$$

(iii) $x>1$일 때, $\lim_{n\to\infty} x^n=\infty$이므로

$$f(x)=\lim_{n\to\infty}\frac{1-x^n}{1+x^n}=\lim_{n\to\infty}\frac{\frac{1}{x^n}-1}{\frac{1}{x^n}+1}=-1$$

(i)~(iii)에서 함수 $y=f(x)$의 그래프는 ①이다.

0194 답 ④

(i) $|x|<1$일 때, $\lim_{n\to\infty} x^{2n}=\lim_{n\to\infty} x^{2n+1}=0$이므로

$$f(x)=\lim_{n\to\infty}\frac{1-x^{2n+1}}{1+x^{2n}}=1$$

(ii) $x=1$일 때,

$$f(x)=\lim_{n\to\infty}\frac{1-x^{2n+1}}{1+x^{2n}}=\frac{1-1}{1+1}=0$$

(iii) $|x|>1$일 때, $\lim_{n\to\infty} x^{2n}=\infty$이므로

$$f(x)=\lim_{n\to\infty}\frac{1-x^{2n+1}}{1+x^{2n}}=\lim_{n\to\infty}\frac{\frac{1}{x^{2n}}-x}{\frac{1}{x^{2n}}+1}=-x$$

(iv) $x=-1$일 때, $\lim_{n\to\infty} x^{2n}=1$, $\lim_{n\to\infty} x^{2n+1}=-1$이므로

$$f(x)=\lim_{n\to\infty}\frac{1-x^{2n+1}}{1+x^{2n}}=\frac{1-(-1)}{1+1}=1$$

(i)~(iv)에서 함수 $y=f(x)$의 그래프는 ④이다.

0195 답 풀이 참조

(i) $|x|<1$일 때, $\lim_{n\to\infty} x^{2n}=\lim_{n\to\infty} x^{2n+1}=0$이므로

$$f(x)=\lim_{n\to\infty}\frac{x^{2n+1}-ax+b}{x^{2n}+1}=-ax+b$$

(ii) $x=1$일 때,

$$f(x)=\lim_{n\to\infty}\frac{x^{2n+1}-ax+b}{x^{2n}+1}=\frac{1-a+b}{2}$$

(iii) $|x|>1$일 때, $\lim_{n\to\infty} x^{2n}=\infty$이므로

$$f(x)=\lim_{n\to\infty}\frac{x^{2n+1}-ax+b}{x^{2n}+1}=\lim_{n\to\infty}\frac{x-\frac{a}{x^{2n-1}}+\frac{b}{x^{2n}}}{1+\frac{1}{x^{2n}}}$$

$$=x$$

(iv) $x=-1$일 때, $\lim_{n\to\infty} x^{2n}=1$, $\lim_{n\to\infty} x^{2n+1}=-1$이므로

$$f(x)=\lim_{n\to\infty}\frac{x^{2n+1}-ax+b}{x^{2n}+1}=\frac{-1+a+b}{2}$$

(i)~(iv)에서 $f(x)=\begin{cases}-ax+b & (|x|<1)\\ \frac{1-a+b}{2} & (x=1)\\ x & (|x|>1)\\ \frac{-1+a+b}{2} & (x=-1)\end{cases}$

0196 답 6

(i) $|x|<1$일 때, $\lim_{n\to\infty} x^{2n}=0$이므로

$$f(x)=\lim_{n\to\infty}\frac{x^{2n}-2}{x^{2n}+2}=-1$$

(ii) $|x|>1$일 때, $\lim_{n\to\infty} x^{2n}=\infty$이므로

$$f(x)=\lim_{n\to\infty}\frac{x^{2n}-2}{x^{2n}+2}=\frac{1-\frac{2}{x^{2n}}}{1+\frac{2}{x^{2n}}}=1$$

(iii) $x=1$ 또는 $x=-1$일 때, $\lim_{n\to\infty} x^{2n}=1$이므로

$$f(x)=\lim_{n\to\infty}\frac{x^{2n}-2}{x^{2n}+2}=\frac{1-2}{1+2}=-\frac{1}{3}$$

(i)~(iii)에서 $y=f(x)$의 그래프는 그림과 같다.

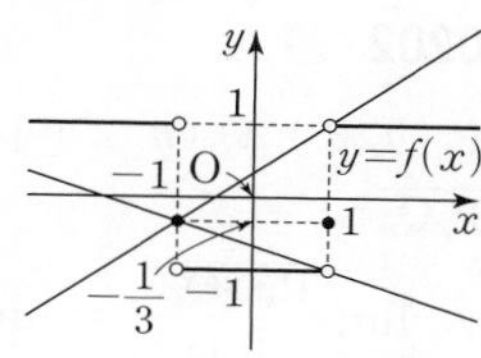

직선 $mx-6y+m-2=0$에서

$m(x+1)-(6y+2)=0$이므로

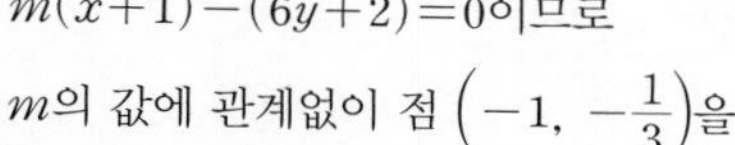

m의 값에 관계없이 점 $\left(-1,\ -\frac{1}{3}\right)$을 지난다.

함수 $y=f(x)$의 그래프와 직선 $mx-6y+m-2=0$이 서로 다른 두 점에서 만나려면 그림과 같이 직선 $mx-6y+m-2=0$의 기울기가 점 $(1,\ -1)$을 지날 때보다 크거나 같고, 점 $(1,\ 1)$을 지날 때보다 작아야 한다.

$mx-6y+m-2=0$에 $x=1,\ y=-1$을 대입하면

$2m+4=0,\ m=-2$

$mx-6y+m-2=0$에 $x=1,\ y=1$을 대입하면

$2m-8=0,\ m=4$

따라서 조건을 만족시키는 m의 값의 범위는 $-2\le m<4$이므로 정수 m은 $-2,\ -1,\ 0,\ 1,\ 2,\ 3$으로 6개이다.

0197 답 ②

(i) $\left|\frac{x}{4}\right|<1$, 즉 $-4<x<4$일 때,

$\lim_{n\to\infty}\left(\frac{x}{4}\right)^{2n}=\lim_{n\to\infty}\left(\frac{x}{4}\right)^{2n+1}=0$이므로

$$f(x)=\lim_{n\to\infty}\frac{2\times\left(\frac{x}{4}\right)^{2n+1}-1}{\left(\frac{x}{4}\right)^{2n}+3}=-\frac{1}{3}$$

(ii) $\frac{x}{4}=1$, 즉 $x=4$일 때,

$$f(x)=\lim_{n\to\infty}\frac{2\times\left(\frac{x}{4}\right)^{2n+1}-1}{\left(\frac{x}{4}\right)^{2n}+3}=\frac{2-1}{1+3}=\frac{1}{4}$$

(iii) $\left|\frac{x}{4}\right|>1$, 즉 $x<-4$ 또는 $x>4$일 때,

$\lim_{n\to\infty}\left(\frac{x}{4}\right)^{2n}=\infty$이므로

$$f(x)=\lim_{n\to\infty}\frac{2\times\left(\frac{x}{4}\right)^{2n+1}-1}{\left(\frac{x}{4}\right)^{2n}+3}=\lim_{n\to\infty}\frac{2\times\frac{x}{4}-\frac{1}{\left(\frac{x}{4}\right)^{2n}}}{1+\frac{3}{\left(\frac{x}{4}\right)^{2n}}}=\frac{x}{2}$$

$\frac{x}{2}=-\frac{1}{3}$인 x는 없다. ($\because$ $x<-4$ 또는 $x>4$)

(iv) $\frac{x}{4}=-1$, 즉 $x=-4$일 때,

$$f(x)=\lim_{n\to\infty}\frac{2\times\left(\frac{x}{4}\right)^{2n+1}-1}{\left(\frac{x}{4}\right)^{2n}+3}=\frac{-2-1}{1+3}=-\frac{3}{4}$$

(i)~(iv)에서 $f(k)=-\frac{1}{3}$을 만족시키는 k의 값의 범위는 $-4<k<4$이므로 정수 k는 $-3,\ -2,\ -1,\ 0,\ 1,\ 2,\ 3$으로 7개이다.

실수 Check

x와 4의 대소 관계를 비교하여 x의 값의 범위를 나누어야 한다.

0198 답 ③

(i) $|x|<1$일 때, $\lim_{n\to\infty}x^{2n}=\lim_{n\to\infty}x^{2n+1}=0$이므로

$$f(x)=\lim_{n\to\infty}\frac{(a-2)x^{2n+1}+2x}{3x^{2n}+1}=2x$$

(ii) $x=1$일 때, $\lim_{n\to\infty}x^{2n}=\lim_{n\to\infty}x^{2n+1}=1$이므로

$$f(x)=\lim_{n\to\infty}\frac{(a-2)x^{2n+1}+2x}{3x^{2n}+1}=\frac{a-2+2}{3+1}=\frac{a}{4}$$

(iii) $|x|>1$일 때, $\lim_{n\to\infty}x^{2n}=\lim_{n\to\infty}|x^{2n+1}|=\infty$이므로

$$f(x)=\lim_{n\to\infty}\frac{(a-2)x^{2n+1}+2x}{3x^{2n}+1}=\lim_{n\to\infty}\frac{(a-2)x+\frac{2}{x^{2n-1}}}{3+\frac{1}{x^{2n}}}=\frac{a-2}{3}x$$

(iv) $x=-1$일 때, $\lim_{n\to\infty}x^{2n}=1$, $\lim_{n\to\infty}x^{2n+1}=-1$이므로

$$f(x)=\lim_{n\to\infty}\frac{(a-2)x^{2n+1}+2x}{3x^{2n}+1}=\frac{-(a-2)-2}{3+1}=-\frac{a}{4}$$

(i)~(iv)에서 $f(x)=\begin{cases}2x & (|x|<1)\\ \frac{a}{4} & (x=1)\\ \frac{a-2}{3}x & (|x|>1)\\ -\frac{a}{4} & (x=-1)\end{cases}$

$(f\circ f)(1)=f(f(1))=f\left(\frac{a}{4}\right)=\frac{5}{4}$에서

(v) $\left|\frac{a}{4}\right|<1$, 즉 $-4<a<4$일 때,

$f\left(\frac{a}{4}\right)=2\times\frac{a}{4}=\frac{a}{2}$이므로

$\frac{a}{2}=\frac{5}{4}\qquad\therefore a=\frac{5}{2}$

(vi) $\frac{a}{4}=1$, 즉 $a=4$일 때,

$f\left(\frac{a}{4}\right)=\frac{a}{4}=1\ne\frac{5}{4}$

(vii) $\left|\frac{a}{4}\right|>1$, 즉 $a<-4$ 또는 $a>4$일 때,

$f\left(\frac{a}{4}\right)=\frac{a-2}{3}\times\frac{a}{4}=\frac{a^2-2a}{12}$이므로

$\frac{a^2-2a}{12}=\frac{5}{4}$에서 $a^2-2a=15$, $a^2-2a-15=0$

$(a-5)(a+3)=0\qquad\therefore a=5$ ($\because$ $a<-4$ 또는 $a>4$)

(viii) $\frac{a}{4}=-1$, 즉 $a=-4$일 때,

$f\left(\frac{a}{4}\right)=-\frac{a}{4}=1\ne\frac{5}{4}$

(v)~(viii)에서 $a=\frac{5}{2}$ 또는 $a=5$이므로 모든 a의 값의 합은

$\frac{5}{2}+5=\frac{15}{2}$

실수 Check

$f(x)$가 x의 값의 범위에 따라 다른 함숫값을 가지므로 $(f\circ f)(1)=f(f(1))$에서 $f(1)$의 값과 -1, 1의 크기를 비교하여 범위를 나누어야 한다.

0199 답 ④

유형22

자연수 n에 대하여 곡선 $y=x^2$과 직선 $y=x+n$이 만나는 두 점 사이의 거리를 l_n이라 할 때, $\lim_{n\to\infty}\frac{l_n^2}{n}$의 값은?

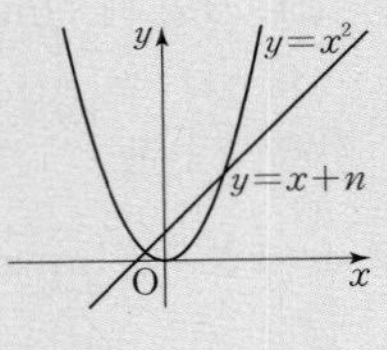

단서1 단서2

① 1 ② 2 ③ $4\sqrt{2}$
④ 8 ⑤ $8\sqrt{2}$

단서1 두 점의 x좌표는 방정식 $x^2=x+n$의 해
단서2 l_n^2은 n에 대한 일차식

STEP1 두 점 사이의 거리를 n에 대한 식으로 나타내기

곡선 $y=x^2$과 직선 $y=x+n$의 교점의 좌표를 $(\alpha, \alpha+n)$, $(\beta, \beta+n)$이라 하면 $x^2=x+n$에서 $x^2-x-n=0$의 두 근이 $x=\alpha$ 또는 $x=\beta$이다.

이때 근과 계수의 관계에 의해 $\alpha+\beta=1$, $\alpha\beta=-n$이므로

$$\sqrt{(\alpha-\beta)^2+\{(\alpha+n)-(\beta+n)\}^2}=\sqrt{(\alpha-\beta)^2+(\alpha+n-\beta-n)^2}=\sqrt{(\alpha-\beta)^2+(\alpha-\beta)^2}=\sqrt{2(\alpha-\beta)^2}$$

$$l_n=\sqrt{(\alpha-\beta)^2+\{(\alpha+n)-(\beta+n)\}^2}$$
$$=\sqrt{2(\alpha-\beta)^2}=\sqrt{2\{(\alpha+\beta)^2-4\alpha\beta\}}$$
$$=\sqrt{2(1+4n)}$$

STEP2 $\lim_{n\to\infty}\frac{l_n^2}{n}$의 값 구하기

$$\lim_{n\to\infty}\frac{l_n^2}{n}=\lim_{n\to\infty}\frac{2(1+4n)}{n}=\lim_{n\to\infty}\frac{2\left(\frac{1}{n}+4\right)}{1}=8$$

0200 답 2

$P_n(n, n^2)$, $Q_n(n+1, (n+1)^2)$이므로

$$a_n=\frac{(n+1)^2-n^2}{(n+1)-n}=2n+1$$

$$\therefore \lim_{n\to\infty}\frac{a_n}{n}=\lim_{n\to\infty}\frac{2n+1}{n}=\lim_{n\to\infty}\frac{2+\frac{1}{n}}{1}=2$$

0201 답 $\frac{1}{3}$

$P_n\left(\frac{1}{n}, \frac{3}{n^2}\right)$이므로 직선 OP_n의 기울기는

$$\frac{\frac{3}{n^2}}{\frac{1}{n}}=\frac{3}{n}$$

점 P_n을 지나고 직선 OP_n에 수직인 직선의 방정식은

$$y-\frac{3}{n^2}=-\frac{n}{3}\left(x-\frac{1}{n}\right)$$

$$\therefore y=-\frac{n}{3}x+\frac{1}{3}+\frac{3}{n^2}$$

따라서 이 직선의 y절편은 $\frac{1}{3}+\frac{3}{n^2}$이므로

$$a_n=\frac{1}{3}+\frac{3}{n^2}$$

$$\therefore \lim_{n\to\infty}a_n=\lim_{n\to\infty}\left(\frac{1}{3}+\frac{3}{n^2}\right)=\frac{1}{3}$$

0202 답 ③

$P_n(n, 6^n)$, $Q_n(n, 2^n)$이므로

$\overline{P_nQ_n}=6^n-2^n$

$$\therefore \lim_{n\to\infty}\frac{\overline{P_{n+1}Q_{n+1}}}{\overline{P_nQ_n}}=\lim_{n\to\infty}\frac{6^{n+1}-2^{n+1}}{6^n-2^n}$$
$$=\lim_{n\to\infty}\frac{6-2\times\left(\frac{1}{3}\right)^n}{1-\left(\frac{1}{3}\right)^n}=6$$

0203 답 ②

$P_n(3n, \sqrt{3n})$, $Q_n(3n, 0)$이므로

$\overline{OP_n}=\sqrt{(3n)^2+(\sqrt{3n})^2}=\sqrt{9n^2+3n}$

$\overline{OQ_n}=3n$

$$\therefore \lim_{n\to\infty}(\overline{OP_n}-\overline{OQ_n})$$
$$=\lim_{n\to\infty}(\sqrt{9n^2+3n}-3n)$$
$$=\lim_{n\to\infty}\frac{(\sqrt{9n^2+3n}-3n)(\sqrt{9n^2+3n}+3n)}{\sqrt{9n^2+3n}+3n}$$
$$=\lim_{n\to\infty}\frac{3n}{\sqrt{9n^2+3n}+3n}=\lim_{n\to\infty}\frac{3}{\sqrt{9+\frac{3}{n}}+3}=\frac{3}{3+3}=\frac{1}{2}$$

0204 답 ③

선분 AP_n의 길이의 최솟값은 점 $A(1, -3)$과 원의 중심인 점 (n, n) 사이의 거리에서 원의 반지름의 길이를 뺀 것과 같으므로

$$a_n=\sqrt{(n-1)^2+(n+3)^2}-\sqrt{2}n$$
$$=\sqrt{2n^2+4n+10}-\sqrt{2}n$$

$$\therefore \lim_{n\to\infty}a_n$$
$$=\lim_{n\to\infty}(\sqrt{2n^2+4n+10}-\sqrt{2}n)$$
$$=\lim_{n\to\infty}\frac{(\sqrt{2n^2+4n+10}-\sqrt{2}n)(\sqrt{2n^2+4n+10}+\sqrt{2}n)}{\sqrt{2n^2+4n+10}+\sqrt{2}n}$$
$$=\lim_{n\to\infty}\frac{4n+10}{\sqrt{2n^2+4n+10}+\sqrt{2}n}$$
$$=\lim_{n\to\infty}\frac{4+\frac{10}{n}}{\sqrt{2+\frac{4}{n}+\frac{10}{n^2}}+\sqrt{2}}=\frac{4}{2\sqrt{2}}=\sqrt{2}$$

0205 답 ②

주어진 그림에서 $0<g(1)<f(1)$, $f(2)=g(2)=4$이므로

$$h(1)=\lim_{n\to\infty}\frac{\{f(1)\}^{n+1}+2\{g(1)\}^n}{\{f(1)\}^n+\{g(1)\}^n}$$
$$=\lim_{n\to\infty}\frac{f(1)+2\times\left\{\frac{g(1)}{f(1)}\right\}^n}{1+\left\{\frac{g(1)}{f(1)}\right\}^n}=f(1)=4$$

$$h(2)=\lim_{n\to\infty}\frac{\{f(2)\}^{n+1}+2\{g(2)\}^n}{\{f(2)\}^n+\{g(2)\}^n}$$
$$=\lim_{n\to\infty}\frac{4^{n+1}+2\times4^n}{4^n+4^n}=\lim_{n\to\infty}\frac{6\times4^n}{2\times4^n}=3$$

$$\therefore h(1)+h(2)=4+3=7$$

실수 Check

$0<g(1)<f(1)$, $f(2)=g(2)=4$임을 이용한다.

0206 답 ③

A(3, 0)이고, 두 직선의 교점의 x좌표는 $\frac{3n}{n+2}x=3-x$에서

$\frac{4n+2}{n+2}x=3 \quad \therefore x=\frac{3n+6}{4n+2}$

$x=\frac{3n+6}{4n+2}$을 $y=3-x$에 대입하면 $y=\frac{9n}{4n+2}$

따라서 $P_n\left(\frac{3n+6}{4n+2}, \frac{9n}{4n+2}\right)$이므로

$S_n=\frac{1}{2}\times3\times\frac{9n}{4n+2}=\frac{27n}{8n+4}$

$\therefore \lim_{n\to\infty}S_n=\lim_{n\to\infty}\frac{27n}{8n+4}=\lim_{n\to\infty}\frac{27}{8+\frac{4}{n}}=\frac{27}{8}$

0207 답 ④

원 $x^2+y^2=n^2$과 직선 $y=\frac{2}{n}x$가 제1사분면에서 만나는 점을 중심으로 하고 x축에 접하는 원을 C_n이라 하면 원 C_n의 넓이 S_n은 원 $x^2+y^2=n^2$과 x축의 교점 $(n, 0)$을 중심으로 하고 직선 $y=\frac{2}{n}x$에 접하는 원 C_n'의 넓이와 같다.

원 C_n'의 반지름의 길이를 r_n이라 하면 r_n은 점 $(n, 0)$과 직선 $y=\frac{2}{n}x$, 즉 $2x-ny=0$ 사이의 거리와 같으므로

$r_n=\frac{2n}{\sqrt{n^2+4}}$

$\therefore S_n=\pi(r_n)^2=\frac{4n^2}{n^2+4}\pi=\frac{4\pi n^2}{n^2+4}$

$\therefore \lim_{n\to\infty}S_n=\lim_{n\to\infty}\frac{4\pi n^2}{n^2+4}=4\pi$

참고 원 C_n의 반지름의 길이는 원과 직선의 교점의 y좌표와 같음을 이용하여 구할 수도 있다.

$y=\frac{2}{n}x$에서 $x=\frac{n}{2}y$이므로

$\left(\frac{n}{2}y\right)^2+y^2=n^2$에서 $\frac{n^2+4}{4}y^2=n^2 \quad \therefore y^2=\frac{4n^2}{n^2+4}$

따라서 원 C_n의 넓이 S_n은

$S_n=\frac{4n^2}{n^2+4}\pi=\frac{4\pi n^2}{n^2+4}$

$\therefore \lim_{n\to\infty}S_n=\lim_{n\to\infty}\frac{4\pi n^2}{n^2+4}=4\pi$

실수 Check

점 (a, b)를 중심으로 하고 x축에 접하는 원의 반지름의 길이는 $|b|$이다.

0208 답 ②

$\overline{OP_n}=n+1$, $\overline{OQ_n}=n$이고

$\overline{OQ_n}\perp\overline{P_nQ_n}$이므로 직각삼각형 OQ_nP_n에서

$\overline{P_nQ_n}=\sqrt{(n+1)^2-n^2}=\sqrt{2n+1}$

직각삼각형 OP_nQ_n에서 $\angle P_nQ_nR_n=\angle OQ_nR_n$이므로

$\overline{OQ_n}:\overline{P_nQ_n}=\overline{OR_n}:\overline{R_nP_n}$

이때 $\overline{OQ_n}:\overline{P_nQ_n}=n:\sqrt{2n+1}$이므로 점 R_n은 선분 OP_n을 $n:\sqrt{2n+1}$로 내분하는 점이다.

따라서 점 R_n의 x좌표는

$\frac{n(n+1)+\sqrt{2n+1}\times0}{n+\sqrt{2n+1}}=\frac{n^2+n}{n+\sqrt{2n+1}}$

이므로

$a_n=\overline{OR_n}=\frac{n^2+n}{n+\sqrt{2n+1}}$

$b_n=\overline{R_nP_n}=\overline{OP_n}-\overline{OR_n}=(n+1)-\frac{n^2+n}{n+\sqrt{2n+1}}$

$=\frac{(n+1)\sqrt{2n+1}}{n+\sqrt{2n+1}}$

$$\therefore \lim_{n\to\infty}\frac{\sqrt{n}\times b_n}{2a_n}=\lim_{n\to\infty}\frac{\sqrt{n}\times\frac{(n+1)\sqrt{2n+1}}{n+\sqrt{2n+1}}}{2\times\frac{n^2+n}{n+\sqrt{2n+1}}}$$

$$=\lim_{n\to\infty}\frac{(n+1)\sqrt{2n^2+n}}{2n^2+2n}=\lim_{n\to\infty}\frac{\sqrt{2n^2+n}}{2n}$$

$$=\lim_{n\to\infty}\frac{\sqrt{2+\frac{1}{n}}}{2}=\frac{\sqrt{2}}{2}$$

참고 $\overline{OQ_n}:\overline{P_nQ_n}=\overline{OR_n}:\overline{R_nP_n}$에서

$n:\sqrt{2n+1}=a_n:b_n$, 즉 $\frac{b_n}{a_n}=\frac{\sqrt{2n+1}}{n}$임을 이용하여 구할 수도 있다.

$$\lim_{n\to\infty}\frac{\sqrt{n}\times b_n}{2a_n}=\lim_{n\to\infty}\frac{\sqrt{n}\times\frac{b_n}{a_n}}{2}=\lim_{n\to\infty}\left(\frac{\sqrt{n}}{2}\times\frac{\sqrt{2n+1}}{n}\right)$$

$$=\lim_{n\to\infty}\frac{\sqrt{2n^2+n}}{2n}=\lim_{n\to\infty}\frac{\sqrt{2+\frac{1}{n}}}{2}=\frac{\sqrt{2}}{2}$$

개념 Check

각의 이등분선의 성질

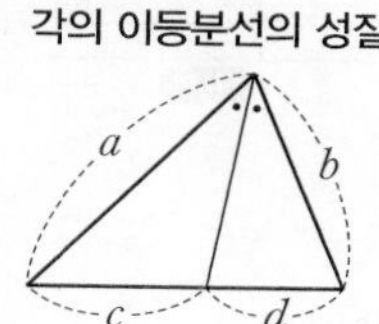

$a:b=c:d$

0209 답 ③

$A_n(n, \sqrt{5n+4})$, $B_n(n, \sqrt{2n-1})$이므로

$a_n=\sqrt{n^2+5n+4}$, $b_n=\sqrt{n^2+2n-1}$

$\therefore \lim_{n\to\infty}\frac{12}{a_n-b_n}$

$$=\lim_{n\to\infty}\frac{12}{\sqrt{n^2+5n+4}-\sqrt{n^2+2n-1}}$$

$$=\lim_{n\to\infty}\frac{12\left(\sqrt{n^2+5n+4}+\sqrt{n^2+2n-1}\right)}{\left(\sqrt{n^2+5n+4}-\sqrt{n^2+2n-1}\right)\left(\sqrt{n^2+5n+4}+\sqrt{n^2+2n-1}\right)}$$

$$=\lim_{n\to\infty}\frac{12\left(\sqrt{n^2+5n+4}+\sqrt{n^2+2n-1}\right)}{3n+5}$$

$$=\lim_{n\to\infty}\frac{12\left(\sqrt{1+\frac{5}{n}+\frac{4}{n^2}}+\sqrt{1+\frac{2}{n}-\frac{1}{n^2}}\right)}{3+\frac{5}{n}}=8$$

0210 답 ④

주어진 원의 중심을 C(0, 1), 선분 A_nB_n의 중점을 M_n이라 하면 삼각형 CM_nB_n은 직각삼각형이다.

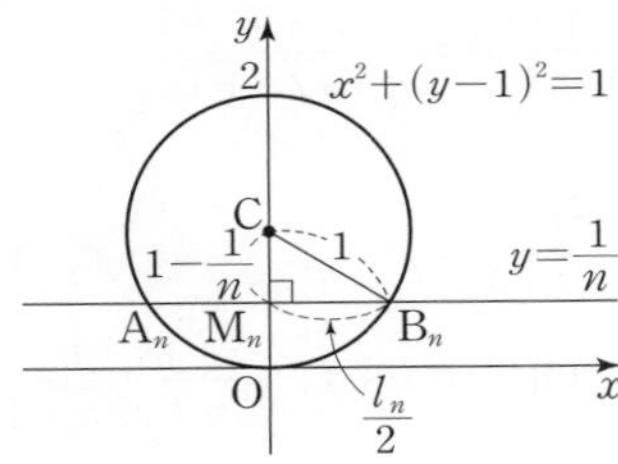

$\overline{CB_n}=1$, $\overline{CM_n}=1-\frac{1}{n}$이므로 $\overline{B_nM_n}^2=\overline{CB_n}^2-\overline{CM_n}^2$에서

$\left(\frac{l_n}{2}\right)^2=1^2-\left(1-\frac{1}{n}\right)^2=\frac{2}{n}-\frac{1}{n^2}$

$(l_n)^2=\frac{8}{n}-\frac{4}{n^2}$

$\therefore \lim_{n\to\infty} n(l_n)^2=\lim_{n\to\infty} n\left(\frac{8}{n}-\frac{4}{n^2}\right)=\lim_{n\to\infty}\left(8-\frac{4}{n}\right)=8$

개념 Check

원의 중심에서 현에 내린 수선의 발은 현을 이등분한다.

0211 답 10

| 유형23

그림과 같이 가로의 길이가 20, 세로의 길이가 n인 직사각형 OC_nB_nA가 있다. 대각선 AC_n과 선분 B_1C_1의 교점을 D_n이라 할 때,

$\lim_{n\to\infty}\frac{\overline{AC_n}-\overline{OC_n}}{\overline{B_1D_n}}$의 값을 구하시오. (단, n은 자연수이다.)

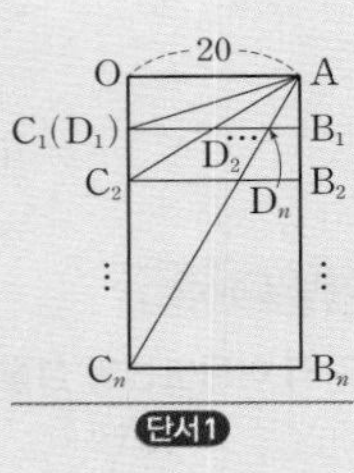

단서1 $\triangle AD_nB_1 \backsim \triangle AC_nB_n$이므로 $\overline{AB_1}:\overline{AB_n}=\overline{B_1D_n}:\overline{B_nC_n}$

STEP1 $\overline{OC_n}$, $\overline{AC_n}$, $\overline{B_1D_n}$을 각각 n에 대한 식으로 나타내기

$\overline{OC_n}=\overline{AB_n}=n$, $\overline{B_nC_n}=\overline{OA}=20$이므로

$\overline{AC_n}=\sqrt{\overline{OA}^2+\overline{OC_n}^2}=\sqrt{20^2+n^2}=\sqrt{400+n^2}$

→ 직각삼각형 OAC_n에서 $\overline{AC_n}^2=\overline{OA}^2+\overline{OC_n}^2$

또, $\triangle AB_1D_n \backsim \triangle AB_nC_n$이므로 → AA 닮음

$\overline{AB_1}:\overline{AB_n}=\overline{B_1D_n}:\overline{B_nC_n}$에서

$1:n=\overline{B_1D_n}:20 \qquad \therefore \overline{B_1D_n}=\frac{20}{n}$

STEP2 $\lim_{n\to\infty}\frac{\overline{AC_n}-\overline{OC_n}}{\overline{B_1D_n}}$의 값 구하기

$$\lim_{n\to\infty}\frac{\overline{AC_n}-\overline{OC_n}}{\overline{B_1D_n}}=\lim_{n\to\infty}\frac{\sqrt{400+n^2}-n}{\frac{20}{n}}$$

$$=\lim_{n\to\infty}\frac{n\left(\sqrt{400+n^2}-n\right)\left(\sqrt{400+n^2}+n\right)}{20\left(\sqrt{400+n^2}+n\right)}$$

$$=\lim_{n\to\infty}\frac{20n}{\sqrt{400+n^2}+n}$$

$$=\lim_{n\to\infty}\frac{20}{\sqrt{\frac{400}{n^2}+1}+1}=10$$

0212 답 ③

[n단계]에서 [$(n+1)$단계]로 올라갈 때마다 성냥개비는 6개씩 늘어나므로

$a_{n+1}=a_n+6$, $a_1=4$

즉, 수열 $\{a_n\}$은 첫째항이 4이고 공차가 6인 등차수열이므로

$a_n=4+(n-1)\times 6=6n-2$

[n단계]에서 [$(n+1)$단계]로 올라갈 때마다 정사각형은 2개씩 늘어나므로

$b_{n+1}=b_n+2$, $b_1=1$

즉, 수열 $\{b_n\}$은 첫째항이 1이고 공차가 2인 등차수열이므로

$b_n=1+(n-1)\times 2=2n-1$

$$\therefore \lim_{n\to\infty}\frac{9b_n}{a_n}=\lim_{n\to\infty}\frac{18n-9}{6n-2}=\lim_{n\to\infty}\frac{18-\frac{9}{n}}{6-\frac{2}{n}}=3$$

0213 답 ②

[n단계]에서 [$(n+1)$단계]로 올라갈 때마다 반지름의 길이는 변하지 않고 호의 길이가 $\frac{1}{2}$배가 되므로

$a_n=2+\frac{\pi}{2^n}$ → $a_1=2+\frac{\pi}{2}$, $a_2=2+\frac{\pi}{4}$, $a_3=2+\frac{\pi}{8}$, …

$\therefore \lim_{n\to\infty} a_n=\lim_{n\to\infty}\left(2+\frac{\pi}{2^n}\right)=2$

0214 답 $\frac{\sqrt{3}}{3}$

[n단계]에서 [$(n+1)$단계]로 올라갈 때마다 남은 정삼각형의 개수는 3배가 되고, [n단계]에서 [$(n+1)$단계]로 올라갈 때마다 전체의 $\frac{1}{4}$씩 제거하므로 넓이는 앞 단계의 $\frac{3}{4}$배가 된다.

$a_1=\frac{\sqrt{3}}{4}\times 1^2\times 3=\frac{3\sqrt{3}}{4}$이므로 수열 $\{a_n\}$은 첫째항이 $\frac{3\sqrt{3}}{4}$이고 공비가 $\frac{3}{4}$인 등비수열이다.

$\therefore a_n=\frac{3\sqrt{3}}{4}\times\left(\frac{3}{4}\right)^{n-1}=\sqrt{3}\times\left(\frac{3}{4}\right)^n$

$$\therefore \lim_{n\to\infty}\frac{4^n\times a_n+2}{3^{n+1}}=\lim_{n\to\infty}\frac{4^n\times\sqrt{3}\times\left(\frac{3}{4}\right)^n+2}{3\times 3^n}=\lim_{n\to\infty}\frac{\sqrt{3}\times 3^n+2}{3\times 3^n}=\lim_{n\to\infty}\frac{\sqrt{3}+2\times\left(\frac{1}{3}\right)^n}{3}=\frac{\sqrt{3}}{3}$$

0215 답 ④

점의 개수는 2씩 늘어나므로 수열 $\{a_n\}$은 첫째항이 4이고 공차가 2인 등차수열이다.

$\therefore a_n=4+(n-1)\times 2=2n+2$

길이가 1인 선분의 개수는 3씩 늘어나므로 수열 $\{b_n\}$은 첫째항이 4이고 공차가 3인 등차수열이다.

$\therefore b_n=4+(n-1)\times 3=3n+1$

$$\therefore \lim_{n\to\infty}\frac{a_nb_n}{(a_n+b_n)^2}=\lim_{n\to\infty}\frac{(2n+2)(3n+1)}{(2n+2+3n+1)^2}$$
$$=\lim_{n\to\infty}\frac{6n^2+8n+2}{(5n+3)^2}$$
$$=\lim_{n\to\infty}\frac{6n^2+8n+2}{25n^2+30n+9}$$
$$=\lim_{n\to\infty}\frac{6+\frac{8}{n}+\frac{2}{n^2}}{25+\frac{30}{n}+\frac{9}{n^2}}$$
$$=\frac{6}{25}$$

따라서 $p=\frac{6}{25}$이므로 $100p=100\times\frac{6}{25}=24$

0216 답 $\frac{4}{3}$

[n단계]에서 [$(n+1)$단계]로 올라갈 때마다 정사각형의 한 변의 길이는 $\frac{1}{3}$배가 되고 정사각형의 개수는 4배가 된다.

따라서 정사각형의 둘레의 길이의 합은 $\frac{1}{3}\times 4=\frac{4}{3}$배가 되고, 정사각형의 넓이의 합은 $\left(\frac{1}{3}\right)^2\times 4=\frac{4}{9}$배가 된다.

$a_1=\frac{2}{3}\times 4\times 4=\frac{32}{3}$, $b_1=\left(\frac{2}{3}\right)^2\times 4=\frac{16}{9}$이므로

$a_n=\frac{32}{3}\times\left(\frac{4}{3}\right)^{n-1}$, $b_n=\frac{16}{9}\times\left(\frac{4}{9}\right)^{n-1}$

$$\therefore \lim_{n\to\infty}\frac{a_{n+1}}{a_n+b_n}=\lim_{n\to\infty}\frac{\frac{32}{3}\times\left(\frac{4}{3}\right)^n}{\frac{32}{3}\times\left(\frac{4}{3}\right)^{n-1}+\frac{16}{9}\times\left(\frac{4}{9}\right)^{n-1}}$$
$$=\lim_{n\to\infty}\frac{\frac{32}{3}\times\frac{4}{3}}{\frac{32}{3}+\frac{16}{9}\times\left(\frac{1}{3}\right)^{n-1}}=\frac{4}{3}$$

실수 Check

단계가 올라갈 때마다 일정한 배가 될 때, 그 배가 공비인 등비수열을 이룬다.

서술형 유형 익히기

46쪽~49쪽

0217 답 (1) 1 (2) 1 (3) $5n-4$ (4) $5n-4$ (5) $4n$ (6) $3n$ (7) 25 (8) 10

STEP 1 $\{a_n\}$의 일반항 구하기 [2점]

$$\sum_{k=1}^{n}\frac{a_{k+1}-a_k}{a_ka_{k+1}}=\sum_{k=1}^{n}\left(\frac{1}{a_k}-\frac{1}{a_{k+1}}\right)$$
$$=\left(\frac{1}{a_1}-\frac{1}{a_2}\right)+\left(\frac{1}{a_2}-\frac{1}{a_3}\right)+\left(\frac{1}{a_3}-\frac{1}{a_4}\right)+\cdots+\left(\frac{1}{a_n}-\frac{1}{a_{n+1}}\right)$$
$$=\frac{1}{a_1}-\frac{1}{a_{n+1}}=\boxed{1}-\frac{1}{a_{n+1}}$$

즉, $1-\frac{1}{a_{n+1}}=\frac{5n}{5n+1}$이므로

$\frac{1}{a_{n+1}}=1-\frac{5n}{5n+1}=\frac{\boxed{1}}{5n+1}$

따라서 $a_{n+1}=5n+1$ $(n=1, 2, 3, \cdots)$이므로

$a_n=5(n-1)+1=\boxed{5n-4}$ $(n=2, 3, \cdots)$

위의 식에 $n=1$을 대입하면 $a_1=5\times 1-4=1$이므로

$a_n=\boxed{5n-4}$ $(n=1, 2, 3, \cdots)$

STEP 2 S_n 구하기 [2점]

$$S_n=\sum_{k=1}^{n}a_k=\sum_{k=1}^{n}(5k-4)$$
$$=5\times\frac{n(n+1)}{2}-\boxed{4n}=\frac{5n^2-\boxed{3n}}{2}$$

STEP 3 $\lim_{n\to\infty}\frac{a_na_{n+1}}{S_n}$의 값 구하기 [2점]

$$\lim_{n\to\infty}\frac{a_na_{n+1}}{S_n}=\lim_{n\to\infty}\frac{(5n-4)(5n+1)}{\frac{5n^2-3n}{2}}$$
$$=\lim_{n\to\infty}\frac{2\left(\boxed{25}-\frac{15}{n}-\frac{4}{n^2}\right)}{5-\frac{3}{n}}$$
$$=\boxed{10}$$

실제 답안 예시

$\frac{a_{k+1}-a_k}{a_ka_{k+1}}=\frac{1}{a_k}-\frac{1}{a_{k+1}}$이므로

$k=1, 2, 3, \cdots, n$을 차례로 대입하여 더하면

$\left(\frac{1}{a_1}-\frac{1}{a_2}\right)+\left(\frac{1}{a_2}-\frac{1}{a_3}\right)+\left(\frac{1}{a_3}-\frac{1}{a_4}\right)+\cdots+\left(\frac{1}{a_n}-\frac{1}{a_{n+1}}\right)$

$=\frac{1}{a_1}-\frac{1}{a_{n+1}}$

그러므로 $\sum_{k=1}^{n}\frac{a_{k+1}-a_k}{a_ka_{k+1}}=\frac{1}{a_1}-\frac{1}{a_{n+1}}=\frac{5n}{5n+1}$이다.

$a_1=1$이므로

$1-\frac{1}{a_{n+1}}=\frac{5n}{5n+1}$, $\frac{1}{a_{n+1}}=\frac{1}{5n+1}$ $\therefore a_{n+1}=5n+1$

$\therefore a_n=5(n-1)+1=5n-4$

$S_n=\frac{n\{2+5(n-1)\}}{2}=\frac{5n^2-3n}{2}$이므로

$\frac{a_na_{n+1}}{S_n}=\frac{(5n-4)(5n+1)}{\frac{5n^2-3n}{2}}=\frac{2(5n-4)(5n+1)}{5n^2-3n}$

$\therefore \lim_{n\to\infty}\frac{a_na_{n+1}}{S_n}=\lim_{n\to\infty}\frac{2(5n-4)(5n+1)}{5n^2-3n}=\frac{50}{5}=10$

0218 답 24

STEP 1 $\{a_n\}$의 일반항 구하기 [2점]

$$\sum_{k=1}^{n}\frac{a_{k+1}-a_k}{a_ka_{k+1}}=\sum_{k=1}^{n}\left(\frac{1}{a_k}-\frac{1}{a_{k+1}}\right)$$
$$=\left(\frac{1}{a_1}-\frac{1}{a_2}\right)+\left(\frac{1}{a_2}-\frac{1}{a_3}\right)+\left(\frac{1}{a_3}-\frac{1}{a_4}\right)+\cdots+\left(\frac{1}{a_n}-\frac{1}{a_{n+1}}\right)$$
$$=\frac{1}{a_1}-\frac{1}{a_{n+1}}=\frac{1}{2}-\frac{1}{a_{n+1}}$$

즉, $\frac{1}{2}-\frac{1}{a_{n+1}}=\frac{3n}{6n+4}$이므로

$\frac{1}{a_{n+1}}=\frac{1}{2}-\frac{3n}{6n+4}=\frac{1}{3n+2}$

따라서 $a_{n+1}=3n+2$ $(n=1, 2, 3, \cdots)$이므로

$a_n=3(n-1)+2=3n-1$ $(n=2, 3, 4, \cdots)$

위의 식에 $n=1$을 대입하면 $a_1=3\times1-1=2$이므로

$a_n=3n-1$ $(n=1, 2, 3, \cdots)$

STEP2 S_n 구하기 [2점]

$$S_n=\sum_{k=1}^{n}a_k=\sum_{k=1}^{n}(3k-1)$$
$$=3\sum_{k=1}^{n}k-\sum_{k=1}^{n}1$$
$$=3\times\frac{n(n+1)}{2}-n$$
$$=\frac{3n^2+n}{2}$$

STEP3 $\lim_{n\to\infty}\frac{(a_{2n})^2}{S_n}$의 값 구하기 [2점]

$$\lim_{n\to\infty}\frac{(a_{2n})^2}{S_n}=\lim_{n\to\infty}\frac{(6n-1)^2}{\frac{3n^2+n}{2}}=\lim_{n\to\infty}\frac{2(36n^2-12n+1)}{3n^2+n}$$
$$=\lim_{n\to\infty}\frac{2\left(36-\frac{12}{n}+\frac{1}{n^2}\right)}{3+\frac{1}{n}}$$
$$=24$$

0219 답 1

STEP1 $\{a_n\}$의 일반항 구하기 [3점]

$$\sum_{k=1}^{n}\frac{a_k-a_{k+1}}{a_ka_{k+1}}=\sum_{k=1}^{n}\left(\frac{1}{a_{k+1}}-\frac{1}{a_k}\right)$$
$$=\left(\frac{1}{a_2}-\frac{1}{a_1}\right)+\left(\frac{1}{a_3}-\frac{1}{a_2}\right)+\left(\frac{1}{a_4}-\frac{1}{a_3}\right)+\cdots+\left(\frac{1}{a_{n+1}}-\frac{1}{a_n}\right)$$
$$=\frac{1}{a_{n+1}}-\frac{1}{a_1}$$
$$=\frac{1}{a_{n+1}}-2$$

즉, $\frac{1}{a_{n+1}}-2=n^2+3n$이므로

$\frac{1}{a_{n+1}}=n^2+3n+2=(n+1)(n+2)$

따라서 $a_{n+1}=\frac{1}{(n+1)(n+2)}$ $(n=1, 2, 3, \cdots)$이므로

$a_n=\frac{1}{n(n+1)}$ $(n=2, 3, 4, \cdots)$

위의 식에 $n=1$을 대입하면 $a_1=\frac{1}{1\times2}=\frac{1}{2}$이므로

$a_n=\frac{1}{n(n+1)}$ $(n=1, 2, 3, \cdots)$

STEP2 S_n 구하기 [2점]

$$S_n=\sum_{k=1}^{n}a_k=\sum_{k=1}^{n}\frac{1}{k(k+1)}=\sum_{k=1}^{n}\left(\frac{1}{k}-\frac{1}{k+1}\right)$$
$$=\left(1-\frac{1}{2}\right)+\left(\frac{1}{2}-\frac{1}{3}\right)+\left(\frac{1}{3}-\frac{1}{4}\right)+\cdots+\left(\frac{1}{n}-\frac{1}{n+1}\right)$$
$$=1-\frac{1}{n+1}=\frac{n}{n+1}$$

STEP3 $\lim_{n\to\infty}n^2a_nS_n$의 값 구하기 [2점]

$$\lim_{n\to\infty}n^2a_nS_n=\lim_{n\to\infty}\left\{n^2\times\frac{1}{n(n+1)}\times\frac{n}{n+1}\right\}$$
$$=\lim_{n\to\infty}\frac{n^2}{(n+1)^2}=\lim_{n\to\infty}\frac{n^2}{n^2+2n+1}$$
$$=\lim_{n\to\infty}\frac{1}{1+\frac{2}{n}+\frac{1}{n^2}}=1$$

0220 답 4

STEP1 $\{a_n\}$의 일반항 구하기 [3점]

등차수열 $\{a_n\}$의 첫째항을 a라 하면 공차가 2이므로

$a_n=a+2\times(n-1)=2n+a-2$ $(n=1, 2, 3, \cdots)$

$$\sum_{k=1}^{n}\frac{1}{a_ka_{k+1}}$$
$$=\sum_{k=1}^{n}\frac{1}{(2k+a-2)\{2\times(k+1)+a-2\}}$$
$$=\sum_{k=1}^{n}\frac{1}{(2k+a-2)(2k+a)}$$
$$=\sum_{k=1}^{n}\frac{1}{2}\left(\frac{1}{2k+a-2}-\frac{1}{2k+a}\right)$$
$$=\frac{1}{2}\left\{\left(\frac{1}{a}-\frac{1}{a+2}\right)+\left(\frac{1}{a+2}-\frac{1}{a+4}\right)+\left(\frac{1}{a+4}-\frac{1}{a+6}\right)+\cdots+\left(\frac{1}{2n+a-2}-\frac{1}{2n+a}\right)\right\}$$
$$=\frac{1}{2}\left(\frac{1}{a}-\frac{1}{2n+a}\right)$$

즉, $\frac{1}{2}\left(\frac{1}{a}-\frac{1}{2n+a}\right)=\frac{n}{2n+1}$이므로

$\frac{1}{a}-\frac{1}{2n+a}=\frac{2n}{2n+1}$, $\frac{2n}{a(2n+a)}=\frac{2n}{2n+1}$에서

$2n(2n+1)=2an(2n+a)$, $2n+1=a(2n+a)$

$2n+1=2an+a^2$

위의 식은 n에 대한 항등식이므로 $a=1$

$\therefore a_n=2n-1$

STEP2 S_n 구하기 [2점]

$$S_n=\sum_{k=1}^{n}(2k-1)=2\sum_{k=1}^{n}k-\sum_{k=1}^{n}1$$
$$=2\times\frac{n(n+1)}{2}-n=n^2$$

STEP3 $\lim_{n\to\infty}\frac{(a_n)^2}{S_n}$의 값 구하기 [2점]

$$\lim_{n\to\infty}\frac{(a_n)^2}{S_n}=\lim_{n\to\infty}\frac{(2n-1)^2}{n^2}=\lim_{n\to\infty}\frac{4n^2-4n+1}{n^2}$$
$$=\lim_{n\to\infty}\frac{4-\frac{4}{n}+\frac{1}{n^2}}{1}=4$$

0221 답 (1) $-\frac{1}{2}$ (2) $\frac{1}{3}$ (3) x (4) $-\frac{1}{2}$ (5) x (6) $-\frac{1}{2}$

STEP1 x의 값의 범위에 따라 주어진 수열의 극한값 구하기 [6점]

(i) $-2<x<2$일 때, $\lim_{n\to\infty}\left(\frac{x}{2}\right)^n=0$이므로

$$y=\lim_{n\to\infty}\frac{x^{n+1}-2^n}{x^n+2^{n+1}}=\lim_{n\to\infty}\frac{x\times\left(\frac{x}{2}\right)^n-1}{\left(\frac{x}{2}\right)^n+2}=\boxed{-\frac{1}{2}}$$

(ii) $x=2$일 때,

$$y=\lim_{n\to\infty}\frac{2^{n+1}-2^n}{2^n+2^{n+1}}=\boxed{\frac{1}{3}}$$

(iii) $x>2$일 때, $\lim_{n\to\infty}\left(\frac{2}{x}\right)^n=0$이므로

$$y=\lim_{n\to\infty}\frac{x^{n+1}-2^n}{x^n+2^{n+1}}$$

$$=\lim_{n\to\infty}\frac{x-\left(\frac{2}{x}\right)^n}{1+2\times\left(\frac{2}{x}\right)^n}=\boxed{x}$$

STEP 2 함수 $y=\lim_{n\to\infty}\frac{x^{n+1}-2^n}{x^n+2^{n+1}}$ 의 최솟값 구하기 [2점]

(i)~(iii)에서

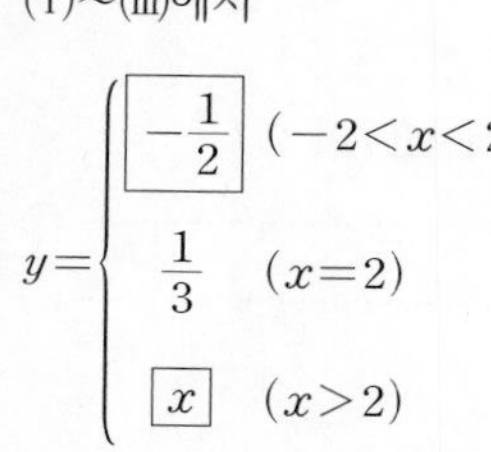

$$y=\begin{cases}\boxed{-\frac{1}{2}} & (-2<x<2)\\ \frac{1}{3} & (x=2)\\ \boxed{x} & (x>2)\end{cases}$$

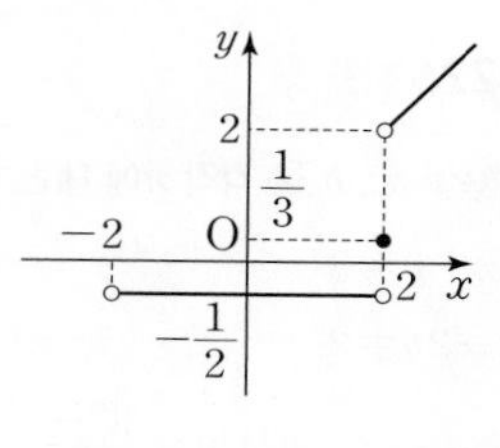

따라서 주어진 함수의 최솟값은 $\boxed{-\frac{1}{2}}$이다.

오답 분석

① $-1<x<1$일 때, $\lim_{n\to\infty}\frac{x^{n+1}-2^n}{x^n+2^{n+1}}=\lim_{n\to\infty}\frac{-2^n}{2^{n+1}}=-\frac{1}{2}$

② $-2<x<-1$ 또는 $x>1$일 때, $\lim_{n\to\infty}\frac{x^{n+1}-2^n}{x^n+2^{n+1}}=\lim_{n\to\infty}\frac{x-\left(\frac{2}{x}\right)^n}{1+2\times\left(\frac{2}{x}\right)^n}=x$

③ $x=1$일 때, $\lim_{n\to\infty}\frac{1-2^n}{1+2^{n+1}}=-\frac{1}{2}$

④ $x=-1$일 때, $\lim_{n\to\infty}\frac{(-1)^{n+1}-2^n}{(-1)^n+2^{n+1}}=-\frac{1}{2}$

따라서 최솟값은 -2이다.

▶ 8점 중 0점 얻음.
공비가 x(변수)와 a(양의 실수)인 등비수열이 포함된 수열의 극한은 x를 $\pm a$ 기준으로 범위를 나누어 계산해야 한다.

0223 답 10

STEP 1 x의 값의 범위에 따라 주어진 수열의 극한값 구하기 [6점]

(i) $-4<x<4$일 때, $\lim_{n\to\infty}\left(\frac{x}{4}\right)^n=0$이므로

$$y=\lim_{n\to\infty}\frac{\left(\frac{x}{2}\right)^{n+1}+3\times2^{n+1}}{\left(\frac{x}{2}\right)^n+2^n}$$

$$=\lim_{n\to\infty}\frac{\frac{x}{2}\times\left(\frac{x}{4}\right)^n+3\times2}{\left(\frac{x}{4}\right)^n+1}=6$$ …… ⓐ

(ii) $x=4$일 때,

$$y=\lim_{n\to\infty}\frac{2^{n+1}+3\times2^{n+1}}{2^n+2^n}=\frac{8}{2}$$

$=4$ …… ⓐ

STEP 2 함수 $y=\lim_{n\to\infty}\frac{\left(\frac{x}{2}\right)^{n+1}+3\times2^{n+1}}{\left(\frac{x}{2}\right)^n+2^n}$의 최댓값과 최솟값을 구하여 $M+m$의 값 구하기 [2점]

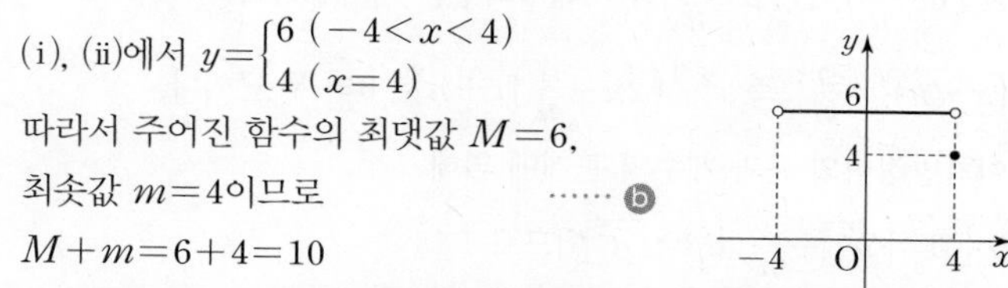

(i), (ii)에서 $y=\begin{cases}6 & (-4<x<4)\\ 4 & (x=4)\end{cases}$

따라서 주어진 함수의 최댓값 $M=6$,

최솟값 $m=4$이므로 …… ⓑ

$M+m=6+4=10$

부분점수표	
ⓐ (i), (ii) 중에서 하나만 구한 경우	3점
ⓑ M, m 중에서 하나만 구한 경우	1점

0223 답 $-\frac{3}{2}$

STEP 1 x의 값의 범위에 따라 주어진 수열의 극한값 구하기 [6점]

(i) $0<\log_3 x<4$, 즉 $1<x<81$일 때

$\lim_{n\to\infty}\left(\frac{\log_3 x}{4}\right)^n=0$이므로

$$f(x)=\lim_{n\to\infty}\frac{2^n-(\log_3 x)^n}{(\log_3 x)^n+2^{2n}}$$

$$=\lim_{n\to\infty}\frac{\left(\frac{1}{2}\right)^n-\left(\frac{\log_3 x}{4}\right)^n}{\left(\frac{\log_3 x}{4}\right)^n+1}$$

$$=\frac{0-0}{0+1}=0$$ …… ⓐ

(ii) $\log_3 x>4$, 즉 $x>81$일 때

$\lim_{n\to\infty}\left(\frac{2}{\log_3 x}\right)^n=0$, $\lim_{n\to\infty}\left(\frac{4}{\log_3 x}\right)^n=0$이므로

$$f(x)=\lim_{n\to\infty}\frac{2^n-(\log_3 x)^n}{(\log_3 x)^n+2^{2n}}$$

$$=\lim_{n\to\infty}\frac{\left(\frac{2}{\log_3 x}\right)^n-1}{1+\left(\frac{4}{\log_3 x}\right)^n}$$

$$=\frac{0-1}{1+0}=-1$$ …… ⓐ

(iii) $\log_3 x=4$, 즉 $x=81$일 때

$$f(x)=\lim_{n\to\infty}\frac{2^n-4^n}{4^n+2^{2n}}$$

$$=\lim_{n\to\infty}\frac{\left(\frac{1}{2}\right)^n-1}{2}=-\frac{1}{2}$$ …… ⓐ

STEP 2 함수 $f(x)=\lim_{n\to\infty}\frac{2^n-(\log_3 x)^n}{(\log_3 x)^n+2^{2n}}$ 의 치역의 모든 원소의 합 구하기 [2점]

(i)~(iii)에서 $f(x)=\begin{cases}0 & (1<x<81)\\ -\frac{1}{2} & (x=81)\\ -1 & (x>81)\end{cases}$

따라서 함수 $f(x)$의 치역은 $\left\{-1, -\frac{1}{2}, 0\right\}$이므로 치역의 모든 원소의 합은 $-1+\left(-\frac{1}{2}\right)+0=-\frac{3}{2}$

부분점수표	
ⓐ (i), (ii), (iii) 중에서 일부만 구한 경우	각 2점

0224 답 (1) $2n$ (2) n^2 (3) $\frac{1}{n^2}$ (4) n^4 (5) n^2 (6) 4 (7) 2

STEP 1 a_n을 n에 대한 식으로 나타내기 [4점]

$A_n\left(\alpha,\ \frac{\alpha}{n}\right)$, $B_n\left(\beta,\ \frac{\beta}{n}\right)$라 하면 α와 β는 이차방정식

$(x-n)^2=\frac{x}{n}$, 즉 $x^2-\left(2n+\frac{1}{n}\right)x+n^2=0$의 두 근이다.

이차방정식의 근과 계수의 관계에 의해

$\alpha+\beta=\boxed{2n}+\frac{1}{n}$, $\alpha\beta=\boxed{n^2}$이므로

$$\begin{aligned}(\alpha-\beta)^2&=(\alpha+\beta)^2-4\alpha\beta\\&=\left(2n+\frac{1}{n}\right)^2-4\times n^2\\&=4+\boxed{\frac{1}{n^2}}\end{aligned}$$

$$\begin{aligned}\therefore\ a_n=\overline{A_nB_n}&=\sqrt{(\alpha-\beta)^2+\left(\frac{\alpha}{n}-\frac{\beta}{n}\right)^2}\\&=\sqrt{\left(4+\frac{1}{n^2}\right)+\frac{1}{n^2}\left(4+\frac{1}{n^2}\right)}\\&=\sqrt{4+\frac{5}{n^2}+\frac{1}{n^4}}=\sqrt{\frac{4n^4+5n^2+1}{\boxed{n^4}}}\\&=\frac{\sqrt{4n^4+5n^2+1}}{\boxed{n^2}}\end{aligned}$$

STEP 2 $\lim\limits_{n\to\infty}a_n$의 값 구하기 [2점]

$$\begin{aligned}\lim_{n\to\infty}a_n&=\lim_{n\to\infty}\frac{\sqrt{4n^4+5n^2+1}}{n^2}\\&=\lim_{n\to\infty}\frac{\sqrt{\boxed{4}+\frac{5}{n^2}+\frac{1}{n^4}}}{1}=\boxed{2}\end{aligned}$$

실제 답안 예시

$(x-n)^2=\frac{x}{n}$

$x^2-\left(2n+\frac{1}{n}\right)x+n^2=0$

$A_n\left(\alpha,\ \frac{\alpha}{n}\right)$, $B_n\left(\beta,\ \frac{\beta}{n}\right)$라 하면 $a_n=\sqrt{(\alpha-\beta)^2+\left(\frac{\alpha-\beta}{n}\right)^2}$

$\alpha+\beta=2n+\frac{1}{n}$, $\alpha\beta=n^2$이므로

$(\alpha-\beta)^2=\left(2n+\frac{1}{n}\right)^2-4n^2=4+\frac{1}{n^2}$

$\therefore\ a_n=\sqrt{(\alpha-\beta)^2+\left(\frac{\alpha-\beta}{n}\right)^2}=\sqrt{(\alpha-\beta)^2\times\left(1+\frac{1}{n^2}\right)}$

$=\sqrt{\left(4+\frac{1}{n^2}\right)\left(1+\frac{1}{n^2}\right)}$

$\therefore\ \lim\limits_{n\to\infty}a_n=\lim\limits_{n\to\infty}\sqrt{\left(4+\frac{1}{n^2}\right)\left(1+\frac{1}{n^2}\right)}=2$

0225 답 3

STEP 1 a_n을 n에 대한 식으로 나타내기 [4점]

$\frac{4n}{x}=5-\frac{x}{n}$에서 $x^2-5nx+4n^2=0$

$(x-n)(x-4n)=0$ $\quad\therefore\ x=n$ 또는 $x=4n$

따라서 두 점 A_n, B_n의 좌표는 $A_n(n,\ 4)$, $B_n(4n,\ 1)$이므로

$a_n=\overline{A_nB_n}=\sqrt{(4n-n)^2+(1-4)^2}=\sqrt{9n^2+9}$

STEP 2 $\lim\limits_{n\to\infty}(a_{n+1}-a_n)$의 값 구하기 [2점]

$$\begin{aligned}&\lim_{n\to\infty}(a_{n+1}-a_n)\\&=\lim_{n\to\infty}\left(\sqrt{9(n+1)^2+9}-\sqrt{9n^2+9}\right)\\&=\lim_{n\to\infty}\frac{\left(\sqrt{9(n+1)^2+9}-\sqrt{9n^2+9}\right)\left(\sqrt{9(n+1)^2+9}+\sqrt{9n^2+9}\right)}{\sqrt{9(n+1)^2+9}+\sqrt{9n^2+9}}\\&=\lim_{n\to\infty}\frac{18n+9}{\sqrt{9n^2+18n+18}+\sqrt{9n^2+9}}\\&=\lim_{n\to\infty}\frac{18+\frac{9}{n}}{\sqrt{9+\frac{18}{n}+\frac{18}{n^2}}+\sqrt{9+\frac{9}{n^2}}}=3\end{aligned}$$

0226 답 $\frac{1}{2}$

STEP 1 a_n, b_n을 각각 n에 대한 식으로 나타내기 [5점]

$2x+y=3^n$ ······ ㉠

$x-2y=2^n$ ······ ㉡

㉠$-$㉡$\times2$에서 $y=\frac{3^n-2^{n+1}}{5}$

㉠$\times2+$㉡에서 $x=\frac{2\times3^n+2^n}{5}$

$\therefore\ a_n=\frac{2\times3^n+2^n}{5}$, $b_n=\frac{3^n-2^{n+1}}{5}$ ······ ⓐ

STEP 2 $\lim\limits_{n\to\infty}\frac{b_n}{a_n}$의 값 구하기 [2점]

$$\begin{aligned}\lim_{n\to\infty}\frac{b_n}{a_n}&=\lim_{n\to\infty}\frac{\frac{3^n-2^{n+1}}{5}}{\frac{2\times3^n+2^n}{5}}=\lim_{n\to\infty}\frac{3^n-2^{n+1}}{2\times3^n+2^n}\\&=\lim_{n\to\infty}\frac{1-2\times\left(\frac{2}{3}\right)^n}{2+\left(\frac{2}{3}\right)^n}=\frac{1}{2}\end{aligned}$$

부분점수표	
ⓐ a_n, b_n 중에서 하나만 n에 대한 식으로 바르게 나타낸 경우	2점

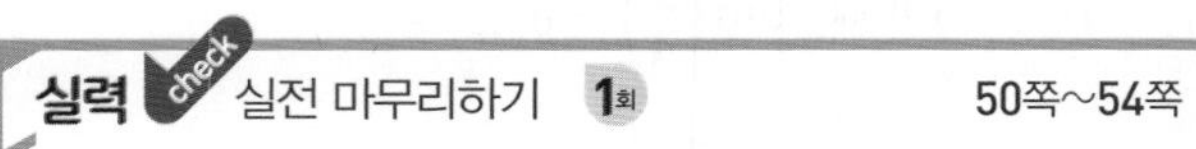

실력 check 실전 마무리하기 1회 50쪽~54쪽

1 0227 답 ④ 유형 1 + 유형 16

출제의도 | 수열이 수렴하는 조건을 이해하는지 확인한다.

$n=1,\ 2,\ 3,\ \cdots$을 대입하여 규칙성을 찾아보자.

ㄱ. 공비가 $\log3$인 등비수열이고, $0<\log3<1$이므로 수열 $\{(\log3)^n\}$은 0에 수렴한다.

ㄴ. $n=1,\ 2,\ 3,\ 4,\ \cdots$를 $\cos n\pi$에 차례로 대입하면 $-1,\ 1,\ -1,\ 1,\ \cdots$이므로 수열 $\{\cos n\pi\}$는 발산(진동)한다.

ㄷ. n의 값이 한없이 커지면 $\frac{2n}{n-1}$의 값은 2에 한없이 가까워지므로 수열 $\left\{\frac{2n}{n-1}\right\}$은 2에 수렴한다.

ㄹ. 공비가 $-\frac{1}{3}$인 등비수열이고, $-1<-\frac{1}{3}<1$이므로 수열 $\left\{\frac{2}{(-3)^n}\right\}$는 0에 수렴한다.

따라서 수렴하는 수열은 ㄱ, ㄷ, ㄹ이다.

2 0228 답 ⑤ 유형 2

출제의도 | 수렴하는 수열의 극한의 성질을 이해하는지 확인한다.

수렴하는 수열의 극한값을 α, β로 놓고 식을 변형해 보자.

수열 $\{a_n\}$, $\{b_n\}$이 수렴하므로

$\lim_{n\to\infty} a_n=\alpha$, $\lim_{n\to\infty} b_n=\beta$ (α, β는 실수)라 하면

$\lim_{n\to\infty}(2a_n+3b_n)=6$에서

$2\alpha+3\beta=6$ ……… ㉠

$\lim_{n\to\infty}(a_n+b_n)=4$에서

$\alpha+\beta=4$ ……… ㉡

㉠, ㉡을 연립하여 풀면 $\alpha=6$, $\beta=-2$

$\therefore \lim_{n\to\infty} a_nb_n=\alpha\beta=6\times(-2)=-12$

3 0229 답 ④ 유형 4

출제의도 | $\frac{\infty}{\infty}$ 꼴 수열의 극한값을 구할 수 있는지 확인한다.

분모의 차수와 분자의 차수를 비교해 보자.

$a_n=\frac{n+2}{n^2+n}$이므로

$a_{2n}=\frac{2n+2}{(2n)^2+2n}=\frac{2n+2}{4n^2+2n}$

$\therefore \lim_{n\to\infty} a_{2n}=\lim_{n\to\infty}\frac{2n+2}{4n^2+2n}=0$

4 0230 답 ③ 유형 4

출제의도 | $\frac{\infty}{\infty}$ 꼴 수열의 극한값을 구할 수 있는지 확인한다.

$\sum_{k=1}^{n} a_k=S_n$일 때, $a_n=S_n-S_{n-1}$임을 이용해 보자.

$n\ge2$일 때,

$$a_n=\sum_{k=1}^{n} a_k-\sum_{k=1}^{n-1} a_k$$
$$=(n^2+2n)-\{(n-1)^2+2(n-1)\}$$
$$=2n+1$$

$a_1=S_1=3$이므로 $a_n=2n+1$ $(n\ge1)$

$$\therefore \lim_{n\to\infty}\frac{a_1\times n^2}{a_n^{\ 2}}=\lim_{n\to\infty}\frac{3n^2}{(2n+1)^2}$$
$$=\lim_{n\to\infty}\frac{3n^2}{4n^2+4n+1}$$
$$=\lim_{n\to\infty}\frac{3}{4+\frac{4}{n}+\frac{1}{n^2}}=\frac{3}{4}$$

5 0231 답 ④ 유형 5

출제의도 | 합의 형태로 제시된 수열의 극한값을 구할 수 있는지 확인한다.

$\sum_{k=1}^{n} k=\frac{n(n+1)}{2}$임을 이용해 보자.

$$1+3+5+\cdots+(2n-1)=\sum_{k=1}^{n}(2k-1)$$
$$=2\times\frac{n(n+1)}{2}-n=n^2$$
$$2+4+6+\cdots+2n=\sum_{k=1}^{n}2k$$
$$=2\times\frac{n(n+1)}{2}=n^2+n$$

이므로

$$\lim_{n\to\infty}\frac{1+3+5+\cdots+(2n-1)}{2+4+6+\cdots+2n}=\lim_{n\to\infty}\frac{n^2}{n^2+n}$$
$$=\lim_{n\to\infty}\frac{1}{1+\frac{1}{n}}=1$$

6 0232 답 ⑤ 유형 7

출제의도 | $\frac{\infty}{\infty}$ 꼴 수열의 극한을 이용하여 미정계수를 구할 수 있는지 확인한다.

극한값이 0이 아니면 (분자의 차수)=(분모의 차수)임을 이용해 보자.

$a-2\ne0$, 즉 $a\ne2$이면

$\lim_{n\to\infty}\frac{(a-2)n^3+(b-4)n^2}{3n^2+1}=\infty$ (또는 $-\infty$)이므로 $a=2$

$$\therefore \lim_{n\to\infty}\frac{(a-2)n^3+(b-4)n^2}{3n^2+1}=\lim_{n\to\infty}\frac{(b-4)n^2}{3n^2+1}$$
$$=\lim_{n\to\infty}\frac{b-4}{3+\frac{1}{n^2}}$$
$$=\frac{b-4}{3}$$

따라서 $\frac{b-4}{3}=7$이므로 $b-4=21$ $\quad\therefore b=25$

$\therefore a+b=2+25=27$

7 0233 답 ③ 유형 12

출제의도 | 주어진 수열의 극한을 이용하여 극한값을 구할 수 있는지 확인한다.

주어진 수열을 c_n, d_n으로 치환해 보자.

$\frac{a_n}{n}=c_n$으로 놓으면 $a_n=nc_n$

$\frac{b_n}{n}=d_n$으로 놓으면 $b_n=nd_n$

이때 $\lim_{n\to\infty} c_n=3$, $\lim_{n\to\infty} d_n=5$이므로

$$\lim_{n\to\infty}\frac{(a_n-1)(b_n-2)}{n^2}=\lim_{n\to\infty}\frac{(nc_n-1)(nd_n-2)}{n^2}$$
$$=\lim_{n\to\infty}\frac{n^2c_nd_n-(2c_n+d_n)n+2}{n^2}$$
$$=\lim_{n\to\infty}\frac{c_nd_n-\frac{2c_n+d_n}{n}+\frac{2}{n^2}}{1}$$
$$=3\times5=15$$

다른 풀이

$$\lim_{n\to\infty}\frac{(a_n-1)(b_n-2)}{n^2}=\lim_{n\to\infty}\left(\frac{a_n-1}{n}\times\frac{b_n-2}{n}\right)$$
$$=\lim_{n\to\infty}\left\{\left(\frac{a_n}{n}-\frac{1}{n}\right)\times\left(\frac{b_n}{n}-\frac{2}{n}\right)\right\}$$
$$=(3-0)\times(5-0)=15$$

8 0234 답 ②

유형 13

출제의도 | 극한의 대소 관계를 이용하여 극한값을 구할 수 있는지 확인한다.

$|f(x)|\le a$에서 $-a\le f(x)\le a$임을 이용해 보자.

$|a_n-8n^2|\le 8$에서 $-8\le a_n-8n^2\le 8$

$8n^2-8\le a_n\le 8n^2+8$

$$\therefore \frac{8n^2-8}{2n^2}\le\frac{a_n}{2n^2}\le\frac{8n^2+8}{2n^2}$$

이때 $\lim_{n\to\infty}\frac{8n^2-8}{2n^2}=\lim_{n\to\infty}\frac{8n^2+8}{2n^2}=4$이므로

$$\lim_{n\to\infty}\frac{a_n}{2n^2}=4$$

9 0235 답 ⑤

유형 8

출제의도 | $\infty-\infty$ 꼴 수열의 극한값을 구할 수 있는지 확인한다.

근호를 포함한 식을 유리화해 보자.

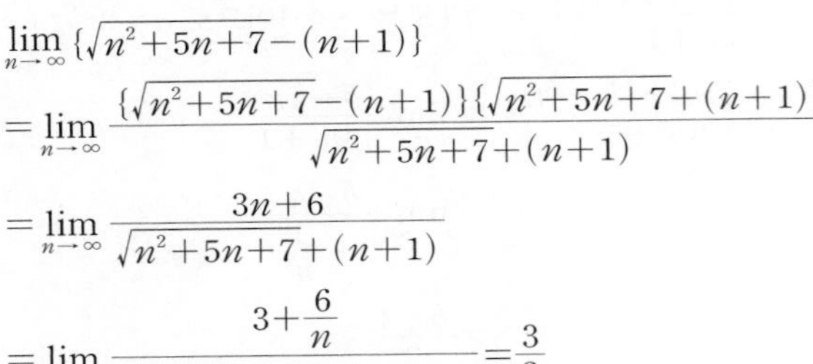

$$\lim_{n\to\infty}\{\sqrt{n^2+5n+7}-(n+1)\}$$
$$=\lim_{n\to\infty}\frac{\{\sqrt{n^2+5n+7}-(n+1)\}\{\sqrt{n^2+5n+7}+(n+1)\}}{\sqrt{n^2+5n+7}+(n+1)}$$
$$=\lim_{n\to\infty}\frac{3n+6}{\sqrt{n^2+5n+7}+(n+1)}$$
$$=\lim_{n\to\infty}\frac{3+\frac{6}{n}}{\sqrt{1+\frac{5}{n}+\frac{7}{n^2}}+\left(1+\frac{1}{n}\right)}=\frac{3}{2}$$

따라서 $p=2$, $q=3$이므로 $p^2+q^2=4+9=13$

10 0236 답 ④

유형 8

출제의도 | $\infty-\infty$ 꼴 수열의 극한값을 구할 수 있는지 확인한다.

$9n^2+4n+1$에 가까운 완전제곱식을 찾아보자.

$3n<\sqrt{9n^2+4n+1}<3n+1$이므로 $a_n=3n$

$$\therefore \lim_{n\to\infty}\left(\sqrt{9n^2+4n+1}-a_n\right)$$
$$=\lim_{n\to\infty}\left(\sqrt{9n^2+4n+1}-3n\right)$$
$$=\lim_{n\to\infty}\frac{\left(\sqrt{9n^2+4n+1}-3n\right)\left(\sqrt{9n^2+4n+1}+3n\right)}{\sqrt{9n^2+4n+1}+3n}$$
$$=\lim_{n\to\infty}\frac{4n+1}{\sqrt{9n^2+4n+1}+3n}$$
$$=\lim_{n\to\infty}\frac{4+\frac{1}{n}}{\sqrt{9+\frac{4}{n}+\frac{1}{n^2}}+3}=\frac{2}{3}$$

11 0237 답 ①

유형 10

출제의도 | $\infty-\infty$ 꼴 수열의 극한을 이용하여 미정계수를 구할 수 있는지 확인한다.

$-n=t$로 치환한 다음 유리화해 보자.

$t=-n$으로 놓으면 $n=-t$

$n\to-\infty$일 때 $t\to\infty$이므로

$$\lim_{n\to-\infty}\left(n+\sqrt{n^2-4an}\right)$$
$$=\lim_{t\to\infty}\left(-t+\sqrt{t^2+4at}\right)=\lim_{t\to\infty}\frac{\left(\sqrt{t^2+4at}-t\right)\left(\sqrt{t^2+4at}+t\right)}{\sqrt{t^2+4at}+t}$$
$$=\lim_{t\to\infty}\frac{4at}{\sqrt{t^2+4at}+t}=\lim_{t\to\infty}\frac{4a}{\sqrt{1+\frac{4a}{t}}+1}=2a$$

따라서 $2a=2$이므로 $a=1$

12 0238 답 ③

유형 11

출제의도 | 주어진 수열의 극한을 이용하여 극한값을 구할 수 있는지 확인한다.

주어진 수열을 b_n으로 치환해 보자.

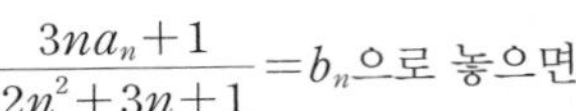

$\frac{3na_n+1}{2n^2+3n+1}=b_n$으로 놓으면

$3na_n+1=(2n^2+3n+1)b_n \qquad \therefore a_n=\frac{(2n^2+3n+1)b_n-1}{3n}$

이때 $\lim_{n\to\infty}b_n=9$이므로

$$\lim_{n\to\infty}\frac{a_n}{n}=\lim_{n\to\infty}\frac{\frac{(2n^2+3n+1)b_n-1}{3n}}{n}$$
$$=\lim_{n\to\infty}\frac{(2n^2+3n+1)b_n-1}{3n^2}$$
$$=\lim_{n\to\infty}\frac{2b_n+\frac{3b_n}{n}+\frac{b_n-1}{n^2}}{3}=\frac{2\times 9}{3}=6$$

13 0239 답 ⑤

유형 9 + 유형 11

출제의도 | 주어진 수열의 극한을 이용하여 극한값을 구할 수 있는지 확인한다.

주어진 수열을 b_n으로 치환해 보자.

$\frac{a_n\left(\sqrt{2n^2+1}-\sqrt{n^2+1}\right)}{n}=b_n$으로 놓으면

$$a_n=\frac{nb_n}{\sqrt{2n^2+1}-\sqrt{n^2+1}}$$

이때 $\lim_{n\to\infty}b_n=3$이므로

$$\lim_{n\to\infty}a_n=\lim_{n\to\infty}\frac{nb_n}{\sqrt{2n^2+1}-\sqrt{n^2+1}}$$
$$=\lim_{n\to\infty}\frac{nb_n\left(\sqrt{2n^2+1}+\sqrt{n^2+1}\right)}{\left(\sqrt{2n^2+1}-\sqrt{n^2+1}\right)\left(\sqrt{2n^2+1}+\sqrt{n^2+1}\right)}$$
$$=\lim_{n\to\infty}\frac{nb_n\left(\sqrt{2n^2+1}+\sqrt{n^2+1}\right)}{n^2}$$
$$=\lim_{n\to\infty}\frac{b_n\left(\sqrt{2+\frac{1}{n^2}}+\sqrt{1+\frac{1}{n^2}}\right)}{1}=3(\sqrt{2}+1)$$

14 0240 답 ② 유형 12

출제의도 | 주어진 수열의 극한을 이용하여 극한값을 구할 수 있는지 확인한다.

> $\frac{a_n}{b_n}=c_n$으로 놓고 b_n을 a_n과 c_n에 대한 식으로 나타내 보자.

$\frac{a_n}{b_n}=c_n$으로 놓으면 $b_n=\frac{a_n}{c_n}$

이때 $\lim_{n\to\infty} c_n=\infty$, $\lim_{n\to\infty} a_n=2$이므로

$$\lim_{n\to\infty}\left(a_nb_n+3a_n^{\ 2}+\frac{b_n}{a_n}+7\right)=\lim_{n\to\infty}\left(a_n\times\frac{a_n}{c_n}+3a_n^{\ 2}+\frac{\frac{a_n}{c_n}}{a_n}+7\right)$$

$$=\lim_{n\to\infty}\left(\frac{a_n^{\ 2}}{c_n}+3a_n^{\ 2}+\frac{1}{c_n}+7\right)$$

$$=0+3\times 2^2+0+7=19$$

15 0241 답 ⑤ 유형 17

출제의도 | 등비수열의 극한값을 구할 수 있는지 확인한다.

> $\left(\frac{1}{3}\right)^n$, $\left(\frac{1}{4}\right)^n$ 중에서 공비가 더 큰 것으로 분모와 분자를 나누어 보자.

$$\lim_{n\to\infty}\frac{\left(\frac{1}{3}\right)^{n-1}+5\times\left(\frac{1}{4}\right)^n}{2\times\left(\frac{1}{3}\right)^{n+1}+6\times\left(\frac{1}{4}\right)^n}=\lim_{n\to\infty}\frac{9+15\times\left(\frac{3}{4}\right)^n}{2+18\times\left(\frac{3}{4}\right)^n}=\frac{9}{2}$$

16 0242 답 ① 유형 19

출제의도 | 등비수열의 수렴 조건을 이해하는지 확인한다.

> 등비수열의 수렴 조건은 $-1<(\text{공비})\le 1$임을 이용해 보자.

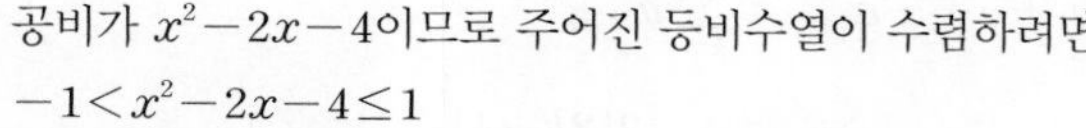

공비가 x^2-2x-4이므로 주어진 등비수열이 수렴하려면

$-1<x^2-2x-4\le 1$

(i) $-1<x^2-2x-4$, 즉 $x^2-2x-3>0$에서

$(x-3)(x+1)>0 \qquad \therefore x<-1$ 또는 $x>3$

(ii) $x^2-2x-4\le 1$, 즉 $x^2-2x-5\le 0$에서

$(x-1-\sqrt{6})(x-1+\sqrt{6})\le 0$

$\therefore 1-\sqrt{6}\le x\le 1+\sqrt{6}$

(i), (ii)에서 $1-\sqrt{6}\le x<-1$ 또는 $3<x\le 1+\sqrt{6}$

이때 $1-\sqrt{6}=-1.\times\times\times$, $1+\sqrt{6}=3.\times\times\times$이므로 주어진 등비수열이 수렴하도록 하는 정수 x의 개수는 0이다.

17 0243 답 ① 유형 23

출제의도 | 도형에서 수열의 극한을 활용할 수 있는지 확인한다.

> $\triangle C_nA_1H_n \backsim \triangle C_nA_nH$임을 이용해 보자.

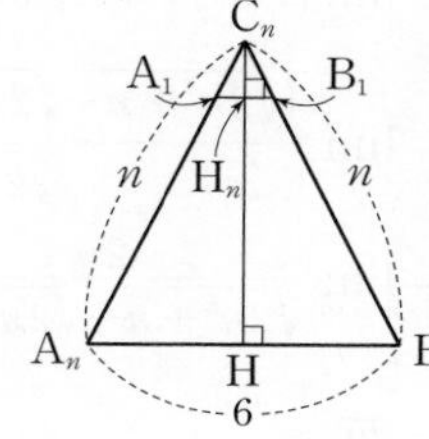

그림과 같이 이등변삼각형 $A_nB_nC_n$의 꼭짓점 C_n에서 선분 A_nB_n에 내린 수선의 발을 H라 하면

$\overline{A_nH}=\overline{B_nH}=\frac{1}{2}\overline{A_nB_n}=3$

따라서 직각삼각형 C_nA_nH에서

$\overline{C_nH}=\sqrt{\overline{C_nA_n}^2-\overline{A_nH}^2}=\sqrt{n^2-9}$

$\triangle C_nA_1H_n \backsim \triangle C_nA_nH$이므로

$\overline{C_nA_1}:\overline{C_nA_n}=\overline{C_nH_n}:\overline{C_nH}$

$1:n=\overline{C_nH_n}:\sqrt{n^2-9}$에서

$n\overline{C_nH_n}=\sqrt{n^2-9} \qquad \therefore \overline{C_nH_n}=\frac{\sqrt{n^2-9}}{n}$

$$\therefore \lim_{n\to\infty}\overline{C_nH_n}=\lim_{n\to\infty}\frac{\sqrt{n^2-9}}{n}$$

$$=\lim_{n\to\infty}\frac{\sqrt{1-\frac{9}{n^2}}}{1}=1$$

18 0244 답 ⑤ 유형 18

출제의도 | 등비수열의 합이 포함된 수열의 극한값을 구할 수 있는지 확인한다.

> 자연수 N이 $N=a^nb^n$ (a와 b는 서로 다른 소수)일 때, N의 양의 약수의 총합은 $(a^0+a^1+\cdots+a^n)(b^0+b^1+\cdots+b^n)$임을 이용해 보자.

$6^n=2^n\times 3^n$이므로

$$f(n)=(1+2^1+2^2+\cdots+2^n)(1+3^1+3^2+\cdots+3^n)$$

$$=\left(\sum_{k=1}^{n+1}2^{k-1}\right)\left(\sum_{k=1}^{n+1}3^{k-1}\right)$$

$$=(2^{n+1}-1)\left(\frac{3^{n+1}-1}{2}\right)$$

$$=3\times 6^n-\frac{3}{2}\times 3^n-2^n+\frac{1}{2}$$

$$\therefore \lim_{n\to\infty}\frac{f(n)}{6^n}=\lim_{n\to\infty}\frac{3\times 6^n-\frac{3}{2}\times 3^n-2^n+\frac{1}{2}}{6^n}$$

$$=\lim_{n\to\infty}\frac{3-\frac{3}{2}\times\left(\frac{1}{2}\right)^n-\left(\frac{1}{3}\right)^n+\frac{1}{2}\times\left(\frac{1}{6}\right)^n}{1}$$

$$=3$$

19 0245 답 ③ 유형 21

출제의도 | 등비수열을 포함한 극한으로 정의된 함수를 이해하는지 확인한다.

> $|x|<1$일 때, $x=1$일 때, $|x|>1$일 때, $x=-1$일 때로 범위를 나누어 보자.

(i) $|x|<1$일 때, $\lim_{n\to\infty}x^{4n+2}=\lim_{n\to\infty}x^{4n+1}=0$이므로

$$f(x)=\lim_{n\to\infty}\frac{x^{4n+1}}{x^{4n+2}+1}$$

$$=\frac{0}{0+1}=0$$

(ii) $x=1$일 때,

$$f(x)=\lim_{n\to\infty}\frac{x^{4n+1}}{x^{4n+2}+1}$$

$$=\frac{1}{1+1}=\frac{1}{2}$$

(iii) $|x|>1$일 때, $\lim_{n\to\infty}x^{4n+2}=\lim_{n\to\infty}|x^{4n+1}|=\infty$이므로

$$f(x)=\lim_{n\to\infty}\frac{x^{4n+1}}{x^{4n+2}+1}$$

$$=\lim_{n\to\infty}\frac{\frac{1}{x}}{1+\frac{1}{x^{4n+2}}}=\frac{1}{x}$$

(iv) $x=-1$일 때, $\lim_{n\to\infty} x^{4n+2}=1$, $\lim_{n\to\infty} x^{4n+1}=-1$이므로

$$f(x)=\lim_{n\to\infty}\frac{x^{4n+1}}{x^{4n+2}+1}=\frac{-1}{1+1}=-\frac{1}{2}$$

(i)~(iv)에서 함수 $y=f(x)$의 그래프는 그림과 같다.

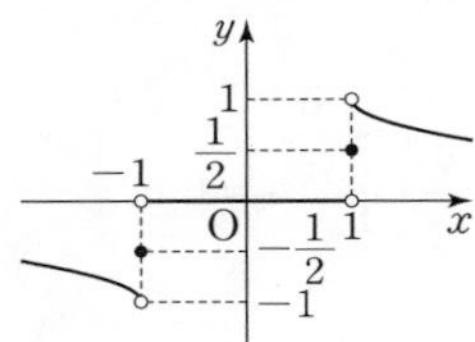

따라서 $\lim_{x\to a-} f(x)<\lim_{x\to a+} f(x)$를 만족시키는 a의 값은 -1, 1이므로 그 합은 $-1+1=0$

20 0246 답 ③

유형 17 + 유형 23

출제의도 | 등비수열의 극한을 이해하는지 확인한다.

수열 $\{a_n\}$이 등비수열이므로 $a_n=a_1r^{n-1}$이라 하고 삼각형의 넓이를 구해 보자.

$a_n=\frac{1}{2}n\times h_n$ ······ ㉠

수열 $\{a_n\}$의 공비를 r라 하면 첫째항이 $\frac{1}{4}$이므로

$a_n=\frac{1}{4}r^{n-1}$ ······ ㉡

㉠에 ㉡을 대입하면

$\frac{1}{4}r^{n-1}=\frac{1}{2}n\times h_n$ ······ ㉢

ㄱ. $a_n=\frac{1}{4}$이면 ㉠에서

$\frac{1}{4}=\frac{1}{2}n\times h_n \quad \therefore h_n=\frac{1}{2n}$ (참)

ㄴ. $h_2=\frac{1}{16}$이면 ㉢에서

$\frac{1}{4}r^{2-1}=\frac{1}{2}\times 2\times\frac{1}{16}$, $\frac{1}{4}r=\frac{1}{16} \quad \therefore r=\frac{1}{4}$

$\therefore a_n=\frac{1}{4}\times\left(\frac{1}{4}\right)^{n-1}=\left(\frac{1}{4}\right)^n$ (거짓)

ㄷ. ㉢에서 $\frac{1}{4}r^{2-1}=\frac{1}{2}\times 2\times h_2 \quad \therefore h_2=\frac{1}{4}r$

이때 $0<h_2<\frac{1}{4}$이면 $0<\frac{1}{4}r<\frac{1}{4} \quad \therefore 0<r<1$

$\therefore \lim_{n\to\infty} nh_n=\lim_{n\to\infty} 2a_n=\lim_{n\to\infty}\frac{1}{2}r^{n-1}=0$ (참)

따라서 옳은 것은 ㄱ, ㄷ이다.

21 0247 답 ①

유형 21

출제의도 | x^n을 포함한 극한으로 정의된 함수를 이해하는지 확인한다.

$|x|<1$일 때, $x=1$일 때, $|x|>1$일 때, $x=-1$일 때로 범위를 나누어 보자.

(i) $|x|<1$일 때, $\lim_{n\to\infty} x^{4n+2}=\lim_{n\to\infty} x^{4n}=0$이므로

$$f(x)=\lim_{n\to\infty}\frac{x^{4n}}{2x^{4n+2}+4}=\frac{0}{0+4}=0$$

(ii) $x=1$일 때,

$$f(x)=\lim_{n\to\infty}\frac{x^{4n}}{2x^{4n+2}+4}=\frac{1}{2+4}=\frac{1}{6}$$

(iii) $|x|>1$일 때, $\lim_{n\to\infty} x^{4n+2}=\lim_{n\to\infty} x^{4n}=\infty$이므로

$$f(x)=\lim_{n\to\infty}\frac{x^{4n}}{2x^{4n+2}+4}=\lim_{n\to\infty}\frac{\frac{1}{x^2}}{2+\frac{4}{x^{4n+2}}}=\frac{1}{2x^2}$$

(iv) $x=-1$일 때,

$$f(x)=\lim_{n\to\infty}\frac{x^{4n}}{2x^{4n+2}+4}=\frac{1}{2+4}=\frac{1}{6}$$

(i)~(iv)에서 두 함수 $y=f(x)$, $y=g(x)$의 그래프를 그리면 그림과 같다.

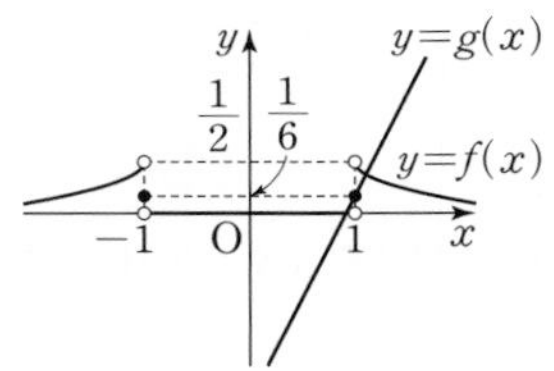

두 그래프가 서로 다른 세 점에서 만나려면 그림과 같이 $y=g(x)$의 그래프가 점 $\left(1, \frac{1}{6}\right)$을 지나야 하므로

$\frac{1}{6}=2+k \quad \therefore k=-\frac{11}{6}$

22 0248 답 $\frac{\sqrt{2}}{2}$

유형 8

출제의도 | $\infty-\infty$ 꼴 수열의 극한값을 구할 수 있는지 확인한다.

STEP 1 수열의 합을 이용하여 n에 대한 식으로 나타내기 [3점]

$$\begin{aligned}a_3+a_5+a_7+\cdots+a_{2n+1}&=\sum_{k=1}^{n}a_{2k+1}\\&=\sum_{k=1}^{n}\{2(2k+1)-3\}\\&=\sum_{k=1}^{n}(4k-1)\\&=4\times\frac{n(n+1)}{2}-n=2n^2+n\end{aligned}$$

$$\begin{aligned}a_2+a_4+a_6+\cdots+a_{2n}&=\sum_{k=1}^{n}a_{2k}\\&=\sum_{k=1}^{n}(2\times 2k-3)\\&=\sum_{k=1}^{n}(4k-3)\\&=4\times\frac{n(n+1)}{2}-3n=2n^2-n\end{aligned}$$

STEP 2 식을 유리화하여 극한값 구하기 [3점]

$$\lim_{n\to\infty}\left(\sqrt{a_3+a_5+a_7+\cdots+a_{2n+1}}-\sqrt{a_2+a_4+a_6+\cdots+a_{2n}}\right)$$

$$=\lim_{n\to\infty}\left(\sqrt{2n^2+n}-\sqrt{2n^2-n}\right)$$

$$=\lim_{n\to\infty}\frac{\left(\sqrt{2n^2+n}-\sqrt{2n^2-n}\right)\left(\sqrt{2n^2+n}+\sqrt{2n^2-n}\right)}{\sqrt{2n^2+n}+\sqrt{2n^2-n}}$$

$$=\lim_{n\to\infty}\frac{2n}{\sqrt{2n^2+n}+\sqrt{2n^2-n}}=\lim_{n\to\infty}\frac{2}{\sqrt{2+\frac{1}{n}}+\sqrt{2-\frac{1}{n}}}$$

$$=\frac{\sqrt{2}}{2}$$

23 0249 답 10

유형 11

출제의도 | 주어진 수열의 극한을 이용하여 극한값을 구할 수 있는지 확인한다.

STEP 1 $[\sqrt{n^2+3n+2}]$를 n에 대한 다항식으로 나타내기 [3점]

$\sqrt{n^2+2n+1}<\sqrt{n^2+3n+2}<\sqrt{n^2+4n+4}$에서

$n+1<\sqrt{n^2+3n+2}<n+2$이므로

$[\sqrt{n^2+3n+2}]=n+1$

$$\therefore \lim_{n\to\infty}\frac{a_n[\sqrt{n^2+3n+2}]}{2n+1}=\lim_{n\to\infty}\frac{(n+1)a_n}{2n+1}=5$$

STEP 2 $\frac{(n+1)a_n}{2n+1}=b_n$으로 놓고 $\lim_{n\to\infty}a_n$의 값 구하기 [3점]

$\frac{(n+1)a_n}{2n+1}=b_n$으로 놓으면

$a_n=\frac{(2n+1)b_n}{n+1}$

이때 $\lim_{n\to\infty}b_n=5$이므로

$$\lim_{n\to\infty}a_n=\lim_{n\to\infty}\frac{(2n+1)b_n}{n+1}=\lim_{n\to\infty}\frac{2b_n+\frac{b_n}{n}}{1+\frac{1}{n}}=2\times5=10$$

24 0250 답 $\frac{1}{4}$

유형 13

출제의도 | 극한의 대소 관계를 이용하여 극한값을 구할 수 있는지 확인한다.

STEP 1 a_n의 값의 범위 구하기 [4점]

이차방정식 $x^2-(n+1)x+a_n=0$의 판별식을 D_1이라 하면

$D_1=\{-(n+1)\}^2-4a_n\geq0$

$\therefore a_n\leq\frac{(n+1)^2}{4}$

또, 이차방정식 $x^2-nx+a_n=0$의 판별식을 D_2라 하면

$D_2=n^2-4a_n<0,\ a_n>\frac{n^2}{4}$

$\therefore \frac{n^2}{4}<a_n\leq\frac{(n+1)^2}{4}$

STEP 2 $\lim_{n\to\infty}\frac{a_n}{n^2+2n}$의 값 구하기 [4점]

$\frac{n^2}{4(n^2+2n)}<\frac{a_n}{n^2+2n}\leq\frac{(n+1)^2}{4(n^2+2n)}$에서

$\lim_{n\to\infty}\frac{n^2}{4(n^2+2n)}=\lim_{n\to\infty}\frac{(n+1)^2}{4(n^2+2n)}=\frac{1}{4}$이므로

$\lim_{n\to\infty}\frac{a_n}{n^2+2n}=\frac{1}{4}$

25 0251 답 $\frac{\sqrt{3}-1}{4}$

유형 23

출제의도 | 도형에서 수열의 극한을 활용할 수 있는지 확인한다.

STEP 1 R_n을 n에 대한 식으로 나타내기 [4점]

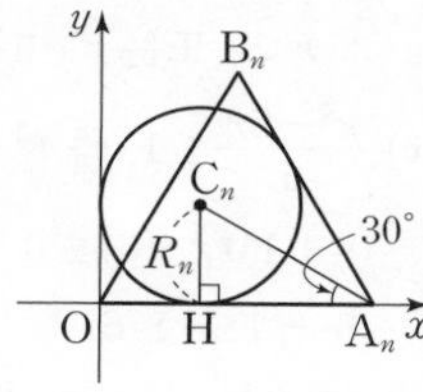

그림과 같이 점 C_n에서 선분 OA_n에 내린 수선의 발을 H라 하면

$\angle C_nA_nH=30°$이므로 $\overline{HA_n}=\sqrt{3}R_n$

원이 x축, y축에 모두 접하므로

$\overline{OH}=\overline{C_nH}=R_n$

$\overline{OA_n}=\overline{HA_n}+\overline{OH}$에서 $n=\sqrt{3}R_n+R_n$

$\therefore R_n=\frac{n}{\sqrt{3}+1}=\frac{(\sqrt{3}-1)n}{2}$

STEP 2 $\lim_{n\to\infty}\frac{R_n}{\sqrt{4n^2+1}}$의 값 구하기 [4점]

$$\lim_{n\to\infty}\frac{R_n}{\sqrt{4n^2+1}}=\lim_{n\to\infty}\frac{\frac{(\sqrt{3}-1)n}{2}}{\sqrt{4n^2+1}}$$
$$=\lim_{n\to\infty}\frac{(\sqrt{3}-1)n}{2\sqrt{4n^2+1}}$$
$$=\lim_{n\to\infty}\frac{\sqrt{3}-1}{2\sqrt{4+\frac{1}{n^2}}}$$
$$=\frac{\sqrt{3}-1}{4}$$

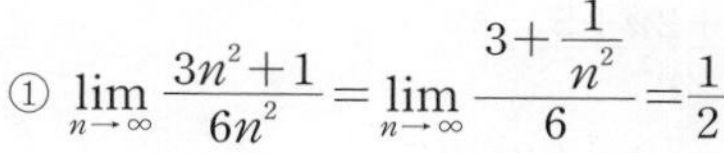

55쪽~59쪽

1 0252 답 ③

유형 2

출제의도 | 수렴하는 수열의 극한의 성질을 이해하는지 확인한다.

수렴하는 수열의 극한값을 대입해 보자.

$$\lim_{n\to\infty}(2a_n-5)(8+b_n)=\lim_{n\to\infty}(2a_n-5)\times\lim_{n\to\infty}(8+b_n)$$
$$=(2\lim_{n\to\infty}a_n-5)\times(8+\lim_{n\to\infty}b_n)$$
$$=(2\times10-5)\times(8-5)$$
$$=45$$

2 0253 답 ③

유형 4

출제의도 | $\frac{\infty}{\infty}$ 꼴 수열의 극한값을 구할 수 있는지 확인한다.

분모의 차수와 분자의 차수를 비교해 보자.

① $\lim_{n\to\infty}\frac{3n^2+1}{6n^2}=\lim_{n\to\infty}\frac{3+\frac{1}{n^2}}{6}=\frac{1}{2}$

② $\lim_{n\to\infty}\frac{3n}{n^2}=\lim_{n\to\infty}\frac{\frac{3}{n}}{1}=0$

③ $\lim_{n\to\infty}\frac{-4n^2+4n+100}{n^2-n}=\lim_{n\to\infty}\frac{-4+\frac{4}{n}+\frac{100}{n^2}}{1-\frac{1}{n}}=-4$

④ $\lim_{n\to\infty}\frac{3n+4}{7n+6}=\lim_{n\to\infty}\frac{3+\frac{4}{n}}{7+\frac{6}{n}}=\frac{3}{7}$

⑤ $\lim_{n\to\infty}\frac{5n^3-7n^2-9n}{n^5-n}=\lim_{n\to\infty}\frac{\frac{5}{n^2}-\frac{7}{n^3}-\frac{9}{n^4}}{1-\frac{1}{n^4}}=0$

따라서 극한값이 가장 작은 것은 ③이다.

3 0254 답 ② 유형 10

출제의도 | $\infty-\infty$ 꼴 수열의 극한을 이용하여 미정계수를 구할 수 있는지 확인한다.

> 분모를 유리화해 보자.

$$\lim_{n\to\infty}\frac{an+4}{\sqrt{n^2+bn}-n}=\lim_{n\to\infty}\frac{(an+4)(\sqrt{n^2+bn}+n)}{(\sqrt{n^2+bn}-n)(\sqrt{n^2+bn}+n)}$$

$$=\lim_{n\to\infty}\frac{(an+4)(\sqrt{n^2+bn}+n)}{bn}$$

위 식에서 $a\neq0$이면 주어진 수열은 발산하므로 $a=0$이어야 한다.

$$\therefore \lim_{n\to\infty}\frac{an+4}{\sqrt{n^2+bn}-n}=\lim_{n\to\infty}\frac{4(\sqrt{n^2+bn}+n)}{bn}$$

$$=\lim_{n\to\infty}\frac{4\left(\sqrt{1+\frac{b}{n}}+1\right)}{b}=\frac{8}{b}$$

따라서 $\frac{8}{b}=6$이므로 $b=\frac{4}{3}$

$$\therefore a-b=0-\frac{4}{3}=-\frac{4}{3}$$

4 0255 답 ① 유형 11

출제의도 | 주어진 수열의 극한을 이용하여 극한값을 구할 수 있는지 확인한다.

> 주어진 수열을 b_n으로 치환해 보자.

$\frac{a_n}{n}=b_n$으로 놓으면 $a_n=nb_n$

이때 $\lim_{n\to\infty}b_n=5$이므로

$$\lim_{n\to\infty}\frac{n}{n+a_n}=\lim_{n\to\infty}\frac{n}{n+nb_n}=\frac{1}{1+5}=\frac{1}{6}$$

5 0256 답 ⑤ 유형 13

출제의도 | 극한의 대소 관계를 이용하여 극한값을 구할 수 있는지 확인한다.

> 주어진 부등식을 이용하여 $\frac{a_n}{2n^2}$의 범위를 구해 보자.

$4n^2+2n+4<a_n<4n^2+2n+5$에서

$$\frac{4n^2+2n+4}{2n^2}<\frac{a_n}{2n^2}<\frac{4n^2+2n+5}{2n^2}$$

이때 $\lim_{n\to\infty}\frac{4n^2+2n+4}{2n^2}=\lim_{n\to\infty}\frac{4n^2+2n+5}{2n^2}=2$이므로

$$\lim_{n\to\infty}\frac{a_n}{2n^2}=2$$

6 0257 답 ③ 유형 14

출제의도 | 극한의 대소 관계를 이용하여 극한값을 구할 수 있는지 확인한다.

> 삼각함수의 함숫값의 범위를 이용해 보자.

ㄱ. $-\frac{\sqrt{3}}{2}\le\sin\frac{n\pi}{3}\le\frac{\sqrt{3}}{2}$이므로

$$-\frac{\sqrt{3}}{2n}\le\frac{1}{n}\sin\frac{n\pi}{3}\le\frac{\sqrt{3}}{2n}$$

이때 $\lim_{n\to\infty}\left(-\frac{\sqrt{3}}{2n}\right)=\lim_{n\to\infty}\frac{\sqrt{3}}{2n}=0$이므로

$\lim_{n\to\infty}\frac{1}{n}\sin\frac{n\pi}{3}=0$ (참)

ㄴ. $-1\le\cos\frac{n\pi}{2}\le1$이므로

$$-\frac{1}{3n}\le\frac{1}{3n}\cos\frac{n\pi}{2}\le\frac{1}{3n}$$

이때 $\lim_{n\to\infty}\left(-\frac{1}{3n}\right)=\lim_{n\to\infty}\frac{1}{3n}=0$이므로

$\lim_{n\to\infty}\frac{1}{3n}\cos\frac{n\pi}{2}=0$ (거짓)

ㄷ. $0<\tan\frac{\pi}{4n}\le1$이므로

$$0<\frac{1}{n^2}\tan\frac{\pi}{4n}\le\frac{1}{n^2}$$

이때 $\lim_{n\to\infty}\frac{1}{n^2}=0$이므로

$\lim_{n\to\infty}\frac{1}{n^2}\tan\frac{\pi}{4n}=0$ (참)

따라서 옳은 것은 ㄱ, ㄷ이다.

7 0258 답 ② 유형 16

출제의도 | 등비수열의 수렴과 발산을 이해하는지 확인한다.

> 등비수열의 공비와 -1, 1의 크기를 비교해 보자.

ㄱ. 공비가 -1이므로 등비수열 $\{(-1)^n\}$은 발산(진동)한다.

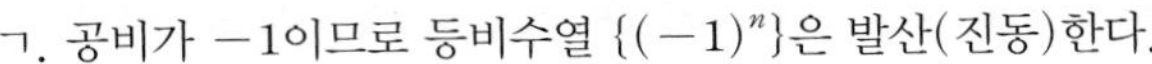

ㄴ. 공비가 $\left(\frac{\sqrt{7}}{3}\right)^2=\frac{7}{9}$이고, $-1<\frac{7}{9}<1$이므로

등비수열 $\left\{\left(\frac{\sqrt{7}}{3}\right)^{2n}\right\}$은 0에 수렴한다.

ㄷ. 공비가 $\left(\frac{6}{7}\right)^{-1}=\frac{7}{6}$이고, $\frac{7}{6}>1$이므로

등비수열 $\left\{\left(\frac{6}{7}\right)^{3-n}\right\}$은 발산한다.

ㄹ. 공비가 $(\log_3 27)^{-1}=3^{-1}=\frac{1}{3}$이고, $-1<\frac{1}{3}<1$이므로

등비수열 $\{(\log_3 27)^{-n}\}$은 0에 수렴한다.

따라서 발산하는 수열은 ㄱ, ㄷ이다.

8 0259 답 ② 유형 19

출제의도 | 등비수열의 수렴 조건을 이해하는지 확인한다.

> 등비수열의 수렴 조건은 $-1<$(공비)≤1임을 이용해 보자.

공비가 $\frac{r^2-5r}{6}$이므로 주어진 등비수열이 수렴하려면

$$-1<\frac{r^2-5r}{6}\le1$$

(i) $-1<\frac{r^2-5r}{6}$, 즉 $r^2-5r+6>0$에서

$(r-2)(r-3)>0$

$\therefore r<2$ 또는 $r>3$

(ii) $\frac{r^2-5r}{6}\le1$, 즉 $r^2-5r-6\le0$에서

$(r+1)(r-6)\le0$

$\therefore -1\le r\le6$

(i), (ii)에서 $-1\le r<2$ 또는 $3<r\le6$

9 0260 답 ② 유형 5

출제의도 | 곱 형태로 이루어진 $\frac{\infty}{\infty}$ 꼴 수열의 극한값을 구할 수 있는지 확인한다.

$\frac{1}{AB}=\frac{1}{B-A}\left(\frac{1}{A}-\frac{1}{B}\right)$임을 이용해 보자.

$$\lim_{n\to\infty}\frac{2n}{n+1}\left\{\left(\frac{1}{1}\times\frac{1}{2}\right)+\left(\frac{1}{2}\times\frac{1}{3}\right)+\left(\frac{1}{3}\times\frac{1}{4}\right)+\cdots+\left(\frac{1}{n}\times\frac{1}{n+1}\right)\right\}$$
$$=\lim_{n\to\infty}\frac{2n}{n+1}\sum_{k=1}^{n}\frac{1}{k(k+1)}$$
$$=\lim_{n\to\infty}\frac{2n}{n+1}\sum_{k=1}^{n}\left(\frac{1}{k}-\frac{1}{k+1}\right)$$
$$=\lim_{n\to\infty}\frac{2n}{n+1}\left\{\left(1-\frac{1}{2}\right)+\left(\frac{1}{2}-\frac{1}{3}\right)+\left(\frac{1}{3}-\frac{1}{4}\right)+\cdots+\left(\frac{1}{n}-\frac{1}{n+1}\right)\right\}$$
$$=\lim_{n\to\infty}\frac{2n}{n+1}\left(1-\frac{1}{n+1}\right)=\lim_{n\to\infty}\frac{2n^2}{(n+1)^2}=2$$

10 0261 답 ④ 유형 7 + 유형 8

출제의도 | 수열의 극한을 이용하여 미정계수를 구하고, 극한값을 구할 수 있는지 확인한다.

$\lim_{n\to\infty}\frac{an+4}{6n+1}=\frac{1}{2}\neq0$이므로 (분자의 차수)=(분모의 차수)임을 이용해 보자.

$$\lim_{n\to\infty}\frac{an+4}{6n+1}=\lim_{n\to\infty}\frac{a+\frac{4}{n}}{6+\frac{1}{n}}=\frac{a}{6}$$

따라서 $\frac{a}{6}=\frac{1}{2}$이므로 $a=3$

$$\therefore \lim_{n\to\infty}\left(\sqrt{9n^2+9n-7}-an\right)$$
$$=\lim_{n\to\infty}\left(\sqrt{9n^2+9n-7}-3n\right)$$
$$=\lim_{n\to\infty}\frac{\left(\sqrt{9n^2+9n-7}-3n\right)\left(\sqrt{9n^2+9n-7}+3n\right)}{\sqrt{9n^2+9n-7}+3n}$$
$$=\lim_{n\to\infty}\frac{9n-7}{\sqrt{9n^2+9n-7}+3n}$$
$$=\lim_{n\to\infty}\frac{9-\frac{7}{n}}{\sqrt{9+\frac{9}{n}-\frac{7}{n^2}}+3}=\frac{9}{3+3}=\frac{3}{2}=b$$

$\therefore 2ab=2\times3\times\frac{3}{2}=9$

11 0262 답 ⑤ 유형 9

출제의도 | $\infty-\infty$ 꼴 수열의 극한값을 구할 수 있는지 확인한다.

분모와 분자를 각각 유리화해 보자.

$$\lim_{n\to\infty}\frac{\sqrt{4n+6}-\sqrt{4n+2}}{\sqrt{9n+3}-\sqrt{9n+2}}$$
$$=\lim_{n\to\infty}\frac{(\sqrt{4n+6}-\sqrt{4n+2})(\sqrt{4n+6}+\sqrt{4n+2})(\sqrt{9n+3}+\sqrt{9n+2})}{(\sqrt{9n+3}-\sqrt{9n+2})(\sqrt{9n+3}+\sqrt{9n+2})(\sqrt{4n+6}+\sqrt{4n+2})}$$
$$=\lim_{n\to\infty}\frac{4(\sqrt{9n+3}+\sqrt{9n+2})}{\sqrt{4n+6}+\sqrt{4n+2}}=\lim_{n\to\infty}\frac{4\left(\sqrt{9+\frac{3}{n}}+\sqrt{9+\frac{2}{n}}\right)}{\sqrt{4+\frac{6}{n}}+\sqrt{4+\frac{2}{n}}}=6$$

12 0263 답 ② 유형 12

출제의도 | 주어진 수열의 극한을 이용하여 극한값을 구할 수 있는지 확인한다.

주어진 수열을 c_n, d_n으로 치환해 보자.

$(n^3+1)a_n=c_n$으로 놓으면 $a_n=\frac{c_n}{n^3+1}$

$(2n+3)b_n=d_n$으로 놓으면 $b_n=\frac{d_n}{2n+3}$

이때 $\lim_{n\to\infty}c_n=4$, $\lim_{n\to\infty}d_n=6$이므로

$$\lim_{n\to\infty}\frac{b_n}{(3n+1)^2a_n}=\lim_{n\to\infty}\frac{\frac{d_n}{2n+3}}{(3n+1)^2\times\frac{c_n}{n^3+1}}$$
$$=\lim_{n\to\infty}\frac{d_n(n^3+1)}{c_n(9n^2+6n+1)(2n+3)}$$
$$=\frac{6}{4\times9\times2}=\frac{1}{12}$$

13 0264 답 ② 유형 18

출제의도 | 등비수열의 합이 포함된 수열의 극한값을 구할 수 있는지 확인한다.

등비수열 $a_n=a_1r^{n-1}$에서 $S_n=\frac{a_1(r^n-1)}{r-1}$임을 이용해 보자.

등비수열 $\{a_n\}$의 첫째항이 1이고 공비가 4이므로 $a_n=4^{n-1}$

$\therefore S_n=\frac{4^n-1}{4-1}=\frac{4^n-1}{3}$

$$\therefore \lim_{n\to\infty}\frac{a_n}{S_n}=\lim_{n\to\infty}\frac{4^{n-1}}{\frac{4^n-1}{3}}$$
$$=\lim_{n\to\infty}\frac{\frac{3}{4}\times4^n}{4^n-1}$$
$$=\lim_{n\to\infty}\frac{\frac{3}{4}}{1-\frac{1}{4^n}}=\frac{3}{4}$$

14 0265 답 ③ 유형 19

출제의도 | 등비수열의 수렴 조건을 이해하는지 확인한다.

등비수열의 수렴 조건은 $-1<$(공비)≤1임을 이용해 보자.

등비수열 $\left\{\frac{7^n}{(6-4\sin\theta)^{n+1}}\right\}$이 0이 아닌 극한값을 가지려면 공비가 1이어야 한다.

수열 $\left\{\frac{7^n}{(6-4\sin\theta)^{n+1}}\right\}$은 공비가 $\frac{7}{6-4\sin\theta}$인 등비수열이므로

$\frac{7}{6-4\sin\theta}=1$에서

$6-4\sin\theta=7 \qquad \therefore \sin\theta=-\frac{1}{4}$

$\therefore 64\sin^2\theta=64\times\left(-\frac{1}{4}\right)^2=4$

참고 등비수열 $\{r^n\}$이 수렴하려면 $-1<r\le1$
이때 $-1<r<1$이면 수열은 0에 수렴하고, $r=1$이면 1에 수렴한다.

15 0266 답 ②

유형 20

출제의도 | r^n을 포함한 수열의 극한값을 구할 수 있는지 확인한다.

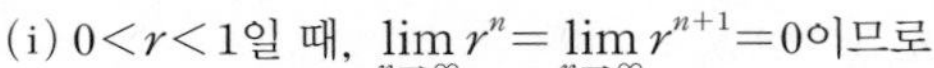
$0<r<1$일 때, $r=1$일 때, $r>1$일 때로 범위를 나누어 보자.

(i) $0<r<1$일 때, $\lim_{n\to\infty} r^n=\lim_{n\to\infty} r^{n+1}=0$이므로

$$\lim_{n\to\infty}\frac{r^{n+1}+2r+1}{r^n+1}=2r+1$$

$2r+1=\frac{5}{3}$에서 $2r=\frac{2}{3}$ $\quad\therefore r=\frac{1}{3}$

(ii) $r=1$일 때, $\lim_{n\to\infty}\frac{r^{n+1}+2r+1}{r^n+1}=\frac{4}{2}=2\neq\frac{5}{3}$

(iii) $r>1$일 때, $\lim_{n\to\infty} r^n=\lim_{n\to\infty} r^{n+1}=\infty$이므로

$$\lim_{n\to\infty}\frac{r^{n+1}+2r+1}{r^n+1}=\lim_{n\to\infty}\frac{r+\frac{2}{r^{n-1}}+\frac{1}{r^n}}{1+\frac{1}{r^n}}=r$$

$\therefore r=\frac{5}{3}$

(i)~(iii)에서 모든 r의 값의 합은

$\frac{1}{3}+\frac{5}{3}=2$

16 0267 답 ①

유형 22

출제의도 | 그래프에서 수열의 극한을 활용할 수 있는지 확인한다.

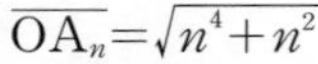
직선 A_nB_n의 방정식을 구해 보자.

$\overline{OA_n}=\sqrt{n^4+n^2}$

점 $A_n(n, n^2)$을 지나고 기울기가 $-\sqrt{2}$인 직선의 방정식은

$y=-\sqrt{2}(x-n)+n^2$ $\quad\therefore y=-\sqrt{2}x+n^2+\sqrt{2}n$

이 직선이 x축과 만나는 점의 y좌표가 0이므로 x좌표는

$0=-\sqrt{2}x+n^2+\sqrt{2}n$에서 $\sqrt{2}x=n^2+\sqrt{2}n$

$\therefore x=\frac{\sqrt{2}}{2}n^2+n$

따라서 $B_n\left(\frac{\sqrt{2}}{2}n^2+n, 0\right)$이므로

$\overline{OB_n}=\frac{\sqrt{2}}{2}n^2+n$

$$\therefore \lim_{n\to\infty}\frac{\overline{OB_n}}{\overline{OA_n}}=\lim_{n\to\infty}\frac{\frac{\sqrt{2}}{2}n^2+n}{\sqrt{n^4+n^2}}=\lim_{n\to\infty}\frac{\frac{\sqrt{2}}{2}+\frac{1}{n}}{\sqrt{1+\frac{1}{n^2}}}=\frac{\sqrt{2}}{2}$$

17 0268 답 ③

유형 22

출제의도 | 그래프에서 수열의 극한을 활용할 수 있는지 확인한다.

$f(x)=x^2-2nx+2n^2$을 $f(x)=(x-a)^2+b$ 꼴로 나타내 보자.

$f(x)=x^2-2nx+2n^2=x^2-2nx+n^2+n^2=(x-n)^2+n^2$

따라서 $P_n(n, n^2)$이고 $Q_n(2n, 2n^2)$이므로

$l_n=\sqrt{(2n-n)^2+(2n^2-n^2)^2}=\sqrt{n^4+n^2}$

$$\therefore \lim_{n\to\infty}\frac{l_n}{n^2}=\lim_{n\to\infty}\frac{\sqrt{n^4+n^2}}{n^2}=\lim_{n\to\infty}\frac{\sqrt{1+\frac{1}{n^2}}}{1}=1$$

18 0269 답 ③

유형 4

출제의도 | $\frac{\infty}{\infty}$ 꼴 수열의 극한값을 구할 수 있는지 확인한다.

$\sum_{k=1}^{n} ka_k=S_n$일 때, $na_n=S_n-S_{n-1}$임을 이용해 보자.

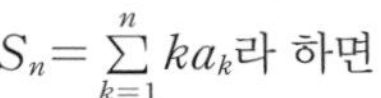
$S_n=\sum_{k=1}^{n} ka_k$라 하면

$S_n=n(n+3)(n+4)$

$S_{n-1}=(n-1)(n+2)(n+3)$

$n\geq 2$일 때,

$$\begin{aligned}na_n&=S_n-S_{n-1}\\&=n(n+3)(n+4)-(n-1)(n+2)(n+3)\\&=(n+3)\{n(n+4)-(n-1)(n+2)\}\\&=(n+3)(3n+2)\end{aligned}$$

$\therefore a_n=\frac{(n+3)(3n+2)}{n}$

$$\begin{aligned}\therefore \lim_{n\to\infty}\frac{a_n}{n}&=\lim_{n\to\infty}\frac{\frac{(n+3)(3n+2)}{n}}{n}\\&=\lim_{n\to\infty}\frac{(n+3)(3n+2)}{n^2}\\&=\lim_{n\to\infty}\frac{3n^2+11n+6}{n^2}\\&=\lim_{n\to\infty}\frac{3+\frac{11}{n}+\frac{6}{n^2}}{1}\\&=3\end{aligned}$$

19 0270 답 ⑤

유형 9

출제의도 | $\infty-\infty$ 꼴 수열의 극한값을 구할 수 있는지 확인한다.

이차방정식 $ax^2+bx+c=0$의 두 근이 α, β일 때

$\alpha+\beta=-\frac{b}{a}$, $\alpha\beta=\frac{c}{a}$임을 이용해 보자.

$x^2-3x+2n-\sqrt{4n^2-n}=0$에서 근과 계수의 관계에 의해

$\alpha_n+\beta_n=3$, $\alpha_n\beta_n=2n-\sqrt{4n^2-n}$

$$\begin{aligned}\therefore \lim_{n\to\infty}\left(\frac{1}{\alpha_n}+\frac{1}{\beta_n}\right)&=\lim_{n\to\infty}\frac{\alpha_n+\beta_n}{\alpha_n\beta_n}\\&=\lim_{n\to\infty}\frac{3}{2n-\sqrt{4n^2-n}}\\&=\lim_{n\to\infty}\frac{3\left(2n+\sqrt{4n^2-n}\right)}{\left(2n-\sqrt{4n^2-n}\right)\left(2n+\sqrt{4n^2-n}\right)}\\&=\lim_{n\to\infty}\frac{3\left(2n+\sqrt{4n^2-n}\right)}{n}\\&=\lim_{n\to\infty}\frac{3\left(2+\sqrt{4-\frac{1}{n}}\right)}{1}\\&=3\times(2+2)=12\end{aligned}$$

20 0271 답 ② 유형 17

출제의도 | 등비수열의 극한값을 구할 수 있는지 확인한다.

a^n, b^n 중에서 공비가 더 큰 것으로 분모와 분자를 나누어 보자.

$0<a<b$에서 $0<\frac{a}{b}<1$이므로

$$\lim_{n\to\infty}\frac{4a^{n-1}+5b^{n+1}}{2a^{n+1}-b^{n-1}}=\lim_{n\to\infty}\frac{4\times\left(\frac{a}{b}\right)^{n-1}+5b^2}{2a^2\times\left(\frac{a}{b}\right)^{n-1}-1}=-5b^2$$

따라서 $-5b^2=c$이므로

$$\frac{2b^2+2c}{b^2-c}=\frac{2b^2-10b^2}{b^2+5b^2}=\frac{-8b^2}{6b^2}=-\frac{4}{3}$$

21 0272 답 ③ 유형 21

출제의도 | 등비수열을 포함한 극한으로 정의된 함수를 이해하는지 확인한다.

$|x|<1$일 때, $x=1$일 때, $|x|>1$일 때, $x=-1$일 때로 범위를 나누어 보자.

(i) $|x|<1$일 때, $\lim_{n\to\infty}x^{2n-1}=\lim_{n\to\infty}x^{2n}=0$이므로

$$f(x)=\lim_{n\to\infty}\frac{3x^{2n}+2x}{x^{2n-1}+2}=x$$

(ii) $x=1$일 때,

$$f(x)=\lim_{n\to\infty}\frac{3x^{2n}+2x}{x^{2n-1}+2}=\frac{3+2}{1+2}=\frac{5}{3}$$

(iii) $|x|>1$일 때, $\lim_{n\to\infty}x^{2n-1}=\lim_{n\to\infty}x^{2n}=\infty$이므로

$$f(x)=\lim_{n\to\infty}\frac{3x^{2n}+2x}{x^{2n-1}+2}=\lim_{n\to\infty}\frac{3x+\frac{2}{x^{2n-2}}}{1+\frac{2}{x^{2n-1}}}=3x$$

(iv) $x=-1$일 때,

$$f(x)=\lim_{n\to\infty}\frac{3x^{2n}+2x}{x^{2n-1}+2}=\frac{3-2}{-1+2}=1$$

(i)~(iv)에서 함수 $y=f(x)$의 그래프는 그림과 같다.

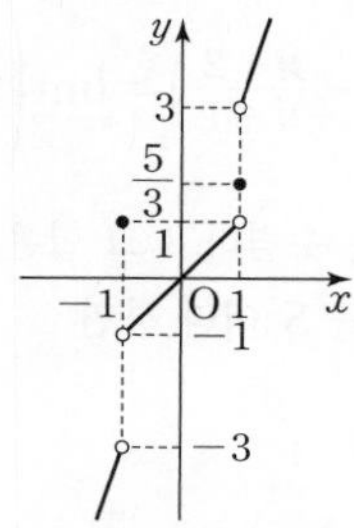

따라서 함수 $f(x)$의 치역의 원소가 아닌 것은 ③이다.

22 0273 답 2 유형 8

출제의도 | $\infty-\infty$ 꼴 수열의 극한값을 구할 수 있는지 확인한다.

STEP 1 a_n, b_n을 각각 n에 대한 식으로 나타내기 [3점]

$\sqrt{9n^2+6n+1}<\sqrt{9n^2+6n+5}<\sqrt{9n^2+12n+4}$이므로

$3n+1<\sqrt{9n^2+6n+5}<3n+2$

$\therefore a_n=3n+1,\ b_n=\sqrt{9n^2+6n+5}-(3n+1)$

STEP 2 $\lim_{n\to\infty}a_nb_n$의 값 구하기 [3점]

$$\begin{aligned}&\lim_{n\to\infty}a_nb_n\\&=\lim_{n\to\infty}(3n+1)\{\sqrt{9n^2+6n+5}-(3n+1)\}\\&=\lim_{n\to\infty}\frac{(3n+1)\{\sqrt{9n^2+6n+5}-(3n+1)\}\{\sqrt{9n^2+6n+5}+(3n+1)\}}{\sqrt{9n^2+6n+5}+(3n+1)}\\&=\lim_{n\to\infty}\frac{4(3n+1)}{\sqrt{9n^2+6n+5}+3n+1}\\&=\lim_{n\to\infty}\frac{12+\frac{4}{n}}{\sqrt{9+\frac{6}{n}+\frac{5}{n^2}}+3+\frac{1}{n}}=2\end{aligned}$$

23 0274 답 $\frac{1}{5}$ 유형 22

출제의도 | 그래프에서 수열의 극한을 활용할 수 있는지 확인한다.

STEP 1 a_n, a_{n+1}을 각각 n에 대한 식으로 나타내기 [3점]

점 A_n의 y좌표가 n이므로 x좌표는

$\log_2 x=n$에서 $x=2^n$

또, 점 B_n의 y좌표가 n이므로 x좌표는

$\log_5 x-1=n$에서 $\log_5 x=n+1$ $\quad\therefore x=5^{n+1}$

따라서 $\mathrm{A}_n(2^n, n)$, $\mathrm{B}_n(5^{n+1}, n)$이므로

$a_n=\frac{n}{2}(5^{n+1}-2^n)$,

$a_{n+1}=\frac{n+1}{2}(5^{n+2}-2^{n+1})$

STEP 2 $\lim_{n\to\infty}\frac{a_n}{a_{n+1}}$의 값 구하기 [3점]

$$\begin{aligned}\lim_{n\to\infty}\frac{a_n}{a_{n+1}}&=\lim_{n\to\infty}\frac{\frac{n}{2}(5^{n+1}-2^n)}{\frac{n+1}{2}(5^{n+2}-2^{n+1})}\\&=\lim_{n\to\infty}\frac{n}{n+1}\times\lim_{n\to\infty}\frac{\frac{1}{5}-\frac{1}{25}\times\left(\frac{2}{5}\right)^n}{1-\frac{1}{5}\times\left(\frac{2}{5}\right)^{n+1}}\\&=1\times\frac{1}{5}=\frac{1}{5}\end{aligned}$$

24 0275 답 29 유형 17

출제의도 | 등비수열의 극한값을 구할 수 있는지 확인한다.

STEP 1 $0<p<4$일 때, 순서쌍 (p, q)의 개수 구하기 [3점]

(i) $0<p<4$일 때, $\lim_{n\to\infty}\left(\frac{p}{4}\right)^n=0$이므로

$$\begin{aligned}&\lim_{n\to\infty}\frac{3\times p^{n-1}+4^{n+2}}{2\times p^{n-2}+2q\times 4^{n-1}}\\&=\lim_{n\to\infty}\frac{3\times\left(\frac{p}{4}\right)^{n-1}+64}{\frac{2}{p}\times\left(\frac{p}{4}\right)^{n-1}+2q}\\&=\frac{32}{q}\end{aligned}$$

따라서 $\frac{32}{q}>4$이므로 $q<8$

$0<p<4$, $q<8$을 만족시키는 자연수 p, q의 순서쌍 (p, q)의 개수는 $3\times7=21$

STEP2 $p=4$일 때, 순서쌍 (p, q)의 개수 구하기 [3점]

(ii) $p=4$일 때,

$$\lim_{n\to\infty}\frac{3\times p^{n-1}+4^{n+2}}{2\times p^{n-2}+2q\times 4^{n-1}}$$

$$=\lim_{n\to\infty}\frac{3\times 4^{n-1}+4^{n+2}}{2\times 4^{n-2}+2q\times 4^{n-1}}$$

$$=\lim_{n\to\infty}\frac{\frac{3}{4}\times 4^n+16\times 4^n}{\frac{1}{8}\times 4^n+\frac{q}{2}\times 4^n}$$

$$=\frac{134}{4q+1}$$

따라서 $\frac{134}{4q+1}>4$이므로

$16q<130$

$\therefore q<\frac{65}{8}$

$p=4$, $q<\frac{65}{8}=8.\times\times\times$를 만족시키는 자연수 p, q의 순서쌍 (p, q)의 개수는 8이다.

STEP3 주어진 부등식을 만족시키는 순서쌍 (p, q)의 개수 구하기 [2점]

(i), (ii)에서 구하는 순서쌍 (p, q)의 개수는

$21+8=29$

25 0276 답 25 유형 18

출제의도 | 등비수열의 합이 포함된 수열의 극한값을 구할 수 있는지 확인한다.

STEP1 a_n을 n에 대한 식으로 나타내기 [3점]

$$a_n=(1+2+3+\cdots+3^n)-(3+6+9+\cdots+3^n)$$

$$=\frac{3^n(3^n+1)}{2}-3(1+2+3+\cdots+3^{n-1})$$

$$=\frac{3^n(3^n+1)}{2}-3\times\frac{3^{n-1}(3^{n-1}+1)}{2}$$

$$=\frac{1}{3}\times 9^n$$

STEP2 b_n을 n에 대한 식으로 나타내기 [3점]

$$b_n=(1+2+3+\cdots+5^n)-(5+10+15+\cdots+5^n)$$

$$=\frac{5^n(5^n+1)}{2}-5(1+2+3+\cdots+5^{n-1})$$

$$=\frac{5^n(5^n+1)}{2}-5\times\frac{5^{n-1}(5^{n-1}+1)}{2}$$

$$=\frac{2}{5}\times 25^n$$

STEP3 $\lim_{n\to\infty}\frac{b_{n+1}}{a_n+b_n}$의 값 구하기 [2점]

$$\lim_{n\to\infty}\frac{b_{n+1}}{a_n+b_n}$$

$$=\lim_{n\to\infty}\frac{\frac{2}{5}\times 25^{n+1}}{\frac{1}{3}\times 9^n+\frac{2}{5}\times 25^n}$$

$$=\lim_{n\to\infty}\frac{10}{\frac{1}{3}\times\left(\frac{9}{25}\right)^n+\frac{2}{5}}$$

$$=25$$

02 급수

핵심 개념 64쪽~65쪽

0277 답 (1) 수렴, $\frac{5}{4}$ (2) 발산

(1) 주어진 급수는 첫째항이 1, 공비가 $\frac{1}{5}$인 등비수열의 합이므로 제n항까지의 부분합을 S_n이라 하면

$$S_n=\frac{\left\{1-\left(\frac{1}{5}\right)^n\right\}}{1-\frac{1}{5}}=\frac{5}{4}\left\{1-\left(\frac{1}{5}\right)^n\right\}$$

$$\therefore \lim_{n\to\infty}S_n=\lim_{n\to\infty}\frac{5}{4}\left\{1-\left(\frac{1}{5}\right)^n\right\}=\frac{5}{4}$$

따라서 주어진 급수는 수렴하고, 그 합은 $\frac{5}{4}$이다.

(2) 제n항까지의 부분합을 S_n이라 하면

$$S_n=\frac{1}{\sqrt{2}+\sqrt{1}}+\frac{1}{\sqrt{3}+\sqrt{2}}+\frac{1}{\sqrt{4}+\sqrt{3}}+\cdots+\frac{1}{\sqrt{n+1}+\sqrt{n}}$$

$$=(\sqrt{2}-1)+(\sqrt{3}-\sqrt{2})+(\sqrt{4}-\sqrt{3})+\cdots+(\sqrt{n+1}-\sqrt{n})$$

$$=\sqrt{n+1}-1$$

$$\therefore \lim_{n\to\infty}S_n=\lim_{n\to\infty}(\sqrt{n+1}-1)=\infty$$

따라서 주어진 급수는 발산한다.

0278 답 (1) 발산 (2) 수렴, 1 (3) 수렴, $\frac{1}{2}$

(1) 제n항까지의 부분합을 S_n이라 하면

$$S_n=\sum_{k=1}^{n}(k+2)=\frac{n(n+1)}{2}+2n=\frac{n^2+5n}{2}$$

$$\therefore \lim_{n\to\infty}S_n=\lim_{n\to\infty}\frac{n^2+5n}{2}=\infty$$

따라서 주어진 급수는 발산한다.

(2) 제n항까지의 부분합을 S_n이라 하면

$$S_n=\sum_{k=1}^{n}\left(\frac{k+1}{k}-\frac{k+2}{k+1}\right)$$

$$=\left(\frac{2}{1}-\frac{3}{2}\right)+\left(\frac{3}{2}-\frac{4}{3}\right)+\left(\frac{4}{3}-\frac{5}{4}\right)+\cdots+\left(\frac{n+1}{n}-\frac{n+2}{n+1}\right)$$

$$=2-\frac{n+2}{n+1}$$

$$\therefore \lim_{n\to\infty}S_n=\lim_{n\to\infty}\left(2-\frac{n+2}{n+1}\right)=\lim_{n\to\infty}\left(2-\frac{1+\frac{2}{n}}{1+\frac{1}{n}}\right)=1$$

따라서 주어진 급수는 수렴하고 그 합은 1이다.

(3) 제n항까지의 부분합을 S_n이라 하면

$$S_n=\sum_{k=1}^{n}\frac{1}{(k+1)(k+2)}$$

$$=\sum_{k=1}^{n}\left(\frac{1}{k+1}-\frac{1}{k+2}\right)$$

$$=\left(\frac{1}{2}-\frac{1}{3}\right)+\left(\frac{1}{3}-\frac{1}{4}\right)+\left(\frac{1}{4}-\frac{1}{5}\right)+\cdots+\left(\frac{1}{n+1}-\frac{1}{n+2}\right)$$

$$=\frac{1}{2}-\frac{1}{n+2}$$

$$\therefore \lim_{n\to\infty}S_n=\lim_{n\to\infty}\left(\frac{1}{2}-\frac{1}{n+2}\right)=\frac{1}{2}$$

따라서 주어진 급수는 수렴하고, 그 합은 $\frac{1}{2}$이다.

0279 답 (1) 풀이 참조 (2) 풀이 참조 (3) 풀이 참조

(1) 주어진 급수는 첫째항이 -3, 공차가 4인 등차수열의 합이므로 제n항을 a_n이라 하면

$a_n=-3+(n-1)\times4=4n-7$

$\therefore \lim_{n\to\infty} a_n=\lim_{n\to\infty}(4n-7)=\infty\neq0$

따라서 주어진 급수는 발산한다.

(2) 주어진 급수의 제n항을 a_n이라 하면 $a_n=4$

$\therefore \lim_{n\to\infty} a_n=4\neq0$

따라서 주어진 급수는 발산한다.

(3) 주어진 급수의 제n항을 a_n이라 하면

$a_n=\frac{n}{2n+1}$

$\therefore \lim_{n\to\infty} a_n=\lim_{n\to\infty}\frac{n}{2n+1}=\frac{1}{2}\neq0$

따라서 주어진 급수는 발산한다.

0280 답 (1) 풀이 참조 (2) 풀이 참조 (3) 풀이 참조

(1) $a_n=2n+1$로 놓으면

$\lim_{n\to\infty} a_n=\lim_{n\to\infty}(2n+1)=\infty\neq0$

따라서 주어진 급수는 발산한다.

(2) $a_n=\frac{n}{n+1}$으로 놓으면

$$\lim_{n\to\infty} a_n=\lim_{n\to\infty}\frac{n}{n+1}=\lim_{n\to\infty}\frac{1}{1+\frac{1}{n}}=1\neq0$$

따라서 주어진 급수는 발산한다.

(3) $a_n=\sqrt{n^2+2n}-n$으로 놓으면

$$\lim_{n\to\infty} a_n=\lim_{n\to\infty}(\sqrt{n^2+2n}-n)$$
$$=\lim_{n\to\infty}\frac{(\sqrt{n^2+2n}-n)(\sqrt{n^2+2n}+n)}{(\sqrt{n^2+2n}+n)}$$
$$=\lim_{n\to\infty}\frac{2n}{\sqrt{n^2+2n}+n}$$
$$=\lim_{n\to\infty}\frac{2}{\sqrt{1+\frac{2}{n}}+1}=1\neq0$$

따라서 주어진 급수는 발산한다.

0281 답 (1) -9 (2) -2 (3) 3

(1) $\sum_{n=1}^{\infty}3b_n=3\sum_{n=1}^{\infty}b_n=3\times(-3)=-9$

(2) $$\sum_{n=1}^{\infty}(a_n+2b_n)=\sum_{n=1}^{\infty}a_n+\sum_{n=1}^{\infty}2b_n=\sum_{n=1}^{\infty}a_n+2\sum_{n=1}^{\infty}b_n=4+2\times(-3)=-2$$

(3) $$\sum_{n=1}^{\infty}\left(\frac{a_n}{2}-\frac{b_n}{3}\right)=\sum_{n=1}^{\infty}\frac{a_n}{2}-\sum_{n=1}^{\infty}\frac{b_n}{3}=\frac{1}{2}\sum_{n=1}^{\infty}a_n-\frac{1}{3}\sum_{n=1}^{\infty}b_n=\frac{1}{2}\times4-\frac{1}{3}\times(-3)=3$$

0282 답 3

$a_n+b_n=c_n$이라 하면 $b_n=c_n-a_n$

이때 $\sum_{n=1}^{\infty}a_n=2$, $\sum_{n=1}^{\infty}c_n=5$이므로

$$\sum_{n=1}^{\infty}b_n=\sum_{n=1}^{\infty}(c_n-a_n)=\sum_{n=1}^{\infty}c_n-\sum_{n=1}^{\infty}a_n=5-2=3$$

0283 답 (1) 수렴, $\frac{2}{3}$ (2) 발산 (3) 발산 (4) 수렴, 12

(1) 첫째항이 1, 공비가 $-\frac{1}{2}$이고 $-1<-\frac{1}{2}<1$이므로 주어진 등비급수는 수렴한다. 따라서 그 합은

$$\frac{1}{1-\left(-\frac{1}{2}\right)}=\frac{2}{3}$$

(2) 공비가 $-\sqrt{5}$이고 $-\sqrt{5}<-1$이므로 주어진 등비급수는 발산한다.

(3) $\sum_{n=1}^{\infty}\left(-\frac{4}{3}\right)^n$에서 공비가 $-\frac{4}{3}$이고 $-\frac{4}{3}<-1$이므로 주어진 등비급수는 발산한다.

(4) $\sum_{n=1}^{\infty}6\times\left(\frac{2}{3}\right)^n$에서 첫째항이 $6\times\frac{2}{3}=4$, 공비가 $\frac{2}{3}$이고 $-1<\frac{2}{3}<1$이므로 주어진 등비급수는 수렴한다. 따라서 그 합은

$$\frac{4}{1-\frac{2}{3}}=\frac{4}{\frac{1}{3}}=12$$

0284 답 (1) $-2<x<2$ (2) $0<x<1$

(1) 공비가 $\frac{1}{2}x$이므로 주어진 등비급수가 수렴하려면

$-1<\frac{1}{2}x<1$ $\therefore -2<x<2$

(2) 공비가 $2x-1$이므로 주어진 등비급수가 수렴하려면

$-1<2x-1<1$, $0<2x<2$

$\therefore 0<x<1$

66쪽~97쪽

0285 답 ⑤

$$\sum_{k=1}^{10}\frac{k^3}{k+1}+\sum_{k=1}^{10}\frac{1}{k+1}=\sum_{k=1}^{10}\frac{k^3+1}{k+1}$$
$$=\sum_{k=1}^{10}\frac{(k+1)(k^2-k+1)}{k+1}$$
$$=\sum_{k=1}^{10}(k^2-k+1)$$
$$=\sum_{k=1}^{10}k^2-\sum_{k=1}^{10}k+\sum_{k=1}^{10}1$$
$$=\frac{10\times11\times21}{6}-\frac{10\times11}{2}+1\times10$$
$$=385-55+10=340$$

0286 답 80

$$\sum_{k=1}^{20} f(k+1)-\sum_{k=2}^{21} f(k-1)$$
$$=\{f(2)+f(3)+f(4)+\cdots+f(20)+f(21)\}-\{f(1)+f(2)+f(3)+\cdots+f(20)\}$$
$$=f(21)-f(1)$$
$$=84-4$$
$$=80$$

0287 답 45

$$\sum_{k=1}^{10}(a_k+1)^2=\sum_{k=1}^{10}(a_k^2+2a_k+1)$$
$$=\sum_{k=1}^{10}a_k^2+2\sum_{k=1}^{10}a_k+\sum_{k=1}^{10}1$$
$$=25+2\times5+10$$
$$=45$$

0288 답 300

공차가 3인 등차수열 $\{a_n\}$의 일반항은

$a_n=a_1+(n-1)\times3=3n+a_1-3$

$$\therefore \sum_{k=1}^{100}a_{2k+1}-\sum_{k=1}^{100}a_{2k}$$
$$=\sum_{k=1}^{100}(a_{2k+1}-a_{2k})$$
$$=\sum_{k=1}^{100}[\{3(2k+1)+a_1-3\}-(3\times2k+a_1-3)]$$
$$=\sum_{k=1}^{100}\{(a_1+6k)-(a_1+6k-3)\}$$
$$=\sum_{k=1}^{100}(a_1+6k-a_1-6k+3)$$
$$=\sum_{k=1}^{100}3=300$$

다른 풀이

$$\sum_{k=1}^{100}a_{2k+1}-\sum_{k=1}^{100}a_{2k}=\sum_{k=1}^{100}(a_{2k+1}-a_{2k})$$

이때 등차수열 $\{a_n\}$의 공차가 3이므로

$a_{2k+1}-a_{2k}=3$

$$\therefore \sum_{k=1}^{100}(a_{2k+1}-a_{2k})=\sum_{k=1}^{100}3=300$$

0289 답 ②

$$\frac{1}{1\times2}+\frac{1}{2\times3}+\frac{1}{3\times4}+\cdots+\frac{1}{20\times21}$$
$$=\sum_{k=1}^{20}\frac{1}{k(k+1)}$$
$$=\sum_{k=1}^{20}\left(\frac{1}{k}-\frac{1}{k+1}\right)$$
$$=\left(1-\frac{1}{2}\right)+\left(\frac{1}{2}-\frac{1}{3}\right)+\left(\frac{1}{3}-\frac{1}{4}\right)+\cdots+\left(\frac{1}{20}-\frac{1}{21}\right)$$
$$=1-\frac{1}{21}$$
$$=\frac{20}{21}$$

따라서 $p=21$, $q=20$이므로

$p+q=21+20=41$

0290 답 ③

$$\sum_{k=2}^{50}\frac{2}{\sqrt{k-1}+\sqrt{k+1}}$$
$$=\sum_{k=2}^{50}\frac{2(\sqrt{k-1}-\sqrt{k+1})}{(\sqrt{k-1}+\sqrt{k+1})(\sqrt{k-1}-\sqrt{k+1})}$$
$$=\sum_{k=2}^{50}\frac{2(\sqrt{k-1}-\sqrt{k+1})}{-2}$$
$$=\sum_{k=2}^{50}(\sqrt{k+1}-\sqrt{k-1})$$
$$=(\sqrt{3}-1)+(\sqrt{4}-\sqrt{2})+(\sqrt{5}-\sqrt{3})+\cdots+(\sqrt{50}-\sqrt{48})+(\sqrt{51}-\sqrt{49})$$
$$=-1-\sqrt{2}+\sqrt{50}+\sqrt{51}$$
$$=-1-\sqrt{2}+5\sqrt{2}+\sqrt{51}$$
$$=\sqrt{51}+4\sqrt{2}-1$$

따라서 $a=4$, $b=-1$이므로

$a-b=4-(-1)=5$

0291 답 ① | 유형 1

수열 $\{a_n\}$에 대하여 $\sum_{k=1}^{n}a_k=\frac{6n}{3n+1}$일 때, 급수 $\sum_{n=1}^{\infty}a_n$의 합은? (단서1)

① 2 ② 3 ③ 4
④ 5 ⑤ 6

단서1 $\sum_{n=1}^{\infty}a_n=\lim_{n\to\infty}\sum_{k=1}^{n}a_k$

STEP 1 **주어진 급수의 제n항까지의 합을 S_n이라 하고 S_n 구하기**

주어진 급수의 제n항까지의 부분합을 S_n이라 하면

$$S_n=\sum_{k=1}^{n}a_k=\frac{6n}{3n+1}$$

STEP 2 **주어진 급수의 합 구하기**

$$\sum_{n=1}^{\infty}a_n=\lim_{n\to\infty}S_n=\lim_{n\to\infty}\frac{6n}{3n+1}=\lim_{n\to\infty}\frac{6}{3+\frac{1}{n}}=\frac{6}{3}=2$$

→(분자의 차수)=(분모의 차수)이므로 최고차항의 계수끼리 비교하여 $\frac{6}{3}$으로 구할 수도 있다.

0292 답 3

$$\sum_{n=1}^{\infty}a_n=\lim_{n\to\infty}S_n=\lim_{n\to\infty}\frac{3n-1}{n+1}=\lim_{n\to\infty}\frac{3-\frac{1}{n}}{1+\frac{1}{n}}=3$$

0293 답 ④

주어진 급수의 제n항까지의 부분합을 S_n이라 하면

$$S_n=\sum_{k=1}^{n}a_k=\frac{3^{n+1}}{3^n+1}$$
$$\therefore \sum_{n=1}^{\infty}a_n=\lim_{n\to\infty}S_n=\lim_{n\to\infty}\frac{3^{n+1}}{3^n+1}$$
$$=\lim_{n\to\infty}\frac{3\times3^n}{3^n+1}=\lim_{n\to\infty}\frac{3}{1+\frac{1}{3^n}}=3$$

0294 답 ④

주어진 급수의 제n항까지의 부분합을 S_n이라 하면

$$S_n=\sum_{k=1}^{n}a_k=\sqrt{n^2+2n}-n$$

$\therefore \sum_{n=1}^{\infty} a_n = \lim_{n\to\infty} S_n = \lim_{n\to\infty}(\sqrt{n^2+2n}-n)$

$= \lim_{n\to\infty} \frac{(\sqrt{n^2+2n}-n)(\sqrt{n^2+2n}+n)}{\sqrt{n^2+2n}+n}$

$= \lim_{n\to\infty} \frac{2n}{\sqrt{n^2+2n}+n} = \lim_{n\to\infty} \frac{2}{\sqrt{1+\frac{2}{n}}+1}$

$= \frac{2}{1+1} = 1$

0295 답 9

주어진 급수의 제n항까지의 부분합을 S_n이라 하면

$S_n = \sum_{k=1}^{n} (a_{k+1}-a_k)$

$=(a_2-a_1)+(a_3-a_2)+(a_4-a_3)+\cdots+(a_{n+1}-a_n)$

$=a_{n+1}-a_1$

이때 $\lim_{n\to\infty} a_{n+1} = \lim_{n\to\infty} a_n = 10$이므로

$\sum_{n=1}^{\infty}(a_{n+1}-a_n) = \lim_{n\to\infty} S_n$

$= \lim_{n\to\infty}(a_{n+1}-a_1)$

$= \lim_{n\to\infty} a_{n+1} - a_1$

$=10-1=9$

0296 답 ②

$\sum_{n=1}^{\infty}\left(\frac{n-1}{n}-\frac{n}{n+1}\right)$

$= \lim_{n\to\infty}\sum_{k=1}^{n}\left(\frac{k-1}{k}-\frac{k}{k+1}\right)$

$= \lim_{n\to\infty}\left\{\left(\frac{0}{1}-\frac{1}{2}\right)+\left(\frac{1}{2}-\frac{2}{3}\right)+\left(\frac{2}{3}-\frac{3}{4}\right)+\cdots+\left(\frac{n-1}{n}-\frac{n}{n+1}\right)\right\}$

$= \lim_{n\to\infty}\left(-\frac{n}{n+1}\right) = -\lim_{n\to\infty}\frac{1}{1+\frac{1}{n}} = -\frac{1}{1+0} = -1$

0297 답 ④

$S_n = \frac{4n^2+3n-2}{1+2+3+\cdots+n} = \frac{4n^2+3n-2}{\frac{n(n+1)}{2}} = \frac{8n^2+6n-4}{n^2+n}$

$\therefore \sum_{n=1}^{\infty} a_n = \lim_{n\to\infty} S_n$

$= \lim_{n\to\infty}\frac{8n^2+6n-4}{n^2+n}$

$= \lim_{n\to\infty}\frac{8+\frac{6}{n}-\frac{4}{n^2}}{1+\frac{1}{n}} = 8$

개념 Check

(1) $1+2+3+\cdots+n = \sum_{k=1}^{n} k = \frac{n(n+1)}{2}$

(2) $1^2+2^2+3^2+\cdots+n^2 = \sum_{k=1}^{n} k^2 = \frac{n(n+1)(2n+1)}{6}$

(3) $1^3+2^3+3^3+\cdots+n^3 = \sum_{k=1}^{n} k^3 = \left\{\frac{n(n+1)}{2}\right\}^2$

0298 답 ②

$\sum_{n=1}^{\infty}\left(\sqrt{\frac{n}{n+1}}-\sqrt{\frac{n+2}{n+3}}\right)$

$= \lim_{n\to\infty}\sum_{k=1}^{n}\left(\sqrt{\frac{k}{k+1}}-\sqrt{\frac{k+2}{k+3}}\right)$

$= \lim_{n\to\infty}\left\{\left(\sqrt{\frac{1}{2}}-\sqrt{\frac{3}{4}}\right)+\left(\sqrt{\frac{2}{3}}-\sqrt{\frac{4}{5}}\right)+\left(\sqrt{\frac{3}{4}}-\sqrt{\frac{5}{6}}\right)+\cdots+\left(\sqrt{\frac{n-1}{n}}-\sqrt{\frac{n+1}{n+2}}\right)+\left(\sqrt{\frac{n}{n+1}}-\sqrt{\frac{n+2}{n+3}}\right)\right\}$

$= \lim_{n\to\infty}\left(\sqrt{\frac{1}{2}}+\sqrt{\frac{2}{3}}-\sqrt{\frac{n+1}{n+2}}-\sqrt{\frac{n+2}{n+3}}\right)$

$= \lim_{n\to\infty}\left(\frac{\sqrt{2}}{2}+\frac{\sqrt{6}}{3}-\sqrt{\frac{1+\frac{1}{n}}{1+\frac{2}{n}}}-\sqrt{\frac{1+\frac{2}{n}}{1+\frac{3}{n}}}\right)$

$= \frac{\sqrt{2}}{2}+\frac{\sqrt{6}}{3}-2$

따라서 $a=\frac{1}{2}$, $b=\frac{1}{3}$, $c=-2$이므로

$abc = \frac{1}{2}\times\frac{1}{3}\times(-2) = -\frac{1}{3}$

0299 답 ④

$\sum_{n=1}^{\infty}\left(\frac{1}{a_n}-\frac{1}{a_{n+1}}\right)$

$= \lim_{n\to\infty}\sum_{k=1}^{n}\left(\frac{1}{a_k}-\frac{1}{a_{k+1}}\right)$

$= \lim_{n\to\infty}\left\{\left(\frac{1}{a_1}-\frac{1}{a_2}\right)+\left(\frac{1}{a_2}-\frac{1}{a_3}\right)+\left(\frac{1}{a_3}-\frac{1}{a_4}\right)+\cdots+\left(\frac{1}{a_n}-\frac{1}{a_{n+1}}\right)\right\}$

$= \lim_{n\to\infty}\left(\frac{1}{a_1}-\frac{1}{a_{n+1}}\right)$

이때 $\lim_{n\to\infty} a_{n+1} = \lim_{n\to\infty} a_n = 5$이므로

$\sum_{n=1}^{\infty}\left(\frac{1}{a_n}-\frac{1}{a_{n+1}}\right) = \lim_{n\to\infty}\left(\frac{1}{a_1}-\frac{1}{a_{n+1}}\right) = \frac{1}{a_1}-\frac{1}{5}$

따라서 $\frac{1}{a_1}-\frac{1}{5}=\frac{1}{20}$이므로 $\frac{1}{a_1}=\frac{1}{20}+\frac{1}{5}=\frac{1}{4}$ $\quad \therefore a_1=4$

0300 답 ③

주어진 급수의 제n항까지의 부분합을 S_n이라 하면

$S_n = \sum_{k=1}^{n}(a_k-a_{k+2})$

$=(a_1-a_3)+(a_2-a_4)+(a_3-a_5)+\cdots+(a_{n-1}-a_{n+1})+(a_n-a_{n+2})$

$=a_1+a_2-a_{n+1}-a_{n+2}$

$a_n=\frac{k}{2n-1}$에서 $a_1=k$, $a_2=\frac{k}{3}$이고

$a_{n+1}=\frac{k}{2(n+1)-1}=\frac{k}{2n+1}$, $a_{n+2}=\frac{k}{2(n+2)-1}=\frac{k}{2n+3}$

이므로

$S_n = a_1+a_2-a_{n+1}-a_{n+2}$

$=k+\frac{k}{3}-\frac{k}{2n+1}-\frac{k}{2n+3}$

$=\frac{4}{3}k-\frac{k}{2n+1}-\frac{k}{2n+3}$

$\therefore \displaystyle\sum_{n=1}^{\infty}(a_n-a_{n+2})=\lim_{n\to\infty}S_n$

$=\displaystyle\lim_{n\to\infty}\left(\frac{4}{3}k-\frac{k}{2n+1}-\frac{k}{2n+3}\right)=\frac{4}{3}k$

따라서 $\frac{4}{3}k=4$이므로 $k=3$

실수 Check

주어진 급수가 $\displaystyle\sum_{n=1}^{\infty}(a_n-a_{n+2})$이므로 부분합 S_n을

$S_n=\displaystyle\sum_{k=1}^{n}(a_k-a_{k+2})$로 놓고 n에 대한 식으로 나타낸다.

Plus 문제

0300-1

수열 $\{a_n\}$의 일반항이 $a_n=\dfrac{k}{n+1}$이고 $\displaystyle\sum_{n=1}^{\infty}(a_n-a_{n+2})=5$일 때, 상수 k의 값을 구하시오.

주어진 급수의 제n항까지의 부분합을 S_n이라 하면

$S_n=\displaystyle\sum_{k=1}^{n}(a_k-a_{k+2})$

$=(a_1-a_3)+(a_2-a_4)+(a_3-a_5)+\cdots+(a_{n-1}-a_{n+1})+(a_n-a_{n+2})$

$=a_1+a_2-a_{n+1}-a_{n+2}$

$a_n=\dfrac{k}{n+1}$에서 $a_1=\dfrac{k}{2}$, $a_2=\dfrac{k}{3}$이고

$a_{n+1}=\dfrac{k}{n+1+1}=\dfrac{k}{n+2}$, $a_{n+2}=\dfrac{k}{n+2+1}=\dfrac{k}{n+3}$이므로

$S_n=a_1+a_2-a_{n+1}-a_{n+2}$

$=\dfrac{k}{2}+\dfrac{k}{3}-\dfrac{k}{n+2}-\dfrac{k}{n+3}$

$=\dfrac{5}{6}k-\dfrac{k}{n+2}-\dfrac{k}{n+3}$

$\therefore \displaystyle\sum_{n=1}^{\infty}(a_n-a_{n+2})=\lim_{n\to\infty}S_n$

$=\displaystyle\lim_{n\to\infty}\left(\frac{5}{6}k-\frac{k}{n+2}-\frac{k}{n+3}\right)=\frac{5}{6}k$

따라서 $\frac{5}{6}k=5$이므로 $k=6$

답 6

0301 답 ③

| 유형2

급수 $\dfrac{1}{1^2+2}+\dfrac{1}{2^2+4}+\dfrac{1}{3^2+6}+\cdots$의 합은?

단서1

① $\frac{1}{4}$ ② $\frac{1}{2}$ ③ $\frac{3}{4}$

④ 1 ⑤ $\frac{5}{4}$

단서1 $a_1=\dfrac{1}{1^2+2}$

$a_2=\dfrac{1}{2^2+4}$

$a_3=\dfrac{1}{3^2+6}$

⋮

$a_n=\dfrac{1}{n^2+2n}$

STEP 1 주어진 급수의 제n항을 a_n이라 하고 a_n 구하기

주어진 급수의 제n항을 a_n이라 하면

$a_n=\dfrac{1}{n^2+2n}=\dfrac{1}{n(n+2)}$

STEP 2 주어진 급수의 제n항까지의 합을 S_n이라 하고 S_n 구하기

제n항까지의 부분합을 S_n이라 하면

$S_n=\displaystyle\sum_{k=1}^{n}\frac{1}{k(k+2)}$ — $\dfrac{1}{k(k+2)}=\dfrac{1}{k+2-k}\left(\dfrac{1}{k}-\dfrac{1}{k+2}\right)=\dfrac{1}{2}\left(\dfrac{1}{k}-\dfrac{1}{k+2}\right)$

$=\displaystyle\sum_{k=1}^{n}\frac{1}{2}\left(\frac{1}{k}-\frac{1}{k+2}\right)$

$=\dfrac{1}{2}\left\{\left(1-\dfrac{1}{3}\right)+\left(\dfrac{1}{2}-\dfrac{1}{4}\right)+\left(\dfrac{1}{3}-\dfrac{1}{5}\right)+\cdots+\left(\dfrac{1}{n-1}-\dfrac{1}{n+1}\right)+\left(\dfrac{1}{n}-\dfrac{1}{n+2}\right)\right\}$

$=\dfrac{1}{2}\left(1+\dfrac{1}{2}-\dfrac{1}{n+1}-\dfrac{1}{n+2}\right)$

$=\dfrac{1}{2}\left(\dfrac{3}{2}-\dfrac{1}{n+1}-\dfrac{1}{n+2}\right)$

STEP 3 $\displaystyle\lim_{n\to\infty}S_n$의 값 구하기

$\displaystyle\lim_{n\to\infty}S_n=\lim_{n\to\infty}\frac{1}{2}\left(\frac{3}{2}-\frac{1}{n+1}-\frac{1}{n+2}\right)=\frac{1}{2}\times\frac{3}{2}=\frac{3}{4}$

0302 답 4

주어진 급수의 제n항을 a_n이라 하면

$a_n=\dfrac{4}{n(n+1)}$

이때 제n항까지의 부분합을 S_n이라 하면

$S_n=\displaystyle\sum_{k=1}^{n}\frac{4}{k(k+1)}$

$=4\displaystyle\sum_{k=1}^{n}\left(\frac{1}{k}-\frac{1}{k+1}\right)$

$=4\left\{\left(1-\dfrac{1}{2}\right)+\left(\dfrac{1}{2}-\dfrac{1}{3}\right)+\left(\dfrac{1}{3}-\dfrac{1}{4}\right)+\cdots+\left(\dfrac{1}{n}-\dfrac{1}{n+1}\right)\right\}$

$=4\left(1-\dfrac{1}{n+1}\right)$

$\therefore \displaystyle\lim_{n\to\infty}S_n=\lim_{n\to\infty}4\left(1-\frac{1}{n+1}\right)=4$

0303 답 ②

주어진 급수의 제n항을 a_n이라 하면

$a_n=\dfrac{1}{n^2-1}=\dfrac{1}{(n-1)(n+1)}$

이때 제n항까지의 부분합을 S_n이라 하면

$S_n=\displaystyle\sum_{k=2}^{n}\frac{1}{(k-1)(k+1)}$

$=\displaystyle\sum_{k=2}^{n}\frac{1}{2}\left(\frac{1}{k-1}-\frac{1}{k+1}\right)$

$=\dfrac{1}{2}\left\{\left(1-\dfrac{1}{3}\right)+\left(\dfrac{1}{2}-\dfrac{1}{4}\right)+\left(\dfrac{1}{3}-\dfrac{1}{5}\right)+\cdots+\left(\dfrac{1}{n-2}-\dfrac{1}{n}\right)+\left(\dfrac{1}{n-1}-\dfrac{1}{n+1}\right)\right\}$

$=\dfrac{1}{2}\left(1+\dfrac{1}{2}-\dfrac{1}{n}-\dfrac{1}{n+1}\right)$

$=\dfrac{1}{2}\left(\dfrac{3}{2}-\dfrac{1}{n}-\dfrac{1}{n+1}\right)$

$\therefore \displaystyle\lim_{n\to\infty}S_n=\lim_{n\to\infty}\frac{1}{2}\left(\frac{3}{2}-\frac{1}{n}-\frac{1}{n+1}\right)=\frac{1}{2}\times\frac{3}{2}=\frac{3}{4}$

0304 답 ②

주어진 급수의 제n항을 a_n이라 하면

$$a_n=\frac{1}{(2n)^2-1}=\frac{1}{(2n-1)(2n+1)}$$

이때 제n항까지의 부분합을 S_n이라 하면

$$S_n=\sum_{k=1}^{n}\frac{1}{(2k-1)(2k+1)}$$
$$=\sum_{k=1}^{n}\frac{1}{2}\left(\frac{1}{2k-1}-\frac{1}{2k+1}\right)$$
$$=\frac{1}{2}\left\{\left(1-\frac{1}{3}\right)+\left(\frac{1}{3}-\frac{1}{5}\right)+\left(\frac{1}{5}-\frac{1}{7}\right)+\cdots+\left(\frac{1}{2n-1}-\frac{1}{2n+1}\right)\right\}$$
$$=\frac{1}{2}\left(1-\frac{1}{2n+1}\right)$$

$$\therefore \lim_{n\to\infty}S_n=\lim_{n\to\infty}\frac{1}{2}\left(1-\frac{1}{2n+1}\right)=\frac{1}{2}$$

0305 답 $\frac{2}{5}$

$S_n=\frac{n\{2\times5+(n-1)\times5\}}{2}=\frac{5}{2}n(n+1)$이므로

$$\sum_{n=1}^{\infty}\frac{1}{S_n}=\sum_{n=1}^{\infty}\frac{2}{5n(n+1)}$$
$$=\sum_{n=1}^{\infty}\frac{2}{5}\left(\frac{1}{n}-\frac{1}{n+1}\right)$$
$$=\lim_{n\to\infty}\sum_{k=1}^{n}\frac{2}{5}\left(\frac{1}{k}-\frac{1}{k+1}\right)$$
$$=\lim_{n\to\infty}\frac{2}{5}\left\{\left(1-\frac{1}{2}\right)+\left(\frac{1}{2}-\frac{1}{3}\right)+\left(\frac{1}{3}-\frac{1}{4}\right)+\cdots+\left(\frac{1}{n}-\frac{1}{n+1}\right)\right\}$$
$$=\lim_{n\to\infty}\frac{2}{5}\left(1-\frac{1}{n+1}\right)=\frac{2}{5}$$

개념 Check

첫째항이 a, 공차가 d인 등차수열의 첫째항부터 제n항까지의 합 S_n은

$$S_n=\frac{n\{2a+(n-1)d\}}{2}$$

0306 답 ①

주어진 급수의 제n항을 a_n이라 하면

$$a_n=\frac{1}{2+4+6+\cdots+2n}=\frac{1}{2(1+2+3+\cdots+n)}$$
$$=\frac{1}{2\times\frac{n(n+1)}{2}}=\frac{1}{n(n+1)}$$

이때 제n항까지의 부분합을 S_n이라 하면

$$S_n=\sum_{k=1}^{n}\frac{1}{k(k+1)}$$
$$=\sum_{k=1}^{n}\left(\frac{1}{k}-\frac{1}{k+1}\right)$$
$$=\left(1-\frac{1}{2}\right)+\left(\frac{1}{2}-\frac{1}{3}\right)+\left(\frac{1}{3}-\frac{1}{4}\right)+\cdots+\left(\frac{1}{n}-\frac{1}{n+1}\right)$$
$$=1-\frac{1}{n+1}$$

$$\therefore \lim_{n\to\infty}S_n=\lim_{n\to\infty}\left(1-\frac{1}{n+1}\right)=1$$

0307 답 ②

$$\sum_{n=1}^{\infty}a_n=\lim_{n\to\infty}S_n=\lim_{n\to\infty}\frac{1}{4n^2-1}=0$$

또, $S_n=\frac{1}{4n^2-1}=\frac{1}{(2n-1)(2n+1)}$이므로

$$\sum_{k=1}^{n}S_k=\sum_{k=1}^{n}\frac{1}{(2k-1)(2k+1)}$$
$$=\frac{1}{2}\sum_{k=1}^{n}\left(\frac{1}{2k-1}-\frac{1}{2k+1}\right)$$
$$=\frac{1}{2}\left\{\left(1-\frac{1}{3}\right)+\left(\frac{1}{3}-\frac{1}{5}\right)+\left(\frac{1}{5}-\frac{1}{7}\right)+\cdots+\left(\frac{1}{2n-1}-\frac{1}{2n+1}\right)\right\}$$
$$=\frac{1}{2}\left(1-\frac{1}{2n+1}\right)$$

$$\therefore \sum_{n=1}^{\infty}S_n=\lim_{n\to\infty}\sum_{k=1}^{n}S_k=\lim_{n\to\infty}\frac{1}{2}\left(1-\frac{1}{2n+1}\right)=\frac{1}{2}$$

$$\therefore \sum_{n=1}^{\infty}a_n+\sum_{n=1}^{\infty}S_n=0+\frac{1}{2}=\frac{1}{2}$$

0308 답 ③

주어진 급수의 제n항을 a_n이라 하면

$$a_n=\frac{2(\sqrt{n+2}-\sqrt{n})}{\sqrt{n^2+2n}}=\frac{2(\sqrt{n+2}-\sqrt{n})}{\sqrt{n}\sqrt{n+2}}=2\left(\frac{1}{\sqrt{n}}-\frac{1}{\sqrt{n+2}}\right)$$

이때 제n항까지의 부분합을 S_n이라 하면

$$S_n=2\sum_{k=1}^{n}\left(\frac{1}{\sqrt{k}}-\frac{1}{\sqrt{k+2}}\right)$$
$$=2\left\{\left(1-\frac{1}{\sqrt{3}}\right)+\left(\frac{1}{\sqrt{2}}-\frac{1}{\sqrt{4}}\right)+\left(\frac{1}{\sqrt{3}}-\frac{1}{\sqrt{5}}\right)+\cdots+\left(\frac{1}{\sqrt{n-1}}-\frac{1}{\sqrt{n+1}}\right)+\left(\frac{1}{\sqrt{n}}-\frac{1}{\sqrt{n+2}}\right)\right\}$$
$$=2\left(1+\frac{1}{\sqrt{2}}-\frac{1}{\sqrt{n+1}}-\frac{1}{\sqrt{n+2}}\right)$$

$$\therefore \lim_{n\to\infty}S_n=\lim_{n\to\infty}2\left(1+\frac{1}{\sqrt{2}}-\frac{1}{\sqrt{n+1}}-\frac{1}{\sqrt{n+2}}\right)$$
$$=2\left(1+\frac{1}{\sqrt{2}}\right)=2+\sqrt{2}$$

0309 답 ①

$\lim_{n\to\infty}a_{n+1}=\lim_{n\to\infty}a_n=\frac{1}{2}$이므로

$$\sum_{n=1}^{\infty}\frac{a_{n+1}-a_n}{a_na_{n+1}}$$
$$=\sum_{n=1}^{\infty}\left(\frac{1}{a_n}-\frac{1}{a_{n+1}}\right)$$
$$=\lim_{n\to\infty}\sum_{k=1}^{n}\left(\frac{1}{a_k}-\frac{1}{a_{k+1}}\right)$$
$$=\lim_{n\to\infty}\left\{\left(\frac{1}{a_1}-\frac{1}{a_2}\right)+\left(\frac{1}{a_2}-\frac{1}{a_3}\right)+\left(\frac{1}{a_3}-\frac{1}{a_4}\right)+\cdots+\left(\frac{1}{a_n}-\frac{1}{a_{n+1}}\right)\right\}$$
$$=\lim_{n\to\infty}\left(\frac{1}{a_1}-\frac{1}{a_{n+1}}\right)=\frac{1}{a_1}-2$$

따라서 $\frac{1}{a_1}-2=6$이므로

$\frac{1}{a_1}=8 \qquad \therefore a_1=\frac{1}{8}$

0310 답 2

다항식 $a_nx^2+a_nx-2$가 $x-n$으로 나누어떨어지므로

$a_nn^2+a_nn-2=0$, $(n^2+n)a_n=2$

$\therefore a_n=\frac{2}{n(n+1)}$

$$\therefore \sum_{n=1}^{\infty}a_n=\sum_{n=1}^{\infty}\frac{2}{n(n+1)}=\sum_{n=1}^{\infty}2\left(\frac{1}{n}-\frac{1}{n+1}\right)$$
$$=\lim_{n\to\infty}\sum_{k=1}^{n}2\left(\frac{1}{k}-\frac{1}{k+1}\right)$$
$$=2\lim_{n\to\infty}\left\{\left(1-\frac{1}{2}\right)+\left(\frac{1}{2}-\frac{1}{3}\right)+\left(\frac{1}{3}-\frac{1}{4}\right)+\cdots+\left(\frac{1}{n}-\frac{1}{n+1}\right)\right\}$$
$$=2\lim_{n\to\infty}\left(1-\frac{1}{n+1}\right)=2$$

개념 Check

다항식 $P(x)$가 $x-\alpha$로 나누어떨어질 때, $P(\alpha)=0$

0311 답 ③

이차방정식 $x^2-\frac{1}{n-1}x+n+1=0$의 서로 다른 두 실근이 α_n, β_n이므로 이차방정식의 근과 계수의 관계에 의해

$\alpha_n+\beta_n=\frac{1}{n-1}$, $\alpha_n\beta_n=n+1$

$$\therefore \frac{1}{\alpha_n}+\frac{1}{\beta_n}=\frac{\alpha_n+\beta_n}{\alpha_n\beta_n}=\frac{\frac{1}{n-1}}{n+1}=\frac{1}{(n-1)(n+1)}$$
$$\therefore \sum_{n=2}^{\infty}\left(\frac{1}{\alpha_n}+\frac{1}{\beta_n}\right)$$
$$=\sum_{n=2}^{\infty}\frac{1}{(n-1)(n+1)}$$
$$=\sum_{n=2}^{\infty}\frac{1}{2}\left(\frac{1}{n-1}-\frac{1}{n+1}\right)$$
$$=\lim_{n\to\infty}\sum_{k=2}^{n}\frac{1}{2}\left(\frac{1}{k-1}-\frac{1}{k+1}\right)$$
$$=\frac{1}{2}\lim_{n\to\infty}\left\{\left(1-\frac{1}{3}\right)+\left(\frac{1}{2}-\frac{1}{4}\right)+\left(\frac{1}{3}-\frac{1}{5}\right)+\cdots+\left(\frac{1}{n-2}-\frac{1}{n}\right)+\left(\frac{1}{n-1}-\frac{1}{n+1}\right)\right\}$$
$$=\frac{1}{2}\lim_{n\to\infty}\left(1+\frac{1}{2}-\frac{1}{n}-\frac{1}{n+1}\right)=\frac{1}{2}\left(1+\frac{1}{2}\right)=\frac{3}{4}$$

개념 Check

이차방정식 $ax^2+bx+c=0$의 서로 다른 두 실근을 α, β라 할 때,

$\alpha+\beta=-\frac{b}{a}$, $\alpha\beta=\frac{c}{a}$

0312 답 ①

(가)에서 $\frac{a_1+a_2+a_3+\cdots+a_{2n-1}+a_{2n}}{a_1+a_2+a_3+\cdots+a_{n-1}+a_n}=p$ (p는 상수)라 하고

등차수열 $\{a_n\}$의 첫째항을 a, 공차를 d $(d>0)$라 하면

$$\frac{\frac{2n\{2a+(2n-1)d\}}{2}}{\frac{n\{2a+(n-1)d\}}{2}}=p$$

$4a+4dn-2d=2ap+dnp-dp$

$(4d-dp)n+(4a-2d-2ap+dp)=0$

위 식이 n에 대한 항등식이므로

$4d-dp=0$에서 $d(4-p)=0$, $4-p=0$ ($\because d>0$) $\therefore p=4$

$4a-2d-2ap+dp=0$에서 $4a-2d-8a+4d=0$

$\therefore d=2a$

$\therefore a_n=a+(n-1)d=2an-a=a(2n-1)$ ······ ㉠

(나)에서 $\sum_{n=1}^{\infty}\frac{2}{(2n+1)a_n}=\frac{1}{10}$이므로

$$\sum_{n=1}^{\infty}\frac{2}{a(2n+1)(2n-1)}$$
$$=\sum_{n=1}^{\infty}\frac{1}{a}\left(\frac{1}{2n-1}-\frac{1}{2n+1}\right)$$
$$=\frac{1}{a}\lim_{n\to\infty}\sum_{k=1}^{n}\left(\frac{1}{2k-1}-\frac{1}{2k+1}\right)$$
$$=\frac{1}{a}\lim_{n\to\infty}\left\{\left(1-\frac{1}{3}\right)+\left(\frac{1}{3}-\frac{1}{5}\right)+\left(\frac{1}{5}-\frac{1}{7}\right)+\cdots+\left(\frac{1}{2n-1}-\frac{1}{2n+1}\right)\right\}$$
$$=\frac{1}{a}\lim_{n\to\infty}\left(1-\frac{1}{2n+1}\right)=\frac{1}{a}$$

따라서 $\frac{1}{a}=\frac{1}{10}$이므로 $a=10$

$a=10$을 ㉠에 대입하면 $a_n=20n-10$

$\therefore a_{10}=20\times10-10=200-10=190$

실수 Check

$\frac{a_1+a_2+a_3+\cdots+a_{2n-1}+a_{2n}}{a_1+a_2+a_3+\cdots+a_{n-1}+a_n}$이 일정한 값을 가지면 상수 p에 대하여

$\frac{a_1+a_2+a_3+\cdots+a_{2n-1}+a_{2n}}{a_1+a_2+a_3+\cdots+a_{n-1}+a_n}=p$는 n에 대한 항등식이다.

0313 답 ② | 유형3

급수 $\sum_{n=2}^{\infty}\log\frac{n^2-1}{n^2}$의 합은?

단서1

① 0　② $-\log2$　③ $-\log3$

④ $-2\log2$　⑤ $-\log5$

단서1 $\log\frac{n^2-1}{n^2}=\log\frac{(n-1)(n+1)}{n\times n}$

STEP1 **주어진 급수의 제n항까지의 부분합을 S_n이라 하고 S_n 구하기**

주어진 급수의 제n항까지의 부분합을 S_n이라 하면

$$S_n=\sum_{k=2}^{n}\log\frac{k^2-1}{k^2}=\sum_{k=2}^{n}\log\frac{(k-1)(k+1)}{k\times k}$$
$$=\log\frac{1\times3}{2\times2}+\log\frac{2\times4}{3\times3}+\log\frac{3\times5}{4\times4}+\cdots+\log\frac{(n-1)(n+1)}{n\times n}$$
$$=\log\left\{\frac{1\times3}{2\times2}\times\frac{2\times4}{3\times3}\times\frac{3\times5}{4\times4}\times\cdots\times\frac{(n-1)(n+1)}{n\times n}\right\}$$
$$=\log\frac{n+1}{2n}$$

STEP2 **$\lim_{n\to\infty}S_n$의 값 구하기**

$\lim_{n\to\infty}\log\frac{n+1}{2n}=\log\left(\lim_{n\to\infty}\frac{n+1}{2n}\right)=\log\frac{1}{2}$

$$\lim_{n\to\infty}S_n=\lim_{n\to\infty}\log\frac{n+1}{2n}=\log\frac{1}{2}=-\log2$$

0314 답 2

주어진 급수의 제n항까지의 부분합을 S_n이라 하면

$$S_n=\sum_{k=1}^{n}\log_2 a_k$$
$$=\log_2 a_1+\log_2 a_2+\log_2 a_3+\cdots+\log_2 a_n$$
$$=\log_2(a_1\times a_2\times a_3\times\cdots\times a_n)$$
$$=\log_2\frac{4n+2}{n+3}$$

$$\therefore \lim_{n\to\infty}S_n=\lim_{n\to\infty}\log_2\frac{4n+2}{n+3}=\log_2 4=2$$

0315 답 ②

주어진 급수의 제n항까지의 부분합을 S_n이라 하면

$$S_n=\sum_{k=1}^{n}\log_2\left(1-\frac{1}{a_{k+1}}\right)=\sum_{k=1}^{n}\log_2\left\{1-\frac{1}{(k+1)^2}\right\}$$
$$=\sum_{k=1}^{n}\log_2\frac{(k+1)^2-1}{(k+1)^2}=\sum_{k=1}^{n}\log_2\frac{k(k+2)}{(k+1)(k+1)}$$
$$=\log_2\frac{1\times3}{2\times2}+\log_2\frac{2\times4}{3\times3}+\log_2\frac{3\times5}{4\times4}+\cdots+\log_2\frac{n(n+2)}{(n+1)(n+1)}$$
$$=\log_2\left\{\frac{1\times3}{2\times2}\times\frac{2\times4}{3\times3}\times\frac{3\times5}{4\times4}\times\cdots\times\frac{n(n+2)}{(n+1)(n+1)}\right\}$$
$$=\log_2\frac{n+2}{2(n+1)}$$

$$\therefore \lim_{n\to\infty}S_n=\lim_{n\to\infty}\log_2\frac{n+2}{2(n+1)}=\log_2\frac{1}{2}=-1$$

0316 답 ②

$$\sum_{n=1}^{\infty}\log_3\frac{n^2+3n}{n^2+3n+2}$$
$$=\sum_{n=1}^{\infty}\log_3\frac{n(n+3)}{(n+1)(n+2)}$$
$$=\lim_{n\to\infty}\sum_{k=1}^{n}\log_3\frac{k(k+3)}{(k+1)(k+2)}$$
$$=\lim_{n\to\infty}\left\{\log_3\frac{1\times4}{2\times3}+\log_3\frac{2\times5}{3\times4}+\log_3\frac{3\times6}{4\times5}+\cdots+\log_3\frac{(n-1)(n+2)}{n(n+1)}+\log_3\frac{n(n+3)}{(n+1)(n+2)}\right\}$$
$$=\lim_{n\to\infty}\log_3\left\{\frac{1\times4}{2\times3}\times\frac{2\times5}{3\times4}\times\frac{3\times6}{4\times5}\times\cdots\times\frac{(n-1)(n+2)}{n(n+1)}\times\frac{n(n+3)}{(n+1)(n+2)}\right\}$$
$$=\lim_{n\to\infty}\log_3\frac{n+3}{3(n+1)}=\log_3\frac{1}{3}=-1$$

0317 답 $\frac{1}{2}$

주어진 급수의 제n항을 a_n이라 하면

$$a_n=\log_4\left\{1+\frac{1}{n(n+2)}\right\}=\log_4\frac{n(n+2)+1}{n(n+2)}$$
$$=\log_4\frac{(n+1)^2}{n(n+2)}=\log_4\left(\frac{n+1}{n}\times\frac{n+1}{n+2}\right)$$

이때 제n항까지의 부분합을 S_n이라 하면

$$S_n=\sum_{k=1}^{n}\log_4\left(\frac{k+1}{k}\times\frac{k+1}{k+2}\right)$$
$$=\log_4\left(\frac{2}{1}\times\frac{2}{3}\right)+\log_4\left(\frac{3}{2}\times\frac{3}{4}\right)+\log_4\left(\frac{4}{3}\times\frac{4}{5}\right)+\cdots+\log_4\left(\frac{n+1}{n}\times\frac{n+1}{n+2}\right)$$
$$=\log_4\left\{\left(\frac{2}{1}\times\frac{2}{3}\right)\left(\frac{3}{2}\times\frac{3}{4}\right)\left(\frac{4}{3}\times\frac{4}{5}\right)\times\cdots\times\left(\frac{n+1}{n}\times\frac{n+1}{n+2}\right)\right\}$$
$$=\log_4\frac{2(n+1)}{n+2}$$

$$\therefore \lim_{n\to\infty}S_n=\lim_{n\to\infty}\log_4\frac{2(n+1)}{n+2}=\log_4 2=\frac{1}{2}$$

0318 답 3

주어진 급수의 제n항을 a_n이라 하면

$$a_n=\log_{n+1}8-\log_{n+2}8=\frac{1}{\log_8(n+1)}-\frac{1}{\log_8(n+2)}$$

이때 제n항까지의 부분합을 S_n이라 하면

$$S_n=\sum_{k=1}^{n}\left\{\frac{1}{\log_8(k+1)}-\frac{1}{\log_8(k+2)}\right\}$$
$$=\left(\frac{1}{\log_8 2}-\frac{1}{\log_8 3}\right)+\left(\frac{1}{\log_8 3}-\frac{1}{\log_8 4}\right)+\cdots+\left\{\frac{1}{\log_8(n+1)}-\frac{1}{\log_8(n+2)}\right\}$$
$$=\frac{1}{\log_8 2}-\frac{1}{\log_8(n+2)}$$

$$\therefore \lim_{n\to\infty}S_n=\lim_{n\to\infty}\left\{\frac{1}{\log_8 2}-\frac{1}{\log_8(n+2)}\right\}$$
$$=\frac{1}{\log_8 2}\ \left(\because \lim_{n\to\infty}\log_8(n+2)=\infty\right)$$
$$=\log_2 8=3$$

> **개념 Check**
>
> a, b가 1이 아닌 양수일 때
>
> (1) $\log_a b=\frac{1}{\log_b a}$
>
> (2) $\log_{a^m}b^n=\frac{n}{m}\log_a b$ (단, m, n은 실수, $m\neq0$)

0319 답 ⑤

등차수열 $\{a_n\}$의 첫째항을 a $(a>0)$라 하면

$a_n=a+(n-1)\times3=3n+a-3$

(가)에서 $\log a_n+\log a_{n+1}+\log b_n=\log a_n a_{n+1} b_n$

즉, $\log a_n a_{n+1} b_n=0$이므로 $a_n a_{n+1} b_n=1$

$$\therefore b_n=\frac{1}{a_n a_{n+1}}=\frac{1}{a_{n+1}-a_n}\left(\frac{1}{a_n}-\frac{1}{a_{n+1}}\right)=\frac{1}{3}\left(\frac{1}{a_n}-\frac{1}{a_{n+1}}\right)$$

(나)에서

$$\sum_{n=1}^{\infty}b_n=\sum_{n=1}^{\infty}\frac{1}{3}\left(\frac{1}{a_n}-\frac{1}{a_{n+1}}\right)=\lim_{n\to\infty}\sum_{k=1}^{n}\frac{1}{3}\left(\frac{1}{a_k}-\frac{1}{a_{k+1}}\right)$$
$$=\lim_{n\to\infty}\frac{1}{3}\left\{\left(\frac{1}{a_1}-\frac{1}{a_2}\right)+\left(\frac{1}{a_2}-\frac{1}{a_3}\right)+\left(\frac{1}{a_3}-\frac{1}{a_4}\right)+\cdots+\left(\frac{1}{a_n}-\frac{1}{a_{n+1}}\right)\right\}$$
$$=\lim_{n\to\infty}\frac{1}{3}\left(\frac{1}{a_1}-\frac{1}{a_{n+1}}\right)=\lim_{n\to\infty}\frac{1}{3}\left(\frac{1}{a}-\frac{1}{3n+a}\right)=\frac{1}{3a}$$

따라서 $\frac{1}{3a}=\frac{1}{12}$이므로 $3a=12$ $\quad\therefore a=4$

실수 Check

$\log a_n+\log a_{n+1}+\log b_n=0$에서 로그의 성질에 의해
$\log a_na_{n+1}b_n=0$, 즉 $a_na_{n+1}b_n=10^0=1$이다.

Plus 문제

0319-1

첫째항이 양수이고 공차가 2인 등차수열 $\{a_n\}$과 모든 항이 양수인 수열 $\{b_n\}$이 다음 조건을 만족시킬 때, a_1의 값을 구하시오.

(가) 모든 자연수 n에 대하여 $\log a_n+\log a_{n+1}+\log 2b_n=0$
(나) $\sum_{n=1}^{\infty} b_n=\frac{1}{12}$

등차수열 $\{a_n\}$의 첫째항을 a $(a>0)$라 하면
$a_n=a+(n-1)\times 2=2n+a-2$
(가)에서 $\log a_n+\log a_{n+1}+\log 2b_n=\log 2a_na_{n+1}b_n$
즉, $\log 2a_na_{n+1}b_n=0$이므로
$2a_na_{n+1}b_n=1$

$$\therefore b_n=\frac{1}{2a_na_{n+1}}=\frac{1}{2}\times\frac{1}{a_{n+1}-a_n}\left(\frac{1}{a_n}-\frac{1}{a_{n+1}}\right)=\frac{1}{4}\left(\frac{1}{a_n}-\frac{1}{a_{n+1}}\right)$$

(나)에서

$$\sum_{n=1}^{\infty} b_n=\sum_{n=1}^{\infty}\frac{1}{4}\left(\frac{1}{a_n}-\frac{1}{a_{n+1}}\right)=\lim_{n\to\infty}\sum_{k=1}^{n}\frac{1}{4}\left(\frac{1}{a_k}-\frac{1}{a_{k+1}}\right)$$
$$=\lim_{n\to\infty}\frac{1}{4}\left\{\left(\frac{1}{a_1}-\frac{1}{a_2}\right)+\left(\frac{1}{a_2}-\frac{1}{a_3}\right)+\left(\frac{1}{a_3}-\frac{1}{a_4}\right)+\cdots+\left(\frac{1}{a_n}-\frac{1}{a_{n+1}}\right)\right\}$$
$$=\lim_{n\to\infty}\frac{1}{4}\left(\frac{1}{a_1}-\frac{1}{a_{n+1}}\right)$$
$$=\lim_{n\to\infty}\frac{1}{4}\left(\frac{1}{a}-\frac{1}{2n+a}\right)=\frac{1}{4a}$$

따라서 $\frac{1}{4a}=\frac{1}{12}$이므로 $4a=12$　　$\therefore a=3$

답 3

0320 답 ③

| 유형4

〈보기〉에서 수렴하는 급수인 것만을 있는 대로 고른 것은?

〈보기〉
ㄱ. $1-2+3-4+5-6+\cdots$
ㄴ. $1-\frac{1}{2}+\frac{1}{2}-\frac{2}{3}+\frac{2}{3}-\frac{3}{4}+\cdots$ (단서1)
ㄷ. $\frac{1}{2}+\left(\frac{2}{3}-\frac{1}{2}\right)+\left(\frac{3}{4}-\frac{2}{3}\right)+\left(\frac{4}{5}-\frac{3}{4}\right)+\cdots$ (단서2)

① ㄱ　② ㄴ　③ ㄷ
④ ㄱ, ㄷ　⑤ ㄴ, ㄷ

단서1 $S_{2n}\neq S_{2n-1}$
단서2 $S_1=\frac{1}{2}, S_2=\frac{2}{3}, S_3=\frac{3}{4}, \cdots$

STEP1 주어진 급수의 제n항까지의 부분합을 S_n이라 하고 S_{2n-1}, S_{2n}의 극한값을 비교하여 수렴하는 급수 찾기

급수의 제n항까지의 부분합을 S_n이라 하면

ㄱ. $S_1=1, S_2=-1, S_3=2, S_4=-2, S_5=3, S_6=-3, \cdots$이므로
$S_{2n-1}=n, S_{2n}=-n$
즉, $\lim_{n\to\infty}S_{2n-1}=\infty$, $\lim_{n\to\infty}S_{2n}=-\infty$이므로 주어진 급수는 발산한다.

ㄴ. $S_1=1, S_2=1-\frac{1}{2}, S_3=1, S_4=1-\frac{2}{3}, S_5=1,$
$S_6=1-\frac{3}{4}, \cdots$이므로
$S_{2n-1}=1, S_{2n}=1-\frac{n}{n+1}$
즉, $\lim_{n\to\infty}S_{2n-1}=1$, $\lim_{n\to\infty}S_{2n}=\lim_{n\to\infty}\left(1-\frac{n}{n+1}\right)=1-1=0$이므로 주어진 급수는 발산한다.

ㄷ. $S_1=\frac{1}{2}, S_2=\frac{2}{3}, S_3=\frac{3}{4}, S_4=\frac{4}{5}, \cdots$이므로
$S_n=\frac{n}{n+1}$
즉, $\lim_{n\to\infty}S_n=\lim_{n\to\infty}\frac{n}{n+1}=1$이므로 주어진 급수는 1에 수렴한다.

따라서 수렴하는 것은 ㄷ이다.

0321 답 ③

주어진 급수의 제n항까지의 부분합을 S_n이라 하면

$$S_n=\left(1-\frac{1}{2}\right)+\left(\frac{1}{2}-\frac{1}{4}\right)+\left(\frac{1}{4}-\frac{1}{8}\right)+\cdots+\left(\frac{1}{2^{n-1}}-\frac{1}{2^n}\right)=1-\frac{1}{2^n}$$
$$\therefore \lim_{n\to\infty}S_n=\lim_{n\to\infty}\left(1-\frac{1}{2^n}\right)=1-0=1$$

따라서 주어진 급수는 1에 수렴한다.

0322 답 ⑤

급수의 제n항까지의 부분합을 S_n이라 하면

ㄱ. $S_1=3, S_2=0, S_3=3, S_4=0, S_5=3, S_6=0, \cdots$이므로
$S_{2n-1}=3, S_{2n}=0$
즉, $\lim_{n\to\infty}S_{2n-1}=3$, $\lim_{n\to\infty}S_{2n}=0$이므로 주어진 급수는 발산한다.

ㄴ. $S_n=0+0+0+\cdots+0=0$이므로
$\lim_{n\to\infty}S_n=0$이고 주어진 급수는 0에 수렴한다.

ㄷ. $S_1=-1, S_2=-1+\frac{1}{3}, S_3=-1, S_4=-1+\frac{1}{5}, S_5=-1,$
$S_6=-1+\frac{1}{7}, \cdots$이므로
$S_{2n-1}=-1, S_{2n}=-1+\frac{1}{2n+1}$
즉, $\lim_{n\to\infty}S_{2n-1}=-1$, $\lim_{n\to\infty}S_{2n}=-1$이므로 주어진 급수는 -1에 수렴한다.

따라서 수렴하는 것은 ㄴ, ㄷ이다.

0323 답 ③

주어진 급수의 제n항까지의 부분합을 S_n이라 하면

ㄱ. $S_1=\frac{1}{2}$, $S_2=0$, $S_3=\frac{1}{3}$, $S_4=0$, $S_5=\frac{1}{4}$, $S_6=0$, …이므로

$S_{2n-1}=\frac{1}{n+1}$, $S_{2n}=0$

즉, $\lim_{n\to\infty} S_{2n-1}=\lim_{n\to\infty}\frac{1}{n+1}=0$, $\lim_{n\to\infty} S_{2n}=0$이므로 주어진 급수는 0에 수렴한다. (참)

ㄴ. $S_1=2$, $S_2=2-\frac{3}{2}$, $S_3=2$, $S_4=2-\frac{4}{3}$, $S_5=2$,

$S_6=2-\frac{5}{4}$, …이므로

$S_{2n-1}=2$, $S_{2n}=2-\frac{n+2}{n+1}$

즉, $\lim_{n\to\infty} S_{2n-1}=2$, $\lim_{n\to\infty} S_{2n}=\lim_{n\to\infty}\left(2-\frac{n+2}{n+1}\right)=1$이므로 주어진 급수는 발산한다. (거짓)

ㄷ. $S_n=\left(\sqrt{\frac{0}{1}}-\sqrt{\frac{1}{2}}\right)+\left(\sqrt{\frac{1}{2}}-\sqrt{\frac{2}{3}}\right)+\cdots+\left(\sqrt{\frac{n-1}{n}}-\sqrt{\frac{n}{n+1}}\right)$

$=-\sqrt{\frac{n}{n+1}}$

즉, $\lim_{n\to\infty} S_n=\lim_{n\to\infty}\left(-\sqrt{\frac{n}{n+1}}\right)=-1$이므로 주어진 급수는 -1에 수렴한다. (참)

따라서 옳은 것은 ㄱ, ㄷ이다.

0324 답 ④

$\sum_{n=1}^{\infty} a_n=2-\frac{4}{3}+\frac{4}{3}-\frac{6}{5}+\frac{6}{5}-\frac{8}{7}+\cdots$에서

급수 $\sum_{n=1}^{\infty} a_n$의 제n항까지의 부분합을 S_n이라 하면

$S_1=2$, $S_2=2-\frac{4}{3}$, $S_3=2$, $S_4=2-\frac{6}{5}$, $S_5=2$, $S_6=2-\frac{8}{7}$, …

이므로

$S_{2n-1}=2$, $S_{2n}=2-\frac{2n+2}{2n+1}$

즉, $\lim_{n\to\infty} S_{2n-1}=2$, $\lim_{n\to\infty} S_{2n}=\lim_{n\to\infty}\left(2-\frac{2n+2}{2n+1}\right)=2-1=1$이므로 급수 $\sum_{n=1}^{\infty} a_n$은 발산한다.

$\sum_{n=1}^{\infty} b_n=\left(2-\frac{4}{3}\right)+\left(\frac{4}{3}-\frac{6}{5}\right)+\left(\frac{6}{5}-\frac{8}{7}\right)+\cdots$에서

급수 $\sum_{n=1}^{\infty} b_n$의 제n항까지의 부분합을 T_n이라 하면

$T_n=\left(2-\frac{4}{3}\right)+\left(\frac{4}{3}-\frac{6}{5}\right)+\left(\frac{6}{5}-\frac{8}{7}\right)+\cdots+\left(\frac{2n}{2n-1}-\frac{2n+2}{2n+1}\right)$

$=2-\frac{2n+2}{2n+1}$

즉, $\lim_{n\to\infty} T_n=\lim_{n\to\infty}\left(2-\frac{2n+2}{2n+1}\right)=1$이므로 급수 $\sum_{n=1}^{\infty} b_n$은 1에 수렴한다.

0325 답 ㄱ, ㄷ, ㄹ

급수의 제n항까지의 부분합을 S_n이라 하면

$S_1=a_1$, $S_2=a_1-a_2$, $S_3=a_1$, $S_4=a_1-a_3$, …

$\therefore S_{2n-1}=a_1$, $S_{2n}=a_1-a_{n+1}$

주어진 급수가 수렴하려면 $\lim_{n\to\infty} S_{2n-1}=\lim_{n\to\infty} S_{2n}=a_1$이어야 하므로 $\lim_{n\to\infty} a_{n+1}=0$, 즉 $\lim_{n\to\infty} a_n=0$이어야 한다.

ㄱ. $\lim_{n\to\infty} a_n=\lim_{n\to\infty}\frac{1}{n+1}=0$

ㄴ. $\lim_{n\to\infty} a_n=\lim_{n\to\infty}(n+2)=\infty$

ㄷ. $\lim_{n\to\infty} a_n=\lim_{n\to\infty}(\sqrt{n+2}-\sqrt{n})=\lim_{n\to\infty}\frac{2}{\sqrt{n+2}+\sqrt{n}}=0$

ㄹ. $\lim_{n\to\infty} a_n=\lim_{n\to\infty}\log\frac{2n}{2n+1}=\log 1=0$

따라서 주어진 급수가 수렴하도록 하는 수열은 ㄱ, ㄷ, ㄹ이다.

실수 Check

주어진 급수가 수렴하려면 S_{2n-1}과 S_{2n}이 같은 값으로 수렴해야 한다.

02

0326 답 ① | 유형5

수열 $\{a_n\}$에 대하여 $\sum_{n=1}^{\infty}\left(\frac{a_n}{n}+4\right)=6$일 때, $\lim_{n\to\infty}\frac{3a_n-8}{2n+5}$의 값은?
단서1

① -6 ② -5 ③ -4
④ -3 ⑤ -2

단서1 $\sum_{n=1}^{\infty}\left(\frac{a_n}{n}+4\right)=6$이면 $\lim_{n\to\infty}\left(\frac{a_n}{n}+4\right)=0$

STEP 1 $\lim_{n\to\infty}\frac{a_n}{n}$의 값 구하기

주어진 급수가 수렴하므로

$\lim_{n\to\infty}\left(\frac{a_n}{n}+4\right)=0$ $\therefore \lim_{n\to\infty}\frac{a_n}{n}=-4$

STEP 2 $\lim_{n\to\infty}\frac{3a_n-8}{2n+5}$의 값 구하기

$\lim_{n\to\infty}\frac{3a_n-8}{2n+5}=\lim_{n\to\infty}\frac{3\times\frac{a_n}{n}-\frac{8}{n}}{2+\frac{5}{n}}$

$=\frac{3\times(-4)-0}{2+0}$

$=-6$

$\lim_{n\to\infty}\frac{3\times\frac{a_n}{n}-\frac{8}{n}}{2+\frac{5}{n}}=\frac{3\lim_{n\to\infty}\frac{a_n}{n}-\lim_{n\to\infty}\frac{8}{n}}{\lim_{n\to\infty}2+\lim_{n\to\infty}\frac{5}{n}}=\frac{3\times(-4)-0}{2+0}$

0327 답 ②

주어진 급수가 수렴하므로 $\lim_{n\to\infty} a_n=0$

$\therefore \lim_{n\to\infty}\frac{2a_n+n^2-3}{a_n+3n^2-n}=\lim_{n\to\infty}\frac{\frac{2a_n}{n^2}+1-\frac{3}{n^2}}{\frac{a_n}{n^2}+3-\frac{1}{n}}=\frac{1}{3}$

0328 답 ③

주어진 급수가 수렴하므로 $\lim_{n\to\infty}\left(a_n-\frac{6n-1}{2n+3}\right)=0$

이때 $\lim_{n\to\infty}\frac{6n-1}{2n+3}=\lim_{n\to\infty}\frac{6-\frac{1}{n}}{2+\frac{3}{n}}=3$이므로

$\lim_{n\to\infty} a_n=\lim_{n\to\infty}\left\{\left(a_n-\frac{6n-1}{2n+3}\right)+\frac{6n-1}{2n+3}\right\}$

$=0+3=3$

$$\therefore \lim_{n\to\infty}\frac{na_n+2}{n+5}=\lim_{n\to\infty}\frac{a_n+\frac{2}{n}}{1+\frac{5}{n}}$$
$$=\frac{3+0}{1+0}=3$$

0329 답 ③

주어진 급수가 수렴하므로

$\lim_{n\to\infty}\left(3-\frac{a_n}{n}\right)=0$

$\therefore \lim_{n\to\infty}\frac{a_n}{n}=\lim_{n\to\infty}\left\{3-\left(3-\frac{a_n}{n}\right)\right\}=3-0=3$

$\therefore \lim_{n\to\infty}\frac{na_n}{n^2+a_n^{\,2}}=\lim_{n\to\infty}\frac{\frac{a_n}{n}}{1+\left(\frac{a_n}{n}\right)^2}=\frac{3}{1+3^2}=\frac{3}{10}$

0330 답 ③

급수 $\sum_{n=1}^{\infty}(a_n+2)$가 수렴하므로 $\lim_{n\to\infty}(a_n+2)=0$

$\therefore \lim_{n\to\infty}a_n=-2$

급수 $\sum_{n=1}^{\infty}(3a_n+2b_n-1)$이 수렴하므로

$\lim_{n\to\infty}(3a_n+2b_n-1)=0$

$3a_n+2b_n-1=c_n$으로 놓으면

$2b_n=-3a_n+c_n+1$

$\therefore b_n=-\frac{3}{2}a_n+\frac{1}{2}c_n+\frac{1}{2}$

이때 $\lim_{n\to\infty}c_n=0$이므로

$\lim_{n\to\infty}(a_n+2b_n)=\lim_{n\to\infty}\left\{a_n+2\left(-\frac{3}{2}a_n+\frac{1}{2}c_n+\frac{1}{2}\right)\right\}$

$=\lim_{n\to\infty}(a_n-3a_n+c_n+1)$

$=\lim_{n\to\infty}(-2a_n+c_n+1)$

$=(-2)\times(-2)+0+1=5$

0331 답 ①

급수 $\sum_{n=1}^{\infty}(2a_n-3)$이 수렴하므로

$\lim_{n\to\infty}(2a_n-3)=0$

$\therefore \lim_{n\to\infty}a_n=\lim_{n\to\infty}\left\{\frac{1}{2}(2a_n-3)+\frac{3}{2}\right\}=\frac{1}{2}\times0+\frac{3}{2}=\frac{3}{2}$

$S_n=\sum_{k=1}^{n}a_k$이므로

$\sum_{k=1}^{n}(2a_k-3)=2\sum_{k=1}^{n}a_k-\sum_{k=1}^{n}3$

$=2S_n-3n$

$\therefore \sum_{n=1}^{\infty}(2a_n-3)=\lim_{n\to\infty}\sum_{k=1}^{n}(2a_k-3)$

$=\lim_{n\to\infty}(2S_n-3n)=5$

$\therefore \lim_{n\to\infty}(2a_n-2S_n+3n)$

$=2\lim_{n\to\infty}a_n-\lim_{n\to\infty}(2S_n-3n)$

$=2\times\frac{3}{2}-5=-2$

0332 답 15

급수 $\sum_{n=1}^{\infty}(2a_n-10)$이 수렴하므로

$\lim_{n\to\infty}(2a_n-10)=0$

$\therefore \lim_{n\to\infty}a_n=\lim_{n\to\infty}\left\{\frac{1}{2}(2a_n-10)+5\right\}$

$=\frac{1}{2}\times0+5=5$

따라서 $\lim_{n\to\infty}a_{n-1}=\lim_{n\to\infty}a_n=5$이므로

$\lim_{n\to\infty}(2a_{n-1}+a_n)=2\lim_{n\to\infty}a_{n-1}+\lim_{n\to\infty}a_n$

$=2\times5+5=15$

개념 Check

수열 $\{a_n\}$이 α에 수렴할 때,

$\lim_{n\to\infty}a_{n-1}=\lim_{n\to\infty}a_n=\lim_{n\to\infty}a_{n+1}=\cdots=\alpha$

0333 답 ⑤

수열 $\{a_n\}$이 수렴하므로 $\lim_{n\to\infty}a_n=\alpha$ (α는 실수)라 하면

$\lim_{n\to\infty}(a_n+2)=\alpha+2$

즉, $\sum_{n=1}^{\infty}a_n=\alpha+2$이고 급수 $\sum_{n=1}^{\infty}a_n$은 수렴하므로

$\lim_{n\to\infty}a_n=0 \qquad \therefore \alpha=0$

$\therefore \sum_{n=1}^{\infty}a_n=\alpha+2=0+2=2$

0334 답 4

급수 $\sum_{n=1}^{\infty}\left(a_n-\frac{n}{n+1}\right)$이 수렴하므로

$\lim_{n\to\infty}\left(a_n-\frac{n}{n+1}\right)=0$

$\therefore \lim_{n\to\infty}a_n=\lim_{n\to\infty}\left\{\left(a_n-\frac{n}{n+1}\right)+\frac{n}{n+1}\right\}=0+1=1$

$\sum_{n=1}^{\infty}\left(a_n-\frac{n}{n+1}\right)=\lim_{n\to\infty}\sum_{k=1}^{n}\left(a_k-\frac{k}{k+1}\right)=\lim_{n\to\infty}S_n$이므로

$\lim_{n\to\infty}S_n=4$

$\therefore \lim_{n\to\infty}\frac{4a_n+2S_n}{S_n-1}=\frac{4\times1+2\times4}{4-1}=\frac{12}{3}=4$

0335 답 $\frac{7}{4}$

$S_n=a_1+a_2+a_3+\cdots+a_n$이라 하면

$\lim_{n\to\infty}S_{2n}=\lim_{n\to\infty}S_n=\sum_{n=1}^{\infty}a_n=14$

또, 급수 $\sum_{n=1}^{\infty}a_n$이 수렴하므로

$\lim_{n\to\infty}a_n=0$

$\therefore \lim_{n\to\infty}\frac{a_1+a_2+a_3+\cdots+a_{n-1}+3a_n}{a_1+a_2+a_3+\cdots+a_{2n}-6}$

$=\lim_{n\to\infty}\frac{a_1+a_2+a_3+\cdots+a_{n-1}+a_n+2a_n}{a_1+a_2+a_3+\cdots+a_{2n}-6}$

$=\lim_{n\to\infty}\frac{S_n+2a_n}{S_{2n}-6}=\frac{14+2\times0}{14-6}=\frac{14}{8}=\frac{7}{4}$

0336 답 ④

급수 $\sum_{n=1}^{\infty}\left(\frac{a_n}{n}-2\right)$가 수렴하므로

$\lim_{n\to\infty}\left(\frac{a_n}{n}-2\right)=0$

$\therefore \lim_{n\to\infty}\frac{a_n}{n}=\lim_{n\to\infty}\left\{\left(\frac{a_n}{n}-2\right)+2\right\}=0+2=2$

$\therefore \lim_{n\to\infty}\frac{2n^2+3na_n}{n^2+4}=\lim_{n\to\infty}\frac{2+3\times\frac{a_n}{n}}{1+\frac{4}{n^2}}$

$=\frac{2+3\times 2}{1+0}=8$

0337 답 ④

급수 $\sum_{n=1}^{\infty}\left(7-\frac{a_n}{2^n}\right)$이 수렴하므로

$\lim_{n\to\infty}\left(7-\frac{a_n}{2^n}\right)=0$

$7-\frac{a_n}{2^n}=b_n$으로 놓으면 $\frac{a_n}{2^n}=7-b_n$

$\therefore a_n=(7-b_n)\times 2^n$

이때 $\lim_{n\to\infty}b_n=0$이므로

$\lim_{n\to\infty}\frac{a_n}{2^{n+1}}=\lim_{n\to\infty}\frac{(7-b_n)\times 2^n}{2^{n+1}}$

$=\lim_{n\to\infty}\frac{7-b_n}{2}=\frac{7-0}{2}=\frac{7}{2}$

0338 답 ②

급수 $\sum_{n=1}^{\infty}(a_n+2b_n-7)$이 수렴하므로

$\lim_{n\to\infty}(a_n+2b_n-7)=0$

$a_n+2b_n-7=c_n$으로 놓으면

$2b_n=-a_n+c_n+7 \qquad \therefore b_n=-\frac{1}{2}a_n+\frac{1}{2}c_n+\frac{7}{2}$

이때 $\lim_{n\to\infty}c_n=0$이므로

$\lim_{n\to\infty}b_n=\lim_{n\to\infty}\left(-\frac{1}{2}a_n+\frac{1}{2}c_n+\frac{7}{2}\right)$

$=-\frac{1}{2}\times 3+\frac{1}{2}\times 0+\frac{7}{2}$

$=-\frac{3}{2}+\frac{7}{2}=2$

0339 답 ② | 유형 6

〈보기〉에서 수렴하는 급수인 것만을 있는 대로 고른 것은?

〈 보기 〉

ㄱ. $\sum_{n=1}^{\infty}\frac{1}{n(n+1)}$ ㄴ. $\sum_{n=1}^{\infty}\frac{1}{\sqrt{n+1}+\sqrt{n}}$

ㄷ. $\sum_{n=1}^{\infty}\frac{3n-1}{4n+1}$ ㄹ. $\sum_{n=2}^{\infty}\log_2\frac{n^2}{n^2-1}$ 단서1

① ㄱ, ㄷ ② ㄱ, ㄹ ③ ㄴ, ㄷ
④ ㄴ, ㄹ ⑤ ㄷ, ㄹ

단서1 $\log_2\frac{n^2}{n^2-1}=\log_2\frac{n\times n}{(n-1)(n+1)}$

STEP1 **급수의 부분합의 극한을 이용하여 급수의 수렴, 발산 조사하기**

ㄱ. $\sum_{n=1}^{\infty}\frac{1}{n(n+1)}$

$\left(\sum_{n=1}^{\infty}\frac{1}{n(n+1)}=\sum_{n=1}^{\infty}\frac{1}{(n+1)-n}\left(\frac{1}{n}-\frac{1}{n+1}\right)=\sum_{n=1}^{\infty}\left(\frac{1}{n}-\frac{1}{n+1}\right)\right)$

$=\sum_{n=1}^{\infty}\left(\frac{1}{n}-\frac{1}{n+1}\right)$

$=\lim_{n\to\infty}\sum_{k=1}^{n}\left(\frac{1}{k}-\frac{1}{k+1}\right)$

$=\lim_{n\to\infty}\left\{\left(1-\frac{1}{2}\right)+\left(\frac{1}{2}-\frac{1}{3}\right)+\left(\frac{1}{3}-\frac{1}{4}\right)+\cdots+\left(\frac{1}{n}-\frac{1}{n+1}\right)\right\}$

$=\lim_{n\to\infty}\left(1-\frac{1}{n+1}\right)=1$

ㄴ. $\sum_{n=1}^{\infty}\frac{1}{\sqrt{n+1}+\sqrt{n}}$

$\left(\sum_{n=1}^{\infty}\frac{1}{\sqrt{n+1}+\sqrt{n}}=\sum_{n=1}^{\infty}\frac{\sqrt{n+1}-\sqrt{n}}{(\sqrt{n+1}+\sqrt{n})(\sqrt{n+1}-\sqrt{n})}=\sum_{n=1}^{\infty}\frac{\sqrt{n+1}-\sqrt{n}}{(n+1)-n}=\sum_{n=1}^{\infty}(\sqrt{n+1}-\sqrt{n})\right)$

$=\sum_{n=1}^{\infty}(\sqrt{n+1}-\sqrt{n})$

$=\lim_{n\to\infty}\sum_{k=1}^{n}(\sqrt{k+1}-\sqrt{k})$

$=\lim_{n\to\infty}\{(\sqrt{2}-1)+(\sqrt{3}-\sqrt{2})+(\sqrt{4}-\sqrt{3})+\cdots$
$+(\sqrt{n+1}-\sqrt{n})\}$

$=\lim_{n\to\infty}(\sqrt{n+1}-1)=\infty$

STEP2 **급수의 제n항의 극한값이 0이 아님을 이용하여 급수의 발산 조사하기**

ㄷ. $\lim_{n\to\infty}\frac{3n-1}{4n+1}=\frac{3}{4}\neq 0$이므로

$\sum_{n=1}^{\infty}\frac{3n-1}{4n+1}$은 발산한다.

ㄹ. $\sum_{n=2}^{\infty}\log_2\frac{n^2}{n^2-1}$

$=\sum_{n=2}^{\infty}\log_2\frac{n\times n}{(n-1)(n+1)}$

$=\lim_{n\to\infty}\sum_{k=2}^{n}\log_2\frac{k\times k}{(k-1)(k+1)}$

$=\lim_{n\to\infty}\left\{\log_2\frac{2\times 2}{1\times 3}+\log_2\frac{3\times 3}{2\times 4}+\log_2\frac{4\times 4}{3\times 5}+\cdots\right.$
$\left.+\log_2\frac{n\times n}{(n-1)(n+1)}\right\}$

$=\lim_{n\to\infty}\log_2\left\{\frac{2\times 2}{1\times 3}\times\frac{3\times 3}{2\times 4}\times\frac{4\times 4}{3\times 5}\times\cdots\times\frac{n\times n}{(n-1)(n+1)}\right\}$

$=\lim_{n\to\infty}\log_2\frac{2n}{n+1}$

$=\log_2\left(\lim_{n\to\infty}\frac{2n}{n+1}\right)$

$=\log_2 2=1$

STEP3 **수렴하는 급수 찾기**

수렴하는 것은 ㄱ, ㄹ이다.

0340 답 ④

① $1+2+3+4+\cdots=\sum_{n=1}^{\infty}n$에서 $\lim_{n\to\infty}n=\infty\neq 0$이므로 주어진 급수는 발산한다.

② $1+\frac{1}{2}+\frac{1}{3}+\frac{1}{4}+\frac{1}{5}+\frac{1}{6}+\frac{1}{7}+\frac{1}{8}+\cdots$

$>1+\frac{1}{2}+\left(\frac{1}{4}+\frac{1}{4}\right)+\left(\frac{1}{8}+\frac{1}{8}+\frac{1}{8}+\frac{1}{8}\right)+\cdots$

$=1+\frac{1}{2}+\frac{1}{2}+\frac{1}{2}+\cdots=\infty$

이므로 주어진 급수는 발산한다.

③ $(\sqrt{2}-1)+(\sqrt{3}-\sqrt{2})+(\sqrt{4}-\sqrt{3})+(\sqrt{5}-\sqrt{4})+\cdots$

$=\sum_{n=1}^{\infty}(\sqrt{n+1}-\sqrt{n})=\lim_{n\to\infty}\sum_{k=1}^{n}(\sqrt{k+1}-\sqrt{k})$

$=\lim_{n\to\infty}\{(\sqrt{2}-1)+(\sqrt{3}-\sqrt{2})+(\sqrt{4}-\sqrt{3})+\cdots+(\sqrt{n+1}-\sqrt{n})\}$

$=\lim_{n\to\infty}(\sqrt{n+1}-1)=\infty$

이므로 주어진 급수는 발산한다.

④ $\frac{1}{1\times3}+\frac{1}{2\times4}+\frac{1}{3\times5}+\frac{1}{4\times6}+\cdots$

$=\sum_{n=1}^{\infty}\frac{1}{n(n+2)}=\sum_{n=1}^{\infty}\frac{1}{2}\left(\frac{1}{n}-\frac{1}{n+2}\right)$

$=\lim_{n\to\infty}\sum_{k=1}^{n}\frac{1}{2}\left(\frac{1}{k}-\frac{1}{k+2}\right)$

$=\lim_{n\to\infty}\frac{1}{2}\left\{\left(1-\frac{1}{3}\right)+\left(\frac{1}{2}-\frac{1}{4}\right)+\left(\frac{1}{3}-\frac{1}{5}\right)+\cdots+\left(\frac{1}{n-1}-\frac{1}{n+1}\right)+\left(\frac{1}{n}-\frac{1}{n+2}\right)\right\}$

$=\lim_{n\to\infty}\frac{1}{2}\left(1+\frac{1}{2}-\frac{1}{n+1}-\frac{1}{n+2}\right)=\frac{3}{4}$

⑤ $\log_2\frac{2}{2}+\log_2\frac{4}{3}+\log_2\frac{6}{4}+\cdots=\sum_{n=1}^{\infty}\log_2\frac{2n}{n+1}$에서

$\lim_{n\to\infty}\log_2\frac{2n}{n+1}=\log_2 2=1\neq0$이므로 $\sum_{n=1}^{\infty}\log_2\frac{2n}{n+1}$은 발산한다.

따라서 수렴하는 것은 ④이다.

0341 답 ②

ㄱ. $\sum_{n=1}^{\infty}\frac{1}{(3n-2)(3n+1)}$

$=\sum_{n=1}^{\infty}\frac{1}{3}\left(\frac{1}{3n-2}-\frac{1}{3n+1}\right)$

$=\lim_{n\to\infty}\sum_{k=1}^{n}\frac{1}{3}\left(\frac{1}{3k-2}-\frac{1}{3k+1}\right)$

$=\frac{1}{3}\lim_{n\to\infty}\left\{\left(1-\frac{1}{4}\right)+\left(\frac{1}{4}-\frac{1}{7}\right)+\left(\frac{1}{7}-\frac{1}{10}\right)+\cdots+\left(\frac{1}{3n-2}-\frac{1}{3n+1}\right)\right\}$

$=\frac{1}{3}\lim_{n\to\infty}\left(1-\frac{1}{3n+1}\right)=\frac{1}{3}$

ㄴ. $\lim_{n\to\infty}(-1)^n\neq0$이므로 $\sum_{n=1}^{\infty}(-1)^n$은 발산한다.

ㄷ. $\lim_{n\to\infty}\frac{n^2}{n^2+2n-1}=1\neq0$이므로 $\sum_{n=1}^{\infty}\frac{n^2}{n^2+2n-1}$은 발산한다.

ㄹ. $\sum_{n=1}^{\infty}\frac{1}{1+2+3+\cdots+n}$

$=\sum_{n=1}^{\infty}\frac{2}{n(n+1)}=\sum_{n=1}^{\infty}2\left(\frac{1}{n}-\frac{1}{n+1}\right)$

$=\lim_{n\to\infty}\sum_{k=1}^{n}2\left(\frac{1}{k}-\frac{1}{k+1}\right)$

$=\lim_{n\to\infty}2\left\{\left(1-\frac{1}{2}\right)+\left(\frac{1}{2}-\frac{1}{3}\right)+\left(\frac{1}{3}-\frac{1}{4}\right)+\cdots+\left(\frac{1}{n}-\frac{1}{n+1}\right)\right\}$

$=\lim_{n\to\infty}2\left(1-\frac{1}{n+1}\right)=2$

따라서 수렴하는 것은 ㄱ, ㄹ이다.

실수 Check

$\lim_{n\to\infty}a_n=0$이면 $\sum_{n=1}^{\infty}a_n$은 수렴할 수도 있고, 발산할 수도 있다.

0342 답 ⑤

ㄱ. $\sum_{n=1}^{\infty}a_n=\sum_{n=1}^{\infty}\frac{2}{\sqrt{n+2}+\sqrt{n}}=\sum_{n=1}^{\infty}(\sqrt{n+2}-\sqrt{n})$

$=\lim_{n\to\infty}\sum_{k=1}^{n}(\sqrt{k+2}-\sqrt{k})$

$=\lim_{n\to\infty}\{(\sqrt{3}-1)+(\sqrt{4}-\sqrt{2})+(\sqrt{5}-\sqrt{3})+\cdots+(\sqrt{n+1}-\sqrt{n-1})+(\sqrt{n+2}-\sqrt{n})\}$

$=\lim_{n\to\infty}(\sqrt{n+1}+\sqrt{n+2}-1-\sqrt{2})=\infty$

ㄴ. $\lim_{n\to\infty}a_n=\lim_{n\to\infty}\frac{1}{\sqrt{n^2+n}-\sqrt{n^2-n}}$

$=\lim_{n\to\infty}\frac{\sqrt{n^2+n}+\sqrt{n^2-n}}{2n}$

$=\lim_{n\to\infty}\frac{\sqrt{1+\frac{1}{n}}+\sqrt{1-\frac{1}{n}}}{2}=1\neq0$

이므로 $\sum_{n=1}^{\infty}a_n$은 발산한다.

ㄷ. $\sum_{n=1}^{\infty}a_n=\sum_{n=1}^{\infty}\frac{\sqrt{2n+1}-\sqrt{2n-1}}{\sqrt{4n^2-1}}=\sum_{n=1}^{\infty}\frac{\sqrt{2n+1}-\sqrt{2n-1}}{\sqrt{(2n-1)(2n+1)}}$

$=\sum_{n=1}^{\infty}\left(\frac{1}{\sqrt{2n-1}}-\frac{1}{\sqrt{2n+1}}\right)$

$=\lim_{n\to\infty}\sum_{k=1}^{n}\left(\frac{1}{\sqrt{2k-1}}-\frac{1}{\sqrt{2k+1}}\right)$

$=\lim_{n\to\infty}\left\{\left(1-\frac{1}{\sqrt{3}}\right)+\left(\frac{1}{\sqrt{3}}-\frac{1}{\sqrt{5}}\right)+\left(\frac{1}{\sqrt{5}}-\frac{1}{\sqrt{7}}\right)+\cdots+\left(\frac{1}{\sqrt{2n-1}}-\frac{1}{\sqrt{2n+1}}\right)\right\}$

$=\lim_{n\to\infty}\left(1-\frac{1}{\sqrt{2n+1}}\right)=1$

ㄹ. $\lim_{n\to\infty}a_n=\lim_{n\to\infty}\left(n\sqrt{4+\frac{3}{n}}-2n\right)=\lim_{n\to\infty}n\left(\sqrt{\frac{4n+3}{n}}-2\right)$

$=\lim_{n\to\infty}\left(n\times\frac{\sqrt{4n+3}-2\sqrt{n}}{\sqrt{n}}\right)$

$=\lim_{n\to\infty}\frac{3\sqrt{n}}{\sqrt{4n+3}+2\sqrt{n}}=\frac{3}{2+2}=\frac{3}{4}\neq0$

이므로 $\sum_{n=1}^{\infty}a_n$은 발산한다.

따라서 발산하는 것은 ㄱ, ㄴ, ㄹ이다.

0343 답 ⑤ | 유형7

두 급수 $\sum_{n=1}^{\infty}a_n$, $\sum_{n=1}^{\infty}b_n$이 모두 수렴하고

단서1

$\sum_{n=1}^{\infty}(2a_n+3b_n)=16$, $\sum_{n=1}^{\infty}(3a_n-2b_n)=11$

일 때, 급수 $\sum_{n=1}^{\infty}(a_n+b_n)$의 합은?

① 3 ② 4 ③ 5
④ 6 ⑤ 7

단서1 $\sum_{n=1}^{\infty}a_n=\alpha$, $\sum_{n=1}^{\infty}b_n=\beta$ (α, β는 실수)

STEP 1 $\sum_{n=1}^{\infty} a_n=\alpha$, $\sum_{n=1}^{\infty} b_n=\beta$라 하고 연립방정식을 세워 α, β의 값 구하기

$\sum_{n=1}^{\infty} a_n=\alpha$, $\sum_{n=1}^{\infty} b_n=\beta$라 하면

$\sum_{n=1}^{\infty} (2a_n+3b_n)=16$에서 $2\sum_{n=1}^{\infty} a_n+3\sum_{n=1}^{\infty} b_n=16$

$\therefore 2\alpha+3\beta=16$ ······ ㉠

$\sum_{n=1}^{\infty} (3a_n-2b_n)=11$에서 $3\sum_{n=1}^{\infty} a_n-2\sum_{n=1}^{\infty} b_n=11$

$\therefore 3\alpha-2\beta=11$ ······ ㉡

㉠, ㉡을 연립하여 풀면 $\alpha=5$, $\beta=2$

STEP 2 급수 $\sum_{n=1}^{\infty} (a_n+b_n)$의 합 구하기

$\sum_{n=1}^{\infty} (a_n+b_n)=\sum_{n=1}^{\infty} a_n+\sum_{n=1}^{\infty} b_n=\alpha+\beta=5+2=7$

0344 답 30

$\sum_{n=1}^{\infty} (2b_n-a_n)=2\sum_{n=1}^{\infty} b_n-\sum_{n=1}^{\infty} a_n=2\times20-10=30$

0345 답 8

$\sum_{n=1}^{\infty} a_n=\alpha$라 하면

$\sum_{n=1}^{\infty} (2a_n-3b_n)=7$에서 $2\sum_{n=1}^{\infty} a_n-3\sum_{n=1}^{\infty} b_n=7$

이때 $\sum_{n=1}^{\infty} b_n=3$이므로 $2\alpha-3\times3=7$, $2\alpha=16$ $\quad\therefore \alpha=8$

0346 답 ⑤

$2a_n-\frac{2}{n(n+2)}=b_n$으로 놓으면 $2a_n=b_n+\frac{2}{n(n+2)}$

$\therefore a_n=\frac{1}{2}b_n+\frac{1}{n(n+2)}$

이때 $\sum_{n=1}^{\infty} b_n=\frac{7}{2}$이고

$$\begin{aligned}\sum_{n=1}^{\infty} \frac{1}{n(n+2)}&=\sum_{n=1}^{\infty} \frac{1}{2}\left(\frac{1}{n}-\frac{1}{n+2}\right)=\lim_{n\to\infty}\sum_{k=1}^{n} \frac{1}{2}\left(\frac{1}{k}-\frac{1}{k+2}\right)\\&=\lim_{n\to\infty}\frac{1}{2}\left\{\left(1-\frac{1}{3}\right)+\left(\frac{1}{2}-\frac{1}{4}\right)+\left(\frac{1}{3}-\frac{1}{5}\right)+\cdots\right.\\&\qquad\left.+\left(\frac{1}{n-1}-\frac{1}{n+1}\right)+\left(\frac{1}{n}-\frac{1}{n+2}\right)\right\}\\&=\lim_{n\to\infty}\frac{1}{2}\left(1+\frac{1}{2}-\frac{1}{n+1}-\frac{1}{n+2}\right)=\frac{3}{4}\end{aligned}$$

$\therefore \sum_{n=1}^{\infty} a_n=\sum_{n=1}^{\infty}\left\{\frac{1}{2}b_n+\frac{1}{n(n+2)}\right\}=\frac{1}{2}\times\frac{7}{2}+\frac{3}{4}=\frac{7}{4}+\frac{3}{4}=\frac{5}{2}$

0347 답 ①

$\sum_{n=1}^{\infty} a_n=\alpha$, $\sum_{n=1}^{\infty} b_n=\beta$라 하면

$\sum_{n=1}^{\infty} (2a_n-b_n)=5$에서 $2\sum_{n=1}^{\infty} a_n-\sum_{n=1}^{\infty} b_n=5$

$\therefore 2\alpha-\beta=5$ ······ ㉠

$\sum_{n=1}^{\infty} (a_n-2b_n)=4$에서 $\sum_{n=1}^{\infty} a_n-2\sum_{n=1}^{\infty} b_n=4$

$\therefore \alpha-2\beta=4$ ······ ㉡

㉠, ㉡을 연립하여 풀면 $\alpha=2$, $\beta=-1$

$\therefore \sum_{n=1}^{\infty} (a_n+b_n)=\sum_{n=1}^{\infty} a_n+\sum_{n=1}^{\infty} b_n=\alpha+\beta=2+(-1)=1$

0348 답 21

$a_n-b_n=c_n$으로 놓으면 $b_n=a_n-c_n$

이때 $\sum_{n=1}^{\infty} c_n=-3$이므로

$$\begin{aligned}\sum_{n=1}^{\infty} (a_n+2b_n)&=\sum_{n=1}^{\infty} \{a_n+2(a_n-c_n)\}=\sum_{n=1}^{\infty} (3a_n-2c_n)\\&=3\sum_{n=1}^{\infty} a_n-2\sum_{n=1}^{\infty} c_n\\&=3\times5-2\times(-3)=21\end{aligned}$$

0349 답 ④

$\sum_{n=1}^{\infty} \log_2 a_n=\alpha$, $\sum_{n=1}^{\infty} \log_2 b_n=\beta$라 하면

$$\begin{aligned}\sum_{n=1}^{\infty} \log_2 (a_n{b_n}^3)&=\sum_{n=1}^{\infty} (\log_2 a_n+3\log_2 b_n)\\&=\sum_{n=1}^{\infty} \log_2 a_n+3\sum_{n=1}^{\infty} \log_2 b_n=3\end{aligned}$$

$\therefore \alpha+3\beta=3$ ······ ㉠

$$\begin{aligned}\sum_{n=1}^{\infty} \log_2 \frac{{a_n}^3}{b_n}&=\sum_{n=1}^{\infty} (3\log_2 a_n-\log_2 b_n)\\&=3\sum_{n=1}^{\infty} \log_2 a_n-\sum_{n=1}^{\infty} \log_2 b_n=4\end{aligned}$$

$\therefore 3\alpha-\beta=4$ ······ ㉡

㉠, ㉡을 연립하여 풀면 $\alpha=\frac{3}{2}$, $\beta=\frac{1}{2}$

$$\begin{aligned}\therefore \sum_{n=1}^{\infty} \log_2 \frac{a_n}{b_n}&=\sum_{n=1}^{\infty} (\log_2 a_n-\log_2 b_n)\\&=\sum_{n=1}^{\infty} \log_2 a_n-\sum_{n=1}^{\infty} \log_2 b_n\\&=\alpha-\beta=\frac{3}{2}-\frac{1}{2}=1\end{aligned}$$

0350 답 ③

$$\begin{aligned}\sum_{n=1}^{\infty} a_n&=\lim_{n\to\infty}\sum_{k=1}^{n} a_k=\lim_{n\to\infty}\frac{3n^2-n+1}{(n+1)^2}\\&=\lim_{n\to\infty}\frac{3n^2-n+1}{n^2+2n+1}\\&=\lim_{n\to\infty}\frac{3-\frac{1}{n}+\frac{1}{n^2}}{1+\frac{2}{n}+\frac{1}{n^2}}=3\end{aligned}$$

따라서 급수 $\sum_{n=1}^{\infty} a_n$이 수렴하므로 $\lim_{n\to\infty} a_n=0$

또, $\sum_{n=1}^{\infty} b_n=4$이므로 $\lim_{n\to\infty}\sum_{k=1}^{n} b_k=\sum_{n=1}^{\infty} b_n=4$

$\therefore \lim_{n\to\infty}\left(a_n+\sum_{k=1}^{n} b_k\right)=\lim_{n\to\infty} a_n+\lim_{n\to\infty}\sum_{k=1}^{n} b_k=0+4=4$

0351 답 ②

급수 $\sum_{n=1}^{\infty}\left\{a_n+\frac{1}{n(n+1)}\right\}$이 수렴하므로

$\lim_{n\to\infty}\left\{a_n+\frac{1}{n(n+1)}\right\}=0$

$a_n+\frac{1}{n(n+1)}=b_n$으로 놓으면

$a_n=b_n-\frac{1}{n(n+1)}$

이때 $\sum_{n=1}^{\infty} b_n=15$이므로 $\lim_{n\to\infty} b_n=0$

$\therefore \lim_{n\to\infty} a_n = \lim_{n\to\infty}\left\{b_n - \frac{1}{n(n+1)}\right\}$

$= \lim_{n\to\infty} b_n - \lim_{n\to\infty}\frac{1}{n(n+1)} = 0-0=0$

$\lim_{n\to\infty} S_n = \sum_{n=1}^{\infty} a_n = \sum_{n=1}^{\infty}\left\{b_n - \frac{1}{n(n+1)}\right\} = \sum_{n=1}^{\infty} b_n - \sum_{n=1}^{\infty}\frac{1}{n(n+1)}$

에서 $\sum_{n=1}^{\infty} b_n = 15$이고,

$\sum_{n=1}^{\infty}\frac{1}{n(n+1)} = \sum_{n=1}^{\infty}\left(\frac{1}{n} - \frac{1}{n+1}\right)$

$= \lim_{n\to\infty}\sum_{k=1}^{n}\left(\frac{1}{k} - \frac{1}{k+1}\right)$

$= \lim_{n\to\infty}\left\{\left(1-\frac{1}{2}\right)+\left(\frac{1}{2}-\frac{1}{3}\right)+\left(\frac{1}{3}-\frac{1}{4}\right)+\cdots + \left(\frac{1}{n}-\frac{1}{n+1}\right)\right\}$

$= \lim_{n\to\infty}\left(1-\frac{1}{n+1}\right)=1$

$\therefore \lim_{n\to\infty} S_n = \sum_{n=1}^{\infty} b_n - \sum_{n=1}^{\infty}\frac{1}{n(n+1)} = 15-1=14$

$\therefore \lim_{n\to\infty}(a_n+S_n) = \lim_{n\to\infty} a_n + \lim_{n\to\infty} S_n = 0+14=14$

실수 Check

$\lim_{n\to\infty} a_n + \lim_{n\to\infty} S_n = \lim_{n\to\infty} a_n + \sum_{n=1}^{\infty} a_n$이므로 수열 $\{a_n\}$의 극한값과 급수 $\sum_{n=1}^{\infty} a_n$의 합을 모두 구해서 더해야 한다.

Plus 문제

0351-1

수열 $\{a_n\}$의 첫째항부터 제n항까지의 합을 S_n이라 하자. $\sum_{n=1}^{\infty}\left(a_n - \frac{1}{n^2+2n}\right) = \frac{1}{4}$일 때, $\lim_{n\to\infty}(a_n+S_n)$의 값을 구하시오.

급수 $\sum_{n=1}^{\infty}\left(a_n - \frac{1}{n^2+2n}\right)$이 수렴하므로

$\lim_{n\to\infty}\left(a_n - \frac{1}{n^2+2n}\right)=0$

$a_n - \frac{1}{n^2+2n} = b_n$으로 놓으면

$a_n = b_n + \frac{1}{n^2+2n}$

이때 $\sum_{n=1}^{\infty} b_n = \frac{1}{4}$이므로 $\lim_{n\to\infty} b_n = 0$

$\therefore \lim_{n\to\infty} a_n = \lim_{n\to\infty}\left(b_n + \frac{1}{n^2+2n}\right) = \lim_{n\to\infty} b_n + \lim_{n\to\infty}\frac{1}{n^2+2n}$

$=0+0=0$

$\lim_{n\to\infty} S_n = \sum_{n=1}^{\infty} a_n = \sum_{n=1}^{\infty}\left(b_n + \frac{1}{n^2+2n}\right) = \sum_{n=1}^{\infty} b_n + \sum_{n=1}^{\infty}\frac{1}{n^2+2n}$

에서 $\sum_{n=1}^{\infty} b_n = \frac{1}{4}$이고,

$\sum_{n=1}^{\infty}\frac{1}{n^2+2n} = \sum_{n=1}^{\infty}\frac{1}{n(n+2)} = \sum_{n=1}^{\infty}\frac{1}{2}\left(\frac{1}{n}-\frac{1}{n+2}\right)$

$= \lim_{n\to\infty}\sum_{k=1}^{n}\frac{1}{2}\left(\frac{1}{k}-\frac{1}{k+2}\right)$

$= \lim_{n\to\infty}\frac{1}{2}\left\{\left(1-\frac{1}{3}\right)+\left(\frac{1}{2}-\frac{1}{4}\right)+\left(\frac{1}{3}-\frac{1}{5}\right)+\cdots + \left(\frac{1}{n-1}-\frac{1}{n+1}\right)+\left(\frac{1}{n}-\frac{1}{n+2}\right)\right\}$

$= \lim_{n\to\infty}\frac{1}{2}\left(1+\frac{1}{2}-\frac{1}{n+1}-\frac{1}{n+2}\right)$

$= \frac{1}{2}\times\frac{3}{2} = \frac{3}{4}$

$\therefore \lim_{n\to\infty} S_n = \sum_{n=1}^{\infty} b_n + \sum_{n=1}^{\infty}\frac{1}{n^2+2n}$

$= \frac{1}{4}+\frac{3}{4} = 1$

$\therefore \lim_{n\to\infty}(a_n+S_n) = 0+1=1$

답 1

0352 답 ①

유형 8

두 수열 $\{a_n\}$, $\{b_n\}$에 대하여 〈**보기**〉에서 옳은 것만을 있는 대로 고른 것은?

〈보기〉

ㄱ. $\sum_{n=1}^{\infty} a_n$과 $\sum_{n=1}^{\infty}(a_n-b_n)$이 수렴하면 $\sum_{n=1}^{\infty} b_n$도 수렴한다.
단서1

ㄴ. $\sum_{n=1}^{\infty} a_n$과 $\sum_{n=1}^{\infty}(a_n+b_n)$이 수렴하면 $\lim_{n\to\infty} a_n b_n = 0$이다.
단서2

ㄷ. $\sum_{n=1}^{\infty} a_n b_n$이 수렴하고 $\lim_{n\to\infty} a_n \neq 0$이면 $\lim_{n\to\infty} b_n = 0$이다.

ㄹ. $\sum_{n=1}^{\infty} a_n$, $\sum_{n=1}^{\infty} b_n$이 모두 수렴하고 $\sum_{n=1}^{\infty} a_n < \sum_{n=1}^{\infty} b_n$이면 $\lim_{n\to\infty} a_n < \lim_{n\to\infty} b_n$이다.

① ㄱ, ㄴ　② ㄱ, ㄷ　③ ㄱ, ㄹ
④ ㄱ, ㄴ, ㄷ　⑤ ㄱ, ㄴ, ㄷ, ㄹ

단서1 $\sum_{n=1}^{\infty} a_n$, $\sum_{n=1}^{\infty}(a_n-b_n)$이 수렴하면 $\sum_{n=1}^{\infty}\{a_n-(a_n-b_n)\}$도 수렴

단서2 $\sum_{n=1}^{\infty} a_n$, $\sum_{n=1}^{\infty}(a_n+b_n)$이 수렴하면 $\lim_{n\to\infty} a_n = 0$, $\lim_{n\to\infty}(a_n+b_n)=0$

STEP 1 급수의 성질을 이용하여 주어진 명제가 참임을 보이거나 반례를 이용하여 주어진 명제가 거짓임을 보이기

ㄱ. $\sum_{n=1}^{\infty} a_n = \alpha$, $\sum_{n=1}^{\infty}(a_n-b_n) = \beta$라 하면

$\sum_{n=1}^{\infty} b_n = \sum_{n=1}^{\infty}\{a_n-(a_n-b_n)\} = \sum_{n=1}^{\infty} a_n - \sum_{n=1}^{\infty}(a_n-b_n) = \alpha-\beta$

이므로 $\sum_{n=1}^{\infty} b_n$도 수렴한다. (참)

→ 두 급수 $\sum_{n=1}^{\infty} a_n$, $\sum_{n=1}^{\infty}(a_n-b_n)$이 수렴하므로 각각 분리할 수 있다.

ㄴ. $\sum_{n=1}^{\infty} a_n$이 수렴하므로 $\lim_{n\to\infty} a_n = 0$

$\sum_{n=1}^{\infty}(a_n+b_n)$이 수렴하므로 $\lim_{n\to\infty}(a_n+b_n)=0$

$\therefore \lim_{n\to\infty} b_n = \lim_{n\to\infty}\{(a_n+b_n)-a_n\}=0$

→ 두 수열 $\{a_n+b_n\}$, $\{a_n\}$이 수렴하므로 각각 분리할 수 있다.

$\therefore \lim_{n\to\infty} a_n b_n = \lim_{n\to\infty} a_n \times \lim_{n\to\infty} b_n = 0$ (참)

ㄷ. [반례] $\{a_n\}$: 1, 0, 1, 0, 1, $\cdots$

$\{b_n\}$: 0, 1, 0, 1, 0, $\cdots$

→ 두 수열의 곱 형태가 수렴하는 경우, 짝수 항, 홀수 항으로 각각 나누어 0이 등장하는 진동하는 수열을 반례로 들면 된다.

이면 $\sum_{n=1}^{\infty} a_n b_n = 0$으로 수렴하고 $\lim_{n\to\infty} a_n \neq 0$이지만 $\lim_{n\to\infty} b_n \neq 0$이다. (거짓)

ㄹ. $\sum_{n=1}^{\infty} a_n$, $\sum_{n=1}^{\infty} b_n$이 모두 수렴하므로 $\lim_{n\to\infty} a_n = \lim_{n\to\infty} b_n = 0$이다. (거짓)

따라서 옳은 것은 ㄱ, ㄴ이다.

개념 Check

두 수열 $\{a_n\}$, $\{b_n\}$에 대하여 $\lim_{n\to\infty} a_n=\alpha$, $\lim_{n\to\infty} b_n=\beta$일 때

(1) $\lim_{n\to\infty} ca_n=c\alpha$ (단, c는 상수)

(2) $\lim_{n\to\infty} (a_n\pm b_n)=\alpha\pm\beta$ (복부호 동순)

(3) $\lim_{n\to\infty} a_nb_n=\alpha\beta$

(4) $\lim_{n\to\infty} \frac{a_n}{b_n}=\frac{\alpha}{\beta}$ (단, $b_n\neq0$, $\beta\neq0$)

0353 답 ①

ㄱ. $\sum_{n=1}^{\infty}(a_n-3)$이 수렴하므로

$\lim_{n\to\infty}(a_n-3)=0$ $\quad\therefore \lim_{n\to\infty} a_n=3$ (참)

ㄴ. $\lim_{n\to\infty} a_n=3$에서 $\lim_{n\to\infty}\frac{1}{a_n}=\frac{1}{3}\neq0$이므로 $\sum_{n=1}^{\infty}\frac{1}{a_n}$은 발산한다. (거짓)

ㄷ. $\sum_{n=1}^{\infty}a_n$이 수렴하므로 $\lim_{n\to\infty}a_n=0$

따라서 $\lim_{n\to\infty}(2-a_n)=2-0=2\neq0$이므로 $\sum_{n=1}^{\infty}(2-a_n)$은 발산한다. (거짓)

따라서 옳은 것은 ㄱ이다.

0354 답 ②

ㄱ. $\sum_{n=1}^{\infty}(a_n+b_n)=\alpha$, $\sum_{n=1}^{\infty}(a_n-b_n)=\beta$라 하면

$$\begin{aligned}\sum_{n=1}^{\infty}a_n&=\sum_{n=1}^{\infty}\frac{1}{2}\{(a_n+b_n)+(a_n-b_n)\}\\&=\frac{1}{2}\sum_{n=1}^{\infty}(a_n+b_n)+\frac{1}{2}\sum_{n=1}^{\infty}(a_n-b_n)\\&=\frac{1}{2}\alpha+\frac{1}{2}\beta\end{aligned}$$

$$\begin{aligned}\sum_{n=1}^{\infty}b_n&=\sum_{n=1}^{\infty}\frac{1}{2}\{(a_n+b_n)-(a_n-b_n)\}\\&=\frac{1}{2}\sum_{n=1}^{\infty}(a_n+b_n)-\frac{1}{2}\sum_{n=1}^{\infty}(a_n-b_n)\\&=\frac{1}{2}\alpha-\frac{1}{2}\beta\end{aligned}$$

이므로 $\sum_{n=1}^{\infty}a_n$, $\sum_{n=1}^{\infty}b_n$도 모두 수렴한다. (참)

ㄴ. $\sum_{n=1}^{\infty}(a_n-2)=\alpha$, $\sum_{n=1}^{\infty}(b_n+2)=\beta$라 하면

$$\begin{aligned}\sum_{n=1}^{\infty}(a_n+b_n)&=\sum_{n=1}^{\infty}\{(a_n-2)+(b_n+2)\}\\&=\sum_{n=1}^{\infty}(a_n-2)+\sum_{n=1}^{\infty}(b_n+2)\\&=\alpha+\beta\end{aligned}$$

이므로 $\sum_{n=1}^{\infty}(a_n+b_n)$도 수렴한다. (참)

ㄷ. $\sum_{n=1}^{\infty}a_nb_n$이 수렴하므로 $\lim_{n\to\infty}a_nb_n=0$

$\therefore \lim_{n\to\infty}a_n=\lim_{n\to\infty}\frac{a_nb_n}{b_n}=\frac{\lim_{n\to\infty}a_nb_n}{\lim_{n\to\infty}b_n}=\frac{0}{-1}=0$ (거짓)

따라서 옳은 것은 ㄱ, ㄴ이다.

0355 답 ⑤

ㄱ. $\sum_{n=1}^{\infty}a_n$, $\sum_{n=1}^{\infty}b_n$이 모두 수렴하므로 $\lim_{n\to\infty}a_n=\lim_{n\to\infty}b_n=0$이다. (참)

ㄴ. $\lim_{n\to\infty}a_n=\lim_{n\to\infty}b_n=0$이므로

$\lim_{n\to\infty}a_nb_n=\lim_{n\to\infty}a_n\times\lim_{n\to\infty}b_n=0$ (참)

ㄷ. $\sum_{k=1}^{n}a_k=S_n$, $\sum_{k=1}^{n}b_k=T_n$이라 하면 $a_n<b_n$이므로 $S_n<T_n$

이때 $\sum_{n=1}^{\infty}a_n$, $\sum_{n=1}^{\infty}b_n$이 모두 수렴하므로 두 수열 $\{S_n\}$, $\{T_n\}$도 모두 수렴하고 수열의 극한의 대소 관계에 의해

$\lim_{n\to\infty}S_n\le\lim_{n\to\infty}T_n$ $\quad\therefore \sum_{n=1}^{\infty}a_n\le\sum_{n=1}^{\infty}b_n$ (참)

따라서 옳은 것은 ㄱ, ㄴ, ㄷ이다.

개념 Check

두 수열 $\{a_n\}$, $\{b_n\}$에 대하여 $\lim_{n\to\infty}a_n=\alpha$, $\lim_{n\to\infty}b_n=\beta$일 때 모든 자연수 n에 대하여 $a_n<b_n$이면 $\alpha\le\beta$이다.

0356 답 ㄱ, ㄴ, ㄷ

ㄱ. $\sum_{n=1}^{\infty}a_n$, $\sum_{n=1}^{\infty}b_n$이 모두 수렴하므로 $\lim_{n\to\infty}a_n=\lim_{n\to\infty}b_n=0$

$\therefore \lim_{n\to\infty}(a_n+b_n)=\lim_{n\to\infty}a_n+\lim_{n\to\infty}b_n=0+0=0$ (참)

ㄴ. $\sum_{n=1}^{\infty}a_n$, $\sum_{n=1}^{\infty}b_n$이 모두 수렴하면 $\sum_{n=1}^{\infty}(a_n+b_n)$도 수렴한다.

따라서 이 명제의 대우인 '급수 $\sum_{n=1}^{\infty}(a_n+b_n)$이 발산하면 두 급수 $\sum_{n=1}^{\infty}a_n$, $\sum_{n=1}^{\infty}b_n$ 중 적어도 하나는 발산한다.'는 참이다. (참)

ㄷ. $\sum_{n=1}^{\infty}(a_n-b_n)=\alpha$라 하자.

$\sum_{n=1}^{\infty}b_n$이 수렴한다고 가정하면

$\sum_{n=1}^{\infty}a_n=\sum_{n=1}^{\infty}\{b_n+(a_n-b_n)\}=\sum_{n=1}^{\infty}b_n+\sum_{n=1}^{\infty}(a_n-b_n)$

이므로 $\sum_{n=1}^{\infty}a_n$도 수렴한다.

이는 가정에 모순이므로 $\sum_{n=1}^{\infty}b_n$은 발산한다. (참)

ㄹ. [반례] $a_n=\frac{1}{n}$, $b_n=\frac{1}{n+1}$이면

$$\begin{aligned}\sum_{n=1}^{\infty}a_nb_n&=\sum_{n=1}^{\infty}\frac{1}{n(n+1)}=\sum_{n=1}^{\infty}\left(\frac{1}{n}-\frac{1}{n+1}\right)\\&=\lim_{n\to\infty}\sum_{k=1}^{n}\left(\frac{1}{k}-\frac{1}{k+1}\right)\\&=\lim_{n\to\infty}\left\{\left(1-\frac{1}{2}\right)+\left(\frac{1}{2}-\frac{1}{3}\right)+\left(\frac{1}{3}-\frac{1}{4}\right)+\cdots+\left(\frac{1}{n}-\frac{1}{n+1}\right)\right\}\\&=\lim_{n\to\infty}\left(1-\frac{1}{n+1}\right)=1\end{aligned}$$

로 수렴하지만 $\sum_{n=1}^{\infty}a_n$, $\sum_{n=1}^{\infty}b_n$은 모두 발산한다. (거짓)

따라서 옳은 것은 ㄱ, ㄴ, ㄷ이다.

개념 Check

(1) 명제 $p \longrightarrow q$가 참이면 그 대우 $\sim q \longrightarrow \sim p$도 참이다.
(2) 명제 $p \longrightarrow q$가 거짓이면 그 대우 $\sim q \longrightarrow \sim p$도 거짓이다.

실수 Check

$\sum_{n=1}^{\infty} a_n$은 수렴하고 $\sum_{n=1}^{\infty} b_n$이 발산하면 $\sum_{n=1}^{\infty}(a_n \pm b_n)$은 발산한다.

0357 답 ㄴ, ㄷ

ㄱ. [반례] $a_n=\dfrac{1}{n(n+1)}$이면

$$\sum_{n=1}^{\infty} a_n=\sum_{n=1}^{\infty}\frac{1}{n(n+1)}=\sum_{n=1}^{\infty}\left(\frac{1}{n}-\frac{1}{n+1}\right)$$
$$=\lim_{n\to\infty}\sum_{k=1}^{n}\left(\frac{1}{k}-\frac{1}{k+1}\right)$$
$$=\lim_{n\to\infty}\left\{\left(1-\frac{1}{2}\right)+\left(\frac{1}{2}-\frac{1}{3}\right)+\left(\frac{1}{3}-\frac{1}{4}\right)+\cdots+\left(\frac{1}{n}-\frac{1}{n+1}\right)\right\}$$
$$=\lim_{n\to\infty}\left(1-\frac{1}{n+1}\right)=1$$

로 수렴하지만 $\sum_{n=1}^{\infty}\dfrac{a_n}{a_{n+1}}=\sum_{n=1}^{\infty}\dfrac{n+2}{n}$에서

$\lim_{n\to\infty}\dfrac{n+2}{n}=1\neq 0$이므로 $\sum_{n=1}^{\infty}\dfrac{a_n}{a_{n+1}}$은 발산한다. (거짓)

ㄴ. $\sum_{k=1}^{n} a_k=S_n$이라 하면 $\sum_{n=1}^{\infty} a_n$이 수렴하므로 수열 $\{S_n\}$이 수렴한다.

이때 $\lim_{n\to\infty} S_n=S$라 하면

$\lim_{n\to\infty} S_{2n}=\lim_{n\to\infty} S_n=S$

또, $\sum_{n=1}^{\infty} a_{2n}$이 수렴하므로 $\sum_{n=1}^{\infty} a_{2n}=\lim_{n\to\infty}\sum_{k=1}^{n} a_{2k}=S'$이라 하면

$\sum_{k=1}^{2n} a_k=\sum_{k=1}^{n} a_{2k-1}+\sum_{k=1}^{n} a_{2k}$에서

$\lim_{n\to\infty}\sum_{k=1}^{n} a_{2k-1}=\lim_{n\to\infty}\sum_{k=1}^{2n} a_k-\lim_{n\to\infty}\sum_{k=1}^{n} a_{2k}=S-S'$

이므로 $\sum_{n=1}^{\infty} a_{2n-1}$도 수렴한다. (참)

ㄷ. $\sum_{n=1}^{\infty}(a_{n+1}-a_n)=\alpha$라 하면

$$\sum_{n=1}^{\infty}(a_{n+1}-a_n)$$
$$=\lim_{n\to\infty}\{(a_2-a_1)+(a_3-a_2)+(a_4-a_3)+\cdots+(a_{n+1}-a_n)\}$$
$$=\lim_{n\to\infty}(a_{n+1}-a_1)$$

이므로 $\lim_{n\to\infty}(a_{n+1}-a_1)=\alpha$에서

$\lim_{n\to\infty} a_{n+1}=\alpha+a_1$

$\therefore \lim_{n\to\infty} a_n=\lim_{n\to\infty} a_{n+1}=\alpha+a_1$

즉, 수열 $\{a_n\}$도 수렴한다. (참)

따라서 옳은 것은 ㄴ, ㄷ이다.

실수 Check

$\sum_{k=1}^{2n} a_k=\sum_{k=1}^{n} a_{2k-1}+\sum_{k=1}^{n} a_{2k}$에서 $\lim_{n\to\infty} S_{2n}=\lim_{n\to\infty} S_n$임을 이용하기 위해 양변에 lim를 취한다.

0358 답 $\dfrac{3}{8}$ | 유형 9

좌표평면에서 직선 $x-2y+4=0$ 위의 점 중에서 <u>x좌표와 y좌표가 자연수인</u> 모든 점의 좌표를 각각
단서1

$(a_1, b_1), (a_2, b_2), (a_3, b_3), \cdots, (a_n, b_n), \cdots$

이라 할 때, 급수 $\sum_{n=1}^{\infty}\dfrac{1}{a_nb_n}$의 합을 구하시오.

(단, $a_1<a_2<\cdots<a_n<\cdots$)

단서1 $x-2y+4=0$에서 $y=\frac{1}{2}x+2$이므로 y좌표가 자연수이려면 x는 2의 배수

STEP 1 $\{a_n\}$, $\{b_n\}$의 일반항 각각 구하기

$x-2y+4=0$에서 $y=\dfrac{1}{2}x+2$이므로 y좌표가 자연수이려면 x좌표가 2의 배수이어야 한다.

$x=2n$ (n은 자연수)으로 놓으면 $y=n+2$이므로 x좌표를 작은 것부터 차례로 $a_1, a_2, a_3, \cdots$이라 하면 $a_n=2n$, $b_n=n+2$

STEP 2 급수 $\sum_{n=1}^{\infty}\dfrac{1}{a_nb_n}$의 합 구하기

$$\sum_{n=1}^{\infty}\frac{1}{a_nb_n}=\sum_{n=1}^{\infty}\frac{1}{2n(n+2)}$$
$$=\sum_{n=1}^{\infty}\frac{1}{4}\left(\frac{1}{n}-\frac{1}{n+2}\right)$$
$$=\lim_{n\to\infty}\sum_{k=1}^{n}\frac{1}{4}\left(\frac{1}{k}-\frac{1}{k+2}\right)$$
$$=\lim_{n\to\infty}\frac{1}{4}\left\{\left(1-\frac{1}{3}\right)+\left(\frac{1}{2}-\frac{1}{4}\right)+\left(\frac{1}{3}-\frac{1}{5}\right)+\cdots+\left(\frac{1}{n-1}-\frac{1}{n+1}\right)+\left(\frac{1}{n}-\frac{1}{n+2}\right)\right\}$$
$$=\lim_{n\to\infty}\frac{1}{4}\left(1+\frac{1}{2}-\frac{1}{n+1}-\frac{1}{n+2}\right)=\frac{1}{4}\times\frac{3}{2}=\frac{3}{8}$$

$$\sum_{n=1}^{\infty}\frac{1}{2n(n+2)}=\sum_{n=1}^{\infty}\frac{1}{2}\times\frac{1}{n(n+2)}=\sum_{n=1}^{\infty}\frac{1}{2}\left\{\frac{1}{n+2-n}\left(\frac{1}{n}-\frac{1}{n+2}\right)\right\}=\sum_{n=1}^{\infty}\frac{1}{4}\left(\frac{1}{n}-\frac{1}{n+2}\right)$$

0359 답 ⑤

$x^2-nx-n-1<0$에서 $(x+1)\{x-(n+1)\}<0$

$\therefore -1<x<n+1$

따라서 $a_n=1+2+3+\cdots+n=\dfrac{n(n+1)}{2}$이므로

$$\sum_{n=1}^{\infty}\frac{1}{a_n}=\sum_{n=1}^{\infty}\frac{2}{n(n+1)}=\sum_{n=1}^{\infty}2\left(\frac{1}{n}-\frac{1}{n+1}\right)$$
$$=\lim_{n\to\infty}\sum_{k=1}^{n}2\left(\frac{1}{k}-\frac{1}{k+1}\right)$$
$$=\lim_{n\to\infty}2\left\{\left(1-\frac{1}{2}\right)+\left(\frac{1}{2}-\frac{1}{3}\right)+\left(\frac{1}{3}-\frac{1}{4}\right)+\cdots+\left(\frac{1}{n}-\frac{1}{n+1}\right)\right\}$$
$$=\lim_{n\to\infty}2\left(1-\frac{1}{n+1}\right)=2$$

0360 답 ③

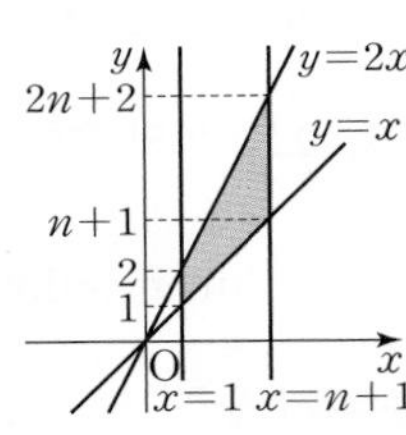

네 직선 $x=1$, $x=n+1$, $y=x$, $y=2x$로 둘러싸인 사각형은 그림과 같이 평행한 두 변의 길이가 각각 1, $(n+1)$이고, 높이가 n인 사다리꼴이므로

$S_n=\dfrac{n\{1+(n+1)\}}{2}=\dfrac{n(n+2)}{2}$

$$\therefore \sum_{n=1}^{\infty}\frac{1}{S_n}=\sum_{n=1}^{\infty}\frac{2}{n(n+2)}$$
$$=\sum_{n=1}^{\infty}\left(\frac{1}{n}-\frac{1}{n+2}\right)$$
$$=\lim_{n\to\infty}\sum_{k=1}^{n}\left(\frac{1}{k}-\frac{1}{k+2}\right)$$
$$=\lim_{n\to\infty}\left\{\left(1-\frac{1}{3}\right)+\left(\frac{1}{2}-\frac{1}{4}\right)+\left(\frac{1}{3}-\frac{1}{5}\right)+\cdots+\left(\frac{1}{n-1}-\frac{1}{n+1}\right)+\left(\frac{1}{n}-\frac{1}{n+2}\right)\right\}$$
$$=\lim_{n\to\infty}\left(1+\frac{1}{2}-\frac{1}{n+1}-\frac{1}{n+2}\right)=\frac{3}{2}$$

0361 답 ①

$P_n\left(n,\ \frac{5}{n+1}\right)$, $Q_n(n,\ 0)$, $R_n\left(0,\ \frac{5}{n+1}\right)$이므로

$$a_n=\overline{OQ_n}\times\overline{OR_n}=n\times\frac{5}{n+1}=\frac{5n}{n+1}$$
$$\therefore \sum_{n=1}^{\infty}(a_{n+1}-a_n)$$
$$=\lim_{n\to\infty}\sum_{k=1}^{n}(a_{k+1}-a_k)$$
$$=\lim_{n\to\infty}\{(a_2-a_1)+(a_3-a_2)+(a_4-a_3)+\cdots+(a_{n+1}-a_n)\}$$
$$=\lim_{n\to\infty}(a_{n+1}-a_1)$$
$$=\lim_{n\to\infty}\left\{\frac{5(n+1)}{(n+1)+1}-\frac{5\times1}{1+1}\right\}$$
$$=\lim_{n\to\infty}\left(\frac{5n+5}{n+2}-\frac{5}{2}\right)=5-\frac{5}{2}=\frac{5}{2}$$

0362 답 ②

직선 $(n+1)x+(n-1)y=1$의 x절편이 $\frac{1}{n+1}$, y절편이 $\frac{1}{n-1}$이므로

$$S_n=\frac{1}{2}\times\frac{1}{n+1}\times\frac{1}{n-1}$$
$$=\frac{1}{2(n-1)(n+1)}$$
$$\therefore \sum_{n=2}^{\infty}S_n=\sum_{n=2}^{\infty}\frac{1}{2(n-1)(n+1)}$$
$$=\sum_{n=2}^{\infty}\frac{1}{4}\left(\frac{1}{n-1}-\frac{1}{n+1}\right)$$
$$=\lim_{n\to\infty}\sum_{k=2}^{n}\frac{1}{4}\left(\frac{1}{k-1}-\frac{1}{k+1}\right)$$
$$=\lim_{n\to\infty}\frac{1}{4}\left\{\left(1-\frac{1}{3}\right)+\left(\frac{1}{2}-\frac{1}{4}\right)+\left(\frac{1}{3}-\frac{1}{5}\right)+\cdots+\left(\frac{1}{n-2}-\frac{1}{n}\right)+\left(\frac{1}{n-1}-\frac{1}{n+1}\right)\right\}$$
$$=\lim_{n\to\infty}\frac{1}{4}\left(1+\frac{1}{2}-\frac{1}{n}-\frac{1}{n+1}\right)$$
$$=\frac{1}{4}\times\frac{3}{2}=\frac{3}{8}$$

0363 답 $\frac{11}{3}$

$$a_n=\sqrt{n^2+(\sqrt{2n+1})^2}=\sqrt{n^2+2n+1}$$
$$=\sqrt{(n+1)^2}$$
$=n+1$ ($\because$ n은 자연수)

$$\therefore S_n=\sum_{k=1}^{n}(k+1)=\frac{n(n+1)}{2}+n=\frac{n(n+3)}{2}$$
$$\therefore \sum_{n=1}^{\infty}\frac{3}{S_n}$$
$$=\sum_{n=1}^{\infty}\frac{3}{\frac{n(n+3)}{2}}$$
$$=\sum_{n=1}^{\infty}\frac{6}{n(n+3)}$$
$$=\sum_{n=1}^{\infty}2\left(\frac{1}{n}-\frac{1}{n+3}\right)$$
$$=\lim_{n\to\infty}\sum_{k=1}^{n}2\left(\frac{1}{k}-\frac{1}{k+3}\right)$$
$$=\lim_{n\to\infty}2\left\{\left(1-\frac{1}{4}\right)+\left(\frac{1}{2}-\frac{1}{5}\right)+\left(\frac{1}{3}-\frac{1}{6}\right)+\left(\frac{1}{4}-\frac{1}{7}\right)+\cdots+\left(\frac{1}{n-2}-\frac{1}{n+1}\right)+\left(\frac{1}{n-1}-\frac{1}{n+2}\right)+\left(\frac{1}{n}-\frac{1}{n+3}\right)\right\}$$
$$=\lim_{n\to\infty}2\left(1+\frac{1}{2}+\frac{1}{3}-\frac{1}{n+1}-\frac{1}{n+2}-\frac{1}{n+3}\right)$$
$$=2\left(1+\frac{1}{2}+\frac{1}{3}\right)=\frac{11}{3}$$

실수 Check

$\sum_{k=1}^{n}\left(\frac{1}{k}-\frac{1}{k+1}\right)$, $\sum_{k=1}^{n}\left(\frac{1}{k}-\frac{1}{k+2}\right)$, $\sum_{k=1}^{n}\left(\frac{1}{k}-\frac{1}{k+3}\right)$을 각각 나열했을 때 각각 2개, 4개, 6개 항이 남는 규칙이 있다.

0364 답 ⑤ | 유형10

급수 $\sum_{n=1}^{\infty}\frac{3^n+(-1)^n}{2^{2n-1}}$의 합은?

단서1

① 4 ② $\frac{22}{5}$ ③ $\frac{24}{5}$

④ $\frac{26}{5}$ ⑤ $\frac{28}{5}$

단서1 $\frac{3^n+(-1)^n}{2^{2n-1}}=2\times\left(\frac{3}{4}\right)^n+2\times\left(-\frac{1}{4}\right)^n$

STEP1 주어진 급수를 등비급수로 나타내고, 급수의 합 구하기

$$\sum_{n=1}^{\infty}\frac{3^n+(-1)^n}{2^{2n-1}}=\sum_{n=1}^{\infty}\frac{3^n}{2^{-1}\times4^n}+\sum_{n=1}^{\infty}\frac{(-1)^n}{2^{-1}\times4^n}$$
$$=\sum_{n=1}^{\infty}2\times\left(\frac{3}{4}\right)^n+\sum_{n=1}^{\infty}2\times\left(-\frac{1}{4}\right)^n$$
$$=\frac{\frac{3}{2}}{1-\frac{3}{4}}+\frac{-\frac{1}{2}}{1-\left(-\frac{1}{4}\right)}=6-\frac{2}{5}=\frac{28}{5}$$
$$\frac{\frac{3}{2}}{1-\frac{3}{4}}+\frac{-\frac{1}{2}}{1-\left(-\frac{1}{4}\right)}=\frac{\frac{3}{2}}{\frac{1}{4}}+\frac{-\frac{1}{2}}{\frac{5}{4}}=\frac{12}{2}+\left(-\frac{4}{10}\right)=6-\frac{2}{5}$$

0365 답 ①

$$\sum_{n=1}^{\infty}(-4)^{1-n}=\sum_{n=1}^{\infty}(-4)\times\left(-\frac{1}{4}\right)^n$$
$$=\frac{1}{1-\left(-\frac{1}{4}\right)}$$
$$=\frac{4}{5}$$

0366 답 ③

등비수열 $\{a_n\}$의 첫째항이 2, 공비가 3이므로

$a_n=2\times 3^{n-1}$

$\therefore \dfrac{1}{a_{2n-1}}=\dfrac{1}{2\times 3^{2n-2}}=\dfrac{1}{2\times 3^{2(n-1)}}=\dfrac{1}{2}\times\left(\dfrac{1}{9}\right)^{n-1}$

$\therefore \displaystyle\sum_{n=1}^{\infty}\frac{1}{a_{2n-1}}=\sum_{n=1}^{\infty}\frac{1}{2}\times\left(\frac{1}{9}\right)^{n-1}=\frac{\frac{1}{2}}{1-\frac{1}{9}}=\frac{9}{16}$

0367 답 32

등비수열 $\{a_n\}$의 첫째항을 a, 공비를 r라 하면

$a_5=ar^4$이므로 $ar^4=2^8$ ······ ㉠

$a_8=ar^7$이므로 $ar^7=2^5$ ······ ㉡

㉡÷㉠을 하면 $r^3=\dfrac{1}{2^3}$ $\quad\therefore r=\dfrac{1}{2}$

$r=\dfrac{1}{2}$을 ㉠에 대입하면 $\dfrac{1}{2^4}a=2^8$

$\therefore a=2^{12}$

따라서 $\displaystyle\sum_{n=9}^{\infty}a_n$은 첫째항이 a_9이고 공비가 $\dfrac{1}{2}$인 등비급수이므로

$\displaystyle\sum_{n=9}^{\infty}a_n=\frac{a_9}{1-\frac{1}{2}}=\frac{2^{12}\times\left(\frac{1}{2}\right)^8}{1-\frac{1}{2}}=\frac{2^4}{\frac{1}{2}}=2^5=32$

0368 답 ⑤

등비수열 $\{a_n\}$의 첫째항을 a, 공비를 r라 하면

$a_1+a_2=a+ar=a(1+r)$이므로

$a(1+r)=16$ ······ ㉠

$a_5+a_6=ar^4+ar^5=ar^4(1+r)$이므로

$ar^4(1+r)=9$ ······ ㉡

㉡÷㉠을 하면 $r^4=\dfrac{9}{16}$ $\quad\therefore r=\dfrac{\sqrt{3}}{2}$ $(\because a_n>0)$

$r=\dfrac{\sqrt{3}}{2}$을 ㉠에 대입하면

$a\left(1+\dfrac{\sqrt{3}}{2}\right)=16$, $a=\dfrac{32}{2+\sqrt{3}}=32(2-\sqrt{3})$

$\therefore \displaystyle\sum_{n=1}^{\infty}a_n=\frac{32(2-\sqrt{3})}{1-\frac{\sqrt{3}}{2}}=\frac{32(2-\sqrt{3})}{\frac{2-\sqrt{3}}{2}}=64$

0369 답 ④

등비수열 $\{a_n\}$의 첫째항과 공비가 모두 $\dfrac{1}{3}$이므로

$a_n=\dfrac{1}{3}\times\left(\dfrac{1}{3}\right)^{n-1}=\left(\dfrac{1}{3}\right)^n$

$\therefore a_n+a_{n+2}=\left(\dfrac{1}{3}\right)^n+\left(\dfrac{1}{3}\right)^{n+2}$

$=\left(\dfrac{1}{3}\right)^n+\dfrac{1}{9}\times\left(\dfrac{1}{3}\right)^n$

$=\dfrac{10}{9}\times\left(\dfrac{1}{3}\right)^n$

$\therefore \displaystyle\sum_{n=1}^{\infty}(a_n+a_{n+2})=\sum_{n=1}^{\infty}\frac{10}{9}\times\left(\frac{1}{3}\right)^n=\frac{\frac{10}{27}}{1-\frac{1}{3}}=\frac{5}{9}$

0370 답 $\dfrac{4}{5}$

$\displaystyle\sum_{n=1}^{\infty}\left(\frac{1+\cos n\pi}{3}\right)^n$

$=\dfrac{1+\cos\pi}{3}+\left(\dfrac{1+\cos 2\pi}{3}\right)^2+\left(\dfrac{1+\cos 3\pi}{3}\right)^3+\left(\dfrac{1+\cos 4\pi}{3}\right)^4+\cdots$

$=0+\left(\dfrac{2}{3}\right)^2+0+\left(\dfrac{2}{3}\right)^4+\cdots$

$=\left(\dfrac{2}{3}\right)^2+\left(\dfrac{2}{3}\right)^4+\cdots=\dfrac{\frac{4}{9}}{1-\frac{4}{9}}=\dfrac{4}{5}$

0371 답 $-\dfrac{3}{7}$

$f(x)=x^n$이라 하면 $a_n=f\left(-\dfrac{3}{4}\right)=\left(-\dfrac{3}{4}\right)^n$

$\therefore \displaystyle\sum_{n=1}^{\infty}a_n=\sum_{n=1}^{\infty}\left(-\frac{3}{4}\right)^n=\frac{-\frac{3}{4}}{1-\left(-\frac{3}{4}\right)}=-\frac{3}{7}$

0372 답 ②

이차방정식 $x^2+(3^n-2^n)x-4^n=0$의 서로 다른 두 실근이 α_n, β_n이므로 이차방정식의 근과 계수의 관계에 의해

$\alpha_n+\beta_n=-3^n+2^n$, $\alpha_n\beta_n=-4^n$

$\therefore \displaystyle\sum_{n=1}^{\infty}\left(\frac{1}{\alpha_n}+\frac{1}{\beta_n}\right)=\sum_{n=1}^{\infty}\frac{\alpha_n+\beta_n}{\alpha_n\beta_n}=\sum_{n=1}^{\infty}\frac{-3^n+2^n}{-4^n}$

$=\displaystyle\sum_{n=1}^{\infty}\left(\frac{3}{4}\right)^n-\sum_{n=1}^{\infty}\left(\frac{1}{2}\right)^n$

$=\dfrac{\frac{3}{4}}{1-\frac{3}{4}}-\dfrac{\frac{1}{2}}{1-\frac{1}{2}}$

$=3-1=2$

0373 답 ①

(i) $n=2k$ $(k=1, 2, 3, \cdots)$일 때,

$(-3)^{n-1}=(-3)^{2k-1}=-3^{2k-1}<0$

이때 n은 짝수이므로 $(-3)^{n-1}$의 n제곱근 중 실수인 것은 없다.

$\therefore a_{2k}=0$

(ii) $n=2k+1$ $(k=1, 2, 3, \cdots)$일 때,

$(-3)^{n-1}=(-3)^{2k}=3^{2k}>0$

이때 n은 홀수이므로 $(-3)^{n-1}$의 n제곱근 중 실수인 것은 1개이다.

$\therefore a_{2k+1}=1$

(i), (ii)에서 $a_n=\begin{cases}0 & (n=2k)\\ 1 & (n=2k+1)\end{cases}$ $(k=1, 2, 3, \cdots)$

$\therefore \displaystyle\sum_{n=2}^{\infty}\frac{a_n}{2^n}=\frac{1}{2^3}+\frac{1}{2^5}+\frac{1}{2^7}+\cdots=\frac{\frac{1}{2^3}}{1-\frac{1}{4}}=\frac{1}{6}$

Tip n제곱근 중 실수인 것의 개수는 $y=x^n$의 그래프로 이해하면 쉽다.
$y=x^n$에서 y의 n제곱근이 x이므로

(i) n이 짝수인 경우, 그림과 같이 직선 $y=a$를 그었을 때
$a<0$이면 x의 값은 없고,
$a>0$이면 x의 값은 $-\sqrt[n]{a}$, $\sqrt[n]{a}$로 2개이다.

(ii) n이 홀수인 경우, 그림과 같이 직선 $y=a$를 그었을 때
$a<0$이면 x의 값은 $\sqrt[n]{a}$로 1개이고,
$a>0$이면 x의 값은 $\sqrt[n]{a}$로 1개이다.

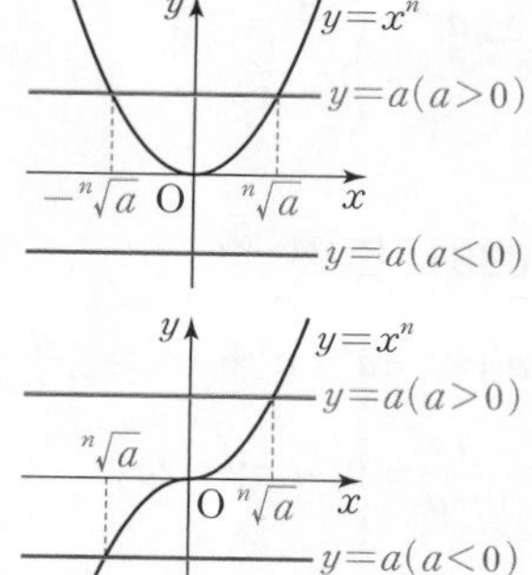

개념 Check

a가 실수이고 n이 2 이상의 정수일 때, a의 n제곱근 중 실수인 것은 다음과 같다.

	$a>0$	$a=0$	$a<0$
n이 홀수	$\sqrt[n]{a}$	0	$\sqrt[n]{a}$
n이 짝수	$\sqrt[n]{a}$, $-\sqrt[n]{a}$	0	없다.

0374 답 $\frac{9}{4}$

$a_2=(a_1^2$을 7로 나눈 나머지$)=(25$를 7로 나눈 나머지$)=4$
$a_3=(a_2^2$을 7로 나눈 나머지$)=(16$을 7로 나눈 나머지$)=2$
$a_4=(a_3^2$을 7로 나눈 나머지$)=(4$를 7로 나눈 나머지$)=4$
$\vdots$

따라서 수열 $\{a_n\}$은 5, 4, 2, 4, 2, …이므로

$$\sum_{n=1}^{\infty}\frac{a_n}{3^n}=\frac{5}{3}+\frac{4}{3^2}+\frac{2}{3^3}+\frac{4}{3^4}+\frac{2}{3^5}+\cdots$$
$$=\frac{5}{3}+4\left(\frac{1}{3^2}+\frac{1}{3^4}+\frac{1}{3^6}+\cdots\right)+2\left(\frac{1}{3^3}+\frac{1}{3^5}+\frac{1}{3^7}+\cdots\right)$$
$$=\frac{5}{3}+4\times\frac{\frac{1}{9}}{1-\frac{1}{9}}+2\times\frac{\frac{1}{27}}{1-\frac{1}{9}}$$
$$=\frac{5}{3}+4\times\frac{1}{8}+2\times\frac{1}{24}$$
$$=\frac{5}{3}+\frac{1}{2}+\frac{1}{12}=\frac{9}{4}$$

실수 Check

a_n에 $n=1, 2, 3, \cdots$을 차례로 대입하여 규칙을 찾으면 수열 $\{a_n\}$은 제2항부터 4, 2가 교대로 반복되는 수열이다.

0375 답 32

모든 자연수 n에 대하여 $a_{n+1}=\frac{2}{3}a_n$이므로 수열 $\{a_n\}$은 첫째항이 3이고 공비가 $\frac{2}{3}$인 등비수열이다.

$\therefore a_n=3\times\left(\frac{2}{3}\right)^{n-1}$

따라서 $a_{2n-1}=3\times\left(\frac{2}{3}\right)^{2n-2}=3\times\left(\frac{2}{3}\right)^{2(n-1)}=3\times\left(\frac{4}{9}\right)^{n-1}$이므로

$$\sum_{n=1}^{\infty}a_{2n-1}=\frac{3}{1-\frac{4}{9}}=\frac{27}{5}$$

따라서 $p=5$, $q=27$이므로 $p+q=5+27=32$

0376 답 ③

등비수열 $\{a_n\}$의 첫째항을 a, 공비를 r라 하면 $a_n=ar^{n-1}$

(i) $|r|<3$일 때, $\lim_{n\to\infty}\left(\frac{r}{3}\right)^n=0$이므로

$$\lim_{n\to\infty}\frac{3^n}{a_n+2^n}=\lim_{n\to\infty}\frac{3^n}{ar^{n-1}+2^n}=\lim_{n\to\infty}\frac{1}{\frac{a}{r}\times\left(\frac{r}{3}\right)^n+\left(\frac{2}{3}\right)^n}=\infty$$

(ii) $|r|>3$일 때, $\lim_{n\to\infty}\left(\frac{3}{r}\right)^n=0$이므로

$$\lim_{n\to\infty}\frac{3^n}{a_n+2^n}=\lim_{n\to\infty}\frac{3^n}{ar^{n-1}+2^n}=\lim_{n\to\infty}\frac{\left(\frac{3}{r}\right)^n}{\frac{a}{r}+\left(\frac{2}{r}\right)^n}=0$$

(iii) $r=3$일 때,

$$\lim_{n\to\infty}\frac{3^n}{a_n+2^n}=\lim_{n\to\infty}\frac{3^n}{a\times 3^{n-1}+2^n}=\lim_{n\to\infty}\frac{1}{\frac{a}{3}+\left(\frac{2}{3}\right)^n}=\frac{3}{a}$$

즉, $\frac{3}{a}=6$에서 $6a=3$ $\quad\therefore a=\frac{1}{2}$

(iv) $r=-3$일 때,

$$\lim_{n\to\infty}\frac{3^n}{a_n+2^n}=\lim_{n\to\infty}\frac{3^n}{a\times(-3)^{n-1}+2^n}$$
$$=\lim_{n\to\infty}\frac{1}{-\frac{a}{3}\times(-1)^n+\left(\frac{2}{3}\right)^n}\text{ : 발산(진동)}$$

(i)~(iv)에서 $a=\frac{1}{2}$, $r=3$이므로 $a_n=\frac{1}{2}\times 3^{n-1}$

따라서 수열 $\left\{\frac{1}{a_n}\right\}$은 첫째항이 2, 공비가 $\frac{1}{3}$인 등비수열이므로

$$\sum_{n=1}^{\infty}\frac{1}{a_n}=\frac{2}{1-\frac{1}{3}}=3$$

실수 Check

r와 3의 크기를 비교하여 r의 값의 범위를 나누어 구한다.

0377 답 ④

| 유형 11

등비수열 $\{a_n\}$에 대하여 $\sum_{n=1}^{\infty}a_n=1$, $\sum_{n=1}^{\infty}a_n^2=\frac{1}{2}$일 때, 급수 $\sum_{n=1}^{\infty}a_{2n}$의 합은?

단서1 단서2

① $\frac{1}{16}$ ② $\frac{1}{8}$ ③ $\frac{1}{6}$
④ $\frac{1}{4}$ ⑤ $\frac{1}{2}$

$\{a_n\}$의 첫째항이 a, 공비가 r이면
단서1 $\{a_n^2\}$은 첫째항이 a^2, 공비가 r^2인 등비수열
단서2 $\{a_{2n}\}$은 첫째항이 ar, 공비가 r^2인 등비수열

STEP 1 등비급수 $\sum_{n=1}^{\infty}a_n$의 첫째항과 공비 구하기

등비수열 $\{a_n\}$의 첫째항을 a, 공비를 r라 하면 $\sum_{n=1}^{\infty}a_n=1$에서

$\frac{a}{1-r}=1$ $\quad\therefore a=1-r$ ……… ㉠

수열 $\{a_n^2\}$의 첫째항은 a^2, 공비가 r^2이므로 $\sum_{n=1}^{\infty}a_n^2=\frac{1}{2}$에서

$\frac{a^2}{1-r^2}=\frac{1}{2}$ $\quad\therefore \frac{a^2}{(1-r)(1+r)}=\frac{1}{2}$ ……… ㉡

㉠을 ㉡에 대입하면 $\frac{(1-r)^2}{(1-r)(1+r)}=\frac{1}{2}$

$\frac{1-r}{1+r}=\frac{1}{2}$, $2(1-r)=1+r$

$3r=1 \quad \therefore r=\frac{1}{3}$

$r=\frac{1}{3}$ 을 ㉠에 대입하면 $a=\frac{2}{3}$

STEP 2 급수 $\sum_{n=1}^{\infty} a_{2n}$의 합 구하기

수열 $\{a_{2n}\}$은 첫째항이 $a_2=\frac{2}{9}$, 공비가 $r^2=\frac{1}{9}$인 등비수열이므로

→ 수열 $\{a_{2n}\}$을 차례로 나열하면 $a_2, a_4, a_6, \cdots$, 즉 $ar, ar^3, ar^5, \cdots$이므로 첫째항이 a_2, 공비가 r^2인 등비수열이다.

$\sum_{n=1}^{\infty} a_{2n}=\frac{\frac{2}{9}}{1-\frac{1}{9}}=\frac{1}{4}$

0378 답 ①

주어진 급수는 첫째항이 $\frac{1}{4}$, 공비가 $-2x$인 등비급수이므로

$\frac{\frac{1}{4}}{1-(-2x)}=2$, $\frac{1}{4}=2(1+2x)$, $4x=-\frac{7}{4}$

$\therefore x=-\frac{7}{16}$

0379 답 ④

등비수열 $\{a_n\}$의 공비를 r라 하면

$\sum_{n=1}^{\infty} a_n=\frac{4}{5}$에서 $\frac{1}{1-r}=\frac{4}{5}$

$5=4(1-r)$, $4r=-1 \quad \therefore r=-\frac{1}{4}$

따라서 $a_n=\left(-\frac{1}{4}\right)^{n-1}$이므로 $3^n a_n=3\times\left(-\frac{3}{4}\right)^{n-1}$

$\therefore \sum_{n=1}^{\infty} 3^n a_n=\sum_{n=1}^{\infty} 3\times\left(-\frac{3}{4}\right)^{n-1}=\frac{3}{1-\left(-\frac{3}{4}\right)}=\frac{12}{7}$

0380 답 $\frac{9}{2}$

등비수열 $\{a_n\}$의 첫째항을 a, 공비를 r라 하면

$\sum_{n=1}^{\infty} a_n=3$에서 $\frac{a}{1-r}=3$

$\therefore a=3(1-r)$ ………… ㉠

수열 $\{a_{2n}\}$의 첫째항은 $a_2=ar$, 공비는 r^2이므로

$\sum_{n=1}^{\infty} a_{2n}=\frac{3}{4}$에서 $\frac{ar}{1-r^2}=\frac{3}{4}$

$\therefore \frac{ar}{(1-r)(1+r)}=\frac{3}{4}$ ………… ㉡

㉠을 ㉡에 대입하면 $\frac{3r(1-r)}{(1-r)(1+r)}=\frac{3}{4}$

$\frac{3r}{1+r}=\frac{3}{4}$, $12r=3+3r$

$9r=3 \quad \therefore r=\frac{1}{3}$

$r=\frac{1}{3}$ 을 ㉠에 대입하면 $a=2$

따라서 수열 $\{a_n^2\}$은 첫째항이 $a^2=4$, 공비가 $r^2=\frac{1}{9}$인 등비수열이므로

$\sum_{n=1}^{\infty} a_n^2=\frac{4}{1-\frac{1}{9}}=\frac{9}{2}$

0381 답 ②

$a+a^2+a^3+a^4+\cdots=\frac{a}{1-a}$이므로

$\frac{a}{1-a}=2$, $a=2-2a \quad \therefore a=\frac{2}{3}$

$\therefore a-a^2+a^3-a^4+\cdots=\frac{a}{1-(-a)}=\frac{a}{1+a}=\frac{\frac{2}{3}}{1+\frac{2}{3}}=\frac{2}{5}$

0382 답 $\frac{4}{7}$

두 등비수열 $\{a_n\}$, $\{b_n\}$의 공비를 각각 r, s라 하면

$\sum_{n=1}^{\infty} a_n=\frac{4}{3}$에서 $\frac{1}{1-r}=\frac{4}{3}$

$3=4-4r$, $4r=1 \quad \therefore r=\frac{1}{4}$

$\sum_{n=1}^{\infty} b_n=\frac{3}{4}$에서 $\frac{1}{1-s}=\frac{3}{4}$

$4=3-3s$, $3s=-1 \quad \therefore s=-\frac{1}{3}$

따라서 수열 $\left\{\frac{a_n}{b_n}\right\}$은 첫째항이 $\frac{a_1}{b_1}=1$, 공비가 $\frac{r}{s}=\frac{\frac{1}{4}}{-\frac{1}{3}}=-\frac{3}{4}$

인 등비수열이므로

$\sum_{n=1}^{\infty} \frac{a_n}{b_n}=\frac{1}{1-\left(-\frac{3}{4}\right)}=\frac{4}{7}$

0383 답 1

$\sum_{n=1}^{\infty} 3r^{2n-1}=\sum_{n=1}^{\infty} 3r\times(r^2)^{n-1}=\frac{3r}{1-r^2}$이므로

$\frac{3r}{1-r^2}=2$, $3r=2-2r^2$

$2r^2+3r-2=0$, $(2r-1)(r+2)=0$

$\therefore r=\frac{1}{2}$ ($\because 0<r<1$)

→ 등비급수 $\sum_{n=1}^{\infty} 3r^{2n-1}$이 2로 수렴하므로 $-1<r^2<1$, $r>0$에서 $0<r<1$이어야 한다.

$\therefore \sum_{n=1}^{\infty} r^n=\sum_{n=1}^{\infty}\left(\frac{1}{2}\right)^n=\frac{\frac{1}{2}}{1-\frac{1}{2}}=1$

0384 답 ③

$\sum_{n=1}^{\infty} \frac{x^n-(-2x)^n}{4^n}=\frac{2}{3}$에서

$\sum_{n=1}^{\infty} \frac{x^n-(-2x)^n}{4^n}=\sum_{n=1}^{\infty}\left(\frac{x}{4}\right)^n-\sum_{n=1}^{\infty}\left(-\frac{x}{2}\right)^n$

$=\frac{\frac{x}{4}}{1-\frac{x}{4}}-\frac{-\frac{x}{2}}{1-\left(-\frac{x}{2}\right)}=\frac{x}{4-x}+\frac{x}{2+x}$

$=\frac{2x+x^2+4x-x^2}{(4-x)(2+x)}=\frac{6x}{8+2x-x^2}$

이므로

$\frac{6x}{8+2x-x^2}=\frac{2}{3}$, $18x=2(8+2x-x^2)$

$9x=8+2x-x^2$, $x^2+7x-8=0$

$(x+8)(x-1)=0$

$\therefore x=-8$ 또는 $x=1$

이때 두 등비급수 $\sum_{n=1}^{\infty}\left(\frac{x}{4}\right)^n$, $\sum_{n=1}^{\infty}\left(-\frac{x}{2}\right)^n$이 수렴하므로

$-1<\frac{x}{4}<1$, $-1<-\frac{x}{2}<1$에서

$-4<x<4$, $-2<x<2$

따라서 $-2<x<2$이므로 $x=1$

0385 답 ②

두 등비수열 $\{a_n\}$, $\{b_n\}$의 공비를 모두 r라 하면

$\sum_{n=1}^{\infty} a_n=5$에서 $\frac{a_1}{1-r}=5$

$\therefore a_1=5(1-r)$ ㉠

$\sum_{n=1}^{\infty} b_n=4$에서 $\frac{b_1}{1-r}=4$

$\therefore b_1=4(1-r)$ ㉡

㉠+㉡을 하면

$a_1+b_1=5(1-r)+4(1-r)=9(1-r)$

$a_1+b_1=6$이므로

$6=9(1-r)$, $1-r=\frac{2}{3}$

$\therefore r=\frac{1}{3}$

$r=\frac{1}{3}$을 ㉠, ㉡에 각각 대입하면

$a_1=\frac{10}{3}$, $b_1=\frac{8}{3}$

따라서 수열 $\{a_n{}^2\}$은 첫째항이 $a_1{}^2=\frac{100}{9}$, 공비가 $r^2=\frac{1}{9}$인 등비수열이고, 수열 $\{b_n{}^2\}$은 첫째항이 $b_1{}^2=\frac{64}{9}$, 공비가 $r^2=\frac{1}{9}$인 등비수열이므로

$$\sum_{n=1}^{\infty}(2a_n{}^2+b_n{}^2)=2\sum_{n=1}^{\infty}a_n{}^2+\sum_{n=1}^{\infty}b_n{}^2$$
$$=2\times\frac{\frac{100}{9}}{1-\frac{1}{9}}+\frac{\frac{64}{9}}{1-\frac{1}{9}}$$
$$=2\times\frac{25}{2}+8$$
$$=25+8=33$$

0386 답 ③

두 등비수열 $\{a_n\}$, $\{b_n\}$의 공비를 각각 r, s라 하면

$\sum_{n=1}^{\infty}(a_n+b_n)=\frac{25}{8}$에서

$$\sum_{n=1}^{\infty}(a_n+b_n)=\sum_{n=1}^{\infty}a_n+\sum_{n=1}^{\infty}b_n=\frac{1}{1-r}+\frac{1}{1-s}$$
$$=\frac{(1-s)+(1-r)}{(1-r)(1-s)}=\frac{2-(r+s)}{1-(r+s)+rs}=\frac{25}{8}$$

$\therefore 8\{2-(r+s)\}=25\{1-(r+s)+rs\}$ ㉠

수열 $\{a_nb_n\}$은 첫째항이 $a_1b_1=1$, 공비가 rs인 등비수열이므로

$\sum_{n=1}^{\infty}a_nb_n=\frac{1}{1-rs}=\frac{25}{34}$, $1-rs=\frac{34}{25}$ $\quad\therefore rs=-\frac{9}{25}$ ㉡

㉡을 ㉠에 대입하면

$8\{2-(r+s)\}=25\left\{1-(r+s)-\frac{9}{25}\right\}$

$16-8(r+s)=16-25(r+s)$ $\quad\therefore r+s=0$ ㉢

㉢에서 $r=-s$이므로 ㉡에 대입하면

$-s^2=-\frac{9}{25}$ $\quad\therefore s^2=\frac{9}{25}$

또, $r=-s$에서 $r^2=s^2$이므로 $r^2=\frac{9}{25}$

따라서 두 수열 $\{a_n{}^2\}$, $\{b_n{}^2\}$은 모두 첫째항이 $a_1{}^2=b_1{}^2=1$, 공비가 $r^2=s^2=\frac{9}{25}$인 등비수열이므로

$$\sum_{n=1}^{\infty}(a_n{}^2+b_n{}^2)=\sum_{n=1}^{\infty}a_n{}^2+\sum_{n=1}^{\infty}b_n{}^2$$
$$=\frac{1}{1-\frac{9}{25}}+\frac{1}{1-\frac{9}{25}}=\frac{25}{16}+\frac{25}{16}=\frac{25}{8}$$

실수 Check

$\sum_{n=1}^{\infty}a_nb_n\neq\sum_{n=1}^{\infty}a_n\times\sum_{n=1}^{\infty}b_n$이므로 등비수열 $\{a_nb_n\}$의 첫째항과 공비를 각각 구하여 등비급수의 합 공식을 이용해야 한다.

0387 답 ②

등비수열 $\{a_n\}$의 첫째항을 a, 공비를 r라 하면

$a_2=ar$, $a_4=ar^3$, $a_5=ar^4$이므로

$2ar^3=ar+ar^4$

$ar\neq0$이므로 양변을 ar로 나누면 $2r^2=1+r^3$

$r^3-2r^2+1=0$, $(r-1)(r^2-r-1)=0$

$\therefore r=1$ 또는 $r=\frac{1\pm\sqrt{5}}{2}$

이때 $\sum_{n=1}^{\infty}a_n$이 수렴하려면 $-1<r<1$이어야 하므로

$r=\frac{1-\sqrt{5}}{2}$

$\sum_{n=1}^{\infty}a_n=\frac{a}{1-r}=-1+\sqrt{5}$이므로

$$a=(-1+\sqrt{5})(1-r)=(-1+\sqrt{5})\left(1-\frac{1-\sqrt{5}}{2}\right)$$
$$=(-1+\sqrt{5})\times\frac{1+\sqrt{5}}{2}=2$$

$\therefore a_2=ar=2\times\frac{1-\sqrt{5}}{2}=1-\sqrt{5}$

따라서 $p=1$, $q=-1$이므로 $pq=1\times(-1)=-1$

개념 Check

세 수 a, b, c가 이 순서대로 등차수열을 이루면 $b=\frac{a+c}{2}$

즉, $2b=a+c$이고 b를 a와 c의 등차중항이라 한다.

실수 Check

$\sum_{n=1}^{\infty}a_n$이 수렴하므로 공비는 -1보다 크고 1보다 작아야 한다.

0388 답 ③

등비수열 $\{a_n\}$, $\{b_n\}$의 공비를 각각 r, s라 하면

$\sum_{n=1}^{\infty} a_n=4$에서 $\frac{1}{1-r}=4$, $1-r=\frac{1}{4}$ $\quad\therefore r=\frac{3}{4}$

$\sum_{n=1}^{\infty} b_n=2$에서 $\frac{1}{1-s}=2$, $1-s=\frac{1}{2}$ $\quad\therefore s=\frac{1}{2}$

따라서 수열 $\{a_nb_n\}$은 첫째항이 $a_1b_1=1$, 공비가

$rs=\frac{3}{4}\times\frac{1}{2}=\frac{3}{8}$인 등비수열이므로

$$\sum_{n=1}^{\infty} a_nb_n=\frac{1}{1-\frac{3}{8}}=\frac{8}{5}$$

0389 답 ②

등비수열 $\{a_n\}$의 첫째항을 a, 공비를 r라 하면

$a_n=ar^{n-1}$에서

$$\begin{aligned}a_{2n-1}-a_{2n}&=ar^{2n-1-1}-ar^{2n-1}\\&=ar^{2n-2}-ar^{2n-1}\\&=ar^{2n-2}(1-r)\\&=a(1-r)(r^2)^{n-1}\end{aligned}$$

이므로

$$\begin{aligned}\sum_{n=1}^{\infty}(a_{2n-1}-a_{2n})&=\sum_{n=1}^{\infty}a(1-r)(r^2)^{n-1}\\&=\frac{a(1-r)}{1-r^2}\ (\because 0<r^2<1)\\&=\frac{a}{1+r}\ (\because r\neq 1)\end{aligned}$$

$\therefore \frac{a}{1+r}=3$ ⋯⋯ ㉠

$a_n{}^2=(ar^{n-1})^2=a^2(r^2)^{n-1}$이므로

$\sum_{n=1}^{\infty} a_n{}^2=\frac{a^2}{1-r^2}$

$\therefore \frac{a^2}{1-r^2}=6$ ⋯⋯ ㉡

㉠을 ㉡에 대입하면

$\frac{a^2}{1-r^2}=\frac{a}{1+r}\times\frac{a}{1-r}=3\times\frac{a}{1-r}=6$ $\quad\therefore \frac{a}{1-r}=2$

$\therefore \sum_{n=1}^{\infty} a_n=\sum_{n=1}^{\infty} ar^{n-1}=\frac{a}{1-r}=2$

실수 Check

등비수열 $\{a_n\}$의 첫째항이 a, 공비가 r일 때

$\sum_{n=1}^{\infty} a_{2n}=\frac{ar}{1-r^2}$, $\sum_{n=1}^{\infty} a_n{}^2=\frac{a^2}{1-r^2}$

Plus 문제

0389-1

등비수열 $\{a_n\}$에 대하여

$\sum_{n=1}^{\infty}(a_{2n}-a_{2n-1})=\frac{1}{2}$, $\sum_{n=1}^{\infty} a_n{}^2=\frac{1}{2}$

일 때, $\sum_{n=1}^{\infty} a_n$의 값을 구하시오.

등비수열 $\{a_n\}$의 첫째항을 a, 공비를 r라 하면

$a_n=ar^{n-1}$에서

$$\begin{aligned}a_{2n}-a_{2n-1}&=ar^{2n-1}-ar^{2n-1-1}=ar^{2n-1}-ar^{2n-2}\\&=ar^{2n-2}(r-1)=a(r-1)(r^2)^{n-1}\end{aligned}$$

이므로

$$\begin{aligned}\sum_{n=1}^{\infty}(a_{2n}-a_{2n-1})&=\sum_{n=1}^{\infty}a(r-1)(r^2)^{n-1}\\&=\frac{a(r-1)}{1-r^2}\ (\because 0<r^2<1)\\&=\frac{-a}{1+r}\ (\because r\neq 1)\end{aligned}$$

$\therefore \frac{a}{1+r}=-\frac{1}{2}$ ⋯⋯ ㉠

$a_n{}^2=(ar^{n-1})^2=a^2(r^2)^{n-1}$이므로 $\sum_{n=1}^{\infty} a_n{}^2=\frac{a^2}{1-r^2}$

$\therefore \frac{a^2}{1-r^2}=\frac{1}{2}$ ⋯⋯ ㉡

㉠을 ㉡에 대입하면

$\frac{a^2}{1-r^2}=\frac{a}{1+r}\times\frac{a}{1-r}=-\frac{1}{2}\times\frac{a}{1-r}=\frac{1}{2}$

$\therefore \frac{a}{1-r}=-1$

$\therefore \sum_{n=1}^{\infty} a_n=\frac{a}{1-r}=-1$

답 -1

0390 답 ③ | 유형12

급수 $\sum_{n=1}^{\infty}\left(\frac{x^2-8x+14}{2}\right)^n$이 수렴하도록 하는 정수 x의 값의 합은?

단서1

① 6 ② 7 ③ 8
④ 9 ⑤ 10

단서1 $-1<\frac{x^2-8x+14}{2}<1$

STEP 1 **등비수열의 수렴 조건을 이용하여 x의 값의 범위 구하기**

주어진 급수의 첫째항과 공비가 $\frac{x^2-8x+14}{2}$이므로 급수가 수렴하려면

$-1<\frac{x^2-8x+14}{2}<1$

(i) $\frac{x^2-8x+14}{2}>-1$에서 $x^2-8x+16>0$, $(x-4)^2>0$

$\therefore x\neq 4$인 모든 실수

(ii) $\frac{x^2-8x+14}{2}<1$에서 $x^2-8x+12<0$, $(x-2)(x-6)<0$

$\therefore 2<x<6$

STEP 2 **정수 x의 값의 합 구하기**

(i), (ii)에서 $2<x<4$ 또는 $4<x<6$

따라서 정수 x는 3, 5이므로 구하는 합은 $3+5=8$

0391 답 $-\frac{4}{3}<x<2$

주어진 급수의 첫째항과 공비가 $\frac{3x-1}{5}$이므로 급수가 수렴하려면

$-1<\frac{3x-1}{5}<1$, $-5<3x-1<5$, $-4<3x<6$

$\therefore -\frac{4}{3}<x<2$

0392 답 9

주어진 급수의 첫째항과 공비가 $\frac{x}{5}$이므로 급수가 수렴하려면

$-1<\frac{x}{5}<1$ $\quad\therefore -5<x<5$

따라서 정수 x는 $-4,\ -3,\ -2,\ \cdots,\ 4$로 9개이다.

0393 답 ④

주어진 급수는 첫째항이 $(x+2)\times\frac{x-3}{5}$, 공비가 $\frac{x-3}{5}$이므로 급수가 수렴하려면

$(x+2)\times\frac{x-3}{5}=0$ 또는 $-1<\frac{x-3}{5}<1$

(i) $(x+2)\times\frac{x-3}{5}=0$에서

$x=-2$ 또는 $x=3$

(ii) $-1<\frac{x-3}{5}<1$에서 $-5<x-3<5$

$\therefore -2<x<8$

(i), (ii)에서 $-2\le x<8$이므로 정수 x는 $-2,\ -1,\ 0,\ 1,\ \cdots,\ 7$로 10개이다.

0394 답 ④

주어진 급수는 첫째항이 $x+2$, 공비가 $\frac{x-2}{3}$이므로 급수가 수렴하려면

$x+2=0$ 또는 $-1<\frac{x-2}{3}<1$

$x=-2$ 또는 $-3<x-2<3$

$\therefore x=-2$ 또는 $-1<x<5$

0395 답 24

주어진 급수의 첫째항과 공비가 $\frac{\log_5 p}{2}$이므로 급수가 수렴하려면

$-1<\frac{\log_5 p}{2}<1,\ -2<\log_5 p<2$

$\log_5 5^{-2}<\log_5 p<\log_5 5^2$

$\therefore \frac{1}{25}<p<25$

따라서 자연수 p는 $1,\ 2,\ 3,\ \cdots,\ 24$로 24개이다.

0396 답 ④

주어진 급수는 첫째항이 $\sin\theta$, 공비가 $2\cos\theta-1$이므로 급수가 수렴하려면

$\sin\theta=0$ 또는 $-1<2\cos\theta-1<1$

(i) $\sin\theta=0$에서

$\theta=0$ 또는 $\theta=\pi$ ($\because 0\le\theta\le\pi$)

(ii) $-1<2\cos\theta-1<1$에서

$0<2\cos\theta<2,\ 0<\cos\theta<1$

$\therefore 0<\theta<\frac{\pi}{2}$ ($\because 0\le\theta\le\pi$)

(i), (ii)에서 $0\le\theta<\frac{\pi}{2}$ 또는 $\theta=\pi$이므로 θ의 값이 될 수 없는 것은 ④이다.

0397 답 ①

(i) $\sum_{n=1}^{\infty}\left(\frac{4x+1}{2}\right)^n$의 공비가 $\frac{4x+1}{2}$이므로 급수가 수렴하려면

$-1<\frac{4x+1}{2}<1,\ -2<4x+1<2,\ -3<4x<1$

$\therefore -\frac{3}{4}<x<\frac{1}{4}$

(ii) $\sum_{n=1}^{\infty}(x^2-x+1)^n$의 공비가 x^2-x+1이므로 급수가 수렴하려면

$-1<x^2-x+1<1$

$x^2-x+1>-1$에서 $x^2-x+2>0$

이때 $x^2-x+2=\left(x-\frac{1}{2}\right)^2+\frac{7}{4}>0$이므로 모든 실수 x에 대하여 성립한다.

$x^2-x+1<1$에서 $x^2-x<0,\ x(x-1)<0$

$\therefore 0<x<1$

(i), (ii)에서 $0<x<\frac{1}{4}$이므로 $a=0,\ b=\frac{1}{4}$

$\therefore b-a=\frac{1}{4}-0=\frac{1}{4}$

0398 답 ①

등비급수 $\sum_{n=1}^{\infty}\left(\frac{r}{2}\right)^n$이 α로 수렴하므로 $-1<\frac{r}{2}<1$, 즉 $-2<r<2$이고

$$\alpha=\frac{\frac{r}{2}}{1-\frac{r}{2}}=\frac{r}{2-r}=\frac{-(2-r)+2}{2-r}=-\frac{2}{r-2}-1$$

$-2<r<2$에서 $\alpha=-\frac{2}{r-2}-1$의 그래프는 그림과 같으므로

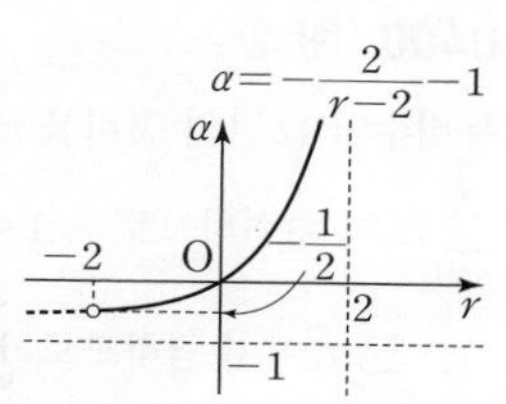

$\alpha>-\frac{1}{2}$

따라서 α의 값이 될 수 없는 것은 ①이다.

실수 Check

α를 r에 대한 식으로 나타내고, r의 값의 범위에 따라 α의 값의 범위를 구해야 한다.

0399 답 ① | 유형13

급수 $\sum_{n=1}^{\infty}r^n$이 수렴할 때, 〈보기〉에서 수렴하는 급수인 것만을 있는 대로 고른 것은?
단서1 단서2

〈보기〉

ㄱ. $\sum_{n=1}^{\infty}(r^{2n}+r^{3n})$

ㄴ. $\sum_{n=1}^{\infty}\left(1-\frac{r}{2}\right)^n$

ㄷ. $\sum_{n=1}^{\infty}\left(\frac{r+1}{2r}\right)^n$ (단, $r\ne0$)

① ㄱ ② ㄴ ③ ㄱ, ㄴ

④ ㄱ, ㄷ ⑤ ㄱ, ㄴ, ㄷ

단서1 $-1<r<1$

단서2 공비의 범위가 -1과 1 사이에 있는 것 찾기

STEP 1 r의 값의 범위 구하기

$\sum_{n=1}^{\infty} r^n$이 수렴하므로 $-1<r<1$ ······ ㉠

STEP 2 r의 값의 범위를 이용하여 주어진 등비급수의 공비의 범위 구하기

ㄱ. $\sum_{n=1}^{\infty}(r^{2n}+r^{3n})=\sum_{n=1}^{\infty} r^{2n}+\sum_{n=1}^{\infty} r^{3n}$

$\sum_{n=1}^{\infty} r^{2n}$은 공비가 r^2인 등비급수이고 ㉠에서 $0\le r^2<1$이므로

$\sum_{n=1}^{\infty} r^{2n}$은 수렴하고,

$\sum_{n=1}^{\infty} r^{3n}$은 공비가 r^3인 등비급수이고 ㉠에서 $-1<r^3<1$이므로

$\sum_{n=1}^{\infty} r^{3n}$도 수렴한다. 즉, 주어진 급수는 수렴한다.

ㄴ. $\sum_{n=1}^{\infty}\left(1-\frac{r}{2}\right)^n$은 공비가 $1-\frac{r}{2}$인 등비급수이고 ㉠에서

$-\frac{1}{2}<-\frac{r}{2}<\frac{1}{2}$ $\quad\therefore \frac{1}{2}<1-\frac{r}{2}<\frac{3}{2}$

즉, 주어진 급수는 항상 수렴한다고 할 수 없다.

ㄷ. $\sum_{n=1}^{\infty}\left(\frac{r+1}{2r}\right)^n$은 공비가 $\frac{r+1}{2r}$인 등비급수이고

㉠에서 $\frac{r+1}{2r}<0$ 또는 $\frac{r+1}{2r}>1$

이므로 주어진 급수는 항상 수렴한다고 할 수 없다.

STEP 3 수렴하는 급수 찾기

수렴하는 것은 ㄱ이다.

0400 답 ②

등비수열 $\{a_n\}$의 공비를 r $(r\neq0)$라 하면

$\sum_{n=1}^{\infty} a_n$이 수렴하므로 $-1<r<0$ 또는 $0<r<1$ ······ ㉠

ㄱ. $\sum_{n=1}^{\infty} a_n$이 수렴하므로 $\lim_{n\to\infty} a_n=0$

$\therefore \lim_{n\to\infty}\frac{n(a_n+1)}{a_n{}^2+3n}=\lim_{n\to\infty}\frac{a_n+1}{\frac{a_n{}^2}{n}+3}=\frac{0+1}{0+3}=\frac{1}{3}$

ㄴ. $\sum_{n=1}^{\infty} a_na_{n+1}$은 공비가 r^2인 등비급수이고 ㉠에서 $0<r^2<1$이므로 주어진 급수는 수렴한다.

ㄷ. $\sum_{n=1}^{\infty}\frac{2}{a_n}$는 공비가 $\frac{1}{r}$인 등비급수이고 ㉠에서 $\frac{1}{r}<-1$ 또는 $\frac{1}{r}>1$이므로 주어진 급수는 발산한다.

따라서 수렴하는 것은 ㄱ, ㄴ이다.

0401 답 ④

$\sum_{n=1}^{\infty} r^n$이 수렴하므로 $-1<r<1$ ······ ㉠

$\sum_{n=1}^{\infty}\left(1-\frac{1}{r}\right)^n$이 수렴하므로 $-1<1-\frac{1}{r}<1$

$\therefore r>\frac{1}{2}$ ······ ㉡

㉠, ㉡에서 $\frac{1}{2}<r<1$ ······ ㉢

① $\sum_{n=1}^{\infty} r^{2n}=\sum_{n=1}^{\infty}(r^2)^n$은 공비가 r^2인 등비급수이고 ㉢에서

$\frac{1}{4}<r^2<1$이므로 주어진 급수는 수렴한다.

② $\sum_{n=1}^{\infty}\left(\frac{r-1}{4}\right)^n$은 공비가 $\frac{r-1}{4}$인 등비급수이고 ㉢에서

$-\frac{1}{2}<r-1<0$ $\quad\therefore -\frac{1}{8}<\frac{r-1}{4}<0$

즉, 주어진 급수는 수렴한다.

③ $\sum_{n=1}^{\infty}(2r-1)^n$은 공비가 $2r-1$인 등비급수이고 ㉢에서

$1<2r<2$ $\quad\therefore 0<2r-1<1$

즉, 주어진 급수는 수렴한다.

④ $\sum_{n=1}^{\infty}\left(\frac{r}{4}+1\right)^n$은 공비가 $\frac{r}{4}+1$인 등비급수이고 ㉢에서

$\frac{1}{8}<\frac{r}{4}<\frac{1}{4}$ $\quad\therefore \frac{9}{8}<\frac{r}{4}+1<\frac{5}{4}$

즉, 주어진 급수는 발산한다.

⑤ $\sum_{n=1}^{\infty}\frac{r^n+(-r)^n}{2}=\frac{1}{2}\sum_{n=1}^{\infty} r^n+\frac{1}{2}\sum_{n=1}^{\infty}(-r)^n$

$\sum_{n=1}^{\infty} r^n$이 수렴하므로 $\frac{1}{2}\sum_{n=1}^{\infty} r^n$도 수렴한다.

$\sum_{n=1}^{\infty}(-r)^n$은 공비가 $-r$인 등비급수이고 ㉢에서

$-1<-r<-\frac{1}{2}$이므로 $\frac{1}{2}\sum_{n=1}^{\infty}(-r)^n$도 수렴한다.

즉, 주어진 급수는 수렴한다.

따라서 수렴하지 않는 것은 ④이다.

0402 답 ⑤

수열 $\{a_n\}$의 첫째항이 3, 공비가 $\frac{1}{5}$이므로

$a_n=3\times\left(\frac{1}{5}\right)^{n-1}$

수열 $\{b_n\}$의 첫째항이 1, 공비가 $\frac{1}{3}$이므로

$b_n=\left(\frac{1}{3}\right)^{n-1}$

① $\sum_{n=1}^{\infty} 2a_n$은 공비가 $\frac{1}{5}$인 등비급수이고 $-1<\frac{1}{5}<1$이므로 주어진 급수는 수렴한다.

② $\sum_{n=1}^{\infty}(a_n-b_n)=\sum_{n=1}^{\infty} a_n-\sum_{n=1}^{\infty} b_n$

$\sum_{n=1}^{\infty} a_n$은 공비가 $\frac{1}{5}$인 등비급수이고 $\sum_{n=1}^{\infty} b_n$은 공비가 $\frac{1}{3}$인 등비급수이므로 $\sum_{n=1}^{\infty} a_n$, $\sum_{n=1}^{\infty} b_n$은 모두 수렴한다.

즉, 주어진 급수는 수렴한다.

③ $\sum_{n=1}^{\infty}(-1)^n b_n$은 공비가 $-\frac{1}{3}$인 등비급수이고 $-1<-\frac{1}{3}<1$이므로 주어진 급수는 수렴한다.

④ $\sum_{n=1}^{\infty} a_nb_n$은 공비가 $\frac{1}{5}\times\frac{1}{3}=\frac{1}{15}$인 등비급수이고 $-1<\frac{1}{15}<1$이므로 주어진 급수는 수렴한다.

⑤ $\sum_{n=1}^{\infty}\frac{b_n}{a_n}$은 공비가 $\frac{\frac{1}{3}}{\frac{1}{5}}=\frac{5}{3}$인 등비급수이고 $\frac{5}{3}>1$이므로 주어진 급수는 발산한다.

따라서 수렴하는 급수가 아닌 것은 ⑤이다.

0403 답 ㄱ, ㄴ, ㄷ

두 등비수열 $\{a_n\}$, $\{b_n\}$의 공비를 각각 r, s라 하면

ㄱ. $\sum_{n=1}^{\infty} a_n$이 수렴하므로 $\lim_{n\to\infty} a_n=0$

$\therefore \lim_{n\to\infty}(a_n-2)=\lim_{n\to\infty} a_n-2=0-2=-2$ (참)

ㄴ. $\sum_{n=1}^{\infty} a_n$이 수렴하므로 $-1<r<1$ ······ ㉠

$\sum_{n=1}^{\infty} a_{2n}$은 공비가 r^2인 등비급수이고 ㉠에서 $0\le r^2<1$이므로

$\sum_{n=1}^{\infty} a_{2n}$도 수렴한다. (참)

ㄷ. $\sum_{n=1}^{\infty} \frac{a_n}{b_n}$은 공비가 $\frac{r}{s}$인 등비급수이고 수렴하므로 $\left|\frac{r}{s}\right|<1$

$\therefore |r|<|s|$

이때 수열 $\{b_n\}$이 수렴하므로 $-1<s\le1$

즉, $|r|<|s|\le1$에서 $|r|<1$이므로 $\sum_{n=1}^{\infty} a_n$은 수렴한다. (참)

ㄹ. [반례] $r=-\frac{1}{2}$, $s=\frac{1}{4}$이면

$\sum_{n=1}^{\infty} \frac{b_n}{a_n}$은 첫째항이 $\frac{b_1}{a_1}=1$이고 공비가 $\frac{s}{r}=-\frac{1}{2}$인 등비급수이므로

$$\sum_{n=1}^{\infty} \frac{b_n}{a_n}=\frac{1}{1-\left(-\frac{1}{2}\right)}=\frac{2}{3}$$

$$\sum_{n=1}^{\infty} a_n=\sum_{n=1}^{\infty}\left(-\frac{1}{2}\right)^{n-1}=\frac{1}{1-\left(-\frac{1}{2}\right)}=\frac{2}{3}$$

즉, $\sum_{n=1}^{\infty} \frac{b_n}{a_n}=\sum_{n=1}^{\infty} a_n=\frac{2}{3}$이지만

$\sum_{n=1}^{\infty} b_n=\sum_{n=1}^{\infty}\left(\frac{1}{4}\right)^{n-1}=\frac{1}{1-\frac{1}{4}}=\frac{4}{3}\neq\left(\frac{2}{3}\right)^2$ (거짓)

따라서 옳은 것은 ㄱ, ㄴ, ㄷ이다.

실수 Check

등비급수가 수렴하면 $-1<$(공비)<1이고,
등비수열이 수렴하면 $-1<$(공비)≤1이다.

0404 답 ③

| 유형14

수열 $\{a_n\}$의 첫째항부터 제n항까지의 합을 S_n이라 할 때, $S_n=3^{n+1}-3$이다. 급수 $\frac{1}{a_1}+\frac{1}{a_3}+\frac{1}{a_5}+\cdots$의 합은?

단서1 단서2

① $\frac{1}{16}$ ② $\frac{1}{8}$ ③ $\frac{3}{16}$
④ $\frac{1}{4}$ ⑤ $\frac{5}{16}$

단서1 $a_n=S_n-S_{n-1}$ $(n\ge2)$

단서2 $\frac{1}{a_1}+\frac{1}{a_3}+\frac{1}{a_5}+\cdots=\sum_{n=1}^{\infty}\frac{1}{a_{2n-1}}$

STEP 1 일반항 a_n 구하기

(i) $n=1$일 때, $a_1=S_1=3^2-3=6$

(ii) $n\ge2$일 때,

$a_n=S_n-S_{n-1}=(3^{n+1}-3)-(3^n-3)$

$=3^{n+1}-3^n=2\times3^n$ ······ ㉠

이때 $a_1=6$은 $n=1$을 ㉠에 대입한 것과 같으므로 $a_n=2\times3^n$

STEP 2 급수 $\frac{1}{a_1}+\frac{1}{a_3}+\frac{1}{a_5}+\cdots$의 합 구하기

$$\frac{1}{a_1}+\frac{1}{a_3}+\frac{1}{a_5}+\cdots=\sum_{n=1}^{\infty}\frac{1}{a_{2n-1}}=\sum_{n=1}^{\infty}\frac{1}{2\times3^{2n-1}}$$

$$=\sum_{n=1}^{\infty}\frac{3}{2}\times\left(\frac{1}{9}\right)^n$$

→ 첫째항이 $\frac{3}{2}\times\left(\frac{1}{9}\right)^1=\frac{1}{6}$, 공비가 $\frac{1}{9}$인 등비급수

$$=\frac{\frac{1}{6}}{1-\frac{1}{9}}=\frac{3}{16}$$

0405 답 ①

수열 $\{a_n\}$의 첫째항부터 제n항까지의 합을 S_n이라 하면

$S_n=\sum_{k=1}^{n} a_k=\frac{1}{2}(n^2+3n)$

(i) $n=1$일 때, $a_1=S_1=2$

(ii) $n\ge2$일 때,

$a_n=S_n-S_{n-1}=\frac{1}{2}(n^2+3n)-\frac{1}{2}\{(n-1)^2+3(n-1)\}$

$=\frac{1}{2}(n^2+3n)-\frac{1}{2}\{(n^2-2n+1)+(3n-3)\}$

$=\frac{1}{2}\{(n^2+3n)-(n^2+n-2)\}$

$=\frac{1}{2}(2n+2)$

$=n+1$ ······ ㉠

이때 $a_1=2$는 $n=1$을 ㉠에 대입한 것과 같으므로

$a_n=n+1$

$\therefore \sum_{n=1}^{\infty}\frac{1}{a_na_{n+1}}$

$=\sum_{n=1}^{\infty}\frac{1}{(n+1)(n+2)}=\sum_{n=1}^{\infty}\left(\frac{1}{n+1}-\frac{1}{n+2}\right)$

$=\lim_{n\to\infty}\sum_{k=1}^{n}\left(\frac{1}{k+1}-\frac{1}{k+2}\right)$

$=\lim_{n\to\infty}\left\{\left(\frac{1}{2}-\frac{1}{3}\right)+\left(\frac{1}{3}-\frac{1}{4}\right)+\left(\frac{1}{4}-\frac{1}{5}\right)+\cdots+\left(\frac{1}{n+1}-\frac{1}{n+2}\right)\right\}$

$=\lim_{n\to\infty}\left(\frac{1}{2}-\frac{1}{n+2}\right)=\frac{1}{2}$

0406 답 ②

(i) $n=1$일 때, $a_1=S_1=\frac{1}{2}$

(ii) $n\ge2$일 때,

$a_n=S_n-S_{n-1}=(1-2^{-n})-(1-2^{-n+1})=2^{-(n-1)}-2^{-n}$

$=\frac{1}{2^{n-1}}-\frac{1}{2^n}=\frac{1}{2^{n-1}}\left(1-\frac{1}{2}\right)=\frac{1}{2^n}$ ······ ㉠

이때 $a_1=\frac{1}{2}$은 $n=1$을 ㉠에 대입한 것과 같으므로

$a_n=\frac{1}{2^n}$

따라서 $a_{2n}=\frac{1}{2^{2n}}=\left(\frac{1}{4}\right)^n$이므로

$$\sum_{n=1}^{\infty} a_{2n}=\sum_{n=1}^{\infty}\left(\frac{1}{4}\right)^n=\frac{\frac{1}{4}}{1-\frac{1}{4}}=\frac{1}{3}$$

0407 답 ①

$\sum_{k=1}^{n}\frac{a_k}{k+1}=S_n$이라 하면 $S_n=n^2+5n$

(i) $n=1$일 때, $\frac{a_1}{2}=S_1=6$ $\therefore a_1=12$

(ii) $n\geq 2$일 때,

$$\frac{a_n}{n+1}=S_n-S_{n-1}=(n^2+5n)-\{(n-1)^2+5(n-1)\}$$
$$=(n^2+5n)-(n^2-2n+1+5n-5)$$
$$=2n+4$$

$\therefore a_n=2(n+1)(n+2)$ ……… ㉠

이때 $a_1=12$는 $n=1$을 ㉠에 대입한 것과 같으므로

$a_n=2(n+1)(n+2)$

$$\therefore \sum_{n=1}^{\infty}\frac{1}{a_n}=\sum_{n=1}^{\infty}\frac{1}{2(n+1)(n+2)}=\sum_{n=1}^{\infty}\frac{1}{2}\left(\frac{1}{n+1}-\frac{1}{n+2}\right)$$
$$=\lim_{n\to\infty}\sum_{k=1}^{n}\frac{1}{2}\left(\frac{1}{k+1}-\frac{1}{k+2}\right)$$
$$=\lim_{n\to\infty}\frac{1}{2}\left\{\left(\frac{1}{2}-\frac{1}{3}\right)+\left(\frac{1}{3}-\frac{1}{4}\right)+\left(\frac{1}{4}-\frac{1}{5}\right)+\cdots+\left(\frac{1}{n+1}-\frac{1}{n+2}\right)\right\}$$
$$=\lim_{n\to\infty}\frac{1}{2}\left(\frac{1}{2}-\frac{1}{n+2}\right)=\frac{1}{2}\times\frac{1}{2}=\frac{1}{4}$$

0408 답 $\frac{8}{7}$

$\log_2(S_n+1)=3n$에서 $S_n+1=2^{3n}$

$\therefore S_n=2^{3n}-1=8^n-1$

(i) $n=1$일 때, $a_1=S_1=7$

(ii) $n\geq 2$일 때,

$a_n=S_n-S_{n-1}=(8^n-1)-(8^{n-1}-1)=7\times 8^{n-1}$ ……… ㉠

이때 $a_1=7$은 $n=1$을 ㉠에 대입한 것과 같으므로

$a_n=7\times 8^{n-1}$

$$\therefore \sum_{n=1}^{\infty}\frac{a_{n+1}}{a_{2n}}=\sum_{n=1}^{\infty}\frac{7\times 8^n}{7\times 8^{2n-1}}=\sum_{n=1}^{\infty}8^{-n+1}$$
$$=\sum_{n=1}^{\infty}\left(\frac{1}{8}\right)^{n-1}=\frac{1}{1-\frac{1}{8}}=\frac{8}{7}$$

0409 답 ⑤

(i) $n=1$일 때, $a_1=S_1=\frac{5}{4}$

(ii) $n\geq 2$일 때,

$$a_n=S_n-S_{n-1}=5\left\{1-\left(\frac{3}{4}\right)^n\right\}-5\left\{1-\left(\frac{3}{4}\right)^{n-1}\right\}$$
$$=5\left\{\left(\frac{3}{4}\right)^{n-1}-\left(\frac{3}{4}\right)^n\right\}=\frac{5}{4}\times\left(\frac{3}{4}\right)^{n-1}$$ ……… ㉠

이때 $a_1=\frac{5}{4}$는 $n=1$을 ㉠에 대입한 것과 같으므로

$a_n=\frac{5}{4}\times\left(\frac{3}{4}\right)^{n-1}$

$$\therefore a_1+a_3+a_5+\cdots=\frac{5}{4}+\frac{5}{4}\times\left(\frac{3}{4}\right)^2+\frac{5}{4}\times\left(\frac{3}{4}\right)^4+\cdots$$
$$=\frac{\frac{5}{4}}{1-\left(\frac{3}{4}\right)^2}=\frac{20}{7}$$

따라서 $p=7$, $q=20$이므로 $p+q=7+20=27$

0410 답 3

$\lim_{n\to\infty}S_n=\lim_{n\to\infty}\frac{2n}{n+1}=\lim_{n\to\infty}\frac{2}{1+\frac{1}{n}}=2$이므로

$\lim_{n\to\infty}S_{n+1}=\lim_{n\to\infty}S_n$이고, $S_1=1$

$$\therefore \sum_{n=1}^{\infty}(a_n+a_{n+1})=\lim_{n\to\infty}\sum_{k=1}^{n}(a_k+a_{k+1})$$
$$=\lim_{n\to\infty}\left(\sum_{k=1}^{n}a_k+\sum_{k=1}^{n}a_{k+1}\right)$$
$$=\lim_{n\to\infty}\left(\sum_{k=1}^{n}a_k+\sum_{k=1}^{n+1}a_k-a_1\right)$$
$$=\lim_{n\to\infty}(S_n+S_{n+1}-S_1)$$
$$=\lim_{n\to\infty}S_n+\lim_{n\to\infty}S_{n+1}-S_1$$
$$=2\lim_{n\to\infty}S_n-S_1$$
$$=2\times 2-1=3$$

0411 답 ①

등차수열 $\{a_n\}$의 첫째항이 3이고 공차가 2이므로

$a_n=3+(n-1)\times 2=2n+1$

$$\therefore S_n=\sum_{k=1}^{n}(2k+1)$$
$$=2\times\frac{n(n+1)}{2}+n=n^2+2n$$

$$\therefore \sum_{n=1}^{\infty}\frac{a_{n+1}}{S_nS_{n+1}}=\sum_{n=1}^{\infty}\frac{S_{n+1}-S_n}{S_nS_{n+1}}$$
$$=\sum_{n=1}^{\infty}\left(\frac{1}{S_n}-\frac{1}{S_{n+1}}\right)$$
$$=\lim_{n\to\infty}\sum_{k=1}^{n}\left(\frac{1}{S_k}-\frac{1}{S_{k+1}}\right)$$
$$=\lim_{n\to\infty}\left\{\left(\frac{1}{S_1}-\frac{1}{S_2}\right)+\left(\frac{1}{S_2}-\frac{1}{S_3}\right)+\cdots+\left(\frac{1}{S_n}-\frac{1}{S_{n+1}}\right)\right\}$$
$$=\lim_{n\to\infty}\left(\frac{1}{S_1}-\frac{1}{S_{n+1}}\right)$$
$$=\lim_{n\to\infty}\left(\frac{1}{3}-\frac{1}{n^2+4n+3}\right)=\frac{1}{3}$$

0412 답 ①

$S_{2n+1}=\frac{2}{2n+1}$, $S_{2n}=\frac{2}{2n-1}$이므로

$a_{2n+1}=S_{2n+1}-S_{2n}=\frac{2}{2n+1}-\frac{2}{2n-1}$

$$\therefore \sum_{n=1}^{\infty}a_{2n+1}=\sum_{n=1}^{\infty}\left(\frac{2}{2n+1}-\frac{2}{2n-1}\right)$$
$$=\lim_{n\to\infty}\sum_{k=1}^{n}\left(\frac{2}{2k+1}-\frac{2}{2k-1}\right)$$
$$=\lim_{n\to\infty}\left\{\left(\frac{2}{3}-\frac{2}{1}\right)+\left(\frac{2}{5}-\frac{2}{3}\right)+\left(\frac{2}{7}-\frac{2}{5}\right)+\cdots+\left(\frac{2}{2n+1}-\frac{2}{2n-1}\right)\right\}$$
$$=\lim_{n\to\infty}\left(\frac{2}{2n+1}-2\right)=-2$$

참고 $S_{2n-1}=a_1+a_2+a_3+\cdots+a_{2n}+a_{2n-1}$

$\sum_{k=1}^{n}a_{2k-1}=a_1+a_3+a_5+\cdots+a_{2n-3}+a_{2n-1}$

0413 답 ④

$\lim_{n\to\infty} S_n = \lim_{n\to\infty} \frac{4n^2+n-3}{n^2+1}$

$= \lim_{n\to\infty} \frac{4+\frac{1}{n}-\frac{3}{n^2}}{1+\frac{1}{n^2}} = 4$

이므로 $\lim_{n\to\infty} S_{n+2} = \lim_{n\to\infty} S_{n+1} = \lim_{n\to\infty} S_n = 4$이고, $S_1=1$, $S_2=3$

$\therefore \sum_{n=1}^{\infty}(a_n+a_{n+1}+a_{n+2})$

$= \lim_{n\to\infty}\sum_{k=1}^{n}(a_k+a_{k+1}+a_{k+2})$

$= \lim_{n\to\infty}\left(\sum_{k=1}^{n}a_k+\sum_{k=2}^{n+1}a_k+\sum_{k=3}^{n+2}a_k\right)$

$= \lim_{n\to\infty}\left\{\sum_{k=1}^{n}a_k+\left(\sum_{k=1}^{n+1}a_k-a_1\right)+\left(\sum_{k=1}^{n+2}a_k-\sum_{k=1}^{2}a_k\right)\right\}$

$= \lim_{n\to\infty}\{S_n+(S_{n+1}-S_1)+(S_{n+2}-S_2)\}$

$= \lim_{n\to\infty}S_n+\lim_{n\to\infty}S_{n+1}+\lim_{n\to\infty}S_{n+2}-S_1-S_2$

$=3\lim_{n\to\infty}S_n-S_1-S_2$

$=3\times4-1-3=8$

실수 Check

$\sum_{n=1}^{\infty}a_{n+1}=\sum_{n=2}^{\infty}a_n=\lim_{n\to\infty}(S_n-S_1)$임을 이용한다.

Plus 문제

0413-1

수열 $\{a_n\}$의 첫째항부터 제n항까지의 합 S_n이 $S_n=\frac{6n+3}{2n-1}$일 때, 급수 $\sum_{n=1}^{\infty}(a_n+a_{n+1}+a_{n+2})$의 합을 구하시오.

$\lim_{n\to\infty} S_n = \lim_{n\to\infty}\frac{6n+3}{2n-1}$

$= \lim_{n\to\infty}\frac{6+\frac{3}{n}}{2-\frac{1}{n}}=3$

이므로 $\lim_{n\to\infty} S_{n+2} = \lim_{n\to\infty} S_{n+1} = \lim_{n\to\infty} S_n = 3$이고,

$S_1=9$, $S_2=5$

$\therefore \sum_{n=1}^{\infty}(a_n+a_{n+1}+a_{n+2})$

$= \lim_{n\to\infty}\sum_{k=1}^{n}(a_k+a_{k+1}+a_{k+2})$

$= \lim_{n\to\infty}\left(\sum_{k=1}^{n}a_k+\sum_{k=2}^{n+1}a_k+\sum_{k=3}^{n+2}a_k\right)$

$= \lim_{n\to\infty}\left\{\sum_{k=1}^{n}a_k+\left(\sum_{k=1}^{n+1}a_k-a_1\right)+\left(\sum_{k=1}^{n+2}a_k-\sum_{k=1}^{2}a_k\right)\right\}$

$= \lim_{n\to\infty}\{S_n+(S_{n+1}-S_1)+(S_{n+2}-S_2)\}$

$= \lim_{n\to\infty}S_n+\lim_{n\to\infty}S_{n+1}+\lim_{n\to\infty}S_{n+2}-S_1-S_2$

$=3\lim_{n\to\infty}S_n-S_1-S_2$

$=3\times3-9-5=-5$

답 -5

0414 답 ⑤

유형 15

각 항은 실수이고 첫째항이 $0.\dot{3}$(단서1), 제4항이 $0.04\dot{1}\dot{6}$(단서2)인 등비급수의 합은?

① $\frac{2}{9}$ ② $\frac{1}{3}$ ③ $\frac{4}{9}$
④ $\frac{5}{9}$ ⑤ $\frac{2}{3}$

단서1 $0.\dot{3}=\frac{3}{9}=\frac{1}{3}$

단서2 $0.04\dot{1}\dot{6}=\frac{416-41}{9000}=\frac{375}{9000}$

STEP 1 등비급수의 공비 구하기

$0.\dot{3}=\frac{3}{9}=\frac{1}{3}$, $0.04\dot{1}\dot{6}=\frac{416-41}{9000}=\frac{375}{9000}=\frac{1}{24}$이므로 공비를 r라 하면

$\frac{1}{3}r^3=\frac{1}{24}$, $r^3=\frac{1}{8}$ $\quad\therefore r=\frac{1}{2}$

STEP 2 주어진 등비급수의 합 구하기

구하는 등비급수의 합은

$\frac{\frac{1}{3}}{1-\frac{1}{2}}=\frac{2}{3}$

개념 Check

순환소수를 분수로 나타내기

(1) $0.\dot{a}b\dot{c}=\frac{abc}{999}$ (전체의 수, 순환마디 개수 3개)

(2) $a.b\dot{c}\dot{d}=\frac{abcd-ab}{990}$ (전체의 수, 순환하지 않는 부분의 수, 순환마디 개수 2개, 소수점 아래 순환하지 않는 개수 1개)

0415 답 ④

등비수열 $\{a_n\}$의 공비가 $0.\dot{2}=\frac{2}{9}$이고

$\sum_{n=1}^{\infty}a_n=0.1\dot{3}=\frac{13-1}{90}=\frac{12}{90}=\frac{2}{15}$이므로

$\sum_{n=1}^{\infty}a_n=\frac{a_1}{1-\frac{2}{9}}=\frac{2}{15}$

$\therefore a_1=\frac{2}{15}\times\frac{7}{9}=\frac{14}{135}=0.1\dot{0}3\dot{7}$

0416 답 $\frac{1}{2}$

$0.\dot{3}=\frac{3}{9}=\frac{1}{3}$, $0.\dot{0}3\dot{7}\dot{0}$... $0.0\dot{3}7\dot{0}=\frac{370}{9990}=\frac{1}{27}$이므로 공비를 r라 하면

$\frac{1}{3}r^2=\frac{1}{27}$, $r^2=\frac{1}{9}$

$\therefore r=\frac{1}{3}$ ($\because r>0$)

따라서 구하는 등비급수의 합은

$\frac{\frac{1}{3}}{1-\frac{1}{3}}=\frac{1}{2}$

0417 답 $-30<x<30$

주어진 급수는 첫째항이 $0.\dot{6}=\frac{6}{9}=\frac{2}{3}$, 공비가 $0.0\dot{3}x=\frac{3}{90}x=\frac{x}{30}$ 이므로 급수가 수렴하려면

$-1<\frac{x}{30}<1$

$\therefore\ -30<x<30$

0418 답 ⑤

등비수열 $\{a_n\}$의 첫째항이 $0.\dot{x}=\frac{x}{9}$, 공비가 $0.x=\frac{x}{10}$이므로

$$\sum_{n=1}^{\infty}a_n=\frac{\frac{x}{9}}{1-\frac{x}{10}}=\frac{10x}{9(10-x)}$$

따라서 $\frac{10x}{9(10-x)}=x+1$에서

$10x=9(x+1)(10-x)$

$9x^2-71x-90=0$

$(9x+10)(x-9)=0$

$\therefore x=9$ ($\because$ x는 자연수)

0419 답 ⑤

등비수열 $\{a_n\}$의 첫째항이 $0.\dot{x}=\frac{x}{9}$, 공비가 $0.\dot{0}\dot{x}=\frac{x}{99}$이므로

$$\sum_{n=1}^{\infty}a_n=\frac{\frac{x}{9}}{1-\frac{x}{99}}=\frac{11x}{99-x}$$

따라서 $\frac{11x}{99-x}=1.1$에서

$\frac{11x}{99-x}=\frac{11}{10}$

$10x=99-x$, $11x=99$ $\quad\therefore x=9$

0420 답 $\frac{13}{60}$

$\frac{8}{33}=\frac{24}{99}=0.\dot{2}\dot{4}=0.242424\cdots$이므로

$a_1=2$, $a_2=4$, $a_3=2$, $a_4=4$, $\cdots$

$$\therefore \sum_{n=1}^{\infty}\frac{a_n}{11^n}$$
$$=\frac{a_1}{11}+\frac{a_2}{11^2}+\frac{a_3}{11^3}+\frac{a_4}{11^4}+\frac{a_5}{11^5}+\frac{a_6}{11^6}+\cdots$$
$$=\frac{2}{11}+\frac{4}{11^2}+\frac{2}{11^3}+\frac{4}{11^4}+\frac{2}{11^5}+\frac{4}{11^6}+\cdots$$
$$=\left(\frac{2}{11}+\frac{2}{11^3}+\frac{2}{11^5}+\cdots\right)+\left(\frac{4}{11^2}+\frac{4}{11^4}+\frac{4}{11^6}+\cdots\right)$$
$$=\frac{\frac{2}{11}}{1-\frac{1}{121}}+\frac{\frac{4}{121}}{1-\frac{1}{121}}$$
$$=\frac{22}{120}+\frac{4}{120}=\frac{13}{60}$$

0421 답 ④

그림과 같이 좌표평면 위에서 원점 O를 출발한 점 P가 x축 또는 y축과 평행하게 점 P_1, P_2, P_3, P_4, $\cdots$로 움직인다.

$\overline{OP_1}=1$, $\overline{P_1P_2}=\frac{3}{4}$, $\overline{P_2P_3}=\left(\frac{3}{4}\right)^2$, $\cdots$ 단서1

을 만족시킬 때, 점 P_n이 한없이 가까워지는 점의 좌표는?

① $\left(\frac{9}{7}, \frac{12}{7}\right)$ ② $\left(\frac{12}{7}, \frac{12}{7}\right)$ ③ $\left(\frac{12}{7}, \frac{16}{7}\right)$
④ $\left(\frac{16}{7}, \frac{12}{7}\right)$ ⑤ $\left(\frac{16}{7}, \frac{16}{7}\right)$

단서1 길이가 $\frac{3}{4}$배가 되는 규칙

STEP1 점 P_n이 한없이 가까워지는 점의 x좌표 구하기

점 P_n이 한없이 가까워지는 점의 좌표를 (x, y)라 하면

$$x=\overline{OP_1}+\overline{P_2P_3}+\overline{P_4P_5}+\cdots=1+\left(\frac{3}{4}\right)^2+\left(\frac{3}{4}\right)^4+\cdots$$

첫째항이 1, 공비가 $\left(\frac{3}{4}\right)^2=\frac{9}{16}$인 등비급수

$$=\frac{1}{1-\frac{9}{16}}=\frac{16}{7}$$

STEP2 점 P_n이 한없이 가까워지는 점의 y좌표 구하기

$$y=\overline{P_1P_2}+\overline{P_3P_4}+\overline{P_5P_6}+\cdots=\frac{3}{4}+\left(\frac{3}{4}\right)^3+\left(\frac{3}{4}\right)^5+\cdots$$

첫째항이 $\frac{3}{4}$, 공비가 $\left(\frac{3}{4}\right)^2=\frac{9}{16}$인 등비급수

$$=\frac{\frac{3}{4}}{1-\frac{9}{16}}=\frac{12}{7}$$

STEP3 점 P_n이 한없이 가까워지는 점의 좌표 구하기

점 P_n이 한없이 가까워지는 점의 좌표는 $\left(\frac{16}{7}, \frac{12}{7}\right)$이다.

0422 답 15

$$a=\overline{OP_1}-\overline{P_2P_3}+\overline{P_4P_5}-\overline{P_6P_7}+\cdots$$
$$=1-\left(\frac{2}{3}\right)^2+\left(\frac{2}{3}\right)^4-\left(\frac{2}{3}\right)^6+\cdots=\frac{1}{1-\left(-\frac{4}{9}\right)}=\frac{9}{13}$$
$$b=\overline{P_1P_2}-\overline{P_3P_4}+\overline{P_5P_6}-\overline{P_7P_8}+\cdots$$
$$=\frac{2}{3}-\left(\frac{2}{3}\right)^3+\left(\frac{2}{3}\right)^5-\left(\frac{2}{3}\right)^7+\cdots=\frac{\frac{2}{3}}{1-\left(-\frac{4}{9}\right)}=\frac{6}{13}$$
$$\therefore 13(a+b)=13\left(\frac{9}{13}+\frac{6}{13}\right)=13\times\frac{15}{13}=15$$

0423 답 ①

점 P_n이 한없이 가까워지는 점의 x좌표는

$$\overline{OP_1}\cos 45°+\overline{P_1P_2}\cos 45°+\overline{P_2P_3}\cos 45°+\cdots$$
$$=2\times\frac{\sqrt{2}}{2}+2\times\frac{1}{2}\times\frac{\sqrt{2}}{2}+2\times\left(\frac{1}{2}\right)^2\times\frac{\sqrt{2}}{2}+\cdots$$
$$=\frac{\sqrt{2}}{1-\frac{1}{2}}=2\sqrt{2}$$

0424 답 ⑤

$x=\overline{\mathrm{OP_1}}\cos 30°-\overline{\mathrm{P_1P_2}}\cos 30°+\overline{\mathrm{P_2P_3}}\cos 30°-\overline{\mathrm{P_3P_4}}\cos 30°+\cdots$

$=1\times\frac{\sqrt{3}}{2}-\frac{1}{3}\times\frac{\sqrt{3}}{2}+\left(\frac{1}{3}\right)^2\times\frac{\sqrt{3}}{2}-\left(\frac{1}{3}\right)^3\times\frac{\sqrt{3}}{2}+\cdots$

$=\frac{\frac{\sqrt{3}}{2}}{1-\left(-\frac{1}{3}\right)}=\frac{3\sqrt{3}}{8}$

$y=\overline{\mathrm{OP_1}}\sin 30°+\overline{\mathrm{P_1P_2}}\sin 30°+\overline{\mathrm{P_2P_3}}\sin 30°+\overline{\mathrm{P_3P_4}}\sin 30°+\cdots$

$=1\times\frac{1}{2}+\frac{1}{3}\times\frac{1}{2}+\left(\frac{1}{3}\right)^2\times\frac{1}{2}+\left(\frac{1}{3}\right)^3\times\frac{1}{2}+\cdots$

$=\frac{\frac{1}{2}}{1-\frac{1}{3}}=\frac{3}{4}$

$\therefore x^2+y^2=\left(\frac{3\sqrt{3}}{8}\right)^2+\left(\frac{3}{4}\right)^2=\frac{27}{64}+\frac{9}{16}=\frac{63}{64}$

0425 답 ①

점 P_n이 한없이 가까워지는 점의 x좌표는

$\overline{\mathrm{P_1P_2}}\sin 60°-\overline{\mathrm{P_2P_3}}\sin 60°+\overline{\mathrm{P_4P_5}}\sin 60°-\overline{\mathrm{P_5P_6}}\sin 60°+\overline{\mathrm{P_7P_8}}\sin 60°-\overline{\mathrm{P_8P_9}}\sin 60°+\cdots$

$=\frac{4}{5}\times\frac{\sqrt{3}}{2}-\left(\frac{4}{5}\right)^2\times\frac{\sqrt{3}}{2}+\left(\frac{4}{5}\right)^4\times\frac{\sqrt{3}}{2}-\left(\frac{4}{5}\right)^5\times\frac{\sqrt{3}}{2}+\left(\frac{4}{5}\right)^7\times\frac{\sqrt{3}}{2}-\left(\frac{4}{5}\right)^8\times\frac{\sqrt{3}}{2}+\cdots$

$=\left\{\frac{4}{5}\times\frac{\sqrt{3}}{2}+\left(\frac{4}{5}\right)^4\times\frac{\sqrt{3}}{2}+\left(\frac{4}{5}\right)^7\times\frac{\sqrt{3}}{2}+\cdots\right\}-\left\{\left(\frac{4}{5}\right)^2\times\frac{\sqrt{3}}{2}+\left(\frac{4}{5}\right)^5\times\frac{\sqrt{3}}{2}+\left(\frac{4}{5}\right)^8\times\frac{\sqrt{3}}{2}+\cdots\right\}$

$=\frac{\frac{2\sqrt{3}}{5}}{1-\frac{64}{125}}-\frac{\frac{8\sqrt{3}}{25}}{1-\frac{64}{125}}=\frac{50\sqrt{3}}{61}-\frac{40\sqrt{3}}{61}=\frac{10\sqrt{3}}{61}$

0426 답 ①

점 A_n이 한없이 가까워지는 점의 x좌표는

$\overline{\mathrm{OA_0}}-\overline{\mathrm{A_0A_1}}\cos 60°+\overline{\mathrm{A_1A_2}}-\overline{\mathrm{A_2A_3}}\cos 60°+\overline{\mathrm{A_3A_4}}-\overline{\mathrm{A_4A_5}}\cos 60°+\cdots$

$=10-10\times\frac{1}{2}+10\times\frac{2}{3}-10\times\left(\frac{2}{3}\right)^2\times\frac{1}{2}+10\times\left(\frac{2}{3}\right)^3-10\times\left(\frac{2}{3}\right)^4\times\frac{1}{2}+\cdots$

$=10-10\times\left\{\frac{1}{2}+\frac{1}{2}\times\left(\frac{2}{3}\right)^2+\frac{1}{2}\times\left(\frac{2}{3}\right)^4+\cdots\right\}+10\times\left\{\frac{2}{3}+\left(\frac{2}{3}\right)^3+\left(\frac{2}{3}\right)^5+\cdots\right\}$

$=10-10\times\frac{\frac{1}{2}}{1-\frac{4}{9}}+10\times\frac{\frac{2}{3}}{1-\frac{4}{9}}=10-10\times\frac{9}{10}+10\times\frac{6}{5}$

$=10-9+12=13$

실수 Check

점 A_n이 한없이 가까워지는 점의 x좌표가 증가와 감소를 반복하면 증가하는 항끼리, 감소하는 항끼리 각각 등비급수로 묶어 계산해야 한다.

0427 답 ⑤

| 유형 17

그림과 같이 $\overline{\mathrm{OA_0}}=5$, $\overline{\mathrm{OA_1}}=4$, $\overline{\mathrm{A_0A_1}}=3$인 직각삼각형 $\mathrm{OA_0A_1}$이 있다. 점 $\mathrm{A_1}$에서 $\overline{\mathrm{OA_0}}$에 내린 수선의 발을 $\mathrm{A_2}$, 점 $\mathrm{A_2}$에서 $\overline{\mathrm{OA_1}}$에 내린 수선의 발을 $\mathrm{A_3}$이라 하자. 이와 같은 과정을 한없이 반복할 때, 급수 $\overline{\mathrm{A_1A_2}}+\overline{\mathrm{A_2A_3}}+\overline{\mathrm{A_3A_4}}+\cdots$의 합은?

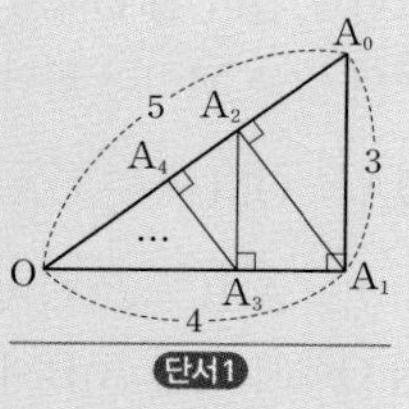

① 8 ② 9 ③ 10 ④ 11 ⑤ 12

단서1 $\triangle\mathrm{A}_{n-1}\mathrm{A}_n\mathrm{A}_{n+1}$과 $\triangle\mathrm{A}_n\mathrm{A}_{n+1}\mathrm{A}_{n+2}$는 닮음이고, 닮음비는 $\overline{\mathrm{A}_n\mathrm{A}_{n+1}}:\overline{\mathrm{A}_{n+1}\mathrm{A}_{n+2}}$

STEP 1 $\overline{\mathrm{A_1A_2}}$, $\overline{\mathrm{A_2A_3}}$, $\overline{\mathrm{A_3A_4}}$, … 구하기

$\angle\mathrm{A_0OA_1}=\theta$라 하면

$\sin\theta=\frac{3}{5}$, $\cos\theta=\frac{4}{5}$

$\angle\mathrm{A_1OA_2}=\theta$이므로

$\overline{\mathrm{A_1A_2}}=\overline{\mathrm{OA_1}}\sin\theta=4\times\frac{3}{5}=\frac{12}{5}$

→ 직각삼각형 $\mathrm{OA_1A_2}$에서 $\frac{\overline{\mathrm{A_1A_2}}}{\overline{\mathrm{OA_1}}}=\sin\theta$이므로 $\overline{\mathrm{A_1A_2}}=\overline{\mathrm{OA_1}}\sin\theta$

$\angle\mathrm{A_1A_2A_3}=\theta$이므로

$\overline{\mathrm{A_2A_3}}=\overline{\mathrm{A_1A_2}}\cos\theta=\frac{12}{5}\times\frac{4}{5}$

→ 직각삼각형 $\mathrm{A_1A_2A_3}$에서 $\frac{\overline{\mathrm{A_2A_3}}}{\overline{\mathrm{A_1A_2}}}=\cos\theta$이므로 $\overline{\mathrm{A_2A_3}}=\overline{\mathrm{A_1A_2}}\cos\theta$

$\angle\mathrm{A_2A_3A_4}=\theta$이므로

$\overline{\mathrm{A_3A_4}}=\overline{\mathrm{A_2A_3}}\cos\theta=\frac{12}{5}\times\frac{4}{5}\times\frac{4}{5}=\frac{12}{5}\times\left(\frac{4}{5}\right)^2$

⋮

STEP 2 급수 $\overline{\mathrm{A_1A_2}}+\overline{\mathrm{A_2A_3}}+\overline{\mathrm{A_3A_4}}+\cdots$의 합 구하기

$\overline{\mathrm{A_1A_2}}+\overline{\mathrm{A_2A_3}}+\overline{\mathrm{A_3A_4}}+\cdots=\frac{12}{5}+\frac{12}{5}\times\frac{4}{5}+\frac{12}{5}\times\left(\frac{4}{5}\right)^2+\cdots$

$=\frac{\frac{12}{5}}{1-\frac{4}{5}}$

$=12$

0428 답 ⑤

$\angle\mathrm{OP_1P_2}=45°$이므로

$\overline{\mathrm{P_1P_2}}=\overline{\mathrm{OP_1}}\cos 45°=2\times\frac{\sqrt{2}}{2}=\sqrt{2}$

$\angle\mathrm{OP_2P_3}=45°$이고 $\overline{\mathrm{OP_2}}=\overline{\mathrm{P_1P_2}}=\sqrt{2}$이므로

$\overline{\mathrm{P_2P_3}}=\overline{\mathrm{OP_2}}\cos 45°=\sqrt{2}\times\frac{\sqrt{2}}{2}$

$\angle\mathrm{OP_3P_4}=45°$이고 $\overline{\mathrm{OP_3}}=\overline{\mathrm{P_2P_3}}=\sqrt{2}\times\frac{\sqrt{2}}{2}$이므로

$\overline{\mathrm{P_3P_4}}=\overline{\mathrm{OP_3}}\cos 45°=\sqrt{2}\times\frac{\sqrt{2}}{2}\times\frac{\sqrt{2}}{2}=\sqrt{2}\times\left(\frac{\sqrt{2}}{2}\right)^2$

⋮

$\therefore \sum_{n=1}^{\infty}\overline{\mathrm{P}_n\mathrm{P}_{n+1}}=\overline{\mathrm{P_1P_2}}+\overline{\mathrm{P_2P_3}}+\overline{\mathrm{P_3P_4}}+\cdots$

$=\sqrt{2}+\sqrt{2}\times\frac{\sqrt{2}}{2}+\sqrt{2}\times\left(\frac{\sqrt{2}}{2}\right)^2+\cdots$

$=\frac{\sqrt{2}}{1-\frac{\sqrt{2}}{2}}$

$=\frac{2\sqrt{2}}{2-\sqrt{2}}=2\sqrt{2}+2$

0429 답 ③

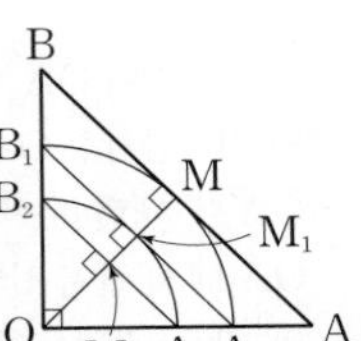

그림과 같이 점 O에서 선분 AB에 내린 수선의 발을 M이라 하면

$\overline{OA_1}=\overline{OM}=\frac{\sqrt{2}}{2}\overline{OA}=\frac{\sqrt{2}}{2}\times 2=\sqrt{2}$

$\therefore\ l_1=\overline{A_1B_1}=\sqrt{2}\,\overline{OA_1}=\sqrt{2}\times\sqrt{2}=2$

점 O에서 선분 A_1B_1에 내린 수선의 발을 M_1이라 하면

$\overline{OA_2}=\overline{OM_1}=\frac{\sqrt{2}}{2}\overline{OA_1}=\frac{\sqrt{2}}{2}\times\sqrt{2}=1$

$\therefore\ l_2=\overline{A_2B_2}=\sqrt{2}\,\overline{OA_2}=\sqrt{2}\times 1=\sqrt{2}$

점 O에서 선분 A_2B_2에 내린 수선의 발을 M_2라 하면

$\overline{OA_3}=\overline{OM_2}=\frac{\sqrt{2}}{2}\overline{OA_2}=\frac{\sqrt{2}}{2}\times 1=\frac{\sqrt{2}}{2}$

$\therefore\ l_3=\overline{A_3B_3}=\sqrt{2}\,\overline{OA_3}=\sqrt{2}\times\frac{\sqrt{2}}{2}=1$

이와 같이 계속되므로

$$\sum_{n=1}^{\infty} l_n=l_1+l_2+l_3+\cdots$$
$$=2+\sqrt{2}+1+\cdots$$
$$=\frac{2}{1-\frac{\sqrt{2}}{2}}$$
$$=\frac{4}{2-\sqrt{2}}=4+2\sqrt{2}$$

다른 풀이

그림과 같이 점 O에서 선분 A_nB_n에 내린 수선의 발을 M_n이라 하면 $\triangle OA_nB_n$이 직각이등변삼각형이므로

$\overline{A_nB_n}\times\frac{1}{2}=\overline{OM_n}$

$\triangle OA_{n+1}B_{n+1}$도 직각이등변삼각형이므로

$$\overline{A_{n+1}B_{n+1}}=\sqrt{2}\,\overline{OA_{n+1}}=\sqrt{2}\,\overline{OM_n}$$
$$=\frac{\sqrt{2}}{2}\overline{A_nB_n}$$

$\therefore\ l_{n+1}=\frac{\sqrt{2}}{2}l_n$

따라서 수열 $\{l_n\}$은 첫째항이 2, 공비가 $\frac{\sqrt{2}}{2}$인 등비수열이므로

$$\sum_{n=1}^{\infty} l_n=\frac{2}{1-\frac{\sqrt{2}}{2}}=\frac{4}{2-\sqrt{2}}=4+2\sqrt{2}$$

0430 답 4

n번째에서 얻은 도형에서 모든 선분의 길이의 합을 l_n이라 하면

$$l_n=2\times 1+2^2\times\frac{1}{4}+2^3\times\left(\frac{1}{4}\right)^2+2^4\times\left(\frac{1}{4}\right)^3+\cdots+2^{n+1}\times\left(\frac{1}{4}\right)^n$$
$$=2+2\times\frac{1}{2}+2\times\left(\frac{1}{2}\right)^2+2\times\left(\frac{1}{2}\right)^3+\cdots+2\times\left(\frac{1}{2}\right)^n$$

이므로

$$\lim_{n\to\infty} l_n=2+2\times\frac{1}{2}+2\times\left(\frac{1}{2}\right)^2+2\times\left(\frac{1}{2}\right)^3+\cdots$$
$$=\frac{2}{1-\frac{1}{2}}=4$$

0431 답 ②

$\overline{A_nA_{n+2}}:\overline{A_{n+1}A_{n+2}}=4:1$이므로

$\overline{A_nA_{n+1}}:\overline{A_{n+1}A_{n+2}}=3:1$ $\quad\therefore\ \overline{A_{n+1}A_{n+2}}=\frac{1}{3}\overline{A_nA_{n+1}}$

따라서 $\sum_{n=1}^{\infty}\overline{A_nA_{n+1}}$은 첫째항이 28이고 공비가 $\frac{1}{3}$인 등비급수의 합이므로

$$\sum_{n=1}^{\infty}\overline{A_nA_{n+1}}=\frac{28}{1-\frac{1}{3}}=42$$

0432 답 ②

$\overline{A_1A_2}=4$이므로 $l_1=\frac{1}{2}\times 2\pi\times 2=2\pi$

선분 A_nA_{n+1}을 $1:2$로 내분하는 점이 A_{n+2}이므로

$\overline{A_{n+1}A_{n+2}}=\frac{2}{3}\overline{A_nA_{n+1}}$

이때 반원의 호의 길이는 지름의 길이에 비례하므로

$l_{n+1}=\frac{2}{3}l_n$

따라서 수열 $\{l_n\}$은 첫째항이 2π, 공비가 $\frac{2}{3}$인 등비수열이므로

$$\sum_{n=1}^{\infty} l_n=\frac{2\pi}{1-\frac{2}{3}}=6\pi$$

0433 답 ②

점 B_1은 점 C에서 선분 AB에 내린 수선의 발이므로

$\angle BCB_1=\angle B_1CC_1=30°$

$\therefore\ \overline{B_1C}=\overline{BC}\cos 30°=1\times\frac{\sqrt{3}}{2}=\frac{\sqrt{3}}{2}$

$\triangle B_1C_1C$에서 $\angle CB_1C_1=60°$이므로

$\overline{B_1C_1}=\overline{B_1C}\cos 60°=\frac{\sqrt{3}}{2}\times\frac{1}{2}$

$\angle B_2C_1B_1=\angle C_1B_1C=60°$ (엇각)이므로

$\overline{B_2C_1}=\overline{B_1C_1}\cos 60°=\frac{\sqrt{3}}{2}\times\frac{1}{2}\times\frac{1}{2}=\frac{\sqrt{3}}{2}\times\left(\frac{1}{2}\right)^2$

⋮

$$\therefore\ \overline{B_1C}+\overline{B_1C_1}+\overline{B_2C_1}+\cdots=\frac{\sqrt{3}}{2}+\frac{\sqrt{3}}{2}\times\frac{1}{2}+\frac{\sqrt{3}}{2}\times\left(\frac{1}{2}\right)^2+\cdots$$
$$=\frac{\frac{\sqrt{3}}{2}}{1-\frac{1}{2}}=\sqrt{3}$$

0434 답 6

선분 AB의 중점이 M_1이므로 $\overline{M_1B}=1$

직각삼각형 M_1BB_1에서 $\angle M_1BB_1=45°$이므로

$\overline{BB_1}=\overline{M_1B}\cos 45°=1\times\frac{\sqrt{2}}{2}=\frac{\sqrt{2}}{2}$

직각삼각형 ABC에서 $\overline{BC}=\sqrt{\overline{AB}^2+\overline{AC}^2}=2\sqrt{2}$이고

직각삼각형 A_1B_1C에서 $\overline{B_1C}=\overline{BC}-\overline{BB_1}=2\sqrt{2}-\frac{\sqrt{2}}{2}=\frac{3\sqrt{2}}{2}$

이므로

$\overline{A_1B_1}=\overline{B_1C}\cos 45°=\frac{3\sqrt{2}}{2}\times\frac{\sqrt{2}}{2}=\frac{3}{2}$

두 직각이등변삼각형 A_nB_nC와 $A_{n+1}B_{n+1}C$의 닮음비는 $2:\frac{3}{2}$, 즉 $1:\frac{3}{4}$이므로 $\overline{A_{n+1}B_{n+1}}=\frac{3}{4}\overline{A_nB_n}$

따라서 급수 $\overline{A_1B_1}+\overline{A_2B_2}+\overline{A_3B_3}+\cdots$의 합은 첫째항이 $\frac{3}{2}$, 공비가 $\frac{3}{4}$인 등비급수의 합이므로

$$\frac{\frac{3}{2}}{1-\frac{3}{4}}=6$$

실수 Check

선분 B_nC의 길이는 공비가 $\frac{3}{4}$인 등비수열을 이룬다.

0435 답 ②

직각삼각형 AP_1Q_1에서 $\overline{AP_1}=\overline{AQ_1}=2$이므로

$l_1=\overline{P_1Q_1}=\sqrt{2^2+2^2}=2\sqrt{2}$

점 A_1이 선분 P_1Q_1의 중점이므로

$\overline{A_1Q_1}=\frac{1}{2}\overline{P_1Q_1}=\frac{1}{2}\times 2\sqrt{2}=\sqrt{2}$

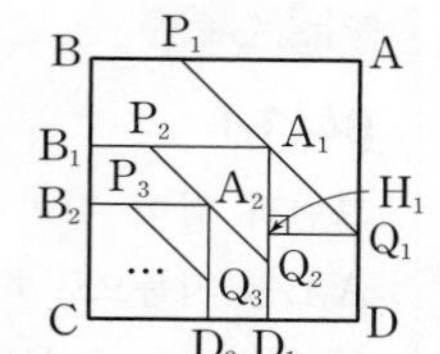

점 Q_1에서 선분 A_1D_1에 내린 수선의 발을 H_1이라 하면 $\triangle A_1Q_1H_1$은 빗변의 길이가 $\sqrt{2}$인 직각이등변삼각형이므로

$\overline{H_1Q_1}=\overline{A_1H_1}=\sqrt{2}\times\frac{1}{\sqrt{2}}=1$

$\therefore \overline{A_1B_1}=\overline{CD}-\overline{H_1Q_1}=3-1=2$

두 정사각형 $A_nB_nCD_n$과 $A_{n+1}B_{n+1}CD_{n+1}$의 닮음비는 $3:2$, 즉 $1:\frac{2}{3}$이므로 $l_{n+1}=\frac{2}{3}l_n$

따라서 수열 $\{l_n\}$은 첫째항이 $2\sqrt{2}$, 공비가 $\frac{2}{3}$인 등비수열이므로

$$\sum_{n=1}^{\infty}l_n=\frac{2\sqrt{2}}{1-\frac{2}{3}}=6\sqrt{2}$$

실수 Check

선분 A_nB_n의 길이는 공비가 $\frac{2}{3}$인 등비수열을 이룬다.

0436 답 $\frac{32(4+\sqrt{10})}{3}$ | 유형 18

그림과 같이 한 변의 길이가 4인 정사각형 $A_1B_1C_1D_1$의 각 변을 $1:3$으로 내분하는 점을 꼭짓점으로 하는 정사각형을 $\square A_2B_2C_2D_2$, $\square A_2B_2C_2D_2$의 각 변을 각각 $1:3$으로 내분하는 점을 꼭짓점으로 하는 정사각형을 $\square A_3B_3C_3D_3$이라 하자. 이와 같은 과정을 한없이 반복할 때, 정사각형 $A_nB_nC_nD_n$의 둘레의 길이를 l_n이라 하자. 급수 $\sum_{n=1}^{\infty}l_n$의 합을 구하시오.

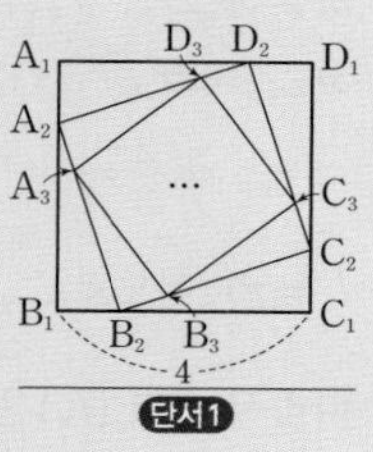

단서1 $\square A_nB_nC_nD_n$과 $\square A_{n+1}B_{n+1}C_{n+1}D_{n+1}$은 닮음이고, 닮음비는 $\overline{A_nB_n}:\overline{A_{n+1}B_{n+1}}$

STEP 1 $\overline{A_nB_n}=a_n$이라 하고 a_{n+1}과 a_n 사이의 관계식 구하기

그림과 같이 정사각형 $A_nB_nC_nD_n$의 한 변의 길이를 a_n이라 하면

$a_{n+1}{}^2=\left(\frac{3}{4}a_n\right)^2+\left(\frac{1}{4}a_n\right)^2=\frac{5}{8}a_n{}^2$

$\therefore a_{n+1}=\frac{\sqrt{10}}{4}a_n$

이 직각삼각형에서 피타고라스 정리를 이용한다.

STEP 2 a_n을 이용하여 l_n 구하기

$l_n=4a_n$이므로 $l_{n+1}=\frac{\sqrt{10}}{4}l_n$

→ $l_{n+1}=4a_{n+1}=\sqrt{10}a_n=\frac{\sqrt{10}}{4}\times 4a_n=\frac{\sqrt{10}}{4}l_n$

STEP 3 급수 $\sum_{n=1}^{\infty}l_n$의 합 구하기

수열 $\{l_n\}$은 첫째항이 16, 공비가 $\frac{\sqrt{10}}{4}$인 등비수열이므로

$$\sum_{n=1}^{\infty}l_n=\frac{16}{1-\frac{\sqrt{10}}{4}}=\frac{64}{4-\sqrt{10}}=\frac{32(4+\sqrt{10})}{3}$$

0437 답 ②

삼각형 $A_nB_nC_n$의 둘레의 길이를 l_n이라 하면

$l_1=3\times 2=6,\ l_2=3\times 2\times\frac{1}{2}=3,\ l_3=3\times 2\times\left(\frac{1}{2}\right)^2=\frac{3}{2},\ \cdots$

이므로 $l_n=6\times\left(\frac{1}{2}\right)^{n-1}$

$$\therefore \sum_{n=1}^{\infty}l_n=\frac{6}{1-\frac{1}{2}}=12$$

개념 Check

삼각형의 중점연결 정리

삼각형의 두 변의 중점을 연결한 선분은 나머지 변과 평행하고 그 길이는 나머지 변의 길이의 절반이다.

→ $\overline{A_2C_2}\,/\!/\,\overline{B_1C_1}$, $\overline{A_2C_2}=\frac{1}{2}\overline{B_1C_1}$

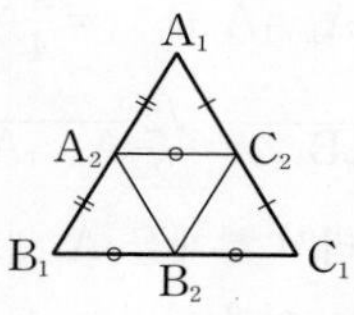

0438 답 ④

n번째 정사각형의 한 변의 길이를 a_n이라 하자.

$\angle A=45°$이므로 그림에서

$a_1=5-a_1,\ 2a_1=5 \qquad \therefore a_1=\frac{5}{2}$

이때 정사각형 $A_1BB_1C_1$의 둘레의 길이는

$4\times\frac{5}{2}=10$

$a_n-a_{n+1}=a_{n+1}$이므로 $2a_{n+1}=a_n$

$\therefore a_{n+1}=\frac{1}{2}a_n$

즉, n번째 정사각형과 $(n+1)$번째 정사각형의 닮음비가 $1:\frac{1}{2}$이므로 둘레의 길이의 비도 $1:\frac{1}{2}$이다.

따라서 모든 정사각형의 둘레의 길이의 합은 첫째항이 10, 공비가 $\frac{1}{2}$인 등비급수의 합이므로

$$\frac{10}{1-\frac{1}{2}}=20$$

0439 답 $16(\sqrt{2}+1)$

그림에서 $\overline{OA_1}=2$이므로

$\overline{A_1H_1}=2\times\frac{\sqrt{2}}{2}=\sqrt{2}$

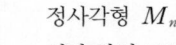

따라서 정사각형 M_1의 한 변의 길이는

$\sqrt{2}\times2=2\sqrt{2}$이므로 둘레의 길이는

$l_1=4\times2\sqrt{2}=8\sqrt{2}$

정사각형 M_n의 한 변의 길이를 a_n이라 하면 그림에서 $\triangle OAH$는 $\angle OHA=90°$인 직각이등변삼각형이므로

$\frac{a_{n+1}}{2}\times\sqrt{2}=\frac{a_n}{2}$

$\therefore a_{n+1}=\frac{\sqrt{2}}{2}a_n$

$l_n=4a_n$이므로 $l_{n+1}=\frac{\sqrt{2}}{2}l_n$

따라서 수열 $\{l_n\}$은 첫째항이 $8\sqrt{2}$, 공비가 $\frac{\sqrt{2}}{2}$인 등비수열이므로

$$\sum_{n=1}^{\infty}l_n=\frac{8\sqrt{2}}{1-\frac{\sqrt{2}}{2}}=\frac{16\sqrt{2}}{2-\sqrt{2}}=16(\sqrt{2}+1)$$

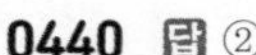

0440 답 ②

$l_1=\widehat{A_1B_1}=2\times\frac{\pi}{4}=\frac{\pi}{2}$

$\angle A_{n+1}A_nB_{n+1}=\frac{\pi}{4}$이므로

$\overline{A_nB_{n+1}}=\frac{\sqrt{2}}{2}\overline{A_{n-1}A_n}$

따라서 부채꼴 $A_{n-1}A_nB_n$의 중심각의 크기를 θ_n, 반지름의 길이를 r_n이라 하면

$\theta_n=\frac{\pi}{4}$, $r_n=2\times\left(\frac{\sqrt{2}}{2}\right)^{n-1}$

$\therefore l_n=r_n\theta_n=2\times\left(\frac{\sqrt{2}}{2}\right)^{n-1}\times\frac{\pi}{4}=\frac{\pi}{2}\left(\frac{\sqrt{2}}{2}\right)^{n-1}$

$$\therefore \sum_{n=1}^{\infty}l_n=\frac{\frac{\pi}{2}}{1-\frac{\sqrt{2}}{2}}=\frac{\pi}{2-\sqrt{2}}=\frac{\pi(2+\sqrt{2})}{2}=\left(1+\frac{\sqrt{2}}{2}\right)\pi$$

따라서 $a=1$, $b=\frac{1}{2}$이므로 $ab=1\times\frac{1}{2}=\frac{1}{2}$

개념 Check

부채꼴의 반지름의 길이가 r, 중심각의 크기가 θ일 때

(1) 부채꼴의 호의 길이 l은

$l=r\theta$

(2) 부채꼴의 넓이 S는

$S=\frac{1}{2}rl=\frac{1}{2}r^2\theta$

0441 답 ⑤

반원 D_n의 반지름의 길이를 r_n이라 하면 그림에서

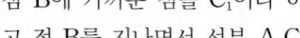

$r_{n+1}:(2r_n-r_{n+1})=1:\sqrt{2}$

$2r_n-r_{n+1}=\sqrt{2}r_{n+1}$

$(\sqrt{2}+1)r_{n+1}=2r_n$

$\therefore r_{n+1}=2(\sqrt{2}-1)r_n$

$l_n=\pi r_n$이므로

$l_{n+1}=2(\sqrt{2}-1)l_n$

따라서 수열 $\{l_n\}$은 첫째항이 3π, 공비가 $2(\sqrt{2}-1)$인 등비수열이므로

$$\sum_{n=1}^{\infty}l_n=\frac{3\pi}{1-2(\sqrt{2}-1)}=\frac{3\pi}{3-2\sqrt{2}}=3(3+2\sqrt{2})\pi$$

실수 Check

원 D_{n+1}이 $\overline{A_nC_n}$에 접하므로 원 D_{n+1}의 중심에서 $\overline{A_nC_n}$에 내린 수선의 발을 그어서 생기는 직각삼각형의 성질을 이용한다.

Plus 문제

0441-1

그림과 같이 길이가 4인 선분 A_1B를 지름으로 하는 반원 D_1이 있다. 호 A_1B를 3등분하여 점 B에 가까운 점을 C_1이라 하고 점 B를 지나면서 선분 A_1C_1과 접하고 중심이 선분 A_1B 위에 있는 반원을 D_2, 반원 D_2가 선분 A_1B와 만나는 점을 A_2라 하자. 호 A_2B를 3등분하여 점 B에 가까운 점을 C_2라 하고 점 B를 지나면서 선분 A_2C_2와 접하고 중심이 선분 A_1B 위에 있는 반원을 D_3, 반원 D_3이 선분 A_1B와 만나는 점을 A_3이라 하자.
이와 같은 과정을 한없이 반복할 때, 반원 D_n의 호의 길이를 l_n이라 하자. 급수 $\sum_{n=1}^{\infty}l_n$의 합을 구하시오.

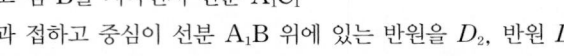

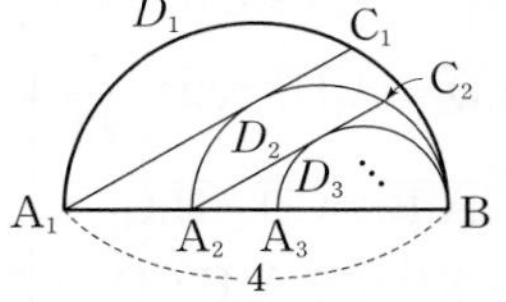

반원 D_n의 반지름의 길이를 r_n이라 하면 그림에서

$(2r_n-r_{n+1}):r_{n+1}=2:1$

$2r_{n+1}=2r_n-r_{n+1}$

$3r_{n+1}=2r_n$

$\therefore r_{n+1}=\frac{2}{3}r_n$

$l_n=\pi r_n$이므로 $l_{n+1}=\frac{2}{3}l_n$

따라서 수열 $\{l_n\}$은 첫째항이 2π, 공비가 $\frac{2}{3}$인 등비수열이므로

$$\sum_{n=1}^{\infty}l_n=\frac{2\pi}{1-\frac{2}{3}}=6\pi$$

답 6π

0442 답 ② | 유형19

그림과 같이 한 변의 길이가 4인 정사각형 $A_1B_1C_1D_1$의 각 변의 중점을 이어 만든 정사각형을 $\square A_2B_2C_2D_2$, 정사각형 $A_2B_2C_2D_2$의 각 변의 중점을 이어 만든 정사각형을 $\square A_3B_3C_3D_3$이라 하자. 이와 같은 과정을 한없이 반복할 때, 정사각형 $A_nB_nC_nD_n$의 넓이를 S_n이라 하자. 급수 $\sum_{n=1}^{\infty} S_n$의 합은?

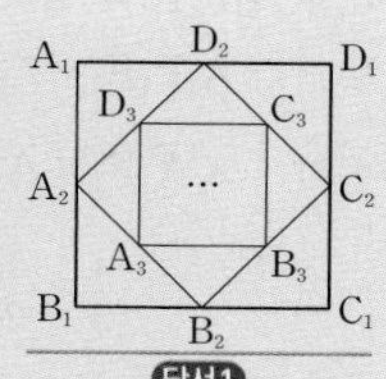

① 24 ② 32 ③ 40
④ 48 ⑤ 56

단서1 $\square A_nB_nC_nD_n$과 $\square A_{n+1}B_{n+1}C_{n+1}D_{n+1}$은 닮음이고, 닮음비는 $1:\frac{\sqrt{2}}{2}$이므로 넓이의 비는 $1:\frac{1}{2}$

STEP1 S_1, S_2, S_3, …을 구하여 S_n의 규칙 찾기

$S_1=4^2=16$, $S_2=\frac{1}{2}S_1=\frac{1}{2}\times16=8$, $S_3=\frac{1}{2}S_2=\frac{1}{2}\times8=4$, …

STEP2 급수 $\sum_{n=1}^{\infty} S_n$의 합 구하기

수열 $\{S_n\}$은 첫째항이 16, 공비가 $\frac{1}{2}$인 등비수열이므로

$\sum_{n=1}^{\infty} S_n=\frac{16}{1-\frac{1}{2}}=32$

0443 답 ①

$S_1=\pi\times4^2=16\pi$, $S_2=\pi\times2^2=4\pi$, $S_3=\pi\times1^2=\pi$, …

$\therefore S_n=16\pi\times\left(\frac{1}{4}\right)^{n-1}$

$\therefore \sum_{n=1}^{\infty} S_n=\frac{16\pi}{1-\frac{1}{4}}=\frac{64}{3}\pi$

0444 답 $\frac{16}{3}$

$\triangle ABC$가 직각이등변삼각형이므로 $\angle C_1AA_1=45°$

$\triangle AC_1A_1$도 직각이등변삼각형이므로 $\overline{AC_1}=\overline{A_1C_1}=\overline{BC_1}$

이때 $\overline{AB}=\overline{AC_1}+\overline{BC_1}=2\overline{BC_1}$이므로

$2\overline{BC_1}=4$ $\therefore \overline{BC_1}=2$

따라서 정사각형 $A_1C_1BB_1$의 넓이는 4

그림과 같이 정사각형 $A_nC_nB_{n-1}B_n$의 한 변의 길이를 x_n이라 하면

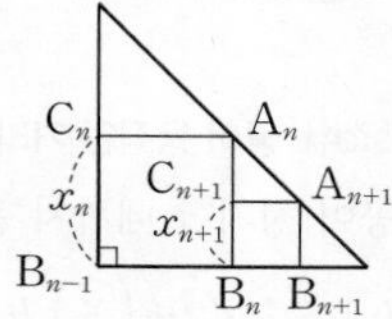

$\triangle A_nC_{n+1}A_{n+1}$이 직각이등변삼각형이므로

$\overline{A_nC_{n+1}}=\overline{A_{n+1}C_{n+1}}=\overline{B_nC_{n+1}}=x_{n+1}$

$x_n=2x_{n+1}$ $\therefore x_{n+1}=\frac{1}{2}x_n$

즉, $\square A_nC_nB_{n-1}B_n$과 $\square A_{n+1}C_{n+1}B_nB_{n+1}$의 닮음비가 $1:\frac{1}{2}$이므로 넓이의 비는 $1:\frac{1}{4}$이다.

따라서 색칠한 정사각형의 넓이의 합은

$\frac{4}{1-\frac{1}{4}}=\frac{16}{3}$

0445 답 $6\sqrt{3}+10$

정사각형 $A_nB_nC_nD_n$의 한 변의 길이를 a_n이라 하면

$a_1=4$, $S_1=4^2=16$

그림과 같이 점 P_n에서 선분 B_nC_n에 내린 수선의 발을 H_n이라 하면

$\left(\frac{a_n}{2}-\frac{a_{n+1}}{2}\right):a_{n+1}=1:\sqrt{3}$

$\frac{\sqrt{3}}{2}a_n-\frac{\sqrt{3}}{2}a_{n+1}=a_{n+1}$

$(2+\sqrt{3})a_{n+1}=\sqrt{3}a_n$

$\therefore a_{n+1}=\frac{\sqrt{3}}{2+\sqrt{3}}a_n=(2\sqrt{3}-3)a_n$

즉, $\square A_nB_nC_nD_n$과 $\square A_{n+1}B_{n+1}C_{n+1}D_{n+1}$의 닮음비가 $1:(2\sqrt{3}-3)$이므로 넓이의 비는

$1:(2\sqrt{3}-3)^2=1:(21-12\sqrt{3})$

따라서 수열 $\{S_n\}$은 첫째항이 16, 공비가 $(21-12\sqrt{3})$인 등비수열이므로

$\sum_{n=1}^{\infty} S_n=\frac{16}{1-(21-12\sqrt{3})}=\frac{16}{12\sqrt{3}-20}=6\sqrt{3}+10$

0446 답 $8-2\pi$

$\overline{OA_n}=a_n$이라 하면

$a_1=2$, $S_1=2^2-\pi\times2^2\times\frac{1}{4}=4-\pi$

그림에서 $\triangle OA_{n+1}B_{n+1}$은 $\angle OA_{n+1}B_{n+1}=90°$인 직각이등변삼각형이므로

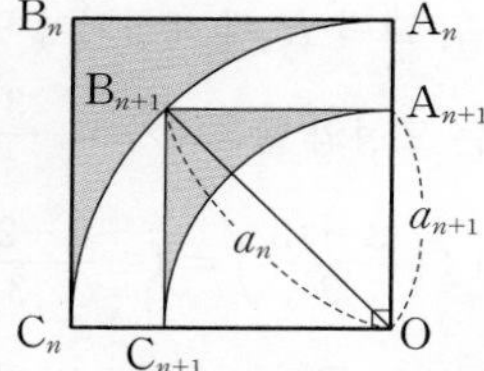

$a_n:a_{n+1}=\sqrt{2}:1$

$\sqrt{2}a_{n+1}=a_n$ $\therefore a_{n+1}=\frac{\sqrt{2}}{2}a_n$

즉, $\square OA_nB_nC_n$과 $\square OA_{n+1}B_{n+1}C_{n+1}$의 닮음비가 $1:\frac{\sqrt{2}}{2}$이므로 넓이의 비는 $1:\frac{1}{2}$이다.

따라서 수열 $\{S_n\}$은 첫째항이 $4-\pi$, 공비가 $\frac{1}{2}$인 등비수열이므로

$\sum_{n=1}^{\infty} S_n=\frac{4-\pi}{1-\frac{1}{2}}=8-2\pi$

0447 답 ③

$\angle F_1D_1C_1=\frac{\pi}{2}\times\frac{1}{3}=\frac{\pi}{6}$이므로

$\overline{F_1C_1}=\overline{C_1D_1}\tan\frac{\pi}{6}=\frac{\sqrt{3}}{3}$

$\angle E_1D_1C_1=\frac{\pi}{2}\times\frac{2}{3}=\frac{\pi}{3}$이므로

$\overline{E_1C_1}=\overline{C_1D_1}\tan\frac{\pi}{3}=\sqrt{3}$

$\therefore \overline{E_1F_1}=\overline{E_1C_1}-\overline{F_1C_1}=\frac{2\sqrt{3}}{3}$

$\triangle E_1C_1D_1$에서 $\angle D_1E_1C_1=\pi-\left(\frac{\pi}{2}+\frac{\pi}{3}\right)=\frac{\pi}{6}$이므로

$\overline{F_1H_1}=\overline{E_1F_1}\tan\frac{\pi}{6}=\frac{2\sqrt{3}}{3}\times\frac{\sqrt{3}}{3}=\frac{2}{3}$

또, $\overline{E_1F_1}=\overline{F_1G_1}$이므로 $\overline{F_1G_1}=\frac{2\sqrt{3}}{3}$

02

$$\therefore S_1=(\triangle E_1F_1G_1-\triangle E_1F_1H_1)+(\triangle E_1F_1D_1-\triangle E_1F_1H_1)$$
$$=\triangle E_1F_1G_1+\triangle E_1F_1D_1-2\triangle E_1F_1H_1$$
$$=\frac{1}{2}\times\overline{E_1F_1}\times\overline{F_1G_1}+\frac{1}{2}\times\overline{E_1F_1}\times\overline{C_1D_1}$$
$$-2\times\frac{1}{2}\times\overline{E_1F_1}\times\overline{F_1H_1}$$
$$=\frac{1}{2}\times\frac{2\sqrt{3}}{3}\times\frac{2\sqrt{3}}{3}+\frac{1}{2}\times\frac{2\sqrt{3}}{3}\times1-2\times\frac{1}{2}\times\frac{2\sqrt{3}}{3}\times\frac{2}{3}$$
$$=\frac{2}{3}+\frac{\sqrt{3}}{3}-\frac{4\sqrt{3}}{9}=\frac{6-\sqrt{3}}{9}$$

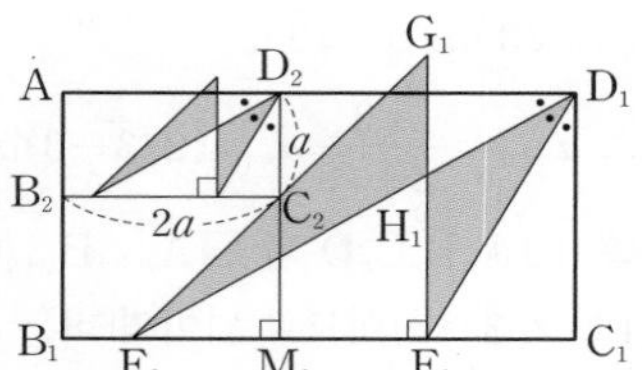

$\overline{AB_2}:\overline{B_2C_2}=1:2$이므로 $\overline{AB_2}=a$, $\overline{B_2C_2}=2a\ (a>0)$라 하고 점 C_2에서 선분 B_1C_1에 내린 수선의 발을 M_1이라 하면 세 점 D_2, C_2, M_1은 일직선 위의 점이다. 그림에서

$\overline{C_2M_1}=\overline{M_1D_2}-\overline{C_2D_2}=1-a$

$\angle C_2E_1M_1=\angle G_1E_1F_1=45°$

이므로 $\triangle C_2E_1M_1$은 직각이등변삼각형이고

$\overline{E_1M_1}=\overline{C_2M_1}=1-a$

또, $\overline{B_1E_1}=\overline{B_1C_1}-\overline{E_1C_1}=2-\sqrt{3}$이므로

$2a=(2-\sqrt{3})+(1-a)$ → $\overline{B_2C_2}=\overline{B_1M_1}=\overline{B_1E_1}+\overline{E_1M_1}$

$3a=3-\sqrt{3}\qquad \therefore a=\frac{3-\sqrt{3}}{3}$

즉, 그림 R_1에 색칠되어 있는 도형과 그림 R_2에 새로 색칠되어 있는 도형의 닮음비가 $1:\frac{3-\sqrt{3}}{3}$이므로 넓이의 비는

$1:\left(\frac{3-\sqrt{3}}{3}\right)^2=1:\frac{4-2\sqrt{3}}{3}$

따라서 구하는 극한값은 첫째항이 $\frac{6-\sqrt{3}}{9}$, 공비가 $\frac{4-2\sqrt{3}}{3}$인 등비급수의 합이므로

$$\lim_{n\to\infty}S_n=\frac{\frac{6-\sqrt{3}}{9}}{1-\frac{4-2\sqrt{3}}{3}}=\frac{\sqrt{3}}{3}$$

0448 답 ②

점 E_1에서 선분 A_1B_1에 내린 수선의 발을 H, $\overline{E_1F_1}=5a$, $\overline{F_1G_1}=6a$라 하면

$\overline{HF_1}=\frac{1}{2}\overline{F_1G_1}=3a$, $\overline{HE_1}=\overline{B_1C_1}=4$이므로

직각삼각형 E_1F_1H에서 피타고라스 정리에 의해

$(5a)^2=4^2+(3a)^2$, $25a^2=16+9a^2$, $16a^2=16$, $16(a^2-1)=0$

$16(a+1)(a-1)=0\qquad \therefore a=1\ (\because a>0)$

즉, $\overline{HF_1}=3$이고 $\overline{HA_1}=\frac{1}{2}\overline{A_1B_1}=\frac{1}{2}\times4=2$이므로

$\overline{A_1F_1}=\overline{HF_1}-\overline{HA_1}=3-2=1$

이때 $\triangle E_1F_1H\backsim\triangle P_1F_1A_1$ (AA 닮음)이므로

$\overline{A_1F_1}:\overline{A_1P_1}=\overline{HF_1}:\overline{HE_1}$

$1:\overline{A_1P_1}=3:4$, $3\overline{A_1P_1}=4\qquad \therefore \overline{A_1P_1}=\frac{4}{3}$

$\overline{D_1P_1}=\overline{A_1D_1}-\overline{A_1P_1}=4-\frac{4}{3}=\frac{8}{3}$이고,

삼각형 $D_1P_1E_1$과 삼각형 $C_1Q_1E_1$이 합동이고

삼각형 $A_1P_1F_1$과 삼각형 $B_1Q_1G_1$이 합동이므로

$$S_1=2(\triangle A_1P_1F_1+\triangle D_1P_1E_1)$$
$$=2\left(\frac{1}{2}\times\overline{A_1F_1}\times\overline{A_1P_1}+\frac{1}{2}\times\overline{D_1E_1}\times\overline{D_1P_1}\right)$$
$$=2\left(\frac{1}{2}\times1\times\frac{4}{3}+\frac{1}{2}\times2\times\frac{8}{3}\right)=\frac{20}{3}$$

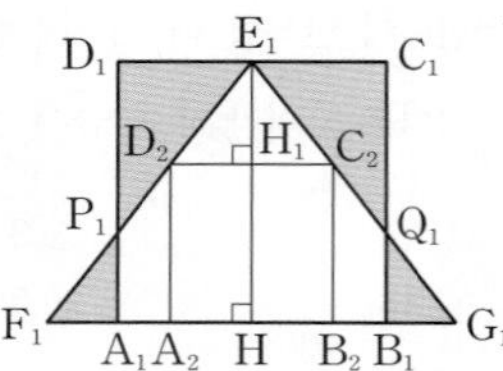

그림과 같이 점 E_1에서 선분 C_2D_2에 내린 수선의 발을 H_1이라 하면 세 점 E_1, H_1, H는 일직선 위의 점이다. 정사각형 $A_2B_2C_2D_2$의 한 변의 길이를 x라 하면

$\overline{D_2H_1}=\frac{x}{2}$, $\overline{E_1H_1}=\overline{E_1H}-\overline{HH_1}=4-x$

이때 $\triangle E_1D_2H_1\backsim\triangle E_1F_1H$ (AA 닮음)이므로

$\overline{D_2H_1}:\overline{E_1H_1}=\overline{F_1H}:\overline{E_1H}$

$\frac{x}{2}:(4-x)=3:4$, $12-3x=2x$

$5x=12\qquad \therefore x=\frac{12}{5}$

즉, 그림 R_1에 색칠되어 있는 도형과 그림 R_2에 새로 색칠되어 있는 도형의 닮음비가 $4:\frac{12}{5}$, 즉 $1:\frac{3}{5}$이므로 넓이의 비는

$1:\left(\frac{3}{5}\right)^2=1:\frac{9}{25}$

따라서 구하는 극한값은 첫째항이 $\frac{20}{3}$, 공비가 $\frac{9}{25}$인 등비급수의 합이므로

$$\lim_{n\to\infty}S_n=\frac{\frac{20}{3}}{1-\frac{9}{25}}=\frac{125}{12}$$

0449 답 ③ | 유형 20

높이가 h m인 곳에서 어떤 공을 수직으로 땅에 떨어뜨리면 떨어진 높이의 $\frac{3}{5}$만큼 다시 수직으로 튀어 오른다. 이 공이 상하 운동을 계속한다고 할 때, 공이 정지할 때까지 움직인 거리는 36 m이다. h의 값은? (단서1)

(단, 공의 크기는 생각하지 않는다.)

① 7　② 8　③ 9　④ 10　⑤ 11

단서1 움직인 거리 → 튀어 오를 때마다 이전 높이의 $\frac{3}{5}$배

STEP 1 공이 움직인 거리를 식으로 나타내어 움직인 거리의 합 구하기

공이 정지할 때까지 움직인 거리는

$$h+\frac{3}{5}h\times②+\left(\frac{3}{5}\right)^2h\times②+\left(\frac{3}{5}\right)^3h\times②+\cdots$$ → 공이 상하로 움직인다.

$$=h+2h\left\{\frac{3}{5}+\left(\frac{3}{5}\right)^2+\left(\frac{3}{5}\right)^3+\cdots\right\}$$
$$=h+2h\times\frac{\frac{3}{5}}{1-\frac{3}{5}}=h+2h\times\frac{3}{2}=4h$$

STEP 2 h의 값 구하기

$4h=36$이므로 $h=9$

0450 답 ⑤

추가 멈출 때까지 움직인 거리는

$60+\frac{3}{4}\times60+\left(\frac{3}{4}\right)^2\times60+\left(\frac{3}{4}\right)^3\times60+\cdots$

$=\frac{60}{1-\frac{3}{4}}=240\,(\mathrm{cm})$

0451 답 ③

n번째 해에 지급하는 장학금을 a_n억 원이라 하면

$a_1=90\times1.1\times0.5=49.5$

$a_2=(90\times1.1\times0.5)\times1.1\times0.5=49.5\times0.55$

$a_3=(90\times1.1\times0.5\times1.1\times0.5)\times1.1\times0.5$

$\quad=90\times(1.1\times0.5)^2\times1.1\times0.5=49.5\times(0.55)^2$

$\vdots$

$\therefore\ a_n=49.5\times(0.55)^{n-1}$

따라서 구하는 극한값은 첫째항이 49.5, 공비가 0.55인 등비급수의 합이므로

$\frac{49.5}{1-0.55}=110$(억 원)

0452 답 15000개

n번째 수거하여 재활용된 병의 개수를 a_n이라 하면

$a_1=10000\times\frac{80}{100}\times\frac{75}{100}=10000\times\frac{3}{5}=6000$

$a_2=\left(10000\times\frac{80}{100}\times\frac{75}{100}\right)\times\frac{80}{100}\times\frac{75}{100}=6000\times\frac{3}{5}$

$a_3=\left\{\left(10000\times\frac{80}{100}\times\frac{75}{100}\right)\times\frac{80}{100}\times\frac{75}{100}\right\}\times\frac{80}{100}\times\frac{75}{100}$

$\quad=6000\times\left(\frac{3}{5}\right)^2$

$\vdots$

$\therefore\ a_n=6000\times\left(\frac{3}{5}\right)^{n-1}$

따라서 재활용되는 모든 병의 개수는 첫째항이 6000, 공비가 $\frac{3}{5}$인 등비급수의 합이므로

$\frac{6000}{1-\frac{3}{5}}=15000$(개)

0453 답 4

콜라 4 L의 반을 영준이가 먼저 마셨으므로

영준이가 처음 마신 콜라의 양은 $4\times\frac{1}{2}=2\,(\mathrm{L})$

수진이는 남은 2 L의 반을 마셨으므로

수진이가 처음 마신 콜라의 양은 $2\times\frac{1}{2}\,(\mathrm{L})$

다시 영준이가 $\left(2\times\frac{1}{2}\right)$ L의 반을 마셨으므로

영준이가 마신 콜라의 양은 $\left(2\times\frac{1}{2}\right)\times\frac{1}{2}=2\times\left(\frac{1}{2}\right)^2\,(\mathrm{L})$

수진이는 남은 $\left\{2\times\left(\frac{1}{2}\right)^2\right\}$ L의 반을 마셨으므로

수진이가 마신 콜라의 양은 $\left\{2\times\left(\frac{1}{2}\right)^2\right\}\times\frac{1}{2}=2\times\left(\frac{1}{2}\right)^3\,(\mathrm{L})$

$\vdots$

영준이가 마신 콜라의 양은

$2+2\times\left(\frac{1}{2}\right)^2+2\times\left(\frac{1}{2}\right)^4+\cdots=\frac{2}{1-\frac{1}{4}}$

$=\frac{8}{3}\,(\mathrm{L})$

수진이가 마신 콜라의 양은

$2\times\frac{1}{2}+2\times\left(\frac{1}{2}\right)^3+2\times\left(\frac{1}{2}\right)^5+\cdots=\frac{1}{1-\frac{1}{4}}$

$=\frac{4}{3}\,(\mathrm{L})$

따라서 $a=\frac{8}{3}$, $b=\frac{4}{3}$이므로

$3(a-b)=3\times\left(\frac{8}{3}-\frac{4}{3}\right)=3\times\frac{4}{3}=4$

0454 답 25 %

처음 생산한 종이의 양을 a라 하면 재생산 과정을 한없이 반복했을 때 사용할 수 있는 종이의 양은

$a+a\times0.4\times0.5+a\times0.4^2\times0.5^2+a\times0.4^3\times0.5^3+\cdots$

$=a+\frac{1}{5}a+\left(\frac{1}{5}\right)^2a+\left(\frac{1}{5}\right)^3a+\cdots$

$=\frac{a}{1-\frac{1}{5}}=\frac{5}{4}a=1.25a$

따라서 처음 생산한 종이의 양 a보다 $0.25a$만큼 더 사용할 수 있으므로 25 %의 재활용 효과를 기대할 수 있다.

0455 답 ③

$a=2000$, $r=0.1$이라 하고 금년 말에 받을 a만 원의 금년 초에서의 금액을 x_1만 원이라 하면 $x_1(1+r)=a$에서 $x_1=\frac{a}{1+r}$

n년 말에 받을 a만 원의 금년 초에서의 금액을 x_n만 원이라 하면

	1년 말	2년 말	3년 말	⋯	n년 말
	a	a	a		a

$x_1=\frac{a}{1+r}$ ←

$x_2=\frac{a}{(1+r)^2}$ ←

$x_3=\frac{a}{(1+r)^3}$ ←

$\vdots$

$\therefore\ x_n=\frac{a}{(1+r)^n}$ ←

따라서 금년 초에 일시불로 받는 연금은 첫째항이

$\frac{a}{1+r}=\frac{2000}{1+0.1}=\frac{2000}{1.1}$, 공비가 $\frac{1}{1+r}=\frac{1}{1+0.1}=\frac{1}{1.1}$인 등비급수의 합이므로

$\frac{\frac{2000}{1.1}}{1-\frac{1}{1.1}}=20000$(만 원)$=2$(억 원)

실수 Check

복리법을 이용한 원리합계는 등비수열을 이룬다.

참고 STEP 2 에서 급수 $\sum_{n=1}^{\infty}\frac{a_n}{2^n}$의 합을 구할 때, 다음과 같이 계산할 수도 있다.

$$\sum_{n=1}^{\infty}\frac{a_n}{2^n}=\left(\frac{1}{2}+\frac{2}{2^2}+\frac{4}{2^3}\right)+\frac{1}{2^3}\left(\frac{1}{2}+\frac{2}{2^2}+\frac{4}{2^3}\right)+\frac{1}{2^6}\left(\frac{1}{2}+\frac{2}{2^2}+\frac{4}{2^3}\right)+\cdots$$

$$=\frac{\frac{1}{2}+\frac{2}{2^2}+\frac{4}{2^3}}{1-\frac{1}{2^3}}=\frac{\frac{3}{2}}{1-\frac{1}{8}}=\frac{12}{7}$$

실력 check 실전 마무리하기 2회 108쪽~113쪽

1 0494 답 ⑤ 유형 3

출제의도 | 로그를 포함한 급수의 합을 구할 수 있는지 확인한다.

> $\log_2 a_1+\log_2 a_2+\log_2 a_3+\cdots+\log_2 a_n$
> $=\log_2(a_1\times a_2\times a_3\times\cdots\times a_n)$임을 이용해 보자.

주어진 급수의 제n항까지의 부분합을 S_n이라 하면

$$S_n=\sum_{k=1}^{n}\log_2 a_k=\log_2 a_1+\log_2 a_2+\log_2 a_3+\cdots+\log_2 a_n$$

$$=\log_2(a_1\times a_2\times a_3\times\cdots\times a_n)=\log_2\frac{4n-1}{n+4}$$

$$\therefore \sum_{n=1}^{\infty}\log_2 a_n=\lim_{n\to\infty}S_n=\lim_{n\to\infty}\log_2\frac{4n-1}{n+4}=\log_2 4=2$$

2 0495 답 ④ 유형 4

출제의도 | 항의 부호가 교대로 바뀌는 급수의 합을 구할 수 있는지 확인한다.

> $\lim_{n\to\infty}S_{2n}$의 값과 $\lim_{n\to\infty}S_{2n-1}$의 값을 비교해 보자.

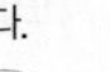

급수의 제n항까지의 부분합을 S_n이라 하면

$S_1=1,\ S_2=1-\frac{1}{2},\ S_3=1,\ S_4=1-\frac{1}{4},\ S_5=1,\ S_6=1-\frac{1}{6},\ \cdots$이므로

$$S_{2n-1}=1,\ S_{2n}=1-\frac{1}{2n}$$

$$\therefore \lim_{n\to\infty}S_{2n-1}=1,\ \lim_{n\to\infty}S_{2n}=\lim_{n\to\infty}\left(1-\frac{1}{2n}\right)=1$$

따라서 주어진 급수는 1에 수렴한다.

3 0496 답 ④ 유형 5

출제의도 | 수렴하는 급수와 수열의 극한값 사이의 관계를 이해하는지 확인한다.

> $\sum_{n=1}^{\infty}\left(na_n-\frac{n^2-1}{2n+3}\right)$이 수렴하면 $\lim_{n\to\infty}\left(na_n-\frac{n^2-1}{2n+3}\right)=0$임을 이용해 보자.

$\sum_{n=1}^{\infty}\left(na_n-\frac{n^2-1}{2n+3}\right)$이 수렴하므로 $\lim_{n\to\infty}\left(na_n-\frac{n^2-1}{2n+3}\right)=0$

$na_n-\frac{n^2-1}{2n+3}=b_n$으로 놓으면 $na_n=b_n+\frac{n^2-1}{2n+3}$

$$\therefore a_n=\frac{b_n}{n}+\frac{n^2-1}{2n^2+3n}$$

이때 $\lim_{n\to\infty}b_n=0$이므로

$$\lim_{n\to\infty}a_n=\lim_{n\to\infty}\left(\frac{b_n}{n}+\frac{n^2-1}{2n^2+3n}\right)=\lim_{n\to\infty}\frac{b_n}{n}+\lim_{n\to\infty}\frac{n^2-1}{2n^2+3n}$$

$$=0+\lim_{n\to\infty}\frac{1-\frac{1}{n^2}}{2+\frac{3}{n}}=\frac{1}{2}$$

4 0497 답 ⑤ 유형 5

출제의도 | 수렴하는 급수와 수열의 극한값 사이의 관계를 이해하는지 확인한다.

> $\sum_{n=1}^{\infty}\frac{a_n}{5^n}$이 수렴하면 $\lim_{n\to\infty}\frac{a_n}{5^n}=0$임을 이용해 보자.

$\sum_{n=1}^{\infty}\frac{a_n}{5^n}$이 수렴하므로 $\lim_{n\to\infty}\frac{a_n}{5^n}=0$

$$\therefore \lim_{n\to\infty}\frac{a_n+5^{n+1}-4^{n-1}}{5^{n-1}+4^{n+1}}=\lim_{n\to\infty}\frac{\frac{a_n}{5^n}+5-\frac{1}{4}\times\left(\frac{4}{5}\right)^n}{\frac{1}{5}+4\times\left(\frac{4}{5}\right)^n}$$

$$=\frac{0+5-0}{\frac{1}{5}+0}=25$$

5 0498 답 ① 유형 1 + 유형 5

출제의도 | 급수의 합의 정의를 알고, 수렴하는 급수와 수열의 극한값 사이의 관계를 이해하는지 확인한다.

> $\sum_{n=1}^{\infty}\left(\frac{a_n}{n}+2\right)$가 수렴하면 $\lim_{n\to\infty}\left(\frac{a_n}{n}+2\right)=0$임을 이용해 보자.

$\sum_{n=1}^{\infty}\left(\frac{a_n}{n}+2\right)$가 수렴하므로 $\lim_{n\to\infty}\left(\frac{a_n}{n}+2\right)=0$

$$\therefore \lim_{n\to\infty}\frac{a_n}{n}=-2$$

$$\therefore \sum_{n=1}^{\infty}\left(\frac{a_{n+1}}{n+1}-\frac{a_n}{n}\right)=\lim_{n\to\infty}\sum_{k=1}^{n}\left(\frac{a_{k+1}}{k+1}-\frac{a_k}{k}\right)$$

$$=\lim_{n\to\infty}\left\{\left(\frac{a_2}{2}-\frac{a_1}{1}\right)+\left(\frac{a_3}{3}-\frac{a_2}{2}\right)+\cdots+\left(\frac{a_{n+1}}{n+1}-\frac{a_n}{n}\right)\right\}$$

$$=\lim_{n\to\infty}\left(\frac{a_{n+1}}{n+1}-a_1\right)=\lim_{n\to\infty}\frac{a_{n+1}}{n+1}-a_1$$

$$=\lim_{n\to\infty}\frac{a_n}{n}-a_1=-2-2=-4$$

6 0499 답 ④ 유형 6

출제의도 | 급수의 수렴, 발산을 판단할 수 있는지 확인한다.

> $\lim_{n\to\infty}a_n\neq0$이면 $\sum_{n=1}^{\infty}a_n$은 발산하고, $\lim_{n\to\infty}a_n=0$이면 $\sum_{n=1}^{\infty}a_n$은 식을 전개하여 판단해 보자.

ㄱ. $\frac{1}{1\times2}+\frac{1}{2\times3}+\frac{1}{3\times4}+\cdots$

$$=\sum_{n=1}^{\infty}\frac{1}{n(n+1)}=\sum_{n=1}^{\infty}\left(\frac{1}{n}-\frac{1}{n+1}\right)$$

$$=\lim_{n\to\infty}\sum_{k=1}^{n}\left(\frac{1}{k}-\frac{1}{k+1}\right)$$

$$=\lim_{n\to\infty}\left\{\left(1-\frac{1}{2}\right)+\left(\frac{1}{2}-\frac{1}{3}\right)+\left(\frac{1}{3}-\frac{1}{4}\right)+\cdots+\left(\frac{1}{n}-\frac{1}{n+1}\right)\right\}$$

$$=\lim_{n\to\infty}\left(1-\frac{1}{n+1}\right)=1$$

이므로 주어진 급수는 1에 수렴한다. (거짓)

ㄴ. $\log 1+\log\frac{2}{3}+\log\frac{3}{5}+\cdots=\sum_{n=1}^{\infty}\log\frac{n}{2n-1}$에서

$\lim_{n\to\infty}\log\frac{n}{2n-1}=\log\frac{1}{2}\neq 0$이므로 주어진 급수는 발산한다. (참)

ㄷ. $\sum_{n=1}^{\infty}\frac{3n^2+2}{2n^2-1}$에서 $\lim_{n\to\infty}\frac{3n^2+2}{2n^2-1}=\frac{3}{2}\neq 0$이므로 주어진 급수는 발산한다. (거짓)

ㄹ. $\sum_{n=1}^{\infty}(\sqrt{n+2}-\sqrt{n+1})$

$=\lim_{n\to\infty}\sum_{k=1}^{n}(\sqrt{k+2}-\sqrt{k+1})$

$=\lim_{n\to\infty}\{(\sqrt{3}-\sqrt{2})+(\sqrt{4}-\sqrt{3})+(\sqrt{5}-\sqrt{4})+\cdots+(\sqrt{n+2}-\sqrt{n+1})\}$

$=\lim_{n\to\infty}(\sqrt{n+2}-\sqrt{2})=\infty$

이므로 주어진 급수는 발산한다. (참)

따라서 옳은 것은 ㄴ, ㄹ이다.

7 0500 답 ④ 유형 7

출제의도 | 급수의 성질을 이해하는지 확인한다.

$\sum_{n=1}^{\infty}a_n=\alpha$, $\sum_{n=1}^{\infty}b_n=\beta$라 하고 수렴하는 급수의 성질을 이용해 보자.

$\sum_{n=1}^{\infty}a_n=\alpha$, $\sum_{n=1}^{\infty}b_n=\beta$라 하면

$\sum_{n=1}^{\infty}(a_n+2b_n)=10$에서 $\sum_{n=1}^{\infty}a_n+2\sum_{n=1}^{\infty}b_n=10$

$\therefore \alpha+2\beta=10$ ······ ㉠

$\sum_{n=1}^{\infty}(3a_n-2b_n)=14$에서 $3\sum_{n=1}^{\infty}a_n-2\sum_{n=1}^{\infty}b_n=14$

$\therefore 3\alpha-2\beta=14$ ······ ㉡

㉠, ㉡을 연립하여 풀면 $\alpha=6$, $\beta=2$

$\therefore \sum_{n=1}^{\infty}(a_n-b_n)=\sum_{n=1}^{\infty}a_n-\sum_{n=1}^{\infty}b_n=\alpha-\beta=4$

8 0501 답 ② 유형 11

출제의도 | 합이 주어진 등비급수의 합을 구할 수 있는지 확인한다.

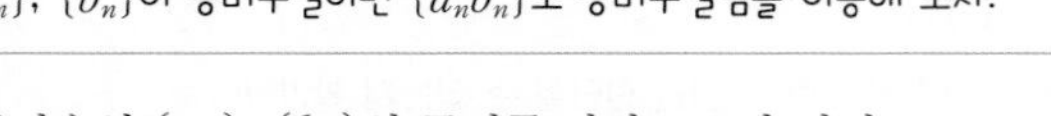
$\{a_n\}$, $\{b_n\}$이 등비수열이면 $\{a_nb_n\}$도 등비수열임을 이용해 보자.

두 등비수열 $\{a_n\}$, $\{b_n\}$의 공비를 각각 r, s라 하면

$\sum_{n=1}^{\infty}a_n=\frac{1}{1-r}=3$, $\frac{1}{3}=1-r$ $\quad\therefore r=\frac{2}{3}$

$\sum_{n=1}^{\infty}(a_n+b_n)=\sum_{n=1}^{\infty}a_n+\sum_{n=1}^{\infty}b_n$

$=3+\frac{1}{1-s}=\frac{25}{7}$

$1-s=\frac{7}{4}$ $\quad\therefore s=-\frac{3}{4}$

따라서 수열 $\{a_nb_n\}$은 첫째항이 $a_1b_1=1$, 공비가 $rs=-\frac{1}{2}$인 등비수열이므로

$\sum_{n=1}^{\infty}a_nb_n=\frac{1}{1-\left(-\frac{1}{2}\right)}=\frac{2}{3}$

9 0502 답 ⑤ 유형 12

출제의도 | 등비급수의 수렴 조건을 이해하는지 확인한다.

등비급수가 수렴하려면 (첫째항)$=0$ 또는 $-1<$(공비)<1임을 이용해 보자.

$\sum_{n=1}^{\infty}(x^2-4)\left(\frac{x-2}{3}\right)^{n-1}$의 첫째항이 x^2-4, 공비가 $\frac{x-2}{3}$이므로 급수가 수렴하려면

$x^2-4=0$ 또는 $-1<\frac{x-2}{3}<1$

(i) $x^2-4=0$에서 $(x+2)(x-2)=0$

$\therefore x=-2$ 또는 $x=2$

(ii) $-1<\frac{x-2}{3}<1$에서 $-3<x-2<3$

$\therefore -1<x<5$

(i), (ii)에서 $x=-2$ 또는 $-1<x<5$이므로 정수 x는 -2, 0, 1, 2, 3, 4로 6개이다.

10 0503 답 ① 유형 2 + 유형 5

출제의도 | 수렴하는 급수와 수열의 극한값 사이의 관계를 이해하는지 확인한다.

$\lim_{n\to\infty}\sum_{k=1}^{n}\frac{(ak+1)^2-4k(k+1)}{k^2+2k}$이 수렴하면 $\lim_{n\to\infty}\frac{(an+1)^2-4n(n+1)}{n^2+2n}=0$임을 이용해 보자.

주어진 급수가 수렴하므로

$\lim_{n\to\infty}\frac{(an+1)^2-4n(n+1)}{n^2+2n}=0$

이때

$\lim_{n\to\infty}\frac{(an+1)^2-4n(n+1)}{n^2+2n}$

$=\lim_{n\to\infty}\frac{(a^2-4)n^2+2(a-2)n+1}{n^2+2n}$

$=\lim_{n\to\infty}\frac{(a^2-4)+\frac{2(a-2)}{n}+\frac{1}{n^2}}{2+\frac{2}{n}}=\frac{a^2-4}{2}$

이므로 $\frac{a^2-4}{2}=0$에서 $a^2-4=0$

$(a+2)(a-2)=0$ $\quad\therefore a=2$ ($\because a>0$)

주어진 급수의 합이 b이므로

$b=\lim_{n\to\infty}\sum_{k=1}^{n}\frac{(2k+1)^2-4k(k+1)}{k^2+2k}$

$=\lim_{n\to\infty}\sum_{k=1}^{n}\frac{1}{k(k+2)}$

$=\lim_{n\to\infty}\sum_{k=1}^{n}\frac{1}{2}\left(\frac{1}{k}-\frac{1}{k+2}\right)$

$=\lim_{n\to\infty}\frac{1}{2}\left\{\left(1-\frac{1}{3}\right)+\left(\frac{1}{2}-\frac{1}{4}\right)+\left(\frac{1}{3}-\frac{1}{5}\right)+\cdots+\left(\frac{1}{n-1}-\frac{1}{n+1}\right)+\left(\frac{1}{n}-\frac{1}{n+2}\right)\right\}$

$=\lim_{n\to\infty}\frac{1}{2}\left(1+\frac{1}{2}-\frac{1}{n+1}-\frac{1}{n+2}\right)=\frac{1}{2}\times\frac{3}{2}=\frac{3}{4}$

$\therefore ab=2\times\frac{3}{4}=\frac{3}{2}$

11 0504 답 ⑤

유형 4

출제의도 | 항의 부호가 교대로 바뀌는 급수의 합을 구할 수 있는지 확인한다.

> $\lim_{n\to\infty} S_{2n}$의 값과 $\lim_{n\to\infty} S_{2n-1}$의 값을 비교해 보자.

$\{(-1)^n\}$: $-1, 1, -1, 1, -1, 1, \cdots$이므로

$S_n = -1+1-1+1-1+1-1+\cdots$

ㄱ. $S_1=-1$, $S_2=0$, $S_3=-1$, $S_4=0$, $\cdots$이므로

수열 $\{S_n\}$은 발산(진동)한다.

ㄴ. $\frac{S_1}{1}=-1$, $\frac{S_2}{2}=0$, $\frac{S_3}{3}=-\frac{1}{3}$, $\frac{S_4}{4}=0$, $\cdots$이므로

$\frac{S_{2n-1}}{2n-1}=-\frac{1}{2n-1}$, $\frac{S_{2n}}{2n}=0$

$\therefore \lim_{n\to\infty}\frac{S_{2n-1}}{2n-1}=\lim_{n\to\infty}\left(-\frac{1}{2n-1}\right)=0$,

$\lim_{n\to\infty}\frac{S_{2n}}{2n}=0$

즉, 수열 $\left\{\frac{S_n}{n}\right\}$은 0에 수렴한다.

ㄷ. $T_n=S_1+S_2+S_3+\cdots+S_n$이라 하면

$\{S_n\}$: $-1, 0, -1, 0, \cdots$이므로

$T_1=-1$, $T_2=-1$, $T_3=-2$, $T_4=-2$, $T_5=-3$, $T_6=-3$, $\cdots$

$\therefore T_{2n-1}=-n$, $T_{2n}=-n$

$\therefore \lim_{n\to\infty}\frac{T_{2n-1}}{2n-1}=\lim_{n\to\infty}\frac{-n}{2n-1}=-\frac{1}{2}$,

$\lim_{n\to\infty}\frac{T_{2n}}{2n}=\lim_{n\to\infty}\frac{-n}{2n}=-\frac{1}{2}$

즉, 수열 $\left\{\frac{T_n}{n}\right\}$은 $-\frac{1}{2}$에 수렴한다.

따라서 수렴하는 것은 ㄴ, ㄷ이다.

12 0505 답 ②

유형 8

출제의도 | 급수의 성질에 대한 합답형 문제를 해결할 수 있는지 확인한다.

> 두 급수 $\sum_{n=1}^{\infty} a_n$, $\sum_{n=1}^{\infty} b_n$이 수렴하면 상수 l, m에 대하여
> $\sum_{n=1}^{\infty}(la_n+mb_n)$도 수렴하는 성질을 이용해 보자.

ㄱ. $\sum_{n=1}^{\infty} a_n=\alpha$, $\sum_{n=1}^{\infty} b_n=\beta$라 하면

$\sum_{n=1}^{\infty}\frac{a_n+b_n}{3}=\frac{1}{3}\left(\sum_{n=1}^{\infty}a_n+\sum_{n=1}^{\infty}b_n\right)=\frac{1}{3}(\alpha+\beta)$

이므로 주어진 급수는 수렴한다.

ㄴ. $\sum_{n=1}^{\infty} a_n$이 수렴하므로 $\lim_{n\to\infty} a_n=0$

$\therefore \sum_{n=1}^{\infty}(a_n-a_{n+1})$

$=\lim_{n\to\infty}\sum_{k=1}^{n}(a_k-a_{k+1})$

$=\lim_{n\to\infty}\{(a_1-a_2)+(a_2-a_3)+(a_3-a_4)+\cdots+(a_n-a_{n+1})\}$

$=\lim_{n\to\infty}(a_1-a_{n+1})$

$=a_1-\lim_{n\to\infty}a_{n+1}=a_1-\lim_{n\to\infty}a_n=a_1-0=a_1$

이므로 주어진 급수는 수렴한다.

ㄷ. $\sum_{n=1}^{\infty} b_n$이 수렴하므로 $\lim_{n\to\infty} b_n=0$

즉, 수열 $\left\{\frac{1}{b_n}\right\}$은 발산하므로 $\lim_{n\to\infty}\frac{1}{b_n}\neq0$이고, 주어진 급수는 발산한다.

따라서 수렴하는 것은 ㄱ, ㄴ이다.

13 0506 답 ①

유형 10

출제의도 | 등비급수의 합을 구할 수 있는지 확인한다.

> $\{a_n\}$이 등비수열이면 $\{b_n\}$도 등비수열임을 이용해 보자.

등비수열 $\{a_n\}$의 첫째항을 a, 공비를 r라 하면

$a_1+a_3=30$에서 $a+ar^2=30$

$\therefore a(1+r^2)=30$ ······ ㉠

$a_2+a_4=60$에서 $ar+ar^3=60$

$\therefore ar(1+r^2)=60$ ······ ㉡

㉡÷㉠을 하면 $r=2$

$r=2$를 ㉠에 대입하면 $5a=30$ $\quad\therefore a=6$

따라서 $a_n=6\times2^{n-1}=3\times2^n$이므로

$b_n=\sum_{k=n}^{\infty}\frac{1}{a_k}=\sum_{k=n}^{\infty}\frac{1}{3}\times\left(\frac{1}{2}\right)^k=\frac{\frac{1}{3\times2^n}}{1-\frac{1}{2}}=\frac{1}{3}\times\left(\frac{1}{2}\right)^{n-1}$

$\therefore \sum_{n=1}^{\infty}b_n=\sum_{n=1}^{\infty}\frac{1}{3}\times\left(\frac{1}{2}\right)^{n-1}=\frac{\frac{1}{3}}{1-\frac{1}{2}}=\frac{2}{3}$

14 0507 답 ①

출제의도 | S_n과 a_n 사이의 관계를 이용하여 급수의 합을 구할 수 있는지 확인한다.

> $a_n=S_n-S_{n-1}\,(n\geq2)$임을 이용해 보자.

(i) $n=1$일 때, $a_1=S_1=3$

(ii) $n\geq2$일 때,

$a_n=S_n-S_{n-1}=n^2+2n-\{(n-1)^2+2(n-1)\}$

$=(n^2+2n)-(n^2-2n+1+2n-2)$

$=2n+1$ ······ ㉠

이때 $a_1=3$은 $n=1$을 ㉠에 대입한 것과 같으므로

$a_n=2n+1$

$\therefore \sum_{n=1}^{\infty}\frac{2}{a_na_{n+1}}$

$=\sum_{n=1}^{\infty}\frac{2}{(2n+1)(2n+3)}$

$=\sum_{n=1}^{\infty}\left(\frac{1}{2n+1}-\frac{1}{2n+3}\right)$

$=\lim_{n\to\infty}\sum_{k=1}^{n}\left(\frac{1}{2k+1}-\frac{1}{2k+3}\right)$

$=\lim_{n\to\infty}\left\{\left(\frac{1}{3}-\frac{1}{5}\right)+\left(\frac{1}{5}-\frac{1}{7}\right)+\left(\frac{1}{7}-\frac{1}{9}\right)+\cdots+\left(\frac{1}{2n+1}-\frac{1}{2n+3}\right)\right\}$

$=\lim_{n\to\infty}\left(\frac{1}{3}-\frac{1}{2n+3}\right)=\frac{1}{3}$

15 0508 답 ③ 유형 20

출제의도 | 실생활에서 활용되는 등비급수의 합을 구할 수 있는지 확인한다.

스마트워치 배터리의 사용 시간은 일정한 비율로 감소함을 이용해 보자.

처음 스마트워치의 배터리를 사용할 수 있는 시간은 50시간이므로 첫 번째 재충전한 후 스마트워치의 배터리를 사용할 수 있는 시간은

$50\times\left(1-\frac{1}{200}\right)=50\times\frac{199}{200}$ (시간)

두 번째 재충전한 후 스마트워치의 배터리를 사용할 수 있는 시간은

$50\times\left(1-\frac{1}{200}\right)^2=50\times\left(\frac{199}{200}\right)^2$ (시간)

⋮

따라서 스마트워치의 배터리를 사용할 수 있는 시간의 합은

$$50+50\times\frac{199}{200}+50\times\left(\frac{199}{200}\right)^2+\cdots=\frac{50}{1-\frac{199}{200}}$$

$$=10000=10^4 \text{ (시간)}$$

$\therefore n=4$

16 0509 답 ⑤ 유형 9

출제의도 | 조합과 부분분수를 이용하여 급수의 합을 구할 수 있는지 확인한다.

조합을 이용하여 $\{a_n\}$의 일반항을 구해 보자.

$n\geq3$일 때, n개의 정사각형에서 두 개의 정사각형을 택하는 경우의 수는 ${}_n\mathrm{C}_2=\frac{n(n-1)}{2}$

두 정사각형이 이웃하는 경우는 $(n-1)$가지이므로

$$a_n=\frac{n(n-1)}{2}-(n-1)$$

$$=\frac{(n-1)(n-2)}{2}\ (n=3,\ 4,\ 5,\ \cdots)$$

$$\therefore \sum_{n=3}^{\infty}\frac{1}{a_n}=\lim_{n\to\infty}\sum_{k=3}^{n}\frac{2}{(k-1)(k-2)}$$

$$=\lim_{n\to\infty}2\sum_{k=3}^{n}\left(\frac{1}{k-2}-\frac{1}{k-1}\right)$$

$$=\lim_{n\to\infty}2\left\{\left(1-\frac{1}{2}\right)+\left(\frac{1}{2}-\frac{1}{3}\right)+\left(\frac{1}{3}-\frac{1}{4}\right)+\cdots+\left(\frac{1}{n-2}-\frac{1}{n-1}\right)\right\}$$

$$=\lim_{n\to\infty}2\left(1-\frac{1}{n-1}\right)=2$$

17 0510 답 ① 유형 10

출제의도 | 등비급수의 합을 구할 수 있는지 확인한다.

등비수열이 수렴하려면 $-1<(\text{공비})\leq1$임을 이용해 보자.

등비수열 $\left\{\left(\frac{3x+2}{6}\right)^n\right\}$의 공비가 $\frac{3x+2}{6}$이므로 수렴하려면

$$-1<\frac{3x+2}{6}\leq1$$

$-6<3x+2\leq6$, $-8<3x\leq4$

$$\therefore -\frac{8}{3}<x\leq\frac{4}{3}$$

따라서 $\left\{\left(\frac{3x+2}{6}\right)^n\right\}$이 수렴하도록 하는 실수 x의 최댓값은 $\frac{4}{3}$이므로 $r=\frac{4}{3}$

$$\therefore \sum_{n=1}^{\infty}\frac{r^n+(-r)^n}{4^n}=\sum_{n=1}^{\infty}\left\{\left(\frac{r}{4}\right)^n+\left(-\frac{r}{4}\right)^n\right\}$$

$$=\sum_{n=1}^{\infty}\left(\frac{1}{3}\right)^n+\sum_{n=1}^{\infty}\left(-\frac{1}{3}\right)^n$$

$$=\frac{\frac{1}{3}}{1-\frac{1}{3}}+\frac{-\frac{1}{3}}{1-\left(-\frac{1}{3}\right)}=\frac{1}{2}-\frac{1}{4}=\frac{1}{4}$$

18 0511 답 ⑤ 유형 14

출제의도 | S_n과 a_n 사이의 관계를 이용하여 등비급수의 합을 구할 수 있는지 확인한다.

$a_n=S_n-S_{n-1}\ (n\geq2)$임을 이용해 보자.

$\log_9(S_n+1)=n$에서 $S_n+1=9^n$ $\therefore S_n=9^n-1$

(i) $n=1$일 때, $a_1=S_1=8$

(ii) $n\geq2$일 때,

$a_n=S_n-S_{n-1}=(9^n-1)-(9^{n-1}-1)=9\times9^{n-1}-9^{n-1}$

$=8\times9^{n-1}$ ……… ㉠

이때 $a_1=8$은 $n=1$을 ㉠에 대입한 것과 같으므로

$a_n=8\times9^{n-1}$

$$\therefore \sum_{n=1}^{\infty}\frac{1}{a_n}=\frac{1}{a_1}+\frac{1}{a_2}+\frac{1}{a_3}+\frac{1}{a_4}+\cdots$$

$$=\frac{1}{8}+\frac{1}{8\times9}+\frac{1}{8\times9^2}+\frac{1}{8\times9^3}+\cdots$$

$$=\frac{\frac{1}{8}}{1-\frac{1}{9}}=\frac{9}{64}$$

19 0512 답 ④ 유형 17

출제의도 | 등비급수를 활용하여 선분의 길이의 합을 구할 수 있는지 확인한다.

선분 $\mathrm{C}_n\mathrm{P}_n$의 길이는 등비수열을 이뤄.

$\overline{\mathrm{CP}}=\overline{\mathrm{AB}}\times\frac{4}{5}$, $\overline{\mathrm{C}_1\mathrm{P}_1}=\overline{\mathrm{CP}}\times\frac{4}{5}$, $\overline{\mathrm{C}_2\mathrm{P}_2}=\overline{\mathrm{C}_1\mathrm{P}_1}\times\frac{4}{5}$, …이므로

$\overline{\mathrm{AB}}+\overline{\mathrm{CP}}+\overline{\mathrm{C}_1\mathrm{P}_1}+\overline{\mathrm{C}_2\mathrm{P}_2}+\cdots$

$$=10+10\times\frac{4}{5}+10\times\left(\frac{4}{5}\right)^2+10\times\left(\frac{4}{5}\right)^3+\cdots$$

$$=\frac{10}{1-\frac{4}{5}}=50$$

20 0513 답 ⑤ 유형 19

출제의도 | 등비급수를 활용하여 넓이의 합을 구할 수 있는지 확인한다.

사각형 $\mathrm{A}_1\mathrm{B}_1\mathrm{C}_1\mathrm{D}_1$과 사각형 $\mathrm{A}_2\mathrm{B}_2\mathrm{C}_2\mathrm{D}_2$의 닮음비를 구해 보자.

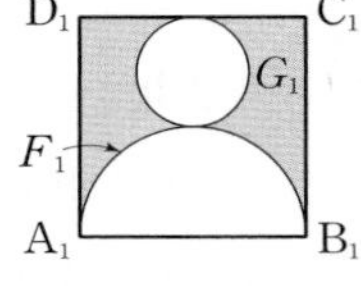

그림 R_1에서 $\overline{\mathrm{A}_1\mathrm{B}_1}=4\sqrt{3}$이므로 선분 $\mathrm{A}_1\mathrm{B}_1$을 지름으로 하는 반원 F_1의 넓이는

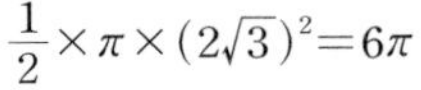

$\frac{1}{2}\times\pi\times(2\sqrt{3})^2=6\pi$

반원 F_1의 반지름의 길이가 $2\sqrt{3}$이므로

호 A_1B_1과 선분 C_1D_1에 동시에 접하는 가장 작은 원 G_1의 지름의 길이는 $4\sqrt{3}-2\sqrt{3}=2\sqrt{3}$

따라서 호 A_1B_1과 선분 C_1D_1에 동시에 접하는 가장 작은 원 G_1의 넓이는 $\pi\times(\sqrt{3})^2=3\pi$

$\therefore S_1=\square A_1B_1C_1D_1-$(반원 F_1의 넓이)$-$(원 G_1의 넓이)

$=(4\sqrt{3})^2-6\pi-3\pi=48-9\pi$

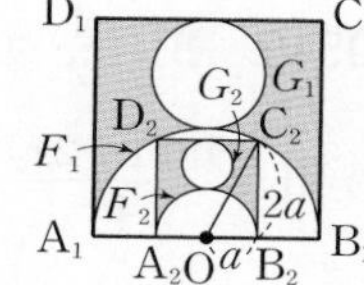

그림 R_2에서 선분 A_1B_1의 중점을 O, $\overline{OB_2}=a$라 하면 점 O는 선분 A_2B_2의 중점이므로

$\overline{B_2C_2}=\overline{A_2B_2}=2\times\overline{OB_2}=2a$

직각삼각형 OB_2C_2에서 피타고라스 정리에 의해

$a^2+(2a)^2=(2\sqrt{3})^2$, $5a^2=12$ $\quad\therefore a=\dfrac{2\sqrt{3}}{\sqrt{5}}$ $(\because a>0)$

$\therefore \overline{B_2C_2}=\dfrac{4\sqrt{3}}{\sqrt{5}}$

즉, 두 정사각형 $A_1B_1C_1D_1$과 $A_2B_2C_2D_2$의 닮음비는

$4\sqrt{3}:\dfrac{4\sqrt{3}}{\sqrt{5}}=1:\dfrac{1}{\sqrt{5}}$이므로 넓이의 비는 $1:\dfrac{1}{5}$이다.

따라서 구하는 극한값은 첫째항이 $48-9\pi$, 공비가 $\dfrac{1}{5}$인 등비급수의 합이므로

$$\frac{48-9\pi}{1-\frac{1}{5}}=\frac{5}{4}(48-9\pi)=\frac{15}{4}(16-3\pi)$$

21 0514 답 ③ 유형19

출제의도 | 등비급수를 활용하여 넓이의 합을 구할 수 있는지 확인한다.

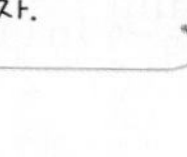

사각형 $A_1B_1C_1D_1$과 사각형 $A_2B_2C_2D_2$의 닮음비를 구해 보자.

$S_1=\left(\pi\times1^2\times\dfrac{1}{4}-\dfrac{1}{2}\times1\times1\right)\times2=\dfrac{\pi}{2}-1$

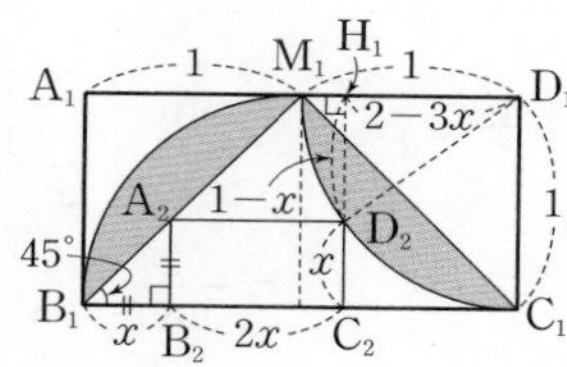

$\overline{C_2D_2}=x$라 하고 점 D_2에서 $\overline{A_1D_1}$에 내린 수선의 발을 H_1이라 하면 세 점 C_2, D_2, H_1은 일직선 위의 점이다. $\overline{B_1M_1}$과 $\overline{B_1C_1}$이 이루는 각의 크기가 45°이므로

$\overline{B_1B_2}=\overline{A_2B_2}=x$

$\therefore \overline{D_2H_1}=1-x$

$\overline{B_1C_2}=3x$이므로 $\overline{D_1H_1}=2-3x$

직각삼각형 $D_1D_2H_1$에서 피타고라스 정리에 의해

$(1-x)^2+(2-3x)^2=1$, $(x^2-2x+1)+(9x^2-12x+4)=1$

$10x^2-14x+4=0$, $2(5x-2)(x-1)=0$

$\therefore x=\dfrac{2}{5}$ $(\because x<1)$

즉, 두 사각형 $A_1B_1C_1D_1$과 $A_2B_2C_2D_2$의 닮음비는 $1:\dfrac{2}{5}$이므로 넓이의 비는 $1:\dfrac{4}{25}$이다.

따라서 구하는 극한값은 첫째항이 $\dfrac{\pi}{2}-1$, 공비가 $\dfrac{4}{25}$인 등비급수의 합이므로

$$\frac{\frac{\pi}{2}-1}{1-\frac{4}{25}}=\frac{25}{21}\left(\frac{\pi}{2}-1\right)$$

22 0515 답 $-\log 2$ 유형3

출제의도 | 로그를 포함한 급수의 합을 구할 수 있는지 확인한다.

STEP 1 주어진 급수의 부분합 S_n 구하기 [3점]

주어진 급수의 제n항까지의 부분합을 S_n이라 하면

$$S_n=\sum_{k=1}^{n}a_k=\sum_{k=1}^{n}\left(\log\frac{k+2}{k+1}-\log\frac{k+1}{k}\right)$$
$$=\left(\log\frac{3}{2}-\log\frac{2}{1}\right)+\left(\log\frac{4}{3}-\log\frac{3}{2}\right)+\left(\log\frac{5}{4}-\log\frac{4}{3}\right)+\cdots+\left(\log\frac{n+2}{n+1}-\log\frac{n+1}{n}\right)$$
$$=-\log 2+\log\frac{n+2}{n+1}$$

STEP 2 급수 $\sum_{n=1}^{\infty}a_n$의 합 구하기 [3점]

$$\sum_{n=1}^{\infty}a_n=\lim_{n\to\infty}S_n=\lim_{n\to\infty}\left(-\log 2+\log\frac{n+2}{n+1}\right)=-\log 2+\log 1=-\log 2$$

23 0516 답 $\dfrac{1}{10}$ 유형10

출제의도 | 등비급수의 합을 구할 수 있는지 확인한다.

STEP 1 수열 $\{a_n\}$의 공비 구하기 [2점]

$a_na_{n+1}a_{n+2}=\left(\dfrac{1}{6}\right)^n$, $a_{n+1}a_{n+2}a_{n+3}=\left(\dfrac{1}{6}\right)^{n+1}$이므로

$a_{n+3}=\dfrac{1}{6}a_n$

STEP 2 수열 $\{a_{3n}\}$의 첫째항 구하기 [2점]

$a_1a_2a_3=\left(\dfrac{1}{6}\right)^1$에서

$2a_3=\dfrac{1}{6}$ $\quad\therefore a_3=\dfrac{1}{12}$

STEP 3 급수 $\sum_{n=1}^{\infty}a_{3n}$의 합 구하기 [2점]

수열 $\{a_{3n}\}$은 첫째항이 $\dfrac{1}{12}$, 공비가 $\dfrac{1}{6}$인 등비수열이므로

$$\sum_{n=1}^{\infty}a_{3n}=\frac{\frac{1}{12}}{1-\frac{1}{6}}=\frac{1}{10}$$

24 0517 답 30 유형2

출제의도 | 부분분수를 이용하여 급수의 합을 구할 수 있는지 확인한다.

STEP 1 수열 $\{a_n\}$의 공차 구하기 [3점]

등차수열 $\{a_n\}$의 첫째항을 a, 공차를 d라 하면

$a_n=a+(n-1)d$

(가)에서 $S_{n+1}-S_n=a_{n+1}$이므로

$$\lim_{n\to\infty}\frac{S_{n+1}-S_n}{n}=\lim_{n\to\infty}\frac{a_{n+1}}{n}=\lim_{n\to\infty}\frac{dn+a}{n}=\lim_{n\to\infty}\frac{d+\frac{a}{n}}{1}=d$$

즉, $d=2$이므로

$a_n=a+(n-1)\times2=2n+a-2$

STEP 2 수열 $\{a_n\}$의 첫째항 구하기 [3점]

(나)에서

$$\sum_{n=1}^{\infty}\frac{1}{a_na_{n+1}}=\sum_{n=1}^{\infty}\frac{1}{a_{n+1}-a_n}\left(\frac{1}{a_n}-\frac{1}{a_{n+1}}\right)$$
$$=\lim_{n\to\infty}\sum_{k=1}^{n}\frac{1}{a_{k+1}-a_k}\left(\frac{1}{a_k}-\frac{1}{a_{k+1}}\right)$$
$$=\lim_{n\to\infty}\sum_{k=1}^{n}\frac{1}{2}\left(\frac{1}{a_k}-\frac{1}{a_{k+1}}\right)$$
$$=\lim_{n\to\infty}\frac{1}{2}\left\{\left(\frac{1}{a_1}-\frac{1}{a_2}\right)+\left(\frac{1}{a_2}-\frac{1}{a_3}\right)+\left(\frac{1}{a_3}-\frac{1}{a_4}\right)+\cdots+\left(\frac{1}{a_n}-\frac{1}{a_{n+1}}\right)\right\}$$
$$=\lim_{n\to\infty}\frac{1}{2}\left(\frac{1}{a_1}-\frac{1}{a_{n+1}}\right)$$
$$=\frac{1}{2a_1}\ (\because \lim_{n\to\infty}a_{n+1}=\infty)$$

즉, $\frac{1}{2a_1}=\frac{1}{6}$이므로 $a_1=3$

STEP 3 $S_n<1000$을 만족시키는 자연수 n의 최댓값 구하기 [2점]

$a_n=2n+3-2=2n+1$이므로

$$S_n=\sum_{k=1}^{n}(2k+1)=2\times\frac{n(n+1)}{2}+n$$
$$=n^2+2n$$

자연수 n의 값이 증가할 때 S_n의 값은 증가하고,

$S_{30}=30^2+2\times30=960$, $S_{31}=31^2+2\times31=1023$

이므로 $S_n<1000$을 만족시키는 자연수 n의 최댓값은 30이다.

25 0518 답 $\frac{2}{5}$ 

출제의도 | 등비급수를 활용하여 넓이의 합을 구할 수 있는지 확인한다.

STEP 1 S_1의 값 구하기 [3점]

n번째 그림에서 새로 그리는 정사각형의 한 변의 길이를 a_n이라 하자.

그림에서 큰 직각이등변삼각형의 빗변의 길이가 $\sqrt{2}$이므로

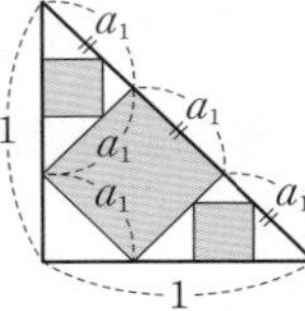

$3a_1=\sqrt{2}\qquad\therefore a_1=\frac{\sqrt{2}}{3}$

$\therefore S_1=\left(\frac{\sqrt{2}}{3}\right)^2=\frac{2}{9}$

STEP 2 닮음비를 이용하여 공비 구하기 [3점]

두 번째 그림에서 합동인 2개의 직각이등변삼각형의 빗변이 아닌 한 변의 길이가 $\frac{\sqrt{2}}{3}$이다.

따라서 첫 번째 그림에서 그린 정사각형과 두 번째 그림에서 새로 그린 정사각형의 닮음비는 $1:\frac{\sqrt{2}}{3}$이므로 넓이의 비는 $1:\frac{2}{9}$이다.

이때 정사각형의 개수가 2배씩 늘어나므로 공비는 $\frac{2}{9}\times2=\frac{4}{9}$

STEP 3 $\lim_{n\to\infty}S_n$의 값 구하기 [2점]

구하는 극한값은 첫째항이 $\frac{2}{9}$, 공비가 $\frac{4}{9}$인 등비급수의 합이므로

$$\lim_{n\to\infty}S_n=\frac{\frac{2}{9}}{1-\frac{4}{9}}=\frac{2}{5}$$

Ⅱ. 미분법

03 지수함수와 로그함수의 미분

핵심 개념 117쪽

0519 답 (1) $\frac{1}{2}$ (2) $\frac{3}{4}$ (3) $\frac{2}{\ln5}$ (4) $2\ln2$

(1) $\lim_{x\to0}\frac{\ln(1+2x)}{4x}=\lim_{x\to0}\frac{\ln(1+2x)}{2x}\times\frac{1}{2}=1\times\frac{1}{2}=\frac{1}{2}$

(2) $\lim_{x\to0}\frac{e^{3x}-1}{4x}=\lim_{x\to0}\frac{e^{3x}-1}{3x}\times\frac{3}{4}=1\times\frac{3}{4}=\frac{3}{4}$

(3) $\lim_{x\to0}\frac{\log_5(1+2x)}{x}=\lim_{x\to0}\frac{\log_5(1+2x)}{2x}\times2$

$=\frac{1}{\ln5}\times2=\frac{2}{\ln5}$

(4) $\lim_{x\to0}\frac{2^{6x}-1}{3x}=\lim_{x\to0}\frac{2^{6x}-1}{6x}\times2=\ln2\times2=2\ln2$

0520 답 ⑤

① $\lim_{x\to0}\frac{2^x-1}{x}=\ln2$

② $\lim_{x\to0}\frac{e^{2x}-1}{x}=\lim_{x\to0}\frac{e^{2x}-1}{2x}\times2=1\times2=2$

③ $\lim_{x\to0}\frac{\log_3(1-3x)}{x}=\lim_{x\to0}\frac{\log_3(1-3x)}{-3x}\times(-3)$

$=\frac{1}{\ln3}\times(-3)=-\frac{3}{\ln3}$

④ $\lim_{x\to0}\frac{x}{\ln(1+2x)}=\lim_{x\to0}\frac{1}{\frac{\ln(1+2x)}{x}}$

$=\lim_{x\to0}\frac{1}{\frac{\ln(1+2x)}{2x}\times2}=\frac{1}{1\times2}=\frac{1}{2}$

⑤ $\lim_{x\to0}\frac{2x}{e^{5x}-1}=\lim_{x\to0}\frac{2}{\frac{e^{5x}-1}{x}}=\lim_{x\to0}\frac{2}{\frac{e^{5x}-1}{5x}\times5}$

$=\frac{2}{1\times5}=\frac{2}{5}$

0521 답 (1) $y'=(x+2)e^x$ (2) $y'=4\times3^x(x\ln3+1)$
(3) $y'=\frac{1}{x}$ (4) $y'=\log_3 2x+\frac{1}{\ln3}$

(1) $y'=1\times e^x+(x+1)e^x=(x+2)e^x$

(2) $y'=4\times3^x+4x\times3^x\ln3=4\times3^x(x\ln3+1)$

(3) $y=\ln5x=\ln5+\ln x$이므로 $y'=\frac{1}{x}$

(4) $y=x\log_3 2x=x(\log_3 2+\log_3 x)$이므로

$y'=1\times(\log_3 2+\log_3 x)+x\times\frac{1}{x\ln3}=\log_3 2x+\frac{1}{\ln3}$

0522 답 3

$f'(x)=2x\times\ln x+x^2\times\frac{1}{x}=2x\ln x+x$이므로

$f'(e)=2e+e=3e$

$\therefore \frac{f'(e)}{e}=\frac{3e}{e}=3$

118쪽~140쪽

0523 답 ㄷ, ㄹ

ㄱ. 정의역은 실수 전체의 집합이다. (거짓)

ㄴ. 그래프의 점근선의 방정식은 $y=0$이다. (거짓)

ㄷ. 지수함수의 그래프는 일대일함수이므로 $x_1 \neq x_2$이면 $f(x_1) \neq f(x_2)$이다.
즉, $f(x_1)=f(x_2)$이면 $x_1=x_2$이다. (참)

ㄹ. $0<a<1$일 때, x의 값이 증가하면 y의 값은 감소한다.
즉, $x_1<x_2$이면 $f(x_1)>f(x_2)$이다. (참)

따라서 옳은 것은 ㄷ, ㄹ이다.

0524 답 4

$f(1)=2^{a+b}=\frac{1}{2}$에서 $2^{a+b}=2^{-1}$이므로

$a+b=-1$ ······ ㉠

$f(3)=2^{3a+b}=8$에서 $2^{3a+b}=2^3$이므로

$3a+b=3$ ······ ㉡

㉠, ㉡을 연립하여 풀면

$a=2,\ b=-3$

따라서 $f(x)=2^{2x-3}$이므로

$f\left(\frac{5}{2}\right)=2^{2\times\frac{5}{2}-3}=2^2=4$

0525 답 4

두 점 A, B의 x좌표를 각각 a, b라 하면

두 점 A$(a,\ 3)$, B$(b,\ 48)$은 함수 $y=2^x$의 그래프 위에 있으므로

$2^a=3$에서 $a=\log_2 3$

$2^b=48$에서 $b=\log_2 48$

$\therefore \overline{AB}=b-a=\log_2 48-\log_2 3$

$=\log_2\frac{48}{3}=\log_2 16$

$=\log_2 2^4=4$

다른 풀이

두 점 A, B의 x좌표를 각각 a, b라 하면

두 점 A$(a,\ 3)$, B$(b,\ 48)$은 함수 $y=2^x$의 그래프 위에 있으므로

$2^a=3$ ······ ㉠

$2^b=48$ ······ ㉡

이때 $\overline{AB}=b-a$이므로 ㉡÷㉠을 하면

$2^b\div 2^a=48\div 3$

$2^{b-a}=16=2^4$

$\therefore \overline{AB}=b-a=4$

0526 답 ㄱ, ㄷ

ㄱ. 치역은 실수 전체의 집합이다. (참)

ㄴ. 그래프의 점근선의 방정식은 $x=0$이다. (거짓)

ㄷ. $a>1$일 때, x의 값이 증가하면 y의 값도 증가한다.
즉, $x_1<x_2$이면 $f(x_1)<f(x_2)$이다. (참)

따라서 옳은 것은 ㄱ, ㄷ이다.

0527 답 ③

두 함수의 그래프가 모두 x의 값이 증가하면 y의 값은 감소하므로 밑은 1보다 작은 양수이다.

$0<x<1$에서 $\log_a x<\log_b x$이고 $x>1$에서 $\log_a x>\log_b x$이므로

$0<a<b<1$

0528 답 11

점 $(\alpha,\ 4)$는 함수 $y=2^x$의 그래프 위에 있으므로

$2^\alpha=4 \quad \therefore \alpha=2$

따라서 점 $(\beta,\ 2)$가 함수 $y=\log_3 x$의 그래프 위에 있으므로

$\log_3\beta=2 \quad \therefore \beta=3^2=9$

$\therefore \alpha+\beta=2+9=11$

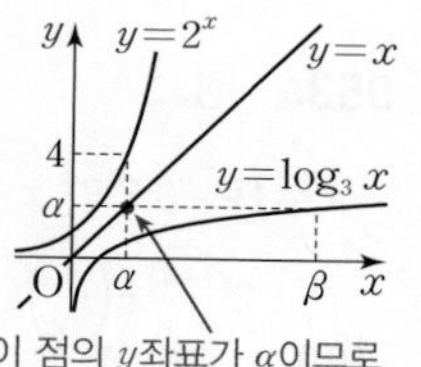

0529 답 ④ | 유형1

$\lim_{x\to\infty}(7^x-5^x)^{\frac{1}{x}}$의 값은?
단서1

① 1 ② 3 ③ 5
④ 7 ⑤ 9

단서1 7^x, 5^x은 각각 밑이 1보다 큰 지수함수

STEP1 7^x으로 묶어 내어 주어진 극한값 구하기

$$\lim_{x\to\infty}(7^x-5^x)^{\frac{1}{x}}=\lim_{x\to\infty}\left\{7^x\left(1-\frac{5^x}{7^x}\right)\right\}^{\frac{1}{x}}$$

$$=\lim_{x\to\infty}\left[(7^x)^{\frac{1}{x}}\times\left\{1-\left(\frac{5}{7}\right)^x\right\}^{\frac{1}{x}}\right]$$

$$=\lim_{x\to\infty}(7^x)^{\frac{1}{x}}\times\lim_{x\to\infty}\left\{1-\left(\frac{5}{7}\right)^x\right\}^{\frac{1}{x}}$$

$$=7\times1=7$$

0530 답 ④

$\lim_{x\to0-}\frac{1}{x}=-\infty$이므로 $\lim_{x\to0-}3^{\frac{1}{x}}=\lim_{t\to-\infty}3^t=0$

$\therefore \lim_{x\to0-}\frac{1}{1-3^{\frac{1}{x}}}=\lim_{t\to-\infty}\frac{1}{1-3^t}=\frac{1}{1-0}=1$

y, $y=\frac{1}{x}$, O, x

0531 답 -1

$$\lim_{x\to\infty}\frac{3^{x+1}-5^x}{3^x+5^x}=\lim_{x\to\infty}\frac{3\times\left(\frac{3}{5}\right)^x-1}{\left(\frac{3}{5}\right)^x+1}=-1$$

분모, 분자를 5^x으로 나눈다.

0532 답 ③

$$\lim_{x\to\infty}\frac{a\times3^{x+1}-4}{3^{x-2}+2}=\lim_{x\to\infty}\frac{3a\times3^x-4}{\frac{1}{9}\times3^x+2}$$

$$=\lim_{x\to\infty}\frac{3a-\frac{4}{3^x}}{\frac{1}{9}+\frac{2}{3^x}}=27a$$

즉, $27a=81$이므로 $a=3$

0533 답 ③

$-x=t$로 놓으면 $x\to-\infty$일 때 $t\to\infty$이므로

$$\lim_{x\to-\infty}\frac{2x^2+5^x}{4x^2-1}=\lim_{t\to\infty}\frac{2t^2+5^{-t}}{4t^2-1}$$

$$=\lim_{t\to\infty}\frac{2+\frac{1}{t^2\times5^t}}{4-\frac{1}{t^2}}=\frac{2}{4}=\frac{1}{2}$$

0534 답 $\frac{1}{3}$

$-x=t$로 놓으면 $x\to-\infty$일 때 $t\to\infty$이므로

$$\lim_{x\to-\infty}\frac{2^{2x+1}+\left(\frac{1}{3}\right)^{x+1}+1}{2^{2x+3}+\left(\frac{1}{3}\right)^x}=\lim_{t\to\infty}\frac{2\times4^{-t}+\left(\frac{1}{3}\right)^{-t+1}+1}{8\times4^{-t}+\left(\frac{1}{3}\right)^{-t}}$$

$$=\lim_{t\to\infty}\frac{\frac{2}{4^t}+\frac{1}{3}\times3^t+1}{\frac{8}{4^t}+3^t}$$

$$=\lim_{t\to\infty}\frac{\frac{2}{12^t}+\frac{1}{3}+\frac{1}{3^t}}{\frac{8}{12^t}+1}=\frac{1}{3}$$

0535 답 -2

$\lim_{x\to0+}\frac{1}{x}=\infty$이므로 $\lim_{x\to0+}7^{\frac{1}{x}}=\infty$

$\therefore \lim_{x\to0+}\frac{2}{1+7^{\frac{1}{x}}}=0 \qquad \therefore a=0$

$\lim_{x\to\infty}\left(\frac{1}{7}\right)^x=0$이므로 $\lim_{x\to\infty}\frac{2}{1+\left(\frac{1}{7}\right)^x}=2 \qquad \therefore b=2$

$\therefore a-b=0-2=-2$

0536 답 ④

ㄱ. $\lim_{x\to\infty}3^x=\infty$, $\lim_{x\to\infty}3^{-x}=0$이므로

$$\lim_{x\to\infty}\frac{1}{3^x-3^{-x}}=0$$

ㄴ. $-x=t$로 놓으면 $x\to-\infty$일 때 $t\to\infty$이므로

$$\lim_{x\to-\infty}\frac{2^x}{2^x-3^{-x}}=\lim_{x\to-\infty}\frac{6^x}{6^x-1}$$

$$=\lim_{t\to\infty}\frac{\left(\frac{1}{6}\right)^t}{\left(\frac{1}{6}\right)^t-1}=0$$

ㄷ. $-\frac{1}{x}=t$로 놓으면 $x\to0-$일 때 $t\to\infty$이므로

$$\lim_{x\to0-}\frac{3^{-\frac{1}{x}}}{3^{\frac{1}{x}}+2\times3^{-\frac{1}{x}}}=\lim_{t\to\infty}\frac{3^t}{\left(\frac{1}{3}\right)^t+2\times3^t}$$

$$=\lim_{t\to\infty}\frac{1}{\left(\frac{1}{9}\right)^t+2}=\frac{1}{2}$$

ㄹ. $-x=t$로 놓으면 $x\to-\infty$일 때 $t\to\infty$이므로

$$\lim_{x\to-\infty}\frac{2^x}{\sqrt{5^x}}=\lim_{x\to-\infty}\left(\frac{2}{\sqrt5}\right)^x=\lim_{t\to\infty}\left(\frac{\sqrt5}{2}\right)^t=\infty \text{ (발산)}$$

따라서 극한값이 존재하는 것은 ㄱ, ㄴ, ㄷ이다.

0537 답 ④

$\frac{1}{x}=t$로 놓으면 $x\to0+$일 때 $t\to\infty$, $x\to0-$일 때 $t\to-\infty$ 이므로

$$\lim_{x\to0+}\frac{2^b-2^{-\frac{1}{x}}}{2^a-2^{-\frac{1}{x}}}=\lim_{t\to\infty}\frac{2^b-2^{-t}}{2^a-2^{-t}}=\lim_{t\to\infty}\frac{2^b-\left(\frac{1}{2}\right)^t}{2^a-\left(\frac{1}{2}\right)^t}=2^{b-a}$$

$$\lim_{x\to0-}\frac{2^b-2^{-\frac{1}{x}}}{2^a-2^{-\frac{1}{x}}}=\lim_{t\to-\infty}\frac{2^b-2^{-t}}{2^a-2^{-t}}=\lim_{t\to-\infty}\frac{2^{b+t}-1}{2^{a+t}-1}=\frac{-1}{-1}=1$$

이때 $\lim_{x\to0}\frac{2^b-2^{-\frac{1}{x}}}{2^a-2^{-\frac{1}{x}}}$의 값이 존재하려면

$2^{b-a}=1=c \qquad \therefore b-a=0,\ c=1$

$\therefore a-b+c=-(b-a)+c=1$

실수 Check

$-\frac{1}{x}=t$로 놓으면

$x\to0+$일 때 $t\to-\infty$, $x\to0-$일 때 $t\to\infty$이다.

0538 답 $\frac{21}{2}$

(i) $n=1,\ 2,\ 3,\ 4,\ 5,\ 6$인 경우

$0<\frac{n}{7}<1$이므로

$$f(n)=\lim_{x\to\infty}\frac{7^{x+1}+3^{x+1}}{7^x+n^x}$$

$$=\lim_{x\to\infty}\frac{7+3\times\left(\frac{3}{7}\right)^x}{1+\left(\frac{n}{7}\right)^x}=7$$

(ii) $n=7$인 경우

$$f(7)=\lim_{x\to\infty}\frac{7^{x+1}+3^{x+1}}{2\times7^x}$$

$$=\lim_{x\to\infty}\frac{7+3\times\left(\frac{3}{7}\right)^x}{2}=\frac{7}{2}$$

(iii) $n=8,\ 9,\ 10,\ \cdots$인 경우

$0<\frac{7}{n}<1$이므로

$$f(n)=\lim_{x\to\infty}\frac{7^{x+1}+3^{x+1}}{7^x+n^x}$$

$$=\lim_{x\to\infty}\frac{7\times\left(\frac{7}{n}\right)^x+3\times\left(\frac{3}{n}\right)^x}{\left(\frac{7}{n}\right)^x+1}$$

$$=\frac{0}{1}=0$$

(i), (ii), (iii)에서 $f(n)$의 치역은 $\left\{0,\ \frac{7}{2},\ 7\right\}$이므로 구하는 합은

$0+\frac{7}{2}+7=\frac{21}{2}$

실수 Check

지수함수를 포함한 $\frac{\infty}{\infty}$ 꼴의 극한은 분모에서 밑이 가장 큰 것으로 분모, 분자를 나누어 구한다.

0539 답 ④ | 유형2

$\lim_{x\to\infty}\{\log_3(3x+1)-\log_3(x^2-1)+\log_3(3x+2)\}$의 값은?
단서1

① $\frac{1}{3}$ ② $\frac{1}{2}$ ③ 1
④ 2 ⑤ 3

단서1 밑이 3인 로그의 합과 차

STEP1 밑이 3인 하나의 로그함수로 나타내어 주어진 극한값 구하기

$$\lim_{x\to\infty}\{\log_3(3x+1)-\log_3(x^2-1)+\log_3(3x+2)\}$$
$$=\lim_{x\to\infty}\log_3\frac{(3x+1)(3x+2)}{x^2-1}$$
$$=\lim_{x\to\infty}\log_3\frac{9x^2+9x+2}{x^2-1}$$
$$=\log_3\left(\lim_{x\to\infty}\frac{9x^2+9x+2}{x^2-1}\right)$$
$$=\log_3 9=2$$
→ $\lim_{x\to\infty}\{\log_a f(x)\}=\log_a\{\lim_{x\to\infty}f(x)\}$

0540 답 ②

$$\lim_{x\to\infty}\{\log_2(8x+3)-\log_2 x\}=\lim_{x\to\infty}\log_2\frac{8x+3}{x}$$
$$=\log_2\left(\lim_{x\to\infty}\frac{8x+3}{x}\right)$$
$$=\log_2 8=3$$

0541 답 1

$$\lim_{x\to\infty}(\log_2\sqrt{4x^2+x}-\log_2 x)=\lim_{x\to\infty}\log_2\frac{\sqrt{4x^2+x}}{x}$$
$$=\lim_{x\to\infty}\log_2\sqrt{\frac{4x^2+x}{x^2}}$$
$$=\log_2\left(\lim_{x\to\infty}\sqrt{\frac{4x^2+x}{x^2}}\right)$$
$$=\log_2\left(\lim_{x\to\infty}\sqrt{4+\frac{1}{x}}\right)$$
$$=\log_2 2=1$$

0542 답 0

$$\lim_{x\to\infty}\{\log_3 6^x-\log_3(6^x+3^x)\}=\lim_{x\to\infty}\log_3\frac{6^x}{6^x+3^x}$$
$$=\log_3\left(\lim_{x\to\infty}\frac{6^x}{6^x+3^x}\right)$$
$$=\log_3\left\{\lim_{x\to\infty}\frac{1}{1+\left(\frac{1}{2}\right)^x}\right\}$$
$$=\log_3 1=0$$

0543 답 ④

① $\lim_{x\to\infty}\log_2 x=\infty$ ② $\lim_{x\to\infty}\log_2|x|=\infty$
③ $\lim_{x\to 0+}|\log_2 x|=\infty$ ④ $\lim_{x\to 0+}\log_2 x=-\infty$
⑤ $\lim_{x\to 0+}\log_{\frac{1}{2}}x=\infty$

따라서 극한이 나머지 넷과 다른 것은 ④이다.

0544 답 ④

$$\lim_{x\to 1}(\log_3|x^2+6x-7|-\log_3|x^2+2x-3|)$$
$$=\lim_{x\to 1}\log_3\left|\frac{x^2+6x-7}{x^2+2x-3}\right|$$
$$=\lim_{x\to 1}\log_3\left|\frac{(x-1)(x+7)}{(x-1)(x+3)}\right|$$
$$=\lim_{x\to 1}\log_3\left|\frac{x+7}{x+3}\right|$$
$$=\log_3\left(\lim_{x\to 1}\left|\frac{x+7}{x+3}\right|\right)=\log_3 2$$

0545 답 1

$$\lim_{x\to\infty}\{\log_4(2x+3)-\log_4(ax-1)\}$$
$$=\lim_{x\to\infty}\log_4\frac{2x+3}{ax-1}=\log_4\left(\lim_{x\to\infty}\frac{2x+3}{ax-1}\right)$$
$$=\log_4\left(\lim_{x\to\infty}\frac{2+\frac{3}{x}}{a-\frac{1}{x}}\right)=\log_4\frac{2}{a}$$

즉, $\log_4\frac{2}{a}=\frac{1}{2}$이므로 $\frac{2}{a}=4^{\frac{1}{2}}=2$ $\quad\therefore a=1$

0546 답 2

$$\lim_{x\to\infty}\frac{1}{x}\log_2(3^x+4^x)=\lim_{x\to\infty}\log_2(3^x+4^x)^{\frac{1}{x}}$$
$$=\lim_{x\to\infty}\log_2\left[4^x\left\{\left(\frac{3}{4}\right)^x+1\right\}\right]^{\frac{1}{x}}$$
$$=\lim_{x\to\infty}\log_2\left[4^{x\times\frac{1}{x}}\left\{\left(\frac{3}{4}\right)^x+1\right\}^{\frac{1}{x}}\right]$$
$$=\log_2\left[\lim_{x\to\infty}4\left\{\left(\frac{3}{4}\right)^x+1\right\}^{\frac{1}{x}}\right]$$
$$=\log_2(4\times1)=2$$

0547 답 1

$\frac{1}{x}=t$로 놓으면 $x\to 0+$일 때 $t\to\infty$이므로

$$\lim_{x\to 0+}\frac{f(x)}{g(x)}=\lim_{x\to 0+}\frac{\log_2\frac{4}{x}}{\log_2\left(\frac{6}{x}+1\right)}=\lim_{t\to\infty}\frac{\log_2 4t}{\log_2(6t+1)}$$
$$=\lim_{t\to\infty}\frac{\log_2 t+2}{\log_2 t+\log_2\left(6+\frac{1}{t}\right)}$$
$$=\lim_{t\to\infty}\frac{1+\frac{2}{\log_2 t}}{1+\frac{\log_2\left(6+\frac{1}{t}\right)}{\log_2 t}}=\frac{1+0}{1+0}=1$$

0548 답 ③

$$\lim_{x\to\infty}\frac{\log(x^5+3x^3)}{\log(x^3+2x^2)}=\lim_{x\to\infty}\frac{\log x^5\left(1+\frac{3}{x^2}\right)}{\log x^3\left(1+\frac{2}{x}\right)}$$
$$=\lim_{x\to\infty}\frac{5\log x+\log\left(1+\frac{3}{x^2}\right)}{3\log x+\log\left(1+\frac{2}{x}\right)}$$

$$=\lim_{x\to\infty}\frac{5+\frac{\log\left(1+\frac{3}{x^2}\right)}{\log x}}{3+\frac{\log\left(1+\frac{2}{x}\right)}{\log x}}$$

$$=\frac{5+0}{3+0}=\frac{5}{3}$$

Plus 문제

0548-1

$\lim\limits_{x\to-\infty}\frac{\log(-3x^3-x)}{\log(x^4+2x^3)}$의 값을 구하시오.

$-x=t$로 놓으면 $x\to-\infty$일 때 $t\to\infty$이므로

$$\lim_{x\to-\infty}\frac{\log(-3x^3-x)}{\log(x^4+2x^3)}=\lim_{t\to\infty}\frac{\log(3t^3+t)}{\log(t^4-2t^3)}$$

$$=\lim_{t\to\infty}\frac{\log t^3\left(3+\frac{1}{t^2}\right)}{\log t^4\left(1-\frac{2}{t}\right)}$$

$$=\lim_{t\to\infty}\frac{3\log t+\log\left(3+\frac{1}{t^2}\right)}{4\log t+\log\left(1-\frac{2}{t}\right)}$$

$$=\lim_{t\to\infty}\frac{3+\frac{\log\left(3+\frac{1}{t^2}\right)}{\log t}}{4+\frac{\log\left(1-\frac{2}{t}\right)}{\log t}}$$

$$=\frac{3+0}{4+0}=\frac{3}{4}$$

답 $\frac{3}{4}$

0549 답 ③

ㄱ. $1<a<b$이고 $x>1$이면 $0<\log_b x<\log_a x$이므로

$1+\log_b x<1+\log_a x<3+\log_a x$

$f(x)=\frac{3+\log_a x}{1+\log_b x}>1$ (참)

ㄴ. $1<a<b$일 때,

$\lim\limits_{x\to\infty}\log_a x=\infty$, $\lim\limits_{x\to\infty}\log_b x=\infty$이므로

$$\lim_{x\to\infty}f(x)=\lim_{x\to\infty}\frac{3+\log_a x}{1+\log_b x}$$

$$=\lim_{x\to\infty}\frac{\frac{3}{\log_b x}+\frac{\log_a x}{\log_b x}}{\frac{1}{\log_b x}+1}$$

$$=\lim_{x\to\infty}\frac{\frac{3}{\log_b x}+\frac{\log_x b}{\log_x a}}{\frac{1}{\log_b x}+1}$$

$$=\frac{0+\log_a b}{0+1}=\log_a b \text{ (참)}$$

ㄷ. $0<b<1<a$일 때,

$\lim\limits_{x\to0+}\log_a x=-\infty$, $\lim\limits_{x\to0+}\log_b x=\infty$이므로

$$\lim_{x\to0+}f(x)=\lim_{x\to0+}\frac{3+\log_a x}{1+\log_b x}$$

$$=\lim_{x\to0+}\frac{\frac{3}{\log_b x}+\frac{\log_a x}{\log_b x}}{\frac{1}{\log_b x}+1}$$

$$=\lim_{x\to0+}\frac{\frac{3}{\log_b x}+\frac{\log_x b}{\log_x a}}{\frac{1}{\log_b x}+1}$$

$$=\frac{0+\log_a b}{0+1}=\log_a b \text{ (거짓)}$$

따라서 옳은 것은 ㄱ, ㄴ이다.

실수 Check

로그함수가 포함된 $\frac{\infty}{\infty}$ 꼴의 극한에서도 분모가 ∞로 발산하는 항으로 분모, 분자를 나누어 구한다.

0550 답 $e^9+\frac{1}{e^3}$

| 유형3

$\lim\limits_{x\to0}(1+3x)^{\frac{3}{x}}+\lim\limits_{x\to0}(1-3x)^{\frac{1}{x}}$의 값을 구하시오.
단서1 단서2

단서1 $(1+ax)^{\frac{b}{x}}$ 꼴

단서2 $(1-ax)^{\frac{b}{x}}$ 꼴

STEP 1 $(1+ax)^{\frac{1}{ax}}$ 꼴로 나타내어 주어진 극한값 구하기

$\lim\limits_{x\to0}(1+3x)^{\frac{3}{x}}+\lim\limits_{x\to0}(1-3x)^{\frac{1}{x}}$

$=\lim\limits_{x\to0}\{(1+3x)^{\frac{1}{3x}}\}^9+\lim\limits_{x\to0}\{(1-3x)^{-\frac{1}{3x}}\}^{-3}$

역수 관계 / $\{1+(-3x)\}^{-\frac{1}{3x}}$

$=e^9+e^{-3}=e^9+\frac{1}{e^3}$

0551 답 ③

$$\lim_{x\to0}\left\{\left(1+\frac{x}{3}\right)\left(1+\frac{x}{5}\right)\right\}^{\frac{1}{x}}=\lim_{x\to0}\left\{\left(1+\frac{x}{3}\right)^{\frac{1}{x}}\times\left(1+\frac{x}{5}\right)^{\frac{1}{x}}\right\}$$

$$=\lim_{x\to0}\left[\left\{\left(1+\frac{x}{3}\right)^{\frac{3}{x}}\right\}^{\frac{1}{3}}\times\left\{\left(1+\frac{x}{5}\right)^{\frac{5}{x}}\right\}^{\frac{1}{5}}\right]$$

$$=e^{\frac{1}{3}}\times e^{\frac{1}{5}}=e^{\frac{8}{15}}$$

0552 답 ④

$$\lim_{x\to0}(1+ax)^{\frac{3}{x}}=\lim_{x\to0}\{(1+ax)^{\frac{1}{ax}}\}^{3a}$$

$$=e^{3a}$$

즉, $e^{3a}=e^{12}$이므로 $3a=12$

$\therefore a=4$

0553 답 ⑤

$x-1=t$로 놓으면 $x\to1$일 때 $t\to0$이므로

$$\lim_{x\to1}x^{\frac{2}{x-1}}=\lim_{t\to0}(1+t)^{\frac{2}{t}}=\lim_{t\to0}\left\{(1+t)^{\frac{1}{t}}\right\}^2$$

$$=e^2$$

0554 답 ④

$x-5=t$로 놓으면 $x\to5$일 때 $t\to0$이므로

$\lim_{x\to5}(x-4)^{\frac{k}{x-5}}=\lim_{t\to0}(1+t)^{\frac{k}{t}}=\lim_{t\to0}\{(1+t)^{\frac{1}{t}}\}^k=e^k$

즉, $e^k=e^4$이므로 $k=4$

0555 답 ④

$\lim_{x\to0}(1+3x)^{\frac{1}{x}}+\lim_{x\to0}(1-2x)^{\frac{5}{2x}}$

$=\lim_{x\to0}\{(1+3x)^{\frac{1}{3x}}\}^3+\lim_{x\to0}\{(1-2x)^{-\frac{1}{2x}}\}^{-5}$

$=e^3+\frac{1}{e^5}$

따라서 $m=3$, $n=5$이므로 $m+n=3+5=8$

0556 답 3

$\lim_{x\to0}\left\{\left(1+\frac{x}{a}\right)(1+ax)\right\}^{\frac{1}{x}}=\lim_{x\to0}\left\{\left(1+\frac{x}{a}\right)^{\frac{1}{x}}\times(1+ax)^{\frac{1}{x}}\right\}$

$=\lim_{x\to0}\left[\left\{\left(1+\frac{x}{a}\right)^{\frac{a}{x}}\right\}^{\frac{1}{a}}\times\{(1+ax)^{\frac{1}{ax}}\}^a\right]$

$=e^{\frac{1}{a}}\times e^a=e^{a+\frac{1}{a}}$

즉, $e^{a+\frac{1}{a}}=e^{\frac{10}{3}}$이므로 $a+\frac{1}{a}=\frac{10}{3}$

$3a^2-10a+3=0$, $(3a-1)(a-3)=0$

$\therefore a=3$ ($\because a$는 자연수)

0557 답 5

$\lim_{x\to0}\{(1+x)(1+2x)(1+3x)\cdots(1+kx)\}^{\frac{1}{x}}$

$=\lim_{x\to0}\{(1+x)^{\frac{1}{x}}(1+2x)^{\frac{1}{x}}(1+3x)^{\frac{1}{x}}\cdots(1+kx)^{\frac{1}{x}}\}$

$=\lim_{x\to0}[(1+x)^{\frac{1}{x}}\times\{(1+2x)^{\frac{1}{2x}}\}^2\times\{(1+3x)^{\frac{1}{3x}}\}^3\times\cdots\times\{(1+kx)^{\frac{1}{kx}}\}^k]$

$=e\times e^2\times e^3\times\cdots\times e^k=e^{1+2+3+\cdots+k}=e^{\frac{k(k+1)}{2}}$

→ $1+2+3+\cdots+n=\sum_{k=1}^{n}k=\frac{n(n+1)}{2}$

즉, $\frac{k(k+1)}{2}=15$이므로

$k^2+k-30=0$, $(k+6)(k-5)=0$

$\therefore k=5$ ($\because k$는 자연수)

0558 답 ②

두 곡선 $y=e^{x-1}$과 $y=a^x$이 만나는 점의 x좌표는 방정식 $e^{x-1}=a^x$의 해이다.

$e^{x-1}=a^x$의 양변에 $\frac{e}{a^x}$를 곱하면 $\left(\frac{e}{a}\right)^x=e$

$x=\frac{1}{\ln\frac{e}{a}}$이므로 $f(a)=\frac{1}{\ln\frac{e}{a}}$

$a-e=t$로 놓으면 $a=t+e$이고, $a\to e+$일 때 $t\to0+$이므로

$\lim_{a\to e+}\frac{1}{(e-a)f(a)}=\lim_{a\to e+}\frac{\ln\frac{e}{a}}{e-a}=\lim_{t\to0+}\frac{\ln\frac{e}{t+e}}{-t}$

$=\lim_{t\to0+}\left(-\frac{1}{t}\right)\ln\frac{e}{t+e}$

$=\lim_{t\to0+}\ln\left(\frac{e}{t+e}\right)^{-\frac{1}{t}}$

$=\lim_{t\to0+}\ln\left(1+\frac{t}{e}\right)^{\frac{1}{t}}$

$=\ln\lim_{t\to0+}\left\{\left(1+\frac{t}{e}\right)^{\frac{e}{t}}\right\}^{\frac{1}{e}}$

$=\ln e^{\frac{1}{e}}=\frac{1}{e}$

0559 답 ④ | 유형4

$\lim_{x\to\infty}\left\{\left(1+\frac{1}{3x}\right)\left(1+\frac{1}{4x}\right)\right\}^{12x}$의 값은?

단서1

① $\frac{1}{e^9}$ ② $\frac{1}{e^7}$ ③ $\frac{1}{e^3}$
④ e^7 ⑤ e^9

단서1 $(AB)^m=A^m\times B^m$

STEP 1 $\left(1+\frac{1}{ax}\right)^{ax}$ 꼴로 나타내어 주어진 극한값 구하기

$\lim_{x\to\infty}\left\{\left(1+\frac{1}{3x}\right)\left(1+\frac{1}{4x}\right)\right\}^{12x}$

$=\lim_{x\to\infty}\left\{\left(1+\frac{1}{3x}\right)^{12x}\times\left(1+\frac{1}{4x}\right)^{12x}\right\}$

$=\lim_{x\to\infty}\left[\left\{\left(1+\frac{1}{3x}\right)^{3x}\right\}^4\times\left\{\left(1+\frac{1}{4x}\right)^{4x}\right\}^3\right]=e^4\times e^3=e^7$

0560 답 e^2

$\lim_{x\to\infty}f(2x)=\lim_{x\to\infty}\left(1+\frac{2}{2x}\right)^{2x}=\lim_{x\to\infty}\left\{\left(1+\frac{1}{x}\right)^x\right\}^2=e^2$

0561 답 3

$\lim_{x\to\infty}\left(1+\frac{a}{x}\right)^{4x}=\lim_{x\to\infty}\left\{\left(1+\frac{a}{x}\right)^{\frac{x}{a}}\right\}^{4a}=e^{4a}$

즉, $e^{4a}=e^{12}$이므로 $4a=12$ $\therefore a=3$

0562 답 ①

$-x=t$로 놓으면 $x\to-\infty$일 때 $t\to\infty$이므로

$\lim_{x\to-\infty}\left(1-\frac{4}{x}\right)^x=\lim_{t\to\infty}\left(1+\frac{4}{t}\right)^{-t}$

$=\lim_{t\to\infty}\left\{\left(1+\frac{4}{t}\right)^{\frac{t}{4}}\right\}^{-4}$

$=e^{-4}$

0563 답 e

$\lim_{x\to\infty}\left(\frac{2x+1}{2x-1}\right)^x=\lim_{x\to\infty}\left(\frac{1+\frac{1}{2x}}{1-\frac{1}{2x}}\right)^x=\lim_{x\to\infty}\frac{\left(1+\frac{1}{2x}\right)^x}{\left(1-\frac{1}{2x}\right)^x}$

$=\frac{\lim_{x\to\infty}\left(1+\frac{1}{2x}\right)^x}{\lim_{x\to\infty}\left(1-\frac{1}{2x}\right)^x}=\frac{\lim_{x\to\infty}\left\{\left(1+\frac{1}{2x}\right)^{2x}\right\}^{\frac{1}{2}}}{\lim_{x\to\infty}\left\{\left(1-\frac{1}{2x}\right)^{-2x}\right\}^{-\frac{1}{2}}}$

$=\frac{e^{\frac{1}{2}}}{e^{-\frac{1}{2}}}=e$

0564 답 -5

$$\lim_{x\to\infty}\left(\frac{x-a}{x+a}\right)^x=\lim_{x\to\infty}\left(\frac{1-\frac{a}{x}}{1+\frac{a}{x}}\right)^x$$
$$=\lim_{x\to\infty}\frac{\left(1-\frac{a}{x}\right)^x}{\left(1+\frac{a}{x}\right)^x}=\frac{\lim_{x\to\infty}\left(1-\frac{a}{x}\right)^x}{\lim_{x\to\infty}\left(1+\frac{a}{x}\right)^x}$$
$$=\frac{\lim_{x\to\infty}\left\{\left(1-\frac{a}{x}\right)^{-\frac{x}{a}}\right\}^{-a}}{\lim_{x\to\infty}\left\{\left(1+\frac{a}{x}\right)^{\frac{x}{a}}\right\}^{a}}$$
$$=\frac{e^{-a}}{e^a}=e^{-2a}$$

즉, $e^{-2a}=e^{10}$이므로 $-2a=10$ $\quad\therefore a=-5$

0565 답 $\sqrt{e}$

$$\lim_{x\to\infty}\left\{\frac{1}{2}\left(1+\frac{1}{x}\right)\left(1+\frac{1}{x+1}\right)\left(1+\frac{1}{x+2}\right)\cdots\left(1+\frac{1}{2x}\right)\right\}^x$$
$$=\lim_{x\to\infty}\left(\frac{1}{2}\times\frac{x+1}{x}\times\frac{x+2}{x+1}\times\frac{x+3}{x+2}\times\cdots\times\frac{2x+1}{2x}\right)^x$$
$$=\lim_{x\to\infty}\left(\frac{2x+1}{2x}\right)^x=\lim_{x\to\infty}\left(1+\frac{1}{2x}\right)^x$$
$$=\lim_{x\to\infty}\left\{\left(1+\frac{1}{2x}\right)^{2x}\right\}^{\frac{1}{2}}=e^{\frac{1}{2}}=\sqrt{e}$$

0566 답 ③

ㄱ. $x-1=t$로 놓으면 $x\to1$일 때 $t\to0$이므로

$$\lim_{x\to1}x^{\frac{1}{x-1}}=\lim_{t\to0}(1+t)^{\frac{1}{t}}=e$$

ㄴ. $\lim_{x\to0}(1+x)^{-\frac{1}{x}}=\lim_{x\to0}\{(1+x)^{\frac{1}{x}}\}^{-1}=e^{-1}=\frac{1}{e}$

ㄷ. $\lim_{x\to\infty}\left(\frac{x}{x-1}\right)^{-x}=\lim_{x\to\infty}\left(\frac{x-1}{x}\right)^x=\lim_{x\to\infty}\left(1-\frac{1}{x}\right)^x$

$$=\lim_{x\to\infty}\left\{\left(1-\frac{1}{x}\right)^{-x}\right\}^{-1}=e^{-1}=\frac{1}{e}$$

ㄹ. $-x=t$로 놓으면 $x\to-\infty$일 때 $t\to\infty$이므로

$$\lim_{x\to-\infty}\left(1+\frac{1}{x}\right)^x=\lim_{t\to\infty}\left(1-\frac{1}{t}\right)^{-t}=e$$

따라서 극한값이 e인 것은 ㄱ, ㄹ이다.

0567 답 ④

$\left[\frac{1}{AB}=\frac{1}{B-A}\left(\frac{1}{A}-\frac{1}{B}\right)\right]$

$$S_n=\frac{2}{1\times3}+\frac{2}{3\times5}+\frac{2}{5\times7}+\cdots+\frac{2}{(2n-1)(2n+1)}$$
$$=\left(1-\frac{1}{3}\right)+\left(\frac{1}{3}-\frac{1}{5}\right)+\cdots+\left(\frac{1}{2n-1}-\frac{1}{2n+1}\right)$$
$$=1-\frac{1}{2n+1}=\frac{2n}{2n+1}$$
$$\therefore\ \lim_{n\to\infty}\left(\frac{1}{S_n}\right)^{2n}=\lim_{n\to\infty}\left(\frac{2n+1}{2n}\right)^{2n}$$
$$=\lim_{n\to\infty}\left(1+\frac{1}{2n}\right)^{2n}=e$$

0568 답 ⑤

$f(x)=\left(\frac{x}{x+2}\right)^{-x}=\left(\frac{x+2}{x}\right)^x=\left(1+\frac{2}{x}\right)^x$이므로

$$\lim_{x\to\infty}f(x)f(2x)=\lim_{x\to\infty}\left(1+\frac{2}{x}\right)^x\left(1+\frac{2}{2x}\right)^{2x}$$
$$=\lim_{x\to\infty}\left[\left\{\left(1+\frac{2}{x}\right)^{\frac{x}{2}}\right\}^2\times\left\{\left(1+\frac{1}{x}\right)^x\right\}^2\right]$$
$$=e^2\times e^2=e^4$$

실수 Check

$\lim_{\bullet\to\infty}\left(1+\frac{1}{\bullet}\right)^{\bullet}$ 꼴로 나타내기 위해 주어진 식의 지수를 변형한다.

0569 답 ㄱ, ㄹ

ㄱ. $\lim_{x\to\infty}f(x)=\lim_{x\to\infty}\left(\frac{x}{x+1}\right)^x=\lim_{x\to\infty}\left(\frac{1}{1+\frac{1}{x}}\right)^x$

$$=\lim_{x\to\infty}\frac{1}{\left(1+\frac{1}{x}\right)^x}$$
$$=\frac{1}{e}\ (\text{참})$$

ㄴ. $\lim_{x\to\infty}f(x-1)=\lim_{x\to\infty}\left(\frac{x-1}{x}\right)^{x-1}$

$$=\lim_{x\to\infty}\left(1-\frac{1}{x}\right)^{x-1}$$
$$=\lim_{x\to\infty}\left\{\left(1-\frac{1}{x}\right)^x\times\left(1-\frac{1}{x}\right)^{-1}\right\}$$
$$=\lim_{x\to\infty}\left[\left\{\left(1-\frac{1}{x}\right)^{-x}\right\}^{-1}\times\left(1-\frac{1}{x}\right)^{-1}\right]$$
$$=e^{-1}=\frac{1}{e}\ (\text{거짓})$$

ㄷ. k는 상수이므로 $x+k=t$로 놓으면 $x\to\infty$일 때 $t\to\infty$이다.

$\therefore\ \lim_{x\to\infty}f(x+k)=\lim_{t\to\infty}f(t)=\frac{1}{e}$ ($\because$ ㄱ) (거짓)

ㄹ. $k>0$이므로 $kx=t$로 놓으면 $x\to\infty$일 때 $t\to\infty$이다.

$\therefore\ \lim_{x\to\infty}f(kx)=\lim_{x\to\infty}\left(\frac{kx}{kx+1}\right)^{kx}$

$$=\lim_{t\to\infty}\left(\frac{t}{t+1}\right)^t=\frac{1}{e}\ (\because\ \text{ㄱ})\ (\text{참})$$

따라서 옳은 것은 ㄱ, ㄹ이다.

다른 풀이

ㄱ. $\lim_{x\to\infty}f(x)=\lim_{x\to\infty}\left(\frac{x}{x+1}\right)^x=\lim_{x\to\infty}\left(1-\frac{1}{x+1}\right)^x$

$\frac{1}{x+1}=t$로 놓으면 $x=\frac{1}{t}-1$이고

$x\to\infty$일 때 $t\to0+$이므로

$$\lim_{x\to\infty}\left(1-\frac{1}{x+1}\right)^x=\lim_{t\to0+}(1-t)^{\frac{1}{t}-1}$$
$$=\lim_{t\to0+}\left\{(1-t)^{\frac{1}{t}}\times(1-t)^{-1}\right\}$$
$$=\lim_{t\to0+}\left[\left\{(1-t)^{-\frac{1}{t}}\right\}^{-1}\times(1-t)^{-1}\right]$$
$$=e^{-1}\times1=\frac{1}{e}$$

0570 답 4 | 유형 5

$\lim_{x\to0}\frac{\ln(1+5x)+3x}{2x}$의 값을 구하시오. 단서1

단서1 $\frac{\ln(1+bx)}{ax}$ 꼴 이용

STEP 1 $\dfrac{\ln(1+ax)}{ax}$ 꼴로 나타내어 주어진 극한값 구하기

$$\lim_{x\to 0}\frac{\ln(1+5x)+3x}{2x}=\lim_{x\to 0}\left\{\frac{\ln(1+5x)}{2x}+\frac{3}{2}\right\}$$
$$=\lim_{x\to 0}\left\{\frac{\ln(1+5x)}{5x}\times\frac{5}{2}+\frac{3}{2}\right\}$$
$$=1\times\frac{5}{2}+\frac{3}{2}=4$$

0571 답 ①

$$\lim_{x\to\infty}x\{\ln(4x+1)-\ln 4x\}=\lim_{x\to\infty}x\ln\frac{4x+1}{4x}$$
$$=\lim_{x\to\infty}x\ln\left(1+\frac{1}{4x}\right)$$
$$=\lim_{x\to\infty}\left\{\frac{\ln\left(1+\frac{1}{4x}\right)}{\frac{1}{4x}}\times\frac{1}{4}\right\}$$
$$=1\times\frac{1}{4}=\frac{1}{4}$$

0572 답 2

$$\lim_{x\to 0}\frac{\ln(1+4x)}{\ln(1+2x)}=\lim_{x\to 0}\left\{\frac{\ln(1+4x)}{4x}\times\frac{2x}{\ln(1+2x)}\times\frac{4}{2}\right\}$$
$$=1\times1\times2=2$$

0573 답 ⑤

$$\lim_{x\to 0}\frac{\ln(1+ax)}{x}=\lim_{x\to 0}\left\{\frac{\ln(1+ax)}{ax}\times a\right\}$$
$$=1\times a=a$$

$\therefore a=5$

0574 답 ③

$x+2=t$로 놓으면 $x\to-2$일 때 $t\to0$이므로

$$\lim_{x\to -2}\frac{\ln\sqrt{x+3}}{x+2}=\lim_{t\to 0}\frac{\ln\sqrt{1+t}}{t}=\lim_{t\to 0}\frac{\ln(1+t)^{\frac{1}{2}}}{t}$$
$$=\lim_{t\to 0}\left\{\frac{1}{2}\times\frac{\ln(1+t)}{t}\right\}$$
$$=\frac{1}{2}\times1=\frac{1}{2}$$

0575 답 ②

$$\lim_{x\to\infty}\ln\left(\frac{x}{x+1}\right)^x=\lim_{x\to\infty}\ln\left(\frac{1}{1+\frac{1}{x}}\right)^x$$
$$=\lim_{x\to\infty}\ln\left(1+\frac{1}{x}\right)^{-x}$$
$$=-\lim_{x\to\infty}\ln\left(1+\frac{1}{x}\right)^x$$
$$=-1$$

다른 풀이

$$\lim_{x\to\infty}\ln\left(\frac{x}{x+1}\right)^x=\lim_{x\to\infty}x\ln\left(1-\frac{1}{x+1}\right)$$
$$=\lim_{x\to\infty}\left\{(-x-1)\ln\left(1-\frac{1}{x+1}\right)\times\frac{x}{-x-1}\right\}$$
$$=1\times(-1)=-1$$

0576 답 $\frac{1}{4}$

$y=e^{4x}-1$로 놓으면 $e^{4x}=y+1$에서

$4x=\ln(y+1)$ $\quad\therefore x=\frac{1}{4}\ln(y+1)$

x와 y를 서로 바꾸면 $y=\frac{1}{4}\ln(x+1)$

따라서 $g(x)=\frac{1}{4}\ln(x+1)$이므로

$$\lim_{x\to 0}\frac{g(x)}{x}=\lim_{x\to 0}\left\{\frac{1}{4}\times\frac{\ln(x+1)}{x}\right\}$$
$$=\frac{1}{4}\times1=\frac{1}{4}$$

개념 Check

함수 $y=f(x)$의 역함수 $y=f^{-1}(x)$는 다음과 같은 순서로 구한다.

❶ 함수 $y=f(x)$가 일대일대응인지 확인한다.

❷ $y=f(x)$를 x에 대하여 푼다. ➔ $x=f^{-1}(y)$

❸ x와 y를 서로 바꾼다. ➔ $y=f^{-1}(x)$

0577 답 ③

$$\lim_{x\to 0}\frac{\ln f_n(x)}{x}=\lim_{x\to 0}\frac{\ln(1+x)+\ln(1+2x)+\cdots+\ln(1+nx)}{x}$$
$$=\lim_{x\to 0}\left\{\frac{\ln(1+x)}{x}+\frac{\ln(1+2x)}{2x}\times2+\cdots+\frac{\ln(1+nx)}{nx}\times n\right\}$$
$$=1+2+\cdots+n=\frac{n(n+1)}{2}$$

이므로 $\frac{n(n+1)}{2}=91$

$n^2+n=182,\ n^2+n-182=0$

$(n+14)(n-13)=0$ $\quad\therefore n=13$ ($\because n$은 자연수)

0578 답 ②

$\lim_{x\to\infty}\left\{f(x)\ln\left(1+\frac{1}{2x}\right)\right\}=4$에서

$f(x)\ln\left(1+\frac{1}{2x}\right)=g(x)$ ········ ㉠

라 하면 $\lim_{x\to\infty}g(x)=4$

㉠에서 $f(x)=\dfrac{g(x)}{\ln\left(1+\frac{1}{2x}\right)}$이므로

$$\frac{f(x)}{2x}=\frac{g(x)}{2x\ln\left(1+\frac{1}{2x}\right)}$$

$$\therefore \lim_{x\to\infty}\frac{f(x)}{2x}=\lim_{x\to\infty}\frac{g(x)}{2x\ln\left(1+\frac{1}{2x}\right)}$$
$$=\frac{\lim_{x\to\infty}g(x)}{\lim_{x\to\infty}\ln\left(1+\frac{1}{2x}\right)^{2x}}=4$$

$$\therefore \lim_{x\to\infty}\frac{f(x)}{x-3}=\lim_{x\to\infty}\left\{\frac{f(x)}{2x}\times\frac{2x}{x-3}\right\}$$
$$=\lim_{x\to\infty}\frac{f(x)}{2x}\times\lim_{x\to\infty}\frac{2x}{x-3}$$
$$=4\times2=8$$

0579 답 ⑤

$\lim_{x \to 0} \frac{\ln\{1+f(2x)\}}{x}=10$에서 $x \to 0$일 때 (분모) $\to 0$이고 극한값이 존재하므로 (분자) $\to 0$이어야 한다.

즉, $\lim_{x \to 0} \ln\{1+f(2x)\}=0$이므로 $\lim_{x \to 0} f(2x)=0$

$f(2x)=t$로 놓으면 $x \to 0$일 때 $t \to 0$이므로

$$\lim_{x \to 0} \frac{\ln\{1+f(2x)\}}{f(2x)}=\lim_{t \to 0} \frac{\ln(1+t)}{t}=1$$

따라서 $x=2s$로 놓으면 $x \to 0$일 때 $s \to 0$이므로

$$\lim_{x \to 0} \frac{f(x)}{x}=\lim_{s \to 0} \frac{f(2s)}{2s}$$
$$=\lim_{s \to 0}\left[\frac{f(2s)}{\ln\{1+f(2s)\}} \times \frac{\ln\{1+f(2s)\}}{s} \times \frac{1}{2}\right]$$
$$=1 \times 10 \times \frac{1}{2}=5$$

Plus 문제

0579-1

연속함수 $f(x)$에 대하여 $\lim_{x \to 0} \frac{f(x)}{\ln(1+2x)}=3$일 때, $\lim_{x \to 0} \frac{f(x)}{x}$의 값을 구하시오.

$\lim_{x \to 0} \frac{\ln(1+2x)}{2x}=1$이므로

$$\lim_{x \to 0} \frac{f(x)}{x}=\lim_{x \to 0}\left\{\frac{f(x)}{\ln(1+2x)} \times \frac{\ln(1+2x)}{2x} \times 2\right\}$$
$$=3 \times 1 \times 2=6$$

답 6

0580 답 ① | 유형6

단서1
$\lim_{x \to 0} \frac{\log_2(x+7)-\log_2 7}{x}$의 값은?

① $\frac{1}{7\ln 2}$ ② $\frac{2}{7\ln 2}$ ③ $\frac{1}{\ln 2}$
④ $\ln 2$ ⑤ $7\ln 2$

단서1 $\log_a M-\log_a N=\log_a \frac{M}{N}$

STEP1 하나의 로그함수로 나타내어 주어진 극한값 구하기

$$\lim_{x \to 0} \frac{\log_2(x+7)-\log_2 7}{x}=\lim_{x \to 0} \frac{\log_2 \frac{x+7}{7}}{x}$$
$$=\lim_{x \to 0}\left\{\frac{\log_2\left(1+\frac{x}{7}\right)}{\frac{x}{7}} \times \frac{1}{7}\right\}$$
$$=\frac{1}{\ln 2} \times \frac{1}{7}=\frac{1}{7\ln 2}$$

0581 답 $-\frac{3}{\ln 3}$

$$\lim_{x \to 0} \frac{\log_3(1-3x)}{x}=\lim_{x \to 0}\left\{\frac{\log_3(1-3x)}{-3x} \times (-3)\right\}$$

($\log_3(1-3x)$ → $\log_3\{1+(-3x)\}$)

$$=\frac{1}{\ln 3} \times (-3)=-\frac{3}{\ln 3}$$

0582 답 ④

$$\lim_{x \to 0} \frac{\log_8(1+ax)}{x}=\lim_{x \to 0}\left\{\frac{\log_8(1+ax)}{ax} \times a\right\}$$
$$=\frac{a}{\ln 8}=\frac{a}{3\ln 2}$$

즉, $\frac{a}{3\ln 2}=\frac{2}{\ln 2}$이므로 $a=6$

0583 답 ②

$$\lim_{x \to 0} \frac{\log_5(1+5x)}{\log_3(1-x)}$$
$$=\lim_{x \to 0}\left\{\frac{\log_5(1+5x)}{5x} \times \frac{-x}{\log_3(1-x)} \times (-5)\right\}$$
$$=\frac{1}{\ln 5} \times \ln 3 \times (-5)$$
$$=-\frac{5\ln 3}{\ln 5}=-5\log_5 3$$

0584 답 ①

$$\lim_{x \to 0} \frac{2\log_2(5+x)-\log_{\sqrt{2}} 5}{x}$$
$$=\lim_{x \to 0} \frac{2\log_2(5+x)-2\log_2 5}{x}$$
$$=\lim_{x \to 0}\left\{2 \times \frac{\log_2(5+x)-\log_2 5}{x}\right\}$$
$$=\lim_{x \to 0}\left(2 \times \frac{\log_2 \frac{5+x}{5}}{x}\right)$$
$$=\lim_{x \to 0}\left\{2 \times \frac{\log_2\left(1+\frac{x}{5}\right)}{x}\right\}$$
$$=\lim_{x \to 0}\left\{2 \times \frac{\log_2\left(1+\frac{x}{5}\right)}{\frac{x}{5}} \times \frac{1}{5}\right\}$$
$$=2 \times \frac{1}{\ln 2} \times \frac{1}{5}$$
$$=\frac{2}{5\ln 2}$$

0585 답 ②

$x-1=t$로 놓으면 $x \to 1$일 때 $t \to 0$이므로

$$\lim_{x \to 1} \frac{\log_3 x}{x-1}=\lim_{t \to 0} \frac{\log_3(1+t)}{t}=\frac{1}{\ln 3}$$

0586 답 ④

$$\lim_{x \to \infty} x\{\log_3(x+3)-\log_3 x\}=\lim_{x \to \infty} x\log_3 \frac{x+3}{x}$$
$$=\lim_{x \to \infty} x\log_3\left(1+\frac{3}{x}\right)$$

$\frac{1}{x}=t$로 놓으면 $x \to \infty$일 때 $t \to 0+$이므로

$$\lim_{x \to \infty} x\log_3\left(1+\frac{3}{x}\right)=\lim_{t \to 0+} \frac{\log_3(1+3t)}{t}$$
$$=\lim_{t \to 0+}\left\{\frac{\log_3(1+3t)}{3t} \times 3\right\}$$
$$=\frac{1}{\ln 3} \times 3=\frac{3}{\ln 3}$$

다른 풀이

$$\begin{aligned}\lim_{x\to\infty}x\{\log_3(x+3)-\log_3 x\}&=\lim_{x\to\infty}x\log_3\frac{x+3}{x}\\&=\lim_{x\to\infty}x\log_3\left(1+\frac{3}{x}\right)\\&=\lim_{x\to\infty}\log_3\left(1+\frac{3}{x}\right)^x\\&=\lim_{x\to\infty}\log_3\left\{\left(1+\frac{3}{x}\right)^{\frac{x}{3}}\right\}^3\\&=\log_3\lim_{x\to\infty}\left\{\left(1+\frac{3}{x}\right)^{\frac{x}{3}}\right\}^3\\&=\log_3 e^3\\&=3\log_3 e\\&=\frac{3}{\ln 3}\end{aligned}$$

$\lim_{x\to\infty}\left(1+\frac{a}{x}\right)^{\frac{x}{a}}=e$

0587 답 $\frac{1}{\ln 3}$

$(x-2)^2=t$로 놓으면 $x\to 2$일 때 $t\to 0+$이므로

$$\begin{aligned}\lim_{x\to 2}\frac{\log_3(x^2-4x+5)}{(x-2)^2}&=\lim_{x\to 2}\frac{\log_3\{(x-2)^2+1\}}{(x-2)^2}\\&=\lim_{t\to 0+}\frac{\log_3(t+1)}{t}=\frac{1}{\ln 3}\end{aligned}$$

0588 답 ①

$$\begin{aligned}\lim_{x\to\infty}x\left\{\log_2\left(2+\frac{1}{x}\right)-1\right\}&=\lim_{x\to\infty}x\log_2\frac{2+\frac{1}{x}}{2}\\&=\lim_{x\to\infty}x\log_2\left(1+\frac{1}{2x}\right)\end{aligned}$$

$\frac{1}{x}=t$로 놓으면 $x\to\infty$일 때 $t\to 0+$이므로

$$\begin{aligned}\lim_{x\to\infty}x\log_2\left(1+\frac{1}{2x}\right)&=\lim_{t\to 0+}\frac{\log_2\left(1+\frac{t}{2}\right)}{t}\\&=\lim_{t\to 0+}\left\{\frac{\log_2\left(1+\frac{t}{2}\right)}{\frac{t}{2}}\times\frac{1}{2}\right\}\\&=\frac{1}{\ln 2}\times\frac{1}{2}=\frac{1}{2\ln 2}\end{aligned}$$

0589 답 ① | 유형7

$\lim_{x\to 0}\frac{e^{4x}-1}{x^2-x}$의 값은? 단서1

① -4　② $-\frac{1}{4}$　③ $\frac{1}{4}$

④ $\frac{1}{2}$　⑤ 4

단서1 $\frac{e^{4x}-1}{x^2-x}=\frac{e^{4x}-1}{x(x-1)}$

STEP 1 $\frac{e^{ax}-1}{ax}$ 꼴로 나타내어 주어진 극한값 구하기

$$\begin{aligned}\lim_{x\to 0}\frac{e^{4x}-1}{x^2-x}&=\lim_{x\to 0}\left\{\frac{e^{4x}-1}{4x}\times\frac{4x}{x(x-1)}\right\}\\&=\lim_{x\to 0}\left(\frac{e^{4x}-1}{4x}\times\frac{4}{x-1}\right)=1\times(-4)=-4\end{aligned}$$

0590 답 $\frac{2}{3}$

$$\begin{aligned}\lim_{x\to 0}\frac{e^{2x}-1}{3x}&=\lim_{x\to 0}\left(\frac{e^{2x}-1}{2x}\times\frac{2x}{3x}\right)\\&=1\times\frac{2}{3}=\frac{2}{3}\end{aligned}$$

0591 답 $\frac{4}{3}$

$$\begin{aligned}\lim_{x\to 0}\frac{\ln(1+4x)}{e^{3x}-1}&=\lim_{x\to 0}\left\{\frac{\ln(1+4x)}{4x}\times\frac{3x}{e^{3x}-1}\times\frac{4}{3}\right\}\\&=1\times 1\times\frac{4}{3}=\frac{4}{3}\end{aligned}$$

0592 답 ④

$$\begin{aligned}\lim_{x\to 0}\frac{e^{5x}-e^{-3x}}{x}&=\lim_{x\to 0}\frac{(e^{5x}-1)-(e^{-3x}-1)}{x}\\&=\lim_{x\to 0}\left(\frac{e^{5x}-1}{x}-\frac{e^{-3x}-1}{x}\right)\\&=\lim_{x\to 0}\left\{\frac{e^{5x}-1}{5x}\times 5-\frac{e^{-3x}-1}{-3x}\times(-3)\right\}\\&=1\times 5-1\times(-3)=8\end{aligned}$$

0593 답 9

$$\begin{aligned}&\lim_{x\to 0}\frac{e^{4x}+e^{3x}+e^{2x}-3}{x}\\&=\lim_{x\to 0}\left(\frac{e^{4x}-1}{x}+\frac{e^{3x}-1}{x}+\frac{e^{2x}-1}{x}\right)\\&=\lim_{x\to 0}\left(\frac{e^{4x}-1}{4x}\times 4+\frac{e^{3x}-1}{3x}\times 3+\frac{e^{2x}-1}{2x}\times 2\right)\\&=1\times 4+1\times 3+1\times 2=9\end{aligned}$$

0594 답 2

$$\begin{aligned}\lim_{x\to 0}\frac{e^{ax}-1}{x^3+2x}&=\lim_{x\to 0}\left\{\frac{e^{ax}-1}{ax}\times\frac{ax}{x(x^2+2)}\right\}\\&=\lim_{x\to 0}\left(\frac{e^{ax}-1}{ax}\times\frac{a}{x^2+2}\right)\\&=1\times\frac{a}{2}=\frac{a}{2}\end{aligned}$$

즉, $\frac{a}{2}=\frac{1}{2}$이므로 $a=1$

$$\begin{aligned}\therefore\lim_{x\to 0}\frac{\ln(1+2x)}{ax}&=\lim_{x\to 0}\frac{\ln(1+2x)}{x}\\&=\lim_{x\to 0}\left\{\frac{\ln(1+2x)}{2x}\times 2\right\}\\&=1\times 2=2\end{aligned}$$

0595 답 6

$$\begin{aligned}&\lim_{x\to 0}\frac{\ln(1+x)(1+2x)(1+3x)}{e^x-1}\\&=\lim_{x\to 0}\frac{\ln(1+x)+\ln(1+2x)+\ln(1+3x)}{e^x-1}\\&=\lim_{x\to 0}\left[\left\{\frac{\ln(1+x)}{x}+\frac{\ln(1+2x)}{2x}\times 2+\frac{\ln(1+3x)}{3x}\times 3\right\}\times\frac{x}{e^x-1}\right]\\&=(1+1\times 2+1\times 3)\times 1=6\end{aligned}$$

0596 답 ①

$$\lim_{x\to1}\frac{e^x-e}{x^2-1}=\lim_{x\to1}\frac{e(e^{x-1}-1)}{(x+1)(x-1)}$$

$x-1=t$로 놓으면 $x\to1$일 때 $t\to0$이므로

$$\lim_{x\to1}\frac{e(e^{x-1}-1)}{(x+1)(x-1)}=\lim_{t\to0}\frac{e(e^t-1)}{(t+2)t}=\lim_{t\to0}\left(\frac{e^t-1}{t}\times\frac{e}{t+2}\right)$$
$$=1\times\frac{e}{2}=\frac{e}{2}$$

0597 답 ②

$x-1=t$로 놓으면 $x\to1$일 때 $t\to0$이므로

$$\lim_{x\to1}\frac{e^{\frac{x-1}{2}}-x}{x-1}=\lim_{t\to0}\frac{e^{\frac{t}{2}}-1-t}{t}$$
$$=\lim_{t\to0}\left(\frac{e^{\frac{t}{2}}-1}{\frac{t}{2}}\times\frac{1}{2}-1\right)=\frac{1}{2}-1=-\frac{1}{2}$$

0598 답 ①

$$\lim_{x\to0}f(x)(e^{2x}-1)=\lim_{x\to0}\left\{xf(x)\times\frac{e^{2x}-1}{2x}\times2\right\}$$
$$=4\times1\times2=8$$

0599 답 ③

$\ln(1+x)\le f(x)\le\frac{1}{2}(e^{2x}-1)$에서

(i) $x>0$일 때,

$$\frac{\ln(1+x)}{x}\le\frac{f(x)}{x}\le\frac{e^{2x}-1}{2x}$$
$$\therefore\lim_{x\to0+}\frac{\ln(1+x)}{x}\le\lim_{x\to0+}\frac{f(x)}{x}\le\lim_{x\to0+}\frac{e^{2x}-1}{2x}$$

이때 $\lim_{x\to0+}\frac{\ln(1+x)}{x}=1$, $\lim_{x\to0+}\frac{e^{2x}-1}{2x}=1$이므로

$$\lim_{x\to0+}\frac{f(x)}{x}=1$$

(ii) $-1<x<0$일 때,

$$\frac{e^{2x}-1}{2x}\le\frac{f(x)}{x}\le\frac{\ln(1+x)}{x}$$
$$\therefore\lim_{x\to0-}\frac{e^{2x}-1}{2x}\le\lim_{x\to0-}\frac{f(x)}{x}\le\lim_{x\to0-}\frac{\ln(1+x)}{x}$$

이때 $\lim_{x\to0-}\frac{\ln(1+x)}{x}=1$, $\lim_{x\to0-}\frac{e^{2x}-1}{2x}=1$이므로

$$\lim_{x\to0-}\frac{f(x)}{x}=1$$

(i), (ii)에서 $\lim_{x\to0}\frac{f(x)}{x}=1$

따라서 $3x=t$로 놓으면 $x\to0$일 때 $t\to0$이므로

$$\lim_{x\to0}\frac{f(3x)}{x}=\lim_{t\to0}\frac{f(t)}{\frac{t}{3}}=\lim_{t\to0}\left\{\frac{f(t)}{t}\times3\right\}=1\times3=3$$

개념 Check

함수의 극한의 대소 관계

두 함수 $f(x)$, $g(x)$에 대하여

$\lim_{x\to a}f(x)=\alpha$, $\lim_{x\to a}g(x)=\beta$ (α, β는 실수)일 때,

$f(x)\le h(x)\le g(x)$이고 $\alpha=\beta$이면 $\lim_{x\to a}h(x)=\alpha$이다.

실수 Check

주어진 부등식의 양변을 x로 나누어 함수의 극한의 대소 관계를 이용한다.

한편, $\frac{f(3x)}{x}$에서 $3x=t$로 치환하여 식을 변형하면 문제를 해결할 수 있다.

Plus 문제

0599-1

함수 $f(x)$가 $x>1$인 모든 실수 x에 대하여 부등식

$$e\ln x\le f(x)\le e^x-e$$

를 만족시킬 때, $\lim_{x\to1+}\frac{f(x)}{x^3-1}$의 값을 구하시오.

$x>1$이므로 $e\ln x>0$, $e^x-e>0$에서 $f(x)>0$

또, $x^3-1>0$이므로

$$\frac{e\ln x}{x^3-1}\le\frac{f(x)}{x^3-1}\le\frac{e^x-e}{x^3-1}$$

$x-1=t$로 놓으면 $x\to1+$일 때 $t\to0+$이므로

$$\lim_{x\to1+}\frac{e\ln x}{x^3-1}=\lim_{t\to0+}\frac{e\ln(1+t)}{(t+1)^3-1}=\lim_{t\to0+}\frac{e\ln(1+t)}{t(t^2+3t+3)}$$
$$=\lim_{t\to0+}\left\{\frac{\ln(1+t)}{t}\times\frac{e}{t^2+3t+3}\right\}=\frac{e}{3}$$
$$\lim_{x\to1+}\frac{e^x-e}{x^3-1}=\lim_{t\to0+}\frac{e^{t+1}-e}{(t+1)^3-1}=\lim_{t\to0+}\frac{e(e^t-1)}{t(t^2+3t+3)}$$
$$=\lim_{t\to0+}\left\{\frac{e^t-1}{t}\times\frac{e}{t^2+3t+3}\right\}=\frac{e}{3}$$
$$\therefore\lim_{x\to1+}\frac{f(x)}{x^3-1}=\frac{e}{3}$$

답 $\frac{e}{3}$

0600 답 ③ | 유형8

$\lim_{x\to0}\frac{7^x-3^x}{x}$의 값은? 단서1

① $\ln\frac{3}{7}$ ② 0 ③ $\ln\frac{7}{3}$

④ $\frac{7}{\ln3}$ ⑤ $7\ln3$

단서1 $7^x-3^x=(7^x-1)-(3^x-1)$

STEP 1 $\frac{a^x-1}{x}$ 꼴로 나타내어 주어진 극한값 구하기

$$\lim_{x\to0}\frac{7^x-3^x}{x}=\lim_{x\to0}\frac{(7^x-1)-(3^x-1)}{x}$$
$$=\lim_{x\to0}\left(\frac{7^x-1}{x}-\frac{3^x-1}{x}\right)=\ln7-\ln3=\ln\frac{7}{3}$$

0601 답 3

$$\lim_{x\to0}\frac{(27^x-1)\log_3(1+x)}{x^2}=\lim_{x\to0}\left\{\frac{27^x-1}{x}\times\frac{\log_3(1+x)}{x}\right\}$$
$$=\ln27\times\frac{1}{\ln3}$$
$$=3\ln3\times\frac{1}{\ln3}=3$$

0602 답 $(\ln 5)^2$

$$\lim_{x\to 0}\frac{5^x-1}{\log_5(1+x)}=\lim_{x\to 0}\left\{\frac{5^x-1}{x}\times\frac{x}{\log_5(1+x)}\right\}$$
$$=\ln 5\times\ln 5=(\ln 5)^2$$

0603 답 ④

$\frac{1}{2x}=t$로 놓으면 $x\to\infty$일 때 $t\to 0+$이므로

$$\lim_{x\to\infty}2x(a^{\frac{1}{2x}}-1)=\lim_{t\to 0+}\frac{a^t-1}{t}=\ln a$$

0604 답 $\frac{1}{2}\ln 2$

$x-1=t$로 놓으면 $x\to 1$일 때 $t\to 0$이므로

$$\lim_{x\to 1}\frac{2^{x-1}-1}{x^2-1}=\lim_{x\to 1}\left(\frac{2^{x-1}-1}{x-1}\times\frac{1}{x+1}\right)$$
$$=\lim_{t\to 0}\left(\frac{2^t-1}{t}\times\frac{1}{t+2}\right)$$
$$=\ln 2\times\frac{1}{2}=\frac{1}{2}\ln 2$$

0605 답 ④

$$\lim_{x\to 0}\frac{e^x-5^{-x}}{x}=\lim_{x\to 0}\frac{e^x-1-(5^{-x}-1)}{x}$$
$$=\lim_{x\to 0}\left(\frac{e^x-1}{x}+\frac{5^{-x}-1}{-x}\right)$$
$$=1+\ln 5$$

0606 답 64

$$\lim_{x\to 0}\frac{2^x+4^x+8^x-3}{x}=\lim_{x\to 0}\left(\frac{2^x-1}{x}+\frac{4^x-1}{x}+\frac{8^x-1}{x}\right)$$
$$=\ln 2+\ln 4+\ln 8$$
$$=\ln(2\times 4\times 8)$$
$$=\ln 2^{1+2+3}=\ln 2^6$$

즉, $a=\ln 2^6$이므로

$e^a=e^{\ln 2^6}=2^6=64$

개념 Check

$a>0,\ b>0,\ b\neq 1,\ c>0$일 때,

$a^{\log_b c}=c^{\log_b a}$

0607 답 ①

$$\lim_{x\to 0}\frac{(2a+3)^x-a^x}{x}=\lim_{x\to 0}\frac{(2a+3)^x-1-(a^x-1)}{x}$$
$$=\lim_{x\to 0}\left\{\frac{(2a+3)^x-1}{x}-\frac{a^x-1}{x}\right\}$$
$$=\ln(2a+3)-\ln a$$
$$=\ln\frac{2a+3}{a}$$

즉, $\ln\frac{2a+3}{a}=2\ln 2=\ln 4$이므로

$\frac{2a+3}{a}=4,\ 2a+3=4a \qquad \therefore a=\frac{3}{2}$

0608 답 25

$$\lim_{x\to 0}\frac{a^{2x}+5a^x-6}{5^x-1}=\lim_{x\to 0}\frac{(a^x-1)(a^x+6)}{5^x-1}$$
$$=\lim_{x\to 0}\left\{(a^x+6)\times\frac{a^x-1}{x}\times\frac{x}{5^x-1}\right\}$$
$$=(1+6)\times\ln a\times\frac{1}{\ln 5}=\frac{7\ln a}{\ln 5}$$

즉, $\frac{7\ln a}{\ln 5}=14$이므로 $\ln a=2\ln 5=\ln 25$

$\therefore a=25$

0609 답 $\frac{6}{\ln 2}$

$$\lim_{x\to 0}f(x)\ln(1+3x)$$
$$=\lim_{x\to 0}\left\{f(x)(2^x-1)\times\frac{\ln(1+3x)}{3x}\times\frac{x}{2^x-1}\times 3\right\}$$
$$=2\times 1\times\frac{1}{\ln 2}\times 3=\frac{6}{\ln 2}$$

실수 Check

$f(x)\ln(1+3x)=f(x)(2^x-1)\times\frac{\ln(1+3x)}{2^x-1}$로 먼저 변형한다.

Plus 문제

0609-1

$\lim_{x\to\infty}f(x)\ln\left(1+\frac{2}{x}\right)=10$일 때, $\lim_{x\to\infty}\frac{f(x)}{x}$의 값을 구하시오.

$$\lim_{x\to\infty}\frac{f(x)}{x}=\lim_{x\to\infty}\left\{f(x)\ln\left(1+\frac{2}{x}\right)\times\frac{1}{x\ln\left(1+\frac{2}{x}\right)}\right\}$$

$\frac{1}{x}=t$로 놓으면 $x\to\infty$일 때 $t\to 0+$이므로

$$\lim_{x\to\infty}x\ln\left(1+\frac{2}{x}\right)=\lim_{t\to 0+}\frac{\ln(1+2t)}{t}$$
$$=\lim_{t\to 0+}\frac{\ln(1+2t)}{2t}\times 2=2$$

$$\therefore \lim_{x\to\infty}\frac{f(x)}{x}=10\times\frac{1}{2}=5$$

답 5

0610 답 ⑤

$y=\log_2(x+3)$으로 놓으면 $x+3=2^y$에서

$x=2^y-3$

x와 y를 서로 바꾸면 $y=2^x-3$

따라서 $g(x)=2^x-3$이므로

$$\lim_{x\to 0}\frac{f(x-2)}{g(x)+2}=\lim_{x\to 0}\frac{\log_2(x+1)}{2^x-1}$$
$$=\lim_{x\to 0}\left\{\frac{\log_2(x+1)}{x}\times\frac{x}{2^x-1}\right\}$$
$$=\frac{1}{\ln 2}\times\frac{1}{\ln 2}=\frac{1}{(\ln 2)^2}$$

실수 Check

지수함수와 로그함수는 서로 역함수 관계이다.

0611 답 $a=1$, $b=0$

유형9

$\lim_{x\to 0}\frac{ax+b}{e^{3x}-1}=\frac{1}{3}$ 을 만족시키는 상수 a, b의 값을 구하시오.
단서1 단서2

단서1 $\lim_{x\to 0}(e^{3x}-1)=0$

단서2 극한값이 존재하므로 (분모) → 0이면 (분자) → 0

STEP1 (분모) → 0이고 극한값이 존재하면 (분자) → 0임을 이용하여 상수 b의 값 구하기

$x\to 0$일 때 (분모) $\to 0$이고 극한값이 존재하므로 (분자) $\to 0$이다.

즉, $\lim_{x\to 0}(ax+b)=0$이므로 $b=0$

STEP2 식을 변형하여 상수 a의 값 구하기

$b=0$을 주어진 식의 좌변에 대입하면

$$\lim_{x\to 0}\frac{ax}{e^{3x}-1}=\lim_{x\to 0}\left(\frac{3x}{e^{3x}-1}\times\frac{a}{3}\right)=1\times\frac{a}{3}=\frac{a}{3}$$

$\lim_{x\to 0}\frac{3x}{e^{3x}-1}=\lim_{x\to 0}\frac{1}{\frac{e^{3x}-1}{3x}}=\frac{1}{\lim_{x\to 0}\frac{e^{3x}-1}{3x}}=1$

즉, $\frac{a}{3}=\frac{1}{3}$이므로 $a=1$

0612 답 125

$x\to 0$일 때 (분자) $\to 0$이고 0이 아닌 극한값이 존재하므로 (분모) $\to 0$이다.

즉, $\lim_{x\to 0}(5^{x+1}-a)=0$이므로

$5-a=0$ $\therefore a=5$

$a=5$를 주어진 식의 좌변에 대입하면

$$\lim_{x\to 0}\frac{\ln(1+bx)}{5^{x+1}-5}=\lim_{x\to 0}\frac{\ln(1+bx)}{5(5^x-1)}$$
$$=\lim_{x\to 0}\left\{\frac{x}{5^x-1}\times\frac{\ln(1+bx)}{bx}\times\frac{b}{5}\right\}$$
$$=\frac{1}{\ln 5}\times 1\times\frac{b}{5}=\frac{b}{5\ln 5}$$

즉, $\frac{b}{5\ln 5}=\frac{5}{\ln 5}$이므로 $b=25$

$\therefore ab=5\times 25=125$

0613 답 ②

$x\to 0$일 때 (분모) $\to 0$이고 극한값이 존재하므로 (분자) $\to 0$이다.

즉, $\lim_{x\to 0}\ln(a+bx)=0$이므로

$\ln a=0$ $\therefore a=1$

$a=1$을 주어진 식의 좌변에 대입하면

$$\lim_{x\to 0}\frac{\ln(1+bx)}{e^{2x}-1}=\lim_{x\to 0}\left\{\frac{\ln(1+bx)}{bx}\times\frac{2x}{e^{2x}-1}\times\frac{b}{2}\right\}$$
$$=1\times 1\times\frac{b}{2}=\frac{b}{2}$$

즉, $\frac{b}{2}=\frac{3}{2}$이므로 $b=3$

$\therefore a-b=1-3=-2$

0614 답 ②

$x\to 0$일 때 (분모) $\to 0$이고 극한값이 존재하므로 (분자) $\to 0$이다.

즉, $\lim_{x\to 0}(\sqrt{ax+b}-1)=0$이므로

$\sqrt{b}-1=0$ $\therefore b=1$

$b=1$을 주어진 식의 좌변에 대입하면

$$\lim_{x\to 0}\frac{\sqrt{ax+1}-1}{e^{2x}-1}=\lim_{x\to 0}\left(\frac{2x}{e^{2x}-1}\times\frac{\sqrt{ax+1}-1}{2x}\right)$$
$$=1\times\lim_{x\to 0}\frac{(ax+1)-1}{2x(\sqrt{ax+1}+1)}$$

$\frac{0}{0}$ 꼴의 극한이므로 분자를 유리화한다.

$$=\lim_{x\to 0}\frac{a}{2(\sqrt{ax+1}+1)}=\frac{a}{4}$$

즉, $\frac{a}{4}=2$이므로 $a=8$

$\therefore a+b=8+1=9$

0615 답 $4e^2$

$x\to 0$일 때 (분모) $\to 0$이고 극한값이 존재하므로 (분자) $\to 0$이다.

즉, $\lim_{x\to 0}(e^{2a+x}-b)=0$이므로

$e^{2a}-b=0$ $\therefore e^{2a}=b$

$e^{2a}=b$를 주어진 식의 좌변에 대입하면

$$\lim_{x\to 0}\frac{be^x-b}{4x}=\lim_{x\to 0}\frac{b(e^x-1)}{4x}$$
$$=\lim_{x\to 0}\left(\frac{b}{4}\times\frac{e^x-1}{x}\right)=\frac{b}{4}\times 1=\frac{b}{4}$$

즉, $\frac{b}{4}=e^2$이므로 $b=4e^2$

0616 답 ③

$x\to 0$일 때 (분자) $\to 0$이고 0이 아닌 극한값이 존재하므로 (분모) $\to 0$이다.

즉, $\lim_{x\to 0}(ax^2-b)=0$이므로 $b=0$

$b=0$을 주어진 식의 좌변에 대입하면

$$\lim_{x\to 0}\frac{(e^{2x}-1)\ln(1+3x)}{ax^2}=\lim_{x\to 0}\left\{\frac{e^{2x}-1}{2x}\times\frac{\ln(1+3x)}{3x}\times\frac{6}{a}\right\}$$
$$=1\times 1\times\frac{6}{a}=\frac{6}{a}$$

즉, $\frac{6}{a}=1$이므로 $a=6$

$\therefore a+2b=6+2\times 0=6$

실수 Check

일반적으로 (분모) → 0이고 극한값이 존재하면 (분자) → 0이지만 (분자) → 0이고 0이 아닌 극한값이 존재하면 (분모) → 0이 가능하다.

0617 답 -100

$x\to\frac{1}{2}$일 때 (분모) $\to 0$이고 극한값이 존재하므로 (분자) $\to 0$이다.

즉, $\lim_{x\to\frac{1}{2}}(ax+b)=0$이므로 $\frac{1}{2}a+b=0$

$\therefore a=-2b$ ······ ㉠

㉠을 주어진 식의 좌변에 대입하면

$$\lim_{x\to\frac{1}{2}}\frac{-2bx+b}{\ln 2x}=\lim_{x\to\frac{1}{2}}\frac{-b(2x-1)}{\ln 2x}$$

$x-\frac{1}{2}=t$로 놓으면 $x\to\frac{1}{2}$일 때 $t\to 0$이므로

$$\lim_{x\to\frac{1}{2}}\frac{-b(2x-1)}{\ln 2x}=\lim_{t\to 0}\left\{(-b)\times\frac{2t}{\ln(2t+1)}\right\}=-b\times 1=-b$$

즉, $-b=5$이므로 $b=-5$

$b=-5$를 ㉠에 대입하면 $a=-2\times(-5)=10$

$\therefore\ 2ab=2\times10\times(-5)=-100$

0618 답 ④

$\lim\limits_{x\to0}\dfrac{e^{ax^2}-1}{f(x)}=4$에서 $\dfrac{e^{ax^2}-1}{f(x)}=g(x)$라 하면 $\lim\limits_{x\to0}g(x)=4$

이때 $f(x)=\dfrac{e^{ax^2}-1}{g(x)}$이므로

$$\lim_{x\to0}\frac{8^{x^2}-1}{f(x)}=\lim_{x\to0}\frac{g(x)(8^{x^2}-1)}{e^{ax^2}-1}$$

$$=\lim_{x\to0}\left\{g(x)\times\frac{8^{x^2}-1}{x^2}\times\frac{ax^2}{e^{ax^2}-1}\times\frac{1}{a}\right\}$$

$$=4\times\ln8\times1\times\frac{1}{a}=b$$

따라서 $ab=4\ln8=12\ln2$이므로 $k=12$

0619 답 ③

$\lim\limits_{x\to0}\dfrac{f(x)}{x}=2$에서 $x\to0$일 때 (분모) $\to0$이고 극한값이 존재하므로 (분자) $\to0$이다.

$\lim\limits_{x\to0}f(x)=0$이고, 함수 $f(x)$는 연속함수이므로

$\lim\limits_{x\to0}f(x)=f(0)=\ln b=0\quad\therefore\ b=1$

$$\lim_{x\to0}\frac{f(x)}{x}=\lim_{x\to0}\frac{\ln(ax+1)}{x}=\lim_{x\to0}\left\{\frac{\ln(ax+1)}{ax}\times a\right\}=a$$

이므로 $a=2$

따라서 $f(x)=\ln(2x+1)$이므로 $f(2)=\ln5$

0620 답 ⑤ | 유형10

그림과 같이 곡선 $y=\ln x$ 위를 움직이는 점 P와 두 점 A(1, 0), B(5, 0)이 있다. 점 P의 x좌표를 t라 하고, 삼각형 PAB의 넓이를 $S(t)$라 할 때, $\lim\limits_{t\to1+}\dfrac{S(t)}{t-1}$의 값은? (단, 점 P는 제1사분면 위의 점이다.)

단서1 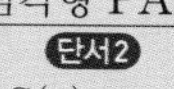

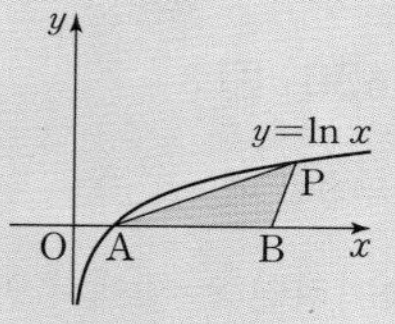

① $\dfrac{1}{2}$ ② $\ln2$ ③ 1 ④ $\dfrac{1}{\ln2}$ ⑤ 2

단서1 곡선 $y=\ln x$ 위의 점 P의 x좌표가 t이면 y좌표는 $\ln t$

단서2 밑변의 길이가 $\overline{AB}$이고, 높이가 점 P의 y좌표인 삼각형

STEP 1 **삼각형 PAB의 넓이 $S(t)$의 식 구하기**

점 P의 x좌표가 t이므로 $P(t,\ \ln t)$

따라서 $S(t)=\dfrac{1}{2}\times4\times\ln t=2\ln t$이므로

$$\lim_{t\to1+}\frac{S(t)}{t-1}=\lim_{t\to1+}\frac{2\ln t}{t-1}$$

STEP 2 **치환하여 $\dfrac{\ln(1+s)}{s}$ 꼴로 만든 후 주어진 극한값 구하기**

$t-1=s$로 놓으면 $t\to1+$일 때 $s\to0+$이므로

$$\lim_{t\to1+}\frac{2\ln t}{t-1}=\lim_{s\to0+}\frac{2\ln(1+s)}{s}=2\times1=2$$

0621 답 $\dfrac{1}{\ln3}$

점 P의 좌표를 $(t,\ \log_3(t+1))\ (t>0)$이라 하면

$\overline{OQ}=t,\ \overline{PQ}=\log_3(t+1)$

점 P가 원점 O에 한없이 가까워질 때 $t\to0+$이므로 구하는 극한값은

$$\lim_{t\to0+}\frac{\overline{PQ}}{\overline{OQ}}=\lim_{t\to0+}\frac{\log_3(t+1)}{t}=\frac{1}{\ln3}$$

0622 답 1

삼각형 PAB의 넓이는 $S_1=\dfrac{1}{2}\times1\times t=\dfrac{t}{2}$ → $\dfrac{1}{2}\times\overline{AB}\times$(점 P의 x좌표)

삼각형 PBC의 넓이는 $S_2=\dfrac{1}{2}\times1\times(e^t-1)=\dfrac{e^t-1}{2}$ → $\dfrac{1}{2}\times\overline{BC}\times\{$(점 P의 y좌표)$-1\}$

점 P가 점 B에 한없이 가까워질 때 $t\to0+$이므로 $\dfrac{S_1}{S_2}$의 극한값은

$$\lim_{t\to0+}\frac{S_1}{S_2}=\lim_{t\to0+}\frac{\frac{t}{2}}{\frac{e^t-1}{2}}=\lim_{t\to0+}\frac{t}{e^t-1}=1$$

0623 답 $2\ln3$

곡선 $y=3^{x-t}$과 y축의 교점 A의 좌표는 $(0,\ 3^{-t})$

곡선 $y=\left(\dfrac{1}{3}\right)^{x-t}$과 y축의 교점 B의 좌표는 $\left(0,\ \dfrac{1}{3^{-t}}\right)$

$\therefore\ f(t)=\left|3^{-t}-\dfrac{1}{3^{-t}}\right|=3^t-\dfrac{1}{3^t}$

$3^{x-t}=\left(\dfrac{1}{3}\right)^{x-t}$에서 $(3^{x-t})^2=1$

$(3^{x-t}-1)(3^{x-t}+1)=0$

$3^{x-t}+1>0$이므로 $3^{x-t}=1$에서 $x=t$

따라서 $C(t,\ 1)$이므로 $g(t)=t$

$$\therefore\ \lim_{t\to0+}\frac{f(t)}{g(t)}=\lim_{t\to0+}\frac{3^t-\frac{1}{3^t}}{t}$$

$$=\lim_{t\to0+}\frac{3^t-1-(3^{-t}-1)}{t}$$

$$=\lim_{t\to0+}\left(\frac{3^t-1}{t}+\frac{3^{-t}-1}{-t}\right)$$

$$=\ln3+\ln3=2\ln3$$

0624 답 4

점 $P(t,\ e^{2t})$에서 x축에 내린 수선의 발 Q의 좌표는 $(t,\ 0)$이고 점 $A(0,\ 1)$에서 선분 PQ에 내린 수선의 발 R의 좌표는 $(t,\ 1)$이다.

$\overline{AR}=t,\ \overline{RP}=e^{2t}-1,\ \overline{RQ}=1$이므로

$f(t)=\dfrac{1}{2}\times\overline{AR}\times\overline{RP}=\dfrac{1}{2}t(e^{2t}-1),\ g(t)=\dfrac{1}{2}\times\overline{AR}\times\overline{RQ}=\dfrac{1}{2}t$

$$\therefore\ \lim_{t\to0+}\frac{f(t)}{\{g(t)\}^2}=\lim_{t\to0+}\frac{\frac{1}{2}t(e^{2t}-1)}{\left(\frac{1}{2}t\right)^2}=\lim_{t\to0+}\frac{e^{2t}-1}{\frac{1}{2}t}$$

$$=\lim_{t\to0+}\left(\frac{e^{2t}-1}{2t}\times4\right)$$

$$=1\times4=4$$

0625 답 ③

직선 OP의 기울기가 $\frac{2^t-1}{t}$이므로 직선 QP의 기울기는

$-\frac{t}{2^t-1}$이고 직선 QP의 방정식은 → 수직인 두 직선의 기울기의 곱은 −1이다.

$y-(2^t-1)=-\frac{t}{2^t-1}(x-t)$

$\therefore\ y=-\frac{t}{2^t-1}(x-t)+2^t-1$

즉, 점 Q의 y좌표는 $\frac{t^2}{2^t-1}+2^t-1$이므로

$\overline{OQ}=\frac{t^2}{2^t-1}+2^t-1$

따라서 $S(t)=\frac{t}{2}\left(\frac{t^2}{2^t-1}+2^t-1\right)$이므로

$$\lim_{t\to0+}\frac{S(t)}{t^2}=\lim_{t\to0+}\frac{\frac{t}{2}\left(\frac{t^2}{2^t-1}+2^t-1\right)}{t^2}$$
$$=\lim_{t\to0+}\frac{\frac{1}{2}\left(\frac{t^2}{2^t-1}+2^t-1\right)}{t}$$
$$=\frac{1}{2}\lim_{t\to0+}\left(\frac{t}{2^t-1}+\frac{2^t-1}{t}\right)=\frac{1}{2}\left(\frac{1}{\ln2}+\ln2\right)$$

0626 답 $\frac{1}{4\ln2}$

곡선 $y=2^x$과 직선 $y=t$의 교점 A의 좌표는 $(\log_2 t,\ t)$이고
곡선 $y=4^x$과 직선 $y=t$의 교점 B의 좌표는 $(\log_4 t,\ t)$이므로

$S(t)=\frac{1}{2}t(\log_2 t-\log_4 t)=\frac{1}{4}t\log_2 t$

$\therefore\ \lim_{t\to1+}\frac{S(t)}{t(t-1)}=\lim_{t\to1+}\frac{t\log_2 t}{4t(t-1)}=\frac{1}{4}\lim_{t\to1+}\frac{\log_2 t}{t-1}$

$t-1=s$로 놓으면 $t\to1+$일 때 $s\to0+$이므로

$\frac{1}{4}\lim_{t\to1+}\frac{\log_2 t}{t-1}=\frac{1}{4}\lim_{s\to0+}\frac{\log_2(1+s)}{s}=\frac{1}{4\ln2}$

0627 답 ①

점 P의 좌표를 $(a,\ \ln a)\ (a>0)$라 하면
$\mathrm{H}(a,\ 0)$, $\mathrm{Q}(a,\ e^a)$
점 P는 직선 $x+y=t$ 위의 점이므로 $a+\ln a=t$
$\ln e^a+\ln a=t$, $\ln ae^a=t$ $\quad\therefore\ ae^a=e^t$
따라서 삼각형 OHQ의 넓이 $S(t)$는

$S(t)=\frac{1}{2}\times\overline{OH}\times\overline{HQ}=\frac{1}{2}\times a\times e^a=\frac{1}{2}ae^a=\frac{1}{2}e^t$

$\therefore\ \lim_{t\to0+}\frac{2S(t)-1}{t}=\lim_{t\to0+}\frac{2\times\frac{1}{2}e^t-1}{t}=\lim_{t\to0+}\frac{e^t-1}{t}=1$

0628 답 ③

두 점 P, Q의 y좌표는 각각 $e^{\frac{k}{2}}$, $e^{\frac{k}{2}+3t}$이므로

$\overline{PQ}=e^{\frac{k}{2}+3t}-e^{\frac{k}{2}}=e^{\frac{k}{2}}(e^{3t}-1)$

점 R의 x좌표는 방정식 $e^{\frac{x}{2}}=e^{\frac{k}{2}+3t}$의 실근이므로

$\frac{x}{2}=\frac{k}{2}+3t$에서 $x=k+6t$

$\therefore\ \overline{QR}=(k+6t)-k=6t$

$\overline{PQ}=\overline{QR}$에서 $e^{\frac{k}{2}}(e^{3t}-1)=6t$

$e^{\frac{k}{2}}=\frac{6t}{e^{3t}-1}$, $\frac{k}{2}=\ln\frac{6t}{e^{3t}-1}$ $\qquad\therefore\ k=2\ln\frac{6t}{e^{3t}-1}$

따라서 $f(t)=2\ln\frac{6t}{e^{3t}-1}$이므로

$$\lim_{t\to0+}f(t)=\lim_{t\to0+}2\ln\frac{6t}{e^{3t}-1}$$
$$=2\lim_{t\to0+}\ln\left(\frac{3t}{e^{3t}-1}\times2\right)=2\ln2=\ln4$$

실수 Check

점 P, Q, R의 좌표를 구하여 $\overline{PQ}$, $\overline{QR}$의 길이를 구하면 k를 t에 대한 식으로 나타낼 수 있다.

0629 답 ④ | 유형 11

함수 $f(x)=\begin{cases}\frac{e^x+2x-1}{5x} & (x\neq0)\\ a & (x=0)\end{cases}$가 $x=0$에서 연속일 때, 상수 a의 값은? 단서1

① $-\frac{1}{5}$ ② 0 ③ $\frac{1}{5}$
④ $\frac{3}{5}$ ⑤ 1

단서1 $f(x)$가 $x=0$에서 연속이면 $\lim_{x\to0}f(x)=f(0)$

STEP 1 $\lim_{x\to0}f(x)$의 값을 구하고, 상수 a의 값 구하기

함수 $f(x)$가 $x=0$에서 연속이므로 $\lim_{x\to0}f(x)=f(0)$

$\therefore\ a=\lim_{x\to0}\frac{e^x+2x-1}{5x}=\frac{1}{5}\lim_{x\to0}\left(\frac{e^x-1}{x}+2\right)$

$=\frac{1}{5}\times(1+2)=\frac{3}{5}$

0630 답 3

$x\neq0$일 때, $f(x)=\frac{e^{3x}-1}{x}$이고 함수 $f(x)$가 모든 실수 x에서 연속이려면 $x=0$에서 연속이어야 하므로

$\lim_{x\to0}f(x)=f(0)$

$\therefore\ f(0)=\lim_{x\to0}\frac{e^{3x}-1}{x}=\lim_{x\to0}\left(\frac{e^{3x}-1}{3x}\times3\right)=1\times3=3$

0631 답 $\frac{1}{2}$

함수 $f(x)$가 $x=0$에서 연속이므로 $\lim_{x\to0}f(x)=f(0)$

$\therefore\ a=\lim_{x\to0}\frac{xe^x}{e^{2x}-1}=\lim_{x\to0}\left(\frac{x}{e^x-1}\times\frac{e^x}{e^x+1}\right)=1\times\frac{1}{2}=\frac{1}{2}$

다른 풀이

$a=\lim_{x\to0}\frac{xe^x}{e^{2x}-1}=\lim_{x\to0}\left(\frac{2x}{e^{2x}-1}\times\frac{e^x}{2}\right)=1\times\frac{1}{2}=\frac{1}{2}$

0632 답 4

함수 $f(x)$가 $x=0$에서 연속이면 $\lim_{x\to0}f(x)=f(0)$이므로

$\lim_{x\to0}\frac{\ln(3x+a)}{x}=b$

$x\to0$일 때 (분모)$\to0$이고 극한값이 존재하므로 (분자)$\to0$이다.
즉, $\lim_{x\to0}\ln(3x+a)=0$이므로

$\ln a=0\quad\therefore a=1$

$\therefore b=\lim_{x\to0}\frac{\ln(3x+1)}{x}=\lim_{x\to0}\left\{\frac{\ln(3x+1)}{3x}\times3\right\}=1\times3=3$

$\therefore a+b=1+3=4$

0633 답 ④

함수 $f(x)$가 구간 $(-1,\infty)$에서 연속이면 함수 $f(x)$는 $x=0$에서 연속이므로 $\lim_{x\to0}f(x)=f(0)$

$\therefore \lim_{x\to0}\frac{a^x-2^x}{\ln(x+1)}=2$

이때 $\lim_{x\to0}\frac{a^x-2^x}{\ln(x+1)}=\lim_{x\to0}\frac{\frac{a^x-1}{x}-\frac{2^x-1}{x}}{\frac{\ln(x+1)}{x}}=\ln a-\ln 2$

따라서 $\ln a-\ln 2=2$이므로 $\ln a=2+\ln 2=\ln 2e^2$ ($2\to\ln e^2$)

$\therefore a=2e^2$

0634 답 ②

함수 $f(x)$가 $x=0$에서 연속이므로

$\lim_{x\to0}\frac{e^{3x}-\ln(a-1)}{ax}=f(0)$

$x\to0$일 때 (분모)$\to0$이고 극한값이 존재하므로 (분자)$\to0$이다.
즉, $\lim_{x\to0}\{e^{3x}-\ln(a-1)\}=0$이므로

$1-\ln(a-1)=0,\ \ln(a-1)=1,\ a-1=e\quad\therefore a=e+1$

$\therefore f(0)=\lim_{x\to0}\frac{e^{3x}-1}{(e+1)x}=\lim_{x\to0}\left(\frac{e^{3x}-1}{3x}\times\frac{3}{e+1}\right)$

$=1\times\frac{3}{e+1}=\frac{3}{e+1}$

0635 답 3

함수 $f(x)$가 $x=0$에서 연속이므로

$\lim_{x\to0+}f(x)=\lim_{x\to0-}f(x)$

$\therefore \lim_{x\to0+}\frac{\ln(ax+b)}{x}=\lim_{x\to0-}(e^x+1)=2$ ······ ㉠

$x\to0+$일 때 (분모)$\to0$이고 극한값이 존재하므로 (분자)$\to0$이다.
즉, $\lim_{x\to0+}\ln(ax+b)=0$이므로

$\ln b=0\quad\therefore b=1$

$b=1$이므로 ㉠에서

$\lim_{x\to0+}\frac{\ln(ax+1)}{x}=\lim_{x\to0+}\left\{\frac{\ln(ax+1)}{ax}\times a\right\}=1\times a=a$

$\therefore a=2$

$\therefore a+b=2+1=3$

0636 답 ③

함수 $f(x)$가 $x=2$에서 연속이므로

$\lim_{x\to2+}f(x)=\lim_{x\to2-}f(x)=f(2)$

$\therefore \lim_{x\to2+}\frac{\ln(x+a)-3}{x-2}=4-2+b$ ······ ㉠

$x\to2+$일 때 (분모)$\to0$이고 극한값이 존재하므로 (분자)$\to0$이다. 즉, $\lim_{x\to2+}\{\ln(x+a)-3\}=0$이므로

$\ln(2+a)-3=0,\ \ln(2+a)=3,\ 2+a=e^3$

$\therefore a=e^3-2$

$a=e^3-2$를 ㉠의 좌변에 대입하면

$\lim_{x\to2+}\frac{\ln(x+e^3-2)-3}{x-2}=\lim_{x\to2+}\frac{\ln\frac{x+e^3-2}{e^3}}{x-2}$

$=\lim_{x\to2+}\frac{\ln\left(\frac{x-2}{e^3}+1\right)}{x-2}$

$x-2=t$로 놓으면 $x\to2+$일 때 $t\to0+$이므로

$\lim_{x\to2+}\frac{\ln\left(\frac{x-2}{e^3}+1\right)}{x-2}=\lim_{t\to0+}\left\{\frac{\ln\left(\frac{t}{e^3}+1\right)}{\frac{t}{e^3}}\times\frac{1}{e^3}\right\}$

$=1\times\frac{1}{e^3}=\frac{1}{e^3}$

따라서 ㉠에서 $\frac{1}{e^3}=2+b$이므로 $b=\frac{1}{e^3}-2$

$\therefore a-b=e^3-2-\left(\frac{1}{e^3}-2\right)=e^3-\frac{1}{e^3}$

0637 답 ⑤

함수 $(g\circ f)(x)$가 실수 전체의 집합에서 연속이려면 $x=1$에서 연속이어야 하므로

$\lim_{x\to1+}g(f(x))=\lim_{x\to1-}g(f(x))=g(f(1))$

$f(x)=t$로 놓으면

(i) $x\to1+$일 때 $t\to1-$이므로
$\lim_{x\to1+}g(f(x))=\lim_{t\to1-}g(t)=2+2^{-1}=\frac{5}{2}$

(ii) $x\to1-$일 때 $t\to a$이므로
$\lim_{x\to1-}g(f(x))=\lim_{t\to a}g(t)=2^a+2^{-a}$

(iii) $g(f(1))=g(1)=2+2^{-1}=\frac{5}{2}$

(i), (ii), (iii)에서 $2^a+2^{-a}=\frac{5}{2}$

$2^a=k\ (k>0)$로 놓으면 $k+\frac{1}{k}=\frac{5}{2}$

$2k^2-5k+2=0,\ (2k-1)(k-2)=0\quad\therefore k=\frac{1}{2}$ 또는 $k=2$

즉, $2^a=\frac{1}{2}$ 또는 $2^a=2$에서 $a=-1$ 또는 $a=1$이므로 모든 실수 a의 값의 곱은 $-1\times1=-1$

0638 답 ① | 유형12

함수 $f(x)=(x^2+2)e^x$에 대하여 $f'(0)$의 값은? (단서1)

① 2 ② 3 ③ 4
④ 5 ⑤ 6

단서1 $\{u(x)v(x)\}'=u'(x)v(x)+u(x)v'(x)$

STEP1 $f'(x)$ 구하기

$f'(x)=2xe^x+(x^2+2)e^x$
$=(x^2+2x+2)e^x$

STEP 2 $f'(0)$의 값 구하기

$f'(0)=2\times1=2$

0639 답 12

$f'(x)=4^x\ln4+3^x\ln3$

점 $(0, f(0))$에서의 접선의 기울기는

$f'(0)=\ln4+\ln3=\ln12$

즉, $\ln a=\ln12$이므로 $a=12$

0640 답 $\frac{1}{6}$

$f'(x)=a(2xe^x+x^2e^x)$

$=a(x^2+2x)e^x$

$\therefore f'(1)=3ae$

즉, $3ae=\frac{1}{2}e$이므로 $a=\frac{1}{6}$

0641 답 ②

$f'(x)=2xe^x+x^2e^x=(x^2+2x)e^x$

$3f(1)-f'(1)=6$에서 $3(a+e)-3e=6$

$3a=6 \qquad \therefore a=2$

0642 답 ①

$f'(x)=(2x-4)e^x+(x^2-4x+1)e^x$

$=(x^2-2x-3)e^x$

$f'(\alpha)=0$에서 $(\alpha^2-2\alpha-3)e^\alpha=0$

$(\alpha+1)(\alpha-3)e^\alpha=0$

$e^\alpha>0$이므로 $\alpha=-1$ 또는 $\alpha=3$

따라서 $f(-1)=(1+4+1)e^{-1}=6e^{-1}$,

$f(3)=(9-12+1)e^3=-2e^3$이므로

$f(-1)\times f(3)=6e^{-1}\times(-2e^3)=-12e^2$

0643 답 2

$f'(x)=(4x-4)e^x+(2x^2-4x-5)e^x$

$=(2x^2-9)e^x$

즉, $m(a)=(2a^2-9)e^a$이므로 $m(a)<0$에서

$(2a^2-9)e^a<0$

$e^a>0$이므로 $2a^2-9<0$, $2a^2<9$

$a^2<\frac{9}{2} \qquad \therefore -\frac{3\sqrt{2}}{2}<a<\frac{3\sqrt{2}}{2}$

따라서 정수 a의 최댓값은 2이다.

0644 답 ②

$f(x)=xe^x$이라 하면 $f(1)=e$이므로

$\lim_{x\to1}\frac{xe^x-e}{x-1}=\lim_{x\to1}\frac{f(x)-f(1)}{x-1}=f'(1)$

→ $f'(a)=\lim_{x\to a}\frac{f(x)-f(a)}{x-a}$

따라서 $f'(x)=e^x+xe^x$이므로

$f'(1)=e+e=2e$

0645 답 $24\ln2$

$\lim_{h\to0}\frac{f(1+h)-f(1-2h)}{h}$

$=\lim_{h\to0}\left\{\frac{f(1+h)-f(1)}{h}-\frac{f(1-2h)-f(1)}{-2h}\times(-2)\right\}$

$=f'(1)+2f'(1)=3f'(1)$

→ $f'(a)=\lim_{h\to0}\frac{f(a+h)-f(a)}{h}$

$f(x)=2^{2x}=4^x$에서 $f'(x)=4^x\ln4$이므로

$3f'(1)=3\times4\ln4=12\ln4=24\ln2$

0646 답 15

$f(x)=e^x-4x$에서 $f'(x)=e^x-4$

$\sum_{n=1}^{\infty}\{f'(x)\}^n$이 수렴하려면 $-1<f'(x)<1$, 즉 $-1<e^x-4<1$

이어야 한다.

즉, $3<e^x<5$이므로 $\ln3<x<\ln5$

따라서 $a=\ln3$, $b=\ln5$이므로

$a+b=\ln3+\ln5=\ln15$

$\therefore e^{a+b}=e^{\ln15}=15$

실수 Check

등비급수 $\sum_{n=1}^{\infty}r^n$의 수렴 조건은 $-1<r<1$이며, 주어진 급수에서 공비는 $f'(x)$이다.

0647 답 ①

$\lim_{x\to1}\frac{2f(x)+1}{x-1}=\ln(2e)^2$에서 $x\to1$일 때 (분모)$\to0$이고 극한값이 존재하므로 (분자)$\to0$이다.

즉, $\lim_{x\to1}\{2f(x)+1\}=0$이므로

$2f(1)+1=0 \qquad \therefore f(1)=-\frac{1}{2}$

$\therefore \lim_{x\to1}\frac{2f(x)+1}{x-1}=\lim_{x\to1}\frac{2\{f(x)-f(1)\}}{x-1}=2f'(1)$

$2f'(1)=\ln(2e)^2$에서

$f'(1)=\frac{1}{2}\ln(2e)^2=\frac{1}{2}\times2\ln2e=\ln2e=\ln2+1$

$g(x)=(2^x-1)f(x)$에서

$g'(x)=2^xf(x)\ln2+(2^x-1)f'(x)$이므로

$g'(1)=2f(1)\ln2+f'(1)=-\ln2+\ln2+1=1$

0648 답 ②

$\lim_{x\to3}\frac{2e^xf(x)-5}{x-3}=4e$에서 $x\to3$일 때 (분모)$\to0$이고 극한값이 존재하므로 (분자)$\to0$이다.

즉, $\lim_{x\to3}\{2e^xf(x)-5\}=0$이므로

$2e^3f(3)-5=0 \qquad \therefore f(3)=\frac{5}{2e^3}$

$2e^xf(x)=g(x)$로 놓으면

$\lim_{x\to3}\frac{2e^xf(x)-5}{x-3}=\lim_{x\to3}\frac{2e^xf(x)-2e^3f(3)}{x-3}$

$=\lim_{x\to3}\frac{g(x)-g(3)}{x-3}=g'(3)$

즉, $g'(3)=4e$이고, $g'(x)=2e^x f(x)+2e^x f'(x)$이므로

$f(x)+f'(x)=\frac{g'(x)}{2e^x}$

$\therefore f(3)+f'(3)=\frac{g'(3)}{2e^3}=\frac{4e}{2e^3}=\frac{2}{e^2}$

Plus 문제

0648-1

미분가능한 함수 $f(x)$에 대하여 $\lim_{x\to3}\frac{e^x f(x)-2e}{x^2-9}=\frac{e}{2}$일 때, $\frac{f(3)}{f'(3)}$의 값을 구하시오.

$\lim_{x\to3}\frac{e^x f(x)-2e}{x^2-9}=\frac{e}{2}$에서 $x\to3$일 때 (분모)$\to0$이고 극한값이 존재하므로 (분자) $\to0$이다.

즉, $\lim_{x\to3}\{e^x f(x)-2e\}=0$이므로 $e^3 f(3)=2e$

$\therefore f(3)=\frac{2}{e^2}$

$e^x f(x)-2e=g(x)$로 놓으면 $g(3)=0$

$\therefore \lim_{x\to3}\frac{e^x f(x)-2e}{x^2-9}=\lim_{x\to3}\frac{g(x)}{x^2-9}$

$=\lim_{x\to3}\frac{g(x)-g(3)}{(x+3)(x-3)}=\frac{1}{6}g'(3)$

즉, $\frac{1}{6}g'(3)=\frac{e}{2}$에서 $g'(3)=3e$

$g'(x)=e^x f(x)+e^x f'(x)$이므로

$g'(3)=e^3 f(3)+e^3 f'(3)$에서 $3e=2e+e^3 f'(3)$

$\therefore f'(3)=\frac{1}{e^2}$

$\therefore \frac{f(3)}{f'(3)}=\frac{2}{e^2}\times e^2=2$

답 2

0649 답 $9e$ | 유형 13

함수 $f(x)=3x^2\ln x$에 대하여 $f'(e)$의 값을 구하시오.
단서1

단서1 $\{u(x)v(x)\}'=u'(x)v(x)+u(x)v'(x)$

STEP 1 $f'(x)$ 구하기

$f'(x)=6x\ln x+3x^2\times\frac{1}{x}=6x\ln x+3x$

└ $f'(x)=(3x^2)'\ln x+3x^2(\ln x)'$

STEP 2 $f'(e)$의 값 구하기

$f'(e)=6e+3e=9e$

0650 답 ⑤

$f'(x)=2\log_5 x+2x\times\frac{1}{x\ln5}=2\log_5 x+\frac{2}{\ln5}$

$g'(x)=2x+\frac{2}{x}$

$\therefore f'(1)+g'(2)=\left(2\log_5 1+\frac{2}{\ln5}\right)+(4+1)=\frac{2}{\ln5}+5$

0651 답 ③

$f(x)=x\log_2 3x=x(\log_2 3+\log_2 x)$이므로

$f'(x)=\log_2 3+\log_2 x+x\times\frac{1}{x\ln2}$

$=\log_2 3+\log_2 x+\frac{1}{\ln2}$

$=\log_2 3+\log_2 x+\log_2 e=\log_2 3ex$

즉, $\log_2 3ex=\log_2 ax$이므로 $a=3e$

0652 답 ①

$\lim_{x\to1}\frac{f(x)-f(1)}{x^2-1}=\lim_{x\to1}\left\{\frac{f(x)-f(1)}{x-1}\times\frac{1}{x+1}\right\}$

$=\frac{1}{2}f'(1)$

이때

$f'(x)=(2x+1)\ln x+(x^2+x)\times\frac{1}{x}=(2x+1)\ln x+x+1$

이므로

$f'(1)=1+1=2$

$\therefore \lim_{x\to1}\frac{f(x)-f(1)}{x^2-1}=\frac{1}{2}\times2=1$

0653 답 6

$\lim_{h\to0}\frac{f(1+h)-f(1-h)}{h}$

$=\lim_{h\to0}\left\{\frac{f(1+h)-f(1)}{h}+\frac{f(1-h)-f(1)}{-h}\right\}$

$=f'(1)+f'(1)=2f'(1)$

이때 $f'(x)=\ln x+x\times\frac{1}{x}+2x=\ln x+1+2x$이므로

$f'(1)=1+2=3$

$\therefore 2f'(1)=2\times3=6$

0654 답 ⑤

함수 $f(x)=\ln x^2$은 구간 $[2, 4]$에서 연속이고 구간 $(2, 4)$에서 미분가능하므로 평균값 정리에 의해

$\frac{f(4)-f(2)}{4-2}=f'(a)$

인 a가 구간 $(2, 4)$에 적어도 하나 존재한다.

이때 $f(4)=\ln16$, $f(2)=\ln4$이고

$f(x)=\ln x^2=2\ln x$에서 $f'(x)=\frac{2}{x}$이므로

$\frac{\ln16-\ln4}{4-2}=\frac{2}{a}$, $\frac{\ln4}{2}=\frac{2}{a}$, $\frac{2\ln2}{2}=\frac{2}{a}$

$\therefore a=\frac{2}{\ln2}$

개념 Check

평균값 정리

함수 $f(x)$가 닫힌구간 $[a, b]$에서 연속이고 열린구간 (a, b)에서 미분가능할 때,

$\frac{f(b)-f(a)}{b-a}=f'(c)$

인 c가 a와 b 사이에 적어도 하나 존재한다.

0655 답 ②

$\lim_{x\to e}\frac{f(x)+4}{x-e}=\frac{1}{e}$에서 $x\to e$일 때 (분모)$\to 0$이고 극한값이 존재하므로 (분자)$\to 0$이다.

즉, $\lim_{x\to e}\{f(x)+4\}=0$이므로 $f(e)+4=0$　　$\therefore f(e)=-4$

$\therefore \lim_{x\to e}\frac{f(x)+4}{x-e}=\lim_{x\to e}\frac{f(x)-f(e)}{x-e}=f'(e)=\frac{1}{e}$

$g(x)=f(x)\ln x$에서 $g'(x)=f'(x)\ln x+f(x)\times\frac{1}{x}$이므로

$g'(e)=f'(e)+f(e)\times\frac{1}{e}=\frac{1}{e}+(-4)\times\frac{1}{e}=-\frac{3}{e}$

0656 답 ③

$f(3)=3^2\log_3 3=9$이므로

$\lim_{h\to 0}\frac{f(3+2h)-9}{h}=\lim_{h\to 0}\left\{\frac{f(3+2h)-f(3)}{2h}\times 2\right\}=2f'(3)$

$f'(x)=2x\log_3 x+x^2\times\frac{1}{x\ln 3}$에서

$f'(3)=6+\frac{3}{\ln 3}$이므로

$2f'(3)=12+\frac{6}{\ln 3}$

따라서 $p=12$, $q=6$이므로

$p+q=12+6=18$

0657 답 $\frac{2}{e^2}$

$f(x)=x\log_2 ax^2=x(\log_2 a+2\log_2 x)=x\log_2 a+2x\log_2 x$이므로

$f'(x)=\log_2 a+2\log_2 x+2x\times\frac{1}{x\ln 2}$

$\quad=\log_2 a+2\log_2 x+\frac{2}{\ln 2}$

또한, $f(1)=\log_2 a$이므로

$\lim_{x\to 1}\frac{f(x)-\log_2 a}{x-1}=\lim_{x\to 1}\frac{f(x)-f(1)}{x-1}=f'(1)=1$

따라서 $\log_2 a+\frac{2}{\ln 2}=1$이므로

$\log_2 a=1-\frac{2}{\ln 2}$, $\frac{\ln a}{\ln 2}=\frac{\ln 2-2}{\ln 2}$, $\ln a=\ln 2-2$

$\therefore a=e^{\ln 2-2}=\frac{2}{e^2}$

└ $e^{\ln 2-2}=e^{\ln 2}\times e^{-2}=\frac{2}{e^2}$

0658 답 $a=e^4$, $b=1$　　| 유형14

함수 $f(x)=\begin{cases}\ln ax & (x>1)\\ bx+3 & (x\le 1)\end{cases}$ (단서1) 이 $x=1$에서 미분가능하도록 하는 (단서2)

상수 a, b의 값을 구하시오.

단서1 $\ln ax=\ln a+\ln x$이므로 $(\ln ax)'=\frac{1}{x}$, $(bx+3)'=b$

단서2 $x=1$에서 미분가능한 함수는 $x=1$에서 연속

STEP 1 함수 $f(x)$가 $x=1$에서 연속임을 이용하여 a와 b에 대한 관계식 구하기

함수 $f(x)$가 $x=1$에서 미분가능하려면 $x=1$에서 연속이어야 하므로

$\lim_{x\to 1+}\ln ax=\lim_{x\to 1-}(bx+3)=f(1)$

$\therefore \ln a=b+3$ ········· ㉠

STEP 2 상수 a, b의 값 구하기

$f'(1)$이 존재해야 하므로 $f'(x)=\begin{cases}\frac{1}{x} & (x>1)\\ b & (x<1)\end{cases}$에서

$\lim_{x\to 1+}\frac{1}{x}=\lim_{x\to 1-}b$　　$\therefore b=1$

└ 미분가능하려면 미분계수의 좌극한, 우극한이 서로 같아야 한다.

$b=1$을 ㉠에 대입하면 $\ln a=4$

$\therefore a=e^4$

0659 답 $-\frac{5}{36}$

함수 $f(x)$가 모든 실수 x에서 미분가능하므로 $x=1$에서 미분가능하다.

함수 $f(x)$가 $x=1$에서 미분가능하면 $x=1$에서 연속이므로

$\lim_{x\to 1+}(2ax^3-1)=\lim_{x\to 1-}(e^{x-1}+2b)=f(1)$

$2a-1=1+2b$　　$\therefore b=a-1$ ········· ㉠

또한, $f'(1)$이 존재하므로 $f'(x)=\begin{cases}6ax^2 & (x>1)\\ e^{x-1} & (x<1)\end{cases}$에서

$\lim_{x\to 1+}6ax^2=\lim_{x\to 1-}e^{x-1}$

$6a=1$　　$\therefore a=\frac{1}{6}$

$a=\frac{1}{6}$을 ㉠에 대입하면 $b=-\frac{5}{6}$

$\therefore ab=\frac{1}{6}\times\left(-\frac{5}{6}\right)=-\frac{5}{36}$

실수 Check

$e^{x-1}=e^x\times e^{-1}=\frac{e^x}{e}$이므로 $(e^{x-1})'=\frac{e^x}{e}=e^{x-1}$

0660 답 ①

함수 $f(x)$가 $x=1$에서 미분가능하면 $x=1$에서 연속이므로

$\lim_{x\to 1+}(a\ln 2x-b)=\lim_{x\to 1-}(x+1)=f(1)$

$\therefore a\ln 2-b=2$ ········· ㉠

또한, $f'(1)$이 존재하므로 $f'(x)=\begin{cases}\frac{a}{x} & (x>1)\\ 1 & (x<1)\end{cases}$에서

└ $(\ln 2x)'=(\ln 2+\ln x)'=\frac{1}{x}$

$\lim_{x\to 1+}\frac{a}{x}=\lim_{x\to 1-}1$　　$\therefore a=1$

$a=1$을 ㉠에 대입하면 $b=\ln 2-2$

$\therefore a+b=1+(\ln 2-2)=\ln 2-1$

0661 답 ①

함수 $f(x)$가 실수 전체의 집합에서 미분가능하므로 $x=2$에서 미분가능하다.

함수 $f(x)$가 $x=2$에서 미분가능하면 $x=2$에서 연속이므로

$\lim_{x\to 2+}(x-a)e^x=\lim_{x\to 2-}bx=f(2)$

$\therefore (2-a)e^2=2b$ ········· ㉠

또한, $f'(2)$가 존재하므로 $f'(x)=\begin{cases} e^x+(x-a)e^x & (x>2) \\ b & (x<2) \end{cases}$에서

$\lim_{x\to 2+}\{e^x+(x-a)e^x\}=\lim_{x\to 2-} b$

$\therefore\ e^2+(2-a)e^2=b$ ……… ㉡

㉠, ㉡을 연립하면 $e^2+2b=b$

$\therefore\ b=-e^2,\ a=4$

$\therefore\ ab=4\times(-e^2)=-4e^2$

0662 답 ⑤

함수 $f(x)$가 $x=1$에서 미분가능하면 $x=1$에서 연속이므로

$\lim_{x\to 1+}\ln bx=\lim_{x\to 1-}a^{x-1}=f(1)$

$\ln b=1\qquad \therefore\ b=e$

또한, $f'(1)$이 존재하므로 $f'(x)=\begin{cases} \dfrac{1}{x} & (x>1) \\ a^{x-1}\ln a & (x<1) \end{cases}$에서

$\lim_{x\to 1+}\dfrac{1}{x}=\lim_{x\to 1-}a^{x-1}\ln a$

$1=\ln a\qquad \therefore\ a=e$

$\therefore\ ab=e\times e=e^2$

실수 Check

$a^{x-1}=a^x\times a^{-1}=\dfrac{a^x}{a}$이므로 $(a^{x-1})'=\dfrac{a^x\ln a}{a}=a^{x-1}\ln a$

0663 답 ①

함수 $f(x)$가 $x=1$에서 미분가능하면 $x=1$에서 연속이므로

$\lim_{x\to 1+}(-bx+3)=\lim_{x\to 1-}(1+a\ln x)=f(1)$

$-b+3=1\qquad \therefore\ b=2$

또한, $f'(1)$이 존재하므로 $f'(x)=\begin{cases} -2 & (x>1) \\ \dfrac{a}{x} & (0<x<1) \end{cases}$에서

$\lim_{x\to 1+}(-2)=\lim_{x\to 1-}\dfrac{a}{x}$

$\therefore\ a=-2$

따라서 $f(x)=\begin{cases} -2x+3 & (x>1) \\ 1-2\ln x & (0<x\le 1) \end{cases}$이므로

$f\left(\dfrac{1}{e}\right)+f(e+3)=\left(1-2\ln\dfrac{1}{e}\right)+(-2e-3)=-2e$

0664 답 4

함수 $f(x)$가 $x=0$에서 미분가능하면 $x=0$에서 연속이므로

$\lim_{x\to 0+}\{a\ln(x+1)+b\}=\lim_{x\to 0-}3^{x-1}=f(0)$

$\therefore\ b=\dfrac{1}{3}$

또한, $f'(1)$이 존재하므로 $f'(x)=\begin{cases} \dfrac{a}{x+1} & (x>0) \\ \dfrac{\ln 3}{3}\times 3^x & (x<0) \end{cases}$에서

$\left(3^{x-1}\right)'=\left(\dfrac{3^x}{3}\right)'=\dfrac{3^x\ln 3}{3}$

$\lim_{x\to 0+}\dfrac{a}{x+1}=\lim_{x\to 0-}\left(\dfrac{\ln 3}{3}\times 3^x\right)$

$\therefore\ a=\dfrac{\ln 3}{3}$

$\therefore\ e^{3a}+3b=e^{3\times\frac{\ln 3}{3}}+3\times\dfrac{1}{3}=e^{\ln 3}+1=3+1=4$

0665 답 ④

함수 $f(x)$가 $x=1$에서 미분가능하면 $x=1$에서 연속이므로

$\lim_{x\to 1+}(\ln x+3ax^2)=\lim_{x\to 1-}3be^{x-1}=f(1)$

$3a=3b\qquad \therefore\ a=b$ ……… ㉠

또한, $f'(1)$이 존재해야 하므로 $f'(x)=\begin{cases} \dfrac{1}{x}+6ax & (x>1) \\ 3be^{x-1} & (x<1) \end{cases}$에서

$(e^{x-1})'=\left(\dfrac{e^x}{e}\right)'=\dfrac{e^x}{e}=e^{x-1}$

$\lim_{x\to 1+}\left(\dfrac{1}{x}+6ax\right)=\lim_{x\to 1-}3be^{x-1}$

$\therefore\ 1+6a=3b$ ……… ㉡

㉠, ㉡을 연립하여 풀면 $a=-\dfrac{1}{3},\ b=-\dfrac{1}{3}$

$\therefore\ a+b==-\dfrac{1}{3}+\left(-\dfrac{1}{3}\right)=-\dfrac{2}{3}$

0666 답 7

함수 $g(x)$가 실수 전체의 집합에서 미분가능하므로 함수 $g(x)$는 $x=b$에서 미분가능하다.

함수 $g(x)$가 $x=b$에서 미분가능하면 $x=b$에서 연속이므로

$\lim_{x\to b+}\{3f(x)+a\}=\lim_{x\to b-}3=g(b)$

$\therefore\ 3f(b)+a=3$ ……… ㉠

또한, $g'(b)$가 존재하므로 $g'(x)=\begin{cases} 3f'(x) & (x>b) \\ 0 & (x<b) \end{cases}$에서

$\lim_{x\to b+}3f'(x)=\lim_{x\to b-}0$

$\therefore\ 3f'(b)=0$ ……… ㉡

한편, 함수 $f(x)=(x-2)e^{x-1}$에서

$f'(x)=e^{x-1}+(x-2)e^{x-1}=(x-1)e^{x-1}$

이고, ㉡에서 $f'(b)=0$이므로

$(b-1)e^{b-1}=0\qquad \therefore\ b=1\ (\because\ e^{b-1}>0)$

$\therefore\ f(b)=f(1)=-e^0=-1$ ……… ㉢

㉢을 ㉠에 대입하면

$3\times(-1)+a=3\qquad \therefore\ a=6$

$\therefore\ a+b=6+1=7$

서술형 유형 익히기

140쪽~143쪽

0667 답 (1) $e^{nx}-1$ (2) n (3) $n(n+1)$ (4) $n(n+1)$ (5) $n+1$ (6) $n+1$ (7) 2

STEP 1 S_n 구하기 [4점]

$S_n=\lim_{x\to 0}\dfrac{e^x+e^{2x}+\cdots+e^{nx}-n}{x}$

$=\lim_{x\to 0}\dfrac{e^x-1}{x}+\lim_{x\to 0}\dfrac{e^{2x}-1}{x}+\cdots+\lim_{x\to 0}\dfrac{\boxed{e^{nx}-1}}{x}$

$=1+2+3+\cdots+\boxed{n}=\dfrac{\boxed{n(n+1)}}{2}$

STEP2 $\sum_{n=1}^{\infty}\frac{1}{S_n}$의 값 구하기 [3점]

$$\sum_{n=1}^{\infty}\frac{1}{S_n}=\sum_{n=1}^{\infty}\frac{2}{\boxed{n(n+1)}}=2\sum_{n=1}^{\infty}\left(\frac{1}{n}-\frac{1}{\boxed{n+1}}\right)$$
$$=2\lim_{n\to\infty}\sum_{k=1}^{n}\left(\frac{1}{k}-\frac{1}{k+1}\right)$$
$$=2\lim_{n\to\infty}\left(1-\frac{1}{\boxed{n+1}}\right)=\boxed{2}$$

실제 답안 예시

$$S_n=\lim_{x\to0}\frac{1}{x}\left(\sum_{k=1}^{n}e^{kx}-n\right)$$
$$=\lim_{x\to0}\left(\frac{e^x-1}{x}+\frac{e^{2x}-1}{x}+\cdots+\frac{e^{nx}-1}{x}\right)$$
$$=1+2+\cdots+n=\frac{n(n+1)}{2}$$
$$\therefore\sum_{n=1}^{\infty}\frac{1}{S_n}=\sum_{n=1}^{\infty}\frac{2}{n(n+1)}=\sum_{n=1}^{\infty}2\left(\frac{1}{n}-\frac{1}{n+1}\right)$$
$$=\lim_{n\to\infty}2\left(1-\frac{1}{n+1}\right)=2$$

0668 답 $\frac{2}{\ln 2}$

STEP1 S_n 구하기 [4점]

$$S_n=\lim_{x\to0}\frac{2^x+2^{2x}+\cdots+2^{nx}-n}{x}$$
$$=\lim_{x\to0}\frac{2^x-1}{x}+\lim_{x\to0}\frac{2^{2x}-1}{x}+\cdots+\lim_{x\to0}\frac{2^{nx}-1}{x}\quad\cdots\cdots ⓐ$$
$$=\ln2+2\ln2+\cdots+n\ln2$$
$$=(1+2+3+\cdots+n)\ln2=\frac{n(n+1)}{2}\ln2$$

STEP2 $\sum_{n=1}^{\infty}\frac{1}{S_n}$의 값 구하기 [3점]

$$\sum_{n=1}^{\infty}\frac{1}{S_n}=\sum_{n=1}^{\infty}\frac{2}{n(n+1)\ln2}=\frac{2}{\ln2}\sum_{n=1}^{\infty}\frac{1}{n(n+1)}$$
$$=\frac{2}{\ln2}\sum_{n=1}^{\infty}\left(\frac{1}{n}-\frac{1}{n+1}\right)\quad\cdots\cdots ⓑ$$
$$=\frac{2}{\ln2}\lim_{n\to\infty}\sum_{k=1}^{n}\left(\frac{1}{k}-\frac{1}{k+1}\right)$$
$$=\frac{2}{\ln2}\lim_{n\to\infty}\left(1-\frac{1}{n+1}\right)=\frac{2}{\ln2}$$

부분점수표	
ⓐ $\lim_{x\to0}\frac{a^x-1}{x}$ 꼴로 만든 경우	2점
ⓑ $\frac{1}{AB}=\frac{1}{B-A}\left(\frac{1}{A}-\frac{1}{B}\right)$을 이용하여 식을 바르게 변형한 경우	2점

0669 답 2

STEP1 $f(n)$ 구하기 [4점]

$f(n)$
$$=\lim_{x\to0}\frac{x}{\ln(1+x)+\ln(1+2x)+\cdots+\ln(1+nx)}$$
$$=\lim_{x\to0}\frac{1}{\frac{\ln(1+x)}{x}+\frac{\ln(1+2x)}{x}+\cdots+\frac{\ln(1+nx)}{x}}$$
$$=\frac{1}{\lim_{x\to0}\frac{\ln(1+x)}{x}+\lim_{x\to0}\frac{\ln(1+2x)}{x}+\cdots+\lim_{x\to0}\frac{\ln(1+nx)}{x}}$$
$$=\frac{1}{\lim_{x\to0}\frac{\ln(1+x)}{x}+\lim_{x\to0}\frac{\ln(1+2x)}{2x}\times2+\cdots+\lim_{x\to0}\frac{\ln(1+nx)}{nx}\times n}\quad\cdots\cdots ⓐ$$
$$=\frac{1}{1+2+3+\cdots+n}=\frac{2}{n(n+1)}$$

STEP2 $\sum_{n=1}^{\infty}f(n)$의 값 구하기 [3점]

$$\sum_{n=1}^{\infty}f(n)=\sum_{n=1}^{\infty}\frac{2}{n(n+1)}=2\sum_{n=1}^{\infty}\frac{1}{n(n+1)}$$
$$=2\sum_{n=1}^{\infty}\left(\frac{1}{n}-\frac{1}{n+1}\right)\quad\cdots\cdots ⓑ$$
$$=2\lim_{n\to\infty}\sum_{k=1}^{n}\left(\frac{1}{k}-\frac{1}{k+1}\right)$$
$$=2\lim_{n\to\infty}\left(1-\frac{1}{n+1}\right)=2$$

부분점수표	
ⓐ $\lim_{x\to0}\frac{\ln(1+ax)}{ax}$ 꼴로 만든 경우	2점
ⓑ $\frac{1}{AB}=\frac{1}{B-A}\left(\frac{1}{A}-\frac{1}{B}\right)$을 이용하여 식을 바르게 변형한 경우	2점

0670 답 3

STEP1 $f(n)$ 구하기 [5점]

$$f(n)=\lim_{x\to0}\frac{2}{x}\left(e^{\frac{2x}{n^2-1}}-1\right)$$
$$=\lim_{x\to0}\left(\frac{4}{n^2-1}\times\frac{e^{\frac{2x}{n^2-1}}-1}{\frac{2x}{n^2-1}}\right)=\frac{4}{n^2-1}$$

STEP2 $\sum_{n=2}^{\infty}f(n)$의 값 구하기 [3점]

$$\sum_{n=2}^{\infty}f(n)=\sum_{n=2}^{\infty}\frac{4}{n^2-1}=\sum_{n=2}^{\infty}\frac{4}{(n-1)(n+1)}$$
$$=2\sum_{n=2}^{\infty}\left(\frac{1}{n-1}-\frac{1}{n+1}\right)\quad\cdots\cdots ⓐ$$
$$=2\lim_{n\to\infty}\sum_{k=2}^{n}\left(\frac{1}{k-1}-\frac{1}{k+1}\right)$$
$$=2\lim_{n\to\infty}\left(1+\frac{1}{2}-\frac{1}{n}-\frac{1}{n+1}\right)$$
$$=2\times\left(1+\frac{1}{2}\right)=3$$

부분점수표	
ⓐ $\frac{1}{AB}=\frac{1}{B-A}\left(\frac{1}{A}-\frac{1}{B}\right)$을 이용하여 식을 바르게 변형한 경우	2점

0671 답 (1) -2 (2) $2f'(2)$ (3) $3f'(2)$ (4) $3^{x-1}\ln3$ (5) $3\ln3$ (6) $3\ln3$ (7) $9\ln3$

STEP1 미분계수를 이용하여 간단히 나타내기 [3점]

$$\lim_{h\to0}\frac{f(2+h)-f(2-2h)}{h}$$
$$=\lim_{h\to0}\left\{\frac{f(2+h)-f(2)}{h}-\frac{f(2-2h)-f(2)}{h}\right\}$$
$$=\lim_{h\to0}\left\{\frac{f(2+h)-f(2)}{h}-\frac{f(2-2h)-f(2)}{-2h}\times(\boxed{-2})\right\}$$
$$=f'(2)+\boxed{2f'(2)}=\boxed{3f'(2)}$$

STEP 2 $f'(x)$ 구하기 [2점]

$f(x)=3^{x-1}$에서

$f'(x)=\boxed{3^{x-1}\ln 3}$

STEP 3 $\lim_{h\to 0}\frac{f(2+h)-f(2-2h)}{h}$의 값 구하기 [2점]

$f'(2)=\boxed{3\ln 3}$이므로

$3f'(2)=3\times\boxed{3\ln 3}=\boxed{9\ln 3}$

실제 답안 예시

$\lim_{h\to 0}\frac{f(2+h)-f(2-2h)}{h}$

$=\lim_{h\to 0}\frac{f(2+h)-f(2-2h)-f(2)+f(2)}{h}$

$=\lim_{h\to 0}\left\{\frac{f(2+h)-f(2)}{h}-\frac{f(2-2h)-f(2)}{h}\right\}$

$=\lim_{h\to 0}\left\{\frac{f(2+h)-f(2)}{h}+\frac{f(2-2h)-f(2)}{-2h}\times 2\right\}$

$=f'(2)+2f'(2)=3f'(2)$

$f'(x)=\ln 3\times 3^{x-1}$이므로

$3f'(2)=9\ln 3$ $\therefore 9\ln 3$

0672 답 8

STEP 1 미분계수를 이용하여 간단히 나타내기 [3점]

$\lim_{h\to 0}\frac{f(e+3h)-f(e-h)}{h}$

$=\lim_{h\to 0}\left\{\frac{f(e+3h)-f(e)}{h}-\frac{f(e-h)-f(e)}{h}\right\}$

$=\lim_{h\to 0}\left\{\frac{f(e+3h)-f(e)}{3h}\times 3+\frac{f(e-h)-f(e)}{-h}\right\}$ …… ⓐ

$=3f'(e)+f'(e)$

$=4f'(e)$

STEP 2 $f'(x)$ 구하기 [2점]

$f(x)=x\ln x$에서

$f'(x)=\ln x+x\times\frac{1}{x}$

$=\ln x+1$

STEP 3 $\lim_{h\to 0}\frac{f(e+3h)-f(e-h)}{h}$의 값 구하기 [2점]

$f'(e)=\ln e+1=2$이므로

$4f'(e)=4\times 2=8$

부분점수표	
ⓐ 미분계수의 정의에 맞게 식을 변형한 경우	2점

0673 답 $110\ln 5$

STEP 1 미분계수를 이용하여 간단히 나타내기 [3점]

$\lim_{h\to 0}\frac{f(1+h)-f(1-h)}{h}$

$=\lim_{h\to 0}\left\{\frac{f(1+h)-f(1)}{h}-\frac{f(1-h)-f(1)}{h}\right\}$

$=\lim_{h\to 0}\left\{\frac{f(1+h)-f(1)}{h}+\frac{f(1-h)-f(1)}{-h}\right\}$ …… ⓐ

$=f'(1)+f'(1)=2f'(1)$

STEP 2 $f'(x)$ 구하기 [2점]

$f(x)=5^x+5^{2x}=5^x+25^x$에서

$f'(x)=5^x\ln 5+25^x\ln 25$

STEP 3 $\lim_{h\to 0}\frac{f(1+h)-f(1-h)}{h}$의 값 구하기 [2점]

$f'(1)=5\ln 5+25\ln 25$

$=\ln 5^5+\ln (5^2)^{25}$

$=\ln 5^{5+50}=\ln 5^{55}=55\ln 5$

이므로

$2f'(1)=2\times 55\ln 5=110\ln 5$

부분점수표	
ⓐ 미분계수의 정의에 맞게 식을 변형한 경우	2점

0674 답 9

STEP 1 미분계수를 이용하여 간단히 나타내기 [3점]

$\lim_{h\to 0}\frac{f(a+h)-f(a-2h)}{h}$

$=\lim_{h\to 0}\left\{\frac{f(a+h)-f(a)}{h}-\frac{f(a-2h)-f(a)}{h}\right\}$

$=\lim_{h\to 0}\left\{\frac{f(a+h)-f(a)}{h}+\frac{f(a-2h)-f(a)}{-2h}\times 2\right\}$ …… ⓐ

$=f'(a)+2f'(a)=3f'(a)$

STEP 2 $f'(x)$ 구하기 [2점]

$f(x)=\log_3 2x$에서 $f'(x)=\frac{1}{x\ln 3}$

→ $(\log_3 2x)'=(\log_3 2+\log_3 x)'=\frac{1}{x\ln 3}$

STEP 3 상수 a의 값 구하기 [3점]

$f'(a)=\frac{1}{a\ln 3}$이므로 $3f'(a)=\frac{3}{a\ln 3}$

즉, $\frac{3}{a\ln 3}=\frac{1}{3\ln 3}$이므로 $a=9$

부분점수표	
ⓐ 미분계수의 정의에 맞게 식을 변형한 경우	2점

0675 답 (1) e^x+2b (2) $e+2b$ (3) e^x (4) e^x (5) $1-\frac{e}{4}$

(6) $1-\frac{e}{4}$ (7) 4

STEP 1 함수 $f(x)$가 $x=1$에서 연속임을 이용하여 a와 b에 대한 관계식 구하기 [3점]

함수 $f(x)$가 $x=1$에서 미분가능하려면 $x=1$에서 연속이어야 하므로

$\lim_{x\to 1+}(ax^2+2)=\lim_{x\to 1-}(\boxed{e^x+2b})=f(1)$

$\therefore a+2=\boxed{e+2b}$ …… ㉠

STEP 2 미분가능성을 이용하여 상수 a, b의 값 구하기 [4점]

$f'(1)$이 존재해야 하므로

$f'(x)=\begin{cases}2ax & (x>1)\\ \boxed{e^x} & (x<1)\end{cases}$에서

$\lim_{x\to 1+}2ax=\lim_{x\to 1-}\boxed{e^x}$ $\therefore a=\frac{e}{2}$

$a=\frac{e}{2}$를 ㉠에 대입하면 $b=\boxed{1-\frac{e}{4}}$

STEP 3 $2a+4b$의 값 구하기 [1점]

$2a+4b=2\times\frac{e}{2}+4\times\left(\boxed{1-\frac{e}{4}}\right)=\boxed{4}$

실제 답안 예시

x=1에서 미분가능하므로 x=1에서 연속이고 미분계수가 같다.
a+2=e+2b, 2a=e이므로
4b=2a+4-2e=4-e
∴ 2a+4b=e+4-e=4

0676 답 $3e$

STEP 1 함수 $f(x)$가 $x=1$에서 연속임을 이용하여 a와 b에 대한 관계식 구하기 [3점]

함수 $f(x)$가 $x=1$에서 미분가능하려면 $x=1$에서 연속이어야 하므로

$\lim_{x\to1+}(x^2+a)=\lim_{x\to1-}(be^x+2)=f(1)$

$\therefore a+1=be+2$ ······ ㉠

STEP 2 미분가능성을 이용하여 상수 a, b의 값 구하기 [4점]

$f'(1)$이 존재해야 하므로

$f'(x)=\begin{cases}2x & (x>1)\\ be^x & (x<1)\end{cases}$에서

$\lim_{x\to1+}2x=\lim_{x\to1-}be^x \qquad \therefore b=\frac{2}{e}$ ······ ⓐ

$b=\frac{2}{e}$를 ㉠에 대입하면 $a=3$

STEP 3 $\frac{2a}{b}$의 값 구하기 [1점]

$\frac{2a}{b}=2\times3\times\frac{e}{2}=3e$

부분점수표	
ⓐ 상수 b의 값을 구한 경우	3점

0677 답 1

STEP 1 함수 $f(x)$가 $x=\frac{1}{2}$에서 연속임을 이용하여 상수 b의 값 구하기 [4점]

함수 $f(x)$가 $x=\frac{1}{2}$에서 미분가능하려면 $x=\frac{1}{2}$에서 연속이어야 하므로

$\lim_{x\to\frac{1}{2}+}(4x+b)=\lim_{x\to\frac{1}{2}-}(3+a\ln 2x)=f\left(\frac{1}{2}\right)$

즉, $b+2=3$이므로 $b=1$

STEP 2 미분가능성을 이용하여 상수 a의 값 구하기 [3점]

$f'\left(\frac{1}{2}\right)$이 존재해야 하므로

$f'(x)=\begin{cases}4 & \left(x>\frac{1}{2}\right)\\ \frac{a}{x} & \left(0<x<\frac{1}{2}\right)\end{cases}$에서

$\lim_{x\to\frac{1}{2}+}4=\lim_{x\to\frac{1}{2}-}\frac{a}{x}$

즉, $2a=4$이므로 $a=2$

STEP 3 $a-b$의 값 구하기 [1점]

$a-b=2-1=1$

0678 답 $-8e^{-3}$

STEP 1 함수 $g(x)$가 $x=b$에서 연속임을 이용하여 a와 b에 대한 관계식 구하기 [3점]

함수 $g(x)$가 실수 전체의 집합에서 미분가능하므로 $x=b$에서 미분가능하다.

함수 $g(x)$가 $x=b$에서 미분가능하면 $x=b$에서 연속이므로

$\lim_{x\to b+}\{f(x)-a\}=\lim_{x\to b-}0=g(b)$

$\therefore f(b)-a=0$ ······ ㉠

STEP 2 미분가능성을 이용하여 상수 a, b의 값 구하기 [6점]

$g'(b)$가 존재해야 하므로

$g'(x)=\begin{cases}f'(x) & (x>b)\\ 0 & (x<b)\end{cases}$에서

$f'(b)=0$

$f'(x)=2xe^{x-1}+x^2e^{x-1}=(2x+x^2)e^{x-1}$이므로

$f'(b)=(2b+b^2)e^{b-1}=0$

$\therefore b=-2\ (\because b\neq0)$ ······ ⓐ

이때 $f(-2)=4e^{-3}$이므로

㉠에서 $a=4e^{-3}$

STEP 3 ab의 값 구하기 [1점]

$ab=4e^{-3}\times(-2)=-8e^{-3}$

부분점수표	
ⓐ 상수 b의 값을 구한 경우	4점

실력 check 실전 마무리하기 1회 144쪽~148쪽

1 0679 답 ④ 유형 1

출제의도 | 지수함수가 극한값을 가질 조건을 이해하는지 확인한다.

$a>1$이면 $\lim_{x\to\infty}a^x=\infty$, $0<a<1$이면 $\lim_{x\to\infty}a^x=0$임을 이용해 보자.

ㄱ. $\lim_{x\to\infty}5^{-x}=\lim_{x\to\infty}\left(\frac{1}{5}\right)^x=0$

ㄴ. $\lim_{x\to-1}(2^{x+1}+1)=2^0+1=2$

ㄷ. $\lim_{x\to\infty}\left\{\left(\frac{1}{2}\right)^x+1\right\}=0+1=1$

ㄹ. $-x=t$로 놓으면 $x\to-\infty$일 때 $t\to\infty$이므로

$$\lim_{x\to-\infty}\frac{6^x}{3^{2x}}=\lim_{t\to\infty}\frac{6^{-t}}{9^{-t}}=\lim_{t\to\infty}\left(\frac{9}{6}\right)^t=\lim_{t\to\infty}\left(\frac{3}{2}\right)^t=\infty\ (\text{발산})$$

따라서 극한값이 존재하는 것은 ㄱ, ㄴ, ㄷ이다.

2 0680 답 ⑤ 유형 2

출제의도 | 로그의 성질을 이용하여 로그함수의 극한값을 구할 수 있는지 확인한다.

> $\log_a M-\log_a N=\log_a \frac{M}{N}$임을 이용해 보자.

$\lim_{x\to\infty}\{\log(a^2x+b)-\log(x-5)\}$

$=\lim_{x\to\infty}\log\frac{a^2x+b}{x-5}=\lim_{x\to\infty}\log\left(\frac{a^2+\frac{b}{x}}{1-\frac{5}{x}}\right)$

$=\log\lim_{x\to\infty}\left(\frac{a^2+\frac{b}{x}}{1-\frac{5}{x}}\right)$

$=\log a^2$

즉, $\log a^2=4$이므로 $a^2=10^4=10000$

$\therefore a=100$ $(\because a>0)$

3 0681 답 ⑤ 유형 3

출제의도 | $\lim_{x\to0}(1+x)^{\frac{1}{x}}=e$임을 이용할 수 있는지 확인한다.

> $x\to2$일 때 $(x-2)\to0$이므로 $x-2=t$로 치환해 보자.

$x-2=t$로 놓으면 $x\to2$일 때 $t\to0$이므로

$\lim_{x\to2}(x-1)^{\frac{2}{x-2}}=\lim_{t\to0}(1+t)^{\frac{2}{t}}=\lim_{t\to0}\{(1+t)^{\frac{1}{t}}\}^2=e^2$

4 0682 답 ④ 유형 5

출제의도 | $\lim_{x\to0}\frac{\ln(1+x)}{x}=1$임을 이용할 수 있는지 확인한다.

> $\lim_{\bullet\to0}\frac{\ln(1+\bullet)}{\bullet}$ 꼴로 나타내 보자.

$\lim_{x\to0}\left\{-\frac{\ln(1-2x)}{x}\right\}=\lim_{x\to0}\left\{\frac{\ln(1-2x)}{-2x}\times2\right\}=1\times2=2$

5 0683 답 ① 유형 5 + 유형 7

출제의도 | $\lim_{x\to0}\frac{\ln(1+x)}{x}=1$, $\lim_{x\to0}\frac{e^x-1}{x}=1$임을 이용할 수 있는지 확인한다.

> 분모에는 $-2x$, 분자에는 x가 필요함을 이해하자.

$\lim_{x\to0}\frac{\ln(1-2x)}{e^x-1}=\lim_{x\to0}\left\{\frac{\ln(1-2x)}{-2x}\times(-2)\times\frac{x}{e^x-1}\right\}$

$=1\times(-2)\times1=-2$

6 0684 답 ② 유형 5

출제의도 | 지수함수의 역함수인 로그함수의 극한값을 구할 수 있는지 확인한다.

> $y=e^{2x}-1$에서 x를 y에 대한 식으로 표현하여 역함수를 구해 보자.

$y=e^{2x}-1$로 놓으면 $e^{2x}=y+1$

$2x=\ln(y+1)$ $\quad\therefore x=\frac{1}{2}\ln(y+1)$

x와 y를 서로 바꾸면 $y=\frac{1}{2}\ln(x+1)$

따라서 $g(x)=\frac{1}{2}\ln(x+1)$이므로

$\lim_{x\to0}\frac{g(x)}{x}=\lim_{x\to0}\left\{\frac{1}{2}\times\frac{\ln(x+1)}{x}\right\}$

$=\frac{1}{2}\times1=\frac{1}{2}$

7 0685 답 ① 유형 7 + 유형 11

출제의도 | 함수 $f(x)$가 $x=0$에서 연속일 조건을 이용할 수 있는지 확인한다.

> $\lim_{x\to0}\frac{2x}{e^{2x+2}-e^2}$에서 분모를 e^2으로 묶어 내어 $\lim_{x\to0}\frac{e^x-1}{x}=1$임을 이용해 보자.

함수 $f(x)$가 $x=0$에서 연속이면 $\lim_{x\to0}f(x)=f(0)$이므로

$k=\lim_{x\to0}\frac{2x}{e^{2x+2}-e^2}=\lim_{x\to0}\frac{2x}{e^2(e^{2x}-1)}$

$=\lim_{x\to0}\left\{\frac{1}{e^2}\times\frac{2x}{e^{2x}-1}\right\}=\frac{1}{e^2}\times1=\frac{1}{e^2}$

8 0686 답 ② 유형 12

출제의도 | 지수함수의 미분을 이용하여 접선의 기울기를 구할 수 있는지 확인한다.

> $f'(0)=\ln6$임을 이용해 보자.

$f'(x)=2^x\ln2+a^x\ln a$이므로 곡선 $y=f(x)$ 위의 점 $(0, f(0))$에서의 접선의 기울기는

$f'(0)=\ln2+\ln a=\ln2a=\ln6$

즉, $2a=6$이므로 $a=3$

9 0687 답 ① 유형 1

출제의도 | 지수함수가 극한값을 가질 조건을 이해하는지 확인한다.

> $a>1$이면 $\lim_{x\to\infty}a^x=\infty$, $0<a<1$이면 $\lim_{x\to\infty}a^x=0$임을 이용해 보자.

$\frac{1}{x}=t$로 놓으면 $x\to0+$일 때 $t\to\infty$, $x\to0-$일 때 $t\to-\infty$

이므로

$\lim_{x\to0+}\frac{2^{\frac{1}{x}+3}+1}{2^{\frac{1}{x}}+2^a}=\lim_{t\to\infty}\frac{2^{t+3}+1}{2^t+2^a}$

$=\lim_{t\to\infty}\frac{2^3+\left(\frac{1}{2}\right)^t}{1+2^a\times\left(\frac{1}{2}\right)^t}$

$=\frac{2^3}{1}=8$ ······ ㉠

$\lim_{x\to0-}\frac{2^{\frac{1}{x}+3}+1}{2^{\frac{1}{x}}+2^a}=\lim_{t\to-\infty}\frac{2^{t+3}+1}{2^t+2^a}$

↳ $\lim_{t\to-\infty}2^t=\lim_{t\to-\infty}2^{t+3}=0$

$=\frac{1}{2^a}$ ······ ㉡

이때 $\lim_{x\to0}\frac{2^{\frac{1}{x}+3}+1}{2^{\frac{1}{x}}+2^a}$의 값이 존재하려면 ㉠, ㉡에서

$8=\frac{1}{2^a}$, $2^{-a}=8=2^3$ $\quad\therefore a=-3$

10 0688 답 ④

유형5 + 유형7

출제의도 | $\lim_{x\to0}\frac{\ln(1+x)}{x}=1$, $\lim_{x\to0}\frac{e^x-1}{x}=1$임을 이용할 수 있는지 확인한다.

$x+1=t$로 놓으면 e^t-1, $\ln(t+1)$ 꼴로 만들 수 있음을 기억하자.

$x+1=t$로 놓으면 $x\to-1$일 때 $t\to0$이므로

$$\lim_{x\to-1}\frac{e^{x+1}+2x+1+\ln(x+2)}{x+1}$$
$$=\lim_{t\to0}\frac{e^t+2(t-1)+1+\ln(t+1)}{t}$$
$$=\lim_{t\to0}\frac{e^t+2t-1+\ln(t+1)}{t}$$
$$=\lim_{t\to0}\left\{2+\frac{e^t-1}{t}+\frac{\ln(t+1)}{t}\right\}$$
$$=2+1+1=4$$

11 0689 답 ③

유형6 + 유형8

출제의도 | $\lim_{x\to0}\frac{\log_a(1+x)}{x}=\frac{1}{\ln a}$, $\lim_{x\to0}\frac{a^x-1}{x}=\ln a$임을 이용할 수 있는지 확인한다.

$\lim_{\bullet\to0}\frac{a^\bullet-1}{\bullet}$, $\lim_{\bullet\to0}\frac{\log_2(1+\bullet)}{\bullet}$ 꼴로 나타내 보자.

$$\lim_{x\to0}\frac{a^x-5^x}{x}=\lim_{x\to0}\left(\frac{a^x-1}{x}-\frac{5^x-1}{x}\right)$$
$$=\ln a-\ln5=\ln2$$

에서 $\ln a=\ln5+\ln2=\ln10$이므로 $a=10$

$$\lim_{x\to0}\frac{\log_2\left(1-\frac{x}{2}\right)}{ax}=\lim_{x\to0}\frac{\log_2\left(1-\frac{x}{2}\right)}{10x}$$
$$=\lim_{x\to0}\left\{\frac{\log_2\left(1-\frac{x}{2}\right)}{-\frac{x}{2}}\times\left(-\frac{1}{20}\right)\right\}$$
$$=\frac{1}{\ln2}\times\left(-\frac{1}{20}\right)=-\frac{1}{20\ln2}$$

에서 $b=-\frac{1}{20\ln2}$

$\therefore \frac{a}{20b}=10\times(-\ln2)=-10\ln2$

12 0690 답 ②

유형8

출제의도 | $\lim_{x\to0}\frac{a^x-1}{x}=\ln a$임을 이용할 수 있는지 확인한다.

$a^{3x}+3a^{2x}-a^x-3$을 인수분해해서 a^x-1 꼴로 만들어 보자.

$$a^{3x}+3a^{2x}-a^x-3=a^{2x}(a^x+3)-(a^x+3)$$
$$=(a^{2x}-1)(a^x+3)$$
$$=(a^x+1)(a^x-1)(a^x+3)$$

$$\therefore \lim_{x\to0}\frac{a^{3x}+3a^{2x}-a^x-3}{3^x-1}$$
$$=\lim_{x\to0}\left\{(a^x+1)(a^x+3)\times\frac{x}{3^x-1}\times\frac{a^x-1}{x}\right\}$$
$$=(1+1)\times(1+3)\times\frac{1}{\ln3}\times\ln a=\frac{8\ln a}{\ln3}$$

즉, $\frac{8\ln a}{\ln3}=8$에서 $\ln a=\ln3$

$\therefore a=3$

13 0691 답 ②

유형9

출제의도 | $\lim_{x\to0}\frac{a^x-1}{x}=\ln a$임을 이용할 수 있는지 확인한다.

$\ln4=2\ln2$이므로 $(2\ln2)^x=2^x(\ln2)^x$임을 이용해 보자.

$\lim_{x\to0}\frac{(\ln4)^x-(\ln2)^x}{x+a}$에서 $x\to0$일 때 (분자)$\to0$이고 0이 아닌 극한값이 존재하므로 (분모)$\to0$이다.

즉, $\lim_{x\to0}(x+a)=0$에서 $a=0$

$a=0$을 주어진 식의 좌변에 대입하면

$$\lim_{x\to0}\frac{(\ln4)^x-(\ln2)^x}{x}=\lim_{x\to0}\frac{(2\ln2)^x-(\ln2)^x}{x}$$
$$=\lim_{x\to0}\frac{2^x(\ln2)^x-(\ln2)^x}{x}$$
$$=\lim_{x\to0}\frac{(2^x-1)(\ln2)^x}{x}$$
$$=\lim_{x\to0}\left\{\frac{2^x-1}{x}\times(\ln2)^x\right\}$$
$$=\ln2$$

이므로 $b=\ln2$

$\therefore a+b=0+\ln2=\ln2$

14 0692 답 ④

유형12 + 유형13

출제의도 | 지수함수와 로그함수의 곱의 꼴로 주어진 함수를 미분할 수 있는지 확인한다.

$\{u(x)v(x)\}'=u'(x)v(x)+u(x)v'(x)$임을 이용해 보자.

$$f'(x)=e^x\ln x+\frac{e^x}{x}$$

$$\therefore f'(e)-f(e)=e^e+\frac{e^e}{e}-e^e$$
$$=\frac{e^e}{e}$$
$$=e^{e-1}$$

15 0693 답 ③

유형12

출제의도 | 지수함수의 도함수를 구할 수 있는지 확인한다.

e^{x+b}에서 $e^{x+b}=e^x\times e^b$이므로 e^x의 도함수에 e^b을 곱해서 구해 보자.

(가)에서

$f(0)=e^b=e^2$ $\quad\therefore b=2$

$f(x)=ax+e^{x+2}=ax+e^2\times e^x$이므로

$f'(x)=a+e^2\times e^x=a+e^{x+2}$

(나)에서

$f'(0)=a+e^2=1+e^2$

$\therefore a=1$

따라서 $f(x)=x+e^{x+2}$이므로

$f(2)=2+e^4$

16 0694 답 ⑤

유형 13

출제의도 | 로그함수의 미분을 이용하여 곱의 꼴로 주어진 함수를 미분할 수 있는지 확인한다.

$x\ln x^2$에서 $\ln x^2=2\ln x$임을 알고 미분하자.

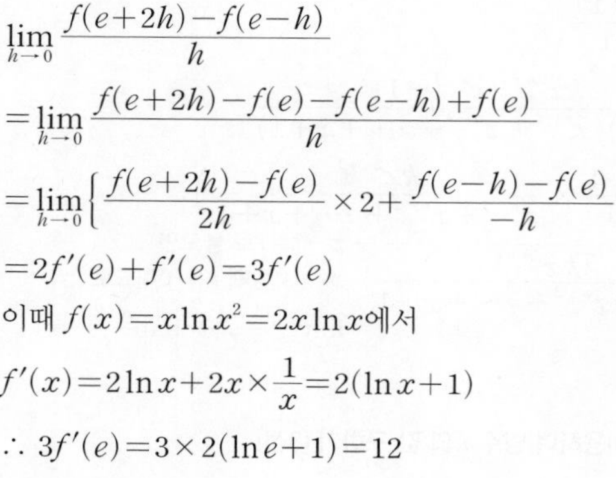

$$\lim_{h\to 0}\frac{f(e+2h)-f(e-h)}{h}$$

$$=\lim_{h\to 0}\frac{f(e+2h)-f(e)-f(e-h)+f(e)}{h}$$

$$=\lim_{h\to 0}\left\{\frac{f(e+2h)-f(e)}{2h}\times 2+\frac{f(e-h)-f(e)}{-h}\right\}$$

$$=2f'(e)+f'(e)=3f'(e)$$

이때 $f(x)=x\ln x^2=2x\ln x$에서

$$f'(x)=2\ln x+2x\times\frac{1}{x}=2(\ln x+1)$$

$$\therefore\ 3f'(e)=3\times 2(\ln e+1)=12$$

17 0695 답 ⑤

유형 13

출제의도 | 로그함수의 미분을 이용하여 곱의 꼴로 주어진 함수를 미분할 수 있는지 확인한다.

$\{u(x)v(x)\}'=u'(x)v(x)+u(x)v'(x)$임을 이용해 보자.

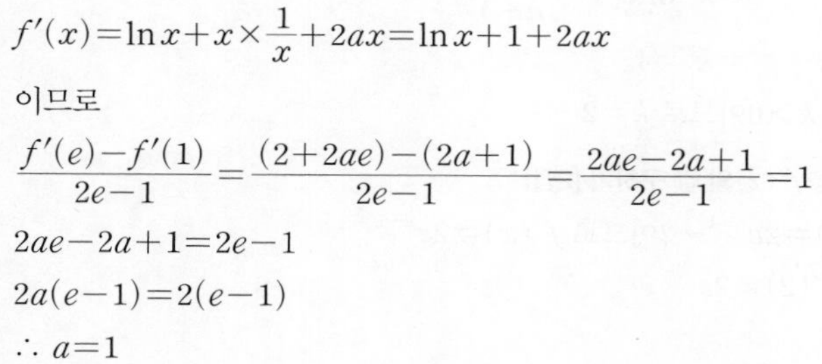

$$f'(x)=\ln x+x\times\frac{1}{x}+2ax=\ln x+1+2ax$$

이므로

$$\frac{f'(e)-f'(1)}{2e-1}=\frac{(2+2ae)-(2a+1)}{2e-1}=\frac{2ae-2a+1}{2e-1}=1$$

$2ae-2a+1=2e-1$

$2a(e-1)=2(e-1)$

$\therefore\ a=1$

18 0696 답 ③

유형 5 + 유형 7

출제의도 | 함수의 극한의 대소 관계를 이용하여 극한값을 구할 수 있는지 확인한다.

$x>0$일 때와 $-1<x<0$일 때로 나누어 생각하자.

$\ln(1+x)\le f(x)\le\frac{1}{6}(e^{6x}-1)$에서

(i) $x>0$일 때,

$$\frac{\ln(1+x)}{x}\le\frac{f(x)}{x}\le\frac{e^{6x}-1}{6x}$$

이때 $\lim_{x\to 0+}\frac{\ln(1+x)}{x}=1$, $\lim_{x\to 0+}\frac{e^{6x}-1}{6x}=1$이므로

$$\lim_{x\to 0+}\frac{f(x)}{x}=1$$

(ii) $-1<x<0$일 때,

$$\frac{e^{6x}-1}{6x}\le\frac{f(x)}{x}\le\frac{\ln(1+x)}{x}$$

이때 $\lim_{x\to 0-}\frac{\ln(1+x)}{x}=1$, $\lim_{x\to 0-}\frac{e^{6x}-1}{6x}=1$이므로

$$\lim_{x\to 0-}\frac{f(x)}{x}=1$$

(i), (ii)에서 $\lim_{x\to 0}\frac{f(x)}{x}=1$

따라서 $8x=t$로 놓으면 $x\to 0$일 때 $t\to 0$이므로

$$\lim_{x\to 0}\frac{f(8x)}{x}=\lim_{t\to 0}\frac{f(t)}{\frac{t}{8}}=\lim_{t\to 0}\left\{\frac{f(t)}{t}\times 8\right\}$$

$$=1\times 8=8$$

19 0697 답 ②

유형 6 + 유형 7 + 유형 8

출제의도 | 지수함수와 로그함수의 극한값을 구할 수 있는지 확인한다.

주어진 조건과 $\lim_{x\to 0}\frac{e^x-1}{x}=1$, $\lim_{x\to 0}\frac{\ln(1+x)}{x}=1$임을 이용할 수 있는 꼴로 변형해 보자.

ㄱ. $f(x)=\log_3 x$이면 $f(1)=\log_3 1=0$이므로

$$\lim_{x\to 1}\frac{e^{f(x)}-1}{x-1}=\lim_{x\to 1}\left\{\frac{e^{f(x)}-1}{f(x)}\times\frac{f(x)}{x-1}\right\}$$

$$=\lim_{x\to 1}\frac{f(x)}{x-1}$$

$$=\lim_{x\to 1}\frac{\log_3 x}{x-1}$$

$f(x)=t$로 놓으면 $x\to 1$일 때 $t\to 0$이므로 $\lim_{x\to 1}\frac{e^{f(x)}-1}{f(x)}=\lim_{t\to 0}\frac{e^t-1}{t}=1$

$x-1=t$로 놓으면 $x\to 1$일 때 $t\to 0$이므로

$$\lim_{x\to 1}\frac{\log_3 x}{x-1}=\lim_{t\to 0}\frac{\log_3(t+1)}{t}=\frac{1}{\ln 3}\ (\text{거짓})$$

ㄴ. [반례] $f(x)=|x-1|$이라 하면

$$\lim_{x\to 1+}\frac{e^{|x-1|}-1}{x-1}=\lim_{x\to 1+}\frac{e^{x-1}-1}{x-1}=1$$

$$\lim_{x\to 1-}\frac{e^{|x-1|}-1}{x-1}=\lim_{x\to 1-}\frac{e^{-(x-1)}-1}{-(x-1)}\times(-1)=-1$$

이므로 $\lim_{x\to 1}\frac{e^{|x-1|}-1}{x-1}$은 존재하지 않는다. (거짓)

ㄷ. $\lim_{x\to 0}\frac{3^x-1}{f(x)}=\lim_{x\to 0}\left\{\frac{3^x-1}{x}\times\frac{2^x-1}{f(x)}\times\frac{x}{2^x-1}\right\}$

$$=\ln 3\times 1\times\frac{1}{\ln 2}=\frac{\ln 3}{\ln 2}=\log_2 3\ (\text{참})$$

따라서 옳은 것은 ㄷ이다.

20 0698 답 ④

유형 10

출제의도 | 도형을 이용하여 각 θ의 극한값을 구할 수 있는지 확인한다.

$\tan\theta=\frac{\overline{BP}}{\overline{AP}}$이므로 $\lim_{t\to -2+}\frac{\overline{BP}}{\overline{AP}}$의 극한값을 이용하여 각 θ의 극한값을 구해 보자.

점 $B(t,\ \ln(t+3))$ $(t>-2)$에서 x축에 내린 수선의 발 P의 좌표는 $P(t,\ 0)$이므로

$\overline{AP}=t+2$, $\overline{BP}=\ln(t+3)$

점 B가 점 A에 한없이 가까워지면 $t\to -2+$이므로

$$\lim_{t\to -2+}\frac{\overline{BP}}{\overline{AP}}=\lim_{t\to -2+}\frac{\ln(t+3)}{t+2}$$

이때 $t+2=s$로 놓으면 $t\to -2+$일 때 $s\to 0+$이므로

$$\lim_{t\to -2+}\frac{\overline{BP}}{\overline{AP}}=\lim_{s\to 0+}\frac{\ln(s+1)}{s}=1$$

따라서 $\lim_{t\to -2+}\tan\theta=\lim_{t\to -2+}\frac{\overline{BP}}{\overline{AP}}=1$이므로 각 θ의 극한값은 $\frac{\pi}{4}$이다.

21 0699 답 ①

유형 12 + 유형 13

출제의도 | 미분계수의 정의를 이용하여 극한값을 구할 수 있는지 확인한다.

$f(x)g(x)$를 새로운 함수로 정의하여 주어진 극한식을 간단히 나타내 보자.

$k(x)=f(x)g(x)$로 놓으면

$$\lim_{h\to 0}\frac{1}{h}\{f(1+h)g(1+h)-f(1)g(1)\}$$
$$=\lim_{h\to 0}\frac{k(1+h)-k(1)}{h}$$
$$=k'(1)$$

$k(x)=f(x)g(x)=(2-\ln x)e^{x-3}=\frac{1}{e^3}(2-\ln x)e^x$이므로

$$k'(x)=\frac{1}{e^3}\left(-\frac{1}{x}\right)e^x+\frac{1}{e^3}(2-\ln x)e^x$$
$$=\frac{1}{e^3}\left(2-\frac{1}{x}-\ln x\right)e^x$$

따라서 $k'(1)=\frac{1}{e^2}$이므로 구하는 값은 $\frac{1}{e^2}$이다.

22 0700 답 4

유형 5

출제의도 | 미분계수와 $\lim_{x\to 0}\frac{\ln(1+x)}{x}=1$임을 이용할 수 있는지 확인한다.

STEP 1 미분계수를 이용하여 간단히 나타내기 [3점]

$$\lim_{x\to 2}\frac{\ln f(x)}{x-2}=\lim_{x\to 2}\left\{\frac{f(x)-f(2)}{x-2}\times\frac{\ln f(x)}{f(x)-f(2)}\right\}$$
$$=f'(2)\times\lim_{x\to 2}\frac{\ln f(x)}{f(x)-1}\quad(\because f(2)=1)$$

STEP 2 $\lim_{t\to 0}\frac{\ln(1+t)}{t}=1$임을 이용하여 $\lim_{x\to 2}\frac{\ln f(x)}{x-2}$의 값 구하기 [3점]

$f(x)-1=t$로 놓으면 $x\to 2$일 때 $t\to 0$이므로

$$\lim_{x\to 2}\frac{\ln f(x)}{x-2}=f'(2)\times\lim_{t\to 0}\frac{\ln(1+t)}{t}$$
$$=4\times 1=4$$

23 0701 답 -4

유형 5 + 유형 7 + 유형 11

출제의도 | 함수 $f(x)$가 $x=0$에서 연속일 조건을 알고, 지수・로그함수의 극한값을 구할 수 있는지 확인한다.

STEP 1 $x\neq 0$일 때 $f(x)$ 구하기 [2점]

$x\neq 0$일 때, $f(x)=\dfrac{e^x-1}{\ln\left(1-\frac{1}{4}x\right)}$

STEP 2 함수 $f(x)$가 $x=0$에서 연속임을 이용하여 $f(0)$의 값 구하기 [4점]

함수 $f(x)$가 $x<4$인 모든 실수 x에서 연속이므로 $x=0$에서도 연속이다.

$$\therefore f(0)=\lim_{x\to 0}f(x)$$
$$=\lim_{x\to 0}\frac{e^x-1}{\ln\left(1-\frac{1}{4}x\right)}$$
$$=\lim_{x\to 0}\left\{\frac{e^x-1}{x}\times\frac{-\frac{1}{4}x}{\ln\left(1-\frac{1}{4}x\right)}\times(-4)\right\}$$
$$=1\times 1\times(-4)=-4$$

24 0702 답 $2e$

유형 7 + 유형 12

출제의도 | $\lim_{x\to 0}\frac{e^x-1}{x}=1$임을 이용할 수 있도록 주어진 식을 변형할 수 있는지 확인한다.

STEP 1 a_n을 간단히 하기 [3점]

$$a_n=\lim_{x\to 1}\frac{x^{2n+1}f(x)}{x^n-1}$$
$$=\lim_{x\to 1}\frac{kx^{2n+1}(e^{x-1}-1)}{(x-1)(x^{n-1}+x^{n-2}+\cdots+x+1)}$$
$$=\lim_{x\to 1}\left(\frac{e^{x-1}-1}{x-1}\times\frac{kx^{2n+1}}{x^{n-1}+x^{n-2}+\cdots+x+1}\right)$$
$$=\lim_{x\to 1}\frac{kx^{2n+1}}{x^{n-1}+x^{n-2}+\cdots+x+1}$$
$$=\frac{k}{n}$$

$x-1=t$로 놓으면 $x\to 1$일 때 $t\to 0$이므로 $\lim_{x\to 1}\frac{e^{x-1}-1}{x-1}=\lim_{t\to 0}\frac{e^t-1}{t}=1$

STEP 2 조건 (나)를 이용하여 양수 k의 값 구하기 [3점]

$$\sum_{n=1}^{\infty}a_na_{n+1}=\sum_{n=1}^{\infty}\frac{k^2}{n(n+1)}$$
$$=k^2\sum_{n=1}^{\infty}\left(\frac{1}{n}-\frac{1}{n+1}\right)$$
$$=k^2\lim_{n\to\infty}\sum_{k=1}^{n}\left(\frac{1}{k}-\frac{1}{k+1}\right)$$
$$=k^2\lim_{n\to\infty}\left(1-\frac{1}{n+1}\right)$$
$$=k^2=4$$

이때 $k>0$이므로 $k=2$

STEP 3 $f'(2)$의 값 구하기 [2점]

$f(x)=2e^{x-1}-2$이므로 $f'(x)=2e^{x-1}$

$\therefore f'(2)=2e$

25 0703 답 $\frac{8}{9}$

유형 14

출제의도 | 함수 $f(x)$가 $x=0$에서 미분가능할 조건을 이용할 수 있는지 확인한다.

STEP 1 함수 $f(x)$가 $x=0$에서 연속임을 이용하여 상수 a의 값 구하기 [3점]

함수 $f(x)$가 $x=0$에서 미분가능하면 $x=0$에서 연속이므로

$$\lim_{x\to 0+}f(x)=\lim_{x\to 0-}f(x)=f(0)$$
$$\lim_{x\to 0+}\ln(1+2bx)=\lim_{x\to 0-}\frac{1}{3}(e^{2x}-a)=0$$
$$\frac{1}{3}(1-a)=0\qquad\therefore a=1$$

STEP 2 미분가능성을 이용하여 상수 b의 값 구하기 [3점]

함수 $f(x)$가 $x=0$에서 미분가능하므로

$$\lim_{x\to 0+}\frac{f(x)-f(0)}{x}=\lim_{x\to 0+}\frac{\ln(1+2bx)}{x}$$
$$=\lim_{x\to 0+}\left\{\frac{\ln(1+2bx)}{2bx}\times 2b\right\}$$
$$=1\times 2b=2b$$
$$\lim_{x\to 0-}\frac{f(x)-f(0)}{x}=\lim_{x\to 0-}\left(\frac{1}{3}\times\frac{e^{2x}-1}{x}\right)$$
$$=\lim_{x\to 0-}\left(\frac{1}{3}\times\frac{e^{2x}-1}{2x}\times 2\right)$$
$$=\frac{1}{3}\times 1\times 2=\frac{2}{3}$$

에서 $2b=\frac{2}{3}$ $\quad\therefore b=\frac{1}{3}$

STEP 3 $(a+b)\times f'(0)$의 값 구하기 [2점]

$f'(0)=\frac{2}{3}$이므로

$(a+b)\times f'(0)=\left(1+\frac{1}{3}\right)\times\frac{2}{3}=\frac{4}{3}\times\frac{2}{3}=\frac{8}{9}$

실전 마무리하기 2회 149쪽~153쪽

1 0704 답 ④ 유형 5

출제의도 | $\lim_{x\to 0}\frac{\ln(1+x)}{x}=1$임을 이용할 수 있는지 확인한다.

$\lim_{\bullet\to 0}\frac{\ln(1+\bullet)}{\bullet}=1$임을 이용할 수 있도록 주어진 식을 변형해 보자.

$$\lim_{x\to 0}\frac{1}{x}\ln\frac{2+3x}{2-5x}$$
$$=\lim_{x\to 0}\frac{1}{x}\ln\left(\frac{1+\frac{3}{2}x}{1-\frac{5}{2}x}\right)$$
$$=\lim_{x\to 0}\left\{\frac{\ln\left(1+\frac{3}{2}x\right)}{x}-\frac{\ln\left(1-\frac{5}{2}x\right)}{x}\right\}$$
$$=\lim_{x\to 0}\left\{\frac{\ln\left(1+\frac{3}{2}x\right)}{\frac{3}{2}x}\times\frac{3}{2}+\frac{\ln\left(1-\frac{5}{2}x\right)}{-\frac{5}{2}x}\times\frac{5}{2}\right\}$$
$$=\frac{3}{2}+\frac{5}{2}=4$$

2 0705 답 ③ 유형 5

출제의도 | 지수함수의 역함수인 로그함수의 극한값을 구할 수 있는지 확인한다.

$y=e^{3x}-1$에서 x를 y에 대한 식으로 나타내고 x 대신 y, y 대신 x를 대입하여 역함수를 구해 보자.

$y=e^{3x}-1$로 놓으면 $e^{3x}=y+1$에서

$3x=\ln(y+1)$ $\quad\therefore x=\frac{1}{3}\ln(y+1)$

x와 y를 서로 바꾸면 $y=\frac{1}{3}\ln(x+1)$

따라서 $g(x)=\frac{1}{3}\ln(x+1)$이므로

$$\lim_{x\to 0}\frac{g(x)}{f(g(x))}=\lim_{x\to 0}\frac{\frac{1}{3}\ln(x+1)}{x}=\frac{1}{3}$$

└ $f(x)$와 $g(x)$는 서로 역함수 관계이므로 $f(g(x))=x$

3 0706 답 ① 유형 5 + 유형 7

출제의도 | $\lim_{x\to 0}\frac{\ln(1+x)}{x}=1$, $\lim_{x\to 0}\frac{e^x-1}{x}=1$임을 이용할 수 있는지 확인한다.

분모에는 $-x$와 $-2x$, 분자에는 x가 필요함을 기억하자.

$$\lim_{x\to 0}\frac{\ln\{(1-x)(1-2x)\}}{e^x-1}$$
$$=\lim_{x\to 0}\frac{\ln(1-x)+\ln(1-2x)}{e^x-1}$$
$$=\lim_{x\to 0}\left\{\frac{\ln(1-x)+\ln(1-2x)}{x}\times\frac{x}{e^x-1}\right\}$$
$$=\lim_{x\to 0}\left[\left\{\frac{\ln(1-x)}{-x}\times(-1)+\frac{\ln(1-2x)}{-2x}\times(-2)\right\}\times\frac{x}{e^x-1}\right]$$
$$=\{1\times(-1)+1\times(-2)\}\times 1=-3$$

4 0707 답 ① 유형 6

출제의도 | 로그함수의 극한값을 구할 수 있는지 확인한다.

$\lim_{\bullet\to 0}\frac{\log_a(1+\bullet)}{\bullet}=\frac{1}{\ln a}$임을 이용할 수 있도록 주어진 식을 변형해 보자.

$$\lim_{x\to 0}\frac{\log_5(1-5x)}{10x}=\lim_{x\to 0}\left\{\frac{\log_5(1-5x)}{-5x}\times\left(-\frac{5}{10}\right)\right\}$$
$$=\frac{1}{\ln 5}\times\left(-\frac{1}{2}\right)$$
$$=-\frac{1}{2\ln 5}$$

5 0708 답 ③ 유형 8

출제의도 | $\lim_{x\to 0}\frac{a^x-1}{x}=\ln a$임을 이용할 수 있는지 확인한다.

$\lim_{\bullet\to 0}\frac{a^\bullet-1}{\bullet}$ 꼴로 나타내 보자.

$$\lim_{x\to 0}\frac{3^x-2^x}{x}=\lim_{x\to 0}\frac{3^x-1-(2^x-1)}{x}$$
$$=\lim_{x\to 0}\left(\frac{3^x-1}{x}-\frac{2^x-1}{x}\right)$$
$$=\ln 3-\ln 2$$
$$=\ln\frac{3}{2}$$

6 0709 답 ③ 유형 13

출제의도 | 로그함수의 미분을 이용하여 곱의 꼴로 주어진 함수를 미분할 수 있는지 확인한다.

$\{u(x)v(x)\}'=u'(x)v(x)+u(x)v'(x)$임을 이용해 보자.

$$y'=3x^2\ln x+x^3\times\frac{1}{x}=x^2(3\ln x+1)$$

7 0710 답 ② 유형 12 + 유형 13

출제의도 | 지수함수와 로그함수의 곱의 꼴로 주어진 함수를 미분할 수 있는지 확인한다.

$\{u(x)v(x)\}'=u'(x)v(x)+u(x)v'(x)$임을 이용해 보자.

$$\lim_{x\to 1}\frac{x^3-1}{f(x)-f(1)}=\lim_{x\to 1}\frac{(x-1)(x^2+x+1)}{f(x)-f(1)}=\frac{3}{f'(1)}$$

$f'(x)=e^x\ln x+\frac{e^x}{x}$이므로 $f'(1)=e$ $\quad\therefore \frac{3}{f'(1)}=\frac{3}{e}$

8 0711 답 ③

유형 12 + 유형 13

출제의도 | 지수함수와 로그함수를 미분할 수 있는지 확인한다.

> 로그의 성질을 이용하여 $\log_{\sqrt{3}} 3x$를 $\log_3 x$가 포함된 꼴로 변형해 보자.

$$f(x)=4e^x+\log_{\sqrt{3}} 3x$$
$$=4e^x+2\log_3 3x$$
$$=4e^x+2+2\log_3 x$$

이므로 $f'(x)=4e^x+\dfrac{2}{x\ln 3}$

$\therefore f'(3)=4e^3+\dfrac{2}{3\ln 3}$

9 0712 답 ②

유형 1

출제의도 | 지수함수가 극한값을 가질 조건을 이해하는지 확인한다.

> 2^x+4^x을 4^x으로 묶어 내 보자.

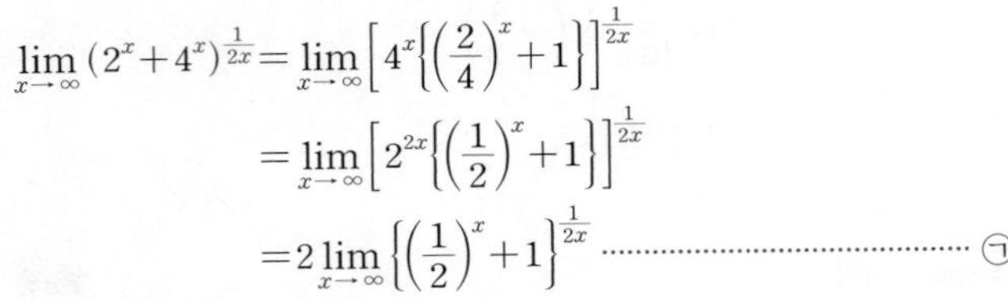

$$\lim_{x\to\infty}(2^x+4^x)^{\frac{1}{2x}}=\lim_{x\to\infty}\left[4^x\left\{\left(\frac{2}{4}\right)^x+1\right\}\right]^{\frac{1}{2x}}$$
$$=\lim_{x\to\infty}\left[2^{2x}\left\{\left(\frac{1}{2}\right)^x+1\right\}\right]^{\frac{1}{2x}}$$
$$=2\lim_{x\to\infty}\left\{\left(\frac{1}{2}\right)^x+1\right\}^{\frac{1}{2x}} \quad \cdots\cdots ㉠$$

$x>0$에서 $1<\left(\dfrac{1}{2}\right)^x+1<2$이므로

$1^{\frac{1}{2x}}<\left\{\left(\dfrac{1}{2}\right)^x+1\right\}^{\frac{1}{2x}}<2^{\frac{1}{2x}}$

이때 $\lim\limits_{x\to\infty}1^{\frac{1}{2x}}=1^0=1$, $\lim\limits_{x\to\infty}2^{\frac{1}{2x}}=2^0=1$이므로

$\lim\limits_{x\to\infty}\left\{\left(\dfrac{1}{2}\right)^x+1\right\}^{\frac{1}{2x}}=1$

따라서 ㉠에서

$2\lim\limits_{x\to\infty}\left\{\left(\dfrac{1}{2}\right)^x+1\right\}^{\frac{1}{2x}}=2\times1=2$

10 0713 답 ④

유형 1 + 유형 2

출제의도 | 지수함수와 로그함수가 극한값을 가질 조건을 이해하는지 확인한다.

> $\log_a x=\dfrac{\log x}{\log a}$로 변형해 보자.

$$\lim_{x\to0+}\frac{2^x-\log_a x}{2^x-\log_b x}=\lim_{x\to0+}\frac{2^x-\dfrac{\log x}{\log a}}{2^x-\dfrac{\log x}{\log b}}$$

$\lim\limits_{x\to0+}2^x=1$, $\lim\limits_{x\to0+}\log x=-\infty$이므로

$$\lim_{x\to0+}\frac{2^x-\dfrac{\log x}{\log a}}{2^x-\dfrac{\log x}{\log b}}=\lim_{x\to0+}\frac{\dfrac{2^x}{\log x}-\dfrac{1}{\log a}}{\dfrac{2^x}{\log x}-\dfrac{1}{\log b}}$$
$$=\frac{\log b}{\log a}$$
$$=\log_a b$$

$\therefore \log_a b=6$

11 0714 답 ⑤

유형 5

출제의도 | 미분계수의 정의와 $\lim\limits_{x\to0}\dfrac{\ln(1+x)}{x}=1$임을 이용할 수 있는지 확인한다.

> $\{u(x)v(x)\}'=u'(x)v(x)+u(x)v'(x)$임을 이용해 보자.

$F(x)=xf(x)$로 놓으면 $f(x)$가 $x=1$에서 미분가능하므로
$F(x)$도 $x=1$에서 미분가능하다.
$F(1)=f(1)$이므로

$$\lim_{x\to1}\frac{xf(x)-f(1)}{\ln x}=\lim_{x\to1}\frac{F(x)-F(1)}{\ln x}$$

$x-1=t$로 놓으면 $x\to1$일 때 $t\to0$이므로

$$\lim_{x\to1}\frac{F(x)-f(1)}{\ln x}=\lim_{t\to0}\frac{F(1+t)-F(1)}{\ln(t+1)}$$
$$=\lim_{t\to0}\left\{\frac{F(1+t)-F(1)}{t}\times\frac{t}{\ln(t+1)}\right\}$$
$$=F'(1)$$

이때 $F'(x)=f(x)+xf'(x)$이므로
$F'(1)=f(1)+f'(1)=3+7=10$

12 0715 답 ⑤

유형 7

출제의도 | $\lim\limits_{x\to0}\dfrac{e^x-1}{x}=1$임을 이용할 수 있는지 확인한다.

> $f(x)$는 $xf(x)$로, $e^{4x}-1$은 $\dfrac{e^{4x}-1}{4x}$로 변형해 보자.

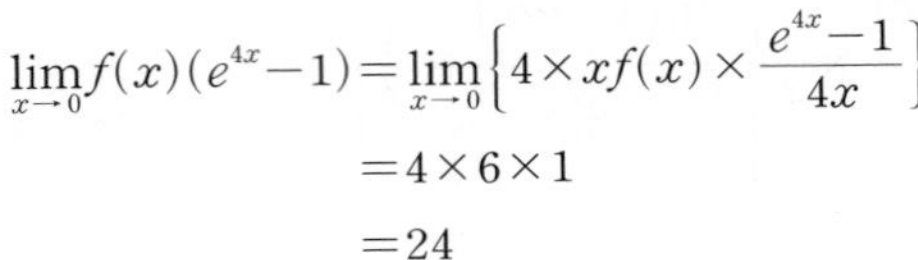

$$\lim_{x\to0}f(x)(e^{4x}-1)=\lim_{x\to0}\left\{4\times xf(x)\times\frac{e^{4x}-1}{4x}\right\}$$
$$=4\times6\times1$$
$$=24$$

13 0716 답 ③

유형 2 + 유형 8

출제의도 | $\lim\limits_{x\to0}\dfrac{a^x-1}{x}=\ln a$임을 이용할 수 있는지 확인한다.

> $\lim\limits_{x\to0}\dfrac{●^x-1}{x}$ 꼴로 나타내 보자.

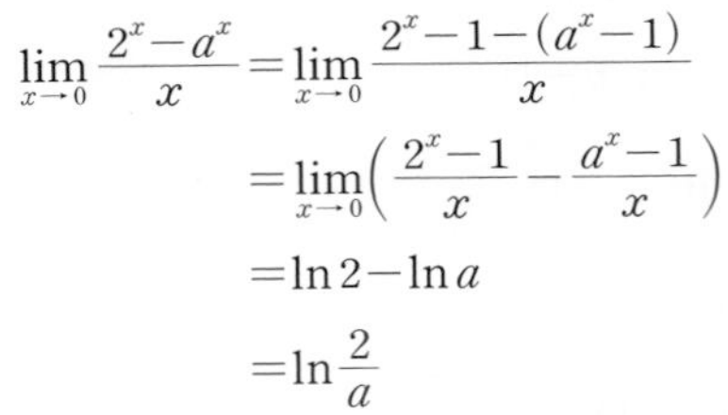

$$\lim_{x\to0}\frac{2^x-a^x}{x}=\lim_{x\to0}\frac{2^x-1-(a^x-1)}{x}$$
$$=\lim_{x\to0}\left(\frac{2^x-1}{x}-\frac{a^x-1}{x}\right)$$
$$=\ln2-\ln a$$
$$=\ln\frac{2}{a}$$

에서 $\ln\dfrac{2}{a}=\ln\dfrac{1}{2}$이므로

$\dfrac{2}{a}=\dfrac{1}{2}$ $\quad\therefore a=4$

$$\therefore \lim_{x\to\infty}\{\log_4(8x-1)-\log_4 x\}=\lim_{x\to\infty}\log_4\frac{8x-1}{x}$$
$$=\log_4\lim_{x\to\infty}\frac{8x-1}{x}$$
$$=\log_4 8=\frac{3}{2}$$

14 0717 답 ③

유형 5 + 유형 7 + 유형 8

출제의도 | 지수함수와 로그함수의 극한값을 구할 수 있는지 확인한다.

> ㄷ에서 $\frac{1}{n}=h$로 치환해 보자.

ㄱ. $\lim_{x\to 0}\frac{\ln(1+x)}{f(x)}$

$=\lim_{x\to 0}\left\{\frac{\ln(1+x)}{x}\times\frac{x}{e^x-1}\times\frac{e^x-1}{f(x)}\right\}$

$=1\times1\times1=1$ (참)

ㄴ. $\lim_{x\to 0}\frac{4^x-1}{f(x)}$

$=\lim_{x\to 0}\left\{\frac{4^x-1}{x}\times\frac{x}{e^{2x}-1}\times\frac{e^{2x}-1}{f(x)}\right\}$

$=\lim_{x\to 0}\left\{\frac{4^x-1}{x}\times\frac{2x}{e^{2x}-1}\times\frac{1}{2}\times\frac{e^{2x}-1}{f(x)}\right\}$

$=\ln 4\times1\times\frac{1}{2}\times1=\ln 2$ (거짓)

ㄷ. $\frac{1}{n}=h$로 놓으면 $n\to\infty$일 때 $h\to 0+$이므로

$f(x)=\lim_{n\to\infty}n(\sqrt[n]{x}-1)=\lim_{h\to 0+}\frac{x^h-1}{h}=\ln x$

$\therefore \lim_{x\to 0}\frac{f(x+1)}{x}=\lim_{x\to 0}\frac{\ln(1+x)}{x}=1$ (참)

따라서 옳은 것은 ㄱ, ㄷ이다.

15 0718 답 ②

유형 9

출제의도 | $\lim_{x\to 0}\frac{\ln(1+x)}{x}=1$, $\lim_{x\to 0}\frac{e^x-1}{x}=1$임을 이용할 수 있는지 확인한다.

> $e^{bx+1}-e$에서 e를 묶어 내어 $e^{\bullet}-1$ 꼴을 만들어 보자.

$x\to 0$일 때 (분자)$\to 0$이고 0이 아닌 극한값이 존재하므로 (분모)$\to 0$이다.

즉, $\lim_{x\to 0}(e^{bx+c+1}-e)=0$이므로

$e^{c+1}-e=0\qquad\therefore c=0$

$c=0$을 주어진 식에 대입하면

$\lim_{x\to 0}\frac{\ln(ax+1)}{e^{bx+1}-e}=\lim_{x\to 0}\frac{\ln(ax+1)}{e(e^{bx}-1)}$

$=\lim_{x\to 0}\left\{\frac{1}{e}\times\frac{\ln(ax+1)}{ax}\times\frac{bx}{e^{bx}-1}\times\frac{ax}{bx}\right\}$

$=\frac{1}{e}\times1\times1\times\frac{a}{b}$

$=\frac{a}{be}$

즉, $\frac{a}{be}=\frac{2}{e}$이므로 $a=2b$

$\therefore \frac{a}{b+c}=\frac{2b}{b+0}=2$

16 0719 답 ⑤

유형 12

출제의도 | 미분계수의 정의를 이해하고, 지수함수의 도함수를 구할 수 있는지 확인한다.

> $a^{\log_a b}=b$임을 이용해 보자.

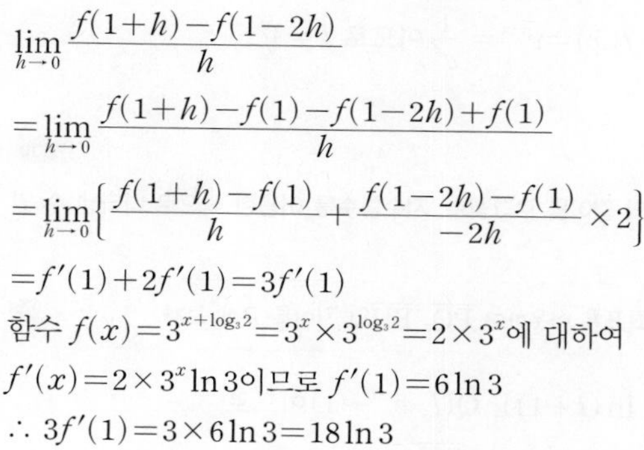

$\lim_{h\to 0}\frac{f(1+h)-f(1-2h)}{h}$

$=\lim_{h\to 0}\frac{f(1+h)-f(1)-f(1-2h)+f(1)}{h}$

$=\lim_{h\to 0}\left\{\frac{f(1+h)-f(1)}{h}+\frac{f(1-2h)-f(1)}{-2h}\times2\right\}$

$=f'(1)+2f'(1)=3f'(1)$

함수 $f(x)=3^{x+\log_3 2}=3^x\times3^{\log_3 2}=2\times3^x$에 대하여

$f'(x)=2\times3^x\ln 3$이므로 $f'(1)=6\ln 3$

$\therefore 3f'(1)=3\times6\ln 3=18\ln 3$

17 0720 답 ②

유형 13

출제의도 | 로그함수의 미분을 이용하여 곱의 꼴로 주어진 함수를 미분할 수 있는지 확인한다.

> 함수 $y=f(x)$에서 x의 값이 a에서 b까지 변할 때의 평균변화율은 $\frac{f(b)-f(a)}{b-a}$임을 이용해 보자.

x의 값이 1에서 e까지 변할 때의 평균변화율은

$\frac{\ln 2e-\ln 2}{e-1}=\frac{\ln 2+1-\ln 2}{e-1}=\frac{1}{e-1}$

$f(x)=\ln 2x=\ln 2+\ln x$이므로

$f'(x)=\frac{1}{x}$

즉, $x=k$에서의 미분계수는 $f'(k)=\frac{1}{k}$

따라서 $\frac{1}{k}=\frac{1}{e-1}$이므로 $k=e-1$

18 0721 답 ③

유형 7

출제의도 | 도함수의 정의와 $\lim_{x\to 0}\frac{e^x-1}{x}=1$임을 이용할 수 있는지 확인한다.

> $f'(x)=\lim_{h\to 0}\frac{f(x+h)-f(x)}{h}$임을 이용해 보자.

임의의 실수 x, y에 대하여 $e^{x+y}f(x+y)=e^xf(x)+e^yf(y)$가 성립하므로 양변에 $x=0$, $y=0$을 대입하면

$f(0)=f(0)+f(0)\qquad\therefore f(0)=0$

또, $f'(0)=1$이므로

$f'(0)=\lim_{h\to 0}\frac{f(0+h)-f(0)}{h}=\lim_{h\to 0}\frac{f(h)}{h}=1$ ······ ㉠

$e^{x+y}f(x+y)=e^xf(x)+e^yf(y)$의 양변을 e^{x+y}으로 나누면

$f(x+y)=\frac{f(x)}{e^y}+\frac{f(y)}{e^x}$ ······ ㉡

$\therefore f'(x)=\lim_{h\to 0}\frac{f(x+h)-f(x)}{h}$

$=\lim_{h\to 0}\frac{e^{-h}f(x)+e^{-x}f(h)-f(x)}{h}$ ($\because$ ㉡)

$=\lim_{h\to 0}\left\{f(x)\times\frac{e^{-h}-1}{h}+e^{-x}\times\frac{f(h)}{h}\right\}$

$=\lim_{h\to 0}\left\{-f(x)\times\frac{e^{-h}-1}{-h}+e^{-x}\times\frac{f(h)}{h}\right\}$

$=-f(x)\times1+e^{-x}\times1$ ($\because$ ㉠)

$=-f(x)+e^{-x}$

03

따라서 $f'(x)+f(x)=e^{-x}=\frac{1}{e^x}$이므로 $k=1$

19 0722 답 ④

유형 10

출제의도 | 도형의 길이를 로그함수, 지수함수를 이용한 식으로 나타낼 수 있는지 확인한다.

두 점 P, Q의 좌표를 이용하여 $\overline{PQ}$, $\overline{PH}$의 길이를 구해 보자. 

$t>0$이고 $P(t, \ln(t+1))$, $Q(t, e^{-t}-1)$이므로

$\overline{PQ}=\ln(t+1)-(e^{-t}-1)$, $\overline{PH}=t$

$$\therefore \lim_{t\to 0+}\frac{\overline{PQ}}{\overline{PH}}=\lim_{t\to 0+}\frac{\ln(t+1)-(e^{-t}-1)}{t}$$
$$=\lim_{t\to 0+}\left\{\frac{\ln(t+1)}{t}+\frac{e^{-t}-1}{-t}\right\}$$
$$=1+1=2$$

20 0723 답 ③

유형 11

출제의도 | 합성함수가 $x=1$에서 연속일 조건을 이용할 수 있는지 확인한다.

$\lim_{x\to 1+}g(f(x))=\lim_{x\to 1-}g(f(x))=g(f(1))$임을 이용해 보자. 

함수 $(g\circ f)(x)$가 실수 전체의 집합에서 연속이려면 $x=1$에서 연속이어야 하므로

$$\lim_{x\to 1+}g(f(x))=\lim_{x\to 1-}g(f(x))=g(f(1))$$

$f(x)=t$로 놓으면

(i) $x\to 1+$일 때 $t\to 1+$이므로

$$\lim_{x\to 1+}g(f(x))=\lim_{t\to 1+}g(t)=5+\frac{1}{5}=\frac{26}{5}$$

(ii) $x\to 1-$일 때 $t\to a$이므로

$$\lim_{x\to 1-}g(f(x))=\lim_{t\to a}g(t)=5^a+5^{-a}$$

(iii) $g(f(1))=g(1)=5+\frac{1}{5}=\frac{26}{5}$

(i), (ii), (iii)에서 $5^a+5^{-a}=\frac{26}{5}$

$5^a=k\ (k>0)$로 놓으면

$k+\frac{1}{k}=\frac{26}{5}$에서

$5k^2-26k+5=0$, $(5k-1)(k-5)=0$

$\therefore k=\frac{1}{5}$ 또는 $k=5$

즉, $5^a=\frac{1}{5}$ 또는 $5^a=5$에서 $a=-1$ 또는 $a=1$이므로 모든 실수 a의 값의 곱은 $-1\times 1=-1$

21 0724 답 ⑤

유형 11 + 유형 12

출제의도 | 함수가 $x=0$에서 연속일 조건을 이용할 수 있는지 확인한다.

$\lim_{\bullet\to 0}\frac{\ln(1+\bullet)}{\bullet}$, $\lim_{\bullet\to 0}\frac{e^{\bullet}-1}{\bullet}$ 꼴로 나타내 보자.

함수 $g(x)$가 실수 전체의 집합에서 연속이므로 $x=0$에서 연속이다.

$$\lim_{x\to 0-}\frac{f'(x)}{x}=\lim_{x\to 0+}\frac{b\ln(1+3x)}{f(2x)+2x-1}=a \quad \cdots\cdots ㉠$$

$f(x)=e^x-x$에서 $f'(x)=e^x-1$이고

$$\lim_{x\to 0-}\frac{f'(x)}{x}=\lim_{x\to 0-}\frac{e^x-1}{x}=1$$이므로

㉠에 의해 $a=1$

한편,

$$\lim_{x\to 0+}\frac{b\ln(1+3x)}{f(2x)+2x-1}=\lim_{x\to 0+}\frac{b\ln(1+3x)}{e^{2x}-1}$$
$$=\lim_{x\to 0+}\left\{b\times\frac{\ln(1+3x)}{3x}\times\frac{2x}{e^{2x}-1}\times\frac{3}{2}\right\}$$
$$=b\times 1\times 1\times\frac{3}{2}$$
$$=\frac{3}{2}b$$

이므로 ㉠에 의해

$\frac{3}{2}b=1 \qquad \therefore b=\frac{2}{3}$

$\therefore a+b=1+\frac{2}{3}=\frac{5}{3}$

22 0725 답 2

유형 8 + 유형 13

출제의도 | 지수함수의 극한을 이용하여 함수 $f(x)$를 구할 수 있는지 확인한다.

STEP 1 함수 $f(x)$ 구하기 [3점]

$f(x)=\lim_{n\to\infty}4n(\sqrt[n]{x}-1)$에서

$\frac{1}{n}=t$로 놓으면 $n\to\infty$일 때 $t\to 0+$이므로

$$f(x)=\lim_{n\to\infty}4n(\sqrt[n]{x}-1)$$
$$=4\lim_{t\to 0+}\frac{x^t-1}{t}$$
$$=4\ln x$$

STEP 2 $f'(x)$를 구하고, $f'(2)$의 값 구하기 [3점]

$f'(x)=(4\ln x)'=\frac{4}{x}$이므로

$f'(2)=\frac{4}{2}=2$

23 0726 답 3

유형 8

출제의도 | 미분계수의 정의와 $\lim_{x\to 0}\frac{a^x-1}{x}=\ln a$임을 이용할 수 있는지 확인한다.

STEP 1 미분계수를 이용하여 간단히 나타내기 [4점]

$$\lim_{x\to 0}\frac{f(a^x)-f(1)}{x}=\lim_{x\to 0}\left\{\frac{f(a^x)-f(1)}{a^x-1}\times\frac{a^x-1}{x}\right\}$$
$$=f'(1)\times\ln a=2\ln a$$

STEP 2 상수 a의 값 구하기 [2점]

$2\ln a=\ln 9$이므로

$a^2=9 \qquad \therefore a=3\ (\because a>0)$

24 0727 답 2

유형 12

출제의도 | 지수함수의 미분을 이용하여 곱의 꼴로 주어진 함수를 미분할 수 있는지 확인한다.

STEP 1 $f'(x)$ 구하기 [2점]

$$f'(x)=-2axe^x+(1-ax^2)e^x$$
$$=e^x(-ax^2-2ax+1)$$

STEP 2 $f'(x) \geq 0$일 조건 구하기 [4점]

모든 실수 x에 대하여 $f'(x) \geq 0$이 되기 위해서는 $e^x > 0$이므로

$-ax^2 - 2ax + 1 \geq 0$, 즉 $ax^2 + 2ax - 1 \leq 0$이어야 한다.

(i) $a=0$일 때, 위 부등식은 항상 성립한다.

(ii) $a<0$일 때, 이차방정식 $ax^2+2ax-1=0$의 판별식을 D라 하면

$\frac{D}{4} = a^2 + a \leq 0$, $a(a+1) \leq 0$

$\therefore -1 \leq a < 0$

(i), (ii)에서 $-1 \leq a \leq 0$

STEP 3 정수 a의 개수 구하기 [2점]

주어진 조건을 만족시키는 정수 a는 -1, 0으로 2개이다.

25 0728 답 0

유형 14

출제의도 | 함수 $f(x)$의 $x=1$에서의 미분가능성을 이해하고 미분계수의 정의를 이용하여 $f'(1)$의 값을 구할 수 있는지 확인한다.

STEP 1 $\lim_{x \to 1} \frac{\ln x}{\ln (x-1)^2}$, $\lim_{x \to 1} \frac{1}{\ln (x-1)^2}$의 값 구하기 [2점]

(가)에서 함수 $f(x)$는 $x=1$에서 미분가능하므로 $x=1$에서 연속이다.

또한, $\lim_{x \to 1} \ln x = 0$, $\lim_{x \to 1} \ln (x-1)^2 = -\infty$이므로

$\lim_{x \to 1} \frac{\ln x}{\ln (x-1)^2} = 0$, $\lim_{x \to 1} \frac{1}{\ln (x-1)^2} = 0$

STEP 2 $f(1)$의 값 구하기 [2점]

(나)에서 $\lim_{x \to 1} \frac{\ln (x-1)^2 \times f(x)}{\ln x} = 5$이므로

$$
\begin{aligned}
f(1) &= \lim_{x \to 1} f(x) \\
&= \lim_{x \to 1} \left\{ \frac{\ln (x-1)^2 \times f(x)}{\ln x} \times \frac{\ln x}{\ln (x-1)^2} \right\} \\
&= 5 \times 0 \\
&= 0
\end{aligned}
$$

STEP 3 $f'(1)$의 값 구하기 [3점]

$$
\begin{aligned}
f'(1) &= \lim_{x \to 1} \frac{f(x) - f(1)}{x-1} \\
&= \lim_{x \to 1} \frac{f(x)}{x-1} \\
&= \lim_{x \to 1} \left\{ \frac{\ln (x-1)^2 \times f(x)}{\ln x} \times \frac{\ln x}{x-1} \times \frac{1}{\ln (x-1)^2} \right\}
\end{aligned}
$$

.... ㉠

$\lim_{x \to 1} \frac{\ln x}{x-1}$에서 $g(x) = \ln x$라 하면

$g'(x) = \frac{1}{x}$이므로

$$
\begin{aligned}
\lim_{x \to 1} \frac{\ln x}{x-1} &= \lim_{x \to 1} \frac{g(x)-g(1)}{x-1} \\
&= g'(1) \\
&= 1
\end{aligned}
$$

따라서 ㉠에서

$f'(1) = 5 \times 1 \times 0 = 0$

STEP 4 $f(1) - f'(1)$의 값 구하기 [1점]

$f(1) - f'(1) = 0 - 0 = 0$

04 삼각함수의 미분

핵심 개념 157쪽~158쪽

0729 답 (1) 2 (2) $\sqrt{2}$ (3) $-\frac{\sqrt{3}}{3}$

(1) $\csc 30^\circ = \frac{1}{\sin 30^\circ} = \frac{1}{\frac{1}{2}} = 2$

(2) $\sec \frac{\pi}{4} = \frac{1}{\cos \frac{\pi}{4}} = \frac{1}{\frac{1}{\sqrt{2}}} = \sqrt{2}$

(3) $\cot(-240^\circ) = \frac{1}{\tan(-240^\circ)} = -\frac{1}{\tan 60^\circ}$

$= -\frac{1}{\sqrt{3}} = -\frac{\sqrt{3}}{3}$

0730 답 $\frac{25}{4}$

$\tan\theta = 2$이고 $\tan^2\theta + 1 = \sec^2\theta$이므로

$\sec^2\theta = 2^2 + 1 = 5$

$\cot\theta = \frac{1}{\tan\theta} = \frac{1}{2}$이고 $1 + \cot^2\theta = \csc^2\theta$이므로

$\csc^2\theta = 1 + \left(\frac{1}{2}\right)^2 = \frac{5}{4}$

$\therefore \sec^2\theta + \csc^2\theta = 5 + \frac{5}{4} = \frac{25}{4}$

0731 답 (1) $\frac{\sqrt{3}}{2}$ (2) $\frac{\sqrt{2}}{2}$ (3) $\frac{\sqrt{3}}{3}$

(1) $\sin 40^\circ \cos 20^\circ + \cos 40^\circ \sin 20^\circ$

$= \sin(40^\circ + 20^\circ) = \sin 60^\circ = \frac{\sqrt{3}}{2}$

(2) $\cos 15^\circ \cos 30^\circ - \sin 15^\circ \sin 30^\circ$

$= \cos(15^\circ + 30^\circ) = \cos 45^\circ = \frac{\sqrt{2}}{2}$

(3) $\frac{\tan 100^\circ - \tan 70^\circ}{1 + \tan 100^\circ \tan 70^\circ} = \tan(100^\circ - 70^\circ) = \tan 30^\circ = \frac{\sqrt{3}}{3}$

0732 답 $\frac{\sqrt{5}}{5}$

α, β는 예각이고, $\sin\alpha = \frac{\sqrt{5}}{5}$, $\cos\beta = \frac{3}{5}$이므로

$\cos\alpha = \sqrt{1 - \sin^2\alpha} = \sqrt{1 - \left(\frac{\sqrt{5}}{5}\right)^2} = \frac{2\sqrt{5}}{5}$

$\sin\beta = \sqrt{1 - \cos^2\beta} = \sqrt{1 - \left(\frac{3}{5}\right)^2} = \frac{4}{5}$

$\therefore \sin(\beta - \alpha) = \sin\beta\cos\alpha - \cos\beta\sin\alpha$

$= \frac{4}{5} \times \frac{2\sqrt{5}}{5} - \frac{3}{5} \times \frac{\sqrt{5}}{5} = \frac{8\sqrt{5}}{25} - \frac{3\sqrt{5}}{25} = \frac{\sqrt{5}}{5}$

0733 답 (1) $\frac{5}{2}$ (2) $\frac{3}{4}$

(1) $\lim_{x \to 0} \frac{\sin 5x}{\sin 2x} = \lim_{x \to 0} \left(\frac{\sin 5x}{5x} \times \frac{2x}{\sin 2x} \times \frac{5}{2} \right)$

$= 1 \times 1 \times \frac{5}{2} = \frac{5}{2}$

(2) $\lim_{x\to0}\frac{\sin 3x}{\tan 4x}=\lim_{x\to0}\left(\frac{\sin 3x}{3x}\times\frac{4x}{\tan 4x}\times\frac{3}{4}\right)$

$=1\times1\times\frac{3}{4}=\frac{3}{4}$

0734 답 4

$\lim_{x\to0}\frac{\sin x+\tan 3x}{x}=\lim_{x\to0}\left(\frac{\sin x}{x}+\frac{\tan 3x}{3x}\times3\right)$

$=1+1\times3=4$

0735 답 (1) $y'=2\cos x$ (2) $y'=-2\sin x\cos x$

(2) $y=\cos^2 x=\cos x\times\cos x$이므로

$y'=-\sin x\times\cos x+\cos x\times(-\sin x)$

$=-2\sin x\cos x$

0736 답 $\frac{1}{2}$

$\lim_{x\to\pi}\frac{f(x)-f(\pi)}{x-\pi}=f'(\pi)$이고 $f'(x)=\frac{1}{2}+\sin x$이므로

$f'(\pi)=\frac{1}{2}+\sin\pi=\frac{1}{2}$

실전 준비하기 159쪽~191쪽

0737 답 ③

$\sin\theta+\cos\theta=1$의 양변을 제곱하면

$\sin^2\theta+2\sin\theta\cos\theta+\cos^2\theta=1$

$1+2\sin\theta\cos\theta=1$, $2\sin\theta\cos\theta=0$

$\therefore \sin\theta\cos\theta=0$

0738 답 ①

$\sin^2\theta+\cos^2\theta=1$에서

$\cos^2\theta=1-\sin^2\theta=1-\left(\frac{3}{5}\right)^2=\frac{16}{25}$

θ가 제2사분면의 각이므로 $\cos\theta<0$

$\therefore \cos\theta=-\frac{4}{5}$

0739 답 $\frac{2}{\cos\theta}$

$\frac{\cos\theta}{1+\sin\theta}+\frac{1+\sin\theta}{\cos\theta}=\frac{\cos^2\theta+(1+\sin\theta)^2}{\cos\theta(1+\sin\theta)}$

$=\frac{2+2\sin\theta}{\cos\theta(1+\sin\theta)}$

$=\frac{2(1+\sin\theta)}{\cos\theta(1+\sin\theta)}$

$=\frac{2}{\cos\theta}$

0740 답 ④ | 유형 1

θ가 제3사분면의 각이고 $\cos\theta=-\frac{3}{5}$일 때, $\cot\theta-\csc\theta$의 값은?
(단서2: 제3사분면의 각, 단서1: $\cos\theta=-\frac{3}{5}$)

① -2 ② $-\frac{1}{2}$ ③ $\frac{1}{2}$
④ 2 ⑤ $\frac{9}{4}$

단서1 $\sin^2\theta+\cos^2\theta=1$에서 $\sin^2\theta=1-\cos^2\theta$
단서2 θ가 제3사분면의 각이면 $\sin\theta<0$

STEP 1 $\sin\theta$의 값 구하기

$\sin^2\theta=1-\cos^2\theta=1-\left(-\frac{3}{5}\right)^2=\frac{16}{25}$

이때 θ가 제3사분면의 각이므로

$\sin\theta=-\frac{4}{5}$

STEP 2 $\cot\theta$, $\csc\theta$의 값 구하기

$\cot\theta=\frac{\cos\theta}{\sin\theta}=\frac{-\frac{3}{5}}{-\frac{4}{5}}=\frac{3}{4}$

$\csc\theta=\frac{1}{\sin\theta}=-\frac{5}{4}$

STEP 3 $\cot\theta-\csc\theta$의 값 구하기

$\cot\theta-\csc\theta=\frac{3}{4}-\left(-\frac{5}{4}\right)=2$

0741 답 ⑤

$\overline{OP}=\sqrt{4^2+(-3)^2}=5$이므로

$\sec\theta=\frac{5}{4}$, $\csc\theta=-\frac{5}{3}$ → P(x, y), $\overline{OP}=r$일 때 $\sec\theta=\frac{r}{x}$, $\csc\theta=\frac{r}{y}$

$\therefore 4\sec\theta-3\csc\theta$

$=4\times\frac{5}{4}-3\times\left(-\frac{5}{3}\right)=10$

0742 답 3

$\sec\frac{\pi}{3}=\frac{1}{\cos\frac{\pi}{3}}=2$, $\csc\frac{\pi}{4}=\frac{1}{\sin\frac{\pi}{4}}=\sqrt{2}$

$\cot\frac{\pi}{6}=\frac{1}{\tan\frac{\pi}{6}}=\sqrt{3}$

$\therefore \sec^2\frac{\pi}{3}+\csc^2\frac{\pi}{4}-\cot^2\frac{\pi}{6}=2^2+(\sqrt{2})^2-(\sqrt{3})^2$

$=4+2-3=3$

개념 Check

삼각비 \ θ	0	$\frac{\pi}{6}$	$\frac{\pi}{4}$	$\frac{\pi}{3}$	$\frac{\pi}{2}$
$\sin\theta$	0	$\frac{1}{2}$	$\frac{\sqrt{2}}{2}$	$\frac{\sqrt{3}}{2}$	1
$\cos\theta$	1	$\frac{\sqrt{3}}{2}$	$\frac{\sqrt{2}}{2}$	$\frac{1}{2}$	0
$\tan\theta$	0	$\frac{1}{\sqrt{3}}$	1	$\sqrt{3}$	

0743 답 ③

$\sin\theta\sec\theta=\sin\theta\times\dfrac{1}{\cos\theta}=\dfrac{\sin\theta}{\cos\theta}=\tan\theta=-\dfrac{1}{2}$

0744 답 ①

△OPR에서 $\angle\mathrm{OPR}=\dfrac{\pi}{2}$, $\angle\mathrm{POR}=\dfrac{\pi}{2}-\theta$이므로 $\angle\mathrm{ORP}=\theta$이다.

따라서 $\tan\theta=\dfrac{\overline{\mathrm{PO}}}{\overline{\mathrm{PR}}}=\dfrac{1}{\overline{\mathrm{PR}}}$이므로

$\cot\theta=\dfrac{1}{\tan\theta}=\overline{\mathrm{PR}}$

0745 답 ①

$\dfrac{1-\cos\theta}{1+\cos\theta}=\dfrac{1}{3}$에서

$3-3\cos\theta=1+\cos\theta$ $\quad\therefore \cos\theta=\dfrac{1}{2}$

이때 $0<\theta<\dfrac{\pi}{2}$이므로 $\theta=\dfrac{\pi}{3}$

$\therefore \cot\theta=\dfrac{1}{\tan\theta}=\dfrac{1}{\tan\frac{\pi}{3}}=\dfrac{1}{\sqrt{3}}=\dfrac{\sqrt{3}}{3}$

0746 답 ④

(i) $\csc\theta\cos\theta<0$에서 → $\csc\theta=\dfrac{1}{\sin\theta}$이므로 $\sin\theta$의 값의 부호와 같다.

$\csc\theta$와 $\cos\theta$의 값의 부호가 서로 다르므로 θ는 제2사분면 또는 제4사분면의 각이다.

(ii) $\sec\theta\tan\theta<0$에서

$\sec\theta$와 $\tan\theta$의 값의 부호가 서로 다르므로 θ는 제3사분면 또는 제4사분면의 각이다. → $\cos\theta$의 값의 부호와 같다.

(i), (ii)에서 θ는 제4사분면의 각이다.

개념 Check

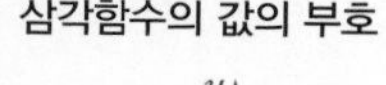

삼각함수의 값의 부호

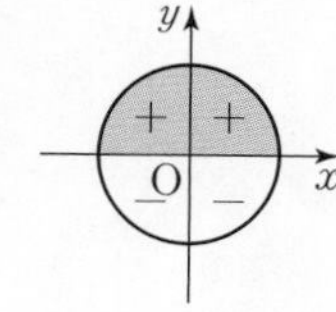

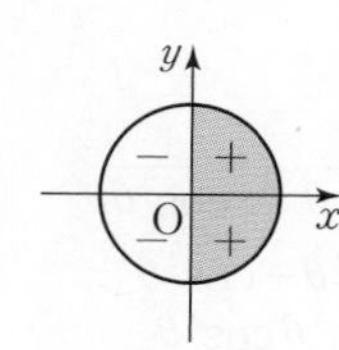

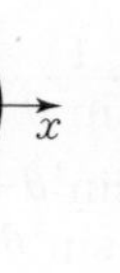

[$\sin\theta$의 부호] [$\cos\theta$의 부호] [$\tan\theta$의 부호]

0747 답 $-\dfrac{4}{3}$

$\sin\theta+\cos\theta=\dfrac{1}{2}$의 양변을 제곱하면

$\sin^2\theta+2\sin\theta\cos\theta+\cos^2\theta=\dfrac{1}{4}$

$1+2\sin\theta\cos\theta=\dfrac{1}{4}$ $\quad\therefore \sin\theta\cos\theta=-\dfrac{3}{8}$

$\therefore \sec\theta+\csc\theta=\dfrac{1}{\cos\theta}+\dfrac{1}{\sin\theta}$

$=\dfrac{\sin\theta+\cos\theta}{\sin\theta\cos\theta}=\dfrac{\frac{1}{2}}{-\frac{3}{8}}=-\dfrac{4}{3}$

0748 답 $2\sqrt{6}$

이차방정식의 근과 계수의 관계에 의해

$\csc\theta+\sec\theta=-k$ ······ ㉠

$\csc\theta\sec\theta=-6$ ······ ㉡

㉠에서 $\dfrac{1}{\sin\theta}+\dfrac{1}{\cos\theta}=-k$

$\therefore \dfrac{\cos\theta+\sin\theta}{\sin\theta\cos\theta}=-k$

㉡에서 $\dfrac{1}{\sin\theta\cos\theta}=-6$이므로

$\sin\theta\cos\theta=-\dfrac{1}{6}$

즉, $\dfrac{\cos\theta+\sin\theta}{\sin\theta\cos\theta}=-k$에서

$\cos\theta+\sin\theta=-k\times\left(-\dfrac{1}{6}\right)=\dfrac{k}{6}$

양변을 제곱하면

$\sin^2\theta+2\sin\theta\cos\theta+\cos^2\theta=\dfrac{k^2}{36}$

$1+2\times\left(-\dfrac{1}{6}\right)=\dfrac{k^2}{36}$, $k^2=24$

$\therefore k=2\sqrt{6}$ ($\because k>0$)

개념 Check

이차방정식의 근과 계수의 관계

이차방정식 $ax^2+bx+c=0$의 두 근을 α, β라 하면

$\alpha+\beta=-\dfrac{b}{a}$, $\alpha\beta=\dfrac{c}{a}$

0749 답 ③

$\cos\theta=-\dfrac{3}{5}$이므로

$\sin^2\theta=1-\cos^2\theta=1-\dfrac{9}{25}=\dfrac{16}{25}$

이때 $\dfrac{\pi}{2}<\theta<\pi$에서 $\sin\theta>0$이므로 $\sin\theta=\dfrac{4}{5}$

$\therefore \csc(\pi+\theta)=\dfrac{1}{\sin(\pi+\theta)}=\dfrac{1}{-\sin\theta}=\dfrac{1}{-\frac{4}{5}}=-\dfrac{5}{4}$

개념 Check

여러 가지 각에 대한 삼각함수의 성질

(1) $-\theta$의 삼각함수

① $\sin(-\theta)=-\sin\theta$

② $\cos(-\theta)=\cos\theta$

③ $\tan(-\theta)=-\tan\theta$

(2) $\dfrac{\pi}{2}\pm\theta$의 삼각함수

① $\sin\left(\dfrac{\pi}{2}+\theta\right)=\cos\theta$, $\sin\left(\dfrac{\pi}{2}-\theta\right)=\cos\theta$

② $\cos\left(\dfrac{\pi}{2}+\theta\right)=-\sin\theta$, $\cos\left(\dfrac{\pi}{2}-\theta\right)=\sin\theta$

③ $\tan\left(\dfrac{\pi}{2}+\theta\right)=-\dfrac{1}{\tan\theta}$, $\tan\left(\dfrac{\pi}{2}-\theta\right)=\dfrac{1}{\tan\theta}$

(3) $\pi\pm\theta$의 삼각함수

① $\sin(\pi+\theta)=-\sin\theta$, $\sin(\pi-\theta)=\sin\theta$

② $\cos(\pi+\theta)=-\cos\theta$, $\cos(\pi-\theta)=-\cos\theta$

③ $\tan(\pi+\theta)=\tan\theta$, $\tan(\pi-\theta)=-\tan\theta$

0750 답 ④

| 유형2

$\dfrac{\sin\theta}{\sec\theta+\tan\theta}+\dfrac{\sin\theta}{\sec\theta-\tan\theta}$를 간단히 하면? 단서1

① $2\sin\theta$　② $2\cos\theta$　③ $2\sec\theta$
④ $2\tan\theta$　⑤ $2\cot\theta$

단서1 분모를 통분하면 $\sec^2\theta-\tan^2\theta=1$

STEP 1 삼각함수 사이의 관계를 이용하여 주어진 식 간단히 하기

$\dfrac{\sin\theta}{\sec\theta+\tan\theta}+\dfrac{\sin\theta}{\sec\theta-\tan\theta}$

$=\dfrac{\sin\theta(\sec\theta-\tan\theta)+\sin\theta(\sec\theta+\tan\theta)}{\sec^2\theta-\tan^2\theta}$

$=2\sin\theta\sec\theta=2\times\sin\theta\times\dfrac{1}{\cos\theta}=2\tan\theta$

0751 답 ②

$\csc^2\theta=1+\cot^2\theta=1+\left(-\dfrac{4}{3}\right)^2=\dfrac{25}{9}$

이때 θ가 제2사분면의 각이므로 $\csc\theta=\dfrac{5}{3}$

$\therefore \sin\theta=\dfrac{1}{\csc\theta}=\dfrac{3}{5}$

다른 풀이

$\cot\theta=-\dfrac{4}{3}$이면 $\tan\theta=-\dfrac{3}{4}$이므로

$|\sin\theta|=\dfrac{3}{5}$

이때 θ가 제2사분면의 각이므로 $\sin\theta>0$

$\therefore \sin\theta=\dfrac{3}{5}$

0752 답 $\dfrac{169}{36}$

$\csc^2\theta=1+\cot^2\theta=1+\left(\dfrac{2}{3}\right)^2=\dfrac{13}{9}$

$\sec^2\theta=\tan^2\theta+1=\left(\dfrac{3}{2}\right)^2+1=\dfrac{13}{4}$

$\therefore \csc^2\theta+\sec^2\theta=\dfrac{13}{9}+\dfrac{13}{4}=\dfrac{169}{36}$

0753 답 ④

(i) $\csc\theta\sec\theta<0$에서
　$\csc\theta$와 $\sec\theta$의 값의 부호가 서로 다르므로 θ는 제2사분면 또는 제4사분면의 각이다. (→ $\sin\theta$와 $\cos\theta$의 값의 부호)

(ii) $\cos\theta\cot\theta<0$에서 $\cos\theta$와 $\cot\theta$의 값의 부호가 서로 다르므로 θ는 제3사분면 또는 제4사분면의 각이다. (→ $\tan\theta$의 값의 부호)

(i), (ii)에서 θ는 제4사분면의 각이므로

$\sqrt{1+\tan^2\theta}\sqrt{\csc^2\theta-1}=\sqrt{\sec^2\theta}\sqrt{\cot^2\theta}$

$=\sec\theta\times(-\cot\theta)$　($\sqrt{A^2}=|A|=\begin{cases}A & (A\ge0)\\-A & (A<0)\end{cases}$)

$=\dfrac{1}{\cos\theta}\times\left(-\dfrac{\cos\theta}{\sin\theta}\right)$

$=-\dfrac{1}{\sin\theta}=-\csc\theta$

0754 답 ②

ㄱ. $\dfrac{1}{1+\sin\theta}+\dfrac{1}{1-\sin\theta}=\dfrac{1-\sin\theta+1+\sin\theta}{1-\sin^2\theta}$

$=\dfrac{2}{\cos^2\theta}$

$=2\sec^2\theta$ (참)

ㄴ. $\dfrac{\cos\theta}{1-\tan\theta}+\dfrac{\sin\theta}{1-\cot\theta}=\dfrac{\cos\theta}{1-\dfrac{\sin\theta}{\cos\theta}}+\dfrac{\sin\theta}{1-\dfrac{\cos\theta}{\sin\theta}}$

$=\dfrac{\cos^2\theta}{\cos\theta-\sin\theta}+\dfrac{\sin^2\theta}{\sin\theta-\cos\theta}$

$=\dfrac{\cos^2\theta-\sin^2\theta}{\cos\theta-\sin\theta}$

$=\dfrac{(\cos\theta-\sin\theta)(\cos\theta+\sin\theta)}{\cos\theta-\sin\theta}$

$=\cos\theta+\sin\theta$ (참)

ㄷ. $\dfrac{\csc\theta}{\sec\theta-\tan\theta}+\dfrac{\csc\theta}{\sec\theta+\tan\theta}$

$=\dfrac{\csc\theta(\sec\theta+\tan\theta)+\csc\theta(\sec\theta-\tan\theta)}{\sec^2\theta-\tan^2\theta}$

$=2\csc\theta\sec\theta$ (거짓)

따라서 옳은 것은 ㄱ, ㄴ이다.

0755 답 ④

$(\tan\theta+\cot\theta)^2=\tan^2\theta+2\tan\theta\cot\theta+\cot^2\theta$

$=\sec^2\theta-1+2+\csc^2\theta-1$

$=\sec^2\theta+\csc^2\theta$

$\therefore \csc^2\theta+\sec^2\theta=(\tan\theta+\cot\theta)^2$

$=3^2=9$

다른 풀이

$\tan\theta+\cot\theta=3$에서

$\dfrac{\sin\theta}{\cos\theta}+\dfrac{\cos\theta}{\sin\theta}=3$, $\dfrac{\sin^2\theta+\cos^2\theta}{\sin\theta\cos\theta}=3$

$\therefore \dfrac{1}{\sin\theta\cos\theta}=3$

$\therefore \csc^2\theta+\sec^2\theta=\dfrac{1}{\sin^2\theta}+\dfrac{1}{\cos^2\theta}$

$=\dfrac{\sin^2\theta+\cos^2\theta}{\sin^2\theta\cos^2\theta}$

$=\left(\dfrac{1}{\sin\theta\cos\theta}\right)^2=3^2=9$

0756 답 $-\dfrac{\sqrt{3}}{2}$

$\dfrac{1-\tan\theta}{1+\tan\theta}=2+\sqrt{3}$에서 $1-\tan\theta=(2+\sqrt{3})(1+\tan\theta)$

$1-\tan\theta=2+2\tan\theta+\sqrt{3}+\sqrt{3}\tan\theta$

$(3+\sqrt{3})\tan\theta=-1-\sqrt{3}$

$\therefore \tan\theta=\dfrac{-1-\sqrt{3}}{3+\sqrt{3}}=\dfrac{(-1-\sqrt{3})(3-\sqrt{3})}{(3+\sqrt{3})(3-\sqrt{3})}=-\dfrac{\sqrt{3}}{3}$

$\sec^2\theta=\tan^2\theta+1=\dfrac{1}{3}+1=\dfrac{4}{3}$이므로

$\cos^2\theta=\dfrac{1}{\sec^2\theta}=\dfrac{3}{4}$

이때 $\frac{\pi}{2}<\theta<\pi$이므로

$\cos\theta=-\frac{\sqrt{3}}{2}$

0757 답 ③

ㄱ. △OCA에서 $\frac{\overline{AC}}{\overline{OA}}=\tan\theta$이므로 $\overline{AC}=\tan\theta$

△OAC에서 $\angle OAC=\frac{\pi}{2}$, $\angle OCA=\frac{\pi}{2}-\theta$이므로

△DOC에서 $\angle ODA=\theta$이다.

즉, △ODA에서 $\frac{\overline{OA}}{\overline{AD}}=\tan\theta$이므로 $\overline{AD}=\cot\theta$

$\therefore \overline{CD}=\overline{AC}+\overline{AD}=\tan\theta+\cot\theta$ (참)

ㄴ. △OCA에서 $\frac{\overline{OA}}{\overline{OC}}=\cos\theta$이므로 $\overline{OC}=\sec\theta$

△OAB에서 $\overline{OB}=\cos\theta$이므로

$\overline{BC}=\overline{OC}-\overline{OB}=\sec\theta-\cos\theta$ (참)

ㄷ. 삼각형 OCD의 넓이는

$$\frac{1}{2}\times\overline{CD}\times\overline{OA}=\frac{1}{2}\times(\tan\theta+\cot\theta)\times1$$
$$=\frac{1}{2}\times\frac{\tan^2\theta+1}{\tan\theta}$$
$$=\frac{1}{2}\times\frac{\sec^2\theta}{\tan\theta}$$
$$=\frac{1}{2}\times\frac{\frac{1}{\cos^2\theta}}{\frac{\sin\theta}{\cos\theta}}$$
$$=\frac{1}{2\sin\theta\cos\theta}\text{ (거짓)}$$

따라서 옳은 것은 ㄱ, ㄴ이다.

실수 Check

원의 접선은 접점을 지나는 반지름과 수직이다.

0758 답 ②

$y=2k\tan x-3+\frac{1}{\cos^2x}$에서

$\frac{1}{\cos^2x}=\sec^2x=1+\tan^2x$이므로

$$y=2k\tan x-3+1+\tan^2x$$
$$=\tan^2x+2k\tan x-2$$
$$=(\tan x+k)^2-k^2-2$$

이때 $0\le x<\frac{\pi}{2}$이므로 $\tan x\ge0$

즉, $k<0$일 때, $\tan x=-k$에서 주어진 함수는 최솟값 $-k^2-2$를 가지므로

└ $(\tan x+k)^2\ge0$이므로 $\tan x+k=0$일 때 최소가 된다.

$-k^2-2=-5$에서 $k^2=3$

따라서 $k<0$이므로 $k=-\sqrt{3}$

실수 Check

$k\ge0$이면 주어진 함수는 $\tan x=0$에서 최솟값 -2를 가지므로 조건을 만족시키지 않는다. 그러므로 최솟값이 -5가 되려면 $k<0$이어야 한다.

0759 답 ① | 유형3

$0<\alpha<\frac{\pi}{2}$, $\frac{\pi}{2}<\beta<\pi$이고, $\sin\alpha=\frac{2\sqrt{2}}{3}$, $\sin\beta=\frac{1}{3}$일 때, $\sin(\alpha+\beta)$의 값은?

① $-\frac{7}{9}$ ② $-\frac{2}{3}$ ③ $-\frac{5}{9}$ ④ $-\frac{4}{9}$ ⑤ $-\frac{1}{3}$

단서1 α는 제1사분면, β는 제2사분면의 각
단서2 $\sin^2x+\cos^2x=1$
단서3 $\sin(\alpha+\beta)=\sin\alpha\cos\beta+\cos\alpha\sin\beta$

STEP 1 $\cos\alpha$, $\cos\beta$의 값 구하기

$0<\alpha<\frac{\pi}{2}$, $\frac{\pi}{2}<\beta<\pi$에서 $\cos\alpha>0$, $\cos\beta<0$이므로

$$\cos\alpha=\sqrt{1-\sin^2\alpha}=\sqrt{1-\left(\frac{2\sqrt{2}}{3}\right)^2}=\frac{1}{3}$$
$$\cos\beta=-\sqrt{1-\sin^2\beta}=-\sqrt{1-\left(\frac{1}{3}\right)^2}=-\frac{2\sqrt{2}}{3}$$

STEP 2 $\sin(\alpha+\beta)$의 값 구하기

$$\sin(\alpha+\beta)=\sin\alpha\cos\beta+\cos\alpha\sin\beta$$
$$=\frac{2\sqrt{2}}{3}\times\left(-\frac{2\sqrt{2}}{3}\right)+\frac{1}{3}\times\frac{1}{3}=-\frac{8}{9}+\frac{1}{9}=-\frac{7}{9}$$

0760 답 $\frac{1}{2}$

$$\sin70^\circ\sin130^\circ-\sin20^\circ\sin40^\circ$$
$$=\sin(90^\circ-20^\circ)\sin(90^\circ+40^\circ)-\sin20^\circ\sin40^\circ$$
$$=\cos20^\circ\cos40^\circ-\sin20^\circ\sin40^\circ$$
$$=\cos(20^\circ+40^\circ)=\cos60^\circ=\frac{1}{2}$$

다른 풀이

$$\sin70^\circ\sin130^\circ-\sin20^\circ\sin40^\circ$$
$$=\sin70^\circ\sin(90^\circ+40^\circ)-\sin(90^\circ-70^\circ)\sin40^\circ$$
$$=\sin70^\circ\cos40^\circ-\cos70^\circ\sin40^\circ$$
$$=\sin(70^\circ-40^\circ)=\sin30^\circ=\frac{1}{2}$$

0761 답 ②

$$\tan\frac{\pi}{12}=\tan\left(\frac{\pi}{3}-\frac{\pi}{4}\right)=\frac{\tan\frac{\pi}{3}-\tan\frac{\pi}{4}}{1+\tan\frac{\pi}{3}\tan\frac{\pi}{4}}$$
$$=\frac{\sqrt{3}-1}{1+\sqrt{3}}=\frac{(\sqrt{3}-1)(\sqrt{3}-1)}{(\sqrt{3}+1)(\sqrt{3}-1)}=\frac{4-2\sqrt{3}}{2}=2-\sqrt{3}$$

다른 풀이

$$\tan\frac{\pi}{12}=\tan\left(\frac{\pi}{4}-\frac{\pi}{6}\right)=\frac{\tan\frac{\pi}{4}-\tan\frac{\pi}{6}}{1+\tan\frac{\pi}{4}\tan\frac{\pi}{6}}$$
$$=\frac{1-\frac{\sqrt{3}}{3}}{1+\frac{\sqrt{3}}{3}}=\frac{3-\sqrt{3}}{3+\sqrt{3}}=\frac{(3-\sqrt{3})^2}{(3+\sqrt{3})(3-\sqrt{3})}=2-\sqrt{3}$$

0762 답 ②

$2\sin\left(\theta+\frac{\pi}{6}\right)-\cos\theta=2\left(\sin\theta\cos\frac{\pi}{6}+\cos\theta\sin\frac{\pi}{6}\right)-\cos\theta$

$=2\left(\sin\theta\times\frac{\sqrt{3}}{2}+\cos\theta\times\frac{1}{2}\right)-\cos\theta$

$=\sqrt{3}\sin\theta=\sqrt{3}\times\frac{\sqrt{3}}{3}=1$

0763 답 2

$\tan(\alpha+\beta)=\tan\frac{\pi}{4}=1$이므로

$\frac{\tan\alpha+\tan\beta}{1-\tan\alpha\tan\beta}=1$에서 $\tan\alpha+\tan\beta=1-\tan\alpha\tan\beta$

$\therefore (1+\tan\alpha)(1+\tan\beta)=1+\tan\alpha+\tan\beta+\tan\alpha\tan\beta$

$=1+(1-\tan\alpha\tan\beta)+\tan\alpha\tan\beta$

$=2$

0764 답 ②

$\sin\alpha+\sin\beta=\frac{1}{3}$의 양변을 제곱하면

$\sin^2\alpha+2\sin\alpha\sin\beta+\sin^2\beta=\frac{1}{9}$ ······ ㉠

$\cos\alpha+\cos\beta=1$의 양변을 제곱하면

$\cos^2\alpha+2\cos\alpha\cos\beta+\cos^2\beta=1$ ······ ㉡

㉠+㉡을 하면

$2+2(\sin\alpha\sin\beta+\cos\alpha\cos\beta)=\frac{10}{9}$

$\sin\alpha\sin\beta+\cos\alpha\cos\beta=-\frac{4}{9}$

$\therefore \cos(\alpha-\beta)=-\frac{4}{9}$

0765 답 ④

$C=\pi-(A+B)$이므로 → 삼각형의 세 내각의 크기의 합은 180°, 즉 π이다.

$\sin C=\sin(\pi-(A+B))=\sin(A+B)$

$0<A<\frac{\pi}{2}$, $0<B<\frac{\pi}{2}$이므로

$\cos A=\sqrt{1-\sin^2 A}=\sqrt{1-\left(\frac{3}{4}\right)^2}=\frac{\sqrt{7}}{4}$

$\cos B=\sqrt{1-\sin^2 B}=\sqrt{1-\left(\frac{1}{3}\right)^2}=\frac{2\sqrt{2}}{3}$

$\therefore \sin C=\sin(A+B)$

$=\sin A\cos B+\cos A\sin B$

$=\frac{3}{4}\times\frac{2\sqrt{2}}{3}+\frac{\sqrt{7}}{4}\times\frac{1}{3}=\frac{6\sqrt{2}+\sqrt{7}}{12}$

0766 답 $\frac{\pi}{4}$

$(\tan x+1)(\tan y-1)=-2$에서

$\tan x\tan y+(\tan y-\tan x)-1=-2$

$\therefore \tan x\tan y+1=\tan x-\tan y$

이때

$\tan(x-y)=\frac{\tan x-\tan y}{1+\tan x\tan y}$

$=\frac{\tan x-\tan y}{\tan x-\tan y}=1$

이고 $0\le x<\frac{\pi}{2}$, $0\le y<\frac{\pi}{2}$에서 $-\frac{\pi}{2}<x-y<\frac{\pi}{2}$이므로

$x-y=\frac{\pi}{4}$

0767 답 10

$\tan(\alpha+\beta)=\frac{\tan\alpha+\tan\beta}{1-\tan\alpha\tan\beta}=n$에서

$\frac{3+f(n)}{1-3f(n)}=n$, $3+f(n)=n-3nf(n)$

$(3n+1)f(n)=n-3$

$\therefore f(n)=\frac{n-3}{3n+1}$

$\therefore \sum_{n=2}^{\infty}\{f(n+1)-f(n)\}$

$=\lim_{n\to\infty}\sum_{k=2}^{n}\{f(k+1)-f(k)\}$ ← $=\{f(3)-f(2)\}+\{f(4)-f(3)\}+\cdots+\{f(n+1)-f(n)\}$

$=\lim_{n\to\infty}\{f(n+1)-f(2)\}$

$=\lim_{n\to\infty}\left\{\frac{n-2}{3n+4}-\left(-\frac{1}{7}\right)\right\}$

$=\frac{1}{3}-\left(-\frac{1}{7}\right)=\frac{10}{21}$

따라서 $m=\frac{10}{21}$이므로

$21m=21\times\frac{10}{21}=10$

실수 Check

$\tan(\alpha+\beta)=\frac{\tan\alpha+\tan\beta}{1-\tan\alpha\tan\beta}$임을 이용하여 $\tan\beta$를 n에 대한 식으로 정리한다.

Plus 문제

0767-1

2 이상의 자연수 n에 대하여 $\tan\alpha=2$, $\tan(\alpha-\beta)=n$일 때, $\tan\beta$의 값을 $f(n)$이라 하자. $\sum_{n=2}^{\infty}\{f(n+1)-f(n)\}=m$이라 할 때, $-6m$의 값을 구하시오.

$\tan(\alpha-\beta)=\frac{\tan\alpha-\tan\beta}{1+\tan\alpha\tan\beta}=n$에서

$\frac{2-f(n)}{1+2f(n)}=n$, $2-f(n)=n+2nf(n)$

$(2n+1)f(n)=2-n$ $\quad\therefore f(n)=\frac{2-n}{2n+1}$

$\therefore \sum_{n=2}^{\infty}\{f(n+1)-f(n)\}$

$=\lim_{n\to\infty}\sum_{k=2}^{n}\{f(k+1)-f(k)\}$

$=\lim_{n\to\infty}\{f(n+1)-f(2)\}$

$=\lim_{n\to\infty}\left(\frac{1-n}{2n+3}-0\right)$

$=-\frac{1}{2}$

따라서 $m=-\frac{1}{2}$이므로 $-6m=-6\times\left(-\frac{1}{2}\right)=3$

답 3

0768 답 ④

이등변삼각형 ABC에서 $\angle C=\angle B=\beta$이므로

$\alpha+2\beta=\pi$에서 $\alpha+\beta=\pi-\beta$

$\therefore \tan(\alpha+\beta)=\tan(\pi-\beta)=-\tan\beta$

즉, $\tan(\alpha+\beta)=-\frac{3}{2}$에서

$-\tan\beta=-\frac{3}{2}$ $\quad\therefore \tan\beta=\frac{3}{2}$

한편,

$$\tan(\alpha+\beta)=\frac{\tan\alpha+\tan\beta}{1-\tan\alpha\tan\beta}=\frac{\tan\alpha+\frac{3}{2}}{1-\frac{3}{2}\tan\alpha}=\frac{2\tan\alpha+3}{2-3\tan\alpha}$$

이므로 $\frac{2\tan\alpha+3}{2-3\tan\alpha}=-\frac{3}{2}$

$4\tan\alpha+6=-6+9\tan\alpha$

$5\tan\alpha=12$ $\quad\therefore \tan\alpha=\frac{12}{5}$

0769 답 ④

$\frac{3}{2}\pi<\alpha<2\pi$이고 $\tan\alpha=-\frac{5}{12}$이므로

$\sin\alpha=-\frac{5}{13}$, $\cos\alpha=\frac{12}{13}$

$\therefore \sin(x+\alpha)=\sin x\cos\alpha+\cos x\sin\alpha$

$=\frac{12}{13}\sin x-\frac{5}{13}\cos x$

이때 $\cos x\le\sin(x+\alpha)\le 2\cos x$에서

$\cos x\le\frac{12}{13}\sin x-\frac{5}{13}\cos x\le 2\cos x$이므로 ($0\le x<\frac{\pi}{2}$이므로 $\cos x>0$)

$1\le\frac{12}{13}\tan x-\frac{5}{13}\le 2$, $\frac{18}{13}\le\frac{12}{13}\tan x\le\frac{31}{13}$

$\therefore \frac{3}{2}\le\tan x\le\frac{31}{12}$

따라서 $\tan x$의 최댓값은 $\frac{31}{12}$, 최솟값은 $\frac{3}{2}$이므로 구하는 합은

$\frac{31}{12}+\frac{3}{2}=\frac{49}{12}$

0770 답 5

α, β, γ가 삼각형 ABC의 세 내각의 크기이므로

$\alpha+\beta+\gamma=\pi$ ······ ㉠

α, β, γ가 이 순서대로 등차수열을 이루므로

$\beta=\frac{\alpha+\gamma}{2}$ $\quad\therefore \alpha+\gamma=2\beta$ ······ ㉡

㉠, ㉡에서 $3\beta=\pi$ $\quad\therefore \beta=\frac{\pi}{3}$

$\beta=\frac{\pi}{3}$이므로 $\alpha+\gamma=\frac{2}{3}\pi$에서

$\cos(\alpha+\gamma)=\cos\frac{2}{3}\pi=-\frac{1}{2}$

$\therefore \cos\alpha\cos\gamma-\sin\alpha\sin\gamma=-\frac{1}{2}$ ······ ㉢

$\cos\alpha$, $2\cos\beta$, $8\cos\gamma$가 이 순서대로 등비수열을 이루므로

$(2\cos\beta)^2=8\cos\alpha\cos\gamma$

$\left(2\cos\frac{\pi}{3}\right)^2=8\cos\alpha\cos\gamma$, $1=8\cos\alpha\cos\gamma$

$\therefore \cos\alpha\cos\gamma=\frac{1}{8}$ ······ ㉣

㉢, ㉣에서 $\sin\alpha\sin\gamma=\frac{5}{8}$

$\therefore \tan\alpha\tan\gamma=\frac{\sin\alpha\sin\gamma}{\cos\alpha\cos\gamma}=5$

실수 Check

삼각형의 조건이 주어지면 세 내각의 크기의 합이 $\pi(=180°)$임을 이용하면 된다.

0771 답 ② | 유형 4

이차방정식 $3x^2-2x-4=0$의 두 근이 $\tan\alpha$, $\tan\beta$일 때, 단서1 $\tan(\alpha+\beta)$의 값은? 단서2

① $\frac{1}{7}$ ② $\frac{2}{7}$ ③ $\frac{1}{2}$
④ 1 ⑤ 2

단서1 $ax^2+bx+c=0$의 두 근의 합은 $-\frac{b}{a}$, 두 근의 곱은 $\frac{c}{a}$

단서2 $\tan(\alpha+\beta)=\frac{\tan\alpha+\tan\beta}{1-\tan\alpha\tan\beta}$

STEP 1 **$\tan\alpha+\tan\beta$, $\tan\alpha\tan\beta$의 값 구하기**

이차방정식의 근과 계수의 관계에 의해

$\tan\alpha+\tan\beta=\frac{2}{3}$, $\tan\alpha\tan\beta=-\frac{4}{3}$

STEP 2 **$\tan(\alpha+\beta)$의 값 구하기**

$$\tan(\alpha+\beta)=\frac{\tan\alpha+\tan\beta}{1-\tan\alpha\tan\beta}=\frac{\frac{2}{3}}{1-\left(-\frac{4}{3}\right)}=\frac{2}{7}$$

0772 답 -4

이차방정식의 근과 계수의 관계에 의해

$\tan\alpha+\tan\beta=-5$, $\tan\alpha\tan\beta=a$이므로

$$\tan(\alpha+\beta)=\frac{\tan\alpha+\tan\beta}{1-\tan\alpha\tan\beta}=\frac{-5}{1-a}$$

즉, $\frac{-5}{1-a}=-1$이므로 $1-a=5$ $\quad\therefore a=-4$

0773 답 ①

이차방정식의 근과 계수의 관계에 의해

$\tan\alpha+\tan\beta=6$, $\tan\alpha\tan\beta=3$이므로

$$\tan(\alpha+\beta)=\frac{\tan\alpha+\tan\beta}{1-\tan\alpha\tan\beta}=\frac{6}{1-3}=-3$$

$\therefore \sec^2(\alpha+\beta)=1+\tan^2(\alpha+\beta)$

$=1+(-3)^2=10$

0774 답 ⑤

이차방정식의 근과 계수의 관계에 의해

$\tan\alpha+\tan\beta=-a$, $\tan\alpha\tan\beta=-2a+1$이므로

$$\tan(\alpha+\beta)=\frac{\tan\alpha+\tan\beta}{1-\tan\alpha\tan\beta}=\frac{-a}{1-(-2a+1)}=-\frac{1}{2}$$

$$\therefore \csc^2(\alpha+\beta)=1+\cot^2(\alpha+\beta)=1+\left\{\frac{1}{\tan(\alpha+\beta)}\right\}^2=1+(-2)^2=5$$

0775 답 ③

이차방정식의 근과 계수의 관계에 의해

$\tan\alpha+\tan\beta=3$, $\tan\alpha\tan\beta=-2$이므로

$$\tan(\alpha+\beta)=\frac{\tan\alpha+\tan\beta}{1-\tan\alpha\tan\beta}=\frac{3}{1-(-2)}=1$$

이때 $0<\alpha<\frac{\pi}{2}$, $\frac{\pi}{2}<\beta<\pi$에서 $\frac{\pi}{2}<\alpha+\beta<\frac{3}{2}\pi$이므로

$\alpha+\beta=\frac{5}{4}\pi$

$$\therefore \cos\alpha\cos\beta-\sin\alpha\sin\beta=\cos(\alpha+\beta)=\cos\frac{5}{4}\pi=-\frac{\sqrt{2}}{2}$$

→ $\cos\left(\pi+\frac{\pi}{4}\right)=-\cos\frac{\pi}{4}$

0776 답 ②

주어진 이차방정식이 두 실근을 가지므로 판별식을 D라 하면

$D=\sin^2\theta-4\cos\theta=(1-\cos^2\theta)-4\cos\theta\ge0$

$\therefore \cos^2\theta+4\cos\theta-1\le0$ ······ ㉠

이차방정식의 근과 계수의 관계에 의해

$\tan\alpha+\tan\beta=-\sin\theta$, $\tan\alpha\tan\beta=\cos\theta$

$$\therefore \tan(\alpha+\beta)=\frac{\tan\alpha+\tan\beta}{1-\tan\alpha\tan\beta}=\frac{-\sin\theta}{1-\cos\theta}$$

즉, $\frac{-\sin\theta}{1-\cos\theta}=\frac{1}{2}$이므로

$1-\cos\theta=-2\sin\theta$

위의 식의 양변을 제곱하면

$1-2\cos\theta+\cos^2\theta=4\sin^2\theta$

$1-2\cos\theta+\cos^2\theta=4(1-\cos^2\theta)$

$5\cos^2\theta-2\cos\theta-3=0$, $(5\cos\theta+3)(\cos\theta-1)=0$

$\therefore \cos\theta=-\frac{3}{5}$ 또는 $\cos\theta=1$

이때 $\cos\theta=1$이면 ㉠을 만족시키지 않으므로

$\cos\theta=-\frac{3}{5}$

실수 Check

$\cos\theta=1$이면 $\sin\theta=0$이므로 주어진 방정식은 $x^2+1=0$이다. 즉, 두 근이 허근이므로 $\cos\theta\neq1$이다.

Plus 문제

0776-1

x에 대한 이차방정식 $x^2+x\cos\theta-\sin\theta=0$의 두 근이 $\tan\alpha$, $\tan\beta$이고 $\tan(\alpha+\beta)=1$일 때, $\sin\theta$의 값을 구하시오.

주어진 이차방정식이 두 실근을 가지므로 판별식을 D라 하면

$D=\cos^2\theta+4\sin\theta=(1-\sin^2\theta)+4\sin\theta\ge0$

$\therefore \sin^2\theta-4\sin\theta-1\le0$ ······ ㉠

이차방정식의 근과 계수의 관계에 의해

$\tan\alpha+\tan\beta=-\cos\theta$, $\tan\alpha\tan\beta=-\sin\theta$

$$\therefore \tan(\alpha+\beta)=\frac{\tan\alpha+\tan\beta}{1-\tan\alpha\tan\beta}=\frac{-\cos\theta}{1+\sin\theta}$$

즉, $\frac{-\cos\theta}{1+\sin\theta}=1$이므로 $1+\sin\theta=-\cos\theta$

위의 식의 양변을 제곱하면

$1+2\sin\theta+\sin^2\theta=\cos^2\theta$

$1+2\sin\theta+\sin^2\theta=1-\sin^2\theta$

$\sin^2\theta+\sin\theta=0$, $\sin\theta(\sin\theta+1)=0$

$\therefore \sin\theta=0$ 또는 $\sin\theta=-1$

이때 $\sin\theta=-1$이면 ㉠을 만족시키지 않으므로

$\sin\theta=0$

답 0

0777 답 ② | 유형5

두 직선 $y=x+2$, $y=4x$가 이루는 예각의 크기를 θ라 할 때, $\tan\theta$의 값은? (단서1) (단서2)

① $\frac{1}{5}$ ② $\frac{3}{5}$ ③ 1
④ 2 ⑤ 3

단서1 두 직선이 x축의 양의 방향과 이루는 각의 크기가 각각 α, β이면 $\theta=|\alpha-\beta|$

단서2 $\tan\theta=|\tan(\alpha-\beta)|=\left|\frac{\tan\alpha-\tan\beta}{1+\tan\alpha\tan\beta}\right|$

STEP 1 두 직선이 x축의 양의 방향과 이루는 각의 크기를 각각 α, β라 하고 $\tan\alpha$, $\tan\beta$의 값 구하기

두 직선 $y=x+2$, $y=4x$가 x축의 양의 방향과 이루는 각의 크기를 각각 α, β라 하면

$\tan\alpha=1$, $\tan\beta=4$

STEP 2 $\tan\theta$의 값 구하기

$$\tan\theta=|\tan(\alpha-\beta)|=\left|\frac{\tan\alpha-\tan\beta}{1+\tan\alpha\tan\beta}\right|=\left|\frac{1-4}{1+1\times4}\right|=\frac{3}{5}$$

→ θ가 예각이므로 $|\tan(\alpha-\beta)|=\tan\theta$

0778 답 ③

두 직선 $y=2x-2$, $y=\frac{1}{3}x+2$가 x축의 양의 방향과 이루는 각의 크기를 각각 α, β라 하면

$\tan\alpha=2$, $\tan\beta=\frac{1}{3}$

두 직선이 이루는 예각의 크기를 θ라 하면

$$\tan\theta=|\tan(\alpha-\beta)|=\left|\frac{\tan\alpha-\tan\beta}{1+\tan\alpha\tan\beta}\right|$$

$$=\left|\frac{2-\frac{1}{3}}{1+2\times\frac{1}{3}}\right|=1$$

이때 $0<\theta<\frac{\pi}{2}$이므로 두 직선이 이루는 예각의 크기는 $\frac{\pi}{4}$이다.

0779 답 ③

두 직선 $y=\frac{2}{3}x+1$, $y=-x$가 x축의 양의 방향과 이루는 각의 크기를 각각 α, β라 하면

$\tan\alpha=\frac{2}{3}$, $\tan\beta=-1$

$$\therefore \tan\theta=|\tan(\alpha-\beta)|=\left|\frac{\tan\alpha-\tan\beta}{1+\tan\alpha\tan\beta}\right|$$

$$=\left|\frac{\frac{2}{3}-(-1)}{1+\frac{2}{3}\times(-1)}\right|=5$$

$\therefore \sec^2\theta=\tan^2\theta+1=5^2+1=26$

0780 답 ③

두 직선 $3x-y-2=0$, $x-2y+2=0$, 즉 $y=3x-2$, $y=\frac{1}{2}x+1$이 x축의 양의 방향과 이루는 각의 크기를 각각 α, β라 하면

$\tan\alpha=3$, $\tan\beta=\frac{1}{2}$

$$\therefore \tan\theta=|\tan(\alpha-\beta)|=\left|\frac{\tan\alpha-\tan\beta}{1+\tan\alpha\tan\beta}\right|$$

$$=\left|\frac{3-\frac{1}{2}}{1+3\times\frac{1}{2}}\right|=1$$

이때 $0<\theta<\frac{\pi}{2}$이므로 $\theta=\frac{\pi}{4}$

$\therefore \cos\theta=\cos\frac{\pi}{4}=\frac{\sqrt{2}}{2}$

0781 답 ②

두 직선 $y=3x+1$, $y=mx+6$이 x축의 양의 방향과 이루는 각의 크기를 각각 α, β라 하면

$\tan\alpha=3$, $\tan\beta=m$

두 직선이 이루는 예각의 크기가 45°이면

$|\tan(\alpha-\beta)|=\tan 45°=1$에서

$\left|\frac{\tan\alpha-\tan\beta}{1+\tan\alpha\tan\beta}\right|=1$, $\left|\frac{3-m}{1+3\times m}\right|=1$

$3-m=1+3m$ 또는 $3-m=-1-3m$ ↳ $\frac{3-m}{1+3m}=\pm1$

$\therefore m=\frac{1}{2}$ 또는 $m=-2$

따라서 모든 상수 m의 값의 합은

$\frac{1}{2}+(-2)=-\frac{3}{2}$

0782 답 ⑤

두 직선 $y=3x$, $y=\frac{1}{3}x$가 x축의 양의 방향과 이루는 각의 크기를 각각 α, β라 하면

$\tan\alpha=3$, $\tan\beta=\frac{1}{3}$

$\angle AOB=\theta$라 하면 $\theta=\alpha-\beta$이므로

$$\tan\theta=|\tan(\alpha-\beta)|=\left|\frac{3-\frac{1}{3}}{1+3\times\frac{1}{3}}\right|=\frac{4}{3}$$

따라서 $\overline{OB}=3k$, $\overline{AB}=4k$ $(k>0)$라 하면 직각삼각형 AOB에서

$(3k)^2+(4k)^2=3^2$, $25k^2=9$ $\quad\therefore k=\frac{3}{5}$ $(\because k>0)$

$\therefore \overline{AB}=4\times\frac{3}{5}=\frac{12}{5}$

다른 풀이

점 A의 좌표를 $(a, 3a)$라고 하면 $\overline{OA}=3$이므로

$a^2+(3a)^2=3^2$, $a^2=\frac{9}{10}$ $\quad\therefore a=\frac{3}{\sqrt{10}}$ $(\because a>0)$

$\therefore A\left(\frac{3}{\sqrt{10}}, \frac{9}{\sqrt{10}}\right)$

이때 $\overline{AB}$는 점 A와 직선 OB, 즉 $x-3y=0$ 사이의 거리이므로

$$\overline{AB}=\frac{\left|\frac{3}{\sqrt{10}}-\frac{27}{\sqrt{10}}\right|}{\sqrt{1^2+(-3)^2}}=\frac{12}{5}$$

0783 답 -3

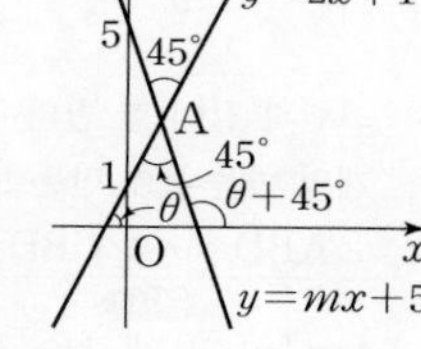

직선 $y=2x+1$이 x축의 양의 방향과 이루는 각의 크기를 θ라 하면 $\tan\theta=2$

직선 $y=mx+5$가 x축의 양의 방향과 이루는 각의 크기는 $\theta+45°$이므로

$m=\tan(\theta+45°)$

$$=\frac{\tan\theta+\tan 45°}{1-\tan\theta\tan 45°}$$

$$=\frac{2+1}{1-2\times1}=-3$$

실수 Check

두 직선이 이루는 각을 다루는 문제는 직선을 좌표평면에 나타내어 단서를 찾도록 한다.

0784 답 ④

두 직선 $x-y-1=0$, $ax-y+1=0$, 즉 $y=x-1$, $y=ax+1$이 x축의 양의 방향과 이루는 각의 크기를 각각 α, β라 하면

$\tan\alpha=1$, $\tan\beta=a$

이때 $\tan\theta=\frac{1}{6}$이고 $a>1$이므로 $\alpha<\beta<\frac{\pi}{2}$이다.

$$\therefore \tan\theta=\tan(\beta-\alpha)=\frac{\tan\beta-\tan\alpha}{1+\tan\beta\tan\alpha}=\frac{a-1}{1+a}$$

즉, $\frac{a-1}{1+a}=\frac{1}{6}$이므로

$6a-6=1+a$, $5a=7$ $\quad\therefore a=\frac{7}{5}$

0785 답 ①

$y'=e^x$이므로 곡선 $y=e^x$ 위의 두 점 $\mathrm{A}(t,\ e^t)$, $\mathrm{B}(-t,\ e^{-t})$에서의 접선 l, m의 기울기는 각각 e^t, e^{-t}이다.

두 직선 l, m이 x축의 양의 방향과 이루는 각의 크기를 각각 α, β라 하면 $\tan\alpha=e^t$, $\tan\beta=e^{-t}$

두 직선 l, m이 이루는 예각의 크기가 $\frac{\pi}{4}$이므로

$|\tan(\alpha-\beta)|=\tan\frac{\pi}{4}=1$에서

$\left|\frac{\tan\alpha-\tan\beta}{1+\tan\alpha\tan\beta}\right|=1$, $\left|\frac{e^t-e^{-t}}{1+e^t\times e^{-t}}\right|=1$

$\left|\frac{e^t-e^{-t}}{2}\right|=1$, $e^t-e^{-t}=2$ ($\because$ $t>0$)

$\therefore$ $(e^t)^2-2e^t-1=0$

이때 $e^t>0$이므로 $e^t=1+\sqrt{2}$ $\qquad\therefore$ $t=\ln(1+\sqrt{2})$

따라서 직선 AB의 기울기는

$\frac{e^t-e^{-t}}{t-(-t)}=\frac{2}{2t}=\frac{1}{t}=\frac{1}{\ln(1+\sqrt{2})}$

개념 Check

두 점 $\mathrm{A}(x_1,\ y_1)$, $\mathrm{B}(x_2,\ y_2)$가 곡선 $y=f(x)$ 위의 점일 때

(1) 점 A에서의 접선의 기울기는 $f'(x_1)$

(2) (직선 AB의 기울기)$=\frac{(y\text{의 값의 증가량})}{(x\text{의 값의 증가량})}$

$=\frac{f(x_2)-f(x_1)}{x_2-x_1}$

0786 답 $\frac{7}{9}$ | 유형 6

그림과 같이 한 변의 길이가 1인 정사각형 9개의 변을 붙여 만든 도형이 있다.
$\angle\mathrm{ABD}=\alpha$, $\angle\mathrm{CBD}=\beta$라 할 때, (단서1)
$\tan(\alpha-\beta)$의 값을 구하시오. (단서2)

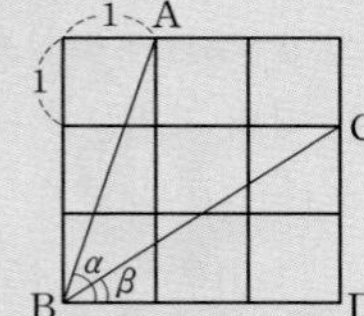

단서1 $\overline{\mathrm{AB}}$를 빗변으로 하는 직각삼각형은 밑변의 길이가 1, 높이가 3이고, $\overline{\mathrm{CB}}$를 빗변으로 하는 직각삼각형은 밑변의 길이가 3, 높이가 2이다.

단서2 $\tan(\alpha-\beta)=\frac{\tan\alpha-\tan\beta}{1+\tan\alpha\tan\beta}$

STEP 1 $\tan\alpha$, $\tan\beta$의 값 구하기

$\tan\alpha=\frac{3}{1}=3$, $\tan\beta=\frac{2}{3}$

STEP 2 $\tan(\alpha-\beta)$의 값 구하기

$\tan(\alpha-\beta)=\frac{\tan\alpha-\tan\beta}{1+\tan\alpha\tan\beta}=\frac{3-\frac{2}{3}}{1+3\times\frac{2}{3}}=\frac{7}{9}$

0787 답 ③

그림과 같이 점 P에서 선분 BC에 내린 수선의 발을 R라 하고, $\overline{\mathrm{QC}}=a$, $\angle\mathrm{PBR}=\alpha$, $\angle\mathrm{QBC}=\beta$라 하면

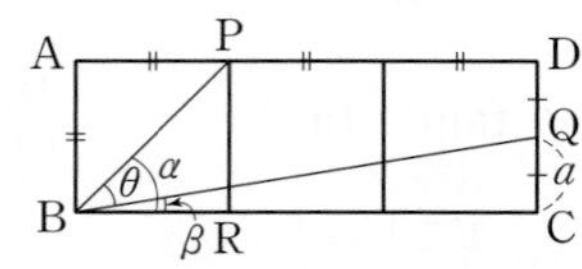

$\tan\alpha=\frac{2a}{2a}=1$, $\tan\beta=\frac{a}{6a}=\frac{1}{6}$

$\therefore$ $\tan\theta=\tan(\alpha-\beta)=\frac{\tan\alpha-\tan\beta}{1+\tan\alpha\tan\beta}$

$=\frac{1-\frac{1}{6}}{1+1\times\frac{1}{6}}=\frac{5}{7}$

0788 답 $\frac{24}{7}$

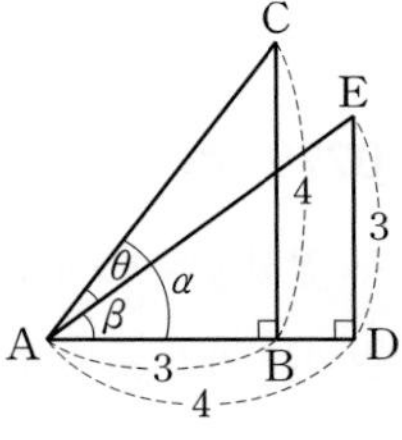

$\angle\mathrm{CAB}=\alpha$, $\angle\mathrm{EAD}=\beta$라 하면

$\tan\alpha=\frac{4}{3}$, $\tan\beta=\frac{3}{4}$이므로

$\tan\theta=\tan(\alpha-\beta)=\frac{\tan\alpha-\tan\beta}{1+\tan\alpha\tan\beta}$

$=\frac{\frac{4}{3}-\frac{3}{4}}{1+\frac{4}{3}\times\frac{3}{4}}=\frac{7}{24}$

$\therefore$ $\cot\theta=\frac{1}{\tan\theta}=\frac{24}{7}$

0789 답 ①

$\overline{\mathrm{AE}}:\overline{\mathrm{ED}}=3:1$이므로

$\overline{\mathrm{AE}}=3a$, $\overline{\mathrm{ED}}=a$ $(a>0)$라 하면

직각삼각형 CDE에서

$\overline{\mathrm{CD}}=\sqrt{(2\sqrt{5})^2-a^2}=\sqrt{20-a^2}$

직각삼각형 ACD에서

$\overline{\mathrm{CD}}=\sqrt{(4\sqrt{5})^2-(4a)^2}=\sqrt{80-16a^2}$

즉, $20-a^2=80-16a^2$이므로

$15a^2=60$, $a^2=4$ $\qquad\therefore$ $a=2$ ($\because$ $a>0$)

이때

$\overline{\mathrm{CD}}=\sqrt{20-2^2}=4$, $\overline{\mathrm{AD}}=4\times2=8$, $\overline{\mathrm{BD}}=\sqrt{10^2-8^2}=6$

이므로

$\sin\alpha=\frac{4}{5}$, $\cos\alpha=\frac{3}{5}$, $\sin\beta=\frac{1}{\sqrt{5}}$, $\cos\beta=\frac{2}{\sqrt{5}}$

$\therefore$ $\sin(\alpha-\beta)=\sin\alpha\cos\beta-\cos\alpha\sin\beta$

$=\frac{4}{5}\times\frac{2}{\sqrt{5}}-\frac{3}{5}\times\frac{1}{\sqrt{5}}=\frac{\sqrt{5}}{5}$

0790 답 $\frac{4\sqrt{21}-6}{25}$

$\overline{\mathrm{AB}}$가 원의 지름이므로

$\angle\mathrm{ACB}=\angle\mathrm{ADB}=90°$ → 지름에 대한 원주각의 크기는 90°이다.

$\overline{\mathrm{AD}}=\sqrt{10^2-6^2}=8$

$\overline{\mathrm{BC}}=\sqrt{10^2-4^2}=2\sqrt{21}$

$\angle\mathrm{DAB}=\alpha$, $\angle\mathrm{CBA}=\beta$라 하면

$\sin\alpha=\frac{3}{5}$, $\cos\alpha=\frac{4}{5}$, $\sin\beta=\frac{2}{5}$,

$\cos\beta=\frac{\sqrt{21}}{5}$

→ △ADP에서 $\angle\mathrm{PAD}=\frac{\pi}{2}-\theta$이므로 △ACQ에서 $\angle\mathrm{AQC}=\theta$

$\overline{\mathrm{AD}}$와 $\overline{\mathrm{BC}}$의 교점을 Q라 하면 $\angle\mathrm{AQC}=\theta=\alpha+\beta$이므로

$\cos\theta=\cos(\alpha+\beta)=\cos\alpha\cos\beta-\sin\alpha\sin\beta$

$=\frac{4}{5}\times\frac{\sqrt{21}}{5}-\frac{3}{5}\times\frac{2}{5}=\frac{4\sqrt{21}-6}{25}$

0791 답 13.6 m

그림과 같이 사람의 눈이 있는 지점을 A, 등대의 꼭대기와 밑부분을 각각 B, C라 하고 점 A에서 선분 BC에 내린 수선의 발을 D라 하자.

$$\tan\left(\theta-\frac{\pi}{4}\right)=\frac{\overline{CD}}{\overline{AD}}=\frac{1.6}{8}=\frac{1}{5}$$

이므로

$$\tan\theta=\tan\left\{\left(\theta-\frac{\pi}{4}\right)+\frac{\pi}{4}\right\}$$

$$=\frac{\tan\left(\theta-\frac{\pi}{4}\right)+\tan\frac{\pi}{4}}{1-\tan\left(\theta-\frac{\pi}{4}\right)\times\tan\frac{\pi}{4}}$$

$$=\frac{\frac{1}{5}+1}{1-\frac{1}{5}\times 1}=\frac{3}{2}$$

이때 △ABD에서 $\tan\theta=\frac{\overline{BD}}{\overline{AD}}=\frac{\overline{BD}}{8}=\frac{3}{2}$이므로

$\overline{BD}=12$

따라서 등대의 높이는

$\overline{BD}+\overline{CD}=12+1.6=13.6\,(\text{m})$

0792 답 20

$\angle PAO=\alpha$, $\angle PBO=\beta$라 하면

$\theta=\alpha-\beta$

$\tan\alpha=\frac{k}{10}$, $\tan\beta=\frac{k}{40}$이므로

$$\tan\theta=\tan(\alpha-\beta)=\frac{\tan\alpha-\tan\beta}{1+\tan\alpha\tan\beta}$$

$$=\frac{\frac{k}{10}-\frac{k}{40}}{1+\frac{k}{10}\times\frac{k}{40}}$$

$$=\frac{30k}{400+k^2}=\frac{30}{\frac{400}{k}+k}$$

여기에서 $\frac{400}{k}+k$가 최소이면 $\tan\theta$의 값이 최대가 된다.

$k>0$일 때 $\frac{400}{k}>0$이므로 산술평균과 기하평균의 관계에 의해

$$\frac{400}{k}+k\geq 2\sqrt{\frac{400}{k}\times k}=40$$

이때 등호는 $\frac{400}{k}=k$, 즉 $k^2=400$일 때 성립하므로

$k=20$ ($\because$ $k>0$)

다른 풀이

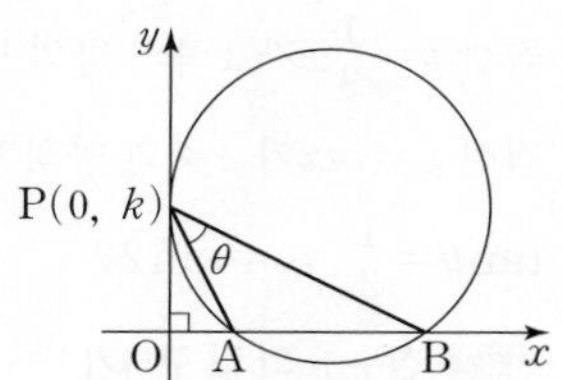

그림과 같이 두 점 A, B를 지나고 y축에 접하는 원을 그렸을 때, 점 P가 원과 y축의 접점에 위치하면 θ는 최대가 된다. 이때 $\tan\theta$의 값도 최대가 되므로

$\overline{OP}^2=\overline{OA}\times\overline{OB}$에서

$k^2=10\times 40=400$

$\therefore$ $k=20$ ($\because$ $k>0$)

개념 Check

산술평균과 기하평균의 관계

$a>0$, $b>0$일 때,

$\frac{a+b}{2}\geq\sqrt{ab}$ (단, 등호는 $a=b$일 때 성립)

실수 Check

각 θ에 대한 삼각비를 바로 구할 수 없으므로 두 직각삼각형 APO, BPO에서 ∠PAO와 ∠PBO의 차로 접근한다.

0793 답 ⑤

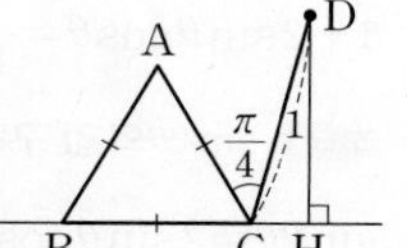

그림과 같이 점 D에서 직선 BC에 내린 수선의 발을 H라 하면 점 D와 직선 BC 사이의 거리는 선분 DH의 길이와 같다.

직각삼각형 DCH에서 $\overline{CD}=1$이므로

$$\overline{DH}=\overline{CD}\sin(\angle DCH)=\sin(\angle DCH)$$

$$=\sin\left\{\pi-\left(\frac{\pi}{3}+\frac{\pi}{4}\right)\right\}=\sin\left(\frac{\pi}{3}+\frac{\pi}{4}\right)$$

$$=\sin\frac{\pi}{3}\cos\frac{\pi}{4}+\cos\frac{\pi}{3}\sin\frac{\pi}{4}$$

$$=\frac{\sqrt{3}}{2}\times\frac{\sqrt{2}}{2}+\frac{1}{2}\times\frac{\sqrt{2}}{2}$$

$$=\frac{\sqrt{6}+\sqrt{2}}{4}$$

따라서 점 D와 직선 BC 사이의 거리는 $\frac{\sqrt{6}+\sqrt{2}}{4}$이다.

다른 풀이

$$\overline{DH}=\sin\left\{\pi-\left(\frac{\pi}{3}+\frac{\pi}{4}\right)\right\}=\sin\left(\frac{2\pi}{3}-\frac{\pi}{4}\right)$$

$$=\sin\frac{2\pi}{3}\cos\frac{\pi}{4}-\cos\frac{2\pi}{3}\sin\frac{\pi}{4}$$

$$=\frac{\sqrt{3}}{2}\times\frac{\sqrt{2}}{2}-\left(-\frac{1}{2}\right)\times\frac{\sqrt{2}}{2}$$

$$=\frac{\sqrt{6}+\sqrt{2}}{4}$$

0794 답 ③

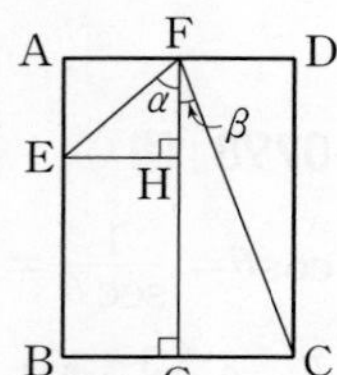

그림과 같이 점 F에서 선분 BC에 내린 수선의 발을 G, 점 E에서 선분 FG에 내린 수선의 발을 H라 하자.

$\angle EFH=\alpha$, $\angle CFG=\beta$라 하면

$\overline{EH}=\overline{AF}=\frac{1}{2}\overline{AD}=3$,

$\overline{FH}=\overline{AE}=\frac{1}{4}\overline{AB}=2$,

$\overline{FG}=\overline{AB}=8$, $\overline{GC}=\overline{DF}=3$이므로

$\tan\alpha=\frac{\overline{EH}}{\overline{FH}}=\frac{3}{2}$, $\tan\beta=\frac{\overline{GC}}{\overline{FG}}=\frac{3}{8}$

이때 $\theta=\alpha+\beta$이므로

$$\tan\theta=\tan(\alpha+\beta)=\frac{\tan\alpha+\tan\beta}{1-\tan\alpha\tan\beta}$$

$$=\frac{\frac{3}{2}+\frac{3}{8}}{1-\frac{3}{2}\times\frac{3}{8}}=\frac{\frac{15}{8}}{\frac{7}{16}}=\frac{30}{7}$$

0795 답 $-\frac{7}{16}$ | 유형7

$\sin\theta+\cos\theta=\frac{3}{4}$일 때, $\sin 2\theta$의 값을 구하시오.

단서1 $(\sin\theta+\cos\theta)^2=1+2\sin\theta\cos\theta$
단서2 $\sin 2\theta=\sin(\theta+\theta)=2\sin\theta\cos\theta$

STEP1 $\sin\theta+\cos\theta=\frac{3}{4}$**을 제곱하여** $2\sin\theta\cos\theta$**의 값 구하기**

$\sin\theta+\cos\theta=\frac{3}{4}$의 양변을 제곱하면

$\sin^2\theta+2\sin\theta\cos\theta+\cos^2\theta=\frac{9}{16}$

$1+2\sin\theta\cos\theta=\frac{9}{16}$ $\quad\therefore 2\sin\theta\cos\theta=-\frac{7}{16}$

STEP2 $\sin 2\theta$**의 값 구하기**

$\sin 2\theta=2\sin\theta\cos\theta=-\frac{7}{16}$

0796 답 ④

$3\sin\theta-\cos\theta=0$에서

$\frac{\sin\theta}{\cos\theta}=\frac{1}{3}$ $\quad\therefore \tan\theta=\frac{1}{3}$

$\therefore \tan 2\theta=\frac{2\tan\theta}{1-\tan^2\theta}=\frac{2\times\frac{1}{3}}{1-\left(\frac{1}{3}\right)^2}=\frac{3}{4}$

0797 답 $\frac{1-3\sqrt{7}}{8}$

$\frac{\pi}{2}<\theta<\pi$에서 $\cos\theta<0$이므로

$\cos\theta=-\sqrt{1-\sin^2\theta}=-\sqrt{1-\left(\frac{3}{4}\right)^2}=-\frac{\sqrt{7}}{4}$

$\therefore \sin 2\theta-\cos 2\theta$

$=2\sin\theta\cos\theta-(1-2\sin^2\theta)$

$=2\times\frac{3}{4}\times\left(-\frac{\sqrt{7}}{4}\right)-\left\{1-2\times\left(\frac{3}{4}\right)^2\right\}$

$=\frac{1-3\sqrt{7}}{8}$

0798 답 ⑤

$\cos\theta=\frac{1}{\sec\theta}=-\frac{1}{\sqrt{5}}$

$\frac{\pi}{2}<\theta<\frac{3}{4}\pi$에서 $\sin\theta>0$이므로

$\sin\theta=\sqrt{1-\cos^2\theta}=\sqrt{1-\left(-\frac{1}{\sqrt{5}}\right)^2}=\frac{2}{\sqrt{5}}$

$\therefore \sin 2\theta=2\sin\theta\cos\theta=2\times\frac{2}{\sqrt{5}}\times\left(-\frac{1}{\sqrt{5}}\right)=-\frac{4}{5}$

$\therefore \csc 2\theta=\frac{1}{\sin 2\theta}=-\frac{5}{4}$

0799 답 ①

$\cos 4\theta=\cos(2\theta+2\theta)=\cos^2 2\theta-\sin^2 2\theta$

$\quad=1-2\sin^2 2\theta=1-8\sin^2\theta\cos^2\theta$

$\sin\theta+\cos\theta=\frac{1}{2}$의 양변을 제곱하면

$\sin^2\theta+2\sin\theta\cos\theta+\cos^2\theta=\frac{1}{4}$

$1+2\sin\theta\cos\theta=\frac{1}{4}$

$\therefore \sin\theta\cos\theta=-\frac{3}{8}$

$\therefore \sin 2\theta+\cos 4\theta=2\sin\theta\cos\theta+1-8\sin^2\theta\cos^2\theta$

$\quad=2\times\left(-\frac{3}{8}\right)+1-8\times\left(-\frac{3}{8}\right)^2=-\frac{7}{8}$

0800 답 -8

$y=\cos 2x+4\sin x-3$

$\quad=(1-2\sin^2 x)+4\sin x-3$

$\quad=-2\sin^2 x+4\sin x-2$

$\quad=-2(\sin x-1)^2$

이때 $-1\le\sin x\le 1$이므로 주어진 함수는

$\sin x=1$일 때 최댓값 0, $\sin x=-1$일 때 최솟값 -8을 갖는다.

따라서 $M=0$, $m=-8$이므로

$M+m=0+(-8)=-8$

0801 답 ②

$y=\cos 2x+\sin^2 x+4\sin\left(\frac{\pi}{2}+x\right)+k$

$\quad=2\cos^2 x-1+\sin^2 x+4\cos x+k$

$\quad=\cos^2 x+4\cos x+k$ ← $\sin^2 x+\cos^2 x=1$에서 $-1+\sin^2 x=-\cos^2 x$

$\quad=(\cos x+2)^2+k-4$

이때 $-1\le\cos x\le 1$이므로 주어진 함수는

$\cos x=-1$일 때 최솟값 $1+k-4$를 갖는다.

따라서 $1+k-4=-3$이므로 $k=0$

0802 답 ③ | 유형8

그림과 같이 직선 $y=mx$가 x축의 양의 방향과 이루는 예각을 직선 $y=\frac{1}{3}x$가 이등분할 때, 상수 m의 값은? 단서1

① $\frac{1}{2}$ ② $\frac{2}{3}$ ③ $\frac{3}{4}$
④ $\frac{4}{5}$ ⑤ $\frac{5}{6}$

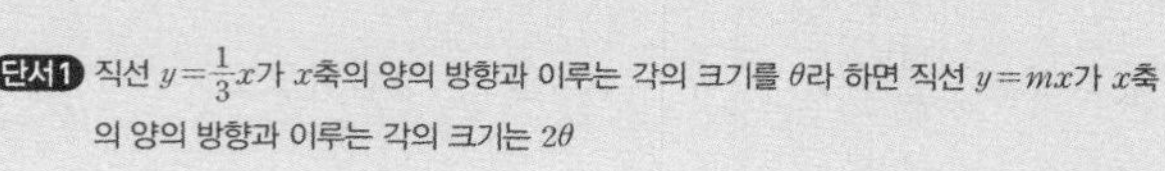
단서1 직선 $y=\frac{1}{3}x$가 x축의 양의 방향과 이루는 각의 크기를 θ라 하면 직선 $y=mx$가 x축의 양의 방향과 이루는 각의 크기는 2θ

STEP1 직선의 기울기를 $\tan$ **함수로 나타내기**

직선 $y=\frac{1}{3}x$가 x축의 양의 방향과 이루는 각의 크기를 θ라 하면 직선 $y=mx$가 x축의 양의 방향과 이루는 각의 크기는 2θ이므로

$\tan\theta=\frac{1}{3}$, $m=\tan 2\theta$

STEP2 상수 m**의 값 구하기**

$m=\tan 2\theta=\frac{2\tan\theta}{1-\tan^2\theta}=\frac{2\times\frac{1}{3}}{1-\left(\frac{1}{3}\right)^2}=\frac{3}{4}$

0803 답 50 m

두 점 A, B에서 지면에 내린 수선의 발을 각각 A′, B′이라 하고 두 기둥 사이의 거리를 x m, $\angle BPB'=\theta\left(0<\theta<\frac{\pi}{2}\right)$라 하면

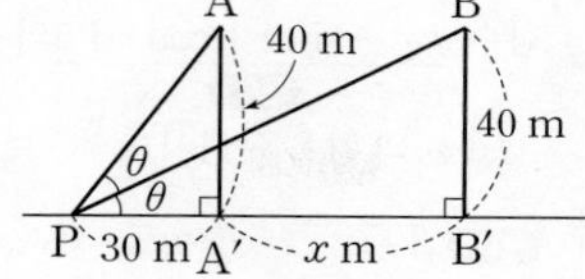

$\tan(\angle BPB')=\tan\theta=\frac{40}{30+x}$, $\tan(\angle APA')=\tan 2\theta=\frac{4}{3}$

$\tan 2\theta=\frac{2\tan\theta}{1-\tan^2\theta}$에서 $\frac{2\tan\theta}{1-\tan^2\theta}=\frac{4}{3}$이므로

$2\tan^2\theta+3\tan\theta-2=0$, $(\tan\theta+2)(2\tan\theta-1)=0$

$\therefore \tan\theta=\frac{1}{2}$ ($\because \tan\theta>0$)

즉, $\frac{40}{30+x}=\frac{1}{2}$이므로

$30+x=80 \qquad \therefore x=50$

따라서 두 기둥 사이의 거리는 50 m이다.

0804 답 $\frac{5}{13}$

$\angle ABD=\angle BAD=\theta$라 하면 $\tan\theta=\frac{\overline{BC}}{\overline{AC}}=\frac{2}{3}$

$\angle BDC=2\theta$이므로

$\tan 2\theta=\frac{2\tan\theta}{1-\tan^2\theta}=\frac{2\times\frac{2}{3}}{1-\left(\frac{2}{3}\right)^2}=\frac{12}{5}$

이때 $0<2\theta<\frac{\pi}{2}$이므로 $\sec 2\theta>0$

$\therefore \sec 2\theta=\sqrt{1+\tan^2 2\theta}=\sqrt{1+\left(\frac{12}{5}\right)^2}=\frac{13}{5}$

$\therefore \cos(\angle BDC)=\cos 2\theta=\frac{1}{\sec 2\theta}=\frac{5}{13}$

다른 풀이

$\tan 2\theta=\frac{12}{5}$이므로 $|\cos 2\theta|=\frac{5}{13}$

이때 $0<2\theta<\frac{\pi}{2}$이므로 $\cos 2\theta>0$

$\therefore \cos(\angle BDC)=\cos 2\theta=\frac{5}{13}$

0805 답 ④

$x-y=\frac{\pi}{2}$이므로

$\overline{PQ}^2=(x-y)^2+(\sin x+\sin y)^2$ ← $y=x-\frac{\pi}{2}$이므로 $\sin\left(-\frac{\pi}{2}+x\right)=-\cos x$

$=\left(\frac{\pi}{2}\right)^2+(\sin x-\cos x)^2$

$=\frac{\pi^2}{4}+\sin^2 x+\cos^2 x-2\sin x\cos x$

$=\frac{\pi^2}{4}+1-2\sin x\cos x$

$=\frac{\pi^2}{4}+1-\sin 2x$

$0\le x\le\pi$에서 $-1\le\sin 2x\le 1$이므로

$\frac{\pi^2}{4}\le\frac{\pi^2}{4}+1-\sin 2x\le\frac{\pi^2}{4}+2$

따라서 $\overline{PQ}^2$의 최댓값은 $\frac{\pi^2}{4}+2$이다.

0806 답 ④

$\overline{OC}\perp\overline{PQ}$이므로 직각삼각형 OPC에서

$\overline{PC}=\overline{OC}\times\tan\theta=6\tan\theta$

직각삼각형 OQC에서 $\angle QOC=\frac{\pi}{2}-\theta$이므로

$\overline{CQ}=\overline{OC}\times\tan\left(\frac{\pi}{2}-\theta\right)$

$=6\tan\left(\frac{\pi}{2}-\theta\right)=6\cot\theta$

$\overline{PQ}=\overline{PC}+\overline{CQ}=15$이므로

$6\tan\theta+6\cot\theta=15$에서

$6\tan\theta+\frac{6}{\tan\theta}=15$, $2\tan^2\theta-5\tan\theta+2=0$

$(2\tan\theta-1)(\tan\theta-2)=0$

이때 $0<\theta<\frac{\pi}{4}$에서 $0<\tan\theta<1$이므로 $\tan\theta=\frac{1}{2}$

$\therefore \frac{1}{2}\tan 2\theta=\frac{1}{2}\times\frac{2\tan\theta}{1-\tan^2\theta}=\frac{1}{2}\times\frac{2\times\frac{1}{2}}{1-\left(\frac{1}{2}\right)^2}=\frac{2}{3}$

다른 풀이

$\overline{CP}=x$라 하면 $\overline{CQ}=15-x$

$\angle QOC=\frac{\pi}{2}-\theta$이므로 $\angle OQC=\theta$

$\triangle OCP$에서 $\tan\theta=\frac{x}{6}$이고, $\triangle OCQ$에서 $\tan\theta=\frac{6}{15-x}$이므로

$\frac{x}{6}=\frac{6}{15-x}$에서 $x(15-x)=36$, $x^2-15x+36=0$

$(x-12)(x-3)=0 \qquad \therefore x=3$ ($\because \overline{CP}<\overline{QC}$)

따라서 $\tan\theta=\frac{3}{6}=\frac{1}{2}$이므로

$\frac{1}{2}\tan 2\theta=\frac{1}{2}\times\frac{2\tan\theta}{1-\tan^2\theta}=\frac{1}{2}\times\frac{2\times\frac{1}{2}}{1-\left(\frac{1}{2}\right)^2}=\frac{2}{3}$

실수 Check

각 2θ의 삼각함수의 값을 구하려면 각 θ의 삼각함수의 값을 먼저 구해야 한다.

0807 답 $\frac{5\sqrt{3}}{14}$

그림과 같이 점 D에서 선분 AB에 내린 수선의 발을 E라 하고, $\overline{OA}=\overline{OB}=4a$라 하면

$\overline{OD}=\overline{OA}\cos\frac{\pi}{3}=2a$

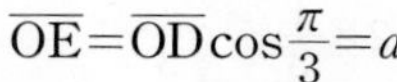

$\overline{OE}=\overline{OD}\cos\frac{\pi}{3}=a$

$\overline{DE}=\overline{OD}\sin\frac{\pi}{3}=\sqrt{3}a$

직각삼각형 BDE에서 $\overline{BE}=4a+a=5a$이므로 ← $\overline{BE}=\overline{BO}+\overline{OE}$

$\overline{BD}=\sqrt{\overline{BE}^2+\overline{DE}^2}=\sqrt{(5a)^2+(\sqrt{3}a)^2}=2\sqrt{7}a$

따라서

$\sin\theta=\frac{\overline{DE}}{\overline{BD}}=\frac{\sqrt{3}a}{2\sqrt{7}a}=\frac{\sqrt{21}}{14}$, $\cos\theta=\frac{\overline{BE}}{\overline{BD}}=\frac{5a}{2\sqrt{7}a}=\frac{5\sqrt{7}}{14}$

이므로

$\sin 2\theta = 2\sin\theta\cos\theta$

$= 2\times\frac{\sqrt{21}}{14}\times\frac{5\sqrt{7}}{14} = \frac{5\sqrt{3}}{14}$

실수 Check

삼각함수의 값은 직각삼각형에서 구할 수 있으므로 보조선 DE를 그어서 직각삼각형을 만들어야 한다.

Plus 문제

0807-1

그림과 같이 선분 AB를 지름으로 하는 원 O에서 $\angle AOC = \frac{\pi}{4}$, $\overline{OC}\perp\overline{AD}$이다. $\angle ABD = \theta$라 할 때, $\cos 2\theta$의 값을 구하시오.

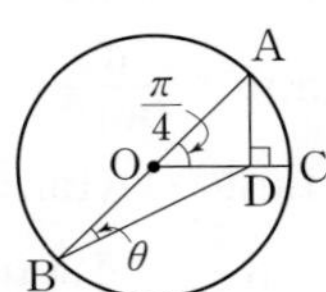

그림과 같이 점 D에서 선분 AB에 내린 수선의 발을 E라 하고 $\overline{OA} = \overline{OB} = 2a$라 하면

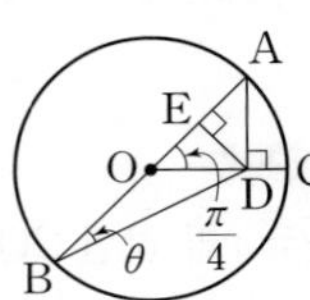

$\overline{OD} = \overline{OA}\cos\frac{\pi}{4} = \sqrt{2}a$

$\overline{OE} = \overline{OD}\cos\frac{\pi}{4} = a$

$\overline{DE} = \overline{OD}\sin\frac{\pi}{4} = a$

직각삼각형 BDE에서 $\overline{BE} = 2a + a = 3a$이므로

$\overline{BD} = \sqrt{\overline{BE}^2 + \overline{DE}^2} = \sqrt{(3a)^2 + (a)^2} = \sqrt{10}a$

따라서 $\cos\theta = \frac{\overline{BE}}{\overline{BD}} = \frac{3a}{\sqrt{10}a} = \frac{3}{\sqrt{10}}$이므로

$\cos 2\theta = 2\cos^2\theta - 1 = 2\times\left(\frac{3}{\sqrt{10}}\right)^2 - 1 = \frac{4}{5}$

답 $\frac{4}{5}$

0808 답 ⑤

$\angle ABE = \angle FBE = \theta$라 하면

$\overline{AE} = \overline{AB}\tan(\angle ABE) = \tan\theta$이므로

$\triangle ABE = \frac{1}{2}\times 1\times\tan\theta = \frac{1}{2}\tan\theta$

$\square ABFE = 2\triangle ABE = \frac{1}{3}$이므로

$\frac{1}{3} = 2\times\frac{1}{2}\tan\theta \quad \therefore \tan\theta = \frac{1}{3}$

$\therefore \tan(\angle ABF) = \tan 2\theta = \frac{2\tan\theta}{1-\tan^2\theta} = \frac{2\times\frac{1}{3}}{1-\left(\frac{1}{3}\right)^2} = \frac{3}{4}$

다른 풀이

$\square ABFE = 2\triangle ABE = 2\times\left(\frac{1}{2}\times 1\times\overline{AE}\right) = \overline{AE}$

즉, $\overline{AE} = \frac{1}{3}$이므로 직각삼각형 ABE에서 $\angle ABE = \theta$라 하면

$\tan\theta = \frac{\overline{AE}}{\overline{AB}} = \frac{1}{3}$

0809 답 10

함수 $y = -\sin x + \cos x + 5$의 최댓값을 M, 최솟값을 m이라 할 때, $M + m$의 값을 구하시오.
(단서1: $y = -\sin x + \cos x + 5$, 단서2: 최댓값을 M, 최솟값을 m)

단서1 $\sqrt{(-1)^2+1^2} = \sqrt{2}$이므로 $-\sin x + \cos x = \sqrt{2}\left(-\frac{1}{\sqrt{2}}\sin x + \frac{1}{\sqrt{2}}\cos x\right)$

단서2 $-1 \le \sin x \le 1$이므로 $-a+b \le a\sin x + b \le a+b$ (단, $a>0$)

STEP 1 주어진 함수를 sin 함수를 이용하여 나타내기

$y = -\sin x + \cos x + 5$

$= \sqrt{2}\left(-\frac{1}{\sqrt{2}}\sin x + \frac{1}{\sqrt{2}}\cos x\right) + 5$

→ $\cos\theta = -\frac{1}{\sqrt{2}}$이고 $\sin\theta = \frac{1}{\sqrt{2}}$인 각 θ의 값은 $\theta = \frac{3}{4}\pi$이다.

$= \sqrt{2}\left(\cos\frac{3}{4}\pi\sin x + \sin\frac{3}{4}\pi\cos x\right) + 5$

$= \sqrt{2}\sin\left(x + \frac{3}{4}\pi\right) + 5$

STEP 2 함수의 최댓값, 최솟값을 구하여 $M + m$의 값 구하기

$-1 \le \sin\left(x + \frac{3}{4}\pi\right) \le 1$이므로

$-\sqrt{2} + 5 \le \sqrt{2}\sin\left(x + \frac{3}{4}\pi\right) + 5 \le \sqrt{2} + 5$

따라서 $M = \sqrt{2} + 5$, $m = -\sqrt{2} + 5$이므로

$M + m = (\sqrt{2} + 5) + (-\sqrt{2} + 5) = 10$

0810 답 $\frac{65}{12}$

$5\sin\theta + 12\cos\theta = 13\left(\frac{5}{13}\sin\theta + \frac{12}{13}\cos\theta\right)$

$= 13\sin(\theta + \alpha)$ $\left(\text{단, } \sin\alpha = \frac{12}{13}, \cos\alpha = \frac{5}{13}\right)$

$\therefore r = 13$

이때 $\cot\alpha = \frac{\cos\alpha}{\sin\alpha} = \frac{\frac{5}{13}}{\frac{12}{13}} = \frac{5}{12}$이므로

$r\cot\alpha = 13\times\frac{5}{12} = \frac{65}{12}$

0811 답 ②

$y = 3\sin x + 4\cos x - 2$

$= 5\left(\frac{3}{5}\sin x + \frac{4}{5}\cos x\right) - 2$

$= 5\sin(x + \alpha) - 2$ $\left(\text{단, } \sin\alpha = \frac{4}{5}, \cos\alpha = \frac{3}{5}\right)$

ㄱ. 주어진 함수의 주기는 2π이다. (참)

ㄴ. $-1 \le \sin(x + \alpha) \le 1$이므로

$-7 \le 5\sin(x + \alpha) - 2 \le 3$

즉, 최댓값은 3이다. (참)

ㄷ. 최솟값은 -7이다. (거짓)

따라서 옳은 것은 ㄱ, ㄴ이다.

0812 답 ⑤

$y = \cos x + \sqrt{3}\sin x$

$= 2\left(\frac{1}{2}\cos x + \frac{\sqrt{3}}{2}\sin x\right)$

$=2\left(\sin\frac{\pi}{6}\cos x+\cos\frac{\pi}{6}\sin x\right)$

$=2\sin\left(x+\frac{\pi}{6}\right)$

따라서 함수 $y=\cos x+\sqrt{3}\sin x$의 그래프는 함수 $y=2\sin x$의 그래프를 x축의 방향으로 $-\frac{\pi}{6}$만큼 평행이동한 것이므로

$a=2,\ b=-\frac{\pi}{6}$

$\therefore\ ab=2\times\left(-\frac{\pi}{6}\right)=-\frac{\pi}{3}$

0813 답 1

$f(x)=4a\cos\theta+3a\sin\theta$

$=5a\left(\frac{4}{5}\cos\theta+\frac{3}{5}\sin\theta\right)$

$=5a\sin(\theta+\alpha)$ $\left(\text{단, }\sin\alpha=\frac{4}{5},\ \cos\alpha=\frac{3}{5}\right)$

이때 $a>0$이고 $-1\le\sin(\theta+\alpha)\le1$이므로

$-5a\le5a\sin(\theta+\alpha)\le5a$

즉, $f(x)$의 최댓값이 $5a$이므로

$5a=5\qquad\therefore\ a=1$

0814 답 ⑤

$\sqrt{3}\cos\theta-\sin\theta=2\left(\frac{\sqrt{3}}{2}\cos\theta-\frac{1}{2}\sin\theta\right)$

$=2\left(\cos\frac{\pi}{6}\cos\theta-\sin\frac{\pi}{6}\sin\theta\right)$

$=2\cos\left(\theta+\frac{\pi}{6}\right)$

즉, $2\cos\left(\theta+\frac{\pi}{6}\right)=\frac{1}{2}$이므로

$\cos\left(\theta+\frac{\pi}{6}\right)=\frac{1}{4}$

$0<\theta<\frac{\pi}{2}$에서 $\frac{\pi}{6}<\theta+\frac{\pi}{6}<\frac{2}{3}\pi$이므로

$\sin\left(\theta+\frac{\pi}{6}\right)>0$

$\therefore\ \sin\left(\theta+\frac{\pi}{6}\right)=\sqrt{1-\cos^2\left(\theta+\frac{\pi}{6}\right)}$

$=\sqrt{1-\left(\frac{1}{4}\right)^2}$

$=\frac{\sqrt{15}}{4}$

0815 답 10

$\angle\text{APB}=90°$이므로 $\angle\text{PAB}=\theta$라 하면

$\overline{\text{AP}}=\cos\theta,\ \overline{\text{PB}}=\sin\theta$

$\therefore\ 8\overline{\text{AP}}+6\overline{\text{PB}}=8\cos\theta+6\sin\theta$

$=10\left(\frac{4}{5}\cos\theta+\frac{3}{5}\sin\theta\right)$

$=10\sin(\theta+\alpha)$ $\left(\text{단, }\sin\alpha=\frac{4}{5},\ \cos\alpha=\frac{3}{5}\right)$

$0<\theta<\frac{\pi}{2}$에서 $\alpha<\theta+\alpha<\frac{\pi}{2}+\alpha$이므로

$8\overline{\text{AP}}+6\overline{\text{PB}}$는 $\sin(\theta+\alpha)=1$일 때, 최댓값 10을 갖는다.

0816 답 ②

$g(x)=t$라 하면

$t=\sin x-\cos x=\sqrt{2}\left(\frac{\sqrt{2}}{2}\sin x-\frac{\sqrt{2}}{2}\cos x\right)$

$=\sqrt{2}\sin\left(x-\frac{\pi}{4}\right)$

이므로 $-\sqrt{2}\le t\le\sqrt{2}$

$(f\circ g)(x)=f(g(x))=f(t)$

$=t^2-3t-1$

$=\left(t-\frac{3}{2}\right)^2-\frac{13}{4}$

따라서 함수 $f(t)$는 $t=-\sqrt{2}$일 때 최댓값 $1+3\sqrt{2}$, $t=\sqrt{2}$일 때 최솟값 $1-3\sqrt{2}$를 가지므로 구하는 합은

$(1+3\sqrt{2})+(1-3\sqrt{2})=2$

실수 Check

$g(x)$의 치역이 $f(x)$의 정의역이 됨을 알고, $g(x)=t$로 치환하면 간단한 이차함수의 최대 · 최소 문제가 된다.

0817 답 ①

사각형 OACB가 평행사변형이므로

$f(\theta)=2\triangle\text{OAB}$

$=2\times\frac{1}{2}\times\overline{\text{OA}}\times\overline{\text{OB}}\sin\theta$

$=2\times\frac{1}{2}\times1\times\sqrt{\cos^2\theta+\sin^2\theta}\times\sin\theta$

$=\sin\theta$

점 C의 좌표를 $(a,\ b)$라 하면 그림과 같이 평행사변형 OACB의 두 대각선 AB와 OC의 중점은 일치하므로

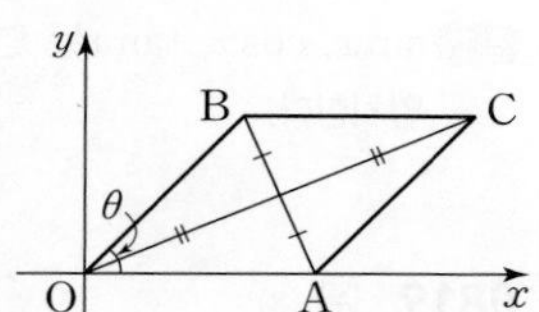

$\frac{\cos\theta+1}{2}=\frac{a}{2},\ \frac{\sin\theta}{2}=\frac{b}{2}$

$a=\cos\theta+1,\ b=\sin\theta$

$\therefore\ \text{C}(\cos\theta+1,\ \sin\theta)$ ← $\overline{\text{OA}}=\overline{\text{BC}}$이고 $\overline{\text{OA}}\,/\!/\,\overline{\text{BC}}$이므로 점 C는 점 B$(\cos\theta,\ \sin\theta)$를 x축의 방향으로 1만큼 평행이동한 점이다.

$\therefore\ g(\theta)=\overline{\text{OC}}^2=(\cos\theta+1)^2+\sin^2\theta$

$=1+2\cos\theta+\cos^2\theta+\sin^2\theta$

$=2+2\cos\theta$

$f(\theta)+g(\theta)=\sin\theta+(2+2\cos\theta)$

$=2\cos\theta+\sin\theta+2$

$=\sqrt{5}\left(\frac{2\sqrt{5}}{5}\cos\theta+\frac{\sqrt{5}}{5}\sin\theta\right)+2$

$=\sqrt{5}\sin(\theta+\alpha)+2$

$\left(\text{단, }\sin\alpha=\frac{2\sqrt{5}}{5},\ \cos\alpha=\frac{\sqrt{5}}{5}\right)$

이때 $0<\sin(\theta+\alpha)\le1$이므로

$2<\sqrt{5}\sin(\theta+\alpha)+2\le2+\sqrt{5}$

따라서 $f(\theta)+g(\theta)$의 최댓값은 $2+\sqrt{5}$이다.

실수 Check

평행사변형의 두 대각선은 서로 다른 것을 이등분함을 이용하여 점 C의 좌표를 θ에 대한 식으로 나타낸다.

개념 Check

삼각형의 두 변의 길이와 그 끼인각의 크기를 알 때 △ABC의 넓이는

$\frac{1}{2}ab\sin C=\frac{1}{2}bc\sin A$
$=\frac{1}{2}ca\sin B$

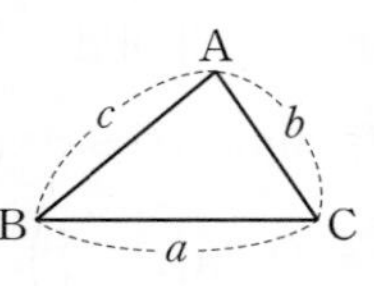

0818 답 ②

| 유형 10

$\lim_{x\to\frac{\pi}{3}}\frac{\sin x-\cos x}{1-\tan x}$의 값은?

단서1

① $-\frac{3}{4}$ ② $-\frac{1}{2}$ ③ 1
④ $\frac{1}{4}$ ⑤ $\frac{1}{2}$

단서1 $\tan x=\frac{\sin x}{\cos x}$이므로 $1-\tan x=\frac{\cos x-\sin x}{\cos x}$

STEP 1 식을 간단히 하여 주어진 극한값 구하기

$$\lim_{x\to\frac{\pi}{3}}\frac{\sin x-\cos x}{1-\tan x}=\lim_{x\to\frac{\pi}{3}}\frac{\sin x-\cos x}{1-\frac{\sin x}{\cos x}}$$
$$=\lim_{x\to\frac{\pi}{3}}\frac{\sin x-\cos x}{\frac{\cos x-\sin x}{\cos x}}$$
$$=\lim_{x\to\frac{\pi}{3}}(-\cos x)$$
$$=-\frac{1}{2}$$

참고 $\sin x$, $\cos x$, $\tan x$는 연속함수이고 $x=a$에서의 극한값과 함숫값이 일치한다.

0819 답 ③

$$\lim_{x\to\frac{\pi}{12}}\sin 2x=\sin\frac{\pi}{6}=\frac{1}{2}$$

0820 답 ①

$$\lim_{x\to\frac{\pi}{6}}\frac{\cos^2 x}{\sin x-1}=\lim_{x\to\frac{\pi}{6}}\frac{1-\sin^2 x}{\sin x-1}$$
$$=\lim_{x\to\frac{\pi}{6}}\frac{(1+\sin x)(1-\sin x)}{\sin x-1}$$
$$=\lim_{x\to\frac{\pi}{6}}\{(1+\sin x)\times(-1)\}$$
$$=-\left(1+\sin\frac{\pi}{6}\right)=-\frac{3}{2}$$

0821 답 ④

$$\lim_{x\to\frac{\pi}{2}}\frac{1-\sin x}{2\cos^2 x}=\lim_{x\to\frac{\pi}{2}}\frac{1-\sin x}{2(1-\sin^2 x)}$$
$$=\lim_{x\to\frac{\pi}{2}}\frac{1-\sin x}{2(1+\sin x)(1-\sin x)}$$
$$=\lim_{x\to\frac{\pi}{2}}\frac{1}{2(1+\sin x)}=\frac{1}{2\times 2}=\frac{1}{4}$$

0822 답 ②

$$\lim_{x\to\frac{3}{4}\pi}\frac{1-\tan^2 x}{\sin x+\cos x}=\lim_{x\to\frac{3}{4}\pi}\frac{\frac{\cos^2 x-\sin^2 x}{\cos^2 x}}{\sin x+\cos x}$$
$$=\lim_{x\to\frac{3}{4}\pi}\frac{(\cos x+\sin x)(\cos x-\sin x)}{(\sin x+\cos x)\cos^2 x}$$
$$=\lim_{x\to\frac{3}{4}\pi}\frac{\cos x-\sin x}{\cos^2 x}$$
$$=\frac{-\frac{\sqrt{2}}{2}-\frac{\sqrt{2}}{2}}{\left(-\frac{\sqrt{2}}{2}\right)^2}=-2\sqrt{2}$$

0823 답 ①

$$\lim_{x\to 0}\frac{\csc x-\cot x}{\sin x}=\lim_{x\to 0}\frac{\frac{1}{\sin x}-\frac{\cos x}{\sin x}}{\sin x}$$
$$=\lim_{x\to 0}\frac{1-\cos x}{\sin^2 x}$$
$$=\lim_{x\to 0}\frac{1-\cos x}{1-\cos^2 x}$$
$$=\lim_{x\to 0}\frac{1-\cos x}{(1-\cos x)(1+\cos x)}$$
$$=\lim_{x\to 0}\frac{1}{1+\cos x}=\frac{1}{1+1}=\frac{1}{2}$$

다른 풀이

$$\lim_{x\to 0}\frac{\csc x-\cot x}{\sin x}=\lim_{x\to 0}\frac{(\csc x-\cot x)(\csc x+\cot x)}{\sin x(\csc x+\cot x)}$$
$$=\lim_{x\to 0}\frac{\csc^2 x-\cot^2 x}{\sin x\left(\frac{1}{\sin x}+\frac{\cos x}{\sin x}\right)}$$
$$=\lim_{x\to 0}\frac{1}{1+\cos x}=\frac{1}{2}$$

0824 답 ②

$$\lim_{x\to\frac{\pi}{2}}(\tan x-\sec x)=\lim_{x\to\frac{\pi}{2}}\left(\frac{\sin x}{\cos x}-\frac{1}{\cos x}\right)$$
$$=\lim_{x\to\frac{\pi}{2}}\frac{\sin x-1}{\cos x}$$
$$=\lim_{x\to\frac{\pi}{2}}\frac{(\sin x-1)(\sin x+1)}{\cos x(\sin x+1)}$$
$$=\lim_{x\to\frac{\pi}{2}}\frac{\sin^2 x-1}{\cos x(\sin x+1)}$$
$$=\lim_{x\to\frac{\pi}{2}}\frac{-\cos^2 x}{\cos x(\sin x+1)}$$
$$=\lim_{x\to\frac{\pi}{2}}\frac{-\cos x}{\sin x+1}=\frac{0}{1+1}=0$$

0825 답 4

$$\lim_{x\to 0}\frac{\cos 2x-1}{\cos x-1}=\lim_{x\to 0}\frac{(2\cos^2 x-1)-1}{\cos x-1}$$
$$=\lim_{x\to 0}\frac{2(\cos x-1)(\cos x+1)}{\cos x-1}$$
$$=\lim_{x\to 0}2(\cos x+1)=2\times 2=4$$

0826 답 ⑤

$$\lim_{x\to\frac{\pi}{2}}\left(\csc x-\frac{\cos x}{\tan x}\right)=\lim_{x\to\frac{\pi}{2}}\left(\frac{1}{\sin x}-\frac{\cos^2 x}{\sin x}\right)$$
$$=\lim_{x\to\frac{\pi}{2}}\frac{1-\cos^2 x}{\sin x}$$
$$=\lim_{x\to\frac{\pi}{2}}\frac{\sin^2 x}{\sin x}$$
$$=\lim_{x\to\frac{\pi}{2}}\sin x=1$$

0827 답 ③ | 유형 11

$\lim_{x\to 0}\frac{(x^2+2x)\sin 3x}{x^2}$의 값은?
단서1

① 2 ② 4 ③ 6
④ 8 ⑤ 10

단서1 $\frac{(x^2+2x)\sin 3x}{x^2}=\frac{x^2+2x}{x}\times\frac{\sin 3x}{x}$

STEP 1 $\lim_{x\to 0}\frac{\sin 3x}{3x}=1$임을 이용하여 주어진 극한값 구하기

$$\lim_{x\to 0}\frac{(x^2+2x)\sin 3x}{x^2}=\lim_{x\to 0}\frac{x(x+2)\sin 3x}{x^2}$$
$$=\lim_{x\to 0}\frac{(x+2)\sin 3x}{x}$$
$$=\lim_{x\to 0}\left\{(x+2)\times\frac{\sin 3x}{3x}\times 3\right\}$$
$$=2\times 3=6$$

0828 답 5

$$\lim_{x\to 0}\frac{\sin 5x}{x}=\lim_{x\to 0}\left(\frac{\sin 5x}{5x}\times 5\right)$$
$$=1\times 5=5$$

0829 답 ④

$$\lim_{x\to 0}\frac{\sin(5x^3+3x^2+4x)}{3x^3+x^2+2x}$$
$$=\lim_{x\to 0}\left\{\frac{\sin(5x^3+3x^2+4x)}{5x^3+3x^2+4x}\times\frac{5x^3+3x^2+4x}{3x^3+x^2+2x}\right\}$$
$$=1\times 2=2$$

$\lim_{x\to 0}\frac{5x^3+3x^2+4x}{3x^3+x^2+2x}=\lim_{x\to 0}\frac{5x^2+3x+4}{3x^2+x+2}$
$=\frac{4}{2}=2$

0830 답 $\frac{1}{2}$

$$\lim_{x\to 0}\frac{e^{2x}-1}{\sin 4x}=\lim_{x\to 0}\left(\frac{e^{2x}-1}{2x}\times\frac{4x}{\sin 4x}\times\frac{1}{2}\right)$$
$$=1\times 1\times\frac{1}{2}=\frac{1}{2}$$

0831 답 ⑤

$$\lim_{x\to 0}\frac{\ln(1+5x)}{\sin 3x}=\lim_{x\to 0}\left\{\frac{\ln(1+5x)}{5x}\times\frac{3x}{\sin 3x}\times\frac{5}{3}\right\}$$
$$=1\times 1\times\frac{5}{3}=\frac{5}{3}$$

0832 답 $\frac{\pi}{90}$

$x^\circ=\frac{\pi}{180}x$이므로

$$\lim_{x\to 0}\frac{2\sin x^\circ}{x}=\lim_{x\to 0}\frac{2\sin\frac{\pi}{180}x}{x}$$
$$=\lim_{x\to 0}\left(\frac{\sin\frac{\pi}{180}x}{\frac{\pi}{180}x}\times\frac{\pi}{90}\right)$$
$$=1\times\frac{\pi}{90}=\frac{\pi}{90}$$

실수 Check

$\lim_{x\to 0}\frac{\sin x}{x}$ 에서 x는 실수로, x°와 같은 각도가 아니다.

0833 답 ⑤

$$\lim_{x\to 0}\frac{\sin(\sin 7x)}{\sin 3x}$$
$$=\lim_{x\to 0}\left\{\frac{\sin(\sin 7x)}{\sin 7x}\times\frac{3x}{\sin 3x}\times\frac{\sin 7x}{7x}\times\frac{7}{3}\right\}$$
$$=1\times 1\times 1\times\frac{7}{3}=\frac{7}{3}$$

0834 답 ③

$$\lim_{x\to 0}\frac{\sin 3x-\sin 5x}{\sin 2x}=\lim_{x\to 0}\left(\frac{\sin 3x}{\sin 2x}-\frac{\sin 5x}{\sin 2x}\right)$$
$$=\lim_{x\to 0}\left(\frac{\sin 3x}{3x}\times\frac{2x}{\sin 2x}\times\frac{3}{2}-\frac{\sin 5x}{5x}\times\frac{2x}{\sin 2x}\times\frac{5}{2}\right)$$
$$=\frac{3}{2}-\frac{5}{2}=-1$$

0835 답 1

$f(g(x))=f(\sin x)=4\sin x$
$g(f(x))=g(4x)=\sin 4x$

$$\therefore \lim_{x\to 0}\frac{g(f(x))}{f(g(x))}=\lim_{x\to 0}\frac{\sin 4x}{4\sin x}=\lim_{x\to 0}\left(\frac{\sin 4x}{4x}\times\frac{x}{\sin x}\right)$$
$$=1\times 1=1$$

0836 답 $\frac{20}{11}$

$$f(n)=\lim_{x\to 0}\frac{x}{\sin x+\sin 2x+\sin 3x+\cdots+\sin nx}$$
$$=\lim_{x\to 0}\frac{1}{\frac{\sin x}{x}+\frac{\sin 2x}{x}+\frac{\sin 3x}{x}+\cdots+\frac{\sin nx}{x}}$$
$$=\lim_{x\to 0}\frac{1}{\frac{\sin x}{x}+\frac{\sin 2x}{2x}\times 2+\frac{\sin 3x}{3x}\times 3+\cdots+\frac{\sin nx}{nx}\times n}$$
$$=\frac{1}{1+2+3+\cdots+n}=\frac{1}{\frac{n(n+1)}{2}}$$
$$=\frac{2}{n(n+1)}$$

$$\therefore \sum_{k=1}^{10} f(k)=\sum_{k=1}^{10} \frac{2}{k(k+1)}$$
$$=2\sum_{k=1}^{10}\left(\frac{1}{k}-\frac{1}{k+1}\right)$$
$$=2\times\left\{\left(1-\frac{1}{2}\right)+\left(\frac{1}{2}-\frac{1}{3}\right)+\cdots+\left(\frac{1}{10}-\frac{1}{11}\right)\right\}$$
$$=2\times\left(1-\frac{1}{11}\right)$$
$$=\frac{20}{11}$$

실수 Check

$\lim_{x\to 0}\frac{\sin ax}{ax}=1$임을 이용하여 $f(n)$을 간단히 한 후,

$\frac{1}{AB}=\frac{1}{B-A}\left(\frac{1}{A}-\frac{1}{B}\right)$을 이용하여 $\sum_{k=1}^{10} f(k)$의 값을 구해야 한다.

Plus 문제

0836-1

자연수 n에 대하여

$f(n)=\lim_{x\to 0}\frac{x^2}{n-\cos^2 x-\cos^2 2x-\cdots-\cos^2 nx}$일 때,

$\lim_{n\to\infty} n^3 f(n)$의 값을 구하시오.

$$f(n)=\lim_{x\to 0}\frac{x^2}{n-\cos^2 x-\cos^2 2x-\cdots-\cos^2 nx}$$
$$=\lim_{x\to 0}\frac{x^2}{(1-\cos^2 x)+(1-\cos^2 2x)+\cdots+(1-\cos^2 nx)}$$
$$=\lim_{x\to 0}\frac{x^2}{\sin^2 x+\sin^2 2x+\cdots+\sin^2 nx}$$
$$=\lim_{x\to 0}\frac{1}{\left(\frac{\sin x}{x}\right)^2+\left(\frac{\sin 2x}{2x}\right)^2\times 2^2+\cdots+\left(\frac{\sin nx}{nx}\right)^2\times n^2}$$
$$=\frac{1}{1^2+2^2+\cdots+n^2}$$
$$=\frac{6}{n(n+1)(2n+1)}$$

$\rightarrow 1^2+2^2+\cdots+n^2=\sum_{k=1}^{n} k^2=\frac{n(n+1)(2n+1)}{6}$

$$\therefore \lim_{n\to\infty} n^3 f(n)=\lim_{n\to\infty}\frac{6n^3}{n(n+1)(2n+1)}=3$$

답 3

0837 답 1 | 유형12

$\lim_{x\to 0}\frac{7x}{\tan 4x+\tan 3x}$의 값을 구하시오.
단서1

단서1 $\frac{7x}{\tan 4x+\tan 3x}=\frac{7}{\frac{\tan 4x}{x}+\frac{\tan 3x}{x}}$

STEP1 $\lim_{x\to 0}\frac{\tan ax}{ax}=1$임을 이용하여 주어진 극한값 구하기

$$\lim_{x\to 0}\frac{7x}{\tan 4x+\tan 3x}=\lim_{x\to 0}\frac{7}{\frac{\tan 4x}{x}+\frac{\tan 3x}{x}}$$
$$=\lim_{x\to 0}\frac{7}{\frac{\tan 4x}{4x}\times 4+\frac{\tan 3x}{3x}\times 3}$$
$$=\frac{7}{1\times 4+1\times 3}=1$$

0838 답 $\frac{5}{4}$

$$\lim_{x\to 0}\frac{\tan 5x}{4x}=\lim_{x\to 0}\left(\frac{\tan 5x}{5x}\times\frac{5}{4}\right)=1\times\frac{5}{4}=\frac{5}{4}$$

0839 답 ④

$$\lim_{x\to 0}\frac{\tan 2x+\sin 2x}{x}=\lim_{x\to 0}\left(\frac{\tan 2x}{x}+\frac{\sin 2x}{x}\right)$$
$$=\lim_{x\to 0}\left(\frac{\tan 2x}{2x}\times 2+\frac{\sin 2x}{2x}\times 2\right)$$
$$=2+2=4$$

0840 답 ②

$$\lim_{x\to 0}\frac{\tan(2x^3-x^2+x)}{2x^3+x^2-2x}$$
$$=\lim_{x\to 0}\left\{\frac{\tan(2x^3-x^2+x)}{2x^3-x^2+x}\times\frac{x(2x^2-x+1)}{x(2x^2+x-2)}\right\}$$
$$=1\times\frac{1}{-2}=-\frac{1}{2}$$

0841 답 ⑤

$$\lim_{x\to 0}\left(\frac{\sin 3x}{\tan 2x}+\frac{e^{2x}-1}{x}\right)$$
$$=\lim_{x\to 0}\left(\frac{\sin 3x}{3x}\times\frac{2x}{\tan 2x}\times\frac{3}{2}+\frac{e^{2x}-1}{2x}\times 2\right)$$
$$=1\times 1\times\frac{3}{2}+1\times 2=\frac{7}{2}$$

0842 답 1

$$\lim_{x\to 0}\frac{\sin 5x}{2x+\tan 3x}$$
$$=\lim_{x\to 0}\frac{\frac{\sin 5x}{x}}{2+\frac{\tan 3x}{x}}=\lim_{x\to 0}\frac{\frac{\sin 5x}{5x}\times 5}{2+\frac{\tan 3x}{3x}\times 3}$$
$$=\frac{1\times 5}{2+1\times 3}=1$$

0843 답 ①

$$\lim_{x\to 0}\frac{\sin(\tan x)}{6x}=\lim_{x\to 0}\left\{\frac{\sin(\tan x)}{\tan x}\times\frac{\tan x}{x}\times\frac{1}{6}\right\}$$
$$=1\times 1\times\frac{1}{6}=\frac{1}{6}$$

0844 답 ③

$$\lim_{x\to 0}\frac{\tan(\tan 2x)}{\tan 3x}$$
$$=\lim_{x\to 0}\left\{\frac{\tan(\tan 2x)}{\tan 2x}\times\frac{3x}{\tan 3x}\times\frac{\tan 2x}{2x}\times\frac{2}{3}\right\}$$
$$=1\times 1\times 1\times\frac{2}{3}=\frac{2}{3}$$

0845 답 2

$$\lim_{x\to 0}\frac{\tan 6x}{k\ln(1+4x)}=\lim_{x\to 0}\left\{\frac{\tan 6x}{6x}\times\frac{4x}{\ln(1+4x)}\times\frac{3}{2k}\right\}$$
$$=1\times 1\times\frac{3}{2k}=\frac{3}{2k}$$

즉, $\frac{3}{2k}=\frac{3}{4}$이므로 $2k=4$ $\therefore k=2$

0846 답 $\frac{1}{4}$ | 유형13

$\lim_{x\to 0}\frac{1-\cos x}{2x\sin x}$의 값을 구하시오.
단서1

단서1 $(1-\cos x)(1+\cos x)=1-\cos^2 x=\sin^2 x$

STEP1 $1-\cos^2 x=\sin^2 x$임을 이용하여 주어진 극한값 구하기

$$\lim_{x\to 0}\frac{1-\cos x}{2x\sin x}=\lim_{x\to 0}\frac{(1-\cos x)(1+\cos x)}{2x\sin x(1+\cos x)}$$
$$=\lim_{x\to 0}\frac{1-\cos^2 x}{2x\sin x(1+\cos x)}$$
$$=\lim_{x\to 0}\frac{\sin^2 x}{2x\sin x(1+\cos x)}$$
$$=\lim_{x\to 0}\left\{\frac{\sin x}{x}\times\frac{1}{2(1+\cos x)}\right\}$$
$$=1\times\frac{1}{4}=\frac{1}{4}$$

0847 답 ③

$$\lim_{x\to 0}\left\{(1-x)^{\frac{5}{x}}+\frac{\cos x-1}{x}\right\}$$
$$=\lim_{x\to 0}\left\{(1-x)^{\frac{5}{x}}-\frac{1-\cos x}{x}\right\}$$
$$=\lim_{x\to 0}\left\{(1-x)^{-\frac{1}{x}\times(-5)}-\frac{(1-\cos x)(1+\cos x)}{x(1+\cos x)}\right\}$$
$$=\lim_{x\to 0}\left[\left\{(1-x)^{-\frac{1}{x}}\right\}^{-5}-\frac{1-\cos^2 x}{x(1+\cos x)}\right]$$
$$=\lim_{x\to 0}\left[\left\{(1-x)^{-\frac{1}{x}}\right\}^{-5}-\frac{\sin^2 x}{x(1+\cos x)}\right]$$
$$=\lim_{x\to 0}\left[\left\{(1-x)^{-\frac{1}{x}}\right\}^{-5}-\left(\frac{\sin x}{x}\right)^2\times\frac{x}{1+\cos x}\right]$$
$$=e^{-5}-1\times 0=\frac{1}{e^5}$$

0848 답 ⑤

$$\lim_{x\to 0}\frac{\tan 2x\sin x}{1-\cos x}=\lim_{x\to 0}\frac{\tan 2x\sin x(1+\cos x)}{(1-\cos x)(1+\cos x)}$$
$$=\lim_{x\to 0}\frac{\tan 2x\sin x(1+\cos x)}{1-\cos^2 x}$$
$$=\lim_{x\to 0}\frac{\tan 2x\sin x(1+\cos x)}{\sin^2 x}$$
$$=\lim_{x\to 0}\frac{\tan 2x(1+\cos x)}{\sin x}$$
$$=\lim_{x\to 0}\left\{\frac{\tan 2x}{2x}\times\frac{x}{\sin x}\times(1+\cos x)\times 2\right\}$$
$$=1\times 1\times 2\times 2=4$$

0849 답 $-\frac{1}{2}$

$$\lim_{x\to 0}\frac{\cot x-\csc x}{x}=\lim_{x\to 0}\frac{\frac{\cos x}{\sin x}-\frac{1}{\sin x}}{x}$$
$$=\lim_{x\to 0}\frac{\cos x-1}{x\sin x}$$
$$=\lim_{x\to 0}\frac{(\cos x-1)(\cos x+1)}{x\sin x(\cos x+1)}$$
$$=\lim_{x\to 0}\frac{\cos^2 x-1}{x\sin x(\cos x+1)}$$
$$=\lim_{x\to 0}\frac{-\sin^2 x}{x\sin x(\cos x+1)}$$
$$=\lim_{x\to 0}\frac{-\sin x}{x(\cos x+1)}$$
$$=\lim_{x\to 0}\left\{(-1)\times\frac{\sin x}{x}\times\frac{1}{\cos x+1}\right\}$$
$$=-1\times 1\times\frac{1}{2}=-\frac{1}{2}$$

0850 답 $-\frac{1}{2}$

$$\lim_{x\to 0}\frac{3\cos^2 x-5\cos x+2}{x^2}$$
$$=\lim_{x\to 0}\frac{(\cos x-1)(3\cos x-2)}{x^2}$$
$$=\lim_{x\to 0}\left\{\frac{(\cos x-1)(\cos x+1)}{x^2(\cos x+1)}\times(3\cos x-2)\right\}$$
$$=\lim_{x\to 0}\left\{\frac{\cos^2 x-1}{x^2(\cos x+1)}\times(3\cos x-2)\right\}$$
$$=\lim_{x\to 0}\left\{\frac{-\sin^2 x}{x^2(\cos x+1)}\times(3\cos x-2)\right\}$$
$$=\lim_{x\to 0}\left\{(-1)\times\left(\frac{\sin x}{x}\right)^2\times\frac{3\cos x-2}{\cos x+1}\right\}$$
$$=-1\times 1^2\times\frac{1}{2}=-\frac{1}{2}$$

0851 답 ⑤

$$\lim_{x\to 0}\frac{2\sin 2x-\sin 4x}{x^3}$$
$$=\lim_{x\to 0}\frac{2\sin 2x-2\sin 2x\cos 2x}{x^3}$$
$$=\lim_{x\to 0}\frac{2\sin 2x(1-\cos 2x)}{x^3}$$
$$=\lim_{x\to 0}\frac{2\sin 2x(1-\cos 2x)(1+\cos 2x)}{x^3(1+\cos 2x)}$$
$$=\lim_{x\to 0}\frac{2\sin 2x(1-\cos^2 2x)}{x^3(1+\cos 2x)}$$
$$=\lim_{x\to 0}\frac{2\sin^3 2x}{x^3(1+\cos 2x)}$$
$$=\lim_{x\to 0}\left\{\left(\frac{\sin 2x}{2x}\right)^3\times\frac{16}{1+\cos 2x}\right\}=1^3\times\frac{16}{2}=8$$

다른 풀이

$$\lim_{x\to 0}\frac{2\sin 2x-\sin 4x}{x^3}$$
$$=\lim_{x\to 0}\frac{2\sin 2x-2\sin 2x\cos 2x}{x^3}$$
$$=\lim_{x\to 0}\frac{2\sin 2x(1-\cos 2x)}{x^3}$$
$\cos 2x=1-2\sin^2 x$
$$=\lim_{x\to 0}\frac{2\sin 2x\times 2\sin^2 x}{x^3}$$
$\sin 2x=2\sin x\cos x$
$$=\lim_{x\to 0}\frac{8\sin^3 x\cos x}{x^3}$$
$$=\lim_{x\to 0}\left\{8\times\left(\frac{\sin x}{x}\right)^3\times\cos x\right\}=8\times 1^3\times 1=8$$

0852 답 ②

$$\lim_{x\to 0}\frac{4(\tan x-\sin x)}{x^3}$$
$$=\lim_{x\to 0}\frac{4\left(\frac{\sin x}{\cos x}-\sin x\right)}{x^3}$$
$$=\lim_{x\to 0}\frac{4(\sin x-\sin x\cos x)}{x^3\cos x}$$
$$=\lim_{x\to 0}\frac{4\sin x(1-\cos x)}{x^3\cos x}$$
$$=\lim_{x\to 0}\frac{4\sin x(1-\cos x)(1+\cos x)}{x^3\cos x(1+\cos x)}$$
$$=\lim_{x\to 0}\frac{4\sin x(1-\cos^2 x)}{x^3\cos x(1+\cos x)}=\lim_{x\to 0}\frac{4\sin^3 x}{x^3\cos x(1+\cos x)}$$
$$=\lim_{x\to 0}\left\{4\times\left(\frac{\sin x}{x}\right)^3\times\frac{1}{\cos x(1+\cos x)}\right\}$$
$$=4\times 1^3\times\frac{1}{1\times 2}=2$$

0853 답 ②

$f(\theta)=\sum_{n=1}^{\infty}\sin\theta\cos^n\theta=\frac{\sin\theta\cos\theta}{1-\cos\theta}$ 이므로

→ $0<\theta<\pi$에서 $-1<\cos\theta<1$이므로 등비급수는 수렴한다.

$$\lim_{\theta\to 0+}\{\theta\times f(\theta)\}=\lim_{\theta\to 0+}\frac{\theta\sin\theta\cos\theta}{1-\cos\theta}$$
$$=\lim_{\theta\to 0+}\frac{\theta\sin\theta\cos\theta(1+\cos\theta)}{(1-\cos\theta)(1+\cos\theta)}$$
$$=\lim_{\theta\to 0+}\frac{\theta\sin\theta\cos\theta(1+\cos\theta)}{1-\cos^2\theta}$$
$$=\lim_{\theta\to 0+}\frac{\theta\sin\theta\cos\theta(1+\cos\theta)}{\sin^2\theta}$$
$$=\lim_{\theta\to 0+}\frac{\theta\cos\theta(1+\cos\theta)}{\sin\theta}$$
$$=\lim_{\theta\to 0+}\left\{\frac{\theta}{\sin\theta}\times\cos\theta(1+\cos\theta)\right\}$$
$$=1\times 1\times 2=2$$

> **개념 Check**
>
> 첫째항이 $a\,(a\neq 0)$이고 공비가 r인 등비급수 $\sum_{n=1}^{\infty}ar^{n-1}$은
>
> (1) $|r|<1$일 때, $\frac{a}{1-r}$로 수렴한다.
>
> (2) $|r|\geq 1$일 때, 발산한다.

0854 답 ⑤

$$f(n)=\lim_{x\to 0}\frac{n-(\cos x+\cos 2x+\cdots+\cos nx)}{x^2}$$
$$=\lim_{x\to 0}\left(\frac{1-\cos x}{x^2}+\frac{1-\cos 2x}{x^2}+\cdots+\frac{1-\cos nx}{x^2}\right)$$
$$=\lim_{x\to 0}\left(\frac{\sin^2 x}{x^2}\times\frac{1}{1+\cos x}+\frac{\sin^2 2x}{x^2}\times\frac{1}{1+\cos 2x}+\cdots+\frac{\sin^2 nx}{x^2}\times\frac{1}{1+\cos nx}\right)$$
$$=\lim_{x\to 0}\left\{\left(\frac{\sin x}{x}\right)^2\times\frac{1}{1+\cos x}+\left(\frac{\sin 2x}{2x}\right)^2\times\frac{2^2}{1+\cos 2x}+\cdots+\left(\frac{\sin nx}{nx}\right)^2\times\frac{n^2}{1+\cos nx}\right\}$$
$$=\frac{1^2}{2}+\frac{2^2}{2}+\cdots+\frac{n^2}{2}$$
$$=\frac{1}{2}(1^2+2^2+\cdots+n^2)$$
$$=\frac{1}{2}\times\frac{n(n+1)(2n+1)}{6}=\frac{n(n+1)(2n+1)}{12}$$

따라서 $\frac{n(n+1)(2n+1)}{12}=253=11\times 23=\frac{11\times 12\times 23}{12}$

이므로 $n=11$

> **실수 Check**
>
> $n=\underbrace{1+1+1+\cdots+1}_{n\text{개}}$로 나누어 생각한다.

0855 답 8

$$\lim_{x\to 0}x^2f(x)$$
$$=\lim_{x\to 0}\left\{f(x)\left(1-\cos\frac{x}{2}\right)\times\frac{x^2}{1-\cos\frac{x}{2}}\right\}$$
$$=\lim_{x\to 0}\left\{f(x)\left(1-\cos\frac{x}{2}\right)\times\frac{x^2\left(1+\cos\frac{x}{2}\right)}{\left(1-\cos\frac{x}{2}\right)\left(1+\cos\frac{x}{2}\right)}\right\}$$
$$=\lim_{x\to 0}\left\{f(x)\left(1-\cos\frac{x}{2}\right)\times\frac{x^2\left(1+\cos\frac{x}{2}\right)}{1-\cos^2\frac{x}{2}}\right\}$$
$$=\lim_{x\to 0}\left\{f(x)\left(1-\cos\frac{x}{2}\right)\times\frac{x^2}{\sin^2\frac{x}{2}}\times\left(1+\cos\frac{x}{2}\right)\right\}$$
$$=\lim_{x\to 0}\left\{f(x)\left(1-\cos\frac{x}{2}\right)\times\left(\frac{\frac{x}{2}}{\sin\frac{x}{2}}\right)^2\times 4\times\left(1+\cos\frac{x}{2}\right)\right\}$$
$$=1\times 1^2\times 4\times 2=8$$

> **실수 Check**
>
> 두 함수 $f(x)$, $g(x)$에서 극한값 $\lim_{x\to a}f(x)$, $\lim_{x\to a}g(x)$가 존재할 때, $\lim_{x\to a}f(x)g(x)=\lim_{x\to a}f(x)\times\lim_{x\to a}g(x)$가 성립한다. 이 문제에서는 $\lim_{x\to 0}f(x)\left(1-\cos\frac{x}{2}\right)$가 존재하므로 $x^2f(x)$를 $f(x)\left(1-\cos\frac{x}{2}\right)\times\square$ 꼴로 나타내서 극한값을 구해야 한다.

0856 답 ⑤ | 유형14

> $\lim_{x\to\frac{\pi}{2}}\frac{2\cos x}{\frac{\pi}{2}-x}$의 값은?
>
> 단서1
>
> ① -2 ② -1 ③ 0
>
> ④ 1 ⑤ 2
>
> 단서1 $\frac{\pi}{2}-x=t$로 치환하면 $x\to\frac{\pi}{2}$일 때 $t\to 0$

STEP 1 $\frac{\pi}{2}-x=t$로 치환하기

$\frac{\pi}{2}-x=t$로 놓으면 $x\to\frac{\pi}{2}$일 때 $t\to 0$이다.

$$\therefore \lim_{t\to0+}\frac{\overline{\mathrm{OA}}^2}{\overline{\mathrm{OB}}^2}=\lim_{t\to0+}\frac{t^2+\tan^2 3t}{t^2+\tan^2 2t}=\lim_{t\to0+}\frac{1+\left(\frac{\tan 3t}{t}\right)^2}{1+\left(\frac{\tan 2t}{t}\right)^2}$$

$$=\lim_{t\to0+}\frac{1+\left(\frac{\tan 3t}{3t}\right)^2\times3^2}{1+\left(\frac{\tan 2t}{2t}\right)^2\times2^2}=\frac{1+1^2\times3^2}{1+1^2\times2^2}$$

$$=\frac{10}{5}=2$$

0884 답 $\frac{3}{4}$

그림과 같이 꼭짓점 A에서 변 BC에 내린 수선의 발을 H라 하면

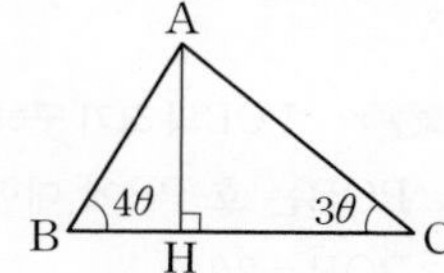

$\sin 4\theta=\frac{\overline{\mathrm{AH}}}{\overline{\mathrm{AB}}}$, $\sin 3\theta=\frac{\overline{\mathrm{AH}}}{\overline{\mathrm{AC}}}$이므로

$$\lim_{\theta\to0+}\frac{\overline{\mathrm{AB}}}{\overline{\mathrm{AC}}}=\lim_{\theta\to0+}\frac{\frac{\overline{\mathrm{AH}}}{\sin 4\theta}}{\frac{\overline{\mathrm{AH}}}{\sin 3\theta}}=\lim_{\theta\to0+}\frac{\sin 3\theta}{\sin 4\theta}$$

$$=\lim_{\theta\to0+}\left(\frac{\sin 3\theta}{3\theta}\times\frac{4\theta}{\sin 4\theta}\times\frac{3}{4}\right)$$

$$=1\times1\times\frac{3}{4}=\frac{3}{4}$$

0885 답 ④

그림에서 $\sin\theta=\frac{r}{2-r}$이므로

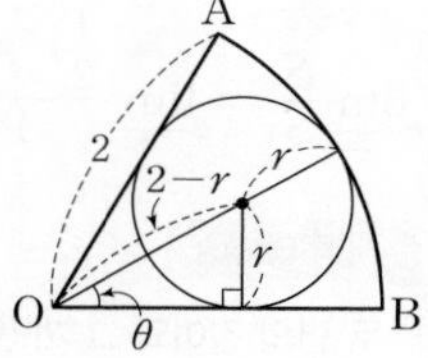

$(2-r)\sin\theta=r$, $(1+\sin\theta)r=2\sin\theta$

$\therefore r=\frac{2\sin\theta}{1+\sin\theta}$

$$\therefore \lim_{\theta\to0+}\frac{r}{\theta}=\lim_{\theta\to0+}\frac{2\sin\theta}{\theta(1+\sin\theta)}$$

$$=\lim_{\theta\to0+}\left(\frac{\sin\theta}{\theta}\times\frac{2}{1+\sin\theta}\right)$$

$$=1\times2=2$$

0886 답 10

그림에서 $\overline{\mathrm{OA}}=\overline{\mathrm{OP}}=5$이므로

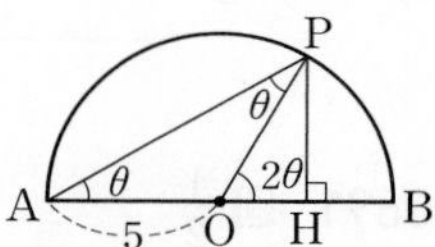

$\angle\mathrm{OPA}=\angle\mathrm{OAP}=\theta$

$\therefore \angle\mathrm{POH}=2\theta$

→ 삼각형의 한 외각의 크기는 그와 이웃하지 않은 두 내각의 크기의 합과 같다.

$\triangle$OPH에서

$\overline{\mathrm{OH}}=\overline{\mathrm{OP}}\cos 2\theta=5\cos 2\theta$

$\therefore \overline{\mathrm{BH}}=\overline{\mathrm{OB}}-\overline{\mathrm{OH}}=5-5\cos 2\theta=5(1-\cos 2\theta)$

$$\therefore \lim_{\theta\to0+}\frac{\overline{\mathrm{BH}}}{\theta^2}=\lim_{\theta\to0+}\frac{5(1-\cos 2\theta)}{\theta^2}$$

$$=\lim_{\theta\to0+}\frac{5(1-\cos 2\theta)(1+\cos 2\theta)}{\theta^2(1+\cos 2\theta)}$$

$$=\lim_{\theta\to0+}\frac{5(1-\cos^2 2\theta)}{\theta^2(1+\cos 2\theta)}$$

$$=\lim_{\theta\to0+}\frac{5\sin^2 2\theta}{\theta^2(1+\cos 2\theta)}$$

$$=\lim_{\theta\to0+}\left\{\left(\frac{\sin 2\theta}{2\theta}\right)^2\times\frac{20}{1+\cos 2\theta}\right\}$$

$$=1^2\times\frac{20}{2}=10$$

0887 답 ④

그림에서 반원의 중심을 O라 하면

$\overline{\mathrm{OA}}=\overline{\mathrm{OC}}$이므로

$\angle\mathrm{OCA}=\angle\mathrm{OAC}=\theta$

$\therefore \angle\mathrm{BOC}=2\theta$

즉, 호 AC의 중심각의 크기는 $\pi-2\theta$이고, 반원의 반지름의 길이는 $\frac{3}{2}$이므로

$\widehat{\mathrm{AC}}=\frac{3}{2}(\pi-2\theta)$ → 반지름의 길이가 r, 중심각의 크기가 θ인 부채꼴의 호의 길이는 $r\theta$이다.

$\angle\mathrm{ACB}=\frac{\pi}{2}$이므로 $\triangle$ABC에서

$\overline{\mathrm{AC}}=\overline{\mathrm{AB}}\cos\theta=3\cos\theta$

$$\therefore \lim_{\theta\to\frac{\pi}{2}-}\frac{\overline{\mathrm{AC}}}{\widehat{\mathrm{AC}}}=\lim_{\theta\to\frac{\pi}{2}-}\frac{3\cos\theta}{\frac{3}{2}(\pi-2\theta)}$$

$\frac{\pi}{2}-\theta=t$로 놓으면 $\theta\to\frac{\pi}{2}-$일 때 $t\to0+$이므로

$$\lim_{\theta\to\frac{\pi}{2}-}\frac{3\cos\theta}{\frac{3}{2}(\pi-2\theta)}=\lim_{t\to0+}\frac{3\cos\left(\frac{\pi}{2}-t\right)}{\frac{3}{2}\times2t}=\lim_{t\to0+}\frac{3\sin t}{3t}=1$$

0888 답 2

점 P의 좌표가 $(t, \sin t)$ $(0<t<\pi)$이므로 점 Q의 좌표는 $(t, 0)$이다.

$\therefore \overline{\mathrm{OQ}}=t$

또, $\overline{\mathrm{PR}}=\overline{\mathrm{PQ}}=\sin t$이므로

$\overline{\mathrm{OR}}=\overline{\mathrm{OP}}-\overline{\mathrm{PR}}=\sqrt{t^2+\sin^2 t}-\sin t$

$$\therefore \lim_{t\to0+}\frac{\overline{\mathrm{OQ}}}{\overline{\mathrm{OR}}}=\lim_{t\to0+}\frac{t}{\sqrt{t^2+\sin^2 t}-\sin t}$$

$$=\lim_{t\to0+}\frac{t(\sqrt{t^2+\sin^2 t}+\sin t)}{(\sqrt{t^2+\sin^2 t}-\sin t)(\sqrt{t^2+\sin^2 t}+\sin t)}$$

$$=\lim_{t\to0+}\frac{t(\sqrt{t^2+\sin^2 t}+\sin t)}{t^2}$$

$$=\lim_{t\to0+}\frac{\sqrt{t^2+\sin^2 t}+\sin t}{t}$$

$$=\lim_{t\to0+}\left\{\sqrt{1+\left(\frac{\sin t}{t}\right)^2}+\frac{\sin t}{t}\right\}$$

$$=\sqrt{1+1^2}+1=1+\sqrt{2}$$

따라서 $a=1$, $b=1$이므로 $a+b=1+1=2$

0889 답 ①

원의 반지름의 길이는 2^n이고 호 PQ의 길이가 π이므로 $\angle\mathrm{POQ}=\theta$라 하면

$2^n\times\theta=\pi$ $\quad\therefore \theta=\frac{\pi}{2^n}$

직각삼각형 OHQ에서

$\overline{\mathrm{OH}}=\overline{\mathrm{OQ}}\cos\theta=2^n\cos\theta=2^n\cos\frac{\pi}{2^n}$

이므로

$\overline{\mathrm{HP}}=\overline{\mathrm{OP}}-\overline{\mathrm{OH}}=2^n-2^n\cos\frac{\pi}{2^n}=2^n\left(1-\cos\frac{\pi}{2^n}\right)$

$$\therefore \lim_{n\to\infty}(\overline{\mathrm{OQ}}\times\overline{\mathrm{HP}})=\lim_{n\to\infty}\left\{2^n\times2^n\left(1-\cos\frac{\pi}{2^n}\right)\right\}$$

$\frac{\pi}{2^n}=t$로 놓으면 $n\to\infty$일 때 $t\to 0+$이므로

$$\lim_{n\to\infty}\left\{2^n\times 2^n\left(1-\cos\frac{\pi}{2^n}\right)\right\}=\lim_{t\to 0+}\frac{\pi^2}{t^2}(1-\cos t)$$
$$=\lim_{t\to 0+}\frac{\pi^2(1-\cos t)(1+\cos t)}{t^2(1+\cos t)}$$
$$=\lim_{t\to 0+}\frac{\pi^2(1-\cos^2 t)}{t^2(1+\cos t)}$$
$$=\lim_{t\to 0+}\frac{\pi^2\sin^2 t}{t^2(1+\cos t)}$$
$$=\lim_{t\to 0+}\left\{\pi^2\times\left(\frac{\sin t}{t}\right)^2\times\frac{1}{1+\cos t}\right\}$$
$$=\pi^2\times 1^2\times\frac{1}{2}=\frac{\pi^2}{2}$$

Plus 문제

0889-1

자연수 n에 대하여 중심이 원점 O이고 점 P$(n,\ 0)$을 지나는 원 C가 있다. 원 C 위에 점 Q를 부채꼴 OPQ의 넓이가 π가 되도록 잡는다. 점 Q에서 x축에 내린 수선의 발을 H라 할 때, $\lim_{n\to\infty} n^2(\overline{\text{OQ}}\times\overline{\text{HP}})$의 값을 구하시오.

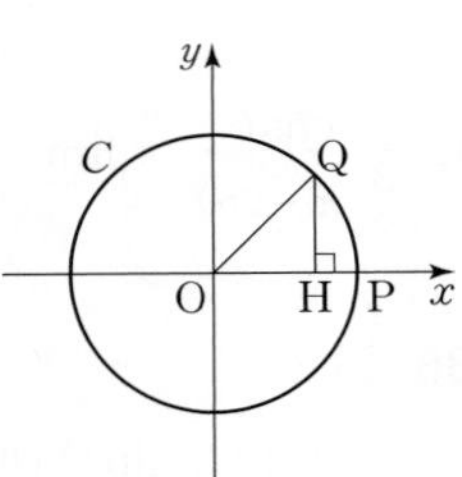

원의 반지름의 길이는 n이고 부채꼴 OPQ의 넓이가 π이므로 $\angle\text{POQ}=\theta$라 하면

$\frac{1}{2}n^2\theta=\pi \qquad \therefore\ \theta=\frac{2\pi}{n^2}$

직각삼각형 OHQ에서

$\overline{\text{OH}}=\overline{\text{OQ}}\cos\theta=n\cos\theta=n\cos\frac{2\pi}{n^2}$이므로

$\overline{\text{HP}}=\overline{\text{OP}}-\overline{\text{OH}}=n-n\cos\frac{2\pi}{n^2}=n\left(1-\cos\frac{2\pi}{n^2}\right)$

$$\therefore\ \lim_{n\to\infty} n^2(\overline{\text{OQ}}\times\overline{\text{HP}})$$
$$=\lim_{n\to\infty}\left\{n^2\times n\times n\left(1-\cos\frac{2\pi}{n^2}\right)\right\}$$

$\frac{2\pi}{n^2}=t$로 놓으면 $n\to\infty$일 때 $t\to 0+$이므로

$$\lim_{n\to\infty}\left\{n^2\times n\times n\left(1-\cos\frac{2\pi}{n^2}\right)\right\}$$
$$=\lim_{t\to 0+}\frac{4\pi^2}{t^2}(1-\cos t)$$
$$=\lim_{t\to 0+}\frac{4\pi^2(1-\cos t)(1+\cos t)}{t^2(1+\cos t)}$$
$$=\lim_{t\to 0+}\frac{4\pi^2(1-\cos^2 t)}{t^2(1+\cos t)}$$
$$=\lim_{t\to 0+}\frac{4\pi^2\sin^2 t}{t^2(1+\cos t)}$$
$$=\lim_{t\to 0+}\left\{4\pi^2\times\left(\frac{\sin t}{t}\right)^2\times\frac{1}{1+\cos t}\right\}$$
$$=4\pi^2\times 1^2\times\frac{1}{2}=2\pi^2$$

답 $2\pi^2$

0890 답 1

그림과 같이 선분 AB를 지름으로 하고 중심이 O인 원 위를 움직이는 점 P에 대하여 $\angle\text{PAB}=\theta$라 하자. 삼각형 OPB의 넓이를 S_1, 부채꼴 OPB의 넓이를 S_2라 할 때,

$\lim_{\theta\to 0+}\frac{S_1}{S_2}$의 값을 구하시오.

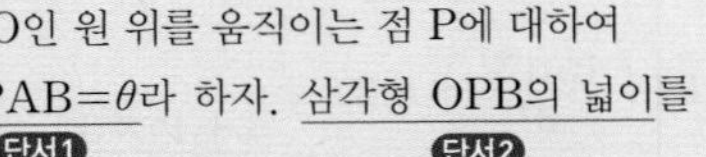

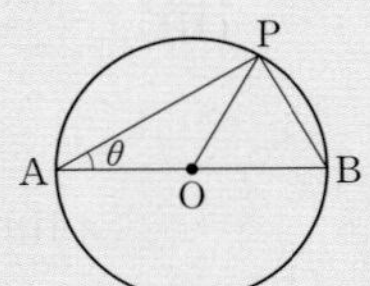

단서1 $\angle\text{PAB}=\theta$이므로 $\angle\text{POB}=2\theta$

단서2 반지름의 길이를 r라 하면 삼각형 OPB의 넓이는 $\frac{1}{2}r^2\sin 2\theta$

단서3 반지름의 길이가 r, 중심각의 크기가 2θ인 부채꼴 OPB의 넓이는 $\frac{1}{2}r^2\times 2\theta$

STEP 1 $\angle\text{POB}$의 크기 구하기

$\angle\text{POB}$는 호 PB에 대한 중심각이므로

$\angle\text{POB}=2\theta$

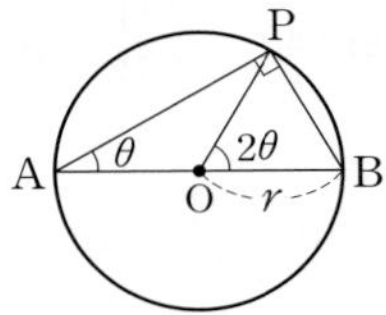

STEP 2 원의 반지름의 길이를 r라 할 때, S_1, S_2를 r, θ에 대한 식으로 나타내기

원의 반지름의 길이를 r라 하면

$S_1=\frac{1}{2}r^2\sin 2\theta,\ S_2=\frac{1}{2}r^2\times 2\theta=r^2\theta$

STEP 3 주어진 극한값 구하기

$$\lim_{\theta\to 0+}\frac{S_1}{S_2}=\lim_{\theta\to 0+}\frac{\frac{1}{2}r^2\sin 2\theta}{r^2\theta}=\lim_{\theta\to 0+}\frac{\sin 2\theta}{2\theta}=1$$

개념 Check

두 변의 길이와 그 끼인각의 크기를 알 때, 삼각형 ABC의 넓이 S는

$S=\frac{1}{2}ab\sin C$

$=\frac{1}{2}bc\sin A$

$=\frac{1}{2}ca\sin B$

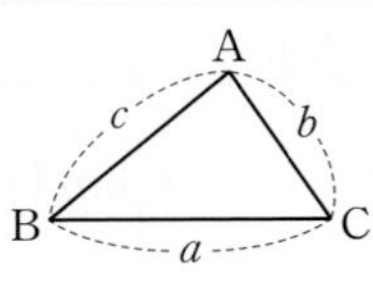

0891 답 $\frac{1}{2}$

$\triangle$BOC에서 $\overline{\text{OC}}=\overline{\text{OB}}\cos\theta=\cos\theta$

$\angle\text{OCD}=\theta$이므로 $\triangle$OCD에서

$\overline{\text{OD}}=\overline{\text{OC}}\sin\theta=\sin\theta\cos\theta$

$\overline{\text{CD}}=\overline{\text{OC}}\cos\theta=\cos^2\theta$

즉, $S(\theta)=\frac{1}{2}\times\overline{\text{OD}}\times\overline{\text{CD}}=\frac{1}{2}\sin\theta\cos^3\theta$

$$\therefore\ \lim_{\theta\to 0+}\frac{S(\theta)}{\theta}=\lim_{\theta\to 0+}\left(\frac{1}{2}\times\frac{\sin\theta}{\theta}\times\cos^3\theta\right)=\frac{1}{2}\times 1\times 1^3=\frac{1}{2}$$

0892 답 ②

$\triangle$OHB에서 $\overline{\text{OH}}=4\cos\theta$, $\overline{\text{BH}}=4\sin\theta$이고

$\overline{\text{AH}}=\overline{\text{OA}}-\overline{\text{OH}}=4-4\cos\theta=4(1-\cos\theta)$이므로

$S(\theta)=\frac{1}{2}\times\overline{\text{AH}}\times\overline{\text{BH}}=8(1-\cos\theta)\sin\theta$

$\therefore \lim_{\theta\to0+}\frac{S(\theta)}{\theta^3}=\lim_{\theta\to0+}\frac{8(1-\cos\theta)\sin\theta}{\theta^3}$

$=\lim_{\theta\to0+}\frac{8(1-\cos\theta)(1+\cos\theta)\sin\theta}{\theta^3(1+\cos\theta)}$

$=\lim_{\theta\to0+}\frac{8\sin^3\theta}{\theta^3(1+\cos\theta)}$

$=\lim_{\theta\to0+}\left\{\left(\frac{\sin\theta}{\theta}\right)^3\times\frac{8}{1+\cos\theta}\right\}$

$=1^3\times\frac{8}{2}=4$

0893 답 ①

$\angle POA=2\theta$, $\overline{OP}=1$이므로 점 P에서 x축에 내린 수선의 발을 S라 하면 △POS에서

$\overline{OS}=\cos2\theta$, $\overline{PS}=\sin2\theta$

△ROS에서 $\overline{RS}=\overline{OS}\tan\theta=\cos2\theta\tan\theta$

$\therefore \overline{PR}=\overline{PS}-\overline{RS}=\sin2\theta-\cos2\theta\tan\theta$

$f(\theta)=\frac{1}{2}\times\overline{PR}\times\overline{OS}=\frac{1}{2}(\sin2\theta-\cos2\theta\tan\theta)\cos2\theta$이므로

$\lim_{\theta\to0+}\frac{f(\theta)}{4\theta}=\lim_{\theta\to0+}\frac{(\sin2\theta-\cos2\theta\tan\theta)\cos2\theta}{8\theta}$

$=\lim_{\theta\to0+}\left\{\left(\frac{\sin2\theta}{2\theta}\times2-\frac{\tan\theta}{\theta}\times\cos2\theta\right)\times\frac{\cos2\theta}{8}\right\}$

$=(2-1)\times\frac{1}{8}=\frac{1}{8}$

다른 풀이

△POS에서 $\overline{OS}=\cos2\theta$이므로 $\overline{OR}\cos\theta=\overline{OS}$에서

$\overline{OR}=\frac{\cos2\theta}{\cos\theta}$

$f(\theta)=\frac{1}{2}\times\overline{OP}\times\overline{OR}\sin\theta=\frac{1}{2}\times1\times\frac{\cos2\theta}{\cos\theta}\times\sin\theta$이므로

$\lim_{\theta\to0+}\frac{f(\theta)}{4\theta}=\lim_{\theta\to0+}\left(\frac{1}{8}\times\frac{\cos2\theta}{\cos\theta}\times\frac{\sin\theta}{\theta}\right)=\frac{1}{8}$

0894 답 ①

$\overline{AB}=2$이므로 직각삼각형 ABP에서

$\overline{BP}=\overline{AB}\sin\theta=2\sin\theta$ → 그림에서 $\overline{BP}$를 그으면 $\angle APB=90°$

두 선분 BP, BQ는 모두 원 C_2의 반지름이므로

$\overline{BP}=\overline{BQ}=2\sin\theta$

직각삼각형 OBQ에서 $\overline{OB}=1$이므로 $\overline{OQ}=\sqrt{1-4\sin^2\theta}$

$S(\theta)=2\triangle OBQ=2\times\frac{1}{2}\times\overline{BQ}\times\overline{OQ}=2\sin\theta\sqrt{1-4\sin^2\theta}$

$\therefore \lim_{\theta\to0+}\frac{S(\theta)}{\theta}=\lim_{\theta\to0+}\frac{2\sin\theta\sqrt{1-4\sin^2\theta}}{\theta}$

$=\lim_{\theta\to0+}\left\{2\times\frac{\sin\theta}{\theta}\times\sqrt{1-4\sin^2\theta}\right\}$

$=2\times1\times1=2$

0895 답 ②

△QPB는 이등변삼각형이므로

$\angle QBP=\frac{\pi}{2}-\frac{\theta}{2}$

$\angle AQB=\frac{\pi}{2}$이므로 $\angle QAB=\frac{\theta}{2}$

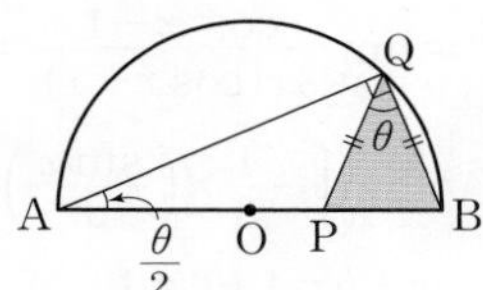

직각삼각형 AQB에서 $\overline{AB}=2$이므로 $\overline{QB}=\overline{QP}=2\sin\frac{\theta}{2}$

즉, $S(\theta)=\frac{1}{2}\times\overline{QB}\times\overline{QP}\times\sin\theta=2\sin^2\frac{\theta}{2}\sin\theta$

$\therefore \lim_{\theta\to0+}\frac{S(\theta)}{\theta^3}=\lim_{\theta\to0+}\frac{2\sin^2\frac{\theta}{2}\sin\theta}{\theta^3}$

$=\lim_{\theta\to0+}\left\{2\times\left(\frac{\sin\frac{\theta}{2}}{\frac{\theta}{2}}\right)^2\times\frac{1}{4}\times\frac{\sin\theta}{\theta}\right\}$

$=2\times1^2\times\frac{1}{4}\times1=\frac{1}{2}$

0896 답 ①

△POH에서 $\overline{OH}=\cos\theta$이므로 $\overline{HA}=1-\cos\theta$

직각삼각형 OAB에서

$\overline{OA}=\overline{OB}$이므로 $\angle OAB=\angle OBA=\frac{\pi}{4}$ ······ ㉠

$\overline{OB}\,/\!/\,\overline{PH}$이므로 $\angle OBA=\angle HQA$ ······ ㉡

㉠, ㉡에 의해 $\angle HAQ=\angle HQA=\frac{\pi}{4}$

따라서 직각삼각형 HAQ에서 $\overline{HA}=\overline{HQ}=1-\cos\theta$이므로

$S(\theta)=\frac{1}{2}\times\overline{HA}\times\overline{HQ}=\frac{(1-\cos\theta)^2}{2}$

$\therefore \lim_{\theta\to0+}\frac{S(\theta)}{\theta^4}=\lim_{\theta\to0+}\frac{(1-\cos\theta)^2}{2\theta^4}$

$=\lim_{\theta\to0+}\frac{(1-\cos\theta)^2(1+\cos\theta)^2}{2\theta^4(1+\cos\theta)^2}$

$=\lim_{\theta\to0+}\frac{(1-\cos^2\theta)^2}{2\theta^4(1+\cos\theta)^2}$

$=\lim_{\theta\to0+}\frac{\sin^4\theta}{2\theta^4(1+\cos\theta)^2}$

$=\lim_{\theta\to0+}\left\{\left(\frac{\sin\theta}{\theta}\right)^4\times\frac{1}{2(1+\cos\theta)^2}\right\}$

$=1^4\times\frac{1}{2(1+1)^2}=\frac{1}{8}$

다른 풀이

△ABO∽△AQH (AA 닮음)이므로 △AQH는 $\overline{HA}=\overline{HQ}$인 직각이등변삼각형이다. 이때 △POH에서 $\overline{OH}=\cos\theta$이므로 $\overline{HA}=1-\cos\theta$

$\therefore S(\theta)=\frac{1}{2}\times\overline{HA}\times\overline{HQ}=\frac{(1-\cos\theta)^2}{2}$

0897 답 15

그림과 같이 점 D, H에서 선분 BC에 내린 수선의 발을 각각 D′, H′이라 하자.

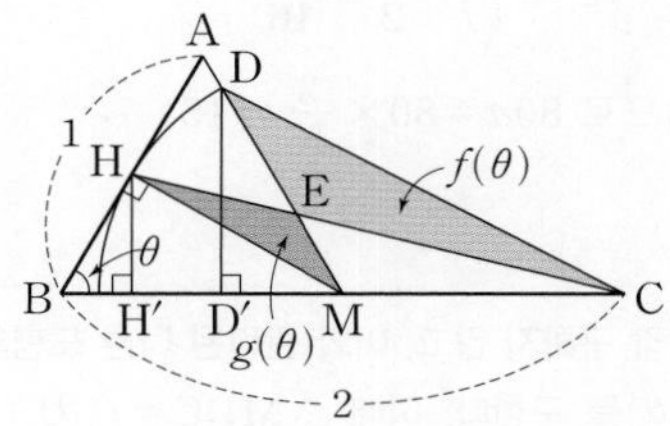

△BMH에서 $\overline{MH}=\overline{BM}\sin\theta=\sin\theta$이므로

$\overline{MD}=\overline{MH}=\sin\theta$

$\triangle ABM$은 $\overline{AB}=\overline{BM}$인 이등변삼각형이므로

$\angle BMA=\frac{\pi}{2}-\frac{\theta}{2}$

즉, $\triangle DD'M$에서 $\overline{DD'}=\overline{MD}\sin\left(\frac{\pi}{2}-\frac{\theta}{2}\right)=\sin\theta\cos\frac{\theta}{2}$이므로

$$\begin{aligned}\triangle MDC&=\frac{1}{2}\times\overline{MC}\times\overline{DD'}\\&=\frac{1}{2}\times1\times\sin\theta\cos\frac{\theta}{2}\\&=\frac{1}{2}\sin\theta\cos\frac{\theta}{2}\end{aligned}$$

$\angle MHB=\frac{\pi}{2}$이므로 $\angle MHH'=\theta$

즉, $\triangle HH'M$에서

$\overline{HH'}=\overline{MH}\cos\theta=\sin\theta\cos\theta$

이므로

$$\begin{aligned}\triangle MHC&=\frac{1}{2}\times\overline{MC}\times\overline{HH'}\\&=\frac{1}{2}\times1\times\sin\theta\cos\theta\\&=\frac{1}{2}\sin\theta\cos\theta\end{aligned}$$

$f(\theta)=\triangle MDC-\triangle EMC$
$-)\ g(\theta)=\triangle MHC-\triangle EMC$
$f(\theta)-g(\theta)=\triangle MDC-\triangle MHC$

$$\begin{aligned}\therefore f(\theta)-g(\theta)&=\triangle MDC-\triangle MHC\\&=\frac{1}{2}\sin\theta\cos\frac{\theta}{2}-\frac{1}{2}\sin\theta\cos\theta\\&=\frac{1}{2}\sin\theta\left(\cos\frac{\theta}{2}-\cos\theta\right)\end{aligned}$$

$$\therefore \lim_{\theta\to0+}\frac{f(\theta)-g(\theta)}{\theta^3}$$

$$=\lim_{\theta\to0+}\frac{\frac{1}{2}\sin\theta\left(\cos\frac{\theta}{2}-\cos\theta\right)}{\theta^3}$$

$$=\lim_{\theta\to0+}\frac{\sin\theta\left(\cos^2\frac{\theta}{2}-\cos^2\theta\right)}{2\theta^3\left(\cos\frac{\theta}{2}+\cos\theta\right)}$$

$\cos^2\frac{\theta}{2}=1-\sin^2\frac{\theta}{2}$, $\cos^2\theta=1-\sin^2\theta$

$$=\lim_{\theta\to0+}\frac{\sin\theta\left(\sin^2\theta-\sin^2\frac{\theta}{2}\right)}{2\theta^3\left(\cos\frac{\theta}{2}+\cos\theta\right)}$$

$$=\lim_{\theta\to0+}\left(\frac{1}{2}\times\frac{\sin\theta}{\theta}\times\frac{\sin^2\theta-\sin^2\frac{\theta}{2}}{\theta^2}\times\frac{1}{\cos\frac{\theta}{2}+\cos\theta}\right)$$

$$=\lim_{\theta\to0+}\left\{\frac{1}{2}\times\frac{\sin\theta}{\theta}\times\left(\frac{\sin^2\theta}{\theta^2}-\frac{\sin^2\frac{\theta}{2}}{\left(\frac{\theta}{2}\right)^2}\times\frac{1}{4}\right)\times\frac{1}{\cos\frac{\theta}{2}+\cos\theta}\right\}$$

$$=\frac{1}{2}\times1\times\left(1^2-1^2\times\frac{1}{4}\right)\times\frac{1}{2}=\frac{3}{16}$$

따라서 $a=\frac{3}{16}$이므로 $80a=80\times\frac{3}{16}=15$

실수 Check

$f(\theta)$, $g(\theta)$를 각각 구하지 않고, 이와 관련된 다른 도형의 넓이를 이용하여 $f(\theta)-g(\theta)$를 구한다. 이때 $\triangle MDC=f(\theta)+\triangle EMC$이고 $\triangle MHC=g(\theta)+\triangle EMC$이므로 $f(\theta)-g(\theta)=\triangle MDC-\triangle MHC$임을 이용한다.

0898 답 2

함수 $f(x)=\begin{cases}\frac{\sin 2(x-1)}{x-1} & (x\neq1)\\ k & (x=1)\end{cases}$ 가 $x=1$에서 연속이 되도록 하는 상수 k의 값을 구하시오.

단서1 함수 $f(x)$가 $x=1$에서 연속이려면 $\lim_{x\to1}f(x)=f(1)$

단서2 $x-1=t$로 놓으면 $x\to1$일 때 $t\to0$

STEP 1 함수 $f(x)$가 $x=1$에서 연속일 조건 이용하여 식 세우기

함수 $f(x)$가 $x=1$에서 연속이려면 $\lim_{x\to1}f(x)=f(1)$이어야 하므로

$\lim_{x\to1}\frac{\sin 2(x-1)}{x-1}=k$

STEP 2 상수 k의 값 구하기

$x-1=t$로 놓으면 $x\to1$일 때 $t\to0$이므로

$$\begin{aligned}\lim_{x\to1}\frac{\sin 2(x-1)}{x-1}&=\lim_{t\to0}\frac{\sin 2t}{t}=\lim_{t\to0}\left(\frac{\sin 2t}{2t}\times2\right)\\&=1\times2=2\end{aligned}$$

$\therefore k=2$

0899 답 ④

함수 $f(x)$가 $x=0$에서 연속이므로 $\lim_{x\to0-}f(x)=f(0)=\lim_{x\to0+}f(x)$

$f(0)=8$이므로 $\lim_{x\to0-}f(x)=8$

$$\begin{aligned}\therefore \lim_{x\to0-}f(x)&=\lim_{x\to0-}\frac{1-\cos ax}{x\sin x}\\&=\lim_{x\to0-}\frac{(1-\cos ax)(1+\cos ax)}{x\sin x(1+\cos ax)}\\&=\lim_{x\to0-}\frac{1-\cos^2 ax}{x\sin x(1+\cos ax)}\\&=\lim_{x\to0-}\frac{\sin^2 ax}{x\sin x(1+\cos ax)}\\&=\lim_{x\to0-}\left\{\left(\frac{\sin ax}{ax}\right)^2\times\frac{x}{\sin x}\times\frac{a^2}{1+\cos ax}\right\}\\&=1^2\times1\times\frac{a^2}{2}=\frac{a^2}{2}\end{aligned}$$

즉, $\frac{a^2}{2}=8$이므로 $a^2=16$

이때 a는 양수이므로 $a=4$

0900 답 1

함수 $f(x)$가 $x=0$에서 연속이므로 $\lim_{x\to0}f(x)=f(0)$

$\therefore \lim_{x\to0}\frac{\cos x-a}{3x}=b$ ······ ㉠

$x\to0$일 때 (분모) $\to0$이고 극한값이 존재하므로 (분자) $\to0$이다.

즉, $\lim_{x\to0}(\cos x-a)=0$이므로 $1-a=0$ $\therefore a=1$

$a=1$을 ㉠의 좌변에 대입하면

$$\begin{aligned}b&=\lim_{x\to0}\frac{\cos x-1}{3x}=\lim_{x\to0}\frac{(\cos x-1)(\cos x+1)}{3x(\cos x+1)}\\&=\lim_{x\to0}\frac{\cos^2 x-1}{3x(\cos x+1)}=\lim_{x\to0}\frac{-\sin^2 x}{3x(\cos x+1)}\\&=\lim_{x\to0}\left\{-\frac{1}{3}\times\left(\frac{\sin x}{x}\right)^2\times\frac{x}{\cos x+1}\right\}=-\frac{1}{3}\times1^2\times0=0\end{aligned}$$

$\therefore a+b=1+0=1$

0901 답 -5

함수 $f(x)$가 구간 $\left(-\frac{\pi}{2}, \frac{\pi}{2}\right)$에서 연속이므로 $x=0$에서도 연속이다.

즉, $\lim_{x\to0}f(x)=f(0)$이므로

$$\lim_{x\to0}\frac{e^{ax}+b}{\sin x}=5 \quad \cdots\cdots ㉠$$

$x\to0$일 때 (분모) $\to0$이고 극한값이 존재하므로 (분자) $\to0$이다.

즉, $\lim_{x\to0}(e^{ax}+b)=0$이므로

$1+b=0 \qquad \therefore b=-1$

$b=-1$을 ㉠의 좌변에 대입하면

$$\lim_{x\to0}\frac{e^{ax}-1}{\sin x}=\lim_{x\to0}\left(\frac{e^{ax}-1}{ax}\times\frac{x}{\sin x}\times a\right)=1\times1\times a=a$$

$\therefore a=5$

$\therefore ab=5\times(-1)=-5$

0902 답 $\frac{11}{5}$

함수 $f(x)$가 실수 전체의 집합에서 연속이려면 함수 $f(x)$는 $x=0$에서 연속이어야 한다.

즉, $\lim_{x\to0+}f(x)=f(0)=\lim_{x\to0-}f(x)$에서

$$\lim_{x\to0+}\frac{e^{2x}+\sin4x-a}{5x}=b \quad \cdots\cdots ㉠$$

$x\to0+$일 때 (분모) $\to0$이고 극한값이 존재하므로 (분자) $\to0$이다.

즉, $\lim_{x\to0+}(e^{2x}+\sin4x-a)=0$이므로

$1-a=0 \qquad \therefore a=1$

$a=1$을 ㉠의 좌변에 대입하면

$$\begin{aligned}\lim_{x\to0+}\frac{e^{2x}+\sin4x-1}{5x}&=\lim_{x\to0+}\frac{e^{2x}-1+\sin4x}{5x}\\&=\lim_{x\to0+}\left(\frac{e^{2x}-1}{2x}\times\frac{2}{5}+\frac{\sin4x}{4x}\times\frac{4}{5}\right)\\&=\frac{2}{5}+\frac{4}{5}=\frac{6}{5}\end{aligned}$$

$\therefore b=\frac{6}{5}$

$\therefore a+b=1+\frac{6}{5}=\frac{11}{5}$

0903 답 ⑤

$(x-2)f(x)=e^x\sin3(x-2)$에서 $x\neq2$일 때, $x-2\neq0$이므로

$$f(x)=\frac{e^x\sin3(x-2)}{x-2}$$

이때 함수 $f(x)$가 $x=2$에서 연속이므로

$$f(2)=\lim_{x\to2}f(x)=\lim_{x\to2}\frac{e^x\sin3(x-2)}{x-2}$$

$x-2=t$로 놓으면 $x\to2$일 때 $t\to0$이므로

$$\begin{aligned}\lim_{x\to2}\frac{e^x\sin3(x-2)}{x-2}&=\lim_{t\to0}\frac{e^{t+2}\sin3t}{t}\\&=\lim_{t\to0}\left(\frac{\sin3t}{3t}\times3e^{t+2}\right)\\&=1\times3e^2=3e^2\end{aligned}$$

0904 답 $\frac{4}{5}$

함수 $f(x)$가 $x=0$에서 연속이려면

$\lim_{x\to0+}f(x)=f(0)=\lim_{x\to0-}f(x)$이어야 하므로

$$\lim_{x\to0+}\frac{ax}{e^{5x}-1}=b=\lim_{x\to0-}\frac{2\tan x}{9x+\sin x}$$

이때 $\lim_{x\to0+}\frac{ax}{e^{5x}-1}=\lim_{x\to0+}\left(\frac{5x}{e^{5x}-1}\times\frac{a}{5}\right)=\frac{a}{5}$이고

$$\lim_{x\to0-}\frac{2\tan x}{9x+\sin x}=\lim_{x\to0-}\frac{2\times\frac{\tan x}{x}}{9+\frac{\sin x}{x}}=\frac{2}{9+1}=\frac{1}{5}\text{이므로}$$

$a=1,\ b=\frac{1}{5}$

$\therefore a-b=1-\frac{1}{5}=\frac{4}{5}$

0905 답 ⑤

$(e^{2x}-1)^2f(x)=a-4\cos\frac{\pi}{2}x$에서 양변에 $x=0$을 대입하면

$0=a-4 \qquad \therefore a=4$

$x\neq0$일 때, $e^{2x}-1\neq0$이므로

$$f(x)=\frac{4-4\cos\frac{\pi}{2}x}{(e^{2x}-1)^2}$$

이때 함수 $f(x)$가 실수 전체의 집합에서 연속이므로 $x=0$에서 연속이다.

$$\begin{aligned}\therefore f(0)=\lim_{x\to0}f(x)&=\lim_{x\to0}\frac{4-4\cos\frac{\pi}{2}x}{(e^{2x}-1)^2}\\&=\lim_{x\to0}\frac{4\left(1-\cos\frac{\pi}{2}x\right)\left(1+\cos\frac{\pi}{2}x\right)}{(e^{2x}-1)^2\left(1+\cos\frac{\pi}{2}x\right)}\\&=\lim_{x\to0}\frac{4\sin^2\frac{\pi}{2}x}{(e^{2x}-1)^2\left(1+\cos\frac{\pi}{2}x\right)}\\&=\lim_{x\to0}\left\{\left(\frac{\sin\frac{\pi}{2}x}{\frac{\pi}{2}x}\right)^2\times\left(\frac{2x}{e^{2x}-1}\right)^2\times\frac{\pi^2}{4}\times\frac{1}{1+\cos\frac{\pi}{2}x}\right\}\\&=1^2\times1^2\times\frac{\pi^2}{4}\times\frac{1}{2}\\&=\frac{\pi^2}{8}\end{aligned}$$

$\therefore a\times f(0)=4\times\frac{\pi^2}{8}=\frac{\pi^2}{2}$

0906 답 ④

함수 $f(x)$가 $x=\frac{\pi}{2}$에서 연속이므로 $\lim_{x\to\frac{\pi}{2}}f(x)=f\left(\frac{\pi}{2}\right)$에서

$$\begin{aligned}\lim_{x\to\frac{\pi}{2}}f(x)&=\lim_{x\to\frac{\pi}{2}}(2\cos x\tan x+a) \quad \left(\tan x=\frac{\sin x}{\cos x}\right)\\&=\lim_{x\to\frac{\pi}{2}}(2\sin x+a)=2+a\end{aligned}$$

즉, $2+a=3a \qquad \therefore a=1$

$0\le x\le\pi$에서 함수 $f(x)=2\sin x+1$이고

$0\le\sin x\le1,\ 0\le2\sin x\le2 \qquad \therefore 1\le2\sin x+1\le3$

따라서 함수 $f(x)$의 최댓값은 3, 최솟값은 1이므로 구하는 합은

$3+1=4$

0907 답 ③

| 유형 20

함수 $f(x)=2^x(\sin x+\cos x)$에 대하여 $f'(0)$의 값은?
단서1

① $2\ln 2-1$ ② $\ln 2-1$ ③ $\ln 2+1$
④ $\ln 2+2$ ⑤ $2\ln 2+1$

단서1 $\{u(x)v(x)\}'=u'(x)v(x)+u(x)v'(x)$

STEP 1 곱의 미분법을 이용하여 $f'(x)$ 구하기

$f(x)=2^x(\sin x+\cos x)$에서

$f'(x)=2^x\ln 2(\sin x+\cos x)+2^x(\cos x-\sin x)$

$=2^x\{(\ln 2-1)\sin x+(\ln 2+1)\cos x\}$

STEP 2 $f'(0)$의 값 구하기

$f'(0)=1\times(\ln 2+1)=\ln 2+1$

0908 답 ①

$y'=\ln x+x\times\frac{1}{x}-\sin x=\ln x+1-\sin x$

0909 답 ⑤

$f(x)=2x^2\sin x$에서

$f'(x)=4x\sin x+2x^2\cos x$

$\therefore f'\left(\frac{\pi}{2}\right)=4\times\frac{\pi}{2}\sin\frac{\pi}{2}+2\times\left(\frac{\pi}{2}\right)^2\cos\frac{\pi}{2}=2\pi$

0910 답 $\frac{3}{2}\pi$

$f(x)=2e^x\cos x$에서

$f'(x)=2e^x\cos x+2e^x(-\sin x)=2e^x(\cos x-\sin x)$

$f'(x)=0$에서 $2e^x(\cos x-\sin x)=0$

이때 $e^x>0$이므로 $\cos x=\sin x$

$\therefore x=\frac{\pi}{4}$ 또는 $x=\frac{5}{4}\pi$ ($\because 0<x<2\pi$)

따라서 모든 x의 값의 합은

$\frac{\pi}{4}+\frac{5}{4}\pi=\frac{3}{2}\pi$

0911 답 ③

$f(x)=\sin^2 x+2\cos(x+\pi)=\sin^2 x-2\cos x$에서

$\sin^2 x=\sin x\sin x$이므로

$(\sin x\sin x)'=\cos x\sin x+\sin x\cos x=2\sin x\cos x$

즉, $f'(x)=2\sin x\cos x+2\sin x$

$\therefore f'\left(\frac{\pi}{3}\right)=2\times\frac{\sqrt{3}}{2}\times\frac{1}{2}+2\times\frac{\sqrt{3}}{2}=\frac{3\sqrt{3}}{2}$

0912 답 ④

$f(x)=\sin^2 x=\sin x\sin x$에서

$f'(x)=\cos x\sin x+\sin x\cos x=2\sin x\cos x=\sin 2x$

$\therefore \lim_{x\to\pi}\frac{f'(x)}{x-\pi}=\lim_{x\to\pi}\frac{\sin 2x}{x-\pi}$

$x-\pi=t$로 놓으면 $x\to\pi$일 때 $t\to 0$이므로

$\lim_{x\to\pi}\frac{\sin 2x}{x-\pi}=\lim_{t\to 0}\frac{\sin 2(\pi+t)}{t}=\lim_{t\to 0}\frac{\sin(2\pi+2t)}{t}$

$=\lim_{t\to 0}\frac{\sin 2t}{t}=\lim_{t\to 0}\left(\frac{\sin 2t}{2t}\times 2\right)=1\times 2=2$

0913 답 ③

$f(x)=2\sin x-2\cos x-3x$에서

$f'(x)=2\cos x+2\sin x-3$

이때 $f'(a)=-3+\sqrt{2}$에서

$2\cos a+2\sin a=\sqrt{2}$, $2\sqrt{2}\left(\frac{\sqrt{2}}{2}\cos a+\frac{\sqrt{2}}{2}\sin a\right)=\sqrt{2}$

→ $\sin\alpha\cos\beta+\cos\alpha\sin\beta=\sin(\alpha+\beta)$

$2\sqrt{2}\sin\left(a+\frac{\pi}{4}\right)=\sqrt{2}$

$\therefore \sin\left(a+\frac{\pi}{4}\right)=\frac{1}{2}$

이때 $\frac{\pi}{2}\le a\le\pi$이므로 $a+\frac{\pi}{4}=\frac{5}{6}\pi$

$\therefore a=\frac{7}{12}\pi$

실수 Check

$\sin x$와 $\cos x$가 섞여 있는 삼각방정식은 삼각함수의 합성을 이용하여 $\sin x$에 대한 식 또는 $\cos x$에 대한 식으로 나타낸 후 푼다.

0914 답 $2\sqrt{3}$

$f\left(\frac{\pi}{3}\right)=1$에서 $a\sin\frac{\pi}{3}+b\cos\frac{\pi}{3}=1$

$\therefore \frac{\sqrt{3}}{2}a+\frac{1}{2}b=1$ ……… ㉠

$f'(x)=a\cos x-b\sin x$이므로

$f'(\pi)=2$에서 $a\cos\pi-b\sin\pi=2$

$-a=2$ $\therefore a=-2$

㉠에 $a=-2$를 대입하면

$-\sqrt{3}+\frac{1}{2}b=1$ $\therefore b=2+2\sqrt{3}$

$\therefore a+b=-2+(2+2\sqrt{3})=2\sqrt{3}$

0915 답 ④

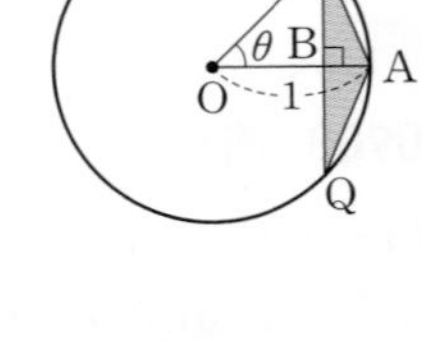

반지름 OA와 현 PQ가 만나는 점을 B라 하면 △POB에서 $\overline{OP}=1$, $\angle POB=\theta$이므로 $\overline{PB}=\sin\theta$, $\overline{OB}=\cos\theta$

$\therefore \overline{AB}=1-\overline{OB}=1-\cos\theta$

삼각형 APQ의 넓이 $S(\theta)$는

$S(\theta)=\frac{1}{2}\times\overline{PQ}\times\overline{AB}=\frac{1}{2}\times 2\overline{PB}\times\overline{AB}$

→ 원의 중심에서 현에 내린 수선은 현의 길이를 이등분하므로 $\overline{PB}=\overline{BQ}$

$=\frac{1}{2}\times 2\sin\theta\times(1-\cos\theta)$

$=\sin\theta(1-\cos\theta)$

이므로

$S'(\theta)=\cos\theta(1-\cos\theta)+\sin\theta\times\sin\theta$

$=\cos\theta-\cos^2\theta+\sin^2\theta$

$\therefore S'\left(\frac{\pi}{3}\right)=\frac{1}{2}-\left(\frac{1}{2}\right)^2+\left(\frac{\sqrt{3}}{2}\right)^2=\frac{1}{2}-\frac{1}{4}+\frac{3}{4}$

$=1$

0916 답 -3 | 유형21

함수 $f(x)=\sin x\cos x$에 대하여 $\lim_{h\to 0}\frac{f(\pi-3h)-f(\pi)}{h}$의 값을 구하시오.

단서1 $\lim_{h\to 0}\frac{f(a+h)-f(a)}{h}=f'(a)$

단서2 $\{u(x)v(x)\}'=u'(x)v(x)+u(x)v'(x)$

STEP 1 미분계수의 정의를 이용하여 $\lim_{h\to 0}\frac{f(\pi-3h)-f(\pi)}{h}$를 변형하기

$$\lim_{h\to 0}\frac{f(\pi-3h)-f(\pi)}{h}=\lim_{h\to 0}\left\{\frac{f(\pi-3h)-f(\pi)}{-3h}\times(-3)\right\}$$
$$=-3f'(\pi)$$

STEP 2 $f'(x)$를 구하여 주어진 극한값 구하기

$f(x)=\sin x\cos x$에서 $f'(x)=\cos^2 x-\sin^2 x$이므로

$-3f'(\pi)=-3(\cos^2\pi-\sin^2\pi)=-3\times 1==-3$

0917 답 $\frac{1+\sqrt{3}}{2}$

$$\lim_{x\to\frac{\pi}{3}}\frac{f(x)-f\left(\frac{\pi}{3}\right)}{x-\frac{\pi}{3}}=f'\left(\frac{\pi}{3}\right)$$

이때 $f(x)=\sin x-\cos x$에서 $f'(x)=\cos x+\sin x$이므로

$$f'\left(\frac{\pi}{3}\right)=\frac{1}{2}+\frac{\sqrt{3}}{2}=\frac{1+\sqrt{3}}{2}$$

0918 답 ⑤

$f(x)=\sin x$에서 $f'(x)=\cos x$

ㄱ. $f'\left(\frac{\pi}{2}\right)=\cos\frac{\pi}{2}=0$ (거짓)

ㄴ. $f\left(\frac{\pi}{2}\right)=1$이므로

$$\lim_{x\to\frac{\pi}{2}}\frac{f(x)-1}{x-\frac{\pi}{2}}=\lim_{x\to\frac{\pi}{2}}\frac{f(x)-f\left(\frac{\pi}{2}\right)}{x-\frac{\pi}{2}}$$
$$=f'\left(\frac{\pi}{2}\right)$$
$$=\cos\frac{\pi}{2}=0\text{ (참)}$$

ㄷ. $f'\left(\frac{\pi}{2}-x\right)=\cos\left(\frac{\pi}{2}-x\right)$

$=\sin x=f(x)$ (참)

따라서 옳은 것은 ㄴ, ㄷ이다.

0919 답 2

$f(0)=1\times(0+1-1)=0$이므로

$$\lim_{x\to 0}\frac{2f(x)}{x}=2\lim_{x\to 0}\frac{f(x)-f(0)}{x}$$
$$=2f'(0)$$

이때 $f(x)=e^x(\sin x+\cos x-1)$에서

$f'(x)=e^x(\sin x+\cos x-1)+e^x(\cos x-\sin x)$

$=e^x(2\cos x-1)$

$\therefore 2f'(0)=2\times 1\times(2-1)=2$

0920 답 -5π

$$\lim_{h\to 0}\frac{f(\pi+4h)-f(\pi-h)}{h}$$
$$=\lim_{h\to 0}\frac{f(\pi+4h)-f(\pi)-\{f(\pi-h)-f(\pi)\}}{h}$$
$$=\lim_{h\to 0}\left\{\frac{f(\pi+4h)-f(\pi)}{4h}\times 4+\frac{f(\pi-h)-f(\pi)}{-h}\right\}$$
$$=4f'(\pi)+f'(\pi)=5f'(\pi)$$

이때 $f(x)=x\sin x$에서 $f'(x)=\sin x+x\cos x$이므로

$5f'(\pi)=5(\sin\pi+\pi\cos\pi)=-5\pi$

0921 답 ⑤

$$\lim_{h\to 0}\frac{f(2h)-f(-3h)}{h}$$
$$=\lim_{h\to 0}\frac{f(0+2h)-f(0)-\{f(0-3h)-f(0)\}}{h}$$
$$=\lim_{h\to 0}\left\{\frac{f(0+2h)-f(0)}{2h}\times 2-\frac{f(0-3h)-f(0)}{-3h}\times(-3)\right\}$$
$$=2f'(0)+3f'(0)=5f'(0)$$

이때 $f(x)=e^x(\cos x+\sin x)$에서

$f'(x)=e^x(\cos x+\sin x)+e^x(-\sin x+\cos x)$

$=2e^x\cos x$

이므로 $5f'(0)=5\times 2\times 1\times 1=10$

0922 답 ③

$g(x)=\cos^2 x=\cos x\cos x$라 하면

$g'(x)=-\sin x\cos x-\cos x\sin x$

$=-2\sin x\cos x$

$$f(x)=\lim_{h\to 0}\frac{\cos^2(x+3h)-\cos^2 x}{h}$$
$$=\lim_{h\to 0}\frac{g(x+3h)-g(x)}{h}=3\lim_{h\to 0}\frac{g(x+3h)-g(x)}{3h}$$
$$=3g'(x)=-6\sin x\cos x$$

$$\therefore \lim_{h\to 0}\frac{f(h)+6\sin h}{h^3}$$
$$=\lim_{h\to 0}\frac{-6\sin h\cos h+6\sin h}{h^3}$$
$$=\lim_{h\to 0}\frac{6\sin h(1-\cos h)}{h^3}$$
$$=\lim_{h\to 0}\frac{6\sin h(1-\cos h)(1+\cos h)}{h^3(1+\cos h)}$$
$$=\lim_{h\to 0}\frac{6\sin h(1-\cos^2 h)}{h^3(1+\cos h)}=\lim_{h\to 0}\frac{6\sin^3 h}{h^3(1+\cos h)}$$
$$=\lim_{h\to 0}\left\{6\times\left(\frac{\sin h}{h}\right)^3\times\frac{1}{1+\cos h}\right\}$$
$$=6\times 1^3\times\frac{1}{2}=3$$

실수 Check

함수 $f(x)$에서 $g(x)=\cos^2 x$로 놓아야 미분계수의 정의를 쉽게 이용할 수 있다. 또한, $\cos^2 x=\cos x\cos x$이므로 $y=\cos^2 x$의 도함수는 곱의 미분법을 이용하여 구할 수 있다.

Plus 문제

0922-1

함수 $f(x)=\lim_{h\to 0}\frac{\cos^2(x+h)-\cos^2 x}{2h}$에 대하여 $\lim_{h\to 0}\frac{f(h)}{2h}$의 값을 구하시오.

$g(x)=\cos^2 x=\cos x\cos x$라 하면

$g'(x)=-\sin x\cos x-\cos x\sin x$

$\quad=-2\sin x\cos x$

$f(x)=\lim_{h\to 0}\frac{\cos^2(x+h)-\cos^2 x}{2h}$

$\quad=\lim_{h\to 0}\frac{g(x+h)-g(x)}{2h}$

$\quad=\frac{1}{2}\lim_{h\to 0}\frac{g(x+h)-g(x)}{h}$

$\quad=\frac{1}{2}g'(x)=-\sin x\cos x$

$\therefore \lim_{h\to 0}\frac{f(h)}{2h}=\lim_{h\to 0}\frac{-\sin h\cos h}{2h}$

$\quad=\lim_{h\to 0}\left\{\frac{\sin h}{h}\times\left(-\frac{1}{2}\cos h\right)\right\}=-\frac{1}{2}$

답 $-\frac{1}{2}$

0923 답 ②

$f(x)=\sin x+a\cos x$에서

$f\left(\frac{\pi}{2}\right)=\sin\frac{\pi}{2}+a\cos\frac{\pi}{2}=1$이므로

$\lim_{x\to\frac{\pi}{2}}\frac{f(x)-1}{x-\frac{\pi}{2}}=\lim_{x\to\frac{\pi}{2}}\frac{f(x)-f\left(\frac{\pi}{2}\right)}{x-\frac{\pi}{2}}=f'\left(\frac{\pi}{2}\right)=3$

이때 $f'(x)=\cos x-a\sin x$이므로

$f'\left(\frac{\pi}{2}\right)=\cos\frac{\pi}{2}-a\sin\frac{\pi}{2}=-a=3$

$\therefore a=-3$

즉, $f(x)=\sin x-3\cos x$이므로

$f\left(\frac{\pi}{4}\right)=\sin\frac{\pi}{4}-3\cos\frac{\pi}{4}$

$\quad=\frac{\sqrt{2}}{2}-3\times\frac{\sqrt{2}}{2}=-\sqrt{2}$

0924 답 ⑤

$\lim_{x\to a}\frac{\{f(x)\}^2-\{f(a)\}^2}{x-a}$

$=\lim_{x\to a}\frac{\{f(x)-f(a)\}\{f(x)+f(a)\}}{x-a}$

$=2f'(a)f(a)=1$

$f(x)=\sin x+\cos x$에서

$f'(x)=\cos x-\sin x$이므로

$2f'(a)f(a)=2(\cos a-\sin a)(\sin a+\cos a)$

$\quad=2(\cos^2 a-\sin^2 a)$

$\quad=4\cos^2 a-2=1$ ($\sin^2 a=1-\cos^2 a$)

$\therefore \cos^2 a=\frac{3}{4}$

다른 풀이

$\{f(x)\}^2=F(x)$라 할 때,

$\lim_{x\to a}\frac{\{f(x)\}^2-\{f(a)\}^2}{x-a}=\lim_{x\to a}\frac{F(x)-F(a)}{x-a}$

$\quad=F'(a)$

이때 $F'(x)=\{f(x)\times f(x)\}'=2f(x)f'(x)$이므로

$F'(a)=2f(a)f'(a)=1$

0925 답 ⑤ | 유형22

함수 $f(x)=\begin{cases}ax+b & (0\le x<1)\\ 2\sin x & (-1<x<0)\end{cases}$가 $x=0$에서 미분가능하도록 (단서1) 하는 상수 a, b에 대하여 $a-b$의 값은?

① -2 ② -1 ③ 0
④ 1 ⑤ 2

단서1 함수 $f(x)$가 $x=0$에서 미분가능하면 $x=0$에서 연속
즉, $\lim_{x\to 0+}f(x)=\lim_{x\to 0-}f(x)=f(0)$, $\lim_{x\to 0+}f'(x)=\lim_{x\to 0-}f'(x)$

STEP1 함수 $f(x)$가 $x=0$에서 연속일 조건을 이용하여 상수 b의 값 구하기

함수 $f(x)$가 $x=0$에서 미분가능하려면 $x=0$에서 연속이어야 하므로

$\lim_{x\to 0+}(ax+b)=\lim_{x\to 0-}2\sin x=f(0)$

$\therefore b=0$

STEP2 함수 $f(x)$가 $x=0$에서 미분가능할 조건을 이용하여 상수 a의 값 구하기

$f'(0)$이 존재해야 하므로

$f'(x)=\begin{cases}a & (0<x<1)\\ 2\cos x & (-1<x<0)\end{cases}$에서

$\lim_{x\to 0+}a=\lim_{x\to 0-}2\cos x$

$\therefore a=2$

STEP3 $a-b$의 값 구하기

$a-b=2-0=2$

0926 답 ③

함수 $f(x)$가 $x=0$에서 미분가능하면 $x=0$에서 연속이므로

$\lim_{x\to 0+}(\sin x+1)=\lim_{x\to 0-}(x^2+ax+b)=f(0)$

$\therefore b=1$

또, $f'(0)$이 존재하므로

$f'(x)=\begin{cases}\cos x & (x>0)\\ 2x+a & (x<0)\end{cases}$에서

$\lim_{x\to 0+}\cos x=\lim_{x\to 0-}(2x+a)$

$\therefore a=1$

$\therefore a+b=1+1=2$

0927 답 ④

함수 $f(x)$가 $x=0$에서 미분가능하면 $x=0$에서 연속이므로

$\lim_{x\to 0+}a\cos x=\lim_{x\to 0-}(x^2+bx+2)=f(0)$

$\therefore a=2$

또, $f'(0)$이 존재하므로

$f'(x)=\begin{cases} -a\sin x & (x>0) \\ 2x+b & (x<0) \end{cases}$에서

$\lim_{x\to 0+}(-a\sin x)=\lim_{x\to 0-}(2x+b)$

$\therefore b=0$

따라서 $f(x)=\begin{cases} 2\cos x & (x\ge 0) \\ x^2+2 & (x<0) \end{cases}$이므로

$f(-2)=(-2)^2+2=6$

0928 답 -4

함수 $f(x)$가 모든 실수 x에서 미분가능하려면 $x=0$에서 미분가능해야 한다.

즉, $x=0$에서 미분가능하려면 $x=0$에서 연속이어야 하므로

$\lim_{x\to 0+}(2x^2+ax+b)=\lim_{x\to 0-}(2\cos x-2x)=f(0)$

$\therefore b=2$

또, $f'(0)$이 존재해야 하므로

$f'(x)=\begin{cases} 4x+a & (x>0) \\ -2\sin x-2 & (x<0) \end{cases}$에서

$\lim_{x\to 0+}(4x+a)=\lim_{x\to 0-}(-2\sin x-2)$

$\therefore a=-2$

$\therefore ab=-2\times 2=-4$

0929 답 ③

함수 $f(x)$가 $x=0$에서 미분가능하려면 $x=0$에서 연속이어야 하므로

$\lim_{x\to 0-}e^x=\lim_{x\to 0+}(a\cos x+b\sin x)=f(0)$

$\therefore a=1$

또, $f'(0)$이 존재해야 하므로

$f'(x)=\begin{cases} e^x & (x<0) \\ -a\sin x+b\cos x & (x>0) \end{cases}$에서

$\lim_{x\to 0-}e^x=\lim_{x\to 0+}(-a\sin x+b\cos x)$

$\therefore b=1$

$\therefore a-b=1-1=0$

0930 답 ⑤

함수 $f(x)$가 $x=0$에서 미분가능하려면 $x=0$에서 연속이어야 하므로

$\lim_{x\to 0-}ae^x=\lim_{x\to 0+}(b\sin x+2x-3)=f(0)$

$\therefore a=-3$

또, $f'(0)$이 존재해야 하므로

$f'(x)=\begin{cases} -3e^x & (x<0) \\ b\cos x+2 & (x>0) \end{cases}$에서

$\lim_{x\to 0-}(-3e^x)=\lim_{x\to 0+}(b\cos x+2)$

$-3=b+2 \qquad \therefore b=-5$

$\therefore ab=-3\times(-5)=15$

0931 답 $a=5$, $b=1$

함수 $f(x)$가 $x=0$에서 미분가능하려면 $x=0$에서 연속이어야 하므로

$\lim_{x\to 0+}(e^x\sin x+a)=\lim_{x\to 0-}(3x^2+bx+5)=f(0)$

$\therefore a=5$

또, $f'(0)$이 존재해야 하므로

$f'(x)=\begin{cases} e^x(\sin x+\cos x) & (x>0) \\ 6x+b & (x<0) \end{cases}$에서

$\lim_{x\to 0+}e^x(\sin x+\cos x)=\lim_{x\to 0-}(6x+b)$

$\therefore b=1$

0932 답 ⑤

함수 $f(x)$가 실수 전체에서 미분가능하므로 $x=0$에서도 미분가능하다.

즉, $x=0$에서 미분가능하면 $x=0$에서 연속이므로

$\lim_{x\to 0+}(x^2+ax+b)=\lim_{x\to 0-}(\sin x+c\cos x)=f(0)$

$\therefore b=c$ ……… ㉠

또, $f'(0)$이 존재하므로

$f'(x)=\begin{cases} 2x+a & (x>0) \\ \cos x-c\sin x & (x<0) \end{cases}$에서

$\lim_{x\to 0+}(2x+a)=\lim_{x\to 0-}(\cos x-c\sin x)$

$\therefore a=1$

이때 $f(1)=4$이므로

$1+a+b=4$, $1+1+b=4$

$\therefore b=2$

㉠에 의해 $c=b=2$

$\therefore a+b+c=1+2+2=5$

0933 답 ④

함수 $f(x)$가 실수 전체의 집합에서 미분가능하므로 $x=0$, $x=\pi$에서도 미분가능하다.

즉, $x=0$에서 미분가능하면 $x=0$에서 연속이므로

$\lim_{x\to 0-}(e^x+a)=\lim_{x\to 0+}(\sin x+bx)=f(0)$

$1+a=0 \qquad \therefore a=-1$

함수 $f(x)$가 $x=\pi$에서 미분가능하면 $x=\pi$에서 연속이므로

$\lim_{x\to \pi-}(\sin x+bx)=\lim_{x\to \pi+}c(x-\pi)\ln x=f(\pi)$

$\pi b=0 \qquad \therefore b=0$

또, $f'(\pi)$가 존재하므로

$f'(x)=\begin{cases} e^x & (x<0) \\ \cos x & (0<x<\pi) \\ c\ln x+c(x-\pi)\frac{1}{x} & (x>\pi) \end{cases}$에서

$y=\ln x \to y'=\frac{1}{x}$

$\lim_{x\to \pi-}\cos x=\lim_{x\to \pi+}\left\{c\ln x+c(x-\pi)\frac{1}{x}\right\}$

$-1=c\ln\pi \qquad \therefore c=-\frac{1}{\ln\pi}$

$\therefore \frac{a-b}{c}=-1\times(-\ln\pi)=\ln\pi$

실수 Check

$f(x)$가 실수 전체의 집합에서 미분가능하므로 $x=0$, $x=\pi$에서 미분가능하다. 즉, $x=0$, $x=\pi$에서 연속이고, $f'(0)$, $f'(\pi)$가 존재한다.

0934 답 (1) $\cos\alpha$ (2) $\tan\beta$ (3) $\tan\alpha\tan\beta$ (4) $\overline{\mathrm{CF}}$ (5) $\tan\alpha+\tan\beta$

STEP 1 $\overline{\mathrm{BE}}$, $\overline{\mathrm{AE}}$, $\overline{\mathrm{EF}}$의 길이 구하기 [2점]

직각삼각형 ABE에서

$\overline{\mathrm{BE}}=\tan\alpha$, $\overline{\mathrm{AE}}=\dfrac{1}{\cos\alpha}$

직각삼각형 AEF에서

$\overline{\mathrm{EF}}=\overline{\mathrm{AE}}\tan\beta=\dfrac{\tan\beta}{\boxed{\cos\alpha}}$

STEP 2 $\overline{\mathrm{EC}}$, $\overline{\mathrm{CF}}$의 길이 구하기 [3점]

$\angle\mathrm{FEC}=90°-\angle\mathrm{AEB}=\alpha$이므로

직각삼각형 ECF에서

$\overline{\mathrm{EC}}=\overline{\mathrm{EF}}\cos\alpha=\boxed{\tan\beta}$

$\overline{\mathrm{CF}}=\overline{\mathrm{EC}}\tan\alpha=\boxed{\tan\alpha\tan\beta}$

STEP 3 $\tan(\alpha+\beta)=\dfrac{\tan\alpha+\tan\beta}{1-\tan\alpha\tan\beta}$임을 보이기 [3점]

점 F에서 선분 AB에 내린 수선의 발을 G라 하면 직각삼각형 AGF에서

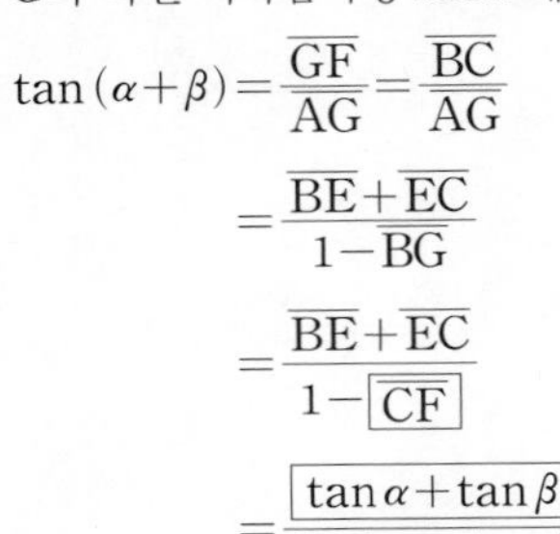

$$\tan(\alpha+\beta)=\frac{\overline{\mathrm{GF}}}{\overline{\mathrm{AG}}}=\frac{\overline{\mathrm{BC}}}{\overline{\mathrm{AG}}}=\frac{\overline{\mathrm{BE}}+\overline{\mathrm{EC}}}{1-\overline{\mathrm{BG}}}=\frac{\overline{\mathrm{BE}}+\overline{\mathrm{EC}}}{1-\boxed{\overline{\mathrm{CF}}}}=\frac{\boxed{\tan\alpha+\tan\beta}}{1-\tan\alpha\tan\beta}$$

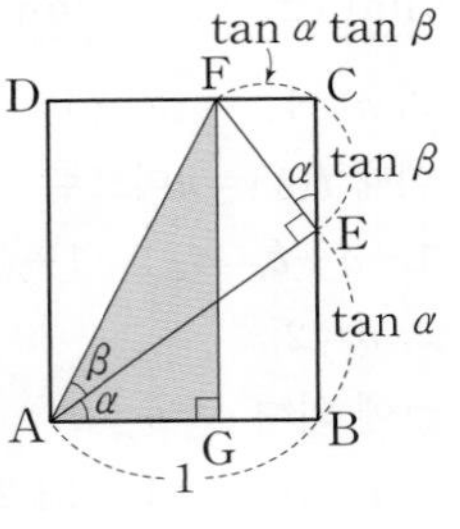

실제 답안 예시

$\overline{\mathrm{AE}}=\sec\alpha$, $\overline{\mathrm{BE}}=\tan\alpha$, $\overline{\mathrm{EF}}=\sec\alpha\tan\beta$,

$\angle\mathrm{BEA}=\dfrac{\pi}{2}-\alpha$이므로 $\triangle\mathrm{CEF}$에서 $\angle\mathrm{E}=\alpha$이다.

따라서 $\overline{\mathrm{CF}}=\tan\alpha\tan\beta$, $\overline{\mathrm{CE}}=\tan\beta$이므로

점 F에서 변 AB에 내린 수선의 발을 F'이라 하면

$\tan(\alpha+\beta)=\dfrac{\overline{\mathrm{FF'}}}{\overline{\mathrm{AF'}}}=\dfrac{\overline{\mathrm{BC}}}{1-\overline{\mathrm{CF}}}$

$=\dfrac{\tan\alpha+\tan\beta}{1-\tan\alpha\tan\beta}$

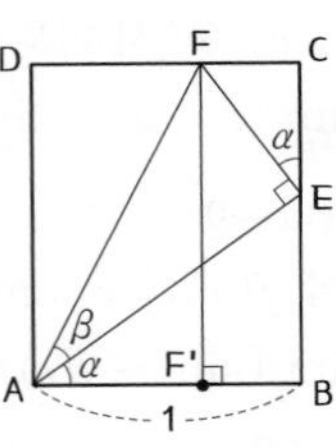

0935 답 풀이 참조

STEP 1 $\overline{\mathrm{AE}}$, $\overline{\mathrm{EF}}$, $\overline{\mathrm{BE}}$의 길이 구하기 [2점]

직각삼각형 AEF에서

$\overline{\mathrm{AE}}=\cos\beta$, $\overline{\mathrm{EF}}=\sin\beta$ …… ⓐ

직각삼각형 ABE에서

$\overline{\mathrm{BE}}=\overline{\mathrm{AE}}\sin\alpha=\sin\alpha\cos\beta$ …… ⓐ

STEP 2 $\overline{\mathrm{EC}}$의 길이 구하기 [3점]

$\angle\mathrm{FEC}=90°-\angle\mathrm{AEB}=\alpha$이므로

직각삼각형 ECF에서

$\overline{\mathrm{EC}}=\overline{\mathrm{EF}}\cos\alpha=\cos\alpha\sin\beta$

STEP 3 $\sin(\alpha+\beta)=\sin\alpha\cos\beta+\cos\alpha\sin\beta$임을 보이기 [3점]

점 F에서 선분 AB에 내린 수선의 발을 G라 하면 직각삼각형 AGF에서

$\sin(\alpha+\beta)$

$=\overline{\mathrm{FG}}=\overline{\mathrm{BC}}$

$=\overline{\mathrm{BE}}+\overline{\mathrm{EC}}$

$=\sin\alpha\cos\beta+\cos\alpha\sin\beta$

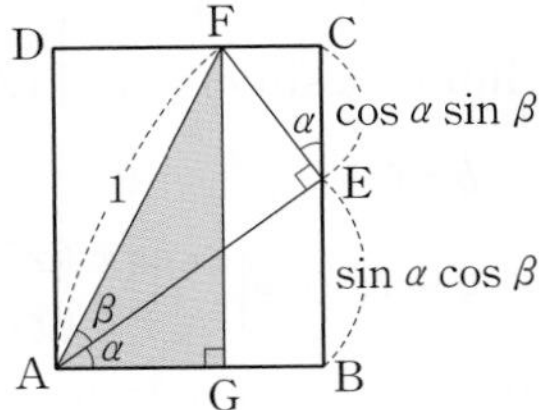

부분점수표	
ⓐ $\overline{\mathrm{AE}}$, $\overline{\mathrm{EF}}$, $\overline{\mathrm{BE}}$의 길이 중에서 일부를 구한 경우	각 0.5점

0936 답 풀이 참조

STEP 1 $\triangle\mathrm{ABC}$, $\triangle\mathrm{ABD}$, $\triangle\mathrm{ADC}$의 넓이 구하기 [3점]

$\triangle\mathrm{ABC}=\dfrac{1}{2}ab\sin(\alpha+\beta)$ …… ⓐ

$\triangle\mathrm{ABD}=\dfrac{1}{2}ay\sin\alpha$ …… ⓐ

$\triangle\mathrm{ADC}=\dfrac{1}{2}by\sin\beta$ …… ⓐ

STEP 2 y를 a 또는 b를 사용한 식으로 각각 나타내기 [2점]

$y=a\cos\alpha=b\cos\beta$

STEP 3 $\sin(\alpha+\beta)=\sin\alpha\cos\beta+\cos\alpha\sin\beta$임을 보이기 [3점]

$\triangle\mathrm{ABC}$의 넓이는 $\triangle\mathrm{ABD}$와 $\triangle\mathrm{ADC}$의 넓이의 합과 같으므로

$\dfrac{1}{2}ab\sin(\alpha+\beta)=\dfrac{1}{2}\underline{ay}\sin\alpha+\dfrac{1}{2}\underline{by}\sin\beta$

($y=b\cos\beta$ 대입, $y=a\cos\alpha$ 대입)

$=\dfrac{1}{2}ab\sin\alpha\cos\beta+\dfrac{1}{2}ab\cos\alpha\sin\beta$

$\therefore \sin(\alpha+\beta)=\sin\alpha\cos\beta+\cos\alpha\sin\beta$

부분점수표	
ⓐ $\triangle\mathrm{ABC}$, $\triangle\mathrm{ABD}$, $\triangle\mathrm{ADC}$의 넓이 중에서 일부를 구한 경우	각 1점

0937 답 (1) $1-\cos t$ (2) $1+\cos t$ (3) 1 (4) $\dfrac{1}{2}$ (5) $-\dfrac{1}{2}$

STEP 1 주어진 식을 t에 대한 식으로 나타내기 [2점]

$x-\pi=t$로 놓으면 $x\to\pi$일 때 $t\to0$이므로

$$\lim_{x\to\pi}\frac{1+\cos x}{(x-\pi)\sin x}=\lim_{t\to0}\frac{1+\cos(t+\pi)}{t\sin(t+\pi)}=\lim_{t\to0}\frac{\boxed{1-\cos t}}{-t\sin t}$$

STEP 2 $\displaystyle\lim_{x\to\pi}\frac{1+\cos x}{(x-\pi)\sin x}$의 값 구하기 [5점]

$$\lim_{t\to0}\frac{1-\cos t}{-t\sin t}=\lim_{t\to0}\frac{(1-\cos t)(\boxed{1+\cos t})}{-t\sin t(1+\cos t)}$$

$$=\lim_{t\to0}\frac{\sin^2 t}{-t\sin t(1+\cos t)}$$

$$=\lim_{t\to0}\left\{\left(-\frac{\sin t}{t}\right)\times\frac{\boxed{1}}{1+\cos t}\right\}$$

$$=-1\times\boxed{\frac{1}{2}}$$

$$=\boxed{-\frac{1}{2}}$$

오답 분석

$$\lim_{x\to\pi}\frac{1+\cos x}{(x-\pi)\sin x}=\lim_{x\to\pi}\frac{(1+\cos x)(1-\cos x)}{(1-\cos x)(x-\pi)\sin x}$$
$$=\lim_{x\to\pi}\frac{1-\cos^2 x}{(1-\cos x)(x-\pi)\sin x}$$
$$=\lim_{x\to\pi}\frac{\sin x}{(1-\cos x)(x-\pi)}$$

3점

$$=\lim_{x\to\pi}\frac{\sin(x-\pi)}{(1-\cos x)(x-\pi)}$$ → 각에 대한 삼각함수의 성질을 잘못 이용함

$$=\lim_{x\to\pi}\left\{\frac{1}{1-\cos x}\times\frac{\sin(x-\pi)}{x-\pi}\right\}$$

$x-\pi=t$로 놓으면 $x\to\pi$일 때 $t\to 0$이므로

$$\lim_{x\to\pi}\left\{\frac{1}{1-\cos x}\times\frac{\sin(x-\pi)}{x-\pi}\right\}=\lim_{t\to0}\left\{\frac{1}{1-\cos(t+\pi)}\times\frac{\sin t}{t}\right\}$$
$$=\lim_{t\to0}\left\{\frac{1}{1+\cos t}\times\frac{\sin t}{t}\right\}$$
$$=\frac{1}{2}\times1$$
$$=\frac{1}{2}$$

▶ 7점 중 3점 얻음.
$\sin x=\sin(\pi-x)=-\sin(x-\pi)$로 계산해야 한다.

0938 답 $\frac{1}{4}$

STEP1 주어진 식을 t에 대한 식으로 나타내기 [2점]

$x+\frac{\pi}{2}=t$로 놓으면 $x\to-\frac{\pi}{2}$일 때 $t\to0$이므로

$$\lim_{x\to-\frac{\pi}{2}}\frac{1+\sin x}{(2x+\pi)\cos x}=\lim_{t\to0}\frac{1+\sin\left(-\frac{\pi}{2}+t\right)}{2t\cos\left(-\frac{\pi}{2}+t\right)}$$
$$=\lim_{t\to0}\frac{1-\sin\left(\frac{\pi}{2}-t\right)}{2t\cos\left(\frac{\pi}{2}-t\right)}$$
$$=\lim_{t\to0}\frac{1-\cos t}{2t\sin t}$$

STEP2 $\lim_{x\to-\frac{\pi}{2}}\frac{1+\sin x}{(2x+\pi)\cos x}$의 값 구하기 [5점]

$$\lim_{t\to0}\frac{1-\cos t}{2t\sin t}=\lim_{t\to0}\frac{(1-\cos t)(1+\cos t)}{2t\sin t(1+\cos t)}$$
$$=\lim_{t\to0}\frac{\sin^2 t}{2t\sin t(1+\cos t)}$$
$$=\lim_{t\to0}\left\{\frac{\sin t}{t}\times\frac{1}{2(1+\cos t)}\right\}$$
$$=1\times\frac{1}{2\times2}=\frac{1}{4}$$

0939 답 1

STEP1 주어진 식을 t에 대한 식으로 나타내기 [2점]

$x+\frac{\pi}{6}=t$로 놓으면 $x\to-\frac{\pi}{6}$일 때 $t\to0$이므로

$$\lim_{x\to-\frac{\pi}{6}}\frac{\sqrt{3}\sin x+\cos x}{2x+\frac{\pi}{3}}$$
$$=\lim_{t\to0}\frac{\sqrt{3}\sin\left(t-\frac{\pi}{6}\right)+\cos\left(t-\frac{\pi}{6}\right)}{2t}$$

STEP2 $\lim_{x\to-\frac{\pi}{6}}\frac{\sqrt{3}\sin x+\cos x}{2x+\frac{\pi}{3}}$의 값 구하기 [5점]

$$\lim_{t\to0}\frac{\sqrt{3}\sin\left(t-\frac{\pi}{6}\right)+\cos\left(t-\frac{\pi}{6}\right)}{2t}$$
$$=\lim_{t\to0}\frac{\sqrt{3}\left(\sin t\cos\frac{\pi}{6}-\cos t\sin\frac{\pi}{6}\right)+\left(\cos t\cos\frac{\pi}{6}+\sin t\sin\frac{\pi}{6}\right)}{2t}$$
$$=\lim_{t\to0}\frac{\frac{3}{2}\sin t-\frac{\sqrt{3}}{2}\cos t+\frac{\sqrt{3}}{2}\cos t+\frac{1}{2}\sin t}{2t}$$
$$=\lim_{t\to0}\frac{2\sin t}{2t}=\lim_{t\to0}\frac{\sin t}{t}=1$$

0940 답 $-\frac{\sqrt{2}}{4}$

STEP1 주어진 식을 t에 대한 식으로 나타내기 [2점]

$x-\frac{\pi}{4}=t$로 놓으면 $x\to\frac{\pi}{4}$일 때 $t\to0$이므로

$$\lim_{x\to\frac{\pi}{4}}\frac{\sin x-\cos x}{\pi-4x}=\lim_{t\to0}\frac{\sin\left(t+\frac{\pi}{4}\right)-\cos\left(t+\frac{\pi}{4}\right)}{-4t}$$

STEP2 $\lim_{x\to\frac{\pi}{4}}\frac{\sin x-\cos x}{\pi-4x}$의 값 구하기 [5점]

$$\lim_{t\to0}\frac{\sin\left(t+\frac{\pi}{4}\right)-\cos\left(t+\frac{\pi}{4}\right)}{-4t}$$
$$=\lim_{t\to0}\frac{\sin t\cos\frac{\pi}{4}+\cos t\sin\frac{\pi}{4}-\left(\cos t\cos\frac{\pi}{4}-\sin t\sin\frac{\pi}{4}\right)}{-4t}$$
$$=\lim_{t\to0}\frac{\frac{\sqrt{2}}{2}(\sin t+\cos t)-\frac{\sqrt{2}}{2}(\cos t-\sin t)}{-4t}$$
$$=\lim_{t\to0}\frac{\sqrt{2}\sin t}{-4t}=\lim_{t\to0}\left\{\frac{\sin t}{t}\times\left(-\frac{\sqrt{2}}{4}\right)\right\}$$
$$=1\times\left(-\frac{\sqrt{2}}{4}\right)=-\frac{\sqrt{2}}{4}$$

0941 답 (1) $f(0)$ (2) c (3) 0 (4) 0 (5) 1 (6) a (7) a (8) 1 (9) 2

STEP1 함수 $f(x)$가 $x=0$에서 연속임을 이용하여 식 세우기 [3점]

함수 $f(x)$가 $x=0$에서 연속이므로 $\lim_{x\to0}f(x)=\boxed{f(0)}$

$\therefore \lim_{x\to0}\frac{e^x-\sin ax-b}{x}=\boxed{c}$ ······ ㉠

STEP2 극한의 성질을 이용하여 상수 b와 $a+c$의 값 구하기 [4점]

㉠에서 $x\to0$일 때 (분모)$\to0$이고 극한값이 존재하므로 (분자)$\to0$이다.

즉, $\lim_{x\to0}(e^x-\sin ax-b)=\boxed{0}$에서 $1-b=\boxed{0}$

$\therefore b=\boxed{1}$ ······ ㉡

$b=1$을 ㉠의 좌변에 대입하면

$$\lim_{x\to0}\frac{e^x-\sin ax-1}{x}=\lim_{x\to0}\left(\frac{e^x-1}{x}-\frac{\sin ax}{ax}\times\boxed{a}\right)$$
$$=1-\boxed{a}=c$$

$\therefore a+c=\boxed{1}$ ······ ㉢

STEP3 $a+b+c$의 값 구하기 [1점]

㉡, ㉢에 의해 $a+b+c=\boxed{2}$

실제 답안 예시

$\lim_{x\to0}\frac{e^x-\sin ax-b}{x}=c$

극한값이 존재해야 하고 $x\to0$일 때, 분모가 0으로 수렴하므로

$\lim_{x\to0}(e^x-\sin ax-b)=0$이어야 한다.

$1-b=0$, $b=1$

$\lim_{x\to0}\frac{e^x-\sin ax-1}{x}=\lim_{x\to0}\left\{\frac{e^x-1}{x}-\frac{\sin ax}{x}\right\}=\lim_{x\to0}\left\{\frac{e^x-1}{x}-\left(\frac{\sin ax}{ax}\right)\times a\right\}$

따라서 $1-a=c$이므로 $1=a+c$

$\therefore a+b+c=2$

0942 답 6

STEP1 **함수 $f(x)$가 $x=0$에서 연속임을 이용하여 식 세우기 [3점]**

함수 $f(x)$가 $x=0$에서 연속이므로 $\lim_{x\to0}f(x)=f(0)$

$\therefore \lim_{x\to0}\frac{a-2\cos x}{\sin^2 bx}=\frac{1}{9}$ ······ ㉠

STEP2 **극한의 성질을 이용하여 상수 a, b의 값 구하기 [4점]**

㉠에서 $x\to0$일 때 (분모) $\to0$이고 극한값이 존재하므로 (분자) $\to0$이다.

즉, $\lim_{x\to0}(a-2\cos x)=0$에서 $a-2=0$ $\quad\therefore a=2$ ······ ⓐ

$a=2$를 ㉠의 좌변에 대입하면

$\lim_{x\to0}\frac{2(1-\cos x)}{\sin^2 bx}$

$=\lim_{x\to0}\frac{2(1-\cos x)(1+\cos x)}{\sin^2 bx(1+\cos x)}$

$=\lim_{x\to0}\frac{2\sin^2 x}{\sin^2 bx(1+\cos x)}$

$=\lim_{x\to0}\left\{2\times\left(\frac{\sin x}{x}\right)^2\times\left(\frac{bx}{\sin bx}\right)^2\times\frac{1}{b^2}\times\frac{1}{1+\cos x}\right\}$

$=2\times1^2\times1^2\times\frac{1}{b^2}\times\frac{1}{2}=\frac{1}{b^2}=\frac{1}{9}$

$\therefore b=-3$ 또는 $b=3$ ······ ⓐ

STEP3 **ab의 값 구하기 [1점]**

$ab>0$이므로 $ab=2\times3=6$

부분점수표	
ⓐ 상수 a, b 중에서 하나만 구한 경우	2점

0943 답 $-\frac{1}{2}$

STEP1 **함수 $f(x)$가 $x=0$에서 연속임을 이용하여 식 세우기 [3점]**

함수 $f(x)$가 $x=0$에서 연속이므로 $\lim_{x\to0}f(x)=f(0)$

$\therefore \lim_{x\to0}\frac{1-\cos x}{\ln(1-x^2)}=a$

STEP2 **극한의 성질을 이용하여 상수 a의 값 구하기 [4점]**

$\lim_{x\to0}\frac{1-\cos x}{\ln(1-x^2)}$

$=\lim_{x\to0}\frac{(1-\cos x)(1+\cos x)}{(1+\cos x)\ln(1-x^2)}$

$=\lim_{x\to0}\frac{\sin^2 x}{(1+\cos x)\ln(1-x^2)}$

$=\lim_{x\to0}\left\{\left(\frac{\sin x}{x}\right)^2\times\frac{-x^2}{\ln(1-x^2)}\times\frac{-1}{1+\cos x}\right\}$ ($\lim_{\bullet\to0}\frac{\ln(1+\bullet)}{\bullet}=1$)

$=1^2\times1\times\left(-\frac{1}{2}\right)=-\frac{1}{2}$

$\therefore a=-\frac{1}{2}$

0944 답 1

STEP1 **$g(x)$가 $x=0$에서 연속임을 이용하여 식 세우기 [3점]**

$f(x)=x\sin x$에서 $f'(x)=\sin x+x\cos x$

함수 $g(x)$가 실수 전체의 집합에서 연속이므로 $x=0$에서도 연속이다.

즉, $\lim_{x\to0-}g(x)=\lim_{x\to0+}g(x)=g(0)$

$\therefore \lim_{x\to0-}\frac{1-\cos x}{ax^2}=\lim_{x\to0+}\frac{f'(x)}{x}=b$

STEP2 **극한의 성질을 이용하여 상수 a, b의 값 구하기 [6점]**

$\lim_{x\to0-}\frac{1-\cos x}{ax^2}=\lim_{x\to0-}\frac{(1-\cos x)(1+\cos x)}{ax^2(1+\cos x)}$

$=\lim_{x\to0-}\frac{\sin^2 x}{ax^2(1+\cos x)}$

$=\lim_{x\to0-}\left\{\frac{1}{a}\times\left(\frac{\sin x}{x}\right)^2\times\frac{1}{1+\cos x}\right\}$

$=\frac{1}{a}\times1^2\times\frac{1}{2}=\frac{1}{2a}$

$\lim_{x\to0+}\frac{f'(x)}{x}=\lim_{x\to0+}\frac{\sin x+x\cos x}{x}$

$=\lim_{x\to0+}\left(\frac{\sin x}{x}+\cos x\right)$

$=1+1=2$

$\frac{1}{2a}=2=b$에서 $a=\frac{1}{4}$, $b=2$ ······ ⓐ

STEP3 **$2ab$의 값 구하기 [1점]**

$2ab=2\times\frac{1}{4}\times2=1$

부분점수표	
ⓐ 상수 a, b 중에서 하나만 구한 경우	3점

1 0945 답 ② 유형2

출제의도 | 삼각함수 사이의 관계를 이해하는지 확인한다.

$1+\tan^2\theta=\sec^2\theta$를 이용해 보자.

$\tan^2\theta=\sec^2\theta-1=\frac{21}{4}$

이때 θ가 제2사분면의 각이므로

$\tan\theta=-\frac{\sqrt{21}}{2}$

23 0967 답 25

유형11

출제의도 | $\lim_{x\to0}\frac{\sin x}{x}$ 꼴의 극한을 이해하는지 확인한다.

STEP1 $\lim_{x\to0}\frac{\sin x}{x}=1$임을 이용하여 $f(n)$ 구하기 [3점]

$$f(n)=\lim_{x\to0}\frac{\sin x+\sin 2x+\sin 3x+\cdots+\sin(n-1)x}{x}$$
$$=\lim_{x\to0}\left\{\frac{\sin x}{x}+\frac{\sin 2x}{x}+\frac{\sin 3x}{x}+\cdots+\frac{\sin(n-1)x}{x}\right\}$$
$$=1+2+3+\cdots+(n-1)$$
$$=\frac{n(n-1)}{2}$$

STEP2 $\sum_{k=2}^{9}\frac{1}{f(k)}$의 값 구하기 [2점]

$\frac{1}{AB}=\frac{1}{B-A}\left(\frac{1}{A}-\frac{1}{B}\right)$

$$\sum_{k=2}^{9}\frac{1}{f(k)}=\sum_{k=2}^{9}\frac{2}{k(k-1)}=2\times\sum_{k=2}^{9}\left(\frac{1}{k-1}-\frac{1}{k}\right)$$
$$=2\times\left(1-\frac{1}{2}+\frac{1}{2}-\frac{1}{3}+\cdots+\frac{1}{8}-\frac{1}{9}\right)$$
$$=2\times\left(1-\frac{1}{9}\right)=\frac{16}{9}$$

STEP3 $a+b$의 값 구하기 [1점]

$a=16$, $b=9$이므로 $a+b=16+9=25$

24 0968 답 $\sqrt{2}$

유형6

출제의도 | 삼각함수의 덧셈정리를 도형에 활용할 수 있는지 확인한다.

STEP1 $\overline{CP}=a$라 하고, $\overline{BP}$의 길이 구하기 [1점]

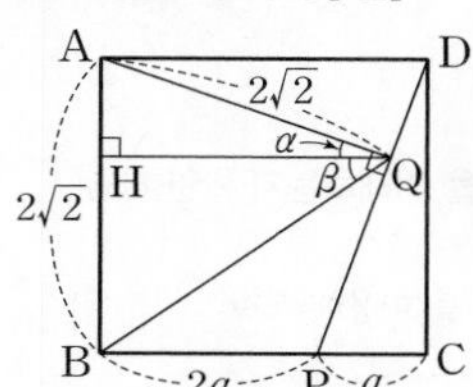

$\overline{BP}:\overline{CP}=2:1$이므로 $\overline{CP}=a$ ($a>0$인 상수)라 하면 $\overline{BP}=2a$

STEP2 $\triangle AQD$와 $\triangle DCP$가 합동임을 이용하여 $\overline{CP}$의 길이 구하기 [3점]

점 Q에서 선분 AB에 내린 수선의 발을 H라 할 때, $\angle AQH=\alpha$, $\angle BQH=\beta$라 하면

$\angle QAD=\angle AQH=\alpha$ ($\because$ 엇각)

$\angle ADQ=\frac{\pi}{2}-\alpha$이므로 $\angle PDC=\alpha$

또, $\angle AQD=\angle DCP=\frac{\pi}{2}$이고 $\overline{AQ}=\overline{DC}$이므로

$\triangle AQD$와 $\triangle DCP$는 합동이다. (ASA 합동)

$\therefore \overline{DQ}=\overline{PC}=a$

$\triangle AQD$에서 $\overline{AD}=3a$이므로

$9a^2=8+a^2 \quad \therefore a=1$ ($\because a>0$)

STEP3 $\tan(\angle AQB)$의 값 구하기 [4점]

$\triangle AQD$에서 $\tan\alpha=\frac{\overline{DQ}}{\overline{AQ}}=\frac{1}{2\sqrt{2}}=\frac{\sqrt{2}}{4}$

한편, $\sin\alpha=\frac{1}{3}$, $\cos\alpha=\frac{2\sqrt{2}}{3}$이므로 $\triangle AQH$에서

$\overline{AH}=\overline{AQ}\sin\alpha=2\sqrt{2}\times\frac{1}{3}=\frac{2\sqrt{2}}{3}$

$\overline{QH}=\overline{AQ}\cos\alpha=2\sqrt{2}\times\frac{2\sqrt{2}}{3}=\frac{8}{3}$

이때 $\overline{BH}=\overline{AB}-\overline{AH}=2\sqrt{2}-\frac{2\sqrt{2}}{3}=\frac{4\sqrt{2}}{3}$

$\triangle BQH$에서

$$\tan\beta=\frac{\overline{BH}}{\overline{QH}}=\frac{\frac{4\sqrt{2}}{3}}{\frac{8}{3}}=\frac{\sqrt{2}}{2}$$

$$\therefore \tan(\angle AQB)=\tan(\alpha+\beta)=\frac{\tan\alpha+\tan\beta}{1-\tan\alpha\tan\beta}$$
$$=\frac{\frac{\sqrt{2}}{4}+\frac{\sqrt{2}}{2}}{1-\frac{\sqrt{2}}{4}\times\frac{\sqrt{2}}{2}}=\sqrt{2}$$

25 0969 답 -6

유형22

출제의도 | 삼각함수를 포함한 함수에서 미분가능성을 이해하는지 확인한다.

STEP1 함수 $f(x)$가 $x=1$에서 연속임을 이용하여 a, b 사이의 관계식 구하기 [2점]

함수 $f(x)$가 실수 전체의 집합에서 미분가능하면 $x=1$에서도 미분가능하다.

즉, $x=1$에서 미분가능하면 $x=1$에서 연속이므로

$\lim_{x\to1+}c\ln x=\lim_{x\to1-}(ax^2+bx)=f(1)$

$\therefore a+b=0$ ······ ㉠

STEP2 함수 $f(x)$가 $x=0$, $x=1$에서 미분가능함을 이용하여 상수 a, b, c의 값 구하기 [5점]

$f'(0)$, $f'(1)$이 존재하므로

$$f'(x)=\begin{cases}\frac{c}{x} & (x>1)\\ 2ax+b & (0<x<1)\\ 2\cos x & (x<0)\end{cases}$$에서

$\lim_{x\to0+}(2ax+b)=\lim_{x\to0-}2\cos x$

$\therefore b=2$ ······ ㉡

$\lim_{x\to1+}\frac{c}{x}=\lim_{x\to1-}(2ax+b)$

$\therefore c=2a+b$ ······ ㉢

㉡을 ㉠, ㉢에 대입하여 풀면 $a=-2$, $c=-2$

STEP3 $a-b+c$의 값 구하기 [1점]

$a-b+c=-2-2-2=-6$

실력 check 실전 마무리하기 2회 201쪽~205쪽

1 0970 답 ⑤

유형1 + 유형2

출제의도 | 삼각함수 사이의 관계를 이해하는지 확인한다.

> $\tan\theta=\frac{\sin\theta}{\cos\theta}$, $\sin^2\theta+\cos^2\theta=1$을 이용해 보자.

① $\cos\theta\sec\theta+\sin\theta\csc\theta$

$=\cos\theta\times\frac{1}{\cos\theta}+\sin\theta\times\frac{1}{\sin\theta}$

$=1+1=2$

② $\frac{1}{1+\cos\theta}+\frac{1}{1-\cos\theta}=\frac{1-\cos\theta+1+\cos\theta}{1-\cos^2\theta}$

$=\frac{2}{\sin^2\theta}=2\csc^2\theta$

③ $(1+\tan\theta)(1+\cot\theta)=1+\cot\theta+\tan\theta+1$

$=2+\frac{\cos\theta}{\sin\theta}+\frac{\sin\theta}{\cos\theta}$

$=2+\frac{\cos^2\theta+\sin^2\theta}{\sin\theta\cos\theta}$

$=2+\frac{1}{\sin\theta\cos\theta}$

④ $\frac{\cos\theta}{1-\tan\theta}+\frac{\sin\theta}{1-\cot\theta}=\frac{\cos\theta}{1-\frac{\sin\theta}{\cos\theta}}+\frac{\sin\theta}{1-\frac{\cos\theta}{\sin\theta}}$

$=\frac{\cos^2\theta}{\cos\theta-\sin\theta}+\frac{\sin^2\theta}{\sin\theta-\cos\theta}$

$=\frac{\cos^2\theta-\sin^2\theta}{\cos\theta-\sin\theta}$

$=\frac{(\cos\theta-\sin\theta)(\cos\theta+\sin\theta)}{\cos\theta-\sin\theta}$

$=\sin\theta+\cos\theta$

⑤ $\frac{1}{\csc\theta-\cot\theta}+\frac{1}{\csc\theta+\cot\theta}$

$=\frac{\csc\theta+\cot\theta+\csc\theta-\cot\theta}{\csc^2\theta-\cot^2\theta}=2\csc\theta$

2 0971 답 ③ 유형 3

출제의도 | 삼각함수의 덧셈정리를 이해하는지 확인한다.

$\tan(\alpha-\beta)=\frac{\tan\alpha-\tan\beta}{1+\tan\alpha\tan\beta}$를 이용해 보자.

$\frac{\tan 45^\circ-\tan 15^\circ}{1+\tan 45^\circ\tan 15^\circ}=\tan(45^\circ-15^\circ)$

$=\tan 30^\circ=\frac{\sqrt{3}}{3}$

3 0972 답 ④ 유형 4

출제의도 | 삼각함수의 덧셈정리를 이해하는지 확인한다.

$\tan(\alpha+\beta)=\frac{\tan\alpha+\tan\beta}{1-\tan\alpha\tan\beta}$를 이용해 보자.

이차방정식의 근과 계수의 관계에 의해

$\tan\alpha+\tan\beta=\frac{k}{4}$, $\tan\alpha\tan\beta=\frac{2}{4}=\frac{1}{2}$

$\therefore \tan(\alpha+\beta)=\frac{\tan\alpha+\tan\beta}{1-\tan\alpha\tan\beta}=\frac{\frac{k}{4}}{1-\frac{1}{2}}=\frac{k}{2}$

따라서 $\frac{k}{2}=3$이므로 $k=6$

4 0973 답 ③ 유형 5

출제의도 | 두 직선이 이루는 각과 삼각함수의 덧셈정리의 연관성을 이해하는지 확인한다.

$\tan(\alpha-\beta)=\frac{\tan\alpha-\tan\beta}{1+\tan\alpha\tan\beta}$를 이용해 보자.

두 직선 $y=2x-1$, $y=\frac{1}{2}x+3$이 x축의 양의 방향과 이루는 각의 크기를 각각 α, β라 하면

$\tan\alpha=2$, $\tan\beta=\frac{1}{2}$

두 직선이 이루는 예각의 크기를 θ라 하면

$\theta=\alpha-\beta$이므로

$\tan\theta=|\tan(\alpha-\beta)|=\left|\frac{\tan\alpha-\tan\beta}{1+\tan\alpha\tan\beta}\right|$

$=\left|\frac{2-\frac{1}{2}}{1+2\times\frac{1}{2}}\right|=\frac{3}{4}$

5 0974 답 ④ 유형 6

출제의도 | 삼각함수의 덧셈정리를 도형에 적용할 수 있는지 확인한다.

한 각의 크기가 각각 α, β인 직각삼각형에서 sin, cos의 값을 구해 보자.

$\overline{AB}=\overline{AC}=\sqrt{1^2+2^2}=\sqrt{5}$이므로

$\sin\alpha=\frac{2}{\sqrt{5}}=\frac{2\sqrt{5}}{5}$, $\cos\alpha=\frac{1}{\sqrt{5}}=\frac{\sqrt{5}}{5}$

$\sin\beta=\frac{1}{\sqrt{5}}=\frac{\sqrt{5}}{5}$, $\cos\beta=\frac{2}{\sqrt{5}}=\frac{2\sqrt{5}}{5}$

$\therefore \cos(\alpha-\beta)=\cos\alpha\cos\beta+\sin\alpha\sin\beta$

$=\frac{\sqrt{5}}{5}\times\frac{2\sqrt{5}}{5}+\frac{2\sqrt{5}}{5}\times\frac{\sqrt{5}}{5}$

$=\frac{2}{5}+\frac{2}{5}=\frac{4}{5}$

6 0975 답 ⑤ 유형 7

출제의도 | 배각의 공식을 이해하는지 확인한다.

$\tan 2\alpha=\frac{2\tan\alpha}{1-\tan^2\alpha}$를 이용해 보자.

$\sqrt{2}\sin\theta-\cos\theta=0$에서

$\sqrt{2}\sin\theta=\cos\theta$, $\frac{\sin\theta}{\cos\theta}=\frac{1}{\sqrt{2}}$

$\therefore \tan\theta=\frac{1}{\sqrt{2}}$

$\therefore \tan 2\theta=\frac{2\tan\theta}{1-\tan^2\theta}=\frac{2\times\frac{1}{\sqrt{2}}}{1-\left(\frac{1}{\sqrt{2}}\right)^2}=2\sqrt{2}$

7 0976 답 ⑤ 유형 7

출제의도 | 배각의 공식과 등비급수를 이해하는지 확인한다.

주어진 급수는 공비가 $\sin^2 x$인 등비급수임을 이용해 보자.

$\cos 2x=1-2\sin^2 x=\frac{3}{5}$에서

$\sin^2 x=\frac{1}{5}$

$\therefore 1+\sin^2 x+\sin^4 x+\sin^6 x+\cdots=\frac{1}{1-\sin^2 x}$

→ $a+ar+ar^2+\cdots=\frac{a}{1-r}$

$=\frac{1}{1-\frac{1}{5}}=\frac{5}{4}$

8 0977 답 ② 유형 11

출제의도 | $\lim_{x\to 0}\frac{\sin x}{x}$ 꼴의 극한을 이해하는지 확인한다.

$\lim_{\bullet\to 0}\frac{\ln(1+\bullet)}{\bullet}=1$, $\lim_{\bullet\to 0}\frac{\sin\bullet}{\bullet}=1$임을 이용해 보자.

$$\lim_{x\to 0}\frac{\ln(1+2x)}{\sin 4x}=\lim_{x\to 0}\left\{\frac{\ln(1+2x)}{2x}\times\frac{4x}{\sin 4x}\times\frac{1}{2}\right\}$$
$$=1\times1\times\frac{1}{2}=\frac{1}{2}$$

9 0978 답 ⑤ 유형 11

출제의도 | $\lim_{x\to 0}\frac{\sin x}{x}$ 꼴의 극한을 이해하는지 확인한다.

$f(\theta)$를 간단히 정리해 보자.

$f(\theta)=1-\frac{1}{1+\sin\theta}=\frac{1+\sin\theta-1}{1+\sin\theta}=\frac{\sin\theta}{1+\sin\theta}$이므로

$$\lim_{\theta\to 0}\frac{10f(\theta)}{\theta}=10\lim_{\theta\to 0}\frac{\frac{\sin\theta}{1+\sin\theta}}{\theta}=10\lim_{\theta\to 0}\frac{\sin\theta}{\theta(1+\sin\theta)}$$
$$=10\lim_{\theta\to 0}\left(\frac{\sin\theta}{\theta}\times\frac{1}{1+\sin\theta}\right)$$
$$=10\times1=10$$

10 0979 답 ② 유형 9

출제의도 | 삼각함수의 합성과 삼각함수의 그래프를 이해하는지 확인한다.

삼각함수의 합성을 이용하여 sin에 대한 식으로 정리해 보자.

$$y=\sin x-\cos x$$
$$=\sqrt{2}\left\{\sin x\times\frac{\sqrt{2}}{2}+\cos x\times\left(-\frac{\sqrt{2}}{2}\right)\right\}$$
$$=\sqrt{2}\left(\sin x\cos\frac{7}{4}\pi+\cos x\sin\frac{7}{4}\pi\right)$$
$$=\sqrt{2}\sin\left(x+\frac{7}{4}\pi\right)$$

따라서 함수 $y=\sin x-\cos x$의 그래프는 $y=\sqrt{2}\sin x$의 그래프를 x축의 방향으로 $-\frac{7}{4}\pi$만큼 평행이동한 것이므로

$a=\sqrt{2}$, $b=-\frac{7}{4}\pi$

$\therefore ab=\sqrt{2}\times\left(-\frac{7}{4}\pi\right)=-\frac{7\sqrt{2}}{4}\pi$

11 0980 답 ② 유형 9

출제의도 | 삼각함수의 합성을 이용하여 함수의 최대, 최소를 구할 수 있는지 확인한다.

$-1\le\sin\bullet\le1$임을 이용하여 주어진 함수의 최대, 최소를 구해 보자.

$$f(x)=a\sin x+2\cos x+b$$
$$=\sqrt{a^2+4}\left(\frac{a}{\sqrt{a^2+4}}\sin x+\frac{2}{\sqrt{a^2+4}}\cos x\right)+b$$
$$=\sqrt{a^2+4}\sin(x+\alpha)+b$$
$$\left(\text{단, }\sin\alpha=\frac{2}{\sqrt{a^2+4}},\ \cos\alpha=\frac{a}{\sqrt{a^2+4}}\right)$$

이때 $-1\le\sin(x+\alpha)\le1$이므로

$-\sqrt{a^2+4}\le\sqrt{a^2+4}\sin(x+\alpha)\le\sqrt{a^2+4}$

$\therefore b-\sqrt{a^2+4}\le f(x)\le b+\sqrt{a^2+4}$

따라서 $f(x)$의 최댓값은 $b+\sqrt{a^2+4}$, 최솟값은 $b-\sqrt{a^2+4}$이므로

$b+\sqrt{a^2+4}=7$, $b-\sqrt{a^2+4}=-1$

위의 두 식을 변끼리 더하면

$2b=6 \quad \therefore b=3$

즉, $\sqrt{a^2+4}=4$, $a^2+4=16 \quad \therefore a^2=12$

$\therefore a^2+b=12+3=15$

12 0981 답 ④ 유형 12

출제의도 | $\lim_{x\to 0}\frac{\tan x}{x}$ 꼴의 극한을 이해하는지 확인한다.

$\lim_{\bullet\to 0}\frac{\tan\bullet}{\bullet}=1$임을 이용해 보자.

$$\lim_{x\to 0}\frac{\tan(\tan 4x)}{\tan 2x}$$
$$=\lim_{x\to 0}\left\{\frac{\tan(\tan 4x)}{\tan 4x}\times\frac{2x}{\tan 2x}\times\frac{\tan 4x}{4x}\times\frac{4}{2}\right\}$$
$$=1\times1\times1\times2=2$$

13 0982 답 ③ 유형 13

출제의도 | $\lim_{x\to 0}\frac{1-\cos x}{x}$ 꼴의 극한을 이해하는지 확인한다.

$\sin 2x=2\sin x\cos x$를 이용하여 주어진 식을 변형해 보자.

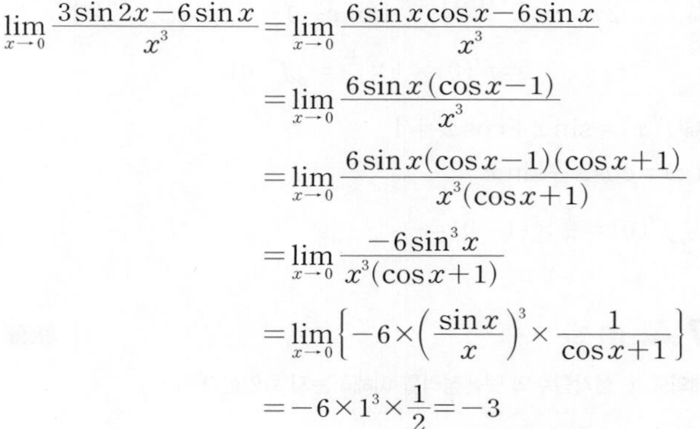

$$\lim_{x\to 0}\frac{3\sin 2x-6\sin x}{x^3}=\lim_{x\to 0}\frac{6\sin x\cos x-6\sin x}{x^3}$$
$$=\lim_{x\to 0}\frac{6\sin x(\cos x-1)}{x^3}$$
$$=\lim_{x\to 0}\frac{6\sin x(\cos x-1)(\cos x+1)}{x^3(\cos x+1)}$$
$$=\lim_{x\to 0}\frac{-6\sin^3 x}{x^3(\cos x+1)}$$
$$=\lim_{x\to 0}\left\{-6\times\left(\frac{\sin x}{x}\right)^3\times\frac{1}{\cos x+1}\right\}$$
$$=-6\times1^3\times\frac{1}{2}=-3$$

14 0983 답 ③ 유형 16

출제의도 | 삼각함수의 극한의 성질을 이해하는지 확인한다.

주어진 식에서 $x\to 0$일 때 (분모) $\to 0$이므로 (분자) $\to 0$임을 이용해 보자.

$x\to 0$일 때 (분모) $\to 0$이고 극한값이 존재하므로 (분자) $\to 0$이다.

즉, $\lim_{x\to 0}(\sqrt{ax+b}-1)=0$이므로

$\sqrt{b}-1=0 \quad \therefore b=1$

$b=1$을 주어진 식의 좌변에 대입하면

$$\lim_{x\to 0}\frac{\sqrt{ax+1}-1}{\sin 2x}=\lim_{x\to 0}\frac{(\sqrt{ax+1}-1)(\sqrt{ax+1}+1)}{\sin 2x(\sqrt{ax+1}+1)}$$
$$=\lim_{x\to 0}\frac{ax}{\sin 2x(\sqrt{ax+1}+1)}$$

04

$$=\lim_{x\to 0}\left(\frac{2x}{\sin 2x}\times\frac{a}{2}\times\frac{1}{\sqrt{ax+1}+1}\right)$$

$$=1\times\frac{a}{2}\times\frac{1}{2}=\frac{a}{4}$$

즉, $\frac{a}{4}=5$이므로 $a=20$

$\therefore a+b=20+1=21$

15 0984 답 ②

유형 20

출제의도 | 도함수의 정의를 이용하여 극한값을 계산할 수 있는지 확인한다.

주어진 식을 $\lim_{h\to 0}\frac{f(x+h)-f(x)}{h}$ 꼴로 만들어 보자.

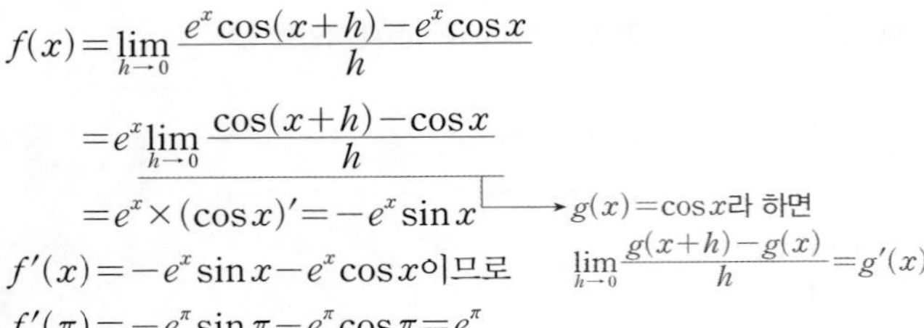

$$f(x)=\lim_{h\to 0}\frac{e^x\cos(x+h)-e^x\cos x}{h}$$

$$=e^x\lim_{h\to 0}\frac{\cos(x+h)-\cos x}{h}$$

$$=e^x\times(\cos x)'=-e^x\sin x$$

→ $g(x)=\cos x$라 하면 $\lim_{h\to 0}\frac{g(x+h)-g(x)}{h}=g'(x)$

$f'(x)=-e^x\sin x-e^x\cos x$이므로

$f'(\pi)=-e^\pi\sin\pi-e^\pi\cos\pi=e^\pi$

16 0985 답 ④

유형 21

출제의도 | 미분계수의 정의를 이용하여 극한값을 구할 수 있는지 확인한다.

주어진 식을 $\lim_{x\to 0}\frac{f(●)-f(0)}{●-0}$ 꼴로 변형해 보자.

$f(0)=0+1=1$이므로

$$\lim_{x\to 0}\frac{f(\tan x)-1}{2x}=\lim_{x\to 0}\left\{\frac{f(\tan x)-f(0)}{\tan x-0}\times\frac{\tan x}{x}\times\frac{1}{2}\right\}$$

$$=f'(0)\times 1\times\frac{1}{2}=\frac{1}{2}f'(0)$$

이때 $f(x)=\sin x+\cos x$에서

$f'(x)=\cos x-\sin x$

$\therefore \frac{1}{2}f'(0)=\frac{1}{2}\times(1-0)=\frac{1}{2}$

17 0986 답 ⑤

유형 3

출제의도 | 삼각함수의 덧셈정리를 이해하는지 확인한다.

$\tan\theta=\frac{\sin\theta}{\cos\theta}$임을 이용하여 구하는 식을 sin, cos에 대한 식으로 나타내 보자.

$\sin(\alpha+\beta)=\frac{3}{4}$에서 $\sin\alpha\cos\beta+\cos\alpha\sin\beta=\frac{3}{4}$ ······ ㉠

$\sin(\alpha-\beta)=\frac{2}{3}$에서 $\sin\alpha\cos\beta-\cos\alpha\sin\beta=\frac{2}{3}$ ······ ㉡

㉠+㉡을 하면

$2\sin\alpha\cos\beta=\frac{17}{12}$ $\quad\therefore \sin\alpha\cos\beta=\frac{17}{24}$

㉠−㉡을 하면

$2\cos\alpha\sin\beta=\frac{1}{12}$ $\quad\therefore \cos\alpha\sin\beta=\frac{1}{24}$

$$\therefore \frac{\tan\alpha}{\tan\beta}=\frac{\frac{\sin\alpha}{\cos\alpha}}{\frac{\sin\beta}{\cos\beta}}=\frac{\sin\alpha\cos\beta}{\cos\alpha\sin\beta}=\frac{\frac{17}{24}}{\frac{1}{24}}=17$$

18 0987 답 ③

유형 8

출제의도 | 도형의 성질을 이용하여 삼각비를 구할 수 있는지 확인한다.

$\overline{PC}=\overline{OC}\tan\theta$, $\overline{CQ}=\overline{OC}\tan\left(\frac{\pi}{2}-\theta\right)$임을 이용해 보자.

$\overline{OC}\perp\overline{PQ}$이므로 직각삼각형 OCP에서

$\overline{PC}=\overline{OC}\tan\theta=2\tan\theta$

직각삼각형 OCQ에서 $\angle COQ=\frac{\pi}{2}-\theta$이므로

$\overline{CQ}=\overline{OC}\tan\left(\frac{\pi}{2}-\theta\right)=2\tan\left(\frac{\pi}{2}-\theta\right)$

$\overline{PQ}=\overline{PC}+\overline{CQ}=5$이므로

$2\tan\theta+2\tan\left(\frac{\pi}{2}-\theta\right)=5$

$2\tan\theta+\frac{2}{\tan\theta}=5$

$2\tan^2\theta-5\tan\theta+2=0$

$(2\tan\theta-1)(\tan\theta-2)=0$

$\therefore \tan\theta=\frac{1}{2}$ 또는 $\tan\theta=2$

$0<\theta<\frac{\pi}{4}$이므로 $\tan\theta=\frac{1}{2}$

$$\therefore \tan 2\theta=\frac{2\tan\theta}{1-\tan^2\theta}=\frac{2\times\frac{1}{2}}{1-\left(\frac{1}{2}\right)^2}=\frac{4}{3}$$

다른 풀이

$\angle COP=\theta$, $\angle OCP=\frac{\pi}{2}$이므로

$\angle CQO=\theta$이다.

$\overline{CP}=x$라 하면 $\overline{CQ}=5-x$이므로

$\triangle$OCP에서 $\tan\theta=\frac{x}{2}$ ······ ㉠

$\triangle$OCQ에서 $\tan\theta=\frac{2}{5-x}$ ······ ㉡

㉠, ㉡에서 $\frac{x}{2}=\frac{2}{5-x}$이므로

$x(5-x)=4$, $x^2-5x+4=0$

$\therefore x=1$ 또는 $x=4$

$0<\theta<\frac{\pi}{4}$이므로 $\overline{CP}<\overline{CQ}$

$\therefore x=1$

따라서 $\tan\theta=\frac{1}{2}$이므로

$$\tan 2\theta=\frac{2\tan\theta}{1-\tan^2\theta}=\frac{4}{3}$$

19 0988 답 ②

유형 17

출제의도 | 도형의 길이의 비를 지수함수와 삼각함수로 나타내어 극한값을 구할 수 있는지 확인한다.

$\overline{PQ}$의 길이는 $x=t$에서의 두 함숫값의 차이고, $\overline{QR}$의 길이는 $x=t$에서의 삼각함수의 값임을 이용해 보자.

$P(t,\ 3^t-1)$, $Q(t,\ \sin t)$, $R(t,\ 0)$이므로

$$\frac{\overline{PQ}}{\overline{QR}}=\frac{3^t-1-\sin t}{\sin t}=\frac{3^t-1}{\sin t}-1$$

$$\therefore \lim_{t\to0+}\frac{\overline{\text{PQ}}}{\overline{\text{QR}}}=\lim_{t\to0+}\left(\frac{3^t-1}{\sin t}-1\right)$$
$$=\lim_{t\to0+}\left(\frac{3^t-1}{t}\times\frac{t}{\sin t}-1\right)$$
$$=\ln 3\times1-1=\ln 3-1$$

20 0989 답 ②

유형 22

출제의도 | 함수가 미분가능할 조건을 이해하는지 확인한다.

> 함수는 $x=0$에서 연속이고 $x=0$에서 미분계수가 존재함을 이용해 보자.

함수 $f(x)$가 모든 실수 x에 대하여 미분가능하므로 $x=0$에서도 미분가능하다.

즉, $x=0$에서 미분가능하면 $x=0$에서 연속이므로

$$\lim_{x\to0-}(x^2-2x+b)=\lim_{x\to0+}\{(ax+1)\cos x\}=f(0)$$

$\therefore b=1$

또, $f'(0)$이 존재하므로

$$f'(x)=\begin{cases}2x-2 & (x<0)\\ a\cos x-(ax+1)\sin x & (x>0)\end{cases}$$

에서 $\lim_{x\to0-}(2x-2)=\lim_{x\to0+}\{a\cos x-(ax+1)\sin x\}$

$\therefore a=-2$

$\therefore a+b=-2+1=-1$

21 0990 답 ③

유형 8

출제의도 | 배각의 공식을 도형에 활용할 수 있는지 확인한다.

> 두 원의 중심에서 접선에 수직인 선분을 각각 그어 보자.

그림과 같이 두 점 C_1, C_2에서 직선 m에 내린 수선의 발을 각각 H_1, H_2라 하고, 점 C_1에서 선분 C_2H_2에 내린 수선의 발을 A라 하면

$\overline{AC_2}=5-2=3$, $\overline{C_1C_2}=3\sqrt{5}$이므로 $\triangle C_1AC_2$에서

$\overline{AC_1}=\sqrt{(3\sqrt{5})^2-3^2}=\sqrt{36}=6$

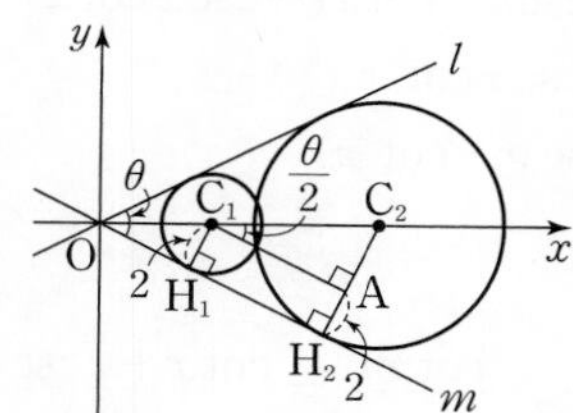

$\angle C_2C_1A=\frac{\theta}{2}$이므로 $\tan\frac{\theta}{2}=\frac{3}{6}=\frac{1}{2}$

$$\therefore \tan\theta=\frac{2\tan\frac{\theta}{2}}{1-\tan^2\frac{\theta}{2}}=\frac{2\times\frac{1}{2}}{1-\left(\frac{1}{2}\right)^2}=\frac{4}{3}$$

22 0991 답 2

유형 16

출제의도 | 삼각함수의 극한의 성질을 이해하는지 확인한다.

STEP 1 상수 b의 값 구하기 [2점]

$x\to\frac{\pi}{2}$일 때 (분자) $\to$ 0이고 0이 아닌 극한값이 존재하므로 (분모) $\to$ 0이다.

즉, $\lim_{x\to\frac{\pi}{2}}(\sin x-b)=0$이므로

$1-b=0 \qquad \therefore b=1$

STEP 2 $\pi-2x=t$로 치환하여 상수 a의 값 구하기 [3점]

$b=1$을 주어진 식의 좌변에 대입하면

$$\lim_{x\to\frac{\pi}{2}}\frac{a(\pi-2x)\cos x}{\sin x-1}=-4$$

$\pi-2x=t$로 놓으면 $x\to\frac{\pi}{2}$일 때 $t\to0$이므로

$$\lim_{x\to\frac{\pi}{2}}\frac{a(\pi-2x)\cos x}{\sin x-1}=\lim_{t\to0}\frac{at\cos\left(\frac{\pi}{2}-\frac{t}{2}\right)}{\sin\left(\frac{\pi}{2}-\frac{t}{2}\right)-1}$$
$$=\lim_{t\to0}\frac{at\sin\frac{t}{2}}{\cos\frac{t}{2}-1}=\lim_{t\to0}\frac{-at\sin\frac{t}{2}}{1-\cos\frac{t}{2}}$$
$$=\lim_{t\to0}\frac{-at\sin\frac{t}{2}\left(1+\cos\frac{t}{2}\right)}{\left(1-\cos\frac{t}{2}\right)\left(1+\cos\frac{t}{2}\right)}$$
$$=\lim_{t\to0}\frac{-at\sin\frac{t}{2}\left(1+\cos\frac{t}{2}\right)}{\sin^2\frac{t}{2}}$$
$$=\lim_{t\to0}\left\{\frac{\frac{t}{2}}{\sin\frac{t}{2}}\times(-2a)\times\left(1+\cos\frac{t}{2}\right)\right\}$$
$$=1\times(-2a)\times2=-4a$$

즉, $-4a=-4$이므로 $a=1$

STEP 3 $2ab$의 값 구하기 [1점]

$2ab=2\times1\times1=2$

23 0992 답 4

유형 21

출제의도 | 미분계수의 정의를 이용하여 극한값을 구할 수 있는지 확인한다.

STEP 1 미분계수의 정의를 이용하여 극한값을 $f'(a)$ 꼴로 나타내기 [3점]

$f\left(\frac{\pi}{2}\right)=(1-0)^2=1$이므로

$$\lim_{h\to0}\frac{f\left(\frac{\pi}{2}+2h\right)-1}{h}=\lim_{h\to0}\frac{f\left(\frac{\pi}{2}+2h\right)-f\left(\frac{\pi}{2}\right)}{h}$$
$$=\lim_{h\to0}\left\{\frac{f\left(\frac{\pi}{2}+2h\right)-f\left(\frac{\pi}{2}\right)}{2h}\times2\right\}$$
$$=2f'\left(\frac{\pi}{2}\right)$$

STEP 2 $f'(x)$를 이용하여 $\lim_{h\to0}\frac{f\left(\frac{\pi}{2}+2h\right)-1}{h}$의 값 구하기 [3점]

$f(x)=(\sin x-\cos x)^2=1-2\sin x\cos x$에서

$$f'(x)=-2\cos x\cos x+2\sin x\sin x$$
$$=2(\sin^2x-\cos^2x)$$

$\therefore 2f'\left(\frac{\pi}{2}\right)=2\times2\times(1^2-0^2)=4$

다른 풀이

STEP 1 $f\left(\frac{\pi}{2}+2h\right)$를 삼각함수로 나타내기 [3점]

$f(x)=(\sin x-\cos x)^2=1-2\sin x\cos x=1-\sin 2x$이므로

$$f\left(\frac{\pi}{2}+2h\right)=1-\sin2\left(\frac{\pi}{2}+2h\right)=1-\underline{\sin(\pi+4h)}$$
$$=1+\sin 4h$$

($\sin(\pi+\theta)=-\sin\theta$)

STEP 2 $\lim_{h\to0}\frac{f\left(\frac{\pi}{2}+2h\right)-1}{h}$의 값 구하기 [3점]

$$\lim_{h\to0}\frac{f\left(\frac{\pi}{2}+2h\right)-1}{h}=\lim_{h\to0}\frac{\sin 4h}{h}$$
$$=\lim_{h\to0}\left(\frac{\sin 4h}{4h}\times4\right)$$
$$=1\times4=4$$

24 0993 답 1 유형 6

출제의도 | 삼각함수의 덧셈정리를 도형에 활용할 수 있는지 확인한다.

STEP 1 θ를 α, β로 나누어 $\tan\alpha$, $\tan\beta$의 값 구하기 [5점]

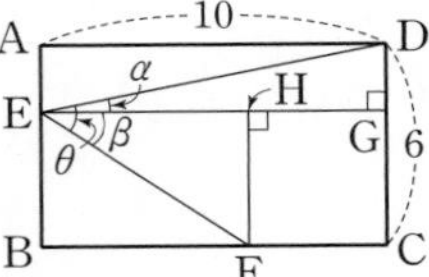

그림과 같이 점 E에서 선분 DC에 내린 수선의 발을 G, 점 F에서 선분 EG에 내린 수선의 발을 H라 하고 $\angle\mathrm{DEG}=\alpha$, $\angle\mathrm{FEH}=\beta$라 하자.

$\overline{\mathrm{AE}}=6\times\frac{1}{3}=2$, $\overline{\mathrm{BF}}=10\times\frac{3}{5}=6$이므로

$$\tan\alpha=\frac{\overline{\mathrm{DG}}}{\overline{\mathrm{EG}}}=\frac{2}{10}=\frac{1}{5}$$

$$\tan\beta=\frac{\overline{\mathrm{FH}}}{\overline{\mathrm{EH}}}=\frac{4}{6}=\frac{2}{3}$$

STEP 2 $\tan\theta$의 값 구하기 [3점]

$\theta=\alpha+\beta$이므로

$$\tan\theta=\tan(\alpha+\beta)=\frac{\tan\alpha+\tan\beta}{1-\tan\alpha\tan\beta}$$
$$=\frac{\frac{1}{5}+\frac{2}{3}}{1-\frac{1}{5}\times\frac{2}{3}}=1$$

25 0994 답 $-\sqrt{3}$ 유형 20

출제의도 | 삼각함수의 미분을 이해하는지 확인한다.

STEP 1 $f_1(x)$, $f_2(x)$, $f_3(x)$, $\cdots$가 공비가 0과 1 사이인 등비수열임을 확인하기 [3점]

$f_1(x)$, $f_2(x)$, $f_3(x)$, $\cdots$는 첫째항이 $\sin^2 x\cos x$, 공비가 $\cos x$인 등비수열이고 ↳ $\sin^2 x\cos x$, $\sin^2 x\cos^2 x$, $\sin^2 x\cos^3 x$, $\cdots$

$0<x<\frac{\pi}{2}$에서 $0<\cos x<1$이다.

STEP 2 $g(x)$, $g'(x)$ 구하기 [4점]

$$g(x)=\sum_{n=1}^{\infty}f_n(x)=\frac{\sin^2 x\cos x}{1-\cos x}$$
$$=\frac{(1-\cos^2 x)\cos x}{1-\cos x}$$
↳ $\sum_{n=1}^{\infty}ar^{n-1}=\frac{a}{1-r}$ $(a\neq0,\ -1<r<1)$
$$=(1+\cos x)\cos x$$

이므로

$$g'(x)=-\sin x\cos x+(1+\cos x)(-\sin x)$$
$$=-\sin x-2\sin x\cos x$$

STEP 3 $g'\left(\frac{\pi}{3}\right)$의 값 구하기 [1점]

$$g'\left(\frac{\pi}{3}\right)=-\frac{\sqrt{3}}{2}-2\times\frac{\sqrt{3}}{2}\times\frac{1}{2}=-\sqrt{3}$$

05 여러 가지 미분법

핵심 개념 210쪽~212쪽

0995 답 (1) $y'=-\frac{1}{(x-3)^2}$ (2) $y'=\frac{3}{x^4}$ (3) $y'=\frac{1-\ln x}{x^2}$ (4) $y'=\frac{(1-x)e^x-1}{(e^x-1)^2}$

(1) $y=\frac{1}{x-3}$에서 $y'=-\frac{(x-3)'}{(x-3)^2}=-\frac{1}{(x-3)^2}$

(2) $y=-\frac{1}{x^3}$에서 $y=-x^{-3}$이므로

$$y'=3x^{-4}=\frac{3}{x^4}$$

(3) $y=\frac{\ln x}{x}$에서

$$y'=\frac{(\ln x)'x-\ln x\times(x)'}{x^2}=\frac{\frac{1}{x}\times x-\ln x}{x^2}=\frac{1-\ln x}{x^2}$$

(4) $y=\frac{x}{e^x-1}$에서

$$y'=\frac{(x)'(e^x-1)-x(e^x-1)'}{(e^x-1)^2}=\frac{(e^x-1)-xe^x}{(e^x-1)^2}$$
$$=\frac{(1-x)e^x-1}{(e^x-1)^2}$$

0996 답 (1) $y'=\sec x(\sec x+\tan x)$ (2) $y'=-\csc x(\csc^2 x+\cot^2 x)$ (3) $y'=\tan x+x\sec^2 x$

(1) $y=\tan x+\sec x$에서

$$y'=\sec^2 x+\sec x\tan x=\sec x(\sec x+\tan x)$$

(2) $y=\cot x\csc x$에서

$$y'=(\cot x)'\csc x+\cot x(\csc x)'$$
$$=(-\csc^2 x)\csc x+\cot x(-\csc x\cot x)$$
$$=-\csc^3 x-\csc x\cot^2 x$$
$$=-\csc x(\csc^2 x+\cot^2 x)$$

(2) $y=\frac{x}{\cot x}$에서

$$y'=\frac{(x)'\cot x-x(\cot x)'}{\cot^2 x}=\frac{\cot x+x\csc^2 x}{\cot^2 x}$$
$$=\frac{1}{\cot x}+x\times\frac{1}{\sin^2 x}\times\frac{\sin^2 x}{\cos^2 x}$$
$$=\tan x+x\sec^2 x$$

0997 답 (1) $y'=48x(4x^2+1)^5$ (2) $y'=\frac{8}{(1-2x)^5}$ (3) $y'=2(x-1)e^{x^2-2x}$ (4) $y'=2\cos(2x+1)$

(1) 방법1 $u=4x^2+1$이라 하면

$y=u^6$에서 $\frac{dy}{du}=6u^5$, $\frac{du}{dx}=8x$이므로

$$y'=\frac{dy}{dx}=\frac{dy}{du}\times\frac{du}{dx}$$
$$=6u^5\times8x=6(4x^2+1)^5\times8x$$
$$=48x(4x^2+1)^5$$

방법2 $y=(4x^2+1)^6$에서

$y'=6(4x^2+1)^5\times(4x^2+1)'$

$=6(4x^2+1)^5\times 8x=48x(4x^2+1)^5$

(2) 방법1 $y=\dfrac{1}{(1-2x)^4}=(1-2x)^{-4}$

$u=1-2x$라 하면

$y=u^{-4}$에서 $\dfrac{dy}{du}=-4u^{-5}$, $\dfrac{du}{dx}=-2$이므로

$y'=\dfrac{dy}{dx}=\dfrac{dy}{du}\times\dfrac{du}{dx}$

$=-4u^{-5}\times(-2)=-4(1-2x)^{-5}\times(-2)$

$=8(1-2x)^{-5}=\dfrac{8}{(1-2x)^5}$

방법2 $y=\dfrac{1}{(1-2x)^4}$에서

$y=\dfrac{1}{(1-2x)^4}=(1-2x)^{-4}$이므로

$y'=-4(1-2x)^{-5}\times(1-2x)'$

$=-4(1-2x)^{-5}\times(-2)$

$=8(1-2x)^{-5}=\dfrac{8}{(1-2x)^5}$

(3) 방법1 $u=x^2-2x$라 하면

$y=e^u$에서 $\dfrac{dy}{du}=e^u$, $\dfrac{du}{dx}=2x-2$이므로

$y'=\dfrac{dy}{dx}=\dfrac{dy}{du}\times\dfrac{du}{dx}$

$=e^u(2x-2)=e^{x^2-2x}(2x-2)=2(x-1)e^{x^2-2x}$

방법2 $y=e^{x^2-2x}$에서

$y'=e^{x^2-2x}\times(x^2-2x)'=e^{x^2-2x}\times(2x-2)=2(x-1)e^{x^2-2x}$

(4) 방법1 $u=2x+1$이라 하면

$y=\sin u$에서 $\dfrac{dy}{du}=\cos u$, $\dfrac{du}{dx}=2$이므로

$y'=\dfrac{dy}{dx}=\dfrac{dy}{du}\times\dfrac{du}{dx}$

$=\cos u\times 2=\cos(2x+1)\times 2$

$=2\cos(2x+1)$

방법2 $y=\sin(2x+1)$에서

$y'=\cos(2x+1)\times(2x+1)'$

$=\cos(2x+1)\times 2=2\cos(2x+1)$

0998 답 1

$f(x)=x\ln|x|$에서

$f'(x)=(x)'\ln|x|+x(\ln|x|)'$

$=\ln|x|+x\times\dfrac{1}{x}=\ln|x|+1$

$\therefore f'(1)=0+1=1$

0999 답 (1) $\dfrac{dy}{dx}=t$ (2) $\dfrac{dy}{dx}=-1$ (3) $\dfrac{dy}{dx}=-\cot t$

(1) $x=2t+1$, $y=t^2$에서

$\dfrac{dx}{dt}=2$, $\dfrac{dy}{dt}=2t$이므로 $\dfrac{dy}{dx}=\dfrac{\frac{dy}{dt}}{\frac{dx}{dt}}=\dfrac{2t}{2}=t$

(2) $x=1-\dfrac{1}{t}$, $y=1+\dfrac{1}{t}$에서

$\dfrac{dx}{dt}=\dfrac{1}{t^2}$, $\dfrac{dy}{dt}=-\dfrac{1}{t^2}$이므로

$\dfrac{dy}{dx}=\dfrac{\frac{dy}{dt}}{\frac{dx}{dt}}=\dfrac{-\frac{1}{t^2}}{\frac{1}{t^2}}=-1$

(3) $x=\cos t-1$, $y=\sin t+1$에서

$\dfrac{dx}{dt}=-\sin t$, $\dfrac{dy}{dt}=\cos t$이므로

$\dfrac{dy}{dx}=\dfrac{\frac{dy}{dt}}{\frac{dx}{dt}}=\dfrac{\cos t}{-\sin t}=-\cot t$

1000 답 $\dfrac{2}{3}$

$x=\ln t^3=3\ln t$, $y=\ln(t^2+4)$에서

$\dfrac{dx}{dt}=\dfrac{3}{t}$, $\dfrac{dy}{dt}=\dfrac{2t}{t^2+4}$이므로

$\dfrac{dy}{dx}=\dfrac{\frac{dy}{dt}}{\frac{dx}{dt}}=\dfrac{\frac{2t}{t^2+4}}{\frac{3}{t}}=\dfrac{2t^2}{3t^2+12}$

$\therefore \lim\limits_{t\to\infty}\dfrac{dy}{dx}=\lim\limits_{t\to\infty}\dfrac{2t^2}{3t^2+12}=\dfrac{2}{3}$

1001 답 (1) $\dfrac{dy}{dx}=\dfrac{x-1}{4}$ (2) $\dfrac{dy}{dx}=-\dfrac{4x}{9y}$ (단, $y\neq0$)

(1) $x^2-2x-8y+3=0$의 양변을 x에 대하여 미분하면

$2x-2-8\dfrac{dy}{dx}=0 \quad \therefore \dfrac{dy}{dx}=\dfrac{x-1}{4}$

(2) $4x^2+9y^2-16=0$의 양변을 x에 대하여 미분하면

$8x+18y\dfrac{dy}{dx}=0 \quad \therefore \dfrac{dy}{dx}=-\dfrac{4x}{9y}$ (단, $y\neq0$)

1002 답 $-\dfrac{3}{8}$

$x^2+xy-y^3=0$의 양변을 x에 대하여 미분하면

$2x+y+x\dfrac{dy}{dx}-3y^2\dfrac{dy}{dx}=0$

$\therefore \dfrac{dy}{dx}=\dfrac{-2x-y}{x-3y^2}$ (단, $x-3y^2\neq0$)

따라서 점 $(-4, 2)$에서의 접선의 기울기는

$\dfrac{dy}{dx}=\dfrac{-2\times(-4)-2}{-4-3\times2^2}=\dfrac{6}{-16}=-\dfrac{3}{8}$

1003 답 $\dfrac{dy}{dx}=\dfrac{1}{3\sqrt[3]{(x+1)^2}}$

$y=\sqrt[3]{x+1}$의 양변을 세제곱하면 $y^3=x+1$

$x=y^3-1$의 양변을 y에 대하여 미분하면

$\dfrac{dx}{dy}=3y^2=3\sqrt[3]{(x+1)^2}$

$\therefore \dfrac{dy}{dx}=\dfrac{1}{\frac{dx}{dy}}=\dfrac{1}{3\sqrt[3]{(x+1)^2}}$

1004 답 $\frac{1}{3}$

$g(3)=a$라 하면 $f(a)=3$이므로

$a^3+2=3,\ a^3-1=0$

$(a-1)(a^2+a+1)=0$

$\therefore a=1\ (\because a^2+a+1>0)$

따라서 $g(3)=1$이고 $f'(x)=3x^2$이므로

$g'(3)=\frac{1}{f'(g(3))}=\frac{1}{f'(1)}=\frac{1}{3\times1^2}=\frac{1}{3}$

1005 답 (1) $y''=20x^3+12x^2$ (2) $y''=-\frac{1}{x^2}$

(3) $y''=-9\sin 3x$ (4) $y''=25e^{5x-1}$

(1) $y=x^5+x^4-x+1$에서 $y'=5x^4+4x^3-1$

$\therefore y''=20x^3+12x^2$

(2) $y=\ln 2x$에서 $y'=\frac{2}{2x}=\frac{1}{x}$

$\therefore y''=-\frac{1}{x^2}$

(3) $y=\sin 3x$에서 $y'=\cos 3x\times(3x)'=3\cos 3x$

$\therefore y''=3\times(-\sin 3x)\times(3x)'=-9\sin 3x$

(4) $y=e^{5x-1}$에서 $y'=5e^{5x-1}$

$\therefore y''=25e^{5x-1}$

1006 답 -2

$f(x)=\sin x\cos x$에서

$f'(x)=(\sin x)'\cos x+\sin x(\cos x)'$

$=\cos^2 x-\sin^2 x=1-2\sin^2 x$

$f''(x)=-4\sin x(\sin x)'=-4\sin x\cos x$

$\therefore f''\left(\frac{\pi}{4}\right)=-4\times\sin\frac{\pi}{4}\times\cos\frac{\pi}{4}=-4\times\frac{\sqrt{2}}{2}\times\frac{\sqrt{2}}{2}=-2$

기출 유형 check 실전 준비하기 213쪽~237쪽

1007 답 9

$\lim_{h\to0}\frac{f(1+3h)-f(1)}{h}=\lim_{h\to0}\left\{\frac{f(1+3h)-f(1)}{3h}\times3\right\}=3f'(1)$

$f'(1)=3$이므로

$\lim_{h\to0}\frac{f(1+3h)-f(1)}{h}=3f'(1)=3\times3=9$

1008 답 ①

$f(x)=(x^2+1)(x^2-2x-1)$에서

$f'(x)=(x^2+1)'(x^2-2x-1)+(x^2+1)(x^2-2x-1)'$

$=2x(x^2-2x-1)+(x^2+1)(2x-2)$

$\therefore f'(0)=0+1\times(-2)=-2$

1009 답 18

$f(2)=3$이므로

$\lim_{x\to2}\frac{\{f(x)\}^2-9}{x-2}=\lim_{x\to2}\frac{\{f(x)-3\}\{f(x)+3\}}{x-2}$

$=\lim_{x\to2}\left[\frac{f(x)-f(2)}{x-2}\times\{f(x)+3\}\right]$

$=f'(2)\times\{f(2)+3\}$

$=6f'(2)\ (\because f(2)=3)$

이때 $f'(x)=2x-1$이므로 $f'(2)=3$

$\therefore \lim_{x\to2}\frac{\{f(x)\}^2-9}{x-2}=6f'(2)=6\times3=18$

1010 답 ① | 유형 1

함수 $f(x)=x+\frac{1}{x+1}$에 대하여 $\lim_{h\to0}\frac{f(1-h)-f(1)}{h}$의 값은?

단서2 단서1

① $-\frac{3}{4}$ ② $-\frac{1}{4}$ ③ $\frac{1}{4}$

④ $\frac{3}{4}$ ⑤ $\frac{5}{4}$

단서1 $\lim_{h\to0}\frac{f(a+h)-f(a)}{h}=f'(a)$

단서2 $y=\frac{1}{g(x)}$일 때 $y'=-\frac{g'(x)}{\{g(x)\}^2}$

STEP 1 $f'(x)$ 구하기

$f(x)=x+\frac{1}{x+1}$에서

$f'(x)=1-\frac{1}{(x+1)^2}$

STEP 2 주어진 극한값 구하기

$\lim_{h\to0}\frac{f(1-h)-f(1)}{h}=\lim_{h\to0}\left\{\frac{f(1-h)-f(1)}{-h}\times(-1)\right\}$

$=-f'(1)$

$=-\left(1-\frac{1}{2^2}\right)$

$=-\frac{3}{4}$

1011 답 ③

$f(x)=\frac{1}{x^2-x+1}$에서

$f'(x)=-\frac{2x-1}{(x^2-x+1)^2}$

$\therefore f(1)+f'(1)=\frac{1}{1-1+1}-\frac{2-1}{(1-1+1)^2}=1-1=0$

1012 답 ⑤

$y=\frac{1}{e^x+1}$에서

$y'=-\frac{e^x}{(e^x+1)^2}$

따라서 곡선 $y=\frac{1}{e^x+1}$ 위의 점 $\left(0,\ \frac{1}{2}\right)$에서의 접선의 기울기는 (→ $x=0$에서의 미분계수)

$-\frac{e^0}{(e^0+1)^2}=-\frac{1}{(1+1)^2}=-\frac{1}{4}$

1013 답 2

$f(x)=-\frac{1}{x-1}$에서 $f'(x)=\frac{1}{(x-1)^2}$이므로

$f'(a)=\frac{1}{(a-1)^2}$

즉, $\frac{1}{(a-1)^2}=\frac{1}{9}$에서 $(a-1)^2=9$

$a-1=-3$ 또는 $a-1=3$

$\therefore a=-2$ 또는 $a=4$

따라서 모든 a의 값의 합은 $-2+4=2$

1014 답 $\sqrt{2}$

$f(x)=\frac{1}{\sin x+\cos x}+\sin x-\cos x$에서

$$f'(x)=-\frac{(\sin x+\cos x)'}{(\sin x+\cos x)^2}+\cos x+\sin x$$
$$=-\frac{\cos x-\sin x}{(\sin x+\cos x)^2}+\cos x+\sin x$$

$\therefore f'\left(\frac{\pi}{4}\right)=0+\frac{\sqrt{2}}{2}+\frac{\sqrt{2}}{2}=\sqrt{2}$

1015 답 ⑤

$f(x)=\frac{1}{(1+x+x^2)(1-x+x^2)}=\frac{1}{1+x^2+x^4}$에서

└ $(1+x^2+x)(1+x^2-x)=(1+x^2)^2-x^2=x^4+x^2+1$

$f'(x)=-\frac{2x+4x^3}{(1+x^2+x^4)^2}$

$\therefore f'(-1)=-\frac{-2-4}{(1+1+1)^2}=\frac{6}{9}=\frac{2}{3}$

1016 답 ①

$$(x^4+1)(x^2+1)(x+1)(x-1)=(x^4+1)(x^2+1)(x^2-1)$$
$$=(x^4+1)(x^4-1)$$
$$=x^8-1$$

이므로

$$f(x)=\frac{2x^8-2}{(x^8+1)(x^4+1)(x^2+1)(x+1)(x-1)}$$
$$=\frac{2(x^8-1)}{(x^8+1)(x^8-1)}=\frac{2}{x^8+1}$$

에서 $f'(x)=\frac{-2\times 8x^7}{(x^8+1)^2}=\frac{-16x^7}{(x^8+1)^2}$

$\therefore f'(1)=\frac{-16}{2^2}=-4$

1017 답 $-\frac{6}{25}$

$g(x)=\frac{1}{xf(x)+1}$이므로

$$g'(x)=-\frac{\{xf(x)+1\}'}{\{xf(x)+1\}^2}=-\frac{f(x)+xf'(x)}{\{xf(x)+1\}^2}$$

$$\therefore g'(2)=-\frac{f(2)+2f'(2)}{\{2f(2)+1\}^2}$$
$$=-\frac{2+2\times 2}{(2\times 2+1)^2}=-\frac{6}{25}$$

1018 답 6

이차함수 $f(x)$의 최고차항의 계수가 1이므로

$f(x)=x^2+ax+b$ (a, b는 상수)라 하면 $f'(x)=2x+a$

$g(x)=\frac{1}{f(x)}$에서

$$g'(x)=-\frac{f'(x)}{\{f(x)\}^2}=-\frac{2x+a}{(x^2+ax+b)^2}$$

$g(0)=\frac{1}{f(0)}=\frac{1}{b}=\frac{1}{3}$에서 $b=3$

$g'(0)=-\frac{a}{b^2}=\frac{2}{9}$에서 $a=-\frac{2}{9}b^2$

$\therefore a=-\frac{2}{9}\times 3^2=-2$

따라서 $f(x)=x^2-2x+3$이므로

$f(3)=9-6+3=6$

다른 풀이

$g(x)=\frac{1}{f(x)}$에서 $f(x)g(x)=1$ ······ ㉠

㉠의 양변에 $x=0$을 대입하면 $f(0)g(0)=1$

$g(0)=\frac{1}{3}$이므로 $f(0)=3$

㉠의 양변을 x에 대하여 미분하면

$f'(x)g(x)+f(x)g'(x)=0$ ······ ㉡

㉡의 양변에 $x=0$을 대입하면

$f'(0)g(0)+f(0)g'(0)=0$, $f'(0)\times\frac{1}{3}+3\times\frac{2}{9}=0$

$\therefore f'(0)=-2$

이차함수 $f(x)$의 최고차항의 계수가 1이므로

$f(x)=x^2+ax+b$ (a, b는 상수)라 하면 $f'(x)=2x+a$

$f(0)=3$에서 $b=3$

$f'(0)=-2$에서 $a=-2$

따라서 $f(x)=x^2-2x+3$이므로

$f(3)=9-6+3=6$

실수 Check

최고차항의 계수가 1인 이차함수이므로 $f(x)=x^2+ax+b$로 놓고 $g(0)=\frac{1}{3}$, $g'(0)=\frac{2}{9}$를 이용하여 미정계수 a, b를 구할 수 있다.

Plus 문제

1018-1

최고차항의 계수가 2인 이차함수 $f(x)$에 대하여 함수 $g(x)$를 $g(x)=\frac{1}{f(x)}$이라 하자. $g(1)=\frac{1}{2}$, $g'(1)=\frac{1}{4}$일 때, $f(2)$의 값을 구하시오. (단, $f(x)\neq 0$)

이차함수 $f(x)$의 최고차항의 계수가 2이므로

$f(x)=2x^2+ax+b$ (a, b는 상수)라 하면

$f'(x)=4x+a$

$g(x)=\frac{1}{f(x)}$에서

$$g'(x)=-\frac{f'(x)}{\{f(x)\}^2}=-\frac{4x+a}{(2x^2+ax+b)^2}$$

$g(1)=\frac{1}{f(1)}=\frac{1}{2+a+b}=\frac{1}{2}$에서 $a+b=0$

$g'(1)=-\frac{4+a}{(2+a+b)^2}=\frac{1}{4}$에서 $a+b=0$이므로

$4+a=-1 \quad \therefore a=-5$

$\therefore b=-a=5$

따라서 $f(x)=2x^2-5x+5$이므로

$f(2)=2\times2^2-5\times2+5=3$

답 3

1019 답 ①

$\lim_{h\to0}\frac{f(a+h)-f(a)}{h}=f'(a)=-\frac{1}{4}$

$f(x)=\frac{1}{x-2}$에서 $f'(x)=-\frac{1}{(x-2)^2}$이므로

$f'(a)=-\frac{1}{(a-2)^2}$

즉, $-\frac{1}{(a-2)^2}=-\frac{1}{4}$에서 $(a-2)^2=4$

$a-2=-2$ 또는 $a-2=2$

$\therefore a=4\ (\because a>0)$

1020 답 1 | 유형 2

> 함수 $f(x)=\frac{ax+b}{x^2+x+1}$에 대하여 $f'(0)=-1$, $f'(1)=1$일 때, (단서1)
> $f(-1)$의 값을 구하시오. (단, a, b는 상수이다.)
>
> 단서1 $y=\frac{v(x)}{u(x)}$일 때 $y'=\frac{v'(x)u(x)-v(x)u'(x)}{\{u(x)\}^2}$

STEP 1 $f'(x)$ **구하기**

$f(x)=\frac{ax+b}{x^2+x+1}$에서

$$f'(x)=\frac{(ax+b)'(x^2+x+1)-(ax+b)(x^2+x+1)'}{(x^2+x+1)^2}$$
$$=\frac{a(x^2+x+1)-(ax+b)(2x+1)}{(x^2+x+1)^2}$$
$$=\frac{-ax^2-2bx+a-b}{(x^2+x+1)^2}$$

STEP 2 **상수 a, b의 값 구하기**

$f'(0)=-1$에서

$a-b=-1$ ······ ㉠

$f'(1)=1$에서 $\frac{-a-2b+a-b}{9}=-\frac{b}{3}=1 \quad \therefore b=-3$

㉠에 $b=-3$을 대입하면 $a+3=-1$

$\therefore a=-4$

STEP 3 $f(-1)$**의 값 구하기**

$f(x)=\frac{-4x-3}{x^2+x+1}$이므로

$f(-1)=\frac{4-3}{1-1+1}=1$

1021 답 4

$f(x)=\frac{3x}{x^2+2}$에서

$f'(x)=\frac{3(x^2+2)-3x\times2x}{(x^2+2)^2}=\frac{-3x^2+6}{(x^2+2)^2}$

이므로 구하는 접선의 기울기는

$f'(1)=\frac{-3+6}{(1+2)^2}=\frac{3}{9}=\frac{1}{3}$

따라서 $p=3$, $q=1$이므로

$p+q=3+1=4$

1022 답 ①

$f(x)=\frac{ax}{x+3}$에서

$$f'(x)=\frac{a(x+3)-ax\times1}{(x+3)^2}$$
$$=\frac{a(x+3)-ax}{(x+3)^2}=\frac{3a}{(x+3)^2}$$

따라서 $f'(0)=2$에서 $\frac{3a}{9}=2 \quad \therefore a=6$

다른 풀이

$f(x)=\frac{ax}{x+3}=\frac{a(x+3)-3a}{x+3}=a-\frac{3a}{x+3}$에서

$f'(x)=0-3a\times\frac{-1}{(x+3)^2}=\frac{3a}{(x+3)^2}$

따라서 $f'(0)=2$에서 $\frac{3a}{9}=2 \quad \therefore a=6$

1023 답 -6

$f(x)=\frac{2x-1}{x^2-1}$에서

$$f'(x)=\frac{2(x^2-1)-(2x-1)\times2x}{(x^2-1)^2}$$
$$=-\frac{2(x^2-x+1)}{(x^2-1)^2}$$

$\lim_{h\to0}\frac{f(2+2h)-f(2-7h)}{h}$

$=\lim_{h\to0}\left\{\frac{f(2+2h)-f(2)}{2h}\times2+\frac{f(2-7h)-f(2)}{-7h}\times7\right\}$

$=2f'(2)+7f'(2)=9f'(2)$

이때 $f'(2)=-\frac{2\times(4-2+1)}{(4-1)^2}=-\frac{6}{9}=-\frac{2}{3}$이므로

$9f'(2)=9\times\left(-\frac{2}{3}\right)=-6$

1024 답 ④

$f(x)=\frac{2e^x}{x+1}$에서

$f'(x)=\frac{2e^x(x+1)-2e^x\times1}{(x+1)^2}=\frac{2xe^x}{(x+1)^2}$

이때 $f(1)=e$이므로

$\lim_{x\to1}\frac{f(x)-e}{x-1}=\lim_{x\to1}\frac{f(x)-f(1)}{x-1}$

$=f'(1)=\frac{2e}{2^2}=\frac{e}{2}$

1025 답 3

$f(x)=\frac{x-2}{x^2-3}$에서

$f'(x)=\frac{1\times(x^2-3)-(x-2)\times 2x}{(x^2-3)^2}=\frac{-x^2+4x-3}{(x^2-3)^2}$

$x^2-3\neq0$일 때, $(x^2-3)^2>0$이므로 $f'(x)\geq0$이려면

→ $f(x)$의 정의역은 $\{x|x^2-3\neq0\}$이다.

$-x^2+4x-3\geq0$, $x^2-4x+3\leq0$

$(x-1)(x-3)\leq0$ $\quad\therefore 1\leq x\leq3$ (단, $x\neq\sqrt{3}$)

따라서 $f'(x)\geq0$을 만족시키는 정수 x는 1, 2, 3으로 3개이다.

1026 답 ②

$f(x)=\frac{2x-2}{x^2+1}+3$에서

$f'(x)=\frac{2(x^2+1)-(2x-2)\times 2x}{(x^2+1)^2}=\frac{-2x^2+4x+2}{(x^2+1)^2}$

따라서 $g(x)=-2x^2+4x+2$이므로

$g(2)=-8+8+2=2$

1027 답 $-\frac{2}{3}$

$f(x)=\frac{ax^2+1}{x^2+2}$에서

$f'(x)=\frac{2ax(x^2+2)-(ax^2+1)\times 2x}{(x^2+2)^2}=\frac{2(2a-1)x}{(x^2+2)^2}$

$f'(1)=\frac{2}{3}$에서 $\frac{2(2a-1)}{9}=\frac{2}{3}$

$2a-1=3$ $\quad\therefore a=2$

즉, $f(x)=\frac{2x^2+1}{x^2+2}$이므로 $f(1)=\frac{2+1}{1+2}=1$

$g(x)=\frac{1}{f(x)}$에서 $g'(x)=-\frac{f'(x)}{\{f(x)\}^2}$이므로

$g'(1)=-\frac{f'(1)}{\{f(1)\}^2}=-\frac{\frac{2}{3}}{1^2}=-\frac{2}{3}$

다른 풀이

$g(x)=\frac{1}{f(x)}=\frac{x^2+2}{2x^2+1}$이므로

$g'(x)=\frac{-6x}{(2x^2+1)^2}$에서

$g'(1)=-\frac{6}{9}=-\frac{2}{3}$

1028 답 ④

$g(x)=\frac{x}{1-f(x)}$에서

$g'(x)=\frac{1\times\{1-f(x)\}-x\times\{-f'(x)\}}{\{1-f(x)\}^2}$

$=\frac{1-f(x)+xf'(x)}{\{1-f(x)\}^2}$

$\therefore g'(0)=\frac{1-f(0)}{\{1-f(0)\}^2}=\frac{1}{1-f(0)}$ $(\because f(0)\neq1)$

이때 $g'(0)=-2$이므로 $\frac{1}{1-f(0)}=-2$에서

$1-f(0)=-\frac{1}{2}$ $\quad\therefore f(0)=\frac{3}{2}$

다른 풀이

$g(x)=\frac{x}{1-f(x)}$에서

$g(x)\{1-f(x)\}=x$ ······ ㉠

$f(0)\neq1$이므로 ㉠의 양변에 $x=0$을 대입하면 $g(0)=0$

㉠의 양변을 x에 대하여 미분하면

$g'(x)\{1-f(x)\}-g(x)f'(x)=1$

이므로 $x=0$을 대입하면

$g'(0)\{1-f(0)\}-g(0)f'(0)=1$

즉, $-2\times\{1-f(0)\}-0\times f'(0)=1$

$\therefore f(0)=\frac{3}{2}$

1029 답 ②

$f(x)=\frac{ax}{2x-1}$에서

$f'(x)=\frac{a(2x-1)-ax\times2}{(2x-1)^2}=\frac{a(2x-1)-2ax}{(2x-1)^2}$

$=\frac{-a}{(2x-1)^2}$

이때 $f'(0)=b$이므로 $-a=b$ ······ ㉠

$\lim_{x\to1}\frac{f(x)-f(1)}{x-1}=5$에서 $f'(1)=5$이므로

$f'(1)=-a=5$ $\quad\therefore a=-5$

㉠에서 $b=-a=5$

$\therefore a^2+b^2=(-5)^2+5^2=50$

1030 답 ②

$\lim_{x\to2}\frac{f(x)-3}{x-2}=5$에서 $x\to2$일 때 (분모) → 0이고 극한값이 존재하므로 (분자) → 0이어야 한다.

즉, $\lim_{x\to2}\{f(x)-3\}=0$이므로

$f(2)-3=0$ $\quad\therefore f(2)=3$

$\lim_{x\to2}\frac{f(x)-3}{x-2}=5$에서

$\lim_{x\to2}\frac{f(x)-f(2)}{x-2}=5$ $\quad\therefore f'(2)=5$

한편, $g(x)=\frac{f(x)}{e^{x-2}}$에서

$g'(x)=\frac{f'(x)\times e^{x-2}-f(x)\times e^{x-2}}{(e^{x-2})^2}$

$=\frac{\{f'(x)-f(x)\}\times e^{x-2}}{(e^{x-2})^2}$ → $(e^{x-2})'=(e^{-2}\times e^x)'=e^{-2}\times e^x=e^{x-2}$

$=\frac{f'(x)-f(x)}{e^{x-2}}$

$\therefore g'(2)=\frac{f'(2)-f(2)}{e^0}=\frac{5-3}{1}=2$

개념 Check

미분가능과 연속

함수 $f(x)$가 $x=a$에서 미분가능하면 함수 $f(x)$는 $x=a$에서 연속이다.
즉, 주어진 함수 $f(x)$가 실수 전체의 집합에서 미분가능하므로 실수 전체의 집합에서 연속이다.

1031 답 ③

유형3

함수 $f(x)=\frac{x^3-1}{x^2}$에 대하여 $f'(1)$의 값은?

단서1

① 1 ② 2 ③ 3
④ 4 ⑤ 5

단서1 $\frac{x^3-1}{x^2}=\frac{x^3}{x^2}-\frac{1}{x^2}=x-x^{-2}$

STEP 1 $f'(x)$ 구하기

$f(x)=\frac{x^3-1}{x^2}=x-\frac{1}{x^2}=x-x^{-2}$이므로

$f'(x)=1+2x^{-3}=1+\frac{2}{x^3}$

STEP 2 $f'(1)$의 값 구하기

$f'(1)=1+\frac{2}{1^3}=1+2=3$

다른 풀이

$f(x)=\frac{x^3-1}{x^2}$에서

$f'(x)=\frac{3x^2\times x^2-(x^3-1)\times 2x}{(x^2)^2}=\frac{3x^4-2x^4+2x}{x^4}$

$=1+\frac{2}{x^3}$

$\therefore f'(1)=1+\frac{2}{1^3}=1+2=3$

1032 답 8

$y=\frac{x^3+2x-3}{x^2}=x+\frac{2}{x}-\frac{3}{x^2}=x+2x^{-1}-3x^{-2}$이므로

$y'=1-2x^{-2}+6x^{-3}=1-\frac{2}{x^2}+\frac{6}{x^3}$

따라서 $a=2$, $b=6$이므로

$a+b=2+6=8$

1033 답 ②

$f(x)=\frac{x^7-2x}{x^4}=x^3-\frac{2}{x^3}=x^3-2x^{-3}$이므로

$f'(x)=3x^2+6x^{-4}=3x^2+\frac{6}{x^4}$

$\therefore f(2)-f'(-1)=8-\frac{2}{8}-(3+6)=-\frac{5}{4}$

1034 답 ③

$f(x)=\frac{2x^6-4x^4+k}{x^3}=2x^3-4x+kx^{-3}$이므로

$f'(x)=6x^2-4-3kx^{-4}$

이때 $f'(-1)=11$이므로

$6-4-3k=11$ $\therefore k=-3$

1035 답 5

$y=\frac{x^4+2x^2-3}{(x^2-x)(x^2+3)}=\frac{(x^2-1)(x^2+3)}{(x^2-x)(x^2+3)}$

$=\frac{(x-1)(x+1)(x^2+3)}{x(x-1)(x^2+3)}$

$=\frac{x+1}{x}=1+\frac{1}{x}=1+x^{-1}$

이므로

$y'=-x^{-2}=-\frac{1}{x^2}$

따라서 $a=-1$, $b=2$이므로

$a^2+b^2=(-1)^2+2^2=5$

1036 답 ①

$f(x)=\frac{1}{x}+\frac{1}{x^2}+\frac{1}{x^3}+\cdots+\frac{1}{x^{10}}$

$=x^{-1}+x^{-2}+x^{-3}+\cdots+x^{-10}$

이므로

$f'(x)=-x^{-2}-2x^{-3}-3x^{-4}-\cdots-10x^{-11}$

$\therefore f'(1)=-1-2-3-\cdots-10=-55$

1037 답 2

$f(x)=\frac{x^4-1}{x(x^2+1)}=\frac{(x^2+1)(x^2-1)}{x(x^2+1)}=\frac{x^2-1}{x}=x-x^{-1}$

이므로

$f'(x)=1+x^{-2}=1+\frac{1}{x^2}$

이때 $f(1)=0$이므로

$\lim_{x\to 1}\frac{f(x)}{x-1}=\lim_{x\to 1}\frac{f(x)-f(1)}{x-1}=f'(1)=1+1=2$

1038 답 ④

$f(x)=\frac{(x-1)(x+1)(x^4+x^2+1)}{x^2}$

$=\frac{(x^2-1)(x^4+x^2+1)}{x^2}$

$=\frac{x^6-1}{x^2}=x^4-x^{-2}$

이므로

$f'(x)=4x^3+2x^{-3}=4x^3+\frac{2}{x^3}$

이때 $x>0$이므로 $4x^3>0$, $\frac{2}{x^3}>0$

산술평균과 기하평균의 관계에 의해

$f'(x)=4x^3+\frac{2}{x^3}\ge 2\sqrt{4x^3\times\frac{2}{x^3}}=4\sqrt{2}$

$\left(\text{단, 등호는 } 4x^3=\frac{2}{x^3}\text{일 때 성립}\right)$

따라서 $f'(x)$의 최솟값은 $4\sqrt{2}$이다.

개념 Check

산술평균과 기하평균의 관계

$a>0$, $b>0$일 때,

$\frac{a+b}{2}\ge\sqrt{ab}$ (단, 등호는 $a=b$일 때 성립)

실수 Check

양수 조건이 나오고 합의 최솟값, 곱의 최댓값을 구해야 할 때는 산술평균과 기하평균의 관계를 이용한다.

1039 답 ③

$f(x)=\sum_{k=1}^{10}\frac{(-1)^{k+1}}{x^{2k-1}}$

$=\frac{1}{x}-\frac{1}{x^3}+\frac{1}{x^5}-\frac{1}{x^7}+\cdots+\frac{1}{x^{17}}-\frac{1}{x^{19}}$

$=x^{-1}-x^{-3}+x^{-5}-x^{-7}+\cdots+x^{-17}-x^{-19}$

이므로

$f'(x)=-x^{-2}+3x^{-4}-5x^{-6}+7x^{-8}-\cdots-17x^{-18}+19x^{-20}$

$\therefore \lim_{h\to 0}\frac{f(1+h)-f(1-2h)}{h}$

$=\lim_{h\to 0}\left\{\frac{f(1+h)-f(1)}{h}+\frac{f(1-2h)-f(1)}{-2h}\times 2\right\}$

$=f'(1)+2f'(1)$

$=3f'(1)$

$=3\times\{(-1+3)+(-5+7)+\cdots+(-17+19)\}$

$=3\times(2\times 5)=30$

실수 Check

함수 $f(x)$의 식에서 항은 10개이다. 수열의 규칙을 이용하면 미분계수를 쉽게 계산할 수 있다.

Plus 문제

1039-1

함수 $f(x)=\sum_{k=1}^{10}\frac{(-1)^k}{x^{2k}}$에 대하여

$\lim_{h\to 0}\frac{f(-1+h)-f(-1-h)}{h}$의 값을 구하시오.

$f(x)=\sum_{k=1}^{10}\frac{(-1)^k}{x^{2k}}$

$=-\frac{1}{x^2}+\frac{1}{x^4}-\frac{1}{x^6}+\frac{1}{x^8}+\cdots-\frac{1}{x^{18}}+\frac{1}{x^{20}}$

$=-x^{-2}+x^{-4}-x^{-6}+x^{-8}-\cdots-x^{-18}+x^{-20}$

이므로

$f'(x)=2x^{-3}-4x^{-5}+6x^{-7}-8x^{-9}+\cdots+18x^{-19}-20x^{-21}$

$\therefore \lim_{h\to 0}\frac{f(-1+h)-f(-1-h)}{h}$

$=\lim_{h\to 0}\left\{\frac{f(-1+h)-f(-1)}{h}+\frac{f(-1-h)-f(-1)}{-h}\right\}$

$=f'(-1)+f'(-1)$

$=2f'(-1)$

$=2\times\{(-2+4)+(-6+8)+\cdots+(-18+20)\}$

$=2\times(2\times 5)=20$

답 20

1040 답 ③ | 유형4

함수 $f(x)=\sec x\tan x$에 대하여 $f'\left(\frac{\pi}{3}\right)$의 값은?
단서1

① 10 ② 12 ③ 14
④ 16 ⑤ 18

단서1 $y=u(x)v(x)$일 때 $y'=u'(x)v(x)+u(x)v'(x)$

STEP 1 $f'(x)$ 구하기

$f(x)=\sec x\tan x$에서

$f'(x)=\sec x\tan x\times\tan x+\sec x\times\sec^2 x$

$=\sec x(\tan^2 x+\sec^2 x)$ → $(\sec x)'\tan x+\sec x(\tan x)'$

STEP 2 $f'\left(\frac{\pi}{3}\right)$의 값 구하기

$f'\left(\frac{\pi}{3}\right)=\sec\frac{\pi}{3}\times\left(\tan^2\frac{\pi}{3}+\sec^2\frac{\pi}{3}\right)$

$=2\times(3+4)=14$

1041 답 ③

$f(x)=(1+\sin x)\tan x$에서

$f'(x)=\cos x\tan x+(1+\sin x)\sec^2 x$

$=\sin x+\sec^2 x+\sin x\sec^2 x$ → $\tan x=\frac{\sin x}{\cos x}$

$\therefore f'\left(\frac{\pi}{6}\right)=\frac{1}{2}+\left(\frac{2}{\sqrt{3}}\right)^2+\frac{1}{2}\times\left(\frac{2}{\sqrt{3}}\right)^2=\frac{5}{2}$

1042 답 ④

$f(x)=x\sec x$에서

$f'(x)=\sec x+x\times\sec x\tan x=(x\tan x+1)\sec x$

$\therefore \frac{f'\left(\frac{\pi}{4}\right)}{f\left(\frac{\pi}{4}\right)}=\frac{\left(\frac{\pi}{4}+1\right)\times\sqrt{2}}{\frac{\pi}{4}\times\sqrt{2}}=1+\frac{4}{\pi}$

1043 답 ⑤

$f(x)=a\cos x\cot x$에서

$f'(x)=-a\sin x\cot x-a\cos x\csc^2 x$

이때 $f'\left(\frac{\pi}{4}\right)=-3\sqrt{2}$이므로

$-a\sin\frac{\pi}{4}\cot\frac{\pi}{4}-a\cos\frac{\pi}{4}\csc^2\frac{\pi}{4}=-3\sqrt{2}$

$-a\times\frac{\sqrt{2}}{2}\times 1-a\times\frac{\sqrt{2}}{2}\times(\sqrt{2})^2=-3\sqrt{2}$

$-\frac{\sqrt{2}}{2}a-\sqrt{2}a=-3\sqrt{2},\ -\frac{3\sqrt{2}}{2}a=-3\sqrt{2}$

$\therefore a=2$

1044 답 ⑤

$f(x)=\frac{\tan x}{\tan x+1}$에서

$f'(x)=\frac{\sec^2 x(\tan x+1)-\tan x\sec^2 x}{(\tan x+1)^2}$

$=\frac{\sec^2 x}{\tan^2 x+2\tan x+1}$ → $\tan 0=0$, $\sec^2 0=1$이므로 $f'(0)=1$로 바로 풀어도 된다.

$=\frac{\sec^2 x}{\sec^2 x+2\tan x}$

$=\frac{1}{1+2\tan x\cos^2 x}$

$=\frac{1}{1+2\sin x\cos x}$

$=\frac{1}{1+\sin 2x}$

$\therefore \lim_{x\to 0}\frac{f(x)-f(0)}{x}=f'(0)=\frac{1}{1+\sin 0}=\frac{1}{1+0}=1$

05

다른 풀이

$f(x)=\frac{\tan x}{\tan x+1}=\frac{\tan x\times\cos x}{(\tan x+1)\times\cos x}=\frac{\sin x}{\sin x+\cos x}$에서

$f'(x)=\frac{\cos x(\sin x+\cos x)-\sin x(\cos x-\sin x)}{\sin^2 x+2\sin x\cos x+\cos^2 x}$

$=\frac{\cos^2 x+\sin^2 x}{1+2\sin x\cos x}$

$=\frac{1}{1+\sin 2x}$

1045 답 0

$f(x)=\frac{\sin x}{\csc x+\cot x}$에서

$f'(x)=\frac{\cos x(\csc x+\cot x)-\sin x(-\csc x\cot x-\csc^2 x)}{(\csc x+\cot x)^2}$

$=\frac{\cos x(\csc x+\cot x)+\sin x\csc x(\csc x+\cot x)}{(\csc x+\cot x)^2}$

$=\frac{\cos x+1}{\csc x+\cot x}$

$=\frac{(\cos x+1)\sin x}{1+\cos x}$

$=\sin x$

$\therefore \lim_{h\to 0}\frac{f(h)-f(2h)}{h}=\lim_{h\to 0}\left\{\frac{f(h)-f(0)}{h}-\frac{f(2h)-f(0)}{2h}\times 2\right\}$

$=f'(0)-2f'(0)$

$=-f'(0)=0$

다른 풀이

$f(x)=\frac{\sin x}{\csc x+\cot x}$

$=\frac{\sin x\times\sin x}{(\csc x+\cot x)\sin x}$

$=\frac{\sin^2 x}{1+\cos x}$

$=\frac{1-\cos^2 x}{1+\cos x}$

$=1-\cos x$

이므로 $f'(x)=\sin x$

1046 답 $-\frac{8}{3}$

$f(x)=\csc x(2+\cos x)$에서

$f'(x)=-\csc x\cot x(2+\cos x)+\csc x\times(-\sin x)$

$=-\frac{1}{\sin x}\times\frac{\cos x}{\sin x}\times(2+\cos x)+\frac{1}{\sin x}\times(-\sin x)$

$=\frac{-2\cos x-\cos^2 x-\sin^2 x}{\sin^2 x}$

$=\frac{-2\cos x-1}{\sin^2 x}$

따라서 점 $\left(\frac{\pi}{3}, f\left(\frac{\pi}{3}\right)\right)$에서의 접선의 기울기는

$f'\left(\frac{\pi}{3}\right)=\frac{-2\cos\frac{\pi}{3}-1}{\sin^2\frac{\pi}{3}}=\frac{-2\times\frac{1}{2}-1}{\left(\frac{\sqrt{3}}{2}\right)^2}$

$=-\frac{8}{3}$

1047 답 ④

$f(x)=\tan x$에서 $f'(x)=\sec^2 x$

$\lim_{x\to a}\frac{f(x)-f(a)}{x-a}=f'(a)$

즉, $f'(a)=2$이므로

$\sec^2 a=2,\ \frac{1}{\cos^2 a}=2,\ \cos^2 a=\frac{1}{2}$

$\therefore \cos a=-\frac{1}{\sqrt{2}}$ 또는 $\cos a=\frac{1}{\sqrt{2}}$

$0<a<\frac{\pi}{2}$에서 $\cos a>0$이므로 $\cos a=\frac{1}{\sqrt{2}}$

$\therefore a=\frac{\pi}{4}$

1048 답 ①

함수 $f(x)$가 $x=0$에서 미분가능하면 $x=0$에서 연속이므로

$\lim_{x\to 0-}f(x)=\lim_{x\to 0+}f(x)=f(0)$

즉, $\lim_{x\to 0-}(ae^{-x}+b)=\lim_{x\to 0+}\tan x$이므로

$a+b=0$ ······ ㉠

또, $f'(0)$이 존재하므로

$f'(x)=\begin{cases}-ae^{-x} & (x<0)\\ \sec^2 x & (x>0)\end{cases}$에서

$\lim_{x\to 0-}(-ae^{-x})=\lim_{x\to 0+}\sec^2 x$

$-a=1$이므로 $a=-1$

이를 ㉠에 대입하면 $-1+b=0$ $\quad\therefore b=1$

$\therefore ab=-1\times 1=-1$

1049 답 ④ | 유형5

미분가능한 두 함수 $f(x)$, $g(x)$가

$$\lim_{x\to 1}\frac{f(x)+2}{x-1}=3,\ \lim_{x\to -2}\frac{g(x)+1}{x+2}=4$$

단서1

를 만족시킬 때, 함수 $y=(g\circ f)(x)$의 $x=1$에서의 미분계수는?

단서2

① 6 ② 8 ③ 10
④ 12 ⑤ 14

단서1 $x\to a$일 때 (분모) $\to 0$이고 극한값이 존재하므로 (분자) $\to 0$

단서2 $y=g(f(x))$일 때 $y'=g'(f(x))f'(x)$

STEP1 $f(1)$, $f'(1)$의 값 구하기

$\lim_{x\to 1}\frac{f(x)+2}{x-1}=3$에서 $x\to 1$일 때 (분모) $\to 0$이고 극한값이 존재하므로 (분자) $\to 0$이다.

즉, $\lim_{x\to 1}\{f(x)+2\}=0$이므로

$f(1)+2=0 \qquad \therefore f(1)=-2$

$\lim_{x\to 1}\frac{f(x)+2}{x-1}=\lim_{x\to 1}\frac{f(x)-f(1)}{x-1}=f'(1)$이므로

$f'(1)=3$

STEP2 $g(-2)$, $g'(-2)$의 값 구하기

$\lim_{x\to -2}\frac{g(x)+1}{x+2}=4$에서 $x\to -2$일 때 (분모) $\to 0$이고 극한값이 존재하므로 (분자) $\to 0$이다.

즉, $\lim_{x\to -2}\{g(x)+1\}=0$이므로

$g(-2)+1=0 \qquad \therefore g(-2)=-1$

$\lim_{x\to-2}\frac{g(x)+1}{x+2}=\lim_{x\to-2}\frac{g(x)-g(-2)}{x-(-2)}=g'(-2)$이므로

$g'(-2)=4$

STEP 3 함수 $(g\circ f)(x)$의 $x=1$에서의 미분계수 구하기

$y=(g\circ f)(x)$에서 $y'=g'(f(x))f'(x)$이므로 $x=1$에서의 미분계수는

$g'(f(1))f'(1)=g'(-2)f'(1)=4\times3=12$

1050 답 ⑤

$f(g(x))=2x^2+8x-\frac{3}{2}$의 양변을 x에 대하여 미분하면

$f'(g(x))g'(x)=4x+8$ ······ ㉠

㉠의 양변에 $x=1$을 대입하면

$f'(g(1))g'(1)=12$

$g(1)=3$이므로 $f'(3)g'(1)=12$

$f'(3)=6$이므로 $6g'(1)=12 \qquad \therefore g'(1)=2$

1051 답 16

$\lim_{x\to0}\frac{f(x)}{x}=4$에서 $x\to0$일 때 (분모) $\to0$이고 극한값이 존재하므로 (분자) $\to0$이다.

즉, $\lim_{x\to0}f(x)=0$이므로 $f(0)=0$

$\lim_{x\to0}\frac{f(x)}{x}=\lim_{x\to0}\frac{f(x)-f(0)}{x-0}=f'(0)$이므로

$f'(0)=4$

따라서 $g(x)=f(f(x))$라 하면 $g'(x)=f'(f(x))f'(x)$이므로

$g'(0)=f'(f(0))f'(0)=f'(0)f'(0)=4\times4=16$

1052 답 12

$h(x)=f(f(x))$라 하면

$h(3)=f(f(3))=f(0)=1$

$\therefore \lim_{x\to3}\frac{f(f(x))-1}{x-3}=\lim_{x\to3}\frac{h(x)-h(3)}{x-3}=h'(3)$

그런데 $h'(x)=f'(f(x))f'(x)$이므로

$h'(3)=f'(f(3))f'(3)=f'(0)f'(3)=3\times4=12$

1053 답 ④

$\lim_{x\to2}\frac{f(x)+2}{x-2}=4$에서 $x\to2$일 때 (분모) $\to0$이고 극한값이 존재하므로 (분자) $\to0$이다.

즉, $\lim_{x\to2}\{f(x)+2\}=0$이므로 $f(2)=-2$

$\lim_{x\to2}\frac{f(x)+2}{x-2}=\lim_{x\to2}\frac{f(x)-f(2)}{x-2}=f'(2)$이므로

$f'(2)=4$

한편, $h(x)=f(g(x))$라 하면 $h(1)=f(g(1))=f(2)=-2$

$\therefore \lim_{x\to1}\frac{f(g(x))+2}{x-1}=\lim_{x\to1}\frac{h(x)-h(1)}{x-1}=h'(1)$

그런데 $h'(x)=f'(g(x))g'(x)$이므로

$h'(1)=f'(g(1))g'(1)=f'(2)g'(1)=4\times6=24$

1054 답 ①

$f(g(x))=2x+3$에 $x=1$을 대입하면

$f(g(1))=f(4)=5\ (\because g(1)=4)$

$f(g(x))=2x+3$의 양변을 x에 대하여 미분하면

$f'(g(x))g'(x)=2$

위의 식에 $x=1$을 대입하면

$f'(g(1))g'(1)=f'(4)\times4=2 \qquad \therefore f'(4)=\frac{1}{2}$

$\therefore f(4)+f'(4)=5+\frac{1}{2}=\frac{11}{2}$

1055 답 ②

(가)에서 $\lim_{x\to1}\frac{f(x)-3}{x^2-1}=1$에서 $x\to1$일 때 (분모) $\to0$이고 극한값이 존재하므로 (분자) $\to0$이다.

즉, $\lim_{x\to1}\{f(x)-3\}=0$이므로 $f(1)=3$

$\therefore \lim_{x\to1}\frac{f(x)-3}{x^2-1}=\lim_{x\to1}\left\{\frac{f(x)-f(1)}{x-1}\times\frac{1}{x+1}\right\}=f'(1)\times\frac{1}{2}=1$

$\therefore f'(1)=2$

(나)에서

$g(f(x))=4x+1$ ······ ㉠

㉠의 양변에 $x=1$을 대입하면

$g(f(1))=4+1=5$

$\therefore g(3)=5\ (\because f(1)=3)$

㉠의 양변을 x에 대하여 미분하면

$g'(f(x))f'(x)=4$ ······ ㉡

㉡의 양변에 $x=1$을 대입하면

$g'(f(1))f'(1)=4$

$g'(3)\times2=4\ (\because f(1)=3,\ f'(1)=2)$

$\therefore g'(3)=2$

$\therefore g(3)+g'(3)=5+2=7$

1056 답 4

$h(x)=f(g(x))$에서 $h'(x)=f'(g(x))g'(x)$

$h'(1)=f'(g(1))g'(1)$에서

$g(1)=1,\ h'(1)=-4$이므로

$f'(1)g'(1)=-4$ ······ ㉠

$y=f\left(\frac{1}{g(x)}\right)$에서

$y'=f'\left(\frac{1}{g(x)}\right)\times\left\{\frac{1}{g(x)}\right\}'$

$=f'\left(\frac{1}{g(x)}\right)\times\left[-\frac{g'(x)}{\{g(x)\}^2}\right]$

따라서 구하는 접선의 기울기는 → $x=1$에서의 미분계수

$f'\left(\frac{1}{g(1)}\right)\times\left[-\frac{g'(1)}{\{g(1)\}^2}\right]=f'(1)\times\{-g'(1)\}$

$=-f'(1)g'(1)=4\ (\because ㉠)$

개념 Check

함수 $f(x)$가 $x=a$에서 미분가능할 때, 곡선 $y=f(x)$ 위의 점 $\mathrm{P}(a, f(a))$에서의 접선의 기울기는 $x=a$에서의 미분계수 $f'(a)$와 같다.

Plus 문제

1056-1

실수 전체의 집합에서 미분가능한 두 함수 $f(x)$, $g(x)$에 대하여 함수 $h(x)$를 $h(x)=f(g(x))$라 하자. $g(2)=1$, $h'(2)=-3$일 때, 곡선 $y=f\left(\frac{1}{g(x)}\right)$ $(g(x)\neq 0)$ 위의 점 $(2, f(1))$에서의 접선의 기울기를 구하시오.

$h(x)=f(g(x))$에서

$h'(x)=f'(g(x))g'(x)$

$h'(2)=f'(g(2))g'(2)$에서

$g(2)=1$, $h'(2)=-3$이므로

$f'(1)g'(2)=-3$ ······ ㉠

$y=f\left(\frac{1}{g(x)}\right)$에서

$$y'=f'\left(\frac{1}{g(x)}\right)\times\left\{\frac{1}{g(x)}\right\}'$$
$$=f'\left(\frac{1}{g(x)}\right)\times\left[-\frac{g'(x)}{\{g(x)\}^2}\right]$$

따라서 구하는 접선의 기울기는

$$f'\left(\frac{1}{g(2)}\right)\times\left[-\frac{g'(2)}{\{g(2)\}^2}\right]=f'(1)\times\{-g'(2)\}$$
$$=-f'(1)g'(2)$$
$$=3\ (\because ㉠)$$

답 3

1057 답 ⑤

$\lim\limits_{x\to 1}\frac{g(x)+1}{x-1}=2$에서 $x\to 1$일 때 (분모) → 0이고 극한값이 존재하므로 (분자) → 0이다.

즉, $\lim\limits_{x\to 1}\{g(x)+1\}=0$이므로

$g(1)+1=0$ $\quad\therefore g(1)=-1$

$\lim\limits_{x\to 1}\frac{g(x)+1}{x-1}=\lim\limits_{x\to 1}\frac{g(x)-g(1)}{x-1}=g'(1)$이므로

$g'(1)=2$

또, $\lim\limits_{x\to 1}\frac{h(x)-2}{x-1}=12$에서 $x\to 1$일 때 (분모) → 0이고 극한값이 존재하므로 (분자) → 0이다.

즉, $\lim\limits_{x\to 1}\{h(x)-2\}=0$이므로

$h(1)-2=0$ $\quad\therefore h(1)=2$

$\lim\limits_{x\to 1}\frac{h(x)-2}{x-1}=\lim\limits_{x\to 1}\frac{h(x)-h(1)}{x-1}=h'(1)$이므로

$h'(1)=12$

$h(x)=(f\circ g)(x)$에서 $x=1$일 때

$h(1)=(f\circ g)(1)=f(g(1))$이므로

$f(-1)=2$

$h'(x)=f'(g(x))g'(x)$에서 $x=1$일 때

$h'(1)=f'(g(1))g'(1)=f'(-1)\times 2=12$

$\therefore f'(-1)=6$

$\therefore f(-1)+f'(-1)=2+6=8$

1058 답 ② | 유형 6

미분가능한 함수 $f(x)$가 모든 실수 x에 대하여

$\underline{f(3x-2)}=x^4-3x^3+3$ 단서1

을 만족시킬 때, $\underline{f'(7)}$의 값은? 단서2

① 8 ② 9 ③ 10 ④ 11 ⑤ 12

단서1 $y=f(ax+b)$일 때 $y'=af'(ax+b)$

단서2 $3x-2=7$에서 $x=3$

STEP 1 **$f(3x-2)=x^4-3x^3+3$의 양변을 x에 대하여 미분하기**

$f(3x-2)=x^4-3x^3+3$의 양변을 x에 대하여 미분하면

$3f'(3x-2)=4x^3-9x^2$

$\therefore f'(3x-2)=\frac{1}{3}(4x^3-9x^2)$

STEP 2 **$f'(7)$의 값 구하기**

$3x-2=7$에서 $x=3$이므로 위의 식에 $x=3$을 대입하면

$$f'(7)=\frac{1}{3}\times(4\times 3^3-9\times 3^2)$$
$$=36-27$$
$$=9$$

1059 답 ③

$f(x)=f(2x-1)$의 양변을 x에 대하여 미분하면

$f'(x)=2f'(2x-1)$ ······ ㉠

㉠의 양변에 $x=-1$을 대입하면

$f'(-1)=2f'(-3)$, $8=2f'(-3)$

$\therefore f'(-3)=4$

㉠의 양변에 $x=-3$을 대입하면

$f'(-3)=2f'(-7)$, $4=2f'(-7)$

$\therefore f'(-7)=2$

1060 답 $\frac{1}{3}$

$f(3+x)=f(1-3x)$의 양변을 x에 대하여 미분하면

$f'(3+x)=-3f'(1-3x)$ ······ ㉠

$3+x=2$에서 $x=-1$이므로 ㉠의 양변에 $x=-1$을 대입하면

$f'(2)=-3f'(4)$, $3=-3f'(4)$

$\therefore f'(4)=-1$

$1-3x=-2$에서 $x=1$이므로 ㉠의 양변에 $x=1$을 대입하면

$f'(4)=-3f'(-2)$, $-1=-3f'(-2)$

$\therefore f'(-2)=\frac{1}{3}$

1061 답 6

$f(4x-1)=g(-2x+6)$에 $x=\frac{1}{2}$을 대입하면

$f(1)=g(5)$ $\quad\therefore g(5)=-3$

$f(4x-1)=g(-2x+6)$의 양변을 x에 대하여 미분하면

$4f'(4x-1)=-2g'(-2x+6)$

위의 식에 $x=\frac{1}{2}$을 대입하면

$4f'(1)=-2g'(5)$ $\qquad \therefore g'(5)=-2$

$\therefore g(5)g'(5)=-3\times(-2)=6$

1062 답 0

$f(5-x)+f(x)=3$의 양변을 x에 대하여 미분하면

$-f'(5-x)+f'(x)=0$

$\therefore f'(5-x)=f'(x)$ ······ ㉠

㉠의 양변에 $x=1$을 대입하면

$f'(4)=f'(1)$

㉠의 양변에 $x=2$를 대입하면

$f'(3)=f'(2)$

$$\begin{aligned}\therefore \sum_{k=1}^{4}(-1)^k f'(k)&=-f'(1)+f'(2)-f'(3)+f'(4)\\&=-f'(1)+f'(2)-f'(2)+f'(1)\\&=0\end{aligned}$$

1063 답 10

$f(x^2)-f(x^2-1)=3x^4-3x^2$의 양변을 x에 대하여 미분하면

$f'(x^2)\times(x^2)'-f'(x^2-1)\times(x^2-1)'=12x^3-6x$

$2xf'(x^2)-2xf'(x^2-1)=12x^3-6x$

$f'(x^2)-f'(x^2-1)=6x^2-3$ ······ ㉠

㉠의 양변에 $x=0$을 대입하면

$f'(0)-f'(-1)=-3$ ······ ㉡

㉠의 양변에 $x=1$을 대입하면

$f'(1)-f'(0)=3$ ······ ㉢

㉡+㉢을 하면

$f'(1)-f'(-1)=0$

이때 $f'(1)=10$이므로

$f'(-1)=10$

실수 Check

$f(x^2)-f(x^2-1)=3x^4-3x^2$에서 $f'(1)$과 $f'(-1)$의 관계를 찾는다. 합성함수의 미분법을 이용해서 미분하는 것도 중요하지만 주어진 조건에서 함수의 관계를 파악하는 것이 더 중요하다.

1064 답 ④

$f(2x+1)=(x^2+1)^2$의 양변을 x에 대하여 미분하면

$f'(2x+1)\times(2x+1)'=2(x^2+1)\times(x^2+1)'$

$2f'(2x+1)=4x(x^2+1)$

$\therefore f'(2x+1)=2x(x^2+1)$

위의 식에 $x=1$을 대입하면

$f'(3)=2\times1\times(1^2+1)=4$

다른 풀이

$f(2x+1)=(x^2+1)^2$에서 x에 $\dfrac{x-1}{2}$을 대입하면

$f(x)=\left\{\left(\dfrac{x-1}{2}\right)^2+1\right\}^2=\left(\dfrac{x^2-2x+5}{4}\right)^2$이므로

$f'(x)=2\times\dfrac{x^2-2x+5}{4}\times\dfrac{2x-2}{4}$

$\therefore f'(3)=2\times2\times1=4$

1065 답 $\dfrac{9}{2}$ | 유형 7

두 함수 $f(x)=\dfrac{x-3}{x^2+1}$, $g(x)=x^2+5x+2$에 대하여 함수 $h(x)$를 $h(x)=(g\circ f)(x)$라 할 때, $h'(1)$의 값을 구하시오.

(단서2: $f(x)=\dfrac{x-3}{x^2+1}$, 단서1: $h(x)=(g\circ f)(x)$)

단서1 $y=(g\circ f)(x)=g(f(x))$일 때 $y'=g'(f(x))f'(x)$

단서2 $y=\dfrac{v(x)}{u(x)}$일 때 $y'=\dfrac{v'(x)u(x)-v(x)u'(x)}{\{u(x)\}^2}$

STEP1 $f'(x)$, $g'(x)$ 구하기

$f(x)=\dfrac{x-3}{x^2+1}$에서

$$\begin{aligned}f'(x)&=\frac{1\times(x^2+1)-(x-3)\times2x}{(x^2+1)^2}\\&=\frac{-x^2+6x+1}{(x^2+1)^2}\end{aligned}$$

$g(x)=x^2+5x+2$에서

$g'(x)=2x+5$

STEP2 $h'(1)$의 값 구하기

$h(x)=(g\circ f)(x)=g(f(x))$에서

$h'(x)=g'(f(x))f'(x)$이므로

$h'(1)=g'(f(1))f'(1)$

$f(1)=-1$이므로 $g'(f(1))=g'(-1)=-2+5=3$

$f'(1)=\dfrac{-1+6+1}{2^2}=\dfrac{3}{2}$

$\therefore h'(1)=g'(f(1))f'(1)=3\times\dfrac{3}{2}=\dfrac{9}{2}$

1066 답 ③

$f(x)=\left(\dfrac{2x+1}{x^2+x+1}\right)^3$에서

→ $y=\{f(x)\}^n$일 때 $y'=n\{f(x)\}^{n-1}\times f'(x)$

$f'(x)=3\left(\dfrac{2x+1}{x^2+x+1}\right)^2\times\dfrac{2(x^2+x+1)-(2x+1)^2}{(x^2+x+1)^2}$

이때 $f(-1)=-1$이므로

$$\begin{aligned}\lim_{h\to0}\frac{f(-1+h)+1}{h}&=\lim_{h\to0}\frac{f(-1+h)-f(-1)}{h}\\&=f'(-1)\\&=3\times\left(\frac{-1}{1}\right)^2\times\frac{2\times1-(-1)^2}{1^2}\\&=3\end{aligned}$$

1067 답 ②

$f(x)=(x^2+ax-1)^4$에서

$f'(x)=4(x^2+ax-1)^3(2x+a)$

$f'(0)=-8$이므로

$4\times(-1)^3\times a=-8$ $\qquad \therefore a=2$

따라서 $f'(x)=4(x^2+2x-1)^3(2x+2)$이므로

$f'(-2)=4\times(-1)^3\times(-2)=8$

1068 답 ③

$f(x)=(x^2-3)^2$에서

$f'(x)=2(x^2-3)\times2x=4x(x^2-3)$

$g(x)=\frac{1}{x}$에서 $g'(x)=-\frac{1}{x^2}$

$h(x)=f(g(x))$라 하면 → $y=\frac{1}{f(x)}$일 때 $y'=-\frac{f'(x)}{\{f(x)\}^2}$

$h'(x)=f'(g(x))g'(x)$

$g(1)=1$, $f(1)=4$이므로 $h(1)=f(g(1))=f(1)=4$

$$\therefore \lim_{x\to 1}\frac{f(g(x))-4}{x-1}=\lim_{x\to 1}\frac{h(x)-h(1)}{x-1}=h'(1)$$
$$=f'(g(1))g'(1)$$
$$=f'(1)g'(1)$$
$$=\{4\times(-2)\}\times(-1)=8$$

1069 답 ②

$h(x)=f(g(x))$의 양변을 x에 대하여 미분하면

$h'(x)=f'(g(x))g'(x)$ ······ ㉠

㉠의 양변에 $x=0$을 대입하면

$h'(0)=f'(g(0))g'(0)$

$g(x)=x^{2025}+4x+3$에서 $g(0)=3$이고,

$g'(x)=2025x^{2024}+4$이므로 $g'(0)=4$

$h'(0)=28$이므로 $28=f'(3)\times 4$에서 $f'(3)=7$

1070 답 ③

$f(x)=\frac{2}{x^2+ax+4}$에서 $f'(x)=-\frac{2(2x+a)}{(x^2+ax+4)^2}$

$g(x)=1-\frac{x^2}{a}$에서 $g'(x)=-\frac{2x}{a}$

$f'(0)=g'(1)$이므로 $-\frac{a}{8}=-\frac{2}{a}$, $a^2=16$

$\therefore a=4$ ($\because a>0$)

따라서 $f(x)=\frac{2}{x^2+4x+4}=\frac{2}{(x+2)^2}=2(x+2)^{-2}$에서

$f'(x)=-4(x+2)^{-3}=-\frac{4}{(x+2)^3}$

$g(x)=1-\frac{x^2}{4}$에서 $g'(x)=-\frac{x}{2}$

$h(x)=(f\circ g)(x)=f(g(x))$에서 $h'(x)=f'(g(x))g'(x)$이므로

$h'(a)=h'(4)=f'(g(4))g'(4)$

이때 $g(4)=1-4=-3$, $g'(4)=-2$, $f'(-3)=4$이므로

$h'(4)=f'(-3)g'(4)=4\times(-2)=-8$

1071 답 ④

$f(x)=4x^{10}-1$, $g(x)=x^2+ax+1$이므로

$h(x)=(f\circ g)(x)=f(g(x))=4(x^2+ax+1)^{10}-1$에서

$h'(x)=40(x^2+ax+1)^9(2x+a)$

$h'(0)=40a=80$ $\quad\therefore a=2$

따라서 $g(x)=x^2+2x+1$이므로

$g(1)=1+2+1=4$

1072 답 ③

$h(x)=(g\circ f)(x)=g(f(x))=\frac{f(x)+1}{\{f(x)\}^2}$에서

$$h'(x)=\frac{f'(x)\{f(x)\}^2-\{f(x)+1\}\times 2f(x)f'(x)}{\{f(x)\}^4}$$
$$=\frac{f'(x)f(x)-2\{f(x)+1\}f'(x)}{\{f(x)\}^3}$$
$$=-\frac{f'(x)\{f(x)+2\}}{\{f(x)\}^3}$$

한편, (나)의 $\lim_{x\to 2}\frac{f(x)+1}{x^2-4}=1$에서 $x\to 2$일 때 (분모) → 0이고 극한값이 존재하므로 (분자) → 0이다.

즉, $\lim_{x\to 2}\{f(x)+1\}=0$이므로 $f(2)=-1$

$$\therefore \lim_{x\to 2}\frac{f(x)+1}{x^2-4}=\lim_{x\to 2}\left\{\frac{f(x)-f(2)}{x-2}\times\frac{1}{x+2}\right\}$$
$$=f'(2)\times\frac{1}{4}=1$$

따라서 $f'(2)=4$이므로

$$h'(2)=-\frac{f'(2)\{f(2)+2\}}{\{f(2)\}^3}=-\frac{4\times(-1+2)}{(-1)^3}=4$$

다른 풀이

(가)의 $g(x)=\frac{x+1}{x^2}$에서

$g'(x)=\frac{x^2-2x(x+1)}{x^4}=\frac{-x^2-2x}{x^4}$

$h(x)=(g\circ f)(x)=g(f(x))$에서

$h'(x)=g'(f(x))f'(x)$

$\therefore h'(2)=g'(f(2))f'(2)=g'(-1)f'(2)$ ($\because f(2)=-1$)

$=\frac{-1+2}{1}\times 4=4$

1073 답 24

$f(x)=\frac{1}{(3x-2)^2}=(3x-2)^{-2}$에서

$f'(x)=-2(3x-2)^{-3}\times 3=-\frac{6}{(3x-2)^3}$

$h(2x-1)=g(f(x))$의 양변을 x에 대하여 미분하면

$2h'(2x-1)=g'(f(x))f'(x)$

위의 식에 $x=1$을 대입하면

$2h'(1)=g'(f(1))f'(1)$

$$\therefore h'(1)=\frac{g'(f(1))f'(1)}{2}=\frac{g'(1)f'(1)}{2}\quad\left(\because f(1)=\frac{1}{1^2}=1\right)$$
$$=\frac{-8\times(-6)}{2}\quad\left(\because f'(1)=-\frac{6}{1^3}=-6\right)$$
$$=24$$

실수 Check

$h'(1)$의 값을 구해야 하므로 주어진 식 $h(2x-1)=g(f(x))$의 양변을 x에 대하여 미분한 후 적당한 수를 대입해 본다.

Plus 문제

1073-1

함수 $f(x)=\frac{1}{(x^2+1)^2}$과 실수 전체의 집합에서 미분가능한 함수 $g(x)$에 대하여 함수 $h(x)$가 모든 실수 x에 대하여 $h(2x-3)=g(f(x))$를 만족시킨다. $g'\left(\frac{1}{25}\right)=125$일 때, $h'(1)$의 값을 구하시오.

$f(x)=\frac{1}{(x^2+1)^2}=(x^2+1)^{-2}$에서

$f'(x)=-2(x^2+1)^{-3}\times 2x$

$=-\frac{4x}{(x^2+1)^3}$

$h(2x-3)=g(f(x))$의 양변을 x에 대하여 미분하면

$2h'(2x-3)=g'(f(x))f'(x)$

위의 식에 $x=2$를 대입하면

$2h'(1)=g'(f(2))f'(2)$

$\therefore h'(1)=\frac{g'(f(2))f'(2)}{2}$

$=\frac{g'\left(\frac{1}{25}\right)f'(2)}{2}\ \left(\because f(2)=\frac{1}{25}\right)$

$=\frac{125\times\left(-\frac{8}{125}\right)}{2}\ \left(\because f'(2)=-\frac{8}{125}\right)$

$=-4$

답 -4

1074 답 ③ | 유형8

함수 $f(x)=\frac{e^{2x}-1}{e^{2x}+e^{-2x}}$에 대하여 $f'(0)$의 값은?

단서1

① 0 ② $\frac{1}{2}$ ③ 1 ④ 2 ⑤ 4

단서1 $(e^{ax})'=e^{ax}\times(ax)'=ae^{ax}$

STEP1 $f'(x)$ 구하기

$f(x)=\frac{e^{2x}-1}{e^{2x}+e^{-2x}}=\frac{(e^{2x}-1)e^{2x}}{(e^{2x}+e^{-2x})e^{2x}}=\frac{e^{4x}-e^{2x}}{e^{4x}+1}$에서

$f'(x)=\frac{(4e^{4x}-2e^{2x})(e^{4x}+1)-(e^{4x}-e^{2x})\times 4e^{4x}}{(e^{4x}+1)^2}$

STEP2 $f'(0)$의 값 구하기

$f'(0)=\frac{(4-2)\times(1+1)-(1-1)\times 4}{(1+1)^2}=1$

1075 답 2

$f(x)=e^{x^2-1}$에서 $f'(x)=2xe^{x^2-1}$

$\therefore f'(1)=2\times e^0=2$

1076 답 ④

$f(x)=\left(\frac{1}{2}\right)^{x^2+x}=2^{-x^2-x}$에서

$f'(x)=2^{-x^2-x}\times\ln 2\times(-2x-1)$

이때 $f(-1)=\left(\frac{1}{2}\right)^0=1$이므로

$\lim_{h\to 0}\frac{f(-1+h)-1}{h}=\lim_{h\to 0}\frac{f(-1+h)-f(-1)}{h}$

$=f'(-1)$

$=2^{-1+1}\times\ln 2\times(2-1)$

$=\ln 2$

1077 답 ⑤

$f(x)=(3e)^{\cos x}$에서

$f'(x)=(3e)^{\cos x}\times\ln 3e\times(-\sin x)$

$f(\pi)=(3e)^{\cos\pi}=(3e)^{-1}=\frac{1}{3e}$

$f'\left(\frac{\pi}{2}\right)=(3e)^{\cos\frac{\pi}{2}}\times\ln 3e\times\left(-\sin\frac{\pi}{2}\right)$

$=(3e)^0\times\ln 3e\times(-1)=-\ln 3e$

$\therefore f'\left(\frac{\pi}{2}\right)-\ln f(\pi)=-\ln 3e-\ln\frac{1}{3e}=0$

$\ln\frac{1}{3e}=-\ln 3e$

1078 답 4

$f(x)=kx^2-2x$에서

$f'(x)=2kx-2$

$g(x)=e^{3x}+1$에서

$g'(x)=3e^{3x}$

$h(x)=(f\circ g)(x)$에서

$h'(x)=f'(g(x))g'(x)$

이때 $g(0)=1+1=2$, $g'(0)=3\times 1=3$이므로

$h'(0)=f'(g(0))g'(0)=f'(2)\times 3$

$=(4k-2)\times 3=42$

$\therefore k=4$

1079 답 ④

$f(x)=\frac{\sin x}{e^{2x}}=e^{-2x}\sin x$에서

$f'(x)=-2e^{-2x}\sin x+e^{-2x}\cos x$

$=e^{-2x}(-2\sin x+\cos x)$

$f'(a)=0$에서 $-2\sin a+\cos a=0$ ($\because e^{-2a}>0$)

$\therefore \cos a=2\sin a$

즉, $\tan a=\frac{1}{2}$이고, $0<a<\frac{\pi}{2}$이므로

$\sin a=\frac{1}{\sqrt{5}}$, $\cos a=\frac{2}{\sqrt{5}}$

$\therefore \cos a+\sin a=\frac{2}{\sqrt{5}}+\frac{1}{\sqrt{5}}=\frac{3\sqrt{5}}{5}$

1080 답 ④

$f(5x-1)=e^{x^2-1}$의 양변을 x에 대하여 미분하면

$5f'(5x-1)=2xe^{x^2-1}$

위의 식에 $x=1$을 대입하면

$5f'(5-1)=2e^{1-1}$, $5f'(4)=2$

$\therefore f'(4)=\frac{2}{5}$

다른 풀이

$f(5x-1)=e^{x^2-1}$에서 x에 $\frac{x+1}{5}$을 대입하면

$f(x)=e^{\left(\frac{x+1}{5}\right)^2-1}$이므로

$f'(x)=\frac{2}{5}\times\frac{x+1}{5}\times e^{\left(\frac{x+1}{5}\right)^2-1}$

$\therefore f'(4)=\frac{2}{5}\times\frac{5}{5}\times e^{\left(\frac{5}{5}\right)^2-1}=\frac{2}{5}$

1081 답 ③

| 유형 9

두 함수 $f(x)=x^2+1$, $g(x)=\cos 2x$에 대하여 함수 $h(x)$를 (단서2)

$h(x)=(f\circ g)(x)$라 할 때, $h'\left(\frac{\pi}{3}\right)$의 값은? (단서1)

① 1 ② $\sqrt{2}$ ③ $\sqrt{3}$

④ 2 ⑤ $\sqrt{5}$

단서1 $y=f(g(x))$일 때 $y'=f'(g(x))g'(x)$
단서2 $y=\cos k(x)$일 때 $y'=-\sin k(x)\times k'(x)$

STEP 1 $f'(x)$, $g'(x)$ 구하기

$f(x)=x^2+1$에서 $f'(x)=2x$

$g(x)=\cos 2x$에서 $g'(x)=-2\sin 2x$

STEP 2 $h'\left(\frac{\pi}{3}\right)$의 값 구하기

$h(x)=(f\circ g)(x)=f(g(x))$에서

$h'(x)=f'(g(x))g'(x)$이므로

$h'\left(\frac{\pi}{3}\right)=f'\left(g\left(\frac{\pi}{3}\right)\right)g'\left(\frac{\pi}{3}\right)$

$g\left(\frac{\pi}{3}\right)=\cos\frac{2}{3}\pi=-\frac{1}{2}$ 이므로

$f'\left(g\left(\frac{\pi}{3}\right)\right)=f'\left(-\frac{1}{2}\right)=2\times\left(-\frac{1}{2}\right)=-1$

$g'\left(\frac{\pi}{3}\right)=-2\sin\frac{2}{3}\pi=-\sqrt{3}$

$\therefore h'\left(\frac{\pi}{3}\right)=f'\left(g\left(\frac{\pi}{3}\right)\right)g'\left(\frac{\pi}{3}\right)=-1\times(-\sqrt{3})=\sqrt{3}$

1082 답 ⑤

$f(x)=\sin\left(4x-\frac{3}{4}\pi\right)$에서 $f'(x)=4\cos\left(4x-\frac{3}{4}\pi\right)$

$\therefore f'\left(\frac{\pi}{4}\right)=4\cos\left(4\times\frac{\pi}{4}-\frac{3}{4}\pi\right)=4\cos\frac{\pi}{4}=4\times\frac{\sqrt{2}}{2}=2\sqrt{2}$

1083 답 6

$f(x)=\sin^5 x\cos 5x$에서

$f'(x)=5\sin^4 x\cos x\times\cos 5x+\sin^5 x\times(-5\sin 5x)$

$=5\sin^4 x\cos x\cos 5x-5\sin^5 x\sin 5x$

$=5\sin^4 x(\cos x\cos 5x-\sin x\sin 5x)$

$=5\sin^4 x\cos(x+5x)$ ← $\cos(\alpha+\beta)=\cos\alpha\cos\beta-\sin\alpha\sin\beta$

$=5\sin^4 x\cos 6x$

$\therefore k=6$

1084 답 cos 1

$f(x)=\sin\left(\tan\frac{x}{2}\right)$라 하면

$f'(x)=\cos\left(\tan\frac{x}{2}\right)\times\sec^2\frac{x}{2}\times\frac{1}{2}$

따라서 점 $\left(\frac{\pi}{2}, \sin 1\right)$에서의 접선의 기울기는

$f'\left(\frac{\pi}{2}\right)=\cos\left(\tan\frac{\pi}{4}\right)\times\sec^2\frac{\pi}{4}\times\frac{1}{2}$

$=\cos 1\times(\sqrt{2})^2\times\frac{1}{2}=\cos 1$

1085 답 $-\frac{1}{9}$

$f'(x)=\dfrac{\frac{1}{3}\sec^2\frac{x}{3}\times(e^x-4)-\tan\frac{x}{3}\times e^x}{(e^x-4)^2}$이므로

$f'(0)=\dfrac{\frac{1}{3}\times 1\times(1-4)-0\times 1}{(1-4)^2}=-\frac{1}{9}$

1086 답 ②

$f(x)=\dfrac{e^x}{\sin x\cos x}=\dfrac{2e^x}{2\sin x\cos x}=\dfrac{2e^x}{\sin 2x}$에서

$f'(x)=\dfrac{2e^x\sin 2x-2e^x\times 2\cos 2x}{\sin^2 2x}$

$=\dfrac{2e^x\sin 2x-4e^x\cos 2x}{\sin^2 2x}$

이때 $f\left(\frac{\pi}{4}\right)=\dfrac{2e^{\frac{\pi}{4}}}{\sin\frac{\pi}{2}}=2e^{\frac{\pi}{4}}$이므로

$\lim_{x\to\frac{\pi}{4}}\dfrac{f(x)-2e^{\frac{\pi}{4}}}{x-\frac{\pi}{4}}=\lim_{x\to\frac{\pi}{4}}\dfrac{f(x)-f\left(\frac{\pi}{4}\right)}{x-\frac{\pi}{4}}$

$=f'\left(\frac{\pi}{4}\right)$

$=\dfrac{2e^{\frac{\pi}{4}}\sin\frac{\pi}{2}-4e^{\frac{\pi}{4}}\cos\frac{\pi}{2}}{\sin^2\frac{\pi}{2}}$

$=\dfrac{2e^{\frac{\pi}{4}}-0}{1^2}=2e^{\frac{\pi}{4}}$

$\therefore f\left(\frac{\pi}{4}\right)-\lim_{x\to\frac{\pi}{4}}\dfrac{f(x)-2e^{\frac{\pi}{4}}}{x-\frac{\pi}{4}}=2e^{\frac{\pi}{4}}-2e^{\frac{\pi}{4}}=0$

1087 답 ②

$g(u)=e^u$이라 하면

$e^{f(x)}=g(f(x))$

$h(x)=g(f(x))$라 하면 $f(1)=\cos\frac{\pi}{2}=0$이므로

$h(1)=g(f(1))=g(0)=e^0=1$

$\therefore \lim_{x\to 1}\dfrac{e^{f(x)}-1}{x^3-1}=\lim_{x\to 1}\dfrac{g(f(x))-g(f(1))}{x^3-1}$

$=\lim_{x\to 1}\left\{\dfrac{h(x)-h(1)}{x-1}\times\dfrac{1}{x^2+x+1}\right\}$

$=h'(1)\times\frac{1}{3}$

한편, $h'(x)=g'(f(x))f'(x)$에서

$h'(1)=g'(f(1))f'(1)=g'(0)f'(1)$

$f'(x)=\left(\cos\frac{\pi}{2}x\right)'=-\sin\frac{\pi}{2}x\times\left(\frac{\pi}{2}x\right)'=-\frac{\pi}{2}\sin\frac{\pi}{2}x$

에서

$f'(1)=-\frac{\pi}{2}\sin\frac{\pi}{2}=-\frac{\pi}{2}$

$g'(u)=(e^u)'=e^u$에서 $g'(0)=e^0=1$

$\therefore h'(1)=g'(0)f'(1)=1\times\left(-\frac{\pi}{2}\right)=-\frac{\pi}{2}$

$\therefore \lim_{x\to 1}\dfrac{e^{f(x)}-1}{x^3-1}=h'(1)\times\frac{1}{3}=-\frac{\pi}{2}\times\frac{1}{3}=-\frac{\pi}{6}$

1088 답 17

$g(x)=\dfrac{1-\cos f(x)}{1+\cos f(x)}$에서

$g'(x)$

$=\dfrac{\{1-\cos f(x)\}'\times\{1+\cos f(x)\}-\{1-\cos f(x)\}\times\{1+\cos f(x)\}'}{\{1+\cos f(x)\}^2}$

$=\dfrac{\sin f(x)\times f'(x)\{1+\cos f(x)\}+\{1-\cos f(x)\}\sin f(x)\times f'(x)}{\{1+\cos f(x)\}^2}$

$=\dfrac{2f'(x)\sin f(x)}{\{1+\cos f(x)\}^2}$

곡선 $y=g(x)$ 위의 점 $(0,\ g(0))$에서의 접선의 기울기는

$g'(0)=\dfrac{2f'(0)\sin f(0)}{\{1+\cos f(0)\}^2}$

$=\dfrac{2\times2\times\sin\frac{\pi}{3}}{\left(1+\cos\frac{\pi}{3}\right)^2}$

$=\dfrac{2\times2\times\frac{\sqrt{3}}{2}}{\left(1+\frac{1}{2}\right)^2}=\dfrac{2\sqrt{3}}{\left(\frac{3}{2}\right)^2}=\dfrac{8\sqrt{3}}{9}$

따라서 $p=9,\ q=8$이므로

$p+q=9+8=17$

실수 Check

$\{1+\cos f(x)\}'=-\sin f(x)\times f'(x)$와 같이 $\cos f(x)$를 미분할 때, $f(x)$를 미분한 식 $f'(x)$를 반드시 곱해 주어야 한다.

1089 답 ①

$f(x)=\tan 2x+3\sin x$에서

$f'(x)=2\sec^2 2x+3\cos x$

$\therefore \lim_{h\to0}\dfrac{f(\pi+h)-f(\pi-h)}{h}$

$=\lim_{h\to0}\left\{\dfrac{f(\pi+h)-f(\pi)}{h}+\dfrac{f(\pi-h)-f(\pi)}{-h}\right\}$

$=f'(\pi)+f'(\pi)=2f'(\pi)$

$=2(2\sec^2 2\pi+3\cos\pi)$

$=2\times\{2\times1^2+3\times(-1)\}=-2$

1090 답 ② | 유형 10

함수 $f(x)=\ln\sqrt{\dfrac{1-\sin x}{1+\sin x}}$ 에 대하여 $x=\frac{\pi}{4}$에서의 미분계수는?
(단서1) (단서2)

① -2 ② $-\sqrt{2}$ ③ $\dfrac{1}{\sqrt{2}}$
④ $\sqrt{2}$ ⑤ 2

단서1 $\ln\left(\frac{A}{B}\right)^n=n\ln\frac{A}{B}=n(\ln A-\ln B)$ (단, $A>0,\ B>0$, n은 실수)
단서2 $f'\left(\frac{\pi}{4}\right)$

STEP 1 $f(x)$를 로그함수의 도함수를 구할 수 있는 꼴로 변형하기

$f(x)=\ln\sqrt{\dfrac{1-\sin x}{1+\sin x}}=\dfrac{1}{2}\ln\dfrac{1-\sin x}{1+\sin x}$

$=\dfrac{1}{2}\{\ln(1-\sin x)-\ln(1+\sin x)\}$

STEP 2 $f'(x)$ 구하기

$f'(x)=\dfrac{1}{2}\left(\dfrac{-\cos x}{1-\sin x}-\dfrac{\cos x}{1+\sin x}\right)$

$=\dfrac{-\cos x(1+\sin x)-\cos x(1-\sin x)}{2(1-\sin^2 x)}$

$=\dfrac{-2\cos x}{2\cos^2 x}=-\dfrac{1}{\cos x}$

STEP 3 주어진 함수의 $x=\frac{\pi}{4}$에서의 미분계수 구하기

$x=\dfrac{\pi}{4}$에서의 미분계수는

$f'\left(\dfrac{\pi}{4}\right)=-\dfrac{1}{\cos\frac{\pi}{4}}=-\sqrt{2}$

1091 답 1

$f(x)=\ln|\sin x+\cos x|$에서 $f'(x)=\dfrac{\cos x-\sin x}{\sin x+\cos x}$

$\therefore f'(\pi)=\dfrac{-1-0}{0+(-1)}=1$

1092 답 ③

$f(x)=\ln(2x+7)$에서 $f'(x)=\dfrac{2}{2x+7}$

$\therefore \lim_{h\to0}\dfrac{f(1+h)-f(1-h)}{h}$

$=\lim_{h\to0}\left\{\dfrac{f(1+h)-f(1)}{h}+\dfrac{f(1-h)-f(1)}{-h}\right\}$

$=f'(1)+f'(1)$

$=2f'(1)=2\times\dfrac{2}{9}=\dfrac{4}{9}$

1093 답 ⑤

$f(x)=\log_2(4x-1)^3=3\log_2(4x-1)$에서

$f'(x)=3\times\dfrac{4}{4x-1}\times\dfrac{1}{\ln 2}=\dfrac{12}{4x-1}\times\dfrac{1}{\ln 2}$

이때 $f'(a)=\dfrac{4}{\ln 2}$에서

$\dfrac{12}{4a-1}\times\dfrac{1}{\ln 2}=\dfrac{4}{\ln 2},\ 4a-1=3$

$\therefore a=1$

1094 답 6

$f(x)=\log_3|(2x-1)e^x|=\log_3|2x-1|+(\log_3 e)x$에서

$f'(x)=\dfrac{2}{(2x-1)\ln 3}+\log_3 e=\dfrac{2}{(2x-1)\ln 3}+\dfrac{1}{\ln 3}$

따라서 $f'(1)=\dfrac{2}{\ln 3}+\dfrac{1}{\ln 3}=\dfrac{3}{\ln 3}$이므로 $p=3,\ q=3$

$\therefore p+q=3+3=6$

다른 풀이

$f(x)=\log_3|(2x-1)e^x|$에서

$f'(x)=\dfrac{2e^x+(2x-1)e^x}{(2x-1)e^x\ln 3}=\dfrac{2x+1}{(2x-1)\ln 3}$

따라서 $f'(1)=\dfrac{3}{\ln 3}$이므로 $p=3,\ q=3$

$\therefore p+q=6$

1095 답 $\frac{2}{\ln 3}$

$f(x)=(\log_3 9x)^2=(2+\log_3 x)^2$에서

$f'(x)=2(2+\log_3 x)\times\frac{1}{x\ln 3}$

$=\frac{2(2+\log_3 x)}{x\ln 3}$

$\therefore \lim_{x\to 0}\frac{f(3+x)-f(3)}{x}=f'(3)$

$=\frac{2\times(2+1)}{3\ln 3}$

$=\frac{2}{\ln 3}$

1096 답 ⑤

$y=(g\circ f)(x)=g(f(x))=g\left(\tan\frac{x}{2}\right)=\log_2\left|\tan\frac{x}{2}\right|$이므로

$y'=\frac{\left(\tan\frac{x}{2}\right)'}{\tan\frac{x}{2}}\times\frac{1}{\ln 2}=\frac{\sec^2\frac{x}{2}\times\frac{1}{2}}{\tan\frac{x}{2}}\times\frac{1}{\ln 2}$

$=\frac{1}{2\sin\frac{x}{2}\cos\frac{x}{2}}\times\frac{1}{\ln 2}=\frac{1}{\sin x}\times\frac{1}{\ln 2}$

→ $\sin 2x=2\sin x\cos x$

따라서 $y=(g\circ f)(x)$의 $x=\frac{\pi}{2}$에서의 미분계수는

$\frac{1}{\sin\frac{\pi}{2}}\times\frac{1}{\ln 2}=1\times\frac{1}{\ln 2}=\frac{1}{\ln 2}$

다른 풀이

$h(x)=(g\circ f)(x)$라 하면

$h'(x)=g'(f(x))f'(x)$

$\therefore h'\left(\frac{\pi}{2}\right)=g'\left(f\left(\frac{\pi}{2}\right)\right)f'\left(\frac{\pi}{2}\right)$

→ $f\left(\frac{\pi}{2}\right)=\tan\frac{\pi}{4}=1$

$=g'(1)f'\left(\frac{\pi}{2}\right)$

$f'(x)=\frac{1}{2}\sec^2\frac{x}{2}$이므로

$f'\left(\frac{\pi}{2}\right)=\frac{1}{2}\sec^2\frac{\pi}{4}=\frac{1}{2}\times 2=1$

$g'(x)=\frac{1}{x\ln 2}$이므로 $g'(1)=\frac{1}{\ln 2}$

$\therefore h'\left(\frac{\pi}{2}\right)=\frac{1}{\ln 2}\times 1=\frac{1}{\ln 2}$

1097 답 ②

$g(x)=\ln(2-x)$, $h(x)=f(g(x))$라 하면

$g(1)=\ln 1=0$이므로

$\lim_{x\to 1}\frac{f(\ln(2-x))-f(0)}{x-1}=\lim_{x\to 1}\frac{f(g(x))-f(g(1))}{x-1}$

$=\lim_{x\to 1}\frac{h(x)-h(1)}{x-1}$

$=h'(1)$

$\therefore h'(1)=4$

$h'(x)=f'(g(x))g'(x)$이고 $g'(x)=\frac{-1}{2-x}$이므로

$h'(1)=f'(g(1))g'(1)$에서

$f'(0)g'(1)=4$, $-f'(0)=4$ $\quad\therefore f'(0)=-4$

1098 답 ③

$f(x)=\ln(x^2+2x)$에서

$f'(x)=\frac{2x+2}{x^2+2x}$

따라서 $f'(n)=\frac{2n+2}{n^2+2n}$이므로

$\sum_{n=1}^{\infty}\frac{f'(n)}{2n+2}=\sum_{n=1}^{\infty}\frac{\frac{2n+2}{n^2+2n}}{2n+2}$

$=\sum_{n=1}^{\infty}\frac{1}{n^2+2n}$

$=\lim_{n\to\infty}\sum_{k=1}^{n}\frac{1}{k(k+2)}$

$=\frac{1}{2}\lim_{n\to\infty}\sum_{k=1}^{n}\left(\frac{1}{k}-\frac{1}{k+2}\right)$

$=\frac{1}{2}\lim_{n\to\infty}\left\{\left(\frac{1}{1}-\frac{1}{3}\right)+\left(\frac{1}{2}-\frac{1}{4}\right)+\left(\frac{1}{3}-\frac{1}{5}\right)+\cdots+\left(\frac{1}{n-1}-\frac{1}{n+1}\right)+\left(\frac{1}{n}-\frac{1}{n+2}\right)\right\}$

$=\frac{1}{2}\lim_{n\to\infty}\left(1+\frac{1}{2}-\frac{1}{n+1}-\frac{1}{n+2}\right)$

→ $\lim_{n\to\infty}\frac{1}{n+1}=\lim_{n\to\infty}\frac{1}{n+2}=0$

$=\frac{1}{2}\times\left(1+\frac{1}{2}\right)$

$=\frac{3}{4}$

실수 Check

$\frac{1}{AB}=\frac{1}{B-A}\left(\frac{1}{A}-\frac{1}{B}\right)$ $(A\neq B)$임을 이용하여 급수의 합을 구한다.

Plus 문제

1098-1

함수 $f(x)=\ln(x^2+x)$에 대하여 $\sum_{n=1}^{\infty}\frac{f'(n)}{2n+1}$의 값을 구하시오.

$f(x)=\ln(x^2+x)$에서

$f'(x)=\frac{(x^2+x)'}{x^2+x}=\frac{2x+1}{x^2+x}$

따라서 $f'(n)=\frac{2n+1}{n^2+n}$이므로

$\sum_{n=1}^{\infty}\frac{f'(n)}{2n+1}=\sum_{n=1}^{\infty}\frac{\frac{2n+1}{n^2+n}}{2n+1}$

$=\sum_{n=1}^{\infty}\frac{1}{n^2+n}$

$=\lim_{n\to\infty}\sum_{k=1}^{n}\frac{1}{k(k+1)}$

$=\lim_{n\to\infty}\sum_{k=1}^{n}\left(\frac{1}{k}-\frac{1}{k+1}\right)$

$=\lim_{n\to\infty}\left\{\left(\frac{1}{1}-\frac{1}{2}\right)+\left(\frac{1}{2}-\frac{1}{3}\right)+\left(\frac{1}{3}-\frac{1}{4}\right)+\cdots+\left(\frac{1}{n}-\frac{1}{n+1}\right)\right\}$

$=\lim_{n\to\infty}\left(1-\frac{1}{n+1}\right)=1$

답 1

1099 답 2

$f(x)=x\ln(2x-1)$에서

$f'(x)=\ln(2x-1)+x\times\dfrac{2}{2x-1}$

$=\ln(2x-1)+\dfrac{2x}{2x-1}$

$\therefore f'(1)=\ln 1+\dfrac{2}{2-1}=2$

1100 답 ② | 유형 11

함수 $f(x)=\dfrac{(x-1)(x+4)}{(x+2)^3}$에 대하여 $f'(0)$의 값은?
단서1

① 1 ② $\dfrac{9}{8}$ ③ $\dfrac{5}{4}$

④ $\dfrac{11}{8}$ ⑤ $\dfrac{3}{2}$

단서1 $A>0$, $B>0$, $C>0$일 때 $\ln\dfrac{AB}{C}=\ln A+\ln B-\ln C$

STEP1 **양변의 절댓값에 자연로그 취하기**

$f(x)=\dfrac{(x-1)(x+4)}{(x+2)^3}$의 양변의 절댓값에 자연로그를 취하면

$\ln|f(x)|=\ln\left|\dfrac{(x-1)(x+4)}{(x+2)^3}\right|$

$=\ln|x-1|+\ln|x+4|-3\ln|x+2|$

STEP2 **$f'(x)$ 구하기**

위의 식의 양변을 x에 대하여 미분하면

$\dfrac{f'(x)}{f(x)}=\dfrac{1}{x-1}+\dfrac{1}{x+4}-\dfrac{3}{x+2}$

$\therefore f'(x)=f(x)\left(\dfrac{1}{x-1}+\dfrac{1}{x+4}-\dfrac{3}{x+2}\right)$

STEP3 **$f'(0)$의 값 구하기**

$f(0)=\dfrac{-1\times4}{2^3}=-\dfrac{1}{2}$이므로

$f'(0)=-\dfrac{1}{2}\times\left(-1+\dfrac{1}{4}-\dfrac{3}{2}\right)=\dfrac{9}{8}$

1101 답 81

$f(x)=\dfrac{(x-1)^3}{x^2(x+1)}$의 양변의 절댓값에 자연로그를 취하면

$\ln|f(x)|=\ln\left|\dfrac{(x-1)^3}{x^2(x+1)}\right|$

$=3\ln|x-1|-2\ln|x|-\ln|x+1|$

위의 식의 양변을 x에 대하여 미분하면

$\dfrac{f'(x)}{f(x)}=\dfrac{3}{x-1}-\dfrac{2}{x}-\dfrac{1}{x+1}$

$\therefore f'(x)=f(x)\left(\dfrac{3}{x-1}-\dfrac{2}{x}-\dfrac{1}{x+1}\right)$

이때 $f(4)=\dfrac{3^3}{4^2\times5}=\dfrac{27}{80}$이므로

$f'(4)=\dfrac{27}{80}\times\left(1-\dfrac{1}{2}-\dfrac{1}{5}\right)=\dfrac{81}{800}$

$\therefore 800f'(4)=800\times\dfrac{81}{800}=81$

1102 답 $-\dfrac{55}{12}$

$f(x)=\dfrac{(x+3)^2(x+4)}{(x+1)^4(x+2)^3}$의 양변의 절댓값에 자연로그를 취하면

$\ln|f(x)|=\ln\left|\dfrac{(x+3)^2(x+4)}{(x+1)^4(x+2)^3}\right|$

$=2\ln|x+3|+\ln|x+4|-4\ln|x+1|-3\ln|x+2|$

위의 식의 양변을 x에 대하여 미분하면

$\dfrac{f'(x)}{f(x)}=\dfrac{2}{x+3}+\dfrac{1}{x+4}-\dfrac{4}{x+1}-\dfrac{3}{x+2}$

$\therefore \displaystyle\lim_{x\to0}\dfrac{f'(x)}{f(x)}=\dfrac{2}{3}+\dfrac{1}{4}-4-\dfrac{3}{2}$

$=-\dfrac{55}{12}$

1103 답 ④

$f(x)=(x+1)(x^2+1)(x^4+1)$의 양변의 절댓값에 자연로그를 취하면

$\ln|f(x)|=\ln|(x+1)(x^2+1)(x^4+1)|$

$=\ln|x+1|+\ln|x^2+1|+\ln|x^4+1|$

위의 식의 양변을 x에 대하여 미분하면

$\dfrac{f'(x)}{f(x)}=\dfrac{1}{x+1}+\dfrac{2x}{x^2+1}+\dfrac{4x^3}{x^4+1}$

이때 $g(x)=\dfrac{f'(x)}{f(x)}$이므로

$g(x)=\dfrac{1}{x+1}+\dfrac{2x}{x^2+1}+\dfrac{4x^3}{x^4+1}$

$\therefore g'(x)=-\dfrac{1}{(x+1)^2}+\dfrac{2(x^2+1)-2x\times2x}{(x^2+1)^2}+\dfrac{12x^2(x^4+1)-4x^3\times4x^3}{(x^4+1)^2}$

$=-\dfrac{1}{(x+1)^2}+\dfrac{-2x^2+2}{(x^2+1)^2}+\dfrac{-4x^6+12x^2}{(x^4+1)^2}$

$\therefore g'(0)=-1+\dfrac{2}{1}+0$

$=1$

1104 답 $\dfrac{3\sqrt{6}}{8}$

$f(x)=\dfrac{\sqrt[3]{\sin x}\times\sqrt{(x+\pi)^3}}{\sqrt{x+\frac{\pi}{2}}}$의 양변의 절댓값에 자연로그를 취하면

$\ln|f(x)|=\ln\left|\dfrac{\sqrt[3]{\sin x}\times\sqrt{(x+\pi)^3}}{\sqrt{x+\frac{\pi}{2}}}\right|$

$=\dfrac{1}{3}\ln|\sin x|+\dfrac{3}{2}\ln|x+\pi|-\dfrac{1}{2}\ln\left|x+\dfrac{\pi}{2}\right|$

위의 식의 양변을 x에 대하여 미분하면

$\dfrac{f'(x)}{f(x)}=\dfrac{1}{3}\times\dfrac{\cos x}{\sin x}+\dfrac{3}{2}\times\dfrac{1}{x+\pi}-\dfrac{1}{2}\times\dfrac{1}{x+\frac{\pi}{2}}$

$\therefore f'(x)=f(x)\left(\dfrac{1}{3}\times\dfrac{\cos x}{\sin x}+\dfrac{3}{2}\times\dfrac{1}{x+\pi}-\dfrac{1}{2}\times\dfrac{1}{x+\frac{\pi}{2}}\right)$

이때

$$f\left(\frac{\pi}{2}\right)=\frac{\sqrt[3]{\sin\frac{\pi}{2}}\times\sqrt{\left(\frac{\pi}{2}+\pi\right)^3}}{\sqrt{\frac{\pi}{2}+\frac{\pi}{2}}}=\frac{\frac{3}{2}\pi\sqrt{\frac{3}{2}\pi}}{\sqrt{\pi}}=\frac{3\sqrt{3}\pi}{2\sqrt{2}}=\frac{3\sqrt{6}\pi}{4}$$

이므로

$$f'\left(\frac{\pi}{2}\right)=f\left(\frac{\pi}{2}\right)\left(\frac{1}{3}\times\frac{\cos\frac{\pi}{2}}{\sin\frac{\pi}{2}}+\frac{3}{2}\times\frac{1}{\frac{\pi}{2}+\pi}-\frac{1}{2}\times\frac{1}{\frac{\pi}{2}+\frac{\pi}{2}}\right)$$

$$=\frac{3\sqrt{6}\pi}{4}\left(0+\frac{1}{\pi}-\frac{1}{2\pi}\right)=\frac{3\sqrt{6}}{8}$$

실수 Check

곱과 거듭제곱이 포함되어 직접 미분하기 어려운 함수는 양변의 절댓값에 자연로그를 취한 다음 미분한다.

1105 답 ④

$g(x)=\frac{f(x)\cos x}{e^x}$의 양변의 절댓값에 자연로그를 취하면

$$\ln|g(x)|=\ln\left|\frac{f(x)\cos x}{e^x}\right|$$

$$=\ln|f(x)|+\ln|\cos x|-\ln e^x$$

$$=\ln|f(x)|+\ln|\cos x|-x$$

위의 식의 양변을 x에 대하여 미분하면

$$\frac{g'(x)}{g(x)}=\frac{f'(x)}{f(x)}-\frac{\sin x}{\cos x}-1$$

위의 식에 $x=\pi$를 대입하면

$$\frac{g'(\pi)}{g(\pi)}=\frac{f'(\pi)}{f(\pi)}-\frac{\sin\pi}{\cos\pi}-1$$

이때 $\frac{g'(\pi)}{g(\pi)}=e^\pi$이므로

$$\frac{f'(\pi)}{f(\pi)}=e^\pi+1$$

다른 풀이

$g(x)=\frac{f(x)\cos x}{e^x}$에서

$$g'(x)=\frac{\{f'(x)\cos x-f(x)\sin x\}e^x-f(x)\cos x\times e^x}{e^{2x}}$$

$$=\frac{f'(x)\cos x-f(x)\sin x-f(x)\cos x}{e^x}$$

$$g'(\pi)=\frac{f'(\pi)\cos\pi-f(\pi)\sin\pi-f(\pi)\cos\pi}{e^\pi}$$

$$=\frac{-f'(\pi)+f(\pi)}{e^\pi}$$

이때 $g'(\pi)=e^\pi g(\pi)$이고

$g(\pi)=\frac{f(\pi)\cos\pi}{e^\pi}=-\frac{f(\pi)}{e^\pi}$이므로

$$\frac{-f'(\pi)+f(\pi)}{e^\pi}=e^\pi\times\left\{-\frac{f(\pi)}{e^\pi}\right\}$$

$$-f'(\pi)+f(\pi)=-e^\pi f(\pi)$$

$$(e^\pi+1)f(\pi)=f'(\pi)$$

$$\therefore \frac{f'(\pi)}{f(\pi)}=e^\pi+1$$

1106 답 ⑤

함수 $f(x)=x^{\ln x}$ $(x>0)$에 대하여 $f'(e^2)$의 값은?
단서1

① e ② $2e$ ③ $4e$
④ $2e^2$ ⑤ $4e^2$

단서1 $y=\{u(x)\}^{v(x)}$ $(u(x)>0)$일 때 $\ln y=\ln\{u(x)\}^{v(x)}=v(x)\ln u(x)$

STEP 1 양변에 자연로그 취하기

$f(x)=x^{\ln x}$의 양변에 자연로그를 취하면

$$\ln f(x)=\ln x^{\ln x}=(\ln x)^2$$

STEP 2 $f'(x)$ 구하기

위의 식의 양변을 x에 대하여 미분하면

$$\frac{f'(x)}{f(x)}=2\ln x\times\frac{1}{x}=\frac{2\ln x}{x}$$

$$\therefore f'(x)=f(x)\times\frac{2\ln x}{x}=x^{\ln x}\times\frac{2\ln x}{x}$$

STEP 3 $f'(e^2)$의 값 구하기

$$f'(e^2)=(e^2)^{\ln e^2}\times\frac{2\ln e^2}{e^2}=e^4\times\frac{4}{e^2}=4e^2$$

1107 답 ④

$f(x)=x^x$의 양변에 자연로그를 취하면

$$\ln f(x)=\ln x^x=x\ln x$$

위의 식의 양변을 x에 대하여 미분하면

$$\frac{f'(x)}{f(x)}=\ln x+x\times\frac{1}{x}=\ln x+1$$

$$\therefore f'(x)=f(x)(\ln x+1)=x^x(\ln x+1)$$

$f'(1)=1$, $f'(3)=27(\ln 3+1)=27\ln 3+27$이므로

$f'(1)+f'(3)=28+27\ln 3$

따라서 $p=28$, $q=27$이므로 $p+q=28+27=55$

1108 답 1

$f(x)=x^{\sin 2x}$의 양변에 자연로그를 취하면

$$\ln f(x)=\ln x^{\sin 2x}=\sin 2x\ln x$$

위의 식의 양변을 x에 대하여 미분하면

$$\frac{f'(x)}{f(x)}=2\cos 2x\ln x+\frac{\sin 2x}{x}$$

$$\therefore f'(x)=f(x)\left(2\cos 2x\ln x+\frac{\sin 2x}{x}\right)$$

따라서 $x=\frac{\pi}{4}$에서의 미분계수는

$$f'\left(\frac{\pi}{4}\right)=\left(\frac{\pi}{4}\right)^{\sin\frac{\pi}{2}}\times\left(2\cos\frac{\pi}{2}\ln\frac{\pi}{4}+\frac{\sin\frac{\pi}{2}}{\frac{\pi}{4}}\right)$$

$$=\frac{\pi}{4}\times\frac{1}{\frac{\pi}{4}}=1$$

1109 답 ②

$f(x)=(\sin x)^x$의 양변에 자연로그를 취하면

$$\ln f(x)=\ln(\sin x)^x=x\ln(\sin x)$$

위의 식의 양변을 x에 대하여 미분하면

$$\frac{f'(x)}{f(x)}=\ln(\sin x)+x\times\frac{\cos x}{\sin x}$$

따라서 $f'(x)=f(x)\left\{\ln(\sin x)+x\times\frac{\cos x}{\sin x}\right\}$이므로

$$f'\left(\frac{\pi}{2}\right)=\left(\sin\frac{\pi}{2}\right)^{\frac{\pi}{2}}\times\left\{\ln\left(\sin\frac{\pi}{2}\right)+\frac{\pi}{2}\times\frac{\cos\frac{\pi}{2}}{\sin\frac{\pi}{2}}\right\}$$

$$=1\times(\ln 1+0)=0$$

1110 답 ③

$f(x)=x^{\cos x}$의 양변에 자연로그를 취하면

$\ln f(x)=\ln x^{\cos x}=\cos x\ln x$

위의 식의 양변을 x에 대하여 미분하면

$$\frac{f'(x)}{f(x)}=-\sin x\ln x+\cos x\times\frac{1}{x}$$

$$\therefore f'(x)=f(x)\left(-\sin x\ln x+\frac{1}{x}\cos x\right)$$

$$\therefore \lim_{x\to\pi}\frac{f(x)-f(\pi)}{x-\pi}=f'(\pi)$$

$$=f(\pi)\times\left(-\sin\pi\ln\pi+\frac{1}{\pi}\cos\pi\right)$$

$$=\pi^{\cos\pi}\times\left\{0+\frac{1}{\pi}\times(-1)\right\}$$

$$=\frac{1}{\pi}\times\left(-\frac{1}{\pi}\right)=-\frac{1}{\pi^2}$$

1111 답 ①

$f(\pi)=\pi^{\sin\pi}=1$이므로

$$\lim_{x\to\pi}\frac{f(x)-1}{x-\pi}=\lim_{x\to\pi}\frac{f(x)-f(\pi)}{x-\pi}=f'(\pi)$$

$f(x)=x^{\sin x}$의 양변에 자연로그를 취하면

$\ln f(x)=\ln x^{\sin x}=\sin x\ln x$

양변을 x에 대하여 미분하면

$$\frac{f'(x)}{f(x)}=\cos x\ln x+\sin x\times\frac{1}{x}$$

$$\therefore f'(x)=f(x)\left(\cos x\ln x+\sin x\times\frac{1}{x}\right)$$

$$=x^{\sin x}\left(\cos x\ln x+\sin x\times\frac{1}{x}\right)$$

$$\therefore f'(\pi)=\pi^{\sin\pi}\left(\cos\pi\ln\pi+\sin\pi\times\frac{1}{\pi}\right)$$

$$=\pi^0(-\ln\pi+0)=-\ln\pi$$

1112 답 768 | 유형13

함수 $f(x)=(x+\sqrt{2+x^2})^6$에 대하여 $f'(1)f'(-1)$의 값을 구하시오. 단서1

단서1 $y=\{g(x)\}^n$일 때 $y'=n\{g(x)\}^{n-1}\times g'(x)$

STEP1 $f'(x)$ 구하기

$f(x)=(x+\sqrt{2+x^2})^6$에서

$$f'(x)=6(x+\sqrt{2+x^2})^5\times(x+\sqrt{2+x^2})'$$

$$=6(x+\sqrt{2+x^2})^5\left(1+\frac{2x}{2\sqrt{2+x^2}}\right)$$

$$=6(x+\sqrt{2+x^2})^5\times\frac{\sqrt{2+x^2}+x}{\sqrt{2+x^2}}$$

$$=\frac{6}{\sqrt{2+x^2}}(x+\sqrt{2+x^2})^6$$

STEP2 $f'(1)f'(-1)$의 값 구하기

$f'(1)=\frac{6}{\sqrt{3}}(1+\sqrt{3})^6$, $f'(-1)=\frac{6}{\sqrt{3}}(-1+\sqrt{3})^6$이므로

$$f'(1)f'(-1)=\frac{6}{\sqrt{3}}(1+\sqrt{3})^6\times\frac{6}{\sqrt{3}}(-1+\sqrt{3})^6$$

$$=12\{(\sqrt{3}+1)(\sqrt{3}-1)\}^6$$

$$=12\times(3-1)^6=768$$

1113 답 ⑤

함수 $y=f(x)$의 그래프 위의 점 $(2,\ f(2))$에서의 접선의 기울기가 8이므로 $f'(2)=8$

이때 $y'=f'(\sqrt{x})\times\frac{1}{2\sqrt{x}}$이므로

함수 $y=f(\sqrt{x})$의 $x=4$에서의 미분계수는

$$f'(\sqrt{4})\times\frac{1}{2\sqrt{4}}=f'(2)\times\frac{1}{4}=8\times\frac{1}{4}=2$$

1114 답 ②

$f(x)=(x-\sqrt{x^2+a})^3$에서

$$f'(x)=3(x-\sqrt{x^2+a})^2\times\left(1-\frac{2x}{2\sqrt{x^2+a}}\right)$$

이므로

$$f'(0)=3\times(0-\sqrt{a})^2\times(1-0)=3a$$

따라서 $3a=7$이므로 $a=\frac{7}{3}$

1115 답 ②

$f(x)=x^{\sqrt{2}}$에서 $f'(x)=\sqrt{2}x^{\sqrt{2}-1}$

따라서 $g(x)=\frac{xf(x)}{f'(x)}=\frac{x^{\sqrt{2}+1}}{\sqrt{2}x^{\sqrt{2}-1}}=\frac{1}{\sqrt{2}}x^2$이므로

$$g(\sqrt{2})=\frac{1}{\sqrt{2}}\times(\sqrt{2})^2=\sqrt{2}$$

1116 답 9

$f(x)=(x-\sqrt{x^3+x^2+1})^3$에서

$$f'(x)=3(x-\sqrt{x^3+x^2+1})^2\times\left(1-\frac{3x^2+2x}{2\sqrt{x^3+x^2+1}}\right)$$

이때

$$f'(-1)=3\times(-1-1)^2\times\left(1-\frac{1}{2}\right)=6$$

$$f'(0)=3\times(-1)^2\times(1-0)=3$$

$$\therefore f'(-1)+f'(0)=6+3=9$$

1117 답 ③

$f(x)=2(\sqrt{x}+1)^4$에서

$$f'(x)=8(\sqrt{x}+1)^3\times\frac{1}{2\sqrt{x}}=\frac{4(\sqrt{x}+1)^3}{\sqrt{x}}$$

$$\therefore \lim_{h\to 0}\frac{f(1+h)-f(1-h)}{4h}$$
$$=\lim_{h\to 0}\left\{\frac{f(1+h)-f(1)}{4h}+\frac{f(1-h)-f(1)}{-4h}\right\}$$
$$=\frac{1}{4}f'(1)+\frac{1}{4}f'(1)=\frac{1}{2}f'(1)$$
$$=\frac{1}{2}\times 4\times 2^3=16$$

1118 답 ①

$y=\dfrac{x^2}{\sqrt{f(x)}}$에서

$$y'=\frac{2x\sqrt{f(x)}-x^2\times\dfrac{f'(x)}{2\sqrt{f(x)}}}{f(x)}$$

따라서 $x=2$에서의 미분계수는

$$\frac{2\times 2\sqrt{f(2)}-2^2\times\dfrac{f'(2)}{2\sqrt{f(2)}}}{f(2)}=\frac{4\times\sqrt{4}-4\times\dfrac{3}{2\sqrt{4}}}{4}$$
$$=\frac{8-3}{4}$$
$$=\frac{5}{4}$$

1119 답 8

$h(x)=(g\circ f)(x)=g(f(x))$에서

$h'(x)=g'(f(x))f'(x)$이므로

$h'(0)=g'(f(0))f'(0)=g'(1)f'(0)$

이때 $f(x)=\sqrt{(x+1)^3}=(x+1)^{\frac{3}{2}}$에서

$f'(x)=\dfrac{3}{2}(x+1)^{\frac{1}{2}}$이므로 $f'(0)=\dfrac{3}{2}$

따라서 $h'(0)=12$에서

$12=\dfrac{3}{2}g'(1)\qquad \therefore g'(1)=8$

1120 답 ④

$f(x)=\dfrac{1}{\sqrt{\cos x+\frac{7}{4}}}=\left(\cos x+\dfrac{7}{4}\right)^{-\frac{1}{2}}$에서

$$f'(x)=-\frac{1}{2}\left(\cos x+\frac{7}{4}\right)^{-\frac{3}{2}}\times(-\sin x)$$
$$=\frac{\sin x}{2\left(\cos x+\frac{7}{4}\right)\sqrt{\cos x+\frac{7}{4}}}$$

이때

$$f\left(\frac{\pi}{3}\right)=\frac{1}{\sqrt{\cos\frac{\pi}{3}+\frac{7}{4}}}=\frac{1}{\sqrt{\frac{1}{2}+\frac{7}{4}}}=\frac{2}{3}$$

$$f'\left(\frac{\pi}{3}\right)=\frac{\sin\frac{\pi}{3}}{2\left(\cos\frac{\pi}{3}+\frac{7}{4}\right)\sqrt{\cos\frac{\pi}{3}+\frac{7}{4}}}=\frac{\frac{\sqrt{3}}{2}}{2\times\left(\frac{1}{2}+\frac{7}{4}\right)\times\sqrt{\frac{1}{2}+\frac{7}{4}}}$$
$$=\frac{\frac{\sqrt{3}}{2}}{2\times\frac{9}{4}\times\frac{3}{2}}=\frac{2\sqrt{3}}{27}$$

이므로

$$\frac{f'\left(\frac{\pi}{3}\right)}{f\left(\frac{\pi}{3}\right)}=\frac{\frac{2\sqrt{3}}{27}}{\frac{2}{3}}=\frac{\sqrt{3}}{9}=3^{\frac{1}{2}-2}=3^{-\frac{3}{2}}$$

즉, $3^{-\frac{3}{2}}=3^{g\left(\frac{\pi}{3}\right)}$이므로

$$g\left(\frac{\pi}{3}\right)=-\frac{3}{2}$$

다른 풀이

$f(x)=\dfrac{1}{\sqrt{\cos x+\frac{7}{4}}}$의 양변에 자연로그를 취하면

$$\ln f(x)=-\frac{1}{2}\ln\left(\cos x+\frac{7}{4}\right)$$

위의 식의 양변을 x에 대하여 미분하면

$$\frac{f'(x)}{f(x)}=-\frac{1}{2}\times\frac{-\sin x}{\cos x+\frac{7}{4}}=\frac{\sin x}{2\left(\cos x+\frac{7}{4}\right)}$$

$$\frac{f'\left(\frac{\pi}{3}\right)}{f\left(\frac{\pi}{3}\right)}=\frac{\frac{\sqrt{3}}{2}}{2\times\left(\frac{1}{2}+\frac{7}{4}\right)}=3^{-\frac{3}{2}}$$

$$\therefore g\left(\frac{\pi}{3}\right)=-\frac{3}{2}$$

실수 Check

$y=\dfrac{1}{\sqrt{f(x)}}$ 꼴의 도함수는 몫의 미분법 $\left\{\dfrac{1}{f(x)}\right\}'=-\dfrac{f'(x)}{\{f(x)\}^2}$를 이용하거나 $y=\dfrac{1}{\sqrt{f(x)}}=\{f(x)\}^{-\frac{1}{2}}$으로 변형한 후 $(x^n)'=nx^{n-1}$을 이용하여 구할 수 있다. 또한, 다른 풀이처럼 양변에 자연로그를 취하여 구할 수도 있다.

도함수를 구하는 방법은 여러 가지이지만 결과는 모두 같으므로 계산에서 실수하지 않도록 주의하면서 다양한 방법으로 연습해 두도록 한다.

Plus 문제

1120-1

함수 $f(x)=\dfrac{1}{\sqrt{\sin x+\frac{1}{2}}}$에 대하여 함수 $g(x)$가

$$\frac{f'(x)}{\sqrt{3}f(x)}=-2^{g(x)}$$

를 만족시킬 때, $g\left(\dfrac{\pi}{6}\right)$의 값을 구하시오.

$f(x)=\dfrac{1}{\sqrt{\sin x+\frac{1}{2}}}=\left(\sin x+\dfrac{1}{2}\right)^{-\frac{1}{2}}$에서

$$f'(x)=-\frac{1}{2}\left(\sin x+\frac{1}{2}\right)^{-\frac{3}{2}}\times\cos x$$
$$=-\frac{\cos x}{2\left(\sin x+\frac{1}{2}\right)\sqrt{\sin x+\frac{1}{2}}}$$

이때

$$f\left(\frac{\pi}{6}\right)=\frac{1}{\sqrt{\sin\frac{\pi}{6}+\frac{1}{2}}}=1$$

$$f'\left(\frac{\pi}{6}\right)=-\frac{\cos\frac{\pi}{6}}{2\left(\sin\frac{\pi}{6}+\frac{1}{2}\right)\sqrt{\sin\frac{\pi}{6}+\frac{1}{2}}}=-\frac{\frac{\sqrt{3}}{2}}{2}=-\frac{\sqrt{3}}{4}$$

이므로

$$\frac{f'\left(\frac{\pi}{6}\right)}{\sqrt{3}f\left(\frac{\pi}{6}\right)}=\frac{-\frac{\sqrt{3}}{4}}{\sqrt{3}\times1}=-\frac{1}{4}=-2^{-2}$$

즉, $-2^{-2}=-2^{g\left(\frac{\pi}{6}\right)}$이므로

$$g\left(\frac{\pi}{6}\right)=-2$$

답 -2

1121 답 $\frac{14}{3}$

| 유형14

매개변수 t로 나타낸 함수 $x=\frac{t-2}{t+1}$, $y=\frac{t^2+1}{t+1}$에 대하여 $t=3$일 때, $\frac{dy}{dx}$의 값을 구하시오.

단서1 $\frac{dy}{dx}=\frac{\frac{dy}{dt}}{\frac{dx}{dt}}$

단서2 $y=\frac{f(x)}{g(x)}$일 때 $y'=\frac{f'(x)g(x)-f(x)g'(x)}{\{g(x)\}^2}$

STEP1 $\frac{dy}{dx}$ 구하기

$x=\frac{t-2}{t+1}$, $y=\frac{t^2+1}{t+1}$에서

$$\frac{dx}{dt}=\frac{(t+1)-(t-2)}{(t+1)^2}=\frac{3}{(t+1)^2},$$

$$\frac{dy}{dt}=\frac{2t(t+1)-(t^2+1)}{(t+1)^2}=\frac{t^2+2t-1}{(t+1)^2}$$

$$\therefore \frac{dy}{dx}=\frac{\frac{dy}{dt}}{\frac{dx}{dt}}=\frac{1}{3}(t^2+2t-1)$$

STEP2 $t=3$일 때, $\frac{dy}{dx}$의 값 구하기

$t=3$일 때, $\frac{dy}{dx}$의 값은 $\frac{1}{3}\times(9+6-1)=\frac{14}{3}$

1122 답 4

$x=\frac{1}{3}t^3-t$, $y=\frac{1}{2}t^4+t^2-4t$에서

$$\frac{dx}{dt}=t^2-1,\ \frac{dy}{dt}=2t^3+2t-4$$

$$\therefore \frac{dy}{dx}=\frac{\frac{dy}{dt}}{\frac{dx}{dt}}=\frac{2t^3+2t-4}{t^2-1}$$

$$=\frac{2(t-1)(t^2+t+2)}{(t-1)(t+1)}=\frac{2(t^2+t+2)}{t+1}$$

$$\therefore \lim_{t\to1}\frac{dy}{dx}=\lim_{t\to1}\frac{2(t^2+t+2)}{t+1}=\frac{8}{2}=4$$

1123 답 $-\frac{\sqrt{3}}{3}$

$x=4\cos\theta$, $y=4\sin\theta$에서

$$\frac{dx}{d\theta}=-4\sin\theta,\ \frac{dy}{d\theta}=4\cos\theta$$

$$\therefore \frac{dy}{dx}=\frac{\frac{dy}{d\theta}}{\frac{dx}{d\theta}}=\frac{4\cos\theta}{-4\sin\theta}$$

$$=-\frac{1}{\tan\theta}\ (\text{단, }\tan\theta\neq0)$$

따라서 $\theta=\frac{\pi}{3}$에 대응하는 점에서의 접선의 기울기는

$$-\frac{1}{\tan\frac{\pi}{3}}=-\frac{1}{\sqrt{3}}=-\frac{\sqrt{3}}{3}$$

→ $\theta=\frac{\pi}{3}$일 때 $\frac{dy}{dx}$의 값

1124 답 -4

$x=t^2+1$, $y=t^2+3at$에서

$$\frac{dx}{dt}=2t,\ \frac{dy}{dt}=2t+3a$$

$$\therefore \frac{dy}{dx}=\frac{\frac{dy}{dt}}{\frac{dx}{dt}}=\frac{2t+3a}{2t}\ (\text{단, }t\neq0)$$

$t=3$일 때의 $\frac{dy}{dx}$의 값이 -1이므로

$$\frac{6+3a}{6}=-1,\ 6+3a=-6\qquad \therefore a=-4$$

1125 답 ③

$$\lim_{h\to0}\frac{f(3+2h)-f(3)}{h}=\lim_{h\to0}\left\{\frac{f(3+2h)-f(3)}{2h}\times2\right\}$$

$$=2f'(3)$$

$x=2t-1$, $y=1-2t-t^2$에서

$\frac{dx}{dt}=2$, $\frac{dy}{dt}=-2-2t$이므로

$$f'(x)=\frac{dy}{dx}=\frac{\frac{dy}{dt}}{\frac{dx}{dt}}=\frac{-2-2t}{2}=-t-1$$

$x=2t-1=3$에서 $t=2$이므로

$$2f'(3)=2\times(-2-1)=-6$$

실수 Check

$f'(x)=-t-1$에서 변수 x와 t가 다름에 주의해야 한다. $x=2t-1$이므로 $f'(2t-1)=-t-1$에서 $f'(3)$의 값을 구해야 한다.

1126 답 $\frac{1}{2}$

$x=t^3$, $y=t-t^2$에서

$$\frac{dx}{dt}=3t^2,\ \frac{dy}{dt}=1-2t$$

$$\therefore \frac{dy}{dx}=\frac{\frac{dy}{dt}}{\frac{dx}{dt}}=\frac{1-2t}{3t^2}\ (\text{단, }t\neq0)$$

$x=8$일 때, $8=t^3$이므로 $t=2$이다.

$\therefore\ a=2-2^2=-2$

따라서 점 $(8,\ -2)$에서의 접선의 기울기는

$\dfrac{1-2\times2}{3\times2^2}=\dfrac{-3}{12}=-\dfrac{1}{4}$ ← $x=8$, 즉 $t=2$일 때 $\dfrac{dy}{dx}$의 값

$\therefore\ m=-\dfrac{1}{4}$

$\therefore\ am=-2\times\left(-\dfrac{1}{4}\right)=\dfrac{1}{2}$

1127 답 ④

$0<\theta<\dfrac{\pi}{2}$일 때, $x=\ln\cos\theta,\ y=\ln\sin2\theta$에서

$\dfrac{dx}{d\theta}=-\dfrac{\sin\theta}{\cos\theta},\ \dfrac{dy}{d\theta}=\dfrac{2\cos2\theta}{\sin2\theta}$

$$\therefore\ \frac{dy}{dx}=\frac{\frac{dy}{d\theta}}{\frac{dx}{d\theta}}=\frac{\frac{2\cos2\theta}{\sin2\theta}}{-\frac{\sin\theta}{\cos\theta}}=\frac{2\cot2\theta}{-\tan\theta}$$

$$=-\frac{2}{\tan\theta\tan2\theta}\ (\text{단, }\tan\theta\tan2\theta\neq0)$$

따라서 $\theta=\dfrac{\pi}{3}$에 대응하는 점에서의 접선의 기울기는

$$-\frac{2}{\tan\frac{\pi}{3}\tan\frac{2}{3}\pi}=-\frac{2}{\sqrt{3}\times(-\sqrt{3})}$$

$$=\frac{2}{3}$$

1128 답 2

$x=e^t+\ln t,\ y=e^{2t}-at$에서

$\dfrac{dx}{dt}=e^t+\dfrac{1}{t},\ \dfrac{dy}{dt}=2e^{2t}-a$이므로

$$\frac{dy}{dx}=\frac{\frac{dy}{dt}}{\frac{dx}{dt}}=\frac{2e^{2t}-a}{e^t+\frac{1}{t}}$$

따라서 $t=1$에 대응하는 점에서의 접선의 기울기는

$\dfrac{2e^2-a}{e+1}=2(e-1),\ 2e^2-a=2(e^2-1)$

$\therefore\ a=2$

1129 답 ②

$x=\tan\theta,\ y=\sec\theta$에서

$\dfrac{dx}{d\theta}=\sec^2\theta,\ \dfrac{dy}{d\theta}=\sec\theta\tan\theta$

$$\therefore\ \frac{dy}{dx}=\frac{\frac{dy}{d\theta}}{\frac{dx}{d\theta}}=\frac{\sec\theta\tan\theta}{\sec^2\theta}=\frac{\tan\theta}{\sec\theta}=\sin\theta$$

이때 접선의 기울기가 $\dfrac{1}{2}$이면

$\sin\theta=\dfrac{1}{2}\qquad\therefore\ \theta=\dfrac{\pi}{6}\left(\because\ 0<\theta<\dfrac{\pi}{2}\right)$

즉, $\theta=\dfrac{\pi}{6}$에 대응하는 곡선 위의 점 $(a,\ b)$에서의 접선의 기울기가 $\dfrac{1}{2}$이므로

$a=\tan\dfrac{\pi}{6}=\dfrac{\sqrt{3}}{3},\ b=\sec\dfrac{\pi}{6}=\dfrac{2}{\sqrt{3}}$

$\therefore\ ab=\dfrac{\sqrt{3}}{3}\times\dfrac{2}{\sqrt{3}}=\dfrac{2}{3}$

1130 답 2

$x=\ln t,\ y=\ln(t^2+1)$에서

$\dfrac{dx}{dt}=\dfrac{1}{t},\ \dfrac{dy}{dt}=\dfrac{2t}{t^2+1}$이므로

$$\frac{dy}{dx}=\frac{\frac{dy}{dt}}{\frac{dx}{dt}}=\frac{\frac{2t}{t^2+1}}{\frac{1}{t}}=\frac{2t^2}{t^2+1}$$

$$\therefore\ \lim_{t\to\infty}\frac{dy}{dx}=\lim_{t\to\infty}\frac{2t^2}{t^2+1}=2$$

1131 답 ⑤

$x=\ln t+t,\ y=-t^3+3t$에서

$\dfrac{dx}{dt}=\dfrac{1}{t}+1,\ \dfrac{dy}{dt}=-3t^2+3$

$$\therefore\ \frac{dy}{dx}=\frac{\frac{dy}{dt}}{\frac{dx}{dt}}=\frac{-3t^2+3}{\frac{1}{t}+1}=\frac{-3t(t+1)(t-1)}{1+t}$$

$$=-3t^2+3t$$

$$=-3\left(t-\frac{1}{2}\right)^2+\frac{3}{4}\ (t>0)$$

따라서 $\dfrac{dy}{dx}$는 t에 대한 이차식이고 $t=\dfrac{1}{2}$에서 최댓값을 가지므로

$a=\dfrac{1}{2}$

1132 답 ⑤ | 유형15

곡선 $y^3=\ln(5-x^2)+xy+4$ 위의 점 $(2,\ 2)$에서의 접선의 기울기는? (단서2: 곡선의 방정식, 단서1: 점 $(2,\ 2)$에서의 접선의 기울기)

① $-\dfrac{3}{5}$ ② $-\dfrac{1}{2}$ ③ $-\dfrac{2}{5}$

④ $-\dfrac{3}{10}$ ⑤ $-\dfrac{1}{5}$

단서1 점 $(2,\ 2)$에서의 접선의 기울기는 $x=2,\ y=2$일 때의 $\dfrac{dy}{dx}$의 값

단서2 $\dfrac{d}{dx}(xy)=y+x\dfrac{dy}{dx}$

STEP 1 $\dfrac{dy}{dx}$ 구하기

$y^3=\ln(5-x^2)+xy+4$의 양변을 x에 대하여 미분하면

$3y^2\dfrac{dy}{dx}=\dfrac{-2x}{5-x^2}+y+x\dfrac{dy}{dx}$

$(3y^2-x)\dfrac{dy}{dx}=\dfrac{-2x}{5-x^2}+y$

$\therefore\ \dfrac{dy}{dx}=\dfrac{1}{3y^2-x}\left(\dfrac{-2x}{5-x^2}+y\right)$ (단, $x\neq3y^2,\ x^2<5$)

STEP 2 점 $(2,\ 2)$에서의 접선의 기울기 구하기

점 $(2,\ 2)$에서의 접선의 기울기는

$\dfrac{1}{3\times4-2}\times\left(\dfrac{-4}{5-4}+2\right)=-\dfrac{1}{5}$

1133 답 1

$x^2-3xy+y^2=5$의 양변을 x에 대하여 미분하면

$$2x-\left(3y+3x\frac{dy}{dx}\right)+2y\frac{dy}{dx}=0$$

$$(2y-3x)\frac{dy}{dx}=3y-2x$$

$$\therefore \frac{dy}{dx}=\frac{3y-2x}{2y-3x} \text{ (단, } 2y\neq 3x)$$

따라서 점 $(1, -1)$에서의 $\frac{dy}{dx}$의 값은

$$\frac{-3-2}{-2-3}=1$$

1134 답 ①

$e^x\ln y=1$의 양변을 x에 대하여 미분하면

$$e^x\ln y+e^x\times\frac{1}{y}\times\frac{dy}{dx}=0$$

$$\therefore \frac{dy}{dx}=-y\ln y\ (\because e^x>0)$$

따라서 점 $(0, e)$에서의 접선의 기울기는

$-e\ln e=-e$

1135 답 $-\frac{2\sqrt{3\pi}}{3}$

$\sin y=\cos x^2$의 양변을 x에 대하여 미분하면

$$\cos y\frac{dy}{dx}=-\sin x^2\times 2x$$

$$\therefore \frac{dy}{dx}=-\frac{2x\sin x^2}{\cos y} \text{ (단, } \cos y\neq 0)$$

따라서 점 $\left(\sqrt{\frac{\pi}{3}}, \frac{\pi}{6}\right)$에서의 접선의 기울기는

$$-\frac{2\times\sqrt{\frac{\pi}{3}}\times\sin\frac{\pi}{3}}{\cos\frac{\pi}{6}}=-\frac{2\sqrt{\frac{\pi}{3}}\times\frac{\sqrt{3}}{2}}{\frac{\sqrt{3}}{2}}=-\frac{2\sqrt{3\pi}}{3}$$

1136 답 ①

$ax^2-x-3y^2-b=0$의 양변을 x에 대하여 미분하면

$$2ax-1-6y\frac{dy}{dx}=0$$

$$\therefore \frac{dy}{dx}=\frac{2ax-1}{6y} \text{ (단, } y\neq 0)$$

점 $(2, 1)$에서의 접선의 기울기가 $\frac{7}{6}$이므로

$$\frac{2a\times 2-1}{6\times 1}=\frac{4a-1}{6}=\frac{7}{6} \qquad \therefore a=2$$

또, 점 $(2, 1)$은 곡선 $2x^2-x-3y^2-b=0$ 위의 점이므로

$8-2-3-b=0 \qquad \therefore b=3$

$\therefore a+b=2+3=5$

1137 답 11

점 $(2, 1)$이 곡선 $\sqrt{2x}+a\sqrt{y}-6x+3=0$ 위의 점이므로

$\sqrt{4}+a-12+3=0 \qquad \therefore a=7$

$\sqrt{2x}+7\sqrt{y}-6x+3=0$의 양변을 x에 대하여 미분하면

$y=\sqrt{2x}=(2x)^{\frac{1}{2}}$이므로 $y'=\frac{1}{2}\times(2x)^{-\frac{1}{2}}\times(2x)'=\frac{1}{\sqrt{2x}}$

$$\frac{2}{2\sqrt{2x}}+\frac{7}{2\sqrt{y}}\times\frac{dy}{dx}-6=0$$

$$\therefore \frac{dy}{dx}=\frac{2\sqrt{y}}{7}\left(6-\frac{1}{\sqrt{2x}}\right) \text{ (단, } x\neq 0)$$

따라서 점 $(2, 1)$에서의 접선의 기울기는

$$\frac{2}{7}\times\left(6-\frac{1}{2}\right)=\frac{11}{7} \qquad \therefore m=\frac{11}{7}$$

$$\therefore am=7\times\frac{11}{7}=11$$

1138 답 12

점 $(1, a)$가 곡선 $y=x^y$ 위의 점이므로

$a=1^a \qquad \therefore a=1$

$y=x^y$의 양변에 자연로그를 취하면

$\ln y=y\ln x$

위의 식의 양변을 x에 대하여 미분하면

$$\frac{1}{y}\times\frac{dy}{dx}=\ln x\frac{dy}{dx}+y\times\frac{1}{x}$$

$$\left(\frac{1}{y}-\ln x\right)\frac{dy}{dx}=\frac{y}{x},\ \frac{1-y\ln x}{y}\times\frac{dy}{dx}=\frac{y}{x}$$

$$\therefore \frac{dy}{dx}=\frac{y^2}{x(1-y\ln x)}$$

따라서 점 $(1, 1)$에서의 접선의 기울기는

$$\frac{1}{1\times(1-0)}=1 \qquad \therefore b=1$$

$\therefore 12ab=12\times 1\times 1=12$

실수 Check

x, y가 밑과 지수에 모두 존재하므로 양변에 자연로그를 취한 다음 음함수의 미분법을 이용하여 계산한다.

1139 답 ④

$\pi x=\cos y+x\sin y$의 양변을 x에 대하여 미분하면

$$\pi=-\sin y\frac{dy}{dx}+\sin y+x\cos y\frac{dy}{dx}$$

$$(\sin y-x\cos y)\frac{dy}{dx}=\sin y-\pi$$

$$\therefore \frac{dy}{dx}=\frac{\sin y-\pi}{\sin y-x\cos y} \text{ (단, } \sin y\neq x\cos y)$$

따라서 주어진 곡선 위의 점 $\left(0, \frac{\pi}{2}\right)$에서의 접선의 기울기는

$$\frac{\sin\frac{\pi}{2}-\pi}{\sin\frac{\pi}{2}-0}=1-\pi$$

1140 답 4

점 $(a, 0)$이 곡선 $x^3-y^3=e^{xy}$ 위의 점이므로

$a^3-0=e^0,\ a^3=1 \qquad \therefore a=1$

$x^3-y^3=e^{xy}$의 양변을 x에 대하여 미분하면

$(e^{xy})'=e^{xy}(xy)'=e^{xy}\left(1\times y+x\times\frac{dy}{dx}\right)=e^{xy}\times y+e^{xy}\times x\frac{dy}{dx}$

$$3x^2-3y^2\frac{dy}{dx}=e^{xy}\times y+e^{xy}\times x\frac{dy}{dx}$$

$$(xe^{xy}+3y^2)\frac{dy}{dx}=3x^2-ye^{xy}$$

$\therefore \dfrac{dy}{dx}=\dfrac{3x^2-ye^{xy}}{xe^{xy}+3y^2}$ (단, $xe^{xy}+3y^2\neq0$)

따라서 점 $(1, 0)$에서의 접선의 기울기는

$\dfrac{3-0}{1+0}=3 \qquad \therefore b=3$

$\therefore a+b=1+3=4$

1141 답 ①

점 (a, b)가 곡선 $e^x-e^y=y$ 위의 점이므로

$e^a-e^b=b$ ······ ㉠

$e^x-e^y=y$의 양변을 x에 대하여 미분하면

$e^x-e^y\dfrac{dy}{dx}=\dfrac{dy}{dx}$, $(1+e^y)\dfrac{dy}{dx}=e^x$

$\therefore \dfrac{dy}{dx}=\dfrac{e^x}{1+e^y}$

점 (a, b)에서의 접선의 기울기가 1이므로

$\dfrac{e^a}{1+e^b}=1$, $e^a-e^b=1$ ······ ㉡

㉠, ㉡에서 $b=1$이고

$e^a=e+1$에서 $a=\ln(e+1)$

$\therefore a+b=1+\ln(e+1)$

1142 답 $\dfrac{\sqrt{3}}{3}$ | 유형16

함수 $x=2\sin y\left(0<y<\dfrac{\pi}{2}\right)$에서 $x=1$일 때의 $\dfrac{dy}{dx}$의 값을 구하시오.
단서2 단서1

단서1 $\dfrac{dy}{dx}=\dfrac{1}{\frac{dx}{dy}}$

단서2 $\dfrac{d}{dy}(x)=\dfrac{dx}{dy}$, $\dfrac{d}{dy}(2\sin y)=2\cos y$

STEP 1 $\dfrac{dy}{dx}$ 구하기

$x=2\sin y$의 양변을 y에 대하여 미분하면

$\dfrac{dx}{dy}=2\cos y$

$\therefore \dfrac{dy}{dx}=\dfrac{1}{\frac{dx}{dy}}=\dfrac{1}{2\cos y}$

STEP 2 $x=1$일 때 y의 값 구하기

$x=2\sin y$에서 $x=1$일 때 $y=\dfrac{\pi}{6}\left(\because 0<y<\dfrac{\pi}{2}\right)$

STEP 3 $x=1$일 때 $\dfrac{dy}{dx}$의 값 구하기

$x=1$일 때의 $\dfrac{dy}{dx}$의 값은

$\dfrac{1}{2\cos\frac{\pi}{6}}=\dfrac{1}{\sqrt{3}}=\dfrac{\sqrt{3}}{3}$

1143 답 ④

$x=y^2\sqrt{y+1}$의 양변을 y에 대하여 미분하면

$\dfrac{dx}{dy}=2y\sqrt{y+1}+\dfrac{y^2}{2\sqrt{y+1}}=\dfrac{4y(y+1)+y^2}{2\sqrt{y+1}}=\dfrac{5y^2+4y}{2\sqrt{y+1}}$

$\therefore \dfrac{dy}{dx}=\dfrac{1}{\frac{dx}{dy}}=\dfrac{2\sqrt{y+1}}{5y^2+4y}$

1144 답 ①

$x=\cos y$의 양변을 y에 대하여 미분하면

$\dfrac{dx}{dy}=-\sin y$

$\therefore \dfrac{dy}{dx}=\dfrac{1}{\frac{dx}{dy}}=-\dfrac{1}{\sin y}$

$0<y<\pi$에서 $\sin y>0$이므로

$\sin y=\sqrt{1-\cos^2 y}=\sqrt{1-x^2}$

$\therefore \dfrac{dy}{dx}=-\dfrac{1}{\sqrt{1-x^2}}$

1145 답 $-\dfrac{1}{2}$

$x=\dfrac{2y}{y^2-3}$의 양변을 y에 대하여 미분하면

$\dfrac{dx}{dy}=\dfrac{2(y^2-3)-2y\times2y}{(y^2-3)^2}=\dfrac{-2y^2-6}{(y^2-3)^2}$

$\therefore \dfrac{dy}{dx}=\dfrac{1}{\frac{dx}{dy}}=-\dfrac{(y^2-3)^2}{2y^2+6}$

따라서 $y=1$인 점에서의 접선의 기울기는

$-\dfrac{(-2)^2}{2+6}=-\dfrac{4}{8}=-\dfrac{1}{2}$

1146 답 ⑤

$x=(y^5-2)^3$의 양변을 y에 대하여 미분하면

$\dfrac{dx}{dy}=3(y^5-2)^2\times5y^4=15y^4(y^5-2)^2$

$\therefore \dfrac{dy}{dx}=\dfrac{1}{\frac{dx}{dy}}=\dfrac{1}{15y^4(y^5-2)^2}$ (단, $y\neq0$, $y\neq\sqrt[5]{2}$)

$x=(y^5-2)^3$에서 $x=1$일 때

$1=(y^5-2)^3$, $y^5-2=1$

$y^5=3 \qquad \therefore y=\sqrt[5]{3}$

따라서 $x=1$일 때의 $\dfrac{dy}{dx}$의 값은

→ $y=\sqrt[5]{3}$이므로 $\dfrac{dy}{dx}$에 $y=\sqrt[5]{3}$을 대입한다.

$\dfrac{1}{15\times\sqrt[5]{3^4}\times(3-2)^2}=\dfrac{1}{15\sqrt[5]{3^4}}$

1147 답 ④

$x=\sqrt[3]{y^2+y+2}=(y^2+y+2)^{\frac{1}{3}}$의 양변을 y에 대하여 미분하면

$\dfrac{dx}{dy}=\dfrac{1}{3}(y^2+y+2)^{-\frac{2}{3}}\times(2y+1)=\dfrac{2y+1}{3\sqrt[3]{(y^2+y+2)^2}}$

$\therefore \dfrac{dy}{dx}=\dfrac{1}{\frac{dx}{dy}}=\dfrac{3\sqrt[3]{(y^2+y+2)^2}}{2y+1}$

→ $y>0$이므로 $2y+1\neq0$

$x=\sqrt[3]{y^2+y+2}$에서 $x=2$일 때

$2^3=y^2+y+2$, $y^2+y-6=0$

$(y+3)(y-2)=0 \qquad \therefore y=2\ (\because y>0)$

따라서 $x=2$일 때의 $\frac{dy}{dx}$의 값은

$\frac{3\sqrt[3]{(4+2+2)^2}}{4+1}=\frac{12}{5}$ → $y=2$이므로 $\frac{dy}{dx}$에 $y=2$를 대입한다.

1148 답 3

점 $(1, k)$가 곡선 $x=(8y^3+2)^5$ 위의 점이므로

$1=(8k^3+2)^5$, $8k^3+2=1$

$k^3=-\frac{1}{8}$ $\quad\therefore k=-\frac{1}{2}$

$x=(8y^3+2)^5$의 양변을 y에 대하여 미분하면

$\frac{dx}{dy}=5(8y^3+2)^4\times 24y^2=120y^2(8y^3+2)^4$

$\therefore \frac{dy}{dx}=\frac{1}{\frac{dx}{dy}}=\frac{1}{120y^2(8y^3+2)^4}$ $\left(단,\ y\neq 0,\ y^3\neq -\frac{1}{4}\right)$

따라서 점 $\left(1, -\frac{1}{2}\right)$에서의 접선의 기울기는

$\frac{1}{120\times\frac{1}{4}\times(-1+2)^4}=\frac{1}{30}$

즉, $m=\frac{1}{30}$이므로

$90m=90\times\frac{1}{30}=3$

1149 답 $\frac{1}{4}$ | 유형17

> 미분가능한 함수 $f(x)$의 역함수를 $g(x)$라 할 때, $g(1)=3$, 단서1
> $g'(1)=4$이다. $f'(3)$의 값을 구하시오.
>
> 단서1 함수 $f(x)$의 역함수가 $g(x)$일 때 $(f\circ g)(x)=(g\circ f)(x)=x$

STEP1 $f(g(x))=x$의 양변을 x에 대하여 미분하기

$g(x)=f^{-1}(x)$이므로 $f(g(x))=x$에서 양변을 x에 대하여 미분하면

$f'(g(x))g'(x)=1$

STEP2 $f'(3)$의 값 구하기

$f'(g(1))g'(1)=1$에서 $g(1)=3$, $g'(1)=4$이므로

$f'(3)\times 4=1$ $\quad\therefore f'(3)=\frac{1}{4}$

1150 답 50

$g(-2)=a$라 하면 $f(a)=-2$이므로

$a^2-4a+1=-2$, $a^2-4a+3=0$, $(a-1)(a-3)=0$

$\therefore a=3$ $(\because a>2)$

한편, $g(x)=f^{-1}(x)$이므로 $f(g(x))=x$에서 양변을 x에 대하여 미분하면

$f'(g(x))g'(x)=1$

따라서 $f'(g(-2))g'(-2)=1$에서 $g(-2)=3$이고

$f'(x)=2x-4$이므로

$g'(-2)=\frac{1}{f'(3)}=\frac{1}{6-4}=\frac{1}{2}$

$\therefore 100g'(-2)=100\times\frac{1}{2}=50$

1151 답 ④

$g(\ln 2)=a$라 하면 $f(a)=\ln 2$이므로

$\ln(e^{2a}+1)=\ln 2$, $e^{2a}+1=2$, $e^{2a}=1$

$\therefore a=0$

한편, $g(x)=f^{-1}(x)$이므로 $f(g(x))=x$에서 양변을 x에 대하여 미분하면

$f'(g(x))g'(x)=1$

따라서 $f'(g(\ln 2))g'(\ln 2)=1$에서

$g(\ln 2)=0$이고 $f'(x)=\frac{2e^{2x}}{e^{2x}+1}$이므로

$\lim_{x\to\ln 2}\frac{g(x)}{x-\ln 2}=\lim_{x\to\ln 2}\frac{g(x)-g(\ln 2)}{x-\ln 2}$ → $\lim_{x\to a}\frac{f(x)-f(a)}{x-a}=f'(a)$

$=g'(\ln 2)$

$=\frac{1}{f'(0)}=\frac{1}{\frac{2}{1+1}}=1$

1152 답 $\frac{1}{2}$

$\lim_{x\to 1}\frac{f(x)-2}{x^2-1}=1$에서 $x\to 1$일 때 (분모) $\to 0$이고 극한값이 존재하므로 (분자) $\to 0$이다.

즉, $\lim_{x\to 1}\{f(x)-2\}=0$이므로 $f(1)=2$

$\therefore \lim_{x\to 1}\frac{f(x)-2}{x^2-1}=\lim_{x\to 1}\frac{f(x)-f(1)}{x^2-1}$

$=\lim_{x\to 1}\left\{\frac{f(x)-f(1)}{x-1}\times\frac{1}{x+1}\right\}$

$=f'(1)\times\frac{1}{2}$

즉, $\frac{1}{2}f'(1)=1$이므로 $f'(1)=2$

한편, $g(x)=f^{-1}(x)$이므로 $f(g(x))=x$에서 양변을 x에 대하여 미분하면

$f'(g(x))g'(x)=1$

따라서 $f'(g(2))g'(2)=1$에서 $g(2)=1$, $f'(1)=2$이므로

→ $f(1)=2$이므로 $f^{-1}(2)=1$ 이때 $g=f^{-1}$이므로 $g(2)=1$

$g'(2)=\frac{1}{f'(1)}=\frac{1}{2}$

1153 답 ③

$\lim_{h\to 0}\frac{g(2+h)-g(2-2h)}{h}$

$=\lim_{h\to 0}\frac{\{g(2+h)-g(2)\}-\{g(2-2h)-g(2)\}}{h}$

$=\lim_{h\to 0}\left\{\frac{g(2+h)-g(2)}{h}+\frac{g(2-2h)-g(2)}{-2h}\times 2\right\}$

$=g'(2)+2g'(2)=3g'(2)=12$

$\therefore g'(2)=4$

한편, $g(x)=f^{-1}(x)$이므로 $f(g(x))=x$에서 양변을 x에 대하여 미분하면

$f'(g(x))g'(x)=1$

따라서 $f'(g(2))g'(2)=1$에서 $g(2)=3$, $g'(2)=4$이므로

→ $f(3)=2$이므로 $f^{-1}(2)=3$ 이때 $g=f^{-1}$이므로 $g(2)=3$

$f'(3)=\frac{1}{g'(2)}=\frac{1}{4}$

1154 답 $\frac{1}{4}$

$g(x)=f^{-1}(x)$이므로 $f(g(x))=x$에서 양변을 x에 대하여 미분하면

$f'(g(x))g'(x)=1$

이때 $f(0)=2$, $f(2)=3$이므로

$g(2)=0$, $g(3)=2$

또, $f'(0)=1$, $f'(2)=4$이므로

$g'(2)=\frac{1}{f'(g(2))}=\frac{1}{f'(0)}=1$

$g'(3)=\frac{1}{f'(g(3))}=\frac{1}{f'(2)}=\frac{1}{4}$

이때 $h(x)=(g\circ g)(x)=g(g(x))$에서

$h'(x)=g'(g(x))g'(x)$이므로

$h'(3)=g'(g(3))g'(3)$

$\quad=g'(2)g'(3)=1\times\frac{1}{4}=\frac{1}{4}$

1155 답 $\frac{2}{3}$

$f(x)=\sqrt{x^3+x^2+x+1}=(x^3+x^2+x+1)^{\frac{1}{2}}$에서

$f'(x)=\frac{1}{2}(x^3+x^2+x+1)^{-\frac{1}{2}}\times(3x^2+2x+1)$

$\quad=\frac{3x^2+2x+1}{2\sqrt{x^3+x^2+x+1}}$

이때 함수 $f(x+1)$의 역함수가 $g(x)$이므로

$g(f(x+1))=x$에서 양변을 x에 대하여 미분하면

$g'(f(x+1))f'(x+1)=1$ ······ ㉠

$f(1)=2$이므로 ㉠의 양변에 $x=0$을 대입하면

$g'(f(1))f'(1)=1$, $g'(2)f'(1)=1$ → $f(1)=\sqrt{1^3+1^2+1+1}=2$

$f'(1)=\frac{6}{2\sqrt{4}}=\frac{3}{2}$이므로

$g'(2)=\frac{1}{f'(1)}=\frac{2}{3}$

실수 Check

$f(x+1)$의 역함수가 $g(x)$이므로 항상 $g(f(x+1))=x$가 성립한다. 항등식 $g(f(x+1))=x$의 양변을 x에 대하여 미분한 결과를 이용한다.

Plus 문제

1155-1

함수 $f(x)=\sqrt{4x^3+3x^2+2x+1}$에 대하여 함수 $f(x)$의 역함수를 $g(x)$라 하자. $g'(7)$의 값을 구하시오.

$f(x)=\sqrt{4x^3+3x^2+2x+1}=(4x^3+3x^2+2x+1)^{\frac{1}{2}}$에서

$f'(x)=\frac{1}{2}(4x^3+3x^2+2x+1)^{-\frac{1}{2}}\times(12x^2+6x+2)$

$\quad=\frac{12x^2+6x+2}{2\sqrt{4x^3+3x^2+2x+1}}$

$\quad=\frac{6x^2+3x+1}{\sqrt{4x^3+3x^2+2x+1}}$

이때 함수 $f(x)$의 역함수가 $g(x)$이므로 $g(f(x))=x$에서 양변을 x에 대하여 미분하면

$g'(f(x))f'(x)=1$

$g'(f(2))f'(2)=1$에서 $f(2)=\sqrt{32+12+4+1}=\sqrt{49}=7$,

$f'(2)=\frac{24+6+1}{\sqrt{49}}=\frac{31}{7}$이므로

$g'(7)=\frac{1}{f'(2)}=\frac{7}{31}$

답 $\frac{7}{31}$

1156 답 5

$\lim_{x\to3}\frac{g(x)-5}{x-3}=\frac{1}{2}$에서 $x\to3$일 때 (분모)$\to0$이고 극한값이 존재하므로 (분자)$\to0$이다.

즉, $\lim_{x\to3}\{g(x)-5\}=0$이므로 $g(3)=5$

이때 $g(x)$는 $f(x)$의 역함수이므로 $f(5)=3$

$\therefore \lim_{x\to3}\frac{g(x)-5}{x-3}=\lim_{x\to3}\frac{g(x)-g(3)}{x-3}=g'(3)$

즉, $g'(3)=\frac{1}{2}$

$g(f(x))=x$에서 양변을 x에 대하여 미분하면

$g'(f(x))f'(x)=1$

$g'(f(5))f'(5)=1$에서

$f'(5)=\frac{1}{g'(f(5))}=\frac{1}{g'(3)}=2$

$\therefore \lim_{x\to5}\frac{f(x)+f(5)x-6f(5)}{x-5}$

$=\lim_{x\to5}\frac{f(x)-f(5)+f(5)x-5f(5)}{x-5}$

$=\lim_{x\to5}\left\{\frac{f(x)-f(5)}{x-5}+\frac{f(5)(x-5)}{x-5}\right\}$

$=f'(5)+f(5)=2+3=5$

실수 Check

주어진 극한의 식을 미분계수의 정의를 이용할 수 있는 형태로 잘 변형해야 한다. 즉, $\lim_{x\to a}\frac{f(x)-f(a)}{x-a}=f'(a)$임을 잘 기억하고 있어야 한다.

1157 답 17

$f(x)=3e^{5x}+x+\sin x$에서

$f'(x)=15e^{5x}+1+\cos x$

$g(x)=f^{-1}(x)$이므로 $f(g(x))=x$에서 양변을 x에 대하여 미분하면

$f'(g(x))g'(x)=1$

곡선 $y=g(x)$가 점 $(3, 0)$을 지나므로 $g(3)=0$

$f'(0)=15e^0+1+\cos0=15+1+1=17$이므로

$g'(3)=\frac{1}{f'(g(3))}=\frac{1}{f'(0)}=\frac{1}{17}$ → $f'(g(x))g'(x)=1$에 $x=3$을 대입하면 $f'(g(3))g'(3)=1$

$\therefore \lim_{x\to3}\frac{x-3}{g(x)-g(3)}=\lim_{x\to3}\frac{1}{\frac{g(x)-g(3)}{x-3}}$

$=\frac{1}{g'(3)}$

$=17$

1158 답 ③

$\lim_{x \to -2} \frac{g(x)}{x+2} = b$에서 $x \to -2$일 때 (분모) $\to 0$이고 극한값이 존재하므로 (분자) $\to 0$이다.

즉, $\lim_{x \to -2} g(x) = 0$

함수 $f(x)$가 구간 $\left(-\frac{\pi}{2}, \frac{\pi}{2}\right)$에서 연속이므로 함수 $f(x)$의 역함수 $g(x)$도 $x=-2$를 포함하는 구간에서 연속이다.

$\therefore g(-2) = \lim_{x \to -2} g(x) = 0$, $f(0) = -2$

이때 $f(0) = \ln\left(\frac{\sec 0 + \tan 0}{a}\right) = \ln \frac{1}{a} = -\ln a$이므로

$-\ln a = -2 \qquad \therefore a = e^2$

또, $\lim_{x \to -2} \frac{g(x)}{x+2} = \lim_{x \to -2} \frac{g(x) - g(-2)}{x - (-2)} = g'(-2)$이므로 ($g(-2)=0$)

$b = g'(-2)$

한편, $f(x) = \ln\left(\frac{\sec x + \tan x}{e^2}\right)$

$= \ln(\sec x + \tan x) - 2$

에서

$f'(x) = \frac{\sec x \tan x + \sec^2 x}{\sec x + \tan x}$

$= \frac{\sec x(\sec x + \tan x)}{\sec x + \tan x}$

$= \sec x$

이때 함수 $f(x)$의 역함수가 $g(x)$이므로 $f(g(x)) = x$에서 양변을 x에 대하여 미분하면

$f'(g(x))g'(x) = 1$

$f'(g(-2))g'(-2) = 1$에서 $g(-2) = 0$이므로

$f'(0)g'(-2) = 1$

$f'(0) = \sec 0 = 1$, $g'(-2) = b$이므로

$1 \times b = 1 \qquad \therefore b = 1$

따라서 $a = e^2$, $b = 1$이므로

$ab = e^2 \times 1 = e^2$

1159 답 5

$g\left(\frac{x+8}{10}\right) = f^{-1}(x)$에서

$f\left(g\left(\frac{x+8}{10}\right)\right) = x$

양변을 x에 대하여 미분하면

$f'\left(g\left(\frac{x+8}{10}\right)\right) g'\left(\frac{x+8}{10}\right) \times \frac{1}{10} = 1$

위의 식에 $x=2$를 대입하면

$f'(g(1))g'(1) = 10$

이때 $g(1) = 0$이므로 $f'(0)g'(1) = 10$ ······ ㉠

한편, $f(x) = (x^2+2)e^{-x}$에서

$f'(x) = 2xe^{-x} + (x^2+2) \times (-e^{-x})$

$= (-x^2+2x-2)e^{-x}$

이므로 $f'(0) = -2e^0 = -2$

따라서 ㉠에서

$|g'(1)| = \left|\frac{10}{f'(0)}\right| = \left|\frac{10}{-2}\right| = 5$

1160 답 ③ | 유형 18

> 함수 $f(x) = (ax+b)\sin x$에 대하여 $f'(0) = 1$, $f''(0) = 4$일 때, $a+b$의 값은? (단, a, b는 상수이다.)
>
> ① 1 ② 2 ③ 3
> ④ 4 ⑤ 5
>
> 단서1 $y = u(x)v(x)$일 때 $y' = u'(x)v(x) + u(x)v'(x)$

STEP 1 $f'(x)$, $f''(x)$ 구하기

$f(x) = (ax+b)\sin x$에서

$f'(x) = a\sin x + (ax+b)\cos x$

$f''(x) = a\cos x + a\cos x - (ax+b)\sin x$

$= 2a\cos x - (ax+b)\sin x$

STEP 2 상수 a, b의 값 구하기

$f'(0) = 1$에서 $a\sin 0 + b\cos 0 = 1$

$\therefore b = 1$

$f''(0) = 4$에서 $2a\cos 0 - \sin 0 = 4$

$2a = 4 \qquad \therefore a = 2$

STEP 3 $a+b$의 값 구하기

$a+b = 2+1 = 3$

1161 답 ②

$f(x) = 2x\sin x$에서

$f'(x) = 2\sin x + 2x\cos x$

$f''(x) = 2\cos x + 2\cos x - 2x\sin x$

$= 4\cos x - 2x\sin x$

$\therefore f''\left(\frac{\pi}{2}\right) = 0 - \pi = -\pi$

1162 답 ②

$f(x) = e^{-x^2}$에서

$f'(x) = -2xe^{-x^2}$

$f''(x) = -2e^{-x^2} - 2xe^{-x^2} \times (-2x)$

$= 2(2x^2-1)e^{-x^2}$

이때 $f''(a) = 0$에서

$2(2a^2-1)e^{-a^2} = 0$, $2a^2 - 1 = 0$ ($\because e^{-a^2} > 0$)

$a^2 = \frac{1}{2} \qquad \therefore a = -\frac{\sqrt{2}}{2}$ 또는 $a = \frac{\sqrt{2}}{2}$

따라서 구하는 모든 실수 a의 값의 곱은

$-\frac{\sqrt{2}}{2} \times \frac{\sqrt{2}}{2} = -\frac{1}{2}$

1163 답 12

$f(x) = 2x^2 \ln x$에서

$f'(x) = 4x\ln x + 2x^2 \times \frac{1}{x} = 4x\ln x + 2x$

$f''(x) = 4\ln x + 4x \times \frac{1}{x} + 2 = 4\ln x + 6$

이때 $f'(1) = 0 + 2 = 2$이므로

$$\lim_{x\to1}\frac{f'(x)\{f'(x)-2\}}{x-1}=\lim_{x\to1}\left\{f'(x)\times\frac{f'(x)-f'(1)}{x-1}\right\}$$
$$=f'(1)\times f''(1)$$
$$=2\times(0+6)=12$$

1164 답 ①

$$f(x)=\lim_{h\to0}\frac{\sin^2(x+h)-\sin^2x}{h}$$
$$=(\sin^2x)'=2\sin x\cos x$$ ← $g(x)=\sin^2x$라 하면 $f(x)=\lim_{h\to0}\frac{g(x+h)-g(x)}{h}=g'(x)$
$$=\sin 2x$$
이므로

$f'(x)=2\cos 2x$

$f''(x)=-4\sin 2x$

$\therefore f''\left(\frac{\pi}{3}\right)=-4\times\frac{\sqrt{3}}{2}=-2\sqrt{3}$

1165 답 13

$f(x)=(ax^2+bx+c)\cos x$에서

$f'(x)=(2ax+b)\cos x-(ax^2+bx+c)\sin x$

$f''(x)=2a\cos x-(2ax+b)\sin x-(2ax+b)\sin x-(ax^2+bx+c)\cos x$

$=-(ax^2+bx-2a+c)\cos x-2(2ax+b)\sin x$

$f(0)=1$에서 $c=1$

$f'(0)=2$에서 $b=2$

$f''(0)=3$에서 $2a-c=3$, 즉 $2a-1=3$ $\quad\therefore a=2$

따라서 $f(x)=(2x^2+2x+1)\cos x$이므로

$f(2)=(8+4+1)\times\cos 2=13\cos 2$

$\therefore k=13$

1166 답 $-\frac{1}{2}$

$f(x)=e^x\cos x$에서

$f'(x)=e^x\cos x+e^x\times(-\sin x)$

$=e^x(\cos x-\sin x)$

$f''(x)=e^x(\cos x-\sin x)+e^x(-\sin x-\cos x)$

$=-2e^x\sin x$

방정식 $f(x)=f''(x)$의 실근이 α이므로

$e^\alpha\cos\alpha=-2e^\alpha\sin\alpha$ ······ ㉠

이때 $e^\alpha>0$이므로 ㉠의 양변을 e^α으로 나누면

$\cos\alpha=-2\sin\alpha$ ······ ㉡

$\cos\alpha=0$이면 $\sin\alpha=1$ 또는 $\sin\alpha=-1$이므로

$\cos\alpha\neq-2\sin\alpha$

따라서 $\cos\alpha\neq0$이므로 ㉡의 양변을 $\cos\alpha$로 나누면

$\frac{\sin\alpha}{\cos\alpha}=-\frac{1}{2}$ $\quad\therefore \tan\alpha=-\frac{1}{2}$

1167 답 ③

$\lim_{x\to1}\frac{f'(f(x))-4}{x-1}=9$에서 $x\to1$일 때 (분모) → 0이고 극한값이 존재하므로 (분자) → 0이다.

즉, $\lim_{x\to1}\{f'(f(x))-4\}=0$이므로

$f'(f(1))-4=0$ $\quad\therefore f'(f(1))=4$

$$\therefore \lim_{x\to1}\frac{f'(f(x))-4}{x-1}$$
$$=\lim_{x\to1}\left\{\frac{f'(f(x))-f'(f(1))}{f(x)-f(1)}\times\frac{f(x)-f(1)}{x-1}\right\}$$
$$=f''(f(1))f'(1)=6f''(3)\ (\because f(1)=3,\ f'(1)=6)$$

따라서 $6f''(3)=9$이므로 $f''(3)=\frac{3}{2}$

> **실수 Check**
>
> $\lim_{x\to a}\frac{f(x)-f(a)}{x-a}=f'(a)$에 비해 $\lim_{x\to a}\frac{f'(x)-f'(a)}{x-a}=f''(a)$는 아직 덜 익숙하다. 그러나 원리는 같으므로 잘 기억하고 이용하도록 한다.

다른 풀이

$\lim_{x\to1}\frac{f'(f(x))-4}{x-1}=9$에서 $x\to1$일 때 (분모) → 0이고 극한값이 존재하므로 (분자) → 0이다.

즉, $\lim_{x\to1}\{f'(f(x))-4\}=0$이므로 $f'(f(1))=4$

$g(x)=f'(f(x))-4$라 하면 $g'(x)=f''(f(x))f'(x)$ ······ ㉠

또, $\lim_{x\to1}\frac{f'(f(x))-4}{x-1}=\lim_{x\to1}\frac{g(x)-g(1)}{x-1}=9$이므로 ($g(1)=f'(f(1))-4=0$)

$g'(1)=9$ ······ ㉡

㉠, ㉡에서 $g'(1)=f''(f(1))f'(1)=9$이고, $f(1)=3$, $f'(1)=6$이므로 $9=f''(3)\times6$ $\quad\therefore f''(3)=\frac{3}{2}$

1168 답 ④

$f(x)=xe^{-\frac{1}{2}x}$에서

$f'(x)=e^{-\frac{1}{2}x}+x\times\left(-\frac{1}{2}\right)e^{-\frac{1}{2}x}=\left(1-\frac{1}{2}x\right)e^{-\frac{1}{2}x}$

$f''(x)=-\frac{1}{2}e^{-\frac{1}{2}x}+\left(1-\frac{1}{2}x\right)\times\left(-\frac{1}{2}\right)e^{-\frac{1}{2}x}$

$=\left(\frac{1}{4}x-1\right)e^{-\frac{1}{2}x}$

$\therefore f''(x)+af'(x)+bf(x)$

$=\left(\frac{1}{4}x-1\right)e^{-\frac{1}{2}x}+a\left(1-\frac{1}{2}x\right)e^{-\frac{1}{2}x}+bxe^{-\frac{1}{2}x}$

$=\left\{\left(b-\frac{1}{2}a+\frac{1}{4}\right)x+a-1\right\}e^{-\frac{1}{2}x}=0$

이때 $e^{-\frac{1}{2}x}>0$이므로

$\left(b-\frac{1}{2}a+\frac{1}{4}\right)x+a-1=0$

위의 식이 x에 대한 항등식이므로

$a-1=0$에서 $a=1$

$b-\frac{1}{2}a+\frac{1}{4}=0$에서 $b-\frac{1}{2}+\frac{1}{4}=0$ $\quad\therefore b=\frac{1}{4}$

$\therefore \frac{1}{(ab)^2}=\frac{1}{\left(\frac{1}{4}\right)^2}=16$

> **실수 Check**
>
> $f''(x)+af'(x)+bf(x)=0$이 x에 대한 항등식이므로 좌변을 $Ax+B=0$ 꼴로 변형한 후 $A=0$, $B=0$임을 이용하여 상수 a, b의 값을 구할 수 있다.

1169 답 ①

$f(x)=\frac{1}{x+3}$에서

$f'(x)=-\frac{1}{(x+3)^2}$

$f''(x)=\frac{2(x+3)}{(x+3)^4}=\frac{2}{(x+3)^3}$

$\lim_{h\to 0}\frac{f'(a+h)-f'(a)}{h}=f''(a)$이므로 $f''(a)=2$에서

$\frac{2}{(a+3)^3}=2$, $(a+3)^3=1$, $a+3=1$

$\therefore a=-2$

서술형 유형 익히기 238쪽~241쪽

1170 답 (1) 0 (2) $f(1)$ (3) $f'(1)$ (4) $f'(x)$ (5) $f'(1)$ (6) $\frac{1}{4}$ (7) 2

STEP1 $f(1)$, $f'(1)$의 값 구하기 [2점]

$\lim_{x\to 1}\frac{f(x)}{x-1}=\frac{1}{4}$에서 $x\to 1$일 때 (분모) → 0이고 극한값이 존재하므로 (분자) → 0이다.

즉, $\lim_{x\to 1}f(x)=0$이므로 $f(1)=\boxed{0}$

$\therefore \lim_{x\to 1}\frac{f(x)}{x-1}=\lim_{x\to 1}\frac{f(x)-\boxed{f(1)}}{x-1}$

$=\boxed{f'(1)}=\frac{1}{4}$

STEP2 $h'(x)$ 구하기 [2점]

$h(x)=(f\circ f)(x)=f(f(x))$이므로

$h'(x)=f'(f(x))\times\boxed{f'(x)}$

STEP3 $h'(1)$의 값 구하기 [2점]

$h'(1)=f'(f(1))\times\boxed{f'(1)}$

$=f'(0)\times\boxed{\frac{1}{4}}$

$=8\times\frac{1}{4}=\boxed{2}$

오답 분석

$\lim_{x\to 1}\frac{f(x)}{x-1}=\frac{1}{4}$에서 $x\to 1$일 때 (분모) → 0이면 (분자) → 0이므로 $f(1)=0$이다.

그러므로 $\lim_{x\to 1}\frac{f(x)}{x-1}=\lim_{x\to 1}\frac{f(x)-f(1)}{x-1}=\frac{1}{4}$이고 $f'(1)=\frac{1}{4}$이다. — 2점

$h(x)=(f\circ f)(x)$를 미분하면

$h'(x)=f'(f(x))$ → $h'(x)$를 잘못 구함

이다.

$\therefore h'(1)=f'(f(1))=f'(0)=8$

▶ 6점 중 2점 얻음.
$h'(x)$를 잘못 구한 경우이다.
$h'(x)=f'(f(x))f'(x)$로 구해야 한다.

1171 답 20

STEP1 $f'(1)$, $f(e)$, $f'(e)$의 값 구하기 [3점]

$\lim_{x\to 1}\frac{f(x)-f(1)}{x-1}=4$에서 $f'(1)=4$ …… ⓐ

$\lim_{x\to e}\frac{f(x)-1}{x-e}=5$에서 $x\to e$일 때 (분모) → 0이고 극한값이 존재하므로 (분자) → 0이다.

즉, $\lim_{x\to e}\{f(x)-1\}=0$이므로 $f(e)=1$ …… ⓐ

$\therefore \lim_{x\to e}\frac{f(x)-1}{x-e}=\lim_{x\to e}\frac{f(x)-f(e)}{x-e}=f'(e)=5$ …… ⓐ

STEP2 $h'(x)$ 구하기 [2점]

$h(x)=(f\circ f)(x)=f(f(x))$이므로

$h'(x)=f'(f(x))f'(x)$

STEP3 $h'(e)$의 값 구하기 [1점]

$h'(e)=f'(f(e))f'(e)=f'(1)\times 5=4\times 5=20$

부분점수표	
ⓐ $f'(1)$, $f(e)$, $f'(e)$의 값 중에서 일부를 구한 경우	각 1점

1172 답 3

STEP1 $g'\left(\frac{1}{2}\right)$의 값 구하기 [1점]

$\lim_{x\to\frac{1}{2}}\frac{g(x)-g\left(\frac{1}{2}\right)}{x-\frac{1}{2}}=3$에서 $g'\left(\frac{1}{2}\right)=3$

STEP2 $h'(x)$ 구하기 [2점]

$h(x)=(g\circ f)(x)=g(f(x))$이므로

$h'(x)=g'(f(x))f'(x)$

STEP3 $f\left(\frac{\pi}{4}\right)$, $f'\left(\frac{\pi}{4}\right)$의 값 구하기 [2점]

$f\left(\frac{\pi}{4}\right)=\left(\sin\frac{\pi}{4}\right)^2=\left(\frac{\sqrt{2}}{2}\right)^2=\frac{1}{2}$ …… ⓐ

$f(x)=\sin^2 x$에서 $f'(x)=2\sin x\cos x$이므로

$f'\left(\frac{\pi}{4}\right)=2\sin\frac{\pi}{4}\cos\frac{\pi}{4}=2\times\frac{\sqrt{2}}{2}\times\frac{\sqrt{2}}{2}=1$ …… ⓐ

STEP4 $h'\left(\frac{\pi}{4}\right)$의 값 구하기 [1점]

$h'\left(\frac{\pi}{4}\right)=g'\left(f\left(\frac{\pi}{4}\right)\right)f'\left(\frac{\pi}{4}\right)=g'\left(\frac{1}{2}\right)\times 1=3\times 1=3$

부분점수표	
ⓐ $f\left(\frac{\pi}{4}\right)$, $f'\left(\frac{\pi}{4}\right)$의 값 중에서 하나만 구한 경우	1점

1173 답 $\frac{2}{\ln 3}$

STEP1 $f(2)$, $f'(2)$의 값 구하기 [2점]

$\lim_{x\to 2}\frac{f(x)-\ln 3}{x-2}=\ln 9$에서 $x\to 2$일 때 (분모) → 0이고 극한값이 존재하므로 (분자) → 0이다.

즉, $\lim_{x\to 2}\{f(x)-\ln 3\}=0$이므로 $f(2)=\ln 3$ …… ⓐ

$\therefore \lim_{x\to 2}\frac{f(x)-\ln 3}{x-2}=\lim_{x\to 2}\frac{f(x)-f(2)}{x-2}=f'(2)=\ln 9$ …… ⓐ

STEP 2 $h'(x)$ 구하기 [2점]

$h(x)=(g\circ f)(x)=g(f(x))$이므로

$h'(x)=g'(f(x))f'(x)$

STEP 3 $h'(2)$의 값 구하기 [2점]

$g(x)=\log_3 x$에서 $g'(x)=\frac{1}{x\ln 3}$이므로

$h'(2)=g'(f(2))f'(2)=g'(\ln 3)\times\ln 9$

$=\frac{1}{\ln 3}\times\frac{1}{\ln 3}\times 2\ln 3=\frac{2}{\ln 3}$

부분점수표	
ⓐ $f(2)$, $f'(2)$의 값 중에서 하나만 구한 경우	1점

1174 답 (1) e^y (2) e^y (3) 1 (4) $\frac{e}{3}$

STEP 1 $\frac{dy}{dx}$ 구하기 [3점]

$e^y\ln x=2y-1$의 양변을 x에 대하여 미분하면

$e^y\frac{dy}{dx}\times\ln x+e^y\times\frac{1}{x}=2\frac{dy}{dx}$

$\therefore \frac{dy}{dx}=-\frac{\boxed{e^y}}{(e^y\ln x-2)x}$ (단, $e^y\ln x-2\neq 0$)

STEP 2 점 $\left(\frac{1}{e}, 0\right)$에서의 접선의 기울기 구하기 [3점]

$\frac{dy}{dx}=-\frac{\boxed{e^y}}{(e^y\ln x-2)x}$에 $x=\frac{1}{e}$, $y=0$을 대입하면 구하는 접선의 기울기는

$-\frac{\boxed{1}}{-\frac{3}{e}}=\boxed{\frac{e}{3}}$

오답 분석

$e^y\ln x=2y-1$

양변을 x에 대해 미분하면

$e^y\ln x+e^y\frac{1}{x}=2\frac{dy}{dx}$ → 음함수의 미분을 잘못함

$\frac{dy}{dx}=\frac{e^y(x\ln x+1)}{2x}$

$\frac{dy}{dx}=\frac{e^y(x\ln x+1)}{2x}$에 $x=\frac{1}{e}$, $y=0$을 대입하면

$\frac{\frac{1}{e}\ln\frac{1}{e}+1}{2\times\frac{1}{e}}=\frac{e-1}{2}$

▶ 6점 중 0점 얻음.

음함수의 미분을 잘못한 경우이다.

$e^y\ln x=2y-1$을 미분하면

$e^y\frac{dy}{dx}\times\ln x+e^y\frac{1}{x}=2\frac{dy}{dx}$이고, $\frac{dy}{dx}=-\frac{e^y}{(e^y\ln x-2)x}$이다.

1175 답 -1

STEP 1 $\frac{dy}{dx}$ 구하기 [3점]

$\cos(x+y)+\sin(x-y)=1$의 양변을 x에 대하여 미분하면

$-\sin(x+y)\left(1+\frac{dy}{dx}\right)+\cos(x-y)\left(1-\frac{dy}{dx}\right)=0$

$-\sin(x+y)+\cos(x-y)=\frac{dy}{dx}\{\sin(x+y)+\cos(x-y)\}$

$\therefore \frac{dy}{dx}=\frac{-\sin(x+y)+\cos(x-y)}{\sin(x+y)+\cos(x-y)}$

STEP 2 점 $\left(\pi, \frac{\pi}{2}\right)$에서의 접선의 기울기 구하기 [3점]

$\frac{dy}{dx}=\frac{-\sin(x+y)+\cos(x-y)}{\sin(x+y)+\cos(x-y)}$에 $x=\pi$, $y=\frac{\pi}{2}$를 대입하면 구하는 접선의 기울기는

$\frac{-\sin\frac{3}{2}\pi+\cos\frac{\pi}{2}}{\sin\frac{3}{2}\pi+\cos\frac{\pi}{2}}=\frac{1+0}{-1+0}=-1$

1176 답 $\frac{1}{2}$

STEP 1 상수 b의 값 구하기 [2점]

점 $(-1, 0)$이 곡선 $x^3-y^3-axy+b=0$ 위의 점이므로

$-1-0-0+b=0$ $\therefore b=1$

STEP 2 $\frac{dy}{dx}$ 구하기 [2점]

$x^3-y^3-axy+b=0$의 양변을 x에 대하여 미분하면

$3x^2-3y^2\frac{dy}{dx}-ay-ax\frac{dy}{dx}=0$

$(3y^2+ax)\frac{dy}{dx}=3x^2-ay$

$\therefore \frac{dy}{dx}=\frac{3x^2-ay}{3y^2+ax}$ (단, $3y^2+ax\neq 0$)

STEP 3 상수 a의 값을 구하고, $a+b$의 값 구하기 [2점]

점 $(-1, 0)$에서의 $\frac{dy}{dx}$의 값이 6이므로

$\frac{3}{-a}=6$ $\therefore a=-\frac{1}{2}$

$\therefore a+b=-\frac{1}{2}+1=\frac{1}{2}$

1177 답 (1) 2 (2) 2 (3) 2 (4) $6x^2+3$ (5) 12 (6) 2 (7) $\frac{1}{27}$

STEP 1 $g(12)$의 값 구하기 [2점]

$g(12)=a$라 하면 $f(a)=12$이므로

$2a^3+3a-10=12$, $2a^3+3a-22=0$

$(a-\boxed{2})(2a^2+4a+11)=0$ $\therefore a=\boxed{2}$

$\therefore g(12)=\boxed{2}$

STEP 2 $f'(x)$ 구하기 [2점]

$f(x)=2x^3+3x-10$에서 $f'(x)=\boxed{6x^2+3}$

STEP 3 $g'(12)$의 값 구하기 [2점]

$f(g(x))=x$에서 양변을 x에 대하여 미분하면

$f'(g(x))g'(x)=1$

위의 식에 $x=\boxed{12}$를 대입하면

$f'(g(12))g'(12)=1$

$\therefore g'(12)=\frac{1}{f'(g(12))}=\frac{1}{f'(\boxed{2})}=\boxed{\frac{1}{27}}$

오답 분석

$f(x)=2x^3+3x-10$이므로 $f'(x)=6x^2+3$ 1점

$g'(x)=\dfrac{1}{f'(x)}$이므로 → 역함수의 미분을 잘못함

$g'(12)=\dfrac{1}{f'(12)}=\dfrac{1}{867}$

▶ 6점 중 1점 얻음.
역함수의 미분을 잘못한 경우이다.
$g'(x)=\dfrac{1}{f'(x)}$이 아니라 $g'(x)=\dfrac{1}{f'(g(x))}$이다.

1178 답 $\frac{1}{2}$

STEP1 $g(1)$의 값 구하기 [2점]

$g(1)=a$라 하면 $f(a)=1$이므로

$\tan a=1 \quad \therefore a=\dfrac{\pi}{4}\left(\because -\dfrac{\pi}{2}<a<\dfrac{\pi}{2}\right)$

$\therefore g(1)=\dfrac{\pi}{4}$

STEP2 $f'(x)$ 구하기 [2점]

$f(x)=\tan x$에서 $f'(x)=\sec^2 x$

STEP3 $g'(1)$의 값 구하기 [2점]

$f(g(x))=x$에서 양변을 x에 대하여 미분하면

$f'(g(x))g'(x)=1$

위의 식에 $x=1$을 대입하면

$f'(g(1))g'(1)=1$

$$\therefore g'(1)=\frac{1}{f'(g(1))}=\frac{1}{f'\left(\frac{\pi}{4}\right)}$$

$$=\frac{1}{\sec^2\frac{\pi}{4}}=\left(\frac{\sqrt{2}}{2}\right)^2=\frac{1}{2}$$

1179 답 1

STEP1 $f(3)$, $f'(3)$의 값 구하기 [2점]

$\displaystyle\lim_{x\to3}\frac{f(x)-2}{x-3}=1$에서 $x\to3$일 때 (분모) → 0이고 극한값이 존재하므로 (분자) → 0이다.

즉, $\displaystyle\lim_{x\to3}\{f(x)-2\}=0$이므로 $f(3)=2$ …… ⓐ

$\displaystyle\therefore \lim_{x\to3}\frac{f(x)-2}{x-3}=\lim_{x\to3}\frac{f(x)-f(3)}{x-3}=f'(3)=1$ …… ⓐ

STEP2 $g'(2)$의 값 구하기 [4점]

$f(3)=2$이므로 $g(2)=3$

$f(g(x))=x$에서 양변을 x에 대하여 미분하면

$f'(g(x))g'(x)=1$

위의 식에 $x=2$를 대입하면

$f'(g(2))g'(2)=1$

$\therefore g'(2)=\dfrac{1}{f'(g(2))}=\dfrac{1}{f'(3)}=1$

부분점수표	
ⓐ $f(3)$, $f'(3)$의 값 중에서 하나만 구한 경우	1점

1180 답 $\frac{1}{2}$

STEP1 $f(1)$, $f'(1)$의 값 구하기 [2점]

$\displaystyle\lim_{x\to1}\frac{f(x)-3}{x-1}=2$에서 $x\to1$일 때 (분모) → 0이고 극한값이 존재하므로 (분자) → 0이다.

즉, $\displaystyle\lim_{x\to1}\{f(x)-3\}=0$이므로 $f(1)=3$ …… ⓐ

$\displaystyle\therefore \lim_{x\to1}\frac{f(x)-3}{x-1}=\lim_{x\to1}\frac{f(x)-f(1)}{x-1}=f'(1)=2$ …… ⓐ

STEP2 $f(-1)$, $f'(-1)$의 값 구하기 [2점]

$f(-x)=-f(x)$에서 $f(-1)=-f(1)=-3$ …… ⓑ

$f(-x)=-f(x)$의 양변을 x에 대하여 미분하면

$f'(-x)\times(-1)=-f'(x)$, $f'(-x)=f'(x)$

$\therefore f'(-1)=f'(1)=2$ → $y=f(-x)$ → $y'=f'(-x)\times(-x)'$ …… ⓑ

STEP3 $g'(-3)$의 값 구하기 [4점]

$f(-1)=-3$이므로 $g(-3)=-1$

$f(g(x))=x$에서 양변을 x에 대하여 미분하면

$f'(g(x))g'(x)=1$

위의 식에 $x=-3$을 대입하면

$f'(g(-3))g'(-3)=1$

$\therefore g'(-3)=\dfrac{1}{f'(g(-3))}=\dfrac{1}{f'(-1)}=\dfrac{1}{2}$

부분점수표	
ⓐ $f(1)$, $f'(1)$의 값 중에서 하나만 구한 경우	1점
ⓑ $f(-1)$, $f'(-1)$의 값 중에서 하나만 구한 경우	1점

실력 check 실전 마무리하기 1회 242쪽~246쪽

1 1181 답 ① 유형1

출제의도 | 함수의 몫의 미분법을 이해하는지 확인한다.

곡선 $y=f(x)$ 위의 점 $(a, f(a))$에서의 접선의 기울기는 $f'(a)$임을 이용해 보자.

$\displaystyle\lim_{x\to1}\frac{f(x)-2}{x-1}=3$에서 $x\to1$일 때 (분모) → 0이고 극한값이 존재하므로 (분자) → 0이다.

즉, $\displaystyle\lim_{x\to1}\{f(x)-2\}=0$이므로 $f(1)=2$

$\displaystyle\therefore \lim_{x\to1}\frac{f(x)-2}{x-1}=\lim_{x\to1}\frac{f(x)-f(1)}{x-1}=f'(1)=3$

한편, 함수 $y=\dfrac{1}{f(x)}$에서

$y'=-\dfrac{f'(x)}{\{f(x)\}^2}$

따라서 점 $\left(1, \dfrac{1}{f(1)}\right)$에서의 접선의 기울기는

$-\dfrac{f'(1)}{\{f(1)\}^2}=-\dfrac{3}{2^2}=-\dfrac{3}{4}$

2 1182 답 ④ 유형 2

출제의도 | 함수의 몫의 미분법을 이해하는지 확인한다.

$y=\frac{f(x)}{g(x)}$일 때 $y'=\frac{f'(x)g(x)-f(x)g'(x)}{\{g(x)\}^2}$임을 이용해 보자.

$f(x)=\frac{x-3}{x^2-x+1}$에서

$$f'(x)=\frac{(x^2-x+1)-(x-3)(2x-1)}{(x^2-x+1)^2}$$
$$=\frac{(x^2-x+1)-(2x^2-7x+3)}{(x^2-x+1)^2}$$
$$=\frac{-x^2+6x-2}{(x^2-x+1)^2}$$

$f'(x)=\frac{-x^2+6x-2}{(x^2-x+1)^2}=0$에서

$-x^2+6x-2=0,\ x^2-6x+2=0 \quad \therefore x=3\pm\sqrt{7}$

따라서 모든 실수 x의 값의 합은

$(3-\sqrt{7})+(3+\sqrt{7})=6$

다른 풀이

$x^2-6x+2=0$에서 (판별식)$=(-6)^2-4\times1\times2=28>0$이므로 이차방정식의 근과 계수의 관계에 의해 모든 실수 x의 값의 합은 6이다.

3 1183 답 ④ 유형 2

출제의도 | 함수의 몫의 미분법을 이해하는지 확인한다.

(나)에서 $g'(x)$를 구하고 (가)를 이용하여 $g'(x)$를 $f(x)$에 관한 식으로 나타내 보자.

$g(x)=\frac{x^2+1}{f(x)}$에서

$$g'(x)=\frac{2xf(x)-(x^2+1)f'(x)}{\{f(x)\}^2}$$
$$=\frac{2xf(x)+(x^2+1)f(x)}{\{f(x)\}^2}\ (\because f'(x)=-f(x))$$
$$=\frac{x^2+2x+1}{f(x)}$$
$$=\frac{(x+1)^2}{f(x)}$$

$\therefore g'(2)=\frac{(2+1)^2}{f(2)}=\frac{9}{3}=3$

4 1184 답 ① 유형 5

출제의도 | 합성함수의 미분법을 이해하는지 확인한다.

$y=f(g(x))$일 때 $y'=f'(g(x))g'(x)$에 $x=2$를 대입해 보자.

$y=(f\circ g)(x)=f(g(x))$에서

$y'=f'(g(x))g'(x)$

따라서 $x=2$에서의 미분계수는

$$f'(g(2))g'(2)=f'(2)g'(2)\ (\because g(2)=2)$$
$$=5\times(-1)\ (\because f'(2)=5,\ g'(2)=-1)$$
$$=-5$$

5 1185 답 ① 유형 10

출제의도 | 로그함수의 도함수를 구할 수 있는지 확인한다.

$y=\ln|f(x)|$이면 $y'=\frac{f'(x)}{f(x)}$임을 이용해 보자.

$f(x)=\ln(2\cos x)$에서 $f(a)=0$이므로

$\ln(2\cos a)=0,\ \cos a=\frac{1}{2} \quad \therefore a=\frac{\pi}{3}\left(\because 0<a<\frac{\pi}{2}\right)$

$f(x)=\ln(2\cos x)$에서

$f'(x)=\frac{-2\sin x}{2\cos x}=-\tan x$

$\therefore f'(a)=f'\left(\frac{\pi}{3}\right)=-\tan\frac{\pi}{3}=-\sqrt{3}$

6 1186 답 ⑤ 유형 12

출제의도 | $\{f(x)\}^{g(x)}$ 꼴인 함수의 도함수를 구할 수 있는지 확인한다.

$x>0$에서 $x^x>0$이므로 $f(x)=x^x$의 양변에 자연로그를 취해 보자.

$f(x)=x^x$의 양변에 자연로그를 취하면

$\ln f(x)=\ln x^x=x\ln x$

위의 식의 양변을 x에 대하여 미분하면

$\frac{f'(x)}{f(x)}=\ln x+x\times\frac{1}{x}=\ln x+1$

즉, $f'(x)=f(x)(\ln x+1)=x^x(\ln x+1)$이므로

$f'(e)=e^e\times(\ln e+1)=2e^e$

한편, $g(x)=e^{x\ln x}$에서

$g'(x)=e^{x\ln x}\times(\ln x+1)$ ← $e^{x\ln x}\times(x\ln x)'=e^{x\ln x}\left(1\times\ln x+x\times\frac{1}{x}\right)$

즉, $g'(e)=e^e\times(\ln e+1)=2e^e$

$\therefore f'(e)+g'(e)=2e^e+2e^e=4e^e$

7 1187 답 ④ 유형 13

출제의도 | n이 실수일 때 $\{f(x)\}^n$ 꼴인 함수의 도함수를 구할 수 있는지 확인한다.

$\sqrt{2x^2+1}=(2x^2+1)^{\frac{1}{2}}$으로 고쳐서 도함수를 구해 보자.

$f(x)=(x+2)\sqrt{2x^2+1}=(x+2)(2x^2+1)^{\frac{1}{2}}$이므로

$$f'(x)=(2x^2+1)^{\frac{1}{2}}+(x+2)\times\left\{\frac{1}{2}(2x^2+1)^{-\frac{1}{2}}\times4x\right\}$$
$$=\sqrt{2x^2+1}+\frac{2x(x+2)}{\sqrt{2x^2+1}}$$
$$=\frac{4x^2+4x+1}{\sqrt{2x^2+1}}=\frac{(2x+1)^2}{\sqrt{2x^2+1}}$$

$\therefore f'(2)=\frac{5^2}{\sqrt{9}}=\frac{25}{3}$

8 1188 답 ② 유형 15

출제의도 | 음함수의 미분법을 이해하는지 확인한다.

y^2을 x에 대하여 미분하면

$\frac{d}{dx}y^2=\frac{dy}{dx}\times\frac{d}{dy}y^2=\frac{dy}{dx}\times2y$가 됨에 유의하자.

$x^2+xy+y^2=12$의 양변을 x에 대하여 미분하면

$2x+y+x\dfrac{dy}{dx}+2y\dfrac{dy}{dx}=0$

$(x+2y)\dfrac{dy}{dx}=-(2x+y)$

$\therefore \dfrac{dy}{dx}=-\dfrac{2x+y}{x+2y}$ (단, $x+2y\neq 0$)

점 $\mathrm{P}(a, b)$에서의 접선의 기울기가 -1이므로

$-\dfrac{2a+b}{a+2b}=-1$

$2a+b=a+2b$

$\therefore a=b$ ······ ㉠

한편, 점 $\mathrm{P}(a, b)$는 곡선 $x^2+xy+y^2=12$ 위의 점이므로

$a^2+ab+b^2=12$

㉠에서 $a=b$이므로 이를 위의 식에 대입하면

$3b^2=12$

$\therefore b=2$ ($\because b>0$)

따라서 $a=2$, $b=2$이므로

$a+b=2+2=4$

9 1189 답 ⑤ 유형 15

출제의도 | 음함수의 미분법을 이해하는지 확인한다.

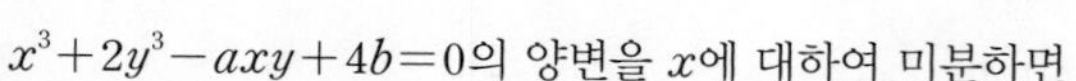

y가 포함된 항을 x에 대하여 미분하면 $\dfrac{dy}{dx}$를 곱해야 함에 유의하자.

$x^3+2y^3-axy+4b=0$의 양변을 x에 대하여 미분하면

$3x^2+6y^2\dfrac{dy}{dx}-ay-ax\dfrac{dy}{dx}=0$

$(ax-6y^2)\dfrac{dy}{dx}=3x^2-ay$

$\therefore \dfrac{dy}{dx}=\dfrac{3x^2-ay}{ax-6y^2}$ (단, $ax-6y^2\neq 0$)

점 $(0, -1)$에서 $\dfrac{dy}{dx}$의 값이 3이므로

$\dfrac{a}{-6}=3 \qquad \therefore a=-18$

또, 점 $(0, -1)$은 곡선 $x^3+2y^3+18xy+4b=0$ 위의 점이므로

$-2+4b=0 \qquad \therefore b=\dfrac{1}{2}$

$\therefore ab=-18\times\dfrac{1}{2}=-9$

10 1190 답 ② 유형 2

출제의도 | 함수의 몫의 미분법을 이해하는지 확인한다.

$x\to 0$일 때 ▲$\to 0$이면 $\lim\limits_{▲\to 0}\dfrac{f(▲)-f(0)}{▲-0}=f'(0)$임을 이용해 보자.

$f(x)=\dfrac{x-1}{x^2+3}$에서

$f'(x)=\dfrac{(x^2+3)-(x-1)\times 2x}{(x^2+3)^2}$

$=\dfrac{-x^2+2x+3}{(x^2+3)^2}$

$\therefore \lim\limits_{x\to 0}\dfrac{f(3x)-f(\sin x)}{x}$

$=\lim\limits_{x\to 0}\dfrac{f(3x)-f(0)+f(0)-f(\sin x)}{x}$

$=\lim\limits_{x\to 0}\left\{\dfrac{f(3x)-f(0)}{3x-0}\times 3-\dfrac{f(\sin x)-f(0)}{\sin x-0}\times\dfrac{\sin x}{x}\right\}$

($x\to 0$이면 $\sin x\to 0$)

$=3f'(0)-f'(0)\times 1$

$=2f'(0)$

이때 $f'(0)=\dfrac{3}{3^2}=\dfrac{1}{3}$이므로

$2f'(0)=2\times\dfrac{1}{3}=\dfrac{2}{3}$

11 1191 답 ① 유형 7

출제의도 | 합성함수의 미분법을 이해하는지 확인한다.

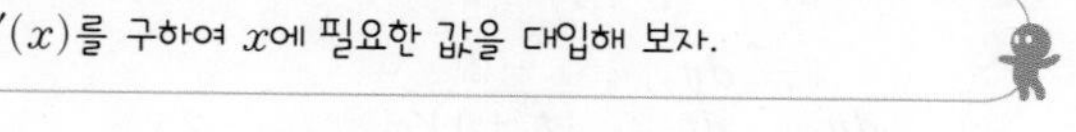

$f'(x)$, $g'(x)$를 구하여 x에 필요한 값을 대입해 보자.

$h(x)=(g\circ f)(x)=g(f(x))$에서

$h'(x)=g'(f(x))f'(x)$이고

$f(0)=\dfrac{2}{1}=2$이므로

$h'(0)=g'(f(0))f'(0)=g'(2)f'(0)$

이때 $f(x)=\dfrac{x^2+2}{x+1}$에서

$f'(x)=\dfrac{2x(x+1)-(x^2+2)}{(x+1)^2}=\dfrac{x^2+2x-2}{(x+1)^2}$

이므로 $f'(0)=\dfrac{-2}{1}=-2$

$g(x)=x^3-2x^2+1$에서

$g'(x)=3x^2-4x$이므로

$g'(2)=12-8=4$

$\therefore h'(0)=g'(2)f'(0)=4\times(-2)=-8$

12 1192 답 ⑤ 유형 9

출제의도 | 삼각함수의 미분과 합성함수의 미분법을 이해하는지 확인한다.

곱의 미분법과 합성함수의 미분법을 차례로 적용해 보자.

$f(x)=\cos x(e^{\tan x+\sin x}-1)$에서

$f'(x)=-\sin x(e^{\tan x+\sin x}-1)$
$\qquad+\cos x\times e^{\tan x+\sin x}(\sec^2 x+\cos x)$

$=e^{\tan x+\sin x}(\sec x+\cos^2 x-\sin x)+\sin x$

$\therefore f'(0)=e^0\times(1+1^2-0)+0=2$

13 1193 답 ③ 유형 10

출제의도 | 로그함수의 도함수를 구할 수 있는지 확인한다.

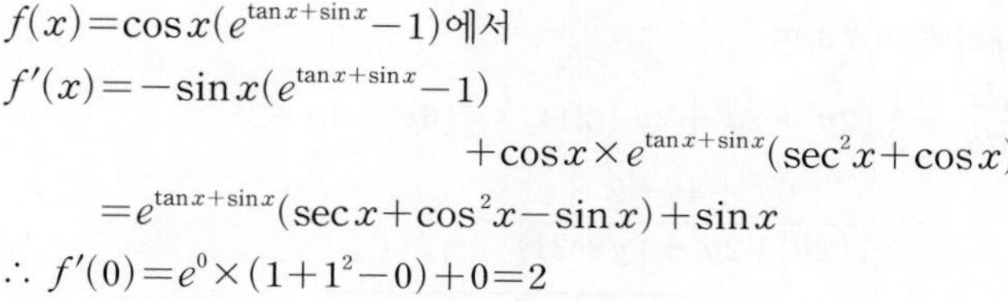

$y=\ln|f(x)|$이면 $y'=\dfrac{f'(x)}{f(x)}$임을 이용해 보자.

$f(x)=\ln|\sec x+\tan x|+\ln|\csc x+\cot x|$에서

$f'(x)=\dfrac{\sec x\tan x+\sec^2 x}{\sec x+\tan x}-\dfrac{\csc x\cot x+\csc^2 x}{\csc x+\cot x}$

$=\sec x-\csc x$

$\therefore f'\left(\frac{3}{4}\pi\right)=\sec\frac{3}{4}\pi-\csc\frac{3}{4}\pi=\frac{1}{\cos\frac{3}{4}\pi}-\frac{1}{\sin\frac{3}{4}\pi}$

$=\frac{1}{-\frac{1}{\sqrt{2}}}-\frac{1}{\frac{1}{\sqrt{2}}}=-\sqrt{2}-\sqrt{2}=-2\sqrt{2}$

14 1194 답 ③ 유형 14

출제의도 | 매개변수로 나타낸 함수의 미분법을 이해하는지 확인한다.

> $f'(2)$의 값은 $x=2$일 때의 $\frac{dy}{dx}$의 값이므로 $x=2$일 때의 t의 값을 구해 보자.

$x=t^3+1,\ y=\frac{1}{t^2+1}$에서

$\frac{dx}{dt}=3t^2,\ \frac{dy}{dt}=\frac{-2t}{(t^2+1)^2}$이므로

$$f'(x)=\frac{dy}{dx}=\frac{\frac{dy}{dt}}{\frac{dx}{dt}}=\frac{\frac{-2t}{(t^2+1)^2}}{3t^2}=\frac{-2}{3t(t^2+1)^2} \quad \cdots\cdots ㉠$$

한편,

$$\lim_{h\to 0}\frac{f(2-h)-f(2)}{2h}=\lim_{h\to 0}\left\{\frac{f(2-h)-f(2)}{-h}\times\left(-\frac{1}{2}\right)\right\}$$
$$=-\frac{1}{2}f'(2)$$

이므로 $x=t^3+1=2$를 만족시키는 t의 값은

$t^3-1=0,\ (t-1)(t^2+t+1)=0 \qquad \therefore t=1$

$x=2,\ t=1$을 ㉠에 대입하면

$f'(2)=\frac{-2}{3\times 4}=-\frac{1}{6}$

따라서 구하는 극한값은

$-\frac{1}{2}f'(2)=-\frac{1}{2}\times\left(-\frac{1}{6}\right)=\frac{1}{12}$

15 1195 답 ③ 유형 16

출제의도 | 역함수의 미분법을 이해하는지 확인한다.

> $x=f(y)$ 꼴로 주어진 함수는 양변을 y에 대하여 미분해 보자.

$x=\sqrt[3]{2y^3+2y^2+2y+21}=(2y^3+2y^2+2y+21)^{\frac{1}{3}}$의 양변을 y에 대하여 미분하면

$$\frac{dx}{dy}=\frac{1}{3}(2y^3+2y^2+2y+21)^{-\frac{2}{3}}\times(6y^2+4y+2)$$
$$=\frac{6y^2+4y+2}{3\sqrt[3]{(2y^3+2y^2+2y+21)^2}}$$

$$\therefore \frac{dy}{dx}=\frac{1}{\frac{dx}{dy}}=\frac{3\sqrt[3]{(2y^3+2y^2+2y+21)^2}}{6y^2+4y+2}$$

$x=\sqrt[3]{2y^3+2y^2+2y+21}$에서 $x=3$일 때

$2y^3+2y^2+2y+21=27,\ y^3+y^2-y-3=0$

$(y-1)(y^2+2y+3)=0$

$\therefore y=1$

따라서 $x=3$일 때의 $\frac{dy}{dx}$의 값은

$$\frac{3\times\sqrt[3]{(2+2+2+21)^2}}{6+4+2}=\frac{3\times 3^2}{12}=\frac{9}{4}$$

16 1196 답 ③ 유형 17

출제의도 | 역함수의 미분법을 이해하는지 확인한다.

> $f(g(x))=x$에서 $f'(g(x))g'(x)=1$이므로 $f(5)\times f'(5)$의 값을 구하기 위해 $g(x)=5$인 x의 값을 알아보자.

$\lim_{x\to 2}\frac{g(x)-5}{x-2}=6$에서 $x\to 2$일 때 (분모) $\to 0$이고 극한값이 존재하므로 (분자) $\to 0$이다.

즉, $\lim_{x\to 2}\{g(x)-5\}=0$이므로 $g(2)=5$

$\therefore \lim_{x\to 2}\frac{g(x)-5}{x-2}=\lim_{x\to 2}\frac{g(x)-g(2)}{x-2}=g'(2)$

즉, $g'(2)=6$

한편, $g(x)=f^{-1}(x)$이므로 $f(g(x))=x$에서 양변을 x에 대하여 미분하면 $f'(g(x))g'(x)=1$

$f'(g(2))g'(2)=1$에서 $g(2)=5$이므로

$f'(5)g'(2)=1 \qquad \therefore f'(5)=\frac{1}{g'(2)}=\frac{1}{6}$

또, $g(2)=5$에서 $f(5)=2$

$\therefore f(5)\times f'(5)=2\times\frac{1}{6}=\frac{1}{3}$

17 1197 답 ② 유형 4

출제의도 | 삼각함수의 미분과 함수의 몫의 미분법을 이해하는지 확인한다.

> $f(\alpha),\ f'(\alpha)$를 구하여 주어진 등식에 대입해 보자.

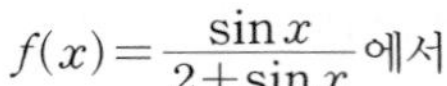

$f(x)=\frac{\sin x}{2+\sin x}$에서

$$f'(x)=\frac{\cos x(2+\sin x)-\sin x\cos x}{(2+\sin x)^2}$$
$$=\frac{2\cos x}{(2+\sin x)^2}$$

$\frac{f(\alpha)}{f'(\alpha)}+(2+\sin\alpha)=0$에서

$f(\alpha)+(2+\sin\alpha)f'(\alpha)=0$이므로

$\frac{\sin\alpha}{2+\sin\alpha}+(2+\sin\alpha)\times\frac{2\cos\alpha}{(2+\sin\alpha)^2}=0$

$\frac{\sin\alpha+2\cos\alpha}{2+\sin\alpha}=0,\ \sin\alpha+2\cos\alpha=0$

└→ $-1\le\sin\alpha\le 1$이므로 $2+\sin\alpha\neq 0$

$\frac{\sin\alpha}{\cos\alpha}+2=0 \qquad \therefore \tan\alpha=-2$

18 1198 답 ② 유형 14

출제의도 | 매개변수로 나타낸 함수의 미분법을 이해하는지 확인한다.

> $f'(2)$의 값은 $x=2$일 때의 $\frac{dy}{dx}$의 값이므로 $x=2$일 때의 t의 값을 구해 보자.

$x=t^3+t,\ y=t+n\ln t$에서

$\frac{dx}{dt}=3t^2+1,\ \frac{dy}{dt}=1+\frac{n}{t}$이므로

$$\frac{dy}{dx}=\frac{\frac{dy}{dt}}{\frac{dx}{dt}}=\frac{1+\frac{n}{t}}{3t^2+1}$$

$f'(2)<2$에서 $x=t^3+t=2$를 만족시키는 t의 값은
$t^3+t-2=0$, $(t-1)(t^2+t+2)=0$
$\therefore t=1$
즉, $t=1$일 때 $\dfrac{dy}{dx}=\dfrac{1+n}{3+1}=\dfrac{1+n}{4}$이므로 $f'(2)<2$에서
$\dfrac{1+n}{4}<2 \qquad \therefore n<7$
따라서 구하는 모든 자연수 n은 1, 2, 3, ⋯, 6의 6개이다.

19 1199 답 ①

유형 17

출제의도 | 역함수의 미분법을 이해하는지 확인한다.

역함수의 미분법을 이용하여 $f'(3)$의 값을 구해 보자.

$\lim\limits_{x\to3}\dfrac{g(x)-3}{x-3}=3$에서 $x\to3$일 때 (분모) → 0이고 극한값이 존재하므로 (분자) → 0이다.
즉, $\lim\limits_{x\to3}\{g(x)-3\}=0$이므로
$g(3)=3 \qquad \therefore f(3)=3$
$\therefore \lim\limits_{x\to3}\dfrac{g(x)-3}{x-3}=\lim\limits_{x\to3}\dfrac{g(x)-g(3)}{x-3}=g'(3)$
즉, $g'(3)=3$
한편, $g(x)=f^{-1}(x)$이므로 $f(g(x))=x$에서 양변을 x에 대하여 미분하면
$f'(g(x))g'(x)=1$
$f'(g(3))g'(3)=1$에서 $g(3)=3$이므로
$f'(3)g'(3)=1 \qquad \therefore f'(3)=\dfrac{1}{g'(3)}=\dfrac{1}{3}$
이때 $h(x)=f(f(x))$라 하면
$h(3)=f(f(3))=f(3)=3$이고
$h'(x)=f'(f(x))f'(x)$이므로

$$\begin{aligned}\lim_{x\to3}\frac{f(f(x))-3}{x-3}&=\lim_{x\to3}\frac{h(x)-h(3)}{x-3}\\&=h'(3)\\&=f'(f(3))f'(3)\\&=f'(3)f'(3)\\&=\frac{1}{3}\times\frac{1}{3}=\frac{1}{9}\end{aligned}$$

20 1200 답 ②

유형 18

출제의도 | 이계도함수를 구할 수 있는지 확인한다.

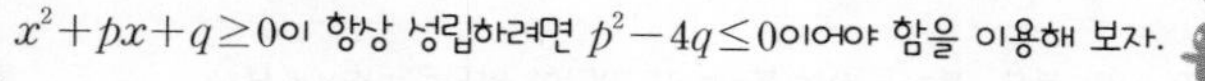

$x^2+px+q\geq0$이 항상 성립하려면 $p^2-4q\leq0$이어야 함을 이용해 보자.

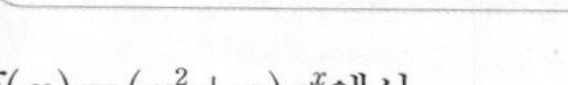

$f(x)=(x^2+a)e^x$에서
$f'(x)=2xe^x+(x^2+a)e^x=(x^2+2x+a)e^x$
$f''(x)=(2x+2)e^x+(x^2+2x+a)e^x$
$\quad=(x^2+4x+a+2)e^x$
모든 실수 x에 대하여 $f''(x)\geq0$이려면 $x^2+4x+a+2\geq0$이어야 한다.
이때 이차방정식 $x^2+4x+a+2=0$의 판별식을 D라 하면
$\dfrac{D}{4}=2^2-(a+2)\leq0 \qquad \therefore a\geq2$
따라서 a의 최솟값은 2이다.

21 1201 답 ③

유형 17

출제의도 | 역함수의 미분법을 이해하는지 확인한다.

이차방정식의 근과 계수의 관계를 이용하여 $f'(\beta)+f'(\gamma)$, $f'(\beta)f'(\gamma)$의 값을 구해 보자.

이차방정식 $3x^2-8x+4=0$의 두 근이 $f'(\beta)$, $f'(\gamma)$이므로 근과 계수의 관계에 의해
$f'(\beta)+f'(\gamma)=\dfrac{8}{3}$, $f'(\beta)f'(\gamma)=\dfrac{4}{3}$
주어진 그림에서 $f(\beta)=\alpha$, $f(\gamma)=\beta$
함수 $f(x)$의 역함수가 $g(x)$이므로 $f(g(x))=x$에서 양변을 x에 대하여 미분하면 $f'(g(x))g'(x)=1$
$f'(g(\alpha))g'(\alpha)=1$에서 $g(\alpha)=\beta$이므로 $g'(\alpha)=\dfrac{1}{f'(\beta)}$
$f'(g(\beta))g'(\beta)=1$에서 $g(\beta)=\gamma$이므로 $g'(\beta)=\dfrac{1}{f'(\gamma)}$

$$\begin{aligned}\therefore g'(\alpha)+g'(\beta)&=\frac{1}{f'(\beta)}+\frac{1}{f'(\gamma)}\\&=\frac{f'(\beta)+f'(\gamma)}{f'(\beta)f'(\gamma)}=\frac{\frac{8}{3}}{\frac{4}{3}}=2\end{aligned}$$

22 1202 답 −10

유형 3

출제의도 | n이 정수일 때 $(x^n)'=nx^{n-1}$임을 이해하는지 확인한다.

STEP 1 $f'(x)$ 구하기 [2점]

$$\begin{aligned}f(x)&=\frac{x^4+x^2+1}{x^4-x^3+x^2}\\&=\frac{(x^2+x+1)(x^2-x+1)}{x^2(x^2-x+1)}\\&=\frac{x^2+x+1}{x^2}=1+\frac{1}{x}+\frac{1}{x^2}=1+x^{-1}+x^{-2}\end{aligned}$$

→ $x^4+x^2+1=x^4+2x^2+1-x^2=(x^2+1)^2-x^2=(x^2+x+1)(x^2-x+1)$

이므로
$f'(x)=-x^{-2}-2x^{-3}=-\dfrac{1}{x^2}-\dfrac{2}{x^3}$

STEP 2 $\lim\limits_{x\to\frac{1}{2}}\dfrac{f(x)-7}{2x-1}$의 값 구하기 [4점]

$f\left(\dfrac{1}{2}\right)=1+2+2^2=7$이므로

$$\begin{aligned}\lim_{x\to\frac{1}{2}}\frac{f(x)-7}{2x-1}&=\lim_{x\to\frac{1}{2}}\frac{f(x)-f\left(\frac{1}{2}\right)}{2\left(x-\frac{1}{2}\right)}=\frac{1}{2}f'\left(\frac{1}{2}\right)\\&=\frac{1}{2}\times(-4-2\times8)=-10\end{aligned}$$

23 1203 답 11

유형 4

출제의도 | 삼각함수의 미분과 함수의 몫의 미분법을 이해하는지 확인한다.

STEP 1 $f'(x)$ 구하기 [2점]

$f(x)=\dfrac{\sec x}{\sec x+\tan x}$에서

$$\begin{aligned}f'(x)&=\frac{\sec x\tan x(\sec x+\tan x)-\sec x(\sec x\tan x+\sec^2 x)}{(\sec x+\tan x)^2}\\&=\frac{\sec x\tan x-\sec^2 x}{\sec x+\tan x}\\&=\frac{\sec x(\tan x-\sec x)}{\tan x+\sec x}\end{aligned}$$

STEP 2 $a+b$의 값 구하기 [4점]

$$\lim_{h\to 0}\frac{f\left(\frac{\pi}{3}+h\right)-f\left(\frac{\pi}{3}\right)}{2h}=\frac{1}{2}f'\left(\frac{\pi}{3}\right)$$
$$=\frac{1}{2}\times\frac{2(\sqrt{3}-2)}{\sqrt{3}+2}$$
$$=-7+4\sqrt{3}$$

따라서 $a=7$, $b=4$이므로 $a+b=7+4=11$

24 1204 답 $\frac{13}{4}$ 유형 5

출제의도 | 합성함수의 미분법을 이해하는지 확인한다.

STEP 1 $f'(t)$ 구하기 [2점]

점 $(f(t),\ t)$가 곡선 $y=x^3+2x^2+4x+6$ 위의 점이므로

$t=\{f(t)\}^3+2\{f(t)\}^2+4f(t)+6$

위의 식의 양변을 t에 대하여 미분하면

$1=3\{f(t)\}^2f'(t)+4f(t)f'(t)+4f'(t)$

$\therefore\ f'(t)=\dfrac{1}{3\{f(t)\}^2+4f(t)+4}$

STEP 2 $f'(30)$의 값 구하기 [4점]

곡선 $y=x^3+2x^2+4x+6$과 직선 $y=30$이 만나는 점의 x좌표는

$x^3+2x^2+4x+6=30$에서

$x^3+2x^2+4x-24=0$, $(x-2)(x^2+4x+12)=0$

$\therefore\ x=2$

즉, $f(30)=2$이므로

$$f'(30)=\frac{1}{3\{f(30)\}^2+4f(30)+4}$$
$$=\frac{1}{12+8+4}=\frac{1}{24}$$

STEP 3 $h'(30)$의 값 구하기 [2점]

$h(t)=tf(t)$에서 $h'(t)=f(t)+tf'(t)$이므로

$h'(30)=f(30)+30\times f'(30)=2+\dfrac{30}{24}=\dfrac{13}{4}$

25 1205 답 3 유형 6

출제의도 | 합성함수의 미분법을 이해하는지 확인한다.

STEP 1 미분계수 사이의 관계 구하기 [4점]

$f(5-x)+f(4+x)=4$의 양변을 x에 대하여 미분하면

$-f'(5-x)+f'(4+x)=0$

$f'(5-x)=f'(4+x)$

위의 식에 $x=1,\ 2,\ 3,\ 4,\ 5$를 차례로 대입하면

$f'(4)=f'(5)$, $f'(3)=f'(6)$, $f'(2)=f'(7)$,

$f'(1)=f'(8)$, $f'(0)=f'(9)$

STEP 2 $\sum_{k=1}^{9}(-1)^kf'(k)$의 값 구하기 [4점]

$$\sum_{k=1}^{9}(-1)^kf'(k)$$
$$=-f'(1)+f'(2)-\cdots-f'(9)$$
$$=\{f'(8)-f'(1)\}+\{f'(6)-f'(3)\}+\{f'(4)-f'(5)\}+\{f'(2)-f'(7)\}-f'(9)$$
$$=-f'(9)=-f'(0)=3$$

실력 check 실전 마무리하기 2회 247쪽~251쪽

1 1206 답 ⑤ 유형 1

출제의도 | 함수의 몫의 미분법을 이해하는지 확인한다.

> $x^2-2x-3=(x-3)(x+1)$이므로 주어진 극한값을 미분계수로 나타내 보자.

$f(x)=\dfrac{a}{x+1}$에서 $f'(x)=-\dfrac{a}{(x+1)^2}$

$$\lim_{x\to 3}\frac{f(x)-f(3)}{x^2-2x-3}=\lim_{x\to 3}\left\{\frac{f(x)-f(3)}{x-3}\times\frac{1}{x+1}\right\}=\frac{1}{4}f'(3)$$

즉, $\frac{1}{4}f'(3)=\frac{1}{8}$이므로 $f'(3)=\frac{1}{2}$

이때 $f'(3)=-\dfrac{a}{4^2}=-\dfrac{a}{16}$이므로

$-\dfrac{a}{16}=\dfrac{1}{2}$ $\quad\therefore\ a=-8$

따라서 $f'(x)=\dfrac{8}{(x+1)^2}$이므로

$f'(1)=\dfrac{8}{2^2}=2$

2 1207 답 ③ 유형 2

출제의도 | 함수의 몫의 미분법을 이해하는지 확인한다.

> $y=\dfrac{f(x)}{g(x)}$일 때 $y'=\dfrac{f'(x)g(x)-f(x)g'(x)}{\{g(x)\}^2}$임을 이용해 보자.

$f(x)=\dfrac{g(x)-1}{g(x)+1}$에서

$$f'(x)=\frac{g'(x)\{g(x)+1\}-\{g(x)-1\}g'(x)}{\{g(x)+1\}^2}=\frac{2g'(x)}{\{g(x)+1\}^2}$$

이때 $f'(1)=2$, $g'(1)=9$이므로

$f'(1)=\dfrac{2g'(1)}{\{g(1)+1\}^2}=\dfrac{2\times 9}{\{g(1)+1\}^2}=2$에서

$\{g(1)+1\}^2=9$, $g(1)+1=3$ $(\because\ g(x)>-1)$

$\therefore\ g(1)=2$

3 1208 답 ③ 유형 3

출제의도 | n이 정수일 때 $(x^n)'=nx^{n-1}$임을 이해하는지 확인한다.

> $f(x)$의 분모, 분자를 인수분해하고 간단한 식으로 나타내 보자.

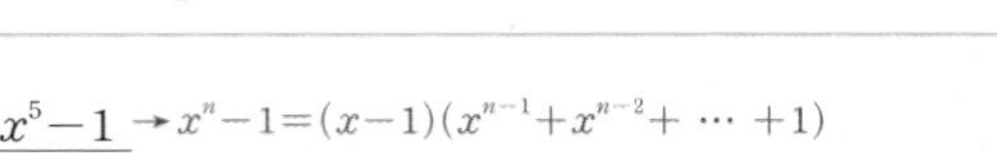

$f(x)=\dfrac{x^5-1}{x^3-x^2}$ → $x^n-1=(x-1)(x^{n-1}+x^{n-2}+\cdots+1)$

$$=\frac{(x-1)(x^4+x^3+x^2+x+1)}{x^2(x-1)}$$
$$=\frac{x^4+x^3+x^2+x+1}{x^2}$$
$$=x^2+x+1+x^{-1}+x^{-2}$$

에서

$f'(x)=2x+1-x^{-2}-2x^{-3}=2x+1-\dfrac{1}{x^2}-\dfrac{2}{x^3}$

$$\therefore \lim_{h\to 0}\frac{f(1+h)-f(1-h)}{2h}$$
$$=\lim_{h\to 0}\frac{f(1+h)-f(1)+f(1)-f(1-h)}{2h}$$
$$=\frac{1}{2}\lim_{h\to 0}\left\{\frac{f(1+h)-f(1)}{h}+\frac{f(1-h)-f(1)}{-h}\right\}$$
$$=\frac{1}{2}\{f'(1)+f'(1)\}$$
$$=f'(1)$$
$$=2+1-1-2=0$$

4 1209 답 ① 유형 5

출제의도 | 합성함수의 미분법을 이해하는지 확인한다.

미분계수의 정의를 이용할 수 있게 극한으로 주어진 식을 변형해 보자.

$h(x)=f(g(x))$라 하면

$h(1)=f(g(1))=f(2)=4$

$$\therefore \lim_{x\to 1}\frac{f(g(x))-4}{x-1}=\lim_{x\to 1}\frac{h(x)-h(1)}{x-1}=h'(1)$$

그런데 $h'(x)=f'(g(x))g'(x)$이므로

$h'(1)=f'(g(1))g'(1)=f'(2)g'(1)$

$=5\times 3=15$

5 1210 답 ③ 유형 7

출제의도 | 합성함수의 미분법을 이해하는지 확인한다.

$y=f(g(x))$일 때 $y'=f'(g(x))g'(x)$임을 이용해 보자.

$f(x)=\left(\dfrac{x^2}{2x+1}\right)^3$에서

$$f'(x)=3\left(\frac{x^2}{2x+1}\right)^2\left(\frac{x^2}{2x+1}\right)'$$
$$=3\left(\frac{x^2}{2x+1}\right)^2\times\frac{(x^2)'(2x+1)-x^2(2x+1)'}{(2x+1)^2}$$
$$=3\left(\frac{x^2}{2x+1}\right)^2\times\frac{2x(2x+1)-2x^2}{(2x+1)^2}$$
$$=3\left(\frac{x^2}{2x+1}\right)^2\times\frac{2x(x+1)}{(2x+1)^2}$$
$$\therefore f'(1)=3\times\left(\frac{1^2}{2\times1+1}\right)^2\times\frac{2\times1\times(1+1)}{(2\times1+1)^2}$$
$$=\frac{4}{27}$$

6 1211 답 ③ 유형 10

출제의도 | 로그함수의 도함수를 구할 수 있는지 확인한다.

$y=\ln|f(x)|$이면 $y'=\dfrac{f'(x)}{f(x)}$임을 이용해 보자.

$f(x)=\ln|e^{\tan x}-1|$에서

$$f'(x)=\frac{e^{\tan x}\times\sec^2 x}{e^{\tan x}-1}$$
$$\therefore f'\left(\frac{\pi}{4}\right)=\frac{e\times(\sqrt{2})^2}{e-1}=\frac{2e}{e-1}$$

7 1212 답 ④ 유형 13

출제의도 | n이 실수일 때 $\{f(x)\}^n$ 꼴인 함수의 도함수를 구할 수 있는지 확인한다.

$\sqrt{x^2+a}=(x^2+a)^{\frac{1}{2}}$으로 고쳐서 생각해 보자.

$$f(x)=\ln(x+\sqrt{x^2+a})^3$$
$$=3\ln(x+\sqrt{x^2+a})$$
$$=3\ln\{x+(x^2+a)^{\frac{1}{2}}\}$$

에서

$$f'(x)=3\times\frac{1+\frac{1}{2}(x^2+a)^{-\frac{1}{2}}\times 2x}{x+(x^2+a)^{\frac{1}{2}}}$$
$$=3\times\frac{1}{x+\sqrt{x^2+a}}\times\frac{x+\sqrt{x^2+a}}{\sqrt{x^2+a}}$$
$$=\frac{3}{\sqrt{x^2+a}}$$

따라서 $f'\left(\dfrac{1}{2}\right)=3$에서

$$\frac{3}{\sqrt{\frac{1}{4}+a}}=3,\ \sqrt{\frac{1}{4}+a}=1 \qquad \therefore a=\frac{3}{4}$$

8 1213 답 ④ 유형 16

출제의도 | 역함수의 미분법을 이해하는지 확인한다.

$x=f(y)$ 꼴로 주어진 함수는 양변을 y에 대하여 미분해 보자.

$x=\tan 2y$의 양변을 y에 대하여 미분하면

$$\frac{dx}{dy}=2\sec^2 2y$$
$$\therefore \frac{dy}{dx}=\frac{1}{2}\times\frac{1}{\sec^2 2y}=\frac{1}{2}\times\frac{1}{\tan^2 2y+1}$$

↳ $\tan^2 x+1=\sec^2 x$

$$=\frac{1}{2}\times\frac{1}{x^2+1}=\frac{1}{2x^2+2}$$

9 1214 답 ③ 유형 18

출제의도 | 이계도함수를 구할 수 있는지 확인한다.

$f'(x)$, $f''(x)$를 구할 때 몫의 미분법과 로그함수의 미분을 이용해 보자.

$f(x)=\dfrac{\ln x}{ax}$에서

$$f'(x)=\frac{1}{a}\times\frac{\frac{1}{x}\times x-\ln x\times 1}{x^2}$$
$$=\frac{1}{a}\times\frac{1-\ln x}{x^2}$$
$$f''(x)=\frac{1}{a}\times\frac{-\frac{1}{x}\times x^2-(1-\ln x)\times 2x}{x^4}$$
$$=\frac{1}{a}\times\frac{2\ln x-3}{x^3}$$

따라서 $f''(1)=1$에서

$$\frac{1}{a}\times(-3)=1 \qquad \therefore a=-3$$

10 1215 답 ③

유형 2

출제의도 | 함수의 몫의 미분법을 이해하는지 확인한다.

$\lim_{x \to 2} \frac{f(x)-4}{x-2}=3$에서 $f(2)=4$, $f'(2)=3$임을 구해 보자.

$\lim_{x \to 2} \frac{f(x)-4}{x-2}=3$에서 $x \to 2$일 때 (분모) → 0이고 극한값이 존재하므로 (분자) → 0이다.

즉, $\lim_{x \to 2}\{f(x)-4\}=0$이므로 $f(2)=4$

$$\therefore \lim_{x \to 2} \frac{f(x)-4}{x-2}=\lim_{x \to 2} \frac{f(x)-f(2)}{x-2}=f'(2)=3$$

한편, $g(x)=\frac{f(x)}{x}$에서 $g(2)=\frac{f(2)}{2}=\frac{4}{2}=2$이고

$g'(x)=\frac{xf'(x)-f(x)}{x^2}$이므로

$$\lim_{x \to 2} \frac{g(x)-2}{x-2}=\lim_{x \to 2} \frac{g(x)-g(2)}{x-2}=g'(2)=\frac{2f'(2)-f(2)}{2^2}=\frac{2\times3-4}{4}=\frac{1}{2}$$

11 1216 답 ②

유형 6

출제의도 | 합성함수의 미분법을 이해하는지 확인한다.

$y=f(ax+b)$일 때 $y'=f'(ax+b)(ax+b)'=af'(ax+b)$임을 이용해 보자.

$f(2x+1)=g(-3x-3)$에 $x=0$을 대입하면

$f(1)=g(-3)=3$

$f(2x+1)=g(-3x-3)$의 양변을 x에 대하여 미분하면

$2f'(2x+1)=-3g'(-3x-3)$

위의 식에 $x=0$을 대입하면

$2f'(1)=-3g'(-3)=12$

$\therefore g'(-3)=-4$

$\therefore g(-3)-g'(-3)=3-(-4)=7$

12 1217 답 ①

유형 9

출제의도 | 삼각함수의 미분과 합성함수의 미분법을 이해하는지 확인한다.

$f'(x)$, $g'(x)$를 구하여 $p'(x)=g'(f(x))f'(x)$를 구해 보자.

$f(x)=\tan x$에서 $f'(x)=\sec^2 x$

$g(x)=x^3$에서 $g'(x)=3x^2$

$$\lim_{h \to 0} \frac{p\left(\frac{\pi}{4}+h\right)-p\left(\frac{\pi}{4}-h\right)}{2h}$$

$$=\frac{1}{2}\lim_{h \to 0}\left\{\frac{p\left(\frac{\pi}{4}+h\right)-p\left(\frac{\pi}{4}\right)}{h}+\frac{p\left(\frac{\pi}{4}-h\right)-p\left(\frac{\pi}{4}\right)}{-h}\right\}$$

$$=\frac{1}{2}\left\{p'\left(\frac{\pi}{4}\right)+p'\left(\frac{\pi}{4}\right)\right\}$$

$$=p'\left(\frac{\pi}{4}\right) \quad \cdots\cdots ㉠$$

한편, $p(x)=g(f(x))$에서

$$p'(x)=g'(f(x))f'(x)=g'(\tan x)\times\sec^2 x=3\tan^2 x\sec^2 x$$

이므로 ㉠에서

$$p'\left(\frac{\pi}{4}\right)=3\tan^2\frac{\pi}{4}\sec^2\frac{\pi}{4}=3\times1^2\times(\sqrt{2})^2=6$$

13 1218 답 ③

유형 14

출제의도 | 매개변수로 나타낸 함수의 미분법을 이해하는지 확인한다.

$\frac{dx}{dt}$, $\frac{dy}{dt}$를 구하여 $\frac{dy}{dx}$를 구해 보자.

$x=t^3+t$, $y=2t^2$에서

$\frac{dx}{dt}=3t^2+1$, $\frac{dy}{dt}=4t$이므로

$$\frac{dy}{dx}=\frac{\frac{dy}{dt}}{\frac{dx}{dt}}=\frac{4t}{3t^2+1}$$

$\frac{dy}{dx}=1$에서 $\frac{4t}{3t^2+1}=1$

$3t^2-4t+1=0$, $(3t-1)(t-1)=0$

$\therefore t=\frac{1}{3}$ 또는 $t=1$

따라서 모든 실수 t의 값의 합은

$\frac{1}{3}+1=\frac{4}{3}$

14 1219 답 ⑤

유형 15

출제의도 | 음함수의 미분법을 이해하는지 확인한다.

y가 포함된 항을 x에 대하여 미분하면 $\frac{dy}{dx}$를 곱해야 함에 유의하자.

$x^3+y^3+axy+b=0$의 양변을 x에 대하여 미분하면

$3x^2+3y^2\frac{dy}{dx}+ay+ax\frac{dy}{dx}=0$

$(ax+3y^2)\frac{dy}{dx}=-3x^2-ay$

$\therefore \frac{dy}{dx}=\frac{-3x^2-ay}{ax+3y^2}$ (단, $ax+3y^2\neq0$)

점 $(1, -3)$에서의 접선의 기울기가 $\frac{1}{5}$이므로

$\frac{-3+3a}{a+27}=\frac{1}{5}$, $-15+15a=a+27$

$14a=42 \qquad \therefore a=3$

또, 점 $(1, -3)$은 곡선 $x^3+y^3+3xy+b=0$ 위의 점이므로

$1-27-9+b=0 \qquad \therefore b=35$

$\therefore b-a=35-3=32$

15 1220 답 ① 유형 15

출제의도 | 음함수의 미분법을 이해하는지 확인한다.

> y가 포함된 항을 x에 대하여 미분하면 $\dfrac{dy}{dx}$를 곱해야 함에 유의하자.

$y^2+yf(1-2x)+2=0$의 양변을 x에 대하여 미분하면

$$2y\frac{dy}{dx}+f(1-2x)\frac{dy}{dx}-2yf'(1-2x)=0$$

$$\{2y+f(1-2x)\}\frac{dy}{dx}=2yf'(1-2x)$$

$$\therefore \frac{dy}{dx}=\frac{2yf'(1-2x)}{2y+f(1-2x)} \text{ (단, } 2y+f(1-2x)\neq 0)$$

점 A$(-1, 1)$이 곡선 $y^2+yf(1-2x)+2=0$ 위의 점이므로

$1+f(3)+2=0 \quad \therefore f(3)=-3$

따라서 점 A$(-1, 1)$에서의 접선의 기울기는

$$\frac{2f'(3)}{2+f(3)}=\frac{2\times 1}{2+(-3)}=-2$$

($x=-1$, $y=1$일 때 $\dfrac{dy}{dx}$의 값)

16 1221 답 ⑤ 유형 18

출제의도 | 이계도함수를 구할 수 있는지 확인한다.

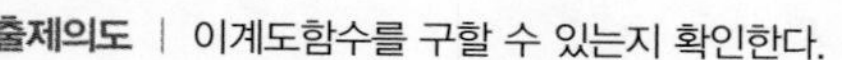

> $(e^{-x})'=e^{-x}\times(-x)'=e^{-x}\times(-1)$,
> $(\sin ax)'=\cos ax\times(ax)'=\cos ax\times a$임을 이용해 보자.

$f(x)=e^{-x}\sin 2x$에서

$$f'(x)=-e^{-x}\sin 2x+e^{-x}\times 2\cos 2x$$
$$=e^{-x}(-\sin 2x+2\cos 2x)$$
$$f''(x)=-e^{-x}(-\sin 2x+2\cos 2x)+e^{-x}(-2\cos 2x-4\sin 2x)$$
$$=e^{-x}(-3\sin 2x-4\cos 2x)$$

$f''(x)+2f'(x)+kf(x)=0$에서

$$e^{-x}(-3\sin 2x-4\cos 2x-2\sin 2x+4\cos 2x+k\sin 2x)=0$$
$$e^{-x}\{(k-5)\sin 2x\}=0$$

이때 $e^{-x}>0$이므로 $(k-5)\sin 2x=0$

이 식이 x에 대한 항등식이므로 $k=5$

17 1222 답 ③ 유형 2

출제의도 | 함수의 몫의 미분법을 이해하는지 확인한다.

> $\left\{\dfrac{1}{(x+1)^n}\right\}'=\dfrac{(1)'(x+1)^n-1\times\{(x+1)^n\}'}{(x+1)^{2n}}=\dfrac{-n(x+1)^{n-1}}{(x+1)^{2n}}$
> 임을 적용해 보자.

$f(x)=\dfrac{1}{x+1}+\dfrac{2}{(x+1)^2}+\dfrac{3}{(x+1)^3}+\cdots+\dfrac{10}{(x+1)^{10}}$에서

$$f'(x)=-\frac{1}{(x+1)^2}-\frac{2\times 2(x+1)}{(x+1)^4}-\frac{3\times 3(x+1)^2}{(x+1)^6}-\cdots-\frac{10\times 10(x+1)^9}{(x+1)^{20}}$$
$$=-\frac{1}{(x+1)^2}-\frac{2^2}{(x+1)^3}-\frac{3^2}{(x+1)^4}-\cdots-\frac{10^2}{(x+1)^{11}}$$

이므로

$$f(0)=1+2+3+\cdots+10=\sum_{n=1}^{10}n=\frac{10\times 11}{2}=55$$

($\sum_{k=1}^{n}k=\dfrac{n(n+1)}{2}$)

$$f'(0)=-1^2-2^2-3^2-\cdots-10^2=-\sum_{n=1}^{10}n^2$$
$$=-\frac{10\times 11\times 21}{6}=-385$$

($\sum_{k=1}^{n}k^2=\dfrac{n(n+1)(2n+1)}{6}$)

$$\therefore f(0)-f'(0)=55-(-385)=440$$

다른 풀이

$$f(x)=\sum_{n=1}^{10}\frac{n}{(x+1)^n}=\sum_{n=1}^{10}n(x+1)^{-n}$$
$$f'(x)=\sum_{n=1}^{10}\{n\times(-n)\times(x+1)^{-n-1}\}$$
$$=-\sum_{n=1}^{10}n^2(x+1)^{-n-1}$$

이므로 $f(0)=\sum_{n=1}^{10}n=\dfrac{10\times 11}{2}=55$

$$f'(0)=-\sum_{n=1}^{10}n^2=-\frac{10\times 11\times 21}{6}=-385$$
$$\therefore f(0)-f'(0)=55-(-385)=440$$

18 1223 답 ① 유형 14

출제의도 | 매개변수로 나타낸 함수의 미분법을 이해하는지 확인한다.

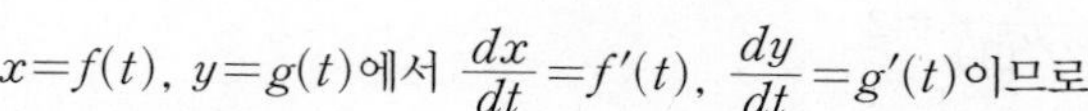

> $f(t)g(t)=1$의 양변을 t에 대하여 미분해 보자.

$x=f(t)$, $y=g(t)$에서 $\dfrac{dx}{dt}=f'(t)$, $\dfrac{dy}{dt}=g'(t)$이므로

$$\frac{dy}{dx}=\frac{\frac{dy}{dt}}{\frac{dx}{dt}}=\frac{g'(t)}{f'(t)}$$

한편, $f(t)g(t)=1$의 양변을 t에 대하여 미분하면

$$f'(t)g(t)+f(t)g'(t)=0$$
$$\therefore \frac{g'(t)}{f'(t)}=-\frac{g(t)}{f(t)}$$

따라서 점 $(f(1), g(1))$에서의 접선의 기울기는

$$\frac{g'(1)}{f'(1)}=-\frac{g(1)}{f(1)}$$

19 1224 답 ② 유형 17

출제의도 | 역함수의 미분법을 이해하는지 확인한다.

> 역함수 관계에 있는 두 함수의 그래프는 직선 $y=x$에 대하여 대칭임을 이용해 보자.

함수 $g(2x)$의 도함수는 $2g'(2x)$이므로 $x=1$에서의 미분계수는 $2g'(2)$이다.

한편, 두 함수 $y=f(x)$, $y=g(x)$는 서로 역함수 관계이므로 두 함수의 그래프는 직선 $y=x$에 대하여 대칭이다.

$\therefore f(1)=2$, $g(2)=1$

또, $g(x)=f^{-1}(x)$이므로 $f(g(x))=x$의 양변을 x에 대하여 미분하면 $f'(g(x))g'(x)=1$

$f'(g(2))g'(2)=1$에서 $f'(1)=2$이므로

$$g'(2)=\frac{1}{f'(1)}=\frac{1}{2} \qquad \therefore 2g'(2)=2\times\frac{1}{2}=1$$

05

20 1225 답 ② 유형 17

출제의도 | 역함수의 미분법을 이해하는지 확인한다.

> 곡선 $y=f(x)$ 위의 점 $(1, 3)$에서의 접선의 기울기가 $\frac{1}{4}$이므로 먼저 $f(1)$, $f'(1)$의 값을 구해 보자.

곡선 $y=f(x)$가 점 $(1, 3)$을 지나므로

$f(1)=3$

또, 점 $(1, 3)$에서의 접선의 기울기가 $\frac{1}{4}$이므로

$f'(1)=\frac{1}{4}$

함수 $f(2x+3)$의 역함수가 $g(x)$이므로

$g(f(2x+3))=x$ ······ ㉠

㉠의 양변에 $x=-1$을 대입하면

$g(f(1))=-1 \qquad \therefore g(3)=-1$

㉠의 양변을 x에 대하여 미분하면

$g'(f(2x+3))\times 2f'(2x+3)=1$ ······ ㉡

㉡의 양변에 $x=-1$을 대입하면

$g'(f(1))\times 2f'(1)=1$

이때 $f(1)=3$, $f'(1)=\frac{1}{4}$이므로

$g'(3)=\frac{1}{2f'(1)}=2$

$\therefore \frac{g'(3)}{g(3)}=\frac{2}{-1}=-2$

21 1226 답 ③ 유형 17

출제의도 | 역함수의 미분법을 이해하는지 확인한다.

> $g(3)=a$이면 $f(a)=3$임을 이용하여 $g(3)$의 값을 구해 보자.

$f(x)=x^3-3x^2+4x-9$에서

$f'(x)=3x^2-6x+4$

$g(3)=a$라 하면 $f(a)=3$이므로

$a^3-3a^2+4a-9=3$, $a^3-3a^2+4a-12=0$

$(a-3)(a^2+4)=0 \qquad \therefore a=3$

$\therefore g(3)=3$, $f(3)=3$

$g(x)=f^{-1}(x)$이므로 $f(g(x))=x$의 양변을 x에 대하여 미분하면 $f'(g(x))g'(x)=1$

$f'(g(3))g'(3)=1$에서

$g(3)=3$, $f'(3)=27-18+4=13$이므로

$g'(3)=\frac{1}{f'(g(3))}=\frac{1}{f'(3)}=\frac{1}{13}$

한편,

$$\lim_{x\to 3}\frac{f(x)-g(x)}{(x-3)g(x)}=\lim_{x\to 3}\frac{\frac{f(x)}{g(x)}-1}{x-3}\ (\because g(x)\neq 0)$$
$$=\lim_{x\to 3}\frac{\frac{f(x)}{g(x)}-\frac{f(3)}{g(3)}}{x-3}$$

에서 $h(x)=\frac{f(x)}{g(x)}$라 하면

$h'(x)=\frac{f'(x)g(x)-f(x)g'(x)}{\{g(x)\}^2}$이므로

$$\lim_{x\to 3}\frac{f(x)-g(x)}{(x-3)g(x)}=\lim_{x\to 3}\frac{h(x)-h(3)}{x-3}$$
$$=h'(3)$$
$$=\frac{f'(3)g(3)-f(3)g'(3)}{\{g(3)\}^2}$$
$$=\frac{13\times 3-3\times\frac{1}{13}}{3^2}$$
$$=\frac{\frac{168}{13}}{3}=\frac{56}{13}$$

다른 풀이

$$\lim_{x\to 3}\frac{f(x)-g(x)}{(x-3)g(x)}$$
$$=\lim_{x\to 3}\left[\frac{\{f(x)-3\}-\{g(x)-3\}}{x-3}\times\frac{1}{g(x)}\right]$$
$$=\lim_{x\to 3}\left\{\frac{f(x)-3}{x-3}-\frac{g(x)-3}{x-3}\right\}\times\lim_{x\to 3}\frac{1}{g(x)}$$
$$=\{f'(3)-g'(3)\}\times\frac{1}{g(3)}$$
$$=\left(13-\frac{1}{13}\right)\times\frac{1}{3}$$
$$=\frac{168}{13}\times\frac{1}{3}$$
$$=\frac{56}{13}$$

22 1227 답 5 유형 4

출제의도 | 삼각함수의 미분과 몫의 미분법을 이해하는지 확인한다.

STEP 1 $f'(x)$ 구하기 [2점]

$f(x)=\frac{\cos x}{1+\sin x}$에서

$$f'(x)=\frac{-\sin x(1+\sin x)-\cos x\times\cos x}{(1+\sin x)^2}$$
$$=\frac{-\sin x-\sin^2 x-\cos^2 x}{(1+\sin x)^2}$$
$$=-\frac{1+\sin x}{(1+\sin x)^2}$$
$$=-\frac{1}{1+\sin x}$$

STEP 2 m, n 사이의 관계식 구하기 [2점]

$$\lim_{h\to 0}\frac{f(\pi+mh)-f(\pi-2nh)}{h}$$
$$=\lim_{h\to 0}\left\{\frac{f(\pi+mh)}{mh}\times m+\frac{f(\pi-2nh)}{-2nh}\times 2n\right\}$$
$$=mf'(\pi)+2nf'(\pi)$$
$$=(m+2n)f'(\pi)=-11$$

이때 $f'(\pi)=-\frac{1}{1+0}=-1$이므로

$m+2n=11$

STEP 3 순서쌍 (m, n)의 개수 구하기 [2점]

$m+2n=11$을 만족시키는 두 자연수 m, n을 순서쌍 (m, n)으로 나타내면

(1, 5), (3, 4), (5, 3), (7, 2), (9, 1)
따라서 구하는 순서쌍 (m, n)의 개수는 5이다.

23 1228 답 16 유형 5

출제의도 | 합성함수의 미분법을 이해하는지 확인한다.

STEP 1 $f(2)$, $f'(2)$의 값 구하기 [3점]

$\lim_{x\to 2}\frac{f(x)-2}{x^2-4}=1$에서 $x \to 2$일 때 (분모) → 0이고 극한값이 존재하므로 (분자) → 0이다.

즉, $\lim_{x\to 2}\{f(x)-2\}=0$이므로 $f(2)=2$

$$\therefore \lim_{x\to 2}\frac{f(x)-2}{x^2-4}=\lim_{x\to 2}\frac{f(x)-f(2)}{x^2-4}=\lim_{x\to 2}\left\{\frac{f(x)-f(2)}{x-2}\times\frac{1}{x+2}\right\}=\frac{1}{4}f'(2)$$

$\frac{1}{4}f'(2)=1$이므로 $f'(2)=4$

STEP 2 함수 $y=(f\circ f)(x)$의 $x=2$에서의 미분계수 구하기 [3점]

함수 $y=(f\circ f)(x)=f(f(x))$에서

$y'=f'(f(x))f'(x)$

따라서 $x=2$에서의 미분계수는

$f'(f(2))f'(2)=f'(2)f'(2)=4^2=16$

24 1229 답 8 유형 8

출제의도 | 합성함수의 미분법을 이해하는지 확인한다.

STEP 1 $f(1)$, $f'(1)$의 값 구하기 [2점]

$g(x)=e^{x^3-x}$에서 $g(1)=e^0=1$이므로

$(f\circ g)(1)=2$에서 $f(g(1))=f(1)=2$

$g(x)=e^{x^3-x}$에서 $g'(x)=(3x^2-1)e^{x^3-x}$이고

$g'(1)=2e^0=2$이므로

$(f\circ g)'(1)=2$에서 $f'(g(1))g'(1)=f'(1)\times 2=2$

$\therefore f'(1)=1$

STEP 2 $f(x)$에 대한 식 세우기 [2점]

$f(x)$를 $(x-1)^2$으로 나누었을 때의 몫을 $Q(x)$,

$R(x)=ax+b$ (a, b는 상수)라 하면

$f(x)=(x-1)^2Q(x)+ax+b$ ······ ㉠

로 놓을 수 있다.

STEP 3 $R(7)$의 값 구하기 [4점]

㉠의 양변에 $x=1$을 대입하면

$f(1)=a+b$ $\quad\therefore a+b=2$ ······ ㉡

㉠의 양변을 x에 대하여 미분하면

$f'(x)=2(x-1)Q(x)+(x-1)^2Q'(x)+a$

위의 식에 $x=1$을 대입하면

$f'(1)=a$ $\quad\therefore a=1$

$a=1$을 ㉡에 대입하여 풀면 $b=1$

따라서 $R(x)=x+1$이므로

$R(7)=7+1=8$

25 1230 답 $e^{\frac{\pi}{2}}+1$ 유형 11

출제의도 | 로그함수를 이용하여 $\frac{f(x)}{g(x)}$ 꼴인 함수의 도함수를 구할 수 있는지 확인한다.

STEP 1 $\frac{g'(x)}{g(x)}$ 구하기 [4점]

$g(x)=\frac{f(x)\sin x}{e^x}$의 양변의 절댓값에 자연로그를 취하면

$\ln|g(x)|=\ln\left|\frac{f(x)\sin x}{e^x}\right|$

$\ln|g(x)|=\ln|f(x)|+\ln|\sin x|-\ln e^x$

$\therefore \ln|g(x)|=\ln|f(x)|+\ln|\sin x|-x$

위의 식의 양변을 x에 대하여 미분하면

$\frac{g'(x)}{g(x)}=\frac{f'(x)}{f(x)}+\frac{\cos x}{\sin x}-1$ ······ ㉠

STEP 2 $\frac{f'\left(\frac{\pi}{2}\right)}{f\left(\frac{\pi}{2}\right)}$의 값 구하기 [4점]

㉠의 양변에 $x=\frac{\pi}{2}$를 대입하면

$$\frac{g'\left(\frac{\pi}{2}\right)}{g\left(\frac{\pi}{2}\right)}=\frac{f'\left(\frac{\pi}{2}\right)}{f\left(\frac{\pi}{2}\right)}+\frac{\cos\frac{\pi}{2}}{\sin\frac{\pi}{2}}-1$$

이때 $g'\left(\frac{\pi}{2}\right)=e^{\frac{\pi}{2}}g\left(\frac{\pi}{2}\right)$에서 $\frac{g'\left(\frac{\pi}{2}\right)}{g\left(\frac{\pi}{2}\right)}=e^{\frac{\pi}{2}}$이므로

$e^{\frac{\pi}{2}}=\frac{f'\left(\frac{\pi}{2}\right)}{f\left(\frac{\pi}{2}\right)}-1$ $\quad\therefore \frac{f'\left(\frac{\pi}{2}\right)}{f\left(\frac{\pi}{2}\right)}=e^{\frac{\pi}{2}}+1$

다른 풀이

STEP 1 $g'(x)$ 구하기 [3점]

$g(x)=\frac{f(x)\sin x}{e^x}$에서

$$g'(x)=\frac{\{f'(x)\sin x+f(x)\cos x\}e^x-f(x)\sin x\, e^x}{e^{2x}}=\frac{f'(x)\sin x+f(x)\cos x-f(x)\sin x}{e^x}$$

STEP 2 $g'\left(\frac{\pi}{2}\right)=e^{\frac{\pi}{2}}g\left(\frac{\pi}{2}\right)$를 이용하여 $\frac{f'\left(\frac{\pi}{2}\right)}{f\left(\frac{\pi}{2}\right)}$의 값 구하기 [5점]

이때 $g'\left(\frac{\pi}{2}\right)=\frac{f'\left(\frac{\pi}{2}\right)-f\left(\frac{\pi}{2}\right)}{e^{\frac{\pi}{2}}}$, $g\left(\frac{\pi}{2}\right)=\frac{f\left(\frac{\pi}{2}\right)}{e^{\frac{\pi}{2}}}$이므로

$g'\left(\frac{\pi}{2}\right)=e^{\frac{\pi}{2}}g\left(\frac{\pi}{2}\right)$에서

$$\frac{f'\left(\frac{\pi}{2}\right)-f\left(\frac{\pi}{2}\right)}{e^{\frac{\pi}{2}}}=f\left(\frac{\pi}{2}\right)$$

$f'\left(\frac{\pi}{2}\right)=(e^{\frac{\pi}{2}}+1)f\left(\frac{\pi}{2}\right)$

$$\therefore \frac{f'\left(\frac{\pi}{2}\right)}{f\left(\frac{\pi}{2}\right)}=e^{\frac{\pi}{2}}+1$$

06 도함수의 활용 (1)

핵심 개념 256쪽~257쪽

1231 답 $y=\sqrt{2}x-\frac{\sqrt{2}}{4}\pi$

$f(x)=\sin x-\cos x$라 하면 $f'(x)=\cos x+\sin x$

점 $\left(\frac{\pi}{4}, 0\right)$에서의 접선의 기울기는

$f'\left(\frac{\pi}{4}\right)=\cos\frac{\pi}{4}+\sin\frac{\pi}{4}=\sqrt{2}$

따라서 구하는 접선의 방정식은

$y-0=\sqrt{2}\left(x-\frac{\pi}{4}\right)$ $\quad\therefore y=\sqrt{2}x-\frac{\sqrt{2}}{4}\pi$

1232 답 $y=x+1$

$f(x)=e^x$이라 하면 $f'(x)=e^x$

점 $(0, 1)$에서의 접선의 기울기는 $f'(0)=1$이므로 접선의 방정식은

$y-1=x$ $\quad\therefore y=x+1$

1233 답 $y=\frac{1}{e}x$

$f(x)=\ln x$라 하면 $f'(x)=\frac{1}{x}$

접점의 좌표를 $(t, \ln t)$라 하면 접선의 기울기가 $\frac{1}{e}$이므로

$f'(t)=\frac{1}{t}=\frac{1}{e}$ $\quad\therefore t=e$

즉, 접점의 좌표는 $(e, 1)$이므로 접선의 방정식은

$y-1=\frac{1}{e}(x-e)$ $\quad\therefore y=\frac{1}{e}x$

1234 답 $y=4x+1$

$f(x)=e^{4x}$이라 하면 $f'(x)=4e^{4x}$

접점의 좌표를 (t, e^{4t})이라 하면 접선의 기울기가 4이므로

$f'(t)=4e^{4t}=4$, $e^{4t}=1$

$4t=0$ $\quad\therefore t=0$

즉, 접점의 좌표는 $(0, 1)$이므로 접선의 방정식은

$y-1=4x$ $\quad\therefore y=4x+1$

1235 답 $y=\frac{1}{e}x$

$f(x)=\ln x$라 하면 $f'(x)=\frac{1}{x}$

접점의 좌표를 $(t, \ln t)$라 하면 접선의 기울기는 $f'(t)=\frac{1}{t}$이므로

접선의 방정식은

$y-\ln t=\frac{1}{t}(x-t)$ ······ ㉠

이 접선이 점 $(0, 0)$을 지나므로

$-\ln t=\frac{1}{t}\times(-t)$, $\ln t=1$ $\quad\therefore t=e$

$t=e$를 ㉠에 대입하면 구하는 접선의 방정식은

$y-1=\frac{1}{e}(x-e)$ $\quad\therefore y=\frac{1}{e}x$

1236 답 $y=\frac{1}{2}x-1$

$f(x)=\sqrt{x-3}$이라 하면 $f'(x)=\frac{1}{2\sqrt{x-3}}$

접점의 좌표를 $(t, \sqrt{t-3})$이라 하면 접선의 기울기는

$f'(t)=\frac{1}{2\sqrt{t-3}}$이므로 접선의 방정식은

$y-\sqrt{t-3}=\frac{1}{2\sqrt{t-3}}(x-t)$ ······ ㉠

이 접선이 점 $(2, 0)$을 지나므로

$-\sqrt{t-3}=\frac{1}{2\sqrt{t-3}}(2-t)$, $-2(t-3)=2-t$

$\therefore t=4$

$t=4$를 ㉠에 대입하면 구하는 접선의 방정식은

$y-1=\frac{1}{2}(x-4)$ $\quad\therefore y=\frac{1}{2}x-1$

1237 답 (1) 극솟값 : $\sqrt{3}$ (2) 극댓값 : -1

(1) $f(x)=\sqrt{x^2+3}$에서 $f'(x)=\frac{2x}{2\sqrt{x^2+3}}=\frac{x}{\sqrt{x^2+3}}$

$f'(x)=0$에서 $x=0$

함수 $f(x)$의 증가와 감소를 표로 나타내면 다음과 같다.

x	$\cdots$	0	$\cdots$
$f'(x)$	$-$	0	$+$
$f(x)$	↘	극소	↗

따라서 함수 $f(x)$는 $x=0$에서 극솟값 $f(0)=\sqrt{3}$을 갖는다.

(2) $f(x)=x-e^x$에서 $f'(x)=1-e^x$

$f'(x)=0$에서 $e^x=1$ $\quad\therefore x=0$

함수 $f(x)$의 증가와 감소를 표로 나타내면 다음과 같다.

x	$\cdots$	0	$\cdots$
$f'(x)$	$+$	0	$-$
$f(x)$	↗	극대	↘

따라서 함수 $f(x)$는 $x=0$에서 극댓값 $f(0)=-1$을 갖는다.

1238 답 극댓값 : -4, 극솟값 : 4

$f(x)=x+\frac{4}{x}$에서 $f'(x)=1-\frac{4}{x^2}$, $f''(x)=\frac{8}{x^3}$

$f'(x)=0$에서 $x^2=4$ $\quad\therefore x=-2$ 또는 $x=2$

이때 $f''(-2)=-1<0$, $f''(2)=1>0$이므로 함수 $f(x)$는

$x=-2$에서 극댓값 $f(-2)=-4$, $x=2$에서 극솟값 $f(2)=4$를 갖는다.

기출 유형 check 실전 준비하기 258쪽~286쪽

1239 답 $y=2x+2$

$f(x)=x^2+3$이라 하면 $f'(x)=2x$

점 $(1, 4)$에서의 접선의 기울기는

$f'(1)=2$

따라서 구하는 접선의 방정식은

$y-4=2(x-1)$ $\quad\therefore y=2x+2$

1240 답 $y=x-3$

$f(x)=x^2-3x$라 하면 $f'(x)=2x-3$

점 $(1,\ -2)$에서의 접선의 기울기는

$f'(1)=-1$

따라서 점 $(1,\ -2)$에서의 접선에 수직인 직선의 기울기는 1이므로 구하는 직선의 방정식은

$y-(-2)=x-1$

$\therefore\ y=x-3$

1241 답 $y=9x+16$, $y=9x-16$

$f(x)=x^3-3x$라 하면 $f'(x)=3x^2-3$

접점의 좌표를 $(t,\ t^3-3t)$라 하면 접선의 기울기가 9이므로

$f'(t)=3t^2-3=9$, $t^2=4$

$\therefore\ t=-2$ 또는 $t=2$

따라서 접점의 좌표는 $(-2,\ -2)$, $(2,\ 2)$이므로 구하는 접선의 방정식은

$y-(-2)=9(x+2)$, $y-2=9(x-2)$

$\therefore\ y=9x+16$, $y=9x-16$

1242 답 $y=-(2\sqrt{2}+2)x-2$, $y=(2\sqrt{2}-2)x-2$

$f(x)=x^2-2x$라 하면 $f'(x)=2x-2$

접점의 좌표를 $(t,\ t^2-2t)$라 하면 이 점에서의 접선의 기울기는 $f'(t)=2t-2$이므로 접선의 방정식은

$y-(t^2-2t)=(2t-2)(x-t)$ ······ ㉠

이 직선이 점 $(0,\ -2)$를 지나므로

$-2-(t^2-2t)=(2t-2)\times(-t)$, $t^2=2$

$\therefore\ t=-\sqrt{2}$ 또는 $t=\sqrt{2}$

이것을 ㉠에 대입하면 구하는 접선의 방정식은

$t=-\sqrt{2}$일 때, $y-(2+2\sqrt{2})=(-2\sqrt{2}-2)(x+\sqrt{2})$

$\therefore\ y=-(2\sqrt{2}+2)x-2$

$t=\sqrt{2}$일 때, $y-(2-2\sqrt{2})=(2\sqrt{2}-2)(x-\sqrt{2})$

$\therefore\ y=(2\sqrt{2}-2)x-2$

1243 답 4

$f(x)=x^3-6x^2+9x+1$에서

$f'(x)=3x^2-12x+9=3(x-1)(x-3)$

$f'(x)=0$에서 $x=1$ 또는 $x=3$

함수 $f(x)$의 증가와 감소를 표로 나타내면 다음과 같다.

x	$\cdots$	1	$\cdots$	3	$\cdots$
$f'(x)$	+	0	−	0	+
$f(x)$	↗		↘		↗

따라서 함수 $f(x)$가 감소하는 구간은 $[1,\ 3]$이므로

$\alpha=1$, $\beta=3$ $\quad\therefore\ \alpha+\beta=1+3=4$

1244 답 8

$f(x)=-x^3+3x^2+9x-7$에서

$f'(x)=-3x^2+6x+9=-3(x+1)(x-3)$

$f'(x)=0$에서 $x=-1$ 또는 $x=3$

함수 $f(x)$의 증가와 감소를 표로 나타내면 다음과 같다.

x	$\cdots$	−1	$\cdots$	3	$\cdots$
$f'(x)$	−	0	+	0	−
$f(x)$	↘	극소	↗	극대	↘

따라서 함수 $f(x)$의 극댓값은 $M=f(3)=20$, 극솟값은

$m=f(-1)=-12$이므로

$M+m=20+(-12)=8$

1245 답 ③

$f(x)=x^3+ax+b$에서

$f'(x)=3x^2+a$

함수 $f(x)$가 $x=-1$에서 극댓값 14를 가지므로

$f(-1)=14$, $f'(-1)=0$

$-1-a+b=14$, $3+a=0$

$\therefore\ a=-3$, $b=12$

즉, $f(x)=x^3-3x+12$이므로

$f'(x)=3x^2-3=3(x+1)(x-1)$

$f'(x)=0$에서 $x=-1$ 또는 $x=1$

함수 $f(x)$의 증가와 감소를 표로 나타내면 다음과 같다.

x	$\cdots$	−1	$\cdots$	1	$\cdots$
$f'(x)$	+	0	−	0	+
$f(x)$	↗	극대	↘	극소	↗

따라서 함수 $f(x)$는 $x=1$에서 극솟값 $f(1)=10$을 갖는다.

1246 답 ② | 유형 1

곡선 $y=\sin x$ 위의 점 $\left(\frac{\pi}{4},\ \frac{\sqrt{2}}{2}\right)$에서의 접선의 y절편은?
단서1 단서2

① $\frac{\sqrt{2}}{2}-\frac{\pi}{4}$ ② $\frac{\sqrt{2}}{2}-\frac{\sqrt{2}}{8}\pi$ ③ $\frac{\sqrt{2}}{2}-\frac{\pi}{8}$

④ $\frac{\sqrt{2}}{2}+\frac{\pi}{4}$ ⑤ $\frac{\sqrt{2}}{2}+\frac{\pi}{2}$

단서1 접선의 기울기는 $x=\frac{\pi}{4}$에서의 미분계수

단서2 $x=0$일 때 y의 값

STEP 1 접선의 방정식 구하기

$f(x)=\sin x$라 하면 $f'(x)=\cos x$

점 $\left(\frac{\pi}{4},\ \frac{\sqrt{2}}{2}\right)$에서의 접선의 기울기는 $f'\left(\frac{\pi}{4}\right)=\cos\frac{\pi}{4}=\frac{\sqrt{2}}{2}$이므로

접선의 방정식은

$y-\frac{\sqrt{2}}{2}=\frac{\sqrt{2}}{2}\left(x-\frac{\pi}{4}\right)$

$\therefore\ y=\frac{\sqrt{2}}{2}x+\frac{\sqrt{2}}{2}-\frac{\sqrt{2}}{8}\pi$

STEP 2 접선의 y절편 구하기

구하는 y절편은 $\frac{\sqrt{2}}{2}-\frac{\sqrt{2}}{8}\pi$이다.

1247 답 ③

$f(x)=\sqrt{1+\ln x}$라 하면

$f'(x)=\frac{1}{2\sqrt{1+\ln x}}\times\frac{1}{x}=\frac{1}{2x\sqrt{1+\ln x}}$

점 (1, 1)에서의 접선의 기울기는 $f'(1)=\frac{1}{2}$이므로 접선의 방정식은

$y-1=\frac{1}{2}(x-1)\qquad \therefore\ y=\frac{1}{2}x+\frac{1}{2}$

따라서 $a=\frac{1}{2}$, $b=\frac{1}{2}$이므로

$a-b=\frac{1}{2}-\frac{1}{2}=0$

1248 답 ①

$f(x)=\frac{\sin x}{x}$에서 $f'(x)=\frac{\cos x\times x-\sin x}{x^2}$

점 $(\pi,\ 0)$에서의 접선의 기울기는 $f'(\pi)=-\frac{\pi}{\pi^2}=-\frac{1}{\pi}$이므로 접선의 방정식은

$y=-\frac{1}{\pi}(x-\pi)\qquad \therefore\ y=-\frac{1}{\pi}x+1$

이 직선이 점 $(4\pi,\ k)$를 지나므로

$k=-\frac{1}{\pi}\times 4\pi+1=-3$

1249 답 3

$f(x)=\sqrt{x^2-a}$라 하면 $f'(x)=\frac{2x}{2\sqrt{x^2-a}}=\frac{x}{\sqrt{x^2-a}}$

점 $(2,\ \sqrt{4-a})$에서의 접선의 기울기는 $f'(2)=\frac{2}{\sqrt{4-a}}$이므로 접선의 방정식은

$y-\sqrt{4-a}=\frac{2}{\sqrt{4-a}}(x-2)$

이 직선이 점 $\left(\frac{3}{2},\ 0\right)$을 지나므로

$-\sqrt{4-a}=\frac{2}{\sqrt{4-a}}\times\left(-\frac{1}{2}\right)$

$4-a=1\qquad \therefore\ a=3$

1250 답 11

$f(x)=\frac{2}{x-1}$라 하면 $f'(x)=-\frac{2}{(x-1)^2}$

점 (2, 2)에서의 접선의 기울기는 $f'(2)=-\frac{2}{(2-1)^2}=-2$이므로

접선 l의 방정식은

$y-2=-2(x-2)\qquad \therefore\ y=-2x+6$

원점과 직선 l, 즉 $2x+y-6=0$ 사이의 거리는

$\frac{|-6|}{\sqrt{2^2+1^2}}=\frac{6\sqrt{5}}{5}$

따라서 $p=5$, $q=6$이므로

$p+q=5+6=11$

개념 Check

점 $(x_1,\ y_1)$과 직선 $ax+by+c=0$ 사이의 거리는

$\frac{|ax_1+by_1+c|}{\sqrt{a^2+b^2}}$

1251 답 ①

$f(x)=\sin x+a\cos x$라 하면 $f'(x)=\cos x-a\sin x$

곡선 $y=f(x)$가 점 $(\pi,\ b)$를 지나므로

$b=\sin\pi+a\cos\pi\qquad \therefore\ b=-a$ ······ ㉠

또한, 점 $(\pi,\ b)$에서의 접선의 기울기는

$f'(\pi)=\cos\pi-a\sin\pi=-1$이므로 접선의 방정식은

$y-b=-(x-\pi)\qquad \therefore\ y=-x+\pi+b$

즉, $\pi+b=2\pi$에서 $b=\pi$

$b=\pi$를 ㉠에 대입하면 $a=-\pi$

$\therefore\ a-b=-\pi-\pi=-2\pi$

1252 답 ②

$f(x)=x^2e^x$이라 하면 $f'(x)=2xe^x+x^2e^x=(x^2+2x)e^x$

$t\neq 0$인 곡선 $y=f(x)$ 위의 점 $\mathrm{P}(t,\ t^2e^t)$에서의 접선의 기울기는

$f'(t)=(t^2+2t)e^t$이므로 접선의 방정식은

$y-t^2e^t=(t^2+2t)e^t(x-t)$

위의 식에 $y=0$을 대입하면

$-t^2e^t=(t^2+2t)e^t(x-t)$

$(t^2+2t)x=t^3+t^2\ (\because\ e^t>0)$

$\therefore\ x=\frac{t^3+t^2}{t^2+2t}=\frac{t^2+t}{t+2}\ (\because\ t\neq 0,\ t\neq -2)$

따라서 $g(t)=\frac{t^2+t}{t+2}$이므로

$g(1)=\frac{1^2+1}{1+2}=\frac{2}{3}$

1253 답 ①

$\lim_{x\to 0}\frac{f(x)-3}{x}=-1$에서 $x\longrightarrow 0$일 때 (분모) $\longrightarrow$ 0이고 극한값이 존재하므로 (분자) $\longrightarrow$ 0이다.

즉, $\lim_{x\to 0}\{f(x)-3\}=0$이므로 $\lim_{x\to 0}f(x)=3$

함수 $f(x)$가 미분가능한 함수이므로 $f(x)$는 연속함수이다.

$\therefore\ f(0)=\lim_{x\to 0}f(x)=3$ ······ ㉠

이때 $\lim_{x\to 0}\frac{f(x)-3}{x}=\lim_{x\to 0}\frac{f(x)-f(0)}{x}=f'(0)$이므로

$f'(0)=-1$ ······ ㉡

$F(x)=e^{-x}f(x)$라 하면

$F(0)=f(0)=3\ (\because$ ㉠$)$ ← $e^{-0}f(0)$

$F'(x)=-e^{-x}f(x)+e^{-x}f'(x)$이므로 점 $(0,\ f(0))$에서의 접선의 기울기는

$F'(0)=-f(0)+f'(0)=-3+(-1)=-4\ (\because$ ㉠, ㉡$)$ ← $-e^{-0}f(0)+e^{-0}f'(0)$

따라서 접점의 좌표는 (0, 3)이고 접선의 기울기가 -4이므로 구하는 접선의 방정식은

$y-3=-4(x-0)\qquad \therefore\ y=-4x+3$

실수 Check

접점의 좌표와 접선의 기울기만 구하면 접선의 방정식을 구할 수 있다.

Plus 문제

1253-1

미분가능한 함수 $f(x)$가 $\lim_{x\to 1}\frac{f(x)-5}{x-1}=2$를 만족시킬 때, 곡선 $y=e^{-x}f(x)$ 위의 점 $\left(1,\ \frac{f(1)}{e}\right)$에서의 접선의 방정식

을 구하시오.

$\lim_{x\to1}\frac{f(x)-5}{x-1}=2$에서 $x\to1$일 때 (분모) $\to0$이고 극한값이 존재하므로 (분자) $\to0$이다.

즉, $\lim_{x\to1}\{f(x)-5\}=0$에서 $\lim_{x\to1}f(x)=5$

함수 $f(x)$가 미분가능한 함수이므로 $f(x)$는 연속함수이다.

$\therefore f(1)=\lim_{x\to1}f(x)=5$ ······ ㉠

이때 $\lim_{x\to1}\frac{f(x)-5}{x-1}=\lim_{x\to1}\frac{f(x)-f(1)}{x-1}=f'(1)$이므로

$f'(1)=2$ ······ ㉡

$F(x)=e^{-x}f(x)$라 하면

$F(1)=\frac{f(1)}{e}=\frac{5}{e}$ ($\because$ ㉠)

$F'(x)=-e^{-x}f(x)+e^{-x}f'(x)$이므로 점 $\left(1, \frac{f(1)}{e}\right)$에서의 접선의 기울기는

$F'(1)=-e^{-1}\times f(1)+e^{-1}\times f'(1)$

$=-\frac{5}{e}+\frac{2}{e}=-\frac{3}{e}$ ($\because$ ㉠, ㉡)

따라서 접점의 좌표는 $\left(1, \frac{5}{e}\right)$이고 접선의 기울기가 $-\frac{3}{e}$이므로 구하는 접선의 방정식은

$y-\frac{5}{e}=-\frac{3}{e}(x-1)$ $\quad\therefore y=-\frac{3}{e}x+\frac{8}{e}$

답 $y=-\frac{3}{e}x+\frac{8}{e}$

1254 답 ④

$f(x)=0$, 즉 $\ln(\tan x)=0$에서

$\tan x=1$

$0<x<\frac{\pi}{2}$이므로 $x=\frac{\pi}{4}$ $\quad\therefore P\left(\frac{\pi}{4}, 0\right)$

$f(x)=\ln(\tan x)$에서

$f'(x)=\frac{(\tan x)'}{\tan x}=\frac{\sec^2 x}{\tan x}$

곡선 $y=f(x)$ 위의 점 $P\left(\frac{\pi}{4}, 0\right)$에서의 접선의 기울기는

$f'\left(\frac{\pi}{4}\right)=\frac{\sec^2\frac{\pi}{4}}{\tan\frac{\pi}{4}}=\frac{(\sqrt{2})^2}{1}=2$

이므로 접선의 방정식은

$y=2\left(x-\frac{\pi}{4}\right)$ $\quad\therefore y=2x-\frac{\pi}{2}$

따라서 구하는 y절편은 $-\frac{\pi}{2}$이다.

1255 답 ④

(i) x좌표가 k인 점 P는 곡선 $y=3^x$ 위의 점이므로 $P(k, 3^k)$이라 하자.

$y=3^x$에서 $y'=3^x\ln3$

점 P에서의 접선의 기울기는 $3^k\ln3$이므로 접선의 방정식은

$y-3^k=3^k\ln3(x-k)$

이 식에 $y=0$을 대입하면 $-3^k=3^k\ln3(x-k)$

$x-k=-\frac{1}{\ln3}$ $\quad\therefore x=k-\frac{1}{\ln3}$

$\therefore A\left(k-\frac{1}{\ln3}, 0\right)$

(ii) x좌표가 k인 점 P는 곡선 $y=a^{x-1}$ 위의 점이므로 $P(k, a^{k-1})$이라 하자.

$y=a^{x-1}$에서 $y'=a^{x-1}\ln a$

점 P에서의 접선의 기울기는 $a^{k-1}\ln a$이므로 접선의 방정식은

$y-a^{k-1}=a^{k-1}\ln a(x-k)$

이 식에 $y=0$을 대입하면 $-a^{k-1}=a^{k-1}\ln a(x-k)$

$x-k=-\frac{1}{\ln a}$ $\quad\therefore x=k-\frac{1}{\ln a}$

$\therefore B\left(k-\frac{1}{\ln a}, 0\right)$

(i), (ii)에서

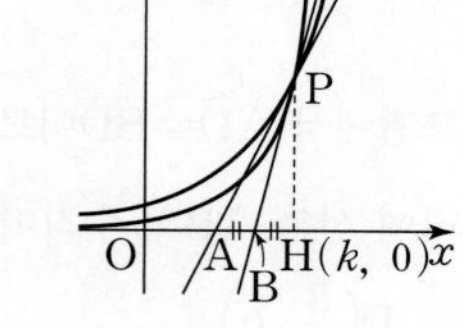

$\overline{AH}=k-\left(k-\frac{1}{\ln3}\right)=\frac{1}{\ln3}$

$\overline{BH}=k-\left(k-\frac{1}{\ln a}\right)=\frac{1}{\ln a}$

이때 $\overline{AH}=2\overline{BH}$이므로

$\frac{1}{\ln3}=\frac{2}{\ln a}$, $\ln a=2\ln3=\ln9$

$\therefore a=9$

다른 풀이

곡선 $y=3^x$ 위의 점 $(k, 3^k)$에서의 접선의 기울기는 $\frac{\overline{PH}}{\overline{AH}}$

$y'=3^x\ln3$이므로 $\frac{\overline{PH}}{\overline{AH}}=3^k\ln3$

곡선 $y=a^{x-1}$ 위의 점 $P(k, a^{k-1})$에서의 접선의 기울기는 $\frac{\overline{PH}}{\overline{BH}}$

$y'=a^{x-1}\ln a$이므로 $\frac{\overline{PH}}{\overline{BH}}=a^{k-1}\ln a$

이때 $\overline{AH}=2\overline{BH}$이므로 $\frac{\overline{PH}}{\overline{AH}}=\frac{1}{2}\times\frac{\overline{PH}}{\overline{BH}}$

$3^k\ln3=\frac{1}{2}\times a^{k-1}\ln a$, $2\times3^k\ln3=a^{k-1}\ln a$

따라서 $3^k=a^{k-1}$이고 $2\ln3=\ln a$이므로

$a=9$

1256 답 ③

곡선 $y=a^x$이 y축과 만나는 점의 좌표는 $(0, 1)$이므로

$A(0, 1)$

점 B의 y좌표는 점 A의 y좌표와 같고, 점 B는 곡선 $y=f(x)$ 위의 점이므로 $\log_2\left(x+\frac{1}{2}\right)=1$에서

$x+\frac{1}{2}=2$ $\quad\therefore x=\frac{3}{2}$

$\therefore B\left(\frac{3}{2}, 1\right)$

또한, 점 C의 x좌표는 점 B의 x좌표와 같고, 곡선 $y=g(x)$ 위의 점이므로

$C\left(\frac{3}{2}, a^{\frac{3}{2}}\right)$

$g(x)=a^x$에서 $g'(x)=a^x\ln a$

곡선 $y=g(x)$ 위의 점 $C\left(\frac{3}{2}, a^{\frac{3}{2}}\right)$에서의 접선의 기울기는

$g'\left(\frac{3}{2}\right)=a^{\frac{3}{2}}\ln a$이므로 접선의 방정식은

$y-a^{\frac{3}{2}}=a^{\frac{3}{2}}\ln a\left(x-\frac{3}{2}\right)$

이 식에 $y=0$을 대입하면

$-a^{\frac{3}{2}}=a^{\frac{3}{2}}\ln a\left(x-\frac{3}{2}\right)$

$x-\frac{3}{2}=-\frac{1}{\ln a}\qquad \therefore x=\frac{3}{2}-\frac{1}{\ln a}$

$\therefore \mathrm{D}\left(\frac{3}{2}-\frac{1}{\ln a},\ 0\right)$ ······ ㉠

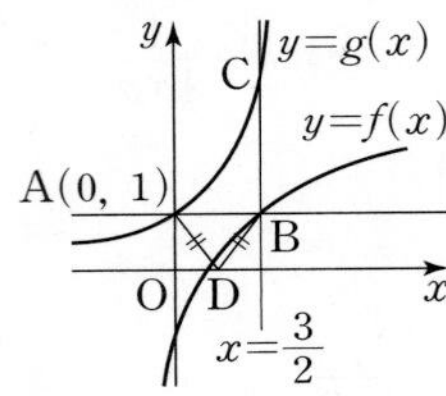

조건에서 $\overline{\mathrm{AD}}=\overline{\mathrm{BD}}$이므로 점 D는 두 점 $\mathrm{A}(0,\ 1)$, $\mathrm{B}\left(\frac{3}{2},\ 1\right)$에 대하여 선분 AB의 수직이등분선과 x축의 교점이다.

$\therefore \mathrm{D}\left(\frac{3}{4},\ 0\right)$

㉠에서 $\frac{3}{2}-\frac{1}{\ln a}=\frac{3}{4}$이므로 $\frac{1}{\ln a}=\frac{3}{4}$

$\ln a=\frac{4}{3}\qquad \therefore a=e^{\frac{4}{3}}$

따라서 $g(x)=e^{\frac{4}{3}x}$이므로 $g(2)=e^{\frac{8}{3}}$

다른 풀이

$\mathrm{A}(0,\ 1)$, $\mathrm{B}\left(\frac{3}{2},\ 1\right)$, $\mathrm{D}\left(\frac{3}{2}-\frac{1}{\ln a},\ 0\right)$에 대하여

$\overline{\mathrm{AD}}=\overline{\mathrm{BD}}$, 즉 $\overline{\mathrm{AD}}^2=\overline{\mathrm{BD}}^2$이므로

$\left(\frac{3}{2}-\frac{1}{\ln a}\right)^2+(-1)^2=\left(-\frac{1}{\ln a}\right)^2+(-1)^2$

$a>1$에서 $\frac{1}{\ln a}>0$이므로

$\frac{3}{2}-\frac{1}{\ln a}=\frac{1}{\ln a},\ \frac{1}{\ln a}=\frac{3}{4}$

$\ln a=\frac{4}{3}\qquad \therefore a=e^{\frac{4}{3}}$

따라서 $g(x)=e^{\frac{4}{3}x}$이므로 $g(2)=e^{\frac{8}{3}}$

실수 Check

선분의 수직이등분선 위의 임의의 점에서 선분의 양 끝점에 이르는 거리는 같음을 이용한다.

1257 답 ①

유형 2

곡선 $y=\tan x$ 위의 점 $\left(\frac{\pi}{4},\ 1\right)$을 지나고 이 점에서의 접선과 수직인 직선이 점 $(4,\ a)$를 지날 때, a의 값은?
(단서1: 이 점에서의 접선, 단서2: 수직인 직선)

① $\frac{\pi}{8}-1$ ② $\frac{\pi}{6}-1$ ③ $\frac{\pi}{4}-1$

④ $\frac{\pi}{2}-1$ ⑤ $\pi-1$

단서1 접선의 기울기는 $x=\frac{\pi}{4}$에서의 미분계수

단서2 수직인 두 직선의 기울기의 곱은 -1

STEP 1 점 $\left(\frac{\pi}{4},\ 1\right)$에서의 접선의 기울기 구하기

$f(x)=\tan x$라 하면 $f'(x)=\sec^2 x$

점 $\left(\frac{\pi}{4},\ 1\right)$에서의 접선의 기울기는

$f'\left(\frac{\pi}{4}\right)=\sec^2\frac{\pi}{4}=(\sqrt{2})^2=2$

STEP 2 접선에 수직인 직선의 방정식 구하기

이 점에서의 접선과 수직인 직선의 기울기는 $-\frac{1}{2}$이므로

직선의 방정식은

$y-1=-\frac{1}{2}\left(x-\frac{\pi}{4}\right)$

$\therefore y=-\frac{1}{2}x+\frac{\pi}{8}+1$

STEP 3 a의 값 구하기

이 직선이 점 $(4,\ a)$를 지나므로

$a=-\frac{1}{2}\times 4+\frac{\pi}{8}+1$

$\therefore a=\frac{\pi}{8}-1$

1258 답 $y=-2x$

$f(x)=\sqrt{x}$라 하면 $f'(x)=\frac{1}{2\sqrt{x}}$

점 $(1,\ 1)$에서의 접선의 기울기는

$f'(1)=\frac{1}{2}$

즉, 이 점에서의 접선과 수직인 직선의 기울기는 -2이다.

따라서 원점을 지나고 기울기가 -2인 직선의 방정식은

$y=-2x$

1259 답 ④

$f(x)=xe^x$이라 하면 $f'(x)=e^x+xe^x=(x+1)e^x$

점 $(1,\ e)$에서의 접선의 기울기는

$f'(1)=2e$

즉, 이 점에서의 접선과 수직인 직선의 기울기는 $-\frac{1}{2e}$이므로

직선의 방정식은

$y-e=-\frac{1}{2e}(x-1)$

$\therefore y=-\frac{1}{2e}x+\frac{1}{2e}+e$

$y=0$을 대입하면

$0=-\frac{1}{2e}x+\frac{1}{2e}+e,\ \frac{1}{2e}x=\frac{1}{2e}+e$

$\therefore x=1+2e^2$

따라서 구하는 x절편은 $1+2e^2$이다.

1260 답 3

$f(x)=2\ln x+1$이라 하면 $f'(x)=\frac{2}{x}$

점 $(t,\ 2\ln t+1)$에서의 접선의 기울기는

$f'(t)=\frac{2}{t}$

즉, 이 점에서의 접선과 수직인 직선의 기울기는 $-\frac{t}{2}$이므로

직선의 방정식은

$y-(2\ln t+1)=-\frac{t}{2}(x-t)$

$\therefore y=-\frac{t}{2}x+\frac{t^2}{2}+2\ln t+1$

따라서 $g(t)=\frac{t^2}{2}+2\ln t+1$이므로

$g'(t)=t+\frac{2}{t}$

$\therefore g'(1)=1+2=3$

1261 답 ⑤

$f(x)=\frac{1}{x^2+1}$이라 하면 $f'(x)=-\frac{2x}{(x^2+1)^2}$

$g(x)=x^2+k$라 하면 $g'(x)=2x$

두 곡선 $y=f(x)$, $y=g(x)$의 교점의 x좌표를 $t\,(t>0)$라 하면 y좌표가 같으므로

$\frac{1}{t^2+1}=t^2+k$ ⋯⋯ ㉠ ($f(t)=g(t)$)

또한, 교점에서의 접선이 서로 수직이므로

$-\frac{2t}{(t^2+1)^2}\times 2t=-1$, $(t^2+1)^2=4t^2$ ($f'(t)g'(t)=-1$)

$(t^2-1)^2=0$, $t^2=1$

$t>0$이므로 $t=1$

㉠에서

$k=\frac{1}{t^2+1}-t^2=\frac{1}{2}-1=-\frac{1}{2}$

실수 Check

두 곡선 $y=f(x)$, $y=g(x)$의 교점의 x좌표를 t라 하면 $f(t)=g(t)$, $f'(t)g'(t)=-1$이다.

1262 답 50

점 $(e, -e)$는 곡선 $y=f(x)$ 위의 점이므로

$f(e)=-e$

곡선 $y=f(x)$ 위의 점 $(e, -e)$에서의 접선의 기울기를 $f'(e)=a$라 하자.

$g(x)=f(x)\ln x^4$에서

$g'(x)=f'(x)\ln x^4+f(x)\times\frac{4}{x}$

곡선 $y=g(x)$ 위의 점 $(e, -4e)$에서의 접선의 기울기는

$g'(e)=f'(e)\ln e^4+f(e)\times\frac{4}{e}$

$=a\times 4+(-e)\times\frac{4}{e}$

$=4a-4$

$x=e$에서의 접선이 서로 수직이므로

$f'(e)\times g'(e)=-1$

$a(4a-4)=-1$, $4a^2-4a+1=0$

$(2a-1)^2=0$ $\quad\therefore a=f'(e)=\frac{1}{2}$

$\therefore 100f'(e)=100\times\frac{1}{2}=50$

1263 답 8 | 유형 3

곡선 $y=\ln(x-1)$에 접하고 기울기가 1인 직선의 x절편, y절편을 각각 a, b라 할 때, a^2+b^2의 값을 구하시오.

단서1 $x=t$에서의 미분계수가 1
단서2 $y=0$일 때 $x=a$, $x=0$일 때 $y=b$

STEP1 접점의 x좌표 구하기

$f(x)=\ln(x-1)$이라 하면 $f'(x)=\frac{1}{x-1}$

접점의 좌표를 $(t, \ln(t-1))$이라 하면 접선의 기울기가 1이므로

$f'(t)=\frac{1}{t-1}=1$에서 $t-1=1$

$\therefore t=2$

STEP2 접선의 방정식 구하기

접점의 좌표는 $(2, 0)$이므로 접선의 방정식은

$y=x-2$

STEP3 a, b의 값 구하기

x절편, y절편은 각각 2, -2이므로

$a=2$, $b=-2$

STEP4 a^2+b^2의 값 구하기

$a^2+b^2=2^2+(-2)^2=8$

1264 답 $y=x$, $y=x+4$

$f(x)=\frac{x}{x+1}$라 하면 $f'(x)=\frac{1}{(x+1)^2}$

접점의 좌표를 $\left(t, \frac{t}{t+1}\right)$라 하면 접선의 기울기는

$f'(t)=\frac{1}{(t+1)^2}$

직선 $y=-x+2$와 수직인 직선의 기울기는 1이므로

$\frac{1}{(t+1)^2}=1$, $(t+1)^2=1$

$t+1=\pm1$ $\quad\therefore t=0$ 또는 $t=-2$

따라서 접점의 좌표는 $(0, 0)$, $(-2, 2)$이므로 구하는 직선의 방정식은

$y=x$, $y-2=x+2$

$\therefore y=x$, $y=x+4$

1265 답 3

$f(x)=e^x$이라 하면 $f'(x)=e^x$

접점의 좌표를 (t, e^t)이라 하면 접선의 기울기가 e이므로

$f'(t)=e^t=e$ $\quad\therefore t=1$

즉, 접점의 좌표는 $(1, e)$이므로 접선의 방정식은

$y-e=e(x-1)$ $\quad\therefore y=ex$

이 직선이 점 $(a, 3e)$를 지나므로

$3e=ea$ $\quad\therefore a=3$

1266 답 ④

$f(x)=\frac{3}{\sqrt{2x+1}}$이라 하면 $f'(x)=-\frac{3}{\sqrt{(2x+1)^3}}$

접점의 좌표를 $\left(t, \frac{3}{\sqrt{2t+1}}\right)$이라 하면 접선의 기울기가 $-\frac{1}{9}$이므로

$f'(t)=-\frac{3}{\sqrt{(2t+1)^3}}=-\frac{1}{9}$

$\sqrt{(2t+1)^3}=27$, $2t+1=9$

$\therefore t=4$

즉, 접점의 좌표는 $(4, 1)$이므로 접선의 방정식은

$y-1=-\frac{1}{9}(x-4)$ $\therefore y=-\frac{1}{9}x+\frac{13}{9}$

따라서 구하는 x절편은 13이다.

1267 답 ③

$f(x)=x\ln x+2x$라 하면

$f'(x)=\ln x+x\times\frac{1}{x}+2=\ln x+3$

접점의 좌표를 $(t, t\ln t+2t)$라 하면 접선의 기울기는

$f'(t)=\ln t+3$

직선 $y=4x-3$에 평행한 직선의 기울기는 4이므로

$f'(t)=\ln t+3=4$, $\ln t=1$

$\therefore t=e$

즉, 접점의 좌표는 $(e, 3e)$이므로 접선의 방정식은

$y-3e=4(x-e)$ $\therefore y=4x-e$

이 직선이 점 $(a, 0)$을 지나므로

$0=4a-e$ $\therefore a=\frac{e}{4}$

1268 답 ②

$f(x)=\tan x$라 하면 $f'(x)=\sec^2 x$

접점의 좌표를 $(t, \tan t)\left(0<t<\frac{\pi}{2}\right)$라 하면 접선의 기울기가 4이므로

$f'(t)=\sec^2 t=4$, $\cos^2 t=\frac{1}{4}$, $\cos t=\pm\frac{1}{2}$

$0<t<\frac{\pi}{2}$이므로 $t=\frac{\pi}{3}$

따라서 접점의 좌표는 $\left(\frac{\pi}{3}, \sqrt{3}\right)$이므로 접선의 방정식은

$y-\sqrt{3}=4\left(x-\frac{\pi}{3}\right)$ $\therefore y=4x-\frac{4}{3}\pi+\sqrt{3}$

$\therefore a=-\frac{4}{3}\pi+\sqrt{3}$

1269 답 100

$f(x)=2x+\sqrt{10-x^2}$에서

$f'(x)=2+\frac{-2x}{2\sqrt{10-x^2}}=2-\frac{x}{\sqrt{10-x^2}}$

점 (a, b)에서의 접선의 기울기가 0이므로 $f'(a)=0$에서

$2-\frac{a}{\sqrt{10-a^2}}=0$, $2=\frac{a}{\sqrt{10-a^2}}$

$2\sqrt{10-a^2}=a$, $4(10-a^2)=a^2$

$a^2=8$ $\therefore a=2\sqrt{2}$ ($\because a>0$)

$\therefore b=f(2\sqrt{2})=2\times2\sqrt{2}+\sqrt{10-(2\sqrt{2})^2}=5\sqrt{2}$

점 (c, d)에서의 접선의 기울기가 $\frac{5}{3}$이므로 $f'(c)=\frac{5}{3}$에서

$2-\frac{c}{\sqrt{10-c^2}}=\frac{5}{3}$, $\frac{1}{3}=\frac{c}{\sqrt{10-c^2}}$

$\sqrt{10-c^2}=3c$, $10-c^2=9c^2$

$c^2=1$ $\therefore c=1$ ($\because c>0$)

$\therefore d=f(1)=2\times1+\sqrt{10-1^2}=5$

$\therefore abcd=2\sqrt{2}\times5\sqrt{2}\times1\times5=100$

1270 답 ④

$f(x)=e^x$이라 하면 $f'(x)=e^x$

접점의 좌표를 (t, e^t)이라 하면 기울기가 1이므로

$f'(t)=e^t=1$ $\therefore t=0$

즉, 접점의 좌표는 $(0, 1)$이므로 곡선 $y=f(x)$에 접하고 기울기가 1인 직선의 방정식은

$y-1=x$ $\therefore y=x+1$

$g(x)=\ln x$라 하면 $g'(x)=\frac{1}{x}$

접점의 좌표를 $(s, \ln s)$라 하면 기울기가 1이므로

$g'(s)=\frac{1}{s}=1$ $\therefore s=1$

즉, 접점의 좌표는 $(1, 0)$이므로 곡선 $y=g(x)$에 접하고 기울기가 1인 직선의 방정식은

$y=x-1$

따라서 직선 $y=x+1$ 위의 한 점 $(0, 1)$과 직선 $y=x-1$, 즉 $x-y-1=0$ 사이의 거리는

$\frac{|-1-1|}{\sqrt{1^2+(-1)^2}}=\frac{2}{\sqrt{2}}=\sqrt{2}$

실수 Check

평행한 두 직선 l, l' 사이의 거리는 직선 l 위의 임의의 점과 직선 l' 사이의 거리와 같다.

1271 답 ②

직선 $x+2y=1$, 즉 $y=-\frac{1}{2}x+\frac{1}{2}$의 기울기는 $-\frac{1}{2}$이므로 이 직선과 수직인 직선의 기울기는 2이다.

$f(x)=\sin 2x$라 하면 $f'(x)=2\cos 2x$

접점의 좌표를 $(t, \sin 2t)$라 하면 접선의 기울기가 2이므로

$f'(t)=2\cos 2t=2$, $\cos 2t=1$

$0<t<3\pi$이므로 $t=\pi$ 또는 $t=2\pi$

즉, 접점의 좌표는 $(\pi, 0)$, $(2\pi, 0)$이므로 두 접선의 방정식은

$y=2(x-\pi)$, $y=2(x-2\pi)$

따라서 직선 $y=2(x-\pi)$ 위의 한 점 $(\pi, 0)$과 직선 $y=2(x-2\pi)$, 즉 $2x-y-4\pi=0$ 사이의 거리는

$\frac{|2\pi-4\pi|}{\sqrt{2^2+(-1)^2}}=\frac{2}{\sqrt{5}}\pi=\frac{2\sqrt{5}}{5}\pi$

1272 답 ⑤

$f(x)=e^x$에서 $f'(x)=e^x$

점 $(\ln 2, 2)$에서의 접선의 기울기는 $f'(\ln 2)=e^{\ln 2}=2$이므로

이 점에서의 접선과 수직인 직선의 기울기는 $-\frac{1}{2}$이다.

즉, 기울기가 $-\frac{1}{2}$이고 점 $(\ln 2, 2)$를 지나는 직선의 방정식은

$y-2=-\frac{1}{2}(x-\ln 2)$

$\therefore y=-\frac{1}{2}x+\frac{1}{2}\ln 2+2$ ············ ㉠

$g(x)=-\ln x+a$에서 $g'(x)=-\frac{1}{x}$

직선 ㉠이 곡선 $y=g(x)$와 접하는 접점의 좌표를 $(t, -\ln t+a)$라 하면 $g'(t)=-\frac{1}{2}$이므로

$-\frac{1}{t}=-\frac{1}{2}$ $\quad\therefore t=2$

이때 곡선 $y=g(x)$ 위의 점 $(2, -\ln 2+a)$는 직선 ㉠ 위의 점이므로

$-\ln 2+a=-\frac{1}{2}\times 2+\frac{1}{2}\ln 2+2$

$\therefore a=1+\frac{3}{2}\ln 2$

1273 답 4

$f(x)=ke^{x-1}$이라 하면 $f'(x)=ke^{x-1}$

곡선 $y=f(x)$와 직선 $y=3x$가 $x=\alpha$에서 서로 접하므로

$f(\alpha)=3\alpha$에서 $ke^{\alpha-1}=3\alpha$ ············ ㉠

곡선 $y=f(x)$의 $x=\alpha$에서의 접선의 기울기가 3이므로

$f'(\alpha)=3$에서 $ke^{\alpha-1}=3$ ············ ㉡

㉠, ㉡에서 $3\alpha=3$이므로 $\alpha=1$

$\alpha=1$을 ㉠에 대입하면 $k=3$

$\therefore k+\alpha=3+1=4$

1274 답 ③

$f(x)=e^{2x}-2ax$라 하면 $f'(x)=2e^{2x}-2a$

곡선 $y=f(x)$가 x축에 접하므로 접점의 좌표를 $(t, 0)$이라 하면

$f(t)=0$에서 $e^{2t}-2at=0$ ············ ㉠

$f'(t)=0$에서 $2e^{2t}-2a=0$ $\quad\therefore a=e^{2t}$ ············ ㉡

㉡을 ㉠에 대입하면

$e^{2t}-2e^{2t}\times t=0$, $e^{2t}(1-2t)=0$

$\therefore t=\frac{1}{2}$ ($\because e^{2t}>0$)

$\therefore a=e^{2\times\frac{1}{2}}=e$

1275 답 ② | 유형4

> 원점에서 곡선 $y=\frac{\ln x}{x}$에 그은 접선이 점 $(4e, a)$를 지날 때, a의 값은?
> (단서1: 곡선 $y=\frac{\ln x}{x}$에 그은 접선 / 단서2: 점 $(4e, a)$를 지날 때)
>
> ① 1 ② 2 ③ 3
> ④ 4 ⑤ 5
>
> 단서1 곡선 $y=f(x)$ 위의 점 $(t, f(t))$에서의 접선의 방정식은 $y-f(t)=f'(t)(x-t)$
> 단서2 직선 $y=g(x)$가 점 (a, b)를 지나면 $b=g(a)$

STEP1 원점에서 곡선에 그은 접선의 방정식 구하기

$f(x)=\frac{\ln x}{x}$라 하면

$f'(x)=\frac{\frac{1}{x}\times x-\ln x}{x^2}=\frac{1-\ln x}{x^2}$

접점의 좌표를 $\left(t, \frac{\ln t}{t}\right)$라 하면 이 점에서의 접선의 기울기는

$f'(t)=\frac{1-\ln t}{t^2}$이므로 접선의 방정식은

$y-\frac{\ln t}{t}=\frac{1-\ln t}{t^2}(x-t)$ ············ ㉠

직선 ㉠이 원점을 지나므로

$-\frac{\ln t}{t}=\frac{1-\ln t}{t^2}\times(-t)$, $\ln t=\frac{1}{2}$

$\therefore t=\sqrt{e}$

$t=\sqrt{e}$를 ㉠에 대입하여 정리하면

$y=\frac{1}{2e}x$

STEP2 a의 값 구하기

이 직선이 점 $(4e, a)$를 지나므로

$a=\frac{1}{2e}\times 4e=2$

1276 답 ③

$f(x)=\frac{e^x}{x}$이라 하면

$f'(x)=\frac{e^x x-e^x}{x^2}=\frac{e^x(x-1)}{x^2}$

접점의 좌표를 $\left(t, \frac{e^t}{t}\right)$이라 하면 이 점에서의 접선의 기울기는

$f'(t)=\frac{e^t(t-1)}{t^2}$이므로 접선의 방정식은

$y-\frac{e^t}{t}=\frac{e^t(t-1)}{t^2}(x-t)$ ············ ㉠

직선 ㉠이 원점을 지나므로

$-\frac{e^t}{t}=\frac{e^t(t-1)}{t^2}\times(-t)$, $\frac{e^t(t-2)}{t}=0$

$e^t(t-2)=0$

$\therefore t=2$ ($\because e^t>0$)

$t=2$를 ㉠에 대입하여 정리하면

$y=\frac{e^2}{4}x$ $\quad\therefore a=\frac{e^2}{4}$

1277 답 25

$f(x)=x\sqrt{x}=x^{\frac{3}{2}}$이라 하면

$f'(x)=\frac{3}{2}x^{\frac{1}{2}}=\frac{3}{2}\sqrt{x}$

접점의 좌표를 $(t, t\sqrt{t})$라 하면 이 점에서의 접선의 기울기는

$f'(t)=\frac{3}{2}\sqrt{t}$이므로 접선의 방정식은

$y-t\sqrt{t}=\frac{3}{2}\sqrt{t}(x-t)$ ············ ㉠

직선 ㉠이 점 $(1, -1)$을 지나므로

$-1-t\sqrt{t}=\frac{3}{2}\sqrt{t}(1-t)$

$t\sqrt{t}-3\sqrt{t}-2=0$

이때 $\sqrt{t}=X(X\geq 0)$라 하면

$X^3-3X-2=0$, $(X-2)(X+1)^2=0$

$X\geq 0$이므로 $X=2$

$\therefore\ t=4$

이것을 ㉠에 대입하면 접선의 방정식은

$y-8=3(x-4)\qquad \therefore\ y=3x-4$

따라서 $a=3,\ b=-4$이므로

$a^2+b^2=3^2+(-4)^2=25$

1278 답 ①

$f(x)=\sqrt{x}$라 하면 $f'(x)=\dfrac{1}{2\sqrt{x}}$

접점의 좌표를 $(t,\ \sqrt{t})$라 하면 이 점에서의 접선의 기울기는

$f'(t)=\dfrac{1}{2\sqrt{t}}$이므로 접선의 방정식은

$y-\sqrt{t}=\dfrac{1}{2\sqrt{t}}(x-t)$ ········· ㉠

직선 ㉠이 점 $(-1,\ 0)$을 지나므로

$-\sqrt{t}=\dfrac{1}{2\sqrt{t}}(-1-t),\ -2t=-1-t$

$\therefore\ t=1$

$t=1$을 ㉠에 대입하면

$y-1=\dfrac{1}{2}(x-1)$

$\therefore\ y=\dfrac{1}{2}x+\dfrac{1}{2}$

따라서 구하는 y절편은 $\dfrac{1}{2}$이다.

1279 답 ④

$f(x)=ke^{-x-1}$이라 하면 $f'(x)=-ke^{-x-1}$

접점의 좌표를 $(t,\ ke^{-t-1})$이라 하면 이 점에서의 접선의 기울기는

$f'(t)=-ke^{-t-1}$이므로 접선의 방정식은

$y-ke^{-t-1}=-ke^{-t-1}(x-t)$ ········· ㉠

직선 ㉠이 원점을 지나므로

$-ke^{-t-1}=-ke^{-t-1}\times(-t)$

$\therefore\ t=-1\ (\because\ ke^{-t-1}\neq 0)$

즉, $x=-1$에서의 접선의 기울기가 -3이므로

$f'(-1)=-ke^{-(-1)-1}=-3$

$\therefore\ k=3$

1280 답 ⑤

$f(x)=x^3e^x$이라 하면 $f'(x)=3x^2e^x+x^3e^x$

접점의 좌표를 $(t,\ t^3e^t)$이라 하면 이 점에서의 접선의 기울기는

$f'(t)=3t^2e^t+t^3e^t$이므로 접선의 방정식은

$y-t^3e^t=(3t^2e^t+t^3e^t)(x-t)$ ········· ㉠

직선 ㉠이 원점을 지나므로

$-t^3e^t=(3t^2e^t+t^3e^t)\times(-t)$

$t^3e^t(t+2)=0\qquad \therefore\ t=-2$ 또는 $t=0$

이것을 ㉠에 대입하면 접선의 방정식은

$t=-2$일 때, $y=\dfrac{4}{e^2}x$

$t=0$일 때, $y=0$

이때 직선 $y=g(x)$의 기울기는 양수이므로

$g(x)=\dfrac{4}{e^2}x$

$\therefore\ g(4e^2)=\dfrac{4}{e^2}\times 4e^2=16$

1281 답 ③

$f(x)=\dfrac{1}{x}$이라 하면 $f'(x)=-\dfrac{1}{x^2}$

접점의 좌표를 $\left(t,\ \dfrac{1}{t}\right)$이라 하면 이 점에서의 접선의 기울기는

$f'(t)=-\dfrac{1}{t^2}$이므로 접선의 방정식은

$y-\dfrac{1}{t}=-\dfrac{1}{t^2}(x-t)$ ········· ㉠

직선 ㉠이 점 $\left(3,\ \dfrac{1}{4}\right)$을 지나므로

$\dfrac{1}{4}-\dfrac{1}{t}=-\dfrac{1}{t^2}(3-t),\ t^2-8t+12=0$

$(t-2)(t-6)=0\qquad \therefore\ t=2$ 또는 $t=6$

기울기가 가장 작은 것은 $t=2$일 때이므로 $t=2$를 ㉠에 대입하면

$y-\dfrac{1}{2}=-\dfrac{1}{4}(x-2)$

$\therefore\ y=-\dfrac{1}{4}x+1$

따라서 구하는 y절편은 1이다.

1282 답 2

$f(x)=\dfrac{1}{2}(\ln x)^2$이라 하면 $f'(x)=\dfrac{\ln x}{x}$

접점의 좌표를 $\left(t,\ \dfrac{1}{2}(\ln t)^2\right)$이라 하면 이 점에서의 접선의 기울기는 $f'(t)=\dfrac{\ln t}{t}$이므로 접선의 방정식은

$y-\dfrac{1}{2}(\ln t)^2=\dfrac{\ln t}{t}(x-t)$ ········· ㉠

직선 ㉠이 점 $(0,\ 4)$를 지나므로

$4-\dfrac{1}{2}(\ln t)^2=\dfrac{\ln t}{t}\times(-t)$

$(\ln t)^2-2\ln t-8=0,\ (\ln t+2)(\ln t-4)=0$

$\ln t=-2$ 또는 $\ln t=4$

$\therefore\ t=e^{-2}$ 또는 $t=e^4$

이때 접선의 기울기는 $f'(e^{-2})=-2e^2,\ f'(e^4)=\dfrac{4}{e^4}$이므로

두 접선의 기울기 $m_1,\ m_2$의 합은

$m_1+m_2=-2e^2+\dfrac{4}{e^4}=-2e^2+4e^{-4}$

따라서 $a=-2,\ b=4$이므로

$a+b=-2+4=2$

1283 답 ④

$f(x)=(x-2)e^x$이라 하면

$f'(x)=e^x+(x-2)e^x=(x-1)e^x$

접점의 좌표를 $(t,\ (t-2)e^t)$이라 하면 이 점에서의 접선의 기울기는 $f'(t)=(t-1)e^t$이므로 접선의 방정식은

$y-(t-2)e^t=(t-1)e^t(x-t)$ ········· ㉠

직선 ㉠이 점 $(3,\ 0)$을 지나므로

$-(t-2)e^t=(t-1)e^t(3-t)$

$(t^2-5t+5)e^t=0$

$t^2-5t+5=0$ ($\because e^t>0$)

이 이차방정식의 두 근을 각각 α, β라 하면 근과 계수의 관계에 의해

$\alpha+\beta=5$, $\alpha\beta=5$

이때 두 접선의 기울기는 각각

$f'(\alpha)=(\alpha-1)e^{\alpha}$, $f'(\beta)=(\beta-1)e^{\beta}$

이므로 두 접선의 기울기의 곱은

$$(\alpha-1)e^{\alpha}\times(\beta-1)e^{\beta}=\{\alpha\beta-(\alpha+\beta)+1\}e^{\alpha+\beta}$$
$$=(5-5+1)\times e^5=e^5$$

실수 Check

두 접선의 기울기를 직접 구하지 않고 이차방정식의 근과 계수의 관계를 이용하여 해결한다.

1284 답 ⑤

$f(x)=e^{x-k}$이라 하면 $f'(x)=e^{x-k}$

접점의 좌표를 $(t,\ e^{t-k})$이라 하면 이 점에서의 접선의 기울기가 $f'(t)=e^{t-k}$이므로 접선의 방정식은

$y-e^{t-k}=e^{t-k}(x-t)$ ······ ㉠

직선 ㉠이 점 $(2,\ 1)$을 지나므로

$1-e^{t-k}=e^{t-k}(2-t)$

$e^{t-k}(3-t)=1$ ······ ㉡

또, 직선 ㉠이 원점을 지나므로

$-e^{t-k}=-te^{t-k}$ $\quad\therefore t=1$ ($\because e^{t-k}>0$)

$t=1$을 ㉡에 대입하면

$2e^{1-k}=1$, $e^{1-k}=\dfrac{1}{2}$

$1-k=\ln\dfrac{1}{2}=-\ln 2$ $\quad\therefore k=\ln 2+1$

다른 풀이

점 $(2,\ 1)$과 원점을 지나는 직선의 방정식은

$y=\dfrac{1}{2}x$

$f(x)=e^{x-k}$이라 하면 $f'(x)=e^{x-k}$

접점의 좌표를 $(t,\ e^{t-k})$이라 하면 점 $(t,\ e^{t-k})$이 직선 $y=\dfrac{1}{2}x$ 위에 있으므로

$e^{t-k}=\dfrac{1}{2}t$ ······ ㉠

점 $(t,\ e^{t-k})$에서의 접선의 기울기가 $\dfrac{1}{2}$이므로

$f'(t)=e^{t-k}=\dfrac{1}{2}$ ······ ㉡

㉠, ㉡에서 $t=1$이고, 이것을 ㉡에 대입하면

$e^{1-k}=\dfrac{1}{2}$, $1-k=\ln\dfrac{1}{2}=-\ln 2$

$\therefore k=\ln 2+1$

1285 답 ③

$f(x)=-\dfrac{1}{x^2+1}$이라 하면 $f'(x)=\dfrac{2x}{(x^2+1)^2}$

접점의 좌표를 $\left(t,\ -\dfrac{1}{t^2+1}\right)$이라 하면 이 점에서의 접선의 기울기는 $f'(t)=\dfrac{2t}{(t^2+1)^2}$이므로 접선의 방정식은

$y+\dfrac{1}{t^2+1}=\dfrac{2t}{(t^2+1)^2}(x-t)$

$\therefore y=\dfrac{2t}{(t^2+1)^2}x-\dfrac{3t^2+1}{(t^2+1)^2}$ ······ ㉠

직선 ㉠의 y절편이 -1이므로

$\dfrac{3t^2+1}{(t^2+1)^2}=1$, $3t^2+1=t^4+2t^2+1$

$t^4-t^2=0$, $t^2(t+1)(t-1)=0$

$\therefore t=-1$ 또는 $t=0$ 또는 $t=1$

따라서 직선 ㉠의 기울기는 $-\dfrac{1}{2}$, 0, $\dfrac{1}{2}$이고 $0<\theta<\dfrac{\pi}{2}$이므로

$\tan\theta=\dfrac{1}{2}$

1286 답 ⑤

$f(x)=3e^{x-1}$이라 하면 $f'(x)=3e^{x-1}$

점 A의 좌표를 $(t,\ 3e^{t-1})$이라 하면 이 점에서의 접선의 기울기는 $f'(t)=3e^{t-1}$이므로 접선의 방정식은

$y-3e^{t-1}=3e^{t-1}(x-t)$

이 접선이 원점 $\mathrm{O}(0,\ 0)$을 지나므로

$-3e^{t-1}=3e^{t-1}\times(-t)$, $e^{t-1}(t-1)=0$

$\therefore t=1$ ($\because e^{t-1}>0$)

따라서 $\mathrm{A}(1,\ 3)$이므로

$\overline{\mathrm{OA}}=\sqrt{1^2+3^2}=\sqrt{10}$

1287 답 ⑤ | 유형5

원점에서 곡선 $y=(x+a)e^{-x}$에 서로 다른 두 개의 접선을 그을 수 있을 때, 자연수 a의 최솟값은? [단서1]

① 1 ② 2 ③ 3 ④ 4 ⑤ 5

단서1 t에 대한 이차방정식의 판별식 $D>0$

STEP1 $x=t$에서 그은 접선의 방정식 구하기

$f(x)=(x+a)e^{-x}$이라 하면

$f'(x)=e^{-x}-(x+a)e^{-x}=(1-x-a)e^{-x}$

접점의 좌표를 $(t,\ (t+a)e^{-t})$이라 하면 이 점에서의 접선의 기울기는 $f'(t)=(1-t-a)e^{-t}$이므로 접선의 방정식은

$y-(t+a)e^{-t}=(1-t-a)e^{-t}(x-t)$

STEP2 t에 대한 이차방정식 세우기

이 직선이 원점을 지나므로

$-(t+a)e^{-t}=(1-t-a)e^{-t}\times(-t)$

$e^{-t}(t^2+at+a)=0$

$\therefore t^2+at+a=0$ ($\because e^{-t}>0$) ······ ㉠

STEP3 이차방정식이 서로 다른 두 실근을 가질 조건 구하기

원점에서 곡선 $y=f(x)$에 서로 다른 두 개의 접선을 그을 수 있으려면 이차방정식 ㉠이 서로 다른 두 실근을 가져야 하므로 ㉠의 판별식을 D라 하면

$D=a^2-4a>0$, $a(a-4)>0$

$\therefore a<0$ 또는 $a>4$

STEP 4 자연수 a의 최솟값 구하기

자연수 a의 최솟값은 5이다.

Tip 이차방정식 ㉠의 실근의 개수와 접선의 개수가 같다는 것을 이용한다.

1288 답 2

$f(x)=\dfrac{(\ln x)^2}{x}$이라 하면 $f'(x)=\dfrac{2\ln x-(\ln x)^2}{x^2}$

접점의 좌표를 $\left(t,\ \dfrac{(\ln t)^2}{t}\right)$이라 하면 이 점에서의 접선의 기울기는

$f'(t)=\dfrac{2\ln t-(\ln t)^2}{t^2}$이므로 접선의 방정식은

$y-\dfrac{(\ln t)^2}{t}=\dfrac{2\ln t-(\ln t)^2}{t^2}(x-t)$

이 직선이 원점을 지나므로

$-\dfrac{(\ln t)^2}{t}=\dfrac{2\ln t-(\ln t)^2}{t^2}\times(-t)$

$2\ln t(\ln t-1)=0$

$\ln t=0$ 또는 $\ln t=1$

$\therefore t=1$ 또는 $t=e$

따라서 접점의 개수가 2이므로 원점에서 곡선 $y=f(x)$에 그을 수 있는 접선의 개수는 2이다.

1289 답 ①

$f(x)=xe^x$이라 하면 $f'(x)=e^x+xe^x=e^x(x+1)$

접점의 좌표를 $(t,\ te^t)$이라 하면 이 점에서의 접선의 기울기는 $f'(t)=e^t(t+1)$이므로 접선의 방정식은

$y-te^t=e^t(t+1)(x-t)$

이 직선이 점 $(k,\ 0)$을 지나므로

$-te^t=e^t(t+1)(k-t)$

$e^t(t^2-kt-k)=0$

$\therefore t^2-kt-k=0$ ($\because e^t>0$) ······ ㉠

점 $(k,\ 0)$에서 곡선 $y=f(x)$에 접선을 그을 수 없으므로 이차방정식 ㉠은 실근을 갖지 않는다.

즉, 이차방정식 ㉠의 판별식을 D라 하면

$D=(-k)^2+4k<0$, $k(k+4)<0$

$\therefore -4<k<0$

따라서 k의 값이 될 수 없는 것은 ①이다.

1290 답 ①

$f(x)=e^{-x^2}$이라 하면 $f'(x)=-2xe^{-x^2}$

접점의 좌표를 $(t,\ e^{-t^2})$이라 하면 이 점에서의 접선의 기울기는 $f'(t)=-2te^{-t^2}$이므로 접선의 방정식은

$y-e^{-t^2}=-2te^{-t^2}(x-t)$

이 직선이 점 $(a,\ 0)$을 지나므로

$-e^{-t^2}=-2te^{-t^2}(a-t)$

$e^{-t^2}(2t^2-2at+1)=0$

$\therefore 2t^2-2at+1=0$ ($\because e^{-t^2}>0$) ······ ㉠

점 $(a,\ 0)$에서 곡선 $y=f(x)$에 그은 접선이 1개가 되려면 이차방정식 ㉠이 중근을 가져야 한다.

즉, 이차방정식 ㉠의 판별식을 D라 하면

$\dfrac{D}{4}=(-a)^2-2=0$, $a^2=2$

$\therefore a=\sqrt{2}$ ($\because a>0$)

1291 답 ③

$f(x)=(x-8)e^x$이라 하면

$f'(x)=e^x+(x-8)e^x=(x-7)e^x$

접점의 좌표를 $(t,\ (t-8)e^t)$이라 하면 이 점에서의 접선의 기울기는 $f'(t)=(t-7)e^t$이므로 접선의 방정식은

$y-(t-8)e^t=(t-7)e^t(x-t)$

이 직선이 점 $(a,\ 0)$을 지나므로

$-(t-8)e^t=(t-7)e^t(a-t)$

$e^t\{t^2-(a+8)t+7a+8\}=0$

$\therefore t^2-(a+8)t+7a+8=0$ ($\because e^t>0$) ······ ㉠

점 $(a,\ 0)$에서 곡선 $y=f(x)$에 두 개의 접선을 그으려면 이차방정식 ㉠은 서로 다른 두 실근을 갖는다.

즉, 이차방정식 ㉠의 판별식을 D라 하면

$D=(a+8)^2-4(7a+8)>0$, $a^2-12a+32>0$

$(a-4)(a-8)>0$

$\therefore a<4$ 또는 $a>8$

따라서 10 이하의 자연수 a는 1, 2, 3, 9, 10이므로 그 합은

$1+2+3+9+10=25$

1292 답 ③

점 $(a,\ 0)$에서 그은 접선이 곡선 $y=(x-n)e^x$과 만나는 점의 좌표를 $(t,\ (t-n)e^t)$이라 하자.

$y'=e^x+(x-n)e^x=(x-n+1)e^x$이므로 점 $(t,\ (t-n)e^t)$에서의 접선의 방정식은

$y-(t-n)e^t=(t-n+1)e^t(x-t)$

이 직선이 점 $(a,\ 0)$을 지나므로

$-(t-n)e^t=(t-n+1)e^t(a-t)$

$e^t\{t^2-(n+a)t+an+n-a\}=0$

$\therefore t^2-(n+a)t+an+n-a=0$ ($\because e^t>0$) ······ ㉠

이 이차방정식의 판별식을 D라 하면

$D=(n+a)^2-4(an+n-a)$
$\quad=(n-a)(n-a-4)$

ㄱ. $a=0$일 때, $n=4$이면 $D=0$이므로 점 $(0,\ 0)$에서 곡선 $y=(x-4)e^x$에 그은 접선의 개수는 1이다.
$\therefore f(4)=1$ (참)

ㄴ. $D=(n-a)(n-a-4)=0$에서 $n=a$ 또는 $n=a+4$이므로 $f(n)=1$인 정수 n의 개수는 항상 2이다. (거짓)

ㄷ. 이차방정식 ㉠의 판별식 D에 대하여
$D<0$일 때, $a<n<a+4$
$D=0$일 때, $n=a$ 또는 $n=a+4$
$D>0$일 때, $n<a$ 또는 $n>a+4$
이므로 정수 a에 대하여

$$f(n)=\begin{cases} 0 & (a<n<a+4) \\ 1 & (n=a \text{ 또는 } n=a+4) \\ 2 & (n<a \text{ 또는 } n>a+4) \end{cases}$$

즉, $f(n)$이 가질 수 있는 값은 0, 1, 2뿐이다.

이때 $\sum_{n=1}^{5} f(n)=5$이므로 연속하는 5개의 정수 n에 대하여 각 함숫값의 합이 5가 되는 경우는 다음과 같다.

(i) $f(a+2)+f(a+3)+f(a+4)+f(a+5)+f(a+6)$
$=0+0+1+2+2=5$, 즉
$f(1)=0$, $f(2)=0$, $f(3)=1$, $f(4)=2$, $f(5)=2$인 경우는
$3=a+4$ $\quad\therefore a=-1$

(ii) $f(a-2)+f(a-1)+f(a)+f(a+1)+f(a+2)$
$=2+2+1+0+0=5$, 즉
$f(1)=2$, $f(2)=2$, $f(3)=1$, $f(4)=0$, $f(5)=0$인 경우는
$a=3$

(i), (ii)에서 $a=-1$ 또는 $a=3$ (참)

따라서 옳은 것은 ㄱ, ㄷ이다.

실수 Check

곡선 밖의 한 점에서 곡선에 그은 접선의 개수는 접점의 x좌표에 대한 방정식의 해의 개수이므로 판별식을 이용하여 해결한다.

Plus 문제

1292-1

자연수 n에 대하여 x축 위의 점 $(n, 0)$에서 곡선 $y=(x-k)e^x$에 그을 수 있는 접선의 개수가 1이 되도록 하는 정수 k의 값의 합을 a_n이라 할 때, $\sum_{n=1}^{10} a_n$의 값을 구하시오.

$f(x)=(x-k)e^x$이라 하면
$f'(x)=(x-k+1)e^x$
접점의 좌표를 $(t, (t-k)e^t)$이라 하면 이 점에서의 접선의 기울기는 $f'(t)=(t-k+1)e^t$이므로 접선의 방정식은
$y=(t-k+1)e^t(x-t)+(t-k)e^t$
이 직선이 점 $(n, 0)$을 지나므로
$0=(t-k+1)e^t(n-t)+(t-k)e^t$
$0=(t-k+1)(n-t)+(t-k)$ ($\because e^t>0$)
$t^2-(n+k)t+nk-n+k=0$ ········· ㉠
점 $(n, 0)$에서 곡선 $y=(x-k)e^x$에 그을 수 있는 접선의 개수가 1이 되려면 이차방정식 ㉠이 중근을 가져야 한다.
즉, 이차방정식 ㉠의 판별식을 D라 하면
$D=(n+k)^2-4(nk-n+k)=0$
$(k-n)^2-4(k-n)=0$, $(k-n)(k-n-4)=0$
$\therefore k=n$ 또는 $k=n+4$
따라서 $a_n=n+(n+4)=2n+4$이므로
$\sum_{n=1}^{10} a_n=\sum_{n=1}^{10}(2n+4)$
$=2\times\frac{10\times11}{2}+4\times10=150$

답 150

1293 답 ②

| 유형 6

곡선 $y=e^x+\sin x$ 위의 점 $(0, 1)$에서의 접선과 x축 및 y축으로 둘러싸인 도형의 넓이는?

① $\frac{1}{8}$ ② $\frac{1}{4}$ ③ $\frac{1}{2}$
④ 1 ⑤ 2

단서1 접선의 기울기는 $x=0$에서의 미분계수
단서2 직선과 x축 및 y축으로 둘러싸인 도형은 삼각형

STEP 1 점 $(0, 1)$에서의 접선의 방정식 구하기

$f(x)=e^x+\sin x$라 하면 $f'(x)=e^x+\cos x$
점 $(0, 1)$에서의 접선의 기울기는 $f'(0)=2$이므로 접선의 방정식은
$y-1=2x$ $\quad\therefore y=2x+1$

STEP 2 도형의 넓이 구하기

접선의 x절편은 $-\frac{1}{2}$, y절편은 1이므로
구하는 도형의 넓이는
$\frac{1}{2}\times\frac{1}{2}\times1=\frac{1}{4}$

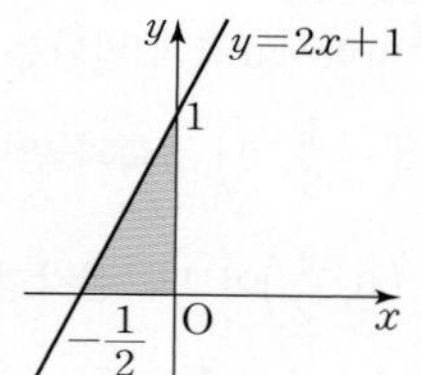

1294 답 ①

$f(x)=\sqrt{x}-1$이라 하면
$f'(x)=\frac{1}{2\sqrt{x}}$
접점의 좌표를 $(t, \sqrt{t}-1)$이라 하면 이 점에서의 접선의 기울기는 $f'(t)=\frac{1}{2\sqrt{t}}$이므로 접선의 방정식은
$y-(\sqrt{t}-1)=\frac{1}{2\sqrt{t}}(x-t)$ ········· ㉠
직선 ㉠이 점 $(-1, -1)$을 지나므로
$-1-(\sqrt{t}-1)=\frac{1}{2\sqrt{t}}(-1-t)$, $\frac{1}{2\sqrt{t}}=\frac{\sqrt{t}}{2}$
$\therefore t=1$
$t=1$을 ㉠에 대입하면
$y=\frac{1}{2}(x-1)$ $\quad\therefore y=\frac{1}{2}x-\frac{1}{2}$
접선의 x절편은 1, y절편은 $-\frac{1}{2}$이므로
구하는 도형의 넓이는
$\frac{1}{2}\times1\times\frac{1}{2}=\frac{1}{4}$

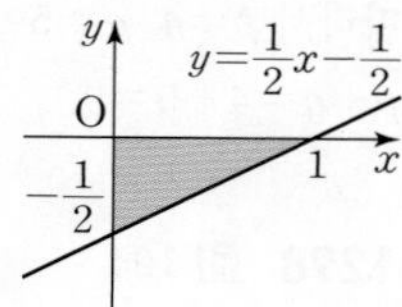

1295 답 $\frac{1}{8}$

$f(x)=e^{4x}$이라 하면 $f'(x)=4e^{4x}$
접점의 좌표를 (t, e^{4t})이라 하면 접선의 기울기가 4이므로
$f'(t)=4e^{4t}=4$, $e^{4t}=1$
$\therefore t=0$
즉, 접점의 좌표는 $(0, 1)$이므로 접선의 방정식은
$y-1=4x$ $\quad\therefore y=4x+1$

이 직선이 x축과 만나는 점 A의 좌표는 $\left(-\frac{1}{4}, 0\right)$, y축과 만나는 점 B의 좌표는 (0, 1)이므로 삼각형 OAB의 넓이는

$\frac{1}{2} \times \frac{1}{4} \times 1 = \frac{1}{8}$

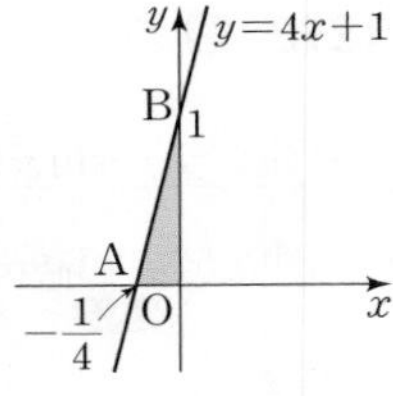

1296 답 ④

$f(x) = \frac{1}{2+\sin x}$이라 하면 $f'(x) = -\frac{\cos x}{(2+\sin x)^2}$

점 $P\left(0, \frac{1}{2}\right)$에서의 접선의 기울기는 $f'(0) = -\frac{1}{4}$이다.

즉, 이 점에서의 접선과 수직인 직선의 기울기는 4이므로 직선 l의 방정식은

$y - \frac{1}{2} = 4x \qquad \therefore y = 4x + \frac{1}{2}$

따라서 x축과 만나는 점 A의 좌표는 $\left(-\frac{1}{8}, 0\right)$, y축과 만나는 점 B의 좌표는 $\left(0, \frac{1}{2}\right)$이므로 삼각형 OAB의 넓이는

$\frac{1}{2} \times \frac{1}{8} \times \frac{1}{2} = \frac{1}{32}$

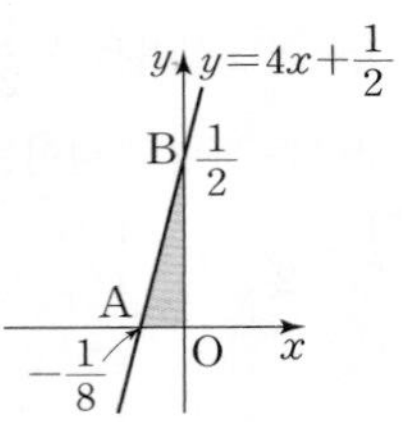

1297 답 9

$f(x) = \ln(x+1)$이라 하면 $f'(x) = \frac{1}{x+1}$

점 $P(1, \ln 2)$에서의 접선의 기울기는 $f'(1) = \frac{1}{2}$이므로

접선 l_1의 방정식은

$y - \ln 2 = \frac{1}{2}(x-1) \qquad \therefore y = \frac{1}{2}x + \ln 2 - \frac{1}{2}$

직선 l_1에 수직인 직선의 기울기는 -2이므로

직선 l_2의 방정식은

$y - \ln 2 = -2(x-1) \qquad \therefore y = -2x + \ln 2 + 2$

이때 $Q\left(0, \ln 2 - \frac{1}{2}\right)$, $R(0, \ln 2 + 2)$이므로 삼각형 PQR의 넓이는

$\frac{1}{2} \times 1 \times \left\{(\ln 2 + 2) - \left(\ln 2 - \frac{1}{2}\right)\right\} = \frac{5}{4}$

따라서 $p=4$, $q=5$이므로

$p+q=4+5=9$

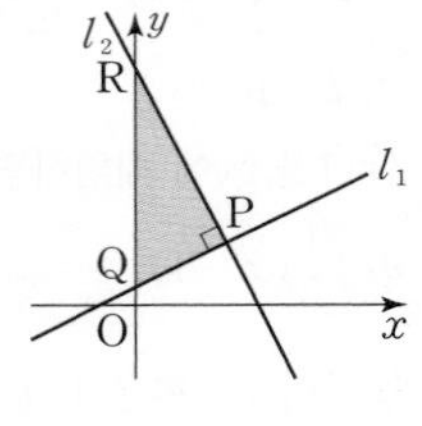

1298 답 104

$f(x) = \frac{x}{x-5}$라 하면 $f'(x) = -\frac{5}{(x-5)^2}$

점 $(4, -4)$에서의 접선의 기울기는 $f'(4) = -5$이므로

접선 l_1의 방정식은

$y-(-4) = -5(x-4)$

$\therefore y = -5x + 16$

점 $(6, 6)$에서의 접선의 기울기가 $f'(6) = -5$이므로

접선 l_2의 방정식은

$y - 6 = -5(x-6)$

$\therefore y = -5x + 36$

따라서 두 직선 l_1, l_2의 x절편은 각각 $\frac{16}{5}$, $\frac{36}{5}$이고, y절편은 각각 16, 36이므로 두 직선 l_1, l_2와 x축 및 y축으로 둘러싸인 도형의 넓이는

$\frac{1}{2} \times \frac{36}{5} \times 36 - \frac{1}{2} \times \frac{16}{5} \times 16$

$= \frac{648}{5} - \frac{128}{5} = 104$

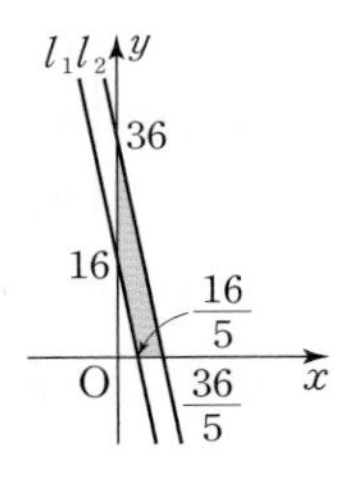

1299 답 ln 3

$f(x) = \frac{e^x + e^{-x}}{4}$이라 하면 $f'(x) = \frac{e^x - e^{-x}}{4}$

삼각형 PAB의 넓이가 최소가 되려면 곡선 $y=f(x)$ 위의 점 $P(a, b)$와 직선 AB 사이의 거리가 최소가 되어야 한다.

두 점 $A(0, -2)$, $B(3, 0)$을 지나는 직선의 기울기가 $\frac{2}{3}$이므로

$f'(a) = \frac{e^a - e^{-a}}{4} = \frac{2}{3}$, $e^a - e^{-a} = \frac{8}{3}$

$3e^{2a} - 8e^a - 3 = 0$, $(3e^a+1)(e^a-3) = 0$

이때 $3e^a + 1 > 0$이므로 $e^a = 3$

$\therefore a = \ln 3$

실수 Check

점 P와 직선 AB 사이의 거리가 최소가 되려면 점 P에서의 접선의 기울기가 두 점 A, B를 지나는 직선의 기울기와 같아야 한다.

1300 답 32

$f(x) = \ln(x-7)$이라 하면 $f'(x) = \frac{1}{x-7}$

접점의 좌표를 $(t, \ln(t-7))$이라 하면 접선의 기울기가 1이므로

$f'(t) = \frac{1}{t-7} = 1 \qquad \therefore t = 8$

즉, 접점의 좌표는 $(8, 0)$이므로 접선의 방정식은

$y = x - 8$

따라서 $A(8, 0)$, $B(0, -8)$이므로

삼각형 AOB의 넓이는

$\frac{1}{2} \times 8 \times 8 = 32$

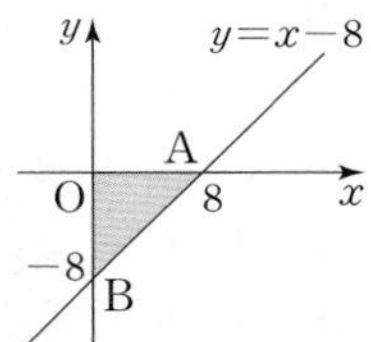

1301 답 ④

㈎에서 직선 l이 제2사분면을 지나지 않고, ㈏에서 직선 l과 x축 및 y축으로 둘러싸인 도형인 직각이등변삼각형의 넓이가 2이므로 그림과 같이 직선 l의 x절편과 y절편은 각각 2, -2이다.

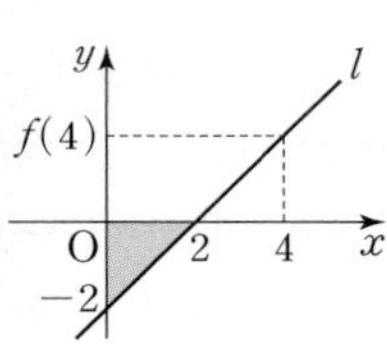

즉, 직선 l의 방정식은

$y = x - 2$

이때 점 $(4, f(4))$는 직선 l 위에 있으므로 $f(4) = 2$

또한, 곡선 $y=f(x)$ 위의 점 $(4, f(4))$에서의 접선 l의 기울기가 1이므로 $f'(4) = 1$

$g(x)=xf(2x)$에서 $g'(x)=f(2x)+2xf'(2x)$이므로
$g'(2)=f(4)+4f'(4)=2+4\times1=6$

1302 답 2 | 유형7

두 곡선 $y=\ln x-ax$, $y=\frac{b}{x}-2$가 $x=e$인 점에서 공통인 접선을 가질 때, 상수 a, b에 대하여 ab의 값을 구하시오. 단서1

단서1 $x=e$에서 두 곡선이 만나고, 접선의 기울기가 같다.

STEP1 $f'(x)$, $g'(x)$ 구하기
$f(x)=\ln x-ax$, $g(x)=\frac{b}{x}-2$라 하면
$f'(x)=\frac{1}{x}-a$, $g'(x)=-\frac{b}{x^2}$

STEP2 $f(e)=g(e)$, $f'(e)=g'(e)$임을 이용하여 a, b 사이의 관계식 구하기
두 곡선이 $x=e$인 점에서 공통인 접선을 가지므로
$f(e)=g(e)$에서
$1-ae=\frac{b}{e}-2\quad \therefore ae+\frac{b}{e}=3$ ······ ㉠
$f'(e)=g'(e)$에서
$\frac{1}{e}-a=-\frac{b}{e^2}\quad \therefore a=\frac{1}{e}+\frac{b}{e^2}$ ······ ㉡

STEP3 상수 a, b의 값 구하기
㉡을 ㉠에 대입하면
$\left(\frac{1}{e}+\frac{b}{e^2}\right)e+\frac{b}{e}=3\quad \therefore b=e$
$b=e$를 ㉡에 대입하면 $a=\frac{2}{e}$

STEP4 ab의 값 구하기
$ab=\frac{2}{e}\times e=2$

1303 답 ②
$f(x)=ax^3$, $g(x)=2\ln x+1$이라 하면
$f'(x)=3ax^2$, $g'(x)=\frac{2}{x}$
두 곡선이 $x=b$인 점에서 공통인 접선을 가지므로
$f(b)=g(b)$에서 $ab^3=2\ln b+1$ ······ ㉠
$f'(b)=g'(b)$에서 $3ab^2=\frac{2}{b}\quad \therefore ab^3=\frac{2}{3}$ ······ ㉡
㉠, ㉡에서 $2\ln b+1=\frac{2}{3}$
$\ln b=-\frac{1}{6}\quad \therefore b=e^{-\frac{1}{6}}$
$b=e^{-\frac{1}{6}}$을 ㉡에 대입하면
$ae^{-\frac{1}{2}}=\frac{2}{3}\quad \therefore a=\frac{2}{3}e^{\frac{1}{2}}$
$\therefore ab=\frac{2}{3}e^{\frac{1}{2}}\times e^{-\frac{1}{6}}=\frac{2}{3}e^{\frac{1}{3}}$

1304 답 2
$f(x)=e^{x-2}$, $g(x)=\sqrt{2x-3}$이라 하면
$f'(x)=e^{x-2}$, $g'(x)=\frac{2}{2\sqrt{2x-3}}=\frac{1}{\sqrt{2x-3}}$
두 곡선의 공통인 접점의 x좌표를 t라 하면
$f(t)=g(t)$에서 $e^{t-2}=\sqrt{2t-3}$ ······ ㉠
$f'(t)=g'(t)$에서 $e^{t-2}=\frac{1}{\sqrt{2t-3}}$ ······ ㉡
㉠, ㉡에서 $\sqrt{2t-3}=\frac{1}{\sqrt{2t-3}}$이므로
$2t-3=1\quad \therefore t=2$
즉, 두 곡선의 교점의 좌표는 $(2, 1)$이고 두 곡선에 동시에 접하는 직선의 기울기는 $f'(2)=g'(2)=1$이므로 구하는 직선의 방정식은
$y-1=x-2\quad \therefore y=x-1$
따라서 $a=1$, $b=-1$이므로
$a^2+b^2=1^2+(-1)^2=2$

1305 답 5
$f(x)=a-4\sin^2 x$, $g(x)=4\cos x$라 하면
$f'(x)=-8\sin x\cos x$, $g'(x)=-4\sin x$
두 곡선이 $x=t$인 점에서 공통인 접선을 가지므로
$f(t)=g(t)$에서 $a-4\sin^2 t=4\cos t$
$a=4\sin^2 t+4\cos t$ ······ ㉠
$f'(t)=g'(t)$에서 $-8\sin t\cos t=-4\sin t$
$4\sin t(1-2\cos t)=0$
$\sin t=0$ 또는 $\cos t=\frac{1}{2}$
그런데 $0<t<\pi$이므로 $t=\frac{\pi}{3}$
$t=\frac{\pi}{3}$를 ㉠에 대입하면
$a=4\times\left(\frac{\sqrt{3}}{2}\right)^2+4\times\frac{1}{2}=5$

1306 답 140
$f(x)=ke^x$, $g(x)=x^3+3x^2+5x+5$에서
$f'(x)=ke^x$, $g(x)=3x^2+6x+5$
점 P의 x좌표를 t라 하면 두 곡선이 점 P에서 공통인 접선을 가지므로
$f(t)=g(t)$에서 $ke^t=t^3+3t^2+5t+5$ ······ ㉠
$f'(t)=g'(t)$에서 $ke^t=3t^2+6t+5$ ······ ㉡
㉠, ㉡에서 $t^3+3t^2+5t+5=3t^2+6t+5$
$t^3-t=0$, $t(t+1)(t-1)=0$
$\therefore t=-1$ 또는 $t=0$ 또는 $t=1$
이때 ㉡에서 $k=\frac{3t^2+6t+5}{e^t}$이므로
$t=-1$일 때 $k=2e$, $t=0$일 때 $k=5$, $t=1$일 때 $k=\frac{14}{e}$
따라서 모든 실수 k의 값의 곱은
$2e\times5\times\frac{14}{e}=140$

1307 답 ③
$f(x)=\ln x^2$이라 하면 $f'(x)=\frac{2}{x}$
점 $(e, 2)$에서의 접선의 기울기는 $f'(e)=\frac{2}{e}$이므로 접선의 방정식은

$y-2=\frac{2}{e}(x-e)$

$\therefore y=\frac{2}{e}x$ ··········· ㉠

$g(x)=x^2+a$라 하면 $g'(x)=2x$

접점의 좌표를 $(t,\ t^2+a)$라 하면 이 점에서의 접선의 기울기는 $g'(t)=2t$이므로 접선의 방정식은

$y-(t^2+a)=2t(x-t)$

$\therefore y=2tx-t^2+a$ ··········· ㉡

㉠, ㉡이 서로 일치하므로

$\frac{2}{e}=2t,\ 0=-t^2+a$

$\frac{2}{e}=2t$에서 $t=\frac{1}{e}$

$t=\frac{1}{e}$을 $0=-t^2+a$에 대입하면

$a=\frac{1}{e^2}$

1308 답 ①

$f(x)=e^x$이라 하면 $f'(x)=e^x$

점 $(1,\ e)$에서의 접선의 기울기는 $f'(1)=e$이므로

접선의 방정식은

$y-e=e(x-1)$ $\quad\therefore y=ex$ ··········· ㉠

$g(x)=\sqrt{x-k}$라 하면 $g'(x)=\frac{1}{2\sqrt{x-k}}$

접점의 좌표를 $(t,\ \sqrt{t-k})$라 하면 이 점에서의 접선의 기울기는

$g'(t)=\frac{1}{2\sqrt{t-k}}$이므로 접선의 방정식은

$y-\sqrt{t-k}=\frac{1}{2\sqrt{t-k}}(x-t)$

$\therefore y=\frac{1}{2\sqrt{t-k}}x-\frac{t}{2\sqrt{t-k}}+\sqrt{t-k}$ ··········· ㉡

㉠, ㉡이 서로 일치하므로

$\frac{1}{2\sqrt{t-k}}=e,\ -\frac{t}{2\sqrt{t-k}}+\sqrt{t-k}=0$

$\sqrt{t-k}=\frac{t}{2\sqrt{t-k}}$에서 $2(t-k)=t$ $\quad\therefore t=2k$

$t=2k$를 $\frac{1}{2\sqrt{t-k}}=e$에 대입하면

$\frac{1}{2\sqrt{k}}=e$ $\quad\therefore k=\frac{1}{4e^2}$

1309 답 1

두 곡선 $y=e^{x-a}$, $y=\ln x+a$는 증가하고, 서로 역함수 관계이다.

즉, 두 곡선이 한 점에서 접하면 두 곡선은 모두 직선 $y=x$와 접한다.

$f(x)=e^{x-a}$, $g(x)=x$라 하면

$f'(x)=e^{x-a}$, $g'(x)=1$

곡선 $y=f(x)$와 직선 $y=g(x)$의 접점의 x좌표를 t라 하면

$f(t)=g(t)$에서 $e^{t-a}=t$ ··········· ㉠

$f'(t)=g'(t)$에서 $e^{t-a}=1$ ··········· ㉡

㉡을 ㉠에 대입하면 $t=1$

$t=1$을 ㉡에 대입하면

$e^{1-a}=1,\ 1-a=0$ $\quad\therefore a=1$

실수 Check

$y=e^{x-a}$에서 x를 y에 대한 식으로 나타내면

$\ln y=x-a$ $\quad\therefore x=\ln y+a$

x와 y를 서로 바꾸면 $y=\ln x+a$

즉, 두 곡선 $y=e^{x-a}$, $y=\ln x+a$는 서로 역함수 관계이다.

1310 답 ②

$f(x)=1-4\sin^2 x$, $g(x)=a(\cos x-1)$이라 하면

$f'(x)=-8\sin x\cos x$, $g'(x)=-a\sin x$

두 곡선의 교점의 x좌표를 t라 하면 두 곡선이 $x=t$인 점에서 공통인 접선을 가지므로

$f(t)=g(t)$에서 $1-4\sin^2 t=a(\cos t-1)$

$1-4(1-\cos^2 t)=a(\cos t-1)$

$\therefore 4\cos^2 t-a\cos t+a-3=0$ ··········· ㉠

$f'(t)=g'(t)$에서 $-8\sin t\cos t=-a\sin t$

$\sin t(8\cos t-a)=0$

$\therefore \sin t=0$ 또는 $\cos t=\frac{a}{8}$

(i) $\sin t=0$일 때

$t=\pi$ ($\because 0<t<2\pi$)이고 $\cos t=-1$이므로 ㉠에서

$4+a+a-3=0$ $\quad\therefore a=-\frac{1}{2}$

(ii) $\cos t=\frac{a}{8}$일 때

㉠에서 $\frac{a^2}{16}-\frac{a^2}{8}+a-3=0$

$a^2-16a+48=0,\ (a-4)(a-12)=0$

$\therefore a=4$ 또는 $a=12$

$a=4$이면 $\cos t=\frac{1}{2}$이므로 $t=\frac{\pi}{3},\ t=\frac{5}{3}\pi$ ($\because 0<t<2\pi$)일 때 성립한다.

$a=12$이면 $\cos t=\frac{3}{2}$을 만족시키는 실수 t가 존재하지 않으므로 성립하지 않는다.

(i), (ii)에서 구하는 양수 a의 값은 4이다.

실수 Check

두 곡선의 교점의 x좌표를 t로 놓고 접점의 좌표와 접선의 기울기가 각각 같음을 이용하여 연립방정식을 세운다.

Plus 문제

1310-1

$0<x<2\pi$에서 두 곡선 $y=-4\sin^2 x$, $y=a\cos x-5$의 교점이 존재하고 그 교점에서의 두 곡선의 접선이 일치하도록 하는 양수 a의 값을 구하시오.

$f(x)=-4\sin^2 x$, $g(x)=a\cos x-5$라 하면

$f'(x)=-8\sin x\cos x$, $g'(x)=-a\sin x$

두 곡선의 교점의 x좌표를 t라 하면 두 곡선이 $x=t$인 점에서 공통인 접선을 가지므로

$f(t)=g(t)$에서 $-4\sin^2 t=a\cos t-5$

$4\cos^2 t-4=a\cos t-5$

$\therefore 4\cos^2 t-a\cos t+1=0$ ㉠

$f'(t)=g'(t)$에서 $-8\sin t\cos t=-a\sin t$

$\sin t(8\cos t-a)=0$

$\therefore \sin t=0$ 또는 $\cos t=\frac{a}{8}$

(i) $\sin t=0$일 때

$t=\pi$ ($\because 0<t<2\pi$)이고 $\cos t=-1$이므로 ㉠에서

$4+a+1=0 \quad \therefore a=-5$

(ii) $\cos t=\frac{a}{8}$일 때

㉠에서 $\frac{a^2}{16}-\frac{a^2}{8}+1=0$

$a^2-16=0$, $(a+4)(a-4)=0$

$\therefore a=-4$ 또는 $a=4$

(i), (ii)에서 구하는 양수 a의 값은 4이다.

답 4

1311 답 ⑤

| 유형8

함수 $f(x)=\ln(2x+3)$의 역함수를 $g(x)$라 할 때, 곡선 $y=g(x)$ 위의 $x=0$인 점에서의 접선의 x절편은?

단서1 단서2

① -2 ② -1 ③ 0

④ 1 ⑤ 2

단서1 $g(0)=b$라 하면 $f(b)=0$

단서2 접선의 기울기는 $g'(0)=\frac{1}{f'(b)}$

STEP 1 $g(0)=k$인 k의 값 구하기

$g(x)$가 $f(x)$의 역함수이므로

$g(0)=k$라 하면 $f(k)=0$에서

$\ln(2k+3)=0$, $2k+3=1$

$\therefore k=-1 \quad \therefore g(0)=-1$

STEP 2 $g'(0)$의 값 구하기

곡선 $y=g(x)$ 위의 $x=0$인 점에서의 접선의 기울기는

$g'(0)=\frac{1}{f'(g(0))}=\frac{1}{f'(-1)}$

이때 $f'(x)=\frac{2}{2x+3}$이므로

$f'(-1)=2$

$\therefore g'(0)=\frac{1}{2}$

STEP 3 접선의 x절편 구하기

곡선 $y=g(x)$ 위의 점 $(0, -1)$에서의 접선의 기울기가 $\frac{1}{2}$이므로

접선의 방정식은

$y-(-1)=\frac{1}{2}x \quad \therefore y=\frac{1}{2}x-1$

따라서 구하는 x절편은 2이다.

다른 풀이

$y=\ln(2x+3)$이라 하면 $2x+3=e^y$

$2x=e^y-3 \quad \therefore x=\frac{1}{2}(e^y-3)$

x와 y를 서로 바꾸면 $y=\frac{1}{2}(e^x-3)$

즉, $g(x)=\frac{1}{2}(e^x-3)$이므로 $g'(x)=\frac{1}{2}e^x$

곡선 $y=g(x)$ 위의 점 $(0, -1)$을 지나고 기울기가 $g'(0)=\frac{1}{2}$인 접선의 방정식은

$y-(-1)=\frac{1}{2}x \quad \therefore y=\frac{1}{2}x-1$

따라서 구하는 x절편은 2이다.

1312 답 ②

$g(x)$가 $f(x)$의 역함수이므로

$g(e^2)=k$라 하면 $f(k)=e^2$에서

$e^{k^3+k}=e^2$, $k^3+k=2$, $k^3+k-2=0$

$(k-1)(k^2+k+2)=0 \quad \therefore k=1$ ($\because k^2+k+2>0$)

$\therefore g(e^2)=1$

곡선 $y=g(x)$ 위의 $x=e^2$인 점에서의 접선의 기울기는

$g'(e^2)=\frac{1}{f'(g(e^2))}=\frac{1}{f'(1)}$

이때 $f'(x)=(3x^2+1)e^{x^3+x}$이므로

$f'(1)=4e^2$

$\therefore g'(e^2)=\frac{1}{4e^2}$

따라서 곡선 $y=g(x)$ 위의 점 $(e^2, 1)$에서의 접선의 기울기가 $\frac{1}{4e^2}$이므로 접선의 방정식은

$y-1=\frac{1}{4e^2}(x-e^2) \quad \therefore y=\frac{1}{4e^2}x+\frac{3}{4}$

1313 답 5

$g(x)$가 $f(x)$의 역함수이므로

$g(\sqrt{3})=k$라 하면 $f(k)=\sqrt{3}$에서

$\tan k=\sqrt{3} \quad \therefore k=\frac{\pi}{3}\left(\because -\frac{\pi}{2}<k<\frac{\pi}{2}\right)$

$\therefore g(\sqrt{3})=\frac{\pi}{3}$

곡선 $y=g(x)$ 위의 x좌표가 $\sqrt{3}$인 점에서의 접선의 기울기는

$g'(\sqrt{3})=\frac{1}{f'(g(\sqrt{3}))}=\frac{1}{f'\left(\frac{\pi}{3}\right)}$

이때 $f'(x)=\sec^2 x$이므로 $f'\left(\frac{\pi}{3}\right)=4$

$\therefore g'(\sqrt{3})=\frac{1}{4}$

곡선 $y=g(x)$ 위의 점 $\left(\sqrt{3}, \frac{\pi}{3}\right)$에서의 접선의 기울기가 $\frac{1}{4}$이므로

접선의 방정식은

$y-\frac{\pi}{3}=\frac{1}{4}(x-\sqrt{3}) \quad \therefore y=\frac{1}{4}x+\frac{\pi}{3}-\frac{\sqrt{3}}{4}$

따라서 접선의 y절편은 $\frac{\pi}{3}-\frac{\sqrt{3}}{4}$이므로

$a=\frac{1}{3}$, $b=\frac{1}{4}$

$\therefore 60ab=60\times\frac{1}{3}\times\frac{1}{4}=5$

1314 답 ④

$g(x)$가 $f(x)$의 역함수이므로

$g(0)=k$라 하면 $f(k)=0$에서

$\frac{k^2-1}{k}=0$, $k^2=1$

$\therefore k=1$ ($\because k>0$) $\quad \therefore g(0)=1$

곡선 $y=g(x)$ 위의 $x=0$인 점에서의 접선의 기울기는

$g'(0)=\frac{1}{f'(g(0))}=\frac{1}{f'(1)}$

이때 $f'(x)=\frac{x^2+1}{x^2}$이므로 $f'(1)=2$

$\therefore g'(0)=\frac{1}{2}$

곡선 $y=g(x)$ 위의 점 $(0, 1)$에서의 접선의 기울기가 $\frac{1}{2}$이므로

접선의 방정식은

$y-1=\frac{1}{2}x \quad \therefore y=\frac{1}{2}x+1$

이 직선이 점 $(6, a)$를 지나므로

$a=\frac{1}{2}\times 6+1=4$

1315 답 ③

$g(x)$가 $f(x)$의 역함수이므로

$g(2)=k$라 하면 $f(k)=2$에서

$k^3+1=2$, $k^3=1$

$(k-1)(k^2+k+1)=0 \quad \therefore k=1$

$\therefore g(2)=1$

곡선 $y=g(x)$ 위의 점 $(2, 1)$에서의 접선의 기울기는

$g'(2)=\frac{1}{f'(g(2))}=\frac{1}{f'(1)}$

이때 $f'(x)=3x^2$이므로

$f'(1)=3$

$\therefore g'(2)=\frac{1}{3}$

곡선 $y=g(x)$ 위의 점 $(2, 1)$에서의 접선과 수직인 직선의 기울기는 -3이므로 구하는 직선의 방정식은

$y-1=-3(x-2) \quad \therefore y=-3x+7$

따라서 $a=-3$, $b=7$이므로

$a+b=-3+7=4$

1316 답 $y=\frac{1}{4}x-\frac{1}{4}$

함수 $f(2x+1)$의 역함수가 $g(x)$이므로

$g(f(2x+1))=x$ ········· ㉠

㉠에 $x=0$을 대입하면 $g(f(1))=0$

$\therefore g(1)=0$

㉠의 양변을 x에 대하여 미분하면

$g'(f(2x+1))\times f'(2x+1)\times 2=1$

→ $\{g(f(ax+b))\}'=g'(f(ax+b))\times f'(ax+b)\times(ax+b)'$

위의 식에 $x=0$을 대입하면

$g'(f(1))\times f'(1)\times 2=1$

$g'(1)=\frac{1}{2f'(1)}$

이때 $f'(x)=e^{x-1}+xe^{x-1}$이므로

$f'(1)=2 \quad \therefore g'(1)=\frac{1}{4}$

따라서 곡선 $y=g(x)$ 위의 점 $(1, 0)$에서의 접선의 기울기가 $\frac{1}{4}$이므로 접선의 방정식은

$y=\frac{1}{4}(x-1) \quad \therefore y=\frac{1}{4}x-\frac{1}{4}$

실수 Check

두 함수가 서로 역함수 관계이면 합성함수는 항등함수임을 이용한다.

1317 답 ⑤ | 유형 9

매개변수 θ로 나타낸 곡선 $x=\theta-\sin\theta$, $y=1-\cos\theta$에 대하여 $\theta=\frac{\pi}{3}$에 대응하는 점에서의 접선의 y절편은? (단, $0<\theta<\pi$)

단서1 단서2

① $-\frac{\sqrt{3}}{3}\pi-2$ ② $-\frac{\sqrt{3}}{3}\pi-1$ ③ $-\frac{\sqrt{3}}{3}\pi$

④ $-\frac{\sqrt{3}}{3}\pi+1$ ⑤ $-\frac{\sqrt{3}}{3}\pi+2$

단서1 $\theta=\frac{\pi}{3}$일 때 점 (x, y)

단서2 접선의 기울기는 $\frac{\frac{dy}{d\theta}}{\frac{dx}{d\theta}}$

STEP 1 $\frac{dy}{dx}$ 구하기

$x=\theta-\sin\theta$, $y=1-\cos\theta$에서

$\frac{dx}{d\theta}=1-\cos\theta$, $\frac{dy}{d\theta}=\sin\theta$이므로

$\frac{dy}{dx}=\frac{\frac{dy}{d\theta}}{\frac{dx}{d\theta}}=\frac{\sin\theta}{1-\cos\theta}$

STEP 2 $\theta=\frac{\pi}{3}$일 때, x, y, $\frac{dy}{dx}$의 값 구하기

$\theta=\frac{\pi}{3}$일 때

$x=\frac{\pi}{3}-\frac{\sqrt{3}}{2}$, $y=\frac{1}{2}$, $\frac{dy}{dx}=\frac{\frac{\sqrt{3}}{2}}{1-\frac{1}{2}}=\sqrt{3}$

STEP 3 접선의 y절편 구하기

접선의 방정식은

$y-\frac{1}{2}=\sqrt{3}\left\{x-\left(\frac{\pi}{3}-\frac{\sqrt{3}}{2}\right)\right\}$

$\therefore y=\sqrt{3}x-\frac{\sqrt{3}}{3}\pi+2$

따라서 구하는 y절편은 $-\frac{\sqrt{3}}{3}\pi+2$이다.

1318 답 10

$x=t^3-t-3$, $y=at^2$에서

$\frac{dx}{dt}=3t^2-1$, $\frac{dy}{dt}=2at$이므로

$\frac{dy}{dx}=\frac{\frac{dy}{dt}}{\frac{dx}{dt}}=\frac{2at}{3t^2-1}$ $\left(\text{단, } t^2\neq\frac{1}{3}\right)$

$t=1$일 때

$x=-3,\ y=a,\ \dfrac{dy}{dx}=a$

이므로 접선의 방정식은 $y-a=a(x+3)$

$\therefore\ y=ax+4a$

그런데 접선의 방정식이 $y=2x+b$이므로

$a=2,\ b=4a=8$

$\therefore\ a+b=2+8=10$

1319 답 ①

$x=t^2,\ y=\dfrac{t}{2}+\dfrac{1}{t}$에서

$\dfrac{dx}{dt}=2t,\ \dfrac{dy}{dt}=\dfrac{1}{2}-\dfrac{1}{t^2}$이므로

$$\dfrac{dy}{dx}=\dfrac{\frac{dy}{dt}}{\frac{dx}{dt}}=\dfrac{\frac{1}{2}-\frac{1}{t^2}}{2t}=\dfrac{t^2-2}{4t^3}\ (\text{단, } t\neq0)$$

$t=2$일 때

$x=4,\ y=\dfrac{3}{2},\ \dfrac{dy}{dx}=\dfrac{1}{16}$

이므로 접선의 방정식은

$y-\dfrac{3}{2}=\dfrac{1}{16}(x-4)\qquad \therefore\ y=\dfrac{1}{16}x+\dfrac{5}{4}$

이 직선이 점 $(a,\ 2)$를 지나므로

$2=\dfrac{a}{16}+\dfrac{5}{4}\qquad \therefore\ a=12$

1320 답 ①

$x=e^t+5t,\ y=e^{-t}+9t$에서

$\dfrac{dx}{dt}=e^t+5,\ \dfrac{dy}{dt}=-e^{-t}+9$이므로

$$\dfrac{dy}{dx}=\dfrac{\frac{dy}{dt}}{\frac{dx}{dt}}=\dfrac{-e^{-t}+9}{e^t+5}$$

$t=0$일 때

$x=1,\ y=1,\ \dfrac{dy}{dx}=\dfrac{-1+9}{1+5}=\dfrac{4}{3}$

이므로 접선의 방정식은

$y-1=\dfrac{4}{3}(x-1)\qquad \therefore\ y=\dfrac{4}{3}x-\dfrac{1}{3}$

이 직선이 점 $(4,\ a)$를 지나므로

$a=\dfrac{4}{3}\times4-\dfrac{1}{3}=5$

1321 답 ①

$x=\ln t,\ y=\ln(t^2+1)$에서

$\dfrac{dx}{dt}=\dfrac{1}{t},\ \dfrac{dy}{dt}=\dfrac{2t}{t^2+1}$이므로

$$\dfrac{dy}{dx}=\dfrac{\frac{dy}{dt}}{\frac{dx}{dt}}=\dfrac{2t^2}{t^2+1}$$

$t=1$일 때

$x=0,\ y=\ln 2,\ \dfrac{dy}{dx}=\dfrac{2}{2}=1$

이므로 접선의 방정식은

$y-\ln 2=x\qquad \therefore\ y=x+\ln 2$

이 직선이 점 $(a,\ 2a)$를 지나므로

$2a=a+\ln 2\qquad \therefore\ a=\ln 2$

1322 답 ③

$x=t-\dfrac{1}{t}=0$에서

$t^2-1=0,\ t^2=1\qquad \therefore\ t=1\ (\because\ t>0)$

$\therefore\ a=1+1=2$

$x=t-\dfrac{1}{t},\ y=t+\dfrac{1}{t}$에서 $\dfrac{dx}{dt}=1+\dfrac{1}{t^2},\ \dfrac{dy}{dt}=1-\dfrac{1}{t^2}$이므로

$$\dfrac{dy}{dx}=\dfrac{\frac{dy}{dt}}{\frac{dx}{dt}}=\dfrac{1-\frac{1}{t^2}}{1+\frac{1}{t^2}}=\dfrac{t^2-1}{t^2+1}$$

$t=1$일 때 $\dfrac{dy}{dx}=0$이므로 점 $(0,\ 2)$에서의 접선의 방정식은

$y-2=0\qquad \therefore\ y=2$

따라서 $g(x)=2$이므로

$g(a)=g(2)=2$

1323 답 1

$x=e^t-e^{-t},\ y=e^t-3e^{-t}$에서

$\dfrac{dx}{dt}=e^t+e^{-t},\ \dfrac{dy}{dt}=e^t+3e^{-t}$이므로

$$\dfrac{dy}{dx}=\dfrac{\frac{dy}{dt}}{\frac{dx}{dt}}=\dfrac{e^t+3e^{-t}}{e^t+e^{-t}}$$

곡선 위의 점 $(a,\ b)$에서의 접선의 기울기가 $\dfrac{6}{5}$이므로

$\dfrac{e^t+3e^{-t}}{e^t+e^{-t}}=\dfrac{6}{5}$에서 $\dfrac{e^{2t}+3}{e^{2t}+1}=\dfrac{6}{5}$

$5(e^{2t}+3)=6(e^{2t}+1),\ e^{2t}=9$

$\therefore\ e^t=3\ (\because\ e^t>0)$

$e^t=3$일 때

$a=e^t-e^{-t}=3-\dfrac{1}{3}=\dfrac{8}{3}$

$b=e^t-3e^{-t}=3-1=2$

이므로 접선의 방정식은

$y-2=\dfrac{6}{5}\left(x-\dfrac{8}{3}\right)\qquad \therefore\ y=\dfrac{6}{5}x-\dfrac{6}{5}$

따라서 구하는 x절편은 1이다.

1324 답 1

$x=\cos^3\theta,\ y=\sin^3\theta$에서

$\dfrac{dx}{d\theta}=-3\cos^2\theta\sin\theta,\ \dfrac{dy}{d\theta}=3\sin^2\theta\cos\theta$이므로

$$\dfrac{dy}{dx}=\dfrac{\frac{dy}{d\theta}}{\frac{dx}{d\theta}}=\dfrac{3\sin^2\theta\cos\theta}{-3\cos^2\theta\sin\theta}$$

$$=-\dfrac{\sin\theta}{\cos\theta}\ (\text{단, } \cos\theta\neq0)$$

$\theta=\frac{3}{4}\pi$일 때

$$x=\left(-\frac{\sqrt{2}}{2}\right)^3=-\frac{\sqrt{2}}{4},\ y=\left(\frac{\sqrt{2}}{2}\right)^3=\frac{\sqrt{2}}{4},\ \frac{dy}{dx}=-\frac{\frac{\sqrt{2}}{2}}{-\frac{\sqrt{2}}{2}}=1$$

이므로 접선의 방정식은

$y-\frac{\sqrt{2}}{4}=x-\left(-\frac{\sqrt{2}}{4}\right)$ $\quad\therefore\ y=x+\frac{\sqrt{2}}{2}$

따라서 접선의 x절편은 $-\frac{\sqrt{2}}{2}$, y절편은 $\frac{\sqrt{2}}{2}$이므로 접선이 x축, y축에 의해 잘려지는 부분의 길이는 두 점 $\left(-\frac{\sqrt{2}}{2},\ 0\right)$, $\left(0,\ \frac{\sqrt{2}}{2}\right)$ 사이의 거리와 같으므로 $\sqrt{\left(\frac{\sqrt{2}}{2}\right)^2+\left(\frac{\sqrt{2}}{2}\right)^2}=1$

1325 답 ④

$x=3\tan t$, $y=5\sec t$에서

$\frac{dx}{dt}=3\sec^2 t$, $\frac{dy}{dt}=5\sec t\tan t$이므로

$$\frac{dy}{dx}=\frac{\frac{dy}{dt}}{\frac{dx}{dt}}=\frac{5\sec t\tan t}{3\sec^2 t}=\frac{5\tan t}{3\sec t}=\frac{5}{3}\sin t$$

접선이 x축의 양의 방향과 이루는 각의 크기가 $\frac{\pi}{4}$이므로 접선의 기울기는 1이다. → $\tan\frac{\pi}{4}=1$

즉, $\frac{5}{3}\sin t=1$에서 $\sin t=\frac{3}{5}$이고, $-\frac{\pi}{2}<t<\frac{\pi}{2}$이므로

$\cos t=\frac{4}{5}$, $\tan t=\frac{3}{4}$

따라서 점 $\left(\frac{9}{4},\ \frac{25}{4}\right)$를 지나고 기울기가 1인 접선의 방정식은

$y-\frac{25}{4}=x-\frac{9}{4}$ $\quad\therefore\ y=x+4$

이 직선이 점 $(3,\ k)$를 지나므로 $k=3+4=7$

1326 답 ④

| 유형 10

곡선 $x^3-xy^2=10$ 위의 점 $(-2,\ 3)$에서의 접선의 y절편은?
단서1 단서2

① 1 ② $\frac{3}{2}$ ③ 2
④ $\frac{5}{2}$ ⑤ 3

단서1 음함수의 미분법 이용
단서2 접선의 기울기는 $x=-2$, $y=3$일 때 $\frac{dy}{dx}$의 값

STEP 1 $\frac{dy}{dx}$ 구하기

$x^3-xy^2=10$의 각 항을 x에 대하여 미분하면

$3x^2-\left(y^2+x\times 2y\times\frac{dy}{dx}\right)=0$

$\therefore\ \frac{dy}{dx}=\frac{3x^2-y^2}{2xy}$ (단, $xy\neq 0$)

STEP 2 $x=-2$, $y=3$일 때 $\frac{dy}{dx}$의 값 구하기

점 $(-2,\ 3)$에서의 접선의 기울기는

$\frac{dy}{dx}=\frac{3}{-12}=-\frac{1}{4}$

STEP 3 접선의 y절편 구하기

접선의 방정식은

$y-3=-\frac{1}{4}\{x-(-2)\}$ $\quad\therefore\ y=-\frac{1}{4}x+\frac{5}{2}$

따라서 구하는 y절편은 $\frac{5}{2}$이다.

1327 답 ④

$y^2=\ln(2-x^2)+2xy+8$의 각 항을 x에 대하여 미분하면

$2y\frac{dy}{dx}=\frac{-2x}{2-x^2}+2y+2x\frac{dy}{dx}$

$(2x-2y)\frac{dy}{dx}=\frac{2x-4y+2x^2y}{2-x^2}$

$\therefore\ \frac{dy}{dx}=\frac{x-2y+x^2y}{(x-y)(2-x^2)}$ (단, $x\neq y$, $x^2\neq 2$)

점 $(1,\ 4)$에서의 접선의 기울기는

$\frac{dy}{dx}=\frac{1-8+4}{(-3)\times 1}=1$

이므로 접선의 방정식은

$y-4=x-1$ $\quad\therefore\ y=x+3$

1328 답 ①

$e^{3x}\ln y=2$에서 $\ln y=2e^{-3x}$이고, 각 항을 x에 대하여 미분하면

$\frac{1}{y}\times\frac{dy}{dx}=-6e^{-3x}$ $\quad\therefore\ \frac{dy}{dx}=-6e^{-3x}y$

점 $(0,\ e^2)$에서의 접선의 기울기는 $\frac{dy}{dx}=-6e^2$이므로 접선의 방정식은

$y-e^2=-6e^2x$ $\quad\therefore\ y=-6e^2x+e^2$

따라서 구하는 x절편은 $\frac{1}{6}$이다.

1329 답 ③

$x^3+xy+y^3-8=0$의 각 항을 x에 대하여 미분하면

$3x^2+y+x\frac{dy}{dx}+3y^2\frac{dy}{dx}=0$

$(x+3y^2)\frac{dy}{dx}=-3x^2-y$

$\therefore\ \frac{dy}{dx}=-\frac{3x^2+y}{x+3y^2}$ (단, $x+3y^2\neq 0$)

$x^3+xy+y^3-8=0$에 $y=0$을 대입하면 $x=2$

즉, 주어진 곡선이 x축과 만나는 점은 $(2,\ 0)$이고, 이 점에서의 접선의 기울기는

$\frac{dy}{dx}=-\frac{12}{2}=-6$

이므로 접선의 방정식은

$y=-6(x-2)$ $\quad\therefore\ y=-6x+12$

이 접선과 x축 및 y축으로 둘러싸인 도형은 그림과 같은 삼각형이므로 구하는 도형의 넓이는

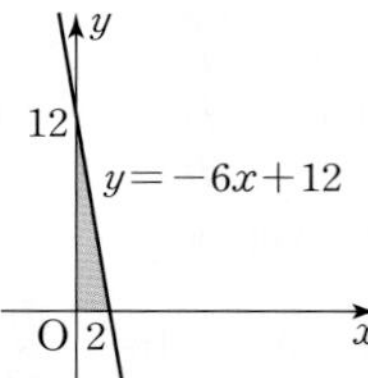

$\frac{1}{2}\times 2\times 12=12$

1330 답 ①

$\sqrt{x}+2\sqrt{y}=8$의 각 항을 x에 대하여 미분하면

$\frac{1}{2\sqrt{x}}+\frac{2}{2\sqrt{y}}\times\frac{dy}{dx}=0$

$\therefore \frac{dy}{dx}=-\frac{\sqrt{y}}{2\sqrt{x}}$ (단, $x\neq0$)

점 $(4, 9)$에서의 접선 l의 기울기는

$\frac{dy}{dx}=-\frac{\sqrt{9}}{2\sqrt{4}}=-\frac{3}{4}$

이므로 접선 l의 방정식은

$y-9=-\frac{3}{4}(x-4)$ $\quad\therefore y=-\frac{3}{4}x+12$

따라서 원점과 직선 $y=-\frac{3}{4}x+12$, 즉 $3x+4y-48=0$ 사이의 거리는

$\frac{|-48|}{\sqrt{3^2+4^2}}=\frac{48}{5}$

1331 답 6

점 $(1, 0)$이 곡선 $x^2+axe^y+y=b$ 위에 있으므로

$b=a+1$ ······ ㉠

$x^2+axe^y+y=b$의 각 항을 x에 대하여 미분하면

$2x+ae^y+axe^y\frac{dy}{dx}+\frac{dy}{dx}=0$

$(axe^y+1)\frac{dy}{dx}=-(2x+ae^y)$

$\therefore \frac{dy}{dx}=-\frac{2x+ae^y}{axe^y+1}$ (단, $axe^y+1\neq0$)

점 $(1, 0)$에서의 접선의 기울기가 $-\frac{4}{3}$이므로

$-\frac{2+a}{a+1}=-\frac{4}{3}$, $6+3a=4a+4$

$\therefore a=2$

$a=2$를 ㉠에 대입하면 $b=3$

$\therefore ab=2\times3=6$

1332 답 ⑤

| 유형11

다음 중 함수 $f(x)=\sqrt{3}x-2\cos x\,(0<x<2\pi)$가 감소하는 구간은?
단서1

① $\left(0, \frac{\pi}{3}\right]$ ② $\left[\frac{\pi}{3}, \frac{2}{3}\pi\right]$ ③ $\left[\frac{2}{3}\pi, \pi\right]$

④ $\left[\pi, \frac{4}{3}\pi\right]$ ⑤ $\left[\frac{4}{3}\pi, \frac{5}{3}\pi\right]$

단서1 $f'(x)\le0$을 만족시키는 x의 값 구하기

STEP1 $f'(x)=0$을 만족시키는 x의 값 구하기

$f(x)=\sqrt{3}x-2\cos x$에서

$f'(x)=\sqrt{3}+2\sin x$

$f'(x)=0$에서 $\sin x=-\frac{\sqrt{3}}{2}$

$\therefore x=\frac{4}{3}\pi$ 또는 $x=\frac{5}{3}\pi$ ($\because 0<x<2\pi$)

STEP2 함수 $f(x)$의 증가와 감소를 표로 나타내기

함수 $f(x)$의 증가와 감소를 표로 나타내면 다음과 같다.

x	(0)	$\cdots$	$\frac{4}{3}\pi$	$\cdots$	$\frac{5}{3}\pi$	$\cdots$	(2π)
$f'(x)$		$+$	0	$-$	0	$+$	
$f(x)$		↗		↘		↗	

STEP3 함수 $f(x)$가 감소하는 구간 구하기

함수 $f(x)$가 감소하는 구간은 $\left[\frac{4}{3}\pi, \frac{5}{3}\pi\right]$이다.

Tip 어떤 구간에서 함수 $f(x)$가 감소하면 그 구간에 포함되는 임의의 실수 x_1, $x_2\,(x_1<x_2)$에 대하여 $f(x_1)>f(x_2)$를 만족시킨다. 그러므로 감소하는 구간에 $\frac{4}{3}\pi$, $\frac{5}{3}\pi$도 포함된다.

1333 답 ⑤

$f(x)=e^{\cos x}+\cos x+1$에서

$f'(x)=-\sin x\,e^{\cos x}-\sin x=-\sin x(e^{\cos x}+1)$

$e^{\cos x}>0$이므로 $f'(x)$의 값의 부호는 $-\sin x$의 값의 부호와 같다.

① $f'\left(\frac{\pi}{4}\right)<0$ ② $f'\left(\frac{\pi}{3}\right)<0$ ③ $f'\left(\frac{\pi}{2}\right)<0$

④ $f'\left(\frac{3}{4}\pi\right)<0$ ⑤ $f'\left(\frac{5}{4}\pi\right)>0$

따라서 증가하는 구간에 속하는 x의 값은 ⑤이다.

1334 답 ③

$f(x)=2x-\tan x$에서 $f'(x)=2-\sec^2 x$

$f'(x)=0$에서 $\cos^2 x=\frac{1}{2}$

$\cos x=\frac{\sqrt{2}}{2}\left(\because -\frac{\pi}{2}<x<\frac{\pi}{2}\right)$

$\therefore x=-\frac{\pi}{4}$ 또는 $x=\frac{\pi}{4}$

함수 $f(x)$의 증가와 감소를 표로 나타내면 다음과 같다.

x	$\left(-\frac{\pi}{2}\right)$	$\cdots$	$-\frac{\pi}{4}$	$\cdots$	$\frac{\pi}{4}$	$\cdots$	$\left(\frac{\pi}{2}\right)$
$f'(x)$		$-$	0	$+$	0	$-$	
$f(x)$		↘		↗		↘	

따라서 함수 $f(x)$가 증가하는 x의 값의 범위는 $-\frac{\pi}{4}\le x\le\frac{\pi}{4}$이다.

1335 답 26

$f(x)=4x-13\ln x-\frac{15}{2x}$에서

$f'(x)=4-\frac{13}{x}+\frac{15}{2x^2}=\frac{8x^2-26x+15}{2x^2}=\frac{(4x-3)(2x-5)}{2x^2}$

$f'(x)=0$에서 $x=\frac{3}{4}$ 또는 $x=\frac{5}{2}$

함수 $f(x)$의 증가와 감소를 표로 나타내면 다음과 같다.

x	(0)	$\cdots$	$\frac{3}{4}$	$\cdots$	$\frac{5}{2}$	$\cdots$
$f'(x)$		$+$	0	$-$	0	$+$
$f(x)$		↗		↘		↗

따라서 함수 $f(x)$가 감소하는 구간은 $\left[\frac{3}{4}, \frac{5}{2}\right]$이므로

$a=\frac{3}{4}$, $b=\frac{5}{2}$

$\therefore 8(a+b)=8\left(\frac{3}{4}+\frac{5}{2}\right)=26$

06

1336 답 ③

$f(x)=2e^x-6x$에서 $f'(x)=2e^x-6$

$f'(x)=0$에서 $e^x=3$

$\therefore x=\ln 3$

함수 $f(x)$의 증가와 감소를 표로 나타내면 다음과 같다.

x	$\cdots$	$\ln 3$	$\cdots$
$f'(x)$	$-$	0	$+$
$f(x)$	↘		↗

따라서 함수 $f(x)$는 구간 $(-\infty, \ln 3]$에서 감소하므로 a의 최댓값은 $\ln 3$이다.

1337 답 3

$f(x)=\dfrac{2x-1}{x^2+2}$에서

$$f'(x)=\frac{2(x^2+2)-(2x-1)\times 2x}{(x^2+2)^2}=\frac{-2x^2+2x+4}{(x^2+2)^2}=\frac{-2(x+1)(x-2)}{(x^2+2)^2}$$

$f'(x)=0$에서 $x=-1$ 또는 $x=2$

함수 $f(x)$의 증가와 감소를 표로 나타내면 다음과 같다.

x	$\cdots$	-1	$\cdots$	2	$\cdots$
$f'(x)$	$-$	0	$+$	0	$-$
$f(x)$	↘		↗		↘

따라서 함수 $f(x)$는 구간 $[-1, 2]$에서 증가하므로 $b-a$의 최댓값은 $a=-1$, $b=2$일 때

$2-(-1)=3$

1338 답 ③

$f(x)=3x+\sqrt{10-x^2}$에서 $10-x^2\geq 0$, $x^2\leq 10$

즉, $0<x\leq\sqrt{10}$ ($\because x>0$)

$$f'(x)=3-\frac{x}{\sqrt{10-x^2}}=\frac{3\sqrt{10-x^2}-x}{\sqrt{10-x^2}}$$

$f'(x)=0$에서 $3\sqrt{10-x^2}=x$

양변을 제곱하여 정리하면 $x^2=9$

$\therefore x=3$ ($\because 0<x\leq\sqrt{10}$)

x	(0)	$\cdots$	3	$\cdots$	$\sqrt{10}$
$f'(x)$		$+$	0	$-$	
$f(x)$		↗		↘	

따라서 함수 $f(x)$가 증가하는 구간은 $(0, 3]$이므로 이 구간에 속하는 모든 정수 x의 값의 합은

$1+2+3=6$

1339 답 0

$f(x)=(x^2+a)e^{-x}$에서

$$f'(x)=2xe^{-x}-(x^2+a)e^{-x}=(-x^2+2x-a)e^{-x}$$

함수 $f(x)$가 증가하는 x의 값의 범위가 $-1\leq x\leq b$이므로 부등식 $f'(x)\geq 0$의 해가 $-1\leq x\leq b$이다.

$(-x^2+2x-a)e^{-x}\geq 0$에서 $e^{-x}>0$이므로

$x^2-2x+a\leq 0$

즉, 부등식 $x^2-2x+a\leq 0$의 해가 $-1\leq x\leq b$이므로

$x=-1$, $x=b$는 이차방정식 $x^2-2x+a=0$의 두 근이다.

이차방정식의 근과 계수의 관계에 의해

$-1+b=2$, $-b=a$

$\therefore a=-3$, $b=3$

$\therefore a+b=-3+3=0$

실수 Check

모든 실수 x에서 부등식 $f'(x)\geq 0$의 해가 $c\leq x\leq d$이면 방정식 $f'(x)=0$의 두 근이 c, d임을 이용하여 해결한다.

1340 답 ③

$f(x)=e^{x+1}(x^2+3x+1)$에서

$$f'(x)=e^{x+1}(x^2+3x+1)+e^{x+1}(2x+3)=e^{x+1}(x^2+5x+4)=e^{x+1}(x+4)(x+1)$$

$f'(x)=0$에서 $x=-4$ 또는 $x=-1$ ($\because e^{x+1}>0$)

함수 $f(x)$의 증가와 감소를 표로 나타내면 다음과 같다.

x	$\cdots$	-4	$\cdots$	-1	$\cdots$
$f'(x)$	$+$	0	$-$	0	$+$
$f(x)$	↗		↘		↗

따라서 함수 $f(x)$는 구간 $[-4, -1]$에서 감소하므로 $b-a$의 최댓값은 $a=-4$, $b=-1$일 때

$-1-(-4)=3$

1341 답 ④ | 유형12

함수 $f(x)=(x^2-ax+2)e^{-x}$이 실수 전체의 구간에서 감소하도록 하는 정수 a의 개수는? (단서1)

① 2 ② 3 ③ 4 ④ 5 ⑤ 6

단서1 모든 실수 x에 대하여 $f'(x)\leq 0$

STEP 1 $f'(x)$ 구하기

$f(x)=(x^2-ax+2)e^{-x}$에서

$$f'(x)=(2x-a)e^{-x}-(x^2-ax+2)e^{-x}=-\{x^2-(a+2)x+(a+2)\}e^{-x}$$

STEP 2 모든 실수 x에 대하여 $f'(x)\leq 0$이 되는 정수 a의 값의 범위 구하기

함수 $f(x)$가 실수 전체의 구간에서 감소하려면 모든 실수 x에 대하여 $f'(x)\leq 0$이어야 하므로

$x^2-(a+2)x+(a+2)\geq 0$ ($\because e^{-x}>0$)

이차방정식 $x^2-(a+2)x+(a+2)=0$의 판별식을 D라 하면

$D=(a+2)^2-4(a+2)\leq 0$

$(a+2)(a-2)\leq 0$

$\therefore -2\leq a\leq 2$

STEP 3 정수 a의 개수 구하기

정수 a는 -2, -1, 0, 1, 2로 5개이다.

개념 Check

이차부등식이 항상 성립할 조건

모든 실수 x에 대하여 이차부등식이 항상 성립할 조건은 다음과 같다.

(단, $D=b^2-4ac$)

(1) $ax^2+bx+c>0$ ➜ $a>0$, $D<0$

(2) $ax^2+bx+c\geq 0$ ➜ $a>0$, $D\leq 0$

(3) $ax^2+bx+c<0$ ➜ $a<0$, $D<0$

(4) $ax^2+bx+c\leq 0$ ➜ $a<0$, $D\leq 0$

1342 답 ⑤

$f(x)=\ln(x^2+a)-x$에서

$f'(x)=\dfrac{2x}{x^2+a}-1=\dfrac{-x^2+2x-a}{x^2+a}$

함수 $f(x)$가 실수 전체의 구간에서 감소하려면 모든 실수 x에 대하여 $f'(x)\leq 0$이어야 하므로

$-x^2+2x-a\leq 0 \qquad \therefore x^2-2x+a\geq 0$

이차방정식 $x^2-2x+a=0$의 판별식을 D라 하면

$\dfrac{D}{4}=(-1)^2-a\leq 0 \qquad \therefore a\geq 1$

1343 답 2

$f(x)=(x^2+ax+a)e^x$에서

$f'(x)=(2x+a)e^x+(x^2+ax+a)e^x$

$\qquad =\{x^2+(a+2)x+2a\}e^x$

함수 $f(x)$가 구간 $(-\infty, \infty)$에서 증가하려면 모든 실수 x에 대하여 $f'(x)\geq 0$이어야 하므로

$x^2+(a+2)x+2a\geq 0$ ($\because e^x>0$)

이차방정식 $x^2+(a+2)x+2a=0$의 판별식을 D라 하면

$D=(a+2)^2-4\times 2a\leq 0$, $(a-2)^2\leq 0 \qquad \therefore a=2$

1344 답 ③

$f(x)=ax-\ln(x^2+2)$에서

$f'(x)=a-\dfrac{2x}{x^2+2}=\dfrac{ax^2-2x+2a}{x^2+2}$

함수 $f(x)$가 실수 전체의 구간에서 증가하려면 모든 실수 x에 대하여 $f'(x)\geq 0$이어야 하므로

$ax^2-2x+2a\geq 0$

이때 $a>0$이므로 이차방정식 $ax^2-2x+2a=0$의 판별식을 D라 하면

$\dfrac{D}{4}=(-1)^2-2a^2\leq 0$, $a^2\geq \dfrac{1}{2}$

$\therefore a\geq \dfrac{\sqrt{2}}{2}$ ($\because a>0$)

따라서 양수 a의 최솟값은 $\dfrac{\sqrt{2}}{2}$이다.

1345 답 8

$f(x)=8\sin x\cos x+kx=4\sin 2x+kx$이므로

$f'(x)=8\cos 2x+k$

함수 $f(x)$가 구간 $(-\infty, \infty)$에서 증가하려면 모든 실수 x에 대하여 $f'(x)\geq 0$이어야 한다.

이때 $-1\leq \cos 2x\leq 1$이므로 $-8\leq 8\cos 2x\leq 8$

$\therefore k-8\leq 8\cos 2x+k\leq k+8$

즉, $k-8\geq 0$이어야 하므로 $k\geq 8$

따라서 정수 k의 최솟값은 8이다.

다른 풀이

$f(x)=8\sin x\cos x+kx$에서

$f'(x)=8(\cos^2 x-\sin^2 x)+k$

$\qquad =8(2\cos^2 x-1)+k$ ($\because \sin^2 x=1-\cos^2 x$)

$\qquad =16\cos^2 x-8+k$

함수 $f(x)$가 구간 $(-\infty, \infty)$에서 증가하려면 모든 실수 x에 대하여 $f'(x)\geq 0$이어야 한다.

이때 $0\leq \cos^2 x\leq 1$이므로 $0\leq 16\cos^2 x\leq 16$

$-8+k\leq 16\cos^2 x-8+k\leq 8+k$

즉, $-8+k\geq 0$이어야 하므로 $k\geq 8$

1346 답 ②

$f(x)=ax+\sin 2x$에서

$f'(x)=a+2\cos 2x$

함수 $f(x)$가 $x_1<x_2$인 모든 실수 x_1, x_2에 대하여 $f(x_1)>f(x_2)$를 만족시키려면 실수 전체의 구간에서 감소해야 한다.

즉, 모든 실수 x에 대하여 $f'(x)\leq 0$이어야 한다.

이때 $-1\leq \cos 2x\leq 1$이므로 $-2\leq 2\cos 2x\leq 2$

$\therefore a-2\leq a+2\cos 2x\leq a+2$

즉, $a+2\leq 0$이어야 하므로 $a\leq -2$

따라서 a의 최댓값은 -2이다.

1347 답 ①

$f(x)=(x^2-2x+k)e^{3x}$에서

$f'(x)=(2x-2)e^{3x}+3(x^2-2x+k)e^{3x}$

$\qquad =(3x^2-4x+3k-2)e^{3x}$

함수 $f(x)$의 역함수가 존재하려면 $f(x)$는 일대일대응이어야 하므로 실수 전체의 구간에서 증가하거나 감소해야 한다.

즉, 모든 실수 x에 대하여 $f'(x)\geq 0$ 또는 $f'(x)\leq 0$이어야 한다.

(i) $f'(x)\geq 0$일 때

$e^{3x}>0$이므로 $3x^2-4x+3k-2\geq 0$

이차방정식 $3x^2-4x+3k-2=0$의 판별식을 D라 하면

$\dfrac{D}{4}=(-2)^2-3(3k-2)\leq 0$

$9k\geq 10 \qquad \therefore k\geq \dfrac{10}{9}$

(ii) $f'(x)\leq 0$일 때

$e^{3x}>0$이므로 $3x^2-4x+3k-2\leq 0$

이때 모든 실수 x에 대하여 이를 만족시키는 k의 값은 존재하지 않는다.

(i), (ii)에서 $k\geq \dfrac{10}{9}$이므로 k의 최솟값은 $\dfrac{10}{9}$이다.

실수 Check

함수 $f(x)$의 역함수가 존재하려면 $f(x)$는 일대일대응이어야 함을 이용한다.

1402 답 ③

$f(x)=\frac{1}{2}x-\ln(x^2+n)$에서

$f'(x)=\frac{1}{2}-\frac{2x}{x^2+n}=\frac{x^2+n-4x}{2(x^2+n)}=\frac{x^2-4x+n}{2(x^2+n)}$

함수 $f(x)$가 극값을 가지려면 이차방정식 $x^2-4x+n=0$이 서로 다른 두 실근을 가져야 한다.

이때 이차방정식 $x^2-4x+n=0$의 판별식을 D라 하면

$\frac{D}{4}=(-2)^2-n>0 \qquad \therefore n<4$

따라서 함수 $f(x)$가 극값을 갖도록 하는 자연수 n의 최댓값은 3이다.

1403 답 ②

$f(x)=(x^2-3x-k)e^x$에서

$f'(x)=(2x-3)e^x+(x^2-3x-k)e^x=(x^2-x-k-3)e^x$

$e^x>0$이므로 함수 $f(x)$가 극댓값과 극솟값을 모두 가지려면 이차방정식 $x^2-x-k-3=0$이 서로 다른 두 실근을 가져야 한다.

이때 이차방정식 $x^2-x-k-3=0$의 판별식을 D라 하면

$D=(-1)^2-4(-k-3)>0 \qquad \therefore k>-\frac{13}{4}$

따라서 정수 k의 최솟값은 -3이다.

1404 답 3

$f(x)=ax+3\ln(x^2+1)$에서

$f'(x)=a+\frac{6x}{x^2+1}=\frac{ax^2+6x+a}{x^2+1}$

→ $x^2+1>0$이고 $a>0$이므로 모든 실수 x에 대하여 $ax^2+6x+a\ge0$ 이어야 한다.

함수 $f(x)$가 극값을 갖지 않으려면 이차방정식 $ax^2+6x+a=0$이 중근 또는 허근을 가져야 한다.

이때 이차방정식 $ax^2+6x+a=0$의 판별식을 D라 하면

$\frac{D}{4}=3^2-a^2\le0,\ (a+3)(a-3)\ge0$

$\therefore a\ge3\ (\because a>0)$

따라서 양수 a의 최솟값은 3이다.

1405 답 $a<-2$ 또는 $a>2$

$f(x)=\frac{2x+a}{x^2-1}$에서

$f'(x)=\frac{2(x^2-1)-(2x+a)\times2x}{(x^2-1)^2}=-\frac{2(x^2+ax+1)}{(x^2-1)^2}$

함수 $f(x)$가 극댓값과 극솟값을 모두 가지려면 이차방정식 $x^2+ax+1=0$이 $x\ne\pm1$인 서로 다른 두 실근을 가져야 한다.

$x=\pm1$이 $x^2+ax+1=0$의 근이 아니므로

$1+a+1\ne0,\ 1-a+1\ne0$에서 $a\ne\pm2$ ············ ㉠

또한, 이차방정식 $x^2+ax+1=0$의 판별식을 D라 하면

$D=a^2-4>0 \qquad \therefore a<-2$ 또는 $a>2$ ············ ㉡

㉠, ㉡에서 $a<-2$ 또는 $a>2$

1406 답 ①

$f(x)=\ln x+\frac{a}{x}-\frac{1}{x^2}$에서 $x>0$이고

$f'(x)=\frac{1}{x}-\frac{a}{x^2}+\frac{2}{x^3}=\frac{x^2-ax+2}{x^3}$

함수 $f(x)$가 극값을 가지려면 이차방정식 $x^2-ax+2=0$이 서로 다른 두 실근을 가지며 하나 이상의 양의 실근을 가져야 한다.

즉, $g(x)=x^2-ax+2$라 하면 함수 $y=g(x)$의 그래프는 a의 값에 관계없이 점 $(0,\ 2)$를 지나므로 그림과 같아야 한다.

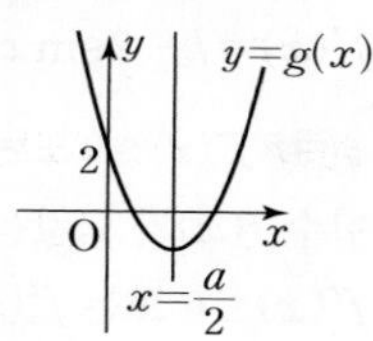

(i) 대칭축 $x=\frac{a}{2}>0$에서 $a>0$

(ii) 이차방정식 $x^2-ax+2=0$의 판별식을 D라 하면

$D=a^2-8>0$

$\therefore a<-2\sqrt{2}$ 또는 $a>2\sqrt{2}$

(i), (ii)에서 $a>2\sqrt{2}$

따라서 함수 $f(x)$가 극값을 갖도록 하는 실수 a의 값이 될 수 없는 것은 ①이다.

실수 Check

함수 $f(x)$의 정의역이 $x>0$이므로 함수 $f(x)$가 극값을 가지려면 이차방정식 $f'(x)=0$이 서로 다른 두 실근을 가지며 하나 이상의 양의 실근을 가져야 함에 주의한다.

Plus 문제

1406-1

다음 중 함수 $f(x)=\ln x-\frac{a}{x}-\frac{a-2}{x^2}$가 극값을 갖도록 하는 실수 a의 값이 될 수 있는 것은?

① 1 ② 2 ③ 3 ④ 4 ⑤ 5

$f(x)=\ln x-\frac{a}{x}-\frac{a-2}{x^2}$에서 $x>0$이고

$f'(x)=\frac{1}{x}+\frac{a}{x^2}+\frac{2(a-2)}{x^3}=\frac{x^2+ax+2a-4}{x^3}$

함수 $f(x)$가 극값을 가지려면 이차방정식 $x^2+ax+2a-4=0$이 서로 다른 두 실근을 가지며 하나 이상의 양의 실근을 가져야 한다.

즉, $g(x)=x^2+ax+2a-4$라 하면 함수 $y=g(x)$의 그래프는 a의 값에 관계없이 점 $(-2,\ 0)$을 지나므로 그림과 같아야 한다.

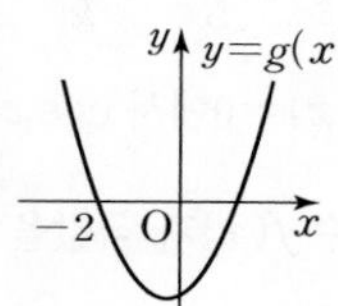

$g(0)=2a-4<0 \qquad \therefore a<2$

따라서 함수 $f(x)$가 극값을 갖도록 하는 실수 a의 값이 될 수 있는 것은 ①이다.

답 ①

1407 답 ② | 유형21

함수 $f(x)=kx+2\cos x$가 극값을 갖지 않도록 하는 자연수 k의 최솟값은? (단서1)

① 1 ② 2 ③ 3
④ 4 ⑤ 5

단서1 모든 실수 x에 대하여 $f'(x)\le0$ 또는 $f'(x)\ge0$

STEP 1 $f'(x)$ 구하기

$f(x)=kx+2\cos x$에서

$f'(x)=k-2\sin x$

STEP 2 $f'(x)\le 0$ 또는 $f'(x)\ge 0$이 되는 자연수 k의 값의 범위 구하기

함수 $f(x)$가 극값을 갖지 않으려면 모든 실수 x에 대하여

$f'(x)\le 0$ 또는 $f'(x)\ge 0$이어야 한다.

이때 $-1\le \sin x\le 1$이므로

$-2\le -2\sin x\le 2$, $k-2\le k-2\sin x\le k+2$

$\therefore\ k-2\le f'(x)\le k+2$

즉, $k+2\le 0$ 또는 $k-2\ge 0$이어야 하므로

$k\le -2$ 또는 $k\ge 2$

STEP 3 자연수 k의 최솟값 구하기

자연수 k의 최솟값은 2이다.

1408 답 7

$f(x)=(a-1)x+4\sin x$에서

$f'(x)=(a-1)+4\cos x$

함수 $f(x)$가 극값을 가지려면 방정식 $f'(x)=0$의 실근이 존재해야 한다.

이때 $-1\le \cos x\le 1$이므로

$-4\le 4\cos x\le 4$, $a-5\le (a-1)+4\cos x\le a+3$

$\therefore\ a-5\le f'(x)\le a+3$

즉, $a-5<0<a+3$이어야 하므로

$-3<a<5$

따라서 모든 정수 a의 값의 합은

$(-2)+(-1)+0+1+2+3+4=7$

1409 답 ③

$f(x)=\dfrac{x}{5}-\dfrac{\sin x}{k}$에서

$f'(x)=\dfrac{1}{5}-\dfrac{\cos x}{k}$

$f'(x)=0$에서 $\cos x=\dfrac{k}{5}$

함수 $f(x)$가 극값을 가지려면 곡선 $y=\cos x$와 직선 $y=\dfrac{k}{5}$가 만나는 점이 존재하고 직선 $y=\dfrac{k}{5}$가 곡선 $y=\cos x$의 접선이 아니어야 한다.

이때 $-1\le \cos x\le 1$이므로

$-1<\dfrac{k}{5}<1$

$\therefore\ -5<k<5$, $k\ne 0$

따라서 정수 k는 -4, -3, -2, -1, 1, 2, 3, 4로 8개이다.

실수 Check

$\dfrac{k}{5}=-1$일 때 $f'(x)=\dfrac{1+\cos x}{5}\ge 0$

$\dfrac{k}{5}=1$일 때 $f'(x)=\dfrac{1-\cos x}{5}\ge 0$

이므로 $f'(x)$의 부호가 바뀌지 않는다.

1410 답 ③

$f(x)=(x^3-3x^2+a)e^x$에서

$f'(x)=(3x^2-6x)e^x+(x^3-3x^2+a)e^x$

$\quad=(x^3-6x+a)e^x$

함수 $f(x)$가 극댓값과 극솟값을 모두 가지려면 삼차방정식 $x^3-6x+a=0$이 서로 다른 세 실근을 가져야 한다.

$g(x)=x^3-6x+a$라 하면

$g'(x)=3x^2-6$

$g'(x)=0$에서 $x^2=2$

$\therefore\ x=-\sqrt{2}$ 또는 $x=\sqrt{2}$

즉, $g(x)$는 $x=-\sqrt{2}$, $x=\sqrt{2}$에서 극값을 가지므로

$g(-\sqrt{2})g(\sqrt{2})<0$, $(a+4\sqrt{2})(a-4\sqrt{2})<0$

$\therefore\ -4\sqrt{2}<a<4\sqrt{2}$

개념 Check

삼차방정식의 근의 판별

삼차함수 $g(x)$가 극댓값과 극솟값을 모두 가질 때, (극댓값)×(극솟값)<0이면 그림과 같이 함수 $y=g(x)$의 그래프는 x축과 서로 다른 세 점에서 만나므로 삼차방정식 $g(x)=0$은 서로 다른 세 실근을 갖는다.

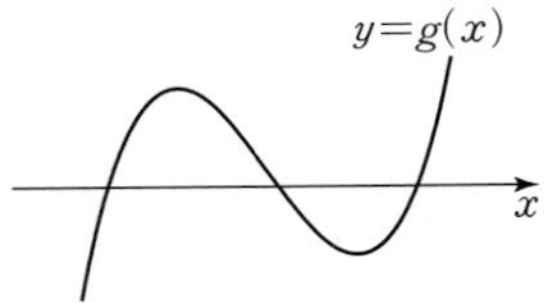

1411 답 ④

$f(x)=ax+4\cos x+\sin 2x$에서

$f'(x)=a-4\sin x+2\cos 2x$

$\quad=a-4\sin x+2(1-2\sin^2 x)$

$\quad=-4\left(\sin x+\dfrac{1}{2}\right)^2+a+3$

이때 $-1\le \sin x\le 1$이므로

$-\dfrac{1}{2}\le \sin x+\dfrac{1}{2}\le \dfrac{3}{2}$, $0\le \left(\sin x+\dfrac{1}{2}\right)^2\le \dfrac{9}{4}$

$-9\le -4\left(\sin x+\dfrac{1}{2}\right)^2\le 0$

$a-6\le -4\left(\sin x+\dfrac{1}{2}\right)^2+a+3\le a+3$

$\therefore\ a-6\le f'(x)\le a+3$

이때 $f'(x)$의 부호가 바뀌지 않아야 극값을 갖지 않으므로

$(a-6)(a+3)\ge 0$

$\therefore\ a\le -3$ 또는 $a\ge 6$

따라서 양수 a의 최솟값은 6이다.

1412 답 ③

$f(x)=e^{-x}(\ln x-2)$에서 $x>0$이고

$f'(x)=-e^{-x}(\ln x-2)+e^{-x}\times\dfrac{1}{x}$

$\quad=e^{-x}\left(\dfrac{1}{x}-\ln x+2\right)$

함수 $f(x)$가 $x=a$에서 극값을 가지므로 $f'(a)=0$이어야 한다.

즉, $e^{-x}>0$이므로 $g(x)=\frac{1}{x}-\ln x+2$라 하면 $g(a)=0$이어야 한다.

$g'(x)=-\frac{1}{x^2}-\frac{1}{x}=-\frac{1+x}{x^2}<0$ ($\because x>0$)이므로 함수 $g(x)$는 $x>0$에서 연속이고 감소한다.

$g(1)=1-\ln 1+2=3>0$

$g(e)=\frac{1}{e}-\ln e+2=\frac{1}{e}+1>0$

$g(e^2)=\frac{1}{e^2}-\ln e^2+2=\frac{1}{e^2}>0$

$g(e^3)=\frac{1}{e^3}-\ln e^3+2=\frac{1}{e^3}-1<0$

이때 $g(e^2)g(e^3)<0$이므로 사잇값의 정리에 의해 $g(c)=0$인 실수 c가 열린구간 (e^2, e^3)에 오직 하나 존재한다.

따라서 함수 $f(x)$가 $x=a$에서 극값을 가질 때, a가 속하는 구간은 (e^2, e^3)이다.

다른 풀이

$e^{-x}>0$이므로 $g(x)=\frac{1}{x}-\ln x+2$라 하면

$g(a)=0$이고 $x=a\,(a>0)$의 좌우에서 $g(x)$의 부호가 바뀌어야 한다.

$x>0$에서 두 함수 $y=\frac{1}{x}+2$, $y=\ln x$의 그래프를 나타내면 그림과 같다.

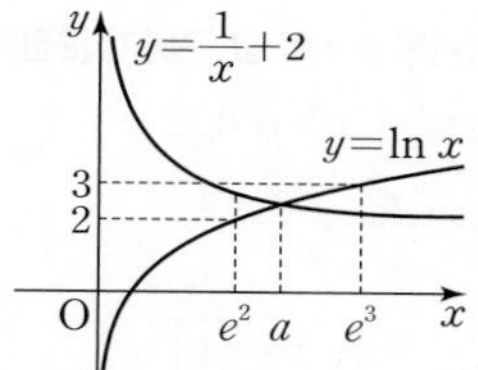

이때 두 함수의 그래프의 교점의 x좌표가 a이다.

$\ln x=2$일 때, 즉 $x=e^2$에서 $\frac{1}{x}+2>\ln x$이므로

$g(e^2)=\frac{1}{e^2}+2-\ln e^2>0$

$\ln x=3$일 때, 즉 $x=e^3$에서 $\frac{1}{x}+2<\ln x$이므로

$g(e^3)=\frac{1}{e^3}+2-\ln e^3<0$

따라서 구간 (e^2, e^3)에서 임의의 값 a에 대하여 $g(a)=0$, 즉 $f'(a)=0$이고 $f'(e^2)>0$, $f'(e^3)<0$이므로 함수 $f(x)$는 $x=a$에서 극값을 갖는다.

개념 Check

사잇값의 정리의 활용

함수 $f(x)$가 닫힌구간 $[a, b]$에서 연속이고 $f(a)$와 $f(b)$의 부호가 서로 다르면

$f(c)=0$

인 c가 a와 b 사이에 적어도 하나 존재한다. 즉, 방정식 $f(x)=0$은 a와 b 사이에 적어도 하나의 실근을 갖는다.

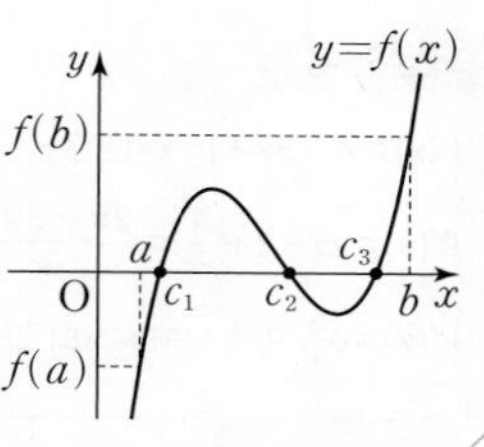

실수 Check

〈보기〉 중 a가 속하는 구간을 구해야 하므로 〈보기〉로 주어진 구간의 양 끝의 x의 값을 기준으로 $f'(x)$의 값의 부호를 확인한다.

서술형 유형 익히기

286쪽~289쪽

1413 답 (1) xe^x (2) te^t (3) te^t (4) 서로 다른 두 개의 실근 (5) $>$ (6) $>$ (7) $>$ (8) $k<-3$ 또는 $k>1$

STEP 1 접점의 x좌표가 t일 때, 접선의 방정식 구하기 [2점]

$f(x)=(x-1)e^x$이라 하면

$f'(x)=\boxed{xe^x}$

접점의 좌표를 $(t, (t-1)e^t)$이라 하면 접선의 기울기가

$f'(t)=\boxed{te^t}$이므로 접선의 방정식은

$y-(t-1)e^t=\boxed{te^t}(x-t)$

$\therefore y=te^tx-(t^2-t+1)e^t$

STEP 2 접선이 점 $(k, 0)$을 지남을 이용하여 t에 대한 방정식 세우기 [2점]

이 접선이 점 $(k, 0)$을 지나므로

$kte^t-(t^2-t+1)e^t=0$

$\{t^2-(k+1)t+1\}e^t=0$

$\therefore t^2-(k+1)t+1=0$ ($\because e^t>0$) ······ ㉠

STEP 3 k의 값의 범위 구하기 [2점]

점 $(k, 0)$에서 곡선 $y=f(x)$에 그은 접선의 개수가 2이므로 이차방정식 ㉠이 $\boxed{\text{서로 다른 두 개의 실근}}$을 가져야 한다.

이차방정식 ㉠의 판별식을 D라 하면

$D=(k+1)^2-4\boxed{>}0$

$k^2+2k-3\boxed{>}0$, $(k+3)(k-1)\boxed{>}0$

따라서 k의 값의 범위는

$\boxed{k<-3 \text{ 또는 } k>1}$

실제 답안 예시

$f(x)=(x-1)e^x$이라 하면

$f'(x)=e^x+(x-1)e^x=xe^x$

점 $(t, (t-1)e^t)$에서의 접선의 방정식을 구하면

$y-(t-1)e^t=te^t(x-t)$

접선 $y-(t-1)e^t=te^t(x-t)$가 점 $(k, 0)$을 지나므로

$-(t-1)e^t=te^t(k-t)$

$\therefore t^2-(k+1)t+1=0$

점 $(k, 0)$에서 그은 접선이 2개이므로 방정식 $t^2-(k+1)t+1=0$은 서로 다른 두 실근을 갖는다.

따라서 $D=(k+1)^2-4>0$에서

$k<-3$ 또는 $k>1$

1414 답 $k<0$ 또는 $k>4$

STEP 1 접점의 x좌표가 t일 때, 접선의 방정식 구하기 [2점]

$f(x)=(4-x)e^x$이라 하면

$f'(x)=-e^x+(4-x)e^x=(3-x)e^x$ ······ ⓐ

접점의 좌표를 $(t, (4-t)e^t)$이라 하면 접선의 기울기는

$f'(t)=(3-t)e^t$이므로 접선의 방정식은

$y-(4-t)e^t=(3-t)e^t(x-t)$

$\therefore y=(3-t)e^tx+(t^2-4t+4)e^t$

STEP 2 접선이 점 $(k, 0)$을 지남을 이용하여 t에 대한 방정식 세우기 [2점]

이 접선이 점 $(k, 0)$을 지나므로

$k(3-t)e^t+(t^2-4t+4)e^t=0$

$\{t^2-(k+4)t+(3k+4)\}e^t=0$

$\therefore\ t^2-(k+4)t+(3k+4)=0\ (\because\ e^t>0)$ ······ ㉠

STEP 3 k의 값의 범위 구하기 [2점]

점 $(k,\ 0)$에서 곡선 $y=f(x)$에 그은 접선의 개수가 2이므로 이차방정식 ㉠이 서로 다른 두 개의 실근을 가져야 한다.

이차방정식 ㉠의 판별식을 D라 하면

$D=(k+4)^2-4(3k+4)>0$

$k^2-4k>0,\ k(k-4)>0$

$\therefore\ k<0$ 또는 $k>4$

부분점수표	
ⓐ $f'(x)$를 구한 경우	1점

1415 답 3

STEP 1 접점의 x좌표가 t일 때, 접선의 방정식 구하기 [2점]

$f(x)=(x-2022)e^{-x}$이라 하면

$f'(x)=e^{-x}-(x-2022)e^{-x}=(-x+2023)e^{-x}$ ······ ⓐ

접점의 좌표를 $(t,\ (t-2022)e^{-t})$이라 하면 접선의 기울기는 $f'(t)=(-t+2023)e^{-t}$이므로 접선의 방정식은

$y-(t-2022)e^{-t}=(-t+2023)e^{-t}(x-t)$

$\therefore\ y=(-t+2023)e^{-t}x+(t^2-2022t-2022)e^{-t}$

STEP 2 접선이 점 $(k,\ 0)$을 지남을 이용하여 t에 대한 방정식 세우기 [2점]

이 접선이 점 $(k,\ 0)$을 지나므로

$k(-t+2023)e^{-t}+(t^2-2022t-2022)e^{-t}=0$

$\{t^2-(k+2022)t+2023k-2022\}e^{-t}=0$

$\therefore\ t^2-(k+2022)t+2023k-2022=0\ (\because\ e^{-t}>0)$ ······ ㉠

STEP 3 정수 k의 개수 구하기 [3점]

점 $(k,\ 0)$에서 곡선 $y=f(x)$에 접선을 그을 수 없으므로 이차방정식 ㉠은 허근을 가져야 한다.

이차방정식 ㉠의 판별식을 D라 하면

$D=(k+2022)^2-4(2023k-2022)<0$

$k^2+2\times2022k+2022^2-4\times2023k+4\times2022<0$

$k^2-4048k+2022\times(2022+4)<0$

$(k-2022)(k-2026)<0$

$\therefore\ 2022<k<2026$

따라서 정수 k는 2023, 2024, 2025로 3개이다.

부분점수표	
ⓐ $f'(x)$를 구한 경우	1점

1416 답 3

STEP 1 접점의 x좌표가 t일 때, 접선의 방정식 구하기 [2점]

$f(x)=(n-x)e^{1-x}$이라 하면

$f'(x)=-e^{1-x}-(n-x)e^{1-x}=(x-n-1)e^{1-x}$ ······ ⓐ

접점의 좌표를 $(t,\ (n-t)e^{1-t})$이라 하면 접선의 기울기는 $f'(t)=(t-n-1)e^{1-t}$이므로 접선의 방정식은

$y-(n-t)e^{1-t}=(t-n-1)e^{1-t}(x-t)$

$\therefore\ y=(t-n-1)e^{1-t}x-(t^2-nt-n)e^{1-t}$

STEP 2 접선이 점 $(k,\ 0)$을 지남을 이용하여 t에 대한 방정식 세우기 [2점]

이 접선이 점 $(k,\ 0)$을 지나므로

$k(t-n-1)e^{1-t}-(t^2-nt-n)e^{1-t}=0$

$\{t^2-(n+k)t+nk+k-n\}e^{1-t}=0$

$\therefore\ t^2-(n+k)t+nk+k-n=0\ (\because\ e^{1-t}>0)$ ······ ㉠

STEP 3 $k_1+k_2=10$을 이용하여 상수 n의 값 구하기 [4점]

점 $(k,\ 0)$에서 곡선 $y=f(x)$에 그은 접선의 개수가 1이므로 이차방정식 ㉠은 중근을 가져야 한다.

이차방정식 ㉠의 판별식을 D라 하면

$D=(n+k)^2-4(nk+k-n)=0$

$k^2-(2n+4)k+n^2+4n=0$

이때 이 이차방정식의 두 근 $k_1,\ k_2$에 대하여 $k_1+k_2=10$이므로 이차방정식의 근과 계수의 관계에 의해

$k_1+k_2=2n+4=10,\ 2n=6$

$\therefore\ n=3$

부분점수표	
ⓐ $f'(x)$를 구한 경우	1점

1417 답 (1) $\frac{1}{2}$ (2) 1 (3) $\frac{1}{2}$ (4) 1 (5) $\frac{1}{2}$ (6) $-\frac{5}{4}-\ln 2$ (7) 1 (8) -2 (9) $\frac{5}{2}+2\ln 2$

STEP 1 $f'(x)=0$을 만족시키는 x의 값 구하기 [2점]

$f(x)=x^2-3x+\ln x$에서 $x>0$이고

$f'(x)=2x-3+\frac{1}{x}=\frac{2x^2-3x+1}{x}$

$f'(x)=0$에서 $x=\boxed{\frac{1}{2}}$ 또는 $x=\boxed{1}$

STEP 2 함수 $f(x)$의 증가와 감소를 표로 나타내기 [4점]

함수 $f(x)$의 증가와 감소를 표로 나타내면 다음과 같다.

x	(0)	$\cdots$	$\boxed{\frac{1}{2}}$	$\cdots$	$\boxed{1}$	$\cdots$
$f'(x)$		+	0	−	0	+
$f(x)$		↗	극대	↘	극소	↗

STEP 3 Mm의 값 구하기 [2점]

함수 $f(x)$는 $x=\boxed{\frac{1}{2}}$에서 극댓값 $M=\boxed{-\frac{5}{4}-\ln 2}$,

$x=\boxed{1}$에서 극솟값 $m=\boxed{-2}$를 가지므로

$Mm=\boxed{\frac{5}{2}+2\ln 2}$

오답 분석

$f(x)=x^2-3x+\ln x$이므로

$f'(x)=2x-3+\frac{1}{x}=\frac{2x^2-3x+1}{x}$

$f'(x)=0$을 만족시키는 x의 값은 $x=\frac{1}{2}$ 또는 $x=1$ ——2점

x	(0)	$\cdots$	$\frac{1}{2}$	$\cdots$	1	$\cdots$
$f'(x)$		−	0	+	0	−
$f(x)$		↘	극소	↗	극대	↘

→ $f'(x)$의 부호를 잘못 구함

함수 f(x)는 x=1에서 극댓값 M=-2, $x=\frac{1}{2}$에서 극솟값 $m=-\frac{5}{4}-\ln 2$를 갖는다.

$\therefore Mm=(-2)\times\left(-\frac{5}{4}-\ln 2\right)=\frac{5}{2}+2\ln 2$

▶ 8점 중 2점 얻음.
함수 $f(x)$의 증가와 감소를 판단할 때는 그 구간에 속하는 x의 값을 하나 정해서 $f'(x)$에 대입하여 부호를 판별하면 실수를 줄일 수 있다.

1418 답 $16\ln 2+1$

STEP 1 $f'(x)=0$을 만족시키는 x의 값 구하기 [2점]

$f(x)=2\ln(5-x)+\frac{1}{4}x^2$에서 $x<5$이고

$$f'(x)=-\frac{2}{5-x}+\frac{x}{2}=\frac{x^2-5x+4}{2(x-5)}$$

$$=\frac{(x-1)(x-4)}{2(x-5)} \quad \cdots\cdots ⓐ$$

$f'(x)=0$에서 $x=1$ 또는 $x=4$

STEP 2 함수 $f(x)$의 증가와 감소를 표로 나타내기 [4점]

함수 $f(x)$의 증가와 감소를 표로 나타내면 다음과 같다.

x	$\cdots$	1	$\cdots$	4	$\cdots$	(5)
$f'(x)$	$-$	0	$+$	0	$-$	
$f(x)$	↘	극소	↗	극대	↘	

STEP 3 Mm의 값 구하기 [2점]

함수 $f(x)$는 $x=4$에서 극댓값 $M=f(4)=4$, …… ⓑ

$x=1$에서 극솟값 $m=f(1)=4\ln 2+\frac{1}{4}$을 가지므로 …… ⓑ

$$Mm=4\left(4\ln 2+\frac{1}{4}\right)=16\ln 2+1$$

부분점수표	
ⓐ $f'(x)$를 구한 경우	1점
ⓑ 극댓값과 극솟값 중에서 하나만 구한 경우	1점

1419 답 $\frac{1}{e^{2\pi}-1}$

STEP 1 $f'(x)=0$을 만족시키는 x의 값 구하기 [2점]

$f(x)=\cos(\ln x)$에서

$$f'(x)=-\sin(\ln x)\times\frac{1}{x}=-\frac{\sin(\ln x)}{x} \quad \cdots\cdots ⓐ$$

$f'(x)=0$에서 $\sin(\ln x)=0$ ($\because x>1$)

$\ln x=n\pi$ ($n=1, 2, 3, \cdots$)

$\therefore x=e^{n\pi}$ ($n=1, 2, 3, \cdots$)

STEP 2 함수 $f(x)$의 증가와 감소를 표로 나타내기 [4점]

함수 $f(x)$의 증가와 감소를 표로 나타내면 다음과 같다.

x	(1)	$\cdots$	e^{π}	$\cdots$	$e^{2\pi}$	$\cdots$	$e^{3\pi}$	$\cdots$	$e^{4\pi}$	$\cdots$	$e^{5\pi}$	$\cdots$
$f'(x)$		$-$	0	$+$	0	$-$	0	$+$	0	$-$	0	$+$
$f(x)$		↘	극소	↗	극대	↘	극소	↗	극대	↘	극소	↗

STEP 3 $\sum_{n=1}^{\infty}\frac{1}{a_n}$의 값 구하기 [4점]

함수 $f(x)$는 $x=e^{2\pi}, e^{4\pi}, \cdots$에서 극댓값을 가지므로

$a_n=e^{2n\pi}$ ($n=1, 2, 3, \cdots$) …… ⓑ

$$\therefore \sum_{n=1}^{\infty}\frac{1}{a_n}=\sum_{n=1}^{\infty}\frac{1}{e^{2n\pi}}=\sum_{n=1}^{\infty}\left(\frac{1}{e^{2\pi}}\right)^n=\frac{\frac{1}{e^{2\pi}}}{1-\frac{1}{e^{2\pi}}}=\frac{1}{e^{2\pi}-1}$$

부분점수표	
ⓐ $f'(x)$를 구한 경우	1점
ⓑ a_n을 구한 경우	2점

1420 답 $-\frac{2\sqrt{5}}{5}$

STEP 1 $f'(x)$, $f''(x)$ 구하기 [2점]

$f(x)=\frac{\sin x}{e^{2x}}=e^{-2x}\sin x$에서

$$f'(x)=-2e^{-2x}\sin x+e^{-2x}\cos x$$
$$=e^{-2x}(-2\sin x+\cos x) \quad \cdots\cdots ⓐ$$
$$f''(x)=-2e^{-2x}(-2\sin x+\cos x)+e^{-2x}(-2\cos x-\sin x)$$
$$=e^{-2x}(3\sin x-4\cos x) \quad \cdots\cdots ⓐ$$

STEP 2 $f'(a)=0$, $f''(a)>0$임을 이용하여 a에 대한 식 세우기 [4점]

함수 $f(x)$가 $x=a$에서 극솟값을 가지므로

$f'(a)=0$, $f''(a)>0$

이때 $e^{-2a}>0$이므로

$-2\sin a+\cos a=0$ ······ ㉠

$3\sin a-4\cos a>0$ ······ ㉡

STEP 3 $\cos a$의 값 구하기 [4점]

㉠에서 $\cos a=2\sin a$를 ㉡에 대입하면

$-5\sin a>0$

즉, $\sin a<0$이고 $\tan a>0$이므로

$\pi<a<\frac{3}{2}\pi$

또한, ㉠에서 $\cos a=2\sin a$이므로

$\tan a=\frac{1}{2}$ …… ⓑ

$\sec^2 a=1+\tan^2 a=1+\left(\frac{1}{2}\right)^2=\frac{5}{4}$이므로

$\sec a=-\frac{\sqrt{5}}{2}$ $\left(\because \pi<a<\frac{3}{2}\pi\right)$ …… ⓒ

$$\therefore \cos a=\frac{1}{\sec a}=-\frac{2}{\sqrt{5}}=-\frac{2\sqrt{5}}{5}$$

부분점수표	
ⓐ $f'(x)$, $f''(x)$ 중에서 하나만 구한 경우	1점
ⓑ $\tan a$의 값을 구한 경우	1점
ⓒ $\sec a$의 값을 구한 경우	1점

다른 풀이

STEP 1 $f'(x)=0$을 만족시키는 x의 값을 α로 나타내기 [3점]

$f(x)=\frac{\sin x}{e^{2x}}$에서

$$f'(x)=\frac{e^{2x}(\cos x-2\sin x)}{e^{4x}}=\frac{\cos x-2\sin x}{e^{2x}}$$

$f'(x)=0$에서 $e^{2x}>0$이므로

$\cos x-2\sin x=0$ $\quad\therefore \tan x=\frac{1}{2}$

$\tan\alpha=\frac{1}{2}$ $\left(0<\alpha<\frac{\pi}{2}\right)$ ······ ㉠

이라 하면 $0<x<2\pi$에서 $\tan x=\frac{1}{2}$의 해는

$x=\alpha$ 또는 $x=\pi+\alpha$

STEP 2 함수 $f(x)$의 증가와 감소를 표로 나타내기 [4점]

함수 $f(x)$의 증가와 감소를 표로 나타내면 다음과 같다.

x	(0)	$\cdots$	α	$\cdots$	$\pi+\alpha$	$\cdots$	(2π)
$f'(x)$		$+$	0	$-$	0	$+$	
$f(x)$		↗	극대	↘	극소	↗	

STEP 3 $\cos a$의 값 구하기 [3점]

함수 $f(x)$는 $x=\pi+\alpha$에서 극솟값을 가지므로

$a=\pi+\alpha$

$\therefore \cos a=\cos(\pi+\alpha)=-\cos\alpha$

㉠에서 $\sec^2\alpha=1+\tan^2\alpha=1+\left(\frac{1}{2}\right)^2=\frac{5}{4}$이므로

$\sec\alpha=\frac{\sqrt{5}}{2}\ \left(\because 0<\alpha<\frac{\pi}{2}\right)$

$\therefore \cos\alpha=\frac{2}{\sqrt{5}}=\frac{2\sqrt{5}}{5}$

$\therefore \cos a=-\cos\alpha=-\frac{2\sqrt{5}}{5}$

1421 답 (1) $2x\cos 2t-2t\cos 2t+\sin 2t$
(2) $\sin 2t-2t\cos 2t$ (3) $4t\sin 2t$ (4) $\frac{\pi}{2}$ (5) π

STEP 1 점 $(t, \sin 2t)$에서의 접선의 방정식 구하기 [2점]

$y=\sin 2x$에서 $y'=2\cos 2x$

곡선 $y=\sin 2x$ 위의 점 $(t, \sin 2t)$에서의 접선의 기울기가 $2\cos 2t$이므로 접선의 방정식은

$y=\boxed{2x\cos 2t-2t\cos 2t+\sin 2t}$ ······ ㉠

STEP 2 $f(t)$, $f'(t)$ 구하기 [2점]

직선 ㉠에서 $x=0$일 때의 y좌표가 $f(t)$이므로

$f(t)=\boxed{\sin 2t-2t\cos 2t}$

$f'(t)=\boxed{4t\sin 2t}$

STEP 3 함수 $f(t)$의 증가와 감소를 표로 나타내기 [2점]

$0<t<\pi$이므로 $f'(t)=0$에서 $\sin 2t=0$

$\therefore t=\boxed{\frac{\pi}{2}}$

함수 $f(t)$의 증가와 감소를 표로 나타내면 다음과 같다.

t	(0)	$\cdots$	$\frac{\pi}{2}$	$\cdots$	(π)
$f'(t)$		$+$	0	$-$	
$f(t)$		↗	극대	↘	

STEP 4 함수 $f(t)$의 극댓값 구하기 [2점]

함수 $f(t)$의 극댓값은

$f\left(\frac{\pi}{2}\right)=\boxed{\pi}$

오답 분석

$y=\sin 2x$에서 $y'=2\cos 2x$이므로 곡선 $y=\sin 2x$ 위의 점 $(t, \sin 2t)$에서의 접선의 방정식은

$y=(2\cos 2t)x-2t\cos 2t+\sin 2t$

이 직선의 $x=0$일 때 y좌표가 $f(t)$이므로

$f(t)=\sin 2t-2t\cos 2t$ 3점

$f'(t)=-4t\sin 2t$ → $f'(t)$를 잘못 구함

$0<t<\pi$일 때 $f'(t)=0$에서

$\sin 2t=0 \qquad \therefore t=\frac{\pi}{2}$

t	(0)	$\cdots$	$\frac{\pi}{2}$	$\cdots$	(π)
$f'(t)$		$-$	0	$+$	
$f(t)$		↘	극소	↗	

따라서 $f(t)$의 극댓값은 존재하지 않는다.

▶ 8점 중 3점 얻음.
$f'(t)$를 잘못 구함으로써 함수 $f(t)$의 증가와 감소를 제대로 파악하지 못해 극댓값이 존재하지 않는다는 잘못된 결과를 얻었다.

1422 답 $\frac{\pi}{4}+\frac{1}{2}$

STEP 1 점 $(t, \sin^2 t)$에서의 접선의 방정식 구하기 [2점]

$y=\sin^2 x$에서

$y'=2\sin x\cos x=\sin 2x$ ······ ⓐ

곡선 $y=\sin^2 x$ 위의 점 $(t, \sin^2 t)$에서의 접선의 기울기는 $\sin 2t$이므로 접선의 방정식은

$y-\sin^2 t=\sin 2t(x-t)$

$\therefore y=x\sin 2t+\sin^2 t-t\sin 2t$ ······ ㉠

STEP 2 $f(t)$, $f'(t)$ 구하기 [2점]

직선 ㉠에서 $x=\frac{\pi}{2}$일 때의 y좌표가 $f(t)$이므로

$f(t)=\frac{\pi}{2}\sin 2t+\sin^2 t-t\sin 2t$ ······ ⓑ

$f'(t)=\pi\cos 2t+2\sin t\cos t-\sin 2t-2t\cos 2t$

$=\pi\cos 2t+\sin 2t-\sin 2t-2t\cos 2t$

$=(\pi-2t)\cos 2t$ ······ ⓑ

STEP 3 함수 $f(t)$의 증가와 감소를 표로 나타내기 [2점]

$0<t<\frac{\pi}{2}$이므로

$f'(t)=0$에서 $\cos 2t=0$

$\therefore t=\frac{\pi}{4}$

함수 $f(t)$의 증가와 감소를 표로 나타내면 다음과 같다.

t	(0)	$\cdots$	$\frac{\pi}{4}$	$\cdots$	$\left(\frac{\pi}{2}\right)$
$f'(t)$		$+$	0	$-$	
$f(t)$		↗	극대	↘	

STEP 4 함수 $f(t)$의 극댓값 구하기 [2점]

함수 $f(t)$의 극댓값은

$f\left(\frac{\pi}{4}\right)=\frac{\pi}{2}\sin\frac{\pi}{2}+\sin^2\frac{\pi}{4}-\frac{\pi}{4}\sin\frac{\pi}{2}$

$=\frac{\pi}{2}+\frac{1}{2}-\frac{\pi}{4}=\frac{\pi}{4}+\frac{1}{2}$

부분점수표	
ⓐ y'을 구한 경우	1점
ⓑ $f(t)$, $f'(t)$ 중에서 하나만 구한 경우	1점

1423 답 $-\dfrac{2}{3}$

STEP 1 점 $\left(t,\ \dfrac{t}{t^2+t+1}\right)$에서의 접선의 방정식 구하기 [2점]

$y=\dfrac{x}{x^2+x+1}$에서

$$y'=\frac{(x^2+x+1)-x(2x+1)}{(x^2+x+1)^2}=\frac{1-x^2}{(x^2+x+1)^2}\quad\cdots\cdots\ ⓐ$$

곡선 $y=\dfrac{x}{x^2+x+1}$ 위의 점 $\left(t,\ \dfrac{t}{t^2+t+1}\right)$에서의 접선의 기울기는 $\dfrac{1-t^2}{(t^2+t+1)^2}$이므로 접선의 방정식은

$$y-\frac{t}{t^2+t+1}=\frac{1-t^2}{(t^2+t+1)^2}(x-t)$$

$$\therefore\ y=\frac{1-t^2}{(t^2+t+1)^2}(x-t)+\frac{t}{t^2+t+1}\ \cdots\cdots\ ㉠$$

STEP 2 $f(t)$, $f'(t)$ 구하기 [2점]

직선 ㉠에서 $x=(t+1)^2$일 때의 y좌표가 $f(t)$이므로

$$f(t)=\frac{1-t^2}{(t^2+t+1)^2}\times(t^2+t+1)+\frac{t}{t^2+t+1}$$

$$=\frac{-t^2+t+1}{t^2+t+1}\quad\cdots\cdots\ ⓑ$$

$$f'(t)=\frac{(-2t+1)(t^2+t+1)-(-t^2+t+1)(2t+1)}{(t^2+t+1)^2}$$

$$=\frac{-2t(t+2)}{(t^2+t+1)^2}\quad\cdots\cdots\ ⓑ$$

STEP 3 함수 $f(t)$의 증가와 감소를 표로 나타내기 [2점]

$f'(t)=0$에서 $t=-2$ 또는 $t=0$

함수 $f(t)$의 증가와 감소를 표로 나타내면 다음과 같다.

t	$\cdots$	-2	$\cdots$	0	$\cdots$
$f'(t)$	$-$	0	$+$	0	$-$
$f(t)$	↘	극소	↗	극대	↘

STEP 4 함수 $f(t)$의 극댓값과 극솟값의 합 구하기 [2점]

함수 $f(t)$의 극댓값은 $f(0)=1$이고, $\cdots\cdots$ ⓒ

극솟값은 $f(-2)=\dfrac{-4-2+1}{4-2+1}=-\dfrac{5}{3}$이므로 $\cdots\cdots$ ⓒ

그 합은 $1+\left(-\dfrac{5}{3}\right)=-\dfrac{2}{3}$

부분점수표	
ⓐ y'을 구한 경우	1점
ⓑ $f(t)$, $f'(t)$ 중에서 하나만 구한 경우	1점
ⓒ 극댓값과 극솟값 중에서 하나만 구한 경우	1점

실력 check 실전 마무리하기 1회 290쪽~294쪽

1 1424 답 ④ 유형 1

출제의도 | 곡선 위의 주어진 점에서의 접선의 방정식을 구할 수 있는지 확인한다.

미분계수를 이용하여 접선의 기울기를 구해 보자.

$f(x)=xe^{2x}+\sin 3x-3$이라 하면

$f'(x)=e^{2x}+2xe^{2x}+3\cos 3x$

점 $(0,\ -3)$에서의 접선의 기울기는 $f'(0)=1+0+3=4$이므로 접선의 방정식은

$y-(-3)=4x\qquad \therefore\ y=4x-3$

이 직선이 점 $(a,\ 0)$을 지나므로

$0=4a-3\qquad \therefore\ a=\dfrac{3}{4}$

2 1425 답 ② 유형 1 + 유형 3

출제의도 | 접점의 x좌표와 접선의 기울기를 이용하여 미정계수를 구할 수 있는지 확인한다.

접선의 기울기는 접점의 x좌표에서의 미분계수임을 이용해야 해.

$f(x)=(x^2+ax+b)e^x$에서

$f'(x)=(2x+a)e^x+(x^2+ax+b)e^x$

$\quad=\{x^2+(a+2)x+a+b\}e^x$

점 $(1,\ f(1))$에서의 접선의 기울기가 e이므로

$f'(1)=e$에서 $\{1+(a+2)+a+b\}e=e$

$\therefore\ 2a+b=-2\ \cdots\cdots\ ㉠$

또한, 점 $(1,\ (a+b+1)e)$가 직선 $y=e(x-1)$ 위의 점이므로

$(a+b+1)e=e(1-1)$

$\therefore\ a+b=-1\ \cdots\cdots\ ㉡$

㉠, ㉡을 연립하여 풀면 $a=-1,\ b=0$

따라서 $f(x)=(x^2-x)e^x$이므로

$f(3)=6e^3$

3 1426 답 ① 유형 3

출제의도 | 기울기가 주어진 경우의 접선의 방정식을 구할 수 있는지 확인한다.

평행한 두 직선의 기울기가 서로 같음을 이용해 보자.

$f(x)=e^{x-k}$이라 하면 $f'(x)=e^{x-k}$

접점의 좌표를 $(t,\ e^{t-k})$이라 하면 직선 $y=e^2(x+1)$과 평행한 직선의 기울기는 e^2이므로

$f'(t)=e^{t-k}=e^2,\ t-k=2$

$\therefore\ k=t-2\ \cdots\cdots\ ㉠$

즉, 접점의 좌표는 $(t,\ e^2)$이고 접선의 기울기가 e^2이므로 접선의 방정식은

$y-e^2=e^2(x-t)$

이 직선이 원점을 지나므로

$-e^2=e^2\times(-t)\qquad \therefore\ t=1$

$t=1$을 ㉠에 대입하면

$k=1-2=-1$

4 1427 답 ② 유형 3

출제의도 | 역함수의 그래프의 성질을 이해하고, 접선을 찾아 미정계수를 구할 수 있는지 확인한다.

함수 $y=f(x)$의 그래프와 그 역함수의 그래프는 직선 $y=x$에 대하여 대칭이야.

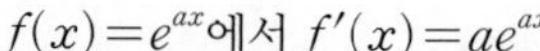

$f(x)=e^{ax}$에서 $f'(x)=ae^{ax}$

함수 $y=f(x)$와 그 역함수의 그래프는 직선 $y=x$에 대하여 대칭이다.

이때 함수 $y=f(x)$와 그 역함수의 그래프가 서로 접하므로 공통인 접선의 방정식은 $y=x$이다.
접점의 좌표를 $(t,\ e^{at})$이라 하면 이 점은 직선 $y=x$ 위에 있으므로
$t=e^{at}$ ······ ㉠
또한, 점 $(t,\ e^{at})$에서의 접선의 기울기가 1이므로
$f'(t)=ae^{at}=1$ ······ ㉡
㉠을 ㉡에 대입하면 $at=1$
$at=1$을 ㉡에 대입하면 $ae=1$ $\quad \therefore a=\frac{1}{e}$

5 1428 답 ④ 유형 6

출제의도 | 기울기가 주어진 경우의 접선의 방정식을 구할 수 있는지 확인한다.

기울기가 주어진 경우의 접선의 방정식을 구한 후 접선의 x절편과 y절편을 구해 보자.

$f(x)=\ln(e^x+1)$이라 하면
$f'(x)=\frac{e^x}{e^x+1}$
접점의 좌표를 $(t,\ \ln(e^t+1))$이라 하면 접선의 기울기가 $\frac{1}{2}$이므로
$f'(t)=\frac{e^t}{e^t+1}=\frac{1}{2}$, $2e^t=e^t+1$, $e^t=1$ $\quad \therefore t=0$
즉, 접점의 좌표가 $(0,\ \ln 2)$이고 기울기가 $\frac{1}{2}$이므로 접선의 방정식은
$y-\ln 2=\frac{1}{2}x$ $\quad \therefore y=\frac{1}{2}x+\ln 2$
따라서 $\mathrm{A}(-2\ln 2,\ 0)$, $\mathrm{B}(0,\ \ln 2)$이므로 삼각형 OAB의 넓이는
$\frac{1}{2}\times\overline{\mathrm{OA}}\times\overline{\mathrm{OB}}=\frac{1}{2}\times 2\ln 2\times\ln 2$
$=(\ln 2)^2$

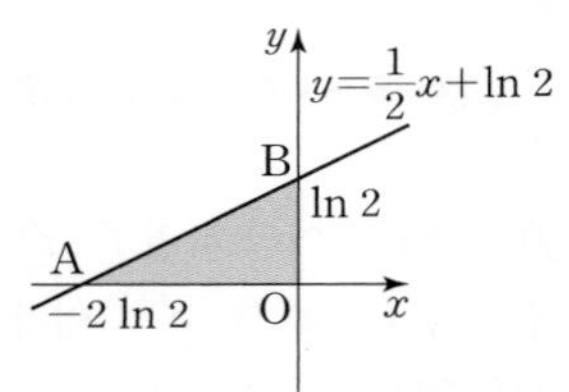

6 1429 답 ④ 유형 2 + 유형 8

출제의도 | 역함수의 미분법을 이용하여 직선의 방정식을 구할 수 있는지 확인한다.

$f(x)$가 $g(x)$의 역함수이고 $g(a)=b$이면 $f(b)=a$, $g'(a)=\frac{1}{f'(b)}$이야.

$g(10)=k$라 하면 $f(k)=10$이므로
$k^3+9=10$, $k^3=1$ $\quad \therefore k=1$
$\therefore g(10)=1$
$f(x)=x^3+9$에서 $f'(x)=3x^2$이므로
$g'(10)=\frac{1}{f'(1)}=\frac{1}{3}$
점 $(10,\ g(10))$에서의 접선의 기울기가 $\frac{1}{3}$이므로 이 접선에 수직인 직선의 기울기는 -3이다.
즉, 점 $(10,\ 1)$을 지나고 기울기가 -3인 직선의 방정식은
$y-1=-3(x-10)$ $\quad \therefore y=-3x+31$
따라서 $a=-3$, $b=31$이므로
$a+b=-3+31=28$

7 1430 답 ② 유형 11

출제의도 | 함수가 증가하는 구간을 구할 수 있는지 확인한다.

함수 $f(x)$가 구간 $(a,\ b)$에서 $f'(x)>0$이면 $f(x)$는 이 구간에서 증가해.

$f(x)=(x-\pi)\sin x+\cos x$에서
$f'(x)=\sin x+(x-\pi)\cos x-\sin x=(x-\pi)\cos x$
$f'(x)=0$에서 $x=\frac{\pi}{2}$ 또는 $x=\pi$ $\left(\because 0<x<\frac{3}{2}\pi\right)$
함수 $f(x)$의 증가와 감소를 표로 나타내면 다음과 같다.

x	(0)	$\cdots$	$\frac{\pi}{2}$	$\cdots$	π	$\cdots$	$\left(\frac{3}{2}\pi\right)$
$f'(x)$		$-$	0	$+$	0	$-$	
$f(x)$		↘		↗		↘	

따라서 함수 $f(x)$가 구간 $\left[\frac{\pi}{2},\ \pi\right]$에서 증가하므로 $b-a$의 최댓값은 $a=\frac{\pi}{2}$, $b=\pi$일 때
$\pi-\frac{\pi}{2}=\frac{\pi}{2}$

8 1431 답 ① 유형 14

출제의도 | 유리함수의 극댓값과 극솟값을 구할 수 있는지 확인한다.

유리함수의 도함수를 구하고, $f'(x)=0$인 x의 값을 찾아 함수 $f(x)$의 증가와 감소를 표로 나타내 보자.

$f(x)=\frac{x^2-3x}{x^2+3}$에서
$f'(x)=\frac{(2x-3)(x^2+3)-(x^2-3x)\times 2x}{(x^2+3)^2}$
$=\frac{3x^2+6x-9}{(x^2+3)^2}=\frac{3(x+3)(x-1)}{(x^2+3)^2}$
$f'(x)=0$에서 $x=-3$ 또는 $x=1$
함수 $f(x)$의 증가와 감소를 표로 나타내면 다음과 같다.

x	$\cdots$	-3	$\cdots$	1	$\cdots$
$f'(x)$	$+$	0	$-$	0	$+$
$f(x)$	↗	극대	↘	극소	↗

따라서 함수 $f(x)$의 극댓값은 $M=f(-3)=\frac{3}{2}$,
극솟값은 $m=f(1)=-\frac{1}{2}$이므로
$Mm=\frac{3}{2}\times\left(-\frac{1}{2}\right)=-\frac{3}{4}$

9 1432 답 ③ 유형 16

출제의도 | 지수함수의 극솟값을 구할 수 있는지 확인한다.

지수함수의 도함수를 구하고, $f'(x)=0$인 x의 값을 찾아 함수 $f(x)$의 증가와 감소를 표로 나타내 보자.

$f(x)=e^{x+1}-e^3x+e^3+1$에서
$f'(x)=e^{x+1}-e^3$
$f'(x)=0$에서 $e^{x+1}=e^3$
$\therefore x=2$

함수 $f(x)$의 증가와 감소를 표로 나타내면 다음과 같다.

x	$\cdots$	2	$\cdots$
$f'(x)$	$-$	0	$+$
$f(x)$	↘	극소	↗

따라서 함수 $f(x)$는 $x=2$에서 극솟값 $f(2)=1$을 가지므로

$a=2,\ m=1$

$\therefore a+m=2+1=3$

10 1433 답 ② 유형 19

출제의도 | 함수의 극대와 극소를 이해하고 미정계수를 구할 수 있는지 확인한다.

> 미분가능한 함수 $f(x)$가 $x=p$에서 극값 q를 가지면 $f(p)=q,\ f'(p)=0$임을 이용해 보자.

$f(x)=\dfrac{x^2+ax+b}{x-1}$에서

$f'(x)=\dfrac{(2x+a)(x-1)-(x^2+ax+b)}{(x-1)^2}=\dfrac{x^2-2x-a-b}{(x-1)^2}$

함수 $f(x)$가 $x=-1$에서 극댓값 -4를 가지므로

$f(-1)=-4$에서

$\dfrac{1-a+b}{-2}=-4 \quad \therefore a-b=-7$ ········· ㉠

$f'(-1)=0$에서

$\dfrac{3-a-b}{4}=0 \quad \therefore a+b=3$ ········· ㉡

㉠, ㉡을 연립하여 풀면

$a=-2,\ b=5$

$\therefore ab=-2\times 5=-10$

11 1434 답 ④ 유형 4

출제의도 | 곡선 밖의 한 점에서 곡선에 그은 두 접선의 기울기의 곱을 구할 수 있는지 확인한다.

> 접점의 x좌표를 t로 놓고, 접선이 점 $(2,\ 0)$을 지남을 이용하여 t에 대한 방정식을 세워 보자.

$f(x)=xe^x$이라 하면

$f'(x)=e^x+xe^x=(x+1)e^x$

접점의 좌표를 $(t,\ te^t)$이라 하면 이 점에서의 접선의 기울기는 $f'(t)=(t+1)e^t$이므로 접선의 방정식은

$y-te^t=(t+1)e^t(x-t)$

이 직선이 점 $(2,\ 0)$을 지나므로

$-te^t=(t+1)e^t(2-t)$

$\therefore t^2-2t-2=0\ (\because e^t>0)$

이차방정식 $t^2-2t-2=0$의 두 근을 $\alpha,\ \beta$라 하면 이차방정식의 근과 계수의 관계에 의해

$\alpha+\beta=2,\ \alpha\beta=-2$

$$\begin{aligned}\therefore mn&=f'(\alpha)\times f'(\beta)\\&=(\alpha+1)e^{\alpha}\times(\beta+1)e^{\beta}\\&=(\alpha\beta+\alpha+\beta+1)e^{\alpha+\beta}\\&=(-2+2+1)e^2=e^2\end{aligned}$$

12 1435 답 ③ 유형 6 + 유형 10

출제의도 | 음함수의 미분법을 이해하고 접선의 방정식을 구할 수 있는지 확인한다.

> 접점의 좌표를 구한 후 $\dfrac{dy}{dx}$에 접점의 좌표를 대입하여 접선의 기울기를 구해 보자.

$\sqrt{x}+\sqrt{y}=3$의 양변을 x에 대하여 미분하면

$\dfrac{1}{2\sqrt{x}}+\dfrac{1}{2\sqrt{y}}\times\dfrac{dy}{dx}=0 \quad \therefore \dfrac{dy}{dx}=-\dfrac{\sqrt{y}}{\sqrt{x}}$ (단, $x\neq 0$)

$x=1$을 $\sqrt{x}+\sqrt{y}=3$에 대입하면

$1+\sqrt{y}=3 \quad \therefore y=4$

즉, 점 $(1,\ 4)$에서의 접선의 기울기는 $\dfrac{dy}{dx}=-2$이므로 접선의 방정식은

$y-4=-2(x-1) \quad \therefore y=-2x+6$

이 접선과 x축 및 y축으로 둘러싸인 도형은 그림과 같은 삼각형이므로 구하는 도형의 넓이는

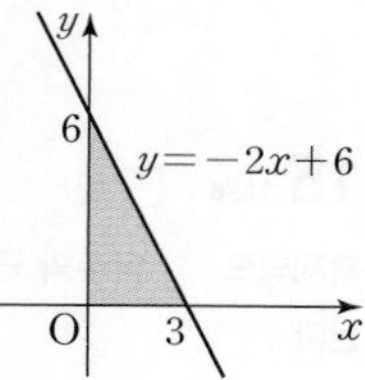

$\dfrac{1}{2}\times 3\times 6=9$

13 1436 답 ③ 유형 13

출제의도 | 주어진 구간에서 함수가 증가하기 위한 조건을 이해하고 있는지 확인한다.

> 함수 $f(x)$가 구간 $(a,\ b)$에서 증가하면 $a<x<b$에서 $f'(x)\geq 0$임을 이용해 보자.

$f(x)=\dfrac{ax^2+1}{e^x}$에서

$f'(x)=\dfrac{2axe^x-(ax^2+1)e^x}{e^{2x}}=-\dfrac{ax^2-2ax+1}{e^x}$

함수 $f(x)$가 구간 $\left(\dfrac{1}{2},\ 1\right)$에서 증가하려면 $\dfrac{1}{2}<x<1$에서

$f'(x)\geq 0$이어야 하고, $e^x>0$이므로

$-(ax^2-2ax+1)\geq 0 \quad \therefore ax^2-2ax+1\leq 0$

$g(x)=ax^2-2ax+1$이라 하면

$g(x)=a(x-1)^2-a+1$

이때 $\dfrac{1}{2}<x<1$에서 $g(x)\leq 0$이려면 $a>0$이므로

$g\left(\dfrac{1}{2}\right)=-\dfrac{3}{4}a+1\leq 0 \quad \therefore a\geq\dfrac{4}{3}$

따라서 a의 최솟값은 $\dfrac{4}{3}$이다.

14 1437 답 ⑤ 유형 15

출제의도 | 무리함수의 극댓값을 구할 수 있는지 확인한다.

> 무리함수의 도함수를 구하고, $f'(x)=0$인 x의 값을 찾아 함수 $f(x)$의 증가와 감소를 표로 나타내 보자.

$f(x)=x(2+\sqrt{4-x^2})$에서 $4-x^2\geq 0$이므로

$-2\leq x\leq 2$이고

$$f'(x)=2+\sqrt{4-x^2}+x\times\left(-\frac{2x}{2\sqrt{4-x^2}}\right)$$
$$=\frac{2\{\sqrt{4-x^2}-(x^2-2)\}}{\sqrt{4-x^2}}$$

$f'(x)=0$에서 $\sqrt{4-x^2}=x^2-2$

$4-x^2=x^4-4x^2+4,\ x^4-3x^2=0$

$x^2(x^2-3)=0$

$\therefore\ x=0$ 또는 $x=-\sqrt{3}$ 또는 $x=\sqrt{3}$

함수 $f(x)$의 증가와 감소를 표로 나타내면 다음과 같다.

x	-2	$\cdots$	$-\sqrt{3}$	$\cdots$	0	$\cdots$	$\sqrt{3}$	$\cdots$	2
$f'(x)$		$-$	0	$+$	0	$+$	0	$-$	
$f(x)$		↘	극소	↗		↗	극대	↘	

즉, 함수 $f(x)$는 $x=\sqrt{3}$에서 극댓값 $f(\sqrt{3})=3\sqrt{3}$을 가지므로

$a=\sqrt{3},\ M=3\sqrt{3}$

$$\therefore\ \frac{M}{a}=\frac{3\sqrt{3}}{\sqrt{3}}=3$$

15 1438 답 ②

유형 16 + 유형 19

출제의도 | 함수의 극대와 극소를 이해하고 미정계수를 구할 수 있는지 확인한다.

미분가능한 함수 $f(x)$가 $x=p$에서 극값을 가지면 $f'(p)=0$이야!

$f(x)=(x^2+a)e^x$에서

$f'(x)=2xe^x+(x^2+a)e^x=(x^2+2x+a)e^x$

함수 $f(x)$가 $x=1$에서 극값을 가지므로

$f'(1)=0$에서

$(3+a)e=0\qquad \therefore\ a=-3$

즉, $g(x)=(x^2+a)e^{-x}=(x^2-3)e^{-x}$이므로

$$g'(x)=2xe^{-x}-(x^2-3)e^{-x}$$
$$=-(x^2-2x-3)e^{-x}$$
$$=-(x+1)(x-3)e^{-x}$$

$g'(x)=0$에서 $x=-1$ 또는 $x=3$

함수 $g(x)$의 증가와 감소를 표로 나타내면 다음과 같다.

x	$\cdots$	-1	$\cdots$	3	$\cdots$
$g'(x)$	$-$	0	$+$	0	$-$
$g(x)$	↘	극소	↗	극대	↘

따라서 함수 $g(x)$의 극솟값은

$g(-1)=-2e$

16 1439 답 ①

유형 21

출제의도 | 함수가 극값을 갖지 않을 조건을 이해하고 있는지 확인한다.

함수 $f(x)$가 극값을 갖지 않으면 정의역의 모든 실수 x에 대하여 $f'(x)\le 0$ 또는 $f'(x)\ge 0$이야!

$f(x)=ax-2\sin x$에서

$f'(x)=a-2\cos x$

함수 $f(x)$가 극값을 갖지 않으려면 모든 실수 x에 대하여 $f'(x)\le 0$ 또는 $f'(x)\ge 0$이어야 한다.

$a-2\cos x\le 0$ 또는 $a-2\cos x\ge 0$

$\therefore\ \cos x\ge\frac{a}{2}$ 또는 $\cos x\le\frac{a}{2}$

$-1\le\cos x\le 1$이므로 $\frac{a}{2}\le -1$ 또는 $\frac{a}{2}\ge 1$

$\therefore\ a\le -2$ 또는 $a\ge 2$

따라서 $\alpha=-2,\ \beta=2$이므로 $\alpha\beta=-2\times 2=-4$

17 1440 답 ④

유형 7

출제의도 | 두 곡선에 공통으로 접하는 접선의 방정식을 구할 수 있는지 확인한다.

두 곡선에 접하는 접선의 방정식을 각각 구한 다음, 두 직선이 서로 일치함을 이용해 보자.

$f(x)=\tan x$라 하면 $f'(x)=\sec^2 x$

점 $\left(\frac{\pi}{4},\ 1\right)$에서의 접선의 기울기는

$$f'\left(\frac{\pi}{4}\right)=\sec^2\frac{\pi}{4}=\frac{1}{\cos^2\frac{\pi}{4}}=\frac{1}{\left(\frac{\sqrt{2}}{2}\right)^2}=2$$

이므로 접선의 방정식은

$y-1=2\left(x-\frac{\pi}{4}\right)\qquad\therefore\ y=2x-\frac{\pi}{2}+1$ ······ ㉠

$g(x)=-x^2+a$라 하면 $g'(x)=-2x$

접점의 좌표를 $(t,\ -t^2+a)$라 하면 이 점에서의 접선의 기울기는 $g'(t)=-2t$이므로 접선의 방정식은

$y-(-t^2+a)=-2t(x-t)\qquad\therefore\ y=-2tx+t^2+a$ ······ ㉡

두 직선 ㉠, ㉡이 서로 일치하므로

$2=-2t,\ -\frac{\pi}{2}+1=t^2+a$

$\therefore\ t=-1,\ a=-\frac{\pi}{2}$

다른 풀이

직선 ㉠이 곡선 $y=-x^2+a$에 접하므로 방정식

$2x-\frac{\pi}{2}+1=-x^2+a$, 즉 $x^2+2x-\frac{\pi}{2}+1-a=0$이 중근을 갖는다.

이차방정식 $x^2+2x-\frac{\pi}{2}+1-a=0$의 판별식을 D라 하면

$\frac{D}{4}=1^2-\left(-\frac{\pi}{2}+1-a\right)=0,\ \frac{\pi}{2}+a=0$

$\therefore\ a=-\frac{\pi}{2}$

18 1441 답 ⑤

유형 9

출제의도 | 매개변수로 나타낸 함수의 미분법을 이용하여 접선의 방정식을 구하고 주어진 명제의 참, 거짓을 판별할 수 있는지 확인한다.

매개변수로 나타낸 함수의 미분법을 이용하여 접선의 기울기와 접점의 좌표를 구해 보자.

$x=e^t,\ y=\cos t$에서

$\frac{dx}{dt}=e^t,\ \frac{dy}{dt}=-\sin t$이므로

$$\frac{dy}{dx}=\frac{\frac{dy}{dt}}{\frac{dx}{dt}}=-\frac{\sin t}{e^t}$$

ㄱ. $x=e^t=1$이면 $t=0$이고, $t=0$이면 $y=1$이므로
이 곡선은 점 $(1, 1)$을 지난다. (참)

ㄴ. $t=\frac{\pi}{2}$인 점에서의 접선의 기울기는

$-\frac{\sin\frac{\pi}{2}}{e^{\frac{\pi}{2}}}=-e^{-\frac{\pi}{2}}$ (참)

ㄷ. $t=\frac{\pi}{4}$일 때 $x=e^{\frac{\pi}{4}}$, $y=\frac{\sqrt{2}}{2}$, $\frac{dy}{dx}=-\frac{\sqrt{2}}{2}e^{-\frac{\pi}{4}}$이므로 접선의 방정식은

$y-\frac{\sqrt{2}}{2}=-\frac{\sqrt{2}}{2}e^{-\frac{\pi}{4}}(x-e^{\frac{\pi}{4}})$

$\therefore y=-\frac{\sqrt{2}}{2}e^{-\frac{\pi}{4}}x+\sqrt{2}$

$t=\frac{\pi}{4}$인 점에서의 접선이 y축과 만나는 점의 좌표는 $(0, \sqrt{2})$이다. (참)

따라서 옳은 것은 ㄱ, ㄴ, ㄷ이다.

19 1442 답 ①

유형 20

출제의도 | 함수 $f(x)$가 극값을 갖기 위한 방정식 $f'(x)=0$의 조건을 이해하고 있는지 확인한다.

> 함수 $f(x)$가 극댓값과 극솟값을 모두 가지려면 $x>0$에서 방정식 $f'(x)=0$이 서로 다른 두 실근을 가져야 해.

$f(x)=\ln x+\frac{a}{x}-x$에서 $x>0$이고

$f'(x)=\frac{1}{x}-\frac{a}{x^2}-1=-\frac{x^2-x+a}{x^2}$

함수 $f(x)$가 극댓값과 극솟값을 모두 가지려면 $x>0$에서 이차방정식 $x^2-x+a=0$이 서로 다른 두 실근을 가져야 한다.

(i) 이차방정식 $x^2-x+a=0$의 판별식을 D라 하면

$D=1-4a>0 \quad \therefore a<\frac{1}{4}$

(ii) (두 근의 합)$=1>0$

(iii) (두 근의 곱)$=a>0$

(i)~(iii)에서 $0<a<\frac{1}{4}$

20 1443 답 ③

유형 4

출제의도 | 곡선 밖의 한 점에서 곡선에 그은 접선의 방정식을 구할 수 있는지 확인한다.

> 접점의 좌표를 각각 (α, e^α), $(\beta, \ln\beta)$라 하고 이 점에서의 접선이 원점을 지남을 이용해 보자.

$f(x)=e^x$이라 하면 $f'(x)=e^x$

접점의 좌표를 (α, e^α)이라 하면 접선의 기울기는 $f'(\alpha)=e^\alpha$이므로 접선의 방정식은

$y-e^\alpha=e^\alpha(x-\alpha)$

이 직선이 원점을 지나므로

$-e^\alpha=e^\alpha\times(-\alpha) \quad \therefore \alpha=1$

즉, 곡선 $y=f(x)$에 접하는 접선의 방정식은

$y-e=e(x-1) \quad \therefore y=ex$

이 접선이 x축의 양의 방향과 이루는 각의 크기를 θ_1이라 하면

$\tan\theta_1=e$

$g(x)=\ln x$라 하면 $g'(x)=\frac{1}{x}$

접점의 좌표를 $(\beta, \ln\beta)$라 하면 접선의 기울기는

$g'(\beta)=\frac{1}{\beta}$이므로 접선의 방정식은

$y-\ln\beta=\frac{1}{\beta}(x-\beta)$

이 직선이 원점을 지나므로

$-\ln\beta=-1 \quad \therefore \beta=e$

즉, 곡선 $y=g(x)$에 접하는 접선의 방정식은

$y-1=\frac{1}{e}(x-e) \quad \therefore y=\frac{1}{e}x$

이 직선이 x축의 양의 방향과 이루는 각의 크기를 θ_2라 하면

$\tan\theta_2=\frac{1}{e}$

$$\begin{aligned}\therefore \tan\theta&=|\tan(\theta_1-\theta_2)|\\&=\left|\frac{\tan\theta_1-\tan\theta_2}{1+\tan\theta_1\tan\theta_2}\right|\\&=\left|\frac{e-\frac{1}{e}}{1+e\times\frac{1}{e}}\right|=\frac{1}{2}\left(e-\frac{1}{e}\right)\end{aligned}$$

21 1444 답 ③

유형 17

출제의도 | 함수의 극대와 극소를 이해하고 함수의 극한값을 구할 수 있는지 확인한다.

> $f'(x)=0$인 x의 값을 찾아 함수 $f(x)$의 증가와 감소를 표로 나타내 보자.

$f(x)=\frac{\ln x}{x^n}$에서 $x>0$이고

$f'(x)=\frac{\frac{1}{x}\times x^n-\ln x\times nx^{n-1}}{x^{2n}}=\frac{1-n\ln x}{x^{n+1}}$

$f'(x)=0$에서 $\ln x=\frac{1}{n} \quad \therefore x=e^{\frac{1}{n}}$

함수 $f(x)$의 증가와 감소를 표로 나타내면 다음과 같다.

x	(0)	$\cdots$	$e^{\frac{1}{n}}$	$\cdots$
$f'(x)$		$+$	0	$-$
$f(x)$		↗	극대	↘

즉, 함수 $f(x)$는 $x=e^{\frac{1}{n}}$에서 극댓값 $f(e^{\frac{1}{n}})=\frac{\ln e^{\frac{1}{n}}}{(e^{\frac{1}{n}})^n}=\frac{1}{en}$을 갖는다.

따라서 $a_n=\frac{1}{en}$이므로

$\lim_{n\to\infty}(n+1)a_n=\lim_{n\to\infty}\frac{n+1}{en}=\frac{1}{e}$

22 1445 답 $y=x+\ln 2-1$

유형 3

출제의도 | 기울기가 주어진 경우의 접선의 방정식을 구할 수 있는지 확인한다.

STEP 1 접선의 기울기 구하기 [2점]

$x+y=n$에서 $y=-x+n$이므로 이 직선에 수직인 직선의 기울기는 1이다.

STEP 2 접점의 좌표 구하기 [2점]

$f(x)=\ln(x^2+1)$이라 하면

$f'(x)=\dfrac{2x}{x^2+1}$

접점의 좌표를 $(t, \ln(t^2+1))$이라 하면 접선의 기울기가 1이므로

$f'(t)=\dfrac{2t}{t^2+1}=1$, $t^2-2t+1=0$

$(t-1)^2=0 \quad \therefore t=1$

즉, 접점의 좌표는 $(1, \ln 2)$이다.

STEP 3 접선의 방정식 구하기 [2점]

접점의 좌표가 $(1, \ln 2)$이고 기울기가 1인 직선의 방정식은

$y-\ln 2=x-1 \quad \therefore y=x+\ln 2-1$

23 1446 답 $\frac{49}{2}e$

유형 7

출제의도 | 두 곡선이 한 점에서 공통인 접선을 가질 때, 미정계수를 구할 수 있는지 확인한다.

STEP 1 $f'(x)$, $g'(x)$ 구하기 [1점]

$f(x)=\dfrac{1}{2e}x^2+a$, $g(x)=bx-3x\ln x$라 하면

$f'(x)=\dfrac{1}{e}x$, $g'(x)=b-3\ln x-3$

STEP 2 $f(e)=g(e)$임을 이용하여 a, b 사이의 관계식 구하기 [2점]

두 곡선이 $x=e$인 점에서 공통인 접선을 가지므로

$f(e)=g(e)$에서

$\dfrac{1}{2e}\times e^2+a=be-3e\ln e$, $\dfrac{1}{2}e+a=be-3e$

$\therefore a=be-\dfrac{7}{2}e$ ……… ㉠

STEP 3 $f'(e)=g'(e)$임을 이용하여 상수 b의 값 구하기 [2점]

$f'(e)=g'(e)$에서

$\dfrac{1}{e}\times e=b-3\ln e-3$, $1=b-6$

$\therefore b=7$

STEP 4 상수 a의 값을 구하고, ab의 값 구하기 [1점]

$b=7$을 ㉠에 대입하면

$a=7e-\dfrac{7}{2}e=\dfrac{7}{2}e$

$\therefore ab=\dfrac{7}{2}e\times 7=\dfrac{49}{2}e$

24 1447 답 25

유형 12

출제의도 | 실수 전체의 구간에서 함수가 감소하기 위한 조건을 이해하고 있는지 확인한다.

STEP 1 함수 $f(x)$가 구간 $(-\infty, \infty)$에서 감소하기 위한 조건 알기 [4점]

함수 $f(x)$가 구간 $(-\infty, \infty)$에서 감소하려면 모든 실수 x에 대하여 $f'(x)\le 0$이어야 한다.

$f(x)=a\sin x-(a+1)\cos x-5x$에서

$$\begin{aligned}f'(x)&=a\cos x+(a+1)\sin x-5\\&=\sqrt{(a+1)^2+a^2}\sin(x+\theta)-5\end{aligned}$$

$$\left(\text{단, } \sin\theta=\frac{a}{\sqrt{(a+1)^2+a^2}},\ \cos\theta=\frac{a+1}{\sqrt{(a+1)^2+a^2}}\right)$$

STEP 2 실수 a의 값의 범위 구하기 [3점]

$-1\le\sin(x+\theta)\le 1$이므로

$-\sqrt{(a+1)^2+a^2}\le\sqrt{(a+1)^2+a^2}\sin(x+\theta)\le\sqrt{(a+1)^2+a^2}$

$\therefore -\sqrt{(a+1)^2+a^2}-5\le f'(x)\le\sqrt{(a+1)^2+a^2}-5$

즉, $\sqrt{(a+1)^2+a^2}-5\le 0$이어야 하므로

$\sqrt{(a+1)^2+a^2}\le 5$, $2a^2+2a+1\le 25$

$a^2+a-12\le 0$, $(a+4)(a-3)\le 0$

$\therefore -4\le a\le 3$

STEP 3 M, m의 값을 구하고, M^2+m^2의 값 구하기 [1점]

a의 최댓값은 $M=3$, 최솟값은 $m=-4$이므로

$M^2+m^2=3^2+(-4)^2=25$

25 1448 답 55

유형 20

출제의도 | 함수가 극값을 갖지 않을 조건을 이해하고 있는지 확인한다.

STEP 1 함수 $f(x)$가 극값을 갖지 않을 조건 알기 [2점]

$f(x)=\ln(x^2+n^2)+kx$에서

$f'(x)=\dfrac{2x}{x^2+n^2}+k=\dfrac{kx^2+2x+n^2k}{x^2+n^2}$

함수 $f(x)$의 극값이 존재하지 않도록 하려면 이차방정식 $kx^2+2x+n^2k=0$이 중근 또는 허근을 가져야 한다.

STEP 2 양의 실수 k의 최솟값 $g(n)$ 구하기 [4점]

이차방정식 $kx^2+2x+n^2k=0$의 판별식을 D라 하면

$\dfrac{D}{4}=1^2-k\times n^2k=1-n^2k^2\le 0$

$n^2k^2-1\ge 0$, $(nk+1)(nk-1)\ge 0$

자연수 n과 양의 실수 k에 대하여 $nk+1>0$이므로

$nk-1\ge 0 \quad \therefore k\ge\dfrac{1}{n}$

즉, k의 최솟값이 $\dfrac{1}{n}$이므로

$g(n)=\dfrac{1}{n}$

STEP 3 $\displaystyle\sum_{n=1}^{10}\frac{1}{g(n)}$의 값 구하기 [2점]

$\displaystyle\sum_{n=1}^{10}\frac{1}{g(n)}=\sum_{n=1}^{10}n=\frac{10\times 11}{2}=55$

실력 check 실전 마무리하기 2회

295쪽~299쪽

1 1449 답 ②

유형 1

출제의도 | 곡선 위의 주어진 점에서의 접선의 방정식을 구할 수 있는지 확인한다.

미분계수를 이용하여 접선의 기울기를 구해 보자.

$f(x)=e^{x-1}\ln x+2x$라 하면

$f'(x)=e^{x-1}\ln x+\dfrac{e^{x-1}}{x}+2$

점 (1, 2)에서의 접선의 기울기는 $f'(1)=3$이므로 접선의 방정식은

$y-2=3(x-1)$

$\therefore\ y=3x-1$

따라서 $a=3$, $b=-1$이므로

$ab=3\times(-1)=-3$

2 1450 답 ② 유형 1 + 유형 3

출제의도 | 기울기가 주어진 경우의 접선의 방정식을 구할 수 있는지 확인한다.

평행한 두 직선의 기울기가 서로 같음을 이용해 보자.

$f(x)=xe^{x-1}$이라 하면

$f'(x)=e^{x-1}+xe^{x-1}=(x+1)e^{x-1}$

이므로 점 (1, 1)에서의 접선의 기울기는

$f'(1)=2$

$g(x)=\frac{2x}{x+1}$라 하면

$g'(x)=\frac{2(x+1)-2x}{(x+1)^2}=\frac{2}{(x+1)^2}$

이므로 점 (a, b)에서의 접선의 기울기는

$g'(a)=\frac{2}{(a+1)^2}$

이때 두 접선이 서로 평행하므로

$\frac{2}{(a+1)^2}=2$에서 $(a+1)^2=1$

$\therefore\ a=-2\ (\because\ a<-1)$

또한, 점 (a, b)는 곡선 $y=g(x)$ 위의 점이므로

$b=g(a)=g(-2)=4$

$\therefore\ a+b=-2+4=2$

3 1451 답 ④ 유형 7

출제의도 | 두 곡선이 한 점에서 공통인 접선을 가지도록 하는 미정계수를 구할 수 있는지 확인한다.

두 곡선 $y=f(x)$, $y=g(x)$가 $x=t$인 점에서 공통인 접선을 가지면 $f(t)=g(t)$, $f'(t)=g'(t)$야!

$f(x)=3e^{x-3}$, $g(x)=a\ln(x-2)+b$라 하면

$f'(x)=3e^{x-3}$, $g'(x)=\frac{a}{x-2}$

접점의 x좌표를 t라 하면

$f(t)=g(t)$에서

$3e^{t-3}=a\ln(t-2)+b$ ······ ㉠

또한, 공통인 접점에서의 기울기가 3이므로

$f'(t)=g'(t)=3$에서

$3e^{t-3}=\frac{a}{t-2}=3$

즉, $e^{t-3}=1$에서 $t=3$

$\frac{a}{3-2}=3$에서 $a=3$

$t=3$, $a=3$을 ㉠에 대입하면

$b=3$

$\therefore\ a+b=3+3=6$

4 1452 답 ② 유형 8

출제의도 | 역함수의 미분법을 이용하여 접선의 방정식을 구할 수 있는지 확인한다.

$f(x)$가 $g(x)$의 역함수이고 $g(a)=b$이면 $f(b)=a$, $g'(a)=\frac{1}{f'(b)}$이야.

$g(3)=k$라 하면 $f(k)=3$이므로

$k^3+2k=3$, $k^3+2k-3=0$

$(k-1)(k^2+k+3)=0$

$\therefore\ k=1\ (\because\ k^2+k+3>0)$

$\therefore\ g(3)=1$

$f(x)=x^3+2x$에서

$f'(x)=3x^2+2$이므로

$g'(3)=\frac{1}{f'(g(3))}=\frac{1}{f'(1)}=\frac{1}{5}$

즉, 곡선 $y=g(x)$ 위의 점 (3, 1)에서의 접선의 기울기가 $\frac{1}{5}$이므로 접선의 방정식은

$y-1=\frac{1}{5}(x-3)$ $\quad\therefore\ y=\frac{1}{5}x+\frac{2}{5}$

따라서 구하는 y절편은 $\frac{2}{5}$이다.

5 1453 답 ② 유형 11

출제의도 | 함수가 증가하는 구간을 구할 수 있는지 확인한다.

함수 $f(x)$가 구간 (a, b)에서 $f'(x)>0$이면 $f(x)$는 이 구간에서 증가해.

$f(x)=e^{\cos x}$에서

$f'(x)=-e^{\cos x}\sin x$

$f'(x)=0$에서 $\sin x=0\ (\because\ e^{\cos x}>0)$

$\therefore\ x=0$ 또는 $x=\pi$ 또는 $x=2\pi$ 또는 $x=3\pi$ 또는 $x=4\pi$

$(\because\ 0\le x\le 4\pi)$

함수 $f(x)$의 증가와 감소를 표로 나타내면 다음과 같다.

x	0	$\cdots$	π	$\cdots$	2π	$\cdots$	3π	$\cdots$	4π
$f'(x)$	0	$-$	0	$+$	0	$-$	0	$+$	0
$f(x)$		↘		↗		↘		↗	

즉, 함수 $f(x)$가 증가하는 구간은

$[\pi, 2\pi]$, $[3\pi, 4\pi]$

따라서 구간 $\left(\frac{4}{3}\pi, a\right)$에서 함수 $f(x)$가 증가할 때, 실수 a의 최댓값은 2π이다.

6 1454 답 ⑤ 유형 12

출제의도 | 실수 전체의 구간에서 함수가 증가하기 위한 조건을 이해하고 있는지 확인한다.

함수 $f(x)$가 실수 전체의 구간에서 증가하면 모든 실수 x에 대하여 $f'(x)\ge 0$임을 이용해 보자.

$f(x)=(3x+k)e^{x^2}$에서

$f'(x)=3e^{x^2}+(3x+k)e^{x^2}\times 2x=(6x^2+2kx+3)e^{x^2}$

함수 $f(x)$가 실수 전체의 구간에서 증가하려면 모든 실수 x에 대하여 $f'(x) \geq 0$이어야 한다.

$\therefore$ $6x^2+2kx+3 \geq 0$ ($\because$ $e^{x^2}>0$)

이차방정식 $6x^2+2kx+3=0$의 판별식을 D라 하면

$\frac{D}{4}=k^2-6\times3 \leq 0$, $k^2 \leq 18$

$\therefore$ $-3\sqrt{2} \leq k \leq 3\sqrt{2}$

따라서 정수 k는 -4, -3, -2, -1, 0, 1, 2, 3, 4로 9개이다.

7 1455 답 ①

유형 14

출제의도 | 유리함수의 극댓값과 극솟값을 구할 수 있는지 확인한다.

> 유리함수의 도함수를 구하고, $f'(x)=0$인 x의 값을 찾아 함수 $f(x)$의 증가와 감소를 표로 나타내 보자.

$f(x)=\frac{3(x-1)}{x^3+3x+1}$에서

$$f'(x)=\frac{3(x^3+3x+1)-3(x-1)(3x^2+3)}{(x^3+3x+1)^2}$$

$$=-\frac{3(2x^3-3x^2-4)}{(x^3+3x+1)^2}$$

$$=-\frac{3(x-2)(2x^2+x+2)}{(x^3+3x+1)^2}$$

$f'(x)=0$에서 $x=2$ ($\because$ $x>1$)

함수 $f(x)$의 증가와 감소를 표로 나타내면 다음과 같다.

x	(1)	$\cdots$	2	$\cdots$
$f'(x)$		$+$	0	$-$
$f(x)$		↗	극대	↘

따라서 함수 $f(x)$는 $x=2$에서 극댓값을 가지므로 $a=2$

$$\therefore \frac{a}{f(a)}=\frac{2}{f(2)}=\frac{2}{\frac{1}{5}}=10$$

8 1456 답 ③

유형 16

출제의도 | 지수함수의 극댓값과 극솟값을 구할 수 있는지 확인한다.

> 지수함수의 도함수를 구하고, $f'(x)=0$인 x의 값을 찾아 함수 $f(x)$의 증가와 감소를 표로 나타내 보자.

$f(x)=(x^2-2x-2)e^{-x+2}$에서

$$f'(x)=(2x-2)e^{-x+2}-(x^2-2x-2)e^{-x+2}$$

$$=-x(x-4)e^{-x+2}$$

$f'(x)=0$에서 $x=0$ 또는 $x=4$ ($\because$ $e^{-x+2}>0$)

함수 $f(x)$의 증가와 감소를 표로 나타내면 다음과 같다.

x	$\cdots$	0	$\cdots$	4	$\cdots$
$f'(x)$	$-$	0	$+$	0	$-$
$f(x)$	↘	극소	↗	극대	↘

따라서 함수 $f(x)$는 $x=4$에서 극대이고 $x=0$에서 극소이므로

$a=4$, $b=0$

$$\therefore \frac{f(a)\times f(b)}{a-b}=\frac{f(4)\times f(0)}{4-0}$$

$$=\frac{6e^{-2}\times(-2e^2)}{4}=-3$$

9 1457 답 ⑤

유형 19

출제의도 | 함수의 극대와 극소를 이해하고 미정계수를 구할 수 있는지 확인한다.

> 유리함수의 도함수를 구하고, $f'(x)=0$인 x의 값을 찾아 함수 $f(x)$의 증가와 감소를 표로 나타내 보자.

$f(x)=x+\frac{a^2}{x}$에서

$$f'(x)=1-\frac{a^2}{x^2}=\frac{x^2-a^2}{x^2}=\frac{(x+a)(x-a)}{x^2}$$

$f'(x)=0$에서 $x=a$ ($\because$ $x>0$, $a>0$)

함수 $f(x)$의 증가와 감소를 표로 나타내면 다음과 같다.

x	(0)	$\cdots$	a	$\cdots$
$f'(x)$		$-$	0	$+$
$f(x)$		↘	극소	↗

즉, 함수 $f(x)$는 $x=a$에서 극솟값 $f(a)=a+\frac{a^2}{a}=2a$를 갖는다.

따라서 $2a=100$이므로 $a=50$

10 1458 답 ①

유형 19

출제의도 | 함수의 극대와 극소를 이해하고 미정계수를 구할 수 있는지 확인한다.

> 미분가능한 함수 $f(x)$가 $x=p$에서 극값 q를 가지면 $f(p)=q$, $f'(p)=0$임을 이용해 보자.

$f(x)=\sqrt{x^2+ax+b}$에서

$$f'(x)=\frac{2x+a}{2\sqrt{x^2+ax+b}}$$

함수 $f(x)$가 $x=1$에서 극솟값 1을 가지므로

$f(1)=1$에서

$\sqrt{1+a+b}=1$ $\quad\therefore$ $a+b=0$ ······ ㉠

$f'(1)=0$에서

$\frac{2+a}{2\sqrt{1+a+b}}=0$, $2+a=0$ $\quad\therefore$ $a=-2$

$a=-2$를 ㉠에 대입하면

$-2+b=0$ $\quad\therefore$ $b=2$

$\therefore$ $ab=-2\times2=-4$

11 1459 답 ④

유형 2

출제의도 | 두 곡선이 만나고, 접점에서의 접선이 서로 수직이 되게 하는 미정계수를 구할 수 있는지 확인한다.

> 접점의 x좌표를 t라 하면 두 곡선이 이 점에서 만나므로 $f(t)=g(t)$이고, 이 점에서의 접선이 서로 수직이므로 $f'(t)g'(t)=-1$이야.

$f(x)=\ln(ax+2)$, $g(x)=-\ln x^3+b$라 하면

$f'(x)=\frac{a}{ax+2}$, $g'(x)=-\frac{3}{x}$

두 곡선이 점 $A(1, c)$에서 만나므로

$f(1)=g(1)$에서

$\ln(a+2)=b$ ······ ㉠

또한, 점 A에서의 접선이 서로 수직이므로

$f'(1)g'(1)=-1$에서

$\frac{a}{a+2}\times(-3)=-1 \quad \therefore a=1$

$a=1$을 ㉠에 대입하면 $b=\ln 3$

한편, $f(x)=\ln(x+2)$이므로 $c=f(1)=\ln 3$

$\therefore ab+c=1\times\ln 3+\ln 3=\ln 9$

12 1460 답 ②

유형 4

출제의도 | 곡선 밖의 한 점에서 곡선에 그은 두 접선의 기울기의 곱을 구할 수 있는지 확인한다.

> 접점의 x좌표를 t로 놓고, 접선이 원점을 지남을 이용하여 t에 대한 방정식을 세워 보자.

$f(x)=(x+1)e^x$이라 하면

$f'(x)=e^x+(x+1)e^x=(x+2)e^x$

접점의 좌표를 $(t,\ (t+1)e^t)$이라 하면 접선의 기울기가

$f'(t)=(t+2)e^t$이므로 접선의 방정식은

$y-(t+1)e^t=(t+2)e^t(x-t)$

이 직선이 원점을 지나므로

$-(t+1)e^t=(t+2)e^t\times(-t),\ (t^2+t-1)e^t=0$

$\therefore t^2+t-1=0\ (\because e^t>0)$

이차방정식 $t^2+t-1=0$의 서로 다른 두 실근을 $t_1,\ t_2$라 하면 이차방정식의 근과 계수의 관계에 의해

$t_1+t_2=-1,\ t_1t_2=-1$

$$\begin{aligned}\therefore m_1m_2&=f'(t_1)\times f'(t_2)\\&=(t_1+2)e^{t_1}(t_2+2)e^{t_2}\\&=\{t_1t_2+2(t_1+t_2)+4\}e^{t_1+t_2}\\&=(-1-2+4)e^{-1}\\&=\frac{1}{e}\end{aligned}$$

13 1461 답 ②

유형 5

출제의도 | 곡선 밖의 점에서 곡선에 그은 접선의 개수를 구하는 방법을 이해하고 있는지 확인한다.

> 접점의 x좌표에 대한 방정식을 세우고, 방정식의 실근의 개수가 1임을 이용해 보자.

$f(x)=e^{-x^2}$이라 하면

$f'(x)=-2xe^{-x^2}$

접점의 좌표를 $(t,\ e^{-t^2})$이라 하면 이 점에서의 접선의 기울기가

$f'(t)=-2te^{-t^2}$이므로 접선의 방정식은

$y-e^{-t^2}=-2te^{-t^2}(x-t)$

이 직선이 점 $(a,\ 0)$을 지나므로

$-e^{-t^2}=-2te^{-t^2}(a-t)$

$(2t^2-2at+1)e^{-t^2}=0$

$\therefore 2t^2-2at+1=0\ (\because e^{-t^2}>0)$

점 $(a,\ 0)$에서 곡선 $y=e^{-x^2}$에 오직 한 개의 접선을 그을 수 있으려면 이차방정식 $2t^2-2at+1=0$이 중근을 가져야 한다.

이차방정식 $2t^2-2at+1=0$의 판별식을 D라 하면

$\frac{D}{4}=(-a)^2-2=0 \quad \therefore a=\sqrt{2}\ (\because a>0)$

14 1462 답 ②

유형 10

출제의도 | 음함수의 미분법을 이해하고 접선의 방정식을 구할 수 있는지 확인한다.

> $\frac{dy}{dx}$에 접점의 좌표를 대입하여 접선의 기울기를 구해 보자.

$e^y\ln x=y^2+1$의 양변을 x에 대하여 미분하면

$e^y\frac{dy}{dx}\times\ln x+e^y\times\frac{1}{x}=2y\frac{dy}{dx}$

$\therefore \frac{dy}{dx}=-\frac{e^y}{x(e^y\ln x-2y)}$ (단, $e^y\ln x-2y\neq 0$)

점 $(e,\ 0)$에서의 접선의 기울기가 $\frac{dy}{dx}=-\frac{1}{e}$이므로 접선의 방정식은

$y=-\frac{1}{e}(x-e) \quad \therefore y=-\frac{1}{e}x+1$

이 직선이 점 $(5e,\ a)$를 지나므로

$a=-\frac{1}{e}\times 5e+1=-4$

15 1463 답 ②

유형 15

출제의도 | 무리함수의 극댓값을 구할 수 있는지 확인한다.

> 무리함수의 도함수를 구하고, $f'(x)=0$인 x의 값을 찾아 함수 $f(x)$의 증가와 감소를 표로 나타내 보자.

$f(x)=2x+\sqrt{18-4x^2}$에서 $18-4x^2\geq 0$이므로

$-\frac{3\sqrt{2}}{2}\leq x\leq\frac{3\sqrt{2}}{2}$이고

$f'(x)=2+\frac{-8x}{2\sqrt{18-4x^2}}=\frac{2(\sqrt{18-4x^2}-2x)}{\sqrt{18-4x^2}}$

$f'(x)=0$에서 $\sqrt{18-4x^2}=2x$

$18-4x^2=4x^2,\ x^2=\frac{9}{4} \quad \therefore x=\pm\frac{3}{2}$

함수 $f(x)$의 증가와 감소를 표로 나타내면 다음과 같다.

x	$-\frac{3\sqrt{2}}{2}$	$\cdots$	$-\frac{3}{2}$	$\cdots$	$\frac{3}{2}$	$\cdots$	$\frac{3\sqrt{2}}{2}$
$f'(x)$		$-$	0	$+$	0	$-$	
$f(x)$		↘	극소	↗	극대	↘	

따라서 함수 $f(x)$는 $x=\frac{3}{2}$에서 극댓값 $f\left(\frac{3}{2}\right)=6$을 가지므로

$a=\frac{3}{2},\ M=6$

$\therefore aM=\frac{3}{2}\times 6=9$

16 1464 답 ④

유형 20

출제의도 | 함수 $f(x)$가 극값을 갖기 위한 조건을 이해하고 있는지 확인한다.

> 함수 $f(x)$가 극값을 가지려면 방정식 $f'(x)=0$이 서로 다른 두 실근을 가져야 해.

$f(x)=\frac{1}{3}x-\ln(2x^2+n)$에서

$f'(x)=\frac{1}{3}-\frac{4x}{2x^2+n}=\frac{2x^2-12x+n}{6x^2+3n}$

함수 $f(x)$가 극값을 가지려면 이차방정식 $2x^2-12x+n=0$이 서로 다른 두 실근을 가져야 한다.
이차방정식 $2x^2-12x+n=0$의 판별식을 D라 하면

$\frac{D}{4}=(-6)^2-2n>0 \qquad \therefore n<18$

따라서 자연수 n은 1, 2, 3, ⋯, 17로 17개이다.

17 1465 답 ⑤ 유형 11

출제의도 | 도함수를 이용하여 주어진 명제의 참, 거짓을 판별할 수 있는지 확인한다.

> 함수 $f(x)$가 구간 (a, b)에서 $f'(x)>0$이면 $f(x)$는 이 구간에서 증가하고, $f'(x)<0$이면 $f(x)$는 이 구간에서 감소해.

$f(x)=x+2\cos x$에서 $f'(x)=1-2\sin x$

ㄱ. $f'(0)=1$ (참)

ㄴ. 구간 $\left(0, \frac{\pi}{6}\right)$에서 $0<\sin x<\frac{1}{2}$이므로

$-1<-2\sin x<0$

$\therefore 0<1-2\sin x<1$

$\therefore f'(x)>0$ (참)

ㄷ. $\frac{\pi}{6}<x<\frac{5}{6}\pi$에서 $\frac{1}{2}<\sin x\leq 1$이므로

$-2\leq -2\sin x<-1$

$\therefore -1\leq 1-2\sin x<0$

$\therefore f'(x)<0$

즉, 구간 $\left(\frac{\pi}{6}, \frac{5}{6}\pi\right)$에서 함수 $f(x)$는 감소하므로

$\frac{\pi}{6}<x_1<x_2<\frac{5}{6}\pi$이면 $f(x_1)>f(x_2)$이다. (참)

따라서 옳은 것은 ㄱ, ㄴ, ㄷ 이다.

18 1466 답 ① 유형 17

출제의도 | 로그함수의 극댓값과 극솟값을 구할 수 있는지 확인한다.

> 로그함수의 도함수를 구하고, $f'(x)=0$인 x의 값을 찾아 함수 $f(x)$의 증가와 감소를 표로 나타내 보자.

$f(x)=x(\ln x)^2$에서 $x>0$이고

$f'(x)=(\ln x)^2+x\times 2\ln x\times\frac{1}{x}=(2+\ln x)\ln x$

$f'(x)=0$에서 $\ln x=-2$ 또는 $\ln x=0$

$\therefore x=\frac{1}{e^2}$ 또는 $x=1$

함수 $f(x)$의 증가와 감소를 표로 나타내면 다음과 같다.

x	(0)	⋯	$\frac{1}{e^2}$	⋯	1	⋯
$f'(x)$		+	0	−	0	+
$f(x)$		↗	극대	↘	극소	↗

따라서 함수 $f(x)$는 $x=\frac{1}{e^2}$에서 극댓값

$a=f\left(\frac{1}{e^2}\right)=\frac{1}{e^2}\times 4=\frac{4}{e^2}$,

$x=1$에서 극솟값 $b=f(1)=0$을 가지므로

$a+b=\frac{4}{e^2}+0=\frac{4}{e^2}$

19 1467 답 ④ 유형 18

출제의도 | 삼각함수의 극대와 극소를 이해하고 있는지 확인한다.

> 삼각함수의 도함수를 구하고, $f'(x)=0$인 x의 값을 찾아 함수 $f(x)$의 증가와 감소를 표로 나타내 보자.

$f(x)=\frac{\sin x-\cos x}{\sin x-\cos x+2}$에서

$f'(x)=\frac{2(\cos x+\sin x)}{(\sin x-\cos x+2)^2}$

$f'(x)=0$에서 $\cos x=-\sin x$이므로

$\tan x=-1$

$\therefore x=\frac{3}{4}\pi$ 또는 $x=\frac{7}{4}\pi$ ($\because 0<x<2\pi$)

함수 $f(x)$의 증가와 감소를 표로 나타내면 다음과 같다.

x	(0)	⋯	$\frac{3}{4}\pi$	⋯	$\frac{7}{4}\pi$	⋯	(2π)
$f'(x)$		+	0	−	0	+	
$f(x)$		↗	극대	↘	극소	↗	

따라서 함수 $f(x)$는 $x=\frac{7}{4}\pi$에서 극솟값을 가지므로

$\alpha=\frac{7}{4}\pi$

$\therefore \cos\alpha=\cos\frac{7}{4}\pi=\frac{\sqrt{2}}{2}$

20 1468 답 ② 유형 8

출제의도 | 역함수의 미분법을 이용하여 접선의 방정식을 구할 수 있는지 확인한다.

> $f(x)$가 $g(x)$의 역함수이고 $g(a)=b$이면 $f(b)=a$, $g'(a)=\frac{1}{f'(b)}$이야.

$f(-1)=\frac{1}{e}$, $f(1)=3$이므로

$g\left(\frac{1}{e}\right)=-1$, $g(3)=1$

$\therefore a=-1, b=1$

또한, $f'(x)=\begin{cases} e^x & (x<0) \\ 3x^2+1 & (x>0) \end{cases}$이므로

$g'\left(\frac{1}{e}\right)=\frac{1}{f'(-1)}=\frac{1}{e^{-1}}=e$, $g'(3)=\frac{1}{f'(1)}=\frac{1}{4}$

곡선 $y=g(x)$ 위의 점 $\left(\frac{1}{e}, -1\right)$에서의 접선의 기울기가 e이므로

접선의 방정식은

$y-(-1)=e\left(x-\frac{1}{e}\right) \qquad \therefore y=ex-2$

$\therefore h_1(x)=ex-2$

곡선 $y=g(x)$ 위의 점 $(3, 1)$에서의 접선의 기울기가 $\frac{1}{4}$이므로

접선의 방정식은

$y-1=\frac{1}{4}(x-3) \qquad \therefore y=\frac{1}{4}x+\frac{1}{4}$

$\therefore h_2(x)=\frac{1}{4}x+\frac{1}{4}$

$\therefore h_1(0)+h_2(0)=-2+\frac{1}{4}=-\frac{7}{4}$

21 1469 답 ⑤ 유형 18

출제의도 | 매개변수로 나타낸 함수의 미분법을 이용하여 함수 $f(t)$가 극댓값을 갖는 t의 값을 구할 수 있는지 확인한다.

> 매개변수로 나타낸 함수의 미분법을 이용하여 $f(t)$를 구하고, $f'(t)=0$인 t의 값의 규칙을 찾아보자.

$x=2t+\cos t-1$, $y=\sin t$에서

$\frac{dx}{dt}=2-\sin t$, $\frac{dy}{dt}=\cos t$이므로

$$f(t)=\frac{dy}{dx}=\frac{\frac{dy}{dt}}{\frac{dx}{dt}}=\frac{\cos t}{2-\sin t}$$

$$f'(t)=\frac{-\sin t\times(2-\sin t)-\cos t\times(-\cos t)}{(2-\sin t)^2}$$
$$=\frac{-2\sin t+\sin^2 t+\cos^2 t}{(2-\sin t)^2}$$
$$=\frac{-2\sin t+1}{(2-\sin t)^2}$$

$f'(t)=0$에서 $\sin t=\frac{1}{2}$

$\therefore\ t=\frac{\pi}{6}$ 또는 $t=\frac{5}{6}\pi$ 또는 $t=2\pi+\frac{\pi}{6}$ 또는 $t=2\pi+\frac{5}{6}\pi$ 또는 …

함수 $f(t)$의 증가와 감소를 표로 나타내면 다음과 같다.

t	0	…	$\frac{\pi}{6}$	…	$\frac{5}{6}\pi$	…	$2\pi+\frac{\pi}{6}$	…	$2\pi+\frac{5}{6}\pi$	…
$f'(t)$		+	0	−	0	+	0	−	0	+
$f(t)$		↗	극대	↘	극소	↗	극대	↘	극소	↗

함수 $f(t)$가 극댓값을 갖는 t의 값을 작은 것부터 차례로 나열하면

$a_1=\frac{\pi}{6}$, $a_2=2\pi+\frac{\pi}{6}$, $a_3=4\pi+\frac{\pi}{6}$, $a_4=6\pi+\frac{\pi}{6}$,

$a_5=8\pi+\frac{\pi}{6}$, $a_6=10\pi+\frac{\pi}{6}$

$$\therefore\ \frac{1}{\pi}\sum_{k=1}^{6}a_k=\frac{1}{\pi}\left\{\frac{\pi}{6}+\left(2\pi+\frac{\pi}{6}\right)+\cdots+\left(10\pi+\frac{\pi}{6}\right)\right\}$$
$$=\frac{1}{\pi}\left(\frac{\pi}{6}\times6+2\pi+4\pi+6\pi+8\pi+10\pi\right)$$
$$=\frac{1}{\pi}(\pi+30\pi)$$
$$=31$$

22 1470 답 1 유형 6

출제의도 | 곡선 밖의 한 점에서 곡선에 그은 접선을 구할 수 있는지 확인한다.

STEP1 점 A의 좌표 구하기 [1점]

$f(x)=2\ln x$라 하면 $f(1)=0$이므로

A$(1,\ 0)$

STEP2 점 B의 좌표 구하기 [4점]

$f(x)=2\ln x$에서 $f'(x)=\frac{2}{x}$

접점 B의 좌표를 $(t,\ 2\ln t)$라 하면 이 점에서의 접선의 기울기는

$f'(t)=\frac{2}{t}$이므로 접선의 방정식은

$y-2\ln t=\frac{2}{t}(x-t)$

이 직선이 원점을 지나므로

$-2\ln t=\frac{2}{t}\times(-t)$, $\ln t=1$ $\quad\therefore\ t=e$

$\therefore$ B$(e,\ 2)$

STEP3 삼각형 OAB의 넓이 구하기 [1점]

삼각형 OAB는 그림과 같으므로 넓이는

$\frac{1}{2}\times1\times2=1$

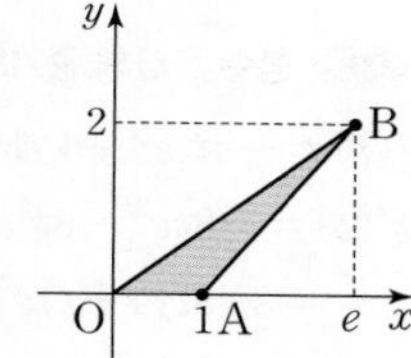

23 1471 답 7 유형 9

출제의도 | 매개변수로 나타낸 함수의 미분법을 이용하여 접선의 방정식을 구할 수 있는지 확인한다.

STEP1 접점의 좌표 구하기 [2점]

$x=\cos t-2\sin t$, $y=\sin t+2\cos t$에서 $t=\frac{\pi}{2}$일 때

$x=\cos\frac{\pi}{2}-2\sin\frac{\pi}{2}=-2$, $y=\sin\frac{\pi}{2}+2\cos\frac{\pi}{2}=1$

이므로 $t=\frac{\pi}{2}$에 대응하는 점의 좌표는 $(-2,\ 1)$이다.

STEP2 접선의 기울기 구하기 [2점]

$\frac{dx}{dt}=-\sin t-2\cos t$, $\frac{dy}{dt}=\cos t-2\sin t$이므로

$$\frac{dy}{dx}=\frac{\frac{dy}{dt}}{\frac{dx}{dt}}=\frac{\cos t-2\sin t}{-\sin t-2\cos t}\ (\text{단, } \sin t+2\cos t\neq0)$$

즉, $t=\frac{\pi}{2}$에 대응하는 점에서의 접선의 기울기는

$$\frac{dy}{dx}=\frac{\cos\frac{\pi}{2}-2\sin\frac{\pi}{2}}{-\sin\frac{\pi}{2}-2\cos\frac{\pi}{2}}=\frac{-2}{-1}=2$$

STEP3 접선의 방정식 구하기 [1점]

구하는 접선은 점 $(-2,\ 1)$을 지나고 기울기가 2인 직선이므로

$y-1=2\{x-(-2)\}$ $\quad\therefore\ y=2x+5$

STEP4 상수 a, b의 값을 구하고, $a+b$의 값 구하기 [1점]

$a=2$, $b=5$이므로

$a+b=2+5=7$

24 1472 답 $-\frac{4}{e^2}+1$ 유형 16

출제의도 | 접선의 방정식을 이용하여 함수를 구하고, 그 함수의 극댓값과 극솟값을 구할 수 있는지 확인한다.

STEP1 접선의 방정식 구하기 [2점]

$g(x)=2xe^{2x}+1$이라 하면

$g'(x)=2e^{2x}+4xe^{2x}=2(2x+1)e^{2x}$

점 $(t,\ 2te^{2t}+1)$에서의 접선의 기울기는 $g'(t)=2(2t+1)e^{2t}$이므로 접선의 방정식은

$y-2te^{2t}-1=2(2t+1)e^{2t}(x-t)$

STEP2 $f(t)$ 구하기 [2점]

위의 식에 $x=0$을 대입하면

$y-2te^{2t}-1=2(2t+1)e^{2t}\times(-t)$
$y=2te^{2t}+1-2t(2t+1)e^{2t}$
$\quad=-4t^2e^{2t}+1$
$\therefore f(t)=-4t^2e^{2t}+1$

STEP3 함수 $f(t)$의 증가와 감소를 표로 나타내기 [2점]

$f(t)=-4t^2e^{2t}+1$에서
$f'(t)=-8te^{2t}-8t^2e^{2t}$
$\quad=-8t(1+t)e^{2t}$
$f'(t)=0$에서 $t=-1$ 또는 $t=0$ ($\because e^{2t}>0$)
함수 $f(t)$의 증가와 감소를 표로 나타내면 다음과 같다.

t	$\cdots$	-1	$\cdots$	0	$\cdots$
$f'(t)$	$-$	0	$+$	0	$-$
$f(t)$	↘	극소	↗	극대	↘

STEP4 $f(a)\times f(b)$의 값 구하기 [2점]

함수 $f(t)$는 $t=-1$에서 극소이고, $t=0$에서 극대이므로
$a=-1$, $b=0$
$\therefore f(a)\times f(b)=f(-1)\times f(0)$
$\quad=\left(-\frac{4}{e^2}+1\right)\times1$
$\quad=-\frac{4}{e^2}+1$

25 1473 답 $4\pi+8$ 유형 18

출제의도 | 함수의 극대와 극소를 이해하고 극댓값과 극솟값을 구할 수 있는지 확인한다.

STEP1 $h(t)$, $h'(t)$ 구하기 [4점]

$0<x<2\pi$에서
$f(x)=4\sin x+2\ge-2$이고
$g(x)=-2x-2<-2$이므로
$f(x)>g(x)$
즉, $h(t)=4\sin t+2-(-2t-2)$
$\quad=4\sin t+2t+4$
이므로
$h'(t)=4\cos t+2$

STEP2 함수 $h(t)$의 증가와 감소를 표로 나타내기 [2점]

$h'(t)=0$에서 $\cos t=-\frac{1}{2}$
$\therefore t=\frac{2}{3}\pi$ 또는 $t=\frac{4}{3}\pi$ ($\because 0<t<2\pi$)
함수 $h(t)$의 증가와 감소를 표로 나타내면 다음과 같다.

t	(0)	$\cdots$	$\frac{2}{3}\pi$	$\cdots$	$\frac{4}{3}\pi$	$\cdots$	(2π)
$h'(t)$		$+$	0	$-$	0	$+$	
$h(t)$		↗	극대	↘	극소	↗	

STEP3 M, m의 값을 구하고, $M+m$의 값 구하기 [2점]

함수 $h(t)$의 극댓값은 $M=h\left(\frac{2}{3}\pi\right)=2\sqrt{3}+\frac{4}{3}\pi+4$,
극솟값은 $m=h\left(\frac{4}{3}\pi\right)=-2\sqrt{3}+\frac{8}{3}\pi+4$이므로
$M+m=\left(2\sqrt{3}+\frac{4}{3}\pi+4\right)+\left(-2\sqrt{3}+\frac{8}{3}\pi+4\right)=4\pi+8$

07 도함수의 활용 (2)

핵심 개념 304쪽~306쪽

1474 답 풀이 참조

$f(x)=x-\ln x$에서 $x>0$이고
$f'(x)=1-\frac{1}{x}$, $f''(x)=\frac{1}{x^2}$
$f'(x)=0$에서 $x=1$
$f''(x)=0$을 만족시키는 x의 값이 존재하지 않으므로 변곡점은 없다.
함수 $f(x)$의 증가와 감소, 곡선 $y=f(x)$의 오목과 볼록을 표로 나타내면 다음과 같다.

x	(0)	$\cdots$	1	$\cdots$
$f'(x)$		$-$	0	$+$
$f''(x)$		$+$	$+$	$+$
$f(x)$		↘(아래로 볼록)	1	↗(아래로 볼록)

이때 $\lim_{x\to0+}f(x)=\infty$, $\lim_{x\to\infty}f(x)=\infty$이므로 함수 $y=f(x)$의 그래프는 그림과 같다.

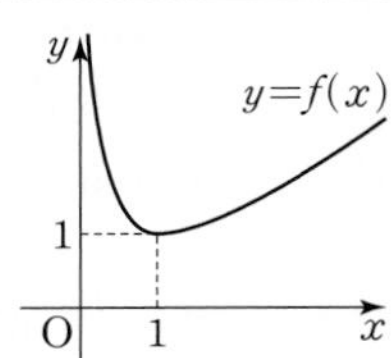

1475 답 풀이 참조

$f(x)=e^{-x^2}$에서
$f'(x)=-2xe^{-x^2}$, $f''(x)=-2e^{-x^2}+4x^2e^{-x^2}=2(2x^2-1)e^{-x^2}$
$f'(x)=0$에서 $x=0$
$f''(x)=0$에서 $x=-\frac{\sqrt{2}}{2}$ 또는 $x=\frac{\sqrt{2}}{2}$
함수 $f(x)$의 증가와 감소, 곡선 $y=f(x)$의 오목과 볼록을 표로 나타내면 다음과 같다.

x	$\cdots$	$-\frac{\sqrt{2}}{2}$	$\cdots$	0	$\cdots$	$\frac{\sqrt{2}}{2}$	$\cdots$
$f'(x)$	$+$	$+$	$+$	0	$-$	$-$	$-$
$f''(x)$	$+$	0	$-$	$-$	$-$	0	$+$
$f(x)$	↗(아래로 볼록)	$\frac{1}{\sqrt{e}}$	↗(위로 볼록)	1	↘(위로 볼록)	$\frac{1}{\sqrt{e}}$	↘(아래로 볼록)

이때 $\lim_{x\to-\infty}f(x)=0$, $\lim_{x\to\infty}f(x)=0$이므로 점근선은 x축이다.
따라서 함수 $y=f(x)$의 그래프는 그림과 같다.

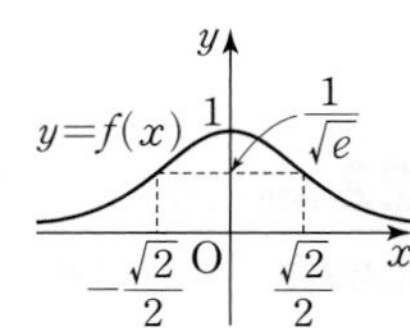

1476 답 최댓값 : 0, 최솟값 : $-\frac{1}{e}$

$f(x)=xe^x$에서 $f'(x)=e^x+xe^x=(x+1)e^x$
$f'(x)=0$에서 $x=-1$ ($\because e^x>0$)
구간 $[-2, 0]$에서 함수 $f(x)$의 증가, 감소를 표로 나타내면 다음과 같다.

x	-2	$\cdots$	-1	$\cdots$	0
$f'(x)$		$-$	0	$+$	
$f(x)$	$-\frac{2}{e^2}$	↘	$-\frac{1}{e}$	↗	0

따라서 함수 $f(x)$는 $x=0$일 때 최댓값 0, $x=-1$일 때 최솟값 $-\frac{1}{e}$을 갖는다.

1477 답 최댓값 : $\frac{\pi}{2}+2$, 최솟값 : $-\frac{3}{2}\pi+2$

$f(x)=x\sin x+\cos x+2$에서

$f'(x)=\sin x+x\cos x-\sin x$

$=x\cos x$

$f'(x)=0$에서 $x=0$ 또는 $x=\frac{\pi}{2}$ 또는 $x=\frac{3}{2}\pi$ ($\because 0\le x\le 2\pi$)

구간 $[0, 2\pi]$에서 함수 $f(x)$의 증가와 감소를 표로 나타내면 다음과 같다.

x	0	$\cdots$	$\frac{\pi}{2}$	$\cdots$	$\frac{3}{2}\pi$	$\cdots$	2π
$f'(x)$	0	+	0	−	0	+	+
$f(x)$	3	↗	$\frac{\pi}{2}+2$	↘	$-\frac{3}{2}\pi+2$	↗	3

따라서 함수 $f(x)$는 $x=\frac{\pi}{2}$일 때 최댓값 $\frac{\pi}{2}+2$, $x=\frac{3}{2}\pi$일 때 최솟값 $-\frac{3}{2}\pi+2$를 갖는다.

1478 답 2

$f(x)=x-2-\ln x$라 하면 $x>0$이고

$f'(x)=1-\frac{1}{x}$

$f'(x)=0$에서 $x=1$

함수 $f(x)$의 증가와 감소를 표로 나타내면 다음과 같다.

x	(0)	$\cdots$	1	$\cdots$
$f'(x)$		−	0	+
$f(x)$		↘	−1	↗

이때 $\lim_{x\to 0+}f(x)=\infty$, $\lim_{x\to\infty}=\infty$이므로 함수 $y=f(x)$의 그래프는 그림과 같다.

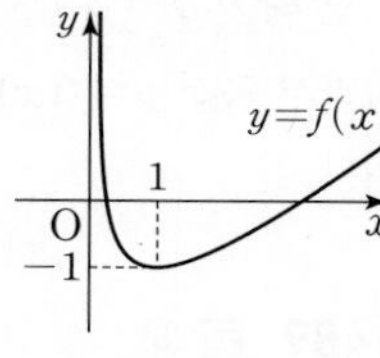

따라서 함수 $y=f(x)$의 그래프와 x축의 교점의 개수는 2이므로 주어진 방정식의 서로 다른 실근의 개수는 2이다.

1479 답 0

$f(x)=e^x-x$라 하면

$f'(x)=e^x-1$

$f'(x)=0$에서 $e^x=1$ $\quad\therefore x=0$

함수 $f(x)$의 증가와 감소를 표로 나타내면 다음과 같다.

x	$\cdots$	0	$\cdots$
$f'(x)$	−	0	+
$f(x)$	↘	1	↗

이때 $\lim_{x\to-\infty}f(x)=\infty$, $\lim_{x\to\infty}f(x)=\infty$이므로 함수 $y=f(x)$의 그래프는 그림과 같다.

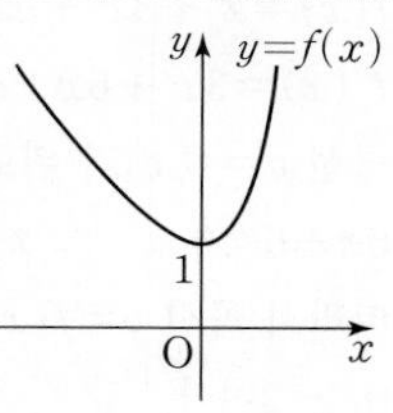

따라서 함수 $y=f(x)$의 그래프와 x축의 교점의 개수는 0이므로 주어진 방정식의 서로 다른 실근의 개수는 0이다.

1480 답 (가) : e^x-1 (나) : 0 (다) : 0

$f(x)=e^x-x-1$이라 하면 $f'(x)=\boxed{e^x-1}$

$f'(x)=0$에서 $x=\boxed{0}$

함수 $f(x)$의 증가와 감소를 표로 나타내면 다음과 같다.

x	$\cdots$	$\boxed{0}$	$\cdots$
$f'(x)$	−	0	+
$f(x)$	↘	$\boxed{0}$	↗

함수 $f(x)$는 $x=\boxed{0}$에서 최솟값 $\boxed{0}$을 가지므로

$f(x)=e^x-x-1\ge 0$

따라서 모든 실수 x에 대하여 $e^x\ge x+1$이 성립한다.

1481 답 풀이 참조

$f(x)=x-\ln(x-1)$이라 하면

$f'(x)=1-\frac{1}{x-1}=\frac{x-2}{x-1}$

$f'(x)=0$에서 $x=2$

함수 $f(x)$의 증가와 감소를 표로 나타내면 다음과 같다.

x	(1)	$\cdots$	2	$\cdots$
$f'(x)$		−	0	+
$f(x)$		↘	2	↗

함수 $f(x)$는 $x=2$에서 최솟값 2를 가지므로

$f(x)=x-\ln(x-1)>0$

따라서 $x>1$인 모든 실수 x에 대하여 $x>\ln(x-1)$이 성립한다.

1482 답 속도 : −4, 가속도 : 3

점 P의 시각 t에서의 속도를 $v(t)$, 가속도를 $a(t)$라 하면

$v(t)=f'(t)=4\cos t-3\sin t$

$a(t)=f''(t)=-4\sin t-3\cos t$

따라서 $t=\pi$에서의 점 P의 속도와 가속도는

$v(\pi)=-4$, $a(\pi)=3$

1483 답 속도 : (1, 7), 가속도 : (4, 2)

$\frac{dx}{dt}=3t^2-2t$, $\frac{dy}{dt}=2t+5$이므로 시각 t에서의 점 P의 속도는

$(3t^2-2t, 2t+5)$

따라서 $t=1$에서의 점 P의 속도는 (1, 7)이다.

$\frac{d^2x}{dt^2}=6t-2$, $\frac{d^2y}{dt^2}=2$이므로 시각 t에서의 점 P의 가속도는

$(6t-2, 2)$

따라서 $t=1$에서의 점 P의 가속도는 (4, 2)이다.

307쪽~335쪽

1484 답 2

$f(x)=x^3-x^2-x+1$이라 하면

$f'(x)=3x^2-2x-1=(3x+1)(x-1)$

$f'(x)=0$에서 $x=-\frac{1}{3}$ 또는 $x=1$

함수 $f(x)$의 증가와 감소를 표로 나타내면 다음과 같다.

x	$\cdots$	$-\frac{1}{3}$	$\cdots$	1	$\cdots$
$f'(x)$	$+$	0	$-$	0	$+$
$f(x)$	↗	$\frac{32}{27}$	↘	0	↗

함수 $y=f(x)$의 그래프는 그림과 같다.
따라서 함수 $y=f(x)$의 그래프와 x축의 교점의 개수는 2이므로 주어진 방정식의 서로 다른 실근의 개수는 2이다.

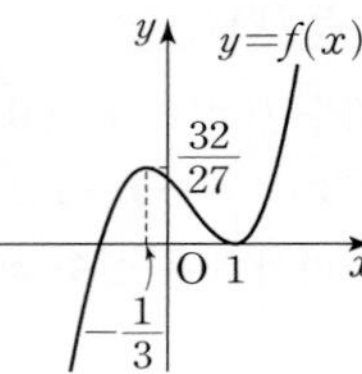

1485 답 ①

$4x^3-6x^2+3+a=0$에서

$4x^3-6x^2+3=-a$ ……… ㉠

방정식 ㉠이 서로 다른 두 실근을 가지려면 곡선 $y=4x^3-6x^2+3$과 직선 $y=-a$가 서로 다른 두 점에서 만나야 한다.

$f(x)=4x^3-6x^2+3$이라 하면

$f'(x)=12x^2-12x=12x(x-1)$

$f'(x)=0$에서 $x=0$ 또는 $x=1$

함수 $f(x)$의 증가와 감소를 표로 나타내면 다음과 같다.

x	$\cdots$	0	$\cdots$	1	$\cdots$
$f'(x)$	$+$	0	$-$	0	$+$
$f(x)$	↗	3	↘	1	↗

함수 $y=f(x)$의 그래프는 그림과 같으므로 곡선 $y=f(x)$와 직선 $y=-a$가 서로 다른 두 점에서 만나려면

$-a=3$ 또는 $-a=1$

$\therefore a=-3$ 또는 $a=-1$

따라서 모든 실수 a의 값의 합은

$-3+(-1)=-4$

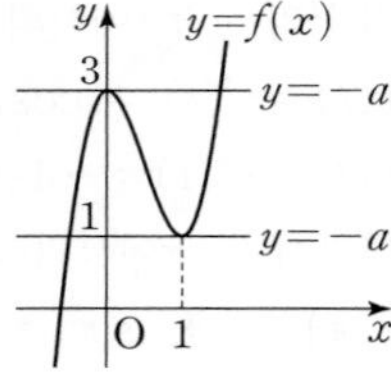

1486 답 2

$f(x)=x^4+4x-a^2+4a$라 하면

$f'(x)=4x^3+4=4(x^3+1)$

$\quad\quad=4(x+1)(x^2-x+1)$

$f'(x)=0$에서 $x=-1$

함수 $f(x)$의 증가와 감소를 표로 나타내면 다음과 같다.

x	$\cdots$	-1	$\cdots$
$f'(x)$	$-$	0	$+$
$f(x)$	↘	$-a^2+4a-3$	↗

함수 $f(x)$의 최솟값이 $-a^2+4a-3$이므로 모든 실수 x에 대하여 $f(x)>0$이려면 $-a^2+4a-3>0$이어야 한다.

즉, $a^2-4a+3<0$이므로

$(a-1)(a-3)<0$

$\therefore 1<a<3$

따라서 자연수 a의 값은 2이다.

1487 답 ②

곡선 $y=x^2+2x+2\ln(x-1)$이 위로 볼록한 구간은?
단서1 단서2

① $\left(\frac{1}{2}, \frac{3}{2}\right)$ ② $(1, 2)$ ③ $\left(\frac{3}{2}, \frac{5}{2}\right)$

④ $(2, 3)$ ⑤ $\left(\frac{5}{2}, \frac{7}{2}\right)$

단서1 $2\ln(x-1)$이 정의되려면 $x-1>0$

단서2 곡선 $y=f(x)$가 위로 볼록하면 $f''(x)<0$

STEP 1 $f'(x)$, $f''(x)$ 구하기

$f(x)=x^2+2x+2\ln(x-1)$이라 하면 $x>1$이고

$f'(x)=2x+2+\frac{2}{x-1}$, $f''(x)=2-\frac{2}{(x-1)^2}$

STEP 2 $f''(x)<0$인 x의 값의 범위 구하기

곡선 $y=f(x)$가 위로 볼록하려면 $f''(x)<0$이어야 하므로

$2-\frac{2}{(x-1)^2}=\frac{2(x-1)^2-2}{(x-1)^2}<0$

$x^2-2x<0$, $x(x-2)<0$

$\therefore 0<x<2$

이때 $x>1$이므로 $1<x<2$

STEP 3 주어진 곡선이 위로 볼록한 구간 구하기

곡선 $y=f(x)$가 위로 볼록한 구간은 $(1, 2)$이다.

1488 답 ①

$f(x)=e^{2x}\cos x$라 하면

$f'(x)=2e^{2x}\cos x-e^{2x}\sin x=e^{2x}(2\cos x-\sin x)$

$f''(x)=2e^{2x}(2\cos x-\sin x)+e^{2x}(-2\sin x-\cos x)$

$\quad\quad=e^{2x}(3\cos x-4\sin x)$

곡선 $y=f(x)$가 아래로 볼록하려면 $f''(x)>0$이어야 한다.

$f''(0)>0$, $f''\left(\frac{\pi}{4}\right)<0$, $f''\left(\frac{\pi}{2}\right)<0$, $f''\left(\frac{3}{4}\pi\right)<0$, $f''(\pi)<0$

따라서 곡선 $y=f(x)$가 아래로 볼록한 구간에 있는 x의 값은 ① 0이다.

1489 답 ⑤

$f(x)=x^2\ln x-2x^2+3$이라 하면 $x>0$이고

$f'(x)=2x\ln x+x^2\times\frac{1}{x}-4x=x(2\ln x-3)$

$f''(x)=2\ln x-3+x\times\frac{2}{x}=2\ln x-1$

곡선 $y=f(x)$가 아래로 볼록하려면 $f''(x)>0$이어야 하므로

$2\ln x-1>0$, $\ln x>\frac{1}{2}$ $\quad\therefore x>\sqrt{e}$

1490 답 ①

$f(x)=x^3+3x^2+ax$라 하면

$f'(x)=3x^2+6x+a$, $f''(x)=6x+6$

곡선 $y=f(x)$가 위로 볼록하려면 $f''(x)<0$이어야 하므로

$6x+6<0$ $\quad\therefore x<-1$

따라서 곡선 $y=f(x)$가 위로 볼록한 구간에 속하는 x의 값은 ① -2이다.

1491 답 π

$f(x)=e^x\sin x$에서

$f'(x)=e^x\sin x+e^x\cos x=e^x(\sin x+\cos x)$

$f''(x)=e^x(\sin x+\cos x)+e^x(\cos x-\sin x)=2e^x\cos x$

곡선 $y=f(x)$가 위로 볼록하려면 $f''(x)<0$이어야 하므로

$2e^x\cos x<0$, $\cos x<0$ ($\because e^x>0$)

$\therefore \frac{\pi}{2}<x<\frac{3}{2}\pi$ ($\because 0<x<2\pi$)

따라서 $b-a$의 최댓값은

$a=\frac{\pi}{2}$, $b=\frac{3}{2}\pi$일 때

$\frac{3}{2}\pi-\frac{\pi}{2}=\pi$

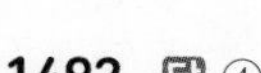

1492 답 ④

$f(x)=x^4-6x^2+x-1$이라 하면

$f'(x)=4x^3-12x+1$

$f''(x)=12x^2-12=12(x+1)(x-1)$

곡선 $y=f(x)$가 아래로 볼록하려면 $f''(x)>0$이어야 하므로

$12(x+1)(x-1)>0$ $\quad\therefore x<-1$ 또는 $x>1$

따라서 $a\geq1$이므로 a의 최솟값은 1이다.

1493 답 2

$f(x)=(x^2+ax+a+1)e^x$이라 하면

$f'(x)=(2x+a)e^x+(x^2+ax+a+1)e^x$

$\quad=\{x^2+(a+2)x+2a+1\}e^x$

$f''(x)=(2x+a+2)e^x+\{x^2+(a+2)x+2a+1\}e^x$

$\quad=\{x^2+(a+4)x+3a+3\}e^x$

곡선 $y=f(x)$가 구간 $(-\infty, \infty)$에서 아래로 볼록하려면 모든 실수 x에 대하여 $f''(x)\geq0$이어야 한다.

이때 $e^x>0$이므로 부등식 $x^2+(a+4)x+3a+3\geq0$이 모든 실수 x에 대하여 성립해야 한다.

이차방정식 $x^2+(a+4)x+3a+3=0$의 판별식을 D라 하면

$D=(a+4)^2-4(3a+3)\leq0$

$a^2-4a+4\leq0$, $(a-2)^2\leq0$

$\therefore a=2$

1494 답 ④

$f(x)=(ax^2+2)e^x$이라 하면

$f'(x)=2axe^x+(ax^2+2)e^x=(ax^2+2ax+2)e^x$

$f''(x)=(2ax+2a)e^x+(ax^2+2ax+2)e^x$

$\quad=(ax^2+4ax+2a+2)e^x$

곡선 $y=f(x)$가 실수 전체의 구간에서 아래로 볼록하려면 모든 실수 x에 대하여 $f''(x)\geq0$이어야 한다.

이때 $e^x>0$이므로 부등식

$ax^2+4ax+2a+2\geq0$ ······ ㉠

이 모든 실수 x에 대하여 성립해야 한다.

(i) $a=0$일 때, $2>0$이므로 부등식 ㉠이 성립한다.

(ii) $a\neq0$일 때, 부등식 ㉠이 모든 실수 x에 대하여 성립해야 하므로 $a>0$

x에 대한 이차방정식 $ax^2+4ax+2a+2=0$의 판별식을 D라 하면

$\frac{D}{4}=(2a)^2-a(2a+2)\leq0$

$a^2-a\leq0$, $a(a-1)\leq0$ $\quad\therefore 0\leq a\leq1$

그런데 $a>0$이므로 $0<a\leq1$

(i), (ii)에서 $0\leq a\leq1$

1495 답 ③

구간 $(0, \infty)$에서 $f\left(\frac{a+b}{2}\right)>\frac{f(a)+f(b)}{2}$를 만족시키려면 이 구간에서 함수 $y=f(x)$의 그래프가 위로 볼록해야 하므로 $x>0$에서 $f''(x)<0$이어야 한다.

ㄱ. $f(x)=\sin x$에서 $f'(x)=\cos x$, $f''(x)=-\sin x$이므로 $x>0$에서 $f''(x)>0$인 구간도 존재한다.

ㄴ. $f(x)=x\ln\frac{1}{x}=-x\ln x$에서

$f'(x)=-\ln x-1$, $f''(x)=-\frac{1}{x}$

이므로 $x>0$에서 $f''(x)<0$이다.

ㄷ. $f(x)=1-(x+2)e^{-x}$에서

$f'(x)=-e^{-x}+(x+2)e^{-x}=(x+1)e^{-x}$

$f''(x)=e^{-x}-(x+1)e^{-x}=-xe^{-x}$

이므로 $x>0$에서 $f''(x)<0$이다.

ㄹ. $f(x)=-\sqrt{x}$에서 $f'(x)=-\frac{1}{2\sqrt{x}}$, $f''(x)=\frac{1}{4x\sqrt{x}}$이므로 $x>0$에서 $f''(x)>0$이다.

따라서 주어진 조건을 만족시키는 함수는 ㄴ, ㄷ이다.

실수 Check

두 실수 a, b에 대하여 주어진 부등식을 만족시키려면 함수 $y=f(x)$의 그래프가 위로 볼록함을 파악할 수 있어야 한다.

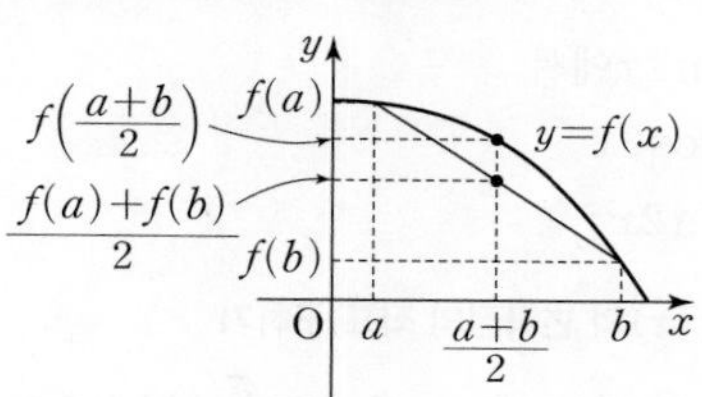

1496 답 ④

$\frac{f(a+h)-f(a)}{h}>f'(a)$에서

$\frac{f(a+h)-f(a)}{h}$의 값은 함수 $y=f(x)$에서 x의 값이 a에서 $a+h$까지 변할 때의 평균변화율이고, $f'(a)$의 값은 곡선 $y=f(x)$ 위의 점 $(a, f(a))$에서의 접선의 기울기이므로 주어진 부등식을 만족시키는 함수 $y=f(x)$의 그래프는 그림과 같이 $x>0$에서 아래로 볼록해야 한다.

① $f(x)=-x^4$에서

$f'(x)=-4x^3$, $f''(x)=-12x^2$

$x>0$에서 $f''(x)<0$이므로 곡선 $y=f(x)$는 $x>0$에서 위로 볼록하다.

② $f(x)=x^3-3x^2$에서 $f'(x)=3x^2-6x$, $f''(x)=6x-6$
$0<x<1$에서 $f''(x)<0$이므로 곡선 $y=f(x)$는 $0<x<1$에서 위로 볼록하다.

③ $f(x)=-\frac{2}{x}$에서 $f'(x)=\frac{2}{x^2}$, $f''(x)=-\frac{4}{x^3}$
$x>0$에서 $f''(x)<0$이므로 곡선 $y=f(x)$는 $x>0$에서 위로 볼록하다.

④ $f(x)=3^x$에서 $f'(x)=3^x\ln 3$, $f''(x)=3^x(\ln 3)^2$
$x>0$에서 $f''(x)>0$이므로 곡선 $y=f(x)$는 $x>0$에서 아래로 볼록하다.

⑤ $f(x)=\log x$에서
$f'(x)=\frac{1}{x\ln 10}$, $f''(x)=-\frac{1}{x^2\ln 10}$
$x>0$에서 $f''(x)<0$이므로 곡선 $y=f(x)$는 $x>0$에서 위로 볼록하다.

따라서 주어진 조건을 만족시키는 함수는 ④이다.

실수 Check

평균변화율과 순간변화율의 정의를 알고, 주어진 부등식을 만족시키는 함수 $y=f(x)$의 그래프의 오목과 볼록을 판단할 수 있어야 한다.

1497 답 ⑤

| 유형2

구간 $(0, \pi)$에서 정의된 함수 $f(x)=3x+\sin 2x$에 대하여 곡선 $y=f(x)$의 변곡점의 좌표가 (a, b)일 때, $\frac{b}{a}$의 값은?
단서1

① $\frac{1}{3}$　② $\frac{1}{2}$　③ 1
④ 2　⑤ 3

단서1 $f''(a)=0$, $f(a)=b$

STEP 1 $f'(x)$, $f''(x)$ 구하기

$f(x)=3x+\sin 2x$에서
$f'(x)=3+2\cos 2x$
$f''(x)=-4\sin 2x$

STEP 2 곡선 $y=f(x)$의 변곡점의 좌표 구하기

$f''(x)=0$에서 $\sin 2x=0$　　$\therefore x=\frac{\pi}{2}$ ($\because 0<x<\pi$)

이때 $x=\frac{\pi}{2}$의 좌우에서 $f''(x)$의 부호가 바뀌므로 곡선 $y=f(x)$의 변곡점의 좌표는 $\left(\frac{\pi}{2}, \frac{3}{2}\pi\right)$이다.

x	(0)	$\cdots$	$\frac{\pi}{2}$	$\cdots$	(π)
$f'(x)$		$+$	1	$+$	
$f''(x)$		$-$	0	$+$	
$f(x)$		↗(위로 볼록)	$\frac{3}{2}\pi$	↗(아래로 볼록)	

STEP 3 $\frac{b}{a}$의 값 구하기

$a=\frac{\pi}{2}$, $b=\frac{3}{2}\pi$이므로

$$\frac{b}{a}=\frac{\frac{3}{2}\pi}{\frac{\pi}{2}}=3$$

다른 풀이

곡선 $y=f(x)$의 변곡점의 좌표가 (a, b)이므로
$f(a)=b$이고 $f''(a)=0$이다.
$f''(x)=-4\sin 2x$에서 $f''(a)=0$이므로
$-4\sin 2a=0$　　$\therefore \sin 2a=0$ ······ ㉠
$f(x)=3x+\sin 2x$에서 $f(a)=b$이므로
$3a+\sin 2a=b$
위의 식에 ㉠을 대입하면 $b=3a$
$\therefore \frac{b}{a}=\frac{3a}{a}=3$

1498 답 4

$f(x)=x^2-2x+4\cos x$에서
$f'(x)=2x-2-4\sin x$
$f''(x)=2-4\cos x$
$f''(x)=0$에서 $\cos x=\frac{1}{2}$
$\therefore x=\frac{\pi}{3}$ 또는 $x=\frac{5}{3}\pi$ 또는 $x=\frac{7}{3}\pi$ 또는 $x=\frac{11}{3}\pi$
($\because 0<x<4\pi$)

이때 $x=\frac{\pi}{3}$, $x=\frac{5}{3}\pi$, $x=\frac{7}{3}\pi$, $x=\frac{11}{3}\pi$의 좌우에서 $f''(x)$의 부호가 바뀌므로 함수 $y=f(x)$의 그래프의 변곡점의 개수는 4이다.

1499 답 ③

$f(x)=(x^2-x)e^x$이라 하면
$f'(x)=(2x-1)e^x+(x^2-x)e^x=(x^2+x-1)e^x$
$f''(x)=(2x+1)e^x+(x^2+x-1)e^x$
$=x(x+3)e^x$
$f''(x)=0$에서 $x=-3$ 또는 $x=0$ ($\because e^x>0$)
이때 $x=-3$, $x=0$의 좌우에서 $f''(x)$의 부호가 바뀌므로 모든 변곡점의 x좌표의 합은
$-3+0=-3$

1500 답 ②

$f(x)=x^2+\ln x^2$이라 하면 $x\neq 0$이고
$f'(x)=2x+\frac{2x}{x^2}=2x+\frac{2}{x}$
$f''(x)=2-\frac{2}{x^2}=\frac{2(x^2-1)}{x^2}$
$f''(x)=0$에서 $x=-1$ 또는 $x=1$
이때 $x=-1$, $x=1$의 좌우에서 $f''(x)$의 부호가 바뀌므로 두 변곡점의 좌표는
$A(-1, 1)$, $B(1, 1)$ 또는 $A(1, 1)$, $B(-1, 1)$
$\therefore \overline{AB}=1-(-1)=2$

1501 답 ③

$f(x)=-x^3+9x^2-24x+19$라 하면
$f'(x)=-3x^2+18x-24$
$f''(x)=-6x+18$
$f''(x)=0$에서 $x=3$
이때 $x=3$의 좌우에서 $f''(x)$의 부호가 바뀌므로 변곡점의 좌표는 $(3, 1)$이다.
변곡점 $(3, 1)$에서의 접선의 기울기는 $f'(3)=3$이므로 접선의 방정식은

$y-1=3(x-3) \qquad \therefore y=3x-8$

따라서 구하는 직선의 x절편은 $\frac{8}{3}$이다.

1502 답 ②

$f(x)=\ln(1+x^2)$에서 $f'(x)=\frac{2x}{1+x^2}$

$f''(x)=\frac{2(1+x^2)-2x\times 2x}{(1+x^2)^2}=\frac{2-2x^2}{(1+x^2)^2}=\frac{2(1-x^2)}{(1+x^2)^2}$

$f''(x)=0$에서 $x=-1$ 또는 $x=1$

이때 $x=-1$, $x=1$의 좌우에서 $f''(x)$의 부호가 바뀌므로 변곡점의 좌표는 $(-1, \ln 2)$, $(1, \ln 2)$이다.

따라서 두 변곡점에서의 접선의 기울기의 곱은

$f'(-1)\times f'(1)=-1\times 1=-1$

1503 답 8

$f(x)=\sin^5 x$라 하면

$f'(x)=5\sin^4 x\cos x$

$f''(x)=20\sin^3 x\cos x\times\cos x+5\sin^4 x\times(-\sin x)$

$\quad=5\sin^3 x(4\cos^2 x-\sin^2 x)$

$f''(x)=0$에서 $\sin^3 x=0$ 또는 $4\cos^2 x-\sin^2 x=0$

이때 $0<x<\frac{\pi}{2}$이므로 $4\cos^2 x-\sin^2 x=0$

변곡점의 x좌표가 a이므로 $f''(a)=0$에서

$4\cos^2 a=\sin^2 a$

양변을 $\cos^2 a$로 나누면

$4=\tan^2 a$, $\tan a=2 \left(\because 0<a<\frac{\pi}{2}\right)$

$\therefore \tan^3 a=2^3=8$

1504 답 ②

$f(x)=\frac{x^2-1}{x^2+1}=1-\frac{2}{x^2+1}$라 하면

$f'(x)=\frac{4x}{(x^2+1)^2}$

$f''(x)=\frac{4(x^2+1)^2-8x(x^2+1)\times 2x}{(x^2+1)^4}=\frac{-4(3x^2-1)}{(x^2+1)^3}$

$f''(x)=0$에서 $x=-\frac{\sqrt{3}}{3}$ 또는 $x=\frac{\sqrt{3}}{3}$

이때 $x=-\frac{\sqrt{3}}{3}$, $x=\frac{\sqrt{3}}{3}$의 좌우에서 $f''(x)$의 부호가 바뀌므로 두 변곡점의 좌표는

$A\left(-\frac{\sqrt{3}}{3}, -\frac{1}{2}\right)$, $B\left(\frac{\sqrt{3}}{3}, -\frac{1}{2}\right)$ 또는 $A\left(\frac{\sqrt{3}}{3}, -\frac{1}{2}\right)$, $B\left(-\frac{\sqrt{3}}{3}, -\frac{1}{2}\right)$

따라서 그림에서 삼각형 OAB의 넓이는

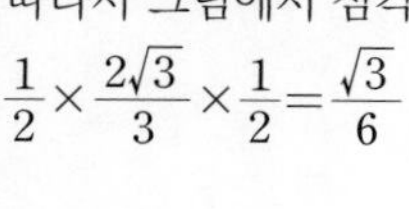

$\frac{1}{2}\times\frac{2\sqrt{3}}{3}\times\frac{1}{2}=\frac{\sqrt{3}}{6}$

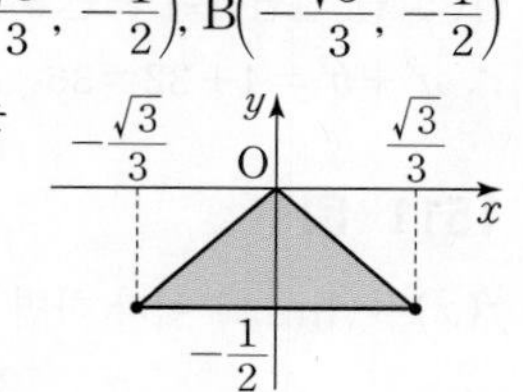

1505 답 23

$f(x)=\frac{x^2+2x+2}{x^2+2x+4}=1-\frac{2}{x^2+2x+4}$라 하면

$f'(x)=\frac{2(2x+2)}{(x^2+2x+4)^2}=\frac{4(x+1)}{(x^2+2x+4)^2}$

$f''(x)=\frac{4(x^2+2x+4)^2-8(x+1)(x^2+2x+4)(2x+2)}{(x^2+2x+4)^4}$

$\quad=-\frac{12x(x+2)}{(x^2+2x+4)^3}$

$f''(x)=0$에서 $x=-2$ 또는 $x=0$

이때 $x=-2$, $x=0$의 좌우에서 $f''(x)$의 부호가 바뀌므로 변곡점의 좌표는 $\left(-2, \frac{1}{2}\right)$, $\left(0, \frac{1}{2}\right)$이다.

곡선 $y=f(x)$ 위의 두 변곡점에서의 접선이 x축의 양의 방향과 이루는 각의 크기를 각각 θ_1, θ_2라 하면

$\tan\theta_1=f'(-2)=-\frac{1}{4}$, $\tan\theta_2=f'(0)=\frac{1}{4}$

$\therefore \tan\theta=|\tan(\theta_1-\theta_2)|=\left|\frac{-\frac{1}{4}-\frac{1}{4}}{1+\left(-\frac{1}{4}\right)\times\frac{1}{4}}\right|=\frac{\frac{1}{2}}{\frac{15}{16}}=\frac{8}{15}$

따라서 $p=15$, $q=8$이므로

$p+q=15+8=23$

실수 Check

두 직선이 이루는 예각의 크기 θ에 대한 $\tan\theta$의 값을 구할 때는 탄젠트 함수의 덧셈정리를 이용한다.

Plus 문제

1505-1

곡선 $y=\frac{x^2+4}{x^2+3}$의 두 변곡점에서의 접선이 이루는 예각의 크기를 θ라 할 때, $\tan\theta=\frac{q}{p}$이다. $p+q$의 값을 구하시오.

(단, p와 q는 서로소인 자연수이다.)

$f(x)=\frac{x^2+4}{x^2+3}=1+\frac{1}{x^2+3}$이라 하면

$f'(x)=-\frac{2x}{(x^2+3)^2}$

$f''(x)=\frac{-2(x^2+3)^2+4x(x^2+3)\times 2x}{(x^2+3)^4}=\frac{6(x^2-1)}{(x^2+3)^3}$

$f''(x)=0$에서 $x=-1$ 또는 $x=1$

이때 $x=-1$, $x=1$의 좌우에서 $f''(x)$의 부호가 바뀌므로 변곡점의 좌표는

$\left(-1, \frac{5}{4}\right)$, $\left(1, \frac{5}{4}\right)$

곡선 $y=f(x)$ 위의 두 변곡점에서의 접선이 x축의 양의 방향과 이루는 각의 크기를 각각 θ_1, θ_2라 하면

$\tan\theta_1=f'(-1)=\frac{1}{8}$, $\tan\theta_2=f'(1)=-\frac{1}{8}$

$\therefore \tan\theta=|\tan(\theta_1-\theta_2)|=\left|\frac{\frac{1}{8}-\left(-\frac{1}{8}\right)}{1+\frac{1}{8}\times\left(-\frac{1}{8}\right)}\right|$

$\quad=\frac{\frac{2}{8}}{\frac{63}{64}}=\frac{16}{63}$

따라서 $p=63$, $q=16$이므로

$p+q=63+16=79$

답 79

1506 답 ④

$f(x)=xe^x$에서

$f'(x)=e^x+xe^x=(x+1)e^x$

$f''(x)=e^x+(x+1)e^x=(x+2)e^x$

$f''(x)=0$에서 $x=-2$ ($\because e^x>0$)

이때 $x=-2$의 좌우에서 $f''(x)$의 부호가 바뀌므로 곡선 $y=f(x)$의 변곡점의 좌표는 $\left(-2, -\frac{2}{e^2}\right)$이다.

따라서 $a=-2$, $b=-\frac{2}{e^2}$이므로

$ab=-2\times\left(-\frac{2}{e^2}\right)=\frac{4}{e^2}$

1507 답 3

$f(x)=\frac{1}{3}x^3+2\ln x$라 하면 $x>0$이고

$f'(x)=x^2+\frac{2}{x}$, $f''(x)=2x-\frac{2}{x^2}=\frac{2(x^3-1)}{x^2}$

$f''(x)=0$에서 $x=1$

이때 $x=1$의 좌우에서 $f''(x)$의 부호가 바뀌므로 변곡점의 좌표는 $\left(1, \frac{1}{3}\right)$이다.

따라서 변곡점 $\left(1, \frac{1}{3}\right)$에서의 접선의 기울기는

$f'(1)=1+2=3$

1508 답 ⑤ | 유형3

> 함수 $f(x)=ax^3+bx^2+cx$에 대하여 곡선 $y=f(x)$ 위의 $x=2$인 점에서의 접선의 기울기가 4이고, 변곡점의 좌표가 $(1, 2)$일 때, 상수 a, b, c에 대하여 $a-b+c$의 값은?
>
> ① 0 ② 2 ③ 4 ④ 6 ⑤ 8
>
> 단서1 $f'(2)=4$
> 단서2 $f(1)=2$, $f''(1)=0$

STEP1 $f'(x)$, $f''(x)$ 구하기

$f(x)=ax^3+bx^2+cx$에서

$f'(x)=3ax^2+2bx+c$

$f''(x)=6ax+2b$

STEP2 접선의 기울기와 변곡점의 좌표를 이용하여 연립방정식 세우기

$x=2$인 점에서의 접선의 기울기가 4이므로 → $f'(2)=4$

$f'(2)=12a+4b+c=4$ ······ ㉠

점 $(1, 2)$가 곡선 $y=f(x)$의 변곡점이므로 → $f(1)=2$, $f''(1)=0$

$f(1)=a+b+c=2$ ······ ㉡

$f''(1)=6a+2b=0$

$\therefore b=-3a$ ······ ㉢

STEP3 $a-b+c$의 값 구하기

㉠, ㉡, ㉢을 연립하여 풀면

$a=1$, $b=-3$, $c=4$

$\therefore a-b+c=1-(-3)+4=8$

1509 답 ①

$f(x)=x^2+ax-b\ln x$에서

$f'(x)=2x+a-\frac{b}{x}$, $f''(x)=2+\frac{b}{x^2}$

함수 $f(x)$가 $x=4$에서 극값을 가지므로

$f'(4)=8+a-\frac{b}{4}=0$ ······ ㉠

곡선 $y=f(x)$의 변곡점의 x좌표가 2이므로

$f''(2)=2+\frac{b}{4}=0$ $\therefore b=-8$

$b=-8$을 ㉠에 대입하여 풀면 $a=-10$

$\therefore a+b=-10+(-8)=-18$

1510 답 36

$f(x)=(a\cos x+b)\sin x=\frac{a}{2}\sin 2x+b\sin x$라 하면

$f'(x)=a\cos 2x+b\cos x$

$f''(x)=-2a\sin 2x-b\sin x$

점 $\left(\frac{\pi}{4}, 3\right)$이 곡선 $y=f(x)$의 변곡점이므로

$f\left(\frac{\pi}{4}\right)=3$에서

$\left(\frac{\sqrt{2}}{2}a+b\right)\times\frac{\sqrt{2}}{2}=3$ $\therefore a+\sqrt{2}b=6$ ······ ㉠

$f''\left(\frac{\pi}{4}\right)=0$에서 $-2a-\frac{b}{\sqrt{2}}=0$ $\therefore b=-2\sqrt{2}a$ ······ ㉡

㉠, ㉡을 연립하여 풀면

$a=-2$, $b=4\sqrt{2}$

$\therefore a^2+b^2=(-2)^2+(4\sqrt{2})^2=36$

다른 풀이

$f(x)=(a\cos x+b)\sin x$라 하면

$f'(x)=-a\sin x\times\sin x+(a\cos x+b)\times\cos x$

$=-a\sin^2 x+a\cos^2 x+b\cos x$

$f''(x)=-2a\sin x\cos x-2a\cos x\sin x-b\sin x$

$=-4a\sin x\cos x-b\sin x$

$=-\sin x(4a\cos x+b)$

$f\left(\frac{\pi}{4}\right)=3$에서 $\left(\frac{\sqrt{2}}{2}a+b\right)\times\frac{\sqrt{2}}{2}=3$

$\therefore a+\sqrt{2}b=6$ ······ ㉠

$f''\left(\frac{\pi}{4}\right)=0$에서 $-\frac{\sqrt{2}}{2}(2\sqrt{2}a+b)=0$

$\therefore b=-2\sqrt{2}a$ ······ ㉡

㉠, ㉡을 연립하여 풀면 $a=-2$, $b=4\sqrt{2}$

$\therefore a^2+b^2=4+32=36$

1511 답 ③

$f(x)=(\ln ax)^2$이라 하면 $x>0$이고

$f'(x)=2\ln ax\times\frac{a}{ax}=\frac{2\ln ax}{x}$

$f''(x)=\frac{\frac{2a}{ax}\times x-2\ln ax}{x^2}=\frac{2(1-\ln ax)}{x^2}$

$f''(x)=0$에서 $\ln ax=1$, $ax=e$

$\therefore x=\frac{e}{a}$

이때 $x=\frac{e}{a}$의 좌우에서 $f''(x)$의 부호가 바뀌므로 변곡점의 좌표는 $\left(\frac{e}{a},\ 1\right)$이다.

따라서 변곡점 $\left(\frac{e}{a},\ 1\right)$이 직선 $y=3x$ 위에 있으므로

$1=\frac{3e}{a}$ $\qquad \therefore\ a=3e$

1512 답 ④

$f(x)=x^3+ax^2+bx$에서

$f'(x)=3x^2+2ax+b$

$f''(x)=6x+2a$

$f''(x)=0$에서 $x=-\frac{1}{3}a$

이때 $x=-\frac{1}{3}a$의 좌우에서 $f''(x)$의 부호가 바뀌므로 변곡점의 좌표는

$\left(-\frac{1}{3}a,\ \frac{2}{27}a^3-\frac{1}{3}ab\right)$

이 점에서의 접선의 기울기가 0이므로

$f'\left(-\frac{1}{3}a\right)=0$에서 $-\frac{1}{3}a^2+b=0$

$\therefore\ b=\frac{1}{3}a^2$ ······ ㉠

또한, 원점과 변곡점을 지나는 직선의 기울기가 1이므로

$\dfrac{\frac{2}{27}a^3-\frac{1}{3}ab}{-\frac{1}{3}a}=1,\ \frac{2}{27}a^3-\frac{1}{3}ab=-\frac{1}{3}a$

$\frac{2}{27}a^3-\frac{1}{9}a^3+\frac{1}{3}a=0$ ($\because$ ㉠)

$a^3-9a=0,\ a(a+3)(a-3)=0$

$\therefore\ a=3$ ($\because\ a>0$)

$a=3$을 ㉠에 대입하면 $b=3$

따라서 $f(x)=x^3+3x^2+3x$이므로

$f(1)=1+3+3=7$

1513 답 96

$f(x)=\frac{2}{x^2+b}$라 하면

$f'(x)=-\frac{4x}{(x^2+b)^2}$

$f''(x)=\frac{-4(x^2+b)^2+8x(x^2+b)\times 2x}{(x^2+b)^4}$

$=\frac{4(3x^2-b)}{(x^2+b)^3}$

점 $(2,\ a)$가 곡선 $y=f(x)$의 변곡점이므로

$f(2)=a$에서 $\frac{2}{4+b}=a$ ······ ㉠

$f''(2)=0$에서 $\frac{4(12-b)}{(4+b)^3}=0$

$\therefore\ b=12$

$b=12$를 ㉠에 대입하면 $a=\frac{1}{8}$

$\therefore\ \frac{b}{a}=\dfrac{12}{\frac{1}{8}}=96$

1514 답 ⑤

| 유형4

함수 $f(x)=2x^2+a\cos x$에 대하여 곡선 $y=f(x)$가 변곡점을 갖지 않도록 하는 모든 자연수 a의 값의 합은? 단서1

① 6 ② 7 ③ 8
④ 9 ⑤ 10

단서1 $f''(x)=0$이 실근을 갖지 않거나 $f''(x)=0$의 실근의 좌우에서 $f''(x)$의 부호가 바뀌지 않는다.

STEP 1 $f'(x)$, $f''(x)$ 구하기

$f(x)=2x^2+a\cos x$에서

$f'(x)=4x-a\sin x$

$f''(x)=4-a\cos x$

STEP 2 곡선 $y=f(x)$가 변곡점을 갖지 않을 조건 구하기

$f''(x)=0$에서 $\cos x=\frac{4}{a}$ ($\because\ a>0$)

곡선 $y=f(x)$가 변곡점을 갖지 않으려면 $f''(x)=0$이 실근을 갖지 않거나 $f''(x)=0$의 실근의 좌우에서 $f''(x)$의 부호가 바뀌지 않아야 한다.

즉, 곡선 $y=\cos x$와 직선 $y=\frac{4}{a}$가 만나지 않거나 직선 $y=\frac{4}{a}$가 곡선 $y=\cos x$의 접선이어야 하므로 → $\left|\frac{4}{a}\right|\ge 1$에서 $\frac{4}{a}\ge 1$

$\frac{4}{a}\ge 1$ ($\because\ a$는 자연수) $\qquad \therefore\ a\le 4$

STEP 3 조건을 만족시키는 모든 자연수 a의 값의 합 구하기

자연수 a는 1, 2, 3, 4이므로 그 합은

$1+2+3+4=10$

1515 답 ①

$f(x)=ax^2+2\sin x+1$이라 하면

$f'(x)=2ax+2\cos x$

$f''(x)=2a-2\sin x$

$f''(x)=0$에서 $\sin x=a$ ······ ㉠

곡선 $y=f(x)$가 $0<x<\pi$에서 두 개의 변곡점을 가지려면 방정식 $f''(x)=0$의 실근이 2개이어야 하고, 그 실근의 좌우에서 $f''(x)$의 부호가 바뀌어야 한다.

방정식 ㉠이 서로 다른 두 실근을 가지려면 $0<x<\pi$에서 $y=\sin x$와 $y=a$의 그래프가 서로 다른 두 점에서 만나야 한다.

따라서 그림에서 $0<a<1$

1516 답 ③

$f(x)=ax^2-2x+4\cos x$라 하면

$f'(x)=2ax-2-4\sin x$

$f''(x)=2a-4\cos x$

$f''(x)=0$에서 $\cos x=\frac{a}{2}$

곡선 $y=f(x)$가 변곡점을 가지려면 방정식 $f''(x)=0$이 실근을 갖고, 그 실근의 좌우에서 $f''(x)$의 부호가 바뀌어야 한다.

07

이때 $-1\le\cos x\le1$이므로 방정식 $\cos x=\frac{a}{2}$가 실근을 가지려면

$-1\le\frac{a}{2}\le1$ $\quad\therefore -2\le a\le2$

$a=-2$일 때, $f''(x)=-4-4\cos x\le0$

$a=2$일 때, $f''(x)=4-4\cos x\ge0$

즉, $a=-2$ 또는 $a=2$이면 $f''(x)=0$을 만족시키는 x의 값의 좌우에서 $f''(x)$의 부호가 바뀌지 않으므로 변곡점이 될 수 없다.

따라서 $-2<a<2$이므로 정수 a는 -1, 0, 1로 3개이다.

1517 답 ②

$f(x)=(ax^2-1)e^x$이라 하면

$f'(x)=2axe^x+(ax^2-1)e^x=(ax^2+2ax-1)e^x$

$f''(x)=(2ax+2a)e^x+(ax^2+2ax-1)e^x$

$\quad\quad=(ax^2+4ax+2a-1)e^x$

곡선 $y=f(x)$가 변곡점을 갖지 않으려면 방정식 $f''(x)=0$이 실근을 갖지 않거나 방정식 $f''(x)=0$의 실근의 좌우에서 $f''(x)$의 부호가 바뀌지 않아야 한다.

(i) $a=0$일 때

$f''(x)=-e^x<0$이므로 $f''(x)=0$이 실근을 갖지 않는다.

(ii) $a\ne0$일 때

$e^x>0$이므로 $f''(x)=0$에서

$ax^2+4ax+2a-1=0$ ······ ㉠

방정식 ㉠이 실근을 갖지 않으려면 x에 대한 이차방정식 ㉠의 판별식 D에 대하여

$\frac{D}{4}=(2a)^2-a(2a-1)<0$, $2a^2+a<0$

$a(2a+1)<0$ $\quad\therefore -\frac{1}{2}<a<0$

또한, 방정식 ㉠의 중근의 좌우에서 $f''(x)=0$의 부호가 바뀌지 않으므로 → $D=0$에서 $a(2a+1)=0$ $\therefore a=0$ 또는 $a=-\frac{1}{2}$

$a=-\frac{1}{2}$ $(\because a\ne0)$

$\therefore -\frac{1}{2}\le a<0$

(i), (ii)에서 $-\frac{1}{2}\le a\le0$이므로 a의 최솟값은 $-\frac{1}{2}$이다.

1518 답 ④

$f(x)=ax^2-2\sin2x$라 하면

$f'(x)=2ax-4\cos2x$

$f''(x)=2a+8\sin2x$

$f''(x)=0$에서 $\sin2x=-\frac{a}{4}$

곡선 $y=f(x)$가 변곡점을 가지려면 $f''(x)=0$이 실근을 갖고, 그 실근의 좌우에서 $f''(x)$의 부호가 바뀌어야 한다.

이때 $-1\le\sin2x\le1$이므로 $\sin2x=-\frac{a}{4}$가 실근을 가지려면

$-1\le-\frac{a}{4}\le1$ $\quad\therefore -4\le a\le4$

$a=-4$일 때, $f''(x)=-8+8\sin2x\le0$

$a=4$일 때, $f''(x)=8+8\sin2x\ge0$

즉, $a=-4$ 또는 $a=4$이면 $f''(x)=0$을 만족시키는 x의 값의 좌우에서 $f''(x)$의 부호가 바뀌지 않으므로 변곡점이 될 수 없다.

따라서 $-4<a<4$이므로 정수 a는 -3, -2, -1, 0, 1, 2, 3으로 7개이다.

1519 답 2

$f(x)=3\sin kx+4x^3$에서

$f'(x)=3k\cos kx+12x^2$

$f''(x)=-3k^2\sin kx+24x$

$f''(x)=0$에서 $k^2\sin kx=8x$

함수 $y=f(x)$의 그래프가 오직 하나의 변곡점을 가지려면 방정식 $f''(x)=0$이 실근을 갖고, 그 실근의 좌우에서 $f''(x)$의 부호가 바뀌는 것이 오직 하나이어야 한다.

$g(x)=k^2\sin kx$, $h(x)=8x$라 하면 두 함수 $y=g(x)$, $y=h(x)$의 그래프는 그림과 같다.

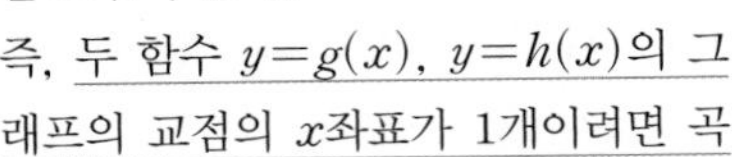

즉, 두 함수 $y=g(x)$, $y=h(x)$의 그래프의 교점의 x좌표가 1개이려면 곡선 $y=g(x)$ 위의 점 $(0, 0)$에서의 접선의 기울기가 8보다 작거나 같으면 된다.
→ 곡선 $y=g(x)$는 원점에 대하여 대칭이고, 곡선 $y=g(x)$와 직선 $y=h(x)$가 원점에서만 만나야 한다.

$g(x)=k^2\sin kx$에서 $g'(x)=k^3\cos kx$이므로

$g'(0)=k^3\le8$ $\quad\therefore k\le2$

따라서 실수 k의 최댓값은 2이다.

실수 Check

곡선 $y=g(x)$와 직선 $y=h(x)$가 원점 이외의 점에서도 만난다면 다른 변곡점을 가질 수 있음에 주의한다.

1520 답 ④ | 유형5

미분가능한 함수 $f(x)$의 도함수 $y=f'(x)$의 그래프가 그림과 같다. <보기>에서 옳은 것만을 있는 대로 고른 것은?

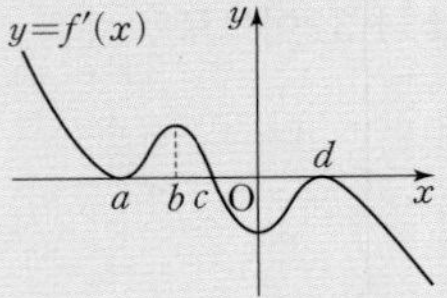

<보기>

ㄱ. 함수 $f(x)$가 극값을 갖는 점은 4개이다. 단서1

ㄴ. 곡선 $y=f(x)$는 구간 $(b, 0)$에서 위로 볼록하다. 단서2

ㄷ. 곡선 $y=f(x)$는 4개의 변곡점을 갖는다. 단서3

① ㄱ ② ㄴ ③ ㄱ, ㄷ
④ ㄴ, ㄷ ⑤ ㄱ, ㄴ, ㄷ

단서1 $f'(x)=0$인 x의 값 중 그 값의 좌우에서 $f'(x)$의 부호가 바뀌는 점
단서2 $b<x<0$에서 $f''(x)<0$
단서3 $f''(x)=0$인 x의 값 중 그 값의 좌우에서 $f''(x)$의 부호가 바뀌는 점

STEP 1 $f'(x)$, $f''(x)$의 부호 조사하기

$f'(x)$, $f''(x)$의 부호를 조사하면 다음과 같다.

x	$\cdots$	a	$\cdots$	b	$\cdots$	c	$\cdots$	0	$\cdots$	d	$\cdots$
$f'(x)$	$+$	0	$+$	$+$	$+$	0	$-$	$-$	$-$	0	$-$
$f''(x)$	$-$	0	$+$	0	$-$	$-$	$-$	0	$+$	0	$-$

STEP 2 극값을 구하여 ㄱ의 참, 거짓 판별하기 — $f'(x)=0$을 만족시키는 x의 값은 a, c, d이다.

ㄱ. $x=c$의 좌우에서 $f'(x)$의 부호가 양에서 음으로 바뀌므로 함수 $f(x)$는 $x=c$에서 극댓값을 갖는다.
즉, 함수 $f(x)$가 극값을 갖는 점은 1개이다. (거짓)

STEP 3 $f''(x)$의 부호를 조사하여 ㄴ의 참, 거짓 판별하기

ㄴ. 구간 $(b, 0)$에서 $f''(x)<0$이므로 주어진 구간에서 곡선 $y=f(x)$는 위로 볼록하다. (참)

STEP 4 변곡점을 구하여 ㄷ의 참, 거짓 판별하기 — $f''(x)=0$을 만족시키는 x의 값은 a, b, 0, d이다.

ㄷ. $f''(a)=0$, $f''(b)=0$, $f''(0)=0$, $f''(d)=0$이고 $x=a$, $x=b$, $x=0$, $x=d$의 좌우에서 $f''(x)$의 부호가 바뀌므로 곡선 $y=f(x)$는 4개의 변곡점을 갖는다. (참)

따라서 옳은 것은 ㄴ, ㄷ이다.

1521 답 5

그림과 같이 a, b, c, d, e, f를 정하고 $f''(x)$의 부호를 조사하면 다음과 같다.

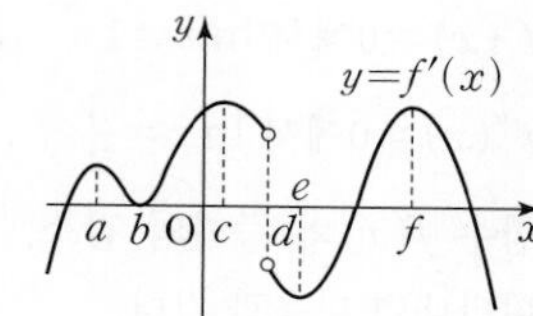

x	$\cdots$	a	$\cdots$	b	$\cdots$	c	$\cdots$	d	$\cdots$	e	$\cdots$	f	$\cdots$
$f''(x)$	$+$	0	$-$	0	$+$	0	$-$		$-$	0	$+$	0	$-$

$f''(a)=0$, $f''(b)=0$, $f''(c)=0$, $f''(e)=0$, $f''(f)=0$이고 $x=a$, $x=b$, $x=c$, $x=e$, $x=f$의 좌우에서 $f''(x)$의 부호가 바뀌므로 변곡점의 개수는 5이다.

1522 답 ②

구간 $[a, e]$에서 $f''(x)$의 부호를 조사하면 다음과 같다.

x	a	$\cdots$	b	$\cdots$	c	$\cdots$	d	$\cdots$	e
$f''(x)$	$-$	$-$	0	$+$	0	$-$	$-$	$-$	$-$

함수 $y=f(x)$의 그래프의 모양이 아래로 볼록하려면 $f''(x)>0$이어야 하므로 구하는 구간은 ② (b, c)이다.

1523 답 점 A

점 A, B, C, D, E의 x좌표를 각각 a, b, c, d, e라 하고, $f'(x)$, $f''(x)$의 부호를 표로 나타내면 다음과 같다.

x	a	b	c	d	e
$f'(x)$	$-$	$+$	0	$-$	$+$
$f''(x)$	$+$	0	$-$	$-$	$+$

따라서 $f'(x)f''(x)<0$을 만족시키는 점은 A이다.

1524 답 ⑤

ㄱ. 구간 $(0, 4)$에서 $f'(x)>0$이므로 함수 $f(x)$는 이 구간에서 증가한다. (참)

ㄴ. $f'(4)=0$이고 $x=4$의 좌우에서 $f'(x)$의 부호가 양에서 음으로 바뀌므로 함수 $f(x)$는 $x=4$에서 극대이다. (참)

ㄷ. $f'(x)=kx(x-4)\,(k<0)$이므로
$f''(x)=k(2x-4)=2k(x-2)$
$f''(2)=0$이고 $x=2$의 좌우에서 $f''(x)$의 부호가 양에서 음으로 바뀌므로 곡선 $y=f(x)$는 $x=2$에서 변곡점을 갖는다. (참)

따라서 옳은 것은 ㄱ, ㄴ, ㄷ이다.

1525 답 ③

그림과 같이 a를 정하고 $f'(x)$, $f''(x)$의 부호를 조사하면 다음과 같다.

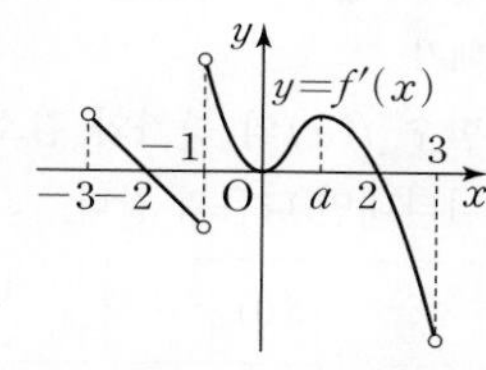

x	(-3)	$\cdots$	-2	$\cdots$	-1	$\cdots$	0	$\cdots$	a	$\cdots$	2	$\cdots$	(3)
$f'(x)$		$+$	0	$-$		$+$	0	$+$	$+$	$+$	0	$-$	
$f''(x)$		$-$	$-$	$-$		$-$	0	$+$	0	$-$	$-$	$-$	

ㄱ. 구간 $(-1, 0)$과 구간 $(0, 2)$에서 $f'(x)>0$이고 함수 $f(x)$는 $x=0$에서 연속이므로 함수 $f(x)$는 구간 $(-1, 2)$에서 증가한다. (참)

ㄴ. $x=-2$, $x=2$의 좌우에서 $f'(x)$의 부호가 양에서 음으로 바뀌므로 함수 $f(x)$는 $x=-2$, $x=2$에서 극댓값을 갖는다.
$x=-1$의 좌우에서 $f'(x)$의 부호가 음에서 양으로 바뀌므로 함수 $f(x)$는 $x=-1$에서 극솟값을 갖는다.
즉, $-3<x<3$에서 함수 $f(x)$가 극값을 갖는 점은 3개이다. (거짓)

ㄷ. $x=0$, $x=a$의 좌우에서 $f''(x)$의 부호가 바뀌므로 곡선 $y=f(x)$는 구간 $(-1, 3)$에서 2개의 변곡점을 갖는다. (참)

따라서 옳은 것은 ㄱ, ㄷ이다.

실수 Check

$f'(-1)$의 값이 존재하지 않아도 함수 $f(x)$가 $x=-1$에서 극값을 가질 수 있음에 주의한다. 그러나 $x=-1$에서 미분가능하지 않다.

1526 답 ③ | 유형6

함수 $f(x)=x^2-3x+\ln x$에 대하여 〈보기〉에서 옳은 것만을 있는 대로 고른 것은?

〈보기〉

ㄱ. 함수 $f(x)$는 $x=1$에서 극솟값 -2를 갖는다. (단서1)
ㄴ. 곡선 $y=f(x)$의 점근선은 x축, y축이다. (단서2)
ㄷ. 곡선 $y=f(x)$의 변곡점의 개수는 1이다. (단서3)

① ㄱ ② ㄱ, ㄴ ③ ㄱ, ㄷ
④ ㄴ, ㄷ ⑤ ㄱ, ㄴ, ㄷ

단서1 $f'(1)=0$, $f(1)=-2$이고 $x=1$의 좌우에서 $f'(x)$의 부호가 음 → 양
단서2 극한값 $\lim_{x\to 0+} f(x)$ 확인
단서3 $f''(x)=0$인 x의 값 중 그 값의 좌우에서 $f''(x)$의 부호가 바뀌는 것의 개수가 1

STEP 1 $f'(x)=0$, $f''(x)=0$을 만족시키는 x의 값 구하기

$f(x)=x^2-3x+\ln x$에서 $x>0$이고

$$f'(x)=2x-3+\frac{1}{x}=\frac{2x^2-3x+1}{x}=\frac{(2x-1)(x-1)}{x}$$

07

$f''(x)=2-\frac{1}{x^2}=\frac{2x^2-1}{x^2}$

$f'(x)=0$에서 $x=\frac{1}{2}$ 또는 $x=1$

$f''(x)=0$에서 $x=\frac{\sqrt{2}}{2}$ ($\because x>0$)

STEP 2 함수 $f(x)$의 증가와 감소, 곡선 $y=f(x)$의 오목과 볼록을 표로 나타내기

함수 $f(x)$의 증가와 감소, 곡선 $y=f(x)$의 오목과 볼록을 표로 나타내면 다음과 같다.

x	(0)	…	$\frac{1}{2}$	…	$\frac{\sqrt{2}}{2}$	…	1	…
$f'(x)$		+	0	−	−	−	0	+
$f''(x)$		−	−	−	0	+	+	+
$f(x)$		↗	$-\frac{5}{4}-\ln 2$	↘	$\frac{1-3\sqrt{2}-\ln 2}{2}$	↘	−2	↗

STEP 3 함수 $y=f(x)$의 그래프를 그리고, ㄱ, ㄴ, ㄷ의 참, 거짓 판별하기

$\lim_{x\to 0+} f(x)=-\infty$이므로 함수 $y=f(x)$의 그래프는 그림과 같다.

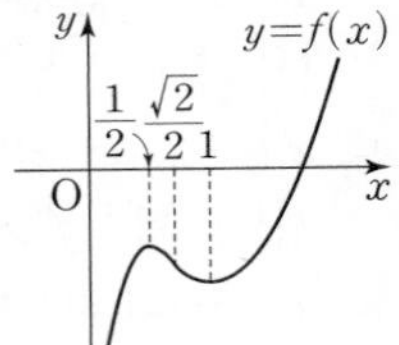

ㄱ. 함수 $f(x)$는 $x=1$에서 극솟값 -2를 갖는다. (참)

ㄴ. 곡선 $y=f(x)$의 점근선은 y축이다. (거짓)

ㄷ. $f''\left(\frac{\sqrt{2}}{2}\right)=0$이고 $x=\frac{\sqrt{2}}{2}$의 좌우에서 $f''(x)$의 부호가 바뀌므로 곡선 $y=f(x)$의 변곡점의 개수는 1이다. (참)

따라서 옳은 것은 ㄱ, ㄷ이다.

1527 답 ④

$f(x)=\frac{4x}{x^2+1}$에서

$f'(x)=\frac{4(x^2+1)-4x\times 2x}{(x^2+1)^2}=\frac{-4x^2+4}{(x^2+1)^2}$

$f''(x)=\frac{-8x(x^2+1)^2-(-4x^2+4)\times 2(x^2+1)\times 2x}{(x^2+1)^4}$

$=\frac{8x(x^2-3)}{(x^2+1)^3}$

$f'(x)=0$에서 $x=-1$ 또는 $x=1$

$f''(x)=0$에서 $x=-\sqrt{3}$ 또는 $x=0$ 또는 $x=\sqrt{3}$

함수 $f(x)$의 증가와 감소, 곡선 $y=f(x)$의 오목과 볼록을 표로 나타내면 다음과 같다.

x	…	$-\sqrt{3}$	…	-1	…	0	…	1	…	$\sqrt{3}$	…
$f'(x)$	−	−	−	0	+	+	+	0	−	−	−
$f''(x)$	−	0	+	+	+	0	−	−	−	0	+
$f(x)$	↘	$-\sqrt{3}$	↘	−2	↗	0	↗	2	↘	$\sqrt{3}$	↘

이때 $\lim_{x\to\infty} f(x)=0$, $\lim_{x\to-\infty} f(x)=0$이므로 함수 $y=f(x)$의 그래프는 그림과 같다.

① $f'(0)=4$ (참)

② 함수 $f(x)$는 $x=1$에서 극댓값 2를 갖는다. (참)

③ 함수 $y=f(x)$의 그래프는 원점에 대하여 대칭이다. (참)

④ 함수 $y=f(x)$의 그래프의 점근선은 x축이므로 방정식은 $y=0$이다. (거짓)

⑤ $f''(-\sqrt{3})=0$, $f''(0)=0$, $f''(\sqrt{3})=0$이고 $x=-\sqrt{3}$, $x=0$, $x=\sqrt{3}$의 좌우에서 $f''(x)$의 부호가 바뀌므로 변곡점은 3개이다. (참)

따라서 옳지 않은 것은 ④이다.

1528 답 ㄱ, ㄴ

$f(x)=\frac{\ln x}{x}$에서 $x>0$이고

$f'(x)=\frac{\frac{1}{x}\times x-\ln x}{x^2}=\frac{1-\ln x}{x^2}$

$f''(x)=\frac{-\frac{1}{x}\times x^2-(1-\ln x)\times 2x}{x^4}$

$=\frac{2\ln x-3}{x^3}$

$f'(x)=0$에서 $\ln x=1$ $\therefore x=e$

$f''(x)=0$에서 $\ln x=\frac{3}{2}$ $\therefore x=e^{\frac{3}{2}}$

함수 $f(x)$의 증가와 감소, 곡선 $y=f(x)$의 오목과 볼록을 표로 나타내면 다음과 같다.

x	(0)	…	e	…	$e^{\frac{3}{2}}$	…
$f'(x)$		+	0	−	−	−
$f''(x)$		−	−	−	0	+
$f(x)$		↗	$\frac{1}{e}$	↘	$\frac{3}{2e^{\frac{3}{2}}}$	↘

이때 $\lim_{x\to 0+} f(x)=-\infty$, $\lim_{x\to\infty} f(x)=0$이므로 함수 $y=f(x)$의 그래프는 그림과 같다.

ㄱ. 함수 $f(x)$의 치역은 $\left\{y \middle| y\le\frac{1}{e}\right\}$이다. (참)

ㄴ. 함수 $f(x)$는 $x=e$에서 극댓값 $\frac{1}{e}$을 갖는다. (참)

ㄷ. $x>e^{\frac{3}{2}}$에서 $f''(x)>0$이므로 함수 $y=f(x)$의 그래프는 구간 $(e^{\frac{3}{2}}, \infty)$에서 아래로 볼록하다. (거짓)

따라서 옳은 것은 ㄱ, ㄴ이다.

1529 답 ④

$f(x)=xe^{x+1}$에서

$f'(x)=e^{x+1}+xe^{x+1}=(x+1)e^{x+1}$

$f''(x)=e^{x+1}+(x+1)e^{x+1}=(x+2)e^{x+1}$

$f'(x)=0$에서 $x=-1$

$f''(x)=0$에서 $x=-2$

함수 $f(x)$의 증가와 감소, 곡선 $y=f(x)$의 오목과 볼록을 표로 나타내면 다음과 같다.

x	…	−2	…	−1	…
$f'(x)$	−	−	−	0	+
$f''(x)$	−	0	+	+	+
$f(x)$	↘	$-\frac{2}{e}$	↘	−1	↗

이때 $\lim_{x \to -\infty} xe^{x+1}=0$이므로 함수 $y=f(x)$의 그래프는 그림과 같다.

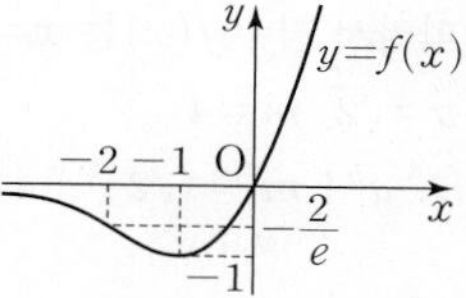

ㄱ. 함수 $f(x)$는 $x=-1$에서 극솟값 $f(-1)=-1$만을 갖는다. (거짓)

ㄴ. $f''(-2)=0$이고 $x=-2$의 좌우에서 $f''(x)$의 부호가 바뀌므로 곡선 $y=f(x)$의 변곡점의 좌표는 $\left(-2, -\frac{2}{e}\right)$이다. (참)

ㄷ. $-1<k<0$일 때, 곡선 $y=f(x)$와 직선 $y=k$는 서로 다른 두 점에서 만나므로 교점의 개수는 2이다. (참)

따라서 옳은 것은 ㄴ, ㄷ이다.

1530 답 ㄴ

$f(x)=x+\frac{2}{\sqrt{x}}-3$에서 $x>0$이고

$f'(x)=1-\frac{1}{x\sqrt{x}}=\frac{x\sqrt{x}-1}{x\sqrt{x}}$

$f''(x)=\frac{3}{2x^2\sqrt{x}}$

$f'(x)=0$에서 $x\sqrt{x}=1$, $x^3=1$

$x^3-1=0$, $(x-1)(x^2+x+1)=0$

$\therefore x=1$

$f''(x)=0$을 만족시키는 x의 값은 존재하지 않는다.

함수 $f(x)$의 증가와 감소, 곡선 $y=f(x)$의 오목과 볼록을 표로 나타내면 다음과 같다.

x	(0)	$\cdots$	1	$\cdots$
$f'(x)$		$-$	0	$+$
$f''(x)$		$+$	$+$	$+$
$f(x)$		↘	0	↗

이때 $\lim_{x \to 0+} f(x)=\infty$이므로 함수 $y=f(x)$의 그래프는 그림과 같다.

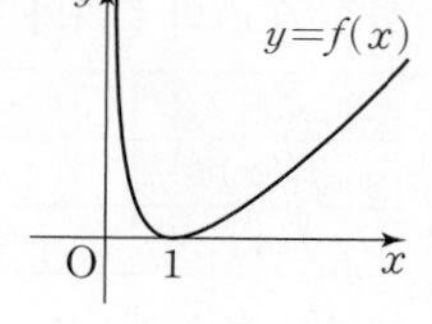

ㄱ. 함수 $f(x)$는 $x=1$에서 극솟값을 갖고, 극댓값을 갖지 않는다. (거짓)

ㄴ. $f(1)=0$이고 ㄱ에서 함수 $f(x)$는 $x=1$에서 극솟값을 가지므로 곡선 $y=f(x)$는 점 $(1, 0)$에서 x축에 접한다. (참)

ㄷ. $x>0$에서 $f''(x)>0$으로 곡선 $y=f(x)$는 아래로 볼록하다. (거짓)

따라서 옳은 것은 ㄴ이다.

1531 답 ③

$f(x)=\frac{\sin x}{2+\cos x}$에서

$f'(x)=\frac{\cos x(2+\cos x)-\sin x\times(-\sin x)}{(2+\cos x)^2}$

$=\frac{2\cos x+\cos^2 x+\sin^2 x}{(2+\cos x)^2}$

$=\frac{2\cos x+1}{(2+\cos x)^2}$

$f''(x)=\frac{-2\sin x(2+\cos x)^2-2(2\cos x+1)(2+\cos x)\times(-\sin x)}{(2+\cos x)^4}$

$=\frac{2\sin x(2+\cos x)(-2-\cos x+2\cos x+1)}{(2+\cos x)^4}$

$=\frac{2\sin x(\cos x-1)}{(2+\cos x)^3}$

$f'(x)=0$에서 $2\cos x+1=0$, $\cos x=-\frac{1}{2}$

$\therefore x=\frac{2}{3}\pi$ ($\because 0\le x\le\pi$)

$f''(x)=0$에서 $\sin x=0$ 또는 $\cos x=1$

$\therefore x=0$ 또는 $x=\pi$ ($\because 0\le x\le\pi$)

함수 $f(x)$의 증가와 감소, 곡선 $y=f(x)$의 오목과 볼록을 표로 나타내면 다음과 같다.

x	0	$\cdots$	$\frac{2}{3}\pi$	$\cdots$	π
$f'(x)$		$+$	0	$-$	
$f''(x)$	0	$-$	$-$	$-$	0
$f(x)$	0	↗	$\frac{\sqrt{3}}{3}$	↘	0

ㄱ. 함수 $y=f(x)$의 그래프가 그림과 같으므로 치역은 $\left\{y \middle| 0\le y\le\frac{\sqrt{3}}{3}\right\}$이다. (참)

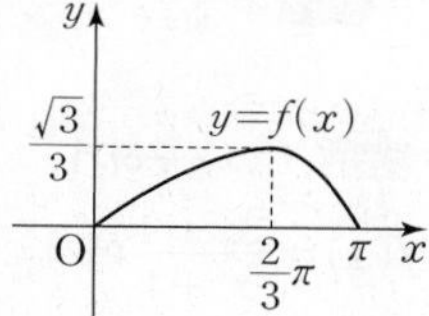

ㄴ. 함수 $f(x)$는 $x=\frac{2}{3}\pi$에서 극댓값 $\frac{\sqrt{3}}{3}$을 갖는다. (참)

ㄷ. $0<x<\pi$에서 $f''(x)<0$이므로 곡선 $y=f(x)$는 위로 볼록하다. 즉, 곡선 $y=f(x)$의 변곡점은 존재하지 않는다. (거짓)

따라서 옳은 것은 ㄱ, ㄴ이다.

1532 답 ④

$f(x)=e^{-2x^2}$에서

$f'(x)=e^{-2x^2}\times(-4x)=-4xe^{-2x^2}$

$f''(x)=-4e^{-2x^2}+(-4x)\times(-4xe^{-2x^2})$

$=4(4x^2-1)e^{-2x^2}$

$f'(x)=0$에서 $x=0$ ($\because e^{-2x^2}>0$)

$f''(x)=0$에서 $x=-\frac{1}{2}$ 또는 $x=\frac{1}{2}$ ($\because e^{-2x^2}>0$)

함수 $f(x)$의 증가와 감소, 곡선 $y=f(x)$의 오목과 볼록을 표로 나타내면 다음과 같다.

x	$\cdots$	$-\frac{1}{2}$	$\cdots$	0	$\cdots$	$\frac{1}{2}$	$\cdots$
$f'(x)$	$+$	$+$	$+$	0	$-$	$-$	$-$
$f''(x)$	$+$	0	$-$	$-$	$-$	0	$+$
$f(x)$	↗	$\frac{1}{\sqrt{e}}$	↗	1	↘	$\frac{1}{\sqrt{e}}$	↘

이때 $\lim_{x \to \infty} f(x)=0$, $\lim_{x \to -\infty} f(x)=0$이므로 함수 $y=f(x)$의 그래프는 그림과 같다.

ㄱ. $x\ge1$에서 $f'(x)<0$이므로 함수 $f(x)$는 구간 $[1, \infty)$에서 감소한다. (참)

ㄴ. 모든 실수 x에 대하여 $f(-x)=f(x)$이므로 곡선 $y=f(x)$는 y축에 대하여 대칭이다. (참)

ㄷ. 구간 $\left(-\frac{1}{2}, \frac{1}{2}\right)$에서 $f''(x)<0$이므로 이 구간에서 곡선 $y=f(x)$는 위로 볼록하다.

즉, $-\frac{1}{2}<a<b<\frac{1}{2}$일 때, $f\left(\frac{a+b}{2}\right)>\frac{f(a)+f(b)}{2}$이다.

$f\left(\frac{a+b}{2}\right)<\frac{f(a)+f(b)}{2}$가 성립하려면 아래로 볼록해야 한다. (거짓)

ㄹ. $f''\left(-\frac{1}{2}\right)=0$, $f''\left(\frac{1}{2}\right)=0$이고 $x=-\frac{1}{2}$, $x=\frac{1}{2}$의 좌우에서 $f''(x)$의 부호가 바뀌므로 변곡점은 2개이다. (참)

따라서 옳은 것은 ㄱ, ㄴ, ㄹ이다.

1533 답 ②

| 유형7

구간 [1, 4]에서 함수 $f(x)=\frac{3x-4}{x^2+1}$의 최댓값을 M, 최솟값을 m이라 할 때, $\frac{m}{M}$의 값은?

단서1 단서2

① -2 ② -1 ③ 0

④ 1 ⑤ 2

단서1 $1\le x\le 4$

단서2 $y=\frac{v(x)}{u(x)} \to y'=\frac{v'(x)u(x)-v(x)u'(x)}{\{u(x)\}^2}$

STEP1 $f'(x)$ 구하기

$f(x)=\frac{3x-4}{x^2+1}$에서

$$f'(x)=\frac{3(x^2+1)-(3x-4)\times 2x}{(x^2+1)^2}=\frac{-3x^2+8x+3}{(x^2+1)^2}=\frac{-(3x+1)(x-3)}{(x^2+1)^2}$$

STEP2 함수 $f(x)$의 증가와 감소를 표로 나타내기

$f'(x)=0$에서 $x=3$ ($\because 1\le x\le 4$)

함수 $f(x)$의 증가와 감소를 표로 나타내면 다음과 같다.

x	1	$\cdots$	3	$\cdots$	4
$f'(x)$		$+$	0	$-$	
$f(x)$	$-\frac{1}{2}$	↗	$\frac{1}{2}$	↘	$\frac{8}{17}$

구간의 양 끝에서의 함숫값을 비교한다.

STEP3 $\frac{m}{M}$의 값 구하기

함수 $f(x)$는 $x=3$에서 최댓값 $\frac{1}{2}$, $x=1$에서 최솟값 $-\frac{1}{2}$을 가지므로 $M=\frac{1}{2}$, $m=-\frac{1}{2}$

$$\therefore \frac{m}{M}=\frac{-\frac{1}{2}}{\frac{1}{2}}=-1$$

1534 답 ③

$f(x)=\frac{x^4}{x^2-1}$에서

$$f'(x)=\frac{4x^3(x^2-1)-x^4\times 2x}{(x^2-1)^2}=\frac{2x^3(x^2-2)}{(x^2-1)^2}$$

$f'(x)=0$에서 $x=\sqrt{2}$ ($\because x>1$)

함수 $f(x)$의 증가와 감소를 표로 나타내면 다음과 같다.

x	(1)	$\cdots$	$\sqrt{2}$	$\cdots$
$f'(x)$		$-$	0	$+$
$f(x)$		↘	4	↗

따라서 함수 $f(x)$는 $x=\sqrt{2}$에서 최솟값 4를 가지므로

$a=\sqrt{2}$, $m=4$

$\therefore a^2+m^2=(\sqrt{2})^2+4^2=18$

1535 답 ②

$f(x)=\frac{2-x}{x^2-3}$에서

$$f'(x)=\frac{-(x^2-3)-(2-x)\times 2x}{(x^2-3)^2}=\frac{x^2-4x+3}{(x^2-3)^2}=\frac{(x-1)(x-3)}{(x^2-3)^2}$$

$f'(x)=0$에서 $x=1$ ($\because -\sqrt{3}<x<\sqrt{3}$)

함수 $f(x)$의 증가와 감소를 표로 나타내면 다음과 같다.

x	$(-\sqrt{3})$	$\cdots$	1	$\cdots$	$(\sqrt{3})$
$f'(x)$		$+$	0	$-$	
$f(x)$		↗	$-\frac{1}{2}$	↘	

따라서 함수 $f(x)$는 $x=1$에서 최댓값 $-\frac{1}{2}$을 가지므로

$a=1$, $M=-\frac{1}{2}$

$\therefore aM=1\times\left(-\frac{1}{2}\right)=-\frac{1}{2}$

1536 답 1

함수 $f(x)=\frac{x^2-5x+2}{x+2}$에서

$$f'(x)=\frac{(2x-5)(x+2)-(x^2-5x+2)}{(x+2)^2}=\frac{x^2+4x-12}{(x+2)^2}=\frac{(x+6)(x-2)}{(x+2)^2}$$

$f'(x)=0$에서 $x=2$ ($\because x>-2$)

함수 $f(x)$의 증가와 감소를 표로 나타내면 다음과 같다.

x	(-2)	$\cdots$	2	$\cdots$
$f'(x)$		$-$	0	$+$
$f(x)$		↘	-1	↗

따라서 함수 $f(x)$는 $x=2$에서 최솟값 -1을 가지므로

$a=2$, $m=-1$

$\therefore a+m=2+(-1)=1$

1537 답 ④

$f(x)=\frac{3x}{x^2+x+4}$에서

$$f'(x)=\frac{3(x^2+x+4)-3x(2x+1)}{(x^2+x+4)^2}=\frac{-3x^2+12}{(x^2+x+4)^2}=\frac{-3(x+2)(x-2)}{(x^2+x+4)^2}$$

$f'(x)=0$에서 $x=-2$ 또는 $x=2$

함수 $f(x)$의 증가와 감소를 표로 나타내면 다음과 같다.

x	-3	$\cdots$	-2	$\cdots$	2	$\cdots$	3
$f'(x)$		$-$	0	$+$	0	$-$	
$f(x)$	$-\frac{9}{10}$	↘	-1	↗	$\frac{3}{5}$	↘	$\frac{9}{16}$

따라서 함수 $f(x)$는 $x=2$에서 최댓값 $\frac{3}{5}$, $x=-2$에서 최솟값 -1을 가지므로

$M=\frac{3}{5}$, $m=-1$

$\therefore M-m=\frac{3}{5}-(-1)=\frac{8}{5}$

1538 답 $\frac{3}{2}$

$f(x)=\frac{x^2+2x+1}{x^2+2}$에서

$$f'(x)=\frac{(2x+2)(x^2+2)-(x^2+2x+1)\times 2x}{(x^2+2)^2}$$
$$=\frac{-2x^2+2x+4}{(x^2+2)^2}$$
$$=\frac{-2(x+1)(x-2)}{(x^2+2)^2}$$

$f'(x)=0$에서 $x=-1$ 또는 $x=2$

함수 $f(x)$의 증가와 감소를 표로 나타내면 다음과 같다.

x	-2	$\cdots$	-1	$\cdots$	2	$\cdots$	3
$f'(x)$		$-$	0	$+$	0	$-$	
$f(x)$	$\frac{1}{6}$	↘	0	↗	$\frac{3}{2}$	↘	$\frac{16}{11}$

따라서 함수 $f(x)$는 $x=2$에서 최댓값 $\frac{3}{2}$, $x=-1$에서 최솟값 0을 가지므로

$M=\frac{3}{2}$, $m=0$

$\therefore M+m=\frac{3}{2}+0=\frac{3}{2}$

1539 답 ②

$f(x)=\frac{x^2}{x^2+3}$에서

$$f'(x)=\frac{2x(x^2+3)-x^2\times 2x}{(x^2+3)^2}=\frac{6x}{(x^2+3)^2}$$
$$f''(x)=\frac{6(x^2+3)^2-6x\times 2(x^2+3)\times 2x}{(x^2+3)^4}$$
$$=\frac{-18(x+1)(x-1)}{(x^2+3)^3}$$

$f''(x)=0$에서 $x=-1$ 또는 $x=1$

함수 $f'(x)$의 증가와 감소를 표로 나타내면 다음과 같다.

x	$\cdots$	-1	$\cdots$	1	$\cdots$
$f''(x)$	$-$	0	$+$	0	$-$
$f'(x)$	↘	$-\frac{3}{8}$	↗	$\frac{3}{8}$	↘

이때 $\lim_{x\to-\infty}f'(x)=0$, $\lim_{x\to\infty}f'(x)=0$이므로 함수 $y=f'(x)$의 그래프는 그림과 같다.

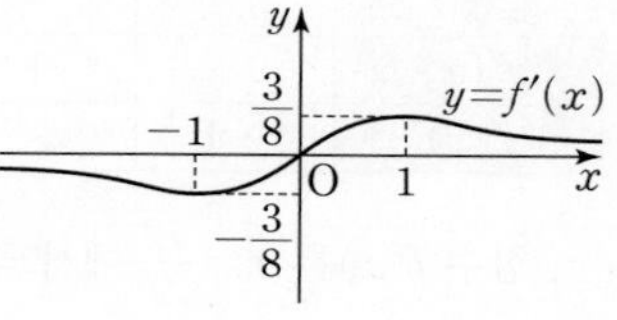

따라서 $x=1$에서 최댓값 $\frac{3}{8}$, $x=-1$에서 최솟값 $-\frac{3}{8}$을 가지므로

$M=\frac{3}{8}$, $m=-\frac{3}{8}$

$\therefore M^2+m^2=\left(\frac{3}{8}\right)^2+\left(-\frac{3}{8}\right)^2=\frac{9}{32}$

실수 Check

$f(x)$의 최댓값, 최솟값이 아니라 $f'(x)$의 최댓값, 최솟값을 구하는 문제임에 주의한다. $f''(x)$의 증가와 감소를 조사하여 곡선 $y=f'(x)$의 개형을 확인한다.

Plus 문제

1539-1

함수 $f(x)=\frac{x^2+x-1}{x^2+x+1}$에 대하여 $f'(x)$의 최댓값과 최솟값을 각각 M, m이라 할 때, M^2+m^2의 값을 구하시오.

$f(x)=\frac{x^2+x-1}{x^2+x+1}=1-\frac{2}{x^2+x+1}$에서

$$f'(x)=\frac{2(2x+1)}{(x^2+x+1)^2}=\frac{4x+2}{(x^2+x+1)^2}$$
$$f''(x)=\frac{4(x^2+x+1)^2-2(4x+2)(x^2+x+1)(2x+1)}{(x^2+x+1)^4}$$
$$=-\frac{12x(x+1)}{(x^2+x+1)^3}$$

$f''(x)=0$에서 $x=-1$ 또는 $x=0$

함수 $f'(x)$의 증가와 감소를 표로 나타내면 다음과 같다.

x	$\cdots$	-1	$\cdots$	0	$\cdots$
$f''(x)$	$-$	0	$+$	0	$-$
$f'(x)$	↘	-2	↗	2	↘

이때 $\lim_{x\to-\infty}f'(x)=0$, $\lim_{x\to\infty}f'(x)=0$이므로 함수 $y=f'(x)$의 그래프는 그림과 같다.

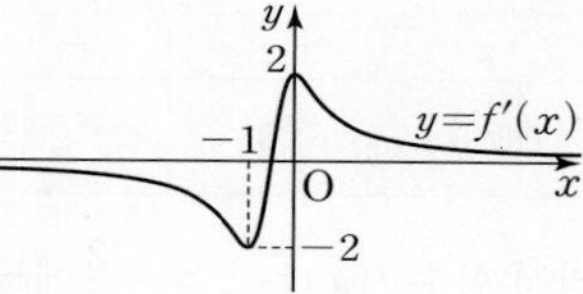

따라서 $x=0$에서 최댓값 2, $x=-1$에서 최솟값 -2를 가지므로

$M=2$, $m=-2$

$\therefore M^2+m^2=2^2+(-2)^2=8$

답 8

1540 답 ⑤ | 유형8

함수 $f(x)=\sqrt{2x}+\sqrt{4-x}$가 $x=a$에서 최댓값 M을 가질 때, aM^2의 값은? 단서1

① 16 ② 20 ③ 24 ④ 28 ⑤ 32

단서1 $y=\sqrt{g(x)} \rightarrow y'=\frac{g'(x)}{2\sqrt{g(x)}}$

STEP1 $f'(x)$ 구하기

$f(x)=\sqrt{2x}+\sqrt{4-x}$에서 $x\geq 0$, $4-x\geq 0$이므로

$0\leq x\leq 4$이고 ($\rightarrow \frac{2}{2\sqrt{2x}}+\frac{-1}{2\sqrt{4-x}}$)

$$f'(x)=\frac{1}{\sqrt{2x}}-\frac{1}{2\sqrt{4-x}}=\frac{2\sqrt{4-x}-\sqrt{2x}}{2\sqrt{2x(4-x)}}$$

STEP 2 함수 $f(x)$의 증가와 감소를 표로 나타내기

$f'(x)=0$에서 $2\sqrt{4-x}=\sqrt{2x}$

양변을 제곱하면 $4(4-x)=2x$

$6x=16 \quad \therefore x=\frac{8}{3}$

함수 $f(x)$의 증가와 감소를 표로 나타내면 다음과 같다.

x	0	$\cdots$	$\frac{8}{3}$	$\cdots$	4
$f'(x)$		+	0	−	
$f(x)$	2	↗	$2\sqrt{3}$	↘	$2\sqrt{2}$

STEP 3 aM^2의 값 구하기

함수 $f(x)$는 $x=\frac{8}{3}$에서 최댓값 $2\sqrt{3}$을 가지므로

$a=\frac{8}{3}$, $M=2\sqrt{3}$

$\therefore aM^2=\frac{8}{3}\times(2\sqrt{3})^2=32$

1541 답 ④

$f(x)=(x-3)\sqrt{9-x^2}$에서 $9-x^2\geq0$이므로 $-3\leq x\leq3$이고

$f'(x)=\sqrt{9-x^2}-(x-3)\times\frac{x}{\sqrt{9-x^2}}$

$=\frac{-2x^2+3x+9}{\sqrt{9-x^2}}=\frac{-(2x+3)(x-3)}{\sqrt{9-x^2}}$

$f'(x)=0$에서 $x=-\frac{3}{2}$ 또는 $x=3$

함수 $f(x)$의 증가와 감소를 표로 나타내면 다음과 같다.

x	-3	$\cdots$	$-\frac{3}{2}$	$\cdots$	3
$f'(x)$		−	0	+	0
$f(x)$	0	↘	$-\frac{27\sqrt{3}}{4}$	↗	0

따라서 함수 $f(x)$는 $x=-\frac{3}{2}$에서 최솟값 $-\frac{27\sqrt{3}}{4}$을 가지므로

$a=-\frac{3}{2}$, $m=-\frac{27\sqrt{3}}{4}$

$\therefore \frac{m}{a}=\frac{-\frac{27\sqrt{3}}{4}}{-\frac{3}{2}}=\frac{9\sqrt{3}}{2}$

1542 답 ③

$f(x)=\sqrt{x-2}+2\sqrt{12-x}$에서 $x-2\geq0$, $12-x\geq0$이므로 $2\leq x\leq12$이고

$f'(x)=\frac{1}{2\sqrt{x-2}}-\frac{1}{\sqrt{12-x}}=\frac{\sqrt{12-x}-2\sqrt{x-2}}{2\sqrt{(x-2)(12-x)}}$

$f'(x)=0$에서 $\sqrt{12-x}=2\sqrt{x-2}$

양변을 제곱하면 $12-x=4(x-2)$, $5x=20 \quad \therefore x=4$

함수 $f(x)$의 증가와 감소를 표로 나타내면 다음과 같다.

x	2	$\cdots$	4	$\cdots$	12
$f'(x)$		+	0	−	
$f(x)$	$2\sqrt{10}$	↗	$5\sqrt{2}$	↘	$\sqrt{10}$

따라서 함수 $f(x)$는 $x=4$에서 최댓값 $5\sqrt{2}$, $x=12$에서 최솟값 $\sqrt{10}$을 가지므로 최댓값과 최솟값의 곱은

$5\sqrt{2}\times\sqrt{10}=10\sqrt{5}$

1543 답 32

$f(x)=2x\sqrt{4-x^2}$에서 $4-x^2\geq0$이므로 $-2\leq x\leq2$이고

$f'(x)=2\sqrt{4-x^2}-2x\times\frac{x}{\sqrt{4-x^2}}=\frac{4(2-x^2)}{\sqrt{4-x^2}}$

$f'(x)=0$에서 $2-x^2=0$

$\therefore x=-\sqrt{2}$ 또는 $x=\sqrt{2}$

함수 $f(x)$의 증가와 감소를 표로 나타내면 다음과 같다.

x	-2	$\cdots$	$-\sqrt{2}$	$\cdots$	$\sqrt{2}$	$\cdots$	2
$f'(x)$		−	0	+	0	−	
$f(x)$	0	↘	-4	↗	4	↘	0

따라서 함수 $f(x)$는 $x=\sqrt{2}$에서 최댓값 4, $x=-\sqrt{2}$에서 최솟값 -4를 가지므로

$M=4$, $m=-4$

$\therefore M^2+m^2=4^2+(-4)^2=32$

1544 답 ③

$f(x)=(4-x^2)\sqrt{16-x^2}$에서 $16-x^2\geq0$이므로 $-4\leq x\leq4$이고

$f'(x)=-2x\sqrt{16-x^2}-(4-x^2)\times\frac{x}{\sqrt{16-x^2}}=\frac{3x(x^2-12)}{\sqrt{16-x^2}}$

$f'(x)=0$에서 $3x(x^2-12)=0$

$\therefore x=-2\sqrt{3}$ 또는 $x=0$ 또는 $x=2\sqrt{3}$

함수 $f(x)$의 증가와 감소를 표로 나타내면 다음과 같다.

x	-4	$\cdots$	$-2\sqrt{3}$	$\cdots$	0	$\cdots$	$2\sqrt{3}$	$\cdots$	4
$f'(x)$		−	0	+	0	−	0	+	
$f(x)$	0	↘	-16	↗	16	↘	-16	↗	0

따라서 함수 $f(x)$는 $x=0$에서 최댓값 16, $x=\pm2\sqrt{3}$에서 최솟값 -16을 가지므로

$M=16$, $m=-16$

$\therefore M-m=16-(-16)=32$

1545 답 ②

$f(x)=x+\sqrt{1-x^2}$에서 $1-x^2\geq0$이므로 $-1\leq x\leq1$이고

$f'(x)=1-\frac{x}{\sqrt{1-x^2}}=\frac{\sqrt{1-x^2}-x}{\sqrt{1-x^2}}$

$f'(x)=0$에서 $\sqrt{1-x^2}=x$ $(x\geq0)$ $(\because \sqrt{1-x^2}\geq0)$ ……………… ㉠

양변을 제곱하면 $1-x^2=x^2$

$2x^2=1$

이때 ㉠에서 $x\geq0$이므로 $x=\frac{\sqrt{2}}{2}$

함수 $f(x)$의 증가와 감소를 표로 나타내면 다음과 같다.

x	-1	$\cdots$	$\frac{\sqrt{2}}{2}$	$\cdots$	1
$f'(x)$		+	0	−	
$f(x)$	-1	↗	$\sqrt{2}$	↘	1

ㄱ. 함수 $f(x)$는 $x=\frac{\sqrt{2}}{2}$에서 극댓값 $\sqrt{2}$를 갖는다. (거짓)

ㄴ. 함수 $f(x)$는 $x=\frac{\sqrt{2}}{2}$에서 최댓값 $\sqrt{2}$를 갖는다. (참)

ㄷ. $f'(x)=1-\frac{x}{\sqrt{1-x^2}}$이므로

$$f''(x)=-\frac{\sqrt{1-x^2}-x\times\frac{-2x}{2\sqrt{1-x^2}}}{1-x^2}$$
$$=-\frac{1}{(1-x^2)\sqrt{1-x^2}}$$

이때 $-1<x<1$에서 $f''(x)<0$이므로 곡선 $y=f(x)$는 변곡점을 갖지 않는다. (거짓)

따라서 옳은 것은 ㄴ이다.

1546 답 ② | 유형9

함수 $f(x)=x^2e^{-x}\ (x\geq0)$이 $x=a$에서 최댓값 M을 가질 때, aM의 값은? 단서1

① $\frac{1}{e}$ ② $\frac{8}{e^2}$ ③ $\frac{27}{e^3}$
④ $\frac{64}{e^4}$ ⑤ $\frac{125}{e^5}$

단서1 $y=e^{g(x)}$ → $y'=g'(x)e^{g(x)}$

STEP1 $f'(x)$ 구하기

$f(x)=x^2e^{-x}$에서

$f'(x)=2xe^{-x}-x^2e^{-x}=x(2-x)e^{-x}$

STEP2 함수 $f(x)$의 증가와 감소를 표로 나타내기

$f'(x)=0$에서 $x=0$ 또는 $x=2$

함수 $f(x)$의 증가와 감소를 표로 나타내면 다음과 같다.

x	0	$\cdots$	2	$\cdots$
$f'(x)$	0	$+$	0	$-$
$f(x)$	0	↗	$\frac{4}{e^2}$	↘

STEP3 aM의 값 구하기

함수 $f(x)$는 $x=2$에서 최댓값 $\frac{4}{e^2}$를 가지므로

$a=2,\ M=\frac{4}{e^2}$

$\therefore aM=2\times\frac{4}{e^2}=\frac{8}{e^2}$

1547 답 ③

$f(x)=\frac{e^x}{x+1}$에서

$f'(x)=\frac{e^x(x+1)-e^x}{(x+1)^2}=\frac{xe^x}{(x+1)^2}$

$f'(x)=0$에서 $x=0$

함수 $f(x)$의 증가와 감소를 표로 나타내면 다음과 같다.

x	(-1)	$\cdots$	0	$\cdots$
$f'(x)$		$-$	0	$+$
$f(x)$		↘	1	↗

따라서 함수 $f(x)$는 $x=0$에서 최솟값 1을 가지므로

$a=0,\ m=1$

$\therefore a+m=0+1=1$

1548 답 ①

$f(x)=e^{x\ln x}$에서 $x>0$이고

$f'(x)=(\ln x+1)e^{x\ln x}$

$f'(x)=0$에서 $\ln x=-1$ ($\because e^{x\ln x}>0$)

$\therefore x=e^{-1}$

함수 $f(x)$의 증가와 감소를 표로 나타내면 다음과 같다.

x	(0)	$\cdots$	e^{-1}	$\cdots$
$f'(x)$		$-$	0	$+$
$f(x)$		↘	$e^{-\frac{1}{e}}$	↗

따라서 함수 $f(x)$는 $x=e^{-1}$에서 최솟값 $e^{-\frac{1}{e}}$을 갖는다.

1549 답 ③

$f(x)=(2x+1)e^{-\frac{x}{2}}$에서

$f'(x)=2e^{-\frac{x}{2}}+(2x+1)\times\left(-\frac{1}{2}e^{-\frac{x}{2}}\right)=\left(\frac{3}{2}-x\right)e^{-\frac{x}{2}}$

$f'(x)=0$에서 $e^{-\frac{x}{2}}>0$이므로 $\frac{3}{2}-x=0$ $\qquad\therefore x=\frac{3}{2}$

함수 $f(x)$의 증가와 감소를 표로 나타내면 다음과 같다.

x	-2	$\cdots$	$\frac{3}{2}$	$\cdots$	4
$f'(x)$		$+$	0	$-$	
$f(x)$	$-3e$	↗	$4e^{-\frac{3}{4}}$	↘	$9e^{-2}$

따라서 함수 $f(x)$는 $x=\frac{3}{2}$에서 최댓값 $4e^{-\frac{3}{4}}$을 가지므로

$M=4e^{-\frac{3}{4}}$ $\qquad\therefore M^4=\left(4e^{-\frac{3}{4}}\right)^4=\frac{256}{e^3}$

1550 답 $-\frac{4}{3}e^2$

$f(x)=(x^2+kx)e^{-x}$에서

$f'(x)=(2x+k)e^{-x}-(x^2+kx)e^{-x}$
$=\{-x^2+(2-k)x+k\}e^{-x}$

함수 $f(x)$가 $x=\frac{4}{3}$에서 극값을 가지므로

$f'\left(\frac{4}{3}\right)=\left\{-\frac{16}{9}+\frac{4(2-k)}{3}+k\right\}e^{-\frac{4}{3}}=0$

$16-12(2-k)-9k=0$ $\qquad\therefore k=\frac{8}{3}$

즉, $f(x)=\left(x^2+\frac{8}{3}x\right)e^{-x}$에서

$f'(x)=\left(-x^2-\frac{2}{3}x+\frac{8}{3}\right)e^{-x}=-\frac{1}{3}(x+2)(3x-4)e^{-x}$

$f'(x)=0$에서 $x=-2$ 또는 $x=\frac{4}{3}$

함수 $f(x)$의 증가와 감소를 표로 나타내면 다음과 같다.

x	-3	$\cdots$	-2	$\cdots$	$\frac{4}{3}$	$\cdots$	2
$f'(x)$		$-$	0	$+$	0	$-$	
$f(x)$	e^3	↘	$-\frac{4}{3}e^2$	↗	$\frac{16}{3}e^{-\frac{4}{3}}$	↘	$\frac{28}{3}e^{-2}$

따라서 함수 $f(x)$는 $x=-2$에서 최솟값 $-\frac{4}{3}e^2$을 갖는다.

1551 답 ③

$f(x)=-x+e^x$에서

$f'(x)=-1+e^x$

$f'(x)=0$에서 $e^x=1$ $\qquad\therefore x=0$

07

함수 $f(x)$의 증가와 감소를 표로 나타내면 다음과 같다.

x	-1	$\cdots$	0	$\cdots$	2
$f'(x)$		$-$	0	$+$	
$f(x)$	$1+\frac{1}{e}$	↘	1	↗	$-2+e^2$

ㄱ. 구간 $[-1, 0]$에서 $f'(x)<0$이므로 이 구간에서 함수 $f(x)$는 감소한다. (참)

ㄴ. 함수 $f(x)$는 $x=0$에서 최솟값 1을 갖는다. (참)

ㄷ. $f'(x)=-1+e^x$에서 $f''(x)=e^x$

이때 $f''(x)$의 값은 항상 양수이므로 곡선 $y=f(x)$는 변곡점을 갖지 않는다. (거짓)

따라서 옳은 것은 ㄱ, ㄴ이다.

1552 답 ⑤

| 유형10

구간 $[1, e^4]$에서 함수 $f(x)=x\ln\sqrt{x}-x$는 $x=\alpha$일 때 최댓값을 갖고, $x=\beta$일 때 최솟값을 갖는다. $\alpha\beta$의 값은?

단서1

① e ② e^2 ③ e^3

④ e^4 ⑤ e^5

단서1 $y=\ln|g(x)| \rightarrow y'=\frac{g'(x)}{g(x)}$

STEP1 $f'(x)$ 구하기

$f(x)=x\ln\sqrt{x}-x$에서 → $(\ln\sqrt{x})'=\left(\frac{1}{2}\ln x\right)'=\frac{1}{2x}$

$f'(x)=\ln\sqrt{x}+x\times\frac{1}{2x}-1=\ln\sqrt{x}-\frac{1}{2}$

STEP2 함수 $f(x)$의 증가와 감소를 표로 나타내기

$f'(x)=0$에서 $\ln\sqrt{x}=\frac{1}{2}$ $\quad\therefore x=e$

함수 $f(x)$의 증가와 감소를 표로 나타내면 다음과 같다.

x	1	$\cdots$	e	$\cdots$	e^4
$f'(x)$		$-$	0	$+$	
$f(x)$	-1	↘	$-\frac{e}{2}$	↗	e^4

STEP3 $\alpha\beta$의 값 구하기

함수 $f(x)$는 $x=e^4$에서 최댓값 e^4, $x=e$에서 최솟값 $-\frac{e}{2}$를 가지므로

$\alpha=e^4$, $\beta=e$

$\therefore \alpha\beta=e^4\times e=e^5$

1553 답 ③

$f(x)=\frac{\ln x-1}{x}$에서 $x>0$이고

$f'(x)=\frac{\frac{1}{x}\times x-(\ln x-1)\times 1}{x^2}=\frac{2-\ln x}{x^2}$

$f'(x)=0$에서 $\ln x=2$ $\quad\therefore x=e^2$

함수 $f(x)$의 증가와 감소를 표로 나타내면 다음과 같다.

x	(0)	$\cdots$	e^2	$\cdots$
$f'(x)$		$+$	0	$-$
$f(x)$		↗	$\frac{1}{e^2}$	↘

따라서 함수 $f(x)$는 $x=e^2$에서 최댓값 $\frac{1}{e^2}$을 가지므로

$a=e^2$, $M=\frac{1}{e^2}$

$\therefore aM=e^2\times\frac{1}{e^2}=1$

1554 답 ③

$f(x)=x^2-\ln x$에서 $x>0$이고

$f'(x)=2x-\frac{1}{x}=\frac{2x^2-1}{x}$

$f'(x)=0$에서 $2x^2-1=0$, $x^2=\frac{1}{2}$

$\therefore x=\frac{\sqrt{2}}{2}$ $(\because x>0)$

함수 $f(x)$의 증가와 감소를 표로 나타내면 다음과 같다.

x	(0)	$\cdots$	$\frac{\sqrt{2}}{2}$	$\cdots$
$f'(x)$		$-$	0	$+$
$f(x)$		↘	$\frac{1+\ln 2}{2}$	↗

따라서 함수 $f(x)$는 $x=\frac{\sqrt{2}}{2}$에서 최솟값 $\frac{1+\ln 2}{2}$를 갖는다.

1555 답 3

$f(x)=\ln x+3\ln(4-x)$에서 $x>0$, $4-x>0$이므로

$0<x<4$이고

$f'(x)=\frac{1}{x}-\frac{3}{4-x}=\frac{4(1-x)}{x(4-x)}$

$f'(x)=0$에서 $x=1$

함수 $f(x)$의 증가와 감소를 표로 나타내면 다음과 같다.

x	(0)	$\cdots$	1	$\cdots$	(4)
$f'(x)$		$+$	0	$-$	
$f(x)$		↗	$3\ln 3$	↘	

따라서 함수 $f(x)$는 $x=1$에서 최댓값 $3\ln 3$을 가지므로

$a=3$

1556 답 ①

$f(x)=2x-x\ln x$에서

$f'(x)=2-\left(\ln x+x\times\frac{1}{x}\right)=1-\ln x$

$f'(x)=0$에서 $\ln x=1$ $\quad\therefore x=e$

함수 $f(x)$의 증가와 감소를 표로 나타내면 다음과 같다.

x	1	$\cdots$	e	$\cdots$	e^3
$f'(x)$		$+$	0	$-$	
$f(x)$	2	↗	e	↘	$-e^3$

따라서 함수 $f(x)$는 $x=e$에서 최댓값 e, $x=e^3$에서 최솟값 $-e^3$을 가지므로 최댓값과 최솟값의 곱은

$e\times(-e^3)=-e^4$

1557 답 ④

$f(x)=x(\ln x)^2$에서

$f'(x)=(\ln x)^2+2\ln x=(\ln x+2)\ln x$

$f'(x)=0$에서 $x=\frac{1}{e^2}$ 또는 $x=1$

함수 $f(x)$의 증가와 감소를 표로 나타내면 다음과 같다.

x	$\frac{1}{e^2}$	$\cdots$	1	$\cdots$	e
$f'(x)$		$-$	0	$+$	
$f(x)$	$\frac{4}{e^2}$	↘	0	↗	e

따라서 함수 $f(x)$는 $x=e$에서 최댓값 e, $x=1$에서 최솟값 0을 가지므로

$M=e$, $m=0$

$\therefore M+m=e+0=e$

1558 답 ④

$f(x)=\log_3(x+9)+\log_9(3-x)$

$=\log_3(x+9)+\frac{1}{2}\log_3(3-x)$

에서 $x+9>0$, $3-x>0$이므로 $-9<x<3$이고

$f'(x)=\frac{1}{(x+9)\ln 3}-\frac{1}{2(3-x)\ln 3}$

$=\frac{-3(x+1)}{2(x+9)(3-x)\ln 3}$

$f'(x)=0$에서 $x=-1$

함수 $f(x)$의 증가와 감소를 표로 나타내면 다음과 같다.

x	(-9)	$\cdots$	-1	$\cdots$	(3)
$f'(x)$		$+$	0	$-$	
$f(x)$		↗	$4\log_3 2$	↘	

따라서 함수 $f(x)$는 $x=-1$에서 최댓값 $4\log_3 2$를 갖는다.

1559 답 ③ | 유형11

구간 $[0, \pi]$에서 함수 $f(x)=2x-4\sin x\cos x$의 최댓값을 M, 최솟값을 m이라 할 때, $M+m$의 값은? 단서1

① π ② $\pi+2\sqrt{3}$ ③ 2π
④ $2\pi+2\sqrt{3}$ ⑤ 3π

단서1 $2\sin x\cos x=\sin 2x$

STEP1 $f'(x)$ 구하기

$f(x)=2x-4\sin x\cos x=2x-2\sin 2x$에서

$f'(x)=2-4\cos 2x$

STEP2 함수 $f(x)$의 증가와 감소를 표로 나타내기

$f'(x)=0$에서 $\cos 2x=\frac{1}{2}$

$\therefore x=\frac{\pi}{6}$ 또는 $x=\frac{5}{6}\pi$ ($\because 0\le x\le\pi$)

함수 $f(x)$의 증가와 감소를 표로 나타내면 다음과 같다.

x	0	$\cdots$	$\frac{\pi}{6}$	$\cdots$	$\frac{5}{6}\pi$	$\cdots$	π
$f'(x)$		$-$	0	$+$	0	$-$	
$f(x)$	0	↘	$\frac{\pi}{3}-\sqrt{3}$	↗	$\frac{5}{3}\pi+\sqrt{3}$	↘	2π

STEP3 $M+m$의 값 구하기

함수 $f(x)$는 $x=\frac{5}{6}\pi$에서 최댓값 $\frac{5}{3}\pi+\sqrt{3}$,

$x=\frac{\pi}{6}$에서 최솟값 $\frac{\pi}{3}-\sqrt{3}$을 가지므로

$M=\frac{5}{3}\pi+\sqrt{3}$, $m=\frac{\pi}{3}-\sqrt{3}$

$\therefore M+m=\left(\frac{5}{3}\pi+\sqrt{3}\right)+\left(\frac{\pi}{3}-\sqrt{3}\right)=2\pi$

1560 답 ③

$f(x)=\sin x+\frac{1}{2}\sin 2x$에서

$f'(x)=\cos x+\cos 2x=2\cos^2 x+\cos x-1$

$=(\cos x+1)(2\cos x-1)$

$f'(x)=0$에서 $\cos x=-1$ 또는 $\cos x=\frac{1}{2}$

$\therefore x=\frac{\pi}{3}$ 또는 $x=\pi$ ($\because 0\le x\le\pi$)

함수 $f(x)$의 증가와 감소를 표로 나타내면 다음과 같다.

x	0	$\cdots$	$\frac{\pi}{3}$	$\cdots$	π
$f'(x)$		$+$	0	$-$	
$f(x)$	0	↗	$\frac{3\sqrt{3}}{4}$	↘	0

따라서 함수 $f(x)$는 $x=\frac{\pi}{3}$에서 최댓값 $\frac{3\sqrt{3}}{4}$을 갖는다.

1561 답 ③

$f(x)=\sin x-x\cos x$에서

$f'(x)=\cos x-\cos x+x\sin x=x\sin x$

$f'(x)=0$에서 $x=0$ 또는 $x=\pi$ 또는 $x=2\pi$ ($\because 0\le x\le 2\pi$)

함수 $f(x)$의 증가와 감소를 표로 나타내면 다음과 같다.

x	0	$\cdots$	π	$\cdots$	2π
$f'(x)$		$+$	0	$-$	
$f(x)$	0	↗	π	↘	-2π

따라서 함수 $f(x)$는 $x=\pi$에서 최댓값 π, $x=2\pi$에서 최솟값 -2π를 가지므로

$M=\pi$, $m=-2\pi$

$\therefore M-m=\pi-(-2\pi)=3\pi$

1562 답 ②

$f(x)=e^{-x}\cos x$에서

$f'(x)=-e^{-x}\cos x-e^{-x}\sin x=-e^{-x}(\sin x+\cos x)$

$f'(x)=0$에서 $\sin x+\cos x=0$, $\tan x=-1$

$\therefore x=\frac{3}{4}\pi$ ($\because 0\le x\le\pi$)

함수 $f(x)$의 증가와 감소를 표로 나타내면 다음과 같다.

x	0	$\cdots$	$\frac{3}{4}\pi$	$\cdots$	π
$f'(x)$		$-$	0	$+$	
$f(x)$	1	↘	$-\frac{\sqrt{2}}{2}e^{-\frac{3}{4}\pi}$	↗	$-e^{-\pi}$

따라서 함수 $f(x)$는 $x=0$에서 최댓값 1, $x=\frac{3}{4}\pi$에서 최솟값 $-\frac{\sqrt{2}}{2}e^{-\frac{3}{4}\pi}$을 가지므로

$M=1,\ m=-\frac{\sqrt{2}}{2}e^{-\frac{3}{4}\pi}$

$\therefore\ M\times m^4=1\times\left(-\frac{\sqrt{2}}{2}e^{-\frac{3}{4}\pi}\right)^4=\frac{1}{4e^{3\pi}}$

1563 답 ②

$f(x)=\frac{\cos x}{\sin x-2}$에서

$f'(x)=\frac{-\sin x(\sin x-2)-\cos x\times\cos x}{(\sin x-2)^2}$

$=\frac{2\sin x-1}{(\sin x-2)^2}$

$f'(x)=0$에서 $\sin x=\frac{1}{2}$

$\therefore\ x=\frac{\pi}{6}$ 또는 $x=\frac{5}{6}\pi$ ($\because\ -\pi\le x\le\pi$)

함수 $f(x)$의 증가와 감소를 표로 나타내면 다음과 같다.

x	$-\pi$	$\cdots$	$\frac{\pi}{6}$	$\cdots$	$\frac{5}{6}\pi$	$\cdots$	π
$f'(x)$		$-$	0	$+$	0	$-$	
$f(x)$	$\frac{1}{2}$	↘	$-\frac{\sqrt{3}}{3}$	↗	$\frac{\sqrt{3}}{3}$	↘	$\frac{1}{2}$

ㄱ. 함수 $f(x)$는 $x=\frac{\pi}{6}$에서 극솟값 $-\frac{\sqrt{3}}{3}$을 갖는다. (거짓)

ㄴ. 함수 $f(x)$는 $x=\frac{5}{6}\pi$에서 최댓값 $\frac{\sqrt{3}}{3}$을 갖는다. (거짓)

ㄷ. 함수 $f(x)$는 $x=\frac{\pi}{6}$에서 최솟값 $-\frac{\sqrt{3}}{3}$을 갖는다. (참)

따라서 옳은 것은 ㄷ이다.

1564 답 ①

$f(x)=\sin x(1-\cos x)$에서

$f'(x)=\cos x(1-\cos x)+\sin x\times\sin x$

$=\cos x(1-\cos x)+(1-\cos^2 x)$

$=(1-\cos x)(2\cos x+1)$

$f'(x)=0$에서 $\cos x=-\frac{1}{2}$ ($\because\ 0<x<\pi$)

$\therefore\ x=\frac{2}{3}\pi$

함수 $f(x)$의 증가와 감소를 표로 나타내면 다음과 같다.

x	(0)	$\cdots$	$\frac{2}{3}\pi$	$\cdots$	(π)
$f'(x)$		$+$	0	$-$	
$f(x)$		↗	$\frac{3\sqrt{3}}{4}$	↘	

즉, 함수 $f(x)$는 $x=\frac{2}{3}\pi$에서 최댓값 $\frac{3\sqrt{3}}{4}$을 가지므로

$\alpha=\frac{2}{3}\pi\qquad\therefore\ \sin\alpha=\frac{\sqrt{3}}{2}$

$f''(x)=\sin x(2\cos x+1)+(1-\cos x)\times(-2\sin x)$

$=\sin x(2\cos x+1-2+2\cos x)$

$=\sin x(4\cos x-1)$

$f''(x)=0$에서 $\cos x=\frac{1}{4}$ ($\because\ 0<x<\pi$)

이때 $\cos x=\frac{1}{4}$인 x의 값의 좌우에서 $f''(x)$의 부호가 바뀌므로

→ $f''(\beta)=0$이고 곡선 $y=f(x)$는 $x=\beta$에서 변곡점을 갖는다.

$\cos\beta=\frac{1}{4}\qquad\therefore\ \sin\beta=\frac{\sqrt{15}}{4}$

$\therefore\ 8\sin\alpha\sin\beta=8\times\frac{\sqrt{3}}{2}\times\frac{\sqrt{15}}{4}$

$=3\sqrt{5}$

1565 답 ⑤ | 유형12

함수 $f(x)=2\sin^3 x+3\cos^2 x+2$의 최댓값을 M, 최솟값을 m이라 할 때, $M+m$의 값은? (단서1)

① 1 ② 2 ③ 3
④ 4 ⑤ 5

단서1 $\cos^2 x=1-\sin^2 x$임을 이용하여 식 간단히 하기

STEP 1 $f(x)$를 $\sin x$에 대한 식으로 나타내기

$f(x)=2\sin^3 x+3\cos^2 x+2$

$=2\sin^3 x+3(1-\sin^2 x)+2$

$=2\sin^3 x-3\sin^2 x+5$

STEP 2 $\sin x=t$라 하고 $f(x)$를 t에 대한 함수 $g(t)$로 나타내기

$t=\sin x$라 하면 $-1\le t\le 1$이고, 주어진 함수 $f(x)$를 t에 대한 함수 $g(t)$로 나타내면

$g(t)=2t^3-3t^2+5$

STEP 3 함수 $g(t)$의 증가와 감소를 표로 나타내기

$g'(t)=6t^2-6t=6t(t-1)$

$g'(t)=0$에서 $t=0$ 또는 $t=1$

함수 $g(t)$의 증가와 감소를 표로 나타내면 다음과 같다.

t	-1	$\cdots$	0	$\cdots$	1
$g'(t)$		$+$	0	$-$	
$g(t)$	0	↗	5	↘	4

STEP 4 $M+m$의 값 구하기

함수 $g(t)$는 $t=0$에서 최댓값 5, $t=-1$에서 최솟값 0을 가지므로

$M=5,\ m=0$

$\therefore\ M+m=5+0=5$

1566 답 4

$f(x)=(\log_3 x)^3-\log_3 x^3-5$

$=(\log_3 x)^3-3\log_3 x-5$

$\log_3 x=t$라 하면 $\frac{1}{9}\le x\le 3$에서 $-2\le t\le 1$이고, 주어진 함수 $f(x)$를 t에 대한 함수 $g(t)$로 나타내면

$g(t)=t^3-3t-5$

$g'(t)=3t^2-3=3(t+1)(t-1)$

$g'(t)=0$에서 $t=-1$ 또는 $t=1$

함수 $g(t)$의 증가와 감소를 표로 나타내면 다음과 같다.

t	-2	$\cdots$	-1	$\cdots$	1
$g'(t)$		$+$	0	$-$	
$g(t)$	-7	↗	-3	↘	-7

따라서 함수 $g(t)$는 $t=-1$에서 최댓값 -3, $t=-2$ 또는 $t=1$에서 최솟값 -7을 가지므로

$M=-3,\ m=-7$

$\therefore\ M-m=-3-(-7)=4$

1567 답 ③

$f(x)=8^x-4^x-2^{x+3}$

$\quad=(2^x)^3-(2^x)^2-8\times2^x$

$2^x=t$라 하면 $t>0$이고, 주어진 함수 $f(x)$를 t에 대한 함수 $g(t)$로 나타내면

$g(t)=t^3-t^2-8t$

$g'(t)=3t^2-2t-8=(3t+4)(t-2)$

$g'(t)=0$에서 $t=2$ ($\because t>0$)

함수 $g(t)$의 증가와 감소를 표로 나타내면 다음과 같다.

t	(0)	$\cdots$	2	$\cdots$
$g'(t)$		$-$	0	$+$
$g(t)$		↘	-12	↗

따라서 함수 $g(t)$는 $t=2$에서 최솟값 -12를 갖는다.

1568 답 ①

$f(x)=\sin x\cos^2 x$

$\quad=\sin x(1-\sin^2 x)$

$\quad=\sin x-\sin^3 x$

$\sin x=t$라 하면 $-1\le t\le1$이고, 주어진 함수 $f(x)$를 t에 대한 함수 $g(t)$로 나타내면

$g(t)=-t^3+t$

$g'(t)=-3t^2+1$

$g'(t)=0$에서 $t^2=\frac{1}{3}$ $\quad\therefore t=-\frac{\sqrt{3}}{3}$ 또는 $t=\frac{\sqrt{3}}{3}$

함수 $g(t)$의 증가와 감소를 표로 나타내면 다음과 같다.

t	-1	$\cdots$	$-\frac{\sqrt{3}}{3}$	$\cdots$	$\frac{\sqrt{3}}{3}$	$\cdots$	1
$g'(t)$		$-$	0	$+$	0	$-$	
$g(t)$	0	↘	$-\frac{2\sqrt{3}}{9}$	↗	$\frac{2\sqrt{3}}{9}$	↘	0

따라서 함수 $g(t)$는 $t=\frac{\sqrt{3}}{3}$에서 최댓값 $\frac{2\sqrt{3}}{9}$, $t=-\frac{\sqrt{3}}{3}$에서 최솟값 $-\frac{2\sqrt{3}}{9}$을 가지므로

$\sin a=\frac{\sqrt{3}}{3}$, $M=\frac{2\sqrt{3}}{9}$, $\sin b=-\frac{\sqrt{3}}{3}$, $m=-\frac{2\sqrt{3}}{9}$

$$\therefore \frac{M}{\sin a}+\frac{m}{\sin b}=\frac{\frac{2\sqrt{3}}{9}}{\frac{\sqrt{3}}{3}}+\frac{-\frac{2\sqrt{3}}{9}}{-\frac{\sqrt{3}}{3}}=\frac{2}{3}+\frac{2}{3}=\frac{4}{3}$$

1569 답 ④

$g(x)=\sin x=t$라 하면 $-1\le t\le1$이고

$(f\circ g)(x)=f(g(x))=f(t)=t^3-3t^2+5$

$f'(t)=3t^2-6t=3t(t-2)$

$f'(t)=0$에서 $t=0$ ($\because -1\le t\le1$)

함수 $f(t)$의 증가와 감소를 표로 나타내면 다음과 같다.

t	-1	$\cdots$	0	$\cdots$	1
$f'(t)$		$+$	0	$-$	
$f(t)$	1	↗	5	↘	3

따라서 함수 $f(t)$는 $t=0$에서 최댓값 5, $t=-1$에서 최솟값 1을 가지므로 최댓값과 최솟값의 곱은 $5\times1=5$

1570 답 ②

모든 양수 x에 대하여 $-1\le\sin x\le1$이므로

$-2\le-2\sin x\le2$, $1\le3-2\sin x\le5$

$e\le e^{3-2\sin x}\le e^5$

$\therefore e\le g(x)\le e^5$

$g(x)=t$라 하면 $e\le t\le e^5$이고

$(f\circ g)(x)=f(g(x))=f(t)=t\ln t-3t$

$f'(t)=\ln t+t\times\frac{1}{t}-3=\ln t-2$

$f'(t)=0$에서 $\ln t=2$ $\quad\therefore t=e^2$

함수 $f(t)$의 증가와 감소를 표로 나타내면 다음과 같다.

t	e	$\cdots$	e^2	$\cdots$	e^5
$f'(t)$		$-$	0	$+$	
$f(t)$	$-2e$	↘	$-e^2$	↗	$2e^5$

따라서 함수 $f(t)$는 $t=e^5$에서 최댓값 $2e^5$, $t=e^2$에서 최솟값 $-e^2$을 가지므로

$M=2e^5$, $m=-e^2$

$\therefore \frac{M}{m}=\frac{2e^5}{-e^2}=-2e^3$

실수 Check

합성함수의 최댓값, 최솟값을 구할 때는 합성함수의 그래프를 그리지 않고 치환을 이용한다.

Plus 문제

1570-1

$0\le x\le2$에서 정의된 두 함수

$$f(x)=\frac{x-1}{x^2+3},\ g(x)=2x^2e^{-x+2}$$

에 대하여 합성함수 $(f\circ g)(x)$의 최댓값을 M, 최솟값을 m이라 할 때, $M-m$의 값을 구하시오.

$g(x)=2x^2e^{-x+2}$에서

$g'(x)=4xe^{-x+2}-2x^2e^{-x+2}$

$\quad=-2e^{-x+2}x(x-2)$

$g'(x)=0$에서 $x=0$ 또는 $x=2$

함수 $g(x)$의 증가와 감소를 표로 나타내면 다음과 같다.

x	0	$\cdots$	2
$g'(x)$	0	$+$	0
$g(x)$	0	↗	8

$\therefore 0\le g(x)\le8$

$g(x)=t$라 하면 $0\le t\le8$이고

$(f\circ g)(x)=f(g(x))=f(t)$

$\quad=\frac{t-1}{t^2+3}$

$f'(t)=\frac{1\times(t^2+3)-(t-1)\times2t}{(t^2+3)^2}$

$\quad=\frac{-(t+1)(t-3)}{(t^2+3)^2}$

$f'(t)=0$에서 $t=3$ ($\because 0\le t\le8$)

함수 $f(t)$의 증가와 감소를 표로 나타내면 다음과 같다.

t	0	$\cdots$	3	$\cdots$	8
$f'(t)$		+	0	−	
$f(t)$	$-\frac{1}{3}$	↗	$\frac{1}{6}$	↘	$\frac{7}{67}$

따라서 함수 $f(t)$는 $t=3$에서 최댓값 $\frac{1}{6}$, $t=0$에서 최솟값 $-\frac{1}{3}$을 가지므로

$M=\frac{1}{6}$, $m=-\frac{1}{3}$

$\therefore M-m=\frac{1}{6}-\left(-\frac{1}{3}\right)=\frac{1}{2}$

답 $\frac{1}{2}$

1571 답 ② | 유형13

실수 전체의 집합에서 정의된 함수 $f(x)=\frac{ax+b}{x^2+x+1}$(단서1)가 $x=2$에서 최댓값 1(단서2)을 가질 때, 상수 a, b에 대하여 $a+b$의 값은?

① 1 ② 2 ③ 3
④ 4 ⑤ 5

단서1 $y=\frac{v(x)}{u(x)}$ → $y'=\frac{v'(x)u(x)-v(x)u'(x)}{\{u(x)\}^2}$
단서2 $x=2$에서 극대이고 $f'(2)=0$, $f(2)=1$

STEP1 $f'(x)$ 구하기

$f(x)=\frac{ax+b}{x^2+x+1}$에서

$f'(x)=\frac{a(x^2+x+1)-(ax+b)(2x+1)}{(x^2+x+1)^2}$

$=\frac{-ax^2-2bx+a-b}{(x^2+x+1)^2}$

STEP2 함수 $f(x)$가 $x=2$에서 극대이면서 최대임을 이용하여 a, b에 대한 연립방정식 세우기

$\lim_{x\to-\infty} f(x)=0$, $\lim_{x\to\infty} f(x)=0$이므로

미분가능한 함수 $f(x)$는 $x=2$에서 극대이면서 최대이다. → 실수 전체의 집합에서 연속이며 미분가능하다.

$f'(2)=0$에서 $\frac{-4a-4b+a-b}{49}=0$

$-3a-5b=0$ $\therefore 3a+5b=0$ ⋯⋯ ㉠

$f(2)=1$에서 $\frac{2a+b}{7}=1$

$\therefore 2a+b=7$ ⋯⋯ ㉡

STEP3 $a+b$의 값 구하기

㉠, ㉡을 연립하여 풀면 $a=5$, $b=-3$

$\therefore a+b=5+(-3)=2$

1572 답 ⑤

$f(x)=x^2\ln x-x^2+k$에서 $x>0$이고

$f'(x)=2x\ln x+x^2\times\frac{1}{x}-2x=x(2\ln x-1)$

$f'(x)=0$에서 $\ln x=\frac{1}{2}$ $\therefore x=\sqrt{e}$

함수 $f(x)$의 증가와 감소를 표로 나타내면 다음과 같다.

x	(0)	$\cdots$	$\sqrt{e}$	$\cdots$
$f'(x)$		−	0	+
$f(x)$		↘	$-\frac{e}{2}+k$	↗

따라서 함수 $f(x)$는 $x=\sqrt{e}$에서 최솟값 $-\frac{e}{2}+k$를 가지므로

$-\frac{e}{2}+k=\frac{e}{2}$ $\therefore k=e$

1573 답 ②

$f(x)=x^2-2\ln kx$에서 $k>0$이므로 $x>0$이고

$f'(x)=2x-\frac{2}{x}=\frac{2(x+1)(x-1)}{x}$

$f'(x)=0$에서 $x=1$ ($\because x>0$)

함수 $f(x)$의 증가와 감소를 표로 나타내면 다음과 같다.

x	(0)	$\cdots$	1	$\cdots$
$f'(x)$		−	0	+
$f(x)$		↘	$1-2\ln k$	↗

따라서 함수 $f(x)$는 $x=1$에서 최솟값 $1-2\ln k$를 가지므로

$1-2\ln k=0$, $\ln k=\frac{1}{2}$ $\therefore k=\sqrt{e}$

1574 답 2

$f(x)=e^{x^2+ax+b}$에서

$f'(x)=(2x+a)e^{x^2+ax+b}$

$f'(x)=0$에서 $2x+a=0$ $\therefore x=-\frac{a}{2}$

함수 $f(x)$의 증가와 감소를 표로 나타내면 다음과 같다.

x	$\cdots$	$-\frac{a}{2}$	$\cdots$
$f'(x)$	−	0	+
$f(x)$	↘	$e^{-\frac{a^2}{4}+b}$	↗

따라서 함수 $f(x)$는 $x=-\frac{a}{2}$에서 최솟값 $e^{-\frac{a^2}{4}+b}$을 가지므로

$-\frac{a}{2}=-1$에서 $a=2$

$e^{-1+b}=1$에서 $-1+b=0$ $\therefore b=1$

$\therefore ab=2\times1=2$

1575 답 ④

$f(x)=a(x+\cos 2x)$에서

$f'(x)=a(1-2\sin 2x)$

$f'(x)=0$에서 $\sin 2x=\frac{1}{2}$ $\therefore x=\frac{\pi}{12}$ $\left(\because 0\le x\le\frac{\pi}{4}\right)$

함수 $f(x)$의 증가와 감소를 표로 나타내면 다음과 같다.

x	0	$\cdots$	$\frac{\pi}{12}$	$\cdots$	$\frac{\pi}{4}$
$f'(x)$		+	0	−	
$f(x)$	a	↗	$\frac{a}{12}\pi+\frac{\sqrt{3}}{2}a$	↘	$\frac{a}{4}\pi$

따라서 함수 $f(x)$는 $x=\frac{\pi}{4}$에서 최솟값 $\frac{a}{4}\pi$를 가지므로

$\frac{a}{4}\pi=\pi$ $\therefore a=4$

1576 답 ③

$f(x)=\dfrac{x}{x^2-x+1}+k$에서

$f'(x)=\dfrac{(x^2-x+1)-x(2x-1)}{(x^2-x+1)^2}$

$=\dfrac{-(x+1)(x-1)}{(x^2-x+1)^2}$

$f'(x)=0$에서 $x=-1$ 또는 $x=1$

함수 $f(x)$의 증가와 감소를 표로 나타내면 다음과 같다.

x	-2	$\cdots$	-1	$\cdots$	1	$\cdots$	2
$f'(x)$		$-$	0	$+$	0	$-$	
$f(x)$	$k-\frac{2}{7}$	↘	$k-\frac{1}{3}$	↗	$k+1$	↘	$k+\frac{2}{3}$

따라서 함수 $f(x)$는 $x=1$에서 최댓값 $k+1$, $x=-1$에서 최솟값 $k-\frac{1}{3}$을 가지므로

$(k+1)+\left(k-\frac{1}{3}\right)=\frac{20}{3}$

$2k=6 \quad \therefore k=3$

1577 답 4

$f(x)=(a-x)\sqrt{a^2-x^2}$에서

$f'(x)=-\sqrt{a^2-x^2}-(a-x)\times\dfrac{x}{\sqrt{a^2-x^2}}$

$=\dfrac{2x^2-ax-a^2}{\sqrt{a^2-x^2}}=\dfrac{(2x+a)(x-a)}{\sqrt{a^2-x^2}}$

$f'(x)=0$에서 $x=-\frac{a}{2}$ 또는 $x=a$

함수 $f(x)$의 증가와 감소를 표로 나타내면 다음과 같다.

x	$-a$	$\cdots$	$-\frac{a}{2}$	$\cdots$	a
$f'(x)$		$+$	0	$-$	
$f(x)$	0	↗	$\frac{3\sqrt{3}}{4}a^2$	↘	0

따라서 함수 $f(x)$는 $x=-\frac{a}{2}$에서 최댓값 $\frac{3\sqrt{3}}{4}a^2$을 가지므로

$\frac{3\sqrt{3}}{4}a^2=12\sqrt{3}$, $a^2=16 \quad \therefore a=4\ (\because a>0)$

1578 답 ④

$f(x)=axe^x$에서

$f'(x)=ae^x+axe^x=ae^x(x+1)$

$f'(x)=0$에서 $x=-1$

함수 $f(x)$의 증가와 감소를 표로 나타내면 다음과 같다.

x	-2	$\cdots$	-1	$\cdots$	1
$f'(x)$		$-$	0	$+$	
$f(x)$	$-\frac{2a}{e^2}$	↘	$-\frac{a}{e}$	↗	ae

$a>0$이므로 함수 $f(x)$는 $x=1$에서 최댓값 ae, $x=-1$에서 최솟값 $-\frac{a}{e}$를 갖는다.

이때 최댓값과 최솟값의 곱이 -4이므로

$ae\times\left(-\frac{a}{e}\right)=-4$, $a^2=4$

$\therefore a=2\ (\because a>0)$

1579 답 ①

$f(x)=\sin 2x+x+a$에서

$f'(x)=2\cos 2x+1$

$f'(x)=0$에서 $\cos 2x=-\frac{1}{2}$

$\therefore x=\frac{\pi}{3}$ 또는 $x=\frac{2}{3}\pi\ (\because 0\le x\le\pi)$

함수 $f(x)$의 증가와 감소를 표로 나타내면 다음과 같다.

x	0	$\cdots$	$\frac{\pi}{3}$	$\cdots$	$\frac{2}{3}\pi$	$\cdots$	π
$f'(x)$		$+$	0	$-$	0	$+$	
$f(x)$	a	↗	$\frac{\sqrt{3}}{2}+\frac{\pi}{3}+a$	↘	$-\frac{\sqrt{3}}{2}+\frac{2}{3}\pi+a$	↗	$\pi+a$

즉, 함수 $f(x)$는 $x=\pi$에서 최댓값 $M=\pi+a$, $x=0$에서 최솟값 $m=a$를 갖는다.

이때 $M+m=3\pi$이므로

$(\pi+a)+a=3\pi$, $2a=2\pi$

$\therefore a=\pi$

실수 Check

$\left(\frac{\sqrt{3}}{2}+\frac{\pi}{3}+a\right)-(\pi+a)=\frac{\sqrt{3}}{2}-\frac{2}{3}\pi<0$이므로 최댓값은 $\pi+a$이고

$a-\left(-\frac{\sqrt{3}}{2}+\frac{2}{3}\pi+a\right)=\frac{\sqrt{3}}{2}-\frac{2}{3}\pi<0$이므로 최솟값은 a이다.

1580 답 ③

$\sin x=t$라 하면 $-1\le t\le 1$이고

주어진 함수 $f(x)$를 t에 대한 함수 $g(t)$로 나타내면

$g(t)=2t^3-3t^2+a$

$g'(t)=6t^2-6t=6t(t-1)$

$g'(t)=0$에서 $t=0$ 또는 $t=1$

함수 $g(t)$의 증가와 감소를 표로 나타내면 다음과 같다.

t	-1	$\cdots$	0	$\cdots$	1
$g'(t)$		$+$	0	$-$	
$g(t)$	$a-5$	↗	a	↘	$a-1$

즉, 함수 $g(t)$는 $t=0$에서 최댓값 a, $t=-1$에서 최솟값 $a-5$를 갖는다.

이때 함수 $f(x)$의 최댓값이 5이므로

$a=5$

따라서 함수 $f(x)$의 최솟값은 0이다.

1581 답 ④ | 유형14

그림과 같이 곡선 $y=e^x+1$과 직선 $y=x$가 직선 $x=t$와 만나는 점을 각각 P, Q라 할 때, 선분 PQ의 길이의 최솟값은?

① $\frac{\sqrt{2}}{2}$ ② 1
③ $\sqrt{2}$ ④ 2
⑤ $2\sqrt{2}$

단서1 점 P의 y좌표 : $y=e^x+1$에서 $x=t$일 때 y의 값
점 Q의 y좌표 : $y=x$에서 $x=t$일 때 y의 값

단서2 $\overline{PQ}$=(점 P의 y좌표)−(점 Q의 y좌표)

STEP 1 선분 PQ의 길이를 t에 대한 함수 $f(t)$로 나타내기

$P(t,\ e^t+1)$, $Q(t,\ t)$이므로 선분 PQ의 길이를 $f(t)$라 하면

$f(t)=e^t+1-t$

STEP 2 함수 $f(t)$의 증가와 감소를 표로 나타내기

$f'(t)=e^t-1$

$f'(t)=0$에서 $e^t=1$

$\therefore\ t=0$

함수 $f(t)$의 증가와 감소를 표로 나타내면 다음과 같다.

t	$\cdots$	0	$\cdots$
$f'(t)$	$-$	0	$+$
$f(t)$	↘	2	↗

STEP 3 선분 PQ의 길이의 최솟값 구하기

함수 $f(t)$는 $t=0$에서 최솟값 2를 가지므로 선분 PQ의 길이의 최솟값은 2이다.

1582 답 ②

원점과 곡선 위의 점 $(e^t,\ e^{-t})$ 사이의 거리를 $f(t)$라 하면

$f(t)=\sqrt{(e^t)^2+(e^{-t})^2}$

$=\sqrt{e^{2t}+e^{-2t}}$

$f'(t)=\dfrac{2e^{2t}-2e^{-2t}}{2\sqrt{e^{2t}+e^{-2t}}}$

$=\dfrac{e^{2t}-e^{-2t}}{\sqrt{e^{2t}+e^{-2t}}}$

$f'(t)=0$에서 $e^{2t}=e^{-2t}$, $e^{4t}=1$

$\therefore\ t=0$

함수 $f(t)$의 증가와 감소를 표로 나타내면 다음과 같다.

t	$\cdots$	0	$\cdots$
$f'(t)$	$-$	0	$+$
$f(t)$	↘	$\sqrt{2}$	↗

따라서 함수 $f(t)$는 $t=0$에서 최솟값 $\sqrt{2}$를 가지므로 구하는 거리의 최솟값은 $\sqrt{2}$이다.

1583 답 14

점 P의 좌표를 $\left(t,\ \dfrac{1}{t+1}-1\right)$이라 하면 선분 AP의 길이의 최솟값은 $t>-1$일 때 갖는다.

$f(t)=l^2=\overline{AP}^2$이라 하면

$f(t)=(t-3)^2+\left(\dfrac{1}{t+1}-4\right)^2$

$f'(t)=2(t-3)+2\left(\dfrac{1}{t+1}-4\right)\times\left\{-\dfrac{1}{(t+1)^2}\right\}$

$=\dfrac{2t(t+2)(t^2-2t-2)}{(t+1)^3}$

$f'(t)=0$에서 $t=0$ 또는 $t=1\pm\sqrt{3}$ ($\because\ t>-1$)

함수 $f(t)$의 증가와 감소를 표로 나타내면 다음과 같다.

t	(-1)	$\cdots$	$1-\sqrt{3}$	$\cdots$	0	$\cdots$	$1+\sqrt{3}$	$\cdots$
$f'(t)$		$-$	0	$+$	0	$-$	0	$+$
$f(t)$		↘	14	↗	18	↘	14	↗

따라서 함수 $f(t)$는 $t=1-\sqrt{3}$ 또는 $t=1+\sqrt{3}$에서 최솟값 14를 가지므로 l^2의 값은 14이다.

1584 답 ④

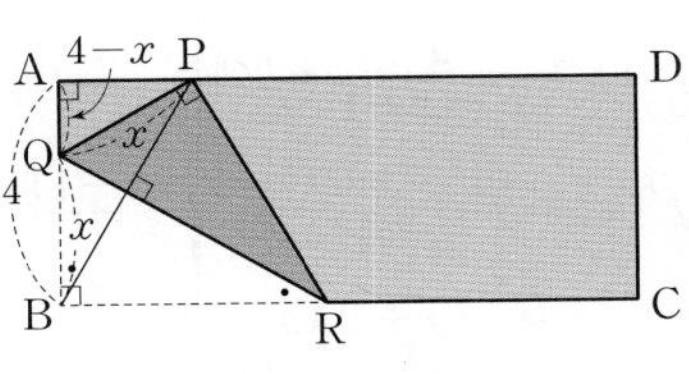

$\overline{BQ}=\overline{PQ}=x$ $(0<x<4)$

라 하면

$\overline{AQ}=4-x$이므로

$\overline{AP}=\sqrt{x^2-(4-x)^2}$

$=\sqrt{8(x-2)}$

한편, 두 삼각형 ABP, BRQ에서 $4:\sqrt{8(x-2)}=\overline{BR}:x$이므로

(→ △ABP∽△BRQ(AA 닮음))

$\overline{BR}=\dfrac{4x}{\sqrt{8(x-2)}}$ $(2<x<4)$

$\therefore\ \overline{QR}^2=\overline{BQ}^2+\overline{BR}^2=x^2+\dfrac{2x^2}{x-2}=\dfrac{x^3}{x-2}$

$f(x)=\dfrac{x^3}{x-2}$이라 하면

$f'(x)=\dfrac{3x^2(x-2)-x^3}{(x-2)^2}=\dfrac{2x^2(x-3)}{(x-2)^2}$

$f'(x)=0$에서 $x=3$ ($\because\ 2<x<4$)

함수 $f(x)$의 증가와 감소를 표로 나타내면 다음과 같다.

x	(2)	$\cdots$	3	$\cdots$	(4)
$f'(x)$		$-$	0	$+$	
$f(x)$		↘	27	↗	

즉, 함수 $f(x)$는 $x=3$에서 최솟값 27을 갖는다.

따라서 $x=3$일 때 선분 QR의 길이가 최소이므로 구하는 선분 PQ의 길이는 3이다.

실수 Check

$\overline{PQ}=x$라 하고 선분 QR의 길이를 x에 대한 함수로 나타낸다. 이때 삼각형 QRB와 삼각형 QRP가 합동임을 이용한다.

Plus 문제

1584-1

그림과 같이 가로의 길이가 충분히 길고 세로의 길이가 10인 직사각형 모양의 종이를 꼭짓점 B가 선분 AD 위에 놓이도록 $\overline{QR}$를 접는 선으로 하여 접었다. 선분 QR의 길이가 최소일 때의 선분 PQ의 길이를 구하시오.

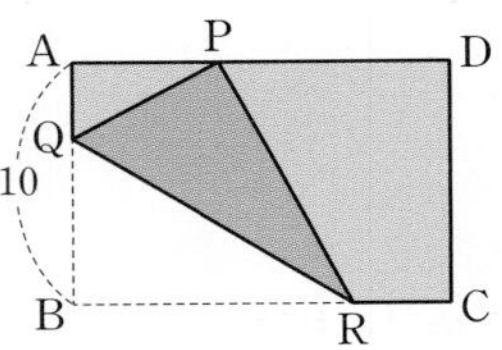

$\overline{BQ}=\overline{PQ}=x$ $(0<x<10)$라 하면

$\overline{AQ}=10-x$이므로

$\overline{AP}=\sqrt{x^2-(10-x)^2}$

$=\sqrt{20(x-5)}$

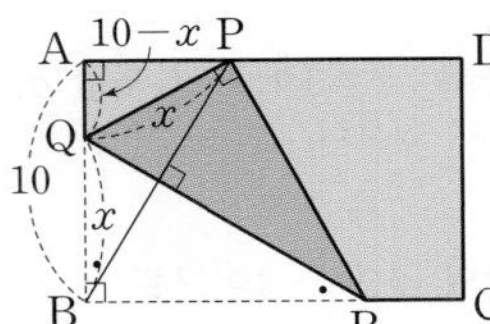

한편, 두 삼각형 ABP, BRQ에서

$10:\sqrt{20(x-5)}=\overline{BR}:x$이므로

$\overline{BR}=\dfrac{10x}{\sqrt{20(x-5)}}$ $(5<x<10)$

$\therefore \overline{QR}^2=\overline{BQ}^2+\overline{BR}^2=x^2+\dfrac{5x^2}{x-5}=\dfrac{x^3}{x-5}$

$f(x)=\dfrac{x^3}{x-5}$이라 하면

$f'(x)=\dfrac{3x^2(x-5)-x^3}{(x-5)^2}=\dfrac{x^2(2x-15)}{(x-5)^2}$

$f'(x)=0$에서 $x=\dfrac{15}{2}$ $(\because 5<x<10)$

함수 $f(x)$의 증가와 감소를 표로 나타내면 다음과 같다.

x	(5)	$\cdots$	$\frac{15}{2}$	$\cdots$	(10)
$f'(x)$		$-$	0	$+$	
$f(x)$		↘	$\frac{675}{4}$	↗	

즉, 함수 $f(x)$는 $x=\dfrac{15}{2}$에서 최솟값 $\dfrac{675}{4}$를 갖는다.

따라서 $x=\dfrac{15}{2}$일 때 선분 QR의 길이가 최소이므로 구하는 선분 PQ의 길이는 $\dfrac{15}{2}$이다.

답 $\dfrac{15}{2}$

1585 답 34

그림과 같이 점 P에서 x축에 내린 수선의 발을 H라 하면 점 P의 y좌표는 선분 PH의 길이와 같다.

원과 x축의 교점 중 원점이 아닌 점을 B라 하면 $\angle OQB=\dfrac{\pi}{2}$이고,

$\overline{OB}=2$이므로

$\overline{OQ}=2\cos\theta$

$\therefore \overline{OP}=\overline{OQ}-\overline{PQ}=2\cos\theta-1$

$\therefore \overline{PH}=\overline{OP}\sin\theta=(2\cos\theta-1)\sin\theta$

$f(\theta)=(2\cos\theta-1)\sin\theta$라 하면

$f'(\theta)=-2\sin\theta\times\sin\theta+(2\cos\theta-1)\cos\theta$

$=-2\sin^2\theta+2\cos^2\theta-\cos\theta$

$=-2(1-\cos^2\theta)+2\cos^2\theta-\cos\theta$

$=4\cos^2\theta-\cos\theta-2$

$f'(\theta)=0$에서 $4\cos^2\theta-\cos\theta-2=0$

$\therefore \cos\theta=\dfrac{1\pm\sqrt{33}}{8}$

그런데 $0<\theta<\dfrac{\pi}{3}$에서 $\dfrac{1}{2}<\cos\theta<1$이므로

$\cos\theta=\dfrac{1+\sqrt{33}}{8}$

$0<\theta<\dfrac{\pi}{3}$에서 $\cos\theta=\dfrac{1+\sqrt{33}}{8}$을 만족시키는 θ의 값을 θ_1이라 하고, 함수 $f(\theta)$의 증가와 감소를 표로 나타내면 다음과 같다.

θ	(0)	$\cdots$	θ_1	$\cdots$	$\left(\frac{\pi}{3}\right)$
$f'(\theta)$		$+$	0	$-$	
$f(\theta)$		↗	극대	↘	

즉, 함수 $f(\theta)$는 $\theta=\theta_1$에서 극대이면서 최대이다.

따라서 $\cos\theta=\dfrac{1+\sqrt{33}}{8}$이므로

$a=1,\ b=33$

$\therefore a+b=1+33=34$

실수 Check

θ의 값이 아닌 $\cos\theta$의 값을 구하는 문제이다. $f'(\theta)=0$, 즉 $4\cos^2\theta-\cos\theta-2=0$에서 이 방정식을 $\cos\theta$에 대한 이차방정식으로 생각하고 근의 공식을 이용하여 $\cos\theta$의 값을 구하면 된다.

1586 답 ② | 유형 15

곡선 $y=e^{1-x}$ 위의 점 $(t,\ e^{1-t})$에서의 접선과 x축 및 y축으로 둘러싸인 삼각형의 넓이의 최댓값은? (단, $t>0$)

① 1 ② 2 ③ 3 ④ 4 ⑤ 5

단서1 $f(x)=e^{1-x}$이라 하면 접선의 방정식은 $y-e^{1-t}=f'(t)(x-t)$

단서2 접선의 x절편, y절편을 이용

STEP1 접선의 방정식 구하기

$f(x)=e^{1-x}$이라 하면 $f'(x)=-e^{1-x}$

점 $(t,\ e^{1-t})$에서의 접선의 기울기는 $f'(t)=-e^{1-t}$이므로 접선의 방정식은

$y-e^{1-t}=-e^{1-t}(x-t)$

$\therefore y=-e^{1-t}x+(t+1)e^{1-t}$ ······ ㉠

STEP2 삼각형의 넓이를 t에 대한 함수 $S(t)$로 나타내기

이 직선의 x절편, y절편은 각각 $t+1,\ (t+1)e^{1-t}$이므로 (㉠에 $y=0,\ x=0$을 각각 대입한다.)

점 $(t,\ e^{1-t})$에서의 접선과 x축 및 y축으로 둘러싸인 삼각형의 넓이를 $S(t)$라 하면

$S(t)=\dfrac{1}{2}(t+1)^2e^{1-t}$

STEP3 함수 $S(t)$의 증가와 감소를 표로 나타내기

$S'(t)=\dfrac{1}{2}\times2(t+1)e^{1-t}+\dfrac{1}{2}(t+1)^2\times(-e^{1-t})$

$=-\dfrac{(t+1)(t-1)}{2}e^{1-t}$

$S'(t)=0$에서 $t=1$ $(\because t>0)$

함수 $S(t)$의 증가와 감소를 표로 나타내면 다음과 같다.

t	(0)	$\cdots$	1	$\cdots$
$S'(t)$		$+$	0	$-$
$S(t)$		↗	2	↘

STEP4 삼각형의 넓이의 최댓값 구하기

함수 $S(t)$는 $t=1$에서 최댓값 2를 가지므로 구하는 삼각형의 넓이의 최댓값은 2이다.

1587 답 ④

두 곡선 $y=\ln x$, $y=\ln\dfrac{1}{x}$은 x축에 대하여 대칭이므로 점 A의 좌표를 $(t,\ \ln t)$ $(0<t<1)$라 하면 $B\left(t,\ \ln\dfrac{1}{t}\right)$이고

$\overline{BC}=t,\ \overline{AB}=-2\ln t$

직사각형 ABCD의 넓이를 $S(t)$라 하면

$S(t)=t\times(-2\ln t)=-2t\ln t$

$S'(t)=-2\ln t-2t\times\frac{1}{t}=-2(\ln t+1)$

$S'(t)=0$에서 $\ln t=-1$ $\therefore t=\frac{1}{e}$

함수 $S(t)$의 증가와 감소를 표로 나타내면 다음과 같다.

t	(0)	$\cdots$	$\frac{1}{e}$	$\cdots$	(1)
$S'(t)$		$+$	0	$-$	
$S(t)$		↗	$\frac{2}{e}$	↘	

따라서 함수 $S(t)$는 $t=\frac{1}{e}$에서 최댓값 $\frac{2}{e}$를 가지므로 직사각형 ABCD의 넓이의 최댓값은 $\frac{2}{e}$이다.

1588 답 ③

$f(x)=e^{x^2}$이라 하면 $f'(x)=2xe^{x^2}$

점 $\mathrm{P}(t, e^{t^2})$에서의 접선의 기울기는 $f'(t)=2te^{t^2}$이므로 접선의 방정식은

$y-e^{t^2}=2te^{t^2}(x-t)$

$\therefore y=2te^{t^2}x-(2t^2-1)e^{t^2}$

위의 식에 $y=0$을 대입하면 $x=t-\frac{1}{2t}$이므로

$\mathrm{Q}\left(t-\frac{1}{2t}, 0\right)$

즉, $\overline{\mathrm{QH}}=t-\left(t-\frac{1}{2t}\right)=\frac{1}{2t}$, $\overline{\mathrm{PH}}=e^{t^2}$이므로

삼각형 PQH의 넓이를 $S(t)$라 하면

$S(t)=\frac{1}{2}\times\frac{1}{2t}\times e^{t^2}=\frac{e^{t^2}}{4t}$

$S'(t)=\frac{2te^{t^2}\times4t-e^{t^2}\times4}{16t^2}=\frac{(2t^2-1)e^{t^2}}{4t^2}$

$S'(t)=0$에서 $t=\frac{\sqrt{2}}{2}$ $(\because t>0)$

함수 $S(t)$의 증가와 감소를 표로 나타내면 다음과 같다.

t	(0)	$\cdots$	$\frac{\sqrt{2}}{2}$	$\cdots$
$S'(t)$		$-$	0	$+$
$S(t)$		↘	$\frac{\sqrt{2e}}{4}$	↗

따라서 함수 $S(t)$는 $t=\frac{\sqrt{2}}{2}$에서 최솟값 $\frac{\sqrt{2e}}{4}$를 가지므로 삼각형 PQH의 넓이의 최솟값은 $\frac{\sqrt{2e}}{4}$이다.

1589 답 $\frac{2}{e}$

$f(x)=3e^{-x}$, $g(x)=-e^{-x}$이라 하자.

$f(x)=3e^{-x}>0$이고 $g(x)=-e^{-x}<0$이므로

$f(x)>g(x)$

$\mathrm{A}(t, 3e^{-t})$, $\mathrm{B}(t, -e^{-t})$이므로

삼각형 OAB의 넓이를 $S(t)$라 하면

$S(t)=\frac{1}{2}\times t\times\{3e^{-t}-(-e^{-t})\}=2te^{-t}$

$S'(t)=2e^{-t}-2te^{-t}=2(1-t)e^{-t}$

$S'(t)=0$에서 $t=1$ $(\because e^{-t}>0)$

함수 $S(t)$의 증가와 감소를 표로 나타내면 다음과 같다.

t	(0)	$\cdots$	1	$\cdots$
$S'(t)$		$+$	0	$-$
$S(t)$		↗	$\frac{2}{e}$	↘

따라서 함수 $S(t)$는 $t=1$에서 최댓값 $\frac{2}{e}$를 가지므로 삼각형 OAB의 넓이의 최댓값은 $\frac{2}{e}$이다.

1590 답 $3\sqrt{3}$

그림과 같이 $\angle\mathrm{AOD}=\theta$ $\left(0<\theta<\frac{\pi}{2}\right)$, 점 D에서 선분 AB에 내린 수선의 발을 E라 하면 직각삼각형 ODE에서

$\overline{\mathrm{DE}}=2\sin\theta$, $\overline{\mathrm{OE}}=2\cos\theta$

$\overline{\mathrm{OC}}$를 긋고 점 O에서 선분 CD에 내린 수선의 발을 F라 하면 $\triangle\mathrm{OCD}$는 $\overline{\mathrm{OD}}=\overline{\mathrm{OC}}$인 이등변삼각형이므로

$\overline{\mathrm{CD}}=2\overline{\mathrm{DF}}=2\overline{\mathrm{OE}}=4\cos\theta$

사다리꼴 ABCD의 넓이를 $S(\theta)$라 하면

$S(\theta)=\frac{1}{2}(\overline{\mathrm{AB}}+\overline{\mathrm{CD}})\times\overline{\mathrm{DE}}$

$=\frac{1}{2}(4+4\cos\theta)\times2\sin\theta$

$=4\sin\theta(1+\cos\theta)$

$S'(\theta)=4\cos\theta(1+\cos\theta)+4\sin\theta\times(-\sin\theta)$

$=4(\cos^2\theta+\cos\theta-\sin^2\theta)$

$=4\{\cos^2\theta+\cos\theta-(1-\cos^2\theta)\}$

$=4(2\cos^2\theta+\cos\theta-1)$

$=4(\cos\theta+1)(2\cos\theta-1)$

$S'(\theta)=0$에서 $\cos\theta=\frac{1}{2}$ 또는 $\cos\theta=-1$

$\therefore \theta=\frac{\pi}{3}$ $\left(\because 0<\theta<\frac{\pi}{2}\right)$

함수 $S(\theta)$의 증가와 감소를 표로 나타내면 다음과 같다.

θ	(0)	$\cdots$	$\frac{\pi}{3}$	$\cdots$	$\left(\frac{\pi}{2}\right)$
$S'(\theta)$		$+$	0	$-$	
$S(\theta)$		↗	$3\sqrt{3}$	↘	

따라서 함수 $S(\theta)$는 $\theta=\frac{\pi}{3}$에서 최댓값 $3\sqrt{3}$을 가지므로 사다리꼴 ABCD의 넓이의 최댓값은 $3\sqrt{3}$이다.

1591 답 ④

$f(x)=2e^{-x}$이라 하면 $f'(x)=-2e^{-x}$

점 P에서의 접선의 기울기는 $f'(t)=-2e^{-t}$이므로 접선의 방정식은

$y-2e^{-t}=-2e^{-t}(x-t)$

$\therefore y=-2e^{-t}x+2(t+1)e^{-t}$

위의 식에 $x=0$을 대입하면 $y=2(t+1)e^{-t}$이므로

$\mathrm{B}(0, 2(t+1)e^{-t})$

이때 $\mathrm{A}(0, 2e^{-t})$이므로

$\overline{\mathrm{AB}}=2te^{-t}$, $\overline{\mathrm{AP}}=t$

삼각형 APB의 넓이를 $S(t)$라 하면

$S(t)=\frac{1}{2}\times t\times 2te^{-t}=t^2e^{-t}$

$S'(t)=2te^{-t}-t^2e^{-t}=t(2-t)e^{-t}$

$S'(t)=0$에서 $t=2$ ($\because t>0$)

함수 $S(t)$의 증가와 감소를 표로 나타내면 다음과 같다.

t	(0)	$\cdots$	2	$\cdots$
$S'(t)$		$+$	0	$-$
$S(t)$		↗	$\frac{4}{e^2}$	↘

따라서 함수 $S(t)$는 $t=2$에서 최댓값 $\frac{4}{e^2}$를 가지므로 삼각형 APB의 넓이가 최대가 되도록 하는 t의 값은 2이다.

1592 답 ⑤

점 P의 좌표는 $(\cos\theta,\ \sin\theta)$이므로 삼각형 OQP의 넓이는

$\frac{1}{2}\times 2\cos\theta\times\sin\theta=\sin\theta\cos\theta=\frac{1}{2}\sin 2\theta$

점 R의 좌표는 $\left(2\cos\frac{\theta}{2},\ -2\sin\frac{\theta}{2}\right)$이므로

삼각형 ORS의 넓이는

$\frac{1}{2}\times 4\cos\frac{\theta}{2}\times 2\sin\frac{\theta}{2}=4\sin\frac{\theta}{2}\cos\frac{\theta}{2}=2\sin\theta$

삼각형 OQP와 삼각형 ORS의 넓이의 합을 $S(\theta)$라 하면

$S(\theta)=\frac{1}{2}\sin 2\theta+2\sin\theta$

$S'(\theta)=\cos 2\theta+2\cos\theta=2\cos^2\theta+2\cos\theta-1$

$S'(\theta)=0$에서 $\cos\theta=\frac{-1+\sqrt{3}}{2}$ $\left(\because 0<\theta<\frac{\pi}{2}\right)$

$0<\theta<\frac{\pi}{2}$에서 $S'(\theta)=0$을 만족시키는 θ의 값을 θ_1이라 하고, 함수 $S(\theta)$의 증가와 감소를 표로 나타내면 다음과 같다.

θ	(0)	$\cdots$	θ_1	$\cdots$	$\left(\frac{\pi}{2}\right)$
$S'(\theta)$		$+$	0	$-$	
$S(\theta)$		↗	극대	↘	

즉, 함수 $S(\theta)$는 $\theta=\theta_1$에서 극대이면서 최대이다.

따라서 함수 $S(\theta)$가 최대가 되도록 하는 θ에 대하여

$\cos\theta=\frac{-1+\sqrt{3}}{2}$

실수 Check

θ의 값이 아닌 $\cos\theta$의 값을 구하는 문제이다. $S'(\theta)=0$, 즉 $2\cos^2\theta+2\cos\theta-1=0$에서 이 방정식을 $\cos\theta$에 대한 이차방정식으로 생각하고 근의 공식을 이용하여 $\cos\theta$의 값을 구하면 된다.

1593 답 ②

| 유형 16

x에 대한 방정식 $(x^2-3)e^x=k$가 서로 다른 두 실근을 갖도록 하는 양수 k의 값은? (단, $\lim_{x\to-\infty}x^2e^x=0$) 단서1

① $\frac{4}{e^3}$ ② $\frac{6}{e^3}$ ③ $\frac{4}{e^2}$

④ $\frac{6}{e^2}$ ⑤ $\frac{4}{e}$

단서1 곡선 $y=(x^2-3)e^x$과 직선 $y=k$의 교점이 2개

STEP 1 주어진 방정식이 서로 다른 두 실근을 가질 조건 구하기

방정식 $(x^2-3)e^x=k$가 서로 다른 두 실근을 가지려면 곡선 $y=(x^2-3)e^x$과 직선 $y=k$가 서로 다른 두 점에서 만나야 한다.

STEP 2 $f(x)=(x^2-3)e^x$으로 놓고, 함수 $f(x)$의 증가와 감소를 표로 나타내기

$f(x)=(x^2-3)e^x$이라 하면

$f'(x)=2xe^x+(x^2-3)e^x$

$=(x^2+2x-3)e^x$

$=(x+3)(x-1)e^x$

$e^x>0$이므로 $f'(x)=0$에서 $x=-3$ 또는 $x=1$

함수 $f(x)$의 증가와 감소를 표로 나타내면 다음과 같다.

x	$\cdots$	-3	$\cdots$	1	$\cdots$
$f'(x)$	$+$	0	$-$	0	$+$
$f(x)$	↗	$\frac{6}{e^3}$	↘	$-2e$	↗

STEP 3 $y=f(x)$의 그래프를 그려 양수 k의 값 구하기

함수 $y=f(x)$의 그래프는 그림과 같으므로 곡선 $y=f(x)$와 직선 $y=k$가 서로 다른 두 점에서 만나려면

$k=\frac{6}{e^3}$ 또는 $-2e<k\le 0$

따라서 양수 k의 값은 $\frac{6}{e^3}$이다.

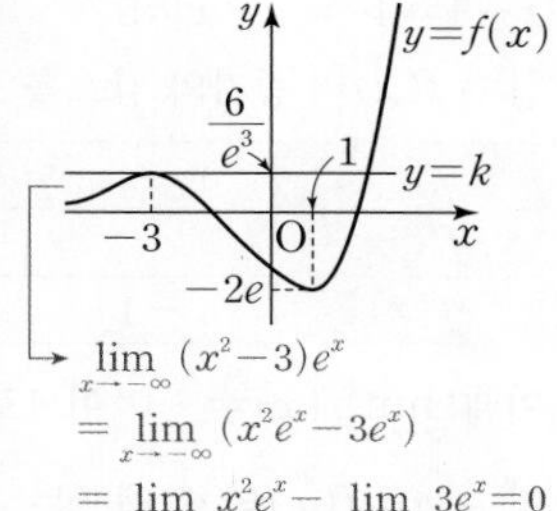

1594 답 1

방정식 $x-\ln x=k$가 오직 한 개의 실근을 가지려면 곡선 $y=x-\ln x$와 직선 $y=k$가 한 점에서 만나야 한다.

$f(x)=x-\ln x$라 하면 $x>0$이고

$f'(x)=1-\frac{1}{x}$

$f'(x)=0$에서 $x=1$

함수 $f(x)$의 증가와 감소를 표로 나타내면 다음과 같다.

x	(0)	$\cdots$	1	$\cdots$
$f'(x)$		$-$	0	$+$
$f(x)$		↘	1	↗

이때 $\lim_{x\to 0+}f(x)=\infty$, $\lim_{x\to\infty}f(x)=\infty$이므로 함수 $y=f(x)$의 그래프는 그림과 같다.

따라서 곡선 $y=f(x)$와 직선 $y=k$가 한 점에서 만나려면

$k=1$

1595 답 ③

방정식 $e^x+e^{-x}=k$가 서로 다른 두 실근을 가지려면 곡선 $y=e^x+e^{-x}$과 직선 $y=k$가 서로 다른 두 점에서 만나야 한다.

$f(x)=e^x+e^{-x}$이라 하면

$f'(x)=e^x-e^{-x}$

$f'(x)=0$에서 $e^x=e^{-x}$, $x=-x$ $\quad\therefore x=0$

함수 $f(x)$의 증가와 감소를 표로 나타내면 다음과 같다.

07

x	$\cdots$	0	$\cdots$
$f'(x)$	$-$	0	$+$
$f(x)$	↘	2	↗

이때 $\lim_{x\to\infty} f(x)=\infty$, $\lim_{x\to-\infty} f(x)=\infty$이므로 함수 $y=f(x)$의 그래프는 그림과 같다.

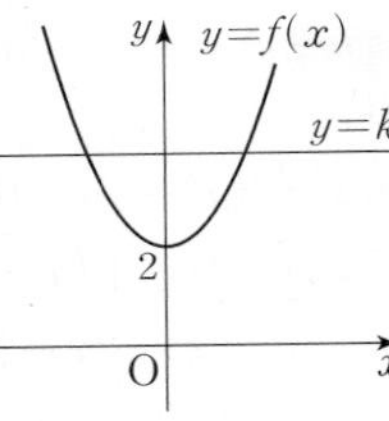

따라서 곡선 $y=f(x)$와 직선 $y=k$가 서로 다른 두 점에서 만나려면 $k>2$이어야 하므로 자연수 k의 최솟값은 3이다.

1596 답 ⑤

$f(x)=4\sqrt{x-1}-x$라 하면 $x\ge1$이고

$f'(x)=\dfrac{2}{\sqrt{x-1}}-1$

$f'(x)=0$에서 $\dfrac{2}{\sqrt{x-1}}=1$, $\sqrt{x-1}=2$

$x-1=4$ $\quad\therefore x=5$

함수 $f(x)$의 증가와 감소를 표로 나타내면 다음과 같다.

x	1	$\cdots$	5	$\cdots$
$f'(x)$		$+$	0	$-$
$f(x)$	-1	↗	3	↘

이때 $\lim_{x\to\infty} f(x)=-\infty$이므로 함수 $y=f(x)$의 그래프는 그림과 같다.

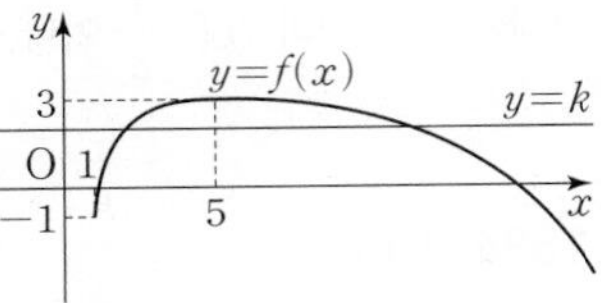

ㄱ. $k=-1$이면 곡선 $y=f(x)$와 직선 $y=k$는 두 점에서 만나므로 방정식 $f(x)=k$의 실근의 개수는 2이다. (참)

ㄴ. $k=3$이면 곡선 $y=f(x)$와 직선 $y=k$는 한 점에서 만나므로 방정식 $f(x)=k$의 실근의 개수는 1이다. (참)

ㄷ. $k=5$이면 곡선 $y=f(x)$와 직선 $y=k$는 만나지 않으므로 방정식 $f(x)=k$의 실근은 존재하지 않는다. (참)

따라서 옳은 것은 ㄱ, ㄴ, ㄷ이다.

1597 답 ②

방정식 $\tan x-2x=k$가 서로 다른 세 실근을 가지려면 곡선 $y=\tan x-2x$와 직선 $y=k$가 서로 다른 세 점에서 만나야 한다.

$f(x)=\tan x-2x$라 하면 $f'(x)=\sec^2 x-2$

$f'(x)=0$에서 $\sec^2 x=2$, $\cos^2 x=\dfrac{1}{2}$

이때 $-\dfrac{\pi}{2}<x<\dfrac{\pi}{2}$이므로 $\cos x=\dfrac{\sqrt{2}}{2}$

$\therefore x=-\dfrac{\pi}{4}$ 또는 $x=\dfrac{\pi}{4}$

함수 $f(x)$의 증가와 감소를 표로 나타내면 다음과 같다.

x	$\left(-\dfrac{\pi}{2}\right)$	$\cdots$	$-\dfrac{\pi}{4}$	$\cdots$	$\dfrac{\pi}{4}$	$\cdots$	$\left(\dfrac{\pi}{2}\right)$
$f'(x)$		$+$	0	$-$	0	$+$	
$f(x)$		↗	$\dfrac{\pi}{2}-1$	↘	$1-\dfrac{\pi}{2}$	↗	

이때 $\lim_{x\to-\frac{\pi}{2}+} f(x)=-\infty$, $\lim_{x\to\frac{\pi}{2}-} f(x)=\infty$이므로 함수 $y=f(x)$의 그래프는 그림과 같다.

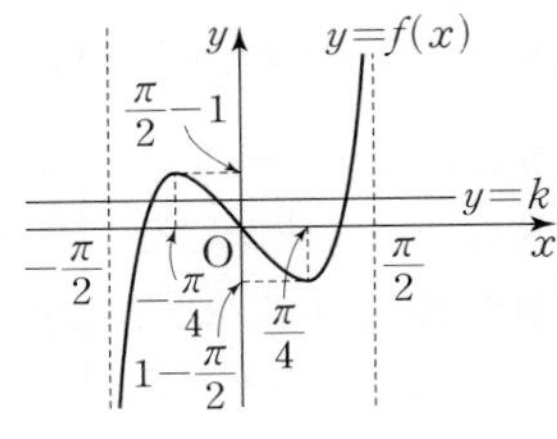

즉, 곡선 $y=f(x)$와 직선 $y=k$가 세 점에서 만나려면

$1-\dfrac{\pi}{2}<k<\dfrac{\pi}{2}-1$

따라서 $\alpha=1-\dfrac{\pi}{2}$, $\beta=\dfrac{\pi}{2}-1$이므로

$\beta-\alpha=\left(\dfrac{\pi}{2}-1\right)-\left(1-\dfrac{\pi}{2}\right)=\pi-2$

1598 답 ④

방정식 $2\sqrt{2}\sec x-\tan^2 x=k$가 적어도 하나의 실근을 가지려면 곡선 $y=2\sqrt{2}\sec x-\tan^2 x$와 직선 $y=k$가 만나야 한다.

$f(x)=2\sqrt{2}\sec x-\tan^2 x$라 하면

$f'(x)=2\sqrt{2}\sec x\tan x-2\tan x\sec^2 x$
$\quad=2\sec x\tan x(\sqrt{2}-\sec x)$

$-\dfrac{\pi}{3}\le x\le\dfrac{\pi}{3}$에서 $\sec x>0$이므로

$f'(x)=0$에서 $\tan x=0$ 또는 $\sec x=\sqrt{2}$

$\therefore x=-\dfrac{\pi}{4}$ 또는 $x=0$ 또는 $x=\dfrac{\pi}{4}$

함수 $f(x)$의 증가와 감소를 표로 나타내면 다음과 같다.

x	$-\dfrac{\pi}{3}$	$\cdots$	$-\dfrac{\pi}{4}$	$\cdots$	0	$\cdots$	$\dfrac{\pi}{4}$	$\cdots$	$\dfrac{\pi}{3}$
$f'(x)$		$+$	0	$-$	0	$+$	0	$-$	
$f(x)$	$4\sqrt{2}-3$	↗	3	↘	$2\sqrt{2}$	↗	3	↘	$4\sqrt{2}-3$

즉, $-\dfrac{\pi}{3}\le x\le\dfrac{\pi}{3}$에서 함수 $y=f(x)$의 그래프는 그림과 같으므로 곡선 $y=f(x)$와 직선 $y=k$가 만나려면

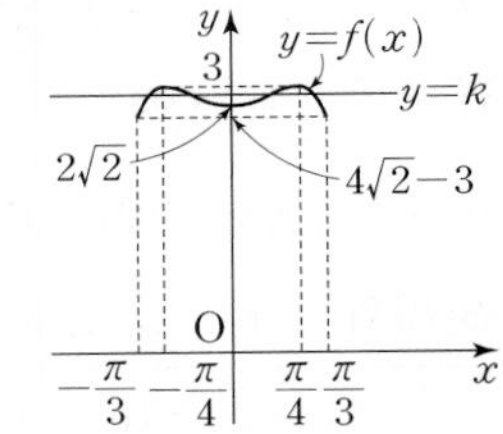

$4\sqrt{2}-3\le k\le3$

따라서 $\alpha=4\sqrt{2}-3$, $\beta=3$이므로

$\alpha+\beta=(4\sqrt{2}-3)+3=4\sqrt{2}$

1599 답 1

방정식 $e^{\sin x+\cos x}=k$가 오직 한 개의 실근을 가지려면 곡선 $y=e^{\sin x+\cos x}$과 직선 $y=k$가 한 점에서 만나야 한다.

$f(x)=e^{\sin x+\cos x}$이라 하면

$f'(x)=(\cos x-\sin x)e^{\sin x+\cos x}$

$f'(x)=0$에서 $\cos x-\sin x=0$, $\cos x=\sin x$

$\tan x=1$ $\quad\therefore x=\dfrac{\pi}{4}$ 또는 $x=\dfrac{5}{4}\pi$ ($\because 0\le x\le2\pi$)

함수 $f(x)$의 증가와 감소를 표로 나타내면 다음과 같다.

x	0	$\cdots$	$\dfrac{\pi}{4}$	$\cdots$	$\dfrac{5}{4}\pi$	$\cdots$	2π
$f'(x)$		$+$	0	$-$	0	$+$	
$f(x)$	e	↗	$e^{\sqrt{2}}$	↘	$e^{-\sqrt{2}}$	↗	e

즉, $0\le x\le2\pi$에서 함수 $y=f(x)$의 그래프는 그림과 같으므로 곡선 $y=f(x)$와 직선 $y=k$가 한 점에서 만나려면

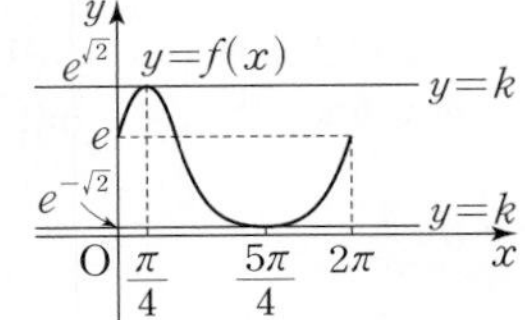

$k=e^{\sqrt{2}}$ 또는 $k=e^{-\sqrt{2}}$

따라서 모든 실수 k의 값의 곱은

$e^{\sqrt{2}}\times e^{-\sqrt{2}}=1$

1600 답 $0<k<\frac{4}{e^2}$

$x^2-ke^x=0$에서 $x^2=ke^x$

$\therefore\ \frac{x^2}{e^x}=k\ (\because\ e^x>0)$

방정식 $x^2-ke^x=0$, 즉 $\frac{x^2}{e^x}=k$가 서로 다른 세 실근을 가지려면 곡선 $y=\frac{x^2}{e^x}$과 직선 $y=k$가 서로 다른 세 점에서 만나야 한다.

$f(x)=\frac{x^2}{e^x}=x^2e^{-x}$이라 하면

$f'(x)=2xe^{-x}-x^2e^{-x}=-x(x-2)e^{-x}$

$f'(x)=0$에서 $x=0$ 또는 $x=2$

함수 $f(x)$의 증가와 감소를 표로 나타내면 다음과 같다.

x	$\cdots$	0	$\cdots$	2	$\cdots$
$f'(x)$	$-$	0	$+$	0	$-$
$f(x)$	↘	0	↗	$\frac{4}{e^2}$	↘

이때 $\lim_{x\to\infty}\frac{x^2}{e^x}=0$이므로 함수 $y=f(x)$의 그래프는 그림과 같다.

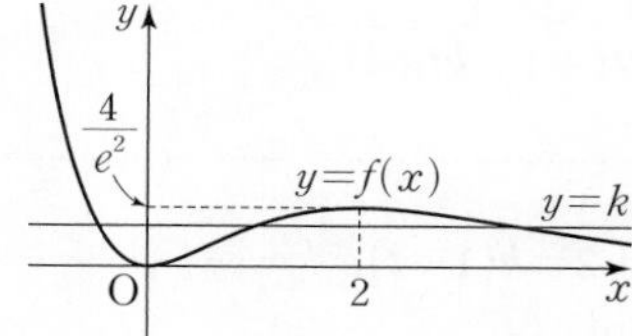

따라서 곡선 $y=f(x)$와 직선 $y=k$가 서로 다른 세 점에서 만나려면

$0<k<\frac{4}{e^2}$

1601 답 $\frac{27}{4}$

$x=1$을 방정식 $x^3=k(x-1)^2$에 대입하면 성립하지 않으므로 $x=1$은 이 방정식의 해가 아니다.

$x\neq1$일 때 $x^3=k(x-1)^2$에서

$\frac{x^3}{(x-1)^2}=k$

방정식 $x^3=k(x-1)^2$, 즉 $\frac{x^3}{(x-1)^2}=k$가 서로 다른 두 실근을 가지려면 곡선 $y=\frac{x^3}{(x-1)^2}$과 직선 $y=k$가 서로 다른 두 점에서 만나야 한다.

$f(x)=\frac{x^3}{(x-1)^2}$이라 하면

$f'(x)=\frac{3x^2(x-1)^2-x^3\times2(x-1)}{(x-1)^4}$

$=\frac{x^3-3x^2}{(x-1)^3}$

$=\frac{x^2(x-3)}{(x-1)^3}$

$f'(x)=0$에서 $x=0$ 또는 $x=3$

함수 $f(x)$의 증가와 감소를 표로 나타내면 다음과 같다.

x	$\cdots$	0	$\cdots$	(1)	$\cdots$	3	$\cdots$
$f'(x)$	$+$	0	$+$		$-$	0	$+$
$f(x)$	↗	0	↗		↘	$\frac{27}{4}$	↗

이때 $\lim_{x\to\infty}f(x)=\infty$, $\lim_{x\to-\infty}f(x)=-\infty$, $\lim_{x\to1+}f(x)=\infty$, $\lim_{x\to1-}f(x)=\infty$이므로 함수 $y=f(x)$의 그래프는 그림과 같다.

따라서 곡선 $y=f(x)$와 직선 $y=k$가 서로 다른 두 점에서 만나려면

$k=\frac{27}{4}$

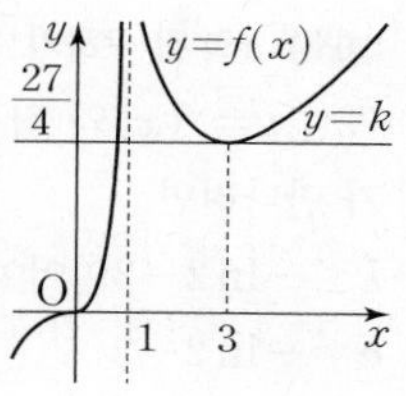

1602 답 ⑤

방정식 $\sin x-x\cos x-k=0$, 즉 $\sin x-x\cos x=k$가 서로 다른 두 실근을 가지려면 곡선 $y=\sin x-x\cos x$와 직선 $y=k$가 서로 다른 두 점에서 만나야 한다.

$f(x)=\sin x-x\cos x$라 하면

$f'(x)=\cos x-(\cos x-x\sin x)=x\sin x$

$f'(x)=0$에서 $x=0$ 또는 $x=\pi$ 또는 $x=2\pi$ ($\because\ 0\le x\le2\pi$)

함수 $f(x)$의 증가와 감소를 표로 나타내면 다음과 같다.

x	0	$\cdots$	π	$\cdots$	2π
$f'(x)$		$+$	0	$-$	
$f(x)$	0	↗	π	↘	-2π

즉, 함수 $y=f(x)$의 그래프는 그림과 같으므로 곡선 $y=f(x)$와 직선 $y=k$가 서로 다른 두 점에서 만나려면

$0\le k<\pi$

따라서 정수 k는 0, 1, 2, 3이므로 그 합은 $0+1+2+3=6$

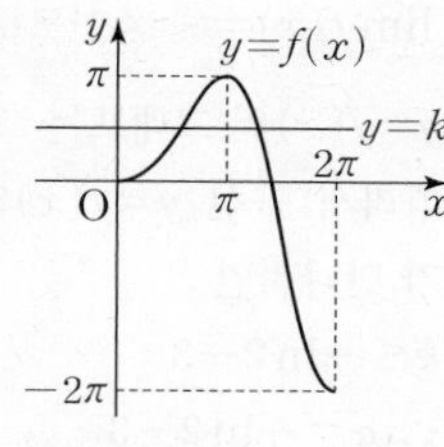

1603 답 ⑤ | 유형17

x에 대한 방정식 $\ln(x-1)=2x+k$가 실근을 갖도록 하는 실수 k의 값의 범위가 $k\le\alpha$일 때, α의 값은? 단서1

① $\ln3-8$ ② $\ln2-6$ ③ -4

④ $-\ln3-\frac{8}{3}$ ⑤ $-\ln2-3$

단서1 $y=\ln(x-1)$, $y=2x+k$의 그래프의 교점이 존재

STEP1 **주어진 방정식이 실근을 가질 조건 구하기**

방정식 $\ln(x-1)=2x+k$가 실근을 가지려면 곡선 $y=\ln(x-1)$과 직선 $y=2x+k$가 만나야 한다.

STEP2 **곡선 $y=\ln(x-1)$과 직선 $y=2x+k$가 접할 때의 실수 k의 값 구하기**

$f(x)=\ln(x-1)$, $g(x)=2x+k$라 하면

$f'(x)=\frac{1}{x-1}$, $g'(x)=2$

곡선 $y=f(x)$와 직선 $y=g(x)$가 접할 때의 접점의 x좌표를 t라 하면

$f(t)=g(t)$에서 $\ln(t-1)=2t+k$ ……… ㉠

$f'(t)=g'(t)$에서 $\frac{1}{t-1}=2$, $t-1=\frac{1}{2}$ $\quad\therefore\ t=\frac{3}{2}$

$t=\frac{3}{2}$을 ㉠에 대입하면

$-\ln2=3+k$ $\quad\therefore\ k=-\ln2-3$

STEP3 α의 값 구하기

곡선 $y=f(x)$와 직선 $y=g(x)$가 만나려면

$k\le-\ln2-3$이어야 하므로

$\alpha=-\ln2-3$

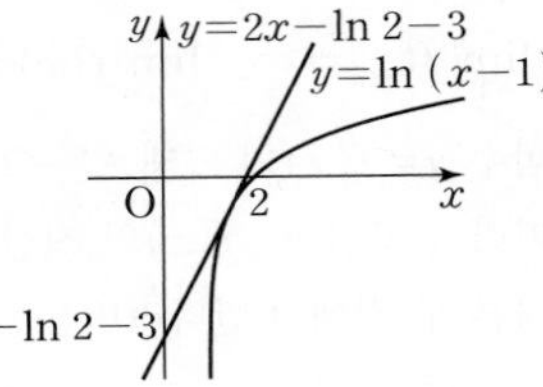

다른 풀이

방정식 $\ln(x-1)=2x+k$, 즉 $\ln(x-1)-2x=k$가 실근을 가지려면 곡선 $y=\ln(x-1)-2x$와 직선 $y=k$가 만나야 한다.

$f(x)=\ln(x-1)-2x$라 하면 $x>1$이고

$f'(x)=\frac{1}{x-1}-2=\frac{-2x+3}{x-1}$

$f'(x)=0$에서 $x=\frac{3}{2}$

함수 $f(x)$의 증가와 감소를 표로 나타내면 다음과 같다.

x	(1)	$\cdots$	$\frac{3}{2}$	$\cdots$
$f'(x)$		$+$	0	$-$
$f(x)$		↗	$-\ln2-3$	↘

이때 $\lim_{x\to1+}f(x)=-\infty$,

$\lim_{x\to\infty}f(x)=-\infty$이므로 함수 $y=f(x)$의 그래프는 그림과 같다.

따라서 곡선 $y=f(x)$와 직선 $y=k$가 만나려면

$k\le-\ln2-3$

$\therefore\ \alpha=-\ln2-3$

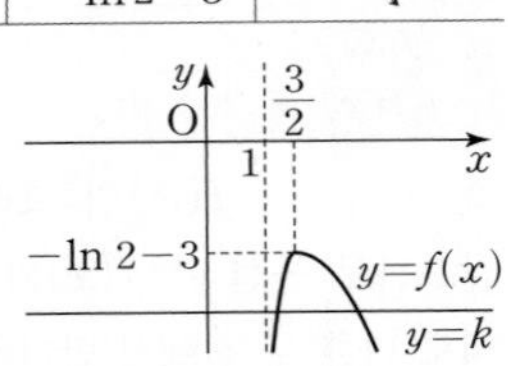

1604 답 ⑤

$-\pi\le x\le\pi$에서 방정식 $\sin x=kx$가 서로 다른 세 실근을 가지려면 그림과 같이 곡선 $y=\sin x$와 직선 $y=kx$가 서로 다른 세 점에서 만나야 한다.

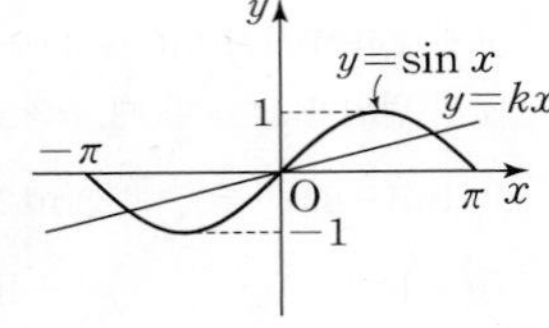

$f(x)=\sin x$라 하면

$f'(x)=\cos x$

곡선 $y=f(x)$ 위의 점 (0, 0)에서의 접선의 기울기는 $f'(0)=1$이므로 접선의 방정식은 $y=x$

따라서 곡선 $y=\sin x$와 직선 $y=kx$가 서로 다른 세 점에서 만나려면 $0\le k<1$이므로 k의 값이 될 수 없는 것은 ⑤ 1이다.

1605 답 ①

방정식 $f(x)=g(x)$, 즉 $\ln x=kx^2$이 서로 다른 두 실근을 가지려면 두 곡선 $y=\ln x$, $y=kx^2$이 서로 다른 두 점에서 만나야 한다.

$f(x)=\ln x$, $g(x)=kx^2$에서

$f'(x)=\frac{1}{x}$, $g'(x)=2kx$

두 곡선 $y=f(x)$, $y=g(x)$가 접할 때의 접점의 x좌표를 t라 하면

$f(t)=g(t)$에서 $\ln t=kt^2$ ······ ㉠

$f'(t)=g'(t)$에서 $\frac{1}{t}=2kt$ $\quad\therefore\ k=\frac{1}{2t^2}$ ······ ㉡

㉡을 ㉠에 대입하면 $\ln t=\frac{1}{2}$ $\quad\therefore\ t=\sqrt{e}$

$t=\sqrt{e}$를 ㉡에 대입하면 $k=\frac{1}{2e}$

즉, 두 곡선 $y=f(x)$, $y=g(x)$가 서로 다른 두 점에서 만나려면

$0<k<\frac{1}{2e}$

따라서 $\alpha=0$, $\beta=\frac{1}{2e}$이므로

$\alpha+\beta=0+\frac{1}{2e}=\frac{1}{2e}$

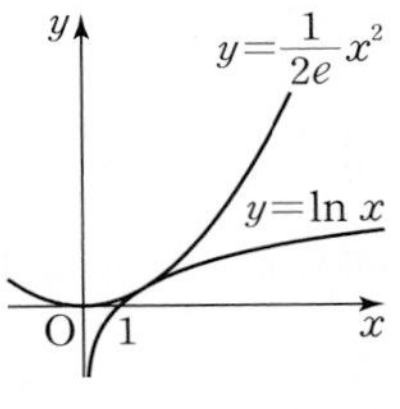

1606 답 ④

방정식 $2x+1=kxe^{-x}$이 오직 한 개의 실근을 가지려면 직선 $y=2x+1$과 곡선 $y=kxe^{-x}$이 접해야 한다.

$f(x)=2x+1$, $g(x)=kxe^{-x}$이라 하면

$f'(x)=2$, $g'(x)=ke^{-x}-kxe^{-x}=k(1-x)e^{-x}$

직선 $y=f(x)$와 곡선 $y=g(x)$가 접할 때의 접점의 x좌표를 t라 하면

$f(t)=g(t)$에서 $2t+1=kte^{-t}$

$\therefore\ ke^{-t}=\frac{2t+1}{t}$ ······ ㉠

$f'(t)=g'(t)$에서 $2=k(1-t)e^{-t}$ ······ ㉡

㉠을 ㉡에 대입하면

$2=\frac{(2t+1)(1-t)}{t}$, $2t=(2t+1)(1-t)$

$2t^2+t-1=0$, $(t+1)(2t-1)=0$

$\therefore\ t=-1$ 또는 $t=\frac{1}{2}$

$t=-1$을 ㉠에 대입하면 $ke=1$ $\quad\therefore\ k=\frac{1}{e}$

$t=\frac{1}{2}$을 ㉠에 대입하면 $\frac{k}{\sqrt{e}}=4$ $\quad\therefore\ k=4\sqrt{e}$

따라서 모든 실수 k의 값의 곱은

$\frac{1}{e}\times4\sqrt{e}=\frac{4\sqrt{e}}{e}$

Tip 함수 $y=kxe^{-x}(k>0)$의 그래프의 개형이 그림과 같으므로 직선 $y=2x+1$과 한 점에서 만나려면 접해야 한다.

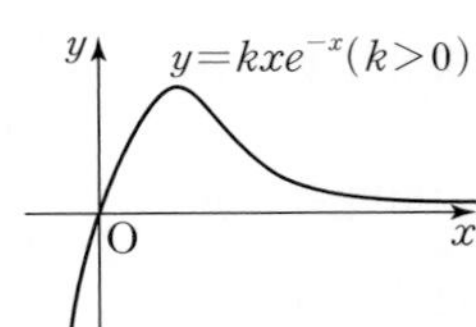

1607 답 ②

방정식 $e^x=k\sqrt{x+1}$의 실근의 개수는 두 곡선 $y=e^x$, $y=k\sqrt{x+1}$의 교점의 개수와 같다.

$f(x)=e^x$, $g(x)=k\sqrt{x+1}$이라 하면

$f'(x)=e^x$, $g'(x)=\frac{k}{2\sqrt{x+1}}$

두 곡선 $y=f(x)$, $y=g(x)$가 접할 때의 접점의 x좌표를 t라 하면

$f(t)=g(t)$에서 $e^t=k\sqrt{t+1}$ ······ ㉠

$f'(t)=g'(t)$에서 $e^t=\frac{k}{2\sqrt{t+1}}$ ······ ㉡

㉠, ㉡에서 $k\sqrt{t+1}=\frac{k}{2\sqrt{t+1}}$

$2(t+1)=1,\ t+1=\frac{1}{2}\qquad \therefore t=-\frac{1}{2}$

$t=-\frac{1}{2}$을 ㉠에 대입하면

$\frac{1}{\sqrt{e}}=\frac{k}{\sqrt{2}}\qquad \therefore k=\sqrt{\frac{2}{e}}$

따라서 방정식 $e^x=k\sqrt{x+1}$의 실근은

$k>\sqrt{\frac{2}{e}}$이면 2개, − ㄷ

$k=\sqrt{\frac{2}{e}}$이면 1개, − ㄴ

$k<\sqrt{\frac{2}{e}}$이면 0개 − ㄱ

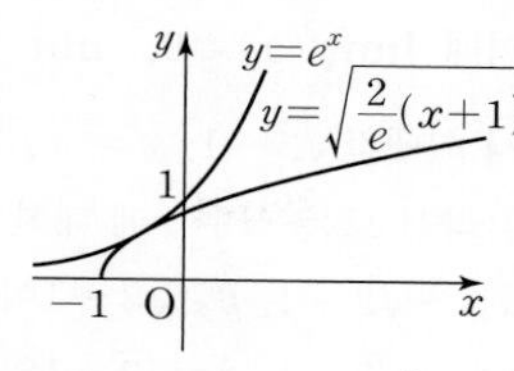

이므로 옳은 것은 ㄷ이다.

1608 답 ④

$e^x=k\sin x$에서 $\frac{1}{k}=\frac{\sin x}{e^x}$

방정식 $f(x)=g(x)$, 즉 $\frac{1}{k}=\frac{\sin x}{e^x}$가 서로 다른 양의 실근을 3개 가지려면 직선 $y=\frac{1}{k}$과 곡선 $y=\frac{\sin x}{e^x}$가 $x>0$에서 서로 다른 세 점에서 만나야 한다.

$h(x)=\frac{\sin x}{e^x}$라 하면

$h'(x)=\frac{e^x\cos x-e^x\sin x}{e^{2x}}=\frac{\cos x-\sin x}{e^x}$

$h'(x)=0$에서 $x=\frac{\pi}{4}$ 또는 $x=\frac{5}{4}\pi$ 또는 $x=\frac{9}{4}\pi$ 또는 …

$(\because x>0)$

함수 $h(x)$의 증가와 감소를 표로 나타내면 다음과 같다.

x	(0)	…	$\frac{\pi}{4}$	…	$\frac{5}{4}\pi$	…	$\frac{9}{4}\pi$	…	$\frac{13}{4}\pi$	…
$h'(x)$		+	0	−	0	+	0	−	0	+
$h(x)$	0	↗	$\frac{1}{\sqrt{2}e^{\frac{\pi}{4}}}$	↘	$-\frac{1}{\sqrt{2}e^{\frac{5}{4}\pi}}$	↗	$\frac{1}{\sqrt{2}e^{\frac{9}{4}\pi}}$	↘	$-\frac{1}{\sqrt{2}e^{\frac{13}{4}\pi}}$	↗

따라서 함수 $y=h(x)$의 그래프는 그림과 같으므로 곡선 $y=h(x)$와 직선 $y=\frac{1}{k}$이 $x>0$에서 서로 다른 세 점에서 만나려면 점 $\left(\frac{9}{4}\pi,\ \frac{1}{\sqrt{2}e^{\frac{9}{4}\pi}}\right)$에서 접해야 한다.

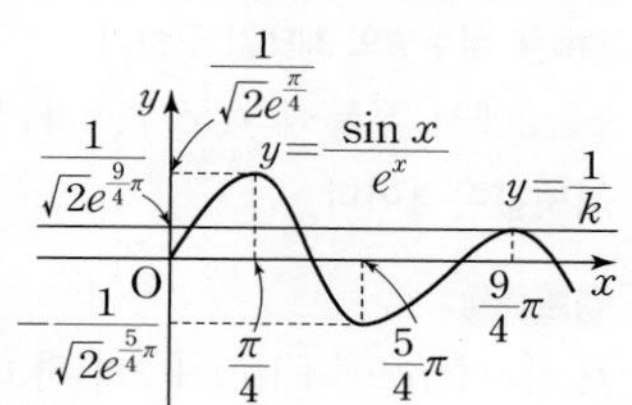

$\frac{1}{k}=\frac{1}{\sqrt{2}e^{\frac{9}{4}\pi}}\qquad \therefore k=\sqrt{2}e^{\frac{9}{4}\pi}$

1609 답 ③ | 유형 18

> 모든 실수 x에 대하여 부등식 $xe^{-2x}\le k$가 성립하도록 하는 실수 k의 최솟값은? (단서1)
>
> ① $\frac{4}{e^4}$ ② $\frac{2}{e^2}$ ③ $\frac{1}{2e}$
>
> ④ $\frac{1}{2\sqrt{e}}$ ⑤ $\frac{1}{4\sqrt[4]{e}}$
>
> 단서1 $(xe^{-2x}$의 최댓값$)\le k$

STEP1 $f(x)=xe^{-2x}$으로 놓고, 함수 $f(x)$의 증가와 감소를 표로 나타내기

$f(x)=xe^{-2x}=\frac{x}{e^{2x}}$라 하면

$f'(x)=\frac{1\times e^{2x}-x\times 2e^{2x}}{e^{4x}}=\frac{1-2x}{e^{2x}}$

$f'(x)=0$에서 $1-2x=0\qquad \therefore x=\frac{1}{2}$

함수 $f(x)$의 증가와 감소를 표로 나타내면 다음과 같다.

x	…	$\frac{1}{2}$	…
$f'(x)$	+	0	−
$f(x)$	↗	$\frac{1}{2e}$	↘

STEP2 실수 k의 최솟값 구하기

함수 $f(x)$는 $x=\frac{1}{2}$에서 최댓값 $\frac{1}{2e}$을 갖는다.

따라서 부등식 $f(x)\le k$가 성립하려면 $k\ge\frac{1}{2e}$이어야 하므로 실수 k의 최솟값은 $\frac{1}{2e}$이다.

07

1610 답 ①

$f(x)=(\ln x)^2-6\ln x$라 하면

$f'(x)=2\ln x\times\frac{1}{x}-\frac{6}{x}=\frac{2\ln x-6}{x}=\frac{2(\ln x-3)}{x}$

$f'(x)=0$에서 $\ln x=3\qquad \therefore x=e^3$

함수 $f(x)$의 증가와 감소를 표로 나타내면 다음과 같다.

x	(0)	…	e^3	…
$f'(x)$		−	0	+
$f(x)$		↘	−9	↗

즉, 함수 $f(x)$는 $x=e^3$에서 최솟값 −9를 갖는다.

따라서 $x>0$에서 부등식 $f(x)\ge k$가 성립하려면 $k\le -9$이어야 하므로 실수 k의 최댓값은 −9이다.

1611 답 ④

$f(x)=x^2(1-\ln x)$라 하면

$f'(x)=2x(1-\ln x)+x^2\times\left(-\frac{1}{x}\right)=x(1-2\ln x)$

$x>0$이므로 $f'(x)=0$에서 $2\ln x=1$

$\ln x=\frac{1}{2}\qquad \therefore x=\sqrt{e}$

함수 $f(x)$의 증가와 감소를 표로 나타내면 다음과 같다.

x	(0)	…	$\sqrt{e}$	…
$f'(x)$		+	0	−
$f(x)$		↗	$\frac{e}{2}$	↘

즉, 함수 $f(x)$는 $x=\sqrt{e}$에서 최댓값 $\frac{e}{2}$를 갖는다.

따라서 $x>0$에서 부등식 $f(x)\le k$가 성립하려면 $k\ge\frac{e}{2}$이어야 하므로 실수 k의 최솟값은 $\frac{e}{2}$이다.

1612 답 ③

$f(x)=\frac{x^2+x-1}{e^x}=(x^2+x-1)e^{-x}$이라 하면

$f'(x)=(2x+1)e^{-x}-(x^2+x-1)e^{-x}$
$=-(x^2-x-2)e^{-x}$
$=-(x+1)(x-2)e^{-x}$

$f'(x)=0$에서 $x=-1$ 또는 $x=2$

함수 $f(x)$의 증가와 감소를 표로 나타내면 다음과 같다.

x	$\cdots$	-1	$\cdots$	2	$\cdots$
$f'(x)$	$-$	0	$+$	0	$-$
$f(x)$	↘	$-e$	↗	$\frac{5}{e^2}$	↘

이때 $\lim_{x\to\infty} f(x)=0$이므로 함수 $f(x)$는 $x=-1$에서 최솟값 $-e$를 갖는다.

따라서 부등식 $f(x)\ge k$가 성립하려면 $k\le -e$이어야 하므로 실수 k의 최댓값은 $-e$이다.

1613 답 $k>-e$

$f(x)=e^x-e\ln x+k$라 하면

$f'(x)=e^x-e\times\frac{1}{x}=e^x-\frac{e}{x}$

$f'(x)=0$에서 $e^x=\frac{e}{x}$, $xe^{x-1}=1$

$\therefore x=1$

함수 $f(x)$의 증가와 감소를 표로 나타내면 다음과 같다.

x	(0)	$\cdots$	1	$\cdots$
$f'(x)$		$-$	0	$+$
$f(x)$		↘	$e+k$	↗

즉, 함수 $f(x)$는 $x=1$에서 최솟값 $e+k$를 갖는다.

따라서 $x>0$에서 부등식 $f(x)>0$이 성립하려면 $e+k>0$이어야 하므로 $k>-e$

1614 답 2

$\cos 2x<x+k$에서 $\cos 2x-x<k$

$f(x)=\cos 2x-x$라 하면

$f'(x)=-2\sin 2x-1$

$f'(x)=0$에서 $\sin 2x=-\frac{1}{2}$

$\therefore x=\frac{7}{12}\pi$ 또는 $x=\frac{11}{12}\pi$ ($\because 0\le x\le\pi$)

함수 $f(x)$의 증가와 감소를 표로 나타내면 다음과 같다.

x	0	$\cdots$	$\frac{7}{12}\pi$	$\cdots$	$\frac{11}{12}\pi$	$\cdots$	π
$f'(x)$		$-$	0	$+$	0	$-$	
$f(x)$	1	↘	$-\frac{\sqrt{3}}{2}-\frac{7}{12}\pi$	↗	$\frac{\sqrt{3}}{2}-\frac{11}{12}\pi$	↘	$1-\pi$

즉, 함수 $f(x)$는 $x=0$에서 최댓값 1을 갖는다.

따라서 부등식 $f(x)<k$가 성립하려면 $k>1$이어야 하므로 정수 k의 최솟값은 2이다.

→ $1-\left(\frac{\sqrt{3}}{2}-\frac{11}{12}\pi\right)>0$이므로 최댓값은 1이다.

1615 답 ④

$f(x)=\frac{4x}{x^2+2x+3}$라 하면

$f'(x)=\frac{4(x^2+2x+3)-4x(2x+2)}{(x^2+2x+3)^2}=-\frac{4(x^2-3)}{(x^2+2x+3)^2}$

$f'(x)=0$에서 $x^2-3=0$

$\therefore x=-\sqrt{3}$ 또는 $x=\sqrt{3}$

함수 $f(x)$의 증가와 감소를 표로 나타내면 다음과 같다.

x	$\cdots$	$-\sqrt{3}$	$\cdots$	$\sqrt{3}$	$\cdots$
$f'(x)$	$-$	0	$+$	0	$-$
$f(x)$	↘	$-\sqrt{3}-1$	↗	$\sqrt{3}-1$	↘

이때 $\lim_{x\to\infty} f(x)=0$, $\lim_{x\to-\infty} f(x)=0$이므로 함수 $f(x)$는 $x=\sqrt{3}$에서 최댓값 $\sqrt{3}-1$, $x=-\sqrt{3}$에서 최솟값 $-\sqrt{3}-1$을 갖는다.

따라서 모든 실수 x에 대하여 부등식 $\alpha\le f(x)\le\beta$가 성립하려면 $\alpha\le-\sqrt{3}-1$, $\beta\ge\sqrt{3}-1$이어야 하므로 $\beta-\alpha$의 최솟값은 $\alpha=-\sqrt{3}-1$, $\beta=\sqrt{3}-1$일 때

$(\sqrt{3}-1)-(-\sqrt{3}-1)=2\sqrt{3}$

1616 답 ④ | 유형19

$x\ge e$인 모든 실수 x에 대하여 부등식 $(\ln x)^3+\ln x+2\ge k$가 성립하도록 하는 실수 k의 최댓값은?
단서2 단서1

① 1 ② 2 ③ 3
④ 4 ⑤ 5

단서1 $f'(x)>0$이면 $f(x)$는 증가함수
단서2 $x\ge e$에서 $f(x)$가 증가함수이면 $f(x)\ge f(e)$

STEP 1 $f'(x)$ 구하기

$f(x)=(\ln x)^3+\ln x+2$라 하면

$f'(x)=3(\ln x)^2\times\frac{1}{x}+\frac{1}{x}$
$=\frac{3(\ln x)^2+1}{x}$

STEP 2 $x\ge e$에서 $f(x)$의 값의 범위 구하기

$x\ge e$에서 $f'(x)>0$이므로 함수 $f(x)$는 증가하고, $f(e)=4$이므로 $f(x)\ge 4$

STEP 3 실수 k의 최댓값 구하기

$x\ge e$에서 부등식 $f(x)\ge k$가 성립하려면 $k\le 4$이므로 실수 k의 최댓값은 4이다.

다른 풀이

$f(x)=(\ln x)^3+\ln x+2$라 하고 $\ln x=t$라 하자.

$x\ge e$에서 $t\ge 1$이고, 주어진 함수 $f(x)$를 t에 대한 함수 $g(t)$로 나타내면

$g(t)=t^3+t+2$, $g'(t)=3t^2+1$

$t\ge 1$에서 $g'(t)>0$이므로 $g(t)$는 증가하고, $g(1)=4$이므로 $g(t)\ge 4$

즉, $x\ge e$에서 $f(x)\ge 4$이므로 $f(x)\ge k$가 성립하려면 $k\le 4$

따라서 실수 k의 최댓값은 4이다.

1617 답 ③

$f(x)=(x^2-x+3)e^x$이라 하면

$f'(x)=(2x-1)e^x+(x^2-x+3)e^x$
$=(x^2+x+2)e^x$

$x>0$에서 $f'(x)>0$이므로 함수 $f(x)$는 증가하고, $f(0)=3$이므로

$f(x)>3$

따라서 $x>0$에서 부등식 $f(x)\ge k$가 성립하려면 $k\le 3$이어야 하므로 실수 k의 최댓값은 3이다.

1618 답 ②

$\ln(x+1)<x+1+k$에서 $\ln(x+1)-x-1<k$

$f(x)=\ln(x+1)-x-1$이라 하면

$f'(x)=\dfrac{1}{x+1}-1=-\dfrac{x}{x+1}$

$x>0$에서 $f'(x)<0$이므로 함수 $f(x)$는 감소하고, $f(0)=-1$이므로

$f(x)<-1$

따라서 $x>0$에서 부등식 $f(x)<k$가 성립하려면 $k\ge -1$이어야 하므로 실수 k의 최솟값은 -1이다.

1619 답 ③

$\cos 3x<3x+k$에서 $\cos 3x-3x<k$

$f(x)=\cos 3x-3x$라 하면

$f'(x)=-3\sin 3x-3=-3(\sin 3x+1)$

$x\ge 0$에서 $f'(x)\le 0$이므로 함수 $f(x)$는 감소하고, $f(0)=1$이므로

$f(x)\le 1$

따라서 $x\ge 0$에서 부등식 $f(x)<k$가 성립하려면 $k>1$이어야 하므로 정수 k의 최솟값은 2이다.

1620 답 ③

$\ln(1-x)+k\ge -x(x+1)$에서

$\ln(1-x)+x(x+1)\ge -k$

$f(x)=\ln(1-x)+x(x+1)$이라 하면

$f'(x)=-\dfrac{1}{1-x}+2x+1=\dfrac{x(1-2x)}{1-x}$

$0\le x\le \dfrac{1}{2}$에서 $f'(x)\ge 0$이므로 함수 $f(x)$는 증가하고, $f(0)=0$이므로

$f(x)\ge 0$

따라서 $0\le x\le \dfrac{1}{2}$에서 부등식 $f(x)\ge -k$가 성립하려면 $-k\le 0$, 즉 $k\ge 0$이어야 하므로 실수 k의 최솟값은 0이다.

1621 답 ④

$x^2>k-\cos x$에서 $x^2+\cos x>k$

$f(x)=x^2+\cos x$라 하면

$f'(x)=2x-\sin x$, $f''(x)=2-\cos x$

$x>0$에서 $f''(x)>0$이므로 함수 $f'(x)$는 증가하고, $f'(0)=0$이므로

$f'(x)>0$

또, $x>0$에서 $f'(x)>0$이므로 함수 $f(x)$는 증가하고, $f(0)=1$이므로

$f(x)>1$

따라서 $x>0$에서 부등식 $f(x)>k$가 성립하려면 $k\le 1$이어야 하므로 실수 k의 최댓값은 1이다.

실수 Check

$f'(x)$의 부호를 바로 알기 어려울 때는 $f'(x)$의 최솟값과 $f''(x)$의 부호를 이용하여 $f'(x)$의 부호를 알 수 있다.

Plus 문제

1621-1

$x>0$인 모든 실수 x에 대하여 부등식 $e^x-x\ge \dfrac{x^2}{2}+k$가 성립하도록 하는 실수 k의 최댓값을 구하시오.

$e^x-x\ge \dfrac{x^2}{2}+k$에서 $e^x-x-\dfrac{x^2}{2}\ge k$

$f(x)=e^x-x-\dfrac{x^2}{2}$이라 하면

$f'(x)=e^x-1-x$, $f''(x)=e^x-1$

$x>0$에서 $f''(x)>0$이므로 함수 $f'(x)$는 증가하고,

$f'(0)=0$이므로

$f'(x)>0$

또, $x>0$에서 $f'(x)>0$이므로 함수 $f(x)$는 증가하고,

$f(0)=1$이므로

$f(x)>1$

따라서 $x>0$에서 부등식 $f(x)\ge k$가 성립하려면 $k\le 1$이어야 하므로 실수 k의 최댓값은 1이다.

답 1

1622 답 ④ | 유형20

$0<x<\dfrac{\pi}{6}$인 모든 실수 x에 대하여 부등식 $\tan 3x>kx$가 성립하도록 하는 실수 k의 최댓값은?

① $\dfrac{1}{6}$ ② $\dfrac{1}{3}$ ③ 1 ④ 3 ⑤ 6

단서1 $y=\tan 3x$의 그래프가 직선 $y=kx$보다 위쪽에 위치

STEP 1 $y=\tan 3x$, $y=kx$의 그래프 그리기

$0<x<\dfrac{\pi}{6}$에서 부등식 $\tan 3x>kx$가 성립하려면 그림과 같이 곡선 $y=\tan 3x$가 직선 $y=kx$보다 위쪽에 있어야 한다.

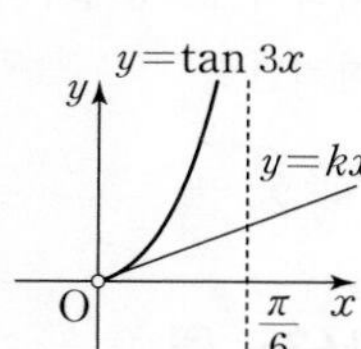

STEP 2 곡선 $y=\tan 3x$에 그은 접선의 방정식 구하기

$f(x)=\tan 3x$라 하면

$f'(x)=3\sec^2 3x$

곡선 $y=f(x)$ 위의 점 $(0, 0)$에서의 접선의 기울기는

$f'(0)=3\sec^2 0=3$

이므로 접선의 방정식은

$y=3x$

STEP 3 **실수 k의 최댓값 구하기**

부등식 $\tan 3x > kx$가 성립하려면 $k \le 3$이어야 하므로 실수 k의 최댓값은 3이다.

1623 답 ③

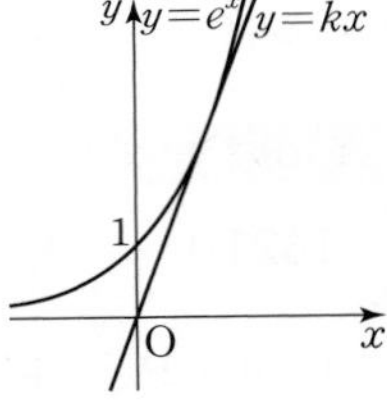

모든 실수 x에 대하여 부등식 $e^x \ge kx$가 성립하려면 그림과 같이 곡선 $y=e^x$이 직선 $y=kx$보다 위쪽에 있거나 곡선과 직선이 접해야 한다.

$f(x)=e^x$, $g(x)=kx$라 하면

$f'(x)=e^x$, $g'(x)=k$

곡선 $y=f(x)$와 직선 $y=g(x)$가 접할 때의 접점의 x좌표를 t라 하면

$f(t)=g(t)$에서 $e^t=kt$ ······ ㉠

$f'(t)=g'(t)$에서 $e^t=k$ ······ ㉡

㉡을 ㉠에 대입하면 $k=kt$ $\quad \therefore t=1$

$t=1$을 ㉡에 대입하면 $k=e$

따라서 부등식 $e^x \ge kx$, 즉 $f(x) \ge g(x)$가 성립하려면 $0 \le k \le e$이어야 하므로 정수 k는 0, 1, 2로 3개이다.

1624 답 $k>\frac{e}{2}$

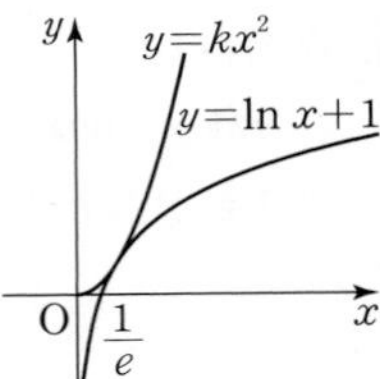

$x>0$에서 부등식 $kx^2>\ln x+1$이 성립하려면 그림과 같이 곡선 $y=kx^2$이 곡선 $y=\ln x+1$보다 위쪽에 있어야 한다.

$f(x)=kx^2$, $g(x)=\ln x+1$이라 하면

$f'(x)=2kx$, $g'(x)=\frac{1}{x}$

두 곡선 $y=f(x)$, $y=g(x)$가 접할 때의 접점의 x좌표를 t라 하면

$f(t)=g(t)$에서 $kt^2=\ln t+1$ ······ ㉠

$f'(t)=g'(t)$에서 $2kt=\frac{1}{t}$ $\quad \therefore kt^2=\frac{1}{2}$ ······ ㉡

㉡을 ㉠에 대입하면

$\frac{1}{2}=\ln t+1$, $\ln t=-\frac{1}{2}$ $\quad \therefore t=\frac{1}{\sqrt{e}}$

$t=\frac{1}{\sqrt{e}}$을 ㉡에 대입하면

$k\times\frac{1}{e}=\frac{1}{2}$ $\quad \therefore k=\frac{e}{2}$

따라서 $x>0$에서 부등식 $kx^2>\ln x+1$, 즉 $f(x)>g(x)$가 성립하려면

$k>\frac{e}{2}$

1625 답 ①

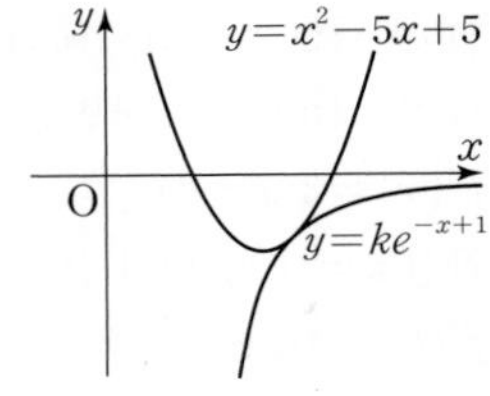

$x>0$에서 부등식 $x^2-5x+5 \ge ke^{-x+1}$이 성립하려면 그림과 같이 곡선 $y=x^2-5x+5$가 곡선 $y=ke^{-x+1}$보다 위쪽에 있거나 두 곡선이 접해야 한다.

$f(x)=x^2-5x+5$, $g(x)=ke^{-x+1}$이라 하면

$f'(x)=2x-5$, $g'(x)=-ke^{-x+1}$

두 곡선 $y=f(x)$, $y=g(x)$가 접할 때의 접점의 x좌표를 t라 하면

$f(t)=g(t)$에서 $t^2-5t+5=ke^{-t+1}$ ······ ㉠

$f'(t)=g'(t)$에서 $2t-5=-ke^{-t+1}$ ······ ㉡

㉠, ㉡에서 $t^2-5t+5=-2t+5$, $t^2-3t=0$

$t(t-3)=0$ $\quad \therefore t=3$ ($\because t>0$)

$t=3$을 ㉠에 대입하면

$-1=k\times\frac{1}{e^2}$ $\quad \therefore k=-e^2$

따라서 $x>0$에서 부등식 $x^2-5x+5 \ge ke^{-x+1}$, 즉 $f(x) \ge g(x)$가 성립하려면 $k \le -e^2$이어야 하므로 음수 k의 최댓값은 $-e^2$이다.

1626 답 ④

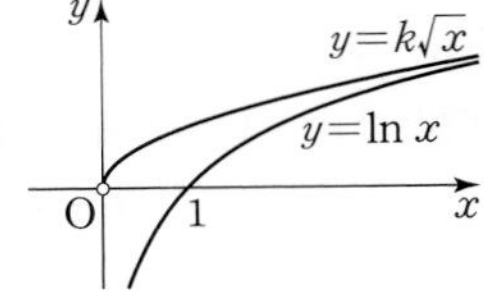

$x>0$에서 부등식 $k\sqrt{x} \ge \ln x$가 성립하려면 그림과 같이 곡선 $y=k\sqrt{x}$가 곡선 $y=\ln x$보다 위쪽에 있거나 두 곡선이 접해야 한다.

$f(x)=k\sqrt{x}$, $g(x)=\ln x$라 하면

$f'(x)=\frac{k}{2\sqrt{x}}$, $g'(x)=\frac{1}{x}$

두 곡선 $y=f(x)$, $y=g(x)$가 접할 때의 접점의 x좌표를 t라 하면

$f(t)=g(t)$에서 $k\sqrt{t}=\ln t$ ······ ㉠

$f'(t)=g'(t)$에서 $\frac{k}{2\sqrt{t}}=\frac{1}{t}$ $\quad \therefore k=\frac{2}{\sqrt{t}}$ ······ ㉡

㉡을 ㉠에 대입하면 $2=\ln t$ $\quad \therefore t=e^2$

$t=e^2$을 ㉡에 대입하면 $k=\frac{2}{e}$

따라서 $x>0$에서 부등식 $k\sqrt{x} \ge \ln x$, 즉 $f(x) \ge g(x)$가 성립하려면 $k \ge \frac{2}{e}$이어야 하므로 양수 k의 최솟값은 $\frac{2}{e}$이다.

1627 답 ④

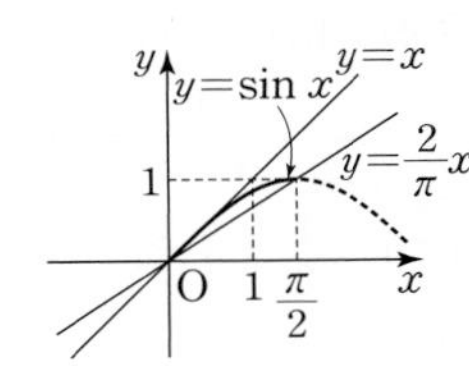

$0 \le x \le \frac{\pi}{2}$에서 부등식 $\alpha x \le \sin x \le \beta x$가 성립하려면 그림과 같이 곡선 $y=\sin x$는 직선 $y=\alpha x$보다 위쪽에 있거나 접하고, 직선 $y=\beta x$보다 아래쪽에 있거나 접해야 한다.

$f(x)=\sin x$라 하면

$f'(x)=\cos x$

곡선 $y=f(x)$ 위의 점 $(0, 0)$에서의 접선의 기울기는 $f'(0)=1$이므로 접선의 방정식은

$y=x$

한편, 원점과 점 $\left(\frac{\pi}{2}, 1\right)$을 지나는 직선의 방정식은

$y=\frac{2}{\pi}x$

따라서 $0 \le x \le \frac{\pi}{2}$에서 부등식 $\alpha x \le \sin x \le \beta x$, 즉 $\alpha x \le f(x) \le \beta x$가 성립하려면 $\alpha \le \frac{2}{\pi}$, $\beta \ge 1$이어야 하므로 $\frac{\beta}{\alpha}$의 최솟값은 $\alpha=\frac{2}{\pi}$, $\beta=1$일 때

$\frac{1}{\frac{2}{\pi}}=\frac{\pi}{2}$

1628 답 ① | 유형21

수직선 위를 움직이는 점 P의 시각 t에서의 위치 x가 $x=t+\frac{4}{t+1}+1$일 때, $t=1$에서의 점 P의 속도(단서1)와 가속도(단서2)의 합은?

① 1 ② $\frac{5}{4}$ ③ $\frac{3}{2}$
④ $\frac{7}{4}$ ⑤ 2

단서1 $v=\frac{dx}{dt}$
단서2 $a=\frac{dv}{dt}$

STEP 1 $\frac{dx}{dt}$, $\frac{dv}{dt}$ 구하기

점 P의 시각 t에서의 속도와 가속도를 각각 v, a라 하면

$v=\frac{dx}{dt}=1-\frac{4}{(t+1)^2}$

$a=\frac{dv}{dt}=\frac{4\times2(t+1)}{(t+1)^4}=\frac{8}{(t+1)^3}$

STEP 2 $\frac{dx}{dt}$, $\frac{dv}{dt}$에 $t=1$을 대입하여 점 P의 속도와 가속도의 합 구하기

$t=1$에서의 점 P의 속도와 가속도는

$v=1-\frac{4}{(1+1)^2}=0$, $a=\frac{8}{(1+1)^3}=1$

이므로 그 합은

$0+1=1$

1629 답 ⑤

점 P의 시각 t에서의 속도를 v라 하면

$v=\frac{dx}{dt}=k-3\cos t$

$t=\frac{\pi}{3}$에서의 점 P의 속도가 1이므로

$k-3\cos\frac{\pi}{3}=1$, $k-\frac{3}{2}=1$ $\therefore k=\frac{5}{2}$

1630 답 $\frac{2}{9}\pi^2$

점 P의 시각 t에서의 속도와 가속도를 각각 v, a라 하면

$v=\frac{dx}{dt}=1-\frac{2}{3}\pi\sin\frac{\pi}{3}t$

$a=\frac{dv}{dt}=-\frac{2}{9}\pi^2\cos\frac{\pi}{3}t$

따라서 $t=3$에서의 점 P의 가속도는

$a=-\frac{2}{9}\pi^2\cos\pi=\frac{2}{9}\pi^2$

1631 답 1

점 P의 시각 t에서의 속도를 v라 하면

$v=\frac{dx}{dt}=(2t-6)e^t+(t^2-6t+9)e^t$

$=(t^2-4t+3)e^t$

$t=a$에서의 점 P의 속력을 0이라 하면

$|(a^2-4a+3)e^a|=0$, $a^2-4a+3=0$ ($\because e^a>0$)

$(a-1)(a-3)=0$ $\therefore a=1$ 또는 $a=3$

따라서 점 P의 속력이 처음으로 0이 되는 시각은 1이다.

1632 답 25

점 P의 시각 t에서의 속도와 가속도를 각각 v, a라 하면

$v=\frac{dx}{dt}=\frac{2t}{t^2+k}$

$a=\frac{dv}{dt}=\frac{2(t^2+k)-2t\times2t}{(t^2+k)^2}=-\frac{2(t^2-k)}{(t^2+k)^2}$

$t=5$에서의 점 P의 가속도가 0이므로

$-\frac{2(5^2-k)}{(5^2+k)^2}=0$, $25-k=0$ $\therefore k=25$

1633 답 ④

점 P의 시각 t에서의 속도와 가속도를 각각 v, a라 하면

$v=\frac{dx}{dt}=-e^{-t}\sin t+e^{-t}\cos t=e^{-t}(\cos t-\sin t)$

$a=\frac{dv}{dt}=-e^{-t}(\cos t-\sin t)+e^{-t}(-\sin t-\cos t)$

$=-2e^{-t}\cos t$

따라서 $t=\pi$에서의 점 P의 속도와 가속도는

$v=e^{-\pi}(\cos\pi-\sin\pi)=-e^{-\pi}$, $a=-2e^{-\pi}\cos\pi=2e^{-\pi}$

이므로 그 합은

$-e^{-\pi}+2e^{-\pi}=e^{-\pi}$

1634 답 $\frac{2}{\pi}$

점 P의 시각 t에서의 속도를 v라 하면

$v=\frac{dx}{dt}=\pi k\cos\left(\pi t+\frac{\pi}{6}\right)$

$t=2$에서의 점 P의 속도가 $2\sqrt{3}$이므로

$\pi k\cos\left(2\pi+\frac{\pi}{6}\right)=2\sqrt{3}$, $\pi k\times\frac{\sqrt{3}}{2}=2\sqrt{3}$

$\therefore k=\frac{4}{\pi}$

따라서 $x=\frac{4}{\pi}\sin\left(\pi t+\frac{\pi}{6}\right)$이므로 $t=2$에서의 점 P의 위치는

$x=\frac{4}{\pi}\sin\left(2\pi+\frac{\pi}{6}\right)=\frac{4}{\pi}\times\frac{1}{2}=\frac{2}{\pi}$

1635 답 ④

점 P의 시각 t에서의 속도 $f(t)$와 가속도 $g(t)$는

$f(t)=\frac{dx}{dt}=\cos t-\sin t$

$g(t)=\frac{dv}{dt}=-\sin t-\cos t$

$\therefore f(t)+g(t)=\cos t-\sin t+(-\sin t-\cos t)=-2\sin t$

이때 $-1\le\sin t\le1$이므로

$-2\le-2\sin t\le2$

따라서 함수 $f(t)+g(t)$의 최댓값 $M=2$, 최솟값 $m=-2$이므로

$M-m=2-(-2)=4$

1636 답 ②

점 P의 시각 t에서의 속도와 가속도를 각각 v, a라 하면

$v=\frac{dx}{dt}=2pt+\frac{q}{t}$

$a=\frac{dv}{dt}=2p-\frac{q}{t^2}$

$t=2$에서 점 P가 운동 방향을 바꾸므로 $v=0$, 즉

$4p+\frac{q}{2}=0$ ······ ㉠

$t=1$에서의 점 P의 가속도가 5이므로

$2p-q=5$ ······ ㉡

㉠, ㉡을 연립하여 풀면 $p=\frac{1}{2}$, $q=-4$

$\therefore pq=\frac{1}{2}\times(-4)=-2$

1637 답 40

점 P의 시각 t에서의 속도와 가속도를 각각 v, a라 하면

$v=\frac{dx}{dt}=1-\frac{20}{\pi^2}\times 2\pi\sin(2\pi t)=1-\frac{40}{\pi}\sin(2\pi t)$

$a=\frac{dv}{dt}=-\frac{40}{\pi}\times 2\pi\cos(2\pi t)=-80\cos(2\pi t)$

따라서 시각 $t=\frac{1}{3}$에서의 점 P의 가속도의 크기는

$|a|=\left|-80\cos\frac{2}{3}\pi\right|=\left|-80\times\left(-\frac{1}{2}\right)\right|=40$

1638 답 ④ | 유형22

좌표평면 위를 움직이는 점 P의 시각 t에서의 위치 (x, y)가 $x=t^2-4t$, $y=4t$일 때, 점 P의 속력의 최솟값은?

단서1

① $\sqrt{2}$ ② 2 ③ $2\sqrt{2}$
④ 4 ⑤ $4\sqrt{2}$

단서1 $\sqrt{\left(\frac{dx}{dt}\right)^2+\left(\frac{dy}{dt}\right)^2}$

STEP 1 점 P의 시각 t에서의 속력 구하기

$x=t^2-4t$, $y=4t$에서

$\frac{dx}{dt}=2t-4$, $\frac{dy}{dt}=4$

이므로 점 P의 시각 t에서의 속도는

$(2t-4, 4)$

점 P의 시각 t에서의 속력은

$\sqrt{(2t-4)^2+4^2}=2\sqrt{(t-2)^2+4}$

STEP 2 점 P의 속력의 최솟값 구하기

점 P의 속력은 $t=2$일 때 최솟값 4를 갖는다.

1639 답 ③

$x=e^t$, $y=e^{2t}$에서

$\frac{dx}{dt}=e^t$, $\frac{dy}{dt}=2e^{2t}$

이므로 점 P의 시각 t에서의 속도는 $(e^t, 2e^{2t})$

따라서 $t=\ln\sqrt{2}$에서 점 P의 속도는 $(\sqrt{2}, 4)$이므로 구하는 속력은

$\sqrt{(\sqrt{2})^2+4^2}=3\sqrt{2}$

1640 답 ②

$x=\frac{1}{2}t^2$, $y=2t-t^2$에서

$\frac{dx}{dt}=t$, $\frac{dy}{dt}=2-2t$

이므로 점 P의 시각 t에서의 속도는

$(t, 2-2t)$

점 P의 속력이 $2\sqrt{2}$이므로

$\sqrt{t^2+(2-2t)^2}=2\sqrt{2}$, $5t^2-8t+4=8$

$5t^2-8t-4=0$, $(5t+2)(t-2)=0$

$\therefore t=2$ ($\because t>0$)

1641 답 18

$x=3\ln(t+2)$, $y=\frac{a}{t+2}$에서

$\frac{dx}{dt}=\frac{3}{t+2}$, $\frac{dy}{dt}=-\frac{a}{(t+2)^2}$

이므로 점 P의 시각 t에서의 속도는

$\left(\frac{3}{t+2}, -\frac{a}{(t+2)^2}\right)$

따라서 $t=1$에서의 점 P의 속도는 $\left(1, -\frac{a}{9}\right)$이고, 이때 속력이 $\sqrt{5}$이므로

$\sqrt{1^2+\left(-\frac{a}{9}\right)^2}=\sqrt{5}$, $1+\frac{a^2}{81}=5$

$a^2=324$ $\quad\therefore a=18$ ($\because a>0$)

1642 답 $(0, 5)$

$x=-2t^2+4t$, $y=5t$에서

$\frac{dx}{dt}=-4t+4$, $\frac{dy}{dt}=5$

이므로 점 P의 시각 t에서의 속도는

$(-4t+4, 5)$ ······ ㉠

점 P의 시각 t에서의 속력은

$\sqrt{(-4t+4)^2+5^2}=\sqrt{16(t-1)^2+25}$

따라서 점 P의 속력은 $t=1$일 때 최솟값 5를 가지므로 이때의 속도는 ㉠에서 $(0, 5)$

1643 답 8

$x=4t-\sin t$, $y=4-\cos t$에서

$\frac{dx}{dt}=4-\cos t$, $\frac{dy}{dt}=\sin t$

이므로 점 P의 시각 t에서의 속도는

$(4-\cos t, \sin t)$

점 P의 시각 t에서의 속력은

$\sqrt{(4-\cos t)^2+\sin^2 t}=\sqrt{17-8\cos t}$

이때 $-1\le\cos t\le 1$이므로

$-8\le -8\cos t\le 8$, $9\le 17-8\cos t\le 25$

$3\le\sqrt{17-8\cos t}\le 5$

따라서 점 P의 속력의 최댓값 $M=5$, 최솟값 $m=3$이므로

$M+m=5+3=8$

1644 답 ③

$x=3t+\cos t$, $y=3+\sin t$에서

$\frac{dx}{dt}=3-\sin t$, $\frac{dy}{dt}=\cos t$

이므로 점 P의 시각 t에서의 속도는

$(3-\sin t, \cos t)$

점 P의 시각 t에서의 속력은
$\sqrt{(3-\sin t)^2+\cos^2 t}=\sqrt{10-6\sin t}$
이때 $-1\le\sin t\le 1$이므로 $\sin t=-1$, 즉 $t=\frac{3}{2}\pi$일 때 최댓값
$\sqrt{10-6\times(-1)}=4$를 갖는다.
따라서 $k=\frac{3}{2}$, $M=4$이므로
$kM=\frac{3}{2}\times 4=6$

1645 답 4

$x=\frac{1}{2}e^{2(t-1)}-at$, $y=be^{t-1}$에서
$\frac{dx}{dt}=e^{2(t-1)}-a$, $\frac{dy}{dt}=be^{t-1}$
이므로 점 P의 시각 t에서의 속도는
$(e^{2(t-1)}-a,\ be^{t-1})$
즉, $t=1$에서의 점 P의 속도는 $(1-a,\ b)$이므로
$1-a=-1$, $b=2$ $\quad\therefore a=2$, $b=2$
$\therefore a+b=2+2=4$

1646 답 ④

$x=t\ln t$, $y=\frac{4t}{\ln t}$에서
$\frac{dx}{dt}=\ln t+1$, $\frac{dy}{dt}=\frac{4\ln t-4}{(\ln t)^2}$
이므로 점 P의 시각 t에서의 속도는
$\left(\ln t+1,\ \frac{4\ln t-4}{(\ln t)^2}\right)$
따라서 $t=e^2$에서의 점 P의 속도는 $(3,\ 1)$이므로 구하는 속력은
$\sqrt{3^2+1^2}=\sqrt{10}$

1647 답 ③

$x=t+\sin t\cos t$, $y=\tan t$에서
$\frac{dx}{dt}=1+\cos^2 t-\sin^2 t=2\cos^2 t$, $\frac{dy}{dt}=\sec^2 t$
($1+\cos^2 t-\sin^2 t$ → $(1-\sin^2 t)+\cos^2 t$
$=\cos^2 t+\cos^2 t$
$=2\cos^2 t$)
이므로 점 P의 시각 t에서의 속도는
$(2\cos^2 t,\ \sec^2 t)$
점 P의 시각 t에서의 속력은
$\sqrt{(2\cos^2 t)^2+(\sec^2 t)^2}=\sqrt{4\cos^4 t+\sec^4 t}$
$0<t<\frac{\pi}{2}$에서 $4\cos^4 t>0$, $\sec^4 t>0$이므로 산술평균과 기하평균의 관계에 의해
$4\cos^4 t+\sec^4 t\ge 2\sqrt{4\cos^4 t\times\sec^4 t}$
$=2\sqrt{4\cos^4 t\times\frac{1}{\cos^4 t}}$
$=4$ (단, 등호는 $4\cos^4 t=\sec^4 t$일 때 성립)
따라서 점 P의 속력의 최솟값은 $\sqrt{4}=2$

개념 Check

산술평균과 기하평균의 관계
$a>0$, $b>0$일 때,
$\frac{a+b}{2}\ge\sqrt{ab}$ (단, 등호는 $a=b$일 때 성립)

1648 답 ③ | 유형 23

좌표평면 위를 움직이는 점 P의 시각 $t\,(t>0)$에서의 위치 $(x,\ y)$가 (단서1)
$x=t-\frac{2}{t}$, $y=2t+\frac{1}{t}$이다. $t=1$에서의 점 P의 가속도의 크기는? (단서2)

① $\frac{\sqrt{5}}{2}$ ② $\sqrt{5}$ ③ $2\sqrt{5}$
④ $3\sqrt{5}$ ⑤ $4\sqrt{5}$

단서1 위치 $(x,\ y)$ →(미분) 속도 $\left(\frac{dx}{dt},\ \frac{dy}{dt}\right)$ →(미분) 가속도 $\left(\frac{d^2x}{dt^2},\ \frac{d^2y}{dt^2}\right)$
단서2 $\sqrt{\left(\frac{d^2x}{dt^2}\right)^2+\left(\frac{d^2y}{dt^2}\right)^2}$

STEP 1 $\frac{d^2x}{dt^2}$, $\frac{d^2y}{dt^2}$ 구하기

$x=t-\frac{2}{t}$, $y=2t+\frac{1}{t}$에서
$\frac{dx}{dt}=1+\frac{2}{t^2}$, $\frac{dy}{dt}=2-\frac{1}{t^2}$
$\frac{d^2x}{dt^2}=-\frac{4}{t^3}$, $\frac{d^2y}{dt^2}=\frac{2}{t^3}$

STEP 2 $t=1$에서의 점 P의 가속도의 크기 구하기

점 P의 시각 t에서의 가속도는 $\left(-\frac{4}{t^3},\ \frac{2}{t^3}\right)$
따라서 $t=1$에서의 점 P의 가속도는 $(-4,\ 2)$이므로 가속도의 크기는
$\sqrt{(-4)^2+2^2}=2\sqrt{5}$

1649 답 ①

$x=3t-\sin t$, $y=4-\cos t$에서
$\frac{dx}{dt}=3-\cos t$, $\frac{dy}{dt}=\sin t$
$\frac{d^2x}{dt^2}=\sin t$, $\frac{d^2y}{dt^2}=\cos t$
점 P의 시각 t에서의 가속도는 $(\sin t,\ \cos t)$
따라서 $t=\frac{\pi}{4}$에서의 점 P의 가속도는 $\left(\frac{\sqrt{2}}{2},\ \frac{\sqrt{2}}{2}\right)$이므로
$p=\frac{\sqrt{2}}{2}$, $q=\frac{\sqrt{2}}{2}$
$\therefore pq=\frac{\sqrt{2}}{2}\times\frac{\sqrt{2}}{2}=\frac{1}{2}$

1650 답 4

$x=\cos 2t$, $y=\sin 2t$에서
$\frac{dx}{dt}=-2\sin 2t$, $\frac{dy}{dt}=2\cos 2t$
$\frac{d^2x}{dt^2}=-4\cos 2t$, $\frac{d^2y}{dt^2}=-4\sin 2t$
따라서 점 P의 시각 t에서의 가속도는
$(-4\cos 2t,\ -4\sin 2t)$이므로 가속도의 크기는
$\sqrt{(-4\cos 2t)^2+(-4\sin 2t)^2}=\sqrt{16(\cos^2 2t+\sin^2 2t)}=4$

1651 답 3

$x=-\frac{1}{3}t^3+2t^2+t$, $y=\frac{3}{2}t^2-2t+3$에서
$\frac{dx}{dt}=-t^2+4t+1$, $\frac{dy}{dt}=3t-2$

07

$\dfrac{d^2x}{dt^2}=-2t+4$, $\dfrac{d^2y}{dt^2}=3$

점 P의 시각 t에서의 가속도는 $(-2t+4,\ 3)$이므로 가속도의 크기는

$\sqrt{(-2t+4)^2+3^2}=\sqrt{4(t-2)^2+9}$

따라서 가속도의 크기는 $t=2$일 때 최솟값 3을 갖는다.

1652 답 $\sqrt{5}$

$x=a\ln t$, $y=at^2$에서

$\dfrac{dx}{dt}=\dfrac{a}{t}$, $\dfrac{dy}{dt}=2at$

$\dfrac{d^2x}{dt^2}=-\dfrac{a}{t^2}$, $\dfrac{d^2y}{dt^2}=2a$

점 P의 시각 t에서의 가속도는 $\left(-\dfrac{a}{t^2},\ 2a\right)$

따라서 $t=1$에서의 점 P의 가속도는 $(-a,\ 2a)$이고, 이때의 가속도의 크기가 5이므로

$\sqrt{(-a)^2+(2a)^2}=5$, $\sqrt{5a^2}=5$

$5a^2=25$, $a^2=5$ $\quad\therefore a=\sqrt{5}\ (\because a>0)$

1653 답 $\dfrac{2}{3}$

$x=3t+2$, $y=t^3-2t^2+t+5$에서

$\dfrac{dx}{dt}=3$, $\dfrac{dy}{dt}=3t^2-4t+1$

$\dfrac{d^2x}{dt^2}=0$, $\dfrac{d^2y}{dt^2}=6t-4$

점 P의 시각 t에서의 가속도는 $(0,\ 6t-4)$이므로 가속도의 크기는

$\sqrt{0^2+(6t-4)^2}=|6t-4|$

따라서 점 P의 가속도의 크기가 0이 되는 시각은

$6t-4=0$ $\quad\therefore t=\dfrac{2}{3}$

1654 답 ①

$x=4\sin t$, $y=-2\cos t$에서

$\dfrac{dx}{dt}=4\cos t$, $\dfrac{dy}{dt}=2\sin t$

$\dfrac{d^2x}{dt^2}=-4\sin t$, $\dfrac{d^2y}{dt^2}=2\cos t$

점 P의 시각 t에서의 가속도는 $(-4\sin t,\ 2\cos t)$

이때 점 P의 위치가 $(2,\ -\sqrt{3})$이므로 $x=2$일 때 $4\sin t=2$에서

$\sin t=\dfrac{1}{2}$ $\quad\therefore t=\dfrac{\pi}{6}\left(\because 0\le t\le\dfrac{\pi}{2}\right)$

따라서 $t=\dfrac{\pi}{6}$에서의 점 P의 가속도는 $(-2,\ \sqrt{3})$이므로 가속도의 크기는

$\sqrt{(-2)^2+(\sqrt{3})^2}=\sqrt{7}$

1655 답 ③

$x=2t$, $y=t^3-3t$에서

$\dfrac{dx}{dt}=2$, $\dfrac{dy}{dt}=3t^2-3$

점 P의 시각 t에서의 속도는 $(2,\ 3t^2-3)$이고 이때의 속력이 $2\sqrt{10}$이므로

$\sqrt{2^2+(3t^2-3)^2}=2\sqrt{10}$, $9t^4-18t^2+13=40$

$9t^4-18t^2-27=0$, $9(t^2+1)(t^2-3)=0$

$\therefore t=\sqrt{3}\ (\because t>0)$

또한, $\dfrac{d^2x}{dt^2}=0$, $\dfrac{d^2y}{dt^2}=6t$이므로 점 P의 시각 t에서의 가속도는 $(0,\ 6t)$

따라서 $t=\sqrt{3}$에서의 점 P의 가속도는 $(0,\ 6\sqrt{3})$이므로 가속도의 크기는

$\sqrt{0^2+(6\sqrt{3})^2}=6\sqrt{3}$

1656 답 ②

$x=\cos t-2\sin t$, $y=\cos t+2\sin t$에서

$\dfrac{dx}{dt}=-\sin t-2\cos t$, $\dfrac{dy}{dt}=-\sin t+2\cos t$

점 P의 시각 t에서의 속도는

$(-\sin t-2\cos t,\ -\sin t+2\cos t)$이므로 속력은

$\sqrt{(-\sin t-2\cos t)^2+(-\sin t+2\cos t)^2}$

$=\sqrt{2\sin^2 t+8\cos^2 t}$

$=\sqrt{2(1-\cos^2 t)+8\cos^2 t}$

$=\sqrt{6\cos^2 t+2}$

이때 $-1\le\cos t\le 1$에서 $0\le\cos^2 t\le 1$이므로

점 P의 속력은 $\cos^2 t=1$일 때 최대이다.

또한, $\dfrac{d^2x}{dt^2}=-\cos t+2\sin t$, $\dfrac{d^2y}{dt^2}=-\cos t-2\sin t$

이므로 점 P의 시각 t에서의 가속도는

$(-\cos t+2\sin t,\ -\cos t-2\sin t)$

따라서 점 P의 시각 t에서의 가속도의 크기는

$\sqrt{(-\cos t+2\sin t)^2+(-\cos t-2\sin t)^2}$

$=\sqrt{2\cos^2 t+8\sin^2 t}$

$=\sqrt{2\cos^2 t+8(1-\cos^2 t)}$

$=\sqrt{8-6\cos^2 t}$

이므로 $\cos^2 t=1$인 시각 t에서의 점 P의 가속도의 크기는

$\sqrt{8-6}=\sqrt{2}$

1657 답 4

$x=1-\cos 4t$, $y=\dfrac{1}{4}\sin 4t$에서

$\dfrac{dx}{dt}=4\sin 4t$, $\dfrac{dy}{dt}=\cos 4t$

점 P의 시각 t에서의 속도는 $(4\sin 4t,\ \cos 4t)$이므로 속력은

$\sqrt{(4\sin 4t)^2+\cos^2 4t}$

$=\sqrt{16\sin^2 4t+\cos^2 4t}$

$=\sqrt{16\sin^2 4t+(1-\sin^2 4t)}$

$=\sqrt{15\sin^2 4t+1}$

이때 $-1\le\sin 4t\le 1$에서 $0\le\sin^2 4t\le 1$이므로

점 P의 속력은 $\sin^2 4t=1$, 즉 $\cos^2 4t=0$일 때 최대이다.

또한, $\dfrac{d^2x}{dt^2}=16\cos 4t$, $\dfrac{d^2y}{dt^2}=-4\sin 4t$이므로 점 P의 시각 t에서의 가속도는

$(16\cos 4t,\ -4\sin 4t)$

따라서 점 P의 시각 t에서의 가속도의 크기는
$\sqrt{(16\cos 4t)^2+(-4\sin 4t)^2}=\sqrt{256\cos^2 4t+16\sin^2 4t}$
이므로 $\sin^2 4t=1$, 즉 $\cos^2 4t=0$인 시각 t에서의 점 P의 가속도의 크기는
$\sqrt{256\times 0+16\times 1}=4$

1658 답 ⑤ | 유형 24

> 지상 10 m의 높이에서 지면과 $\theta\left(0<\theta<\frac{\pi}{2}\right)$의 각을 이루는 방향으로 초속 20 m의 속력으로 쏘아 올린 공의 t초 후의 위치를 좌표평면 위에 점 P(x, y)로 나타낼 때, $x=20t\cos\theta$, $y=10+20t\sin\theta-5t^2$인 관계가 성립한다. 공이 최고 높이(단서1)에 올랐을 때의 속력은(단서2)?
>
> ① $5\cos\theta$ ② $10\sin\theta$ ③ $10\cos\theta$
> ④ $20\sin\theta$ ⑤ $20\cos\theta$
>
> 단서1 $\frac{dy}{dt}=0$
> 단서2 $\sqrt{\left(\frac{dx}{dt}\right)^2+\left(\frac{dy}{dt}\right)^2}$

STEP 1 **점 P의 시각 t에서의 속도 구하기**
$x=20t\cos\theta$, $y=10+20t\sin\theta-5t^2$에서
$\frac{dx}{dt}=20\cos\theta$, $\frac{dy}{dt}=20\sin\theta-10t$
이므로 점 P의 시각 t에서의 속도는
$(20\cos\theta,\ 20\sin\theta-10t)$

STEP 2 **공이 최고 높이에 올랐을 때의 시각 t 구하기**
공이 최고 높이에 올랐을 때의 속도의 y좌표는 0이므로 ($\frac{dy}{dt}=0$)
$\frac{dy}{dt}=20\sin\theta-10t=0$ $\quad\therefore t=2\sin\theta$

STEP 3 **공이 최고 높이에 올랐을 때의 속력 구하기**
$t=2\sin\theta$에서의 점 P의 속도는 $(20\cos\theta,\ 0)$이므로 구하는 속력은
$\sqrt{(20\cos\theta)^2+0^2}=20\cos\theta\left(\because 0<\theta<\frac{\pi}{2}\right)$

1659 답 ①

시각 t에서의 물체의 속도를 v라 하면
$v=\frac{dh}{dt}=-2te^t-t^2e^t+8e^t$
$=-(t^2+2t-8)e^t$
$=-(t-2)(t+4)e^t$
물체가 최고 높이에 도달했을 때의 속도는 0이므로
$v=0$에서 $t=2$ ($\because t>0$)
따라서 이 물체는 2초 후 최고 높이 $(4e^2+32)$m에 도달하므로
$a=2$, $H=4e^2+32$
$\therefore a+H=2+(4e^2+32)=4e^2+34$

1660 답 20

$x=10t$, $y=-5t^2+10\sqrt{3}t$에서
$\frac{dx}{dt}=10$, $\frac{dy}{dt}=-10t+10\sqrt{3}$
점 P의 시각 t에서의 속도는
$(10,\ -10t+10\sqrt{3})$
한편, 야구공이 지면에 떨어질 때는 $y=0$이므로
$-5t^2+10\sqrt{3}t=0$, $-5t(t-2\sqrt{3})=0$
$\therefore t=2\sqrt{3}$ ($\because t>0$)
따라서 $t=2\sqrt{3}$에서의 야구공의 속도는 $(10,\ -10\sqrt{3})$이므로 구하는 속력은
$\sqrt{10^2+(-10\sqrt{3})^2}=20$

서술형 유형 익히기

336쪽~339쪽

1661 답 (1) 2 (2) $\frac{e}{a}$ (3) $\frac{e}{a}$ (4) $\frac{e}{a}$ (5) $\frac{e}{a}$ (6) $3e$

STEP 1 **$f'(x)$, $f''(x)$ 구하기 [2점]**
$f(x)=\left(\ln\frac{1}{ax}\right)^2=(-\ln ax)^2=(\ln ax)^2$이므로
$f'(x)=2\ln ax\times\frac{a}{ax}=\frac{2\ln ax}{x}$
$f''(x)=\frac{\frac{2a}{ax}\times x-2\ln ax}{x^2}=\frac{\boxed{2}(1-\ln ax)}{x^2}$

STEP 2 **곡선 $y=f(x)$의 변곡점의 좌표 구하기 [2점]**
$f''(x)=0$에서 $\ln ax=1$, $ax=e$
$\therefore x=\boxed{\frac{e}{a}}$
$x=\boxed{\frac{e}{a}}$의 좌우에서 $f''(x)$의 부호가 바뀌므로 변곡점의 좌표는
$\left(\boxed{\frac{e}{a}},\ 1\right)$

STEP 3 **양수 a의 값 구하기 [2점]**
점 $\left(\boxed{\frac{e}{a}},\ 1\right)$이 직선 $y=3x$ 위에 있으므로
$1=3\times\frac{e}{a}$ $\quad\therefore a=\boxed{3e}$

오답 분석

$f(x)=\left(\ln\frac{1}{ax}\right)^2=(\ln 1-\ln ax)^2=(\ln ax)^2$이므로
$f'(x)=2\ln ax\times\frac{a}{ax}=\frac{2\ln ax}{x}$
$f''(x)=\frac{\frac{2a}{ax}\times x-2\ln ax}{x^2}=\frac{2(1-\ln ax)}{x^2}$ — 2점
$f''(x)=0$에서 $\ln ax=1$, $ax=e$
$\therefore x=\frac{e}{a}$ — 1점
즉, 변곡점의 좌표는 $\left(\frac{e}{a},\ 1\right)$이다. → $x=\frac{e}{a}$의 좌우에서 $f''(x)$의 부호가 바뀌는지 확인하지 않음
이때 점 $\left(\frac{e}{a},\ 1\right)$은 직선 $y=3x$ 위에 있으므로
$1=3\times\frac{e}{a}$ $\quad\therefore a=3e$ — 2점

▶ 6점 중 5점 얻음.
곡선 $y=f(x)$에 대하여 변곡점의 좌표를 구할 때는 $f''(a)=0$이라 해도 $x=a$의 좌우에서 $f''(x)$의 부호가 바뀌는지 반드시 확인해 주어야 한다.

1662 답 2

STEP 1 $f'(x)$, $f''(x)$ 구하기 [2점]

$f(x)=\frac{ax}{x^2+1}$에서

$$f'(x)=\frac{a(x^2+1)-ax\times 2x}{(x^2+1)^2}=\frac{a(1-x^2)}{(x^2+1)^2} \quad \cdots\cdots ⓐ$$

$$f''(x)=\frac{-2ax(x^2+1)^2-a(1-x^2)\times 2(x^2+1)\times 2x}{(x^2+1)^4}$$

$$=\frac{2ax(x^2-3)}{(x^2+1)^3} \quad \cdots\cdots ⓐ$$

STEP 2 곡선 $y=f(x)$의 변곡점의 좌표 구하기 [2점]

$f''(x)=0$에서 $x=-\sqrt{3}$ 또는 $x=0$ 또는 $x=\sqrt{3}$ ⋯⋯ ⓑ

$x=-\sqrt{3}$, $x=0$, $x=\sqrt{3}$의 좌우에서 $f''(x)$의 부호가 바뀌므로 변곡점의 좌표는

$\left(-\sqrt{3},\ -\frac{\sqrt{3}}{4}a\right)$, $(0,\ 0)$, $\left(\sqrt{3},\ \frac{\sqrt{3}}{4}a\right)$

STEP 3 양수 a의 값 구하기 [2점]

세 점 $\left(-\sqrt{3},\ -\frac{\sqrt{3}}{4}a\right)$, $(0,\ 0)$, $\left(\sqrt{3},\ \frac{\sqrt{3}}{4}a\right)$가 직선 $y=\frac{1}{2}x$ 위에 있으므로 $a=2$

부분점수표	
ⓐ $f'(x)$, $f''(x)$ 중에서 하나만 구한 경우	1점
ⓑ 변곡점의 x좌표만 바르게 구한 경우	1점

1663 답 -1

STEP 1 $f'(x)$, $f''(x)$ 구하기 [2점]

$f(x)=xe^x+ax^2+bx$에서

$f'(x)=e^x+xe^x+2ax+b=(x+1)e^x+2ax+b$ ⋯⋯ ⓐ

$f''(x)=e^x+(x+1)e^x+2a=(x+2)e^x+2a$ ⋯⋯ ⓐ

STEP 2 $a+b$의 값 구하기 [4점]

함수 $f(x)$가 $x=0$에서 극소이므로

$f'(0)=1+b=0 \quad \therefore b=-1$ ⋯⋯ ⓑ

곡선 $y=f(x)$의 변곡점의 x좌표가 -2이므로

$f''(-2)=2a=0 \quad \therefore a=0$ ⋯⋯ ⓑ

$\therefore a+b=0+(-1)=-1$

부분점수표	
ⓐ $f'(x)$, $f''(x)$ 중에서 하나만 구한 경우	1점
ⓑ 상수 a, b의 값 중에서 하나만 구한 경우	1점

1664 답 72

STEP 1 $g'(x)$, $g''(x)$ 구하기 [2점]

이차함수 $f(x)$의 최고차항의 계수가 e이므로

$f(x)=e(x^2+ax+b)$ (a, b는 상수)라 하자.

$g(x)=f(x)e^{-x}=(x^2+ax+b)e^{-x+1}$이므로

$$g'(x)=(2x+a)e^{-x+1}-(x^2+ax+b)e^{-x+1}$$

$$=-\{x^2+(a-2)x-a+b\}e^{-x+1} \quad \cdots\cdots ⓐ$$

$$g''(x)=-\{2x+(a-2)\}e^{-x+1}+\{x^2+(a-2)x-a+b\}e^{-x+1}$$

$$=\{x^2+(a-4)x-2a+b+2\}e^{-x+1} \quad \cdots\cdots ⓐ$$

STEP 2 $f(x)$ 구하기 [4점]

곡선 $y=g(x)$의 변곡점의 x좌표가 1, 4이므로

$g''(1)=0$에서 $1+a-4-2a+b+2=0$

$\therefore a-b=-1$ ⋯⋯ ㉠ ⋯⋯ ⓑ

$g''(4)=0$에서 $16+4a-16-2a+b+2=0$ ($\because e^{-3}>0$)

$\therefore 2a+b=-2$ ⋯⋯ ㉡ ⋯⋯ ⓑ

㉠, ㉡을 연립하여 풀면

$a=-1$, $b=0$

$\therefore f(x)=e(x^2-x)$

STEP 3 $g(-2)\times g(4)$의 값 구하기 [2점]

$g(x)=(x^2-x)e^{-x+1}$이므로

$g(-2)\times g(4)=6e^3\times 12e^{-3}=72$

부분점수표	
ⓐ $g'(x)$, $g''(x)$ 중에서 하나만 구한 경우	1점
ⓑ a, b에 대한 식을 바르게 세운 경우	각 1점

1665 답 (1) $\frac{\pi}{6}$ (2) $\frac{5}{6}\pi$ (3) $\frac{\pi}{12}$ (4) $\frac{5}{12}\pi$ (5) $\frac{\pi}{12}+\frac{\sqrt{3}}{2}$ (6) $\frac{5}{12}\pi-\frac{\sqrt{3}}{2}$ (7) $\frac{\pi}{12}+\frac{\sqrt{3}}{2}$ (8) $\frac{5}{12}\pi-\frac{\sqrt{3}}{2}$ (9) $\frac{\pi}{2}$

STEP 1 $f'(x)=0$을 만족시키는 x의 값 구하기 [2점]

$f(x)=x+\cos 2x$에서

$f'(x)=1-2\sin 2x$

$f'(x)=0$에서 $\sin 2x=\frac{1}{2}$

$0\le x\le\frac{\pi}{2}$에서 $2x=\boxed{\frac{\pi}{6}}$ 또는 $2x=\boxed{\frac{5}{6}\pi}$

$\therefore x=\boxed{\frac{\pi}{12}}$ 또는 $x=\boxed{\frac{5}{12}\pi}$

STEP 2 함수 $f(x)$의 증가와 감소를 표로 나타내기 [4점]

함수 $f(x)$의 증가와 감소를 표로 나타내면 다음과 같다.

x	0	⋯	$\frac{\pi}{12}$	⋯	$\frac{5}{12}\pi$	⋯	$\frac{\pi}{2}$
$f'(x)$		+	0	−	0	+	
$f(x)$	1	↗	극대	↘	극소	↗	$\frac{\pi}{2}-1$

함수 $f(x)$는 $x=\frac{\pi}{12}$에서 극댓값 $\boxed{\frac{\pi}{12}+\frac{\sqrt{3}}{2}}$,

$x=\frac{5}{12}\pi$에서 극솟값 $\boxed{\frac{5}{12}\pi-\frac{\sqrt{3}}{2}}$을 갖는다.

STEP 3 $M+m$의 값 구하기 [2점]

함수 $f(x)$의 최댓값은 $M=\boxed{\frac{\pi}{12}+\frac{\sqrt{3}}{2}}$,

최솟값은 $m=\boxed{\frac{5}{12}\pi-\frac{\sqrt{3}}{2}}$이므로

$M+m=\left(\frac{\pi}{12}+\frac{\sqrt{3}}{2}\right)+\left(\frac{5}{12}\pi-\frac{\sqrt{3}}{2}\right)=\boxed{\frac{\pi}{2}}$

오답 분석

$f(x)=x+\cos 2x$에서

$f'(x)=1-2\sin 2x$

$f'(x)=0$에서 $\sin 2x=\frac{1}{2}$ 1점

$0 \le x \le \frac{\pi}{2}$에서 $2x=\frac{\pi}{6}$ ⟶ $2x$의 값이 아니라 x의 값이 $0 \le x \le \frac{\pi}{2}$에 속해야 함

$\therefore x=\frac{\pi}{12}$

함수 f(x)의 증가와 감소를 표로 나타내면 다음과 같다.

x	0	⋯	$\frac{\pi}{12}$	⋯	$\frac{\pi}{2}$
f′(x)		+	0	−	
f(x)	1	↗	극대	↘	$\frac{\pi}{2}-1$

함수 f(x)는 $x=\frac{\pi}{12}$에서 극댓값 $\frac{\pi}{12}+\frac{\sqrt{3}}{2}$을 갖는다. 1점

따라서 함수 f(x)의 최댓값은 $M=\frac{\pi}{12}+\frac{\sqrt{3}}{2}$, 1점

최솟값은 $m=\frac{\pi}{2}-1$이므로 ⟶ 주어진 구간에 속하는 극값을 모두 구하여 비교하지 않아 최솟값을 잘못 구함

$M+m=\left(\frac{\pi}{12}+\frac{\sqrt{3}}{2}\right)+\left(\frac{\pi}{2}-1\right)$

$=\frac{7}{12}\pi+\frac{\sqrt{3}}{2}-1$

▶ 8점 중 3점 얻음.
구간 $[a, b]$에서 연속인 함수 $f(x)$의 최댓값과 최솟값을 구할 때는 극값, $f(a)$의 값, $f(b)$의 값을 모두 구하여 비교해야 한다.

1666 답 2

STEP 1 $f'(x)=0$을 만족시키는 x의 값 구하기 [2점]

$f(x)=\frac{2x-1}{x^2+2}$에서

$$f'(x)=\frac{2(x^2+2)-(2x-1)\times 2x}{(x^2+2)^2}=\frac{-2(x^2-x-2)}{(x^2+2)^2}=\frac{-2(x+1)(x-2)}{(x^2+2)^2} \quad \cdots\cdots ⓐ$$

$f'(x)=0$에서 $x=-1$ 또는 $x=2$

STEP 2 함수 $f(x)$의 증가와 감소를 표로 나타내기 [4점]

함수 $f(x)$의 증가와 감소를 표로 나타내면 다음과 같다.

x	⋯	-1	⋯	2	⋯
$f'(x)$	−	0	+	0	−
$f(x)$	↘	-1	↗	$\frac{1}{2}$	↘

⋯⋯ ⓑ

이때 $\lim_{x\to\infty} f(x)=0$, $\lim_{x\to-\infty} f(x)=0$이므로 함수 $y=f(x)$의 그래프는 그림과 같다.

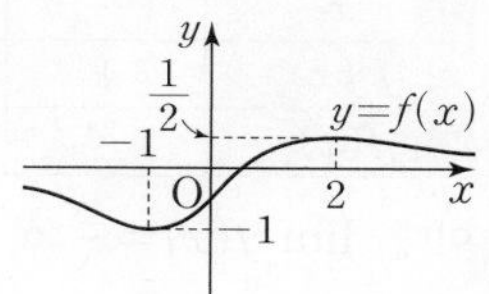

STEP 3 $\alpha M+\beta m$의 값 구하기 [2점]

함수 $f(x)$는 $x=2$에서 최댓값 $\frac{1}{2}$, ⋯⋯ ⓒ

$x=-1$에서 최솟값 -1을 가지므로 ⋯⋯ ⓒ

$\alpha=2,\ M=\frac{1}{2},\ \beta=-1,\ m=-1$

$\therefore \alpha M+\beta m=2\times\frac{1}{2}+(-1)\times(-1)=2$

부분점수표	
ⓐ $f'(x)$를 구한 경우	1점
ⓑ 극댓값과 극솟값 중에서 하나만 구한 경우	2점
ⓒ 최댓값과 최솟값 중에서 하나만 구한 경우	1점

1667 답 1

STEP 1 $f'(x)=0$을 만족시키는 x의 값 구하기 [2점]

$f(x)=x^2e^{-x^2+1}$에서

$$f'(x)=2xe^{-x^2+1}+x^2\times(-2xe^{-x^2+1})=-2x(x+1)(x-1)e^{-x^2+1} \quad \cdots\cdots ⓐ$$

$f'(x)=0$에서 $x=-1$ 또는 $x=0$ 또는 $x=1$ ($\because e^{-x^2+1}>0$)

STEP 2 함수 $f(x)$의 증가와 감소를 표로 나타내기 [4점]

함수 $f(x)$의 증가와 감소를 표로 나타내면 다음과 같다.

x	⋯	-1	⋯	0	⋯	1	⋯
$f'(x)$	+	0	−	0	+	0	−
$f(x)$	↗	1	↘	0	↗	1	↘

⋯⋯ ⓑ

이때 $\lim_{x\to\infty} f(x)=0$, $\lim_{x\to-\infty} f(x)=0$이므로 함수 $y=f(x)$의 그래프는 그림과 같다.

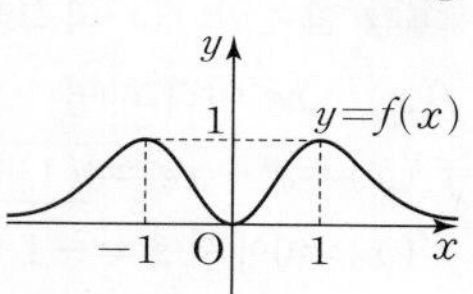

STEP 3 함수 $f(x)$의 최댓값 구하기 [2점]

함수 $f(x)$는 $x=-1$ 또는 $x=1$에서 최댓값 1을 갖는다.

부분점수표	
ⓐ $f'(x)$를 구한 경우	1점
ⓑ 극댓값과 극솟값 중에서 하나만 구한 경우	2점

1668 답 3

STEP 1 $f'(x)$, $f''(x)$를 구하고, 변곡점의 x좌표 구하기 [4점]

$f(x)=\frac{x}{\ln x}$에서

$$f'(x)=\frac{1\times\ln x-x\times\frac{1}{x}}{(\ln x)^2}=\frac{\ln x-1}{(\ln x)^2} \quad \cdots\cdots ⓐ$$

$$f''(x)=\frac{\frac{1}{x}\times(\ln x)^2-(\ln x-1)\times 2\ln x\times\frac{1}{x}}{(\ln x)^4}=\frac{2-\ln x}{x(\ln x)^3} \quad \cdots\cdots ⓐ$$

$f'(x)=0$에서 $\ln x=1$ $\quad\therefore x=e$

$f''(x)=0$에서 $\ln x=2$ $\quad\therefore x=e^2$

$x=e^2$의 좌우에서 $f''(x)$의 부호가 바뀌므로 곡선 $y=f(x)$의 변곡점의 좌표는

$\left(e^2, \frac{e^2}{2}\right)$ $\quad\therefore a=e^2$

STEP 2 함수 $f(x)$의 증가와 감소를 표로 나타내기 [4점]

함수 $f(x)$의 증가와 감소를 표로 나타내면 다음과 같다.

x	(1)	⋯	e	⋯	e^2
$f'(x)$		−	0	+	
$f(x)$		↘	e	↗	$\frac{e^2}{2}$

STEP3 $\ln ab$의 값 구하기 [2점]

함수 $f(x)$는 $x=e$에서 최솟값 e를 갖는다.

따라서 $a=e^2$, $b=e$이므로

$\ln ab=\ln(e^2\times e)=\ln e^3=3$

부분점수표	
ⓐ $f'(x)$, $f''(x)$ 중에서 하나만 구한 경우	1점

1669 답 (1) k (2) xe^x (3) xe^x (4) $(1+x)e^x$ (5) $-\frac{1}{e}$ (6) $-\frac{1}{e}$ (7) $\frac{1}{e}$

STEP1 주어진 방정식을 $f(x)=k$ 꼴로 나타내기 [2점]

모든 실수 x에 대하여 $e^x>0$이므로

방정식 $x+ke^{-x}=0$의 양변에 e^x을 곱하면

$xe^x+\boxed{k}=0$ $\therefore \boxed{xe^x}=-k$

위의 방정식이 서로 다른 두 실근을 가지려면 곡선 $y=\boxed{xe^x}$과 직선 $y=-k$가 서로 다른 두 점에서 만나야 한다.

STEP2 함수 $y=f(x)$의 그래프 그리기 [4점]

$f(x)=xe^x$이라 하면

$f'(x)=e^x+xe^x=\boxed{(1+x)e^x}$

$f'(x)=0$에서 $x=-1$ ($\because e^x>0$)

함수 $f(x)$의 증가와 감소를 표로 나타내면 다음과 같다.

x	$\cdots$	-1	$\cdots$
$f'(x)$	$-$	0	$+$
$f(x)$	↘	극소	↗

즉, 함수 $f(x)$는 $x=-1$에서 극솟값 $\boxed{-\frac{1}{e}}$을 갖고,

$\lim_{x\to\infty} f(x)=\infty$, $\lim_{x\to-\infty} f(x)=0$이므로 함수 $y=f(x)$의 그래프는 그림과 같다.

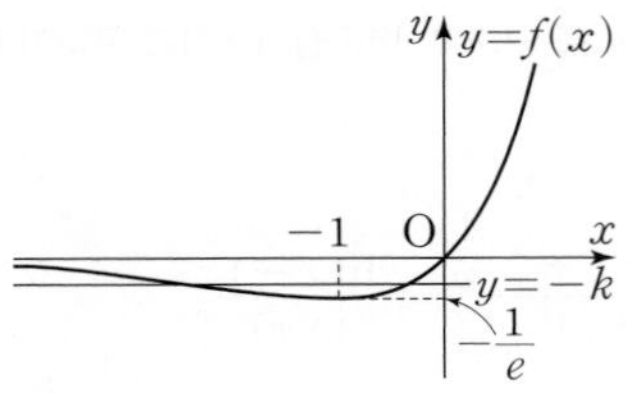

STEP3 실수 k의 값의 범위 구하기 [2점]

곡선 $y=f(x)$와 직선 $y=-k$가 서로 다른 두 점에서 만나려면

$\boxed{-\frac{1}{e}}<-k<0$

$\therefore 0<k<\boxed{\frac{1}{e}}$

오답 분석

방정식 $x+ke^{-x}=0$의 양변에 e^x을 곱하면

$xe^x+k=0$

$\therefore xe^x=-k$ 2점

$f(x)=xe^x$, $g(x)=-k$라 하자.

$f(x)=xe^x$에서

$f'(x)=e^x+xe^x=(1+x)e^x$

$f'(x)=0$에서

$x=-1$ ($\because e^x>0$)

함수 $f(x)$의 증가와 감소를 표로 나타내면 다음과 같다.

x	…	−1	…
f'(x)	−	0	+
f(x)	↘	극소	↗

3점

즉, 함수 $f(x)$는 $x=-1$에서 극솟값 $-\frac{1}{e}$을 가지므로 함수 $y=f(x)$의 그래프는 그림과 같다. → 극한값 $\lim_{x\to-\infty} f(x)$를 확인하지 않아 함수 $y=f(x)$의 그래프의 개형을 잘못 이해함

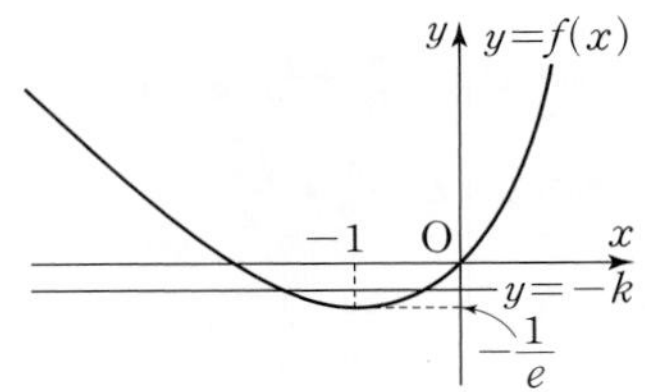

방정식 $xe^x=-k$가 서로 다른 두 실근을 가지려면 곡선 $y=f(x)$와 직선 $y=g(x)$가 서로 다른 두 점에서 만나야 하므로

$-k>-\frac{1}{e}$ $\therefore k<\frac{1}{e}$

▶ 8점 중 5점 얻음.

함수의 그래프의 개형을 그려 문제를 해결할 때는 함수의 그래프의 개형을 정확하게 그려야 한다. 특히 함수의 극한값을 이용하여 곡선의 점근선을 파악할 수 있어야 한다.

1670 답 $0<k<27$

STEP1 주어진 방정식을 $f(x)=k$ 꼴로 나타내기 [2점]

모든 실수 x에 대하여 $e^{-x+4}>0$이므로

방정식 $(x-1)^3=ke^{x-4}$의 양변에 e^{-x+4}을 곱하면

$(x-1)^3e^{-x+4}=k$

위의 방정식이 서로 다른 두 실근을 가지려면 곡선

$y=(x-1)^3e^{-x+4}$과 직선 $y=k$가 서로 다른 두 점에서 만나야 한다.

STEP2 함수 $y=f(x)$의 그래프 그리기 [4점]

$f(x)=(x-1)^3e^{-x+4}$이라 하면

$f'(x)=3(x-1)^2e^{-x+4}-(x-1)^3e^{-x+4}$

$=-(x-1)^2(x-4)e^{-x+4}$

$f'(x)=0$에서 $x=1$ 또는 $x=4$ ($\because e^{-x+4}>0$) …… ⓐ

함수 $f(x)$의 증가와 감소를 표로 나타내면 다음과 같다.

x	$\cdots$	1	$\cdots$	4	$\cdots$
$f'(x)$	$+$	0	$+$	0	$-$
$f(x)$	↗	0	↗	27	↘

이때 $\lim_{x\to-\infty} f(x)=-\infty$, $\lim_{x\to\infty} f(x)=0$ 이므로 함수 $y=f(x)$의 그래프는 그림과 같다.

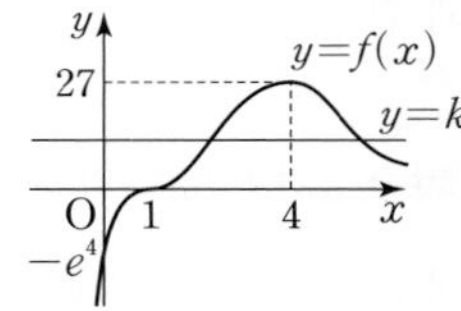

STEP3 실수 k의 값의 범위 구하기 [2점]

곡선 $y=f(x)$와 직선 $y=k$가 서로 다른 두 점에서 만나려면

$0<k<27$

부분점수표	
ⓐ $f'(x)=0$인 x의 값을 구한 경우	2점

1671 답 $\frac{16}{e^2}$

STEP 1 주어진 방정식을 $f(x)=k$ 꼴로 나타내기 [2점]

$x^2e^{-\frac{1}{2}x}-k=0$에서 $x^2e^{-\frac{1}{2}x}=k$

위의 방정식의 서로 다른 실근의 개수가 2이려면 곡선 $y=x^2e^{-\frac{1}{2}x}$과 직선 $y=k$가 서로 다른 두 점에서 만나야 한다.

STEP 2 함수 $y=f(x)$의 그래프 그리기 [4점]

$f(x)=x^2e^{-\frac{1}{2}x}$이라 하면

$f'(x)=2xe^{-\frac{1}{2}x}+x^2\times\left(-\frac{1}{2}e^{-\frac{1}{2}x}\right)=-\frac{1}{2}x(x-4)e^{-\frac{1}{2}x}$

$f'(x)=0$에서 $x=0$ 또는 $x=4$ $\left(\because e^{-\frac{1}{2}x}>0\right)$ …… ⓐ

함수 $f(x)$의 증가와 감소를 표로 나타내면 다음과 같다.

x	$\cdots$	0	$\cdots$	4	$\cdots$
$f'(x)$	$-$	0	$+$	0	$-$
$f(x)$	↘	0	↗	$\frac{16}{e^2}$	↘

이때 $\lim_{x\to-\infty}f(x)=\infty$, $\lim_{x\to\infty}f(x)=0$이므로 함수 $y=f(x)$의 그래프는 그림과 같다.

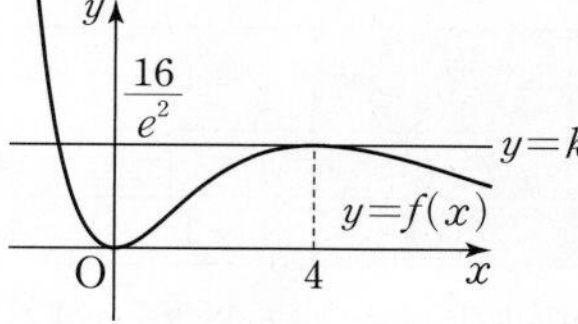

STEP 3 실수 k의 값 구하기 [2점]

곡선 $y=f(x)$와 직선 $y=k$가 서로 다른 두 점에서 만나려면

$k=\frac{16}{e^2}$

부분점수표	
ⓐ $f'(x)=0$인 x의 값을 구한 경우	2점

1672 답 2

STEP 1 주어진 방정식을 $f(x)=k$ 꼴로 나타내기 [2점]

모든 실수 x에 대하여 $e^{-x+6}>0$이므로

방정식 $(x-4)^2=4e^{x-6}$의 양변에 e^{-x+6}을 곱하면

$(x-4)^2e^{-x+6}=4$

위의 방정식의 서로 다른 실근의 개수는 곡선 $y=(x-4)^2e^{-x+6}$과 직선 $y=4$의 교점의 개수와 같다.

STEP 2 함수 $y=f(x)$의 그래프 그리기 [4점]

$f(x)=(x-4)^2e^{-x+6}$이라 하면

$f'(x)=2(x-4)e^{-x+6}-(x-4)^2e^{-x+6}$

$=-(x-4)(x-6)e^{-x+6}$

$f'(x)=0$에서 $x=4$ 또는 $x=6$ $(\because e^{-x+6}>0)$ …… ⓐ

함수 $f(x)$의 증가와 감소를 표로 나타내면 다음과 같다.

x	$\cdots$	4	$\cdots$	6	$\cdots$
$f'(x)$	$-$	0	$+$	0	$-$
$f(x)$	↘	0	↗	4	↘

이때 $\lim_{x\to-\infty}f(x)=\infty$, $\lim_{x\to\infty}f(x)=0$이므로 함수 $y=f(x)$의 그래프는 그림과 같다.

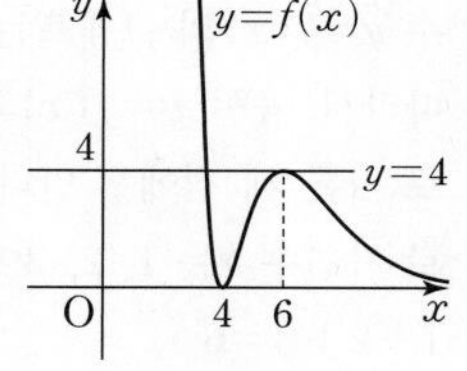

STEP 3 방정식의 서로 다른 실근의 개수 구하기 [2점]

곡선 $y=f(x)$와 직선 $y=4$가 서로 다른 두 점에서 만나므로 방정식 $f(x)=4$, 즉 $(x-4)^2-4e^{x-6}=0$의 서로 다른 실근의 개수는 2이다.

부분점수표	
ⓐ $f'(x)=0$인 x의 값을 구한 경우	2점

실력 check 실전 마무리하기 1회 340쪽~344쪽

1 1673 답 ②
유형1

출제의도 | 곡선의 오목과 볼록을 이해하고 있는지 확인한다.

$f''(x)<0$을 만족시키는 x의 값의 범위를 구해 보자.

$f(x)=x\ln x-\frac{3}{x}$이라 하면 $x>0$이고

$f'(x)=\ln x+x\times\frac{1}{x}+\frac{3}{x^2}=\ln x+1+\frac{3}{x^2}$

$f''(x)=\frac{1}{x}-\frac{6x}{x^4}=\frac{1}{x}-\frac{6}{x^3}=\frac{x^2-6}{x^3}$

곡선 $y=f(x)$가 위로 볼록하려면 $f''(x)<0$이어야 하므로

$0<x<\sqrt{6}$ $(\because x>0)$

따라서 곡선 $y=f(x)$가 위로 볼록한 구간에 속하는 정수 x의 개수는 1, 2의 2이다.

2 1674 답 ④
유형2

출제의도 | 주어진 구간에서 곡선의 변곡점의 좌표를 구할 수 있는지 확인한다.

우선 $f''(x)=0$인 x의 값을 구해 보자.

$f(x)=e^x\cos x$에서

$f'(x)=e^x\cos x-e^x\sin x=e^x(\cos x-\sin x)$

$f''(x)=e^x(\cos x-\sin x)+e^x(-\sin x-\cos x)$

$=-2e^x\sin x$

$f''(x)=0$에서 $x=0$ $\left(\because -\frac{\pi}{2}<x<\frac{\pi}{2}\right)$

$x=0$의 좌우에서 $f''(x)$의 부호가 바뀌므로 변곡점의 좌표는 $(0, 1)$

따라서 $a=0$, $b=1$이므로

$a+b=0+1=1$

3 1675 답 ④

유형2

출제의도 | 곡선의 변곡점의 좌표를 구할 수 있는지 확인한다.

우선 $f''(x)=0$인 x의 값을 구해 보자.

$f(x)=2\ln(x^2+1)$에서

$f'(x)=\frac{4x}{x^2+1}$

$f''(x)=\frac{4(x^2+1)-4x\times2x}{(x^2+1)^2}=\frac{-4(x+1)(x-1)}{(x^2+1)^2}$

$f''(x)=0$에서 $x=-1$ 또는 $x=1$
이때 $x=-1$, $x=1$의 좌우에서 $f''(x)$의 부호가 바뀌므로 두 변곡점의 좌표는
$\mathrm{A}(-1,\ 2\ln 2)$, $\mathrm{B}(1,\ 2\ln 2)$ 또는 $\mathrm{A}(1,\ 2\ln 2)$, $\mathrm{B}(-1,\ 2\ln 2)$
따라서 삼각형 OAB의 넓이는
$\frac{1}{2}\times 2\times 2\ln 2=2\ln 2$

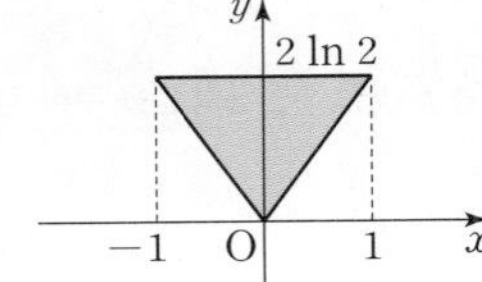

4 1676 답 ③ 유형5

출제의도 | 도함수의 그래프를 이용하여 함수를 해석할 수 있는지 확인한다.

> $f'(x)$의 도함수 $f''(x)$의 부호는 주어진 $y=f'(x)$의 그래프 위의 점에서의 접선의 기울기로 조사해.

그림과 같이 $a,\ b,\ c,\ d,\ e,\ f$를 정하면 $x=d$의 좌우에서 $f'(x)$의 부호가 양에서 음으로 바뀌므로 극대인 점의 개수는 1이다.
또한, $x=a$, $x=f$의 좌우에서 $f'(x)$의 부호가 음에서 양으로 바뀌므로 극소인 점의 개수는 2이다.

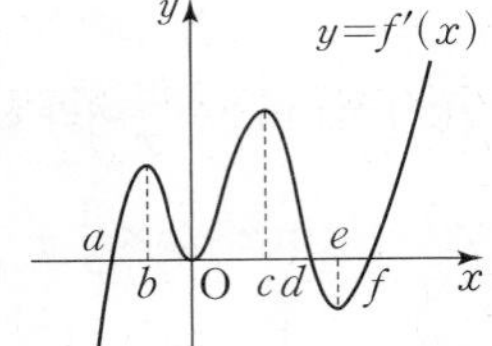

$f''(x)$의 부호를 조사하면 다음과 같다.

x	$\cdots$	a	$\cdots$	b	$\cdots$	0	$\cdots$	c	$\cdots$	d	$\cdots$	e	$\cdots$	f	$\cdots$
$f''(x)$	$+$	$+$	$+$	0	$-$	0	$+$	0	$-$	$-$	$-$	0	$+$	$+$	$+$

$x=b$, $x=0$, $x=c$, $x=e$의 좌우에서 $f''(x)$의 부호가 바뀌므로 변곡점의 개수는 4이다.
따라서 $a=4$, $b=1$, $c=2$이므로
$2a+b-c=8+1-2=7$

5 1677 답 ③ 유형11

출제의도 | 지수함수와 삼각함수의 곱의 꼴로 정의된 함수의 최댓값과 최솟값을 구할 수 있는지 확인한다.

> 함수의 극값과 양 끝 점에서의 함숫값을 모두 구하여 비교해 보자.

$f(x)=\sqrt{2}e^{x}\cos x$에서
$f'(x)=\sqrt{2}e^{x}\cos x+\sqrt{2}e^{x}\times(-\sin x)$
$\qquad=\sqrt{2}e^{x}(\cos x-\sin x)$
$f'(x)=0$에서 $\cos x=\sin x$ ($\because e^{x}>0$)
$\therefore x=\frac{\pi}{4}$ 또는 $x=\frac{5}{4}\pi$ ($\because 0\le x\le 2\pi$)
함수 $f(x)$의 증가와 감소를 표로 나타내면 다음과 같다.

x	0	$\cdots$	$\frac{\pi}{4}$	$\cdots$	$\frac{5}{4}\pi$	$\cdots$	2π
$f'(x)$		$+$	0	$-$	0	$+$	
$f(x)$	$\sqrt{2}$	↗	$e^{\frac{\pi}{4}}$	↘	$-e^{\frac{5}{4}\pi}$	↗	$\sqrt{2}e^{2\pi}$

따라서 함수 $f(x)$는 $x=2\pi$에서 최댓값 $\sqrt{2}e^{2\pi}$, $x=\frac{5}{4}\pi$에서 최솟값 $-e^{\frac{5}{4}\pi}$을 가지므로
$M=\sqrt{2}e^{2\pi}$, $m=-e^{\frac{5}{4}\pi}$

$\therefore \frac{M}{m}=\frac{\sqrt{2}e^{2\pi}}{-e^{\frac{5}{4}\pi}}=-\sqrt{2}e^{\frac{3}{4}\pi}$

6 1678 답 ② 유형12

출제의도 | 치환을 이용한 함수의 최댓값과 최솟값을 구할 수 있는지 확인한다.

> 주어진 함수를 삼각함수 사이의 관계를 이용하여 사인함수로만 나타낸 후 $\sin x=t$로 치환해 보자.

$f(x)=\sin^{3}x-2\cos^{2}x=\sin^{3}x-2(1-\sin^{2}x)$
$\qquad=\sin^{3}x+2\sin^{2}x-2$
$\sin x=t$라 하면 $-\frac{\pi}{2}\le x\le\frac{\pi}{2}$에서 $-1\le t\le 1$이고, 함수 $f(x)$를 t에 대한 함수 $g(t)$로 나타내면
$g(t)=t^{3}+2t^{2}-2$
$g'(t)=3t^{2}+4t=t(3t+4)$
$g'(t)=0$에서 $t=0$ ($\because -1\le t\le 1$)
함수 $g(t)$의 증가와 감소를 표로 나타내면 다음과 같다.

t	-1	$\cdots$	0	$\cdots$	1
$g'(t)$		$-$	0	$+$	
$g(t)$	-1	↘	-2	↗	1

따라서 함수 $g(t)$는 $t=1$에서 최댓값 1, $t=0$에서 최솟값 -2를 가지므로 구하는 합은
$1+(-2)=-1$

7 1679 답 ② 유형16

출제의도 | 방정식의 실근과 함수의 그래프 사이의 관계를 알고 주어진 방정식이 서로 다른 세 실근을 갖도록 하는 미정계수를 구할 수 있는지 확인한다.

> $x^{2}=ke^{x-2}$을 $\frac{x^{2}}{e^{x-2}}=k$로 변형하여 곡선과 직선의 교점의 개수로 생각해 보자.

$x^{2}=ke^{x-2}$에서 $\frac{x^{2}}{e^{x-2}}=k$ ($\because e^{x-2}>0$)
위의 방정식이 서로 다른 세 실근을 가지려면 곡선 $y=\frac{x^{2}}{e^{x-2}}$과 직선 $y=k$가 서로 다른 세 점에서 만나야 한다.
$f(x)=\frac{x^{2}}{e^{x-2}}$이라 하면
$f'(x)=\frac{2xe^{x-2}-x^{2}e^{x-2}}{(e^{x-2})^{2}}=\frac{-x(x-2)}{e^{x-2}}$
$f'(x)=0$에서 $x=0$ 또는 $x=2$
함수 $f(x)$의 증가와 감소를 표로 나타내면 다음과 같다.

x	$\cdots$	0	$\cdots$	2	$\cdots$
$f'(x)$	$-$	0	$+$	0	$-$
$f(x)$	↘	0	↗	4	↘

$\lim_{x\to\infty}f(x)=0$, $\lim_{x\to-\infty}f(x)=\infty$이므로 함수 $y=f(x)$의 그래프는 그림과 같다.
따라서 곡선 $y=f(x)$와 직선 $y=k$가 서로 다른 세 점에서 만나려면 $0<k<4$이므로 자연수 k는 1, 2, 3이고, 그 합은
$1+2+3=6$

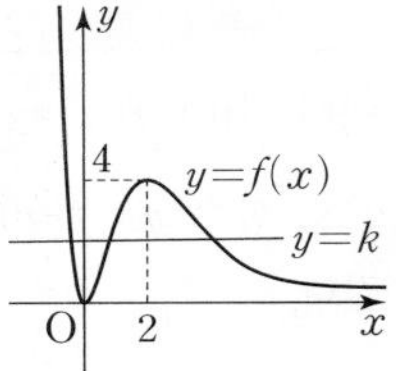

8 1680 답 ⑤ 유형 21

출제의도 | 직선 운동에서의 속도와 가속도를 이해하고, 이를 만족시키는 미정계수를 구할 수 있는지 확인한다.

> 수직선 위를 움직이는 점 P의 시각 t에서의 위치 x에 대하여 속도는 $v=\frac{dx}{dt}$, 가속도는 $a=\frac{dv}{dt}$임을 이용해 보자.

점 P의 시각 t에서의 속도를 v, 가속도를 a라 하면

$v=\frac{dx}{dt}=\frac{p}{3}\pi\cos\frac{\pi}{3}t-\frac{q}{3}\pi\sin\frac{\pi}{3}t$

$a=\frac{dv}{dt}=-\frac{p}{9}\pi^2\sin\frac{\pi}{3}t-\frac{q}{9}\pi^2\cos\frac{\pi}{3}t$

$t=3$에서의 점 P의 속도가 -2π이므로

$\frac{p}{3}\pi\cos\pi-\frac{q}{3}\pi\sin\pi=-2\pi$

$-\frac{p}{3}\pi=-2\pi \qquad \therefore p=6$

$t=3$에서의 점 P의 가속도가 $\frac{5}{9}\pi^2$이므로

$-\frac{p}{9}\pi^2\sin\pi-\frac{q}{9}\pi^2\cos\pi=\frac{5}{9}\pi^2$

$\frac{q}{9}\pi^2=\frac{5}{9}\pi^2 \qquad \therefore q=5$

$\therefore p+q=6+5=11$

9 1681 답 ③ 유형 22

출제의도 | 평면 운동에서의 속도와 속력을 이해하고, 속력의 최댓값을 구할 수 있는지 확인한다.

> 좌표평면 위를 움직이는 점 P의 시각 t에서의 위치 (x, y)에 대하여 속력은 $\sqrt{\left(\frac{dx}{dt}\right)^2+\left(\frac{dy}{dt}\right)^2}$임을 이용해 보자.

$x=1-\cos t$, $y=t-\sin t$에서

$\frac{dx}{dt}=\sin t$, $\frac{dy}{dt}=1-\cos t$

점 P의 시각 t에서의 속도는 $(\sin t, 1-\cos t)$이므로 속력은

$\sqrt{\sin^2 t+(1-\cos t)^2}=\sqrt{\sin^2 t+1-2\cos t+\cos^2 t}$

$=\sqrt{2-2\cos t}$

이때 $-1\le\cos t\le 1$이므로 $-2\le -2\cos t\le 2$

$0\le 2-2\cos t\le 4$

따라서 점 P의 속력의 최댓값은 $\sqrt{4}=2$이다.

10 1682 답 ⑤ 유형 6

출제의도 | 함수의 그래프를 그리고 함수에 대한 명제의 참, 거짓을 판별할 수 있는지 확인한다.

> $f'(x)=0$, $f''(x)=0$인 x의 값을 구하고, 그 값을 경계로 나눈 구간에서 $f'(x)$, $f''(x)$의 부호를 조사하여 함수 $y=f(x)$의 그래프를 그려 보자.

$f(x)=x^2(3+2\ln x)$에서 $x>0$이고

$f'(x)=2x(3+2\ln x)+x^2\times\frac{2}{x}=4x(2+\ln x)$

$f''(x)=4(2+\ln x)+4x\times\frac{1}{x}=4(3+\ln x)$

$f'(x)=0$에서 $\ln x=-2$ ($\because x>0$) $\qquad \therefore x=\frac{1}{e^2}$

$f''(x)=0$에서 $\ln x=-3 \qquad \therefore x=\frac{1}{e^3}$

함수 $f(x)$의 증가와 감소, 곡선 $y=f(x)$의 오목과 볼록을 표로 나타내면 다음과 같다.

x	(0)	$\cdots$	$\frac{1}{e^3}$	$\cdots$	$\frac{1}{e^2}$	$\cdots$
$f'(x)$		$-$	$-$	$-$	0	$+$
$f''(x)$		$-$	0	$+$	$+$	$+$
$f(x)$		↘(위로 볼록)	$-\frac{3}{e^6}$	↘(아래로 볼록)	$-\frac{1}{e^4}$	↗(아래로 볼록)

이때 $\lim_{x\to 0+}f(x)=0$, $\lim_{x\to\infty}f(x)=\infty$이므로 함수 $y=f(x)$의 그래프는 그림과 같다.

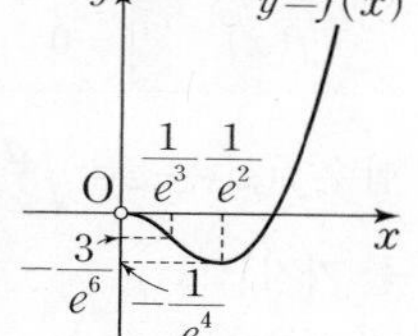

ㄱ. 함수 $f(x)$의 치역은 $\left\{y\,\middle|\,y\ge-\frac{1}{e^4}\right\}$이다. (참)

ㄴ. $0<x<\frac{1}{e^3}$에서 $f'(x)<0$이므로

함수 $f(x)$는 이 구간에서 감소한다. (참)

ㄷ. $f''\left(\frac{1}{e^3}\right)=0$이고, $x=\frac{1}{e^3}$의 좌우에서 $f''(x)$의 부호가 바뀌므로 점 $\left(\frac{1}{e^3}, -\frac{3}{e^6}\right)$은 곡선 $y=f(x)$의 변곡점이다. (참)

따라서 옳은 것은 ㄱ, ㄴ, ㄷ이다.

11 1683 답 ① 유형 11

출제의도 | 삼각함수의 최댓값을 구할 수 있는지 확인한다.

> 배각의 공식을 이용하여 주어진 함수를 변형해 보자.

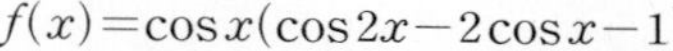

$f(x)=\cos x(\cos 2x-2\cos x-1)$

$=\cos x(2\cos^2 x-1-2\cos x-1)$

$=2\cos^3 x-2\cos^2 x-2\cos x$

$=2(\cos^3 x-\cos^2 x-\cos x)$

이므로

$f'(x)=2\{3\cos^2 x\times(-\sin x)-2\cos x\times(-\sin x)+\sin x\}$

$=-2\sin x(3\cos^2 x-2\cos x-1)$

$=-2\sin x(3\cos x+1)(\cos x-1)$

$f'(x)=0$에서 $\cos x=-\frac{1}{3}$ ($\because 0<x<\pi$)

$0<x<\pi$에서 $\cos x=-\frac{1}{3}$을 만족시키는 x의 값을 α라 하고 함수 $f(x)$의 증가와 감소를 표로 나타내면 다음과 같다.

x	(0)	$\cdots$	α	$\cdots$	(π)
$f'(x)$		$+$	0	$-$	
$f(x)$		↗	$\frac{10}{27}$	↘	

따라서 함수 $f(x)$는 $x=\alpha$에서 최댓값 $\frac{10}{27}$을 갖는다.

12 1684 답 ④ 유형 13

출제의도 | 무리함수의 최댓값과 최솟값을 구할 수 있는지 확인한다.

> 함수의 극값과 양 끝 점에서의 함숫값을 모두 구하여 비교해 보자.

$f(x)=x\sqrt{a-x^2}$에서 $a-x^2\geq0$이므로

$-\sqrt{a}\leq x\leq\sqrt{a}$이고

$f'(x)=\sqrt{a-x^2}+\dfrac{x\times(-2x)}{2\sqrt{a-x^2}}=\dfrac{a-2x^2}{\sqrt{a-x^2}}$

$f'(x)=0$에서 $2x^2=a$, $x^2=\dfrac{a}{2}$

$\therefore x=-\sqrt{\dfrac{a}{2}}$ 또는 $x=\sqrt{\dfrac{a}{2}}$

함수 $f(x)$의 증가와 감소를 표로 나타내면 다음과 같다.

x	$-\sqrt{a}$	$\cdots$	$-\sqrt{\frac{a}{2}}$	$\cdots$	$\sqrt{\frac{a}{2}}$	$\cdots$	$\sqrt{a}$
$f'(x)$		$-$	0	$+$	0	$-$	
$f(x)$	0	↘	$-\frac{a}{2}$	↗	$\frac{a}{2}$	↘	0

함수 $f(x)$는 $x=\sqrt{\dfrac{a}{2}}$에서 최댓값 $\dfrac{a}{2}$, $x=-\sqrt{\dfrac{a}{2}}$에서 최솟값 $-\dfrac{a}{2}$를 가지므로

$M=\dfrac{a}{2}$, $m=-\dfrac{a}{2}$

따라서 $M-m=4$이므로

$\dfrac{a}{2}-\left(-\dfrac{a}{2}\right)=4 \qquad \therefore a=4$

13 1685 답 ④ 유형 14

출제의도 | 유리함수의 최대·최소를 이용하여 도형의 길이의 최솟값을 구할 수 있는지 확인한다.

점 P의 x좌표를 t로 놓고 l^2을 t에 대한 함수로 나타내 보자.

점 P의 좌표를 $\left(t, \dfrac{2}{\sqrt{t^2+1}}\right)$ $(t>0)$라 하면

$l^2=t^2+\dfrac{4}{t^2+1}$

$f(t)=t^2+\dfrac{4}{t^2+1}$라 하면

$f'(t)=2t-\dfrac{4\times2t}{(t^2+1)^2}=2t-\dfrac{8t}{(t^2+1)^2}$

$=\dfrac{2t(t^4+2t^2-3)}{(t^2+1)^2}=\dfrac{2t(t^2+3)(t+1)(t-1)}{(t^2+1)^2}$

$f'(t)=0$에서 $t=1$ ($\because t>0$)

함수 $f(t)$의 증가와 감소를 표로 나타내면 다음과 같다.

t	(0)	$\cdots$	1	$\cdots$
$f'(t)$		$-$	0	$+$
$f(t)$		↘	3	↗

따라서 함수 $f(t)$는 $t=1$에서 최솟값 3을 가지므로 l^2의 최솟값은 3이다.

14 1686 답 ① 유형 15

출제의도 | 로그함수의 최대·최소를 이용하여 도형의 넓이의 최댓값을 구할 수 있는지 확인한다.

점 A의 x좌표를 t로 놓고 삼각형 OAB의 넓이를 t에 대한 함수로 나타내 보자.

점 A의 좌표를 $(t, \ln 3t)$라 하면

$\ln 3x=3$에서 $x=\dfrac{e^3}{3}$이므로 $0<t<\dfrac{e^3}{3}$

직선 $x=t$가 x축과 만나는 점을 H라 하면

$\overline{\mathrm{OH}}=t$, $\overline{\mathrm{AB}}=3-\ln 3t$

이때 삼각형 OAB의 넓이를 $S(t)$라 하면

$S(t)=\dfrac{1}{2}\times\overline{\mathrm{OH}}\times\overline{\mathrm{AB}}=\dfrac{1}{2}t(3-\ln 3t)$

$S'(t)=\dfrac{1}{2}(3-\ln 3t)+\dfrac{1}{2}t\times\left(-\dfrac{3}{3t}\right)$

$=\dfrac{1}{2}(2-\ln 3t)$

$S'(t)=0$에서 $\ln 3t=2 \qquad \therefore t=\dfrac{e^2}{3}$

함수 $S(t)$의 증가와 감소를 표로 나타내면 다음과 같다.

t	(0)	$\cdots$	$\frac{e^2}{3}$	$\cdots$	$\left(\frac{e^3}{3}\right)$
$S'(t)$		$+$	0	$-$	
$S(t)$		↗	$\frac{e^2}{6}$	↘	

따라서 $S(t)$는 $t=\dfrac{e^2}{3}$에서 최댓값 $\dfrac{e^2}{6}$을 가지므로 삼각형 OAB의 넓이의 최댓값은 $\dfrac{e^2}{6}$이다.

15 1687 답 ③ 유형 16

출제의도 | 도함수를 이용하여 변곡점, 함수의 최대와 최소, 방정식의 실근의 개수에 대한 명제의 참, 거짓을 판별할 수 있는지 확인한다.

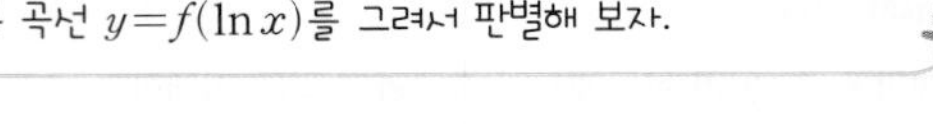
ㄷ의 참, 거짓은 곡선 $y=f(\ln x)$를 그려서 판별해 보자.

ㄱ. $f(x)=\dfrac{x}{e^x}$에서

$f'(x)=\dfrac{e^x-xe^x}{e^{2x}}=\dfrac{1-x}{e^x}$

$f''(x)=\dfrac{-e^x-(1-x)e^x}{e^{2x}}=\dfrac{x-2}{e^x}$

$f''(x)=0$에서 $x=2$ ($\because e^x>0$)

$x=2$의 좌우에서 $f''(x)$의 부호가 바뀌므로 점 $\left(2, \dfrac{2}{e^2}\right)$는 곡선 $y=f(x)$의 변곡점이다. (참)

ㄴ. $f'(x)=0$에서 $x=1$ ($\because e^x>0$)

함수 $f(x)$의 증가와 감소를 표로 나타내면 다음과 같다.

x	$\cdots$	1	$\cdots$
$f'(x)$	$+$	0	$-$
$f(x)$	↗	$\frac{1}{e}$	↘

즉, 함수 $f(x)$는 $x=1$에서 최댓값 $\dfrac{1}{e}$을 갖는다. (참)

ㄷ. $h(x)=f(\ln x)=\dfrac{\ln x}{e^{\ln x}}=\dfrac{\ln x}{x}$라 하면

$h'(x)=\dfrac{\frac{1}{x}\times x-\ln x}{x^2}=\dfrac{1-\ln x}{x^2}$

$h'(x)=0$에서 $\ln x=1$

$\therefore x=e$

함수 $h(x)$의 증가와 감소를 표로 나타내면 다음과 같다.

x	(0)	$\cdots$	e	$\cdots$
$h'(x)$		$+$	0	$-$
$h(x)$		↗	$\frac{1}{e}$	↘

이때 $\lim_{x \to 0+} h(x) = -\infty$,

$\lim_{x \to \infty} h(x) = 0$이므로 함수 $y=h(x)$의 그래프는 그림과 같다.

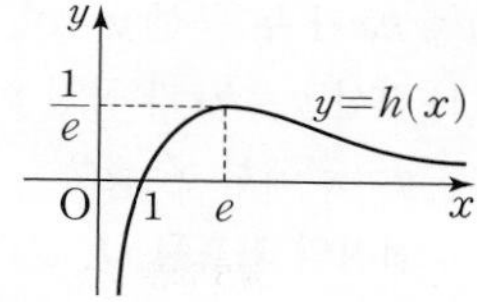

즉, 곡선 $y=h(x)$와 직선 $y=\frac{1}{e}$은 한 점에서 만나므로 방정식 $f(\ln x)=\frac{1}{e}$은 하나의 실근을 갖는다. (거짓)

따라서 옳은 것은 ㄱ, ㄴ이다.

16 1688 답 ③ 유형 20

출제의도 | 부등식이 성립하도록 하는 미정계수를 구할 수 있는지 확인한다.

곡선 $y=\ln(x-1)$이 직선 $y=2x-k$보다 아래쪽에 있거나 접하도록 곡선과 직선을 그려서 생각해 보자.

$x>1$에서 부등식 $\ln(x-1) \le 2x-k$가 성립하려면 그림과 같이 곡선 $y=\ln(x-1)$이 직선 $y=2x-k$보다 아래쪽에 있거나 곡선과 직선이 접해야 한다.

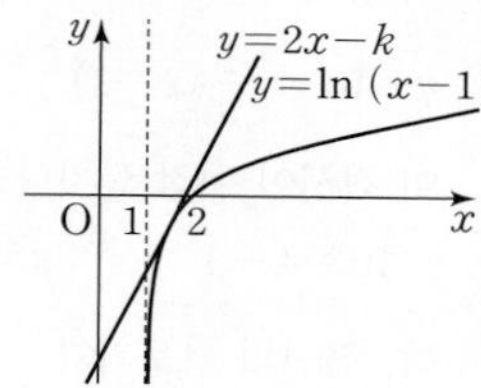

$f(x)=\ln(x-1)$이라 하면

$f'(x)=\frac{1}{x-1}$

곡선과 직선이 접할 때의 접점의 좌표를 $(t, \ln(t-1))$이라 하면 접선의 기울기가 2이므로 $f'(t)=2$에서

$\frac{1}{t-1}=2$, $t-1=\frac{1}{2}$ $\therefore t=\frac{3}{2}$

즉, 접점의 좌표는 $\left(\frac{3}{2}, -\ln 2\right)$이므로 접선의 방정식은

$y-(-\ln 2)=2\left(x-\frac{3}{2}\right)$

$\therefore y=2x-3-\ln 2$

따라서 주어진 부등식이 성립하려면

$-k \ge -3-\ln 2$, 즉 $k \le 3+\ln 2$

이어야 하므로 k의 최댓값은 $3+\ln 2$이다.

다른 풀이

$\ln(x-1) \le 2x-k$에서

$\ln(x-1)-2x \le -k$

$f(x)=\ln(x-1)-2x$라 하면

$f'(x)=\frac{1}{x-1}-2=\frac{-(2x-3)}{x-1}$

$f'(x)=0$에서 $x=\frac{3}{2}$

함수 $f(x)$의 증가와 감소를 표로 나타내면 다음과 같다.

x	(1)	$\cdots$	$\frac{3}{2}$	$\cdots$
$f'(x)$		+	0	−
$f(x)$		↗	$-3-\ln 2$	↘

즉, 함수 $f(x)$는 $x=\frac{3}{2}$에서 최댓값 $-3-\ln 2$를 갖는다.

따라서 $x>1$에서 부등식 $f(x) \le -k$가 성립하려면 $-3-\ln 2 \le -k$, 즉 $k \le 3+\ln 2$이어야 하므로 k의 최댓값은 $3+\ln 2$이다.

17 1689 답 ⑤ 유형 4

출제의도 | 이차방정식의 판별식을 이용하여 곡선이 변곡점을 갖도록 하는 미정계수를 구할 수 있는지 확인한다.

$f''(x)=0$인 x의 값의 좌우에서 $f''(x)$의 부호가 바뀌도록 하는 조건을 생각해 보자.

$f(x)=x^3-ax^2+ax\ln x$에서 $x>0$이고

$f'(x)=3x^2-2ax+a\ln x+ax\times\frac{1}{x}$

$=3x^2-2ax+a\ln x+a$

$f''(x)=6x-2a+\frac{a}{x}=\frac{6x^2-2ax+a}{x}$

곡선 $y=f(x)$가 변곡점을 가지려면 방정식 $f''(x)=0$이 $x>0$에서 실근을 갖고, 이 실근의 좌우에서 $f''(x)$의 부호가 바뀌어야 한다.

이차방정식 $6x^2-2ax+a=0$의 판별식을 D라 하면

$\frac{D}{4}=(-a)^2-6a>0$에서

$a^2-6a>0$, $a(a-6)>0$

$\therefore a>6$ ($\because a>0$)

(두 근의 합)$=\frac{2a}{6}>0$에서 $a>0$

(두 근의 곱)$=\frac{a}{6}>0$에서 $a>0$

따라서 $a>6$이므로 자연수 a의 최솟값은 7이다.

18 1690 답 ② 유형 10

출제의도 | 로그함수의 도함수의 최솟값을 구할 수 있는지 확인한다.

우선 $f''(x)=0$인 x의 값을 구해 보자.

$f(x)=\frac{\ln x}{x^n}$에서 $x>0$이고

$f'(x)=\frac{\frac{1}{x}\times x^n-\ln x\times nx^{n-1}}{x^{2n}}$

$=\frac{1-n\ln x}{x^{n+1}}$

$f''(x)=\frac{-\frac{n}{x}\times x^{n+1}-(1-n\ln x)\times(n+1)x^n}{x^{2n+2}}$

$=\frac{-2n-1+n(n+1)\ln x}{x^{n+2}}$

$f''(x)=0$에서 $\ln x=\frac{2n+1}{n(n+1)}$

$\therefore x=e^{\frac{2n+1}{n(n+1)}}$

함수 $f'(x)$의 증가와 감소를 표로 나타내면 다음과 같다.

x	(0)	$\cdots$	$e^{\frac{2n+1}{n(n+1)}}$	$\cdots$
$f''(x)$		−	0	+
$f'(x)$		↘	극소	↗

함수 $f'(x)$는 $x=e^{\frac{2n+1}{n(n+1)}}$에서 극소이면서 최소이므로

$a_n=e^{\frac{2n+1}{n(n+1)}}$

따라서 $\ln a_n=\frac{2n+1}{n(n+1)}$이므로

$\ln a_2\times\ln a_4=\frac{5}{2\times3}\times\frac{9}{4\times5}=\frac{3}{8}$

19 1691 답 ⑤

유형 18

출제의도 | 부등식이 성립하도록 하는 미정계수를 구할 수 있는지 확인한다.

> $\frac{1}{x}+3=t$로 놓고 t에 대한 부등식으로 변형해 보자.

$\frac{1}{x}+3\ge k\ln\frac{3x+1}{2x}$에서 $\frac{1}{x}+3\ge k\ln\frac{1}{2}\left(\frac{1}{x}+3\right)$이므로

$\frac{1}{x}+3=t$라 하면 $x>0$일 때 $t>3$이고

$t\ge k\ln\frac{t}{2}$, $t\ge k(\ln t-\ln 2)$

$t>3$에서 $\ln t-\ln 2>0$이므로 $\frac{t}{\ln t-\ln 2}\ge k$

$f(t)=\frac{t}{\ln t-\ln 2}$라 하면

$f'(t)=\frac{(\ln t-\ln 2)-t\times\frac{1}{t}}{(\ln t-\ln 2)^2}=\frac{\ln t-\ln 2e}{(\ln t-\ln 2)^2}$

$f'(t)=0$에서 $t=2e$

함수 $f(t)$의 증가와 감소를 표로 나타내면 다음과 같다.

t	(3)	$\cdots$	$2e$	$\cdots$
$f'(t)$		$-$	0	$+$
$f(t)$		↘	$2e$	↗

즉, 함수 $f(t)$는 $t=2e$에서 최솟값 $2e$를 가지므로 부등식 $f(t)\ge k$가 성립하려면

$k\le 2e$

따라서 k의 최댓값은 $2e$이다.

20 1692 답 ④

유형 19

출제의도 | 부등식이 성립하도록 하는 미정계수를 구할 수 있는지 확인한다.

> 주어진 부등식을 $2e^x-x^2-2x\ge k$로 변형하여 $2e^x-x^2-2x$의 최솟값을 구해 보자.

$2e^x\ge x^2+2x+k$에서

$2e^x-x^2-2x\ge k$

$f(x)=2e^x-x^2-2x$라 하면

$f'(x)=2e^x-2x-2$, $f''(x)=2e^x-2$

$x\ge 0$에서 $e^x\ge 1$이므로 $f''(x)\ge 0$

즉, $x\ge 0$에서 함수 $f'(x)$는 증가하고, $f'(0)=0$이므로

$f'(x)\ge 0$

또, $x\ge 0$에서 $f'(x)\ge 0$이므로 함수 $f(x)$는 증가하고, $f(0)=2$

$\therefore f(x)\ge 2$

따라서 $x\ge 0$에서 부등식 $f(x)\ge k$가 성립하려면 $k\le 2$이어야 하므로 k의 최댓값은 2이다.

21 1693 답 ①

유형 17

출제의도 | 방정식의 실근과 함수의 그래프 사이의 관계를 알고 주어진 두 방정식이 실근을 갖지 않도록 하는 미정계수를 구할 수 있는지 확인한다.

> 두 곡선 $y=e^x$, $y=\ln x$를 그리고, 원점을 지나는 직선 $y=kx$가 두 곡선과 만나지 않으려면 직선 $y=kx$가 어떻게 그려져야 할지 생각해 보자.

방정식 $e^x=kx$, $\ln x=kx$가 모두 실근을 갖지 않으려면 직선 $y=kx$가 두 곡선 $y=e^x$, $y=\ln x$와 모두 만나지 않아야 한다.

(i) 직선 $y=kx$가 곡선 $y=e^x$과 접할 때

$y=e^x$에서 $y'=e^x$

접점의 좌표를 $(t,\ e^t)$이라 하면 접선의 기울기는 e^t이므로 접선의 방정식은

$y-e^t=e^t(x-t)$

이 직선이 원점을 지나므로

$-e^t=-te^t \quad \therefore t=1\ (\because e^t>0)$

즉, 접선의 기울기가 e이므로

$k=e$

(ii) 직선 $y=kx$가 곡선 $y=\ln x$와 접할 때

$y=\ln x$에서 $y'=\frac{1}{x}$

접점의 좌표를 $(s,\ \ln s)$라 하면 접선의 기울기는 $\frac{1}{s}$이므로 접선의 방정식은

$y-\ln s=\frac{1}{s}(x-s)$

이 직선이 원점을 지나므로

$-\ln s=-1 \quad \therefore s=e$

즉, 접선의 기울기가 $\frac{1}{e}$이므로

$k=\frac{1}{e}$

(i), (ii)에서 직선 $y=kx$가 두 곡선 $y=e^x$, $y=\ln x$와 모두 만나지 않으려면

$\frac{1}{e}<k<e$

따라서 정수 k는 1, 2이므로 그 합은

$1+2=3$

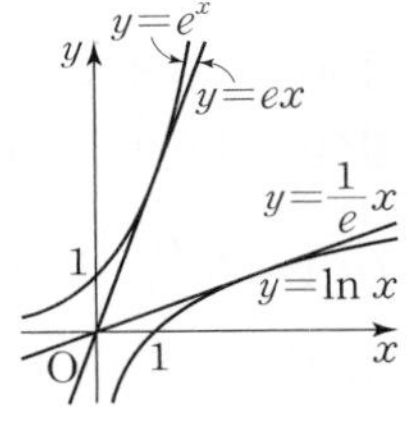

22 1694 답 7

유형 3

출제의도 | 변곡점의 좌표를 이용하여 미정계수를 구할 수 있는지 확인한다.

STEP 1 $f'(x)$, $f''(x)$ **구하기 [2점]**

$f(x)=ax^2+bx^2\ln x$에서

$f'(x)=2ax+2bx\ln x+bx=(2a+b)x+2bx\ln x$

$f''(x)=2a+b+2b\ln x+2b=2a+3b+2b\ln x$

STEP 2 $a-b$**의 값 구하기 [4점]**

점 $(e,\ 3e^2)$이 곡선 $y=f(x)$의 변곡점이므로

$f(e)=3e^2$에서 $a+b=3$ ········ ㉠

$f''(e)=0$에서 $2a+5b=0$ ········ ㉡

㉠, ㉡을 연립하여 풀면 $a=5$, $b=-2$

$\therefore a-b=5-(-2)=7$

23 1695 답 2

유형 23

출제의도 | 평면 운동에서의 속도와 속력, 가속도를 이해하고, 속력이 최소가 되는 순간의 가속도의 크기를 구할 수 있는지 확인한다.

STEP 1 점 P의 시각 t**에서의 속력 구하기 [2점]**

$x=2t+3$, $y=\frac{1}{2}t^2-\ln t$에서

$\frac{dx}{dt}=2$, $\frac{dy}{dt}=t-\frac{1}{t}$

점 P의 시각 t에서의 속도는 $\left(2,\ t-\frac{1}{t}\right)$이므로 속력은

$\sqrt{2^2+\left(t-\frac{1}{t}\right)^2}=\sqrt{t^2+2+\frac{1}{t^2}}=\sqrt{\left(t+\frac{1}{t}\right)^2}=t+\frac{1}{t}\ (\because\ t>0)$

STEP2 점 P의 속력이 최소가 되는 순간의 t의 값 구하기 [2점]

$t>0$이므로 산술평균과 기하평균의 관계에 의해

$t+\frac{1}{t}\geq 2\sqrt{t\times\frac{1}{t}}=2$

이때 등호는 $t=1$일 때 성립하므로 점 P의 속력은 $t=1$일 때 최소이다.

STEP3 점 P의 속력이 최소가 되는 순간의 가속도의 크기 구하기 [2점]

$\frac{d^2x}{dt^2}=0,\ \frac{d^2y}{dt^2}=1+\frac{1}{t^2}$이므로 점 P의 시각 t에서의 가속도는 $\left(0,\ 1+\frac{1}{t^2}\right)$

따라서 $t=1$에서의 점 P의 가속도는 $(0,\ 2)$이므로 가속도의 크기는 $\sqrt{0^2+2^2}=2$

24 1696 답 420 유형7

출제의도 | 유리함수의 최댓값을 구할 수 있는지 확인한다.

STEP1 $f'(x)=0$을 만족시키는 x의 값 구하기 [2점]

$f(x)=\frac{x-n}{(x-n)^2+n^2}$에서

$f'(x)=\frac{\{(x-n)^2+n^2\}-(x-n)\times 2(x-n)}{\{(x-n)^2+n^2\}^2}$

$=\frac{-x(x-2n)}{\{(x-n)^2+n^2\}^2}$

$f'(x)=0$에서 $x=0$ 또는 $x=2n$

STEP2 $M(n)$ 구하기 [4점]

함수 $f(x)$의 증가와 감소를 표로 나타내면 다음과 같다.

x	$\cdots$	0	$\cdots$	$2n$	$\cdots$
$f'(x)$	$-$	0	$+$	0	$-$
$f(x)$	↘	$-\frac{1}{2n}$	↗	$\frac{1}{2n}$	↘

이때 $\lim_{x\to-\infty}f(x)=0,\ \lim_{x\to\infty}f(x)=0$이므로 함수 $f(x)$는

$x=2n$에서 최댓값 $\frac{1}{2n}$을 갖는다.

$\therefore\ M(n)=\frac{1}{2n}$

STEP3 $\sum_{k=1}^{20}\frac{1}{M(k)}$의 값 구하기 [2점]

$\sum_{k=1}^{20}\frac{1}{M(k)}=\sum_{k=1}^{20}2k=2\times\frac{20\times 21}{2}=420$

25 1697 답 3 유형16

출제의도 | 방정식의 실근과 함수의 그래프 사이의 관계를 알고 주어진 방정식이 서로 다른 두 실근을 갖도록 하는 미정계수를 구할 수 있는지 확인한다.

STEP1 주어진 방정식이 서로 다른 두 실근을 가질 조건 구하기 [2점]

방정식 $\frac{2(\ln x)^2-6\ln x+3}{x^2}=k$가 서로 다른 두 실근을 가지려면

곡선 $y=\frac{2(\ln x)^2-6\ln x+3}{x^2}$과 직선 $y=k$가 서로 다른 두 점에서 만나야 한다.

STEP2 함수 $y=\frac{2(\ln x)^2-6\ln x+3}{x^2}$의 그래프 그리기 [4점]

$f(x)=\frac{2(\ln x)^2-6\ln x+3}{x^2}$이라 하면 $x>0$이고

$f'(x)=\frac{\left(\frac{4\ln x}{x}-\frac{6}{x}\right)\times x^2-\{2(\ln x)^2-6\ln x+3\}\times 2x}{x^4}$

$=\frac{-4(\ln x)^2+16\ln x-12}{x^3}$

$=\frac{-4(\ln x-1)(\ln x-3)}{x^3}$

$f'(x)=0$에서 $\ln x=1$ 또는 $\ln x=3$

$\therefore\ x=e$ 또는 $x=e^3$

함수 $f(x)$의 증가와 감소를 표로 나타내면 다음과 같다.

x	(0)	$\cdots$	e	$\cdots$	e^3	$\cdots$
$f'(x)$		$-$	0	$+$	0	$-$
$f(x)$		↘	$-\frac{1}{e^2}$	↗	$\frac{3}{e^6}$	↘

이때 $\lim_{x\to 0+}f(x)=\infty,\ \lim_{x\to\infty}f(x)=0$이므로 함수 $y=f(x)$의 그래프는 그림과 같다.

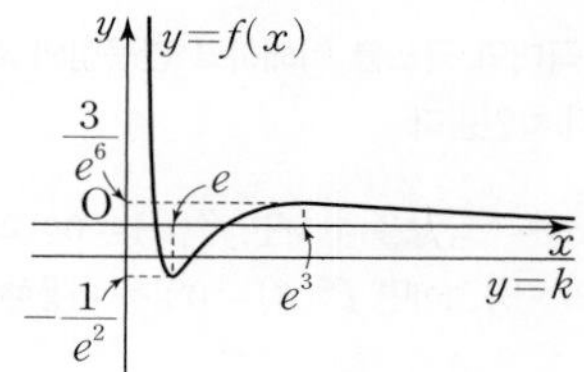

STEP3 $\frac{\alpha}{\beta^3}$의 값 구하기 [2점]

곡선 $y=f(x)$와 직선 $y=k$가 서로 다른 두 점에서 만나려면

$k=\frac{3}{e^6}$ 또는 $-\frac{1}{e^2}<k\leq 0$

따라서 $\alpha=\frac{3}{e^6},\ \beta=\frac{1}{e^2}$이므로

$\frac{\alpha}{\beta^3}=\frac{\frac{3}{e^6}}{\left(\frac{1}{e^2}\right)^3}=3$

실력 check 실전 마무리하기 2회 345쪽~349쪽

1 1698 답 ② 유형1

출제의도 | 곡선의 오목과 볼록을 이해하고 있는지 확인한다.

$f''(x)<0$을 만족시키는 x의 값의 범위를 구해 보자.

$f(x)=4x^2+26x-26x\ln x-15\ln x$에서 $x>0$이고

$f'(x)=8x+26-26\ln x-26x\times\frac{1}{x}-\frac{15}{x}$

$=8x-26\ln x-\frac{15}{x}$

$f''(x)=8-\frac{26}{x}+\frac{15}{x^2}=\frac{8x^2-26x+15}{x^2}$

$=\frac{(4x-3)(2x-5)}{x^2}$

곡선 $y=f(x)$가 위로 볼록하려면 $f''(x)<0$이어야 하므로

$(4x-3)(2x-5)<0 \qquad \therefore \frac{3}{4}<x<\frac{5}{2}$

따라서 이 구간에 속하는 정수 x는 1, 2로 2개이다.

2 1699 **답** ④ 유형 2

출제의도 | 곡선의 변곡점의 x좌표를 구할 수 있는지 확인한다.

> $f''(x)=0$인 x의 값을 구해 보자.

$f(x)=x^3e^{-x}$에서

$f'(x)=3x^2e^{-x}-x^3e^{-x}=(-x^3+3x^2)e^{-x}$

$f''(x)=(-3x^2+6x)e^{-x}-(-x^3+3x^2)e^{-x}$

$=x(x^2-6x+6)e^{-x}$

$f''(x)=0$에서 $x=3-\sqrt{3}$ 또는 $x=3+\sqrt{3}$ ($\because x>0$)

$x=3-\sqrt{3}$, $x=3+\sqrt{3}$의 좌우에서 $f''(x)$의 부호가 바뀌므로 두 변곡점의 x좌표이다.

$\therefore a+b=(3-\sqrt{3})+(3+\sqrt{3})=6$

3 1700 **답** ③ 유형 3

출제의도 | 함수의 극대와 극소를 이해하고 변곡점의 좌표를 이용하여 미정계수를 구할 수 있는지 확인한다.

> 함수 $f(x)$가 $x=\alpha$에서 극값을 가지면 $f'(\alpha)=0$이고, 점 $(\beta, f(\beta))$가 곡선 $y=f(x)$의 변곡점이면 $f''(\beta)=0$임을 이용해 보자.

$f(x)=ax^2+bx+6+\ln x$에서 $x>0$이고

$f'(x)=2ax+b+\frac{1}{x}$

$f''(x)=2a-\frac{1}{x^2}$

함수 $f(x)$가 $x=\frac{1}{4}$에서 극대이므로 $f'\left(\frac{1}{4}\right)=0$에서

$\frac{a}{2}+b+4=0$

$\therefore a+2b=-8$ ········· ㉠

곡선 $y=f(x)$의 변곡점의 x좌표가 $\frac{1}{2}$이므로

$f''\left(\frac{1}{2}\right)=0$에서

$2a-4=0 \qquad \therefore a=2$

$a=2$를 ㉠에 대입하면

$2+2b=-8 \qquad \therefore b=-5$

$\therefore f(x)=2x^2-5x+6+\ln x$

$f'(x)=4x-5+\frac{1}{x}=\frac{4x^2-5x+1}{x}$

$=\frac{(4x-1)(x-1)}{x}$

$f'(x)=0$에서 $x=\frac{1}{4}$ 또는 $x=1$

함수 $f(x)$의 증가와 감소를 표로 나타내면 다음과 같다.

x	(0)	$\cdots$	$\frac{1}{4}$	$\cdots$	1	$\cdots$
$f'(x)$		$+$	0	$-$	0	$+$
$f(x)$		↗	$\frac{39}{8}-2\ln 2$	↘	3	↗

따라서 함수 $f(x)$는 $x=1$에서 극솟값 3을 갖는다.

4 1701 **답** ④ 유형 4

출제의도 | 변곡점의 정의를 이해하고 곡선이 변곡점을 갖도록 하는 미정계수를 구할 수 있는지 확인한다.

> $f''(x)=0$인 x의 값의 좌우에서 $f''(x)$의 부호가 바뀌도록 하는 조건을 생각해 보자.

$f(x)=(a+10)x^2-10x+20\sin x$라 하면

$f'(x)=2(a+10)x-10+20\cos x$

$f''(x)=2(a+10)-20\sin x$

곡선 $y=f(x)$가 변곡점을 가지려면 방정식 $f''(x)=0$이 $0<x<2\pi$에서 실근을 갖고, 이 실근의 좌우에서 $f''(x)$의 부호가 바뀌어야 한다.

$f''(x)=0$에서 $\sin x=\frac{a+10}{10}$

$-1\le\sin x\le 1$이므로 $-1\le\frac{a+10}{10}\le 1 \qquad \therefore -20\le a\le 0$

$a=-20$일 때, $f''(x)=-20-20\sin x\le 0$

$a=0$일 때, $f''(x)=20-20\sin x\ge 0$

즉, $a=-20$ 또는 $a=0$이면 $f''(x)=0$을 만족시키는 x의 값의 좌우에서 $f''(x)$의 부호가 바뀌지 않으므로 변곡점이 될 수 없다.

따라서 $-20<a<0$이므로 모든 정수 a의 값의 합은

$-19+(-18)+(-17)+\cdots+(-1)=-190$

5 1702 **답** ② 유형 9

출제의도 | 지수함수의 최댓값과 최솟값을 구할 수 있는지 확인한다.

> 함수의 극값과 양 끝 점에서의 함숫값을 모두 구하여 비교해 보자.

$f(x)=(x^2-3)e^x$에서

$f'(x)=2xe^x+(x^2-3)e^x=(x^2+2x-3)e^x=(x+3)(x-1)e^x$

$f'(x)=0$에서 $x=1$ ($\because -2\le x\le 2$)

함수 $f(x)$의 증가와 감소를 표로 나타내면 다음과 같다.

x	-2	$\cdots$	1	$\cdots$	2
$f'(x)$		$-$	0	$+$	
$f(x)$	$\frac{1}{e^2}$	↘	$-2e$	↗	e^2

따라서 함수 $f(x)$는 $x=2$에서 최댓값 e^2, $x=1$에서 최솟값 $-2e$를 가지므로

$M=e^2$, $m=-2e$

$\therefore Mm=e^2\times(-2e)=-2e^3$

6 1703 **답** ⑤ 유형 12

출제의도 | 치환을 이용한 함수의 최댓값을 구할 수 있는지 확인한다.

> $2^x=t$로 놓고 $f(x)$를 t에 대한 함수 $g(t)$로 나타내어 함수 $g(t)$의 증가와 감소를 표로 나타내 보자.

$f(x)=\frac{2^{x+1}}{4^x+4}=\frac{2\times 2^x}{2^{2x}+4}$

$2^x=t$라 하면 $t>0$이고, 함수 $f(x)$를 t에 대한 함수 $g(t)$로 나타내면

$g(t)=\frac{2t}{t^2+4}$

$g'(t)=\dfrac{2(t^2+4)-2t\times 2t}{(t^2+4)^2}=\dfrac{-2(t+2)(t-2)}{(t^2+4)^2}$

$g'(t)=0$에서 $t=2$ ($\because t>0$)

함수 $g(t)$의 증가와 감소를 표로 나타내면 다음과 같다.

t	(0)	$\cdots$	2	$\cdots$
$g'(t)$		$+$	0	$-$
$g(t)$		$\nearrow$	$\frac{1}{2}$	$\searrow$

따라서 함수 $g(t)$는 $t=2$에서 최댓값 $\frac{1}{2}$을 갖는다.

7 1704 답 ③ 유형 13

출제의도 | 삼각함수의 최댓값과 최솟값을 구할 수 있는지 확인한다.

> 삼각함수의 도함수를 구하고, $f'(x)=0$인 x의 값을 찾아 함수 $f(x)$의 증가와 감소를 표로 나타내 보자.

$f(x)=ax-2a\sin x$에서

$f'(x)=a-2a\cos x=a(1-2\cos x)$

$f'(x)=0$에서 $\cos x=\frac{1}{2}$

$\therefore x=\frac{\pi}{3}$ ($\because 0\le x\le \pi$)

함수 $f(x)$의 증가와 감소를 표로 나타내면 다음과 같다.

x	0	$\cdots$	$\frac{\pi}{3}$	$\cdots$	π
$f'(x)$		$-$	0	$+$	
$f(x)$	0	$\searrow$	$\frac{a}{3}\pi-\sqrt{3}a$	$\nearrow$	$a\pi$

이때 $a>0$이므로 함수 $f(x)$는 $x=\pi$에서 최댓값 $a\pi$를 갖는다.

즉, $a\pi=\pi$이므로 $a=1$

따라서 함수 $f(x)$는 $x=\frac{\pi}{3}$에서 최솟값 $\frac{\pi}{3}-\sqrt{3}$을 갖는다.

8 1705 답 ③  유형 15

출제의도 | 로그함수의 최대·최소를 이용하여 도형의 넓이의 최댓값을 구할 수 있는지 확인한다.

> 곡선 $y=f(x)$ 위의 점 $(t, f(t))$에서의 접선의 방정식은 $y-f(t)=f'(t)(x-t)$임을 이용해 보자.

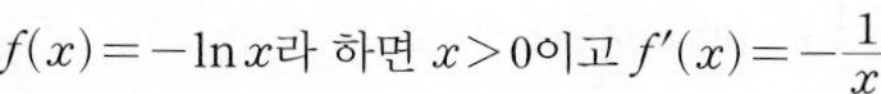

$f(x)=-\ln x$라 하면 $x>0$이고 $f'(x)=-\frac{1}{x}$

점 $(t, -\ln t)$에서의 접선의 기울기가 $f'(t)=-\frac{1}{t}$이므로

접선의 방정식은

$y-(-\ln t)=-\frac{1}{t}(x-t)$

$\therefore y=-\frac{1}{t}x+1-\ln t$

즉, $\mathrm{A}(t-t\ln t,\ 0)$, $\mathrm{B}(0,\ 1-\ln t)$이므로 삼각형 OAB의 넓이를 $S(t)$라 하면

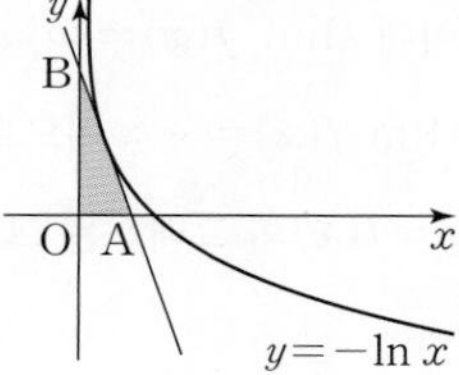

$S(t)=\frac{1}{2}(t-t\ln t)(1-\ln t)$

$=\frac{1}{2}t(1-\ln t)^2$

$S'(t)=\frac{1}{2}\left\{(1-\ln t)^2+t\times 2(1-\ln t)\times\left(-\frac{1}{t}\right)\right\}$

$=-\frac{1}{2}(1-\ln t)(1+\ln t)$

$=\frac{1}{2}(\ln t-1)(\ln t+1)$

$S'(t)=0$에서 $\ln t=-1$ 또는 $\ln t=1$

$\therefore t=\frac{1}{e}$ ($\because 0<t<1$)

함수 $S(t)$의 증가와 감소를 표로 나타내면 다음과 같다.

t	(0)	$\cdots$	$\frac{1}{e}$	$\cdots$	(1)
$S'(t)$		$+$	0	$-$	
$S(t)$		$\nearrow$	$\frac{2}{e}$	$\searrow$	

따라서 함수 $S(t)$는 $t=\frac{1}{e}$에서 최댓값 $\frac{2}{e}$를 가지므로 삼각형 OAB의 넓이의 최댓값은 $\frac{2}{e}$이다.

9 1706 답 ⑤ 유형 24

출제의도 | 평면 운동에서의 속도와 속력을 이해하고, 공이 지면에 떨어질 때의 속력을 구할 수 있는지 확인한다.

> 공이 지면에 떨어졌을 때의 위치의 y좌표는 0임을 이용해 보자.

$x=10t\cos 60°=5t$, $y=10t\sin 60°-5t^2=5\sqrt{3}t-5t^2$에서

$\frac{dx}{dt}=5$, $\frac{dy}{dt}=5\sqrt{3}-10t$

이므로 공의 t초 후의 속도는

$(5,\ 5\sqrt{3}-10t)$

공이 지면에 떨어졌을 때의 위치의 y좌표는 0이므로

$5\sqrt{3}t-5t^2=0$에서

$5t(\sqrt{3}-t)=0$

$\therefore t=\sqrt{3}$ ($\because t>0$)

따라서 $t=\sqrt{3}$에서의 공의 속도는 $(5,\ -5\sqrt{3})$이므로 속력은

$\sqrt{5^2+(-5\sqrt{3})^2}=10$

10 1707 답 ④ 유형 2

출제의도 | 도함수를 이용하여 함수의 극대와 극소, 곡선의 오목과 볼록, 변곡점에 대한 명제의 참, 거짓을 판별할 수 있는지 확인한다.

> $f'(x)=0$, $f''(x)=0$인 x의 값을 구하고, 그 값을 경계로 나눈 구간에서 $f'(x)$, $f''(x)$의 부호를 조사해 보자.

$f(x)=\ln(x^2+1)+x$에서

$f'(x)=\dfrac{2x}{x^2+1}+1$

$=\dfrac{(x+1)^2}{x^2+1}$

$f''(x)=\dfrac{2(x+1)(x^2+1)-(x+1)^2\times 2x}{(x^2+1)^2}$

$=-\dfrac{2(x+1)(x-1)}{(x^2+1)^2}$

$f'(x)=0$에서 $x=-1$, $f''(x)=0$에서 $x=-1$ 또는 $x=1$

함수 $f(x)$의 증가와 감소, 곡선 $y=f(x)$의 오목과 볼록을 표로 나타내면 다음과 같다.

x	$\cdots$	-1	$\cdots$	1	$\cdots$
$f'(x)$	$+$	0	$+$	$+$	$+$
$f''(x)$	$-$	0	$+$	0	$-$
$f(x)$	↗(위로 볼록)	$\ln 2-1$	↗(아래로 볼록)	$\ln 2+1$	↗(위로 볼록)

ㄱ. $x=-1$의 좌우에서 $f'(x)$의 부호가 바뀌지 않으므로 함수 $f(x)$는 $x=-1$에서 극값을 갖지 않는다. (거짓)

ㄴ. 구간 $(-1, 1)$에서 $f''(x)>0$이므로 곡선 $y=f(x)$는 이 구간에서 아래로 볼록하다. (참)

ㄷ. $x=-1$, $x=1$의 좌우에서 $f''(x)$의 부호가 바뀌므로 곡선 $y=f(x)$의 변곡점은 2개이다. (참)

따라서 옳은 것은 ㄴ, ㄷ이다.

11 1708 답 ④ 유형 5

출제의도 | 주어진 함수의 그래프를 해석할 수 있는지 확인한다.

> $f(x)$의 도함수 $f'(x)$의 부호는 $y=f(x)$의 그래프 위의 점에서의 접선의 기울기로, $f''(x)$의 부호는 $y=f(x)$의 그래프의 오목과 볼록으로 조사해.

$f'(x)f''(x)=0$에서 $f'(x)=0$ 또는 $f''(x)=0$이어야 한다.

그림과 같이 a, b, c, d, e를 정하자.

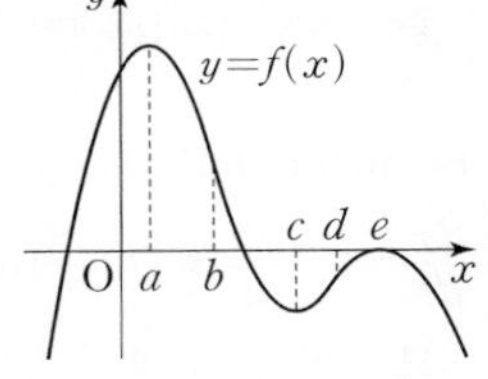

(i) $f'(x)=0$을 만족시키는 x의 값은 $x=a$ 또는 $x=c$ 또는 $x=e$

(ii) $f''(x)=0$을 만족시키는 x의 값은 $x=b$ 또는 $x=d$

(i), (ii)에서 주어진 방정식을 만족시키는 서로 다른 실근의 개수는

$3+2=5$

12 1709 답 ③ 유형 8

출제의도 | 무리함수의 최댓값을 구할 수 있는지 확인한다.

> 무리함수의 도함수를 구하고, $f'(x)=0$인 x의 값을 찾아 함수 $f(x)$의 증가와 감소를 표로 나타내 보자.

$f(x)=\sqrt{18-x^2}+x+6$에서 $18-x^2\ge 0$이므로

$-3\sqrt{2}\le x\le 3\sqrt{2}$이고

$$f'(x)=\frac{-2x}{2\sqrt{18-x^2}}+1$$

$$=\frac{\sqrt{18-x^2}-x}{\sqrt{18-x^2}}$$

$f'(x)=0$에서 $\sqrt{18-x^2}=x$ $(x\ge 0)$ $(\because \sqrt{18-x^2}\ge 0)$

$18-x^2=x^2$, $x^2=9$

$\therefore x=3$ $(\because x\ge 0)$

함수 $f(x)$의 증가와 감소를 표로 나타내면 다음과 같다.

x	$-3\sqrt{2}$	$\cdots$	3	$\cdots$	$3\sqrt{2}$
$f'(x)$		$+$	0	$-$	
$f(x)$	$-3\sqrt{2}+6$	↗	12	↘	$3\sqrt{2}+6$

따라서 함수 $f(x)$는 $x=3$에서 최댓값 12를 가지므로

$a=3$, $M=12$

$\therefore a+M=3+12=15$

13 1710 답 ① 유형 10

출제의도 | 로그함수의 최댓값을 구할 수 있는지 확인한다.

> 곡선 $y=f(x)$ 위의 점 $(t, f(t))$에서의 접선의 방정식은 $y-f(t)=f'(t)(x-t)$임을 이용해 보자.

$f(x)=\frac{\ln x}{x}$에서 $x>0$이고

$$f'(x)=\frac{\frac{1}{x}\times x-\ln x}{x^2}=\frac{1-\ln x}{x^2}$$

곡선 $y=f(x)$ 위의 점 $\left(t, \frac{\ln t}{t}\right)$에서의 접선의 기울기는

$f'(t)=\frac{1-\ln t}{t^2}$이므로 접선의 방정식은

$$y-\frac{\ln t}{t}=\frac{1-\ln t}{t^2}(x-t) \qquad \therefore y=\frac{1-\ln t}{t^2}x+\frac{2\ln t-1}{t}$$

즉, $g(t)=\frac{2\ln t-1}{t}$에서 $t>0$이고

$$g'(t)=\frac{\frac{2}{t}\times t-(2\ln t-1)}{t^2}=\frac{3-2\ln t}{t^2}$$

$g'(t)=0$에서 $2\ln t=3$ $\qquad \therefore t=e^{\frac{3}{2}}$

함수 $g(t)$의 증가와 감소를 표로 나타내면 다음과 같다.

t	(0)	$\cdots$	$e^{\frac{3}{2}}$	$\cdots$
$g'(t)$		$+$	0	$-$
$g(t)$		↗	$2e^{-\frac{3}{2}}$	↘

따라서 함수 $g(t)$는 $t=e^{\frac{3}{2}}$에서 최댓값 $2e^{-\frac{3}{2}}$을 갖는다.

14 1711 답 ④ 유형 16

출제의도 | 방정식의 실근과 함수의 그래프 사이의 관계를 알고 주어진 방정식이 서로 다른 두 실근을 갖도록 하는 미정계수를 구할 수 있는지 확인한다.

> 곡선 $y=2\ln(5-x)+\frac{1}{4}x^2$을 그려서 곡선과 직선의 교점의 개수로 생각해 보자.

방정식 $2\ln(5-x)+\frac{1}{4}x^2=k$가 서로 다른 두 실근을 가지려면 곡선 $y=2\ln(5-x)+\frac{1}{4}x^2$과 직선 $y=k$가 서로 다른 두 점에서 만나야 한다.

$f(x)=2\ln(5-x)+\frac{1}{4}x^2$이라 하면 $x<5$이고

$$f'(x)=\frac{-2}{5-x}+\frac{x}{2}=\frac{(x-1)(x-4)}{2(x-5)}$$

$f'(x)=0$에서 $x=1$ 또는 $x=4$

함수 $f(x)$의 증가와 감소를 표로 나타내면 다음과 같다.

x	$\cdots$	1	$\cdots$	4	$\cdots$	(5)
$f'(x)$	$-$	0	$+$	0	$-$	
$f(x)$	↘	$4\ln 2+\frac{1}{4}$	↗	4	↘	

이때 $\lim_{x\to-\infty} f(x)=\infty$,

$\lim_{x\to 5-} f(x)=-\infty$이므로 함수 $y=f(x)$의 그래프는 그림과 같다.

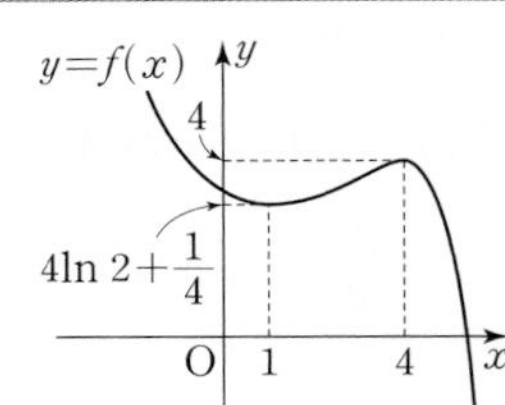

따라서 곡선 $y=f(x)$와 직선 $y=k$가 서로 다른 두 점에서 만나려면

$k=4\ln 2+\frac{1}{4}$ 또는 $k=4$

이므로 모든 실수 k의 값의 합은

$\left(4\ln 2+\frac{1}{4}\right)+4=4\ln 2+\frac{17}{4}$

15 1712 답 ②

유형 18

출제의도 | 부등식이 성립하도록 하는 미정계수를 구할 수 있는지 확인한다.

주어진 부등식을 $\frac{2\ln x}{x}\le k$로 변형하여 $\frac{2\ln x}{x}$의 최댓값을 구해 보자.

$kx-2\ln x\ge 0$에서 $\frac{2\ln x}{x}\le k$ ($\because x>0$)

$f(x)=\frac{2\ln x}{x}$라 하면

$f'(x)=\frac{\frac{2}{x}\times x-2\ln x}{x^2}=\frac{2(1-\ln x)}{x^2}$

$f'(x)=0$에서 $\ln x=1$ $\quad\therefore x=e$

함수 $f(x)$의 증가와 감소를 표로 나타내면 다음과 같다.

x	(0)	$\cdots$	e	$\cdots$
$f'(x)$		+	0	−
$f(x)$		↗	$\frac{2}{e}$	↘

이때 $\lim_{x\to 0+}f(x)=-\infty$,

$\lim_{x\to\infty}f(x)=0$이므로 함수 $y=f(x)$의

그래프는 그림과 같다.

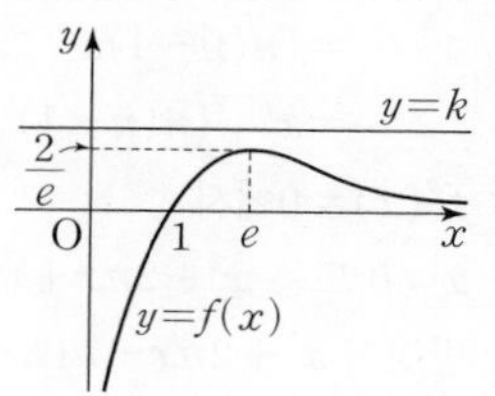

따라서 $x>0$에서 부등식 $f(x)\le k$가 성립하려면 $k\ge\frac{2}{e}$이어야 하므로 k의 최솟값은 $\frac{2}{e}$이다.

16 1713 답 ③

유형 22

출제의도 | 평면 운동에서의 속도와 속력을 이해하고 있는지 확인한다.

원점을 출발한 지 t초 후의 두 점 A, B의 좌표를 t로 나타내 보자.

원점을 출발한 지 t초 후의 두 점 A, B의 좌표는 각각

A$(3t,\ 0)$, B$(0,\ 9t)$

선분 AB를 1 : 2로 내분하는 점 P의 좌표를 $(x,\ y)$라 하면

$x=\frac{1\times 0+2\times 3t}{1+2}=2t,\ y=\frac{1\times 9t+2\times 0}{1+2}=3t$

$\therefore$ P$(2t,\ 3t)$

즉, $\frac{dx}{dt}=2,\ \frac{dy}{dt}=3$이므로 점 P의 시각 t에서의 속도는 $(2,\ 3)$

따라서 점 P의 시각 t에서의 속력은 $\sqrt{2^2+3^2}=\sqrt{13}$

17 1714 답 ②

유형 14

출제의도 | 삼각함수의 최대·최소를 이용하여 도형의 둘레의 길이의 최댓값을 구할 수 있는지 확인한다.

점 A의 x좌표를 t로 놓고 직사각형 ABCD의 둘레의 길이를 t에 대한 함수로 나타내 보자.

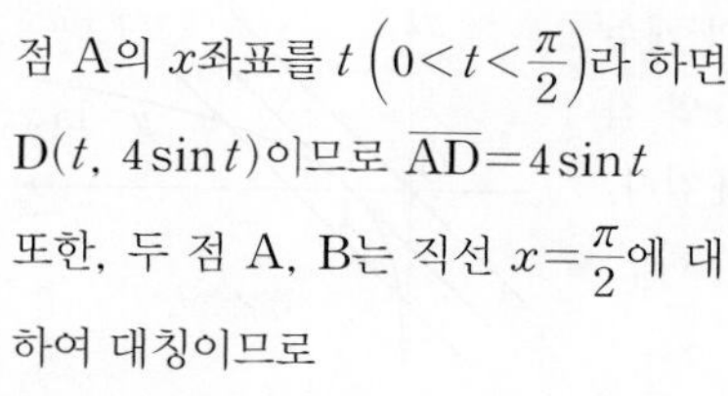

점 A의 x좌표를 t $\left(0<t<\frac{\pi}{2}\right)$라 하면

D$(t,\ 4\sin t)$이므로 $\overline{\mathrm{AD}}=4\sin t$

또한, 두 점 A, B는 직선 $x=\frac{\pi}{2}$에 대하여 대칭이므로

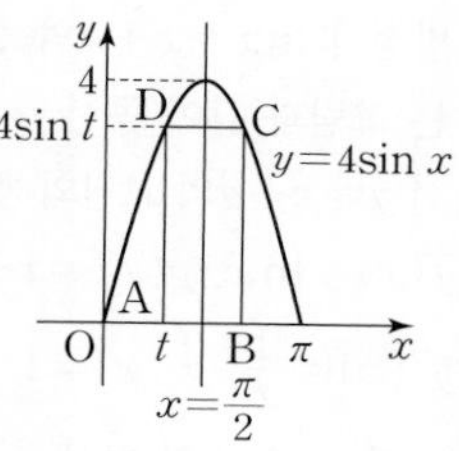

$\overline{\mathrm{AB}}=2\times\left(\frac{\pi}{2}-t\right)=\pi-2t$

직사각형 ABCD의 둘레의 길이를 $f(t)$라 하면

$f(t)=2\times(\pi-2t+4\sin t)=2\pi-4t+8\sin t$

$f'(t)=-4+8\cos t$

$f'(t)=0$에서 $\cos t=\frac{1}{2}$ $\quad\therefore t=\frac{\pi}{3}$ $\left(\because 0<t<\frac{\pi}{2}\right)$

함수 $f(t)$의 증가와 감소를 표로 나타내면 다음과 같다.

t	(0)	$\cdots$	$\frac{\pi}{3}$	$\cdots$	$\left(\frac{\pi}{2}\right)$
$f'(t)$		+	0	−	
$f(t)$		↗	$\frac{2}{3}\pi+4\sqrt{3}$	↘	

따라서 함수 $f(t)$는 $t=\frac{\pi}{3}$에서 최댓값 $\frac{2}{3}\pi+4\sqrt{3}$을 가지므로 이때의 선분 AB의 길이는 $\overline{\mathrm{AB}}=\pi-2\times\frac{\pi}{3}=\frac{\pi}{3}$

18 1715 답 ⑤

유형 16

출제의도 | 방정식의 실근과 함수의 그래프 사이의 관계를 이해하고 있는지 확인한다.

함수 $y=e^x+e^{-x}-2\cos x$의 그래프를 그려 보자.

방정식 $e^x+e^{-x}-2\cos x=k$의 서로 다른 실근의 개수 $N(k)$는 곡선 $y=e^x+e^{-x}-2\cos x$와 직선 $y=k$의 교점의 개수와 같다.

$f(x)=e^x+e^{-x}-2\cos x$라 하면

$f'(x)=e^x-e^{-x}+2\sin x,\ f''(x)=e^x+e^{-x}+2\cos x$

$e^x>0,\ e^{-x}>0$이므로 산술평균과 기하평균의 관계에 의해

$e^x+e^{-x}\ge 2\sqrt{e^x\times e^{-x}}=2$ (단, 등호는 $e^x=e^{-x}$일 때 성립)

즉, $f''(x)\ge 0$이므로 함수 $f'(x)$는 증가하고 $f'(0)=0$이므로 $x\ge 0$에서 $f'(x)\ge 0$

또한, $x\ge 0$에서 $f'(x)\ge 0$이므로 함수 $f(x)$는 증가하고, $f(0)=0$이므로 $x\ge 0$에서 $f(x)\ge 0$

이때 $f''(0)>0$이므로 함수 $y=f(x)$의 그래프는 $x=0$에서 극소이면서 아래로 볼록하다. 또한, $f(-x)=f(x)$이므로 $y=f(x)$의 그래프는 그림과 같다.

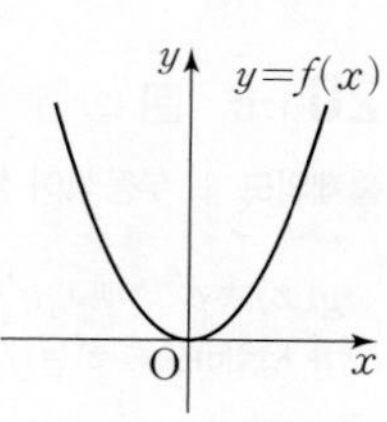

따라서 $N(0)=1,\ N(1)=2,\ N(2)=2$ 이므로

$N(0)+N(1)+N(2)=1+2+2=5$

19 1716 답 ③

유형 17

출제의도 | 방정식의 실근과 함수의 그래프 사이의 관계를 이해하고 있는지 확인한다.

곡선 $y=\ln x$와 직선 $y=x+a$를 그려서 곡선과 직선의 교점의 개수로 생각해 보자.

07

방정식 $\ln x=x+a$의 실근의 개수는 그림과 같이 곡선 $y=\ln x$와 직선 $y=x+a$의 교점의 개수와 같다.

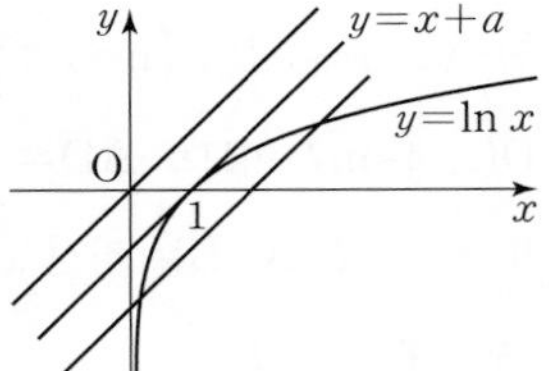

$f(x)=\ln x$, $g(x)=x+a$라 하면

$f'(x)=\frac{1}{x}$, $g'(x)=1$

곡선 $y=\ln x$와 직선 $y=x+a$가 접할 때, 접점의 x좌표를 t라 하면

$f(t)=g(t)$에서 $\ln t=t+a$ ······ ㉠

$f'(t)=g'(t)$에서 $\frac{1}{t}=1$ $\quad\therefore t=1$

$t=1$을 ㉠에 대입하면 $0=1+a$ $\quad\therefore a=-1$

즉, 곡선 $y=\ln x$와 직선 $y=x+a$는 $a=-1$일 때 한 점에서 만나고, $a<-1$일 때 서로 다른 두 점에서 만나고, $a>-1$일 때 만나지 않는다.

ㄱ. $a=-2$일 때, 서로 다른 두 실근을 갖는다. (참)

ㄴ. $a=0$일 때, 실근을 갖지 않는다. (참)

ㄷ. $a=1$일 때, 실근을 갖지 않는다. (거짓)

따라서 옳은 것은 ㄱ, ㄴ이다.

다른 풀이

$\ln x=x+a$에서 $\ln x-x=a$ ······ ㉠

방정식 ㉠의 실근의 개수는 곡선 $y=\ln x-x$와 직선 $y=a$의 교점의 개수와 같다.

$f(x)=\ln x-x$라 하면 $x>0$이고 $f'(x)=\frac{1}{x}-1=\frac{1-x}{x}$

$f'(x)=0$에서 $x=1$

$f(x)$의 증가와 감소를 표로 나타내면 다음과 같다.

x	(0)	$\cdots$	1	$\cdots$
$f'(x)$		$+$	0	$-$
$f(x)$		↗	-1	↘

$\lim_{x\to 0+} f(x)=-\infty$, $\lim_{x\to\infty} f(x)=-\infty$

이므로 $y=f(x)$의 그래프는 그림과 같다.

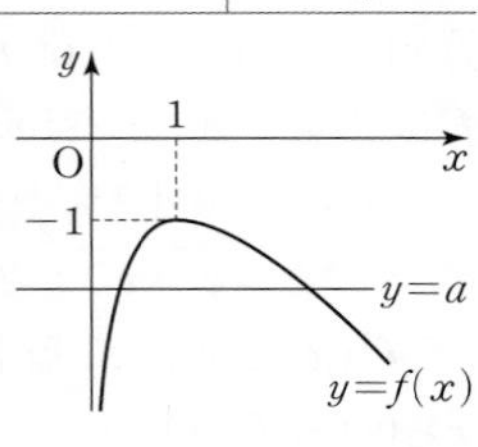

따라서 방정식 ㉠의 실근의 개수는

$a>-1$이면 0개, $a=-1$이면 1개, $a<-1$이면 2개이다.

20 1717 답 ②

유형 18

출제의도 | 부등식이 성립하도록 하는 미정계수를 구할 수 있는지 확인한다.

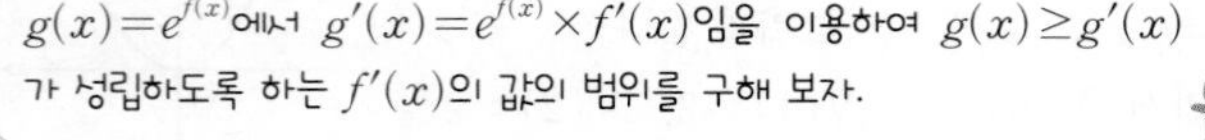
$g(x)=e^{f(x)}$에서 $g'(x)=e^{f(x)}\times f'(x)$임을 이용하여 $g(x)\ge g'(x)$가 성립하도록 하는 $f'(x)$의 값의 범위를 구해 보자.

$g(x)=e^{f(x)}$에서 $g'(x)=e^{f(x)}\times f'(x)$

즉, 부등식 $g(x)\ge g'(x)$에서 $e^{f(x)}\ge e^{f(x)}\times f'(x)$

$\therefore f'(x)\le 1$ ($\because e^{f(x)}>0$)

$f(x)=k\ln x+\frac{1}{x}$에서 $x>0$이고

$f'(x)=\frac{k}{x}-\frac{1}{x^2}$

$f''(x)=-\frac{k}{x^2}+\frac{2x}{x^4}=-\frac{k}{x^2}+\frac{2}{x^3}=\frac{-kx+2}{x^3}$

$f''(x)=0$에서 $x=\frac{2}{k}$

함수 $f'(x)$의 증가와 감소를 표로 나타내면 다음과 같다.

x	(0)	$\cdots$	$\frac{2}{k}$	$\cdots$
$f''(x)$		$+$	0	$-$
$f'(x)$		↗	$\frac{k^2}{4}$	↘

즉, 함수 $f'(x)$의 최댓값은 $\frac{k^2}{4}$이므로 부등식 $f'(x)\le 1$이 성립하려면

$\frac{k^2}{4}\le 1$, $k^2\le 4$ $\quad\therefore 0<k\le 2$ ($\because k>0$)

따라서 양수 k의 최댓값은 2이다.

21 1718 답 ①

유형 3

출제의도 | 이차방정식의 판별식, 근과 계수의 관계를 이용하여 곡선이 변곡점을 갖도록 하는 미정계수를 구할 수 있는지 확인한다.

$f''(x)=0$인 x의 값의 좌우에서 $f''(x)$의 부호가 바뀌도록 하는 조건을 생각해 보자.

$f(x)=x^n e^x$이라 하면

$f'(x)=nx^{n-1}e^x+x^n e^x=(nx^{n-1}+x^n)e^x$

$f''(x)=\{n(n-1)x^{n-2}+nx^{n-1}\}e^x+(nx^{n-1}+x^n)e^x$

$\quad=\{n(n-1)x^{n-2}+2nx^{n-1}+x^n\}e^x$

$\quad=x^{n-2}\{n(n-1)+2nx+x^2\}e^x$

$f''(x)=0$에서

$x=0$ 또는 $x^2+2nx+n(n-1)=0$ ($\because e^x>0$)

방정식 $x^2+2nx+n(n-1)=0$의 판별식을 D라 하면

$\frac{D}{4}=n^2-n(n-1)=n>0$이고 두 근의 곱이 $n(n-1)>0$이므로 0이 아닌 서로 다른 두 실근을 갖는다.

방정식 $x^2+2nx+n(n-1)=0$의 서로 다른 두 실근을 α_n, β_n이라 하면 주어진 곡선의 변곡점은 $(\alpha_n, f(\alpha_n))$, $(\beta_n, f(\beta_n))$이다.

㈎에서 변곡점의 개수가 3이 되려면 $x=0$에서 변곡점을 가져야 한다.

n이 홀수일 때는 $x=0$의 좌우에서 $f''(x)$의 부호가 바뀌지만, n이 짝수일 때는 $x=0$의 좌우에서 $f''(x)$의 부호가 바뀌지 않으므로 n은 홀수이어야 한다. ······ ㉠

이차방정식의 근과 계수의 관계에 의해

$\alpha_n+\beta_n=-2n$

$\therefore h(n)=0+\alpha_n+\beta_n=-2n$

㈏에서 $-20\le -2n\le -10$이므로

$5\le n\le 10$ ······ ㉡

㉠, ㉡에서 자연수 n은 5, 7, 9이므로 그 합은

$5+7+9=21$

22 1719 답 3

유형 4

출제의도 | 이차방정식의 판별식을 이용하여 변곡점을 가질 조건을 구할 수 있는지 확인한다.

STEP 1 **$f'(x)$, $f''(x)$ 구하기 [2점]**

$f(x)=(x^2-2x+k)e^{-x}$이라 하면

$f'(x)=(2x-2)e^{-x}-(x^2-2x+k)e^{-x}$
$\quad=(-x^2+4x-k-2)e^{-x}$
$f''(x)=(-2x+4)e^{-x}-(-x^2+4x-k-2)e^{-x}$
$\quad=(x^2-6x+k+6)e^{-x}$

STEP 2 자연수 k의 값의 범위 구하기 [2점]

곡선 $y=f(x)$가 변곡점을 가지려면 방정식 $f''(x)=0$이 실근을 갖고, 이 실근의 좌우에서 $f''(x)$의 부호가 바뀌어야 한다.
이때 $e^{-x}>0$이므로 이차방정식 $x^2-6x+k+6=0$의 판별식을 D라 하면
$\frac{D}{4}=(-3)^2-(k+6)>0 \qquad \therefore k<3$

STEP 3 모든 자연수 k의 값의 합 구하기 [2점]

자연수 k는 1, 2이므로 그 합은 $1+2=3$

23 1720 답 5 유형23

출제의도 | 평면 운동에서의 속도와 속력, 가속도를 이해하고, 속력과 가속도의 크기를 구할 수 있는지 확인한다.

STEP 1 a의 값 구하기 [2점]

$x=e^t\cos 2t$, $y=e^t\sin 2t$에서
$\frac{dx}{dt}=e^t(\cos 2t-2\sin 2t)$, $\frac{dy}{dt}=e^t(\sin 2t+2\cos 2t)$
이므로 점 P의 시각 t에서의 속도는
$(e^t(\cos 2t-2\sin 2t),\ e^t(\sin 2t+2\cos 2t))$
즉, $t=\pi$일 때의 점 P의 속도는 $(e^\pi,\ 2e^\pi)$이므로 속력은
$a=\sqrt{(e^\pi)^2+(2e^\pi)^2}=\sqrt{5}e^\pi$

STEP 2 b의 값 구하기 [3점]

$\frac{d^2x}{dt^2}=e^t\{\cos 2t-2\sin 2t+(-2\sin 2t-4\cos 2t)\}$
$\quad=e^t(-4\sin 2t-3\cos 2t)$
$\frac{d^2y}{dt^2}=e^t\{\sin 2t+2\cos 2t+(2\cos 2t-4\sin 2t)\}$
$\quad=e^t(-3\sin 2t+4\cos 2t)$
점 P의 시각 t에서의 가속도는
$(e^t(-4\sin 2t-3\cos 2t),\ e^t(-3\sin 2t+4\cos 2t))$
즉, $t=\pi$일 때의 점 P의 가속도는 $(-3e^\pi,\ 4e^\pi)$이므로 가속도의 크기는
$b=\sqrt{(-3e^\pi)^2+(4e^\pi)^2}=5e^\pi$

STEP 3 $\left(\frac{b}{a}\right)^2$의 값 구하기 [1점]

$\left(\frac{b}{a}\right)^2=\left(\frac{5e^\pi}{\sqrt{5}e^\pi}\right)^2=5$

24 1721 답 −2 유형12

출제의도 | 합성함수의 최댓값과 최솟값을 구할 수 있는지 확인한다.

STEP 1 $g(x)$의 값의 범위 구하기 [2점]

$g(x)=\sin x+\cos x$
$\quad=\sqrt{2}\left(\frac{1}{\sqrt{2}}\sin x+\frac{1}{\sqrt{2}}\cos x\right)$
$\quad=\sqrt{2}\sin\left(x+\frac{\pi}{4}\right)$

이므로 $g(x)=t$라 하면
$-\sqrt{2}\le t\le\sqrt{2}$

STEP 2 합성함수 $(f\circ g)(x)$의 증가와 감소를 표로 나타내기 [4점]

$(f\circ g)(x)=f(g(x))=f(t)=-t^3+3t-1$에서
$f'(t)=-3t^2+3=-3(t^2-1)=-3(t+1)(t-1)$
$f'(t)=0$에서 $t=-1$ 또는 $t=1$
함수 $f(t)$의 증가와 감소를 표로 나타내면 다음과 같다.

t	$-\sqrt{2}$	$\cdots$	-1	$\cdots$	1	$\cdots$	$\sqrt{2}$
$f'(t)$		$-$	0	$+$	0	$-$	
$f(t)$	$-\sqrt{2}-1$	↘	-3	↗	1	↘	$\sqrt{2}-1$

STEP 3 최댓값과 최솟값의 합 구하기 [2점]

함수 $f(t)$는 $t=1$에서 최댓값 1, $t=-1$에서 최솟값 -3을 가지므로 최댓값과 최솟값의 합은
$1+(-3)=-2$

25 1722 답 $\frac{1}{2}$ 유형18

출제의도 | 함수의 그래프의 개형을 그리고 주어진 부등식이 성립하도록 하는 미지수의 값의 범위를 구할 수 있는지 확인한다.

STEP 1 $f'(x)=0$을 만족시키는 x의 값 구하기 [2점]

$f(x)=\frac{x-1}{x^2-2x+5}$이라 하면
$f'(x)=\frac{(x^2-2x+5)-(x-1)(2x-2)}{(x^2-2x+5)^2}$
$\quad=\frac{-x^2+2x+3}{(x^2-2x+5)^2}$
$\quad=\frac{-(x+1)(x-3)}{(x^2-2x+5)^2}$
$f'(x)=0$에서 $x=-1$ 또는 $x=3$

STEP 2 함수 $y=f(x)$의 그래프 그리기 [4점]

함수 $f(x)$의 증가와 감소를 표로 나타내면 다음과 같다.

x	$\cdots$	-1	$\cdots$	3	$\cdots$
$f'(x)$	$-$	0	$+$	0	$-$
$f(x)$	↘	$-\frac{1}{4}$	↗	$\frac{1}{4}$	↘

이때 $\lim_{x\to-\infty}f(x)=0$, $\lim_{x\to\infty}f(x)=0$이므로 함수 $y=f(x)$의 그래프는 그림과 같다.

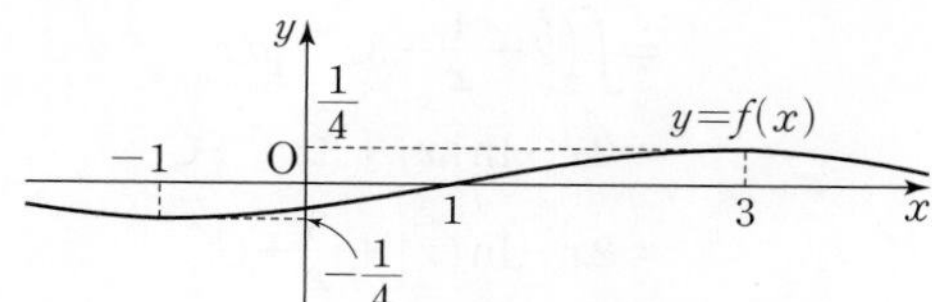

STEP 3 $\beta-\alpha$의 최솟값 구하기 [2점]

함수 $f(x)$는 $x=3$에서 최댓값 $\frac{1}{4}$, $x=-1$에서 최솟값 $-\frac{1}{4}$을 가지므로
$-\frac{1}{4}\le f(x)\le\frac{1}{4}$
따라서 $\beta-\alpha$의 최솟값은 $\alpha=-\frac{1}{4}$, $\beta=\frac{1}{4}$일 때
$\frac{1}{4}-\left(-\frac{1}{4}\right)=\frac{1}{2}$

Ⅲ. 적분법

08 여러 가지 적분법

핵심 개념 354쪽~355쪽

1723 답 (1) $\frac{3}{2}\sqrt[3]{x^2}+C$

(2) $4x-3\ln|x|-\frac{1}{2x^4}+C$

(3) $2e^{x+1}+C$ (4) $\frac{3^{x+5}}{\ln 3}+C$

(5) $-2\cos x-3\sin x+C$ (6) $\tan x-5\cot x+C$

(7) $x+\sec x+C$ (8) $x+\cos x+C$

(1) $\int \frac{1}{\sqrt[3]{x}}dx=\int x^{-\frac{1}{3}}dx=\frac{3}{2}x^{\frac{2}{3}}+C=\frac{3}{2}\sqrt[3]{x^2}+C$

(2) $\int\left(4-\frac{3}{x}+\frac{2}{x^5}\right)dx=\int\left(4-\frac{3}{x}+2x^{-5}\right)dx$

$=4x-3\ln|x|-\frac{1}{2}x^{-4}+C$

$=4x-3\ln|x|-\frac{1}{2x^4}+C$

(3) $\int 2e^{x+1}dx=2e\int e^x dx=2e\times e^x+C=2e^{x+1}+C$

(4) $\int 3^{x+5}dx=3^5\int 3^x dx=3^5\times\frac{3^x}{\ln 3}+C=\frac{3^{x+5}}{\ln 3}+C$

(5) $\int(2\sin x-3\cos x)dx=-2\cos x-3\sin x+C$

(6) $\int(\sec^2 x+5\csc^2 x)dx=\tan x-5\cot x+C$

(7) $\int\sec x(\cos x+\tan x)dx=\int(1+\sec x\tan x)dx$

$=x+\sec x+C$

(8) $\int\frac{\cos^2 x}{1+\sin x}dx=\int\frac{1-\sin^2 x}{1+\sin x}dx$

$=\int\frac{(1+\sin x)(1-\sin x)}{1+\sin x}dx$

$=\int(1-\sin x)dx=x+\cos x+C$

1724 답 ⑤

① $\int\frac{2x^3-x^2-3x}{x^3}dx=\int\left(2-\frac{1}{x}-\frac{3}{x^2}\right)dx$

$=\int\left(2-\frac{1}{x}-3x^{-2}\right)dx$

$=2x-\ln|x|+3x^{-1}+C$

$=2x-\ln|x|+\frac{3}{x}+C$

② $\int(\sqrt[4]{x}+1)(\sqrt[4]{x}-1)dx=\int(\sqrt{x}-1)dx=\int(x^{\frac{1}{2}}-1)dx$

$=\frac{2}{3}x^{\frac{3}{2}}-x+C=\frac{2}{3}x\sqrt{x}-x+C$

③ $\int(e^{-x}-2^x)dx=-e^{-x}-\frac{2^x}{\ln 2}+C$

④ $\int\csc x(\sin x-\cot x)dx=\int(1-\csc x\cot x)dx$

$=x+\csc x+C$

⑤ $\int\tan^2 x\,dx=\int(\sec^2 x-1)dx=\tan x-x+C$

따라서 옳지 않은 것은 ⑤이다.

1725 답 (1) $\frac{2}{5}x^2\sqrt{x}-3x^2+6x\sqrt{x}+C$

(2) $\frac{25^x}{2\ln 5}+\frac{2\times5^x}{\ln 5}+x+C$

(1) $\int\frac{(x-3\sqrt{x})^2}{\sqrt{x}}dx=\int\frac{x^2-6x\sqrt{x}+9x}{\sqrt{x}}dx$

$=\int(x\sqrt{x}-6x+9\sqrt{x})dx$

$=\int(x^{\frac{3}{2}}-6x+9x^{\frac{1}{2}})dx$

$=\frac{2}{5}x^{\frac{5}{2}}-3x^2+9\times\frac{2}{3}x^{\frac{3}{2}}+C$

$=\frac{2}{5}x^2\sqrt{x}-3x^2+6x\sqrt{x}+C$

(2) $\int(5^x+1)^2dx=\int(25^x+2\times5^x+1)dx$

$=\frac{25^x}{\ln 25}+\frac{2\times5^x}{\ln 5}+x+C$

$=\frac{25^x}{2\ln 5}+\frac{2\times5^x}{\ln 5}+x+C$

1726 답 $\frac{3}{4}(x^2+x+1)^4+C$

$x^2+x+1=t$로 놓으면 $\frac{dt}{dx}=2x+1$이므로

$\int(x^2+x+1)^3(6x+3)dx=\int 3(x^2+x+1)^3(2x+1)dx$

$=\int 3t^3dt=\frac{3}{4}t^4+C$

$=\frac{3}{4}(x^2+x+1)^4+C$

1727 답 $\ln|x+\sin x|+C$

$x+\sin x=t$로 놓으면 $\frac{dt}{dx}=1+\cos x$이므로

$\int\frac{1+\cos x}{x+\sin x}dx=\int\frac{1}{t}dt=\ln|t|+C=\ln|x+\sin x|+C$

1728 답 $\frac{1}{2}x^2\ln x-\frac{1}{4}x^2+C$

$f(x)=\ln x$, $g'(x)=x$로 놓으면

$f'(x)=\frac{1}{x}$, $g(x)=\frac{1}{2}x^2$이므로

$\int x\ln x\,dx=\ln x\times\frac{1}{2}x^2-\int\frac{1}{x}\times\frac{1}{2}x^2dx$

$=\frac{1}{2}x^2\ln x-\frac{1}{2}\int x\,dx=\frac{1}{2}x^2\ln x-\frac{1}{4}x^2+C$

1729 답 $-x\cos x+\sin x+C$

$f(x)=x$, $g'(x)=\sin x$로 놓으면

$f'(x)=1$, $g(x)=-\cos x$이므로

$\int x\sin x\,dx=x\times(-\cos x)-\int 1\times(-\cos x)dx$

$=-x\cos x+\int\cos x\,dx$

$=-x\cos x+\sin x+C$

기출 유형 check 실전 준비하기 356쪽~373쪽

1730 답 17

$\int (12x^2+ax-9)dx=4x^3+\frac{a}{2}x^2-9x+C$이므로

$4x^3+\frac{a}{2}x^2-9x+C=bx^3+2x^2-cx+2$

따라서 $a=4,\ b=4,\ c=9$이므로

$a+b+c=4+4+9=17$

다른 풀이

$\int (12x^2+ax-9)dx=bx^3+2x^2-cx+2$의 양변을 x에 대하여 미분하면

$12x^2+ax-9=3bx^2+4x-c$

따라서 $a=4,\ b=4,\ c=9$이므로

$a+b+c=4+4+9=17$

1731 답 12

$f(x)=\int (x^2+6x)dx-\int (x^2+4x+3)dx$

$=\int \{(x^2+6x)-(x^2+4x+3)\}dx$

$=\int (2x-3)dx=x^2-3x+C$

$f(0)=2$이므로 $C=2$

따라서 $f(x)=x^2-3x+2$이므로

$f(5)=25-15+2=12$

1732 답 ⑤

$f(x)=\int f'(x)dx=\int (x^2-2ax+5)dx$

$=\frac{1}{3}x^3-ax^2+5x+C$

$f(0)=2,\ f(3)=17$이므로

$C=2,\ 9-9a+15+C=17 \qquad \therefore a=1,\ C=2$

따라서 $f(x)=\frac{1}{3}x^3-x^2+5x+2$이므로

$f(1)=\frac{1}{3}-1+5+2=\frac{19}{3}$

1733 답 ② | 유형 1

함수 $f(x)=\int \frac{3x+1}{x^2}dx$에 대하여 $f(e)=-\frac{1}{e}$일 때, $f(1)$의 값은?
단서1

① -5 ② -4 ③ -3
④ -2 ⑤ -1

단서1 함수 $y=x^n$ (n은 실수)의 부정적분

STEP1 $f(x)$ 구하기

$f(x)=\int \frac{3x+1}{x^2}dx=\int \left(\frac{3}{x}+\frac{1}{x^2}\right)dx$

$=\int \left(\frac{3}{x}+x^{-2}\right)dx=3\ln|x|-x^{-1}+C$

$=3\ln|x|-\frac{1}{x}+C$

STEP2 적분상수 C 구하기

$f(e)=-\frac{1}{e}$이므로

$3-\frac{1}{e}+C=-\frac{1}{e} \qquad \therefore C=-3$

STEP3 $f(1)$의 값 구하기

$f(x)=3\ln|x|-\frac{1}{x}-3$이므로

$f(1)=-1-3=-4$

1734 답 $F(x)=2x-7\ln|x|-\frac{3}{x}+1$

$F(x)=\int \frac{(2x-1)(x-3)}{x^2}dx$

$=\int \frac{2x^2-7x+3}{x^2}dx=\int \left(2-\frac{7}{x}+\frac{3}{x^2}\right)dx$

$=\int \left(2-\frac{7}{x}+3x^{-2}\right)dx$

$=2x-7\ln|x|-3x^{-1}+C$

$=2x-7\ln|x|-\frac{3}{x}+C$

$F(1)=0$이므로

$2-3+C=0 \qquad \therefore C=1$

$\therefore F(x)=2x-7\ln|x|-\frac{3}{x}+1$

1735 답 -3

$F(x)=\int (\sqrt[3]{x^2}+\sqrt{x}+1)dx$

$=\int (x^{\frac{2}{3}}+x^{\frac{1}{2}}+1)dx$

$=\frac{3}{5}x^{\frac{5}{3}}+\frac{2}{3}x^{\frac{3}{2}}+x+C$

$=\frac{3}{5}x\sqrt[3]{x^2}+\frac{2}{3}x\sqrt{x}+x+C$

$F(1)=-\frac{11}{15}$이므로

$\frac{3}{5}+\frac{2}{3}+1+C=-\frac{11}{15} \qquad \therefore C=-3$

따라서 $F(x)=\frac{3}{5}x\sqrt[3]{x^2}+\frac{2}{3}x\sqrt{x}+x-3$이므로

$F(0)=-3$

1736 답 $\frac{28}{3}$

$f(x)=\int \frac{2x^3-1}{x^2}dx$

$=\int \left(2x-\frac{1}{x^2}\right)dx$

$=x^2+\frac{1}{x}+C$

함수 $y=f(x)$의 그래프가 점 $(1,\ 2)$를 지나므로

$f(1)=1+1+C=2 \qquad \therefore C=0$

따라서 $f(x)=x^2+\frac{1}{x}$이므로

$f(3)=9+\frac{1}{3}=\frac{28}{3}$

1737 답 3

$f'(x)=\frac{(x-1)^2}{x^2}=\frac{x^2-2x+1}{x^2}=1-\frac{2}{x}+\frac{1}{x^2}$이므로

$$f(x)=\int\left(1-\frac{2}{x}+\frac{1}{x^2}\right)dx$$
$$=\int\left(1-\frac{2}{x}+x^{-2}\right)dx$$
$$=x-2\ln|x|-x^{-1}+C$$
$$=x-2\ln|x|-\frac{1}{x}+C$$

$\therefore f(2)-f(-2)$

$$=\left(2-2\ln 2-\frac{1}{2}+C\right)-\left(-2-2\ln 2+\frac{1}{2}+C\right)=3$$

1738 답 ⑤

$f'(x)=\frac{x-1}{\sqrt{x}+1}=\frac{(\sqrt{x}+1)(\sqrt{x}-1)}{\sqrt{x}+1}=\sqrt{x}-1$이므로

$$f(x)=\int(\sqrt{x}-1)dx=\int(x^{\frac{1}{2}}-1)dx$$
$$=\frac{2}{3}x^{\frac{3}{2}}-x+C$$
$$=\frac{2}{3}x\sqrt{x}-x+C$$

$f(1)=1$이므로

$\frac{2}{3}-1+C=1 \qquad \therefore C=\frac{4}{3}$

따라서 $f(x)=\frac{2}{3}x\sqrt{x}-x+\frac{4}{3}$이므로

$f(4)=\frac{16}{3}-4+\frac{4}{3}=\frac{8}{3}$

1739 답 $\frac{4}{15}x^2\sqrt{x}+2x+C$ (단, C는 적분상수이다.)

$f'(x)=\sqrt{x}$이므로 $f(x)=\int\sqrt{x}\,dx=\int x^{\frac{1}{2}}dx=\frac{2}{3}x^{\frac{3}{2}}+C_1$

$f(0)=2$이므로 $C_1=2 \qquad \therefore f(x)=\frac{2}{3}x^{\frac{3}{2}}+2$

따라서 $f(x)$의 부정적분은

$$\int\left(\frac{2}{3}x^{\frac{3}{2}}+2\right)dx=\frac{4}{15}x^{\frac{5}{2}}+2x+C$$
$$=\frac{4}{15}x^2\sqrt{x}+2x+C$$

1740 답 ②

곡선 $y=f(x)$ 위의 임의의 점 (x, y)에서의 접선의 기울기가 $x+\frac{1}{x}$이므로

$f'(x)=x+\frac{1}{x}$

$\therefore f(x)=\int\left(x+\frac{1}{x}\right)dx=\frac{1}{2}x^2+\ln|x|+C$

$f(1)=-\frac{1}{2}$이므로

$\frac{1}{2}+C=-\frac{1}{2} \qquad \therefore C=-1$

따라서 $f(x)=\frac{1}{2}x^2+\ln|x|-1$이므로

$f(e)=\frac{1}{2}e^2+1-1=\frac{1}{2}e^2$

1741 답 $\frac{1}{3}x^3+x+\frac{2}{x}-\frac{1}{3x^3}+C$ (단, C는 적분상수이다.)

$\overline{AP}=\sqrt{(-x)^2+\left(1-\frac{1}{x^2}\right)^2}$이므로

$$f(x)=\overline{AP}^2=x^2+\left(1-\frac{1}{x^2}\right)^2$$
$$=x^2+1-\frac{2}{x^2}+\frac{1}{x^4}$$

$$\therefore \int f(x)dx=\int\left(x^2+1-\frac{2}{x^2}+\frac{1}{x^4}\right)dx$$
$$=\int(x^2+1-2x^{-2}+x^{-4})dx$$
$$=\frac{1}{3}x^3+x+2x^{-1}-\frac{1}{3}x^{-3}+C$$
$$=\frac{1}{3}x^3+x+\frac{2}{x}-\frac{1}{3x^3}+C$$

1742 답 ③

$f'(x)=\begin{cases}\frac{1}{x^2} & (x<-1)\\ 3x^2+1 & (x>-1)\end{cases}$에서

$f(x)=\begin{cases}-\frac{1}{x}+C_1 & (x<-1)\\ x^3+x+C_2 & (x>-1)\end{cases}$

$f(-2)=\frac{1}{2}$이므로

$\frac{1}{2}+C_1=\frac{1}{2} \qquad \therefore C_1=0$

$\therefore f(x)=-\frac{1}{x}\ (x<-1)$

함수 $f(x)$가 실수 전체의 집합에서 연속이면 $x=-1$에서 연속이므로

$\lim_{x\to -1-}\left(-\frac{1}{x}\right)=\lim_{x\to -1+}(x^3+x+C_2)$

$1=-2+C_2 \qquad \therefore C_2=3$

따라서 $f(x)=\begin{cases}-\frac{1}{x} & (x<-1)\\ x^3+x+3 & (x\geq -1)\end{cases}$이므로

$f(0)=0+0+3=3$

실수 Check

구간이 나누어진 함수의 부정적분을 구할 때는 각 구간별로 적분상수를 따로 정해야 한다.

1743 답 ②

$f'(x)=2-\frac{3}{x^2}$에서

$$f(x)=\int\left(2-\frac{3}{x^2}\right)dx=\int(2-3x^{-2})dx$$
$$=2x+3x^{-1}+C_1=2x+\frac{3}{x}+C_1$$

$f(1)=5$이므로

$2+3+C_1=5 \qquad \therefore C_1=0$

$\therefore f(x)=2x+\frac{3}{x}$

(가)에서 $g'(x)=f'(-x)=2-\frac{3}{x^2}\ (x<0)$이므로

$g(x)=2x+\frac{3}{x}+C_2\ (x<0)$

㈏에서 $f(2)+g(-2)=9$이므로

$\left(4+\frac{3}{2}\right)+\left(-4-\frac{3}{2}+C_2\right)=9 \qquad \therefore C_2=9$

따라서 $x<0$에서 $g(x)=2x+\frac{3}{x}+9$이므로

$g(-3)=-6-1+9=2$

1744 답 ④ | 유형2

함수 $f(x)=\int \frac{e^{2x}-4x^2}{e^x+2x}dx$에 대하여 $f(0)=1$일 때, $f(1)$의 값은? 단서1

① $-e$ ② $-e+1$ ③ 0
④ $e-1$ ⑤ e

단서1 지수함수의 부정적분

STEP1 $f(x)$ 구하기

$$f(x)=\int \frac{e^{2x}-4x^2}{e^x+2x}dx=\int \frac{(e^x+2x)(e^x-2x)}{e^x+2x}dx$$
$$=\int (e^x-2x)dx$$
$$=e^x-x^2+C$$

STEP2 적분상수 C 구하기

$f(0)=1$이므로

$1+C=1 \qquad \therefore C=0$

STEP3 $f(1)$의 값 구하기

$f(x)=e^x-x^2$이므로

$f(1)=e-1$

1745 답 $2e^x+C$ (단, C는 적분상수이다.)

$$\int e^{x+\ln 2}dx=\int (e^x\times e^{\ln 2})dx=2\int e^x dx$$
$$=2e^x+C$$

1746 답 ②

$f(x)=\int (e^x-1)dx=e^x-x+C$이므로

$f'(x)=e^x-1$

$f'(1)+1=f(1)$이므로

$e-1+1=e-1+C \qquad \therefore C=1$

따라서 $f(x)=e^x-x+1$이므로

$f(0)=1+1=2$

1747 답 e^e-1

$\lim_{h\to 0}\frac{f(x+h)-f(x)}{h}=f'(x)$이므로

$f'(x)=e^x-\frac{1}{x}$

$\therefore f(x)=\int \left(e^x-\frac{1}{x}\right)dx=e^x-\ln|x|+C$

$f(1)=e$이므로

$e+C=e \qquad \therefore C=0$

따라서 $f(x)=e^x-\ln|x|$이므로

$f(e)=e^e-1$

개념 Check

도함수의 정의

$$f'(x)=\lim_{\Delta x\to 0}\frac{f(x+\Delta x)-f(x)}{\Delta x}=\lim_{h\to 0}\frac{f(x+h)-f(x)}{h}$$

1748 답 $e+4$

$x\neq 0$일 때,

$f(x)=\int \frac{xe^x+3x}{x}dx=\int (e^x+3)dx=e^x+3x+C$

함수 $f(x)$가 모든 실수 x에서 연속이므로

$\lim_{x\to 0}f(x)=f(0)$에서 $1+C=2 \qquad \therefore C=1$

따라서 $f(x)=\begin{cases} e^x+3x+1 & (x\neq 0) \\ 2 & (x=0)\end{cases}$이므로

$f(1)=e+3+1=e+4$

1749 답 $e+\frac{1}{e}$

$f'(x)=\frac{e^{2x}+1}{e^x}=e^x+e^{-x}$이므로

$f(x)=\int (e^x+e^{-x})dx=e^x-e^{-x}+C_1$

$f(0)=2$이므로 $1-1+C_1=2 \qquad \therefore C_1=2$

따라서 $f(x)=e^x-e^{-x}+2$이므로

$$F(x)=\int f(x)dx=\int (e^x-e^{-x}+2)dx$$
$$=e^x+e^{-x}+2x+C$$

$\therefore F(1)-F(0)=(e+e^{-1}+2+C)-(1+1+C)=e+\frac{1}{e}$

1750 답 ④

$y=\ln x-1$이라 하면

$y+1=\ln x \qquad \therefore x=e^{y+1}$

x와 y를 서로 바꾸면 $y=e^{x+1}$

따라서 $g(x)=e^{x+1}$이므로

$$\int g(x)dx=\int e^{x+1}dx=\int e^x\times e\,dx=e\int e^x dx$$
$$=e\times e^x+C=e^{x+1}+C$$

1751 답 $f(x)=\frac{e^x-e^{-x}}{2}$, $g(x)=\frac{e^x+e^{-x}}{2}$

㈎, ㈏의 두 식을 변끼리 더하면

$2f'(x)=e^x+e^{-x} \qquad \therefore f'(x)=\frac{e^x+e^{-x}}{2}$

또, $g'(x)=e^x-f'(x)=\frac{e^x-e^{-x}}{2}$이므로

$f(x)=\int \frac{e^x+e^{-x}}{2}dx=\frac{1}{2}(e^x-e^{-x})+C_1$

$g(x)=\int \frac{e^x-e^{-x}}{2}dx=\frac{1}{2}(e^x+e^{-x})+C_2$

㈐에서 $f(0)=0$이므로 $\frac{1}{2}\times(1-1)+C_1=0 \qquad \therefore C_1=0$

또, $g(0)=1$이므로 $\frac{1}{2}\times(1+1)+C_2=1 \qquad \therefore C_2=0$

$\therefore f(x)=\frac{e^x-e^{-x}}{2}$, $g(x)=\frac{e^x+e^{-x}}{2}$

다른 풀이

(가)에서 $\int \{f'(x)+g'(x)\}dx=\int e^x dx$이므로

$f(x)+g(x)=e^x+C_1$

위의 식에 $x=0$을 대입하면

$f(0)+g(0)=1+C_1$

$1=1+C_1 \quad \therefore C_1=0$

$\therefore f(x)+g(x)=e^x$ ······ ㉠

(나)에서 $\int \{f'(x)-g'(x)\}dx=\int e^{-x} dx$이므로

$f(x)-g(x)=-e^{-x}+C_2$

위의 식에 $x=0$을 대입하면

$f(0)-g(0)=-1+C_2$

$-1=-1+C_2 \quad \therefore C_2=0$

$\therefore f(x)-g(x)=-e^{-x}$ ······ ㉡

$\frac{1}{2}\times$(㉠+㉡)을 하면 $f(x)=\frac{e^x-e^{-x}}{2}$

$\frac{1}{2}\times$(㉠−㉡)을 하면 $g(x)=\frac{e^x+e^{-x}}{2}$

1752 답 ④

| 유형 3

등식 $\int \frac{27^x+1}{9^x-3^x+1}dx=\frac{3^x}{a}+bx+C$가 성립할 때, 상수 a, b에 대하여 ab의 값은? (단, C는 적분상수이다.)

단서1

① $-3\ln 3$ ② $-2\ln 3$ ③ $-\ln 3$
④ $\ln 3$ ⑤ $2\ln 3$

단서1 지수함수의 부정적분

STEP 1 $f(x)$ 구하기

$f(x)=\int \frac{27^x+1}{9^x-3^x+1}dx$

$\rightarrow (3^x)^3+1=(3^x+1)\{(3^x)^2-3^x+1\}$

$=\int \frac{(3^x)^3+1}{(3^x)^2-3^x+1}dx$

$=\int (3^x+1)\,dx$

$=\frac{3^x}{\ln 3}+x+C$

STEP 2 ab의 값 구하기

$a=\ln 3$, $b=1$이므로

$ab=\ln 3\times 1=\ln 3$

1753 답 ③

$\int (2^x-1)^2 dx=\int (4^x-2\times 2^x+1)\,dx$

$=\frac{4^x}{\ln 4}-2\times\frac{2^x}{\ln 2}+x+C$

$=\frac{4^x}{\ln 4}-\frac{2^{x+1}}{\ln 2}+x+C$

따라서 $a=4$, $b=2$이므로

$a+b=4+2=6$

1754 답 ②

$f'(x)=5^x\ln 25+1$이므로

$f(x)=\int (5^x\ln 25+1)\,dx$

$=\ln 25\int 5^x dx+\int 1\,dx$

$=\ln 25\times\frac{5^x}{\ln 5}+x+C$

$=2\ln 5\times\frac{5^x}{\ln 5}+x+C$

$=2\times 5^x+x+C$

$f(0)=1$이므로

$2+C=1 \quad \therefore C=-1$

따라서 $f(x)=2\times 5^x+x-1$이므로

$f(1)=10+1-1=10$

1755 답 4

$f'(x)=2^x\ln 2-1$이므로

$f(x)=\int (2^x\ln 2-1)dx=2^x-x+C$

$\rightarrow \int 2^x\ln 2\,dx=\ln 2\int 2^x dx$
$=\ln 2\times\frac{2^x}{\ln 2}+C_1$
$=2^x+C_1$

곡선 $y=f(x)$가 점 (0, 4)를 지나므로

$f(0)=1+C=4 \quad \therefore C=3$

따라서 $f(x)=2^x-x+3$이므로

$f(1)=2-1+3=4$

1756 답 $\frac{1}{8}$

$f(x)=\int 3^{2x}\ln 9\,dx$

$=\int 9^x\ln 9\,dx=9^x+C$

$f(0)=1$이므로

$1+C=1 \quad \therefore C=0$

따라서 $f(x)=9^x$이므로

$\sum_{n=1}^{\infty}\frac{1}{f(n)}=\sum_{n=1}^{\infty}\frac{1}{9^n}=\frac{\frac{1}{9}}{1-\frac{1}{9}}=\frac{1}{8}$

1757 답 $\frac{1}{2\ln 7}$

$f(x)=\int (7^x+1)^2 dx=\int (49^x+2\times 7^x+1)dx$

$=\frac{49^x}{\ln 49}+\frac{2\times 7^x}{\ln 7}+x+C$

$f(0)=0$이므로

$\frac{1}{2\ln 7}+\frac{2}{\ln 7}+C=0$

$\therefore C=-\frac{5}{2\ln 7}$

따라서 $f(x)=\frac{49^x}{2\ln 7}+\frac{2\times 7^x}{\ln 7}+x-\frac{5}{2\ln 7}$이므로

$\lim_{n\to\infty}\frac{f(n)-n}{49^n+1}=\lim_{n\to\infty}\frac{49^n+4\times 7^n-5}{2(49^n+1)\ln 7}$

$=\lim_{n\to\infty}\frac{1+4\times\left(\frac{1}{7}\right)^n-\frac{5}{49^n}}{2\left\{1+\left(\frac{1}{49}\right)^n\right\}\ln 7}$

$=\frac{1}{2\ln 7}$

1758 답 ②

$f'(x)=\begin{cases} \frac{2}{x^3} & (x>1) \\ 5^x & (x<1) \end{cases}$ 에서 → $\int \frac{2}{x^3}dx=\int 2x^{-3}dx=-x^{-2}+C_1=-\frac{1}{x^2}+C_1$

$f(x)=\begin{cases} -\frac{1}{x^2}+C_1 & (x>1) \\ \frac{5^x}{\ln 5}+C_2 & (x<1) \end{cases}$

$f(2)=\frac{3}{4}$이므로

$-\frac{1}{4}+C_1=\frac{3}{4}$ $\quad\therefore C_1=1$

$\therefore f(x)=-\frac{1}{x^2}+1\ (x>1)$

함수 $f(x)$가 실수 전체의 집합에서 연속이면 $x=1$에서 연속이므로

$\lim_{x\to 1+}\left(-\frac{1}{x^2}+1\right)=\lim_{x\to 1-}\left(\frac{5^x}{\ln 5}+C_2\right)$

$0=\frac{5}{\ln 5}+C_2$ $\quad\therefore C_2=-\frac{5}{\ln 5}$

즉, $f(x)=\begin{cases} -\frac{1}{x^2}+1 & (x\geq 1) \\ \frac{5^x}{\ln 5}-\frac{5}{\ln 5} & (x<1) \end{cases}$ 이므로

$f(0)=\frac{1}{\ln 5}-\frac{5}{\ln 5}=-\frac{4}{\ln 5}$

따라서 $\frac{a}{\ln 5}=-\frac{4}{\ln 5}$이므로 $a=-4$

1759 답 ⑤ | 유형4

함수 $f(x)=\int \frac{\sin^2 x}{1-\cos x}dx$에 대하여 $f(0)=1$일 때, $f\left(\frac{\pi}{2}\right)$의 값은?

(단서2: $\sin^2 x$, 단서1: $1-\cos x$)

① $\frac{\pi}{2}-1$ ② $\frac{\pi}{2}-\frac{1}{2}$ ③ $\frac{\pi}{2}$

④ $\frac{\pi}{2}+1$ ⑤ $\frac{\pi}{2}+2$

단서1 삼각함수의 부정적분

단서2 $\sin^2 x+\cos^2 x=1$에서 $\sin^2 x=1-\cos^2 x$

STEP 1 $f(x)$ 구하기

$$f(x)=\int \frac{\sin^2 x}{1-\cos x}dx$$
$$=\int \frac{1-\cos^2 x}{1-\cos x}dx$$
$$=\int \frac{(1+\cos x)(1-\cos x)}{1-\cos x}dx$$
$$=\int (1+\cos x)\,dx$$
$$=x+\sin x+C$$

STEP 2 적분상수 C 구하기

$f(0)=1$이므로 $C=1$

STEP 3 $f\left(\frac{\pi}{2}\right)$의 값 구하기

$f(x)=x+\sin x+1$이므로

$f\left(\frac{\pi}{2}\right)=\frac{\pi}{2}+1+1=\frac{\pi}{2}+2$

1760 답 ④

$f'(x)=e^x+\sin x$에서

$$f(x)=\int (e^x+\sin x)dx$$
$$=e^x-\cos x+C$$

$f(0)=3$이므로

$1-1+C=3$ $\quad\therefore C=3$

따라서 $f(x)=e^x-\cos x+3$이므로

$f(\pi)=e^\pi-(-1)+3=e^\pi+4$

1761 답 0

$$f(x)=\int \cos(3\pi+x)dx$$
$$=\int (-\cos x)dx$$
$$=-\sin x+C$$

$f'(x)=-\cos x$이므로

$f\left(\frac{\pi}{2}\right)=f'\left(\frac{\pi}{3}\right)$에서

$-1+C=-\frac{1}{2}$ $\quad\therefore C=\frac{1}{2}$

따라서 $f(x)=-\sin x+\frac{1}{2}$이므로

$f\left(\frac{\pi}{6}\right)=-\frac{1}{2}+\frac{1}{2}=0$

다른 풀이

$$f(x)=\int \cos(3\pi+x)dx$$
$$=\sin(3\pi+x)+C$$

$f'(x)=\cos(3\pi+x)$이므로

$f\left(\frac{\pi}{2}\right)=f'\left(\frac{\pi}{3}\right)$에서

$\sin\frac{7}{2}\pi+C=\cos\frac{10}{3}\pi$

$-1+C=-\frac{1}{2}$ $\quad\therefore C=\frac{1}{2}$

따라서 $f(x)=\sin(3\pi+x)+\frac{1}{2}$이므로

$f\left(\frac{\pi}{6}\right)=\sin\frac{19}{6}\pi+\frac{1}{2}=-\frac{1}{2}+\frac{1}{2}=0$

1762 답 $\pi+2$

$$f'(x)=\left(\sin\frac{x}{2}+\cos\frac{x}{2}\right)^2$$
$$=\sin^2\frac{x}{2}+2\sin\frac{x}{2}\cos\frac{x}{2}+\cos^2\frac{x}{2}$$
$$=1+\sin x$$

($2\sin\frac{x}{2}\cos\frac{x}{2}=\sin\left(2\times\frac{x}{2}\right)=\sin x$)

$$\therefore f(x)=\int (1+\sin x)dx$$
$$=x-\cos x+C$$

곡선 $y=f(x)$가 원점을 지나므로

$f(0)=-1+C=0$

$\therefore C=1$

따라서 $f(x)=x-\cos x+1$이므로

$f(\pi)=\pi-(-1)+1=\pi+2$

개념 Check

배각의 공식

(1) $\sin 2x = 2\sin x \cos x$

(2) $\cos 2x = \cos^2 x - \sin^2 x$

$= 2\cos^2 x - 1 = 1 - 2\sin^2 x$

(3) $\tan 2x = \dfrac{2\tan x}{1-\tan^2 x}$

1763 답 1

$$\int \frac{\sin^2 x+1}{\cos^2 x}dx = \int\left(\frac{\sin^2 x}{\cos^2 x}+\frac{1}{\cos^2 x}\right)dx$$
$$=\int(\tan^2 x+\sec^2 x)dx$$
$$=\int(2\sec^2 x-1)dx$$
$$=2\tan x - x + C$$

따라서 $a=2$, $b=-1$이므로

$a+b=2+(-1)=1$

개념 Check

삼각함수 사이의 관계

(1) $1+\tan^2 x=\sec^2 x$

(2) $1+\cot^2 x=\csc^2 x$

1764 답 ⑤

$f'(x)=\sec x(\sec x+\tan x)$에서

$$f(x)=\int \sec x(\sec x+\tan x)dx$$
$$=\int(\sec^2 x+\sec x\tan x)dx$$
$$=\tan x+\sec x+C$$

$f\left(\frac{\pi}{3}\right)=\sqrt{3}+4$이므로

$\sqrt{3}+2+C=\sqrt{3}+4 \qquad \therefore C=2$

따라서 $f(x)=\tan x+\sec x+2$이므로

$f\left(\frac{\pi}{6}\right)=\frac{\sqrt{3}}{3}+\frac{2\sqrt{3}}{3}+2=\sqrt{3}+2$

1765 답 $\frac{4\sqrt{3}}{3}$

$\sin^2 x+\cos^2 x=1$이므로

$$f(x)=\frac{1}{\sin^2 x\cos^2 x}$$
$$=\frac{\sin^2 x+\cos^2 x}{\sin^2 x\cos^2 x}=\frac{1}{\cos^2 x}+\frac{1}{\sin^2 x}$$
$$=\sec^2 x+\csc^2 x$$

$$\therefore F(x)=\int(\sec^2 x+\csc^2 x)dx$$
$$=\tan x-\cot x+C$$

$$\therefore F\left(\frac{\pi}{3}\right)-F\left(\frac{\pi}{6}\right)=\left(\sqrt{3}-\frac{\sqrt{3}}{3}+C\right)-\left(\frac{\sqrt{3}}{3}-\sqrt{3}+C\right)$$
$$=\frac{2\sqrt{3}}{3}+\frac{2\sqrt{3}}{3}=\frac{4\sqrt{3}}{3}$$

1766 답 ④

ㄱ. $\int(\csc x+\sin x)\cot x\,dx$

$=\int(\csc x\cot x+\sin x\cot x)dx$

$=\int(\csc x\cot x+\cos x)dx$

$=-\csc x+\sin x+C$ (참)

ㄴ. $\int\frac{\cos x}{1-\cos^2 x}dx=\int\frac{\cos x}{\sin^2 x}dx=\int\csc x\cot x\,dx$

$=-\csc x+C$ (거짓)

ㄷ. $\int\frac{1}{1+\sin x}dx=\int\frac{1-\sin x}{(1+\sin x)(1-\sin x)}dx$

$=\int\frac{1-\sin x}{\cos^2 x}dx$

$=\int\left(\frac{1}{\cos^2 x}-\frac{\sin x}{\cos^2 x}\right)dx$

$=\int(\sec^2 x-\sec x\tan x)dx$

$=\tan x-\sec x+C$ (참)

따라서 옳은 것은 ㄱ, ㄷ이다.

1767 답 ③

$f'(x)=\begin{cases}1+\sin x & (x>0)\\ e^x & (x<0)\end{cases}$에서

$f(x)=\begin{cases}x-\cos x+C_1 & (x>0)\\ e^x+C_2 & (x<0)\end{cases}$

$f(\pi)=\pi+3$이므로

$\pi-(-1)+C_1=\pi+3 \qquad \therefore C_1=2$

$\therefore f(x)=x-\cos x+2\ (x>0)$

함수 $f(x)$가 실수 전체의 집합에서 연속이면 $x=0$에서 연속이므로

$\lim_{x\to0+}(x-\cos x+2)=\lim_{x\to0-}(e^x+C_2)$

$-1+2=1+C_2 \qquad \therefore C_2=0$

따라서 $f(x)=\begin{cases}x-\cos x+2 & (x\ge0)\\ e^x & (x<0)\end{cases}$이므로

$f(-\ln 3)=e^{-\ln 3}=\frac{1}{3}$

1768 답 ③

$F(x)=xf(x)+x\cos x-\sin x$의 양변을 x에 대하여 미분하면

$f(x)=f(x)+xf'(x)+\cos x-x\sin x-\cos x$

$=f(x)+xf'(x)-x\sin x$

$\therefore f'(x)=\sin x\ (x\neq0)$

$\therefore f(x)=\int\sin x\,dx=-\cos x+C\ (x\neq0)$

$f(\pi)=2$이므로

$-(-1)+C=2 \qquad \therefore C=1$

따라서 $f(x)=-\cos x+1\,(x\neq0)$이고 미분가능하면 연속이므로

$f(0)=\lim_{x\to0}f(x)=0$

실수 Check

함수 $f(x)$와 그 부정적분 $F(x)$ 사이의 관계식이 주어지면 양변을 x에 대하여 미분한 후 $F'(x)=f(x)$임을 이용한다.

1769 답 ②

ㅣ유형5

등식 $\int(2x+3)^6dx=\frac{1}{a}(2x+3)^b+C$가 성립할 때, 0이 아닌 상수
단서1
a, b에 대하여 $a+b$의 값은? (단, C는 적분상수이다.)

① 19 ② 21 ③ 23
④ 25 ⑤ 27

단서1 $2x+3=t$로 치환

STEP 1 $(2x+3)^6$의 부정적분 구하기

$2x+3=t$로 놓으면 $\frac{dt}{dx}=2$이므로

$dt=2dx$이므로 $dx=\frac{1}{2}dt$

$\int(2x+3)^6dx=\int t^6\times\frac{1}{2}dt=\frac{1}{14}t^7+C$

$\int t^6\times\frac{1}{2}dt=\frac{1}{7}t^7\times\frac{1}{2}+C=\frac{1}{14}t^7+C$

$=\frac{1}{14}(2x+3)^7+C$

STEP 2 $a+b$의 값 구하기

$a=14$, $b=7$이므로

$a+b=14+7=21$

1770 답 ③

$x^2+1=t$로 놓으면 $\frac{dt}{dx}=2x$이므로

$\int x(x^2+1)^4dx=\int t^4\times\frac{1}{2}dt=\frac{1}{10}t^5+C$

$=\frac{1}{10}(x^2+1)^5+C$

1771 답 ②

$x^3-4x+2=t$로 놓으면 $\frac{dt}{dx}=3x^2-4$이므로

$f(x)=\int(3x^2-4)(x^3-4x+2)^3dx=\int t^3dt=\frac{1}{4}t^4+C$

$=\frac{1}{4}(x^3-4x+2)^4+C$

$f(0)=3$이므로 $4+C=3$ $\therefore C=-1$

따라서 $f(x)=\frac{1}{4}(x^3-4x+2)^4-1$이므로

$f(1)=\frac{1}{4}-1=-\frac{3}{4}$

1772 답 ③

$x^3+2=t$로 놓으면 $\frac{dt}{dx}=3x^2$이므로

$f(x)=\int 2x^2(x^3+2)^5dx=\int t^5\times\frac{2}{3}dt$

$=\frac{2}{3}\times\frac{1}{6}t^6+C=\frac{1}{9}t^6+C$

$=\frac{1}{9}(x^3+2)^6+C$

$f(0)=7$이므로 $\frac{64}{9}+C=7$ $\therefore C=-\frac{1}{9}$

$\therefore f(x)=\frac{1}{9}(x^3+2)^6-\frac{1}{9}$

따라서 다항식 $f(x)$를 $x+1$로 나누었을 때의 나머지는

$f(-1)=\frac{1}{9}-\frac{1}{9}=0$

1773 답 33

$f(x)=\int(2x+a)^3dx$에서

$f'(x)=(2x+a)^3$

$f''(x)=3(2x+a)^2\times2=6(2x+a)^2$

$f''(0)=6$이므로

$6a^2=6$ $\therefore a=1$ ($\because a>0$)

즉, $f(x)=\int(2x+1)^3dx$에서

$2x+1=t$로 놓으면 $\frac{dt}{dx}=2$이므로

$f(x)=\int(2x+1)^3dx=\int t^3\times\frac{1}{2}dt$

$=\frac{1}{8}t^4+C=\frac{1}{8}(2x+1)^4+C$

$f(0)=\frac{9}{8}$이므로

$\frac{1}{8}+C=\frac{9}{8}$ $\therefore C=1$

따라서 $f(x)=\frac{1}{8}(2x+1)^4+1$이므로

$f\left(\frac{3}{2}\right)=32+1=33$

1774 답 ⑤

$ax-1=t$로 놓으면 $\frac{dt}{dx}=a$이므로

$f(x)=\int(ax-1)^7dx=\int t^7\times\frac{1}{a}dt$

$=\frac{1}{8a}t^8+C=\frac{1}{8a}(ax-1)^8+C$

$f(x)$의 최고차항의 계수가 16이므로

$\frac{1}{8a}\times a^8=16$, $a^7=128$

$\therefore a=2$

다른 풀이

$f(x)=\int(ax-1)^7dx$는 8차식이고, 최고차항의 계수가 16이므로

$f'(x)$의 최고차항의 계수는 $8\times16=128$이다.

$f'(x)=(ax-1)^7$이므로

$a^7=128$

$\therefore a=2$

1775 답 4

$x+1=t$로 놓으면 $x=t-1$이고 $\frac{dt}{dx}=1$이므로

$f(x)=\int\frac{x-1}{(x+1)^3}dx=\int\frac{t-2}{t^3}dt$

$=\int\left(\frac{1}{t^2}-\frac{2}{t^3}\right)dt=\int(t^{-2}-2t^{-3})dt$

$=-\frac{1}{t}+\frac{1}{t^2}+C=-\frac{1}{x+1}+\frac{1}{(x+1)^2}+C$

$f(0)=2$이므로

$-1+1+C=2$ $\therefore C=2$

따라서 $f(x)=-\frac{1}{x+1}+\frac{1}{(x+1)^2}+2$이므로

$f(-2)=1+1+2=4$

실수 Check

$x+1=t$로 치환하여 나타낸 유리함수를 간단히 하여 함수 $y=x^n$의 부정적분을 이용한다.

Plus 문제

1775-1

함수 $f(x)$에 대하여 $f'(x)=\frac{x-2}{(x+1)^3}$이고 $f(0)=\frac{5}{2}$일 때, $f(2)$의 값을 구하시오.

$x+1=t$로 놓으면

$x=t-1$이고 $\frac{dt}{dx}=1$이므로

$$f(x)=\int\frac{x-2}{(x+1)^3}dx$$
$$=\int\frac{t-3}{t^3}dt=\int\left(\frac{1}{t^2}-\frac{3}{t^3}\right)dt$$
$$=\int(t^{-2}-3t^{-3})dt$$
$$=-\frac{1}{t}+\frac{3}{2t^2}+C$$
$$=-\frac{1}{x+1}+\frac{3}{2(x+1)^2}+C$$

$f(0)=\frac{5}{2}$이므로

$-1+\frac{3}{2}+C=\frac{5}{2}$ $\quad\therefore C=2$

따라서 $f(x)=-\frac{1}{x+1}+\frac{3}{2(x+1)^2}+2$이므로

$f(2)=-\frac{1}{3}+\frac{1}{6}+2=\frac{11}{6}$

답 $\frac{11}{6}$

1776 답 ② | 유형6

등식 $\int\frac{x}{\sqrt{2x^2-5}}dx=a\sqrt{2x^2-5}+C$가 성립할 때, 상수 a의 값은? (단, C는 적분상수이다.)

단서1

① $\frac{1}{4}$ ② $\frac{1}{2}$ ③ 1
④ 2 ⑤ 4

단서1 $2x^2-5=t$로 치환

STEP 1 $\frac{x}{\sqrt{2x^2-5}}$의 부정적분을 구하여 상수 a의 값 구하기

$2x^2-5=t$로 놓으면 $\frac{dt}{dx}=4x$이므로 ($x\,dx=\frac{1}{4}dt$)

$$\int\frac{x}{\sqrt{2x^2-5}}dx=\int\frac{1}{\sqrt{t}}\times\frac{1}{4}dt=\frac{1}{4}\int t^{-\frac{1}{2}}dt$$
$$=\frac{1}{4}\times2t^{\frac{1}{2}}+C=\frac{1}{2}\sqrt{t}+C$$
$$=\frac{1}{2}\sqrt{2x^2-5}+C$$

$\therefore a=\frac{1}{2}$

1777 답 ④

$x^2-2x+2=t$로 놓으면 $\frac{dt}{dx}=2x-2$이므로

$$\int2(x-1)\sqrt[3]{x^2-2x+2}\,dx=\int\sqrt[3]{t}\,dt=\int t^{\frac{1}{3}}dt$$
$$=\frac{3}{4}t^{\frac{4}{3}}+C=\frac{3}{4}\sqrt[3]{t^4}+C$$
$$=\frac{3}{4}\sqrt[3]{(x^2-2x+2)^4}+C$$

1778 답 9

$x^2+1=t$로 놓으면 $\frac{dt}{dx}=2x$이므로

$$f(x)=\int x\sqrt{x^2+1}\,dx=\int\sqrt{t}\times\frac{1}{2}dt=\frac{1}{2}\int t^{\frac{1}{2}}dt$$
$$=\frac{1}{2}\times\frac{2}{3}t^{\frac{3}{2}}+C$$
$$=\frac{1}{3}t\sqrt{t}+C$$
$$=\frac{1}{3}(x^2+1)\sqrt{x^2+1}+C$$

$f(0)=\frac{1}{3}$이므로

$\frac{1}{3}+C=\frac{1}{3}$ $\quad\therefore C=0$

따라서 $f(x)=\frac{1}{3}(x^2+1)\sqrt{x^2+1}$이므로

$f(2\sqrt{2})=\frac{1}{3}\times9\times3=9$

1779 답 ②

$9-x^2=t$로 놓으면 $\frac{dt}{dx}=-2x$이므로

$$F(x)=\int\frac{x}{\sqrt{9-x^2}}dx=\int\frac{1}{\sqrt{t}}\times\left(-\frac{1}{2}\right)dt=-\frac{1}{2}\int t^{-\frac{1}{2}}dt$$
$$=-\frac{1}{2}\times2t^{\frac{1}{2}}+C=-\sqrt{t}+C$$
$$=-\sqrt{9-x^2}+C$$

$F(3)=-2\sqrt{2}$이므로 $C=-2\sqrt{2}$

따라서 $F(x)=-\sqrt{9-x^2}-2\sqrt{2}$이므로

$F(1)=-2\sqrt{2}-2\sqrt{2}=-4\sqrt{2}$

1780 답 ③

$x+1=t$로 놓으면 $x=t-1$이고 $\frac{dt}{dx}=1$이므로

$$f(x)=\int\frac{x}{\sqrt{x+1}}dx=\int\frac{t-1}{\sqrt{t}}dt=\int(t^{\frac{1}{2}}-t^{-\frac{1}{2}})dt$$
$$=\frac{2}{3}t^{\frac{3}{2}}-2t^{\frac{1}{2}}+C=\frac{2}{3}t\sqrt{t}-2\sqrt{t}+C$$
$$=\frac{2}{3}(x+1)\sqrt{x+1}-2\sqrt{x+1}+C$$

곡선 $y=f(x)$가 점 $\left(0,\ -\frac{1}{3}\right)$을 지나므로

$f(0)=\frac{2}{3}-2+C=-\frac{1}{3}$ $\quad\therefore C=1$

따라서 $f(x)=\frac{2}{3}(x+1)\sqrt{x+1}-2\sqrt{x+1}+1$이므로

$f(3)=\frac{2}{3}\times4\times2-2\times2+1=\frac{7}{3}$

1781 답 ⑤

$\sqrt{x-1}f'(x)=3x-4$에서

$f'(x)=\frac{3x-4}{\sqrt{x-1}}$

$x-1=t$로 놓으면 $x=t+1$이고 $\frac{dt}{dx}=1$이므로

$$f(x)=\int\frac{3x-4}{\sqrt{x-1}}dx=\int\frac{3t-1}{\sqrt{t}}dt=\int(3t^{\frac{1}{2}}-t^{-\frac{1}{2}})dt$$

$$=2t^{\frac{3}{2}}-2t^{\frac{1}{2}}+C$$

$$=2t\sqrt{t}-2\sqrt{t}+C$$

$$=2(x-1)\sqrt{x-1}-2\sqrt{x-1}+C$$

$\therefore f(5)-f(2)$

$=(2\times4\times2-2\times2+C)-(2\times1\times1-2\times1+C)=12$

1782 답 ④

| 유형7

> 함수 $f(x)=\int 2xe^{x^2-1}dx$에 대하여 $f(1)=1$일 때, $f(\sqrt{2})$의 값은?
> 단서1
>
> ① $\frac{1}{e^2}$ ② $\frac{1}{e}$ ③ 1
>
> ④ e ⑤ e^2
>
> 단서1 $x^2-1=t$로 치환

STEP1 $f(x)$ 구하기

$x^2-1=t$로 놓으면 $\frac{dt}{dx}=2x$이므로 → $2x\,dx=dt$

$$f(x)=\int 2xe^{x^2-1}dx=\int e^t dt$$

$$=e^t+C=e^{x^2-1}+C$$

STEP2 적분상수 C 구하기

$f(1)=1$이므로

$1+C=1 \qquad \therefore C=0$

STEP3 $f(\sqrt{2})$의 값 구하기

$f(x)=e^{x^2-1}$이므로

$f(\sqrt{2})=e^{2-1}=e$

1783 답 5

$e^{2x}-1=t$로 놓으면 $\frac{dt}{dx}=2e^{2x}$이므로

$$\int e^{2x}(e^{2x}-1)^4dx=\int t^4\times\frac{1}{2}dt=\frac{1}{2}\times\frac{1}{5}t^5+C$$

$$=\frac{1}{10}(e^{2x}-1)^5+C$$

따라서 $a=10$, $b=5$이므로

$a-b=10-5=5$

1784 답 ④

$e^x+1=t$로 놓으면 $\frac{dt}{dx}=e^x$이므로

$$f(x)=\int e^x(e^x+1)^3dx=\int t^3dt$$

$$=\frac{1}{4}t^4+C=\frac{1}{4}(e^x+1)^4+C$$

$f(0)=4$이므로

$4+C=4 \qquad \therefore C=0$

따라서 $f(x)=\frac{1}{4}(e^x+1)^4$이므로

$f(\ln 3)=\frac{1}{4}\times4^4=64$

1785 답 $\frac{10}{e}$dB

$-\frac{t}{2}=x$로 놓으면 $\frac{dx}{dt}=-\frac{1}{2}$이므로

$$V(t)=\int(-5e^{-\frac{t}{2}})dt=\int 10e^x dx$$

$$=10e^x+C=10e^{-\frac{t}{2}}+C$$

$V(0)=10$이므로

$10+C=10 \qquad \therefore C=0$

따라서 $V(t)=10e^{-\frac{t}{2}}$이므로

$V(2)=10e^{-1}=\frac{10}{e}$(dB)

└ 2초가 지난 후의 소리의 크기이다.

1786 답 $3\ln 2$

$e^x+8=t$로 놓으면 $\frac{dt}{dx}=e^x$이므로

$$f(x)=\int\frac{e^x}{\sqrt{e^x+8}}dx=\int\frac{1}{\sqrt{t}}dt=\int t^{-\frac{1}{2}}dt$$

$$=2t^{\frac{1}{2}}+C=2\sqrt{t}+C$$

$$=2\sqrt{e^x+8}+C$$

$f(0)=-2$이므로

$6+C=-2 \qquad \therefore C=-8$

따라서 $f(x)=2\sqrt{e^x+8}-8$이므로 $f(a)=0$에서

$2\sqrt{e^a+8}=8$, $\sqrt{e^a+8}=4$

$e^a+8=16$, $e^a=8$

$\therefore a=\ln 8=3\ln 2$

1787 답 15

$e^x+3=t$로 놓으면 $\frac{dt}{dx}=e^x$이므로

$$f(x)=\int e^x\sqrt{e^x+3}dx=\int\sqrt{t}dt=\int t^{\frac{1}{2}}dt$$

$$=\frac{2}{3}t^{\frac{3}{2}}+C$$

$$=\frac{2}{3}t\sqrt{t}+C$$

$$=\frac{2}{3}(e^x+3)\sqrt{e^x+3}+C$$

$f(0)=\frac{7}{3}$이므로

$\frac{2}{3}\times4\times2+C=\frac{7}{3} \qquad \therefore C=-3$

$\therefore f(x)=\frac{2}{3}(e^x+3)\sqrt{e^x+3}-3$

한편, $f'(x)>0$이므로 $0\le x\le\ln 6$에서 함수 $f(x)$는 증가한다.

따라서 함수 $f(x)$는 $x=\ln 6$에서 최대이므로 구하는 최댓값은

$f(\ln 6)=\frac{2}{3}\times9\times3-3=15$

1788 답 ②

(i) $x>0$일 때, $x^3=t$로 놓으면 $\frac{dt}{dx}=3x^2$이므로

$$f(x)=\int x^2e^{x^3}dx=\int \frac{1}{3}e^t dt$$
$$=\frac{1}{3}e^t+C_1=\frac{1}{3}e^{x^3}+C_1$$

(ii) $x<0$일 때, $x^4-1=s$로 놓으면 $\frac{ds}{dx}=4x^3$이므로

$$f(x)=\int 4x^3(x^4-1)^3dx=\int s^3ds$$
$$=\frac{1}{4}s^4+C_2=\frac{1}{4}(x^4-1)^4+C_2$$

이때 $f(-1)=1$이므로 $C_2=1$

(i), (ii)에서

$$f(x)=\begin{cases}\frac{1}{3}e^{x^3}+C_1 & (x>0)\\ \frac{1}{4}(x^4-1)^4+1 & (x<0)\end{cases}$$

함수 $f(x)$가 실수 전체의 집합에서 연속이면 $x=0$에서 연속이므로

$$\lim_{x\to 0+}\left(\frac{1}{3}e^{x^3}+C_1\right)=\lim_{x\to 0-}\left\{\frac{1}{4}(x^4-1)^4+1\right\}$$

$\frac{1}{3}+C_1=\frac{5}{4}$ $\quad\therefore C_1=\frac{11}{12}$

따라서 $x\geq 0$에서 $f(x)=\frac{1}{3}e^{x^3}+\frac{11}{12}$이므로

$f(1)=\frac{4e+11}{12}$

실수 Check

구간이 나누어진 연속함수의 부정적분은 각 구간별로 부정적분을 구한 후 연속임을 이용하여 적분상수를 구한다.

1789 답 ④ | 유형8

함수 $f(x)=\frac{1}{x(\ln x)^2}$의 한 부정적분 $F(x)$에 대하여 $F(e)=0$일 때, $F(e^2)$의 값은?
단서1

① -1 ② $-\frac{1}{2}$ ③ 0 ④ $\frac{1}{2}$ ⑤ 1

단서1 $F(x)=\int f(x)dx$

STEP1 $F(x)$ 구하기

$$F(x)=\int f(x)dx=\int \frac{1}{x(\ln x)^2}dx$$

$\ln x=t$로 놓으면 $\frac{dt}{dx}=\frac{1}{x}$이므로 → $\frac{1}{x}dx=dt$

$$F(x)=\int \frac{1}{x(\ln x)^2}dx=\int \frac{1}{t^2}dt=\int t^{-2}dt$$
$$=-\frac{1}{t}+C$$
$$=-\frac{1}{\ln x}+C$$

STEP2 적분상수 C 구하기

$F(e)=0$이므로 $-1+C=0$

$\therefore C=1$

STEP3 $F(e^2)$의 값 구하기

$F(x)=-\frac{1}{\ln x}+1$이므로

$F(e^2)=-\frac{1}{2}+1=\frac{1}{2}$

1790 답 ②

$\ln x=t$로 놓으면 $\frac{dt}{dx}=\frac{1}{x}$이므로

$$f(x)=\int \frac{(\ln x)^2}{4x}dx=\frac{1}{4}\int t^2dt$$
$$=\frac{1}{12}t^3+C=\frac{1}{12}(\ln x)^3+C$$

$f(1)=1$이므로 $C=1$

$\therefore f(x)=\frac{1}{12}(\ln x)^3+1$

1791 답 4

$\ln x+2=t$로 놓으면 $\frac{dt}{dx}=\frac{1}{x}$이므로

$$f(x)=\int \frac{1}{x\sqrt{\ln x+2}}dx=\int \frac{1}{\sqrt{t}}dt=\int t^{-\frac{1}{2}}dt$$
$$=2t^{\frac{1}{2}}+C=2\sqrt{t}+C$$
$$=2\sqrt{\ln x+2}+C$$

$f\left(\frac{1}{e}\right)=2$이므로

$2+C=2$ $\quad\therefore C=0$

따라서 $f(x)=2\sqrt{\ln x+2}$이므로

$f(e^2)=2\times 2=4$

1792 답 ③

$f'(x)=\frac{\ln x}{x}$에서 $\ln x=t$로 놓으면 $\frac{dt}{dx}=\frac{1}{x}$이므로

$$f(x)=\int \frac{\ln x}{x}dx=\int t\,dt$$
$$=\frac{1}{2}t^2+C=\frac{1}{2}(\ln x)^2+C$$

곡선 $y=f(x)$가 점 $(1, 1)$을 지나므로

$f(1)=0+C=1$ $\quad\therefore C=1$

따라서 $f(x)=\frac{1}{2}(\ln x)^2+1$이므로

$f(e)=\frac{1}{2}\times 1^2+1=\frac{3}{2}$

1793 답 ①

$\log x=t$로 놓으면 $\frac{dt}{dx}=\frac{1}{x\ln 10}$이므로

$$f(x)=\int \frac{\log x}{x}dx=\int t\ln 10\,dt$$
$$=\frac{\ln 10}{2}t^2+C=\frac{\ln 10}{2}(\log x)^2+C$$

$f(1)=0$이므로 $C=0$

따라서 $f(x)=\frac{\ln 10}{2}(\log x)^2$이므로

$$f(e)=\frac{\ln 10}{2}(\log e)^2=\frac{\ln 10}{2}\times\left(\frac{1}{\ln 10}\right)^2=\frac{1}{2\ln 10}$$

1794 답 ②

$\ln x=t$로 놓으면 $\frac{dt}{dx}=\frac{1}{x}$이므로

$$f(x)=\int\frac{\sin(\ln x)}{x}dx$$
$$=\int\sin t\,dt$$
$$=-\cos t+C=-\cos(\ln x)+C$$

$f(1)=1$이므로

$-1+C=1$ ($f(1)=-\cos(\ln 1)+C=-\cos 0+C=-1+C$)

$\therefore C=2$

따라서 $f(x)=-\cos(\ln x)+2$이므로

$f(e^{\pi})=-(-1)+2=3$

($f(e^{\pi})=-\cos(\ln e^{\pi})+2=-\cos\pi+2=-(-1)+2$)

1795 답 e^3

$xf'(x)=2\ln x$에서 $x>0$이므로 $f'(x)=\frac{2\ln x}{x}$

$\ln x=t$로 놓으면 $\frac{dt}{dx}=\frac{1}{x}$이므로

$$f(x)=\int\frac{2\ln x}{x}dx=\int 2t\,dt$$
$$=t^2+C=(\ln x)^2+C$$

$f(1)=2$이므로 $C=2$

$\therefore f(x)=(\ln x)^2+2$

방정식 $f(x)=3\ln x$에서

$(\ln x)^2+2=3\ln x$

$(\ln x)^2-3\ln x+2=0$

$(\ln x-1)(\ln x-2)=0$

$\ln x=1$ 또는 $\ln x=2$

$\therefore x=e$ 또는 $x=e^2$

따라서 방정식 $f(x)=3\ln x$의 모든 근의 곱은

$e\times e^2=e^3$

1796 답 ③

$F(x)=xf(x)-x\ln x$의 양변을 x에 대하여 미분하면

($(x\ln x)'=(x)'\ln x+x(\ln x)'=\ln x+x\times\frac{1}{x}=\ln x+1$)

$f(x)=f(x)+xf'(x)-\ln x-1$

$xf'(x)=\ln x+1$

$\therefore f'(x)=\frac{\ln x+1}{x}$ ($\because x>0$)

$\ln x=t$로 놓으면 $\frac{dt}{dx}=\frac{1}{x}$이므로

$$f(x)=\int\frac{\ln x+1}{x}dx=\int(t+1)dt$$
$$=\frac{1}{2}t^2+t+C$$
$$=\frac{1}{2}(\ln x)^2+\ln x+C$$

$f(e)=\frac{1}{2}$이므로

$\frac{3}{2}+C=\frac{1}{2}$ $\quad\therefore C=-1$

따라서 $f(x)=\frac{1}{2}(\ln x)^2+\ln x-1$이므로

$f'(e)\times f(e^2)=\frac{2}{e}\times\left(\frac{1}{2}\times 2^2+2-1\right)=\frac{6}{e}$

1797 답 ①

$(x^2+1)f'(x)=2x\ln(x^2+1)$에서

$f'(x)=\frac{2x\ln(x^2+1)}{x^2+1}$

$\ln(x^2+1)=t$로 놓으면 $\frac{dt}{dx}=\frac{2x}{x^2+1}$이므로

($\{\ln(x^2+1)\}'=\frac{(x^2+1)'}{x^2+1}=\frac{2x}{x^2+1}$)

$$f(x)=\int\frac{2x\ln(x^2+1)}{x^2+1}dx=\int t\,dt$$
$$=\frac{1}{2}t^2+C$$
$$=\frac{1}{2}\{\ln(x^2+1)\}^2+C$$

$f(0)=-1$이므로 $C=-1$

따라서 $f(x)=\frac{1}{2}\{\ln(x^2+1)\}^2-1$이므로

$f(1)=\frac{1}{2}(\ln 2)^2-1$

1798 답 -1 | 유형9

등식 $\int(2\cos^2 x-3)dx=a\sin 2x+bx+C$가 성립할 때, 상수 a, b에 대하여 ab의 값을 구하시오. (단, C는 적분상수이다.)

단서1 $2\cos^2 x-1=\cos 2x$

STEP1 $2\cos^2 x-3$의 부정적분 구하기

$$\int(2\cos^2 x-3)dx=\int\{(2\cos^2 x-1)-2\}dx$$
$$=\int(\cos 2x-2)dx$$
$$=\frac{1}{2}\sin 2x-2x+C$$

STEP2 ab의 값 구하기

$a=\frac{1}{2}$, $b=-2$이므로

$ab=\frac{1}{2}\times(-2)=-1$

1799 답 $\frac{3}{4}$

$$f(x)=\int\sin 2x\cos^2 x\,dx+\int 2\sin^3 x\cos x\,dx$$
$$=\int\sin 2x\cos^2 x\,dx+\int\sin 2x\sin^2 x\,dx$$

($2\sin^3 x\cos x=2\sin x\cos x\sin^2 x=\sin 2x\sin^2 x$)

$$=\int\sin 2x(\cos^2 x+\sin^2 x)dx$$

($\cos^2 x+\sin^2 x=1$)

$$=\int\sin 2x\,dx$$
$$=-\frac{1}{2}\cos 2x+C$$

$f(0)=-\frac{1}{4}$이므로

$-\frac{1}{2}+C=-\frac{1}{4}$ $\quad\therefore C=\frac{1}{4}$

따라서 $f(x)=-\frac{1}{2}\cos 2x+\frac{1}{4}$이므로

$f\left(\frac{\pi}{2}\right)=-\frac{1}{2}\times(-1)+\frac{1}{4}=\frac{3}{4}$

1800 답 $-\frac{5}{4}$

$f'(x)=\sin x-\sin 2x$
$\quad=\sin x-2\sin x\cos x$
$\quad=\sin x(1-2\cos x)$

$f'(x)=0$에서 $\sin x=0$ 또는 $\cos x=\frac{1}{2}$

$\therefore x=\frac{\pi}{3}$ 또는 $x=\pi$ 또는 $x=\frac{5}{3}\pi$ ($\because 0<x<2\pi$)

함수 $f(x)$의 증가와 감소를 표로 나타내면 다음과 같다.

x	(0)	$\cdots$	$\frac{\pi}{3}$	$\cdots$	π	$\cdots$	$\frac{5}{3}\pi$	$\cdots$	(2π)
$f'(x)$		$-$	0	$+$	0	$-$	0	$+$	
$f(x)$		↘	극소	↗	극대	↘	극소	↗	

즉, 함수 $f(x)$는 $x=\pi$에서 극댓값을 갖고, $x=\frac{\pi}{3}$ 또는 $x=\frac{5}{3}\pi$에서 극솟값을 갖는다.

$f(x)=\int(\sin x-\sin 2x)dx=-\cos x+\frac{1}{2}\cos 2x+C$

이고 극댓값이 1이므로

$f(\pi)=-(-1)+\frac{1}{2}+C=1 \qquad \therefore C=-\frac{1}{2}$

$\therefore f(x)=-\cos x+\frac{1}{2}\cos 2x-\frac{1}{2}$

따라서 $f(x)$의 극솟값은

$f\left(\frac{\pi}{3}\right)=-\frac{1}{2}+\frac{1}{2}\times\left(-\frac{1}{2}\right)-\frac{1}{2}=-\frac{5}{4}$

실수 Check

$\cos\frac{\pi}{3}=\cos\frac{5}{3}\pi$, $\cos\frac{2}{3}\pi=\cos\frac{10}{3}\pi$이므로 $f(x)$의 극솟값은 $f\left(\frac{\pi}{3}\right)=f\left(\frac{5}{3}\pi\right)$이다.

1801 답 $\sqrt{3}$

$\lim_{x\to\frac{\pi}{12}}\frac{f(x)}{x-\frac{\pi}{12}}=a+1$에서 $x\to\frac{\pi}{12}$일 때 (분모)$\to 0$이고

극한값이 존재하므로 (분자)$\to 0$이다.

즉, $\lim_{x\to\frac{\pi}{12}}f(x)=0$이므로 $f\left(\frac{\pi}{12}\right)=0$

$\lim_{x\to\frac{\pi}{12}}\frac{f(x)}{x-\frac{\pi}{12}}=\lim_{x\to\frac{\pi}{12}}\frac{f(x)-f\left(\frac{\pi}{12}\right)}{x-\frac{\pi}{12}}=f'\left(\frac{\pi}{12}\right)$이므로

$f'\left(\frac{\pi}{12}\right)=a+1$

$f'(x)=a\sin 2x$에서 $f'\left(\frac{\pi}{12}\right)=\frac{1}{2}a$이므로

$a+1=\frac{1}{2}a$, $\frac{1}{2}a=-1 \qquad \therefore a=-2$

즉, $f'(x)=-2\sin 2x$이므로

$f(x)=\int(-2\sin 2x)dx=\cos 2x+C$

$f\left(\frac{\pi}{12}\right)=0$이므로 $\frac{\sqrt{3}}{2}+C=0 \qquad \therefore C=-\frac{\sqrt{3}}{2}$

따라서 $f(x)=\cos 2x-\frac{\sqrt{3}}{2}$이므로

$af\left(\frac{\pi}{4}\right)=-2\times\left(-\frac{\sqrt{3}}{2}\right)=\sqrt{3}$

→ $f\left(\frac{\pi}{4}\right)=\cos\frac{\pi}{2}-\frac{\sqrt{3}}{2}=0-\frac{\sqrt{3}}{2}=-\frac{\sqrt{3}}{2}$

실수 Check

$\lim_{x\to a}\frac{f(x)-f(a)}{x-a}=f'(a)$임을 이용한다.

Plus 문제

1801-1

실수 전체의 집합에서 연속인 함수 $f(x)$에 대하여

$f'(x)=a\sin\frac{x}{3}$, $\lim_{x\to\frac{\pi}{2}}\frac{f(x)}{x-\frac{\pi}{2}}=2a-3$

일 때, $f(3\pi)$의 값을 구하시오. (단, a는 상수이다.)

$\lim_{x\to\frac{\pi}{2}}\frac{f(x)}{x-\frac{\pi}{2}}=2a-3$에서 $x\to\frac{\pi}{2}$일 때 (분모) $\to$ 0이고

극한값이 존재하므로 (분자) $\to$ 0이다.

즉, $\lim_{x\to\frac{\pi}{2}}f(x)=0$이므로 $f\left(\frac{\pi}{2}\right)=0$

$\therefore \lim_{x\to\frac{\pi}{2}}\frac{f(x)}{x-\frac{\pi}{2}}=\lim_{x\to\frac{\pi}{2}}\frac{f(x)-f\left(\frac{\pi}{2}\right)}{x-\frac{\pi}{2}}=f'\left(\frac{\pi}{2}\right)=2a-3$

$f'(x)=a\sin\frac{x}{3}$에서 $f'\left(\frac{\pi}{2}\right)=\frac{1}{2}a$이므로

$2a-3=\frac{1}{2}a$, $\frac{3}{2}a=3 \qquad \therefore a=2$

즉, $f'(x)=2\sin\frac{x}{3}$이므로

$f(x)=\int 2\sin\frac{x}{3}dx=-6\cos\frac{x}{3}+C$

$f\left(\frac{\pi}{2}\right)=0$이므로 $-3\sqrt{3}+C=0 \qquad \therefore C=3\sqrt{3}$

따라서 $f(x)=-6\cos\frac{x}{3}+3\sqrt{3}$이므로

$f(3\pi)=6+3\sqrt{3}$

답 $6+3\sqrt{3}$

1802 답 ④ | 유형 10

함수 $f(x)=\int(1+\sin^2 x)\cos x\,dx$에 대하여 $f(\pi)=\frac{2}{3}$일 때, $f\left(\frac{\pi}{2}\right)$의 값은?
(단서1)

① $\frac{1}{2}$ ② 1 ③ $\frac{3}{2}$
④ 2 ⑤ $\frac{5}{2}$

단서1 $\sin x=t$로 치환

STEP 1 $f(x)$ 구하기

$\sin x=t$로 놓으면 $\frac{dt}{dx}=\cos x$이므로 → $\cos x\,dx=dt$

$f(x)=\int(1+\sin^2 x)\cos x\,dx=\int(1+t^2)dt$

$\quad=t+\frac{1}{3}t^3+C=\sin x+\frac{1}{3}\sin^3 x+C$

STEP 2 적분상수 C 구하기

$f(\pi)=\frac{2}{3}$이므로 $C=\frac{2}{3}$

STEP 3 $f\left(\frac{\pi}{2}\right)$의 값 구하기

$f(x)=\sin x+\frac{1}{3}\sin^3 x+\frac{2}{3}$이므로

$f\left(\frac{\pi}{2}\right)=1+\frac{1}{3}+\frac{2}{3}=2$

1803 답 ⑤

$$\int \frac{\sin^3 x}{1+\cos x}dx=\int \frac{\sin^2 x\sin x}{1+\cos x}dx=\int \frac{(1-\cos^2 x)\sin x}{1+\cos x}dx$$
$$=\int \frac{(1+\cos x)(1-\cos x)\sin x}{1+\cos x}dx$$
$$=\int (1-\cos x)\sin x\,dx$$

$1-\cos x=t$로 놓으면 $\frac{dt}{dx}=\sin x$이므로

$$\int (1-\cos x)\sin x\,dx=\int t\,dt=\frac{1}{2}t^2+C$$
$$=\frac{1}{2}(1-\cos x)^2+C$$

1804 답 ③

$\tan x=t$로 놓으면 $\frac{dt}{dx}=\sec^2 x$이므로

$$f(x)=\int \sec^2 x\tan x\,dx=\int t\,dt$$
$$=\frac{1}{2}t^2+C=\frac{1}{2}\tan^2 x+C$$

$f(0)=1$이므로 $C=1$

따라서 $f(x)=\frac{1}{2}\tan^2 x+1$이므로

$f\left(\frac{\pi}{4}\right)=\frac{1}{2}+1=\frac{3}{2}$

1805 답 -1

$$f(x)=\int \frac{\cos x}{1-\cos^2 x}dx=\int \frac{\cos x}{\sin^2 x}dx$$

$\sin x=t$로 놓으면 $\frac{dt}{dx}=\cos x$이므로

$$f(x)=\int \frac{\cos x}{\sin^2 x}dx=\int \frac{1}{t^2}dt=t^{-2}dt$$
$$=-t^{-1}+C=-\frac{1}{t}+C=-\frac{1}{\sin x}+C$$

$\therefore f\left(\frac{\pi}{6}\right)-f\left(\frac{\pi}{2}\right)=(-2+C)-(-1+C)=-1$

1806 답 ④

(분모, 분자에 $1+\sin x$를 곱한다.)

$$\frac{1}{1-\sin x}=\frac{1+\sin x}{1-\sin^2 x}=\frac{1}{\cos^2 x}+\frac{\sin x}{\cos^2 x}$$
$$=\sec^2 x+\sec x\tan x$$

$\frac{\sin x}{\cos^2 x}=\frac{1}{\cos x}\times\frac{\sin x}{\cos x}=\sec x\tan x$

$$\therefore f(x)=\int \frac{1}{1-\sin x}dx-\int \tan^2 x\,dx$$
$$=\int \left(\frac{1}{1-\sin x}-\tan^2 x\right)dx$$
$$=\int (\sec^2 x+\sec x\tan x-\tan^2 x)dx$$
$$=\int (\sec^2 x+\sec x\tan x+1-\sec^2 x)dx$$
$$=\int (\sec x\tan x+1)dx=\sec x+x+C$$

$f(0)=0$이므로

$1+C=0\qquad \therefore C=-1$

따라서 $f(x)=\sec x+x-1$이므로

$f\left(\frac{\pi}{3}\right)=2+\frac{\pi}{3}-1=\frac{\pi}{3}+1$

1807 답 1

$$f(x)=\int \tan x(\cos x+\sec^2 x)dx$$
$$=\int \left(\frac{\sin x}{\cos x}\times\cos x\right)dx+\int \tan x\sec^2 x\,dx$$
$$=\int \sin x\,dx+\int \tan x\sec^2 x\,dx$$

$\tan x=t$로 놓으면 $\frac{dt}{dx}=\sec^2 x$이므로

$$f(x)=\int \sin x\,dx+\int \tan x\sec^2 x\,dx$$
$$=\int \sin x\,dx+\int t\,dt$$
$$=-\cos x+\frac{1}{2}t^2+C$$
$$=-\cos x+\frac{1}{2}\tan^2 x+C$$

함수 $y=f(x)$의 그래프가 점 $(0,\ -1)$을 지나므로

$f(0)=-1+C=-1\qquad \therefore C=0$

따라서 $f(x)=-\cos x+\frac{1}{2}\tan^2 x$이므로

$f\left(\frac{\pi}{3}\right)=-\frac{1}{2}+\frac{1}{2}\times(\sqrt{3})^2=1$

1808 답 $\frac{4}{3}$

$\lim_{h\to 0}\frac{f(x+h)-f(x)}{h}=f'(x)$이므로

$f'(x)=\sin^3 x$

$$\therefore f(x)=\int \sin^3 x\,dx$$
$$=\int \sin^2 x\sin x\,dx$$
$$=\int (1-\cos^2 x)\sin x\,dx$$

$\cos x=t$로 놓으면 $\frac{dt}{dx}=-\sin x$이므로

$$f(x)=\int (1-\cos^2 x)\sin x\,dx$$
$$=\int \{-(1-t^2)\}dt$$
$$=\int (t^2-1)dt$$
$$=\frac{1}{3}t^3-t+C$$
$$=\frac{1}{3}\cos^3 x-\cos x+C$$

$f(0)=0$이므로

$\frac{1}{3}-1+C=0\qquad \therefore C=\frac{2}{3}$

따라서 $f(x)=\frac{1}{3}\cos^3 x-\cos x+\frac{2}{3}$이므로

$f(\pi)=\frac{1}{3}\times(-1)^3-(-1)+\frac{2}{3}=\frac{4}{3}$

1809 답 ⑤

$1-\cos x=t$로 놓으면 $\frac{dt}{dx}=\sin x$이므로

$F(x)=\int(1-\cos x)^3\sin x\,dx=\int t^3\,dt$

$=\frac{1}{4}t^4+C=\frac{1}{4}(1-\cos x)^4+C$

$F(0)=2$이므로 $C=2$

따라서 $F(x)=\frac{1}{4}(1-\cos x)^4+2$이고

$0\le x\le 2\pi$에서 $-1\le\cos x\le 1$이므로

$\cos x=-1$일 때 $F(x)$는 최대이다.

함수 $F(x)$의 최댓값은

$F(\pi)=\frac{1}{4}\times 2^4+2=6$

→ $\cos x=-1$일 때 $x=\pi$ ($\because 0\le x\le 2\pi$)

1810 답 ②

$\tan x=t$로 놓으면 $\frac{dt}{dx}=\sec^2 x=\frac{1}{\cos^2 x}$이므로

$f(x)=\int\frac{\cos(\tan x)}{\cos^2 x}dx=\int\cos t\,dt$

$=\sin t+C=\sin(\tan x)+C$

$\therefore f\left(\frac{\pi}{4}\right)-f(0)=(\sin 1+C)-(\sin 0+C)=\sin 1$

1811 답 ①

(i) $x>0$일 때, $f'(x)=\cos^3 x$이므로

$f(x)=\int\cos^3 x\,dx=\int\cos^2 x\cos x\,dx$

$=\int(1-\sin^2 x)\cos x\,dx$

$\sin x=t$로 놓으면 $\frac{dt}{dx}=\cos x$이므로

$f(x)=\int(1-\sin^2 x)\cos x\,dx=\int(1-t^2)dt$

$=t-\frac{1}{3}t^3+C_1=\sin x-\frac{1}{3}\sin^3 x+C_1$

이때 $f\left(\frac{\pi}{2}\right)=1$이므로 $1-\frac{1}{3}+C_1=1$ $\quad\therefore C_1=\frac{1}{3}$

(ii) $x<0$일 때, $f'(x)=-k\sin x$이므로

$f(x)=\int(-k\sin x)\,dx=k\cos x+C_2$

이때 $f\left(-\frac{\pi}{2}\right)=\frac{4}{3}$이므로 $C_2=\frac{4}{3}$

(i), (ii)에서 $f(x)=\begin{cases}\sin x-\frac{1}{3}\sin^3 x+\frac{1}{3} & (x>0)\\ k\cos x+\frac{4}{3} & (x<0)\end{cases}$

함수 $f(x)$가 실수 전체의 집합에서 연속이면 $x=0$에서 연속이므로

$\lim_{x\to 0+}\left(\sin x-\frac{1}{3}\sin^3 x+\frac{1}{3}\right)=\lim_{x\to 0-}\left(k\cos x+\frac{4}{3}\right)$

$\frac{1}{3}=k+\frac{4}{3}$ $\quad\therefore k=-1$

실수 Check

치환적분법을 이용하려면 삼각함수 사이의 관계를 이용하여

$\int g(\sin x)\cos x\,dx$ (g는 함수) 꼴로 만들어야 한다.

1812 답 ③

| 유형 11

함수 $f(x)=\int\frac{3x^2}{x^3+2}dx$에 대하여 $f(-1)=2$일 때, $f(0)$의 값은?
단서1

① $\ln 2$ ② $\ln 2+1$ ③ $\ln 2+2$
④ $\ln 3$ ⑤ $\ln 3+1$

단서1 $(x^3+2)'=3x^2$

STEP 1 $f(x)$ 구하기

$(x^3+2)'=3x^2$이므로

$f(x)=\int\frac{3x^2}{x^3+2}dx=\int\frac{(x^3+2)'}{x^3+2}dx$

$=\ln|x^3+2|+C$

STEP 2 적분상수 C 구하기

$f(-1)=2$이므로 $C=2$

STEP 3 $f(0)$의 값 구하기

$f(x)=\ln|x^3+2|+2$이므로

$f(0)=\ln 2+2$

1813 답 ④

$(e^x+1)'=e^x$이므로

$f(x)=\int\frac{e^x}{e^x+1}dx=\int\frac{(e^x+1)'}{e^x+1}dx$

$=\ln(e^x+1)+C$ ($\because e^x+1>0$)

$f(0)=2\ln 2$이므로

$\ln 2+C=2\ln 2$ $\quad\therefore C=\ln 2$

$\therefore f(x)=\ln(e^x+1)+\ln 2$

1814 답 ④

$(x^2-4x+2)'=2x-4$이므로 → $x-2=\frac{1}{2}\times 2(x-2)=\frac{1}{2}(2x-4)$

$f(x)=\int\frac{x-2}{x^2-4x+2}dx=\frac{1}{2}\int\frac{(x^2-4x+2)'}{x^2-4x+2}dx$

$=\frac{1}{2}\ln|x^2-4x+2|+C$

$f(2)=0$이므로

$\frac{1}{2}\ln 2+C=0$ $\quad\therefore C=-\frac{1}{2}\ln 2$

따라서 $f(x)=\frac{1}{2}\ln|x^2-4x+2|-\frac{1}{2}\ln 2$이므로

$f(1)=-\frac{\ln 2}{2}$

→ $f(1)=\frac{1}{2}\ln|1-4+2|-\frac{1}{2}\ln 2=-\frac{1}{2}\ln 2$

1815 답 ②

$(e^x+e^{-x})'=e^x-e^{-x}$이므로

$f(x)=\int\frac{e^x-e^{-x}}{e^x+e^{-x}}dx$

$=\int\frac{(e^x+e^{-x})'}{e^x+e^{-x}}dx$

$=\ln(e^x+e^{-x})+C$ ($\because e^x+e^{-x}>0$)

$\therefore f(\ln 3)-f(0)=\{\ln(e^{\ln 3}+e^{-\ln 3})+C\}-\{\ln(e^0+e^0)+C\}$

$=\ln\frac{10}{3}-\ln 2=\ln\frac{5}{3}$

$\ln\frac{10}{3}-\ln 2=\ln\left(\frac{10}{3}\times\frac{1}{2}\right)=\ln\frac{5}{3}$

1816 답 ⑤

$(2+\cos x)'=-\sin x$이므로

$F(x)=\int f(x)dx=\int \frac{\sin x}{2+\cos x}dx$

$=-\int \frac{(2+\cos x)'}{2+\cos x}dx$

$=-\ln(2+\cos x)+C$ ($\because 2+\cos x>0$)

$F(0)=0$이므로

$-\ln 3+C=0 \quad \therefore C=\ln 3$

따라서 $F(x)=-\ln(2+\cos x)+\ln 3$이므로

$F(\pi)=\ln 3$

1817 답 ④

$f'(x)=3f(x)$에서 $\frac{f'(x)}{f(x)}=3$이므로

$\int \frac{f'(x)}{f(x)}dx=\int 3\,dx$

$\ln f(x)=3x+C$ ($\because f(x)>0$)

$\therefore f(x)=e^{3x+C}$

또, $f'(x)=3f(x)$의 양변에 $x=0$을 대입하면

$f'(0)=3f(0)$, $3e=3f(0) \quad \therefore f(0)=e$

즉, $e^C=e$이므로 $C=1$

따라서 $f(x)=e^{3x+1}$이므로

$f(1)=e^4$

1818 답 16

$(x+1)f'(x)=4f(x)$에서 $\frac{f'(x)}{f(x)}=\frac{4}{x+1}$이므로

$\int \frac{f'(x)}{f(x)}dx=\int \frac{4}{x+1}dx$

$\ln f(x)=4\ln(x+1)+C$ ($\because f(x)>0$, $x+1>0$)

함수 $f(x)$의 치역이 양의 실수 전체의 집합이므로 $f(x)>0$

$f(0)=1$이므로

$0=0+C \quad \therefore C=0$

따라서 $\ln f(x)=4\ln(x+1)=\ln(x+1)^4$이므로

$f(x)=(x+1)^4$

$\therefore f(1)=2^4=16$

1819 답 10

함수 $f(x)$의 역함수가 $g(x)$이므로

$g(f(x))=x$

위의 식의 양변을 x에 대하여 미분하면

$g'(f(x))f'(x)=1$

$\therefore g'(f(x))=\frac{1}{f'(x)}$ ($f'(x)\neq 0$)

즉, $f(x)g'(f(x))=\frac{3^x+1}{3^x\ln 3}$에서

$\frac{f(x)}{f'(x)}=\frac{3^x+1}{3^x\ln 3}$, $\frac{f'(x)}{f(x)}=\frac{3^x\ln 3}{3^x+1}$

$\int \frac{f'(x)}{f(x)}dx=\int \frac{3^x\ln 3}{3^x+1}dx$

$(3^x+1)'=3^x\ln 3$

$\therefore \ln|f(x)|=\ln(3^x+1)+C$ ($\because 3^x+1>0$)

$f(0)=2$이므로

$\ln 2=\ln 2+C \quad \therefore C=0$

따라서 $\ln|f(x)|=\ln(3^x+1)$이므로

$|f(x)|=3^x+1$

$\therefore f(x)=3^x+1$ 또는 $f(x)=-3^x-1$

그런데 $f(0)=2$이므로

$f(x)=3^x+1$

$\therefore f(2)=3^2+1=10$

실수 Check

주어진 조건 $f(x)g'(f(x))$의 $g'(f(x))$에서 역함수의 미분법을 이용해야 함을 알 수 있다.

1820 답 ①

$\{T(t)-20\}'=T'(t)$이므로

$\int \frac{T'(t)}{T(t)-20}dt=\ln|T(t)-20|+C_1$

$=kt+C$

$C-C_1=C_2$라 하면 $t=0$일 때

$\ln|100-20|=C_2$ ($\because T(0)=100$)

$\therefore C_2=\ln 80$ ······ ㉠

$t=3$일 때

$\ln|60-20|=3k+C_2$ ($\because T(3)=60$)

$\therefore \ln 40=3k+C_2$ ······ ㉡

㉠, ㉡에서 $\ln 40=3k+\ln 80$

$3k=\ln 40-\ln 80=\ln\frac{1}{2}=-\ln 2$

$\therefore k=-\frac{\ln 2}{3}$

1821 답 ②

(가)의 $\{f(x)\}^2f'(x)=\frac{2x}{x^2+1}$에서

$\int \{f(x)\}^2f'(x)dx=\int \frac{2x}{x^2+1}dx$

$\int \{f(x)\}^2f'(x)dx$에서

$f(x)=t$로 놓으면 $\frac{dt}{dx}=f'(x)$이므로

$\int \{f(x)\}^2f'(x)dx=\int t^2\,dt$

$=\frac{1}{3}t^3+C_1$

$=\frac{1}{3}\{f(x)\}^3+C_1$

$\int \frac{2x}{x^2+1}dx$에서 $(x^2+1)'=2x$이므로

$\int \frac{2x}{x^2+1}dx=\int \frac{(x^2+1)'}{x^2+1}dx$

$=\ln(x^2+1)+C_2$ ($\because x^2+1>0$)

즉, $\frac{1}{3}\{f(x)\}^3+C_1=\ln(x^2+1)+C_2$이므로

$3(C_2-C_1)=C$라 하면

$\{f(x)\}^3=3\ln(x^2+1)+C$

(나)에서 $f(0)=0$이므로 $C=0$

따라서 $\{f(x)\}^3=3\ln(x^2+1)$이므로

$\{f(1)\}^3=3\ln 2$

실수 Check

$\int \{f(x)\}^2 f'(x)dx$에서 $f(x)=t$로 치환하면 $\frac{dt}{dx}=f'(x)$이므로 치환적분법을 이용한다.

1822 답 5 | 유형 12

미분가능한 함수 $f(x)$에 대하여 $f'(x)=\underbrace{\frac{2x^2+3x-1}{x+1}}_{\text{단서1}}$이고 $f(0)=3$일 때, $f(-2)$의 값을 구하시오.

단서1 (분자의 차수)>(분모의 차수)이므로 분자를 분모로 나누어 변형

STEP 1 $f(x)$ 구하기

$$f(x)=\int \frac{2x^2+3x-1}{x+1}dx$$

$$\begin{array}{r} 2x+1 \\ x+1\overline{)\,2x^2+3x-1} \\ \underline{2x^2+2x} \\ x-1 \\ \underline{x+1} \\ -2 \end{array}$$

$$=\int \left(2x+1-\frac{2}{x+1}\right)dx$$

$$=x^2+x-2\ln|x+1|+C$$

STEP 2 적분상수 C 구하기

$f(0)=3$이므로 $C=3$

STEP 3 $f(-2)$의 값 구하기

$f(x)=x^2+x-2\ln|x+1|+3$이므로

$f(-2)=4-2+3=5$

1823 답 4

$f'(x)=\frac{x^2+3}{x-1}=x+1+\frac{4}{x-1}$이므로

$$\begin{array}{r} x+1 \\ x-1\overline{)\,x^2+3} \\ \underline{x^2-x} \\ x+3 \\ \underline{x-1} \\ 4 \end{array}$$

$$f(x)=\int \left(x+1+\frac{4}{x-1}\right)dx$$

$$=\frac{1}{2}x^2+x+4\ln|x-1|+C$$

함수 $y=f(x)$의 그래프가 점 $(0, 0)$을 지나므로

$f(0)=0 \qquad \therefore C=0$

따라서 $f(x)=\frac{1}{2}x^2+x+4\ln|x-1|$이므로

$f(2)=2+2=4$

1824 답 ④

$$f(x)=\int \frac{1-x}{x+2}dx \quad \rightarrow 1-x=-(x+2)+3$$

$$=\int \left(-1+\frac{3}{x+2}\right)dx$$

$$=-x+3\ln|x+2|+C$$

$f(-1)=0$이므로

$1+C=0 \qquad \therefore C=-1$

따라서 $f(x)=-x+3\ln|x+2|-1$이므로

$f(e-2)=-(e-2)+3\ln e-1=-e+4$

1825 답 $6-7\ln 3$

$y=\frac{2x+1}{3-x}$로 놓으면 $3y-xy=2x+1$

$x(y+2)=3y-1 \qquad \therefore x=\frac{3y-1}{y+2}$

x와 y를 서로 바꾸면 $y=\frac{3x-1}{x+2}$이므로

$g(x)=\frac{3x-1}{x+2}$

$$\therefore h(x)=\int g(x)dx$$

$$=\int \frac{3x-1}{x+2}dx \quad \rightarrow 3x-1=3(x+2)-7$$

$$=\int \left(3-\frac{7}{x+2}\right)dx$$

$$=3x-7\ln|x+2|+C$$

$$\therefore h(1)-h(-1)=(3-7\ln 3+C)-(-3+C)$$

$$=6-7\ln 3$$

1826 답 ② | 유형 13

부정적분 $\int \underbrace{\frac{x}{x^2+5x+6}}_{\text{단서1}}dx$를 구하면? (단, C는 적분상수이다.)

① $-2\ln|x+2|-3\ln|x+3|+C$
② $-2\ln|x+2|+3\ln|x+3|+C$
③ $2\ln|x+2|-3\ln|x+3|+C$
④ $2\ln|x+2|+3\ln|x+3|+C$
⑤ $3\ln|x+2|-2\ln|x+3|+C$

단서1 (분자의 차수)<(분모의 차수)이므로 부분분수로 변형

STEP 1 $\frac{x}{x^2+5x+6}$를 부분분수로 변형하기

$\frac{x}{x^2+5x+6}=\frac{x}{(x+2)(x+3)}=\frac{A}{x+2}+\frac{B}{x+3}$라 하면

$\frac{A}{x+2}+\frac{B}{x+3}=\frac{(A+B)x+3A+2B}{(x+2)(x+3)}$이므로

$x=(A+B)x+3A+2B$

위의 등식은 x에 대한 항등식이므로

$A+B=1,\ 3A+2B=0$

위의 두 식을 연립하여 풀면

$A=-2,\ B=3$

STEP 2 $\frac{x}{x^2+5x+6}$의 부정적분 구하기

$$\int \frac{x}{x^2+5x+6}dx=\int \left(-\frac{2}{x+2}+\frac{3}{x+3}\right)dx$$

$$=-2\ln|x+2|+3\ln|x+3|+C$$

1827 답 3

$\frac{3x-2}{x^2-3x-4}=\frac{3x-2}{(x-4)(x+1)}=\frac{A}{x-4}+\frac{B}{x+1}$라 하면

$\frac{A}{x-4}+\frac{B}{x+1}=\frac{(A+B)x+A-4B}{(x-4)(x+1)}$이므로

$3x-2=(A+B)x+A-4B$

위의 등식은 x에 대한 항등식이므로

$A+B=3,\ A-4B=-2$

위의 두 식을 연립하여 풀면

$A=2,\ B=1$

$$\therefore \int \frac{3x-2}{x^2-3x-4}dx=\int \left(\frac{2}{x-4}+\frac{1}{x+1}\right)dx$$

$$=2\ln|x-4|+\ln|x+1|+C$$

따라서 $a=2,\ b=1$이므로

$a+b=2+1=3$

1828 답 ②

$f(x)=\int \frac{x+3}{x^2+2x}dx-\int \frac{x+1}{x^2+2x}dx$

$=\int\left(\frac{x+3}{x^2+2x}-\frac{x+1}{x^2+2x}\right)dx$

$=\int \frac{2}{x^2+2x}dx=\int \frac{2}{x(x+2)}dx$

$=\int\left(\frac{1}{x}-\frac{1}{x+2}\right)dx$

$=\ln|x|-\ln|x+2|+C=\ln\left|\frac{x}{x+2}\right|+C$

$f(1)=0$이므로 $-\ln 3+C=0$ $\quad\therefore C=\ln 3$

따라서 $f(x)=\ln\left|\frac{x}{x+2}\right|+\ln 3$이므로

$f(-1)=\ln 3$

1829 답 ④

$\frac{3x+2}{x^2-4}=\frac{3x+2}{(x-2)(x+2)}=\frac{A}{x-2}+\frac{B}{x+2}$라 하면

$\frac{A}{x-2}+\frac{B}{x+2}=\frac{(A+B)x+2A-2B}{(x-2)(x+2)}$이므로

$3x+2=(A+B)x+2A-2B$

위의 등식은 x에 대한 항등식이므로

$A+B=3,\ 2A-2B=2$

위의 두 식을 연립하여 풀면

$A=2,\ B=1$

$\therefore f(x)=\int \frac{3x+2}{x^2-4}dx=\int\left(\frac{2}{x-2}+\frac{1}{x+2}\right)dx$

$=2\ln|x-2|+\ln|x+2|+C$

$f(1)=0$이므로 $\ln 3+C=0$ $\quad\therefore C=-\ln 3$

따라서 $f(x)=2\ln|x-2|+\ln|x+2|-\ln 3$이므로

$f(-1)=2\ln 3-\ln 3=\ln 3$

1830 답 1

$f'(x)=\frac{2x}{x^2-x-2}=\frac{2x}{(x-2)(x+1)}=\frac{A}{x-2}+\frac{B}{x+1}$라 하면

$\frac{A}{x-2}+\frac{B}{x+1}=\frac{(A+B)x+A-2B}{(x-2)(x+1)}$이므로

$2x=(A+B)x+A-2B$

위의 등식은 x에 대한 항등식이므로

$A+B=2,\ A-2B=0$

위의 두 식을 연립하여 풀면 $A=\frac{4}{3},\ B=\frac{2}{3}$

$\therefore f(x)=\int \frac{2x}{x^2-x-2}dx=\int \frac{1}{3}\left(\frac{4}{x-2}+\frac{2}{x+1}\right)dx$

$=\frac{4}{3}\ln|x-2|+\frac{2}{3}\ln|x+1|+C$

함수 $y=f(x)$의 그래프가 점 $(0,\ 0)$을 지나므로

$f(0)=\frac{4}{3}\ln 2+C=0$ $\quad\therefore C=-\frac{4}{3}\ln 2$

따라서 $f(x)=\frac{4}{3}\ln|x-2|+\frac{2}{3}\ln|x+1|-\frac{4}{3}\ln 2$이므로

$f(3)=\frac{4}{3}\ln 2-\frac{4}{3}\ln 2=0$ $\quad$ ($f(3)=\frac{4}{3}\ln 1+\frac{2}{3}\ln 4-\frac{4}{3}\ln 2=\frac{4}{3}\ln 2-\frac{4}{3}\ln 2$)

즉, $\ln a=0$이므로 $a=1$

1831 답 ②

$f(x)=\int \frac{4}{4x^2-1}dx=\int \frac{4}{(2x-1)(2x+1)}dx$

$=\int\left(\frac{2}{2x-1}-\frac{2}{2x+1}\right)dx$ $\quad$ ($\frac{2}{2x-1}=\frac{(2x-1)'}{2x-1}$)

$=\ln|2x-1|-\ln|2x+1|+C$

$f(0)=0$이므로 $C=0$

따라서 $f(x)=\ln|2x-1|-\ln|2x+1|$이므로

$\sum_{k=1}^{10}f(k)=(\ln 1-\ln 3)+(\ln 3-\ln 5)+(\ln 5-\ln 7)+\cdots$

$+(\ln 19-\ln 21)$

$=\ln 1-\ln 21=-\ln 21$

1832 답 $\frac{4}{3}$

$f(x)=(x^2+3x+2)f'(x)$에서

$\frac{f'(x)}{f(x)}=\frac{1}{x^2+3x+2}=\frac{1}{(x+1)(x+2)}$

$=\frac{1}{x+1}-\frac{1}{x+2}$

이므로

$\int \frac{f'(x)}{f(x)}dx=\int\left(\frac{1}{x+1}-\frac{1}{x+2}\right)dx$

$\therefore \ln f(x)=\ln|x+1|-\ln|x+2|+C$

$=\ln\left|\frac{x+1}{x+2}\right|+C$ ($\because f(x)>0$)

$f(0)=1$이므로

$0=-\ln 2+C$

$\therefore C=\ln 2$

따라서 $\ln f(x)=\ln\left|\frac{x+1}{x+2}\right|+\ln 2=\ln\left|\frac{2(x+1)}{x+2}\right|$이므로

$f(x)=\left|\frac{2(x+1)}{x+2}\right|$

$\therefore f(1)=\frac{4}{3}$

1833 답 2

$f(x)=\int \frac{2}{x^2-1}dx=\int \frac{2}{(x-1)(x+1)}dx$

$=\int\left(\frac{1}{x-1}-\frac{1}{x+1}\right)dx$

$=\ln|x-1|-\ln|x+1|+C$

방정식 $f(x)=0$의 한 근이 $\frac{1}{2}$이므로

$f\left(\frac{1}{2}\right)=-\ln 2-(\ln 3-\ln 2)+C=0$

$\therefore C=\ln 3$

$\therefore f(x)=\ln|x-1|-\ln|x+1|+\ln 3$

$=\ln\left(3\left|\frac{x-1}{x+1}\right|\right)$

즉, 방정식 $f(x)=0$에서

$3\left|\frac{x-1}{x+1}\right|=1,\ \frac{x-1}{x+1}=\pm\frac{1}{3}$

$3(x-1)=\pm(x+1)$

$\therefore x=2$ 또는 $x=\frac{1}{2}$

따라서 나머지 한 근은 2이다.

1834 답 ②

$\frac{2x+4}{(x-1)(x^2+2)}=\frac{a}{x-1}+\frac{bx+c}{x^2+2}$라 하면

$\frac{2x+4}{(x-1)(x^2+2)}=\frac{(a+b)x^2+(-b+c)x+2a-c}{(x-1)(x^2+2)}$

이므로 $2x+4=(a+b)x^2+(-b+c)x+2a-c$

위의 등식은 x에 대한 항등식이므로

$a+b=0,\ -b+c=2,\ 2a-c=4$

위의 식을 연립하면 풀면 $a=2,\ b=-2,\ c=0$

즉, $\frac{2x+4}{(x-1)(x^2+2)}=\frac{2}{x-1}+\frac{-2x}{x^2+2}$

$\therefore f(x)=\int\frac{2x+4}{(x-1)(x^2+2)}dx$

$=\int\left(\frac{2}{x-1}-\frac{2x}{x^2+2}\right)dx$

$=2\ln|x-1|-\ln(x^2+2)+C\ (\because x^2+2>0)$

$f(0)=0$이므로 $C=\ln 2$

따라서 $f(x)=2\ln|x-1|-\ln(x^2+2)+\ln 2$이므로

$f(2)=-\ln 6+\ln 2=\ln\frac{2}{6}=\ln\frac{1}{3}$

$\therefore e^{f(2)}=e^{\ln\frac{1}{3}}=\frac{1}{3}$

1835 답 1

곡선 $y=f(x)$ 위의 임의의 점 $(x,\ y)$에서의 접선에 수직인 직선의 기울기가 $-e^x-1$이므로 점 $(x,\ y)$에서의 접선의 기울기는 $\frac{1}{e^x+1}$이다. 즉, $f'(x)=\frac{1}{e^x+1}$이므로

$e^x=t$로 놓으면 $\frac{dt}{dx}=e^x$이고

$f(x)=\int\frac{1}{e^x+1}dx=\int\frac{1}{t(t+1)}dt$

$=\int\left(\frac{1}{t}-\frac{1}{t+1}\right)dt$

$=\ln|t|-\ln|t+1|+C$

$=\ln\left|\frac{t}{t+1}\right|+C$

$=\ln\frac{e^x}{e^x+1}+C\ \left(\because \frac{e^x}{e^x+1}>0\right)$

$dx=\frac{1}{t}dt$이므로 $\frac{1}{e^x+1}dx=\frac{1}{t+1}\times\frac{1}{t}dt=\frac{1}{t(t+1)}dt$

$\therefore f(1)-f(-1)=\left(\ln\frac{e}{e+1}+C\right)-\left(\ln\frac{1}{e+1}+C\right)$

$=\ln\frac{\frac{e}{e+1}}{\frac{1}{e+1}}=\ln e=1$

$f(-1)=\ln\frac{e^{-1}}{e^{-1}+1}+C=\ln\frac{\frac{1}{e}}{\frac{1}{e}+1}+C=\ln\frac{1}{1+e}+C$

실수 Check

수직인 두 직선의 기울기의 곱은 -1임을 이용한다.

1836 답 ②

$f(x)=\int\frac{1}{\sin x}dx=\int\frac{\sin x}{\sin^2 x}dx=\int\frac{\sin x}{1-\cos^2 x}dx$

$\cos x=t\ (-1<t<1)$로 놓으면 $\frac{dt}{dx}=-\sin x$이므로

$f(x)=\int\frac{\sin x}{1-\cos^2 x}dx=\int\frac{1}{t^2-1}dt$

$=\int\frac{1}{(t-1)(t+1)}dt=\frac{1}{2}\int\left(\frac{1}{t-1}-\frac{1}{t+1}\right)dt$

$=\frac{1}{2}(\ln|t-1|-\ln|t+1|)+C$

$=\frac{1}{2}\ln\left|\frac{t-1}{t+1}\right|+C=\frac{1}{2}\ln\left|\frac{\cos x-1}{\cos x+1}\right|+C$

$f\left(\frac{\pi}{2}\right)=0$이므로 $C=0$

$f\left(\frac{\pi}{2}\right)=\frac{1}{2}\ln\left|\frac{\cos\frac{\pi}{2}-1}{\cos\frac{\pi}{2}+1}\right|+C=\frac{1}{2}\ln\left|\frac{0-1}{0+1}\right|+C=\frac{1}{2}\ln 1+C=C$

따라서 $f(x)=\frac{1}{2}\ln\left|\frac{\cos x-1}{\cos x+1}\right|$이므로

$f\left(\frac{\pi}{3}\right)=\frac{1}{2}\ln\left|\frac{\frac{1}{2}-1}{\frac{1}{2}+1}\right|=\frac{1}{2}\ln\frac{1}{3}=-\frac{1}{2}\ln 3$

실수 Check

치환적분법을 이용하려면 삼각함수 사이의 관계를 이용하여 $\int g(\cos x)\sin x\,dx$ (g는 함수) 꼴로 만들어야 한다.

Plus 문제

1836-1

$0<x<\frac{\pi}{2}$에서 정의된 함수 $f(x)=\int\frac{1}{\cos x}dx$에 대하여 $f\left(\frac{\pi}{6}\right)=\frac{1}{2}\ln 3$일 때, $f\left(\frac{\pi}{4}\right)$의 값을 구하시오.

$f(x)=\int\frac{1}{\cos x}dx=\int\frac{\cos x}{\cos^2 x}dx$

$=\int\frac{\cos x}{1-\sin^2 x}dx$

$\sin x=t\ (0<t<1)$로 놓으면 $\frac{dt}{dx}=\cos x$이므로

$f(x)=\int\frac{\cos x}{1-\sin^2 x}dx=\int\frac{1}{1-t^2}dt$

$=-\int\frac{1}{(t-1)(t+1)}dt=-\frac{1}{2}\int\left(\frac{1}{t-1}-\frac{1}{t+1}\right)dt$

$=-\frac{1}{2}(\ln|t-1|-\ln|t+1|)+C$

$=-\frac{1}{2}\ln\left|\frac{t-1}{t+1}\right|+C$

$=-\frac{1}{2}\ln\left|\frac{\sin x-1}{\sin x+1}\right|+C$

$f\left(\frac{\pi}{6}\right)=\frac{1}{2}\ln 3$이므로

$-\frac{1}{2}\ln\left|\frac{\frac{1}{2}-1}{\frac{1}{2}+1}\right|+C=\frac{1}{2}\ln 3\qquad\therefore C=0$

따라서 $f(x)=-\frac{1}{2}\ln\left|\frac{\sin x-1}{\sin x+1}\right|$이므로

$f\left(\frac{\pi}{4}\right)=-\frac{1}{2}\ln\left|\frac{\frac{\sqrt{2}}{2}-1}{\frac{\sqrt{2}}{2}+1}\right|=-\frac{1}{2}\ln\frac{2-\sqrt{2}}{2+\sqrt{2}}$

$=-\frac{1}{2}\ln(3-2\sqrt{2})$

답 $-\frac{1}{2}\ln(3-2\sqrt{2})$

1837 답 ③ | 유형14

함수 $f(x)=\int(1-x)e^x dx$에 대하여 $f(0)=2$일 때, $f(1)$의 값은?
단서1

① 1 ② $e-1$ ③ e
④ $e+1$ ⑤ $2e$

단서1 $u(x)=1-x$, $v'(x)=e^x$으로 놓고 부분적분법 이용

STEP1 $f(x)$ 구하기

$u(x)=1-x$, $v'(x)=e^x$으로 놓으면
$u'(x)=-1$, $v(x)=e^x$이므로

$$f(x)=\int(1-x)e^x dx$$
$$=(1-x)e^x-\int(-e^x)dx$$
$$=(1-x)e^x+\int e^x dx$$
$$=(1-x)e^x+e^x+C$$
$$=(2-x)e^x+C$$

STEP2 적분상수 C 구하기

$f(0)=2$이므로
$2+C=2$
$\therefore C=0$

STEP3 $f(1)$의 값 구하기

$f(x)=(2-x)e^x$이므로
$f(1)=e$

1838 답 ③

$u(x)=\ln(x+e)$, $v'(x)=1$로 놓으면
$u'(x)=\frac{1}{x+e}$, $v(x)=x$이므로

$$\int \ln(x+e)dx=x\ln(x+e)-\int\frac{x}{x+e}dx$$
$$=x\ln(x+e)-\int\left(1-\frac{e}{x+e}\right)dx$$
$$=x\ln(x+e)-x+e\ln(x+e)+C$$
$$=(x+e)\ln(x+e)-x+C$$

$\therefore f(x)=x+e$

1839 답 $\frac{\pi}{2}+1$

$u(x)=x$, $v'(x)=\cos x$로 놓으면
$u'(x)=1$, $v(x)=\sin x$이므로

$$f(x)=\int x\cos x\,dx$$
$$=x\sin x-\int\sin x\,dx$$
$$=x\sin x+\cos x+C$$

$f(\pi)=0$이므로
$-1+C=0$
$\therefore C=1$
따라서 $f(x)=x\sin x+\cos x+1$이므로
$f\left(\frac{\pi}{2}\right)=\frac{\pi}{2}+1$

1840 답 4

$u(x)=x$, $v'(x)=\sqrt{e^x}$으로 놓으면
$u(x)'=1$, $v(x)=2\sqrt{e^x}$이므로

→ $\int\sqrt{e^x}dx=\int e^{\frac{1}{2}x}dx=2e^{\frac{1}{2}x}+C=2\sqrt{e^x}+C$

$$f(x)=\int x\sqrt{e^x}dx$$
$$=2x\sqrt{e^x}-\int 2\sqrt{e^x}dx$$
$$=2x\sqrt{e^x}-4\sqrt{e^x}+C$$
$$=2(x-2)\sqrt{e^x}+C$$

$\therefore f(2)-f(0)=C-(-4+C)=4$

1841 답 ①

$f'(x)=\frac{x}{e^{x-1}}=xe^{-x+1}$
$u(x)=x$, $v'(x)=e^{-x+1}$으로 놓으면
$u'(x)=1$, $v(x)=-e^{-x+1}$이므로

$$f(x)=\int xe^{-x+1}dx$$
$$=-xe^{-x+1}+\int e^{-x+1}dx$$
$$=-xe^{-x+1}-e^{-x+1}+C$$

함수 $y=f(x)$의 그래프가 점 $(0, 0)$을 지나므로
$f(0)=-e+C=0$
$\therefore C=e$
따라서 $f(x)=-xe^{-x+1}-e^{-x+1}+e$이므로
$a=f(1)=-1-1+e=e-2$

1842 답 $\frac{e^2+1}{4}$

$$\lim_{h\to0}\frac{f(x+h)-f(x-h)}{h}$$
$$=\lim_{h\to0}\frac{f(x+h)-f(x)+f(x)-f(x-h)}{h}$$
$$=\lim_{h\to0}\left\{\frac{f(x+h)-f(x)}{h}+\frac{f(x-h)-f(x)}{-h}\right\}$$
$$=f'(x)+f'(x)=2f'(x)=2x\ln x$$

$\therefore f'(x)=x\ln x$
$u(x)=\ln x$, $v'(x)=x$로 놓으면
$u'(x)=\frac{1}{x}$, $v(x)=\frac{1}{2}x^2$이므로

$$f(x)=\int x\ln x\,dx$$
$$=\frac{1}{2}x^2\ln x-\int\frac{1}{x}\times\frac{1}{2}x^2dx$$
$$=\frac{1}{2}x^2\ln x-\frac{1}{2}\int x\,dx$$
$$=\frac{1}{2}x^2\ln x-\frac{1}{4}x^2+C$$

$f(1)=f'(1)$이므로
$-\frac{1}{4}+C=0$
$\therefore C=\frac{1}{4}$
따라서 $f(x)=\frac{1}{2}x^2\ln x-\frac{1}{4}x^2+\frac{1}{4}$이므로
$f(e)=\frac{1}{2}e^2-\frac{1}{4}e^2+\frac{1}{4}=\frac{e^2+1}{4}$

1843 답 $\frac{1}{2}$

$f(x)=\int(x+a)\cos 2x\,dx$에서

$f'(x)=(x+a)\cos 2x$

$f'(\pi)=0$이므로

$\pi+a=0 \quad \therefore a=-\pi$

$u(x)=x-\pi$, $v'(x)=\cos 2x$로 놓으면

$u'(x)=1$, $v(x)=\frac{1}{2}\sin 2x$이므로

$$f(x)=\int(x-\pi)\cos 2x\,dx$$
$$=\frac{1}{2}(x-\pi)\sin 2x-\int\frac{1}{2}\sin 2x\,dx$$
$$=\frac{1}{2}(x-\pi)\sin 2x+\frac{1}{4}\cos 2x+C$$

$f(0)=1$이므로

$\frac{1}{4}+C=1 \quad \therefore C=\frac{3}{4}$

따라서 $f(x)=\frac{1}{2}(x-\pi)\sin 2x+\frac{1}{4}\cos 2x+\frac{3}{4}$이므로

$f\left(\frac{3}{2}\pi\right)=-\frac{1}{4}+\frac{3}{4}=\frac{1}{2}$

1844 답 ①

$F(x)=xf(x)-x^2\ln x$의 양변을 x에 대하여 미분하면

$f(x)=f(x)+xf'(x)-2x\ln x-x^2\times\frac{1}{x}$

$xf'(x)=2x\ln x+x$

$\therefore f'(x)=2\ln x+1$

$u(x)=2\ln x+1$, $v'(x)=1$로 놓으면

$u'(x)=\frac{2}{x}$, $v(x)=x$이므로

$$f(x)=\int(2\ln x+1)dx$$
$$=x(2\ln x+1)-\int\frac{2}{x}\times x\,dx$$
$$=2x\ln x+x-2x+C$$
$$=2x\ln x-x+C$$

$f(1)=-1$이므로

$-1+C=-1 \quad \therefore C=0$

따라서 $f(x)=2x\ln x-x$이므로

$f(2)=4\ln 2-2$

1845 답 ④

(i) $x<1$일 때,

$f(x)=\int(2x+3)dx=x^2+3x+C_1$

(ii) $x>1$일 때, $u(x)=\ln x$, $v'(x)=1$로 놓으면

$u'(x)=\frac{1}{x}$, $v(x)=x$이므로

$$f(x)=\int\ln x\,dx=x\ln x-\int\frac{1}{x}\times x\,dx$$
$$=x\ln x-x+C_2$$

이때 $f(e)=2$이므로

$e-e+C_2=2 \quad \therefore C_2=2$

(i), (ii)에서

$$f(x)=\begin{cases}x^2+3x+C_1 & (x<1)\\ x\ln x-x+2 & (x>1)\end{cases}$$

함수 $f(x)$가 실수 전체의 집합에서 연속이면 $x=1$에서 연속이므로

$\lim_{x\to1-}(x^2+3x+C_1)=\lim_{x\to1+}(x\ln x-x+2)$

$4+C_1=1 \quad \therefore C_1=-3$

따라서 $x<1$에서 $f(x)=x^2+3x-3$이므로

$f(-6)=36-18-3=15$

1846 답 72

(나)에서

$\frac{xf'(x)-f(x)}{x^2}=\left\{\frac{f(x)}{x}\right\}'=xe^x$

이므로

$\int\left\{\frac{f(x)}{x}\right\}'dx=\int xe^x\,dx$

$\therefore \frac{f(x)}{x}=\int xe^x\,dx$

$u(x)=x$, $v'(x)=e^x$으로 놓으면

$u'(x)=1$, $v(x)=e^x$이므로

$$\frac{f(x)}{x}=\int xe^x\,dx=xe^x-\int e^x\,dx$$
$$=xe^x-e^x+C=(x-1)e^x+C$$

(가)에서 $f(1)=0$이므로 $C=0$

따라서 $\frac{f(x)}{x}=(x-1)e^x$에서

$f(x)=x(x-1)e^x$이므로

$f(3)\times f(-3)=6e^3\times 12e^{-3}=72$

개념 Check

함수의 몫의 미분법

$y=\frac{f(x)}{g(x)} \rightarrow y'=\frac{f'(x)g(x)-f(x)g'(x)}{\{g(x)\}^2}$

1847 답 2 | 유형15

함수 $f(x)=\int x^2\sin x\,dx$에 대하여 $f\left(\frac{\pi}{2}\right)=\pi$일 때, $f(0)$의 값을 구하시오.
단서1

단서1 $g(x)=x^2$, $h'(x)=\sin x$로 놓고 부분적분법 이용

STEP 1 $f(x)$ 구하기

$g(x)=x^2$, $h'(x)=\sin x$로 놓으면

$g'(x)=2x$, $h(x)=-\cos x$이므로

$f(x)=\int x^2\sin x\,dx$

$f(x)=-x^2\cos x+2\int x\cos x\,dx$ ······ ㉠

$\int x\cos x\,dx$에서 $u(x)=x$, $v'(x)=\cos x$로 놓으면

$u'(x)=1$, $v(x)=\sin x$이므로

$$\int x\cos x\,dx=x\sin x-\int\sin x\,dx$$
$$=x\sin x+\cos x+C_1$$ ······ ㉡

㉡을 ㉠에 대입하면

$f(x)=-x^2\cos x+2(x\sin x+\cos x+C_1)$

$=(2-x^2)\cos x+2x\sin x+\underline{C}$ ← $2C_1=C$라 하자.

STEP 2 적분상수 C 구하기

$f\left(\frac{\pi}{2}\right)=\pi$이므로

$\pi+C=\pi$

$\therefore C=0$

STEP 3 $f(0)$의 값 구하기

$f(x)=(2-x^2)\cos x+2x\sin x$이므로

$f(0)=2$

1848 답 ③

$f(x)=\cos x,\ g'(x)=e^x$으로 놓으면

$f'(x)=-\sin x,\ g(x)=e^x$이므로

$\int e^x\cos x\,dx=e^x\cos x+\int e^x\sin x\,dx$ ······ ㉠

$\int e^x\sin x\,dx$에서

$u(x)=\sin x,\ v'(x)=e^x$으로 놓으면

$u'(x)=\cos x,\ v(x)=e^x$이므로

$\int e^x\sin x\,dx=e^x\sin x-\int e^x\cos x\,dx$ ······ ㉡

㉡을 ㉠에 대입하면

$\int e^x\cos x\,dx=e^x\cos x+\left(e^x\sin x-\int e^x\cos x\,dx\right)$

$2\int e^x\cos x\,dx=e^x(\cos x+\sin x)$

$\therefore \int e^x\cos x\,dx=\frac{1}{2}e^x(\cos x+\sin x)+C$

1849 답 ③

$g(x)=(\ln x)^2,\ h'(x)=1$로 놓으면

$\underline{g'(x)}=\frac{2\ln x}{x},\ h(x)=x$이므로

→ $\{(\ln x)^2\}'=2\ln x(\ln x)'=2\ln x\times\frac{1}{x}=\frac{2\ln x}{x}$

$F(x)=\int(\ln x)^2\,dx$

$=x(\ln x)^2-\int 2\ln x\,dx$ ······ ㉠

$\int 2\ln x\,dx$에서

$u(x)=2\ln x,\ v'(x)=1$로 놓으면

$u'(x)=\frac{2}{x},\ v(x)=x$이므로

$\int 2\ln x\,dx=2x\ln x-\int 2\,dx$

$=2x\ln x-2x+C_1$ ······ ㉡

㉡을 ㉠에 대입하면

$F(x)=x(\ln x)^2-2x\ln x+2x+\underline{C}$ ← $-C_1=C$라 하자.

$F(e)=2e$이므로

$e-2e+2e+C=2e$

$\therefore C=e$

따라서 $F(x)=x(\ln x)^2-2x\ln x+2x+e$이므로

$F(1)=e+2$

1850 답 ③

$\lim_{t\to x}\frac{f(t)-f(x)}{t-x}=f'(x)=x^2e^{-x}$

$g(x)=x^2,\ h'(x)=e^{-x}$으로 놓으면

$g'(x)=2x,\ h(x)=-e^{-x}$이므로

$f(x)=\int x^2e^{-x}\,dx$

$=-x^2e^{-x}+\int 2xe^{-x}\,dx$ ······ ㉠

$\int 2xe^{-x}\,dx$에서 $u(x)=2x,\ v'(x)=e^{-x}$으로 놓으면

$u'(x)=2,\ v(x)=-e^{-x}$이므로

$\int 2xe^{-x}\,dx=-2xe^{-x}+\int 2e^{-x}\,dx$

$=-2xe^{-x}-2e^{-x}+C_1$ ······ ㉡

㉡을 ㉠에 대입하면

$f(x)=-x^2e^{-x}-2xe^{-x}-2e^{-x}+\underline{C}$ ← $C_1=C$라 하자.

$=-(x^2+2x+2)e^{-x}+C$

$f(0)=0$이므로

$-2+C=0 \qquad \therefore C=2$

따라서 $f(x)=-(x^2+2x+2)e^{-x}+2$이므로

$f(-1)=-e+2$

1851 답 $\frac{2}{5e^{\frac{\pi}{2}}}$

$f'(x)=e^{-x}\sin 2x$이므로

$g(x)=\sin 2x,\ h'(x)=e^{-x}$으로 놓으면

$g'(x)=2\cos 2x,\ h(x)=-e^{-x}$

$\therefore f(x)=\int e^{-x}\sin 2x\,dx$

$=-e^{-x}\sin 2x+2\int e^{-x}\cos 2x\,dx$ ······ ㉠

$\int e^{-x}\cos 2x\,dx$에서 $u(x)=\cos 2x,\ v'(x)=e^{-x}$으로 놓으면

$u'(x)=-2\sin 2x,\ v(x)=-e^{-x}$이므로

$\int e^{-x}\cos 2x\,dx=-e^{-x}\cos 2x-2\int e^{-x}\sin 2x\,dx$

$=-e^{-x}\cos 2x-2f(x)+C_1$ ······ ㉡

㉡을 ㉠에 대입하면

$f(x)=-e^{-x}\sin 2x+2\{-e^{-x}\cos 2x-2f(x)+C_1\}$

$5f(x)=-e^{-x}(\sin 2x+2\cos 2x)+2C_1$

$\therefore f(x)=-\frac{\sin 2x+2\cos 2x}{5e^x}+\underline{C}$ → $\frac{2}{5}C_1=C$라 하자.

함수 $y=f(x)$의 그래프가 점 $\left(0,\ -\frac{2}{5}\right)$를 지나므로

$f(0)=-\frac{2}{5}+C=-\frac{2}{5} \qquad \therefore C=0$

따라서 $f(x)=-\frac{\sin 2x+2\cos 2x}{5e^x}$이므로

$f\left(\frac{\pi}{2}\right)=\frac{2}{5e^{\frac{\pi}{2}}}$

실수 Check

피적분함수가 (지수함수)×(삼각함수)일 때는 삼각함수를 $g(x)$, 지수함수를 $h'(x)$로 놓고 부분적분법을 이용한다.

1852 답 ④

$f(x)+xf'(x)=\{xf(x)\}'=(x^2-2)e^x$이므로

$\int \{xf(x)\}'dx=\int (x^2-2)e^x dx$

$\therefore xf(x)=\int (x^2-2)e^x dx$

$g(x)=x^2-2$, $h'(x)=e^x$으로 놓으면

$g'(x)=2x$, $h(x)=e^x$이므로

$xf(x)=\int (x^2-2)e^x dx$

$=(x^2-2)e^x-\int 2xe^x dx$ ······ ㉠

$\int 2xe^x dx$에서 $u(x)=2x$, $v'(x)=e^x$으로 놓으면

$u'(x)=2$, $v(x)=e^x$이므로

$\int 2xe^x dx=2xe^x-\int 2e^x dx$

$=2xe^x-2e^x+C_1$ ······ ㉡

㉡을 ㉠에 대입하면

$xf(x)=(x^2-2)e^x-2xe^x+2e^x+C$ ($-C_1=C$라 하자.)

$=x(x-2)e^x+C$

$f(1)=-e$이므로

$-e+C=-e$ $\therefore C=0$

따라서 $xf(x)=x(x-2)e^x$에서 $f(x)=(x-2)e^x$이므로

$f(3)=e^3$

실수 Check

곱의 미분법에 의해 $f(x)+xf'(x)=\{xf(x)\}'$임을 알고 주어진 등식의 양변을 x에 대하여 적분한다.

Plus 문제

1852-1

실수 전체의 집합에서 미분가능한 함수 $f(x)$가 0이 아닌 모든 실수 x에 대하여

$f(x)+xf'(x)=x(x+1)e^x$

을 만족시킨다. $f(1)=e$일 때, $f(2)$의 값을 구하시오.

$f(x)+xf'(x)=\{xf(x)\}'=x(x+1)e^x$이므로

$\int \{xf(x)\}'dx=\int x(x+1)e^x dx$

$\therefore xf(x)=\int x(x+1)e^x dx$

$g(x)=x(x+1)$, $h'(x)=e^x$으로 놓으면

$g'(x)=2x+1$, $h(x)=e^x$이므로

$xf(x)=\int x(x+1)e^x dx$

$=x(x+1)e^x-\int (2x+1)e^x dx$ ······ ㉠

$\int (2x+1)e^x dx$에서 $u(x)=2x+1$, $v'(x)=e^x$으로 놓으면

$u'(x)=2$, $v(x)=e^x$이므로

$\int (2x+1)e^x dx=(2x+1)e^x-\int 2e^x dx$

$=(2x+1)e^x-2e^x+C_1$ ······ ㉡

㉡을 ㉠에 대입하면

$xf(x)=x(x+1)e^x-(2x+1)e^x+2e^x+C$

$=(x^2-x+1)e^x+C$

$f(1)=e$이므로

$e+C=e$ $\therefore C=0$

따라서 $xf(x)=(x^2-x+1)e^x$이므로 양변에 $x=2$를 대입하면

$2f(2)=3e^2$ $\therefore f(2)=\frac{3}{2}e^2$

답 $\frac{3}{2}e^2$

서술형 유형 익히기 374쪽~377쪽

1853 답 (1) $-\cos x$ (2) -1 (3) 2 (4) 2 (5) $-\sin x$ (6) $-\sin x$ (7) 2π

STEP 1 $f'(x)$ 구하기 [2점]

$f''(x)=\sin x$이므로

$f'(x)=\int \sin x\,dx=\boxed{-\cos x}+C_1$

$f'(0)=1$이므로

$\boxed{-1}+C_1=1$ $\therefore C_1=\boxed{2}$

$\therefore f'(x)=-\cos x+\boxed{2}$

STEP 2 $f(x)$ 구하기 [2점]

$f'(x)=-\cos x+2$이므로

$f(x)=\int (-\cos x+2)dx=\boxed{-\sin x}+2x+C_2$

$f(0)=0$이므로 $C_2=0$

$\therefore f(x)=\boxed{-\sin x}+2x$

STEP 3 $f(\pi)$의 값 구하기 [2점]

$f(x)=-\sin x+2x$이므로

$f(\pi)=\boxed{2\pi}$

오답 분석

$f''(x)=\sin x$에서

$f'(x)=\int \sin x\,dx=-\cos x+C$

$f'(0)=-1+C=1$ $\therefore C=2$

즉, $f'(x)=-\cos x+2$이므로 2점

$f(x)=\int (-\cos x+2)dx=-\sin x+2x$ → 적분상수를 구하지 않음 1점

$\therefore f(\pi)=2\pi$

▶ 6점 중 3점 얻음.

함수 $f''(x)$, $f'(x)$의 부정적분을 구할 때 모두 각각의 적분상수를 구해야 한다.

1854 답 4

STEP 1 $f'(x)$ 구하기 [2점]

$f''(x)=\frac{6}{x^3}$이므로

$f'(x)=\int\frac{6}{x^3}dx=\int 6x^{-3}dx=-3x^{-2}+C_1$

$f'(1)=0$이므로 $-3+C_1=0$ $\quad\therefore C_1=3$

$\therefore f'(x)=-3x^{-2}+3$

STEP 2 $f(x)$ 구하기 [2점]

$f'(x)=-3x^{-2}+3$이므로

$f(x)=\int(-3x^{-2}+3)dx=3x^{-1}+3x+C_2$

$f(1)=0$이므로 $3+3+C_2=0$ $\quad\therefore C_2=-6$

$\therefore f(x)=3x^{-1}+3x-6$

STEP 3 $f(3)$의 값 구하기 [2점]

$f(x)=3x^{-1}+3x-6=\frac{3}{x}+3x-6$이므로

$f(3)=1+9-6=4$

1855 답 e

STEP 1 $f'(x)$ 구하기 [2점]

$\lim_{h\to 0}\frac{f'(x+h)-f'(x)}{h}=f''(x)$이므로

$f''(x)=x+e^x$

$\therefore f'(x)=\int(x+e^x)dx=\frac{1}{2}x^2+e^x+C_1$

$f'(0)=1$이므로 $1+C_1=1$ $\quad\therefore C_1=0$

$\therefore f'(x)=\frac{1}{2}x^2+e^x$

STEP 2 $f(x)$ 구하기 [2점]

$f'(x)=\frac{1}{2}x^2+e^x$이므로

$f(x)=\int\left(\frac{1}{2}x^2+e^x\right)dx=\frac{1}{6}x^3+e^x+C_2$

$f(0)=\frac{5}{6}$이므로 $1+C_2=\frac{5}{6}$ $\quad\therefore C_2=-\frac{1}{6}$

$\therefore f(x)=\frac{1}{6}x^3+e^x-\frac{1}{6}$

STEP 3 $f(1)$의 값 구하기 [2점]

$f(x)=\frac{1}{6}x^3+e^x-\frac{1}{6}$이므로

$f(1)=\frac{1}{6}+e-\frac{1}{6}=e$

1856 답 $\frac{3}{e}-1$

STEP 1 $f'(x)$, $f(x)$ 구하기 [4점]

$f''(x)=3e^{-x}+\frac{3}{2\sqrt{x}}$이므로

$f'(x)=\int\left(3e^{-x}+\frac{3}{2\sqrt{x}}\right)dx=\int\left(3e^{-x}+\frac{3}{2}x^{-\frac{1}{2}}\right)dx$

$=-3e^{-x}+3x^{\frac{1}{2}}+C_1=-3e^{-x}+3\sqrt{x}+C_1$ …… ⓐ

$f(x)=\int(-3e^{-x}+3\sqrt{x}+C_1)dx=\int(-3e^{-x}+3x^{\frac{1}{2}}+C_1)dx$

$=3e^{-x}+2x^{\frac{3}{2}}+C_1x+C_2=3e^{-x}+2x\sqrt{x}+C_1x+C_2$ …… ⓐ

STEP 2 적분상수 C_1, C_2 구하기 [2점]

$\lim_{x\to 0}\frac{f(x)}{x}=-3$에서 $f(0)=0$, $f'(0)=-3$이므로

$3+C_2=0$, $-3+C_1=-3$

$\therefore C_1=0$, $C_2=-3$ …… ⓑ

STEP 3 $f(1)$의 값 구하기 [2점]

$f(x)=3e^{-x}+2x\sqrt{x}-3$이므로

$f(1)=3e^{-1}+2-3=\frac{3}{e}-1$

부분점수표	
ⓐ $f'(x)$, $f(x)$ 중에서 하나만 구한 경우	2점
ⓑ 적분상수 C_1, C_2 중에서 하나만 구한 경우	1점

1857 답 (1) $\frac{1}{2}dt$ (2) $\sin x$ (3) $\sin^3 x$ (4) $\sin^3 x$

(5) $\sin^3 x$ (6) -1 (7) $-\frac{3}{2}$ (8) $\frac{e-3}{2}$

STEP 1 $x>0$일 때, $f(x)$ 구하기 [2점]

(i) $x>0$일 때, $f'(x)=xe^{x^2}$이므로

$f(x)=\int xe^{x^2}dx$

$x^2=t$로 놓으면 $\frac{dt}{dx}=2x$이므로

$f(x)=\int xe^{x^2}dx=\int e^t\times\boxed{\frac{1}{2}dt}$

$=\frac{1}{2}e^t+C_1$

$=\frac{1}{2}e^{x^2}+C_1$

STEP 2 $x<0$일 때, $f(x)$ 구하기 [3점]

(ii) $x<0$일 때, $f'(x)=3\sin^2 x\cos x$이므로

$f(x)=\int 3\sin^2 x\cos x\,dx$

$\boxed{\sin x}=s$로 놓으면 $\frac{ds}{dx}=\cos x$이므로

$f(x)=\int 3\sin^2 x\cos x\,dx$

$=\int 3s^2 ds$

$=s^3+C_2$

$=\boxed{\sin^3 x}+C_2$

이때 $f(-\pi)=-1$이므로 $C_2=-1$

$\therefore f(x)=\boxed{\sin^3 x}-1$

STEP 3 $f(1)$의 값 구하기 [2점]

(i), (ii)에서 $f(x)=\begin{cases}\frac{1}{2}e^{x^2}+C_1 & (x>0)\\ \boxed{\sin^3 x}-1 & (x<0)\end{cases}$

함수 $f(x)$가 실수 전체의 집합에서 연속이면 $x=0$에서 연속이므로

$\lim_{x\to 0+}\left(\frac{1}{2}e^{x^2}+C_1\right)=\lim_{x\to 0-}(\sin^3 x-1)$

$\frac{1}{2}+C_1=\boxed{-1}$ $\quad\therefore C_1=\boxed{-\frac{3}{2}}$

따라서 $x\ge 0$에서 $f(x)=\frac{1}{2}e^{x^2}-\frac{3}{2}$이므로

$f(1)=\boxed{\frac{e-3}{2}}$

실제 답안 예시

$f'(x)=xe^{x^2}\ (x>0)$에서

$f(x)=\int xe^{x^2}dx=\frac{1}{2}\int 2xe^{x^2}dx=\frac{1}{2}\int e^t dt$

$=\frac{1}{2}e^t+C_1=\frac{1}{2}e^{x^2}+C_1\ (x>0)$

$f'(x)=3\sin^2 x\cos x\ (x<0)$에서

$f(x)=\int 3\sin^2 x\cos x\,dx=\int 3t^2 dt$

$=t^3+C_2=\sin^3 x+C_2\ (x<0)$

$\therefore f(x)=\begin{cases}\frac{1}{2}e^{x^2}+C_1 & (x>0)\\ \sin^3 x+C_2 & (x<0)\end{cases}$

함수 $f(x)$가 연속이므로

$\frac{1}{2}e^0+C_1=C_2,\ \frac{1}{2}+C_1=C_2$

$f(-\pi)=C_2=-1$이므로 $C_1=-\frac{3}{2}$

$\therefore f(1)=\frac{1}{2}e-\frac{3}{2}$

1858 답 $-\frac{1}{e}+2$

STEP1 $x>0$일 때, $f(x)$ 구하기 [2점]

(i) $x>0$일 때, $f'(x)=2xe^{-x^2}$이므로

$f(x)=\int 2xe^{-x^2}dx$

$-x^2=t$로 놓으면 $\frac{dt}{dx}=-2x$이므로

$f(x)=\int 2xe^{-x^2}dx=-\int e^t dt$

$=-e^t+C_1=-e^{-x^2}+C_1$

STEP2 $x<0$일 때, $f(x)$ 구하기 [3점]

(ii) $x<0$일 때, $f'(x)=(1+\sin x)^3\cos x$이므로

$f(x)=\int (1+\sin x)^3\cos x\,dx$

$1+\sin x=s$로 놓으면 $\frac{ds}{dx}=\cos x$이므로

$f(x)=\int (1+\sin x)^3\cos x\,dx=\int s^3 ds$

$=\frac{1}{4}s^4+C_2=\frac{1}{4}(1+\sin x)^4+C_2$

이때 $f\left(-\frac{\pi}{2}\right)=\frac{3}{4}$이므로 $C_2=\frac{3}{4}$

$\therefore f(x)=\frac{1}{4}(1+\sin x)^4+\frac{3}{4}$

STEP3 $f(1)$의 값 구하기 [2점]

(i), (ii)에서 $f(x)=\begin{cases}-e^{-x^2}+C_1 & (x>0)\\ \frac{1}{4}(1+\sin x)^4+\frac{3}{4} & (x<0)\end{cases}$

함수 $f(x)$가 실수 전체의 집합에서 연속이면 $x=0$에서 연속이므로

$\lim_{x\to 0+}(-e^{-x^2}+C_1)=\lim_{x\to 0-}\left\{\frac{1}{4}(1+\sin x)^4+\frac{3}{4}\right\}$

$-1+C_1=1\quad \therefore C_1=2$

따라서 $x>0$에서 $f(x)=-e^{-x^2}+2$이므로

$f(1)=-\frac{1}{e}+2$

1859 답 $-\frac{1}{4}$

STEP1 $x>0$일 때, $f(x)$ 구하기 [3점]

(i) $x>0$일 때, $f'(x)=kx\sqrt{x^2+4}$이므로

$f(x)=\int kx\sqrt{x^2+4}\,dx$

$x^2+4=t$로 놓으면 $\frac{dt}{dx}=2x$이므로

$f(x)=\int kx\sqrt{x^2+4}\,dx=k\int\sqrt{t}\times\frac{1}{2}dt$

$=\frac{k}{3}t\sqrt{t}+C_1=\frac{k}{3}(x^2+4)\sqrt{x^2+4}+C_1$

이때 $f(\sqrt{5})=k$이므로

$9k+C_1=k\quad \therefore C_1=-8k$

$\therefore f(x)=\frac{k}{3}(x^2+4)\sqrt{x^2+4}-8k$

STEP2 $x<0$일 때, $f(x)$ 구하기 [3점]

(ii) $x<0$일 때, $f'(x)=\sin x\cos 2x$이므로

$f(x)=\int \sin x\cos 2x\,dx=\int \sin x(2\cos^2 x-1)dx$

$\cos x=s$로 놓으면 $\frac{ds}{dx}=-\sin x$이므로

$f(x)=\int \sin x(2\cos^2 x-1)dx$

$=\int (2s^2-1)\times(-1)ds$

$=-\frac{2}{3}s^3+s+C_2$

$=-\frac{2}{3}\cos^3 x+\cos x+C_2$

이때 $f\left(-\frac{\pi}{2}\right)=1$이므로 $C_2=1$

$\therefore f(x)=-\frac{2}{3}\cos^3 x+\cos x+1$

STEP3 상수 k의 값 구하기 [2점]

(i), (ii)에서 $f(x)=\begin{cases}\frac{k}{3}(x^2+4)\sqrt{x^2+4}-8k & (x>0)\\ -\frac{2}{3}\cos^3 x+\cos x+1 & (x<0)\end{cases}$

함수 $f(x)$가 실수 전체의 집합에서 연속이면 $x=0$에서 연속이므로

$\lim_{x\to 0+}\left\{\frac{k}{3}(x^2+4)\sqrt{x^2+4}-8k\right\}=\lim_{x\to 0-}\left(-\frac{2}{3}\cos^3 x+\cos x+1\right)$

$-\frac{16}{3}k=\frac{4}{3}\quad \therefore k=-\frac{1}{4}$

1860 답 -2

STEP1 $x>1$일 때, $f(x)$ 구하기 [3점]

(i) $x>1$일 때, $f'(x)=\frac{1}{x}\cos(\ln x)$이므로

$f(x)=\int \frac{1}{x}\cos(\ln x)dx$

$\ln x=t$로 놓으면 $\frac{dt}{dx}=\frac{1}{x}$이므로

$f(x)=\int \frac{1}{x}\cos(\ln x)dx=\int \cos t\,dt$

$=\sin t+C_1=\sin(\ln x)+C_1$

이때 $f(e^\pi)=0$이므로 $C_1=0$

$\therefore f(x)=\sin(\ln x)$

STEP2 $x<1$일 때, $f(x)$ 구하기 [3점]

(ii) $x<1$일 때, $f'(x)=(kx+1)^5$이므로

$$f(x)=\int(kx+1)^5dx$$

$kx+1=s$로 놓으면 $\frac{ds}{dx}=k$이므로

$$f(x)=\int(kx+1)^5dx=\int s^5\times\frac{1}{k}ds$$

$$=\frac{1}{6k}s^6+C_2$$

$$=\frac{1}{6k}(kx+1)^6+C_2$$

이때 $f(0)=0$이므로

$\frac{1}{6k}+C_2=0$ $\therefore C_2=-\frac{1}{6k}$

$\therefore f(x)=\frac{1}{6k}(kx+1)^6-\frac{1}{6k}$

STEP3 실수 k의 값 구하기 [2점]

(i), (ii)에서 $f(x)=\begin{cases}\sin(\ln x) & (x>1)\\ \frac{1}{6k}(kx+1)^6-\frac{1}{6k} & (x<1)\end{cases}$

함수 $f(x)$가 $x=1$에서 연속이므로

$\lim_{x\to1+}\sin(\ln x)=\lim_{x\to1-}\left\{\frac{1}{6k}(kx+1)^6-\frac{1}{6k}\right\}$

$\frac{1}{6k}(k+1)^6-\frac{1}{6k}=0$, $(k+1)^6=1$

$k+1=1$ 또는 $k+1=-1$

$\therefore k=-2$ ($\because k\neq0$)

1861 답 (1) $xf'(x)$ (2) e^x (3) e^x (4) 1 (5) 0 (6) $2e$

STEP1 $f(x)$ 구하기 [4점]

함수 $f(x)$의 한 부정적분이 $F(x)$이므로

$F'(x)=f(x)$

$F(x)=xf(x)-x^2e^x$의 양변을 x에 대하여 미분하면

$f(x)=f(x)+\boxed{xf'(x)}-2xe^x-x^2e^x$

$\therefore xf'(x)=x(x+2)e^x$

$x\neq0$일 때,

$f'(x)=(x+2)e^x$

$\therefore f(x)=\int(x+2)e^xdx$

$u(x)=x+2$, $v'(x)=e^x$으로 놓으면

$u'(x)=1$, $v(x)=\boxed{e^x}$이므로

$$f(x)=\int(x+2)e^xdx$$

$$=(x+2)e^x-\int\boxed{e^x}dx$$

$$=(x+2)e^x-e^x+C$$

$$=(x+1)e^x+C$$

STEP2 적분상수 C 구하기 [2점]

$f(0)=1$이므로

$\boxed{1}+C=1$ $\therefore C=\boxed{0}$

STEP3 $f(1)$의 값 구하기 [2점]

$f(x)=(x+1)e^x$이므로

$f(1)=\boxed{2e}$

실제 답안 예시

미분하면 $f(x)=f(x)+xf'(x)-2xe^x-x^2e^x$

$f'(x)=(x+2)e^x$

$\therefore f(x)=\int(x+2)e^xdx=(x+2)e^x-\int e^xdx=(x+1)e^x+C$

$f(0)=1+C=1$ $\therefore C=0$

따라서 $f(x)=(x+1)e^x$이므로 $f(1)=2e$

1862 답 -1

STEP1 $f(x)$ 구하기 [4점]

함수 $f(x)$의 한 부정적분이 $F(x)$이므로

$F'(x)=f(x)$

$F(x)=xf(x)+x^2\cos x$의 양변을 x에 대하여 미분하면

$f(x)=f(x)+xf'(x)+2x\cos x-x^2\sin x$

$\therefore xf'(x)=x^2\sin x-2x\cos x$

모든 실수 x에 대하여 성립하므로

$f'(x)=x\sin x-2\cos x$ ...... ⓐ

$\therefore f(x)=\int(x\sin x-2\cos x)dx=\int x\sin x dx-2\int\cos x dx$

$\int x\sin x dx$에서 $u(x)=x$, $v'(x)=\sin x$로 놓으면

$u'(x)=1$, $v(x)=-\cos x$이므로

$$\int x\sin x dx=-x\cos x+\int\cos x dx$$

$$=-x\cos x+\sin x+C_1$$

$$\therefore f(x)=\int x\sin x dx-2\int\cos x dx$$

$$=(-x\cos x+\sin x+C_1)-2(\sin x+C_2)$$

$$=-x\cos x-\sin x+C$$

STEP2 적분상수 C 구하기 [2점]

$f(\pi)=\pi$이므로

$\pi+C=\pi$ $\therefore C=0$

STEP3 $f\left(\frac{\pi}{2}\right)$의 값 구하기 [2점]

$f(x)=-x\cos x-\sin x$이므로

$f\left(\frac{\pi}{2}\right)=-1$

부분점수표	
ⓐ $f'(x)$를 구한 경우	2점

1863 답 $-\frac{2}{e^2}+\frac{2}{e}$

STEP1 $xf(x)$ 구하기 [4점]

$f(x)+xf'(x)=\{xf(x)\}'=\frac{\ln x}{x^2}$이므로

$\int\{xf(x)\}'dx=\int\frac{\ln x}{x^2}dx$

$\therefore xf(x)=\int\frac{\ln x}{x^2}dx$

$u(x)=\ln x$, $v'(x)=\frac{1}{x^2}$로 놓으면

$u'(x)=\frac{1}{x}$, $v(x)=-\frac{1}{x}$이므로

$xf(x)=\int\frac{\ln x}{x^2}dx=-\frac{\ln x}{x}+\int\frac{1}{x^2}dx=-\frac{\ln x}{x}-\frac{1}{x}+C$

STEP 2 적분상수 C 구하기 [2점]

$f(1)=1$이므로

$-1+C=1$

$\therefore C=2$

STEP 3 $f(e)$의 값 구하기 [2점]

$xf(x)=-\frac{\ln x}{x}-\frac{1}{x}+2$이므로

$ef(e)=-\frac{1}{e}-\frac{1}{e}+2=-\frac{2}{e}+2$

$\therefore f(e)=-\frac{2}{e^2}+\frac{2}{e}$

1864 답 $\frac{\sqrt{3}}{3}\pi+\frac{\ln 2}{2}$

STEP 1 $f(x)$ 구하기 [6점]

(가)에서 $\lim_{h\to 0}\frac{g(x+h)-g(x)}{h}=g'(x)$이므로

$g'(x)=f(x)$

(나)의 양변을 x에 대하여 미분하면

$g'(x)=f(x)+xf'(x)-2x\tan x-x^2\sec^2 x$

$f(x)=f(x)+xf'(x)-2x\tan x-x^2\sec^2 x$

$xf'(x)=x^2\sec^2 x+2x\tan x$

$x>0$이므로

$f'(x)=x\sec^2 x+2\tan x$ …… ⓐ

$\therefore f(x)=\int(x\sec^2 x+2\tan x)dx$

$=\int x\sec^2 x\,dx+2\int\tan x\,dx$ …… ㉠

$\int x\sec^2 x\,dx$에서

$u(x)=x,\ v'(x)=\sec^2 x$로 놓으면

$u'(x)=1,\ v(x)=\tan x$이므로

$\int x\sec^2 x\,dx=x\tan x-\int\tan x\,dx$ …… ㉡

㉡을 ㉠에 대입하면

$f(x)=x\tan x+\int\tan x\,dx$

$=x\tan x+\int\frac{\sin x}{\cos x}dx$

$=x\tan x-\int\frac{(\cos x)'}{\cos x}dx$

$=x\tan x-\ln|\cos x|+C$

$=x\tan x-\ln(\cos x)+C\ \left(\because 0<x<\frac{\pi}{2}\right)$

STEP 2 적분상수 C 구하기 [2점]

(다)에서 $g\left(\frac{\pi}{4}\right)=0$이므로

(나)의 양변에 $x=\frac{\pi}{4}$를 대입하면

$0=\frac{\pi}{4}f\left(\frac{\pi}{4}\right)-\frac{\pi^2}{16}$

$\therefore f\left(\frac{\pi}{4}\right)=\frac{\pi}{4}$ …… ⓑ

즉, $f\left(\frac{\pi}{4}\right)=\frac{\pi}{4}+\frac{\ln 2}{2}+C=\frac{\pi}{4}$이므로

$C=-\frac{\ln 2}{2}$

STEP 3 $f\left(\frac{\pi}{3}\right)$의 값 구하기 [2점]

$f(x)=x\tan x-\ln(\cos x)-\frac{\ln 2}{2}$이므로

$f\left(\frac{\pi}{3}\right)=\frac{\pi}{3}\times\sqrt{3}+\ln 2-\frac{\ln 2}{2}$

$=\frac{\sqrt{3}}{3}\pi+\frac{\ln 2}{2}$

부분점수표	
ⓐ $f'(x)$를 구한 경우	3점
ⓑ $f\left(\frac{\pi}{4}\right)$의 값을 구한 경우	1점

실력 check 실전 마무리하기 1회 378쪽~382쪽

1 1865 답 ①　유형 2

출제의도 | 지수함수의 부정적분을 구할 수 있는지 확인한다.

$\int e^x dx=e^x+C$임을 이용해 보자.

$f'(x)=2e^{x-1}-2x$이므로

$f(x)=\int(2e^{x-1}-2x)dx$

$=2e^{x-1}-x^2+C$

$f(1)=2$이므로

$2-1+C=2$

$\therefore C=1$

따라서 $f(x)=2e^{x-1}-x^2+1$이므로

$f(2)=2e-3$

2 1866 답 ②　유형 1 + 유형 2

출제의도 | 여러 가지 함수의 부정적분을 구할 수 있는지 확인한다.

$\int\frac{1}{x}dx=\ln|x|+C$임을 이용해 보자.

$f'(x)=\begin{cases}\frac{1}{x} & (x>1)\\ e^{x-1} & (x<1)\end{cases}$에서

$f(x)=\begin{cases}\ln x+C_1 & (x>1)\\ e^{x-1}+C_2 & (x<1)\end{cases}$

$f(-1)=e+\frac{1}{e^2}$이므로

$\frac{1}{e^2}+C_2=e+\frac{1}{e^2}$

$\therefore C_2=e$

$\therefore f(x)=e^{x-1}+e\ (x<1)$

함수 $f(x)$가 실수 전체의 집합에서 연속이면 $x=1$에서 연속이므로

$$\lim_{x\to 1+}(\ln x+C_1)=\lim_{x\to 1-}(e^{x-1}+e)$$

$\therefore C_1=e+1$

따라서 $f(x)=\begin{cases}\ln x+e+1 & (x\ge 1)\\ e^{x-1}+e & (x<1)\end{cases}$이므로

$$f(e)-f(0)=(e+2)-\left(\frac{1}{e}+e\right)=2-\frac{1}{e}$$

3 1867 답 ② 유형 4

출제의도 | 삼각함수의 부정적분을 구할 수 있는지 확인한다.

$\int \sec^2 x\,dx=\tan x+C$, $\int \csc^2 x\,dx=-\cot x+C$임을 이용해 보자.

$$\begin{aligned}(\tan x+\cot x)^2&=\tan^2 x+2\tan x\cot x+\cot^2 x\\&=(\sec^2 x-1)+2+(\csc^2 x-1)\\&=\sec^2 x+\csc^2 x\end{aligned}$$

$$\begin{aligned}\therefore f(x)&=\int(\tan x+\cot x)^2dx\\&=\int(\sec^2 x+\csc^2 x)dx\\&=\tan x-\cot x+C\end{aligned}$$

$f\left(\frac{\pi}{4}\right)=1$이므로

$1-1+C=1 \qquad \therefore C=1$

$\therefore f(x)=\tan x-\cot x+1$

4 1868 답 ⑤ 유형 7

출제의도 | 치환적분법을 이용하여 지수함수의 부정적분을 구할 수 있는지 확인한다.

$e^x-1=t$로 놓고 치환적분법을 이용해 보자.

$e^x-1=t$로 놓으면 $\frac{dt}{dx}=e^x$이므로

$$\begin{aligned}f(x)&=\int 2e^{x+1}\sqrt{e^x-1}\,dx\\&=\int 2e\sqrt{t}\,dt\\&=\int 2et^{\frac{1}{2}}dt\\&=\frac{4}{3}et^{\frac{3}{2}}+C\\&=\frac{4}{3}e(e^x-1)\sqrt{e^x-1}+C\end{aligned}$$

곡선 $y=f(x)$가 점 $\left(\ln 2,\ \frac{4}{3}e\right)$를 지나므로

$f(\ln 2)=\frac{4}{3}e+C=\frac{4}{3}e$

$\therefore C=0$

따라서 $f(x)=\frac{4}{3}e(e^x-1)\sqrt{e^x-1}$이므로

$$\begin{aligned}f(\ln 5)&=\frac{4}{3}e(e^{\ln 5}-1)\sqrt{e^{\ln 5}-1}\\&=\frac{4}{3}e\times 4\times 2\\&=\frac{32}{3}e\end{aligned}$$

5 1869 답 ② 유형 8

출제의도 | 치환적분법을 이용하여 로그함수의 부정적분을 구할 수 있는지 확인한다.

$\ln x+6=t$로 놓고 치환적분법을 이용해 보자.

$$f'(x)=\frac{1}{x\sqrt{\ln x+6}}$$

$\ln x+6=t$로 놓으면 $\frac{dt}{dx}=\frac{1}{x}$이므로

$$\begin{aligned}f(x)&=\int\frac{1}{x\sqrt{\ln x+6}}dx=\int\frac{1}{\sqrt{t}}dt=\int t^{-\frac{1}{2}}dt\\&=2t^{\frac{1}{2}}+C=2\sqrt{t}+C=2\sqrt{\ln x+6}+C\end{aligned}$$

곡선 $y=f(x)$가 점 $\left(\frac{1}{e^2},\ 2\right)$를 지나므로

$f\left(\frac{1}{e^2}\right)=4+C=2 \qquad \therefore C=-2$

따라서 $f(x)=2\sqrt{\ln x+6}-2$이므로

$a=f(e^3)=6-2=4$

6 1870 답 ④ 유형 9

출제의도 | 치환적분법을 이용하여 $\sin ax$, $\cos ax$ 꼴의 삼각함수의 부정적분을 구할 수 있는지 확인한다.

$\int \sin ax\,dx=-\frac{1}{a}\cos ax+C$, $\int \cos ax\,dx=\frac{1}{a}\sin ax+C$임을 이용해 보자.

$f'(x)=24x-4\cos 2x$이므로

$$f(x)=\int(24x-4\cos 2x)dx=12x^2-2\sin 2x+C_1$$

$f\left(\frac{\pi}{2}\right)=0$이므로

$3\pi^2+C_1=0 \qquad \therefore C_1=-3\pi^2$

따라서 $f(x)=12x^2-2\sin 2x-3\pi^2$이므로 $f(x)$의 부정적분은

$$\int(12x^2-2\sin 2x-3\pi^2)dx=4x^3+\cos 2x-3\pi^2x+C$$

7 1871 답 ④ 유형 10

출제의도 | 치환적분법을 이용하여 삼각함수의 부정적분을 구할 수 있는지 확인한다.

$1-\sin x=t$로 놓고 치환적분법을 이용해 보자.

$1-\sin x=t$로 놓으면 $\frac{dt}{dx}=-\cos x$이므로

$$\begin{aligned}f(x)&=\int(1-\sin x)^2\cos x\,dx=\int t^2\times(-1)dt\\&=-\frac{1}{3}t^3+C=-\frac{1}{3}(1-\sin x)^3+C\end{aligned}$$

$f(0)=\frac{2}{3}$이므로

$-\frac{1}{3}+C=\frac{2}{3} \qquad \therefore C=1$

따라서 $f(x)=-\frac{1}{3}(1-\sin x)^3+1$이므로

$$f\left(\frac{\pi}{6}\right)=-\frac{1}{3}\times\left(\frac{1}{2}\right)^3+1=\frac{23}{24}$$

8 1872 답 ③ 유형 12

출제의도 | 미분계수의 정의를 이해하고 유리함수의 부정적분을 구할 수 있는지 확인한다.

> (분자의 차수)>(분모의 차수)이므로 분자를 분모로 나누어 몫과 나머지의 꼴로 나타내 보자.

$\lim_{h\to 0}\frac{f(x+h)-f(x)}{h}=f'(x)$이므로

$f'(x)=\frac{2x^2+3x-5}{x+3}$

$=2x-3+\frac{4}{x+3}$

$\therefore f(x)=\int\left(2x-3+\frac{4}{x+3}\right)dx$

$=x^2-3x+4\ln|x+3|+C$

$f(-2)=10$이므로

$4+6+C=10$

$\therefore C=0$

따라서 $f(x)=x^2-3x+4\ln|x+3|$이므로

$f(1)=1-3+4\ln 4=8\ln 2-2$

9 1873 답 ⑤ 유형 15

출제의도 | 부분적분법을 이용하여 부정적분을 구할 수 있는지 확인한다.

> 부분적분법을 한 번 적용하여 부정적분을 구하기 어려울 때는 부분적분법을 한 번 더 적용해 보자.

$g(x)=\sin x$, $h'(x)=e^x$으로 놓으면

$g'(x)=\cos x$, $h(x)=e^x$이므로

$f(x)=\int e^x\sin x\,dx$

$=e^x\sin x-\int e^x\cos x\,dx$ ······ ㉠

$\int e^x\cos x\,dx$에서

$u(x)=\cos x$, $v'(x)=e^x$으로 놓으면

$u'(x)=-\sin x$, $v(x)=e^x$이므로

$\int e^x\cos x\,dx=e^x\cos x+\int e^x\sin x\,dx$

$=e^x\cos x+f(x)+C_1$ ······ ㉡

㉡을 ㉠에 대입하면

$f(x)=e^x\sin x-\{e^x\cos x+f(x)+C_1\}$

$2f(x)=e^x(\sin x-\cos x)-C_1$

$\therefore f(x)=\frac{e^x}{2}(\sin x-\cos x)+C$

$f(0)=\frac{3}{2}$이므로

$-\frac{1}{2}+C=\frac{3}{2}$

$\therefore C=2$

따라서 $f(x)=\frac{e^x}{2}(\sin x-\cos x)+2$이므로

$f(\pi)=\frac{e^\pi}{2}\{0-(-1)\}+2$

$=\frac{e^\pi}{2}+2=\frac{e^\pi+4}{2}$

10 1874 답 ⑤ 유형 1

출제의도 | 부정적분과 미분의 관계를 이해하고 있는지 확인한다.

> $F'(x)=f(x)$이고, $\int f'(x)dx=f(x)+C$임을 이용해 보자.

$F(x)=xf(x)-2\sqrt{x}-x^2$의 양변을 x에 대하여 미분하면

$f(x)=f(x)+xf'(x)-\frac{1}{\sqrt{x}}-2x$

$xf'(x)=\frac{1}{\sqrt{x}}+2x$

$\therefore f'(x)=\frac{1}{x\sqrt{x}}+2$ ($\because x>0$)

$\therefore f(x)=\int\left(\frac{1}{x\sqrt{x}}+2\right)dx=\int(x^{-\frac{3}{2}}+2)\,dx$

$=-2x^{-\frac{1}{2}}+2x+C=-\frac{2}{\sqrt{x}}+2x+C$

$f(1)=1$이므로 $-2+2+C=1$ $\quad\therefore C=1$

따라서 $f(x)=-\frac{2}{\sqrt{x}}+2x+1$이므로

$f(4)=-1+8+1=8$

11 1875 답 ② 유형 7

출제의도 | 치환적분법을 이용하여 지수함수의 부정적분을 구하고 함수의 최댓값과 최솟값을 구할 수 있는지 확인한다.

> 구간 $[a, b]$에서 함수 $f(x)$가 증가하면 최솟값은 $f(a)$, 최댓값은 $f(b)$임을 이용해 보자.

$\sqrt{x}=t$로 놓으면 $\frac{dt}{dx}=\frac{1}{2\sqrt{x}}$이므로

$f(x)=\int\frac{2e^{\sqrt{x}}}{\sqrt{x}}dx=4\int e^t\,dt=4e^t+C=4e^{\sqrt{x}}+C$

한편, 구간 $(1, 4)$에서 $f'(x)>0$이므로 함수 $f(x)$는 구간 $[1, 4]$에서 증가한다.

즉, 함수 $f(x)$는 $x=1$에서 최솟값 $4e-2e^2$을 가지므로

$f(1)=4e+C=4e-2e^2$ $\quad\therefore C=-2e^2$

따라서 $f(x)=4e^{\sqrt{x}}-2e^2$이고 함수 $f(x)$는 $x=4$에서 최댓값을 가지므로 최댓값은

$f(4)=4e^2-2e^2=2e^2$

12 1876 답 ⑤ 유형 11

출제의도 | $\int\frac{f'(x)}{f(x)}dx$ 꼴의 부정적분을 구할 수 있는지 확인한다.

> $\int\frac{f'(x)}{f(x)}dx=\ln|f(x)|+C$임을 이용해 보자.

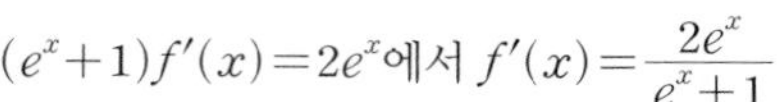

$(e^x+1)f'(x)=2e^x$에서 $f'(x)=\frac{2e^x}{e^x+1}$

$\therefore f(x)=\int\frac{2e^x}{e^x+1}dx=2\int\frac{(e^x+1)'}{e^x+1}dx$

$=2\ln(e^x+1)+C$ ($\because e^x+1>0$)

$f(0)=\ln 2$이므로 $2\ln 2+C=\ln 2$ $\quad\therefore C=-\ln 2$

따라서 $f(x)=2\ln(e^x+1)-\ln 2$이므로

$f(\ln 3)=2\ln 4-\ln 2=4\ln 2-\ln 2=3\ln 2$

13 1877 답 ②

유형 13

출제의도 | 유리함수의 부정적분을 구할 수 있는지 확인한다.

(분자의 차수)<(분모의 차수)이므로 부분분수로 변형해 보자.

$\frac{4x+5}{x^2+x-2}=\frac{4x+5}{(x+2)(x-1)}=\frac{A}{x+2}+\frac{B}{x-1}$라 하면

$\frac{A}{x+2}+\frac{B}{x-1}=\frac{(A+B)x-A+2B}{(x+2)(x-1)}$이므로

$4x+5=(A+B)x-A+2B$

위의 등식은 x에 대한 항등식이므로

$A+B=4,\ -A+2B=5$

위의 두 식을 연립하여 풀면

$A=1,\ B=3$

$\therefore f(x)=\int\frac{4x+5}{x^2+x-2}dx$

$=\int\left(\frac{1}{x+2}+\frac{3}{x-1}\right)dx$

$=\ln|x+2|+3\ln|x-1|+C$

$f(2)=-\ln 2$이므로

$2\ln 2+C=-\ln 2$

$\therefore C=-3\ln 2$

따라서 $f(x)=\ln|x+2|+3\ln|x-1|-3\ln 2$이므로

$f(-1)=3\ln 2-3\ln 2=0$

14 1878 답 ④

유형 14

출제의도 | 치환적분법과 부분적분법을 이용하여 삼각함수의 부정적분을 구할 수 있는지 확인한다.

$\sqrt{x}=t$로 놓고 치환적분법을 이용해 보자. 이때 $\frac{dt}{dx}=\frac{1}{2\sqrt{x}}=\frac{1}{2t}$임에 주의하자.

$\sqrt{x}=t$로 놓으면 $x=t^2$이고

$\frac{dt}{dx}=\frac{1}{2\sqrt{x}}$이므로

$f(x)=\int\cos\sqrt{x}\,dx$

$=\int\cos t\times 2t\,dt$

$=\int 2t\cos t\,dt$

$u(t)=2t,\ v'(t)=\cos t$로 놓으면

$u'(t)=2,\ v(t)=\sin t$이므로

$f(x)=\int 2t\cos t\,dt=2t\sin t-\int 2\sin t\,dt$

$=2t\sin t+2\cos t+C$

$=2\sqrt{x}\sin\sqrt{x}+2\cos\sqrt{x}+C$

$f(0)=8$이므로

$2+C=8$

$\therefore C=6$

따라서 $f(x)=2\sqrt{x}\sin\sqrt{x}+2\cos\sqrt{x}+6$이므로

$f(\pi^2)=2\sqrt{\pi^2}\sin\sqrt{\pi^2}+2\cos\sqrt{\pi^2}+6$

$=2\pi\sin\pi+2\cos\pi+6=2\times(-1)+6=4$

15 1879 답 ①

유형 14

출제의도 | 부분적분법을 이용하여 부정적분을 구할 수 있는지 확인한다.

미분하기 쉬운 함수 $\ln x$를 $u(x)$로, 적분하기 쉬운 함수 $\frac{1}{x^2}$을 $v'(x)$로 놓고 부분적분법을 이용해 보자.

$f'(x)=\frac{\ln x}{x^2}$이므로

$f(x)=\int\frac{\ln x}{x^2}dx$

$u(x)=\ln x,\ v'(x)=\frac{1}{x^2}$로 놓으면

$u'(x)=\frac{1}{x},\ v(x)=-\frac{1}{x}$이므로

$f(x)=\int\frac{\ln x}{x^2}dx=-\frac{\ln x}{x}+\int\frac{1}{x^2}dx$

$=-\frac{\ln x}{x}+\int x^{-2}dx=-\frac{\ln x}{x}-x^{-1}+C$

$=-\frac{\ln x}{x}-\frac{1}{x}+C$

곡선 $y=f(x)$가 점 $(1,\ 0)$을 지나므로

$f(1)=-1+C=0\qquad\therefore C=1$

따라서 $f(x)=-\frac{\ln x}{x}-\frac{1}{x}+1$이므로

$f(e)=-\frac{1}{e}-\frac{1}{e}+1=\frac{e-2}{e}$

16 1880 답 ③

유형 14

출제의도 | 미분계수의 정의를 이해하고 부분적분법을 이용하여 지수함수의 부정적분을 구할 수 있는지 확인한다.

$\lim_{x\to 1}\frac{f(x)-2}{x-1}=4$에서 $x\to 1$일 때 (분모) $\to 0$이고 극한값이 존재하므로 (분자) $\to 0$이어야 해.
즉, $f(1)-2=0$이므로 $f(1)=2$이고
$\lim_{x\to 1}\frac{f(x)-2}{x-1}=\lim_{x\to 1}\frac{f(x)-f(1)}{x-1}=f'(1)$이야.

$\lim_{x\to 1}\frac{f(x)-2}{x-1}=4$에서

$f(1)=2,\ f'(1)=4$

$f'(x)=a(x+1)e^x$에서

$f'(1)=2ae=4\qquad\therefore a=\frac{2}{e}$

$f'(x)=\frac{2}{e}(x+1)e^x=2(x+1)e^{x-1}$이므로

$f(x)=\int 2(x+1)e^{x-1}dx$

$u(x)=2(x+1),\ v'(x)=e^{x-1}$으로 놓으면

$u'(x)=2,\ v(x)=e^{x-1}$이므로

$f(x)=\int 2(x+1)e^{x-1}dx=2(x+1)e^{x-1}-\int 2e^{x-1}dx$

$=2(x+1)e^{x-1}-2e^{x-1}+C=2xe^{x-1}+C$

$f(1)=2$이므로

$2+C=2\qquad\therefore C=0$

따라서 $f(x)=2xe^{x-1}$이므로

$af(3)=\frac{2}{e}\times 6e^2=12e$

17 1881 답 ②

유형 2

출제의도 | 역함수를 구하여 지수함수의 부정적분을 구할 수 있는지 확인한다.

함수 $y=f(x)$에서 x를 y에 대한 식으로 나타내어 $x=f^{-1}(y)$를 구하고 x와 y를 서로 바꾸어 역함수 $y=f^{-1}(x)$를 구해 보자.

$y=\ln x^2-e$라 하면

$\frac{y+e}{2}=\ln x \qquad \therefore x=e^{\frac{y+e}{2}}$

x와 y를 서로 바꾸면 $y=e^{\frac{x+e}{2}}$

즉, $g(x)=e^{\frac{x+e}{2}}$이므로

$G(x)=\int g(x)dx=\int e^{\frac{x+e}{2}}dx$

$\quad=2e^{\frac{x+e}{2}}+C$

$G(-e)=0$이므로

$2+C=0$

$\therefore C=-2$

따라서 $G(x)=2e^{\frac{x+e}{2}}-2$이므로

$G(2-e)=2e-2$

18 1882 답 ③

유형 10

출제의도 | 치환적분법을 이용하여 삼각함수의 부정적분을 구할 수 있는지 확인한다.

$1+\tan^2 x=\sec^2 x$임을 이용하기 위해 피적분함수를 변형해 보자.

$\int \tan^3 x\,dx=\int \tan x\times\tan^2 x\,dx$

$\quad=\int \tan x(\sec^2 x-1)dx$

$\quad=\int (\tan x\sec^2 x-\tan x)dx$

$\quad=\int \tan x\sec^2 x\,dx-\int \frac{\sin x}{\cos x}dx$

(i) $\int \tan x\sec^2 x\,dx$에서

$\sec x=t$로 놓으면 $\frac{dt}{dx}=\sec x\tan x$이므로

$\int \tan x\sec^2 x\,dx=\int \sec x\tan x\sec x\,dx$

$\quad=\int t\,dt=\frac{1}{2}t^2+C_1$

$\quad=\frac{1}{2}\sec^2 x+C_1$

(ii) $\int \frac{\sin x}{\cos x}dx$에서

$\cos x=s$로 놓으면 $\frac{ds}{dx}=-\sin x$이므로

$\int \frac{\sin x}{\cos x}dx=\int -\frac{1}{s}ds=-\ln|s|+C_2$

$\quad=-\ln|\cos x|+C_2$

(i), (ii)에서

$\int \tan^3 x\,dx=\int \tan x\sec^2 x\,dx-\int \frac{\sin x}{\cos x}dx$

$\quad=\frac{1}{2}\sec^2 x+C_1+\ln|\cos x|-C_2$

$\quad=\frac{1}{2\cos^2 x}+\ln|\cos x|+C$

참고 $\int \tan x\sec^2 x\,dx$에서 $\tan x=t$로 놓으면 $\frac{dt}{dx}=\sec^2 x$이므로

$\int \tan x\sec^2 x\,dx=\int t\,dt=\frac{1}{2}t^2+C_3$

$\quad=\frac{1}{2}\tan^2 x+C_3$

이때 $1+\tan^2 x=\sec^2 x$임을 이용하면

$\frac{1}{2}\tan^2 x+C_3=\frac{1}{2}(\sec^2 x-1)+C_3$

$\quad=\frac{1}{2}\sec^2 x+C_1$

과 같이 변형할 수 있다.

19 1883 답 ①

유형 11

출제의도 | 부정적분과 미분의 관계를 이해하고 $\int \frac{f'(x)}{f(x)}dx$ 꼴의 부정적분을 구할 수 있는지 확인한다.

$\frac{d}{dx}\int f(x)dx=f(x)$임을 이용해 보자.

$(x-1)f(x)=5\int f(x)dx$의 양변을 x에 대하여 미분하면

$f(x)+(x-1)f'(x)=5f(x)$

$4f(x)=(x-1)f'(x)$

$\frac{f'(x)}{f(x)}=\frac{4}{x-1}$

$\int \frac{f'(x)}{f(x)}dx=\int \frac{4}{x-1}dx$

$\ln f(x)=4\ln|x-1|+C$ ($\because f(x)>0$)

$f(2)=e$이므로 $C=1$

따라서 $\ln f(x)=4\ln|x-1|+1=\ln e(x-1)^4$이므로

$f(x)=e(x-1)^4$

$\therefore f(3)=16e$

20 1884 답 ④

유형 14

출제의도 | 부분적분법을 이용하여 로그함수의 부정적분을 구할 수 있는지 확인한다.

곡선 $y=f(x)$ 위의 점 $(a, f(a))$에서의 접선의 방정식은 $y-f(a)=f'(a)(x-a)$임을 이용해 보자.

$u(x)=\ln x$, $v'(x)=1$로 놓으면

$u'(x)=\frac{1}{x}$, $v(x)=x$이므로

$f(x)=\int \ln x\,dx$

$\quad=x\ln x-\int \frac{1}{x}\times x\,dx$

$\quad=x\ln x-x+C$

곡선 $y=f(x)$가 x축과 점 $(1, 0)$에서 만나므로

$f(1)=-1+C=0 \qquad \therefore C=1$

$\therefore f(x)=x\ln x-x+1$

점 $(e, f(e))$, 즉 $(e, 1)$에서의 접선의 기울기는 $f'(e)=1$이므로

접선의 방정식은

$y-1=x-e \qquad \therefore y=x-e+1$

따라서 구하는 접선의 y절편은 $-e+1$이다.

21 1885 답 ④ 유형 14

출제의도 | 부분적분법을 이용하여 부정적분을 구할 수 있는지 확인한다.

$h(x)=\int f(x)g'(x)dx$이므로 부분적분법을 이용해 보자.

$h(x)=\int f(x)g'(x)dx$

$=f(x)g(x)-\int f'(x)g(x)dx$

$=f(x)g(x)-\int \frac{e^x-e^{-x}}{e^x+e^{-x}}dx$

$=f(x)g(x)-\int \frac{(e^x+e^{-x})'}{e^x+e^{-x}}dx$

$=f(x)g(x)-\ln(e^x+e^{-x})+C$ ($\because e^x+e^{-x}>0$)

이때 $h(0)=0$이므로

$h(0)=f(0)g(0)-\ln 2+C=0$

$\therefore C=\ln 2$ ($\because g(0)=0$)

$\therefore h(x)=f(x)g(x)-\ln(e^x+e^{-x})+\ln 2$

$h(\ln 2)=-\ln\frac{5}{2}$이므로

$h(\ln 2)=f(\ln 2)g(\ln 2)-\ln\frac{5}{2}+\ln 2$

$=-\ln\frac{5}{2}$

$g(\ln 2)=\frac{3}{2}$이므로

$\frac{3}{2}f(\ln 2)=-\ln 2$

$\therefore f(\ln 2)=-\frac{2}{3}\ln 2$

22 1886 답 1 유형 10

출제의도 | 치환적분법을 이용하여 삼각함수의 부정적분을 구할 수 있는지 확인한다.

STEP1 주어진 조건식의 양변의 부정적분 구하기 [3점]

$\frac{d}{dx}\{f(x)\sin x\}=3\sin^2 x\cos x$에서

$f(x)\sin x=\int 3\sin^2 x\cos x\,dx$

$\sin x=t$로 놓으면 $\frac{dt}{dx}=\cos x$이므로

$f(x)\sin x=\int 3\sin^2 x\cos x\,dx$

$=\int 3t^2\,dt=t^3+C$

$=\sin^3 x+C$

STEP2 $f\left(\frac{3}{2}\pi\right)$의 값 구하기 [3점]

$f\left(\frac{\pi}{2}\right)=1$이므로 위의 식의 양변에 $x=\frac{\pi}{2}$를 대입하면

$1=1^3+C$ $\quad\therefore C=0$

따라서 $f(x)\sin x=\sin^3 x$이므로

양변에 $x=\frac{3}{2}\pi$를 대입하면

$f\left(\frac{3}{2}\pi\right)\times(-1)=(-1)^3$

$\therefore f\left(\frac{3}{2}\pi\right)=1$

23 1887 답 $2\ln 2-2$ 유형 11

출제의도 | 미분계수의 정의를 이해하고 $\int \frac{f'(x)}{f(x)}dx$ 꼴의 부정적분을 구할 수 있는지 확인한다.

STEP1 실수 k의 값 구하기 [2점]

$\lim_{x\to 1}\frac{f(x)}{x-1}=k+2$에서 $x\to 1$일 때 (분모) $\to 0$이고 극한값이 존재하므로 (분자) $\to 0$이어야 한다.

즉, $\lim_{x\to 1}f(x)=0$이므로 $f(1)=0$

$\therefore \lim_{x\to 1}\frac{f(x)}{x-1}=\lim_{x\to 1}\frac{f(x)-f(1)}{x-1}=f'(1)=k+2$

$f'(1)=\frac{k}{2}=k+2$이므로 $k=2k+4$ $\quad\therefore k=-4$

STEP2 $f(x)$ 구하기 [2점]

$f'(x)=\frac{-4x}{x^2+1}$이므로

$f(x)=\int \frac{-4x}{x^2+1}dx=-2\int \frac{2x}{x^2+1}dx=-2\int \frac{(x^2+1)'}{x^2+1}dx$

$=-2\ln(x^2+1)+C$ ($\because x^2+1>0$)

$f(1)=0$이므로

$-2\ln 2+C=0$ $\quad\therefore C=2\ln 2$

$\therefore f(x)=-2\ln(x^2+1)+2\ln 2$

STEP3 $f(\sqrt{e-1})$의 값 구하기 [2점]

$f(\sqrt{e-1})=-2\ln(e-1+1)+2\ln 2=2\ln 2-2$

24 1888 답 4 유형 6

출제의도 | 치환적분법을 이용하여 무리함수의 부정적분을 구할 수 있는지 확인한다.

STEP1 $f(x)$ 구하기 [2점]

$\sqrt{x+1}=t$로 놓으면 $x=t^2-1$이고 $\frac{dt}{dx}=\frac{1}{2\sqrt{x+1}}$이므로

$f(x)=\int \frac{x-1}{2\sqrt{x+1}}dx=\int (t^2-2)dt$

$=\frac{1}{3}t^3-2t+C$

$=\frac{1}{3}(x+1)\sqrt{x+1}-2\sqrt{x+1}+C$

STEP2 함수 $f(x)$의 증가와 감소 확인하기 [2점]

$f'(x)=\frac{x-1}{2\sqrt{x+1}}$이므로 $f'(x)=0$에서 $x=1$

함수 $f(x)$의 증가와 감소를 표로 나타내면 다음과 같다.

x	(-1)	$\cdots$	1	$\cdots$
$f'(x)$		$-$	0	$+$
$f(x)$		↘	극소	↗

STEP3 적분상수 C 구하기 [2점]

함수 $f(x)$는 $x=1$에서 극솟값 $-\frac{4\sqrt{2}}{3}+1$을 가지므로

$f(1)=\frac{2\sqrt{2}}{3}-2\sqrt{2}+C=-\frac{4\sqrt{2}}{3}+1$ $\quad\therefore C=1$

STEP4 $f(8)$의 값 구하기 [2점]

$f(x)=\frac{1}{3}(x+1)\sqrt{x+1}-2\sqrt{x+1}+1$이므로

$f(8)=9-6+1=4$

25 1889 답 3

유형14

출제의도 | 함수의 몫의 미분법을 이해하고 부분적분법을 이용하여 함수식을 구할 수 있는지 확인한다.

STEP1 $f(x)$ **구하기 [4점]**

$f(x)=\int xe^x\,dx$에서

$u(x)=x,\ v'(x)=e^x$으로 놓으면

$u'(x)=1,\ v(x)=e^x$이므로

$$f(x)=\int xe^x\,dx=xe^x-\int e^x\,dx$$
$$=xe^x-e^x+C=(x-1)e^x+C$$

STEP2 적분상수 C **구하기 [2점]**

$f'(x)=xe^x=0$에서 $x=0$

$-1\le x\le 1$에서 함수 $f(x)$의 증가와 감소를 표로 나타내면

x	-1	$\cdots$	0	$\cdots$	1
$f'(x)$		$-$	0	$+$	
$f(x)$		↘	극소	↗	

$f(x)$는 $x=0$에서 극소이면서 최소이다.

$f(0)=-1+C=2$이므로 $C=3$

STEP3 함수 $f(x)$**의 최댓값 구하기 [2점]**

$f(x)=(x-1)e^x+3$이므로

$f(-1)=-2e^{-1}+3=3-\frac{2}{e}$,

$f(1)=3$

따라서 함수 $f(x)$의 최댓값은 3이다.

실력 check 실전 마무리하기 2회

383쪽~387쪽

1 1890 답 ②

유형1

출제의도 | 함수 $y=x^n$ (n은 실수)의 부정적분을 구할 수 있는지 확인한다.

$\sqrt{x}=x^{\frac{1}{2}}$으로 고쳐 부정적분의 정의를 이용해 보자.

$$\int\frac{\sqrt{x}+x}{x^2}\,dx=\int(x^{-\frac{3}{2}}+x^{-1})\,dx$$
$$=-2x^{-\frac{1}{2}}+\ln x+C$$
$$=-\frac{2}{\sqrt{x}}+\ln x+C$$

따라서 $a=-2,\ b=1$이므로

$a+b=-2+1=-1$

2 1891 답 ①

유형1 + 유형2

출제의도 | 여러 가지 함수의 부정적분을 구할 수 있는지 확인한다.

$\int e^x\,dx=e^x+C,\ \int\frac{1}{x}\,dx=\ln|x|+C$임을 이용해 보자.

$$f(x)=\int\frac{xe^x-2}{x}\,dx=\int\left(e^x-\frac{2}{x}\right)dx=e^x-2\ln|x|+C$$

$f(1)=e-1$이므로 $e+C=e-1$ $\qquad\therefore C=-1$

따라서 $f(x)=e^x-2\ln|x|-1$이므로

$f(-1)=e^{-1}-1=\frac{1}{e}-1$

3 1892 답 ④

유형5

출제의도 | 치환적분법을 이용하여 유리함수의 부정적분을 구할 수 있는지 확인한다.

$x-1=t$로 놓고 치환적분법을 이용해 보자.

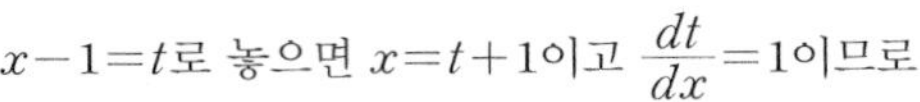

$x-1=t$로 놓으면 $x=t+1$이고 $\frac{dt}{dx}=1$이므로

$$f(x)=\int\frac{x}{(x-1)^3}\,dx=\int\frac{t+1}{t^3}\,dt$$
$$=\int\left(\frac{1}{t^2}+\frac{1}{t^3}\right)dt=\int(t^{-2}+t^{-3})\,dt$$
$$=-t^{-1}-\frac{1}{2}t^{-2}+C$$
$$=-\frac{1}{t}-\frac{1}{2t^2}+C$$
$$=-\frac{1}{x-1}-\frac{1}{2(x-1)^2}+C$$

$f(2)=\frac{1}{2}$이므로

$-1-\frac{1}{2}+C=\frac{1}{2}$ $\qquad\therefore C=2$

따라서 $f(x)=-\frac{1}{x-1}-\frac{1}{2(x-1)^2}+2$이므로

$f(0)=1-\frac{1}{2}+2=\frac{5}{2}$

4 1893 답 ②

유형6

출제의도 | 치환적분법을 이용하여 무리함수의 부정적분을 구할 수 있는지 확인한다.

$x-1=t$로 놓고 치환적분법을 이용해 보자.

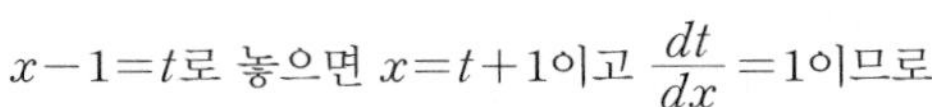

$x-1=t$로 놓으면 $x=t+1$이고 $\frac{dt}{dx}=1$이므로

$$f(x)=\int x\sqrt{x-1}\,dx=\int(t+1)\sqrt{t}\,dt$$
$$=\int(t^{\frac{3}{2}}+t^{\frac{1}{2}})\,dt=\frac{2}{5}t^{\frac{5}{2}}+\frac{2}{3}t^{\frac{3}{2}}+C$$
$$=\frac{2}{5}(x-1)^2\sqrt{x-1}+\frac{2}{3}(x-1)\sqrt{x-1}+C$$

$f(1)=-\frac{2}{3}$이므로 $C=-\frac{2}{3}$

따라서 $f(x)=\frac{2}{5}(x-1)^2\sqrt{x-1}+\frac{2}{3}(x-1)\sqrt{x-1}-\frac{2}{3}$이므로

$f(2)=\frac{2}{5}+\frac{2}{3}-\frac{2}{3}=\frac{2}{5}$

5 1894 답 ④ 유형 7

출제의도 | 미분계수의 정의를 이해하고 치환적분법을 이용하여 지수함수의 부정적분을 구할 수 있는지 확인한다.

> $\lim_{\Delta x \to 0}\frac{f(a+\Delta x)-f(a)}{\Delta x}=f'(a)$임을 이용해 보자.

$\lim_{h\to 0}\frac{f(x+h)-f(x-h)}{h}$

$=\lim_{h\to 0}\frac{f(x+h)-f(x)+f(x)-f(x-h)}{h}$

$=\lim_{h\to 0}\frac{f(x+h)-f(x)}{h}+\lim_{h\to 0}\frac{f(x-h)-f(x)}{-h}$

$=f'(x)+f'(x)=2f'(x)$

즉, $2f'(x)=4xe^{x^2}$이므로 $f'(x)=2xe^{x^2}$

$x^2=t$로 놓으면 $\frac{dt}{dx}=2x$이므로

$f(x)=\int 2xe^{x^2}dx=\int e^t dt=e^t+C=e^{x^2}+C$

$f(0)=2$이므로

$1+C=2 \qquad \therefore C=1$

따라서 $f(x)=e^{x^2}+1$이므로

$f(1)=e+1$

6 1895 답 ⑤ 유형 10

출제의도 | 치환적분법을 이용하여 삼각함수의 부정적분을 구할 수 있는지 확인한다.

> $\tan^2 x+1=\sec^2 x$임을 이용하여 피적분함수를 변형한 후 $\tan x=t$로 놓고 치환적분법을 이용해 보자.

$f(x)=\int(\tan^3 x+\tan x)dx=\int \tan x(\tan^2 x+1)dx$

$=\int \tan x\sec^2 x\,dx$

$\tan x=t$로 놓으면 $\frac{dt}{dx}=\sec^2 x$이므로

$f(x)=\int \tan x\sec^2 x\,dx=\int t\,dt=\frac{1}{2}t^2+C=\frac{1}{2}\tan^2 x+C$

$f(0)=\frac{1}{2}$이므로 $C=\frac{1}{2}$

따라서 $f(x)=\frac{1}{2}\tan^2 x+\frac{1}{2}$이므로

$f\left(\frac{\pi}{3}\right)=\frac{3}{2}+\frac{1}{2}=2$

7 1896 답 ④ 유형 11

출제의도 | $\int\frac{f'(x)}{f(x)}dx$ 꼴의 부정적분을 구할 수 있는지 확인한다.

> $\int\frac{f'(x)}{f(x)}dx=\ln|f(x)|+C$임을 이용해 보자.

$F(x)=\int\frac{\sin x}{1-\cos x}dx=\int\frac{(1-\cos x)'}{1-\cos x}dx$

$=\ln|1-\cos x|+C$

$\therefore F(\pi)-F\left(\frac{\pi}{2}\right)=(\ln 2+C)-C=\ln 2$

8 1897 답 ③ 유형 12

출제의도 | 인수분해를 이용하여 유리함수의 부정적분을 구할 수 있는지 확인한다.

> 인수분해를 이용하여 식을 간단히 한 후 분자를 분모로 나누어 몫과 나머지의 꼴로 나타낸 후 유리함수의 부정적분을 구해 보자.

$f(x)=\int\frac{x^3+1}{x^2-1}dx=\int\frac{(x+1)(x^2-x+1)}{(x-1)(x+1)}dx$

$=\int\frac{x^2-x+1}{x-1}dx=\int\left(x+\frac{1}{x-1}\right)dx$

$=\frac{1}{2}x^2+\ln|x-1|+C$

$f(0)=0$이므로 $C=0$

따라서 $f(x)=\frac{1}{2}x^2+\ln|x-1|$이므로

$f(2)=2$

9 1898 답 ③ 유형 15

출제의도 | 부분적분법을 이용하여 부정적분을 구할 수 있는지 확인한다.

> 부분적분법을 한 번 적용하여 부정적분을 구하기 어려울 때는 부분적분법을 한 번 더 적용해 보자.

$g(x)=(\ln x)^2$, $h'(x)=1$로 놓으면

$g'(x)=\frac{2\ln x}{x}$, $h(x)=x$이므로

$f(x)=\int(\ln x)^2 dx$

$=x(\ln x)^2-\int 2\ln x\,dx$ ······ ㉠

$\int 2\ln x\,dx$에서 $u(x)=2\ln x$, $v'(x)=1$로 놓으면

$u'(x)=\frac{2}{x}$, $v(x)=x$이므로

$\int 2\ln x\,dx=2x\ln x-\int 2\,dx$

$=2x\ln x-2x+C_1$ ······ ㉡

㉡을 ㉠에 대입하면

$f(x)=x(\ln x)^2-2x\ln x+2x+C$

$f(1)=4$이므로

$2+C=4 \qquad \therefore C=2$

$\therefore f(x)=x(\ln x)^2-2x\ln x+2x+2$

10 1899 답 ③ 유형 1

출제의도 | 함수의 곱의 미분법을 이해하고 함수 $y=x^n$(n은 실수)의 부정적분을 구할 수 있는지 확인한다.

> 두 함수 $f(x)$, $g(x)$가 미분가능할 때 $\{f(x)g(x)\}'=f'(x)g(x)+f(x)g'(x)$임을 이용해 보자.

$f(x)+xf'(x)=6\sqrt{x}+\frac{1}{x}$에서

$\{xf(x)\}'=6\sqrt{x}+\frac{1}{x}$

$\therefore xf(x)=\int\left(6\sqrt{x}+\frac{1}{x}\right)dx=\int\left(6x^{\frac{1}{2}}+\frac{1}{x}\right)dx$

$=4x^{\frac{3}{2}}+\ln x+C=4x\sqrt{x}+\ln x+C$

$f(1)=4$이므로 위의 식의 양변에 $x=1$을 대입하면

$f(1)=4+C=4 \qquad \therefore C=0$

따라서 $xf(x)=4x\sqrt{x}+\ln x$이므로

$f(x)=4\sqrt{x}+\dfrac{\ln x}{x}$ $(\because x>0)$

$\therefore f(9)=12+\dfrac{2\ln 3}{9}$

11 1900 답 ④ 유형 3

출제의도 | 연속함수의 정의를 이해하고 구간에 따라 다르게 정의되는 함수의 부정적분을 구할 수 있는지 확인한다.

> $x>0$, $x<0$으로 나누어 부정적분을 각각 구해 보자. 또, 실수 전체의 집합에서 연속인 함수이므로 $x=0$에서도 연속임을 이용해 보자.

$f'(x)=\begin{cases} 2^x & (x>0) \\ 2x+1 & (x<0) \end{cases}$에서

$f(x)=\begin{cases} \dfrac{2^x}{\ln 2}+C_1 & (x>0) \\ x^2+x+C_2 & (x<0) \end{cases}$

$f(-2)=1$이므로

$4-2+C_2=1 \qquad \therefore C_2=-1$

$\therefore f(x)=x^2+x-1 \ (x<0)$

함수 $f(x)$가 실수 전체의 집합에서 연속이면 $x=0$에서 연속이므로

$\lim\limits_{x\to 0+}\left(\dfrac{2^x}{\ln 2}+C_1\right)=\lim\limits_{x\to 0-}(x^2+x-1)$

$\dfrac{1}{\ln 2}+C_1=-1 \qquad \therefore C_1=-1-\dfrac{1}{\ln 2}$

$\therefore f(x)=\dfrac{2^x}{\ln 2}-1-\dfrac{1}{\ln 2}=\dfrac{2^x-1}{\ln 2}-1 \ (x\geq 0)$

따라서 $f(3)=\dfrac{7}{\ln 2}-1$, $f(1)=\dfrac{1}{\ln 2}-1$이므로

$f(3)+f(1)=\left(\dfrac{7}{\ln 2}-1\right)+\left(\dfrac{1}{\ln 2}-1\right)=\dfrac{8}{\ln 2}-2$

12 1901 답 ③ 유형 4

출제의도 | 부정적분과 미분의 관계를 이해하고 삼각함수의 덧셈정리를 이용하여 삼각함수의 부정적분을 구할 수 있는지 확인한다.

> $\sin\left(x+\dfrac{\pi}{4}\right)=\sin x\cos\dfrac{\pi}{4}+\cos x\sin\dfrac{\pi}{4}=\dfrac{1}{\sqrt{2}}(\sin x+\cos x)$이므로 $\sin x+\cos x=\sqrt{2}\sin\left(x+\dfrac{\pi}{4}\right)$임을 이용해 보자.

$f(x)=\cos x$이므로

$$g(x)=\int f(x)dx+\frac{d}{dx}\left\{\int f(x)dx\right\}=\int \cos x\,dx+\cos x$$
$$=\sin x+\cos x+C$$
$$=\sqrt{2}\sin\left(x+\frac{\pi}{4}\right)+C$$

$-1\leq \sin\left(x+\dfrac{\pi}{4}\right)\leq 1$이고 함수 $g(x)$의 최솟값이 0이므로

$-\sqrt{2}+C=0 \qquad \therefore C=\sqrt{2}$

따라서 $g(x)=\sqrt{2}\sin\left(x+\dfrac{\pi}{4}\right)+\sqrt{2}$이므로 최댓값은

$\sqrt{2}+\sqrt{2}=2\sqrt{2}$

13 1902 답 ③ 유형 11

출제의도 | $\displaystyle\int \frac{f'(x)}{f(x)}dx$ 꼴의 부정적분을 구할 수 있는지 확인한다.

> $\displaystyle\int \frac{f'(x)}{f(x)}dx=\ln|f(x)|+C$임을 이용해 보자.

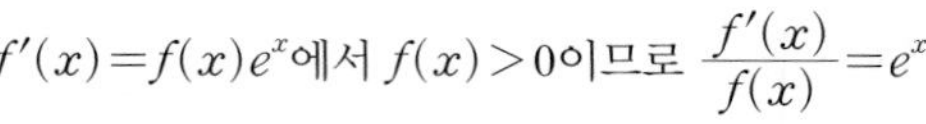
$f'(x)=f(x)e^x$에서 $f(x)>0$이므로 $\dfrac{f'(x)}{f(x)}=e^x$

$\displaystyle\int \frac{f'(x)}{f(x)}dx=\int e^x dx$

$\ln f(x)=e^x+C$ $(\because f(x)>0)$

$\therefore f(x)=e^{e^x+C}$

또, $f'(x)=f(x)e^x$의 양변에 $x=0$을 대입하면

$f'(0)=f(0) \qquad \therefore f(0)=1$

즉, $e^{1+C}=1$이므로 $1+C=0 \qquad \therefore C=-1$

따라서 $f(x)=e^{e^x-1}$이므로

$f(\ln 2)=e$

14 1903 답 ② 유형 13

출제의도 | 부정적분의 성질을 이용하여 유리함수의 부정적분을 구하고 급수를 계산할 수 있는지 확인한다.

> (분자의 차수)<(분모의 차수)이므로 부분분수로 변형해 보자.

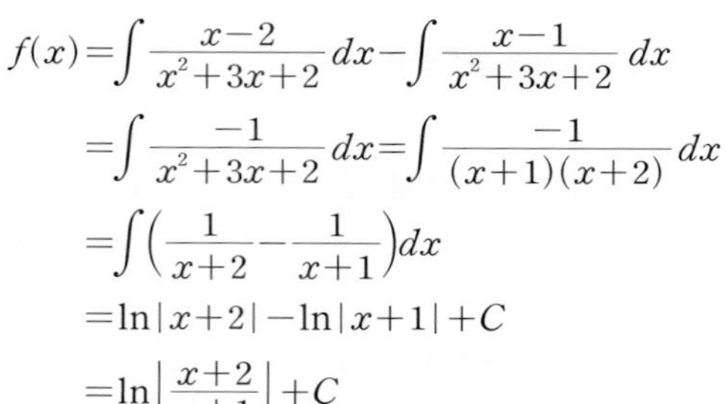
$$f(x)=\int \frac{x-2}{x^2+3x+2}dx-\int \frac{x-1}{x^2+3x+2}dx$$
$$=\int \frac{-1}{x^2+3x+2}dx=\int \frac{-1}{(x+1)(x+2)}dx$$
$$=\int\left(\frac{1}{x+2}-\frac{1}{x+1}\right)dx$$
$$=\ln|x+2|-\ln|x+1|+C$$
$$=\ln\left|\frac{x+2}{x+1}\right|+C$$

$f(0)=\ln 2$이므로

$\ln 2+C=\ln 2 \qquad \therefore C=0$

따라서 $f(x)=\ln\left|\dfrac{x+2}{x+1}\right|$이므로

$$\sum_{n=1}^{30} f(n)=\sum_{n=1}^{30}\ln\left|\frac{n+2}{n+1}\right|$$
$$=\ln\frac{3}{2}+\ln\frac{4}{3}+\ln\frac{5}{4}+\cdots+\ln\frac{32}{31}$$
$$=\ln\left(\frac{3}{2}\times\frac{4}{3}\times\frac{5}{4}\times\cdots\times\frac{32}{31}\right)$$
$$=\ln\frac{32}{2}=\ln 16=4\ln 2$$

15 1904 답 ③ 유형 14

출제의도 | 부분적분법을 이용하여 지수함수의 부정적분을 구할 수 있는지 확인한다.

> $\{e^{f(x)}\}'=f'(x)e^{f(x)}$임을 이용하여 $f'(x)$를 구한 후 부분적분법을 이용해 보자.

$\{e^{f(x)}\}'=5xe^{f(x)-x}$에서

$f'(x)e^{f(x)}=5xe^{-x}e^{f(x)}$

$\therefore f'(x)=5xe^{-x}$ $(\because e^{f(x)}>0)$

$u(x)=5x$, $v'(x)=e^{-x}$으로 놓으면

$u'(x)=5$, $v(x)=-e^{-x}$이므로

$$f(x)=\int 5xe^{-x}dx=-5xe^{-x}+\int 5e^{-x}dx$$
$$=-5xe^{-x}-5e^{-x}+C$$

$f(0)=1$이므로

$-5+C=1 \qquad \therefore C=6$

따라서 $f(x)=-5xe^{-x}-5e^{-x}+6$이므로

$f(-1)=5e-5e+6=6$

16 1905 답 ②

유형 1

출제의도 | 등비급수의 합을 구하고 부정적분을 구할 수 있는지 확인한다.

> 등비급수 $\sum_{n=1}^{\infty} ar^{n-1}(a\neq 0)$은 $|r|<1$일 때 수렴하고 그 합은 $\frac{a}{1-r}$임을 이용해 보자.

$$f(x)=\sum_{k=0}^{\infty}(x+1)^{-k}=\sum_{k=0}^{\infty}\left(\frac{1}{x+1}\right)^k$$

$f(x)$는 첫째항이 1, 공비가 $\frac{1}{x+1}$인 등비급수이고 $x>0$에서

$0<\frac{1}{x+1}<1$이므로

$$f(x)=\frac{1}{1-\frac{1}{x+1}}=\frac{x+1}{x}$$

$$\therefore F(x)=\int\frac{x+1}{x}dx=\int\left(1+\frac{1}{x}\right)dx$$
$$=x+\ln x+C$$

$F(e)=e-1$이므로

$e+1+C=e-1 \qquad \therefore C=-2$

따라서 $F(x)=x+\ln x-2$이므로

$F(1)=1-2=-1$

17 1906 답 ⑤

유형 3

출제의도 | 함수의 몫의 미분법을 이해하고 지수함수의 부정적분을 구할 수 있는지 확인한다.

> 두 함수 $f(x)$, $g(x)$가 미분가능할 때
> $\left\{\frac{f(x)}{g(x)}\right\}'=\frac{f'(x)g(x)-f(x)g'(x)}{\{g(x)\}^2}$임을 이용해 보자.

$xf'(x)-f(x)=x^2\times 3^x$에서

$\frac{xf'(x)-f(x)}{x^2}=3^x$ ($\because x>0$)

$\left\{\frac{f(x)}{x}\right\}'=3^x$

$$\therefore \frac{f(x)}{x}=\int 3^x dx=\frac{3^x}{\ln 3}+C$$

$f(1)=\frac{3}{\ln 3}$이므로 위의 식의 양변에 $x=1$을 대입하면

$f(1)=\frac{3}{\ln 3}+C=\frac{3}{\ln 3}$

$\therefore C=0$

따라서 $\frac{f(x)}{x}=\frac{3^x}{\ln 3}$이므로

$\frac{f(3)}{3}=\frac{27}{\ln 3} \qquad \therefore f(3)=\frac{81}{\ln 3}$

18 1907 답 ③

유형 7

출제의도 | 치환적분법을 이용하여 지수함수의 부정적분을 구하고 함수의 최댓값과 최솟값을 구할 수 있는지 확인한다.

> 닫힌구간 $[a, b]$에서 $f(x)$가 증가함수이면 최솟값은 $f(a)$, 최댓값은 $f(b)$임을 이용해 보자.

$e^x+1=t$로 놓으면 $\frac{dt}{dx}=e^x$이므로

$$f(x)=\int e^x\sqrt{e^x+1}\,dx$$
$$=\int\sqrt{t}\,dt=\int t^{\frac{1}{2}}dt$$
$$=\frac{2}{3}t^{\frac{3}{2}}+C=\frac{2}{3}t\sqrt{t}+C$$
$$=\frac{2}{3}(e^x+1)\sqrt{e^x+1}+C$$

한편, $f'(x)=e^x\sqrt{e^x+1}>0$이므로 $f(x)$는 $\ln 3\le x\le \ln 8$에서 증가함수이다.

따라서 $f(x)$는 $x=\ln 8$에서 최댓값, $x=\ln 3$에서 최솟값을 가지므로

$$M-m=f(\ln 8)-f(\ln 3)$$
$$=(18+C)-\left(\frac{16}{3}+C\right)$$
$$=\frac{38}{3}$$

19 1908 답 ①

유형 14

출제의도 | 역함수를 구하여 로그함수의 부정적분을 구할 수 있는지 확인한다.

> 함수 $y=f(x)$에서 x를 y에 대한 식으로 나타내어 $x=f^{-1}(y)$를 구하고 x와 y를 서로 바꾸어 역함수 $y=f^{-1}(x)$를 구해 보자. 이때 치역을 정의역으로 바꾸어야 해.

$y=e^x+1$이라 하면

$y-1=e^x \qquad \therefore x=\ln(y-1)$

x와 y를 서로 바꾸면 $y=\ln(x-1)$

즉, $x-1>0$이고 $g(x)=\ln(x-1)$이므로

$$G(x)=\int g(x)dx$$
$$=\int\ln(x-1)dx$$

$u(x)=\ln(x-1)$, $v'(x)=1$로 놓으면

$u'(x)=\frac{1}{x-1}$, $v(x)=x$이므로

$$G(x)=\int\ln(x-1)dx$$
$$=x\ln(x-1)-\int\frac{x}{x-1}dx$$
$$=x\ln(x-1)-\int\left(1+\frac{1}{x-1}\right)dx$$
$$=x\ln(x-1)-x-\ln(x-1)+C\ (\because x-1>0)$$
$$=(x-1)\ln(x-1)-x+C$$

$G(2)=0$이므로

$-2+C=0 \qquad \therefore C=2$

따라서 $G(x)=(x-1)\ln(x-1)-x+2$이므로

$G(e+1)=e-(e+1)+2=1$

20 1909 답 ⑤

유형 14

출제의도 | 함수의 곱의 미분법을 이해하고 부분적분법을 이용하여 삼각함수의 부정적분을 구할 수 있는지 확인한다.

> (가)에서 주어진 식의 우변에서 미분하기 쉬운 함수 x를 $u(x)$로, 적분하기 쉬운 함수 $\sin x$를 $v'(x)$로 놓고 부분적분법을 이용하자.

$f(x)+xf'(x)=\{xf(x)\}'$이므로 (가)에서

$\{xf(x)\}'=x\sin x$

$u(x)=x$, $v'(x)=\sin x$로 놓으면

$u'(x)=1$, $v(x)=-\cos x$이므로

$xf(x)=\int x\sin x\,dx=-x\cos x+\int \cos x\,dx$

$=-x\cos x+\sin x+C$

(나)에서 $f(\pi)=1$이므로

$\pi f(\pi)=\pi+C=\pi \qquad \therefore C=0$

따라서 $xf(x)=-x\cos x+\sin x$이므로

$f(x)=-\cos x+\frac{\sin x}{x}\ (\because x>0)$

$\therefore f\left(\frac{\pi}{2}\right)=\frac{2}{\pi}$

21 1910 답 ④

유형 7 + 유형 14

출제의도 | 치환적분법과 부분적분법을 이용하여 지수함수의 부정적분을 구할 수 있는지 확인한다.

> $\sqrt{x}=t$로 놓고 치환적분법을 이용해 보자. 이때 $\frac{dt}{dx}=\frac{1}{2\sqrt{x}}=\frac{1}{2t}$임에 주의하자.

$f(x)=\int e^{\sqrt{x}}dx$

$\sqrt{x}=t$로 놓으면 $\frac{dt}{dx}=\frac{1}{2\sqrt{x}}=\frac{1}{2t}$이므로

$f(x)=\int e^{\sqrt{x}}dx=\int e^t\times 2t\,dt=\int 2te^t\,dt$

$u(t)=2t$, $v'(t)=e^t$으로 놓으면

$u'(t)=2$, $v(t)=e^t$이므로

$f(x)=\int 2te^t\,dt=2te^t-\int 2e^t\,dt$

$=2te^t-2e^t+C=2\sqrt{x}e^{\sqrt{x}}-2e^{\sqrt{x}}+C$

함수 $y=f(x)$의 그래프가 점 $(1, 0)$을 지나므로

$f(1)=2e-2e+C=0 \qquad \therefore C=0$

따라서 $f(x)=2\sqrt{x}e^{\sqrt{x}}-2e^{\sqrt{x}}$이므로

$f(4)=4e^2-2e^2=2e^2$

22 1911 답 $-\frac{4}{e}+8$

유형 2

출제의도 | 미분계수의 정의를 이해하고 지수함수의 부정적분을 구할 수 있는지 확인한다.

STEP 1 상수 k의 값 구하기 [2점]

$\lim_{x\to0}\frac{f(x)}{x}=k+4$에서 $x\to0$일 때 (분모)$\to0$이고 극한값이 존재하므로 (분자)$\to0$이어야 한다.

즉, $\lim_{x\to0}f(x)=0$이므로 $f(0)=0$

$\therefore \lim_{x\to0}\frac{f(x)}{x}=\lim_{x\to0}\frac{f(x)-f(0)}{x-0}=f'(0)=k+4$

$f'(0)=k+k=2k$이므로

$2k=k+4 \qquad \therefore k=4$

STEP 2 $f(x)$ 구하기 [2점]

$f'(x)=\frac{4}{e^x}+4$이므로

$f(x)=\int\left(\frac{4}{e^x}+4\right)dx$

$=\int(4e^{-x}+4)\,dx$

$=-4e^{-x}+4x+C$

$f(0)=0$이므로

$-4+C=0 \qquad \therefore C=4$

$\therefore f(x)=-4e^{-x}+4x+4$

STEP 3 $f(1)$의 값 구하기 [2점]

$f(1)=-4e^{-1}+4+4=-\frac{4}{e}+8$

23 1912 답 10

유형 8

출제의도 | 치환적분법을 이용하여 로그함수의 부정적분을 구할 수 있는지 확인한다.

STEP 1 $f(x)$ 구하기 [4점]

$f'(x)=\frac{4\ln\sqrt{x}}{x}\ (\because x>0)$

$\therefore f(x)=\int\frac{4\ln\sqrt{x}}{x}dx=\int\frac{2\ln x}{x}dx$

$\ln x=t$로 놓으면 $\frac{dt}{dx}=\frac{1}{x}$이므로

$f(x)=\int\frac{2\ln x}{x}dx$

$=\int 2t\,dt$

$=t^2+C=(\ln x)^2+C$

STEP 2 $f(e^3)$의 값 구하기 [2점]

$f(1)=1$이므로 $C=1$

따라서 $f(x)=(\ln x)^2+1$이므로

$f(e^3)=3^2+1=10$

24 1913 답 $-2\sqrt{2}$

유형 4

출제의도 | 삼각함수의 부정적분을 구하고 함수의 극댓값과 극솟값을 구할 수 있는지 확인한다.

STEP 1 $f(x)$ 구하기 [2점]

$f'(x)=\cos x-\sin x$이므로

$f(x)=\int(\cos x-\sin x)dx$

$=\sin x+\cos x+C$

STEP 2 함수 $f(x)$의 증가와 감소 확인하기 [2점]

$f'(x)=\cos x-\sin x=0$

즉, $\cos x=\sin x$에서

$x=\frac{\pi}{4}$ 또는 $x=\frac{5}{4}\pi\ (\because 0<x<2\pi)$

함수 $f(x)$의 증가와 감소를 표로 나타내면 다음과 같다.

x	(0)	$\cdots$	$\frac{\pi}{4}$	$\cdots$	$\frac{5}{4}\pi$	$\cdots$	(2π)
$f'(x)$		$+$	0	$-$	0	$+$	
$f(x)$		↗	극대	↘	극소	↗	

STEP 3 적분상수 C 구하기 [2점]

함수 $f(x)$는 $x=\frac{\pi}{4}$에서 극댓값 0을 가지므로

$$f\left(\frac{\pi}{4}\right)=\frac{\sqrt{2}}{2}+\frac{\sqrt{2}}{2}+C=0$$

$\therefore C=-\sqrt{2}$

STEP 4 $f(x)$의 극댓값이 0일 때, 극솟값 구하기 [2점]

$f(x)=\sin x+\cos x-\sqrt{2}$이므로 $f(x)$의 극솟값은

$$f\left(\frac{5}{4}\pi\right)=-\frac{\sqrt{2}}{2}-\frac{\sqrt{2}}{2}-\sqrt{2}$$
$$=-2\sqrt{2}$$

참고 $f'(x)=\cos x-\sin x$에서 $f''(x)=-\sin x-\cos x$이고

$$f''\left(\frac{\pi}{4}\right)=-\frac{\sqrt{2}}{2}-\frac{\sqrt{2}}{2}=-\sqrt{2}<0$$
$$f''\left(\frac{5}{4}\pi\right)=\frac{\sqrt{2}}{2}+\frac{\sqrt{2}}{2}=\sqrt{2}>0$$

이므로 함수 $f(x)$는 $x=\frac{\pi}{4}$에서 극대, $x=\frac{5}{4}\pi$에서 극소이다.

25 1914 답 $2\pi+1$

유형 14

출제의도 | 부분적분법을 이용하여 삼각함수의 부정적분을 구할 수 있는지 확인한다.

STEP 1 $f'(x)$ 구하기 [2점]

$F(x)=xf(x)-x^2\cos x$의 양변을 x에 대하여 미분하면

$f(x)=f(x)+xf'(x)-2x\cos x+x^2\sin x$

$xf'(x)=2x\cos x-x^2\sin x$

$\therefore f'(x)=2\cos x-x\sin x$ ($\because x>0$)

STEP 2 $f(x)$ 구하기 [4점]

$$f(x)=\int(2\cos x-x\sin x)dx$$
$$=2\sin x-\int x\sin x\,dx \quad \cdots\cdots ㉠$$

$\int x\sin x\,dx$에서 $u(x)=x$, $v'(x)=\sin x$로 놓으면

$u'(x)=1$, $v(x)=-\cos x$이므로

$$\int x\sin x\,dx=-x\cos x+\int\cos x\,dx$$
$$=-x\cos x+\sin x+C_1 \quad \cdots\cdots ㉡$$

㉡을 ㉠에 대입하면

$$f(x)=2\sin x-(-x\cos x+\sin x+C_1)$$
$$=x\cos x+\sin x+C$$

STEP 3 $f(2\pi)$의 값 구하기 [2점]

$F(\pi)=\pi$이므로

$\pi f(\pi)+\pi^2=\pi \qquad \therefore f(\pi)=-\pi+1$

즉, $-\pi+C=-\pi+1$이므로

$C=1$

따라서 $f(x)=x\cos x+\sin x+1$이므로

$f(2\pi)=2\pi+1$

09 정적분

핵심 개념

392쪽~393쪽

1915 답 (1) $\frac{1}{2}$ (2) $\frac{45}{4}$ (3) $\frac{6}{\ln 3}$ (4) $\frac{\sqrt{2}}{2}$

(1) $\int_1^2\frac{1}{x^2}dx=\int_1^2x^{-2}dx=\left[-\frac{1}{x}\right]_1^2=-\frac{1}{2}-(-1)=\frac{1}{2}$

(2) $\int_1^8\sqrt[3]{x}\,dx=\int_1^8x^{\frac{1}{3}}dx=\left[\frac{3}{4}x^{\frac{4}{3}}\right]_1^8=\frac{3}{4}\times8^{\frac{4}{3}}-\frac{3}{4}\times1^{\frac{4}{3}}$
$=12-\frac{3}{4}=\frac{45}{4}$

(3) $\int_1^2 3^x dx=\left[\frac{3^x}{\ln 3}\right]_1^2=\frac{9}{\ln 3}-\frac{3}{\ln 3}=\frac{6}{\ln 3}$

(4) $\int_0^{\frac{\pi}{4}}\cos x\,dx=\left[\sin x\right]_0^{\frac{\pi}{4}}=\frac{\sqrt{2}}{2}$

1916 답 $\frac{2}{3}\pi-\sqrt{3}$

$$\int_0^{\frac{\pi}{3}}(1-\tan^2 x)dx=\int_0^{\frac{\pi}{3}}\{1-(\sec^2 x-1)\}dx$$
$$=\int_0^{\frac{\pi}{3}}(2-\sec^2 x)dx$$
$$=\left[2x-\tan x\right]_0^{\frac{\pi}{3}}=\frac{2}{3}\pi-\sqrt{3}$$

1917 답 $2\left(e-\frac{1}{e}\right)$

$f(x)=e^x+e^{-x}$이라 하면 $f(-x)=e^{-x}+e^x=f(x)$이므로

e^x+e^{-x}은 우함수이다.

$$\therefore \int_{-1}^1(e^x+e^{-x})dx=2\int_0^1(e^x+e^{-x})dx$$
$$=2\left[e^x-e^{-x}\right]_0^1=2\left(e-\frac{1}{e}\right)$$

1918 답 2

$\sin x$는 기함수, $\cos x$는 우함수이므로

$$\int_{-\frac{\pi}{2}}^{\frac{\pi}{2}}(\sin x+\cos x)dx=\int_{-\frac{\pi}{2}}^{\frac{\pi}{2}}\sin x\,dx+\int_{-\frac{\pi}{2}}^{\frac{\pi}{2}}\cos x\,dx$$
$$=2\int_0^{\frac{\pi}{2}}\cos x\,dx=2\left[\sin x\right]_0^{\frac{\pi}{2}}=2$$

1919 답 $\frac{1}{3}$

$\ln x=t$로 놓으면 $\frac{dt}{dx}=\frac{1}{x}$

$x=1$일 때 $t=0$, $x=e$일 때 $t=1$이므로

$$\int_1^e\frac{(\ln x)^2}{x}dx=\int_0^1t^2dt=\left[\frac{1}{3}t^3\right]_0^1=\frac{1}{3}$$

1920 답 $\ln 2$

$1+\sin x=t$로 놓으면 $\frac{dt}{dx}=\cos x$

$x=0$일 때 $t=1$, $x=\frac{\pi}{2}$일 때 $t=2$이므로

$$\int_0^{\frac{\pi}{2}}\frac{\cos x}{1+\sin x}dx=\int_1^2\frac{1}{t}dt=\left[\ln|t|\right]_1^2=\ln 2$$

1921 답 1

$f(x)=x$, $g'(x)=e^x$으로 놓으면

$f'(x)=1$, $g(x)=e^x$

$\therefore \int_0^1 xe^x\,dx=\Big[xe^x\Big]_0^1-\int_0^1 1\times e^x\,dx=e-\Big[e^x\Big]_0^1=e-e+1=1$

1922 답 $\frac{1}{4}e^2+\frac{1}{4}$

$f(x)=\ln x$, $g'(x)=x$로 놓으면

$f'(x)=\frac{1}{x}$, $g(x)=\frac{1}{2}x^2$

$$\begin{aligned}\therefore \int_1^e x\ln x\,dx&=\Big[\frac{1}{2}x^2\ln x\Big]_1^e-\int_1^e\frac{1}{x}\times\frac{1}{2}x^2\,dx\\&=\frac{1}{2}e^2-\int_1^e\frac{1}{2}x\,dx=\frac{1}{2}e^2-\Big[\frac{1}{4}x^2\Big]_1^e\\&=\frac{1}{2}e^2-\frac{1}{4}e^2+\frac{1}{4}=\frac{1}{4}e^2+\frac{1}{4}\end{aligned}$$

기출유형 check 실전 준비하기 394쪽~425쪽

1923 답 34

$\int_2^4 f(x)dx-\int_3^4 f(x)dx+\int_1^2 f(x)dx$

$=\int_1^2 f(x)dx+\int_2^4 f(x)dx-\int_3^4 f(x)dx$

$=\int_1^3 f(x)dx$

$=\int_1^3(3x^2+2x)dx$

$=\Big[x^3+x^2\Big]_1^3=(27+9)-(1+1)$

$=36-2=34$

1924 답 ②

$\int_0^k(2x+1)dx=\Big[x^2+x\Big]_0^k=k^2+k$

따라서 $k^2+k=-\frac{1}{4}$이므로

$4k^2+4k+1=0$, $(2k+1)^2=0$

$\therefore k=-\frac{1}{2}$

1925 답 2

$$\begin{aligned}\int_{-a}^a(6x^2+5x)dx&=2\int_0^a 6x^2\,dx\\&=2\Big[2x^3\Big]_0^a=4a^3\end{aligned}$$

따라서 $4a^3=32$이므로

$a^3=8$ $\quad\therefore a=2$

1926 답 ③

$\int_2^x f(t)dt=x^3-2x^2-3x+k$의 양변에 $x=2$를 대입하면

$0=8-8-6+k$ $\quad\therefore k=6$

$\int_2^x f(t)dt=x^3-2x^2-3x+6$의 양변을 x에 대하여 미분하면

$f(x)=3x^2-4x-3$

$\therefore f(6)=3\times36-4\times6-3=81$

1927 답 ①

$\int_1^x(x-t)f(t)dt=ax^2+bx-1$ ······ ㉠

㉠에서 $x\int_1^x f(t)dt-\int_1^x tf(t)dt=ax^2+bx-1$

위의 등식의 양변을 x에 대하여 미분하면

$\int_1^x f(t)dt+xf(x)-xf(x)=2ax+b$

$\therefore \int_1^x f(t)dt=2ax+b$

위의 등식의 양변에 $x=1$을 대입하면

$2a+b=0$ ······ ㉡

㉠의 양변에 $x=1$을 대입하면

$0=a+b-1$

$\therefore a+b=1$ ······ ㉢

㉡, ㉢을 연립하여 풀면

$a=-1$, $b=2$

$\therefore a-b=-3$

1928 답 ④

$|x^2-2x|=\begin{cases}x^2-2x & (x\le0 \text{ 또는 } x\ge2)\\-x^2+2x & (0\le x\le2)\end{cases}$이므로

$$\begin{aligned}\int_0^3|x^2-2x|dx&=\int_0^2(-x^2+2x)dx+\int_2^3(x^2-2x)dx\\&=\Big[-\frac{1}{3}x^3+x^2\Big]_0^2+\Big[\frac{1}{3}x^3-x^2\Big]_2^3\\&=\Big(-\frac{8}{3}+4\Big)+\Big\{(9-9)-\Big(\frac{8}{3}-4\Big)\Big\}\\&=\frac{4}{3}+\frac{4}{3}=\frac{8}{3}\end{aligned}$$

1929 답 ② | 유형1

정적분 $\int_1^2\frac{4x^2+x+2}{x}dx$의 값은?
단서1

① $5+2\ln2$ ② $7+2\ln2$ ③ $9+2\ln2$
④ $10+2\ln2$ ⑤ $11+2\ln2$

단서1 $\frac{4x^2+x+2}{x}=4x+1+\frac{2}{x}$

STEP1 분수식을 간단히 하여 정적분의 값 구하기

$$\begin{aligned}\int_1^2\frac{4x^2+x+2}{x}dx&=\int_1^2\Big(4x+1+\frac{2}{x}\Big)dx\\&=\Big[2x^2+x+2\ln|x|\Big]_1^2\\&=(8+2+2\ln2)-(2+1)\\&=7+2\ln2\end{aligned}$$

$(2+1)$: $2\times1^2+1+2\ln|1|$에서 $\ln|1|=\ln1=0$

1930 답 ③

$$\int_2^4 \frac{x+3}{x^2}dx=\int_2^4\left(\frac{1}{x}+\frac{3}{x^2}\right)dx$$
$$=\int_2^4\left(\frac{1}{x}+3x^{-2}\right)dx$$
$$=\left[\ln|x|-\frac{3}{x}\right]_2^4$$
$$=\left(\ln 4-\frac{3}{4}\right)-\left(\ln 2-\frac{3}{2}\right)$$
$$=\left(2\ln 2-\frac{3}{4}\right)-\left(\ln 2-\frac{3}{2}\right)$$
$$=\ln 2+\frac{3}{4}$$

1931 답 $\frac{64}{3}$

$$\int_1^9 \frac{x+1}{\sqrt{x}}dx=\int_1^9\left(\sqrt{x}+\frac{1}{\sqrt{x}}\right)dx$$
$$=\int_1^9\left(x^{\frac{1}{2}}+x^{-\frac{1}{2}}\right)dx$$
$$=\left[\frac{2}{3}x^{\frac{3}{2}}+2x^{\frac{1}{2}}\right]_1^9$$
$$=\left(\frac{2}{3}\times 9^{\frac{3}{2}}+2\times 9^{\frac{1}{2}}\right)-\left(\frac{2}{3}\times 1^{\frac{3}{2}}+2\times 1^{\frac{1}{2}}\right)$$
$$=\left(\frac{2}{3}\times 27+2\times 3\right)-\left(\frac{2}{3}\times 1+2\times 1\right)$$
$$=24-\frac{8}{3}=\frac{64}{3}$$

1932 답 ①

$$\int_0^1 (x-\sqrt{x})^2dx=\int_0^1(x^2-2x\sqrt{x}+x)dx$$
$$=\int_0^1\left(x^2-2x^{\frac{3}{2}}+x\right)dx$$
$$=\left[\frac{1}{3}x^3-\frac{4}{5}x^{\frac{5}{2}}+\frac{1}{2}x^2\right]_0^1$$
$$=\frac{1}{3}-\frac{4}{5}+\frac{1}{2}=\frac{1}{30}$$

1933 답 ④

$$\int_1^2 \frac{1}{x(x+1)}dx=\int_1^2\left(\frac{1}{x}-\frac{1}{x+1}\right)dx$$
$$=\Big[\ln|x|-\ln|x+1|\Big]_1^2$$
$$=(\ln 2-\ln 3)-(-\ln 2)$$
$$=2\ln 2-\ln 3$$
$$=\ln 4-\ln 3$$
$$=\ln\frac{4}{3}$$

1934 답 ②

$$\int_1^5 \frac{x-1}{x+1}dx=\int_1^5\left(1-\frac{2}{x+1}\right)dx$$

→ $\frac{x-1}{x+1}=\frac{x+1-2}{x+1}=1-\frac{2}{x+1}$

$$=\Big[x-2\ln|x+1|\Big]_1^5$$
$$=(5-2\ln 6)-(1-2\ln 2)$$
$$=4-2(\ln 6-\ln 2)$$
$$=4-2\ln 3$$

$\ln 6-\ln 2=\ln\frac{6}{2}=\ln 3$

1935 답 ⑤

$$\int_9^{36} \frac{x-1}{\sqrt{x}+1}dx=\int_9^{36}\frac{(\sqrt{x}-1)(\sqrt{x}+1)}{\sqrt{x}+1}dx$$
$$=\int_9^{36}(\sqrt{x}-1)dx$$
$$=\int_9^{36}\left(x^{\frac{1}{2}}-1\right)dx$$
$$=\left[\frac{2}{3}x^{\frac{3}{2}}-x\right]_9^{36}$$
$$=\left(\frac{2}{3}\times 36^{\frac{3}{2}}-36\right)-\left(\frac{2}{3}\times 9^{\frac{3}{2}}-9\right)$$
$$=\left(\frac{2}{3}\times 216-36\right)-\left(\frac{2}{3}\times 27-9\right)$$
$$=108-9$$
$$=99$$

1936 답 ⑤

$$\int_2^3 \frac{4}{x^2-1}dx=\int_2^3\frac{4}{(x-1)(x+1)}dx$$
$$=2\int_2^3\left(\frac{1}{x-1}-\frac{1}{x+1}\right)dx$$
$$=2\Big[\ln|x-1|-\ln|x+1|\Big]_2^3$$
$$=2\{(\ln 2-\ln 4)-(-\ln 3)\}$$

→ $\ln 2-\ln 4=\ln 2-2\ln 2$
$=-\ln 2$

$$=2(-\ln 2+\ln 3)$$
$$=2\ln\frac{3}{2}$$
$$=\ln\frac{9}{4}$$

따라서 $\ln k=\ln\frac{9}{4}$이므로

$k=\frac{9}{4}$

1937 답 ③

$f(x)=\frac{3x-7}{(x-3)(x-1)}$에서

$$f(x+1)=\frac{3(x+1)-7}{x(x-2)}$$
$$=\frac{3x-4}{x(x-2)}$$

$\frac{3x-4}{x(x-2)}=\frac{A}{x}+\frac{B}{x-2}$라 하면

$\frac{A}{x}+\frac{B}{x-2}=\frac{(A+B)x-2A}{x(x-2)}$이므로

$3x-4=(A+B)x-2A$

위의 등식은 x에 대한 항등식이므로

$A+B=3,\ -2A=-4$

$\therefore A=2,\ B=1$

즉, $\frac{3x-4}{x(x-2)}=\frac{2}{x}+\frac{1}{x-2}$이므로

$$\int_3^5 f(x+1)dx=\int_3^5\left(\frac{2}{x}+\frac{1}{x-2}\right)dx$$
$$=\Big[2\ln|x|+\ln|x-2|\Big]_3^5$$
$$=\ln\frac{25}{3}$$

따라서 $\ln k=\ln\frac{25}{3}$이므로

$k=\frac{25}{3}$

1938 답 $\frac{40}{3}$

$$\int_1^3 \frac{(3+\sqrt{x})^2-9}{\sqrt{x}}dx=\int_1^3 \frac{6\sqrt{x}+x}{\sqrt{x}}dx$$
$$=\int_1^3 (6+\sqrt{x})dx=\int_1^3 (6+x^{\frac{1}{2}})dx$$
$$=\left[6x+\frac{2}{3}x^{\frac{3}{2}}\right]_1^3$$
$$=\left(18+\frac{2}{3}\times 3^{\frac{3}{2}}\right)-\left(6+\frac{2}{3}\right)$$
$$=18+2\sqrt{3}-6-\frac{2}{3}=2\sqrt{3}+\frac{34}{3}$$

따라서 $2\sqrt{3}+\frac{34}{3}=a\sqrt{3}+b$이므로

$a=2,\ b=\frac{34}{3}$ ($\because$ a, b는 유리수)

$\therefore\ a+b=2+\frac{34}{3}=\frac{40}{3}$

1939 답 ②

$$\int_0^4 (5x-3)\sqrt{x}\,dx=\int_0^4 (5x\sqrt{x}-3\sqrt{x})dx$$
$$=\int_0^4 (5x^{\frac{3}{2}}-3x^{\frac{1}{2}})dx$$
$$=\left[2x^{\frac{5}{2}}-2x^{\frac{3}{2}}\right]_0^4=2\times 4^{\frac{5}{2}}-2\times 4^{\frac{3}{2}}$$
$$=2\times 32-2\times 8=64-16=48$$

1940 답 ②

$2f(x)+\frac{1}{x^2}f\left(\frac{1}{x}\right)=\frac{1}{x}+\frac{1}{x^2}$ ······ ㉠

㉠에서 x 대신 $\frac{1}{x}$을 대입하면

$2f\left(\frac{1}{x}\right)+x^2f(x)=x+x^2$

위의 등식의 양변을 x^2으로 나누면

$\frac{2}{x^2}f\left(\frac{1}{x}\right)+f(x)=\frac{1}{x}+1$ ······ ㉡

㉠−㉡을 하면

$f(x)-\frac{1}{x^2}f\left(\frac{1}{x}\right)=\frac{1}{x^2}-1$ ······ ㉢

㉠+㉢을 하면 $3f(x)=\frac{1}{x}+\frac{2}{x^2}-1$

$\therefore\ f(x)=\frac{1}{3}\left(\frac{1}{x}+\frac{2}{x^2}-1\right)$

$$\therefore\ \int_{\frac{1}{2}}^2 f(x)dx=\int_{\frac{1}{2}}^2 \frac{1}{3}\left(\frac{1}{x}+\frac{2}{x^2}-1\right)dx$$
$$=\frac{1}{3}\left[\ln|x|-\frac{2}{x}-x\right]_{\frac{1}{2}}^2$$
$$=\frac{1}{3}\left\{(\ln 2-1-2)-\left(\ln\frac{1}{2}-4-\frac{1}{2}\right)\right\}$$
$$=\frac{1}{3}\left\{(\ln 2-3)-\left(-\ln 2-\frac{9}{2}\right)\right\}$$
$$=\frac{2\ln 2}{3}+\frac{1}{2}$$

실수 Check

$f\left(\frac{1}{x}\right)$에서 x 대신 $\frac{1}{x}$을 대입하면 $f\left(\frac{1}{\frac{1}{x}}\right)$, 즉 $f(x)$가 된다.

Plus 문제

1940-1

$x>0$에서 정의된 연속함수 $f(x)$가 모든 양수 x에 대하여

$$2f(x)+\frac{1}{x}f\left(\frac{1}{x}\right)=x$$

를 만족시킬 때, $\int_1^2 f(x)dx$의 값을 구하시오.

$2f(x)+\frac{1}{x}f\left(\frac{1}{x}\right)=x$ ······ ㉠

㉠에서 x 대신 $\frac{1}{x}$을 대입하면

$2f\left(\frac{1}{x}\right)+xf(x)=\frac{1}{x}$

위의 등식의 양변을 x로 나누면

$\frac{2}{x}f\left(\frac{1}{x}\right)+f(x)=\frac{1}{x^2}$ ······ ㉡

㉠−㉡을 하면

$f(x)-\frac{1}{x}f\left(\frac{1}{x}\right)=x-\frac{1}{x^2}$ ······ ㉢

㉠+㉢을 하면 $3f(x)=2x-\frac{1}{x^2}$

$\therefore\ f(x)=\frac{1}{3}\left(2x-\frac{1}{x^2}\right)$

$$\therefore\ \int_1^2 f(x)dx=\int_1^2 \frac{1}{3}\left(2x-\frac{1}{x^2}\right)dx$$
$$=\frac{1}{3}\left[x^2+\frac{1}{x}\right]_1^2$$
$$=\frac{1}{3}\left(\frac{9}{2}-2\right)$$
$$=\frac{1}{3}\times\frac{5}{2}$$
$$=\frac{5}{6}$$

답 $\frac{5}{6}$

1941 답 ③

| 유형 2

정적분 $\int_0^2 \frac{4^x-1}{2^x+1}dx$의 값은? (단서1)

① $\frac{1}{\ln 2}-2$　② $\frac{2}{\ln 2}-2$　③ $\frac{3}{\ln 2}-2$

④ $\frac{1}{\ln 2}+2$　⑤ $\frac{2}{\ln 2}+2$

단서1 $4^x-1=(2^x+1)(2^x-1)$

STEP 1 분수식을 약분하여 정적분의 값 구하기

$$\int_0^2 \frac{4^x-1}{2^x+1}dx=\int_0^2 \frac{(2^x+1)(2^x-1)}{2^x+1}dx$$
$$=\int_0^2 (2^x-1)\,dx$$
$$=\left[\frac{2^x}{\ln 2}-x\right]_0^2$$
$$=\left(\frac{4}{\ln 2}-2\right)-\frac{1}{\ln 2}$$
$$=\frac{3}{\ln 2}-2$$

1942 답 ①

$$\int_0^1 (e^x-1)(e^{2x}+e^x+1)dx=\int_0^1 (e^{3x}-1)dx$$
$$=\left[\frac{1}{3}e^{3x}-x\right]_0^1$$
$$=\left(\frac{1}{3}e^3-1\right)-\frac{1}{3}$$
$$=\frac{e^3-4}{3}$$

1943 답 $2e^4$

$$\int_0^{\ln 3} e^{x+4}dx=\int_0^{\ln 3} e^4\times e^x dx$$
$$=\left[e^4\times e^x\right]_0^{\ln 3}$$
$$=e^4\times e^{\ln 3}-e^4\times e^0$$
$$=3e^4-e^4$$
$$=2e^4$$

1944 답 ④

$(2^x+2^{-x})^2=(2^x)^2+(2^{-x})^2+2\times 2^x\times 2^{-x}$
$=2^{2x}+2^{-2x}+2=4^x+4^{-x}+2$

$$\int_0^1 (2^x+2^{-x})^2 dx=\int_0^1 (4^x+4^{-x}+2)dx$$
$$=\left[\frac{4^x}{\ln 4}-\frac{4^{-x}}{\ln 4}+2x\right]_0^1$$
$$=\left(\frac{4}{\ln 4}-\frac{4^{-1}}{\ln 4}+2\right)-\left(\frac{1}{\ln 4}-\frac{1}{\ln 4}\right)$$
$$=\frac{2}{\ln 2}-\frac{1}{8\ln 2}+2$$
$$=\frac{15}{8\ln 2}+2$$

1945 답 $4-\frac{1}{e}$

$$\int_{-1}^0 \sqrt{e^{2x}+6e^x+9}\,dx=\int_{-1}^0 \sqrt{(e^x+3)^2}\,dx$$
$$=\int_{-1}^0 (e^x+3)dx$$
$$=\left[e^x+3x\right]_{-1}^0$$
$$=1-(e^{-1}-3)$$
$$=4-\frac{1}{e}$$

1946 답 ①

$$\int_0^{\ln 3} \frac{(e^x+1)^2}{e^x}dx=\int_0^{\ln 3} \frac{e^{2x}+2e^x+1}{e^x}dx$$
$$=\int_0^{\ln 3}(e^x+2+e^{-x})dx$$
$$=\left[e^x+2x-e^{-x}\right]_0^{\ln 3}$$
$$=\left(3+2\ln 3-\frac{1}{3}\right)-(1-1)$$
$e^{-\ln 3}=e^{\ln\frac{1}{3}}=\frac{1}{3}$
$$=\frac{8}{3}+2\ln 3$$

따라서 $a=\frac{8}{3}$, $b=2$이므로

$b-a=2-\frac{8}{3}=-\frac{2}{3}$

1947 답 $\frac{64}{\ln 2}$

주어진 등식의 양변에 $n=6$을 대입하면

$a_1+a_2+a_3+a_4+a_5+a_6=\int_0^7 2^x dx$ ······ ㉠

주어진 등식의 양변에 $n=5$를 대입하면

$a_1+a_2+a_3+a_4+a_5=\int_0^6 2^x dx$ ······ ㉡

㉠−㉡을 하면

$$a_6=\int_0^7 2^x dx-\int_0^6 2^x dx=\int_6^7 2^x dx$$
$$=\left[\frac{2^x}{\ln 2}\right]_6^7=\frac{128}{\ln 2}-\frac{64}{\ln 2}=\frac{64}{\ln 2}$$

실수 Check

구하려는 값이 a_6이므로 $S_6-S_5=a_6$임을 이용하여 구할 수 있다.

Plus 문제

1947-1

자연수 n에 대하여 수열 $\{a_n\}$이

$$a_1+a_2+a_3+\cdots+a_n=\int_0^{n+1} x^2 dx$$

를 만족시킬 때, a_4의 값을 구하시오.

주어진 등식의 양변에 $n=4$를 대입하면

$a_1+a_2+a_3+a_4=\int_0^5 x^2 dx$ ······ ㉠

주어진 등식의 양변에 $n=3$을 대입하면

$a_1+a_2+a_3=\int_0^4 x^2 dx$ ······ ㉡

㉠−㉡을 하면

$$a_4=\int_0^5 x^2 dx-\int_0^4 x^2 dx=\int_4^5 x^2 dx$$
$$=\left[\frac{1}{3}x^3\right]_4^5=\frac{125}{3}-\frac{64}{3}=\frac{61}{3}$$

답 $\frac{61}{3}$

1948 답 ① | 유형 3

정적분 $\int_0^{\frac{\pi}{2}} \frac{\cos^2 x}{1+\sin x}dx$의 값은? (단서1)

① $\frac{\pi}{2}-1$ ② $\frac{\pi}{2}$ ③ $\frac{\pi}{2}+1$
④ $\frac{\pi}{2}+2$ ⑤ $\frac{\pi}{2}+4$

단서1 $\cos^2 x=1-\sin^2 x$

STEP 1 삼각함수 사이의 관계를 이용하여 정적분의 값 구하기

$$\int_0^{\frac{\pi}{2}} \frac{\cos^2 x}{1+\sin x}dx=\int_0^{\frac{\pi}{2}} \frac{1-\sin^2 x}{1+\sin x}dx$$
$$=\int_0^{\frac{\pi}{2}} \frac{(1+\sin x)(1-\sin x)}{1+\sin x}dx$$
$$=\int_0^{\frac{\pi}{2}}(1-\sin x)dx=\left[x+\cos x\right]_0^{\frac{\pi}{2}}=\frac{\pi}{2}-1$$

1949 답 ①

$$\int_0^{\frac{\pi}{2}}\left(\sin\frac{x}{2}-\cos\frac{x}{2}\right)^2 dx$$
$$=\int_0^{\frac{\pi}{2}}\left(\sin^2\frac{x}{2}+\cos^2\frac{x}{2}-2\sin\frac{x}{2}\cos\frac{x}{2}\right)dx$$
$2\sin\frac{x}{2}\cos\frac{x}{2}=\sin\left(2\times\frac{x}{2}\right)=\sin x$
$$=\int_0^{\frac{\pi}{2}}(1-\sin x)dx$$
$$=\Big[x+\cos x\Big]_0^{\frac{\pi}{2}}$$
$$=\frac{\pi}{2}-1$$

1950 답 $\frac{4\sqrt{3}}{3}$

$$\int_{\frac{\pi}{6}}^{\frac{\pi}{3}}\frac{1}{\sin^2 x\cos^2 x}dx=\int_{\frac{\pi}{6}}^{\frac{\pi}{3}}\frac{1}{\left(\frac{1}{2}\sin 2x\right)^2}dx$$
$$=\int_{\frac{\pi}{6}}^{\frac{\pi}{3}}4\csc^2 2x\,dx$$
$$=\Big[-2\cot 2x\Big]_{\frac{\pi}{6}}^{\frac{\pi}{3}}$$
$$=(-2)\times\left(-\frac{\sqrt{3}}{3}\right)-(-2)\times\frac{\sqrt{3}}{3}$$
$$=\frac{2\sqrt{3}}{3}+\frac{2\sqrt{3}}{3}$$
$$=\frac{4\sqrt{3}}{3}$$

개념 Check

삼각함수의 배각의 공식

(1) $\sin 2\alpha=2\sin\alpha\cos\alpha$

(2) $\cos 2\alpha=\cos^2\alpha-\sin^2\alpha$
$=2\cos^2\alpha-1=1-2\sin^2\alpha$

(3) $\tan 2\alpha=\frac{2\tan\alpha}{1-\tan^2\alpha}$

1951 답 ③

$$\int_0^a\frac{1}{1-\sin^2 x}dx=\int_0^a\frac{1}{\cos^2 x}dx$$
$$=\int_0^a\sec^2 x\,dx$$
$$=\Big[\tan x\Big]_0^a$$
$$=\tan a$$

따라서 $\tan a=\sqrt{3}$이므로

$a=\frac{\pi}{3}\left(\because 0<a<\frac{\pi}{2}\right)$

1952 답 ⑤

$$\int_{\frac{\pi}{6}}^{\frac{\pi}{3}}\frac{1-\cos^2 x}{1-\sin^2 x}dx=\int_{\frac{\pi}{6}}^{\frac{\pi}{3}}\frac{1-\cos^2 x}{\cos^2 x}dx$$
$$=\int_{\frac{\pi}{6}}^{\frac{\pi}{3}}(\sec^2 x-1)dx$$
$$=\Big[\tan x-x\Big]_{\frac{\pi}{6}}^{\frac{\pi}{3}}$$
$$=\left(\sqrt{3}-\frac{\pi}{3}\right)-\left(\frac{\sqrt{3}}{3}-\frac{\pi}{6}\right)$$
$$=\frac{2\sqrt{3}}{3}-\frac{\pi}{6}$$

1953 답 ②

$$\int_0^{\frac{\pi}{2}}\frac{\cos 2x+1}{4(\sin x+1)}dx=\int_0^{\frac{\pi}{2}}\frac{1-2\sin^2 x+1}{4(\sin x+1)}dx$$
$$=\frac{1}{2}\int_0^{\frac{\pi}{2}}\frac{1-\sin^2 x}{\sin x+1}dx$$
$$=\frac{1}{2}\int_0^{\frac{\pi}{2}}\frac{(1+\sin x)(1-\sin x)}{\sin x+1}dx$$
$$=\frac{1}{2}\int_0^{\frac{\pi}{2}}(1-\sin x)dx$$
$$=\frac{1}{2}\Big[x+\cos x\Big]_0^{\frac{\pi}{2}}$$
$$=\frac{1}{2}\left(\frac{\pi}{2}-1\right)$$
$$=-\frac{1}{2}+\frac{\pi}{4}$$

따라서 $a=-\frac{1}{2}$, $b=\frac{1}{4}$이므로

$a+b=-\frac{1}{2}+\frac{1}{4}=-\frac{1}{4}$

1954 답 ③ | 유형 4

정적분 $\int_1^2\frac{x+1}{x^2+2x}dx+\int_2^1\frac{x-3}{x^2+2x}dx$의 값은?
단서1

① $3\ln\frac{2}{3}$ ② $2\ln\frac{4}{3}$ ③ $2\ln\frac{3}{2}$
④ $2\ln 2$ ⑤ $3\ln 3$

단서1 $\int_2^1\frac{x-3}{x^2+2x}dx=-\int_1^2\frac{x-3}{x^2+2x}dx$

STEP 1 정적분의 성질을 이용하여 정적분의 값 구하기

$$\int_1^2\frac{x+1}{x^2+2x}dx+\int_2^1\frac{x-3}{x^2+2x}dx$$
$$=\int_1^2\frac{x+1}{x^2+2x}dx-\int_1^2\frac{x-3}{x^2+2x}dx$$
$$=\int_1^2\frac{(x+1)-(x-3)}{x^2+2x}dx$$
$$=\int_1^2\frac{4}{x^2+2x}dx$$
$$=2\int_1^2\left(\frac{1}{x}-\frac{1}{x+2}\right)dx$$
$$=2\Big[\ln|x|-\ln|x+2|\Big]_1^2$$
$$=2\{(\ln 2-\ln 4)-(-\ln 3)\}$$
$$=2(\ln 3-\ln 2)$$
$$=2\ln\frac{3}{2}$$

$\frac{4}{x^2+2x}=\frac{4}{x(x+2)}=\frac{4}{(x+2)-x}\left(\frac{1}{x}-\frac{1}{x+2}\right)=2\left(\frac{1}{x}-\frac{1}{x+2}\right)$

1955 답 ①

$$\int_{\frac{\pi}{3}}^{\frac{\pi}{2}}(\sin x+e^x)dx+\int_{\frac{\pi}{3}}^{\frac{\pi}{2}}(\sin y-e^y)dy$$
$$=\int_{\frac{\pi}{3}}^{\frac{\pi}{2}}(\sin x+e^x)dx+\int_{\frac{\pi}{3}}^{\frac{\pi}{2}}(\sin x-e^x)dx$$
$$=\int_{\frac{\pi}{3}}^{\frac{\pi}{2}}(\sin x+e^x+\sin x-e^x)dx$$
$$=\int_{\frac{\pi}{3}}^{\frac{\pi}{2}}2\sin x\,dx=\Big[-2\cos x\Big]_{\frac{\pi}{3}}^{\frac{\pi}{2}}$$
$$=-\left(-2\times\frac{1}{2}\right)=1$$

1956 답 $\ln 3-2$

$$\int_{\ln 3}^{0}\frac{e^{2t}}{e^t+1}dt+\int_0^{\ln 3}\frac{1}{e^x+1}dx$$
$$=-\int_0^{\ln 3}\frac{e^{2x}}{e^x+1}dx+\int_0^{\ln 3}\frac{1}{e^x+1}dx$$
$$=\int_0^{\ln 3}\frac{1}{e^x+1}dx-\int_0^{\ln 3}\frac{e^{2x}}{e^x+1}dx$$
$$=\int_0^{\ln 3}\frac{1-e^{2x}}{e^x+1}dx$$
$$=\int_0^{\ln 3}\frac{(1+e^x)(1-e^x)}{e^x+1}dx$$
$$=\int_0^{\ln 3}(1-e^x)dx$$
$$=\Big[x-e^x\Big]_0^{\ln 3}=(\ln 3-3)-(-1)$$
$$=\ln 3-2$$

1957 답 ③

$$\int_{10}^{8}f(x)dx+\int_1^6 f(y)dy-\int_{10}^{6}f(t)dt$$
$$=-\int_8^{10}f(x)dx+\int_1^6 f(x)dx+\int_6^{10}f(x)dx$$
$$=-\int_8^{10}f(x)dx+\int_1^{10}f(x)dx$$
$$=\int_1^8 f(x)dx=\int_1^8 4\sqrt[3]{x}\,dx$$
$$=\int_1^8 4x^{\frac{1}{3}}dx=\Big[3x^{\frac{4}{3}}\Big]_1^8=3\times 8^{\frac{4}{3}}-3$$
$$=3\times 16-3=45$$

1958 답 $-\frac{\pi}{2}+1$

$$\int_0^{\frac{\pi}{2}}(\cos^2 x+\sin x)dx+\int_0^{\frac{\pi}{2}}(\sin^2 t-2)dt$$
$$=\int_0^{\frac{\pi}{2}}(\cos^2 x+\sin x)dx+\int_0^{\frac{\pi}{2}}(\sin^2 x-2)dx$$
$$=\int_0^{\frac{\pi}{2}}(\cos^2 x+\sin^2 x+\sin x-2)dx$$
$$=\int_0^{\frac{\pi}{2}}(\sin x-1)dx$$
$$=\Big[-\cos x-x\Big]_0^{\frac{\pi}{2}}=-\frac{\pi}{2}+1$$

1959 답 ④

$$\int_1^2\frac{1}{e^x-1}dx+\int_2^1\frac{e^{3x}}{e^x-1}dx$$
$$=\int_1^2\frac{1}{e^x-1}dx-\int_1^2\frac{e^{3x}}{e^x-1}dx$$
$$=\int_1^2\frac{1-e^{3x}}{e^x-1}dx=\int_1^2\frac{-(e^{3x}-1)}{e^x-1}dx$$
$$=\int_1^2\frac{-(e^x-1)(e^{2x}+e^x+1)}{e^x-1}dx$$
$$=-\int_1^2(e^{2x}+e^x+1)dx$$
$$=-\Big[\frac{1}{2}e^{2x}+e^x+x\Big]_1^2$$
$$=-\Big(\frac{1}{2}e^4+e^2+2\Big)+\Big(\frac{1}{2}e^2+e+1\Big)$$
$$=-\frac{1}{2}e^4-\frac{1}{2}e^2+e-1$$

개념 Check

인수분해 공식

(1) $a^3+b^3=(a+b)(a^2-ab+b^2)$

(2) $a^3-b^3=(a-b)(a^2+ab+b^2)$

1960 답 2

$$\int_0^{\frac{\pi}{4}}\frac{\sin^2 x}{\sin x+\cos x}dx+\int_{\frac{\pi}{4}}^{0}\frac{\cos^2 x}{\sin x+\cos x}dx$$
$$=\int_0^{\frac{\pi}{4}}\frac{\sin^2 x}{\sin x+\cos x}dx-\int_0^{\frac{\pi}{4}}\frac{\cos^2 x}{\sin x+\cos x}dx$$
$$=\int_0^{\frac{\pi}{4}}\frac{\sin^2 x-\cos^2 x}{\sin x+\cos x}dx$$
$$=\int_0^{\frac{\pi}{4}}\frac{(\sin x+\cos x)(\sin x-\cos x)}{\sin x+\cos x}dx$$
$$=\int_0^{\frac{\pi}{4}}(\sin x-\cos x)dx=\Big[-\cos x-\sin x\Big]_0^{\frac{\pi}{4}}$$
$$=\Big(-\frac{\sqrt{2}}{2}-\frac{\sqrt{2}}{2}\Big)+1=1-\sqrt{2}$$

따라서 $a=1$, $b=-1$이므로 $a-b=1-(-1)=2$

1961 답 ④ | 유형5

함수 $f(x)=\begin{cases}\sqrt{x} & (0\le x<1)\\ \frac{1}{x} & (x\ge 1)\end{cases}$ 에 대하여 정적분 $\int_0^{e^2}f(x)dx$의 값은?
단서1 단서2

① $\frac{1}{3}$ ② 1 ③ $\frac{5}{3}$

④ $\frac{8}{3}$ ⑤ 3

단서1 구간에 따라 다르게 정의된 함수

단서2 $0<1<e^2$

STEP1 적분 구간을 나누어 정적분의 값 구하기

$0\le x<1$에서 $f(x)=\sqrt{x}$이고, $x\ge 1$에서 $f(x)=\frac{1}{x}$이므로

$e=2.\times\times\times$이므로 $1<e<e^2$

$$\int_0^{e^2}f(x)dx=\int_0^1\sqrt{x}\,dx+\int_1^{e^2}\frac{1}{x}dx$$
$$=\Big[\frac{2}{3}x\sqrt{x}\Big]_0^1+\Big[\ln|x|\Big]_1^{e^2}$$
$$=\frac{2}{3}+2=\frac{8}{3}$$

1962 답 ③

$$\int_{-1}^{3}f(x)dx=\int_{-1}^{0}(e^{-x}-1)dx+\int_0^3\pi\sin\pi x\,dx$$
$$=\Big[-e^{-x}-x\Big]_{-1}^{0}+\Big[-\cos\pi x\Big]_0^3$$
$$=\{-1-(-e+1)\}+\{1-(-1)\}$$
$$=e-2+2=e$$

1963 답 ⑤

$$\int_0^{\pi}f(x)dx=\int_0^{\frac{\pi}{2}}(\cos x+2)dx+\int_{\frac{\pi}{2}}^{\pi}3\sin x\,dx$$
$$=\Big[\sin x+2x\Big]_0^{\frac{\pi}{2}}+\Big[-3\cos x\Big]_{\frac{\pi}{2}}^{\pi}$$
$$=(1+\pi)+3=4+\pi$$

09

1964 답 39

$$\int_{-1}^{3} f(x)dx=\int_{-1}^{0}\sqrt{x+1}\,dx+\int_{0}^{3}3^x\,dx$$
$$=\left[\frac{2}{3}(x+1)^{\frac{3}{2}}\right]_{-1}^{0}+\left[\frac{3^x}{\ln 3}\right]_{0}^{3}$$
$$=\frac{2}{3}+\left(\frac{27}{\ln 3}-\frac{1}{\ln 3}\right)$$
$$=\frac{2}{3}+\frac{26}{\ln 3}$$

따라서 $a=\frac{2}{3}$, $b=26$이므로

$$\frac{b}{a}=\frac{26}{\frac{2}{3}}=39$$

1965 답 ④

$$\int_{0}^{n} f(x)dx=\int_{0}^{1}e^{x-1}\,dx+\int_{1}^{n}\frac{2}{x+1}\,dx$$
$$=\left[e^{x-1}\right]_{0}^{1}+\left[2\ln|x+1|\right]_{1}^{n}$$
$$=\left(1-\frac{1}{e}\right)+(2\ln|n+1|-2\ln 2)$$

따라서 $1-\frac{1}{e}+2\ln|n+1|-2\ln 2=4\ln 2-\frac{1}{e}+1$이므로

$2\ln|n+1|-2\ln 2=4\ln 2$

$2\ln|n+1|=6\ln 2$

$\ln|n+1|=3\ln 2=\ln 8$

$n+1=8$

$\therefore n=7$

1966 답 $\frac{8}{3}-\frac{1}{e}$

함수 $f(x)$가 실수 전체의 집합에서 연속이면 $x=0$에서 연속이므로

$\lim_{x\to 0-} f(x)=\lim_{x\to 0+} f(x)=f(0)$

$e^0=0+a \qquad \therefore a=1$

따라서 $f(x)=\begin{cases} e^x & (x\le 0) \\ \sqrt{x}+1 & (x>0)\end{cases}$이므로

$$\int_{-1}^{a} f(x)dx=\int_{-1}^{1} f(x)dx$$
$$=\int_{-1}^{0}e^x\,dx+\int_{0}^{1}(\sqrt{x}+1)dx$$
$$=\left[e^x\right]_{-1}^{0}+\left[\frac{2}{3}x\sqrt{x}+x\right]_{0}^{1}$$
$$=(e^0-e^{-1})+\left(\frac{2}{3}+1\right)$$
$$=1-\frac{1}{e}+\frac{5}{3}$$
$$=\frac{8}{3}-\frac{1}{e}$$

1967 답 $\pi-2$

함수 $f(x)$가 모든 실수 x에서 연속이면 $x=0$에서 연속이므로

$\lim_{x\to 0-} f(x)=\lim_{x\to 0+} f(x)=f(0)$

$1+a=0 \qquad \therefore a=-1$

따라서 $f(x)=\begin{cases} \cos x-1 & (x<0) \\ \sin x & (x\ge 0)\end{cases}$이므로

$$\int_{-a\pi}^{a\pi} f(x)dx=\int_{\pi}^{-\pi} f(x)dx=-\int_{-\pi}^{\pi} f(x)dx$$
$$=-\left\{\int_{-\pi}^{0}(\cos x-1)dx+\int_{0}^{\pi}\sin x\,dx\right\}$$
$$=-\left(\left[\sin x-x\right]_{-\pi}^{0}+\left[-\cos x\right]_{0}^{\pi}\right)=\pi-2$$

1968 답 ③ | 유형 6

정적분 $\int_{-1}^{1}|e^x-1|\,dx$의 값은?
단서1

① $e-\frac{1}{e}+1$ ② $e-\frac{1}{e}+2$ ③ $e+\frac{1}{e}-2$

④ $e+\frac{1}{e}-1$ ⑤ $e+\frac{1}{e}$

단서1 $|e^x-1|=\begin{cases} e^x-1 & (e^x\ge 1) \\ 1-e^x & (e^x\le 1)\end{cases}$

STEP 1 e^x-1의 부호가 바뀌는 x의 값을 경계로 함수식 구하기

두 함수 $y=e^x$, $y=1$의 그래프는 그림과 같으므로

$|e^x-1|=\begin{cases} 1-e^x & (-1\le x\le 0) \\ e^x-1 & (0\le x\le 1)\end{cases}$

$x=0$인 점을 기준으로 왼쪽은 $e^x<1$, 오른쪽은 $e^x>1$

STEP 2 적분 구간을 나누어 정적분의 값 구하기

$$\int_{-1}^{1}|e^x-1|\,dx=\int_{-1}^{0}(1-e^x)dx+\int_{0}^{1}(e^x-1)dx$$
$$=\left[x-e^x\right]_{-1}^{0}+\left[e^x-x\right]_{0}^{1}$$
$$=\left\{-1-\left(-1-\frac{1}{e}\right)\right\}+\{(e-1)-1\}$$
$$=e+\frac{1}{e}-2$$

1969 답 2

$|\sin x|=\begin{cases} \sin x & \left(\frac{\pi}{2}\le x\le \pi\right) \\ -\sin x & \left(\pi\le x\le \frac{3}{2}\pi\right)\end{cases}$이므로

$$\int_{\frac{\pi}{2}}^{\frac{3}{2}\pi}|\sin x|\,dx=\int_{\frac{\pi}{2}}^{\pi}\sin x\,dx+\int_{\pi}^{\frac{3}{2}\pi}(-\sin x)dx$$
$$=\left[-\cos x\right]_{\frac{\pi}{2}}^{\pi}+\left[\cos x\right]_{\pi}^{\frac{3}{2}\pi}=1+1=2$$

1970 답 $2\sqrt{2}-2$

$|\cos x-\sin x|=\begin{cases} \cos x-\sin x & \left(0\le x\le \frac{\pi}{4}\right) \\ \sin x-\cos x & \left(\frac{\pi}{4}\le x\le \frac{\pi}{2}\right)\end{cases}$이므로

→ $\cos x-\sin x=0$, 즉 $\cos x=\sin x$에서 $x=\frac{\pi}{4}$

$$\int_{0}^{\frac{\pi}{2}}|\cos x-\sin x|\,dx$$
$$=\int_{0}^{\frac{\pi}{4}}(\cos x-\sin x)dx+\int_{\frac{\pi}{4}}^{\frac{\pi}{2}}(\sin x-\cos x)dx$$
$$=\left[\sin x+\cos x\right]_{0}^{\frac{\pi}{4}}+\left[-\cos x-\sin x\right]_{\frac{\pi}{4}}^{\frac{\pi}{2}}$$
$$=\left\{\left(\frac{\sqrt{2}}{2}+\frac{\sqrt{2}}{2}\right)-1\right\}+\left\{-1-\left(-\frac{\sqrt{2}}{2}-\frac{\sqrt{2}}{2}\right)\right\}$$
$$=(\sqrt{2}-1)+(\sqrt{2}-1)$$
$$=2\sqrt{2}-2$$

1996 답 ④

(나)의 $\int_{-\frac{1}{2}}^{\frac{1}{2}} f(2x+1)dx=3$에서 $2x+1=t$로 놓으면 $\frac{dt}{dx}=2$ ($dx=\frac{1}{2}dt$)

$x=-\frac{1}{2}$일 때 $t=0$, $x=\frac{1}{2}$일 때 $t=2$이므로

$\int_{-\frac{1}{2}}^{\frac{1}{2}} f(2x+1)dx=\int_0^2 f(t)\times\frac{1}{2}dt=\frac{1}{2}\int_0^2 f(x)dx$

즉, $\frac{1}{2}\int_0^2 f(x)dx=3$이므로

$\int_0^2 f(x)dx=6$ ········· ㉠

(나)의 $\int_{\frac{1}{2}}^1 f(4x)dx=2$에서 $4x=s$로 놓으면 $\frac{ds}{dx}=4$ ($dx=\frac{1}{4}ds$)

$x=\frac{1}{2}$일 때 $s=2$, $x=1$일 때 $s=4$이므로

$\int_{\frac{1}{2}}^1 f(4x)dx=\int_2^4 f(s)\times\frac{1}{4}ds=\frac{1}{4}\int_2^4 f(x)dx$

즉, $\frac{1}{4}\int_2^4 f(x)dx=2$이므로

$\int_2^4 f(x)dx=8$ ········· ㉡

㉠, ㉡에 의해

$\int_0^4 f(x)dx=\int_0^2 f(x)dx+\int_2^4 f(x)dx=14$

(가)에서 $f(x)$는 주기함수이므로

$14=\int_0^4 f(x)dx=\int_4^8 f(x)dx=\cdots=\int_{16}^{20} f(x)dx$

$6=\int_0^2 f(x)dx=\int_4^6 f(x)dx=\int_8^{10} f(x)dx$

$\therefore \int_{10}^{20} f(x)dx=\int_8^{20} f(x)dx-\int_8^{10} f(x)dx$

$=3\int_0^4 f(x)dx-\int_0^2 f(x)dx=3\times14-6=36$

실수 Check

$\int_8^{10} f(x)dx$의 값은 $\int_{10}^{12} f(x)dx$의 값과 다르다.

1997 답 ③ | 유형10

정적분 $\int_0^2 \frac{x+1}{x^2+2x+2}dx$의 값은? (단서1)

① 1 ② $\frac{1}{2}\ln 2$ ③ $\frac{1}{2}\ln 5$
④ $\ln 5$ ⑤ $1+2\ln 2$

단서1 $x^2+2x+2=t$로 치환

STEP1 $x^2+2x+2=t$로 치환하여 정적분의 값 구하기

$x^2+2x+2=t$로 놓으면 $\frac{dt}{dx}=2x+2$ → $(2x+2)dx=dt$, $2(x+1)dx=dt$, $(x+1)dx=\frac{1}{2}dt$

$x=0$일 때 $t=2$, $x=2$일 때 $t=10$이므로

$\int_0^2 \frac{x+1}{x^2+2x+2}dx=\int_2^{10}\frac{1}{t}\times\frac{1}{2}dt=\int_2^{10}\frac{1}{2t}dt$

$=\left[\frac{1}{2}\ln|t|\right]_2^{10}$

$=\frac{1}{2}(\ln 10-\ln 2)$

$=\frac{1}{2}\ln 5$

1998 답 ⑤

$4-3x=t$로 놓으면 $\frac{dt}{dx}=-3$ → $dx=-\frac{1}{3}dt$

$x=0$일 때 $t=4$, $x=1$일 때 $t=1$이므로

$\int_0^1 \frac{1}{(4-3x)^2}dx=\int_4^1 \frac{1}{t^2}\times\left(-\frac{1}{3}\right)dt$

$=-\int_4^1 \frac{1}{3t^2}dt$

$=\int_1^4 \frac{1}{3t^2}dt$

$=\left[-\frac{1}{3t}\right]_1^4$

$=-\frac{1}{12}-\left(-\frac{1}{3}\right)$

$=\frac{1}{4}$

1999 답 -78

$3-2x^2=t$로 놓으면 $\frac{dt}{dx}=-4x$ → $-4x\,dx=dt$, $2x\,dx=-\frac{1}{2}dt$

$x=1$일 때 $t=1$, $x=2$일 때 $t=-5$이므로

$\int_1^2 2x(3-2x^2)^3dx=\int_1^{-5} t^3\times\left(-\frac{1}{2}\right)dt$

$=-\int_1^{-5}\frac{1}{2}t^3dt$

$=\int_{-5}^1 \frac{1}{2}t^3dt$

$=\left[\frac{1}{8}t^4\right]_{-5}^1$

$=\frac{1}{8}-\frac{625}{8}$

$=-\frac{624}{8}$

$=-78$

2000 답 ⑤

$x^3+8=t$로 놓으면 $\frac{dt}{dx}=3x^2$ → $3x^2dx=dt$

$x=0$일 때 $t=8$, $x=4$일 때 $t=72$이므로

$\int_0^4 \frac{3x^2}{x^3+8}dx=\int_8^{72}\frac{1}{t}dt$

$=\left[\ln|t|\right]_8^{72}$

$=\ln 72-\ln 8=\ln 9$

따라서 $\ln a=\ln 9$이므로

$a=9$

2001 답 ③

$x^2-x+2=t$로 놓으면 $\frac{dt}{dx}=2x-1$ → $(2x-1)dx=dt$, $2(2x-1)dx=2dt$

$x=0$일 때 $t=2$, $x=2$일 때 $t=4$이므로

$\int_0^2 \frac{4x-2}{(x^2-x+2)^3}dx=\int_2^4 \frac{2}{t^3}dt$

$=\left[-\frac{1}{t^2}\right]_2^4$

$=-\frac{1}{16}-\left(-\frac{1}{4}\right)$

$=\frac{3}{16}$

2002 답 ②

$x^2+1=t$로 놓으면 $\frac{dt}{dx}=2x$ → $2x\,dx=dt$

$x=0$일 때 $t=1$, $x=a$일 때 $t=a^2+1$이므로

$$\int_0^a \frac{2x}{x^2+1}dx=\int_1^{a^2+1}\frac{1}{t}dt$$
$$=\Big[\ln|t|\Big]_1^{a^2+1}=\ln|a^2+1|$$

따라서 $\ln|a^2+1|=\ln 5$이므로

$a^2+1=5$에서 $a^2=4$

$\therefore\ a=2\ (\because\ a>0)$

$2x+3=s$로 놓으면 $\frac{ds}{dx}=2$ → $dx=\frac{1}{2}ds$

$x=0$일 때 $s=3$, $x=2$일 때 $s=7$이므로

$$\int_0^2 \frac{1}{2x+3}dx=\int_3^7 \frac{1}{s}\times\frac{1}{2}ds=\int_3^7\frac{1}{2s}ds$$
$$=\Big[\frac{1}{2}\ln|s|\Big]_3^7=\frac{1}{2}(\ln 7-\ln 3)=\frac{1}{2}\ln\frac{7}{3}$$

2003 답 ④

| 유형 11

양수 a에 대하여 $\int_0^a 2x\sqrt{x^2+1}\,dx=\frac{2}{3}$일 때, $(a^2+1)^3$의 값은?
단서1

① 1　② 2　③ 3
④ 4　⑤ 5

단서1 $x^2+1=t$로 치환

STEP 1 $x^2+1=t$로 치환하여 정적분의 값 구하기

$x^2+1=t$로 놓으면 $\frac{dt}{dx}=2x$ → $2x\,dx=dt$

$x=0$일 때 $t=1$, $x=a$일 때 $t=a^2+1$이므로

$$\int_0^a \underbrace{2x\sqrt{x^2+1}\,dx}_{dt}=\int_1^{a^2+1}\sqrt{t}\,dt=\Big[\frac{2}{3}t^{\frac{3}{2}}\Big]_1^{a^2+1}$$
$$=\frac{2}{3}(a^2+1)^{\frac{3}{2}}-\frac{2}{3}$$

STEP 2 $(a^2+1)^3$의 값 구하기

$\frac{2}{3}(a^2+1)^{\frac{3}{2}}-\frac{2}{3}=\frac{2}{3}$이므로

$\frac{2}{3}(a^2+1)^{\frac{3}{2}}=\frac{4}{3}$, $(a^2+1)^{\frac{3}{2}}=2$

$\therefore\ (a^2+1)^3=2^2=4$

2004 답 ②

$x^2+1=t$로 놓으면 $\frac{dt}{dx}=2x$ → $2x\,dx=dt$

$x=0$일 때 $t=1$, $x=\sqrt{3}$일 때 $t=4$이므로

$$\int_0^{\sqrt{3}}\frac{2x}{\sqrt{x^2+1}}dx=\int_1^4\frac{1}{\sqrt{t}}dt=\int_1^4 t^{-\frac{1}{2}}dt$$
$$=\Big[2\sqrt{t}\Big]_1^4=4-2=2$$

다른 풀이

$\sqrt{x^2+1}=t$로 놓으면 $x^2+1=t^2$이고 $2x=2t\frac{dt}{dx}$

$x=0$일 때 $t=1$, $x=\sqrt{3}$일 때 $t=2$이므로

$$\int_0^{\sqrt{3}}\frac{2x}{\sqrt{x^2+1}}dx=\int_1^2\frac{1}{t}\times 2t\,dt=\int_1^2 2\,dt=\Big[2t\Big]_1^2=2$$

2005 답 ①

$x-2=t$로 놓으면 $x=t+2$이고 $\frac{dt}{dx}=1$ → $dx=dt$

$x=3$일 때 $t=1$, $x=6$일 때 $t=4$이므로

$$\int_3^6\frac{x}{\sqrt{x-2}}dx=\int_1^4\frac{t+2}{\sqrt{t}}dt$$
$$=\int_1^4\Big(\sqrt{t}+\frac{2}{\sqrt{t}}\Big)dt$$
$$=\int_1^4\big(t^{\frac{1}{2}}+2t^{-\frac{1}{2}}\big)dt$$
$$=\Big[\frac{2}{3}t^{\frac{3}{2}}+4t^{\frac{1}{2}}\Big]_1^4$$
$$=\Big(\frac{16}{3}+8\Big)-\Big(\frac{2}{3}+4\Big)=\frac{26}{3}$$

2006 답 -1

$\sqrt{x+1}=t$로 놓으면 $x=t^2-1$이고 $\frac{dx}{dt}=2t$ → $dx=2t\,dt$

$x=3$일 때 $t=2$, $x=8$일 때 $t=3$이므로

$$\int_3^8\frac{1}{x\sqrt{x+1}}dx=\int_2^3\frac{1}{(t^2-1)t}\times 2t\,dt=\int_2^3\frac{2}{t^2-1}dt$$
$$=\int_2^3\frac{2}{(t-1)(t+1)}dt$$
$$=\int_2^3\Big(\frac{1}{t-1}-\frac{1}{t+1}\Big)dt$$
$$=\Big[\ln|t-1|-\ln|t+1|\Big]_2^3$$
$$=(\ln 2-\ln 4)-(-\ln 3)$$
$$=\ln 3-\ln 2=\ln\frac{3}{2}$$

따라서 $a=3$, $b=2$이므로 $b-a=2-3=-1$

2007 답 $\sqrt{7}-2\sqrt{2}$

$\frac{x-2}{x^2\sqrt{2x^2-x+1}}$의 분자와 분모를 x^3으로 나누면

$$\frac{x-2}{x^2\sqrt{2x^2-x+1}}=\frac{\frac{1}{x^2}-\frac{2}{x^3}}{\frac{\sqrt{2x^2-x+1}}{x}}=\frac{\frac{1}{x^2}-\frac{2}{x^3}}{\sqrt{2-\frac{1}{x}+\frac{1}{x^2}}}$$

$2-\frac{1}{x}+\frac{1}{x^2}=t$로 놓으면 $\frac{dt}{dx}=\frac{1}{x^2}-\frac{2}{x^3}$ → $\Big(\frac{1}{x^2}-\frac{2}{x^3}\Big)dx=dt$

$x=1$일 때 $t=2$, $x=2$일 때 $t=\frac{7}{4}$이므로

$$\int_1^2\frac{x-2}{x^2\sqrt{2x^2-x+1}}dx=\int_1^2\frac{\frac{1}{x^2}-\frac{2}{x^3}}{\sqrt{2-\frac{1}{x}+\frac{1}{x^2}}}dx$$
$$=\int_2^{\frac{7}{4}}\frac{1}{\sqrt{t}}dt$$
$$=\Big[2\sqrt{t}\Big]_2^{\frac{7}{4}}$$
$$=2\times\frac{\sqrt{7}}{2}-2\sqrt{2}$$
$$=\sqrt{7}-2\sqrt{2}$$

실수 Check

근호 안에 있는 식을 기준으로 치환적분법을 이용할 수 있도록 식을 변형해야 한다.

Plus 문제

2007-1

정적분 $\int_1^2 \frac{x-4}{x^2\sqrt{x^2-x+2}}dx$의 값을 구하시오.

$\frac{x-4}{x^2\sqrt{x^2-x+2}}$의 분자와 분모를 x^3으로 나누면

$$\frac{x-4}{x^2\sqrt{x^2-x+2}}=\frac{\frac{1}{x^2}-\frac{4}{x^3}}{\frac{\sqrt{x^2-x+2}}{x}}=\frac{\frac{1}{x^2}-\frac{4}{x^3}}{\sqrt{1-\frac{1}{x}+\frac{2}{x^2}}}$$

$1-\frac{1}{x}+\frac{2}{x^2}=t$로 놓으면 $\frac{dt}{dx}=\frac{1}{x^2}-\frac{4}{x^3}$

$x=1$일 때 $t=2$, $x=2$일 때 $t=1$이므로

$$\int_1^2 \frac{x-4}{x^2\sqrt{x^2-x+2}}dx=\int_1^2 \frac{\frac{1}{x^2}-\frac{4}{x^3}}{\sqrt{1-\frac{1}{x}+\frac{2}{x^2}}}dx$$
$$=\int_2^1 \frac{1}{\sqrt{t}}dt=\left[2\sqrt{t}\right]_2^1=2-2\sqrt{2}$$

답 $2-2\sqrt{2}$

2008 답 ①

$x^2-1=t$로 놓으면 $\frac{dt}{dx}=2x$

$x=1$일 때 $t=0$, $x=2$일 때 $t=3$이므로

$$\int_1^2 x\sqrt{x^2-1}dx=\int_0^3\sqrt{t}\times\frac{1}{2}dt=\frac{1}{2}\int_0^3\sqrt{t}\,dt$$
$$=\frac{1}{2}\left[\frac{2}{3}t\sqrt{t}\right]_0^3=\frac{1}{2}\times\frac{2}{3}\times3\sqrt{3}$$
$$=\sqrt{3}$$

2009 답 ②

$x^2-1=t$로 놓으면 $x^2=t+1$이고 $\frac{dt}{dx}=2x$

$x=1$일 때 $t=0$, $x=\sqrt{2}$일 때 $t=1$이므로

$$\int_1^{\sqrt{2}} x^3\sqrt{x^2-1}dx=\int_1^{\sqrt{2}}x^2\sqrt{x^2-1}\times x\,dx=\int_0^1(t+1)\sqrt{t}\times\frac{1}{2}dt$$
$$=\frac{1}{2}\int_0^1(t\sqrt{t}+\sqrt{t})dt=\frac{1}{2}\int_0^1(t^{\frac{3}{2}}+t^{\frac{1}{2}})dt$$
$$=\frac{1}{2}\left[\frac{2}{5}t^{\frac{5}{2}}+\frac{2}{3}t^{\frac{3}{2}}\right]_0^1=\frac{1}{2}\times\left(\frac{2}{5}+\frac{2}{3}\right)=\frac{8}{15}$$

2010 답 ① | 유형12

정적분 $\int_1^{\sqrt{2}} xe^{x^2-1}dx$의 값은? (단서1)

① $\frac{1}{2}(e-1)$ ② $\frac{1}{2}(e+1)$ ③ $\frac{1}{2}(e^2-1)$
④ $e-1$ ⑤ e^2-1

단서1 $x^2-1=t$로 치환

STEP1 $x^2-1=t$로 치환하여 정적분의 값 구하기

$x^2-1=t$로 놓으면 $\frac{dt}{dx}=2x$ → $2x\,dx=dt$, $x\,dx=\frac{1}{2}dt$

$x=1$일 때 $t=0$, $x=\sqrt{2}$일 때 $t=1$이므로

$$\int_1^{\sqrt{2}} xe^{x^2-1}dx=\int_0^1 e^t\times\frac{1}{2}dt=\left[\frac{1}{2}e^t\right]_0^1=\frac{1}{2}(e-1)$$

($x\,dx=\frac{1}{2}dt$)

2011 답 e^2-e

$\sqrt{x}+1=t$로 놓으면 $\frac{dt}{dx}=\frac{1}{2\sqrt{x}}$ → $\frac{1}{2\sqrt{x}}dx=dt$

$x=0$일 때 $t=1$, $x=1$일 때 $t=2$이므로

$$\int_0^1\frac{e^{\sqrt{x}+1}}{2\sqrt{x}}dx=\int_1^2 e^t dt=\left[e^t\right]_1^2=e^2-e$$

2012 답 ⑤

$$\int_{\sqrt{2}}^{\sqrt{3}}(x+2)^2e^{x^2}dx-\int_{\sqrt{2}}^{\sqrt{3}}(x-2)^2e^{x^2}dx$$
$$=\int_{\sqrt{2}}^{\sqrt{3}}e^{x^2}\{(x+2)^2-(x-2)^2\}dx$$
$$=\int_{\sqrt{2}}^{\sqrt{3}}8xe^{x^2}dx$$

$x^2=t$로 놓으면 $\frac{dt}{dx}=2x$ → $2x\,dx=dt$, $8x\,dx=4\,dt$

$x=\sqrt{2}$일 때 $t=2$, $x=\sqrt{3}$일 때 $t=3$이므로

$$\int_{\sqrt{2}}^{\sqrt{3}}8xe^{x^2}dx=\int_2^3 4e^t dt=\left[4e^t\right]_2^3=4e^3-4e^2=4e^2(e-1)$$

2013 답 ④

$$\int_{-2}^{-1}\frac{e^x}{e^x+1}dx-\int_2^{-1}\frac{e^x}{e^x+1}dx$$
$$=\int_{-2}^{-1}\frac{e^x}{e^x+1}dx+\int_{-1}^{2}\frac{e^x}{e^x+1}dx$$
$$=\int_{-2}^{2}\frac{e^x}{e^x+1}dx$$

$e^x+1=t$로 놓으면 $\frac{dt}{dx}=e^x$ → $e^x dx=dt$

$x=-2$일 때 $t=e^{-2}+1$, $x=2$일 때 $t=e^2+1$이므로

$$\int_{-2}^{2}\frac{e^x}{e^x+1}dx=\int_{e^{-2}+1}^{e^2+1}\frac{1}{t}dt=\left[\ln|t|\right]_{e^{-2}+1}^{e^2+1}$$
$$=\ln(e^2+1)-\ln(e^{-2}+1)$$
$$=\ln\frac{e^2+1}{e^{-2}+1}$$
$$=\ln e^2=2$$

2014 답 ②

$$\int_0^{\ln a}\frac{2e^x}{e^x+e^{-x}}dx=\int_0^{\ln a}\frac{2e^{2x}}{e^{2x}+1}dx$$에서

$e^{2x}+1=t$로 놓으면 $\frac{dt}{dx}=2e^{2x}$ → $2e^{2x}dx=dt$

$x=0$일 때 $t=2$, $x=\ln a$일 때 $t=a^2+1$이므로

$$\int_0^{\ln a}\frac{2e^{2x}}{e^{2x}+1}dx=\int_2^{a^2+1}\frac{1}{t}dt=\left[\ln|t|\right]_2^{a^2+1}=\ln|a^2+1|-\ln2$$

따라서 $\ln|a^2+1|-\ln2=\ln5$이므로

$\ln|a^2+1|=\ln5+\ln2=\ln10$, $a^2+1=10$

$a^2=9$ $\quad\therefore a=3\ (\because a>1)$

2015 답 ④

$f(x)=\int_0^x \frac{1}{1+e^{-t}}dt=\int_0^x \frac{e^t}{e^t+1}dt$

$e^t+1=s$로 놓으면 $\frac{ds}{dt}=e^t$

$t=0$일 때 $s=2$, $t=x$일 때 $s=e^x+1$이므로

$f(x)=\int_0^x \frac{e^t}{e^t+1}dt=\int_2^{e^x+1}\frac{1}{s}ds$

$=\left[\ln|s|\right]_2^{e^x+1}$

$=\ln(e^x+1)-\ln 2=\ln\frac{e^x+1}{2}$

$f(a)=\ln\frac{e^a+1}{2}=k$라 하면

$(f\circ f)(a)=f(k)=\ln\frac{e^k+1}{2}$

따라서 $\ln\frac{e^k+1}{2}=\ln 5$이므로

$\frac{e^k+1}{2}=5$, $e^k+1=10$, $e^k=9$ $\quad\therefore k=\ln 9$

따라서 $\ln\frac{e^a+1}{2}=\ln 9$이므로

$\frac{e^a+1}{2}=9$, $e^a+1=18$

$e^a=17$ $\quad\therefore a=\ln 17$

실수 Check

피적분함수가 $\frac{1}{1+e^{-ax}}$ 꼴인 경우, 분모와 분자에 e^{ax}을 곱하여 $\frac{e^{ax}}{e^{ax}+1}$ 꼴로 변형한 후 치환적분법을 이용한다. (단, a는 상수)

2016 답 ③ | 유형13

정적분 $\int_{e^2}^{e^3}\frac{1}{x\ln x}dx$의 값은?
단서1

① -1 ② $\ln\frac{2}{3}$ ③ $\ln\frac{3}{2}$
④ $\ln 2$ ⑤ 1

단서1 $\ln x=t$로 치환

STEP 1 $\ln x=t$로 치환하여 정적분의 값 구하기

$\ln x=t$로 놓으면 $\frac{dt}{dx}=\frac{1}{x}$ → $\frac{1}{x}dx=dt$

$x=e^2$일 때 $t=2$, $x=e^3$일 때 $t=3$이므로

$\int_{e^2}^{e^3}\frac{1}{x\ln x}dx=\int_2^3\frac{1}{t}dt=\left[\ln|t|\right]_2^3$

$=\ln 3-\ln 2=\ln\frac{3}{2}$

2017 답 ①

$3+\ln x=t$로 놓으면 $\frac{dt}{dx}=\frac{1}{x}$ → $\frac{1}{x}dx=dt$

$x=\frac{1}{e}$일 때 $t=2$, $x=e$일 때 $t=4$이므로

$\int_{\frac{1}{e}}^{e}\frac{4}{x(3+\ln x)^2}dx=\int_2^4\frac{4}{t^2}dt=\left[-\frac{4}{t}\right]_2^4$

$=-1-(-2)=1$

2018 답 ③

$\ln x=t$로 놓으면 $\frac{dt}{dx}=\frac{1}{x}$ → $\frac{1}{x}dx=dt$

$x=1$일 때 $t=0$, $x=a$일 때 $t=\ln a$이므로

$\int_1^a\frac{(\ln x)^2}{x}dx=\int_0^{\ln a}t^2dt$

$=\left[\frac{1}{3}t^3\right]_0^{\ln a}=\frac{1}{3}(\ln a)^3$

따라서 $\frac{1}{3}(\ln a)^3=9$이므로 $(\ln a)^3=27$

$\ln a=3$ $\quad\therefore a=e^3$

2019 답 2

$\int_e^{e^3}f(x)dx-\int_{e^4}^{e^3}f(x)dx=\int_e^{e^3}f(x)dx+\int_{e^3}^{e^4}f(x)dx$

$=\int_e^{e^4}f(x)dx$

$=\int_e^{e^4}\frac{1}{x\sqrt{\ln x}}dx$

$\ln x=t$로 놓으면 $\frac{dt}{dx}=\frac{1}{x}$ → $\frac{1}{x}dx=dt$

$x=e$일 때 $t=1$, $x=e^4$일 때 $t=4$이므로

$\int_e^{e^4}\frac{1}{x\sqrt{\ln x}}dx=\int_1^4\frac{1}{\sqrt{t}}dt$

$=\left[2\sqrt{t}\right]_1^4=4-2=2$

참고 $\int_e^{e^4}\frac{1}{x\sqrt{\ln x}}dx$에서 $\sqrt{\ln x}=t$로 놓으면

$\ln x=t^2$이고 $\frac{1}{x}=2t\frac{dt}{dx}$

$x=e$일 때 $t=1$, $x=e^4$일 때 $t=2$이므로

$\int_e^{e^4}\frac{1}{x\sqrt{\ln x}}dx=\int_1^2\frac{1}{t}\times 2t\,dt=\int_1^2 2\,dt$

$=\left[2t\right]_1^2=2$

로 구할 수도 있다.

2020 답 ④

$\ln x=t$로 놓으면 $\frac{dt}{dx}=\frac{1}{x}$ → $\frac{1}{x}dx=dt$

$x=1$일 때 $t=0$, $x=a$일 때 $t=\ln a$이므로

$f(a)=\int_1^a\frac{\sqrt{\ln x}}{x}dx=\int_0^{\ln a}\sqrt{t}\,dt$

$=\left[\frac{2}{3}t^{\frac{3}{2}}\right]_0^{\ln a}=\frac{2}{3}(\ln a)^{\frac{3}{2}}$

$\therefore f(a^9)=\frac{2}{3}(\ln a^9)^{\frac{3}{2}}=\frac{2}{3}\times 9^{\frac{3}{2}}(\ln a)^{\frac{3}{2}}$

$=27\times\frac{2}{3}(\ln a)^{\frac{3}{2}}=27f(a)$

2021 답 ④

$\ln x=t$로 놓으면 $\frac{dt}{dx}=\frac{1}{x}$ → $\frac{1}{x}dx=dt$

$x=1$일 때 $t=0$, $x=e$일 때 $t=1$이므로

$a_n=\int_1^e\frac{(\ln x)^n}{x}dx=\int_0^1 t^n dt$

$=\left[\frac{1}{n+1}t^{n+1}\right]_0^1=\frac{1}{n+1}$

따라서 $a_n=\frac{1}{n+1}$, $a_{n+2}=\frac{1}{n+3}$이므로

$$\begin{aligned}\sum_{n=1}^{\infty} a_n a_{n+2} &= \sum_{n=1}^{\infty}\frac{1}{(n+1)(n+3)}\\ &=\sum_{n=1}^{\infty}\frac{1}{2}\left(\frac{1}{n+1}-\frac{1}{n+3}\right)\\ &=\lim_{n\to\infty}\sum_{k=1}^{n}\frac{1}{2}\left(\frac{1}{k+1}-\frac{1}{k+3}\right)\\ &=\lim_{n\to\infty}\frac{1}{2}\left\{\left(\frac{1}{2}-\frac{1}{4}\right)+\left(\frac{1}{3}-\frac{1}{5}\right)+\left(\frac{1}{4}-\frac{1}{6}\right)+\cdots\right.\\ &\qquad\left.+\left(\frac{1}{n}-\frac{1}{n+2}\right)+\left(\frac{1}{n+1}-\frac{1}{n+3}\right)\right\}\\ &=\lim_{n\to\infty}\frac{1}{2}\left(\frac{1}{2}+\frac{1}{3}-\frac{1}{n+2}-\frac{1}{n+3}\right)\\ &=\frac{1}{2}\times\frac{5}{6}=\frac{5}{12}\end{aligned}$$

실수 Check

$\sum_{k=1}^{n}\left(\frac{1}{k+1}-\frac{1}{k+3}\right)$에서 $k+1$과 $k+3$의 차가 2이므로 앞의 항에서 2개, 뒤의 항에서 2개가 남는다.

Plus 문제

2021-1

자연수 n에 대하여 $a_n=\int_1^e \frac{(\ln x)^{n+1}}{x}dx$라 할 때, $\sum_{n=1}^{\infty}a_n a_{n+1}$의 값을 구하시오.

$\ln x=t$로 놓으면 $\frac{dt}{dx}=\frac{1}{x}$

$x=1$일 때 $t=0$, $x=e$일 때 $t=1$이므로

$$a_n=\int_1^e\frac{(\ln x)^{n+1}}{x}dx=\int_0^1 t^{n+1}dt=\left[\frac{1}{n+2}t^{n+2}\right]_0^1=\frac{1}{n+2}$$

따라서 $a_n=\frac{1}{n+2}$, $a_{n+1}=\frac{1}{n+3}$이므로

$$\begin{aligned}\sum_{n=1}^{\infty}a_n a_{n+1}&=\sum_{n=1}^{\infty}\frac{1}{(n+2)(n+3)}=\sum_{n=1}^{\infty}\left(\frac{1}{n+2}-\frac{1}{n+3}\right)\\ &=\lim_{n\to\infty}\sum_{k=1}^{n}\left(\frac{1}{k+2}-\frac{1}{k+3}\right)\\ &=\lim_{n\to\infty}\left\{\left(\frac{1}{3}-\frac{1}{4}\right)+\left(\frac{1}{4}-\frac{1}{5}\right)+\left(\frac{1}{5}-\frac{1}{6}\right)+\cdots\right.\\ &\qquad\left.+\left(\frac{1}{n+2}-\frac{1}{n+3}\right)\right\}\\ &=\lim_{n\to\infty}\left(\frac{1}{3}-\frac{1}{n+3}\right)=\frac{1}{3}\end{aligned}$$

답 $\frac{1}{3}$

2022 답 ① | 유형14

정적분 $\int_{\frac{\pi}{6}}^{\frac{\pi}{2}}\sin^3 x\cos x\,dx$의 값은? 단서1

① $\frac{15}{64}$ ② $\frac{1}{4}$ ③ $\frac{17}{64}$
④ $\frac{9}{32}$ ⑤ $\frac{19}{64}$

단서1 $\sin x=t$로 치환

STEP1 $\sin x=t$로 치환하여 정적분의 값 구하기

$\sin x=t$로 놓으면 $\frac{dt}{dx}=\cos x$ → $\cos x\,dx=dt$

$x=\frac{\pi}{6}$일 때 $t=\frac{1}{2}$, $x=\frac{\pi}{2}$일 때 $t=1$이므로

$$\begin{aligned}\int_{\frac{\pi}{6}}^{\frac{\pi}{2}}\sin^3 x\underbrace{\cos x\,dx}_{dt}&=\int_{\frac{1}{2}}^{1}t^3dt\\ &=\left[\frac{1}{4}t^4\right]_{\frac{1}{2}}^{1}\\ &=\frac{1}{4}\times\left(1-\frac{1}{16}\right)\\ &=\frac{15}{64}\end{aligned}$$

2023 답 $\frac{\sqrt{3}}{4}+\frac{2}{3}$

$\int_0^{\frac{\pi}{3}}\cos 2x\,dx$에서 $2x=t$로 놓으면 $\frac{dt}{dx}=2$ → $dx=\frac{1}{2}dt$

$x=0$일 때 $t=0$, $x=\frac{\pi}{3}$일 때 $t=\frac{2}{3}\pi$이므로

$$\begin{aligned}\int_0^{\frac{\pi}{3}}\cos 2x\,dx&=\int_0^{\frac{2}{3}\pi}\frac{1}{2}\cos t\,dt\\ &=\frac{1}{2}\int_0^{\frac{2}{3}\pi}\cos t\,dt\\ &=\frac{1}{2}\Big[\sin t\Big]_0^{\frac{2}{3}\pi}\\ &=\frac{1}{2}\times\frac{\sqrt{3}}{2}=\frac{\sqrt{3}}{4}\end{aligned}$$

$\int_0^{\frac{\pi}{3}}\sin 3x\,dx$에서 $3x=s$로 놓으면 $\frac{ds}{dx}=3$ → $dx=\frac{1}{3}ds$

$x=0$일 때 $s=0$, $x=\frac{\pi}{3}$일 때 $s=\pi$이므로

$$\begin{aligned}\int_0^{\frac{\pi}{3}}\sin 3x\,dx&=\int_0^{\pi}\frac{1}{3}\sin s\,ds\\ &=\frac{1}{3}\int_0^{\pi}\sin s\,ds\\ &=\frac{1}{3}\Big[-\cos s\Big]_0^{\pi}\\ &=\frac{1}{3}\times\{1-(-1)\}\\ &=\frac{2}{3}\end{aligned}$$

$$\begin{aligned}\therefore\ &\int_0^{\frac{\pi}{3}}(\cos 2x+\sin 3x)dx\\ &=\int_0^{\frac{\pi}{3}}\cos 2x\,dx+\int_0^{\frac{\pi}{3}}\sin 3x\,dx\\ &=\frac{\sqrt{3}}{4}+\frac{2}{3}\end{aligned}$$

2024 답 ②

$\tan x=t$로 놓으면 $\frac{dt}{dx}=\sec^2 x$ → $\sec^2 x\,dx=dt$

$x=-\frac{\pi}{4}$일 때 $t=-1$, $x=\frac{\pi}{4}$일 때 $t=1$이므로

$$\begin{aligned}\int_{-\frac{\pi}{4}}^{\frac{\pi}{4}}(1-\tan x)\sec^2 x\,dx&=\int_{-1}^{1}(1-t)dt\\ &=2\int_0^1 1\,dt\\ &=2\Big[t\Big]_0^1\\ &=2\times1=2\end{aligned}$$

→ 상수함수는 우함수, $-t$는 기함수

2025 답 ②

$\sin x=t$로 놓으면 $\dfrac{dt}{dx}=\cos x$ → $\cos x\,dx=dt$

$x=0$일 때 $t=0$, $x=\dfrac{\pi}{2}$일 때 $t=1$이므로

$$\int_0^{\frac{\pi}{2}}(e^{\sin x}+\sin x)\cos x\,dx=\int_0^1(e^t+t)dt$$
$$=\left[e^t+\frac{1}{2}t^2\right]_0^1=\left(e+\frac{1}{2}\right)-1$$
$$=e-\frac{1}{2}$$

2026 답 $\dfrac{5}{4}$

$\cos x=t$로 놓으면 $\dfrac{dt}{dx}=-\sin x$ → $\sin x\,dx=-dt$

$x=0$일 때 $t=1$, $x=\dfrac{\pi}{2}$일 때 $t=0$이므로

$$\int_0^{\frac{\pi}{2}}f(\cos x)\sin x\,dx=\int_1^0 f(t)\times(-1)dt$$
$$=-\int_1^0 f(t)dt=\int_0^1 f(t)dt$$
$$=\int_0^1(t^3+1)dt$$
$$=\left[\frac{1}{4}t^4+t\right]_0^1$$
$$=\frac{1}{4}+1=\frac{5}{4}$$

2027 답 ②

$\displaystyle\int_e^{e^3}\frac{a+\ln x}{x}dx$에서 $\ln x=t$로 놓으면 $\dfrac{dt}{dx}=\dfrac{1}{x}$ → $\dfrac{1}{x}dx=dt$

$x=e$일 때 $t=1$, $x=e^3$일 때 $t=3$이므로

$$\int_e^{e^3}\frac{a+\ln x}{x}dx=\int_1^3(a+t)dt=\left[at+\frac{1}{2}t^2\right]_1^3$$
$$=\left(3a+\frac{9}{2}\right)-\left(a+\frac{1}{2}\right)=2a+4$$

$\displaystyle\int_0^{\frac{\pi}{2}}\sin^3 x\,dx=\int_0^{\frac{\pi}{2}}(1-\cos^2 x)\sin x\,dx$에서

$\cos x=s$로 놓으면 $\dfrac{ds}{dx}=-\sin x$ → $\sin x\,dx=-ds$

$x=0$일 때 $s=1$, $x=\dfrac{\pi}{2}$일 때 $s=0$이므로

$$\int_0^{\frac{\pi}{2}}(1-\cos^2 x)\sin x\,dx=\int_1^0(1-s^2)\times(-1)ds$$
$$=-\int_1^0(1-s^2)ds=\int_0^1(1-s^2)ds$$
$$=\left[s-\frac{1}{3}s^3\right]_0^1=1-\frac{1}{3}=\frac{2}{3}$$

따라서 $2a+4=\dfrac{2}{3}$이므로 $2a=-\dfrac{10}{3}$

$\therefore a=-\dfrac{5}{3}$

2028 답 18

$a_9=\displaystyle\int_0^{\frac{\pi}{4}}\tan^{18}x\,dx$, $a_{10}=\displaystyle\int_0^{\frac{\pi}{4}}\tan^{20}x\,dx$이므로

$$a_9+a_{10}=\int_0^{\frac{\pi}{4}}(\tan^{18}x+\tan^{20}x)dx$$
$$=\int_0^{\frac{\pi}{4}}\tan^{18}x(1+\tan^2 x)dx$$
$$=\int_0^{\frac{\pi}{4}}\tan^{18}x\sec^2 x\,dx$$

$\tan x=t$로 놓으면 $\dfrac{dt}{dx}=\sec^2 x$ → $\sec^2 x\,dx=dt$

$x=0$일 때 $t=0$, $x=\dfrac{\pi}{4}$일 때 $t=1$이므로

$$\int_0^{\frac{\pi}{4}}\tan^{18}x\sec^2 x\,dx=\int_0^1 t^{18}dt=\left[\frac{1}{19}t^{19}\right]_0^1=\frac{1}{19}$$

따라서 $p=19$, $q=1$이므로 $p-q=19-1=18$

개념 Check

(1) $(\tan x)'=\sec^2 x$

(2) $(\sec x)'=\sec x\tan x$

2029 답 ②

$$\int_0^{\frac{\pi}{4}}\frac{\cos(\tan x)}{1-\sin^2 x}dx=\int_0^{\frac{\pi}{4}}\frac{\cos(\tan x)}{\cos^2 x}dx$$
$$=\int_0^{\frac{\pi}{4}}\cos(\tan x)\sec^2 x\,dx\text{에서}$$

$\tan x=t$로 놓으면 $\dfrac{dt}{dx}=\sec^2 x$ → $\sec^2 x\,dx=dt$

$x=0$일 때 $t=0$, $x=\dfrac{\pi}{4}$일 때 $t=1$이므로

$$\int_0^{\frac{\pi}{4}}\cos(\tan x)\sec^2 x\,dx=\int_0^1\cos t\,dt=\Big[\sin t\Big]_0^1=\sin 1$$

2030 답 $-\dfrac{1}{2}(\ln 2)^2$

$$\int_0^{\frac{\pi}{3}}\tan x\ln(\cos x)dx=\int_0^{\frac{\pi}{3}}\frac{\sin x\ln(\cos x)}{\cos x}dx\text{에서}$$

$\cos x=t$로 놓으면 $\dfrac{dt}{dx}=-\sin x$ → $\sin x\,dx=-dt$

$x=0$일 때 $t=1$, $x=\dfrac{\pi}{3}$일 때 $t=\dfrac{1}{2}$이므로

$$\int_0^{\frac{\pi}{3}}\frac{\sin x\ln(\cos x)}{\cos x}dx=\int_1^{\frac{1}{2}}\frac{\ln t}{t}\times(-1)dt=\int_{\frac{1}{2}}^1\frac{\ln t}{t}dt$$

$\ln t=s$로 놓으면 $\dfrac{ds}{dt}=\dfrac{1}{t}$ → $\dfrac{1}{t}dt=ds$

$t=\dfrac{1}{2}$일 때 $s=-\ln 2$, $t=1$일 때 $s=0$이므로

$$\int_{\frac{1}{2}}^1\frac{\ln t}{t}dt=\int_{-\ln 2}^0 s\,ds=\left[\frac{1}{2}s^2\right]_{-\ln 2}^0=-\frac{1}{2}(\ln 2)^2$$

2031 답 ⑤

$\sin 2x=t$로 놓으면 $\dfrac{dt}{dx}=2\cos 2x$ → $2\cos 2x\,dx=dt$

$x=0$일 때 $t=0$, $x=\dfrac{\pi}{4}$일 때 $t=1$이므로

$$\int_0^{\frac{\pi}{4}}2\cos 2x\sin^2 2x\,dx=\int_0^1 t^2dt=\left[\frac{1}{3}t^3\right]_0^1=\frac{1}{3}$$

2032 답 6

$\sin x=t$로 놓으면 $\dfrac{dt}{dx}=\cos x$ → $\cos x\,dx=dt$

$x=\dfrac{\pi}{6}$일 때 $t=\dfrac{1}{2}$, $x=\dfrac{\pi}{2}$일 때 $t=1$이므로

$$\int_{\frac{\pi}{6}}^{\frac{\pi}{2}}f'(\sin x)\cos x\,dx=\int_{\frac{1}{2}}^1 f'(t)dt=\Big[f(t)\Big]_{\frac{1}{2}}^1=f(1)-f\left(\frac{1}{2}\right)$$
$$=(8\times1+1)-\left(8\times\frac{1}{4}+1\right)=9-3=6$$

2033 답 ①

| 유형15

정적분 $\int_0^{\frac{1}{2}} \frac{x}{\sqrt{1-x^2}}dx$의 값은?
단서1

① $1-\frac{\sqrt{3}}{2}$ ② $\frac{1}{2}$ ③ $\frac{\sqrt{3}}{2}$
④ $\frac{3}{2}$ ⑤ $1+\frac{\sqrt{3}}{2}$

단서1 $x=\sin\theta$로 놓으면 $\sqrt{1-x^2}=\sqrt{1-\sin^2\theta}=\cos\theta$

STEP1 $x=\sin\theta\left(-\frac{\pi}{2}\le\theta\le\frac{\pi}{2}\right)$로 치환하기

$x=\sin\theta\left(-\frac{\pi}{2}\le\theta\le\frac{\pi}{2}\right)$로 놓으면 $\frac{dx}{d\theta}=\cos\theta$ → $dx=\cos\theta\,d\theta$

$x=0$일 때 $\theta=0$, $x=\frac{1}{2}$일 때 $\theta=\frac{\pi}{6}$

STEP2 정적분의 값 구하기

$$\int_0^{\frac{1}{2}}\frac{x}{\sqrt{1-x^2}}dx=\int_0^{\frac{\pi}{6}}\frac{\sin\theta}{\sqrt{1-\sin^2\theta}}\times\cos\theta\,d\theta$$

→ $\sqrt{1-\sin^2\theta}=\sqrt{\cos^2\theta}=|\cos\theta|=\cos\theta$ $\left(\because 0<\theta<\frac{\pi}{6}\right)$

$$=\int_0^{\frac{\pi}{6}}\frac{\sin\theta}{\cos\theta}\times\cos\theta\,d\theta$$
$$=\int_0^{\frac{\pi}{6}}\sin\theta\,d\theta$$
$$=\Big[-\cos\theta\Big]_0^{\frac{\pi}{6}}=1-\frac{\sqrt{3}}{2}$$

2034 답 $\frac{\sqrt{3}}{6}\pi$

$x=\sqrt{3}\tan\theta\left(-\frac{\pi}{2}<\theta<\frac{\pi}{2}\right)$로 놓으면 $\frac{dx}{d\theta}=\sqrt{3}\sec^2\theta$ ($dx=\sqrt{3}\sec^2\theta\,d\theta$)

$x=-1$일 때 $-1=\sqrt{3}\tan\theta$, 즉 $-\frac{\sqrt{3}}{3}=\tan\theta$에서 $\theta=-\frac{\pi}{6}$

$x=3$일 때 $3=\sqrt{3}\tan\theta$

즉, $\sqrt{3}=\tan\theta$에서 $\theta=\frac{\pi}{3}$이므로

$$\int_{-1}^{3}\frac{1}{3+x^2}dx=\int_{-\frac{\pi}{6}}^{\frac{\pi}{3}}\frac{1}{3+3\tan^2\theta}\times\sqrt{3}\sec^2\theta\,d\theta$$
$$=\int_{-\frac{\pi}{6}}^{\frac{\pi}{3}}\frac{1}{3\sec^2\theta}\times\sqrt{3}\sec^2\theta\,d\theta$$
$$=\int_{-\frac{\pi}{6}}^{\frac{\pi}{3}}\frac{\sqrt{3}}{3}d\theta=\left[\frac{\sqrt{3}}{3}\theta\right]_{-\frac{\pi}{6}}^{\frac{\pi}{3}}=\frac{\sqrt{3}}{3}\left(\frac{\pi}{3}+\frac{\pi}{6}\right)$$
$$=\frac{\sqrt{3}}{6}\pi$$

2035 답 ⑤

$x=2\sin\theta\left(-\frac{\pi}{2}<\theta<\frac{\pi}{2}\right)$로 놓으면 $\frac{dx}{d\theta}=2\cos\theta$ ($dx=2\cos\theta\,d\theta$)

$x=0$일 때 $\theta=0$, $x=\sqrt{2}$일 때 $\theta=\frac{\pi}{4}$이므로

$$\int_0^{\sqrt{2}}\frac{1}{\sqrt{4-x^2}}dx=\int_0^{\frac{\pi}{4}}\frac{1}{\sqrt{4-4\sin^2\theta}}\times2\cos\theta\,d\theta$$
$$=\int_0^{\frac{\pi}{4}}\frac{1}{2\cos\theta}\times2\cos\theta\,d\theta$$
$$=\int_0^{\frac{\pi}{4}}1\,d\theta$$
$$=\Big[\theta\Big]_0^{\frac{\pi}{4}}=\frac{\pi}{4}$$

따라서 $a=\frac{\pi}{4}$이므로 $\tan a=\tan\frac{\pi}{4}=1$

2036 답 ②

$x=3\tan\theta\left(-\frac{\pi}{2}<\theta<\frac{\pi}{2}\right)$로 놓으면 $\frac{dx}{d\theta}=3\sec^2\theta$ ($dx=3\sec^2\theta\,d\theta$)

$x=0$일 때 $\theta=0$, $x=\sqrt{3}$일 때 $\theta=\frac{\pi}{6}$이므로

$$\int_0^{\sqrt{3}}\frac{4}{x^2+9}dx=\int_0^{\frac{\pi}{6}}\frac{4}{9\tan^2\theta+9}\times3\sec^2\theta\,d\theta$$
$$=\int_0^{\frac{\pi}{6}}\frac{4}{9\sec^2\theta}\times3\sec^2\theta\,d\theta$$
$$=\int_0^{\frac{\pi}{6}}\frac{4}{3}d\theta=\left[\frac{4}{3}\theta\right]_0^{\frac{\pi}{6}}=\frac{2}{9}\pi$$

2037 답 ②

$x=\frac{a}{2}\sin\theta\left(-\frac{\pi}{2}<\theta<\frac{\pi}{2}\right)$로 놓으면 $\frac{dx}{d\theta}=\frac{a}{2}\cos\theta$ ($dx=\frac{a}{2}\cos\theta\,d\theta$)

$x=0$일 때 $\theta=0$, $x=\frac{a}{4}$일 때 $\theta=\frac{\pi}{6}$이므로

$$\int_0^{\frac{a}{4}}\frac{2a}{\sqrt{a^2-4x^2}}dx=\int_0^{\frac{\pi}{6}}\frac{2a}{\sqrt{a^2-a^2\sin^2\theta}}\times\frac{a}{2}\cos\theta\,d\theta$$
$$=\int_0^{\frac{\pi}{6}}\frac{2a}{a\cos\theta}\times\frac{a}{2}\cos\theta\,d\theta\ (\because a>0)$$
$$=\int_0^{\frac{\pi}{6}}a\,d\theta=a\Big[\theta\Big]_0^{\frac{\pi}{6}}=\frac{\pi}{6}a$$

따라서 $\frac{\pi}{6}a=\frac{\pi}{3}$이므로 $a=2$

2038 답 ⑤

$x=\sqrt{3}\tan\theta\left(-\frac{\pi}{2}<\theta<\frac{\pi}{2}\right)$로 놓으면 $\frac{dx}{d\theta}=\sqrt{3}\sec^2\theta$ ($dx=\sqrt{3}\sec^2\theta\,d\theta$)

$x=-3$일 때 $\theta=-\frac{\pi}{3}$, $x=3$일 때 $\theta=\frac{\pi}{3}$이므로

$$\int_{-3}^{3}\frac{1}{3+x^2}dx=\int_{-\frac{\pi}{3}}^{\frac{\pi}{3}}\frac{1}{3+3\tan^2\theta}\times\sqrt{3}\sec^2\theta\,d\theta$$
$$=\int_{-\frac{\pi}{3}}^{\frac{\pi}{3}}\frac{1}{3\sec^2\theta}\times\sqrt{3}\sec^2\theta\,d\theta$$
$$=\int_{-\frac{\pi}{3}}^{\frac{\pi}{3}}\frac{\sqrt{3}}{3}d\theta=\left[\frac{\sqrt{3}}{3}\theta\right]_{-\frac{\pi}{3}}^{\frac{\pi}{3}}=\frac{2\sqrt{3}}{9}\pi$$

2039 답 ③

$x=a\tan\theta\left(-\frac{\pi}{2}<\theta<\frac{\pi}{2}\right)$로 놓으면 $\frac{dx}{d\theta}=a\sec^2\theta$ ($dx=a\sec^2\theta\,d\theta$)

$x=-a$일 때 $\theta=-\frac{\pi}{4}$, $x=a$일 때 $\theta=\frac{\pi}{4}$이므로

$$\int_{-a}^{a}\frac{1}{a^2+x^2}dx=\int_{-\frac{\pi}{4}}^{\frac{\pi}{4}}\frac{1}{a^2+a^2\tan^2\theta}\times a\sec^2\theta\,d\theta$$
$$=\int_{-\frac{\pi}{4}}^{\frac{\pi}{4}}\frac{1}{a^2\sec^2\theta}\times a\sec^2\theta\,d\theta$$
$$=\int_{-\frac{\pi}{4}}^{\frac{\pi}{4}}\frac{1}{a}d\theta=\left[\frac{\theta}{a}\right]_{-\frac{\pi}{4}}^{\frac{\pi}{4}}=\frac{\pi}{2a}$$

따라서 $\frac{\pi}{2a}=\frac{\pi}{3}$이므로 $2a=3$

$\therefore a=\frac{3}{2}$

2040 답 ④

$x=4\sin\theta\left(-\frac{\pi}{2}<\theta<\frac{\pi}{2}\right)$로 놓으면 $\frac{dx}{d\theta}=4\cos\theta$
$dx=4\cos\theta\, d\theta$

$x=0$일 때 $\theta=0$, $x=2\sqrt{3}$일 때 $\theta=\frac{\pi}{3}$이므로

$$\int_0^{2\sqrt{3}}\frac{x-3}{\sqrt{16-x^2}}dx=\int_0^{\frac{\pi}{3}}\frac{4\sin\theta-3}{\sqrt{16-16\sin^2\theta}}\times 4\cos\theta\, d\theta$$
$$=\int_0^{\frac{\pi}{3}}\frac{4\sin\theta-3}{4\cos\theta}\times 4\cos\theta\, d\theta$$
$$=\int_0^{\frac{\pi}{3}}(4\sin\theta-3)d\theta$$
$$=\left[-4\cos\theta-3\theta\right]_0^{\frac{\pi}{3}}$$
$$=\left(-4\times\frac{1}{2}-3\times\frac{\pi}{3}\right)-(-4)$$
$$=2-\pi$$

2041 답 ④

$x=\tan\theta\left(-\frac{\pi}{2}<\theta<\frac{\pi}{2}\right)$로 놓으면 $\frac{dx}{d\theta}=\sec^2\theta$
$dx=\sec^2\theta\, d\theta$

$x=1$일 때 $\theta=\frac{\pi}{4}$, $x=\sqrt{3}$일 때 $\theta=\frac{\pi}{3}$이므로

$$\int_1^{\sqrt{3}}\frac{1}{x^2\sqrt{x^2+1}}dx=\int_{\frac{\pi}{4}}^{\frac{\pi}{3}}\frac{1}{\tan^2\theta\sqrt{\tan^2\theta+1}}\times\sec^2\theta\, d\theta$$
$$=\int_{\frac{\pi}{4}}^{\frac{\pi}{3}}\frac{1}{\tan^2\theta\sec\theta}\times\sec^2\theta\, d\theta$$
$$=\int_{\frac{\pi}{4}}^{\frac{\pi}{3}}\frac{\sec\theta}{\tan^2\theta}d\theta$$
$$=\int_{\frac{\pi}{4}}^{\frac{\pi}{3}}\frac{1}{\cos\theta}\times\frac{\cos^2\theta}{\sin^2\theta}d\theta$$
$$=\int_{\frac{\pi}{4}}^{\frac{\pi}{3}}\frac{\cos\theta}{\sin^2\theta}d\theta=\int_{\frac{\pi}{4}}^{\frac{\pi}{3}}\frac{1}{\sin\theta}\times\frac{\cos\theta}{\sin\theta}d\theta$$
$$=\int_{\frac{\pi}{4}}^{\frac{\pi}{3}}\csc\theta\cot\theta\, d\theta$$
$$=\left[-\csc\theta\right]_{\frac{\pi}{4}}^{\frac{\pi}{3}}=-\frac{2\sqrt{3}}{3}-(-\sqrt{2})$$
$$=\sqrt{2}-\frac{2\sqrt{3}}{3}$$

2042 답 ⑤ | 유형16

정적분 $\int_0^1(x-1)e^x dx$의 값은?
단서1

① $-2-e$ ② $-1-e$ ③ $-e$
④ $1-e$ ⑤ $2-e$

단서1 $f(x)=x-1$, $g'(x)=e^x$으로 놓고 부분적분법 이용

STEP 1 부분적분법을 이용하여 정적분의 값 구하기

$f(x)=x-1$, $g'(x)=e^x$으로 놓으면

$f'(x)=1$, $g(x)=e^x$

$$\therefore \int_0^1\underset{f(x)}{(x-1)}\underset{g'(x)}{e^x}dx=\left[\underset{f(x)}{(x-1)}\overset{g(x)}{e^x}\right]_0^1-\int_0^1\underset{f'(x)}{1}\times\overset{g(x)}{e^x}dx$$
$$=-(-1)-\left[e^x\right]_0^1$$
$$=1-(e-1)$$
$$=2-e$$

2043 답 ②

$f(x)=\ln x$, $g'(x)=1$로 놓으면

$f'(x)=\frac{1}{x}$, $g(x)=x$

$$\therefore \int_e^{e^2}\ln x\, dx=\left[x\ln x\right]_e^{e^2}-\int_e^{e^2}1\, dx$$
$$=(2e^2-e)-\left[x\right]_e^{e^2}$$
$$=(2e^2-e)-(e^2-e)=e^2$$

2044 답 ③

$f(x)=x$, $g'(x)=\cos 2x$로 놓으면

$f'(x)=1$, $g(x)=\frac{1}{2}\sin 2x$

$$\therefore \int_0^{\frac{\pi}{2}}x\cos 2x\, dx=\left[x\times\frac{1}{2}\sin 2x\right]_0^{\frac{\pi}{2}}-\int_0^{\frac{\pi}{2}}\frac{1}{2}\sin 2x\, dx$$
$$=-\left[-\frac{1}{4}\cos 2x\right]_0^{\frac{\pi}{2}}$$
$$=-\left\{\frac{1}{4}-\left(-\frac{1}{4}\right)\right\}$$
$$=-\frac{1}{2}$$

2045 답 ④

$f(x)=3x$, $g'(x)=e^{2x}$으로 놓으면

$f'(x)=3$, $g(x)=\frac{1}{2}e^{2x}$

$$\therefore \int_0^1 3xe^{2x}dx=\left[\frac{3}{2}xe^{2x}\right]_0^1-\int_0^1\frac{3}{2}e^{2x}dx$$
$$=\frac{3}{2}e^2-\left[\frac{3}{4}e^{2x}\right]_0^1$$
$$=\frac{3}{2}e^2-\left(\frac{3}{4}e^2-\frac{3}{4}\right)$$
$$=\frac{3}{4}(e^2+1)$$

2046 답 $\frac{1}{2}(e^2+1)$

$\int_1^e x\ln x^2\, dx=\int_1^e 2x\ln x\, dx$에서

$f(x)=\ln x$, $g'(x)=2x$로 놓으면

$f'(x)=\frac{1}{x}$, $g(x)=x^2$

$$\therefore \int_1^e x\ln x^2\, dx=\int_1^e 2x\ln x\, dx$$
$$=\left[x^2\ln x\right]_1^e-\int_1^e\frac{1}{x}\times x^2\, dx$$
$$=e^2-\int_1^e x\, dx$$
$$=e^2-\left[\frac{1}{2}x^2\right]_1^e$$
$$=e^2-\left(\frac{1}{2}e^2-\frac{1}{2}\right)$$
$$=\frac{1}{2}(e^2+1)$$

다른 풀이

$x^2=t$로 놓으면 $\frac{dt}{dx}=2x$

$x=1$일 때 $t=1$, $x=e$일 때 $t=e^2$이므로

$$\int_1^e x\ln x^2\,dx=\int_1^{e^2}\frac{1}{2}\ln t\,dt$$
$$=\frac{1}{2}\int_1^{e^2}\ln t\,dt$$
$$=\frac{1}{2}\left(\Big[t\ln t\Big]_1^{e^2}-\int_1^{e^2}1\,dx\right)$$
$$=\frac{1}{2}\left(2e^2-\Big[t\Big]_1^{e^2}\right)$$
$$=\frac{1}{2}(e^2+1)$$

2047 답 ④

$f(x)=x,\ g'(x)=\sin x+\cos x$로 놓으면

$f'(x)=1,\ g(x)=\sin x-\cos x$

$$\therefore \int_0^\pi x(\sin x+\cos x)dx$$
$$=\Big[x(\sin x-\cos x)\Big]_0^\pi-\int_0^\pi(\sin x-\cos x)dx$$
$$=\pi-\Big[-\cos x-\sin x\Big]_0^\pi$$
$$=\pi-(1+1)$$
$$=\pi-2$$

따라서 $a=1,\ b=-2$이므로

$a^2+b^2=1^2+(-2)^2=1+4=5$

2048 답 $-\frac{6}{e^2}+\frac{4}{e}$

$$\int_1^3 f(x)dx-\int_2^3 f(x)dx=\int_1^3 f(x)dx+\int_3^2 f(x)dx$$
$$=\int_1^2 f(x)dx$$
$$=\int_1^2 2xe^{-x}dx$$

$u(x)=2x,\ v'(x)=e^{-x}$으로 놓으면

$u'(x)=2,\ v(x)=-e^{-x}$

$$\therefore \int_1^2 2xe^{-x}dx=\Big[-2xe^{-x}\Big]_1^2-\int_1^2(-2e^{-x})\,dx$$
$$=\left(-\frac{4}{e^2}+\frac{2}{e}\right)-\Big[2e^{-x}\Big]_1^2$$
$$=-\frac{4}{e^2}+\frac{2}{e}-\frac{2}{e^2}+\frac{2}{e}=-\frac{6}{e^2}+\frac{4}{e}$$

2049 답 ③

$\int_1^e \frac{\ln x}{x^2}dx$에서 $f(x)=\ln x,\ g'(x)=\frac{1}{x^2}$로 놓으면

$f'(x)=\frac{1}{x},\ g(x)=-\frac{1}{x}$

$$\therefore \int_1^e\frac{\ln x}{x^2}dx=\Big[-\frac{1}{x}\ln x\Big]_1^e-\int_1^e\frac{1}{x}\times\left(-\frac{1}{x}\right)dx$$
$$=-\frac{1}{e}+\int_1^e\frac{1}{x^2}dx=-\frac{1}{e}+\Big[-\frac{1}{x}\Big]_1^e$$
$$=-\frac{1}{e}-\frac{1}{e}+1=1-\frac{2}{e}$$
$$\therefore \int_0^1 2e^{-x}dx-\int_1^e\frac{\ln x}{x^2}dx=\Big[-2e^{-x}\Big]_0^1-\left(1-\frac{2}{e}\right)$$
$$=\left(-\frac{2}{e}+2\right)-\left(1-\frac{2}{e}\right)$$
$$=1$$

2050 답 ④

$|\ln x-2|=\begin{cases}2-\ln x & (1\le x<e^2)\\ \ln x-2 & (e^2\le x\le e^3)\end{cases}$이므로

$$\int_1^{e^3}|\ln x-2|dx$$
$$=\int_1^{e^2}(2-\ln x)dx+\int_{e^2}^{e^3}(\ln x-2)dx$$

→ $f(x)=2-\ln x,\ g'(x)=1$로 놓으면 $f'(x)=-\frac{1}{x},\ g(x)=x$

$$=\left\{\Big[2x-x\ln x\Big]_1^{e^2}-\int_1^{e^2}\left(-\frac{1}{x}\right)\times x\,dx\right\}$$
$$+\left\{\Big[x\ln x-2x\Big]_{e^2}^{e^3}-\int_{e^2}^{e^3}\frac{1}{x}\times x\,dx\right\}$$
$$=\left(-2+\int_1^{e^2}1\,dx\right)+\left(e^3-\int_{e^2}^{e^3}1\,dx\right)$$
$$=\left(-2+\Big[x\Big]_1^{e^2}\right)+\left(e^3-\Big[x\Big]_{e^2}^{e^3}\right)$$
$$=(-2+e^2-1)+(e^3-e^3+e^2)$$
$$=e^2-3+e^2=2e^2-3$$

따라서 $a=2,\ b=2,\ c=-3$이므로

$a+b+c=2+2+(-3)=1$

2051 답 ⑤

$f(x)=6x,\ g'(x)=\cos\left(x+\frac{\pi}{4}\right)$로 놓으면

$f'(x)=6,\ g(x)=\sin\left(x+\frac{\pi}{4}\right)$

$$\therefore \int_0^{\frac{\pi}{2}}6x\cos\left(x+\frac{\pi}{4}\right)dx$$
$$=\Big[6x\sin\left(x+\frac{\pi}{4}\right)\Big]_0^{\frac{\pi}{2}}-\int_0^{\frac{\pi}{2}}6\sin\left(x+\frac{\pi}{4}\right)dx$$
$$=3\pi\sin\left(\frac{\pi}{2}+\frac{\pi}{4}\right)+\Big[6\cos\left(x+\frac{\pi}{4}\right)\Big]_0^{\frac{\pi}{2}}$$
$$=3\pi\cos\frac{\pi}{4}+6\left\{\cos\left(\frac{\pi}{2}+\frac{\pi}{4}\right)-\cos\frac{\pi}{4}\right\}$$
$$=3\pi\times\frac{\sqrt{2}}{2}+6\left(-\sin\frac{\pi}{4}-\cos\frac{\pi}{4}\right)$$
$$=\frac{3\sqrt{2}}{2}\pi-6\sqrt{2}=3\sqrt{2}\left(\frac{\pi}{2}-2\right)$$

2052 답 ②

$x+1=t$로 놓으면 $\frac{dt}{dx}=1$

$x=0$일 때 $t=1$, $x=1$일 때 $t=2$이므로

$$\int_0^1 f(x+1)dx=\int_1^2 f(t)dt=\int_1^2(te^t-\sin\pi t)dt$$
$$=\int_1^2 te^t\,dt-\int_1^2\sin\pi t\,dt \quad \cdots\cdots\cdots ㉠$$

$\int_1^2 te^t\,dt$에서 $u(t)=t,\ v'(t)=e^t$으로 놓으면

$u'(x)=1,\ v(t)=e^t$이므로

$$\int_1^2 te^t\,dt=\Big[te^t\Big]_1^2-\int_1^2 e^t\,dt=(2e^2-e)-\Big[e^t\Big]_1^2$$
$$=(2e^2-e)-(e^2-e)=e^2 \quad \cdots\cdots\cdots ㉡$$

㉡을 ㉠에 대입하면

$$\int_0^1 f(x+1)dx=\int_1^2 te^t\,dt-\int_1^2\sin\pi t\,dt$$
$$=e^2-\Big[-\frac{1}{\pi}\cos\pi t\Big]_1^2=e^2-\left(-\frac{1}{\pi}-\frac{1}{\pi}\right)$$
$$=e^2+\frac{2}{\pi}$$

2053 답 2

$\int_0^\pi x\cos(\pi-x)dx=\int_0^\pi(-x\cos x)dx$에서

$f(x)=-x$, $g'(x)=\cos x$로 놓으면

$f'(x)=-1$, $g(x)=\sin x$

$\therefore \int_0^\pi x\cos(\pi-x)dx=\int_0^\pi(-x\cos x)dx$

$=\left[-x\sin x\right]_0^\pi-\int_0^\pi(-\sin x)\,dx$

$=\int_0^\pi \sin x\,dx$

$=\left[-\cos x\right]_0^\pi=1+1=2$

2054 답 ⑤

$f(x)=\ln x-1$, $g'(x)=\frac{1}{x^2}$로 놓으면

$f'(x)=\frac{1}{x}$, $g(x)=-\frac{1}{x}$

$\therefore \int_e^{e^2}\frac{\ln x-1}{x^2}dx=\left[-\frac{\ln x-1}{x}\right]_e^{e^2}+\int_e^{e^2}\frac{1}{x^2}dx$

$=-\frac{1}{e^2}+\left[-\frac{1}{x}\right]_e^{e^2}=-\frac{1}{e^2}+\left(-\frac{1}{e^2}+\frac{1}{e}\right)$

$=\frac{1}{e}-\frac{2}{e^2}=\frac{e-2}{e^2}$

2055 답 ④ | 유형 17

정적분 $\int_0^\pi e^x\sin x\,dx$의 값은?
단서1

① $\frac{e^\pi-1}{2}$ ② $e^\pi-1$ ③ e^π

④ $\frac{e^\pi+1}{2}$ ⑤ $e^\pi+1$

단서1 $f(x)=\sin x$, $g'(x)=e^x$으로 놓고 부분적분법 이용

STEP 1 부분적분법 이용하기

$f(x)=\sin x$, $g'(x)=e^x$으로 놓으면

$f'(x)=\cos x$, $g(x)=e^x$

$\therefore \int_0^\pi \underbrace{e^x}_{g'(x)}\underbrace{\sin x}_{f(x)}dx=\left[\underbrace{e^x}_{g(x)}\underbrace{\sin x}_{f(x)}\right]_0^\pi-\int_0^\pi \underbrace{e^x}_{g(x)}\underbrace{\cos x}_{f'(x)}dx$

$=-\int_0^\pi e^x\cos x\,dx$ ······ ㉠

STEP 2 부분적분법을 한 번 더 이용하여 정적분의 값 구하기

$\int_0^\pi e^x\cos x\,dx$에서 $u(x)=\cos x$, $v'(x)=e^x$으로 놓으면

$u'(x)=-\sin x$, $v(x)=e^x$

$\therefore \int_0^\pi \underbrace{e^x}_{v'(x)}\underbrace{\cos x}_{u(x)}dx=\left[\underbrace{e^x}_{v(x)}\underbrace{\cos x}_{u(x)}\right]_0^\pi-\int_0^\pi(\underbrace{e^x}_{v(x)}\underbrace{-\sin x}_{u'(x)})dx$

$=-(e^\pi+1)+\int_0^\pi e^x\sin x\,dx$ ······ ㉡

㉡을 ㉠에 대입하면

$\int_0^\pi e^x\sin x\,dx=(e^\pi+1)-\int_0^\pi e^x\sin x\,dx$

$2\int_0^\pi e^x\sin x\,dx=e^\pi+1$

$\therefore \int_0^\pi e^x\sin x\,dx=\frac{e^\pi+1}{2}$

2056 답 ①

$f(x)=x^2+3$, $g'(x)=e^x$으로 놓으면

$f'(x)=2x$, $g(x)=e^x$

$\therefore \int_0^1(x^2+3)e^x dx=\left[(x^2+3)e^x\right]_0^1-\int_0^1 2xe^x dx$

$=4e-3-2\int_0^1 xe^x dx$ ······ ㉠

$\int_0^1 xe^x dx$에서 $u(x)=x$, $v'(x)=e^x$으로 놓으면

$u'(x)=1$, $v(x)=e^x$

$\therefore \int_0^1 xe^x dx=\left[xe^x\right]_0^1-\int_0^1 e^x dx$

$=e-\left[e^x\right]_0^1$

$=e-(e-1)=1$ ······ ㉡

㉡을 ㉠에 대입하면

$\int_0^1(x^2+3)e^x dx=4e-3-2\times1=4e-5$

2057 답 ①

$f(x)=x^2$, $g'(x)=\cos x$로 놓으면

$f'(x)=2x$, $g(x)=\sin x$

$\therefore \int_0^\pi x^2\cos x\,dx=\left[x^2\sin x\right]_0^\pi-2\int_0^\pi x\sin x\,dx$ ······ ㉠

$\int_0^\pi x\sin x\,dx$에서 $u(x)=x$, $v'(x)=\sin x$로 놓으면

$u'(x)=1$, $v(x)=-\cos x$

$\therefore \int_0^\pi x\sin x\,dx=\left[-x\cos x\right]_0^\pi+\int_0^\pi \cos x\,dx$

$=\pi+\left[\sin x\right]_0^\pi=\pi$ ······ ㉡

㉡을 ㉠에 대입하면

$\int_0^\pi x^2\cos x\,dx=\left[x^2\sin x\right]_0^\pi-2\int_0^\pi x\sin x\,dx=0-2\pi=-2\pi$

2058 답 ②

$f(x)=x^2+x$, $g'(x)=\sin x$로 놓으면

$f'(x)=2x+1$, $g(x)=-\cos x$

$\therefore \int_0^{\frac{\pi}{2}}(x^2+x)\sin x\,dx$

$=\left[-(x^2+x)\cos x\right]_0^{\frac{\pi}{2}}+\int_0^{\frac{\pi}{2}}(2x+1)\cos x\,dx$ ······ ㉠

$\int_0^{\frac{\pi}{2}}(2x+1)\cos x\,dx$에서 $u(x)=2x+1$, $v'(x)=\cos x$로 놓으면

$u'(x)=2$, $v(x)=\sin x$

$\therefore \int_0^{\frac{\pi}{2}}(2x+1)\cos x\,dx=\left[(2x+1)\sin x\right]_0^{\frac{\pi}{2}}-\int_0^{\frac{\pi}{2}}2\sin x\,dx$

$=(\pi+1)-\left[-2\cos x\right]_0^{\frac{\pi}{2}}$

$=\pi+1-2=\pi-1$ ······ ㉡

㉡을 ㉠에 대입하면

$\int_0^{\frac{\pi}{2}}(x^2+x)\sin x\,dx$

$=\left[-(x^2+x)\cos x\right]_0^{\frac{\pi}{2}}+\int_0^{\frac{\pi}{2}}(2x+1)\cos x\,dx$

$=0+(\pi-1)=\pi-1$

2059 답 ④

$f(x)=\cos x$, $g'(x)=e^{-x}$으로 놓으면

$f'(x)=-\sin x$, $g(x)=-e^{-x}$

$\therefore \int_0^{\pi} e^{-x}\cos x\,dx=\left[-e^{-x}\cos x\right]_0^{\pi}-\int_0^{\pi} e^{-x}\sin x\,dx$ ······ ㉠

$\int_0^{\pi} e^{-x}\sin x\,dx$에서 $u(x)=\sin x$, $v'(x)=e^{-x}$으로 놓으면

$u'(x)=\cos x$, $v(x)=-e^{-x}$

$\therefore \int_0^{\pi} e^{-x}\sin x\,dx=\left[-e^{-x}\sin x\right]_0^{\pi}+\int_0^{\pi} e^{-x}\cos x\,dx$

$=\int_0^{\pi} e^{-x}\cos x\,dx$ ······ ㉡

㉡을 ㉠에 대입하면

$\int_0^{\pi} e^{-x}\cos x\,dx=\left[-e^{-x}\cos x\right]_0^{\pi}-\int_0^{\pi} e^{-x}\cos x\,dx$

$=(e^{-\pi}+1)-\int_0^{\pi} e^{-x}\cos x\,dx$

$2\int_0^{\pi} e^{-x}\cos x\,dx=e^{-\pi}+1$

$\therefore \int_0^{\pi} e^{-x}\cos x\,dx=\frac{e^{-\pi}+1}{2}$

따라서 $a=\frac{1}{2}$, $b=\frac{1}{2}$이므로

$ab=\frac{1}{2}\times\frac{1}{2}=\frac{1}{4}$

2060 답 ③

$f(x)=\sin x+\cos x$, $g'(x)=e^x$으로 놓으면

$f'(x)=\cos x-\sin x$, $g(x)=e^x$

$\therefore \int_0^{\frac{\pi}{2}} e^x(\sin x+\cos x)dx$

$=\left[e^x(\sin x+\cos x)\right]_0^{\frac{\pi}{2}}-\int_0^{\frac{\pi}{2}} e^x(\cos x-\sin x)dx$ ······ ㉠

$\int_0^{\frac{\pi}{2}} e^x(\cos x-\sin x)dx$에서

$u(x)=\cos x-\sin x$, $v'(x)=e^x$으로 놓으면

$u'(x)=-\sin x-\cos x$, $v(x)=e^x$이므로

$\int_0^{\frac{\pi}{2}} e^x(\cos x-\sin x)dx$

$=\left[e^x(\cos x-\sin x)\right]_0^{\frac{\pi}{2}}+\int_0^{\frac{\pi}{2}} e^x(\sin x+\cos x)dx$

$=(-e^{\frac{\pi}{2}}-1)+\int_0^{\frac{\pi}{2}} e^x(\sin x+\cos x)dx$ ······ ㉡

㉡을 ㉠에 대입하면

$\int_0^{\frac{\pi}{2}} e^x(\sin x+\cos x)dx$

$=\left[e^x(\sin x+\cos x)\right]_0^{\frac{\pi}{2}}+(e^{\frac{\pi}{2}}+1)-\int_0^{\frac{\pi}{2}} e^x(\sin x+\cos x)dx$

$2\int_0^{\frac{\pi}{2}} e^x(\sin x+\cos x)dx=2\times e^{\frac{\pi}{2}}$

$\therefore \int_0^{\frac{\pi}{2}} e^x(\sin x+\cos x)dx=e^{\frac{\pi}{2}}$

2061 답 2π

| 유형 18

> 정적분 $\int_0^{\pi^2} \sin\sqrt{x}\,dx$의 값을 구하시오.
> 단서1
>
> 단서1 $\sin\sqrt{x}$를 적분할 수 없으므로 $\sqrt{x}=t$로 치환

STEP 1 $\sqrt{x}=t$로 치환하여 t에 대한 정적분으로 변형하기

$\sqrt{x}=t$로 놓으면 $\frac{dt}{dx}=\frac{1}{2\sqrt{x}}=\frac{1}{2t}$ → $dx=2t\,dt$

$x=0$일 때 $t=0$, $x=\pi^2$일 때 $t=\pi$이므로

$\int_0^{\pi^2} \sin\sqrt{x}\,dx=\int_0^{\pi} 2t\sin t\,dt$

STEP 2 부분적분법을 이용하여 정적분의 값 구하기

$\int_0^{\pi} 2t\sin t\,dt$에서 $f(t)=2t$, $g'(t)=\sin t$로 놓으면

$f'(t)=2$, $g(t)=-\cos t$

$\therefore \int_0^{\pi} \underbrace{2t}_{f(t)}\underbrace{\sin t}_{g'(t)}\,dt=\left[-\underbrace{2t}_{f(t)}\underbrace{\cos t}_{g(t)}\right]_0^{\pi}-\int_0^{\pi}(-\underbrace{2}_{f'(t)}\underbrace{\cos t}_{g(t)})\,dt$

$=2\pi+\left[2\sin t\right]_0^{\pi}=2\pi$

2062 답 $-\frac{e^{\pi}+1}{2}$

$\ln x=t$로 놓으면 $x=e^t$이고 $\frac{dt}{dx}=\frac{1}{x}$ → $dx=x\,dt=e^t\,dt$

$x=1$일 때 $t=0$, $x=e^{\pi}$일 때 $t=\pi$이므로

$\int_1^{e^{\pi}} \cos(\ln x)dx=\int_0^{\pi} e^t\cos t\,dt$

$\int_0^{\pi} e^t\cos t\,dt$에서

$f(t)=\cos t$, $g'(t)=e^t$으로 놓으면

$f'(t)=-\sin t$, $g(t)=e^t$

$\therefore \int_0^{\pi} e^t\cos t\,dt=\left[e^t\cos t\right]_0^{\pi}-\int_0^{\pi} e^t(-\sin t)dt$

$=-e^{\pi}-1+\int_0^{\pi} e^t\sin t\,dt$ ······ ㉠

$\int_0^{\pi} e^t\sin t\,dt$에서

$u(t)=\sin t$, $v'(t)=e^t$으로 놓으면

$u'(t)=\cos t$, $v(t)=e^t$

$\therefore \int_0^{\pi} e^t\sin t\,dt=\left[e^t\sin t\right]_0^{\pi}-\int_0^{\pi} e^t\cos t\,dt$

$=-\int_0^{\pi} e^t\cos t\,dt$ ······ ㉡

㉡을 ㉠에 대입하면

$\int_0^{\pi} e^t\cos t\,dt=-e^{\pi}-1-\int_0^{\pi} e^t\cos t\,dt$

$2\int_0^{\pi} e^t\cos t\,dt=-e^{\pi}-1$

$\therefore \int_0^{\pi} e^t\cos t\,dt=-\frac{e^{\pi}+1}{2}$

2063 답 ⑤

㈎에서 $f(x)$는 감소함수이고 ㈏에서 $f(x)$는 $x=-1$일 때 최댓값 1을, $x=3$일 때 최솟값 -2를 가지므로

$f(-1)=1$, $f(3)=-2$

$\int_{-2}^{1} f^{-1}(x)dx$에서 $f^{-1}(x)=t$로 놓으면

$x=f(t)$이고 $\frac{dx}{dt}=f'(t)$

$x=-2$일 때 $t=3$, $x=1$일 때 $t=-1$이므로

$\int_{-2}^{1} f^{-1}(x)dx=\int_3^{-1} tf'(t)dt$

$u(t)=t$, $v'(t)=f'(t)$로 놓으면 $u'(t)=1$, $v(t)=f(t)$

$$\therefore \int_{-2}^{1} f^{-1}(x)dx=\int_{3}^{-1} tf'(t)dt$$
$$=\Big[tf(t)\Big]_{3}^{-1}-\int_{3}^{-1} f(t)dt$$
$$=-f(-1)-3f(3)+\int_{-1}^{3} f(x)dx$$
$$=-1-3\times(-2)+3=8$$

실수 Check

$f^{-1}(x)=t$로 놓으면 $f(f^{-1}(x))=f(t)$에서 $f(f^{-1}(x))=x$이므로 $x=f(t)$이다.

Plus 문제

2063-1

미분가능한 함수 $f(x)$가 다음 조건을 만족시킨다.

> (가) $x_1<x_2$인 두 실수 x_1, x_2에 대하여 $f(x_1)<f(x_2)$이다.
> (나) 닫힌구간 $[-1, 2]$에서 함수 $f(x)$의 최댓값은 3이고 최솟값은 -1이다.

$\int_{-1}^{2} f(x)dx=1$일 때, $\int_{-1}^{3} f^{-1}(x)dx$의 값을 구하시오.

(가)에서 $f(x)$는 증가함수이고 (나)에서 $f(x)$는 $x=2$일 때 최댓값 3을, $x=-1$일 때 최솟값 -1을 가지므로

$f(2)=3$, $f(-1)=-1$

$\int_{-1}^{3} f^{-1}(x)dx$에서 $f^{-1}(x)=t$로 놓으면

$x=f(t)$이고 $\frac{dx}{dt}=f'(t)$

$x=-1$일 때 $t=-1$, $x=3$일 때 $t=2$이므로

$\int_{-1}^{3} f^{-1}(x)dx=\int_{-1}^{2} tf'(t)dt$

$u(t)=t$, $v'(t)=f'(t)$로 놓으면 $u'(t)=1$, $v(t)=f(t)$

$$\therefore \int_{-1}^{3} f^{-1}(x)dx=\int_{-1}^{2} tf'(t)dt$$
$$=\Big[tf(t)\Big]_{-1}^{2}-\int_{-1}^{2} f(t)dt$$
$$=2f(2)+f(-1)-\int_{-1}^{2} f(x)dx$$
$$=2\times3+(-1)-1=4$$

답 4

2064 답 ④ | 유형19

함수 $f(x)$가

$$f(x)=e^x-2x+\underbrace{\int_0^2 f(t)dt}_{\text{단서1}}$$

를 만족시킬 때, $f(2)$의 값은?

① -3 ② -1 ③ 0
④ 1 ⑤ 3

단서1 $\int_0^2 f(t)dt$의 값은 상수

STEP 1 $\int_0^2 f(t)dt=k$ (k는 상수)로 놓고 $f(x)$의 식 세우기

$\int_0^2 f(t)dt=k$ (k는 상수) ⋯⋯ ㉠

로 놓으면 $f(x)=e^x-2x+k$

STEP 2 상수 k의 값 구하기

이것을 ㉠에 대입하면

$\int_0^2 (\underbrace{e^t-2t+k}_{f(t)})dt=k$, $\Big[e^t-t^2+kt\Big]_0^2=k$

$e^2-5+2k=k$ $\therefore k=5-e^2$

STEP 3 $f(2)$의 값 구하기

$f(x)=e^x-2x+5-e^2$이므로

$f(2)=e^2-4+5-e^2=1$

2065 답 $\frac{3\pi}{2-\pi}$

$\int_0^{\frac{\pi}{2}} f(t)dt=k$ (k는 상수) ⋯⋯ ㉠

로 놓으면 $f(x)=3\cos x+k$

이것을 ㉠에 대입하면

$\int_0^{\frac{\pi}{2}} (3\cos t+k)dt=k$, $\Big[3\sin t+kt\Big]_0^{\frac{\pi}{2}}=k$

$3+\frac{\pi}{2}k=k$ $\therefore k=\frac{6}{2-\pi}$

따라서 $f(x)=3\cos x+\frac{6}{2-\pi}$이므로

$f(\pi)=-3+\frac{6}{2-\pi}=\frac{-6+3\pi+6}{2-\pi}=\frac{3\pi}{2-\pi}$

2066 답 ②

$\int_1^e f(t)dt=k$ (k는 상수) ⋯⋯ ㉠

로 놓으면 $f(x)=\frac{\ln x}{x}+x-k$

이것을 ㉠에 대입하면

$\int_1^e \left(\frac{\ln t}{t}+t-k\right)dt=k$

$\int_1^e \frac{\ln t}{t}dt$에서 $\ln t=s$로 놓으면 $\frac{ds}{dt}=\frac{1}{t}$

$t=1$일 때 $s=0$, $t=e$일 때 $s=1$이므로

$\int_1^e \frac{\ln t}{t}dt=\int_0^1 s\,ds=\Big[\frac{1}{2}s^2\Big]_0^1=\frac{1}{2}$

$$\therefore \int_1^e \left(\frac{\ln t}{t}+t-k\right)dt=\int_1^e \frac{\ln t}{t}dt+\int_1^e (t-k)dt$$
$$=\frac{1}{2}+\Big[\frac{1}{2}t^2-kt\Big]_1^e$$
$$=\frac{1}{2}+\frac{e^2}{2}-ke-\frac{1}{2}+k$$
$$=(1-e)k+\frac{e^2}{2}$$

즉, $(1-e)k+\frac{e^2}{2}=k$이므로

$ke=\frac{e^2}{2}$ $\therefore k=\frac{e}{2}$

따라서 $f(x)=\frac{\ln x}{x}+x-\frac{e}{2}$이므로

$f(e)=\frac{1}{e}+e-\frac{e}{2}=\frac{1}{e}+\frac{e}{2}$

2067 답 $\frac{3}{2}$

$\int_0^{\frac{\pi}{4}} f(t)\cos 2t\,dt=k$ (k는 상수) ······ ㉠

로 놓으면 $f(x)=\sin 2x+k$

이것을 ㉠에 대입하면

$\int_0^{\frac{\pi}{4}}(\sin 2t+k)\cos 2t\,dt=k$

$\int_0^{\frac{\pi}{4}}(\sin 2t\cos 2t+k\cos 2t)dt=k$

$\int_0^{\frac{\pi}{4}}\left(\frac{1}{2}\sin 4t+k\cos 2t\right)dt=k$

$\left[-\frac{1}{8}\cos 4t+\frac{k}{2}\sin 2t\right]_0^{\frac{\pi}{4}}=k$

$\frac{1}{8}+\frac{k}{2}+\frac{1}{8}=k$

$\therefore k=\frac{1}{2}$

따라서 $f(x)=\sin 2x+\frac{1}{2}$이므로

$f\left(\frac{\pi}{4}\right)=\sin\frac{\pi}{2}+\frac{1}{2}$

$=1+\frac{1}{2}$

$=\frac{3}{2}$

2068 답 ①

$\int_1^e \frac{2f(t)}{t}dt=k$ (k는 상수) ······ ㉠

로 놓으면 $f(x)=x\ln x-k$

이것을 ㉠에 대입하면

$\int_1^e \frac{2t\ln t-2k}{t}dt=k$

$\int_1^e\left(2\ln t-\frac{2k}{t}\right)dt=k$

$2\int_1^e \ln t\,dt-2\int_1^e \frac{k}{t}dt=k$

$2\int_1^e \ln t\,dt-2\Big[k\ln|t|\Big]_1^e=k$

$2\int_1^e \ln t\,dt=3k$

$\therefore \int_1^e \ln t\,dt=\frac{3}{2}k$

$\int_1^e \ln t\,dt$에서 $u(t)=\ln t$, $v'(t)=1$로 놓으면

$u'(t)=\frac{1}{t}$, $v(t)=t$

$\therefore \int_1^e \ln t\,dt=\Big[t\ln t\Big]_1^e-\int_1^e \frac{1}{t}\times t\,dt$

$=e-\int_1^e 1\,dt$

$=e-\Big[t\Big]_1^e$

$=e-e+1=1$

즉, $\frac{3}{2}k=1$이므로 $k=\frac{2}{3}$

따라서 $f(x)=x\ln x-\frac{2}{3}$이므로

$f(1)=-\frac{2}{3}$

2069 답 $\frac{7}{6}$

$\int_0^1 f(t)dt=k$ (k는 상수) ······ ㉠

로 놓으면 $f(x)=\frac{x}{\sqrt{2x+1}}-k$

이것을 ㉠에 대입하면

$\int_0^1\left(\frac{t}{\sqrt{2t+1}}-k\right)dt=k$

$\int_0^1\left(\frac{t}{\sqrt{2t+1}}-k\right)dt$에서 $2t+1=s$로 놓으면

$t=\frac{1}{2}(s-1)$이고 $\frac{ds}{dt}=2$

$t=0$일 때 $s=1$, $t=1$일 때 $s=3$이므로

$\int_0^1\left(\frac{t}{\sqrt{2t+1}}-k\right)dt=\int_1^3\left\{\frac{1}{2}(s-1)\times\frac{1}{\sqrt{s}}-k\right\}\times\frac{1}{2}ds$

$=\int_1^3\left(\frac{1}{4}\sqrt{s}-\frac{1}{4\sqrt{s}}-\frac{1}{2}k\right)ds$

$=\left[\frac{1}{4}\times\frac{2}{3}s\sqrt{s}-\frac{1}{2}\sqrt{s}-\frac{1}{2}ks\right]_1^3$

$=\left(\frac{\sqrt{3}}{2}-\frac{\sqrt{3}}{2}-\frac{3}{2}k\right)-\left(\frac{1}{6}-\frac{1}{2}-\frac{k}{2}\right)$

$=\frac{1}{3}-k$

즉, $\frac{1}{3}-k=k$이므로 $2k=\frac{1}{3}$

$\therefore k=\frac{1}{6}$

따라서 $f(x)=\frac{x}{\sqrt{2x+1}}-\frac{1}{6}$이므로

$f(4)=\frac{4}{\sqrt{2\times 4+1}}-\frac{1}{6}$

$=\frac{4}{3}-\frac{1}{6}=\frac{7}{6}$

2070 답 $f(x)=\ln x+\frac{1}{2-e}$

$\int_1^e f(t)dt=k$ (k는 상수) ······ ㉠

로 놓으면 $f(x)=\ln x+k$

이것을 ㉠에 대입하면

$\int_1^e(\ln t+k)dt=k$

$\int_1^e(\ln t+k)dt$에서

$u(t)=\ln t+k$, $v'(t)=1$로 놓으면

$u'(t)=\frac{1}{t}$, $v(t)=t$

$\therefore \int_1^e(\ln t+k)dt=\Big[t\ln t+kt\Big]_1^e-\int_1^e 1\,dt$

$=(e+ke-k)-\Big[t\Big]_1^e$

$=e+ke-k-e+1$

$=ke-k+1$

즉, $ke-k+1=k$이므로

$(2-e)k=1$

$\therefore k=\frac{1}{2-e}$

$\therefore f(x)=\ln x+\frac{1}{2-e}$

2071 답 ⑤

$\int_0^2 tf(t)dt=k$ (k는 상수) ⋯⋯ ㉠

로 놓으면 $f(x)=e^{x^2}+2k$

이것을 ㉠에 대입하면 $\int_0^2 (te^{t^2}+2kt)dt=k$

$\int_0^2 te^{t^2}dt$에서 $t^2=s$로 놓으면 $\frac{ds}{dt}=2t$

$t=0$일 때 $s=0$, $t=2$일 때 $s=4$이므로

$\int_0^2 te^{t^2}dt=\int_0^4 \frac{1}{2}e^s ds=\left[\frac{1}{2}e^s\right]_0^4=\frac{e^4}{2}-\frac{1}{2}$

$\therefore \int_0^2 (te^{t^2}+2kt)dt=\int_0^2 te^{t^2}dt+\int_0^2 2kt\,dt$

$=\frac{e^4}{2}-\frac{1}{2}+\left[kt^2\right]_0^2=\frac{e^4}{2}-\frac{1}{2}+4k$

즉, $\frac{e^4}{2}-\frac{1}{2}+4k=k$이므로

$3k=\frac{1-e^4}{2}$ $\quad\therefore k=\frac{1-e^4}{6}$

따라서 $f(x)=e^{x^2}+\frac{1-e^4}{3}$이므로

$f(2)=e^4+\frac{1-e^4}{3}=\frac{2e^4+1}{3}$

2072 답 ②

$\int_0^\pi tf'(t)dt=k$ (k는 상수) ⋯⋯ ㉠

로 놓으면 $f(x)=a\sin x+k$

$f(0)=2$에서 $k=2$이고 $f'(x)=a\cos x$이므로

㉠에 대입하면 $\int_0^\pi t\times a\cos t\,dt=2$, $a\int_0^\pi t\cos t\,dt=2$

$\int_0^\pi t\cos t\,dt$에서 $u(t)=t$, $v'(t)=\cos t$로 놓으면

$u'(t)=1$, $v(t)=\sin t$

$\therefore \int_0^\pi t\cos t\,dt=\left[t\sin t\right]_0^\pi-\int_0^\pi \sin t\,dt$

$=-\left[-\cos t\right]_0^\pi=-2$

따라서 $-2a=2$이므로 $a=-1$

2073 답 12

$\int_0^1 tf(t)dt=k$ (k는 상수) ⋯⋯ ㉠

로 놓으면 $f(x)=e^x+k$

이것을 ㉠에 대입하면 $\int_0^1 t(e^t+k)dt=k$

$\int_0^1 t(e^t+k)dt$에서 $u(t)=t$, $v'(t)=e^t+k$로 놓으면

$u'(t)=1$, $v(t)=e^t+kt$

$\therefore \int_0^1 t(e^t+k)dt=\left[te^t+kt^2\right]_0^1-\int_0^1 (e^t+kt)dt$

$=(e+k)-\left[e^t+\frac{k}{2}t^2\right]_0^1$

$=(e+k)-\left(e+\frac{k}{2}-1\right)=\frac{k}{2}+1$

즉, $\frac{k}{2}+1=k$이므로 $\frac{k}{2}=1$ $\quad\therefore k=2$

따라서 $f(x)=e^x+2$이므로

$f(\ln 10)=10+2=12$

2074 답 ③

연속함수 $f(x)$가 모든 실수 x에 대하여

$\int_1^x f(t)dt=e^{2x}+ax+a$

단서1

를 만족시킬 때, $f(0)$의 값은? (단, a는 상수이다.)

① -2 ② $2-e^2$ ③ $2-\frac{e^2}{2}$

④ 2 ⑤ $2+\frac{e^2}{2}$

단서1 적분 구간에 변수

STEP 1 주어진 식의 양변을 x에 대하여 미분하여 $f(x)$의 식 세우기

$\int_1^x f(t)dt=e^{2x}+ax+a$ ⋯⋯ ㉠

㉠의 양변을 x에 대하여 미분하면

$f(x)=2e^{2x}+a$

STEP 2 주어진 식의 양변에 $x=1$을 대입하여 상수 a의 값 구하기

㉠의 양변에 $x=1$을 대입하면

$0=e^2+a+a$

$2a=-e^2$

$\therefore a=-\frac{e^2}{2}$

STEP 3 $f(x)$를 구하고, $f(0)$의 값 구하기

$f(x)=2e^{2x}-\frac{e^2}{2}$이므로

$f(0)=2-\frac{e^2}{2}$

2075 답 $1-2\pi$

$\int_0^x f(t)dt=(x-1)\cos 2x+ax^2-a$ ⋯⋯ ㉠

㉠의 양변을 x에 대하여 미분하면

$f(x)=\cos 2x-2(x-1)\sin 2x+2ax$

㉠의 양변에 $x=0$을 대입하면

$0=(-1)\times 1-a$

$0=-1-a$

$\therefore a=-1$

따라서 $f(x)=\cos 2x-2(x-1)\sin 2x-2x$이므로

$f(\pi)=1-2\pi$

2076 답 4

$f(x)=(x^2+1)e^{2x}+\int_0^x e^t f(t)dt$ ⋯⋯ ㉠

㉠의 양변을 x에 대하여 미분하면

$f'(x)=2xe^{2x}+2(x^2+1)e^{2x}+e^x f(x)$

$=(2x^2+2x+2)e^{2x}+e^x f(x)$ ⋯⋯ ㉡

㉠의 양변에 $x=0$을 대입하면

$f(0)=1+0=1$

㉡의 양변에 $x=0$을 대입하면

$f'(0)=2+f(0)$

따라서 $f'(0)=2+1=3$이므로

$f(0)+f'(0)=1+3=4$

2077 답 ②

$xf(x)=2x+\int_1^x f(t)dt$ ······ ㉠

㉠의 양변을 x에 대하여 미분하면

$f(x)+xf'(x)=2+f(x)$

$xf'(x)=2 \quad \therefore f'(x)=\frac{2}{x}\ (\because x\neq0)$

$\therefore f(x)=\int\frac{2}{x}dx=2\ln|x|+C$

㉠의 양변에 $x=1$을 대입하면 $f(1)=2$이므로

$C=2$

따라서 $f(x)=2\ln|x|+2$이므로

$f(e^{-2})=-4+2=-2$

2078 답 $f(x)=-\ln|x|-1$

$\int_1^x f(t)dt=xf(x)+x$ ······ ㉠

㉠의 양변을 x에 대하여 미분하면

$f(x)=f(x)+xf'(x)+1,\ xf'(x)=-1$

따라서 $f'(x)=-\frac{1}{x}\ (\because x\neq0)$이므로

$f(x)=\int\left(-\frac{1}{x}\right)dx=-\ln|x|+C$

㉠의 양변에 $x=1$을 대입하면

$0=f(1)+1 \quad \therefore f(1)=-1$

즉, $-\ln1+C=-1$이므로 $C=-1$

$\therefore f(x)=-\ln|x|-1$

2079 답 ①

$xf(x)=2x^2\ln x+\int_e^x f(t)dt$ ······ ㉠

㉠의 양변을 x에 대하여 미분하면

$f(x)+xf'(x)=4x\ln x+2x+f(x)$

$xf'(x)=4x\ln x+2x$

$\therefore f'(x)=4\ln x+2\ (\because x\neq0)$

$\therefore f(x)=\int(4\ln x+2)dx$

$\int(4\ln x+2)dx$에서 $u(x)=4\ln x+2,\ v'(x)=1$로 놓으면

$u'(x)=\frac{4}{x},\ v(x)=x$이므로

$$\begin{aligned}f(x)&=\int(4\ln x+2)dx\\&=(4x\ln x+2x)-\int\frac{4}{x}\times x\,dx\\&=4x\ln x+2x-\int4\,dx\\&=4x\ln x+2x-4x+C\\&=4x\ln x-2x+C\end{aligned}$$

㉠의 양변에 $x=e$를 대입하면

$ef(e)=2e^2 \quad \therefore f(e)=2e$

즉, $4e-2e+C=2e$이므로 $C=0$

따라서 $f(x)=4x\ln x-2x$이므로

$f\left(\frac{1}{e}\right)=-\frac{4}{e}-\frac{2}{e}=-\frac{6}{e}$

2080 답 $\frac{1-e}{6}$

$f(x)=\int_1^x e^{t^3}dt$ ······ ㉠

㉠의 양변을 x에 대하여 미분하면 $f'(x)=e^{x^3}$

㉠의 양변에 $x=1$을 대입하면 $f(1)=0$

$\int_0^1 xf(x)dx$에서 $u(x)=f(x),\ v'(x)=x$로 놓으면

$u'(x)=f'(x),\ v(x)=\frac{1}{2}x^2$

$$\begin{aligned}\therefore \int_0^1 xf(x)dx&=\left[\frac{1}{2}x^2f(x)\right]_0^1-\int_0^1\frac{1}{2}x^2f'(x)dx\\&=\frac{1}{2}f(1)-\int_0^1\frac{1}{2}x^2e^{x^3}dx\\&=-\frac{1}{2}\int_0^1x^2e^{x^3}dx\end{aligned}$$

$\int_0^1 x^2e^{x^3}dx$에서

$x^3=s$로 놓으면 $\frac{ds}{dx}=3x^2$

$x=0$일 때 $s=0$, $x=1$일 때 $s=1$이므로

$$\begin{aligned}\int_0^1x^2e^{x^3}dx&=\int_0^1\frac{1}{3}e^s ds\\&=\left[\frac{1}{3}e^s\right]_0^1=\frac{1}{3}(e-1)\end{aligned}$$

$$\begin{aligned}\therefore \int_0^1 xf(x)dx&=-\frac{1}{2}\int_0^1x^2e^{x^3}dx\\&=-\frac{1}{2}\times\frac{1}{3}(e-1)\\&=\frac{1-e}{6}\end{aligned}$$

2081 답 ①

$\int_\pi^x f(t)dt=xf(x)-x^2\sin x$ ······ ㉠

㉠의 양변을 x에 대하여 미분하면

$f(x)=f(x)+xf'(x)-2x\sin x-x^2\cos x$

$xf'(x)=x^2\cos x+2x\sin x$

따라서 $x\neq0$일 때 $f'(x)=x\cos x+2\sin x$이므로

$$\begin{aligned}f(x)&=\int(x\cos x+2\sin x)dx\\&=\int x\cos x\,dx-2\cos x\end{aligned}$$ ······ ㉡

$\int x\cos x\,dx$에서 $u(x)=x,\ v'(x)=\cos x$로 놓으면

$u'(x)=1,\ v(x)=\sin x$이므로

$$\begin{aligned}\int x\cos x\,dx&=x\sin x-\int\sin x\,dx\\&=x\sin x+\cos x+C\end{aligned}$$ ······ ㉢

㉢을 ㉡에 대입하면

$$\begin{aligned}f(x)&=x\sin x+\cos x+C-2\cos x\\&=x\sin x-\cos x+C\end{aligned}$$

㉠의 양변에 $x=\pi$를 대입하면

$0=\pi f(\pi) \quad \therefore f(\pi)=0$

즉, $1+C=0$이므로 $C=-1$

따라서 $f(x)=x\sin x-\cos x-1\ (x\neq0)$이므로

$f\left(\frac{\pi}{2}\right)=\frac{\pi}{2}-1$

2082 답 ③

$xf(x)=x^2e^{-x}+\int_1^x f(t)dt$ ············ ㉠

㉠의 양변을 x에 대하여 미분하면

$f(x)+xf'(x)=2xe^{-x}-x^2e^{-x}+f(x)$

$xf'(x)=(2x-x^2)e^{-x}$

따라서 $x\neq0$일 때 $f'(x)=(2-x)e^{-x}$이므로

$f(x)=\int(2-x)e^{-x}dx$

$u_1(x)=2-x$, $v_1'(x)=e^{-x}$으로 놓으면

$u_1'(x)=-1$, $v_1(x)=-e^{-x}$

$\therefore f(x)=(2-x)\times(-e^{-x})-\int(-1)\times(-e^{-x})dx$

$=(x-2)e^{-x}-\int e^{-x}dx$

$=(x-2)e^{-x}+e^{-x}+C$

$=(x-1)e^{-x}+C$

㉠의 양변에 $x=1$을 대입하면

$f(1)=e^{-1}+0$

$\therefore f(1)=\frac{1}{e}$

즉, $0+C=\frac{1}{e}$이므로

$C=\frac{1}{e}$

$\therefore \int_{-1}^0 f(x)dx=\int_{-1}^0\left\{(x-1)e^{-x}+\frac{1}{e}\right\}dx$

$=\int_{-1}^0(x-1)e^{-x}dx+\left[\frac{1}{e}x\right]_{-1}^0$

$=\int_{-1}^0(x-1)e^{-x}dx+\frac{1}{e}$ ············ ㉡

$\int_{-1}^0(x-1)e^{-x}dx$에서

$u_2(x)=x-1$, $v_2'(x)=e^{-x}$으로 놓으면

$u_2'(x)=1$, $v_2(x)=-e^{-x}$이므로

$\int_{-1}^0(x-1)e^{-x}dx=\left[(x-1)\times(-e^{-x})\right]_{-1}^0-\int_{-1}^0 1\times(-e^{-x})dx$

$=(1-2e)-\left[e^{-x}\right]_{-1}^0$

$=1-2e-1+e=-e$ ············ ㉢

㉢을 ㉡에 대입하면

$\int_{-1}^0 f(x)dx=-e+\frac{1}{e}$

2083 답 ②

$\int_a^x f(t)dt=(x+a-4)e^x$ ············ ㉠

㉠의 양변을 x에 대하여 미분하면

$f(x)=e^x+(x+a-4)e^x$

$=(x+a-3)e^x$

㉠의 양변에 $x=a$를 대입하면

$0=(2a-4)e^a$, $2a-4=0$

$\therefore a=2$

따라서 $f(x)=(x-1)e^x$이므로

$f(a)=f(2)=e^2$

2084 답 ④

$xf(x)=3^x+a+\int_0^x tf'(t)dt$ ············ ㉠

㉠의 양변을 x에 대하여 미분하면

$f(x)+xf'(x)=3^x\ln3+xf'(x)$ $\quad\therefore f(x)=3^x\ln3$

㉠의 양변에 $x=0$을 대입하면 $0=1+a$ $\quad\therefore a=-1$

$\therefore f(a)=f(-1)=3^{-1}\ln3=\frac{\ln3}{3}$

2085 답 ③

$\int_0^{\ln t} f(x)dx=(t\ln t+a)^2-a$ ············ ㉠

㉠의 양변을 t에 대하여 미분하면

$f(\ln t)\times\frac{1}{t}=2(t\ln t+a)\times\left(\ln t+t\times\frac{1}{t}\right)=2(t\ln t+a)(\ln t+1)$

$\therefore f(\ln t)=2t(t\ln t+a)(\ln t+1)$

㉠의 양변에 $\ln t=0$, 즉 $t=1$을 대입하면

$0=a^2-a$, $a(a-1)=0$ $\quad\therefore a=1$ ($\because a\neq0$)

따라서 $f(\ln t)=2t(t\ln t+1)(\ln t+1)$이고 $\ln t=1$일 때 $t=e$이므로 $f(1)$의 값은 $t=e$를 대입한 값과 같다.

$\therefore f(1)=2e(e\times1+1)(1+1)=4e(e+1)=4e^2+4e$

실수 Check

$\int_0^{\ln t} f(x)dx$를 t에 대하여 미분할 때, 합성함수의 미분을 이용하여 $f(\ln t)\times(\ln t)'=f(\ln t)\times\frac{1}{t}$임에 주의한다.

2086 답 -4 | 유형21

함수 $f(x)$가 $x>0$인 모든 실수 x에 대하여

$\int_1^x(x-t)f(t)dt=2\ln x-x^2+1$

단서1

을 만족시킬 때, $f(1)$의 값을 구하시오.

단서1 적분 구간과 피적분함수에 변수

STEP1 주어진 등식을 x에 대하여 정리하기

$\int_1^x(x-t)f(t)dt=2\ln x-x^2+1$에서

$x\int_1^x f(t)dt-\int_1^x tf(t)dt=2\ln x-x^2+1$

STEP2 양변을 x에 대하여 미분하기

위의 등식의 양변을 x에 대하여 미분하면

$\int_1^x f(t)dt+xf(x)-xf(x)=\frac{2}{x}-2x$

$\therefore \int_1^x f(t)dt=\frac{2}{x}-2x$

STEP3 양변을 x에 대하여 한 번 더 미분하여 $f(x)$ 구하기

위의 등식의 양변을 x에 대하여 미분하면

$f(x)=-\frac{2}{x^2}-2$

STEP4 $f(1)$의 값 구하기

$f(1)=-\frac{2}{1}-2=-2-2=-4$

2087 답 ⑤

$\int_{\pi}^{x}(x-t)f(t)dt=\sin 2x+ax+2\pi$ ······ ㉠

에서 $x\int_{\pi}^{x}f(t)dt-\int_{\pi}^{x}tf(t)dt=\sin 2x+ax+2\pi$

위의 등식의 양변을 x에 대하여 미분하면

$\int_{\pi}^{x}f(t)dt+xf(x)-xf(x)=2\cos 2x+a$

$\therefore \int_{\pi}^{x}f(t)dt=2\cos 2x+a$

위의 등식의 양변을 x에 대하여 미분하면

$f(x)=-4\sin 2x$

$\therefore f\left(\frac{\pi}{4}\right)=-4\sin\frac{\pi}{2}=-4$

㉠의 양변에 $x=\pi$를 대입하면

$0=a\pi+2\pi \qquad \therefore a=-2$

$\therefore af\left(\frac{\pi}{4}\right)=(-2)\times(-4)=8$

2088 답 2

$F(x)=\int_{0}^{x}(x-t)f(t)dt$에서

$F(x)=x\int_{0}^{x}f(t)dt-\int_{0}^{x}tf(t)dt$

위의 등식의 양변을 x에 대하여 미분하면

$F'(x)=\int_{0}^{x}f(t)dt+xf(x)-xf(x)=\int_{0}^{x}f(t)dt$

$\therefore F'(k)=\int_{0}^{k}f(t)dt=\int_{0}^{k}\frac{2t+1}{t^2+t+1}dt=\int_{0}^{k}\frac{(t^2+t+1)'}{t^2+t+1}dt$

$=\left[\ln(t^2+t+1)\right]_{0}^{k}$ ($\because t^2+t+1>0$)

$=\ln(k^2+k+1)$

따라서 $\ln(k^2+k+1)=\ln 7$이므로

$k^2+k+1=7,\ k^2+k-6=0$

$(k+3)(k-2)=0 \qquad \therefore k=2$ ($\because k>0$)

2089 답 $f(x)=e^x$

$\int_{0}^{x}(x-t)f(t)dt-\int_{0}^{x}f(t)dt=-x$에서

$x\int_{0}^{x}f(t)dt-\int_{0}^{x}tf(t)dt-\int_{0}^{x}f(t)dt=-x$

위의 등식의 양변을 x에 대하여 미분하면

$\int_{0}^{x}f(t)dt+xf(x)-xf(x)-f(x)=-1$

$\therefore \int_{0}^{x}f(t)dt=f(x)-1$ ······ ㉠

㉠의 양변을 x에 대하여 미분하면

$f(x)=f'(x),\ \frac{f'(x)}{f(x)}=1$ ($\because f(x)>0$)

$\int\frac{f'(x)}{f(x)}dx=\int 1dx$이므로 $\ln f(x)=x+C$

$\therefore f(x)=e^{x+C}$

㉠의 양변에 $x=0$을 대입하면

$0=f(0)-1 \qquad \therefore f(0)=1$

즉, $e^C=1$이므로 $C=0$

$\therefore f(x)=e^x$

2090 답 ①

$\int_{1}^{x}(x+t)f(t)dt=xe^x-ex$에서

$x\int_{1}^{x}f(t)dt+\int_{1}^{x}tf(t)dt=xe^x-ex$

위의 등식의 양변을 x에 대하여 미분하면

$\int_{1}^{x}f(t)dt+xf(x)+xf(x)=e^x+xe^x-e$

$\therefore \int_{1}^{x}f(t)dt+2xf(x)=(x+1)e^x-e$

위의 등식의 양변을 x에 대하여 미분하면

$f(x)+2f(x)+2xf'(x)=e^x+(x+1)e^x$

$3f(x)+2xf'(x)=(x+2)e^x$

$\therefore 3f(1)+2f'(1)=3e$

2091 답 64

$x\int_{0}^{x}f(t)dt-\int_{0}^{x}tf(t)dt=ae^{2x}-4x+b$ ······ ㉠

㉠의 양변을 x에 대하여 미분하면

$\int_{0}^{x}f(t)dt+xf(x)-xf(x)=2ae^{2x}-4$

$\therefore \int_{0}^{x}f(t)dt=2ae^{2x}-4$ ······ ㉡

㉡의 양변에 $x=0$을 대입하면

$0=2a-4 \qquad \therefore a=2$

㉡의 양변을 x에 대하여 미분하면

$f(x)=4ae^{2x}=8e^{2x}$

㉠의 양변에 $x=0$을 대입하면

$0=a+b \qquad \therefore b=-a=-2$

$\therefore f(a)f(b)=f(2)f(-2)=8e^4\times 8e^{-4}=64$

2092 답 ③ | 유형22

$0<x<\pi$에서 함수 $f(x)=\int_{0}^{x}(1-2\sin t)\cos t\,dt$의 극솟값은?
단서1 단서2

① $-\frac{1}{2}$ ② $-\frac{1}{4}$ ③ 0
④ $\frac{1}{4}$ ⑤ $\frac{1}{2}$

단서1 정적분으로 정의된 함수
단서2 $f'(a)=0$이고, $x=a$의 좌우에서 $f'(x)$의 부호가 음에서 양으로 바뀌면
→ $f(x)$는 $x=a$에서 극솟값 $f(a)$를 갖는다.

STEP 1 $f'(x)$ 구하기

주어진 등식의 양변을 x에 대하여 미분하면

$f'(x)=(1-2\sin x)\cos x$

STEP 2 $f'(x)=0$이 되는 x의 값을 찾고, $f(x)$의 증가, 감소 조사하기

$f'(x)=0$에서 $\sin x=\frac{1}{2}$ 또는 $\cos x=0$ (→ $x=\frac{\pi}{2}$) (→ $x=\frac{\pi}{6}$ 또는 $x=\frac{5}{6}\pi$)

$\therefore x=\frac{\pi}{6}$ 또는 $x=\frac{\pi}{2}$ 또는 $x=\frac{5}{6}\pi$ ($\because 0<x<\pi$)

함수 $f(x)$의 증가와 감소를 표로 나타내면 다음과 같다.

x	(0)	⋯	$\frac{\pi}{6}$	⋯	$\frac{\pi}{2}$	⋯	$\frac{5}{6}\pi$	⋯	(π)
$f'(x)$		+	0	−	0	+	0	−	
$f(x)$		↗	극대	↘	극소	↗	극대	↘	

STEP 3 함수 $f(x)$의 극솟값 구하기

함수 $f(x)$는 $x=\frac{\pi}{2}$에서 극소이므로 극솟값은

$f\left(\frac{\pi}{2}\right)=\int_{0}^{\frac{\pi}{2}}(1-2\sin t)\cos t\,dt$

$1-2\sin t=s$로 놓으면 $\frac{ds}{dt}=-2\cos t$ → $-2\cos t\,dt=ds$, $\cos t\,dt=-\frac{1}{2}ds$

$t=0$일 때 $s=1$, $t=\frac{\pi}{2}$일 때 $s=-1$이므로

$$f\left(\frac{\pi}{2}\right)=\int_{0}^{\frac{\pi}{2}}(1-2\sin t)\cos t\,dt$$
$$=\int_{1}^{-1}s\times\left(-\frac{1}{2}\right)ds=-\frac{1}{2}\int_{1}^{-1}s\,ds$$
$$=\frac{1}{2}\int_{-1}^{1}s\,ds=\frac{1}{2}\left[\frac{1}{2}s^2\right]_{-1}^{1}=\frac{1}{2}\times\left(\frac{1}{2}-\frac{1}{2}\right)=0$$

2093 답 $-\frac{4}{15}$

주어진 등식의 양변을 x에 대하여 미분하면

$f'(x)=x\sqrt{x}-\sqrt{x}$

$f'(x)=0$에서 $\sqrt{x}(x-1)=0$ $\quad\therefore x=1$ ($\because x>0$)

함수 $f(x)$의 증가와 감소를 표로 나타내면 다음과 같다.

x	(0)	$\cdots$	1	$\cdots$
$f'(x)$		$-$	0	$+$
$f(x)$		↘	극소	↗

따라서 함수 $f(x)$는 $x=1$에서 극소이므로 극솟값은

$$f(1)=\int_{0}^{1}(t\sqrt{t}-\sqrt{t})dt$$
$$=\int_{0}^{1}(t^{\frac{3}{2}}-t^{\frac{1}{2}})dt$$
$$=\left[\frac{2}{5}t^{\frac{5}{2}}-\frac{2}{3}t^{\frac{3}{2}}\right]_{0}^{1}$$
$$=\frac{2}{5}-\frac{2}{3}=-\frac{4}{15}$$

2094 답 ⑤

주어진 등식의 양변을 x에 대하여 미분하면

$f'(x)=(x-1)e^x$

$f'(x)=0$에서 $x=1$ ($\because e^x>0$)

함수 $f(x)$의 증가와 감소를 표로 나타내면 다음과 같다.

x	$\cdots$	1	$\cdots$
$f'(x)$	$-$	0	$+$
$f(x)$	↘	극소	↗

따라서 함수 $f(x)$는 $x=1$에서 극소이므로 극솟값은

$f(1)=\int_{0}^{1}(t-1)e^t\,dt$

$u(t)=t-1$, $v'(t)=e^t$으로 놓으면

$u'(t)=1$, $v(t)=e^t$

$$\therefore f(1)=\int_{0}^{1}(t-1)e^t\,dt$$
$$=\left[(t-1)e^t\right]_{0}^{1}-\int_{0}^{1}e^t\,dt$$
$$=1-\left[e^t\right]_{0}^{1}$$
$$=1-e+1=-e+2$$

2095 답 ①

주어진 등식의 양변을 x에 대하여 미분하면

$f'(x)=\ln x+a$

$f(x)$가 $x=e$에서 극솟값 b를 가지므로

$f'(e)=0$, $f(e)=b$

$f'(e)=\ln e+a=1+a$이므로

$1+a=0$ $\quad\therefore a=-1$

$$f(e)=\int_{1}^{e}(\ln t+a)dt$$
$$=\int_{1}^{e}(\ln t-1)dt$$

$u(t)=\ln t-1$, $v'(t)=1$로 놓으면

$u'(t)=\frac{1}{t}$, $v(t)=t$

$$\therefore f(e)=\int_{1}^{e}(\ln t-1)dt$$
$$=\left[t\ln t-t\right]_{1}^{e}-\int_{1}^{e}\frac{1}{t}\times t\,dt$$
$$=1-\int_{1}^{e}1\,dt$$
$$=1-\left[t\right]_{1}^{e}$$
$$=1-e+1$$
$$=2-e$$

따라서 $b=2-e$이므로

$a-b=-1-(2-e)=e-3$

2096 답 $-\frac{1}{2}$

주어진 등식의 양변을 x에 대하여 미분하면

$f'(x)=\frac{\ln x}{x}$

$f'(x)=0$에서 $\ln x=0$ $\quad\therefore x=1$ ($\because x>0$)

함수 $f(x)$의 증가와 감소를 표로 나타내면 다음과 같다.

x	(0)	$\cdots$	1	$\cdots$
$f'(x)$		$-$	0	$+$
$f(x)$		↘	극소	↗

따라서 함수 $f(x)$는 $x=1$에서 극소이므로 극솟값은

$f(1)=\int_{e}^{1}\frac{\ln t}{t}dt$

$\ln t=s$로 놓으면 $\frac{ds}{dt}=\frac{1}{t}$

$t=e$일 때 $s=1$, $t=1$일 때 $s=0$이므로

$$f(1)=\int_{e}^{1}\frac{\ln t}{t}dt=\int_{1}^{0}s\,ds$$
$$=-\int_{0}^{1}s\,ds$$
$$=-\left[\frac{1}{2}s^2\right]_{0}^{1}=-\frac{1}{2}$$

2097 답 ④

주어진 등식의 양변을 x에 대하여 미분하면

$f'(x)=\frac{-2x}{x^2+1}$

$f'(x)=0$에서 $-2x=0$ $\quad\therefore x=0$

함수 $f(x)$의 증가와 감소를 표로 나타내면 다음과 같다.

x	$\cdots$	0	$\cdots$
$f'(x)$	$+$	0	$-$
$f(x)$	↗	극대	↘

따라서 함수 $f(x)$는 $x=0$에서 극대이므로 $a=0$이고, 극댓값은

$$f(0)=\int_{-1}^{0}\frac{-2t}{t^2+1}dt$$
$$=-\int_{-1}^{0}\frac{2t}{t^2+1}dt$$
$$=-\int_{-1}^{0}\frac{(t^2+1)'}{t^2+1}dt$$
$$=-\Big[\ln(t^2+1)\Big]_{-1}^{0}=\ln 2$$

따라서 $b=\ln 2$이므로

$a+b=0+\ln 2=\ln 2$

2098 답 2π

주어진 등식의 양변을 x에 대하여 미분하면

$f'(x)=x\cos x$

$f'(x)=0$에서 $\cos x=0$ ($\because x>0$)

$\therefore x=\frac{\pi}{2}$ 또는 $x=\frac{3}{2}\pi$ ($\because 0<x<2\pi$)

함수 $f(x)$의 증가와 감소를 표로 나타내면 다음과 같다.

x	(0)	$\cdots$	$\frac{\pi}{2}$	$\cdots$	$\frac{3}{2}\pi$	$\cdots$	(2π)
$f'(x)$		$+$	0	$-$	0	$+$	
$f(x)$		↗	극대	↘	극소	↗	

따라서 함수 $f(x)$는 $x=\frac{\pi}{2}$에서 극대, $x=\frac{3}{2}\pi$에서 극소이므로

$M=f\left(\frac{\pi}{2}\right)=\int_0^{\frac{\pi}{2}}t\cos t\,dt$

$u(t)=t$, $v'(t)=\cos t$로 놓으면

$u'(t)=1$, $v(t)=\sin t$

$$\therefore M=\int_0^{\frac{\pi}{2}}t\cos t\,dt$$
$$=\Big[t\sin t\Big]_0^{\frac{\pi}{2}}-\int_0^{\frac{\pi}{2}}\sin t\,dt$$
$$=\frac{\pi}{2}-\Big[-\cos t\Big]_0^{\frac{\pi}{2}}$$
$$=\frac{\pi}{2}-1$$

같은 방법으로 하면

$$m=f\left(\frac{3}{2}\pi\right)$$
$$=\int_0^{\frac{3}{2}\pi}t\cos t\,dt$$
$$=\Big[t\sin t\Big]_0^{\frac{3}{2}\pi}-\int_0^{\frac{3}{2}\pi}\sin t\,dt$$
$$=-\frac{3}{2}\pi-\Big[-\cos t\Big]_0^{\frac{3}{2}\pi}$$
$$=-\frac{3}{2}\pi-1$$

$$\therefore M-m=\left(\frac{\pi}{2}-1\right)-\left(-\frac{3}{2}\pi-1\right)$$
$$=\frac{\pi}{2}-1+\frac{3}{2}\pi+1=2\pi$$

2099 답 ①

주어진 등식의 양변을 x에 대하여 미분하면

$f'(x)=(a+b\cos x)\sin x$

$f(x)$가 $x=\frac{\pi}{3}$에서 극솟값 $-\frac{1}{2}$을 가지므로

$f'\left(\frac{\pi}{3}\right)=0$, $f\left(\frac{\pi}{3}\right)=-\frac{1}{2}$

$f'\left(\frac{\pi}{3}\right)=\left(a+b\cos\frac{\pi}{3}\right)\sin\frac{\pi}{3}=\frac{\sqrt{3}}{2}\left(a+\frac{1}{2}b\right)$

이므로 $\frac{\sqrt{3}}{2}\left(a+\frac{b}{2}\right)=0$, $a+\frac{b}{2}=0$

$\therefore a=-\frac{b}{2}$ ……… ㉠

$$f\left(\frac{\pi}{3}\right)=\int_0^{\frac{\pi}{3}}(a+b\cos t)\sin t\,dt$$
$$=\int_0^{\frac{\pi}{3}}(a\sin t+b\sin t\cos t)dt$$
$$=\int_0^{\frac{\pi}{3}}\left(a\sin t+\frac{b}{2}\sin 2t\right)dt$$
$$=\left[-a\cos t-\frac{b}{4}\cos 2t\right]_0^{\frac{\pi}{3}}$$
$$=\left(-\frac{a}{2}+\frac{b}{8}\right)-\left(-a-\frac{b}{4}\right)=\frac{a}{2}+\frac{3}{8}b$$

이므로 $\frac{a}{2}+\frac{3}{8}b=-\frac{1}{2}$

위의 식에 ㉠을 대입하면 $-\frac{b}{4}+\frac{3}{8}b=-\frac{1}{2}$

$\frac{1}{8}b=-\frac{1}{2}$ $\quad\therefore b=-4$, $a=-\frac{b}{2}=2$

$\therefore ab=2\times(-4)=-8$

2100 답 ①

$g(x)=\int_0^x \ln f(t)dt$의 양변을 x에 대하여 미분하면

$g'(x)=\ln f(x)$, $g''(x)=\frac{f'(x)}{f(x)}$

$g(x)=\int_0^x \ln f(t)dt$의 양변에 $x=0$을 대입하면 $g(0)=0$

(가)에서 $g(x)$가 $x=1$에서 극값 2를 가지므로

$g'(1)=0$, $g(1)=2$

(나)에서 $g'(-x)=g'(x)$이므로 $g'(x)$는 우함수이고, 이 식에 $x=1$을 대입하면 $g'(-1)=g'(1)=0$

$\therefore \int_{-1}^{1}\frac{xf'(x)}{f(x)}dx=\int_{-1}^{1}xg''(x)dx$

$u(x)=x$, $v'(x)=g''(x)$로 놓으면

$u'(x)=1$, $v(x)=g'(x)$

$$\therefore \int_{-1}^{1}\frac{xf'(x)}{f(x)}dx=\int_{-1}^{1}xg''(x)dx$$
$$=\Big[xg'(x)\Big]_{-1}^{1}-\int_{-1}^{1}g'(x)dx$$
$$=g'(1)+g'(-1)-2\int_0^1 g'(x)dx$$
$$=-2\Big[g(x)\Big]_0^1=-2\{g(1)-g(0)\}$$
$$=-2\times(2-0)=-4$$

실수 Check

$\{\ln f(x)\}'=\frac{f'(x)}{f(x)}$임에 주의한다.

Plus 문제

2100-1

실수 전체의 집합에서 $f(x)>0$이고 도함수가 연속인 함수 $f(x)$가 있다. 실수 전체의 집합에서 함수 $g(x)$가

$$g(x)=\int_0^x \ln\{f(t)\}^2\,dt$$

일 때, 함수 $g(x)$와 $g(x)$의 도함수 $g'(x)$는 다음 조건을 만족시킨다.

> (가) 함수 $g(x)$는 $x=2$에서 극값 4를 갖는다.
> (나) 모든 실수 x에 대하여 $g'(-x)=g'(x)$이다.

$\int_{-2}^{2}\frac{xf'(x)}{f(x)}dx$의 값을 구하시오.

$g(x)=\int_0^x \ln\{f(t)\}^2dt$의 양변을 x에 대하여 미분하면

$g'(x)=\ln\{f(x)\}^2$, $g''(x)=\frac{2f(x)f'(x)}{\{f(x)\}^2}=\frac{2f'(x)}{f(x)}$

$g(x)=\int_0^x \ln\{f(t)\}^2dt$의 양변에 $x=0$을 대입하면

$g(0)=0$

(가)에서 $g(x)$가 $x=2$에서 극값 4를 가지므로

$g'(2)=0$, $g(2)=4$

(나)에서 $g'(-x)=g'(x)$이므로 $g'(x)$는 우함수이고, 이 식에 $x=2$를 대입하면

$g'(-2)=g'(2)=0$

$$\therefore \int_{-2}^{2}\frac{xf'(x)}{f(x)}dx=\int_{-2}^{2}\frac{1}{2}xg''(x)dx=\frac{1}{2}\int_{-2}^{2}xg''(x)dx$$

$u(x)=x$, $v'(x)=g''(x)$로 놓으면

$u'(x)=1$, $v(x)=g'(x)$

$$\begin{aligned}\therefore \int_{-2}^{2}\frac{xf'(x)}{f(x)}dx&=\frac{1}{2}\int_{-2}^{2}xg''(x)dx\\&=\frac{1}{2}\left\{\Big[xg'(x)\Big]_{-2}^{2}-\int_{-2}^{2}g'(x)dx\right\}\\&=\frac{1}{2}\left\{2g'(2)+2g'(-2)-2\int_0^2 g'(x)dx\right\}\\&=\frac{1}{2}\left\{-2\Big[g(x)\Big]_0^2\right\}\\&=g(0)-g(2)\\&=0-4=-4\end{aligned}$$

답 -4

2101 답 ⑤ | 유형23

$0\le x\le\pi$일 때, 함수 $f(x)=\int_0^x(2\cos t-1)dt$는 $x=a$에서 최댓값 b를 갖는다. 상수 a, b에 대하여 $a+b$의 값은?

① $-\sqrt{3}$　② -1　③ 0
④ 1　⑤ $\sqrt{3}$

단서1 정적분으로 정의된 함수
단서2 $f(x)$의 극댓값과 주어진 구간의 양 끝 값에서의 함숫값을 비교

STEP 1 $f'(x)$ 구하기

주어진 등식의 양변을 x에 대하여 미분하면

$f'(x)=2\cos x-1$

STEP 2 $f'(x)=0$이 되는 x의 값을 찾고, $f(x)$의 증가, 감소 조사하기

$f'(x)=0$에서 $\cos x=\frac{1}{2}$

$\therefore x=\frac{\pi}{3}$ ($\because 0\le x\le\pi$)

함수 $f(x)$의 증가와 감소를 표로 나타내면 다음과 같다.

x	0	$\cdots$	$\frac{\pi}{3}$	$\cdots$	π
$f'(x)$		$+$	0	$-$	0
$f(x)$	0	↗	극대	↘	$f(\pi)$

STEP 3 함수 $f(x)$의 최댓값을 구하고, $a+b$의 값 구하기

함수 $f(x)$는 $x=\frac{\pi}{3}$에서 극대이면서 최대이므로 $a=\frac{\pi}{3}$이고 최댓값은

$$f\left(\frac{\pi}{3}\right)=\int_0^{\frac{\pi}{3}}(2\cos t-1)dt=\Big[2\sin t-t\Big]_0^{\frac{\pi}{3}}=2\times\frac{\sqrt{3}}{2}-\frac{\pi}{3}=\sqrt{3}-\frac{\pi}{3}$$

따라서 $b=\sqrt{3}-\frac{\pi}{3}$이므로

$a+b=\frac{\pi}{3}+\left(\sqrt{3}-\frac{\pi}{3}\right)=\sqrt{3}$

2102 답 ②

주어진 등식의 양변을 x에 대하여 미분하면

$f'(x)=(x+1)e^x$

$f'(x)=0$에서 $x=-1$ ($\because e^x>0$)

함수 $f(x)$의 증가와 감소를 표로 나타내면 다음과 같다.

x	$\cdots$	-1	$\cdots$
$f'(x)$	$-$	0	$+$
$f(x)$	↘	극소	↗

따라서 함수 $f(x)$는 $x=-1$에서 극소이면서 최소이므로 최솟값은

$f(-1)=\int_0^{-1}(t+1)e^t\,dt$

$u(t)=t+1$, $v'(t)=e^t$으로 놓으면

$u'(t)=1$, $v(t)=e^t$

$$\begin{aligned}\therefore f(-1)&=\int_0^{-1}(t+1)e^t\,dt=-\int_{-1}^{0}(t+1)e^t\,dt\\&=-\Big[(t+1)e^t\Big]_{-1}^{0}+\int_{-1}^{0}e^t\,dt\\&=-1+\Big[e^t\Big]_{-1}^{0}\\&=-1+1-\frac{1}{e}=-\frac{1}{e}\end{aligned}$$

2103 답 ④

주어진 등식의 양변을 x에 대하여 미분하면

$f'(x)=x-x\ln x$

$f'(x)=0$에서 $x(1-\ln x)=0$

$1-\ln x=0$ ($\because x>0$), $\ln x=1$

$\therefore x=e$

함수 $f(x)$의 증가와 감소를 표로 나타내면 다음과 같다.

x	(0)	$\cdots$	e	$\cdots$
$f'(x)$		$+$	0	$-$
$f(x)$		↗	극대	↘

따라서 함수 $f(x)$는 $x=e$에서 극대이면서 최대이므로 $a=e$이고, 최댓값은

$f(e)=\int_1^e (t-t\ln t)dt=\int_1^e t(1-\ln t)dt$

$u(t)=1-\ln t$, $v'(t)=t$로 놓으면

$u'(t)=-\frac{1}{t}$, $v(t)=\frac{1}{2}t^2$

$\therefore f(e)=\int_1^e t(1-\ln t)dt$

$=\left[\frac{1}{2}t^2-\frac{1}{2}t^2\ln t\right]_1^e-\int_1^e\left(-\frac{1}{t}\right)\times\frac{1}{2}t^2\,dt$

$=-\frac{1}{2}+\int_1^e\frac{1}{2}t\,dt$

$=-\frac{1}{2}+\left[\frac{1}{4}t^2\right]_1^e$

$=-\frac{1}{2}+\frac{1}{4}e^2-\frac{1}{4}=\frac{1}{4}e^2-\frac{3}{4}$

따라서 $b=\frac{1}{4}e^2-\frac{3}{4}$이므로

$4b-a^2=(e^2-3)-e^2=-3$

2104 답 ④

$\int_0^1 tf(t)dt=k$ (k는 상수) ……… ㉠

로 놓으면 $f(x)=2e^{x^2}+k$

이것을 ㉠에 대입하면

$\int_0^1 t(2e^{t^2}+k)dt=k$

$\int_0^1 t(2e^{t^2}+k)dt$에서 $t^2=s$로 놓으면 $\frac{ds}{dt}=2t$

$t=0$일 때 $s=0$, $t=1$일 때 $s=1$이므로

$\int_0^1 t(2e^{t^2}+k)dt=\int_0^1(2e^s+k)\times\frac{1}{2}ds$

$=\int_0^1\left(e^s+\frac{k}{2}\right)ds$

$=\left[e^s+\frac{k}{2}s\right]_0^1=e+\frac{k}{2}-1$

즉, $e+\frac{k}{2}-1=k$이므로

$\frac{k}{2}=e-1$ $\quad\therefore k=2e-2$

$\therefore f(x)=2e^{x^2}+2e-2$

$f'(x)=4xe^{x^2}$이므로

$f'(x)=0$에서 $x=0$ ($\because e^{x^2}>0$)

함수 $f(x)$의 증가와 감소를 표로 나타내면 다음과 같다.

x	$\cdots$	0	$\cdots$
$f'(x)$	$-$	0	$+$
$f(x)$	↘	극소	↗

따라서 함수 $f(x)$는 $x=0$에서 극소이면서 최소이므로 최솟값은

$f(0)=2+2e-2=2e$

2105 답 ③

주어진 등식의 양변을 x에 대하여 미분하면

$f'(x)=\frac{2x-1}{x^2-x+1}$

$f'(x)=0$에서 $2x-1=0$

$\therefore x=\frac{1}{2}$ ($\because x^2-x+1>0$)

함수 $f(x)$의 증가와 감소를 표로 나타내면 다음과 같다.

x	$\cdots$	$\frac{1}{2}$	$\cdots$
$f'(x)$	$-$	0	$+$
$f(x)$	↘	극소	↗

따라서 함수 $f(x)$는 $x=\frac{1}{2}$에서 극소이면서 최소이므로 최솟값은

$f\left(\frac{1}{2}\right)=\int_0^{\frac{1}{2}}\frac{2t-1}{t^2-t+1}dt=\int_0^{\frac{1}{2}}\frac{(t^2-t+1)'}{t^2-t+1}dt$

$=\left[\ln(t^2-t+1)\right]_0^{\frac{1}{2}}$

$=\ln\left(\frac{1}{4}-\frac{1}{2}+1\right)=\ln\frac{3}{4}$

2106 답 325

주어진 등식의 양변을 x에 대하여 미분하면

$f'(x)=\frac{n-\ln x}{x}$

$f'(x)=0$에서 $n-\ln x=0$, $\ln x=n$

$\therefore x=e^n$

함수 $f(x)$의 증가와 감소를 표로 나타내면 다음과 같다.

x	(0)	$\cdots$	e^n	$\cdots$
$f'(x)$		$+$	0	$-$
$f(x)$		↗	극대	↘

따라서 함수 $f(x)$는 $x=e^n$에서 극대이면서 최대이므로 최댓값은

$g(n)=f(e^n)=\int_1^{e^n}\frac{n-\ln t}{t}dt$

$n-\ln t=s$로 놓으면 $\frac{ds}{dt}=-\frac{1}{t}$

$t=1$일 때 $s=n$, $t=e^n$일 때 $s=0$이므로

$g(n)=\int_1^{e^n}\frac{n-\ln t}{t}dt=\int_n^0(-s)ds$

$=\int_0^n s\,ds=\left[\frac{1}{2}s^2\right]_0^n=\frac{1}{2}n^2$

$\therefore \sum_{n=1}^{12}g(n)=\sum_{n=1}^{12}\frac{n^2}{2}$

$=\frac{1}{2}\times\frac{12\times13\times25}{6}=325$

2107 답 ④ | 유형24

함수 $f(x)=3x-\frac{2}{x^2}+\sqrt{x}$ $(x>0)$에 대하여 $\lim_{h\to0}\frac{1}{h}\int_1^{1+3h}f(t)dt$의 값은?
단서1

① 1 ② 2 ③ 4
④ 6 ⑤ 8

단서1 $F'(t)=f(t)$라 하면
$\lim_{h\to0}\frac{1}{h}\int_1^{1+3h}f(t)dt=\lim_{h\to0}\frac{F(1+3h)-F(1)}{h}$

STEP 1 $F'(t)=f(t)$라 하고 미분계수의 정의를 이용하여 극한값 구하기

$F'(t)=f(t)$라 하면

$$\lim_{h\to 0}\frac{1}{h}\int_1^{1+3h}f(t)dt=\lim_{h\to 0}\frac{F(1+3h)-F(1)}{h}$$
$$=\lim_{h\to 0}\frac{F(1+3h)-F(1)}{3h}\times 3$$
$$=3F'(1)$$
$$=3f(1)$$
$$=3\times(3-2+1)=6$$

개념 Check

미분가능한 함수 $f(x)$의 $x=a$에서의 미분계수는

$$f'(a)=\lim_{h\to 0}\frac{f(a+h)-f(a)}{h}$$

2108 답 ⑤

$f(t)=e^{2t}\ln t$, $F'(t)=f(t)$라 하면

$$\lim_{h\to 0}\frac{1}{h}\int_e^{e+2h}e^{2t}\ln t\,dt=\lim_{h\to 0}\frac{1}{h}\int_e^{e+2h}f(t)dt$$
$$=\lim_{h\to 0}\frac{F(e+2h)-F(e)}{h}$$
$$=\lim_{h\to 0}\frac{F(e+2h)-F(e)}{2h}\times 2$$
$$=2F'(e)$$
$$=2f(e)$$
$$=2\times e^{2e}\ln e=2e^{2e}$$

2109 답 ⑤

$F'(t)=f(t)$라 하면

$$\lim_{h\to 0}\frac{1}{h}\int_{\pi-h}^{\pi+h}f(t)dt$$
$$=\lim_{h\to 0}\frac{F(\pi+h)-F(\pi-h)}{h}$$
$$=\lim_{h\to 0}\frac{F(\pi+h)-F(\pi)-\{F(\pi-h)-F(\pi)\}}{h}$$
$$=\lim_{h\to 0}\frac{F(\pi+h)-F(\pi)}{h}+\lim_{h\to 0}\frac{F(\pi-h)-F(\pi)}{-h}$$
$$=F'(\pi)+F'(\pi)$$
$$=2F'(\pi)=2f(\pi)$$
$$=2\times e^{\pi}(\sin\pi-\cos\pi)$$
$$=2e^{\pi}$$

2110 답 2

$f(x)=e^{-x}\cos x+k$, $F'(x)=f(x)$라 하면

$$\lim_{h\to 0}\frac{1}{h}\int_0^{2h}(e^{-x}\cos x+k)dx=\lim_{h\to 0}\frac{1}{h}\int_0^{2h}f(x)dx$$
$$=\lim_{h\to 0}\frac{F(2h)-F(0)}{h}$$
$$=\lim_{h\to 0}\frac{F(2h)-F(0)}{2h}\times 2$$
$$=2F'(0)$$
$$=2f(0)$$

따라서 $2f(0)=6$, 즉 $f(0)=3$이므로

$1+k=3$

$\therefore k=2$

2111 답 $\frac{8}{3}$

$F'(t)=f(t)$라 하면

$$\lim_{h\to 0}\frac{1}{h}\int_{4-h}^{4+h}f(t)dt$$
$$=\lim_{h\to 0}\frac{F(4+h)-F(4-h)}{h}$$
$$=\lim_{h\to 0}\frac{F(4+h)-F(4)-\{F(4-h)-F(4)\}}{h}$$
$$=\lim_{h\to 0}\frac{F(4+h)-F(4)}{h}+\lim_{h\to 0}\frac{F(4-h)-F(4)}{-h}$$
$$=F'(4)+F'(4)=2F'(4)$$
$$=2f(4)=2\int_0^4\frac{t-1}{\sqrt{t}+1}dt$$
$$=2\int_0^4\frac{(\sqrt{t}+1)(\sqrt{t}-1)}{\sqrt{t}+1}dt$$
$$=2\int_0^4(\sqrt{t}-1)dt$$
$$=2\left[\frac{2}{3}t\sqrt{t}-t\right]_0^4$$
$$=2\times\left(\frac{16}{3}-4\right)$$
$$=2\times\frac{4}{3}=\frac{8}{3}$$

2112 답 4

$f(x)=\frac{2e^x}{x^2+1}$, $F'(x)=f(x)$라 하면

$$\lim_{n\to\infty}n\int_0^{\frac{2}{n}}\frac{2e^x}{x^2+1}dx=\lim_{n\to\infty}n\int_0^{\frac{2}{n}}f(x)dx$$
$$=\lim_{n\to\infty}n\left\{F\left(\frac{2}{n}\right)-F(0)\right\}$$
$$=\lim_{n\to\infty}\frac{F\left(\frac{2}{n}\right)-F(0)}{\frac{2}{n}}\times 2$$

$\frac{2}{n}=h$로 놓으면 $n\to\infty$일 때 $h\to 0+$이므로

$$\lim_{n\to\infty}n\int_0^{\frac{2}{n}}\frac{2e^x}{x^2+1}dx=\lim_{n\to\infty}\frac{F\left(\frac{2}{n}\right)-F(0)}{\frac{2}{n}}\times 2$$
$$=\lim_{h\to 0+}\frac{F(h)-F(0)}{h}\times 2$$
$$=2F'(0)=2f(0)$$
$$=2\times 2=4$$

2113 답 ⑤

$F'(t)=f(t)$라 하면

$$\lim_{x\to 0}\left\{\frac{x^2+1}{x}\int_1^{x+1}f(t)dt\right\}=\lim_{x\to 0}\left[\frac{x^2+1}{x}\times\{F(x+1)-F(1)\}\right]$$
$$=\lim_{x\to 0}\left\{(x^2+1)\times\frac{F(x+1)-F(1)}{x}\right\}$$
$$=\lim_{x\to 0}(x^2+1)\times\lim_{x\to 0}\frac{F(x+1)-F(1)}{x}$$
$$=(0+1)\times F'(1)=f(1)$$

$f(1)=3$이므로 $a\cos\pi=3$

$-a=3$ $\quad\therefore a=-3$

따라서 $f(x)=-3\cos(\pi x^2)$이므로

$f(a)=f(-3)=-3\cos 9\pi=-3\cos\pi=(-3)\times(-1)=3$

2114 답 ②

$\lim_{x \to \pi} \frac{1}{x-\pi} \int_{\pi}^{x} (1+2\cos t)\sin\frac{t}{2}\,dt$의 값은?

단서1

① -2 ② -1 ③ 0
④ 1 ⑤ 2

단서1 $f(t)=(1+2\cos t)\sin\frac{t}{2}$, $F'(t)=f(t)$라 하면

$\lim_{x \to \pi} \frac{1}{x-\pi} \int_{\pi}^{x} (1+2\cos t)\sin\frac{t}{2}\,dt = \lim_{x \to \pi} \frac{F(x)-F(\pi)}{x-\pi}$

STEP1 $f(t)=(1+2\cos t)\sin\frac{t}{2}$, $F'(t)=f(t)$라 하고 미분계수의 정의를 이용하여 극한값 구하기

$f(t)=(1+2\cos t)\sin\frac{t}{2}$, $F'(t)=f(t)$라 하면

$\lim_{x \to \pi} \frac{1}{x-\pi} \int_{\pi}^{x} (1+2\cos t)\sin\frac{t}{2}\,dt$

$=\lim_{x \to \pi} \frac{1}{x-\pi} \int_{\pi}^{x} f(t)\,dt = \lim_{x \to \pi} \frac{F(x)-F(\pi)}{x-\pi}$

$=F'(\pi)=f(\pi)=\{1+2\times(-1)\}\times 1=-1$

개념 Check

미분가능한 함수 $f(x)$의 $x=a$에서의 미분계수는

$f'(a)=\lim_{x \to a} \frac{f(x)-f(a)}{x-a}$

2115 답 ③

$f(t)=(2^t+1)^2$, $F'(t)=f(t)$라 하면

$\lim_{x \to 0} \frac{1}{x} \int_{0}^{x} (2^t+1)^2\,dt = \lim_{x \to 0} \frac{1}{x} \int_{0}^{x} f(t)\,dt = \lim_{x \to 0} \frac{F(x)-F(0)}{x-0}$

$=F'(0)=f(0)=2^2=4$

2116 답 ①

$f(t)=e^t \ln t$, $F'(t)=f(t)$라 하면

$\lim_{x \to e} \frac{1}{e-x} \int_{e}^{x} e^t \ln t\,dt = \lim_{x \to e} \frac{1}{e-x} \int_{e}^{x} f(t)\,dt$

$=\lim_{x \to e} \frac{F(x)-F(e)}{e-x}$

$=-\lim_{x \to e} \frac{F(x)-F(e)}{x-e}$

$=-F'(e)=-f(e)$

$=-e^e \ln e=-e^e$

2117 답 ②

$f(t)=\cos^5 \pi t$, $F'(t)=f(t)$라 하면

$\lim_{x \to 1} \frac{1}{x^2-1} \int_{1}^{x} \cos^5 \pi t\,dt = \lim_{x \to 1} \frac{1}{x^2-1} \int_{1}^{x} f(t)\,dt$

$=\lim_{x \to 1} \frac{F(x)-F(1)}{(x-1)(x+1)}$

$=\lim_{x \to 1} \left\{ \frac{F(x)-F(1)}{x-1} \times \frac{1}{x+1} \right\}$

$=\lim_{x \to 1} \frac{F(x)-F(1)}{x-1} \times \lim_{x \to 1} \frac{1}{x+1}$

$=F'(1)\times\frac{1}{2}=\frac{1}{2}f(1)$

$=\frac{1}{2}\times(-1)^5=-\frac{1}{2}$

2118 답 ①

$f(t)=t^2 \sin\frac{\pi}{4}t$, $F'(t)=f(t)$라 하면

$\lim_{x \to 2} \frac{1}{x^3-8} \int_{2}^{x} t^2 \sin\frac{\pi}{4}t\,dt$

$=\lim_{x \to 2} \frac{1}{x^3-8} \int_{2}^{x} f(t)\,dt = \lim_{x \to 2} \frac{F(x)-F(2)}{(x-2)(x^2+2x+4)}$

$=\lim_{x \to 2} \left\{ \frac{F(x)-F(2)}{x-2} \times \frac{1}{x^2+2x+4} \right\}$

$=\lim_{x \to 2} \frac{F(x)-F(2)}{x-2} \times \lim_{x \to 2} \frac{1}{x^2+2x+4}$

$=F'(2)\times\frac{1}{12}=\frac{1}{12}f(2)$

$=\frac{1}{12}\times 4\sin\frac{\pi}{2}=\frac{1}{3}$

2119 답 ④

$F'(t)=f(t)$라 하면

$\lim_{x \to 1} \frac{1}{x-1} \int_{1}^{\sqrt{x}} f(t)\,dt = \lim_{x \to 1} \frac{F(\sqrt{x})-F(1)}{x-1}$

$=\lim_{x \to 1} \frac{F(\sqrt{x})-F(1)}{(\sqrt{x}-1)(\sqrt{x}+1)}$

$=\lim_{x \to 1} \left\{ \frac{F(\sqrt{x})-F(1)}{\sqrt{x}-1} \times \frac{1}{\sqrt{x}+1} \right\}$

$=\lim_{x \to 1} \frac{F(\sqrt{x})-F(1)}{\sqrt{x}-1} \times \lim_{x \to 1} \frac{1}{\sqrt{x}+1}$

$=F'(1)\times\frac{1}{2}=\frac{1}{2}f(1)=\frac{e}{2}$

2120 답 ⑤

$f(t)=t\ln(t+3)$, $F'(t)=f(t)$라 하면

$\lim_{x \to 1} \frac{1}{x-1} \int_{1}^{x^3} t\ln(t+3)\,dt$

$=\lim_{x \to 1} \frac{1}{x-1} \int_{1}^{x^3} f(t)\,dt = \lim_{x \to 1} \frac{F(x^3)-F(1)}{x-1}$

$=\lim_{x \to 1} \left\{ \frac{F(x^3)-F(1)}{x^3-1} \times (x^2+x+1) \right\}$

$=\lim_{x \to 1} \frac{F(x^3)-F(1)}{x^3-1} \times \lim_{x \to 1} (x^2+x+1)$

$=F'(1)\times 3=3f(1)=3\times\ln 4=3\times 2\ln 2=6\ln 2$

$\therefore a=6$

2121 답 ①

$F'(t)=tf(t)$라 하면

$\lim_{x \to a} \frac{1}{x-a} \int_{a}^{x} tf(t)\,dt = \lim_{x \to a} \frac{F(x)-F(a)}{x-a} = F'(a)=af(a)$

즉, $af(a)=a^2\cos a$이므로

임의의 양수 a에 대하여 $f(a)=a\cos a$

따라서 $x>0$일 때 $f(x)=x\cos x$이므로

$\int_{0}^{\frac{\pi}{2}} f(x)\,dx = \int_{0}^{\frac{\pi}{2}} x\cos x\,dx$

$u(x)=x$, $v'(x)=\cos x$로 놓으면

$u'(x)=1$, $v(x)=\sin x$

$\therefore \int_{0}^{\frac{\pi}{2}} f(x)\,dx = \int_{0}^{\frac{\pi}{2}} x\cos x\,dx = \Big[x\sin x\Big]_{0}^{\frac{\pi}{2}} - \int_{0}^{\frac{\pi}{2}} \sin x\,dx$

$=\frac{\pi}{2}-\Big[-\cos x\Big]_{0}^{\frac{\pi}{2}}=\frac{\pi}{2}-1$

2122 답 $-2e^2$

$F'(t)=f(t)f'(t)$라 하면

$$\begin{aligned}\lim_{x\to-1}\frac{1}{x+1}\int_{-1}^{x}f(t)f'(t)dt&=\lim_{x\to-1}\frac{F(x)-F(-1)}{x+1}\\&=\lim_{x\to-1}\frac{F(x)-F(-1)}{x-(-1)}\\&=F'(-1)\\&=f(-1)f'(-1)\end{aligned}$$

$f(x)=xe^{-x}$에서

$f'(x)=e^{-x}-xe^{-x}=(1-x)e^{-x}$이므로

$f(-1)=-e$, $f'(-1)=2e$

$\therefore \lim_{x\to-1}\frac{1}{x+1}\int_{-1}^{x}f(t)f'(t)dt=f(-1)f'(-1)=-2e^2$

서술형 유형 익히기 426쪽~429쪽

2123 답 (1) 2 (2) 3 (3) 5 (4) 3 (5) $6e$ (6) 6

STEP 1 $f(x)$의 대칭성을 이용하여 $\int_{-1}^{1}f(x)dx$의 값 구하기 [3점]

$f(-x)=e^{-x}+e^{x}=f(x)$이므로 $f(x)$는 우함수이다.

$$\begin{aligned}\therefore \int_{-1}^{1}f(x)dx&=\boxed{2}\int_{0}^{1}f(x)dx=2\int_{0}^{1}(e^x+e^{-x})dx\\&=2\Big[e^x-e^{-x}\Big]_0^1=2e-\frac{2}{e}\end{aligned}$$

STEP 2 주기함수의 성질을 이용하여 $\int_{-1}^{5}f(x)dx$ 변형하기 [3점]

$f(x+2)=f(x)$에서 $f(x)$는 주기함수이므로

$\int_{-1}^{1}f(x)dx=\int_{1}^{\boxed{3}}f(x)dx=\int_{3}^{\boxed{5}}f(x)dx$

$$\begin{aligned}\therefore \int_{-1}^{5}f(x)dx&=\int_{-1}^{1}f(x)dx+\int_{1}^{3}f(x)dx+\int_{3}^{5}f(x)dx\\&=\boxed{3}\int_{-1}^{1}f(x)dx\end{aligned}$$

STEP 3 $\int_{-1}^{5}f(x)dx$의 값 구하기 [2점]

$\int_{-1}^{5}f(x)dx=3\int_{-1}^{1}f(x)dx$이므로 구하는 값은

$3\times\left(2e-\frac{2}{e}\right)=\boxed{6e}-\frac{\boxed{6}}{e}$

오답 분석

$$\begin{aligned}\int_{-1}^{1}f(x)dx&=\int_{-1}^{1}(e^x+e^{-x})dx\\&=\Big[e^x-e^{-x}\Big]_{-1}^{1}=2e-\frac{2}{e}\end{aligned}$$ 3점

$f(x)$는 주기함수이므로 1점

$\int_{-1}^{5}f(x)dx=2\int_{-1}^{1}f(x)dx=4e-\frac{4}{e}$ → 주기함수의 성질을 잘못 이용함

▶ 8점 중 4점 얻음.

$-1\le x\le5$는 $-1\le x\le1$이 3번 반복되므로

$\int_{-1}^{5}f(x)dx=3\int_{-1}^{1}f(x)dx$로 계산해야 한다.

2124 답 8π

STEP 1 $f(x)$의 대칭성을 이용하여 $\int_{-\pi}^{\pi}f(x)dx$의 값 구하기 [3점]

$f(-x)=(-x)\sin(-x)=(-x)\times(-\sin x)=x\sin x=f(x)$

이므로 $f(x)$는 우함수이다. …… ⓐ

$$\begin{aligned}\therefore \int_{-\pi}^{\pi}f(x)dx&=2\int_{0}^{\pi}f(x)dx\\&=2\int_{0}^{\pi}x\sin x\,dx\end{aligned}$$ …… ⓑ

$u(x)=x$, $v'(x)=\sin x$로 놓으면

$u'(x)=1$, $v(x)=-\cos x$

$$\begin{aligned}\therefore 2\int_{0}^{\pi}x\sin x\,dx&=2\left(\Big[-x\cos x\Big]_0^{\pi}+\int_{0}^{\pi}\cos x\,dx\right)\\&=2\left(\pi+\Big[\sin x\Big]_0^{\pi}\right)\\&=2\pi\end{aligned}$$

STEP 2 주기함수의 성질을 이용하여 $\int_{-\pi}^{7\pi}f(x)dx$ 변형하기 [3점]

$f(x+2\pi)=f(x)$에서 $f(x)$는 주기함수이므로

$\int_{-\pi}^{\pi}f(x)dx=\int_{\pi}^{3\pi}f(x)dx=\int_{3\pi}^{5\pi}f(x)dx=\int_{5\pi}^{7\pi}f(x)dx$

$$\begin{aligned}\therefore &\int_{-\pi}^{7\pi}f(x)dx\\&=\int_{-\pi}^{\pi}f(x)dx+\int_{\pi}^{3\pi}f(x)dx+\int_{3\pi}^{5\pi}f(x)dx+\int_{5\pi}^{7\pi}f(x)dx\\&=4\int_{-\pi}^{\pi}f(x)dx\end{aligned}$$

STEP 3 $\int_{-\pi}^{7\pi}f(x)dx$의 값 구하기 [2점]

$\int_{-\pi}^{7\pi}f(x)dx=4\int_{-\pi}^{\pi}f(x)dx$이므로 구하는 값은

$4\times2\pi=8\pi$

부분점수표	
ⓐ $f(x)$가 우함수임을 아는 경우	1점
ⓑ $\int_{-\pi}^{\pi}f(x)dx$를 바르게 변형한 경우	1점

2125 답 $-\frac{16}{\pi^2}$

STEP 1 $f(x)\cos\pi x$의 대칭성을 이용하여 $\int_{-1}^{1}f(x)\cos\pi x\,dx$의 값 구하기 [3점]

$f(-x)=|-x|=|x|=f(x)$이므로 $f(-x)=f(x)$

$\therefore f(-x)\cos(-\pi x)=f(x)\cos\pi x$

따라서 $f(x)\cos\pi x$는 우함수이다. …… ⓐ

$$\begin{aligned}\therefore \int_{-1}^{1}f(x)\cos\pi x\,dx&=2\int_{0}^{1}f(x)\cos\pi x\,dx\\&=2\int_{0}^{1}x\cos\pi x\,dx\end{aligned}$$ …… ⓑ

$u(x)=x$, $v'(x)=\cos\pi x$로 놓으면

$u'(x)=1$, $v(x)=\frac{1}{\pi}\sin\pi x$

$$\begin{aligned}\therefore 2\int_{0}^{1}x\cos\pi x\,dx&=2\left(\Big[\frac{x\sin\pi x}{\pi}\Big]_0^1-\int_{0}^{1}\frac{1}{\pi}\sin\pi x\,dx\right)\\&=2\left(-\Big[-\frac{1}{\pi^2}\cos\pi x\Big]_0^1\right)\\&=2\times\left(-\frac{2}{\pi^2}\right)=-\frac{4}{\pi^2}\end{aligned}$$

STEP 2 주기함수의 성질을 이용하여 $\int_{-3}^{5} f(x)\cos\pi x\,dx$ 변형하기 [3점]

$f(x+2)=f(x)$에서 $f(x)$는 주기함수이고,

$\cos\pi x$의 주기가 2이므로 $f(x)\cos\pi x$는 주기가 2인 주기함수이다.

$\therefore \int_{-1}^{1} f(x)\cos\pi x\,dx=\int_{-3}^{-1} f(x)\cos\pi x\,dx,$

$\int_{-1}^{1} f(x)\cos\pi x\,dx=\int_{1}^{3} f(x)\cos\pi x\,dx=\int_{3}^{5} f(x)\cos\pi x\,dx$

$\therefore \int_{-3}^{5} f(x)\cos\pi x\,dx$

$=\int_{-3}^{-1} f(x)\cos\pi x\,dx+\int_{-1}^{1} f(x)\cos\pi x\,dx$

$+\int_{1}^{3} f(x)\cos\pi x\,dx+\int_{3}^{5} f(x)\cos\pi x\,dx$

$=4\int_{-1}^{1} f(x)\cos\pi x\,dx$

STEP 3 $\int_{-3}^{5} f(x)\cos\pi x\,dx$의 값 구하기 [2점]

$\int_{-3}^{5} f(x)\cos\pi x\,dx=4\int_{-1}^{1} f(x)\cos\pi x\,dx$이므로 구하는 값은

$4\times\left(-\frac{4}{\pi^2}\right)=-\frac{16}{\pi^2}$

부분점수표	
ⓐ $f(x)\cos\pi x$가 우함수임을 아는 경우	1점
ⓑ $\int_{-1}^{1} f(x)\cos\pi x\,dx$를 바르게 변형한 경우	1점

2126 답 $\frac{2\ln 5}{1+\ln 5}$

STEP 1 치환적분법을 이용하여 $\int_{1}^{5} f(x)dx$의 값 구하기 [3점]

$\int_{1}^{5} f(x)dx=\int_{1}^{5} \frac{1}{x(1+\ln x)^2}dx$에서

$1+\ln x=t$로 놓으면 $\frac{dt}{dx}=\frac{1}{x}$

$x=1$일 때 $t=1$, $x=5$일 때 $t=1+\ln 5$이므로

$\int_{1}^{5} f(x)dx=\int_{1}^{5} \frac{1}{x(1+\ln x)^2}dx$

$=\int_{1}^{1+\ln 5} \frac{1}{t^2}dt=\left[-\frac{1}{t}\right]_{1}^{1+\ln 5}$

$=-\frac{1}{1+\ln 5}+1=\frac{\ln 5}{1+\ln 5}$

STEP 2 주기함수의 성질을 이용하여 $\int_{2021}^{2029} f(x)dx$ 변형하기 [3점]

$f(x)=f(x+4)$에서 $f(x)$는 주기함수이므로

$\int_{1}^{5} f(x)dx=\int_{5}^{9} f(x)dx=\int_{9}^{13} f(x)dx=\cdots$

$=\int_{2021}^{2025} f(x)dx=\int_{2025}^{2029} f(x)dx$

$\therefore \int_{2021}^{2029} f(x)dx=\int_{2021}^{2025} f(x)dx+\int_{2025}^{2029} f(x)dx$

$=2\int_{1}^{5} f(x)dx$

STEP 3 $\int_{2021}^{2029} f(x)dx$의 값 구하기 [2점]

$\int_{2021}^{2029} f(x)dx=2\int_{1}^{5} f(x)dx$이므로 구하는 값은

$2\times\frac{\ln 5}{1+\ln 5}=\frac{2\ln 5}{1+\ln 5}$

2127 답 (1) 2 (2) 4 (3) 2 (4) −1 (5) 2 (6) 4 (7) 2 (8) 8

STEP 1 $2x=t$로 치환하기 [2점]

$2x=t$로 놓으면 $\frac{dt}{dx}=\boxed{2}$

$x=0$일 때 $t=0$, $x=2$일 때 $t=\boxed{4}$이므로

$\int_{0}^{2} f(2x)dx=\int_{0}^{4} f(t)\times\frac{1}{2}dt=\frac{1}{\boxed{2}}\int_{0}^{4} f(t)dt$

STEP 2 $4-x=s$로 치환하기 [2점]

$4-x=s$로 놓으면 $\frac{ds}{dx}=\boxed{-1}$

$x=0$일 때 $s=4$, $x=2$일 때 $s=\boxed{2}$이므로

$\int_{0}^{2} f(4-x)dx=\int_{4}^{2} f(s)\times(-1)ds$

$=-\int_{4}^{2} f(s)ds=\int_{2}^{4} f(s)ds$

STEP 3 $\int_{0}^{2}\{f(2x)+f(4-x)\}dx$의 값 구하기 [3점]

함수 $f(x)$의 그래프는 직선 $x=2$에 대하여 대칭이므로

$\int_{0}^{2} f(x)dx=\int_{2}^{\boxed{4}} f(x)dx$

$\therefore \int_{0}^{2}\{f(2x)+f(4-x)\}dx$

$=\frac{1}{2}\int_{0}^{4} f(t)dt+\int_{2}^{4} f(s)ds$

$=\frac{1}{2}\left\{\int_{0}^{2} f(t)dt+\int_{\boxed{2}}^{4} f(t)dt\right\}+\int_{2}^{4} f(s)ds$

$=\frac{1}{2}\left\{\int_{0}^{2} f(t)dt+\int_{0}^{2} f(t)dt\right\}+\int_{0}^{2} f(s)ds$

$=\frac{1}{2}\times 2\int_{0}^{2} f(t)dt+\int_{0}^{2} f(s)ds$

$=\int_{0}^{2} f(x)dx+\int_{0}^{2} f(x)dx=\boxed{8}$

실제 답안 예시

$\int_{0}^{2} f(2x)dx$에서 $2x=t$라 하면

$\int_{0}^{2} f(2x)dx=\int_{0}^{4} f(t)\times\frac{1}{2}dt=\frac{1}{2}\int_{0}^{4} f(t)dt$

$=\frac{1}{2}\int_{0}^{4} f(x)dx$

$f(x)$가 $x=2$에 대하여 대칭이므로

$\frac{1}{2}\int_{0}^{4} f(x)dx=\frac{1}{2}\times 2\int_{0}^{2} f(x)dx$

$=\int_{0}^{2} f(x)dx$

$\int_{0}^{2} f(4-x)dx$에서 $4-x=s$라 하면

$\int_{0}^{2} f(4-x)dx=\int_{4}^{2} f(s)\times(-1)ds$

$=-\int_{4}^{2} f(s)ds=\int_{2}^{4} f(s)ds$

$=\int_{2}^{4} f(x)dx=\int_{0}^{2} f(x)dx$

$\therefore \int_{0}^{2}\{f(2x)+f(4-x)\}dx=\int_{0}^{2} f(x)dx+\int_{0}^{2} f(x)dx$

$=2\int_{0}^{2} f(x)dx$

$=8$

2128 답 4

STEP1 $2x=t$로 치환하기 [2점]

$2x=t$로 놓으면 $\frac{dt}{dx}=2$

$x=0$일 때 $t=0$, $x=1$일 때 $t=2$이므로

$$\int_0^1 f(2x)dx=\int_0^2 f(t)\times\frac{1}{2}dt=\frac{1}{2}\int_0^2 f(t)dt$$

STEP2 $2-x=s$로 치환하기 [2점]

$2-x=s$로 놓으면 $\frac{ds}{dx}=-1$

$x=0$일 때 $s=2$, $x=1$일 때 $s=1$이므로

$$\int_0^1 f(2-x)dx=\int_2^1 f(s)\times(-1)ds=-\int_2^1 f(s)ds=\int_1^2 f(s)ds$$

STEP3 $\int_0^1\{f(2x)+f(2-x)\}dx$의 값 구하기 [3점]

함수 $f(x)$의 그래프는 직선 $x=1$에 대하여 대칭이므로

$$\int_0^1 f(x)dx=\int_1^2 f(x)dx$$

$$\therefore \int_0^1\{f(2x)+f(2-x)\}dx$$

$$=\frac{1}{2}\int_0^2 f(t)dt+\int_1^2 f(s)ds$$

$$=\frac{1}{2}\left\{\int_0^1 f(t)dt+\int_1^2 f(t)dt\right\}+\int_1^2 f(s)ds$$

$$=\frac{1}{2}\left\{\int_0^1 f(t)dt+\int_0^1 f(t)dt\right\}+\int_0^1 f(s)ds$$

$$=\frac{1}{2}\times 2\int_0^1 f(t)dt+\int_0^1 f(s)ds$$

$$=\int_0^1 f(x)dx+\int_0^1 f(x)dx=4$$

2129 답 $\ln 10$

STEP1 $x-t=y$로 치환하기 [3점]

$x-t=y$로 놓으면 $t=x-y$이고 $\frac{dy}{dt}=-1$

$t=0$일 때 $y=x$, $t=x$일 때 $y=0$이므로

$$F(x)=\int_0^x tf(x-t)dt=\int_x^0 (x-y)f(y)\times(-1)dy$$

$$=-\int_x^0 (x-y)f(y)dy=\int_0^x (x-y)f(y)dy$$

$$=\int_0^x (x-t)f(t)dt$$

$$=x\int_0^x f(t)dt-\int_0^x tf(t)dt$$

STEP2 $F'(x)$ 구하기 [3점]

$F(x)=x\int_0^x f(t)dt-\int_0^x tf(t)dt$의 양변을 x에 대하여 미분하면

$$F'(x)=\int_0^x f(t)dt+xf(x)-xf(x)$$

$$\therefore F'(x)=\int_0^x f(t)dt$$

$$=\int_0^x \frac{1}{t+1}dt=\Big[\ln|t+1|\Big]_0^x$$

$$=\ln(x+1)\ (\because x>0)$$

STEP3 $F'(9)$의 값 구하기 [2점]

$F'(x)=\ln(x+1)$이므로

$F'(9)=\ln(9+1)=\ln 10$

2130 답 $3e$

STEP1 $tx=y$로 치환하기 [3점]

$tx=y$로 놓으면 $x=\frac{y}{t}$이고 $\frac{dy}{dx}=t$

$x=0$일 때 $y=0$, $x=1$일 때 $y=t$이므로

$$\int_0^1 xf(tx)dx=\int_0^t \frac{y}{t}f(y)\times\frac{1}{t}dy$$

$$=\frac{1}{t^2}\int_0^t yf(y)dy$$

즉, $\frac{1}{t^2}\int_0^t yf(y)dy=e^t$이므로

$$\int_0^t yf(y)dy=t^2e^t$$

STEP2 $f(x)$ 구하기 [3점]

$\int_0^t yf(y)dy=t^2e^t$의 양변을 t에 대하여 미분하면

$tf(t)=(t^2+2t)e^t$ $\quad\therefore f(t)=(t+2)e^t\ (\because t\neq 0)$

$\therefore f(x)=(x+2)e^x$

STEP3 $f(1)$의 값 구하기 [2점]

$f(x)=(x+2)e^x$이므로

$f(1)=3e$

2131 답 (1) e (2) e (3) 1 (4) t (5) 1 (6) $2-e$

STEP1 주어진 등식의 양변을 미분하여 $f'(x)=0$을 만족시키는 x의 값 구하기 [2점]

$f(x)=\int_1^x(\ln t-1)dt$의 양변을 x에 대하여 미분하면

$f'(x)=\ln x-1$

$f'(x)=0$에서 $\ln x-1=0$, $\ln x=1$

$\therefore x=\boxed{e}$

STEP2 함수 $f(x)$의 증가, 감소를 조사하여 최솟값 찾기 [3점]

함수 $f(x)$의 증가와 감소를 표로 나타내면 다음과 같다.

x	(0)	$\cdots$	e	$\cdots$
$f'(x)$		$-$	0	$+$
$f(x)$		↘	극소	↗

따라서 함수 $f(x)$는 $x=\boxed{e}$에서 극소이면서 최소이므로 최솟값은 $f(e)=\int_1^e(\ln t-1)dt$이다.

STEP3 함수 $f(x)$의 최솟값 구하기 [3점]

$\int_1^e(\ln t-1)dt$에서

$u(t)=\ln t-1$, $v'(t)=\boxed{1}$로 놓으면

$u'(t)=\frac{1}{t}$, $v(t)=\boxed{t}$

$$\therefore f(e)=\int_1^e(\ln t-1)dt$$

$$=\Big[t\ln t-t\Big]_1^e-\int_1^e\frac{1}{t}\times t\,dt$$

$$=\boxed{1}-\int_1^e 1\,dt$$

$$=1-\Big[t\Big]_1^e=1-(e-1)$$

$$=\boxed{2-e}$$

실제 답안 예시

$f(x)=\int_1^x (\ln t-1)dt$에서 $f'(x)=\ln x-1$

$f'(x)=0$에서 $\ln x-1=0$ $\quad\therefore x=e$

x	$\cdots$	e	$\cdots$
$f'(x)$	$-$	0	$+$
$f(x)$	↘	극소	↗

$x=e$에서 극소이므로 최솟값은 $f(e)$이다.

$\therefore f(e)=\int_1^e (\ln t-1)dt=\int_1^e \ln t\,dt-\int_1^e 1dt$

$=\left(\left[t\ln t\right]_1^e-\int_1^e 1dt\right)-\int_1^e 1dt$

$=e-2\left[t\right]_1^e=e-2e+2=2-e$

2132 답 $\frac{e}{2}-1$

STEP 1 주어진 등식의 양변을 미분하여 $f'(x)=0$을 만족시키는 x의 값 구하기 [2점]

$f(x)=\int_0^x t(e-e^t)dt$의 양변을 x에 대하여 미분하면

$f'(x)=x(e-e^x)$

$f'(x)=0$에서 $x=0$ 또는 $e-e^x=0$

$x=0$ 또는 $e^x=e$ $\quad\therefore x=0$ 또는 $x=1$

STEP 2 함수 $f(x)$의 증가, 감소를 조사하여 최댓값 찾기 [3점]

함수 $f(x)$의 증가와 감소를 표로 나타내면 다음과 같다.

x	0	$\cdots$	1	$\cdots$
$f'(x)$	0	$+$	0	$-$
$f(x)$	0	↗	극대	↘

따라서 함수 $f(x)$는 $x=1$에서 극대이면서 최대이므로 최댓값은

$f(1)=\int_0^1 t(e-e^t)dt$이다.

STEP 3 함수 $f(x)$의 최댓값 구하기 [3점]

$\int_0^1 t(e-e^t)dt$에서 $u(t)=t$, $v'(t)=e-e^t$으로 놓으면

$u'(t)=1$, $v(t)=et-e^t$

$$\therefore f(1)=\int_0^1 t(e-e^t)dt$$
$$=\left[t(et-e^t)\right]_0^1-\int_0^1 (et-e^t)dt$$
$$=-\left[\frac{e}{2}t^2-e^t\right]_0^1=-\left(-\frac{e}{2}+1\right)=\frac{e}{2}-1$$

2133 답 $-\frac{1}{2}\ln 2$

STEP 1 주어진 등식의 양변을 미분하여 $f'(x)=0$을 만족시키는 x의 값 구하기 [2점]

$f(x)=\int_0^x \frac{\sin t-\cos t}{\sin t+\cos t}dt$의 양변을 x에 대하여 미분하면

$f'(x)=\frac{\sin x-\cos x}{\sin x+\cos x}$

$f'(x)=0$에서 $\sin x-\cos x=0$

$\sin x=\cos x$ $\quad\therefore x=\frac{\pi}{4}\left(\because 0\le x\le\frac{\pi}{2}\right)$

STEP 2 함수 $f(x)$의 증가, 감소를 조사하여 최솟값 찾기 [3점]

함수 $f(x)$의 증가와 감소를 표로 나타내면 다음과 같다.

x	0	$\cdots$	$\frac{\pi}{4}$	$\cdots$	$\frac{\pi}{2}$
$f'(x)$		$-$	0	$+$	
$f(x)$	0	↘	극소	↗	$f\left(\frac{\pi}{2}\right)$

따라서 함수 $f(x)$는 $x=\frac{\pi}{4}$에서 극소이면서 최소이므로 최솟값은

$f\left(\frac{\pi}{4}\right)=\int_0^{\frac{\pi}{4}} \frac{\sin t-\cos t}{\sin t+\cos t}dt$이다.

STEP 3 함수 $f(x)$의 최솟값 구하기 [3점]

$\int_0^{\frac{\pi}{4}} \frac{\sin t-\cos t}{\sin t+\cos t}dt$에서 $\sin t+\cos t=s$로 놓으면

$\frac{ds}{dt}=\cos t-\sin t=-(\sin t-\cos t)$

$t=0$일 때 $s=1$, $t=\frac{\pi}{4}$일 때 $s=\sqrt{2}$이므로

$$f\left(\frac{\pi}{4}\right)=\int_0^{\frac{\pi}{4}} \frac{\sin t-\cos t}{\sin t+\cos t}dt=\int_1^{\sqrt{2}}\left(\frac{-1}{s}\right)ds$$
$$=\left[-\ln|s|\right]_1^{\sqrt{2}}=-\ln\sqrt{2}=-\frac{1}{2}\ln 2$$

430쪽~434쪽

1 2134 답 ①

유형 1

출제의도 | 무리함수의 정적분의 값을 구할 수 있는지 확인한다.

> $\sqrt{x}=x^{\frac{1}{2}}$으로 바꾼 다음 적분 공식을 이용해 보자.

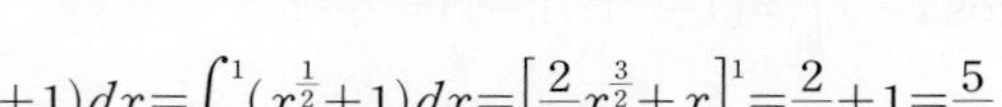

$$\int_0^1(\sqrt{x}+1)dx=\int_0^1(x^{\frac{1}{2}}+1)dx=\left[\frac{2}{3}x^{\frac{3}{2}}+x\right]_0^1=\frac{2}{3}+1=\frac{5}{3}$$

2 2135 답 ③

유형 1

출제의도 | 정적분의 정의를 이용하여 정적분의 값을 구하고 서로 비교할 수 있는지 확인한다.

> 적분 구간이 달라지면 정적분의 값이 어떻게 변하는지 비교해 보자.

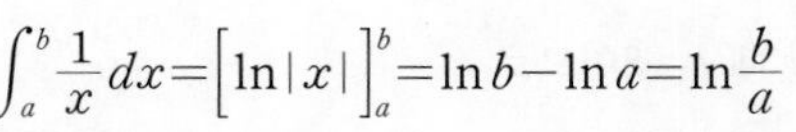

$$\int_a^b \frac{1}{x}dx=\left[\ln|x|\right]_a^b=\ln b-\ln a=\ln\frac{b}{a}$$

① $\int_{2a}^b \frac{1}{x}dx=\left[\ln|x|\right]_{2a}^b=\ln b-\ln 2a=\ln\frac{b}{2a}$

② $\int_{a^2}^{b^2} \frac{1}{x}dx=\left[\ln|x|\right]_{a^2}^{b^2}=\ln b^2-\ln a^2=\ln\frac{b^2}{a^2}=\ln\left(\frac{b}{a}\right)^2=2\ln\frac{b}{a}$

③ $\int_{-a}^{-b} \frac{1}{x}dx=\left[\ln|x|\right]_{-a}^{-b}=\ln|-b|-\ln|-a|$

$=\ln b-\ln a=\ln\frac{b}{a}\ (\because 0<a<b)$

④ $\int_{\sqrt{a}}^{\sqrt{b}} \frac{1}{x}dx=\left[\ln|x|\right]_{\sqrt{a}}^{\sqrt{b}}=\ln\sqrt{b}-\ln\sqrt{a}$

$=\ln\frac{\sqrt{b}}{\sqrt{a}}=\ln\sqrt{\frac{b}{a}}=\frac{1}{2}\ln\frac{b}{a}$

⑤ $\int_{a+2}^{b+2} \frac{1}{x}dx=\left[\ln|x|\right]_{a+2}^{b+2}=\ln(b+2)-\ln(a+2)=\ln\frac{b+2}{a+2}$

따라서 $\int_a^b \frac{1}{x}dx$의 값과 같은 것은 ③이다.

3 2136 답 ② 유형 2 + 유형 6

출제의도 | 절댓값 기호를 포함한 함수의 정적분의 값을 구할 수 있는지 확인한다.

$x-2=0$이 되는 x의 값을 기준으로 구간을 나누어 보자.

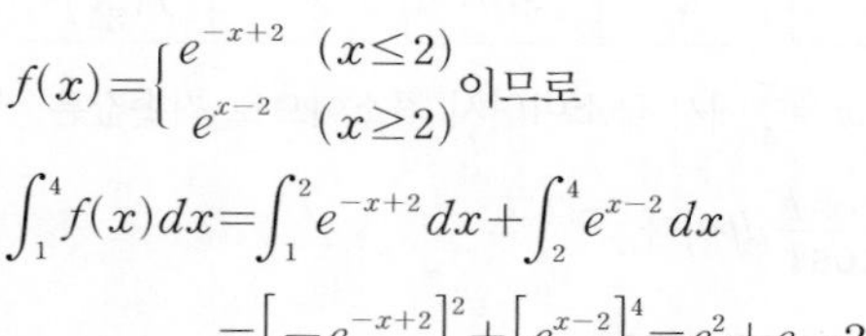

$f(x)=\begin{cases} e^{-x+2} & (x\le 2) \\ e^{x-2} & (x\ge 2) \end{cases}$이므로

$$\int_1^4 f(x)dx=\int_1^2 e^{-x+2}dx+\int_2^4 e^{x-2}dx$$
$$=\Big[-e^{-x+2}\Big]_1^2+\Big[e^{x-2}\Big]_2^4=e^2+e-2$$

4 2137 답 ⑤ 유형 3 + 유형 4

출제의도 | 정적분의 성질을 이용하여 삼각함수의 정적분의 값을 구할 수 있는지 확인한다.

$\int_b^a f(x)dx=-\int_a^b f(x)dx$임을 이용해 보자.

$$\int_\pi^0 \frac{1}{1+\sin x}dx+\int_0^\pi \frac{\sin^2 x}{1+\sin x}dx$$
$$=-\int_0^\pi \frac{1}{1+\sin x}dx+\int_0^\pi \frac{\sin^2 x}{1+\sin x}dx$$
$$=\int_0^\pi \frac{\sin^2 x-1}{1+\sin x}dx$$
$$=\int_0^\pi \frac{(\sin x+1)(\sin x-1)}{\sin x+1}dx$$
$$=\int_0^\pi (\sin x-1)dx$$
$$=\Big[-\cos x-x\Big]_0^\pi=(1-\pi)-(-1)=2-\pi$$

5 2138 답 ③ 유형 9

출제의도 | 치환적분법을 이용하여 정적분의 값을 구할 수 있는지 확인한다.

$3x-1=t$로 놓고 치환적분법을 이용해 보자.

$\int_2^3 f(3x-1)dx$에서 $3x-1=t$로 놓으면 $\frac{dt}{dx}=3$

$x=2$일 때 $t=5$, $x=3$일 때 $t=8$이므로

$$\int_2^3 f(3x-1)dx=\int_5^8 f(t)\times\frac{1}{3}dt$$
$$=\frac{1}{3}\int_5^8 f(t)dt=\frac{1}{3}\times 9=3$$

6 2139 답 ④ 유형 11

출제의도 | 치환적분법을 이용하여 무리함수의 정적분의 값을 구할 수 있는지 확인한다.

$\sqrt{2x-1}=t$로 놓고 치환적분법을 이용해 보자.

$\sqrt{2x-1}=t$로 놓으면 $2x-1=t^2$, $x=\frac{t^2+1}{2}$이고 $\frac{dx}{dt}=t$

$x=\frac{1}{2}$일 때 $t=0$, $x=1$일 때 $t=1$이므로

$$\int_{\frac{1}{2}}^1 3x\sqrt{2x-1}\,dx=\int_0^1 3\times\frac{t^2+1}{2}\times t\times t\,dt$$
$$=\frac{3}{2}\int_0^1 (t^4+t^2)dt$$
$$=\frac{3}{2}\Big[\frac{1}{5}t^5+\frac{1}{3}t^3\Big]_0^1$$
$$=\frac{3}{2}\times\Big(\frac{1}{5}+\frac{1}{3}\Big)=\frac{3}{2}\times\frac{8}{15}=\frac{4}{5}$$

7 2140 답 ② 유형 12

출제의도 | 치환적분법을 이용하여 지수함수의 정적분의 값을 구할 수 있는지 확인한다.

$x^2=t$로 놓고 치환적분법을 이용해 보자.

$x^2=t$로 놓으면 $\frac{dt}{dx}=2x$

$x=0$일 때 $t=0$, $x=1$일 때 $t=1$이므로

$$\int_0^1 2xe^{x^2}dx=\int_0^1 e^t dt$$
$$=\Big[e^t\Big]_0^1$$
$$=e-1$$

8 2141 답 ④ 유형 13

출제의도 | 치환적분법을 이용하여 로그함수의 정적분의 값을 구할 수 있는지 확인한다.

$\ln x=t$로 놓고 치환적분법을 이용해 보자.

$\ln x=t$로 놓으면 $\frac{dt}{dx}=\frac{1}{x}$

$x=1$일 때 $t=0$, $x=e^3$일 때 $t=3$이므로

$$\int_1^{e^3}\frac{(\ln x)^2}{x}dx=\int_0^3 t^2 dt$$
$$=\Big[\frac{1}{3}t^3\Big]_0^3=9$$

9 2142 답 ③ 유형 16

출제의도 | 부분적분법을 이용하여 정적분의 값을 구할 수 있는지 확인한다.

미분하기 쉬운 함수 $2x-3$을 $f(x)$로, 적분하기 쉬운 함수 e^{-2x+2}을 $g'(x)$로 놓고 부분적분법을 이용해 보자.

$f(x)=2x-3$, $g'(x)=e^{-2x+2}$으로 놓으면

$f'(x)=2$, $g(x)=-\frac{1}{2}e^{-2x+2}$

$$\therefore \int_0^1 (2x-3)e^{-2x+2}dx$$
$$=\Big[-\frac{2x-3}{2}e^{-2x+2}\Big]_0^1-\int_0^1 2\times\Big(-\frac{1}{2}e^{-2x+2}\Big)dx$$
$$=\frac{1}{2}-\frac{3}{2}e^2+\int_0^1 e^{-2x+2}dx$$
$$=\frac{1}{2}-\frac{3}{2}e^2+\Big[-\frac{1}{2}e^{-2x+2}\Big]_0^1$$
$$=\frac{1}{2}-\frac{3}{2}e^2-\frac{1}{2}+\frac{1}{2}e^2$$
$$=-e^2$$

10 2143 답 ③ 유형 16

출제의도 | 부분적분법을 이용하여 정적분의 값을 구할 수 있는지 확인한다.

> 미분하기 쉬운 함수 $\ln x$를 $f(x)$로, 적분하기 쉬운 함수 $\frac{1}{x^2}$을 $g'(x)$로 놓고 부분적분법을 이용해 보자.

$f(x)=\ln x$, $g'(x)=\frac{1}{x^2}$로 놓으면

$f'(x)=\frac{1}{x}$, $g(x)=-\frac{1}{x}$

$$\therefore \int_1^{e^3}\frac{\ln x}{x^2}dx=\left[-\frac{\ln x}{x}\right]_1^{e^3}-\int_1^{e^3}\frac{1}{x}\times\left(-\frac{1}{x}\right)dx$$
$$=-\frac{3}{e^3}+\int_1^{e^3}\frac{1}{x^2}dx=-\frac{3}{e^3}+\left[-\frac{1}{x}\right]_1^{e^3}$$
$$=-\frac{3}{e^3}-\frac{1}{e^3}+1=1-\frac{4}{e^3}$$

11 2144 답 ④ 유형 11

출제의도 | 치환적분법을 이용하여 무리함수의 정적분의 값을 구할 수 있는지 확인한다.

> $1+\sqrt{x}=t$로 놓고 치환적분법을 이용해 보자.

$1+\sqrt{x}=t$로 놓으면 $\frac{dt}{dx}=\frac{1}{2\sqrt{x}}$

$x=1$일 때 $t=2$, $x=9$일 때 $t=4$이므로

$$\int_1^9\sqrt{\frac{1+\sqrt{x}}{x}}dx=\int_2^4\sqrt{t}\times 2dt$$
$$=2\int_2^4\sqrt{t}\,dt$$
$$=2\left[\frac{2}{3}t\sqrt{t}\right]_2^4$$
$$=\frac{4(8-2\sqrt{2})}{3}=\frac{8(4-\sqrt{2})}{3}$$

12 2145 답 ① 유형 14

출제의도 | 치환적분법을 이용하여 삼각함수의 정적분의 값을 구할 수 있는지 확인한다.

> $\sin^3 x=\sin^2 x\sin x$이고 $\sin^2 x=1-\cos^2 x$임을 이용해 보자.

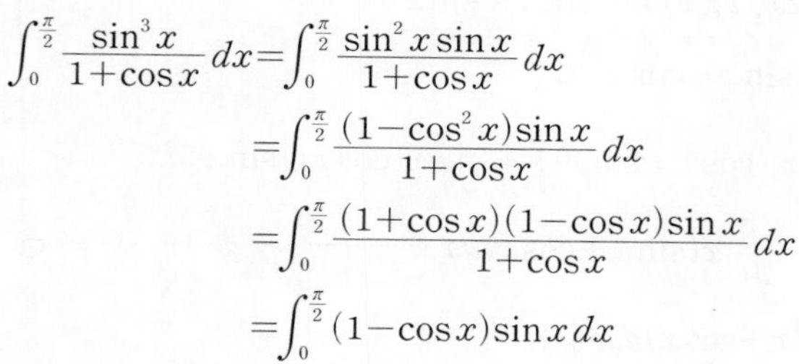

$$\int_0^{\frac{\pi}{2}}\frac{\sin^3 x}{1+\cos x}dx=\int_0^{\frac{\pi}{2}}\frac{\sin^2 x\sin x}{1+\cos x}dx$$
$$=\int_0^{\frac{\pi}{2}}\frac{(1-\cos^2 x)\sin x}{1+\cos x}dx$$
$$=\int_0^{\frac{\pi}{2}}\frac{(1+\cos x)(1-\cos x)\sin x}{1+\cos x}dx$$
$$=\int_0^{\frac{\pi}{2}}(1-\cos x)\sin x\,dx$$

$1-\cos x=t$로 놓으면 $\frac{dt}{dx}=\sin x$

$x=0$일 때 $t=0$, $x=\frac{\pi}{2}$일 때 $t=1$이므로

$$\int_0^{\frac{\pi}{2}}(1-\cos x)\sin x\,dx$$
$$=\int_0^1 t\,dt$$
$$=\left[\frac{1}{2}t^2\right]_0^1=\frac{1}{2}$$

13 2146 답 ② 유형 4 + 유형 16

출제의도 | 정적분의 성질과 부분적분법을 이용하여 정적분의 값을 구할 수 있는지 확인한다.

> $\int_a^b f(x)dx\pm\int_a^b g(x)dx=\int_a^b\{f(x)\pm g(x)\}dx$임을 이용하여 식을 간단히 해 보자.

$$\int_0^{\ln 2}(2e^{2x}+x)^2dx-\int_0^{\ln 2}(2e^{2x}-x)^2dx$$
$$=\int_0^{\ln 2}\{(2e^{2x}+x)^2-(2e^{2x}-x)^2\}dx$$
$$=\int_0^{\ln 2}\{(4e^{4x}+4xe^{2x}+x^2)-(4e^{4x}-4xe^{2x}+x^2)\}dx$$
$$=\int_0^{\ln 2}8xe^{2x}dx$$

$\int_0^{\ln 2}8xe^{2x}dx$에서

$f(x)=8x$, $g'(x)=e^{2x}$으로 놓으면

$f'(x)=8$, $g(x)=\frac{1}{2}e^{2x}$

$$\therefore \int_0^{\ln 2}8xe^{2x}dx=\left[4xe^{2x}\right]_0^{\ln 2}-\int_0^{\ln 2}4e^{2x}dx$$
$$=16\ln 2-\left[2e^{2x}\right]_0^{\ln 2}$$
$$=16\ln 2-(8-2)$$
$$=16\ln 2-6$$

따라서 $a=-6$, $b=16$이므로

$a+b=-6+16=10$

14 2147 답 ③ 유형 2 + 유형 7 + 유형 16

출제의도 | 우함수와 기함수의 성질을 이용하여 정적분의 값을 구할 수 있는지 확인한다.

> 피적분함수에 x 대신 $-x$를 대입하여 피적분함수가 우함수인지 기함수인지 조사해 보자.

ㄱ. $f(x)=\ln x$, $g'(x)=1$로 놓으면

$f'(x)=\frac{1}{x}$, $g(x)=x$

$$\therefore \int_1^{e^2}\ln x\,dx=\left[x\ln x\right]_1^{e^2}-\int_1^{e^2}1\,dx$$
$$=2e^2-\left[x\right]_1^{e^2}$$
$$=2e^2-e^2+1=e^2+1 \text{ (참)}$$

ㄴ. $f(x)=e^x+e^{-x}$이라 하면

$f(-x)=e^{-x}+e^x=f(x)$이므로 e^x+e^{-x}은 우함수이다.

$$\therefore \int_{-1}^1(e^x+e^{-x})dx=2\int_0^1(e^x+e^{-x})dx$$
$$=2\left[e^x-e^{-x}\right]_0^1$$
$$=2\left(e-\frac{1}{e}\right)=2e-\frac{2}{e} \text{ (거짓)}$$

ㄷ. x는 기함수, $\cos x$는 우함수이므로 $x\cos x$는 기함수이다.

또, x^3도 기함수이므로

$$\int_{-\pi}^{\pi}(x\cos x+x^3)dx=0 \text{ (참)}$$

따라서 옳은 것은 ㄱ, ㄷ이다.

15 2148 답 ⑤

유형 22

출제의도 | 정적분으로 나타낸 함수의 극댓값을 구할 수 있는지 확인한다.

> 주어진 등식의 양변을 x에 대하여 미분하여 $f'(x)=0$인 x의 값을 찾아 보자.

주어진 등식의 양변을 x에 대하여 미분하면

$f'(x)=(1+\sin x)\cos x$

$f'(x)=0$에서

$1+\sin x=0$ 또는 $\cos x=0$

$\therefore x=\frac{\pi}{2}$ ($\because 0\le x\le \pi$)

함수 $f(x)$의 증가와 감소를 표로 나타내면 다음과 같다.

x	0	$\cdots$	$\frac{\pi}{2}$	$\cdots$	π
$f'(x)$		+	0	−	
$f(x)$	0	↗	극대	↘	$f(\pi)$

따라서 함수 $f(x)$는 $x=\frac{\pi}{2}$에서 극대이므로 극댓값은

$$f\left(\frac{\pi}{2}\right)=\int_0^{\frac{\pi}{2}}(1+\sin t)\cos t\,dt$$
$$=\int_0^{\frac{\pi}{2}}(\cos t+\sin t\cos t)dt$$
$$=\int_0^{\frac{\pi}{2}}\left(\cos t+\frac{1}{2}\times 2\sin t\cos t\right)dt$$
$$=\int_0^{\frac{\pi}{2}}\left(\cos t+\frac{1}{2}\sin 2t\right)dt$$
$$=\left[\sin t-\frac{1}{4}\cos 2t\right]_0^{\frac{\pi}{2}}$$
$$=\left(1+\frac{1}{4}\right)-\left(-\frac{1}{4}\right)=\frac{3}{2}$$

16 2149 답 ⑤

유형 24

출제의도 | 정적분으로 정의된 함수의 극한값을 구할 수 있는지 확인한다.

> $F'(t)=f(t)$라 하면
> $\lim_{h\to 0}\frac{1}{h}\int_a^{a+h}f(t)dt=\lim_{h\to 0}\frac{F(a+h)-F(a)}{h}=F'(a)$임을 이용해 보자.

$F'(t)=f(t)$라 하면

$$\lim_{h\to 0}\frac{1}{h}\int_{2\pi-h}^{2\pi+h}f(t)dt$$
$$=\lim_{h\to 0}\frac{F(2\pi+h)-F(2\pi-h)}{h}$$
$$=\lim_{h\to 0}\frac{F(2\pi+h)-F(2\pi)-\{F(2\pi-h)-F(2\pi)\}}{h}$$
$$=\lim_{h\to 0}\frac{F(2\pi+h)-F(2\pi)}{h}+\lim_{h\to 0}\frac{F(2\pi-h)-F(2\pi)}{-h}$$
$$=F'(2\pi)+F'(2\pi)$$
$$=2F'(2\pi)=2f(2\pi)=2\times 3=6$$

17 2150 답 ⑤

유형 13

출제의도 | 치환적분법을 이용하여 로그함수의 정적분을 계산하고, 급수의 합을 구할 수 있는지 확인한다.

> $\ln x=t$로 놓고 치환적분법을 이용해 보자.

$a_n=\int_1^{e^n}\frac{\ln x}{x}dx$에서 $\ln x=t$로 놓으면 $\frac{dt}{dx}=\frac{1}{x}$

$x=1$일 때 $t=0$, $x=e^n$일 때 $t=n$이므로

$$a_n=\int_1^{e^n}\frac{\ln x}{x}dx=\int_0^n t\,dt$$
$$=\left[\frac{1}{2}t^2\right]_0^n=\frac{n^2}{2}$$

$$\therefore \sqrt{a_na_{n+1}}=\sqrt{\frac{n^2}{2}\times\frac{(n+1)^2}{2}}=\frac{n(n+1)}{2}$$

$$\therefore \sum_{n=1}^{\infty}\frac{1}{\sqrt{a_na_{n+1}}}$$
$$=\sum_{n=1}^{\infty}\frac{2}{n(n+1)}$$
$$=\sum_{n=1}^{\infty}2\left(\frac{1}{n}-\frac{1}{n+1}\right)=\lim_{n\to\infty}\sum_{k=1}^{n}2\left(\frac{1}{k}-\frac{1}{k+1}\right)$$
$$=\lim_{n\to\infty}2\left\{\left(1-\frac{1}{2}\right)+\left(\frac{1}{2}-\frac{1}{3}\right)+\cdots+\left(\frac{1}{n}-\frac{1}{n+1}\right)\right\}$$
$$=\lim_{n\to\infty}2\left(1-\frac{1}{n+1}\right)$$
$$=2$$

18 2151 답 ③

유형 4 + 유형 17

출제의도 | 정적분의 성질과 부분적분법을 이용하여 정적분의 값을 구할 수 있는지 확인한다.

> $\int_a^b f(x)dx\pm\int_a^b g(x)dx=\int_a^b\{f(x)\pm g(x)\}dx$임을 이용하여 식을 간단히 해 보자.
> 부분적분법을 한 번 적용하여 정적분의 값을 구하기 어려울 때는 부분적분법을 한 번 더 적용해 보자.

$$\int_{\frac{3}{2}\pi}^{\pi}f(x)dx-\int_{\frac{3}{2}\pi}^{2\pi}f(x)dx+\int_0^{2\pi}f(x)dx$$
$$=-\int_{\pi}^{\frac{3}{2}\pi}f(x)dx-\int_{\frac{3}{2}\pi}^{2\pi}f(x)dx+\int_0^{2\pi}f(x)dx$$
$$=-\int_{\pi}^{2\pi}f(x)dx+\int_0^{2\pi}f(x)dx$$
$$=\int_0^{\pi}f(x)dx=\int_0^{\pi}x^2(\sin x-\cos x)dx$$

$\int_0^{\pi}x^2(\sin x-\cos x)dx$에서

$u_1(x)=x^2$, $v_1'(x)=\sin x-\cos x$로 놓으면

$u_1'(x)=2x$, $v_1(x)=-\cos x-\sin x$

$$\therefore \int_0^{\pi}x^2(\sin x-\cos x)dx$$
$$=\left[-x^2(\cos x+\sin x)\right]_0^{\pi}+2\int_0^{\pi}x(\cos x+\sin x)dx$$
$$=\pi^2+2\int_0^{\pi}x(\sin x+\cos x)dx \quad \cdots\cdots \text{㉠}$$

$\int_0^{\pi}x(\sin x+\cos x)dx$에서

$u_2(x)=x$, $v_2'(x)=\sin x+\cos x$로 놓으면

$u_2'(x)=1$, $v_2(x)=-\cos x+\sin x$

$$\therefore \int_0^{\pi}x(\sin x+\cos x)dx$$
$$=\left[x(\sin x-\cos x)\right]_0^{\pi}-\int_0^{\pi}(\sin x-\cos x)dx$$
$$=\pi+\left[\sin x+\cos x\right]_0^{\pi}$$
$$=\pi-2 \quad \cdots\cdots \text{㉡}$$

㉡을 ㉠에 대입하면

$$\int_0^{\pi} x^2(\sin x-\cos x)dx=\pi^2+2\int_0^{\pi} x(\sin x+\cos x)dx$$
$$=\pi^2+2\times(\pi-2)=\pi^2+2\pi-4$$

19 2152 답 ① 유형 16 + 유형 19

출제의도 | 정적분을 포함한 등식에서 적분 구간에 상수만 있는 경우의 정적분의 값을 구할 수 있는지 확인한다.

$\int_0^1 e^t f(t)dt=k$ (k는 상수)로 놓고 $f(x)$를 k에 대한 식으로 나타내 보자.

$\int_0^1 e^t f(t)dt=k$ (k는 상수) ……… ㉠

로 놓으면 $f(x)=x-k$

이것을 ㉠에 대입하면 $\int_0^1 (t-k)e^t dt=k$

$\int_0^1 (t-k)e^t dt$에서 $u(t)=t-k$, $v'(t)=e^t$으로 놓으면

$u'(t)=1$, $v(t)=e^t$

$$\therefore \int_0^1 (t-k)e^t dt=\Big[(t-k)e^t\Big]_0^1-\int_0^1 e^t dt$$
$$=(1-k)e+k-\Big[e^t\Big]_0^1$$
$$=e-ke+k-e+1$$
$$=k(1-e)+1$$

즉, $k=k(1-e)+1$이므로 $0=-ke+1$

$\therefore k=\frac{1}{e}$

따라서 $f(x)=x-\frac{1}{e}$이므로 $f\left(\frac{2}{e}\right)=\frac{2}{e}-\frac{1}{e}=\frac{1}{e}$

20 2153 답 ② 유형 12 + 유형 16

출제의도 | 치환적분법과 부분적분법을 이용하여 정적분의 값을 구할 수 있는지 확인한다.

미분하기 쉬운 함수 x를 $u(x)$로, 적분하기 쉬운 함수 $\cos 2x$를 $v'(x)$로 놓고 부분적분법을 이용하여 함수 $f(x)$를 구해 보자.

$f(x)=\int x\cos 2x\,dx$에서

$u(x)=x$, $v'(x)=\cos 2x$로 놓으면

$u'(x)=1$, $v(x)=\frac{1}{2}\sin 2x$

$$\therefore f(x)=\int x\cos 2x\,dx$$
$$=\frac{x}{2}\sin 2x-\int \frac{1}{2}\sin 2x\,dx$$
$$=\frac{x}{2}\sin 2x+\frac{1}{4}\cos 2x+C$$

$f(0)=1$에서 $f(0)=\frac{1}{4}+C$이므로

$\frac{1}{4}+C=1 \qquad \therefore C=\frac{3}{4}$

$\therefore f(x)=\frac{x}{2}\sin 2x+\frac{1}{4}\cos 2x+\frac{3}{4}$

$f'(x)=x\cos 2x$이므로

$$\int_{\frac{\pi}{2}}^{\pi} e^{f(x)}x\cos 2x\,dx=\int_{\frac{\pi}{2}}^{\pi} e^{f(x)}f'(x)dx$$
$$=\Big[e^{f(x)}\Big]_{\frac{\pi}{2}}^{\pi}=e^{f(\pi)}-e^{f\left(\frac{\pi}{2}\right)}$$

$f(\pi)=\frac{1}{4}+\frac{3}{4}=1$, $f\left(\frac{\pi}{2}\right)=-\frac{1}{4}+\frac{3}{4}=\frac{1}{2}$이므로

$$\int_{\frac{\pi}{2}}^{\pi} e^{f(x)}x\cos 2x\,dx=e-e^{\frac{1}{2}}=e-\sqrt{e}$$

21 2154 답 ④ 유형 25

출제의도 | 정적분으로 정의된 함수의 극한값을 구할 수 있는지 확인한다.

$F'(t)=f(t)$라 하면

$\lim_{x\to a}\frac{1}{x-a}\int_a^x f(t)dt=\lim_{x\to a}\frac{F(x)-F(a)}{x-a}=F'(a)$임을 이용해 보자.

$F'(x)=f(x)$라 하면

$$\lim_{x\to 1}\frac{1}{x^3-1}\int_{x-2}^{x} f(t)dt=\lim_{x\to 1}\frac{F(x)-F(x-2)}{x^3-1}$$

$x\to 1$일 때 (분모)$\to 0$이고 극한값이 존재하므로 (분자)$\to 0$이어야 한다.

즉, $\lim_{x\to 1}\{F(x)-F(x-2)\}=0$에서 $F(1)-F(-1)=0$이고

$F(1)-F(-1)=\int_{-1}^{1} f(x)dx$이므로

$$0=\int_{-1}^{1}(ae^x-be^{-x})dx=\Big[ae^x+be^{-x}\Big]_{-1}^{1}$$
$$=ae+\frac{b}{e}-\frac{a}{e}-be=(a-b)\left(e-\frac{1}{e}\right)$$

$\therefore a-b=0$ ……… ㉠

$$\lim_{x\to 1}\frac{1}{x^3-1}\int_{x-2}^{x} f(t)dt$$
$$=\lim_{x\to 1}\frac{F(x)-F(x-2)}{x^3-1}$$
$$=\lim_{x\to 1}\frac{F(x)-F(1)-\{F(x-2)-F(1)\}}{x^3-1}$$
$$=\lim_{x\to 1}\frac{F(x)-F(1)}{x^3-1}-\lim_{x\to 1}\frac{F(x-2)-F(-1)}{x^3-1}$$

$(\because F(1)=F(-1))$

$$=\lim_{x\to 1}\left\{\frac{1}{x^2+x+1}\times\frac{F(x)-F(1)}{x-1}\right\}-\lim_{x\to 1}\left\{\frac{1}{x^2+x+1}\times\frac{F(x-2)-F(-1)}{x-1}\right\}$$
$$=\frac{1}{3}F'(1)-\frac{1}{3}\lim_{x\to 1}\frac{F(x-2)-F(-1)}{(x-2)-(-1)}$$
$$=\frac{1}{3}F'(1)-\frac{1}{3}F'(-1)$$
$$=\frac{1}{3}f(1)-\frac{1}{3}f(-1)$$
$$=\frac{1}{3}\left(ae-\frac{b}{e}\right)-\frac{1}{3}\left(\frac{a}{e}-be\right)=\frac{a+b}{3}\left(e-\frac{1}{e}\right)$$

즉, $\frac{a+b}{3}\left(e-\frac{1}{e}\right)=2\left(e-\frac{1}{e}\right)$이므로

$\frac{a+b}{3}=2 \qquad \therefore a+b=6$ ……… ㉡

㉠, ㉡을 연립하여 풀면 $a=3$, $b=3$

따라서 $f(x)=3e^x-3e^{-x}$이므로

$f(\ln 3)=3\times 3-3\times\frac{1}{3}=9-1=8$

22 2155 답 $\frac{\pi}{2}-\frac{4}{\pi}$ 유형 3

출제의도 | 삼각함수의 정적분의 값을 구할 수 있는지 확인한다.

STEP 1 **정적분의 값 구하기 [4점]**

$\int_0^{\frac{\pi}{2}}(2a\cos x-1)^2dx$

$=\int_0^{\frac{\pi}{2}}(4a^2\cos^2x-4a\cos x+1)dx$

$=\int_0^{\frac{\pi}{2}}\{2a^2(\cos 2x+1)-4a\cos x+1\}dx$

$=\int_0^{\frac{\pi}{2}}(2a^2\cos 2x-4a\cos x+2a^2+1)dx$

$=\left[a^2\sin 2x-4a\sin x+(2a^2+1)x\right]_0^{\frac{\pi}{2}}$

$=-4a+\pi a^2+\frac{\pi}{2}$

$=\pi\left(a-\frac{2}{\pi}\right)^2+\frac{\pi}{2}-\frac{4}{\pi}$

STEP 2 **$\int_0^{\frac{\pi}{2}}(2a\cos x-1)^2dx$의 최솟값 구하기 [2점]**

$a=\frac{2}{\pi}$일 때 최솟값 $\frac{\pi}{2}-\frac{4}{\pi}$를 갖는다.

23 2156 답 $-e^3+1$ 유형 16 + 유형 23

출제의도 | 정적분으로 나타낸 함수의 최솟값을 구할 수 있는지 확인한다.

STEP 1 **주어진 등식의 양변을 미분하여 $f'(x)=0$을 만족시키는 x의 값 구하기 [2점]**

$f(x)=\int_0^x(t+a)e^t\,dt$의 양변을 x에 대하여 미분하면

$f'(x)=(x+a)e^x$

$f'(x)=0$에서 $(x+a)e^x=0$

$x+a=0$ ($\because e^x>0$)

$\therefore x=-a$

STEP 2 **함수 $f(x)$의 증가, 감소를 조사하여 최솟값 찾기 [2점]**

함수 $f(x)$의 증가와 감소를 표로 나타내면 다음과 같다.

x	$\cdots$	$-a$	$\cdots$
$f'(x)$	$-$	0	$+$
$f(x)$	↘	극소	↗

따라서 함수 $f(x)$는 $x=-a$에서 극소이면서 최소이므로 $a=-3$이고 최솟값은

$f(3)=\int_0^3(t-3)e^t\,dt$

STEP 3 **함수 $f(x)$의 최솟값을 구하고, $a+b$의 값 구하기 [2점]**

$u(t)=t-3$, $v'(t)=e^t$으로 놓으면

$u'(t)=1$, $v(t)=e^t$

$\therefore f(3)=\int_0^3(t-3)e^t\,dt$

$=\left[(t-3)e^t\right]_0^3-\int_0^3e^t\,dt$

$=3-\left[e^t\right]_0^3$

$=3-e^3+1$

$=4-e^3$

따라서 $b=4-e^3$이므로

$a+b=-3+(4-e^3)=-e^3+1$

24 2157 답 $-\ln 5$ 유형 12

출제의도 | 치환적분법을 이용하여 지수함수의 정적분의 값을 구할 수 있는지 확인한다.

STEP 1 **$\frac{1}{e^{-t}+1}$의 분모와 분자에 e^t을 곱하여 식 변형하기 [2점]**

$f(x)=\int_{-x}^0\frac{1}{e^{-t}+1}dt=\int_{-x}^0\frac{e^t}{1+e^t}dt$

STEP 2 **$1+e^t=s$로 치환하여 정적분의 값 구하기 [3점]**

$1+e^t=s$로 놓으면 $\frac{ds}{dt}=e^t$

$t=-x$일 때 $s=1+e^{-x}$, $t=0$일 때 $s=2$이므로

$f(x)=\int_{-x}^0\frac{e^t}{1+e^t}dt=\int_{1+e^{-x}}^2\frac{1}{s}ds$

$=\left[\ln|s|\right]_{1+e^{-x}}^2=\ln 2-\ln(1+e^{-x})=\ln\frac{2}{1+e^{-x}}$

STEP 3 **상수 a의 값 구하기 [3점]**

$f(a)=\ln\frac{2}{1+e^{-a}}=-\ln 3$에서

$\ln\frac{2}{1+e^{-a}}=\ln\frac{1}{3}$, $\frac{2}{1+e^{-a}}=\frac{1}{3}$

$1+e^{-a}=6$, $e^{-a}=5$ $\quad\therefore a=-\ln 5$

25 2158 답 $-\frac{3}{2}$ 유형 7 + 유형 9 + 유형 16

출제의도 | 우함수와 기함수의 성질, 치환적분법과 부분적분법을 이용하여 정적분의 값을 구할 수 있는지 확인한다.

STEP 1 **(가), (나)를 정리하여 식 구하기 [2점]**

(가)에서 $f'(x)$는 기함수이므로 $\int_{-1}^1 f'(x)dx=0$이다.

(나)에서 $\int_0^1 f'(x)dx=\left[f(x)\right]_0^1=f(1)-f(0)$이고

$f(0)=0$이므로 $f(1)-0=2$ $\quad\therefore f(1)=2$

STEP 2 **$2x-1=t$로 치환하기 [3점]**

$\int_0^1 xf'(2x-1)dx$에서 $2x-1=t$로 놓으면 $x=\frac{t+1}{2}$이고 $\frac{dt}{dx}=2$

$x=0$일 때 $t=-1$, $x=1$일 때 $t=1$이므로

$\int_0^1 xf'(2x-1)dx=\int_{-1}^1\frac{t+1}{2}f'(t)\times\frac{1}{2}dt$

$=\frac{1}{4}\int_{-1}^1 tf'(t)dt+\frac{1}{4}\int_{-1}^1 f'(t)dt$

$=\frac{1}{4}\int_{-1}^1 tf'(t)dt$

$=\frac{1}{4}\times 2\int_0^1 tf'(t)dt$ ($\because xf'(x)$는 우함수)

$=\frac{1}{2}\int_0^1 tf'(t)dt$

STEP 3 **$\int_0^1 xf'(2x-1)dx$의 값 구하기 [3점]**

$\int_0^1 tf'(t)dt$에서 $u(t)=t$, $v'(t)=f'(t)$로 놓으면

$u'(t)=1$, $v(t)=f(t)$

$\therefore \int_0^1 tf'(t)dt=\left[tf(t)\right]_0^1-\int_0^1 f(t)dt$

$=f(1)-5$

$=2-5=-3$

$\therefore \int_0^1 xf'(2x-1)dx=\frac{1}{2}\int_0^1 tf'(t)dt=\frac{1}{2}\times(-3)=-\frac{3}{2}$

실력 check 실전 마무리하기 2회 435쪽~439쪽

1 2159 답 ② 유형 1

출제의도 | 무리함수의 정적분의 값을 구할 수 있는지 확인한다.

$\sqrt{x}=x^{\frac{1}{2}}$으로 바꾼 다음 적분 공식을 이용해 보자.

$$\int_0^1(2x-1)\sqrt{x}\,dx=\int_0^1(2x\sqrt{x}-\sqrt{x})dx$$
$$=\int_0^1(2x^{\frac{3}{2}}-x^{\frac{1}{2}})dx$$
$$=\left[\frac{4}{5}x^{\frac{5}{2}}-\frac{2}{3}x^{\frac{3}{2}}\right]_0^1$$
$$=\frac{4}{5}-\frac{2}{3}=\frac{2}{15}$$

2 2160 답 ② 유형 2

출제의도 | 지수함수의 정적분의 값을 구할 수 있는지 확인한다.

$\int a^x\,dx=\frac{a^x}{\ln a}$임을 이용해 보자.

$$\int_1^2 4^x dx=\left[\frac{4^x}{\ln 4}\right]_1^2$$
$$=\frac{16}{2\ln 2}-\frac{4}{2\ln 2}$$
$$=\frac{12}{2\ln 2}=\frac{6}{\ln 2}$$

3 2161 답 ④ 유형 5

출제의도 | 구간에 따라 다르게 정의된 함수의 정적분의 값을 구할 수 있는지 확인한다.

적분 구간을 $-1\le x<1$과 $1\le x\le e$로 나누어 보자.

$$\int_{-1}^e f(x)dx=\int_{-1}^1 e^{x-1}dx+\int_1^e\frac{1}{x^2}dx$$
$$=\left[e^{x-1}\right]_{-1}^1+\left[-\frac{1}{x}\right]_1^e$$
$$=1-\frac{1}{e^2}+\left(-\frac{1}{e}+1\right)$$
$$=2-\frac{1}{e}-\frac{1}{e^2}$$

4 2162 답 ③ 유형 3 + 유형 7

출제의도 | 우함수와 기함수의 성질을 이용하여 정적분의 값을 구할 수 있는지 확인한다.

피적분함수에 x 대신 $-x$를 대입하여 피적분함수가 우함수인지 기함수인지 조사해 보자.

$\sin 3x$는 기함수, $\cos 6x$는 우함수이므로 $\sin 3x\cos 6x$는 기함수이다. 또, $\cos x$가 우함수이므로

$$\int_{-\frac{\pi}{4}}^{\frac{\pi}{4}}(\sin 3x\cos 6x+\cos x)dx=2\int_0^{\frac{\pi}{4}}\cos x\,dx$$
$$=2\left[\sin x\right]_0^{\frac{\pi}{4}}$$
$$=\sqrt{2}$$

5 2163 답 ② 유형 4 + 유형 7

출제의도 | 우함수와 기함수의 성질을 이용하여 정적분의 값을 구할 수 있는지 확인한다.

피적분함수에 x 대신 $-x$를 대입하여 피적분함수가 우함수인지 기함수인지 조사해 보자. 피적분함수 $f(x)$가 우함수이면 $\int_{-a}^a f(x)dx=2\int_0^a f(x)dx$임을 이용해 보자.

$f(-x)=\cos(\sin(-x))=\cos(-\sin x)=\cos(\sin x)=f(x)$

이므로 $f(x)$는 우함수이다.

$$\therefore \int_{-3}^3 f(x)dx+\int_{-1}^1 f(x)dx$$
$$=2\int_0^3 f(x)dx+2\int_0^1 f(x)dx$$
$$=2\int_{-3}^0 f(x)dx+2\int_0^1 f(x)dx$$
$$=2\left\{\int_{-3}^0 f(x)dx+\int_0^1 f(x)dx\right\}$$
$$=2\int_{-3}^1 f(x)dx$$

6 2164 답 ③ 유형 12

출제의도 | 치환적분법을 이용하여 지수함수의 정적분의 값을 구할 수 있는지 확인한다.

$1-x^2=t$로 놓고 치환적분법을 이용해 보자.

$$\int_0^1(xe^{1-x^2}-2)dx=\int_0^1 xe^{1-x^2}dx-\left[2x\right]_0^1$$
$$=\int_0^1 xe^{1-x^2}dx-2$$

$\int_0^1 xe^{1-x^2}dx$에서 $1-x^2=t$로 놓으면 $\frac{dt}{dx}=-2x$

$x=0$일 때 $t=1$, $x=1$일 때 $t=0$이므로

$$\int_0^1 xe^{1-x^2}dx=\int_1^0 e^t\times\left(-\frac{1}{2}\right)dt$$
$$=\frac{1}{2}\int_0^1 e^t\,dt$$
$$=\frac{1}{2}\left[e^t\right]_0^1=\frac{1}{2}(e-1)$$

$$\therefore \int_0^1(xe^{1-x^2}-2)dx=\frac{1}{2}(e-1)-2=\frac{e-5}{2}$$

7 2165 답 ⑤ 유형 13

출제의도 | 치환적분법을 이용하여 로그함수의 정적분의 값을 구할 수 있는지 확인한다.

$\ln x=t$로 놓고 치환적분법을 이용해 보자.

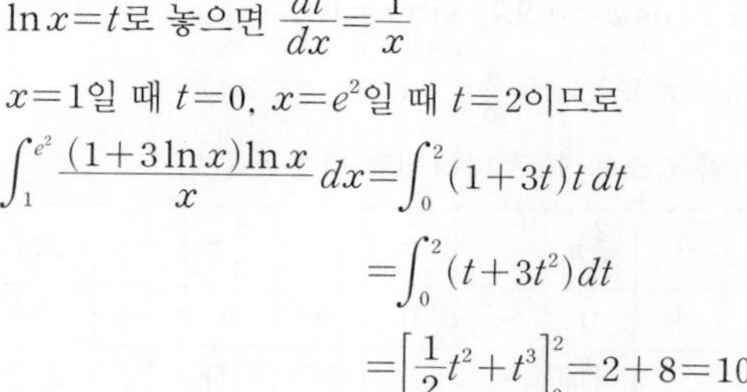

$\ln x=t$로 놓으면 $\frac{dt}{dx}=\frac{1}{x}$

$x=1$일 때 $t=0$, $x=e^2$일 때 $t=2$이므로

$$\int_1^{e^2}\frac{(1+3\ln x)\ln x}{x}dx=\int_0^2(1+3t)t\,dt$$
$$=\int_0^2(t+3t^2)dt$$
$$=\left[\frac{1}{2}t^2+t^3\right]_0^2=2+8=10$$

8 2166 답 ① 유형 16

출제의도 | 부분적분법을 이용하여 정적분의 값을 구할 수 있는지 확인한다.

미분하기 쉬운 함수 $\ln x^2$을 $f(x)$로, 적분하기 쉬운 함수 $\frac{1}{x^2}$을 $g'(x)$로 놓고 부분적분법을 이용해 보자.

$f(x)=\ln x^2$, $g'(x)=\frac{1}{x^2}$로 놓으면

$f'(x)=\frac{2}{x}$, $g(x)=-\frac{1}{x}$

$$\therefore \int_1^e \frac{\ln x^2}{x^2}dx=\left[-\frac{\ln x^2}{x}\right]_1^e-\int_1^e \frac{2}{x}\times\left(-\frac{1}{x}\right)dx$$
$$=-\frac{2}{e}+\int_1^e \frac{2}{x^2}dx$$
$$=-\frac{2}{e}+\left[-\frac{2}{x}\right]_1^e$$
$$=-\frac{2}{e}-\frac{2}{e}+2=2-\frac{4}{e}$$

9 2167 답 ③ 유형 3 + 유형 21

출제의도 | 정적분을 포함한 등식에서 적분 구간과 피적분함수에 변수가 있는 경우의 정적분의 값을 구할 수 있는지 확인한다.

주어진 등식을 x에 대하여 전개한 다음 양변을 x에 대하여 미분해 보자.

$f(x)=\int_0^x (x-t)\sin t\,dt$에서

$f(x)=x\int_0^x \sin t\,dt-\int_0^x t\sin t\,dt$

위의 등식의 양변을 x에 대하여 미분하면

$$f'(x)=\int_0^x \sin t\,dt+x\sin x-x\sin x$$
$$=\int_0^x \sin t\,dt$$
$$\therefore f'(\pi)=\int_0^\pi \sin t\,dt$$
$$=\left[-\cos t\right]_0^\pi$$
$$=1-(-1)=2$$

10 2168 답 ⑤ 유형 22

출제의도 | 정적분으로 나타낸 함수의 극댓값, 극솟값을 구할 수 있는지 확인한다.

주어진 등식의 양변을 x에 대하여 미분하여 $f'(x)=0$인 x의 값을 찾아 보자.

주어진 등식의 양변을 x에 대하여 미분하면

$f'(x)=(1+2\cos x)\sin x$

$f'(x)=0$에서 $1+2\cos x=0$ 또는 $\sin x=0$

$\therefore x=\frac{2}{3}\pi$ 또는 $x=\pi$ 또는 $x=\frac{4}{3}\pi$ ($\because 0<x<2\pi$)

함수 $f(x)$의 증가와 감소를 표로 나타내면 다음과 같다.

x	(0)	…	$\frac{2}{3}\pi$	…	π	…	$\frac{4}{3}\pi$	…	(2π)
$f'(x)$		+	0	−	0	+	0	−	
$f(x)$		↗	극대	↘	극소	↗	극대	↘	

따라서 함수 $f(x)$는 $x=\pi$에서 극소이므로 극솟값은

$$a=f(\pi)=\int_0^\pi (1+2\cos t)\sin t\,dt$$
$$=\int_0^\pi (\sin t+2\sin t\cos t)dt$$
$$=\int_0^\pi (\sin t+\sin 2t)dt$$
$$=\left[-\cos t-\frac{1}{2}\cos 2t\right]_0^\pi$$
$$=\frac{1}{2}-\left(-\frac{3}{2}\right)=2$$

같은 방법으로 함수 $f(x)$는 $x=\frac{2}{3}\pi$, $x=\frac{4}{3}\pi$에서 극대이므로

$$f\left(\frac{2}{3}\pi\right)=\int_0^{\frac{2}{3}\pi}(1+2\cos t)\sin t\,dt$$
$$=\left[-\cos t-\frac{1}{2}\cos 2t\right]_0^{\frac{2}{3}\pi}$$
$$=\frac{3}{4}-\left(-\frac{3}{2}\right)=\frac{9}{4}$$
$$f\left(\frac{4}{3}\pi\right)=\int_0^{\frac{4}{3}\pi}(1+2\cos t)\sin t\,dt$$
$$=\left[-\cos t-\frac{1}{2}\cos 2t\right]_0^{\frac{4}{3}\pi}$$
$$=\frac{3}{4}-\left(-\frac{3}{2}\right)=\frac{9}{4}$$

즉, 극댓값은 $\frac{9}{4}$이다.

따라서 $a=2$, $b=\frac{9}{4}$이므로

$2b-a=2\times\frac{9}{4}-2=\frac{5}{2}$

11 2169 답 ⑤ 유형 2 + 유형 4

출제의도 | 정적분의 성질을 이용하여 정적분의 값을 구할 수 있는지 확인한다.

$\int_{-1}^1 f(x)dx=\int_0^1 f(x)dx+\int_{-1}^0 f(x)dx$임을 이용하여 $\int_{-1}^0 f(x)dx$에서 $-x=t$로 놓고 치환적분법을 이용해 보자.

$$\int_{-1}^1 f(x)dx=\int_{-1}^0 f(x)dx+\int_0^1 f(x)dx$$

$\int_{-1}^0 f(x)dx$에서 $-x=t$로 놓으면 $x=-t$이고 $\frac{dt}{dx}=-1$

$x=-1$일 때 $t=1$, $x=0$일 때 $t=0$이므로

$$\int_{-1}^0 f(x)dx=\int_1^0 f(-t)\times(-1)dt$$
$$=-\int_1^0 f(-t)dt=\int_0^1 f(-t)dt$$
$$\therefore \int_{-1}^1 f(x)dx=\int_{-1}^0 f(x)dx+\int_0^1 f(x)dx$$
$$=\int_0^1 f(-t)dt+\int_0^1 f(x)dx$$
$$=\int_0^1 f(-x)dx+\int_0^1 f(x)dx$$
$$=\int_0^1 \{f(x)+f(-x)\}dx$$
$$=\int_0^1 (e^x+e^{-x})dx$$
$$=\left[e^x-e^{-x}\right]_0^1$$
$$=e-\frac{1}{e}$$

12 2170 답 ②

유형 10 + 유형 14

출제의도 | 치환적분법을 이용하여 삼각함수의 정적분의 값을 구할 수 있는지 확인한다.

> $\sin x=t$로 놓고 치환적분법을 이용해 보자.

$\displaystyle\int_0^{\frac{\pi}{2}}\frac{\sin 2x}{1+\sin^2 x}dx=\int_0^{\frac{\pi}{2}}\frac{2\sin x\cos x}{1+\sin^2 x}dx$에서

$\sin x=t$로 놓으면 $\dfrac{dt}{dx}=\cos x$

$x=0$일 때 $t=0$, $x=\dfrac{\pi}{2}$일 때 $t=1$이므로

$\displaystyle\int_0^{\frac{\pi}{2}}\frac{2\sin x\cos x}{1+\sin^2 x}dx=\int_0^1\frac{2t}{1+t^2}dt$

$\displaystyle\int_0^1\frac{2t}{1+t^2}dt$에서 $1+t^2=s$로 놓으면 $\dfrac{ds}{dt}=2t$

$t=0$일 때 $s=1$, $t=1$일 때 $s=2$이므로

$\displaystyle\int_0^1\frac{2t}{1+t^2}dt=\int_1^2\frac{1}{s}ds=\Big[\ln|s|\Big]_1^2=\ln 2$

13 2171 답 ④

유형 3 + 유형 16

출제의도 | 부분적분법을 이용하여 정적분의 값을 구할 수 있는지 확인한다.

> 피적분함수를 전개한 후 부분적분법을 이용하여 a에 대한 이차식으로 나타내 보자.

$\displaystyle\int_0^{\pi}(x-a\sin x)^2dx$

$\displaystyle=\int_0^{\pi}(x^2-2ax\sin x+a^2\sin^2 x)dx$

$\displaystyle=\Big[\frac{1}{3}x^3\Big]_0^{\pi}-2a\int_0^{\pi}x\sin x\,dx+a^2\int_0^{\pi}\sin^2 x\,dx$

$\displaystyle=\frac{\pi^3}{3}-2a\int_0^{\pi}x\sin x\,dx+a^2\int_0^{\pi}\frac{1-\cos 2x}{2}dx$

$\displaystyle=\frac{\pi^3}{3}-2a\int_0^{\pi}x\sin x\,dx+a^2\Big[\frac{1}{2}x-\frac{1}{4}\sin 2x\Big]_0^{\pi}$

$\displaystyle=\frac{\pi^3}{3}-2a\int_0^{\pi}x\sin x\,dx+\frac{\pi}{2}a^2$

$\displaystyle\int_0^{\pi}x\sin x\,dx$에서 $u(x)=x$, $v'(x)=\sin x$로 놓으면

$u'(x)=1$, $v(x)=-\cos x$

$\displaystyle\therefore \int_0^{\pi}x\sin x\,dx=\Big[-x\cos x\Big]_0^{\pi}+\int_0^{\pi}\cos x\,dx$

$\displaystyle=\pi+\Big[\sin x\Big]_0^{\pi}=\pi$

$\displaystyle\therefore \int_0^{\pi}(x-a\sin x)^2dx=\frac{\pi^3}{3}-2\pi a+\frac{\pi}{2}a^2$

$\displaystyle=\frac{\pi}{2}(a-2)^2+\frac{\pi^3}{3}-2\pi$

따라서 정적분 $\displaystyle\int_0^{\pi}(x-a\sin x)^2dx$의 값이 최소가 되도록 하는 a의 값은 2이다.

14 2172 답 ①

유형 16 + 유형 19

출제의도 | 정적분을 포함한 등식에서 적분 구간에 상수만 있는 경우 부분적분법을 이용하여 정적분의 값을 구할 수 있는지 확인한다.

> $\displaystyle\int_0^1 tf(t)dt=k$ (k는 상수)로 놓고 $f(x)$를 k에 대한 식으로 나타내 보자.

$\displaystyle\int_0^1 tf(t)dt=k$ (k는 상수) ……… ㉠

로 놓으면 $f(x)=e^x-k$

이것을 ㉠에 대입하면

$\displaystyle\int_0^1 t(e^t-k)dt=k$, $\displaystyle\int_0^1 te^t\,dt-\int_0^1 kt\,dt=k$

$\displaystyle\int_0^1 te^t\,dt-\Big[\frac{k}{2}t^2\Big]_0^1=k$, $\displaystyle\int_0^1 te^t\,dt-\frac{k}{2}=k$

$\displaystyle\int_0^1 te^t\,dt=\frac{3}{2}k$

$\displaystyle\int_0^1 te^t\,dt$에서 $u(t)=t$, $v'(t)=e^t$으로 놓으면

$u'(t)=1$, $v(t)=e^t$

$\displaystyle\therefore \int_0^1 te^t\,dt=\Big[te^t\Big]_0^1-\int_0^1 e^t\,dt=e-\Big[e^t\Big]_0^1=e-e+1=1$

즉, $\dfrac{3}{2}k=1$이므로 $k=\dfrac{2}{3}$

따라서 $f(x)=e^x-\dfrac{2}{3}$이므로 $f(0)=1-\dfrac{2}{3}=\dfrac{1}{3}$

15 2173 답 ①

유형 20 + 유형 24

출제의도 | 정적분으로 정의된 함수의 극한값을 구할 수 있는지 확인한다.

> $F'(t)=f(t)$라 하면
> $\displaystyle\lim_{h\to 0}\frac{1}{h}\int_a^{a+h}f(t)dt=\lim_{h\to 0}\frac{F(a+h)-F(a)}{h}=F'(a)$임을 이용해 보자.

$\displaystyle\int_0^x f(t)dt=(2^x-1)^2$의 양변을 x에 대하여 미분하면

$f(x)=2(2^x-1)\times 2^x\ln 2=2^{x+1}(2^x-1)\ln 2$

$F'(t)=f(t)$라 하면

$\displaystyle\lim_{h\to 0}\frac{1}{2h}\int_1^{1+h}f(t)dt=\lim_{h\to 0}\frac{F(1+h)-F(1)}{2h}$

$\displaystyle=\frac{1}{2}\lim_{h\to 0}\frac{F(1+h)-F(1)}{h}$

$\displaystyle=\frac{1}{2}F'(1)=\frac{1}{2}f(1)$

$\displaystyle=\frac{1}{2}\times 4\ln 2=2\ln 2$

16 2174 답 ②

유형 25

출제의도 | 정적분으로 정의된 함수의 극한값을 구할 수 있는지 확인한다.

> $F'(t)=tf(t)$라 하면
> $\displaystyle\lim_{x\to a}\frac{1}{x-a}\int_a^x tf(t)dt=\lim_{x\to a}\frac{F(x)-F(a)}{x-a}=F'(a)$임을 이용해 보자.

$F'(t)=tf(t)$라 하면

$\displaystyle\lim_{x\to 1}\frac{1}{x^3-1}\int_1^x tf(t)dt=\lim_{x\to 1}\frac{F(x)-F(1)}{x^3-1}$

$\displaystyle=\lim_{x\to 1}\Big\{\frac{1}{x^2+x+1}\times\frac{F(x)-F(1)}{x-1}\Big\}$

$\displaystyle=\lim_{x\to 1}\frac{1}{x^2+x+1}\times\lim_{x\to 1}\frac{F(x)-F(1)}{x-1}$

$\displaystyle=\frac{1}{3}F'(1)=\frac{1}{3}\times 1\times f(1)$

$\displaystyle=\frac{1}{3}f(1)=\frac{1}{3}\times(1+5)=2$

17 2175 답 ④ 유형 18

출제의도 | 치환적분법과 부분적분법을 이용하여 정적분의 값을 구할 수 있는지 확인한다.

> $x^2=t$로 놓고 치환적분법을 이용한 다음 미분하기 쉬운 함수를 $u(x)$로, 적분하기 쉬운 함수를 $v'(x)$로 놓고 부분적분법을 이용해 보자.

$x^2=t$로 놓으면 $\dfrac{dt}{dx}=2x$

$x=1$일 때 $t=1$, $x=3$일 때 $t=9$이므로

$\int_1^3 x^3e^{x^2}dx=\int_1^9 \frac{1}{2}te^t dt$

$u(t)=\frac{1}{2}t$, $v'(t)=e^t$으로 놓으면

$u'(t)=\frac{1}{2}$, $v(t)=e^t$

$$\begin{aligned}\therefore \int_1^9 \frac{1}{2}te^t dt&=\left[\frac{1}{2}te^t\right]_1^9-\int_1^9\frac{1}{2}e^t dt\\&=\frac{9}{2}e^9-\frac{1}{2}e-\left[\frac{1}{2}e^t\right]_1^9\\&=\frac{9}{2}e^9-\frac{1}{2}e-\frac{1}{2}e^9+\frac{1}{2}e\\&=4e^9\end{aligned}$$

18 2176 답 ① 유형 20

출제의도 | 정적분을 포함한 등식에서 적분 구간에 변수가 있는 경우의 정적분의 값을 구할 수 있는지 확인한다.

> 주어진 등식의 양변을 x에 대하여 미분해 보자.

$f(x)=2\int_0^x f(t)\cos t\,dt+1$ ······ ㉠

㉠의 양변을 x에 대하여 미분하면 $f'(x)=2f(x)\cos x$

$\dfrac{f'(x)}{f(x)}=2\cos x$

위의 등식의 양변을 x에 대하여 적분하면

$\int \dfrac{f'(x)}{f(x)}dx=\int 2\cos x\,dx$

$\therefore \ln f(x)=2\sin x+C$ ($\because f(x)>0$)

㉠의 양변에 $x=0$을 대입하면 $f(0)=1$이므로

$\ln f(0)=0+C$에서 $C=0$

따라서 $\ln f(x)=2\sin x$이므로 $f(x)=e^{2\sin x}$

$\therefore f'(x)=2e^{2\sin x}\cos x$

$\therefore f'(\pi)=-2$

19 2177 답 ③ 유형 20

출제의도 | 정적분을 포함한 등식에서 적분 구간에 변수가 있는 경우의 정적분의 값을 구할 수 있는지 확인한다.

> 주어진 등식의 양변을 x에 대하여 미분해 보자.

$\cos x\int_0^x f(t)dt+\sin x\int_{\frac{\pi}{2}}^x f(t)dt=0$의 양변을 x에 대하여 미분하면

$-\sin x\int_0^x f(t)dt+f(x)\cos x+\cos x\int_{\frac{\pi}{2}}^x f(t)dt+f(x)\sin x=0$

위의 식에 $x=\frac{\pi}{4}$를 대입하면

$-\frac{\sqrt{2}}{2}\int_0^{\frac{\pi}{4}}f(t)dt+\frac{\sqrt{2}}{2}f\left(\frac{\pi}{4}\right)+\frac{\sqrt{2}}{2}\int_{\frac{\pi}{2}}^{\frac{\pi}{4}}f(t)dt+\frac{\sqrt{2}}{2}f\left(\frac{\pi}{4}\right)=0$

$-\frac{\sqrt{2}}{2}\left\{\int_0^{\frac{\pi}{4}}f(t)dt-\int_{\frac{\pi}{2}}^{\frac{\pi}{4}}f(t)dt\right\}+\sqrt{2}f\left(\frac{\pi}{4}\right)=0$

$-\frac{\sqrt{2}}{2}\left\{\int_0^{\frac{\pi}{4}}f(t)dt+\int_{\frac{\pi}{4}}^{\frac{\pi}{2}}f(t)dt\right\}+\sqrt{2}f\left(\frac{\pi}{4}\right)=0$

$-\frac{\sqrt{2}}{2}\int_0^{\frac{\pi}{2}}f(t)dt+\sqrt{2}f\left(\frac{\pi}{4}\right)=0$

$-\sqrt{2}+\sqrt{2}f\left(\frac{\pi}{4}\right)=0$

$\sqrt{2}f\left(\frac{\pi}{4}\right)=\sqrt{2}$

$\therefore f\left(\frac{\pi}{4}\right)=1$

20 2178 답 ① 유형 9 + 유형 17

출제의도 | 치환적분법과 부분적분법을 이용하여 정적분의 값을 구할 수 있는지 확인한다.

> $\int_1^e tf(t^2)dt$에서 $t^2=s$로 놓고 치환적분법을 이용하여 함수 $f(x)$를 구해 보자.
> 부분적분법을 한 번 적용하여 정적분의 값을 구하기 어려울 때는 부분적분법을 한 번 더 적용해 보자.

$\int_1^e tf(t^2)dt$에서 $t^2=s$로 놓으면 $\dfrac{ds}{dt}=2t$

$t=1$일 때 $s=1$, $t=e$일 때 $s=e^2$이므로

$\int_1^e tf(t^2)dt=\frac{1}{2}\int_1^{e^2}f(s)ds=\frac{1}{2}\int_1^{e^2}f(t)dt$

$$\begin{aligned}\therefore f(x)&=x(\ln x)^2+2x\int_1^e tf(t^2)dt-x\int_1^{e^2}f(t)dt\\&=x(\ln x)^2+2x\times\frac{1}{2}\int_1^{e^2}f(t)dt-x\int_1^{e^2}f(t)dt\\&=x(\ln x)^2\end{aligned}$$

$\therefore \int_1^e f(x)dx=\int_1^e x(\ln x)^2dx$

$u_1(x)=(\ln x)^2$, $v_1'(x)=x$로 놓으면

$u_1'(x)=\dfrac{2\ln x}{x}$, $v_1(x)=\frac{1}{2}x^2$이므로

$$\begin{aligned}\int_1^e x(\ln x)^2dx&=\left[\frac{x^2(\ln x)^2}{2}\right]_1^e-\int_1^e x\ln x\,dx\\&=\frac{e^2}{2}-\int_1^e x\ln x\,dx \quad \cdots\cdots ㉠\end{aligned}$$

$\int_1^e x\ln x\,dx$에서

$u_2(x)=\ln x$, $v_2'(x)=x$로 놓으면

$u_2'(x)=\frac{1}{x}$, $v_2(x)=\frac{1}{2}x^2$이므로

$$\begin{aligned}\int_1^e x\ln x\,dx&=\left[\frac{x^2\ln x}{2}\right]_1^e-\int_1^e\frac{1}{2}x\,dx\\&=\frac{e^2}{2}-\left[\frac{1}{4}x^2\right]_1^e\\&=\frac{e^2}{2}-\frac{e^2}{4}+\frac{1}{4}\\&=\frac{e^2}{4}+\frac{1}{4} \quad \cdots\cdots ㉡\end{aligned}$$

㉡을 ㉠에 대입하면

$\int_1^e f(x)dx=\frac{e^2}{2}-\left(\frac{e^2}{4}+\frac{1}{4}\right)=\frac{e^2-1}{4}$

21 2179 답 ①

유형 16 + 유형 20 + 유형 22

출제의도 | 정적분으로 나타낸 함수의 극솟값을 구할 수 있는지 확인한다.

> $F'(t)=f(t)$라 하면 $\frac{d}{dx}\int_x^{x+a}f(t)dt=F'(x+a)-F'(x)$임을 이용하여 주어진 등식의 양변을 x에 대하여 미분하고, $f'(x)=0$인 x의 값을 찾아보자.

$f(x)=\int_x^{x+1}|t-1|e^{t-1}dt$의 양변을 x에 대하여 미분하면

$f'(x)=|x|e^x-|x-1|e^{x-1}$

$f'(x)=0$에서 $|x|e^x-|x-1|e^{x-1}=0$

$xe^x+(x-1)e^{x-1}=0$ ($\because 0<x<1$)

$\therefore x=\frac{1}{e+1}$ ($\because e^{x-1}>0$)

함수 $f(x)$의 증가와 감소를 표로 나타내면 다음과 같다.

x	(0)	$\cdots$	$\frac{1}{e+1}$	$\cdots$	(1)
$f'(x)$		$-$	0	$+$	
$f(x)$		↘	극소	↗	

따라서 함수 $f(x)$는 $x=\frac{1}{e+1}$에서 극소이므로 극솟값은

$$f\left(\frac{1}{e+1}\right)=\int_{\frac{1}{e+1}}^{\frac{1}{e+1}+1}|t-1|e^{t-1}dt$$
$$=\int_{\frac{1}{e+1}}^{1}(1-t)e^{t-1}dt+\int_1^{\frac{1}{e+1}+1}(t-1)e^{t-1}dt$$

이때 $\frac{1}{e+1}=k$라 하자.

$\int_{\frac{1}{e+1}}^{1}(1-t)e^{t-1}dt=\int_k^1(1-t)e^{t-1}dt$에서

$u(t)=1-t$, $v'(t)=e^{t-1}$으로 놓으면 $u'(t)=-1$, $v(t)=e^{t-1}$

$$\therefore \int_k^1(1-t)e^{t-1}dt=\left[(1-t)e^{t-1}\right]_k^1-\int_k^1(-e^{t-1})dt$$
$$=-(1-k)e^{k-1}+\left[e^{t-1}\right]_k^1$$
$$=(k-1)e^{k-1}+1-e^{k-1}=(k-2)e^{k-1}+1$$

$\int_1^{\frac{1}{e+1}+1}(t-1)e^{t-1}dt=\int_1^{k+1}(t-1)e^{t-1}dt$에서 같은 방법으로 하면

$$\int_1^{k+1}(t-1)e^{t-1}dt=\left[(t-1)e^{t-1}\right]_1^{k+1}-\int_1^{k+1}e^{t-1}dt$$
$$=ke^k-\left[e^{t-1}\right]_1^{k+1}=ke^k-e^k+1=(k-1)e^k+1$$

따라서 함수 $f(x)$의 극솟값은

$(k-2)e^{k-1}+1+(k-1)e^k+1$

$=\frac{1}{e}(k-2)e^k+(k-1)e^k+2$

$=\left\{\frac{1}{e}(k-2)+(k-1)\right\}e^k+2$

$=\left\{\left(\frac{1}{e}+1\right)k-\frac{2}{e}-1\right\}e^k+2$

$=\left(\frac{1+e}{e}\times\frac{1}{e+1}-\frac{2}{e}-1\right)e^{\frac{1}{e+1}}+2$ $\left(\because k=\frac{1}{e+1}\right)$

$=\left(\frac{1}{e}-\frac{2}{e}-1\right)e^{\frac{1}{e+1}}+2$

$=\left(-\frac{1}{e}-1\right)e^{\frac{1}{e+1}}+2$

$\therefore a=-\frac{1}{e}-1$

22 2180 답 $\frac{1}{4}$

유형 15

출제의도 | 치환적분법을 이용하여 정적분의 값을 구할 수 있는지 확인한다.

STEP 1 $x=a\sin\theta$로 치환하기 [4점]

$x=2\sin\theta\left(-\frac{\pi}{2}\le\theta\le\frac{\pi}{2}\right)$로 놓으면 $\frac{dx}{d\theta}=2\cos\theta$

$x=0$일 때 $\theta=0$, $x=\sqrt{2}$일 때 $\theta=\frac{\pi}{4}$이므로

$$\int_0^{\sqrt{2}}\frac{1}{(4-x^2)\sqrt{4-x^2}}dx=\int_0^{\frac{\pi}{4}}\frac{2\cos\theta}{(4-4\sin^2\theta)\sqrt{4-4\sin^2\theta}}d\theta$$

STEP 2 $\int_0^{\sqrt{2}}\frac{1}{(4-x^2)\sqrt{4-x^2}}dx$의 값 구하기 [2점]

$4-4\sin^2\theta=4\cos^2\theta$이므로

$$\int_0^{\frac{\pi}{4}}\frac{2\cos\theta}{(4-4\sin^2\theta)\sqrt{4-4\sin^2\theta}}d\theta=\int_0^{\frac{\pi}{4}}\frac{2\cos\theta}{4\cos^2\theta\times2\cos\theta}d\theta$$
$$=\int_0^{\frac{\pi}{4}}\frac{1}{4\cos^2\theta}d\theta$$
$$=\int_0^{\frac{\pi}{4}}\frac{\sec^2\theta}{4}d\theta$$
$$=\left[\frac{\tan\theta}{4}\right]_0^{\frac{\pi}{4}}=\frac{1}{4}$$

23 2181 답 $-\frac{5}{6}$

유형 19

출제의도 | 정적분을 포함한 등식에서 적분 구간에 상수만 있는 경우의 정적분의 값을 구할 수 있는지 확인한다.

STEP 1 $\int_0^{\frac{\pi}{2}}f(t)\sin t\,dt=k$ (k는 상수)로 놓고 k의 값 구하기 [4점]

$\int_0^{\frac{\pi}{2}}f(t)\sin t\,dt=k$ (k는 상수) ······ ㉠

로 놓으면 $f(x)=\cos x-2k$

이것을 ㉠에 대입하면

$\int_0^{\frac{\pi}{2}}(\cos t-2k)\sin t\,dt=k$, $\int_0^{\frac{\pi}{2}}(\sin t\cos t-2k\sin t)dt=k$

$\int_0^{\frac{\pi}{2}}\left(\frac{1}{2}\sin 2t-2k\sin t\right)dt=k$

$\left[-\frac{1}{4}\cos 2t+2k\cos t\right]_0^{\frac{\pi}{2}}=k$

$\frac{1}{2}-2k=k$, $3k=\frac{1}{2}$ $\quad\therefore k=\frac{1}{6}$

STEP 2 $f\left(\frac{2}{3}\pi\right)$의 값 구하기 [2점]

$f(x)=\cos x-\frac{1}{3}$이므로

$f\left(\frac{2}{3}\pi\right)=-\frac{1}{2}-\frac{1}{3}=-\frac{5}{6}$

24 2182 답 -8

유형 1 + 유형 9

출제의도 | 역함수의 미분법과 정적분의 성질을 이용하여 정적분의 값을 구할 수 있는지 확인한다.

STEP 1 역함수의 미분법을 이용하여 $f'(g(x))$, $g'(f(x))$ 구하기 [3점]

$g(x)$는 $f(x)$의 역함수이므로 $f(g(x))=x$, $g(f(x))=x$

두 식의 양변을 x에 대하여 미분하면

$f'(g(x))g'(x)=1$, $g'(f(x))f'(x)=1$

$\therefore f'(g(x))=\frac{1}{g'(x)}$, $g'(f(x))=\frac{1}{f'(x)}$

STEP 2 정적분 $\int_1^3\left\{\frac{f(x)}{f'(g(x))}+\frac{g(x)}{g'(f(x))}\right\}dx$를 간단히 하기 [3점]

$$\int_1^3\left\{\frac{f(x)}{f'(g(x))}+\frac{g(x)}{g'(f(x))}\right\}dx$$
$$=\int_1^3\{f(x)g'(x)+f'(x)g(x)\}dx$$
$$=\int_1^3\{f(x)g(x)\}'dx$$
$$=\Big[f(x)g(x)\Big]_1^3$$
$$=f(3)g(3)-f(1)g(1)$$

STEP 3 $\int_1^3\left\{\frac{f(x)}{f'(g(x))}+\frac{g(x)}{g'(f(x))}\right\}dx$의 값 구하기 [2점]

$f(1)=3$에서 $g(3)=1$, $g(1)=3$에서 $f(3)=1$이므로

$$f(3)g(3)-f(1)g(1)=1\times1-3\times3$$
$$=-8$$

25 2183 답 -2 유형 24 + 유형 25

출제의도 | 정적분으로 정의된 함수의 극한값을 구할 수 있는지 확인한다.

STEP 1 $\lim_{x\to0}\frac{1}{x}\int_{\frac{1}{2}}^{\frac{1}{2}+2x}f(t)dt$를 간단히 하기 [3점]

$F'(t)=f(t)$라 하면

$$\lim_{x\to0}\frac{1}{x}\int_{\frac{1}{2}}^{\frac{1}{2}+2x}f(t)dt=\lim_{x\to0}\frac{F\left(\frac{1}{2}+2x\right)-F\left(\frac{1}{2}\right)}{x}$$
$$=\lim_{x\to0}\frac{F\left(\frac{1}{2}+2x\right)-F\left(\frac{1}{2}\right)}{2x}\times2$$
$$=2F'\left(\frac{1}{2}\right)$$
$$=2f\left(\frac{1}{2}\right)$$

STEP 2 $\lim_{x\to1}\frac{1}{x^2-1}\int_1^x f(t)dt$를 간단히 하기 [3점]

$$\lim_{x\to1}\frac{1}{x^2-1}\int_1^x f(t)dt=\lim_{x\to1}\frac{F(x)-F(1)}{x^2-1}$$
$$=\lim_{x\to1}\left\{\frac{1}{x+1}\times\frac{F(x)-F(1)}{x-1}\right\}$$
$$=\frac{1}{2}F'(1)$$
$$=\frac{1}{2}f(1)$$

STEP 3 함숫값을 구하여 주어진 식의 값 구하기 [2점]

$f\left(\frac{1}{2}\right)=\frac{1}{2}\sin\frac{\pi}{2}+\cos\frac{\pi}{2}-1=-\frac{1}{2}$

$f(1)=\sin\pi+\cos\pi-1=-2$

이므로

$$\lim_{x\to0}\frac{1}{x}\int_{\frac{1}{2}}^{\frac{1}{2}+2x}f(t)dt+\lim_{x\to1}\frac{1}{x^2-1}\int_1^x f(t)dt$$
$$=2f\left(\frac{1}{2}\right)+\frac{1}{2}f(1)$$
$$=2\times\left(-\frac{1}{2}\right)+\frac{1}{2}\times(-2)$$
$$=-1+(-1)$$
$$=-2$$

10 정적분의 활용

핵심 개념 444쪽~445쪽

2184 답 (1) $\frac{31}{5}$ (2) $\frac{6}{\pi}$

(1) $f(x)=x^4$, $a=1$, $b=2$로 놓으면 $\Delta x=\frac{1}{n}$, $x_k=1+\frac{k}{n}$

$$\therefore \lim_{n\to\infty}\sum_{k=1}^{n}\left(1+\frac{k}{n}\right)^4\times\frac{1}{n}=\lim_{n\to\infty}\sum_{k=1}^{n}f(x_k)\Delta x$$
$$=\int_1^2 x^4dx=\left[\frac{1}{5}x^5\right]_1^2=\frac{31}{5}$$

(2) $f(x)=\sin\pi x$, $a=3$, $b=2$로 놓으면 $\Delta x=-\frac{1}{n}$, $x_k=3-\frac{k}{n}$

$$\therefore \lim_{n\to\infty}\sum_{k=1}^{n}\sin\pi\left(3-\frac{k}{n}\right)\times\frac{3}{n}$$
$$=-3\lim_{n\to\infty}\sum_{k=1}^{n}\sin\pi\left(3-\frac{k}{n}\right)\times\left(-\frac{1}{n}\right)$$
$$=-3\lim_{n\to\infty}\sum_{k=1}^{n}f(x_k)\Delta x$$
$$=-3\int_3^2\sin\pi x\,dx=3\int_2^3\sin\pi x\,dx$$
$$=3\left[-\frac{1}{\pi}\cos\pi x\right]_2^3=3\times\frac{2}{\pi}=\frac{6}{\pi}$$

2185 답 (1) 2 (2) $\frac{1}{\pi}$

(1) $\lim_{n\to\infty}\left\{\frac{1}{n}\left(\frac{2}{n}\right)^3+\frac{1}{n}\left(\frac{4}{n}\right)^3+\frac{1}{n}\left(\frac{6}{n}\right)^3+\cdots+\frac{1}{n}\left(\frac{2n}{n}\right)^3\right\}$

$$=\lim_{n\to\infty}\sum_{k=1}^{n}\frac{1}{n}\left(\frac{2k}{n}\right)^3$$
$$=\frac{1}{2}\lim_{n\to\infty}\sum_{k=1}^{n}\left(\frac{2k}{n}\right)^3\times\frac{2}{n}$$

$f(x)=x^3$, $a=0$, $b=2$로 놓으면 $\Delta x=\frac{2}{n}$, $x_k=\frac{2k}{n}$

$$\therefore \frac{1}{2}\lim_{n\to\infty}\sum_{k=1}^{n}\left(\frac{2k}{n}\right)^3\times\frac{2}{n}=\frac{1}{2}\lim_{n\to\infty}\sum_{k=1}^{n}f(x_k)\Delta x$$
$$=\frac{1}{2}\int_0^2x^3dx=\frac{1}{2}\left[\frac{1}{4}x^4\right]_0^2=2$$

(2) $\lim_{n\to\infty}\frac{1}{2n}\left(\cos\frac{\pi}{2n}+\cos\frac{2\pi}{2n}+\cos\frac{3\pi}{2n}+\cdots+\cos\frac{n\pi}{2n}\right)$

$$=\lim_{n\to\infty}\sum_{k=1}^{n}\frac{1}{2n}\cos\frac{k\pi}{2n}$$
$$=\frac{1}{\pi}\lim_{n\to\infty}\sum_{k=1}^{n}\cos\frac{k\pi}{2n}\times\frac{\pi}{2n}$$

$f(x)=\cos x$, $a=0$, $b=\frac{\pi}{2}$로 놓으면 $\Delta x=\frac{\pi}{2n}$, $x_k=\frac{k\pi}{2n}$

$$\therefore \frac{1}{\pi}\lim_{n\to\infty}\sum_{k=1}^{n}\cos\frac{k\pi}{2n}\times\frac{\pi}{2n}=\frac{1}{\pi}\lim_{n\to\infty}\sum_{k=1}^{n}f(x_k)\Delta x$$
$$=\frac{1}{\pi}\int_0^{\frac{\pi}{2}}\cos x\,dx$$
$$=\frac{1}{\pi}\Big[\sin x\Big]_0^{\frac{\pi}{2}}=\frac{1}{\pi}$$

2186 답 $2\ln2$

그림에서 구하는 넓이는

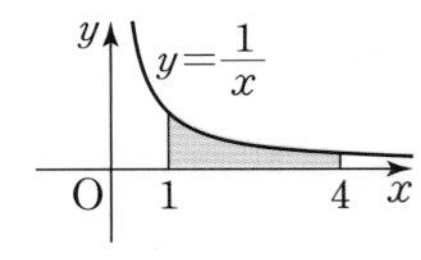

$$\int_1^4\frac{1}{x}dx=\Big[\ln|x|\Big]_1^4$$
$$=\ln4$$
$$=2\ln2$$

2187 답 1

그림에서 구하는 넓이는

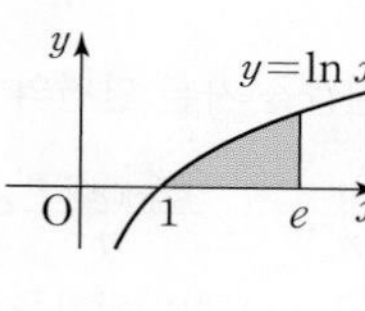

$\int_1^e \ln x\,dx=\left[x\ln x\right]_1^e-\int_1^e 1\,dx$

$=e-\left[x\right]_1^e$

$=e-e+1=1$

2188 답 $6\,\text{m}^3$

밑면으로부터 xm인 지점에서의 단면의 넓이는 $\left(\frac{3}{4}x^2+2x\right)\text{m}^2$이므로 구하는 부피는

$\int_0^2\left(\frac{3}{4}x^2+2x\right)dx=\left[\frac{1}{4}x^3+x^2\right]_0^2=6\,(\text{m}^3)$

2189 답 $\frac{3}{2}$

점 $(x, 0)$ $(0\le x\le \ln 2)$을 지나고 x축에 수직인 평면으로 입체도형을 자른 단면의 넓이를 $S(x)$라 하면 $S(x)=e^{2x}$

따라서 구하는 부피는

$\int_0^{\ln 2} e^{2x}\,dx=\left[\frac{1}{2}e^{2x}\right]_0^{\ln 2}=2-\frac{1}{2}=\frac{3}{2}$

2190 답 (1) e^t-1 (2) $e-1$

(1) $t=0$에서의 위치가 0이므로 시각 t에서의 점 P의 위치는

$\int_0^t e^t\,dt=\left[e^t\right]_0^t=e^t-1$

(2) 움직인 거리는 $\int_0^1 |e^t|\,dt=\int_0^1 e^t\,dt=\left[e^t\right]_0^1=e-1$

2191 답 4

$\frac{dx}{dt}=2\cos 2t$, $\frac{dy}{dt}=-2\sin 2t$이므로

시각 $t=2$에서 $t=4$까지 점 P가 움직인 거리는

$\int_2^4\sqrt{(2\cos 2t)^2+(-2\sin 2t)^2}\,dt$

$=\int_2^4\sqrt{4(\cos^2 2t+\sin^2 2t)}\,dt$

$=\int_2^4 2\,dt=\left[2t\right]_2^4=4$

기출 유형 check 실전 준비하기 446쪽~473쪽

2192 답 ③

$x^4-4x^3+4x^2=x^2(x^2-4x+4)=x^2(x-2)^2$

이므로 그림에서 구하는 넓이는

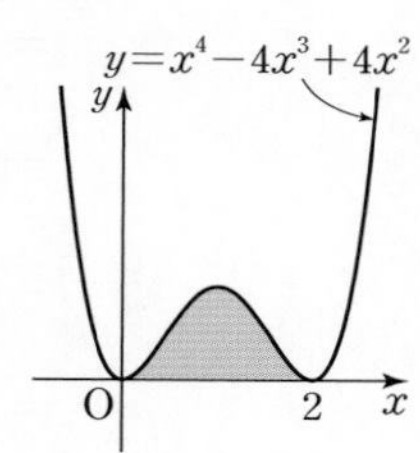

$\int_0^2(x^4-4x^3+4x^2)dx$

$=\left[\frac{1}{5}x^5-x^4+\frac{4}{3}x^3\right]_0^2$

$=\frac{32}{5}-16+\frac{32}{3}=\frac{16}{15}$

2193 답 3

곡선 $y=x^2-x-2=(x+1)(x-2)$이므로

그림에서 구하는 넓이는

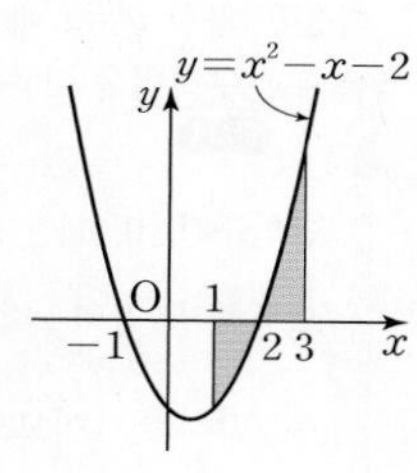

$\int_1^2(-x^2+x+2)dx+\int_2^3(x^2-x-2)dx$

$=\left[-\frac{1}{3}x^3+\frac{1}{2}x^2+2x\right]_1^2$

$+\left[\frac{1}{3}x^3-\frac{1}{2}x^2-2x\right]_2^3$

$=\left(\frac{10}{3}-\frac{13}{6}\right)+\left(-\frac{3}{2}+\frac{10}{3}\right)=\frac{18}{6}=3$

2194 답 36

곡선 $y=-x^2+5x$와 직선 $y=x-5$의 교점의 x좌표는

$-x^2+5x=x-5$에서 $x^2-4x-5=0$

$(x+1)(x-5)=0$ $\quad\therefore x=5$ 또는 $x=-1$

따라서 그림에서 구하는 넓이는

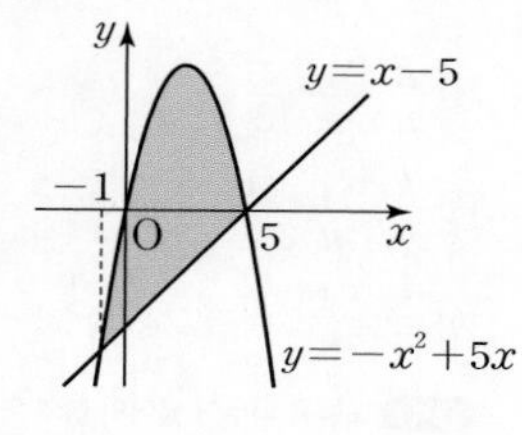

$\int_{-1}^5\{(-x^2+5x)-(x-5)\}dx$

$=\int_{-1}^5(-x^2+4x+5)dx$

$=\left[-\frac{1}{3}x^3+2x^2+5x\right]_{-1}^5$

$=\left(-\frac{125}{3}+75\right)-\left(\frac{1}{3}-3\right)$

$=-\frac{126}{3}+78=-42+78=36$

2195 답 ④

$y=x^3-3x^2+2x+2$에서 $y'=3x^2-6x+2$이므로 곡선 위의 점 $(0, 2)$에서의 접선의 기울기는 2이고 접선의 방정식은

$y-2=2x$ $\quad\therefore y=2x+2$

곡선 $y=x^3-3x^2+2x+2$와 직선 $y=2x+2$의 교점의 x좌표는

$x^3-3x^2+2x+2=2x+2$에서 $x^3-3x^2=0$, $x^2(x-3)=0$

$\therefore x=0$ 또는 $x=3$

따라서 그림에서 구하는 넓이는

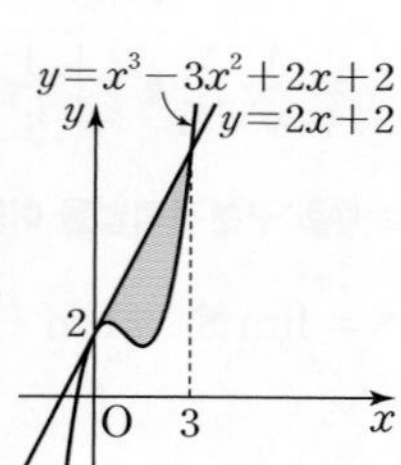

$\int_0^3\{(2x+2)-(x^3-3x^2+2x+2)\}dx$

$=\int_0^3(-x^3+3x^2)dx$

$=\left[-\frac{1}{4}x^4+x^3\right]_0^3=\frac{27}{4}$

2196 답 ⑤

두 곡선 $y=-x^2+2x+3$, $y=x^2-1$의 교점의 x좌표는

$-x^2+2x+3=x^2-1$에서 $2x^2-2x-4=0$

$x^2-x-2=0$, $(x+1)(x-2)=0$

$\therefore x=-1$ 또는 $x=2$

따라서 그림에서 구하는 넓이는

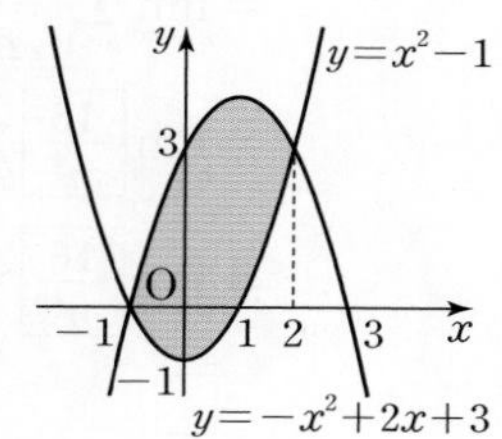

$\int_{-1}^2\{(-x^2+2x+3)-(x^2-1)\}dx$

$=\int_{-1}^2(-2x^2+2x+4)dx$

$=\left[-\frac{2}{3}x^3+x^2+4x\right]_{-1}^2=9$

2197 답 ④

| 유형1

다음은 곡선 $y=x^2$과 x축 및 직선 $x=1$로 둘러싸인 도형의 넓이 S를 구분구적법을 이용하여 구하는 과정이다.
단서1

닫힌구간 $[0, 1]$을 n등분한 각 소구간의 오른쪽 끝 점의 x좌표는 차례로 $\frac{1}{n}, \frac{2}{n}, \cdots, \frac{n-1}{n}$, 1이므로 그림의 직사각형의 넓이의 합을 S_n이라 하면
단서2

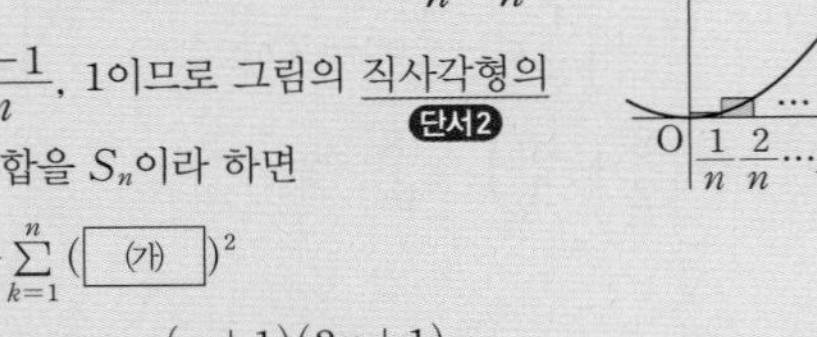

$S_n=\frac{1}{n}\sum_{k=1}^{n}(\boxed{(가)})^2$

$=\boxed{(나)}\times\frac{n(n+1)(2n+1)}{6}$

$\therefore S=\lim_{n\to\infty}S_n=\boxed{(다)}$

위의 과정에서 (가), (나), (다)에 알맞은 것을 차례로 나열한 것은?

① $\frac{k}{n}, \frac{1}{n}, \frac{1}{2}$　② $\frac{k}{n}, \frac{1}{n}, \frac{1}{3}$

③ $\frac{k}{n}, \frac{1}{n^3}, \frac{1}{2}$　④ $\frac{k}{n}, \frac{1}{n^3}, \frac{1}{3}$

⑤ $\frac{k}{n}, \frac{1}{n^3}, 1$

단서1 도형을 나누어 넓이의 합의 극한값 구하기

단서2 (가로의 길이)×(세로의 길이)$=\frac{1}{n}\times\left(\frac{k}{n}\right)^2$

STEP 1 $\{S_n\}$의 일반항 구하기

S_n은 가로의 길이가 $\frac{1}{n}$, 세로의 길이가 각각 $\left(\frac{1}{n}\right)^2, \left(\frac{2}{n}\right)^2, \left(\frac{3}{n}\right)^2, \cdots, \left(\frac{n}{n}\right)^2$인 직사각형의 넓이의 합이므로

$$S_n=\frac{1}{n}\left(\frac{1}{n}\right)^2+\frac{1}{n}\left(\frac{2}{n}\right)^2+\frac{1}{n}\left(\frac{3}{n}\right)^2+\cdots+\frac{1}{n}\left(\frac{n}{n}\right)^2$$
$$=\frac{1}{n}\left\{\left(\frac{1}{n}\right)^2+\left(\frac{2}{n}\right)^2+\left(\frac{3}{n}\right)^2+\cdots+\left(\frac{n}{n}\right)^2\right\}$$
$$=\frac{1}{n}\sum_{k=1}^{n}\left(\boxed{\frac{k}{n}}\right)^2$$
$$=\frac{1}{n^3}\sum_{k=1}^{n}k^2=\boxed{\frac{1}{n^3}}\times\frac{n(n+1)(2n+1)}{6}$$

STEP 2 구분구적법을 이용하여 S의 값 구하기

$$S=\lim_{n\to\infty}S_n=\lim_{n\to\infty}\frac{n(n+1)(2n+1)}{6n^3}=\boxed{\frac{1}{3}}$$

2198 답 ⑤

$f(x)=x^3$으로 놓으면 $f(x)$는 구간 $[0, 2]$에서 연속이므로

$\Delta x=\frac{2}{n}$, $x_k=k\Delta x=\frac{2k}{n}$, $f(x_k)=x_k^3=\left(\frac{2k}{n}\right)^3=\frac{8k^3}{n^3}$

$$\therefore \int_0^2 x^3\,dx=\lim_{n\to\infty}\sum_{k=1}^{n}f(x_k)\Delta x$$
$$=\lim_{n\to\infty}\sum_{k=1}^{n}\boxed{\frac{8k^3}{n^3}}\times\frac{2}{n}$$
$$=\lim_{n\to\infty}\boxed{\frac{16}{n^4}}\sum_{k=1}^{n}k^3$$
$$=\lim_{n\to\infty}\boxed{\frac{16}{n^4}}\times\left\{\frac{n(n+1)}{2}\right\}^2$$
$$=\boxed{4}$$

2199 답 (가) : $\frac{h}{n}$　(나) : k^2　(다) : $6n^2$　(라) : $\frac{\pi r^2h}{3}$

원뿔을 자른 단면의 반지름의 길이는 위에서부터 차례로 $\frac{r}{n}, \frac{2r}{n}, \frac{3r}{n}, \cdots, \frac{(n-1)r}{n}$이므로 각 단면을 밑면으로 하고 높이가 $\boxed{\frac{h}{n}}$인 $(n-1)$개의 원기둥의 부피의 합을 V_n이라 하면

$$V_n=\frac{h}{n}\left[\pi\left(\frac{r}{n}\right)^2+\pi\left(\frac{2r}{n}\right)^2+\pi\left(\frac{3r}{n}\right)^2+\cdots+\pi\left\{\frac{(n-1)r}{n}\right\}^2\right]$$
$$=\frac{\pi r^2h}{n^3}\{1^2+2^2+3^2+\cdots+(n-1)^2\}$$
$$=\frac{\pi r^2h}{n^3}\sum_{k=1}^{n-1}\boxed{k^2}=\frac{\pi r^2h}{n^3}\times\frac{(n-1)n(2n-1)}{6}$$
$$=\pi r^2h\times\frac{(n-1)(2n-1)}{\boxed{6n^2}}$$
$$\therefore V=\lim_{n\to\infty}V_n=\lim_{n\to\infty}\pi r^2h\times\frac{(n-1)(2n-1)}{6n^2}$$
$$=\boxed{\frac{\pi r^2h}{3}}$$

2200 답 ②

사각뿔의 높이를 n등분하는 각 분점을 지나면서 밑면과 평행한 평면으로 사각뿔을 자른 단면의 한 변의 길이는 위에서부터 차례로 $\frac{a}{n}, \frac{2a}{n}, \frac{3a}{n}, \cdots, \frac{(n-1)a}{n}$이므로 각 단면을 밑면으로 하고 높이가 $\frac{h}{n}$인 $(n-1)$개의 직육면체의 부피의 합 V_n은

$$V_n=\frac{h}{n}\left[\left(\frac{a}{n}\right)^2+\left(\frac{2a}{n}\right)^2+\left(\frac{3a}{n}\right)^2+\cdots+\left\{\frac{(n-1)a}{n}\right\}^2\right]$$
$$=\frac{a^2h}{n^3}\{1^2+2^2+3^2+\cdots+(n-1)^2\}$$
$$=\frac{a^2h}{n^3}\sum_{k=1}^{n-1}k^2=\frac{a^2h}{n^3}\times\frac{n(n-1)(2n-1)}{6}$$
$$=a^2h\times\frac{(n-1)(2n-1)}{6n^2}$$
$$\therefore \lim_{n\to\infty}V_n=\lim_{n\to\infty}a^2h\times\frac{(n-1)(2n-1)}{6n^2}=\frac{1}{3}a^2h$$

2201 답 ⑤

| 유형2

함수 $f(x)=\sqrt{x+1}$에 대하여 $\lim_{n\to\infty}\sum_{k=1}^{n}\frac{9}{n}f\left(\frac{3k}{n}\right)$의 값은?
단서2 단서1

① 6　② 8　③ 10

④ 12　⑤ 14

단서1 $x_k=\frac{3k}{n}$로 놓으면 $dx=\frac{3}{n}$

단서2 $\frac{9}{n}=3\times\frac{3}{n}=3dx$

STEP 1 주어진 급수의 합을 정적분으로 나타내어 그 값 구하기

$$\lim_{n\to\infty}\sum_{k=1}^{n}\frac{9}{n}f\left(\frac{3k}{n}\right)=\lim_{n\to\infty}\sum_{k=1}^{n}3f\left(\frac{3k}{n}\right)\times\frac{3}{n}$$

→ $a=0$, $b=3$으로 놓으면 $\Delta x=\frac{3}{n}$, $x_k=\frac{3k}{n}$

$$=\int_0^3 3f(x)\,dx$$
$$=3\int_0^3\sqrt{x+1}\,dx$$

→ $\int_0^3(x+1)^{\frac{1}{2}}dx$

$$=3\left[\frac{2}{3}(x+1)^{\frac{3}{2}}\right]_0^3$$
$$=3\times\left(\frac{16}{3}-\frac{2}{3}\right)=14$$

2202 답 ③

$$\lim_{n\to\infty}\sum_{k=1}^{n}\left(1+\frac{k}{n}\right)^3\times\frac{1}{n}=\int_1^2 x^3\,dx=\left[\frac{1}{4}x^4\right]_1^2$$
$$=4-\frac{1}{4}=\frac{15}{4}$$

따라서 $a=2,\ b=\frac{15}{4}$이므로 $ab=2\times\frac{15}{4}=\frac{15}{2}$

2203 답 ④

$$\lim_{n\to\infty}\sum_{k=1}^{n}\left(2+\frac{k}{n}\right)^4\times\frac{5}{n}=5\lim_{n\to\infty}\sum_{k=1}^{n}\left(2+\frac{k}{n}\right)^4\times\frac{1}{n}$$
$$=5\int_2^3 x^4\,dx$$
$$=5\int_0^1 (x+2)^4\,dx$$

2204 답 ①

$$\lim_{n\to\infty}\sum_{k=1}^{n}\frac{1}{4n}f\left(\frac{k}{2n}\right)=\lim_{n\to\infty}\sum_{k=1}^{n}\frac{1}{2}f\left(\frac{k}{2n}\right)\times\frac{1}{2n}$$
$$=\int_0^{\frac{1}{2}}\frac{1}{2}f(x)\,dx$$
$$=\int_0^{\frac{1}{2}}\frac{1}{2}\sin\pi x\,dx$$
$$=\left[-\frac{1}{2\pi}\cos\pi x\right]_0^{\frac{1}{2}}=\frac{1}{2\pi}$$

2205 답 $1-\frac{1}{e}$

$$\lim_{n\to\infty}\frac{1}{n}\sum_{k=1}^{n}e^{\frac{k}{n}-1}=\lim_{n\to\infty}\sum_{k=1}^{n}e^{\frac{k}{n}-1}\times\frac{1}{n}$$
$$=\int_{-1}^{0}e^x\,dx$$
$$=\left[e^x\right]_{-1}^{0}=1-\frac{1}{e}$$

2206 답 ③

ㄱ. $\lim_{n\to\infty}\sum_{k=1}^{n}\frac{6}{n}\left(1+\frac{2k}{n}\right)^2=\lim_{n\to\infty}\sum_{k=1}^{n}3\left(1+\frac{2k}{n}\right)^2\times\frac{2}{n}$
$$=\int_1^3 3x^2\,dx=3\int_1^3 x^2\,dx$$

ㄴ. $\lim_{n\to\infty}\sum_{k=1}^{n}\frac{6}{n}\left(1+\frac{2k}{n}\right)^2=\lim_{n\to\infty}\sum_{k=1}^{n}6\left(1+2\times\frac{k}{n}\right)^2\times\frac{1}{n}$
$$=\int_0^1 6(1+2x)^2\,dx=6\int_0^1(1+2x)^2\,dx$$

ㄷ. $\lim_{n\to\infty}\sum_{k=1}^{n}\frac{6}{n}\left(1+\frac{2k}{n}\right)^2=\lim_{n\to\infty}\sum_{k=1}^{n}3\left(1+\frac{2k}{n}\right)^2\times\frac{2}{n}$
$$=\int_0^2 3(1+x)^2\,dx=3\int_0^2(1+x)^2\,dx$$

따라서 옳은 것은 ㄱ, ㄷ이다.

2207 답 0

$$\lim_{n\to\infty}\frac{\pi}{n}\sum_{k=1}^{n}\cos^2\frac{k\pi}{n}\sin\frac{2k\pi}{n}$$
$$=\lim_{n\to\infty}\sum_{k=1}^{n}\left(\cos^2\frac{k\pi}{n}\sin\frac{2k\pi}{n}\right)\times\frac{\pi}{n}$$
$$=\int_0^{\pi}\cos^2 x\sin 2x\,dx$$ ($\sin 2x=2\sin x\cos x$)
$$=\int_0^{\pi}2\sin x\cos^3 x\,dx$$ ($\sin x\cos^3 x=-(\cos x)'\cos^3 x$)
$$=\left[-\frac{1}{2}\cos^4 x\right]_0^{\pi}$$
$$=-\frac{1}{2}+\frac{1}{2}=0$$

2208 답 ②

$$\lim_{n\to\infty}\sum_{k=1}^{n}\frac{f(n+k)-f(n)}{2n}=\lim_{n\to\infty}\sum_{k=1}^{n}\frac{\ln(n+k)-\ln n}{2n}$$
$$=\lim_{n\to\infty}\sum_{k=1}^{n}\frac{\ln\frac{n+k}{n}}{2n}$$
$$=\lim_{n\to\infty}\frac{1}{2}\sum_{k=1}^{n}\left\{\ln\left(1+\frac{k}{n}\right)\right\}\times\frac{1}{n}$$
$$=\frac{1}{2}\int_1^2\ln x\,dx$$

$u(x)=\ln x,\ v'(x)=1$로 놓으면

$u'(x)=\frac{1}{x},\ v(x)=x$이므로

$$\frac{1}{2}\int_1^2\ln x\,dx=\frac{1}{2}\left(\left[x\ln x\right]_1^2-\int_1^2 1\,dx\right)$$
$$=\frac{1}{2}\left(2\ln 2-\left[x\right]_1^2\right)$$
$$=\ln 2-\frac{1}{2}$$

2209 답 ④

$$\lim_{n\to\infty}\frac{1}{n}\sum_{k=1}^{n}f\left(2+\frac{2k}{n}\right)=\lim_{n\to\infty}\sum_{k=1}^{n}\frac{1}{2}f\left(2+\frac{2k}{n}\right)\times\frac{2}{n}$$
$$=\int_2^4\frac{1}{2}f(x)dx$$
$$=\frac{1}{2}\int_2^4 f(x)dx$$
$$=\frac{1}{2}\int_2^4(x^3+x-1)dx$$
$$=\frac{1}{2}\left[\frac{1}{4}x^4+\frac{1}{2}x^2-x\right]_2^4$$
$$=\frac{1}{2}\times(68-4)$$
$$=32$$

2210 답 ③

$$\lim_{n\to\infty}\sum_{k=1}^{n}\frac{k^2+2kn}{k^3+3k^2n+n^3}=\lim_{n\to\infty}\sum_{k=1}^{n}\frac{\frac{k^2}{n^2}+\frac{2k}{n}}{\frac{k^3}{n^3}+\frac{3k^2}{n^2}+1}\times\frac{1}{n}$$
$$=\lim_{n\to\infty}\sum_{k=1}^{n}\frac{\left(\frac{k}{n}\right)^2+2\left(\frac{k}{n}\right)}{\left(\frac{k}{n}\right)^3+3\left(\frac{k}{n}\right)^2+1}\times\frac{1}{n}$$
$$=\int_0^1\frac{x^2+2x}{x^3+3x^2+1}dx$$
$$=\int_0^1\frac{1}{3}\times\frac{3x^2+6x}{x^3+3x^2+1}dx$$
$$=\frac{1}{3}\int_0^1\frac{(x^3+3x^2+1)'}{x^3+3x^2+1}dx$$
$$=\frac{1}{3}\left[\ln|x^3+3x^2+1|\right]_0^1$$
$$=\frac{\ln 5}{3}$$

2211 답 ④

$$\lim_{n\to\infty}\sum_{k=1}^{n}\frac{k\pi}{n^2}f\left(\frac{\pi}{2}+\frac{k\pi}{n}\right)=\lim_{n\to\infty}\sum_{k=1}^{n}\frac{1}{\pi}\times\frac{k\pi}{n}f\left(\frac{\pi}{2}+\frac{k\pi}{n}\right)\times\frac{\pi}{n}$$
$$=\int_0^{\pi}\frac{1}{\pi}xf\left(\frac{\pi}{2}+x\right)dx$$
$$=\frac{1}{\pi}\int_0^{\pi}x\cos\left(x+\frac{\pi}{2}\right)dx$$
$$=\frac{1}{\pi}\int_0^{\pi}x(-\sin x)dx$$

$u(x)=x$, $v'(x)=-\sin x$로 놓으면
$u'(x)=1$, $v(x)=\cos x$이므로

$$\frac{1}{\pi}\int_0^{\pi}x(-\sin x)dx=\frac{1}{\pi}\left(\Big[x\cos x\Big]_0^{\pi}-\int_0^{\pi}\cos x\,dx\right)$$
$$=\frac{1}{\pi}\left(-\pi-\Big[\sin x\Big]_0^{\pi}\right)$$
$$=\frac{1}{\pi}\times(-\pi)=-1$$

개념 Check

$\frac{n}{2}\pi\pm\theta$ (n은 정수) 꼴 삼각함수의 변환

(1) 함수의 결정
n이 짝수일 때, sin→sin, cos→cos, tan→tan
n이 홀수일 때, sin→cos, cos→sin, tan→$\frac{1}{\tan}$

(2) 부호의 결정 : θ를 예각으로 생각하여 $\frac{n}{2}\pi\pm\theta$에서 처음 주어진 삼각함수의 부호를 구한다.

2212 답 ①

$$\lim_{n\to\infty}\sum_{k=1}^{n}\frac{1}{n+k}f\left(\frac{k}{n}\right)=\lim_{n\to\infty}\sum_{k=1}^{n}\frac{1}{1+\frac{k}{n}}\times\frac{1}{n}f\left(\frac{k}{n}\right)$$
$$=\lim_{n\to\infty}\sum_{k=1}^{n}\frac{f\left(\frac{k}{n}\right)}{1+\frac{k}{n}}\times\frac{1}{n}$$
$$=\int_0^1\frac{f(x)}{1+x}dx$$
$$=\int_0^1\frac{4x^4+4x^3}{1+x}dx$$
$$=\int_0^1\frac{4x^3(x+1)}{1+x}dx$$
$$=\int_0^1 4x^3\,dx=\Big[x^4\Big]_0^1=1$$

2213 답 ⑤ | 유형3

단서1
$\lim_{n\to\infty}\frac{1^3+2^3+3^3+\cdots+n^3}{n^4}=\int_a^b x^3\,dx=c$일 때, 상수 a, b, c에 대하여 $a+b+c$의 값은?

① $\frac{1}{4}$ ② $\frac{1}{2}$ ③ $\frac{3}{4}$
④ 1 ⑤ $\frac{5}{4}$

단서1 $1^3+2^3+3^3+\cdots+n^3=\sum_{k=1}^{n}k^3$

STEP 1 주어진 급수의 합을 $\sum$ 기호를 사용하여 나타내고 정적분으로 나타내어 그 값 구하기

$$\lim_{n\to\infty}\frac{1^3+2^3+3^3+\cdots+n^3}{n^4}=\lim_{n\to\infty}\sum_{k=1}^{n}\frac{k^3}{n^4}$$
$$=\lim_{n\to\infty}\sum_{k=1}^{n}\left(\frac{k}{n}\right)^3\times\frac{1}{n}$$
$$=\int_0^1 x^3\,dx$$
$$=\left[\frac{1}{4}x^4\right]_0^1=\frac{1}{4}$$

→ $f(x)=x^3$, $a=0$, $b=1$로 놓으면 $\Delta x=\frac{1}{n}$, $x_k=\frac{k}{n}$

따라서 $a=0$, $b=1$, $c=\frac{1}{4}$이므로 $a+b+c=0+1+\frac{1}{4}=\frac{5}{4}$

2214 답 ④

$$\lim_{n\to\infty}\frac{2}{n}\left\{\left(2+\frac{2}{n}\right)^3+\left(2+\frac{4}{n}\right)^3+\left(2+\frac{6}{n}\right)^3+\cdots+\left(2+\frac{2n}{n}\right)^3\right\}$$
$$=\lim_{n\to\infty}\sum_{k=1}^{n}\left(2+\frac{2k}{n}\right)^3\times\frac{2}{n}=\int_2^4 x^3\,dx$$
$$=\left[\frac{1}{4}x^4\right]_2^4=64-4=60$$

2215 답 ①

$$\lim_{n\to\infty}\frac{1}{n}\left(e^{\frac{2}{n}}+e^{\frac{4}{n}}+e^{\frac{6}{n}}+\cdots+e^{\frac{2n}{n}}\right)=\lim_{n\to\infty}\sum_{k=1}^{n}e^{\frac{2k}{n}}\times\frac{1}{n}$$
$$=\lim_{n\to\infty}\sum_{k=1}^{n}\frac{1}{2}e^{\frac{2k}{n}}\times\frac{2}{n}$$
$$=\int_0^2\frac{1}{2}e^x\,dx$$
$$=\left[\frac{1}{2}e^x\right]_0^2=\frac{e^2-1}{2}$$

2216 답 ①

$$\lim_{n\to\infty}\left(\frac{1}{n+1}+\frac{1}{n+2}+\frac{1}{n+3}+\cdots+\frac{1}{2n}\right)$$
$$=\lim_{n\to\infty}\sum_{k=1}^{n}\frac{1}{n+k}$$
$$=\lim_{n\to\infty}\sum_{k=1}^{n}\frac{1}{1+\frac{k}{n}}\times\frac{1}{n}=\int_0^1\frac{1}{1+x}dx$$
$$=\Big[\ln|x+1|\Big]_0^1=\ln 2$$

참고 $\lim_{n\to\infty}\sum_{k=1}^{n}\frac{1}{1+\frac{k}{n}}\times\frac{1}{n}$에서

$$\lim_{n\to\infty}\sum_{k=1}^{n}\frac{1}{1+\frac{k}{n}}\times\frac{1}{n}=\int_1^2\frac{1}{x}dx=\Big[\ln|x|\Big]_1^2=\ln 2$$

로 구할 수도 있다.

2217 답 ③

$$\lim_{n\to\infty}\frac{1}{\sqrt{n}}\{f(1)+f(2)+f(3)+\cdots+f(n)\}$$
$$=\lim_{n\to\infty}\frac{1}{\sqrt{n}}\left(1+\frac{1}{\sqrt{2}}+\frac{1}{\sqrt{3}}+\cdots+\frac{1}{\sqrt{n}}\right)$$
$$=\lim_{n\to\infty}\sum_{k=1}^{n}\frac{1}{\sqrt{k}}\times\frac{1}{\sqrt{n}}=\lim_{n\to\infty}\sum_{k=1}^{n}\frac{1}{\sqrt{\frac{k}{n}}}\times\frac{1}{n}$$
$$=\int_0^1\frac{1}{\sqrt{x}}dx=\int_0^1 x^{-\frac{1}{2}}dx$$
$$=\left[2x^{\frac{1}{2}}\right]_0^1=2$$

2218 답 $\frac{3\ln 3-2}{4}$

$$\lim_{n\to\infty}\frac{1}{2n}\left\{\ln\left(1+\frac{2}{n}\right)+\ln\left(1+\frac{4}{n}\right)+\ln\left(1+\frac{6}{n}\right)+\cdots+\ln\left(1+\frac{2n}{n}\right)\right\}$$

$$=\lim_{n\to\infty}\sum_{k=1}^{n}\ln\left(1+\frac{2k}{n}\right)\times\frac{1}{2n}$$

$$=\lim_{n\to\infty}\sum_{k=1}^{n}\frac{1}{4}\ln\left(1+\frac{2k}{n}\right)\times\frac{2}{n}$$

$$=\int_1^3\frac{1}{4}\ln x\,dx$$

$$=\frac{1}{4}\int_1^3\ln x\,dx$$

$f(x)=\ln x$, $g'(x)=1$로 놓으면

$f'(x)=\frac{1}{x}$, $g(x)=x$이므로

$$\frac{1}{4}\int_1^3\ln x\,dx=\frac{1}{4}\left(\Big[x\ln x\Big]_1^3-\int_1^3 1\,dx\right)$$

$$=\frac{1}{4}\left(3\ln 3-\Big[x\Big]_1^3\right)$$

$$=\frac{3\ln 3-2}{4}$$

2219 답 ①

$$\lim_{n\to\infty}\left(\frac{1^2}{n^3+1^3}+\frac{2^2}{n^3+2^3}+\frac{3^2}{n^3+3^3}+\cdots+\frac{n^2}{n^3+n^3}\right)$$

$$=\lim_{n\to\infty}\sum_{k=1}^{n}\frac{k^2}{n^3+k^3}$$

$$=\lim_{n\to\infty}\sum_{k=1}^{n}\frac{\left(\frac{k}{n}\right)^2}{1+\left(\frac{k}{n}\right)^3}\times\frac{1}{n}$$

$$=\int_0^1\frac{x^2}{1+x^3}dx$$

$1+x^3=t$로 놓으면 $\frac{dt}{dx}=3x^2$

$x=0$일 때 $t=1$, $x=1$일 때 $t=2$이므로

$$\int_0^1\frac{x^2}{1+x^3}dx=\frac{1}{3}\int_1^2\frac{1}{t}dt$$

$$=\frac{1}{3}\Big[\ln|t|\Big]_1^2=\frac{1}{3}\ln 2$$

2220 답 ③

$$\lim_{n\to\infty}\frac{\pi^2}{n^2}\left(\cos\frac{\pi}{2n}+2\cos\frac{2\pi}{2n}+3\cos\frac{3\pi}{2n}+\cdots+n\cos\frac{n\pi}{2n}\right)$$

$$=\lim_{n\to\infty}\sum_{k=1}^{n}k\cos\frac{k\pi}{2n}\times\frac{\pi^2}{n^2}$$

$$=\lim_{n\to\infty}\sum_{k=1}^{n}4\times\frac{k\pi}{2n}\cos\frac{k\pi}{2n}\times\frac{\pi}{2n}$$

$$=\int_0^{\frac{\pi}{2}}4x\cos x\,dx$$

$f(x)=4x$, $g'(x)=\cos x$로 놓으면

$f'(x)=4$, $g(x)=\sin x$이므로

$$\int_0^{\frac{\pi}{2}}4x\cos x\,dx=\Big[4x\sin x\Big]_0^{\frac{\pi}{2}}-\int_0^{\frac{\pi}{2}}4\sin x\,dx$$

$$=2\pi-\Big[-4\cos x\Big]_0^{\frac{\pi}{2}}$$

$$=2\pi-4$$

2221 답 5

$$\lim_{n\to\infty}\frac{6}{n}\left\{f\left(2-\frac{3}{n}\right)+f\left(2-\frac{6}{n}\right)+f\left(2-\frac{9}{n}\right)+\cdots+f\left(2-\frac{3n}{n}\right)\right\}$$

$$=\lim_{n\to\infty}\frac{6}{n}\sum_{k=1}^{n}f\left(2-\frac{3k}{n}\right)$$

$$=\lim_{n\to\infty}\sum_{k=1}^{n}2f\left(2-\frac{3k}{n}\right)\times\frac{3}{n}$$

$$=\int_0^3 2f(2-x)dx=2\int_0^3 f(2-x)dx$$

$$=2\int_0^3|2-x|dx$$

$$=2\int_0^2(2-x)dx+2\int_2^3(x-2)dx$$

$$=2\left[2x-\frac{1}{2}x^2\right]_0^2+2\left[\frac{1}{2}x^2-2x\right]_2^3$$

$$=4+1=5$$

참고 $\lim_{n\to\infty}\frac{6}{n}\sum_{k=1}^{n}f\left(2-\frac{3k}{n}\right)$에서

$$\lim_{n\to\infty}\frac{6}{n}\sum_{k=1}^{n}f\left(2-\frac{3k}{n}\right)=-2\lim_{n\to\infty}\sum_{k=1}^{n}f\left(2-\frac{3k}{n}\right)\times\left(-\frac{3}{n}\right)$$

$$=-2\int_2^{-1}f(x)dx=2\int_{-1}^2 f(x)dx$$

$$=2\int_{-1}^2|x|dx$$

$$=2\left\{\int_{-1}^0(-x)dx+\int_0^2 x\,dx\right\}$$

$$=2\left(\left[-\frac{1}{2}x^2\right]_{-1}^0+\left[\frac{1}{2}x^2\right]_0^2\right)$$

$$=2\times\left(\frac{1}{2}+2\right)=5$$

로 구할 수도 있다.

실수 Check

$f(x)=|x|$를 보고 $x=0$을 기준으로 적분 구간을 나누지 않도록 주의한다. 피적분함수 $f(2-x)=|2-x|$인 경우는 $|2-x|$가 0이 되는 x의 값, 즉 $x=2$를 기준으로 적분 구간을 나누어야 한다.

Plus 문제

2221-1

함수 $f(x)=|x|$에 대하여

$$\lim_{n\to\infty}\frac{4}{n}\left\{f\left(1-\frac{2}{n}\right)+f\left(1-\frac{4}{n}\right)+f\left(1-\frac{6}{n}\right)+\cdots+f\left(1-\frac{2n}{n}\right)\right\}$$

의 값을 구하시오.

$$\lim_{n\to\infty}\frac{4}{n}\left\{f\left(1-\frac{2}{n}\right)+f\left(1-\frac{4}{n}\right)+f\left(1-\frac{6}{n}\right)+\cdots+f\left(1-\frac{2n}{n}\right)\right\}$$

$$=\lim_{n\to\infty}\frac{4}{n}\sum_{k=1}^{n}f\left(1-\frac{2k}{n}\right)=\lim_{n\to\infty}\sum_{k=1}^{n}2f\left(1-\frac{2k}{n}\right)\times\frac{2}{n}$$

$$=\int_0^2 2f(1-x)dx=2\int_0^2|1-x|dx$$

$$=2\left\{\int_0^1(1-x)dx+\int_1^2(x-1)dx\right\}$$

$$=2\left(\left[x-\frac{1}{2}x^2\right]_0^1+\left[\frac{1}{2}x^2-x\right]_1^2\right)=2\times\left(\frac{1}{2}+\frac{1}{2}\right)=2$$

답 2

2222 답 ④

| 유형 4

그림과 같이 반지름의 길이가 3이고 중심각의 크기가 $\frac{\pi}{2}$인 부채꼴 OAB의 호 AB를 n등분한 점을 차례로 P_1, P_2, $\cdots$, P_{n-1}이라 하고, 점 P_k ($k=1$, 2, $\cdots$, $n-1$)에서 선분 OA에 내린 수선의 발을 Q_k라 할 때, $\lim_{n\to\infty}\frac{\pi}{n}\sum_{k=1}^{n-1}\overline{P_kQ_k}$의 값은?

단서1 (호 AB를 n등분한), 단서2 ($\overline{P_kQ_k}$)

① 1 ② 2 ③ 4
④ 6 ⑤ 8

단서1 호를 n등분하면 중심각도 n등분된다.

단서2 $\triangle P_kOQ_k$에서 $\sin(\angle P_kOQ_k)=\frac{\overline{P_kQ_k}}{\overline{OP_k}}$

STEP 1 $\lim_{n\to\infty}\sum_{k=1}^{n}a_k$ **꼴로 나타내기**

부채꼴 OAB의 호 AB를 n등분하면 중심각도 n등분되므로

$\angle AOP_k=\frac{\pi}{2}\times\frac{k}{n}=\frac{k\pi}{2n}$

따라서 $\overline{P_kQ_k}=\overline{OP_k}\sin(\angle AOP_k)=3\sin\frac{k\pi}{2n}$이므로

$\lim_{n\to\infty}\frac{\pi}{n}\sum_{k=1}^{n-1}\overline{P_kQ_k}=\lim_{n\to\infty}\frac{\pi}{n}\sum_{k=1}^{n-1}3\sin\frac{k\pi}{2n}$

STEP 2 **급수의 합을 정적분으로 나타내어 그 값 구하기**

$$\lim_{n\to\infty}\frac{\pi}{n}\sum_{k=1}^{n-1}3\sin\frac{k\pi}{2n}=\lim_{n\to\infty}\sum_{k=1}^{n-1}3\pi\sin\left(\frac{\pi}{2}\times\frac{k}{n}\right)\times\frac{1}{n}$$
$$=\int_0^1 3\pi\sin\frac{\pi}{2}x\,dx$$
$$=\left[-6\cos\frac{\pi}{2}x\right]_0^1=6$$

→ $f(x)=\sin\frac{\pi}{2}x$, $a=0$, $b=1$로 놓으면 $\varDelta x=\frac{1}{n}$, $x_k=\frac{k}{n}$

2223 답 8

점 A_1, A_2, $\cdots$, A_{n-1}이 x축 위의 구간 [0, 2]를 n등분하였으므로

$A_k\left(\frac{2k}{n},\ 0\right)$

따라서 $B_k\left(\frac{2k}{n},\ 2\left(\frac{2k}{n}\right)^2\right)$이므로

$\overline{A_kB_k}=2\left(\frac{2k}{n}\right)^2=8\left(\frac{k}{n}\right)^2$

$$\therefore\ \lim_{n\to\infty}\frac{3}{n}\sum_{k=1}^{n}\overline{A_kB_k}=24\lim_{n\to\infty}\frac{1}{n}\sum_{k=1}^{n}\left(\frac{k}{n}\right)^2$$
$$=24\lim_{n\to\infty}\sum_{k=1}^{n}\left(\frac{k}{n}\right)^2\times\frac{1}{n}$$
$$=24\int_0^1 x^2\,dx$$
$$=24\left[\frac{1}{3}x^3\right]_0^1$$
$$=24\times\frac{1}{3}=8$$

2224 답 $\frac{3}{2}\pi$

부채꼴 OAB의 호 AB를 n등분하면 중심각도 n등분되므로

$\angle AOP_k=\frac{\pi}{3}\times\frac{k}{n}=\frac{k\pi}{3n}$

$\therefore\ S_k=\frac{1}{2}\times 6^2\times\frac{k\pi}{3n}=\frac{6k\pi}{n}$

$$\therefore\ \lim_{n\to\infty}\frac{1}{2n}\sum_{k=1}^{n-1}S_k=\lim_{n\to\infty}\frac{1}{2n}\sum_{k=1}^{n-1}\frac{6k\pi}{n}$$
$$=3\pi\lim_{n\to\infty}\sum_{k=1}^{n-1}\frac{k}{n}\times\frac{1}{n}$$
$$=3\pi\int_0^1 x\,dx$$
$$=3\pi\left[\frac{1}{2}x^2\right]_0^1=\frac{3}{2}\pi$$

개념 Check

반지름의 길이가 r, 중심각의 크기가 θ(라디안)인 부채꼴의 넓이 S는

$S=\frac{1}{2}r^2\theta$

2225 답 $\frac{1}{4}$

$\overline{AB_1}=\frac{2}{n}$, $\overline{AB_2}=\frac{4}{n}$, $\cdots$, $\overline{AB_k}=\frac{2k}{n}$, $\cdots$

$\triangle AB_1C_1$, $\triangle AB_2C_2$, $\cdots$, $\triangle AB_kC_k$, $\cdots$는 모두 닮은 도형이므로

$\overline{AB_k}:\overline{B_kC_k}=\overline{AB}:\overline{BC}=2:1$

따라서 $\overline{B_kC_k}=\frac{k}{n}$이므로

$$\lim_{n\to\infty}\frac{1}{n}\sum_{k=1}^{n-1}\overline{B_kC_k}^3=\lim_{n\to\infty}\frac{1}{n}\sum_{k=1}^{n-1}\left(\frac{k}{n}\right)^3$$
$$=\lim_{n\to\infty}\sum_{k=1}^{n-1}\left(\frac{k}{n}\right)^3\times\frac{1}{n}$$
$$=\int_0^1 x^3\,dx$$
$$=\left[\frac{1}{4}x^4\right]_0^1=\frac{1}{4}$$

2226 답 32

부채꼴 OAB의 호 AB를 n등분하면 중심각도 n등분되므로

$\angle AOP_k=\frac{\pi}{2}\times\frac{k}{n}=\frac{k\pi}{2n}$

$\therefore\ \angle BOP_k=\frac{\pi}{2}-\frac{k\pi}{2n}$

따라서

$\overline{OQ_k}=\overline{OB}\cos(\angle BOP_k)=8\cos\left(\frac{\pi}{2}-\frac{k\pi}{2n}\right)=8\sin\frac{k\pi}{2n}$

이므로

$$S_k=\frac{1}{2}\times\overline{OB}\times\overline{OQ_k}\times\sin(\angle BOP_k)$$
$$=\frac{1}{2}\times8\times8\sin\frac{k\pi}{2n}\times\sin\left(\frac{\pi}{2}-\frac{k\pi}{2n}\right)$$
$$=32\sin\frac{k\pi}{2n}\cos\frac{k\pi}{2n}$$
$$=16\sin\frac{k\pi}{n}$$

→ $2\sin x\cos x=\sin 2x$를 이용한다.

$$\therefore\ \lim_{n\to\infty}\frac{1}{n}\sum_{k=1}^{n-1}S_k=\lim_{n\to\infty}\sum_{k=1}^{n-1}16\sin\frac{k\pi}{n}\times\frac{1}{n}$$
$$=\lim_{n\to\infty}\sum_{k=1}^{n-1}\frac{16}{\pi}\sin\frac{k\pi}{n}\times\frac{\pi}{n}$$
$$=\int_0^{\pi}\frac{16}{\pi}\sin x\,dx$$
$$=\frac{16}{\pi}\Big[-\cos x\Big]_0^{\pi}=\frac{16}{\pi}\times2=\frac{32}{\pi}$$

$\therefore\ \alpha=32$

실수 Check

$\angle BOQ_k=\theta$라 하면 $\triangle OQ_kB$의 넓이는
$\frac{1}{2}\times\overline{OB}\times\overline{OQ_k}\times\sin\theta$이고, $\overline{OQ_k}=\overline{OB}\cos\theta$이다.

2227 답 ①

부채꼴 OAB의 호 AB를 $2n$등분하면 중심각도 $2n$등분되므로

$\angle P_{n-k}OP_{n+k}=\frac{\pi}{2}\times\frac{2k}{2n}=\frac{k\pi}{2n}$

$\therefore S_k=\frac{1}{2}\times\overline{OP_{n-k}}\times\overline{OP_{n+k}}\times\sin(\angle P_{n-k}OP_{n+k})$

$=\frac{1}{2}\times1\times1\times\sin\frac{k\pi}{2n}$

$=\frac{1}{2}\sin\frac{k\pi}{2n}$

$\therefore \lim_{n\to\infty}\frac{1}{n}\sum_{k=1}^{n}S_k=\lim_{n\to\infty}\sum_{k=1}^{n}\frac{1}{\pi}\sin\frac{k\pi}{2n}\times\frac{\pi}{2n}$

$=\int_0^{\frac{\pi}{2}}\frac{1}{\pi}\sin x\,dx$

$=\left[-\frac{1}{\pi}\cos x\right]_0^{\frac{\pi}{2}}=\frac{1}{\pi}$

개념 Check

두 변의 길이 a, b와 그 끼인각의 크기 C가 주어진 $\triangle ABC$의 넓이는
$\frac{1}{2}ab\sin C$

2228 답 ⑤

$x_k=\frac{k}{n}(k=1, 2, 3, \cdots, n)$는 닫힌구간 $[0, 1]$을 n등분한 점의 x좌표이다.

$f(x)=e^{2x}-e^x+ex$에서

$f'(x)=2e^{2x}-e^x+e=e^x(2e^x-1)+e$

$0\le x\le1$에서 $1\le e^x\le e$이므로 $f'(x)>0$

따라서 함수 $f(x)$는 닫힌구간 $[0, 1]$에서 증가하고,

$f(0)=0$이므로 $0\le x\le1$에서 $f(x)\ge0$

따라서 $\overline{A_kC_k}=f(x_k)$이므로 $\frac{f(x_k)}{\overline{B_kC_k}}=\frac{\overline{A_kC_k}}{\overline{B_kC_k}}=f'(x_k)$

$\therefore \lim_{n\to\infty}\frac{1}{n}\sum_{k=1}^{n}\frac{\{f(x_k)\}^4}{\overline{B_kC_k}}=\lim_{n\to\infty}\frac{1}{n}\sum_{k=1}^{n}\{f(x_k)\}^3f'(x_k)$

$=\lim_{n\to\infty}\sum_{k=1}^{n}\left\{f\left(\frac{k}{n}\right)\right\}^3f'\left(\frac{k}{n}\right)\times\frac{1}{n}$

$=\int_0^1\{f(x)\}^3f'(x)dx$

$f(x)=t$로 놓으면 $\frac{dt}{dx}=f'(x)$

$x=0$일 때 $t=f(0)=0$, $x=1$일 때 $t=f(1)=e^2$이므로

$\lim_{n\to\infty}\frac{1}{n}\sum_{k=1}^{n}\frac{\{f(x_k)\}^4}{\overline{B_kC_k}}=\int_0^1\{f(x)\}^3f'(x)dx$

$=\int_0^{e^2}t^3dt=\left[\frac{1}{4}t^4\right]_0^{e^2}=\frac{1}{4}e^8$

실수 Check

$\frac{f(x_k)}{\overline{B_kC_k}}$의 값은 점 A_k에서의 접선의 기울기이므로 $f'(x_k)$와 같다.

2229 답 ② | 유형5

$0\le x\le1$에서 정의된 함수 $y=\sin\pi x$의 그래프와 x축으로 둘러싸인 도형의 넓이는? 단서1

① $\frac{1}{\pi}$ ② $\frac{2}{\pi}$ ③ 2
④ π ⑤ 2π

단서1 $0\le x\le1$에서 $\sin\pi x\ge0$

STEP1 **$0\le x\le1$에서 $\sin\pi x$의 부호를 판단하여 정적분으로 나타내고 그 값 구하기**

그림에서 구하는 넓이는

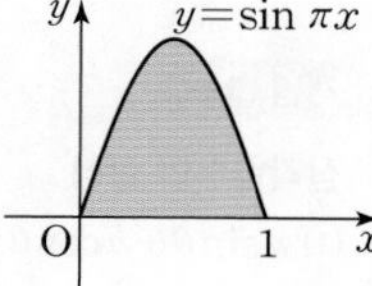

$\int_0^1\sin\pi x\,dx=\left[-\frac{1}{\pi}\cos\pi x\right]_0^1$

$=\frac{1}{\pi}-\left(-\frac{1}{\pi}\right)=\frac{2}{\pi}$

2230 답 ②

$\int_0^1\{-(e^{-x}-1)\}dx=\int_0^1(1-e^{-x})dx$

$=\left[x+e^{-x}\right]_0^1$

$=\left(1+\frac{1}{e}\right)-1=\frac{1}{e}$

2231 답 $\ln3$

$\int_2^4\frac{1}{x-1}dx=\left[\ln|x-1|\right]_2^4$

$=\ln3$

2232 답 ②

그림에서 구하는 넓이는

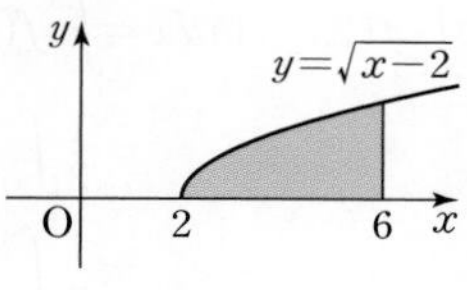

$\int_2^6\sqrt{x-2}\,dx=\left[\frac{2}{3}(x-2)^{\frac{3}{2}}\right]_2^6$

$=\frac{2}{3}\times4^{\frac{3}{2}}=\frac{2}{3}\times8=\frac{16}{3}$

2233 답 3

$\int_0^{\pi}a\sin x\,dx=\left[-a\cos x\right]_0^{\pi}=a-(-a)=2a$

따라서 $2a=6$이므로 $a=3$

2234 답 ①

$x^2-1=(x-1)(x+1)$이므로 구간 $[2, 5]$에서 $\frac{2}{x^2-1}>0$이다.

따라서 구하는 넓이는

$\int_2^5\frac{2}{x^2-1}dx=\int_2^5\frac{2}{(x-1)(x+1)}dx$

$=\int_2^5\left(\frac{1}{x-1}-\frac{1}{x+1}\right)dx$

$=\left[\ln|x-1|-\ln|x+1|\right]_2^5$

$=(\ln4-\ln6)-(-\ln3)$

$=\ln\frac{4}{6}+\ln3=\ln\left(\frac{4}{6}\times3\right)=\ln2$

2235 답 4

$\sin x+\sqrt{3}\cos x=2\left(\frac{1}{2}\sin x+\frac{\sqrt{3}}{2}\cos x\right)$
$=2\left(\cos\frac{\pi}{3}\sin x+\sin\frac{\pi}{3}\cos x\right)$
$=2\sin\left(x+\frac{\pi}{3}\right)$

$y=\sin x+\sqrt{3}\cos x$
$=2\sin\left(x+\frac{\pi}{3}\right)$

이므로 그림에서 구하는 넓이는

$\int_{\frac{2}{3}\pi}^{\frac{5}{3}\pi}\left\{-2\sin\left(x+\frac{\pi}{3}\right)\right\}dx$
$=\left[2\cos\left(x+\frac{\pi}{3}\right)\right]_{\frac{2}{3}\pi}^{\frac{5}{3}\pi}$
$=2-(-2)$
$=4$

개념 Check

삼각함수의 합성

(1) $a\sin\theta+b\cos\theta=\sqrt{a^2+b^2}\sin(\theta+\alpha)$
$\left(단,\ \sin\alpha=\frac{b}{\sqrt{a^2+b^2}},\ \cos\alpha=\frac{a}{\sqrt{a^2+b^2}}\right)$

(2) $a\sin\theta+b\cos\theta=\sqrt{a^2+b^2}\cos(\theta-\alpha)$
$\left(단,\ \sin\alpha=\frac{a}{\sqrt{a^2+b^2}},\ \cos\alpha=\frac{b}{\sqrt{a^2+b^2}}\right)$

2236 답 ②

모든 실수 x에 대하여 $f(x)>0$이므로 $f(2x+1)>0$

곡선 $y=f(2x+1)$과 x축 및 두 직선 $x=1$, $x=2$로 둘러싸인 부분의 넓이는

$\int_1^2 f(2x+1)dx$

$2x+1=t$로 놓으면 $\frac{dt}{dx}=2$

$x=1$일 때 $t=3$, $x=2$일 때 $t=5$이므로

$\int_1^2 f(2x+1)dx=\int_3^5 f(t)\times\frac{1}{2}dt$
$=\frac{1}{2}\int_3^5 f(t)dt$
$=\frac{1}{2}\int_3^5 f(x)dx$
$=\frac{1}{2}\times 36=18$

2237 답 ③

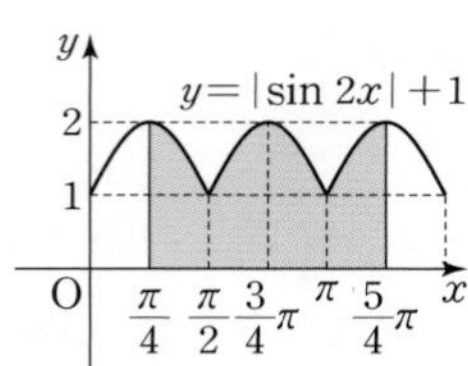

그림에서 구하는 넓이는

$\int_{\frac{\pi}{4}}^{\frac{\pi}{2}}(\sin 2x+1)dx+\int_{\frac{\pi}{2}}^{\pi}(-\sin 2x+1)dx+\int_{\pi}^{\frac{5}{4}\pi}(\sin 2x+1)dx$
$=\left[-\frac{1}{2}\cos 2x+x\right]_{\frac{\pi}{4}}^{\frac{\pi}{2}}+\left[\frac{1}{2}\cos 2x+x\right]_{\frac{\pi}{2}}^{\pi}+\left[-\frac{1}{2}\cos 2x+x\right]_{\pi}^{\frac{5}{4}\pi}$
$=\left\{\left(\frac{1}{2}+\frac{\pi}{2}\right)-\frac{\pi}{4}\right\}+\left\{\left(\frac{1}{2}+\pi\right)-\left(-\frac{1}{2}+\frac{\pi}{2}\right)\right\}+\left\{\frac{5}{4}\pi-\left(-\frac{1}{2}+\pi\right)\right\}$
$=\frac{1}{2}+\frac{\pi}{4}+1+\frac{\pi}{2}+\frac{1}{2}+\frac{\pi}{4}$
$=\pi+2$

참고 $y=|\sin 2x|+1$은 주기가 $\frac{\pi}{2}$이고 직선 $x=\frac{\pi}{4}$에 대하여 대칭이므로

그림에서 구하는 넓이는

$4\int_{\frac{\pi}{4}}^{\frac{\pi}{2}}(\sin 2x+1)dx=4\left[-\frac{1}{2}\cos 2x+x\right]_{\frac{\pi}{4}}^{\frac{\pi}{2}}$
$=4\left\{\left(\frac{1}{2}+\frac{\pi}{2}\right)-\frac{\pi}{4}\right\}$
$=\pi+2$

로 구할 수도 있다.

2238 답 ②

그림에서

$S=\int_1^2\frac{1}{x}dx=\left[\ln|x|\right]_1^2=\ln 2$

$x>0$에서 $\frac{1}{x}>0$이므로 곡선 $y=\frac{1}{x}$과 두 직선 $x=1$, $x=a$ 및 x축으로 둘러싸인 부분의 넓이는

(i) $0<a<1$일 때,

$\int_a^1\frac{1}{x}dx=\left[\ln|x|\right]_a^1=-\ln a$

따라서 $-\ln a=2S=2\ln 2$이므로

$\ln\frac{1}{a}=\ln 4$ $\quad\therefore a=\frac{1}{4}$

(ii) $a>1$일 때,

$\int_1^a\frac{1}{x}dx=\left[\ln|x|\right]_1^a=\ln a$

따라서 $\ln a=2S=2\ln 2$이므로

$\ln a=\ln 4$

$\therefore a=4$

(i), (ii)에서 $a=\frac{1}{4}$ 또는 $a=4$이므로 모든 양수 a의 값의 합은

$\frac{1}{4}+4=\frac{17}{4}$

실수 Check

곡선 $y=\frac{1}{x}$과 두 직선 $x=1$, $x=a$ 및 x축으로 둘러싸인 부분의 넓이는 $0<a<1$인 경우와 $a>1$인 경우로 나누어 구해야 한다.

2239 답 ②

| 유형 6

그림과 같이 곡선 $y=\frac{\ln x-1}{x}$과 x축 및 두 직선 $x=\sqrt{e}$, $x=e^2$으로 둘러싸인 도형의 넓이는?

① $\frac{1}{2}$ ② $\frac{5}{8}$ ③ $\frac{3}{4}$ ④ $\frac{7}{8}$ ⑤ 1

단서1 $\sqrt{e}\le x\le e$일 때, $\frac{\ln x-1}{x}\le 0$
$e\le x\le e^2$일 때, $\frac{\ln x-1}{x}\ge 0$

STEP 1 그래프를 보고 $x=e$를 기준으로 적분 구간 나누기

구하는 넓이는 $\int_{\sqrt{e}}^{e}\left(-\frac{\ln x-1}{x}\right)dx+\int_e^{e^2}\frac{\ln x-1}{x}dx$

STEP 2 정적분의 값 구하기

$\ln x-1=t$로 놓으면 $\dfrac{dt}{dx}=\dfrac{1}{x}$ → $dt=\dfrac{1}{x}dx$

$x=\sqrt{e}$일 때 $t=-\dfrac{1}{2}$, $x=e$일 때 $t=0$, $x=e^2$일 때 $t=1$이므로

$$\int_{\sqrt{e}}^{e}\left(-\frac{\ln x-1}{x}\right)dx+\int_{e}^{e^2}\frac{\ln x-1}{x}dx$$

$$=\int_{-\frac{1}{2}}^{0}(-t)dt+\int_{0}^{1}t\,dt$$

$$=\left[-\frac{1}{2}t^2\right]_{-\frac{1}{2}}^{0}+\left[\frac{1}{2}t^2\right]_{0}^{1}$$

$$=\frac{1}{8}+\frac{1}{2}=\frac{5}{8}$$

2240 답 $\dfrac{1}{2}\ln 10$

$$\int_{-2}^{0}\left(-\frac{x}{x^2+1}\right)dx+\int_{0}^{1}\frac{x}{x^2+1}dx$$

$\dfrac{x}{x^2+1}=\dfrac{1}{2}\times\dfrac{2x}{x^2+1}=\dfrac{1}{2}\times\dfrac{(x^2+1)'}{x^2+1}$

$$=\left[-\frac{1}{2}\ln(x^2+1)\right]_{-2}^{0}+\left[\frac{1}{2}\ln(x^2+1)\right]_{0}^{1}$$

$$=\frac{1}{2}\ln 5+\frac{1}{2}\ln 2=\frac{1}{2}(\ln 5+\ln 2)=\frac{1}{2}\ln 10$$

2241 답 -2

$$\int_{-1}^{0}(-x\sqrt{x^2+1})dx+\int_{0}^{1}x\sqrt{x^2+1}dx$$

$x\sqrt{x^2+1}=\dfrac{1}{2}\times 2x\times(x^2+1)^{\frac{1}{2}}=\dfrac{1}{2}\times(x^2+1)'\times(x^2+1)^{\frac{1}{2}}$

$$=\left[-\frac{1}{3}(x^2+1)^{\frac{3}{2}}\right]_{-1}^{0}+\left[\frac{1}{3}(x^2+1)^{\frac{3}{2}}\right]_{0}^{1}$$

$$=\left(-\frac{1}{3}+\frac{2\sqrt{2}}{3}\right)+\left(\frac{2\sqrt{2}}{3}-\frac{1}{3}\right)$$

$$=-\frac{2}{3}+\frac{4}{3}\sqrt{2}$$

따라서 $a=-\dfrac{2}{3}$, $b=\dfrac{4}{3}$이므로

$$\frac{b}{a}=\frac{\frac{4}{3}}{-\frac{2}{3}}=-2$$

2242 답 ②

$0\le x\le\dfrac{\pi}{2}$에서 $x\ge0$, $\sin 2x\ge0$이므로

$x\sin 2x\ge0$

$\dfrac{\pi}{2}\le x\le\pi$에서 $x\ge0$, $\sin 2x\le0$이므로

$x\sin 2x\le0$

따라서 그림에서 구하는 넓이는

$$\int_{0}^{\frac{\pi}{2}}x\sin 2x\,dx+\int_{\frac{\pi}{2}}^{\pi}(-x\sin 2x)dx \cdots ㉠$$

$f(x)=x$, $g'(x)=\sin 2x$로 놓으면

$f'(x)=1$, $g(x)=-\dfrac{1}{2}\cos 2x$이므로

$$\int_{0}^{\frac{\pi}{2}}x\sin 2x\,dx=\left[-\frac{1}{2}x\cos 2x\right]_{0}^{\frac{\pi}{2}}-\int_{0}^{\frac{\pi}{2}}\left(-\frac{1}{2}\cos 2x\right)dx$$

$$=\frac{\pi}{4}+\frac{1}{2}\int_{0}^{\frac{\pi}{2}}\cos 2x\,dx$$

$$=\frac{\pi}{4}+\frac{1}{2}\left[\frac{1}{2}\sin 2x\right]_{0}^{\frac{\pi}{2}}$$

$$=\frac{\pi}{4} \cdots\cdots ㉡$$

$$\int_{\frac{\pi}{2}}^{\pi}(-x\sin 2x)dx=\left[\frac{1}{2}x\cos 2x\right]_{\frac{\pi}{2}}^{\pi}-\int_{\frac{\pi}{2}}^{\pi}\frac{1}{2}\cos 2x\,dx$$

$$=\frac{\pi}{2}+\frac{\pi}{4}-\left[\frac{1}{4}\sin 2x\right]_{\frac{\pi}{2}}^{\pi}$$

$$=\frac{\pi}{2}+\frac{\pi}{4} \cdots\cdots ㉢$$

㉡, ㉢을 ㉠에 대입하면 구하는 넓이는

$$\frac{\pi}{4}+\left(\frac{\pi}{2}+\frac{\pi}{4}\right)=\pi$$

2243 답 ④

$0\le x\le1$에서 $x-1\le0$, $e^x\ge0$이므로

$(x-1)e^x\le0$

$1\le x\le2$에서 $x-1\ge0$, $e^x\ge0$이므로

$(x-1)e^x\ge0$

따라서 그림에서 구하는 넓이는

$$\int_{0}^{1}(1-x)e^x dx+\int_{1}^{2}(x-1)e^x dx \cdots\cdots ㉠$$

$f(x)=1-x$, $g'(x)=e^x$으로 놓으면

$f'(x)=-1$, $g(x)=e^x$이므로

$$\int_{0}^{1}(1-x)e^x dx$$

$$=\left[(1-x)e^x\right]_{0}^{1}-\int_{0}^{1}(-e^x)dx$$

$$=-1+\int_{0}^{1}e^x dx=-1+\left[e^x\right]_{0}^{1}$$

$$=-1+e-1=e-2 \cdots\cdots ㉡$$

$$\int_{1}^{2}(x-1)e^x dx=\left[(x-1)e^x\right]_{1}^{2}-\int_{1}^{2}e^x dx$$

$$=e^2-\left[e^x\right]_{1}^{2}$$

$$=e^2-e^2+e=e \cdots\cdots ㉢$$

㉡, ㉢을 ㉠에 대입하면 구하는 넓이는

$(e-2)+e=2e-2$

2244 답 2

$$S_n=\int_{(n-1)\pi}^{n\pi}\left|\left(\frac{1}{2}\right)^n\sin x\right|dx=\left(\frac{1}{2}\right)^n\int_{(n-1)\pi}^{n\pi}|\sin x|dx$$

이때 $y=|\sin x|$는 주기가 π인 주기함수이므로 임의의 자연수 n에 대하여

$$\int_{(n-1)\pi}^{n\pi}|\sin x|dx=\int_{0}^{\pi}\sin x\,dx=\left[-\cos x\right]_{0}^{\pi}=2$$

$$\therefore S_n=\left(\frac{1}{2}\right)^n\int_{(n-1)\pi}^{n\pi}|\sin x|dx=2\times\left(\frac{1}{2}\right)^n=\left(\frac{1}{2}\right)^{n-1}$$

$$\therefore \sum_{n=1}^{\infty}S_n=\sum_{n=1}^{\infty}\left(\frac{1}{2}\right)^{n-1}=\frac{1}{1-\frac{1}{2}}=2$$

개념 Check

$-1<r<1$일 때, 첫째항이 a이고 공비가 r인 등비급수의 합은

$$\sum_{n=1}^{\infty}ar^{n-1}=\frac{a}{1-r}$$

실수 Check

$y=|\sin x|$의 그래프는 $y=\sin x$의 그래프에서 $\sin x\le0$인 부분을 모두 x축에 대하여 대칭이동한 것이므로 $y=|\sin x|$는 주기가 π인 함수이다.

Plus 문제

2244-1

자연수 n에 대하여 구간 $[(2n-2)\pi,\ 2n\pi]$에서 곡선 $y=\left(\frac{2}{3}\right)^n \sin\frac{x}{2}$와 x축으로 둘러싸인 도형의 넓이를 S_n이라 할 때, $\sum_{n=1}^{\infty} S_n$의 값을 구하시오.

$$S_n=\int_{(2n-2)\pi}^{2n\pi}\left|\left(\frac{2}{3}\right)^n \sin\frac{x}{2}\right|dx=\left(\frac{2}{3}\right)^n\int_{(2n-2)\pi}^{2n\pi}\left|\sin\frac{x}{2}\right|dx$$

이때 $y=\left|\sin\frac{x}{2}\right|$는 주기가 2π인 주기함수이므로

임의의 자연수 n에 대하여

$$\int_{(2n-2)\pi}^{2n\pi}\left|\sin\frac{x}{2}\right|dx=\int_0^{2\pi}\sin\frac{x}{2}\,dx=\left[-2\cos\frac{x}{2}\right]_0^{2\pi}=4$$

$$\therefore\ S_n=\left(\frac{2}{3}\right)^n\int_{(2n-2)\pi}^{2n\pi}\left|\sin\frac{x}{2}\right|dx=4\times\left(\frac{2}{3}\right)^n=\frac{8}{3}\times\left(\frac{2}{3}\right)^{n-1}$$

$$\therefore\ \sum_{n=1}^{\infty}S_n=\sum_{n=1}^{\infty}\frac{8}{3}\times\left(\frac{2}{3}\right)^{n-1}=\frac{\frac{8}{3}}{1-\frac{2}{3}}=8$$

답 8

2245 답 ②

$\sin^2 x\cos x=0$에서

$\sin x=0$ 또는 $\cos x=0$

$\therefore\ x=0$ 또는 $x=\frac{\pi}{2}\ \left(\because\ 0\le x\le\frac{\pi}{2}\right)$

$0\le x\le\frac{\pi}{2}$에서 $\sin x\ge 0$, $\cos x\ge 0$이므로 $\sin^2 x\cos x\ge 0$

따라서 그림에서 구하는 넓이는

$\int_0^{\frac{\pi}{2}}\sin^2 x\cos x\,dx$

$\sin x=t$로 놓으면 $\frac{dt}{dx}=\cos x$

$x=0$일 때 $t=0$, $x=\frac{\pi}{2}$일 때 $t=1$이므로

$$\int_0^{\frac{\pi}{2}}\sin^2 x\cos x\,dx=\int_0^1 t^2\,dt=\left[\frac{1}{3}t^3\right]_0^1=\frac{1}{3}$$

2246 답 ④

$f(x)=0$에서 $\frac{2x-2}{x^2-2x+2}=0$, $2x-2=0$

$\therefore\ x=1\ (\because\ x^2-2x+2>0)$

영역 A의 넓이는

$$\int_0^1\left(-\frac{2x-2}{x^2-2x+2}\right)dx=\int_0^1\left\{-\frac{(x^2-2x+2)'}{x^2-2x+2}\right\}dx$$
$$=\left[-\ln|x^2-2x+2|\right]_0^1=\ln 2$$

영역 B의 넓이는

$$\int_1^3\frac{2x-2}{x^2-2x+2}dx=\int_1^3\frac{(x^2-2x+2)'}{x^2-2x+2}dx$$
$$=\left[\ln|x^2-2x+2|\right]_1^3=\ln 5$$

따라서 영역 A의 넓이와 영역 B의 넓이의 합은

$\ln 2+\ln 5=\ln 10$

2247 답 ①

점 $A(t,\ f(t))$에서 x축에 내린 수선의 발은 $B(t,\ 0)$

점 A에서의 접선의 기울기가 $f'(t)$이므로 점 A를 지나고 점 A에서의 접선과 수직인 직선의 방정식은

$$y=-\frac{1}{f'(t)}(x-t)+f(t)$$

이 직선이 x축과 만나는 점의 x좌표는

$0=-\frac{1}{f'(t)}(x-t)+f(t)$에서 $\frac{1}{f'(t)}(x-t)=f(t)$

$x-t=f(t)f'(t)$, 즉 $x=f(t)f'(t)+t$이므로

$C(f(t)f'(t)+t,\ 0)$

모든 실수 x에 대하여 $f'(x)>0$이므로 $f(x)$는 증가함수이고, $f(0)=0$이므로 $x>0$에서 $f(x)>0$이다.

$\overline{AB}=|f(t)|=f(t)$,

$\overline{BC}=|f(t)f'(t)+t-t|=|f(t)f'(t)|=f(t)f'(t)$이므로

$$\triangle ABC=\frac{1}{2}\times\overline{AB}\times\overline{BC}$$
$$=\frac{1}{2}\{f(t)\}^2f'(t)$$

즉, $\frac{1}{2}\{f(t)\}^2f'(t)=\frac{1}{2}(e^{3t}-2e^{2t}+e^t)$이므로

$$\{f(t)\}^2f'(t)=e^{3t}-2e^{2t}+e^t$$
$$=e^t(e^t-1)^2$$

$\{f(t)\}^2f'(t)=e^t(e^t-1)^2$의 양변을 t에 대하여 적분하면

$$\frac{1}{3}\{f(t)\}^3=\frac{1}{3}(e^t-1)^3+C$$

$f(0)=0$에서 $\frac{1}{3}\{f(0)\}^3=\frac{1}{3}(e^0-1)^3+C$ $\quad\therefore\ C=0$

즉, $\{f(t)\}^3=(e^t-1)^3$이므로 $f(t)=e^t-1$

$\therefore\ f(x)=e^x-1$

따라서 그림에서 구하는 넓이는

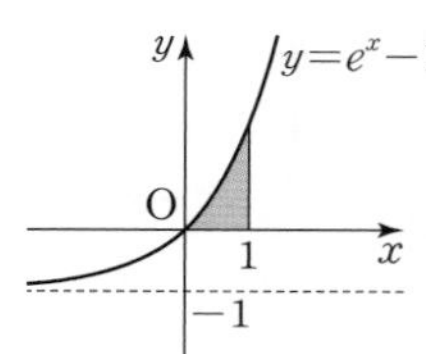

$$\int_0^1(e^x-1)dx=\left[e^x-x\right]_0^1$$
$$=e-1-1$$
$$=e-2$$

실수 Check

함수 $f(x)$가 $f(0)=0$이고 모든 실수 x에 대하여 $f'(x)>0$이면 $x>0$에서 $f(x)>0$임을 이용한다.

2248 답 ① | 유형7

그림과 같이 곡선 $y=\ln(x+2)$와 y축 및 두 직선 $y=1$, $y=2$로 둘러싸인 도형의 넓이는? 단서1

① e^2-e-2 ② e^2-e+2
③ e^2+e-4 ④ e^2+e-2
⑤ e^2+e+2

단서1 $y=\ln(x+2)$를 $x=g(y)$ 꼴로 변형

단서2 $1\le y\le 2$일 때, $g(y)\ge 0$

STEP1 x를 y에 대한 식으로 나타내기

$y=\ln(x+2)$에서

$x+2=e^y\qquad\therefore\ x=e^y-2$

STEP 2 그래프를 보고 $x=e^y-2$의 부호를 판단하여 y에 대한 정적분으로 나타내고 그 값 구하기

구하는 넓이는

$$\int_1^2 (e^y-2)dy=\Big[e^y-2y\Big]_1^2=(e^2-4)-(e-2)=e^2-e-2$$

2249 답 1

$y=\dfrac{1}{x}$에서 $xy=1$ $\quad\therefore\ x=\dfrac{1}{y}$

따라서 그림에서 구하는 넓이는

$$\int_1^e \frac{1}{y}dy=\Big[\ln|y|\Big]_1^e=1$$

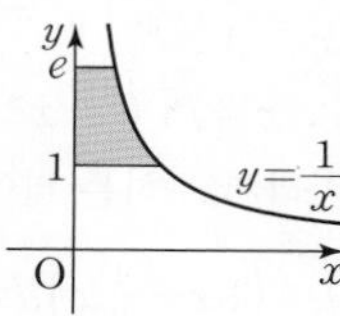

2250 답 ③

$y=\ln(2-x)$에서 $2-x=e^y$ $\quad\therefore\ x=-e^y+2$

따라서 그림에서 구하는 넓이는

$$\int_0^{\ln 2}(-e^y+2)dy=\Big[-e^y+2y\Big]_0^{\ln 2}$$
$$=-2+2\ln 2-(-1)$$
$$=2\ln 2-1$$

다른 풀이

그림에서 구하는 넓이는 $\int_0^1 \ln(2-x)dx$

$f(x)=\ln(2-x)$, $g'(x)=1$로 놓으면

$f'(x)=\dfrac{-1}{2-x}=\dfrac{1}{x-2}$, $g(x)=x$이므로

$$\int_0^1 \ln(2-x)dx=\Big[x\ln(2-x)\Big]_0^1-\int_0^1\frac{x}{x-2}dx$$
$$=-\int_0^1\frac{x-2+2}{x-2}dx=-\int_0^1\left(\frac{2}{x-2}+1\right)dx$$
$$=-\Big[2\ln|x-2|+x\Big]_0^1=2\ln 2-1$$

2251 답 $\dfrac{93}{5}$

$y=x\sqrt{x}$에서 $y=x^{\frac{3}{2}}$ $\quad\therefore\ x=y^{\frac{2}{3}}$

따라서 그림에서 구하는 넓이는

$$\int_1^8 y^{\frac{2}{3}}dy=\left[\frac{3}{5}y^{\frac{5}{3}}\right]_1^8$$
$$=\frac{3}{5}\times 2^5-\frac{3}{5}=\frac{93}{5}$$

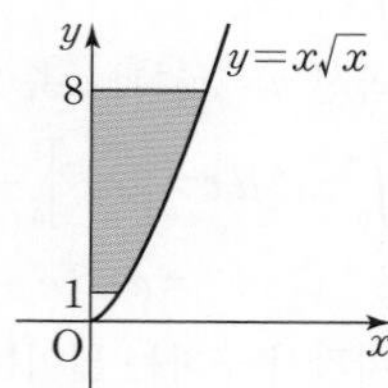

2252 답 ④

$y(x-a)=1$에서 $x-a=\dfrac{1}{y}$ $\quad\therefore\ x=\dfrac{1}{y}+a$

따라서 그림에서 구하는 넓이는

$$\int_1^e\left(\frac{1}{y}+a\right)dy=\Big[\ln|y|+ay\Big]_1^e$$
$$=(1+ae)-a$$
$$=ae-a+1$$

즉, $ae-a+1=\dfrac{1}{2}e+\dfrac{1}{2}$이므로 $a=\dfrac{1}{2}$

2253 답 $\dfrac{22}{3}$

$y=\sqrt{x+1}-2$에서

$\sqrt{x+1}=y+2$, $x+1=(y+2)^2$

$\therefore\ x=(y+2)^2-1=y^2+4y+3$

따라서 그림에서 구하는 넓이는

$$\int_{-2}^{-1}\{-(y^2+4y+3)\}dy+\int_{-1}^{1}(y^2+4y+3)dy$$
$$=\left[-\frac{1}{3}y^3-2y^2-3y\right]_{-2}^{-1}+\left[\frac{1}{3}y^3+2y^2+3y\right]_{-1}^{1}$$
$$=\left(-\frac{7}{3}+3\right)+\left(\frac{2}{3}+6\right)=9-\frac{5}{3}=\frac{22}{3}$$

2254 답 ④

$y=(x+1)^2$에서

$\sqrt{y}=x+1$ $(\because\ x\ge -1)$

$\therefore\ x=\sqrt{y}-1$

따라서 그림에서 구하는 넓이는

$$\int_0^1\{-(\sqrt{y}-1)\}dy+\int_1^k(\sqrt{y}-1)dy$$
$$=\int_0^1(-\sqrt{y}+1)dy+\int_1^k(\sqrt{y}-1)dy$$
$$=\left[-\frac{2}{3}y^{\frac{3}{2}}+y\right]_0^1+\left[\frac{2}{3}y^{\frac{3}{2}}-y\right]_1^k$$
$$=\frac{1}{3}+\left(\frac{2}{3}k\sqrt{k}-k\right)+\frac{1}{3}$$
$$=\frac{2}{3}k\sqrt{k}-k+\frac{2}{3}$$

즉, $\dfrac{2}{3}k\sqrt{k}-k+\dfrac{2}{3}=2$이므로

$2k\sqrt{k}-3k+2=6$, $2k\sqrt{k}-3k-4=0$

$\sqrt{k}=t$로 놓으면 $2t^3-3t^2-4=0$

$(t-2)(2t^2+t+2)=0$ $\quad\therefore\ t=2$

$\therefore\ k=t^2=4$

2255 답 $8\ln 2-3$ | 유형 8

그림과 같이 곡선 $y=\dfrac{4x}{x^2+1}$와 직선 $y=x$로 둘러싸인 도형의 넓이를 구하시오.

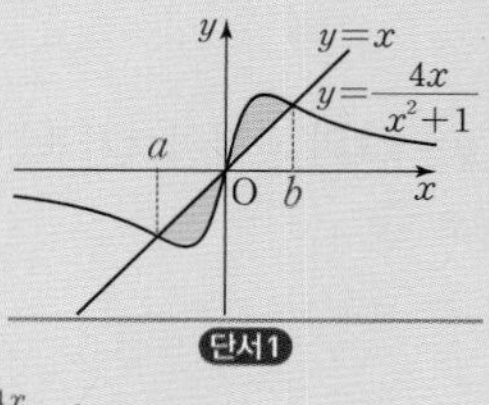

단서1 $a\le x\le 0$일 때, $\dfrac{4x}{x^2+1}\le x$

$0\le x\le b$일 때, $\dfrac{4x}{x^2+1}\ge x$

STEP 1 곡선과 직선의 교점의 x좌표 구하기

곡선 $y=\dfrac{4x}{x^2+1}$와 직선 $y=x$의 교점의 x좌표는

$\dfrac{4x}{x^2+1}=x$에서 $x^3+x=4x$, $x^3-3x=0$

$x(x-\sqrt{3})(x+\sqrt{3})=0$

$\therefore\ x=-\sqrt{3}$ 또는 $x=0$ 또는 $x=\sqrt{3}$

STEP 2 구하는 넓이를 정적분으로 나타내고 그 값 구하기

구하는 넓이는

$\int_{-\sqrt{3}}^{0}\left(x-\frac{4x}{x^2+1}\right)dx+\int_{0}^{\sqrt{3}}\left(\frac{4x}{x^2+1}-x\right)dx$

→ 주어진 그림에서 $-\sqrt{3}\le x\le 0$일 때 $x\ge\frac{4x}{x^2+1}$, $0\le x\le\sqrt{3}$일 때 $x\le\frac{4x}{x^2+1}$

$=\left[\frac{1}{2}x^2-2\ln(x^2+1)\right]_{-\sqrt{3}}^{0}+\left[2\ln(x^2+1)-\frac{1}{2}x^2\right]_{0}^{\sqrt{3}}$

$=\left(-\frac{3}{2}+2\ln 4\right)+\left(2\ln 4-\frac{3}{2}\right)$

$=8\ln 2-3$

2256 답 $\frac{1}{6}$

곡선 $y=\sqrt{x}$와 직선 $y=x$의 교점의 x좌표는

$\sqrt{x}=x$에서 $x=x^2$, $x(x-1)=0$

$\therefore x=0$ 또는 $x=1$

따라서 그림에서 구하는 넓이는

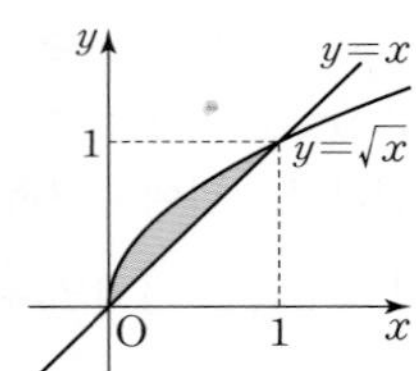

$\int_{0}^{1}(\sqrt{x}-x)\,dx=\left[\frac{2}{3}x\sqrt{x}-\frac{1}{2}x^2\right]_{0}^{1}$

$=\frac{2}{3}-\frac{1}{2}=\frac{1}{6}$

2257 답 ⑤

$y^2=x+1$에서 $x=y^2-1$

$y=x-1$에서 $x=y+1$

곡선 $y^2=x+1$과 직선 $y=x-1$의 교점의 y좌표는

$y^2-1=y+1$에서 $y^2-y-2=0$

$(y+1)(y-2)=0$

$\therefore y=-1$ 또는 $y=2$

따라서 구하는 넓이는

→ y에 대하여 적분하므로 {(오른쪽의 식)−(왼쪽의 식)}으로 식을 세운다.

$\int_{-1}^{2}\{(y+1)-(y^2-1)\}dy=\int_{-1}^{2}(-y^2+y+2)dy$

$=\left[-\frac{1}{3}y^3+\frac{1}{2}y^2+2y\right]_{-1}^{2}$

$=\left(-\frac{8}{3}+6\right)-\left(\frac{1}{3}+\frac{1}{2}-2\right)$

$=\frac{9}{2}$

2258 답 $\frac{e}{2}-1$

곡선 $y=xe^x$과 직선 $y=ex$의 교점의 x좌표는

$xe^x=ex$에서 $xe^x-ex=0$

$x(e^x-e)=0$

$\therefore x=0$ 또는 $x=1$

따라서 그림에서 구하는 넓이는

$\int_{0}^{1}(ex-xe^x)dx$

→ $f(x)=x$, $g'(x)=e^x$으로 놓으면 $f'(x)=1$, $g(x)=e^x$

$=\int_{0}^{1}ex\,dx-\int_{0}^{1}xe^x\,dx$

$=\left[\frac{e}{2}x^2\right]_{0}^{1}-\left(\left[xe^x\right]_{0}^{1}-\int_{0}^{1}e^x\,dx\right)$

$=\frac{e}{2}-\left(e-\left[e^x\right]_{0}^{1}\right)$

$=\frac{e}{2}-e+e-1=\frac{e}{2}-1$

2259 답 ①

곡선 $y=\frac{1}{x}$과 직선 $y=3x$의 교점의 x좌표는

$\frac{1}{x}=3x$에서 $x^2=\frac{1}{3}$

$\therefore x=\frac{\sqrt{3}}{3}$ ($\because x>0$)

곡선 $y=\frac{1}{x}$과 직선 $y=\frac{1}{3}x$의 교점의 x좌표는

$\frac{1}{x}=\frac{1}{3}x$에서 $x^2=3$

$\therefore x=\sqrt{3}$ ($\because x>0$)

따라서 구하는 넓이는

$\int_{0}^{\frac{\sqrt{3}}{3}}\left(3x-\frac{1}{3}x\right)dx+\int_{\frac{\sqrt{3}}{3}}^{\sqrt{3}}\left(\frac{1}{x}-\frac{1}{3}x\right)dx$

$=\int_{0}^{\frac{\sqrt{3}}{3}}\frac{8}{3}x\,dx+\int_{\frac{\sqrt{3}}{3}}^{\sqrt{3}}\left(\frac{1}{x}-\frac{1}{3}x\right)dx$

$=\left[\frac{4}{3}x^2\right]_{0}^{\frac{\sqrt{3}}{3}}+\left[\ln|x|-\frac{1}{6}x^2\right]_{\frac{\sqrt{3}}{3}}^{\sqrt{3}}$

$=\frac{4}{9}+\left(\ln\sqrt{3}-\frac{1}{2}\right)-\left(\ln\frac{1}{\sqrt{3}}-\frac{1}{18}\right)$

$=\frac{4}{9}+\frac{1}{2}\ln 3-\frac{1}{2}+\frac{1}{2}\ln 3+\frac{1}{18}$

$=\ln 3$

2260 답 ⑤

점 $(1, e)$를 지나고 x축에 평행한 직선 l의 방정식은 $y=e$

따라서 구하는 넓이는

→ $f(x)=x$, $g'(x)=e^x$으로 놓으면 $f'(x)=1$, $g(x)=e^x$

$\int_{0}^{1}(e-xe^x)dx=\int_{0}^{1}e\,dx-\int_{0}^{1}xe^x\,dx$

$=\left[ex\right]_{0}^{1}-\left(\left[xe^x\right]_{0}^{1}-\int_{0}^{1}e^x\,dx\right)$

$=e-\left(e-\left[e^x\right]_{0}^{1}\right)$

$=e-1$

다른 풀이

네 점 $(0, 0)$, $(1, 0)$, $(1, e)$, $(0, e)$를 꼭짓점으로 하는 직사각형의 넓이는

$1\times e=e$

곡선 $y=xe^x$과 x축 및 직선 $x=1$로 둘러싸인 도형의 넓이는

$\int_{0}^{1}xe^x\,dx=\left[xe^x\right]_{0}^{1}-\int_{0}^{1}e^x\,dx$

$=e-(e-1)=1$

따라서 구하는 넓이는 $e-1$

2261 답 $2\left(e+\frac{1}{e}-2\right)$ | 유형9

그림과 같이 두 곡선 $y=e^x$, $y=e^{-x}$ 및 두 직선 $x=-1$, $x=1$로 둘러싸인 도형의 넓이를 구하시오.

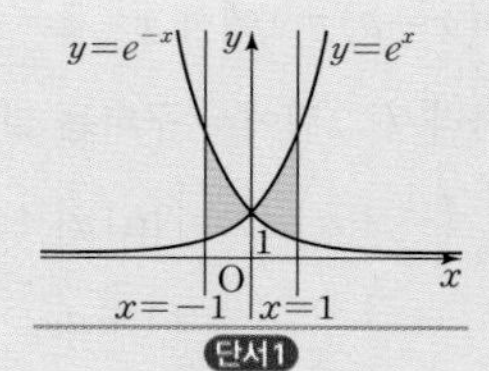

단서1 $-1\le x\le 0$일 때, $e^x\le e^{-x}$
$0\le x\le 1$일 때, $e^x\ge e^{-x}$

STEP 1 그래프를 보고 $x=0$을 기준으로 적분 구간을 나누어 정적분의 값 구하기

두 곡선 $y=e^x$, $y=e^{-x}$은 점 (0, 1)에서 만나므로

구하는 넓이는

$$\int_{-1}^{0}(e^{-x}-e^x)dx+\int_0^1(e^x-e^{-x})dx=2\int_0^1(e^x-e^{-x})dx$$
$$=2\Big[e^x+e^{-x}\Big]_0^1$$
$$=2\left(e+\frac{1}{e}-2\right)$$

2262 답 ②

두 곡선 $y=x^2$, $y=\sqrt{x}$의 교점의 x좌표는

$x^2=\sqrt{x}$에서 $x^4=x$

$x^4-x=0$, $x(x^3-1)=0$, $x(x-1)(x^2+x+1)=0$

$\therefore\ x=0$ 또는 $x=1$ ($\because\ x^2+x+1>0$)

따라서 그림에서 구하는 넓이는

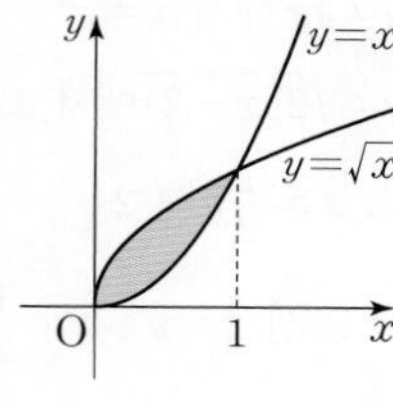

$$\int_0^1(\sqrt{x}-x^2)dx=\int_0^1(x^{\frac{1}{2}}-x^2)dx$$
$$=\left[\frac{2}{3}x^{\frac{3}{2}}-\frac{1}{3}x^3\right]_0^1$$
$$=\frac{1}{3}$$

2263 답 $2\sqrt{2}$

두 곡선 $y=\sin x$, $y=\cos x$의 교점의 x좌표는

$\sin x=\cos x$에서 $x=\frac{\pi}{4}$ ($\because\ 0\le x\le\pi$)

따라서 그림에서 구하는 넓이는

$$\int_0^{\frac{\pi}{4}}(\cos x-\sin x)dx$$
$$+\int_{\frac{\pi}{4}}^{\pi}(\sin x-\cos x)dx$$
$$=\Big[\sin x+\cos x\Big]_0^{\frac{\pi}{4}}+\Big[-\cos x-\sin x\Big]_{\frac{\pi}{4}}^{\pi}$$
$$=\left\{\left(\frac{\sqrt{2}}{2}+\frac{\sqrt{2}}{2}\right)-1\right\}+\left\{1-\left(-\frac{\sqrt{2}}{2}-\frac{\sqrt{2}}{2}\right)\right\}$$
$$=\sqrt{2}-1+1+\sqrt{2}=2\sqrt{2}$$

2264 답 $\frac{5}{2}$

두 곡선 $y=\sin x$, $y=\sin 2x$의 교점의 x좌표는

$\sin x=\sin 2x$에서 $\sin x=2\sin x\cos x$

$\sin x-2\sin x\cos x=0$, $\sin x(2\cos x-1)=0$

$\therefore\ \sin x=0$ 또는 $\cos x=\frac{1}{2}$

$\therefore\ x=0$ 또는 $x=\frac{\pi}{3}$ 또는 $x=\pi$ ($\because\ 0\le x\le\pi$)

따라서 구하는 넓이는

$$\int_0^{\frac{\pi}{3}}(\sin 2x-\sin x)dx+\int_{\frac{\pi}{3}}^{\pi}(\sin x-\sin 2x)dx$$
$$=\left[-\frac{1}{2}\cos 2x+\cos x\right]_0^{\frac{\pi}{3}}+\left[-\cos x+\frac{1}{2}\cos 2x\right]_{\frac{\pi}{3}}^{\pi}$$
$$=\left\{\left(\frac{1}{4}+\frac{1}{2}\right)-\left(-\frac{1}{2}+1\right)\right\}+\left\{\left(1+\frac{1}{2}\right)-\left(-\frac{1}{2}-\frac{1}{4}\right)\right\}$$
$$=\frac{1}{4}+\frac{9}{4}=\frac{5}{2}$$

2265 답 ②

두 곡선 $y=e^x$, $y=xe^x$의 교점의 x좌표는

$xe^x=e^x$에서 $e^x(x-1)=0$

$\therefore\ x=1$ ($\because\ e^x>0$)

따라서 구하는 넓이는

$$\int_0^1(e^x-xe^x)dx+\int_1^2(xe^x-e^x)dx$$

→ $f(x)=1-x$, $g'(x)=e^x$으로 놓으면 $f'(x)=-1$, $g(x)=e^x$

$$=\int_0^1(1-x)e^x dx+\int_1^2(x-1)e^x dx$$
$$=\left\{\Big[(1-x)e^x\Big]_0^1-\int_0^1(-e^x)dx\right\}+\left\{\Big[(x-1)e^x\Big]_1^2-\int_1^2 e^x dx\right\}$$
$$=\left(-1+\Big[e^x\Big]_0^1\right)+\left(e^2-\Big[e^x\Big]_1^2\right)$$
$$=(-1+e-1)+(e^2-e^2+e)$$
$$=2e-2$$

2266 답 ④

두 곡선 $y=f(x)$, $y=g(x)$와 직선 $x=1$로 둘러싸인 도형의 넓이는

$$\int_0^1\left\{2^x-\left(\frac{1}{2}\right)^x\right\}dx=\left[\frac{2^x}{\ln 2}-\frac{\left(\frac{1}{2}\right)^x}{\ln\frac{1}{2}}\right]_0^1=\left[\frac{2^x}{\ln 2}+\frac{2^{-x}}{\ln 2}\right]_0^1$$
$$=\left(\frac{2}{\ln 2}+\frac{2^{-1}}{\ln 2}\right)-\left(\frac{1}{\ln 2}+\frac{1}{\ln 2}\right)$$
$$=\frac{2}{\ln 2}+\frac{1}{2\ln 2}-\frac{2}{\ln 2}$$
$$=\frac{1}{2\ln 2}$$

2267 답 ②

$0\le x\le 1$에서 $\sin\frac{\pi}{2}x\ge 2^x-1$이므로 구하는 넓이는

$$\int_0^1\left(\sin\frac{\pi}{2}x-2^x+1\right)dx=\left[-\frac{2}{\pi}\cos\frac{\pi}{2}x-\frac{2^x}{\ln 2}+x\right]_0^1$$
$$=\left(-\frac{2}{\ln 2}+1\right)-\left(-\frac{2}{\pi}-\frac{1}{\ln 2}\right)$$
$$=\frac{2}{\pi}-\frac{1}{\ln 2}+1$$

2268 답 ④

구하는 넓이는

$$\int_{\frac{\pi}{2}}^{\pi}\left\{(\sin x)\ln x-\frac{\cos x}{x}\right\}dx=\int_{\frac{\pi}{2}}^{\pi}(\sin x)\ln x\,dx-\int_{\frac{\pi}{2}}^{\pi}\frac{\cos x}{x}dx$$

$\int_{\frac{\pi}{2}}^{\pi}(\sin x)\ln x\,dx$에서 $f(x)=\ln x$, $g'(x)=\sin x$로 놓으면

$f'(x)=\frac{1}{x}$, $g(x)=-\cos x$

$$\therefore\ \int_{\frac{\pi}{2}}^{\pi}(\sin x)\ln x\,dx=\Big[(-\cos x)\ln x\Big]_{\frac{\pi}{2}}^{\pi}+\int_{\frac{\pi}{2}}^{\pi}\frac{\cos x}{x}dx$$
$$=\ln\pi+\int_{\frac{\pi}{2}}^{\pi}\frac{\cos x}{x}dx$$

따라서 구하는 넓이는

$$\int_{\frac{\pi}{2}}^{\pi}(\sin x)\ln x\,dx-\int_{\frac{\pi}{2}}^{\pi}\frac{\cos x}{x}dx$$
$$=\ln\pi+\int_{\frac{\pi}{2}}^{\pi}\frac{\cos x}{x}dx-\int_{\frac{\pi}{2}}^{\pi}\frac{\cos x}{x}dx$$
$$=\ln\pi$$

실수 Check

$\int_{\frac{\pi}{2}}^{\pi}(\sin x)\ln x\,dx$에서 부분적분법을 이용하여 $\int_{\frac{\pi}{2}}^{\pi}\frac{\cos x}{x}dx$를 도출해야 한다.

Plus 문제

2268-1

두 곡선 $y=(\cos x)\ln x$, $y=-\frac{\sin x}{x}$와 두 직선 $x=\pi$, $x=\frac{3}{2}\pi$로 둘러싸인 부분의 넓이를 구하시오.

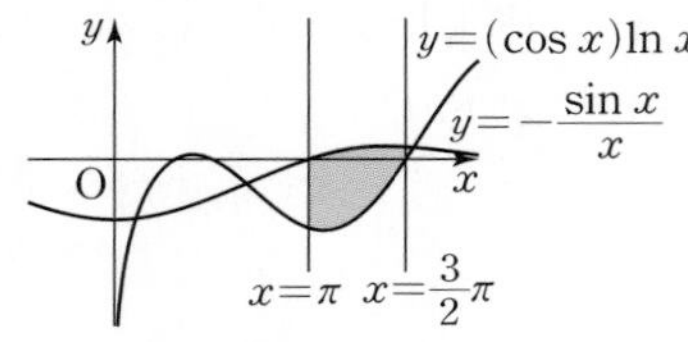

구하는 넓이는

$\int_{\pi}^{\frac{3}{2}\pi}\left\{-\frac{\sin x}{x}-(\cos x)\ln x\right\}dx$

$=-\int_{\pi}^{\frac{3}{2}\pi}\frac{\sin x}{x}dx-\int_{\pi}^{\frac{3}{2}\pi}(\cos x)\ln x\,dx$

$\int_{\pi}^{\frac{3}{2}\pi}(\cos x)\ln x\,dx$에서 $f(x)=\ln x$, $g'(x)=\cos x$로 놓으면

$f'(x)=\frac{1}{x}$, $g(x)=\sin x$

$\therefore \int_{\pi}^{\frac{3}{2}\pi}(\cos x)\ln x\,dx=\Big[(\sin x)\ln x\Big]_{\pi}^{\frac{3}{2}\pi}-\int_{\pi}^{\frac{3}{2}\pi}\frac{\sin x}{x}dx$

$=-\ln\frac{3}{2}\pi-\int_{\pi}^{\frac{3}{2}\pi}\frac{\sin x}{x}dx$

따라서 구하는 넓이는

$-\int_{\pi}^{\frac{3}{2}\pi}\frac{\sin x}{x}dx-\int_{\pi}^{\frac{3}{2}\pi}(\cos x)\ln x\,dx$

$=-\int_{\pi}^{\frac{3}{2}\pi}\frac{\sin x}{x}dx-\left(-\ln\frac{3}{2}\pi-\int_{\pi}^{\frac{3}{2}\pi}\frac{\sin x}{x}dx\right)$

$=-\int_{\pi}^{\frac{3}{2}\pi}\frac{\sin x}{x}dx+\ln\frac{3}{2}\pi+\int_{\pi}^{\frac{3}{2}\pi}\frac{\sin x}{x}dx$

$=\ln\frac{3}{2}\pi$

답 $\ln\frac{3}{2}\pi$

2269 답 $e+\frac{1}{e}-2$ | 유형 10

두 곡선 $y=\ln x$, $y=-\ln x$ 및 직선 $y=1$로 둘러싸인 도형의 넓이를 구하시오. 단서1

단서1 $y=\ln x$, $y=-\ln x$를 각각 $x=f(y)$, $x=g(y)$ 꼴로 변형

STEP 1 두 곡선의 교점의 y좌표 구하기

$y=\ln x$에서 $x=e^y$

$y=-\ln x$에서 $x=e^{-y}$

두 곡선 $x=e^y$, $x=e^{-y}$의 교점의 y좌표는

$e^y=e^{-y}$에서 $e^{2y}=1$

$\therefore y=0$

STEP 2 구하는 넓이를 정적분으로 나타내고 그 값 구하기

그림에서 구하는 넓이는

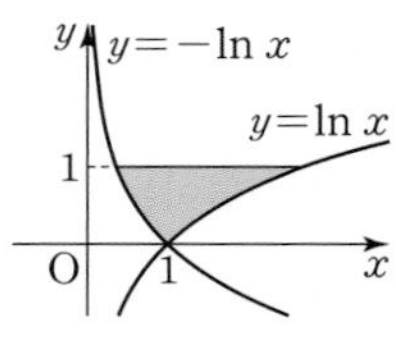

$\int_0^1(e^y-e^{-y})dy=\Big[e^y+e^{-y}\Big]_0^1$ ($0\le y\le 1$에서 $e^y\ge e^{-y}$)

$=e+\frac{1}{e}-2$

2270 답 ⑤

$y=\frac{1}{x}$에서 $x=\frac{1}{y}$, $y=-\frac{1}{x}$에서 $x=-\frac{1}{y}$이므로

구하는 넓이는

$\int_1^3\left\{\frac{1}{y}-\left(-\frac{1}{y}\right)\right\}dy=\int_1^3\frac{2}{y}dy=\Big[2\ln|y|\Big]_1^3=2\ln 3$

2271 답 ⑤

$y=\sqrt{x}$에서 $x=y^2$

$y=\sqrt{2(x-2)}$에서 $2x-4=y^2$, $2x=y^2+4$

$\therefore x=\frac{1}{2}y^2+2$

두 곡선 $x=y^2$, $x=\frac{1}{2}y^2+2$의 교점의 y좌표는

$y^2=\frac{1}{2}y^2+2$에서 $\frac{1}{2}y^2=2$, $y^2=4$ $\therefore y=2$ ($\because y\ge 0$)

따라서 그림에서 구하는 넓이는

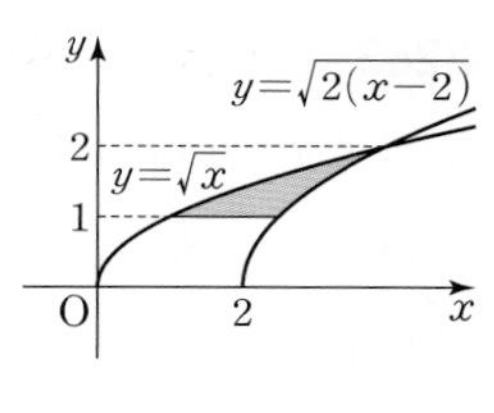

$\int_1^2\left\{\left(\frac{1}{2}y^2+2\right)-y^2\right\}dy$

$=\int_1^2\left(-\frac{1}{2}y^2+2\right)dy$

$=\Big[-\frac{1}{6}y^3+2y\Big]_1^2=\frac{5}{6}$

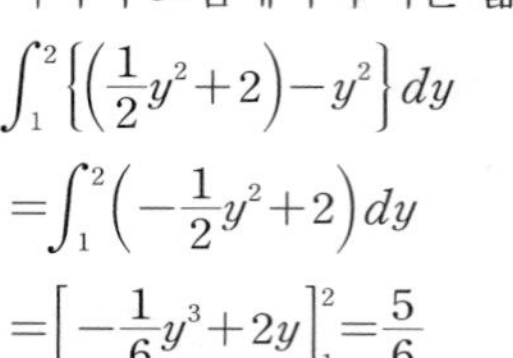

2272 답 $e-2\ln 2$

$y=e^x-1$에서 $e^x=y+1$ $\therefore x=\ln(y+1)$

$y=\ln x$에서 $x=e^y$

$0\le y\le 1$일 때 $e^y\ge\ln(y+1)$이므로 구하는 넓이는

$\int_0^1\left\{e^y-\ln(y+1)\right\}dy=\int_0^1 e^y dy-\int_0^1\ln(y+1)dy$

$=\Big[e^y\Big]_0^1-\int_0^1\ln(y+1)dy$

$=(e-1)-\int_0^1\ln(y+1)dy$ ……… ㉠

$\int_0^1\ln(y+1)dy$에서 $f(y)=\ln(y+1)$, $g'(y)=1$로 놓으면

$f'(y)=\frac{1}{y+1}$, $g(y)=y$이므로

$\int_0^1\ln(y+1)dy=\Big[y\ln(y+1)\Big]_0^1-\int_0^1\frac{y}{y+1}dy$

$=\ln 2-\int_0^1\left(1-\frac{1}{y+1}\right)dy$

$=\ln 2-\Big[y-\ln|y+1|\Big]_0^1$

$=\ln 2-(1-\ln 2)=2\ln 2-1$ ……… ㉡

㉡을 ㉠에 대입하면 구하는 넓이는

$(e-1)-\int_0^1\ln(y+1)dy=(e-1)-(2\ln 2-1)$

$=e-2\ln 2$

2273 답 ⑤

두 곡선 $y=\ln 2x$, $y=\ln(x+1)$의 교점의 x좌표는

$\ln 2x=\ln(x+1)$에서 $2x=x+1$

$\therefore x=1$

따라서 두 곡선의 교점의 y좌표는 $\ln 2$이다.

$y=\ln 2x$에서 $2x=e^y$

$\therefore x=\frac{1}{2}e^y$

$y=\ln(x+1)$에서 $x+1=e^y$

$\therefore x=e^y-1$

따라서 그림에서 구하는 넓이는

$$\int_0^{\ln 2}\left\{\frac{1}{2}e^y-(e^y-1)\right\}dy$$

$$=\int_0^{\ln 2}\left(1-\frac{1}{2}e^y\right)dy$$

$$=\left[y-\frac{1}{2}e^y\right]_0^{\ln 2}$$

$$=\ln 2-\frac{1}{2}\times 2+\frac{1}{2}=\ln 2-\frac{1}{2}$$

즉, $a=2$, $b=\frac{1}{2}$이므로

$$a+b=2+\frac{1}{2}=\frac{5}{2}$$

2274 답 ③

$y=2x^2$에서 $x^2=\frac{y}{2}$ $\quad\therefore x=\sqrt{\frac{y}{2}}$ ($\because x\geq 0$)

$y=\frac{2}{x}$에서 $x=\frac{2}{y}$

두 곡선 $x=\sqrt{\frac{y}{2}}$, $x=\frac{2}{y}$의 교점의 y좌표는

$\sqrt{\frac{y}{2}}=\frac{2}{y}$에서 $y\sqrt{y}=2\sqrt{2}$, $y^3=2^3$

$\therefore y=2$

따라서 그림에서 두 곡선 $x=\sqrt{\frac{y}{2}}$, $x=\frac{2}{y}$ 및 직선 $y=k$로 둘러싸인 도형의 넓이는

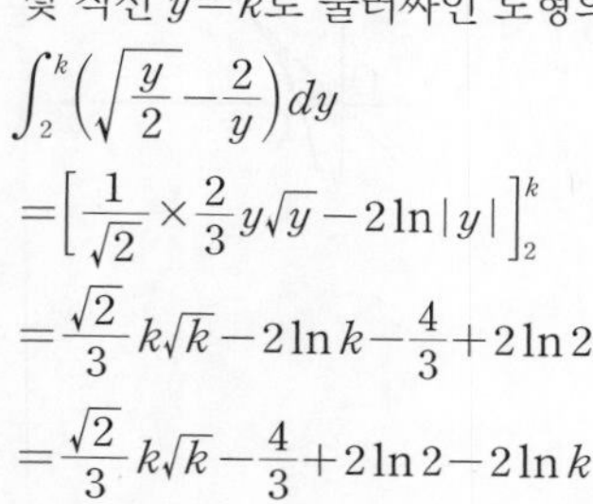

$$\int_2^k\left(\sqrt{\frac{y}{2}}-\frac{2}{y}\right)dy$$

$$=\left[\frac{1}{\sqrt{2}}\times\frac{2}{3}y\sqrt{y}-2\ln|y|\right]_2^k$$

$$=\frac{\sqrt{2}}{3}k\sqrt{k}-2\ln k-\frac{4}{3}+2\ln 2$$

$$=\frac{\sqrt{2}}{3}k\sqrt{k}-\frac{4}{3}+2\ln 2-2\ln k$$

즉, $\frac{\sqrt{2}}{3}k\sqrt{k}-\frac{4}{3}+2\ln 2-2\ln k=\frac{28}{3}-4\ln 2$이므로

$2\ln 2-2\ln k=-4\ln 2$에서

$2\ln\frac{2}{k}=2\ln\frac{1}{4}$

$\frac{2}{k}=\frac{1}{4}$

$\therefore k=8$

실수 Check

두 함수를 y에 대한 식으로 나타내고 y의 값의 범위를 정하여 y에 대해 적분하면 편리하다.

2275 답 ④

> 곡선 $y=2\sqrt{x}$와 이 곡선 위의 점 $(4, 4)$에서의 접선 및 x축으로 둘러싸인 도형의 넓이는? (단서1)
>
> ① $\frac{10}{3}$ ② 4 ③ $\frac{14}{3}$
>
> ④ $\frac{16}{3}$ ⑤ 6
>
> 단서1 $f(x)=2\sqrt{x}$라 하면 접선의 방정식은 $y-4=f'(4)(x-4)$

STEP1 접선의 방정식 구하기

$y=2\sqrt{x}$에서 $y'=\frac{1}{\sqrt{x}}$이므로 곡선 $y=2\sqrt{x}$ 위의 점 $(4, 4)$에서의 접선의 기울기는 $\frac{1}{\sqrt{4}}=\frac{1}{2}$

접선의 방정식은 $y-4=\frac{1}{2}(x-4)$ $\quad\therefore y=\frac{1}{2}x+2$

STEP2 도형의 넓이 구하기

그림에서 구하는 넓이는

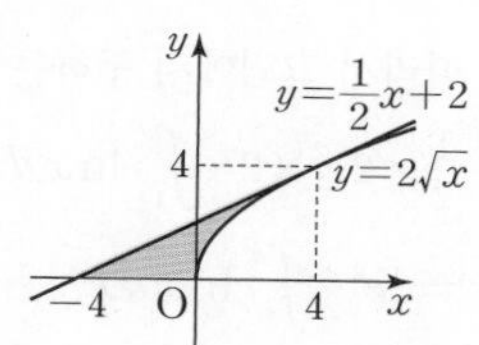

$$\int_{-4}^4\left(\frac{1}{2}x+2\right)dx-\int_0^4 2\sqrt{x}\,dx$$

$$=\left[\frac{1}{4}x^2+2x\right]_{-4}^4-\left[\frac{4}{3}x\sqrt{x}\right]_0^4$$

$$=16-\frac{32}{3}=\frac{16}{3}$$

개념 Check

곡선 $f(x)$ 위의 점 $(a, f(a))$에서의 접선의 방정식은

$y-f(a)=f'(a)(x-a)$

2276 답 $\frac{e}{2}-1$

$y=e^x$에서 $y'=e^x$이므로 곡선 위의 점 (t, e^t)에서의 접선의 기울기는 e^t이고 접선의 방정식은 $y-e^t=e^t(x-t)$

이 직선이 원점을 지나므로

$-e^t=-te^t$ $\quad\therefore t=1$ ($\because e^t>0$)

곡선 $y=e^x$ 위의 점 $(1, e)$에서의 접선의 방정식은

$y-e=e(x-1)$ $\quad\therefore y=ex$

따라서 그림에서 구하는 넓이는

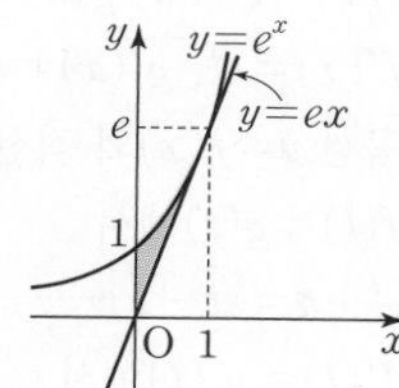

$$\int_0^1(e^x-ex)dx=\left[e^x-\frac{e}{2}x^2\right]_0^1$$

$$=\frac{e}{2}-1$$

2277 답 27

$y=3\sqrt{x-9}$에서 $y'=\frac{3}{2\sqrt{x-9}}$이므로 곡선 위의 점 $(t, 3\sqrt{t-9})$에서의 접선의 기울기는 $\frac{3}{2\sqrt{t-9}}$이고 접선의 방정식은

$$y-3\sqrt{t-9}=\frac{3}{2\sqrt{t-9}}(x-t)$$

이 직선이 원점을 지나므로

$-3\sqrt{t-9}=\frac{-3t}{2\sqrt{t-9}}$, $-6(t-9)=-3t$ $\quad\therefore t=18$

곡선 $y=3\sqrt{x-9}$ 위의 점 (18, 9)에서의 접선의 방정식은

$y-9=\frac{1}{2}(x-18)$ $\quad\therefore y=\frac{1}{2}x$

따라서 그림에서 구하는 넓이는

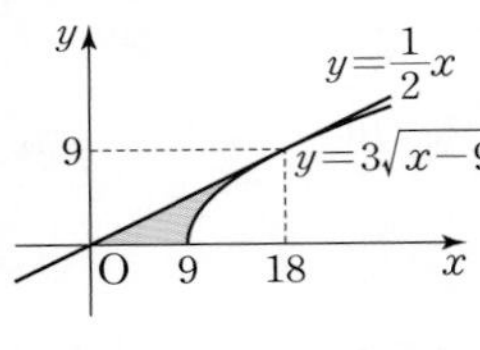

$\frac{1}{2}\times18\times9-\int_9^{18}3\sqrt{x-9}\,dx$

$=81-3\times\frac{2}{3}\times\left[(x-9)^{\frac{3}{2}}\right]_9^{18}$

$=81-2\times9\sqrt{9}=27$

2278 답 ②

$y=\ln x$에서 $y'=\frac{1}{x}$이므로 곡선 위의 점 $(e^2, 2)$에서의 접선의 기울기는 $\frac{1}{e^2}$이고 접선의 방정식은

$y-2=\frac{1}{e^2}(x-e^2)$ $\quad\therefore y=\frac{1}{e^2}x+1$

따라서 그림에서 구하는 넓이는

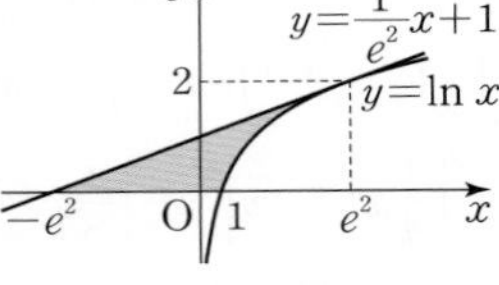

$\frac{1}{2}\times2e^2\times2-\int_1^{e^2}\ln x\,dx$

$=2e^2-\int_1^{e^2}\ln x\,dx$ ······················ ㉠

$\int_1^{e^2}\ln x\,dx$에서 $f(x)=\ln x$, $g'(x)=1$로 놓으면

$f'(x)=\frac{1}{x}$, $g(x)=x$이므로

$\int_1^{e^2}\ln x\,dx=\left[x\ln x\right]_1^{e^2}-\int_1^{e^2}1\,dx$

$=2e^2-\left[x\right]_1^{e^2}$

$=2e^2-e^2+1$

$=e^2+1$ ······················ ㉡

㉡을 ㉠에 대입하면 구하는 넓이는

$2e^2-(e^2+1)=e^2-1$

2279 답 $\frac{e}{2}-1$

$f(x)=e^x+a$, $g(x)=ex-1$이라 하면

$f'(x)=e^x$, $g'(x)=e$

곡선 $y=f(x)$와 직선 $y=g(x)$의 접점의 x좌표를 t라 하면

$f(t)=g(t)$에서

$e^t+a=et-1$ ······················ ㉠

$f'(t)=g'(t)$에서

$e^t=e$ ······················ ㉡

㉠, ㉡에서 $t=1$, $a=-1$

$\therefore f(x)=e^x-1$

따라서 그림에서 구하는 넓이는

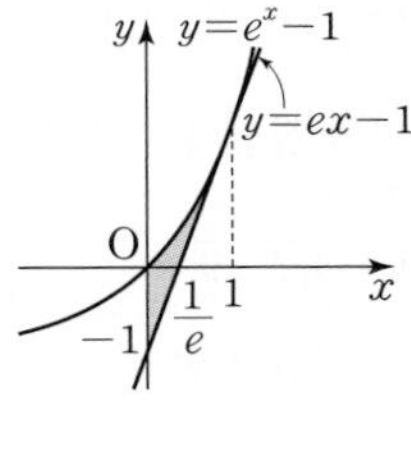

$\int_0^1\{(e^x-1)-(ex-1)\}dx$

$=\int_0^1(e^x-ex)dx$

$=\left[e^x-\frac{e}{2}x^2\right]_0^1$

$=\frac{e}{2}-1$

2280 답 ⑤

$y=e^x$에서 $y'=e^x$이므로 곡선 위의 점 (t, e^t)에서의 접선의 기울기는 e^t이고 접선의 방정식은

$y-e^t=e^t(x-t)$

이 직선이 (1, 0)을 지나므로

$-e^t=e^t(1-t)$, $1-t=-1$ ($\because e^t>0$)

$\therefore t=2$

곡선 $y=e^x$ 위의 점 $(2, e^2)$에서의 접선의 방정식은

$y=e^2x-e^2$

따라서 그림에서 구하는 넓이는

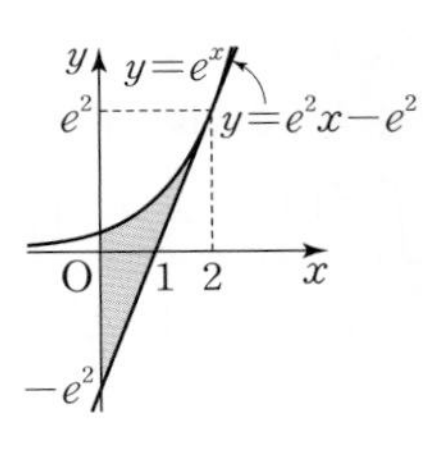

$\int_0^2\{e^x-(e^2x-e^2)\}dx$

$=\int_0^2(e^x-e^2x+e^2)dx$

$=\left[e^x-\frac{e^2}{2}x^2+e^2x\right]_0^2$

$=e^2-1$

2281 답 50

$f(x)=k\ln x$, $g(x)=x$라 하면

$f'(x)=\frac{k}{x}$, $g'(x)=1$

곡선 $y=f(x)$와 직선 $y=g(x)$의 접점의 x좌표를 t라 하면

$f(t)=g(t)$에서

$k\ln t=t$ ······················ ㉠

$f'(t)=g'(t)$에서 $\frac{k}{t}=1$ ······················ ㉡

㉡에서 $k=t$이므로 이것을 ㉠에 대입하면

$k\ln k=k$, $\ln k=1$

$\therefore k=e$, $t=e$

$\therefore f(x)=e\ln x$

따라서 그림에서 구하는 넓이는

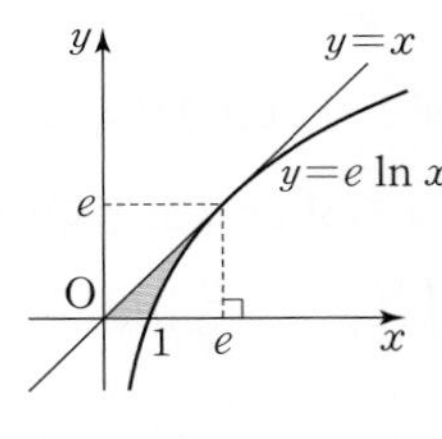

$\frac{1}{2}\times e\times e-\int_1^e e\ln x\,dx$

$=\frac{1}{2}e^2-e\left[x\ln x-x\right]_1^e$

$=\frac{1}{2}e^2-e(e\ln e-e+1)=\frac{1}{2}e^2-e$

따라서 $a=\frac{1}{2}$, $b=1$이므로

$100ab=100\times\frac{1}{2}\times1=50$

2282 답 ④ | 유형 12

그림과 같이 곡선 $y=\sin x$ 및 두 직선 $y=ax$, $x=\pi$로 둘러싸인 두 도형의 넓이가 서로 같을 때, 상수 a의 값은? (단, $0<a<1$)

단서1

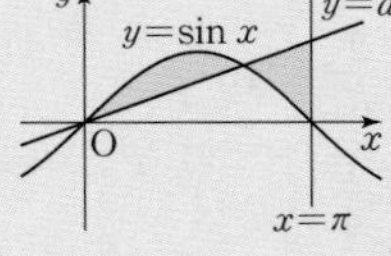

① $\frac{1}{\pi}$ ② $\frac{2}{\pi}$ ③ $\frac{2}{\pi^2}$

④ $\frac{4}{\pi^2}$ ⑤ $\frac{8}{\pi^2}$

단서1 $\int_0^\pi(\sin x-ax)dx=0$

STEP 1 두 도형의 넓이가 같음을 정적분으로 나타내어 상수 a의 값 구하기

$\int_0^{\pi}(\sin x-ax)dx=0$이므로

$\left[-\cos x-\frac{1}{2}ax^2\right]_0^{\pi}=0$

$2-\frac{1}{2}a\pi^2=0 \qquad \therefore a=\frac{4}{\pi^2}$

2283 답 ⑤

$\int_0^a(\sqrt{2x}-1)dx=0$이므로 $\left[\frac{2\sqrt{2}}{3}x^{\frac{3}{2}}-x\right]_0^a=0$

$\frac{2\sqrt{2}}{3}a\sqrt{a}-a=0$

$\sqrt{a}=\frac{3}{2\sqrt{2}}\left(\because a>\frac{1}{2}\right) \qquad \therefore a=\frac{9}{8}$

2284 답 ②

$\int_0^1\left(\sin\frac{\pi}{2}x-k\right)dx=0$이므로

$\left[-\frac{2}{\pi}\cos\frac{\pi}{2}x-kx\right]_0^1=0$

$\frac{2}{\pi}-k=0 \qquad \therefore k=\frac{2}{\pi}$

$\therefore k\pi=\frac{2}{\pi}\times\pi=2$

2285 답 $\frac{1}{e-1}$

$\int_0^{e-1}\{\ln(x+1)-k\}dx=0$에서

$f(x)=\ln(x+1)-k,\ g'(x)=1$로 놓으면

$f'(x)=\frac{1}{x+1},\ g(x)=x$

$\left[x\ln(x+1)-kx\right]_0^{e-1}-\int_0^{e-1}\frac{x}{x+1}dx=0$

$(e-1)-k(e-1)-\int_0^{e-1}\left(1-\frac{1}{x+1}\right)dx=0$

$(e-1)-k(e-1)-\left[x-\ln(x+1)\right]_0^{e-1}=0$

$(e-1)-k(e-1)-(e-2)=0$

$k(e-1)=1 \qquad \therefore k=\frac{1}{e-1}$

2286 답 ③

곡선 $y=e^{-x}$과 직선 $y=\sqrt{e}$가 만나는 점의 x좌표는 $-\frac{1}{2}$이므로

$\int_{-\frac{1}{2}}^0(\sqrt{e}-e^{-x})dx=\int_0^k e^{-x}dx$에서

$\int_{-\frac{1}{2}}^0\sqrt{e}\,dx-\int_{-\frac{1}{2}}^0 e^{-x}dx=\int_0^k e^{-x}dx$

$\int_{-\frac{1}{2}}^0\sqrt{e}\,dx=\int_{-\frac{1}{2}}^0 e^{-x}dx+\int_0^k e^{-x}dx=\int_{-\frac{1}{2}}^k e^{-x}dx$

$\left[\sqrt{e}x\right]_{-\frac{1}{2}}^0=\left[-e^{-x}\right]_{-\frac{1}{2}}^k$

$\frac{\sqrt{e}}{2}=-e^{-k}+\sqrt{e} \qquad \therefore e^{-k}=\frac{\sqrt{e}}{2}$

$\therefore e^k=\frac{1}{e^{-k}}=\frac{2}{\sqrt{e}}$

2287 답 $\frac{\pi}{2}-\frac{2}{\pi}$

$\int_0^k x\sin x\,dx=\int_k^{\frac{\pi}{2}}\left(\frac{\pi}{2}-x\sin x\right)dx$에서

$\int_0^k x\sin x\,dx=\int_k^{\frac{\pi}{2}}\frac{\pi}{2}dx-\int_k^{\frac{\pi}{2}}x\sin x\,dx$

$\int_0^k x\sin x\,dx+\int_k^{\frac{\pi}{2}}x\sin x\,dx=\int_k^{\frac{\pi}{2}}\frac{\pi}{2}dx$

$\therefore \int_0^{\frac{\pi}{2}}x\sin x\,dx=\int_k^{\frac{\pi}{2}}\frac{\pi}{2}dx=\left[\frac{\pi}{2}x\right]_k^{\frac{\pi}{2}}=\frac{\pi}{2}\left(\frac{\pi}{2}-k\right)$

$\int_0^{\frac{\pi}{2}}x\sin x\,dx$에서 $f(x)=x,\ g'(x)=\sin x$로 놓으면

$f'(x)=1,\ g(x)=-\cos x$이므로

$\int_0^{\frac{\pi}{2}}x\sin x\,dx=\left[-x\cos x\right]_0^{\frac{\pi}{2}}-\int_0^{\frac{\pi}{2}}(-\cos x)dx=\int_0^{\frac{\pi}{2}}\cos x\,dx$

$=\left[\sin x\right]_0^{\frac{\pi}{2}}=1$

따라서 $1=\frac{\pi}{2}\left(\frac{\pi}{2}-k\right)$이므로

$\frac{\pi}{2}-k=\frac{2}{\pi} \qquad \therefore k=\frac{\pi}{2}-\frac{2}{\pi}$

실수 Check

곡선 $y=x\sin x$와 x축 및 직선 $x=k$로 둘러싸인 도형과 곡선 $y=x\sin x$와 두 직선 $x=k$, $y=\frac{\pi}{2}$로 둘러싸인 도형의 넓이가 같음을 정적분으로 표현할 때, 곡선 $y=x\sin x$와 중간에서 만나는 도형이 y축에 평행한 직선이므로 (전체 정적분의 값)$=0$을 이용할 수 없음에 주의한다.

Plus 문제

2287-1

그림과 같이 $0\le x\le 1$에서 곡선 $y=xe^x$과 x축 및 직선 $x=k$로 둘러싸인 도형의 넓이와 이 곡선과 두 직선 $x=k$, $y=e$로 둘러싸인 도형의 넓이가 서로 같을 때, 상수 k의 값을 구하시오. (단, $0\le k\le 1$)

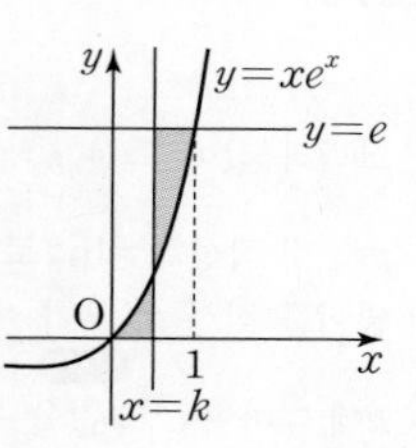

$\int_0^k xe^x dx=\int_k^1(e-xe^x)dx$에서

$\int_0^k xe^x dx=\int_k^1 e\,dx-\int_k^1 xe^x dx$

$\int_0^k xe^x dx+\int_k^1 xe^x dx=\int_k^1 e\,dx$

$\therefore \int_0^1 xe^x dx=\int_k^1 e\,dx=\left[ex\right]_k^1=e(1-k)$

$\int_0^1 xe^x dx$에서 $f(x)=x,\ g'(x)=e^x$으로 놓으면

$f'(x)=1,\ g(x)=e^x$이므로

$\int_0^1 xe^x dx=\left[xe^x\right]_0^1-\int_0^1 e^x dx=e-\left[e^x\right]_0^1=e-e+1=1$

따라서 $1=e(1-k)$이므로

$1-k=\frac{1}{e} \qquad \therefore k=1-\frac{1}{e}$

답 $1-\frac{1}{e}$

2288 답 ①

영역 A의 넓이와 영역 B의 넓이가 같으므로

$\int_0^1 \{e^{2x}-(-2x+a)\}dx=0$

$\left[\frac{1}{2}e^{2x}+x^2-ax\right]_0^1=0$

$\frac{1}{2}e^2+1-a-\frac{1}{2}=0$

$\frac{1}{2}e^2-a+\frac{1}{2}=0$

$\therefore a=\frac{e^2+1}{2}$

2289 답 7

$0\le x\le 2$에서 곡선 $y=f(x)$와 x축 및 직선 $x=2$로 둘러싸인 두 부분의 넓이가 서로 같으므로

$\int_0^2 f(x)dx=0$

$\int_0^2 (2x+3)f'(x)dx$에서 $u(x)=2x+3$, $v'(x)=f'(x)$로 놓으면

$u'(x)=2$, $v(x)=f(x)$

$\therefore \int_0^2 (2x+3)f'(x)$

$=\left[(2x+3)f(x)\right]_0^2-\int_0^2 2f(x)dx$

$=7f(2)-3f(0)-2\int_0^2 f(x)dx$

$=7\times1-3\times0-2\times0$ ($\because f(0)=0$, $f(2)=1$)

$=7$

2290 답 $\frac{7}{2}$ | 유형13

그림과 같이 곡선 $y=\frac{e^x}{\sqrt{e^x+1}}$과 x축, y축 및 직선 $x=\ln 7$로 둘러싸인 도형의 넓이를 직선 $x=k$가 이등분할 때, 양수 k에 대하여 e^k의 값을 구하시오.

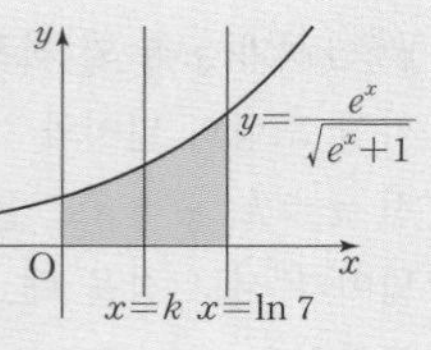

단서1 $\int_0^k \frac{e^x}{\sqrt{e^x+1}}dx=\frac{1}{2}\int_0^{\ln 7}\frac{e^x}{\sqrt{e^x+1}}dx$

STEP1 곡선 $y=\frac{e^x}{\sqrt{e^x+1}}$과 x축, y축 및 직선 $x=\ln 7$로 둘러싸인 도형의 넓이 구하기

곡선 $y=\frac{e^x}{\sqrt{e^x+1}}$과 x축, y축 및 직선 $x=\ln 7$로 둘러싸인 도형의 넓이를 S_1이라 하면

$S_1=\int_0^{\ln 7}\frac{e^x}{\sqrt{e^x+1}}dx$

$e^x+1=t$로 놓으면 $\frac{dt}{dx}=e^x$ → $dt=e^x dx$

$x=0$일 때 $t=2$, $x=\ln 7$일 때 $t=8$이므로

$S_1=\int_0^{\ln 7}\frac{e^x}{\sqrt{e^x+1}}dx$ → dt

$=\int_2^8 \frac{1}{\sqrt{t}}dt=\left[2\sqrt{t}\right]_2^8$

$=4\sqrt{2}-2\sqrt{2}=2\sqrt{2}$

STEP2 곡선 $y=\frac{e^x}{\sqrt{e^x+1}}$과 x축, y축 및 직선 $x=k$로 둘러싸인 도형의 넓이 구하기

곡선 $y=\frac{e^x}{\sqrt{e^x+1}}$과 x축, y축 및 직선 $x=k$로 둘러싸인 도형의 넓이를 S_2라 하면

$S_2=\int_0^k \frac{e^x}{\sqrt{e^x+1}}dx=\int_2^{e^k+1}\frac{1}{\sqrt{t}}dt$

$=\left[2\sqrt{t}\right]_2^{e^k+1}$

$=2\sqrt{e^k+1}-2\sqrt{2}$

STEP3 e^k의 값 구하기

$S_2=\frac{1}{2}S_1$이므로

$2\sqrt{e^k+1}-2\sqrt{2}=\frac{1}{2}\times 2\sqrt{2}$

$2\sqrt{e^k+1}=3\sqrt{2}$, $4e^k+4=18$

$4e^k=14$ $\quad\therefore e^k=\frac{7}{2}$

2291 답 $e-1$

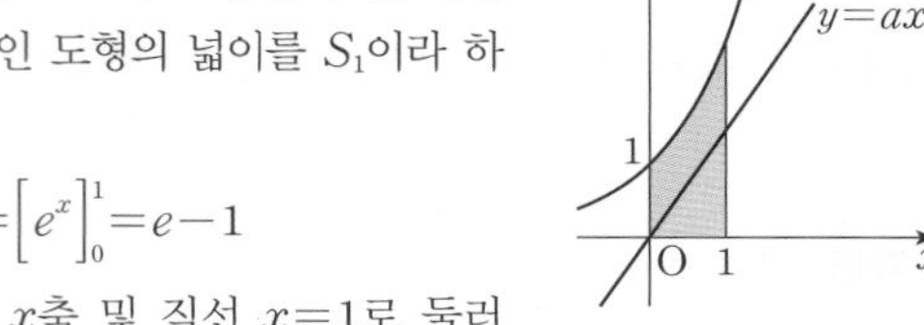

그림에서 곡선 $y=e^x$과 x축, y축 및 직선 $x=1$로 둘러싸인 도형의 넓이를 S_1이라 하면

$S_1=\int_0^1 e^x dx=\left[e^x\right]_0^1=e-1$

직선 $y=ax$와 x축 및 직선 $x=1$로 둘러싸인 도형의 넓이를 S_2라 하면

$S_2=\int_0^1 ax\,dx=\left[\frac{a}{2}x^2\right]_0^1=\frac{a}{2}$

이때 $S_2=\frac{1}{2}S_1$이므로 $\frac{a}{2}=\frac{e-1}{2}$

$\therefore a=e-1$

2292 답 ①

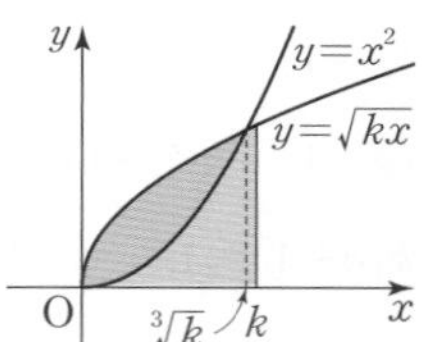

그림에서 곡선 $y=\sqrt{kx}$와 x축 및 직선 $x=k$로 둘러싸인 도형의 넓이를 S_1이라 하면

$S_1=\int_0^k \sqrt{kx}\,dx=\left[\frac{2}{3}\sqrt{k}\times x\sqrt{x}\right]_0^k=\frac{2}{3}k^2$

곡선 $y=\sqrt{kx}$와 $y=x^2$의 교점의 x좌표는 $\sqrt{kx}=x^2$에서

$kx=x^4$, $x(x^3-k)=0$

$\therefore x=\sqrt[3]{k}$

따라서 곡선 $y=\sqrt{kx}$와 $y=x^2$으로 둘러싸인 도형의 넓이를 S_2라 하면

$S_2=\int_0^{\sqrt[3]{k}}(\sqrt{kx}-x^2)dx$

$=\left[\frac{2}{3}\sqrt{k}\times x\sqrt{x}-\frac{1}{3}x^3\right]_0^{\sqrt[3]{k}}=\frac{1}{3}k$

이때 $S_2=\frac{1}{2}S_1$이므로

$\frac{1}{3}k=\frac{1}{3}k^2$, $\frac{1}{3}k(k-1)=0$

$\therefore k=1$ ($\because k\ge1$)

2293 답 ⑤

그림에서 곡선 $y=\cos 2x$와 x축, y축 및 직선 $x=\frac{\pi}{6}$로 둘러싸인 도형의 넓이를 S_1이라 하면

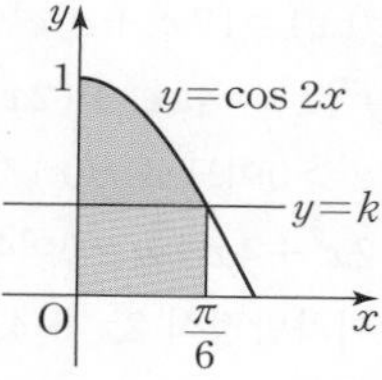

$S_1=\int_0^{\frac{\pi}{6}}\cos 2x\,dx=\left[\frac{1}{2}\sin 2x\right]_0^{\frac{\pi}{6}}=\frac{\sqrt{3}}{4}$

직선 $y=k$와 x축, y축 및 직선 $x=\frac{\pi}{6}$로 둘러싸인 도형의 넓이를 S_2라 하면

$S_2=\frac{\pi}{6}k$

이때 $S_2=\frac{1}{2}S_1$이므로 $\frac{\pi}{6}k=\frac{\sqrt{3}}{8}$

$\therefore k=\frac{3\sqrt{3}}{4\pi}$

2294 답 ⑤

그림에서 곡선 $y=e^x$과 x축, y축 및 직선 $x=\ln 3$으로 둘러싸인 도형의 넓이를 S_1이라 하면

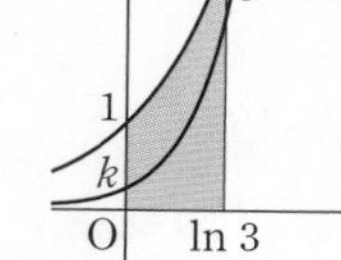

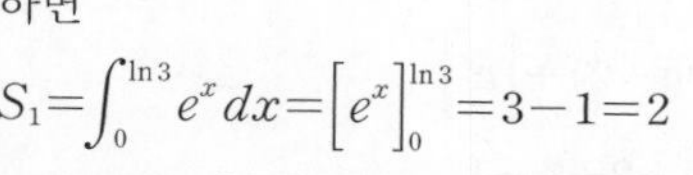

$S_1=\int_0^{\ln 3}e^x\,dx=\left[e^x\right]_0^{\ln 3}=3-1=2$

곡선 $y=ke^{2x}$과 x축, y축 및 직선 $x=\ln 3$으로 둘러싸인 도형의 넓이를 S_2라 하면

$S_2=\int_0^{\ln 3}ke^{2x}\,dx=\left[\frac{k}{2}e^{2x}\right]_0^{\ln 3}=\frac{9}{2}k-\frac{1}{2}k=4k$

이때 $S_2=\frac{1}{2}S_1$이므로 $4k=1$

$\therefore k=\frac{1}{4}$

2295 답 ④

그림과 같이 두 곡선 $y=2a\cos x$, $y=2\sin x$의 교점의 x좌표를 $\theta\left(0\le\theta\le\frac{\pi}{2}\right)$라 하면

$2a\cos\theta=2\sin\theta$에서

$a=\frac{\sin\theta}{\cos\theta}$

$\therefore \tan\theta=a\ (a>0)$

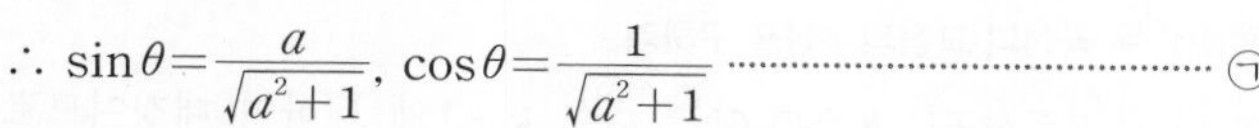

$\therefore \sin\theta=\frac{a}{\sqrt{a^2+1}},\ \cos\theta=\frac{1}{\sqrt{a^2+1}}$ ············ ㉠

$0\le x\le\frac{\pi}{2}$에서 곡선 $y=2a\cos x$와 x축 및 y축으로 둘러싸인 도형의 넓이를 S_1이라 하면

$S_1=\int_0^{\frac{\pi}{2}}2a\cos x\,dx=\left[2a\sin x\right]_0^{\frac{\pi}{2}}=2a$

$0\le x\le\theta$에서 두 곡선 $y=2a\cos x$, $y=2\sin x$와 y축으로 둘러싸인 도형의 넓이를 S_2라 하면

$S_2=\int_0^{\theta}(2a\cos x-2\sin x)dx=\left[2a\sin x+2\cos x\right]_0^{\theta}$

$=2a\sin\theta+2\cos\theta-2$

이때 $S_2=\frac{1}{2}S_1$이므로

$2a\sin\theta+2\cos\theta-2=a$ ············ ㉡

㉠을 ㉡에 대입하면

$2a\times\frac{a}{\sqrt{a^2+1}}+2\times\frac{1}{\sqrt{a^2+1}}-2=a$

$2a^2+2=(a+2)\sqrt{a^2+1}$

$2\sqrt{a^2+1}=a+2$

$4a^2+4=a^2+4a+4$

$3a^2-4a=0$

$a(3a-4)=0$

$\therefore a=\frac{4}{3}\ (\because a>0)$

실수 Check

두 곡선의 교점의 x좌표를 θ라 하고 삼각함수를 이용하여 $\sin\theta$, $\cos\theta$, $\tan\theta$를 모두 a에 대한 식으로 나타내야 한다.

10

2296 답 ① | 유형14

함수 $f(x)=e^x$의 역함수를 $g(x)$라 할 때, 정적분 $\int_0^1 f(x)dx+\int_1^e g(x)dx$의 값은?

단서1 단서2

① e ② $2e$ ③ e^2
④ $2e^2$ ⑤ $4e^2$

단서1 $y=f(x)$, $y=g(x)$의 그래프는 직선 $y=x$에 대하여 대칭
단서2 $f(0)=1$이므로 $g(1)=0$, $f(1)=e$이므로 $g(e)=1$

STEP1 역함수의 그래프의 성질을 이용하여 정적분의 값 구하기

두 곡선 $y=f(x)$, $y=g(x)$는 직선 $y=x$에 대하여 대칭이므로 그림과 같이 곡선 $y=f(x)$와 x축, y축 및 직선 $x=1$로 둘러싸인 도형의 넓이를 A, 곡선 $y=f(x)$와 y축 및 직선 $y=e$로 둘러싸인 도형의 넓이를 B라 하면

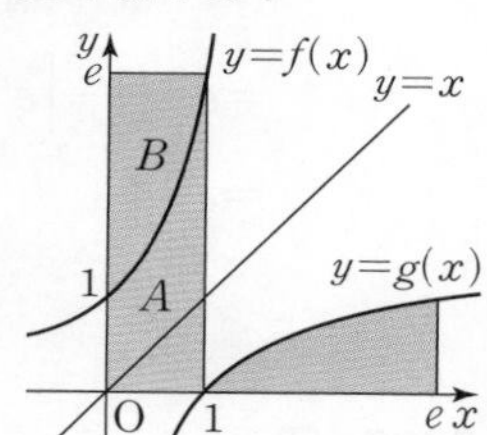

$\int_0^1 f(x)dx+\int_1^e g(x)dx=A+B=1\times e=e$

→ C라 하면 $C=B$

2297 답 $\frac{\sqrt{3}}{3}\pi$

$0\le x\le\frac{\pi}{3}$에서

$f\left(\frac{\pi}{3}\right)=\sqrt{3}$, $f(0)=0$이므로

$g(\sqrt{3})=\frac{\pi}{3}$, $g(0)=0$

두 곡선 $y=f(x)$, $y=g(x)$는 직선 $y=x$에 대하여 대칭이므로 그림과 같다.

이때 $\int_{g(0)}^{g(\sqrt{3})}\tan x\,dx$의 값은 곡선 $y=g(x)$와 y축 및 직선 $y=\frac{\pi}{3}$로 둘러싸인 도형의 넓이 B와 같으므로

$\int_0^{\sqrt{3}}g(x)dx+\int_{g(0)}^{g(\sqrt{3})}\tan x\,dx=A+B$

$=\sqrt{3}\times\frac{\pi}{3}$

$=\frac{\sqrt{3}}{3}\pi$

2298 답 ①

두 곡선 $y=f(x)$, $y=g(x)$는 직선 $y=x$에 대하여 대칭이다. 그림과 같이 곡선 $y=f(x)$와 x축 및 직선 $x=e^2$으로 둘러싸인 도형의 넓이를 A, 곡선 $y=f(x)$와 x축, y축 및 직선 $y=1$로 둘러싸인 도형의 넓이를 B라 하면 곡선 $y=g(x)$와 x축, y축 및 직선 $x=1$로 둘러싸인 도형의 넓이는 B와 같으므로

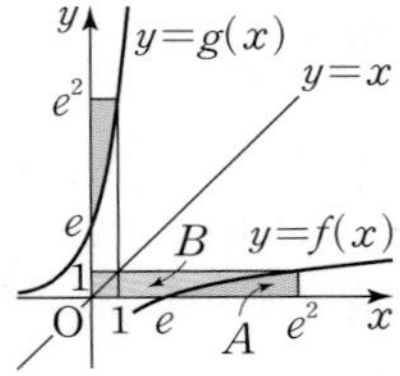

$\int_e^{e^2} f(x)dx+\int_0^1 g(x)dx=A+B=1\times e^2=e^2$

2299 답 ②

$0\le x\le 1$에서 $f(0)=0$, $f(1)=e$

두 곡선 $y=f(x)$, $y=g(x)$는 직선 $y=x$에 대하여 대칭이므로 그림과 같다.

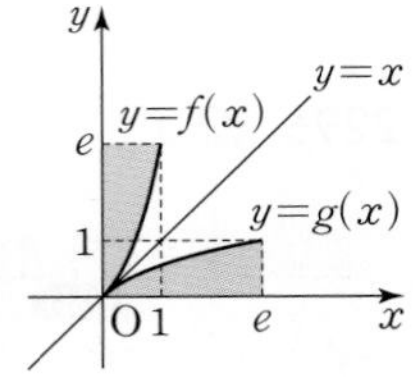

이때 $\int_0^e g(x)dx$의 값은 곡선 $y=f(x)$와 y축 및 직선 $y=e$로 둘러싸인 도형의 넓이와 같으므로

$\int_0^e g(x)dx=1\times e-\int_0^1 f(x)dx$

$=e-\int_0^1 xe^x dx$ → $u(x)=x$, $v'(x)=e^x$으로 놓으면 $u'(x)=1$, $v(x)=e^x$

$=e-\left(\left[xe^x\right]_0^1-\int_0^1 e^x dx\right)$

$=e-\left(e-\left[e^x\right]_0^1\right)$

$=e-1$

2300 답 ④

$f\left(\frac{\pi}{6}\right)=\frac{\sqrt{3}}{3}$, $f\left(\frac{\pi}{3}\right)=\sqrt{3}$

두 곡선 $y=f(x)$, $y=g(x)$는 직선 $y=x$에 대하여 대칭이므로 그림과 같다.

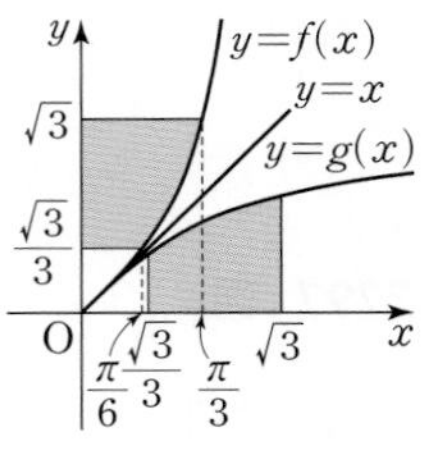

이때 $\int_{\frac{\sqrt{3}}{3}}^{\sqrt{3}} g(x)dx$의 값은 곡선 $y=f(x)$와 y축 및 두 직선 $y=\frac{\sqrt{3}}{3}$, $y=\sqrt{3}$으로 둘러싸인 도형의 넓이와 같으므로

$\int_{\frac{\sqrt{3}}{3}}^{\sqrt{3}} g(x)dx=\frac{\pi}{3}\times\sqrt{3}-\left(\int_{\frac{\pi}{6}}^{\frac{\pi}{3}}\tan x\,dx+\frac{\pi}{6}\times\frac{\sqrt{3}}{3}\right)$

$=\frac{\sqrt{3}}{3}\pi-\int_{\frac{\pi}{6}}^{\frac{\pi}{3}}\frac{\sin x}{\cos x}dx-\frac{\sqrt{3}}{18}\pi$

$=\frac{5\sqrt{3}}{18}\pi+\int_{\frac{\pi}{6}}^{\frac{\pi}{3}}\frac{(\cos x)'}{\cos x}dx$

$=\frac{5\sqrt{3}}{18}\pi+\left[\ln|\cos x|\right]_{\frac{\pi}{6}}^{\frac{\pi}{3}}$

$=\frac{5\sqrt{3}}{18}\pi+\ln\frac{1}{2}-\ln\frac{\sqrt{3}}{2}$

$=\frac{5\sqrt{3}}{18}\pi+\ln\frac{1}{\sqrt{3}}$

2301 답 ①

$f(x)=(2x^2+a)e^x$에서

$f'(x)=4xe^x+(2x^2+a)e^x=(2x^2+4x+a)e^x$

$e^x>0$이므로 $f(x)$가 모든 실수 x에 대하여 증가하려면 $2x^2+4x+a\ge 0$이어야 한다.

이차방정식 $2x^2+4x+a=0$의 판별식을 D라 하면

$\frac{D}{4}=4-2a\le 0$에서 $a\ge 2$

a의 최솟값은 2이므로 $k=2$

따라서 $g(x)=(x+2)e^x$이므로 $g(0)=2$, $g(1)=3e$

두 곡선 $y=g(x)$, $y=h(x)$는 직선 $y=x$에 대하여 대칭이므로 그림과 같다.

이때 $\int_k^{3e} h(x)dx$, 즉 $\int_2^{3e} h(x)dx$의 값은 곡선 $y=g(x)$와 y축 및 직선 $y=3e$로 둘러싸인 도형의 넓이와 같으므로

$1\times 3e-\int_0^1 g(x)dx=3e-\int_0^1 (x+2)e^x dx$

$=3e-\left\{\left[(x+2)e^x\right]_0^1-\int_0^1 e^x dx\right\}$

$=3e-(3e-2)+\left[e^x\right]_0^1$

$=3e-3e+2+e-1$

$=e+1$

실수 Check

함수 $f(x)$가 모든 실수 x에 대하여 증가하려면 $f'(x)\ge 0$이어야 한다.

2302 답 ①

| 유형 15

함수 $f(x)=2^{-x}+\frac{1}{2}$의 역함수를 $g(x)$라 할 때, 두 곡선 $y=f(x)$, $y=g(x)$ 및 x축, y축으로 둘러싸인 도형의 넓이는?

단서1 단서2

① $\frac{1}{\ln 2}$ ② $\frac{2}{\ln 2}$ ③ $\frac{3}{\ln 2}$ ④ $\frac{4}{\ln 2}$ ⑤ $\frac{5}{\ln 2}$

단서1 $y=f(x)$, $y=g(x)$의 그래프는 직선 $y=x$에 대하여 대칭

단서2 $y=f(x)$, $y=g(x)$의 그래프의 교점의 x좌표는 $y=f(x)$, $y=x$의 그래프의 교점의 x좌표와 같음을 이용

STEP 1 두 곡선의 교점의 x좌표 구하기

두 곡선 $y=f(x)$, $y=g(x)$는 직선 $y=x$에 대하여 대칭이므로 두 곡선의 교점의 x좌표는 곡선 $y=f(x)$와 직선 $y=x$의 교점의 x좌표와 같다.

이때 $f(1)=2^{-1}+\frac{1}{2}=1$이므로 곡선 $y=f(x)$와 직선 $y=x$의 교점의 x좌표는 1이다.

STEP 2 역함수의 그래프의 성질을 이용하여 도형의 넓이 구하기

두 곡선 $y=f(x)$, $y=g(x)$ 및 x축, y축으로 둘러싸인 도형의 넓이는 곡선 $y=f(x)$와 직선 $y=x$ 및 y축으로 둘러싸인 도형의 넓이의 2배와 같으므로 그림에서 구하는 넓이는

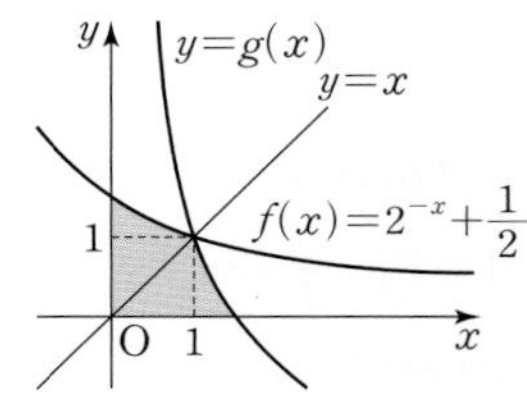

$$2\int_0^1\left(2^{-x}+\frac{1}{2}-x\right)dx=2\left[\frac{-2^{-x}}{\ln 2}+\frac{1}{2}x-\frac{1}{2}x^2\right]_0^1$$
$$=\frac{1}{\ln 2}$$

2303 답 $\frac{2}{3}$

두 곡선 $y=f(x)$, $y=g(x)$는 직선 $y=x$에 대하여 대칭이므로 두 곡선의 교점의 x좌표는 곡선 $y=f(x)$와 직선 $y=x$의 교점의 x좌표와 같다.

즉, $\sqrt{4x-3}=x$에서 $4x-3=x^2$

$x^2-4x+3=0$

$(x-1)(x-3)=0$

$\therefore x=1$ 또는 $x=3$

따라서 두 곡선 $y=f(x)$, $y=g(x)$로 둘러싸인 도형의 넓이는 곡선 $y=f(x)$와 직선 $y=x$로 둘러싸인 도형의 넓이의 2배와 같으므로 그림에서 구하는 넓이는

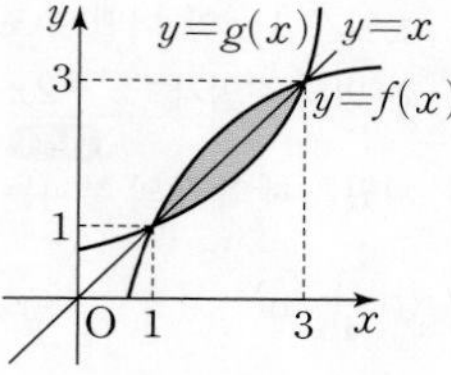

$2\int_1^3(\sqrt{4x-3}-x)dx$

$=2\left[\frac{1}{6}(4x-3)^{\frac{3}{2}}-\frac{1}{2}x^2\right]_1^3$

$=2\times\frac{1}{3}=\frac{2}{3}$

참고 두 곡선 $y=f(x)$와 $y=g(x)$로 둘러싸인 도형의 넓이는 $y=g(x)$를 구한 후 곡선 $y=g(x)$와 직선 $y=x$로 둘러싸인 도형의 넓이를 2배하여 구할 수도 있다.

$y=\sqrt{4x-3}$에서 $y^2=4x-3$, $4x=y^2+3$ $\quad\therefore x=\frac{1}{4}y^2+\frac{3}{4}$

이때 x와 y를 서로 바꾸면 $y=\frac{1}{4}x^2+\frac{3}{4}$이므로

$g(x)=\frac{1}{4}x^2+\frac{3}{4}$

따라서 구하는 넓이는

$$2\int_1^3\left\{x-\left(\frac{1}{4}x^2+\frac{3}{4}\right)\right\}dx=2\int_1^3\left(-\frac{1}{4}x^2+x-\frac{3}{4}\right)dx$$
$$=2\left[-\frac{1}{12}x^3+\frac{1}{2}x^2-\frac{3}{4}x\right]_1^3$$
$$=2\times\frac{1}{3}=\frac{2}{3}$$

2304 답 e^2-2e

$y=e^{kx}$에서 $\ln y=kx$, $x=\frac{1}{k}\ln y$

이때 x와 y를 서로 바꾸면

$y=\frac{1}{k}\ln x$

$\therefore g(x)=\frac{1}{k}\ln x\ (x>0)$

두 곡선 $y=f(x)$, $y=g(x)$가 $x=e$에서 접하므로

$f(e)=g(e)$에서 $e^{ke}=\frac{1}{k}$

$\therefore ke^{ke}=1$ ········· ㉠

$f'(x)=ke^{kx}$, $g'(x)=\frac{1}{kx}$이므로

$f'(e)=g'(e)$에서 $ke^{ke}=\frac{1}{ke}$ ········· ㉡

㉠을 ㉡에 대입하면

$\frac{1}{ke}=1\qquad\therefore k=\frac{1}{e}$

$\therefore f(x)=e^{\frac{x}{e}}$, $g(x)=e\ln x$

두 곡선 $y=f(x)$, $y=g(x)$는 직선 $y=x$에 대하여 대칭이므로 그림과 같다.

따라서 두 곡선 $y=f(x)$, $y=g(x)$ 및 x축, y축으로 둘러싸인 도형의 넓이는 곡선 $y=f(x)$와 직선 $y=x$ 및 y축으로 둘러싸인 도형의 넓이의 2배와 같으므로 구하는 넓이는

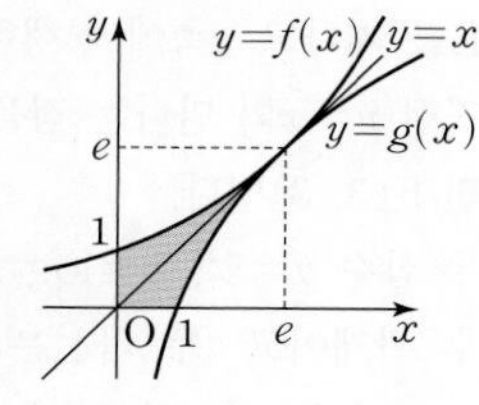

$$2\int_0^e(e^{\frac{x}{e}}-x)dx=2\left[e\times e^{\frac{x}{e}}-\frac{1}{2}x^2\right]_0^e$$
$$=2\left(e^2-\frac{1}{2}e^2-e\right)$$
$$=e^2-2e$$

2305 답 ③

두 곡선 $y=f(x)$, $y=g(x)$는 직선 $y=x$에 대하여 대칭이므로 두 곡선의 교점의 x좌표는 곡선 $y=f(x)$와 직선 $y=x$의 교점의 x좌표와 같다.

즉, $x+\sin x=x$에서 $\sin x=0$

$\therefore x=0$ 또는 $x=\pi$

따라서 두 곡선 $y=f(x)$, $y=g(x)$로 둘러싸인 도형의 넓이는 곡선 $y=f(x)$와 직선 $y=x$로 둘러싸인 도형의 넓이의 2배와 같으므로 그림에서 구하는 넓이는

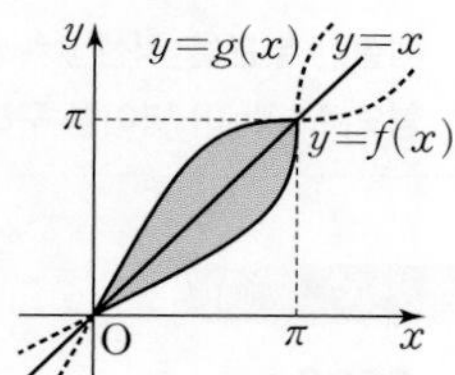

$$2\int_0^\pi(x+\sin x-x)dx=2\int_0^\pi\sin x\,dx$$
$$=2\Big[-\cos x\Big]_0^\pi=4$$

2306 답 ③

두 곡선 $y=f(x)$, $y=g(x)$는 직선 $y=x$에 대하여 대칭이므로 두 곡선의 교점의 x좌표는 곡선 $y=f(x)$와 직선 $y=x$의 교점의 x좌표와 같다.

즉, $-\frac{3}{x-5}+1=x$에서 $-\frac{3}{x-5}=x-1$

$(x-1)(x-5)=-3$, $x^2-6x+8=0$

$(x-2)(x-4)=0$

$\therefore x=2$ 또는 $x=4$

따라서 두 곡선 $y=f(x)$, $y=g(x)$로 둘러싸인 도형의 넓이는 곡선 $y=f(x)$와 직선 $y=x$로 둘러싸인 도형의 넓이의 2배와 같으므로 그림에서 구하는 넓이는

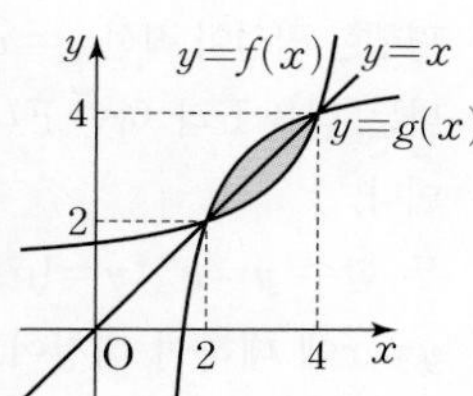

$$2\int_2^4\left\{x-\left(-\frac{3}{x-5}+1\right)\right\}dx=2\int_2^4\left(x-1+\frac{3}{x-5}\right)dx$$
$$=2\left[\frac{1}{2}x^2-x+3\ln|x-5|\right]_2^4$$
$$=2(4-3\ln 3)$$
$$=8-6\ln 3$$

2307 답 $\dfrac{14}{\ln 2}+16$

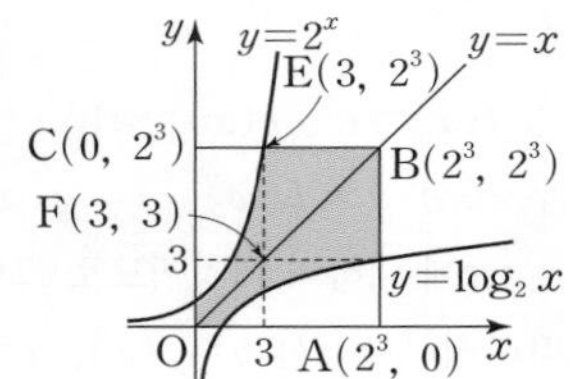

곡선 $y=2^x$이 선분 BC와 만나는 점을 E라 하면 E(3, 8)이고, 점 E를 지나고 y축에 평행한 직선이 직선 $y=x$와 만나는 점을 F라 하면 F(3, 3)이다.
두 함수 $y=2^x$, $y=\log_2 x$는 역함수 관계이고, 두 곡선은 직선 $y=x$에 대하여 대칭이므로 곡선 $y=2^x$과 y축 및 직선 $y=8$로 둘러싸인 도형의 넓이는 곡선 $y=\log_2 x$와 x축 및 직선 $x=8$로 둘러싸인 도형의 넓이와 같다.
따라서 색칠한 부분의 넓이는 곡선 $y=2^x$과 두 직선 $y=x$, $y=8$ 및 y축으로 둘러싸인 도형의 넓이의 2배와 같으므로
구하는 넓이는

$$2\left\{\int_0^3 (2^x-x)dx+(\triangle\text{BEF의 넓이})\right\}$$
$$=2\left(\left[\frac{2^x}{\ln 2}-\frac{1}{2}x^2\right]_0^3+\frac{1}{2}\times5\times5\right)$$
$$=2\left\{\left(\frac{7}{\ln 2}-\frac{9}{2}\right)+\frac{25}{2}\right\}$$
$$=\frac{14}{\ln 2}+16$$

실수 Check

색칠한 부분을 직선 $y=x$를 기준으로 나누고, 나눈 부분을 다시 두 도형으로 나누어 넓이를 구해야 한다.

Plus 문제

2307-1

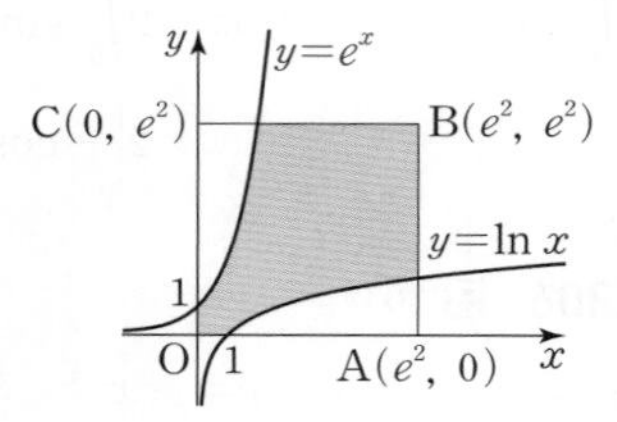

좌표평면에서 꼭짓점의 좌표가 O(0, 0), A(e^2, 0), B(e^2, e^2), C(0, e^2)인 정사각형 OABC가 있다. 그림과 같이 이 정사각형의 내부가 두 곡선 $y=e^x$, $y=\ln x$에 의해 세 부분으로 나뉠 때, 색칠한 부분의 넓이를 구하시오.

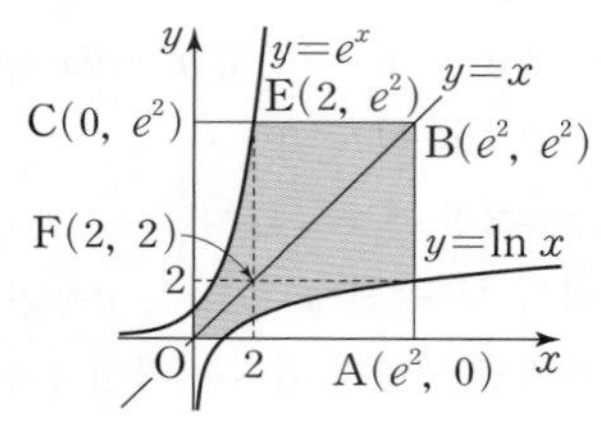

곡선 $y=e^x$이 선분 BC와 만나는 점을 E라 하면 E(2, e^2)이고, 점 E를 지나고 y축에 평행한 직선이 직선 $y=x$와 만나는 점을 F라 하면 F(2, 2)이다.
두 함수 $y=e^x$, $y=\ln x$는 역함수 관계이고, 두 곡선은 직선 $y=x$에 대하여 대칭이므로 곡선 $y=e^x$과 y축 및 직선 $y=e^2$으로 둘러싸인 도형의 넓이는 곡선 $y=\ln x$와 x축 및 직선 $x=e^2$으로 둘러싸인 도형의 넓이와 같다.
따라서 색칠한 부분의 넓이는 곡선 $y=e^x$과 두 직선 $y=x$, $y=e^2$ 및 y축으로 둘러싸인 도형의 넓이의 2배와 같으므로
구하는 넓이는

$$2\left\{\int_0^2 (e^x-x)dx+(\triangle\text{BEF의 넓이})\right\}$$
$$=2\left\{\left[e^x-\frac{1}{2}x^2\right]_0^2+\frac{1}{2}\times(e^2-2)\times(e^2-2)\right\}$$
$$=2\left\{e^2-3+\frac{1}{2}(e^2-2)^2\right\}$$
$$=2e^2-6+(e^2-2)^2$$
$$=2e^2-6+e^4-4e^2+4$$
$$=e^4-2e^2-2$$

답 e^4-2e^2-2

2308 답 ③ | 유형16

높이가 1m인 어떤 수조에 채워진 물의 깊이가 xm일 때의 수면은 한 변의 길이가 (x^2-2x+1)m인 정사각형이다. 이 수조에 물을 가득 채웠을 때의 물의 부피는?
단서1

① $\dfrac{1}{15}\text{m}^3$ ② $\dfrac{2}{15}\text{m}^3$ ③ $\dfrac{1}{5}\text{m}^3$
④ $\dfrac{4}{15}\text{m}^3$ ⑤ $\dfrac{1}{3}\text{m}^3$

단서1 (수면의 넓이)$=(x^2-2x+1)^2$

STEP 1 **수면의 넓이 구하기**

수면의 높이가 xm일 때의 수면의 넓이를 $S(x)$라 하면
$$S(x)=(x^2-2x+1)^2=\{(x-1)^2\}^2$$
$$=(x-1)^4(\text{m}^2)$$

STEP 2 **물의 부피 구하기**

구하는 부피는
$$\int_0^1 S(x)dx=\int_0^1 (x-1)^4dx$$
$$=\left[\frac{1}{5}(x-1)^5\right]_0^1$$
$$=\frac{1}{5}(\text{m}^3)$$

2309 답 ⑤

구하는 부피는
$$\int_0^5 \sqrt{5-x}\,dx=\left[-\frac{2}{3}(5-x)\sqrt{5-x}\right]_0^5$$
$$=\frac{10\sqrt{5}}{3}(\text{cm}^3)$$

2310 답 π

높이가 x일 때의 단면의 넓이를 $S(x)$라 하면
$$S(x)=\pi(\sqrt{x\sin x})^2=\pi x\sin x$$
따라서 구하는 부피는
$$\int_0^{\frac{\pi}{2}} S(x)dx=\int_0^{\frac{\pi}{2}} \pi x\sin x\,dx$$
→ $u(x)=x$, $v'(x)=\sin x$로 놓으면 $u'(x)=1$, $v(x)=-\cos x$
$$=\left[-\pi x\cos x\right]_0^{\frac{\pi}{2}}-\int_0^{\frac{\pi}{2}}(-\pi\cos x)\,dx$$
$$=\pi\left[\sin x\right]_0^{\frac{\pi}{2}}$$
$$=\pi$$

2311 답 ④

단면인 직사각형의 가로의 길이가 $e^{\frac{x}{2}}$일 때 세로의 길이는 $3e^{\frac{x}{2}}$이므로 높이가 x일 때의 단면의 넓이를 $S(x)$라 하면

$S(x)=e^{\frac{x}{2}}\times 3e^{\frac{x}{2}}=3e^x$

따라서 구하는 부피는

$\int_0^5 S(x)\,dx=\int_0^5 3e^x\,dx=\Big[3e^x\Big]_0^5=3e^5-3$

2312 답 $\frac{3}{8}$

높이가 x일 때의 단면의 넓이를 $S(x)$라 하면

$S(x)=\frac{\sqrt{3}}{4}\cos x$

따라서 구하는 부피는

$\int_0^{\frac{\pi}{3}} S(x)\,dx=\int_0^{\frac{\pi}{3}}\frac{\sqrt{3}}{4}\cos x\,dx=\frac{\sqrt{3}}{4}\Big[\sin x\Big]_0^{\frac{\pi}{3}}$

$=\frac{3}{8}$

2313 답 ⑤

주어진 입체도형의 부피는

$\int_0^2 2x\ln(x^2+1)dx$

$x^2+1=t$로 놓으면 $\frac{dt}{dx}=2x$

$x=0$일 때 $t=1$, $x=2$일 때 $t=5$이므로

$\int_0^2 2x\ln(x^2+1)dx=\int_1^5 \ln t\,dt$ → $u(t)=\ln t$, $v'(t)=1$로 놓으면 $u'(t)=\frac{1}{t}$, $v(t)=t$

$=\Big[t\ln t\Big]_1^5-\int_1^5 1\,dt$

$=5\ln 5-\Big[t\Big]_1^5$

$=5\ln 5-4$

따라서 $a=5$, $b=-4$이므로

$a+b=5+(-4)=1$

2314 답 ③

물의 깊이가 $x$cm일 때의 수면의 넓이를 $S(x)$라 하면

$S(x)=\pi e^{2x}(\text{cm}^2)$

그릇에 담긴 물의 부피가 $\frac{15}{2}\pi\text{cm}^3$일 때의 물의 깊이를 $k$cm라 하면 물의 부피는

$\int_0^k S(x)dx=\int_0^k \pi e^{2x}dx$

$=\Big[\frac{\pi}{2}e^{2x}\Big]_0^k$

$=\frac{\pi}{2}e^{2k}-\frac{\pi}{2}(\text{cm}^3)$

즉, $\frac{\pi}{2}e^{2k}-\frac{\pi}{2}=\frac{15}{2}\pi$이므로

$\frac{\pi}{2}e^{2k}=8\pi$, $e^{2k}=16$

$2k=\ln 16$, $2k=4\ln 2$

$\therefore k=2\ln 2$

따라서 물의 깊이는 $2\ln 2$cm이다.

2315 답 4

주어진 입체도형의 부피는

$\int_0^a \frac{x^2+4x+6}{x+2}dx=\int_0^a \frac{(x+2)^2+2}{x+2}dx$

$=\int_0^a\left(x+2+\frac{2}{x+2}\right)dx$

$=\Big[\frac{1}{2}x^2+2x+2\ln|x+2|\Big]_0^a$

$=\frac{1}{2}a^2+2a+2\ln|a+2|-2\ln 2$

따라서 $\frac{1}{2}a^2+2a+2\ln|a+2|-2\ln 2=16+2\ln 3$이므로

$\frac{1}{2}a^2+2a=16$이고 $2\ln|a+2|-2\ln 2=2\ln 3$

즉, $a^2+4a-32=0$이고 $\ln|a+2|=\ln 6$이므로

$(a+8)(a-4)=0$이고 $a+2=6$ 또는 $a+2=-6$

$\therefore a=-8$ 또는 $a=4$

이때 a는 양수이므로

$a=4$

2316 답 ④

구하는 물의 부피는

$\int_0^{\sqrt{5}} 2x\sqrt{x^2+4}\,dx$

$x^2+4=t$로 놓으면 $\frac{dt}{dx}=2x$

$x=0$일 때 $t=4$, $x=\sqrt{5}$일 때 $t=9$이므로

$\int_0^{\sqrt{5}} 2x\sqrt{x^2+4}\,dx=\int_4^9\sqrt{t}\,dt$

$=\Big[\frac{2}{3}t\sqrt{t}\Big]_4^9$

$=\frac{2}{3}\times(27-8)$

$=\frac{38}{3}$

2317 답 ③ | 유형 17

곡선 $y=\sqrt{2+\cos x}$ $(0\le x\le\pi)$와 x축, y축 및 직선 $x=\pi$로 둘러싸인 도형을 밑면으로 하는 입체도형이 있다. 이 입체도형을 x축에 수직인 평면으로 자른 단면이 모두 정삼각형일 때, 이 입체도형의 부피는?

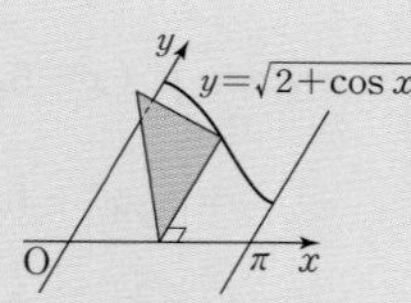

① $\frac{\pi}{2}$ ② π ③ $\frac{\sqrt{3}}{2}\pi$

④ $\sqrt{3}\pi$ ⑤ 2π

단서1 (단면의 넓이)$=\frac{\sqrt{3}}{4}(\sqrt{2+\cos x})^2$

STEP 1 단면의 넓이 구하기

점 $(x, 0)$ $(0\le x\le\pi)$을 지나고 x축에 수직인 평면으로 입체도형을 자른 단면의 넓이를 $S(x)$라 하면

$S(x)=\frac{\sqrt{3}}{4}(\sqrt{2+\cos x})^2$

$=\frac{\sqrt{3}}{4}(2+\cos x)$

STEP 2 **입체도형의 부피 구하기**

구하는 부피는

$$\int_0^{\pi} S(x)dx=\int_0^{\pi}\frac{\sqrt{3}}{4}(2+\cos x)dx=\frac{\sqrt{3}}{4}\Big[2x+\sin x\Big]_0^{\pi}$$
$$=\frac{\sqrt{3}}{4}\times 2\pi$$
$$=\frac{\sqrt{3}}{2}\pi$$

2318 답 $\frac{4}{3}$

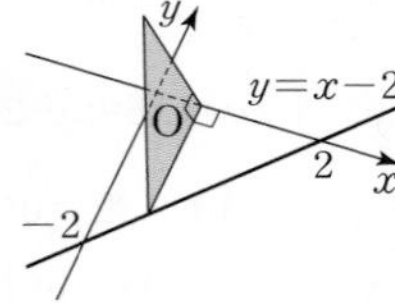

그림에서 점 $(x,\ 0)$ $(0\le x\le 2)$을 지나고 x축에 수직인 평면으로 입체도형을 자른 단면의 넓이를 $S(x)$라 하면

$$S(x)=\frac{1}{2}(2-x)^2$$
$$=\frac{1}{2}(x^2-4x+4)$$
$$=\frac{1}{2}x^2-2x+2$$

따라서 구하는 부피는

$$\int_0^2 S(x)dx=\int_0^2\left(\frac{1}{2}x^2-2x+2\right)dx$$
$$=\left[\frac{1}{6}x^3-x^2+2x\right]_0^2$$
$$=\frac{4}{3}$$

2319 답 $\frac{27}{2}$

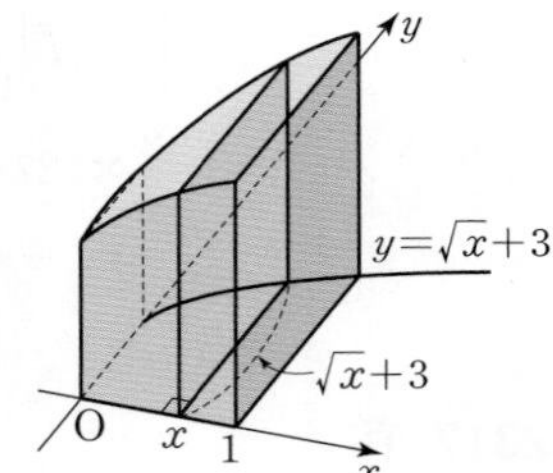

그림에서 점 $(x,\ 0)$ $(0\le x\le 1)$을 지나고 x축에 수직인 평면으로 입체도형을 자른 단면의 넓이를 $S(x)$라 하면

$$S(x)=(\sqrt{x}+3)^2$$
$$=x+6\sqrt{x}+9$$

따라서 구하는 부피는

$$\int_0^1 S(x)dx=\int_0^1(x+6\sqrt{x}+9)dx$$
$$=\left[\frac{1}{2}x^2+4x\sqrt{x}+9x\right]_0^1$$
$$=\frac{27}{2}$$

2320 답 ②

점 $(x,\ 0)$ $(0\le x\le \ln 2)$을 지나고 x축에 수직인 평면으로 입체도형을 자른 단면의 넓이를 $S(x)$라 하면

$S(x)=(e^x)^2=e^{2x}$

따라서 구하는 부피는

$$\int_0^{\ln 2} S(x)dx=\int_0^{\ln 2} e^{2x}dx$$
$$=\left[\frac{1}{2}e^{2x}\right]_0^{\ln 2}$$
$$=\frac{1}{2}e^{2\ln 2}-\frac{1}{2}$$
$$=\frac{1}{2}\times 4-\frac{1}{2}=\frac{3}{2}$$

2321 답 $4-\pi$

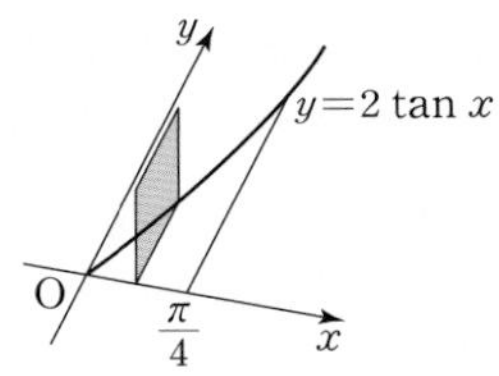

그림에서 점 $(x,\ 0)$ $\left(0\le x\le \frac{\pi}{4}\right)$을 지나고 x축에 수직인 평면으로 입체도형을 자른 단면의 넓이를 $S(x)$라 하면

$S(x)=(2\tan x)^2=4\tan^2 x$

따라서 구하는 부피는

$$\int_0^{\frac{\pi}{4}} S(x)dx=\int_0^{\frac{\pi}{4}} 4\tan^2 x\,dx$$
$$=\int_0^{\frac{\pi}{4}} 4(\sec^2 x-1)dx$$
$$=4\Big[\tan x-x\Big]_0^{\frac{\pi}{4}}$$
$$=4\left(1-\frac{\pi}{4}\right)=4-\pi$$

2322 답 $\frac{\pi}{2}$

점 $(x,\ 0)$ $\left(0\le x\le \frac{\pi}{2}\right)$을 지나고 x축에 수직인 평면으로 입체도형을 자른 단면의 넓이를 $S(x)$라 하면 단면인 반원의 지름의 길이가 $2\sqrt{\sin x}$, 즉 반지름의 길이가 $\sqrt{\sin x}$이므로

$$S(x)=\frac{\pi}{2}\times(\sqrt{\sin x})^2$$
$$=\frac{\pi}{2}\sin x$$

따라서 구하는 부피는

$$\int_0^{\frac{\pi}{2}} S(x)dx=\int_0^{\frac{\pi}{2}}\frac{\pi}{2}\sin x\,dx=\frac{\pi}{2}\Big[-\cos x\Big]_0^{\frac{\pi}{2}}$$
$$=\frac{\pi}{2}$$

2323 답 ⑤

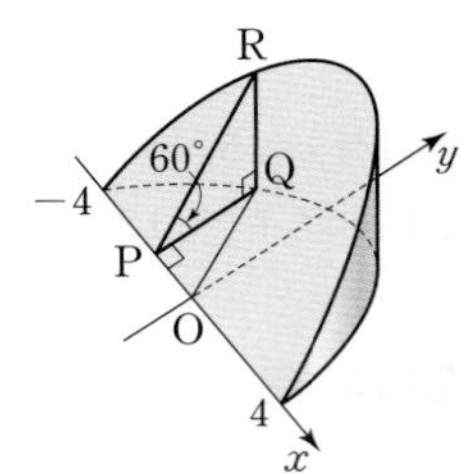

그림과 같이 입체도형을 밑면의 중심을 원점 O, 자른 평면과 밑면의 교선을 x축으로 하는 좌표평면 위에 놓고, x축 위의 점 $\mathrm{P}(x,\ 0)$ $(-4\le x\le 4)$을 지나고 x축에 수직인 평면으로 입체도형을 자른 단면을 △PQR라 하자.

이때 직각삼각형 PQR에서

$\overline{\mathrm{PQ}}=\sqrt{\overline{\mathrm{OQ}}^2-\overline{\mathrm{OP}}^2}=\sqrt{16-x^2}$

$\overline{\mathrm{RQ}}=\overline{\mathrm{PQ}}\tan 60^\circ=\sqrt{3}\sqrt{16-x^2}$

△PQR의 넓이를 $S(x)$라 하면

$$S(x)=\frac{1}{2}\times\overline{\mathrm{PQ}}\times\overline{\mathrm{RQ}}$$
$$=\frac{\sqrt{3}}{2}(16-x^2)$$

따라서 구하는 부피는

$$\int_{-4}^4 S(x)dx=\int_{-4}^4\frac{\sqrt{3}}{2}(16-x^2)dx$$
$$=\sqrt{3}\int_0^4(16-x^2)dx$$

→ $f(-x)=f(x)$일 때, $\int_{-a}^a f(x)dx=2\int_0^a f(x)dx$

$$=\sqrt{3}\left[16x-\frac{1}{3}x^3\right]_0^4$$
$$=\sqrt{3}\times\frac{128}{3}=\frac{128\sqrt{3}}{3}$$

실수 Check

원기둥의 밑면을 좌표평면에 놓고 밑면과 수직인 면들의 모양이 무엇인지 살펴본다.

2324 답 ②

점 $(x, 0)$ $(0\le x\le k)$을 지나고 x축에 수직인 평면으로 입체도형을 자른 단면의 넓이를 $S(x)$라 하면

$S(x)=\left(\sqrt{\dfrac{e^x}{e^x+1}}\right)^2=\dfrac{e^x}{e^x+1}$

따라서 구하는 부피는

$\displaystyle\int_0^k S(x)dx=\int_0^k \frac{e^x}{e^x+1}dx$

$\displaystyle=\int_0^k \frac{(e^x+1)'}{e^x+1}dx$

$=\Big[\ln(e^x+1)\Big]_0^k$ $(\because e^x+1>0)$

$=\ln(e^k+1)-\ln 2=\ln\dfrac{e^k+1}{2}$

즉, $\ln\dfrac{e^k+1}{2}=\ln 7$이므로

$\dfrac{e^k+1}{2}=7$, $e^k=13$

$\therefore k=\ln 13$

2325 답 340

점 $(x, 0)$ $(0\le x\le 2)$을 지나는 직선을 포함하고 x축에 수직인 평면으로 입체도형을 자른 단면인 정사각형의 한 변의 길이는

$(2\sqrt{2x}+1)-\sqrt{2x}=\sqrt{2x}+1$

단면의 넓이를 $S(x)$라 하면

$S(x)=(\sqrt{2x}+1)^2$

$=2x+2\sqrt{2x}+1$

따라서 구하는 부피 V는

$\displaystyle V=\int_0^2 S(x)dx=\int_0^2(2x+2\sqrt{2x}+1)dx$

$=\left[x^2+\dfrac{4\sqrt{2}}{3}x\sqrt{x}+x\right]_0^2$

$=\dfrac{34}{3}$

$\therefore 30V=30\times\dfrac{34}{3}=340$

2326 답 ②

점 $(x, 0)$ $(1\le x\le 2)$을 지나고 x축에 수직인 평면으로 입체도형을 자른 단면의 넓이를 $S(x)$라 하면

$S(x)=\left(\sqrt{\dfrac{3x+1}{x^2}}\right)^2=\dfrac{3x+1}{x^2}$

따라서 구하는 부피는

$\displaystyle\int_1^2 S(x)dx=\int_1^2\frac{3x+1}{x^2}dx$

$\displaystyle=\int_1^2\left(\frac{3}{x}+\frac{1}{x^2}\right)dx$

$=\left[3\ln|x|-\dfrac{1}{x}\right]_1^2=3\ln 2-\dfrac{1}{2}+1$

$=\dfrac{1}{2}+3\ln 2$

2327 답 ④ | 유형 18

수직선 위를 움직이는 점 P의 시각 t에서의 속도가 $v(t)=3t^2-1$일 때, 원점에서 출발한 후 다시 원점으로 돌아올 때까지 점 P가 움직인 거리는? (단서1)

① $\dfrac{\sqrt{3}}{9}$ ② $\dfrac{2\sqrt{3}}{9}$ ③ $\dfrac{\sqrt{3}}{3}$
④ $\dfrac{4\sqrt{3}}{9}$ ⑤ $\dfrac{5\sqrt{3}}{9}$

단서1 원점으로 돌아올 때의 시각은 (위치)=0일 때의 시각

STEP 1 점 P가 출발한 후 다시 원점으로 돌아오는 시각 구하기

$t=0$에서의 점 P의 위치가 0이므로 $t=a$ $(a>0)$에서의 점 P의 위치는

$\displaystyle 0+\int_0^a(3t^2-1)dt=\Big[t^3-t\Big]_0^a=a^3-a$

점 P가 $t=a$일 때 다시 원점으로 돌아온다고 하면 (→ 위치가 0일 때의 시각이다.)

$a^3-a=0$, $a(a+1)(a-1)=0$

$\therefore a=1$ $(\because a>0)$

STEP 2 점 P가 움직인 거리 구하기

구하는 거리는

$\displaystyle\int_0^1|3t^2-1|dt=\int_0^{\frac{\sqrt{3}}{3}}(-3t^2+1)dt+\int_{\frac{\sqrt{3}}{3}}^1(3t^2-1)dt$

(→ $3t^2-1=0$에서 $(\sqrt{3}t-1)(\sqrt{3}t+1)=0$이므로 $0\le t\le\dfrac{\sqrt{3}}{3}$일 때 $3t^2-1\le 0$, $\dfrac{\sqrt{3}}{3}\le t\le 1$일 때 $3t^2-1\ge 0$)

$=\Big[-t^3+t\Big]_0^{\frac{\sqrt{3}}{3}}+\Big[t^3-t\Big]_{\frac{\sqrt{3}}{3}}^1$

$=\dfrac{2\sqrt{3}}{9}+\dfrac{2\sqrt{3}}{9}$

$=\dfrac{4\sqrt{3}}{9}$

2328 답 $\dfrac{3}{2}$

$t=0$에서의 위치가 0이므로

$\displaystyle\int_0^{\ln 2}|3e^t-e^{2t}|dt=\int_0^{\ln 2}(3e^t-e^{2t})dt$

(→ $v(t)=e^t(3-e^t)$이고 $0\le t\le\ln 2$에서 $1\le e^t\le 2$이므로 $v(t)>0$이다.)

$=\left[3e^t-\dfrac{1}{2}e^{2t}\right]_0^{\ln 2}$

$=4-\dfrac{5}{2}=\dfrac{3}{2}$

2329 답 $\dfrac{6}{\pi}$

운동 방향을 바꾸는 순간의 속도는 0이므로 $v(t)=0$에서

$\cos\dfrac{\pi}{2}t=0$

즉, $\dfrac{\pi}{2}t=\dfrac{\pi}{2}, \dfrac{3}{2}\pi, \dfrac{5}{2}\pi, \cdots$에서

$t=1, 3, 5, \cdots$

이므로 두 번째로 운동 방향을 바꾸는 시각은

$t=3$

따라서 구하는 거리는

$\displaystyle\int_0^3\left|\cos\frac{\pi}{2}t\right|dt=\int_0^1\cos\frac{\pi}{2}t\,dt+\int_1^3\left(-\cos\frac{\pi}{2}t\right)dt$

$=\left[\dfrac{2}{\pi}\sin\dfrac{\pi}{2}t\right]_0^1+\left[-\dfrac{2}{\pi}\sin\dfrac{\pi}{2}t\right]_1^3$

$=\dfrac{2}{\pi}+\dfrac{4}{\pi}=\dfrac{6}{\pi}$

2330 답 $\frac{\pi}{2}$

점 P가 움직인 거리는

$$\int_0^a |\cos^3 t|\,dt=\int_0^a \cos^3 t\,dt \left(\because 0\le a\le\frac{\pi}{2}\right)$$
$$=\int_0^a \cos^2 t\cos t\,dt=\int_0^a (1-\sin^2 t)\cos t\,dt$$

$\sin t=x$로 놓으면 $\frac{dx}{dt}=\cos t$

$t=0$일 때 $x=0$, $t=a$일 때 $x=\sin a$이므로

$$\int_0^a (1-\sin^2 t)\cos t\,dt=\int_0^{\sin a}(1-x^2)dx$$
$$=\left[x-\frac{1}{3}x^3\right]_0^{\sin a}=-\frac{1}{3}\sin^3 a+\sin a$$

따라서 $-\frac{1}{3}\sin^3 a+\sin a=\frac{2}{3}$이므로

$\sin^3 a-3\sin a+2=0$, $(\sin a-1)^2(\sin a+2)=0$

$\therefore \sin a=1$ ($\because -1\le\sin a\le 1$)

$\therefore a=\frac{\pi}{2}\left(\because 0\le a\le\frac{\pi}{2}\right)$

2331 답 $3e^2-1$

점 P의 시각 t에서의 가속도는

$v'(t)=e^t+(t+a)e^t=(t+a+1)e^t$

$t=1$에서의 가속도는

$v'(1)=(a+2)e$

따라서 $(a+2)e=4e$이므로

$a+2=4$ $\quad\therefore a=2$, $v(t)=(t+2)e^t$

따라서 구하는 거리는

$$\int_0^2 |(t+2)e^t|\,dt=\int_0^2 (t+2)e^t\,dt$$
→ $f(t)=t+2$, $g'(t)=e^t$으로 놓으면 $f'(t)=1$, $g(t)=e^t$
$$=\left[(t+2)e^t\right]_0^2-\int_0^2 e^t\,dt$$
$$=4e^2-2-\left[e^t\right]_0^2$$
$$=4e^2-2-e^2+1=3e^2-1$$

2332 답 ⑤

ㄱ. $0<t<6$에서 $v(t)=\sin\frac{\pi}{2}t=0$을 만족시키는 t의 값은 $t=2$, $t=4$이고, 이때 속도의 부호가 바뀌므로 점 P는 운동 방향을 두 번 바꾸었다. (참)

ㄴ. $0<t<6$에서 시각 t에서의 점 P의 위치를 $x(t)$라 하면

$$x(t)=\int_0^t \sin\frac{\pi}{2}t\,dt=\left[-\frac{2}{\pi}\cos\frac{\pi}{2}t\right]_0^t$$
$$=\frac{2}{\pi}\left(1-\cos\frac{\pi}{2}t\right)$$

이때 $x(t)=0$을 만족시키는 t의 값은

$1-\cos\frac{\pi}{2}t=0$, $\cos\frac{\pi}{2}t=1$ $\quad\therefore t=4$ ($\because 0<t<6$)

즉, 점 P는 $t=4$일 때 원점을 한 번 통과했다. (참)

ㄷ. $$\int_0^6\left|\sin\frac{\pi}{2}t\right|dt=3\int_0^2 \sin\frac{\pi}{2}t\,dt$$
$$=3\left[-\frac{2}{\pi}\cos\frac{\pi}{2}t\right]_0^2=\frac{12}{\pi}\text{ (참)}$$

따라서 옳은 것은 ㄱ, ㄴ, ㄷ이다.

실수 Check

점 P가 운동 방향을 바꾸는 지점은 속도의 부호가 바뀌는 점, 즉 (속도)$=0$인 지점이다.

2333 답 ③ | 유형 19

좌표평면 위를 움직이는 점 P의 시각 t에서의 위치 (x, y)가 $x=e^t+e^{-t}$, $y=2t$일 때, 시각 $t=0$에서 $t=1$까지 점 P가 움직인 거리는? (단서1)

① $e-\frac{1}{e}-2$ ② $e-\frac{1}{e}-1$ ③ $e-\frac{1}{e}$

④ $e-\frac{1}{e}+1$ ⑤ $e-\frac{1}{e}+2$

단서1 적분 구간은 $\int_0^1$

STEP1 $\frac{dx}{dt}$, $\frac{dy}{dt}$ 구하기

$\frac{dx}{dt}=e^t-e^{-t}$, $\frac{dy}{dt}=2$

STEP2 점 P가 움직인 거리 구하기

$t=0$에서 $t=1$까지 점 P가 움직인 거리는

$$\int_0^1\sqrt{(e^t-e^{-t})^2+2^2}\,dt=\int_0^1\sqrt{e^{2t}+2+e^{-2t}}\,dt$$
$$=\int_0^1\sqrt{(e^t+e^{-t})^2}\,dt$$
$$=\int_0^1 (e^t+e^{-t})dt\ (\because e^t+e^{-t}>0)$$
$$=\left[e^t-e^{-t}\right]_0^1$$
$$=e-\frac{1}{e}$$

2334 답 10

$\frac{dx}{dt}=4$, $\frac{dy}{dt}=-3$이므로

$t=1$에서 $t=3$까지 점 P가 움직인 거리는

$$\int_1^3\sqrt{4^2+(-3)^2}\,dt=\int_1^3\sqrt{25}\,dt$$
$$=\int_1^3 5\,dt$$
$$=\left[5t\right]_1^3$$
$$=10$$

2335 답 ②

$\frac{dx}{dt}=-2\pi\sin\pi t$, $\frac{dy}{dt}=2\pi\cos\pi t$이므로

$t=0$에서 $t=a$까지 점 P가 움직인 거리는

$$\int_0^a\sqrt{(-2\pi\sin\pi t)^2+(2\pi\cos\pi t)^2}\,dt$$
$$=\int_0^a\sqrt{4\pi^2(\sin^2\pi t+\cos^2\pi t)}\,dt$$
$$=\int_0^a 2\pi\,dt=\left[2\pi t\right]_0^a=2a\pi$$

따라서 $2a\pi=4\pi$이므로

$a=2$

2336 답 ①

$\frac{dx}{dt}=e^t$, $\frac{dy}{dt}=\frac{1}{4}e^{2t}-1$이므로 $t=0$에서 $t=1$까지 점 P가 움직인 거리는

$$\int_0^1\sqrt{(e^t)^2+\left(\frac{1}{4}e^{2t}-1\right)^2}\,dt=\int_0^1\sqrt{\frac{1}{16}e^{4t}+\frac{1}{2}e^{2t}+1}\,dt$$
$$=\int_0^1\sqrt{\left(\frac{1}{4}e^{2t}+1\right)^2}\,dt$$
$$=\int_0^1\left(\frac{1}{4}e^{2t}+1\right)dt$$
$$=\left[\frac{1}{8}e^{2t}+t\right]_0^1=\frac{1}{8}e^2+\frac{7}{8}$$

따라서 $a=\frac{1}{8}$, $b=\frac{7}{8}$이므로

$a+b=\frac{1}{8}+\frac{7}{8}=1$

2337 답 $e-\frac{1}{e}$

$\frac{dx}{dt}=\frac{1}{t}$, $\frac{dy}{dt}=\frac{1}{2}\left(1-\frac{1}{t^2}\right)$이므로 $t=\frac{1}{e}$에서 $t=e$까지 점 P가 움직인 거리는

$$\int_{\frac{1}{e}}^{e}\sqrt{\left(\frac{1}{t}\right)^2+\left\{\frac{1}{2}\left(1-\frac{1}{t^2}\right)\right\}^2}\,dt=\int_{\frac{1}{e}}^{e}\sqrt{\frac{1}{4t^4}+\frac{1}{2t^2}+\frac{1}{4}}\,dt$$
$$=\int_{\frac{1}{e}}^{e}\sqrt{\frac{1}{4}\left(1+\frac{1}{t^2}\right)^2}\,dt$$
$$=\int_{\frac{1}{e}}^{e}\frac{1}{2}\left(1+\frac{1}{t^2}\right)dt$$
$$=\left[\frac{1}{2}t-\frac{1}{2t}\right]_{\frac{1}{e}}^{e}=e-\frac{1}{e}$$

2338 답 $\frac{3}{32}\pi^2$

$\frac{dx}{dt}=-\sin t+\sin t+t\cos t=t\cos t$

$\frac{dy}{dt}=\cos t-\cos t+t\sin t=t\sin t$

즉, $t=\frac{\pi}{4}$에서 $t=\frac{\pi}{2}$까지 점 P가 움직인 거리는

$$\int_{\frac{\pi}{4}}^{\frac{\pi}{2}}\sqrt{(t\cos t)^2+(t\sin t)^2}\,dt=\int_{\frac{\pi}{4}}^{\frac{\pi}{2}}\sqrt{t^2(\cos^2 t+\sin^2 t)}\,dt$$
$$=\int_{\frac{\pi}{4}}^{\frac{\pi}{2}}t\,dt\ (\because\ t>0)$$
$$=\left[\frac{1}{2}t^2\right]_{\frac{\pi}{4}}^{\frac{\pi}{2}}=\frac{1}{2}\left(\frac{\pi^2}{4}-\frac{\pi^2}{16}\right)=\frac{3}{32}\pi^2$$

2339 답 4

$\frac{dx}{dt}=t-1$, $\frac{dy}{dt}=2\sqrt{t}$

즉, 점 P의 시각 t에서의 속력은

$\sqrt{(t-1)^2+(2\sqrt{t})^2}=\sqrt{t^2+2t+1}=|t+1|$

이때 점 P가 출발한 후 속력이 3이 되는 때는 $t>0$에서

$|t+1|=3$

즉, $t+1=3$이므로 $t=2$

따라서 $t=0$에서 $t=2$까지 점 P가 움직인 거리는

$$\int_0^2|t+1|\,dt=\int_0^2(t+1)\,dt=\left[\frac{1}{2}t^2+t\right]_0^2=4$$

2340 답 ⑤

ㄱ. $\frac{dx}{dt}=1-2\sin t$, $\frac{dy}{dt}=\sqrt{3}\cos t$이므로 $t=\frac{\pi}{2}$일 때의 속도는

$\left(1-2\sin\frac{\pi}{2},\ \sqrt{3}\cos\frac{\pi}{2}\right)$, 즉 $(-1,\ 0)$ (참)

ㄴ. 점 P의 속도는

$$\sqrt{\left(\frac{dx}{dt}\right)^2+\left(\frac{dy}{dt}\right)^2}=\sqrt{(1-2\sin t)^2+(\sqrt{3}\cos t)^2}$$
$$=\sqrt{1-4\sin t+4\sin^2 t+3\cos^2 t}$$
$$=\sqrt{1-4\sin t+4\sin^2 t+3(1-\sin^2 t)}$$
$$=\sqrt{\sin^2 t-4\sin t+4}$$
$$=\sqrt{(\sin t-2)^2}$$
$$=|\sin t-2|$$
$$=2-\sin t\ (\because\ -1\le\sin t\le 1)$$

$-1\le\sin t\le 1$에서 $-1\le-\sin t\le 1$, $1\le 2-\sin t\le 3$이므로 $0\le t\le 2\pi$일 때 속도의 크기의 최솟값은 1이다. (참)

ㄷ. $t=\pi$에서 $t=2\pi$까지 점 P가 움직인 거리는

$$\int_{\pi}^{2\pi}\sqrt{\left(\frac{dx}{dt}\right)^2+\left(\frac{dy}{dt}\right)^2}\,dt=\int_{\pi}^{2\pi}(2-\sin t)\,dt$$
$$=\left[2t+\cos t\right]_{\pi}^{2\pi}$$
$$=2\pi+2\ (\text{참})$$

따라서 옳은 것은 ㄱ, ㄴ, ㄷ이다.

2341 답 ①

곡선 $y=x^2$과 직선 $y=t^2x-\frac{\ln t}{8}$가 만나는 점의 x좌표는

$x^2=t^2x-\frac{\ln t}{8}$에서 $x^2-t^2x+\frac{\ln t}{8}=0$

이차방정식 $x^2-t^2x+\frac{\ln t}{8}=0$의 두 근을 α, β라 하면 근과 계수의 관계에 의해

$\alpha+\beta=t^2$, $\alpha\beta=\frac{\ln t}{8}$

$\therefore\ \alpha^2+\beta^2=(\alpha+\beta)^2-2\alpha\beta=t^4-\frac{\ln t}{4}$

곡선 $y=x^2$과 직선 $y=t^2x-\frac{\ln t}{8}$가 만나는 두 점의 좌표는 $(\alpha,\ \alpha^2)$, $(\beta,\ \beta^2)$이므로 두 점을 이은 선분의 중점의 좌표는

$\left(\frac{\alpha+\beta}{2},\ \frac{\alpha^2+\beta^2}{2}\right)$, 즉 $\left(\frac{1}{2}t^2,\ \frac{1}{2}t^4-\frac{1}{8}\ln t\right)$이다.

즉, 점 P의 시각 t에서의 위치 $(x,\ y)$가

$x=\frac{1}{2}t^2$, $y=\frac{1}{2}t^4-\frac{1}{8}\ln t$이므로

$\frac{dx}{dt}=t$, $\frac{dy}{dt}=2t^3-\frac{1}{8t}$

따라서 $t=1$에서 $t=e$까지 점 P가 움직인 거리는

$$\int_1^e\sqrt{t^2+\left(2t^3-\frac{1}{8t}\right)^2}\,dt=\int_1^e\sqrt{4t^6+\frac{1}{2}t^2+\frac{1}{64t^2}}\,dt$$
$$=\int_1^e\sqrt{\left(2t^3+\frac{1}{8t}\right)^2}\,dt$$
$$=\int_1^e\left(2t^3+\frac{1}{8t}\right)dt$$
$$=\left[\frac{1}{2}t^4+\frac{\ln t}{8}\right]_1^e$$
$$=\frac{e^4}{2}-\frac{3}{8}$$

실수 Check

두 점 (x_1, y_1), (x_2, y_2)의 중점의 좌표가 $\left(\frac{x_1+x_2}{2}, \frac{y_1+y_2}{2}\right)$임을 이용한다.
이때 x_1과 x_2는 이차방정식의 두 근이고 근을 바로 구하기 어려우므로 근과 계수의 관계를 이용해야 한다.

Plus 문제

2341-1

좌표평면 위를 움직이는 점 P의 시각 t $(t>0)$에서의 위치가 곡선 $y=x^2$과 직선 $y=4tx-\frac{15}{2}t^2-\ln t$가 만나는 서로 다른 두 점의 중점일 때, 시각 $t=1$에서 $t=e$까지 점 P가 움직인 거리를 구하시오.

곡선 $y=x^2$과 직선 $y=4tx-\frac{15}{2}t^2-\ln t$가 만나는 점의 x좌표는

$x^2=4tx-\frac{15}{2}t^2-\ln t$에서

$x^2-4tx+\frac{15}{2}t^2+\ln t=0$

이차방정식 $x^2-4tx+\frac{15}{2}t^2+\ln t=0$의 두 근을 α, β라 하면 근과 계수의 관계에 의해

$\alpha+\beta=4t$, $\alpha\beta=\frac{15}{2}t^2+\ln t$

$\therefore \alpha^2+\beta^2=(\alpha+\beta)^2-2\alpha\beta$
$=16t^2-15t^2-2\ln t$
$=t^2-2\ln t$

곡선 $y=x^2$과 직선 $y=4tx-\frac{15}{2}t^2-\ln t$가 만나는 두 점의 좌표는 (α, α^2), (β, β^2)이므로 두 점을 이은 선분의 중점의 좌표는

$\left(\frac{\alpha+\beta}{2}, \frac{\alpha^2+\beta^2}{2}\right)$, 즉 $\left(2t, \frac{1}{2}t^2-\ln t\right)$

즉, 점 P의 시각 t에서의 위치 (x, y)가

$x=2t$, $y=\frac{1}{2}t^2-\ln t$이므로

$\frac{dx}{dt}=2$, $\frac{dy}{dt}=t-\frac{1}{t}$

따라서 $t=1$에서 $t=e$까지 점 P가 움직인 거리는

$$\int_1^e \sqrt{2^2+\left(t-\frac{1}{t}\right)^2}\,dt=\int_1^e \sqrt{t^2+2+\frac{1}{t^2}}\,dt$$
$$=\int_1^e \sqrt{\left(t+\frac{1}{t}\right)^2}\,dt$$
$$=\int_1^e \left(t+\frac{1}{t}\right)dt$$
$$=\left[\frac{1}{2}t^2+\ln t\right]_1^e$$
$$=\frac{1}{2}e^2+1-\frac{1}{2}$$
$$=\frac{e^2+1}{2}$$

답 $\frac{e^2+1}{2}$

2342 답 ③ | 유형 20

곡선 $x=2t^3-6t+1$, $y=6t^2$ $(0\le t\le 1)$의 길이는? 단서1

① 4 ② 6 ③ 8
④ 9 ⑤ 10

단서1 적분 구간은 $\int_0^1$

STEP 1 $\frac{dx}{dt}$, $\frac{dy}{dt}$ 구하기

$\frac{dx}{dt}=6t^2-6$, $\frac{dy}{dt}=12t$

STEP 2 곡선의 길이 구하기

구하는 곡선의 길이는

$$\int_0^1 \sqrt{(6t^2-6)^2+(12t)^2}\,dt=\int_0^1 \sqrt{36t^4+72t^2+36}\,dt$$
$$=\int_0^1 \sqrt{(6t^2+6)^2}\,dt=\int_0^1 (6t^2+6)\,dt$$
$$=\left[2t^3+6t\right]_0^1=8$$

2343 답 e^2+1

$\frac{dx}{dt}=e^t-1$, $\frac{dy}{dt}=2e^{\frac{t}{2}}$

따라서 구하는 곡선의 길이는

$$\int_0^2 \sqrt{(e^t-1)^2+(2e^{\frac{t}{2}})^2}\,dt=\int_0^2 \sqrt{e^{2t}+2e^t+1}\,dt$$
$$=\int_0^2 \sqrt{(e^t+1)^2}\,dt$$
$$=\int_0^2 (e^t+1)\,dt=\left[e^t+t\right]_0^2$$
$$=e^2+2-1=e^2+1$$

2344 답 ①

$\frac{dx}{dt}=\frac{2}{t}$, $\frac{dy}{dt}=1-\frac{1}{t^2}$ → $x=\ln t^2=2\ln t$이므로 $\frac{dx}{dt}=\frac{2}{t}$

따라서 주어진 곡선의 길이는

$$\int_1^a \sqrt{\left(\frac{2}{t}\right)^2+\left(1-\frac{1}{t^2}\right)^2}\,dt=\int_1^a \sqrt{\frac{1}{t^4}+\frac{2}{t^2}+1}\,dt$$
$$=\int_1^a \sqrt{\left(\frac{1}{t^2}+1\right)^2}\,dt$$
$$=\int_1^a \left(\frac{1}{t^2}+1\right)dt$$
$$=\left[-\frac{1}{t}+t\right]_1^a=a-\frac{1}{a}$$

따라서 $a-\frac{1}{a}=\frac{8}{3}$이므로 $3a^2-8a-3=0$

$(3a+1)(a-3)=0$ $\therefore a=3$ $(\because a>0)$

2345 답 ④

$$\frac{dx}{dt}=\frac{\sec^2 t+\tan t\sec t}{\tan t+\sec t}-\cos t$$
$$=\frac{\sec t(\tan t+\sec t)}{\tan t+\sec t}-\cos t$$
$$=\sec t-\cos t$$

$\frac{dy}{dt}=-\sin t$

따라서 주어진 곡선의 길이는

$$\int_0^{\frac{\pi}{3}}\sqrt{(\sec t-\cos t)^2+(-\sin t)^2}\,dt$$
$$=\int_0^{\frac{\pi}{3}}\sqrt{\sec^2 t-2+\cos^2 t+\sin^2 t}\,dt$$
$$=\int_0^{\frac{\pi}{3}}\sqrt{\sec^2 t-1}\,dt=\int_0^{\frac{\pi}{3}}\sqrt{\tan^2 t}\,dt$$
$$=\int_0^{\frac{\pi}{3}}\tan t\,dt=\int_0^{\frac{\pi}{3}}\frac{\sin t}{\cos t}\,dt$$

$\frac{\sin t}{\cos t}=-\frac{-\sin t}{\cos t}=-\frac{(\cos t)'}{\cos t}$

$$=\Big[-\ln|\cos t|\Big]_0^{\frac{\pi}{3}}=\ln 2$$

2346 답 ①

$$\frac{dx}{dt}=2e^{2t}\cos t-e^{2t}\sin t=e^{2t}(2\cos t-\sin t)$$
$$\frac{dy}{dt}=2e^{2t}\sin t+e^{2t}\cos t=e^{2t}(2\sin t+\cos t)$$

따라서 주어진 곡선의 길이는

$$\int_0^{\pi}\sqrt{\{e^{2t}(2\cos t-\sin t)\}^2+\{e^{2t}(2\sin t+\cos t)\}^2}\,dt$$
$$=\int_0^{\pi}\sqrt{5e^{4t}(\sin^2 t+\cos^2 t)}\,dt$$
$$=\int_0^{\pi}\sqrt{5}e^{2t}\,dt=\Big[\frac{\sqrt{5}}{2}e^{2t}\Big]_0^{\pi}=\frac{\sqrt{5}}{2}(e^{2\pi}-1)$$

2347 답 8

$x=2t+\sin 2t$, $y=1-\cos 2t$에서 $\sin 2t$, $\cos 2t$의 주기가 모두 π이므로 구하는 곡선의 길이는 $t=0$에서 $t=\pi$까지의 곡선의 길이와 같다.

$\frac{dx}{dt}=2+2\cos 2t$, $\frac{dy}{dt}=2\sin 2t$이므로 구하는 곡선의 길이는

$$\int_0^{\pi}\sqrt{(2+2\cos 2t)^2+(2\sin 2t)^2}\,dt$$
$$=\int_0^{\pi}\sqrt{4+8\cos 2t+4(\sin^2 2t+\cos^2 2t)}\,dt$$
$$=\int_0^{\pi}\sqrt{8(1+\cos 2t)}\,dt$$

$\cos 2t=2\cos^2 t-1$이므로 $1+\cos 2t=1+(2\cos^2 t-1)=2\cos^2 t$

$$=\int_0^{\pi}\sqrt{8\times 2\cos^2 t}\,dt$$
$$=\int_0^{\pi}|4\cos t|\,dt=\int_0^{\frac{\pi}{2}}4\cos t\,dt+\int_{\frac{\pi}{2}}^{\pi}(-4\cos t)\,dt$$
$$=\Big[4\sin t\Big]_0^{\frac{\pi}{2}}+\Big[-4\sin t\Big]_{\frac{\pi}{2}}^{\pi}=4+4=8$$

2348 답 ② | 유형21

$2\le x\le 4$에서 곡선 $y=\frac{1}{4}x^2-\ln\sqrt{x}$의 길이는?
단서1

① $3-\frac{1}{2}\ln 2$ ② $3+\frac{1}{2}\ln 2$ ③ $4-\frac{1}{2}\ln 2$
④ $4+\frac{1}{2}\ln 2$ ⑤ $4+\ln 2$

단서1 적분 구간은 $\int_2^4$

STEP1 y' 구하기

$y=\frac{1}{4}x^2-\ln\sqrt{x}=\frac{1}{4}x^2-\frac{1}{2}\ln x$이므로

$$y'=\frac{1}{2}\left(x-\frac{1}{x}\right)$$

STEP2 곡선의 길이 구하기

구하는 곡선의 길이는

$$\int_2^4\sqrt{1+\left\{\frac{1}{2}\left(x-\frac{1}{x}\right)\right\}^2}\,dx=\int_2^4\sqrt{\frac{1}{4}x^2+\frac{1}{2}+\frac{1}{4x^2}}\,dx$$
$$=\int_2^4\sqrt{\left\{\frac{1}{2}\left(x+\frac{1}{x}\right)\right\}^2}\,dx$$
$$=\int_2^4\frac{1}{2}\left(x+\frac{1}{x}\right)dx$$
$$=\Big[\frac{1}{4}x^2+\frac{1}{2}\ln|x|\Big]_2^4$$
$$=\left(4+\frac{1}{2}\ln 4\right)-\left(1+\frac{1}{2}\ln 2\right)$$
$$=3+\frac{1}{2}\ln 2$$

2349 답 ③

$$y'=\frac{2}{3}\times\frac{3}{2}(x^2+1)^{\frac{1}{2}}\times 2x=2x\sqrt{x^2+1}$$

따라서 구하는 곡선의 길이는

$$\int_0^3\sqrt{1+(2x\sqrt{x^2+1})^2}\,dx=\int_0^3\sqrt{4x^4+4x^2+1}\,dx$$
$$=\int_0^3\sqrt{(2x^2+1)^2}\,dx$$
$$=\int_0^3(2x^2+1)\,dx$$
$$=\Big[\frac{2}{3}x^3+x\Big]_0^3=21$$

2350 답 ⑤

$y=\frac{1}{3}x\sqrt{x}=\frac{1}{3}x^{\frac{3}{2}}$이므로 $y'=\frac{1}{3}\times\frac{3}{2}x^{\frac{1}{2}}=\frac{1}{2}\sqrt{x}$

따라서 주어진 곡선의 길이는

$$\int_0^a\sqrt{1+\left(\frac{1}{2}\sqrt{x}\right)^2}\,dx=\int_0^a\sqrt{1+\frac{x}{4}}\,dx$$
$$=\frac{1}{2}\int_0^a\sqrt{x+4}\,dx$$
$$=\frac{1}{2}\Big[\frac{2}{3}(x+4)^{\frac{3}{2}}\Big]_0^a$$
$$=\frac{1}{3}(a+4)^{\frac{3}{2}}-\frac{8}{3}$$

따라서 $\frac{1}{3}(a+4)^{\frac{3}{2}}-\frac{8}{3}=\frac{19}{3}$이므로

$\frac{1}{3}(a+4)^{\frac{3}{2}}=9$, $(a+4)^{\frac{3}{2}}=27=3^3$

$(a+4)^{\frac{1}{2}}=3$, $a+4=9$

$\therefore a=5$

2351 답 $\frac{3}{2}$

$$y'=\frac{-2x}{1-x^2}$$

따라서 구하는 곡선의 길이는

$$\int_0^{\frac{1}{2}}\sqrt{1+\left(\frac{-2x}{1-x^2}\right)^2}\,dx=\int_0^{\frac{1}{2}}\sqrt{1+\frac{4x^2}{(1-x^2)^2}}\,dx$$
$$=\int_0^{\frac{1}{2}}\sqrt{\frac{(1-x^2)^2+4x^2}{(1-x^2)^2}}\,dx$$

$$=\int_0^{\frac{1}{2}}\sqrt{\frac{x^4+2x^2+1}{(1-x^2)^2}}\,dx$$
$$=\int_0^{\frac{1}{2}}\sqrt{\frac{(1+x^2)^2}{(1-x^2)^2}}\,dx$$
$$=\int_0^{\frac{1}{2}}\frac{1+x^2}{1-x^2}\,dx$$
$$=\int_0^{\frac{1}{2}}\left(\frac{2}{1-x^2}-1\right)dx$$
$$=\int_0^{\frac{1}{2}}\left\{\frac{2}{(1+x)(1-x)}-1\right\}dx$$
$$=\int_0^{\frac{1}{2}}\left(\frac{1}{1+x}+\frac{1}{1-x}-1\right)dx$$
$$=\Big[\ln|1+x|-\ln|1-x|-x\Big]_0^{\frac{1}{2}}$$
$$=\ln 3-\frac{1}{2}$$

따라서 $a=1$, $b=-\frac{1}{2}$이므로

$a-b=1-\left(-\frac{1}{2}\right)=\frac{3}{2}$

2352 답 2

$\int_0^1\sqrt{1+\{f'(x)\}^2}\,dx$는 $0\le x\le 1$에서 곡선 $y=f(x)$의 길이이다.
이때 두 점 $(0,\ f(0))$, $(1,\ f(1))$ 사이를 연결하는 곡선 $y=f(x)$의 길이가 최소가 되려면 곡선은 두 점 $(0,\ 0)$, $(1,\ \sqrt{3})$을 잇는 선분이 되어야 한다.
따라서 구하는 최솟값은
$\sqrt{(1-0)^2+(\sqrt{3}-0)^2}=2$

2353 답 ③

$f'(x)=\frac{e^x-e^{-x}}{2}$이므로 구하는 곡선의 길이는

$$\int_{-a}^{a}\sqrt{1+\left(\frac{e^x-e^{-x}}{2}\right)^2}\,dx=\int_{-a}^{a}\sqrt{\frac{1}{4}e^{2x}+\frac{1}{2}+\frac{1}{4}e^{-2x}}\,dx$$
$$=\int_{-a}^{a}\sqrt{\left(\frac{e^x+e^{-x}}{2}\right)^2}\,dx$$
$$=\int_{-a}^{a}\frac{e^x+e^{-x}}{2}\,dx$$
$$=\int_{-a}^{a}f(x)\,dx$$

$f(-x)=\frac{e^{-x}+e^x}{2}=f(x)$이므로 $f(x)$는 우함수이다.

$$\therefore \int_{-a}^{a}f(x)\,dx=2\int_0^a f(x)\,dx=2\int_0^a\frac{e^x+e^{-x}}{2}\,dx$$
$$=2\times\frac{1}{2}\int_0^a(e^x+e^{-x})\,dx$$
$$=\int_0^a(e^x+e^{-x})\,dx$$
$$=\Big[e^x-e^{-x}\Big]_0^a$$
$$=e^a-e^{-a}=g(a)$$

따라서 $x=-a$에서 $x=a$까지 곡선 $y=f(x)$의 길이와 같은 것은 $g(a)$이다.

실수 Check

우함수의 성질을 이용하여 적분 구간을 간단히 해야 한다.

서술형 유형 익히기 474쪽~477쪽

2354 답 (1) $k\pi$ (2) π (3) $k\pi$ (4) π (5) 2

STEP 1 주어진 급수를 정적분으로 나타내기 [4점]

$$\lim_{n\to\infty}\frac{\pi}{n}\left(\sin\frac{\pi}{n}+\sin\frac{2\pi}{n}+\sin\frac{3\pi}{n}+\cdots+\sin\frac{n\pi}{n}\right)$$
$$=\lim_{n\to\infty}\sum_{k=1}^{n}\frac{\pi}{n}\times\sin\frac{\boxed{k\pi}}{n}$$
$$=\lim_{n\to\infty}\sum_{k=1}^{n}\sin\frac{k\pi}{n}\times\frac{\pi}{n}$$

이때 $f(x)=\sin x$, $a=0$, $b=\pi$로 놓으면

$\varDelta x=\frac{\boxed{\pi}}{n}$, $x_k=\frac{\boxed{k\pi}}{n}$

따라서 정적분과 급수 사이의 관계에 의해

$$\lim_{n\to\infty}\sum_{k=1}^{n}\sin\frac{k\pi}{n}\times\frac{\pi}{n}=\lim_{n\to\infty}\sum_{k=1}^{n}f(x_k)\varDelta x$$
$$=\int_0^{\boxed{\pi}}f(x)\,dx$$
$$=\int_0^{\pi}\sin x\,dx$$

STEP 2 정적분의 값 구하기 [2점]

$\int_0^{\pi}\sin x\,dx=\Big[-\cos x\Big]_0^{\pi}=\boxed{2}$

오답 분석

$\lim_{n\to\infty}\frac{\pi}{n}\left(\sin\frac{\pi}{n}+\sin\frac{2\pi}{n}+\cdots+\sin\frac{n\pi}{n}\right)$

$=\lim_{n\to\infty}\frac{\pi}{n}\sum_{k=1}^{n}\sin\frac{k\pi}{n}$ — 2점

$\frac{k\pi}{n}=x_k$라 하면 $dx=\frac{\pi}{n}$이고

$k=1$일 때 $\lim_{n\to\infty}\frac{\pi}{n}=0$부터 — 1점

$k=n$일 때 $\lim_{n\to\infty}\frac{n\pi}{n}=1$까지이므로 → $\lim_{n\to\infty}\frac{n\pi}{n}$의 값을 잘못 구함

$\lim_{n\to\infty}\frac{\pi}{n}\sum_{k=1}^{n}\sin\frac{k\pi}{n}=\int_0^1\sin x\,dx$

$=\Big[-\cos x\Big]_0^1=-\cos 1+1$

▶ 6점 중 3점 얻음.
적분 구간을 잘못 구한 경우이다.
$\lim_{n\to\infty}\frac{n\pi}{n}=1$까지가 아니라 $\lim_{n\to\infty}\frac{n\pi}{n}=\lim_{n\to\infty}\pi=\pi$까지이다.

2355 답 2

STEP 1 주어진 급수를 정적분으로 나타내기 [4점]

$$\lim_{n\to\infty}\frac{1}{n}\left(\sqrt{\frac{n}{1}}+\sqrt{\frac{n}{2}}+\sqrt{\frac{n}{3}}+\cdots+\sqrt{\frac{n}{n}}\right)$$
$$=\lim_{n\to\infty}\sum_{k=1}^{n}\frac{1}{n}\times\sqrt{\frac{n}{k}}$$
$$=\lim_{n\to\infty}\sum_{k=1}^{n}\frac{1}{n}\times\sqrt{\frac{1}{\frac{k}{n}}}$$
$$=\lim_{n\to\infty}\sum_{k=1}^{n}\frac{1}{\sqrt{\frac{k}{n}}}\times\frac{1}{n}$$

이때 $f(x)=\frac{1}{\sqrt{x}}$, $a=0$, $b=1$로 놓으면

$\varDelta x=\frac{1}{n}$, $x_k=\frac{k}{n}$

따라서 정적분과 급수 사이의 관계에 의해

$$\lim_{n\to\infty}\sum_{k=1}^{n}\frac{1}{\sqrt{\frac{k}{n}}}\times\frac{1}{n}=\lim_{n\to\infty}\sum_{k=1}^{n}f(x_k)\varDelta x$$
$$=\int_0^1 f(x)dx$$
$$=\int_0^1\frac{1}{\sqrt{x}}dx$$

STEP 2 정적분의 값 구하기 [2점]

$$\int_0^1\frac{1}{\sqrt{x}}dx=\int_0^1 x^{-\frac{1}{2}}dx$$
$$=\left[2x^{\frac{1}{2}}\right]_0^1=2$$

2356 답 1

STEP 1 주어진 급수를 정적분으로 나타내기 [4점]

$$\lim_{n\to\infty}\frac{k}{n^2}\left\{f\left(\frac{1}{n}\right)+f\left(\frac{2}{n}\right)+f\left(\frac{3}{n}\right)+\cdots+f\left(\frac{n}{n}\right)\right\}$$
$$=\lim_{n\to\infty}\sum_{k=1}^{n}\frac{k}{n^2}f\left(\frac{k}{n}\right)$$
$$=\lim_{n\to\infty}\sum_{k=1}^{n}\frac{k}{n}f\left(\frac{k}{n}\right)\times\frac{1}{n}$$

이때 $g(x)=xf(x)$, $a=0$, $b=1$로 놓으면

$\varDelta x=\frac{1}{n}$, $x_k=\frac{k}{n}$

따라서 정적분과 급수 사이의 관계에 의해

$$\lim_{n\to\infty}\sum_{k=1}^{n}\frac{k}{n}f\left(\frac{k}{n}\right)\times\frac{1}{n}=\lim_{n\to\infty}\sum_{k=1}^{n}g(x_k)\varDelta x$$
$$=\int_0^1 g(x)dx$$
$$=\int_0^1 xf(x)dx$$
$$=\int_0^1 xe^x dx$$

STEP 2 부분적분법을 이용하여 정적분의 값 구하기 [3점]

$\int_0^1 xe^x dx$에서 $u(x)=x$, $v'(x)=e^x$으로 놓으면

$u'(x)=1$, $v(x)=e^x$이므로

$$\int_0^1 xe^x dx=\left[xe^x\right]_0^1-\int_0^1 e^x dx$$
$$=e-\left[e^x\right]_0^1=e-e+1=1$$

2357 답 $\frac{14}{3}+\ln 2$

STEP 1 주어진 두 급수를 정적분으로 각각 나타내기 [5점]

$$\lim_{n\to\infty}\frac{1}{n}\left\{f\left(1+\frac{1}{n}\right)+f\left(1+\frac{2}{n}\right)+f\left(1+\frac{3}{n}\right)+\cdots+f\left(1+\frac{n}{n}\right)\right\}$$
$$+\lim_{n\to\infty}\frac{1}{n}\left\{f\left(2+\frac{1}{n}\right)+f\left(2+\frac{2}{n}\right)+f\left(2+\frac{3}{n}\right)+\cdots+f\left(2+\frac{2n}{n}\right)\right\}$$
$$=\lim_{n\to\infty}\sum_{k=1}^{n}\frac{1}{n}f\left(1+\frac{k}{n}\right)+\lim_{n\to\infty}\sum_{k=1}^{2n}\frac{1}{n}f\left(2+\frac{k}{n}\right)\quad\cdots\cdots\text{㉠}$$

$\lim_{n\to\infty}\sum_{k=1}^{n}\frac{1}{n}f\left(1+\frac{k}{n}\right)$에서 $a=1$, $b=2$로 놓으면

$\varDelta x=\frac{1}{n}$, $x_k=1+\frac{k}{n}$

정적분과 급수 사이의 관계에 의해

$$\lim_{n\to\infty}\sum_{k=1}^{n}\frac{1}{n}f\left(1+\frac{k}{n}\right)=\lim_{n\to\infty}\sum_{k=1}^{n}f\left(1+\frac{k}{n}\right)\times\frac{1}{n}$$
$$=\lim_{n\to\infty}\sum_{k=1}^{n}f(x_k)\varDelta x$$
$$=\int_1^2 f(x)dx\quad\cdots\cdots\text{㉡}\quad\cdots\cdots\text{ⓐ}$$

$\lim_{n\to\infty}\sum_{k=1}^{2n}\frac{1}{n}f\left(2+\frac{k}{n}\right)$에서 $a=2$, $b=4$로 놓으면

$\varDelta x=\frac{1}{n}$, $x_k=2+\frac{k}{n}$

정적분과 급수 사이의 관계에 의해

$$\lim_{n\to\infty}\sum_{k=1}^{2n}\frac{1}{n}f\left(2+\frac{k}{n}\right)=\lim_{n\to\infty}\sum_{k=1}^{2n}f\left(2+\frac{k}{n}\right)\times\frac{1}{n}$$
$$=\lim_{n\to\infty}\sum_{k=1}^{2n}f(x_k)\varDelta x$$
$$=\int_2^4 f(x)dx\quad\cdots\cdots\text{㉢}\quad\cdots\cdots\text{ⓐ}$$

STEP 2 주어진 식을 하나의 정적분으로 나타내기 [2점]

㉡, ㉢을 ㉠에 대입하면

$$\lim_{n\to\infty}\sum_{k=1}^{n}\frac{1}{n}f\left(1+\frac{k}{n}\right)+\lim_{n\to\infty}\sum_{k=1}^{2n}\frac{1}{n}f\left(2+\frac{k}{n}\right)$$
$$=\int_1^2 f(x)dx+\int_2^4 f(x)dx$$
$$=\int_1^4 f(x)dx$$

STEP 3 정적분의 값 구하기 [3점]

$$\int_1^4 f(x)dx=\int_1^4\left(\sqrt{x}+\frac{1}{x+2}\right)dx$$
$$=\left[\frac{2}{3}x\sqrt{x}+\ln|x+2|\right]_1^4$$
$$=\left(\frac{16}{3}+\ln 6\right)-\left(\frac{2}{3}+\ln 3\right)$$
$$=\frac{14}{3}+\ln 2$$

부분점수표	
ⓐ ㉡, ㉢ 중에서 하나만 구한 경우	2점

2358 답 (1) 3 (2) 3 (3) $12x$ (4) $12x$ (5) $6x^2$ (6) 45π

STEP 1 수면의 넓이 $S(x)$ 구하기 [4점]

반구를 정면에서 본 모양은 그림과 같으므로 남아 있는 물의 높이는

$$6-6\sin 30°=6-6\times\frac{1}{2}$$
$$=\boxed{3}\,(\text{cm})$$

물의 깊이를 $x$cm라 하면 $0\le x\le\boxed{3}$이고,

수면의 반지름의 길이는

$$\sqrt{6^2-(6-x)^2}=\sqrt{\boxed{12x}-x^2}\,(\text{cm})$$

물의 깊이가 $x$cm일 때 수면의 넓이를 $S(x)$라 하면

$$S(x)=\pi(\sqrt{12x-x^2})^2=\pi(\boxed{12x}-x^2)\,(\text{cm}^2)$$

STEP 2 $S(x)$를 이용하여 남아 있는 물의 양 구하기 [3점]

남아 있는 물의 양은

$$\int_0^3 S(x)dx=\int_0^3\pi(12x-x^2)dx$$
$$=\pi\left[\boxed{6x^2}-\frac{1}{3}x^3\right]_0^3=\boxed{45\pi}\,(\text{cm}^3)$$

실제 답안 예시

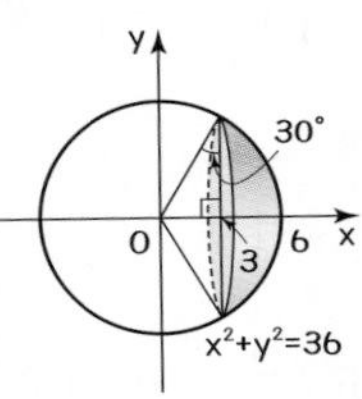

구하는 물의 부피는 그림에서 색칠된 부분의 부피와 같다. 그림에서 x축에 수직인 평면으로 자른 단면이 원이므로

$S(x)=y^2\pi=(36-x^2)\pi$

$3\le x\le 6$이므로 물의 부피는

$\int_3^6 S(x)dx=\int_3^6(36-x^2)\pi\,dx$

$=\pi\left[36x-\frac{1}{3}x^3\right]_3^6$

$=\pi(144-99)=45\pi\,(\mathrm{cm}^3)$

2359 답 $\frac{128}{3}$

STEP 1 단면의 넓이 $S(x)$ 구하기 [4점]

원기둥 모양 그릇의 밑면의 중심을 원점, 서로 수직인 밑면의 두 지름을 각각 x축, y축으로 놓으면 남아 있는 물의 모양은 그림과 같다.

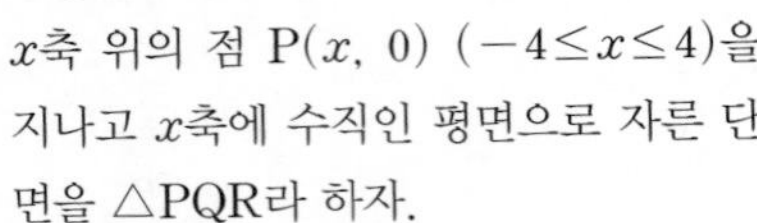

x축 위의 점 P$(x,\ 0)$ $(-4\le x\le 4)$을 지나고 x축에 수직인 평면으로 자른 단면을 $\triangle$PQR라 하자.

직각삼각형 OPQ에서 $\overline{\mathrm{PQ}}=\sqrt{16-x^2}$ …… ⓐ

직각삼각형 PQR에서 $\angle\mathrm{RPQ}=45^\circ$이므로

$\overline{\mathrm{RQ}}=\overline{\mathrm{PQ}}\tan 45^\circ=\sqrt{16-x^2}$ …… ⓑ

$\triangle$PQR의 넓이를 $S(x)$라 하면

$S(x)=\frac{1}{2}\times\overline{\mathrm{PQ}}\times\overline{\mathrm{RQ}}=\frac{1}{2}(16-x^2)$

STEP 2 $S(x)$를 이용하여 남아 있는 물의 양 구하기 [3점]

남아 있는 물의 양은

$\int_{-4}^4 S(x)dx=\int_{-4}^4\frac{1}{2}(16-x^2)dx=\frac{1}{2}\int_{-4}^4(16-x^2)dx$

$=\frac{1}{2}\times 2\int_0^4(16-x^2)dx$ ($\because$ $16-x^2$은 우함수)

$=\left[16x-\frac{1}{3}x^3\right]_0^4=\frac{128}{3}$

부분점수표	
ⓐ $\overline{\mathrm{PQ}}$의 길이를 구한 경우	1점
ⓑ $\overline{\mathrm{RQ}}$의 길이를 구한 경우	1점

2360 답 4

STEP 1 단면의 넓이를 이용하여 V_1, V_2의 값 구하기 [4점]

높이가 x $(0\le x\le 6)$일 때의 단면의 넓이를 $S(x)$라 하면

$S(x)=5\sin\frac{\pi}{12}x$이므로

$V_1=\int_0^a 5\sin\frac{\pi}{12}x\,dx$

$=\left[-\frac{60}{\pi}\cos\frac{\pi}{12}x\right]_0^a=\frac{60}{\pi}-\frac{60}{\pi}\cos\frac{\pi}{12}a$ …… ⓐ

$V_2=\int_a^6 5\sin\frac{\pi}{12}x\,dx$

$=\left[-\frac{60}{\pi}\cos\frac{\pi}{12}x\right]_a^6=\frac{60}{\pi}\cos\frac{\pi}{12}a$ …… ⓐ

STEP 2 상수 a의 값 구하기 [4점]

$V_1=V_2$에서 $\frac{60}{\pi}-\frac{60}{\pi}\cos\frac{\pi}{12}a=\frac{60}{\pi}\cos\frac{\pi}{12}a$

$\frac{120}{\pi}\cos\frac{\pi}{12}a=\frac{60}{\pi}$, 즉 $\cos\frac{\pi}{12}a=\frac{1}{2}$이므로

$\frac{\pi}{12}a=\frac{\pi}{3}$ $\quad\therefore a=4$ ($\because$ $0\le a\le 6$)

부분점수표	
ⓐ V_1, V_2 중에서 하나만 구한 경우	2점

2361 답 (1) -6 (2) 36 (3) 3 (4) 3 (5) 1 (6) $\frac{\pi}{4}$ (7) $-\frac{3}{2}$ (8) $\frac{3}{2}$

STEP 1 시각 t에서의 속도를 $v(t)$라 할 때 속력 $|v(t)|$ 구하기 [3점]

$\frac{dx}{dt}=\boxed{-6}\cos^2t\sin t$, $\frac{dy}{dt}=6\sin^2t\cos t$이므로

$|v(t)|=\sqrt{\left(\frac{dx}{dt}\right)^2+\left(\frac{dy}{dt}\right)^2}$

$=\sqrt{(-6\cos^2t\sin t)^2+(6\sin^2t\cos t)^2}$

$=\sqrt{36\cos^4t\sin^2t+36\sin^4t\cos^2t}$

$=\sqrt{\boxed{36}\sin^2t\cos^2t(\sin^2t+\cos^2t)}$

$=\sqrt{36\sin^2t\cos^2t}=|6\sin t\cos t|$

$=|\boxed{3}\sin 2t|$

STEP 2 $|v(t)|$의 값이 최대가 될 때의 t의 값 구하기 [3점]

$0\le t\le\frac{\pi}{2}$일 때 $0\le|3\sin 2t|\le\boxed{3}$에서 $|v(t)|$의 값이 최대가 될 때는 $|3\sin 2t|=3$일 때이므로 $\sin 2t=\boxed{1}$을 만족시키는 t의 값은

$2t=\frac{\pi}{2}$ $\quad\therefore t=\boxed{\frac{\pi}{4}}$

즉, 속력은 $t=\frac{\pi}{4}$일 때 최대이다.

STEP 3 점 P가 움직인 거리 구하기 [3점]

$t=0$에서 $t=\frac{\pi}{4}$까지 점 P가 움직인 거리는

$\int_0^{\frac{\pi}{4}}\sqrt{\left(\frac{dx}{dt}\right)^2+\left(\frac{dy}{dt}\right)^2}dt=\int_0^{\frac{\pi}{4}}|3\sin 2t|dt=\int_0^{\frac{\pi}{4}}3\sin 2t\,dt$

$=\left[\boxed{-\frac{3}{2}}\cos 2t\right]_0^{\frac{\pi}{4}}=\boxed{\frac{3}{2}}$

실제 답안 예시

$\frac{dx}{dt}=-6\cos^2t\sin t$, $\frac{dy}{dt}=6\sin^2t\cos t$

$\therefore$ (속력)$=\sqrt{(-6\cos^2t\sin t)^2+(6\sin^2t\cos t)^2}$

$=\sqrt{36\cos^4t\sin^2t+36\sin^4t\cos^2t}$

$=\sqrt{36\sin^2t\cos^2t}$

$=6|\sin t\cos t|=3|\sin 2t|$

$0\le t\le\frac{\pi}{2}$일 때 $0\le 2t\le\pi$이고, $0\le 2t\le\pi$일 때 $0\le\sin 2t\le 1$이므로

$0\le|\sin 2t|\le 1$ $\quad\therefore 0\le 3|\sin 2t|\le 3$

따라서 $3|\sin 2t|=3$일 때, 즉 $2t=\frac{\pi}{2}$, $t=\frac{\pi}{4}$일 때 최대이다.

$\therefore$ (움직인 거리)$=\int_0^{\frac{\pi}{4}}\sqrt{\left(\frac{dx}{dt}\right)^2+\left(\frac{dy}{dt}\right)^2}dt=\int_0^{\frac{\pi}{4}}3|\sin 2t|dt$

$=\left[-\frac{3}{2}\cos 2t\right]_0^{\frac{\pi}{4}}=\frac{3}{2}$

2362 답 $3\pi-1$

STEP1 시각 t에서의 속도를 $v(t)$라 할 때 속력 $|v(t)|$ 구하기 [3점]

$\frac{dx}{dt}=4\cos t-4\sin t$, $\frac{dy}{dt}=-2\sin 2t$이므로

$$|v(t)|=\sqrt{\left(\frac{dx}{dt}\right)^2+\left(\frac{dy}{dt}\right)^2}$$
$$=\sqrt{(4\cos t-4\sin t)^2+(-2\sin 2t)^2}$$
$$=\sqrt{16-32\sin t\cos t+4\sin^2 2t}$$
$$=\sqrt{16-16\sin 2t+4\sin^2 2t}$$
$$=2\sqrt{4-4\sin 2t+\sin^2 2t}$$
$$=2|2-\sin 2t|$$

STEP2 $|v(t)|$의 값이 최대가 될 때의 t의 값 구하기 [3점]

$0\le t\le\pi$일 때 $-1\le\sin 2t\le 1$에서

$-1\le-\sin 2t\le 1$, $1\le 2-\sin 2t\le 3$이므로

$2\le 2|2-\sin 2t|\le 6$

즉, $|v(t)|$의 값이 최대가 될 때는 $2|2-\sin 2t|=6$일 때이므로

$2-\sin 2t=3$에서

$\sin 2t=-1$ $\quad\therefore t=\frac{3}{4}\pi$

STEP3 점 P가 움직인 거리 구하기 [3점]

$t=0$에서 $t=\frac{3}{4}\pi$까지 점 P가 움직인 거리는

$$\int_0^{\frac{3}{4}\pi}\sqrt{\left(\frac{dx}{dt}\right)^2+\left(\frac{dy}{dt}\right)^2}dt=\int_0^{\frac{3}{4}\pi}2(2-\sin 2t)dt$$
$$=2\left[2t+\frac{1}{2}\cos 2t\right]_0^{\frac{3}{4}\pi}$$
$$=2\left(\frac{3}{2}\pi-\frac{1}{2}\right)$$
$$=3\pi-1$$

2363 답 8

STEP1 시각 t에서의 속도를 $v(t)$라 할 때 속력 $|v(t)|$ 구하기 [3점]

$\frac{dx}{dt}=\cos t-\cos t+t\sin t=t\sin t$

$\frac{dy}{dt}=-\sin t+\sin t+t\cos t=t\cos t$

$$\therefore |v(t)|=\sqrt{\left(\frac{dx}{dt}\right)^2+\left(\frac{dy}{dt}\right)^2}$$
$$=\sqrt{(t\sin t)^2+(t\cos t)^2}$$
$$=\sqrt{t^2\sin^2 t+t^2\cos^2 t}$$
$$=\sqrt{t^2(\sin^2 t+\cos^2 t)}$$
$$=\sqrt{t^2}=|t|$$

STEP2 $|v(k)|=4$임을 이용하여 k의 값 구하기 [2점]

$|v(k)|=4$에서

$|k|=4$이므로 $k=4$ ($\because k>0$)

STEP3 점 P가 움직인 거리 구하기 [3점]

$t=0$에서 $t=4$까지 점 P가 움직인 거리는

$$\int_0^4\sqrt{\left(\frac{dx}{dt}\right)^2+\left(\frac{dy}{dt}\right)^2}dt=\int_0^4|t|dt$$
$$=\int_0^4 t\,dt$$
$$=\left[\frac{1}{2}t^2\right]_0^4$$
$$=8$$

2364 답 $\sqrt{1+\pi^2}$

STEP1 시각 t에서의 속도를 $v(t)$라 할 때 속력 $|v(t)|$ 구하기 [4점]

$$\frac{dx}{dt}=-e^{-t}\cos\pi t-e^{-t}\times\pi\sin\pi t$$
$$=-e^{-t}(\cos\pi t+\pi\sin\pi t)$$
$$\frac{dy}{dt}=-e^{-t}\sin\pi t+e^{-t}\times\pi\cos\pi t$$
$$=-e^{-t}(\sin\pi t-\pi\cos\pi t)$$

이므로

$|v(t)|$
$$=\sqrt{\left(\frac{dx}{dt}\right)^2+\left(\frac{dy}{dt}\right)^2}$$
$$=\sqrt{\{-e^{-t}(\cos\pi t+\pi\sin\pi t)\}^2+\{-e^{-t}(\sin\pi t-\pi\cos\pi t)\}^2}$$
$$=\sqrt{e^{-2t}(\cos\pi t+\pi\sin\pi t)^2+e^{-2t}(\sin\pi t-\pi\cos\pi t)^2}$$
$$=\sqrt{(1+\pi^2)e^{-2t}}$$
$$=\sqrt{1+\pi^2}\,e^{-t}\ (\because e^{-t}>0)$$

STEP2 $|v(t)|$를 이용하여 $S(a)$ 구하기 [4점]

$t=0$에서 $t=a$까지 점 P가 움직인 거리 $S(a)$는

$$S(a)=\int_0^a\sqrt{1+\pi^2}\,e^{-t}dt$$
$$=\sqrt{1+\pi^2}\left[-e^{-t}\right]_0^a$$
$$=\sqrt{1+\pi^2}(1-e^{-a})$$

STEP3 $\lim_{a\to\infty}S(a)$의 값 구하기 [2점]

$$\lim_{a\to\infty}S(a)=\lim_{a\to\infty}\sqrt{1+\pi^2}(1-e^{-a})$$
$$=\sqrt{1+\pi^2}$$

실력 check 실전 마무리하기 1회   478쪽~482쪽

1 2365 답 ①   유형2

출제의도 | 정적분을 이용하여 급수의 합을 구할 수 있는지 확인한다.

$x_k=\frac{k}{2n}$로 놓고 주어진 급수의 합을 정적분으로 나타내 보자.

$$\lim_{n\to\infty}\sum_{k=1}^{n}(e^{\frac{k}{2n}}+1)\times\frac{1}{n}=2\lim_{n\to\infty}\sum_{k=1}^{n}(e^{\frac{k}{2n}}+1)\times\frac{1}{2n}$$
$$=2\int_0^{\frac{1}{2}}(e^x+1)dx$$
$$=2\left[e^x+x\right]_0^{\frac{1}{2}}$$
$$=2\left(\sqrt{e}+\frac{1}{2}-1\right)$$
$$=2\sqrt{e}-1$$

2 2366 답 ④ 유형2

출제의도 | 정적분을 이용하여 급수의 합을 구할 수 있는지 확인한다.

주어진 식을 $\frac{k}{n}$에 대한 식으로 정리한 다음 $x_k=\frac{k}{n}$로 놓고 정적분으로 나타내 보자.

$$\lim_{n\to\infty}\sum_{k=1}^{n}\frac{(n+k)^3}{n^4}=\lim_{n\to\infty}\sum_{k=1}^{n}\left(\frac{n+k}{n}\right)^3\times\frac{1}{n}$$
$$=\lim_{n\to\infty}\sum_{k=1}^{n}\left(1+\frac{k}{n}\right)^3\times\frac{1}{n}$$
$$=\int_1^2 x^3\,dx$$
$$=\left[\frac{1}{4}x^4\right]_1^2$$
$$=4-\frac{1}{4}$$
$$=\frac{15}{4}$$

3 2367 답 ③ 유형3

출제의도 | 합의 기호를 사용하여 식을 나타내고, 정적분을 이용하여 급수의 합을 구할 수 있는지 확인한다.

합의 꼴로 나타난 급수를 합의 기호 Σ를 사용하여 나타낸 다음 정적분으로 나타내 보자.

$$\lim_{n\to\infty}\frac{1}{n}\left(\cos\frac{\pi}{6n}+\cos\frac{2\pi}{6n}+\cos\frac{3\pi}{6n}+\cdots+\cos\frac{n\pi}{6n}\right)$$
$$=\lim_{n\to\infty}\frac{1}{n}\sum_{k=1}^{n}\cos\frac{k\pi}{6n}$$
$$=\frac{6}{\pi}\lim_{n\to\infty}\sum_{k=1}^{n}\cos\frac{k\pi}{6n}\times\frac{\pi}{6n}$$
$$=\frac{6}{\pi}\int_0^{\frac{\pi}{6}}\cos x\,dx$$
$$=\frac{6}{\pi}\Big[\sin x\Big]_0^{\frac{\pi}{6}}$$
$$=\frac{6}{\pi}\times\frac{1}{2}=\frac{3}{\pi}$$

4 2368 답 ① 유형5

출제의도 | 정적분을 이용하여 곡선과 x축 사이의 넓이를 구할 수 있는지 확인한다.

$1\le x\le k$에서 두 곡선 $y=\ln x^2$, $y=\ln x$의 부호를 각각 파악하여 넓이를 정적분으로 나타내 보자.

곡선 $y=\ln x^2$과 x축 및 직선 $x=k$로 둘러싸인 도형의 넓이는

$$\int_1^k \ln x^2\,dx=2\int_1^k \ln x\,dx$$
$$=2\left(\Big[x\ln x\Big]_1^k-\int_1^k 1\,dx\right)$$
$$=2\left(k\ln k-\Big[x\Big]_1^k\right)$$
$$=2(k\ln k-k+1)$$

즉, $2(k\ln k-k+1)=2$이므로

$k\ln k-k+1=1$, $k\ln k-k=0$

$k(\ln k-1)=0$, $\ln k-1=0$ ($\because k\neq0$)

$\ln k=1$ $\quad\therefore k=e$

따라서 구하는 넓이는

$$\int_1^k \ln x\,dx=\int_1^e \ln x\,dx$$
$$=\Big[x\ln x\Big]_1^e-\int_1^e 1\,dx$$
$$=e-\Big[x\Big]_1^e$$
$$=e-e+1=1$$

5 2369 답 ① 유형6

출제의도 | 정적분을 이용하여 곡선과 x축 사이의 넓이를 구할 수 있는지 확인한다.

$2\le x\le5$에서 곡선 $y=\frac{3-x}{x-1}$의 부호를 파악하여 넓이를 정적분으로 나타내 보자.

$y=\frac{3-x}{x-1}=\frac{-(x-1)+2}{x-1}=\frac{2}{x-1}-1$이므로

그림에서 구하는 넓이는

$$\int_2^3\left(\frac{2}{x-1}-1\right)dx+\int_3^5\left(-\frac{2}{x-1}+1\right)dx$$
$$=\Big[2\ln|x-1|-x\Big]_2^3+\Big[-2\ln|x-1|+x\Big]_3^5$$
$$=(2\ln2-1)+(-2\ln2+2)=1$$

6 2370 답 ② 유형7

출제의도 | 정적분을 이용하여 곡선과 y축 사이의 넓이를 구할 수 있는지 확인한다.

$y(x+1)=1$을 y에 대한 식으로 나타내 보자.

$y(x+1)=1$에서

$x+1=\frac{1}{y}$ $\quad\therefore x=\frac{1}{y}-1$

그림에서 구하는 넓이는

$$\int_1^{e^2}\left(-\frac{1}{y}+1\right)dy=\Big[-\ln|y|+y\Big]_1^{e^2}$$
$$=-2+e^2-1$$
$$=e^2-3$$

7 2371 답 ④ 유형9

출제의도 | 정적분을 이용하여 두 곡선 사이의 넓이를 구할 수 있는지 확인한다.

두 곡선 $y=\sin x$, $y=\cos 2x$의 교점의 x좌표를 구하여 적분 구간을 나누고, 넓이를 정적분으로 나타내 보자.

두 곡선 $y=\sin x$, $y=\cos 2x$의 교점의 x좌표는

$\sin x=\cos 2x$에서

$\sin x=1-2\sin^2 x$, $2\sin^2 x+\sin x-1=0$

$(2\sin x-1)(\sin x+1)=0$

$\sin x=\frac{1}{2}$ $\left(\because 0\le x\le\frac{\pi}{2}\right)$

$\therefore x=\frac{\pi}{6}$

따라서 그림에서 구하는 넓이는

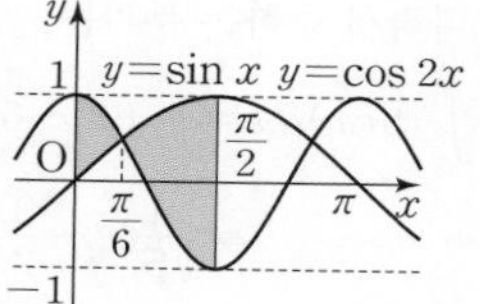
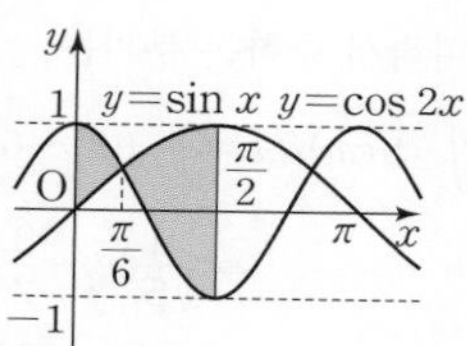

$\int_0^{\frac{\pi}{6}}(\cos 2x-\sin x)dx$

$+\int_{\frac{\pi}{6}}^{\frac{\pi}{2}}(\sin x-\cos 2x)dx$

$=\left[\frac{1}{2}\sin 2x+\cos x\right]_0^{\frac{\pi}{6}}$

$+\left[-\cos x-\frac{1}{2}\sin 2x\right]_{\frac{\pi}{6}}^{\frac{\pi}{2}}$

$=\left(\frac{3\sqrt{3}}{4}-1\right)+\frac{3\sqrt{3}}{4}$

$=\frac{3\sqrt{3}}{2}-1$

8 2372 답 ③ 유형 18

출제의도 | 수직선 위를 움직이는 점의 속도가 주어졌을 때, 정적분을 이용하여 점이 움직인 거리를 구할 수 있는지 확인한다.

> 시각 $t=a$에서 $t=b$까지 점 P가 움직인 거리는 $\int_a^b|v(t)|dt$임을 이용해 보자.

$t=0$에서의 점 P의 위치가 0이므로

$\int_0^3|v(t)|dt=\int_0^3\left|\frac{1}{(t+1)^2}\right|dt$

$=\int_0^3\frac{1}{(t+1)^2}dt$

$=\left[-\frac{1}{t+1}\right]_0^3$

$=-\frac{1}{4}+1=\frac{3}{4}$

9 2373 답 ② 유형 19

출제의도 | 좌표평면 위를 움직이는 점의 위치가 주어졌을 때, 정적분을 이용하여 점이 움직인 거리를 구할 수 있는지 확인한다.

> 시각 $t=a$에서 $t=b$까지 점 P가 움직인 거리는 $\int_a^b\sqrt{\left(\frac{dx}{dt}\right)^2+\left(\frac{dy}{dt}\right)^2}dt$임을 이용해 보자.

$\frac{dx}{dt}=-\sin(t^2+2)\times 2t=-2t\sin(t^2+2)$

$\frac{dy}{dt}=\cos(t^2+2)\times 2t=2t\cos(t^2+2)$

따라서 $t=0$에서 $t=2$까지 점 P가 움직인 거리는

$\int_0^2\sqrt{\{-2t\sin(t^2+2)\}^2+\{2t\cos(t^2+2)\}^2}dt$

$=\int_0^2\sqrt{4t^2\{\sin^2(t^2+2)+\cos^2(t^2+2)\}}dt$

$=\int_0^2\sqrt{4t^2}dt=\int_0^2|2t|dt=\int_0^2 2t\,dt$

$=\left[t^2\right]_0^2=4$

10 2374 답 ② 유형 6

출제의도 | 정적분을 이용하여 곡선과 x축 사이의 넓이를 구할 수 있는지 확인한다.

> $2x^2=t$로 놓고 주어진 정적분을 $f(t)$에 대한 정적분으로 나타내 보자.

$2x^2=t$로 놓으면 $\frac{dt}{dx}=4x$

$x=0$일 때 $t=0$, $x=2$일 때 $t=8$이므로

$\int_0^2 xf(2x^2)dx=\frac{1}{4}\int_0^8 f(t)dt$

$=\frac{1}{4}\left\{\int_0^5 f(t)dt+\int_5^8 f(t)dt\right\}$

$=\frac{1}{4}\times(7-3)$

$=1$

11 2375 답 ① 유형 11

출제의도 | 정적분을 이용하여 곡선과 접선 사이의 넓이를 구할 수 있는지 확인한다.

> 접선의 방정식을 구하고, 곡선과 접선의 대소 관계를 파악하여 넓이를 정적분으로 나타내 보자.

$y=\ln x$에서 $y'=\frac{1}{x}$이므로 곡선 위의 점 $(e,\ 1)$에서의 접선의 기울기는 $\frac{1}{e}$이고 접선의 방정식은

$y-1=\frac{1}{e}(x-e)\qquad\therefore\ y=\frac{1}{e}x$

따라서 그림에서 구하는 넓이는

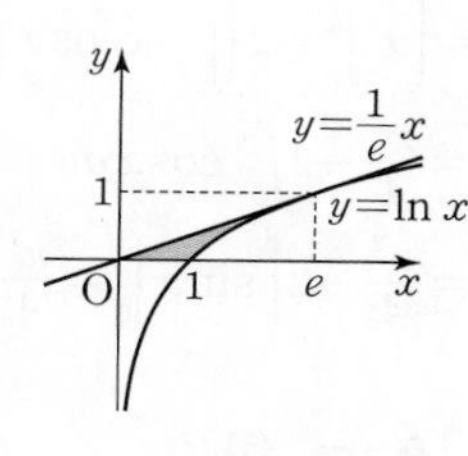

$\int_0^e\frac{1}{e}x\,dx-\int_1^e\ln x\,dx$

$=\left[\frac{1}{2e}x^2\right]_0^e-\left(\left[x\ln x\right]_1^e-\int_1^e 1\,dx\right)$

$=\frac{e}{2}-\left(e-\left[x\right]_1^e\right)$

$=\frac{e}{2}-e+e-1=\frac{e}{2}-1$

12 2376 답 ③ 유형 14

출제의도 | 함수와 역함수의 관계를 이용하여 정적분의 값을 구할 수 있는지 확인한다.

> 두 곡선 $y=f(x)$와 $y=g(x)$는 직선 $y=x$에 대하여 대칭임을 이용해 보자.

$f(0)=0$이고, $f'(x)=e^x+e^{-x}$에서 $f'(0)=2$이므로 곡선 $y=f(x)$ 위의 점 $(0,\ 0)$에서의 접선의 방정식은 $y=2x$이고, 모든 실수 x에 대하여 $f'(x)>0$이므로 $f(x)$는 증가함수이다.

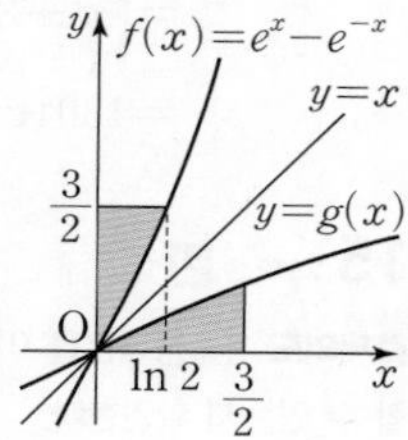

$f(\ln 2)=e^{\ln 2}-e^{-\ln 2}=2-\frac{1}{2}=\frac{3}{2}$이고,

두 곡선 $y=f(x)$, $y=g(x)$는 직선 $y=x$에 대하여 대칭이므로 그림과 같다.

이때 $\int_0^{f(\ln 2)}g(x)dx$의 값은 곡선 $y=f(x)$와 y축 및 직선 $y=\frac{3}{2}$으로 둘러싸인 도형의 넓이와 같으므로

$\frac{3}{2}\ln 2-\int_0^{\ln 2}(e^x-e^{-x})dx$

$=\frac{3}{2}\ln 2-\left[e^x+e^{-x}\right]_0^{\ln 2}$

$=\frac{3}{2}\ln 2-\left(2+\frac{1}{2}-2\right)$

$=\frac{3}{2}\ln 2-\frac{1}{2}=\frac{3\ln 2-1}{2}$

13 2377 답 ②

유형 15

출제의도 | 정적분을 이용하여 함수와 그 역함수의 그래프로 둘러싸인 도형의 넓이를 구할 수 있는지 확인한다.

> 두 곡선 $y=f(x)$, $y=g(x)$로 둘러싸인 도형의 넓이는 곡선 $y=f(x)$와 직선 $y=x$로 둘러싸인 도형의 넓이의 2배임을 이용해 보자.

두 곡선 $y=f(x)$, $y=g(x)$는 직선 $y=x$에 대하여 대칭이므로 두 곡선의 교점의 x좌표는 곡선 $y=f(x)$와 직선 $y=x$의 교점의 x좌표와 같다.

즉, $x\sin x=x$에서 $x(\sin x-1)=0$

$x=0$ 또는 $\sin x=1$ $\quad\therefore x=0$ 또는 $x=\frac{\pi}{2}\left(\because 0\le x\le\frac{\pi}{2}\right)$

따라서 두 곡선 $y=f(x)$와 $y=g(x)$로 둘러싸인 도형의 넓이는 곡선 $y=f(x)$와 직선 $y=x$로 둘러싸인 도형의 넓이의 2배와 같으므로 그림에서 구하는 넓이는

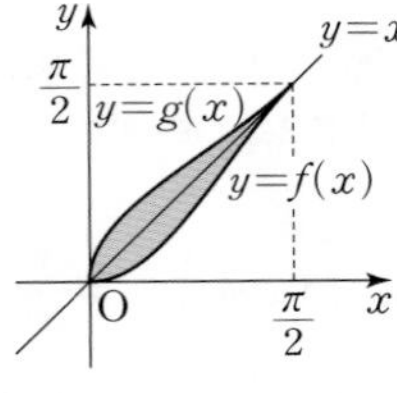

$$2\int_0^{\frac{\pi}{2}}(x-x\sin x)dx$$
$$=2\int_0^{\frac{\pi}{2}}x\,dx-2\int_0^{\frac{\pi}{2}}x\sin x\,dx$$
$$=\Big[x^2\Big]_0^{\frac{\pi}{2}}-2\left\{\Big[-x\cos x\Big]_0^{\frac{\pi}{2}}-\int_0^{\frac{\pi}{2}}(-\cos x)dx\right\}$$
$$=\frac{\pi^2}{4}-2\int_0^{\frac{\pi}{2}}\cos x\,dx$$
$$=\frac{\pi^2}{4}-2\Big[\sin x\Big]_0^{\frac{\pi}{2}}=\frac{\pi^2}{4}-2$$

14 2378 답 ④

유형 16

출제의도 | 정적분을 이용하여 단면이 밑면과 평행한 입체도형의 부피를 구할 수 있는지 확인한다.

> 밑면과 평행한 평면으로 자른 단면의 넓이를 구한 다음 부피를 정적분으로 나타내 보자.

높이가 $x$cm일 때의 단면의 넓이를 $S(x)$라 하면

$S(x)=(\sqrt{2x+3})^2=2x+3\,(\text{cm}^2)$

따라서 구하는 부피는

$$\int_0^{10}S(x)dx=\int_0^{10}(2x+3)dx$$
$$=\Big[x^2+3x\Big]_0^{10}$$
$$=130\,(\text{cm}^3)$$

15 2379 답 ③

유형 17

출제의도 | 정적분을 이용하여 단면이 밑면과 수직인 입체도형의 부피를 구할 수 있는지 확인한다.

> 선분 PQ를 한 변으로 하는 정사각형의 넓이를 구한 다음 부피를 정적분으로 나타내 보자.

점 $(x, 0)$ $(0\le x\le 3)$을 지나고 x축에 수직인 평면으로 입체도형을 자른 단면의 넓이를 $S(x)$라 하면

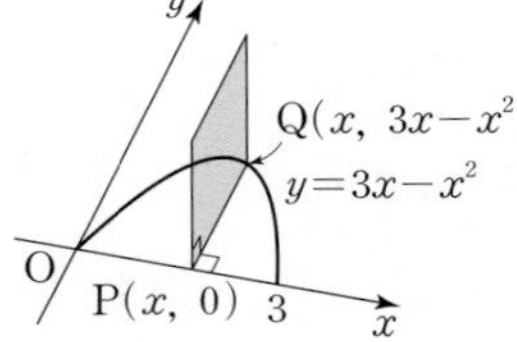

$S(x)=(3x-x^2)^2$

$\quad\;\;=x^4-6x^3+9x^2$

따라서 구하는 부피는

$$\int_0^3 S(x)dx=\int_0^3(x^4-6x^3+9x^2)dx$$
$$=\left[\frac{1}{5}x^5-\frac{3}{2}x^4+3x^3\right]_0^3$$
$$=\frac{243}{5}-\frac{243}{2}+81=\frac{81}{10}$$

16 2380 답 ②

유형 20

출제의도 | 정적분을 이용하여 곡선의 길이를 구할 수 있는지 확인한다.

> $t=a$에서 $t=b$까지 곡선 $x=f(t)$, $y=g(t)$의 길이는 $\int_a^b\sqrt{\left(\frac{dx}{dt}\right)^2+\left(\frac{dy}{dt}\right)^2}dt=\int_a^b\sqrt{\{f'(t)\}^2+\{g'(t)\}^2}dt$임을 이용해 보자.

$$\frac{dx}{dt}=e^t\sin t+e^t\cos t=e^t(\sin t+\cos t)$$
$$\frac{dy}{dt}=e^t\cos t-e^t\sin t=e^t(\cos t-\sin t)$$

따라서 구하는 곡선의 길이는

$$\int_0^{\ln 3}\sqrt{\{e^t(\sin t+\cos t)\}^2+\{e^t(\cos t-\sin t)\}^2}dt$$
$$=\int_0^{\ln 3}\sqrt{e^{2t}(\sin t+\cos t)^2+e^{2t}(\cos t-\sin t)^2}dt$$
$$=\int_0^{\ln 3}\sqrt{2e^{2t}}dt=\int_0^{\ln 3}\sqrt{2}e^t\,dt\ (\because e^t>0)$$
$$=\sqrt{2}\Big[e^t\Big]_0^{\ln 3}=(3-1)\sqrt{2}=2\sqrt{2}$$

17 2381 답 ⑤

유형 2 + 유형 4

출제의도 | 정적분을 이용하여 급수의 합을 구할 수 있는지 확인한다.

> 곡선 $y=f(x)$ 위의 점 $(a, f(a))$를 지나고, 이 점에서의 접선에 수직인 직선의 방정식은 $y-f(a)=-\frac{1}{f'(a)}(x-a)$임을 이용해 보자.

$y=e^x$에서 $y'=e^x$이므로 곡선 위의 점 $\mathrm{A}_k\left(\frac{k}{n},\ e^{\frac{k}{n}}\right)$에서의 접선의 기울기는 $e^{\frac{k}{n}}$이고, 이 접선 l_k에 수직인 직선의 기울기는 $-e^{-\frac{k}{n}}$

따라서 점 $\left(\frac{k}{n},\ e^{\frac{k}{n}}\right)$을 지나고 직선 l_k에 수직인 직선의 방정식은

$$y-e^{\frac{k}{n}}=-e^{-\frac{k}{n}}\left(x-\frac{k}{n}\right)$$

점 P_k의 x좌표는

$-e^{\frac{k}{n}}=-e^{-\frac{k}{n}}\left(x-\frac{k}{n}\right)$에서

$x-\frac{k}{n}=e^{\frac{2k}{n}}\qquad\therefore x=e^{\frac{2k}{n}}+\frac{k}{n}$

즉, 점 P_k의 좌표가 $\mathrm{P}_k\left(e^{\frac{2k}{n}}+\frac{k}{n},\ 0\right)$이므로 $\overline{\mathrm{OP}_k}=e^{\frac{2k}{n}}+\frac{k}{n}$

$$\therefore \lim_{n\to\infty}\frac{1}{n}\sum_{k=1}^{n}\overline{\mathrm{OP}_k}=\lim_{n\to\infty}\frac{1}{n}\sum_{k=1}^{n}\left(e^{\frac{2k}{n}}+\frac{k}{n}\right)$$
$$=\lim_{n\to\infty}\sum_{k=1}^{n}\left(e^{\frac{2k}{n}}+\frac{k}{n}\right)\times\frac{1}{n}$$
$$=\int_0^1(e^{2x}+x)dx$$
$$=\left[\frac{1}{2}e^{2x}+\frac{1}{2}x^2\right]_0^1$$
$$=\frac{e^2}{2}+\frac{1}{2}-\frac{1}{2}=\frac{e^2}{2}$$

18 2382 답 ②

유형 9

출제의도 | 정적분을 이용하여 두 곡선 사이의 넓이를 구할 수 있는지 확인한다.

> 두 곡선 $y=f(x)$, $y=g(x)$가 $x=t$인 점에서 접할 때, $f(t)=g(t)$, $f'(t)=g'(t)$임을 이용해 보자.

$f(x)=\ln x$, $g(x)=\frac{2}{e}\sqrt{x}$라 하면

$f'(x)=\frac{1}{x}$, $g'(x)=\frac{2}{e}\times\frac{1}{2\sqrt{x}}=\frac{1}{e\sqrt{x}}$

두 곡선 $y=f(x)$, $y=g(x)$의 접점의 x좌표를 t $(t>0)$라 하면

$f(t)=g(t)$에서 $\ln t=\frac{2}{e}\sqrt{t}$

$f'(t)=g'(t)$에서

$\frac{1}{t}=\frac{1}{e\sqrt{t}}$, $t=e\sqrt{t}$, $t^2=e^2t$

$t(t-e^2)=0 \quad \therefore t=e^2$ ($\because t>0$)

즉, 두 곡선 $y=f(x)$, $y=g(x)$의 접점의 좌표는 $(e^2, 2)$이므로 구하는 넓이는

$$\int_0^{e^2}\frac{2}{e}\sqrt{x}\,dx-\int_1^{e^2}\ln x\,dx=\frac{2}{e}\left[\frac{2}{3}x\sqrt{x}\right]_0^{e^2}-\left(\left[x\ln x\right]_1^{e^2}-\int_1^{e^2}1\,dx\right)$$
$$=\frac{4}{3}e^2-2e^2+\left[x\right]_1^{e^2}$$
$$=\frac{4}{3}e^2-2e^2+e^2-1=\frac{1}{3}e^2-1$$

따라서 $a=\frac{1}{3}$, $b=-1$이므로

$a+b=\frac{1}{3}+(-1)=-\frac{2}{3}$

다른 풀이

$y=\ln x$에서 $x=e^y$

$y=\frac{2}{e}\sqrt{x}$에서

$\sqrt{x}=\frac{e}{2}y \quad \therefore x=\frac{e^2}{4}y^2$

두 곡선의 접점의 좌표가 $(e^2, 2)$이므로 구하는 넓이는

$$\int_0^2\left(e^y-\frac{e^2}{4}y^2\right)dy=\left[e^y-\frac{e^2}{12}y^3\right]_0^2$$
$$=\frac{1}{3}e^2-1$$

따라서 $a=\frac{1}{3}$, $b=-1$이므로

$a+b=\frac{1}{3}+(-1)=-\frac{2}{3}$

19 2383 답 ②

유형 16

출제의도 | 정적분을 이용하여 단면이 밑면과 평행한 입체도형의 부피를 구할 수 있는지 확인한다.

> 그릇에 채워진 물의 깊이가 x일 때의 수면의 넓이를 $S(x)$라 하면 물의 깊이가 k일 때 채워진 물의 부피는 $\int_0^k S(x)dx$임을 이용해 보자.

물의 깊이가 $x$cm일 때의 수면의 넓이를 $S(x)$라 하면

$S(x)=e^{\frac{x}{2}}-x\,(\text{cm}^2)$

그릇에 담긴 물의 부피가 $(2e-4)\text{cm}^3$일 때의 물의 깊이를 $k$cm라 하면 물의 부피는

$$\int_0^k S(x)dx=\int_0^k(e^{\frac{x}{2}}-x)dx$$
$$=\left[2e^{\frac{x}{2}}-\frac{1}{2}x^2\right]_0^k$$
$$=2e^{\frac{k}{2}}-\frac{1}{2}k^2-2\,(\text{cm}^3)$$

따라서 $2e^{\frac{k}{2}}-\frac{1}{2}k^2-2=2e-4$이므로

$2e^{\frac{k}{2}}=2e$, $-\frac{1}{2}k^2-2=-4 \quad \therefore k=2$

따라서 물의 깊이는 2cm이다.

20 2384 답 ④

유형 19

출제의도 | 좌표평면 위를 움직이는 점의 위치가 주어졌을 때, 정적분을 이용하여 점이 움직인 거리를 구할 수 있는지 확인한다.

> 시각 $t=a$에서 $t=b$까지 점 P가 움직인 거리는 $\int_a^b\sqrt{\left(\frac{dx}{dt}\right)^2+\left(\frac{dy}{dt}\right)^2}dt$임을 이용해 보자.

$\frac{dx}{dt}=-4\sqrt{2}\sin t$, $\frac{dy}{dt}=2\cos 2t$이므로 $t=0$에서 $t=2\pi$까지 점 P가 움직인 거리는

$$\int_0^{2\pi}\sqrt{(-4\sqrt{2}\sin t)^2+(2\cos 2t)^2}\,dt$$
$$=\int_0^{2\pi}\sqrt{32\sin^2 t+4\cos^2 2t}\,dt$$
$$=\int_0^{2\pi}\sqrt{32\sin^2 t+4(2\cos^2 t-1)^2}\,dt$$
$$=\int_0^{2\pi}\sqrt{16\cos^4 t-16\cos^2 t+4+32\sin^2 t}\,dt$$
$$=\int_0^{2\pi}\sqrt{16\cos^4 t-48\cos^2 t+36}\,dt$$
$$=\int_0^{2\pi}\sqrt{4(2\cos^2 t-3)^2}\,dt$$
$$=\int_0^{2\pi}|2(2\cos^2 t-3)|\,dt$$
$$=\int_0^{2\pi}|2\{(2\cos^2 t-1)-2\}|\,dt$$
$$=\int_0^{2\pi}|2(\cos 2t-2)|\,dt$$
$$=\int_0^{2\pi}2(2-\cos 2t)dt \ (\because -6\le 2(\cos 2t-2)\le -2)$$
$$=2\left[2t-\frac{1}{2}\sin 2t\right]_0^{2\pi}=8\pi$$

21 2385 답 ②

유형 13

출제의도 | 정적분을 이용하여 곡선과 x축 또는 두 곡선 사이의 넓이를 구할 수 있는지 확인한다.

> $0\le x\le\frac{\pi}{2}$에서 두 곡선 $y=\sin 2x$, $y=a\cos x$의 교점의 x좌표를 θ라 하고 적분 구간을 나누어 넓이를 정적분으로 나타내 보자.

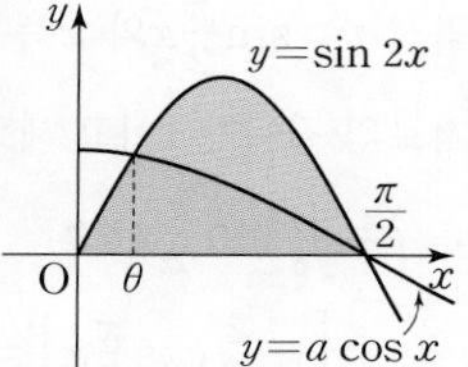

그림과 같이 두 곡선 $y=\sin 2x$, $y=a\cos x$의 교점의 x좌표를 $\theta\left(0<\theta<\frac{\pi}{2}\right)$라 하면

$\sin 2\theta=a\cos\theta$에서

$2\sin\theta\cos\theta=a\cos\theta$

$\therefore \sin\theta=\frac{a}{2}$ ($\because \cos\theta\neq0$) ············ ㉠

$0\le x\le\frac{\pi}{2}$에서 곡선 $y=\sin 2x$와 x축으로 둘러싸인 도형의 넓이를 S_1이라 하면

$S_1=\int_0^{\frac{\pi}{2}}\sin 2x\,dx=\left[-\frac{1}{2}\cos 2x\right]_0^{\frac{\pi}{2}}=1$

$\theta\le x\le\frac{\pi}{2}$에서 두 곡선 $y=\sin 2x$, $y=a\cos x$로 둘러싸인 도형의 넓이를 S_2라 하면

$S_2=\int_\theta^{\frac{\pi}{2}}(\sin 2x-a\cos x)dx$

$=\left[-\frac{1}{2}\cos 2x-a\sin x\right]_\theta^{\frac{\pi}{2}}$

$=a\sin\theta+\frac{1}{2}\cos 2\theta-a+\frac{1}{2}$

이때 $S_2=\frac{1}{2}S_1$이므로 $a\sin\theta+\frac{1}{2}\cos 2\theta-a+\frac{1}{2}=\frac{1}{2}$

$a\sin\theta+\frac{1}{2}(1-2\sin^2\theta)-a=0$

위의 식에 ㉠을 대입하면

$\frac{a^2}{2}+\frac{1}{2}\left(1-2\times\frac{a^2}{4}\right)-a=0$

$\frac{a^2}{4}-a+\frac{1}{2}=0$, $a^2-4a+2=0$

$\therefore a=2+\sqrt{2}$ 또는 $a=2-\sqrt{2}$

이때 $\sin\theta=\frac{a}{2}$에서 $0<\theta<\frac{\pi}{2}$이므로 $0<\sin\theta<1$, 즉

$0<\frac{a}{2}<1$이어야 하므로 $0<a<2$

따라서 상수 a의 값은 $2-\sqrt{2}$이다.

22 2386 답 $\frac{2}{\pi}$ 유형 12

출제의도 | 정적분을 이용하여 곡선과 x축 및 y축 사이의 넓이를 구할 수 있는지 확인한다.

STEP 1 곡선 $y=\sin\frac{\pi}{2}x$의 대칭성을 이용하여 S_1과 S_2 사이의 관계식 구하기 [3점]

곡선 $y=\sin\frac{\pi}{2}x$는 직선 $x=1$에 대하여 대칭이므로

곡선 $y=\sin\frac{\pi}{2}x$와 두 직선 $y=k$, $x=1$로 둘러싸인 도형의 넓이는 $\frac{1}{2}S_2=S_1$

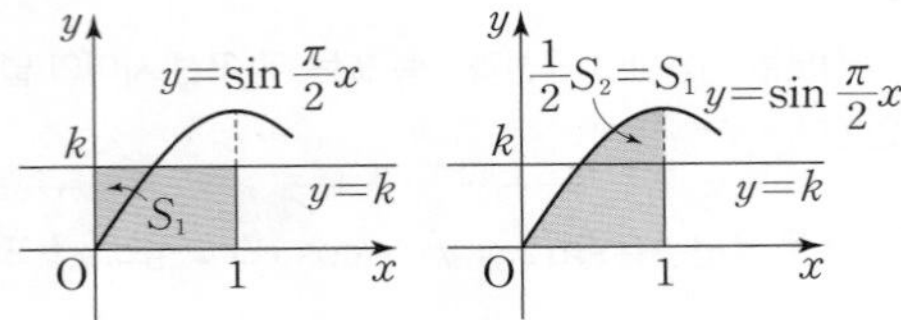

STEP 2 정적분을 이용하여 상수 k의 값 구하기 [3점]

곡선 $y=\sin\frac{\pi}{2}x$와 x축 및 직선 $x=1$로 둘러싸인 도형의 넓이는 가로의 길이가 1이고 세로의 길이가 k인 직사각형의 넓이와 같다.

$\therefore k=\int_0^1\sin\frac{\pi}{2}x\,dx$

$=\left[-\frac{2}{\pi}\cos\frac{\pi}{2}x\right]_0^1=\frac{2}{\pi}$

다른 풀이

STEP 1 정적분을 이용하여 상수 k의 값 구하기 [6점]

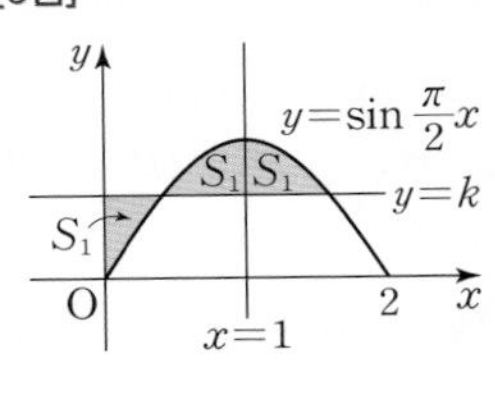

그림에서

$\int_0^1\left(k-\sin\frac{\pi}{2}x\right)dx=0$이므로

$\left[kx+\frac{2}{\pi}\cos\frac{\pi}{2}x\right]_0^1=0$

$k-\frac{2}{\pi}=0 \qquad \therefore k=\frac{2}{\pi}$

23 2387 답 $2\ln 3-1$ 유형 21

출제의도 | 정적분을 이용하여 곡선의 길이를 구할 수 있는지 확인한다.

STEP 1 $\frac{dy}{dx}$ 구하기 [3점]

$y'=\frac{-18x}{9-9x^2}=\frac{-2x}{1-x^2}$

STEP 2 곡선의 길이를 정적분으로 나타내어 그 값 구하기 [3점]

구하는 곡선의 길이는

$\int_{-\frac{1}{2}}^{\frac{1}{2}}\sqrt{1+\left(\frac{-2x}{1-x^2}\right)^2}dx=\int_{-\frac{1}{2}}^{\frac{1}{2}}\sqrt{\frac{(1-x^2)^2+4x^2}{(1-x^2)^2}}dx$

$=\int_{-\frac{1}{2}}^{\frac{1}{2}}\sqrt{\frac{(1+x^2)^2}{(1-x^2)^2}}dx$

$=\int_{-\frac{1}{2}}^{\frac{1}{2}}\frac{1+x^2}{1-x^2}dx\ \left(\because \frac{1+x^2}{1-x^2}>0\right)$

$=\int_{-\frac{1}{2}}^{\frac{1}{2}}\left(\frac{2}{1-x^2}-1\right)dx$

$=\int_{-\frac{1}{2}}^{\frac{1}{2}}\left\{\frac{-2}{(x+1)(x-1)}-1\right\}dx$

$=\int_{-\frac{1}{2}}^{\frac{1}{2}}\left(\frac{1}{x+1}-\frac{1}{x-1}-1\right)dx$

$=\left[\ln\left|\frac{x+1}{x-1}\right|-x\right]_{-\frac{1}{2}}^{\frac{1}{2}}$

$=\left(\ln 3-\frac{1}{2}\right)-\left(-\ln 3+\frac{1}{2}\right)$

$=2\ln 3-1$

24 2388 답 $\frac{8}{\pi}$ 유형 4

출제의도 | 도형의 성질과 정적분을 이용하여 급수의 합을 구할 수 있는지 확인한다.

STEP 1 $\angle \mathrm{ABP}_k$의 크기 구하기 [2점]

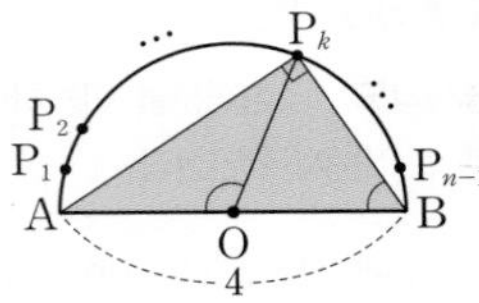

그림과 같이 반원의 중심을 O라 하면

$\angle \mathrm{AOP}_k=\frac{k\pi}{n}$

원주각의 크기는 중심각의 크기의 $\frac{1}{2}$배이므로

$\angle \mathrm{ABP}_k=\frac{k\pi}{2n}$

STEP 2 S_k 구하기 [3점]

직각삼각형 ABP_k에서

$\overline{\mathrm{AP}_k}=4\sin\frac{k\pi}{2n}$, $\overline{\mathrm{BP}_k}=4\cos\frac{k\pi}{2n}$이므로

$S_k=\frac{1}{2}\times\overline{AP_k}\times\overline{BP_k}$

$=\frac{1}{2}\times 4\sin\frac{k\pi}{2n}\times 4\cos\frac{k\pi}{2n}$

$=8\sin\frac{k\pi}{2n}\cos\frac{k\pi}{2n}=4\sin\frac{k\pi}{n}$

STEP 3 $\lim_{n\to\infty}\frac{1}{n}\sum_{k=1}^{n-1}S_k$**의 값 구하기 [3점]**

$$\lim_{n\to\infty}\frac{1}{n}\sum_{k=1}^{n-1}S_k=\lim_{n\to\infty}\frac{1}{n}\sum_{k=1}^{n-1}4\sin\frac{k\pi}{n}$$
$$=\lim_{n\to\infty}\sum_{k=1}^{n-1}4\sin\frac{k\pi}{n}\times\frac{1}{n}$$
$$=\frac{4}{\pi}\lim_{n\to\infty}\sum_{k=1}^{n-1}\sin\frac{k\pi}{n}\times\frac{\pi}{n}$$
$$=\frac{4}{\pi}\int_0^{\pi}\sin x\,dx$$
$$=\frac{4}{\pi}\Big[-\cos x\Big]_0^{\pi}=\frac{4}{\pi}\times 2=\frac{8}{\pi}$$

25 2389 답 $16\pi-\frac{32}{3}$ 유형 17

출제의도 | 정적분을 이용하여 단면이 밑면과 수직인 입체도형의 부피를 구할 수 있는지 확인한다.

STEP 1 원기둥을 잘라서 생기는 작은 입체도형을 밑면과 수직인 평면으로 자른 단면의 넓이 구하기 [3점]

그림과 같이 입체도형을 밑면의 중심을 원점 O, 자른 평면과 밑면의 교선을 x축으로 하는 좌표평면 위에 놓고, x축 위의 점 $P(x,\ 0)\ (-2\le x\le 2)$을 지나고 x축에 수직인 평면으로 입체도형을 자른 단면을 $\triangle PQR$라 하자.

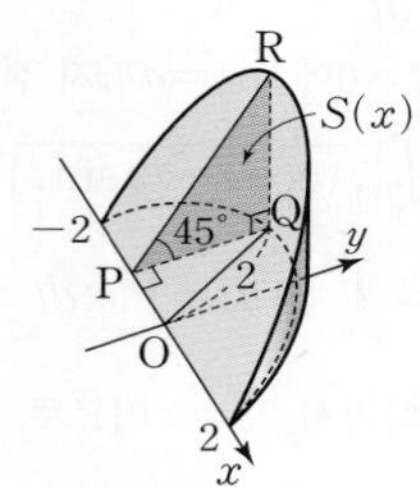

이때 직각삼각형 POQ에서

$\overline{PQ}=\sqrt{\overline{OQ}^2-\overline{OP}^2}=\sqrt{4-x^2}$

또, 직각삼각형 PQR에서

$\overline{RQ}=\overline{PQ}\tan 45^\circ=\sqrt{4-x^2}$

$\triangle PQR$의 넓이를 $S(x)$라 하면

$S(x)=\frac{1}{2}\times\overline{PQ}\times\overline{RQ}=\frac{1}{2}(4-x^2)$

STEP 2 원기둥을 잘라서 생기는 작은 입체도형의 부피 구하기 [3점]

원기둥을 잘라서 생기는 두 입체도형 중 작은 것의 부피는

$$\int_{-2}^{2}S(x)dx=\int_{-2}^{2}\frac{1}{2}(4-x^2)dx$$
$$=\frac{1}{2}\times 2\int_0^2(4-x^2)dx\ (\because\ 4-x^2\text{은 우함수})$$
$$=\Big[4x-\frac{1}{3}x^3\Big]_0^2=\frac{16}{3}$$

STEP 3 두 입체도형의 부피의 차 구하기 [2점]

밑면의 반지름의 길이가 2이고 높이가 4인 원기둥의 부피는 $\pi\times 2^2\times 4=16\pi$이므로 원기둥을 잘라서 생기는 두 입체도형 중 큰 것의 부피는

$16\pi-\frac{16}{3}$

따라서 두 입체도형의 부피의 차는

$16\pi-\frac{16}{3}-\frac{16}{3}=16\pi-\frac{32}{3}$

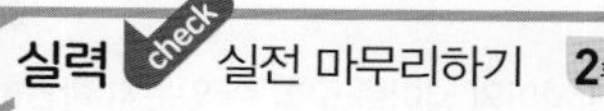

실력 check 실전 마무리하기 2회 483쪽~487쪽

1 2390 답 ③ 유형 2

출제의도 | 정적분을 이용하여 급수의 합을 구할 수 있는지 확인한다.

> $x_k=\frac{k}{n}$로 놓고 주어진 급수의 합을 정적분으로 나타내 보자.

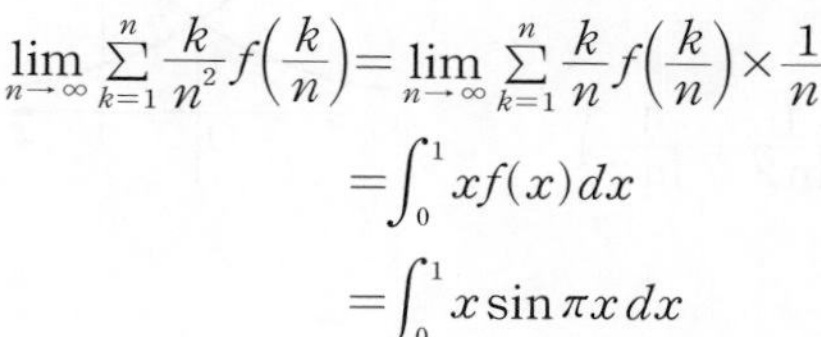

$$\lim_{n\to\infty}\sum_{k=1}^{n}\frac{k}{n^2}f\Big(\frac{k}{n}\Big)=\lim_{n\to\infty}\sum_{k=1}^{n}\frac{k}{n}f\Big(\frac{k}{n}\Big)\times\frac{1}{n}$$
$$=\int_0^1 xf(x)dx$$
$$=\int_0^1 x\sin\pi x\,dx$$

$\int_0^1 x\sin\pi x\,dx$에서

$u(x)=x,\ v'(x)=\sin\pi x$로 놓으면

$u'(x)=1,\ v(x)=-\frac{1}{\pi}\cos\pi x$이므로

$$\int_0^1 x\sin\pi x\,dx=\Big[-\frac{x}{\pi}\cos\pi x\Big]_0^1+\frac{1}{\pi}\int_0^1\cos\pi x\,dx$$
$$=\frac{1}{\pi}+\frac{1}{\pi}\Big[\frac{1}{\pi}\sin\pi x\Big]_0^1$$
$$=\frac{1}{\pi}$$

2 2391 답 ② 유형 3

출제의도 | 합의 기호를 사용하여 식을 나타내고, 정적분을 이용하여 급수의 합을 구할 수 있는지 확인한다.

> 합의 꼴로 나타난 급수를 합의 기호 $\sum$를 사용하여 나타낸 다음 정적분으로 나타내 보자.

$$\lim_{n\to\infty}\frac{6}{n}\Big\{\Big(1+\frac{2}{n}\Big)^2+\Big(1+\frac{4}{n}\Big)^2+\Big(1+\frac{6}{n}\Big)^2+\cdots+\Big(1+\frac{2n}{n}\Big)^2\Big\}$$
$$=\lim_{n\to\infty}\sum_{k=1}^{n}\frac{6}{n}\Big(1+\frac{2k}{n}\Big)^2$$
$$=3\lim_{n\to\infty}\Big(1+\frac{2k}{n}\Big)^2\times\frac{2}{n}$$
$$=3\int_1^3 x^2\,dx$$
$$=\Big[x^3\Big]_1^3$$
$$=27-1=26$$

3 2392 답 ③ 유형 7

출제의도 | 정적분을 이용하여 곡선과 y축 사이의 넓이를 구할 수 있는지 확인한다.

> $y=\ln x$를 y에 대한 식으로 나타내고, $-1\le y\le 1$에서 식의 부호를 파악하여 넓이를 정적분으로 나타내 보자.

$y=\ln x$에서 $x=e^y$

따라서 그림에서 구하는 넓이는

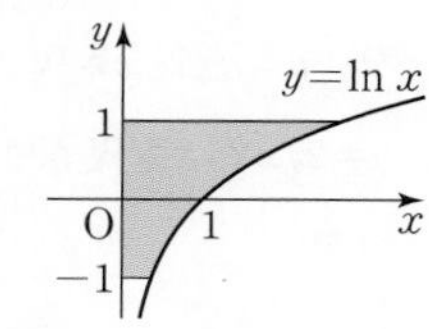

$$\int_{-1}^{1}e^y\,dy=\Big[e^y\Big]_{-1}^{1}$$
$$=e-\frac{1}{e}$$

4 2393 답 ① 유형 9

출제의도 | 정적분을 이용하여 두 곡선 사이의 넓이를 구할 수 있는지 확인한다.

> 두 곡선의 위치 관계를 파악하여 넓이를 정적분으로 나타내 보자.

그림에서 구하는 넓이는

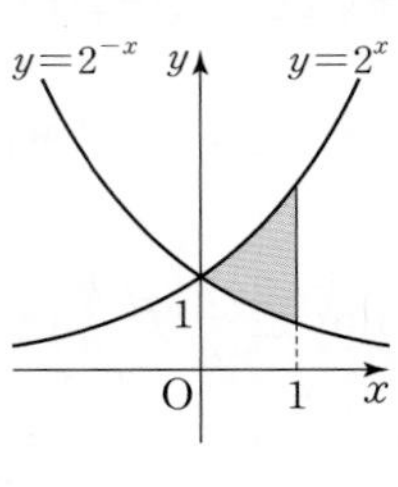

$\int_0^1 (2^x-2^{-x})\,dx$

$=\left[\frac{2^x}{\ln 2}+\frac{2^{-x}}{\ln 2}\right]_0^1$

$=\left(\frac{2}{\ln 2}+\frac{1}{2\ln 2}\right)-\left(\frac{1}{\ln 2}+\frac{1}{\ln 2}\right)$

$=\frac{1}{2\ln 2}$

5 2394 답 ④ 유형 10

출제의도 | 정적분을 이용하여 두 곡선 사이의 넓이를 구할 수 있는지 확인한다.

> 곡선 $y=x^2+1$과 직선 $y=x$를 모두 y에 대한 식으로 나타내고, $2\le y\le 5$에서 두 식의 대소 관계를 파악하여 넓이를 정적분으로 나타내 보자.

$y=x^2+1$에서 $x^2=y-1$

$\therefore x=\sqrt{y-1}$ ($\because y>1$)

따라서 그림에서 구하는 넓이는

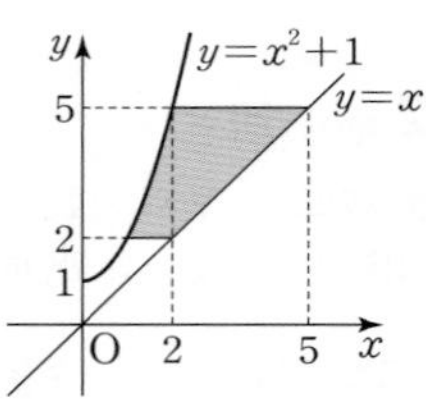

$\int_2^5 (y-\sqrt{y-1})\,dy$

$=\left[\frac{1}{2}y^2-\frac{2}{3}(y-1)^{\frac{3}{2}}\right]_2^5$

$=\frac{35}{6}$

6 2395 답 ④ 유형 12

출제의도 | 정적분을 이용하여 두 곡선 사이의 넓이를 구할 수 있는지 확인한다.

> 두 도형의 넓이가 같은 경우이므로 $\int_0^{\pi}\{\sin x-a(x-\pi)\}dx=0$임을 이용해 보자.

$\int_0^{\pi}\{\sin x-a(x-\pi)\}dx=0$이므로

$\left[-\cos x-\frac{a}{2}x^2+a\pi x\right]_0^{\pi}=0$

$2+\frac{a}{2}\pi^2=0$, $\frac{a}{2}\pi^2=-2$

$\therefore a=-\frac{4}{\pi^2}$

7 2396 답 ② 유형 13

출제의도 | 정적분을 이용하여 곡선과 x축 또는 두 곡선 사이의 넓이를 구할 수 있는지 확인한다.

> 직선 $y=ax$와 x축 및 직선 $x=4$로 둘러싸인 도형의 넓이는 곡선 $y=2\sqrt{x}$와 x축 및 직선 $x=4$로 둘러싸인 도형의 넓이의 $\frac{1}{2}$임을 이용해 보자.

그림에서 곡선 $y=2\sqrt{x}$와 x축 및 직선 $x=4$로 둘러싸인 도형의 넓이를 S_1이라 하면

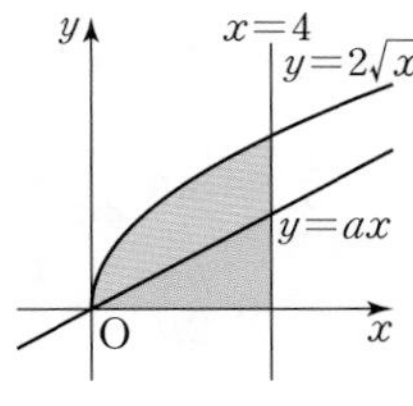

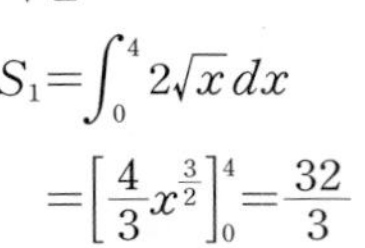

$S_1=\int_0^4 2\sqrt{x}\,dx$

$=\left[\frac{4}{3}x^{\frac{3}{2}}\right]_0^4=\frac{32}{3}$

직선 $y=ax$와 x축 및 직선 $x=4$로 둘러싸인 도형의 넓이를 S_2라 하면

$S_2=\int_0^4 ax\,dx=\left[\frac{a}{2}x^2\right]_0^4=8a$ → 삼각형의 넓이를 이용하여 $\frac{1}{2}\times4\times4a=8a$로 구해도 된다.

이때 $S_2=\frac{1}{2}S_1$이므로

$8a=\frac{16}{3}$ $\quad\therefore a=\frac{2}{3}$

8 2397 답 ④ 유형 19

출제의도 | 좌표평면 위를 움직이는 점의 위치가 주어졌을 때, 정적분을 이용하여 점이 움직인 거리를 구할 수 있는지 확인한다.

> 시각 $t=a$에서 $t=b$까지 점 P가 움직인 거리는 $\int_a^b \sqrt{\left(\frac{dx}{dt}\right)^2+\left(\frac{dy}{dt}\right)^2}\,dt$임을 이용해 보자.

$\frac{dx}{dt}=\cos t-\sqrt{3}\sin t$, $\frac{dy}{dt}=\sqrt{3}\cos t+\sin t$이므로

$t=0$에서 $t=a$까지 점 P가 움직인 거리는

$\int_0^a \sqrt{(\cos t-\sqrt{3}\sin t)^2+(\sqrt{3}\cos t+\sin t)^2}\,dt$

$=\int_0^a \sqrt{4}\,dt=\int_0^a 2\,dt=\Big[2t\Big]_0^a=2a$

따라서 $2a=\pi$이므로 $a=\frac{\pi}{2}$

9 2398 답 ② 유형 21

출제의도 | 정적분을 이용하여 곡선의 길이를 구할 수 있는지 확인한다.

> $x=a$에서 $x=b$까지 곡선 $y=f(x)$의 길이는 $\int_a^b \sqrt{1+\left(\frac{dy}{dx}\right)^2}\,dx=\int_a^b \sqrt{1+\{f'(x)\}^2}\,dx$임을 이용해 보자.

$y'=\frac{1}{2}(x^2-2)^{\frac{1}{2}}\times 2x=x\sqrt{x^2-2}$이므로 구하는 곡선의 길이는

$\int_2^3 \sqrt{1+(x\sqrt{x^2-2})^2}\,dx=\int_2^3 \sqrt{1+x^4-2x^2}\,dx$

$=\int_2^3 \sqrt{(x^2-1)^2}\,dx$

$=\int_2^3 (x^2-1)\,dx$ ($\because x^2-1>0$)

$=\left[\frac{1}{3}x^3-x\right]_2^3$

$=6-\frac{2}{3}=\frac{16}{3}$

10 2399 답 ④ 유형 2

출제의도 | 정적분을 이용하여 급수의 합을 구할 수 있는지 확인한다.

> 주어진 식을 $\frac{k}{n}$에 대한 식으로 정리한 다음 $x_k=\frac{k}{n}$로 놓고 정적분으로 나타내 보자.

$$\lim_{n\to\infty}\sum_{k=1}^{n}\frac{1}{\sqrt{4n^2-(n+k)^2}}=\lim_{n\to\infty}\sum_{k=1}^{n}\frac{1}{\sqrt{4-\left(1+\frac{k}{n}\right)^2}}\times\frac{1}{n}$$
$$=\int_1^2\frac{1}{\sqrt{4-x^2}}dx$$

$x=2\sin\theta\left(-\frac{\pi}{2}\le\theta\le\frac{\pi}{2}\right)$로 놓으면 $\frac{dx}{d\theta}=2\cos\theta$

$x=1$일 때 $\theta=\frac{\pi}{6}$, $x=2$일 때 $\theta=\frac{\pi}{2}$이므로

$$\int_1^2\frac{1}{\sqrt{4-x^2}}dx=\int_{\frac{\pi}{6}}^{\frac{\pi}{2}}\frac{1}{\sqrt{4-4\sin^2\theta}}\times2\cos\theta\,d\theta$$
$$=\int_{\frac{\pi}{6}}^{\frac{\pi}{2}}\frac{2\cos\theta}{2\cos\theta}d\theta$$
$$=\int_{\frac{\pi}{6}}^{\frac{\pi}{2}}1\,d\theta=\Big[\theta\Big]_{\frac{\pi}{6}}^{\frac{\pi}{2}}=\frac{\pi}{3}$$

11 2400 답 ②

유형 9

출제의도 | 정적분을 이용하여 두 곡선 사이의 넓이를 구할 수 있는지 확인한다.

> 두 곡선 $y=\cos x$, $y=\sin 2x$의 교점의 x좌표를 구하여 적분 구간을 나누고, 넓이를 정적분으로 나타내 보자.

두 곡선 $y=\cos x$, $y=\sin 2x$의 교점의 x좌표는

$\cos x=\sin 2x$에서 $\cos x=2\sin x\cos x$

$\cos x(2\sin x-1)=0$

$\cos x=0$ 또는 $\sin x=\frac{1}{2}$

$\therefore x=\frac{\pi}{6}$ 또는 $x=\frac{\pi}{2}$ $\left(\because 0\le x\le\frac{\pi}{2}\right)$

따라서 그림에서 구하는 넓이는

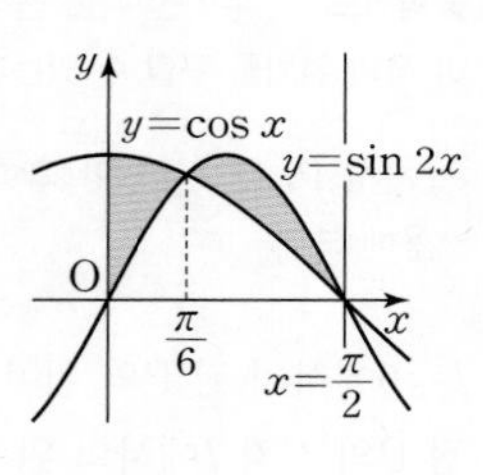

$$\int_0^{\frac{\pi}{6}}(\cos x-\sin 2x)dx+\int_{\frac{\pi}{6}}^{\frac{\pi}{2}}(\sin 2x-\cos x)dx$$
$$=\left[\sin x+\frac{1}{2}\cos 2x\right]_0^{\frac{\pi}{6}}+\left[-\frac{1}{2}\cos 2x-\sin x\right]_{\frac{\pi}{6}}^{\frac{\pi}{2}}$$
$$=\frac{1}{4}+\frac{1}{4}=\frac{1}{2}$$

12 2401 답 ②

유형 11

출제의도 | 정적분을 이용하여 곡선과 접선 사이의 넓이를 구할 수 있는지 확인한다.

> 접선의 방정식을 구하고, 곡선과 접선의 대소 관계를 파악하여 넓이를 정적분으로 나타내 보자.

$y=e^{2x}$에서 $y'=2e^{2x}$이므로 곡선 위의 점 $(t,\ e^{2t})$에서의 접선의 기울기는 $2e^{2t}$이고 접선의 방정식은

$y-e^{2t}=2e^{2t}(x-t)$

이 직선이 원점을 지나므로

$-e^{2t}=-2te^{2t}\qquad\therefore t=\frac{1}{2}\ (\because e^{2t}>0)$

곡선 $y=e^{2x}$ 위의 점 $\left(\frac{1}{2},\ e\right)$에서의 접선의 방정식은

$y-e=2e\left(x-\frac{1}{2}\right)\qquad\therefore y=2ex$

따라서 그림에서 구하는 넓이는

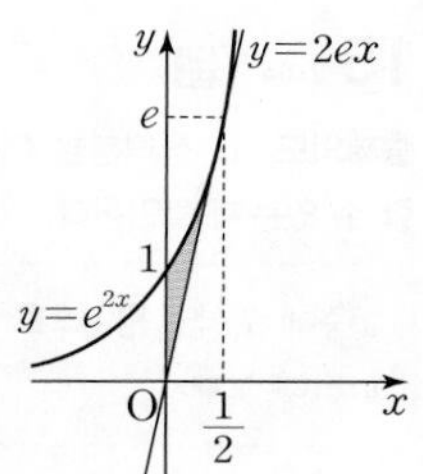

$$\int_0^{\frac{1}{2}}(e^{2x}-2ex)dx$$
$$=\left[\frac{1}{2}e^{2x}-ex^2\right]_0^{\frac{1}{2}}$$
$$=\frac{e}{4}-\frac{1}{2}$$

13 2402 답 ①

유형 15

출제의도 | 정적분을 이용하여 함수와 그 역함수의 그래프로 둘러싸인 도형의 넓이를 구할 수 있는지 확인한다.

> $y=\tan\frac{\pi}{4}x$와 그 역함수의 그래프의 교점의 좌표는 곡선 $y=\tan\frac{\pi}{4}x$와 직선 $y=x$의 교점의 좌표와 같음을 이용해 보자.

두 곡선 $y=f(x)$, $y=g(x)$는 직선 $y=x$에 대하여 대칭이므로 두 곡선의 교점의 x좌표는 곡선 $y=f(x)$와 직선 $y=x$의 교점의 x좌표와 같다.

즉, $\tan\frac{\pi}{4}x=x$에서

$x=0$ 또는 $x=1$

따라서 두 곡선 $y=f(x)$, $y=g(x)$로 둘러싸인 도형의 넓이는 곡선 $y=f(x)$와 직선 $y=x$로 둘러싸인 도형의 넓이의 2배와 같으므로 구하는 넓이는

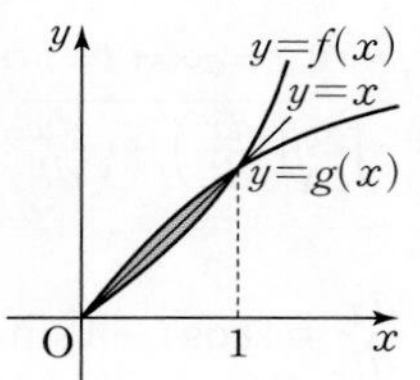

$$2\int_0^1\left(x-\tan\frac{\pi}{4}x\right)dx=2\int_0^1\left(x-\frac{\sin\frac{\pi}{4}x}{\cos\frac{\pi}{4}x}\right)dx$$
$$=2\int_0^1\left\{x+\frac{4}{\pi}\times\frac{\left(\cos\frac{\pi}{4}x\right)'}{\cos\frac{\pi}{4}x}\right\}dx$$
$$=2\left[\frac{1}{2}x^2+\frac{4}{\pi}\ln\left|\cos\frac{\pi}{4}x\right|\right]_0^1$$
$$=2\left(\frac{1}{2}+\frac{4}{\pi}\ln\frac{1}{\sqrt{2}}\right)=1-\frac{4}{\pi}\ln 2$$

14 2403 답 ④

유형 17

출제의도 | 정적분을 이용하여 단면이 밑면과 수직인 입체도형의 부피를 구할 수 있는지 확인한다.

> 선분 AB가 x축 위에 놓이도록 원을 좌표평면 위에 놓고, x축에 수직인 평면으로 자른 단면의 넓이를 구한 다음 부피를 정적분으로 나타내 보자.

그림과 같이 밑면의 중심을 원점, 지름 AB를 x축으로 놓고 점 $(x,\ 0)$ $(-a\le x\le a)$을 지나고 x축에 수직인 평면으로 입체도형을 자른 단면의 넓이를 $S(x)$라 하면

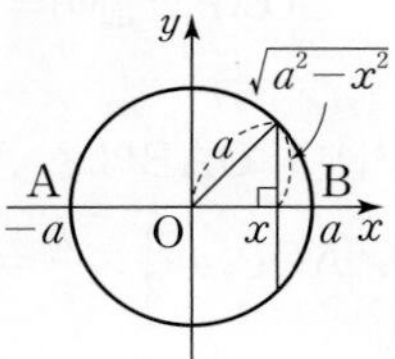

$$S(x)=\frac{\sqrt{3}}{4}(2\sqrt{a^2-x^2})^2=\sqrt{3}(a^2-x^2)$$

따라서 구하는 부피는

$$\int_{-a}^{a}\sqrt{3}(a^2-x^2)dx=2\sqrt{3}\int_0^a(a^2-x^2)dx\ (\because a^2-x^2\text{은 우함수})$$
$$=2\sqrt{3}\left[a^2x-\frac{1}{3}x^3\right]_0^a=2\sqrt{3}\times\frac{2}{3}a^3=\frac{4\sqrt{3}}{3}a^3$$

15 2404 답 ③

유형 17

출제의도 | 정적분을 이용하여 단면이 밑면과 수직인 입체도형의 부피를 구할 수 있는지 확인한다.

x축에 수직인 평면으로 자른 단면의 넓이를 구한 다음 부피를 정적분으로 나타내 보자.

점 $(x, 0)$ $(0\leq x\leq 1)$을 지나고 x축에 수직인 평면으로 입체도형을 자른 단면의 넓이를 $S(x)$라 하면

$S(x)=\frac{1}{2}\left(\frac{1}{x+1}\right)^2=\frac{1}{2(x+1)^2}$

따라서 구하는 부피는

$\int_0^1 \frac{1}{2(x+1)^2}dx=\int_0^1 \frac{1}{2}(x+1)^{-2}dx$

$=\frac{1}{2}\left[-\frac{1}{x+1}\right]_0^1=\frac{1}{2}\times\frac{1}{2}=\frac{1}{4}$

16 2405 답 ③

유형 19

출제의도 | 좌표평면 위를 움직이는 점의 위치가 주어졌을 때, 정적분을 이용하여 점이 움직인 거리를 구할 수 있는지 확인한다.

시각 $t=a$에서 $t=b$까지 점 P가 움직인 거리는 $\int_a^b \sqrt{\left(\frac{dx}{dt}\right)^2+\left(\frac{dy}{dt}\right)^2}dt$임을 이용해 보자.

$\frac{dx}{dt}=4\cos t-4\sin t$, $\frac{dy}{dt}=-2\sin 2t$이므로

$t=0$에서 $t=2\pi$까지 점 P가 움직인 거리는

$\int_0^{2\pi}\sqrt{(4\cos t-4\sin t)^2+(-2\sin 2t)^2}dt$

$=\int_0^{2\pi}\sqrt{16-32\sin t\cos t+4\sin^2 2t}\,dt$

$=\int_0^{2\pi}\sqrt{16-16\sin 2t+4\sin^2 2t}\,dt$

$=\int_0^{2\pi}\sqrt{4(2-\sin 2t)^2}\,dt$

$=\int_0^{2\pi}2(2-\sin 2t)dt$ ($\because$ $2-\sin 2t\geq 0$)

$=2\left[2t+\frac{1}{2}\cos 2t\right]_0^{2\pi}=2\times 4\pi=8\pi$

17 2406 답 ①

유형 4

출제의도 | 도형의 성질과 정적분을 이용하여 급수의 합을 구할 수 있는지 확인한다.

($\triangle \mathrm{OAP}_k$의 넓이)$=\frac{1}{2}\times\overline{\mathrm{OA}}\times\overline{\mathrm{OP}_k}\times\sin(\angle \mathrm{AOP}_k)$를 이용해 보자.

사분원 OAB의 호 AB를 n등분하면 중심각도 n등분되므로

$\angle \mathrm{AOP}_k=\frac{\pi}{2}\times\frac{k}{n}=\frac{k\pi}{2n}$

$\therefore$ $S_k=\frac{1}{2}\times\overline{\mathrm{OA}}\times\overline{\mathrm{OP}_k}\times\sin(\angle \mathrm{AOP}_k)$

$=\frac{1}{2}\times 1\times 1\times\sin\frac{k\pi}{2n}=\frac{1}{2}\sin\frac{k\pi}{2n}$

$\therefore$ $\lim_{n\to\infty}\frac{1}{n}\sum_{k=1}^{n-1}S_k=\lim_{n\to\infty}\frac{1}{n}\sum_{k=1}^{n-1}\frac{1}{2}\sin\frac{k\pi}{2n}=\frac{1}{\pi}\lim_{n\to\infty}\sum_{k=1}^{n-1}\sin\frac{k\pi}{2n}\times\frac{\pi}{2n}$

$=\frac{1}{\pi}\int_0^{\frac{\pi}{2}}\sin x\,dx=\frac{1}{\pi}\left[-\cos x\right]_0^{\frac{\pi}{2}}=\frac{1}{\pi}$

18 2407 답 ⑤

유형 6

출제의도 | 정적분을 이용하여 곡선과 x축 사이의 넓이를 구할 수 있는지 확인한다.

$0\leq x\leq 2\pi$에서 곡선 $y=1-2\sin\left(x+\frac{\pi}{6}\right)$의 부호를 파악하여 넓이를 정적분으로 나타내 보자.

곡선 $y=1-2\sin\left(x+\frac{\pi}{6}\right)$가 x축과 만나는 점의 x좌표는

$1-2\sin\left(x+\frac{\pi}{6}\right)=0$에서

$\sin\left(x+\frac{\pi}{6}\right)=\frac{1}{2}$

$x+\frac{\pi}{6}=\frac{\pi}{6}, \frac{5}{6}\pi, \frac{13}{6}\pi$ ($\because$ $0\leq x\leq 2\pi$)

$\therefore$ $x=0, \frac{2}{3}\pi, 2\pi$

따라서 구하는 넓이는

$\int_0^{\frac{2}{3}\pi}\left\{-1+2\sin\left(x+\frac{\pi}{6}\right)\right\}dx+\int_{\frac{2}{3}\pi}^{2\pi}\left\{1-2\sin\left(x+\frac{\pi}{6}\right)\right\}dx$

$=\left[-x-2\cos\left(x+\frac{\pi}{6}\right)\right]_0^{\frac{2}{3}\pi}+\left[x+2\cos\left(x+\frac{\pi}{6}\right)\right]_{\frac{2}{3}\pi}^{2\pi}$

$=\left(-\frac{2}{3}\pi+2\sqrt{3}\right)+\left(\frac{4}{3}\pi+2\sqrt{3}\right)$

$=\frac{2}{3}\pi+4\sqrt{3}$

19 2408 답 ④

유형 18

출제의도 | 수직선 위를 움직이는 점의 속도가 주어졌을 때, 정적분을 이용하여 점의 위치를 구할 수 있는지 확인한다.

두 점 P, Q가 출발한 후 다시 만나려면 두 점의 위치가 같아야 함을 이용해 보자.

$t=0$에서의 점 P의 위치가 0이므로

점 P의 시각 t에서의 위치를 x_1이라 하면

$x_1=0+\int_0^t \cos t\,dt$

$=\left[\sin t\right]_0^t=\sin t$

$t=0$에서의 점 Q의 위치가 0이므로

점 Q의 시각 t에서의 위치를 x_2라 하면

$x_2=0+\int_0^t 2\cos 2t\,dt$

$=\left[\sin 2t\right]_0^t=\sin 2t$

두 점 P, Q가 출발한 후 다시 만나려면

$\sin t=\sin 2t$, $\sin t=2\sin t\cos t$

$\sin t(1-2\cos t)=0$

$\therefore$ $\sin t=0$ 또는 $\cos t=\frac{1}{2}$

$0<t\leq 2\pi$이므로

$\sin t=0$에서 $t=\pi, 2\pi$

$\cos t=\frac{1}{2}$에서 $t=\frac{\pi}{3}, \frac{5}{3}\pi$

$\therefore$ $t=\frac{\pi}{3}, \pi, \frac{5}{3}\pi, 2\pi$

따라서 $0<t\leq 2\pi$에서 두 점 P, Q는 4번 만난다.

20 2409 답 ③ 유형 21

출제의도 | 미분계수의 정의와 정적분을 이용하여 곡선의 길이를 구할 수 있는지 확인한다.

> $f'(x)=\lim_{h\to 0}\frac{f(x+h)-f(x)}{h}$임을 이용하여 주어진 식을 정리해 보자.

$\lim_{h\to 0}\frac{f(x+h)-f(x-h)}{h}$

$=\lim_{h\to 0}\frac{f(x+h)-f(x)-f(x-h)+f(x)}{h}$

$=\lim_{h\to 0}\frac{\{f(x+h)-f(x)\}-\{f(x-h)-f(x)\}}{h}$

$=\lim_{h\to 0}\frac{f(x+h)-f(x)}{h}+\lim_{h\to 0}\frac{f(x-h)-f(x)}{-h}$

$=2f'(x)$

즉, $2f'(x)=\frac{1}{2}e^{2x}-2e^{-2x}$이므로

$f'(x)=\frac{1}{4}e^{2x}-e^{-2x}$

따라서 주어진 곡선의 길이는

$\int_0^{\ln 2}\sqrt{1+\left(\frac{1}{4}e^{2x}-e^{-2x}\right)^2}\,dx$

$=\int_0^{\ln 2}\sqrt{\frac{1}{16}e^{4x}+\frac{1}{2}+e^{-4x}}\,dx$

$=\int_0^{\ln 2}\sqrt{\left(\frac{1}{4}e^{2x}+e^{-2x}\right)^2}\,dx$

$=\int_0^{\ln 2}\left(\frac{1}{4}e^{2x}+e^{-2x}\right)dx\ \left(\because \frac{1}{4}e^{2x}+e^{-2x}>0\right)$

$=\left[\frac{1}{8}e^{2x}-\frac{1}{2}e^{-2x}\right]_0^{\ln 2}=\frac{3}{4}$

21 2410 답 ⑤ 유형 8

출제의도 | 함수의 최댓값을 구하고, 정적분을 이용하여 곡선과 직선 사이의 넓이를 구할 수 있는지 확인한다.

> 정적분으로 정의된 함수 $f(x)=\int_a^x g(t)dt$에 대하여 $f'(x)=g(x)$, $f(a)=0$임을 이용하여 최댓값을 구해 보자.

$f(x)=\int_0^x (a-t)e^t\,dt$의 양변을 x에 대하여 미분하면

$f'(x)=(a-x)e^x$

$f'(x)=0$에서 $a-x=0\ (\because e^x>0)$

$\therefore x=a\ (a>0)$

함수 $f(x)$의 증가와 감소를 표로 나타내면 다음과 같다.

x	$\cdots$	a	$\cdots$
$f'(x)$	$+$	0	$-$
$f(x)$	↗	극대	↘

따라서 함수 $f(x)$는 $x=a$에서 극대이고 최대이므로 최댓값은

$f(a)=\int_0^a (a-t)e^t\,dt$

$u(t)=a-t$, $v'(t)=e^t$으로 놓으면

$u'(t)=-1$, $v(t)=e^t$이므로

$\int_0^a (a-t)e^t\,dt=\left[(a-t)e^t\right]_0^a+\int_0^a e^t\,dt$

$=-a+\left[e^t\right]_0^a=-a+e^a-1$

즉, $-a+e^a-1=32$이므로 그림에서 구하는 넓이는

y
y=3e^x
3
y=3
O
a
x

$\int_0^a (3e^x-3)dx=\left[3(e^x-x)\right]_0^a$

$=3(e^a-a-1)$

$=3\times 32=96$

22 2411 답 $\frac{1}{2}$ 유형 6

출제의도 | 정적분을 이용하여 곡선과 x축 사이의 넓이를 구하고, 급수의 합을 구할 수 있는지 확인한다.

STEP 1 정적분을 이용하여 a_n 구하기 [3점]

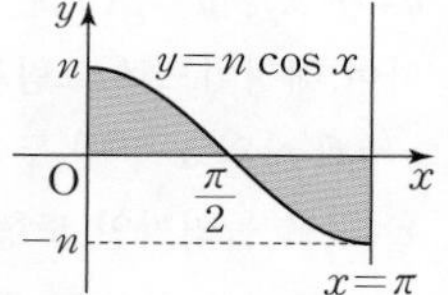

그림에서

$a_n=\int_0^{\frac{\pi}{2}} n\cos x\,dx+\int_{\frac{\pi}{2}}^{\pi}(-n\cos x)dx$

$=\left[n\sin x\right]_0^{\frac{\pi}{2}}+\left[-n\sin x\right]_{\frac{\pi}{2}}^{\pi}=2n$

STEP 2 $\sum_{n=1}^{\infty}\frac{1}{(n+1)a_n}$의 값 구하기 [3점]

$\sum_{n=1}^{\infty}\frac{1}{(n+1)a_n}$

$=\sum_{n=1}^{\infty}\frac{1}{2n(n+1)}$

$=\frac{1}{2}\sum_{n=1}^{\infty}\left(\frac{1}{n}-\frac{1}{n+1}\right)$

$=\frac{1}{2}\lim_{n\to\infty}\sum_{k=1}^{n}\left(\frac{1}{k}-\frac{1}{k+1}\right)$

$=\frac{1}{2}\lim_{n\to\infty}\left\{\left(1-\frac{1}{2}\right)+\left(\frac{1}{2}-\frac{1}{3}\right)+\cdots+\left(\frac{1}{n}-\frac{1}{n+1}\right)\right\}$

$=\frac{1}{2}\lim_{n\to\infty}\left(1-\frac{1}{n+1}\right)$

$=\frac{1}{2}$

23 2412 답 $\frac{2}{3}\pi r^3$ 유형 16

출제의도 | 정적분을 이용하여 단면이 밑면과 평행한 입체도형의 부피를 구할 수 있는지 확인한다.

STEP 1 반구를 밑면과 평행한 평면으로 자른 단면의 넓이 구하기 [3점]

단면은 반지름의 길이가 $\sqrt{r^2-x^2}$인 원이므로

$S(x)=\pi(\sqrt{r^2-x^2})^2=(r^2-x^2)\pi$

STEP 2 반구의 부피 구하기 [3점]

반구의 부피는

$\int_0^r S(x)dx=\int_0^r (r^2-x^2)\pi\,dx$

$=\pi\left[r^2x-\frac{1}{3}x^3\right]_0^r$

$=\frac{2}{3}\pi r^3$

24 2413 답 9 유형 2 + 유형 14

출제의도 | 급수의 합을 정적분으로 나타내고, 함수와 역함수의 관계를 이용하여 정적분의 값을 구할 수 있는지 확인한다.

STEP 1 주어진 급수의 합을 정적분으로 나타내기 [3점]

(나)에서 $f(2)=a$이므로 $g(a)=2$이고, $f(4)=a+8$이므로 $g(a+8)=4$

(다)에서

$$\lim_{n\to\infty}\frac{2}{n}\sum_{k=1}^{n}f\left(2+\frac{2k}{n}\right)=\lim_{n\to\infty}\sum_{k=1}^{n}f\left(2+\frac{2k}{n}\right)\times\frac{2}{n}=\int_2^4 f(x)dx$$

$$\lim_{n\to\infty}\frac{8}{n}\sum_{k=1}^{n}g\left(a+\frac{8k}{n}\right)=\lim_{n\to\infty}\sum_{k=1}^{n}g\left(a+\frac{8k}{n}\right)\times\frac{8}{n}=\int_a^{a+8} g(x)dx$$

STEP 2 함수와 그 역함수의 관계를 이용하여 정적분의 값을 a에 대한 식으로 나타내기 [3점]

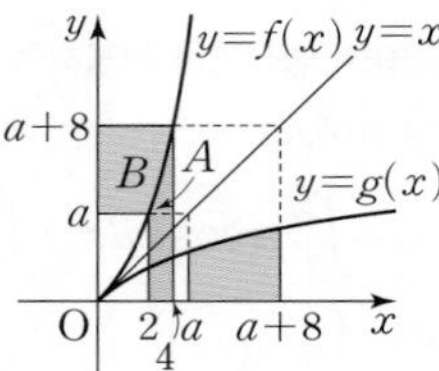

(가)에서 $f(x)$는 증가함수이고, 두 곡선 $y=f(x)$, $y=g(x)$는 직선 $y=x$에 대하여 대칭이므로 그림과 같이 곡선 $y=f(x)$와 x축 및 두 직선 $x=2$, $x=4$로 둘러싸인 도형의 넓이를 A, 곡선 $y=f(x)$와 y축 및 두 직선 $y=a$, $y=a+8$로 둘러싸인 도형의 넓이를 B라 하면

$$\lim_{n\to\infty}\frac{2}{n}\sum_{k=1}^{n}f\left(2+\frac{2k}{n}\right)+\lim_{n\to\infty}\frac{8}{n}\sum_{k=1}^{n}g\left(a+\frac{8k}{n}\right)$$
$$=\int_2^4 f(x)dx+\int_a^{a+8} g(x)dx$$
$$=A+B$$
$$=4\times(a+8)-2\times a=2a+32$$

STEP 3 양수 a의 값 구하기 [2점]

$2a+32=50$이므로

$2a=18$ $\therefore a=9$

25 2414 답 -2 유형 18

출제의도 | 수직선 위를 움직이는 점의 속도가 주어졌을 때, 정적분을 이용하여 점의 위치를 구할 수 있는지 확인한다.

STEP 1 점 P의 운동 방향이 바뀌는 시각 구하기 [3점]

점 P가 원점에서 가장 멀리 떨어져 있을 때의 시각은 점 P의 운동 방향이 바뀔 때, 즉 $v(t)=0$인 시각이다.

$\sin t(2\cos t-1)=0$에서 $\sin t=0$ 또는 $\cos t=\frac{1}{2}$

$\therefore t=0$ 또는 $t=\frac{\pi}{3}$ 또는 $t=\pi$ ($\because 0\le t\le\pi$)

STEP 2 위에서 구한 시각에서의 점 P의 위치 각각 구하기 [3점]

(i) $t=0$일 때, 점 P의 위치는 0이다.

(ii) $t=\frac{\pi}{3}$일 때, 점 P의 위치는

$$0+\int_0^{\frac{\pi}{3}}\sin t(2\cos t-1)dt=\int_0^{\frac{\pi}{3}}(2\sin t\cos t-\sin t)dt$$
$$=\int_0^{\frac{\pi}{3}}(\sin 2t-\sin t)dt$$
$$=\left[-\frac{1}{2}\cos 2t+\cos t\right]_0^{\frac{\pi}{3}}=\frac{1}{4}$$

(iii) $t=\pi$일 때, 점 P의 위치는

$$0+\int_0^{\pi}\sin t(2\cos t-1)dt=\left[-\frac{1}{2}\cos 2t+\cos t\right]_0^{\pi}=-2$$

STEP 3 점 P가 원점에서 가장 멀리 떨어져 있을 때의 위치 구하기 [2점]

(i)~(iii)에서 $t=\pi$일 때 점 P가 원점에서 가장 멀리 떨어져 있고, 위치는 -2이다.

다른 풀이

STEP 1 점 P의 시각 t에서의 위치 구하기 [4점]

$t=0$에서의 점 P의 위치가 0이므로 점 P의 시각 t에서의 위치는

$$0+\int_0^{t}\sin t(2\cos t-1)dt=\int_0^{t}(2\sin t\cos t-\sin t)dt$$
$$=\int_0^{t}(\sin 2t-\sin t)dt$$
$$=\left[-\frac{1}{2}\cos 2t+\cos t\right]_0^{t}$$
$$=-\frac{1}{2}\cos 2t+\cos t-\frac{1}{2}$$
$$=-\frac{1}{2}(2\cos^2 t-1)+\cos t-\frac{1}{2}$$
$$=-\left(\cos t-\frac{1}{2}\right)^2+\frac{1}{4}$$

STEP 2 점 P가 원점에서 가장 멀리 떨어져 있을 때의 위치 구하기 [4점]

$0\le t\le\pi$에서 $-1\le\cos t\le 1$이므로

$-\frac{3}{2}\le\cos t-\frac{1}{2}\le\frac{1}{2}$, $0\le\left(\cos t-\frac{1}{2}\right)^2\le\frac{9}{4}$

$-\frac{9}{4}\le-\left(\cos t-\frac{1}{2}\right)^2\le 0$

$\therefore -2\le-\left(\cos t-\frac{1}{2}\right)^2+\frac{1}{4}\le\frac{1}{4}$

따라서 점 P가 원점에서 가장 멀리 떨어져 있을 때의 위치는 -2이다.